Hagers Handbuch

der Pharmazeutischen Praxis
5., vollständig neubearbeitete Auflage

Herausgeber
F. von Bruchhausen, G. Dannhardt, S. Ebel, A. W. Frahm,
E. Hackenthal, R. Hänsel, U. Holzgrabe, K. Keller, E. Nürnberg,
H. Rimpler, G. Schneider, P. Surmann, H. U. Wolf, G. Wurm

Wissenschaftlicher Beirat
R. Braun, S. Ebel, G. Franz, P. Fuchs, H. Gebler, G. Hanke,
G. Harnischfeger, H. Sucker

Die Einzelbände des Gesamtwerks haben die Titel:

Band 1
G. Wurm (Hrsg.)
Waren und Dienste
ISBN 3-540-52142-9

Band 2
E. Nürnberg, P. Surmann (Hrsg.)
Methoden
ISBN 3-540-52459-2

Band 3
H. U. Wolf (Hrsg.)
Gifte
ISBN 3-540-52633-1

Band 4–6 (3 Teilbände)
R. Hänsel, K. Keller, H. Rimpler, G. Schneider (Hrsg.)
Drogen A–D
ISBN 3-540-52631-5
Drogen E–O
Drogen P–Z

Band 7–9 (3 Teilbände)
F. v. Bruchhausen, G. Dannhardt, S. Ebel, A. W. Frahm,
E. Hackenthal, U. Holzgrabe (Hrsg.)
Stoffe A–D
ISBN 3-540-52632-3
Stoffe E–O
Stoffe P–Z

Band 10
Register

R. Hänsel K. Keller H. Rimpler
G. Schneider (Hrsg.)

Drogen E–O

Unter besonderer Mitarbeit von
S. Greiner, G. Heubl und E. Stahl-Biskup

Bearbeitet von

R. D. Aye, G. Bader, I. Bauer, R. Bauer, H. Becker, G. Beyer, W. Blaschek, N. Brand, U. Braun-Sprakties, R. Brenneisen, R. Broese, A. Burger, J. Burghart, N. Chaurasia, W. Cholcha, U. Eilert, D. Ennet, W. Ferstl, E. Fiegert, F. Gaedcke, B. Gehrmann, K. Gomaa, P. Gorecki, M. W. Grubert, G. Harnischfeger, H. J. Helmlin, G. Henkler, A. Hensel, G. Heubl, A. Hiermann, K. Hiller, K. Hoffmann-Bohm, B. Hohmann, W. Holz, J. Hölzl, K. H. Horz, O. Isaac, C. Jerga, W. Juretzek, T. Kartnig, H. P. Koch, H. Koehler, L. Kraus, W. Kreis, E. Leng-Peschlow, R. Liersch, U. Lindequist, E. Mechler, B. Meier, M. Meier-Liebi, H. G. Menßen, I. Merfort, H. Miething, S. Moeck, S. Mundt, K. Münzing-Vasirian, S. Noster, N. Ohem, D. Paper, J. Reichling, W. Schilz, H. Schleinitz, E. Schneider, E. Scholz, T. Schöpke, V. Schulz, H. Schütt, H. Schwarze, S. Schweins, B. Schwell, R. Seitz, U. Sonnenborn, E. Spieß, V. Ssymank, K. Staesche, E. Stahl-Biskup, H. Stuppner, E. Teuscher, M. Veit, A. Wiebrecht, M. Wink, U. Wissinger-Gräfenhahn, R. Wohlfart, B. Zepernick

Mit einem Geleitwort des wissenschaftlichen Beirats

Mit 134 Abbildungen und 554 Formeln

Mit 124 Arzneipflanzengattungen, 262 Arzneipflanzenarten und 618 Drogen

Springer-Verlag Berlin Heidelberg GmbH

Professor Dr. R. Hänsel
Westpreußenstraße 71
81927 München

Dr. K. Keller
Institut für Arzneimittel
des Bundesgesundheitsamtes
Seestraße 10
13353 Berlin

Professor Dr. H. Rimpler
Albert-Ludwigs-Universität
Institut für Pharmazeutische
Biologie
Schänzlestraße 1
79104 Freiburg

Professor Dr. G. Schneider
Taunusstraße 29
65760 Eschborn

CIP-Titelaufnahme der Deutschen Bibliothek
Hagers Handbuch der pharmazeutischen Praxis / Hrsg. F. von Bruchhausen ... – 5., vollst. neubearb. Aufl. – Berlin ; Heidelberg ; New York ; London ; Paris ; Tokyo ; Hong Kong ; Barcelona ; Budapest : Springer.
ISBN 978-3-642-63427-7 ISBN 978-3-642-57993-6 (eBook)
DOI 10.1007/978-3-642-57993-6
NE: Bruchhausen, Franz von [Hrsg.]; Hager, Hermann [Begr.];
Handbuch der pharmazeutischen Praxis
5., vollst. neubearb. Aufl.
Bd. 5. Drogen: E–O; mit Formeln, 124 Arzneipflanzengattungen, Arzneipflanzenarten und Drogen / R. Hänsel ... (Hrsg.). Unter besonderer Mitarb. von S. Greiner ... Bearb. von R. D. Aye ... Mit einem Geleitw. des wiss. Beirats. – 1993
NE: Hänsel, Rudolf [Hrsg.]; Aye, Rolf-Dieter

Ursprünglich erschienen bei Springer-Verlag Berlin Heidelberg New York 1993
Softcover reprint of the hardcover 5th edition 1993

14/3145-5 4 3 2 1 0 – Gedruckt auf säurefreiem Papier

Geleitwort

Seit über 100 Jahren ist „Hagers Handbuch der Pharmazeutischen Praxis" ein anerkanntes und umfassendes Nachschlagewerk für alle, die sich in Apotheken, in der pharmazeutischen Industrie, in pharmazeutischen Hochschulinstituten und Untersuchungslaboratorien mit Arzneimitteln und ihren Ausgangsstoffen beschäftigen.

Hans Hermann Julius Hager wurde am 03. Januar 1816 als Sohn des Regimentsarztes Dr. Johannes Hager in Berlin geboren. Wie sein Vater wollte er Arzt werden, doch dieser veranlaßte ihn, den Apothekerberuf zu ergreifen, wahrscheinlich weil es im Haus Hager finanziell nicht zum besten bestellt war. Mit 16 Jahren begann er seine Lehrzeit in der Löwen-Apotheke in Salzwedel. 1838 erhielt er eine Anstellung in einer Apotheke in Perleberg, in der sich sein wissenschaftliches Talent entfalten konnte, so daß er 1841, ohne vorher ein Studium absolviert zu haben, mit Glanz das Staatsexamen bestand. Im darauffolgenden Jahr erwarb er die Stadt-Apotheke in Frauenstadt in Niederschlesien. Schon während seiner Lehrzeit veröffentlichte er einen „Leitfaden für stöchiometrische Berechnungen", während der Zeit als Apothekenleiter in Frauenstadt erschien das „Handbuch der pharmaceutischen Recepturkunst" als Vorläufer seiner späteren „Technik der pharmaceutischen Receptur". Es folgten 1855 und 1857 Kommentare zu der preußischen, sächsischen, hannöverschen, hamburgischen und schleswig-holsteinischen Pharmakopöe unter dem Titel „Die neuesten Pharmakopöen Norddeutschlands" in zwei Bänden. Da seine Bücher ein unerwartetes Echo fanden, verkaufte er seine Apotheke, um sich als freischaffender Autor ganz der pharmazeutischen Schriftstellerei zu widmen.

Seit 1859 wohnte er in Berlin, richtete sich dort ein Privatlaboratorium ein und gab bereits im ersten Jahr seines Berlinaufenthaltes die „Pharmaceutische Centralhalle" heraus, eine unabhängige Fachzeitung, die vorwiegend der wissenschaftlichen Pharmazie gewidmet war und 109 Jahrgänge erlebte.

Andere Beispiele seines literarischen Schaffens sind das „Manuale pharmaceuticum", das bis 1891 sechs Auflagen und von 1902 bis 1931 drei weitere Auflagen erlebte, die „Adjumenta varia chemica et pharmaceutica" von 1860, ein „Lateinisch-deutsches Wörterbuch der Pharmakopöen" von 1863 und 1869 eine vergleichende Untersuchung der englischen, französischen, deutschen, schweizerischen und russischen Arzneibücher. Ab 1860 gab er den „Pharmazeutischen Kalender" heraus, 1863 folgten die „Industrieblätter", die vor allem das Geheimmittelunwesen bekämpfen sollten. 1866 folgte Hagers Buch über das „Microscop und seine Anwendung", das bis 1920 zwölfmal aufgelegt worden ist.

Um abseits der Großstadt ungestörter arbeiten zu können, kaufte er sich 1871 ein kleines Landhaus, die Pulvermühle bei Fürstenberg a. d.

Oder. Hier kommentierte er in den Jahren 1873 und 1874 die Pharmacopoea Germanica und setzte seine 1860 begonnene fruchtbare Zusammenarbeit mit dem Verleger Julius Springer in der Herausgabe von „Hagers Handbuch für die Pharmazeutische Praxis" fort.

Obwohl seine Bücher eine außergewöhnlich große Verbreitung fanden, konnten sie den Autor nicht vor einer allmählichen Verarmung retten. 1881 mußte er die Pulvermühle verkaufen und nach Frankfurt/Oder übersiedeln. Dort richtete er sich wiederum ein Laboratorium ein. Aus finanziellen Gründen war er dann 1896 gezwungen, auch dieses wieder aufzugeben. Er zog zu seinem Sohn nach Neuruppin. Dort ist er dann 1897 völlig verarmt gestorben.

1876 erschien die erste Auflage des Hager, Handbuch für die Pharmazeutische Praxis mit zwei Teilbänden, die wegen der großen Nachfrage nachgedruckt werden mußten. Schon 1880 folgte der erste Ergänzungsband, weitere Ausgaben des Werkes erschienen in den Jahren 1880, 1882, 1883, 1886, 1887, 1888, 1891 und 1893. Der „Hager" wurde in allen Auflagen von der Fachöffentlichkeit mit großem Lob aufgenommen und fand reißenden Absatz. Es war das Verdienst von Hermann Hager, jede Substanz, Droge oder Zubereitung, die er beschrieb, in mehreren Mustern in seinem Laboratorium selbst untersucht zu haben.

Seit dem Erscheinen der 4. Auflage sind über 20 Jahre vergangen, eine Zeit, in der die pharmazeutischen Wissenschaften eine rasante Entwicklung durchgemacht haben. Mit der Internationalisierung des Arzneimittelwesens ist der Bedarf an Informationen über die eigenen Grenzen hinaus zunehmend gestiegen. Neue Untersuchungs- und Bestimmungsmethoden sind in die pharmazeutische Analytik, neue Darreichungsformen, neue Arzneistoffe und Diagnostika in die Therapie eingeführt worden.

Der Springer-Verlag hat sich daher entschlossen, dieser Entwicklung mit der neu konzipierten 5. Auflage gerecht zu werden. Die Fülle wissenschaftlicher Erkenntnisse und Daten mußten im „Hager" auf ca. 10000 Druckseiten komprimiert werden, die in fünf Sachgebiete mit insgesamt neun Bänden geteilt wurden. Als 10. Band wird ein Gesamtregister aller Bände erscheinen.

Als Herausgeber konnten für die einzelnen Bände gewonnen werden:

Band 1
Gisela Wurm, Essen
Waren und Dienste

Band 2
Eberhard Nürnberg, Erlangen; Peter Surmann, Würzburg
Methoden

Band 3
Hans-Uwe Wolf, Ulm
Gifte

Band 4–6
Rudolf Hänsel, München; Konstantin Keller, Berlin;
Horst Rimpler, Freiburg; Georg Schneider, Eschborn
Drogen

Band 7–9
Franz von Bruchhausen, Berlin; Gerd Dannhardt, Frankfurt;
Siegfried Ebel, Würzburg; August Wilhelm Frahm, Freiburg;
Eberhard Hackenthal, Heidelberg; Ulrike Holzgrabe, Bonn
Stoffe

Band 10
Register

Die Bände erscheinen in der Reihenfolge ihrer Fertigstellung, beginnend mit Band 1. Zu jedem Band gehört ein Sachverzeichnis, das um den Inhalt des jeweils neu erschienenen Bandes ergänzt wird.

Zu Beginn eines jeden Bandes sind ein Inhaltsverzeichnis, ein Gesamtabkürzungsverzeichnis sowie das Verzeichnis der Standardliteratur abgedruckt. Spezialliteratur ist am Ende der Monographie angegeben, in der sie zitiert wird. Die Auswahl der in den einzelnen Monographien aufgeführten Handelsprodukte und Fertigarzneimittel stellt kein Werturteil dar, sie sind lediglich als Beispiele aufzufassen und sollen den Arzneistoff für den Leser näher charakterisieren. Kombinationsarzneimittel werden nur in Ausnahmefällen genannt.

Pharmazie und Medizin sind als Wissenschaft ständig in Fluß. Soweit in diesem Werk eine Dosierung oder eine Applikation erwähnt wird, darf der Benutzer zwar darauf vertrauen, daß Autoren, Herausgeber und Verlag größte Mühe aufgewandt haben, daß diese Angaben dem Wissensstand bei Fertigstellung des jeweiligen Bandes entsprechen. Dennoch ist jeder Leser aufgefordert, insbesondere bei der Anwendung von Fertigarzneimitteln, die Gebrauchsinformationen zu prüfen, um in eigener Verantwortung festzustellen, ob die hier gegebenen Empfehlungen für Dosierung und Beachtung der Kontraindikationen gegenüber den Angaben im „Hager" noch dem Stand der Erkenntnisse entsprechen.

Der Band 1 „Waren und Dienste" enthält den derzeitigen Stand des Wissens auf den Gebieten „Verbandmittel, Mittel und Gegenstände zur Kranken- und Säuglingspflege, ärztliche Instrumente, Säuglingsernährung, Schädlingsbekämpfung und Pflanzenschutz, Impfschemata, Diagnostika, ältere Prüfmittel und Reagenzien, Rezepturvorschriften, Tierarzneimittel und Heil- und Mineralwässer".

Der Band 2 „Methoden (der pharmazeutischen Technologie und der pharmazeutischen Analytik)" beschreibt allgemeine Meßtechniken, die Parameter der Stoffbeschreibungen, die Qualitätskontrolle, die Grundoperationen zur Herstellung und die Bewertung von Arzneimitteln und deren Darreichungsformen.

Der Band 3 „Gifte“ informiert über Chemikalien, Suchtstoffe, Inhaltsstoffe von Giftpflanzen und Gifttieren, Biozide sowie deren Reaktionen im Stoffwechsel, Vergiftungssymptome, Krankheitserscheinungen und ihre Therapie mit Antidoten.

Die Bände 4 bis 6 behandeln das große Gebiet der Arzneipflanzen, Drogen und andere Rohstoffe biologischen Ursprungs, gegliedert nach Gattungen. Hierbei handelt es sich um biologische Ausgangsstoffe, die in der Therapie mit Arzneimitteln angewandt werden, aber auch solche, die in der Reformwaren-, Gewürz- und Parfümindustrie und in den besonderen medizinischen Therapierichtungen eine Rolle spielen. Neben den üblichen Arzneibuchdrogen der europäischen Staaten und der USA sind auch wichtige Drogen des Handels aufgenommen.

In den Bänden 7 bis 9 werden die wichtigsten Daten chemisch definierter Stoffe oder Stoffgemische dargestellt. Dazu gehören Synonyma, Zugehörigkeit zu bestimmten Arzneibüchern, Kriterien der Verschreibungspflicht, Strukturformeln, Angaben zur Synthese und Löslichkeit, Eigenschaften, Identitäts-, Reinheits- und Gehaltsbestimmungen, zur Stabilität, Lagerung, Anwendung sowie eine ausführliche Darstellung der Pharmakologie und der medizinischen Anwendung.

Der Herausgeberbeirat dankt den Herausgebern der einzelnen Bände und den über 300 Autoren für ihr unermüdliches Engagement und die ungeheure Arbeit, die solch ein umfangreiches Werk, wie der 10-bändige Hager, macht. Der Herausgeberbeirat dankt dem Springer-Verlag für seine Bereitschaft, das Wagnis eingegangen zu sein, die 5. Auflage des Hager herauszugeben.

Dezember 1991

Wissenschaftlicher Beirat
R. Braun, S. Ebel, G. Franz
P. Fuchs, H. Gebler
G. Hanke, G. Harnischfeger
H. Sucker

Vorwort

Das Konzept und die Ordnung der Drogenbände wurde im Band 4 Drogen A–D ausführlich beschrieben. Das Ziel blieb: alles, was über Drogen bekannt ist, anhand von zugänglicher Primärliteratur auszuwählen und doch umfassend darzustellen. Die Herausgeber und der Springer-Verlag hatten die schwierige Aufgabe und das damit verbundene organisatorische Problem zu lösen entweder mit der Herausgabe des Bandes 5 Drogen E–O auf alle geplanten Monographien zu warten oder einen Redaktionsschluß zu setzen. Der Leser des Werkes, der die eine oder andere Monographie nicht findet, wird leicht feststellen, daß zugunsten des Redaktionsschlusses entschieden wurde. Nach Redaktionsschluß angenommene Monographien sollen zu einem späteren Zeitpunkt in einem Folgewerk erscheinen.

Alle Monographien wurden von Wissenschaftlern aus Universitäten und der forschenden pharmazeutischen Industrie in enger Zusammenarbeit mit den Herausgebern und der Hager-Redaktion des Springer-Verlages erarbeitet. Literatur aus verschiedenen Wissenschaftsgebieten wie der systematischen Botanik, der vergleichenden Phytochemie, der pharmakognostischen und pharmazeutischen Analytik, der Pharmakologie, der Toxikologie und der Ethnomedizin galt es auszuwerten, kritisch zu wichten und zu einem einheitlichen Ganzen zusammenzufügen. Für diesen vorbildlichen und unermüdlichen Einsatz sei allen 84 Autoren an dieser Stelle herzlich gedankt. Nur sie haben trotz beruflicher Verpflichtungen das termingerechte Erscheinen des vorliegenden Bandes ermöglicht.

Die Namen und Adressen der Autoren sind wie schon im Band 4 Drogen A–D in der Titelei genannt. Die Monographien sind am Schluß mit einem Autorenkürzel gekennzeichnet. Für die Zuordnung zwischen Monographie und Autor sind in erweiterter Form alle Monographien der Bände 4 Drogen A–D und 5 Drogen E–O mit den Autorennamen als Synopse in die Titelei aufgenommen.

Die Herausgeber wären überfordert, wenn sie nicht verläßliche und bewährte Unterstützung gehabt hätten. Ihr Dank gilt daher wiederum Herrn Dr. P. Heinrich und allen externen und internen Mitarbeitern der Hager-Redaktion des Springer-Verlags, die bereits im Band 4 Drogen A–D mit ihrer Funktion gewürdigt wurden. Besonders seien Frau Prof. E. Stahl-Biskup und Herr Priv.-Doz. Dr. G. Heubl genannt; ihnen haben die Herausgeber für fachkundige Moderation und darüberhinaus für tatkräftige Hilfe bei der Neufassung von Revisionen zu danken.

München, Berlin, Freiburg, Frankfurt am Main
im August 1993

Rudolf Hänsel
Konstantin Keller
Horst Rimpler
Georg Schneider

Synopse der Arzneipflanzengattungen

Gattung	Autoren
Abelmoschus	Kraus J.
Abies	Frank/Fett
Abroma	Grubert
Acacia	Harnischfeger
Acanthosicyos	Grubert
Achillea	Jurenitsch/Kastner/Saukel/ Zitterl-Eglseer
Achyranthes	Liersch/Hoffmann-Bohm
Achyrocline	Burger/Stuppner
Aconitum	Teuscher
Acronychia	Eilert
Adhatoda	Seitz
Adiantum	Hoffmann-Bohm/Heubl
Adlumia	Schneider K.
Adonis	Junior
Aegopodium	Hohmann
Aerva	Grubert
Aesculus	Beck
Aethusa	Thober-Miething
Agathis	Harnischfeger
Agathosma	Schwell
Ageratum	Proksch
Agropyron	Gorecki/Seitz
Agrostemma	Hoffmann-Bohm
Ailanthus	Hoffmann-Bohm/Heubl/Seitz
Ajuga	Proksch
Akebia	Kletter
Alcea	Blaschek
Alchemilla	Moeck
Alchornea	Schneider K.
Aletris	Liersch
Alkanna	Hoffmann-Bohm/Heubl
Alliaria	Schennen
Allium	Aye/Jüptner/Ferstl
Alnus	Proksch
Aloe	Beil/Rauwald
Aloysia	Seitz
Althaea	Blaschek
Amaranthus	Braun-Sprakties
Amomum	Chaurasia
Anacardium	Braun-Sprakties
Anagallis	Grubert
Anamirta	Hänsel/Seitz
Ananas	Carle
Anemarrhena	Seitz/Hänsel
Anemone	Ssymank
Anthemis	Isaac
Anthyllis	Burger/Stuppner
Apium	Frank/Warncke
Apocynum	Diettrich/Luckner/Seitz
Aquilaria	Kletter
Aquilegia	Paper

Gattung	Autoren
Arachis	Hänsel/Stahl-Biskup/Zepernick
Aralia	Sonnenborn/Schweins
Arbutus	Kraus Lj./Gehrmann/Hänsel
Arctostaphylos	Hoffmann-Bohm/Simon
Armeniaca	Seitz
Armoracia	Kartnig
Arnica	Merfort
Artemisia	Proksch/Wissinger-Gräfenhahn
Asarum	Hoffmann-Bohm/Gracza
Ascophyllum	Hensel
Aspalathus	Steuding
Asparagus	Kartnig
Aspidium	Seitz
Aspidosperma	Hoffmann-Bohm
Astragalus	Scholz
Astrantia	Hiller
Atriplex	Burger/Stuppner
Atropa	Lindequist
Avena	Hiermann
Baccharis	Seitz/Proksch
Ballota	Chaurasia
Banisteria	Brenneisen
Baptisia	Staesche/Schleinitz
Barosma	Hoffmann-Bohm
Begonia	Kämpfer/Rauwald
Bellis	Schöpke/Hiller
Berberis	Kreis
Bergenia	Gorecki
Betula	Gorecki/Seitz
Bifidobacterium	Sonnenborn
Boophane	Kober/Rauwald
Borago	Ratka
Bovista	Seitz
Bowdichia	Burger/Stuppner
Bowiea	Diettrich/Luckner
Brassica	Mundt/Teuscher
Breynia	Liersch
Bryonia	Reichling
Bunium	Stahl-Biskup
Bupleurum	Schweins/Sonnenborn
Buxus	Kreis
Calamintha	Hohmann
Calendula	Isaac
Calla	Koehler
Calluna	Kraus Lj./Gehrmann/Seitz
Calotropis	Diettrich/Luckner
Caltha	Horz/Reichling
Camellia	Teuscher
Cannabis	Schmidt
Capsella	Seitz/Gorecki
Capsicum	Chaurasia/Henkler
Cardiospermum	Franck

Gattung	Autoren
Carex	Koch/Hoffmann-Bohm
Carlina	Ratka/Seitz
Carum	Stahl-Biskup
Cassia	Staesche/Schleinitz
Castanea	Scholz
Catha	Brenneisen/Mathys
Caulophyllum	Hoffmann-Bohm/Heubl
Ceanothus	Hoffmann-Bohm/Heubl
Centaurea	Koch/Hampe
Centaurium	Hoffmann-Bohm/Heubl/Seitz
Centella	Kartnig/Hoffmann-Bohm
Cephaelis	Kreis
Cerbera	Diettrich/Luckner
Cereus	Seitz
Cetraria	Kartnig/Ferstl
Chaenomeles	Kletter
Chaerophyllum	Stahl-Biskup
Chamaecytisus	Wink
Chamaemelum	Isaac
Chamomilla	Carle
Cheiranthus	Diettrich/Luckner/Schwell
Chelidonium	Hoffmann-Bohm/Stahl-Biskup/Gorecki
Chimaphila	Seitz
Chondrodendron	Kreis
Chondrus	Miething/Hänsel
Chrysanthemum	Seitz
Cichorium	Scholz
Cinchona	Hoffmann-Bohm/Langhammer
Cinnamomum	Chaurasia
Claviceps	Teuscher
Cochlearia	Kartnig
Coffea	Baumann/Seitz
Cola	Seitz/Gehrmann/Kraus Lj.
Colchicum	Teuscher
Collinsonia	Thober-Miething
Colutea	Grubert
Commiphora	Moeck
Conium	Teuscher
Convallaria	Koehler/Kopp/Loew
Conyza	Hoffmann-Bohm
Copernicia	Zepernick/Hänsel/Stahl-Biskup
Coriandrum	Brand
Cornus	Hoffmann-Bohm
Corydalis	Kreis
Corylus	Proksch
Corynanthe	Chaurasia
Costus	Kletter
Cotyledon	Schilz
Coutarea	Seitz
Crataegus	Bauer I./Hölscher
Cryptostegia	Diettrich/Luckner
Cucumis	Miething
Cucurbita	Reichling/Horz
Cuminum	Stahl-Biskup
Curcuma	Staesche/Schleinitz
Cyamopsis	Grubert
Cymbopogon	Hänsel/Uehleke
Cynanchum	Seitz
Cynara	Brand
Cypripedium	Veit
Cytisus	Wink

Gattung	Autoren
Dactylopius	Kraus Lj./Gehrmann/Khaliefi
Datura	Lindequist
Dicentra	Kreis
Dictamnus	Eilert/Hoffmann-Bohm
Dieffenbachia	Koehler
Digitalis	Luckner
Doronicum	Proksch
Dregea	Luckner/Diettrich
Drimia	Seitz
Drimys	Horz
Dryas	Schennen
Dryopteris	Pilgrim
Echinacea	Bauer R./Liersch
Eclipta	Leng-Peschlow
Elettaria	Braun-Sprakties
Elymus	Seitz
Ephedra	Hiller/Henkler
Epilobium	Kartnig/Hoffmann-Bohm
Equisetum	Hiermann
Erigeron	Hoffmann-Bohm
Eriocereus	Chaurasia
Erophila	Grubert
Eryngium	Beyer
Erysimum	Mundt
Erythroxylum	Lindequist/Teuscher
Escherichia	Sonnenborn
Eschscholzia	Kreis
Eucalyptus	Brand
Eugenia	Horz/Reichling
Fagopyrum	Reichling/Horz
Fallopia	Reichling/Horz
Filipendula	Meier/Meier-Liebi
Foeniculum	Brand
Fragaria	Scholz
Fraxinus	Gaedcke
Fucus	Hensel
Fumaria	Gorecki
Galanthus	Teuscher
Galium	Schwell
Gentiana	Meier/Meier-Liebi
Gentianella	Meier/Meier-Liebi
Geranium	Kartnig
Geum	Moeck
Gigartina	Miething
Ginkgo	Spieß/Juretzek
Glechoma	Gaedcke
Globularia	Grubert
Glycine	Staesche/Menssen
Glycyrrhiza	Schöpke
Gossypium	Hensel
Guajacum	Braun-Sprakties
Gypsophila	Staesche/Schleinitz
Hamamelis	Hoffmann-Bohm/Ferstl/Aye
Harpagophytum	Holz/Schwarze
Harungana	Gehrmann/Hoffmann-Bohm
Hazunta	Liersch
Hedera	Horz/Reichling
Helenium	Schilz
Helianthus	Bader
Helleborus	Holz
Hepatica	Ssymank
Heracleum	Stahl-Biskup

Gattung	Autoren
Heterotheca	Jerga
Hintonia	Noster/Kraus Lj.
Humulus	Wohlfart
Hyacinthus	Koehler
Hydrocotyle	Seitz
Hydrophyllum	Koehler
Hyoscyamus	Lindequist
Hypericum	Schütt/Schulz
Hypoxis	Seitz
Iberis	Reichling/Horz
Ilex	Hölzl/Ohem
Illicium	Stahl-Biskup/Zepernick/Henkler
Inula	Gomaa
Ipomoea	Münzing-Vasirian
Iresine	Liersch
Jacaranda	Koehler
Jateorhiza	Kreis
Juniperus	Hoffmann-Bohm/Ferstl/Seitz
Justicia	Schneider E.
Kadsura	Harnischfeger
Kalmia	Bauer I.
Knautia	Grubert
Krameria	Scholz
Laburnum	Wink
Lavandula	Stahl-Biskup/Wissinger-Gräfenhahn
Lemna	Veit
Leonurus	Kartnig/Hoffmann-Bohm/Seitz
Lepidium	Koch/Schwell
Leucanthemum	Meier/Meier-Liebi/Heubl
Levisticum	Merfort
Linum	Leng-Peschlow
Lippia	Burghart
Liquidambar	Ennet
Liriodendron	Burger/Stuppner
Liriosma	Schweins/Sonnenborn
Lophophora	Brenneisen/Helmlin

Gattung	Autoren
Luffa	Broese
Luzula	Hohmann
Lycium	Hoffmann-Bohm/Mechler
Lycoperdon	Seitz/Hohmann
Lycopersion	Mechler
Lysimachia	Hohmann
Lytta	Teuscher
Macrocystis	Schneider E.
Mahonia	Broese/Heubl
Majorana	Stahl-Biskup
Malus	Ennet
Malva	Blaschek
Mandragora	Mechler
Manihot	Seitz/Hohmann
Maranta	Seitz/Hohmann
Marchantia	Becker
Marrubium	Seitz/Zepernick
Marsdenia	Paper
Matricaria	Seitz
Maytenus	Isaac
Melissa	Stahl-Biskup
Mentha	Stahl-Biskup
Meum	Paper
Moringa	Eilert/Hoffmann-Bohm
Musa	Seitz/Zepernick
Myristica	Isaac
Myroxylon	Ennet/Wiebrecht
Myrtillocactus	Holz
Myrtus	Cholcha
Nardostachys	Fiegert
Nasturtium	Mundt
Nyctocereus	Chaurasia
Nymphaea	Holz/Staesche/Heubl
Oenothera	Becker
Olea	Scholz
Operculina	Münzing-Vasirian
Origanum	Stahl-Biskup
Orthosiphon	Merfort

Abkürzungsverzeichnis

AAS	Atomabsorptionsspektroskopie
Abb.	Abbildung
Abk.	Abkürzung
abs.	absolut
AChE	Acetylcholinesterase
Ac_2O	Acetanhydrid
Akt.	Aktivität
alkal.	alkalisch
allg.	allgemein
AMG	Arzneimittelgesetz
Anm.	Anmerkung
anorg.	anorganisch
Ant.	Antagonist
ant.	antagonistisch
anschl.	anschließend
Anw.	Anwendung
Appl.	Applikation
appl.	appliziert
ApBetrO	Apothekenbetriebsordnung
aq.	wasserhaltig, mit Wasser solvatisiert
ASK	Arzneimittel-Stoffkatalog
asymm.	asymmetrisch
Aufl.	Auflage
auss.	ausschließlich
bakt.	bakteriell
BAN	British Approved Names
bas.	basicum (Basisch)
Bd.	Band
Beh.	Behandlung
belg.	belgisch
ber.	berechnet
Best.	Bestimmung
best.	bestimmt
betr.	betrifft, betreffen, betreffend
Bez.	Bezeichnung
bez.	bezogen
biol.	biologisch
Biotr.	Biotransformation
Biov.	Bioverfügbarkeit
BRS	Biologische Referenz-Substanz
BTM	Betäubungsmittel
BuOH	Butanol
bzgl.	bezüglich
Bzl.	Benzen (Benzol)
bzw.	beziehungsweise
ca.	circa, ungefähr
CAS	Chemical Abstracts Services
CCD	Gegenstromverteilung
CD	Circulardichroismus
ChE	Cholinesterase
chem.	chemisch
chron.	chronisch
conc.	concisus (geschnitten)
Cort.	Cortex (Rinde)
crist.	cristallisatus (kristallin)
CRS	Chemische Referenz-Substanz
d	Dublett
dän.	dänisch
DC	Dünnschichtchromatographie, Dünnschichtchromatogramm
DCCC	Tröpfchengegenstromverteilung
DCF	Denomination commune française
dest.	destillatus (destilliert)
dgl.	dergleichen, desgleichen
d.h.	das heißt
dil.	dilutus (verdünnt)
Diss.	Dissoziation
diss.	dissoziiert
div.	diverse
D.L.	Konfigurationsbezeichnungen
DLM	Dosis letalis minimum
DMF	Dimethylformamid
DMSO	Dimethylsulfoxid
Dos.	Dosierung, Dosis
dt.	deutsch
ED	mittlere Einzeldosis
EG-Nr.	Stoffe und Zusatzstoffe nach Zusatzstoff-Zulassungsverordnung
Eig.	Eigenschaft
einschl.	einschließlich
Elh.	Elementarhilfe
Elim.	Elimination
elim.	eliminieren, eliminiert
engl.	englisch
entspr.	entspricht, entsprechend
entw.	entweder
Erkr.	Erkrankung
Errb.	Erregbarkeit
Erythr.	Erythrocyten
Est.	Erstarrungstemperatur
et al.	et alii
etc.	et cetera
Eth	Diethylether
EtOH	Ethanol
evtl.	eventuell
Exp.	Experiment
exp.	experimentell
Extr.	Extractum (Extrakt)
EZ	Esterzahl
Fbg.	Färbung
FIA	Fließinjektionsanalyse
finn.	finnisch
Fl.	Flüssigkeit
fl.	flüssig
Flor.	Flores (Blüten)
FM	Fließmittel
Fol.	Folia (Blätter)
Fp.	Flammpunkt

Fruct.	Fructus (Früchte)
frz.	französisch
FT	Fourier Transformation
GC	Gaschromatographie
gem.	geminal
ges.	gesättigt
Gew.	Gewicht
GFC	Gelfiltrationschromatographie
ggf.	gegebenenfalls
GKl.	Giftklasse/Giftklassifizierung
Gl.	Gleichung
Glyc.	Glycerol 85 %
GPC	Gelpermeationschromatographie
grch.	griechisch
HAc	Essigsäure
H. I.	Hämolytischer Index
HN	Hager Nr.
holl.	holländisch
hom.	homöopathisch
HPLC	Hochdruckflüssigkeitschromatographie
Hrsg.	Herausgeber
HWZ	Halbwertszeit
hygr.	hygroskopisch
i	iso
i. a.	intraarteriell
i. c.	intracutan
IC	Ionenchromatographie
ICt_{50}	Produkt aus Konzentration und Zeit, das in 50% aller Fälle zur Kampfunfähigkeit führt
IE	Internat. Einheit
i. m.	intramuskulär
Ind.	Indikator
Indk.	Indikation
indiv.	individuell
Inf.	Infusion (Infusion)
inhal.	inhalativ/inhalatorisch
Inj.	Injektion
Inkomp.	Inkompatibilitäten
INN	International Nonproprietary Name (Internationaler Freiname)
Int.	Intensität
Inter.	Interaktion
IP	Isoelektrischer Punkt
i. p.	intraperitoneal
IR	Infrarot
irr.	irreversibel
isl.	isländisch
it.	italienisch
i. v.	intravenös
IZ	Iodzahl
jug.	jugoslawisch
KG	Körpergewicht
KIndk	Kontraindikation
Komb.	Kombination
Komm	Kommentar
Konj.	Konjugation
konst.	konstant
Konz.	Konzentration
konz.	konzentriert
korr.	korrigiert
krist.	kristallisiert, kristallin
l	löslich
LC_{Lo}	niedrigste in der Literatur angegebene tödliche Konzentration

LCt_{50}	Produkt aus Konzentration und Zeit, das in 50% aller Fälle zum Tod führt
LD_{Lo}	niedrigste in der Literatur angegebene tödliche Dosis
LD_{min}	minimale Letaldosis
LD_{50}	Letaldosis (50 %)
Leuk.	Leukocyten
Lign.	Lignum (Holz)
ll	leicht löslich
LM	Lösungsmittel
LPLC	Niederdruckflüssigkeitschromatographie
Lsg.	Lösung
m	Multiplett
m	meta
männl.	männlich
MAK	Maximale Arbeitsplatzkonzentration
max.	maximal
med.	medizinisch
MeOH	Methanol
Metab.	Metabolisierung
metab.	metabolisiert
MHK	Minimale Hemmkonzentration
min.	minutus (zerkleinert)
MPLC	Mitteldruckflüssigkeitschromatographie
MS	Massenspektrum, Massenspektrometrie
Mus.	Muskulatur
Nachw.	Nachweis
nat.	natürlich
n. B.	nach Bedarf
Nd.	Niederschlag
NFN	Nordiska Farmakopenämnden
NIR	Nahes Infrarot
nmiH	nicht mehr im Handel
NMR	Kernmagnetische Resonanz
norw.	norwegisch
o	ortho
o. a.	oder anderes auch, oben angegeben(e)
OHZ	Hydroxylzahl
opt.	optisch
ORD	Optische Rotationsdispersion
org.	organisch
Ox.	Oxidation
p	para
p. a.	pro analysi
PAH	Polycyclische Aromatische Kohlenwasserstoffe
par.	parenteral
p. c.	percutan
PEG	Polyethylenglycol (Macrogol)
Pet	Petrolether
pH	negativer dekadischer Logarithmus der Hydroniumionenkonzentration
phad.	pharmakodynamisch
phak.	pharmakokinetisch
pI_{50}	negativer Logarithmus derjenigen Konzentration eines Hemmstoffs, die zu einer 50%igen Hemmung führt.
p. o.	per os
pol.	polnisch
port.	portugiesisch
POZ	Peroxidzahl
ppm	Teile je Million Teile (parts per million)

prim.	primär
Pro.	Prophylaxe
PrOH	Propanol
pul.	praktisch unlöslich
pulv.	pulveratus (pulverisiert)
pur.	purus (rein)
PSC	Präparative Schichtchromatographie
q	Quartett
qual.	qualitativ
quant.	quantitativ
quart.	quartär
R	Reagenzien/Lösung europäisch (DAB 9)
Rad.	Radix (Wurzel)
RCCC	Rotating locular counter current chromatography
reag.	reagierend
Red.	Reduktion
regelm.	regelmäßig
rel.	relativ
res.	resistent
Rf	Retentionsfaktor
Rg.	Reagenz
Rhiz.	Rhizoma (Rhizom)
Rkt.	Reaktion
RN	Reagenzien/Lösung national (DAB 9)
R.S.	Konfigurationsbezeichnung nach CIP
R_{st}	R_{st}-Wert (Standard)
rum.	rumänisch
russ.	russisch
RV	Urtitersubstanz (DAB 9)
s	Singulett
s.	siehe
S.	Seite
s.a.	siehe auch
SC	Säulenchromatographie
s.c.	subcutan
schwed.	schwedisch
Sdt.	Siedetemperatur
sek.	sekundär
Sem.	Semen (Samen)
SL	Systemnummer der Stoffliste
sl	schwer löslich
sll	sehr leicht löslich
Smt.	Schmelztemperatur
SmtEut	eutektische Schmelztemperatur
s.o.	siehe oben
sog.	sogenannt
Sol.	Solutio (Lösung)
sol.	solutus (gelöst)
span.	spanisch
Spec.	Species (Teemischung)
spez.	spezifisch
ssl	sehr schwer löslich
ssp.	Subspecies
Stip.	Stipites (Stiele)
Stoffw.	Stoffwechsel
s.u.	siehe unten
Subl.	Sublimation
subl.	sublimatus (sublimiert)
subt.	subtilis (fein)
Supp.	Suppositorium (Zäpfchen)
Sym.	Symptom
symp.	symptomatisch
symm.	symmetrisch
Synth.	Synthese
synth.	synthetisch
Sz	Substanz
SZ	Säurezahl
t	Triplett
T	Teil(e)
Tab.	Tabelle
TD	mittlere Tagesdosis
Temp.	Temperatur
tert.	tertiär
tgl.	täglich
ther.	therapeutisch
ther. M.	therapeutische Maßnahmen
THF	Tetrahydrofuran
tierexp.	tierexperimentell
Titr.	Titration
titr.	titratus (eingestellt)
TMS	Tetramethylsilan
Tol.	Toluen (Toluol)
tox.	toxisch. toxikologisch
Toxk.	Toxikokinetik
Tr.	Tropfen
tsch.	tschechisch
türk.	türkisch
UA	Unverseifbare Anteile
u.a.	und andere, unter anderem
Übpf.	Überempfindlichkeit
ung.	ungarisch
Ungt.	Unguentum (Salbe)
unk.	unkompliziert
USAN	United States Adopted Names
usw.	und so weiter
u.U.	unter Umständen
UV	ultraviolett
UW	unerwünschte Wirkungen
Vak.	Vakuum
Verb.	Verbindung
verd.	verdünnt
Verg.	Vergiftung
Verm.	Verminderung
Vert.	Verteiler
Verw.	Verwendung
vet.	veterinärmedizinisch
vgl.	vergleiche
VgS.	Vergiftungssymptom(e)
Vis	sichtbares Licht
Vol.	Volumen
vomed.	volksmedizinisch
Vork.	Vorkommen
Vorschr.	Vorschrift
VVol.	Verteilungsvolumen
weibl.	weiblich
WHO	Weltgesundheitsorganisation
WKM	Wirkmechanismen
wl	wenig löslich
Wst.	Wirkstoff
z.B.	zum Beispiel
Zers.	Zersetzung
zit.	zitiert
ZNS	Zentralnervensystem
z.T.	zum Teil
Zul.-Nr.	Zulassungsnummer
Zus.	Zusammensetzung
zus.	zusammen

Standardliteratur und verbindliche Kürzel

AB-DDR	Minister für Gesundheitswesen der DDR (1987). Arzneibuch der DDR. 2. Ausgabe. Akademie-Verlag, Berlin
Ana	Florey K (Hrsg.) (1972–1986) Analytical Profiles of Drug Substances Bd. 1–15, 1. Aufl., Academic Press, New York London
APr	Dinnendahl V. Fricke U (1982) Arzneistoffprofile Bd. 1–5. 1. Aufl. mit 5 Ergänzungslieferungen 1983–87. Govi-Verlag GmbH Pharmazeutischer Verlag, Frankfurt/Main
Arg 66	Famacopea Argentina 1966
Arg 78	Farmacopea Nacional Argentina, Edicion 6, 1978
BAz	Bundesanzeiger, herausgegeben vom Bundesminister der Justiz
Belg VI	Pharmacopée Belge VI (1982), J. Duculot-Gembloux
Belg IV	Pharmacopée Belge IV (1930) und Nachträge bis 1953, F. & N. Dantinne, Strée
Belg V	Pharmacopée Belge V (1962–1968), Bd. 1–3 und Nachträge
BHP 83	British Herbal Medicine Association (1983) British Herbal Pharmacopoeia. Megaron Press. Bournemouth
BHP 90	British Herbal Medicine Association (1990) British Herbal Pharmacopoeia
BP 68	British Pharmacopoeia XI (1968) und Nachtrag 1971, The Pharmaceutical Press, London
BP 88	British Pharmacopoeia XLI (1988), Her Majesty's Stationary Office, London
BPC 73 [68, 63, 59, 54, 49, 34]	British Pharmaceutical Codex X (1973) [IX (1986), VIII (1963), VII (1959), VI (1954), V (1949), IV (1934)]
BPC 79	The Pharmaceutical Codex (1979), The Pharmaceutical Press, London
BPVet	British Pharmacopoeia (Veterinary) und Nachträge (1977)
Brasil 1	Farmacopeia dos Estados Unidos do Brasil (1926)
Brasil 2	Farmacopeia dos Estados Unidos do Brasil (1959)
Brasil 3	Farmacopeia dos Estados Unidos do Brasil (1976)
BVetC53	British Veterinary Codex (1953)
CF 49	Codex Français = Pharmacopoea Gallica = Pharmacopée Française VII (1949)
CF 65	s. PF VIII
CFT	Benigni R, Capra C, Cattorini PE (1962) Piante Medicinali, Chimica, Farmacologia e Terapia. Inverni& Della Beffa. Mailand
ChinPIX	The Pharmacopoeia Commission of PRC (1988) Pharmacopeia of the People's Medical Publishing House, Beijing
CRC	Duke IA (1986) CRC-Handbook of Medicinal Herbs, 3. Print, CRC-Press. Boca Raton
CsL 2	Pharmacopoea Bohemoslovenica II (1954) und Nachtrag
CsL 3	Pharmacopoea Bohemoslovenica III (1970) und Nachtrag (1976)
DAB 6	Deutsches Arzneibuch 6. Ausgabe (1926) und Nachträge, R. v. Deckers Verlag, G. Schenck, Berlin
DAB 7	Deutsches Arzneibuch 7. Ausgabe (1968) und Nachträge, Deutscher Apotheker-Verlag, Stuttgart, Govi-Verlag GmbH, Frankfurt/Main
DAB 8	Deutsches Arzneibuch 8. Ausgabe (1978) und Nachträge, Deutscher Apotheker Verlag, Stuttgart, Govi-Verlag GmbH, Frankfurt/Main
DAB 9	Deutsches Arzneibuch 9. Ausgabe (1986) Wissenschaftliche Verlagsgesellschaft, Stuttgart, Govi-Verlag GmbH, Frankfurt/Main
DAB 9 N 1	1. Nachtrag 1989 zum Deutschen Arzneibuch 9. Ausgabe 1986. Wissenschaftliche Verlagsgesellschaft, Stuttgart, Govi-Verlag GmbH, Frankfurt/Main
DAB 9 N 2	2. Nachtrag 1990 zum Deutschen Arzneibuch 9. Ausgabe 1986. Wissenschaftliche Verlagsgesellschaft, Stuttgart, Govi-Verlag GmbH, Frankfurt/Main
DAB 10	Deutsches Arzneibuch 10. Ausgabe (1991) Deutscher Apotheker Verlag, Govi-Verlag GmbH, Frankfurt/Main
DAC 79	Arbeitsgemeinschaft der Berufsvertretungen Deutscher Apotheker (Hrsg.) (1979) Deutscher Arzneimittel-Codex (und Ergänzungslieferungen), Govi-Verlag, Pharmazeutischer Verlag, Frankfurt/Main, Deutscher Apotheker Verlag, Stuttgart
DAC 86	Bundesvereinigung Deutscher Apothekerverbände (1986), Deutscher Arzneimittel-Codex 1986 mit Ergänzungen, Deutscher Apotheker Ver-

lag, Stuttgart, Govi-Verlag, Frankfurt/ Main

Dan IX — Pharmacopoea Danica IX (1948) und Nachträge

Disp Dan — Dispensatorium Danicum (1963) und alle Nachträge bis 1973, Hrsg. von Danmark, Farmakopekommissionen, Kopenhagen Busck

EB 6 — Ergänzungsbuch zum Deutschen Arzneibuch, 6. Ausg. (1941), Dr. Hans Hösel, Deutscher Apotheker Verlag, Berlin

Egypt 84 — Egyptian Pharmacopoeia 1984

FEu — Tutin TG, Heywood VH, Burges NA, Valentine DH, Waleters SM, Webb DA (Hrsg.) (1964–1980) Flora Europaea Vol. I–V, At the University Press, Cambridge

FN Belg V — The Belgian National Formulary V (1977)

FNFr — Formulaire Nationale de France I (1974) und Ergänzungsband (1976)

GHo — Treibs W (Hrsg.), Gildemeister E, Hoffmann F (1956–1968) Die ätherischen Öle Bd. 1–8, 4. Aufl., Akademie Verlag, Berlin

HAB 1 — Homöopathisches Arzneibuch, 1. Ausgabe (1978), 1.–4. Nachtrag (1985), Deutscher Apotheker Verlag, Stuttgart, Govi-Verlag, Frankfurt/ Main

HAB 34 — Homöopathisches Arzneibuch (1934), Verlag Dr. Willmar Schwabe, Berlin

Hag — List PH, Hörhammer L (Hrsg.) (1977) Hagers Handbuch der Pharmazeutischen Praxis, 4. Aufl., Bd. 1–8, Springer-Verlag, Berlin Heidelberg New York

Heg — Conert HJ, Jäger EJ, Kadereit JW, Schultze-Motel W, Wagenitz G, Weber HE (Hrsg.) (1964–1992) Gustav Hegi Illustrierte Flora von Mitteleuropa, Bände I–VI, 2. u. 3. Aufl., Paul Parey, Berlin Hamburg

Helv V — Pharmacopoea Helvetica V (1933) und Nachträge

Helv VI — Pharmacopoea Helvetica VI (1971) und Nachträge, Eidgenössische Drucksachen- und Materialzentrale, Bern

Helv VII — Pharmacopoea Helvetica VII (1987), Eidgenössische Drucksachen- und Materialzentrale, Bern

Hgn — Hegnauer R (1962–1992) Chemotaxonomie der Pflanzen, Bd. I–X, Birkhäuser Verlag, Basel Stuttgart

Hisp IX — Farmacopea Oficial Espanola IX (1954)

Hop — Hoppe HA (1975–1987) Drogenkunde Vol. 1–3, 8. Aufl., W. de Gruyter Verlag, Berlin New York

HPUS 78 — Homoeopathic Pharmacopeia of the United States VIII (1978) mit Supplement A (1982)

Hung VII — Lang B (Hrsg.) (1986) Pharmacopea Hungarica VII, Akademiai kiado, Budapest

IndP 55 — Pharmacopoeia of India I (1955)

IndP 66 — Ministry of Health (1966) Pharmacopoeia of India II, The manager of publications, Delhi

IndP 85 — Ministry of Health&Family Welfare (1985), Pharmacopoeia of India III, Publications&Information Directorate (CSIR), New Dehli

IndPC 53 — Mukerji B (1953) The Indian Pharmaceutical Codex, Council of Scientific & Industrial Research, New Delhi

Ital 6 — Farmacopea Ufficiale del Regno d'Italia VI (1940), Istituto poligrafico dello stato, Rom

Ital 7 — Farmacopea Ufficiale della Repubblica Italiana VII (1965), Istituto poligrafico dello stato P. V., Rom

Ital 8 — Farmacopea Ufficiale della Repubblica Italiana VIII (1972), Bd. 1–3, Istituto poligrafico dello stato P. V., Rom

Ital 9 — Farmacopea Ufficiale della Repubblica Italiane IX (1985), Instituto poligrafico e zecca dello stato, Rom

Jap XI — The Pharmacopeia of Japan 11th Edition (1986) The Society of Japanese Pharmacopoeia, Jakuji Nippo, Ltd., Tokyo

Jug IV — Pharmacopoea Jugoslavica IV (1984)

Kar 58 — Karrer W (1958) Konstitution und Vorkommen der organischen Pflanzenstoffe – exclusive Alkaloide, Birkhäuser Verlag, Basel Stuttgart

Kar 81 — Karrer W, Huerlimann H, Cherbuliez E (1981–1985) Konstitution und Vorkommen der organischen Pflanzenstoffe exclusive Alkaloide Erg. Band, Teile 1 und 2, Birkhäuser Verlag, Basel Stuttgart

Kir — Kirk RE, Othmer DF (1978–1984) Encyclopedia of Chemical Technology, Bd. 1–25, 3. Aufl., Interscience Publ. (John Wiley&Sons Inc.), New York

Kle 82 — Kleemann A, Engel J (1982) Pharmazeutische Wirkstoffe: Synthesen, Patente, Anwendungen, 2. Aufl., Georg Thieme Verlag, Stuttgart New York

Kle 87 — Kleemann A, Engel J (1987) Pharmazeutische Wirkstoffe: Synthesen, Patente, Anwendungen, Ergänzungsband 1982–1987, 1. Aufl., Georg Thieme Verlag, Stuttgart New York

Kol — Kolthoff IM, Elving PJ (Hrsg.) (1959–1980). Treatise in Analytical Chemistry, Interscience Publishers Inc., New York

Kom — Hartke K, Mutschler E (Hrsg.) (1986) Kommentar zum Deutschen Arzneibuch 9. Ausg., Bd. 1–3, Wissenschaftliche Verlagsgesellschaft, Stuttgart

LBö — Landolt-Börnstein (1961–1986) Zahlenwerte und Funktionen aus Naturwissenschaften und Technik (Gruppe 1: Vol. 1–9, Gruppe 2: Vol. 1–17. Gruppe 3: Vol. 1–22, Gruppe 4: Vol. 1–5, Gruppe 5: Vol. 1–4, Gruppe 6:

	Vol. 1–2), Springer-Verlag, Berlin Heidelberg New York
LHi	Fiedler HP (1979) Lexikon der Hilfsstoffe, 3. Aufl., Editio Cantor, Aulendorf
MAK	Henschler D (Hrsg.) (1972–1988) Gesundheitsschädliche Arbeitsstoffe. Toxikologisch-arbeitsmedizinische Begründung von MAK-Werten, Verlag Chemie, Weinheim
Man	Manske RHF, Rodrigo RGA, Brossi A (Hrsg.) (1950–1988) The Alkaloids Vol. 1–33. Academic Press, San Diego New York Berkeley Boston London Sydney Tokio Toronto
Mar 28	Reynolds JEF (Hrsg.) Martindale (1982) The Extra Pharmacopoeia, 28. Edition, The Pharmaceutical Press, London
Mar 29	Reynolds JEF (Hrsg.) Martindale (1989) The Extra Pharmacopoeia. 29. Edition. The Pharmaceutical Press, London
MB	MB Formulary (1959). Apotekarsocietetens Förlag, Stockholm
MC	De Stevens G (Hrsg.) (1963–1985) Medicinal Chemistry Vol. 1–20, Academic Press, New York London
Mex P 52	Farmacopea Nacional de los Estados Unidos Mexicanos (1952)
MI	Budavari S, The Merck Index (1989) 11. Auflage, Merck&Co. Inc., Rahway New Jersey
Ned 5	Nederlandse Pharmacopee V (1926)
Ned 6	Nederlandse Pharmacopee VI (1958), Staatsdrukkerij – en uitgeverijbedrijf, 's-Gravenhage
Ned 7	Nederlandse Farmacopee VII (1971), Staatsuitgeverij, 's-Gravenhage
Ned 9	Nederlandse Farmacopee IX (1983–87), staatsuitgeverij/'s-gravenhage
NF XIV [XIII, XII, XI, X]	American Pharmaceutical Association (1975) [(1970, (1965), (1960), (1955)] National Formulary XIV [XIII, XII, XI, X]
NF XV ff.	vereinigt mit USP XX ff., s. dort
Nord 63	Pharmacopoea Nordica, Editio Danica III (1963), Nyt Nordisk Forlag Arnold Busck, Kopenhagen
Nord IV	Pharmacopoea Nordica. Editio Danica, IV (1975), Udgivet i medfor af lov om apothekervaesenet. Kopenhagen, und Ergänzungsbände
Norv V	Pharmacopoea Novegica V (1939)
ÖAB 9	Österreichisches Arzneibuch 9. Ausgabe (1960), Bd. 1–2, Österreichische Staatsdruckerei, Wien
ÖAB 81	Österreichisches Arzneibuch (1981), Bd 1–2, Österreichische Staatsdruckerei, Wien
ÖAB 90	Österreichisches Arzneibuch (1990) und 1. Nachtrag, Verlag der Österreichischen Staatsdruckerei, Wien
Pen	Penso G (1983) Index plantarum medicinalium totius mundi eorumque synonymorum, O. E. M. F., Mailand
PF VIII	Pharmacopée Française = Codex Français VIII (1965)
PF IX	Pharmacopée Française IX (1973)
PF X	La Commission Nationale de Pharmacopée (1988), Pharmacopée Française X. L' Adrapharm, Paris, und Supplements
PhEur	Europäisches Arzneibuch, 2. Ausgabe
PI Ed I/1	Pharmacopoea Internationalis I (1955), Internationales Arzneibuch, Bd. 1, Wissenschaftliche Verlagsgesellschaft mbH, Stuttgart
PI Ed I/2	Pharmacopoea Internationalis I (1957), Internationales Arzneibuch, Bd. 2, Wissenschaftliche Verlagsgesellschaft mbH, Stuttgart
PI Ed II	Pharmacopoea Internationalis II (1967)
PI 1	WHO (1979) Pharmacopoea Internationalis, Vol. 1, Berger-Levrault, Frankreich
PI 2	WHO (1981) Pharmacopoea Internationalis, Vol. 2, Presses Centrales, Schweiz
PI 3	WHO (1988), Pharmacopoea Internationalis, Vol. 3, Presses Centrales, Schweiz
Pol IV	Farmakopea Polska IV (1965)
Portug 35	Pharmacopeia Portuguesa (1935)
Portug 46	Farmacopeia Portuguesa VI (1946) und Ergänzungsbände 1961 und 1967
Pro	Prous JR (Hrsg.) (1976–1988) Drugs of the Future Vol. 1–13, JR Prous S. A. Publishers, Barcelona
RoD	Roth L, Daunderer M (Hrsg.) (1985) Gifte, Krebserzeugende gesundheitsschädliche und reizende Stoffe, Ordner 1–4, Ecomed-Verlag, Moderne Industrie, München
Rom IX	Farmacopeea Romana, Editia A, IX-A (1976), Editura medicala
Ross 9	Gosudarstwiennaja Farmakopoea IX SSSR, Nationale Pharmakopöe Nr. 9 der UdSSR
Ross 10	Gosudarstwiennaja Farmakopoea X SSSR, Nationale Pharmakopöe Nr. 10 der UdSSR
SG	Bundesamt für das Gesundheitswesen, Schweizer Giftliste, Ausg. 1987, Eidgenössische Drucksachen- und Materialzentrale, Bern
Svec 46	Svenska Farmakopen XI (1946)
TurkP	Türk Farmakopesi (1974)
Ull	Bartholome E, Bickert E, Hellmann H (Hrsg.) (1972–84) Ullmanns Enzyklopädie der technischen Chemie Bd. 1–25, 4. Aufl., Verlag Chemie, Weinheim
USD 60	United States Dispensatory (1960)
USP XIX	United States Pharmacopeial Convention (1975), The United States Pharmacopeia USP XIX

USP XVIII [XVII, XVI, XI]	United States Pharmacopeial Convention (1970) [(1965), (1950), (1935–1939)] The Pharmacopeia of the United States of America USP XVIII [XVII, XVI, XI]
USP XX	United States Pharmacopeial Convention (1980), The United States Pharmacopeia USP – XXNF XV
USP XXI	United States Pharmacopeial Convention (1985), The United States Pharmacopeia USP XXI – NF XVI
USP XXII	United States Pharmacopeial Convention (1989), The United States Pharmacopeia USP XXII – NF XVII
Wst	Weast RC, Selby SM (1987/88) CRC-Handbook of Chemistry and Physics, 68. Ed., The Chemical Rubber Co., Cleveland Ohio
Zan	Zander R, Encke F, Buchheim G, Seybold S (1984), Handwörterbuch der Pflanzennamen, 13. Aufl., Eugen Ulmer, Stuttgart
Zem	Herz W, Griesebach H, Kirby GW, Tamm Ch (Hrsg.) (1938–1989) Zechmeister L, Fortschritte der Chemie organischer Naturstoffe, Bände 1–54, Springer-Verlag, Heidelberg

Physikalische Größen

Größe	Zeichen
Absorption	$A^{1\%}_{1\,\mathrm{cm}}$
– spezifische	
Absorption, Koeffizient	
– dekadischer	$\alpha(\lambda)$
– molarer dekadischer	$\kappa(\lambda)$
Absorptionsvermögen	A, D_i
Aktivität	a
Aktivitätseffizient	f
Arbeit	w, W
Avogadro-Konstante	L, N_A
Beschleunigung	a
Boltzmann-Konstante	R
Brechzahl	n
Chemische Verschiebung	δ
Chemisches Potential	μ
Dichte	ρ
– relative	d
Dielektrizitätskonstante (Permittivität)	ε
Dielektrizitätszahl (Permittivitätszahl)	ε_r
Diffusionskoeffizient	D
Druck	p
elektr. Dipolmoment	p_e
elektr. Leitfähigkeit	γ
elektr. Feldkonstante	ε_o
elektr. Feldstärke	E
elektr. Ladung	Q
elektr. Oberflächenpotential	χ
elektr. Potential	
– äußeres	ψ
– inneres	V, Φ
elektr. Spannung	U
elektr. Widerstand	R
elektrochem. Durchtrittsfaktor	α
elektrochem. Potential	μ
elektromot. Kraft	E
elektrokin. Potential (Zetapotential)	ζ
Energie	w, W
– innere	U
– freie	A
– kinetische	E_{kin}
– potentielle	E_{pot}
Enthalpie	
– freie	H
– spezifische	G
Entropie	
– molare	S
Fallbeschleunigung	g_u
Faraday Konstante	F

Größe	Zeichen
Fläche	A
Frequenz	f, ν
Geschwindigkeit	υ
Geschwindigkeitsgefälle	D
Geschwindigkeitskonstante	k
Gleichgewichtskonstante	K
Impuls	p
Kapazität	C
Kraft	F
Kopplungskonstante	J
Ladungszahl	z
Länge	l
Leistung	P
Lichtgeschwindigkeit	c_o
magn. Flußdichte	B
Masse	m
Massengehalt	ω
Massenkonzentration	β
Molalität	b
molare Leitfähigkeit	Λ
Molmasse	M
Oberflächenkonzentration	Γ
Oberflächenspannung	σ, γ
Osmotischer Druck	Π
Periodendauer	T
Plancksche Konstante	h
relative Atommasse	A_r
relative Molekülmasse	M_r
Schubmodul	G
Schubspannung	τ
Stoffmenge	n
Stoffmengenkonzentration	c
stöchiometr. Faktor	ν
Stromstärke	I
Temperatur	
– Celsius-T.	t
– thermodynamische	T
Überführungszahl	t
Überspannung	η
Viskosität	
– dynamische	η
– kinematische	ν
Volumen	V
Volumenkonzentration	σ
Wellenlänge	λ
Wellenzahl	$\tilde{\nu}$
Winkelgeschwindigkeit	ω
Zeit	t

Autorenverzeichnis

Ay Dr. Rolf-Dieter Aye
Kran-Apotheke
Lünertorstraße 5
21335 Lüneburg

GB Dr. Gerd Bader
Humboldt-Universität zu Berlin
Fachbereich Pharmazie
Goethestraße 54
13086 Berlin

IB Dr. Ingeborg Bauer
Dr. Willmar Schwabe Arzneimittel
Willmar-Schwabe-Str. 4
76227 Karlsruhe

rb Prof. Dr. Rudolf Bauer
Universität Düsseldorf
Institut für Pharm. Biologie
Universitätsstr. 1
40225 Düsseldorf

BH Prof. Dr. Hans Becker
Universität des Saarlandes
Pharmakognosie u. Analyt. Phytochemie
Fachbereich 14.3
Am Stadtwald
66123 Saarbrücken

BG Dr. Gabriele Beyer
Humboldt-Universität zu Berlin
Sektion Chemie/Bereich Pharmazie
Goethestraße 54
13086 Berlin-Weißensee

WB Prof. Dr. Wolfgang Blaschek
Universität Kiel
Institut für Pharmazie
Abt. Pharmazeutische Biologie
Grasweg 9
24118 Kiel

Br Dr. Norbert Brand
c/o Galenika Dr. Hetterich GmbH
Gebhardtstraße 5
90765 Fürth

BS Dr. Ursula Braun-Sprakties
Wendelinusstraße 45
52134 Herzogenrath

Be Prof. Dr. Rudolf Brenneisen
Universität Bern
Pharmazeutisches Institut
Pharm. Phytochemie & Pharmakognosie
Baltzerstr. 5
CH-3012 Bern

Bs Dr. Reinhold Broese
Deutsche Homöopathie Union
Ottostraße 24
76227 Karlsruhe

Bu Prof. Dr. Artur Burger
Universität Innsbruck
Institut für Pharmakognosie
Innrain 52
A-6020 Innsbruck

Bt Dr. Joseph Burghart
Bergsonstr. 165
81245 München

NC Dr. Neera Chaurasia
Am Sonnenhof 12
97976 Würzburg

Ch Dr. Walter Cholcha
Am Birkenwäldchen 21
25469 Halstenbek

Ei Dr. Udo Eilert
Techn. Univ. Carolo Wilhelmina
Institut für Pharm. Biologie
Mendelssohnstraße 1
38106 Braunschweig

En Dr. Diether Ennet
Wisbyer Str. 3
10439 Berlin

Fl Apotheker Wolfgang Ferstl
Thierschplatz 4a
80538 München

EF Dr. Edda Fiegert
Warthestraße 27
81927 München

Ge Dr. Frauke Gaedcke
c/o H. Finzelberg's
Nachf. GmbH & Co. KG
Koblenzer Straße 48–54
5470 Andernach

Gn Dr. Beatrice Gehrmann
Thalia-Apotheke
Gerhard-Hauptmann-Platz 46
20095 Hamburg

Go Dr. Karem Gomaa
Karl-Theodor-Straße 97
80796 München

PG Prof. Dr. Piotr Gorecki
Institut für Heilpflanzenforschung
Libelta 27
PL-61707 Poznan

MG Dr. Meinhard W. Grubert
Johannes-Gutenberg-Universität
Institut für Pharmazie
Saarstraße 21
55122 Mainz

GH Prof. Dr. Götz Harnischfeger
Breiter Weg 15
38640 Goslar

hH Hans-Jörg Helmlin
Universität Bern
Pharmazeutisches Institut
Pharm. Phytochemie & Pharmakognosie
Baltzerstraße 5
CH-3012 Bern

HG Dr. Günter Henkler
Inst. f. Arzneimittel
Seestraße 10
13353 Berlin

Hl Dr. Andreas Hensel
c/o ASTA Pharma AG
Postfach 100105
Weismüllerstraße 45
60314 Frankfurt

Hu Priv.-Doz. Dr. Günther Heubl
Kirchstraße 32a
82054 Sauerlach

AH Prof. Dr. Alois Hiermann
Institut für Pharmakognosie
Universitätsplatz 4
A-8010 Graz

Hi Prof. Dr. Karl Hiller
Humboldt-Universität
Chemie WB Pharmazie
Goethestraße 54
13086 Berlin

HB Dr. Kerstin Hoffmann-Bohm
Emmeringer Str. 37
82275 Emmering

Ho Dr. Bertold Hohmann
Institut für Angewandte Botanik
Marseiller Str. 7
20355 Hamburg

WH Dr. Wolfgang Holz
Iserstraße 78
14513 Teltow

Hö Prof. Dr. Josef Hölzl
Philipps-Universität Marburg/Lahn
Inst. f. Pharmazeutische Biologie
Deutschhausstr. 17½
35037 Marburg/Lahn

KH Dr. Karl-Heinrich Horz
Aartal-Apotheke
Friedhofstraße 4
35745 Herborn-Seelbach

Ic Dr. Otto Isaac
Liesingstraße 8
63457 Hanau (Großauheim)

Ja Dr. Christine Jerga
Schwanenstraße 80
42697 Solingen

WJ Dr. Wiltrud Juretzek
Dr. Willmar Schwabe Arzneimittel
Willmar-Schwabe-Str. 4
76227 Karlsruhe

Ka Prof. Dr. Theodor Kartnig
Institut für Pharmakognosie
Universitätsplatz 4/1
A-8010 Graz

Kh Prof. Dr. Heinrich P. Koch
Universität Wien
Institut f. Pharm. Chemie
Währinger Str. 10
A-1090 Wien

Kr Dr. Hildegard Koehler
Universität Regensburg
Pharmazeutische Biologie
Universitätsstraße 31
93053 Regensburg

LK Prof. Dr. Ljubomir Kraus
Universität Hamburg
Institut für Angewandte Botanik
Abteilung Pharmakognosie
Bundesstraße 43
20146 Hamburg

WK Priv.-Doz. Dr. Wolfgang Kreis
Universität Tübingen
Pharmazeutisches Institut
Auf der Morgenstelle 8
72076 Tübingen

LP Dr. Elke Leng-Peschlow
Kieskauler Weg 67
51109 Köln

RL Dr. Reinhard Liersch
c/o Madaus AG
Ostmerheimer Straße 198
51109 Köln

UL Dr. Ulrike Lindequist
Ernst-Moritz-Arndt-Universität
Greifswald
Institut für Pharm. Biologie
Jahnstraße 15 a
38640 Greifswald

Mr Dr. Ernst Mechler
Beim Herbstenhof 29
72076 Tübingen

BM Prof. Dr. Beat Meier
Zeller AG
Pflanzliche Heilmittel
Seeblickstr. 4
CH-8590 Romanshorn

MM Apothekerin Marianne Meier-Liebi
Pharma-Beratung
Harossenstr. 2 a
CH-8311 Brütten

Mn Dr. Hans-Georg Menßen
Akazienweg 3
50126 Bergheim/Erft

IM Dr. Irmgard Merfort
Institut für Pharm. Biologie
Gebäude 26.23
Universitätsstraße 1
40225 Düsseldorf

HM Dr. Holger Miething
Klosterfrau Berlin GmbH
Motzenerstraße 41
12277 Berlin

SM Leb.-chemikerin Sabine Moeck
Fronhoferstr. 9
12165 Berlin

Mu Dr. Sabine Mundt
Ernst-Moritz-Arndt-Universität
Greifswald
Institut für Pharm. Biologie
Jahnstraße 15 a
38640 Greifswald

mv Dr. Kerstin Münzing-Vasirian
Pater-Rupert-Mayerstr. 1
82049 Pullach im Isartal

No Siegfried Noster
c/o Messmer Tee
Messmerstraße 29
97508 Grettstadt

On Dr. Norbert Ohem
Philipps-Universität Marburg/Lahn
Inst. f. Pharmazeutische Biologie
Deutschhausstraße 17½
35037 Marburg/Lahn

Pa Dr. Dietrich Paper
Pharmazeutische Biologie
Universität Regensburg
Universitätsstraße 31
93053 Regensburg

Rg Prof. Dr. Jürgen Reichling
Inst. f. Pharm. Biologie
Im Neuenheimer Feld 364
69120 Heidelberg

Sz Dr. Winfried Schilz
c/o Birkenweg Pharm. Fabrik GmbH
Werk Birkenweg
Birkenweg 3
63801 Kleinostheim/Main

SH Apothekerin Hildegard Schleinitz
Rhône-Poulenc Rorer GmbH
Nattermannallee 1
50829 Köln

Sr Dr. Ernst Schneider
c/o Salus-Haus
Bahnhofstraße 24
83052 Bruckmühl (Obb.)

ES Dr. Eberhard Scholz
Albert-Ludwigs-Universität
Inst. f. Pharm. Biologie
Schänzlestr. 1
79104 Freiburg

TS Dr. Thomas Schöpke
Humboldt-Universität zu Berlin
Sektion Chemie/Bereich Pharmazie
Goethestraße 54
13086 Berlin-Weißensee

SV Prof. Dr. Volker Schulz
c/o Lichtwer Pharma
Wallenroderstraße 8–10
13435 Berlin

hs Heidi Schütt
Philipps-Universität Marburg/Lahn
Inst. f. Pharm. Biologie
Deutschhausstr. 17$^1/_2$
35037 Marburg/Lahn

Sa Dipl.-Leb. chem. Hildegund Schwarze
Inst. f. Arzneimittel
Seestraße 10
13353 Berlin

Sc Dipl.-Biol. Sabine Schweins
Dr. Poehlmann & Co. GmbH
Pharmazeutische Fabrik
Abt. f. Biologische Forschung
Loerfeldstraße 20
58313 Herdecke

Sw Dr. Bettina Schwell
Rendelerstraße 20
60385 Frankfurt am Main

RS Dr. Renate Seitz
Emmeringer Straße 11
82275 Emmering

So Dr. Ulrich Sonnenborn
Dr. Poehlmann & Co. GmbH
Pharmazeutische Fabrik
Loerfeldstraße 20
58313 Herdecke

Sß Edda Spieß
Dr. Willmar Schwabe Arzneimittel
Willmar-Schwabe-Str. 4
76227 Karlsruhe

VS Priv.-Doz. Dr. Volker Ssymank
Cheruskerstr. 15
38112 Braunschweig

Se Dr. Karin Staesche
Littenweilerstr. 40
79117 Freiburg

SB Prof. Dr. Elisabeth Stahl-Biskup
Institut für Pharmazie
Abt. Pharmazeutische Biologie
Bundesstraße 43
20146 Hamburg

Sp Dr. Hermann Stuppner
Universität Innsbruck
Inst. f. Pharmakognosie
Innrain 52
A-6020 Innsbruck

ET Prof. Dr. Eberhard Teuscher
Ernst-Moritz-Arndt-Universität
Greifswald
Institut für Pharm. Biologie
Jahnstraße 15 a
17489 Greifswald

MV Dr. Markus Veit
An der Stadtmauer 1 a
97084 Würzburg-Heidingsfeld

aw Dr. Axel Wiebrecht
Institut für Arzneimittel
Seestraße 10
13353 Berlin

MW Prof. Dr. Michael Wink
Ruprecht-Karls-Universität
Inst. f. Pharm. Biologie
Im Neuenheimer Feld 364
69120 Heidelberg

WG Dr. Ulrike Wissinger-Gräfenhahn
Institut für Arzneimittel
Seestraße 10
13353 Berlin

RW Dr. Rainer Wohlfart
Leistenstr. 27 a
8700 Würzburg

Ze Dr. Bernhard Zepernick
Tollensestraße 46 B
14167 Berlin

Echinacea

HN: 2034800

Familie: Asteraceae (Compositae).

Unterfamilie: Asteroideae.

Tribus: Heliantheae.

Subtribus: Ecliptinae.[1]
Früher war die Tribus Heliantheae nur in 15 Subtriben untergliedert und Echinacea bei den Helianthinae eingeordnet worden.[2]

Gattungsgliederung: Die Gattung Echinacea MOENCH (Syn. Brauneria NECKER) umfaßt nach der derzeit gültigen Einteilung 9 Arten, wobei von *E. angustifolia* DC. die Varietät var. *strigosa* McGREGOR und von *E. paradoxa* (NORTON) BRITTON die Varietät var. *neglecta* McGREGOR beschrieben werden.[3] In einer neueren Arbeit werden nur 4 Arten (*E. laevigata*, *E. pallida*, *E. paradoxa* und *E. purpurea*) unterschieden.[4]

Gattungsmerkmale: Meist ausdauernde Kräuter; Blätter wechselständig bis gegenständig, groß, mit rauher Oberfläche; Blütenköpfchen groß, einzeln oder in kleinen Gruppen; Hüllkelchblätter vielreihig; Spreublätter trockenhäutig oder krautig, steif, stachelspitzig, die Röhrenblüten überragend; Zungenblüten auffällig, meist steril, nicht den Spreublättern gegenüberliegend; Pappus fehlend oder stark reduziert, an der Achäne als Krönchen oder in Form kleiner Grannen ausgebildet; Blütenboden konisch oder säulenförmig aufgewölbt. Chromosomenzahlen $2n = 22$ bzw. $2n = 44$, die sich auf die Basiszahl $x = 11$ zurückführen lassen.

Verbreitung: Nordamerika, von der Golfküstenebene im Süden über die Great Plains und das Zentrale Tiefland bis zu den Großen Seen im Norden; das Areal schließt im Osten den Gebirgszug der Appalachen ein und erreicht seine Westgrenze im Bereich der Rocky Mountains. Das Mannigfaltigkeitszentrum mit der größten Artenvielfalt liegt im Bereich von Kansas, Arkansas, Oklahoma und Missouri.[5]

Inhaltsstoffgruppen: Der Ätherische-Öl-Gehalt der bisher untersuchten Arten *E. angustifolia*, *E. pallida* und *E. purpurea* ist mit Ausnahme der Echinacea-pallida-Wurzeln relativ gering.[6]
Polyacetylene kommen wie bei vielen anderen Compositen vor.[7,8] Die speziellen Formen der Ketoalkenine wurden in größerer Menge in E.-atrorubens-, E.-pallida-, E.-paradoxa- und in E.-simulata-Wurzeln nachgewiesen.[9,15]

In den oberirdischen Teilen von *E. angustifolia*, *E. pallida* und *E. purpurea* wurden Alkamide vom Typus des Dodecatetraensäureisobutylamids nachgewiesen;[10] ebenso in den Wurzeln von *E. angustifolia*,[12] *E. atrorubens*,[15] *E. laevigata*,[15] *E. paradoxa*,[14] *E. purpurea*,[11] *E. simulata*[14] und *E. tennesiensis*.[13] Speziell in den Achänen kommen Dodeca-2*E*,4*E*,8*Z*,10*E*/*Z*-tetraensäureisobutylamid sowie die Isobutylamide der Undeca-2*E*,4*Z*-dien-8,10-diinsäure, Dodeca-2*E*,4*E*,8*Z*-triensäure und der Dodeca-2*E*,4*E*-diensäure vor.[24,25]
Kaffeesäurederivate: Echinacosid wurde bisher in den Wurzeln von *E. angustifolia*,[16] *E. atrorubens*,[15] *E. pallida*,[17] *E. paradoxa*[14] und *E. simulata*[14] nachgewiesen. Cichoriensäure kommt in den oberirdischen Teilen von *E. angustifolia*, *E. pallida* und *E. purpurea* vor,[10] in den Wurzeln in großer Menge nur in *E. purpurea*.[18]
Flavonoide: In den oberirdischen Teilen der bisher diesbezüglich untersuchten Arten *E. angustifolia*, *E. pallida* und *E. purpurea* kommen Flavonoidderivate vom Typ des Quercetins und Kämpferols in freier und glykosidisch gebundener Form vor.[19]
Polysaccharide wurden bisher in den oberirdischen Teilen und Wurzeln von *E. angustifolia* und *E. purpurea* gefunden.[20]
Alkaloide: Pyrrolizidinalkaloide vom Typ des Tussilagins wurden in geringer Menge in *E. angustifolia* und *E. purpurea* nachgewiesen.[21]

Drogenliefernde Arten: *E. angustifolia*: Echinaceae angustifoliae radix, Echinacea angustifolia hom. *HAB1*, Echinacea angustifolia hom. *PFX*, Echinacea angustifolia hom. *HPUS88*; *E. pallida*: Echinaceae pallidae radix; *E. purpurea*: Echinaceae purpureae herba, Echinaceae purpureae radix, Echinacea purpurea hom. *HAB1*, Echinacea purpurea hom. *HPUS88*.

Echinacea angustifolia DC.

Synonyme: *Brauneria angustifolia* (DC.) A. Heller, *Echinacea pallida* var. *angustifolia* (DC.) Cronq.

Sonstige Bezeichnungen: Dt.: Schmalblättrige Kegelblume, Schmalblättriger Igelkopf, Schmalblättriger Sonnenhut; engl.: Black sampson, narrow leaved coneflower, niggerhead, rattle snake weed.

Systematik: Es werden die Varietäten *E. angustifolia* DC. var. *angustifolia* und *E. angustifolia* DC. var. *strigosa* McGregor unterschieden.
Im Bereich von Kansas, Nebraska, Iowa, Minnesota und North Dakota treten Formen auf, die hinsichtlich ihres Aussehens intermediär zwischen *E. angustifolia* und *E. pallida* erscheinen, so daß *E. angustifolia* nach Lit.[22] als Varietät von *E. pallida* eingestuft wurde. Es konnte jedoch nachgewiesen werden, daß diese intermediären Formen das Ergebnis einer Hybridisierung von *E. angustifolia* mit *E. atrorubens* Nutt. sind.[3] Ähnliche Hybridpopulationen, die teilweise einen tetraploiden Karyotyp (2n = 44) besitzen, sind als Varietät *E. angustifolia* DC. var. *strigosa* McGregor beschrieben.[3]

Botanische Beschreibung: Pflanze ausdauernd, 10 bis 50 cm hoch; Stengel einfach oder mehrfach verzweigt, unten glatt oder behaart, oben rauhhaarig bis höckerig-borstig; Blätter länglich-lanzettlich bis elliptisch, ganzrandig, dunkelgrün, höckerig-rauhhaarig bis höckerig-borstig; Grundblätter kurz bis langgestielt, 5 bis 27 cm lang, 1 bis 4 cm breit; untere Stengelblätter gestielt, 4 bis 15 cm lang, 0,5 bis 3,8 cm breit; obere Stengelblätter sitzend, spitz; Blütenköpfchen 1,5 bis 3 cm hoch, 1,5 bis 2,5 cm breit (ohne Zungenblüten), Hüllblätter in 3 bis 4 Reihen, lanzettlich, spitz, ganzrandig, 6 bis 11 mm lang, 2 bis 3 mm breit, höckerig-rauhhaarig bis höckerig-borstig; Zungenblüten abstehend, 2 bis 3,8 cm lang, 5 bis 8 mm breit, weiß, rosa oder purpurn; Röhrenblüten 6 bis 8,5 mm lang, Kronblattzipfel 1,2 bis 2 mm lang; Achänen 4 bis 5 mm lang, Pappus als gezähntes Krönchen erhalten; Pollen gelb, 19 bis 26 μm im Durchmesser (durchschnittlich 22,5 μm); Chromosomenzahl n = 11.[3,23]

Verwechslungen: Häufig wird *Echinacea angustifolia* mit *Echinacea pallida* verwechselt. *Echinacea angustifolia* ist in seinen morphologischen Merkmalen vor allem durch die geringe Wuchshöhe, die rauhe Behaarung und die relativ kurzen Zungenblüten gekennzeichnet. Als artspezifisches anatomisches Merkmal ist das Auftreten von sklerenchymatischen Fasern im Markgewebe des Stengels zu werten.[3,23]

Inhaltsstoffe: Die oberirdischen Pflanzenteile und die Wurzeln enthalten nur eine sehr geringe Menge (< 0,1 %) an ätherischem Öl.[6] Im ätherischen Öl der Achänen (0,15 %) ist das Vorkommen von Epishyobunol und *β*-Farnesen typisch; außerdem kommen *α*- und *β*-Pinen sowie Myrcen, Carvomenthen und Caryophyllen vor.[24,25] Im Kraut Flavonoide vom Typ des Quercetins und Kämpferols in glykosidischer und freier Form,[19] wenig Cichoriensäure, Verbascosid, Echinacosid, Chlorogensäure, Isochlorogensäure sowie Alkamide vom Typ des Dodeca-2*E*,4*E*,8*Z*,10*E*-tetraensäureisobutylamids[10] und *n*-Alkane (hauptsächlich C_{27} und C_{29}).[26] In den Blütenknospen wurden 0,8 mg % Trideca-1-en-3,5,7,9,11-pentain und 0,01 mg % Ponticaepoxid nachgewiesen.[7] Inhaltsstoffe der Wurzeln s. Echinaceae angustifoliae radix.

Verbreitung: Das Areal von *Echinacea angustifolia* liegt schwerpunktmäßig im Bereich der Great Plains, erstreckt sich von Minnesota im Norden bis Texas im Süden und bezieht auch Oklahoma, Kansas, Nebraska, Iowa, Dakota, Colorado, Wyoming, Montana, Saskatchewan und Manitoba ein. In den Arbuckle Mountains in Oklahoma findet sich isoliert das Areal der Varietät *E. angustifolia* DC. var. *strigosa* McGregor.

Anbaugebiete: *E. angustifolia* wird in den USA, der Schweiz und in Deutschland in kleinem Maßstab kultiviert, wobei die Anpflanzungen z. T. noch im Versuchsstadium stehen.

Drogen: Echinaceae angustifoliae radix, Echinacea angustifolia hom. *HAB1*, Echinacea angustifolia hom. *PFX*, Echinacea angustifolia hom. *HPUS88*.

Echinaceae angustifoliae radix (Sonnenhutwurzel)

Synonyme: Radix Echinaceae angustifoliae.

Sonstige Bezeichnungen: Dt.: Echinacea-angustifolia-Wurzel, Echinaceawurzel, Schmalblättrige Sonnenhutwurzel; engl.: Coneflower root, Kansassnake root, scurry root.

Monographiesammlungen: Echinaceae angustifoliae radix *DAB 9*.

Definition der Droge: Die getrockneten Wurzeln *DAB 9*; die im Herbst gesammelten Wurzeln.[42]

Stammpflanzen: *Echinacea angustifolia* DC.

Herkunft: Der Hauptanteil aus Wildvorkommen in Nordamerika; ein kleiner Teil aus Kulturen in Nordamerika und Europa. Der Anbau von *Echinacea angustifolia* befindet sich erst in den Anfängen.

Gewinnung: Lufttrocknung; soweit die Pflanzen kultiviert werden, kann die Wurzelernte mit einem Roder erfolgen.[27]

Ganzdroge: Ganze oder geschnittene, meist 10 bis 20 cm lange und 4 bis 20 mm dicke, zylindrische Wurzeln; teilweise spiralig gedreht und unregelmäßig verzweigt; Oberfläche rot- bis graubraun und deutlich längsgefurcht oder -gerunzelt.

Schnittdroge: *Geruch.* Schwach aromatisch.
Geschmack. Anfangs leicht säuerlich, später schwach bitter; auffällig adstringierend und speichelziehend.
Makroskopische Beschreibung. 5 bis 10 mm lange, unregelmäßig geformte Wurzelstücke mit kurzfaserigem Bruch; im Querschnitt zeigen sich eine höchstens 1 mm dicke Rinde und der von gelblichen und grauschwarzen, radialen Streifen durchzogene Holzkörper; das Grundgewebe im Zentrum ist weißlichgelb und meist kreisförmig; auffällig sind die streifenförmigen schwarzen Phytomelaneinlagerungen.[28]
Mikroskopisches Bild. Die Wurzeln sind außen von einem unregelmäßigen Abschlußgewebe begrenzt, das aus den abgestorbenen innersten Schichten der primären Rinde besteht. In den darunterliegenden Zellschichten sind Reste der Endodermis sowie Zellen der beginnenden Peridermbildung sichtbar. Charakteristisch für die sekundäre Rinde ist das Vorkommen von schizogenen Exkreträumen und zahlreichen, in Längsrichtung gestreckten, etwa 300 bis 800 µm langen, schmalen Faserbündeln. Ölbehälter treten nur außerhalb des Zentralzylinders auf. Zahlreiche, sowohl dünnwandige als auch dickwandige, spitz oder stumpf endende Sklereiden sind vorhanden, die zum Teil in eine schwarze Interzellularsubstanz (melanogene Schicht) eingebettet sind. Die Wände der Gefäße sind netzartig verdickt

	Echinacea pallida	Echinacea angustifolia	Echinacea purpurea	Parthenium integrifolium
Wurzelsystem		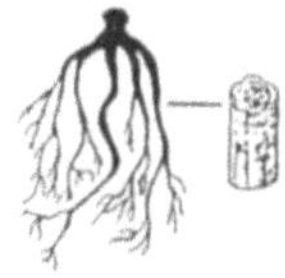		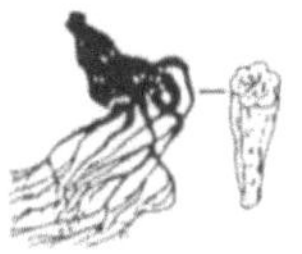
Färbung	hellbraun	hellbraun	rot-braun	schwarz
Wurzelepidermis Aufsicht	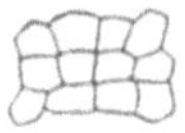	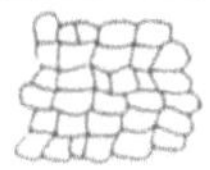	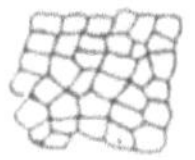	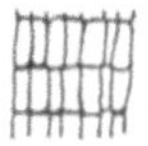
Zellgröße	40 x 80 µm	45 x 30 µm	50 x 30 µm	50 x 20 µm
Steinzellen (S) und Sklerenchymfasern (SF)	meist einzeln oder in 2-4 zelligen Gruppen	2-8 zellige Gruppen	oft fehlend oder einzeln	umfangreiche 5-30 zellige Gruppen
Länge S/SF	50-400/100-300 µm	50-150/300-800 µm	50-120/300-800 µm	50-150/200-350 µm
Ölbehälter	Rinde + Mark	Rinde	Rinde	Rinde + Mark
Phytomelanauflagerung	vorhanden	vorhanden	fehlend	vorhanden
Sklereiden im Drogenpulver	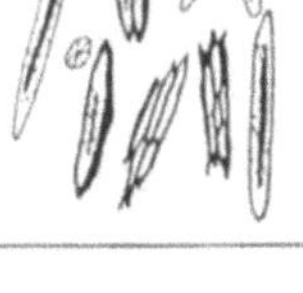		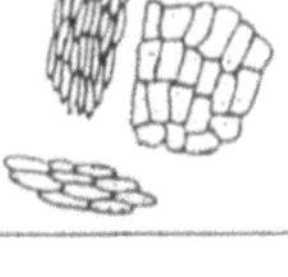	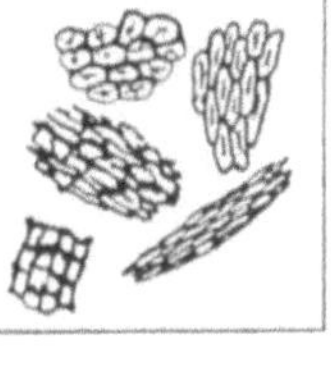

Darstellung der morphologischen und anatomischen Wurzelmerkmale sowie der diagnostisch wichtigen Gewebeteile des Drogenpulvers von *Echinacea angustifolia*, *E. pallida*, *E. purpurea* und *Parthenium integrifolium*. Aus Lit.[28]

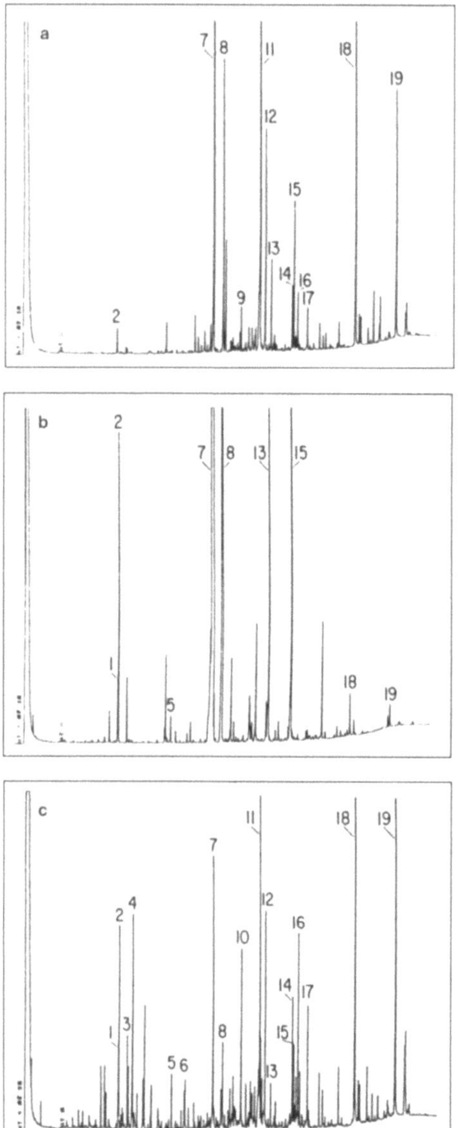

Gaschromatogramme der wasserdampfdestillierten ätherischen Öle aus Wurzeln von **a** *Echinacea angustifolia*, **b** *E. pallida* und **c** *E. purpurea*. Aus Lit.[6]
1 = 1-Pentadecen; 2 = 1,8-Pentadecadien; 3 = 1,8,11-Pentadecatrien; 4 = Germacren D; 5 = ein Tridecen-2-on; 6 = Epishyobunol; 7 = 8*Z*-Pentadecen-2-on; 8 = Pentadeca-8*Z*,11*Z*-dien-2-on; 9 = Dodeca-2,4-dien-1-ol; 10 = *O*-Cadinol (?); 11 = Dodeca-2*E*,4*E*-dien-1-ylisovalerat; 12 = ein Dodecatrienylisovalerat (?); 13 = Pentadeca-8,13-dien-11-in-2-on; 14 = Tetradeca-8-en-11,13-diin-2-on; 15,16,17 = Vertreter der Alkenylisovalerate; 18 = Palmitinsäure; 19 = Linolsäure.

oder von schräg gestellten Tüpfeln durchbrochen. In dickeren Wurzelstücken werden die Gefäße von Gruppen kurzer, spitz endender, stark getüpfelter Fasern begleitet. Die Markstrahlen bestehen aus unverholzten, farblosen Parenchymzellen, die teilweise unregelmäßig verdickt sind. Stärkekörner fehlen.[29,158]

Pulverdroge: Meist grautönig. Als typische Strukturen fallen vor allem die 300 bis 800 µm langen Faserbündel auf. Schon bei schwacher Lupenvergrößerung sind diese schwarzen fadenförmigen Strukturen im Drogenpulver zu erkennen. Am Aufbau der Bündel sind zahlreiche, schmal spindelförmige Einzelfasern beteiligt, die sehr stark und gleichmäßig mit Phytomelan imprägniert sind. Sklereiden treten nur vereinzelt auf. Die Zellen der Rhizodermis bzw. Exodermis sind fast quadratisch und 30 bis 45 µm groß und damit deutlich kleiner als jene von *Echinacea pallida*.[28]

Verfälschungen/Verwechslungen: Als Verfälschung wurden die Wurzeln von *Parthenium integrifolium* L. beobachtet. Diese lassen sich anhand ihrer anatomischen und morphologischen Merkmale[29] (s. Abb.) sowie anhand der charakteristischen Inhaltsstoffe (Zimtsäureester von Sesquiterpenalkoholen)[30] von Echinacea-Wurzeln unterscheiden.
Sehr verbreitet ist die Verwechslung von *Echinacea angustifolia* mit *Echinacea pallida*. Die Wurzeln lassen sich morphologisch relativ schwer, chemisch aber sehr leicht unterscheiden (s. Reinheit).[9,23,28]

Minderqualitäten: Nicht bekannt.

Inhaltsstoffe: *Ätherisches Öl.* Echinacea-angustifolia-Wurzeln enthalten üblicherweise weniger als 0,1 % ätherisches Öl, während Echinacea-pallida-Wurzeln 0,2 bis über 2,0 % aufweisen.[5,6]
Die Hauptkomponenten des ätherischen Öls von Echinacea-angustifolia-Wurzeln stellen Verbindungen vom Typ des Dodeca-2,4-dien-1-ylisovalerats sowie Palmitin- und Linolensäure dar, während das Öl von *Echinacea pallida* vor allem aus Ketoalkeninen besteht (s. GC-Chromatogramme). Nach Lit.[31] wurde eine weitere Hauptverbindung (44 % des Öls) als Pentadeca-1,8*Z*-dien identifiziert, eine Nebenkomponente als 1-Pentadecen. Eine weitere nach Lit.[32] aus Echinacea-angustifolia-Wurzeln (vermutlich *E. pallida*) isolierte Verbindung wurde als (*E*)-10-Hydroxy-4,10-dimethyl-4,11-dodecadien-2-on ("Echinolon") beschrieben.
Polyacetylene. 2 mg % Polyacetylene (berechnet auf lufttrockenes Material; Hinweis: Vermutlich lag *E. pallida* vor).[7] Dabei stellen Trideca-1-en-3,5,7,9,11-pentain (II) und Ponticaepoxid (IX) die Hauptverbindungen dar. Die Verbindungen sind sehr instabil. In den luftgetrockneten Wurzeln wurden < 0,01 mg % I, < 0,9 mg % II, < 0,01 mg % III, < 0,01 mg % IV, < 0,01 mg % V, 0,08 mg % IX, 0,04 mg % XII und 400 mg % XIV nachgewiesen, in den frischen Wurzeln 0,85 mg % II, < 0,01 mg % III, 0,02 mg % V, 1,0 mg % IX, < 0,01 mg % von X, XI, XII und XIII, sowie 360 mg % XIV (s. Formelübersicht).[7]

Polyacetylenverbindungen aus *Echinacea angustifolia* und *E. purpurea*

I	CH_3-CH=CH-$(C{\equiv}C)_4$-CH=CH_2
II	CH_3-$(C{\equiv}C)_5$-CH=CH_2
III	CH_3-$(C{\equiv}C)_4$-$(CH{=}CH)_2$H
IV	-CH=CH-$(C{\equiv}C)_3$-$(CH{=}CH)_2$-
V	-CH_2-$(C{\equiv}C)_3$-$(CH{=}CH)_3$H
VI	-CH=CH-$(C{\equiv}C)_4$-CH=CH-
VII	-CH=CH-$(C{\equiv}C)_4$-CH=CH-
VIII	-$(C{\equiv}C)_5$-CO ; -CH=CH-$(C{\equiv}C)_4$-$(CH{=}CH)_2$-
IX	CH_3-$(C{\equiv}C)_3$-CH=CH-CH-CH-CH=CH_2 (O)
X	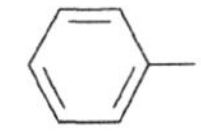 ; -$(C{\equiv}C)_2$- ; -CO-
XI	-CH=CH-$(C{\equiv}C)_2$-CH=CH-
XII	-$(C{\equiv}C)_3$-$(CH{=}CH)_2$-$OCOCH_3$
XIII	H-$(C{\equiv}C)_2$-CH=CH- ; -CO- ; -OH
XIV	CH_3-CO-$(CH_2)_5$-CH=CH-$(CH_2)_5$-CH_3

Alkamide. Laut Lit.[33,34] enthalten die Wurzeln von *Echinacea angustifolia* 0,01 % eines mehrfach ungesättigten Alkamids, Echinacein (Dodeca-2*E*,6*Z*, 8*E*,10*E*-tetraensäureisobutylamid), das allerdings später nie mehr aufgefunden werden konnte. Nach Lit.[35] in den Wurzeln von *Echinacea angustifolia* die Isobutylamide der Dodeca-2*E*,4*E*-diensäure und der Deca-2*E*,4*E*,6*E*-triensäure (Hinweis: Vermutlich wurde *Echinacea pallida* verwendet). Es wurden insgesamt 15 Alkamide identifiziert. Die Hauptverbindungen stellen die isomeren Dodeca-2*E*,4*E*,8*Z*,10*E*/*Z*-tetraensäureisobutylamide dar. Daneben sind die Isobutylamide der Undeca-2*Z*-en-8,10-diinsäure, der Dodeca-2*E*-en-8,10-diinsäure, der Undeca-2*E*-en-8,10-diinsäure, der Dodeca-2*Z*,4*Z*-diensäure, der Pentadeca-2*E*,9*Z*-dien-12, 14-diinsäure, der Trideca-2*E*,7*Z*-dien-10,12-diinsäure, der Dodeca-2*E*,4*E*-diensäure und der Hexadeca-2*E*,9*Z*-dien-12,14-diinsäure sowie die 2'-Methylbutylamide der Undeca-2*Z*-en-8,10-diinsäure und der Dodeca-2*E*-en-8,10-diinsäure enthalten.

Die Isobutylamide der Undeca-2*E*,4*Z*-dien-8,10-diinsäure, der Undeca-2*Z*,4*E*-dien-8,10-diinsäure und der Dodeca-2*E*,4*Z*-dien-8,10-diinsäure kommen in Echinacea-angustifolia-Wurzeln nur in sehr geringer Konzentration vor.[12,36,71]

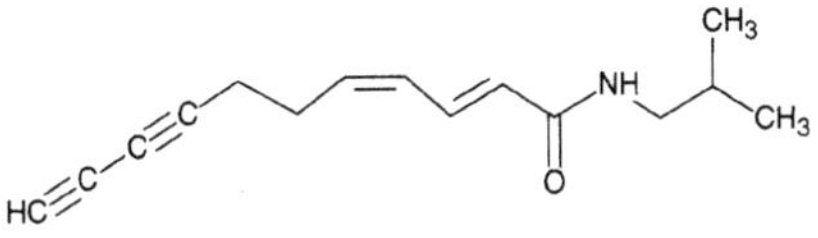

(1)

Undeca-2*E*,4*E*-dien-8,10-diinsäureisobutylamid

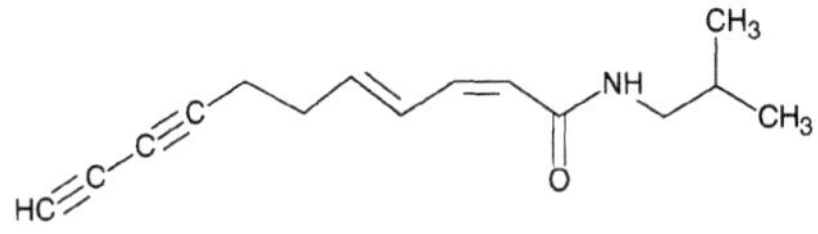

(2)

Undeca-2*Z*,4*E*-dien-8,10-diinsäureisobutylamid

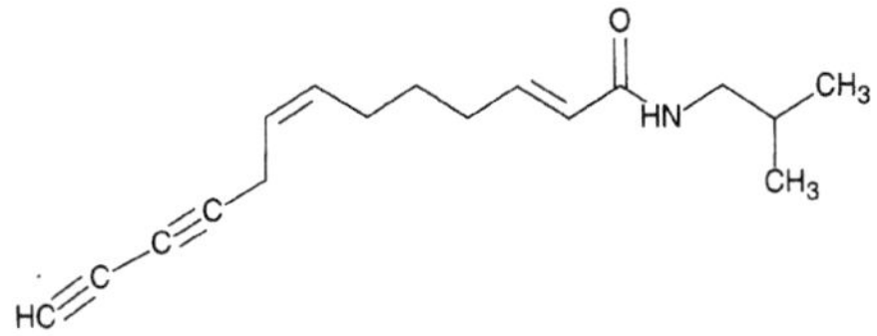

(6)

Trideca-2*E*,7*Z*-dien-10,12-diinsäureisobutylamid

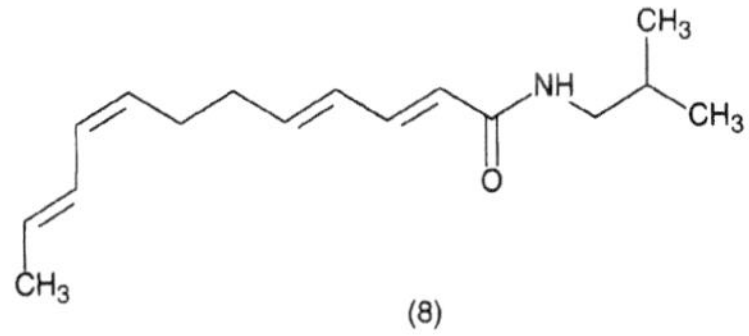

(8)

Dodeca-2*E*,4*E*,8*Z*,10*E*-tetraensäureisobutylamid

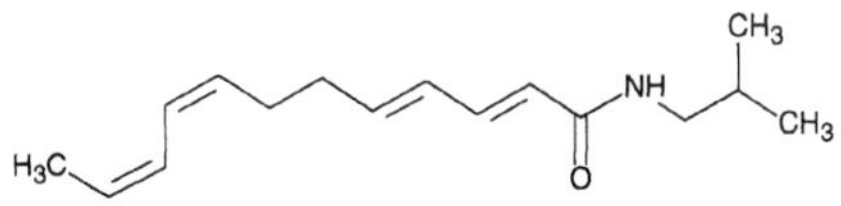

(9)

Dodeca-2*E*,4*E*,8*Z*,10*Z*-tetraensäureisobutylamid

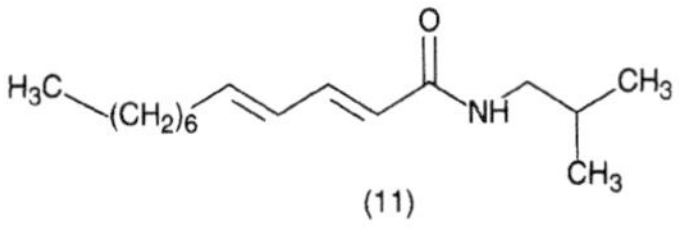

(11)

Dodeca-2*E*,4*E*-diensäureisobutylamid

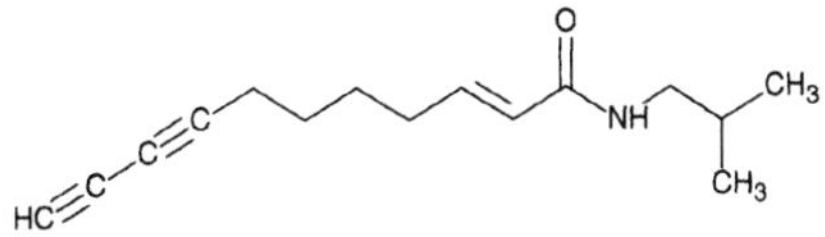

(12)

Undeca-2*E*-en-8,10-diinsäureisobutylamid

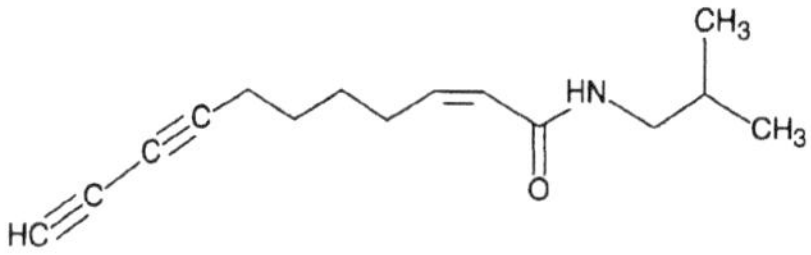

(13)

Undeca-2*Z*-en-8,10-diinsäureisobutylamid

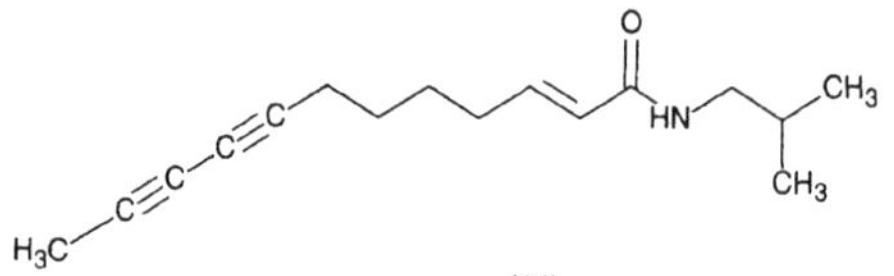

(14)

Dodeca-2*E*-en-8,10-diinsäureisobutylamid

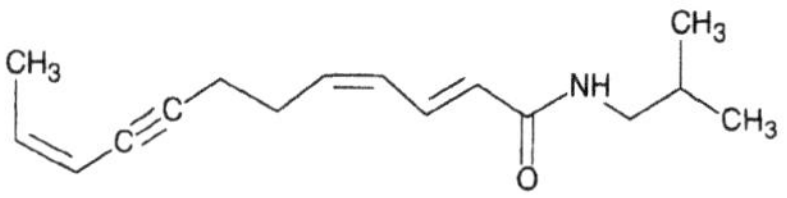

(15)

Dodeca-2*E*,4*Z*,10*Z*-trien-8-insäureisobutylamid

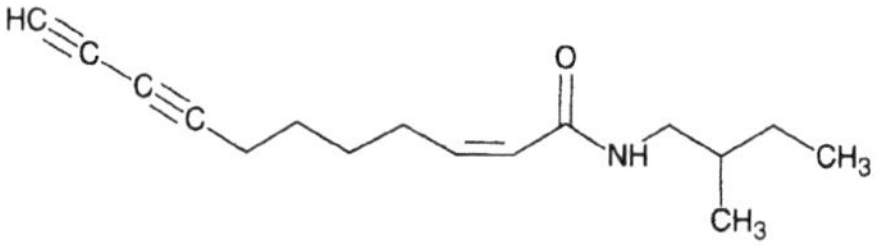

(16)

Undeca-2*Z*-en-8,10-diinsäure-2-methylbutylamid

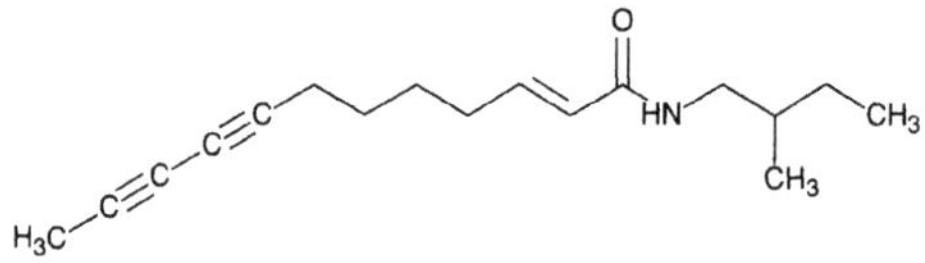

(17)

Dodeca-2*E*-en-8,10-diinsäure-2-methylbutylamid

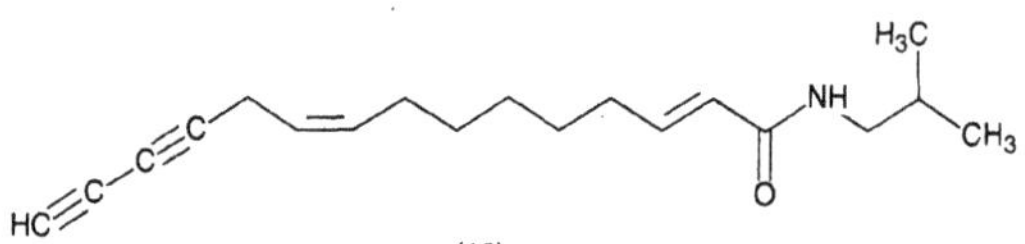

(18)

Pentadeca-2*E*,9*Z*-dien-12,14-diinsäureisobutylamid

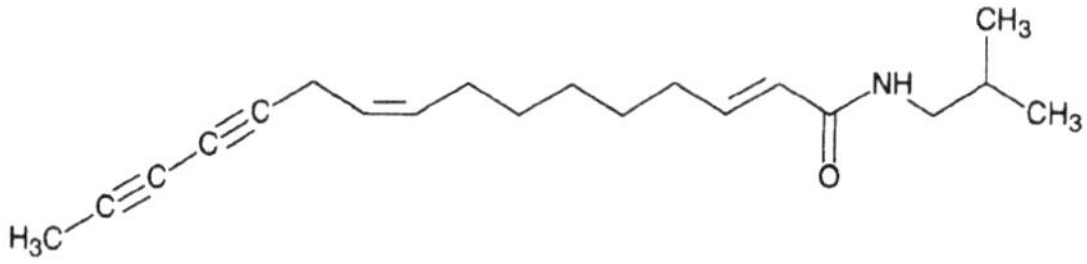

(19)

Hexadeca-2*E*,9*Z*-dien-12,14-diinsäureisobutylamid

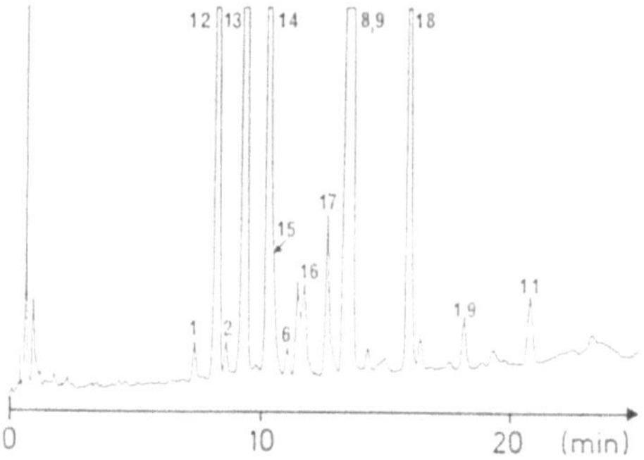

Alkamide aus Echinacea-angustifolia-Wurzeln mit HPLC-Trennung des Chloroformextraktes. Nach Lit.[157] Säule: Hibar 125-4 mit LiChrospher 100 CH-18 (2), 5 µm (Fa. Merck); Fließmittel: A = Wasser, B = Acetonitril, Gradient: 40 bis 80 % B linear in 30 min; Durchfluß: 1,0 mL/min; Detektion: 210 nm.

Kaffeesäurederivate. 0,3 bis 1,3 % Echinacosid.[16–18,37] Als charakteristischer Inhaltsstoff wurde das Chinasäurederivat Cynarin (= 1,5-*O*-Dicaffeoylchinasäure) identifiziert.[17]
Weitere stickstoffhaltige Verbindungen. Betainhydrochlorid;[38] die Pyrrolizidinalkaloide Tussilagin (0,006 %) und Isotussilagin.[21,39]

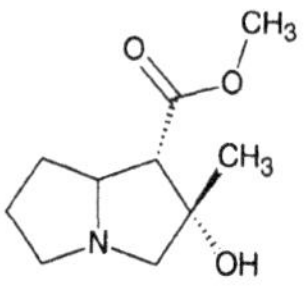

Tussilagin

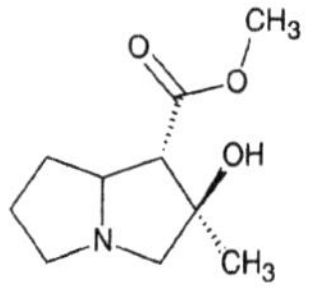

Isotussilagin

Zubereitungen: Nicht definiert.

Identität: Der im *DAB 9* angegebene DC-Nachweis von Echinacosid ist als Identitätsprüfung nicht ausreichend, da Echinacosid zwischenzeitlich in verschiedenen anderen Echinacea-Arten ebenfalls nachgeweisen wurde,[9,14,15] insbesondere in der häu-

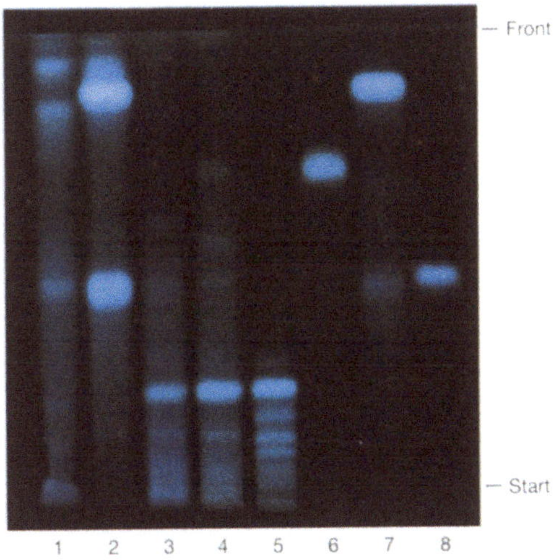

DC-Trennung der Kaffeesäurederivate aus den Wurzeln von *Echinacea angustifolia*, *E. pallida*, *E. purpurea* und *Parthenium integrifolium*. Aus Lit.[5]
Laufmittel: Ethylacetat-Ameisensäure-Eisessig-Wasser (100 + 11 + 11 + 27); Detektion: Naturstoffreagenz/PEG, UV 365 nm.
1 = *Parthenium integrifolium*; 2 = *Echinacea purpurea*; 3 = *Echinacea pallida*; 4 = *Echinacea angustifolia*; 5 = Echinacosid; 6 = Cynarin; 7 = Cichoriensäure; 8 = Chlorogensäure.

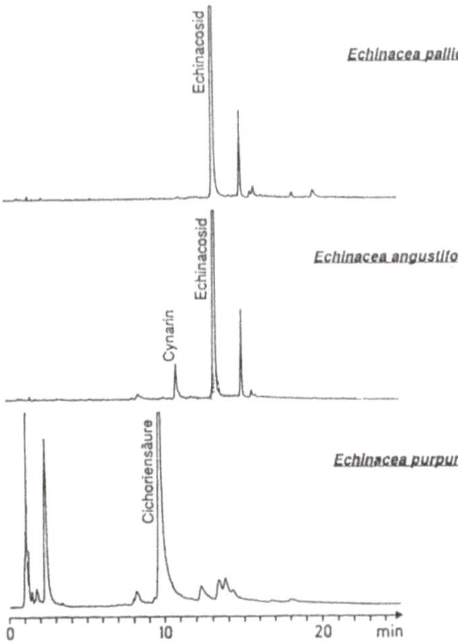

HPLC-Fingerprint der Kaffeesäurederivate von Echinacea-Wurzeln. Aus Lit.[5]
Säule: Hibar 125-4 mit LiChrospher 100 CH-18 (2), 5 µm (Fa. Merck); Fließmittel: A = Wasser + 1 % 0,1 N Phosphorsäure, B = Acetonitril + 1 % 0,1 N Phosphorsäure; Gradient: 5 bis 25 % B linear in 20 min; Durchfluß: 1,0 mL/min; Detektion: 330 nm.

fig mit *Echinacea angustifolia* verwechselten *Echinacea pallida*. Charakteristisch für *Echinacea angustifolia* ist Cynarin, das mittels DC:
- Sorptionsmittel: Kieselgel;
- FM: Ethylacetat-Ameisensäure-Eisessig-Wasser (100 + 11 + 11 + 27);
- Detektion: UV 254 nm; Naturstoffreagenz/UV 360 nm;

oder mittels HPLC:
- RP 18-Umkehrphase;
- Fließmittelgradient von 5 bis 25 % Acetonitril linear; Durchfluß: 1,0 mL/min;
- Detektion: 280 nm;

nachgewiesen werden kann.
Im Dünnschichtchromatogramm ist neben der intensiven Zone von Echinacosid (Rf 0,25) Cynarin als schwache Zone bei Rf 0,75 zu erkennen (s. Abb.).
Bei der HPLC-Trennung erscheinen die Peaks von Echinacosid und Cynarin bei einer Retentionszeit von 13 bzw. 11 min (s. Abb.).
Für die Analyse der Alkamide geeignet sind die DC:[40]
- Sorptionsmittel: Kieselgel;
- FM: Hexan-Ethylacetat (2 + 1);
- Detektion: UV 254 nm; Anisaldehyd/Schwefelsäure, Vis;

und die HPLC:
- RP 18-Umkehrphase;
- Fließmittelgradient von 40 bis 80 % Acetonitril/Wasser; Durchfluß: 1,0 mL/min;
- Detektion: 210 nm.

Im Dünnschichtchromatogramm erscheinen die Alkamide nach Detektion mit Anisaldehyd-Schwefelsäure als gelbe bzw. violette Zonen im Rf-Bereich zwischen 0,2 und 0,6 (s. Abb., s. Formelschema S. 8).
Die HPLC ermöglicht eine bessere Auftrennung, wobei durch Einsatz eines Photodioden-Array-Detektors die einzelnen Verbindungen zusätzlich durch ihre UV-Spektren charakterisiert werden können. Die Haupt-Peaks erscheinen bei Retentionszeiten zwischen 8 und 17 min (s. Abb.).

Reinheit: Prüfung auf *E. pallida* mittels DC bzw. HPLC (s. Identität). Bei der DC-Analyse der lipophilen Inhaltsstoffe dürfen die gelbbraunen Zonen bei Rf 0,9 (Ketoalkenine) nicht auftreten. In der HPLC erscheinen die Ketoalkenine von *E. pallida* bei Retentionszeiten zwischen 13 und 26 min. Prüfung auf Verfälschung mit *Parthenium integrifolium* ebenfalls mittels DC oder HPLC. Es dürfen die für *Parthenium integrifolium* charakteristischen Sesquiterpenester nicht nachweisbar sein (s. Echinaceae purpureae radix).[30]
Die Alkamide verursachen beim Kauen der Wurzeln einen säuerlichen Geschmack und ein anästhesierendes Gefühl auf der Zunge, das bei Echinacea-pallida-Wurzeln üblicherweise nicht auftritt.

Gehalt: Es sind keine Gehaltsanforderungen vorgeschrieben.

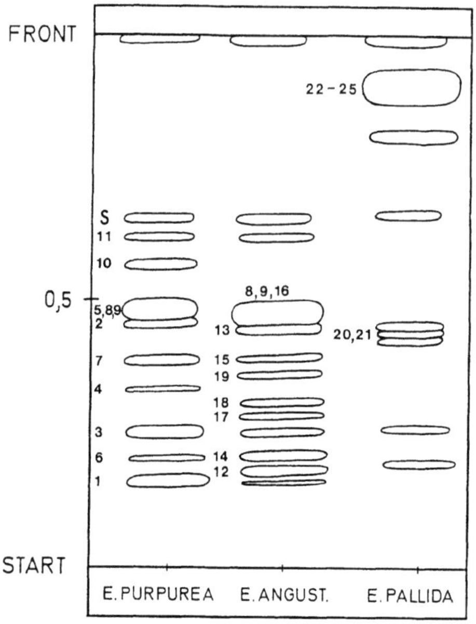

DC-Trennung der Chloroformextrakte von Echinacea-Wurzeln. Aus Lit.[40]
Laufmittel: Hexan-Ethylacetat (2 + 1); Detektion: Anisaldehyd/Schwefelsäure, Vis.
1 = Undeca-2*E*,4*Z*-dien-8,10-diinsäureisobutylamid;
2 = Undeca-2*Z*,4*E*-dien-8,10-diinsäureisobutylamid;
3 = Dodeca-2*E*,4*Z*-dien-8,10-diinsäureisobutylamid;
4 = Undeca-2*E*,4*Z*-dien-8,10-diinsäure-2'-methylbutylamid;
5 = Dodeca-2*E*,4*E*,10*E*-trien-8-insäureisobutylamid;
6 = Trideca-2*E*,7*Z*-dien-10,12-diinsäureisobutylamid;
7 = Dodeca-2*E*,4*Z*-dien-8,10-diinsäure-2-methylbutylamid;
8 = Dodeca-2*E*,4*E*,8*Z*,10*E*-tetraensäureisobutylamid;
9 = Dodeca-2*E*,4*E*,8*Z*,10*Z*-tetraensäureisobutylamid;
10 = Dodeca-2*E*,4*E*,8*Z*-triensäureisobutylamid;
11 = Dodeca-2*E*,4*E*-diensäureisobutylamid;
12 = Undeca-2*E*-en-8,10-diinsäureisobutylamid;
13 = Undeca-2*Z*-en-8,10-diinsäureisobutylamid;
14 = Dodeca-2*E*-en-8,10-diinsäureisobutylamid;
15 = Dodeca-2*E*,4*Z*,10*Z*-trien-8-insäureisobutylamid;
16 = Undeca-2*Z*-en-8,10-diinsäure-2'-methylbutylamid;
17 = Dodeca-2*E*-en-8,10-diinsäure-2'-methylbutylamid;
18 = Pentadeca-2*E*,9*Z*-dien-12,14-diinsäureisobutylamid;
19 = Hexadeca-2*E*,9*Z*-dien-12,14-diinsäureisobutylamid;
20/21 = hydroxylierte Ketoalkene und -alkine;
22–25 = Ketoalkene und -alkine; S = β-Sitosterin.

Rf-Werte und Detektionsverhalten der Inhaltsstoffe aus Echinacea-purpurea-, Echinacea-angustifolia- und Echinacea-pallida-Wurzeln bei der dünnschichtchromatographischen Trennung

Verbindung	Rf-Wert	UV 254 nm	Färbung mit Anisaldehyd / H_2SO_4
(1)	0,16	+	violett
(2)	0,46	+	violett
(3)	0,25	+	violett
(4)	0,33	+	violett
(5)	0,49	+	violett
(6)	0,21	-	gelb
(7)	0,39	+	violett
(8)	0,48	+	blau-schwarz
(9)	0,48	+	blau-schwarz
(10)	0,57	+	violett
(11)	0,62	+	violett
(12)	0,19	-	gelb
(13)	0,45	-	gelb
(14)	0,22	-	gelb
(15)	0,40	+	violett
(16)	0,50	-	gelb
(17)	0,29	-	gelb
(18)	0,32	-	gelb
(19)	0,37	-	gelb
(20) (21)	0,40	-	dunkel-grau
(22) (25)	0,91	-	gelb-braun

Gehaltsbestimmung: Die Gehaltsbestimmung von Echinacosid und der Alkamide kann mittels HPLC nach der Methode des Externen Standards erfolgen.[9,40] Die Gehaltsbestimmung von Echinacosid mittels HPLC unter Verwendung von Cynarin als Innerem Standard, wie sie verschiedentlich praktiziert wurde,[41] ist wegen des genuinen Vorkommens von Cynarin für *Echinacea angustifolia* nicht geeignet.

Lagerung: Möglichst unzerkleinert (s. Stabilität); vor Licht geschützt *DAB 9*.

Stabilität: Systematische Untersuchungen fehlen; in zerkleinertem Zustand nimmt der Gehalt an Alkamiden rasch ab.[15]

Wirkungen: Da *Echinacea angustifolia* und *Echinacea pallida* in der Vergangenheit häufig verwechselt wurden, ist bei älteren Arbeiten meist nicht mehr nachvollziehbar, ob tatsächlich *Echinacea angustifolia* verwendet wurde.

Phagocytosestimulierende Wirkung. Die Lösung des Trockenrückstandes eines Ethanolextraktes (1:10) erhöht in einer Konzentration von 10^{-3} % *in vitro* den Phagocytoseindex von Hefe an menschlichen Granulocyten um 17 %. Unterhalb einer Konzentration von 10^{-5} % war keine Wirkung mehr festzustellen. Der Trockenrückstand der Chloro-

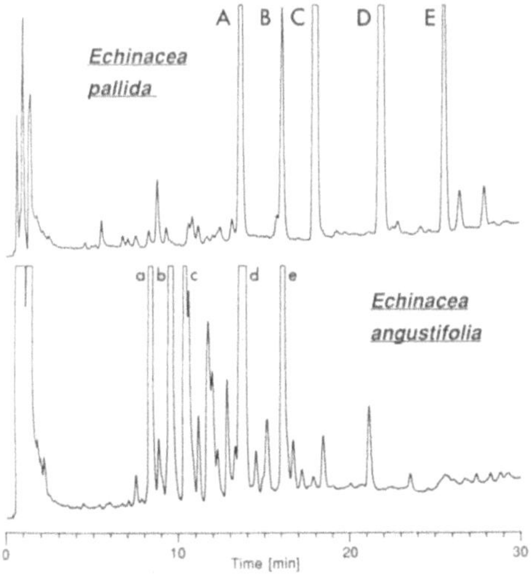

HPLC-Trennung der lipophilen Inhaltsstoffe von Echinacea-angustifolia- und E.-pallida-Wurzeln. Aus Lit.[9]
A = Tetradeca-8*Z*-en-11,13-diin-2-on; B = Pentadeca-8*Z*-en-11,13-diin-2-on; C = Pentadeca-8*Z*,13*Z*-dien-11-in-2-on; D = Pentadeca-8*Z*,11*Z*,13*E*-trien-2-on und Pentadeca-8*Z*,11*E*,13*Z*-trien-2-on; E = Pentadeca-8*Z*,11*Z*-dien-2-on; a = Undeca-2*E*-en-8,10-diinsäureisobutylamid; b = Undeca-2*Z*-en-8,10-diinsäureisobutylamid; c = Dodeca-2*E*-en-8,10-diinsäureisobutylamid; d = Dodeca-2*E*,4*E*,8*Z*,10*E*/*Z*-tetraensäureisobutylamid; e = Pentadeca-2*E*,9*Z*-dien-12,14-diinsäureisobutylamid.

formausschüttelung führt in einer Konzentration von 10^{-4}% zu einer maximalen Stimulierung von 34%.[43,44]

An Mäusen führt die p.o. Gabe von 10mL/kg KG/Tag einer Lösung von 0,5mL des Ethanolextraktes in 30mL physiologischer Kochsalzlösung, über 2Tage, zu einer gegenüber den Kontrollen signifikant erhöhten Phagocytoserate (Faktor 1,7) von am 3. Tag i. v. applizierten Kohlepartikeln.[43] Die lipophile Alkamidfraktion steigert im selben Carbon-Clearance-Test bei einer Dosierung von 0,33mg/kg KG/Tag über 2Tage am 3. Tag die Kohleelimination um den Faktor 1,5.[44]

Mittels Flowcytometrie wurde an menschlichen Granulocyten *in vitro* die Phagocytose gelb-grün-fluoreszenzmarkierter Latexpartikel nach 30minütiger Vorinkubation mit unterschiedlichen Konzentrationen einer Urtinktur aus *Echinacea angustifolia* (*Echinacea pallida*?) untersucht. Dabei zeigte sich bei einer Konzentration von 10^{-4}% eine maximale Stimulierung um 29,5%. Eine entsprechende Menge Alkohol hatte keine Wirkung.[45] Aufgrund der ungeklärten Qualität des verwendeten Extraktes bedürfen die Ergebnisse der Überprüfung.

In einer Studie, in der Mäusen über 3Tage p. o. und i. p. das Lyophilisat einer Urtinktur aus *Echinacea angustifolia* (vermutlich *Echinacea pallida*) (2,5 bzw. 25 bzw. 250mg/kg KG) gegeben und dann die Carbon-Clearance (s. o.) bestimmt wurde, konnte kein von der Kontrolle (isotonische Kochsalzlösung) abweichender Einfluß auf die Eliminationshalbwertszeit der Kohle festgestellt werden.[46] Da die Identität der verwendeten Urtinktur nicht geklärt ist, sie chemisch nicht standardisiert war (die Inhaltsstoffe der *Echinacea pallida* unterliegen einer schnellen Zersetzung) und die Art der Zubereitung des getesteten Extraktes (in Wasser aufgenommenes Lyophilisat einer homöopathischen Urtinktur) vermuten läßt, daß weder die wirksamen Polysaccharide noch Alkamide enthalten waren, bedürfen die Ergebnisse der Überprüfung.

Wirkung auf Immunglobuline. Die p.o. Gabe von 0,1mL Urtinktur aus *Echinacea angustifolia* (vermutlich *Echinacea pallida*) pro kg KG an HNL-Hühner führte am 5. bis 9. Tag nach Verabreichung zu um bis zu 32% erhöhten IgG- (am 7. Tag) und IgA- (9. Tag) Spiegeln. Der IgM-Wert war am 7. Tag im Vergleich zur Kontrolle, die nur die entsprechende Menge Alkohol erhielt, um 8% erhöht. Bei einer Dosis von 0,4mL/kg KG wurde nur der IgA-Wert um ca. 28% gesteigert.[47] Da die Identität und Qualität der verwendeten Urtinktur nicht gesichert ist, bedürfen die Ergebnisse der Überprüfung.

Antibakterielle und virustatische Wirkung. Ein wäßriger Extrakt (1:10) aus Wurzeln von *Echinacea angustifolia* (*Echinacea pallida*?) zeigt im Plaquehemmtest mit Filterpapierscheiben bei einer aufgetragenen Menge von 0,02mL gegen Herpes-, Influenza-, Vaccine- und Polio-Viren keine Wirkung.[48]

Für Echinacosid und Cichoriensäure wurde eine Hemmwirkung gegenüber VSV (Vesicular Stomatitis Virus) in L-929-Mäusezellen gefunden, wobei 125µg/mL Cichoriensäure nach 4stündiger Inkubation die VSV-Infektion um mehr als 50% reduzierten (im Vergleich dazu hatte Kaffeesäure denselben Effekt bei 62,5µg/mL). Ein antiviraler Effekt nach Vorinkubation mit der Substanz konnte nicht beobachtet werden.[49]

In früheren Untersuchungen war festgestellt worden, daß die Wirkung eines Echinacea-angustifolia-Extraktes und von isolierten Flavonoiden gegen VSV-Infektion nur dann zustandekommt, wenn die Zellen mit der wirksamen Substanz vorinkubiert werden. Man hatte dies als "interferonähnliche Wirkung" interpretiert.[50]

Für Echinacosid wurde auch eine schwache Hemmwirkung gegenüber *Staphylococcus aureus* gemessen. Die Wirkung von 6,3mg Echinacosid entsprach bei der eingesetzten 8×10^{3} molaren Lösung ungefähr 10 Oxford-Einheiten Penicillin.[16]

Für Trideca-1-en-3,5,7,9,11-pentain wurde eine bakteriostatische und fungistatische Wirkung beschrieben. Gegenüber *Escherichia coli* wurde totale Wachstumshemmung bei einer Konzentration von 50µg/mL und gegenüber *Pseudomonas aeruginosa* bei 1.000µg/mL gefunden.[51] Für Bakterien, Hefen bzw. Pilze wurden folgende minimale Hemmkonzentrationen ermittelt: *Aspergillus niger* 0,1%, *Candida albicans* 0,2%, *Epidermophyton floccosum* 0,01%, *Escherichia coli* 0,005%, *Microsporum gipseum* 0,01%, *Pseudomonas aeruginosa* 0,1%, *Staphylococcus aureus* 0,01%, *Trichophyton mentagrophytes* 0,01%, *Trichophyton rubrum* 0,01% und *Trichophyton schoenleinii* 0,01%.[52]

Antiödematöse Wirkung. Im Carrageenan-Rattenpfotenödem-Modell zeigt eine Polysaccharidfraktion aus E.-angustifolia-Wurzeln bei einer i. v. applizierten Dosis von 0,1 mg/kg KG eine 65 %ige Hemmung des Ödems. Topisch appliziert ergab sich im Crotonöl-Mauseohrödem-Test ein ID_{50}-Wert von 100,8 µg/Ohr (Indometacin 41,6 µg/Ohr). Für die Granulocyteninfiltration wurde ein ID_{50}-Wert von 184,8 µg/Ohr gemessen (Indometacin 121,3 µg/Ohr).[53] Mittels Tangentialstromfiltration wurden 5 Fraktionen hergestellt, von denen die mit einem MG von 30 bis 100 kD die stärkste ödemhemmende Wirkung zeigt (im Mäuseohr-Test ID_{50} 95,3 µg/Ohr).[54]

Der *n*-Hexan-Extrakt aus E.-angustifolia-Wurzeln hemmt *in vitro* (Cyclooxygenase aus Schafsamenblasen) die Bildung von Prostaglandin E_2 bei einer Konzentration von 50 µg/mL um 62,4 %. Die 5-Lipoxygenase (Schweineleukocyten) wurde bei einer Konzentration von 11,5 µg/mL (entsprechend 50 µM Dodeca-2*E*,4*E*,8*Z*,10*E*/*Z*-tetraensäureisobutylamid) zu 81,8 % inhibiert (Bildung von 5-HETE).[55,56]

Auch für die enthaltenen Alkamide konnte z. T. eine Hemmwirkung auf die 5-Lipoxygenase und Cyclooxygenase nachgewiesen werden. Pentadeca-2*E*,9*Z*-dien-12,14-diinsäureisobutylamid hemmt die Cyclooxygenase bei einer getesteten Konzentration von 50 µg/mL zu 74,6 %, Hexadeca-2*E*,-9*Z*-dien-12,14-diinsäureisobutylamid zu 66,8 % und Dodeca-2*E*,4*E*,8*Z*,10*E*/*Z*-tetraensäureisobutylamid zu 54,7 %. Letztere Verbindung erwies sich als einzige auch als potenter Inhibitor der 5-Lipoxygenase (62,2 % Hemmung bei einer Konzentration von 50 µM).[56]

Tumorhemmende Wirkung. Das durch Destillation aus den Wurzeln von *E. angustifolia* gewonnene pentanlösliche ätherische Öl bewirkt in einer Dosierung von 400 mg/kg KG beim Walker Carcinosarcom 256 (WA) an der Ratte eine Reduzierung des Tumorgewichtes um 69 % und bei der P-388-Lymphocyten-Leukämie (PS) an der Maus eine um 100 % längere Überlebenszeit. Das daraus isolierte (*Z*)-1,8-Pentadecadien zeigt in einer Dosierung von 100 mg/kg KG bei der P-388-Lymphocyten-Leukämie eine um 27 % längere Überlebenszeit und mit 400 mg/kg KG beim Walker Carcinosarcom 256 (WA) eine Reduzierung des Tumorgewichtes um 86 %.[31]

Insekticide Wirkung. Das Isobutylamid Echinacein besitzt eine insekticide Wirkung gegen *Musca domestica* (Hausfliege).[34] Nähere Angaben fehlen.

Volkstümliche Anwendung und andere Anwendungsgebiete: Die überlieferten Anwendungsgebiete bei den Indianern Nordamerikas reichen von der äußerlichen Anwendung bei Wunden, Verbrennungen, Lymphdrüsenschwellungen (Mumps) und Insektenstichen über das Kauen der Wurzeln bei Zahn- und Halsschmerzen bis zur innerlichen Anwendung bei Schmerzen (Kopfschmerzen), Magenkrämpfen, Husten, Erkältung, Masern und Gonorrhöe. Häufig wird auch die Verwendung als Antidot bei Schlangenbissen (Klapperschlangen) und anderen Vergiftungsfällen berichtet.[57,58]

Es ist überliefert, daß zumindest die Omaha zwischen einzelnen Echinacea-Arten unterschieden. Sie bezeichneten mit "nuga" (männlich) und "miga" (weiblich) vermutlich die in ihrem Siedlungsgebiet heimischen *Echinacea pallida* bzw. *E. angustifolia*, wobei sie die kleinere, mit "miga" bezeichnete Art bevorzugten.[59]

Europa:

Heute werden Extrakte aus Echinacea-angustifolia-Wurzeln zur Prophylaxe und Therapie leichter bis mittelschwerer Erkältungskrankheiten, grippaler Infekte und septischer Prozesse verwendet. Lokal zur Wundbehandlung bei schlecht heilenden Wunden und entzündlichen Hauterkrankungen.[60]

Hinweis: Die Anwendung von Zubereitungen aus Sonnenhutwurzel schließt, wenn medizinisch erforderlich, die gleichzeitige Gabe von Antibiotica oder Chemotherapeutica nicht aus; ihre Gabe ist bei entsprechender Indikation sogar erforderlich.[61]

Zubereitungen aus Echinacea-angustifolia-Wurzeln werden auch angewendet bei entzündlichen und eitrigen Traumen, Abszessen, Furunkeln, Ulcus cruris, Herpes simplex, Phlegmonen, Wunden, Kopfschmerzen, Stoffwechselstörungen.

Die Wirksamkeit bei diesen Anwendungsgebieten ist wissenschaftlich noch nicht belegt. Bei vielen der in der älteren Literatur der Droge zugeordneten Untersuchungen muß vermutet werden, daß es sich bei der geprüften Präparation um Zubereitungen von *E. pallida* handelte (s. Verwechslungen).

Dosierung und Art der Anwendung: *Droge.* Teezubereitung: Etwa $^1/_2$ Teelöffel voll (ca. 1 g) Sonnenhutwurzel wird mit heißem Wasser (ca. 150 mL) übergossen und nach 10 min durch ein Teesieb gegeben. Soweit nicht anders verordnet, wird mehrmals täglich 1 Tasse frisch bereiteter Teeaufguß zwischen den Mahlzeiten getrunken.[61] *Zubereitung.* Tinktur 1:5 bis 1:10.

Unerwünschte Wirkungen: Parenterale Anwendung: Dosisabhängig treten Schüttelfrost, kurzfristige Fieberreaktionen, Übelkeit und Erbrechen auf. In Einzelfällen sind allergische Reaktionen vom Soforttyp möglich.[62,69]

Gegenanzeigen/Anwendungsbeschr.: Innere Anwendung: Nicht anzuwenden bei progredienten Systemerkrankungen wie Tuberkulose, Leukosen, Kollagenosen, multipler Sklerose, AIDS-Erkrankung, HIV-Infektion und anderen Autoimmunerkrankungen.

Bei Neigung zu Allergien, besonders gegen Korbblütler, sowie in der Schwangerschaft keine parenterale Applikation.

Hinweis: Bei Diabetikern kann sich bei parenteraler Applikation die Stoffwechsellage verschlechtern.[69]

Wechselwirkungen: Nicht bekannt.[69]

Tox. Inhaltsstoffe u. Prinzip: Die Droge ist toxikologisch kaum untersucht. Die Pyrrolizidinalkaloide Tussilagin und Isotussilagin weisen kein 1,2-ungesättigtes Necingerüst auf und besitzen deshalb vermutlich keine lebertoxische Wirkung.[63]

Die grundsätzlichen Risiken einer Immunstimulation werden in einer Verschlechterung von Autoimmunkrankheiten (gezeigt an MRL/n-Mäusen mittels lpr und Lipopolysaccharid[64]) und in idiosynkratischen und allergischen Reaktionen[65] gesehen. Es ist nicht geklärt, ob die vereinzelt berichteten Nebenwirkungen von parenteral verabreichten Echinacea-Extrakten, wie Schüttelfrost, Fieber, Übelkeit, Blutdruckabfall, Kopf- und Gelenkschmerzen auf Verunreinigungen der Extrakte mit Endotoxinen zurückzuführen sind.[66]

Carcinogenität: Es liegen bisher keine Untersuchungen vor, die die Bewertung eines Krebsrisikos gestatten, wie es vereinzelt pauschal für Immunstimulatoren postuliert wurde[67]

Sensibilisierungspotential: An 1.032 Patienten wurde mittels Patch-Test das Sensibilisierungspotential einer aus 10 % Echinacea-angustifolia-Tinktur hergestellten Salbe getestet. Lediglich zwei Patienten zeigten eine positive Reaktion.[68] Da genaue Identität und Zusammensetzung der verwendeten Tinktur nicht dargestellt sind, bedarf das Ergebnis der Überprüfung.

Gesetzl. Best.: *Standardzulassung.* "Sonnenhutwurzel"; Zulassungsnummer: 1279.99.99. *Offizielle Monographien.* Negativmonographie der Kommission E am BGA "Schmalblättrige Sonnenhutwurzel".[69]

Echinacea angustifolia hom. *HAB 1*

Synonyme: Echinacea.[70]

Monographiesammlungen: Echinacea angustifolia *HAB 1.*

Definition der Droge: Die frische, blühende Pflanze mit Wurzel.

Stammpflanzen: *Echinacea angustifolia* DC.

Herkunft: Kultiviert in Europa und Nordamerika.

Gewinnung: Die Pflanzen werden zur Blütezeit geerntet und sofort weiterverarbeitet.

Ganzdroge: Die mehrjährige Pflanze besitzt eine mehr oder weniger starke, senkrecht in den Boden gehende Pfahlwurzel, einen einköpfigen, rauhen, etwa 60 bis 90 cm hohen Stengel, der im oberen Teil hohl und unter dem Blütenkopf verdickt ist. Die Blätter sind länglich-lanzettlich oder länglich-elliptisch, ganzrandig, dreinervig, dunkelgrün und auf beiden Seiten rauhhaarig-höckerig; die Grundblätter sind langgestielt, die oberen Stengelblätter kurzgestielt oder fast sitzend. Der Blütenstandsboden ist kegelförmig emporgewölbt, die lanzettlichen Hüllblätter sind ganzrandig und dicht rauh behaart. Die Spreublätter sind dunkelrot, etwa doppelt so lang wie die Blumenröhre und kielartig zusammengezogen; zur Zeit der Samenreife sind sie dunkelbraun und steif. Die etwa 15 bis 20 etwas herabhängenden weiblichen Zungenblüten sind blaßpurpurn bis rosa und meist zweihäusig. Die grünlichen zwittrigen Röhrenblüten sind fünfzähnig, die Griffel dunkelrot, oben geteilt und mit Fegehaaren versehen. Die Antheren der 5 Staubblätter sind zu einer Röhre verwachsen; die Pollen erscheinen goldgelb. Der Pappus besteht aus einem unregelmäßig gezackten Saum am Grunde der Blumenkronröhre.[159]

Inhaltsstoffe: s. *E. angustifolia.*

Zubereitungen: Urtinktur und flüssige Zubereitungen nach *HAB 1,* Vorschrift 3a; Eigenschaften: Die Urtinktur ist eine gelbgrüne Flüssigkeit mit aromatischem Geruch und süßlichem Geschmack.
Darreichungsformen: Urtinktur, flüssige Verdünnungen, Tabletten, Verreibungen, Streukügelchen, flüssige Verdünnungen zur Injektion, Salben, flüssige Einreibungen (Externa), Suppositorien, Augentropfen.[70]

Identität: *Urtinktur.* Rot bis dunkelrote Fbg. nach Zusatz von Phloroglucin/HCl zur Urtinktur und anschl. Erwärmung; olivgrüne bis braune Fbg. nach Zusatz von Eisen(III)chloridlsg.
DC der Urtinktur:
- Referenzsubstanzen: Menthol, Thymol;
- Sorptionsmittel: Kieselgel H;
- FM: Cyclohexan-Diethylether-Methanol (70 + 20 + 10);
- Detektion: Besprühen mit Anisaldehydlsg. und anschl. Erwärmen auf 110 °C;
- Auswertung: Bezogen auf den roten Fleck des Thymols (R_{st} 1,0) und den dunkelroten Fleck des Menthols (R_{st} 0,8) zeigen sich bei der Urtinktur im Vis Flecke bei R_{st} 0,6 (grau), 0,8 (violett), 1,0 (graugrün), 1,3 (gelbbraun), 1,5 (grün) und 1,8 (dunkelviolett).

Die Beschreibung und die Identitätsprüfung des *HAB 1* sind vermutlich unter Verwendung von *E. pallida* entwickelt worden und ermöglichen daher keine klare Differenzierung der beiden Arten. Besser sind die Urtinkturen mittels HPLC zu beurteilen: Die Analyse der lipophilen Inhaltsstoffe ermöglicht eine Charakterisierung des Inhaltsstoffmusters als Fingerprint, wobei als Hauptverbindungen Dodeca-2*E*,4*E*,8*Z*,10*E*/*Z*-tetraensäureisobutylamid, Undeca-2*Z*-en-8,10-diinsäureisobutylamid und Undeca-2*E*-en-8,10-diinsäureisobutylamid identifiziert wurden. Der für Frischpflanzentinkturen typische Germacrenalkohol[94] ist ebenfalls nachweisbar (s. Abb.).[71] Ältere Angaben zur Prüfung der Urtinktur s. Lit.[72]

Reinheit:
- Relative Dichte *(Ph Eur)*: 0,885 bis 0,910.
- Trockenrückstand *(DAB)*: Mindestens 1,3 %.

Lagerung: *Urtinktur.* Vor Licht geschützt.

Wirkungen: *Phagocytosestimulierende Wirkung.* In einem In-vivo-Versuch an Kaninchen wurde der Einfluß von Echinacea-angustifolia-(E.-pallida-?)Urtinktur sowie der Dilutionen D2, D4 und D8 auf die Phagocytoseaktivität von peripheren Leukocyten untersucht. Bei einer Dosierung von 1 mL s.c. am Hals wurde zwar kein Einfluß auf die Gesamtzahl von Leukocyten festgestellt, doch kam es bei allen Zubereitungen in der Chemolumineszenz-Vollblutmethode zu einer signifikanten Steigerung der Chemolumineszenz, die als Phagocytosestimulierung interpretiert wurde.[73]

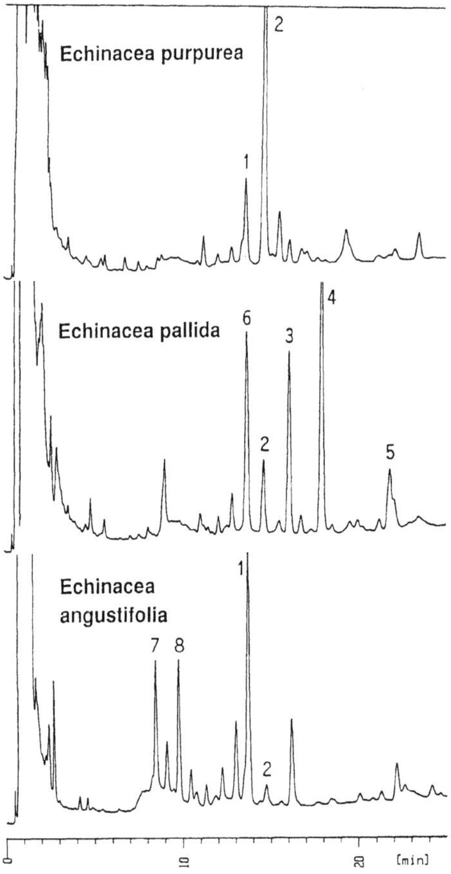

HPLC-Trennungen der lipophilen Fraktion aus den Urtinkturen von *E. purpurea*, *E. angustifolia* und *E. pallida*. Aus Lit.[71]
Säule: Hibar 125-4 mit LiChrospher 100 CH-18 (2), 5 µm (Fa. Merck); Fließmittel: A = Wasser, B = Acetonitril, Gradient: 40 bis 80% B linear in 30 min; Durchfluß: 1,0 mL/min; Detektion: 210 nm.
1 = Dodeca-2*E*,4*E*,8*Z*,10*E*/*Z*-tetraensäureisobutylamid; 2 = Germacra-4(15),5*E*,4(10)-trien-1*β*-ol; 3 = Pentadeca-8*Z*-en-11,13-diin-2-on; 4 = Pentadeca-8*Z*,13*Z*-dien-11-in-2-on; 5 = Pentadeca-8*Z*,11*Z*,13*E*-trien-2-on; 6 = Tetradeca-8*Z*-en-11,13-diin-2-on; 7 = Undeca-2*E*-en-8,10-diin säureisobutylamid; 8 = Undeca-2*Z*-en-8,10-diinsäureisobutylamid.

Anwendungsgebiete: Die Anwendungsgebiete entsprechen dem homöopathischen Arzneimittelbild. Dazu gehören: Unterstützende Behandlung schwerer und fieberhafter Infektionen.[70]

Dosierung und Art der Anwendung: *Zubereitung.* Bei akuten Zuständen alle halbe bis ganze Stunde je 5 Tropfen oder 1 Tablette oder 10 Streukügelchen oder 1 Messerspitze Verreibung einnehmen; parenteral 1 bis 2 mL bis zu 3mal täglich s.c. injizieren. Suppositorien: 2- bis 3mal täglich 1 Zäpfchen einführen. Salben: 1- bis 2mal täglich auftragen. Flüssige Einreibungen (Externa): 1 Eßlöffel voll mit 1/4 L Wasser verdünnen, 2- bis 3mal täglich zu Spülungen oder Umschlägen verwenden.
Bei länger dauernden Verlaufsformen 1- bis 3mal täglich 5 Tropfen oder 1 Tablette oder 10 Streukügelchen oder 1 Messerspitze Verreibung einnehmen; parenteral 1 bis 2 mL pro Tag s.c. injizieren. Suppositorien: 2- bis 3mal täglich 1 Zäpfchen einführen. Salben: 1- bis 2mal täglich auftragen. Flüssige Einreibungen (Externa): 1 Eßlöffel voll mit 1/4 L Wasser verdünnen, 2- bis 3mal täglich zu Spülungen oder Umschlägen verwenden. Augentropfen: 1- bis 3mal täglich 1 Tropfen in den Bindehautsack träufeln.[70]

Unerwünschte Wirkungen: Nicht bekannt. Hinweis: Es können vorübergehend Erstverschlimmerungen vorkommen, die jedoch unbedenklich sind.[70]

Gegenanzeigen/Anwendungsbeschr.: Bei oraler und lokaler Anwendung nicht bekannt. Bei parentaler Anwendung bis D4: Chronisch progrediente Entzündungen, Leukämie, Diabetes mellitus, Überempfindlichkeit gegenüber Korbblütlern.[70]

Wechselwirkungen: Nicht bekannt.[70]

Gesetzl. Best.: *Offizielle Monographien.* Aufbereitungsmonographie der Kommission D am BGA "Echinacea".[70]

Echinacea angustifolia hom. *PFX*

Synonyme: Echinacea.

Monographiesammlungen: Echinacea angustifolia pour préparations homéopathiques *PFX*.

Definition der Droge: Die ganze frische Pflanze.

Stammpflanzen: *Echinacea angustifolia* DC. (Syn. *Rudbeckia angustifolia*).

Zubereitungen: Urtinktur aus der frischen Ganzpflanze mit EtOH nach den allgemeinen homöopathischen Zubereitungsvorschriften *PFX*; Eigenschaften: Eine grünliche Flüssigkeit mit aromatischem Geruch und angenehmem Geschmack; Ethanolgehalt 55 % (*V*/*V*).

Echinacea angustifolia hom. *HPUS 88*

Monographiesammlungen: Echinacea angustifolia *HPUS 88*.

Definition der Droge: Die Ganzpflanze.

Stammpflanzen: *Echinacea angustifolia* DC.; der Beschreibung der Pflanze und der Synonyme nach zu urteilen, auch *Echinacea pallida* (NUTT.) NUTT.

Zubereitungen: *Urtinktur.* Herstellung durch Mazeration oder Perkolation der frischen oder getrockneten Droge mit EtOH nach den allg. Zubereitungsvorschriften (Class C) der *HPUS 88*. Ethanolgehalt 55 % (*V*/*V*).

Gehalt: *Urtinktur.* Arzneigehalt 1/10.

Echinacea pallida (NUTT.) NUTT.

Synonyme: *Brauneria pallida* BRITTON, *Echinacea angustifolia* HOOKER, *E. pallida* (NUTT.) NUTT. f. *albida* STEYERM., *Rudbeckia pallida* NUTT.

Sonstige Bezeichnungen: Dt.: Blasse Kegelblume, Blasser Igelkopf, Blasser Sonnenhut; engl.: Niggerhead, pale coneflower.

Systematik: Der Artstatus von *Echinacea pallida* wurde in der Vergangenheit teilweise nicht beachtet, da eine eindeutige Abgrenzung gegen *E. angustifolia* aufgrund ähnlicher Merkmalsdifferenzierung nicht gegeben schien. Als artspezifische Merkmale sind neben der Chromosomenzahl 2n = 44 die größere Wuchshöhe, die weiße Farbe der Pollenkörner, die Länge der Zungenblüten sowie das Auftreten von Ölgängen im Mark und in der Rinde des Stengels zu nennen. Auch in chorologischer Hinsicht weist das Areal von *Echinacea pallida* einen eigenen Charakter auf. Bei *E. pallida* handelt es sich nicht um eine tetraploide *E. angustifolia*. In bezug auf die Genese dieser tetraploiden Art vermutet man einen allopolyploiden Ursprung, wobei als Ausgangsarten *E. sanguinea* NUTT. und *E. simulata* MCGREGOR für wahrscheinlich gehalten werden.[3]

Botanische Beschreibung: Pflanze mehrjährig, 40 bis 120 cm hoch; Stengel einfach, meist unverzweigt, unten zerstreut, oben dichter behaart; Blätter länglich-lanzettlich bis länglich-elliptisch, ganzrandig, dunkelgrün, an beiden Seiten rauhhaarig, dreinervig; Grundblätter 10 bis 35 cm lang, 1 bis 4 cm breit, spitz, unten kurz gestielt, oben sitzend; Hüllblätter lanzettlich bis schmal länglich, 8 bis 17 mm lang, 2 bis 4 mm breit, rauhhaarig, am Rand gewimpert, in 3 bis 4 Reihen, allmählich in die stachelförmigen Spreublätter übergehend; Zungenblüten zurückgebogen, 4 bis 9 cm lang, 5 bis 8 mm breit, purpurn, rosa oder weiß; Spreublätter 10 bis 13 mm lang, Spreite 8 bis 10 mm lang, Granne 2,5 bis 3,5 mm lang; Röhrenblüten 8 bis 10 mm lang, Kronblattzipfel 2 bis 3 mm lang; Achänen 3,7 bis 5 mm lang, kahl, Pappus als gezähntes Krönchen erhalten, Zähne annähernd gleichförmig, die längsten 1 mm; Pollenkörner weiß, 24 bis 28,5 µm im Durchmesser; Chromosomenzahl n = 22.[3]

Verwechslungen: Häufig wird *Echinacea pallida* mit *Echinacea angustifolia* verwechselt (s. Systematik).[74] Die morphologisch sehr ähnliche *E. simulata* läßt sich durch die kleineren und andersgefärbten Pollenkörner (Durchmesser 22,5 bis 24,5 µm; gelb) und die andere Chromosomenzahl unterscheiden. Hinsichtlich der Inhaltsstoffe unterscheidet sich *Echinacea simulata* dadurch, daß sie neben den Ketoalkeninen auch Alkylamide enthält.[14]

Inhaltsstoffe: Die oberirdischen Pflanzenteile enthalten eine geringe Menge (< 0,1 %) ätherisches Öl, Flavonoide, insbesondere Rutin, Cichoriensäure, Chlorogensäure, Verbascosid, Isochlorogensäure sowie Alkamide vom Typ des Dodeca-2*E*,4*E*,8*Z*,10*E*-tetraensäureisobutylamids.[5,10] Im ätherischen Öl der Achänen (0,15 %) kommt als typischer Inhaltsstoff 1,8-Pentadecadien vor.[24,25]
Über Inhaltsstoffe der Wurzel s. Echinaceae pallidae radix.
Callus-Kulturen von *Echinacea pallida* konnten zur Produktion von Zimtsäure- und Kaffeesäurederivaten angeregt werden.[75]

Verbreitung: Im nordamerikanischen Zentralen Tiefland, von den Großen Seen im Süden Kanadas und dem Appalachenplateau im Osten begrenzt. Im Westen kommt es im Bereich von Oklahoma, Kansas, Nebraska und Iowa zu Überlappungen der Areale von *E. pallida* und *E. angustifolia*.

Anbaugebiete: Deutschland, Italien, das ehemalige Jugoslawien, Niederlande, Schweiz, Spanien, Nordamerika.

Drogen: Echinaceae pallidae radix.

Echinaceae pallidae radix

Synonyme: Radix Echinaceae pallidae.

Sonstige Bezeichnungen: Dt.: Blaßfarbene schmalblättrige Kegelblumenwurzel, Echinacea-pallida-Wurzel, Echinaceawurzel, Sonnenhutwurzel; engl: Coneflower root, kansas snakeroot, scurry root.

Definition der Droge: Die Droge besteht aus den frischen oder getrockneten, im Herbst gesammelten Wurzeln.[42]

Stammpflanzen: *Echinacea pallida* (NUTT.) NUTT.

Herkunft: Die Droge stammt häufig aus Wildvorkommen in Nordamerika. *Echinacea pallida* wird in kleinen Mengen in Europa (Deutschland, Italien, ehemaliges Jugoslawien, Niederlande, Schweiz) und den USA kultiviert.

Gewinnung: Soweit die Pflanzen kultiviert werden, kann die Wurzelernte mit einem Roder erfolgen: Lufttrocknung.[27]

Ganzdroge: Ganze oder geschnittene, meist 10 bis 20 cm lange und etwa 4 bis 20 mm dicke, zylindrische Wurzeln; teilweise spiralig gedreht und unregelmäßig verzweigt; Oberfläche rot- bis graubraun und deutlich längsgefurcht oder -gerunzelt.

Schnittdroge: *Geruch.* Schwach aromatisch.
Geschmack. Leicht säuerlich, schwach bitter.
Mikroskopisches Bild. Der Querschnitt ist durch mehrere schmale Xylemstrahlen gekennzeichnet, die nur im Bereich der größeren Gefäße randliche oder vorgelagerte Holzfasergruppen aufweisen. Sklerenchymfasern mit Phytomelanauflagerungen treten sowohl innerhalb als auch außerhalb des Zentralzylinders auf. Steinzellen und Sklerenchymfasern findet man hauptsächlich im inneren Bereich des Rindenparenchyms und im äußeren Teil des Zentralzylinders, wo sie meist als stark pigmentierte Einzelfasern vorliegen. Ölbehälter (100 bis 250 µm) treten sowohl innerhalb als auch außerhalb des Zentralzylinders auf. Sie sind gewöhnlich einzeln zwischen den Xylemstrahlen oder gegenüber

dem interfascicularen Bereich angelegt. Zentrales Markgewebe ist nur bei sehr jungen Wurzeln vorhanden, wobei die Zellen eine rundliche oder schwach kugelige Form haben und zwischen 50 bis 80 µm lang sind. In den Längsschnitten sind pigmentierte Einzelfasern oder kleine Fasergruppen von 100 bis 300 µm Länge im peripheren Rindenparenchym zu finden.[28]

Pulverdroge: Die Farbe des Drogenpulvers reicht von weiß über grau bis hellbraun. Im mikroskopischen Bild sind vor allem die Sklereiden und Sklerenchymfasern kennzeichnend, wobei zahlreiche kurze, nur 100 bis 300 µm lange Faserbündel besonders auffallen. Sie werden von wenigen, breit spindelförmigen Einzelelementen gebildet und besitzen regelmäßige Phytomelanauflagerungen. Häufig sind Sklereiden unterschiedlichster Form mit Übergängen zu Sklerenchymfasern zu erkennen, die als Einzelstrukturen vorliegen und meist frei sind von Pigmentauflagerungen. Die Zellen der Rhizodermis bzw. Exodermis sind trapezförmig und durchschnittlich 40 × 80 µm groß. Sie sind damit deutlich größer als jene von *Echinacea angustifolia.*[28] s. a. Lit.[29,158]

Verfälschungen/Verwechslungen: Als Verfälschung wurden die Wurzeln von *Parthenium integrifolium* L. beobachtet. Diese lassen sich anhand ihrer anatomischen und morphologischen Merkmale (s. Echinaceae angustifoliae radix)[29] sowie anhand der chrakteristischen Inhaltsstoffe (Zimtsäureester von Sesquiterpenalkoholen)[30] von Echinacea-Wurzeln unterscheiden (s. Echinaceae purpureae radix).
Sehr verbreitet ist die Verwechslung mit *Echinacea angustifolia.* Die Wurzeln lassen sich morphologisch relativ schwer, chemisch aber sehr leicht unterscheiden (s. Echinaceae angustifoliae radix).

Inhaltsstoffe: *Ätherisches Öl.* 0,2 bis über 2,0 %;[5,6] Hauptverbindungen sind Pentadeca-8*Z*-en-2-on[7] sowie Pentadeca-1,8*Z*-dien (44 % des Öles) und 1-Pentadecan (s. Echinaceae angustifoliae radix).[31] Daneben kommen Pentadeca-8*Z*,11*Z*-dien-2-on, Pentadeca-8*Z*,13*Z*-dien-11-in-2-on, und Tetradeca-8*Z*-en-11,13-diin-2-on vor.[6] Außerdem das aus Echinacea-angustifolia-(E.-pallida-?)Wurzeln isolierte (*E*)-10-Hydroxy-4,10-dimethyl-4,11-dodecadien-2-on ("Echinolon").[32]
Polyacetylene. Vermutlich sind 2 mg % Polyacetylene (berechnet auf lufttrockenes Material) mit Trideca-1-en-3,5,7,9,11-pentain und Ponticaepoxid als Hauptverbindungen enthalten, da es sich bei der untersuchten Droge aller Wahrscheinlichkeit nach um *E. pallida* gehandelt hat. Sie sind sehr instabil.[7] Außerdem wurden Pentadeca-8*Z*-en-11,13-diin-2-on, Pentadeca-8*Z*,13*Z*-dien-11-in-2-on, Pentadeca-8*Z*,11*Z*,13*E*-trien-2-on, Pentadeca-8*Z*,11*E*,13*Z*-trien-2-on, Pentadeca-8*Z*,11*Z*-dien-2-on, Pentadeca-8*Z*-en-2-on und Heptadeca-8*Z*,11*Z*-dien-2-on gefunden.[76] Nur in oxidativ veränderten Wurzeln sind die hydroxylierten Derivate 8-Hydroxytetradeca-9*E*-en-11,13-diin-2-on, 8-Hydroxypentadeca-9*E*-en-11,13-diin-2-on und 8-Hydroxytetradeca-9*E*,13*Z*-dien-11-in-2-on enthalten.[77]

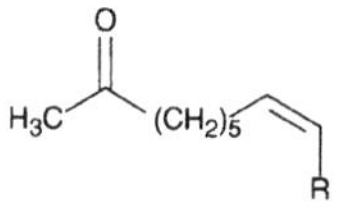

	R
Tetradeca-8*Z*-en-11,13-diin-2-on	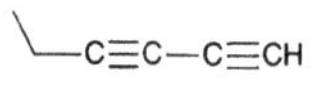
Pentadeca-8*Z*-en-11,13-diin-2-on	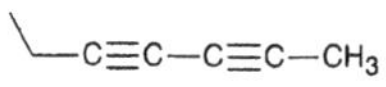
Pentadeca-8*Z*,13*Z*-dien-11-in-2-on	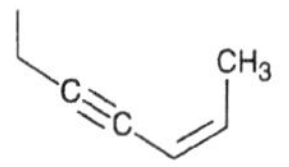
Pentadeca-8*Z*,11*Z*,13*E*-trien-2-on	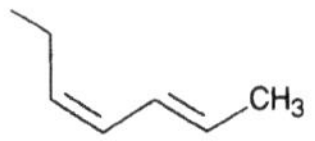
Pentadeca-8*Z*,11*E*,13*Z*-trien-2-on	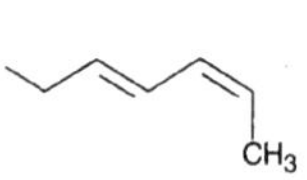
Pentadeca-8*Z*,11*Z*-dien-2-on	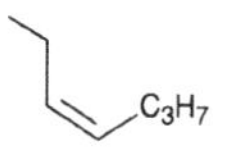
Pentadeca-8*Z*-en-2-on	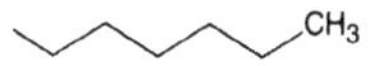
Heptadeca-8*Z*,11*Z*-dien-2-on	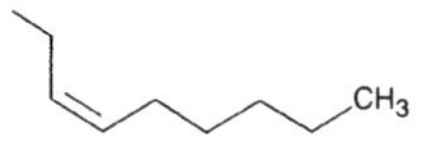

Ketoalkenine und Ketoalkene aus Echinacea-pallida-Wurzeln

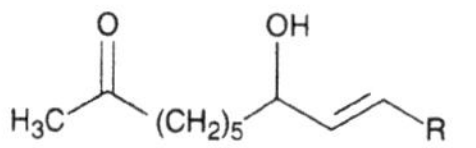

	R
8-Hydroxytetradeca-9*E*-en-11,13-diin-2-on	—C≡C—C≡CH
8-Hydroxypentadeca-9*E*-13*Z*-dien-11-in-2-on	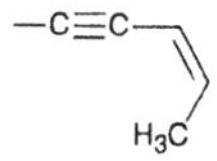
8-Hydroxypentadeca-9*E*-en-11,13-diin-2-on	—C≡C—C≡C—CH_3

Formeln der durch Autoxidation entstandenen hydroxylierten Ketoalkenine aus Echinacea-pallida-Wurzeln

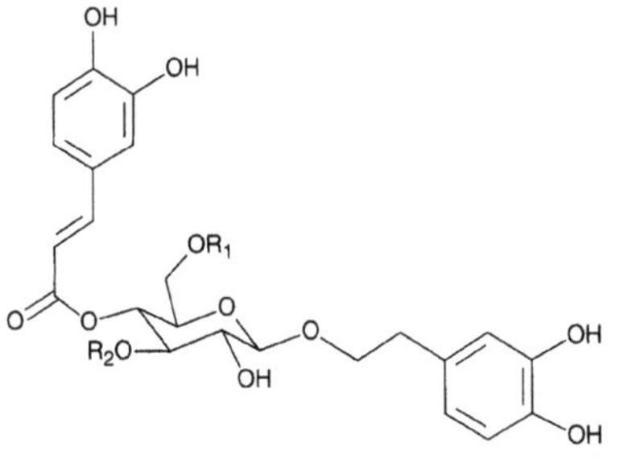

	R_1	R_2
Echinacosid	Glc-(1→6)-	Rha-(1→3)-
6-*O*-Caffeoyl-echinacosid	6-*O*-Caff-Glc-(1→6)-	Rha-(1→3)-
Verbascosid	H	Rha-(1→3)-
Desrhamnosyl-verbascosid	H	H

Caff = Caffeoyl

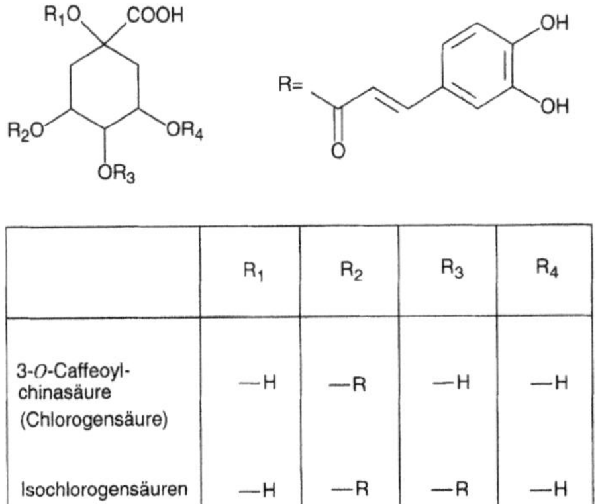

	R_1	R_2	R_3	R_4
3-*O*-Caffeoyl-chinasäure (Chlorogensäure)	—H	—R	—H	—H
Isochlorogensäuren	—H	—R	—R	—H
	—H	—R	—H	—R
	—H	—H	—R	—R
Cynarin	—R	—H	—H	—R

Kaffeesäurederivate aus Echinacea-Arten

Alkamide. 0,001 % eines mehrfach ungesättigten Alkamids, Echinacein (Dodeca-2*E*,6*Z*,8*E*,10*E*-tetraensäureisobutylamid),[33,34] das allerdings später nie mehr aufgefunden werden konnte.[78]
Kaffeesäurederivate. Echinacosid zu ca. 1 % in den Wurzeln.[17] In geringer Menge 6-*O*-Caffeoylechinacosid.[49]

Zubereitungen: Tinktur.

Identität: Der Nachweis von Echinacosid erfolgt mittels DC:
- Sorptionsmittel: Kieselgel;
- FM: Ethylacetat-Ameisensäure-Eisessig-Wasser (100 + 11 + 11 + 27);
- Detektion: Naturstoffreagenz/UV 360 nm;
- Auswertung: Gelbgrüne Zone bei Rf 0,25;

oder mittels HPLC:
- RP 18-Umkehrphase;
- Fließmittelgradient von 5 bis 25 % Acetonitril linear; Durchfluß: 1,0 mL/min;
- Detektion: 280 nm;
- Auswertung: Peak bei Rt = 13 min.[9]

Cynarin darf nicht nachweisbar sein.
Die Ketoalkenine lassen sich mittels DC nachweisen:
- Sorptionsmittel: Kieselgel;
- FM: Toluol-Ethylacetat (7 + 3);
- Detektion: Anisaldehyd/Schwefelsäure-Reagenz;
- Auswertung: Gelbe bis braune Zone bei Rf 0,9;

oder mittels HPLC:
- RP 18-Umkehrphase;
- Fließmittelgradient von 40 bis 80 % Acetonitril/Wasser; Durchfluß: 1,0 mL/min;
- Detektion: 210 nm;
- Auswertung: Gut getrennte Peaks im Retentionsbereich von 13 bis 25 min.[9]

DC- und HPLC-Chromatogramme s. Echinaceae angustifoliae radix.

Reinheit: Prüfung auf *E. angustifolia* mittels DC bzw. HPLC (s. Identität bzw. Echinaceae angustifoliae radix). Prüfung auf Verfälschungen mit *Parthenium integrifolium* ebenfalls durch DC oder HPLC. Es dürfen die für *Parthenium integrifolium* charakteristischen Sesquiterpenester nicht nachweisbar sein (s. Echinaceae purpureae radix).[30]

Gehalt: Es sind keine Gehaltsanforderungen vorgeschrieben.

Gehaltsbestimmung: Die Gehaltsbestimmung von Echinacosid und der Ketoalkenine kann mittels HPLC nach der Methode des Externen Standards erfolgen.[9]

Lagerung: Möglichst unzerkleinert, vor Licht geschützt.

Stabilität: Die Ketoalkenine von Echinacea-pallida-Wurzeln neigen zur Autoxidation. Bei Lagerungsversuchen mit pulverisierter Droge konnte eine deutliche Zunahme hydroxylierter Ketoalkenine innerhalb von 8 Tagen festgestellt werden.[9]

Wirkungen: *Phagocytosestimulierende Wirkung.* Der Ethanolextrakt (1:10) erhöht bei einer Konzentration von 10^{-2} % im Testansatz *in vitro* die Phagocytoserate menschlicher Granulocyten um 23 %. Ab einer Konzentration von 10^{-6} % war kein Effekt mehr nachweisbar. Der Trockenrückstand der Chloroformausschüttelung führt in einer Konzentration von 10^{-4} % zu einer Phagocytosestimulierung um 39 %, während die wasserlösliche Fraktion bei 10^{-3} % nur eine maximale Stimulierung um 14 % ergibt. Die Wirkung konnte im Carbon-Clearance-Test an Mäusen auch *in vivo* bestätigt werden. Nach 2tägiger Behandlung mit p. o. 3mal täglich 10 mL/kg KG einer Lösung von 0,5 mL des Ethanolextraktes in 30 mL isotonischer Kochsalzlösung wird die Eliminationsrate von Kohlepartikeln im Vergleich zu einer Kontrollgruppe um den Faktor 2,2 gesteigert. Die Chloroformausschüttelung erhöht in derselben Dosierung die Carbon-Clearance um den Faktor 2,6.[43]

Antibakterielle und virustatische Wirkung. s. Echinaceae angustifoliae radix. Es ist nicht nachvollziehbar, ob bei früheren Untersuchungen *E. angustifolia* oder *E. pallida* verwendet wurde.

Wirkung bei grippalen Infekten. In einer placebokontrollierten monozentrischen klinischen Studie mit 160 Patienten konnte mit einer alkoholisch-wäßrigen Tinktur (1:5) bei einer Dosierung von 90 Tropfen (entsprechend 900 mg Droge)/Tag gegenüber Placebo eine deutlich schnellere Besserung bei der Indikation grippaler Infekt des oberen Respirationstraktes erzielt werden. Die Krankheitsdauer verringerte sich bei der Verum-Gruppe bei bakterieller Infektion von 13 auf 9,8 Tage und bei viralen Infektionen von 12,9 auf 9,1 Tage. Es trat auch eine signifikant schnellere Besserung der Symptome auf.[79]

Anwendungsgebiete: Zur unterstützenden Therapie grippeartiger Infekte.[69]

Dosierung und Art der Anwendung: *Zubereitung.* Tagesdosis: Tinktur (1:5) mit 50 %igem (*V/V*) Ethanol aus nativem Trockenextrakt (50 %iger Ethanol, 7 bis 11:1), entsprechend 900 mg Droge, als flüssige Zubereitung zum Einnehmen. Angaben zur Dosierung bei Kindern liegen nicht vor. Dauer der Anwendung: Nicht länger als 8 Wochen.[69]

Volkstümliche Anwendung und andere Anwendungsgebiete: s. Echinaceae angustifoliae radix.

Unerwünschte Wirkungen: Nicht bekannt.[69]

Gegenanzeigen/Anwendungsbeschr.: Aus grundsätzlichen Erwägungen nicht anzuwenden bei progredienten Systemerkrankungen wie Tuberkulose, Leukosen, Kollagenosen, multipler Sklerose, AIDS-Erkrankung, HIV-Infektion und anderen Autoimmunerkrankungen.[69]

Wechselwirkungen: Nicht bekannt.[69] Die Anwendung von Zubereitungen aus Sonnenhutwurzel schließt, wenn medizinisch erforderlich, die gleichzeitige Gabe von Antibiotica oder Chemotherapeutica nicht aus; ihre Gabe ist bei entsprechender Indikation sogar erforderlich.[61]

Toxikologische Eigenschaften: Publizierte Unterlagen zur Prüfung der Toxizität der Droge liegen nicht vor. Zur grundsätzlichen Problematik s. Echinaceae angustifoliae radix.

Carcinogenität: Es liegen bisher keine Untersuchungen vor, die die Bewertung eines Krebsrisikos gestatten, wie es vereinzelt pauschal für Immunstimulatoren postuliert wurde.[67]

Gesetzl. Best.: *Offizielle Monographien.* Aufbereitungsmonographie der Kommission E am BGA "Echinaceae pallidae radix (Echinaceae-pallida-Wurzel)".[69]

Echinacea purpurea (L.) MOENCH

Synonyme: *Brauneria purpurea* (L.) BRITTON, *Echinacea intermedia* LINDLEY, *E. purpurea* (L.) MOENCH f. *ligettii* STEYERM., *E. purpurea* (L.) MOENCH var. *arkansana* STEYERM., *E. speciosa* PAXTON, *Rudbeckia hispida* HOFFMGG., *R. purpurea* L., *R. serotina* SWEET.

Sonstige Bezeichnungen: Dt.: Purpurfarbene Kegelblume, Purpurfarbener Igelkopf, Purpurfarbener Sonnenhut, Roter Sonnenhut, Rote Sonnenblume; engl.: Comb flower, hedgehog, niggerhead, purple coneflower, red sunflower.

Systematik: In Arkansas, Oklahoma und Nordost-Texas wurden abweichende Formen beobachtet und als var. *arkansana* STEYERM. beschrieben.[80] Kulturversuche zeigten aber, daß diese Formen sich mehr und mehr typischen E.-purpurea-Pflanzen anglichen.[3] Eine taxonomische Einstufung als Varietät war daher nicht angebracht. *E. laevigata* wurde zwar kurzzeitig als Varietät zu *E. purpurea* gestellt,[22] sie wurde aber später aufgrund des allorrhizen Wurzelsystems, des kahlen, blaugrünen Stengels, der elliptischen Blattform, der langen, schlanken Zungenblüten und der Gestalt der Spreublätter als eine eigenständige Art eingestuft.[3]

Botanische Beschreibung: Pflanze mehrjährig, 60 bis 180 cm hoch; Stengel aufrecht, kräftig, verzweigt, schwach rauhhaarig oder kahl; Grundblätter eiförmig bis eiförmig-lanzettlich, zugespitzt, grob oder scharf gesägt, Blattstiel bis 25 cm lang, Blattspreite bis 20 cm lang und 15 cm breit, zur Basis hin plötzlich verschmälert, oft herzförmig, am Blattstiel herablaufend, 3- bis 5nervig; Stengelblätter unten gestielt, oberwärts sitzend, 7 bis 20 cm lang, 1,5 bis 8 cm breit, grob gesägt bis ganzrandig, beiderseitig rauh; Hüllblätter lineal-lanzettlich, verschmälert, ganzrandig, an der Außenseite behaart, am Rand gewimpert, in die Spreublätter übergehend; Blütenköpfchen 1,5 bis 3 cm lang, 5 bis 10 mm breit, purpurn; Spreublätter 9 bis 13 mm lang, Grannen halb so lang wie die Spreite; Röhrenblüten 4,5 bis 5,5 mm lang, Kronblattzipfel 1 mm lang; Achänen 4 bis 4,5 mm lang, Pappus als niedrige Krone mit gleichförmigen Zähnen erhalten; Pollenkörner gelb, 19 bis 21 µm im Durchmesser (durchschnittlich 20,4 µm); Chromosomenzahl n = 11.[3]

Inhaltsstoffe: In den oberirdischen Pflanzenteilen und auch in den Wurzeln nur sehr geringe Mengen (< 0,1 %) an ätherischem Öl.[5] Im ätherischen Öl

der Achänen (0,3 %) ist das Vorkommen von Carvomenthen, Caryophyllen und Germacren D typisch; außerdem kommen α- und β-Pinen sowie Myrcen vor.[24,25]
In den Blüten (1,2 bis 3,1 %) und den Wurzeln (0,6 bis 2,1 %), in geringerem Maß auch in Blättern und Stengeln, Cichoriensäure (2,3-*O*-Dicaffeoylweinsäure).[10,81]
In den frischen Wurzeln < 0,01 mg % Trideca-1,11-dien-3,5,7,9-tetrain, 1,1 mg % Trideca-1-en-3,5,7,9,11-pentain, < 0,01 mg % Trideca-1,3-dien-5,7,9,11-tetrain, 0,03 mg % Trideca-8,10,12-trien-2,4,6-triin und 1,1 mg % Ponticaepoxid.[7]
Im Kraut Flavonoide (Kämpferol- und Quercetinderivate),[19] im Kraut und in der Wurzel Alkamide vom Typ des Dodeca-2*E*,4*E*,8*Z*,10*E*-tetraensäureisobutylamids.[10]
Neben den aus Kraut und Wurzeln isolierten Polysacchariden (s. dort) wurden aus Zellkulturen aus E.-purpurea-Blättern drei homogene Polysaccharide, zwei neutrale Fucogalactoxyloglucane mit einem mittleren Molekulargewicht (MG) von 10.000 D bzw. 25.000 D und ein saures Arabinogalactan mit einem MG von 75.000 D isoliert.[82–84]
Callus-Kulturen von *Echinacea purpurea* konnten zur Produktion von Zimtsäure, Kaffeesäure und Dicaffeoylweinsäure angeregt werden.[75,85] Außerdem wurden aus Setzlingen "Hairy-root"-Kulturen angelegt, die Alkamide produzierten.[86]

Verbreitung: Im nordamerikanischen Zentralen Tiefland, von den Großen Seen im Süden Kanadas und im Osten vom Appalachenplateau begrenzt. Mittlerweile in Europa als Zierpflanze eingeführt.

Anbaugebiete: USA, Spanien, das ehemalige Jugoslawien, Schweiz, Niederlande, Deutschland.

Drogen: Echinaceae purpureae herba, Echinaceae purpureae radix, Echinacea purpurea hom. *HAB1*, Echinacea purpurea hom. *HPUS88*.

Echinaceae purpureae herba (Purpursonnenhutkraut)

Synonyme: Herba Echinaceae purpureae.

Sonstige Bezeichnungen: Dt.: Echinacea-purpurea-Kraut.

Definition der Droge: Purpursonnenhutkraut besteht aus den frischen, zur Blütezeit geernteten oberirdischen Pflanzenteilen.[145]

Stammpflanzen: *Echinacea purpurea* (L.) MOENCH.

Herkunft: Aus Kulturen in Europa und den USA.

Gewinnung: Zur Blütezeit, Juli bis August, werden die oberirdischen Pflanzenteile abgeschnitten und frisch verarbeitet.

Handelssorten: Sind lediglich aus dem Zierpflanzenanbau bekannt.

Ganzdroge: Grundblätter eiförmig bis eiförmig-lanzettlich, zugespitzt, am Rand grob bis scharf gesägt, im Bereich der ausgezogenen Spitze fast ganzrandig. Blattspreite 10 bis 25 cm lang und 6 bis 15 cm breit, am Grund plötzlich verschmälert oder schwach herzförmig ausgerandet, von 5 Hauptnerven innerviert, mit bis zu 25 cm langem, schwach geflügeltem Blattstiel, dieser am Stengel herablaufend; Stengelblätter im unteren Teil des Sprosses kurz gestielt, oberwärts sitzend, elliptisch-lanzettlich, 7 bis 20 cm lang und 1,5 bis 8 cm breit, grob gesägt bis ganzrandig, meist 3nervig, beidseitig rauh und mit 3zelligen Haaren besetzt, Stomata auf Blattober- und Unterseite.[159]

Schnittdroge: *Geschmack.* Die enthaltenen Alkamide verursachen einen säuerlichen und anästhesierenden Geschmack auf der Zunge.
Mikroskopisches Bild. Das Laubblatt von *Echinacea purpurea* zeigt den charakteristischen Aufbau eines bifacialen Blattes. Es hat im Querschnitt einen Durchmesser von 200 bis 350 µm und weist eine beidseitige Verteilung der Spaltöffnungen (amphistomatischer Typ) auf, deren Länge bei 28 bis 35 µm liegt. Das Blatt ist auf beiden Seiten von einer großzelligen, chloroplastenfreien, 9 bis 13 µm dicken Epidermis begrenzt. Zwischen den Epidermen liegt ein umfangreiches Mesophyll, das deutlich in Palisadenparenchym und Schwammparenchym gegliedert ist. Die Zellen der oberen Epidermis schließen sich lückenlos aneinander, ihre Wände sind nur wenig verdickt, so daß die Zellumina fast rechteckig erscheinen. Sie sind von einer stark lichtbrechenden, geschlossenen, 3 bis 5 µm dicken Cuticularschicht überzogen. Das darunterliegende Palisadenparenchym, das zahlreiche Chloroplasten im plasmatischen Wandbelag führt, ist meist einschichtig und besteht aus gestreckten, 50 bis 65 µm langen, zur Blattoberfläche senkrecht orientierten, eng aneinanderliegenden Zellen. Das sich anschließende 150 bis 250 µm dicke Schwammparenchym umfaßt mehrere Zellschichten und ist durch unregelmäßig gestaltete Zellen charakterisiert. Es nimmt den Raum bis zur unteren, etwas kleinzelligeren Epidermis ein. Dieser Gewebebereich ist chloroplastenarm und von großen Interzellularräumen durchzogen. Die Zellen der oberen Schicht des Schwammparenchyms sind mit nahezu allen Palisadenzellen fest verbunden. Die unterste Schicht des Schwammparenchyms ist gegen die Epidermis leicht gestreckt und trifft sie fast senkrecht. Nur unter den Spaltöffnungen der Blattunterseite treten weitlumige Atemhöhlen auf, die mit dem angrenzenden Interzellularensystem des Blattes in Verbindung stehen. Die kleineren Leitbündel der Seitennerven liegen mit nach oben orientiertem Xylem ausschließlich im Schwammparenchym und sind von einer einschichtigen Scheide kleinerer Parenchymzellen umschlossen. Auch der Hauptnerv im Bereich der Mittelrippe, der weitlumige Gefäßelemente im Xylem aufweist, ist von einem mehrschichtigen, großzelligen Parenchym umlagert. In diesem Bereich liegt unmittelbar unter der Epidermis noch eine hypodermale Zellage, deren Wände ähnlich wie die der Epidermis Wandverdik-

kungen aufweisen. Beide Seiten der Blattspreite sind locker mit weißlichen, meist 3zelligen, selten 4- oder 5zelligen, unverzweigten, 250 bis 500 µm langen Haaren besetzt, die aus einer vergrößerten Epidermiszelle hervorgehen. Die Endzelle ist lang zugespitzt. Die Oberflächenstruktur der Haare ist fein granulär. Spaltöffnungen sind beidseitig vorhanden; die Blattoberseite weist allerdings nur wenige Stomata auf, wogegen Spaltöffnungen auf der Blattunterseite sehr zahlreich vorhanden sind.[87]
Der Blattstiel von *Echinacea purpurea* ist schwach rinnig ausgeprägt und erscheint im Querschnitt etwa halbkreisförmig. Unter einer verdickten Epidermis, in die mehrere 3- bis 5zellige Haare inseriert sind, liegt eine Schicht kollenchymartiger Zellen, die als Stützgewebe fungieren. Daran schließt sich ein großzelliges, fast chloroplastenfreies, aus mehreren Zellagen bestehendes Parenchym an, in das 5 bis 7 Leitbündel bogenförmig eingebettet sind. Das stärkste Leitbündel verläuft jeweils in der Mediane, der Unterseite genähert, die anderen im Umkreis, jeweils beiderseits an Größe abnehmend. Die größeren Leitbündel besitzen nach außen hin (abaxial) kleinzelliges Phloem, zur adaxialen Seite hin liegt das Xylem mit mehreren Reihen größerer Gefäße. Im Bereich des Phloems treten oftmals schwach verholzte Zellen oder Faserbündel auf, die das Phloem kappenförmig umgeben. Deutlich in Erscheinung treten gewöhnlich auch die randlichen Flügelleisten, die an der Oberseite des schwach rinnigen Blattstiels verlaufen. Sie lassen noch den normalen Blattaufbau mit Palisadenparenchym und Schwammparenchym erkennen, wobei auch noch einzelne, reduzierte Leitbündel in Erscheinung treten.[87]
Der Querschnitt des Sprosses ist gekennzeichnet durch die rundlichen Leitbündel, die einen lockeren Ring bei etwa zwei Drittel des Radius bilden. Zwischen zwei großen Leitbündeln mit einem Durchmesser von 400 bis 600 µm befinden sich jeweils zwei bis drei kleine (Durchmesser 100 bis 300 µm). Im Xylemteil liegen die Tracheen in unregelmäßiger Anordnung zwischen zum Teil sehr stark verdicktem Holzparenchym (Durchmesser der Gefäße 40 bis 50 µm). Darüber hinaus ist das Mark gekennzeichnet durch das Vorkommen von kleinen Exkretgängen (Durchmesser 50 bis 60 µm).[88]
In der Rinde finden sich neben der typisch bandförmigen Anordnung des Phloems und den darüberliegenden, einen Halbkreis bildenden Bastfaserbündeln jeweils gegenüber den Interfascicularregionen eine Reihe von Exkretgängen, die häufig zu dritt oder viert nebeneinander auftreten (Durchmesser eines einzelnen Exkretganges 70 bis 80 µm).
Der Flächenschnitt des Sprosses gibt eine gute Charakteristik der Behaarung von *Echinacea purpurea* (L.) MOENCH. Die mehrzelligen Gliederhaare bestehen aus bauchig aufgeblähten Zellen, die bis auf die stark verlängerte Endzelle alle gleich groß sind (Länge des gesamten Haares 500 bis 800 µm).[88]
Im Flächenschnitt der äußeren Seite des Hüllkelchblattes sind die bereits bei Sproß und Blatt beschriebenen Gliederhaare dominierend. Sie sind zur Epidermis hin gebogen und bestehen aus 3 bis 6 Gliederzellen mit einer Länge von 200 bis 400 µm. Die Spreublätter weisen im Flächenschnitt viele Faserbündel mit einem Durchmesser von 10 bis 15 µm und einer Länge von 100 bis 150 µm auf. Die Zellwandverdickung ist in der Regel nicht allzu stark ausgeprägt. Der Flächenschnitt der Korollblattepidermis der Zungenblüten ist rötlich bis violett gefärbt. Die am Ende der Korolle befindlichen Epidermiszellen sind rundlich-papillös ausgestülpt. Im Flächenschnitt der Korolle der Röhrenblüten findet man im Bereich der Verwachsungsstelle mit dem Fruchtknoten plättchenförmige Einlagerungen von 80 bis 100 µm Länge und 30 bis 50 µm Breite. Die Narbe ist durch papillöse Zellen (Länge einzelner Papillen über 100 µm) gekennzeichnet. Der Pollen ist im Durchmesser 20 bis 30 µm groß, kreisrund und besitzt eine warzige Exine.[88]

Pulverdroge: Das grüne, leicht bitter schmeckende Pulver enthält viele weißliche oder grüne Fasern, die das mikroskopische Bild bestimmen. Sie liegen in Verbänden von 5 bis 7 Faserzellen nebeneinander und 3 bis 4 übereinander (Länge einer einzelnen Faser 150 bis 200 µm, Durchmesser 10 bis 15 µm). Ein weiteres häufig anzutreffendes Fragment sind die Blattbruchstücke. Sie lassen die anomo- und anisocytischen Spaltöffnungen erkennen. Vereinzelt findet man auch Querschnittstücke der Blattspreite mit dem oben bereits angesprochenen zweireihigen Palisaden- und dem lockeren Schwammparenchym. Die Bruchstücke der Gliederhaare sind anhand der warzigen, dicken Cuticula zu identifizieren. Leicht erkennbar sind die Epidermisfragmente der Zungenblütenkorolle wegen ihrer rotvioletten Farbe sowie der papillösen Zellen. Ferner findet man den charakteristischen runden Pollen mit warziger Exine (30 bis 40 µm) sowie die seltenen, aber typischen Korollblattbruchstücke der Röhrenblüten mit plättchenförmigen Inkrusten.[88]

Verfälschungen/Verwechslungen: Das Kraut von *Echinacea angustifolia* bzw. *Echinacea pallida*. Eine mikroskopische/morphologische Unterscheidung ist schwierig.[88] Besser erfolgt die Identifizierung anhand der Inhaltsstoffe (s. Identität).

Inhaltsstoffe: *Kaffeesäurederivate.* 2,3-*O*-Dicaffeoylweinsäure (Cichoriensäure) zu 1,2 bis 3,1 %.[10,81] Die optische Drehung beträgt –370°, was darauf hindeutet, daß die aus Echinacea isolierte Cichoriensäure mit (+)-Weinsäure verestert sein muß und damit nicht identisch mit der aus *Cichorium intybus* isolierten Cichoriensäure[89] ist;[71,88,90] Cichoriensäuremethylester; 2-*O*-Caffeoyl-3-*O*-feruloylweinsäure; 2,3-*O*-Diferuloylweinsäure;[81] 2-*O*-Caffeoylweinsäure;[10] 2-*O*-Feruloylweinsäure; 2-*O*-Caffeoyl-3-*O*-cumaroylweinsäure;[90] Monocaffeoylweinsäure-4-methylester.[88]
Die höchste Konzentration an Dicaffeoylweinsäure wird vor und zu Beginn der Blüteperiode erreicht. Im Blütenstand und im Blatt wurden ähnliche Mengen gefunden. Bei den Blütenbestandteilen wurde die höchste Konzentration in den Zungenblüten (8,2 %), gefolgt von Röhrenblüten (3 %) und Hüllkelch (2 %) gefunden.[88]

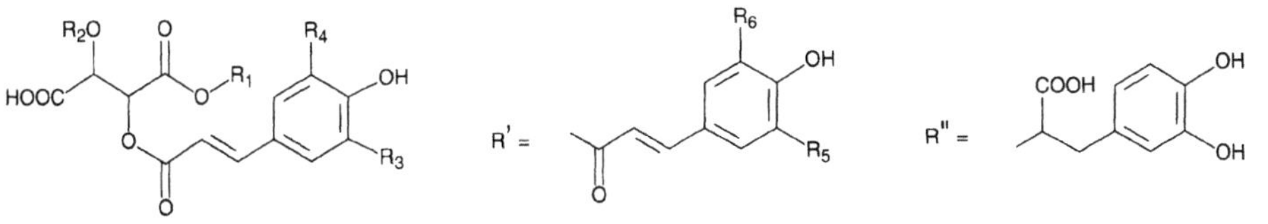

	R_1	R_2	R_3	R_4	R_5	R_6
2-*O*-Caffeoylweinsäure (Caftarsäure)	—H	—H	—OH	—H	—	—
2,3-*O*-Dicaffeoylweinsäure (Cichoriensäure)	—H	—R'	—OH	—H	—OH	—H
2,3-*O*-Dicaffeoylwein-säuremethylester	$—CH_3$	—R'	—OH	—H	—OH	—H
2-*O*-Feruloylweinsäure	—H	—H	$—OCH_3$	—H	—	—
2-*O*-Caffeoyl-3-*O*-cumaroyl-weinsäure	—H	—R'	—H	—H	—H	—H
2-*O*-Caffeoyl-3-*O*-feruloyl-weinsäure	—H	—R'	—OH	—H	$—OCH_3$	—H
2,3-*O*-Di-[5-[α-carboxy-β-(3,4-dihydroxyphenyl)-ethyl]caffeoyl]weinsäure	—H	—R'	—OH	—R"	—OH	—R"
2-*O*-Caffeoyl-3-*O*-[5-[α-carboxy-β-(3,4-dihydroxy-phenyl)ethyl]caffeoyl]-weinsäure	—H	—R'	—OH	—H	—OH	—R"

Caffeoylweinsäure-Derivate aus Echinacea-Arten

Flavonoide. Rutosid (Rutin) sowie andere Kämpferol- und Quercetinderivate.[10,19]
Ätherisches Öl. 0,08 bis 0,32 %[91–93] mit Germacrenalkohol,[94] Borneol, Bornylacetat, Pentadeca-8-en-2-on, Germacren D, Caryophyllen, Caryophyllenepoxid, Palmitinsäure.[95]
Polyacetylene. Trideca-1,11-dien-3,5,7,9-tetrain, Trideca-1-en-3,5,7,9,11-pentain, Trideca-8,10,12-trien-2,4,6-triin und Ponticaepoxid.[7]
Alkamide. Aus frischem Kraut wurden die Isobutylamide der Trideca-2*E*,7*Z*-dien-10,12-diinsäure, der Trideca-2*E*,6*E*,8*Z*-trien-10,12-diinsäure und der Pentadeca-2*E*,9*Z*-dien-12,14-diinsäure sowie das 2'-Methylbutylamid der Trideca-2*E*,7*Z*-dien-10,12-diinsäure und das 2'-Hydroxyisobutylamid der Pentadeca-2*E*,9*Z*-dien-12,14-diinsäure isoliert.[36] Als Hauptverbindungen im getrockneten Kraut wurden die Isobutylamide der Undeca-2*E*,4*Z*-dien-8,10-diinsäure und der Dodeca-2*E*,4*E*,8*Z*,10*E*/*Z*-tetraensäure nachgewiesen.[10]
Polysaccharide. PS I, ein 4-*O*-Methylglucuronoarabinoxylan mit MG 35.000 D, und PS II, ein saures Arabinorhamnogalactan (MG 450.000 D)[20,96–99] sowie ein Xyloglucan mit dem MG 79.500 D und ein pektinartiges Polysaccharid.[82]

4)-β-Xyl *p*-(1→4)-β-Xyl *p*-(1→4)-β-Xyl *p*-(1$\}_n$ n= 2,0 - 2,5
2
↑
R

R= →3)-α-4-*O*-Me-GluA *p*-(1→ R= →5)-α-Ara *f*-(1→

→4)-β-Xyl *p*-(1→ α-Ara *f*-(1→

β-Xyl *p*-(1→

PS I

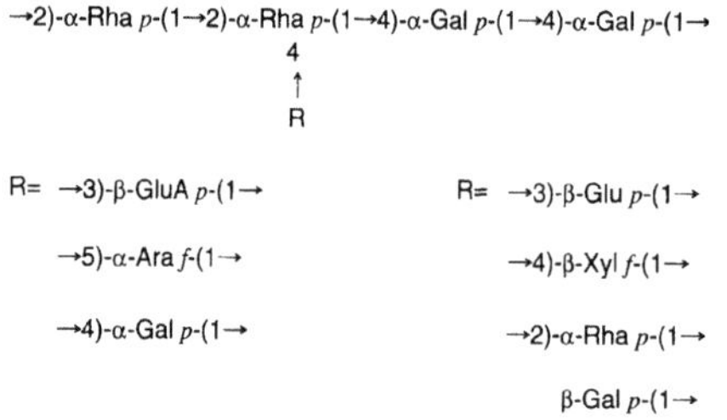

PS II
Polysaccharide aus dem Kraut von *Echinacea purpurea*.[599]

Andere Inhaltsstoffe. Glycin-Betain;[100] frische Blätter enthalten 0,21 % Vitamin C;[101] außerdem wurden 13-Hydroxyoctadeca-9*Z*,11*E*,15*Z*-triensäure, Methyl-*p*-hydroxycinnamat und ein Labdanderivat nachgewiesen;[36] in den Blüten kommen Cyanidin-3-*β*-D-glucopyranosid und Cyanidin-3-*O*-(6-*O*-malonyl)-*β*-D-glucopyranosid vor.[102]

Zubereitungen: Preßsaft aus dem frischen Kraut (2,5:1), stabilisiert mit 22 % Alkohol.
Durch eine Kombination von Ethanol- und Trichloressigsäurefällungen läßt sich aus dem alkalischen Extrakt von Echinacea-purpurea-Kraut eine Polysaccharidfraktion gewinnen (vgl. Abb.), die durch Dialyse und Gelchromatographie weiter gereinigt und von Proteinen befreit werden kann (EPS).[20]
Aus dem Nährmedium von Echinacea-purpurea-Zellkulturen läßt sich im großtechnischen Maßstab mittels Querstromultrafiltration, Diafiltration, Ethanolfällung, Zentrifugation und Säulenchromatographie an einem schwachen Anionenaustau-

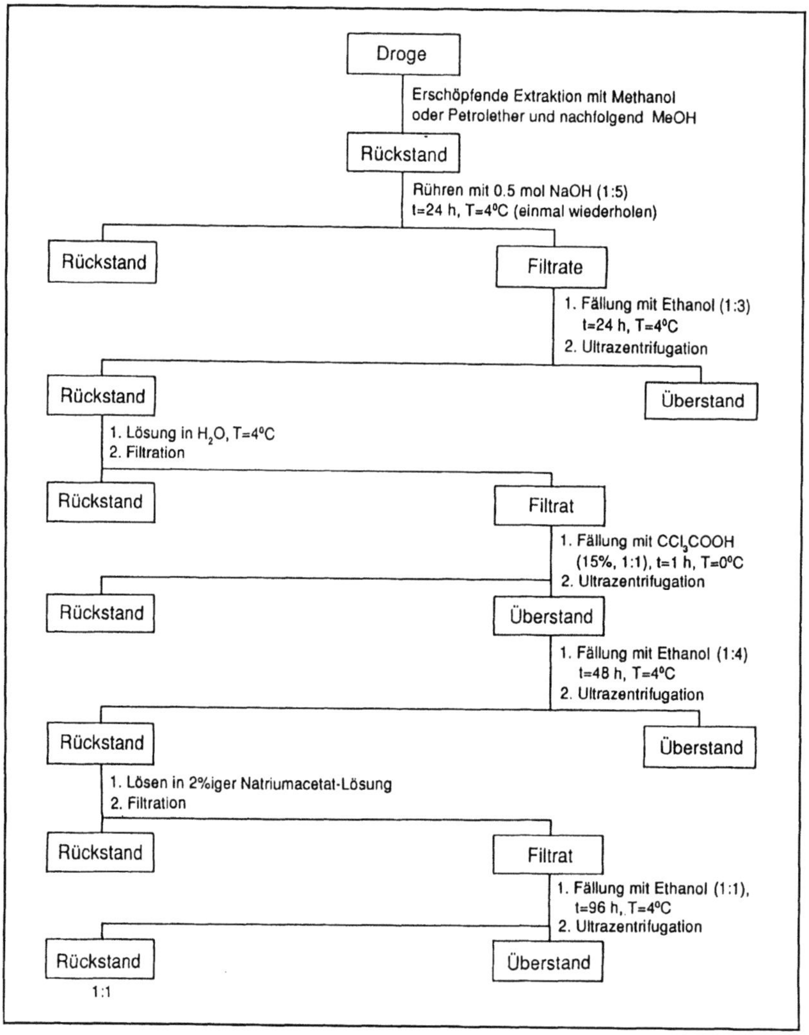

Isolierungsgang der Polysaccharide. Aus Lit.[5], nach Lit.[20]

scher (Typ DEAE, gel- oder cellulosegebunden) in einer Ausbeute von 0,35 % eine saure Polysaccharidfraktion EPAG gewinnen.[103–105]
Eine Alkamid-Fraktion aus E.-purpurea-Blättern kann durch Extraktion der oberirdischen Teile mit *n*-Hexan bzw. Chloroform und anschließendes Abtrennen der hydrophilen Bestandteile durch Ausschütteln mit Wasser hergestellt werden. Chlorophyll kann durch Bleiacetatfällung abgetrennt werden.[71,106]

Identität: 1. Nachweis der Kaffeesäurederivate (Cichoriensäure):
DC:
- Sorptionsmittel: Kieselgel;
- FM: Ethylacetat-Ameisensäure-Eisessig-Wasser (100 + 11 + 11 + 27);
- Detektion: Naturstoffreagenz/UV 360 nm;
- Auswertung: Cichoriensäure erscheint als gelbgrün fluoreszierende Zone bei Rf 0,9 (s. Echinaceae angustifoliae radix).

Für die Fingerprintanalyse von Echinacea-Tinktur ist ein AMD-HPTLC-Verfahren unter Verwendung von Kieselgelplatten beschrieben.[107]
HPLC:
- RP 18-Umkehrphase;
- linearer Fließmittelgradient von 5 bis 25 % Acetonitril; Durchfluß: 1,0 mL/min;
- Detektion: 280 nm;[10]
- Auswertung: Cichoriensäure erscheint als deutlicher Peak mit leichtem Tailing bei Rt = 9 min (s. Abb.). 2-Caffeoylweinsäure, Cichoriensäuremethylester und Rutin sind nur als kleine Peaks erkennbar.

Andere HPLC-Verfahren s. Lit.[88,108]
2. Nachweis der Alkamide:
DC:
- Sorptionsmittel: Kieselgel;
- FM: Hexan-Ethylacetat (2 + 1);
- Detektion: Anisaldehyd/Schwefelsäure-Reagenz;
- Auswertung: Die Alkamide erscheinen als violette bis blauschwarze Zonen im Rf-Bereich von 0,1 bis 0,7 (s. Echinaceae purpureae radix);

HPLC:
- RP 18-Umkehrphase;
- linearer Fließmittelgradient von 40 bis 80 % Acetonitril/Wasser; Durchfluß: 1,0 mL/min;
- Detektion: 210 nm;
- Auswertung: Die Alkamide erscheinen im Bereich Rt = 7 bis 22 min (s. Abb.).[40]

3. Bestimmung von Glycin-Betain mittels HPLC:
- Hyperchrome Partisil SCX;
- 0,02 M KH_2PO_4; Durchfluß: 1,5 mL/min;
- Detektion: 190 nm.[100]

Gehalt: Keine Angaben.

Gehaltsbestimmung: Mit den bei der Identitätsprüfung genannten HPLC-Methoden nach der Methode des Externen Standards möglich. Für Cichoriensäure wurden HPLC-Verfahren unter Verwendung von Ferulasäure als Innerem Standard beschrieben.[88,108] Darüber hinaus wurde eine direkte photometrische Gehaltsbestimmung der Kaffeesäurederivate bei 330 nm beschrieben.[88]

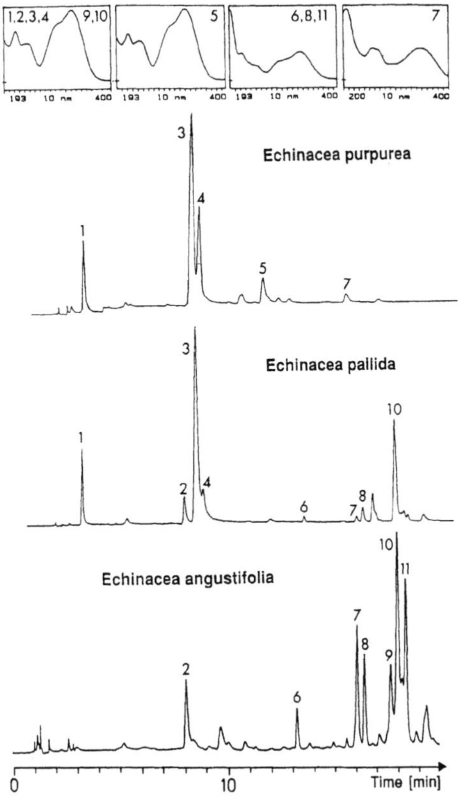

HPLC-Trennungen der Methanolextrakte aus dem Kraut von *Echinacea purpurea* (Abschwächung: 300 mAU), *E. pallida* (100 mAU) und *E. angustifolia* (70 mAU) mit UV-Spektren der Hauptverbindungen. Nach Lit.[10]
Säule: Hibar 125-4 mit LiChrospher 100 CH-18 (2), 5 µm (Fa. Merck); Fließmittel: A = Wasser + 1 % 0,1 N Phosphorsäure, B = Acetonitril + 1 % 0,1 N Phosphorsäure; Gradient: 5 bis 25 % B linear in 20 min; Durchfluß: 1,0 mL/min; Detektion: 330 nm.
1 = 2-Caffeoylweinsäure; 2 = Chlorogensäure; 3 = Cichoriensäure; 4 = Isomeres der Cichoriensäure; 5 = Cichoriensäuremonomethylester; 6 = Echinacosid; 7 = Rutin; 8 = Verbascosid; 9 und 10 = Isochlorogensäure; 11 = nicht identifiziertes Kaffeesäurederivat.

Stabilität: Cichoriensäure ist eine relativ instabile Verbindung, deren Gehalt während der Mazeration von Frischpflanzen in wenigen Tagen deutlich abnimmt.[71]

Wirkungen: *Förderung der Wundheilung.* Eine aus der Droge isolierte Polysaccharidfraktion (Echinacina B) soll die Heilung von artificiellen Wunden beschleunigen.[109] Da nähere Angaben zur Testsubstanz sowie zum Modell, der eingesetzten Dosis und Applikation fehlen, sind die Angaben nicht überprüfbar. Als Wirkungsmechanismus wird von den Autoren die Bildung eines Hyaluronsäure-Polysaccharidkomplexes und eine dadurch ausgelöste indirekte Hyaluronsäure-Inhibierung angenommen.

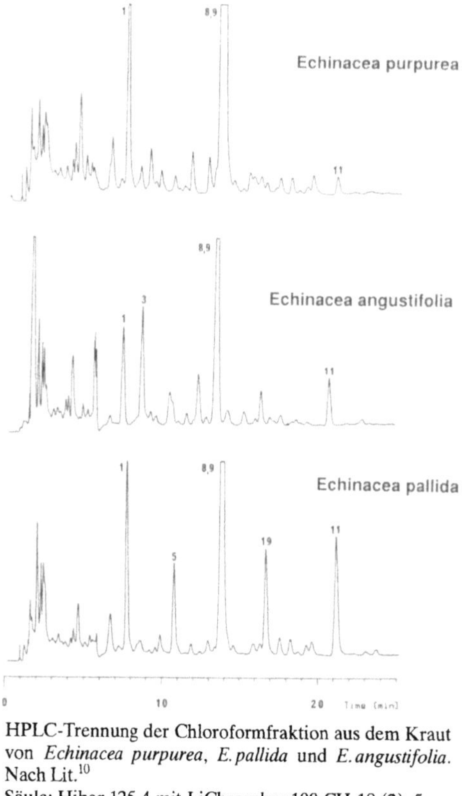

HPLC-Trennung der Chloroformfraktion aus dem Kraut von *Echinacea purpurea*, *E. pallida* und *E. angustifolia*. Nach Lit.[10]

Säule: Hibar 125-4 mit LiChrospher 100 CH-18 (2), 5 µm (Fa. Merck); Fließmittel: A = Wasser, B = Acetonitril, Gradient: 40 bis 60 % B linear in 30 min; Durchfluß: 1,0 mL/min; Detektion: 254 nm.

1 = Undeca-2*E*,4*Z*-dien-8,10-diinsäureisobutylamid; 3 = Dodeca-2*E*,4*Z*-dien-8,10-diinsäureisobutylamid; 5 = Dodeca-2*E*,4*E*,10*E*-trien-8-insäureisobutylamid; 8/9 = Dodeca-2*E*,4*E*,8*Z*,10*E*-tetraensäureisobutylamid und Dodeca-2*E*,4*E*,8*Z*,10*Z*-tetraensäureisobutylamid; 11 = Dodeca-2*E*,4*E*-diensäureisobutylamid; 19 = Hexadeca-2*E*, 9*Z*-dien-12,14-diinsäureisobutylamid.

Im modifizierten Spreading-Test an Ratten wird die Ausbreitung eines s. c. applizierten Farbstoffgemischs durch gleichzeitige s. c. Gabe von 0,04 mL einer auf $^1/_7$ eingeengten Lösung des Preßsaftes (s. Zubereitungen) verringert. Durch die gleichzeitige Gabe von Hyaluronidase (Kinetin®, 2 "Schering-Einheiten") und 0,04 mL der genuinen Lösung des Preßsaftes konnte die verstärkte Ausbreitung des Farbstoffs weitgehend antagonisiert werden. Der Effekt soll dem von 1 mg Cortison s. c. entsprechen. Mit 0,04 mL s. c. des um den Faktor 7:1 eingeengten Präparates wurde der Hyaluronidase-Effekt vollständig aufgehoben.[110]

Die Vorbehandlung mit 2 × 0,3 mL einer Preßsaft-Zubereitung, s. c. im Abstand von 24 h vor Infektion verabreicht, reduziert die Ausdehnung und die Schwere von artifiziellen Streptokokken-Infektionen an Meerschweinchen. Im Gegensatz zur unbehandelten Kontrolle traten Todesfälle bei den behandelten Tieren nicht auf (jeweils 10 Tiere/Gruppe). Auch die s. c. Gabe von 0,3 mL der Zubereitung am 3., 5., 7. und 10. Tag nach der Infektion reduzierte das Ausmaß der Infektion. Todesfälle traten in der behandelten Gruppe (10 Tiere) nicht auf. In der unbehandelten Gruppe verstarben $^6/_{16}$ der Tiere an Sepsis. Die Wirkung wird von den Autoren mit einer Hyaluronidasehemmung in Verbindung gebracht.[111]

10 bzw. 30 µL eines mit 90 %igem Ethanol hergestellten Extraktes aus Frischpflanzen (endgültige Ethanolkonzentration 65 %), der einen Trockenrückstand von 10,5 mg/mL besaß, hemmen *in vitro* signifikant die Kontraktion von mit C3H10T1/2-Fibroblasten besiedelten Kollagengittern. Eine entsprechende Menge Ethanol hatte keinen Einfluß. Abhängig vom Zeitpunkt der Zugabe des Extraktes wurden die Elongation der Fibroblasten und die zur Vernetzung des Kollagens führenden Zellprozesse gehemmt. Wurde der Extrakt 1 h nach dem Beginn der Kollagenvernetzung zugegeben, konnte kein Einfluß mehr festgestellt werden. Die Autoren schließen aus den Ergebnissen auf einen Einfluß des Extraktes auf die Wundheilung.[112]

Wirkungen auf Immunparameter. An Kaninchen wurde 72 h nach i. v. Injektion von ^3H-Thymidin 1,5 mL einer Preßsaft-Zubereitung (Echinacin®) i. v. appliziert und bis einschließlich 6 h nach der Substanzgabe die Leukocyten kontrolliert. Nach weiteren 19 h, zum Zeitpunkt der Dekapitation, wurden vergleichende Knochenmarksausstriche angefertigt. Es zeigte sich, daß 6 h nach der Preßsaft-Injektion eine Leukocytose mit relativer Verminderung der Lymphocyten und einem Anstieg der Granulocyten im peripheren Blut zu beobachten war. Die Anzahl der ^3H-markierten Lymphocyten und Granulocyten war von 7 auf 40 % bzw. von 34 auf 89 % angestiegen.[113] Eine Preßsaft (Echinacin®)-Konzentration von 50 µg/mL und 5 µg/mL ergab als Chemotaktikum/Chemokinetikum auf polymorphkernige Neutrophile (PMN) im Vergleich zur CT-Referenz-Substanz 10^{-6} mol N-f-Met-Leu-Phe (NMLP) eine Stimulierung von 35 bis 50 %. Durch NMLP stimulierte PMN's besaßen nach 15 min Vorinkubation bei 37 °C eine um 24 % geringere CT-Aktivität ($p = 0{,}005$). Die Mitinkubation von 5 µg/mL Echinacin® glich diese Aktivitätsminderung aus ($p = 0{,}005$). Die Chemilumineszenz (CL) neutrophiler Granulocyten wurde durch 10 min Vorinkubation mit 5 µg/mL Echinacin® im Vergleich zur Kontrolle von 6,1 auf 6,9 × 10^3 cpm stimuliert.[114]

Preßsaft-Verdünnungen (1:5 und 1:10) (Myo-Echinacin® 5 %ig) steigern *in vitro* die Granulocytenphagocytose von Hefezellen etwa gleich stark wie dieselben Verdünnungen von Intraglobin F.[115,116]

Ein Lyophilisat des Preßsaftes von *Echinacea purpurea* (Echinacin®) erhöht bei einer eingesetzten Konzentration von 5,0 mg/mL den Anteil phagocytierender menschlicher Granulocyten signifikant ($p < 0{,}001$) von 79 % auf 95 % und stimuliert die Phagocytose von Hefepartikeln ebenfalls signifikant ($p < 0{,}01$) um über 50 %. Bei der höchsten getesteten Dosis von 12,5 mg/mL sank sowohl die Anzahl der phagocytierenden Granulocyten als auch der Phagocytoseindex.[117]

Auch die Phagocytose isolierter Peritonealmakrophagen von Mäusen bzw. von Markophagen der isoliert perfundierten Rattenleber wurde nach i.p. bzw. p.o. Applikation von Echinacea-purpurea-Preßsaft signifikant stimuliert.[118] Mit niedrigen Preßsaft-Konzentrationen konnte auch eine Induktion von TNFα, IL-1 und IL-6 beobachtet werden.[121,122] Als cytokinvermittelter Effekt wird die Kälteabwehr-Reaktion beim Kaninchen nach Applikation von 1 mL/kg KG beschrieben. Die Körperkerntemperatur erhöht sich nach einer Latenzzeit von 30 min monophasisch um 1 °C.[119]

Die Steigerung der Phagocytose konnte in weiteren Testmodellen bestätigt werden.[120–122]

Knochenmarkkulturen mit cytologisch unverändertem Knochenmark sowie Blutkulturen mit Blut von Patienten mit den Diagnosen chronisch-myeloische Leukämie (CML), Osteomyelosklerose (OMS) und akute nichtlymphatische Leukämie (ANLL) wurden mit Echinacin® in einer Konzentration von 2,0 bzw. 0,2 mg/mL Kultursuspension über 72 h inkubiert. Bei den Knochenmarkkulturen zeigt sich eine hochsignifikante Erhöhung des Mitoseindex der Granulo- und Monopoese bei beschleunigter Differenzierung von den stabkernigen zu segmentkernigen Granulocyten sowie eine meist erhöhte Anzahl von Makrophagen auch bei den CML- und OMS-Blutkulturen. Bei den ANLL-Kulturen ist die Gesamtzahl der reifen funktionsfähigen Granulocyten erhöht. Die Stimulierung von T-Lymphocyten-Populationen wurde in einem In-vitro-Versuch beobachtet. Echinacin® stimuliert im T-Lymphocyten-Transformations-Test bei mittleren Dosen den ^3H-Thymidin-Einbau, während hohe Konzentrationen einen suppressiven bzw. toxischen Effekt ergeben.[123]

Auch die Bildung von Sauerstoffradikalen konnte an Granulocyten aus dem Vollblut gesunder Spender bzw. Knochenmarksmakrophagen der Maus mit Hilfe der Chemilumineszenz-Methode nachgewiesen werden. Nach 60minütiger Vorinkubation mit 50 µg/mL Echinacin und suboptimaler Stimulation mit Zymosan wurde eine signifikant um 24 % höhere Granulocytenaktivität gemessen.[114,124]

In vitro wurde gezeigt, daß Makrophagen nach Aktivierung durch Echinacea-purpurea-Preßsaft auch cytotoxische Effekte auf Tumorzellen haben.[125] Die zellvermittelte Cytotoxizität wurde durch Cokulturen aus Tumorzellen (ABLS-8.1, Yac-1, L12-10) zusammen mit Knochenmarksmakrophagen und Echinacea-purpurea-Preßsaft beobachtet. Makrophagen, die durch Preßsaft aktiviert wurden, erreichten in kurzer Zeit eine signifikante Cytotoxizität. Am Meth-A-Tumor der Maus wurde die antitumorale Wirkung des Preßsaftes nach p.o. Applikation *in vivo* bestätigt.[124]

Das Lyophilisat des Echinacea-purpurea-Preßsaftes (Echinacin®) zeigt im In-vitro-Test gegen Encephalomyocarditis-Virus (EMC-Virus) oder Vesicular-Stomatitis-Virus (VSV) in Kulturen von Mäuse-L-Zellen (Klon 929) im Bereich von 10 µg/mL bis 100 µg/mL keine direkte antivirale Wirksamkeit. Ein antiviraler Effekt wurde nur beobachtet, wenn Echinacin® in Gegenwart von DEAE-Dextran auf Zellen gegeben wurde. DEAE-Dextran selbst hatte keinen Effekt. Davon ausgehend haben die Autoren eine dem Interferon ähnliche Wirkweise postuliert.[126]

In einer weitergehenden Untersuchung konnte mit Hilfe des Farbtestes nach Finter und dem Plaque-Reduktionstest gezeigt werden, daß Maus-L-929-Zellen oder HeLA-Zellen gegen Influenza-, Herpes- und das Vesicular-Stomatitis-Virus zu 50 bis 80 % resistent wurden, wenn die Zellen vor der Viruseinwirkung mindestens 4 bis 6 h mit 20 µg/mL einer Echinacea-purpurea-Preßsaftzubereitung vorbehandelt worden waren. Die Resistenz hielt 24 h an. Erfolgte die Einwirkung in Gegenwart von Hyaluronidase, so bildete sich die Virusresistenz nicht aus. Hieraus leiten die Autoren ab, daß das antivirale Prinzip nicht virucider Natur sein konnte, sondern vermutlich das Eindringen des Virus in die gesunde Zelle verhindert. Das Wirkprinzip ließ sich durch Wärmeeinwirkung (60 bis 80 °C) nicht inaktivieren.[127]

Auch für den ethanolischen Extrakt und die Urtinktur konnte *in vitro* und *in vivo* eine Phagocytosestimulierung nachgewiesen werden. Im Carbon-Clearance-Test bewirkt ein aus dem Kraut mit Ethanol p.a. hergestellter Extrakt (1:10) bei Mäusen nach p.o. Applikation von 3mal täglich 10 mL/kg KG einer Lösung von 0,5 mL Extrakt in 30 mL isotonischer Kochsalzlösung, über 2 Tage, eine um den Faktor 1,4 gegenüber der Kontrolle gesteigerte Kohleausscheidung. Die chloroformlösliche Fraktion war noch etwas stärker (Faktor 2,1), die wasserlösliche Fraktion etwas schwächer (Faktor 1,3) wirksam.[44] Eine nach *HAB 1* hergestellte Urtinktur von *Echinacea purpurea* stimuliert bei einer Dosierung von p.o. 3mal täglich 0,17 mL/kg KG über 2 Tage die Carbon-Clearance um den Faktor 2,1.[44]

100 µg einer Polysaccharidfraktion aus Echinacea-purpurea-Kraut (EPS) stimulieren in fast gleicher Höhe wie 10 Einheiten des Makrophagen-aktivierenden Faktors (MAF) *in vitro* sowohl Peritoneal- als auch Knochenmarksmakrophagen zur Cytotoxizität gegenüber P-815-Zellen. EPS zeigt in einer Konzentration von 0,1 bis 10 mg/mL keinerlei Toxizität gegenüber Makrophagen. 100 µg EPS stimulieren Knochenmarksmakrophagen auch zur Freisetzung von Interleukin 1, allerdings in wesentlich geringerem Maße als Endotoxin.[128]

Die Chemilumineszenz stimulierter Makrophagen war nach einer 24stündigen Inkubation mit 20 µg und 200 µg EPS gegenüber der Kontrolle doppelt bzw. vierfach erhöht. EPS besaß keine die Proliferation von T-Lymphocyten oder die Freisetzung des MAF-Faktors induzierende Wirkung. Der stimulierende Effekt auf B-Lymphocyten war gering und lag bei 100 µg EPS im Versuchsansatz in der Größenordnung von $^1/_2$ bis $^1/_3$ der Endotoxin-Wirkung.[128]

Eine Polysaccharid-Fraktion aus dem Kraut von *Echinacea purpurea* stimuliert an Mäusen nach einer einmaligen Dosis von i.p. 10 mg/kg KG nach 24 h die Ausscheidung von i.v. verabreichten Kohlepartikeln um den Faktor 2,2 gegenüber einer mit isotonischer Kochsalzlösung behandelten Kontrollgruppe. Dieselbe Polysaccharidfraktion stei-

gert bei einer getesteten Konzentration von 0,01 mg/mL *in vitro* die Phagocytose von menschlichen Granulocyten um 27 %.[20]
Das aus Echinacea-purpurea-Zellkulturen gewonnene saure Arabinogalactan (AG) mit Molekulargewicht 75.000 D zeigt in Konzentrationen von 1 µg/mL bis 10 mg/mL keinen direkten toxischen Effekt auf Makrophagen, proliferierende T-Zellen, B-Zellen, Thymocyten, L-929-Zellen, WEHI-Tumorzielzellen, CTLL-Zellen und *Leishmania enriettii*. AG induziert jedoch dosisabhängig Peritonealmakrophagen zur Freisetzung des Tumornekrose-Faktors α. 500 µg AG/mL induzieren > 5.000 U/mL TNF α. Auch geringe Mengen AG (3,7 µg/mL) zeigen noch einen Stimulierungseffekt (80 U/mL TNF α). Bei Verwendung von Knochenmarksmakrophagen wurde eine dosisabhängige Interferon-β (IL-6)-Produktion gemessen, die bei 250 µg AG/mL einen Wert von 150 Units INF/mL erreichte, der der Wirkung von 10 µg Endotoxin/mL entsprach. Ähnlich wie 1.000 Units Interferon-γ/mL war AG in einer Konzentration von 250 µg/mL in der Lage, Leishmania-Parasiten durch Stimulierung von Peritonealmakrophagen zu ca. 90 % abzutöten. Wie bei den Versuchen mit dem Echinacea-Polysaccharidgemisch konnte auch mit AG bis zu Konzentrationen von 500 µg/mL keine direkte Stimulierung von T-Lymphocyten-Populationen und der Sekretion von Interleukin 2, Interleukin 6 oder Interferon beobachtet werden.[129]
Im ^{51}Chrom-Freisetzungs-Test vermochten 200 µg/ 10^5 Makrophagen eines industriell hergestellten, mit AG hoch angereicherten Polysaccharidgemisches aus Echinacea-purpurea-Zellkulturen (E. P. A. G.) Peritonealmakrophagen zur vollständigen Abtötung von TNF-sensitiven WEHI-164-Tumorzellen zu stimulieren. Die gemessene Cytotoxizität lag 25 % über der Kontrolle. Die Zerstörung von WEHI-Tumorzellen wird als ein eindeutiger Nachweis für membrangebundenen Tumornekrosefaktor α gesehen.[130]
In einem Infektionsbelastungstest mit *Candida albicans* an Mäusen wurde das Echinacea-Polysaccharidgemisch E. P. A. G. in einer Konzentration von 10 mg/kg KG i. v. C57BL/6-Mäusen injiziert. 24 h später wurden die Tiere mit 3 × 10^5 *Candida albicans* i. v. infiziert. Gleichzeitig erhielten sie eine Zweitinjektion von 10 mg Polysaccharid/kg KG. 24 h nach der Infektion wurde im Vergleich zur Kontrolle eine hochsignifikante Reduktion der Candida-Keime in den Nieren der behandelten Mäuse festgestellt. Entsprechende Keimzahlreduktionen wurden auch in der Leber und der Milz erhalten. In Überlebensversuchen zeigte sich, daß die Mäuse eine sonst letale Infektion mit *Candida albicans* gesund überstanden, wenn sie prophylaktisch mit dem Echinacea-Polysaccharid-Gemisch vorbehandelt worden waren. Entsprechende Infektionsbelastungsteste wurden auch mit durch Cyclophosphamid und Cyclosporin A immunsupprimierten Mäusen durchgeführt. Auch diese Mäuse überlebten nach prophylaktischer Gabe von 10 mg E. P. A. G./kg KG diese sonst letale Infektion zu 100 %. Ein ähnlicher Infektionsbelastungstest mit *Listeria monocytogenes* führte zu einem vergleichbaren Ergebnis: Die Anzahl koloniebildender Einheiten in Leber und Milz 48 h nach der Infektion war hochsignifikant reduziert. Eine Dosis-Wirkungsstudie ergab, daß noch bis zu einer Dosis von 500 µg/kg KG eine signifikante Reduktion der Keimbelastung von Leber und Milz nachzuweisen war. Auch hier ließ sich nach Ausschalten des T-Zellsystems durch Cyclosporin-A-Gaben ein prophylaktischer Schutz erreichen.[130]
Die Wirksamkeit von Zubereitungen aus Echinacea-purpurea-Preßsaft konnte auch in einigen klinischen Studien gezeigt werden:
So führt die i. m. Applikation von 2 × 2 mL Echinacin® an 3 aufeinanderfolgenden Tagen bei der Behandlung von Pertussis zu einer deutlichen Verkürzung der Krankheitsdauer. 10 Tage nach Behandlungsbeginn wurde bei 80 % bis 90 % der Fälle eine Besserung erreicht. Dies wurde in drei Verlaufsbeobachtungen mit 121, 170 und retrospektiv an 1.280 Patienten festgestellt.[131–133]
Die Rezidivquote bei besonders infektanfälligen Patienten konnte, wie eine placebokontrollierte Doppelblindstudie (108 Patienten, die in dem der Studie vorangegangenen Winterhalbjahr mindestens dreimal an Infektionen im Rahmen von Erkältungskrankheiten litten; Dosierung: 2 × 4 mL Echinacea-purpurea-Preßsaft bzw. Placebosaft über einen Behandlungszeitraum von 8 Wochen) zeigte, deutlich gesenkt werden. Die Zeit bis zum Auftreten des ersten Infektes verlängerte sich in der Verum-Gruppe auf 40 Tage gegenüber 25 Tage in der Placebo-Gruppe.[134]
Eine Verlaufsbeobachtung an 4.598 Patienten mit Hauterkrankungen wie Wunden, Ekzemen, Herpes simplex und Verbrennungen ergab, daß es bei topischer Applikation einer Echinacea-purpurea-Preßsaft enthaltenden Salbe in über 85 % der Fälle zu einer Heilung nach 1 Woche kommt. Erklärt wird dies mit der Fibroblastenaktivierung und der Hyaluronidase-Hemmung durch Echinacea-purpurea-Preßsaft.[135]
Einen deutlichen Rückgang der Rezidivhäufigkeit und eine verbesserte zellvermittelte Immunität wurde in einer vergleichenden Studie an 203 Patientinnen mit rezidivierenden vaginalen Candidamykosen beobachtet. Zusätzlich zu einer antimykotischen Therapie (alle Patientinnen wurden zu Behandlungsbeginn 6 Tage lang mit Econazolnitrat Creme lokal behandelt) erhielt ein Teil der Patientinnen 10 Wochen lang Echinacin in unterschiedlichen Darreichungsformen (Dos. 2mal wöchentl. 2 mL i. m.; 2mal wöchentl. 2 mL s. c.; 2mal wöchentl. 0,5 mL bis 2 mL i. v.; 3mal tägl. 30 Tr. p. o.), die anderen erhielten keine weitere Medikation. Die zellvermittelte Immunität wurde mittels Hauttest (Multitest Merrieux) mit Recall Antigenen vor Therapiebeginn und nach 10 Wochen bestimmt. In der Kontrollgruppe, die ausschließlich mit Econazolnitrat behandelt wurde, lag die Rezidivhäufigkeit bei 60,5 %. Durch die adjuvante Immunstimulation mit Echinacin® wurde sie je nach Applikationsform auf Werte zwischen 5 % und 16 % gesenkt.[136]
In einer weiteren Studie erhielten ambulante Patienten mit inoperablen metastasierenden Ösophaguscarcinomen (n = 6) oder kolorektalen Carcino-

men (n = 16) eine unspezifische Immuntherapie, bestehend aus niedrigen Dosen von Cyclophosphamid (LDCY), 300 mg/m^2 Körperoberfläche, alle 28 Tage i.v., Thymostimulin 30 mg/m^2, Tag 3 bis 10 nach LDCY täglich, danach 2mal pro Woche i.m. und Echinacin® (60 mg/m^2) zusammen mit Thymostimulin in einer Spritze. Alle Patienten zeigten bei Studienbeginn T4-N1-2-M1-Tumoren und ein progredientes Tumorwachstum. Die absolute Zahl der CD-4-positiven Zellen im peripheren Blut der Patienten nahm innerhalb von 7 Tagen nach LDCY um 27% zu ($p < 0{,}05$), die CD-8-positiven Zellen dagegen um 16% ($p < 0{,}02$) ab. Die Zahl der Leu-7-positiven natürlichen Killerzellen (NK) nahm um 32% ($p < 0{,}02$) zu, deren Aktivität um bis zu 221%. Die Aktivität der Lymphokin-aktivierten Killerzellen (LAK) wurde bis zu 292% gesteigert, die der polymorphkernigen Granulocyten (PMN) um 27% ($p < 0{,}05$) 1 bis 7 Tage nach LDCY. Unter der Therapie wurden keine Nebenwirkungen beobachtet. Bei 8 von 15 Patienten mit kolorektalen und in 2 von 6 Patienten mit Ösophaguscarcinomen blieben die meßbaren Tumoren über einen Zeitraum von mindestens 3 Monaten nach Therapiebeginn stabil gemäß WHO-Kriterien. Die mittlere Überlebenszeit der 15 Patienten mit kolorektalem Carcinom betrug 4 Monate, wobei 2 Patienten länger als 8 Monate überlebten. Die mittlere Überlebenszeit der Patienten mit Ösophaguscarcinomen betrug 3,5 Monate.[137,138]

Anwendungsgebiete: Innerlich: Unterstützende Behandlung rezidivierender Infekte im Bereich der Atemwege und der ableitenden Harnwege. Äußerlich: Schlecht heilende, oberflächliche Wunden.[145]

Dosierung und Art der Anwendung: *Zubereitung.* Einnahme: Tagesdosis 6 bis 9 mL Preßsaft; Zubereitungen entsprechend.
Parenterale Anwendung: Individuell entsprechend Art und Schwere des Krankheitsbildes sowie der speziellen Eigenschaften der jeweiligen Zubereitung. Die parenterale Verabreichung erfordert, speziell bei Kindern, ein abgestuftes Dosierungsschema, das vom Hersteller der jeweiligen Zubereitung entsprechend belegt werden muß.[145]
Hinweis: Die Präparate verschiedener Hersteller sind untereinander nicht ohne weiteres vergleichbar; daher können generelle Dosierungsschemata nicht angegeben werden. Auch gibt es Hinweise dafür, daß das Anwendungsrégime die Wirkung mitbestimmt: Einzelgaben (s.c.) mit freien Intervallen von 1 Woche führten zu einer Steigerung der zellvermittelten Immunität, tägliche Gaben hingegen führten zu einer Suppression.[139]
Äußere Anwendung: Halbfeste Zubereitungen mit mindestens 15% Preßsaft.
Dauer der Anwendung: Zubereitungen zur Einnahme und äußeren Anwendung: Nicht länger als 8 Wochen. Zubereitung zur parenteralen Anwendung: Nicht länger als 3 Wochen.[145]

Unerwünschte Wirkungen: Für orale und topische Darreichungsformen keine bekannt.[145]
Bei parenteraler Applikation können dosisabhängig Schüttelfrost, kurzfristige Fieberreaktionen, Übelkeit und Erbrechen auftreten. In Einzelfällen sind allergische Reaktionen vom Soforttyp möglich.[140,141,145]

Gegenanzeigen/Anwendungsbeschr.: Innere Anwendung: Progrediente Systemerkrankungen wie Tuberkulose, Leukosen, Kollagenosen, multiple Sklerose. Bei Neigung zu Allergien, besonders gegen Korbblütler, sowie in der Schwangerschaft keine parenterale Applikation. Bei Diabetes kann sich die Stoffwechsellage verschlechtern.[145]
Äußerliche Anwendung: Bisher keine Gegenanzeigen oder Anwendungsbeschränkungen bekannt.[145]

Wechselwirkungen: Keine bekannt.[145]

Akute Toxizität: *Mensch.* Der Preßsaft ist toxikologisch vergleichsweise gut untersucht. Akute Intoxikationen sind nicht bekannt und auf der Basis der tierexperimentellen Daten nicht zu erwarten. Prinzipiell sind jedoch, speziell bei parenteraler Applikation, die bei Immunstimulantien grundsätzlich möglichen Risiken, zum Beispiel die Verschlechterung von Autoimmunerkrankungen zu erwarten (s. Echinaceae angustifoliae radix).[64,65] *Tier.* Nach einmaliger p.o. oder i.v. Applikation von Echinacea-purpurea-Preßsaft in der maximal applizierbaren Dosis von p.o. 15.000 mg/kg KG bzw. i.v. 5.000 mg/kg KG bei der Ratte und p.o. 30.000 mg/kg KG bzw. i.v. 10.000 mg/kg KG bei der Maus zeigten die Tiere keine abweichenden Befunde. Da keine Todesfälle beobachtet wurden, konnte die LD_{50} nur näherungsweise ermittelt werden. Die Sektionen nach Abschluß der Versuche ergaben keine Hinweise auf Organveränderungen.[142]

Chronische Toxizität: *Tier.* Nach vierwöchiger täglicher Applikation von 800, 2.400 bzw. 8.000 mg Echinacea-purpurea-Preßsaft/kg KG zeigte keines der Tiere sowohl bei den Laborwerten als auch bei den pathologisch-anatomischen Untersuchungen irgendwelche Abweichungen gegenüber der Kontrollgruppe.[142]
Untersuchungen mit einem Polysaccharidgemisch aus dem Kraut von *Echinacea purpurea* und zwei Polysacchariden, gewonnen aus einem Zellkulturmedium von *E. purpurea*, an Mäusen ergaben bei i.p. Applikation LD_{50}-Werte von > 2.500 mg/kg KG bzw. > 5.000 mg/kg KG. Für die beiden reinen Polysaccharide (Fucogalactoxyloglucan, saures Arabinogalactan) wurde Nichttoxizität konstatiert.[143]

Carcinogenität: Es liegen bisher keine Untersuchungen vor, die die Bewertung eines Krebsrisikos gestatten, wie es vereinzelt pauschal für Immunstimulatoren postuliert wurde.[67] Für den Preßsaft aus *Echinacea purpurea* sind Untersuchungen publiziert worden, die eine tumorinitiierende Wirkung unwahrscheinlich machen (s. Mutagenität).

Mutagenität: Der Preßsaft (Echinacin® Liquidum) bzw. Lyophilisate des Preßsaftes wurden in Konzentrationen von 8 bis 5.000 µg/Platte untersucht. In den untersuchten bakteriellen Testsystemen an *Salmonella typhimurium* (TA 98, TA 100, TA 1535, TA 1537, TA 1538) mit und ohne metabolische Aktivierung durch die S9-Fraktion aus Leber von Aro-

chlor-1254-behandelten Ratten, in Genmutationstests an Säugerzellen (HPRT-Locus von 5178-Y-Maus-Lymphomzellen mit und ohne S9-Fraktionen, cytogenetische Veränderungen *in vitro* an menschlichen Lymphocytenkulturen), bei der Micronucleus-Induktion *in vivo* an Erythrocyten männlicher und weiblicher Mäuse und bei der morphologischen Zelltransformation an Syrischen-Hamster-Embryo-Zellen (SHE) nach Pienta ergaben sich keine Hinweise auf genotoxische Effekte oder auf zelltransformationsauslösende Wirkungen.[142]
Für das neutrale Polysaccharid NFA 10 aus Echinacea-purpurea-Gewebekultur wurden in menschlichen Lymphocytenkulturen weder im Kurzzeit- noch im Langzeit-Experiment in Konzentrationen bis zu 500 µg/mL signifikante dosisabhängige Zunahmen der Schwesterchromatid-Austausche und der Chromosomenaberrationen beobachtet.[144]

Toxikologische Daten: *LD-Werte.* Für den Preßsaft aus *Echinacea purpurea*: LD_{50} p.o. Ratte > 15.000 mg/kg KG; i.v. Ratte > 5.000 mg/kg KG; p.o. Maus > 30.000 mg/kg KG; i.v. Maus 10.000 mg/kg KG.[142]

Gesetzl. Best.: *Offizielle Monographien.* Aufbereitungsmonographie der Kommission E am BGA "Echinaceae purpureae herba (Purpursonnenhutkraut)".[145]

Echinaceae purpureae radix (Purpursonnenhutwurzel)

Synonyme: Radix Echinaceae purpureae.

Sonstige Bezeichnungen: Dt.: Echinaceawurzel, Purpursonnenhutwurzel, Sonnenhutwurzel; engl.: Black sampson, coneflower root.

Definition der Droge: Die Droge besteht aus den im Herbst gesammelten, frischen oder getrockneten Wurzeln.

Stammpflanzen: *Echinacea purpurea* (L.) MOENCH.

Herkunft: Die Droge stammt z. T. aus Wildvorkommen in Nordamerika. *Echinacea purpurea* wird mittlerweile in Europa (Deutschland, Italien, ehemaliges Jugoslawien, Niederlande, Schweiz, ehemalige Sowjetunion) und in den USA in größerem Ausmaß kultiviert.

Gewinnung: Lufttrocknung; soweit die Pflanzen kultiviert werden, erfolgt die Wurzelernte mit einem Roder und die Trocknung in zerkleinertem Zustand maschinell.[27] Da *Echinacea purpurea* ein sehr dichtes Wurzelgeflecht ausbildet, bereitet die Reinigung größere Schwierigkeiten. Es empfiehlt sich, sie in 5 bis 10 cm lange Stücke zu zerkleinern.

Ganzdroge: Relativ kurzer, 10 bis 15 cm langer verholzter Wurzelstock mit vielen dünnen Nebenwurzeln, die zahlreiche schwach ausgeprägte Längsleisten aufweisen. Sie sind schraubenförmig gedreht und besitzen an der Oberfläche eine feine Querstrukturierung. Die Oberfläche ist hell- bis dunkelbraun.

Schnittdroge: *Geruch.* Schwach aromatisch. *Geschmack.* Anfangs leicht säuerlich, später schwach bitter; an der Zunge lokalanästhesierend. *Mikroskopisches Bild.* Die Zellen der Wurzelepidermis haben eine annähernd quadratische Form und sind durchschnittlich 50 × 30 µm groß. Der Wurzelquerschnitt ist durch großflächige, keilförmige und teilweise vernetzte Gefäßgruppen gekennzeichnet, die allseitig von Holzfasern und Holzparenchym umgeben sind. Die Ölbehälter sind klein und zwischen 50 und 120 µm lang. Sie sind normalerweise jeweils in Gruppen zu 4 vor den Xylemstrahlen im inneren Bereich des Rindenparenchyms ringförmig angelegt. Ihre Gesamtzahl variiert zwischen 12 und 20, wobei im Zentralzylinder keine Ölbehälter zu finden sind. Steinzellen treten nur sehr selten auf. Sie liegen im Rindenparenchym meist als Einzelstrukturen vor und sind frei von Phytomelanauflagerungen. Die sklerenchymatischen Zellen des Zentralzylinders sind 50 bis 120 µm lang und füllen den gesamten Innenraum zwischen den Gefäßen.[28]

Pulverdroge: Das hellgelbe bis weißliche Wurzelpulver ist vor allem durch umfangreiche Komplexe von Holz- und Rindenparenchym sowie großflächige Gruppen von Xylemfasern und Gefäßelementen charakterisiert, wobei insbesondere die zahlreichen breit-spindelförmigen Xylemfasern auffallen, die immer als zusammenhängende hellbraune Strukturen auftreten. Nur vereinzelt finden sich 50 bis 120 µm lange Sklereiden. Als besonderes Kennzeichen ist das Fehlen von schwarzen Phytomelanauflagerungen im Bereich der sklerenchymatischen Gewebeteile zu werten. Die fast quadratischen Zellen der Wurzelepidermis bzw. Exodermis sind häufig durch rötlich gefärbte Bereiche gekennzeichnet.[29]

Verfälschungen/Verwechslungen: Als Verfälschung wurden die Wurzeln von *Parthenium integrifolium* beobachtet. Diese lassen sich anhand ihrer anatomischen und morphologischen Merkmale (s. Echinaceae angustifoliae radix)[29] sowie anhand der charakteristischen Inhaltsstoffe (Zimtsäureester von Sesquiterpenalkoholen)[30] von Echinacea-purpurea-Wurzeln unterscheiden (s. Reinheit).
Im graubraunen Drogenpulver von *Parthenium integrifolium* dominieren die sklerenchymatischen Strukturen mit ihren kompakten Phytomelanauflagerungen. Dadurch ist auch eine Ähnlichkeit zu den Pulvern von *Echinacea angustifolia* und *E. pallida* gegeben. Im Gegensatz zu den Echinacea-Arten ist die Wurzelrhizodermis bzw. Exodermis von *Parthenium integrifolium* durch die sehr regelmäßige Anordnung der schmal-rechteckigen Zellen (20 × 50 µm) gekennzeichnet. Auch in der Pigmentierung der sehr kompakt erscheinenden Zellwand bestehen Unterschiede. Typisch für *Parthenium integrifolium* sind außerdem die kurzen (20 × 150 µm), fast isodiametrischen Sklereiden. Sie sind regelmäßig zu großen Gruppen von 5 bis 30 Zellen vereinigt und weisen vor allem in den peripheren Bereichen stärkere Phytomelanauflagerungen auf. Daneben finden sich zahlreiche plattenförmige Sklerenchymfaserbündel unterschiedlicher Länge, die

durch ihre netzförmigen Phytomelanmuster charakterisiert sind.[29]

Inhaltsstoffe: *Ätherisches Öl.* Maximal 0,2 % ätherisches Öl,[5,6] mit 2,1 % Caryophyllen, 0,6 % Humulen und 1,3 % Caryophyllenepoxid,[146] Verbindungen vom Typ des Dodeca-2,4-dien-1-ylisovalerats, Palmitin- und Linolensäure und Germacren D.[6]
Polyacetylene. In den luftgetrockneten Wurzeln < 0,01 mg% Trideca-1,11-dien-3,5,7,9-tetrain, 1,25 mg% Trideca-1-en-3,5,7,9,11-pentain, 0,01 mg% Trideca-1,3-dien-5,7,9,11-tetrain, 0,02 mg% Trideca-8,10,12-trien-2,4,6-triin, 0,8 mg% Ponticaepoxid[7] und 0,015 mg% Verbindung XII (s. Strukturformeln unter Echinaceae angustifoliae radix). Die Verbindungen sind sehr instabil.[7]
Alkamide. 0,01 bis 0,04 % Undeca-2*Z*,4*E*-dien-8,10-diinsäureisobutylamid und Dodeca-2*Z*,4*E*-dien-8,10-diinsäureisobutylamid sowie eine Mischung zweier Dodeca-2,4,8,10-tetraensäureisobutylamide,[147] deren Stereochemie als 2*E*,4*E*,8*Z*,10*E*/*Z* aufgeklärt wurde.[11] Zusätzlich wurden nachgewiesen: Die Isobutylamide der Undeca-2*E*,4*Z*-dien-8,10-diinsäure, der Dodeca-2*Z*,4*E*-dien-8,10-diinsäure, der Dodeca-2*E*,4*E*,10*E*-trien-8-insäure, der Undeca-2*Z*,4*E*-dien-8,10-diinsäure, der Trideca-2*E*,7*Z*-dien-10,12-diinsäure und der Dodeca-2*E*,4*E*,8*Z*-triensäure, sowie die 2'-Methylbutylamide der Dodeca-2*E*,4*Z*-dien-8,10-diinsäure und der Undeca-2*E*,4*Z*-dien-8,10-diinsäure.[11]

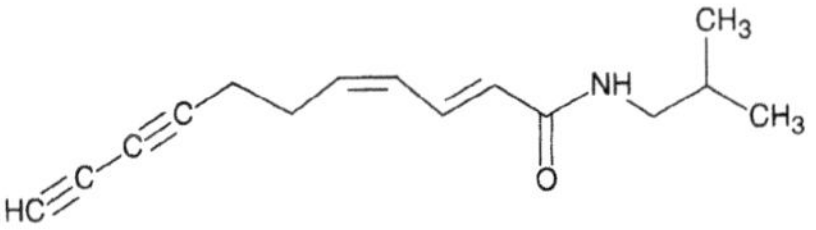

(1)

Undeca-2*E*,4*Z*-dien-8,10-diinsäureisobutylamid

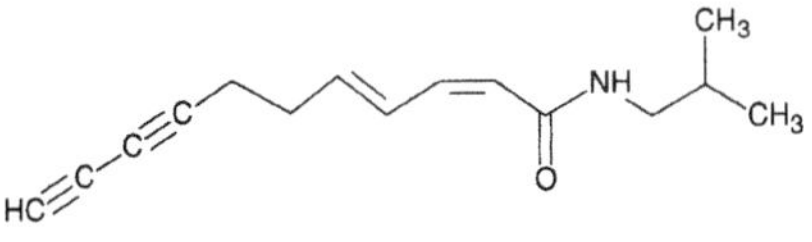

(2)

Undeca-2*Z*,4*E*-dien-8,10-diinsäureisobutylamid

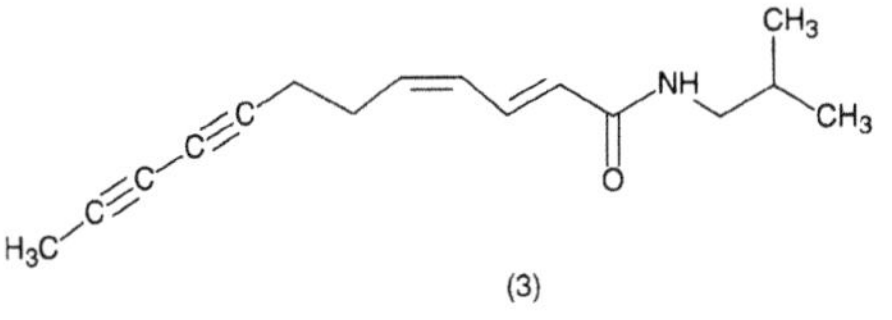

(3)

Dodeca-2*E*,4*Z*-dien-8,10-diinsäureisobutylamid

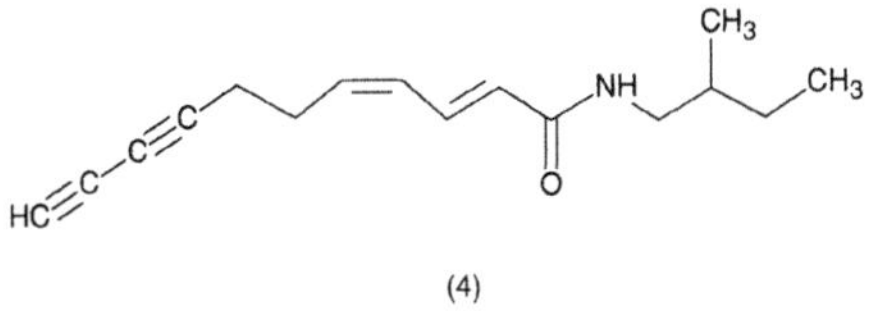

(4)

Undeca-2*E*,4*Z*-dien-8,10-diinsäuremethylbutylamid

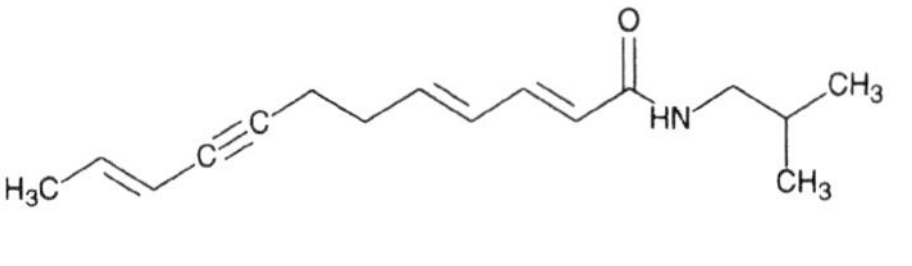

(5)

Dodeca-2*E*,4*E*,10*E*-trien-8-insäureisobutylamid

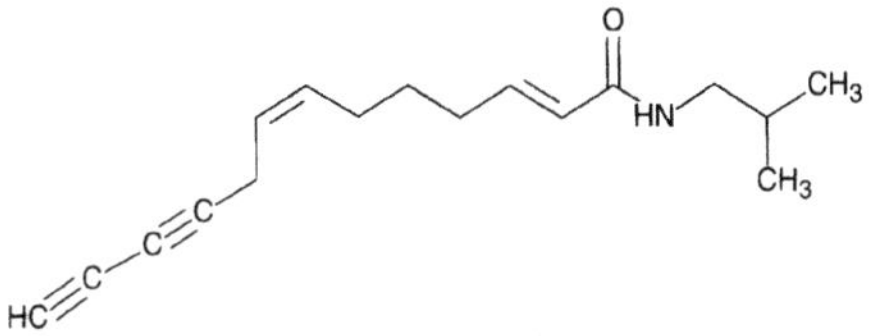

(6)

Trideca-2*E*,7*Z*-dien-10,12-diinsäureisobutylamid

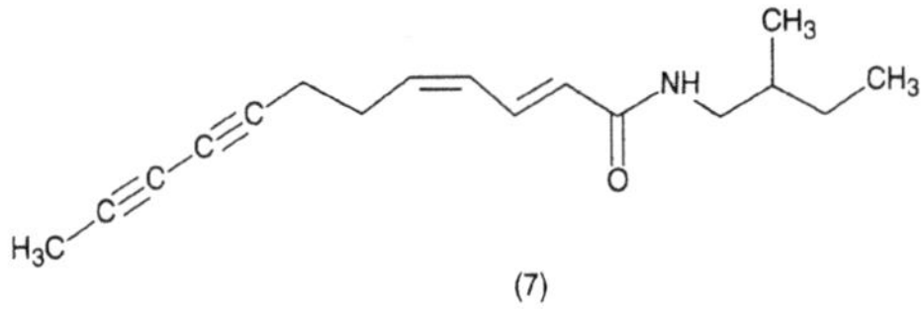

(7)

Dodeca-2*E*,4*Z*-dien-8,10-diinsäuremethylbutylamid

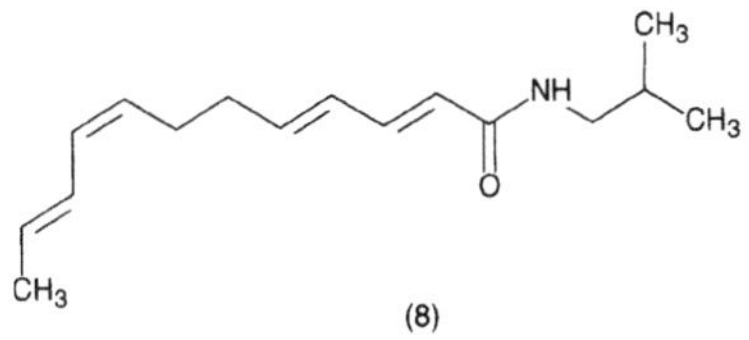

(8)

Dodeca-2*E*,4*E*,8*Z*,10*E*-tetraensäureisobutylamid

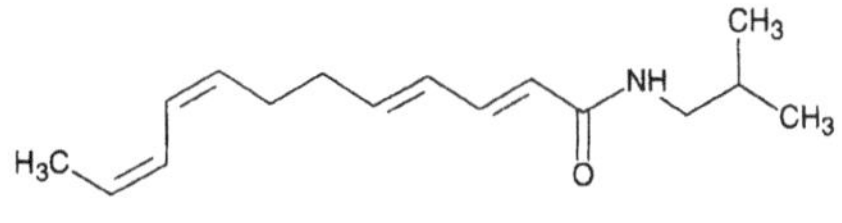

(9)

Dodeca-2*E*,4*E*,8*Z*,10*Z*-tetraensäureisobutylamid

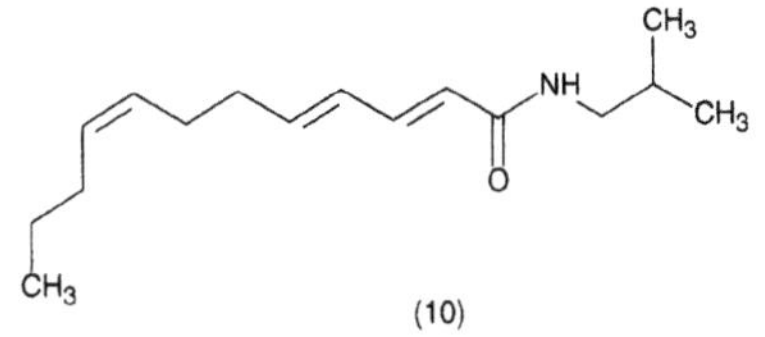

(10)

Dodeca-2*E*,4*E*,8*Z*-triensäureisobutylamid

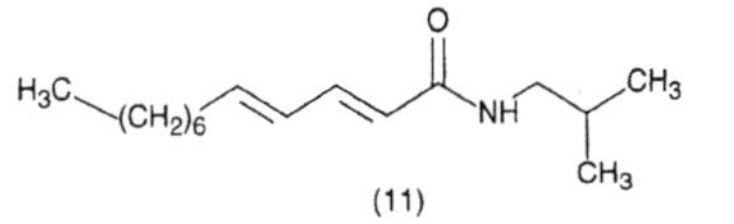

(11)

Dodeca-2*E*,4*E*-diensäureisobutylamid

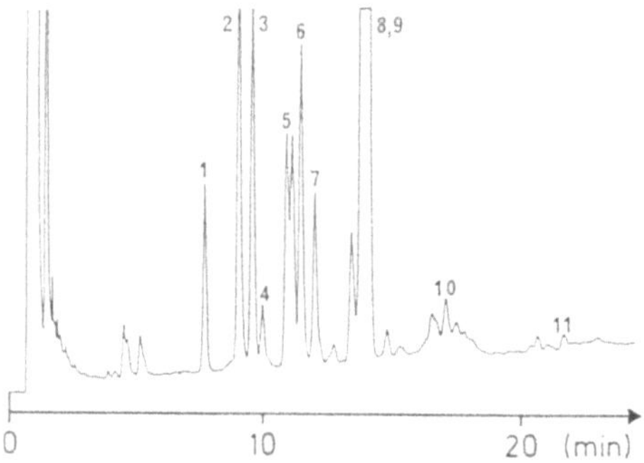

Alkamide aus Echinacea-purpurea-Wurzeln mit HPLC-Trennung des Chloroformextraktes. Nach Lit.[157]
Säule: Hibar 125-4 mit LiChrospher 100 CH-18 (2), 5 µm (Fa. Merck); Fließmittel: A = Wasser, B = Acetonitril, Gradient: 40 bis 80 % B linear in 30 min; Durchfluß: 1,0 mL/min; Detektion: 210 nm.

Kaffeesäurederivate. 0,6 bis 2,1 % *O*-Dicaffeoylweinsäure (Cichoriensäure),[10,81] 2-*O*-Caffeoylweinsäure (Caftarsäure).[71]
Polysaccharide und Glykoproteine. Es wurde ein Rohpolysaccharid beschrieben, das Rhamnose, Xylose, Arabinose, Mannose, Galactose und Uronsäuren enthält,[20] sowie ein Glykoprotein (MG 40.000 D), das als Aminosäuren Aspartat, Glycin, Glutamat und Alanin und im Zuckerrest 64 bis 84 % Arabinose, 1,9 bis 5,3 % Galactose und 6 % Galactosamin enthält.[148]
Stickstoffhaltige Verbindungen. Tussilagin (0,006 %) und Isotussilagin.[21,149]

Zubereitungen: Es kann eine Polysaccharid- und eine Alkamidfraktion gewonnen werden (s. Echinaceae purpureae herba). Die für Echinaceae purpureae radix beschriebene Glykoprotein-Fraktion ist bisher in ihrer Herstellungsweise nicht klar beschrieben.[150,151]

Identität: Die in den Wurzeln enthaltenen Alkamide verursachen beim Kauen einen säuerlichen und anästhesierenden Geschmack auf der Zunge.
Zur Identitätsprüfung eignen sich die DC- und die HPLC-Analyse der Kaffeesäurederivate[10] und der Alkamide.[40]
1. Nachweis der Kaffeesäurederivate:
DC:
- Sorptionsmittel: Kieselgel;
- FM: Ethylacetat-Ameisensäure-Eisessig-Wasser (100 + 11 + 11 + 27);
- Detektion: Naturstoffreagenz/UV 360 nm;
- Auswertung: Bei Rf 0,9 erscheint Cichoriensäure als gelbgrün fluoreszierende Zone sowie eine weitere ähnlich gefärbte Zone auf der Höhe der Chlorogensäure (s. Echinaceae angustifoliae radix).

HPLC:
- RP 18-Umkehrphase;
- linearer Fließmittelgradient von 5 bis 25 % Acetonitril; Durchfluß: 1,0 mL/min;
- Detektion: 280 nm;
- Auswertung: Als Hauptpeaks erscheinen Cichoriensäure (Rt = 10 min) und Monocaffeoylweinsäure (s. Echinaceae angustifoliae radix).

2. Nachweis der Alkamide:
DC:
- Sorptionsmittel: Kieselgel;
- FM: Hexan-Ethylacetat (2 + 1);
- Detektion: Anisaldehyd/Schwefelsäure-Reagenz;
- Auswertung: Die Alkamide erscheinen als violette bis blauschwarze Zonen im Rf-Bereich von 0,1 bis 0,7 (s. Echinaceae angustifoliae radix).

HPLC:
- RP 18-Umkehrphase;
- linearer Fließmittelgradient von 40 bis 80 % Acetonitril/Wasser; Durchfluß: 1,0 mL/min;
- Detektion: 210 nm (s. Echinaceae angustifoliae radix).

Reinheit: Es ist insbesondere auf eine Verfälschung mit Parthenium-integrifolium-Wurzeln zu prüfen. Sie kann erfolgen mittels DC:
- Sorptionsmittel: Kieselgel;
- FM: Toluol-Ethylacetat (7 + 3);
- Detektion: Vanillin/Schwefelsäure-Reagenz, 120 °C, Vis;

oder mittels HPLC:
- RP 18-Umkehrphase;
- linearer Fließmittelgradient von 40 bis 80 % Acetonitril/Wasser; Durchfluß: 1,0 mL/min;
- Detektion: 210 nm.[30]

Die in *Parthenium integrifolium* enthaltenen Sesquiterpenzimtsäureester erscheinen bei der DC als leuchtend blaue bzw. gelbe Zonen bei Rf ca. 0,4, 0,45 und 0,6 (s. Abb.) und in der HPLC als 4 Peaks mit UV-Spektren, die denen der Zimtsäure gleichen (s. Abb.). Zudem enthält *Parthenium integrifolium* keine Cichoriensäure (vgl. Abb. bei Echinaceae angustifoliae radix).

Gehaltsbestimmung: Die Gehaltsbestimmung von Cichoriensäure und den Alkamiden kann nach der Methode des Externen Standards mit der oben beschriebenen HPLC-Methode erfolgen.[40] Für Cichoriensäure wurden zudem HPLC-Verfahren unter Verwendung von Ferulasäure als Innerem Standard beschrieben[88,108] sowie eine direkte photometrische Gehaltsbestimmung der Kaffeesäurederivate bei 330 nm.[88]
Zur Bestimmung des Gehalts der Glykoproteine wurde ein ELISA-Verfahren entwickelt.[152]

Lagerung: Möglichst unzerkleinert, vor Licht geschützt.

Wirkungen: *Antibakterielle und virustatische Wirkung.* Für Cichoriensäure wurde eine Hemmwirkung gegenüber VSV (Vesicular Stomatitis Virus) in L-929-Mäusezellen gefunden. 125 µg/mL Cichoriensäure reduzierten nach 4stündiger Inkubation die VSV-Infektion um 50 %.[49]
Für Trideca-1,11-dien-3,5,7,9-tetrain und Trideca-1,11-dien-3,5,7,9,11-pentain wurde eine bakteriostatische und fungistatische Wirkung beschrieben. Gegenüber *Escherichia coli* wurde totale Wachstumshemmung in Konzentrationen von 100 bzw. 50 µg/mL, gegenüber *Pseudomonas aeruginosa* bei

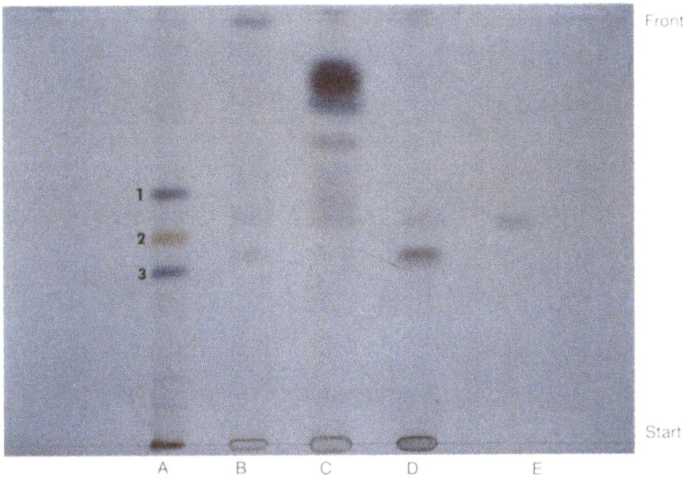

DC-Trennung der lipophilen Inhaltsstoffe von Echinacea-angustifolia-, E.-pallida-, E.-purpurea- und Parthenium-integrifolium-Wurzeln. Aus Lit.[5]
Laufmittel: Toluol-Ethylacetat (7 + 3); Detektion: Vanillin/Schwefelsäure, 120 °C, Vis.
A = *Parthenium integrifolium*; B = *Echinacea purpurea*; C = *Echinacea pallida*; D = *Echinacea angustifolia*; E = β-Sitosterin; 1 = Cinnamoylechinadiol; 2 = Cinnamoylepoxyechinadiol und Cinnamoylechinaxanthol; 3 = Cinnamoyldihydroxynardol.

5,0 bzw. 1.000 µg/mL gefunden.[51] Für beide Verbindungen wurden folgende Hemmkonzentrationen für Bakterien, Hefen bzw. Pilze ermittelt: *Trichophyton mentagrophytes* 0,005 % bzw. 0,01 %, *Microsporum gipseum* 0,0005 % bzw. 0,01 %, *Aspergillus niger* > 0,01 % bzw. 0,1 %, *Trichophyton schoenleinii* 0,0005 % bzw. 0,01 %, *Epidermophyton floccosum* 0,0005 % bzw. 0,01 %, *Trichophyton rubrum* 0,001 % bzw. 0,01 %, *Candida albicans* 0 % bzw. 0,2 %, *Staphylococcus aureus* 0,005 % bzw. 0,01 %, *Pseudomonas aeruginosa* 0,0005 % bzw. 0,1 %, *Escherichia coli* 0,0005 % bzw. 0,005 %.[52]

Wirkung auf den Arachidonsäuremetabolismus. Für die Alkamidfraktion wurde *in vitro* in einer Konzentration von 50 µmol/L (berechnet auf ein mittleres Molgewicht von 220) eine Hemmwirkung von 92,5 % auf die 5-Lipoxygenase (Schweineleukocyten) nachgewiesen.[56,153] Dodeca-2*E*,4*E*,8*Z*,10*E*/*Z*-tetraensäureisobutylamid hemmt in einer Konzentration von 50 µg/mL die Cyclooxygenase (aus Schafsamenblasen) um 54,7 % und in einer Konzentration von 50 µmol/L die 5-Lipoxygenase um 62,2 % und erweist sich damit als dualer Inhibitor des Arachidonsäuremetabolismus.[55]

Insekticide Wirkung. Für das Isobutylamid Echinacein (vermutlich identisch mit Dodeca-2*E*,4*E*,8*Z*,10*E*/*Z*-tetraensäureisobutylamid) wurde eine insekticide Wirkung gegen *Musca domestica* (Hausfliege) nachgewiesen.[34] Nähere Angaben fehlen.

Immunmodulierende Wirkung. Der Trockenrückstand einer ethanolischen Tinktur (1:10) zeigt im In-vitro-Granulocytenausstrichtest in der Konzentration von 0,001 % Testansatz eine maximale Phagocytosesteigerung von 33 %. Stärkere Verdünnungen zeigen keine Wirkung.[43] Im In-vivo-Carbon-Clearance-Test an Mäusen führt die p.o. Applikation von 10 mL/kg KG/Tag einer Lösung von 0,5 mL des Extraktes in 30 mL isotonischer Kochsalzlösung über 3 Tage zu einer gegenüber der Kontrollgruppe um den Faktor 3,1 erhöhten Phagocytose. Die wasserlösliche Fraktion erhöht die Carbon-Clearance nur um den Faktor 1,9,[43,44] die lipophile Alkamidfraktion (s. o.) um den Faktor 1,7. Im Granulocytenausstrichtest bewirkt die wasserlösliche Fraktion (10^{-3} %) eine Phagocytosesteigerung von 42 %, die Chloroform-Fraktion (10^{-3} %) von 37 %.[43] Die im Wurzelextrakt vorkommende Cichoriensäure zeigt im Granulocytenausstrichtest im Dosisbereich von 10^{-5} mg/mL eine Phagocytosestimulierung um 40 % im Vergleich zur Kontrollgruppe.[44]
Für die Glykoproteinfraktion wurde *in vitro* mittels der Interleukin-1-abhängigen T-Helferzellinie D10G41 eine Stimulierung der Interleukin-1-Freisetzung aus Maus-Makrophagen nachgewiesen.[151] Ein durch Ultrafiltration erhaltenes Retentat (Ausschlußgrenze 10.000 D) verursachte nach i. v. Injektion an Mäusen eine signifikante, dosisabhängige Freisetzung von Interleukin 1 und α-TNF, die vergleichbar der Wirkung von LPS I-7136 war. Anschließend durch Sephadex G-50-Chromatographie gereinigte Fraktionen, die einen hohen Anteil eines Glykoproteins (MG 40 kD) enthielten, induzierten in Kulturen von Maus-Milzzellen die Freisetzung von Interferon α und β. Der Gehalt an α- und β-Interferon wurde biologisch über die antivirale Aktivität gegenüber Vesicular-Stomatitis-Virus bestimmt. Daneben konnte für das Retentat im Plaque-Reduktionstest bei einer Konzentration von 200 µg/mL eine 100 %ige Plaquehemmung festgestellt werden. Die glykoproteinhaltigen Fraktionen reduzierten die Plaquezahl um bis zu 80 %.[151,154] Einzelheiten zu den Untersuchungen fehlen.

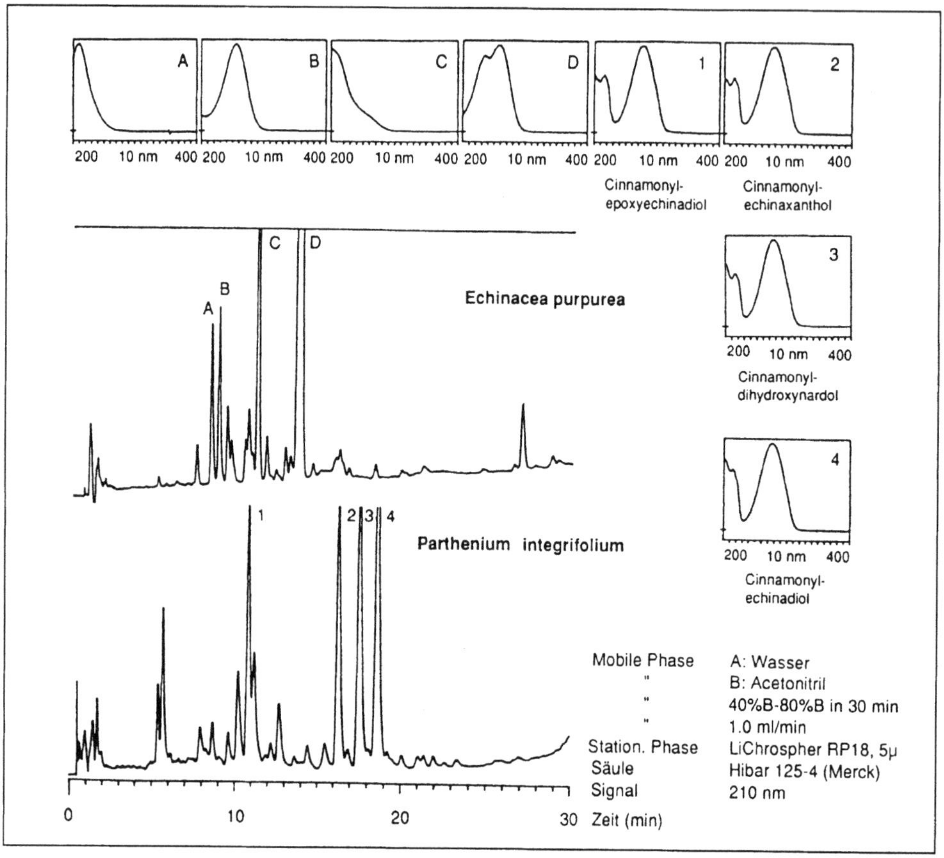

Vergleich der HPLC-Trennungen der Chloroformextrakte aus den Wurzeln von *Echinacea purpurea* und *Parthenium integrifolium* mit UV-Spektren der Hauptverbindungen. Nach Lit.[30]

10 bzw. 30 µL eines mit 90%igem Ethanol hergestellten Extraktes aus frischen Wurzeln (endgültige Ethanolkonzentration 65%), mit einem Trockenrückstand von 18,5 mg/mL, hemmt *in vitro* signifikant ($p < 0{,}05$) die Kontraktion von mit C3H10T1/2-Fibroblasten besiedelten Kollagengittern. Eine entsprechende Menge Ethanol hatte keinen Einfluß. Abhängig vom Zeitpunkt der Zugabe des Extraktes wurden die Elongation der Fibroblasten und die zur Vernetzung des Kollagens führenden Zellprozesse gehemmt. Wurde der Extrakt eine Stunde nach dem Beginn der Kollagenvernetzung zugegeben, konnte kein Einfluß mehr festgestellt werden. Die Autoren schließen aus den Ergebnissen auf einen Einfluß des Extraktes auf die Wundheilung.[112]

In einer Doppelblindstudie mit 24 gesunden Probanden wurde ethanolischer Extrakt (1:5) gegen Placebo geprüft. Die Applikationsdauer betrug 5 Tage p.o. 3mal täglich 30 Tropfen. Am 5. Tag kam es zu einer maximalen Stimulierung der Granulocytenphagocytose von 120% gegenüber dem Ausgangswert, die sich signifikant von der Placebogruppe (+25%) unterschied. Nach dem Absetzen des Präparates fiel die Phagocytoseaktivität wieder ab.[155]

In einer monozentrischen placebokontrollierten klinischen Doppelblindstudie wurde die Wirksamkeit eines 55%igen ethanolischen Extraktes bei Patienten mit grippalem Infekt untersucht. Bei einer täglichen Dosis von 180 Tropfen Extrakt (= 900 mg Droge) besserte sich das Beschwerdebild des grippalen Infektes (Gesamtscore unterschiedlicher Symptome) im Vergleich zur Placebogruppe deutlich. Mit der Hälfte der Tagesdosis wurden keine signifikanten Effekte gesehen.[156]

Volkstümliche Anwendung und andere Anwendungsgebiete: s. Echinaceae angustifoliae radix.

Dosierung und Art der Anwendung: *Droge.* Zerkleinerte Droge für Aufgüsse sowie andere galenische Zubereitungen. *Zubereitung.* Tinktur: 3mal täglich 30 bis 60 Tropfen.

Unerwünschte Wirkungen: Bei Einnahme und äußerer Anwendung nicht bekannt.

Bei parenteraler Anwendung: Dosisabhängig treten Schüttelfrost, kurzfristige Fieberreaktionen,

Übelkeit und Erbrechen auf. In Einzelfällen sind allergische Reaktionen vom Soforttyp möglich. Bei Diabetes kann sich bei parenteraler Applikation die Stoffwechsellage verschlechtern.[69]

Gegenanzeigen/Anwendungsbeschr.: Äußere Anwendung: Nicht bekannt.
Innere Anwendung: Nicht anzuwenden bei progredienten Systemerkrankungen wie Tuberkulose, Leukosen, Kollagenosen, multipler Sklerose, AIDS-Erkrankung, HIV-Infektion und anderen Autoimmunerkrankungen.
Bei Neigung zu Allergien, besonders gegen Korbblütler, sowie in der Schwangerschaft keine parenterale Applikation.[69]

Wechselwirkungen: Nicht bekannt.[69]

Tox. Inhaltsstoffe u. Prinzip: Die enthaltenen Pyrrolizidinalkaloide besitzen kein 1,2-ungesättigtes Necingerüst und weisen deshalb vermutlich keine lebertoxische Wirkung auf.[63]
Die grundsätzlichen Risiken einer Immunstimulation werden in einer Verschlechterung von Autoimmunkrankheiten (gezeigt an MRL/n-Mäusen mittels lpr und Lipopolysaccharid[64]) und in idiosynkratischen und allergischen Reaktionen[65] gesehen. Es ist nicht geklärt, ob die vereinzelt berichteten Nebenwirkungen von parenteral verabreichten Echinacea-Extrakten, wie Schüttelfrost, Fieber, Übelkeit, Blutdruckabfall, Kopf- und Gelenkschmerzen, auf Verunreinigungen der Extrakte mit Endotoxinen zurückzuführen sind.[61,66]

Akute Toxizität: Die akute Toxizität eines Echinacea-purpurea-Wurzelextraktes wurde an NMRI-Mäusen p.o. mit > 3.000 mg/kg KG bestimmt. Nähere Angaben zur Art des Extraktes liegen nicht vor.[69]

Carcinogenität: s. Echinaceae pallidae radix.

Gesetzl. Best.: *Offizielle Monographien.* Negativmonographie der Kommission E am BGA "Echinaceae purpureae radix (Purpursonnenhutwurzel)".[69]

Echinacea purpurea hom. *HAB 1*

Monographiesammlungen: Echinacea purpurea *HAB 1*.

Definition der Droge: Die frischen, oberirdischen Teile blühender Pflanzen.

Stammpflanzen: *Echinacea purpurea* (L.) MOENCH.

Zubereitungen: Urtinktur und flüssige Zubereitungen nach *HAB 1*, Vorschrift 3a; Eigenschaften: Die Urtinktur ist eine gelbgrüne Flüssigkeit mit aromatischem Geruch und süßlichem Geschmack.
Darreichungsformen: Urtinktur, flüssige Verdünnungen, Tabletten, Verreibungen, Streukügelchen, flüssige Verdünnungen zur Injektion, Salben, flüssige Einreibungen (Externa), Suppositorien, Augentropfen.[70]

Identität: *Urtinktur.* Rote bis rotbraune Färbung nach Zusatz von Phloroglucin/HCl zur Urtinktur und anschließendem Erwärmen.
Olivgrüne bis braune Fbg. nach Zusatz von Eisen(III)chloridlsg.
DC der Urtinktur:
- Referenzsubstanzen: Anethol, Brenzcatechin, Thymol;
- Sorptionsmittel: Kieselgel H;
- FM: Cyclohexan-Ether-Methanol (70 + 20 + 10);
- Detektion: Besprühen mit Anisaldehydlsg., anschl. Erwärmen auf 105 bis 110 °C;
- Auswertung: Im Chromatogramm der Referenzsubstanzen im unteren Drittel des Rf-Bereiches Brenzcatechin als roter Fleck, im mittleren Drittel Thymol als orangeroter Fleck und im oberen Drittel Anethol als violetter Fleck.
  Im Chromatogramm der Urtinktur ein blauer Fleck oberhalb der Referenzsubstanz Brenzcatechin, zwischen den Referenzsubstanzen Brenzcatechin und Thymol zwei Flecke, oberer violett, unterer blau sowie ein blauer Fleck über der Referenzsubstanz Anethol.

Reinheit: *Urtinktur.*
- Prüfung auf *Echinacea angustifolia*: Bei der Prüfung auf Identität dürfen im Chromatogramm der Untersuchungslösung folgende Flecke nicht auftreten: Ein gelbgrüner Fleck wenig unterhalb der Vergleichssubstanz Thymol, sowie ein hellbrauner und wenig darüber ein olivgrüner Fleck zwischen den Vergleichssubstanzen Thymol und Anethol.
- Relative Dichte *(PhEur)*: 0,890 bis 0,915.
- Trockenrückstand *(DAB)*: Mind. 1,5 %.

Lagerung: *Urtinktur.* Vor Licht geschützt.

Anwendungsgebiete: Die Anwendungsgebiete entsprechen dem homöopathischen Arzneimittelbild. Dazu gehört: Unterstützende Behandlung schwerer und fieberhafter Infektionen.[70]

Dosierung und Art der Anwendung: *Zubereitung.* Bei akuten Zuständen alle halbe bis ganze Stunde je 5 Tropfen oder 1 Tablette oder 10 Streukügelchen oder 1 Messerspitze Verreibung einnehmen; parenteral 1 bis 2 mL bis zu 3mal täglich s.c. injizieren. Suppositorien: 2- bis 3mal täglich 1 Zäpfchen einführen. Salben: 1- bis 2mal täglich auftragen. Flüssige Einreibungen (Externa): 1 Eßlöffel voll mit $^1/_4$ L Wasser verdünnen, 2- bis 3mal täglich zu Spülungen oder Umschlägen verwenden.
Bei länger dauernden Verlaufsformen 1- bis 3mal täglich 5 Tropfen oder 1 Tablette oder 10 Streukügelchen oder 1 Messerspitze Verreibung einnehmen; parenteral 1 bis 2 mL pro Tag s.c. injizieren. Suppositorien: 2- bis 3mal täglich 1 Zäpfchen einführen. Salben: 1- bis 2mal täglich auftragen. Flüssige Einreibungen (Externa): 1 Eßlöffel voll mit $^1/_4$ L Wasser verdünnen, 2- bis 3mal täglich zu Spülungen oder Umschlägen verwenden. Augentropfen: 1- bis 3mal täglich 1 Tropfen in den Bindehautsack träufeln.[70]

Unerwünschte Wirkungen: Nicht bekannt. Hinweis: Es können vorübergehend Erstverschlimmerungen vorkommen, die jedoch unbedenklich sind.[70]

Gegenanzeigen/Anwendungsbeschr.: Bei oraler und lokaler Anwendung nicht bekannt.
Bei parenteraler Anwendung bis D4: Chronisch progrediente Entzündungen, Leukämie, Diabetes mellitus, Überempfindlichkeit gegenüber Korbblütlern.[70]

Gesetzl. Best.: *Offizielle Monographien.* Aufbereitungsmonographie der Kommission D am BGA "Echinacea purpurea".[70]

Echinacea purpurea hom. *HPUS 88*

Monographiesammlungen: Echinacea purpurea *HPUS 88.*

Definition der Droge: Die Ganzpflanze.

Stammpflanzen: *Echinacea purpurea* (L.) MOENCH.

Zubereitungen: *Urtinktur.* Herstellung durch Mazeration oder Perkolation der frischen oder getrockneten Droge mit EtOH nach den allg. Zubereitungsvorschriften (Class C) der *HPUS 88.* Ethanolgehalt 55 % (*V/V*).

Gehalt: *Urtinktur.* Arzneigehalt $^1/_{10}$.

1. Robinson H (1981) Smithsonian Contrib Botany 51:1–102
2. Stuessy TF (1977) In: Harborne VA, Harborne JB, Turner BL (Hrsg.) The Biology and Chemistry of the Compositae, Heliantheae – Systematic Review, Academic Press, London, Bd. II, S. 622–671
3. McGregor RL (1968) Univ Kansas Sci Bull 48:113–142
4. Cronquist A (1980) Vascular Flora of the Southeastern United States, The University of North Carolina Press, Chapel Hill, Bd. I, S. 28
5. Bauer R, Wagner H (1990) Echinacea – Ein Handbuch für Ärzte, Apotheker und andere Naturwissenschaftler, Wissenschaftliche Verlagsgesellschaft, Stuttgart
6. Heinzer F, Chavanne M, Meusy JP, Maitre HP, Giger E, Baumann TW (1988) Pharm Acta Helv 63:132–136
7. Schulte KE, Rücker G, Perlick J (1967) Arzneim Forsch 17:825–829
8. Bohlmann F, Burkhardt T, Zdero C (1973) Naturally Occurring Acetylenes, Academic Press, London New York
9. Bauer R, Khan IA, Wagner H (1988) Planta Med 54:426–430
10. Bauer R, Remiger P, Wagner H (1988) Dtsch Apoth Ztg 128:174–180
11. Bauer R, Remiger P, Wagner H (1988) Phytochemistry 27:2.339–2.342
12. Bauer R, Remiger P, Wagner H (1989) Phytochemistry 28:505–508
13. Bauer R, Alstat E (1990) Planta Med 56:533–534
14. Bauer R, Foster S (1991) Planta Med 57:447–449
15. Bauer R (1993) unveröffentlichte Ergebnisse, Universität München
16. Stoll A, Renz J, Brack A (1950) Helv Chim Acta 33:1.877–1.893
17. Bauer R, Wagner H (1987) Sci Pharm 55:159–161
18. Bauer R, Remiger P (1989) Arch Pharm 322:324
19. Malonga-Makosi JP (1983) Untersuchung der Flavonoide von Echinacea angustifolia DC und Echinacea purpurea MOENCH, Dissertation, Universität Heidelberg
20. Wagner H, Proksch A, Riess-Maurer I, Vollmar A, Odenthal S, Stuppner H, Jurcic K, LeTurdu M, Fang JN (1985) Arzneim Forsch 35:1.069–1.075
21. Röder E, Wiedenfeld H, Hille T, Britz-Kirstgen R (1984) Dtsch Apoth Ztg 124:2.316–2.318
22. Cronquist A (1945) Rhodora 47:396–403
23. Schindler H (1940) Pharm Zentralh 81:579–583
24. Schulthess B, Giger E, Baumann TW (1991) Planta Med 57:384–385
25. Giger E (1990) Echinacea purpurea und Echinacea angustifolia – Biomasse, Alkamide und Fructane in Abhängigkeit von Jahreszeit, Alter und Nachbarschaftssituation, Dissertation, Universität Zürich
26. Verelis C, Becker H (1977) Planta Med 31:288–289
27. Bomme U (1987) DLZ 38:384–386
28. Heubl GR, Bauer R, Wagner H (1988) Sci Pharm 56:145–160
29. Heubl GR, Bauer R (1989) Dtsch Apoth Ztg 129:2.497–2.499
30. Bauer R, Khan IA, Wagner H (1987) Dtsch Apoth Ztg 127:1.325–1.330
31. Voaden DJ, Jacobson M (1972) J Med Chem 15:619–623
32. Jacobson M, Redfern RE, Mills GD jr (1975) Lloydia 38:473–476
33. Jacobson M (1954) Science 120:1.028–1.029
34. Jacobson M (1967) J Org Chem 32:1.646–1.647
35. Verelis CD (1978) Untersuchung der lipophilen Inhaltsstoffe von Radix Echinaceae angustifoliae DC., Dissertation, Universität Heidelberg
36. Bohlmann F, Hoffmann H (1983) Phytochemistry 22:1.173–1.175
37. Becker H, Hsieh WC, Wylde R, Laffite C, Andary C (1982) Z Naturforsch 37:351–353
38. Heyl FW, Hart MC (1915) J Am Chem Soc 37:1.769–1.778
39. Britz-Kirstgen R (1985) Phytochemische Untersuchungen an Senecio cacallaster L., Echinacea angustifolia DC. und Pulmonaria officinalis L., Dissertation, Universität Bonn
40. Bauer R, Remiger P (1989) Planta Med 55:367–371
41. Berkulin W, Honerlagen H, Schilling HJ (1984) Farm Tijdschr Belg 61:359
42. American Pharmaceutical Association (1936) National Formulary VI
43. Bauer R, Jurcic K, Puhlmann J, Wagner H (1988) Arzneim Forsch 38:276–281
44. Bauer R, Remiger P, Jurcic K, Wagner H (1989) Z Phytother 10:43–48
45. Wild J (1991) Beeinflussung der Phagozytose humaner Granulozyten durch echinaceahaltige Präparate, sowohl mikroskopisch als auch durchflußzytometrisch bestimmt, Dissertation, Universität München
46. Schumacher A, Friedberg KD (1991) Arzneim Forsch 41:141–147
47. Schranner I, Würdinger M, Klumpp N, Lösch U, Okpanyi SN (1989) J Vet Med B36:353–364
48. May G, Willuhn G (1978) Arzneim Forsch 28:1–7
49. Cheminat A, Zawatzky R, Becker H, Brouillard R (1988) Phytochemistry 27:2.787–2.794
50. Eilmes HG (1976) Antivirale Wirkung von Pflanzeninhaltsstoffen am Beispiel von Echinacea angustifolia und Flavonoiden, Dissertation, Universität Frankfurt/M.
51. Schulte KE, Rücker G, Böhme R (1967) Arzneim Forsch 17:829–833

52. Reisch J, Spitzner W, Schulte KE (1967) Arzneim Forsch 17:816–825
53. Tubaro A, Tragni E, Del Negro P, Galli CL, Della Loggia R (1987) J Pharm Pharmacol 39:567–569
54. Tragni E, Galli CL, Tubaro A, Del Negro P, Della Loggia R (1988) Pharm Res Commun Suppl V, 20:87–90
55. Müller B, Redl K, Breu W, Pröbstle A, Greger H, Bauer R (1993) Planta Med (in Druck)
56. Müller B, Breu W, Greger H, Bauer R (1992) Poster auf dem 4th and International Congress on Phytotherapy in München
57. Moerman DE (1986) Medicinal Plants of Native America, Res. Rep. Ethnobotany, Contrib. 2, University of Michigan Museum of Anthropology, Technical Reports No. 19
58. Hobbs C (1989) The Echinacea Handbook, Eclectic Medical Publications, Portland
59. Foster S (1992) Echinacea – Nature's Immune Enhancer, Healing Arts Press, Rochester, Vermont
60. Willuhn G (1989) Sonnenhutwurzel. In: Wichtl M (Hrsg.) Teedrogen, Wissenschaftliche Verlagsgesellschaft, Stuttgart, S. 459
61. Braun R (1987) Standardzulassungen, Text und Kommentar, Deutscher Apotheker Verlag, Govi-Verlag, Stuttgart Frankfurt
62. Becker KP, Ditter B, Nimsky C, Urbaschek R, Urbaschek B (1988) Dtsch Med Wochenschr 3:83–87
63. Mattocks AR (1986) Chemistry and Toxicology of Pyrrolizidine Alkaloids, Academic Press, London
64. Hang L, Aguado MT, Dixon FJ, Theofilopoulos AN (1985) J Exp Med 161:423–428
65. Shohan J (1985) TIPS 6:178–182
66. Beuscher N, Stolze H (1988) Dtsch Med Wochenschr 113:749
67. Schönhöfer PS, Schulte-Sasse H (1989) Dtsch Med Wochenschr 114:1.804–1.806
68. Bruynzeel DP, Van Ketel WG, Young E, Van Joost T, Smeek G (1992) Contact Dermatitis 27:278–279
69. BAz Nr. 162 vom 29.08.1992
70. BAz Nr. 213 vom 11.11.1989
71. Remiger P (1989) Zur Chemie und Immunologie neuer Alkylamide und anderer Inhaltsstoffe aus Echinacea purpurea, Echinacea angustifolia und Echinacea pallida, Dissertation, Universität München
72. Schindler H (1953) Arzneim Forsch 3:485–488
73. Enbergs H, Woestmann A (1986) Tieraerztl Umsch 41:878–885
74. Schindler H (1940) Pharm Zentralh 81:589–594
75. Sicha J, Becker H, Dusek J, Hubik J, Siatka T, Hrones I (1991) Pharmazie 46:363–364
76. Bauer R, Wray V, Wagner H (1987) Pharm Weekbl Sci Ed 9:220
77. Bauer R, Khan IA, Wray V, Wagner H (1987) Phytochemistry 26:1.198–1.200
78. Greger H (1988) In: Lam J, Breteler H, Arnason T, Hansen L (Hrsg.) Chemistry and Biology of Naturally-Occuring Acetylenes and Related Compounds, Elsevier, Amsterdam Oxford New York Tokyo, S. 159–178
79. Bräunig B, Knick E (1993) Naturheilpraxis 72–75
80. Steyermark JA (1938) Rhodora 40:71–72
81. Becker H, Hsieh WC (1985) Z Naturforsch 40c:585–587
82. Stuppner H (1985) Chemische und immunologische Untersuchungen von Polysacchariden aus der Gewebekultur von Echinacea purpurea (L.) Moench, Dissertation, Universität München
83. Wagner H, Stuppner H, Puhlmann J, Jurcic K, Zenk MA, Lohmann-Matthes ML (1987) Z Phytother 8:125–126
84. Wagner H, Stuppner H, Schäfer W, Zenk MA (1988) Phytochemistry 27:119–126
85. Sicha J, Hubik J, Dusek J (1989) Cesk Farm 38:124–129
86. Trypsteen M, Van Lijsebettens M, Van Severen R, Van Montagnu M (1991) Plant Cell Rep 10:85–89
87. Heubl G (1992) Mitteilung v. 9. 10. 92
88. Alhorn R (1992) Phytochemische und vegetationsperiodische Untersuchungen von Echinacea purpurea (L.) Moench unter Berücksichtigung der Kaffeesäurederivate, Dissertation, Universität Marburg/Lahn
89. Scarpati ML, Oriente G (1958) Tetrahedron 4:43–48
90. Soicke H, Al-Hassan G, Görler K (1988) Planta Med 54:175–179
91. Kuhn A (1939) Echinacea purpurea Moench. In: Madaus G (Hrsg.) Med Biol Schriftenreihe, Verlag Rohrmoser, Radebeul/Dresden, Heft 13
92. Neugebauer H (1949) Pharmazie 4:137–140
93. Bomme U, Hölzl J, Heßler C, Stahn T (1992) Landwirtsch Jahrbuch 69:149–164
94. Bauer R, Remiger P, Wray V, Wagner H (1988) Planta Med 54:478–479
95. Bos R, Heinzer F, Bauer R (1988) Poster auf dem 19. International Symposium on Essential Oils and Other Natural Substrates in Zürich
96. Wagner H, Proksch A (1981) Z Angew Phytother 2:166–171
97. Proksch A (1982) Über ein immunstimulierendes Wirkprinzip aus Echinacea purpurea (L.) Moench, Dissertation, Universität München
98. Wagner H, Proksch A, Riess-Maurer I, Vollmar A, Odenthal S, Stuppner H, Jurcic K, LeTurdu M, Heur YH (1984) Arzneim Forsch 34:659–661
99. Proksch A, Wagner H (1987) Phytochemistry 26:1.989–1.993
100. Soicke H, Görler K, Krüger D (1988) Fitoterapia 59:73–75
101. Günther E, Heeger FE, Rosenthal C (1952) Pharmazie 7:24–50
102. Cheminat A, Brouillard R, Guerne P, Bergmann P, Rether B (1989) Phytochemistry 28:3.246–3.247
103. Wagner H, Stuppner H, Puhlmann J, Brümmer B, Deppe K, Zenk MA (1989) Z Phytother 10:35–38
104. Ritterhaus E, Ulrich J, Weiss A, Westphal K (1989) BioEngineering 5:28–35
105. Ritterhaus E, Brümmer B, Stiller W, Weiss A (1989) BioEngineering 5:51–65
106. Bauer R, Wagner H (1989) Patent DE 3744571 A1
107. Trypsteen MFM, Van Severen RGE, DeSpiegeleer BMJ (1989) Analyst 114:1.021–1.024
108. Hsieh WC (1984) Isolierung und Charakterisierung von Kaffeesäurederivaten aus Echinacea-Arten, Disseration, Universität Heidelberg
109. Bonadeo I, Botazzi G, Lavazza M (1971) Riv Ital Essenze Profumi Piante Offic Aromi Saponi Cosmetici Aerosol 53:281–295
110. Koch FE, Haase H (1952) Arzneim Forsch 2:464–467
111. Koch FE, Uebel H (1954) Arzneim Forsch 4:551–560
112. Zoutewelle G, Van Wijk R (1990) Phytotherapy Res 4:77–84
113. Choné B (1965) Aerztl Forsch 19:611–612
114. Krause W (1986) Untersuchungen zur Wirkung von Ascorbinsäure und Echinacin auf die Funktion neutrophiler Granulozyten, Dissertation, Universität Tübingen

115. Tympner KD (1981) Z Angew Phytother 2:181–184
116. Fanselow G (1981) Der Einfluß von Pflanzenextrakten (Echinacea purpurea, Aristolochia clematitis) und homöopathischen Medikamenten (Acidum formicicum, Sulfur) auf die Phagozytoseleistung humaner Granulozyten in vitro, Dissertation, Universität München
117. Stotzem CD, Hungerland U, Mengs U (1992) Med Sci Res 20:719–720
118. Leng-Peschlow E (1993) De Gruyter (in Druck)
119. Riedel W (1993) De Gruyter (in Druck)
120. Bittner E (1969) Die Wirkung von Echinacin auf die Funktion des Retikuloendothelialen Systems, Dissertation, Universität Freiburg
121. Fontana A (1993) De Gruyter (in Druck)
122. Miller K, Meredith C, Lentzen H (1993) De Gruyter (in Druck)
123. Krause M (1984) Die Wirkung von Echinacin auf Knochenmarkkulturen bei zytologisch unverändertem Knochenmark sowie Blutkulturen bei chronisch-myeloischer Leukämie, Osteomyelosklerose und akuter nicht lymphatischer Leukämie, Dissertation, Freie Universität Berlin
124. Hoh K (1990) Untersuchungen über immunmodulierende Wirkungen von Echinacea-purpurea-Preßsaft und dafür verantwortliche Inhaltsstoffe, Dissertation, Universität Freiburg
125. Mantovani A (1981) Int J Cancer 27:221–228
126. Wacker A, Hilbig W (1978) Planta Med 33:89–102
127. Orinda D, Diederich J, Wacker A (1973) Arzneim Forsch 23:1.119–1.120
128. Stimpel M, Proksch A, Wagner H, Lohmann-Matthes ML (1984) Infect Immun 46:845–849
129. Luettig B, Steinmüller C, Gifford GE, Wagner H, Lohmann-Matthes ML (1989) J Nat Cancer Inst 81:669–675
130. Lohmann-Matthes ML, Wagner H (1989) Z Phytother 10:52–59
131. Baetgen D (1964) Monatsschr Med 18:129–131
132. Baetgen D (1984) Therapiewoche 34:5.115–5.119
133. Baetgen D (1988) TW Paediatrie 1:66–70
134. Schöneberger D (1992) Forum Immunbiologie 2:18–22
135. Viehmann P (1978) Erfahrungsheilkunde 27:353–358
136. Coeugniet EG, Kühnast R (1986) Therapiewoche 36:3.352–3.358
137. Lersch C, Zeuner M, Bauer A, Berdel WE, Drescher M, Hart R, Fink U, Siemens Mv, Danacygier H, Busch R, Classen M (1992) Tumordiagn Ther 13:115–120
138. Lersch C, Zeuner M, Bauer A, Hart R, Fink U, Classen M (1990) In: Häring R (Hrsg.) Chirurgisches Forum 1990 f. experim. u. klinische Forschung, Springer-Verlag, Berlin Heidelberg
139. Coeugniet EG, Elek E (1987) Onkologie 10, Beilage zur Ausgabe 3:27–33
140. Arznei-Telegramm (1991) Heft 4:39
141. DIMDI-RTECS Dok. Nr. 01308038 vom 11.12.1992
142. Mengs U, Clare CB, Poiley JA (1991) Arzneim Forsch 41:1.076–1.088
143. Lenk M (1989) Z Phytother 10:49–52
144. Schimmer O, Abel G, Behninger C (1989) Z Phytother 10:39–42
145. BAz Nr. 43 vom 02.03.1989
146. Martin R (1985) Säureamide und andere lipophile Inhaltsstoffe aus Acmella ciliata (H.B.K.) Cass., Dissertation, Universität Heidelberg
147. Bohlmann F, Grenz M (1966) Chem Ber 99:3.197–3.200
148. Beuscher N, Beuscher HN, Bodinet C (1989) Planta Med 55:660
149. Hille T (1985) Zur Isolierung, Strukturaufklärung und Analytik der Pyrrolizidinalkaloide aus Senecio sylvaticus L., Echinacea purpurea MOENCH und einige Partialsynthesen, Dissertation, Universität Bonn
150. Beuscher N, Kopanski L (1985) Acta Agronomica 34 (Suppl):89
151. Beuscher N, Scheit KH, Bodinet C, Egert D (1991). In: Masihi KN, Lange W (Hrsg.) Immunotherapeutic Prospects of Infectious Diseases, Springer Verlag, Berlin Heidelberg
152. Egert D, Beuscher N (1991) Planta Med 58:163–165
153. Wagner H, Breu W, Willer F, Wierer M, Remiger P, Schwenker G (1989) Planta Med 55:566–567
154. Bodinet C, Beuscher N (1991) Planta Med 57 (Suppl 2):A33–A34
155. Jurcic K, Melchart D, Holzmann M, Martin P, Bauer R, Doenicke A, Wagner H (1989) Z Phytother 10:67–70
156. Bräunig B, Dorn M, Knick E (1992) Z Phytother 13:7–13
157. Bauer R, Wagner H (1991) Echinacea Species as Potential Immunostimulatory Drugs. In: Wagner H, Farnsworth NR (Hrsg.) Economic and Medicinal Plant Research, Academic Press, London, Bd. 5
158. DAB 9
159. HAB 1

rb/RL

Eclipta

HN: 2029600

Familie: Compositae (Asteraceae).

Unterfamilie: Asteroideae.

Tribus: Heliantheae.

Subtribus: Ecliptinae (Helianthinae).

Gattungsgliederung: Die Gattung Eclipta L. besteht aus 1 Art mit stark variabler Ausprägung;[1,2] nach anderen Quellen aus 4 (nicht näher gekennzeichneten) Arten.[3,4]

Gattungsmerkmale: s. Botanische Beschreibung von *Eclipta prostrata*.

Verbreitung: Tropischer und subtropischer Kosmopolit.[1–6]

Inhaltsstoffgruppen: Thiophenderivate, Polyacetylenverbindungen, Coumestane, Flavone und Flavonglykoside.

Drogenliefernde Arten: *E. prostrata*: Eclipta-prostrata-Kraut.

Eclipta prostrata L.

Synonyme: *Eclipta alba* (L.) HASSK., *E. erecta* L., *E. marginata* BOISS., *E. therm(in)alis* BUNGE, *E. punctata* L. (unsicher), *Verbesina alba* L., *V. prostrata* L.[1–6]

Sonstige Bezeichnungen: Arabisch: Babri, Bharangraj, Radim-el-bint; Hindi: Bhangra, Bungrah, Mochkand; Malajalam: Cajenneam, Kanni, Kannunni, Karishanganni; Punjab: Babri, Dodhak, Maka; Sanskrit: Bhringaraj, Kesharaja, Superna.[7]

Botanische Beschreibung: Einjähriges, seltener mehrjähriges Kraut, stark variable Ausprägung. Stengel bis 100 cm hoch, niederliegend bis aufrecht, verzweigt, borstig behaart, an den Stengelknoten leicht auswurzelnd. Blätter gegenüberstehend, lanzettlich-elliptisch bis lanzettlich-linear, stiellos oder kurz gestielt, 2 bis 10 cm lang, 3 bis 25 mm breit, schwach dreinervig, glatte bis gezähnte Ränder, beidseitig behaart. Blütenkorb radiär, klein (in Blüte 3 bis 6 mm breit, 2 bis 3 mm hoch), einzeln oder zu 2 bis 5 auf 1 bis 3 cm langen, geraden oder geneigten Stielchen, die terminal, seltener an Blattachseln, an den Stengeln und Verzweigungen entspringen, heterogam. Hüllkelch halbkugelig oder glockenförmig, zur Blütezeit 6 bis 7 mm im Durchmesser (bis 12 mm nach Fruchtbildung),[5-11] Hüllkelchblätter dünn, grün, behaart, kaum überlappend, an der Basis frei, 1- bis 2reihig, gleich groß (3 bis 6 mm lang, 1,5 bis 2,5 mm breit) oder die innere Reihe etwas schmaler und kürzer, elliptisch-eiförmig, zugespitzt oder spitz. Blütenboden flach oder leicht konvex, mit dünnen, an der Spitze etwas verbreiterten bürstenförmigen Hochblättern (2 bis 3 mm lang), die in der Mitte manchmal fehlen. Blüten weiß, selten gelblich; Randblüten weiblich, fertil, zahlreiche in mehreren Reihen, Kronblätter schmal, zungenförmig, glatt oder an der Spitze eingekerbt, 1 bis 2 mm lang, Röhre 0,5 mm lang, gerade Stielchen, 0,3 mm lang; Scheibenblüten zwittrig, fertil, meist in geringerer Anzahl als Randblüten, Kronblätter röhrenförmig, Röhre 1,5 mm lang, 3- bis 5zipfelig, Zipfel 0,5 mm lang, 4 Staubblätter mit schwarzen Antheren, Antherenlänge 0,7 bis 0,8 mm, an der Basis kurz 2spaltig, stumpf, Griffelblätter abgeflacht, halbrund, 0,4 mm lang, mit kurzen stumpfen oder haarförmigen Anhängseln an der Außenseite. Frucht: Achänen, braun 1,6 bis 2,8 mm lang, 1 bis 1,55 mm breit, trigonal (Randblüten) bzw. tetragonal (Scheibenblüten), abgerundet, an der Basis verengt, Spitze abgestumpft mit kurzer Krone, Oberfläche gerunzelt oder warzig, Pappus nicht ausgebildet oder auf wenige winzige Zähnchen reduziert.[2-6]

Inhaltsstoffe: Thiophenderivate und Polyacetylenverbindungen in Wurzeln und oberirdischen Teilen;[7-16] Coumestane, v. a. Wedelolacton und Demethylwedelolacton in den Blättern;[14,17-22]

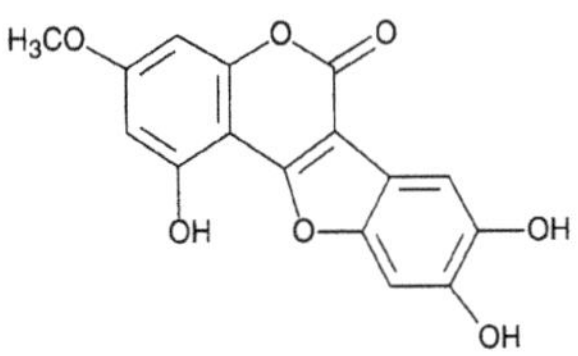

Wedelolacton

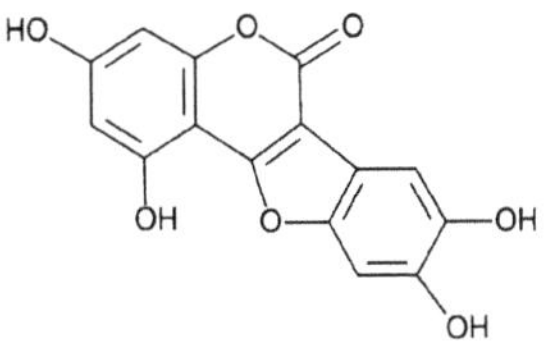

Demethylwedelolacton

β-Stigmasterol vorwiegend in den Blättern;[13,14,16,23] β-Amyrin in den oberirdischen Teilen;[13,21] Flavonoide (Apigenin, Luteolin sowie deren 7-*O*-Glucoside) in den oberirdischen Teilen;[19,21] Alkaloide in oberirdischen Teilen und Wurzeln,[24-27] wobei die Identifizierung von Nicotin[26] von anderen Autoren[17,19] nicht bestätigt wird; Proteine und fettes Öl.[28,29]

Verbreitung: Tropischer und subtropischer Kosmopolit.[1-6]

Drogen: Eclipta-prostrata-Kraut.

Eclipta-prostrata-Kraut

Definition der Droge: Getrocknetes Kraut.

Stammpflanzen: *Eclipta prostrata* L.

Herkunft: Indien, Pakistan, Nepal, China, Indochina, Japan, Ceylon, Ägypten, tropisches und subtropisches Afrika, Brasilien, Mexiko.

Gewinnung: Sammlung aus Wildbeständen.

Ganzdroge: Vgl. Botanische Beschreibung von *E. prostrata*.

Inhaltsstoffe: *Coumestane.* Wedelolacton (0,02 %[21]) und Demethylwedelolacton[14,17-22] – im Verhältnis von 4,5:1 (berechnet aus einer aus der Droge gewonnenen Ethylacetat-Fraktion[22]), Demethylwedelolactonglucosid,[14,17-21] ohne Mengenangaben außer der genannten.
Flavonoide. Apigenin, Luteolin und deren 7-*O*-Glucoside (Luteolin-7-*O*-glucosid: 0,04 %),[19,21] ohne Mengenangabe außer der genannten.
Phytosterole. Phytosterol "A" (0,11 %) und Phytosterol "A"-glykosid (0,07 %);[21] s. a. Inhaltsstoffe von *E. prostrata*.

Analytik: Nachweis und Trennung von Wedelolacton und Demethylwedelolacton; Extrakt für DC und HPLC: Ethylacetatlösl. Anteile eines mit Wasser aufgenommenen MeOH-(Soxhlet)-Auszuges der Droge.[22]
DC (Kieselgel):
- FM I: CH_2Cl_2-MeOH-Wasser (14 + 9 + 4, Unterphase); FM II: Toluol-Aceton-Ameisensäure (11 + 6 + 1);
- Detektion: Besprühen mit 5 %iger Eisen(III)chloridlsg. (ergibt Grünfärbung) oder UV (blaue bzw. weißblaue Fluoreszenz);
- Rf: Wedelolacton 0,58 (I), 0,63 (II), Demethylwedelolacton 0,47 (I), 0,5 (II).

HPLC mit jeweils 10 µL 0,1 %iger Extrakt- bzw. Referenz-Sz-Lsg. in MeOH:
- Säule: Hibar, Li-Chrospher 100 CH-18/2, 5 µm, 125 × 4 mm;
- Mobile Phase: A) Wasser, B) Acetonitril, jeweils mit 10 mL 0,1 N-Phosphorsäure/L, Beimischung von 15 % Acetonitril bis 40 % Acetonitril als linearer Gradient innerhalb 25 min;
- Durchflußgeschwindigkeit: 1 mL/min;
- Detektion: UV 254 nm.

Analytik der Flavonoide s. Lit.[21]

Wirkungen: *Antihepatotoxische Wirkung.* Die dreimalige p. o. Applikation eines Preßsaftes aus frischen grünen Blättern (6,6 mL/kg KG 48, 24 und 4 h vor Intoxikation) verringert bei Meerschweinchen 24 h nach Applikation die CCl_4-induzierte Mortalität von 78 % auf 22 %, die Transaminasenfreisetzung in das Blut zu ca. 50 % und (histologisch) die Leberverfettung.[30] Luftgetrocknetes, pulverisiertes Kraut reduziert bei Ratten bei 9tägiger p. o. Applikation (500 bis 1.000 mg/kg KG täglich) die CCl_4-induzierte Enzymfreisetzung aus der Leber und den Lipidperoxidgehalt der Leber um bis zu 50 % und verbessert den Albumin/Globulinquotienten.[31] Ein 50 %iger Alkoholextrakt führt zu ähnlichen Wirkungen und antagonisiert die CCl_4-bedingte Hemmung (47 %) von cytochrom-P_{450}-abhängigen mikrosomalen Enzymen in der Leber weitgehend (17 %).[32] Ethanolextrakte (1,8 mg Trockenextrakt/Maus), isoliertes Wedelolacton (0,54 mg/Maus), Sitosterol (2,3 mg/Maus) und Stigmasterol (2,3 mg/Maus) verringern die myotoxischen Effekte (Kreatininkinase-Freisetzung) sowie die Letalität durch intraperitoneal injiziertes Klapperschlangengift bei Vorinkubation der Substanz über 30 min mit dem Gift *in vitro* zu 80 bis 100 %.[33] Die Ethylacetatfraktion aus dem Trockenrückstand eines Methanolextraktes (resuspendiert in Wasser) getrockneter Blätter senkt bei Vorbehandlung (66 mg/kg KG i. v.) die Todesrate phalloidinvergifteter Mäuse von 70 % auf Null und reduziert die GPT-Freisetzung in isolierten Rattenhepatocyten nach CCl_4- bzw. Galactosamin-Intoxikation in einer Konzentration von 0,1 bis 1,0 mg/mL um 20 bis 87 %.[22] Wedelolacton, Demethylwedelolacton und Luteolin sind als Reinstoffe in einem ähnlichen Konzentrationsbereich in denselben Modellen *in vitro* wirksam.[22,33] Die ED_{50} von Wedelolacton bei phalloidinintoxierten Rattenhepatocyten *in vitro* liegt bei 8 µg/mL.[34] Das Hepatitis B-Oberflächenantigen (HBsAg) in menschlichen Seren (CEP-Titer 1:64) wird durch Inkubation mit Rohextrakten aus getrockneten Blättern und Stengeln (Kaltextraktion bei Raumtemp. sowie Soxhlet-Extraktion) in 2 %iger Konzentration gehemmt. Eine komplette Inaktivierung liegt nach 48stündiger Inkubation vor.[35]
In einer (nicht kontrollierten) Studie an 50 Kindern mit Gelbsucht führt pulverisierte *Eclipta prostrata* (50 mg/kg KG 3mal täglich p. o.) innerhalb von 1 bis 3 Wochen bei über 90 % zu einer Besserung der klinischen Befunde.[43]
Entzündungshemmende Eigenschaften. Die p. o. Behandlung von Ratten mit gepulvertem Kraut (1.500 mg/kg KG) verhindert das carrageenininduzierte Pfotenödem in der 1. Enzündungsphase zu 21 % und in der 2. Entzündungsphase zu 48 % und entspricht damit in der Wirksamkeit einer Indometacin-Dosis von 1,5 mg/kg KG.[31] Die getrockneten Rückstände (1 bis 5 mg/mL) alkoholischer und wäßriger Extrakte des luftgetrockneten Krautes (sequentielle Fraktionierung mit Petroleum, Benzol, Chloroform, Alkohol und Wasser im Soxhlet für je 36 h) hemmen *in vitro* die Phospholipase A_2-Aktivität bis max. 70 %.[31] Die 5-Lipoxygenase in Schweineleukocyten wird *in vitro* durch aus der Droge isoliertes Wedelolacton (ED_{50} 2,5 µg/mL) ebenfalls gehemmt.[36]
Antimikrobielle Aktivität. In verschiedenen Übersichtstabellen mit *In-vitro*-Screening einer ganzen Reihe von Pflanzen werden Ethanolextrakten aus Blättern bzw. Kraut eine antibiotische Aktivität gegen *Escherichia coli*, *Saccharomyces cerevisiae*, *Candida albicans* und *Staphylococcus aureus* zugeschrieben,[37–39] was jedoch in anderen Untersuchungen[40,41] für einzelne Stämme nicht bestätigt wird. Nähere Angaben fehlen.
Nematocide Wirkung. Ein Wasserextrakt aus frischem Kraut (5 g/100 mL) führt 6 h nach Exposition zu einer 37 %igen und nach 12 h zu einer 100 %igen Mortalität von Meloidogyne-graminicola-Larven (Kontrollgruppe: 0 % bzw. 3 %). Ein Aussetzen der Larven in Erde und Begießen mit obigem Extrakt hatte nach 8 Tagen ein 100 %iges Absterben der Larven zur Folge (Kontrolle: 5 %).[42]
Sonstige Wirkungen. Folgende Effekte wurden durch p. o. Gabe eines wäßrig-alkoholischen Trockenextraktes aus der gesamten Pflanze an der Maus beobachtet:[54] Durch 500 mg/kg KG Reaktionszeitverlängerung im Hot-plate-Test um 0,7 sec und bei i. p. appl. Essigsäure (2 %ige Lsg.: 250 mg/kg KG) um 35,8 % (analgetische Wirkung); Hypothermie (–2 °C) über mehr als 5 h nach 500 und 1.000 mg/kg KG; antikonvulsive Wirkung gegenüber Elektroschock und Strychninsulfat durch 5.000 mg/kg KG. Dosen bis zu 500 mg/kg KG zeigen keine sedative Wirkung im Test von Poschel, keine anticholinerge Wirkung (Reaktion auf Oxotremorinfumarat) und keinen Anti-Reserpin-Effekt (Augenschließreaktion); die Spontanmotilität wurde nicht beeinflußt.

Volkstümliche Anwendung und andere Anwendungsgebiete: Innerlich: Bei gastroenterologischen Erkrankungen (Obstipation, Diarrhöe, als Brechmittel), Blutungen und Anämie, Lungenerkrankungen (Asthma, Bronchitis, Tuberkulose), Gelbsucht und Lebererkrankungen, Augenerkrankungen, Nierenschmerzen, Nematodenbefall.
Äußerlich: Zur besseren Heilung von offenen Wunden und Verbrennungen (antiseptisch), bei Haut(pilz)erkrankungen, bei Haarausfall.[7,44–53]
Die Wirksamkeit bei den genannten Anwendungsgebieten ist nicht belegt.

Dosierung und Art der Anwendung: Gepulverte Droge, frischer Saft (sowohl innerlich als auch äußerlich); keine verläßlichen Angaben zu Dosierungen.

Akute Toxizität: *Tier.* Maximal tolerierte Dosis bei peroraler Applikation eines wäßrig-alkoholischen Trockenextraktes aus der gesamten Pflanze an Mäuse: 1.000 mg/kg KG.[41,54]

Sonst. Verwendung: *Kosmetik.* Haarfärbemittel, Tätowierungen (frischer Saft).

1. Koyama H (1981) Taxon 30:504–505
2. Ohwi J (1965) Flora of Japan, Smithsonjan Inst, Washington, S. 899
3. Howard RA (1989) Flora of the Lesser Antilles, Bd. 6, Arnold Arboretum of Harvard Univ, Jamaica Plain, Massachusetts, S. 543
4. Keys JD (1976) Chinese Herbes, Charles E. Tuttle Co., Tokyo, S. 229–230
5. McVaugh R (1983) Flora Novo Jaliciana, Bd. 12 (Compositae), The University of Michigan Press, S. 314–317
6. Sleason HA (1952) The new Britton & Brown, Bd. 3, New York, S. 342
7. Nadkarni KM (1976) Indian Materia Medica, Bd. I, Sangam Books, Bombay, S. 469–472
8. Bhargava KK, Seshadri TR (1974) J Res Indian Med 9:9–15
9. Bohlmann F, Kleine KM, Arndt C (1964) Chem Ber 97:2.125–2.128
10. Bohlmann F, Zdero C (1970) Chem Ber 103:834–841
11. Krishnaswamy NR, Seshadri TR, Sharma BR (1966) Tetrahedron Lett 35:4.227–4.230
12. Krishnaswamy NR, Seshadri TR, Sharma BR (1966) Current Sci 35:542
13. Krishnaswamy NR, Sharma BR (1967) Indian Sci Congr Ass Proc 54:141
14. Krishnaswamy NR, Prasanna S (1970) Indian J Chem 8:761–762
15. Singh P, Sharma AK, Joshi KC, Bohlmann F (1985) Phytochemistry 24:615–616
16. Singh P (1988) Bioact Mol 7:179–186
17. Bhargava KK, Krishnaswamy NR, Seshadri TR (1970) Indian J Chem 8:664–665
18. Bhargava KK, Krishnaswamy NR, Seshadri TR (1972) Indian J Chem 10:810–811
19. Halim AF, Balbaa SI, Khalil AT (1982) Planta Med 45:163
20. Govindachari TR, Nagarajan K, Pai BR (1956) Chem Soc 15B:664–665
21. Sarg TM, Salam NA, El-Domiaty M, Khafagy SM (1981) Sci Pharm 49:262–264
22. Wagner H, Geyer B, Kiso Y, Hikino H, Rao GS (1986) Planta Med 52:370–374
23. Sikroria BC, Srivastava SJ, Niranjan GS (1982) Indian J Chem Soc 59:905
24. Agarwal P, Verma S (1987) Nat Acad Sci Lett 10:237–238
25. Garg SP, Bhushan R, Mehta R, Jain VM (1980) Trans Indian Soc Desert Technol 5:62–64
26. Pal SN, Narasimham M (1943) Indian J Chem Soc 20:181
27. Sinha SKP, Dogra JVV (1985) Int J Crude Drug Res 23:77–86
28. Singh V, Mathur K, Sethia M, Nag TN (1987) Geobios 14:274–276
29. Devdhar OB, Rao CVN (1970) Indian J Appl Chem 33:305–308
30. Ma-Ma K, Nyunt N, Tin KM (1978) Toxicol Appl Pharmacol 45:723–728
31. Chandra T, Sadique J, Somasundaram S (1987) Fitoterapia 58:23–32
32. Saxena AK, Agarwal SG, Anand KK (1990) 1st Int Congr Ethnopharmacol, Strasbourg T3:42
33. Mors WB, DoNascimento MC, Parente JP, Da Silva MH, Melo PA, Suarez-Kurtz G (1989) Toxicon 27:1.003–1.009
34. Wong SM, Antus S, Gottsegen A, Fessler B, Rao GS, Sonnenbichler J, Wagner H (1988) Arzneim Forsch 38:661–665
35. Thyagarajan SP, Thiruneelakantan K, Subramanian S, Sundaravelu T (1982) Indian J Med Res 76:124–130
36. Wagner H, Fessler B (1986) Planta Med 52:374–377
37. Wat CK, Johns T, Towers GHN (1980) J Ethnopharmacol 2:279–290
38. Joshi K, Mager T (1952) J Sci Industr Res 11B:261–263
39. Phadke SA, Kulkarni SD (1989) Indian J Med Sci 43:113–117
40. Verpoorte R, Dihal PP (1987) J Ethnopharmacol 21:315–318
41. Dhar MC, Darm MM, Dhawan BN, Mehrotra BN, Ray C (1968) Indian J Exp Biol 6:232–247
42. Prasad JS, Rao YS (1979) Riv Parassitologia 40:87–90
43. Dixit SP, Achar MP (1981) J Sci Res Plant Med 2:96–100
44. Oliver-Bever B (1983) J Ethnopharmacol 9:1–83
45. Perry LM (1980) Medicinal plants of East and Southeast Asia: attributed properties and uses, MIT Press, Cambridge London, S. 92
46. Duke JA, Ayensu ES (1985) Medicinal plants of China, Reference Publ. Inc., Michigan, S. 164
47. Uphof JCT (1968) Dictionary of economic plants, Cramer, Lehre, S. 194
48. Hoppe HA (1987) Drogenkunde, 8. Aufl., Bd. 3, Walter de Gruyter, Berlin New York, S. 193
49. Dragendorff G (1898) Die Heilpflanzen der verschiedenen Völker und Zeiten, Neudruck 1967, Verlag W. Fritsch, München, S. 670
50. von Sengbusch V, Dippold FM (1980) Das Entwicklungspotential afrikanischer Heilpflanzen – Kamerun, Tschad, Gabun, IFB, Möckmühl, S. 214
51. Dimayuga ER, Murillo FR, Pantoja LM (1987) J Ethnopharmacol 20:209–222
52. Panthong A, Kanjanapothi D, Taylor WC (1986) J Ethnopharmacol 18:213–228
53. Mabberley DJ (1990) The plant-book, Cambridge University Press, Cambridge, S. 199
54. Debelmas AM, Hache J (1976) Plant Méd Phytothér 10:128–138

LP

Elettaria

HN: 2038400

Familie: Zingiberaceae.

Unterfamilie: Zingiberoideae.

Tribus: Alpinieae.[1]

Gattungsgliederung: Die Gattung Elettaria MATON (Syn. Cardamomum NORONHA) besteht aus zwei Arten: *Elettaria cardamomum* (L.) MATON und *E. major* SM.[2,3]

Gattungsmerkmale: Stauden mit kräftigem Rhizom. Laubtriebe und Blütentriebe scheinbar verschieden, in Wahrheit aus demselben Vegetationspunkt entstehend, indem dieser zunächst eine Anzahl langscheidiger, einen Scheinstengel bildender Blätter erzeugt, dann den nur mit Schuppenblättern bekleideten Schaft des Blütenstandes bildet. Dieser Schaft durchwächst aber nicht die aufrechte Röhre der Blattscheiden der Länge nach, sondern durchbricht die Scheiden an der Basis und wächst nun horizontal, dann aufsteigend weiter, so daß der Blütentrieb in eine scheinbar seitliche Stellung am Grunde des Laubtriebes gelangt. Blütenstand gestreckt, aus traubig gestellten Wickeln gebildet. Deckblätter rasch verwelkend. Kelch kurz 3zähnig, hinterer Kronenzipfel aufrecht, ein wenig breiter als die anderen. Anthere fast sitzend, ohne Konnektivfortsatz. Seitenstaminodien zu kleinen Zähnen reduziert. Labellum breit, ganzrandig oder schwach 3lappig. Narbe klein, nicht bewimpert. Frucht in der Regel nicht aufspringend.

Verbreitung: In den feuchten Bergwäldern im südlichen Teil der Westküste Vorderindiens.[2]

Inhaltsstoffgruppen: In den Samen ätherisches Öl.[5]

Drogenliefernde Arten: *E. cardamomum*: Cardamomi aetheroleum, Cardamomi fructus.

Elettaria cardamomum (L.) Maton

Synonyme: *Alpinia cardamomum* Roxb., *Amomum cardamomum* L. non Roxb. nec auct. mult., *A. racemosum* Lam., *A. repens* Sonnerat, *Elettaria cardamomum* (Roxb.) Maton, *E. cardamomum* Maton var. *minuscula* Burkill.[6]

Sonstige Bezeichnungen: Dt.: Cardamompflanze, Kardamompflanze, Malabarkardamome; engl.: Cardamon plant; frz.: Cardamomier; chinesisch: Toú-K'oúhúa; Hindi: Chotielachi; sanskrit: Úpakúnchika.

Systematik: Von *Elettaria cardamomum* sind mehrere Cultivare bekannt: cv. Malabar und cv. Mysore.[7]

Botanische Beschreibung: Das 2 bis 2,5 cm dicke, knollige, durch Blattnarben dicht und regelmäßig geringelte und gegliederte, mit den Resten der abgestorbenen Blütenstengel ausgestattete, reichlich mit langen, starken Wurzeln besetzte Rhizom treibt bis zu 30 kantige, aufrechte, 2 bis 3 m hohe, einfache Stengel, die aus den am Grunde mit ihren Scheiden ineinandersteckenden Blättern zusammengesetzt sind. Blätter zweizeilig, am oberen Ende der langen, weichhaarigen Scheide mit einem hervorgezogenen, länglichen, 8 mm langen, abgerundeten, etwas rinnigen Blatthäutchen versehen; Blattfläche lanzettlich, stark zugespitzt, bis 60 cm lang, ganzrandig, oberseits flaumhaarig, unterseits seidenhaarig, gegen das Licht gehalten durch viele kleine Ölzellen durchscheinend dicht punktiert; Mittelnerv oberseits rinnig eingedrückt, unterseits erhaben, gerandet; Seitennerven in spitzem Winkel aufsteigend.

Blütentriebe dünn, dicht über dem Boden dem Stengel entspringend, eine Länge bis 62 cm erreichend, in der unteren Hälfte waagerecht, meist einfach und zweizeilig mit kleinen, eiförmigen, länglichen bis lanzettlichen, häutigen, gestreiften, trocknen, scheidigen Deckblättern dachziegelig besetzt, im oberen Teil aufstrebend, rispig verzweigt, mit größeren weiter auseinanderstehenden Deckblättern ausgestattet, aus deren Achseln sich die meist vierblütigen Blütenstände entwickeln. Rispenäste bis 8 cm lang, gegen die Spitze der Rispe allmählich verkürzt und einzelblütig.

Blüten wechselständig, vor dem Aufblühen von den scheidenartigen Deckblättern eingeschlossen, sehr vergänglich. Perianth oberständig; Kelch nach oben schwach erweitert, fein gestreift, stumpf dreizähnig, bleibend; die Krone grünlichweiß, abfallend, mit dreiteiligem Saum und ziemlich gleichen, verlängerten Abschnitten, von denen einer nach oben, zwei nach unten gerichtet sind. Die Lippe etwas länger und breiter als die Abschnitte der Krone, schwach dreilappig. Lappen gerundet, am Rande etwas kraus, weiß, mit gelblichem Rand, auf der Mitte mit blauen Adern und Streifen, welche fächerförmige Anordnung zeigen.

Das einzige fruchtbare Staubblatt ist dem Rande der Kronröhre eingefügt, der Lippe entgegengesetzt, vor dem obersten Kronzipfel stehend; zu beiden Seiten des kurzen Fadens befinden sich zwei kleine Anhängsel. Staubbeutel kurz über der Basis auf dem Rücken angeheftet, aufrecht, länglich, wenig kürzer als der oberste Kronabschnitt, zweifächerig; Fächer durch ein schmales, rinnenförmiges Konnektiv getrennt, welches sich oben in eine kurze, stumpfe Spitze verlängert, durch dessen Rinne der Griffel hindurchläuft. Fächer am Rande der Länge nach aufspringend. Zwei kleine, fadenförmige, unfruchtbare Staubgefäße befinden sich neben dem Griffel auf dem Scheitel des Fruchtknotens. Pollen kugelig, stachelig.

Fruchtknoten unterständig, länglich, verkehrt-eiförmig, dreifächerig, in jedem Fach ca. 12 horizontale Samenanlagen in zwei Reihen, nach dem Abblühen von der bleibenden Kelchröhre gekrönt, welche später bei der reifen Frucht zu einer kurzen Spitze einschrumpft. Griffel schlank, fadenförmig, das Konnektiv des Staubbeutels etwas überragend, mit trichterförmiger Narbe.

Frucht 6 bis 18 mm lang, 6 bis 10 mm dick, kurz gestielt, eiförmig oder ellipsoidisch bis länglich, dreifächerig, auf dem Querschnitt stumpf dreikantig, die Fächer zuweilen etwas vorgewölbt und der Scheitel etwas eingedrückt; letzterer in der Regel durch die Reste des Kelches kurz stumpf gespitzt. Die dünnlederigen bis papierartigen, matt graugelben bis bräunlichgelben, in reifem Zustande bräunlichen Klappen durch etwas vortretende Längsnerven dicht gestreift. Scheidewände dünnhäutig; Fächer meist nur fünfsamig. Samen gewöhnlich reihenweise fest aneinanderhängend, hellbraun oder grau, sehr grob querrunzelig, 4 bis 5 mm lang, 3 mm dick, durch gegenseitigen Druck unregelmäßig kantig, mit gestutztem Scheitel und vertieftem Nabel, die Bauchfläche mit einer Raphe versehen, der ganze Same von einem zarthäutigen, fast farblosen, oben oft als Kappe hervortretenden Samenmantel umhüllt, der nur im aufgeweichten Zustand deutlich sichtbar ist. Embryo keulenförmig, in der Mitte des Endosperms, mit an der Basis befindlichen zylindrischen Würzelchen und ungeteilten Samenlappen, von einem kreiselförmigen, ölig-fleischigen Endosperm umhüllt, welches sich nach dem Würzelchen hin verjüngt.[8]

Inhaltsstoffe: Ätherisches Öl vorwiegend in den Früchten. Polyphenolische Verbindungen wie Leucoanthocyane in den Blättern.[5]

Verbreitung: Heimisch in den feuchten Bergwäldern im südlichen Teil der Westküste Vorderindiens.[2]

Anbaugebiete: Die Kardamompflanzen gedeihen am besten in Höhenlagen zwischen 1.200 und 1.400 m und feuchtwarmem Klima. Indien: In Kerala, Karnataka und Tamil Nadu in Süd- und Südwestindien, in Sri Lanka, Guatemala und Tanzania. Cv. Mysore wird in Indien vorwiegend in der Region Kerala und in einigen Teilen von Tamil Nadu (früher Madras) angebaut; cv. Malabar ist verbreitet in den Bergregionen des Staates Karnataka und in den Distrikten Shimoga, Hassan und Coorg. In Sri Lanka wird vorwiegend cv. Mysore und nur zum geringen Teil cv. Malabar kultiviert. In Tanzania und Guatemala ist cv. Mysore verbreitet.[7]

Drogen: Cardamomi aetheroleum, Cardamomi fructus.

Cardamomi aetheroleum (Kardamomenöl)

Synonyme: Oleum Cardamomi.

Sonstige Bezeichnungen: Dt.: Ceylon-Malabar-Cardamomenöl, Kardamomenöl, Malabar-Cardamomenöl; engl.: Oil of cardamom; frz.: Essence de cardamome.[9]

Monographiesammlungen: Cardamom oil *BP68*, *USPXXI-NFXVI*, *BPC79*.

Definition der Droge: Das aus den Samen destillierte ätherische Öl.[7]

Stammpflanzen: *Elettaria cardamomum* (L.) MATON.[7]

Herkunft: Südindien, Sri Lanka, Guatemala, Indonesien, Thailand, Südchina.[7]

Gewinnung: Das Kardamomenöl wird durch Wasserdampfdestillation gewonnen. Die Kardamomen werden erst kurz vor der Destillation zerstoßen. Kardamomensamen, als solche bezogen, enthalten im Durchschnitt weniger ätherisches Öl als Samen, die erst vor der Destillation von den Fruchtschalen befreit werden. So verloren Samen ohne Fruchtschalen im Verlauf von 8 Monaten etwa 30 % ihres ätherischen Öles, dagegen war der Verlust der Samen mit Fruchtschalen verhältnismäßig gering.[9]

Verfälschungen/Verwechslungen: Kalt gepreßte oder durch Wasserdampfdestillation gewonnene ätherische Öle aus den Samen von *Elettaria major*. Kalt gepreßtes Kardamomenöl von *E. major* aus Sri Lanka wird bestimmt durch seinen hohen Gehalt an Monoterpenkohlenwasserstoffen (39,15 %); u. a. α-Pinen (13 %), γ-Terpinen (11,2 %), Sabinen (4,9 %), β-Pinen (4,9 %), Myrcen (2,5 %), Limonen (2,1 %). Weiterhin enthält es größere Mengen an *trans*-Sabinenhydrat (22,2 %) und Terpinen-4-ol (15,3 %), Methylheptanon (4,1 %), Linalool (3,7 %) und signifikant höhere Mengen an Citral, Nerol, Terpinen-4-yl- und Geranylacetat als das echte Kardamomenöl. α-Terpinylacetat und 1,8-Cineol, die Hauptkomponenten des echten Kardamomenöls, sind nur in sehr geringen Mengen (1,7 % bzw. 3,3 %) vorhanden.[10]
Durch Wasserdampfdestillation gewonnenes Öl zeigte erhebliche Unterschiede in der Zusammensetzung gegenüber dem kalt gepreßten Öl. Leicht siedende Terpenkohlenwasserstoffe wie α-Pinen und Sabinen wurden in sehr viel geringeren Mengen im destillierten Öl gefunden. *p*-Cymen, welches im kalt gepreßten Öl nicht nachgewiesen werden konnte, wurde im destillierten Öl mittels GC als Hauptkomponente (35 %) neben Terpinen-4-ol (29 %) gefunden. γ-Terpinen, welches in destilliertem Öl nur in sehr geringen Mengen vorhanden ist, könnte durch die Wasserdampfdestillation zu *p*-Cymen oxidiert worden sein.[11]

Inhaltsstoffe: Die chemische Zusammensetzung des Kardamomenöls war Gegenstand zahlreicher Untersuchungen.[12–22] Eine ausführliche Darstellung s. Lit.[7] Die beiden Hauptkomponenten der Cultivare Malabar und Mysore sind die Monoterpene 1,8-Cineol und α-Terpinylacetat. Daneben wurden eine ganze Reihe weiterer Monoterpene identifiziert. Dünnschichtchromatographisch lassen sich 5 bis 6 Zonen nachweisen: α-Terpinylacetat, 1,8-Cineol; schwächer ausgeprägt die Terpenalkohole Linalool, Borneol, α-Terpineol und der Monoterpenkohlenwasserstoff Limonen.[23] Gaschromatographische Analysen ergaben weit über 100 Komponenten.[10,20]
In einer Studie, in der das Kardamomenöl nicht durch Wasserdampfdestillation, sondern durch Kaltpressen gewonnen wurde,[10] ergab die anschließende gaschromatographische Analyse 150 Komponenten, von denen nur 31 identifiziert werden konnten. 1,8-Cineol und α-Terpinylacetat waren auch hier die beiden Hauptkomponenten der beiden Cultivare Malabar und Mysore. Cv. Mysore stammte von 2 verschiedenen Lokalitäten, aus Guatemala und Sri Lanka. Beide ätherischen Öle hatten vergleichbare Gehalte an α-Terpinylacetat (50 bis 52 %), unterschieden sich aber in dem viel geringeren Gehalt an 1,8-Cineol (31 % Sri Lanka, 23,4 % Guatemala). Der Gehalt an Linalylacetat war in der aus Guatemala stammenden Probe (6,3 %) fast doppelt so hoch wie in der aus Sri Lanka stammenden Probe (3,3 %). Die vom cv. Malabar stammende Probe unterschied sich von den beiden anderen durch einen viel höheren Gehalt an 1,8-Cineol (44 %) und einen viel geringeren Gehalt an α-Terpinylacetat (37 %).

In einer weiteren Studie[24] wurde die Zusammensetzung eines aus Indien stammenden Kardamomenöls untersucht. Als Untersuchungsmethode wurde eine Kombination von fraktionierter Destillation, Säulenchromatographie, präparativer und analytischer Gaschromatographie, Infrarotspektroskopie und Massenspektroskopie benutzt. Zu den Hauptkomponenten, die in größeren Mengen vorkommen (> 1 %), gehören: 1,8-Cineol (36,3 %), α-Terpinylacetat (31,3 %), Limonen (11,6 %), Linalool (3,0 %), Sabinen (2,8 %), ε-Nerolidol (2,7 %), α-Terpineol (2,6 %), Linalylacetat (2,5 %), Myrcen (1,6 %), α-Pinen (1,5 %) sowie weitere Terpenkohlenwasserstoffe und -alkohole. Bei dieser Analyse wurde im Kardamomenöl erstmalig Methyleugenol in geringen Mengen (0,2 %) nachgewiesen.

Identität: Das Kardamomenöl ist eine angenehm gewürzhaft riechende Flüssigkeit.
Kennzahlen: d_{15} = 0,923 bis 0,941; α_D = +24 bis +41°; n_D^{20} = 1,462 bis 1,467; SZ: bis 4,0; EZ: 92 bis 150; löslich in 2 bis 5 Vol. 70 %igen Alkohols.[9]

Wirkungen: *Antimykotische und antibakterielle Wirkung.* Die antimykotische[25] und antibakterielle[26] Wirkung des ätherischen Öles wurde mit der Filter-paper-disk-Methode nach Vincent und Vincent[27] untersucht. Dazu wurden kleine sterile Filterplättchen aus Papier ($^1/_4$ Zoll im Durchmesser) mit dem Öl gut angefeuchtet und auf Agarplatten gelegt. Eine positive Wirkung konnte bei 14 von 15 getesteten Pilzen erreicht werden. Die stärkste Wirksamkeit zeigte das ätherische Öl von *E. cardamomum* gegen *Streptomyces venezuelae* mit einer Hemmzone von 15 mm.[25] Eine antibakterielle Wirkung war dagegen nur bei 2 von 10 getesteten Organismen (*Bacillus mesentericus* 2 mm und *Bacillus subtilis* 10 mm Hemmzone) feststellbar.[26]
Antivirale Wirkung. Es wurde die antivirale Wirkung von Cardamomi aetheroleum und anderer ätherischer Öle gegen Adenovirus Typ 6 und Herpes-simplex-Virus auf drei verschiedene humane Zellkulturen (Girardi Heart, Flow 12000, Intestine 407) und eine Affennierenzellkultur (Vero Kidney) geprüft.[28] Die Bestimmung der Zelltoxizität und des Grades der Virusschädigung gelang mittels ATP-Nachweises. Cardamomi aetheroleum inaktivierte die vorgelegte Viruszahl (Virushemmbereich 10^{-2} bis 10^{-9}) in einem Konzentrationsbereich von 10^{-4} bis 10^{-7}. Experimentelle Angaben fehlen.
Wirkung auf die glatte Muskulatur. In diesem Modell wurde die *in vitro* erschlaffende Wirkung des ätherischen Öls auf den Basaltonus der Tracheamuskulatur sowie auf ein elektrisch stimuliertes Längsmuskelpräparat des Meerschweinchens untersucht.[29] Die EC_{50}-Werte werden mit den erschlaffenden Wirkungen von Catecholaminen und Hemmstoffen der Phosphodiesterase verglichen. Der EC_{50}-Wert des Kardamomenöles liegt bei 27 mg/L für die Tracheamuskulatur und bei 15 mg/L für die glatte Muskulatur des Meerschweinchenileums (für Pfefferminzöl wurden EC_{50}-Werte von 87 bzw. 26 mg/L bestimmt). Vergleichswerte (EC_{50}, nmol/L): Noradrenalin (Trachea 800; Ileum 55), Isoprenalin (3,9; 21), Papaverin (240; 3.700) und 3-Isobutyl-1-methylxanthin (340; 2.300).

Volkstümliche Anwendung und andere Anwendungsgebiete: Bei Appetitlosigkeit als Zusatz entsprechender Zubereitungen.[7,30,31] Die Wirksamkeit bei dieser Indikation ist nicht belegt.

Sonst. Verwendung: *Kosmetik.* Für Aromen.[7] *Haushalt.* Zum Aromatisieren von Likören und Getränken.[30,32]

Cardamomi fructus (Kardamomen)

Synonyme: Fructus Cardamomi, Fructus Cardamomi minores.

Sonstige Bezeichnungen: Dt.: Echter Malabar-Kardamom, Kardamomensamen, Kleiner Kardamom, Malabar-Kardamomen, Malabarsamen; engl.: Cardamom fruits, cardamom seeds; frz.: Cardamome du Malabar; it.: Frutti di cardamomo; port.: Cardamomo; span.: Frutos de cardamomo.[31]

Monographiesammlungen: Fructus Cardamomi *DAB 7, Dan IX, ÖAB 9, Helv V*; Cardamomi fructus *Ital 6, Ned 6, DAC 86*; Cardamom Fruit *BP 68, BPC 79*; Cardamom seed *USP XIV, USP XXI-NF XVI*.[31]

Definition der Droge: Die getrockneten Kapseln *DAB 7*; die kurz vor der Reife geernteten Früchte *DAC 86*.
Für arzneiliche Zwecke sind nur die Samen zu verwenden *DAB 7, DAC 86*.

Stammpflanzen: *Elettaria cardamomum* MATON (als *E. cardamomum* MATON var. *minuscula* BURKILL).

Herkunft: s. Anbaugebiete von *E. cardamomum*.

Gewinnung: In Indien werden die Pflanzen aus Samen in Anzuchtbeeten herangezogen und die Sämlinge 10 bis 12 Monate später (im Juni zu Beginn der Regenzeit) in geeigneten Lichtungen angepflanzt. Blüte erstmals im dritten Jahr nach der Anpflanzung. Die Erntezeit erstreckt sich über drei bis vier Monate; Haupterntezeit der nicht völlig ausgereiften Früchte sind die Monate Oktober und November des dritten Jahres. Von diesem Zeitpunkt bleiben die Pflanzen 10 bis 15 Jahre ertragsfähig. Die Früchte werden manuell und in periodischen Abständen geerntet, da nicht alle Früchte gleichzeitig reif werden. Die Trocknung der Früchte erfolgt traditionell auf Hürden in der Sonne, wobei durch zu starke Sonneneinstrahlung die Früchte leicht aufspringen und ausbleichen können. Durch Vorbehandlung der Früchte mit Natriumcarbonat bzw. alkalisch reagierenden Chemikalien bleibt die Farbe bei der Trocknung und anschließenden Lagerung erhalten. Da durch die lange Ernteperiode Regenwetter nicht vermieden werden kann, wurde in Indien schon lange die künstliche Trocknung in sog. Curing-houses praktiziert. Diese kontrollierte Methode wird in Indien und auch in den anderen Erzeugerländern immer häufiger angewendet. Nach dem Trocknen werden die Früchte nach Farbe, Größe, Beschädigung etc. sortiert.[7] Es wird die ganze Frucht vorgeschrieben, da die Kapselwand die

Samenschale vor Verletzungen schützt, einen Verdunstungsschutz für das äth. Öl darstellt und um Verwechslungen mit Samen minderwertiger Sorten zu verhüten.[31]

Handelssorten: Die weitaus größte Menge der im Handel befindlichen Kardamomen stammt aus Indien. Im Handel sind die Fruchtkapseln mit den Samen (grün oder gebleicht) und die Samen ohne Fruchtschale. *Elettaria cardamomum* MATON cv. Mysore liefert die aus Indien stammende Handelssorte Alleppey green, cv. Malabar die Handelssorten Coorg green, Coorg bleached/bleachable, mixed. Alle Handelssorten werden je nach Gewicht pro Volumen, Aussehen etc. weiter unterteilt. Eine ausführliche und mikroskopische Beschreibung der einzelnen Sorten insbesondere im Hinblick auf ihre Unterscheidungsmöglichkeit s. Lit.[7,33,34]

Ganzdroge: Die Frucht ist eine 1,0 bis 1,5 cm lange, oben bis 1 cm dicke, dreifächerige, flachspaltig aufspringende, eirunde oder längliche, stumpf dreikantige, nach oben verschmälerte Kapsel, außen hellgelb oder strohgelb, durch feine, erhabene, parallele Längsstreifen (Leitbündel) gezeichnet. Gewicht nicht über 0,25 g. An dem stumpfen Scheitel mit einem 1 bis 2 mm langen, röhrigen Schnäbelchen oder dem Rest des Perigons am Grunde oft ein kurzer Stielrest. Die lederig-zähe Fruchtwand ist höchstens 1 mm dick. Die Samen liegen in drei doppelten, durch dünnhäutige Scheidewände getrennten Reihen. In jedem Fach 4 bis 8, eine zusammenhängende, leicht auseinanderfallende Masse bildende Samen. Diese sind durch gegenseitigen Druck unregelmäßig kantig, 2 bis 3 mm groß, auf der Oberfläche querrunzelig, rötlichbraun, an einer Seite mit einer Furche versehen und mit einem bei eingeweichten Samen leicht abziehbaren Häutchen (Arillus) überzogen. In der Droge betragen die Schalen 25 bis 40 %, die Samen 75 bis 60 %.[8,31]

Schnittdroge: *Geruch.* Fruchtwand: Fast geruchlos; Samen: Angenehm aromatisch, campherartig.
Geschmack. Fruchtwand: Fast geschmacklos; Samen: Stark würzig und etwas brennend.[31]

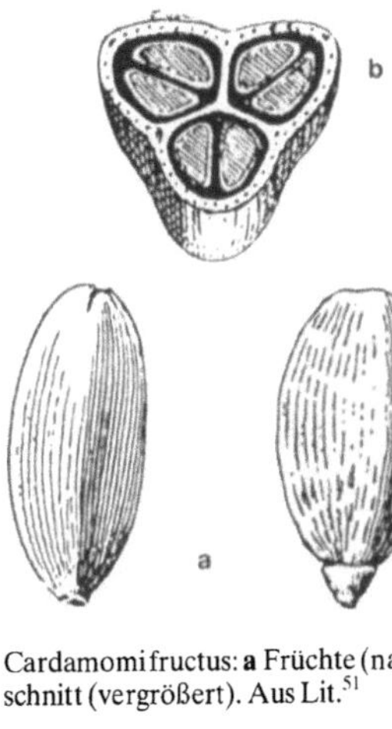

Cardamomi fructus: **a** Früchte (natürliche Größe), **b** Querschnitt (vergrößert). Aus Lit.[51]

Lupenbild. Längsschnitt durch die Raphenrinne, von innen nach außen betrachtet: Embryo, Endosperm, Perisperm, Samenschale, Arillus. In der Umgebung des Wurzelendes des Embryos ist die Steinzellenschicht der Samenschale besonders dick und bildet einen kleinen Samendeckel, der in ein kleines Spitzchen, die Mikropyle ausläuft und bei der Keimung von dem Embryo abgehoben wird.[31]
Mikroskopisches Bild. Der den Samen umgebende Arillus besteht aus in Aufsicht langgestreckten, zugespitzten, dünnwandigen, im Querschnitt häufig kollabierten Zellen, die Öltröpfchen und Plasmareste enthalten. Die Samenschale läßt 5 Schichten erkennen: Die Zellen der Epidermis sind in Aufsicht langgestreckt, abgeschrägt bis zugespitzt, derbwandig, getüpfelt und bisweilen verholzt, im Querschnitt quadratisch bis schwach radial gestreckt; ihre tangentialen Wände sind stark verdickt, während die in der Mitte etwas dünneren Radialwände verbogen erscheinen. Es folgen ein bis zwei Lagen häufig kollabierter, dünnwandiger, tangential gestreckter Querzellen. Die nächste, das farblose Öl führende Schicht besteht aus im Querschnitt fast quadratischen, in Aufsicht unregelmäßig polygonalen, sehr großen, dünnwandigen Zellen; in der Raphengegend umschließen zwei bis vier Lagen dieser Schicht das aus zarten Elementen bestehende Raphenbündel. Es folgen einige Lagen parenchymatischer, kleiner, oft kollabierter, bräunlich gefärbter Zellen. Die innerste, schon makroskopisch erkennbare, rotbraune Schicht der Samenschale besteht aus einer, im Deckelchen meist mehreren Lagen radial gestreckter Steinzellen, die bis auf ein schmales, dreieckiges, nach außen liegendes, gelegentlich einen kleinen Kieselkörper enthaltendes Lumen verdickt sind; in Aufsicht erscheinen diese Zellen polygonal, je nach Fokussierung dünnwandig mit deutlichem Lumen und Kieselkörperchen oder völlig gleichmäßig gefärbt.
Die dünnwandigen, dicht gelagerten Perispermzellen sind in der äußeren Lage ziemlich klein, innen größer und radial gestreckt; sie sind dicht mit ein bis 5 µm großen, rundlichen oder rundlich-eckigen, oft zusammengeklebten Stärkekörnern erfüllt und enthalten in der Zellmitte außerdem einige etwa 10 µm große Calciumoxalatprismen. Die ebenfalls dünnwandigen, dichtgelagerten Zellen des Endosperms führen hyaline, kompakte Aleuronmassen. Die zartwandigen, fettes Öl, Aleuronkörner und körniges Plasma führenden Gewebe des Embryos besitzen keine Interzellularen.[31]

Pulverdroge: Das Pulver darf nur aus den Samen hergestellt werden. Es zeigt Fragmente der langgestreckten, dünnwandigen Zellen des Arillus, der ebenso gestalteten, aber derbwandigen und getüpfelten Epidermiszellen der Samenschale mit bisweilen anhaftenden, wenig deutlichen Elementen der Querzellschicht; Fragmente der Ölschicht; Bruchstücke der rotbraunen Steinzellenschicht, meist in Aufsicht; Fragmente des Perisperms mit 1 bis 5 µm großen, sehr dicht liegenden Stärkekörnern und etwa 10 µm großen Calciumoxalatkristallen sowie dünnwandiges Parenchym des Endosperms und des Embryos.[31]

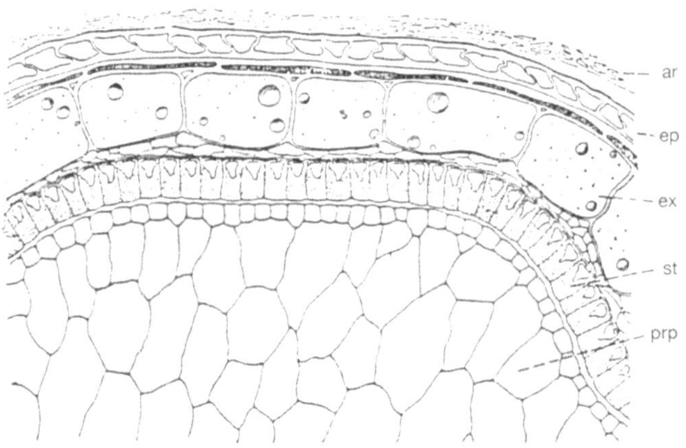

Cardamomi fructus, Querschnitt durch die Samenschale: *ar* Arillus, *ep* Epidermis, *ex* Ölzellschicht, *st* rotbraune Palisadensklereidenschicht, *prp* Perisperm. Aus Lit.[31] nach Lit.[51]

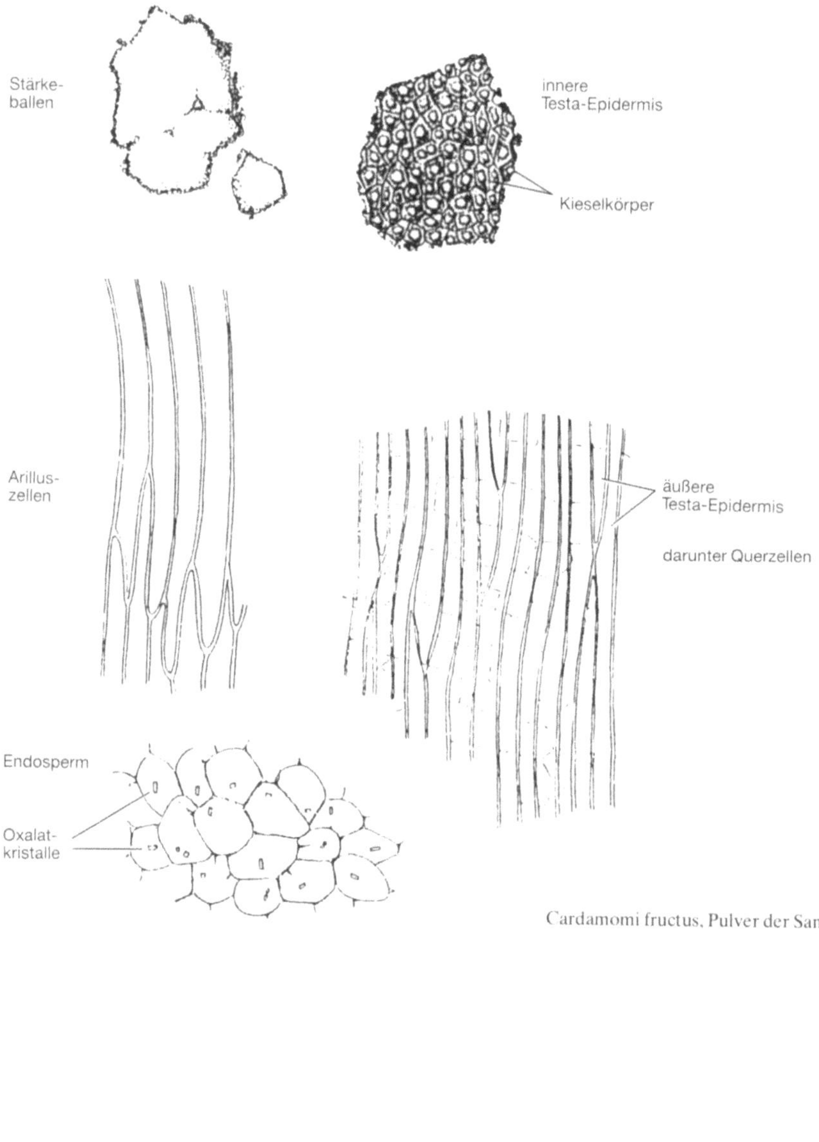

Cardamomi fructus, Pulver der Samen. Aus Lit.[35]

Verfälschungen/Verwechslungen: Weniger wertvolle Sorten, die aber ebenfalls als Kardamomen bezeichnet werden und zu Vermischungen führen, sind:
E. major SM. (= *E. cardamomum* (L.) MATON var. *major* (SM.) THWAITES), eine durch die Form der Früchte von der offizinellen Pflanze verschiedene Art. Sie wird auch als Fructus Cardamomi major, Fructus Cardamomi Ceylon, Cardamomum longum (Ceylanicum), Ceylon-Kardamomen, Wilde, Große oder Lange Kardamomen bezeichnet. Die Früchte sind bis 4 cm lang, 1,0 cm breit, dreikantig, schmutzig graubraun, meist gebogen, länger geschnäbelt, stark gerippt. Die Fächer enthalten vielfach bis 20 dunklere und fast doppelt so große (bis 5 mm) Samen wie die offizinelle Droge. Die Epidermis der Samenschale ist schmaler und derbwandiger. Der Geschmack ist weniger fein und schärfer; der Gehalt an ätherischem Öl etwas höher (4 bis 6%). Bei mikroskopischer Betrachtung sind die Oberhautzellen der Samenschale kleiner und derbwandiger, die Querzellenschicht führt keinen braunen Inhalt, die Zellen der Ölschicht sind größer und quergestreckt, bis 0,1 mm lang, 0,2 mm breit, Palisadenzellen noch stärker verdickt, die Grenzen der einzelnen Zellen kaum zu erkennen.[31]
Ferner sind unter der Bezeichnung Kardamomen im Handel die Früchte und Samen einiger Arten der Gattungen Aframomum K. SCHUM. und Amomum ROXB. Die Vertreter der Gattung Amomum sind heimisch in Bengalen, Nepal und Sikkim und in Südostasien;[37] s. ds. Hdb., Bd. 4, S. 241–254. Die Aframomum-Arten sind heimisch in den afrikanischen Regionen von Tanzania, Madagaskar, Kamerun und Guinea.
Im internationalen Handel spielen neben den echten Kardamomen von *E. cardamomum* die Nepal- und Bengal-Kardamomen von *Amomum subulatum* ROXB. bzw. *Amomum aromaticum* ROXB., vermutlich Varietäten einer Art, nur eine untergeordnete Rolle; s. ds. Hdb., Bd. 4, S. 241–254.
Seltener auf dem europäischen Markt anzutreffen und meist von lokaler Bedeutung sind:
Die Siam- oder Runden Kardamomen von *Amomum compactum* SOLAND. ex MATON (= *Amomum kepulaga* SPRAGUE et BURKILL); s. ds. Hdb., Bd. 4, S. 241–254.
Die Java-Kardamomen von *Amomum maximum* ROXB.; s. ds. Hdb., Bd. 4, S. 241–254.
Die Kleinen, Runden oder Haarigen bzw. China-Kardamomen stammen von *Amomum villosum* BLUME ex LOUR.; s. ds. Hdb., Bd. 4, S. 241–254.
Wilde oder Bastard-Kardamomen von *Amomum xanthioides* WALLICH sind in Thailand und Kambodscha heimisch; s. ds. Hdb., Bd. 4, S. 241–254.
Die Kapseln der Bitteren oder Schwarzen Kardamomen von *Amomum globosum* LOUR. (= *Alpinia globosa* (LOUR.) HORANINOW), in China beheimatet, sind 20 mm lang, gelbbraun, oval bis länglich. Die Samen sind 3 mm lang, schwarzbraun, am Grund flach und haben einen bitteren Geschmack.[7,33,34,38]
Die Madagaskar-Kardamomen werden in Madagaskar, Sansibar, Pemba und den Seychellen kultiviert und stammen von *Aframomum angustifolium* (SONNERAT) K. SCHUM. (= *Aframomum daniellii* (J. D. HOOK) K. SCHUM.). Die Früchte werden bis zu 50 mm lang. Sie sind oval, braun, mit Längsfurchen. Die Samen sind 3 mm lang, oval, olivbraun und glänzend.[7,33,34,38]
Aus Somalia und Äthiopien stammen die Muskatnuß-Kardamomen von *Aframomum korarima* (PEREIRA) ENGL. (= *Amomum korarima* PEREIRA). Die Früchte werden 50 mm lang und sehen Muskatnüssen ähnlich.[7,33,34] Weitere Verfälschungs- und Ersatzdrogen der Gattung Aframomum s. Lit.[33,34,37]
Verfälschungen der Pulverdroge mit preiswerten Kardamomen der oben angeführten Arten sind mikroskopisch nur schwer zu differenzieren. Dies ist nur möglich durch Bestimmung des Gehaltes an ätherischen Ölen, der bei den Langen Kardamomen geringer ist. Weitere Verfälschungen der Pulverdroge wurden mit Getreidesamen, Hülsenfrüchten und Ingwer festgestellt. Diese Verfälschungen lassen sich mikroskopisch aufgrund unterschiedlicher Größe und Form der Stärkekörner leicht feststellen.[7]

Inhaltsstoffe: *Ätherisches Öl.* Der Gehalt und die Zusammensetzung des ätherischen Öles variieren sehr stark je nach Anbaugebiet, Sorte, Reifestadium und Destillationsverfahren.[7] So wird in älteren Literaturangaben der Gehalt der Samen an ätherischem Öl mit 3,4 bis 8,6% (*V/m*)[12,39] und der der getrockneten Kapseln mit 5,2 bis 11,3% (*V/m*) angegeben. Für die beiden in Indien wachsenden Varietäten cv. Malabar und cv. Mysore wurde ein Gehalt an ätherischem Öl zwischen 5,5 und 10,5% (*V/m*) beschrieben.[40] Unreife Früchte enthalten nur 4 bis 5% (*V/m*) ätherisches Öl. Für die Früchte wird ein Gehalt von 3 bis 7%, für die Samen 4 bis 9% und für die Fruchtschalen 0,5 bis 1% angegeben.[23]
Die Cultivare Mysore und Malabar unterscheiden sich hauptsächlich quantitativ in einer Reihe von Komponenten.[15] Der größte Unterschied wurde im 1,8-Cineol-Gehalt gefunden; 41% im ätherischen Öl von cv. Malabar und 26,5% im Öl von cv. Mysore. In der Originalarbeit wurden die Varietäten falsch zugeordnet.[7] Während der Gehalt an α-Terpinylacetat vergleichbar ist (30,0% cv. Malabar, 34,5% cv. Mysore) enthält cv. Mysore bedeutend höhere Mengen an Linalool (3,7%) und Linalylacetat (7,7%) als cv. Malabar (0,4% bzw. 1,6%). Nach Meinung der Autoren könnte der geringere Gehalt an 1,8-Cineol mit seinem campherartigen Geruch und dem höheren Gehalt an Linalylacetat mit seinem süßen, fruchtig-blumigen Geruch für das angenehmere Aroma von cv. Mysore verantwortlich sein. Weitere Komponenten ($>1\%$) sind: Sabinen (3,2% cv. Malabar, 4,6% cv. Mysore), Limonen (2,4% cv. Malabar, 1,7% cv. Mysore), α-Pinen (1,4% cv. Malabar, 0,7% cv. Mysore), Nerol (1,4% bzw. 0,6%), Methylheptanon (1,2% bzw. 1,5%) und Borneol (1,1% bzw. 1,2%).[15]
Weitere Inhaltsstoffe. Fettes Öl 1 bis 2%[31,41] mit Linolensäure, Ölsäure, Palmitinsäure sowie geringen Mengen Heptadecan, Laurin-, Linol-, Myristin- und Stearinsäure u. a.,[42] ein gelber Farbstoff sowie 20 bis 40% Stärke, 5% Zucker, 10,2% Protein, ein stickstoffhaltiges Gummi, reichlich Mangan und Eisen.[31]

Zubereitungen: Tinctura Cardamomi (Malabar-Kardamomen-Tinktur) *EB6*; s. ds. Hdb., Bd. 1, S. 673.

Reinheit:
- Fremde Bestandteile: Nach *DAC86*: Höchstens 1 %; die Samen dürfen höchstens 1 % Teile der Fruchtwand enthalten. Fremde organische Substanz: Nach *BP68*: Die Früchte 1 %, die abgetrennten Samen 3 %.
- Minderwertige Droge: Nach *DAB7*: In der gepulverten Droge dürfen Fragmente der Kapselwand nicht vorhanden sein. Diese sind gekennzeichnet durch große Parenchymzellen mit meist tafelförmigen Calciumoxalatkristallen und mit dazwischenliegenden, kleineren Harzzellen mit gelbbraunem Inhalt. Außerdem sind lange, mit Spaltentüpfeln versehene Sklerenchymfasern oder deren Bruchstücke vorhanden.
- Fremde Beimengungen: Nach *DAB7*: Andere Kardamomen-Arten dürfen nicht vorhanden sein. Nach *ÖAB9*: Im Pulver der Samen dürfen Einzelstärkekörner mit einem Durchmesser über 10 µm und verholzte Fasern nicht vorkommen; analog *HelvV*. Nach *Ned6* dürfen große Parenchymzellen mit kleinen Kristallen nicht vorkommen. Nach Lit.[52] dürfen Epidermiszellen mit einer Membranstärke von mehr als 2 µm nicht vorhanden sein (andere Kardamomenarten).
- Aschegehalt der Samen: Höchstens 5 % *HelvV*; 6 % *BP68*, *Ned6*; 7 % *DAB7*, *ÖAB9*; 8 % *USPXIV*; 10 % *Ital6*, *DanIX*.
- Säureunlösliche Asche: Höchstens 3,5 % *BP68*.

Gehalt: Mindestgehalt an ätherischen Ölen in den Samen: 4,5 % (*V/m*) *DAC86*. Nach den meisten Arzneibüchern 4 %.

Gehaltsbestimmung: *Ätherisches Öl.* Bestimmung mit 5,0 g zerstoßenen Samen und 200 mL Wasser als Destillationsflüssigkeit in einem 500-mL-Rundkolben; Destillation 3 h lang bei 2 bis 3 mL in der Minute mit 0,5 mL Xylol als Vorlage *DAC86*.

Lagerung: An kühlen, trockenen Orten und in gut schließenden Gefäßen; das Pulver vor Licht geschützt. Die gepulverten Samen dürfen höchstens 24 h lang gelagert werden. Die aus den Früchten entnommenen Samen dürfen nicht aufbewahrt werden *BPC79*, *DAC86*.

Wirkungen: *Antibakterielle und antimykotische Wirkung.* In-Vitro-Versuche:[44] Extrakte aus getrockneten Samen (20 g auf 50 mL Lösungsmittel) von *E. cardamomum* wurden mit destilliertem Wasser, Ether, Aceton, Alkohol und *n*-Butanol hergestellt und auf ihre antibakterielle und antimykotische Wirkung mit der Filter-paper-disk-Methode nach Vincent und Vincent[27] untersucht. Die ether- und die acetonlösliche Fraktion zeigten die größte antimikrobielle Wirkung. Eine positive Wirkung des Acetonextraktes (mm Hemmzone) wurde mit den Bakterien *Escherichia coli* (4 mm), *Staphylococcus aureus* (3,5 mm), *Serratia marcescens* (0,5 mm), *Mycobacterium smegmatis* (5 mm), *Erwinia caratovora* (0,5 mm), *Sarcina lutea* (8 mm), *Bacillus subtilis* (5 mm), *Neisseria perflava* (3 mm), *Salmonella cholerae suis* (0,5 mm), *Salmonella cholerae murium* (4,5 mm), *Proteus vulgaris* (8 mm) und den Pilzen *Candida albicans* (3 mm), *Trichophyton mentagrophytes* (5 mm), *Streptomyces venezuelae* (4,5 mm Aceton- und 6 mm im Etherextrakt), *Microsporum canis* (3,5 mm), *Helminthosporium sativum* (8 mm), *Cryptococcus rhodobenhani* (4 mm), *Penicillium digitatum* (5 mm) und *Epidermophyton interdigitale* (5 mm) erreicht.

Wirkung auf die Magensaftsekretion bei Kaninchen. In-vivo-Versuche:[45] In dieser Studie erhielten Kaninchen mit permanentem Magenkatheter intragastral einen wäßrigen bzw. methanolischen Extrakt aus einer nicht näher spezifizierten, "marktüblichen" Droge von *E. cardamomum*. Die Extraktausbeute betrug 12,6 % (Wasser) bzw. 10,9 % (Methanol). Der Magensaft wurde durch den Katheter fraktioniert abgesaugt. Durch 126,9 mg/kg KG des Trockenrückstandes des Wasserextraktes bzw. 109,0 mg/kg KG des Trockenrückstandes des Methanolextraktes wurde das Magensaftvolumen (Zeitraum 3 bis 5 h nach Extraktgabe) auf 72,3 bzw. 54,6 % des Basalwertes gesenkt. Die Säuresekretion sank auf 42,6 bzw. 50,2 %, die Pepsinsekretion auf 59,1 bzw. 38,6 % des Basalwertes. Im gleichen Modell wurde mit Cimetidin (50 mg/kg KG) das Magensaftvolumen auf 60,1 %, die Säureproduktion auf 33,6 % und die Pepsinproduktion auf 55,4 % des Basalwertes gesenkt.

Steigerung der Gallensekretion. In einer Studie[46] erhielten Ratten intraduodenal einen acetonischen Extrakt aus den Samen von *E. cardamomum*. 100 bzw. 500 mg/kg KG dieses Extraktes sollen bei den Versuchstieren 1 h nach der Applikation eine signifikante Steigerung der Gallensekretion um mehr als 50 % im Vergleich zu den Kontrolltieren bewirken. Die Gallensekretion soll danach kontinuierlich abnehmen, 5 h später aber noch deutlich über dem Wert der Kontrolltiere liegen. Eine Dosis von 50 mg/kg KG soll nur eine geringe Steigerung der Gallensekretion hervorrufen, die 2 h nach der Applikation nicht mehr nachweisbar ist. Weitere Angaben sind der japanischen Arbeit nicht zu entnehmen.

Anwendungsgebiete: Bei dyspeptischen Beschwerden.[47]

Dosierung und Art der Anwendung: *Droge.* Mittlere Tagesdosis: 1,5 g;[47] bzw. 0,6 bis 2,0 g.[36] *Zubereitung.* Tinktur (entsprechend *EB6*): Tagesdosis 1 bis 2 g.[47]

Volkstümliche Anwendung und andere Anwendungsgebiete: Bei Appetitlosigkeit als Zusatz entsprechender Zubereitungen.[7,30,31] Zur Wirksamkeit bei dieser Indikation liegen keine kontrollierten, klinischen Studien vor.

Gegenanzeigen/Anwendungsbeschr.: Bei Gallensteinleiden nur nach Rücksprache mit einem Arzt anwenden.[47]

Sonst. Verwendung: *Kosmetik.* Für Aromen (meist das ätherische Öl).[7] *Haushalt.* In den arabischen Ländern zum Aromatisieren des Kaffees,[48] in Europa als Gewürz für Gebäck, Süßspeisen, Kompott, Suppen, Eingemachtes,[30,32,49,50] in Südostasien als Speisewürze, Bestandteil von Gewürzmischungen.[30,43]

Gesetzl. Best.: *Offizielle Monographien.* Aufbereitungsmonographie der Kommission E am BGA: "Cardamomi fructus (Kardamomen)".[47]

1. Dahlgren RMT, Clifford HT, Yeo PF (1985) The Families of the Monocotyledons, Springer-Verlag, Berlin Heidelberg New York Tokio, S. 360–366
2. Engler, A, Prantl K (Hrsg.) (1889) Die natürlichen Pflanzenfamilien, Engelmann, Leipzig, Bd. II/6, S. 28
3. Zan, S. 239
4. Thoms H, Brandt W (Hrsg.) (1929) Handbuch der praktischen und wissenschaftlichen Pharmazie, Urban Schwarzenberg, Berlin Wien, Bd. V/1 Botanik und Drogenkunde, S. 623–624
5. Hgn, Bd. II, S. 460, 466
6. Pen, S. 363
7. Govindarajan VS, Narasimhan S, Raghuveer KG, Lewis YS (1982) CRC 16:229–326
8. Pabst G (Hrsg.) (1897) Köhler's Medizinalpflanzen, Friedrich von Zezschwitz Verlag, Gera, Bd. I
9. GHo, Bd. IV, S. 496–499
10. Bernhard RA, Wijesekera ROB, Chichester CO (1971) Phytochemistry 10:177–184
11. Rajapakse-Arambewela LS, Wijesekera ROB (1979) J Sci Food Agric 30:512–527
12. Guenther E (1952) Cardamom. The Essential Oils, D van Nostrand Company Inc., Toronto, New York, London, Bd. 5, S. 85
13. Ikeda RM, Stanley WL, Vannier SH, Spitler EM (1962) J Food Sci 27:455
14. Nigam MC, Nigam IC, Handa KL, Levi L (1965) J Pharm Sci 54:799–801
15. Lewis YS, Nambudiri ES, Philip T (1966) Perfum Essent Oil Res 57:623–628
16. Wellendorf M (1966) Dansk Tidsskr Farm 40:156–163
17. Narayanan CS, Natarajan CP (1977) J Food Sci Technol 14:233–234
18. Miyazawa M, Kameoka H (1975) J Jpn Oil Chem Soc (Nihon Yukagakukyokai) 24:22–26
19. Shaban MAE, Kandeel KM, Yacout GA, Mehaseb SE (1987) Pharmazie 42:207–208
20. Noleau I, Toulemonde B (1987) Flav Frag J 2:123–127
21. Pieribattesti JC, Smadja J, Mondon JM (1988) Composition of Essential oil of cardamom (Elettaria cardamomum Maton) from Reunion. In: Lawrence BM, Mookherjee BD, Willis BJ (Hrsg.) Flavors and Fragrances: A World Perspective. Proceedings of the 10th Congresses of Essential Oils, Fragrance and Flavors, Washington, DC, USA, 16–20 November 1986, Elsevier Science Publishers BV., Amsterdam, S. 697–706
22. Okugawa H, Moriyasu M, Matsushita S, Saiki K, Hashimoto Y, Matsumoto K, Fujioka A, Kato A (1988) Shoyakugaku Zasshi 42:94–97
23. Wagner H, Bladt S, Zgainski EM (1983) Drogenanalyse (Dünnschichtchromatographische Analyse von Arzneidrogen), Springer-Verlag, Berlin Heidelberg New York
24. Lawrence BM (Hrsg.) (1978) Essential Oils, Allured Publishing Corporation, Wheaton, Illinois, USA, S. 104
25. Maruzzella JC, Liguori L (1958) J Am Pharm Assoc 47:250–254
26. Maruzzella JC, Lichtenstein MB (1956) J Am Pharm Assoc 45:378–381
27. Vincent JG, Vincent HW (1944) Proc Soc Exp Biol Med 55:162
28. Deiniger R (1985) Kassenarzt 7:47–53
29. Reiter M, Brandt W (1985) Arzneim Forsch 35:408–414
30. Samarawira I (1972) World Crops 24:76–78
31. Hag, Bd. 4, S. 767–771
32. Diener H (1987) Fachlexikon abc der Arzneipflanzen und Drogen, Verlag Harri Deutsch Thun, Frankfurt/Main, S. 138–139
33. Berger F (1964) Gordian 64:836, 855, 922, 956
34. Berger F (1964) Gordian 65:24
35. Eschrich W (1966) Pulver-Atlas der Drogen des Deutschen Arzneibuches, 3. Aufl., Gustav Fischer-Verlag, Stuttgart, S. 154–155
36. BP 68
37. Berger F (1952) Handbuch der Drogenkunde, Verlag Wilhelm Maudrich, Wien Düsseldorf, Bd. 3, S. 124–141
38. ISO (1968) Spices and Condiments, nomenclature – First list, ISO-R676, International Standards Organisation, Geneva
39. Rao BS, Sudborough JJ, Watson HE (1925) J Indian Inst Sci 8A:143
40. Krishnamurthy MN, Padmabai R, Natarajan CP (1967) J Food Sci Technol 4:170
41. Max B (1992) Z Phytother 13:189–195
42. Shaban MAE, Kandeel KM, Yacout GA, Mehaseb S (1988) Acta Alimentaria 17:95–101
43. Rav SR (1969) The Cooking of India, Food of the World Series, Time-Life International, Amsterdam (Niederlande) N. V
44. Maruzzella JC, Freundlich M (1959) J Am Pharm Assoc 48:356–358
45. Sakai K, Miyazaki Y, Yamane T, Saitoh Y, Ikawa C, Nishihata T (1989) Chem Pharm Bull 37:215–217
46. Yamahara J, Kimura H, Kobayashi M, Sawada T, Fujimura H, Chisaka T (1983) Yakugaku Zasshi 103:979–985
47. BAz Nr. 223 vom 30.11.1985, BAz Nr. 50 vom 13.03.1990 (Berichtigung), BAz Nr. 164 vom 01.09.1990 (Berichtigung)
48. Rivals P, Mansour H (1974) J Agric Trop Bot Appl 21:37–43
49. Pahlow M (1985) Das große Buch der Heilpflanzen, Gräfe und Unzer Verlag, München, S. 403
50. ITC (1974) Markets for Selected Essential Oils and Oleoresins UNCTAD/GATT, International Trade Centre, Geneva
51. Karsten G, Weber U, Stahl E (1962) Lehrbuch der Pharmakognosie, 9. Aufl., Fischer, Stuttgart, S. 395–398
52. Pharmacopoea Jugouslavica II

BS

Elymus

HN: 2021100

Gattungsgliederung: Die Gattung Agropyron Gaertner sensu lato wurde 1968 in Übereinstimmung mit dem Konzept der Flora Europaea[1] in die Gattungen Elymus L. sensu stricto und Agropyron Gaertner sensu stricto aufgeteilt.[2] Nach dieser Konzeption wird die Art *Agropyron repens* L. unter

Elymus repens (L.) GOULD (sect.: Elytrigia) geführt.[3]
In diesem Handbuch wird jedoch, entsprechend der Zuordnung (*HAB 1*, *PFX*, *HPUS 78*) die ursprüngliche Gattungseinteilung beibehalten.
Weitere Angaben → Agropyron.

1. FEu, Bd. 5, S. 192
2. Heywood VH (1968) Bot J Linnean Soc 77:369–384
3. Clayton WD, Renvoize SA (1986) Genera Graminum, Grasses of the World, Kew Bulletin Add. Series XIII, HM Stationery Office, London

RS

Ephedra

HN: 2021800

Familie: Ephedraceae.

Gattungsgliederung: Die Gattung Ephedra L., die die einzige Gattung innerhalb der Familie repräsentiert, besteht aus etwa 70 beschriebenen Arten. Einer neueren Revision zufolge[1] sind aber nur 44 Taxa als gut definierte Arten anzuerkennen. Nach diesem aktuellen taxonomischen Konzept sowie basierend auf einer älteren Einteilung[2] wird die Gattung in 5 Sektionen gegliedert. Die drogenliefernden Arten werden folgenden Sektionen zugeordnet:
- Sect. Ephedra – mit der Subsect. Ephedra und den Arten *E. distachya* L., *E. intermedia* SCHRENK ex C. A. MEYER, *E. sinica* STAPF sowie Subsect. Americanae;
- Sect. Monospermae PACHOM. – mit der Subsect. Monospermae und den Arten *E. equisetina* BUNGE ex LEHM., *E. gerardiana* WALL. ex STAPF, *E. shennungiana* TANG sowie Subsect. Antisyphiliticae.

Gattungsmerkmale: Aufrechte oder niederliegende, 0,2 bis 2 m hohe, reichverzweigte, xeromorphe Rutensträucher oder Kletterpflanzen mit schachtelhalmähnlichem oder ginsterartigem Habitus und unterirdischen Rhizomen; Zweige rundlich, grünlich oder graugrün, gestreift, oft quirlförmig angeordnet; Gefäßbündel als Siphonostele ausgebildet; Laubblätter gegenständig, oder jeweils 3 bis 4 in einem Quirl stehend, schuppenförmig, pfriemlich, spitz, an der Basis in eine trockenhäutige, oft röhrige Scheide übergehend; Blüten zweihäusig, seltener einhäusig verteilt, einzeln oder zu zweit an den Enden der Verzweigungen in den Achseln dekussierter Tragblätter stehend; weibliche Blüten an Kurzsprossen, mit 2 bis 4 Paar Tragblättern, die an der Spitze 1 bis 3 Blüten tragen; Blüten mit zweiteiligem Perianth, das 1 Samenanlage umschließt; diese mit 2 bis 3 Archegonien und einem röhrenförmig ausgezogenen Hüllorgan (Röhren-Mikropyle), die als inneres und äußeres Integument gedeutet werden kann; männliche Blüten mit zweiteiliger Blütenhülle, diese aus 2 gegenständigen Schuppenblättern und einem säulenartigen Staubblatt bestehend, das an der Spitze mehrere Pollensackgruppen trägt; Pollen länglich, mit 6 bis 18 Furchen (Pseudocolpi); Samen einzeln oder in Gruppen zu je 2, rundlich-eiförmig, mit den Tragblättern verwachsen und ein Synkarp bildend, dieses membranös und geflügelt oder fleischig, beerenartig, orange bis gelb gefärbt; Chromsomenzahl 2n = 14, 28.[1–4,57]

Verbreitung: Das eurasische Hauptareal der Gattung erstreckt sich von Nordafrika, den Kanarischen Inseln und dem Mediterrangebiet über Kleinasien und Arabien bis und zu den Trockengebieten Innerasiens. Die östlichsten Vorkommen liegen in China. In der Neuen Welt hat die Gattung ein Verbreitungsgebiet, das im Westen der USA und Neu-Mexiko liegt, sowie ein weiteres Teilareal in Südamerika, das entlang der Andenkette von Ekuador bis Argentinien und Patagonien reicht.[1,5,57,58]

Inhaltsstoffgruppen: Stickstoffhaltige Basen, u. a. Ephedrine und Pseudoephedrine,[6] *N*-Methylbenzylamin,[7] Maokonin (L-Tyrosinbetain),[8] Ephedroxan,[9] Ephedradine,[10,11] Feruloylhistamin,[12] 2,3,5,6-Tetramethylpyrazin,[13] Ephedrane.[14]
Flavanoide,[15–26] oligomere Procyanidine,[27–30] Lignane,[31] Phenolcarbonsäurederivate,[32,33] Kohlenhydrate,[34] Lipide,[35] Terpenoide.[36,37]

Drogenliefernde Arten: *E. distachya*: Ephedrae herba, Ephedra distachya hom. *HAB 1*, Ephedra distachya spag. Zimpel hom. *HAB 1*, Ephedra vulgaris hom. *HPUS 88*; *E. intermedia*: Ephedrae herba, Ephedrae radix; *E. shennungiana*: Ephedrae herba; *E. sinica*: Ephedrae herba, Ephedrae radix.

Ephedra distachya L.

Synonyme: *Ephedra gerardiana* WALL. sensu STAPF, *E. maxima* SAINT-LAGER, *E. vulgaris* RICH.

Sonstige Bezeichnungen: Dt.: Meerträubchen; frz.: Raisin de mer; it.: Uva marina; russ.: Stepnaja malina.

Botanische Beschreibung: Aufrechter oder aus niederliegendem Grund aufsteigender, bis 0,5 m hoher, stark verzweigter Rutenstrauch. Zweige gerade oder gebogen, rund, bis 2 mm dick, der Länge nach fein gefurcht, mit graugrüner Rinde. Laubblätter schuppenförmig, kreuzgegenständig, bis 2 mm lang, zweinervig mit einem grünen Mittelstreifen, seitlich weiß und trockenhäutig, am Grunde scheidenförmig verbunden und in kurze, dreieckige, stumpfe oder spitzliche Zähne auslaufend. Männliche Blüten meist zu 8 bis 16 achselständig, geknäuelt, mit zweiblättriger Blütenhüllle, diese einen rundlichen bis verkehrt-eiförmigen, häutigen, oberseits zweilappigen Schlauch bildend, der von einem fadenförmigen Träger überragt wird, an dessen Spitze mehrere, meist zweifächrige Staubbeutel sitzen, die sich mit kurzen Schräg- oder Querrissen öffnen. Weibliche Blütenstände der eingeschlechtigen, diözischen Pflanzen zweiblütig, von mehreren Paaren schuppenförmiger Hochblätter weitgehend eingeschlossen. Jede Blüte mit schlauchförmiger Blütenhülle und einer Samenanlage mit lang hervorragender Mikropyle. Die beerenartigen Scheinfrüchte sind rot und bilden zapfenartige Fruchtstände.[57,59]

Inhaltsstoffe: s. *Ephedra sinica.*

Verbreitung: Westküste von Frankreich, Mittelmeergebiet von Spanien bis Sizilien, Südrußland, Steppengebiet vom Schwarzen Meer bis Sibirien.[57]

Drogen: Ephedrae herba, Ephedra distachya hom. *HAB 1*, Ephedra distachya spag. Zimpel hom. *HAB 1*, Ephedra vulgaris hom. *HPUS 88.*

Ephedrae herba

s. unter *Ephedra sinica.*

Ephedra distachya hom. *HAB 1*

Synonyme: Ephedra vulgaris.

Monographiesammlungen: Ephedra distachya *HAB 1.*

Definition der Droge: Frische, oberirdische Teile.

Stammpflanzen: *Ephedra distachya* L.

Zubereitungen: Urtinktur und flüssige Verdünnungen nach *HAB 1*, Vorschrift 3a; Eigenschaften: Die Urtinktur ist eine tief rotbraune Flüssigkeit mit süßlichem Geruch und schwach aromatischem, bitterem, zusammenziehendem Geschmack.
Darreichungsformen: Urtinktur, flüssige Verdünnungen, Tabletten, Verreibungen, Streukügelchen, flüssige Verdünnungen zur Injektion.[38]

Identität: Prüflösung: Versetzen der Urtinktur mit Natriumhydroxidlsg. 8,5 %; Ausschütteln mit Toluol, Einengen der Oberphase zur Trockne, Aufnehmen mit Methanol;
Nachweise:
- Rote bis violette Färbung nach Versetzen und Erhitzen mit Ninhydrinlsg.
- Blaufärbung von angefeuchtetem rotem Lackmuspapier und Geruch nach Benzaldehyd nach Versetzen und Erhitzen mit Kaliumhexacyanoferrat(III)lsg. und Natriumhydroxidlsg.
- Schwarzer Niederschlag bei Zugabe von Eisen(III)-chloridlsg. zu mit Wasser 1 + 5 verdünnter Urtinktur.
- Dünnschichtchromatographie: a) Untersuchungslösung: Prüflösung s.o.; b) Referenzlösung: Ephedrinhydrochlorid in Methanol; c) Sorptionsmittel: Kieselgel H; d) Fließmittel: Ammoniaklösung (26 %)-Wasser-Isopropanol (2 + 7 + 91); e) Detektion: Ninhydrin, 5 bis 10 min Erhitzen auf 105 bis 110 °C, Auswertung im Vis; f) Auswertung: Das Chromatogramm der Referenzlsg. weist im unteren Drittel des Rf-Bereichs eine rotviolette Zone, das der Untersuchungslsg. in gleicher Höhe eine intensiv rotviolette und etwas darüber am Übergang zum mittleren Drittel eine schwächer violette Zone auf.

Reinheit: *Urtinktur.*
- Relative Dichte: 0,900 bis 0,920.
- Trockenrückstand: Mindestens 3,0 %.

Gehaltsbestimmung: Prinzip und Berechnung: 1,00 g Urtinktur wird mit Pufferlösung (pH 5,6) und Eriochromschwarz-T-Lsg. versetzt. Das Gemisch wird mehrfach mit Chloroform ausgeschüttelt. Die organischen Phasen werden vereinigt und in einem Meßkolben auf 100 mL aufgefüllt. 10 mL davon werden mit 20 mL Chloroform verdünnt. Die Absorption dieser Lösung wird bei 520 nm gemessen. Der Berechnung des Gehaltes an Alkaloiden, berechnet als Ephedrin, wird die spezifische Absorption $A_{1cm}^{1\%} = 631$ zugrundegelegt.
Die Berechnung des Prozentgehaltes $x_{proz.}$ an Ephedrin erfolgt nach der Gleichung

$$x_{proz.} \frac{A_{250} \cdot 0{,}317}{m}$$

m = Einwaage in g.

Lagerung: *Urtinktur.* Vor Licht geschützt.

Anwendungsgebiete: Entsprechend dem homöopathischen Arzneimittelbild. Dazu gehört: Basedow'sche Krankheit.[38]

Dosierung und Art der Anwendung: Soweit nicht anders verordnet: Bei akuten Zuständen alle halbe bis ganze Stunde je 5 Tropfen oder 1 Tablette oder 10 Streukügelchen oder 1 Messerspitze Verreibung einnehmen; parenteral, 1 bis 2 mL bis zu 3mal täglich s.c. injizieren; bei chronischen Verlaufsformen 1- bis 3mal täglich 5 Tropfen oder 1 Tablette oder 10 Streukügelchen oder 1 Messerspitze Verreibung einnehmen; parenteral 1 bis 2 mL pro Tag s.c. injizieren.[38]

Unerwünschte Wirkungen: Nicht bekannt.[38]

Gegenanzeigen/Anwendungsbeschr.: Urtinktur und D_1 nicht bei Säuglingen und Kleinkindern anwenden, ebenso nicht bei Schilddrüsenüberfunktion.[38]

Wechselwirkungen: Nicht bekannt.[38]

Gesetzl. Best.: *Offizielle Monographien.* Aufbereitungsmonographie der Kommission D am BGA "Ephedra distachya (Ephedra vulgaris)".[38]

Ephedra distachya spag. Zimpel hom. *HAB 1*

Synonyme: Ephedra spag. Zimpel.

Monographiesammlungen: Ephedra distachya spag. Zimpel *HAB 1.*

Definition der Droge: Frische, oberirdische Teile.

Stammpflanzen: *Ephedra distachya* L.

Zubereitungen: Urtinktur und flüssige Verdünnungen nach *HAB 1*, Vorschrift 25.

Identität: 2 mL Urtinktur werden mit 0,1 mL Eisen(III)chloridlsg. versetzt und erwärmt: Orangefärbung.
DC:
Überprüfung.
- Untersuchungslsg.: Die Urtinktur wird mit Ammoniaklsg. auf pH 9 eingestellt und die freiwerdenden Basen werden mit Chloroform ausgeschüttelt;
- Vergleichslösung: Ephedrinhydrochlorid in Methanol;
- Sorptionsmittel: Kieselgel H;
- Fließmittel: Isopropanol-konz. Ammoniaklsg.-Wasser (91 + 2 + 7);
- Detektion: Ninhydrin-Sprühreagenz;
- Auswertung: Anhand der Vergleichslsg.

Reinheit: *Urtinktur.*
- Relative Dichte *(PhEur)*: 0,975 bis 0,985;
- Trockenrückstand *(DAB)*: Mind. 0,1 und höchstens 0,3 %.

Ephedra vulgaris hom. *HPUS 88*

Monographiesammlungen: Ephedra vulgaris *HPUS 88.*

Definition der Droge: Blühende Zweige mit Blättern.

Stammpflanzen: *Ephedra distachya* L.

Zubereitungen: *Urtinktur.* Herstellung durch Mazeration oder Perkolation der frischen oder getrockneten Droge mit EtOH nach den allg. Zubereitungsvorschriften (Class C) der *HPUS 88.* Ethanolgehalt 65 % (*V/V*).

Gehalt: *Urtinktur.* Arzneigehalt $^1/_{10}$.

Ephedra intermedia Schrenk et C. A. Mey.

Systematik: Man unterscheidet vier Varietäten:[2]
- var. *glauca* (Regel) Stapf (transkaspisches Gebiet, Pamir, Monogolei);
- var. *persica* Stapf (Iran, westl. Afghanistan);
- var. *schrenkii* Stapf (Nordwestiran, Turkestan);
- var. *tibetica* Stapf (Afghanistan, Pakistan, Indien, Tibet).

Botanische Beschreibung: Die Art ist allgemein stark verzweigt. Die etwa 1,5 bis 3 mm Durchmesser aufweisenden Rutenzweige sind von rauher Oberfläche mit 2 bis 6 cm langen Internodien. Die schuppenartigen Blättchen sind meist dreigeteilt, nur selten zweigeteilt mit spitzem Blattende. An der Bruchfläche der Zweige ist ein abgerundet-dreieckiges Mark erkennbar.[39]

Verwechslungen: Auf Grund der großen Ähnlichkeit der einzelnen Ephedraarten sind Verwechslungen nicht auszuschließen.

Inhaltsstoffe: s. *Ephedra sinica.*

Verbreitung: Zentral- und Ostasien.

Drogen: Ephedrae herba.

Ephedrae herba

s. unter *Ephedra sinica.*

Ephedra shennungiana Tang

Synonyme: *Ephedra equisetina* Bunge, *E. nebrodensis* Boiss.

Botanische Beschreibung: Ein etwa 1,5 m Höhe erreichender, verhältnismäßig stark verzweigter Strauch oder kleiner Baum mit Rutenzweigen von ca. 1 bis 2 mm Durchmesser. Die Internodien weisen eine Länge von 1,5 bis 3 cm auf. Die 1 bis 2 mm langen Schuppenblättchen sind zweigeteilt, am Blattende kurz dreieckig und grauweiß gefärbt. Die Blattenden sind meist ungekrümmt, die Blattbasis braunrot bis braunschwarz gefärbt. Die männlichen Blüten der zweihäusigen Pflanze stehen in Ährchen, die fast ungestielt sind und meist 4 Blütenpaare bilden. Die äußeren Deckblätter sind elliptisch gerundet und an der Basis verwachsen. Die weiblichen Zapfen stehen meist paarweise gegenüber und sind von 3 bis 4 Bracteenpaaren umgeben. Die Frucht ist ein kugelförmig elliptischer, fleischiger orangeroter Beerenzapfen von 6 bis 7 mm Länge. Die Samenbildung erfolgt im Juli/August.[39,40]

Verwechslungen: Die einzelnen Ephedraarten besitzen morphologische Ähnlichkeit, so daß Verwechslungen nicht auszuschließen sind.

Inhaltsstoffe: s. *Ephedra sinica.*

Verbreitung: Das Areal von *Ephedra shennungiana* ist das transkaspische Gebiet Rußlands, die Mongolei und China bis hin nach Nordtibet.

Drogen: Ephedrae herba.

Ephedrae herba

s. unter *Ephedra sinica.*

Ephedra sinica Stapf

Sonstige Bezeichnungen: Dt.: Meerträubel; engl.: Desert tea, Mexican tea, Teamster's tea; frz.: Raisin de mer; chinesisch: Ma Huang; it.: Uva marina; span. und mexikanisch: Canatillo, Popotillo, Tepopote.

Botanische Beschreibung: Etwa 30 cm hoher, wenig verzweigter Strauch mit langgestreckten rundzylindrischen Ästen von 1 bis 2 mm Durchmesser. Ruten blaßgrün und sich rauh anfühlend, mit feinen

Ephedra sinica STAPF im Biotop. Aus: Lit.[79]

Längsrippen. Länge der Internodien 2 bis 6 cm. Nodien mit ca. 3 bis 4 mm langen schuppenartigen Blättern, die meist zweigeteilt, spitz dreieckig, am Scheitel grauweiß gefärbt und gekrümmt, an der Basis röhrenartig verwachsen und rötlichbraun gefärbt sind.[39,40]

Verwechslungen: Durch die große habituelle Ähnlichkeit vieler Taxa der Subsect. Ephedra (s.o.) wurde ihre Taxonomie recht unterschiedlich gehandhabt. Mit Verwechslungen ist demzufolge zu rechnen.

Inhaltsstoffe: Die Bearbeitung der Inhaltsstoffe von Ephedraarten erfolgte oft ohne botanische Identifizierung der Art oder Unterart, da diese wegen der großen morphologischen Ähnlichkeit sehr schwierig ist.
Obwohl *Ephedra sinica* STAPF in der Regel im Mittelpunkt weltweiter chemischer Untersuchungen stand, ist eine exakte Zuordnung der nachgewiesenen Inhaltsstoffe zu den jeweiligen Drogen liefernden Spezies oft nicht möglich.
Stickstoffhaltige Verbindungen. Vorherrschende Bestandteile der oberirdischen Pflanzenteile sind Alkaloide der L-Ephedrinreihe mit 1*R*,2*S*-Konfiguration (Ephedrin, Norephedrin und Methylephedrin) sowie der D-Pseudoephedrinreihe mit 1*S*,2*S*-Konfiguration (Pseudoephedrin, Norpseudoephedrin und Methylpseudoephedrin).[6] Der Gehalt schwankt in den einzelnen Arten erheblich. Auch der Anteil der jeweiligen o. g. Diastereomeren variiert und kann auch durch klimatische Faktoren beeinflußt sein.
Die Gesamtalkaloidgehalte liegen bei den arzneilich verwendeten Ephedraarten im allgemeinen bei 1 bis 2 %. Eine mit Hilfe der HPLC erfolgte quantitative Erfassung ergab folgende mengemäßige Verteilung für Ephedrin/Pseudoephedrin: 0,77/0,31 %.[41]

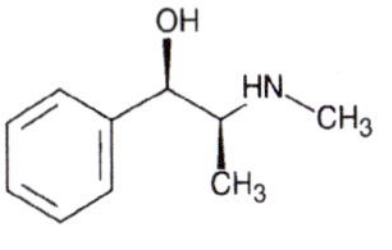

(-)-Ephedrin
1*R*,2*S*-Konfiguration

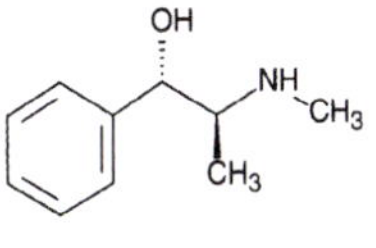

(+)-Pseudoephedrin
1*S*,2*S*-Konfiguration

An weiteren Basen konnten u. a. Ephedroxan,[9] *N*-Methylbenzylamin[7] und 2,3,5,6-Tetramethylpyrazin[13] identifiziert werden.

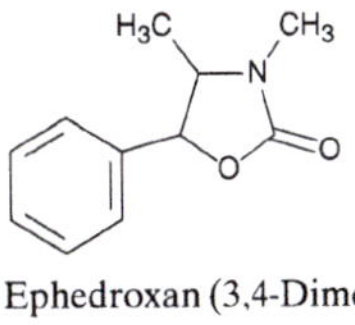

Ephedroxan (3,4-Dimethyl-5-phenyloxazolidon)

Aromatische Säuren. U. a. Benzoesäure, *p*-Cumarsäure, *p*-Hydroxybenzoesäure, Protocatechusäure, Vanillinsäure und Zimtsäure.[32,33]
Flavanoide. Insbesondere die Glykosylflavone 6,8,Di-*C*-glucosylapigenin (Vicenin 2, 6,8-Di-*C*-glucosylluteolin (Lucenin 2), 6-*C*-Xylosyl-8-*C*-glucosylapigenin (Vicenin 1), 6-*C*-Xylosyl-8-*C*-glucosylluteolin (Lucenin 1), 6-*C*-Glucosyl-8-xylosylapigenin (Vicenin 3), 6-*C*-Glucosyl-8-*C*-xylosylluteolin (Lucenin 3),[15,16] Flavonolglykoside, u. a. Rutosid (Rutin)[17-19] sowie Catechin- und Anthocyanderivate, u. a. (+)-Catechin, (+)-Gallocatechin, (–)-Epicatechin, (–)-Epigallocatechin,[20-22] (–)-Epicatechingallat, Gerbsäure, Leucopelargonidin, Leucocyanidin, Leucodelphinidin, Procyanidin und Proapigenidin.[23-26]
Kohlenhydrate. U. a. die Glykane Ephedran A, B, C, D und E.[14]
Lignanderivate.[31]

Lipide. U.a. all-*cis*-5,11,14,17-Eicosatetraensäure, Nonacosan und Triacantol.[35]
Terpenoide. U.a. Sitosterol[36] sowie Monoterpene, u.a. α- und β-Terpineol, Terpinen-4-ol, Myrcen und Dihydrocarveol.[13,37]

Verbreitung: *Ephedra sinica* hat ihr Hauptvorkommen in der Mongolei und den angrenzenden chinesischen Provinzen.

Drogen: Ephedrae herba, Ephedrae radix.

Ephedrae herba (Ephedrakraut)

Synonyme: Herba Ephedrae.

Sonstige Bezeichnungen: Dt.: Meerträubelkraut; engl.: Ephedra Herb; frz.: Herbe d'éphedra; chinesisch: Mahuang.

Monographiesammlungen: Ephedrakraut *DAB 10*; Herba Ephedrae *ChinP IX*; Ephedra Herb *Jap XI*; Ephedra *BHP 83*, *Mar 29*.

Definition der Droge: Die im Herbst gesammelten und getrockneten jungen Rutenzweige *DAB 10*, *Mar 29*; die getrockneten unverholzten Stengel *ChinP IX*, *Jap XI*.

Stammpflanzen: *Ephedra sinica* STAPF, *E. shennungiana* TANG und andere gleichwertige Ephedraarten *DAB 10*. Letztere Einschränkung ist wegen der schweren systematischen Abgrenzung erforderlich.
Ephedra sinica STAPF, *E. intermedia* SCHRENK et C.A. MEYER oder *E. equisetina* BUNGE *ChinP IX* (s.a. Lit.[39]).
E. sinica oder andere Arten der gleichen Gattung *Jap XI*.

Herkunft: Überwiegend Ostasien.

Gewinnung: Sammlung z.T. aus Wildbeständen, meist jedoch aus Kulturen. Beste Droge stammt von etwa vierjährigen Exemplaren. Die Ernte soll längere Zeit nach dem letzten Regen, aber vor Einsetzen des Winterfrostes, erfolgen. Die Trocknung wird an der Luft, möglichst an der Sonne, vorgenommen.

Ganzdroge: Diese besteht aus den jungen Rutenzweigen, die 1 bis 2 mm dick, fein gerillt und knotig gegliedert sind und besenartig den kurzen, holzigen Achsenstücken entspringen. Sie sind von bräunlichgrüner, meist grüner Farbe und besitzen ein weißes, gegen das Zentrum hin bräunliches Mark. An den Knoten sitzen die beiden gegenständigen 2 bis 4 mm langen Laubblättchen. Diese sind bis zur Mitte zu einer Röhre verwachsen, deren freie Teile dreieckige Zähnchen bilden.[60]

Schnittdroge: *Geruch.* Leicht aromatisch.
Geschmack. Etwas bitter, adstringierend.
Makroskopische Beschreibung. Überwiegend bräunlichgrüne, 1 bis 2 mm dicke, meist breitgedrückte, fein längsgerillte Zweigstückchen mit den kleinen Blättchen an den Knoten. Außerdem kommen vereinzelt kleine, braune, verholzte Achsenstücke vor.
Mikroskopisches Bild. Die Epidermiszellen, die in der Längsachse gestreckt, im Querschnitt rundlich erscheinen, besitzen eine dicke Cuticula. Letztere bildet, besonders über den Rippen, deutliche Hökker. Die Spaltöffnungen, angeordnet in Längsreihen, sind tief ins Rindengewebe eingesenkt. Das Rindenparenchym besteht aus 3 bis 5 Lagen palisadenförmiger, chlorophyllhaltiger Zellen. Diese enthalten zahlreiche kleine stäbchen- bis quaderförmige Calciumoxalatkristalle. Unter den Rippen und teilweise in der Rinde befinden sich in unregelmäßiger Verteilung einzelne oder Bündel von Sklerenchymfasern. Je nach Dicke des Rutenzweiges bilden die kreisförmig angeordneten Leitbündel bereits einen mehr oder weniger kontinuierlichen Ring. Das Mark, das weder Sklerenchymfasern noch Calciumoxalatkristalle enthält, besteht aus rundlichen, teilweise getüpfelten Zellen, von denen einige mit einem dunkelrotbräunlichen Farbstoff gefüllt sind.[60]
Im Gegensatz zu *E. shennungiana* und *E. sinica*, die im Querschnitt 8 bis 10 Gefäßbündel besitzen, weist *E. intermedia* 12 bis 15 auf und besitzt ein abgerundet dreieckiges Kambium, die beiden anderen dagegen ein annähernd rundes.

Pulverdroge: Das gelblichgraugrüne Pulver enthält Rindenparenchym mit zahlreichen kleinen Calciumoxalatkristallen unterschiedlicher Form sowie lange, schlanke, dickwandige Bastfasern, Epidermisfragmente aus meist langgestreckten, derbwandigen Epidermiszellen und stellenweise mit Cuticularhöckern und in Längsreihen angeordneten, tief eingesenkten, eigenartig verdickten Spaltöffnungen. Etwas weniger häufig liegen die Stücke des Holzgewebes mit schmalen Netzgefäßen vor sowie solche aus rundlichen oder elliptischen, teilweise getüpfelten, oft mit braunen Farbstoffen gefüllten Zellen des Markes.[60]

Verfälschungen/Verwechslungen: Im Hinblick auf die große morphologische Ähnlichkeit der zahlreichen Ephedraarten, einschließlich ihrer Unterarten und Varietäten, sind Verfälschungen besonders bei aus Wildvorkommen gesammeltem Material nicht auszuschließen.

Minderqualitäten: Als Minderqualitäten gelten Drogen, die kein oder nur unbedeutende Mengen an Ephedrin enthalten bzw. bei denen anstelle von Ephedrin überwiegend Pseudoephedrin vorliegt.

Inhaltsstoffe: *Alkaloide.* Vorherrschende chemische Bestandteile der Droge sind die Alkaloide der Ephedrinreihe mit schwankenden Mengen, jedoch im allgemeinen bei 1 bis 2 % liegend. Hauptalkaloid ist das (–)-Ephedrin mit 1*R*,2*S*-Konfiguration, begleitet von kleinen Mengen Norephedrin und Methylephedrin. Neben Ephedrin kann in unterschiedlichen Anteilen das diastereomere Pseudoephedrin mit 1*S*,2*S*-Konfiguration vorliegen. Letzteres kann von Norpseudoephedrin und Methylpseudoephedrin begleitet sein.
Drogenproben von den verschiedenen Arten oder von unterschiedlicher Herkunft können sich so-

wohl hinsichtlich des Gehaltes an Gesamtalkaloiden als auch einzelner Alkaloide erheblich voneinander unterscheiden. Z. B. betrug der Gesamtalkaloidgehalt in nach identischen Verfahren hergestellten, wäßrigen Extrakten aus zwei in Japan käuflich erworbenen, nicht näher bezeichneten Ephedra-Proben A und B 6,43 % bzw. 3,6 %. Die bei ammoniakalisch-etherischer Extraktion derselben Proben erhaltenen Alkaloidgemische enthielten, bezogen auf den Gesamtalkaloidgehalt, 11,7 % bzw. 54 % Ephedrin, 68,8 % bzw. 26,3 % Pseudoephedrin, 1,4 % bzw. 6,1 % Methylephedrin und 0,8 % bzw. kein Methylpseudoephedrin.[62]

An weiteren Basen konnte in sehr geringen Mengen (0,0010 % aus Material bestimmter japanischer Kulturen) das Ephedroxan, ein 3,4-Dimethyl-5-phenyloxazolidon,[9] *N*-Methylbenzylamin[7] und 2,3,5,6-Tetramethylpyrazin[13] nachgewiesen werden.

Nichtbasische Verbindungen. Als nichtbasische Verbindungen enthält die Droge Flavonoide, insbesondere Glykosylverbindungen,[17-19] Catechine,[20-22] Lignanderivate,[27] Phenolcarbonsäurederivate,[32,33] geringe Mengen an ätherischem Öl, u. a. α- und β-Terpineol, Terpinen-4-ol und Myrcen enthaltend,[13,37] Kohlenhydrate[14,34] und Lipide.[35]

Quantitative Angaben zu den einzelnen Verbindungen existieren in der Regel nicht. Lediglich in *Ephedra helvetica* C. A. Mey., einer Subspecies von *Ephedra distachya*[57] erfolgten diesbezüglich Untersuchungen zur Erfassung der Flavan-3-ole und Flavan-3,4-diole an einjährigen und zweijährigen Zweigen sowie in der Rinde einer männlichen Pflanze im Verlaufe einer Vegetationsperiode. Die Bestimmung erfolgte durch Absorptionsmessungen direkt von der DC-Platte. Es konnte festgestellt werden, daß in jungen Geweben vorwiegend die (–) -Epi-Verbindungen und die 3',4',5-Hydroxyflavan-3-ole gebildet werden, in älteren Teilen (+)-Isomeren bzw. 3',3'-Hydroxyflavan-3-ole.

Gerbstoffe. Der höchste Gesamtgerbstoffgehalt mit ca. 10 %, bezogen auf Trockengewicht, wurde im Juli ermittelt. Seine Bestimmung erfolgte nach der "Natriumhypoiodidmethode".[20]

Ephedrane. Auch die Angaben über die Ephedrane A, B, C, D und E beschränken sich auf die ungefähren Molmassen von $1{,}2 \times 10^6$, $1{,}5 \times 10^6$, $1{,}9 \times 10^4$, $6{,}6 \times 10^3$ und $3{,}4 \times 10^4$. Das molare Verhältnis der nachgewiesenen Zucker Rhamnose, Fucose, Arabinose, Xylose, Mannose, Galactose und Glucose untereinander wird mit 2,4:1,0:0,8:0,7:0,2:1,0:0,2 angegeben. Ferner besitzen die Ephedrane A und B nur geringe Peptidanteile von 0,1 und 0,5 %, während die Ephedrane C, D und E Mengen von 4,4 und 3,9 % (bestimmt nach der Lowry-Methode) aufweisen.

Zubereitungen: Tinctura Ephedrae *EB 6*, bereitet aus gepulvertem Ephedrakraut und verdünntem Weingeist, 1:5.

Die Droge, die als solche nur noch vereinzelt Bestandteil von Teemischungen ist, wird noch in einigen Fertigpräparaten, die bei Bronchialasthma zur Anwendung gelangen, in Form des Extractum Ephedrae, meist in Form des Extractum Ephedrae Herbae sicc., standardisiert auf 1,6 % Ephedrin-HCl, eingesetzt. Überwiegend kommt jedoch sowohl in Rezepturen als auch in Fertigpräparaten Ephedrin als Reinsubstanz zur Anwendung. Seine Gewinnung kann sowohl durch Extraktion aus der Droge, z. B. auf elektrochemischem Wege,[42] als auch synthetisch bzw. partialsynthetisch erfolgen.[43]

Identität: Die Prüfung erfolgt nach *DAB 10* mit Hilfe der DC:

- Herstellung der Prüflösung: Schütteln der Droge mit Ammoniak-Lösung 10 %, nachfolgend dreimaliges Ausschütteln mit Chloroform, Einengen der Chloroformphasen und Aufnehmen des Rückstandes in Chloroform;
- Referenzlösung: Methanolische Ephedrinhydrochlorid-Lsg.;
- Sorptionsmittel: Kieselgel G;
- Fließmittel: Ammoniaklösung (26 %) -Chloroform-Ethanol (5 + 35 + 60);
- Detektion: Mit Ninhydrin-Lsg., anschließend Erhitzen auf 100 bis 105 °C, Auswertung im Vis;
- Auswertung: Im Chromatogramm der Referenz- und der Prüflösung ist in der unteren Hälfte die tiefrote Ephedrinzone sichtbar, deren Intensität der der Referenzsubstanz entspricht. Unmittelbar oberhalb des Ephedrins befindet sich die gleichfarbige Zone des Pseudoephedrins. Diese besitzt zumeist die gleiche Stärke wie die Ephedrinzone, kann jedoch auch schwächer sein. An weiteren Flecken dürfen lediglich noch die schwachen rötlichen Zonen des Norephedrins und des Norpseudoephedrins vorhanden sein.

Reinheit: *Droge.*

- Fremde Beimengungen: Höchstens 3 % *DAB 10.*
- Asche: Höchstens 9 % *DAB 10.*
- Trocknungsverlust: Höchstens 9 % *DAB 10.*

Gehalt: Nach dem Arzneibuch der chines. Medizin[39] darf der Alkaloidgehalt, berechnet als Ephedrin, 0,8 % nicht unterschreiten.

Gehaltsbestimmung: Nach *DAB 10* erfolgt lediglich eine semiquantitative Bestimmung durch Vergleich der Zonen des Ephedrins im DC. Die exakte quantitative Bestimmung der Alkaloide ist u. a. durch densitometrische Auswertung der DC,[44] mittels HPLC[41,45,46] oder Titration[39] möglich. Eine wenig aufwendige Methode ist die photometrische Bestimmung eines aus der Droge abgetrennten Alkaloid-Farbstoff-Komplexes, s. Ephedra distachya hom. *DAB 10.*

Als gleichzeitige Bestimmung der sechs Alkaloide, nämlich Ephedrin, Pseudoephedrin, Norephedrin, Norpseudoephedrin, Methylephedrin und Methylpseudoephedrin eignet sich die HPLC-Methode nach Lit.[41] Die Auswertung erfolgt über die relativen Peakflächen der einzelnen Komponenten. Als Standard dient eine Lösung der sechs o. a. Verbindungen. Die Alkaloide, die zunächst mit 0,5 M-H_2SO_4 aus der Droge (500 mg) extrahiert wurden, überführt man durch Alkalisieren, Aussalzen, Etherextraktion und schließlich Ansäuern mit 4 M-HCl in eine methanolische Lösung (10 mL). Von dieser kommen 4 bis 10 µL für die HPLC-Analyse zur Anwendung. Bedingungen: Edelstahlsäule, cyanogene Phase (Zorbax CN), mobile Phase 0,0009 M-Dibutylaminophosphatlösung (pH = 2,2), Durchflußgeschwindigkeit: 0,8 mL/min während der ersten 7 min, Steigerung auf 1,5 mL/min in 30 s, danach gleichbleibend während 16 min, Säulentemp. 23 bis 25 °C. UV-Detektion bei 210 nm. Wiederfindungsrate für alle 6 Verbindungen: 96,0 bis 101,6 %.

Ermittelte Werte (%) für Droge von *Ephedra sinica*: Ephedrin (0,773), Pseudoephedrin (0,312), Norephedrin (0,051), Norpseudoephedrin (0,140), Methylephedrin (0,094), Methylpseudoephedrin (0,012).

Lagerung: Vor Licht geschützt *DAB 10.*

Wirkungen: Da der Gehalt der Inhaltsstoffe der Droge zwischen und in den einzelnen Arten z. T. erheblich schwankt, die einzelnen Bestandteile gleich- oder gegensinnig und zudem unterschiedlich lang wirken und dabei aber teilweise um den gleichen Rezeptor konkurrieren können, ist eine Vorhersage des Wirkungsspektrums, der Wirkungsstärke oder der Wirkungsdauer für eine bestimmte Drogenprobe nicht ohne Vorbehalte, auch nicht bei Kenntnis des Gehaltes an einzelnen Alkaloiden, möglich.

Ein hoher Gehalt an Catechingerbstoffen (s. a. Inhaltsstoffe) erschwert die Vorhersage zusätzlich.

Reinsubstanzen. Allgemein geht man davon aus, daß das Hauptalkaloid (–)-Ephedrin die Wirkung von Gesamtdrogenauszügen maßgeblich mitbestimmt.

Es stimuliert unselektiv alle bekannten α- und β-Rezeptoren, indem es die Freisetzung endogener Catecholamine (insbesondere Noradrenalin, INN = Norepinephrin) aus den Nervenendigungen fördert und deren Wiederaufnahme in das Axoplasma hemmt. Daneben wirkt es auch schwach direkt sympathomimetisch.

Positiv inotrop und positiv chronotrop wirkt die Substanz über eine Erregung der β-Rezeptoren, die Erschlaffung der glatten Muskulatur im Bronchialsystem wird über eine Erregung der β-Rezeptoren vermittelt.[63] Ephedrin erhöht den Plasma-Glucose-Spiegel.[64] Beim Menschen ruft die Substanz in niederen Konzentrationen eine Vasokonstriktion, in hoher Dosis Vasodilatation hervor.[63] Seine zentral stimulierende Wirkung ist schwächer als die von Amphetamin.[64]

Aufgrund einer Verarmung der Speichervesikel an Noradrenalin kann sich bei wiederholter Gabe der Ephedrin-Effekt bezüglich seiner peripheren Wirkungen erschöpfen, es kommt zu einer Tachyphylaxie.[64]

Nebenalkaloide können gleich- oder gegensinnig zum Ephedrin wirken.

Norpseudoephedrin (INN = Cathin) wirkt wie Ephedrin zentral stimulierend, jedoch stärker als dieses.[65] Es kann in gleicher Weise auch periphere adrenerge Schaltstellen erregen, was zu Blutdruckanstieg, Herzfrequenzsteigerung und Mydriasis führen kann.[66]

Hinsichtlich seiner broncholytischen Wirkungsstärke wird es wie folgt eingeordnet: Ephedrin > Norpseudoephedrin > Pseudoephedrin > Methylephedrin.[67]

Gegensinnig zum Ephedrin wirkt z. B. an der normothermen Maus Pseudoephedrin. 100 mg/kg KG s. c. führten zu einem Temperaturabfall von 2,5 °C (rektal) nach 60 min, während die gleiche Dosis Ephedrin unter gleichen Umständen einen Anstieg um 0,7 °C bewirkte.[50]

Am Pfotenödem der Maus und in anderen Entzündungs-Modellen (Granulationshemmung an der Chorioallantoismembran, Reduktion der essigsäureinduzierten Steigerung der Kapillarpermeabilität nach Whittle) zeigte die Substanz (p. o.) stärkere Wirksamkeit als Ephedrin.[68]

Untersuchungen mit Ephedroxan an Mäusen ergaben im Laufrad und am rotierenden Stab gleichsinnig motorisch dämpfende Wirkungen, während die Wirkungen auf das ZNS gegensinnig zum Ephedrin waren. In einer Dosis von 100 mg/kg KG s. c. verlängerte Ephedroxan an der Maus die durch 70 mg/kg KG i. p. induzierte Hexobarbitalschlafzeit auf 91 min, während Ephedrin unter gleichen Bedingungen diese auf 13 min verkürzte.[50]

100 mg/kg KG s. c. Ephedroxan reduzierten bei maximalem Elektroschock (50 V, 1,25 mA, 0,8 s) die Krampfdauer von 21 auf 16 s, 3 von 5 Tieren überlebten; die Vergleichssubstanz dagegen wirkte potenzierend: alle Tiere starben unmittelbar nach Applikation.[50]

Drogenzubereitungen. In der Literatur finden sich nur wenige Studien, in denen Wirkungen der Droge Ephedrae herba bzw. von Zubereitungen daraus beschrieben werden.

An normoglykämischen nüchternen Ratten (150 bis 200 g KG) bewirkte die orale Applikation eines Trockenextraktes aus 0,25 g in Ägypten beheimateter *E. alata* (Ethanol 95 %, Droge-Extraktverhältnis nicht genannt) in 1 mL 10 %iger Tween 80-Lösung eine Abnahme des mittleren Blutzuckerspiegels von 81,9 mg/100 mL auf 63,1 mg/100 mL nach 1 h bzw. auf 46,8 mg/100 mL nach 3 h; auf alloxandiabetische Ratten war der Extrakt ohne Einfluß.[69]

Andererseits wirkten am anästhesierten normoglykämischen Hund wäßrige und ammoniakalisch-etherische Extrakte nicht näher bezeichneter Ephedra-Proben bei intraduodenaler Applikation hyperglykämisch, wobei die Wirkungsstärke in der Reihe 20 mg/kg KG Ether-Extrakt > 10 mg/kg KG Ephedrin > 20 mg/kg KG wäßriger Extrakt abnahm. Für einen verzögerten Wirkungsbeginn und die geringere Wirkstärke wäßriger Extrakte wurden nicht näher untersuchte etherunlösliche Bestandteile der Droge verantwortlich gemacht, die aber keine eigene Wirkung auf den Glucosegehalt des Blutes hatten.[62]

Auch hinsichtlich ihrer blutdrucksteigernden Wirkung unterschieden sich die verschiedenen Extrakte. Am anästhesierten Hund erwiesen sich bei intraduodenaler Applikation 40 mg/kg KG wäßriger Extrakt, 20 mg/kg KG ammoniakalisch-etherischer Extrakt (mit einem Ephedringehalt von 54 %) und 10 mg/kg KG Ephedrin als äquipotent.[62]

An der Maus (Schwefeldioxid-Hustenmodell) senkte ein wäßriger Extrakt aus Ephedrae herba,

entsprechend einem Gesamtalkaloidgehalt von 4 mg/kg KG, p. o. (Schlundsonde) in zwei unabhängigen Versuchen die Hustenhäufigkeit im Vergleich zu einer Kontrollgruppe um 37,7 % und 23,3 %, während 4 mg/kg KG Ephedrin die Häufigkeit um 48,8 % senkte.[70]
Ein methanolischer Extrakt aus *E. intermedia*, entsprechend 5 g Droge/kg KG, (vermutlich p. o.) reduzierte an der Maus die durch Essigsäure gesteigerte Kapillarpermeabilität (Test nach Whittle) um 39 %, während eine äquivalente Menge Ephedrin (5 g Droge enthielten etwa 50 mg) diese lediglich um 4 % reduzierte.
Ähnliche Befunde ergaben Untersuchungen an der Chorioallantoismembran: 2,5 mg Droge, entsprechend etwa 25 µg Ephedrin, reduzierten das Wachstum von Granulationsgewebe um 37 %, während das reine Alkaloid, selbst in Dosen von 500 µg/Membran, lediglich eine Reduktion um 16 % bewirkte. Der Effekt wurde auf die stärker antiphlogistisch wirkenden Bestandteile Ephedroxan und vor allem Pseudoephedrin zurückgeführt.[68]
Für Ephedrin, Pseudoephedrin und Ephedroxan wurde eine hemmende Wirkung auf die Arachidonsäurefreisetzung und die Prostaglandinsynthese beobachtet.[67] Dieser Effekt ist wahrscheinlich wegen der erforderlichen hohen Dosen therapeutisch nicht nutzbar.
Wegen der wechselnden Zusammensetzung sowohl der Gesamtdroge als auch des enthaltenen Alkaloidgemisches (s. a. Inhaltsstoffe) ist eine allgemeingültige Aussage zu Resorption, Verteilung, Wirkungsverlauf und Elimination nicht möglich.

Anwendungsgebiete: Atemwegserkrankungen mit leichtem Bronchospasmus bei Erwachsenen und Schulkindern.[48]
Hinweis: Für Ephedrin wird die bronchodilatatorische Wirksamkeit als nicht immer zuverlässig beschrieben.[63]

Dosierung und Art der Anwendung: *Droge.* Art der Anwendung: Zerkleinerte Droge sowie andere galenische Zubereitungen zum Einnehmen.
Droge zur Teezubereitung: 1 bis 4 g bis 3mal täglich.[61]
Soweit nicht anders verordnet: Einzeldosis: Erwachsene: Drogenzubereitung entsprechend 15 bis 30 mg Gesamtalkaloide, berechnet als Ephedrin; Kinder: Drogenzubereitung entsprechend 0,5 mg Gesamtalkaloide pro kg KG.[48]
Hinweis: Höchste Tagesdosis: Erwachsene: Drogenzubereitung entsprechend 300 mg Gesamtalkaloide berechnet als Ephedrin: Kinder: 2 mg Gesamtalkaloide pro kg KG.[48] *Zubereitung.* Tinctura Ephedrae *EB 6*: Mittlere Einzelgabe als Einnahme 5,0 g.
Extractum Ephedrae *BHP 83* (mit EtOH 45 % 1:1): 1 bis 3 mL bis 3mal täglich.
Tinctura Ephedrae *BHP 83* (mit EtOH 45 % 1:4): 6 bis 8 mL bis 3mal täglich.

Volkstümliche Anwendung und andere Anwendungsgebiete: Unter der Bezeichnung Ma-Huang wurden bereits vor weit mehr als 4.000 Jahren verschiedene, insbesondere in Nordchina und der Mongolei wachsende Ephedra-Arten arzneilich verwendet.
Bei der Vielzahl der Indikationen sind insbesondere die Anwendung bei Asthma und zur Anregung des Kreislaufes sowie als Stimulans hervorzuheben.
In der fernöstlichen Medizin diente die Droge auch als schweiß- und harntreibendes Mittel sowie bei Fieber und Entzündungen.[51] Die Wirksamkeit der Droge bei diesen Indikationen ist nicht belegt.
In der chinesischen Medizin findet auch eine Zubereitung unter der Bezeichnung Mimahuang vornehmlich bei Erkältungskrankheiten Anwendung. Hierzu wird die zerschnittene Droge nach Zusatz von Honig geröstet, bis sich diese nicht mehr klebrig anfaßt. Für 10 kg Droge kommen dabei 2 kg raffinierter Honig zur Anwendung.[39] Angaben zur Dosierung liegen nicht vor.

Unerwünschte Wirkungen: Schlaflosigkeit, motorische Unruhe, Reizbarkeit, Kopfschmerzen, Übelkeit, Erbrechen, Miktionsstörungen, Tachycardien; in höherer Dosierung: Drastischer Blutdruckanstieg, Herzrhythmusstörungen, Entwicklung einer Abhängigkeit.[48]
Wegen der Gefahr der Tachyphylaxie und der Gewöhnung sind Ephedrakraut-Zubereitungen nur kurzfristig anzuwenden.[48]

Gegenanzeigen/Anwendungsbeschr.: Angst- und Unruhezustände, Bluthochdruck, Engwinkelglaukom, Hirndurchblutungsstörungen, Prostataadenom mit Restharnbildung, Phäochromocytom, Thyreotoxikose.[48]

Wechselwirkungen: In Kombination mit
- Herzglykosiden oder Halothan: Herzrhythmusstörungen;
- Guanethidin: Verstärkung der sympathomimetischen Wirkung;
- MAO-Hemmstoffen: Potenzierung der sympathomimetischen Wirkung von Ephedrin;
- Secale-Alkaloid-Derivaten oder Oxytocin: Entwicklung von Bluthochdruck.[48]

Tox. Inhaltsstoffe u. Prinzip: Das Risikoprofil der Droge ergibt sich aus dem Ephedringehalt.
Die Nodien der Zweige der Droge sollen im Gegensatz zu den übrigen Teilen des Krautes toxische Eigenschaften besitzen, die sich durch krampfartige Erscheinungen äußern können.[53]

Akute Toxizität: *Mensch.* Sehr hohe Dosen sollen bei Einnahme starken Schweißausbruch bewirken. Bei parenteraler Applikation sollen die Bronchien und die Pupillen dilatiert, der Darm infolge Erregung der glatten Muskulatur kontrahiert, das Atemzentrum erregt werden; der Blutzuckerwert soll ansteigen.[71] *Tier.* Die akute Toxizität (LD_{50}) nicht näher bezeichneter Extrakte betrug an der Ratte 3.500 mg/kg KG (p. o.) und an der Maus 4.350 mg/kg KG (p. o.)[78] bzw. 681 mg/kg KG (i. p.).[72]

Chronische Toxizität: *Mensch.* Schlaflosigkeit, auch Harnverhaltung und Obstipation[71] (→ Hdb. 3, S. 521).

Carcinogenität: Für Ephedrin oder seine Salze fanden sich bei Langzeitstudien keine Anhaltspunkte für eine carcinogene Wirkung.[52]

Ein Risikoaspekt könnte sich jedoch aus der Nitrosierbarkeit der in Ephedradrogen enthaltenen Alkaloide ergeben.
Wäßrige und ethanolische (70 % Ethanol) Auszüge (Droge: Extraktverhältnis 40 g : 300 mL) aus *Ephedra foliata* ergaben bei Nitrosierung mit einem Überschuß an Natriumnitrit, aber sonst unter physiologischen Bedingungen (pH 2, 37 °C, 1 h Schütteln) ein Nitrosamingemisch, aus dem chromatographisch *N*-Nitrosoephedrin und *N*-Nitrosopseudoephedrin identifiziert wurden.
Aus 100 g Ephedrakraut (Trockengewicht grüner Pflanzenteile) bildeten sich 0,77 mg (wäßriger Extrakt) bzw. 8,3 mg (ethanolischer Extrakt) Nitrosamin, berechnet auf Nitrosoephedrin.[73]
Bei der Umsetzung von 100 mL Tee aus 2 g Ephedrakraut (*E. altissima* DESF.) in 200 mL künstlichem Magensaft mit einem Überschuß an Natriumnitrit bildeten sich 0,79 µg Nitrosoephedrin, 3,68 µg Nitrosopseudoephedrin, 0,72 µg *N*-Nitrosoprolin und 2,53 µg 2-(*N*-Nitroso-*N*-methylamino) propiophenon. Für die eigentliche Nitrosierung wurden 0,03 % des Nitrits verbraucht, der Rest für den Modellmagen und die übrigen Teebestandteile.[54,74]
Eine Gesamtdosis von 600 mg Nitrosoephedrin pro kg KG (postnatal 3mal 200 mg/kg KG an den Tagen 1, 4 und 7 i. p.) induzierte bei Mäusen ein metastasierendes Leberzellencarcinom.[75]
Bei Ratten fanden sich nach 2mal wöchentlich 120 mg/kg KG Nitrosoephedrin, p. o. (über eine nicht bekannte Zeit), bei 50 % der Tiere präneoplastische und maligne Veränderungen an Leber und Lunge. Hyperkeratosen, Papillome und Plattenepithelcarcinome des Vormagens wiesen auf eine gleichzeitig lokale Carcinogenität hin.[67]
Nach diesen Ergebnissen dürfte beim Menschen eine potentielle Carcinogenität vorhanden sein; das Risiko wird aber, insbesondere für Zubereitungen mit einem Gehalt von Catechingerbstoffen, als sehr gering eingestuft.[54]

Mutagenität: Eine mutagene Wirkung ist für Ephedrin bisher nicht bekannt.[52]
Für wäßrige Auszüge von Ephedrae herba ist ein mutagenes Risiko aufgrund der Nitrosierbarkeit der in den Drogen enthaltenden Alkaloide aber nicht völlig auszuschließen.
Nitrosoephedrin und Nitroso-*N*-methylaminopropiophenon (s. a. Carcinogenität) erwiesen sich im Ames-Test an *Salmonella typhimurium* (TA 100 und TA 1535, ohne S9-Aktivierung) als schwach mutagen,[54] Nitrosoephedrin auch an *Escherichia coli* (WP_2 uvrA/pkM mit S9-Aktivierung).[67]
Da die beiden Substanzen aber im natürlichen Magensaft ohne Nitritüberschuß und in Gegenwart anderer Drogenbestandteile (insbesondere Catechingerbstoffe) nur in sehr kleinen Mengen entstehen dürften, wird das Risiko als gering eingeschätzt.[54]

Akute Vergiftung: *Erste Maßnahmen.* Bei peroraler Aufnahme: Kohle-Pulvis, Erbrechen lassen, viel warmen Tee trinken lassen, Natriumsulfat, Schockprophylaxe (Ruhe, Wärme).[71]
Zu Ephedrin → Hdb. 3, S. 522.

Gesetzl. Best.: *Verschreibungspflicht.* Zubereitungen aus Ephedrakraut sind verschreibungspflichtig.[76] *Offizielle Monographien.* Aufbereitungsmonographie der Kommission E am BGA "Ephedrae herba (Ephedrakraut)".[48]
Ephedrinhaltige Arzneimittel sind Bestandteil der Doping-Liste des IOC und des Deutschen Sportbundes.[48]

Ephedrae radix

Synonyme: Radix Ephedrae.

Sonstige Bezeichnungen: Dt: Ephedrawurzel; Chinesisch: Mahuanggen, mao-kon.[39]

Monographiesammlungen: Radix Ephedrae *ChinP IX.*

Definition der Droge: Die getrockneten Wurzeln und das getrocknete Rhizom.

Stammpflanzen: *Ephedra intermedia* SCHRENK et C. A. MEY. und *E. sinica* STAPF.

Herkunft: Ostasien.

Gewinnung: Die unterirdischen Teile werden im Spätherbst gegraben, von restlichen Stengelteilen, Nebenwurzeln und anhaftendem Erdreich befreit und getrocknet.[39]
Vorausgesetzt, daß eine Verfälschung ausgeschlossen werden kann, soll eine gut präparierte Droge nach der Entfernung von Verunreinigungen gewaschen, gedämpft, in dicke Scheiben geschnitten und getrocknet werden.

Ganzdroge: *Geruch.* Geruchlos.
Geschmack. Bitter.
Rundzylindrische, leicht gekrümmte, etwa 8 bis 25 cm lange und 0,5 bis 1,5 cm dicke Stücke. Ihre Oberfläche hat Längsrunzeln und Narben von Nebenwurzeln und ist von rotbrauner oder graubrauner Farbe. Die rauhe äußere Rinde löst sich leicht in Plättchen ab.
Das Rhizom besitzt 0,7 bis 2 cm lange Internodien. An der Oberfläche sind quer ausgerichtete, längliche Poren erkennbar. Die Droge ist von leichtem spezifischem Gewicht und von harter, spröder Konsistenz. An der Bruchfläche sind ein gelblich-weißer Rindenteil und ein blaßgelber oder gelber Holzteil sowie radiäre Strahlen und ein zentrales Mark sichtbar.[39]
Mikroskopisches Bild. Unterhalb der sichtbaren Borke befindet sich eine aus 10 Lagen bestehende Korkschicht. Es folgt eine Rindenschicht aus mehreren Reihen von Parenchymzellen, die Calciumoxalatsand enthalten. Der Pericykel besteht aus Fasern und Sklereiden. Das ringförmige Kambium des Rhizoms weist ein schmales Phloem und ein gut entwickeltes, aus Gefäßen, Tracheiden und Holzfasern aufgebautes Xylem auf. Die Markstrahlen enthalten teilweise mit Calciumoxalatsand gefüllte Zellen. Im Mark befinden sich z. T. getüpfelte Zellen und Einlagerungen von Fasern.[39]

Pulverdroge: Braunrotes oder braungelbes Pulver, braungefärbte, z.T. Calciumoxalatsand enthaltende Korkzellen. Fasern, meist lose, von 20 bis 25 µm Durchmesser mit verdickten verholzten Wänden, die deutlich schräggestellte Tüpfel aufweisen. Gefäße mit 30 bis 50 µm Durchmesser. Siebplatten der Gefäßeinheiten mit zahlreichen Poren. Die Markparenchymzellen können von fast quadratischer, rundlicher oder länglich rechteckiger Form sein. Sie besitzen schwach verdickte, getüpfelte Wände und können Calciumoxalatsand enthalten.[39]

Verfälschungen/Verwechslungen: Mit großer Wahrscheinlichkeit sind Verfälschungen insbesondere durch die schwer voneinander unterscheidbaren nichtoffizinellen Ephedraarten zu erwarten.

Inhaltsstoffe: Die Inhaltsstoffe der Wurzeldroge weichen von denen der Krautdroge erheblich ab.
N-haltige Verbindungen. Neben Tyrosinbetain (Maokinin)[8] (in farblosen Prismen in Mengen von 127 mg aus ca. 3 kg Droge einer nicht näher definierten Art erhalten) und Feruloylhistamin[12] (aus ca. 28 kg Droge einer nicht näher definierten Art wurden 670 mg präparativ in farblosen Nadeln isoliert) konnten die Ephedradine A, B, C und D aufgefunden werden, die macrocyclische Sperminalkaloide darstellen.[10,11,55]

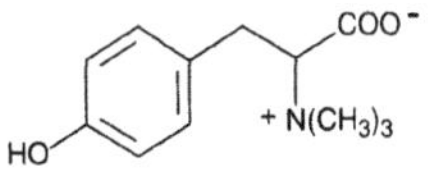

L-Tyrosinbetain (Maokinin)

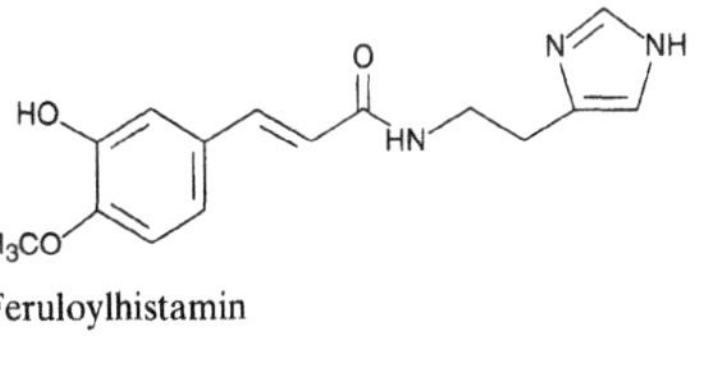

Feruloylhistamin

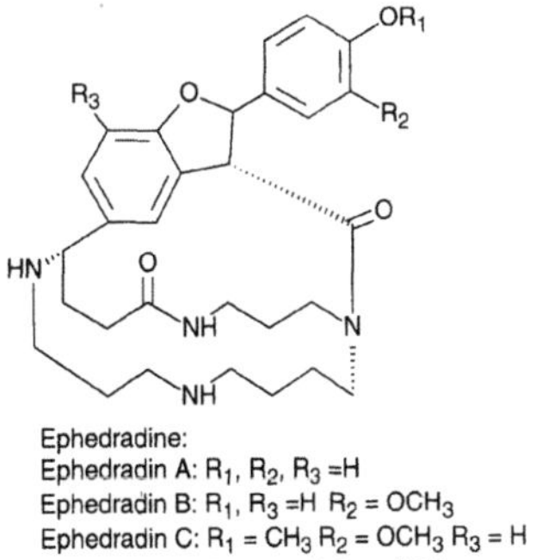

Ephedradine:
Ephedradin A: R_1, R_2, R_3 =H
Ephedradin B: R_1, R_3 =H R_2 = OCH_3
Ephedradin C: R_1 = CH_3 R_2 = OCH_3 R_3 = H
Ephedradin D: R_1, R_2 = H R_3 = OCH_3

Phenolische Verbindungen. Hervorzuhebende Inhaltsstoffe sind ferner die oligomeren Procyanidine, u.a. Ephedrannin A[27] und die Mahuannine A, B, C, D,[28-30] die gemischte Bisflavonoide darstellen. Weitere Angaben liegen nicht vor.

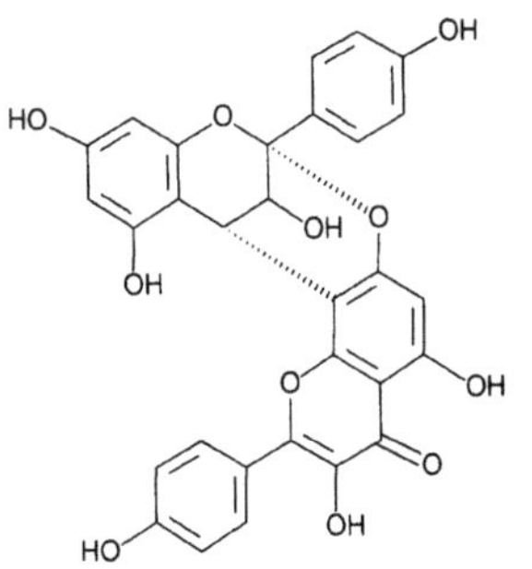

Ephedrannin A

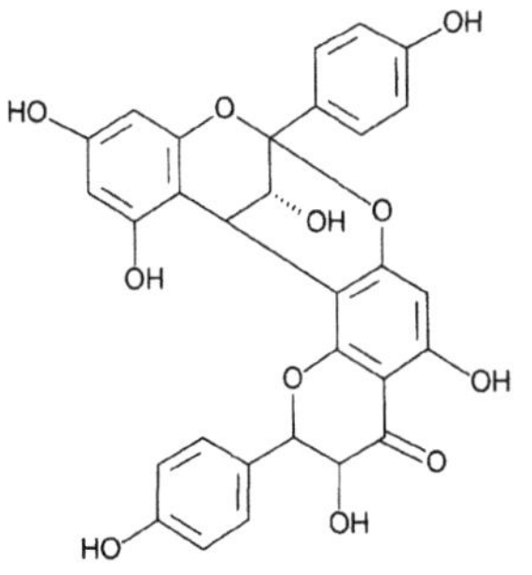

Mahuannin B

Volkstümliche Anwendung und andere Anwendungsgebiete: In China wird die Droge, als Umschlag aufgetragen, äußerlich bei Schweißausbrüchen und Nachtschweiß angewendet.[39] Die Wirksamkeit der Droge bei diesen Indikationen ist nicht belegt.

Dosierung und Art der Anwendung: Einfache Dosis: 3 bis 9 g zum äußeren Gebrauch.[39]

Toxikologische Eigenschaften: Der Droge werden blutdrucksenkende Wirkungen zugeschrieben. Als antihypertonisch wirksame Prinzipien gelten sowohl die Ephedradine[10,11,55] und Ephedrannin A bzw. die Mahuannine[27-30] als auch das Feruloylhistamin. Bei letzterem konnte in Dosen von 5 mg des Hydrochlorids/kg KG i.v. (Ratte) eine signifikante Blutdrucksenkung beobachtet werden. Nähere Angaben werden nicht gemacht.[12] Ephedrannin A, i.v. appliziert, bewirkt Blutdrucksenkung, die ähnlich der der Ephedradine an Ratten ist.[27] Dagegen wirkt das aus der Droge isolierte Tyrosinbetain (Maokinin) blutdruckerhöhend.[8] Nähere Angaben zur Dosis und Wirkungsintensität beschränken sich auf die Ephedradine. Die höchste Aktivität konnte bei Ephedradin B beobachtet werden. Die Applikation von Ephedradin B (0,1 bis 3 mg/kg KG, i.v.) an Wistar-Ratten sowie an spontan hypertensiven Ratten führte dosisabhängig zur Blutdrucksenkung. 1 mg/kg KG Ephedradin B verstärkt leicht die Blutdruckwirkung des Norepinephrins (1 µg/kg, i.v.) und verringert signifikant die von 1,1-Dimethyl-4-phenylpiperazin (50 µg/kg KG, i.v.).
0,3 mg/kg KG Ephedradin B (i.v.) senken den Blutdruck und die Herzfrequenz an Hunden von

134 ± 10 auf 80 ± 10 mm Hg, $p < 0{,}05$ und 131 ± 10 auf 160 ± 10 Schläge/min, $p < 0{,}05$ ($n = 3$).
Die blutdrucksenkende Aktivität von Ephedradin B (1 mg/kg KG, i. v.) wird durch Vorbehandlung mit Atropin (5 mg/kg KG, i. v.) oder Diphenylhydramin (5 mg/kg KG, i. v.) gehemmt.

1. Musaev IF (1978) Bot Zh 63:523–543
2. Stapf O (1889) Die Arten der Gattung Ephedra, Denkschr Kaiserl Akad Wiss Wien, Math-naturw Kl 56:1–112
3. Natho G, Müller C, Schmidt H (1990) Wörterbücher der Biologie, Morphologie u. Systematik der Arzneipflanzen, Gustav Fischer Verlag, Stuttgart
4. Kubitzki K (1990) In: The Families and genera of vascicular plants, Bd. 1, Springer Verlag, Berlin Heidelberg New York, S. 379–382
5. Cutler HC (1939) Ann Missouri Bot Garden 26:373–429
6. Brossi A, Pecherer B (1980) In: Pelletier SW (Hrsg.) Chemistry of the alkaloids, von Norstrand Reinhold, New York
7. Chen AL, Stuart EH, Chen KK (1931) J Am Pharm Assoc 20:339–345
8. Tamada M, Endo K, Hikino H (1978) Planta Med 34:291–293
9. Konno C, Taguchi T, Tamada M, Hikino H (1979) Phytochemistry 18:697–698
10. Endo K, Tamada M, Konno C, Hikino H, Kabuto C (1979) Koen Yodhishu-Tennen Yuki Kagobutsi Toronkai 22:517–524, zit. nach CA 92:143246
11. Hikino H, Ogata M, Konno C, Sato S (1983) Planta Med 48:290–293
12. Hikino H, Ogata M, Konno C (1983) Planta Med 48:108–110
13. Sun J (1983) Zhongcaoyao 14:345–346, zit. nach CA 99:200395P
14. Konno C, Mizuno T, Hikino H (1985) Planta Med 51:162–163
15. Wallace JW, Porter PL, Besson E, Chopin J (1982) Phytochemistry 21:482–483
16. Castledine RM, Harborne JB (1976) Phytochemistry 15:803–804
17. Chumbalov TK, Chekmeneva LN (1976) Khim Prir Soed 12:543–544
18. Thivend S, Lebreton P, Quabonzi A, Bouillant ML (1979) CR Acad Sci (Paris) D 289:465–467
19. Zakiroeva BM, Omurkamzinova VB, Erzhanova MS (1982) Khim Prir Soed 18:782–783
20. Friedrich H, Wiedemeyer H (1976) Planta Med 30:163–173, 223–231
21. Terry RE (1972) J Am Pharm Assoc 16:397–407
22. Gurni A, Wagner ML (1982) Phytochemistry 21:2.428–2.429
23. Lebreton PL, Thivend S, Boutard B (1980) Planta Méd Phytothér 14:105–129
24. Bate-Smith EC, Lerner NH (1954) Biochem J 58:122–125, 126–132
25. Purev O, Pospisil F (1988) Collect Czech Chem Commun 53:3.193–3.196
26. Porter PL, Wallace J (1988) Biochem Syst Ecol 16:261–262
27. Hikino H, Takahashi M, Konno C (1982) Tetrahedron Lett:673–676
28. Hikino H, Shimoyama N, Kasahara Y, Takahashi M, Konno C (1982) Heterocycles 19:1.381–1.384
29. Kasahara Y, Shimoyama N, Konno C, Hikino H (1983) Heterocycles 20:1.741–1.744
30. Kasahara Y, Hikino H (1983) Heterocycles 20:1.953–1.956
31. Nawwar MAM, Barakat HH, Buddrus J, Linscheid M (1985) Phytochemistry 24:878–879
32. Chumbalov TK, Chekmeneva LN, Polyakov VV (1977) Khim Prir Soed 13:278–279
33. Tsitsa-Tzardi E, Loukis A, Philianos S (1987) Fitoterapia 58:200
34. Dittrich P, Kandler O (1970) Z Pflanzenphysiol 62:116–123
35. Kleiman R, Spencer GF, Earle FR, Wolff IA (1976) Chem Ind: 1.326
36. Wadood Qureshi A, Ahsan AM (1966) Pakistan J Sci Ind Res 9:319, zit. nach CA 68:16104
37. Gottlieb OR, Kubitzki K (1984) Planta Med 50:380–384
38. BAz Nr. 109a vom 16.06.1987
39. Stöger EA (1991) Arzneibuch der chinesischen Medizin, 2. Aufl., Deutscher Apotheker Verlag, Stuttgart
40. Gilg E, Schürhoff PN (1930) Arch Pharm 268:233–248
41. Zhang J, Tian Z, Lou Z (1988) Planta Med 54:69–70
42. Gazaliev AM, Fazilov SD, Zhurinov MZ (1987) Khim Prir Soed 23:862–864
43. Hildebrandt G, Klavehn W (1934) US-Patent 1.956.950
44. Schilcher H (1978) Pharma Acta Helv 53:288–290
45. Sagara K, Oshima T, Misaki T (1983) Chem Pharm Bull 31:2.359–2.365
46. Noguchi M (1987) Yakugaku Zasshi 106:372–376
47. Hosoya E (1985) Advances in Chinese Medicinal Materials Research, S. 73–82
48. BAz Nr. 11 vom 17.1.1991
49. Kasahara Y, Hikino H, Tsurufuji M, Watanabe M, Ohuchi K (1985) Planta Med 51:325–331
50. Hikino H, Ogata K, Kasahara Y, Konno C (1985) J Ethnopharmacol 13:175–191
51. Hirschhorn HH (1982) J Ethnopharmacol 6:109–119
52. Toxicology and carcinogenesis studies of ephedrine sulfate (1986) U.S. Department of Health and Human Services NTP TR 307
53. Hsu HY (1985) Advances in Chinese Medicinal Materials Research, S. 61
54. Tricker AR, Wacker C, Preussmann R (1987) Toxicol Lett 38:45–50
55. Hikino H, Ogata M, Konno C (1982) Heterocycles 17:155–158
56. Hikino H, Shimoyama W, Kasahara Y, Takahashi M, Konno C (1982) Heterocycles 19:1.381–1.384
57. Heg (1981) Bd. 1, Teil 2, S. 106–107
58. Hgn, Bd. I, S. 441–464, 482, Bd. VII, S. 547–550
59. HAB 1
60. DAB 10
61. BHP 83
62. Harada M, Nishimura M (1981) J Pharm Dyn 4:691–699
63. Monographie der Kommission B6 zu Ephedrin, Entwurf vom 27.1.1992
64. Goodman Gilman A, Goodman LS, Rall T, Murad F (1985) The Pharmacological Basis of Therapeutics, MacMillan Publishing Company, New York, S. 169
65. Kalix P (1991) J Ethnopharmacol 32:201–208
66. BAz Nr. 66 vom 04.04.1987
67. Tang W, Eisenbrand G (1992) Chinese Drugs of Plant Origin, Springer, Berlin, S. 481
68. Hikino H, Konno C, Takata H, Tamada M (1980) Chem Pharm Bull 28:2.900–2.904
69. Shabana MM, Mirhom YW, Genenah AA, Aboutabl EA, Amer HA (1990) Arch Exp Vet Med (Leipzig) 44:389–394

70. Miyagoshi M, Amagaya S, Ogihara Y (1986) Planta Med 4:275–278
71. Roth L, Daunderer M, Kormann K (1988) Giftpflanzen Pflanzengifte, 3. Aufl., ecomed, Landsberg, S. 288
72. Aswal BS, Bhakuni DS, Goel AK, Kar K, Mehrota BN (1984) Indian J Exp Biol 22:487, zit. nach DIMDI-RTECS Dok.-Nr.: 033504 vom 23.7.1991
73. Alwan SM, Al-Hindawi M, Abdul-Rahman SK, Al-Sarraj S (1986) Cancer Letters 31:221–226
74. Tricker AR, Wacker CD, Preussmann R (1987) Cancer Letters 35:199–206
75. Wogan GN, Paglialunga S, Archer MC, Tannenbaum SR (1975) Cancer Res 35:1.981–1.984, zit. nach DIMDI-MEDLINE Dok.-Nr.: 75207186 vom 26.8.1992
76. Pharmazeutische Stoffliste (1991) 8. Aufl., Bd. E-Fo, ABDA, Frankfurt, S. 119
77. Inokuchi JI, Okabe H, Nagamatsu A (1984) Chem Pharm Bull 32:3.615–3.619
78. NN (1978) Kiso to Rinsho 12:2.125, zit. nach DIMDI-RTECS Dok.-Nr.: 033505 vom 23.07.1991
79. Arzneibuchkommission der Volksrepublik China (1992) Farbatlas der Chinesischen Arzneidrogen des Arzneibuches der Volksrepublik China, 2. Aufl., Verlag für Wissenschaft und Technologie, Guangdong

Hi

Epilobium

HN: 2005000

Familie: Oenotheraceae (Onagraceae).

Gattungsgliederung: Die Gattung Epilobium L. umfaßt nach Lit.[1] 180, nach Lit.[2] 250 Arten und wird heute in zwei Sektionen eingeteilt:[3]
- Sectio Chamaenerion TAUSCH (= Chamaenerion ADANS.);
- Sectio Epilobium L. (= Lysimachion TAUSCH).

In der neueren Literatur[4] wird die Sektion Chamaenerion in zwei Subsektionen eingeteilt:
- Subsectio Rosmarinifolium (T. TACIK) RAVEN.;
- Subsectio Leiostylae (STEINB.): Hierzu zählt die im folgenden besprochene Art *E. angustifolium* L.

Nach Lit.[1] gliedert sich die Sectio Epilobium L. in zwei weitere Gruppen:
- Schizostigma; hierzu zählen die im folgenden besprochenen Arten *E. hirsutum* L. und *E. parviflorum* SCHREB.;
- Synstigma; hierzu zählt die im folgenden besprochene Art *E. palustre* L.

Im Drogenhandel wird auch zwischen den großblütigen Arten und kleinblütigen Arten unterschieden.[5] Große Blüten (Durchmesser der Blumenkrone größer als 1,5 cm) weisen alle Vertreter der Sektion Chamaenerion, darunter auch *E. angustifolium* L., auf. Kleine Blüten (Durchmesser der Blumenkrone meist unter 1 cm) weisen die zur Sektion Epilobium zählenden Arten *E. adenocaule* HAUSSKN., *E. montanum* L., *E. palustre* L., *E. parviflorum* SCHREB., *E. roseum* SCHREB. und *E. tetragonum* L. auf, die im Handel mit der Bezeichnung "Kleinblütiges Weidenröschen" gemeint sein können.[5]

Gattungsmerkmale: Kräuter oder Stauden, seltener bis zu 2 m hohe Halbsträucher. Stengel kahl oder behaart, mit einfachen Haaren oder Drüsenhaaren. Laubblätter ungeteilt, wechselständig oder gegenständig oder zu dreien (selten zu vieren) wirtelig, ganzrandig oder gezähnt, flach oder seltener am Rande leicht umgebogen. Blüten regelmäßig oder zygomorph, in den Achseln von Laub- oder Tragblättern, in endständigen Blütentrauben. Achsenbecher über den Fruchtknoten verlängert, kurz trichterförmig. Kelchblätter 4, oft gefärbt. Kronblätter 4, purpurrot bis rosa, seltener weißlich oder gelb. Staubblätter 8, die episepalen länger und höher eingefügt als die epipetalen. Griffel aufrecht oder nach abwärts gekrümmt. Narbe kopfig, keulig, 4furchig oder 4teilig. Früchte lang, lineal, schotenähnlich, 4kantig, 4fächerig, durch Mittelteilung der Fachwände mit 4 meist nach außen sich biegenden Klappen sich öffnend. Samen zahlreich, glatt oder feinwarzig, mit weißem, oft kurz gestieltem Haarschopf. Reichliche vegetative Vermehrung durch ober- oder unterirdische Knospen oder Sprosse am Wurzelhals.[6,7]

Verbreitung: Ganz Europa, Asien (mit Ausnahme der tropischen Halbinseln und Inseln), im Norden, Osten und Süden Afrikas, ganz Amerika, Australien, Tasmanien und Neuseeland. Die stärkste Verbreitung findet sich auf der nördlichen Hemisphäre zwischen dem 35. und dem 60. Breitengrad. In Europa ist die Gattung Epilobium durch 27 Arten vertreten.[7]

Inhaltsstoffgruppen: Bei 14 Epilobium-Arten der Sektion Chamaenerion und 37 Taxa der Sektion Epilobium wurden nur sieben Blattflavonoide beobachtet, und zwar ausschließlich Flavonol-3-monoglykoside. Die Flavonoidmuster von Blatt, Blüten und Wurzeln einer Art können sehr verschieden sein.[8]

Drogenliefernde Arten: *E. angustifolium*: Epilobium-angustifolium-Kraut, Epilobium-angustifolium-Wurzel; *E. hirsutum*: Epilobium-hirsutum-Kraut; *E. palustre*: Epilobium palustre hom. *HAB 34*; *E. parviflorum*: Epilobium-parviflorum-Kraut.

Epilobium angustifolium L.

Synonyme: *Chamaenerion angustifolium* SCOP., *Epilobium gesneri* VILLAIN, *E. persicifolium* VILL., *E. salicifolium* CLAIRV., *E. spicatum* LAM., *Lysimachia chamaenerion* (L.) SCOP.

Sonstige Bezeichnungen: Dt.: Antonskraut, Feuerkraut, schmalblättriges Weidenröschen, Waldröschen, Weidenröschen; engl.: Fire weed, French willow, rosebay, spiked willow herb, willow herb; frz.: Antonine, Herbe de Saint Antoine, Laurier de Saint Antoine, Neritte, Osier fleuri; it.: Camenerio, Gambi-rossi, Garofanini d'acqua, Sfenize, Violine d'acqua.

Systematik: *E. angustifolium* ändert ab. Es werden mehrere Varietäten und Formen beschrieben: Var.

nanum HEPP. et RUBNER, var. *pubescens* HAUSSKN., var. *ruessi* HEPP. et SCHUSTER; f. *albiflorum* HAUSSKN., f. *cuspidatum* HAUSSKN., f. *foliosum* HAUSSKN., f. *macrophyllum* HAUSSKN., f. *parviflorum* HAUSSKN., f. *petiolatum* HAUSSKN.[7]

Botanische Beschreibung: Ausdauernde, 60 bis 200 cm hohe Staude mit weitkriechendem, ausläuferartigem Wurzelstock, an dem sich bewurzelte Stocksprosse und in weiterer Folge blühende Stengel entwickeln. Stengel rund oder leicht kantig, aufrecht oder aufsteigend, einfach, seltener verzweigt, oft rot überlaufen, zumeist kahl, ohne Leisten. Laubblätter schlaff, länglich oder lanzettlich, 2,5 bis 20 cm lang, 0,4 bis 3,5 cm breit, meist wechselständig angeordnet, sitzend oder kurz gestielt, am Rande leicht zurückgerollt. Der Blattrand in größeren Abständen mit kleinen, schwieligen Zähnchen besetzt. Blattflächen, Nerven und Rand meist kahl. Blattoberseite dunkelgrün, Blattunterseite weißlichgrün mit einem hervortretenden braungelben Mittelnerv. Zum Unterschied von anderen Epilobium-Arten verlaufen die Seitennerven erster Ordnung in einem fast rechten Winkel zum Hauptnerv. Blüten groß, schwach zygomorph, meist rosa bis violett gefärbt, zu einer endständigen, bis zu 30 cm langen Traube vereinigt. Kelchblätter 4, nicht zu einem Kelchbecher verwachsen, jedes an der Spitze zu einem kurzen Zipfel zusammengezogen, im Gegensatz zu anderen Epilobium-Arten ohne Haare oder Papillen. Kronblätter 4, verkehrt-eiförmig oder rundlich. Staubblätter 8, am Grunde verbreitert. Staubbeutel länglich, Griffel am Grunde meist etwas behaart, nach unten gebogen. Narbe vierteilig. Kapselfrüchte 2 bis 5 cm lang, schmal, mit kurzen Haaren besetzt, oft rot überlaufen; Klappen nach dem Aufspringen etwas zurückgerollt. Die zahlreichen etwa 2 mm großen Samen länglich, beidseitig verschmälert, an der Spitze mit langen weißen Haaren als Flugapparat. Samenschale glatt.[6,7,9]

Verwechslungen: Als Verwechslungen kommen vor allem die beiden anderen großblütigen, zur Sektion Chamaenerion zählenden Arten, *E. dodonaei* VILL. (Rosmarin-Weidenröschen, Uferfeuerkraut) und *E. fleischeri* HOCHST. (Kies-Waldröschen, Kiesfeuerkraut), in Frage.[5] Die Blattlänge beträgt bei *E. angustifolium* im Durchschnitt 9 cm, bei *E. dodonaei* 3,5 cm und bei *E. fleischeri* 2,8 cm. Blattnervatur (Seitennerven erster Ordnung nicht im rechten Winkel zum Hauptnerv) und Blattquerschnitt (isolateral) dieser beiden Arten sind deutlich verschieden von jenen von *E. angustifolium*. Parallel zu den Nerven angeordnete Raphidenbündel finden sich nur bei *E. angustifolium*, nicht bei den beiden anderen Arten.[5,6,9]

Inhaltsstoffe: *Flavonoide.* Oberirdische Teile: Frische Blätter enthalten geringe Mengen der freien Flavonolaglyka Kämpferol, Myricetin und Quercetin, geringe Mengen der Flavonolglykoside Kämpferol-3-*O*-rhamnosid, Myricetin-3-*O*-glucosid, Myricetin-3-*O*-β-D-glucuronid, Quercetin-3-*O*-α-L-arabinofuranosid, Quercetin-3-*O*-galactosid (Hyperosid),[10] größere Mengen an Myricetin-3-*O*-rhamnosid (Myricitrin), Quercetin-3-*O*-glucosid (Isoquercitrin), und Quercetin-3-*O*-rhamnosid (Quercitrin) sowie als Hauptanteile des Flavonolglykosidgemisches Quercetin-3-*O*-α-L-arabinopyranosid (Guajaverin) und Quercetin-3-*O*-β-D-glucuronid.[11-15]
Frische Blüten zeigten das gleiche Flavonoidmuster wie die frischen Blätter, jedoch ohne Myricitrin und ohne Myricetin-3-*O*-β-D-glucuronid.[14]
Aus Blüten und jungen Früchten konnte nach Hydrolyse neben Kämpferol, Myricetin und Quercetin noch 8-Methoxykämpferol (Sexangularetin) gefunden werden.[13]
Unterirdische Teile: In den frischen Wurzeln wurden geringe Mengen Guajaverin, Quercetin-3-*O*-β-D-glucuronid, Hyperosid und Isoquercitrin sowie etwas größere Mengen Quercitrin gefunden.[14]
Sterole. In der Frischpflanze wurden die gleichen Verbindungen wie in der getrockneten Pflanze nachgewiesen (s. E.-angustifolium-Kraut).[17] Neben β-Sitosterol[18] wurden in den oberirdischen Teilen als weitere Aglyka geringe Mengen an Campesterol und Stigmasterol nachgewiesen (keine Zahlenangaben; keine Angabe, ob Frisch- oder Trockendroge).[19]
Sonstiges. Aus frischen Blättern wurde Ascorbinsäure in einer Ausbeute von ca. 225 mg je 100 g isoliert.[20]

Verbreitung: Europa, fast in ganz Asien, Nordamerika und Grönland, in Afrika fehlend, jedoch auf Madeira und den Kanarischen Inseln. Vielfach an Waldrändern, auf Waldschlägen, Brandflächen, in feuchten Mulden, auf torfigen Äckern und Sandböden.[7]

Drogen: Epilobium-angustifolium-Kraut, Epilobium-angustifolium-Wurzel.

Epilobium-angustifolium-Kraut

Sonstige Bezeichnungen: Dt.: Feuerkraut, Kopnischer Tee, Weidenröschenkraut, Weidenröschentee; engl.: Rosebay herb, spiked willow herb, willow herb; frz.: Herbe de Neritte, Herbe de Saint Antoine; it.: Erba Camenerio, Erba di Gombi-rossi, Erba Sfenize.

Definition der Droge: Die knapp vor oder während der Blütezeit gesammelten und getrockneten oberirdischen Teile.

Stammpflanzen: *Epilobium angustifolium* L.

Herkunft: Sammlung aus Wildbeständen; Hauptlieferländer sind die mittel-, südost- und osteuropäischen Länder.

Gewinnung: Lufttrocknung im Schatten.

Ganzdroge: Stengel 2 bis 8 mm im Durchmesser, rundlich bis schwach kantig, kahl oder nur sehr spärlich mit gekrümmten oder geraden Deckhaaren besetzt. Laubblätter 2,5 bis 20 cm lang und 0,4 bis 3,5 cm breit, im trockenen Zustand mit umgerolltem, nur entfernt und sehr klein gezähntem Blattrand. Oberseite dunkelgrün, Unterseite weißlichgrün. Seitennerven nur bei dieser Art regelmäßig und fast rechtwinkelig zum Hauptnerv angeordnet. Blattfläche, Nerven und Rand meist vollständig kahl. Der braungelbe Hauptnerv tritt an der Unterseite deutlich hervor. Einzelblüten violett bis rosa, vereinzelt auch weiß. Länge der Petalen ca. 11 mm, der Sepalen ca. 10 mm. Einzig bei dieser Art trägt die Kelchblattoberseite keine Haare oder Papillen und auch der Rand ist kahl. Unterseite mit angedrückten Haaren besetzt. Narbe an der Innenseite mit Haaren besetzt. Griffelgrund stark behaart.[6,9]

Schnittdroge: *Geruch.* Uncharakteristisch.
Geschmack. Schwach adstringierend.
Makroskopische Beschreibung. Im Gesamteindruck grünlichbraun. Stengelstücke rundlich bis schwach kantig, 2 bis 8 mm im Durchmesser. Blattfragmente oberseits dunkelgrün, unterseits deutlich heller. Abzweigung der Seitennerven fast rechtwinkelig. Blattflächen meist vollständig kahl. Blütenfragmente violett bis rosa, selten weißlich. Kelchblattoberseite und Rand kahl. Narbeninnenseite und Griffelgrund behaart.
Mikroskopisches Bild. Blatt bifacial, Epidermiszellen beider Seiten polygonal bis schwach buchtig. Oberseits keine, unterseits zahlreiche Spaltöffnungen, meist anomocytisch. Hauptnerv mit bicollateralem Leitbündel. Im Mesophyll im unmittelbaren Bereich der Gefäßbündel Idioblasten (Schleimzellen) mit bis etwa 150 µm großen Raphiden, die die Zelle meist nicht zur Gänze ausfüllen. Die Intercostalflächen raphidenfrei. Selten Einzelkristalle. Kelchblattoberseite kahl, Unterseite mit angedrückten Deckhaaren. Kronblätter fast ohne Haare; Raphiden. Narbeninnenseite mit Haaren besetzt, die eine auffällige, kugelige Endzelle aufweisen. Außenseite der Narbenschenkel mit isodiametrischen bis rechteckigen Zellen mit seitlichen Ausbuchtungen. Griffelgrund stark behaart. Pollen rötlich, einzeln.

Pulverdroge: Grünbraunes Pulver mit zahlreichen Blatt- und Stengelfragmenten sowie relativ wenigen Blütenfragmenten. Epidermisteile mit anomocytischen Spaltöffnungen. Fragmente mit Idioblasten (Schleimzellen), Raphiden enthaltend. Fragmente der Kelchblätter mit Deckhaaren.

Verfälschungen/Verwechslungen: In der Literatur finden sich keine Hinweise auf etwaige Verfälschungen.

Minderqualitäten: In der Droge sollte der Anteil an derben Stengelstücken gering sein.

Inhaltsstoffe: *Flavonoide.* Die getrocknete Droge enthält ca. 1,5 % Flavonolglykoside.[14] Es kommen die gleichen Verbindungen wie in den frischen Blättern und Blüten vor (s. *E. angustifolium*).[17]
Leucoanthocyane.[21]
Gerbstoffe. Hydrolysierbare Gerbstoffe, und zwar Gemische von Polygalloylglucosen, die Penta-*O*-galloylglucose als gemeinsamen Baustein und 2 bis 8 zusätzliche, depsidisch verknüpfte Galloylreste enthalten.[22,23] Der Gerbstoffgehalt der Blätter beträgt ca. 12 %.
In den Blättern wurden ferner 2 Ellagitannine, 2,3-Digalloyl-4,6-hexahydroxydiphenoylglucose und 1,2,3-Trigalloyl-4,6-hexahydroxydiphenoyl-β-D-glucose (= Tellimagrandin I und II) nachgewiesen.[24]
Lektine. In den Blüten sollen Lektine vorkommen.[25,26]
Sterole. Aus der getrockneten Ganzpflanze wurden β-Sitosterol, β-Sitosterolcaprat, β-Sitosterolcaproat, β-Sitosterolcaprylat, β-Sitosterol-β-D-glucosid, β-Sitosterolpalmitat, β-Sitosterol-6'-*O*-palmitoyl-β-D-glucosid, β-Sitosterolpropionat und β-Sitosterol-6'-*O*-stearyl-β-D-glucosid isoliert. Die Gesamtmenge an β-Sitosterolderivaten, ber. als β-Sitosterol, beträgt 0,40 %, bez. auf das Trockengewicht. Untersuchungen zur Verteilung der β-Sitosterolderivate in verschiedenen getrockneten Pflanzenteilen (Blatt, Blüte, Samen, Stengel) ergaben folgendes: Die Blätter enthalten alle oben angegebenen β-Sitosterolverb., die Blüten und Samen alle außer β-Sitosterolcaproat und -propionat, während die Stengel nur β-Sitosterol, β-Sitosterol-β-D-glucosid und die beiden β-Sitosterol-6'-*O*-acyl-β-D-glucoside enthalten; Freies β-Sitosterol ist in allen Pflanzenorganen die Hauptverbindung, wobei die Konzentration in den Blättern am höchsten ist (keine Zahlenangaben).[16]
Triterpensäuren. Aus den getrockneten Blättern wurde ein Gemisch aus 2-α-Hydroxyoleanolsäure, 2-α-Hydroxyursolsäure, Oleanolsäure und Ursolsäure in einer Ausbeute von ca. 1,5 % isoliert.[27]

Identität: Erstellung von drei DC-Fingerprints:[28]
- Untersuchungslösung: Methanolischer Drogenauszug;
- Referenzsubstanzen: Hyperosid, Isoquercitrin;
- Sorptionsmittel: Kieselgel 60;
- FM: Ethylacetat-Ethylmethylketon-Ameisensäure-Wasser (40 + 45 + 10 + 5);
- Detektion: Direktauswertung im UV 366 nm (= Fingerprint 1); Besprühen mit Diphenylboryloxyethylamin (Naturstoff-Reagenz nach NEU), Auswertung im Vis (= Fingerprint 2) bzw. im UV 366 nm (= Fingerprint 3);
- Auswertung: Anhand der Referenzsubstanzen Hyperosid (Rf 0,53) und Isoquercitrin (Rf 0,64) Nachweis eines charakteristischen Fleckenmusters. DC-Fingerprints sind zum Vergleich in Lit.[28] angegeben.

Wirkungen: *Antiphlogistische und antiexsudative Wirkung.* Der 2 h vor Ödeminduktion p.o. applizierte wäßrige Auszug (5 g Droge in 150 mL Wasser) bewirkt in einer Dosierung von 1 mL/100 g KG am Carrageenan-induzierten Rattenpfotenödem eine signifikante Ödemhemmung.[29] Der methanolische Auszug zeigt eine deutlich schwächere Wirkung.[29]
Beim Dextran T 70-induzierten Rattenpfotenödem trat keine Wirkung auf, was als Hinweis auf die Hemmung der Prostaglandinbiosynthese durch den wäßrigen Auszug aus *E. angustifolium* interpretiert wird.[30] Auszüge aus anderen Epilobium-Arten (*E. adenocaulon* HAUSSKN., *E. roseum* SCHREB., *E. parviflorum* SCHREB., *E. montanum* L., *E. hirsutum* L., *E. dodonaei* VILL.) zeigten keine bzw. eine wesentlich geringere Wirkung.[31]

Der wäßrige Auszug aus der Droge (5 mg/mL Badflüssigkeit) bewirkt am Modell des isolierten, perfundierten Kaninchenohres[32] eine signifikante Hemmung der durch 10 µg Calcium-Ionophor A 23187 stimulierten Freisetzung bzw. Bildung der Prostaglandine PG D_2, PG E_2 und PG I_2.[29] Wirksames Agens ist Myricetin-3-*O*-*β*-D-glucuronid. Sein antiexsudativer Effekt am Carrageenan-induzierten Rattenpfotenödem ist etwa 10mal so stark (ED_{50} = 40 µg/kg KG p. o.) wie der von Indometacin, die PG-Hemmung am perfundierten Kaninchenohr (IC_{50} = 0,2 µmol/L) entspricht der von Indometacin.[10]
Antimikrobielle Wirkung. Eine 10 %ige Suspension der frischen oberirdischen Teile in ca. 15 %igem Ethanol hemmt in einer Verdünnung von 1:5 *in vitro* die Vermehrung eines Bakteriophagen von *Pseudomonas pyocyanea.* Der Effekt ist insgesamt schwach ausgeprägt und liegt in einem Bereich, in dem bereits antibakterielle Effekte auftreten. Im bebrüteten Hühnerei hemmen 0,2 mL Suspension, 1 h vor Viruseinsaat appliziert, die Vermehrung von Influenza A-Viren. Die Wirkungsstärke soll von den verwendeten Pflanzenteilen abhängig sein. Die höchste Aktivität sollen Zubereitungen aus den Früchten, gefolgt von solchen aus Blüten und aus Blättern aufweisen. Experimentelle Angaben fehlen. Die Wirkungen sind durch Proteinzusatz, z. B. 10 % Serum, aufhebbar und nur in proteinfreiem Medium zu beobachten. Die Autoren schließen daraus, daß die Wirkungen auf Gerbstoffe zurückzuführen und ausnutzbare chemotherapeutische Effekte unwahrscheinlich sind.[33] Tinktur und Fluidextrakt sollen eine antimikrobielle Wirkung gegen *Candida albicans*, *Staphylococcus albus* und *Staphylococcus aureus* aufweisen. Die Befunde sind wegen unzureichender experimenteller Angaben nicht interpretierbar.[34] Der Trockenrückstand eines auf Filterpapierscheiben aufgebrachten Mazerates mit Ethanol 70 %, entsprechend etwa 400 µg Rückstand/Filterpapierscheibe, wirkt im Agar-Diffusionstest schwach antimikrobiell gegen *Bacillus subtilis*, *Escherichia coli*, *Mycobacterium smegmatis*, *Shigella flexneri*, *Shigella sonnei* und *Staphylococcus aureus*.[35]
Tumorhemmende Wirkung. Als "Chanerol" und "Chanerozan" bezeichnete, chemisch nicht exakt definierte Extraktfraktionen zeigten bei Mäusen und Ratten nach i. p. Applikation gegen verschiedene transplantierbare Tumore tumorhemmende Wirkungen. Der tumorhemmende Effekt verschwand wenige Tage nach Absetzen der Medikation. Die zur Tumorhemmung im Tierversuch nötige Dosierung liegt im Bereich der LD_{50}.[25,26,36]

Volkstümliche Anwendung und andere Anwendungsgebiete: Innerlich: Miktionsbeschwerden bei benigner Prostatahyperplasie (= Prostataadenom), Stadium I bis II. Die experimentellen pharmakologischen Daten zur antiphlogistischen und antiexsudativen Wirkung liefern Hinweise auf die mögliche therapeutische Eignung. Eine klinische Prüfung der Wirksamkeit scheint lohnend.
Weitere innerliche Anwendungen: Wäßrige Auszüge pulverisierter Droge gegen Magen- und Darmentzündungen sowie Schleimhautläsionen im Mund. Von den Cheyenne-Indianern Montanas gegen rectale Blutungen.[37] In der chinesischen Volksmedizin bei Menstruationsstörungen.[38]
Äußerlich: Der wäßrige Extrakt zur Verbesserung der Wundheilung.
Die Wirksamkeit bei den genannten Anwendungen ist gegenwärtig nicht belegt.

Akute Toxizität: *Tier.* "Chanerol" besitzt bei Mäusen einen LD_{50}-Wert i. p. von 10 bis 15 mg/kg KG, bei i. v. Verabreichung von 14 mg/kg KG.[36]

Sonst. Verwendung: *Haushalt.* Als Teesurrogat (Kopnischer Tee) und Gemüse.

Epilobium-angustifolium-Wurzel

Sonstige Bezeichnungen: Dt.: Feuerkrautwurzel, Waldröschenwurzel, Wurzel des schmalblättrigen Weidenröschens.

Definition der Droge: Die zur Zeit der Blüte geerntete, getrocknete Wurzel.

Stammpflanzen: *Epilobium angustifolium* L.

Herkunft: Sammlung aus Wildbeständen. Hauptlieferländer sind die mittel-, südost- und osteuropäischen Länder.

Gewinnung: Lufttrocknung im Schatten.

Ganzdroge: Bis zu 25 cm lange und ca. 5 mm dicke, außen hellbräunliche, an den Schnittstellen weißliche Stücke.

Schnittdroge: *Geruch.* Untypisch.
Geschmack. Leicht adstringierend.
Weißlichbräunliche, zylindrische Stücke unterschiedlicher Stärke. Schnittflächen heller.
Mikroskopisches Bild. Strahliger Bau; mehrlagiger Kork; im Rindenparenchym und den Markstrahlen Calciumoxalatkristalle; im Bastteil Bündel verholzter Fasern. Wände des Holzparenchyms verdickt, Gefäße dickwandig.

Pulverdroge: Gelblichweißes Pulver. Korkschüppchen, Parenchymfragmente mit Oxalatkristallen, verdickte Fasern, dickwandige Gefäßfragmente.

Inhaltsstoffe: Etwa 0,35 % Flavonolglykoside vom Kämpferol-, Myricetin- und Quercetintyp;[12,39] es wurden dieselben Verbindungen wie in der frischen Wurzel nachgewiesen (s. *E. angustifolium*).[17]
Ferner etwa 7 % Gerbstoffe,[39] *β*-Sitosterol (s. Sterole unter *E. angustifolium*), Pektine und Schleime.[40]

Volkstümliche Anwendung und andere Anwendungsgebiete: Innerlich: Miktionsbeschwerden bei benigner Prostatahyperplasie, Stadium I und II.
Bei den Cheyenne-Indianern Montanas gegen rectale Blutungen.[37]
Zu den genannten Indikationen liegen weder klinische Studien noch liegt hinreichend dokumentiertes Erfahrungsmaterial vor. Daher sind die genannten Anwendungsgebiete nicht hinreichend belegt.

Epilobium hirsutum L.

Synonyme: *Epilobium amplexicaule* LAM., *E. aquaticum* THUILL., *E. grandiflorum* WEBER, *E. villosum* THUNB.

Sonstige Bezeichnungen: Dt.: Zottiges Weidenröschen; engl.: Codlins-and-cream, hairy willow weed; frz.: Epilobe herisse, Neritte amplexicaule; it.: Garofanini d'acqua, Violine di palude.[7]

Systematik: Nach Lit.[7] lassen sich verschiedene Varietäten und Formen unterscheiden, von denen die wichtigsten var. *adenocaulon* HAUSSKN. (= var. *subglabrum* KOCH), var. *tomentosum* HAUSSKN. (= var. *lanatum* LEVL.) und var. *villosum* HAUSSKN. (= var. *villosissimum* KOCH) sind.

Botanische Beschreibung: Ausdauernde, bis zu 1,5 m hohe Staude mit starker Verzweigung und dikken, überaus zahlreichen und langen unterirdischen Ausläufern. Etwa die Hälfte der Nodien gegenständig beblättert. Stengel aufrecht, rund und mit behaarten Linien und zarten Leisten versehen, mäßig bis mittelstark abstehend behaart. Blätter groß, länglich-eiförmig, dicht und stark gezähnt, sitzend und schwach herablaufend. Blattflächen mit wenigen, aber sehr langen (meist ca. 1 mm), glatten, geraden Deckhaaren und zahlreichen, ebenfalls gerade abstehenden Drüsenhaaren besetzt. Blattrand und Hauptnerv mit geraden Deckhaaren und eingestreuten Drüsenhaaren versehen. Blüten actinomorph und sehr groß (Petalen 1,2 bis 1,7 cm), meist intensiv rotviolett. Kelchblätter bis zu 10 mm lang und in eine große, hornartige Spitze zusammengezogen; die Unterseite trägt vorwiegend Drüsenhaare in großer Zahl und keine bis mäßig viele, ebenfalls gerade abstehende, glatte Deckhaare. Die Frucht 6,2 bis 8,8 cm lang. Samen birnenförmig und dicht mit großen Papillen bedeckt.[41]

Inhaltsstoffe: In den frischen Blättern wurden geringe Mengen der freien Aglyka Kämpferol, Myricetin und Quercetin sowie einige noch nicht identifizierte Glykoside derselben nachgewiesen. In größeren Mengen fanden sich Guajaverin, Hyperosid, Myricitrin, Quercetin-3-*O*-α-L-arabinofuranosid und Quercetin-3-*O*-β-D-glucuronid sowie Quercitrin als Hauptkomponente des Flavonolglykosidgemisches.
In den frischen Blüten wurden die gleichen Flavonolderivate nachgewiesen, jedoch in deutlich geringeren Mengen. Lediglich Myricitrin, das die Hauptkomponente darstellt, kommt in größeren Mengen vor. Zusätzlich konnte noch Isoquercitrin in geringen Mengen gefunden werden.
In den frischen Wurzeln fanden sich lediglich geringe Mengen an Guajaverin, Kämpferol-3-*O*-rhamnosid und Quercitrin.[12,14]
Die Frischpflanze enthält ca. 220 µg/100 g Ascorbinsäure.[20]
In den Blättern und Blüten wurden Arjunolsäure, 2-α-Hydroxyoleanolsäure, 23-Hydroxytormentillsäure, Oleanolsäure, β-Sitosterol, Tormentillsäure und freie Fettsäuren nachgewiesen (keine Mengenangaben; keine Angabe, ob Frisch- oder Trockendroge).[23,42]
Das Kraut (keine Angabe, ob Frisch- oder Trockendroge) soll ferner Gallo- und Ellagitannine enthalten;[8,23] strukturell aufgeklärt werden konnte die als Isovalonsäure bezeichnete Verbindung.[43]

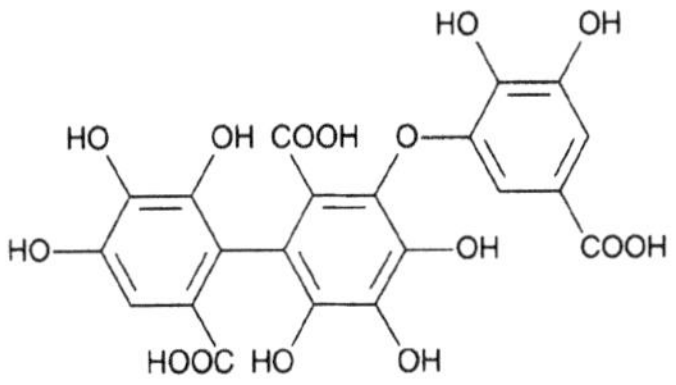

Isovalonsäure

Verbreitung: Europa, Vorderasien bis zum Altai und Himalaya, Ostasien, Nordafrika bis Abessinien, Südafrika (Natal). An Ufern und Gräben, auf feuchten Wiesen, an Ruderalplätzen. Von der Ebene bis in die Bergstufe.[7]

Drogen: Epilobium-hirsutum-Kraut.

Epilobium-hirsutum-Kraut

Sonstige Bezeichnungen: Dt.: Kraut des rauhhaarigen Weidenröschens, Kraut des zottigen Weidenröschens.

Definition der Droge: Die knapp vor oder während der Blütezeit gesammelten und getrockneten oberirdischen Teile.

Stammpflanzen: *Epilobium hirsutum* L.

Herkunft: Sammlung aus Wildbeständen. Hauptlieferländer sind die mitteleuropäischen Länder.

Gewinnung: Lufttrocknung im Schatten.

Ganzdroge: Stengel 2 bis 8 mm im Durchmesser, rundlich, mit behaarten Linien und zarten Leisten, mäßig bis mittelstark mit abstehenden Drüsen- und Deckhaaren besetzt. Laubblätter länglich-eiförmig, durchschnittlich ca. 7 cm lang und ca. 1,5 cm breit, im trockenen Zustand mit umgerolltem, dicht und stark gezähntem Blattrand. Blattflächen mit wenigen, aber bis zu 1 mm langen, glatten, geraden Deckhaaren und zahlreichen Drüsenhaaren besetzt. Am Blattrand und über dem Hauptnerv gerade Deckhaare und wenige Drüsenhaare. Einzelblüten rotviolett. Länge der Petalen bis zu ca. 1,7 cm, der Sepalen ca. 10 mm. Letztere in eine große, hornartige Spitze zusammengezogen. Früchte bis zu ca. 8,5 cm lang. Samen birnenförmig, ca. 1 bis 1,2 mm lang, mit großen Papillen bedeckt.[41]

Schnittdroge: *Geruch.* Uncharakteristisch.
Geschmack. Schwach adstringierend.
Makroskopische Beschreibung. Im Gesamteindruck grünlichbraun. Stengelstücke rundlich, 2 bis 8 mm im Durchmesser. Blattfragmente oberseits dunkelgrün, unterseits etwas heller. Kelchblätter in eine große hornartige Spitze zusammengezogen. Kronblätter rotviolett, stark aderig. Narbe viertei-

lig. Fruchtwand mit Drüsenhaaren. Samen ca. 1 bis 1,2 mm lang, ohne Anhängsel.
Mikroskopisches Bild. Blatt bifacial, Epidermiszellen klein, mäßig bis stark wellig-buchtig. Keine Cuticularstreifung. Spaltöffnungen an der Oberseite sehr selten, an der Unterseite etwas häufiger. Im Mesophyll vorwiegend kurze und weniger häufig mittlere bis lange (150 bis 200 μm) Idioblasten (Schleimzellen), die kurze bis lange Raphidenbündel führen. An den Kelchblättern zahlreiche schlauchförmige Haare, im Mesophyll häufig Schleimzellen. Die Kronblätter zeigen im Mesophyll nicht-zellfüllende Raphiden. Narbe nur innen mit mehrzelligen Haaren bedeckt. Exocarp mit Drüsenhaaren. Samenoberhaut dicht mit Papillen bedeckt. Testazellen isodiametrisch bis deutlich rechteckig.[41]

Verfälschungen/Verwechslungen: In der Literatur finden sich keine Hinweise auf etwaige Verfälschungen.

Minderqualitäten: In der Droge sollte der Anteil an derben Stengelstücken gering sein.

Inhaltsstoffe: *Flavonoide.* Es wurden die gleichen Verbindungen wie in den frischen Blättern und Blüten nachgewiesen (s. *E. hirsutum*).[17]
Gerbstoffe, Sterole, Triterpensäuren s. *E. hirsutum.*

Volkstümliche Anwendung und andere Anwendungsgebiete: In Afrika zur Behandlung eiternder Geschwüre; in China bei Menstruationsstörungen.[38]
Die Wirksamkeit bei den genannten Anwendungen ist gegenwärtig nicht belegt.

Sonst. Verwendung: *Haushalt.* Als Teesurrogat (= Kopnischer Tee) und Gemüse.

Epilobium palustre L.

Synonyme: *Epilobium scaturiginum* KERNER, *E. schmidtianum* ROSTKOV.

Sonstige Bezeichnungen: Dt.: Sumpf-Eberich, Sumpf-Weidenröschen; frz.: Epilobe des marais.

Systematik: An systematisch wichtigeren Formen werden genannt: Var. *fontanum* HAUSSKN., var. *heterophyllum* RUBNER, var. *lapponicum* HAUSSKN., var. *lavandulifolium* LECQ. et LAMOTTE, var. *monticolum* HAUSSKN. und var. *pilosum* HAUSSKN.[7]

Botanische Beschreibung: Ausdauernde, 10 bis 50 cm hohe Staude von sehr unterschiedlichem Aussehen. Kleinere Exemplare meist unverzweigt und wenigblütig, großwüchsige Pflanzen haben dagegen in der Regel von der Basis an zahlreiche Seitenzweige und sind daher vielblütig. Gegenständige Beblätterung. Stengel meist mit zwei deutlich behaarten Leisten und zusätzlich oft noch zwei weiteren unbehaarten Leisten. Seltener nur Haarlinien am Stengel. Stengelflächen vor allem im oberen Teil anliegend behaart. Als Überwinterungsorgane etwa 0,5 bis 1,5 cm lange, eiförmige Knospen am Ende von sehr dünnen (unter 1 mm), entfernt beblätterten und langen Ausläufern. Blätter länglich lanzettlich, ca. 1 bis 7 cm lang und ca. 0,3 bis 1,5 cm breit, an der Basis keilig verschmälert, sitzend bis kurz gestielt. Blattrand immer nach unten umgerollt und glatt bis ganz entfernt und klein gezähnt. Hauptnerv oberseits und unterseits ebenso wie der Blattrand dicht mit gekrümmten und deutlich gewarzten Deckhaaren besetzt; dazwischen eingestreut Drüsenhaare. Besonders auffällig die regelmäßig vorhandene Behaarung der Blattoberseite. Blüten actinomorph, hellrosa bis weiß und relativ klein, Petalen 5,5 bis 8 mm. Kelchblätter am Ende stumpf oder etwas zugespitzt. Pro Blüte jeweils zwei Kelchblätter spitzer als die beiden anderen, oberseits und am Rande vielzellige, oft rötlich gefärbte Gliederhaare, unterseits schwach bis mäßig stark mit Deck- und Drüsenhaaren besetzt.[41]

Inhaltsstoffe: *Flavonoide.* Oberirdische Teile: Frische Blätter enthalten geringe Mengen der freien Flavonolaglyka Myricetin und Quercetin, geringe Mengen der Flavonolglykoside Hyperosid, Isoquercitrin, Myricitrin und Quercetin-3-*O*-α-L-arabinofuranosid, größere Mengen an Guajaverin und Quercitrin sowie als Hauptanteil des Flavonolglykosidgemisches Quercetin-3-*O*-β-D-glucuronid.[11,12,14]
Frische Blüten enthalten keine freien Flavonoidaglyka. Das Flavonoidglykosidmuster gleicht jenem der frischen Blätter, wobei zusätzlich noch Kämpferol-3-*O*-rhamnosid nachgewiesen werden kann und Hyperosid das Hauptglykosid darstellt.[14]
Unterirdische Teile: In den frischen Wurzeln wurden geringe Mengen Guajaverin, Hyperosid, Quercetin-3-*O*-α-L-arabinofuranosid, Quercetin-3-*O*-β-D-glucuronid und Quercitrin gefunden.[14]

Verbreitung: Ganz Europa, Asien südlich bis Kleinasien, Nordpersien, bis zum östlichen Indien, Mongolei, Kamtschatka; nördl. Nordamerika, Labrador, Grönland. In Sumpf- und Torfwiesen, in Wäldern und auf Weiden. Von der Ebene bis in die alpine Stufe.[7]

Drogen: Epilobium palustre hom. *HAB 34.*

Epilobium palustre hom. *HAB 34*

Monographiesammlungen: Epilobium palustre *HAB 34.*

Definition der Droge: Frischer Wurzelstock.

Stammpflanzen: *Epilobium palustre* L. (als *E. palustre* GRAY).

Zubereitungen: Essenz nach §2, *HAB 34*; Eigenschaften: Die Essenz ist von gelber Farbe, ohne besonderen Geruch und bitterem Geschmack.
Darreichungsformen: Urtinktur, flüssige Verdünnungen, Tabletten, Verreibungen, Streukügelchen, flüssige Verdünnungen zur Injektion.[44]

Anwendungsgebiete: Entsprechend dem homöopathischen Arzneimittelbild. Dazu gehört: Durchfall.[44]

Dosierung und Art der Anwendung: Soweit nicht anders verordnet:
Bei akuten Zuständen häufige Anwendung alle halbe bis ganze Stunde je 5 Tropfen oder 1 Tablette oder 10 Streukügelchen oder 1 Messerspitze Verreibung einnehmen; parenteral 1 bis 2 mL bis zu 3mal täglich.
Bei chronischen Verlaufsformen 1- bis 3mal täglich 5 Tropfen oder 1 Tablette oder 10 Streukügelchen oder 1 Messerspitze Verreibung einnehmen; parenteral 1 bis 2 mL pro Tag.[44]

Unerwünschte Wirkungen: Nicht bekannt. Hinweis: Es können vorübergehend Erstverschlimmerungen vorkommen, die jedoch unbedenklich sind.[44]

Gegenanzeigen/Anwendungsbeschr.: Nicht bekannt.[44]

Wechselwirkungen: Nicht bekannt.[44]

Gesetzl. Best.: *Offizielle Monographien.* Aufbereitungsmonographie der Kommission D am BGA "Epilobium palustre".[44]

Epilobium parviflorum SCHREBER

Synonyme: *Epilobium molle* LAM., *E. pubescens* ROTH, *E. rivulare* HEGETSCHW., *E. villosum* CURT.

Sonstige Bezeichnungen: Dt.: Bach-Weidenröschen, kleinblütiges Weidenröschen.

Systematik: Die Art ändert häufig ab und bildet zahlreiche Varietäten und Formen. Die wichtigsten Varietäten sind var. *brevifolium* HAUSSKN. sowie var. *denticulatum* HEPP. ex RUBNER.[7]

Botanische Beschreibung: Ausdauernde, bis 65 cm hohe Staude; etwa die Hälfte aller Nodien mit gegenständiger Beblätterung. Stengel oberwärts verzweigt, seltener unverzweigt, mit zahlreichen Blüten; mäßig bis stark abstehend behaart; mit zwei erhabenen Leisten, die von den Blattnerven ausgehen. Überwinterungsorgane in Form von anfangs sitzenden, später sich verlängernden Rosetten. Blätter ca. 5,5 cm lang und ca. 1,2 cm breit, gestreckt-eiförmig, kurz gestielt oder sitzend. Blüten violett mit durchschnittlich 7,5 mm langen Petalen. Kelchröhre knapp 1 mm. Oberseite der Sepalen am Rand einzellige und an der Region unter der Spitze zwei- bis dreizellige Haare. Die Unterseite spärlich bis mäßig stark mit Deck- und Drüsenhaaren besetzt.[41]

Inhaltsstoffe: *Flavonoide.* Oberirdische Teile: In frischen Blättern wurden geringe Mengen der Flavonolaglyka Kämpferol, Myricetin und Quercetin sowie der Glykoside Kämpferol-3-*O*-rhamnosid und Quercetin-3-*O*-α-L-arabinofuranosid sowie größere Mengen von Guajaverin, Quercetin-3-*O*-β-D-glucuronid und Quercitrin (Hauptkomponente) gefunden.[14]
In den frischen Blüten wurden die gleichen Flavonoide nachgewiesen, jedoch in geringeren Mengen.[14]
Unterirdische Teile: In den frischen Wurzeln konnten lediglich geringe Mengen Guajaverin, Quercitrin und Hyperosid festgestellt werden.[14]
Sterole. In der Frischpflanze wurden die gleichen Verbindungen wie in der getrockneten Pflanze nachgewiesen (s. E.-parviflorum-Kraut).[17]

Verbreitung: Europa, Vorder- und Mittelasien, Nordafrika, eingeschleppt in Nordamerika. Meist an Bachufern und Gräben, an feuchten Ruderalplätzen. Von der Ebene bis in die obere Bergstufe.[7]

Drogen: Epilobium-parviflorum-Kraut.

Epilobium-parviflorum-Kraut

Sonstige Bezeichnungen: Dt.: Bach-Weidenröschen-Kraut, Kraut des kleinblütigen Weidenröschens.

Definition der Droge: Die knapp vor oder während der Blüte gesammelten und getrockneten oberirdischen Teile.

Stammpflanzen: *Epilobium parviflorum* SCHREBER.

Herkunft: Sammlung aus Wildbeständen; Hauptlieferländer sind die mittel-, südost- und osteuropäischen Länder.

Gewinnung: Lufttrocknung im Schatten.

Ganzdroge: Stengel 2 bis 5 mm im Durchmesser, rundlich, oberwärts verzweigt, mäßig bis stark abstehend behaart. Blätter etwa 5,5 cm lang und ca. 1,2 cm breit; Rand dicht kleingezähnt. Beide Blattflächen behaart. Blüte violett, Blütenblätter ca. 7,5 mm lang, Kelchblätter ca. 4 mm lang, behaart. Griffel nicht behaart, Narbe deutlich vierspaltig. Kapsel ca. 5,5 cm lang, an den Flächen drüsig behaart. Samen klein, ca. 1 mm lang, birnenförmig.[41]

Schnittdroge: *Geruch.* Uncharakteristisch.
Geschmack. Schwach adstringierend.
Makroskopische Beschreibung. Im Gesamteindruck grünlich-braun. Stengelstücke rundlich, 2 bis 5 mm im Durchmesser. Relativ häufig Stücke mit Verzweigungen. Blattfragmente oberseits dunkelgrün, unterseits etwas heller, beiderseits behaart. Blüten violett, Kelchblattfragmente behaart. Vereinzelt Fragmente der Fruchtwand. Samen ca. 1 mm lang, birnenförmig.
Mikroskopisches Bild. Blattquerschnitt bifacial, Epidermiszellen oberseits etwas schwächer welligbuchtig als unterseits. Spaltöffnungen oberseits selten, unterseits häufig. Cuticula glatt bis gestreift. Ca. 0,5 mm lange, meist gerade Deckhaare an beiden Blattflächen. Keine Drüsenhaare. Im Mesophyll vorwiegend kurze und mittellange Idioblasten (Schleimzellen) mit kurzen bis langen Raphidenbündeln. Kronblätter unbehaart mit nicht-zellfüllenden Raphiden. Kelchblätter mit Deck- und Schlauchhaaren, Raphiden zellfüllend. Samen oberseits papillös.[5,41]

Verfälschungen/Verwechslungen: Im Drogenhandel werden unter der Bezeichnung "kleinblütiges

Weidenröschen" unter Umständen auch andere kleinblütige Epilobium-Arten gemeint, z. B. *E. adenocaulon* HAUSSKN., *E. montanum* L., *E. palustre* L., *E. tetragonum* L. Zur Unterscheidung dienen anatomische Charakteristika. Die bekannte Neigung zur Bastardbildung innerhalb des Genus Epilobium erschwert die Erkennung von Verfälschungen zusätzlich.[5]

Minderqualitäten: In der Droge sollte der Anteil an derben Stengelstücken gering sein.

Inhaltsstoffe: *Flavonoide.* Die getrocknete Droge enthält ca. 1,5 % Flavonolglykoside.[14] Es kommen die gleichen Verbindungen wie in den frischen Blättern und Blüten vor (s. *E. parviflorum*).[17]
Sterole. Aus der getrockneten Ganzpflanze wurden β-Sitosterol, β-Sitosterolcaprat, β-Sitosterolcaproat, β-Sitosterolcaprylat, β-Sitosterol-β-D-glucosid, β-Sitosterolpalmitat, β-Sitosterol-6'-*O*-palmitoyl-β-D-glucosid, β-Sitosterolpropionat und β-Sitosterol-6'-*O*-stearyl-β-D-glucosid isoliert. Die Gesamtmenge an β-Sitosterolderivaten, ber. als β-Sitosterol, beträgt 0,55 %, bez. auf das Trockengewicht. Untersuchungen zur Verteilung der β-Sitosterolderivate in verschiedenen getrockneten Pflanzenteilen (Blatt, Blüte, Samen, Stengel) ergaben folgendes: Die Blätter enthalten alle oben angegebenen β-Sitosterolverb., die Blüten alle außer β-Sitosterolpropionat, die Samen alle außer β-Sitosterolcaproat und -propionat, während die Stengel nur β-Sitosterol, β-Sitosterol-β-D-glucosid und die beiden β-Sitosterol-6'-*O*-acyl-β-D-glucoside enthalten; Freies β-Sitosterol ist in allen Pflanzenorganen die Hauptverbindung, wobei die Konzentration in den Blättern am höchsten ist (keine Zahlenangaben).[16]

Volkstümliche Anwendung und andere Anwendungsgebiete: Auszüge aus den getrockneten, vor oder während der Blütezeit geernteten, oberirdischen Pflanzenteilen werden gegen benigne Prostatahyperplasie (Prostataadenom) angewandt.
Die Wirksamkeit bei der genannten Anwendung ist gegenwärtig nicht belegt.

1. Haussknecht K (1884) Monographie der Gattung Epilobium, Gustav Fischer Verlag, Jena
2. Leveille H (1910) Iconographie du genre Epilobium, Le Mans
3. FEu (1968) Bd. 2, S. 308–311
4. Raven H (1976) Ann Miss Bot Gard 63:326–340
5. Wichtl M, Tadros W (1982) Dtsch Apoth Ztg 122:2.593–2.598
6. Saukel J (1982) Sci Pharm 50:179–200
7. Heg (1975) Bd. 5, Teil 2, S. 806–818, 823–827, 839–842, 1.560
8. Hgn, Bd. IX, S. 150–156
9. Saukel J (1983) Sci Pharm 51:115–132
10. Hiermann A, Reidlinger M, Juan H, Sametz W (1991) Planta Med 57:357–360
11. Averett JE, Raven PH, Becker H (1978) Am J Bot 65:567–570
12. Denford KE (1980) Experientia 36:299–300
13. Reynaud J, Becchi M, Carrier M, Raynaud J (1982) Plantes méd et phytothér 16:120–121
14. Hiermann A (1983) Sci Pharm 51:158–167
15. Hiermann A (1984) Sci Pharm 52:124–126
16. Hiermann A, Mayr K (1985) Sci Pharm 53:39–44
17. Hiermann A Nichtpublizierte Ergebnisse
18. Huneck S (1967) Phytochemistry 6:1.149–1.150
19. Hooper SN, Chandler RF (1985) J Ethnopharmacol 10:181–194
20. Jones E, Hughes RE (1983) Phytochemistry 22:2.493–2.499
21. Chandler RF, Hooper SN (1979) Can J Pharm Sci 14:103–106
22. Brown BR, Brown PE, Pike WT (1966) Biochem J 100:733–738
23. Hgn, Bd. V, S. 222–226
24. Gupta RK et al (1982) J Chem Soc Perkin I:2.525, zit. nach Lit.[6]
25. Pukhalskaya EK, Petrova MF, Kibal Chich PN, Denisova SI, Alieva TA, Perepelkina LD (1970) Antibiotiki (Moskau) 15:782
26. Pukhalskaya EK, Chernyakhovskaya IYU, Petrova MF, Denisova SI, Alieva TA (1975) Neoplasma 22:29–37
27. Glen AT, Lawrie W, McLean J, El-Garby Younes M (1967) J Chem Soc (C):510–515
28. Kartnig T, Bucar F, Charzewski H, Melcher R (1987) Sci Pharm 55:147–158
29. Hiermann A, Juan H, Sametz W (1986) J Ethnopharmacol 17:161–169
30. Juan H, Sametz W, Hiermann A (1988) Agents and Actions 23:106–107
31. Hiermann A (1987) Sci Pharm 55:111–117
32. Juan H, Sametz W (1983) Naunyn-Schmiedeberg's Arch Pharamcol 324:207–211
33. Chantrill BH, Coulthard CD, Dickinson L, Inkley GW, Morris W, Pyle AH (1952) J Gen Microbiol 6:74–84
34. Csedö C, Kerekes I, Racz G (1974) Cercetari in vederea valorificarii terapeutice a speciei Epilobium angustifolium L. In: Note Botanice Fasc. X
35. Moskalenko SA (1986) J Ethnopharmacol 15:231–259
36. Syrkin AB, Yuskov SF, Postolnicov SF (1977) Am Assoc Cancer Res 18:44
37. Hart JA (1981) J Ethnopharmacol 4:1–55
38. Kong YC, Xie JX, But PPH (1986) J Ethnopharmacol 15:1–44
39. Csedö C, Fülop L, Domokos L, Balazs L (1979) Planta Med 36:287–288
40. Varlakov MN (1946) Farmatsiya 9:24
41. Saukel J (1983) Sci Pharm 51:132–158
42. De Pascual Teresa J, Corrales B, Grande M (1979) An Quim 75:135, zit. nach CA 91:57219m
43. Rakhmadieva SB, Bikbulatova TN, Chumbalov TK (1979) Khimiya Prirodnykh Soedinenii 5:731, zit. nach CA 94:80218f
44. BAz Nr. 109a vom 16.06.1987

Ka/HB

Equisetum

HN: 2003000

Familie: Equisetaceae.

Gattungsgliederung: Die Gattung Equisetum L. besteht aus 15 reinen, rezenten Arten und gliedert sich in zwei Untergattungen:
- Subgenus Equisetum, unterteilt in die Sektionen Equisetum mit *E. bogotense* H. B. K., *E. diffu-*

sum DON., *E. fluviatile* L., *E. palustre* L., *E. telmateia* EHRH. und Heterophyadica mit *E. arvense* L., *E. sylvaticum* L. und *E. pratense* EHRH.
- Subgenus Hippochaete, unterteilt in die Sektionen Ambigua mit *E. laevigatum* A. BR., *E. myriochaetum* SCHLECHT. et CHAM., *E. ramosissimum* DESF., Hippochaete, gegliedert in die Subsektionen Homocormia mit *E. scirpoides* MICHX. und *E. variegatum* SCHLEICH. und Perennantia mit *E. hyemale* L. und Incunabula mit *E. giganteum* L.[1,2]

Gattungsmerkmale: Pflanzen ausdauernd, krautig, mit tief wurzelndem Rhizom und reich verzweigten Wurzeln. Die meist einjährigen, dichte Bestände bildenden Sprosse aus Gliedern aufgebaut, die oberirdischen längs gerippt und gefurcht. Blätter klein, einfach einnervig, an den Nodien quirlständig. Seitensprosse zwischen je zwei Blättern aus den Furchen des Scheidengrundes entspringend, die Scheide durchbrechend, meist schwächer als der Hauptsproß. Sporophyllstand endständig, mit vielen quirlständigen Sporangiophoren (= Sporophyllen) übereinander, diese gestielt, schildförmig, mit 5 bis 12 ungestielten Sporangien am Rande der Unterseite.[46]

Verbreitung: In fast allen Kontinenten mit Ausnahme von Australien, Tasmanien und Neuseeland. Hauptverbreitungsgebiet in den temperierten Zonen Eurasiens und Amerikas. Die meisten Arten der Untergattung Hippochaete in den tropischen Gebieten; Arten der Untergattung Equisetum in extratropischen Gebieten.[46]

Inhaltsstoffgruppen: Kieselsäure; Alkaloide in geringen Mengen: Nicotin, 3-Methoxypyridin, Palustrin, Desoxypalustrin, Palustridin; Polyphenole, vor allem Flavonoidglykoside des Quercetin-, Kämpferol- und Apigenintypus, daneben Herbacetin- und Gossypetinglykoside; ungesättigte Fettsäuren wie Hexatriensäure und Oktatriensäure (Linolensäure); Saponine nach neueren Untersuchungen nicht vorhanden.[3,4,47]

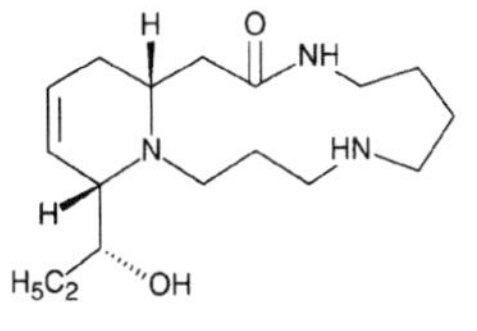

Palustrin

Drogenliefernde Arten: *E. arvense*: Equiseti herba, Equisetum arvense hom. *HAB34*, Equisetum arvense hom. *PFX.*, Equisetum arvense hom. *HPUS88*; *E. fluviatile*: Equisetum-fluviatile-Kraut, Equisetum limosum hom. *HAB34*; *E. hyemale*: Equisetum-hyemale-Kraut, Equisetum hiemale hom. *HAB34*, Equisetum hiemale hom. *PFX.*, Equisetum hyemale hom. *HPUS88*.

Equisetum arvense L.

Synonyme: *Allosites arvense* BRONGN., *Equisetum boreale* (L.) BÖRNER.[46]

Sonstige Bezeichnungen: Dt.: Ackerschachtelhalm, Bandwisch, Katzenschwanz, Katzenwedel, Pferdeschwanz, Schachtelhalm, Schafheu, Schafstroh, Scheuergras, Zinngras; engl.: Horse-tail, Horse willow, Scouring rush, Shave grass, Toadpipe; frz.: Prêle de champs; holl.: Kattenstaart; it.: Equiseto dei campi; pol.: Koniogon; span.: Cola de caballo.

Systematik: Die taxonomische Bewertung wird unterschiedlich vorgenommen. Einerseits finden sich in der Literatur 188 verschiedene infraspezifische Taxa, andererseits wird eine Unterteilung nicht vorgenommen.[2,5]

Botanische Beschreibung: 4 bis 40 cm hohe Pflanzen mit bis zu 2 m tiefem Wurzelgeflecht. Fertile und sterile Sprosse einjährig, verschieden gestaltet, nicht gleichzeitig erscheinend. Fertiler Sproß unverzweigt, hellbraun bis rötlich, mit charakteristischen bräunlichen, zapfenförmigen Sporophyllständen, in denen die schildförmigen Sporophylle quirlförmig angeordnet sind. Blattscheiden bis zu 2 cm lang, etwas aufgeblasen und glockenförmig. Steriler Sproß grün, schwach rauh, im Halm ähnlich gebaut, besitzt aber aus den Internodien hervorgehende quirlige, vier-, selten fünfflügelige Seitenäste.

Verwechslungen: In Naßwiesen sowie an wechselfeuchten Standorten kann *E. arvense* vergesellschaftet mit *E. palustre* (= Sumpfschachtelhalm) auftreten, das wegen seines Gehaltes an Spermidin-Alkaloiden, insbesondere Palustrin (s. Inhaltsstoffgruppen der Gattung Equisetum), als toxisch gilt.[6] Eine Differenzierung kann insofern vorgenommen werden, als bei *E. arvense* das erste Internodium des Seitenastes länger als die dazugehörige Blattscheide am Sproß ist.[7] Durch die ausgeprägte morphologische Variabilität und die starke Bastardierungstendenz ist die Gefahr einer Verwechslung infolge der nicht einfachen morphologisch-anatomischen Unterscheidung dennoch relativ groß.

Inhaltsstoffe: In den fertilen Sprossen finden sich als Hauptflavonoid 4'-Protogenkwaninglucosid und Gossypitrin als Nebenflavonoid. In den Sporen Naringenin, Apigenin, Luteolin, Dihydrokämpferol und Dihydroquercetin.[8,9] Sporen und Sporophyllstände enthalten Octacosan-1,28-dicarbonsäure (= Equisetolsäure).[10] Die oberirdischen Organe enthalten das Indanonderivat 4-Hydroxy-6-(2-hydroxyethyl)-2,2,5,7-tetramethyl-indanon.[11]

Verbreitung: Holarktisches Breitgürtelareal von den Gebirgen der warmen Zonen bis weit in die Arktis. In ganz Europa; in Asien in der ganzen ehemaligen UdSSR, südwärts bis zur Türkei, Iran, Himalaja, Mittel- und Nordchina sowie Japan; fehlt in Nordafrika, in Südafrika nur eingeschleppt. In Nordamerika von Alaska und Grönland südwärts bis Texas. In Mitteleuropa ist sie die verbreitetste Art und wächst in allen Gebieten als Ruderal- und

Segetalunkraut, insbesondere auf lehmhaltigen Sandböden.[46]

Drogen: Equiseti herba, Equisetum arvense hom. *HAB34*, Equisetum arvense hom. *PFX*, Equisetum arvense hom. *HPUS88*.

Equiseti herba (Schachtelhalmkraut)

Synonyme: Herba Equiseti.

Sonstige Bezeichnungen: Dt.: Equisetum-arvense-Kraut, Kannenkraut, Pferdeschwanzkraut, Schachtelhalmkraut, Scheuerkraut, Tannenkraut, Zinnkraut; engl.: Herb of field horse-tail, Herb of horsetail; frz.: Prêle; it.: Erba d'equiseto dei campi; span.: Yerba de cola de caballo.

Monographiesammlungen: Equiseti herba *DAB10*, *ÖAB90*, *Helv VII*; Equisetum *BHP83*; Equisetum *MAR29*.

Definition der Droge: Die getrockneten grünen, sterilen Sprosse *DAB10*, *Helv VII*; der in den Sommermonaten gesammelte und getrocknete, sterile Sproß *ÖAB90*.

Stammpflanzen: *Equisetum arvense* L.

Herkunft: Sammlung aus Wildbeständen; Hauptlieferländer sind Rußland, Jugoslawien, Albanien, Ungarn, Polen und China.

Gewinnung: Lufttrocknung im Schatten.

Ganzdroge: Hauptsproß bis 50cm, hohl, 1 bis 3,5mm, selten bis 5mm dick, in 2 bis 6cm lange, durch Knoten getrennte Abschnitte gegliedert, mit 6 bis 19 erhabenen Längsrippen versehen. Alle Knoten des Hauptsprosses und der Seitenzweige von trockenhäutigen Blattscheiden mit dreieckig-lanzettlichen, braunen Zähnen, deren Anzahl mit jener der Rippen übereinstimmt, umhüllt. Die Seitenzweige meist unverzweigt, mit drei bis fünf, meistens vier Längsrippen. Unterstes Internodium der Seitenzweige länger als dazugehörende Scheide am Hauptsproß.[30]

Schnittdroge: *Geschmack.* Schwach salzig und adstringierend.
Geruch. Kaum wahrnehmbar.
Makroskopische Beschreibung. Im Gesamteindruck graugrün. Bruchstücke des Hauptsprosses von 1 bis 5 mm im Durchmesser und etwa 1 cm Länge, hohl, steif, brüchig, mit 6 bis 19 Längsrippen. Dünne, 1 bis 2 cm lange, vierkantige Bruchstücke der markigen Seitenzweige und vereinzelte, ca. 1 cm lange, röhrenförmige mit 6 bis 19 braunen Zähnen besetzte Scheidenstücke.
Mikroskopisches Bild. (s.a. *DAB10* und *ÖAB90*) Hauptsproß im Querschnitt mit deutlicher Ausprägung von Tälern, Rippen und zentraler Markhöhle, die von einem Kreis collateraler Gefäßbündel mit je einer Carinalhöhle umgeben wird; ihre Anzahl entspricht jener der Rippen. Die Endodermis trennt den Gefäßbündelkreis von den außerhalb befindlichen, unter den Tälern liegenden Vallecularhöhlen. In den Rippen unter der Epidermis Bündel englumiger Fasern; darunter chlorophyllhaltiges Palisadengewebe. Epidermiszellen nach außen höckerförmig vorgewölbt, wobei an der Bildung eines Höckers immer zwei Epidermiszellen beteiligt sind, deren gemeinsame Zellwand im Scheitelpunkt des Höckers liegt; Außenwand verdickt. In der Flächenansicht Epidermiszellen stark axial gestreckt mit dicken, leicht welligen Seitenwänden. Die an den Seiten der Rippen in zwei bis drei Längsreihen angeordneten Spaltöffnungen von je zwei Nebenzellen mit leistenförmigen Verdickungen überwölbt; in der Aufsicht senkrecht zum Spalt gestreift. Seitenzweige besitzen weder Markhöhle noch Vallecularhöhlen; im Querschnitt meist vier, selten drei oder fünf gleich stark ausgeprägte Rippen. Täler bis zur Endodermis, im letzten Teil V-förmig zugespitzt.[12]

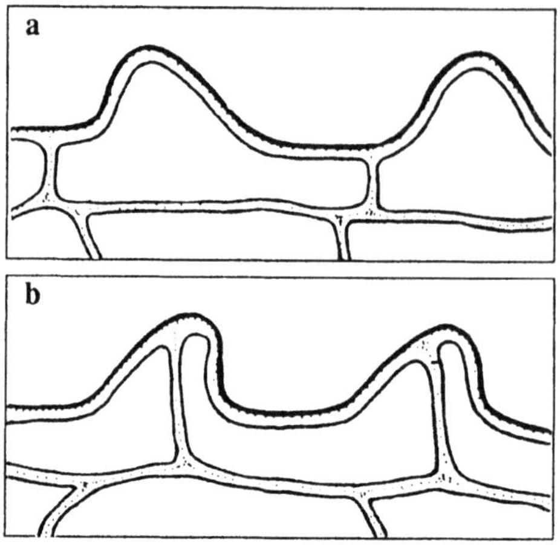

Epidermalhöcker von **a** *E. palustre*, **b** *E. arvense*. Aus Lit.[13]

Pulverdroge: Graugrünes Pulver mit zahlreichen Fragmenten langer, farbloser, englumiger Fasern; Palisadengewebe; Fragmente der dickwandigen Epidermis aus gestreckten Zellen mit leicht welligen Seitenwänden und den typischen, aus zwei Zellen zusammengesetzten Höckern; charakteristische Spaltöffnungen; farblose Längsbruchstücke der Leitbündel aus schmalen, zarten, zum Teil derbwandigen Zellen und einzelnen engen Spiral- und Ringgefäßen sowie Tracheiden.[30]

Verfälschungen/Verwechslungen: Häufig handelt es sich dabei um das Kraut von Hybriden oder anderen Equisetum-Arten, z.B. *E. palustre* L. (s. Abb.), *E. hyemale* L., *E. fluviatile* L., *E. sylvaticum* L. (s.a. Equisetum-hyemale-Kraut).

Minderqualitäten: In der Droge sollten möglichst geringe Anteile des schwärzlichen Rhizoms vorhanden sein.

Inhaltsstoffe: *Anorganische Verbindungen.* Die Droge enthält 5 bis 7,7% Kieselsäure, wovon ein Zehntel in wasserlöslicher Form vorliegt;[15] weiters

1,5% Aluminium- und Kaliumchlorid[16] und Mangan.[17]
Flavonoide. Mengenmäßig überwiegen Kämpferol- und Quercetinglykoside wie Kämpferol-3-*O*-*β*-D-glucosid, Kämpferol-7-*O*-*β*-D-glucosid, Kämpferol-7-*O*-*β*-D-diglucosid (= Equisetrin), Kämpferol-3-*O*,7-*O*-*β*-D-diglucosid und Quercetin-3-*O*-*β*-D-glucosid; daneben Luteolin-5-*O*-*β*-D-glucosid, Apigenin-5-*O*-*β*-D-glucosid und 6-Chlorapigenin.[18–20]
Alkaloide. Geringe Mengen an Alkaloiden wie Nicotin, 3-Methoxypyridin, manchmal Spuren von Palustrin und Nebenalkaloiden.[21–23] Das Vorkommen von Palustrin wird von anderen Autoren nicht bestätigt.[24]
Varia. Das Vorkommen von Equisetonin,[16] einem Saponin, wird nicht bestätigt, vielmehr handelt es sich dabei um ein Gemisch von drei Verbindungen, denen keine Saponin-Eigenschaften zugesprochen werden.[3,25] (s. a. Lit.[6,14])

Identität: Nach *DAB 10* erfolgt die Prüfung mittels DC:
- Untersuchungslösung: Methanolischer Auszug der pulverisierten Droge;
- Referenzsubstanzen: Kaffeesäure (I) und Rutosid (II) (= Rutin);
- Sorptionsmittel: Kieselgel G;
- Fließmittel: Wasser-Essigsäure-1-Butanol (17 + 17 + 66);
- Detektion: Diphenylboryloxyethylamin, Auswertung im UV-365 nm;
- Auswertung: Im Chromatogramm der Untersuchungslösung sind an der Fließmittelfront zwei rot fluoreszierende Zonen (Chlorophyll) sichtbar. Unterhalb der Referenzsubstanz I liegt eine blau fluoreszierende Zone und weitere schwach blau oder braun fluoreszierende Zonen. Im Bereich von Referenzsubstanz II ist eine gelborange bis orangebraune Zone nur schwach zu erkennen. Unterhalb davon liegt eine kräftig gelb bis grünblau fluoreszierende Zone. Zwischen dieser Zone und dem Start befindet sich eine blau fluoreszierende Zone.

Diese Identitätsprüfung ist auf die unterschiedliche Flavonoidführung der einzelnen Equisetum-Arten abgestellt. Eine Zuordnung zu definierten Flavonoiden wird dabei nicht vorgenommen. Da die geographischen Differenzen in der Flavonoidführung nicht berücksichtigt werden, ist eine makro- und mikroskopische Prüfung unerläßlich.[26] Eine verbesserte Auftrennung der Flavonoide kann mit dem Fließmittel Ethylacetat-Ameisensäure-Essigsäure-Wasser (100 + 11 + 11 + 26) erzielt werden.[27] Als alternative Methode bietet sich auch die Erstellung des Flavonoid-Fingerprints mittels HPLC an.[28]

Reinheit:
- Fremde Beimengungen: Höchstens 3% Stücke des schwärzlichen Rhizoms sowie höchstens 2% sonstige fremde Bestandteile *DAB 10*; höchstens 10% Sprosse von Hybriden und anderen Equisetum-Arten, sofern sie nicht bestimmte Eigenschaften aufweisen *DAB 10*; höchstens 1% fremde Beimengungen (schwarze Stengel) *ÖAB 90*; höchstens 5% Stücke des schwarzen Rhizoms und andere fremde Bestandteile *Helv VII*.

  Im *DAB 10* werden nur jene Sprosse von Hybriden und anderen Equisetum-Arten als fremde Beimengungen zugelassen, die nachstehende anatomische Merkmale nicht aufweisen: Sporangienstand an der Spitze der grünen Sprosse; unterstes Internodium der Seitenäste kürzer als zugehörige Scheide am Hauptsproß; Seitenäste fünf- bis sechskantig, sonst wie Hauptsprosse gebaut; Faserbündel nur in den Rippen, nicht in den Tälern und einer Markhöhle, die nur etwa die Größe der Vallecularhöhlen besitzt; einzellige, kegelförmige Höcker.

  Obwohl die Abwesenheit von *E. palustre* nicht ausdrücklich gefordert wird, treffen alle aufgeführten Eigenschaften auf ihn zu.

  Alkaloidführende Equisetum-Arten und -Hybriden werden nach *DAB 10* auch mittels DC ausgeschlossen; im Chromatogramm der Untersuchungslösung (s. Identität) dürfen oberhalb der Referenzsubstanz II keine violett fluoreszierenden Zonen und unterhalb keine zusätzlichen Zonen auftreten.

Eine weitere Prüfung erfolgt nach *DAB 10* ebenfalls mittels DC:
- Untersuchungslösung: Angereicherter Basenextrakt;
- Referenzsubstanz: Nicotin III;
- Sorptionsmittel: Kieselgel G;
- Fließmittel: Ammoniak 10%-Methanol-Dichlormethan (2 + 15 + 83);
- Detektion: Dragendorff-Reagenz, Auswertung im Vis;
- Auswertung: Im Chromatogramm der Untersuchungslösung dürfen außer in der Höhe der Referenzsubstanz keine weiteren orangeroten Zonen auftreten.

  Die ausdrückliche Ausgrenzung der Sprosse von *E. palustre* erfolgt durch makro- und mikroskopische Untersuchung *ÖAB 90* sowie mittels DC *Helv VII*. Eine zusammenfassende anatomische Unterscheidung von *E. arvense* und *E. palustre* ergibt sich aus folgenden Merkmalen: *E. arvense*: Scheidezähne schmal-weißberandet, Asthüllen hell- bis dunkelbraun, unterstes Astglied länger als Stengelscheide, Zentralhöhle größer als Nebenhöhlen, epidermale Höcker von zwei Zellen gebildet. *E. palustre*: Scheidezähne breit, Asthüllen schwarz, unterstes Astglied kürzer als Stengelscheide, Zentralhöhle kleiner als Nebenhöhlen, epidermale Höcker von einer Zelle gebildet.[4,13,29]
- Asche: Höchstens 20% *DAB 10*; 15 bis 20% *ÖAB 90*; säureunlösliche Asche 6 bis 8% *ÖAB 90*; mindestens 15 und höchstens 24% *Helv VII*; nicht mehr als 20% *BHP 83*; säureunlösliche Asche nicht mehr als 10% *BHP 83*.
- Trocknungsverlust: Höchstens 10% *DAB 10*.

Lagerung: Vor Licht geschützt *DAB 10, Helv VII*; vor Licht geschützt, in gut schließenden Behältnissen *ÖAB 90*.

Wirkungen: *Diuretische Wirkung.* Die intragastrale Applikation eines Infuses (2,5 g Droge/100 mL) erhöht bei Ratten (2 mL Infus/100 g Körpergewicht) die Harnmenge nach fünf Stunden um etwa 60%;

methanolische Auszüge um 62%.[31] An Blasenfistelhunden bewirken 5mL eines Heißwasserauszuges (1:2) nach peroraler Applikation eine Steigerung der Harnmenge um 185%. Die harnvermehrende Wirkung wird allerdings als nicht zuverlässig reproduzierbar bewertet.[32]

Anwendungsgebiete: *Innerlich.* Zur Durchspülung bei bakteriellen und entzündlichen Erkrankungen der ableitenden Harnwege und bei Nierengrieß. Bei posttraumatischem und statischem Ödem.[34]
Äußerlich. Zur unterstützenden Behandlung schlecht heilender Wunden.[34]

Dosierung und Art der Anwendung: *Droge.* Gebräuchliche Einzeldosis der Droge. Innerlich: 2bis4g als Infus,[33] 1,5g auf 1 Teetasse.[48] Mittlere Tagesdosis. 6g Droge.[34]
Teebereitung. Zwei bis drei Teelöffel (2bis4g) Schachtelhalmkraut werden in ca. 150mL siedendem Wasser 5bis10min gekocht und nach etwa 15min durch ein Teesieb gegeben. Wenn nicht anders verordnet, wird mehrmals täglich eine Tasse frisch bereiteter Tee zwischen den Mahlzeiten getrunken.[33]
Hinweis: Bei Durchspülungstherapie ist auf reichliche Flüssigkeitszufuhr zu achten.[34]
Äußerlich. Für Umschläge 10g Droge auf 1 L Wasser als Decoct.[34]
Schachtelhalm-Bad. Droge mit heißem Wasser ca. eine Stunde extrahieren und dem Badewasser zusetzen. Die Konzentration soll mindestens 0,3g Extraktivstoffe oder 2g pro Liter Wasser betragen.[35]
Zubereitung. 3mal täglich 1bis4mL Fluidextrakt (1:1 in 25%igem Alkohol).[49]

Volkstümliche Anwendung und andere Anwendungsgebiete: Der Ackerschachtelhalm wird zur Erhöhung des Harnflusses bei Katarrhen im Bereich der Niere und Blase, als blutstillendes Mittel bei zu starken Monatsblutungen der Frau, bei Nasen-, Lungen- und Magenblutung, als Adjuvans bei tuberkulösen Erkrankungen, bei rissigen Fingernägeln und Haarausfall, in Form von Bädern bei Unterleibsleiden der Frau, bei rheumatischen Erkrankungen, Gicht, schlecht heilenden Wunden und Geschwüren, bei Schwellungen und Knochenbrüchen sowie bei Frostschäden.
Die Wirksamkeit bei den meisten der genannten Anwendungen ist gegenwärtig nicht belegt.

Unerwünschte Wirkungen: Keine bekannt.[34]

Gegenanzeigen/Anwendungsbeschr.: Bei innerlicher Anwendung keine bekannt.[34]
Hinweis: Keine Durchspülungstherapie bei Ödemen infolge eingeschränkter Herz- oder Nierentätigkeit.[34] Die äußerliche Anwendung als Vollbad soll bei größeren Hautverletzungen und akuten unklaren Hautkrankheiten, schweren fieberhaften und infektiösen Erkrankungen, Herzinsuffizienz, Hypertonie nur nach Rücksprache mit dem Arzt erfolgen.[35]

Sonst. Verwendung: *Kosmetik.* Als Bestandteil verschiedener Naturkosmetica. *Landwirtschaft.* In der biologischen Schädlingsbekämpfung finden Extrakte und Aufgüsse als Schutz- und Vorbeugemittel gegen Bodenpilzerkrankungen Anwendung.[36]

Gesetzl. Best.: *Standardzulassung.* Standardzulassung Nummer 1239.99.99.[33] *Offizielle Monographien.* Aufbereitungsmonographie der Kommission E am BGA "Equiseti herba (Schachtelhalmkraut)".[34] Aufbereitungsmonographie der Kommission B8 am BGA "Schachtelhalm-Bäder".[35]

Equisetum arvense hom. *HAB 34*

Monographiesammlungen: Equisetum arvense hom. *HAB 34.*

Definition der Droge: Frische, im Spätsommer gesammelte Pflanze mit sterilen Stengeln.

Stammpflanzen: *Equisetum arvense* L.

Zubereitungen: Essenz und flüssige Verdünnungen nach § 1, *HAB 34.* Eigenschaften: Die Essenz ist von gelblich brauner Farbe, ohne besonderen Geruch und Geschmack. Urtinktur und flüssige Verdünnungen nach *HAB 1*, Vorschrift 2a; Darreichungsformen: Urtinktur, flüssige Verdünnungen, Tabletten, Verreibungen, Streukügelchen, flüssige Verdünnungen zur Injektion.[37]

Identität: *Essenz.* Fehlingsche Lösung wird nach Zugabe reduziert.

Gehalt: *Essenz.* Arzneigehalt $^1/_2$.

Anwendungsgebiete: Entsprechend dem homöopathischen Arzneimittelbild. Dazu gehören: Nieren- und Harnwegserkrankungen.[37]

Dosierung und Art der Anwendung: Soweit nicht anders verordnet:
Bei akuten Zuständen häufige Anwendung alle halbe bis ganze Stunde je 5Tropfen oder 1Tablette oder 10Streukügelchen oder 1 Messerspitze Verreibung einnehmen; parenteral 1 bis 2mL bis zu 3mal täglich s.c. injizieren. Bei chronischen Verlaufsformen 1- bis 3mal täglich 5Tropfen oder 1Tablette oder 10Streukügelchen oder 1 Messerspitze Verreibung einnehmen; parenteral 1 bis 2mL pro Tag s.c. injizieren.[37]

Unerwünschte Wirkungen: Nicht bekannt.
Hinweis:Es können vorübergehend Erstverschlimmerungen vorkommen, die jedoch unbedenklich sind.[37]

Gegenanzeigen/Anwendungsbeschr.: Nicht bekannt.[37]

Wechselwirkungen: Nicht bekannt.[37]

Gesetzl. Best.: *Offizielle Monographien.* Aufbereitungsmonographie der Kommision D am BGA "Equisetum arvense".[37]

Equisetum arvense hom. *PFX*

Monographiesammlungen: Equisetum arvense pour préparations homéopathiques *PFX.*

Definition der Droge: Frische, im Sommer geerntete, sterile Sprosse.

Stammpflanzen: *Equisetum arvense* L.

Zubereitungen: Urtinktur nach der Monographie "Préparations Homéopathiques" *PF X*, mit Ethanol 55 % (*V/V*); Eigenschaften: Die Urtinktur ist eine braungrüne Flüssigkeit mit einem schwachen Geruch und süßlichem Geschmack.

Identität: *Droge.* Die Droge muß der makroskopischen Identitätsprüfung entsprechen.
Urtinktur.
- Auf Zusatz von Salzsäure und Magnesiumspänen darf keine braunrote Färbung auftreten.
- Der in verd. Salzsäure aufgenommene Trockenrückstand darf mit Kaliumquecksilberiodidlsg. weder eine Trübung noch einen Niederschlag ergeben.
- Auf Zusatz von Eisen(III)chloridlsg. färbt sich die Urtinktur dunkel braungrün.

Reinheit: *Urtinktur.*
- Ethanolgehalt: Zwischen 50 und 60 % (*V/V*);
- Trockenrückstand: Mindestens 0,70 %.

DC der Urtinktur mit zwei gleich hergestellten Chromatogrammen:
- Sorptionsmittel: Kieselgel G;
- FM: Butanol-Eisessig-Wasser (40 + 10 + 10);
- Detektion: Chromatogramm I: Direktauswertung im UV 365 nm; Besprühen mit Aluminiumchlorid-Reagenz und Auswertung im UV 365 nm; Chromatogramm II: Besprühen mit 10 %iger alkoholischer Schwefelsäure, 10 min auf 100 bis 105 °C erhitzen, Auswertung im Vis;
- Auswertung: Chromatogramm I zeigt vor dem Besprühen im UV 365 nm drei charakteristische blaue und einen roten Fleck; bei Rf 0,30 darf kein brauner Fleck zu sehen sein (Verfälschungen mit Equisetum-hiemale-Urtinktur). Nach dem Besprühen erscheinen im UV 365 nm innerhalb eines definierten Rf-Bereichs vier blaßgelbe Flekke; bei Rf 0,30 darf kein kräftig gelber Fleck zu sehen sein (Verfälschung mit Equisetum-hiemale-Urtinktur). Chromatogramm II zeigt ein charakteristisches Muster von vier kräftig grauen bzw. gelblichgrauen Flecken.

Equisetum arvense hom. *HPUS 88*

Monographiesammlungen: Equisetum arvense *HPUS 88*.

Definition der Droge: Die sterilen Sprosse.

Stammpflanzen: *Equisetum arvense* L.

Zubereitungen: *Urtinktur.* Herstellung durch Mazeration oder Perkolation mit EtOH nach den allg. Zubereitungsvorschriften (Class C) der *HPUS 88*. Ethanolgehalt 45 % (*V/V*).

Gehalt: *Urtinktur.* Arzneigehalt $^{1}/_{10}$.

Equisetum fluviatile L.

Synonyme: *Equisetum fluviatilis* G. F. W. Meyer, *E. heleocharis* Ehrh., *E. heleocharis* var. *fluviatile* (L.) Aschers, *E. lacustre* Opiz, *E. limosum* L.

Sonstige Bezeichnungen: Dt.: Hohlkrökeln, Hollrippe, Hollrusch, Hollrusk, Kornpiepen, Nadeldeisken, Pipandiwik, Schlammschachtelhalm, Teichschachtelhalm, Teichzinnkraut.

Systematik: Die Art ist sehr formenreich, aber die beschriebenen Formen und Varietäten besitzen keinen größeren systematischen Wert.

Botanische Beschreibung: Ausdauernde Pflanze, 20 bis 150 cm hoch mit orangem oder rotem, kahlem Rhizom. Fertile und sterile Sprosse gleich gestaltet und gleichzeitig erscheinend, unverzweigt oder in der Mitte mit unregelmäßigen Quirlen von kurzen, einfachen vier- bis elfrippigen Ästen. Asthüllen glänzend rotbraun. Stengel bis 8 mm dick, glatt, grün, von neun bis 30, selten sechs bis acht schwach hervorragenden Rippen weißlich gestreift. Zentralhöhe sehr weit, 3/4 bis 9/10 des Stengeldurchmessers. Scheiden 15- bis 20zähnig, bis 10 mm lang, eng anliegend, nur die oberste abstehend; alle glänzend, die untersten schwarz und einander genähert, die oberen grün, entfernt. Zähne etwa 1/3 so lang wie die Scheidenröhre, dreieckig-pfriemenförmig, schwarz, mit sehr schmalem, weißem Hautrand. Strobilus 10 bis 20 mm lang, 5 bis 12 mm dick, stumpf, dick gestielt, innen hohl.[46]

Verwechslungen: s. *E. arvense* und *E. hyemale*.

Inhaltsstoffe: Kieselsäure, die Alkaloide Nicotin und Palustrin, die Flavonoide Kämpferol-3-*O*-β-D-glucosid, Kämpferol-7-*O*-β-D-glucosid, Kämpferol-3,7-di-*O*-β-D-glucosid, Kämpferol-3-*O*-β-D-sophorosid-7-*O*-β-D-glucosid, Quercetin-7-*O*-β-D-glucosid, Gossypitrin, Herbacitrin, Apigenin-4'-*O*-β-D-glucosid, Polyensäuren, Dimethylsulfon.[6,18,45]

Verbreitung: Zirkumpolar, von den warm-gemäßigten durch die gemäßigte und kühle, stellenweise bis in die kalte Zone, mit schwach ozeanisch-subozeanischer Verbreitungstendenz. Die Nordgrenze läuft in Eurasien am Eismeer bis Sachalin und Kamtschatka; in Nordamerika von Alaska bis Labrador; die Südgrenze von Südspanien über Mittelitalien, Griechenland, der Nordküste des Schwarzen Meeres zur Mongolei und nach Nordchina. Vor allem auf schlammigem Boden, in Teichen, Gräben, Sümpfen und an Flußufern.[46]

Drogen: Equisetum-fluviatile-Kraut, Equisetum limosum hom. *HAB 34*.

Equisetum-fluviatile-Kraut

Definition der Droge: Die getrockneten fertilen und sterilen Sprossen.

Stammpflanzen: *Equisetum fluviatile* L.

Wirkungen: *Diuretische Wirkung.* Die perorale Applikatioin eines Chloroformextraktes (Droge-Extrakt-Verhältnis = 100:1) erhöht bei Ratten (50 mg Trockenextrakt/100 g Körpergewicht) die Harnmenge innerhalb von zwei Stunden um 107%, innerhalb der nächsten zwei Stunden um 50% und in den darauffolgenden zwei Stunden um 40%. Die Steigerung der Elektrolytausscheidung beträgt innerhalb von sechs Stunden für Na^+ 43,6%, für K^+ 16,9% und für Cl^- 39,9%.[42]

Equisetum limosum hom. *HAB34*

Monographiesammlungen: Equisetum limosum *HAB34.*

Definition der Droge: Frische Pflanze.

Stammpflanzen: *Equisetum fluviatile* L. (als *E. limosum* L.).

Zubereitungen: Essenz nach § 1, *HAB34.*

Gehalt: *Essenz.* Arzneigehalt $^1/_2$.

Equisetum hyemale L.

Synonyme: *E. hiemale* L., *E. zonatum* KÜMMERLE, *Hippochaete hyemalis* (L.) BRUHIN.

Sonstige Bezeichnungen: Dt.: Polir-Schachtelhalm, Scharpruss, Schawrusch, Schawrüske, Winterschachtelhalm; engl.: Dutch rush, Horse tail, Polishing rush, Scouring rush, Shave grass; frz.: Prêle d'hiver; it.: Asprella, Equiseto invernale, Pincheri de legnaiuoli; span.: Equiseto invernal; russ.: Chvoščbol'šoj.

Systematik: Typische Varietäten sind *E. hyemale* var. *hyemale* und *E. hyemale* var. *ramigerum* BRAUN. Es werden viele Formen und Varietäten beschrieben, die aber meistens nur ökologisch bedingte Wuchsformen darstellen.[46]

Botanische Beschreibung: Ausdauernde Pflanze, 30 bis 150 cm hoch, mit federkieldickem Wurzelstock. Fertile und sterile Sprosse gleich gestaltet. Stengel gewöhnlich astlos, meist dunkel- seltener etwas graugrün, rauh und hart. Stengelglieder meist 3 bis 9, seltener bis 18 cm lang. Zähne der Stengelscheiden früh abfallend und einen schwarzen Rand hinterlassend. Die Blattscheiden walzenförmig, die obersten und untersten meist schwarz, die mittleren weißlich, oben und unten mit schwarzem Ring. Das erste Astinternodium ist kürzer als die zum ihm gehörende Scheide.[38,46]

Verwechslungen: Am Standort kann es zu Verwechslungen mit *E. trachyodon* A. BR. (= Rauhzahniger Schachtelhalm), *E. variegatum* SCHLEICH. (= Bunter Schachtelhalm) und *E. fluviatile* L. (= Teich-Schachtelhalm) kommen. Eine Unterscheidung kann an Hand der Blattscheiden, des untersten Internodiums und der Größe der Markhöhle vorgenommen werden. Durch die morphologische Variabilität wird die Identifizierung erschwert.

Verbreitung: Zirkumpolar, von den Gebirgen der warmen bis in die gemäßigte und, besonders auf den Westseiten der Kontinente, bis in die kühle Zone, bei einer ozeanisch-subkontinentalen Verbreitungstendenz. In Europa von Island und Nordskandinavien bis in das nördliche Mittelmeergebiet. Dort nur in den höheren Gebirgen. In Mitteleuropa fast überall verbreitet, insbesondere auf schlammigen Böden, in Teichen, an Flußufern, Sümpfen und Gräben.[46]

Drogen: Equisetum-hyemale-Kraut, Equisetum hiemale hom. *HAB34*, Equisetum hyemale hom. *PFX*, Equisetum hyemale hom. *HPUS88.*

Equisetum-hyemale-Kraut

Synonyme: Herba Equiseti hyemalis.

Sonstige Bezeichnungen: Dt.: Ketelkruut, Scharpruss, Schawrusch, Schawrüske, Schurkrut, Winterschachtelhalmkraut; engl.: Herb of scouring rush; frz.: Herbe de prêle d'hiver; it.: Erba d'equiseto invernale; span.: Yerba d'equiseto invernal.

Definition der Droge: Die getrockneten, fertilen und sterilen Sprosse.

Stammpflanzen: *Equisetum hyemale* L.

Herkunft: Sammlung aus Wildbeständen; Hauptlieferländer sind Rußland und osteuropäische Länder.

Gewinnung: Lufttrocknung im Schatten.

Ganzdroge: Stengel hohl, 2 bis 6 mm dick, mit 18 bis 34, seltener mit 8 bis 34 Längsrippen versehen. Der kegelförmige, 8 bis 15 mm lange, dunkelgraue Sporangienstand sitzt am obersten Stengelglied. Die oberste Scheide ist länger als die darunterliegenden, trichterförmig, um die Basis des Strobilus erweitert und mit schwarzen Zähnen besetzt. Die spärlich vorhandenen Äste sind dünn und sechsrinnig.

Schnittdroge: *Geschmack.* Schwach salzig und adstringierend.
Geruch. Kaum wahrnehmbar.
Makroskopische Beschreibung. Im Gesamteindruck graugrün. Bruchstücke des Stengels von 2 bis 6 mm im Durchmesser und etwa 1 cm Länge, hohl, rauh. Zentralhöhle $^2/_3$ bis $^9/_{10}$ des Stengeldurchmessers. Wenige Bruchstücke der dünnen Äste; Knotenpartien mit Stengelscheiden.
Mikroskopisches Bild. Stengel im Querschnitt mit deutlicher Ausprägung von Tälern, zweikantigen Rippen mit einer Carinalrille und zentraler, sehr weiter Markhöhle. Unter den Tälern liegen Vallecularhöhlen. Die Carinalrillen beiderseits mit je einer Zeile von getrennten oder öfters zusammenfließenden oder zu buckelförmigen Querbändern verschmolzenen Kieselhöckern besetzt. Epidermiszellen kurz, nach außen deutlich vorgewölbt und rund-

lich bis fast spitz zulaufend.[10] In den Rippen englumige Faserbündel.

Pulverdroge: Graugrünes Pulver mit den charakteristischen Epidermiszellen; Fragmente der langen, englumigen Fasern; Spaltöffnungen mit Kieselsäureleisten; Spiral- und Ringgefäße sowie Tracheiden.

Verfälschungen/Verwechslungen: Häufig handelt es sich dabei um das Kraut von Hybriden oder anderen Equisetum-Arten, z.B. *E. arvense* L., *E. sylvaticum* L., *E. fluviatile* L., *E. palustre* L. (s. Equiseti herba).

Minderqualitäten: In der Droge sollten möglichst geringe Anteile des dunklen Rhizoms anwesend sein.

Inhaltsstoffe: *Anorganische Verbindungen.* In der Asche (12 bis 18% des Drogengewichtes) 60 bis 75% Kieselsäure, z.T. ursprünglich in organischer Bindung vorliegend.[39]
Flavonoide. Kämpferol-3,7-di-*O*-β-D-glucosid, Kämpferol-3-*O*-β-D-diglucosid-7-*O*-β-D-glucosid, Kämpferol-3-*O*-β-D-glucosid-7-*O*-β-D-diglucosid, Herbacetin-3-*O*-β-D-diglucosid und Gossypetin-3-*O*-β-D-diglucosid-8-*O*-β-D-glucosid.[12,40]
Alkaloide. Nicotin und geringe Mengen an Palustrin.[21]
Varia. Im Gegensatz zu *E. arvense* keine Equisetolsäure.[10] Das Vorkommen von Saponinen ist nicht gesichert.[41]

Wirkungen: *Diuretische Wirkung.* Die perorale Applikation eines Chloroformextraktes (Droge-Extrakt-Verhältnis = 100:1) aus Pflanzen der var. *affine* erhöht bei Ratten (50 mg Trockenextrakt/100 g Körpergewicht) die Harnmenge innerhalb von zwei Stunden um 180% und in den darauffolgenden zwei Stunden um 60%. Die Steigerung der Elektrolytausscheidung beträgt innerhalb von sechs Stunden für Na^+ 47,0%, für K^+ 19,7% und für Cl^- 35,6%.[42]

Volkstümliche Anwendung und andere Anwendungsgebiete: Der Winterschachtelhalm wird als harntreibendes Mittel bei Erkrankungen der Blase und Niere eingesetzt; weiters gegen Rheumatismus, Gicht, Lebererkrankungen und zur Blutstillung. Die Anwendung ist der von *E. arvense* sehr ähnlich. Besonders in Nordamerika und Rußland wird er an Stelle von *E. arvense* verwendet.
Die Wirksamkeit der Droge bei den genannten Anwendungsgebieten ist gegenwärtig nicht belegt.

Chronische Toxizität: *Tier.* Sehr große Mengen von *E. hyemale*, aber auch von *E. palustre* und *E. fluviatile*, rufen bei Pferden leichte Erregbarkeit, Schwanken und Taumeln (= Taumelkrankheit) sowie eine Lähmung des Hinterteils hervor, bei Schafen außerdem auch Abort und Hämaturie. Ob diese Erscheinungen auf die Anwesenheit der Alkaloide bzw. anderer Inhaltsstoffe oder parasitierende Pilze zurückzuführen ist, ist noch nicht geklärt.[32,43,44]

Sonst. Verwendung: *Haushalt.* Früher wegen des hohen Gehaltes an Kieselsäure zum Reinigen von Gefäßen, Möbeln und Parkettfußböden.

Equisetum hiemale hom. *HAB 34*

Monographiesammlungen: Equisetum hiemale *HAB 34*.

Definition der Droge: Frische Pflanze.

Stammpflanzen: *Equisetum hyemale* L.

Zubereitungen: Essenz und flüssige Verdünnungen nach § 1, *HAB 34*. Eigenschaften: Die Essenz ist von gelblicher Farbe, ohne besonderen Geruch und von etwas süßlichem Geschmack. Urtinktur und flüssige Verdünnungen nach *HAB 1*, Vorschrift 2a; Darreichungsformen: Urtinktur, flüssige Verdünnungen, Tabletten, Verreibungen, Streukügelchen, flüssige Verdünnungen zur Injektion.[37]

Identität: *Essenz.* Eisenchlorid-Lsg. färbt sie schwärzlich, Fehlingsche Lösung wird reduziert.

Gehalt: *Essenz.* Arzneigehalt $^1/_2$.

Anwendungsgebiete: Entsprechend dem homöopathischen Arzneimittelbild. Dazu gehören: Nieren- und Harnwegserkrankungen.[37]

Dosierung und Art der Anwendung: Soweit nicht anders verordnet:
Bei akuten Zuständen häufige Anwendung alle halbe bis ganze Stunde je 5 Tropfen oder 1 Tablette oder 10 Streukügelchen oder 1 Messerspitze Verreibung einnehmen; parenteral 1 bis 2 mL bis zu 3mal täglich s.c. injizieren. Bei chronischen Verlaufsformen 1- bis 3mal täglich 5 Tropfen oder 1 Tablette oder 10 Streukügelchen oder 1 Messerspitze Verreibung einnehmen; parenteral 1 bis 2 mL pro Tag s.c. injizieren.[37]

Unerwünschte Wirkungen: Nicht bekannt.
Hinweis: Es können vorübergehend Erstverschlimmerungen vorkommen, die jedoch unbedenklich sind.[37]

Gegenanzeigen/Anwendungsbeschr.: Nicht bekannt.[37]

Wechselwirkungen: Nicht bekannt.[37]

Gesetzl. Best.: *Offizielle Monographien.* Aufbereitungsmonographie der Kommission D am BGA "Equisetum hyemale (Equisetum hiemale)".[37]

Equisetum hiemale hom. *PFX*

Monographiesammlungen: Equisetum hiemale pour préparations homéopathiques *PFX*.

Definition der Droge: Die gegen Ende des Frühjahres geernteten, frischen oberirdischen Teile.

Stammpflanzen: *Equisetum hyemale* L.

Zubereitungen: Urtinktur nach der Monographie "Préparations Homéopathiques" *PFX*, mit Ethanol 55% (*V*/*V*); Eigenschaften: Die Urtinktur ist eine hellgrüne Flüssigkeit mit aromatischem Geruch und frischem Geschmack.

Identität: *Droge.* Die Droge muß der makroskopischen Identitätsprüfung entsprechen.

Urtinktur.
- Auf Zusatz von Salzsäure und Magnesiumspäne tritt eine braunrote Färbung auf.
- Der in verd. Salzsäure aufgenommene Trockenrückstand ergibt mit Kaliumquecksilberiodidlsg. eine leichte Trübung.
- Auf Zusatz von Eisen(III)chloridlsg. färbt sich die Urtinktur braungrün.

Reinheit: *Urtinktur.*
- Ethanolgehalt: Zwischen 50 und 60 % (*V/V*);
- Trockenrückstand: Mindestens 0,70 %.

DC der Urtinktur mit zwei gleich hergestellten Chromatogrammen:
- Sorptionsmittel: Kieselgel G;
- FM: Butanol-Eisessig-Wasser (40 + 10 + 10);
- Detektion: Chromatogramm I: Direktauswertung im UV 365 nm; Besprühen mit Aluminiumchlorid-Reagenz und Auswertung im UV 365 nm; Chromatogramm II: Besprühen mit 10%iger alkoholischer Schwefelsäure, 10 min auf 100 bis 105 °C erhitzen, Auswertung im Vis;
- Auswertung: Chromatogramm I zeigt vor dem Besprühen drei charakteristische blaue, einen braunen und einen roten Fleck mit definierten Rf-Werten; bei Rf 0,30 darf kein blauer Fleck zu sehen sein (Verfälschung mit Equisetum-arvense-Urtinktur). Nach dem Besprühen erscheinen im UV 365 nm ein gelber und ein kräftig gelber Fleck; bei Rf 0,30 darf kein blaßgelber Fleck zu sehen sein (Verfälschung mit Equisetum-arvense-Urtinktur). Chromatogramm II zeigt ein charakteristisches Muster von kräftig grauen, gelblichen und violetten Flecken.

Equisetum hyemale hom. *HPUS 88*

Synonyme: Scouring Rush.

Monographiesammlungen: Equisetum hyemale *HPUS 88.*

Definition der Droge: Die ganze Pflanze.

Stammpflanzen: *Equisetum hyemale* L.

Zubereitungen: *Urtinktur.* Herstellung durch Mazeration oder Perkolation der frischen oder getrockneten Droge mit EtOH nach den allg. Zubereitungsvorschriften (Class C) der *HPUS 88.* Ethanolgehalt 65 % (*V/V*).
Medikationen. D1 (1x) und höher.

Gehalt: *Urtinktur.* Arzneigehalt $^1/_{10}$.

1. Hauke RL (1967) Nova Hedwigia 13:81–109
2. Hauke RL (1978) Nova Hedwigia 30:385–455
3. Schneider K, Kubelka W (1989) Sci Pharm 57:214–215
4. Kom, Bd. 3, S. 3.060–3.064
5. Reed CF (1971) Index Equisetorum, Bd. 2, Extantes, Baltimore-Maryland
6. Veit M (1987) Dtsch Apoth Ztg 127):2.049–2.056
7. Veit M (1984) Pharm Ztg 129:2.568–2.570
8. Hauteville M, Chopin J, Geiger H, Schüler L (1981) Tetrahedron 37:377–381
9. Syrchina AI, Voronkov MG, Tyukavkina NA (1975) Khim Prir Soedin (Taschkent):424–425
10. Adams KR, Bonnet R (1971) Phytochemistry 10:1.885–1.890
11. Syrincha AI, Gorenysheva ON, Semerov AA, Biyushkin VN (1978) Chem Nat Compounds 14:432–436
12. Schier W, Lube B (1984) Dtsch Apoth Ztg 126:797–799
13. Frohne D, Pfänder HJ (1982) Giftpflanzen, Wissenschaftliche Verlagsgesellschaft, Stuttgart
14. Harnischfeger G, Stolze H (1983) Bewährte Pflanzendrogen in Wissenschaft und Medizin, Notamed-Verlag, Bad Homburg
15. Luck F (1952) Dissertation, Naturwissenschaftliche Fakultät der Universität München
16. Casparis P, Haas K (1931) Pharm Acta Helv 6:181–187
17. Kühn KC (1952) Dtsch Apoth Ztg 92(:799–800
18. Saleh NAM, Majak W, Towers GHN (1972) Phytochemistry 11:1.095–1.099
19. Syrincha AI, Voronkov MG (1978) Chem Nat Compounds 14:685–686
20. Syrincha AI, Sapesochnaya GG, Tyukavkina NA, Voronkov MG (1980) Chem Nat Compounds 16:356–358
21. Karrer P, Eugster Ch, Patel DK (1949) Helv Chim Acta 32:2.397–2.399
22. Eugster C, Griot R, Karrer P (1953) Helv Chim Acta 36:1.387–1.400
23. Eugster C (1976) Heterocycles 4:51
24. Phillipson JD, Melville C (1960) J Pharm Pharmacol 12:506–508
25. Schirmer K (1988) Dissertation, Naturwissenschaftliche Fakultät der Universität Innsbruck
26. Veit M, Czygan FC (1989) Planta Med 55:214
27. Nagell A (1987) Dtsch Apoth Ztg 127:7–9
28. Veit M, Czygan FC, Frank B, Hofmann D, Worlicek B (1989) Dtsch Apoth Ztg 129:1.591–1.598
29. Schier W, Lube B (1984) Dtsch Apoth Ztg 126:797–799
30. DAB 10
31. Rebuelta M, San Roman L, Serpanillos-Fdez MG (1978) Anal Inst Bot Cavanilles 34:703–714
32. Kreitmair H (1937) Pharmazie 8:298–300
33. Standardzulassungen für Fertigarzneimittel (1987/89) Govi Verlag, Pharmazeutischer Verlag, Deutscher Apotheker Verlag, Frankfurt/Main
34. BAz Nr. 173 vom 18.09.1986
35. BAz Nr. 212 vom 10.11.1989
36. Shoek H (1984) Naturgemäße Pflanzenschutzmittel, Stuttgart
37. BAz Nr. 109a vom 16.06.1987
38. Madaus G (1938) Lehrbuch der biologischen Heilmittel, Vol. II, G. Thieme Verlag, Leipzig
39. Viehoever A, Prusky SC (1938) Am J Pharm 110:99–120
40. Geiger H, Reichert S, Markham R (1982) Z Naturforsch 37b:504–507
41. Schindler H (1955) Inhaltsstoffe und Prüfungsmethoden homöopathisch verwendeter Heilpflanzen, Editio Cantor, Aulendorf
42. Pérez Gutiérrez RM, Yescas Laguna G, Walkowski A (1985) J Ethnopharmacol 14:269–272
43. Lewin L (1929) Gifte und Vergiftungen, Lehrbuch der Toxikologie, 4. Aufl., Georg Stilke, Berlin
44. Rapp WF Jr (1954) Am Fern J 44:148–154
45. Radunz A (1967) Phytochemistry 6:399–406
46. Heg (1984) Bd. I, Teil 1, S. 54–79
47. Hgn, Bd. I, S. 204,244–253,306,475–476; Bd. VII, S. 313,398–400,413–416
48. ÖAB 90
49. BHP 83

AH

Erigeron

HN: 2042900

Die Gattung Erigeron L. sensu stricto ist nahe verwandt mit der Gattung Conyza LESS., so daß sich Schwierigkeiten bei der Abgrenzung dieser beiden Gattungen voneinander ergeben. Früher wurde als vorrangiges Merkmal zur Unterscheidung das Vorhandensein (bei Erigeron) bzw. das Fehlen (bei Conyza) einer Zunge an den weiblichen Randblüten herangezogen. Hierdurch wurden aber offenbar nahe verwandte Arten auseinandergerissen.[1] Erigeron-Arten mit kurzer Zunge (kaum länger als der Pappus), wie z. B. *Erigeron canadensis* L., wurden deshalb später zur Gattung Conyza gestellt,[2] wofür auch embryologische Untersuchungen sprechen.[3] Nach dieser Konzeption wird *Erigeron canadensis* L. unter *Conyza canadensis* (L.) CRONQUIST geführt; s. ds. Hdb. Bd. 4 → Conyza.
Diese Gliederung[1] ermöglicht eine befriedigende Abgrenzung der Conyza- und Erigeron-Arten in Amerika; die in Europa ursprünglich heimischen Arten gehören demnach alle zu Erigeron s. str. Da die Trennung der beiden Gattungen im asiatischen Raum aber nach wie vor schwierig ist, wird bisweilen vorgeschlagen, die Gattungen Conyza und Erigeron gänzlich zu vereinigen.[1]

1. Heg, Bd. VI, Teil 3, S. 74, 102–105
2. Cronquist A (1943) Bull Torrey Bot Club 70:629–632, zit. nach Lit.[1]
3. Harling G (1951) Acta Hort Berg 16:73–120, zit. nach Lit.[1]

HB

Eriocereus

HN: 2041300

Familie: Cactaceae.

Unterfamilie: Cactoideae.

Tribus: Hylocereae.[1]

Subtribus: Nyctocereinae,[1] Linea Harrisiae.[1]

Gattungsgliederung: Die zur Gattung Eriocereus (BERG.) RICC. zählenden Arten wurden bei früheren Autoren zur Sammelgattung Cereus gezählt und als deren Untergattung Cereus MILL. subgenus Eriocereus BERGER aufgefaßt[2] oder pro parte zur Gattung Harrisia BRITT. et ROSE[3] gestellt.
Heute zählen zu dieser Gattung 7 Arten, die in 2 Reihen, Acanthocarpi – mit Stacheln an der Frucht – und Eriocarpi – nur mit Wollfilz behaarte Frucht – angeordnet wurden.[2]

Gattungsmerkmale: Nachtblütige, überlehnende, meist kletternde Säulenkakteen (Cereen) mit verzweigenden Stämmen, mehrrippig bis mehr oder weniger rund oder mehr oder weniger kantig; Blüten groß, trichterförmig mit mehr oder weniger derber Röhre; Kronblätter weiß bis rosa; Griffel und Fruchtknoten behaart, ebenso mehr oder weniger gering, die meist platzende, rote Beerenfrucht, bis auf 2 Arten ohne Stacheln.[2]

Verbreitung: Tropisches Amerika,[4] insbesondere Argentinien, Brasilien, Paraguay, Uruguay.[2]

Inhaltsstoffgruppen: Untersuchungen zu den Inhaltsstoffen der Vertreter der Gattung Eriocereus liegen nicht vor. In neuerer Literatur[5] findet sich kein Hinweis auf das beschriebene Vorkommen des Alkaloids Cerein.[6,7]

Drogenliefernde Arten: *E. bonplandii*: Cereus bonplandii hom. *HAB 34*, Cereus bonplandii hom. *HPUS 88.*

Eriocereus bonplandii (PARM.) RICC.

Synonyme: *Cereus balansaei* K. SCHUM., *C. bonplandii* PARM., *C. bonplandii brevispinus*, *Harrisia bonplandii* (PARM.) BRITT. et ROSE., *H. bonplandii* var. *brevispinus* hort.[2], *Selenicereus bonplandii.*[7]

Botanische Beschreibung: Stämme dünn und weich, zuerst aufrecht, bis 3 m und mehr hoch, manchmal niederliegend, biegend oder kletternd, 3 bis 8 cm im Durchmesser, bläulichgrün, später graugrün; Rippen 4 bis 6, fast gerade, manchmal 4kantig; Furchen flach; Areolen 1,5 bis 3 cm entfernt; Stachel 6 bis 8 manchmal 10, anfangs rot, später grau; Blüten bis 25 cm lang, außen bräunlichgrün; Schuppen an Röhre und Ovarium oft zurückgebogen, wollig; Petalen bis 12 cm lang, 3 cm breit, lanzettlich-spatelig; Staubfäden grünweiß; Griffel grünlich; Frucht 4 bis 6 cm im Durchmesser, karminrot, gehöckert, mit langen Schuppen und Haarfilz; Samen bis 3 mm lang, eiförmig, glänzend schwarz.[2]

Verbreitung: Heimisch in Argentinien, Brasilien und Paraguay.

Anbaugebiete: Kultur in Amerika, unter verschiedenen Namen, die oft fälschlich verwendet werden, z. B. *Cereus actangulus.*[2]

Drogen: Cereus bonplandii hom. *HAB 34*, Cereus bonplandii hom. *HPUS 88.*

Cereus bonplandii hom. *HAB 34*

Synonyme: Eriocereus bonplandii[9], Cactus bonplandii.

Monographiesammlungen: Cereus Bonplandii *HAB 34.*

Definition der Droge: Die frischen Stengel und Blüten.

Stammpflanzen: *Eriocereus bonplandii* (PARM.) RICC.[9] (als *Cereus bonplandii* PARM. im *HAB 34*).

Zubereitungen: Essenz nach § 3, *HAB 34.* Urtinktur und flüssige Verdünnungen nach *HAB 1*, Vorschrift 3a.[9]

Darreichungsformen: Urtinktur, flüssige Verdünnungen, Tabletten, Verreibungen, Streukügelchen, flüssige Verdünnungen zur Injektion.[9]

Gehalt: *Essenz.* Arzneigehalt $^1/_3$.

Anwendungsgebiete: Die Anwendungsgebiete entsprechen dem homöopathischen Arzneimittelbild. Dazu gehören: Augenschmerzen; Angina pectoris.[9]

Dosierung und Art der Anwendung: *Zubereitung.* Soweit nicht anders verordnet: Bei akuten Zuständen häufige Anwendung alle halbe bis ganze Stunde je 5 Tropfen oder 1 Tablette oder 10 Streukügelchen oder 1 Messerspitze Verreibung einnehmen; parenteral 1 bis 2 mL bis zu 3mal täglich s. c. injizieren. Bei chronischen Verlaufsformen 1- bis 5mal täglich 5 Tropfen oder 1 Tablette oder 10 Streukügelchen oder 1 Messerspitze Verreibung einnehmen; parenteral 1 bis 2 mL pro Tag s. c. injizieren.[9]

Unerwünschte Wirkungen: Nicht bekannt. Hinweis: Es können sogenannte Erstverschlimmerungen vorkommen, die jedoch unbedenklich sind.[9]

Gegenanzeigen/Anwendungsbeschr.: Nicht bekannt.[9]

Wechselwirkungen: Nicht bekannt.[9]

Gesetzl. Best.: *Offizielle Monographien.* Aufbereitungsmonographie der Kommission D am BGA "Eriocereus bonplandii (Cereus bonplandii)".[9]

Cereus bonplandii hom. *HPUS 88*

Monographiesammlungen: Cereus bonplandii *HPUS 88.*

Definition der Droge: Die Stengel.

Stammpflanzen: *Eriocereus bonplandii* (PARM.) RICC. (als *Cereus bonplandii* PARM. in *HPUS 88*).

Zubereitungen: *Urtinktur.* Herstellung durch Mazeration oder Perkolation der frischen oder getrockneten Droge mit EtOH nach den allg. Zubereitungsvorschriften (Class D) der *HPUS 88.* Ethanolgehalt 65 % (*V/V*).

Gehalt: *Urtinktur.* Arzneigehalt $^1/_{20}$.

1. Buxbaum F (1958) Madrono 14:177–205
2. Backeberg C (1960) Die Cactaceae, VEB Gustav Fischer Verlag, Jena, S. 2.090–2.097
3. Schultze-Motel J (Hrsg.) (1986) Rudolf Mansfeld, Verzeichnis landwirtschaftlicher und gärtnerischer Kulturpflanzen, 2. Aufl., Springer, Berlin, Heidelberg New York Tokyo, Bd. 1, S. 195
4. HPUS 88
5. Hgn, Bd. 3, S. 324–337, 648–649, 670; Bd. 8, S. 176–183
6. Hag, Bd. 3, S. 815–816
7. Hoppe HA (1975) Drogenkunde, 8. Aufl., de Gruyter-Verlag, Berlin, Bd. 1, S. 988
9. BAz Nr. 109a vom 16.06.1987

NC

Erophila

HN: 2039800

Familie: Brassicaceae (Cruciferae).

Tribus: Drabeae,[1] Alysseae.[2]

Gattungsgliederung: Die Angaben über die Artenzahl der Gattung Erophila DC. variieren beträchtlich. So wird einerseits die Sammelart *E. verna* (L.) CHEVALLIER als einziger Vertreter der Gattung genannt,[3] während demgegenüber in der älteren Literatur (1873) 200 Arten unterschieden wurden.[4] In der neueren Literatur werden 8[1,2,4] oder 10 Arten[5] der Gattung Erophila genannt.
Synonyme des Gattungsnamen sind Draba L. sect. Erophila RCHB., Drabella FOURR. sect. Erophila BUBANI, Gansbium DURAND und Gansblum ADANS.[1,3,4]

Gattungsmerkmale: Einjährige oder einjährig überwinternde kleine Kräuter. Alle Blätter in grundständiger Rosette, breit gestielt, verschieden behaart. Blütentrauben aus den Achseln der Grundblätter, meist blattlos-schaftartig langgestielt, ebensträußig, zur Fruchtzeit sehr verlängert, dann oft mit hin und her gebogener Achse. Blüten klein, dünn gestielt, Kelchblätter aufrecht abstehend, nicht gesackt, stumpf, mit Hautrand. Kronblätter weiß, selten fast rosa, tief zweispaltig, kurz genagelt. Staubblätter 6, Filamente dünn, Antheren kurz-eiförmig, stumpf. Honigdrüsen 4, je eine auf beiden Seiten der kürzeren Staubblätter. Fruchtknoten ellipsoid, mit 10 bis 60 Samenanlagen. Griffel fast fehlend, Narbe flach. Schötchen länglich-elliptisch bis kurz verkehrt-eiförmig, am Grunde verschmälert, flach, aufspringend. Klappen dünn, mit zarten Längsnerven. Scheidewand zart, ohne Fasern, oft unvollständig, mit kleinen polygonalen Epidermiszellen. Samen äußerst klein, zweireihig, an ungleich langen, haardünnen, oft gebogenen Nabelsträngen, eiförmig, flach, unberandet, im feuchten Zustand höckerig. Embryo seitenwurzelig. Eiweißschläuche im Mesophyll der Laubblätter.[1,3]

Verbreitung: Auf Ebenen und Hügeln in fast ganz Europa, Westasien und Nordafrika; eine umstrittene Art in Peru.[1]

Inhaltsstoffgruppen: Bislang liegen nur wenige Angaben über Inhaltsstoffe von Erophila-Arten vor. Schleimstoffe in der Epidermis der Samenschale verschiedener Erophila-Arten.[8]

Drogenliefernde Arten: *E. verna*: Erophila-verna-Kraut.

Erophila verna (L.) CHEVALLIER

Synonyme: *Crucifera erophila* E. H. L. KRAUSE, *Draba verna* L., *Erophila draba* SPENNER, *E. verna* (L.) E. MEYER, *E. vulgaris* DC., *Gansbium vernum* O. KUNTZE.[3,4]

Sonstige Bezeichnungen: Dt.: Frühlings-Hungerblümchen, Gänsekraut, Gemeines Hungerblümchen, Kleines Täschelkraut, Nägelkraut; engl.: Common whitlow grass, nailwort; frz.: Drave printannière, mignonette.

Systematik: *Erophila verna* gilt als formenreiche Sammelart, von der zahlreiche Unterarten, elementare Sippen, Kleinspecies, Klone oder Varietäten bekannt sind. Selbstbestäubung tritt häufig auf, daher wird eine gewisse Konstanz der Kleinarten bewirkt. Es treten an Zahl und Gestalt verschiedene Chromosomensätze innerhalb der Sammelart auf. Chromosomen: n = 7, 12, 15, 16, 17, 18, 20, 26, 29, 32. So werden von *E. verna* etwa die ssp. *macrocarpa* (BOISS. et HELDR.) WALTERS, ssp. *praecox* (STEVEN) WALTERS, ssp. *spathulata* (A. F. LANG) WALTERS und ssp. *verna* unterschieden;[9] zur weiteren Differenzierung s. Lit.[3,4]

Botanische Beschreibung: Einjährig, 2 bis 15 cm hoch. Wurzel spindelförmig, gelblich, reich verzweigt. Laubblätter rosettig, verkehrt-eiförmig bis lanzettlich, stumpf oder spitz, in den Blattstiel verschmälert, ganzrandig oder vorn gezähnt, mit Stern- und Gabelhaaren und oft außerdem mit einfachen Haaren besetzt. Blütenschäfte einzeln oder viele, aufrecht oder bogig aufsteigend, unverzweigt, blattlos, im unteren Teil behaart. Blüten in dichten, ebensträußigen Trauben, die sich bald verlängern, auf 1,5 bis 7 mm langen, kahlen Stielen. Kelchblätter breit-eiförmig, mit weißem oder rötlichem Hautrand, oft am Rücken behaart, 1 bis 2,5 mm lang. Kronblätter weiß oder rötlich, zweispaltig, 1,5 bis 6 mm lang. Staubblätter einfach, die längeren bis 1,75 mm lang. Fruchttraube verlängert, Fruchtstiele 6 bis 20 mm lang. Schötchen länglich bis kreisrund, kahl, 4 bis 25 mm lang, 1,5 bis 6 mm breit. Samen kreisrund, braun, 0,3 bis 0,7 mm lang, meist zahlreich.[3]

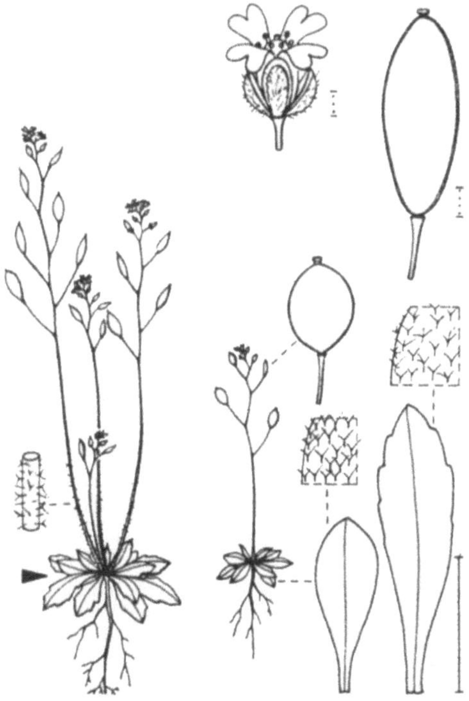

Erophila verna (L.) CHEVALLIER: Links Habitus von ssp. *verna*, rechts außen Rosettenblatt und verlängertes Schötchen von ssp. *verna*, in der Mitte ssp. *spathulata*. Maßstab: Durchgezogene Linie = 1 cm; punktierte Linie = 1 mm. Aus Lit.[10]

Inhaltsstoffe: Schleimstoffe in der Epidermis der Samenschale.[8]

Verbreitung: *Erophila verna* ist im mitteleuropäischen Gebiet weit verbreitet, strahlt auch in das subarktische Europa, das Mediterrangebiet und das zentralasiatische Gebiet hinein; nach Nordamerika verschleppt und dort an vielen Stellen eingebürgert; wächst sehr gesellig auf Brachland, Feldern, Hügeln, Weinbergen, Felsen, unfruchtbarem Wald- und Heideboden, Grasplätzen, Mauern, besonders auf Sand, aber auch auf Kalk; steigt im Gebirge in die subalpine Region; blüht im zeitigen Frühjahr, selten im Herbst noch einmal; wird trotz ihrer Unscheinbarkeit als eine der ersten Frühjahrspflanzen viel beachtet.[4]

Drogen: Erophila-verna-Kraut.

Erophila-verna-Kraut

Synonyme: Herba Bursae pastoris minimae.[3]

Sonstige Bezeichnungen: Dt.: Frühlings-Hungerblümchen-Kraut, Hungerblümchenkraut, Nägelkraut; engl.: Nailwort, whitlow grass.

Definition der Droge: Die zerkleinerten oberirdischen Teile der Pflanze.

Stammpflanzen: *Erophila verna* (L.) CHEVALLIER.

Herkunft: Sammlung aus Wildvorkommen im Verbreitungsgebiet.

Schnittdroge: *Geschmack.* Das Kraut hat einen kresseartigen Geschmack.[4]

Inhaltsstoffe: Es liegen kaum Angaben über Inhaltsstoffe der Droge vor. Lediglich Senföl (ohne weitere Angaben) wird als Inhaltsstoff genannt.[3,6,7]

Wirkungen: Die Droge soll adstringierend und wundheilend wirken.[6] Für die postulierten Wirkungen gibt es keine experimentellen Belege.

Volkstümliche Anwendung und andere Anwendungsgebiete: Die Droge (ohne nähere Angaben) wird bei Nagelgeschwüren angewandt.[6,7] Sie wurde früher wie *Capsella bursa-pastoris* bei Blutflüssen und Malaria gebraucht.[11] Die Wirksamkeit bei den genannten Anwendungsgebieten ist nicht belegt.

1. Schulz OE (1960) Cruciferae. In: Engler A, Prantl K (Hrsg.) Die natürlichen Pflanzenfamilien, 2. Aufl., Nachdruck, Duncker & Humblot, Berlin, Bd. 17b
2. Melchior H (Hrsg.) (1964) A. Engler's Syllabus der Pflanzenfamilien, 12. Aufl., Bornträger, Berlin
3. Heg (1986) Bd. IV, Teil 1, S. 320–327
4. Schulz OE (1957) Cruciferae – Draba et Erophila. In: Engler A (Hrsg.) Das Pflanzenreich, Heft 89 (Neudruck), Engelmann, Weinheim/Bergstr.
5. Mabberley DJ (1989) The plant-book, Cambridge University Press, Cambridge
6. Chopra RN, Nayar SL, Chopra IC (1956) Glossary of Indian medicinal plants, Council of scientific & industrial research, Neu Delhi
7. Ambasta SP (1986) The useful plants of India, Publications & information directorate, Council of scientific & industrial research, Neu Delhi
8. Grubert M (1981) Mucilage or gum in seeds and fruits of angiosperms, Minerva Publikation, München
9. FEu (1964) Bd. 1, S. 312–313
10. Rothmaler W (1987) Exkursionsflora, 6. Aufl., Volk und Wissen, Berlin, Bd. 3
11. Dragendorff G (1898, Nachdruck 1967) Die Heilpflanzen der verschiedenen Völker und Zeiten, Werner Fritsch, München, S. 259

MG

Eryngium

HN: 2027700

Familie: Apiaceae (Umbelliferae).

Unterfamilie: Saniculoideae.

Tribus: Saniculeae.

Gattungsgliederung: Die Gattung Eryngium L. umfaßt etwa 220 bis 230 Arten, die in mehr als 30 Sektionen gruppiert werden. Sie ist innerhalb der Familie nicht nur die artenreichste, sondern auch die vielgestaltigste Gattung. In Europa kommen 26 Arten vor. Ihre Einordnung ist wie folgt: *Eryngium amethystinum* L. und *E. campestre* gehören der Sect. Campestria an, *E. creticum* LAM. und *E. planum* L. werden in die Sect. Plana eingeordnet, während *E. maritimum* L. ein Taxon der Sect. Halobia ist. Die in Nordamerika beheimatete *E. yuccifolium* MICHX. wird in die Sect. Panniculata gestellt.[53,58]

Gattungsmerkmale: Meist einjährige Kräuter oder Stauden, seltener Sträucher. Laubblätter meist flach und in verschiedener Weise zerteilt, zuweilen auch ungeteilt, am Rand steif gewimpert oder dornig, sehr selten röhrig.
Sproß mit endständiger, 3- bis 5strahliger Trugdolde, deren mittlerer, meist sehr kurzer, einfacher, hochblattloser und 1köpfiger Strahl die Hauptachse abschließt. Seitenstrahlen verlängert, wiederholt gabelig verästelt und meist in ein Monochasium auslaufend. Durch die starke Verkürzung des Mittelstrahls erscheinen die Köpfe zuweilen zwischen den Gabelästen sitzend.
Blüten fast oder völlig ungestielt, jede in der Achsel eines Tragblattes, in dichten Köpfen der Ähren, meist zwitterig, weißlich, grünlich oder gefärbt. Kelchzähne ansehnlich, derb, spitz, zugespitzt oder stumpf, der dicke Mittelnerv in eine Stachelspitze oder einen Dorn auslaufend. Kronblätter aufrecht, an der Spitze ausgerandet, in ein ungefähr gleich langes, eingebogenes Läppchen verschmälert. Verbreiterte Griffelpolster umgeben die vom Grunde an fadenförmigen Griffel mit einem erhabenen Rand. Fruchtknoten 2fächerig, eiförmig, verkehrteiförmig oder fast kugelig, meist von verschiedenartig ausgebildeten Schuppen gleichmäßig bedeckt. Teilfrüchte halbstielrund oder abgeflacht, Rippen selten ausgebildet.[53]

Verbreitung: Die Mannigfaltigkeitszentren der Gattung liegen in Mexiko sowie in Südbrasilien und Argentinien; weitere Zentren sind der westmediterrane, der kleinasiatisch-persische und der nordamerikanisch-pazifische Raum.
Von den für die mitteleuropäische Flora in Betracht kommenden, ausgesprochen xeromorphen Arten ist *E. alpinum* L. als westalpin, *E. amethystinum* als mediterran, *E. campestre* als südeuropäisch-pontische Wanderpflanze, *E. planum* als südrussisch-vorderasiatische Stromtalpflanze und *E. maritimum* als mediterran-atlantisch zu bezeichnen.[53]

Inhaltsstoffgruppen: *Ätherisches Öl.* u. a. Feruloyl-, Isoferuloylester; Polyine des Falcarinon-Spektrums (Falcarinon, Falcarinolon, Falcarinol, Falcarindiol).[1]
Triterpensaponine. Die Saponine von *E. amethystinum*,[8] *E. bourgatii* GOUAN.,[9] *E. giganteum* M. B.,[10] *E. maritimum*[11] und *E. planum*[12–17] sind Mono-, Di-, und Triestergemische hochhydroxylierter Aglyka (Barringtogenol C, A_1-Barrigenol, R_1-Barrigenol, Camelliagenin A) mit Angelica-, Tiglin-, Dimethylacryl- und Essigsäure als dominierende Säurekomponenten. Nur bei *E. bromeliifolium* DELAR. wurden Glykoside der Oleanol- und der Betulinsäure beobachtet.[18–21]
Cumarine. Einfache, hydroxylierte Cumarine bzw. Furano- sowie Pyranocumarine sind bisher in 3 Arten nachgewiesen worden (*E. amethystinum*, *E. campestre* einschl. seiner Varietät *E. campestre* var. *virens* (LINK) WEISS (= *E. virens* LINK) und *E. creticum*).[22,23] Systematische Studien über Vorkommen und Verteilung von Cumarinen in der Gattung liegen nicht vor.[54]
Flavonoide. Systematische Untersuchungen liegen nicht vor. Bisher sind Glykoside der Flavonole Kämpferol und Quercetin gefunden worden,[2–4] was mit der Beobachtung übereinstimmt, daß bei den Vertretern der Saniculoideae Flavone fehlen.[54]
Zucker. 1^F-Kestose; offenbar ist die Fähigkeit zur Speicherung des Trisaccharids in den Wurzeln der Eryngium-Arten ein Merkmal zur Abgrenzung von den Vertretern anderer Gattungen, wie z. B. Sanicula L. und Astrantia L.[7,54]

Drogenliefernde Arten: *E. campestre*: Eryngii herba, Eryngii radix; *E. maritimum*: Eryngium-maritimum-Wurzel, Eryngium maritimum hom. *HAB 34*, Eryngium maritimum hom. *HPUS 88*; *E. planum*:

Eryngii plani herba, Eryngii plani radix; *E. yuccifolium*: Eryngium aquaticum hom. *HAB 34*, Eryngium aquaticum hom. *HPUS 88*.

Eryngium campestre L.

Synonyme: *Eryngium amethystinum* COMOLLI nec L., *E. billardieri* MACCH. nec DELAROCHE, *E. officinale* GARSAULT, *E. trifidum* L., *E. vulgare* LAM.[53]

Sonstige Bezeichnungen: Dt.: Brachdistel, Donardistel, Ellend, Feldmannstreu, Krausdistel, Laufdistel, Mannstreu, Radendistel, Rolandsdistel; engl.: Field Eryngo; frz.: Barbe de chèvre, chardon Roland, chardon roulant, panicaut (oder chardon) à cent têtes, pique à l'âne; it.: Calcatreppola, cardostellato, eringio, eringo;[53] port.: Cardo-corredori; span.: Cardo-corredor.[24,25]

Systematik: Die Art gliedert sich in 2 Rassen: var. *eu-campestre* H. WOLFF und var. *virens* (LINK) WEISS.
Innerhalb der var. *eu-campestre* werden mehrere Formen unterschieden: f. *axicum* (GRISEB. pro var. *β*) H. WOLFF, f. *azuerum* LEJ (würde nach De Candolle zu *E. amethystinum* gehören), f. *contractum* MICHELETTI, f. *elegans* MICHELETTI, f. *genuinum* (ROUY et CAMUS pro var.) H. WOLFF, f. *latifolium* (HOFFMGG. et LINK) MARIZ (pro var.), H. WOLFF; f. *littorale* (ROUY et CAMUS pro var.), f. *megacephalum* (POUZOLZ pro var.) H. WOLFF.[53]

Botanische Beschreibung: 0,15 bis über 1 m hohe, ausdauernde, weißlich- oder gelblichgrüne Pflanze mit aufrechtem dickem, gerilltem, sparrigem Stengel, mit den Ästen einen halbkugeligen Busch bildend. Endständige Trugdolde 3- bis 6strahlig, die Seitenstrahlen stark verlängert und ihrerseits bis 5mal trugdoldig 3- bis 4strahlig verästelt, den endständigen Hauptstrahl weit überragend.
Derbe kurzgestielte oder sitzende, oben stengelumfassende, dornig gezähnte Blätter; erste Blätter ungeteilt, länglich, spätere Blätter handförmig fiederschnittig bis doppelt fiederspaltig oder 3zählig-doppelt-fiederspaltig. Blütenstand weitschweifig-ästig; reichblütige Blütenköpfe fast kugelig, bis 15 mm lang. Krone von linealisch-lanzettlichen bis pfriemlichen, in einen stechenden Enddorn auslaufenden Hüllblättern umgeben. Spreublätter ebenfalls linealisch-pfriemlich, in einen langen Dorn verschmälert, mit diesem bis 10 mm lang. Kelchblätter lanzettlich, in dornige Stachelspitze auslaufend, etwa doppelt so lang wie die weißlichen oder graugrünlichen Kronblätter. Frucht zusammengedrückt verkehrt-eiförmig mit fast reihenförmig angeordneten lanzettlichen, spitzen Schuppen. Walzliche dicke, braune, verholzte Wurzel.[53]

Inhaltsstoffe: Ätherisches Öl (ca. 0,09 %) im frischen Kraut.[28]

Verbreitung: Mittelmeergebiet, Mitteleuropa, Balkanländer, südliches Sibirien, Nordafrika, verschleppt in Nordamerika; in Deutschland verbreitet bis zerstreut; insbesondere im Elbtal, Rheintal, Maingebiet; auf kargen Wiesen, Ödland, Weiden, an sandigen Böschungen und Wegrändern; bevorzugt trockene, steinige, sandige, lehmige Substrate.[53]

Drogen: Eryngii herba, Eryngii radix.

Eryngii herba

Synonyme: Herba Eryngii campestris.

Sonstige Bezeichnungen: Dt.: Brachdistelkraut, Feldmannstreukraut, Mannstreukraut.

Definition der Droge: Die getrockneten Blätter und Blüten.[26]

Stammpflanzen: *Eryngium campestre* L.

Inhaltsstoffe: Saponine (keine Mengenangabe);[27] Chlorogensäure (0,16 % in Blüten), Rosmarinsäure (0,12 % in Blättern, 0,17 % in Blüten).[5]

Volkstümliche Anwendung und andere Anwendungsgebiete: Bei Harn- und Blasenleiden; als Adjuvans bei Entzündungen der ableitenden Harnwege; Prostatitis; Bronchialkatarrh.[29] Die Wirksamkeit der Droge bei diesen Indikationen ist nicht belegt.

Sonst. Verwendung: *Haushalt.* Die Blätter werden als Salat benutzt.[30]

Eryngii radix

Synonyme: Radix Eryngii.

Sonstige Bezeichnungen: Dt.: Brachdistelwurzel, Feldmannstreuwurzel, Mannstreuwurzel; frz.: Racine de panicaut; span.: Raiz del cardo-corredor.[24,25,29,30,32]

Definition der Droge: Im Frühjahr und Herbst gesammelte und getrocknete Wurzel bzw. Rhizom.[33]

Stammpflanzen: *Eryngium campestre* L.

Gewinnung: Sammlung aus Wildbeständen. Die Wurzel wird halbiert und an der Luft getrocknet.[33]

Ganzdroge: 10 bis 15 cm lange, 5 bis 10 mm dicke walzliche Stücke, außen grau, braun, runzelig, hökkerig; Rinde schwammig blätterig; Holz strahlig; gedreht-geringelte Form.[32]

Schnittdroge: *Geschmack.* Süßlich scharf, würzig.[32]
Mikroskopisches Bild. Oxalatdrusen und -rhomboide in der Rinde, im Holz Drusen.[32]

Inhaltsstoffe: Saponine (keine Mengenangabe; nur H. I. von 173);[27] Chlorogensäure (0,07 %), Rosmarinsäure (0,32 %);[5] Dihydropyranocumarinderivate vom Xanthyletintyp (auf semipräparativem Wege über HPLC weniger als 0,1 % im Trockenmaterial isoliert): 3'-(*R*)-Hydroxy-3',4'-dihydroxanthyletin (Aegelinol) und dessen Angeloyl- (Agasyllin), Senecioyl- (Grandivittin) und Benzoylester.[22,34]

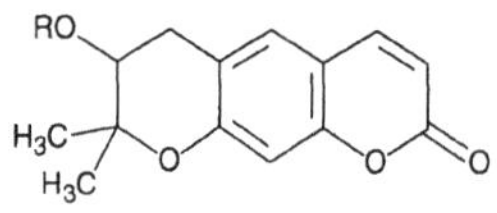

	R
Aegelinol	—H
Agasyllin	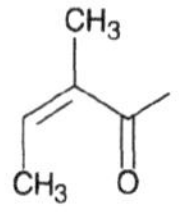
Grandivittin	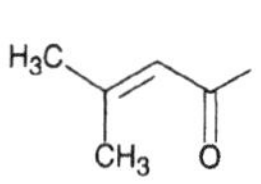
Aegelinolbenzoat	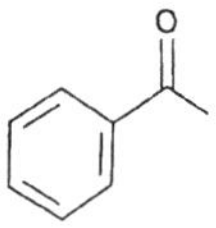

Monoterpenglykoside vom Cyclohexenontyp: 3-(β-D-Glucopyranosyloxymethyl)-2,4,4-trimethyl-2,5-cyclohexadien-1-on, 3-(β-D-Glucopyranosyloxymethyl)-2,4,4-trimethyl-2-cyclohexen-1-on.[35]

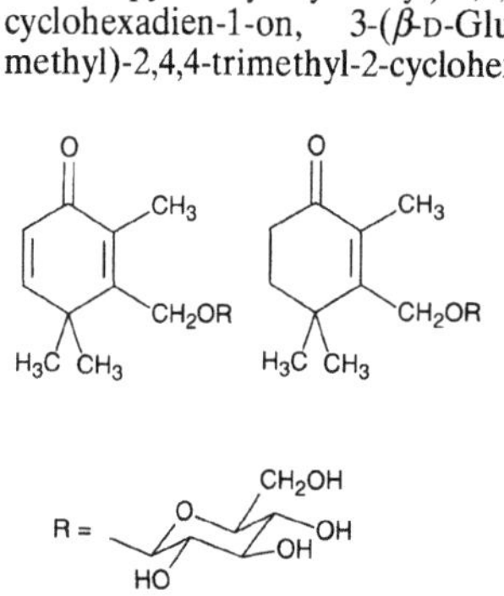

Volkstümliche Anwendung und andere Anwendungsgebiete: Bei Blasen- und Nierensteinen, Nierenkoliken, Entzündungen der Nieren und der Harnwege, Harnverhaltung und bei Ödemen. Weiterhin bei Husten und Bronchitis, bei Hautkrankheiten sowie zum Abstillen.[25,30,36–40] Die Wirksamkeit bei den genannten Anwendungsgebieten ist nicht belegt.

Dosierung und Art der Anwendung: *Droge.* Teebereitung: 1 Kaffeelöffel zerkleinerte Wurzel auf eine Tasse kochendes Wasser;[36] ca. 30 bis 40 g auf 1 L siedendes Wasser;[24,25] bis zum Erkalten ziehen lassen. Es werden 3 bis 4 Tassen täglich getrunken.[36]
Abkochung: 4 Eßlöffel zerkleinerte Wurzel 10 min in 1 L Wasser kochen und 15 min ziehen lassen; 2 bis 3 Tassen am Tag.[36,37] *Zubereitung.* Tinktur: 20 g zerkleinerte Wurzel läßt man 10 Tage in 80 g 60 %igem Alkohol ziehen. 50 bis 60 Tropfen pro Tag auf 3- bis 4mal verteilt.[36]
Fluidextrakt: 2 bis 6 g pro Tag.[37]

Eryngium maritimum L.

Synonyme: *Eryngium marinum* GARSAULT, *E. maritimum tauricum* FISCHER.[53]

Sonstige Bezeichnungen: Dt.: Blaue Dünendistel, Seemannstreu, Seestrand-Mannstreu, Stranddistel; engl.: Sea Holly; frz.: Panicaut maritime; it.: Calcatreppola marina, Erba S. Pietro, Eringio marino.[30,53]

Botanische Beschreibung: Etwa fußhohe zweijährige bis ausdauernde Pflanze, blaß- oder blaugrün, oberwärts oft amethystblau überlaufen. Wurzel schlank-walzlich, knotig oder geringelt. Im Frühjahr eine blaugrüne Blattrosette, im Hochsommer einen aufrechten Stengel treibend, der einen halbkugeligen Busch bildet und in eine 3- bis 4strahlige Trugdolde mit 1- bis 3mal gabelig verzweigten Strahlen ausläuft. Blätter dann steif, dick-lederig, stark und hervortretend netzaderig, knorpelrandig. Grundblätter lang gestielt, nierenförmig bis kreisrundlich, 3- bis 5lappig, buchtig gezähnt, mit kräftigen Dornen, etwa 5 bis 10 cm lang und breit. Stengelblätter kürzer gestielt, 3lappig, sonst wie Grundblätter. Hochblätter sitzend, tiefgeteilt oder auch fast ungeteilt. Weißliche oder bläuliche Blüten stehen in fast kugeligen Köpfen. Hüllblätter groß, elliptisch bis verkehrt-eiförmig, 2 bis 4 cm lang, an der Spitze mit dornigem Lappen. Spreublätter fein 3spitzig, bis 12 mm lang, die Blüten überragend. Kelchzähne eiförmig-lanzettlich, von einem dicken, in eine gleich lange Dornspitze auslaufenden Mittelnerven durchzogen, bis 5 mm lang. Kronblätter länglich und kürzer als Kelchzähne. Frucht 13 bis 15 mm lang, zusammengedrückt-eiförmig, auf dem Rücken mit verkümmerten Stachelchen, an den Seiten mit Schuppen bekleidet.[53]

Inhaltsstoffe: *Flavonolglykoside.* In den oberirdischen Teilen Flavonoide: Kämpferol-3-*O*-β-D-glucosid (Astragalin), Quercetin-3-*O*-β-D-glucosid (Isoquercitrin), Kämpferol-7-*O*-rhamnosyl-3-*O*-glucosid.[41]
Triterpensaponine. In den oberirdischen Teilen Saponine (ca. 6 %[42]): Glykoside der hochhydroxylierten, z. T. mit Angelica- und Tiglinsäure veresterten Triterpenaglyka A_1-Barrigenol, R_1-Barrigenol und Barringtogenol C; weiterhin 22-α-Hydroxyerythrodiol.[11] Mengenangaben und Angaben über Verteilung liegen nicht vor.

Verbreitung: An den europäischen Küsten, am Meeresstrand, auf Dünen. Längs des Atlantischen Ozeans von Portugal bis West-England, Irland bis zu den Shetland-Inseln; Küsten der Nord- und der Ostsee (an der Nordsee selten, an der Ostsee verbreitet), bis Südskandinavien; am Schwarzen Meer; Küsten des Mittelmeeres von Marokko bis Kleinasien, Syrien, Palästina.[53]

Drogen: Eryngium-maritimum-Wurzel, Eryngium maritimum hom. *HAB34*, Eryngium maritimum hom. *HPUS88*.

Eryngium-maritimum-Wurzel

Synonyme: Eryngii maritimi radix, Radix Eryngii maritimi.

Sonstige Bezeichnungen: Engl.: Eringo, Eryngo, Sea Holly.

Monographiesammlungen: Eryngium *BHP83*.

Definition der Droge: Die im Herbst gesammelten, in Stücke geschnittenen und getrockneten Wurzeln.

Stammpflanzen: *Eryngium maritimum* L.

Schnittdroge: *Geschmack.* Süß, schleimig.
Makroskopische Beschreibung. 0,5 bis 4 cm lange und 0,5 cm breite Wurzelstücke; ungeschälte Droge außen schwarzbraun mit Querrunzeln; einige Fragmente tragen stachelige Reste der Blattstiele. Innere Oberfläche cremeweiß, rauh; die Bruchfläche schwammig, grobfaserig mit kleinem, strahligem Holzteil.[55]

Pulverdroge: Cremeweißes Pulver; hauptsächlich Parenchymzellen; in einigen Zellen ovale Stärkekörner; rechteckige Markstrahlzellen enthalten häufig Calciumoxalatkristalldrusen mit einem Durchmesser von 2 bis 10 µm; Gruppen schmaler, weitlumiger, schwach verholzter, am Ende gelegentlich verbreiterter Fasern; Bündel verholzter Spiral- und Ringgefäße; rotbraune Korkzellen.[55]

Wirkungen: *Antiexsudative Wirkung.* Ein lyophilisierter hydrophiler Rohextrakt (getrocknete Droge/30 %iger EtOH 1:3) aus den Wurzeln von *E. maritimum* verminderte ab einer Konzentration von 1.249 mg/kg KG i. p. (entsprechend 4 g getrocknete Droge pro kg KG) das carrageenininduzierte Rattenpfotenödem dosisabhängig. Die Extraktgabe erfolgte unmittelbar vor der Carrageeninapplikation; die prozentuale Ödemhemmung wurde 2, 4 und 6 h nach Ödemauslösung bestimmt. Nach Applikation von 624 mg/kg KG wurde nach 2 und 4 h eine Hemmung des Rattenpfotenödems von 13 % gegenüber einer Kontrollgruppe beobachtet. Nach i. p. Gabe von 1.248 mg/kg KG betrug die Hemmung 59 % ($p < 0{,}01$), 37 % ($p < 0{,}05$) bzw. 42 % ($p < 0{,}05$), bei 2.496 mg/kg KG 77 % ($p < 0{,}01$), 75 % ($p < 0{,}001$) bzw. 76 % ($p < 0{,}001$). Der antiexsudative Effekt war nach i. p. Applikation einer schwach alkalischen Teilfraktion stärker ausgeprägt (93 mg/kg KG: 59 %, 58 % bzw. 47 % ($p < 0{,}001$) Hemmung).[43]
Im Hinblick auf die Anwendung eines Rohextraktes bzw. von Teilfraktionen und die sehr hohe Dosierung sollte hier jedoch ein durch die lokale Reizung möglicherweise hervorgerufener systemischer antiphlogistischer Effekt berücksichtigt werden.[44]

Volkstümliche Anwendung und andere Anwendungsgebiete: Bei Cystitis, Harnröhrenentzündung, Polyurie, Nierensteinen, Nierenkolik, Hämaturie, Prostatitis, Prostatavergrößerung.[55] Die Wirksamkeit bei den genannten Anwendungsgebieten ist nicht belegt.

Dosierung und Art der Anwendung: *Droge.* Gebräuchliche Einzeldosis der Droge: 2 bis 4 g der getrockneten Droge bzw. als Infus, 3mal täglich.[55] Abkochung aus 30 g Wurzel und 75 g Wasser;[45] Teebereitung wie bei Eryngii radix.[25] *Zubereitung.* 2 bis 4 mL Fluidextrakt (1:1 mit 25 %igem Ethanol *V/V*) 3mal täglich.[55]

Sonst. Verwendung: *Haushalt.* Die jungen Wurzelsprosse können wie Spargel genutzt, die Blätter als Salat gegessen werden.[30]

Gesetzl. Best.: *Artenschutz.* Nach der Bundesartenschutzverordnung geschützte Art.

Eryngium maritimum hom. *HAB34*

Sonstige Bezeichnungen: Dt.: Meerstrandsdistel.

Monographiesammlungen: Eryngium maritimum *HAB34.*

Definition der Droge: Frische, blühende Pflanze.

Stammpflanzen: *Eryngium maritimum* L.

Zubereitungen: Essenz nach § 3, *HAB34*; Eigenschaften: Die Essenz ist von grünbrauner Farbe, ohne besonderen Geruch und von unangenehmem Geschmack.

Identität: Essenz mischt sich mit der gleichen Menge Wasser trübe; Eisen(III)chloridlsg. färbt sich dunkler; Fehlingsche Lösung wird reduziert.

Gehalt: *Essenz.* Arzneigehalt $^1/_3$.

Eryngium maritimum hom. *HPUS88*

Monographiesammlungen: Eryngium maritimum *HPUS88.*

Definition der Droge: Die ganze Pflanze.

Stammpflanzen: *Eryngium maritimum* L.

Zubereitungen: *Urtinktur.* Herstellung durch Mazeration oder Perkolation mit EtOH nach den allg. Zubereitungsvorschriften (Class C) der *HPUS88.* Ethanolgehalt 45 % (*V/V*).

Gehalt: *Urtinktur.* Arzneigehalt $^1/_{10}$.

Eryngium planum L.

Synonyme: *Eryngium alpinum* PALLAS nec L., *E. amethystinum* GMELIN, GEORGI, SCHUR nec L., *E. caeruleum* GILIB., *E. intermedium* WEINM., *E. planifolium* PALLAS, *E. pusillum* GILIB.[53]

Sonstige Bezeichnungen: Dt.: Flachblätterige Donardistel, Flachblätterige(r) Mannstreu; engl.: Flatleaved Eryngo.[30,53]

Botanische Beschreibung: Die ausdauernde Pflanze mit sehr tiefgehender, weißer, rübenförmiger Wurzel erreicht eine Höhe bis zu 1 m. Stengel einzeln, steif aufrecht, flachrillig, an der Spitze in 3- bis 5gabelige Trugdolde auslaufend, die Strahlen wiederum ein- bis viermal 3gabelig.
Grundblätter ungeteilt, eiförmig, langgestielt, mit gekerbt-gesägtem Rand und dornigen oder grannenborstigen Zähnen, bis 15 cm lang und 7 cm breit. Untere Stengelblätter kurzgestielt, den Grundblättern gleichend oder seicht gelappt mit tief-gesägten bis einfach-zerschlitzten Lappen. Obere Stengelblätter sitzend, handförmig 3- bis 5teilig, mit gesägten Abschnitten. Der obere Teil der Pflanze ist amethystblau überlaufen. Blütenköpfe eiförmig, von 5 bis 8 lanzettlichen bis linealisch-lanzettlichen, entfernt dornig gesägten abstehenden Hüllblättern umgeben. Blüten zahlreich. Spreublätter meist dreispitzig, 5 bis 6 mm lang. Kelchblätter lanzettlich, zugespitzt, in Dornspitze auslaufend, ca. 2 bis 2,5 mm lang, Kronblätter eiförmig-länglich, ca. 2 mm lang, meist blau. Frucht zusammengedrückt-eiförmig, mit den Kelchzähnen 5 bis 6 mm lang, z. T. mit schmalen, sehr spitzen Schuppen bekleidet.[53]

Inhaltsstoffe: *Saponine.* Saponinspektren von Wurzel und Blatt unterschiedlich hinsichtlich der Genine, der Zucker und des Verhältnisses Mono-/Diester.[12–16]

Verbreitung: Vom östlichen Deutschland, hier besonders zerstreut im Flußgebiet der Oder, Österreich, Polen, Siebenbürgen, Serbien bis Transkaukasien, zum Ural, Altai und nach Kaschmir. Verschleppt in Holland sowie in Nordamerika.
In Flußniederungen, auf Weiden, trockenen Wiesen, Steppenwiesen, sandigen Grasplätzen, Wegrändern, Rainen, trockensandigen Uferstellen.

Drogen: Eryngii plani herba, Eryngii plani radix.

Eryngii plani herba

Synonyme: Herba Eryngii plani.

Sonstige Bezeichnungen: Dt.: Eryngium-planum-Kraut.

Definition der Droge: Die im Frühjahr gesammelten Grundblätter zweijähriger Pflanzen[46] bzw. die oberirdischen Teile.[47]

Stammpflanzen: *Eryngium planum* L.

Schnittdroge: *Mikroskopisches Bild.* Blatt mit welligen Epidermiszellen und deutlicher Cuticula; auf der Unterseite viele Spaltöffnungen; im Palisadengewebe Calciumoxalatdrusen. Im Stengelschnitt umfangreiche Marksäule mit dünnwandigen, kurzen, zylindrischen Zellen; Mantel von langen, dünnen, englumigen Faserzellen, durchzogen von ring- und spiralförmig versteiften Gefäßbündeln; dünne Rinde von kleinen, dickwandigen Zellen mit Cuticularschicht. Stengel verholzt.[47]

Inhaltsstoffe: *Flavonoide.* Kämpferol-3,7-*O*-dirhamnosid (Kämpferitrin),[2–4] Kämpferol-3-*O*-(6-*O*'-*β*-D-glucopyranosyl)-*β*-D-galactopyranosid,[48] ohne Mengenangaben.
Saponine. Im Blatt Di- und Monoester (Verhältnis 75:25) des Barringtogenol C (Hauptgenin, ca. 80 %), des R_1-Barrigenols, Camelliagenin A und 29- bzw. 30-Hydroxybarringtogenol C. Als Säurekomponenten liegen neben Essigsäure Angelicasäure- und Tiglinsäure im Verhältnis 2:1 vor, Zuckerkomponenten sind Glucose, Galactose und Arabinose.[13–16]
Aus dem Vergleich der hämolytischen Indices (Blattdroge 750, Saponingemisch 20.000) errechnet sich ein Saponingehalt von ca. 3 %.[46]

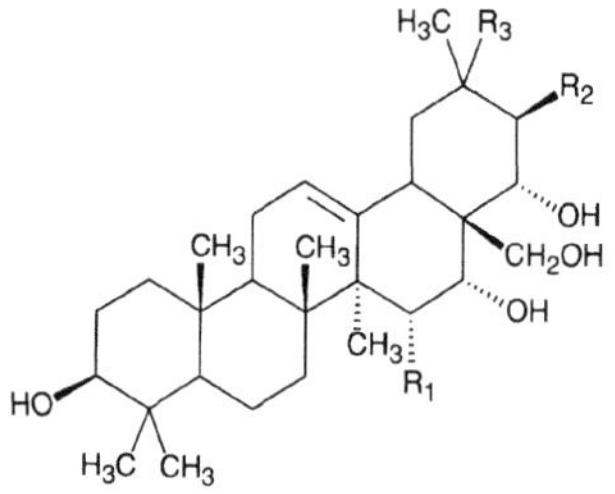

	R_1	R_2	R_3
A_1 - Barrigenol	—OH	—H	$—CH_3$
R_1 - Barrigenol	—OH	—OH	$—CH_3$
Barringtogenol C	—H	—OH	$—CH_3$
29- bzw. 30-Hydroxy-barringtogenol C (Eryngìnol A)	—H	—OH	$—CH_2OH$

Wirkungen: *Antiexsudative Wirkung.* Beim Ovalbumin- und Natriumnucleinatödem der Rattenpfote ergab i. v. Applikation von 0,5 bzw. 1,25 mg Eryngiumsaponinkomplex/kg KG 1 h vor Ödemprovokation eine Hemmung des Ödems, die 2 bis 4 h nach Ödemauslösung besonders ausgeprägt war (27 % bzw. 43 % beim Ovalbuminödem, ca. 40 % beim Natriumnucleinatödem nach jeweils 2 h).[49]
Antimykotische Wirkung. Der Saponinkomplex aus *Eryngium planum* zeigt *in vitro* gute Wirksamkeit gegen die Sproßpilze *Torulopsis glabrata* und *Candida albicans*. Bei Saponinkonzentrationen von 2,0 mg/mL wurde im Reihenverdünnungstest auf Malzagarkulturen eine komplette Wachstumshemmung beobachtet.[50]

Volkstümliche Anwendung und andere Anwendungsgebiete: Bei Keuchhusten bei Kindern.[51] Die

Wirksamkeit bei dem genannten Anwendungsgebiet ist gegenwärtig nicht belegt.

Dosierung und Art der Anwendung: *Droge. Teebereitung.* 1 Teelöffel auf 1 Tasse wird mit Wasser oder Milch kurz überbrüht und 15 min ziehengelassen. 2- bis 3mal täglich 1 Tasse; kann auch mit Kandiszukker oder Honig gesüßt werden.[46,47,51]

Eryngii plani radix

Synonyme: Radix Eryngii plani.

Sonstige Bezeichnungen: Dt.: Eryngium-planum-Wurzel.

Definition der Droge: Die im Herbst gesammelten Wurzeln zweijähriger Pflanzen.[46]

Stammpflanzen: *Eryngium planum* L.

Ganzdroge: Helle, länglich-rübenförmige Wurzel. *Mikroskopisches Bild.* Korkschicht aus mehreren Lagen bräunlicher, tafelförmiger Korkzellen; darunter mehrere Schichten tangential gestreckter Rindenzellen; die darunter liegende sekundäre Rinde parenchymatisch mit zahlreichen Oxalatdrusen und einzelnen Sekretbehältern. Die Markstrahlen bestehen meist aus zwei Reihen dünnwandiger, radial gestreckter Zellen. Deutliche Kambialzone; in Kambiumnähe Siebröhrenbündel und kleine viereckige Rindenzellen. Holzkörper mit radial angeordneten verholzten Gefäßen.[6]

Inhaltsstoffe: *Saponine.* Mono- und Diester des A_1- und R_1-Barrigenols mit β,β'-Dimethylacryl-, Angelica-, Tiglin- und Essigsäure, daneben Isovalerian-, Isobutter- und *n*-Buttersäure, wobei die Monoester quantitativ dominieren (Verhältnis 60:40); als Zukkerkomponenten Glucose und Glucuronsäure.[12,15,17]
Das quantitativ dominierende Wurzelsaponin (B) ist ein R_1-Barrigenolmonoester mit einer C_7-Säure, welcher in 3-Position mit einem β-D-Glucopyranosyl-(1→ 2)-β-D-glucuronopyranosyl-Rest verknüpft ist.[17]
Aus dem Vergleich der hämolytischen Indices (Droge 400, Saponingemisch 17.400) errechnet sich ein Saponingehalt von ca. 2,3 %.[46]
Zucker. 1-Kestose (= *O*-β-D-Fructofuranosyl-(2→ 1)-β-D-fructofuranosyl-α-D-glucopyranosid) ca. 14 %.[7]

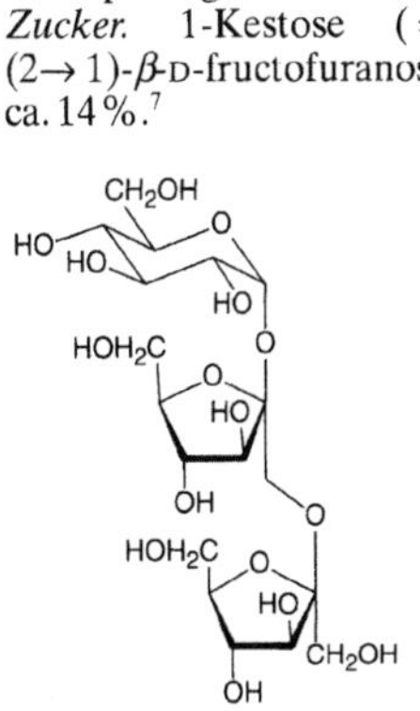

1-Kestose

Volkstümliche Anwendung und andere Anwendungsgebiete: Bei Keuchhusten.[12,46] Die Wirksamkeit bei diesem Anwendungsgebiet ist nicht belegt.

Eryngium yuccifolium MICHX.

Synonyme: *Eryngium aquaticum* L., *E. petiolatum* HOOK., *E. virginianum* LAM., *E. yuccaefolium* MICHX.

Sonstige Bezeichnungen: Dt.: Wasser-Mannstreu; engl.: Button snakeroot, corn snakeroot, rattle snake master, water eryngo, water snakeroot; frz.: Panicaut aquatique.[30]

Botanische Beschreibung: Immergrüner Strauch mit parallelnervigen Blättern. Grundblätter über der bis 10 cm langen Scheide verschmälert, dann allmählich in die lineal-lanzettliche Spreite erweitert; zur Spitze hin lang und allmählich verschmälert; bis 75 cm lang und in der Mitte oder wenig darüber bis zu 3 cm breit; am ganzen Rand gleichmäßig dornigborstig bewimpert, die untersten, längsten Borsten etwa 10 mm lang. Stengel kräftig, bis über 1,5 m hoch, an der Spitze spärlich-ästig, in eine 4- bis 6strahlige Trugdolde mit nochmals 3gabeligen Strahlen auslaufend. Köpfe eiförmig-kugelig, bis 20 mm lang. Unscheinbare weiße Blüten (Juli bis August) stehen in Doppeldolden. Wurzelstock dick, schopfig, rübenförmig, braun, mit zahlreichen gelbweißen Wurzelfasern.[30,57]

Verbreitung: Nord- und Mittelamerika; Connecticut bis Kansas und südlich bis Florida und Texas. An Ufern der Flüsse und Sümpfe.

Drogen: Eryngium aquaticum hom. *HAB 34*, Eryngium aquaticum hom. *HPUS 88*.

Eryngium aquaticum hom. *HAB 34*

Monographiesammlungen: Eryngium aquaticum *HAB 34*.

Definition der Droge: Frischer Wurzelstock.

Stammpflanzen: *Eryngium yuccifolium* MICHX. *HAB 34* gibt dessen Synonym *E. aquaticum* L. an.

Zubereitungen: Essenz nach §3, *HAB 34*; Eigenschaften: Die Essenz ist eine hell-gelbbraune Flüssigkeit ohne besonderen Geruch und Geschmack. Urtinktur und flüssige Verdünnungen nach *HAB 1*, Vorschrift 3a.[52]
Darreichungsformen: Urtinktur, flüssige Verdünnungen, Tabletten, Verreibungen, Streukügelchen, flüssige Verdünnungen zur Injektion.[52]

Identität: *Essenz.* Eisen(III)chloridlsg. färbt sie dunkelgrün, Fehlingsche Lösung wird reduziert.

Gehalt: *Essenz.* Arzneigehalt $^1/_3$.

Anwendungsgebiete: Entsprechend dem homöopathischen Arzneimittelbild. Dazu gehören:

Schleimhautreizungen der Atemwege und der Harnwege.[52]

Dosierung und Art der Anwendung: *Droge.* Soweit nicht anders verordnet: Bei akuten Zuständen häufige Anwendung alle halbe bis ganze Stunde je 5 Tropfen oder 1 Tablette oder 10 Streukügelchen oder 1 Messerspitze Verreibung einnehmen; parenteral 1 bis 2 mL bis zu 3mal täglich s. c. injizieren. Bei chronischen Verlaufsformen 1- bis 3mal täglich 5 Tropfen oder 1 Tablette oder 10 Streukügelchen oder 1 Messerspitze Verreibung einnehmen; parenteral 1 bis 2 mL pro Tag s. c. injizieren.[52]

Unerwünschte Wirkungen: Nicht bekannt. Hinweis: Es können vorübergehend Erstverschlimmerungen vorkommen, die jedoch unbedenklich sind.[52]

Gegenanzeigen/Anwendungsbeschr.: Nicht bekannt.[52]

Wechselwirkungen: Nicht bekannt.[52]

Gesetzl. Best.: *Offizielle Monographien.* Aufbereitungsmonographie der Kommission D am BGA "Eryngium yuccifolium (Eryngium aquaticum)".[52]

Eryngium aquaticum hom. *HPUS 88*

Monographiesammlungen: Eryngium aquaticum *HPUS 88.*

Definition der Droge: Die Wurzel.

Stammpflanzen: *Eryngium yuccifolium* L.

Zubereitungen: *Urtinktur.* Herstellung durch Mazeration oder Perkolation mit EtOH nach den allg. Zubereitungsvorschriften (Class C) der *HPUS 88.* Ethanolgehalt 65 % (*V/V*).

Gehalt: *Urtinktur.* Arzneigehalt $^1/_{10}$.

1. Bohlmann F, Zdero C (1971) Chem Ber 104:1.957–1.961
2. Zarnack J, Hildebrandt B, Hiller K, Otto A (1979) Z Chem 19:214–215
3. Zarnack J, Hiller K, Otto A (1977) Z Chem 17:445–446
4. Stecka-Paszkiewicz L (1983) Z Chem 23:294–295
5. Hiller K, Kothe N (1967) Pharmazie 22:220–221
6. Eigene Untersuchungen
7. Hiller K (1969) Z Naturforsch 24b:36–38
8. Hiller K, Nguyen KQC, Döhnert H, Franke P (1977) Pharmazie 32:184–185
9. Thi NV (1974) Zur Kenntnis der Saponine in der Gattung Eryngium, insbesondere von Eryngium bromeliifolium Delar. und Eryngium giganteum M. B., Dissertation, Humboldt-Universität Berlin
10. Hiller K, Thi NV, Döhnert H, Franke P (1975) Pharmazie 30:105–109
11. Hiller K, von Mach B, Franke P (1976) Pharmazie 31:53
12. Hiller K, Keipert M, Pfeifer S, Tökes L, Maddox ML (1970) Pharmazie 25:769–774
13. Hiller K, Keipert M, Pfeifer S (1972) Pharmazie 27:341–342
14. Hiller K, Keipert M, Pfeifer S, Tökes L, Nelson J (1973) Pharmazie 28:409
15. Hiller K, Keipert M, Pfeifer S, Kraft R (1974) Pharmazie 29:54–57
16. Hiller K, Keipert M, Missbach U, Lehmann G (1975) Pharmazie 30:336
17. Voigt G, Thiel P, Hiller K, Franke P, Habisch D (1985) Pharmazie 40:656
18. Hiller K, Thi NV, Lehmann G, Gründemann E (1974) Pharmazie 29:148–149
19. Hiller K, Nguyen KQC, Franke P, Hintsche R (1976) Pharmazie 31:891–893
20. Hiller K, Nguyen KQC, Franke P (1978) Z Chem 18:260–261
21. Hiller K, Nguyen KQC, Franke P (1978) Pharmazie 33:78–80
22. Erdelmeier C, Sticher O (1985) Planta Med 51:407–409
23. Pinar M, Galan MP (1985) J Nat Prod 48:853–854
24. Cecchini T (1990) Enciclopedia de las hierbas y de las plantas medicinales, Editorial de Vecchi S. A., S. 124
25. Font Quer P (1990) Plantas medicinales, 12. Aufl., Editorial Labor S. A., Barcelona, S. 478–481
26. Thoms H (Hrsg.) (1921) Handbuch der praktischen und wissenschaftlichen Pharmazie, Bd. 5, Urban & Schwarzenberg, Berlin Wien, S. 1.375
27. Hiller K, Linzer B (1967) Pharmazie 22:321
28. GHo, S. 351
29. Berger F (1981) Synonyma-Lexikon der Heil- und Nutzpflanzen, Österreichischer Apotheker-Verlag, Wien
30. Madaus G (1938, Nachdruck 1976) Lehrbuch der biologischen Heilmittel, Bd. II, Georg Olms Verlag, Hildesheim New York, S. 1.291–1.301
31. Braun H, Frohne D (1987) Heilpflanzen-Lexikon für Ärzte und Apotheker, 5. Aufl., Gustav Fischer Verlag, Stuttgart
32. Hag, Bd. IV, S. 804–808
33. Pahlow M (1985) Das große Buch der Heilpflanzen, Gräfe und Unzer, München, S. 234
34. Sticher O, Erdelmeier C (1982) Planta Med 45:160–161
35. Erdelmeier C, Sticher O (1986) Phytochemistry 25:741–743
36. Poletti A, Schilcher H, Müller A (1990) Heilkräftige Pflanzen, Walter Hädecke Verlag, Weil der Stadt, S. 37
37. Valnet J (1983) Phytothérapie, 5. Aufl., Maloine, Paris, S. 306–307
38. Schauenberg P, Paris F (1977) Guide to medical plants, Lutterworth Press, Guildford London, S. 201
39. Schönfelder P, Schönfelder I (1988) Der Kosmos-Heilpflanzenführer, Franckh'sche Verlagshandlung, Stuttgart
40. Dragendorff G (1898, Nachdruck 1967) Die Heilpflanzen der verschiedenen Völker und Zeiten, Werner Fritsch, München, S. 485
41. Hiller K, Pohl B, Franke P (1981) Pharmazie 36:451–452
42. Von Mach B (1975) Beiträge zur Struktur der Saponine und Sapogenine von Eryngium maritimum L., Diplomarbeit, Humboldt-Universität Berlin
43. Lisciani R, Fattorusso E, Surano V, Cozzolino S, Giannattasio M, Sorrentino L (1984) J Ethnopharmacol 12:263–270
44. Born GVR, Farah A, Herken H, Welch AD (Hrsg.) (1979) Handbook of Experimental Pharmacology, Bd. 50/II, Springer-Verlag, Heidelberg Berlin New York, S. 664–665
45. Leclerc H (1983) Précis de Phytothérapie, Masson, Paris, S. 76–77

46. Keipert M (1971) Beiträge zur Kenntnis der Saponine von Eryngium planum L. und Hydrocotyle vulgaris L. (Umbelliferae), Dissertation Humboldt-Universität Berlin
47. Berger F (1954) Handbuch der Drogenkunde, Bd. 4, Verlag für medizinische Wissenschaften Wilhelm Maudrich, Wien, S. 219–221
48. Hiller K, Otto A, Gründemann E (1980) Pharmazie 35:113–114
49. Jacker HJ, Hiller K (1976) Pharmazie 31:747–748
50. Hiller K, Friedrich E (1974) Pharmazie 29:787–788
51. Weiß RF (1984) Lehrbuch der Phytotherapie, 6. Aufl., Hippokrates-Verlag, Stuttgart
52. BAz Nr. 22a vom 03.02.1988
53. Heywood VH (1971) The biology and chemistry of the Umbelliferae, Academic Press, S. 32
54. Hgn, Bd. VI, S. 599–600
55. BHP 83
56. Garcke A (1972) Illustrierte Flora, 23. Aufl., Verlag Paul Parey, Berlin Hamburg, S. 997–999
57. HAB 34
58. Wolff H (1913) Umbelliferae. In: Engler A (Hrsg.) Das Pflanzenreich, Heft 61

BG

Erysimum

HN: 2018000

Familie: Cruciferae (Brassicaceae).

Tribus: Arabideae.

Subtribus: Erysiminae.

Gattungsgliederung: Synonyme: Agonolobus RCHB./ Cheiranthus L./ Cheiri LUDWIG/ Cheirinia LINK/ Cuspidaria LINK/ Erisimum NECK./ Erysimastrum RUPR./ Paleoconringia E. H. L. KRAUSE/ Strophades BOISS.
Die Gattung Erysimum L. besteht aus etwa 130 Arten; 38 davon kommen in Europa vor, u. a. *Erysimum cheiranthoides* L., *E. decumbens* (SCHLEICHER ex WILLD.) DENNST. (= *E. ochroleucum* DC., nom. illegit. = *E. dubium* (SUTER) THELL. non DC. = *E. humile* PERS.), *E. diffusum* EHRH. (= *E. canescens* ROTH), *E. repandum* L.
Einige Arten sind zu Gruppen zusammengefaßt:
1. Erysimum-hieraciifolium-Gruppe, u. a. mit *E. hieraciifolium* L.;
2. Erysimum-leptostylum-Gruppe, u. a. mit *E. crepidifolium* RCHB.;
3. Erysimum-odoratum-Gruppe, u. a. mit *E. odoratum* EHRH.;
4. Erysimum-sylvestre-Gruppe, u. a. mit *E. helveticum* (JACQ.) DC. und *E. sylvestre* (CRANTZ) SCOP.[48]
Cheiranthus cheiri L. = *Erysimum cheiri* L. wird teilweise der Gattung Erysimum zugeordnet, da eine Abtrennung als eigene Gattung nach morphologischen und genetischen Gesichtspunkten nicht gerechtfertigt erscheint.[1,2] Andererseits sind Unterschiede gewichtig genug, um Cheiranthus und Erysimum zu trennen.[54,55] → Cheiranthus.

Gattungsmerkmale: Ein- bis mehrjährige Kräuter und ausdauernde Halbsträucher mit ungeteilten bis tief gezähnten Laubblättern. Stengel und Laubblätter von 2- bis 3schenkligen, anliegenden Haaren grauhaarig oder rauh. Blüte mit 4 aufrechten Kelchblättern, 4 langgestielten, meist gelben, selten purpurnen Kronblättern und 6 (4 langen und 2 kurzen) einfachen Staubblättern sowie 4 medianen Honigdrüsen. Fruchstiele $^1/_{20}$ bis $^1/_2$ so lang wie die Früchte. Frucht linealische Schote, 4kantig, anliegend behaart, mit gewölbten Klappen und stark hervorspringendem Mittelnerv sowie deutlichem Griffel. Scheidewand dick, Samen einreihig mit oder ohne Hautrand, kugelig, boot- oder scheibenförmig.[2,48]

Verbreitung: Gattung vorwiegend mediterran und pazifisch-nordamerikanisch verbreitet.[2]

Inhaltsstoffgruppen: *Herzwirksame Steroide/Steroidglykoside* vom Cardenolidtyp als durchgehendes Merkmal der Gattung.[3,49] Die Aglyka besitzen einen 10,13-Dimethylsterangrundkörper mit cis-trans-cis- oder seltener trans-trans-cis-Verknüpfung der Ringe A/B/C/D, der in Stellung 17 einen β-ständigen, 5gliedrigen, einfach ungesättigten Lactonring (Butenolidring, But-2-en-4-olid-Ring) trägt. Neben dem Lactonring sind bei den meisten Aglyka am Grundkörper β-ständige Hydroxylgruppen am C-3 und am C-14 vorhanden. Bisher wurden über 50 herzwirksame Glykoside aus Erysimumarten isoliert, wobei sich die einzelnen Vertreter durch das Auftreten zusätzlicher Hydroxy- oder Oxogruppen sowie den Oxidationsgrad der Methylgruppe am C-10 unterscheiden.
Folgende Aglyka wurden bisher von Erysimumarten nachgewiesen: Alliotoxigenin, Bipindogenin, Cannogenin, Cannogenol, Digitoxigenin, Nigrescigenin, Periplogenin, Sarmentogenin, k-Strophanthidin, Strophanthidol, Uzarigenin.

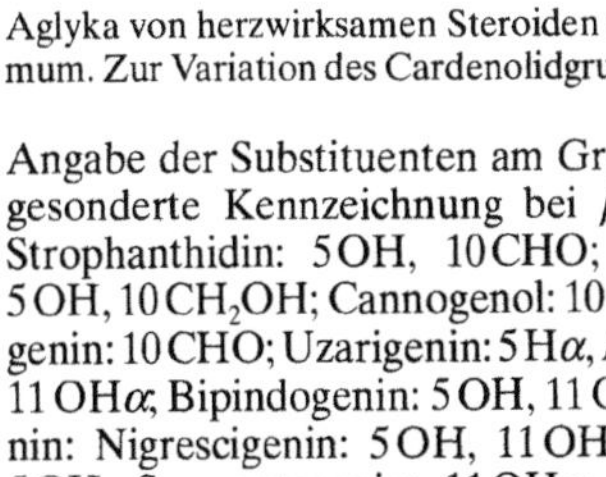

Aglyka von herzwirksamen Steroiden der Gattung Erysimum. Zur Variation des Cardenolidgrundgerüsts s. Text

Angabe der Substituenten am Grundgerüst, keine gesonderte Kennzeichnung bei β-Ständigkeit: k-Strophanthidin: 5 OH, 10 CHO; Strophanthidol: 5 OH, 10 CH_2OH; Cannogenol: 10 CH_2OH; Cannogenin: 10 CHO; Uzarigenin: 5 Hα, Alliotoxigenin: 5, 11 OHα; Bipindogenin: 5 OH, 11 OHα, Digitoxigenin: Nigrescigenin: 5 OH, 11 OHα, Periplogenin: 5 OH, Sarmentogenin: 11 OHα. Monosaccharidkomponenten sind häufig D-Glucose und L-Rhamnose, aber auch zahlreiche seltene Zucker kommen vor, z. B. D-Glucomethylose, 2-Desoxy-D-glucose, 2-Desoxy-D-galactose, D-Digitoxose, D-Xylose, D-Boivinose, D-Fucose, D-Gulomethylose, D-Allomethylose. Die Zucker sind C-3-glykosidisch mit dem Aglykon verknüpft. Liegt ein Oligosaccharidanteil vor, ist dieser linear gebunden, am Kettenende be-

findet sich in der Regel eine Hexose (meist D-Glucose).[4,5]
Zuckerkomponenten der herzwirksamen Steroide von Erysimumarten:

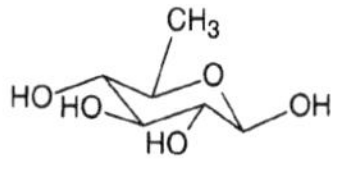

D-Glucomethylose

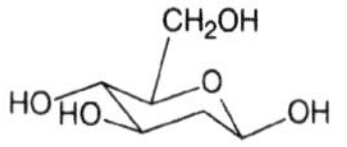

2-Desoxy-D-glucose

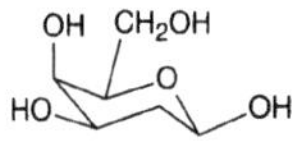

2-Desoxy-D-galactose

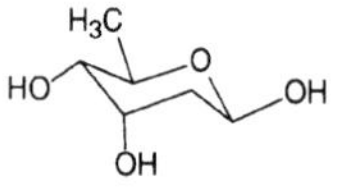

D-Digitoxose

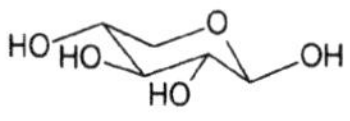

D-Xylose

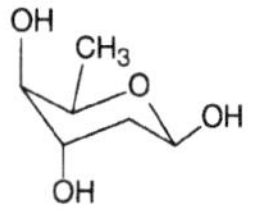

D-Boivinose

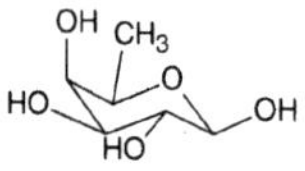

D-Fucose

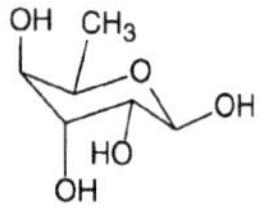

D-Gulomethylose

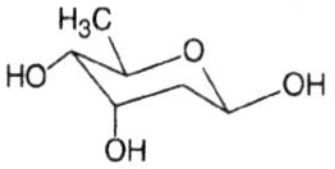

D-Allomethylose

In weitaus stärkster Konzentration kommen in allen Erysimumarten das genuine Glykosid Erysimosid (k-Strophanthidin-D-digitoxosyl-D-glucosid) sowie sein Sekundärglykosid Helveticosid (k-Strophanthidin-D-digitoxosid) vor.[6] Ausnahme: In *E. humile* PERS. (= *E. decumbens* DENNST.) fehlen sowohl Erysimosid als auch Helveticosid,[5] in *E. pulchellum* treten Erysimosid und Helveticosid nur als Nebenglykoside auf.[7] Helveticosid, identisch mit Erysimin, Erysimotoxin, Deglucoerysimosid, Alliosid A[8] und Syreniotoxin[5], wird weitestgehend postmortal durch β-Glucosidasewirkung gebildet, seine Konzentration ist abhängig vom Aufarbeitungsverfahren.[9]
Weitere herzwirksame Glykoside von Erysimum-Arten sind:[4,5]
Allisid (Bipindogenin-D-fucosid) und Cheirosid A (Uzarigenin-D-fucosyl-D-glucosid) in *E. allionii*; Bipindogulomethylosid als Hauptglykosid von *E. pulchellum*;[10] Das 1925 aus *E. crepidifolium* isolierte Erysimupikron entspricht k-Strophanthidin,[11] das offensichtlich durch vollständige Hydrolyse des Primärglykosids Erysimosid infolge drastischer Aufarbeitungsbedingungen entstanden ist.[12] Canescein (k-Strophanthidin-D-gulomethylosid) in *E. diffusum* und *E. suffruticosum*; Cheirotoxin (k-Strophanthidin-D-gulomethylosyl-D-glucosid) in *E. repandum*, *E. diffusum* und *E. allionii*; Corchorosid A (k-Strophanthidin-D-boivinosid) in *E. crepidifolium*, *E. hieraciifolium*, *E. perofskianum*, *E. allionii*, *E. cheiranthoides* und *E. suffruticosum*; Erycanosid (k-Strophanthidin-3-acetyldigitoxosyl-D-glucosid) und Eryscenosid (k-Strophanthidin-2-desoxy-D-galactosyl-D-glucosid in *E. diffusum*; Erychrosid (k-Strophanthidin-D-digitoxosyl-D-xylosid) in *E. hieraciifolium* und *E. cheiranthoides*; Erychrosol (Strophanthidol-D-digitoxosyl-D-xylosid), Erycordin (Cannogenol-D-glucomethylosyl-D-glucosid) in *E. cheiranthoides* und *E. crepidifolium*;[10] Erycorchosid (k-Strophanthidin-D-boivinosyl-D-glucosid) in *E. hieraciifolium*, *E. repandum*, *E. diffusum*, *E. perofskianum*, *E. cheiranthoides*; Erysimosol (Strophanthidol-D-digitoxosyl-D-glucosid) in *E. cheiranthoides* und *E. suffruticosum*; Glucodigifucosid (Digitoxose-D-fucosyl-D-glucosid) in *E. cheiranthoides*; Glucoerysimosid (k-Strophanthidin-D-digitoxosyl-D-glucosyl-D-glucosid) in *E. perofskianum* und *E. allionii*; Glucostrophallosid (k-Strophanthidin-D-allomethylosyl-D-glucosid) in *E. crepidifolium*;[10] Strophallosid (k-Strophanthidin-D-allomethylosid) in *E. hieraciifolium*.
Die Arten *E. crepidifolium* und *E. diffusum* weisen den höchsten Gehalt an herzwirksamen Steroiden auf: *E. crepidifolium* 0,35 % in den Samen, im Kraut 0,15 bis 0,29 %; *E. diffusum* in den Samen 0,5 bis 0,62 %, im Kraut 0,1 bis 0,28 % (bezogen auf Trokkenmasse).[4] Einige Autoren favorisieren das Kraut bzw. die Blätter von *E. crepidifolium* für die Isolierung des Erysimosids (hoher Gehalt, kaum Nebenglykoside).[12,13]
Der Gehalt an herzwirksamen Steroiden differiert in den unterschiedlichen Pflanzenteilen; höchster Gehalt in Blüten und Samen, geringste Werte in Wurzeln; auch jahreszeitliche Schwankungen[9] werden in Verbindung mit unterschiedlichem Entwicklungsstand der Pflanze (Blütezeit, Frucht- und Samenbildung)[14] beobachtet. Pflanzen in Kultur weisen höheren Wirkstoffgehalt als wildwachsende auf.[15]
Glucosinolate (Senfölglykoside, charakteristisch für die Cruciferae). *C*-substituierte *S*-(β-D-Glucopyranosyl)-methanthiohydroximsäure-*O*-sulfate, deren Alkylrest z.T. Methylthio- oder Methylsulfinyl- bzw. Methylsulfonylgruppen trägt.[4] Bei Glucosinolaten der Gattung Erysimum handelt es sich vorwiegend um biogenetisch vom Methionin abgeleitete Verbindungen, also um ω-Methylthioalkyl-, ω-Methylsulfinyl-, ω-Methylsulfonylglucosinolate sowie ihre in 3-Stellung hydroxylierten Derivate. In einigen wenigen Arten wird außerdem 3-Methoxycarbonylpropylglucosinolat (Glucoerypestrin) gefunden.[5] In *E. hieraciifolium* wurde als Hauptglucosinolat das 3-Hydroxypropylglucosinolat (2,5 % der Gesamtglucosinolate) als Precursor für 3-Hydroxypropylsenföl identifiziert.[16]
Nach dem Auftreten von Glucosinolaten Einteilung der Erysimum-Arten in 3 Gruppen:[12]
1. *E. humile* PERS., *E. pumilum* DC., *E. rupestre* DC. mit Glucoerypestrin (3-Methoxycarbonylpropylglucosinolat) als ausschließlich bei Erysimumarten gefundenem Glucosinolat; Trivialname Glucoerypestrin aufgrund des Vorkommens in *E. rupestre* irrtümlich gegeben (Saatgutverwechslung); nachträglich wurde gezeigt, daß Glucoerypestrin nur bei *E. odoratum* und *E. pumilum* auftritt;[17,18]

2. *E. allionii*, *E. crepidifolium* und *E. perofskianum* mit Glucoerucin (4-Methylthiobutylglucosinolat), Glucoraphanin (4-Methylsulfinylbutylglucosinolat) und Glucoerysolin (4-Methylsulfonylbutyl-glucosinolat, gattungstypisch), die biogenetisch eng verwandt sind;
3. *E. cheiranthoides* L. mit Glucocheirolin (3-Methylsulfonylpropylglucosinolat) und Glucoiberin (3-Methylsulfinylpropylglucosinolat).
Eine stärkere Untergliederung der Gattung Erysimum anhand ihres Glucosinolatmusters in 7 Gruppen:[19] Gruppen A bis C mit C_3-Glucosinolaten, Gruppen D und E mit C_4-Glucosinolaten, Gruppe F mit C_5-Glucosinolaten und Gruppe G mit *p*-Hydroxybenzylglucosinolat.
Bei Zerstörung der Zelle Spaltung der Glucosinolate durch das Isoenzymgemisch Myrosinase (Thioglucosid-glucohydrolase E.C.3.2.3.1.), lokalisiert im Zellwandraum oder gebunden an Endomembransystemen vorkommend, Freisetzung der Aglyka und des Zuckers. Bei pH-Werten nahe des Neutralpunktes aus den Aglyka Entstehung von *N*-substituierten Isothiocyanaten (spontan, Lossen-Umlagerung), bei saurem pH oder unter Einfluß von zweiwertigen Eisenionen in frischen Pflanzenteilen häufig Bildung geringer Mengen toxischer Nitrile.
Eine Einteilung in 1. mit Wasserdampf flüchtige, stechend riechende, scharf schmeckende Aglyka (= Senföle), z. B. Erypestrin aus Glucoerypestrin, Allylisothiocyanat aus Sinigrin sowie Methylthioalkylsenföle z. B. aus Glucoerucin, 2. mit Wasserdampf nicht flüchtige, geruchlose, mehr oder weniger scharf schmeckende Aglyka, z. B. ω-Methylsulfonyl- bzw. ω-Methylsulfinylalkylsenföle, gebildet aus Glucoraphanin, Glucocheirolin und Glucoerysolin,[20] und 3. Aglyka, die spontan zu Oxazolidinthionen cyclisieren (Thioalkylglucosinolate mit einer β-Hydroxygruppe, z. B. 3-Hydroxy-5-methylthiopentylisothiocyanat, gebildet aus dem entsprechenden Glucosinolat, vorkommend in *E. rhaeticum* und *E. virgatum*),[21,22] ist gebräuchlich.[49]
Fettes Öl. In Samen fette Öle als Speicherstoffe, Gehalt stark schwankend in Abhängigkeit vom Sammelort 15 bis 49 %[23] bzw. 26,3 bis 40,2 %.[24] Hoher Gehalt an ungesättigten Fettsäuren in Triglyceriden, besonders zwei- oder dreifach ungesättigte C_{18}-Säuren (Linolsäure bzw. Linolensäure) sowie Erucasäure (= n-Docos-13-ensäure, 22:1,[13] bis zu 40 %) und z. T. auch Arachidonsäure (= *n*-Eicosa-5,8,11,14-tetraensäure $20{:}4^{5,8,11,14}$) kommen vor;[25–27] Zuordnung des Samenöls zu den halbtrocknenden fetten Ölen.[28] Im unverseifbaren Anteil der Samenöle β-Sitosterol[29,30] 0,08 % bei *E. perofskianum*,[31] Campesterol bei *E. cuspidatum* und *E. carniolicum*.[29,30] Auftreten von Cholesterol in der Gattung Erysimum erstmals bei *E. carniolicum* erwähnt.[30]
Phenylpropanderivate. Sinapin = Cholinester der Sinapinsäure (4-Hydroxy-3,5-dimethoxy-zimtsäure) in Samen nachgewiesen.[49] Es wurden auch Cardenolide (Triglykoside) isoliert, die endständig mit Sinapinsäure verestert sind.[32,33]
Flavonoide. Glykoside des Quercetins, Rhamnetins[26] sowie des Isorhamnetins in Samen[24,34] und Blüten identifiziert, Glucose z. T. esterartig gebunden.[35]

Drogenliefernde Arten: *Erysimum cheiri*: Cheiranthus cheiri hom. *HAB 1*.
E. diffusum: Erysimi diffusi herba.

Erysimum cheiri (L.) CRANTZ

s. ds. Hdb. Bd. 4, S. 832–835, → Cheiranthus.

Erysimum diffusum EHRH.

Synonyme: *Cheiranthus alpinus* JACQ., *Erysimum andrzeiowscianum* BESS., *E. canescens* ROTH.

Sonstige Bezeichnungen: Dt.: Graublättriger Hederich, Grauer Schotendotter, Grauer Schöterich; engl.: Grey wallflower; russ.: Sheltuschnik seryj.

Systematik: Es werden 2 Varietäten beschrieben: *Erysimum diffusum* var. *diffusum* sowie var. *lancifolium* BECK.[50]

Botanische Beschreibung: Meist zweijährige oder ausdauernde krautige Pflanze, 30 bis 120 cm hoch. Wurzel spindelförmig, verästelt. Stengel aufrecht, einfach oder meistens ästig, kantig und mit zweischenkeligen Haaren reichlich besetzt. Untere Laubblätter am Stengelgrunde einander genähert, 1 bis 8 mm breit, gestielt, grün oder durch starke Behaarung grau, ganzrandig oder gezähnt, schmal, lineal-lanzettlich bis linealisch. Obere Laubblätter sitzend. Blüten in reichblütiger, dichter Traube auf 1 bis 6 mm langen, aufrecht abstehenden Stielen. Kelchblätter schmal-länglich, 5 bis 7,5, z. T. bis 9 mm lang, gegen die Spitze weißhautrandig, oft mit stark hervortretenden Mittelnerven, am Grunde nicht oder nur schwach gesackt, grau behaart. Kronblätter 8 bis 14 bzw. 17 × 2,5 bis 4 mm, auf der Unterseite oft reichlich behaart. Früchte in verlängerter Traube auf bis zu 9 mm langen behaarten Stielen, 35 bis 80 mm lang, 0,6 bis 1 mm breit, 4kantig, aufrecht, grün oder grau behaart mit grünen Kanten. Samen hellbraun, länglich, 1 bis 1,5 mm lang, glatt.[48,50]
Unterscheidung der Varietäten anhand der Laubblätter: var. *diffusum* – ganzrandige linealische Blätter, etwas eingerollt; var. *lancifolium* BECK – Blätter lanzettlich, leicht gezähnt, nicht eingerollt.

Verwechslungen: Verwechslung mit *E. crepidifolium* RCHB. möglich.[48]

Inhaltsstoffe: *Steroidglykoside.* Herzwirksame Steroide/Steroidglykoside vom Cardenolidtyp mit k-Strophanthidin als Aglykon. Höchster Glykosidgehalt in reproduktiven Organen wie Samen mit bis zu 5 % der Trockenmasse, in Blüten und Knospen mit bis zu 3 % der Trockenmasse, deutlich geringerer Gehalt in Blättern mit 2,8 %, Stielen mit ca. 1 % und Wurzeln mit ca. 0,3 %; höchster Gesamtgehalt an herzwirksamen Steroiden während der Zeit der Knospenbildung und des beginnenden Blütenstadiums.[36] Unterschiede in der Glykosidakkumulation zwischen den verschiedenen Entwicklungssta-

Erysimum diffusum EHRH.: a Fruchtspitze. Aus Lit.[2]

dien sowie den Geweben der generativen Organe: In Blütenknospen Glykoside besonders in den Vakuolen der Zellen nahe der Leitbündel; in der Blüte maximale Akkumulation in den sekretorischen Kanälchen des Stempels sowie den Drüsenhaaren der Epidermis; in den reifen Früchten Anreicherung der Glykoside besonders in der Samenschale, in den Samen höchste Konzentration in Zellen nahe des Embryos.[37]

Glucosinolate. Sicherlich vorkommend, da für die Gattung relevant, allerdings keine Angaben hinsichtlich Isolierung bzw. Identifizierung.

Fettes Öl. Im fetten Öl der Samen besonders ungesättigte Fettsäuren in den Triglyceriden enthalten: Linolsäure 25,15 %, Linolensäure 21,28 %, Erucasäure 23,37 %, Ölsäure 11,19 % sowie Arachidonsäure 10,08 %. Geringe Mengen an gesättigten, langkettigen Fettsäuren ebenfalls nachgewiesen: Palmitinsäure 2,94 % und Stearinsäure 1,61 %.[26]

Im unverseifbaren Anteil nur β-Sitosterol identifiziert.[29]

Flavonoide. In den ölfreien Rückständen der Samen Glykoside des Quercetins und des Isorhamnetins enthalten.[26]

Verbreitung: Pflanze in Trockengebieten vorkommend,[48] in den Steppengebieten Südost- und Osteuropas, Süd- und Südostsibiriens, Mittelasiens bis zur Mongolei, im Westen bis Mähren und Österreich.[1]

Anbaugebiete: Anbau als Heilpflanze (Gehalt an herzwirksamen Glykosiden) im europäischen Teil der ehemaligen Sowjetunion und in Westsibirien, neuerdings Anbauversuche auch in Ungarn.[1]

Drogen: Erysimi diffusi herba.

Erysimi diffusi herba

Synonyme: Erysimi canescentis herba, Herba erysimi canescentis, Herba erysimi diffusi.

Sonstige Bezeichnungen: Engl.: Herb of hoary erysimum; russ.: Trawa sheltuschnika serogo.

Monographiesammlungen: Herba Erysimi canescentis *Ross 9*.

Definition der Droge: Das zur Blütezeit gesammelte Kraut kultivierter zweijähriger Pflanzen.

Stammpflanzen: *Erysimum diffusum* EHRH. (*Ross 9*: *E. canescens* ROTH).

Herkunft: Anbau in der ehemaligen Sowjetunion und Ungarn.[1]

Gewinnung: Nach Ernte Trocknung bei max. 40 °C.[15,38]

Ganzdroge: Oberirdische Pflanzenteile, bestehend aus verzweigten Stengeln mit Blättern, Blüten sowie gelegentlich unreifen Früchten verschiedener Entwicklungsstadien.[51]

Schnittdroge: Stücke von Stengeln, Blättern und unreifen Früchten, 1 bis 8 mm groß.[51]

Mikroskopisches Bild. Epidermis der Blattober- und -unterseite leicht gewellt, untere Epidermiszellen an Wänden wellenförmig verdickt. Besonders an Blattunterseite viele Spaltöffnungen, von 3 Nebenzellen umgeben, eine davon kleiner als die beiden anderen (anisocytisch). Auf Blättern und Stengeln einzellige Haare mit 2, manchmal 3, selten 4 Spitzen vorhanden, dickwandig, mit gekörnter Cuticula. Epidermiszellen des Stengels gerade und entlang der Achse leicht gestreckt, Epidermiszellen der Fruchtwand verdickt. Wände porös.[51]

Inhaltsstoffe: *Steroidglykoside.* Herzwirksame Steroide/Steroidglykoside vom Cardenolidtyp mit k-Strophantidin als Aglykon, 1 bis 3 % der Trockenmasse.[4] Hauptglykosid Erysimosid (k-Strophantidin-D-digitoxosyl-D-glucosid) 0,62 % sowie das daraus entstehende Sekundärglykosid Helveticosid (= Erysimin = k-Strophantidin-D-glucosid-D-digitoxosid) 0,34 %.[6]

Als Nebenglykoside (0,18 %)[6] kommen vor: Canescein (k-Strophanthidin-D-glucomethylosid), Chei-

rotoxin (k-Strophanthidin-D-glucomethylosyl-D-glucosid), Erycanosid (k-Strophanthidin-3-acetyl-D-digitoxosyl-D-glucosid), Erycorchosid (k-Strophanthidin-D-boivinosyl-D-glucosid), Eryscenosid (k-Strophanthidin-2-desoxy-D-galactosyl-D-glucosid).[4]
Außerdem noch Erwähnung von Erydiffusid (wahrscheinlich identisch mit Canescein[52]);[5] erstmals Glucostrophallosid (k-Strophanthidin-D-allomethylosyl-D-glucosid) aus *E. diffusum* isoliert und Glucocanescein (k-Strophanthidin-D-glucomethylosyl-D-glucosid).[39]

Zubereitungen: Helveticosid (= Erysimin = k-Strophanthidin-D-digitoxosid): Isolierung: Fermentation der Droge 11 Tage mit Wasser, wäßriger Extrakt mit Chloroform-MeOH (3 + 1) ausgeschüttelt und aus erhaltenem Rohglykosidgemisch mittels CCD-Chromatographie unter Verwendung von Toluen-BuOH-Wasser (3 + 1 + 4) Isolierung des Helveticosids.[40,41]
Solutio Erysimini 0,033 % pro injectionibus *Mar 27*: Wäßrige Lösung von Erysimin unter Zusatz von 5 % EtOH.

Identität: Nach *Ross 9* mikroskopische Prüfung zur Identitätsprüfung herangezogen, keine chemische Identifizierung der Inhaltsstoffe.
Helveticosid. Papierchromatographie mit Toluen-BuOH-Wasser (4 + 3 + 1), absteigendes Verfahren; Vergleichssubstanzen: Helveticosid, k-Strophanthidin, Digitoxose; Detektion mit gesättigter Antimon(III)chloridlösung in Chloroform;[42] weitere Detektionsmöglichkeiten: Raymonds-Reagenz = Dinitrobenzol in methanolischer Natronlauge,[9] Baljet-Reagenz = alkalische Pikrinsäurelösung, Kedde-Reagenz = Dinitrobenzoesäure.[42]

Reinheit: Verfärbte Droge max. 3 %; Früchte max. 5 %; organische Bestandteile max. 2 %, mineralische Bestandteile max. 1 %, Aschegehalt max. 13 % *Ross 9*.
Ganzdroge. Anteil, der Sieb der Maschenweite 1 mm passiert, max. 5 % *Ross 9*.
Schnittdroge. Anteil, der Sieb der Maschenweite 8 mm passiert, max. 10 %, der Sieb der Maschenweite 1 mm passiert, max. 10 % *Ross 9*.

Gehalt: Gehalt nach *Ross 9* als Wirkwert angegeben: 1 g Droge darf nicht weniger als 500 Frosch- bzw. 86 bis 95 Katzendosen entsprechen.

Gehaltsbestimmung: Nach Entfettung des Drogenpulvers mit Pet erfolgt die Extraktion der Steroidglykoside mit MeOH sowie MeOH-Wasser (1 + 1). Im methanolisch-wäßrigen Extrakt werden die Gerbstoffe mit 30 %iger Bleiacetatlösung gefällt und durch anschließendes Ausschütteln mit Chloroform sowie Chloroform-EtOH (3 + 2) ein Rohglykosidgemisch isoliert, welches mittels DC auf Kieselgel GF_{254} mit Chloroform-EtOH (8 + 2) weiter aufgetrennt wird. Die Elution der einzelnen Glykoside aus dem Kieselgel erfolgt mit MeOH, gefolgt von einer colorimetrischen Bestimmung des Gehalts an Erysimosid und Helveticosid durch Zusatz von Baljet-Reagenz im UV 492 nm.[6]

Wirkwertbestimmung: Aktivitätsbestimmung durch biologische Methoden: Ermittlung von Frosch- bzw. Katzendosen, d. h. der Menge an Droge, die in Form ihres Extrakts appliziert werden muß, um Tod durch Herzstillstand auszulösen, in mg/kg KG *Ross 9*.

Lagerung: Vorsichtig, unter Verschluß *Ross 9*.

Stabilität: Jährliche Prüfung der Aktivität der Droge *Ross 9*, da autokatalytische Glykosidspaltung durch pflanzeneigene *β*-Glucosidase.[9]

Wirkungen: *Helveticosid.* Helveticosid führt ähnlich wie k-Strophanthidin am Herzen zu einem positiv inotropen sowie negativ chronotropen Effekt.[43,53] Am spontan schlagenden Aurikel-Vorhofpräparat des Meerschweinchens wirkt Helveticosid in einer Konzentration von 2×10^{-7} g/mL positiv inotrop. Nach Schädigung der Vorhofpräparate durch Phenylbutazon, Chinin bzw. Ca-Mangel (Abnahme der Herzleistung um 74 bis 79 %) erfolgt durch eine Helveticosidkonzentration von 2×10^{-7} g/mL eine Steigerung der Herzleistung um 21 % (Phenylbutazonschädigung), um 6 % (Chininschädigung) bzw. um 30 % (Ca-arme Tyrodelösung).[44]

Volkstümliche Anwendung und andere Anwendungsgebiete: Die früher übliche Anwendung von Extraktpräparaten zur Behandlung der Herzinsuffizienz der Schweregrade I und II nach NYHA ist heute nicht mehr vertretbar.

Tox. Inhaltsstoffe u. Prinzip: Vergiftungen beim Menschen sind nicht bekannt.[4] Aufgrund des Gehaltes an herzwirksamen Glykosiden muß nach Einnahme mit entsprechenden Vergiftungserscheinungen, z. B. Arrhythmien, Bradycardie, Kammerflimmern, gerechnet werden.

Toxikologische Daten: *LD-Werte. Helveticosid.* LD_{L0} bei i. v. Gabe: Tauben 0,285 mg/kg KG, Meerschweinchen 0,867 mg/kg KG, Katzen 0,106 mg/kg KG, Affen 0,103 mg/kg KG.[45]
LD_{50} bei i. v. Gabe: Ratten 54 mg/kg KG; bei i. p. Gabe: Maus 7,8 mg/kg KG.[46]

Sonst. Verwendung: *Landwirtschaft.* Extraktion des trockenen Pflanzenmaterials mit Pet sowie Chloroform-MeOH (9 + 1) führt zur Isolierung eines Glykosidgemisches, das nach Entfernung der Lösungmittel zur Bekämpfung von Nagetieren verwendet wird.[47]

1. Schultze-Motel J (Hrsg.) (1986) Rudolf Mansfelds Verzeichnis landwirtschaftlicher und gärtnerischer Kulturpflanzen, 2. Aufl., Bd. 1, Akademie Verlag, Berlin, S. 275–276
2. Hess J, Landoldt E, Hirzel R (1970) Flora der Schweiz, Bd. 2, Birkhäuser Verlag, Basel, S. 239–245
3. Jaretzky R, Wilke M (1932) Arch Pharm 270:81–94
4. Teuscher E, Lindequist U (1988) Biogene Gifte, 1. Aufl., Akademie-Verlag, Berlin
5. Brambach U (1976) Disseration, Fachbereich Pharmazie der Freien Universität Berlin
6. Wagner H, Hörhammer L, Reber H (1970) Arzneim Forsch 20:215–218

7. Makarevich IF, Terno IS, Rabinovich AM, Kovalev IP, Bublik NP (1987) Khim Prir Soedin 6:917, zit. nach CA 108:147208f
8. Makarevich JF (1970) Cardiac glycosides from the genera Erysimum and Cheiranthus. In: Kaczmarek T (Hrsg.) Postep Dziedzinie Rosl, Pr Ref Dosw Wygloszone Symp, Poznan, Polen, S.55–66, zit. nach CA 78:108229f
9. Reuter G, Reichel R (1970) Zentralbl Pharm 109:1.241–1.250
10. Makarevich IF, Klimenko OI, Kolesnikov DG (1974) Khim Prir Soedin 5:611–614, zit. nach CA 82:167461f
11. Gmelin R (1966) Planta Med 14 (Suppl):119–127
12. Gmelin R, Son Bredenberg JB (1966) Arzneim Forsch 16:123–127
13. Gmelin R (1966) Ger pat 1221764
14. Smichenko AI, Tkachenko GV, Belyaeva LY (1970) Ukr Bot Zh 27:768–770, zit. nach CA 77:45515
15. Novak I (1960) Planta Med 8:139–144
16. Daxenbichler ME, Spencer F, Schroeder WP (1980) Phytochemistry 19:813–815
17. Gmelin R, Kjaer A (1969) Acta Chem Scand 23:2.548–2.549
18. Schultz OE, Wagner W (1956) Z Naturforsch 11b:73
19. Gmelin R, Kjaer A, Schuster A (1969) Dtsch Apoth Ztg 109:1.586
20. Gmelin R, Kjaer A, Schuster A (1968) Acta Chem Scand 22:28–75
21. Kjaer A, Schuster A (1970) Acta Chem Scand 24:1.631
22. Kjaer A, Schuster A (1973) Phytochemistry 12:929–933
23. Szymczak J, Krzeminski K, Krzeminskaja K (1980) Acta Pol Pharm 37:669–674
24. Fursa NS, Dolya VS, Litvinenko VJ (1984) Rastit Resur 20:244–248, zit. nach CA 101:3977p
25. Appelquist LA (1971) J Am Oil Chem Soc 48:740–744
26. Dolya VS (1973) Farm Zh (Kiev) 28:90–91, zit. nach CA 80:45630y
27. Kolarova B, Dimitrov G, Boyadzhieva M (1978) Grasas Asceites (Seville) 25:329–331, zit. nach CA 90:69114r
28. Dolya VS, Kornievskii YI, Rybalichenko AS, Shkurupii SM (1981) Farm Zh (Kiev) 2:73–75, zit. nach CA 95:58068f
29. Umarova R, Maslennikova VA, Abubakirov NK (1977) Khim Prir Soedin 6:821–823, zit. nach CA 88:101591x
30. Umek A, Kobar-Smid J (1981) Fitotherapia 52:277–279, zit. nach CA 97:178737m
31. Pasich B, Kowalewski Z, Lewandowski M (1966) Pr Kom Farm, Poznan Tow Przyj Nauk 5:71–74, zit. nach CA 66:112956k
32. Maksyutina NP (1965) Khim Prir Soedin 4:293, zit. nach CA 64:2414
33. Navruzova AM, Maslennikova VA, Abubakirov NK (1973) Khim Prir Soedin 6:750–755, zit. nach CA 81:136445d
34. Dolya VS, Fursa NS, Litvinenko VI (1973) Khim Prir Soedin 6:800–801, zit. nach CA 81:132874v
35. Kowalewski Z, Matlawska I (1978) Herba Pol 24:5–10
36. Vaiciuniene J (1967) Nauji Laimejimai Biol Biochem, Liet TSR Jaunuji Mokslininku Biol Biochem Moksline Konf, S.31–34, zit. nach CA 70:93950
37. Smichenko A, Tkachenko GV, Belyaeva LYM (1970) Ukr Bot Zh 27:768–770, zit. nach CA 77:45515c
38. Novak I (1959) Pharm Ztg 104:491–493
39. Makarevich IF, Zolotko ZS, Kolesnikov DD (1980) Farm Zh (Kiev) 6:33–35, zit. nach CA 94:180555g
40. Bauer S, Orszagh S, Bauerova O, Mokry J (1960) Planta Med 8:145–151
41. Orszagh S, Bauer S (1960) Dtsch Apoth Ztg 100:441
42. Novak I, Haznagy A (1962) Pharmazie 17:532–535
43. von Knorre G (1958) Pharmazie 13:692–693
44. Förster W, Pavek K (1964) Arch Int Pharmacodyn Ther 148:471–486
45. Babulova A, Buran L, Selecky FV (1963) Arzneim Forsch 13:412–414
46. Förster W, Sziegoleit W, Guhlke I (1965) Arch Int Pharmacodyn Ther 155:165–182
47. Gusev SP (1968) Tr Mosc Inst Nar Khoz 46:171–176, zit. nach CA 71:80197y
48. FEu, Bd. 1, S. 270–275
49. Hgn, Bd. III, S. 594–601; Bd. VIII, S. 357–362
50. Heg (1986), Bd. IV, Teil 1, S. 135–151, 156–159
51. Ross 9
52. Hag, Bd. II, S. 808–812
53. Mar 28
54. Zan
55. Mabberley DJ (1990) The Plant-book, Cambridge University Press, New York Melbourne Sidney

Mu

Erythroxylum

HN: 2013200

Familie: Erythroxylaceae.

Gattungsgliederung: Die Gattung Erythroxylum P. BR. umfaßt etwa 200 Arten.[1] Kultiviert werden die beiden eng miteinander verwandten Arten *Erythroxylum coca* LAM. und *E. novogranatense* (MORRIS) HIERON. *E. novogranatense* existiert wie *E. coca* in 2 Varietäten: var. *novogranatense* "Columbian coca" und var. *truxillense* "Trujillo coca".[1,2] Eine Übersicht über die Chemotaxonomie der Familie Erythroxylaceae gibt Lit.[3], über die Systematik peruanischer Erythroxylumvarietäten und -kultivare und deren unterschiedliche Morphologie s. Lit.[4]

Gattungsmerkmale: Sträucher oder Bäume mit ungeteilten Blättern, 5zähligen Blüten mit freien Kronblättern und steinfruchtartigen Früchten.

Verbreitung: Erythroxylum-Arten kommen im tropischen Zentral- und Mittelamerika (etwa 150 Arten), in Afrika (etwa 40 Arten, besonders auf Madagaskar und den Maskarenen) und in Südostasien, Melanesien und Australien vor.[3,5] *E. novogranatense* var. *novogranatense*, wird als Plantagenpflanze nur in Kolumbien angebaut, als Schmuckpflanze jedoch in vielen tropischen Ländern kultiviert, die var. *truxillense* vor allem in Nordperu.[4]

Inhaltsstoffgruppen: *Alkaloide.* Die Inhaltsstoffgruppe der Alkaloide ist die einzige innerhalb der Gattung, die bisher gut untersucht ist. Die Alkaloide sind in Wurzeln, Rinde und Blättern vieler Arten verbreitet und zum Teil in beträchtlichen Mengen vorhanden. In 13 südamerikanischen Arten lag der Alkaloidgehalt zwischen 0,002 und 0,20 %.[6] Es handelt sich um Ester des Tropins, Pseudotropins, von Tropandiolen oder Tropantriolen oder (und) um Hygrine und um Ester des Ecgonins. Die letztgenannten werden vor allem bei den kultivierten Arten gefunden, wurden in beachtlichen Mengen aber auch in den in Venezuela wachsenden Arten *Erythroxylum recurrens* und *E. steyermarkii* nachgewiesen, die übrigen Arten enthalten sie nur in Spuren. In den Erythroxylum-Arten der Alten Welt war kein Cocain nachweisbar.[1,5,7-10] Als Säurekomponenten wurden Benzoesäure, Zimtsäure und Truxillsäure, Essigsäure, Isovaleriansäure, 2-Methylbuttersäure und Tiglinsäure, Trimethoxybenzoesäure und Trimethoxyzimtsäure, Furan-2-carboxylsäure, Pyrrolsäure und *N*-Methylpyrrol-2-carbonsäure sowie Phenylessigsäure und 2-Hydroxy-3-phenylpropionsäure identifiziert.[1] Unter den Hygrinen sind Cuskhygrin und Dihydrocuskhygrin weit verbreitet.[1,6,11] Auch Nicotin wurde gefunden. Cinnamoylcocaine sind in *E. novogranatense* in viel höheren Konzentrationen enthalten als in *E. coca.*[7] Neuere Untersuchungen über die Alkaloide weiterer Erythroxylum-Arten s. a. Lit.[12-23] So wurden in *E. macrocarpum* (Malaysia) und in *E. sideroxyloides* 0,01 bis 0,06 % Alkaloide (Hauptalkaloid 3α-Benzoyloxynortropan bzw. 3α-Benzoyloxytropan-6β-ol),[12] in *E. cuneatum* 0,03 bis 0,08 % (Hauptalkaloid 3α,6β-Dibenzoyloxytropan) in E.-ecarinatum-Blättern 0,11 % (Hauptalkaloid Tropacocain) und in E.-australe-Wurzelrinde 0,30 % Alkaloide (Hauptalkaloid Methylecgonidin)[17] nachgewiesen. Sechs neue Alkaloide wurden aus der Wurzelrinde von *E. zambesiacum* isoliert, u. a. 3α-(3,4,5-trimethoxybenzoyloxy)nortropan und 3α-(3,4,5-trimethoxybenzoyloxy)nortropan-6β-ol.[16] Aus *E. mamacoca* wurde als neues Alkaloid Nortropacocain gewonnen.[6] In den Blättern von *E. hypericifolium* wurden 15 verschiedene Alkaloide charakterisiert, darunter als Hauptalkaloid 3α-Cinnamoyloxytropan-6β-ol.[15] In der Rinde des Stengels wurden 13 verschiedene Basen mit Hygrin als hauptsächlicher Komponente gefunden.[14] In der Wurzelrinde dieser Erythroxylum-Art dominieren Ester der Phenylessigsäure.[13,14] *E. monogynum* enthält in den Wurzeln u. a. Ester von 1α-*H*-5α-*H*-Tropan-3α-ol.[21-23] In Blättern und Rinde von *E. vacciniifolium* wurden bis zu 11 Alkaloide gefunden, darunter Catuabin A, B und C.[19,20]

Polyphenole. Sie sind in der Gattung weit verbreitet. Insgesamt sind die Kenntnisse jedoch noch nicht ausreichend; bisher liegen nur für wenige Arten genauere Angaben vor.

An Flavonoiden wurden u. a. Rutin, Quercitrin, Quercetin, Kämpferol, Ombuin-3-rutinosid, Quercetin-3-rutinosid und Quercetin-7,4'-dimethyether (Ombuin) gefunden. Die Flavonoidspektren der einzelnen Arten unterscheiden sich voneinander. Rutin und Ombuin-3-rutinosid kommen in *E. novogranatense*, nicht in *E. coca*, vor. In *E. ulei* wurde beispielsweise das Flavanon Naringenin-7-glucosid gefunden.[1,24-26]

Als aromatische Säuren sind z. B. Kaffeesäure und Derivate enthalten.

Gerbstoffe sind bei vielen Erythroxylum-Arten vorhanden. In Stamm und Zweigen von *E. novogranatense* wurden (+)-Catechin-3-*O*-α-L-rhamnopyranosid, Ombuin-3-*O*-rutinosid u. a. nachgewiesen.[27,28]

Lipide. Blätter und Früchte enthalten, vermutlich in der Cuticula, Wachs. In den Blättern von *Erythroxylum argentinum* wurden Phytosterine, Alkane, *n*-Octocosanol, *n*-Triacontanol, α-Amyrin und β-Amyrin, β-Amyrinpalmitat und Squalen identifiziert. Die Samen von *E. mexicanum* enthalten 6,2 % Öl.[1]

Diterpene. Sie wurden bisher nur bei *Erythroxylum monogynum* (Holz) und *E. australe* (Wurzelholz) untersucht. Gefunden wurden z. B. Devadarool und Monogynol.[1,9]

Cyanogene Verbindungen. In 2 von 7 Blattmustern von *Erythroxylum ovalifolium* wurden cyanogene Verbindungen nachgewiesen.[1]

Ätherische Öle. Sie akkumulieren wahrscheinlich im Holz verschiedener Erythroxylum-Arten. Ältere Untersuchungen bestimmten z. B. bei *E. monogynum* 0,085 bis 0,166 % ätherisches Öl mit 40 % α-Pinen.[29]

Drogenliefernde Arten: *E. coca*: Cocae folium, Erythroxylum coca hom. *HPUS88.*

Erythroxylum coca Lam.

Synonyme: *Erythroxylon coca* Lam., *Erythroxylon peruvianum* Prescott, *Erythroxylum bolivianum* Burck, *Erythroxylum peruvianum* Prescott.[30]

Sonstige Bezeichnungen: Dt.: Cocastrauch, Koka-Strauch; engl.: Coca; brasilianisch: Ipadu, Ypadu; peruanisch: Coca, Cuca; span.: Cocca.[30]

Systematik: Zur Art *Erythroxylum coca* Lam. gehören zwei Varietäten: var. *coca* (Bolivian oder Huanaco coca) und var. *ipadu* (Amazonian coca). Eine umfassende Charakterisierung von *E. coca* var. *ipadu* s. Lit.[31]

Botanische Beschreibung: 2 bis 3 m hoher Strauch mit 5 bis 8 cm langen und 2,5 bis 4 cm breiten, einfachen, spitzen, hellgrünen bis graugrünen Laubblättern; auf der Unterseite der Laubblätter von der Basis bis zur Spitze rechts und links des stark hervortretenden Mittelnervs 2 leicht gebogene Linien, die der Versteifung der Blattspreite dienen und aus verdickten Zellen unterhalb der Epidermis bestehen; innerhalb der Blattachsel liegende, später braun werdende und hornartig verhärtende kleine Nebenblätter; kleine, grünlichweiße Blüten in Büscheln in den Blattwinkeln; rote, kaum 1 cm lange, einsamige Steinfrüchte.[32,33]

Verwechslungen: Verwechslungen können mit anderen Erythroxylum-Arten stattfinden.

Verbreitung: *Alkaloide.* Bisher wurden in der Art 18 Alkaloide identifiziert, die zu den Tropanen, Pyrrolidinen und Pyridinen gehören. Hauptalkaloid ist Cocain. Es wurde in den Samen bisher nicht gefunden.[2,9]

Ätherisches Öl. Das ätherische Öl von *Erythroxylum coca* ist von relativ einfacher Zusammensetzung und besitzt als Hauptbestandteile *cis*-3-Hexen-1-ol (16,1 %) und *trans*-2-Hexenal (10,4 %), die

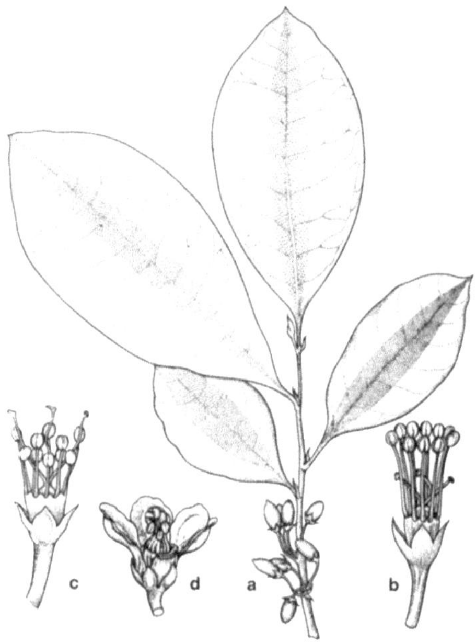

Erythroxylum coca LAM.: **a** Zweig mit Früchten, **b** kurzgriffelige Blüte (ohne Blütenkrone), **c** langgriffelige Blüte (ohne Blütenkrone), **d** Blüte (ein Kronblatt teilweise entfernt). Aus Lit.[30]

für den grasartigen Geruch der Blätter verantwortlich sind, sowie Methylsalicylat (13,6 %).[34]
Sonstiges. Gerbstoffe.[25]

Anbaugebiete: *Erythroxylum coca* ist in Südamerika, in den östlichen Anden von Ecuador bis Bolivien, verbreitet. Die Pflanzen gedeihen besonders in feuchten, warmen Tälern und auf Berghängen in Höhen von 600 bis 2.000 m, am besten auf mineralhaltigen Humusböden.
Der Anbau erfolgt in Südamerika, besonders Peru, Kolumbien, Bolivien und Brasilien, entlang dem Amazonas und seinen größten Nebenflüssen, in geringem Umfang für pharmazeutische Zwecke auch in Indonesien, Indien und Ceylon. Für die Kultivierung eignen sich am besten Lagen von 500 bis 2.000 m Höhe. Beim Anbau in Lagen unter 500 m führen die relativ hohen Temperaturen zu einem schnelleren Wachstum und einem geringeren Alkaloidgehalt, Anbau in Lagen höher als 2.000 m wird durch die Frostgrenze limitiert.[30,35]

Drogen: Cocae folium, Erythroxylon coca hom. *HPUS 88*.

Cocae folium (Kokablätter)

Synonyme: Coca, Cocae peruvianae folium, Coca folium, Folia cocae, Folia erythroxyli cocae, Folium cocae.

Sonstige Bezeichnungen: Dt.: Cocablätter; engl.: Coca leaves, Peruvian tobacco; frz.: Feuilles de coca; port.: Folhas de coca; span.: Hojas de coca.

Monographiesammlungen: Cocae folium *DAB 5*, *Belg IV*, *Portug 35*, *Helv V*, *EB 5*; Cocae peruvianae folium *Hisp IX*; Coca *CF 65*, *BPC 34*.

Definition der Droge: Die getrockneten Laubblätter *DAB 5*, *EB 5*; das getrocknete Blatt *Helv V*.

Stammpflanzen: *Erythroxylum coca* LAM.

Herkunft: Nur aus Anbau.

Gewinnung: Die Kultivierung erfolgt aus Samen, die in Beeten ausgelegt werden. Die Jungpflanzen werden später ins Freie verpflanzt und gedeihen am besten in entsprechender Höhenlage bei intensiver Sonneneinstrahlung. Die Ernte kann nach 1,5 Jahren beginnen. Der Vollertrag wird nach Ablauf des 5. Jahres erreicht. Dann sind jährlich 4 Ernten möglich. Die Pflanze kann 50 Jahre produktiv sein. Bei der Ernte werden die Blätter sorgfältig gepflückt und unter häufigem Umwenden an der Sonne oder in trockenen Räumen getrocknet. Da Cocain sehr instabil ist, wird häufig sofort eine Isolierung durchgeführt.[32,35]

Ganzdroge: Dünnlederiges, steifes, kahles, netzadriges Blatt, kurz gestielt, bis 8 cm lang und 4 cm breit, lanzettlich, länglich-elliptisch, breit-elliptisch bis verkehrt-eiförmig, stumpf oder schwach ausgerandet mit kurzen, in der Droge abgebrochenen Spitzchen, ganzrandig, nach unten etwas umgerollt, auf der Oberseite olivgrün, auf der Unterseite gelblich graugrün.[36,37]

Schnittdroge: *Geruch und Geschmack.* Schwach grasartig.

Mikroskopisches Bild. Epidermis beider Blattoberflächen besteht aus niedrigen, geradlinig-polygonalen Zellen, oberseits ohne Spaltöffnungen. Cuticula mäßig dick. Unterseits besitzen alle Epidermiszellen eine Vorwölbung (Papille) mit Ausnahme der zwei Nebenzellen der Spaltöffnungen. Von der Fläche her sind die Papillen als doppelt konturierte Kreise sichtbar. Haare fehlen. In einer Reihe angeordnete Palisadenzellen im Mesophyll sind bisweilen gefächert und führen dann Einzelkristalle von Calciumoxalat, die sich auch um die Gefäßbündel finden. Die Gefäßbündel sind von einem Faserring umgeben. Bastfasern begleiten auch die feinen Nervenendigungen. Die beiden parallel zum Hauptnerv an der Blattunterseite verlaufenden Linien stellen im Querschnitt verdickte, zum Teil kollenchymatische, subepidermale Zellreihen dar.[32,38]

Pulverdroge: Bräunlichgrünes Pulver. Epidermisstücke aus kleinen, polygonalen, unterseits in den Radialwänden gewellten und zu Papillen ausgezogenen Zellen; Spaltöffnungen nur unterseits, sehr klein, rundlich, von zwei papillenlosen Nebenzellen begleitet. Stücke des Mesophyllgewebes mit einreihiger, zuweilen gefächerter Palisadenschicht

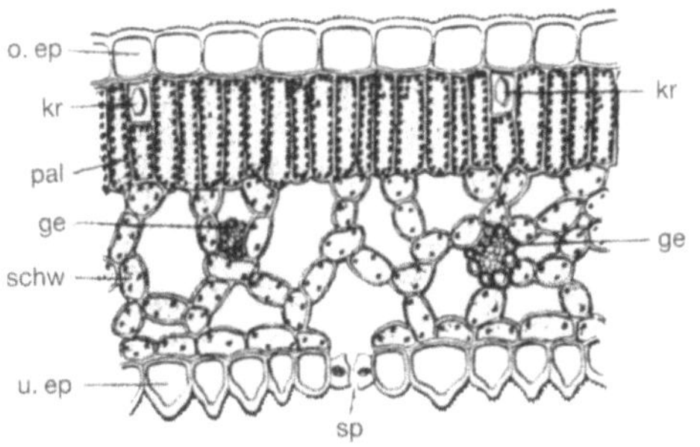

Cocae folium; Querschnitt durch das Blatt: *o.ep* Obere Epidermis, *kr* Kristalle, *pal* Palisadenparenchym, *ge* Gefäßbündel, *schw* Schwammparenchym, *u.ep* untere Epidermis, *sp* Spaltöffnung. Aus Lit.[32]

und lockerem Schwammgewebe; im Mesophyll reichlich Zellen mit Einzelkristallen von Calciumoxalat. Kristallkammerfasern aus den Gefäßbündeln.
Beimischung von Stengelanteilen zum Blattpulver gekennzeichnet durch Markzellen und zuweilen auftretenden Kork sowie durch große Zahl von Holzelementen und besonders weiten, getüpfelten Gefäßen.[32,39]

Verfälschungen/Verwechslungen: Verfälschungen bzw. Verwechslungen sind möglich mit den

- Blättern anderer Erythroxylum-Arten mit geringerem oder keinem Cocaingehalt, systematische Darstellung und Vergleich der Anatomie einzelner Erythroxylum-Arten s. Lit.[38];
- Blättern von *E. novogranatense*, diese sind viel kleiner, dünner (papierartig) und brüchiger als die von *E. coca*;[37]
- Blättern von *Daedanea viscosa* (L.) JACQ. (Sapindaceae), Janablätter, die in Peru wie Kokablätter gekaut werden;[32]
- Blättern von *Laurus nobilis* L.[37]

Minderqualitäten: Cocae folium mit zu geringem Cocaingehalt.

Inhaltsstoffe: *Alkaloide.* Der Gesamtalkaloidgehalt liegt zwischen 0,1 und 0,7%, möglicherweise kann er bis zu 1,8% betragen. In jüngeren Blättern gilt Cinnamoylcocain als hauptsächliches Esteralkaloid, in älteren (relativ alkaloidärmeren) Cocain.[40] Der Cocaingehalt wird mit 0,13 bis 0,68% angegeben, der Gehalt an *cis-* und *trans-*Cinnamoylcocain mit 0,01 bis 0,08%. Die genannten Verbindungen sind die nativ in der Pflanze vorhandenen Tropanalkaloide. Die in der Droge außerdem identifizierten Verbindungen α- und β-Truxillin sowie Benzoylecgonin entstehen wahrscheinlich erst bei der Aufarbeitung der Droge, die Truxilline durch Dimerisierung aus Cinnamoylcocain, Benzoylecgonin durch Spaltung von Cocain. Des weiteren wurden Hygrin, Cuskhygrin und Spuren von Nicotin gefunden.[5,9,10,41–43]

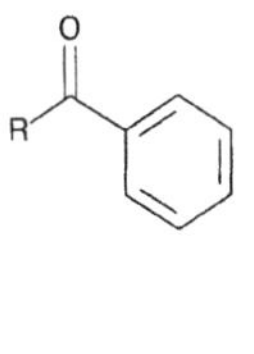

(-)-Cocain

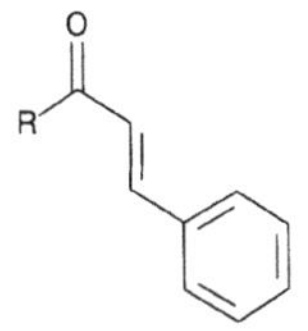

Cinnamoylcocain

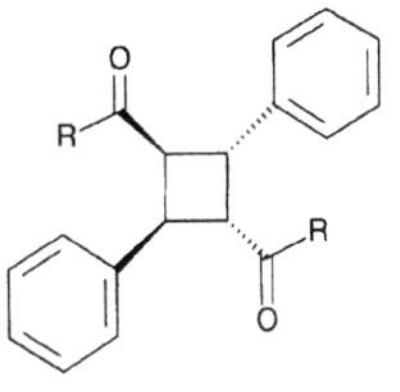

α-Truxillin

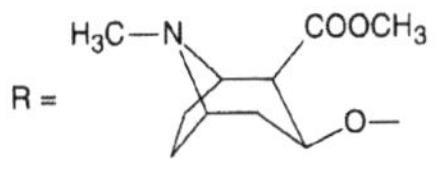

Methylecgonin

Zubereitungen: Cocae pulvis, Pulvis Cocae, Poudre de Coca, gepulverte Kokablätter *Belg IV*. Cocae extractum fluidum, Extractum fluidum Cocae, Extractum Cocae fluidum, Extrait fluide de Coca, klarer, dunkelbrauner, flüssiger ethanolischer Extrakt aus Kokablättern, schwach aromatisch und bitterlich schmeckend *Belg IV*, *Helv V*. Cocae tinctura, Tinctura Cocae, Teinture de Coca, hergestellt aus Cocae extractum fluidum mit Ethanol, braune, schwach bitter schmeckende Flüssigkeit *Belg IV*, *Helv V*. Cocapaste, Cocainpaste, "coca bruta", weiße bis bräunliche Paste mit charakteristischem Geruch, hergestellt durch Extraktion der Blätter unter Zusatz basischer Substanzen. Aus 100 kg Blättern erhält man etwa 1 kg Paste. Sie enthält 40 bis 91% Cocain (Cocainsulfat), andere Cocaalkaloide wie Benzoylecgonin, Ecgonin und Tropacocain, Benzoesäure, Methanol, Kerosen und alkalische Substanzen. Cocapaste wird meist verschnitten mit Lactose, Mannitol, Talk, Tabak oder auch mit synthetischen Substanzen, z. B. Anästhetica, und oft zu Zigaretten verarbeitet.[35,37,44–46]
Gewinnung von reinem Cocain: Extraktion der Gesamtalkaloide, Verseifung zu Ecgonin und Rückveresterung zu Cocain.[37,47,48]
1984 wurden in Bolivien, Kolumbien und Peru jährlich etwa 85.000 t Cocablätter zur Gewinnung von Cocapaste und Cocain zur mißbräuchlichen Verwendung genutzt. 25% der Ernte wurden zum Kauen durch die Einwohner verwendet, nur 2% zur Herstellung von pharmazeutisch und für Getränke verwendetem Cocain.[45]

Identität: Die Identifizierung der Cocablätter kann anhand ihrer makroskopischen und mikroskopischen Merkmale (s. Ganzdroge, Schnittdroge, Pulverdroge)[37,39] und zusätzlich durch Nachweis ihres Cocaingehalts erfolgen.

Die Prüfung auf Cocain wird dünnschichtchromatographisch mit ethanolischen oder methanolischen Extrakten des zu prüfenden Materials vorgenommen.

- Laufmittel: Zur DC auf Kieselgel G mit Fluoreszenzindikator eignen sich z. B. die Gemische Chloroform-Dioxan-Ethylacetat-Ammoniak (29%) (25 + 60 + 10 + 5), Methanol-Ammoniak (29%) (100 + 1,5) oder Cyclohexan-Toluen-Diethylamin (75 + 15 + 10);
- Detektion: Direktauswertung im UV 254 nm, Besprühen mit saurem Kaliumiodplatinat-Reagenz oder mit Dragendorffs Reagenz und Auswertung im Vis;
- Auswertung: Rf-Wert von Cocain im erstgenannten System 0,81, im zweiten 0,59 und im dritten 0,56, daneben Ecgonin, Methylecgonin, Benzoylecgonin, Cinnamoylecgonin.[37]

Folgende Methoden können zur schnellen Prüfung von Cocapaste und anderen Materialien auf das vermutliche Vorhandensein von Cocain eingesetzt werden:

- Farbreaktionen: Nach Zugabe von Cobaltthiocyanat zum Testmaterial kommt es bei Vorhandensein von Cocain zu einer Blaufärbung. Diese verschwindet bei Zusatz konz. Salzsäure, beim Ausschütteln mit Chloroform wird die Chloroformphase intensiv blau gefärbt (Scott-Test). Mit dem Scott-Test ist 1% Cocain in der Testprobe nachweisbar.[37]
- Geruchstest: Nach Befeuchten des Testmaterials mit methanolischer Natrium- oder Kaliumhydroxidlsg. und Verdunsten des überschüssigen Alkohols gestattet der Vergleich des Geruchs mit dem von Standardcocain Hinweise auf das Vorhandensein von Cocain.[37]
- Mikrokristalltest: Eine kleine Menge des Testmaterials wird auf einem Objektträger in 1 N-Salzsäure gelöst und mit einer Lösung von Platinchlorid in Wasser versetzt. Die entstehenden Kristalle können mikroskopisch mit ebenso behandeltem Standardcocain verglichen werden.[37]

Reinheit: Asche: Nicht mehr als 10% *Helv V*, *Hisp IX*.

Gehalt: Alkaloidgehalt: Mindestens 0,7%, berechnet als Cocain *EB 5*, *Helv V*, *CF 65*, *Hisp IX*; mindestens 0,5% *Portug 35*. Alkaloidgehalt in Cocae pulvis 0,5%, berechnet als Cocain *Belg IV*, in Cocae extractum fluidum 0,95 bis 1,05% *Helv V*, in Cocae tinctura 0,09 bis 0,11% *Helv V*.

Gehaltsbestimmung: Zur Bestimmung des Gesamtalkaloidgehalts werden in *EB 5* und *Helv V*, aber auch in modernen Arbeiten,[41] titrimetrische Methoden beschrieben. Dazu werden die Alkaloide aus dem alkalisierten Material mit organischem Lösungsmittel extrahiert, mit verdünnter Säure ausgeschüttelt und nach weiteren Reinigungsschritten direkt oder indirekt acidimetrisch bestimmt.

Auf Grund des unterschiedlichen chemischen Charakters der in den Cocablättern enthaltenen Alkaloide ist eine vollständige Extraktion und Erfassung aller Alkaloide mit nur einem Extraktionsverfahren schwierig. Die quantitative Extraktion aller Alkaloide vom Ecgonintyp und die weitestgehende Vermeidung des Abbaus von Cocain soll am besten durch kurze Extraktion in heißem Ethanol gelingen. Bei längerer Extraktion mit 1 N-Schwefelsäure oder Chloroform findet ein teilweiser Abbau des Cocains, u. a. zum Ecgoninmethylester, statt.[41]

Folgende moderne Methoden gestatten die Auftrennung der Alkaloide und die getrennte quantitative Bestimmung einzelner Alkaloide, insbesondere von Cocain:[49]

- HPLC,[37,50] z. B. auf RP 18 – Phasen mit Methanol-Wasser-Phosphorsäure (1%) (3 + 7 + 10) und Zusatz von *n*-Hexylamin (7 mL/L), pH 2,5, oder Methanol-Phosphorsäure (1%) (10 + 10) und Zusatz von *n*-Hexylamin (7 mL/L), pH 2,8, als mobiler Phase,[37] oder auf Kieselgel mit 0,05 M Phosphatpuffer (pH 7)-Methanol (68 + 32) als mobiler Phase;[50] Detektion bei 230 nm;
- GC,[9,37,51,52] auf gepackten Säulen oder auf Kapillarsäulen mit Stickstoff, Wasserstoff oder Helium als Trägergas und meist mit einem Flammenionisationsdetektor;
- GC, gekoppelt mit MS;[41,42,53,54] durch den Einsatz der Massenfragmentographie mit deuteriertem Cocain als innerem Standard wird die quantitative Bestimmung von Nanogrammengen des Alkaloids mit einer Präzision von 5% ermöglicht.

Die in älteren Arzneibüchern (z. B. *CF 65*) beschriebenen gravimetrischen Methoden zur Gehaltsbestimmung von Cocain sind heute nicht mehr von Bedeutung.

Lagerung: Die Lagerung soll gut getrocknet in gut schließenden Gefäßen, vor Licht geschützt und über Kalk erfolgen *Helv V*, *Hisp IX*. Der Vorrat an Kokablättern soll jährlich erneuert werden *DAB 5*.

Stabilität: Während der Lagerung findet durch Hydrolyse eine signifikante Abnahme des Cocaingehaltes statt.[52] Blätter, die für spätere phytochemische Untersuchungen dienen sollen, dürfen in keinem Fall mit Konservierungsmitteln behandelt werden, sondern sollen möglichst schnell unter Wärmezufuhr luftgetrocknet werden.[54]

Wirkungen: Die psychotropen Wirkungen der Droge gründen sich, wie die enge Korrelation zwischen Blutplasmakonzentration von Cocain und subjektiv empfundenen Effekten zeigt (s. Wirkungsverlauf), vorwiegend auf die des Hauptalkaloids Cocain.[42] Cocain stimuliert schon in kleinen Dosen das ZNS und führt zu einer ausgeprägten Euphorie, in höheren Dosen zu Erregungszuständen und eventuell Psychosen. Die psychostimulierende Wirkung beruht auf der Wechselwirkung von Cocain mit serotoninergen, adrenergen und dopaminergen Systemen; u. a. findet eine Hemmung der Rückspeicherung von Noradrenalin und Adrenalin statt. Darauf ist auch die durch Cocain bedingte Vasokonstriktion zurückzuführen. Darüber hinaus hat Cocain lokalanästhetische Wirkung. Sie kommt durch eine Hemmung des Na^+-Einstroms in sensible Nervenendigungen und den damit bewirkten Stop der Erregungsleitung zustande.[55,56]

Tierversuche, in denen Droge, verschiedene Drogenfraktionen und reines Cocain hinsichtlich ihrer

Wirkungen geprüft und miteinander verglichen wurden, erbrachten u. a. folgende Ergebnisse:
Ein ethanolischer Extrakt der Blätter wurde zwischen Chloroform und Wasser verteilt. Die die Hauptmenge an Cocain enthaltende Chloroformphase hemmt nach i.p. und p.o. Applikation an Ratten dosisabhängig (Dosen von 60, 120, 240 und 480mg/kg KG) die lokomotorische Aktivität der Tiere und senkt die Futteraufnahme. Entsprechende Dosen Cocain (3,45, 6,9, 13,8 und 27,6 mg/kg KG, p.o. oder i.p. appliziert) sind ähnlich wirksam. Die wäßrige Phase, in der nur Spuren von Cocain vorhanden sind, reduziert in der höchsten i.p. Dosis signifikant die Futteraufnahme, die lokomotorische Aktivität wird jedoch nicht beeinflußt. Die Autoren folgern, daß auch andere Bestandteile als Cocain zum appetitmindernden Effekt der Blätter beitragen.[57,58]
Es wurde die anorektische Aktivität eines p.o. verabreichten Gesamtextraktes aus *Erythroxylum coca* mit der von Cocainhydrochlorid, p.o., und Cocainhydrochlorid, i.p., bei toleranten und bei nicht an die Zufuhr von Cocain gewöhnten Ratten verglichen, indem jeweils der Futterverbrauch der Tiere ermittelt wurde.[59] Bei nicht gewöhnten Ratten ist die anorektische Aktivität des Extraktes, berechnet auf den Cocaingehalt, geringer als die einer entsprechenden Menge reinen Cocains, bei toleranten Tieren ist der Extrakt wirksamer als eine äquivalente Dosis Cocain. Daraus wird geschlossen, daß andere Extraktbestandteile die Cocawirkung bei toleranten und nicht toleranten Tieren in unterschiedlicher Richtung beeinflussen.[59]
In anderen Untersuchungen wurde ein Ethanolextrakt der Blätter zunächst zwischen Chloroform (cocainhaltig, Fraktion B) und Wasser (cocainfrei, Fraktion A) verteilt. Die Wasserphase (Fraktion A) wurde anschließend mit Butanol ausgeschüttelt (Butanolphase: Fraktion C; verbleibende Wasserphase: Fraktion D). 400 bis 600 mg/kg KG der Fraktion A, 60 bis 800 mg/kg der Fraktion C und 240 mg/kg der Fraktion D reduzieren nach i.p. Applikation den Sauerstoffverbrauch von Mäusen. 200 mg der Fraktion C wirken bei Hunden nach i.v. Applikation hyperglykämisch. Das Maximum des Glucosespiegels im Plasma wird nach 45 min erreicht. Da die Fraktion keine Zucker enthält, wird der Effekt auf eine direkte Beeinflussung des Glucosemetabolismus zurückgeführt. Außerdem kommt es innerhalb kurzer Zeit nach i.v. Applikation (5 min) zur Abnahme der Herzfrequenz und des Blutdrucks der Hunde. Die Effekte dauern länger als 60 min an. Die Wirkungen auf den Glucosespiegel lassen sich zeitlich mit dem Verlauf der stimulatorischen Effekte beim Kauen der Blätter durch den Menschen vergleichen. Die beim Hund außerdem beobachteten Wirkungen auf das autonome Nervensystem (Salivation, Inaktivität, Erbrechen u.a.) lassen sich beim Menschen nicht finden. Obwohl Vergleichsuntersuchungen mit der alkaloidhaltigen Fraktion bzw. reinem Cocain nicht beschrieben sind, zeigen die Versuche, daß Bestandteile der Blätter, die keine Alkaloide sind, bei Mäusen und Hunden zu den beschriebenen Effekten beitragen.[60]
Weiterhin wurden der Einfluß von Erythroxylum-coca-Blättern (als Pulver und als Extrakt), Cocain und Ecgoninmethylester als Futterbestandteile auf Körpergewicht und Energiestoffwechsel (Verwertung von Fetten, Kohlenhydraten und Proteinen, Bestimmung des Atemquotienten) von Ratten bei unterschiedlicher Zusammensetzung des Futters untersucht und dabei folgende Ergebnisse ermittelt:[61]
Unter Proteinmangelbedingungen (Futter mit wenig Protein und viel Kohlenhydraten) führen 2 mg Cocain/g Futter zur Verringerung der Futteraufnahme und zum Gewichtsverlust der Tiere. Werden diese 2 mg/g Cocain als Bestandteil von Blattpulver verabreicht, so kommt es trotz hoher Futteraufnahme nur zu einem minimalen Gewichtszuwachs. Enthält das Futter viel Protein, sind 2 mg/g Cocain ohne Einfluß auf Futteraufnahme und Gewichtszuwachs. Es folgt der Schluß, daß Cocain (rein oder als Blattbestandteil) unter Proteinmangelbedingungen dazu beiträgt, bevorzugt Lipide zur Energiegewinnung zu verwerten und Aminosäuren zu sparen. Der in Bezug auf den Atemquotienten unterschiedliche Effekt von Blattpulver (Erhöhung des Atemquotienten) und reinem Cocain (Senkung des Atemquotienten) wird auf das Vorhandensein verwertbarer Stickstoffkomponenten im Blatt zurückgeführt. Ecgoninmethylester (2 mg/kg KG) ist ohne signifikanten Einfluß auf alle untersuchten Parameter.[61]
Ein durch Extraktion mit Ethanol gewonnener Extrakt aus Cocablättern wurde zwischen verschiedenen Lösungmitteln verteilt, und die dabei gewonnenen Fraktionen wurden im Vergleich mit reinem Cocain auf lokalanästhetische Effekte bei Ratten (elektrischer Schock am Rattenschwanz) geprüft. Intradermale Applikation von 0,1 mL einer 2%igen Cocainlösung bewirkt eine unmittelbare Anästhesie. Nach Applikation der alkaloidhaltigen Fraktion ist der maximale lokalanästhetische Effekt um etwa 20% geringer. Nach Applikation einer alkaloidfreien Fraktion werden nur 30% der Anästhesie erreicht. Daraus ist zu ersehen, daß Cocain den Hauptanteil bei der lokalanästhetischen Wirkung von Coca-Blattextrakten ausübt.[62]
Schlußfolgernd aus den Tierversuchen ist zu erkennen, daß außer Cocain, das den Hauptwirkstoff der Droge darstellt, auch weitere Bestandteile der Cocablätter zu den Effekten beitragen bzw. die Wirkungen von Cocain verändern können.
Beim Kauen von Cocablättern durch den Menschen überwiegt die leistungsstimulierende, hunger- und schlafbedürfnisdämpfende, leicht euphorisierende Wirkung. Im Mund tritt eine lokale Anästhesie auf.[42] Nach dem Rauchen von Cocapaste sind die Effekte stärker ausgeprägt. Auch hier kommt es zunächst zu einem Gefühl des Wohlbefindens, der Freude an Gesellschaft, Musik, Tanz usw. und einer intensiven Euphorie, bei höheren Dosen und längerem Gebrauch jedoch schnell zu toxischen Erscheinungen (s. Toxizität).[43,46]

Resorption: Cocain wird bei oraler Zufuhr von Cocablättern (Kauen der Blätter oder Auslaugen von Blattpulver im Mund) rasch über die Mund-

schleimhaut resorbiert. Zusätzlich zur buccalen Resorption findet, da ein Teil des Pflanzensaftes verschluckt wird, eine intestinale Resorption statt. Bereits nach 5 min ist Cocain im Plasma nachweisbar. Die Halbwertszeit der Resorption liegt zwischen 0,2 und 0,6 Stunden.[42,43]
Der Zusatz alkalischer Substanzen begünstigt die buccale Resorption.[41,42,56,63,64] Eine Förderung der Hydrolyse von Cocain zu Benzoylecgonin und Ecgonin durch die alkalischen Substanzen findet entgegen älteren Auffassungen[65] dagegen kaum statt. Nach einstündiger Inkubation von Cocablättern bei pH 11,5 sind 80 % des ursprünglichen Cocains noch intakt.[41] Für die im Gegensatz zum Kauen der Blätter schlechtere Bioverfügbarkeit von p. o. appliziertem reinem Cocain[53,66,67] dürften die hier wesentlich geringere buccale Resorption und die Hydrolyse des Alkaloids im Magen-Darm-Trakt verantwortlich sein.[43]
Beim Rauchen von Cocapaste werden ähnlich wie nach i. v. Injektion von Cocain rasch hohe Cocainwerte im Blut gefunden (innerhalb von 5 min nach dem Rauchen von 0,5 g Paste 500 bis 975 ng Cocain/mL Plasma).[68]

Verteilung: Beim Kauen von 20 g Blattpulver (entsprechend 48 mg Cocain) wird eine maximale Plasmakonzentration von 140 ng Cocain/mL erreicht. Nach 4,4 g Blättern (mit 21 mg Cocain) liegt diese bei 150 ng/mL. Die Zeit bis zum Erreichen der Peakkonzentration beträgt 0,4 bis 2 Stunden nach Applikation.[42] Nach dem Kauen von 50 g Blättern mit einem Cocaingehalt von 0,65 % wurden pro Untersuchungsperson durchschnittliche Cocainwerte im Plasma von 249 ng/mL ermittelt (130 bis 859 ng/mL).[69]
Versuche mit reinem Cocain bei Ratten zeigten, daß die Verbindung bei p. o. Zufuhr einem First-pass-Effekt in der Leber unterliegt. Hohe Cocainkonzentrationen waren in Leber und Gehirn zu finden, im Blut waren sie wesentlich geringer. Die Metaboliten waren in hoher Konzentration in der Leber, aber kaum im Gehirn nachweisbar.[70] In ZNS, Leber und Placenta des Menschen wurden Bindungsstellen für ^{3}H-Cocain identifiziert.[71] Die Placentarschranke wird von Cocain passiert. In der Muttermilch ist es ebenfalls nachweisbar und relativ stabil.[72] Bei laktierenden Ratten ist die Konzentration von p. o. zugeführtem radioaktiv markiertem Cocain in der Milch 7- bis 8mal höher als im Blut.[70]

Wirkungsverlauf: Beim Kauen der Cocablätter kommt es schnell zu einer lokalen Anästhesie im Mund-Rachen-Raum. Parallel mit dem Anstieg der Plasmakonzentration an Cocain steigen die zentral stimulierenden Wirkungen. Auch wenn sich die Blätter noch im Mund befinden, werden beim Abfall der Plasmakonzentration keine weiteren stimulierenden Effekte beobachtet.[42]

Elimination: Cocain wird in der Leber relativ schnell metabolisiert und zu einem kleinen Teil unverändert im Urin ausgeschieden. Wichtige Metaboliten sind beim Menschen Benzoylecgonin (entsteht vorwiegend durch nichtenzymatische spontane Hydrolyse) und Ecgoninmethylester (wird durch Esterasen aus Cocain gebildet). Das durch *N*-Demethylierung entstehende, im Tierversuch pharmakologisch aktive Norcocain (5 bis 10 mg/kg KG, i. v., führen bei Ratten zu Erhöhung der Herzfrequenz und zu Krämpfen, 20 mg/kg KG zum Tod[73]) macht ebenso wie Ecgonin beim Menschen nur einen kleinen Anteil der Metaboliten aus.[43] Nach Aufnahme von Cocain aus den Blättern wurde die Eliminationshalbwertszeit mit 1,0 bis 1,9 Stunden bestimmt. Cocain war mehr als 7 Stunden im Plasma nachweisbar.[42]
Bei hohen Dosen Cocain ist die Fähigkeit zum Abbau vermindert,[74] ebenso bei Schwangeren und Feten (verminderte Aktivität der Plasmacholinesterase).[72] Unterschiede im pharmakokinetischen Verhalten zwischen reinem Cocain und Cocablättern sind allein auf unterschiedliche Dosierung und Applikationsart zurückzuführen.[42]

Volkstümliche Anwendung und andere Anwendungsgebiete: Der Cocastrauch wurde schon lange vor Ankunft der Spanier in Südamerika kultiviert und galt bereits bei den Indios als göttliche Pflanze. Es ist bekannt, daß die südamerikanischen Indianer schon vor mehr als 5.000 Jahren Cocablätter wahrscheinlich als Genußmittel gekaut haben.[2,35,75–77] In Europa dienten die ca. im 18. Jahrhundert eingeführten Cocablätter zur Herstellung des Cocaweins ("Vin Mariani"), der als Stärkungsmittel besonders in Künstlerkreisen galt.[78] Heute wird die Zahl der Cocakauer in Südamerika auf etwa 15 Millionen geschätzt. Die Blätter werden meistens geröstet, manchmal auch gepulvert, und in Form eines Pfriems, gemischt mit alkalischen Substanzen (gebrannter Kalk, Pflanzenasche, Muschelschalen) im Mund ausgelaugt. In Kolumbien werden gepulverte Blätter auch als Schnupftabak verwendet. Eine Anwendung als Tee ist ebenfalls bekannt. Ein Cocakauer nimmt am Tag etwa 30 g der Blätter zu sich. In erster Linie wird die anregende, leistungssteigernde, vor Hunger, Kälte und Schlafbedürfnis schützende Wirkung der Droge genutzt.[5,79] Sie kann auf Grund der stimulierenden Cocainwirkungen als plausibel angesehen werden.
Weitere Anwendungsgebiete sind gastrointestinale Störungen, Zahnschmerzen, Rheumatismus, Asthma und Malaria. Bei Augenreizungen wird der Saft der Blätter ins Auge getropft, bei Schleimhautreizungen im Mund- und Rachenraum wird mit dem verdünnten Saft gegurgelt.[80–82] Die Anwendung z. B. bei Zahnschmerzen oder Schleimhautreizungen könnte durch die lokalanästhetische Cocainwirkung erklärbar sein. Ausgehend von den Erfahrungen der südamerikanischen Volksmedizin wird in der modernen Medizin die Anwendung von Coca (z. B. in Form von Kaugummis oder Dragees mit einem Gesamtextrakt der Blätter, nicht mit reinem Cocain!) bei gastrointestinalen Beschwerden, Bewegungsstörungen, zur Gewichtsreduktion, zur physischen und psychischen Stärkung und zur Behandlung der Abhängigkeit von stärkeren Drogen empfohlen.[81]
Die Wirksamkeit bei den genannten Indikationen ist jedoch nicht belegt.

In den letzten Jahren hat die mißbräuchliche Anwendung von Cocapaste vor allem in lateinamerikanischen Ländern, z.B. in Bolivien, Kolumbien und Peru, epidemische Ausmaße angenommen. Meist wird die getrocknete Cocapaste im Gemisch mit Tabak oder Marihuana als Zigarette geraucht. Durchschnittlich werden mehrere Male in der Woche 3 g Cocapaste pro session verbraucht, aber auch 40 bis 60 g pro session wurden beobachtet.[46]

Dosierung und Art der Anwendung: Von den älteren Arzneibüchern wurden folgende, auf Grund des Fehlens belegter Anwendungsgebiete heute nicht mehr gültige Dosierungsvorschriften gegeben: Maximale Einzeldosis 3,0 g, maximale Tagesdosis 6,0 g *Helv V*; Maximaldosis 5 bis 10 g Cocae pulvis bzw. Cocae extractum fluidum, 25 bis 50 g Cocae tinctura *Belg IV*.

Unerwünschte Wirkungen:

Schwangerschaft: Embryotoxische und teratogene Nebenwirkungen sind nicht auszuschließen (s. Reproduktionstoxikologie).

Stillperiode: Bei Anwendung von Cocain während der Stillperiode wurde ein Übergang des Alkaloids in die Muttermilch nachgewiesen.[72,95] Er ist auch bei Gebrauch der Blätter nicht auszuschließen.

Tox. Inhaltsstoffe u. Prinzip: Für die Toxizität der Cocablätter ist in erster Linie Cocain verantwortlich (→ Hdb. 3, S. 333–335), aber auch die anderen Alkaloide bzw. deren Spaltprodukte können dazu beitragen. Die Beteiligung weiterer Inhaltsstoffe ist nicht auszuschließen (s. Chronische Toxizität beim Tier).

Toxikokinetik: s. Pharmakologische Eigenschaften.

Akute Toxizität: *Mensch.* Im Gegensatz zur akuten Toxizität reinen Cocains (starke zentrale Erregung, bei überempfindlichen Personen "Cocainschock", Gefahr der Atemlähmung,[63,77] Nierenschädigung, Herzinfarkt,[83,84] → Hdb. 3, S. 333–335) kommt es beim Kauen der Blätter nur nach übermäßigem Gebrauch zu akut toxischen Erscheinungen. Diese bestehen vorwiegend in psychischen Störungen und Halluzinationen.[46] Beim Rauchen von Cocapaste treten jedoch oft schon nach wenigen Zigaretten unangenehme Begleiterscheinungen auf, z.B. Angstgefühle, Kopfschmerzen und Abdominalschmerzen.[46] *Tier.* Im Tierversuch ist die akute Toxizität eines ethanolischen Extraktes der Cocablätter, berechnet auf den Cocaingehalt des Extraktes, nach i.p. Injektion bei Mäusen größer als die einer entsprechenden Menge reinen Cocains (s. LD-Werte). Es ist daher anzunehmen, daß bei Mäusen andere Inhaltsstoffe der Blätter zur Toxizität beitragen.[85]

Chronische Toxizität: *Mensch.* Chronischer Konsum von Cocablättern resultiert durch die ständige Unterdrückung des Hungergefühls und die damit verbundene geringe Nahrungsaufnahme (begründet auch im nicht ausreichenden Nahrungsangebot) in einem sehr schlechten Ernährungszustand, einer erniedrigten Widerstandsfähigkeit des Organismus, Arbeitsunlust, mangelnder persönlicher Hygiene und insgesamt einer geringeren Lebenserwartung.[46,86] Zur verringerten Abwehrfähigkeit gegenüber Krankheiten dürften auch die an humanen Zellen beobachteten immunsuppressiven Effekte von Cocain beitragen.[87] Epidemiologische Untersuchungen in Argentinien zeigten bei 61 % der Cocakauer Leukoödeme und bei 21,3 % Leukoplakien der Mundschleimhaut. In der Kontrollgruppe lagen die Prozentsätze bei 9 bzw. 4 %.[88] Der Gebrauch von 50 g Blättern/Tag ist kaum sichtbar schädlich.[78] Bei der Gewöhnung an große Mengen (bis 500 g/Tag) sind die Betroffenen an dauernd weiten Pupillen zu erkennen und leiden unter Verdauungsstörungen, Abmagerung und Apathie. Ein ursächlicher Zusammenhang zwischen dem Mißbrauch von Cocablättern und dem häufigen Auftreten von Hepatitis und anderen schweren Erkrankungen im Anden-Hochland gilt als erwiesen.[78] Es konnten dagegen auch nach längerer Beobachtung von "coqueros" von anderen Autoren keine negativen Auswirkungen des Cocakonsums festgestellt werden.[81]
Die Auswirkungen chronischen Gebrauchs von Cocapaste sind stärker als die des Kauens der Blätter. Es können vier aufeinander folgende Phasen daraus resultierender psychischer Störungen unterschieden werden:[46] Euphorie, Dysphorie, Halluzinationen und paranoide Psychose ("Coca paste psychosis"). Begleitend können Unterernährung, Tachycardie, Mydriasis, Hyperhydrosis, Spasmen und andere Symptome auftreten. Todesfälle wurden beobachtet.[46] *Tier.* Verfütterung von alkaloidfreien Cocablättern (durch Extraktion mit Methylenchlorid von den meisten cocainähnlichen Alkaloiden befreit) an Ratten (32 Wochen, 1,5, 15 oder 150 mg/Dosis in Honigwasser) führt bei der höchsten Dosis zur Gewichtsabnahme und zu histologischen Veränderungen der Niere, des Endometriums und der Leber. Kaninchen (13 Wochen Fütterungsdauer, 21 oder 210 mg/Dosis) zeigten bis auf Fettansammlungen im Myocard keine Veränderungen.[69]

Carcinogenität: Auf Grund von Struktur-Wirkungs-Vergleichen (System CASE) werden mit einer Wahrscheinlichkeit von 73,6 % carcinogene Wirkungen von Cocain postuliert.[90] Ein besonderes Risiko könnte in einer transplacentaren Tumorinduktion bestehen.[90]

Reproduktionstoxizität: Bei Ratten und Mäusen wurden embryotoxische Effekte von Cocain beobachtet. Sie werden auf die durch Cocain hervorgerufene Vasokonstriktion in der Placenta und die Hemmung mitochondrialer Elektronentransportsysteme im embryonalen Gewebe durch das Alkaloid zurückgeführt.[91] Die durch die Gefäßverengung bedingte Hypoxie ist auch die Ursache für die teratogene Wirkung von Cocain.[91–93] Beim Menschen existieren ebenfalls zahlreiche Hinweise auf embryotoxische und teratogene Cocainwirkungen (z.B. intrauterine Wachstumsretardation, erhöhte Mißbildungsrate, erniedrigtes Geburtsgewicht).[72,94,95] Das Risiko wird noch dadurch erhöht, daß bei Feten und Schwangeren die Aktivität der cocainabbauenden Plasmacholinesterase ohnehin vermindert ist.[72] Da Cocain nach Einnahme der Droge leicht verfügbar ist (s. Resorption),[42] ist hier ebenso mit entsprechenden Effekten zu rechnen.

Immuntoxizität: Die Möglichkeit der Sensibilisierung ist bei der Anwendung von reinem Cocain vorhanden[77] und dürfte auch bei Anwendung der Blätter oder von Cocapaste gegeben sein.

Abhängigkeitspotential: Tierversuche, in denen Ratten Tee aus Cocablättern angeboten wurde (allein bzw. zur freien Auswahl unter mehreren Getränken) weisen darauf hin, daß der Tee ein relativ geringes Mißbrauchspotential hat.[96]
Beim Menschen besteht nach Definition der WHO auf Grund des Fehlens eines typischen Entzugssystems nur eine psychische Abhängigkeit. Dennoch werden nach erzwungenem Absetzen Entzugserscheinungen wie Suche nach der Droge, extremes Schlafbedürfnis, Hyperphagie, Angst, Gereiztheit, Tremor u. a. beobachtet.[45,63] Es handelt sich daher nicht nur um eine rein psychische Abhängigkeit, sondern es kommt zu einer neurophysiologischen "down regulation" solcher Prozesse im ZNS, die Gefühle des Wohlbefindens (pleasure responses) regulieren.[97]

Toxikologische Daten: *LD-Werte.* LD_{50} ethanolischer Blattextrakt, Maus, i. p. 3.450 mg/kg KG (berechnet auf den Cocaingehalt 31,4 mg/kg KG),[85] LD_{50} Cocain, Maus, i. p., 95,1 mg/kg KG,[85] LD_{50} Cocain, Maus, p. o., 99 mg/kg KG,[98] LD_{50} Cocain, Hund, i. v., 13 mg/kg KG,[99,100] LD_{50} Ecgonin, Maus, i. v., 1 g/kg,[101] LD Cocain, Mensch, p. o., 1 bis 2 g Cocain, s. c. 0,2 bis 0,3 g Cocain, i. v. eventuell schon ab 20 mg.[102] Bei Überempfindlichkeit, die zurückzuführen ist auf eine Defizienz an metabolisierenden Esterasen, können bereits 20 mg für einen Menschen letal sein.[45]

Akute Vergiftung: *Erste Maßnahmen.* Sofortmaßnahmen dürften vor allem nach akuten Vergiftungen mit reinem Cocain oder Cocapaste erforderlich sein. Sie müssen sich nach dem Applikationsort und bereits bestehenden Symptomen richten. Neben der Giftentfernung ist unbedingt für die Aufrechterhaltung der Atmung zu sorgen.

Chronische Vergiftung: *Erste Maßnahmen.* Eine chronische Vergiftung kann nur durch Verzicht auf die Droge geheilt werden. Dieser kann oftmals nur durch langfristige Entziehungskuren oder ähnliche Maßnahmen erreicht werden.

Sonst. Verwendung: *Haushalt.* Nach Entfernung der Alkaloide z. B. mit organischen Lösungsmitteln oder verdünnten Säuren soll die Verwendung von Cocapaste wegen ihrer Geruchs- und Aromastoffe in der Lebensmittelindustrie möglich sein, z. B. als Zusatz zu Getränken und Eiscreme.[81]

Gesetzl. Best.: *Apothekenpflicht.* Da die Droge obsolet ist, besteht für Apothekenpflicht keine Notwendigkeit. Das Reinalkaloid Cocain und seine Zubereitungen sind apothekenpflichtig. *Verschreibungspflicht.* Da die Droge obsolet ist, besteht für die Verschreibungspflicht keine Notwendigkeit. Das Reinalkaloid Cocain und seine Zubereitungen sind verschreibungspflichtig. Die Bestimmungen der Betäubungsmittel-Verschreibungs-Verordnung sind einzuhalten.

Erythroxylon coca hom. *HPUS88*

Monographiesammlungen: Erythroxylon coca *HPUS88.*

Definition der Droge: Die Blätter.

Stammpflanzen: *Erythroxylum coca* LAM.

Zubereitungen: *Urtinktur.* Herstellung durch Mazeration oder Perkolation der frischen oder getrockneten Droge mit EtOH nach den allg. Zubereitungsvorschriften (Class C) der *HPUS88.* Ethanolgehalt 65 % (*V/V*).

Gehalt: *Urtinktur.* Arzneigehalt $^1/_{10}$.

---

1. Hgn, Bd. IV, S. 94–99, 454–455, 489–490, Bd. VIII, S. 433–436
2. Novak M, Salemnik CA, Kahn I (1984) J Ethnopharmacol 10:261–274
3. Hegnauer R (1981) J Ethnopharmacol 3:279–292
4. Machado E (1981) J Ethnopharmacol 3:227–263
5. Teuscher E, Lindequist U (1988) Biogene Gifte, Akademie-Verlag, Berlin, Gustav Fischer Verlag, Stuttgart
6. El-Imam YMA, Evans WC, Plowman T (1985) Phytochemistry 24:2.285–2.289
7. Plowman T, Rivier L (1983) Ann Bot 51:641–659
8. Hegnauer R, Fikenscher LH (1960) Pharm Acta Helv 35:43–64
9. Turner CE, Ma C, ElSohly MA (1981) J Ethnopharmacol 3:293–298
10. Evans WC (1981) J Ethnopharmacol 3:265–277
11. Turner CE, ElSohly MA, Hanns L, ElSohly HN (1981) Phytochemistry 20:1.403–1.405
12. Al-Said MS, Evans WC, Grout RJ (1986) Phytochemistry 25:851–853
13. Al-Said MS, Evans WC, Grout RJ (1986) J Chem Soc Perkin Trans 1:957–959
14. Al-Said MS, Evans WC, Grout RJ (1989) Phytochemistry 28:671–673
15. Al-Said MS, Evans WC, Grout RJ (1989) Phytochemistry 28:3.211–3.215
16. El-Imam YMA, Evans WC, Grout RJ, Ramsey KPA (1987) Phytochemistry 26:2.385–2.389
17. El-Imam YMA, Evans WC, Grout RJ (1988) Phytochemistry 27:2.181–2.184
18. Al-Yahya MAI, Evans WC, Grout RJ (1979) J Chem Soc Perkin Trans 1:2.130–2.132
19. Graf E, Lude W (1977) Arch Pharm 310:1.005–1.010
20. Graf E, Lude W (1978) Arch Pharm 311:139–152
21. Agar JTH, Evans WC, Treagust PG (1974) J Pharm Pharmacol 26:111P–112P
22. Agar JTH, Evans WC (1975) J Pharm Pharmacol 27:85P
23. Agar JTH, Evans WC (1976) J Chem Soc Perkin Trans 1:1.550–1.553
24. Bohm BA, Phillips DW, Ganders FR (1981) J Nat Prod 44:676–679
25. Bohm BA, Loo T, Nicholls KW, Plowman T (1988) Phytochemistry 27:833–837
26. Inigo RPA, Pomilio AB (1985) Phytochemistry 24:347–349
27. Bonefeld M, Friedrich H, Kolodziej H (1986) Phytochemistry 25:1.205–1.207
28. Kolodziej H, Bonefeld M, Burger JFW, Brandt EV, Ferreira D (1991) Phytochemistry 30:1.225–1.258

29. Gupta RC, Muthana MS (1954) J Indian Inst Sci 36A, 76:122, zit. nach Lit.[1]
30. Schultze-Motel J (Hrsg.) (1986) Rudolf Mansfelds Verzeichnis landwirtschaftlicher und gärtnerischer Kulturpflanzen (ohne Zierpflanzen), Bd. 2, Springer-Verlag, Berlin Heidelberg New York Tokyo
31. Plowman T (1981) J Ethnopharmacol 3:195–225
32. Hag, Bd. IV, S. 821–831
33. Karsten G, Weber U, Stahl E (1962) Lehrbuch der Pharmakognosie für Hochschulen, 9. Aufl., Gustav Fischer Verlag, Jena
34. Novak M, Salemnik CA (1987) Planta Med 53:113
35. Renggli R (1985) Schweiz Med Wochenschr 115:426–430
36. DAB 5, EB 5 und Kommentar zum DAB 5, Bd. I, S. 561
37. Division of Narcotic Drugs, Vienna, United Nations (1986) Recommended Methods for Testing Cocaine, Manual for Use by National Narcotics Laboratories
38. Rury PM (1981) J Ethnopharmacol 3:229–263
39. Jackson BP, Snowden DW (1968) Powdered Vegetable Drugs, Churchill, London, S. 44
40. Hegnauer R (1978) Planta Med 34:1–25
41. Rivier L (1981) J Ethnopharmacol 3:313–335
42. Holmstedt B, Lindgren JE, Rivier L, Plowman T (1979) J Ethnopharmacol 1:69–78
43. de Smet PAGM (1985) J Ethnopharmacol 13:3–49
44. Morales-Vaca M (1984) Bull Narc 36:33–43
45. Cohen S (1984) Bull Narc 36:3–13
46. Jery FR (1984) Bull Narc 36:15–31
47. Ull, 3. Aufl., Bd. 3, S. 193–197
48. BPC 79, S. 211
49. Daunderer M (1990) Drogen-Handbuch für Klinik und Praxis, ecomed Verlagsgesellschaft mbH, Landsberg München Zürich
50. Da Rocha AI, Reis Luz AI, Marx F (1981) Acta Amazonica 11:661–663
51. Turner CE, Ma CY, ElSohly MA (1979) Bull Narc 36:71–76
52. Aynilian GH, Duke JA, Gentner WA, Farnsworth NR (1974) J Pharm Sci 63:1.938–1.939
53. Holmstedt B, Jaatmaa E, Leander K, Plowman T (1977) Phytochemistry 16:1.753–1.755
54. Balick MJ, Rivier L, Plowman T (1982) J Ethnopharmacol 6:287–291
55. Cregler LL, Mark H (1986) New Engl J Med 315:1.495–1.500
56. Pitts DK, Marwah J (1987) Monogr Neurol Sci 13:34–54
57. Bedford JA, Lovell DK, Turner CE, ElSohly MA, Wilson MC (1980) Pharmacol Biochem Behaviour 13:403–408
58. Bedford JA, Wilson MC, ElSohly HN, Elliott C, Cottam G, Turner CE (1981) Pharmacol Biochem Behaviour 14:725–728
59. Vee GL, Fink GB, Constantine GH (1983) Pharmacol Biochem Behaviour 18:515–517
60. Harland EC, Murphy JC, ElSohly HN, Greubel D, Turner CE, Watson ES (1982) J Pharm Sci 71:677–679
61. Burczynski FJ, Boni RL, Erickson J, Vitti TG (1986) J Ethnopharmacol 16:153–166
62. Bedford JA, Turner CE, ElSohly HN (1984) Pharmacol Biochem Behaviour 20:819–821
63. Forth W, Henschler D, Rummel W (Hrsg.) (1986) Allgemeine und spezielle Pharmakologie und Toxikologie, Wissenschaftsverlag, Mannheim Wien Zürich
64. Siegel K (1982) J Psychoactive Drugs 14:271–359
65. Burchard RE (1975) In: Rubin V (Hrsg.) Cannabis and Culture Mouton, The Hague, S. 463–484, zit. nach Lit.[43]
66. Van Dyke C, Jatlow P, Ungerer J, Barash PG, Byck R (1978) Science 200:211–213
67. Wilkinson P, Van Dyke C, Jatlow P, Barash P, Byck R (1980) Clin Pharmacol Ther 27:386–394
68. Paly D, Jatlow P, Van Dyke C, Jery FR, Byck R (1982) Life Sci 30:731–738
69. Paly D, Jatlow P, Van Dyke C, Cabieses F, Byck R (1980) Plasma levels of cocaine in native Peruvian coca chewers. In: Jery FR (Hrsg.) Cocain 1980, Proceedings of the Interamerican Seminar on Medical and Sociological Aspects of Coca and Cocaine, Pan American Health Office/WHO, Lima, S. 86–89
70. Wiggins RC, Rolstein C, Ruiz B, Davis CM (1989) Neurotoxicol 10:367–382
71. Ahmed MS, Zhou DH, Maulik D, Eldefrawi ME (1990) Life Sci 46:553–561
72. Collins E, Hardwick RJ, Jeffery H (1989) Med J Austr 150:331
73. Misra AL, Nayak PK, Bloch R, Mule SJ (1975) J Pharm Pharmacol 27:784–786
74. Barnett C, Hawks R, Resnick R (1981) J Ethnopharmacol 3:353–366
75. Martin RT (1970) Econ Bot 24:422–429
76. Mortimer GW (1974) History of Coca "The Divine Plant" of the Incas, And/Or Press, San Francisco
77. Schmidbauer W, vom Scheidt J (1988) Handbuch der Rauschdrogen, Nymphenburger, München
78. Wirth W, Gloxhuber C (1985) Toxikologie für Ärzte, Naturwissenschaftler und Apotheker, Georg Thieme Verlag, Stuttgart
79. Hanna JM, Hornick CA (1977) Bull Narc 29:63–74
80. Weil AT (1978) Amer J Drug Alcohol Abuse 5:75–86
81. Weil AT (1981) J Ethnopharmacol 3:367–376
82. Grinspoon L, Bakalar JB (1981) J Ethnopharmacol 3:149–159
83. Cregler LL (1989) Amer J Med 86:632
84. Howard RE, Hueter DC, Davis GJ (1985) J Am Med Ass 254:95–96
85. Bedford JA, Turner CE, ElSohly HN (1982) Pharmacol Biochem Behaviour 17:1.087–1.088
86. Buck AA, Sasaki TT, Hewitt JJ, Macrae AA (1970) Bull Narc 22:23–32
87. Delafuente JC, Devane CL (1991) Immunopharmacol Immunotoxicol 13:11–24
88. Borghelli RF, Stirparo M, Andrade J, Barros R, Centofanti M, De Estevez OT (1975) Community Dent Oral Epidemiol 3:40–43
89. Valentine JL, Fremming BD, Chappell RH, Stephen PM (1988) Human Toxicol 7:21–26
90. Rosenkranz HS, Klopman G (1990) Cancer Lett 52:243–246
91. Mahalik MP, Gautieri RF, Mann DE (1984) Res Commun Subst Abuse 5:279–302
92. Fantel AG, Person RE, Burroughs-Gleim CJ, Mackler B (1990) Teratol 42:35–43
93. Finnell RH, Toloyan S, Van Waes M, Kalivas PW (1990) Toxicol Appl Pharmacol 103:228
94. Chavez GF, Mulinare J, Cordero JF (1989) J Am Med Ass 262:795–798
95. Chasnoff IJ, Lewis DE, Griffith DR, Wiley S (1989) Clin Chem 35:1.276–1.278
96. Altshuler HL, Law A, Najar D (1977) Proc Western Pharmacol Soc 20:351–355
97. Gawin FH, Ellinwood EH (1989) Ann Rev Med 40:149–161
98. Setnikar J, Magistretti MJ, Tirone P (1966) Arzneim Forsch 16:1275–1287
99. Catravas JD, Waters IW, Walz MA, Davis WM (1978) Arch Int Pharmacodyn Ther 235:328–340

100. Smart RG, Anglin L (1987) J Foren Sci 32:303–312
101. Nieschulz O, Schmersahl P (1969) Planta Med 17:178–183
102. Moeschlin S (1986) Klinik und Therapie der Vergiftungen, Georg Thieme Verlag, Stuttgart

UL

Escherichia

HN: 2043500

Familie: Enterobacteriaceae.

Gattungsgliederung: Die Gattung Escherichia CASTELLANI et CHALMERS 1919 beinhaltet zur Zeit fünf anerkannte Arten: *Escherichia blattae* BURGESS, McDERMOTT et WHITING 1973, *Escherichia coli* (MIGULA 1895) CASTELLANI et CHALMERS 1919, *Escherichia fergusonii* FARMER et al. 1985, *Escherichia hermannii* BRENNER et al. 1983 und *Escherichia vulneris* BRENNER et al. 1983.[1-3] Neuere vergleichende molekulargenetische Untersuchungen spezifischer DNA-Sequenzen der einzelnen Arten des Genus Escherichia deuten allerdings darauf hin, daß nur *E. coli* und *E. fergusonii* ausreichend nahe verwandt sind, um beide Arten dem Genus Escherichia zuzuordnen.[4] *E. blattae*, *E. hermannii* und *E. vulneris* sind danach phylogenetisch weiter von *E. coli* entfernt als z.B. *Citrobacter freundii* und *Salmonella typhimurium*.[4] Dieses Ergbnis bedeutet, daß die letztgenannten Escherichia-Arten richtigerweise anderen Gattungen der Familie Enterobacteriaceae zuzuteilen wären. Als eine weitere Art wurde 1981 *Escherichia ewing* vorgeschlagen.[5] Diese Bezeichnung ist aber bisher nicht offiziell akzeptiert.[3] Die Anfang der 60er Jahre als *Escherichia adecarboxylata* LECLERC beschriebene Species wurde 1984 der Erwinia herbicola – Enterobacter agglomerans – Gruppe zugerechnet.[2] Heute stellt sie eine Art in der neugeschaffenen Gattung Leclercia dar (*L. adecarboxylata*).[3] Die Gattung Escherichia ist gene-

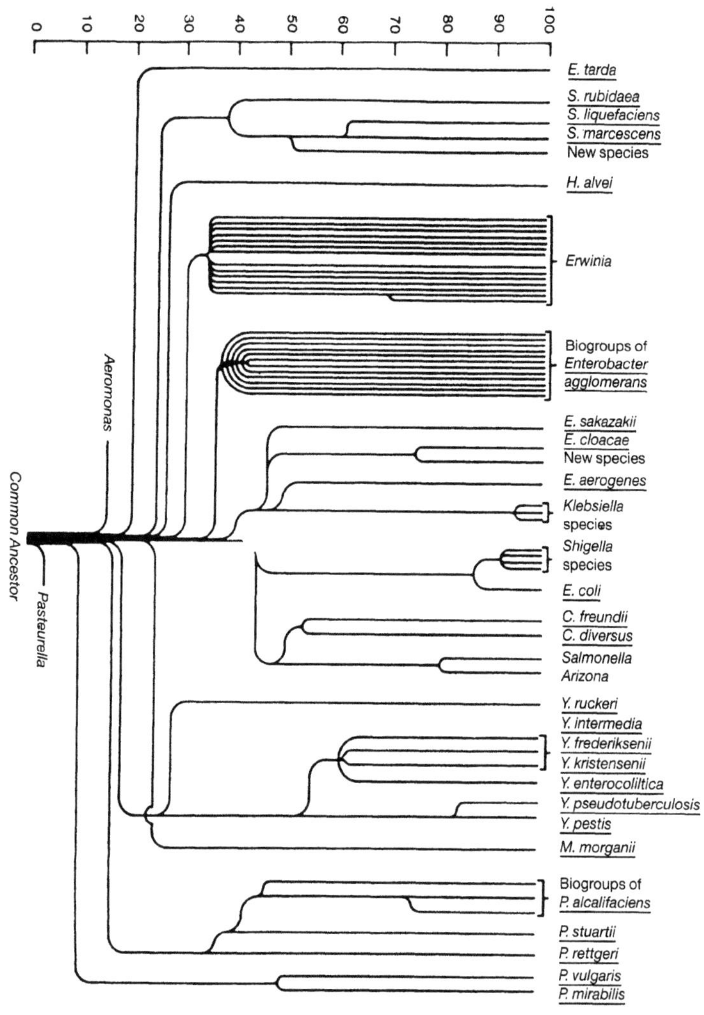

Taxonomische Verwandtschaft der Gattung Escherichia zu anderen Gattungen und Arten der Familie Enterobacteriaceae (aus Lit.[1])

tisch eng verwandt mit der Gattung Shigella CASTELLANI et CHALMERS 1919.[1,2,5,6]

Gattungsmerkmale: *Allgemeine Merkmale.* Die Gattung Escherichia enthält gramnegative, nichtsporulierende, regulär geformte, plumpe Stäbchenbakterien.[2,5,7] Zellen zumeist beweglich, außer bei *E. blattae*, durch peritriche Begeißelung. Unbewegliche Stämme kommen in den übrigen Arten nur selten vor. Zellen nicht säurefest. Einzelkolonien auf geeigneten festen Nährböden im allg. mit glattem Rand, im Querschnitt konvex geformt, glänzend bis matt, opaque bis grauweiße Färbung. Die Gattung Escherichia ist fakultativ anaerob, d. h. Wachstum sowohl unter aeroben als auch unter anaeroben Züchtungsbedingungen.[1,2,5] Optimale Wachstumstemperatur 35 bis 42 °C. Kein Wachstum oberhalb von 48 bis 49 °C, stark verzögertes Wachstum bei niedrigen Temp. (< 21 °C). pH-Optimum zwischen pH 6,0 und 8,0. Kein Wachstum in stark saurem (pH < 5,0) oder in stark alkalischem Milieu (pH > 8,5).[8] Im Wachstum nicht anspruchsvoll, im allg. auch auf einfachen oder nährstoffarmen Kulturmedien gut züchtbar.

Zellmorphologie. Im Lichtmikroskop einheitliches Erscheinungsbild als plumpe, unverzweigte Stäbchen von 1,1 bis 1,5 µm Durchmesser und 2,0 bis 6,0 µm Länge.[2] Die Zellen liegen zumeist einzeln und ungeordnet vor. In wachsenden Kulturen kommen auch Zwillingspärchen vor (Teilungsstadien). Keine Tendenz zur Verzweigung oder zu kettenförmigem Wachstum.

Stoffwechseleigenschaften. Wachstum unter aeroben und anaeroben Züchtungsbedingungen. Unter Anaerobiose werden anstelle von Sauerstoff Nitrat und Fumarat als terminale H_2-Akzeptoren des Energiestoffwechsels verwendet. Chemoorganotrophes Wachstum, nicht halophil.[1,2,5–9] Respiratorischer und fermentativer Stoffwechsel vorhanden. Oxidase- und Voges-Proskauer-Rkt. negativ, Methylrot-Rkt. positiv. Normalerweise keine H_2S-Bildung. Indolproduktion aus L-Tryptophan, außer bei *E. blattae* und *E. vulneris*.[6] Kein Wachstum in Gegenwart von KCN, außer bei *E. hermannii* und seltener bei *E. vulneris*.[6] Red. von Nitrat zu Nitrit. Org. gebundener Stickstoff wird nicht zum Wachstum benötigt. Keine Harnstoffspaltung oder Gelatineverflüssigung. Citratverwertung negativ bei *E. coli*, *E. hermannii* und *E. vulneris*, aber positiv bei 17 % der E.-fergusonii- und bei 50 % der E.-blattae-Isolate. Keine Malonatverwertung bei *E. coli* und *E. hermannii*, aber positiv für *E. fergusonii*, *E. vulneris* und *E. blattae* bei 35, 85 und 100 % der Stämme.[6] Keine DNase-Produktion. ONPG(*o*-Nitrophenyl-*β*-D-Galactopyranosid)-Rkt. zumeist positiv. Säure- und Gasbildung bei der Fermentation von Glucose und anderen Kohlenhydraten. Dabei entstehen Ameisensäure, Essigsäure und CO_2 als Hauptmetaboliten. Im allg. Verwertung der Kohlenhydrate Glucose, Lactose, D-Mannit, D-Sorbit, L-Arabinose, L-Rhamnose, Maltose, D-Xylose, Trehalose, D-Mannose. Saccharose-, Raffinose-, Melibiose- und Dulcitverwertung seltener.[2,6,9,10] *E. blattae* verwertet weder Lactose noch Mannit, Sorbit oder Melibiose.[2,6] *E. fergusonii* ist lactosene-

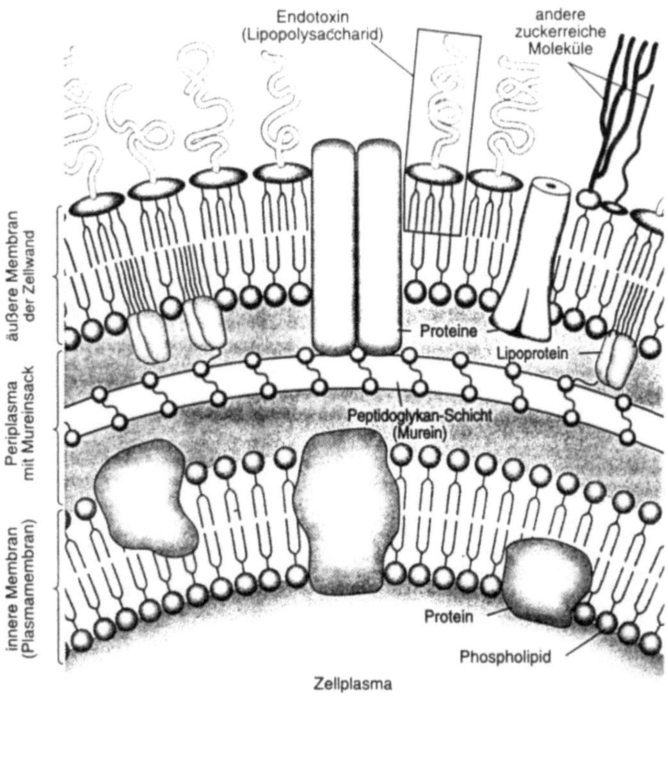

Struktur der Zellwand von Escherichia. Aufbau aus Cytoplasmamembran, Mureinskelett, periplasmatischem Raum und äußerer Membran (aus Lit.[13])

gativ. Saccharose-, Dulcit-, Salicin- und Raffinose-Verstoffwechselung bei *E. coli* stammspezifisch variabel.[2] Die Differenzierung der einzelnen Arten erfolgt routinemäßig anhand der oben angeführten, typischen biochem. und fermentativen Eig. (sog. "Bunte Reihe") sowie anhand kulturmorphologischer und serologischer Charakteristika.[1,2,5,6,11,12]

Zellwandstruktur. Die Zellwände der Gattung Escherichia sind aus den für gramnegative Bakterien typischen Strukturen aufgebaut. An die Cytoplasmamembran schließt sich nach außen hin ein periplasmatischer Raum an, gefolgt von der äußeren Membran. Letztere ist typisch für gramnegative Bakterien. Der Mureinsacculus liegt als einschichtiges Mureinskelett im periplasmatischen Raum.

Das Mureinskelett enthält neben den ubiquitär verbreiteten Glykankomponenten Muraminsäure und Glucosamin die an der peptidischen Quervernetzung beteiligten gruppenspezifischen Aminosäuren L-Alanin, D-Glutaminsäure, *meso*-Diaminopimelinsäure (DAP) und D-Alanin in annähernd äquimolarer Konz.[14] Die Quervernetzung der Glykanstränge wird dadurch ermöglicht, daß die freie Carboxylfunktion der Muraminsäuremoleküle eine Amidbindung mit einem Brückenpeptid (L-Alanyl-D-Isoglutamyl-L-*meso*-DAP-D-Alanin) eingehen kann (s. Abb.). Jeweils ein Molekül Glutaminsäure, Muraminsäure und Brückenpeptid bilden zus. eine Muropeptid-Einheit. Ein Mureinstrang enthält etwa 30 Muropeptide. Ca. 50 % der Muropeptide sind an der Quervernetzung beteiligt. Die kurzen Brückenpeptide zweier benachbarter Glykanstränge sind über eine Peptidbindung zwischen der Carboxylgruppe des D-Alanins in Position 4 des einen Stranges und der freien NH_2-Gruppe der *meso*-DAP vom anderen Strang miteinander verknüpft. Typisch für diese Art des bei fast allen gramnegativen Bakterien vorkommenden Aufbaus des Mureinskeletts ist die alternierende Folge von optischen Isomeren (D- und L-Formen) in den Brückenpeptiden.[14]

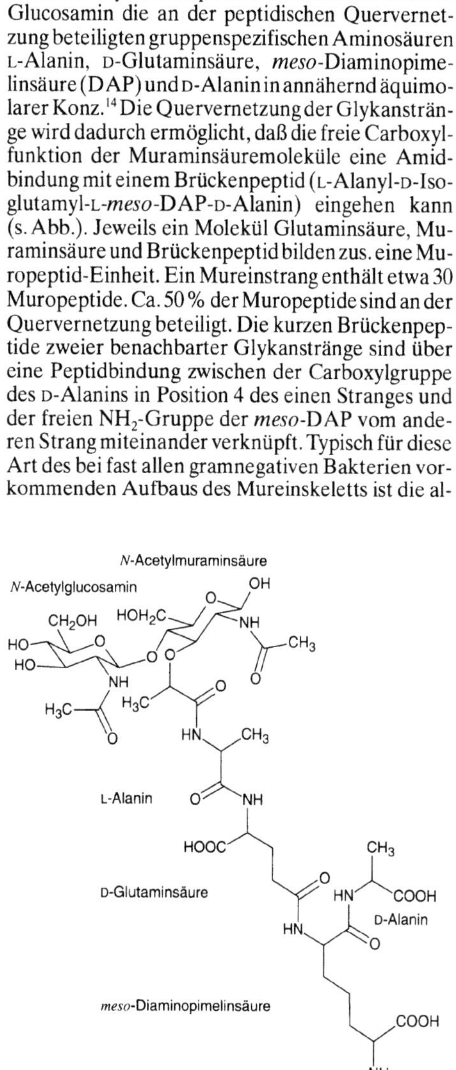

Muropeptid-Struktureinheit des Mureinskeletts der Gattung Escherichia (aus Lit.[14])

An jedes zehnte Muropeptid ist ein Molekül Lipoprotein gekoppelt, wobei die Verknüpfung zwischen der ε-Aminogruppe eines Lysinrests am carboxyterminalen Ende des Lipoproteins und der L-Carboxylgruppe eines *meso*-DAP-Rests eines Brückenpeptids erfolgt[14] (s. Abb.). Die äußere Membran ist über kovalent gebundenes Lipoprotein sowie über Transmembranproteine mit dem Mureinsacculus fest verbunden.[14,15]

Die äußere Membran enthält das für gramnegative Bakterien typische LPS (Lipopolysaccharid, syn. Endotoxin), Porine und andere Membranproteine, das oben erwähnte Lipoprotein, das für die Familie Enterobacteriaceae charakteristische "Enterobacterial Common Antigen" sowie Phospholipide.[15]

LPS kommt ausschließlich in der äußeren Membran vor und besteht aus 3 Abschnitten: Der proximalen hydrophoben Lipid-A-Region, dem Kern-Oligosaccharid und dem distal gelegenen art- und stammtypischen Polysaccharid (O-Antigenstruktur).[13,15] Lipid A besteht aus Glucosaminyl-$\beta(1\rightarrow 6)$glucosamin, das mit 6 bis 7 Fettsäureresten substituiert ist. Der proximale Teil des Kern-Oligosaccharids ist reich an negativ geladenen Gruppen (2-Keto-3-desoxyoctonsäure, KDO; Phosphatreste) und enthält als Besonderheit L-Glycero-D-mannoheptose und seitständig angelagertes Ethanolamin. Das nach außen zeigende O-Polysaccharid ist variabel und stellt die antigene Struktur des LPS-Moleküls dar. Seine Variabilität wird diagnostisch zur serologischen Unterscheidung verschiedener Stämme derselben Art verwendet.[13,15,16]

Die Porinproteine der äußeren Membran sind entweder Kanäle für den unspez. Transport kleiner hydrophiler Moleküle oder dienen dem spez. Transport bestimmter Moleküle in die Zelle, wie der Aufnahme von Eisen in Form von Chelatkomplexen mit Siderophoren oder der Einschleusung von Vitamin B_{12}.[15]

Das Enterobacterial Common Antigen ist ein saures Polysaccharid mit *N*-Acetyl-D-Glucosamin und 4-Acetamido-4,6-didesoxy-D-galactose und durch kovalente Bindung an Phospholipide fest in der Membran verankert.[15]

Neben diesen Strukturen können art- und stammspez. Kapselpolysaccharide vorkommen, so das M-Antigen (Colansäure), das bei verschiedenen E.-coli-Stämmen nur unter Stressbedingungen exprimiert wird, oder das klassische K-Antigen, das zur serologischen Unterscheidung von kapselbildenden Isolaten verwendet wird.[15–17]

Lipidkomposition. Die Phospholipid-Komposition von innerer und äußerer Membran ist ähnlich. Die Gattung Escherichia weist drei verschiedene Phospholipidklassen auf: Phosphatidylethanolamin (ca. 75 % aller Phospholipide), Phosphatidylglycerol und Cardiolipin (Diphosphatidylglycerol).[18] Die Phospholipide enthalten rund 90 % sämtlicher in der Zelle vorhandenen längerkettigen Fettsäuren. Als Fettsäuren kommen vor: Die gesättigten Fettsäuren Myristinsäure ($C_{14:0}$) und Palmi-

tinsäure ($C_{16:0}$) sowie die einfach ungesättigten Säuren Palmitoleinsäure ($C_{16:1}$) und *cis*-Vaccensäure ($C_{18:1}$). Die Fettsäurezus. und damit die Membranfluidität ist abhängig von Wachstumsphase und Züchtungstemp. der Bakterien.[18]
Durch gaschromatographische Analysen des Musters der zellulären langkettigen Fettsäuren ist eine genus- und teilweise auch speciesspez. Unterscheidung möglich.[19]
Proteinmuster. Mit Hilfe der SDS-Polyacrylamidgelelektrophorese der Gesamtzelleiweiße oder der Proteine der äußeren Membran lassen sich die Species der Gattung Escherichia und darüber hinaus einzelne Stämme der verschiedenen Arten unterscheiden.[20] Eine art- bis stammspez. Differenzierung ist ebenfalls mit der Methode der elektrophoretischen Typisierung des zellulären Iso- bzw. Alleloenzymmusters zu erzielen.[21]
DNA-Zusammensetzung. Der für die genetische Gattungs- und Artentypisierung wichtige Guanin-plus Cytosin-Gehalt der Gattung Escherichia liegt zwischen 48 und 52 mol% (T_m).[2,22]
Plasmid-Gehalt. Die Gattung Escherichia ist reich an plasmidtragenden Arten. Besonders gut untersucht ist die Art *Escherichia coli*[23] (s. dort).

Verbreitung: Die Gattung Escherichia ist weltweit verbreitet. Als natürliche Habitats werden der Dickdarm von Säugetieren und der Darm von Insekten angesehen. Extraintestinale Quellen, aus denen Isolate der Gattung Escherichia gewonnen wurden, sind Pflanzen, Böden und Gewässer.[2,5]

Inhaltsstoffgruppen: Familien- und genustypisch sind bestimmte Zellwandstrukturkomponenten (Peptidoglykane, Muropeptide) und Phospholipide mit bestimmter Zus. an langkettigen Fettsäuren (s. Gattungsmerkmale). Genustypisch sind bestimmte Proteine (Iso- oder Alleloenzyme) und Nucleinsäuren (s. Gattungsmerkmale). Charakteristisch ist die Art des intrazellulären Enzymprofils sowie das Vorhandensein genusspezifischer DNA-Sequenzen.[21,24,25]

Drogenliefernde Arten: Als Drogen-liefernde Art findet nur *Escherichia coli* (MIGULA 1895) CASTELLANI et CHALMERS 1919 Verwendung. *Escherichia coli* kommt einzeln oder in Komb. mit anderen Bakterienarten in mikrobiologischen Fertigarzneimitteln vor.[26,27] Als Droge sind die nach der Züchtung abgeernteten Bakterien anzusehen: Escherichia-coli-Bakterien.

Escherichia coli (MIGULA 1895) CASTELLANI et CHALMERS 1919.

Synonyme: E.-coli-Bakterien wurden erstmals von Escherich 1885 als Bewohner des Säuglingsdarms entdeckt und von ihm als *Bacterium coli commune* benannt.[28,29] Der Name *Escherichia coli* wurde bereits von Castellani und Chalmers 1919 vorgeschlagen,[30] aber erst 1958 durch die Judicial Commission of the ICSB offiziell bestätigt.[31] Die Artenbezeichnung *Escherichia coli* wurde durch ihre Aufnahme in die offizielle Liste der Bakteriennamen 1980 festgeschrieben und ist bis heute gültig.[32]

Sonstige Bezeichnungen: Dt.: Coli-Bakterien, Kolibakterien; engl.: Coli bacilli, coliformes.

Systematik: *Escherichia coli* stellt die Typus-Art der Gattung Escherichia dar.[2] Die größte taxonomische Verwandtschaft besteht zu der Art *E. fergusonii*.[4] Anhand ihrer Oberflächen-Antigene läßt sich die Species *E. coli* in bislang über 170 Serovars unterteilen. Die serologische Klassifizierung von E.-coli-Stämmen stimmt mit der biochem.-fermeutativen Eingruppierung nur teilweise überein. Pathogene Stämme kommen in verschiedenen Serogruppen gehäuft vor.[2,11,12,16,17] Typusstamm (engl.: type strain) der Art ist *Escherichia coli*, Stamm U5/41 (Kauffmann), ATCC 11775, DSM 30083, mit der Serotyp-Formel O1:K1:H7.[33,34] Der Stamm ist in fast allen internationalen bakteriologischen Kultursammlungen deponiert und stellt von der Nomenklatur her einen Neotyp dar, d. h. einen neuen Typstamm, der den ursprünglichen, nicht mehr existenten Typstamm seit 1963 offiziell ersetzt.[35]

Mikrobiologische Beschreibung: Eindeutige, nicht variable Zellmorphologie. Im Lichtmikroskop einheitliches Erscheinungsbild als plumpe, unverzweigte Stäbchen von 1,1 bis 1,5 µm Durchmesser und 2,0 bis 4,0 µm, seltener bis 6,0 µm Länge.[2,5] Die Zellen liegen normalerweise einzeln und ungeordnet vor. Im "hängenden Tropfen" zumeist beweglich durch peritriche Begeißelung.[12] In wachsenden Kulturen kommen als Teilungsstadien auch Zwillingspärchen vor (s. Abb.). Keine Tendenz zur Verzweigung oder zu kettenförmigem Wachstum. Gramnegativ, nicht säurefest. Bei aerober Züchtung auf geeigneten festen Nährböden, z. B. Standard-I-Medium (E. Merck), Nutrient Broth (DIFCO), Columbia-Blutagar (Biotest) normalerweise matt glänzende, konvex geformte Einzelkolonien mit glattem Rand (sog. S-Form Kolonien; S = engl. smooth). Ältere Kulturen oder Laborstämme können gelappte, irregulär geformte Ränder zeigen und werden als R- oder Rauh-Formen bezeichnet (R = engl. rough). Molekulare Ursache für die Entstehung von R-Form-Kolonien ist der schrittweise ablaufende Verlust der O-Antigen-spezifischen Polysaccharidkette des Lipopolysaccharids der äußeren Zellmembran.[15] Einzelkolonien auf Nährböden ohne Indikatorfarbstoffe von opaquer bis grauweißer Färbung. Im Wachstum nicht anspruchsvoll, im allg. auch auf einfachen oder nährstoffarmen Kulturmedien gut züchtbar. Normalerweise nicht bedürftig für Vitaminzusätze zum Nährmedium. Organisch gebundener Stickstoff wird nicht zum Wachstum benötigt. Wachstum unter aeroben und anaeroben Züchtungsbedingungen. Unter Anaerobiose werden anstelle von Sauerstoff Nitrat und Fumarat als terminale H_2-Akzeptoren des Energiestoffwechsels verwendet. Chemoorganotrophes Wachstum, nicht halophil. Respiratorischer und fermentativer Stoffwechsel vorhanden.[2,5–7,9] Oxidase- und Voges-Proskauer-Rkt. negativ, Methylrot-Rkt. positiv. Indolproduktion aus L-Tryptophan.[2,6] Red. von Nitrat zu Nitrit. Die Art ist nicht ureolytisch und DNase-

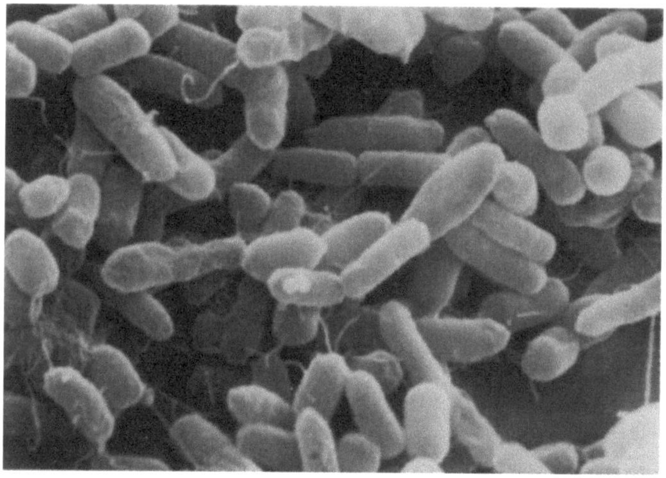

Rasterelektronenmikroskopische Aufnahme von Zellen des E.-coli-Stamms Nissle 1917, Vergrößerung: ca. 10.000fach, Aufnahme H.J. Jacob, Ruhr-Universität Bochum

negativ. Optimale Wachstumstemp. 35 bis 42 °C, kein Wachstum bei Kühlschrankktemp. (+2 bis +8 °C) oder bei Temp. über 48 bis 49 °C. pH-Optimum zwischen pH 6,0 und 8,0, kein Wachstum unter pH 5,0 und über pH 8,5.[8]
Breite und stammvariable Kohlenhydratfermentation unter Säure- und Gasbildung (Ameisensäure, Essigsäure, CO_2): Verwertung von Glucose, Lactose, D-Mannit, D-Sorbit, L-Arabinose, L-Rhamnose, Maltose, D-Xylose, Trehalose, D-Mannose. Saccharose-, Raffinose-, Melibiose-, Salicin- und Dulcitverwertung seltener und stammspezifisch variabel.[2,6,9–11] Keine Citratverwertung oder Gelatineverflüssigung. ONPG-(*o*-Nitrophenyl-*β*-D-Galactopyranosid)-Rkt. zumeist positiv. Die Differenzierung der einzelnen Stämme und Varietäten erfolgt routinemäßig anhand typischer biochem. und fermentativer Eig. ("Bunte Reihe") sowie anhand kulturmorphologischer und serologischer Charakteristika.[1,2,5,6,11,12,16,17]
Zur weiteren Stamm-Differenzierung stehen neben den genannten klassischen mikrobiologischen Methoden auch moderne biochem. und molekularbiologische Untersuchungsmethoden zur Verfügung, die jedoch nur von einigen Speziallabors durchgeführt werden können.[19–21,23,24]
Zellwandpeptidoglykan aus Muraminsäure und Glucosamin mit Tetrapeptid-Brücke aus L-Alanin, D-Glutaminsäure, *meso*-Diaminopimelinsäure (DAP) und D-Alanin quervernetzt[14] (detaillierte Beschreibung s. Gattungsmerkmale Zellwandstruktur). Äußere Zellmembran vorhanden, mit Lipopolysaccharid (LPS, syn. Endotoxin), Mureinlipoprotein, Porinen und anderen Membranproteinen (z. B. OmpA-Protein), Enterobacterial Common Antigen sowie Phospholipiden (Phosphatidylethanolamin, Phosphatidylglycerol und Cardiolipin).[15,18] Als Membranfettsäuren kommen gesättigte und einfach ungesättigte Säuren vor: Myristin-, Palmitin-, Palmitolein- und *cis*-Vaccensäure.[18]
Der Guanin- plus Cytosin-Gehalt liegt wie für die Gattung zwischen 48 und 52 mol% (T_m).[2,22]

Verwechslungen: Verwechslungen mit anderen Arten aus der Familie der Enterobacteriaceae sowie anderen Escherichia-Arten können vorkommen, sofern eine ungenügende, z. B. nur mikroskopische, Identifizierungsmethodik angewandt wird. Routinemäßig wird daher zumindest eine Untersuchung der Stoffwechseleig. ("Bunte Reihe") vorgenommen, um *Escherichia coli* von anderen verwandten Bakterienarten abzugrenzen. Diese Untersuchung wird zumeist ergänzt durch kulturmorphologische und serologische Differenzierungsmethoden.[2,5,6,11,12,16,17]

Inhaltsstoffe: Typisch für die Art *Escherichia coli* sind bestimmte Proteine (Membranproteine der äußeren Zellmembran, intrazelluläre Iso- oder Alleoenzyme) sowie charakteristische chromosomale DNA-Sequenzen oder extrachromosomale Plasmide.[4,21,23–25,36]

Verbreitung: *E. coli* ist weltweit verbreitet und wurde bisher aus dem Darm bzw. den Faeces von Säugern, Vögeln und Insekten sowie aus extraintestinalen Quellen (Pflanzen, Böden, Gewässer und Abwasser) isoliert.[2,5]

Drogen: Escherichia-coli-Bakterien.

Escherichia-coli-Bakterien

Sonstige Bezeichnungen: Dt.: Escherichia-coli-Kultur.

Definition der Droge: Escherichia-coli-Bakterien sind die nach Vermehrung in geeigneten Fermenteranlagen erhaltenen, durch Zentrifugation oder andere Separationstechniken vom Kulturmedium abgetrennten ganzen Zellen (Bakterienmasse als Biofeuchtmasse; engl.: packed cells).

Ausgangsstämme: Ausgangsstämme für die Herstellung des Drogenmaterials sind in internationalen Stammsammlungen hinterlegte, als apathogen bekannte Isolate von *Escherichia coli* (MIGULA 1895) CASTELLANI et CHALMERS 1919 humanen Ursprungs. Ein Beispiel für einen apathogenen E.-coli-Stamm ist der K-12-Stamm (ATCC 23716, DSM 498).[33,34] Zumeist werden solche Stämme verwendet, wie *E. coli*, Stamm Nissle 1917, die sich aufgrund nachgewiesener Apathogenität sowie aufgrund weiterer erwünschter Eig. für die Produktion von mikrobiologischen Präparaten als geeignet erwiesen haben.[37] Diese Stämme müssen ebenfalls in internationalen Stammsammlungen deponiert sein.

Herkunft: E.-coli-Bakterien als Droge werden von mikrobiologisch orientierten Firmen der pharmazeutischen Industrie produziert. Die Droge selbst ist im Bereich der Pharmazie nicht im Handel, sondern kommt ausschließlich als wirksamer Bestandteil von mikrobiologischen Fertigarzneimitteln vor.

Gewinnung: Ausgesuchte E.-coli-Stämme werden aus deponierten Stammkulturen durch Einsaat in geeignete Nährmedien, z. B. Standard-I-Medium (E. Merck), Nutrient Broth (DIFCO) oder andere Kulturmedien definierter Zus., unter kontrollierten Bedingungen vermehrt. Im Anschluß an die Zellvermehrung erfolgt im allg. eine Abtrennung der Bakterienmasse vom Nährmedium, üblicherweise durch Zentrifugation.

Ganzdroge: *Sensorische Eigenschaften.* Abhängig vom verwendeten Nährmedium. Zumeist mit charakteristischem, leicht aromatischem Geruch. Da den Nährmedien häufig Hefeextrakte zugesetzt sind, ist ein mehr oder weniger starker Hefegeruch oftmals typisch.
Makroskopische Beschreibung. Homogene Zellmasse von grauweißem bis blaßgelbem oder hell ockerfarbenem Aussehen. Konsistenz teigig bis breiig.
Mikroskopisches Bild. Drogen aus Mikroorganismen müssen lichtmikroskopisch bei stärkeren Vergrößerungen untersucht werden. Untersuchung im Phasenkontrastmikroskop bei mindestens 1.000facher Vergrößerung ergibt dicht gepackte Zellmasse aus plumpen Stäbchenbakterien von einheitlichem, regulärem Aussehen. Im Nativpräparat werden bei stärkerer, direkter Verdünnung des Drogenmaterials in Aqua dest. oder physiologischer Kochsalzlsg. (0,9 % NaCl) bewegliche Einzelzellen sichtbar.[2,5]

Verfälschungen/Verwechslungen: Verfälschungen sind nicht bekannt. Bei ungenügender mikrobiologischer Charakterisierung des für die Drogenherstellung verwendeten Ausgangsstamms bzw. des gewonnenen Drogenmaterials sind Verwechslungen aufgrund gleicher Zellmorphologie und z. T. gleicher fermentativer Eig. mit anderen Arten desselben Genus oder mit Arten aus nahe verwandten Genera der Familie Enterobacteriaceae, wie z. B. Citrobacter, möglich.

Minderqualitäten: Als Minderqualitäten sind Drogen anzusehen, die ungenügende Lebendkeimzahlen enthalten oder die nach den Kriterien des *DAB 10* für peroral einzunehmende Arzneimittel durch andere Mikroorganismen kontaminiert sind.[38]

Inhaltsstoffe: Inhaltsstoffe von E.-coli-Bakterien sind die bereits in den Abschnitten "Mikrobiologische Beschreibung" und "Gattungsmerkmale" beschriebenen Substanz-Klassen.

Zubereitungen: Neben lebenden E.-coli-Bakterien kommen auch nicht näher definierte Extrakte sowie Zubereitungen aus inaktivierten E.-coli-Bakterien zur Anw.

Identität: Pharmazeutische Anforderungen an E.-coli-Bakterien sind zur Zeit noch in keinem Arzneibuch festgeschrieben. Die im folgenden vorgeschlagenen Prüfungen der Droge auf Identität, Reinheit und Gehalt beruhen daher auf der praktischen Erfahrung des Autors mit mikrobiologischen Präparaten und lehnen sich an Standardwerke bzw. Übersichtsarbeiten zur bakteriologischen Taxonomie und Diagnostik.[2, 5–7,11,12,16,17,41,42] sowie an eine noch inoffizielle, dem BGA in Berlin vorliegende Monographie zur Charakterisierung von Mikroorganismen als Ausgangsstoffe für die Herstellung von mikrobiologischen Präparaten an.[43]
Für den Identitätsnachweis ist eine kombinierte Prüfung zell- und kulturmorphologischer, mikrobiologischer, serologischer und ggf. auch biochem. und molekulargenetischer Charakteristika der Drogenbestandteile zwingend notwendig (s. Mikrobiologische Beschreibung der Art). Als Referenzstamm wird der apathogene E.-coli-K-12-Stamm empfohlen (K-12-Wildtyp, Institut für Genetik, Köln: ATCC 23716, DSM 498).[33,34] Eine nur auf makroskopische, mikroskopische und sensorische Prüfung der Droge beschränkte Untersuchung ist nicht ausreichend.

- Makroskopisches Aussehen: s. Ganzdroge.
- Sensorische Prüfung: s. Ganzdroge.
- Zellmorphologie der Drogenbestandteile: Für die mikroskopische Prüfung wird eine kleine Menge der Drogenmasse mit einer sterilen Impföse entnommen, in ca. 1 mL 0,9%iger NaCl-Lsg. resuspendiert und ein Tropfen der Suspension auf einen Objektträger aufgebracht, mit einem Deckgläschen abgedeckt, mit einem Tropfen Immersionsöl versehen und bei mindestens 1.000facher Vergrößerung im Phasenkontrast mikroskopiert. Das mikroskopische Bild zeigt mehr oder weniger dicht gepackte, plumpe Stäbchenbakterien von einheitlichem regulärem Aussehen.[2,5]
- Mikrobiologische Eigenschaften der Drogenbestandteile: Gram-Färbung: Anhand der Färbung nach Gram lassen sich Bakterien aufgrund ihrer unterschiedlichen Zellwandkomposition in grampositive und gramnegative unterscheiden.[12,13,39–41] Während grampositive Bakterien Farbstoffe auf Anilinbasis bei nachfolgender Iodbehandlung so fest binden, daß durch Ethanol keine Entfärbung mehr erzielt werden kann, zeigen gramnegative Bakterien nur eine schwache, ethanolempfindliche Anfärbung. Grampositive Bakterien zeigen eine blaue bis blauschwarze, gramnegative eine rosa bis rötliche Färbung.[12] Ein Ausstrich des wie oben in physiologischer Kochsalzlsg. suspendierten Drogenmaterials wird auf einen Objektträger aufgebracht und hit-

zefixiert. Anschließend wird das Präparat mit Karbolgentianaviolett gefärbt und kurzzeitig mit Iodiodkaliumlsg. überschichtet. Danach wird mit 96%igem Ethanol entfärbt, mit Aqua dest. gewaschen und mit Safraninlsg. gegengefärbt.[12] Die gramnegativen E.-coli-Bakterien zeigen im mikroskopischen Erscheinungsbild eine rosafarbene bis rötliche Anfärbung.[2,12,43]

- Wachstum: Eine Suspension des Drogenmaterials wird in physiologischer Kochsalzlsg. ausreichend verdünnt, um auf den später mit der Verdünnung beimpften Agarplatten Einzelkolonien zu zeigen. Die Verdünnung wird auf geeignete feste Selektivnährböden aufgebracht, z. B. Endo- oder McConkey-Agar.[11,12,39–43] Die Agarplatten werden 20 bis 24 h lang aerob bei 37 °C bebrütet. Gleichförmiges Wachstum und gleiches Aussehen der Einzelkolonien deuten auf Homogenität des Drogenmaterials hin. Die E.-coli-Einzelkolonien ergeben auf beiden Nährböden eine positive Rkt.: Rot mit mehr oder weniger ausgeprägtem Fuchsin-Glanz („Metallglanz") auf Endo-Agar und rot bis rotviolett auf McConkey-Agar.[41–43]
- Stoffwechsel: Untersuchung durch Animpfung von geeigneten Indikatornährböden mit wie oben suspendiertem Drogenmaterial.[2,5,11,12,39–42] Aerobe Bebrütung für 20 bis 24 h bei 37 °C. Alternativ werden kommerzielle Mikro-Identifizierungsmethoden eingesetzt, mit denen die entsprechenden biochem. und fermentativen Leistungen analysiert werden können, z. B. api-20E-System (api-bioMérieux), GNI-System auf Mikrotiterplatten (Biotest).[42,43] Die biochem.-fermentativen Differenzierungsverfahren (Technik der "Bunten Reihe") lassen im allg. auch eine grobe Identifizierung der im Produktionsprozeß eingesetzten E.-coli-Stämme zu. Das Drogenmaterial zeigt die für den jeweils verwendeten Ausgangsstamm typische Kohlenhydratfermentation unter Säure- und Gasbildung.

Ergänzend zu den art- und stammspezifischen kulturmorphologischen und biochem.-fermentativen Identifizierungsmethoden[2,5,6,11,12,39–43] (s. oben) sind zur eindeutigen Identitätsbestimmung des Drogenmaterials die Best. serologischer Charakteristika von Bedeutung.[16,17] Hierzu wird eine Suspension des Drogenmaterials auf einen Objektträger aufgebracht und mit spezifischen Antiseren gegen die für den verwendeten Ausgangsstamm typischen Oberflächen(O)-, Kapsel(K)- und/oder Geißel(H)-Antigene versetzt. Eine positive Agglutinationsrkt. zeigt serologische Identität an.

In den meisten Fällen ist eine eindeutige Identifizierung der Droge mit Hilfe der bislang aufgeführten Methoden möglich. In Zweifelsfällen führen die unten genannten Prüfungen, die allerdings nur von spezialisierten Laboratorien durchgeführt werden können, zum Ergebnis:[19–21,23,24,43]

- Biochemische Charakteristika der Drogenbestandteile: Mureintyp: L-Alanyl-D-Isoglutamyl-L-*meso*-DAP-D-Alanin,[14] Untersuchung nach Lit.[20,43,44]

DNA-Zusammensetzung: Zwischen 48 und 52 mol% (T_m) an Guanin- plus Cytosin-Basen,[2,22] Untersuchung nach Lit.[45]

Iso- bzw. Alleloenzymmuster intrazellulärer Enzyme: Stammspezifisch, Untersuchung nach Lit.[21]
Elektrophoretisches Muster der Gesamtzellproteine in der SDS-Polyacrylamidgelelektrophorese oder der Membranproteine der äußeren Zellmembran (OMP-Profil): Stammspezifisch, Untersuchung nach Lit.[43,44,46]

Neben den genannten Untersuchungsmethoden stehen eine Reihe weiterer Spezialmethoden zur Verfügung, die stammspezifische Eig. der für die Produktion der Droge verwendeten Ausgangsstämme erfassen können: Die Antibiogramm-Typisierung,[47] die Plasmidprofil-Analyse,[23] die elektrophoretische Untersuchung des Lipopolysaccharid-Profils,[44,48] die Untersuchung auf Sensitivität für art- bzw. stammspezifische Bakteriophagen (Lysotypie),[49] die Best. des für die Eisenaufnahme wichtigen Siderophorenmusters,[50] die Fimbrien-Typisierung[41,51] sowie die Untersuchung auf die Produktion bestimmter antimikrobiell wirksamer Substanzen (Colicine und Microcine).[52–54] Eine Auflistung der Möglichkeiten zur Stamm-Differenzierung bei *E. coli* und damit auch zur Drogen-Identitätsprüfung von Escherichia-coli-Bakterien findet sich in Lit.[37,55] Darüber hinaus existiert seit kurzem die Möglichkeit, mit Hilfe der Makrorestriktionsanalyse der chromosomalen DNA die Verwandschaft und die Identität von Bakterienstämmen auf der genetischen Ebene zu bestimmen.[56,57] Dazu wird die chromosomale DNA isoliert, mit selten schneidenden Restriktionsendonucleasen verdaut und die entstandenen Genomfragmente auf Agarosegelen mit Hilfe der Pulsfeld-Gelelektrophorese aufgetrennt. Es entsteht ein stammtypisches, von Züchtungsbedingungen und anderen äußeren Umständen unbeeinflußtes DNA-Fragmentmuster ("genetischer Fingerprint"). Diese Technik läßt sich auch für die klonale Verwandtschaftsanalyse und die Identitätsprüfung von E.-coli-Stämmen bzw. von daraus produziertem Drogenmaterial verwenden.[58–60]

Reinheit: Fremde Beimengungen: Andere Mikroorganismen dürfen nicht vorhanden sein. Prüfung auf mikrobielle Kontamination, insbesondere auf Problemkeime, Hefen und Pilze *DAB 10*. Reste des Nährmediums und/oder Stoffwechselprodukte der Bakterien, z. B. Essigsäure, die durch Zentrifugation oder Filtrationstechniken nicht vollständig abzutrennen sind, können vorhanden sein.

Gehalt: Zur Gehaltsbestimmung wird die Ermittlung der Lebendkeimzahl unter für *E. coli* optimalen Wachstumsbedingungen auf geeigneten Nährböden[41–43] in Anlehnung an *DAB 10* herangezogen. Offizielle Empfehlungen oder Grenzwerte für einen Mindestkeimgehalt der Droge gibt es noch nicht. Reuter hielt 1969 einen Mindestgehalt von 10^6 vermehrungsfähigen Zellen/g bei mikrobiologischen Fertigarzneimitteln für notwendig.[38] Der Mindestgehalt an lebensfähigen Zellen sollte, dem heutigen Stand der Technik entsprechend, nicht unter 10^9 Zellen/g Droge liegen.

Gehaltsbestimmung: Bestimmung des Gehalts an lebensfähigen Keimen in Anlehnung an die im

DAB 10 beschriebenen Keimzahl-Bestimmungsmethoden. Empfehlenswert ist die Methode der seriellen Verdünnung des zuvor suspendierten Drogenmaterials mit nachfolgender Ausplattierung verschiedener Verdünnungsstufen auf geeignete feste Nährböden und Bebrütung unter für *E. coli* optimalen Wachstumsbedingungen.[2,11,12,43] Gezählt werden die entstandenen Einzelkolonien. Ihre Anzahl ergibt unter Berücksichtigung der eingesetzten Drogenmenge und der ausplattierten Verdünnungsstufe die Anzahl an Lebendkeimen pro Gramm Droge.[43]

Lagerung: Kurzzeitige Lagerung der Droge bei + 2 bis + 8 °C in geschlossenen Behältnissen möglich. In der Praxis wird das Drogenmaterial normalerweise sofort weiterverarbeitet.[43]

Stabilität: Als Droge instabil, was den Gehalt an lebensfähigen Zellen betrifft. Durch Gefriertrocknung der Droge und Aufbewahrung in der Kälte wird die Stabilität verbessert.[43]

Wirkungen: Da die Droge aus lebenden E.-coli-Bakterien besteht, spiegeln die beschriebenen Wirkungen die metabolischen und synthetischen Kapazitäten der Art wider. Insbesondere die antimikrobiellen Eig. der Droge können stammspezifisch variabel sein.[37]

Antimikrobielle Wirkung. Im Gegensatz zu den meisten Milchsäurebakterien (Bifidobakterien, Lactobacillus-Arten) beruht die antimikrobielle Wirkung von E.-coli-Stämmen nach dem derzeitigen Wissensstand weniger auf der Bildung von Säuren (Ameisensäure, Essigsäure) infolge ihres fermentativen Stoffwechsels als vielmehr auf der Produktion spezifischer bakteriozider oder bakteriostatischer Agentien.[37,54,61] Dabei unterscheidet man höhermolekulare Substanzen mit Proteincharakter (Colicine, M_r = 50 bis 80 kD)[62] und niedermolekulare Agentien (Microcine, M_r < 10 kD), die entweder Peptidcharakter haben oder Antimetaboliten darstellen.[54,61] Colicine haben ein sehr enges Wirkungsspektrum und sind nur gegen andere E.-coli-Stämme wirksam, die über die notwendigen Rezeptoren für das vom Produzentenstamm sezernierte Colicin verfügen.[62] Microcine zeigen demgegenüber ein breiteres Wirkungsspektrum und sind auch gegen nicht direkt verwandte Arten antibiotisch aktiv.[54,61] Da die Microcine im Gegensatz zu den Colicinen nicht empfindlich gegen die im Darmlumen vorhandenen proteolytischen Enzyme sind, wird ihnen eine größere Bedeutung für die Ansiedlungsfähigkeit und Persistenz von E.-coli-Stämmen im Intestinaltrakt zugesprochen.[54,61]

Die Hemmwirkung (Antagonismus) bestimmter physiologischer E.-coli-Stämme auf pathogene Keime wurde 1916 von A. Nissle entdeckt[63] und später von anderen Autoren an In-vitro-[37,64–68] und In-vivo-Modellsystemen bestätigt.[68–78] Als In-vivo-Modellsysteme wurden dabei gnotobiotische Mäuse[69–76], Meerschweinchen[69] und Ferkel[76] verwendet. Darüber hinaus wurde der E.-coli-Antagonismus an mit Streptomycin behandelten CD-1-Mäusen[77] und spezifisch pathogenfreien (SPF) Küken[78] nachgewiesen. Das Testprinzip beruht im allg. auf Cross-Kontamination der Versuchstiere mit den zu testenden Bakterienstämmen.[37] Dabei werden die Tiere entweder gleichzeitig mit dem einen (zumeist pathogenen) Testkeim sowie dem anderen, auf antagonistische Akt. zu prüfenden Testkeim p.o. beimpft (Diassoziation) oder aber mit beiden Testkeimen sequentiell besiedelt. Bei der letzteren Versuchsanordnung werden die Tiere mit dem zweiten Testkeim erst dann beimpft, wenn der zuerst applizierte Keim eine stabile Population erreicht hat. Während der Versuchsdauer werden der abgesetzte Kot, der Darminhalt und/oder Biopsien einzelner Darmabschnitte auf den Lebendkeimgehalt der pathogenen bzw. der auf antagonistische Fähigkeit zu untersuchenden Bakterienstämme überprüft. Antagonistisch aktive E.-coli-Stämme sind in der Lage, gleichzeitig implantierte pathogene Testkeime oder sonstige Bakterien- bzw. Hefe-Teststämme an der Besiedlung des Intestinums zu hindern, oder bei zuerst erfolgter Kolonisation mit dem pathogenen Stamm, diesen aus dem Darm zu verdrängen bzw. seine Populationsdichte zu reduzieren.[37] Die antagonistische Akt. der bislang untersuchten physiologischen E.-coli-Stämme war dabei im allg. besonders ausgeprägt gegen andere Enterobakteriaceen (pathogene E.-coli-Isolate, Salmonellen, Shigellen, Proteus u. a.), detaillierte Übersicht s. Lit.[37] *In vivo* wurde auch eine Hemmwirkung von *E. coli* gegen *Vibrio cholerae*,[69] *Clostridium difficile*[70] sowie *Candida albicans*[71] festgestellt. Apathogene, antagonistisch aktive E.-coli-Stämme, wie der Stamm Nissle 1917, der Stamm O83 oder der Stamm EMO, wurden vor allem unter infektionsprophylaktischen Gesichtspunkten von verschiedenen Arbeitsgruppen bei ausgetragenen und frühgeborenen Kindern eingesetzt, um die Neugeborenen vor Infektionen mit Hospitalkeimen zu schützen.[76,79–84] Bei diesen Untersuchungen wurde festgestellt, daß zum einen die Darmbesiedlung mit hospitaltypischen Keimen durch die perorale Implantation der physiologischen E.-coli-Stämme (Verabreichung von 10^8 bis 10^9 lebensfähigen E.-coli-Bakterien pro Tag) verhindert werden konnte,[76,79,82,84] zum anderen eine frühzeitige Stimulation des lokalen wie des systemischen Immunsystems der Neugeborenen (Erhöhung der IgA- und IgM-Spiegel in Stuhlfiltraten und Blutserum) zu erzielen war.[80–83] Der erreichte Infektionsschutz dürfte danach sowohl auf den durch die Erstbesiedlung (Standortbesetzung) und den bakteriellen Antagonismus der appl. E.-coli-Stämme bewirkten frühzeitigen Aufbau der intestinalen Kolonisationsresistenz[85,86] als auch auf die gleichzeitig erfolgende Stimulierung des darmassoziierten Immunsystems[82,83] zurückzuführen sein.

Wirkungen auf die Darmschleimhaut. Seit Anfang der 80er Jahre ist bekannt,[87] daß die Dickdarmschleimhaut 40 bis 50 % ihres Energiebedarfs aus der Verstoffwechselung der von der Colonflora produzierten kurzkettigen Carbonsäuren bestreitet, vor allem Essig-, Propion- und Buttersäure, daneben Milchsäure.[88–91] Die von *E. coli* als Hauptmetabolit des fermentativen Stoffwechsels gebildete Essigsäure dient zum einen den Colonepithelzellen als Substrat,[37,88] zum anderen fördert sie die Durchblutung der Dickdarmschleimhaut.[92-94] Am Modell des denervierten, autoperfundierten Hundedickdarms konnte gezeigt werden,[92] daß die intraluminale Appl. physiologischer Mengen an Essigsäure (0,075 M) die Duchblutung der Mukosa um 34 % und die Sauerstoffaufnahme um 21 % steigerte, während gleichzeitig der Gefäßwiderstand um 24 % gesenkt wurde. Essigsäure, Propionsäure und Buttersäure haben einen konzentrationsabhängigen vasodilatorischen Effekt auf isolierte menschliche Colonarterien.[93] Bei Patienten, denen wegen perforierender Diverticulitis 4 bis 11 Monate lang ein Dickdarmsegment chirurgisch stillgelegt wurde (Hartmann-Operation), führte die Instillation von 2mal 100 mL einer 150 mM Mischung aus kurzkettigen Carbonsäuren 10 bis 14 Tage vor Wiederherstellung der Colonkontinuität zu einer Verbesserung der Schleimhautdurchblutung und einem trophischen Effekt auf die Colonmukosa.[94] Im Tierversuch an Ratten bewirkte die intraluminale Gabe von kurzkettigen Fettsäuren ein schnelleres Abheilen von künstlich gesetzten Colonanastomosen.[95] An humanem Caecum-Biopsiematerial wurde festgestellt, daß die In-vitro-Inkubation mit einer Mischung kurzkettiger Säuren eine Zunahme der Kryptenproliferation bewirkte.[96] Durch rektale Einläufe einer ähnlichen Säuremischung in den Enddickdarmstumpf wurde bei Patienten mit Diversionscolitis ein Rückgang der Entzündung bis hin zur Heilung erzielt.[97] Die durchblutungsfördernden und trophischen Effekte der *in vivo* mikrobiell gebildeten kurzkettigen Fettsäuren werden zur Zeit verstärkt in Studien an Patienten mit chronisch-entzündlichen Darmerkrankungen (Colitis ulcerosa und Morbus Crohn) untersucht, wobei bisher vor allem bei Patienten mit distal gelegenen Entzündungsherden eine Verbesserung des klinischen Bilds erreicht wurde.[98,99] Bei diesen Krankheitsbildern unbekannter Ätiogenese wird neben der Infektionshypothese und der Vermutung einer Autoimmunrkt.[37] auch eine reduzierte Produktion oder eine gestörte Verwertung der mikrobiell gebildeten kurzkettigen Fettsäuren als eine Ursache für die Entstehung eines Energiemangelsyndroms der Mukosa und damit für die Entstehung der Colitis ulcerosa diskutiert.[100]

Neben den trophischen und durchblutungsfördernden Effekten der mikrobiellen kurzkettigen Carbonsäuren auf die Dickdarmschleimhaut sind auch motilitätsfördernde Effekte auf das Colon[101] und eine Verkürzung der Magen-Caecum-Transitzeit bei Ratten[102] beschrieben worden. Außerdem stimulieren diese bakteriellen Stoffwechselprodukte bei Ratten die Resorption von Natrium und Chlorid[103] sowie von Calcium.[104]

Nach sechstägiger Verabreichung von Antibiotika (Ampicillin, Clindamycin und Metronidazol) an gesunde Probanden wurden unter Ampicillin und Clindamycin reduzierte Spiegel an faecalen kurzkettigen Fettsäuren festgestellt.[105] Metronidazol zeigte diesen Effekt nicht. Bei Patienten mit Antibiotika-assoziierter Diarrhoe wurde eine Verminderung der Produktion und eine Reduzierung der faecalen Säurenkonz. festgestellt.[106] In einer Vergleichsgruppe von Patienten unter Antibiotikatherapie, die nicht unter Durchfällen litten, war ein Effekt auf die Säureproduktion und -konz. im Colon abhängig von der Art der eingesetzten Antibiotika. Während die perorale Gabe von Penicillin und Pivampicillin keinen Effekt hatte, waren die Produktionsrate und die Spiegel an kurzkettigen Fettsäuren unter Dicloxacillin, Erythromycin und unter i. v. Beh. mit einer Komb. aus Ampicillin, Netilmicin und Metronidazol ebenfalls stark erniedrigt.[106]

Wirkungen auf das Immunsystem. Aufgrund ihrer Zellwandstruktur[14,15] verfügen E.-coli-Bakterien über eine ausgeprägte Immunogenität.[37] Der autochthonen E.-coli-Flora wird daher ein unterstützender bzw. stimulierender Effekt auf Entwicklung und Training des darmassoziierten Immunsystems und damit indirekt auf die enterale Infektabwehr zugesprochen.[37,107] Bei peroraler Verabreichung von autochthonen *E. coli* an gnotobiotische Mäuse wurde festgestellt, daß diese eine wesentlich stärkere Erhöhung der IgA-produzierenden Plasmazellen im Intestinum bewirkten als die ebenfalls zur normalen Darmflora der Tiere gehörenden Bakterien der Gattungen Eubacterium, Streptococcus, Micrococcus, Lactobacillus, Actinobacillus, Corynebacterium und Clostridium.[108] Für den E.-coli-Stamm Nissle 1917 wurde eine dosisabhängige Aktivierung verschiedener Makrophagen-Leistungen *in vitro* beschrieben.[109] Die perorale Verabreichung dieses Stammes an ausgetragene und frühgeborene Kinder (3×10^8 lebensfähige Keime, einmal tgl., für insgesamt 5 Tage) führte zu einer raschen IgA- und IgM-Antwort des darmassoziierten Immunsystems innerhalb von 3 Tagen sowie zu einer verzögert einsetzenden systemischen Immunantwort.[83] Während die sekretorischen Immunglobuline erhöht waren, blieb der IgG-Spiegel unverändert. Ähnliche Effekte waren zuvor bereits mit einem anderen E.-coli-Stamm erzielt worden.[80-82] Diese Ergebnisse zeigen, daß die gezielte Appl. physiologischer E.-coli-Stämme bei Neugeborenen eine frühzeitige Entwicklung des darmassoziierten Immunsystems induziert, was besonders bei Risikokindern (nicht gestillte Kinder, Frühgeborene) von Wichtigkeit ist, um diese vor Hospitalinfektionen zu schützen.[82,110]

Vitaminproduktion. Die Bedeutung der Produktion und Sezernierung von Vitaminen durch *E. coli* wurde lange Zeit überschätzt. Heute ist man der Auffassung, daß für den Menschen wahrscheinlich nur die bakterielle Produktion von Vitamin K_2 in besonderen Fällen von Bedeutung ist.[111-114] Bei Patienten unter Chemo- bzw. Antibiotikatherapie manifestierten sich Hypoprothrombinämien infolge Vitamin-K-Mangels.[111,112,114] Auch Frühgeborene, Leukämiepatienten, Patienten mit Leukopenie unter par. Ernährung und Antibiotikabehandlung zeigen eine erhöhte Neigung zu Koagulationsdefekten bzw. hämorrhagischen Zuständen.[111,112,114,115] Im Falle unzureichender Zufuhr von Vitamin K_1 mit der Nahrung können bestimmte Mitglieder der physiologischen Darmflora, vor allem *E. coli* und Bacteroides-Arten,[113] Vitamin K_2 für den Wirtsorganismus bereitstellen. Der mikrobiell synthetisierte Vitamin-K-Anteil an der Gesamtversorgung des Körpers wird, in Abhängigkeit vom Ernährungsstatus, auf 10 bis 100 % geschätzt.[111]

Resorption: Eine Resorption der Droge findet nicht statt.

Verteilung: Nach peroraler Verabreichung von E.-coli-Bakterien verschiedener Ausgangsstämme in Form von Suspensionen mit eingestellter Keimzahl ließen sich die appl. Stämme bei Neugeborenen und Frühgeborenen für längere Zeit im Stuhl nachweisen.[76,79,81–84] Ein längerfristiger Nachweis des in magensaftresistenten Kapseln verabreichten E.-coli-Stamms Nissle 1917 in Stuhlproben gelang auch bei gesunden Erwachsenen nach zuvor erfolgter zweitägiger Ciprofloxacin-, Metronidazol- und Nystatinbehandlung und anschließender Darmlavage.[116] Diese Ergebnisse deuten darauf hin, daß sich peroral appl. E.-coli-Bakterien im unteren Gastrointestinaltrakt verteilen.

Wirkungsverlauf: Im allg. langsames Einsetzen der Wirkung auf die intestinale Mikroökologie.

Elimination: Eine vollständige, kurzfristige Elim. von in Form eines magensaftresistenten Fertigarzneimittels verabreichten E.-coli-Bakterien fand nur bei einem von acht untersuchten Probanden statt.[116] Bei den übrigen Freiwilligen waren die appl. Keime noch 14 bis 60 Tage lang nachweisbar, in einem Fall bis 135 Tage nach Absetzen der Medikation. Die Probanden waren zuvor mit Antibiotika und einer Darmlavage vorbehandelt worden.

Volkstümliche Anwendung und andere Anwendungsgebiete: Die Droge wird peroral in Form lebender Bakterien oder nicht näher beschriebener Zubereitungen bei gastrointestinalen Erkr. und Beschwerden wie Verstopfung, Dyspepsie, exokriner Pankreasinsuffizienz, Verdauungsstörungen nach Operationen, nach Antibiotikabehandlung sowie nach Darminfekten, entzündlichen Darmerkr., ferner bei Anämien, Appetitlosigkeit und Entwicklungsstörungen bei Kindern, Harnwegsinfekten, Allergien sowie bei einer Schwäche der allgemeinen Abwehrkräfte eingenommen. Hierbei wird die Droge gelegentlich mit anderen, lebenden Bakterien kombiniert, s. ds. Hdb., Bd. 4, S. 517–519. Spezialextrakte und inaktivierte Bakterien werden bei vergleichbaren Indikationen auch par. appliziert.[26,27] In Form von Salben oder Zäpfchen werden Extrakte bei Hämorrhoiden, Fissuren, Rhagaden sowie Juckreiz im Anal- und Genitalbereich angewendet.[26,27]
Die Wirksamkeit lebender E.-coli-Bakterien bei Beschwerden, die auf eine gestörte Darmflora zurückzuführen sind, wie z. B. Verdauungsbeschwerden nach Antibiotikatherapie erscheint plausibel. Für den Beleg dieser Indk. liegen allerdings kaum kontrollierte Doppelblindstudien vor. Es wurde jedoch eine Reihe von nicht-kontrollierten klinischen Studien sowie von Einzelfallberichten mit positiven Ergebnissen publiziert, z. B. in Lit.[117–133] Bei den Präparaten, die eine Mischung verschiedener E.-coli-Stämme bzw. eine Mischung aus *E. coli*, Bifidobakerien und Lactobacillen enthalten, ist unklar, welche Drogenbestandteile welchen Beitrag zur ther. Wirksamkeit der betreffenden Arzneimittel leisten. Für Zubereitungen mit lebenden, antagonistisch aktiven E.-coli-Stämmen kann die infektionsprophylaktische Wirksamkeit bei Säuglingen als nachgewiesen bezeichnet werden.[76,79,81–84] Zur Wirksamkeit bei den übrigen Indk. liegen noch keine ausreichenden Daten für eine abschließende Beurteilung vor.

Dosierung und Art der Anwendung: *Droge.* Die Droge kommt in Keimzahlen zwischen 10^6 und 10^{11} lebensfähigen Keimen pro Gramm Droge bzw. pro mL Suspension als Bestandteil von Fertigarzneimitteln vor.[26,27] Die Appl. erfolgt teilweise in Form magensaftresistenter Zubereitungen. Die empfohlenen Tagesdos. für die verschiedenen Präparate mit lebenden E.-coli-Bakterien bzw. deren Zubereitungen sind sehr unterschiedlich und kaum vergleichbar. Eine generelle Dos.-Empfehlung für diese Arzneimittel kann nicht gegeben werden. Im allg. wird nach Angaben der Hersteller eine mehrwöchige, kurmäßige Anw. der entsprechenden Fertigarzneimittel empfohlen.

Unerwünschte Wirkungen: *Verdauungstrakt.* Nach Einnahme von Präparaten mit lebenden E.-coli-Bakterien können zu Beh.-Beginn oder bei sehr hohen Dos. Blähungen und vereinzelt Durchfälle auftreten.[38]

Gegenanzeigen/Anwendungsbeschr.: Ileus (akuter Darmverschluß).

Wechselwirkungen: Wechselwirkungen mit anderen Präparaten mit lebensfähigen Mikroorganismen sowie mit Antibiotika und Sulfonamiden sind zu erwarten, jedoch noch nicht untersucht.

Tox. Inhaltsstoffe u. Prinzip: *Escherichia coli* gilt als normaler Bewohner des menschlichen Dickdarms.[37] Für die Art ist allerdings das Vorkommen pathogener Stämme beschrieben.[37] Dazu gehören enteropathogene (EPEC), enterotoxische (ETEC), enterohämorrhagische (EHEC) und enteroinvasive (EIEC) E.-coli-Stämme, deren tox. Wirkprinzipien sehr unterschiedlich sind, Übersichten s. Lit.[37,134–140]
Bei Fertigarzneimitteln mit lebensfähigen E.-coli-Bakterien muß daher sichergestellt sein, daß das Drogenmaterial, wie auch bereits die verwendeten Ausgangsstämme, keine pathogenen Eig. besitzen.

Sensibilisierungspotential: Bei Zubereitungen aus E.-coli-Bakterien zur par. Anw. ist ein Sensibilisierungspotential nicht auszuschließen.

1. Brenner DJ (1984) In: Krieg NR, Holt JG (Hrsg.) Bergey's Manual of Systematic Bacteriology, Williams & Wilkins, Baltimore London, Bd. 1, S. 408–420
2. Ørskov F (1984) In: Krieg NR, Holt JG (Hrsg.) Bergey's Manual of Systematic Bacteriology, Williams & Wilkins, Baltimore London, Bd. 1, S. 420–423
3. DSM – Deutsche Sammlung von Mikroorganismen und Zellkulturen, ICEEC – Information Centre for European Culture Collections (Hrsg.) (1993) List of bacterial names, Floppy disc edition 1992, incl. Suppl. 1, 1993
4. Lawrence JG, Ochman H, Hartl DL (1991) J Gen Microbiol 137:1.911–1.921
5. Brenner DJ (1981) In: Starr MP, Stolp H, Trüper HG, Balows A, Schlegel A (Hrsg.) The Prokaryotes – A

Handbook on Habitats, Isolation and Identification of Bacteria, Springer-Verlag, Berlin Heidelberg New York, Bd. 1, S. 1.105–1.127
6. Farmer JJ III, Davis BR, Hickman-Brenner FW, McWhorter A, Huntley-Carter GP, Asbury MA, Riddle C, Wathen-Grady HG, Elias C, Fanning GR, Steigerwalt AG, O'Hara CM, Morris GK, Smith PB, Brenner DJ (1985) J Clin Microbiol 21:46–76
7. Ullmann U (1984) In: Brandis H, Otte HJ (Hrsg.) Lehrbuch der Medizinischen Mikrobiologie, Gustav-Fischer-Verlag, Stuttgart New York, S. 291–303
8. Ingraham JL (1987) In: Neidhardt FC, Ingraham JL, Low KB, Magasanik B, Schaechter M, Umbarger HE (Hrsg.) Escherichia coli and Salmonella typhimurium – Cellular and molecular biology, American Society for Microbiology, Washington D.C., Bd. 2, S. 1.543–1.554
9. Lin ECC, Kuritzkes DR (1987) In: Neidhardt FC, Ingraham JL, Low KB, Magasanik B, Schaechter M, Umbarger HE (Hrsg.) Escherichia coli and Salmonella typhimurium – Cellular and molecular biology, American Society for Microbiology, Washington D.C., Bd. 1, S. 201–221
10. Lin ECC (1987) In: Neidhardt FC, Ingraham JL, Low KB, Magasanik B, Schaechter M, Umbarger HE (Hrsg.) Echerichia coli and Salmonella typhimurium – Cellular and molecular biology, Amercain Society for Microbiology, Washington D.C., Bd. 1, S. 244–284
11. Falkow S, Mekalanos J (1990) In: Davis BD, Dulbecco R, Eisen HN, Ginsberg HS (Hrsg.) Microbiology, 4. Aufl., JB Lippincott, Philadelphia, S. 561–582
12. Seeliger HPR, Schröter G (1990) Medizinische Mikrobiologie: Labordiagnostik und Klinik, Urban & Schwarzenberg, München Wien Baltimore, S. 160–162
13. Rietschel ET, Brade H (1993) Spektr Wissensch 1:34–42
14. Park JT (1987) In: Neidhardt FC, Ingraham JL, Low KB, Magasanik B, Schaechter M, Umbarger HE (Hrsg.) Escherichia coli and Salmonella typhimurium – Cellular and molecular biology, American Society for Microbiology, Washington D.C., Bd. 1, S. 23–30
15. Nikaido H, Vaara M (1987) In: Neidhardt FC, Ingraham JL, Low KB, Magasanik B, Schaechter M, Umbarger HE (Hrsg.) Escherichia coli and Salmonella typhimurium – Cellular and molecular biology, American Society for Microbiology, Washington D.C., Bd. 1, S. 7–22
16. Ørskov F, Ørskov I (1984) Methods Microbiol 14:43–112
17. Ørskov I, Ørskov F, Jann B, Jann K (1977) Bacteriol Rev 41:667–710
18. Cronan JE jr, Rock CO (1987) In: Neidhardt FC, Ingraham JL, Low KB, Magasanik B, Schaechter M, Umbarger HE (Hrsg.) Escherichia coli and Salmonella typhimurium – Cellular and molecular biology, American Society for Microbiology, Washington D.C., Bd. 1, S. 474–497
19. Müller KD, Husmann H, Nalik HP (1990) Zentralbl Bakt 274:174–182
20. Brondz I, Olsen I (1986) J Chromatogr 379:367–411
21. Selander RK, Caugant DA, Ochman H, Musser JM, Gilmour MN, Whittam TS (1986) Appl Environ Microbiol 51:873–884
22. Hill LR (1966) J Gen Microbiol 44:419–437
23. Tietze E, Tschäpe H (1983) J Hyg (Cambr) 90:475–488
24. Selander RK, Caugant DA, Whittam TS (1987) In: Neidhardt FC, Ingraham JL, Low KB, Magasanik B, Schaechter M, Umbarger HE (Hrsg.) Escherichia coli and Salmonella typhimurium – Cellular and molecular biology, American Society for Microbiology, Washington D.C., Bd. 2, S. 1.625–1.648
25. Ochman H, Wilson AC (1987) In: Neidhardt FC, Ingraham JL, Low KB, Magasanik B, Schaechter M, Umbarger HE (Hrsg.) Escherichia coli and Salmonella typhimurium – Cellular and molecular biology, American Society for Microbiology, Washington D.C., Bd. 2, S. 1.649–1.654
26. Bundesverband der Pharmazeutischen Industrie (Hrsg.) (1993) Rote Liste – Verzeichnis von Fertigarzneimitteln der Mitglieder des Bundesverbandes der Pharmazeutischen Industrie e. V., Editio Cantor, Aulendorf
27. Breit A, Jasek W, Zekert T, Zimmermann G (Hrsg.) (1986) Austria-Codex Fachinformation 1986/87, 41. Aufl., Öserreichische Apotheker-Verlagsgesellschaft, Wien
28. Escherich T (1885) Fortschr Med 3:515–522
29. Oberbauer BA (1992) Theodor Escherich – Leben und Werk, Fortschr Antimikrob Antineoplast Chemother, Futuramed Verlag, München, Bd. 11–3
30. Castellani A, Chalmers AJ (1919) Manual of Tropical Medicine, Ballière, Tindall & Cox, London
31. Judicial Commission of the ICSB (1958) Int Bull Bact Nomen Taxon 8:73–74
32. Skerman VBD, McGowan V, Sneath PHA (1980) Int J Syst Bacteriol 30:225–420
33. ATCC – American Type Culture Collection (1982) Catalogue of strains I, 15. Aufl., Rockville, Md.
34. DSM – Deutsche Sammlung von Mikroorganismen und Zellkulturen (1989) Catalogue of strains 1989, Braunschweig
35. Judicial Commission of the ICSB (1963) Int Bull Bact Nomen Taxon 13:36
36. Achtman M, Pluschke G (1986) Ann Rev Microbiol 40:185–210
37. Sonnenborn U, Greinwald R (1991) Beziehungen zwischen Wirtsorganismus und Darmflora, 2. Aufl., Schattauer, Stuttgart New York
38. Reuter G (1969) Arzneim Forsch 19:103–109
39. Bürger H, Hussain Z (1984) Tabellen und Methoden zur medizinisch-bakteriologischen Laborpraxis, Verlag Kirchheim, Mainz
40. Gillies RR, Dodds TC (1977) Illustrierte Bakteriologie, Verlag Hans Huber, Bern Stuttgart Wien
41. Bockemühl J (1992) In: Burkhardt F (Hrsg.) Mikrobiologische Diagnostik, Georg Thieme Verlag, Stuttgart New York, S. 119–153
42. Koneman EW, Allen SD, Dowell VR jr, Janda WM, Sommers HM, Winn WC jr (Hrsg.) (1988) The Enterobacteriaceae, Color Atlas and Textbook of Diagnostic Microbiology, 3. Aufl., JB Lippincott, Philadelphia, S. 89–156
43. Nowack H, Baier R, Bayer M, Ellenrieder M, Lupp R, Malinka J, Sollorz G, Sonnenborn U, Wartini L, Wendel J, Wieland G (1990) Monographie "Mikroorganismen als Ausgangsstoffe für Präparate aus Mikroorganismen – Methodenkatalog zur Charakterisierung von Ausgangsstoffen für Präparate aus Mikroorganismen", Ardeypharm, Herdecke, Dr. Kade, Konstanz, Luitpold-Werk, München
44. Hancock IC, Poxton IR (Hrsg.) (1988) Bacterial Cell Surface Techniques, John Wiley & Sons, Chichester
45. Marmur J, Doty P (1962) J Mol Biol 5:109–118
46. Overbeeke N, Lugtenberg B (1980) J Gen Microbiol 121:373–380
47. Elek SD, Higney L (1970) J Med Microbiol 3:103–110

48. Mayer H, Tharanathan RN, Weckesser J (1985) Methods Microbiol 18:157–207
49. Gershman M, Merrill CE, Hunter J (1981) J Dairy Sci 64:2.392–2.400
50. Reissbrodt R, Rabsch W (1988) Zentralbl Bakt I Abt Orig 268:306–317
51. Ørskov I, Ørskov F (1983) Prog Allergy 33:80–105
52. Wilson MI, Crichton PB, Old DC (1981) J Clin Pathol 34:424–428
53. Achtman M, Mercer A, Kusecek B, Pohl A, Heuzenroeder M, Aaronson W, Sutton A, Silver RP (1983) Infect Immun 39:315–335
54. Baquero F, Moreno F (1984) FEMS Microbiol Lett 23:117–124
55. Hinton M (1985) J Hyg (Cambr) 95:595–609
56. Arbeit RD, Arthur M, Dunn R, Kim C, Selander RK, Goldstein R (1990) J Infect Dis 161:230–235
57. Grothues D, Römling U, Tümmler B (1991) BIOforum 10:360–369
58. Tschäpe H (1991) BIOforum 12:483–486
59. Ott M, Bender L, Blum G, Schmittroth M, Achtman M, Tschäpe H, Hacker J (1991) Infect Immun 59:2.664–2.672
60. Zingler G, Blum G, Falkenhagen U, Ørskov I, Ørskov F, Hacker J, Ott M (1993) Med Microbiol Immunol 182:im Druck
61. De Lorenzo V, Aguilar A (1984) Trends Biochem Sci 9:266–269
62. Luria SE, Suit JL (1987) In: Neidhardt FC, Ingraham JL, Low KB, Magasanik B, Schaechter M, Umbarger HE (Hrsg.) Escherichia coli and Salmonella typhimurium – Cellular and molecular biology, American Society for Microbiology, Washington D.C., Bd. 2, S. 1.615–1.624
63. Nissle A (1916) Dtsch Med Wochenschr 42:1.181–1.184
64. Hashimoto K (1927) Zentralbl Bakt (I) 103:3–9
65. Koch FE, Krämer E (1931) Zentralbl Bakt (I) 123:308–318
66. Halbert SP (1948) J Immunol 58:153–167
67. Hentges DJ (1969) J Bacteriol 97:513–517
68. Mason TG, Richardson G (1982) J Appl Bacteriol 53:19–27
69. Freter R (1956) J Exp Med 104:411–418
70. Corthier G, Dubos F, Raibaud P (1985) Appl Environ Microbiol 49:250–252
71. Nishikawa T, Hatano H, Ohnishi N, Sasaki S, Nomura T (1969) Jap J Microbiol 13:263–276
72. Ducluzeau R, Raibaud P (1974) Infect Immun 9:730–733
73. Ducluzeau R, Ladire M, Callut C, Raibaud P, Abrams GD (1977) Infect Immun 17:415–424
74. Onderdonk A, Marshall B, Cisneros R, Levy SD (1981) Infect Immun 32:74–79
75. Duval-Iflah Y, Raibaud P, Rousseau M (1981) Infect Immun 34:957–969
76. Duval-Iflah Y, Chappuis JP, Ducluzeau R, Raibaud P (1983) Prog Food Nutr Sci 7:107–116
77. Cohen PS, Rossoll R, Cabelli VJ, Yang SL, Laux DC (1983) Infect Immun 40:62–69
78. Barrow PA, Tucker JF (1986) J Hyg (Cambr) 96:161–169
79. Duval-Iflah Y, Ouriet MF, Moreau C, Daniel N, Gabilan JC, Raibaud P (1982) Ann Microbiol (Inst Pasteur) 133A:393–408
80. Lodinova R, Jouja V, Wagner V (1973) Pediat Res 7:659–669
81. Lodinova-Zadnikova R, Slavikova M, Tlaskalova-Hogenova H, Adlerberth I, Hanson LA, Wold A, Carlsson B, Svanborg C, Mellander L (1991) Pediat Res 29:396–399
82. Lodinova-Zadnikova R, Tlaskalova H, Bartakova Z (1991) In: Mestecky J, Blair C, Ogra PL (Hrsg.) Immunology of milk and the neonate, Adv Exp Med Biol, Plenum Press, New York, Bd. 310, S. 329–335
83. Lodinova-Zadnikova R, Tlaskalova-Hogenova H, Sonnenborn U (1992) Pediat Allergy Immunol 3:43–48
84. Schröder H (1992) Kinderarzt 23:1.619–1.625
85. Van der Waaij D (1984) Antonie van Leeuwenhoek 50:745–761
86. Van der Waaij D (1989) Ann Rev Microbiol 43:69–87
87. Roediger WEW (1980) Gut 21:793–798
88. Savage DC (1986) Ann Rev Nutr 6:155–178
89. Høverstad T (1989) In: Grubb R, Midtvedt T, Norin E (Hrsg.) The regulatory and protective role of the normal microflora, Stockton Press, New York, S. 89–108
90. Fleming SE, Fitch MD, De Vries S, Liu ML, Kight C (1991) J Nutr 121:869–878
91. Cummings JH, Macfarlane GT (1991) J Appl Bacteriol 70:443–459
92. Kvietys PR, Granger DN (1981) Gastroenterology 80:962–969
93. Mortensen FV, Nielsen H, Mulvany MJ, Hessov I (1990) Gut 31:1.391–1.394
94. Mortensen FV, Hessov I, Birke H, Korsgaard N, Nielsen H (1991) Br J Surg 78:1.208–1.211
95. Rolandelli R, Koruda MJ, Settle RG, Rombeau JL (1986) Surgery 100:198–203
96. Scheppach W, Bartram P, Richter A, Richter F, Liepold H, Dusel G, Hofstetter G, Rüthlein J, Kasper H (1992) J Par Enteral Nutr 16:43–48
97. Harig JM, Soergel KH, Komorowski RA, Wood CM (1989) New Engl J Med 320:23–28
98. Breuer RI, Buto SK, Christ ML, Bean J, Vernia P, Paoluzi P, Di Paolo MC, Caprilli R (1991) Dig Dis Sci 36:185–187
99. Scheppach W, Sommer H, Kirchner T, Paganelli GM, Bartram P, Christl S, Richter F, Dusel G, Kasper H (1992) Gastroenterology 103:51–56
100. Roediger WEW (1980) Lancet II:712–715
101. Yajima T (1985) J Physiol 368:667–678
102. Richardson A, Delbridge AT, Brown NJ, Rumsey RDE, Read NW (1991) Gut 32:266–269
103. Binder HJ, Mehta P (1989) Gastroenterology 96:989–996
104. Lutz T, Scharrer E (1991) Exp Physiol 76:615–618
105. Høverstadt T, Carlstedt-Duke B, Lingaas E, Midtvedt T, Norin KE, Saxerholt H, Steinbakk M (1986) Scand J Gastroenterol 21:621–626
106. Clausen MR, Bonnén H, Tvede M, Mortensen PB (1991) Gastroenterology 101:1.497–1.504
107. Hanson LA, Adlerberth I, Carlsson B, Dahlgren U, Hahn-Zoric M, Jalil F, Khan SR, Larsson P, Midtvedt T, Roberton D, Svanborg-Edén C, Wold A (1989) In: Grubb R, Midtvedt T, Norin E (Hrsg.) The regulatory and protective role of the normal microflora, Stockton Press, New York, S. 59–69
108. Moreau MC, Ducluzeau R, Guy-Grand D, Muller MC (1978) Infect Immun 21:532–539
109. Hockertz S (1991) Arzneim Forsch 41:1.108–1.112
110. Lari RA, Gold F, Borderon JC, Laugier J, Lafont JP (1990) Biol Neonate 58:73–78
111. NN (1980) Nutr Rev 38:341–343
112. Conly JM, Ramotar K, Chubb H, Bow EJ, Louie TJ (1984) J Infect Dis 150:202–212
113. Ramotar K, Conly JM, Chubb H, Louie TJ (1984) J Infect Dis 150:213–218

114. Carlin A, Walker WA (1991) Nutr Rev 49:179–183
115. Sunakawa K, Akita H, Iwata S, Sato Y (1985) Infection 13:103–111
116. Malchow H (1992) In: Abstracts of the 2nd Interdisciplinary Symposium on Inestinal Microflora in Symbiosis and Pathogenicity, Attendorn, March 5–7, 1992, Microb Ecol Health Dis 5:ix–x
117. Werle W (1921) Muench Med Wochenschr 49:1.581–1.582
118. Ulrich P (1926) Med Klinik 30:1.152–1.153
119. Nissle A (1929) Muench Med Wochenschr 76:1.745–1.748
120. Nissle A (1930) Arch Hyg Bakt 103:124–131
121. Nissle A (1937) Hippokrates 8:1.009–1.014
122. Nissle A (1939) Hippokrates 10:1.113–1.119
123. Martin du Pan R, Novel E (1953) Schweiz Rundsch Med (Praxis) 42:901–906
124. Keller N (1956) Dtsch Arch Inn Med 203:170–185
125. Gensch F, Burmann R, Goertler H (1957) Dtsch Med Wochenschr 82:810–814
126. Huber EG (1958) Medizinische 10:397–400
127. Zirner F (1960) Med Welt 19:1.064–1.068
128. Straßburg L, Podszus W (1960) Med Klinik 55:1.116–1.119
129. Vlcek A, Kneifl J (1964) Z Kinderheilkd/ Eur J Pediat 89:155–159
130. Hirtzmann M (1964) Erfahrungsheilkd 13:36–40
131. Rusch V, Hyde RM, Luckey TD (1982) Microecol Ther 12:71–80
132. Tvede M, Rask-Madsen J (1989) Lancet I:1.156–1.160
133. Schütz E (1989) Fortschr Med 107:599–602
134. Abraham SN, Beachey EH (1985) In: Gallin JI, Fauci AS (Hrsg.) Advances in host defense mechanisms, Mucosal immunity, Raven Press, New York, Bd. 4, S. 63–88
135. Evans PJ, Evans DG (1983) Rev Infect Dis 5:692–701
136. Gross RJ, Rowe B (1985) J Hyg (Cambr) 95:531–550
137. Law D (1988) J Med Microbiol 26:1–10
138. Karmali MA (1989) Clin Microbiol Rev 2:15–38
139. Formal SB, Hale TL, Sansonetti PJ (1983) Rev Infect Dis 5 (Suppl 4):702–707
140. Hacker J, Schröter G, Schrettenbrunner A, Hughes C, Goebel W (1983) Zentralbl Bakt I Abt Orig 254:370–378

So

Eschscholzia

HN: 2002200

Familie: Papaveraceae.

Unterfamilie: Papaveroideae.

Tribus: Eschscholzieae.

Gattungsgliederung: Es werden 123 Arten erwähnt,[1] von denen inzwischen die meisten als synonyme Arten, Kleinarten oder Öko- und Cytotypen angesprochen werden.[2] Man unterscheidet heute 13 Arten.[3,21,22] Die ursprüngliche Einteilung der Gattung Eschscholzia CHAM. f. in die 2 Sektionen Eurycraspedontae und Stenocraspedontae[1] wird in der neueren Literatur nicht mehr vorgenommen.

Gattungsmerkmale: Einjährige bis ausdauernde Kräuter. Laubblätter wechselständig mit zart zerteilten Blattspreiten, meist stark gefiedert. Blütenstand in Dichasien mit Wickeltendenz; jede Blüte mit 2 laubartigen Vorblättern, die beiden Kelchblätter gekreuzt dazu stehend. Blütenachse seitlich verbreitert, eine Cupula bildend. Der äußere Teil der Cupula ist bei manchen Sippen hutkrempenartig geformt, meist mehr oder weniger gewellt, manchmal auch rötlich überlaufen; seine Breite kann bis zu 0,5 cm betragen. Bei anderen Sippen hingegen ist der äußere Rand der Cupula meist nur durch einen winzigen, oft hyalinen Wulst angedeutet.[1] Perigyne Insertion des Fruchtknotens; auch Blütenhülle und Staubblätter schwach perigyn eingefügt. Sepalen zu einem mützenförmigen Kelch (Calyptra) verwachsen, der die Blütenknospe umschließt. Zwei Fruchtblätter; Frucht: septicide Kapsel.[1]

Verbreitung: Sämtliche Arten sind ursprünglich auf die pazifischen Gebiete Nordamerikas beschränkt. Geschlossene Bestände reichen vom nördlichen Oregon bis nach Mexiko, nach Osten bildet das Great Basin die Grenze; bis etwa 2.000 m. Besonders formenreich ist die Gattung in den Steppen- und Wüstengebieten Kaliforniens und Neu-Mexikos. Nach ihrer Einführung jetzt verwilderte Vorkommen in Chile, Neuseeland, Tasmanien, Australien[1,4] und Kanarische Inseln.

Inhaltsstoffgruppen: Bei allen untersuchten Arten ätherisches Öl, cyanogene Glykoside und Alkaloide vom Protopin-, Aporphin- und Benzophenanthridin-Typ.[2,5,6,29]

In den oberirdischen Teilen von *E. californica* CHAM., hierzu gehören auch *E. glauca* GREENE und *E. californica* CHAM. ssp. *mexicana* (GREENE) C. CLARK, dominieren Alkaloide vom Pavintyp, mit einem hohen Anteil an quartären Alkaloiden. Die Sippe *E. glauca* GREENE enthält im Gegensatz zu den beiden anderen Taxa in der Wurzel praktisch kein Magnoflorin.[7]

E. lobbii GREENE besitzt Escholamin als Hauptalkaloid, enthält lediglich Spuren quartärer Alkaloide, dafür Corytuberin und Sculerin als charakteristische Alkaloide.[6]

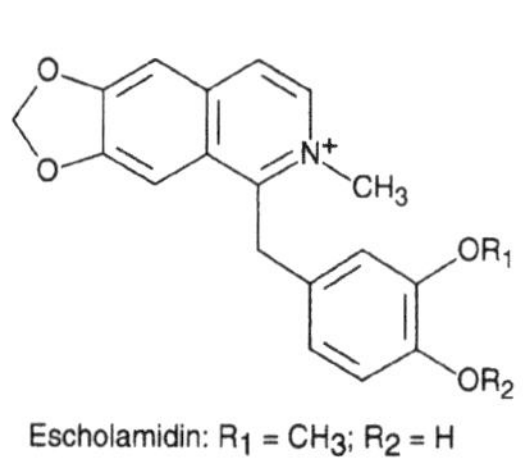

Escholamidin: $R_1 = CH_3$; $R_2 = H$

Escholamin: $R_1 + R_2 = -CH_2-$

Benzylisochinolin-Typ

Drogenliefernde Arten: *Eschscholzia californica*: Eschscholziae herba, Eschscholtzia californica hom. *PFX*, Eschscholtzia californica hom. *HPUS 88*.

Die Angabe, *Eschscholzia cristata* WILLD. sei eine drogenliefernde Art,[8,30] beruht auf einer Verwechslung mit *Elsholtzia ciliata* (THUNB.) HYL. (= *E. cristata* WILLD.), der Kamminze, einem in Ost- und Mittelasien beheimateten, in Mitteleuropa stellenweise verwildert anzutreffenden Lippenblütler.

Eschscholzia californica CHAM.

Synonyme: *Chryseis californica* TORR. et GRAY, *Eschscholtzia californica* CHAM., *E. douglasii* (HOOK. et ARN.) WALP.

Sonstige Bezeichnungen: Dt.: Goldmohn, Kalifornischer Mohn, Schlafmützchen; engl.: California poppy; frz.: Globe du soleil, Pavot de Californie; holl.: Knipmutsje, Slapmutsje; span.: Amapolla; Rumsen-Indianer: Cululuk.

Systematik: Die Art umfaßt zahlreiche Öko- und mehrer Cytotypen, die je nach Auffassung in Kleinarten aufgelöst oder als Sammelart behandelt werden.[2,29] Für die Zusammenfassung der Sippen spricht, daß Blütenmerkmale, wie etwa Anzahl der Stamina, Breite des äußeren Cupularandes und Blütenfärbung unabhängig voneinander variieren, so daß die Bestimmung von Einzelpflanzen schwierig ist.[4] Die ursprünglich als eigene Art beschriebene Sippe *E. mexicana* GREENE wird nach Kreuzungsexperimenten inzwischen als Unterart von *E. californica* betrachtet.[23] Die Art zerfällt danach in die beiden geographisch voneinander getrennten Unterarten *E. californica* (GREENE) ssp. *californica*, verbreitet in Oregon und Kalifornien, und *E. californica* GREENE ssp. *mexicana* (GREENE) C. CLARK [Syn.: *E. douglasii* (HOOK. et ARN.) WALP.] mit Hauptvorkommen in Neu-Mexiko, Texas und Nordmexiko. Für das Gebiet der Baja California ist eine Varietät *E. californica* CHAM. var. *peninsularis* (GREENE) MUNZ beschrieben.[24,27] Weitere Varietäten: Die Inlandform var. *crocea* (BENTH.) JEPS. und die in Sanddünen von Surf bis Monterey vorkommende var. *maritima* (GREENE) JEPS.[27] Außerdem ist eine forma *dentata* mit tief geschlitzten oder am Rande ungleich gezähnten Petalen bekannt.[1] Die in Europa seit Mitte des 19. Jahrhundert als Zierpflanze unter der Bezeichnung *E. californica* gezüchtete Art ist eine Kreuzung aus verschiedenen Unterarten bzw. Varietäten der Species *E. californica*.[1,9]

Botanische Beschreibung: 0,3 bis 0,6 m hohes, einjähriges (ssp. *mexicana*) oder ein- bis mehrjähriges (ssp. *californica*) Kraut;[23] Laubblätter spärlich, stark gefiedert und in dünne Zipfel auslaufend; Blüten auf langen Stielen, 2,5 bis 3,5 cm Durchmesser, einzeln in den Blattachseln sitzend; Blütenfarbe wechselt bei wildwachsenden Formen von hellgelb bis orange; Petalen am Grund orangerot; vier ausgebuchtete Kronblätter, eine weite offene Schale formend; Narbe fädlich; zahlreiche, gelbe Staubblätter, bei der ssp. *californica* stark variierend (13 bis 47), bei der ssp. *mexicana* konstanter (20 bis 25);[23] die Frucht ist eine längliche, 4 bis 6 cm große schotenförmige Kapsel; Fruchtklappen mit je 9 Gefäßbündeln, außen als mehr oder weniger stark hervortretenden Rippen sichtbar; Schleuderfrucht; kleine kugelrunde Samen. Der Keimling bei ssp. *californica* mit geteilten, bei ssp. *mexicana* mit ungeteilten Cotyledonen.

Inhaltsstoffe: *Alkaloide.* Die ganze Pflanze enthält Alkaloide. Der Gehalt beträgt während der Blütezeit bis zu 1,1 % des Trockengewichts.[10] Die Wurzel enthält bis zu 2,7 % Alkaloide,[2,29] darunter auch 0,014 % Magnoflorin (= Escholin), 0,013 % (–)-α-Canadinmethohydroxid, 0,05 % Norargemonin und 0,08 % Bisnorargemonin; diese Alkaloide sind in den oberirdischen Teilen höchstens in Spuren anzutreffen.[2] Allocryptopin stellt mit etwa 1,8 % das Hauptalkaloid der Wurzel dar.[9] Die Samen enthalten Protopin, Allocryptopin, Chelerythrin und weitere Alkaloide.[11,31] Axenisch gezogene Kallusgewebe enthalten Protopin, die Benzophenanthridine Chelirubin, Dihydrochelirubin, Dihydrochelerythrin, Sanguinarin, Dihydrosanguinarin, Norsanguinarin, Oxosanguinarin sowie das Aporphinalkaloid Magnoflorin.[12] Submers kultivierte Zellen bilden 10-Hydroxysanguinarin, 12-Hydroxychelirubin, 10-Hydroxychelerythrin[28] und außerdem die Dihydroformen der Benzophenanthridine Sanguinarin, Chelirubin, Macarpin und Chelerythrin,[13] 10-Hydroxychelerythrin und 12-Hydroxychelirubin.[28]

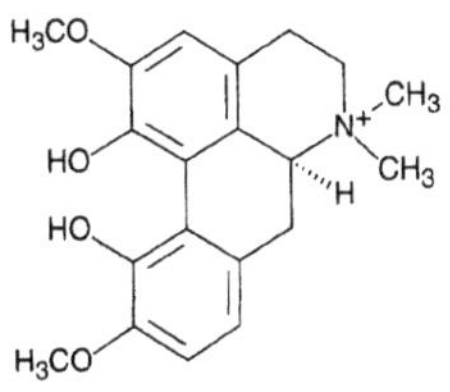

Magnoflorin

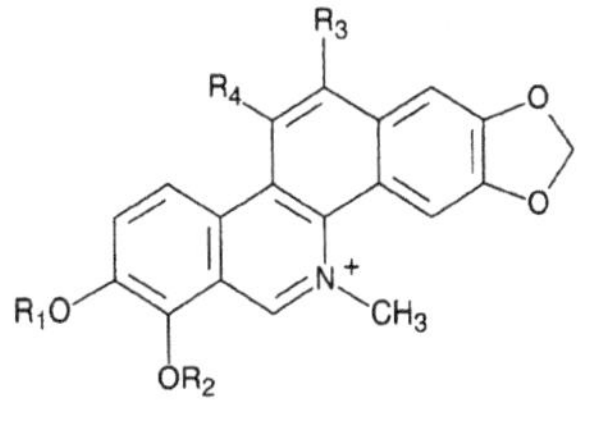

	R_1	R_2	R_3	R_4
Chelerythrin	$-CH_3$	$-CH_3$	$-H$	$-H$
Sanguinarin	CH_2 (R1/R2)		$-H$	$-H$
Macarpin	CH_2 (R1/R2)		$-OCH_3$	$-OCH_3$
Chelirubin	CH_2 (R1/R2)		$-H$	$-OCH_3$
Chelilutin	$-CH_3$	$-CH_3$	$-H$	$-OCH_3$

Benzophenanthridin-Typ

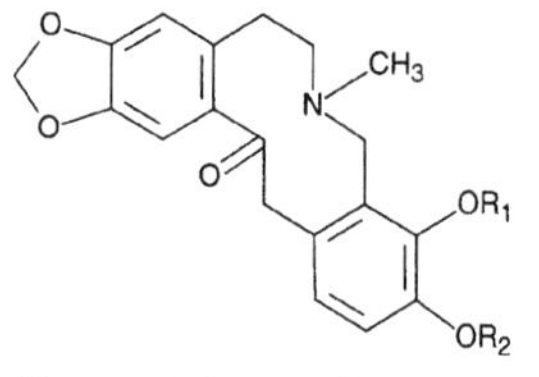

Allocryptopin: $R_1 = R_2 = CH_3$

Protopin : $R_1 + R_2 = -CH_2-$

Protopin-Typ

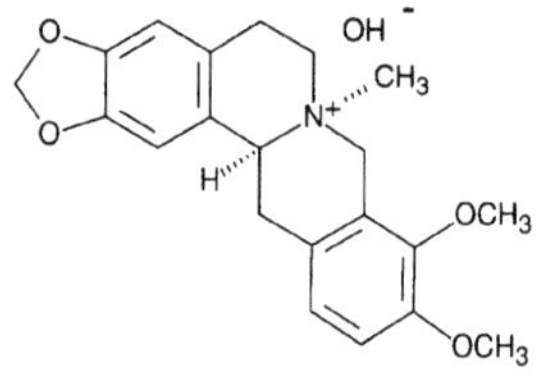

(–)-α-Canadinmethohydroxid

Verbreitung: Heimisch von Kalifornien bis Neu-Mexiko. In Mitteleuropa wie z. B. auch in Südafrika als anspruchslose Rabatten- und Einfassungspflanze kultiviert, manchmal verwildert anzutreffen.

Anbaugebiete: Südfrankreich.

Drogen: Eschscholziae herba, Eschscholtzia californica hom. *PFX*, Eschscholtzia californica hom. *HPUS88*.

Eschscholziae herba

Synonyme: Herba Eschscholtziae, Herba Eschscholziae.

Sonstige Bezeichnungen: Dt.: Eschscholzienkraut, Kalifornisches Mohnkraut; engl.: California poppy leaves; frz.: Herbe de globe du soleil; holl.: Knipmutjekruid, Slapmutjekruid.

Definition der Droge: Die zur Blütezeit gesammelten und getrockneten oberirdischen Teile.

Stammpflanzen: *Eschscholzia californica* CHAM.

Herkunft: Wildsammlung in Kalifornien, Neu-Mexiko; Anbau in Frankreich.

Schnittdroge: *Makroskopische Beschreibung.* Stengelanteile dominierend, Stengel hohl, mit 8 bis 12 weißlichen oder gelblichen Kollenchymrippen. Gelbe bis orange Blüten, manchmal mit anhaftender Calyptra. Die graugrünen, stark gefiederten Blätter zerfallen leicht.
Mikroskopisches Bild. Beim Blatt Spaltöffnungen auf Ober- und Unterseite gleichmäßig verteilt. Schließzellen bisweilen mit polygonalem Umriß. Äquifacialer Blattaufbau, das obere Palisadengewebe aus 3 Reihen ziemlich gleichmäßiger Zellen; die Blütenstiele mit deutlichem Assimilationsgewebe; nur die jungen Stengel mit zahlreichen Milchsaftschläuchen.[1]

Inhaltsstoffe: Das Kraut enthält etwa 0,29 bis 0,38 % Alkaloide;[2,9] dabei stellt die quartäre Base *Californidin* mit 0,19 bis 0,23 % das Hauptalkaloid dar.[2,14] Weiterhin 0,14 bis 0,15 % tertiäre nichtphenolische Basen, darunter jeweils 0,02 bis 0,03 % Allocryptopin, Protopin (= Macleyin = Fumarin = Biflorin) und Escholzin (= Eschschol(t)zin = Californin), das nur in den oberirdischen Teilen vorkommt. In geringen Mengen treten die Aporphine *N*-Methyllaurotetanin (= Lauroscholtzin), Corydin, Isocorydin sowie die quartären Benzophenanthridine Sanguinarin (= Pseudochelerythrin) und Chelerythrin (= Toddalin) auf, begleitet von Chelirubin, Macarpin und Chelilutin. In sehr geringen Mengen sind die Pavinane Caryachin, Isonorargemonin, Norargemonin und Bisnorargemonin und schließlich in Spuren Berberin, Coptsin und Corysamin vorhanden.[2,15]

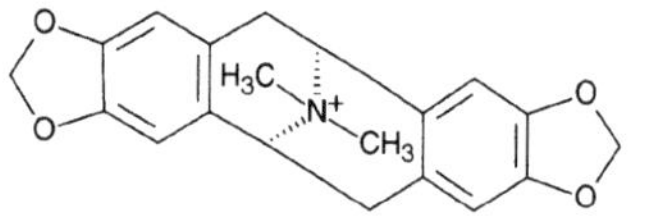

Californidin

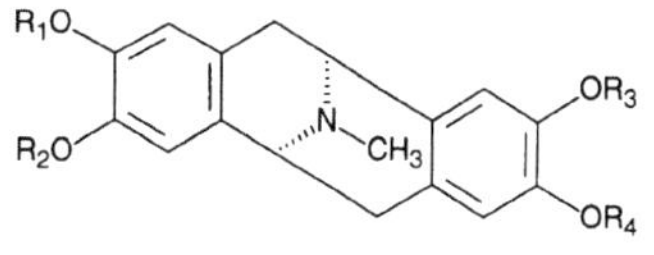

	R_1	R_2	R_3	R_4
Eschscholzin	$-CH_2-$		$-CH_2-$	
Eschscholzidin	$-CH_2-$		$-CH_3$	$-CH_3$
Norargemonin	$-H$	$-CH_3$	$-CH_3$	$-CH_3$
Bisnor-argemonin	$-CH_3$	$-H$	$-CH_3$	$-H$
Caryachin	$-CH_2-$		$-H$	$-CH_3$
Isocaryachin	$-CH_2-$		$-CH_3$	$-H$

Pavinan-Typ

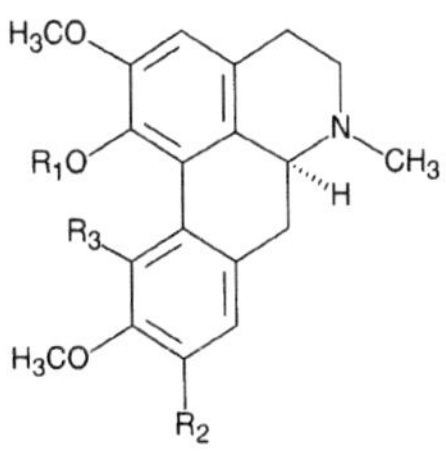

	R_1	R_2	R_3
(+)-Corydin	—H	—H	$—OCH_3$
(+)-Isocorydin	$—CH_3$	—H	—OH
(+)-Corytuberin	—H	—H	—OH
(+)-*N*-Methyl-laurotetanin	$—CH_3$	—OH	—H

Aporphin-Typ

Zubereitungen: Extractum Eschscholziae (Kalifornischer Mohnextrakt), Fluidextrakt nach den Bestimmungen des *DAB 10.*

Identität: Die nach Extraktion und Fraktionierung gewonnenen Alkaloidpräparationen[9] wurden dünnschichtchromatographisch an Kieselgel G 60 in 15 verschiedenen Fließmittelsystemen getrennt.[2] Die Auswertungn der DC erfolgt bei UV 365 nm und nach Besprühen mit Iod-Platin-Reagenz oder Dragendorff-Reagenz.[9,16] Zur DC der Protopin- und Benzophenanthridinalkaloide aus Eschscholzia-Extrakten wurden folgende Systeme vorgeschlagen: BuOH, ges. mit Wasser; Tetrachlorkohlenstoff-Chloroform-Benzol (4 + 2 + 1); Chloroform-Benzol-MeOH-Formamid (40 + 50 + 10 + 0,5).[17,18] Auch die DC-Methode zur Analyse der Urtinktur von Eschscholtzia californica hom. *PFX* könnte zur Identitätsprüfung von Extrakten verwendet werden.

Wirkungen: *Verlängerung des Barbituratschlafes.* Aus einem Heißwasserauszug gewonnener Trokkenextrakt (1 g entspr. 9,7 g getrockneter Droge) bewirkt bei Mäusen in Dosen über 100 mg/kg KG i.p. nach einer infrahypnotischen Gabe von 25 mg/kg KG i.p. Pentobarbital eine Schlafinduktion.[19] Nach i.p. Gabe einer Zubereitung, die aus der Tinktur der Droge (1:5 in 62 % (*m/m*) EtOH-Wasser) gewonnen wurde (entspr. 130 mg Droge/kg KG), verlängerte sich der 10 min später durch 50 mg/kg KG i.p. Pentobarbital ausgelöste Barbituralschlaf um 81 %.[26]

Sedative Wirkung. Mit einem Trockenextrakt der Droge, angefertigt aus einem Heißwasserauszug (1 g entspr. 9,7 g getrockneter Droge), wurde bei Mäusen im Stair-Case-Test und weiteren Tests eine sedative ED_{50} von 254 mg/kg KG i.p. ermittelt.[19]
Anxiolytische Wirkung. Mit der gleichen Zubereitung konnte bei Mäusen in verschiedenen Konflikt-Tests in Dosen um 25 mg/kg KG i.p. ein angstlösender Effekt erzielt werden. Als Bezugssubstanz diente Clorazepat 1 bis 5 mg/kg KG.[19]
Spasmolytische Wirkung. Am isolierten Ratten-Jejunum verhinderte die Gabe einer von Ethanol befreiten Tinktur der Droge (entspr. 1,75 mg Droge/mL) die $BaCl_2$-induzierte Kontraktion der glatten Muskulatur.[26]

Volkstümliche Anwendung und andere Anwendungsgebiete: Die Droge wird selten verordnet, ist jedoch Bestandteil einiger Fertigarzneimittel, jeweils in Kombination mit pflanzlichen Sedativa. Zubereitungen werden zur Behandlung von Schlafstörungen, Schmerzen, nervöser Übererregbarkeit, Neuropathien und Enuresis nocturna bei Kindern eingesetzt. Verwendung auch bei Gallen- und Lebererkrankungen. In Amerika werden Zubereitungen der Droge in der Kinderpraxis bei Schlafstörungen verordnet; in Frankreich bei Nervosität.[19] Die Wirksamkeit der Droge und ihrer Zubereitungen bei den bisher genannten Anwendungsgebieten scheint außer für die Behandlung von Schmerzen plausibel, ist aber weder durch klinische Studien noch durch hinreichend dokumentiertes Erfahrungsmaterial belegt. Bei den Indianern Kaliforniens wird ein Decoct der Goldmohnblüten äußerlich gegen Kopfläuse angewandet. Um Kinder zum Einschlafen zu bringen, werden 1 bis 2 Blüten unter das Bett gelegt;[20] diese Anwendungen sind wenig plausibel. Die Wirksamkeit bei den genannten Anwendungsgebieten ist gegenwärtig nicht belegt; die therapeutische Anwendung wird nicht befürwortet.[35]

Dosierung und Art der Anwendung: *Droge.* Teebereitung: 2 g auf 150 mL Wasser.[32] *Zubereitung.* Fluidextrakt. Einzeldosis 1 bis 2 mL.[33]

Akute Toxizität: *Tier.* Heißwasser-Extrakte, die Mäusen i.p. oder p.o. verabreicht wurden, zeigten bei einmaliger Gabe bis zu 8 g/kg KG keine toxischen Effekte.[19]

Reproduktionstoxizität: Indianerfrauen meiden Pflanzen und Präparationen während Schwangerschaft und Stillzeit.[20] Ein toxischer Effekt ist jedoch nicht belegt. *Pflanzengiftklassifizierung.* Giftig (+).[31,34]

Sonst. Verwendung: *Pharmazie/Medizin.* Wird gelegentlich als Ersatzdroge für Marihuana verwendet.[31] *Landwirtschaft.* In verschiedenen Farbvarianten als Zier- und Rabattenpflanze.

Gesetzl. Best.: *Offizielle Monographien.* Aufbereitungsmonographie der Kommission E beim BGA "Kalifornischer Goldmohn (Stoffcharakteristik)".[35]

Eschscholtzia californica hom. *PFX*

Monographiesammlungen: Eschscholtzia californica pour préparations homéopathiques *PFX*.

Definition der Droge: Frische, blühende Pflanze.

Stammpflanzen: *Eschscholzia californica* CHAM.

Zubereitungen: Die Urtinktur wird mit Ethanol nach der Vorschrift "Préparations homéopathiques" *PFX* hergestellt; Eigenschaften: Die Urtinktur ist eine braune Flüssigkeit mit krautartigem Geruch und Geschmack; Ethanolgehalt 45 % (*V/V*).

Identität: Der Rückstand von 5 mL eingedampfter Tinktur wird in verdünnter Salzsäure aufgenommen, mit einigen Tropfen Mayer-Reagenz werden die Alkaloide als weißlicher Niederschlag gefällt; bei Zusatz von Eisen(III)chloridlsg. wird die Urtinktur dunkelbraungrün.

Reinheit: *Urtinktur.*
- Trocknungsrückstand: Mindestens 1,8 %.

DC *PFX*:
- Fließmittel: Chloroform-Eisessig-MeOH-Wasser (15 + 8 + 3 + 2);
- Sorptionsmittel: Kieselgel G;
- Detektion: 1. UV 365 nm, 2. Besprühen mit 2-(Diphenylboryloxy)ethylamin und Auswertung im UV 365 nm; 3. Nachweis der Alkaloide nach Besprühen eines weiteren DC mit Dragendorff-Reagenz und Auswertung im Tageslicht;
- Auswertung: 1. Im UV 365 nm zeigen sich folgende fluoreszierende Banden: Zwei braune bei etwa Rf 0,15 und 0,30, eine intensiv blaue bei etwa Rf 0,55, zwei oder drei orange Banden zwischen Rf 0,75 und 0,90 und eine orange Bande in der Lösungsmittelfront. 2. Zu erkennen sind vier gelbe Banden bei etwa Rf 0,15, 0,20, 0,30 und 0,40, eine blaue Bande bei Rf 0,45, eine blau-grüne Bande bei Rf 0,7 und nochmals 3 gelbe Banden zwischen Rf 0,75 und 0,90, schließlich ist in der Fließmittelfront eine orange Bande zu sehen. 3. Eine deutlich orange Bande bei Rf 0,85; daneben können noch zwei weitere Banden unterschiedlicher Intensität bei Rf 0,65 und 0,95 zu sehen sein.

Anwendungsgebiete: Die Anwendungsgebiete entsprechen dem homöopathischen Arzneimittelbild. Dazu gehören: Schlafstörungen.[25]

Dosierung und Art der Anwendung: *Zubereitung.* Bei akuten Zuständen alle halbe bis ganze Stunde je 5 Tropfen oder 1 Tablette oder 10 Streukügelchen oder 1 Messerspitze Verreibung einnehmen (ab D2); parenteral bis zu 3mal tgl. 1 bis 2 mL s. c. injizieren (ab D4).[25] Bei chronischen Verlaufsformen 1- bis 3mal tgl. 5 Tropfen oder 1 Tablette oder 10 Streukügelchen oder 1 Messerspitze Verreibung einnehmen (ab D2); parenteral 1 bis 2 mL pro Tag s. c. injizieren (ab D4).[25]

Unerwünschte Wirkungen: Nicht bekannt.
Hinweis: Es können vorübergehend Erstverschlimmerungen vorkommen, die jedoch unbedenklich sind.[25]

Gegenanzeigen/Anwendungsbeschr.: Nicht bekannt.[25]

Wechselwirkungen: Nicht bekannt.[25]

Gesetzl. Best.: *Offizielle Monographien.* Aufbereitungsmonographie der Kommission D beim BGA "Eschscholzia californica".[25]

Eschscholtzia californica hom. *HPUS88*

Monographiesammlungen: Eschscholtzia californica *HPUS88*.

Definition der Droge: Die ganze Pflanze.

Stammpflanzen: *Eschscholtzia californica* CHAM.

Zubereitungen: *Urtinktur.* Herstellung durch Mazeration oder Perkolation der frischen oder getrockneten Droge mit EtOH nach den allg. Zubereitungsvorschriften (Class C) der *HPUS88*. Ethanolgehalt 45 % (*V/V*). *Medikationen:* D1 (1 ×) und höher.

Gehalt: *Urtinktur.* Arzneigehalt $^{1}/_{10}$.

1. Fedde F (1909) Papaveraceae-Hypecoideae et Papaveraceae-Papaveroideae. In: Engler A (Hrsg.) Das Pflanzenreich IV.104, Bd. 40, Verlag von Wilhelm Engelmann, Leipzig
2. Slavík J, Slavíkóva L (1986) Coll Czech Chem Commun 51:1.743
3. Duke JA (1974) CRC Critical Reviews in Toxicology 3:1
4. Cook SA (1961) Evolution 16:278–299
5. Slavík J, Slavíkóva L, Dolejs (1975) Coll Czech Chem Comm 40:1.095
6. Slavík J, Novák V, Slavíkóva L (1976) Coll Czech Chem Comm 41:2.429
7. Slavík J, Dolejs L, Sedmera P (1970) Coll Czech Chem Comm 35:2.597
8. Dragendorff G (1898) Heilpflanzen der verschiedenen Völker und Zeiten, Verlag von Ferdinand Enke, Stuttgart
9. Slavíkóva L, Slavík J (1966) Coll Czech Chem Comm 31:3.362
10. Parfeinikov SA, Muravieva DA (1983), zit. nach Med Arom Plants Abstr (1984) 6:518
11. Döpke W, Fritsch G (1970) Pharmazie 25:203
12. Ikuta A, Syona K, Furuya T (1974) Phytochemistry 13:2.175–2.179
13. Berlin J, Forche E, Wray V, Hammer J, Hösel W (1983) Z Naturforsch 38C:346
14. Gertig (1965) Acta Polon Pharm 22:443
15. Rolland A, Fleurentin J, Mortier F, Pelt JM (1987) Phytothér 22:18
16. Baerheim Svendsen A, Verpoorte R (1983) J Chromatogr Library 23A, Chromatography of Alkaloids, Part A: Thin-Layer Chromatography, Elsevier Scientific Publishing Company, Amsterdam
17. Gertig H (1964) Acta Polon Pharm 21:59
18. Gertig H (1964) Acta Polon Pharm 21:127

19. Rolland A, Fleurentin J, Lanhers MC, Younos C, Misslin R, Mortier F, Pelt JM (1991) Planta Med 57:213
20. Bocek B (1984) Econ Bot 38:240–255
21. Clark C, Jernstedt JA (1978) Syst Bot 3:386–342
22. N.N. (1982) National List of Scientific Plant Names, Bd. 1, List of Plant Names, United States Department of Agriculture, Soil Conservation Service, SCS-TP-159, S. 120
23. Clark C (1978) Syst Bot 3:274–385
24. Wiggins IL (1980) Flora of Baja California
25. BAz Nr. 22a vom 03.02.1988
26. Vincieri FF, Celli S, Mulinacci N, Speroni E (1988) Pharm Res Commun 20, Suppl V:4–7
27. Munz PA, Keck DD (1959) A California Flora, University of California Press, Berkeley Los Angeles
28. Tanahashi T, Zenk MH (1990) J Nat Prod 53:579
29. Hgn, Bd. V, S. 270–276; Bd. VII, S. 349–372; Bd. IX, S. 192–194
30. Hoppe HA (1975) Drogenkunde, 8. Aufl., Bd. 1, De Gruyter, Berlin, S. 472
31. CRC
32. Weiss RF (1984) Lehrbuch der Phytotherapie, 6. Aufl., Hippokrates Verlag, Stuttgart
33. Berger, Bd. 4, S. 222–223
34. RoD, IV, 1, E, 10–11
35. BAZ Nr. 178 vom 21.09. 1991

WK

Eucalyptus

HN: 2014200

Familie: Myrtaceae.

Unterfamilie: Myrtoideae.

Tribus: Myrteae.

Gattungsgliederung: Eucalyptus L'HÉRIT. gehört zu den artenreichsten Gattungen. Ihre Gliederung ist noch umstritten.

Der aktuellste Vorschlag[1] rechnet ca. 400 Arten zur Gattung und gliedert diese in die 8 Untergattungen Angophora, Blakella, Corymbia, Eudesmia, Gaubaea, Idiogenes, Monocalyptus und Symphomyrtus. Deren weitere Klassifizierung erfolgt nach Sektionen, Serien und Subserien.

Die drei wichtigsten Untergattungen lassen sich wie folgt charakterisieren:

- Subgenus Corymbia: Ca. 30 Arten, z. B. *E. citriodora* HOOK. aus sectio Ochraria.
- Subgenus Monocalyptus: Ca. 80 Arten, z. B. *E. amygdalina* LABILL., *E. dives* SCHAU., *E. piperita* SM. aus sectio Renantheria.
- Subgenus Symphomyrtus: Ca. 250 Arten in 11 Sektionen, z. B. *E. sideroxylon* A. CUNN. ex BENTH., *E. polybractea* R.T. BAKER aus sectio Adnataria; *E. camaldulensis* DEHNH. aus sectio Exsertiana; *E. globulus* LABILL., *E. smithii* R.T. BAKER aus sectio Maidenaria.[1]

Chemotaxonomische Klassifikationsversuche finden dagegen innerhalb einer botanisch einheitlichen Art mehrere "physiologische Formen", die sich im Ätherisch-Ölspektrum unterscheiden und deshalb als eigenständige Arten eingestuft werden. Demgemäß wird manchmal ein Gattungsumfang von 600 bis 700 verschiedenen Eucalyptusspecies angegeben.[2,3] Da hier aber auch viele Bastardierungen bewertet und die Repräsentativität der Probennahme bezweifelt werden muß, ist diese Art der Gattungsgliederung inzwischen als fraglich einzustufen.[1,4]

Gattungsmerkmale: Bäume von bis zu 150 m Höhe oder Sträucher. Laubblätter häufig je nach Entwicklungsstadium der Pflanze als Primär-, Intermediär- oder Folgeblätter in unterschiedlicher Morphologie (= Heterophyllie) vorliegend; meist gegenständig und annähernd senkrecht herabhängend. Blüten entweder einzeln oder in Schirmrispen, Dolden oder Doldentrauben stehend; Kelchblätter meist fehlend; Kronblätter völlig zu einer häufig fast holzigen, sehr verschieden gestalteten, meist bläulich oder weiß bereiften, beim Aufblühen deckelartig sich ablösenden Haube (Kalyptra) verwachsen. Frucht an der Spitze fachspaltig, oft fast porenförmig in Gestalt eines Kreuzes aufspringend.[78]

Verbreitung: Die Gattung ist fast ausschließlich auf dem australischen Festland und Tasmanien beheimatet. Dort besiedelt jede Art eine für sie spezifische Klimazone. Weitere natürliche Vorkommen befinden sich nur noch auf der malayischen Inselgruppe und Neu-Guinea. Ca. seit Mitte des 18. Jahrhunderts werden v. a. Bäume bildende Arten weltweit in frostfreien mediterranen, tropischen und subtropischen Regionen angesiedelt.

Inhaltsstoffgruppen: *Ätherisches Öl.*[4,79] Lokalisiert in Exkretbehältern, die sich stets in den Blättern, daneben in geringerem Umfang auch in den Blütenknospen, unreifen Früchten und in der Sproßachse befinden; die Ölzusammensetzung innerhalb der Gattung variiert eklatant. Hauptkomponente ist fast immer eines der folgenden Monoterpene: 1,8-Cineol (Eucalyptol), Citronellal, α-Phellandren, α-Pinen, Piperiton. In einigen wenigen Arten dominieren Sesquiterpene wie Eudesmol oder solche vom Viridiflorol-Typ, z. B. Aromadendren, Globulol.

Die auf dem ätherischen Öl basierende Chemotaxonomie der Eucalypten ist umstritten (s. Gattungsgliederung). Häufig bleibt dabei die natürliche inter- und intraindividuelle Schwankungsbreite im Terpenspektrum einer botanisch einheitlichen Population unberücksichtigt. Je nach morphologischem Blatt-Typ (Primär-, Intermediär-, Folgeblätter) und dessen jeweiligem physiologischem Status (jung, reif, alt) kann ein einzelner Eucalyptusbaum gleichzeitig deutlich verschiedene Ölqualitäten liefern.

Phenolische Verbindungen.[5,6,79] – Gerbstoffe: Als Ellagitannine, Gallotannine und Catechinderivate in Idioblasten von Blatt und Rinde sowie im Holz; als Eucalyptus-Kinos, welche eine harz- bzw. balsamähnliche Masse darstellen, die nach Verwundung des Holzes im Wundparenchym in den sog. Kino-Gängen gebildet wird. Die Kino-Grundmasse besteht aus polymerisierten Flavan-3,4-diolen, in der weitere monomere Phenole als Begleitstoffe enthalten sind.

- Flavonoide: Im Blattparenchym als Flavonolglykoside mit den Aglyka Quercetin, Myricetin und Kämpferol; manche Arten führen bis zu 20% Rutosid (Rutin). Im Blattwachs als methylierte Flavone.
- Stilbene: Frei oder in glykosidischer Bindung in den Blättern vieler trockene Standorte besiedelnder Eucalypten.
- Phenolcarbonsäuren: Ellagsäure, Gallussäure und Gentisinsäure frei oder verestert in Blättern und Holz fast aller Arten.

Paraffine. Die Matrix des Blattwachses wird neben wenigen freien Paraffinen v. a. von deren Derivaten bzw. Kondensaten gebildet: β-Diketone dominieren deutlich, Fettsäureester, freie Alkohole und freie Säuren sind untergeordnete Matrix-Komponenten.[79]
Triterpene. Im Blatt- und Blütenwachs v. a. als Ester von Oleanol- und Ursolsäurederivaten.[79]
Sonstige. Die Blätter einiger Eucalypten enthalten relativ viel Ascorbinsäure.[7]

Drogenliefernde Arten: *E. globulus*: Eucalypti aetheroleum, Eucalypti folium, Eucalyptus globulus hom. *HAB 1*, Eucalyptus globulus hom. *HPUS 88*; *E. polybractea*: Eucalypti aetheroleum; *E. smithii*: Eucalypti aetheroleum.

Eucalyptus globulus: Heterophylle Zweige, der vordere Zweig mit Folgeblättern, der hintere mit Primärblättern. Aus Lit.[78]

Eucalyptus globulus Labill.

Synonyme: *Eucalyptus cordata* Miq., *E. diversifolia* Miq., *E. gigantea* Dehnh., *E. glauca* DC., *E. globulus* St. Lag., *E. pulverulenta* Link.[4]

Sonstige Bezeichnungen: Dt.: Blaugummibaum, Eucalyptus, Fieberbaum, Fieberheilbaum; engl.: Australian blue-gum-tree, Australian fever-tree, Blue-gum-tree, Fever-tree, Tasmanian blue-gum; frz.: Arbre à la fièvre, Eucalyptus, Gommier bleu de Tasmania; dän.: Feberträet; holl.: Eucalyptus; it.: Eucalipto, Eucalitto; jug.: Eukaliptus; norw.: Febertre; pol.: Eucaliptus, Rozdreb; port.: Eucalipto; rum.: Arbore australian, Eucalipt; russ.: Jewkalipt; schwed.: Eucalyptus; span.: Eucalypto; tsch.: Blahovicnik, Eukalypt; türk.: Oykaliptus.

Systematik: In der Untergattung Symphomyrtus wird *E. globulus* der Sektion Maidenaria, und dort der Serie Viminales, Subserie Globulinae zugeordnet. Unter der Superspecies Globulus sind dort als Species neben *E. globulus* noch *E. maidenii*, *E. pseudoglobulus* und *E. st-johnii* aufgeführt.[1]
Als Unterarten werden *E. globulus* var. *coronifera* F. v. Muell., *E. globulus* var. *compacta* (hort.) H. L. Bailey und *E. globulus* var. *bicostata* Ewart genannt.[4]

Botanische Beschreibung: Bis 60 m hoher Baum mit silbergrauer, zerstreut warziger Rinde und gedrehtem Stamm. Laubblätter der jungen, gelegentlich auch der älteren Pflanze (Primärblätter) eirund bis länglich-lanzettlich, etwa 5 bis 8 cm lang und 2,5 bis 4 cm breit, an der Spitze abgerundet und kurz bedornt, am Grunde ca. herzförmig, flach sitzend und stengelumfassend, blaugrün; Folgeblätter länglich-elliptisch, sichelförmig, senkrecht herabhängend, ca. 20 cm lang, allmählich in eine lange Spitze auslaufend, gegen den Grund 3 bis 5 cm breit, schief (nie herzförmig) abgerundet und in einen etwa 2 cm langen Stiel zusammengezogen, dickledrig-steif. Blütenknospen einzeln, auf kurzer Infloreszenzachse sitzend; Haube etwas spitz, aber niedrig, breit am Rande über den Staminaldiskus greifend; Kelchblätter fehlend; Staubblätter zahlreich, einwärts gerichtet, länglich, mit zwei, in der ganzen Länge verlaufenden, parallelen Spalten aufspringend.[78]
E. globulus ist eines der bekanntesten Beispiele für Heterophyllie: Die Primärblätter junger bis wenigjähriger Pflanzen unterscheiden sich morphologisch-anatomisch deutlich von den Folgeblättern älterer Pflanzen.

Verwechslungen: Aufgrund der Schnellwüchsigkeit von 1,9 bis 2,7 m pro Jahr und der charakteristisch senkrecht herabhängenden Blätter sind Verwechslungen allenfalls bei sehr jungen Pflanzen denkbar.

Inhaltsstoffe: Das ätherische Fruchtöl ist im Gegensatz zum Blattöl reich an Sesquiterpenen. Die Hauptkomponenten sind Aromadendren und Globulol (= 10-Hydroxy-Aromadendran).[8] Strukturformeln s. Eucalypti folium.
Die Rinde enthält 1 %, das Holz keine Gerbstoffe.[4] Die Art ist somit zu den gerbstoffarmen Eucalypten zu zählen.[79]
Globulus-Kino enthält monomere Ellagsäure.[9]

Verbreitung: *E. globulus* ist im subtropischen Regenwald Südost-Australiens und Tasmaniens beheimatet. Dort befinden sich auch die einzigen natürlichen Vorkommen, und von dort wurde die Art in klimatisch geeignete Regionen (s. Gattungsverbreitung) übergesiedelt.

Anbaugebiete: Die wichtigsten aktuellen Anbaugebiete sind Spanien, Portugal, Südfrankreich, Italien, der Kaukasus, Algerien, Florida, Kalifornien, Brasilien, Mexiko, Jamaika und Indien.

Drogen: Eucalypti aetheroleum, Eucalypti folium, Eucalyptus globulus hom. *HAB 1*, Eucalyptus globulus hom. *HPUS 88*.

Eucalypti aetheroleum (Eucalyptusöl)

Synonyme: Oleum Eucalypti.

Sonstige Bezeichnungen: Engl.: Eucalyptus oil; frz.: Essence d'Eucalyptus rectifiée, Huile essentielle d'Eucalyptus; holl.: Eucalyptus olie; it.: Eucalypto essenza; port.: Oleo de eucalipto; rum.: Klei de eucalipt; span.: Aceite de eucalipto.

Monographiesammlungen: Eucalypti aetheroleum *DAB 10 (Eur)*; Eucalyptus oil *USP XXI*, *(Mar 29)*, *ÖAB 90*, *Helv VII*, *(AB-DDR)*.

Definition der Droge: Das durch Wasserdampfdestillation und anschließende Rektifikation aus den frischen Blättern oder frischen Zweigspitzen erhaltene Öl *DAB 10 (Eur)*, *ÖAB 90*, *Helv VII*; das aus den frischen Blättern mit Wasserdampf destillierte flüchtige Öl *USP XXI*; wird durch Rektifikation des aus den frischen Blättern und Zweigspitzen destillierten Öls erhalten *Mar 29*.

Stammpflanzen: Cineolreiche Eucalyptusarten, wie *E. globulus* LABILL., *E. fruticetorum* F. v. MUELLER (syn. *E. polybractea* R.T. BAKER), *E. smithii* R.T. BAKER *DAB 10 (Eur)*, *ÖAB 90*, *Helv VII*; *E. globulus* oder einige andere Eucalyptusarten *USP XXI*; verschiedene Eucalyptusarten, verwendet werden *E. globulus*, *E. fruticetorum* und *E. smithii Mar 29*.
Hinweis: Seit dem *DAB 7* sind die hier an späterer Stelle ebenfalls beschriebenen Arten *E. polybractea* und *E. smithii* als weitere Stammpflanzen zugelassen. Vorteile von deren ätherischen Ölen gegenüber demjenigen von *E. globulus* sind die höhere Gesamtausbeute bei gleichzeitig etwas höherem Cineolgehalt und v. a. der wesentlich geringere Gehalt an niedrig siedenden Aldehyden.[4,10]

Herkunft: Als Ausgangsmaterial für E.-globulus- und E.-smithii-Öl dienen vorwiegend Kulturbestände. Hauptlieferant von E.-globulus-Öl ist Andalusien/Spanien, daneben sind Portugal, Brasilien, Argentinien, Ecuador und einige schwarzafrikanische Länder zu erwähnen. E.-smithii-Öl stammt vornehmlich aus Brasilien, Guatemala, Schwarz- und Südafrika.
Das E.-fruticetorum-Öl wird dagegen ausschließlich aus den wild wachsenden Beständen Australiens hergestellt. Hauptproduzenten sind Victoria und Neusüdwales.

Gewinnung: Zum bequemeren Abernten der Zweige werden die Eucalyptusbäume gefällt. Sie wachsen rasch wieder nach. Mit Hilfe von ganzjährig in Betrieb stehenden sog. Wanderdestillationsblasen wird das Rohöl abdestilliert. Das dabei reichlich anfallende Eucalyptusholz wird vereinzelt noch heute zum Befeuern der Destillen verwendet. Das Rohöl enthält noch verseifbare Bestandteile, hustenreizende Aldehyde und nur ca. 60 % Cineol. Durch Behandlung mit Lauge und fraktionierte Destillation werden diese störenden Begleitstoffe und der Großteil an Monoterpenkohlenwasserstoffen und Sesquiterpenen abgetrennt. Das rektifizierte Öl kann bis zu 90 % Cineol enthalten.[4,80]

Handelssorten: Trotz des unterschiedlichen Ausgangsmaterials werden keine bestimmten Sorten, sondern allenfalls auf unterschiedliche Cineolgehalte eingestellte Ölqualitäten vom Handel angeboten.

Ganzdroge: Farblose oder schwach gelb gefärbte Flüssigkeit; Geruch aromatisch und campherartig; Geschmack zunächst brennend und campherartig, dann kühlend.[83] Sehr schlecht löslich in Wasser; 1 T löslich in 5 T EtOH 70 %; mischbar mit EtOH 90 %, wasserfreiem EtOH, Ölen, Fetten und Paraffinen.[84]

Verfälschungen/Verwechslungen: Aufgrund des relativ niedrigen Preises sind Verfälschungen mit cineolreichem Campheröl ("Formosa"-Eucalyptusöl) oder mit Abfallprodukten der Terpineoldarstellung berichtet.[80]
Dagegen wird Eucalyptusöl aufgrund seines Cineolreichtums zum Verschneiden teurerer Öle, z. B. Rosmarin- oder Thymianöl, verwendet.[3]

Minderqualitäten: Aufgrund der Artenvielfalt der Eucalypten in Australien kann bei den aus Wildbeständen destillierten Ölen kein botanisch einheitliches Ausgangsmaterial vorausgesetzt werden. Mitunter werden cineolarme und cineolreiche Arten miteinander verschnitten. Die Bestimmung des Cineolgehaltes ist als Wertmaßstab somit unerläßlich.

Inhaltsstoffe: In einem kommerziellen Öl vom Globulus-Typ werden per Kapillar-GC/MS als Hauptbestandteile gefunden: 1,8-Cineol 86,8 %, *p*-Cymen 2,7 %, α-Pinen 2,6 %, Limonen 0,5 %, Geraniol und Camphen. Nicht identifizierte Nebenkomponenten befinden sich im Retentionsbereich der Monoterpenalkohole und der Sesquiterpene.[3]
Hinsichtlich der Beschreibung des nicht rektifizierten Rohöles s. Eucalypti folium.

Zubereitungen: Durch erneute fraktionierte Destillation des rektifizierten Eucalyptusöles wird dessen Hauptbestandteil 1,8-Cineol gewonnen. Cineol kann auch durch Kristallisation von Eucalyptusöl bei tiefen Temperaturen dargestellt werden. Diese Variante beruht auf der im Vergleich zu den übrigen Ölkomponenten mit 1,5 °C relativ hohen Erstarrungstemperatur des Cineols.

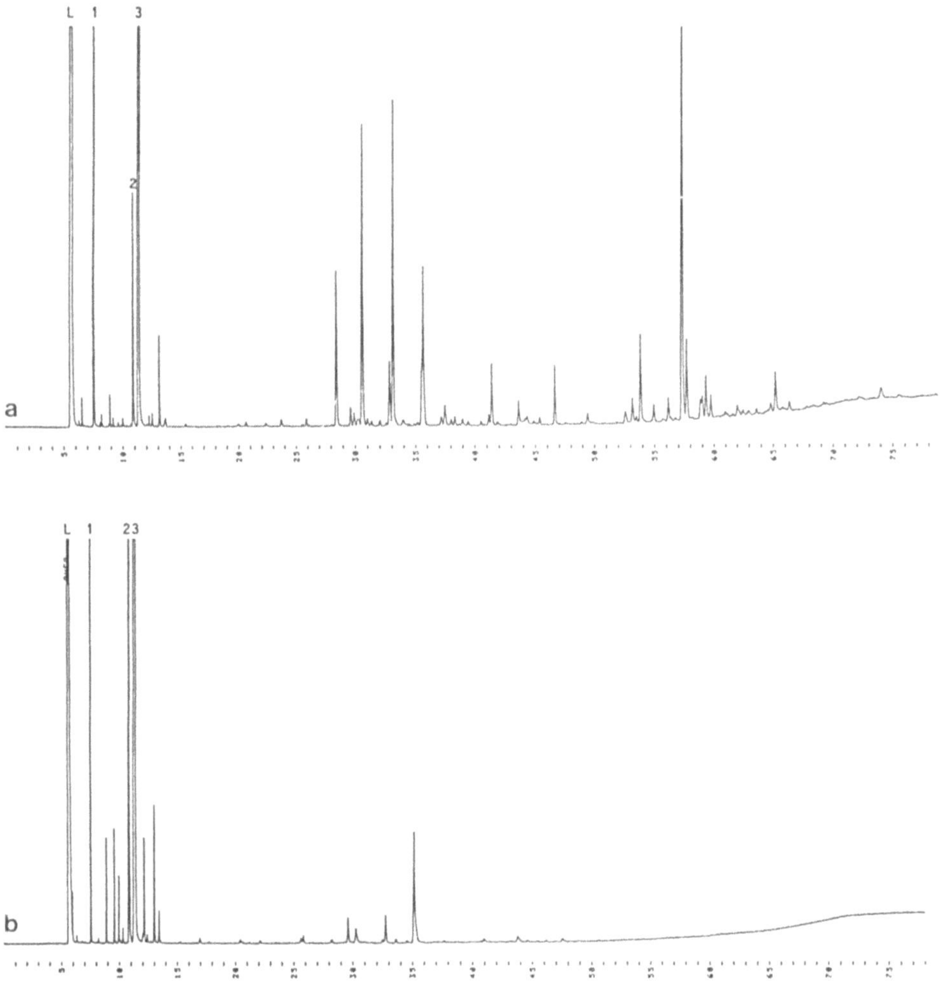

Gaschromatogramme von (**a**) nativem und (**b**) offizinellem Eucalyptusöl zur Veranschaulichung des Rektifikationseffektes. L = Lösungsmittel, 1 = α-Pinen, 2 = Limonen, 3 = 1,8-Cineol; **a**) Wasserdampfdestillat aus E.-globulus-Blättern, 40 mg/mL in Pentan: α-Pinen 9,8 %, Limonen 1,8 %, 1,8-Cineol 57 % (area). Das native Öl enthält zahlreiche weitere Bestandteile im hinteren Rententionsbereich. **b**) Eucalyptusöl *DAB 10 (Eur)*, 40 mg/mL in Pentan: α-Pinen 3,1 %, Limonen 8 %, 1,8-Cineol 83 % (area). Die sonstigen Bestandteile sind weitestgehend abgetrennt. (Eigene unveröffentlichte Untersuchung; Kapillarsäule Carbowax-20M, 50 m/0,32 mm i. D./0,4 µm Filmdicke; Detektor FID.)

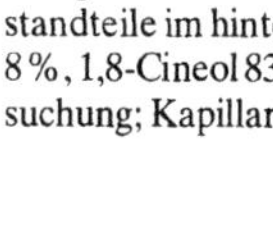

1,8-Cineol (Eucalyptol)

Identität: DC nach *DAB 10 (Eur)*:
- Untersuchungslösung: Eucalyptusöl 1:10 in Toluol;
- Vergleichslösung: Cineol 1:10 in Toluol;
- Sorptionsmittel: Kieselgel G;
- Fließmittel: Ethylacetat-Toluol (1 + 9);
- Detektion: Besprühen mit Anisaldehyd-Reagenz und Erhitzen; Auswertung im Tageslicht und im UV-Licht bei 365 nm;
- Auswertung: Die Hauptzone im Chromatogramm der Untersuchungslösung muß hinsichtlich Rf-Wert, Farbe und Intensität der Cineol-Vergleichszone entsprechen. Weitere mögliche Zonen werden genannt. Die Abwesenheit von Citronellal wird gefordert. Citronellal würde z. B. auf Verschnitt mit dem Öl von *E. citriodora* schließen lassen.

Reinheit:
- Relative Dichte: 0,906 bis 0,925 *DAB 10 (Eur), ÖAB 90, Helv VII, Mar 29*; 0,905 bis 0,925 *USP XXI*.
- Brechungszahl: 1,458 bis 1,470 *DAB 10 (Eur), USP XXI, ÖAB 90, Helv VII*.
- Optische Drehung: 0 bis + 10° *DAB 10 (Eur), ÖAB 90, Helv VII*.
- Löslichkeit in EtOH: Löslich in 5 T EtOH 70% *V/V DAB 10 (Eur), USP XXI, ÖAB 90, Helv VII, Mar 29*.
- Grenzprüfung auf Aldehyde: Überführung der Aldehyde mit Hydroxylaminhydrochlorid in die Oxime, alkalimetrische Titration der dabei gebildeten HCl *DAB 10 (Eur), USP XXI, ÖAB 90, Helv VII*. Die hustenreizenden Aldehyde werden bei der Rektifikation des Rohöls eliminiert. Die Prüfung toleriert als Restmenge ca. 1%.
- Grenzprüfung auf Phellandren *DAB 10 (Eur), USP XXI, ÖAB 90, Helv VII*: Natriumnitrit würde bei Anwesenheit von *α*- und *β*-Phellandren an deren Doppelbindungen angelagert und das entstehende kristalline Phellandrennitrosit als Niederschlag erkannt werden.[11] Phellandrene sind Hauptbestandteil des Öls vieler nichtoffizineller Eucalyptusarten. Wegen ihrer angeblichen Herzwirkung sind sie unerwünscht.
- Schwermetalle: Höchstens 40 ppm *USP XXI*.
- Erstarrungstemperatur: Nicht unter −15,4 °C, was einem Mindestgehalt von 70% Cineol entspricht *USP XXI*. Öle mit einem sehr hohen Cineolgehalt erstarren beim Einstellen in eine Kältemischung zu einer weißen kristallinischen Masse.

Gehalt: Mindestens 70,0% 1,8-Cineol *DAB 10 (Eur), USP XXI, ÖAB 90, Helv VII, Mar 29*.

Gehaltsbestimmung: *DAB 10 (Eur)*: Vorgeschriebene Mengen Eucalyptusöl und *o*-Cresol werden gemischt. Das im Öl enthaltene Cineol bildet mit *o*-Cresol feste, gut kristallisierende Molekülverbindungen. Die Erstarrungstemperatur des Cineol-*o*-Cresol-Komplexes ist für eine bestimmte Cineolmenge charakteristisch. Nach Messungen dieser Temperatur wird mit Hilfe einer Tabelle der entsprechende Cineolgehalt zugeordnet bzw. interpoliert.
Die Methode hat gravierende Mängel. Sie ist umständlich, zu unempfindlich und nicht linear. Bereits geringe Wassermengen im Öl bedingen falschniedrige Werte.[12] Die Geruchsbelästigung beim Arbeiten mit *o*-Cresol, das zudem frisch destilliert werden muß, ist beträchtlich.
AB-DDR: GC mit gepackter Säule polarer Belegung; Quantifizierung mit Hilfe von Fenchon als internem Standard.
Die GC ist der offizinellen *o*-Cresol-Methode vorzuziehen, da sie zusätzliche Reinheitskriterien liefert.[13] Die Trennung Cineol/*β*-Phellandren gelingt allerdings selbst mit langen Kapillarsäulen kaum.[3] Durch Präfraktionierung an einem Kieselgelsäulchen ist die Abtrennung der Monoterpenkohlenwasserstoff-Fraktion mitsamt *β*-Phellandren von Cineol jedoch möglich.[14]
Cineol bildet mit Eisen(III)rhodanid einen stabilen roten Komplex, der eine photometrische Quantifizierung bei 515 nm erlaubt. Die Gehaltswerte korrelieren sehr gut mit denjenigen der GC. Sie liegen bis zu 7% über denjenigen der *o*-Cresol-Methode.[12]
IR-spektrophotometrische Bestimmung in Schwefelkohlenstofflsg.; anhand ihrer spezifischen Banden sind Cineol (1.078 cm^{-1}), Limonen (888 cm^{-1}) und *α*-Pinen (786 cm^{-1}) getrennt erfaßbar.[15]

Lagerung: Vor Licht geschützt, in dicht verschlossenen, dem Verbrauch angemessenen Behältnissen *DAB 10 (Eur), ÖAB 90, Helv VII*; Öle aus verschiedenen Lieferungen dürfen nicht miteinander gemischt gelagert werden *DAB 10 (Eur)*; in dicht schließenden Behältnissen *USP XXI*.

Stabilität: Höchstens 2 Jahre.[85] Bei der Lagerung von Globulusöl kann sich ein weißer Niederschlag bilden, der aus Polymeren des Pinocarvons bestehen soll.[80]

Wirkungen: Einige der nachfolgend genannten Eigenschaften sind nicht für Eucalyptusöl, sondern für Cineol belegt. Da handelsübliche Eucalyptusöle ca. 80 bis 90% Cineol enthalten, sind dessen Eigenschaften auch für Eucalyptusöl plausibel.
Antimikrobielle Wirkung. Eucalyptusöldämpfe entfalten *in vitro* antibakterielle Wirkung gegen *Escherichia coli*, *Streptococcus faecalis* und besonders *Mycobacterium avium*. Testsystem: Hemmhöfe auf bebrütetem, ca. 1 cm über einer mit dem Öl imprägnierten Filterscheibe plaziertem Agar.[16]
Eucalyptusöl zeigt *in vitro* antibakterielle Aktivität gegen *Escherichia coli*, *Pseudomonas aeruginosa* und *Staphylococcus aureus*. – Es bewirkt vollständige Wachstumshemmung bei den Pilzen *Aspergillus aegypticus*, *Penicillium cyclopium* und *Trichoderma viride* (Agardiffusionstest).[17]
Eucalyptusöl wirkt *in vitro* fungicid gegen: *Candida tropicalis*, *Rhizopus nigricans*, *Penicillium digitatum*, *Candida albicans*, *Aspergillus niger*, *Cryptococcus rhodobenhani*, *Saccharomyces cerevesiae*, *Cryptococcus neoformans*, *Mucor mucedo*, *Helminthosporium sativum*, *Alternaria solani*, *Nigrospora panici*, *Aspergillus fumigatus* und *Streptomyces venezuelae*. Die Empfindlichkeit der Erreger nimmt in der angegebenen Reihenfolge zu (Agardiffusionstest).[18]
Für Eucalyptusöl wird der Phenolkoeffizient 3,55 angegeben.[19]
Hemmung der Prostaglandinbiosynthese. 37 µmol/L Eucalyptusöl, berechnet als Cineol, hemmen im In-vitro-Cyclooxygenasetest die Prostaglandinbiosynthese um 20,4%. Im gleichen Testsystem zeigen z. B. 1,2 µmol/L Indometacin eine Hemmung von 50%. Die Autoren halten das Testsystem für lokale Effekte relevant.[20,21]
Lokal reizende Wirkung. Die lokal schwach hyperämisierende Wirkung[22] von Eucalyptusöl und Cineol ist allgemein anerkannt.[36] Es fehlen jedoch systematische Untersuchungen.
Fünfminütiges Einatmen von eucalyptusölhaltigen Dämpfen bewirkt bei menschlichen Probanden offensichtlich eine Reizung der Kälterezeptoren der Nasenschleimhaut. Trotz fehlender rhinometrisch objektivierbarer Schleimhautabschwellung wird durch das Kältegefühl subjektiv eine erhöhte nasale

Luftströmung und damit bessere Nasengängigkeit suggeriert. Die resultierende subjektive Linderung der Schnupfenbeschwerden wird befreiender empfunden als die adrenerge, durch körperliche Anstrengung induzierte nasale Schleimhautabschwellung.[23]

Expektorierende, sekretomotorische Wirkung. Das Einatmen von eucalyptusölhaltigen Dämpfen bleibt im In-vivo-Tierversuch (Kaninchen) in humantherapeutischen Dosen von 1 bis 5 mg/kg KG noch ohne Einwirkung auf Menge und Zusammensetzung der Atemwegsflüssigkeit. Bei für die Tiere bereits toxischen Dosen von 9 bis 243 mg/kg KG resultiert eine signifikante Sekretionssteigerung in den Atemwegen. Dabei bleibt die Zusammensetzung des Sekrets unverändert. Die o. a. Eucalyptusöldosen wurden in 1 mL EtOH gelöst, in einem Wasserbad verdampft, das resultierende Gemisch auf 39 °C abgekühlt und den Tieren insuffliert.[24,25]

Antitussive Wirkung. Der hustenstillende Effekt von Eucalyptusöl bei mechanisch provoziertem Reizhusten wird am Kaninchen während 60 min nach inhalativer bzw. i. p. Anwendung untersucht. Testpräparate zur Inhalation: 2,5-, 5- und 10 %ige Emulsion in physiologischer Kochsalzlösung; Angaben zu Dosierung und Inhalationsdauer liegen nicht vor. Testpräparate zur i. p. Anwendung: 25, 50 und 100 mg/kg KG als Emulsion in physiologischer Kochsalzlösung. Die Hustenhäufigkeit wird gemessen. Der Effekt wird mit demjenigen von Codeinphosphat i. p. 15 mg/kg KG verglichen. Bei der Inhalation bewirken das 5- und das 10 %ige Präparat eine signifikante Hustenstillung. Dabei ist das 5 %ige Testpräparat etwas stärker wirksam und entfaltet ca. 68 % der o. a. Codeinwirkung. Nach i. p. Anwendung resultiert ein konzentrationsabhängiger Effekt von 38 bis 71 % der o. a. Codeinwirkung.[26]

Um abzuklären, ob lokalanästhetische Effekte die Hustendämpfung verursachen, wird in einem anderen In-vivo-Modell an der Meerschweinchenhornhaut die Unterdrückung der Reizantwort nach Vorbehandlung mit 2,5 %iger Eucalyptusöllösung gemessen und mit derjenigen von 1 %iger Cocainlösung verglichen. Cocain zeigt 77,1 % Hemmung, während das ätherische Öl mit nur 2,8 % Hemmung keine nennenswerte Lokalanalgesie entfaltet.[26]

Oberflächenaktive surfactantartige Wirkung. Vorbemerkung: Sog. Lungensurfactant ist ein in monomolekularer Spreitung auf den Alveolen lokalisierter Film. Er besteht v. a. aus Dipalmitoyllecithin (DPL) und setzt an der Grenzfläche feuchtes Lungengewebe/Atemluft die von den Krümmungsradien der Lungenbläschen herrührende Oberflächenspannung herab und stabilisiert dadurch die Alveolen gegen Kollaps. Surfactantdefekte bedingen in der Regel massive Atemstörungen.

Testsystem: Auf der Oberfläche einer 0,15 mmol Kochsalzlösung wird sukzessive eine Monolayer aus synthetischem DPL oder präpariertem Surfactant aufgebaut. Während die Oberflächenspannung an der Grenzfläche Flüssigkeit/Luft kontinuierlich abnimmt, steigt innerhalb des aufgebrachten Films der Oberflächenfilmdruck an. Wird die Zugabe über den kritischen Filmdruck hinaus fortgesetzt, kollabiert der künstliche Film, und die Oberflächenspannung nimmt wieder zu. Wird bei verschiedenen Ausgangsdrucken unterhalb des kritischen Filmdruckes Eucalyptusöl oder Cineol anstatt DPL zugegeben, resultiert zunächst ebenfalls ein konzentrationsabhängiger deutlicher Anstieg des Filmdruckes, gleichbedeutend mit einer Erniedrigung der Oberflächenspannung. Die gemessene Druckzunahme erreicht ein Plateau bei Sättigung des Films mit Eucalyptusöl bzw. Cineol. Es wird eine Sättigungskonzentration von 4 mmol Cineol ermittelt. Der dann herrschende Filmdruck entspricht in etwa dem kritischen Filmdruck des künstlichen Surfactants. Cineol kann im Testsystem offensichtlich Surfactant ersetzen. Daraus werden möglicherweise auch therapeutisch verwertbare surfactantartige Eigenschaften hergeleitet.[27]

Besserung der Lungencompliance. Kaninchen werden 80 min lang mit dem durch Einfüllen von 2 mL Cineol in einen kommerziellen Zerstäuber erhaltenen Cineol/Luft-Gemisch beatmet. Gemessen werden freigesetztes Cineol, Cineolmenge in Blut und Ausatmungsluft, sowie das Einatemvolumen bei gleichbleibendem Druck. Untersucht wird der Zusammenhang zwischen Cineolmenge und der sog. Lungencompliance. Letztere, ausgedrückt in Volumen/Druck, stellt ein Maß für Dehnbarkeit bzw. Plastizität der Lungen dar. Während der Freisetzung von insgesamt 500 µmol Cineol steigt die Cineolmenge im Blut kontinuierlich auf bis zu 55 µmol an. Dabei bessert sich die Lungencompliance zunächst bis zu ihrem Maximum bei 300 µmol freigesetztem Cineol bzw. 15 µmol Cineol im Blut beständig. Danach fällt sie trotz weiter steigendem Cineolangebot wieder auf den Ausgangswert ab.[27]

Enzyminduzierende Wirkung. Bei der Maus steigert die einmalige i. p. Gabe von 0,3 mg Cineol/kg KG durch Enzyminduktion die In-vitro-Aktivität der UDP-Glucuronyltransferase gegen Bilirubin als Substrat um 110 %. Die Autoren halten eine Senkung des Serumbilirubinspiegels durch Cineol für möglich und fordern dessen Prüfung auf klinische Relevanz beim Neugeborenen-Ikterus.[28]

Weitere Angaben zu Enzyminduktion s. Wechselwirkungen.

Resorption: *Peroral.* Eucalyptusöl wird aufgrund seiner Lipophilie im Magen-Darm-Trakt vermutlich rasch resorbiert. Untersuchungen liegen nicht vor.

Perkutan. Direkt auf 2,2 cm^2 rasierte Bauchhaut von Mäusen aufgebrachtes Eucalyptusöl wird im Vergleich zu 32 anderen getesteten ätherischen Ölen und Terpenen relativ schnell resorbiert. Testprinzip: Ein gut resorbierbarer Stoff übernimmt für einen darin gelösten schlecht resorbierbaren Stoff die Funktion eines Schleppers. Eine charakteristische systemische Wirkung des mitgeschleppten Stoffes ist Indikator für die dermale Resorption des Schleppers. Testlösung: Eucalyptusöl als Schlepper mit 0,25 % schlecht resorbierbarem Physostigmin als Indikator; Meßparameter: Zeitspanne bis zum Auftreten der Physostigminwirkung an der quergestreiften Kaumuskulatur = 31 min. Nur bei vier anderen Vehikeln tritt eine Wirkung schneller ein.[29]

Bei konventioneller Applikation einer 66,5 mg Cineol enthaltenden Menge Salbe an Ratten werden im Skelettmuskel unter der Applikationsstelle nach drei Stunden 15 % des Cineols wiedergefunden.
Anwendung derselben Salbe unter Okklusivbedingungen führt in der gleichen Zeit zu einer Resorptionsquote von ca. 60 %.[30] Da die Salbe ein Kombinationspräparat darstellt, sind Einflüsse der anderen Bestandteile auf die Cineolresorption nicht auszuschließen.
Pulmonal. Menschliche Probanden resorbieren bei einer Wasserbadtemperatur von 80 °C ca. 20 % der zur Inhalation vorgelegten Cineolmenge.[31] Kaninchen resorbieren 5 bis 10 % des als Aerosol verabreichten Cineols.[27]

Verteilung: Bei Mäusen wird fünf Minuten nach peroraler Gabe von 7 bzw. 14 mg Cineol ein maximaler Blutspiegel von 6,6 bzw. 16,2 ng/mL gemessen.[32] Das Cineol wurde in Form von emulgiertem Rosmarinöl appliziert. Die Ergebnisse sind daher nur bedingt auf reines Cineol oder Eucalyptusöl übertragbar.
Die 80minütige Beatmung von Kaninchen mit einem Cineol-Luft-Gemisch, entsprechend insgesamt ca. 77 mg Cineol, führt zu einem stetig steigenden Blutspiegel von letztendlich 42 µg/mL.[27]
Im Muskelgewebe von Ratten werden drei Stunden nach konventioneller Applikation einer 66,5 mg Cineol entsprechenden Menge Salbe (Kombinationspräparat) ca. 55,1 ppm entsprechend ca. 10,5 mg Cineol pro Tier bestimmt.[30]
Bei einmaliger Aufbringung von 11 mg Cineol mit derselben Salbe unter Okklusivbedingungen reichert sich der Stoff im Muskelgewebe offensichtlich zunächst an: Nach drei Stunden werden 35,6 ppm (ca. 6,8 mg), nach sechs Stunden 66 ppm (ca. 12,5 mg) Cineol als Durchschnittswerte pro Tier angegeben. Nach neun Stunden ist mit 12,2 ppm (ca. 2,3 mg) pro Tier die Cineolgewebekonzentration wieder deutlich gefallen.[30]
Bei i.v. Gabe einer alkoholischen Cineollösung werden bei Ratten nach einer Stunde im Lungengewebe 1 % und im Lebergewebe 4 % der applizierten Cineoldosis vorgefunden.[33]
Nach tgl. s.c. Gabe von 500 mg/kg KG über vier Tage passiert Cineol bei der Ratte die Placentarschranke, nicht jedoch die Blut-Milch-Schranke.[34]

Elimination: Nach der Inhalation von Cineol gliedert sich dessen Elimination in eine schnelle erste Phase mit $t^1/_2$ = 6 min und in eine langsamere zweite Phase mit $t^1/_2$ = 45 min.[32] Beim Menschen wird für Cineol nach 10minütiger Inhalation eine Plasmahalbwertzeit von ca. 36 min ermittelt.[31] Nach intravenöser Gabe scheiden Ratten innerhalb von 5 h 4 % der Cineoldosis über die Lunge aus.[33] Cineol, seine Metaboliten und die jeweiligen Glucuronsäurekonjugate werden überwiegend renal ausgeschieden. Die fäkale Elimination ist unbedeutend.
Von den Hauptkomponenten des Eucalyptusöls sind folgende Metaboliten bekannt: *p*-Cresol und Cuminsäure von *p*-Cymen, Myrtensäure und *trans*-Verbenol von *α*-Pinen sowie Cineol-9-carbonsäure, *p*-Cresol und 9-Hydroxycineol von Cineol.[35]

Anwendungsgebiete: Innere und äußere Anwendung: Bei Erkältungskrankheiten der Luftwege.[36,37] Äußere Anwendung: Bei rheumatischen Beschwerden.[36]

Dosierung und Art der Anwendung: *Droge.* Innere Anwendung: Mittlere Tagesdosis 0,3 bis 0,6 g Eucalyptusöl.[36] Mehrmals tgl. 3 bis 6 Tropfen Eucalyptusöl in ein Glas warmes Wasser geben und langsam trinken; zur Inhalation 2 bis 3 Tropfen in siedend heißes Wasser geben und die Dämpfe einatmen.[37] Einzeldosis 0,2 g bzw. 10 Tropfen.[39]
Je höher bei der Wasserdampfinhalation die Badtemperatur, desto höher sind Freisetzung und Resorption der Ölkomponenten. Eine ständige Badtemperatur von 80 °C ist für Cineol optimal.[31] Bei der sog. Trockeninhalation werden wasserfreie Lösungen des Öls in Glycol bzw. Propylenglycol in speziellen Inhalatoren vernebelt.
Die Behandlung kann ohne Unterbrechung bis zum Abklingen der Beschwerden fortgesetzt werden.[37]
Zubereitung. Äußere Anwendung: 5 bis 20 % in öligen und halbfesten Zubereitungen, 5 bis 10 % in wäßrig-ethanolischen Zubereitungen.[36]
Einreibungen mit einem Eucalyptusölanteil von 20 %.[39]
Häufig verwendet werden sog. Erkältungs- oder Brustbalsame in streichfähiger Grundlage; nach dem Einreiben können durch eine Abdeckung die Penetration gefördert und Wirkungsverluste durch Abdampfen der flüchtigen Bestandteile vermindert werden. Diese Zubereitungen können prinzipiell auch zur inhalativen Applikation herangezogen werden.

Volkstümliche Anwendung und andere Anwendungsgebiete: Innerlich und äußerlich bei Erkältung und Erkrankungen der Atemwege, z. B. Fieber, Grippe, Heiserkeit, Husten; hierunter ist lediglich die Anwendung bei Katarrhen der Luftwege belegt.[36] Die Anwendung als unterstützende Maßnahme bei Grippe zur symptomatischen Behandlung katarrhalischer Erscheinungen kann sinnvoll sein. Die Wirksamkeit bei den übrigen Anwendungsgebieten ist zum gegenwärtigen Zeitpunkt nicht belegt.
Innere Anwendung bei Asthma, beginnendem Scharlach und Masern, bei Magenbeschwerden, bei Stirnhöhlenerkrankungen, bei Wurmbefall sowie bei Typhus als Darmantisepticum.[40,41,78] Diese Anwendungsgebiete sind weder belegt noch zu verantworten, da hier, v.a. bei Wurmbefall, u.U. bereits toxische Dosen eingenommen werden.

Dosierung und Art der Anwendung: *Droge.* Bei Erkältungskrankheiten: Etwas Eucalyptusöl in ein Gefäß mit heißem Wasser eintropfen, die aufsteigenden Dämpfe einatmen.[41] 3 bis 5 Tr. ätherisches Öl auf einem Stück Zucker 3mal tgl. einnehmen.[42]
Bei Asthma: 20 Tr. in Wasser oder Kaffee einnehmen. Gleichzeitig den Dampf heißen Wassers, in das 20 Tr. Eucalyptusöl gegeben wurden, einatmen.[40]
Bei hartnäckigem Fieber: 10 Tr. ätherisches Öl auf ein Glas Wasser, tgl. 1 bis 2 Gläser einnehmen.[41]

Bei Stirnhöhlenentzündung: Die Nasenschleimhäute mit Eucalyptusöl bestreichen.[40] *Zubereitung.* Eucalyptusbonbons und -karamellen zum häufigen Lutschen bei Husten und Heiserkeit: Dies ist sinnvoll, da Lutschen den Speichelfluß erhöht und dadurch Schluckvorgänge auslöst, welche sich wiederum hustendämpfend auswirken können.[43] Es ist jedoch nicht belegt, daß das ätherische Öl währenddessen auch antimikrobielle oder schleimlösende Effekte entfaltet.

Unerwünschte Wirkungen: *Verdauungstrakt.* In seltenen Fällen können nach Einnahme Übelkeit, Erbrechen und Durchfall auftreten.[36,37]

Gegenanzeigen/Anwendungsbeschr.: Innere Anwendung: Entzündliche Erkrankungen im Magen-Darm-Bereich und im Bereich der Gallenwege; schwere Lebererkrankungen.[36,37]
Äußere Anwendung bei Säuglingen und Kleinkindern: Nicht im Bereich des Gesichts, speziell der Nase, auftragen;[36,37] nicht zur Inhalation verwenden.[37]
Aufgrund des intensiven Geruchs kann es reflektorisch zu einem Glottiskrampf oder über einen Bronchospasmus zu asthmaähnlichen Zuständen bis hin zu Atemstillstand kommen.

Wechselwirkungen: Eucalyptusöl und Cineol bewirken in der Leber Enzyminduktion. Die Wirkung anderer Medikamente kann abgeschwächt und/oder verkürzt werden.[36] Diesbezüglich ist für Aminopyrin, Amphetamin, Pentobarbital und Zoxazol ein durch Cineolgabe beschleunigter Abbau in Mensch und Ratte bekannt.[44]

Weitere medizinische Verwendung: Aufgrund seiner antiseptischen Eigenschaften und seines frischen Geschmacks ist Eucalyptusöl ein sinnvoller Bestandteil in medizinischen Zahncremes und Mundspüllösungen.
In der Zahnheilkunde wird eine Mischung aus Eucalyptusöl und Guttapercha als "Eucapercha" bei Erkrankungen der Zahnwurzel mit schwerer Entzündung des Zahnnervs als Wurzelkanalfüllungsmaterial empfohlen. Die Anwendung soll eine Operation erübrigen.[38,81,82] Trotz klinisch und röntgenologisch bereits dokumentierter Behandlungserfolge[38] bedürfen Anwendbarkeit, Verträglichkeit und materialtechnische Eigenschaften des Präparates weiterer Überprüfung.

Tox. Inhaltsstoffe u. Prinzip: Bei äußerer und inhalativer Anwendung sind keine ernsthaften Vergiftungsfälle bekannt. Evtl. auftretender Husten bei übermäßigem Inhalieren läßt bei Abbrechen des Dampfbades rasch nach. Ebenso werden Hautrötungen, -brennen und -reizung als beschriebene Symptome bei unsachgemäßer äußerer Anwendung durch gründliches Abspülen mit Wasser komplikationslos innerhalb einer Stunde zum Abklingen gebracht.[45]
Bei innerer Anwendung ist Eucalyptusöl relativ toxisch. Einige Todesfälle sind bekannt. Voraussetzung für eine ernsthafte Intoxikation ist Verschlucken. Schmecken und Lecken sind diesbezüglich ungefährlich.[45]
Die Festlegung einer toxischen Dosis scheitert an der Beobachtung grundverschiedener Effekte trotz Einnahme vergleichbarer Mengen. So rufen einerseits bereits einige Tropfen bis 1 mL bei Kindern alarmierende Vergiftungssymptome hervor, andererseits wird aber von einem Jungen berichtet, der nach Einnahme von 15 mL lediglich über leichte Schläfrigkeit klagte.[46]
Als tödliche Dosis für den Erwachsenen gelten ca. 30 mL. Es sind jedoch auch Todesfälle nach Einnahme von nur 4 bis 5 mL bekannt, während eine Vergiftung mit 100 bis 200 mL Eucalyptusöl überlebt wurde.[46,47] Da der intensive Geruch und Geschmack die mißbräuchliche Anwendung limitieren, sind von Vergiftungen zumeist Kleinkinder betroffen und Erwachsene, die mutwillig oder bei getrübtem Bewußtsein handeln.

Resorption: Die rasche Resorption aus dem Magen-Darm-Trakt begünstigt das relativ schnelle Auftreten der Vergiftungssymptome. Dies kann sowohl sofort nach Ingestion als auch nach einer Inkubationszeit von ca. 45 min der Fall sein.[45]

Verteilung: Genaue Untersuchungen liegen nicht vor. Bei der Intensivtherapie einer schweren Vergiftung durch ca. 200 mL Eucalyptusöl blieb der Cineol-Serumspiegel trotz mehrmaliger Magenspülung, Hämo- und Peritonealdialyse sowie forcierter Diurese nahezu konstant bei ca. 7 mg/100 mL. Daraus wird gefolgert, daß aufgrund der guten Lipidlöslichkeit des Eucalyptusöls sowohl eine Speicherung im Fettgewebe als auch ein enterohepatischer Kreislauf möglicherweise die Ursachen dieses gleichbleibenden Blutspiegels sein könnten.[46]

Exkretion: Selbst bei schweren Vergiftungen ist die renale Ausscheidung nicht erhöht. Dagegen wird durch den lang anhaltenden intensiven Eucalyptusgeruch im Atem der Vergifteten die Bedeutung der pulmonalen Ausscheidung unterstrichen.[45–47]

Wirkungsmechanismus: *Beim Menschen.*[45–47] Die ersten Vergiftungssymptome sind Brennen in Mund und Schlund, Bauchschmerzen und Übelkeit. In dieser Phase setzt in der Hälfte der Fälle nach wenigen Minuten, manchmal aber auch erst nach vier Stunden, plötzlich heftiges Erbrechen ein. Selten kommt Durchfall hinzu. Die Atmung ist flach, unregelmäßig und häufig durch bronchospastische Zustände gestört.
Unabhängig von der eingenommenen Menge ist fast immer auch das ZNS betroffen. Zunächst treten nur Schläfrigkeit, Benommenheit mit Kopfschmerzen und Sprachstörungen auf. In schweren Fällen steigern sich diese aber zu Ataxie und Bewußtlosigkeit mit fehlender Reflexerregbarkeit. Koma kann sofort nach Ingestion oder erst nach ca. vier Stunden einsetzen. Die Komadauer beträgt zwischen 30 min und acht Stunden. Neben überwiegender ZNS-Dämpfung sind auch Fälle von Exzitation mit Unruhezuständen, unkontrollierten Muskelzuckungen und Delir bekannt.
Die Pupillenreaktion ist uneinheitlich. Am häufigsten ist extreme Miosis, seltener sind Mydriasis oder unveränderte Pupillen.

Zeichen einer schweren Vergiftung sind stets Atemnot, Herz-Kreislaufkollaps und Koma. Nephrotoxizität wird äußerst selten beobachtet. Beträgt die eingenommene Menge nicht mehr als ca. 30 mL, erholt sich der Vergiftete in der Regel innerhalb von 24 Stunden vollständig. Der Atem kann noch mehrere Tage nach Eucalyptus riechen. Bleibende Schäden sind nicht bekannt. Selbst nach zwei Wochen können jedoch noch vorübergehend Benommenheit, Ataxie und Erschöpfungszustände auftreten.
Bei den bekannten Todesfällen trat der Tod innerhalb von 15 min bis 15 h nach Ingestion ein.

Akute Toxizität: *Mensch.* Fallbeschreibungen: Ein zweieinhalbjähriges Kind wird kurz nach Einnahme von ca. 5 mL Eucalyptusöl aufgefunden. Es zeigt zunächst keine Symptome, bis nach 45 Minuten Apathie und Körperstarre einsetzen. Nach Einlieferung in die Klinik und Gabe von Aktivkohle und eines Abführmittels mittels Sonde tritt Erbrechen auf. Nach drei Stunden wird ein Puls von 117 gemessen. Nach sieben Stunden mit mehrmaligem Atemstillstand hatte sich der Bewußtseinszustand schrittweise wieder aufgehellt.[45]
Ein 29 Jahre alter Mann trinkt ca. 20 mL Eucalyptusöl. Sofort setzt heftiges Erbrechen ein. In der Klinik werden eine Magenspülung durchgeführt sowie Aktivkohle und ein Abführmittel gegeben. Innerhalb von 40 min wird der Mann schläfrig, bleibt aber weckbar. Während des Klinikaufenthaltes bewegen sich sein Puls zwischen 68 und 80, die Blutdruckwerte zwischen 90/60 und 110/70. Nach ca. 3,5 Stunden setzen Herzrhythmusstörungen ein, die für 8 bis 10 Stunden anhalten. Währenddessen hat sich der Blutdruck bereits wieder auf 90/60 normalisiert. Der Mann wird nach 24 Stunden entlassen.[45]
Ein dreijähriger Junge trinkt ca. 10 mL Eucalyptusöl. Innerhalb 30 min wird er mit tiefem Koma ins Hospital eingeliefert. Sein Atem riecht streng nach Eucalyptus. Die Pupillen sind verengt, der Muskeltonus deutlich vermindert, Reflexe fehlen. Der Atem ist flach, unregelmäßig mit einer Frequenz von ca. 10/min. Der Puls beträgt 70, der Blutdruck 75/40, der klinisch-chemische Blutbefund ist normal. Nach Intubation erhält er eine Magenspülung und ein salinisches Abführmittel. Zwei Stunden nach Behandlungsbeginn haben sich Puls, Blutdruck und Atmung normalisiert. Nach fünf Stunden erlangt der Junge allmählich das Bewußtsein. Nach 24 Stunden ist er vollkommen wiederhergestellt. Nur sein Atem riecht noch nach Eucalyptus. Nach 48 Stunden wird er entlassen.[47]
Ein geistesgestörter 18jähriger trinkt nach übermäßigem Alkoholgenuß ca. 120 bis 220 mL Eucalyptusöl. Er wird noch bei vollem Bewußtsein aufgefunden und legt sich selbständig zu Bett. Rasch treten Bewußtlosigkeit und Erbrechen ein. Bei Einlieferung ins Hospital werden bereits tiefes Koma, Reflexlosigkeit, Flush ohne Schwitzen und extreme Miosis diagnostiziert. Der Atem ist flach, unregelmäßig, rasselnd und riecht streng nach Eucalyptus. Der systolische Blutdruck beträgt 60 mm Hg, der Puls 110/min. Der Patient bleibt trotz intensivster Behandlung zunächst vier Tage bewußtlos, nach Erwachen setzt eine langanhaltende Exzitationsphase mit Krampfanfällen ein. Noch nach sechs Tagen ist der Eucalyptusgeruch wahrnehmbar. Nach insgesamt zwei Wochen wird der junge Mann symptomfrei entlassen.[46]

Chronische Toxizität: *Tier.* Mäuse werden am Rükken mit einer als subcarcinogen geltenden Initialdosis von 225 μg 9,10-Dimethyl-1,2-benzanthracen in 0,2 mL Aceton vorbehandelt. Nach dreiwöchiger Latenzzeit werden die Tiere an derselben Stelle einmal wöchentlich mit unverdünntem Eucalyptusöl gepinselt. Genaue Angaben zur Menge fehlen. 33 Wochen nach Beginn der Folgebehandlung haben vier von 14 überlebenden Tieren einen Hauttumor. Einer davon ist bösartig. Die ebenfalls vorbehandelten Kontrollen sind tumorfrei. Das untersuchte Öl wird als schwacher Promoter bzw. Cocarcinogen von Hauttumoren eingestuft.[48]
Da die eingesetzte Ölqualität nicht näher spezifiziert wird und die Autoren von Phellandren als "Hauptkomponente in Eucalyptusöl" sprechen, bleibt unklar, ob der toxikologische Befund überhaupt auf das offizinelle phellandrenfreie Öl übertragen werden kann.

Reproduktionstoxizität: Nach Gabe von 135 mg Eucalyptusöl/kg KG s.c. in den Tagen 6 bis 15 der Schwangerschaft zeigt sich bei Mäusen kein morphologisch-anatomischer Hinweis auf Embryo- oder Fötotoxizität.[49]

Immuntoxizität: Die Prüfung von 10 % Eucalyptusöl in Paraffin im Maximization-Test nach Kligman verläuft negativ, ebenso die Testung auf Phototoxizität.[50] Nähere Angaben fehlen.
Hautverträglichkeit: Unverdünntes Eucalyptusöl am rasierten Mäuserücken ruft keine Unverträglichkeit hervor. Es erzeugt leichte Hautreizung an intakter oder geschädigter Kaninchenhaut bei 24stündiger Anwendung unter Okklusivbedingungen.[50]
10 % Eucalyptusöl in Paraffin rufen im 48-Stunden-closed-patch-Test an 25 Probanden keine Hautirritationen hervor. Die 24stündige Einwirkung von unverdünntem Eucalyptusöl im Patch-Test an 20 Probanden führt zu keinerlei Entzündungsreaktionen.[50]

Toxikologische Daten: *LD-Werte.* LD_{50} Cineol: 2.480 mg/kg KG Ratte;[50]
LD_{50} Cineol: > 5 g/kg KG Kaninchen dermal;[50]
LD_{50} Cineol: 100 mg/kg KG Maus i. m.[49]

Akute Vergiftung: *Erste Maßnahmen.* Wegen der Aspirationsgefahr darf kein Erbrechen ausgelöst werden. Üblich ist Gabe von Aktivkohle.[46]

Sonst. Verwendung: *Kosmetik.* In den USA gelten als gewöhnlicher/maximaler Eucalyptusölanteil in kosmetischen Erzeugnissen folgende Richtwerte: Seifen 0,03/0,3 %, Detergentien 0,005/0,04 %, Cremes und Lotionen 0,02/0,1 %, Parfüm 0,10/1,0 %.[50]
Haushalt. Zur Abtötung von Kleiderläusen; allein oder in Mischung mit anderen ätherischen Ölen als Insektenabwehrmittel.
In großem Maßstab Verarbeitung als geschmacksgebender Bestandteil in Eucalyptusbonbons.

Nur noch selten zur Herstellung von Eucalyptuslikör, z. B. in Italien.

Gesetzl. Best.: *Standardzulassung.* Eucalyptusöl, Nr. 6599.99.99.[37] *Offizielle Monographien.* Aufbereitungsmonographie der Kommission E am BGA "Eucalypti aetheroleum (Eucalyptusöl)".[36]

Eucalypti folium (Eucalyptusblätter)

Synonyme: Folia Eucalypti.

Sonstige Bezeichnungen: Dt.: Blaugummibaumblätter, Fieberbaumblätter; engl.: Blue-gum-leaves, Eucalyptus-leaves, Fever-tree-leaves; frz.: Feuilles d'Eucalyptus; it.: Foglia di eucalipto, foglie di eucalitto; port.: Folhas de eucalipto; rum.: Frunzele de eucalipt; span.: Filodio de eucalipto, Hoja de eucalipto.

Monographiesammlungen: Eucalypti folium *DAB 10, BelgIV*; Eucalyptus *PF X*; Eucalypti filodium *Hisp IX*; Eucalypti folia.[51]

Definition der Droge: Die getrockneten Laubblätter (Folgeblätter) von älteren Bäumen *DAB 10*; die getrockneten Blätter *PF X*; die getrockneten isolateralen Blätter älterer Bäume *Hisp IX*; die Blätter *Belg IV*.
Nach *PF X, Belg IV* sind somit beide morphologischen Blatt-Typen offizinell.

Stammpflanzen: *Eucalyptus globulus* LABILL.

Herkunft: Australische Wildvorkommen sind bedeutungslos. Kulturen von der Mittelmeer- und Schwarzmeerküste liefern den Großteil des Drogenbedarfs. Derzeitige Hauptlieferländer sind Spanien, Marokko und in der GUS der Kaukasus.

Gewinnung: Zum besseren Abernten der Blätter werden die Eucalyptusbäume zumeist gefällt. Die Trocknung erfolgt zur Vermeidung von Ölverlusten zweckmäßigerweise im Schatten.

Ganzdroge: Blätter zumeist graugrün, relativ dick, ledrig, steif, länglich-elliptisch und schwach sichelförmig gebogen, 25 cm, seltener bis zu 40 cm lang und ca. 5 cm breit, allmählich zu einer langgezogenen Spitze auslaufend, am Grunde schief abgerundet und stielwärts etwas zusammengezogen, ganzrandig, kahl. Mittelnerv besonders an der Blattunterseite deutlich hervortretend; abzweigende Sekundärnerven zart, nahezu parallel angeordnet, beidseitig in einen deutlichen, sich entlang des Blattrandes hinziehenden Randnerv mündend. Blattrand glatt, gewellt und knorpelig verdickt. Beide Blattseiten mit kleinen punktförmigen, dunkelbraunen, ungleichmäßig verstreuten "Korkwarzen" sowie farblosen, mit der Lupe im durchscheinenden Licht als helle Punkte erkennbaren Ölbehältern. Blattstiel 2 bis 3 cm, selten 5 cm lang, in sich gedreht und stark gerunzelt.[83,86]

Schnittdroge: *Geschmack.* Zunächst würzig, dann leicht zusammenziehend und schwach bitter;[83] aromatisch, harzig, scharf, etwas bitter, später ausgeprägt und angenehm frisch.[60]
Geruch. Besonders beim Zerreiben stark würzig-aromatisch nach Cineol;[83] kräftig, balsamisch, beim Zerreiben sich steigernd.[60]
Makroskopische Beschreibung. Blattstückchen graugrün, matt schimmernd, steif, faserig-brüchig; dunkelbraune Korkwarzen auf der Oberfläche; einzelne Stückchen mit dem gelblichen, kräftigen Mittelnerv und/oder dem etwas feiner gebauten Randnerv am knorpelig verdickten Blattrand. Nur wenige dicke, stark gerunzelte, in sich gedrehte, hell- bis braungrüne Stielteile sowie sehr wenige vierkantige kleinere Zweigstückchen.[86]
Mikroskopisches Bild. Im Querschnitt äquifacialer Blattaufbau; Cuticula sehr dick, Palisadenparenchym jeweils 2- bis 3reihig; Schwammparenchym dem Palisadenparenchym ähnelnd und mehrschichtig, Palisaden- und Schwammparenchymzellen in gleicher Richtung verlaufend; Mesophyll mit großen, ovalen bis kugeligen Ölbehältern, Calciumoxalatdrusen und Einzelkristallen; braune Korkwarzen aus zehn und mehr Zellagen. In der Aufsicht bzw. im Flächenschnitt kleine, dickwandige, polyedrische Epidermiszellen; Cuticularstreifung eingerollt, schwach; zahlreiche große Spaltöffnungen mit Wachskörnchen enthaltenden Vorhöfen, ohne besondere Anordnung der Nebenzellen; Zellen der Korkwarzen radial konturiert; s. a. Lit.[83]
Die französische Pharmakopöe[60] beschreibt nur den bifacialen Blattquerschnitt der Primärblätter. Da die Drogendefinition die äquifacialen Folgeblätter aber nicht ausschließt, entsteht ein Widerspruch.

Pulverdroge: Hellgrünes Pulver. Äquifaciale Querschnittsbruchstücke mit sehr dicker Cuticula dominieren. Mesophyllfragmente mit schizogenen Ölbehältern und braunen Korkwarzen. Blattflächenbruchstücke mit kleinen, dickwandigen Epidermiszellen und großen Spaltöffnungen. Parenchymzellen mit zahlreichen Calciumoxalatdrusen und Einzelkristallen.[86]
Deck- und Drüsenhaare fehlen. Die cutinisierte Epidermisschicht und die Ätherisch-Öl-Tröpfchen werden anhand ihrer Orangefärbung histochemisch nachgewiesen.[60]

Verfälschungen/Verwechslungen: Aufgrund der charakteristischen Morphologie der Droge sind gattungsfremde Verfälschungen ohne Relevanz. Bifacial gebaute Jugendblätter/Primärblätter gelten je nach Drogendefinition als Verfälschung.[83]
Auf Verfälschungen mit anderen Eucalyptusarten wird mit DC geprüft (s. Identität/Reinheit).

Minderqualitäten: Größere Stengelbeimengungen mindern den Gehalt an ätherischem Öl. Sie werden makroskopisch sowie mikroskopisch anhand dickwandiger Fasern und spaltöffnungsfreier Epidermisfragmente erkannt.

Inhaltsstoffe: *Ätherisches Öl.*[4,8,79,80] Frische beblätterte Zweige enthalten je nach Herkunft 0,45 bis 1,65 % äth. Öl. Für eine Blattdroge ist somit ein Ölgehalt von ca. 1 bis über 3 % zu erwarten. Handelsdroge enthält in der Regel 1,8 bis 2,5 % äth.

Öl. Ware von der GUS-Schwarzmeerküste und aus Brasilien erscheint ölreicher als mediterrane Herkünfte. Das Öl besteht zu 45 bis 75 % aus 1,8-Cineol. Als Nebenkomponenten werden Myrtenol, α-Pinen, β-Pinen, Pinocarvon, γ-Terpinen, einige Aldehyde, z. B. Butyr-, Capron- und Valerenylaldehyd, sowie die Sesquiterpene Alloaromadendren, Aromadendren, Globulol und α-Grujunen beschrieben.
Neuere Untersuchungen an E.-globulus-Blättern fehlen. V. a. die Angaben bezüglich der Nebenkomponenten im nativen äth. Öl bedürfen dringend der Überprüfung.

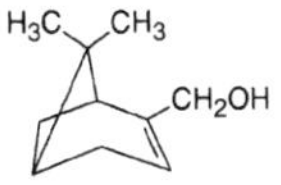

Myrtenol

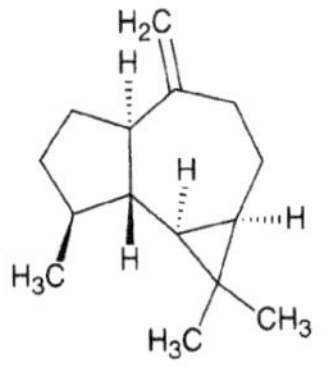

Aromadendren

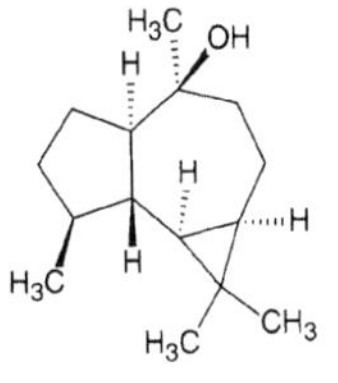

Globulol

Euglobale. Neue Substanzklasse mit Acylphloroglucinol-Monoterpen- bzw. -Sesquiterpen-Grundgerüst. Als Mischung von Euglobal-I bis Euglobal-IX zu ca. 0,5 % präparativ gefunden. Hauptkomponente der Fraktion ist mit ca. 0,1 % Euglobal-III.[52,53]

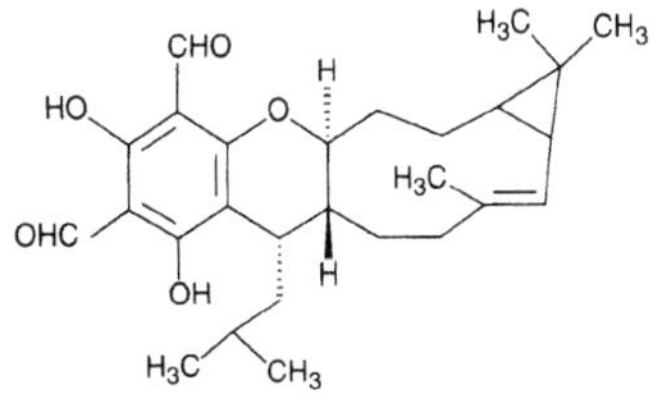

Euglobal-III

Flavonoide. Quercetin sowie dessen Glykoside Hyperosid, Quercetin-3-*O*-glucosid, Quercitrin und Rutosid (Rutin).[54] Valide Gehaltsangaben fehlen. Methylflavon Eucalyptin im Blattwachs, entsprechend ca. 0,01 % präparativ in der Droge.[55]

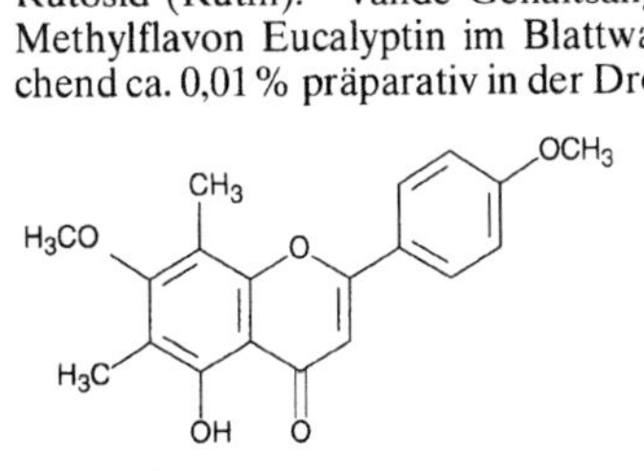

Eucalyptin

Weitere Inhaltsstoffe. Ca. 0,5 % Blattwachs, zu ca. 50 % aus dem β-Diketon Tritriacontan-16,18-dion und zu ca. 6 % aus C_{16}- bis C_{26}-Fettsäure-Gemisch bestehend; aus dem Wachs wurde 1 % 11,12-Dehydroursolsäurelactonacetat isoliert.[55,56]

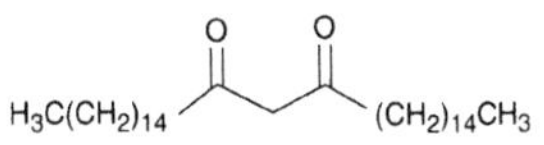

Tritriacontan-16,18-dion

Für die häufig zitierten Gerbstoffvorkommen in der Droge gibt die Originalliteratur keine Hinweise; s. Inhaltsstoffe von *E. globulus*.

Zubereitungen: Tinctura Eucalypti (Eukalyptustinktur) 1:5 *EB 6*: Auszugsmittel EtOH 70 % (*V/V*); Teinture d'Eucalyptus 1:5 *PF X*: Auszugsmittel EtOH 80 % (*V/V*), Trockenrückstand 4,0 bis 5,0 %, EtOH-Gehalt 74,0 bis 78,0 % (*V/V*), ca. 0,1 % Cineol DC-semiquant.; Eucalypti tinctura (Teinture d'Eucalyptus) 1:5 *Belg V*: Auszugsmittel EtOH 80 % (*V/V*), Trockenrückstand mind. 4 %.
Als nichtoffizinelle Zubereitungen sind im Handel erhältlich: Extractum Eucalypti fluidum (60 %) 1:1;[57] Extractum Eucalypti fluidum 1:2.[58] Letzterer wird aus 1 T Droge durch Perkolation mit EtOH 35 % (*V/V*) so hergestellt, daß 2 T Fluidextrakt erhalten werden.
Herstellung von Eucalyptussirup: 100 g Schnittdroge werden mit 1.500 mL kochendem Wasser übergossen und sechs Stunden ziehen gelassen. Danach wird koliert. Auf je 100 mL Infus werden 180 g Zukker zugesetzt, zum Sieden erhitzt und dann filtriert.[42]

Identität: DC des ätherischen Öles nach *DAB 10*, *PF X*:
- Untersuchungslösung: Dichlormethanauszug 1:5 aus gepulverter Droge *DAB 10* bzw. Verdünnung 1:100 des bei der Gehaltsbestimmung erhaltenen Wasserdampfdestillates *PF X*;
- Vergleichssubstanzen: Cineol und Guajazulen *DAB 10* bzw. Cineol *PF X*;
- Sorptionsmittel: Kieselgel G *DAB 10*, *PF X*;
- Fließmittel: Zweifachentwicklung mit Hexan-Ethylacetat (93 + 7) *DAB 10* bzw. Toluol-Ethylacetat (90 + 10) *PF X*;
- Detektion: Anisaldehyd-Reagenz und Erhitzen auf 100 °C; Direktauswertung im Tageslicht *DAB 10*, *PF X* und im UV-Licht bei 365 nm *PF X*;
- Auswertung: Die Chromatogramme von Untersuchungs- und Vergleichslösung zeigen Cineol-Zonen vergleichbarer Intensität *DAB 10*, *PF X*. Wenig oberhalb des Guajazulen-Vergleichs eluiert die violette Zone der Terpenkohlenwasserstoffe. Eine intensive gelbe bis orangefarbene Zone (Piperiton) im unteren Plattendrittel darf nicht vorhanden sein *DAB 10*. Im oberen Plattendrittel muß die braunrote (Tageslicht) bzw. grünlichbraune (365 nm) Citronellal-Zone fehlen *PF X*.

Reinheit:
- Fremde Bestandteile: Höchstenss 2 % Eucalyptusblüten, -früchte oder -zweige, höchstens 3 % dunkle und braune Blätter, höchstens 5 % Stengelanteile *DAB 10*; höchstens 2 % fremde Bestandteile *PF X*.
- Trocknungsverlust: Höchstens 10 % *DAB 10*.
- Asche: Höchstens 6 % *DAB 10*.

- Andere Eucalyptusarten: Das Identitäts-DC würde größere Beimengungen nicht offizineller cineolarmer Arten erkennen lassen: *DAB 10* prüft auf piperitonreiche Arten, z.B. *E. dives* SCHAU., *E. numerosa* MAIDEN, *E. piperita* SM., während *PF X* citronellalreiche Drogen, z.B. *E. citriodora* HOOK., ausschließt.

Gehalt: Mindestens 2% ätherisches Öl, das überwiegend aus 1,8-Cineol besteht *DAB 10*; mindestens 2% ätherisches Öl *PF X*; mindestens 1% ätherisches Öl.[51]

Gehaltsbestimmung: Volumetrische Bestimmung des Gesamtgehaltes an ätherischem Öl durch Wasserdampfdestillation mit Xylolvorlage *DAB 10* bzw. durch Wasserdampfdestillation *PF X* und Lit.[51]

Lagerung: Droge: Vor Licht geschützt *DAB 10, Hisp IX*. Tinktur: Dicht verschlossen, vor Licht geschützt, nicht in Kunststoffbehältern *PF X*.

Wirkungen: *Sekretomotorische Wirkung, expektorierende Wirkung, schwache spasmolytische Wirkung.*[36] Diese Wirkungen beruhen auf dem in der Droge enthaltenen ätherischen Öl (s. Eucalypti aetheroleum).
Antidiabetische Wirkung. Im In-vivo-Versuch an Mäusen mit streptozotozininduziertem Diabetes wird der Einfluß auf diabetesassoziierte Parameter untersucht. Die Futtermischung der Tiere enthält 6,25% Droge, eine Abkochung von 1 g Droge/400 mL Wasser wird als Trinkflüssigkeit gegeben. Nach fünf Tagen sinkt der Blutzuckerspiegel um ca. 50%. Nach 13 Tagen trinkt die Verumgruppe nur halb soviel wie die Kontrollgruppe. Nach 20 Tagen beträgt der Gewichtsverlust 8% in der Verumgruppe, aber 18% bei den Kontrollen. Das Plasma-Insulin bleibt unbeeinflußt.[61]
Mäuse mit alloxaninduziertem Diabetes erhalten einen wäßrigen Extrakt aus 50 g Droge/250 mL Wasser p.o. und i.p. verabreicht. Fünf Stunden nach Applikation sinkt der Blutzuckerspiegel in der p.o.-Gruppe um ca. 36%, in der i.p.-Gruppe um ca. 25%.[62]
Nähere Angaben zu Dosierung und Dauer der Anwendung fehlen.
Antimikrobielle Wirkung. Ein ethanolisches Mazerat zeigt im In-vitro-Reihenverdünnungstest starke Hemmwirkung gegen *Mycobacterium tuberculosis*.[63] Der Extrakt wird nicht charakterisiert. Angaben zur MHK fehlen.
0,03 mL Tinktur 1:10 (Auszugsmittel EtOH 50%) sind im In-vitro-Hemmhoftest schwach wirksam gegen *E. coli* und *Candida albicans*.[64] Mit einer Referenzsubstanz wird nicht verglichen.
Diuretische Wirkung. Die intragastrale Verabreichung von 1 g Droge/kg KG in Form einer 10%igen wäßrigen Abkochung steigert bei Mäusen die Harnausscheidung um 150%. Bei Hydrochlorothiazid in einer Dosierung von 25 mg/kg KG resultiert in diesem Testsystem eine Mehrausscheidung von 286%.[65]
Untersuchungen zu den Euglobalen. Die Euglobale E-Ia bis E-VII sollen im Hühnerembryo-Granulationstest antiinflammatorisch und antiproliferativ wirksam sein. Testsystem: Eine kleine Filterscheibe wird mit Testsubstanz behandelt und in einem bereits neun Tage bebrüteten Hühnerei in die Nähe des Embryos plaziert. Nach vier Tagen Inkubation wird das gebildete Granulationsgewebe mitsamt der Filterscheibe entnommen und die Trockenmasse ermittelt. Eine niedrigere Trockenmasse als diejenige unbehandelter Kontrollen wird als Hemmung der Granulation und somit als antiinflammatorische und antiproliferative Wirkung interpretiert. 12,5 µg Indometacin zeigen 27% Hemmung. Alle Euglobale sind wirksamer. Bei 12,5 µg Euglobal-III resultiert mit 52% die stärkste Hemmung.[66,67]
Einige Euglobale hemmen *in vitro* die TPA-induzierte EBV-EA-Aktivierung. Testsystem: In sog. Raji-Zellen, menschlichen Lymphoblasten, die das ruhende Genom des Epstein-Barr-Virus (EBV) tragen, kann durch Zugabe von 12-*O*-Tetradecanoylphorbol-13-acetat (TPA) und *n*-Buttersäure das Virus über sein Frühantigen (EBV-EA) aktiviert werden. Die resultierende überschießende Zellproliferation könnte den Startpunkt einer Tumorpromotion simulieren. Die Hemmung der Virusaktivierung durch die Euglobale E-Ia bis E-VII wird untersucht. Zellzahl: 10^6/mL, Dosis: 0,2 bis 20 µg/mL, Einwirkungsdauer: 48 h, Quantifizierung der aktivierten Zellen immunfluorimetrisch nach Zugabe von EBV-EA-Antikörpern aus Serum von Patienten mit Nasopharynxcarcinom. Euglobal-III zeigt die stärksten Effekte: Bei mäßiger Cytotoxizität wird die EBV-EA-Aktivierung durch 20 µg vollständig, durch 2 µg um 92% gehemmt.[68,69] Mit beiden Testsystemen beabsichtigen die Autoren ein Screening auf mögliche Antitumorwirkungen.

Anwendungsgebiete: Bei Einnahme und inhalativer Anwendung: Erkältungskrankheiten der oberen Luftwege.[36,37]

Dosierung und Art der Anwendung: *Droge.* Tagesdosis 4 bis 6 g Droge für Aufgüsse zur Einnahme.[36] Mittlere Einzelgabe 2 g Droge;[87] Einzeldosis 1,5 g Droge.[39] Zur Inhalation werden die Dämpfe des noch heißen Teeaufgusses tief eingeatmet.[37]
Teebereitung: Ca. ein halber Teelöffel (2 bis 3 g Droge) wird mit ca. 150 mL heißem Wasser übergossen, bedeckt stehengelassen und nach etwa 10 min durch ein Teesieb gegeben. Wenn nicht anders verordnet, wird 3mal täglich 1 Tasse frisch bereiteter Aufguß langsam getrunken.[37]
10 g geschnittene Eucalyptusblätter werden mit 1 L kochendem Wasser überbrüht und 1 min am Sieden gehalten. Danach wird 15 min ziehengelassen, anschließend koliert und nach Belieben mit Zucker gesüßt. Alle drei Stunden werden 200 mL getrunken.[42] *Zubereitung.* Belegte Tagesdosis: 3 bis 9 g Tinctura Eucalypti.[36]
Empfohlene Einzelgaben: 2,5 g Tinctura Eucalypti,[86] 1,5 g Extractum Eucalypti fluidum.[39]
2 bis 5 Eßlöffel Eucalyptussirup tgl. einnehmen.[42]

Volkstümliche Anwendung und andere Anwendungsgebiete: Eucalyptusblätter werden weltweit bei Erkältung mit Erkrankungen der Luftwege eingesetzt. Diese Anwendungen stehen in Einklang mit den belegten Anwendungsgebieten.[36,37]

Darüberhinaus sind im mitteleuropäischen und Spanisch sprechenden Raum folgende Anwendungen bekannt:
Innerlich bei Asthma, Fieber, Grippe und Keuchhusten, bei Appetitlosigkeit, verdorbenem Magen u. a. dyspeptischen Beschwerden, bei Leber- und Gallenleiden, bei entzündlichen und infektiösen Erkrankungen von Niere und Blase, bei Diabetes, bei rheumatischen Beschwerden sowie bei nicht näher bezeichneten Spasmen. Als äußere Anwendungen werden genannt: Wunden, Akne, Pusteln und schlecht heilende Geschwüre, Stomatitis, Zahnfleischbluten und Zahnfleischschmerzen, Erkrankungen mit Gelenkschmerzen, Rheuma und Neuralgien sowie Ausfluß und Gonorrhöe.[40,41,64,70,71]
In Spanien und Indien bei Malaria;[40,41] in Australien und Spanien bei Krebs; in Australien bei Kopfschmerzen;[78] im südlichen Afrika bei Bauchschmerzen;[72] in der GUS zur gynäkologischen Anwendung bei entzündlichen Erkrankungen der Genitalorgane.[73,74]
Viele dieser Anwendungen sind lediglich ethnomedizinisch abgesichert. Einige basieren auf Fallberichten einiger weniger Ärzte und sind schlecht dokumentiert. Folglich müssen alle o. a. Anwendungsgebiete derzeit als nicht ausreichend belegt gelten.

Dosierung und Art der Anwendung: *Droge.* Bei Grippe und Bronchialkatarrh: TD 4 bis 16 g gepulverte Droge, in abgeteilten Dosen alle 3 bis 4 Stunden einnehmen.[40] Mehrmals tagsüber einen heißen Aufguß aus 2 Teelöffeln, entsprechend ca. 2,2 g geschnittener Droge auf ein Teeglas Wasser trinken. In dieser Dosierung kann der Tee auch kalt bereitet werden.[40]
Bei Erkältung: Für ein Kopfdampfbad zerkleinerte Droge mit heißem Wasser übergießen, die aufsteigenden Dämpfe inhalieren.[71]
In Spanien bei Erkältung und Bronchitis: 30 g Droge mit 1 L Wasser überbrühen, 10 min ziehen lassen, vom Aufguß tgl. 3 bis 4 Tassen trinken.[41]
Daneben wird in Spanien bei Erkältung und Bronchitis, aber auch bei Fieber und Magenbeschwerden, das Decoct genommen: Methode 1: 20 g Droge in 0,5 L Wasser 3 min kochen, mit Honig süßen, 3mal tgl. 1 Tasse trinken. Methode 2: 25 g Droge in 1 L Wasser 20 min lang kochen, den erhaltenen Auszug über den Tag verteilt trinken.[41] Offensichtlich zielt die Teebereitung in der Volksmedizin nicht nur auf das ätherische Öl ab.
Bei Stomatitis: 20 g Droge 2 min mit 1 L Wasser aufkochen, mit dem Decoct spülen.[41]
Bei Wunden und Geschwüren: Mit einem Infus aus 100 g Droge und 1 L Wasser werden zur Desinfizierung und Wundheilung Waschungen durchgeführt.[41]
In Südamerika wird der erkaltete Teeaufguß als Gurgelwasser empfohlen. Bei chronischen rheumatischen Beschwerden werden dort warme Bäder mit Eucalyptus sehr geschätzt.[70]
Bei Entzündungen der weiblichen Genitalorgane: In der GUS lokale Anwendung eines 15 %igen Decocts bei Trichomonaden-Kolpitis.[73,74]
Frische Blätter werden in Australien zur Krebsprophylaxe und bei Kopfschmerzen gegessen.[40,78] *Zubereitung.* Bei Bronchitis, Keuchhusten und Asthma: Mehrmals tgl. Einnahme von 1 Teelöffel Eucalyptussirup, hergestellt aus 64 g Zucker und 36 g eines heißen Aufgusses aus 2 g Droge.[40]
Bei Asthma: 10 Tr. Tinktur 1:5, hergestellt durch fünftägige Mazeration von frischen Blättern mit EtOH 60 %, werden zur Linderung des Anfalls eingenommen.[41] In Spanien und Algerien werden tgl. 2 bis 3 Medizinalzigaretten aus fein geschnittener Droge empfohlen.[41,75]
Bei Nieren- und Blasenleiden, Magenbeschwerden und Appetitlosigkeit: 3mal tgl. 10 bis 20 Tr. Tinktur einnehmen.[40]
Bei Dyspepsie: In Spanien läßt man 500 mL wäßriges Drogenmazerat mit 600 g Zucker und 100 g Cognac verfeinern. Ein Gläschen dieses Elixiers wird vor bzw. zu den Mahlzeiten getrunken.[41]
Bei Malaria: In Indien wird die Tinktur 1:3, abends 1 Teelöffel, eingenommen.[40] In Spanien bevorzugt man den Medizinalwein. Hierzu werden 100 g getrocknete gepulverte Droge mit 0,75 L Weißwein 10 Tage mazeriert. Zur Prophylaxe von Fieberanfällen werden tgl. 50 g dieses Weines getrunken.[41]
Bei Zahnfleischbluten: Pinselungen mit der Tinktur.[40]
Bei Gonorrhöe: Spülungen mit der Tinktur.[40]
Bei Krebsgeschwüren: In Spanien wird ein in flüssigem Paraffin aufgenommener Eucalyptusextrakt s. c. appliziert.[40]

Unerwünschte Wirkungen: *Verdauungstrakt.* In seltenen Fällen sowie bei empfindlichen Personen Übelkeit, Erbrechen und Durchfall.[36,37]

Gegenanzeigen/Anwendungsbeschr.: Entzündliche Erkrankungen im Magen-Darm-Bereich und im Bereich der Gallenwege, schwere Lebererkrankungen. Bei Säuglingen und Kleinkindern sollten Eucalyptuszubereitungen nicht im Bereich des Gesichts, speziell der Nase, aufgetragen werden.[36]
Nicht bei Kindern unter 2 Jahren anwenden.[37]

Wechselwirkungen: Keine bekannt.[36]
Da die Induktion mikrosomaler Enzyme die akute Toxizität von Pyrrolizidinalkaloiden (PA) steigern kann, wird der Einfluß der gleichzeitigen Einnahme von Eucalyptusblättern und PA auf die LD_{50} bei Ratten untersucht. Zur Inkubation erhalten die Tiere zunächst Futter mit 10 % pulv. Eucalyptus. Nach 8 Tagen wird zusätzlich eine Einmaldosis von 40, 80, 160 oder 320 mg PA/kg KG p. o. in Form des kristallinen PA-Isolates aus *Senecio longilobus* gegeben. Bei den Kontrollen entfällt die Eucalyptusvorbehandlung. Nach Erfassung der Mortalitätsrate bei 72, 144 und 168 h werden daraus näherungsweise die jeweiligen LD_{50}-Werte berechnet. Sie betragen für die Kontrollgruppe 320 mg (72 h), 190 mg (144 h) und 160 mg (168 h). Für die Verum-Gruppe werden mit 127 mg (72 h) und 113 mg (144 und 168 h) niedrigere Werte gefunden. Der Unterschied ist jedoch nur bei 72 h statistisch wahrscheinlich. Es kann nicht beantwortet werden, ob die geringere LD_{50} der mit Eucalyptus vorbehandelten Tiere auf der gesteigerten Produktion toxischer PA-Metaboliten oder auf dem bereits vor PA-Verabreichung schlechten Allgemeinzustand der Tiere beruht.[76]

Da die gleichzeitige Anwendung von Eucalyptusblättern und PA, z.B. als Huflattich in Hustenteemischungen, durchaus realistisch ist, sollte die praktische Relevanz dieser Untersuchungsergebnisse überprüft werden. *Haushalt.* Aufgrund ihrer Unbedenklichkeit werden Eucalyptusblätter von der amerikanischen Food and Drug Administration als geschmacksgebender Bestandteil in Lebensmitteln generell erlaubt und deshalb in der GRAS-Liste aufgeführt.

Gesetzl. Best.: *Standardzulassung.* Eucalyptusblätter, Nr. 9299.99.99.[37] *Offizielle Monographien.* Aufbereitungsmonographie der Kommission E am BGA "Eucalypti folium (Eucalyptusblätter)".[36]

Eucalyptus globulus hom. *HAB 1*

Synonyme: Eucalyptus.

Monographiesammlungen: Eucalyptus globulus *HAB 1.*

Definition der Droge: Die getrockneten Blätter.

Stammpflanzen: *Eucalyptus globulus* LABILL.

Zubereitungen: Urtinktur aus der zerkleinerten Droge und flüssige Verdünnungen nach *HAB 1*, Vorschrift 4a mit EtOH 86%; Eigenschaften: Die Urtinktur ist eine gelb- bis braungrüne Flüssigkeit mit dumpfwürzigem Geruch und schwach bitterem, arteigenen Geschmack.
Darreichungsformen: Urtinktur, flüssige Verdünnungen, Streukügelchen, Verreibungen, Tabletten, flüssige Verdünnungen zur Injektion, Salben.[59]

Identität: Blauschwarze Färbung eines ethanolischen Drogenextraktes bzw. der verdünnten Urtinktur nach Zusatz von Eisen(III)chloridlsg.
Prüflösung: Die Urtinktur wird mit Hexan ausgeschüttelt, das Hexan abgedampft und der Rückstand in Chloroform aufgenommen. Die Prüflösung wird zunächst mit Acetanhydrid, dann mit Schwefelsäure versetzt. Die Farbe verändert sich von hellgrün über rot nach grün.
DC des mit Methanol verdünnten bei der Gehaltsbestimmung anfallenden Gemisches aus äth. Öl und Xylol bzw. der Prüflösung:
- Referenzlösung: Cineol, Linalool und Thymol in Methanol;
- Fließmittel: Dichlormethan Ethylacetat (9 + 1);
- Sorptionsmittel: Kieselgel H;
- Detektion: Besprühen mit Furfural 2% (*m/V*) in EtOH, nachsprühen mit Schwefelsäure, Auswertung im Tageslicht;
- Auswertung: Ein mit Hilfe der Referenzsubstanzen festgelegter Fingerprint blauer bis violetter Zonen, darunter Cineol, wird gefordert.

Reinheit: *Droge.*
- Fremde Bestandteile *(PhEur)*: Höchstens 5% (Blätter, Stiele, Blüten) und höchstens 1% andere fremde Bestandteile.

Urtinktur.
- Relative Dichte *(PhEur)*: 0,833 bis 0,848.
- Trockenrückstand *(DAB)*: Mindestens 2,0%.

Gehalt: *Droge.* Mindestens 1,5% (*V/m*) ätherisches Öl.

Gehaltsbestimmung: *Droge.* Wasserdampfdestillation der grob gepulverten Droge mit Xylol als Vorlage nach *PhEur.*

Anwendungsgebiete: Soweit nicht anders verordnet: Bei akuten Zuständen häufige Anwendung alle halbe bis ganze Stunde je 5 Tropfen, 1 Tablette oder 10 Streukügelchen oder 1 Messerspitze Verreibung einnehmen; parenteral 1 bis 2 mL bis zu 3mal tgl. s.c. injizieren; Salben 1- bis 2mal täglich auftragen. Bei chronischen Verlaufsformen 1- bis 3mal tgl. 5 Tropfen oder 1 Tablette oder 10 Streukügelchen oder 1 Messerspitze Verreibung einnehmen; parenteral 1 bis 2 mL pro Tag s.c. injizieren; Salben 1- bis 2mal tgl. auftragen.[59]

Unerwünschte Wirkungen: Nicht bekannt.
Hinweis: Es können vorübergehend Erstverschlimmerungen vorkommen, die jedoch unbedenklich sind.[59]

Gegenanzeigen/Anwendungsbeschr.: Nicht bekannt.[59]

Wechselwirkungen: Nicht bekannt.[59]

Gesetzl. Best.: *Offizielle Monographien.* Aufbereitungsmonographie der Kommissioin D am BGA "Eucalyptus globulus (Eucalyptus)".[59]

Eucalyptus globulus hom. *HPUS 88*

Monographiesammlungen: Eucalyptus globulus *HPUS 88.*

Definition der Droge: Die Blätter.

Stammpflanzen: *Eucalyptus globulus* LABILL.

Zubereitungen: *Urtinktur.* Herstellung durch Mazeration oder Perkolation der frischen oder getrockneten Droge mit EtOH nach den allg. Zubereitungsvorschriften (Class C) der *HPUS 88.* Ethanolgehalt 65% (*V/V*).

Identität: *Urtinktur.* Arzneigehalt $^1/_{10}$.

Eucalyptus polybractea R. T. BAKER

Synonyme: *Eucalyptus fruticetorum* F. v. MUELLER.

Sonstige Bezeichnungen: Engl.: Blue mallee, blue mallee box, silver-leaf mallee.

Systematik: *E. polybractea* wird in der Untergattung Symphomyrtus der Sektion Adnataria, Serie Odoratae, Subserie Odoratinae zugeordnet.[1]

Botanische Beschreibung: Kleiner, graugrüner, dichtes Gestrüpp bildender Baumstrauch mit rechtwinklig ansetzenden Seitenästen und glattem, hellem Stamm. Primärblätter zu 3 bis 4 Paaren gegenständig, kurz gestielt, schmal- bis breit-lanzettlich, graugrün, 4 bis 6 cm lang, 0,5 bis 2,5 cm breit; Intermediärblätter wechselständig, gestielt, graugrün, breit-eiförmig bis lanzettlich, 6 bis 10 cm lang, 2 bis 3 cm breit; Folgeblätter wechselständig, gestielt, schmal-lanzettlich, graugrün, 5 bis 10 cm lang, 0,8 bis 1,3 cm breit. Doldenblüten zumeist axillär, 5- bis 12strahlig; Blütenstiel 7 bis 10 mm lang; Blütenknospen keulenförmig, kurzgestielt, graugrün 5 bis 6 mm lang, 3 bis 4 mm breit; Blütenhaube halbkugelig, nicht so tief wie der Blütenboden.[77]

Inhaltsstoffe: Jugendblätter enthalten ca. 2,5 % ätherisches Öl, ältere Blätter und Zweige 1,2 bis 1,5 %. Das Öl besteht zu 77 bis 84 % aus Cineol. Daneben werden Crypton, Cuminal, *p*-Cymol und Phellandral beschrieben.[4,77] Neuere Angaben fehlen.
Aufgrund seines hohen Cineolgehaltes bei gleichzeitig niedrigem Aldehydgehalt sollte dieses Öl denjenigen anderer cineolreicher Eucalyptusarten vorgezogen werden.[10]

Verbreitung: Beheimatet im trockenen Landesinneren von Australien, v. a. in Neusüdwales und Victoria; Vorkommen außerhalb Australiens sind nicht erwähnt.

Drogen: Eucalypti aetheroleum.

Eucalypti aetheroleum

s. unter *Eucalyptus globulus.*

Eucalyptus smithii R. T. Baker

Sonstige Bezeichnungen: Engl.: Blackbutt peppermint, gully ash, white ironbark, white top.

Systematik: *E. smithii* ist innerhalb des Subgenus Symphomyrtus in die Sektion Maidenaria, Serie Viminales, Subserie Viminalinae einzuordnen.[1]

Botanische Beschreibung: Mittelgroßer, bis zu 46 m hoch werdender Baum. Rinde am unteren Stammabschnitt rauh, tief gefurcht und beständig, an der oberen Stammhälfte und den Zweigen glatt, weißlich und jährlich abfallend. Primärblätter gegenständig, sitzend, bläulichgrün, schmal-lanzettlich, 3 bis 7 cm lang, 1,5 bis 2 cm breit; Intermediärblätter breit-lanzettlich, gegen- bis wechselständig, 18 cm lang, 3 cm breit; Folgeblätter wechselständig, gestielt, schmal-lanzettlich, spitz, dunkelgrün, 10 bis 16 cm lang, 1 bis 1,7 cm breit. Dolden axillär, 5- bis 9strahlig, Blütenstiel 10 bis 12 mm lang; Blütenknospen gestielt, eiförmig, zugespitzt, 6 × 4 mm; Blütendeckel konisch und etwa so tief wie der Blütenboden.[77]

Verwechslungen: Die Primärblätter sind kaum von denjenigen anderer Eucalypten, wie z. B. *E. numerosa* Maiden = *E. radiata* Baker et Smith und *E. phellandra* Baker et Smith zu unterscheiden.

Inhaltsstoffe: Blätter und endständige Zweige führen 1,2 bis 2,2 % ätherisches Öl. Hauptkomponente mit 70 bis 77 % ist Cineol; Eudesmol, Isovaleraldehyd und *α*-Pinen sind weitere Bestandteile.[4,80]
Für die Stammrinde ist ein Gerbstoffgehalt von 21 bis 26 % beschrieben, während für das Holz 3 % angegeben werden.[4]

Verbreitung: Heimisch in Südost-Australien, insbesondere in Neusüdwales und Victoria; zur Ölgewinnung angesiedelt in Brasilien, Guatemala, auf Hawaii, an der französischen Atlantikküste sowie der kaukasischen Schwarzmeerküste.

Drogen: Eucalypti aetheroleum.

Eucalypti aetheroleum

s. unter *Eucalyptus globulus.*

1. Pryor LD, Johnson LAS (1971) A Classification of the Eucalyptus, The Australian National University, Canberra
2. Hoppe HA (1975) Drogenkunde, 8. Aufl., Bd. 1: Angiospermen, Walter de Gruyter, Berlin New York, S. 474
3. Formácek V, Kubeczka KH (1982) Essential Oils Analysis by Capillary Gas Chromatography and Carbon-13 NMR Spectroscopy, 1. Aufl., John Whiley & Sons, Chichester New York Brisbane Toronto Singapore, S. 87–91
4. Penfold AR, Willis JL (1961) The Eucalyptus – Botany, Cultivation, Chemistry and Utilization, Interscience Publishers Inc., New York
5. Skene DS (1965) Aust J Bot 13:367–378
6. Hillis WE (1966) Phytochemistry 5:541–566
7. Dash JA, Jenness R, Hume ID (1984) Comp Biochem Physiol B 77:391–397
8. Nishimura H, Calvin M (1979) J Agric Food Chem 27:432–435
9. Satwalekar SS, Gupta TR, Narasimha R (1957) J Indian Inst Sci A and B 39:195–211, zit. nach Biol Abstr 31:39466
10. Morton JF (1977) Major Medicinal Plants/ Botany, Culture and Uses, Charles C Thomas, Springfield (Illinois), S. 379
11. Brieskorn CH, Fröhlich HH (1977) Chem Ber 105:3.676–3.685
12. Brieskorn CH, Schlicht W (1976) Pharm Acta Helv 51:133–137
13. Glasl H, Wagner H (1974) Dtsch Apoth Ztg 114:146–151
14. Goodwin CL, Squillace AE (1976) Phytochemistry 15:1.771–1.773
15. Soares MIV, Pereira PGS (1969) Rev Port Quim 11:26–33, zit. nach CA 73:69726
16. Maruzzella JC, Sicurella NA (1960) J Am Pharm Assoc 49:692–694
17. Ross SA, El-Keltawi NE, Megalla SE (1980) Fitoterapia 4:201–205
18. Maruzzella JC, Liguori L (1958) J Am Pharm Assoc 47:250–253
19. Müller A (1951) Die physiologischen und pharmakologischen Wirkungen ätherischer Öle, Riechstoffe und verwandter Produkte, 1. Aufl., Dr. Alfred Hüthig Verlag, Heidelberg
20. Wagner H, Wierer M, Bauer R (1986) Planta Med 52:184–187

21. Wagner H, Wierer M (1988) Z Phytother 9:11–13
22. Hänsel R (1991) Phytopharmaka, Grundlagen und Praxis, 2. Aufl., Springer-Verlag, Berlin Heidelberg New York London Paris Tokyo Hong Kong Barcelona Budapest, S. 114
23. Burrow A, Eccles R, Jones SA (1983) Acta Otolaryngol 96:157–161
24. Boyd EM, Sheppard EP (1968) J Pharmacol Exp Ther 163:250–256
25. Boyd EM (1970) Int J Clin Pharmacol Ther Tox 3:55–60
26. Misawa M, Kizawa M (1990) Pharmacometrics 39:81–87
27. Zänker KS, Tölle W, Blümel G, Probst J (1980) Respiration 39:150–157
28. Jarosch E, Madreiter H, Richter H, Berger H (1977) Paediatrie Paedologie 12:19–24
29. Meyer F, Meyer E (1959) Arzneim Forsch 9:516–519
30. Weyers W, Brodbeck R (1989) Pharm Unserer Zeit 18:82–86
31. Römmelt H, Schnitzer W, Swoboda M, Senn E (1988) Z Phytother 9:14–16
32. Kovar KA, Gropper B, Friess D, Ammon HPT (1987) Planta Med 53:315–318
33. Grisk A, Fischer W (1969) Z Aerztl Fortbild 63:233–236
34. Jori A, Briatico G (1973) Biochem Pharmacol 22:543–544
35. Southwell IA, Flynn TM, Degabriele R (1980) Xenobiotica 10:17–23
36. BAz Nr. 177a vom 24.09.1986 in der Fassung vom BAz Nr. 50 vom 13.03.1990
37. Standard-Zulassungen für Fertigarzneimittel (1987/1989) Govi Verlag, Pharmazeutischer Verlag, Deutscher Apotheker Verlag, Frankfurt/Main
38. Morse DR, Wilcko JM (1980) Gen Dent 28:24–32
39. Schultz OE, Schmid W (1984) Haffner, Schultz, Schmid: Normdosen der gebräuchlichen Arzneistoffe und Drogen, 7. Aufl., Wissenschaftliche Verlagsgesellschaft, Stuttgart, S. 136
40. Madaus G (1938) Lehrbuch der Biologischen Heilmittel, Abteilung 1: Heilpflanzen, Bd. II, Georg Thieme, Leipzig, S. 1.302–1.309
41. Cecchini T (1990) Enciclopedia de las Hierbas y de las Plantas Medicinales, Editorial De Vecchi, Barcelona, S. 184–188
42. Penso G (1984) Pianti Medicinali Nella Terapia Medica, Compendio di farmacognosia pratica per medici e farmacisti, 2. Aufl., Organizzazione Editoriale Medico Farmaceutica, Mailand, S. 68
43. Hänsel R (1991) s. Lit.[22, S. 101–102]
44. Jori A, Bianchetti A, Prestini PE, Garattini S (1970) Eur J Pharmacol 9:362–366
45. Spoerke DG, Vandenberg SA, Smolinske SC, Kulig K, Rumack BH (1989) Vet Hum Toxicol 31:166–168
46. Gurr FW, Scroggie JG (1965) Aust Ann Med 14:238–249
47. Patel S, Wiggins J (1980) Arch Dis Child 55:405–406
48. Roe FJC, Field WEH (1965) Food Cosmet Tox 3:311–324
49. Pages N, Fournier G, Le Luyer F, Marques MC (1990) Plant Méd Phytothér 24:21–26
50. Opdyke DLJ (1975) Food Cosmet Toxicol 13:107–108
51. Griechische Pharmakopöe 1974
52. Amano T, Komiya T, Hori M, Goto M, Kozuka M, Sawada T (1981) J Chromatogr 208:347–355
53. Kozuka M, Sawada T, Mizuta E, Kasahara F, Amano T, Komiya T, Goto M (1982) Chem Pharm Bull 30:1.964–1.973
54. Boukef K, Balansard G, Lallemand M, Bernard P (1976) Plant Méd Phytothér 10:30–35
55. Horn DHS, Kranz ZH, Lamberton JA (1964) Aust J Chem 17:464–476
56. Horn DHS, Lamberton JA (1964) Aust J Chem 17:477–480
57. Caesar und Loretz GmbH, Sortiments- und Preisliste 1991/1992, Hilden, S. 55
58. Chemische Fabrik Dr. Hetterich, Preisliste 1987, Fürth/Bayern, S. 10
59. BAz Nr. 217a vom 22.11.1985
60. PF X
61. Swanston-Flatt SK, Bailey CJ, Flatt PR (1990) Diabetologia 33:462–464
62. Pérez RM, Ocegueda A, Munoz JL, Morrow WW (1984) J Ethnopharmacol 12:253–262
63. Gottshall RY, Lucas EH, Lickfeldt A, Roberts JM (1949) J Clin Invest 28:920–923
64. Caceres A, Giron LM, Alvarado SR, Miguel F (1987) J Ethnopharmacol 20:223–237
65. Caceres A, Giron LM, Martinez A (1987) J Ethnopharmacol 19:223–245
66. Otsuka H, Fujioka S, Komiya T, Goto M, Hiramatsu Y, Fujimura H (1981) Chem Pharm Bull 29:3.099
67. Kokumai-Takasaki M (1991) persönliche Mitteilung
68. Takasaki M, Konoshima T, Shingu T, Tokuda H, Nishino H, Iwashima A, Kozuka M (1990) Chem Pharm Bull 38:1.444–1.446
69. Takasaki M, Konoshima T, Fujitani K, Yoshida S, Nishimura H, Tokuda H, Nishino H, Iwashima A, Kozuka M (1990) Chem Pharm Bull 38:2.737–2.739
70. Leo M (1958) Siete Mil Recetas Botanicas a Base de Mil Trescientas Plantas Medicinales, Editorial Kier, Buenos Aires, S. 266–267
71. Martinez M (1959) Las Plantas Medicinales de México, Ediciones Botas, Mexiko, S. 135–136
72. Chinemana F, Drummond RB, Mavi S, De Zoysa I (1985) J Ethnopharmacol 14:159–172
73. Müller-Dietz H, Kraus EM, Rintelen K (1965) Eucalyptus globulus Labill. In: Arzneipflanzen in der Sowjetunion, 3. Lieferung, Berlin, S. 45–47
74. Spaich W (1978) Moderne Phytotherapie, 1. Aufl., Haug Verlag, Heidelberg, S. 209–211
75. Lacroix R, Merad R, Lacroix J, Schoebel MF Tun Méd 51:285–292
76. White RD, Swick RA, Cheeke PR (1983) J Tox Environ Health 12:633–640
77. Blakely WF (1965) A Key to the Eucalypts, 3. Aufl., Forestry and Timber Brueau, Canberra
78. Heg (1975) Bd. V, Teil 2, S. 774–786
79. Hgn, Bd. V, S. 163–195
80. GHo, Bd. VI, S. 131–287
81. Morse DR, Esposito JV, Pike C, Furst ML (1983) Oral Surg Oral Med Oral Pathol 55:607–610
82. Morse DR, Esposito JV, Furst ML (1983) Oral Surg Oral Med Oral Pathol 56:89–96
83. DAB 10
84. Mar 29
85. AB-DDR
86. EB 6

Br

Eugenia HN: 2043200

Familie: Myrtaceae.

Unterfamilie: Myrtoideae.[1]

Tribus: Myrteae.[1]

Gattungsgliederung: Die Gattung Eugenia L. ist in den vergangenen zwei Jahrhunderten immer wieder neu untersucht, neu gefaßt und neu untergliedert worden. Nach Wight (1841) sowie nach Bentham und Hooker (1862 bis 1867) umfaßt das Riesengenus Eugenia s.l. ca. 2.000 Arten der Alten und Neuen Welt. Folgt man Niedenzu (1892), ist Eugenia weitgehend auf die amerikanischen Species beschränkt; die meisten altweltlichen Arten werden auf zwei Genera, Syzygium und Jambosa, verteilt oder in einem zweiten großen Genus Syzygium s.l. vereint. Andere Botaniker fassen ebenfalls die meisten altweltlichen Arten zum Genus Syzygium zusammen, akzeptieren aber daneben einige kleinere, distinkte Genera, so Acmena, Aphanomyrtus, Cleistocalyx, Jossinia, Piliocalyx u.a. Eugenia umfaßt so definiert ca. 500 Arten, die im tropischen und subtropischen Amerika verbreitet sind, und kommt in der Alten Welt, von einigen eingeführten Arten abgesehen, nicht vor. Die nicht durchgängig einleuchtend erscheinende Einteilung von Eugenia s.l. in das vorwiegend neuweltliche Genus Eugenia s.str., das die altweltliche Gattung Jossinia einschließt, und das strikt altweltliche Genus Syzygium s.l. wird durch neuere Untersuchungen zur Holzstruktur, Rindenanatomie, Pollenforschung und Blütenanatomie gestützt. Beide Sippen sind aber taxonomisch schwierig und rein morphologisch nicht scharf getrennt. Die taxonomisch oft problematische und umstrittene Zuordnung vieler Arten hat zu einer sehr umfangreichen und verwirrenden Synonymie geführt, die große Unübersichtlichkeit in der phytochemischen Literatur zur Folge hat und bezweifeln läßt, daß das jeweils untersuchte Pflanzenmaterial in jedem Falle eindeutig identifiziert und korrekt zugeordnet worden ist.[2,3]
Die Gattung Eugenia L. zerfällt in die Untergattungen Eueugenia und Macrocalyx Ndz. Eueugenia gliedert sich in die Subsectiones Auteugenia Ndz., *Eugenia chequen* Molina enthaltend, und Myrcianthes Berg, der *Eugenia apiculata* (Berg) Ndz. zuzuordnen ist. Die Untergattung Macrocalyx Ndz. zerfällt in die Sectiones Phyllocalyx Berg und Stenocalyx Berg; letztere wiederum in die Subsectiones Eustenocalyx Ndz., Hexachlamys Berg und Rhabdocalyx Ndz., zu der *Eugenia uniflora* L. gehört.[4]

Gattungsmerkmale: Eugenia L.: Immergrüne Bäume und Sträucher; Blätter gegenständig, meist ganzrandig, fein fiedernervig, oft mit Öldrüsen punktiert; Blüten zu 1 bis 8 in Büscheln, Kelchzipfel 4 oder 5, Petalen 4 oder 5, bei manchen Arten sehr klein und früh abfallend, bei anderen Arten weiß oder rahmgelb und abstehend; Staubfäden zahlreich, gelb und sehr auffällig; Frucht eine steinfruchtartige Beere, meist kugelig oder birnenförmig, mit 1 bis 5 Samen.[5]

Verbreitung: Gattung von tropischer Verbreitung; gemäß obiger Gattungsgliederung vorwiegend neuweltlich.

Inhaltsstoffgruppen: Die sehr artenreiche Gattung Eugenia ist im Gegensatz zu anderen Myrtaceengattungen bisher phytochemisch nicht systematisch untersucht worden. Typisch ist das Vorkommen von ätherischem Öl. Häufig sind weiterhin Gallotannine und Ellagitannine sowie pentacyclische Triterpene, oft mit Oleanangrundgerüst. An Flavonoiden sind Kämpferol-, Quercetin- und Myricetinglykoside sowie Leucoanthocyanine verbreitet; auch 3-*C*-Methylflavone und 6,8-Di-*C*-methylflavone wurden nachgewiesen. Cyanogenese wurde vereinzelt festgestellt, Alkaloide wurden bisher nicht isoliert.[6,7]

Drogenliefernde Arten: *Eugenia apiculata*: Eugenia-apiculata-Blätter; *E. chequen*: Eugenia-chequen-Blätter; *E. uniflora*: Eugenia-uniflora-Blätter, Eugenia-uniflora-Früchte.
Anmerkung: Zu Bayöl aus den Blättern von *Eugenia acris* Wight et Arnott und anderen Bayölen s. unter Laurus und Pimenta; zu Salamöl aus den Blättern von *Eugenia occlusa* Kurz s. Lit.[10]

Eugenia apiculata Dc.

Synonyme: *Eugenia cuspidata* Phil., *Eugenia luma* Berg, *Eugenia spectabilis* Phil., *Luma apiculata* (Dc.) Burret, *Luma cheken* A. Gray var. *β* A. Gray, *Myrceugenella apiculata* (Dc.) Kausel, *Myrceugenia apiculata* (Dc.) Nied., *Myrceugenia luma* (Mol.) Johnst., *Myrceugenia luma* (Mol.) Johow.[8]

Sonstige Bezeichnungen: Span.: Arrayán, palo colorado.

Systematik: Die Art ist sehr polymorph. Normalerweise werden die Bäume 5 bis 12 m hoch; auf bestimmten Böden und bei mehrhundertjährigen Exemplaren werden jedoch auch Höhen von 20 m und Stammdurchmesser von 1,3 m erreicht. Die durch die Unterschiedlichkeit der Wuchsorte bedingte enorme Variabilität der Art hatte die Beschreibung vieler angeblich neuer Arten zur Folge, die aber nicht genügend spezifische Charakteristika aufweisen, um anerkannt zu werden. Daraus resultiert eine große Anzahl von Synonymen.[8]

Botanische Beschreibung: Bis zu 20 m hoher Baum mit reich beblätterter, kugeliger Krone; Stammdurchmesser bis 50 cm und mehr. Rinde glatt, grünlich, aschgrau oder rötlich, sich periodisch ablösend. Zweige grau bis braun, in jungem Zustand behaart. Blätter ledrig, immergrün, drüsig punktiert, fast sitzend, wohlriechend, 1,2 bis 3,5 cm lang und 1 bis 2,3 cm breit. Blattform oval oder elliptisch bis länglich, zuweilen rundlich, vorne zugespitzt, am Grunde verschmälert. Blattoberseite dunkelgrün, glänzend, Unterseite hellgrün, Mittelnerv hervorragend. Blätter im jungen Zustand behaart, besonders am Rand und auf dem Mittelnerv. Blattstellung dekussiert. Blattstiel 1,5 bis 3,5 mm lang. Infloreszenz ein achselständiges Dichasium mit 2 bis 3 Blüten, zuweilen einblütig oder einblütig erscheinend. Blütenstiel zusammengedrückt, behaart, 1 bis 4 cm lang. Blüten zwittrig, weiß, ca. 1,5 cm im Durchmesser. Kelch 4lappig, Kelchblätter rundlich, konkav, 2,5 bis 3 mm lang und ca. 3,5 mm breit. Kronblätter 4, häutig, konkav, 7 bis 9 mm lang, rundlich-spatelförmig. Staubgefäße zahlreich; Filamente fadenförmig, ca. 6 mm lang; Antheren sehr klein. Fruchtknoten unterständig. Griffel einfach, 4,5 bis 6,5 mm lang. Frucht eine rundliche Beere von 1 bis 1,5 cm Durchmesser, anfangs rötlich, im reifen Zustand glänzend schwarz, mit den persistierenden Kelchblättern bekrönt. Pro Frucht 3 bis 6 Samen, nierenförmig, glatt, glänzend, 4,5 bis 5 mm lang.[8]

Verbreitung: Endemit der subantarktischen Wälder; in Chile in den mittleren und südlichen Provinzen bis in 1.000 m Höhe vorkommend.[8]

Drogen: Eugenia-apiculata-Blätter.

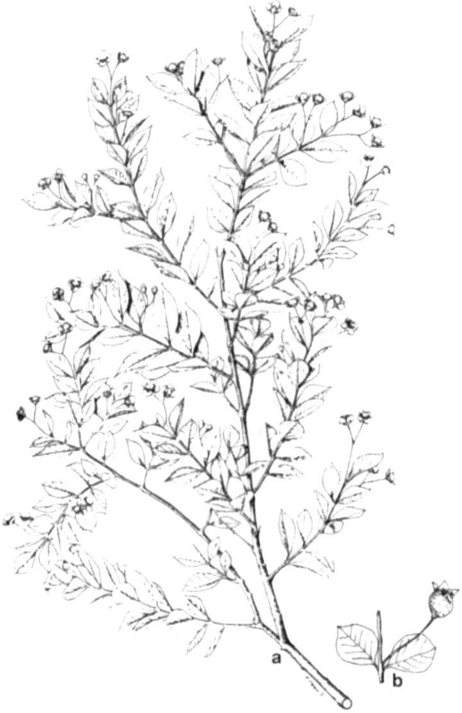

Eugenia apiculata DC.: **a** Blühender Zweig, **b** Zweig mit reifer Frucht (aus Lit.[8])

Eugenia-apiculata-Blätter

Synonyme: Arrayánblätter, Folia Eugeniae apiculatae.

Definition der Droge: Die getrockneten Blätter.

Stammpflanzen: *Eugenia apiculata* DC.

Herkunft: Die Droge wird in den mittleren und südlichen Provinzen Chiles, hauptsächlich bei Valdivia geerntet.[9]

Ganzdroge: Blätter lederartig, leicht zerbrechlich, oberseits grün, unterseits etwas heller gelbgrün, in der Größe stark schwankend, (5 bis) 15 (bis 25) mm lang und (4 bis) 10 (bis 15) mm breit, kurz gestielt, eiförmig bis länglich-eiförmig, schwach zugespitzt, am Grunde abgerundet und verschmälert, kahl oder durchscheinend punktiert. Hauptnerv und sekundäre Nerven, meist 4 bis 6, an der Blattunterseite stärker hervortretend.[9]

Schnittdroge: *Geschmack.* Aromatisch bitter.[9]
Mikroskopisches Bild. Blätter bifacial mit oberseits starker Cuticula. Mächtiges Schwammparenchym, das ca. $^2/_3$ der Blattstärke ausmacht. Spaltöffnungen nur auf der Blattunterseite, etwas über die Epidermis emporgehoben. Palisadengewebe zweireihig. Palisaden der oberen Reihe höher und schlanker als die unteren; ihr Inhalt färbt sich mit Vanillin/HCl intensiv rot, mit $FeCl_3$-Lsg. fast schwarz, mit Kalilauge braun. Zwischen den oberen Palisaden derbwandige, annähernd rundliche Zellen mit Drusen oder Konglomeraten von Einzelkristallen von Calciumoxalat. Die Palisaden stehen auf Sammelzellen, die entweder trichterförmig sind oder eine bisquit- oder 8förmige Gestalt besitzen. Schwammparenchym aus typischen Sternparenchymzellen und zahlreichen Interzellularen; Oxalat fehlt. Die Zellen der untersten, der Epidermis angrenzenden Schicht sind als Trägerzellen ausgebildet und umgrenzen die Atemhöhlen der Spalten. Den beiderseitigen Epidermen anliegend, nie aber im zentralen Teil des Blattgewebes finden sich Sekretbehälter, die unter Mitwirkung einer Epidermiszelle, welche eine tangentiale Teilung eingeht, entsteht. Die lichte Weite der Behälter beträgt im Durchschnitt 50 bis 70 µm, doch kommen auch größere vor. Die Anzahl der Sekretbehälter ist hoch; in einem 15 mm langen Blatt finden sich reichlich 800. Haare sind am häufigsten an der Basis der Mittelnerven und auf dem Blattstiel zu finden. Es handelt sich um einfache Deckhaare, die hakenförmig gebogen, gerade gerichtet, an der Basis einseitig angeschwollen (sog. Kropfhaare) oder ringsum gleichmäßig (sog. Löffelhaare) sein können.[9]

Inhaltsstoffe: Die getrockneten Blätter enthalten ca. 1,3 % ätherisches Öl, dessen Zus. nicht näher untersucht ist. Im Geruch ähnelt es dem Myrtenöl.[10] Weiterhin enthält die Droge Gerbstoff, über dessen Zus. und Struktur keine Erkenntnisse vorliegen.[10]

Volkstümliche Anwendung und andere Anwendungsgebiete: In Chile werden die Blätter bei

Durchfall und Lungenleiden verwendet.[9] Die Wirksamkeit bei den genannten Anw.-Gebieten ist wissenschaftlich nicht belegt.

Eugenia chequen MOLINA

Synonyme: *Eugenia chekan* DC., *Eugenia cheken* HOOK. et ARN., *Luma chequen* (MOL.) A. GRAY, *Myrceugenella chequen* (MOL.) KAUSEL, *Myrtus cheken* SPR., *Myrtus dives* KNZE., *Myrtus luma* SCHAUER.[8,11,12]

Sonstige Bezeichnungen: Arrayán, chequén.[13]

Botanische Beschreibung: Bis zu 15 m hoher, immergrüner Baum, zuweilen aber von strauchartigem Aussehen. Blätter relativ klein, gewöhnlich 1 bis 2,5 cm lang, sehr kurz gestielt (1 bis 2 mm), gegenständig, eiförmig, oval oder lanzettlich, spitz, durchscheinend punktiert, ganzrandig, oberseits kahl, unterseits spärlich behaart, oft nur auf den Blattnerven. Blüten einzeln, selten zu dritt stehend. Blütenboden topfförmig, behaart. Kelchblätter 4, behaart oder bewimpert. Blütenblätter 4, weiß, oval, 5 bis 8 mm lang. Staubgefäße zahlreich; Staubbeutel sehr klein. Fruchtknoten kahl. Beeren rot oder schwarz-violett, kahl, kugelig, 6 bis 8 mm im Durchmesser, mit den persistierenden Kelchblättern bekrönt. Samen 1 bis 3, dunkel, linsenförmig, ca. 4 mm im Durchmesser. Blütezeit November bis Mai.[13,14]

Verbreitung: Beheimatet in Chile; in den Zentralprovinzen gemein, aber nicht häufig. Bevorzugt feuchtes, zerklüftetes Gelände.[14]

Drogen: Eugenia-chequen-Blätter.

Eugenia-Chequen-Blätter (Chekenblätter)

Synonyme: Folia Chekan, Folia Cheken, Folia Eugeniae, Herba Eugeniae.

Definition der Droge: Die getrockneten Blätter.

Stammpflanzen: *Eugenia chequen* MOLINA.

Ganzdroge: *Geruch.* Schwach aromatisch.[15]
Geschmack. Anfangs gewürzartig, später herb und bitter.[15]
Makroskopische Beschreibung. Blätter elliptisch, 1,3 bis 4 cm lang und 0,6 bis 2 cm breit, ledrig, vorne spitz oder stumpf, in den kurzen und dicken Blattstiel zusammengezogen, ganzrandig, Blattrand umgerollt, hellgrün, beiderseits kahl, schwach runzelig, drüsig punktiert, einnervig mit wenigen bogenförmigen, undeutliche Schlingen bildenden Sekundärnerven.[15]

Inhaltsstoffe: *Ätherisches Öl.* Die getrockneten Blätter enthalten ca. 1 % ätherisches Öl, zu dessen Zus. neuere Untersuchungen fehlen. Nach älteren Angaben enthält es etwa 75 % α-Pinen, 15 % 1,8-Cineol (= Eucalyptol) und 10 % höher siedende Anteile.[16]
Phenolische Inhaltsstoffe. Im Blatthydrolysat wurden die Flavonoidaglyka Myricetin, Quercetin und Kämpferol nachgewiesen. Weiterhin kommt *p*-Cumarsäure vor.[17]
Sonstige Inhaltsstoffe. Eine 1888 erschienene Publikation[16] berichtet die Isolierung von vier Substanzen in Mengen unter 0,01 % aus einem alkoholischen Blattextrakt. Die Substanzen wurden als Chekenon, Chekenin, Chekenitin und Chekenbitter bezeichnet; Angaben zur Struktur fehlen.

Reinheit: Asche: 9,5 %.[15]

Volkstümliche Anwendung und andere Anwendungsgebiete: Als Tonikum, Adstringens, Diuretikum und Expektorans, besonders bei chronischen Katarrhen der Atmungsorgane.[15,18]
Die Wirksamkeit bei den genannten Anw.-Gebieten ist wissenschaftlich nicht belegt.

Eugenia uniflora L.

Synonyme: *Eugenia michelii* LAMARCK, *Eugenia willdenowii* DC. (non WIGHT), *Eugenia zeylanica* WILLD., *Myrtus brasiliana* L., *Myrtus willdenowii* SPRENG., *Plinia pedunculata* L., *Plinia rubra* L., *Stenocalyx michelii* (BERG.) LEGRAND, *Stenocalyx michelii* (LAM.) BERG., *Stenocalyx pitanga* (BERG.) KIAERSK., *Stenocalyx uniflora* BERG.[19,20]

Sonstige Bezeichnungen: Dt.: Kirschmyrte; engl.: Surinam cherry; frz.: Cerise à côtes, cerise de Cayenne; port.:Arrayán, pitangueira; span.: Güili, mirto, ñangapiri.

Systematik: Durch die jahrelange Kultur haben sich verschiedene Varietäten herausgebildet, von denen besonders die großfrüchtigen beliebt sind.[21]

Botanische Beschreibung: Strauch oder niedriger Baum, 2 bis 5 m hoch, mit schlankem, armdickem Stamm, glatter, hellbräunlicher Rinde und offener, wenig belaubter Krone. Blüten duftend; Blütenstiele dünn, 1 bis 3,5 cm lang; Kelchröhre 1 bis 1,5 mm lang; Kelchblätter eiförmig-elliptisch, zurückgebogen, bewimpert, 2,5 bis 4 mm lang und ca. 2 mm breit; Kronblätter weiß, länglich-eiförmig, 8 bis 12 mm lang; Staubblätter ca. 60, 5 bis 7 mm lang. Beeren rot, saftig, rundlich, hängend, mit acht Längsfurchen, 1 bis 3 cm im Durchmesser; meist einsamig, selten zweisamig. Blätter beiderseits grün, sehr kurz gestielt (ca. 3 mm), elliptisch-eiförmig, stumpf-spitzig, am Grunde gerundet oder schwach herzförmig, an der Spitze stumpf oder kurzspitzig, kahl, dicht durchscheinend punktiert, 2,5 bis 7 cm lang und 1,5 bis 4,5 cm breit. Blattnerven netzartig; auf jeder Seite der Mittelrippe 4 bis 8 feine, leicht hervorstehende Seitennerven, die nach außen hin bogenförmig zusammenlaufen.[19,21-24]

Inhaltsstoffe: Die Rinde soll ca. 28 % Gerbstoff enthalten.[11]

Verbreitung: Heimisch in Brasilien, Paraguay und Uruguay.

Anbaugebiete: In tropischen und subtropischen Ländern als Heckenpflanze oder wegen der eßbaren Früchte kultiviert und verwildert.[22,24]

Drogen: Eugenia-uniflora-Blätter, Eugenia-uniflora-Früchte.

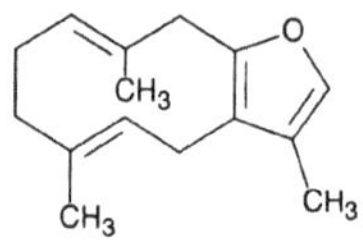

Furanodien

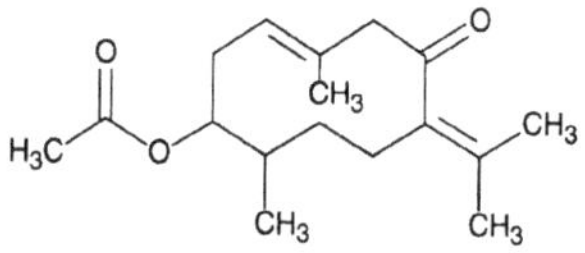

4-Acetoxygermacra-1,8(11)-dien-9-on

Eugenia-uniflora-Blätter

Synonyme: Eugenia-michelii-Blätter, Stenocalyx-michelii-Blätter, Stenocalyx-uniflora-Blätter.

Definition der Droge: Die getrockneten Blätter.

Stammpflanzen: *Eugenia uniflora* L.

Ganzdroge: Die frischen Blätter riechen schwach aromatisch und schmecken gewürzartig bitter.[21]

Inhaltsstoffe: *Ätherisches Öl.* Die Blätter enthalten ätherisches Öl, dessen Menge und Zus. je nach Herkunft des Pflanzenmaterials und der Jahreszeit sehr unterschiedlich ist.[25] Nach älteren Angaben wurden aus den frischen Blättern 0,14% eines ätherischen Öls von aromatischem Geruch und scharf brennendem Geschmack erhalten, aus dem eine nicht näher charakterisierte, als Pitangin bezeichnete Substanz auskristallisierte.[21] Als enthaltenes Monoterpen wird 1,8-Cineol (= Eucalyptol) genannt.[26] Für die Blätter von *Eugenia pitanga* wird ein Ätherisch-Öl-Gehalt von 0,4 bis 0,5% angegeben; als Hauptölinhaltsstoffe werden die Monoterpene Geraniol (21,6%), Citronellal (19,8%), Terpinen (15,3%), Cineol (8,5%), und Geranylacetat (6,4%) angegeben, daneben Sesquiterpenkohlenwasserstoffe (12,1%) und Harz (15,4%).[25] Die genannten Monoterpene konnten in neueren Untersuchungen im eingedampften ethanolischen Extrakt der Blätter dünnschichtchromatographisch nicht nachgewiesen werden.[27]
Pflanzenmaterial aus Nigeria. Die frischen Blätter enthalten ca. 1% ätherisches Öl, das hauptsächlich aus sauerstoffhaltigen Sesquiterpenen (> 65%) und Sesquiterpenkohlenwasserstoffen (> 23%) besteht. Der Monoterpenanteil beträgt ca. 4%. Hauptölbestandteile sind Furanodien (> 20%; s. Formel), Selina-1,3,7(11)-trien-8-on (ca. 17%) [I] und Oxidoselina-1,3,7(11)-trien-8-on (ca. 14%) [II]. In Anteilen von jeweils 1 bis 6% findet man 4-Acetoxygermacra-1,8(11)-dien-9-on (s. Formel), Bicyclogermacren, Caryophyllen, *β*-Elemen, Germacren B und Germacren D, (*E,E*)-Germacron [III], Globulol, *cis*-Ocimen und *trans*-Ocimen, *β*-Selinen, Selin-11-en-4*α*-ol, Spathulenol und Viridiflorol. 15 weitere Inhaltsstoffe mit Anteilen unter 1% wurden identifiziert. Die Entstehung von I und II ist aus III durch Dehydrogenierung bzw. Dehydrogenierung, Epoxidierung und Oxy-Cope-Umlagerung zu denken (s. Formel).[28]

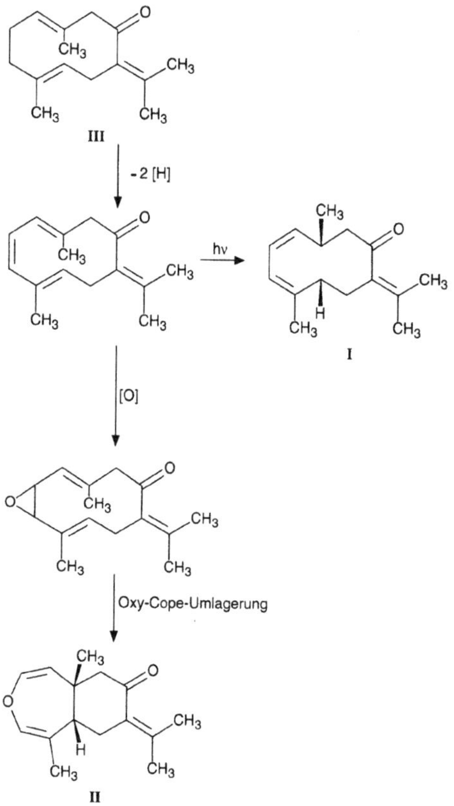

Hypothetische Entstehung von I und II aus (*E,E*)-Germacron III

Pflanzenmaterial aus Argentinien. Die frischen Blätter enthalten ca. 0,25% ätherisches Öl, das großenteils aus Monoterpenen besteht. Hauptinhaltsstoffe sind Carvon (14,4%), Pulegon (11,4%), Nerolidol (10,5%), Limonen (10,4%) und Verbenon (5%); weitere 12 Substanzen, die in geringeren Anteilen vorliegen, wurden identifiziert.[29]
Pflanzenmaterial aus Brasilien. Die Droge enthält ca. 0,45% ätherisches Öl, aus dem nach Trocknung und Stehenlassen im Eisschrank eine gelbliche Substanz auskristallisierte, die als Isofuranodien (= 3,6,10-Trimethyl-4,7,8,11-tetrahydrocyclodeca-

[b]furan; s. Formel unter Inhaltsstoffe der Droge Eugenia-uniflora-Früchte) identifiziert wurde.[30,31]
Triterpene. Aus dem ethanolischen Extrakt getrockneter Blätter wurden die Triterpene Friedelin (s. Formel), epi-Friedelinol und *β*-Sitosterol isoliert.[30]

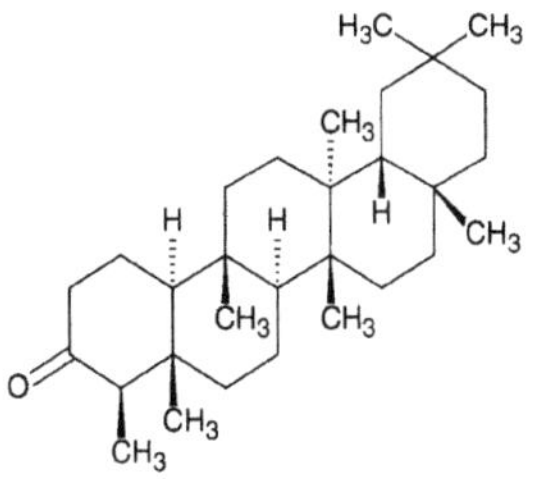

Friedelin

Flavonoide. In den Blättern wurden Quercitrin, Quercetin, Myricitrin und Myricetin nachgewiesen.[32] Außerdem sollen Leucoanthocyanidine vorhanden sein.[33]
Sonstige Inhaltsstoffe. Hexacosanol und Octacosanol wurden aus dem ethanolischen Extrakt getrockneter Blätter isoliert.[30] Ferner sind nicht näher charakterisierte Gerbstoffe enthalten.[21] Cyanogene Glykoside konnten bisher nicht nachgewiesen werden.[33,34]

Wirkungen: *Xanthinoxidasehemmung.* Der Trockenrückstand eines mit 70%igem Ethanol hergestellten Drogenextraktes zeigte eine Hemmwirkung auf das Enzym Xanthinoxidase; die Hemmkonz. (IC_{50}) betrug 22 µg/mL. Als aktives Prinzip wurden Quercitrin und Myricitrin ermittelt.[32]
Beeinflussung des Wurzelwachstums von Keimlingen. Das ätherische Öl von Eugenia-uniflora-Blättern zeigte bei Keimversuchen mit Salatsamen eine auxinähnliche Wirkung: In einer Konz. von 25 ppm bewirkte es eine Verlängerung der Keimlingswurzeln um 15 %, bei 200 ppm um 39 %; bei Konz. oberhalb von 200 ppm ging die Wurzellänge zurück.[35]
Antibakterielle und antimykotische Wirkung. Im Agardiffusionstest war das ätherische Öl der Blätter wirksam gegen *Pseudomonas aeruginosa* und in geringerem Maße gegen *Trichophyton mentagrophytes* sowie *Aspergillus niger*. Angaben zur wirksamen Konz. und Zus. des Öls fehlen. Die Wirksamkeit soll je nach Jahreszeit der Ölgewinnung stark schwanken. Keine Wirkung wurde gegen *Staphylococcus aureus* und *Serratia marcescens* beobachtet.[36] Die Angaben bedürfen der Überprüfung, Präzisierung und Quantifizierung. Bei der je nach Herkunft sehr unterschiedlichen Zus. des Öls erscheinen derartige Untersuchungen nur in Verbindung mit Inhaltsstoffangaben sinnvoll.
Wirkungen auf den Fettstoffwechsel. Die Wirksamkeit der Droge gegen Hyperlipoproteinämie konnte im Tierversuch an Cebus-apella-Affen (6 Tiere) nicht bestätigt werden. Der Trockenrückstand eines mit 70%igem Ethanol hergestellten Blattextraktes erwies sich in einer Dos. von 0,5 g/kg KG (entspr. ca. 1,5 g getr. Blätter/kg KG), in Form eines Sirups appl., als unwirksam gegen experimentell erzeugte Hypercholesterinämie. Lediglich Triglycerid- und VLDL-Spiegel waren zwei Wochen nach Absetzen der Fett-Cholesterin-Diät und der Blattextraktzubereitung signifikant ($p < 0{,}025$) verändert, so daß dem Pflanzenextrakt möglicherweise bzgl. Triglycerid- und VLDL-Spiegel eine protektive Wirkung zukommt.[37]

Volkstümliche Anwendung und andere Anwendungsgebiete: Decoct aus den Blättern in Südamerika bei Fieber und Gicht sowie als Tonikum, Diuretikum, Antihypertensivum, Digestivum und Antidiarrhoikum.[27,32,33,38]
Die Wirksamkeit bei den genannten Anw.-Gebieten ist wissenschaftlich nicht belegt.

Akute Toxizität: *Tier.* Die i. p. Appl. von 50, 100, 500 und 1.100 mg/kg KG des Trockenrückstandes eines mit 70%igem Ethanol hergestellten Drogenextraktes in einer 0,25%igen Agarlsg. zeigte bei Mäusen Wirkung auf das ZNS. Es wurde eine schnell einsetzende, dosisabhängige Verminderung der motorischen Aktivität, Lähmung der Hinterbeine, Verlust von Schutzreflexen sowie Cyanose an Auge, Ohr und Schwanz beobachtet.[32]

Toxikologische Daten: *LD-Werte.* Die LD_{50} des Trockenrückstandes eines mit 70%igem Ethanol hergestellten Drogenextraktes betrug bei Mäusen i. p. 220 mg/kg KG. Bei p. o. Gabe von Dos. bis zu 4,2 g/kg KG waren keinerlei Anzeichen einer Intoxikation feststellbar.[32]

Sonst. Verwendung: *Industrie/Technik.* Wie an Schafhäuten gezeigt wurde, haben Eugenia-uniflora-Blätter gute Gerbeigenschaften.[39]

Eugenia-uniflora-Früchte

Synonyme: Eugenia-michelii-Früchte, Stenocalyx-michelii-Früchte.

Sonstige Bezeichnungen: Engl.: Surinam cherry; port.: Ibipitanga, pitanga, pitanga amarella, ubipitanga.

Definition der Droge: Die frischen Früchte.

Stammpflanzen: *Eugenia uniflora* L.

Ganzdroge: *Aussehen.* Rote, kirschgroße Früchte. *Geschmack.* Angenehm süß-saures Aroma.

Inhaltsstoffe: *Ätherisches Öl.* Aus dem ätherischen Öl der Früchte wurden die Sesquiterpene Isofuranodien (= 3,6,10-Trimethyl-4,7,8,11-tetrahydrocyclodeca[b]furan; s. Formel), Germacren B, Selina-4(14),7(11)-dien (s. Formel), Furanoelemen (= Isofuranogermacren) und *γ*-Elemen isoliert, wobei die beiden letztgenannten Substanzen vermutlich Sekundärprodukte sind, die bei der Wasserdampfdestillation durch Cope-Umlagerung aus Isofuranodien bzw. Germacren B entstehen (s. Formel).[27]

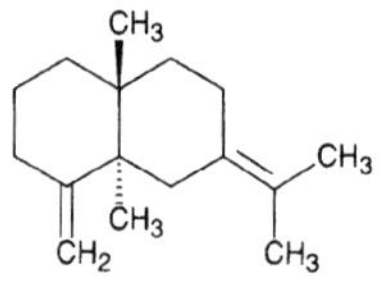

Selina-4(14),7(11)-dien

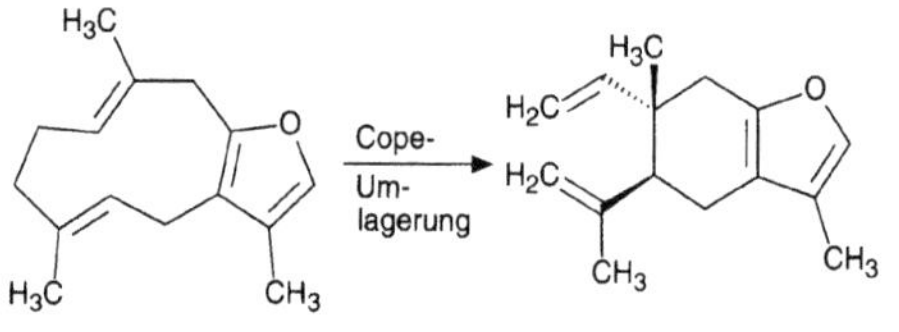

Isofuranodien Furanoelemen

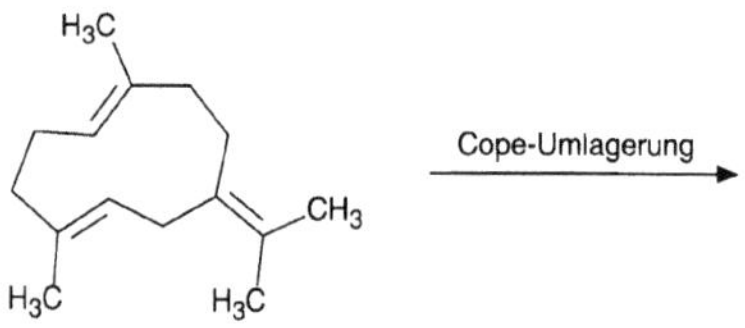

Germacren B

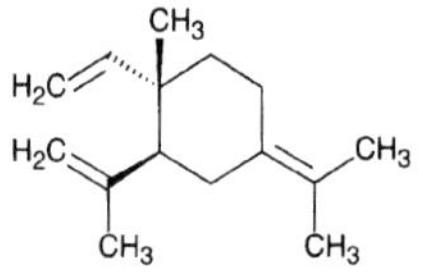

γ-Elemen

Vermutliche Entstehung von Furanoelemen und γ-Elemen aus Isofuranodien bzw. Germacren B

Zucker. Die Untersuchung des Zuckergehaltes der Früchte ergab 1,07 (± 0,03) % Fructose, 1,37 (± 0,02) % D-Glucose und 1,38 (± 0,26) % Sucrose.[40] Der Gesamtzuckergehalt wird mit 6,2 ± 0,1 %,[41] der Pektingehalt ca. 0,8 mg pro 100 g angegeben.[42]
Carotinoide. Verantwortlich für die karmesinrote Farbe der Früchte sind hauptsächlich Carotinoide. Der rel. hohe Gesamtcarotinoidgehalt liegt bei 225,9 ± 12,8 μg/g, der Vitamin-A-Wert bei 991 ± 83 RE/100 g. Hauptbestandteile der Carotinoidfraktion sind Lycopin (73 ± 1,4 μg/g), γ-Carotin (52,7 ± 4 μg/g) und β-Cryptoxanthin (47 ± 2,2 μg/g). Daneben wurden Rubixanthin (23,1 ± 2,2 μg/g), Phytofluin (13,1 ± 2,4 μg/g), β-Carotin (9,5 ± 2,1 μg/g) und ζ-Carotin (4,7 ± 1,6 μg/g) identifiziert.[41]
Fettes Öl. Im Fruchtfleisch dominieren Palmitin-, Öl-, Linol- und Linolensäure, in den Samen Palmitin- und Linolsäure.[43]
Sonstige Inhaltsstoffe. Der Ascorbinsäuregehalt der Früchte beträgt 16,3 ± 0,7 mg pro 100 g,[41] der Zitronensäuregehalt wird mit 1,88 % angegeben.[42] Das Fruchtfleisch ist reich an Tanninen (122 mg/100 g), die Samen enthalten reichlich Phosphate (234 mg P_2O_5/100 g) und Calcium (147 mg Ca/100 g).[43]

Wirkungen: *Antimikrobielle Wirkung.* Das ätherische Öl der Früchte soll im Agardiffusionstest gegen *Pseudomonas aeruginosa* antimikrobiell wirken. Nähere Angaben fehlen. Das Ergebnis bedarf der Überprüfung und Quantifizierung.[36]

Sonst. Verwendung: *Haushalt.* Die Früchte als Obst. Der Saft der Früchte wird zur Bereitung von Gelee, Sirup, Wein und Essig benutzt.[21]

1. Schmid R (1980) Taxon 29:559–595
2. Schmid R (1972) Am J Bot 59:423–436
3. Hgn, Bd. 9, S. 116–132
4. Engler A, Prantl K (1898) Die natürlichen Pflanzenfamilien, 3. Teil, Abt. 7 und 8, Verlag W. Engelmann, Leipzig, S. 78–82
5. Krüssmann G (1977) Handbuch der Laubgehölze, 2. Aufl., Paul Parey Verlag, Berlin Hamburg, Bd. 2, S. 51
6. Hgn, Bd. 5, S. 163–195
7. Gibbs RD (1974) Chemotaxonomy of Flowering Plants, McGill-Queen's University Press, Montreal London, Bd. 3, S. 1.467–1.470
8. Rodriguez R, Matthei O, Quezada M (1983) Flora arborea de Chile, Editorial de la Universidad de Concepcion, Concepcion (Chile)
9. Berger F (1950) Handbuch der Drogenkunde, Wilhelm Maudrich Verlag, Wien, Bd. 2, S. 136–137
10. GHo, Bd. 6, S. 117
11. Berger F (1981) Synonyma-Lexikon der Heil- und Nutzpflanzen, Österreichische Apotheker-Verlags GmbH, Wien, S. 318–319
12. Reiche C (1898) Flora de Chile, Imprenta Cervantes, Santiago de Chile, Bd. 2, S. 304–305
13. Johow (1945) Rev Chil Hist Nat:1–566
14. Navas Bustamante LE (1976) Flora de la Cuenca de Santiago de Chile, Ediciones de la Universidad de Chile, Bd. 2, S. 339
15. Berger F (1950) Handbuch der Drogenkunde, Wilhelm Maudrich Verlag, Wien, Bd. 2, S. 68
16. Weiss F (1888) Arch Pharm 226:665–682
17. Bate-Smith EC (1962) J Linn Soc (Bot) 58:95–173
18. Hag IV, Bd. 4, S. 861–862
19. Koorders SH, Valeton T (1900) Bijdrage No. 6 tot de Kennis der Boomsoorten op Java, G. Kolff & Co., Batavia
20. Legrand CD, Klein RM (1969) Mirtaceas. In: Reitz PR (Hrsg.) Flora ilustrada catarinense, Fasciculo MIRT, Itajai, Santa Catarina Brasil, S. 84–88
21. Peckolt T (1903) Ber Dtsch Pharm Ges 13:128–138
22. Backer CA, Bakhuizen van den Brink RC (1963) Flora of Java, Noordhoff Verlag, Groningen (Niederlande) Bd. 1, S. 337
23. Grisebach AHR (1864) Flora of the West Indian Islands, Lovell Reeve & Co., London
24. Howard AR (1989) Flora of the lesser Antilles, Jamaica Plain, Massachusetts, Bd. 5, S. 498–499
25. Coppetti V, González M (1922) Anal Soc Españ Fis Quim 20:406–419
26. Fester GA, Retamar JA, Ricciardi AIA (1960) Bol Acad Nacl Cienc (Cordoba) 42:13–22, zit. nach CA (1961) 55:21251
27. Rücker G, de Assis Brasil e Silva GA, Bauer L, Schikarski M (1977) Planta Med 31:322–327
28. Weyerstahl P, Marschall-Weyerstahl H, Christiansen C, Oguntimein BO, Adeoye AO (1988) Planta Med 54:546–549

29. Ubiergo G, Taher HA, Talenti C (1987) Anal Asoc Quim Argent 87:377–378
30. Rücker G, de Assis Brasil e Silva GA, Bauer L (1971) Phytochemistry 10:221–224
31. Rücker G, Schikarski M (1978) Arch Pharm 311:125–128
32. Schmeda-Hirschmann G, Theoduloz C, Franco L, Ferro E, Rojas de Arias A (1987) J Ethnopharmacol 21:183–186
33. Bandoni AL, Mendiondo ME, Rondina RVD, Coussio JD (1972) Lloydia 35:69–80
34. Kaplan MAC, Figueiredo MR, Gottlieb OR (1983) Biochem Syst Ecol 11:367–370
35. Oguntimein BO, Elakovich SD (1989) Planta Med 55:219
36. Adebajo AC, Oloke KJ, Aladesanmi AJ (1989) Fitoterapia 60:451–455
37. Ferro E, Schinini A, Maldonado M, Rosner J, Schmeda-Hirschmann G (1988) J Ethnopharmacol 24:321–325
38. Saggese D (1959) Yerbas medicinales argentinas, 10. Aufl., Antognazzi & Cia., San Lorenzo Rosario, S.32
39. El-Sherbeiny AEA, Saleh NAM (1974) Leather Sci (Madras) 21:313–315, zit. nach CA (1975) 82:87713
40. Chan HT, Lee CWQ (1975) J Food Sci 40:892–893
41. Cavalcante ML, Rodriguez-Amaya DB (1992) Develop Food Sci 29:643–650
42. Lewis YS, Neelakantan S (1959) Food Sci (Mysore) 8:386–387, zit. nach CA (1960) 54:11.324
43. Guimares FA, de Holanda LFF, Maia GA, Moura Fe de Anchieta J (1982) Cienc Tecnol Aliment 2:208–215

KH/Rg

Fagopyrum

HN: 2003900

Familie: Polygonaceae.

Unterfamilie: Polygonoideae.

Tribus: Polygoneae.

Subtribus: Polygoninae.

Gattungsgliederung: Zur Gattung Fagopyrum MILL. zählen einzig die beiden Arten *Fagopyrum esculentum* MOENCH und *Fagopyrum tataricum* (L.) GAERTNER.[30]

Gattungsmerkmale: Einjährige, aufrechte Kräuter mit wechselständigen, gestielten, herzförmigen oder dreieckig-pfeilförmigen Laubblättern. Blüten zwittrig, in blattwinkel- und endständigen, ährenartigen Thyrsen angeordnet. Blütenhülle blumenkronartig, fünfteilig, trichterförmig, zur Zeit der Fruchtreife nicht vergrößert, die Nußfrüchte umhüllend, jedoch viel kürzer als diese. Acht Staubblätter, freistehend. Fruchtknoten von einem drüsigen Ring umgeben, oberständig, aus drei Karpellen verwachsen, einfächerig, umschließt nur eine basale Samenanlage. Drei Griffel, miteinander verwachsen. Frucht einsamig, dreikantige Nuß, aus der Blütenhülle hervorragend. Keimling mit sehr breiten, mehrfach zusammengefalteten Keimblättern. Nährgewebe: Endosperm.[30]

Verbreitung: Die Gattung Fagopyrum ist in Zentralasien und Sibirien beheimatet und wurde erst im späten Mittelalter nach Europa gebracht.[30]

Inhaltsstoffgruppen: Die Gattung Fagopyrum enthält reichlich Flavonoide mit Rutin als Hauptkomponente sowie bevorzugt in den Blüten noch photosensibilisierende Naphthodianthrone.

Drogenliefernde Arten: *Fagopyrum esculentum*: Fagopyrum-esculentum-Kraut, Fagopyrum esculentum hom. *HAB 1*, Fagopyrum esculentum hom. *HPUS 88*.

Fagopyrum esculentum MOENCH

Synonyme: *Fagopyrum cereale* (SALISB.) RAFIN., *F. sagittatum* GILIB., *F. sarracenicum* DUMORT., *F. vulgare* HILL., *Phegopyrum esculentum* (MOENCH) PETERM. *Polygonum cereale* SALISB., *Polygonum fagopyrum* L.[30]

Sonstige Bezeichnungen: Dt.: Echter Buchweizen, Heidenkorn; engl.: Buckwheat; frz.: Blé noir, Renouée Sarrasin, Sarrasin; dän.: Boghvede; it.: Fagopiro, Grano saraceno; pol.: Gryka wlasciwa; tsch.: Heyduse, Pohanka.[30]

Botanische Beschreibung: Einjährige Pflanze, 15 bis 60 cm hoch. Wurzel spindelförmig. Stengel aufrecht, saftig, wenig ästig, kahl, rund, hohl, später meist rot überlaufen. Laubblätter wechselständig, herzpfeilförmig zugespitzt, so lang oder länger als breit, im Umriß fast fünfeckig, Lappen stumpf oder abgerundet, am Rande weit ausgeschweift; die unteren Blätter lang gestielt, die obersten fast ungestielt. Ochrea sehr kurz, schief gestutzt und kahl. Blüten in kurzen, kompakten, langgestielten, blattwinkel- und endständigen Thyrsen. Hochblätter nur am Rande häutig durchscheinend. Blütenhülle 3 bis 4 mm lang, fünfteilig, rosarot oder weiß, am Grunde zuweilen grün. Acht Staubgefäße mit am Grunde goldgelben Nektarien. Nußfrüchte scharf dreikantig, kastanienbraun, 5 bis 6 mm lang, 3 bis 4 mm breit, zuerst glänzend, später matt. Chromosomenzahl: $n = 8$. Blütezeit: Juli bis Oktober.[30]

Inhaltsstoffe: Im Kraut und in den Blüten liegen die Flavonolglykoside Rutin, Quercitrin und Hyperosid vor.[1-5]
Im Verlaufe der Vegetationsperiode erreicht der Rutingehalt bis zur Vollblüte sein Maximum und nimmt zur Fruchtreife hin stark ab. Während des Tages nimmt der Rutingehalt bis zum Abend zu und sinkt über Nacht wieder ab. Die Rutinbildung steht in engem Zusammenhang zur Photosynthese und wird im Licht stark gefördert. Beschattete Pflanzen enthalten daher deutlich weniger Rutin.[2-4]
Als natürliche Abbauprodukte des Rutins können in den Blättern Protocatechusäure und Phloroglucin nachgewiesen werden.[6] Die photodynamisch wirksamen Naphthodianthrone Protofagopyrin und Fagopyrin (Strukturformel s. Fagopyrum-esculentum-Kraut) sind im wesentlichen auf die Blüten beschränkt. In getrockneten Blüten kann man, je nach Sorte, 0,01 bis 0,03 % Fagopyrin nachweisen.[7-10] Die Keimlinge enthalten in den Kotyledonen die *C*-Glykosylflavone Orientin, Isoorientin, Vitexin, Isovitexin sowie Rutin. Der Gesamtflavonoidgehalt beträgt ca. 1 %;[11-13] im Hypokotyl können noch Anthocyane, Leucoanthocyane sowie Chlorogensäure nachgewiesen werden.[12,13]
In den Nußfrüchten kommen, bezogen auf das Trockengewicht, 50 bis 63 % Stärke, 3 % Rohfett, 12 % Rohfasern, 1,5 % Tannine und 12 % Rohprotein vor. Das Eiweiß besitzt mit 93 % eine im Vergleich zu Getreideeiweiß (Weizen: 63 %; Gerste: 76 %) relativ hohe biologische Wertigkeit, die auf das Vorliegen verschiedener essentieller Aminosäuren wie Leucin, Isoleucin, Lysin, Methionin und Phenylalanin zurückzuführen ist. Damit gehört der Buchweizen zu den hochwertigen pflanzlichen Eiweißlieferanten. In der nichtproteinogenen Aminosäurefraktion liegen die seltenen Aminosäuren L-2-(2'-Furoyl)alanin, *N*-(2'-Hydroxybenzyl)allo-4-hydroxy-L-glutamin, *N*-(4'-Hydroxybenzyl)-L-glutamin und Saccharopin sowie die seltenen Amine Salicylamin, 2-Hydroxy-*N*-(2'-hydroxybenzyliden)benzylamin und 4-Hydroxybenzylamin vor.[14-17] Buchweizenfrüchte enthalten außerdem relativ viel B-Vitamine (5 mg/100 g Mehl) sowie die Flavonoide Rutin, Aromadendrin-3-*O*-galactosid und Taxifolin-3-*O*-xylosid.[1,3,18,19]

Verbreitung: Heimisch in Zentralasien: Nordchina, Südsibirien, Steppen von Turkestan. Vom Baikalsee bis in die Mandschurei kommt der Echte Buchweizen noch heute wild vor. In Europa wird er auf leichten, mäßig sauren Sandböden als Mehlfrucht-, Bienenfutter- und Gründüngungspflanze kultiviert. Auf Schutt, wüsten Plätzen und Äckern verwildernd.[30]

Anbaugebiete: Bis zum Ende des 16. Jahrhunderts breitete sich der Buchweizenanbau in Europa südlich und nördlich der Alpen aus und erlangte als Nahrungslieferant im 17. und 18. Jahrhundert seine größte Bedeutung. Heute erfolgt der Anbau noch in Österreich, Südtirol, auf dem Balkan, in Osteuropa sowie in Japan, China, Kanada, Brasilien, Südafrika und Australien. Aufgrund der ernährungsphysiologisch hochwertigen Frucht läßt sich in den letzten Jahren eine verstärkte Nachfrage nach Buchweizen als Nahrungsmittel feststellen.[1]

Drogen: Fagopyrum-esculentum-Kraut, Fagopyrum esculentum hom. *HAB 1*, Fagopyrum esculentum hom. *HPUS 88*.

Fagopyrum-esculentum-Kraut (Buchweizenkraut)

Synonyme: Fagopyri herba, Herba Fagopyri.

Monographiesammlungen: Fagopyrum *BHP 83*

Definition der Droge: Die zur Blütezeit geernteten und getrockneten Blätter und Blüten der Pflanze.

Stammpflanzen: *Fagopyrum esculentum* MOENCH.

Herkunft: Aus dem Anbau der Pflanze. Lieferländer sind vor allem osteuropäische Länder wie z. B. Ungarn, das ehemalige Jugoslawien, die Ukraine, Rußland sowie Brasilien und Südafrika.[1]

Gewinnung: Das Buchweizenkraut wird 50 bis 60 Tage nach der Aussaat geerntet, noch ehe die Fruchtausbildung erfolgt ist. Während der Trocknung des Krautes tritt ein Rutinverlust auf. Untersuchungen haben gezeigt, daß der Verlust an Rutin am größten ist, wenn der Trocknungsvorgang zu lange dauert und bei zu niedrigen Temperaturen vorgenommen wird. Die niedrigsten Rutinverluste im Kraut treten bei einer Trocknungstemperatur von 105 bis 135 °C und einer Trocknungsdauer von 20 bis 40 min auf.[2,4,6]

Schnittdroge: *Makroskopische Beschreibung.* Blattstücke dunkelgrün, 5 bis 8 mm lang und 2 bis 4 mm breit. Vorhandene Sproßstücke grünlichbraun, bis 2 cm lang und 2 mm breit. Blüten 1 bis 2 mm lang, weiß oder rosafarben, in Thyrsen, manchmal aber auch als abgebrochene Einzelblüten vorliegend.[20,31]

Mikroskopisches Bild. Epidermiszellen der Blätter mit dünnen, welligen, antiklinen Zellwänden. Anomocytische Stomata mit stärkehaltigen Schließzellen. In Blatt und Stengel zahlreiche kleinere und größere Oxalatdrusen, im Mesophyll auch kleine, prismatisch geformte Einzelkristalle. Häufig Kristallzellreihen entlang der Wasserleitungsgefäße. Wasserleitungsgefäße schwach lignifiziert, mit ringförmig oder netzförmig verstärkten Zellwänden. Vereinzelt kugelförmige Pollenkörner von 30 bis 60 µm im Durchmesser, mit warziger Exine und nur einer Austrittsspalte. Blütennarbe mit papillösen Epidermiszellen und gestreifter Cuticula.[20,31]

Minderqualitäten: In der Droge sollte der Anteil der Stengelstückchen maximal 15 %, der Fruchtanteil maximal 10 % betragen.

Inhaltsstoffe: Die Blätter enthalten bis zu 8 %, die Blüten bis zu 4 % und die Stengel bis zu 0,4 % Rutin. Der Rutin- und Gesamtflavonoidgehalt im Kraut ist von der Sorte und dem Standort abhängig. Er unterliegt vegetationszeitlichen und tagesperiodischen Schwankungen. (s. *F. esculentum*).[2–4]
Das zur Blütezeit geerntete Buchweizenkraut enthält außerdem noch ca. 0,01 % Fagopyrin.[21]

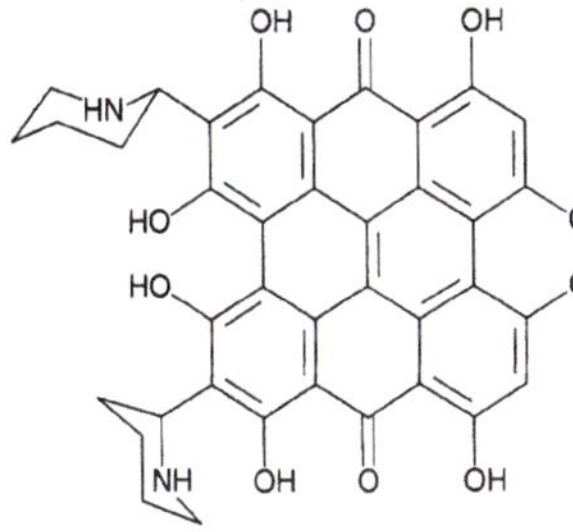

Fagopyrin

Zubereitungen: Die Droge ist als Buchweizentee und Buchweizentablette im Handel erhältlich.

Identität: DC-Nachweis von Rutin (vgl. Fagopyrum esculentum hom. *HAB 1*):
- Untersuchungslsg. (U): Methanolischer Drogenauszug;
- Referenzlsg. (R): Chlorogensäure, Hyperosid und Rutin in MeOH;
- Sorptionsmittel: HPTLC-Kieselgel 60-Fertigplatten;
- FM: Ethylacetat-Wasser-wasserfreie Ameisensäure-Essigsäure 98 % (72 + 14 + 7 + 7);
- Detektion: Besprühen mit einer 1 %igen (*m/V*) Lsg. von Diphenylboryloxyethylamin in MeOH, anschl. mit einer 5 %igen (*m/V*) Lsg. von Macrogol 400 in MeOH; Auswertung im Vis bzw. UV 365 nm;
- Auswertung: Im Chromatogramm (vgl. Abb.) der Untersuchungslsg. ist im Vis die gelborange Rutinzone zu erkennen, in Höhe der Referenzsubstanz Hyperosid eine schwächere gelborange Zone sowie darüber eine gelbe Zone; weitere schwächere Zonen sind vorhanden. Im UV 365 nm sieht man im Chromatogramm der Untersuchungslsg. neben der intensiv orange fluoreszierenden Rutinzone zwei dicht übereinanderliegende hellblaue Zonen in Höhe der Referenzsubstanz Chlorogensäure, eine schwächere orange Zone in Höhe der Referenzsubstanz Hyperosid sowie darüber eine gelbgrüne Zone.[33]

Gehalt: *BHP 83* fordert für die Droge einen Rutingehalt von 3 bis 8 %. Aufgrund der heute zur Verfügung stehenden Sorten sollte eine qualitativ gute Droge mindestens 4 % Rutin enthalten.[1]

Gehaltsbestimmung: Bestimmt wird der Rutingehalt eines methanolischen Drogenextraktes mittels DC-Scanner bei 260 nm:[22]

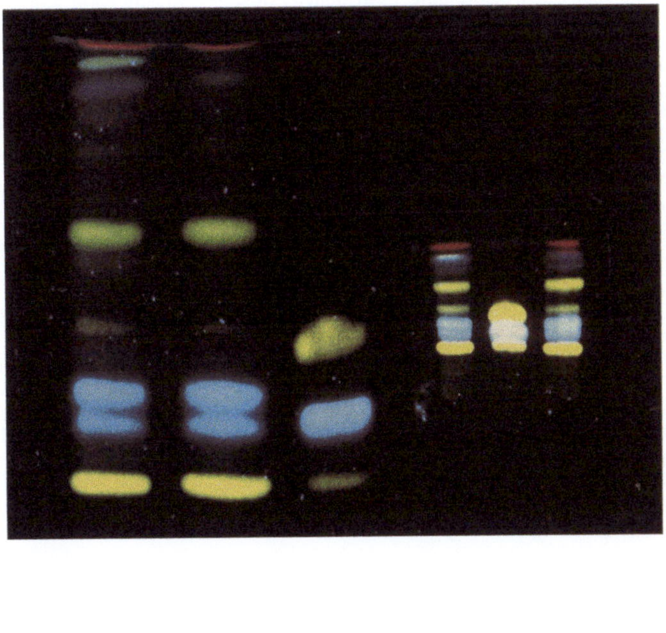

DC von Buchweizenkraut im UV 365 nm. Linke Hälfte: DC (10 × 20 cm); von links U1, U2, R. Rechte Hälfte: Mikro DC (5 × 5 cm); von links U1, R, U2. R: Mit steigenden Rf-Werten Rutin, Chlorogensäure, Hyperosid.

- Sorptionsmittel: DC-Fertigplatte Kieselgel 60 (ohne Fluoreszenzindikator);
- Untersuchungslösung: Methanolischer Drogenextrakt;
- Vergleichslösung: Definierte Mengen an authentischem Rutin in Methanol;
- Fließmittel: Ethylacetat-Ameisensäure-Wasser (100 + 20 + 30).

Stabilität: Ein unkontrollierter Trocknungs- und Welkvorgang führt beim Kraut zu einem beträchtlichen Rückgang des Rutin- und Gesamtflavonoidgehaltes. Das Kraut sollte daher nach der Ernte sofort getrocknet oder verarbeitet werden. Bei sorgfältiger Trocknung bleibt der Rutingehalt im Kraut über längere Zeit sehr stabil; es wird berichtet, daß Lagerungszeiten von sechs Monaten und mehr zu keinem Rutinverlust im Kraut führen.[2,4]

Volkstümliche Anwendung und andere Anwendungsgebiete: Buchweizenkraut (meist als Teezubereitung) wird volkstümlich als Venen- und Gefäßtonikum sowie zur Vorbeugung gegen allgemeine Arterienverkalkung angewendet. Bei venösen Stauungen bzw. bei Krampfaderbildung soll sich die rutinhaltige Droge günstig auf die Beschwerden auswirken.[23,24]
Die Wirksamkeit bei den genannten Anwendungen ist gegenwärtig nicht belegt (→ Hdb. 9, Rutin).

Tox. Inhaltsstoffe u. Prinzip: Als Fagopyrismus (Syn.: Dt.: Buchweizenausschlag, Buchweizenexanthem, Buchweizenkrankheit, Buchweizenvergiftung; engl.: Buckwheatpoisoning; frz.: Fagopyrisme) bezeichnet man eine seit Jahrhunderten bekannte, zuerst 1539 näher beschriebene Lichtkrankheit, die bei Pferden, Kühen, Schafen, Ziegen und Schweinen nach dem Verzehr von frischen, blühenden Buchweizenpflanzen auftritt, wenn die Tiere dem Sonnenlicht ausgesetzt werden. Die Tiere werden im Licht unruhig, kratzen und wälzen sich. Besonders an weniger oder gar nicht behaarten Körperstellen, wie Schnauze, Ohren, Augenlidern und Füßen treten Schwellungen auf, denen Entzündungsprozesse folgen. Diese Krankheit wird durch die photosensibilisierenden Naphthodianthron-Derivate Protofagopyrin bzw. Fagopyrin hervorgerufen. Da blühende Buchweizenpflanzen nur noch selten als Viehfutter verwendet werden, spielt die Krankheit bei Tieren heute kaum noch eine Rolle.[7,8,25]
Volksmedizinisch werden bevorzugt Teezubereitungen aus Buchweizenkraut verwendet. Im Gegensatz zur Droge enthalten daraus hergestellte Teezubereitungen kein Fagopyrin.[21]

Akute Toxizität: *Tier.* Untersuchungen zur akuten Toxizität wurden mit einem eingedickten Wasserextrakt aus Buchweizenkraut durchgeführt. Definierte Mengen des Wasserextraktes wurden in 0,8 %igem, wäßrigen Hydroxypropylmethylcellulosegel aufgenommen und männlichen sowie weiblichen NMRI-Mäusen einmalig per Magensonde verabreicht: LD_{50} männliche Tiere: 24,5 g/kg KG p.o., LD_{50} weibliche Tiere: 25,5 g/kg KG p.o. Die niedrigste toxische Dosis betrug 14,7 g Wasserextrakt/kg KG p.o.; die Tiere starben 30 bis 60 min nach Gabe des Wasserextraktes unter tonischen Krämpfen bzw. Springkrämpfen. Die Sektion der gestorbenen Tiere war ohne spezifischen pathologischen Befund.[26] Nach diesen Ergebnissen ist die akute Toxizität des Buchweizenkrautes verhältnismäßig gering und läßt auch für den Menschen kein Risiko einer akuten Vergiftung erwarten.

Chronische Toxizität: *Mensch.* In einer klinischen Studie erhielten 104 Frauen und 62 Männer während eines Untersuchungszeitraumes von 12 Wochen mehrmals täglich Buchweizentabletten bzw. Buchweizentee, ohne daß Nebenwirkungen beobachtet wurden.[24] Die in der Literatur mehrfach beschriebenen Buchweizenallergien beim Menschen sind in der Regel auf den Umgang mit Buchweizenfrüchten bzw. Buchweizenmehl zurückzuführen.[27,28]

Toxikologische Daten: *LD-Werte.* s. Akute Toxizität beim Tier. *Pflanzengiftklassifizierung.* Giftig +.[32]
Im Gegensatz zu Lit.[32] wird der Buchweizen in der Liste giftiger Pflanzen des Bundesministeriums für Jugend, Familie und Gesundheit vom 10.3.1975 nicht als Giftpflanze geführt.

Fagopyrum esculentum hom. *HAB 1*

Monographiesammlungen: Fagopyrum esculentum *HAB 1*.

Definition der Droge: Die frischen, nach der Blüte und vor der Fruchtreife geernteten oberirdischen Teile.

Stammpflanzen: *Fagopyrum esculentum* MOENCH.

Zubereitungen: Urtinktur und flüssige Verdünnungen nach *HAB 1*, Vorschrift 3a; Eigenschaften: Die Urtinktur ist von gelblichbrauner Farbe ohne besonderen Geruch und Geschmack. Darreichungsformen: Urtinktur, fl. Verdünnungen, Streukügelchen, Verreibungen, Tabletten, fl. Verdünnungen zur Injektion, Salben.[29]

Identität: *Urtinktur.* Versetzt man die Urtinktur mit Magnesiumspänen und Salzsäure, so entsteht eine in Amylalkohol ausschüttelbare Rotfärbung. Nach Zusatz einer wäßrigen Eisen(III)chlorid-Lösung entsteht eine olivgrüne Färbung. Nachgewiesen wird u. a. Rutin, das durch Mg/HCl in ein tiefrotes Anthocyan bzw. mit $FeCl_3$ in einen grüngefärbten Chelatkomplex überführt wird.
DC der Urtinktur:
- Sorptionsmittel: Kieselgel H;
- Vergleichslsg.: Rutin, Kaffeesäure, Hyperosid in Methanol;
- Fließmittel: Ethylacetat-Ameisensäure-Wasser (80 + 10 + 10);
- Detektion: Das Chromatogramm wird 10 min bei 105 bis 110 °C getrocknet. Danach wird zuerst mit einer einprozentigen Lösung von Diphenylboryloxyethylamin in Methanol, anschließend mit einer fünfprozentigen Lösung von Polyethylenglykol in Methanol besprüht; die Auswertung des Chromatogramms erfolgt im UV-Licht bei 365 nm;

- Auswertung: Das Chromatogramm der Vergleichslösung zeigt im unteren Drittel des Rf-Wertbereiches den gelborange fluoreszierenden Fleck des Rutins, im mittleren Drittel den orange fluoreszierenden Fleck des Hyperosids und im oberen Drittel den blaugrün fluoreszierenden Fleck der Kaffeesäure. Das Chromatogramm der Untersuchungslösung zeigt in Höhe der Vergleichssubstanz Rutin einen gelborangefarbenen, knapp oberhalb des Hyperosids einen blaugrünen, etwa in Höhe der Kaffeesäure einen blauen und knapp darüber einen orangefarbenen Fleck. Im mittleren Rf-Wertbereich der Untersuchungslösung kann ein gelborangefarbener Fleck vorhanden sein.

Reinheit: Urtinktur. - Relative Dichte: 0,895 bis 0,915.
- Trockenrückstand: Mindestens 1,0%.

Lagerung: Urtinktur. Vor Licht geschützt aufbewahren.

Anwendungsgebiete: Entsprechend dem homöopathischen Arzneimittelbild.
Dazu gehören: Kopfschmerzen; Haut- und Lebererkrankungen mit Juckreiz.

Dosierung und Art der Anwendung: Soweit nicht anders verordnet:
Ein- bis dreimal täglich fünf bis zehn Tropfen, eine Messerspitze Verreibung, eine Tablette oder fünf bis zehn Streukügelchen einnehmen. Salben ein- bis zweimal täglich auftragen. Injektionslösungen zweimal wöchentlich 1 ml sc. injizieren.[29]

Unerwünschte Wirkungen: Nicht bekannt. Hinweis: Es können vorübergehend Erstverschlimmerungen vorkommen, die jedoch unbedenklich sind.[29]

Gegenanzeigen/Anwendungsbeschr.: Nicht bekannt.[29]

Wechselwirkungen: Nicht bekannt.[29]

Gesetzl. Best.: *Offizielle Monographien.* Aufbereitungsmonographie der Kommission D am BGA "Fagopyrum esculentum (Fagopyrum)".[29]

Fagopyrum esculentum hom. HPUS 88.

Monographiesammlungen: Fagopyrum esculentum *HPUS 88.*

Definition der Droge: Die ganze Pflanze.

Stammpflanzen: *Fagopyrum esculentum* MOENCH.

Zubereitungen: Urtinktur 1:10 durch Mazeration oder Perkolation mit Ethanol nach den allg. Zubereitungsvorschriften des *HPUS 88.* Ethanolgehalt 65% (*V/V*).

1. Opperer J (1982) Buchweizen, eine Pflanze früherer Jahrhunderte oder eine Pflanze mit Zukunft? Diplomarbeit, TU München, Fachbereich Landwirtschaft und Gartenbau in Weihenstephan
2. Nöll G (19855) Pharmazie 10:609–615, 679–691
3. Bässler R (1957) Pharmazie 12:758–772, 834–841
4. Couch JF, Naghski J, Krewson CF (1946) Science 103:197–198
5. Ali MA, Kagan J (1974) Phytochemistry 13:1.479–1.482
6. Noguchi J, Mori S (1969) Arch Biochem Biophys 132:352–354
7. Brockmann H, Weber E, Pampus G (1952) Ann Chem Pharm 575:53–83
8. Zem, Bd. 14, S. 141–185
9. Brockmann H, Lackner H (1979) Tetrahedron Lett 18:1.575–1.578
10. Chick H, Ellinger P (1941) J Physiol 100:212–230
11. Margna U, Hallop L, Margna E, Tohver M (1967) Biochim Biophys Acta 136:396–399
12. Margna U, Vainjärv T (1983) Z Naturforsch 38c:711–718
13. Amrhein N (1979) Phytochemistry 18:585–589
14. Koyama M, Tsujizaki Y, Sakamura S (1973) Agr Biol Chem 37:2.749–2.753
15. Koyama M, Obata Y, Sakamura S (1971) Agr Biol Chem 35:1.870–1.879
16. Ischihara A, Hasegawa H, Sato H, Koyama M, Sakamura S (1973) Tetrahedron Lett 1:37–38
17. Nabata K, Koyama M, Sakamura S (1973) Agr Biol Chem 37:1.401–1.406
18. Samaiya GC, Saxena VK (1989) Fitoterapia 1:84
19. Schindler H (1954) Dtsch Apoth Ztg 94:995–997
20. McClement J, Jackson BP (1970) J Pharm Pharmacol 23:612–620
21. Dokumentation der Firma Fink, Herrenberg (1990)
22. Schilcher H, Müller A (1981) Proceedings of the International Bioflavonoid Symposium, München, FRG
23. Wanderka H (1981) Angew Phytother 6:1–8
24. Schilcher H, Patz B, Schmidt KC (1990) Aerztezschr Naturheilverf 81:819–826
25. Lutz HEW, Schmid G (1930) Biochem Z 226:67–69
26. Leuschner L (1979) Prüfung der akuten Toxizität von Buchweizenkraut an Mäusen bei oraler Verabreichung, Dokumentation der Firma Fink, Herrenberg
27. Matsumura T, Tateno K, Yugami S, Kuroume T (1964) J Asthma Res 1:219–227
28. Göhte CJ, Wieslander G, Ancker K, Forsbeck M (1983) Allergy 38:155–159
29. BAz Nr. 217a vom 22.11.1985
30. Heg, Bd. III, Teil 1, S. 434–436
31. BHP 83
32. Roth L, Daunderer M, Kormann K (1987) Giftpflanzen, Pflanzengifte, ecomed, Landsberg München, S. 314–315
33. Ihrig M (1992) Pharm Ztg 137:24

Rg/KH

Fallopia

HN: 2037700

Familie: Polygonaceae.

Unterfamilie: Polygonoideae.

Tribus: Polygoneae.[1]

Gattungsgliederung: Die Taxa der hier behandelten Gattung Fallopia ADANS. emend. RONSE DE-

CRAENE zählten früher zur Sektion Tiniaria MEISSNER der Gattung Polygonum L. s. l. Später wurden die aufrechten, mit Rhizomen versehenen, perennierenden Kräuter von den kletternden, annuellen und perennierenden Arten abgetrennt und als eigenständige Gattungen Reynoutria und Fallopia neben der Gattung Polygonum s. str. behandelt.[2] Gestützt auf umfangreiche cytologische und blütenbiologische Untersuchungen werden die beiden Gattungen Reynoutria und Fallopia in neuesten Arbeiten[1,3] zur Gattung Fallopia ADANS. zusammengefaßt, die in drei[1] Sektionen (Fallopia, Reynoutria, Sarmentosa) bzw. in vier[3] Sektionen eingeteilt wird:

- sect. Fallopia; umfaßt die annuellen Kletterer *F. convolvulus* (L.) LÖVE, *F. dumentorum* (L.) HOLUB und *F. scandens* (L.) HOLUB;
- sect. Parogonum HARALDSON; umfaßt die perennierenden Kletterer *F. cilinodis* (MICHX.) HOLUB und *F. cynanchoides* (HEMSL.) HARALDSON;
- sect. Reynoutria (HOUTT.) RONSE DECRAENE; umfaßt die robusten, aufrechten, Rhizome ausbildenden, perennierenden Kräuter *F. japonica* (HOUTT.) RONSE DECRAENE und *F. sachalinensis* (SCHMIDT ex MAXIM.) RONSE DECRAENE;
- sect. Sarmentosa (GRINTZ.) HOLUB (= Pleuropterus (TURCZ.) HARALDSON); umfaßt die holzigen Kletterer *F. baldschuanica* (REGEL) HOLUB und *F. multiflora* (THUNB.) HARALDSON.

Gattungsmerkmale: Pflanzen annuell oder perennierend, krautig oder holzig, aufrecht oder kletternd, hapaxanth oder pollakanth, mit oft weitkriechenden Rhizomen. Blätter eirund bis herzförmig oder pfeilförmig, mit Nebenblattscheide (Ochrea) und langen Blattstielen. Infloreszenz rispig oder Blüten in Büscheln in den Blattachseln. Blüten bisexuell oder unisexuell. Perigon 5zählig, äußere Tepalen gekielt oder geflügelt. Narbe dreieckig, köpfchenförmig oder schildförmig mit gefranstem Rand oder köpfchenförmig und glatt. Griffel kurz, mehr oder weniger dreiteilig. Gynoeceum 3zählig. 8 Staubblätter mit introrsen Antheren. Filamente an der Basis erweitert und dorsiventral abgeflacht bis zylindrisch. Häufig extraflorale, papillenförmige Nektarien an der Basis der Filamente vorhanden. Pollen 3colporat. Achäne dreikantig. Basischromosomenzahl: $n = 10$ oder 11.[1–3] Pflanzen diploid, tetraploid oder oktoploid, seltener polyploid. Polyploidie ist auf die Taxa der sect. Reynoutria und den annuellen Kletterer *F. convolvulus* beschränkt[3] und ist mit Großwüchsigkeit und asexueller Reproduktion verbunden. Neue, sproßbürtige Pflanzen gehen aus Rhizomstücken hervor.[3]

Verbreitung: Die Gattung Fallopia ADANS. ist ursprünglich in Europa, Asien und Nordamerika heimisch. Inzwischen sind die meisten Arten überall auf der Erde eingebürgert, vor allem aber in der nördlichen Hemisphäre. Die ostasiatischen Arten *F. japonica* (HOUTT.) RONSE DECRAENE und *F. sachalinensis* (SCHMIDT ex MAXIM.) RONSE DECRAENE stellen in Europa problematische Unkräuter dar.[3]

Inhaltsstoffgruppen: Typische Inhaltsstoffe der Gattung Fallopia sind Anthrachinone und Gerbstoffe.[2,4]

Drogenliefernde Arten: *F. japonica*: Fallopia-japonica-Rhizom; *F. multiflora*: Fallopia-multiflora-Rhizom, Fallopia-multiflora-Stengel.

Fallopia japonica (HOUTT.) RONSE DECRAENE

Synonyme: *Pleuropterus cuspidatus* (SIEB. et ZUCC.) GROSS, *Polygonum cuspidatum* SIEB. et ZUCC., *Reynoutria japonica* HOUTT., *Tiniaria japonica* (HOUTT.) HEDBERG.[2,21]

Sonstige Bezeichnungen: Dt.: Japanischer Knöterich, Schildblättriger Windenknöterich.[22]

Systematik: Von *Fallopia japonica* sind u. a. folgende Varietäten bekannt: var. *compacta*, var. *japonica*, var. *terminalis*, var. *uzenensis*.[3]

Botanische Beschreibung: Pflanze ausdauernd, mehr oder weniger kahl. Rhizom kriechend, lange unterirdische Ausläufer treibend. Stengel bis über 2 m hoch, oberwärts buschig verzweigt, oft rot überlaufen. Blätter zweizeilig angeordnet, gestielt, 5 bis 10 cm lang, 10 cm breit, breit-eiförmig, am Grunde abgerundet, gestutzt oder keilförmig verschmälert, gegen die Spitze zugespitzt, von ziemlich derber, fast lederartiger Konsistenz. Nebenblattscheide (Ochrea) kurz, hinfällig. Blütenstand rispenartig verzweigt. Scheinähren 3 bis 8 cm lang, zahlreich in den Achseln der oberen Laubblätter stehend, ziemlich dichtblütig. Tragblätter sehr klein, häutig. Blüten klein, zweihäusig. Blütenhülle grünlichweiß, die äußeren Abschnitte am Rücken geflügelt, die Flügel am gegliederten Blütenstiel herablaufend. Blütennarben gewimpert. Fruchtperigon vergrößert, 4 bis 6 mm im Durchmesser. Nüsse etwa 4 mm lang, dreiseitig, glänzend, von der Blütenhülle eingeschlossen. Blütezeit: August bis September.[21]

Inhaltsstoffe: Im Kraut findet man Flavonole mit Quercitrin und Quercetin-3-*O*-xylosid (0,3 %) als Hauptglykoside sowie in geringerer Menge Rutosid (Rutin), Isoquercitrin und Quercetin;[23,24] weiter liegen 17 bis 24 % Gerbstoffe, vorwiegend Catechine,[23,25,26] Kaffeesäure und Chlorogensäure[27] vor sowie 0,17 bis 0,37 % lösliche und 0,03 bis 0,23 % unlösliche Kieselsäure.[28]

Verbreitung: Die Pflanze ist heimisch in Ostasien und wurde im 19. Jahrhundert in Europa eingeführt. *F. japonica* wird häufig als Zierpflanze in Gärten kultiviert oder auch auf Äckern als Viehfutter oder in lichten Wäldern und an Waldrändern als Wildfutter angepflanzt. Die Pflanzen verwildern bisweilen; man findet sie bis in eine Höhenlage von 600 bis 700 m.[21]

Drogen: Fallopia-japonica-Rhizom.

Fallopia-japonica-Rhizom

Synonyme: Rhizoma Polygoni cuspidati.[29]

Sonstige Bezeichnungen: Chinesisch: Huzhang.[29]

Definition der Droge: Verwendet wird das im Frühling und Herbst gesammelte und getrocknete Rhizom mit Wurzeln.[29]

Stammpflanzen: *Fallopia japonica* (HOUTT.) RONSE DECRAENE.

Herkunft: Überwiegend aus Wildvorkommen.

Inhaltsstoffe: *Anthrachinone.* Chrysophansäure, Chrysophanol, Emodin, Physcion, Emodin-8-*O*-β-D-glucosid, Physcion-8-*O*-β-D-glucosid,[12,30,31] Fallacinol, Citreorosin, Questin und Questinol;[32] die Droge enthält ca. 0,2% Anthrachinone bzg. auf Trockengewicht.[37]

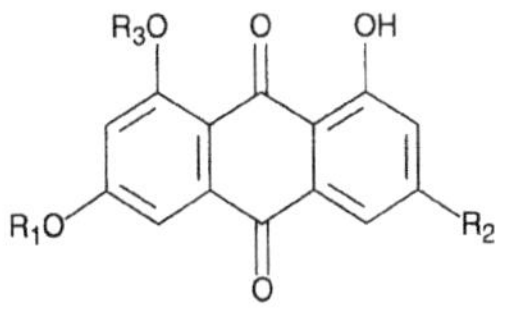

	R_1	R_2	R_3
Emodin	—H	$-CH_3$	—H
Physcion	$-CH_3$	$-CH_3$	—H
Fallacinol	$-CH_3$	$-CH_2OH$	—H
Citreorosin	—H	$-CH_2OH$	—H
Questin	—H	$-CH_3$	$-CH_3$
Questinol	—H	$-CH_2OH$	$-CH_3$

Stilbene. Resveratrol (3,5,4'-Trihydroxystilben), Piceid (3,5,4'-Trihydroxystilben-3-*O*-β-D-glucosid) und 2,3,5,4'-Tetrahydroxystilben-2-*O*-β-D-glucosid[15,33] (s. Formelschema S. 144).
Weitere Inhaltsstoffe. Protocatechusäure, (+)-Catechin, 2,5-Dimethyl-7-hydroxychromen, 7-Hydroxy-4-methoxy-5-methylcumarin, Torachryson-8-*O*-D-glucosid, ein Naphthalenderivat und 2-Methoxy-6-acetyl-7-methyljuglon.[32]

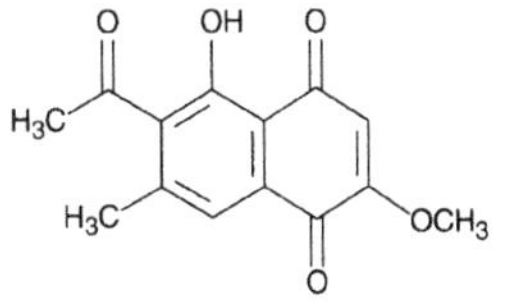

3-Methoxy-6-acetyl-7-methyljuglon

Wirkungen: Weder von der Droge noch von daraus hergestellten Zubereitungen sind nachprüfbare klinische und/oder pharmakologische Untersuchungen bekannt. Lediglich aus der Droge isolierte und chemisch definierte Einzelsubstanzen, wie z.B. Resveratrol, Piceid, Emodin, wurden auf ihre pharmakologischen Eigenschaften getestet. Die pharmakologischen Untersuchungen orientieren sich dabei an der Verwendung der Droge in der chinesischen und japanischen volkstümlichen Medizin.
Einfluß auf den Fettstoffwechsel. An männlichen Wistar-King-Ratten wurde der Einfluß von Resveratrol und Piceid auf den Fettstoffwechsel untersucht.[34] Die Kontrolltiere erhielten über einen Zeitraum von einer Woche jeden Tag p.o. 10 mL Maisöl (mit 10% Cholesterol und 1% Cholinsäure) pro kg KG. Den übrigen Tieren wurden 30 min vor der Maisöldiät noch zusätzlich 50 bzw. 100 mg/kg KG Resveratrol oder Piceid verabreicht. Anschließend wurden im Serum der Tiere Gesamtcholesterol (TC), Triglyceride (TG), freie Fettsäuren (FFA), Phospholipide, HDL-ch, LDL-ch und in der Leber TC, TG und FFA bestimmt. In der Kontrollgruppe stiegen durch die Maisöldiät die einzelnen Fettwerte sowohl im Blutserum als auch in der Leber erheblich an. Bei den zusätzlich mit Stilbenderivaten gefütterten Ratten zeigte Piceid den größten Einfluß auf den Fettstoffwechsel. Im Vergleich zur Kontrollgruppe senkte Piceid im Blutserum bei Verabreichung von 100 mg/kg KG den TC-Wert um 15% und den TG-Wert um 38% sowie in Verabreichung von 50 mg/kg KG den Gehalt von LDL-ch um 26%. Im Vergleich zur Kontrollgruppe senkte Piceid in der Leber in Verabreichung von 50 mg/kg KG den TC-Wert um 36% und den TG-Wert um 50%.
Schutz von Myocardzellen. Piceid scheint außerdem isolierte und *in vitro* kultivierte Myocardzellen neugeborener Ratten vor Schädigungen verschiedener Genese zu schützen.[35] So senkte Piceid in Mengen von 0,05 bis 0,15 mmol/L die nach 6stündigem Entzug von Sauerstoff und Glucose erhöhte Lactat-Dehydrogenase(LDH)-Ausscheidung der Myocardzellen von 98 IU/mL auf 55 IU/mL. Darüber hinaus erhöhte Piceid in Mengen von 0,05 bis 0,45 mmol/L die Schlagrate der Myocardzellen von 100% auf 112 bis 220%.
Einfluß auf die Lipoxygenase- und die Cyclooxygenaseaktivität. In einem weiteren interessanten In-vitro-Experiment wurde der Einfluß von Resveratrol, Piceid und 2,3,5,4'-Tetrahydroxystilben-2-*O*-β-D-glucosid auf die Lipoxygenase- und die Cyclooxygenaseaktivität von peritonealen polymorphkernigen Leukocyten der Ratte untersucht.[36] Für den Test wurden polymorphkernige Leukocytenhomogenate mit den Stilbenderivaten vorin-

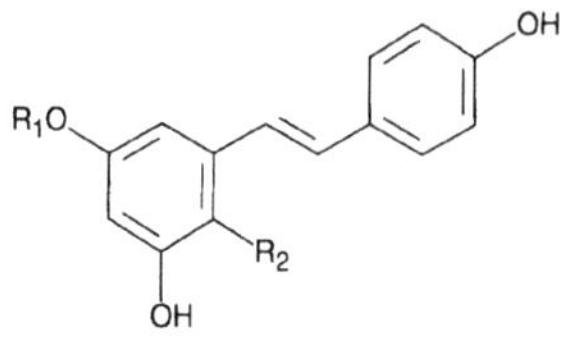

	R1	R2
Resveratrol	—H	—H
Piceid	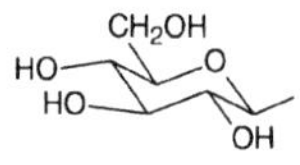	—H
2,3,5,4'-Tetrahydroxy-stilben-2-*O*-β-D-glucosid	—H	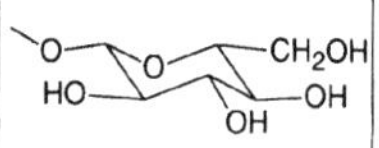

kubiert. Nach Zusatz von (1-^{14}C)Arachidonsäure (0,1 µCi) wurden die gebildeten radioaktiven Produkte 12-Hydroxy-5,8,10-heptadecatriensäure (HHT), 5-Hydroxy-6,8,11,14-eicosatetraensäure (5-HETE) und Thromboxan B_2 bestimmt. Von den drei geprüften Stilbenderivaten hemmte Resveratrol die Bildung des Lipoxygenaseproduktes 5-HETE sowie die Cyclooxygenaseprodukte HHT und Thromboxan B_2 am stärksten; IC_{50}-Werte: 2,72 µmol/L für 5-HETE, 0,68 µmol/L für HHT und 0,81 µmol/L für Thromboxan B_2. Die beiden anderen Stilbenderivate waren deutlich weniger wirksam. Aus den Ergebnissen wird geschlossen, daß Resveratrol sowohl die Aktivität der Cyclooxygenase als auch die der Lipoxygenase hemmen kann. Da 5-HETE, HHT und Thromboxan B_2 an verschiedenen Entzündungsprozessen beteiligt sind, wird vermutet, daß Resveratrol antiinflammatorische Aktivitäten besitzt.

Weitere Einflüsse auf zelluläre Vorgänge. Ebenfalls *in vitro* wurde der Einfluß von Anthrachinonen auf das Wachstum sowie den Einbau von Präkursoren in die DNA und RNA von HL-60-Zellen getestet.[30] Dabei erwies sich Emodin mit Abstand als stärkste cytotoxisch wirksame Substanz; ED_{50}: 18,7 ± 4,7 µmol/L. In einer Konzentration von 100 µmol/L hemmte Emodin außerdem den Einbau von (^{3}H-Me)dThd in die DNA und RNA von HL-60-Zellen zu ca. 53 % bzw. 56 %.

Protein-Tyrosin-Kinasen (PTK) sind eine Gruppe von Enzymen, die den Phosphat-Transfer von ATP auf die Hydroxylgruppe von Tyrosin bei vielen Proteinen katalysieren, die eine herausragende Rolle im Zellwachstum und bei der Zelltransformation spielen. PTKs sind daher wichtige Zielmoleküle, wenn es darum geht, das Wachstum von Krebszellen zu modifizieren. PTK, aus Rinderthymus isoliert, wurde *in vitro* durch Emodin, aus der Droge isoliert, stark gehemmt; IC_{50}: 5 µg/mL.[37]

Volkstümliche Anwendung und andere Anwendungsgebiete: Die Droge sowie Zubereitungen aus der Droge werden vor allem in der volkstümlichen Medizin in China und Japan bei rheumatischen Beschwerden, Husten, Schock, Verbrennungen, Magengeschwüren, Lebererkrankungen, Hyperlipidämie, Krebs, Allergien, Entzündungen, schwerem Stuhlgang, Arteriosklerose und Gonorrhöe verwendet.[29,30,34,36–38] Die Wirksamkeit derDroge bzw. Drogenextrakte bei den genannten vielseitigen Anwendungsgebieten ist gegenwärtig nicht belegt.

Mutagenität: Ein alkoholischer Extrakt aus Fallopia-japonica-Rhizom erwies sich im Bakterien-Testsystem *Salmonella typhimurium* TA 98 als nicht mutagen.[39,40] Er zeigte vielmehr im gleichen Testsystem eine antimutagene Aktivität. Der Drogenextrakt (125 bis 500 µg/Platte) hemmte dosisabhängig die durch Benzo[a]pyren (5 µg/Platte), 2-Amino-3-methylimidazo[4,5-f]chinolin (2 ng/Platte) und 3-Amino-1-methyl-5-pyrido[4,3-b]indol (2 ng/Platte) nach metabolischer Aktivierung durch Ratten-Lebermikrosomen (S-9 Mix) induzierten Mutationen im Bakterien-Testsystem.[40]

In einer Reihe von Arbeiten wirkte Emodin im Ames-Test an verschiedenen *Salmonella-typhimurium*-Stämmen, speziell im Stamm TA 1537, nach Aktivierung mit S-9-Mix mutagen. Als ultimates Mutagen gilt 2-Hydroxyemodin.[41–45]

Fallopia multiflora (Thunb.) Haraldson

Synonyme: *Pleuropterus multiflora* (Thunb.) Turcz. ex Nakai, *Polygonum multiflorum* Thunb., *Reynoutria multiflora* (Thunb.) Moldenke.[1,5]

Sonstige Bezeichnungen: Dt.: Vielblütiger Knöterich.[6,7]

Botanische Beschreibung: Mehrjährige Kletterpflanze mit knolligem und holzigem Rhizom. Stengel windend, verzweigt, 1 bis 2 m oder länger, Blätter eiförmig, 3 bis 10 cm lang, 2 bis 5 cm breit, kurz zugespitzt, an der Basis herzförmig mit 2 bis 4 cm langen Blattstielen. Ochrea kurz, häutig, ohne Haare. Infloreszenz achselständig oder endständig, razemös-rispig. Blüten klein, gestielt, 1 bis 2 mm lang, Perianth weiß, nicht drüsig. Nußfrucht dreikantig, 2 bis 3 mm lang, dunkelbraun, glänzend. Blütezeit: September bis Oktober.[5]

Inhaltsstoffe: Die Blätter enthalten ca. 1,8 mg/g Frischgewicht Polygoacetophenosid (2,3,4,6-Tetrahydroxyacetophenon-3-*O*-*β*-D-glucosid), die Blüten ca. 0,6 mg/g Frischgewicht Polygoacetophenosid und ca. 1,0 mg/g Frischgewicht Quercetin-3-*O*-arabinosid, die Früchte ca. 3 mg/g Frischgewicht Quercetin-3-*O*-galactosid und ca. 0,5 mg/g Frischgewicht Quercetin-3-*O*-arabinosid.[8]

Verbreitung: Die Pflanze ist in China heimisch; Vorkommen auch in Japan.[6,9]

Anbaugebiete: Die Pflanze wird in Japan zur Drogengewinnung angebaut.[5]

Drogen: Fallopia-multiflora-Rhizom, Fallopia-multiflora-Stengel.[6,7]

Fallopia-multiflora-Rhizom

Synonyme: Polygoni multiflori radix, Radix Polygoni multiflori.

Sonstige Bezeichnungen: Chinesisch: He shou wu.[6,7]

Monographiesammlungen: Radix Polygoni Multiflori *ChinP IX*.

Definition der Droge: Die getrocknete Wurzelknolle *ChinP IX* bzw. das getrocknete Rhizom mit Wurzeln.[6,7]

Stammpflanzen: *Fallopia multiflora* (THUNB.) HARALDSON (als *Polygonum multiflorum* THUNB.).

Herkunft: Die Droge stammt u. a. aus Anbaugebieten in Japan.[5]

Gewinnung: Das Rhizom wird im Herbst und Winter, wenn die Blätter verwelkt sind, ausgegraben, gewaschen, nach Entfernen der Endabschnitte in größere Stücke geschnitten und getrocknet.[7]

Schnittdroge: *Geruch.* Schwach.
Geschmack. Schwach bitter, herb und adstringierend.[6,7]
Makroskopische Beschreibung. Klumpig bis unregelmäßig spindelförmige Stücke, 6 bis 15 cm lang und 4 bis 12 cm im Durchmesser. Oberfläche rotbraun oder dunkel rotbraun gefärbt, verrunzelt, uneben und mit seichten Rinnen, quergestellten länglichen Poren und Wurzelnarben besetzt. Droge von fester Konsistenz, schwer brechbar, die Bruchfläche blaß gelbbraun bis blaß rotbraun gefärbt und staubend. Im Rindenbereich 4 bis 11 exzentrische Leitbündelkreise, wodurch eine wolkenähnliche Musterung entsteht. Zentrales Xylem größer, gelegentlich auch als zentraler Holzkörper deutlich ausgeprägt.[7]
Mikroskopisches Bild. Der Querschnitt durch die Droge zeigt außen eine mehrlagige Korkzellschicht, einzelne Zellen sind mit braunen Substanzen angefüllt. Relativ breites Phloem mit 4 bis 11 runden exzentrischen Leitbündelkreisen, kollaterale Leitbündel, sehr wenig Gefäße. Ringförmiges Zentralkambium; im Xylem finden sich relativ wenig Gefäße, diese sind von Tracheiden und Holzfasern umgeben. Parenchym mit Stärkekörnern und Calciumoxalatdrusen.[7]

Pulverdroge: Pulver gelbbraun. Stärkekörner: Einzelkörner rund mit dreizackigen oder sternförmigen Luftrissen, im Durchmesser 4 bis 50 µm; größere Stärkekörner lassen andeutungsweise eine Schichtung erkennen. Teilkörner aus 2 bis 9 Teilen zusammengesetzt. Calciumoxalatdrusen, im Durchmesser 10 bis 160 µm, vereinzelt auch Drusen, die mit einem größeren, tetragonalen Solitärkristall verwachsen sind. Zellen mit Wandverdikkungen, im Inneren mit hell- bis dunkelbraunen Substanzen angefüllt. Hoftüpfel, im Durchmesser 17 bis 178 µm.[7]

Inhaltsstoffe: *Anthrachinone.* Chrysophanol, Emodin, Physcion, Rhapontin und Rhein.[9–13]
Gerbstoffe und Gerbstoffbausteine. (+)-Catechin, (–)-Epicatechin, 3-*O*-Galloyl-(–)-catechin, 3-*O*-Galloyl-(–)-epicatechin, Gallussäure, 3-*O*-Galloylprocyanidin B-2, 3,3'-Di-*O*-galloylprocyanidin B-2 und polymere Procyanidine.[14]
Stilbene. 2,3,5,4'-Tetrahydroxystilben-2-*O*-*β*-D-glucosid und dessen 2"-*O*- und 3"-*O*-monogalloylester.[14,15] Der durchschnittliche Gehalt an Stilbenen in der Droge liegt bei 1 bis 3 %.[16]
Weitere Inhaltsstoffe. Bis 6 % Stärke,[17] 3,5 % Phospholipide.[18]

Identität: 0,1 g gepulverte Droge werden mit 10 mL einer 10 %igen NaOH-Lösung versetzt, 3 min gekocht und nach dem Erkalten filtriert. Das Filtrat wird mit HCl angesäuert, mit dem gleichen Volumen Diethylether versetzt und geschüttelt. 4 mL der gelbgefärbten Etherphase werden mit 2 mL verdünnter Ammoniaklsg. versetzt und geschüttelt. Die wäßrige Phase färbt sich rot *ChinP IX*.
0,2 g gepulverte Droge werden mit 5 mL Ethanol versetzt, am Rückfluß 5 min gekocht, heiß filtriert und zum Abkühlen stehengelassen. 2 Tropfen des Filtrates werden in einem Uhrglas eingedampft und mit 2 Tropfen einer gesättigten Antimon(III)chloridlsg. in Chloroform versetzt. Es tritt eine rotbraune bis rotviolette Färbung auf *ChinP IX*.

Reinheit:
- Trocknungsverlust: Maximal 14 % in 6 h.[7]
- Aschegehalt: Höchstens 5 %.[7]

Lagerung: Droge trocken lagern und vor Insektenfraß schützen *ChinP IX*.

Wirkungen: *Ganzdroge.* Der Droge werden lipidsenkende Wirkungen zugeschrieben. Nach Gabe von 3mal täglich 5 bis 6 Tabletten (à 0,89 g Droge)

p.o. oder in besonderen Fällen 8 bis 10 Tabletten soll der Gehalt an Gesamtcholesterol im Serum gesenkt worden sein. Auf der Basis der mitgeteilten Werte ist es jedoch fraglich, welche Patienten in die Studie eingeschlossen wurden. Da darüber hinaus nähere Angaben, wie z.B. Gewicht, Begleittherapie, fehlen, sind die Ergebnisse nicht verwertbar.[19]
Isolierte Einzelstoffe. Eine zweiwöchige Diät mit peroxidiertem Maisöl (10 mL/kg KG, p.o.) führt bei männlichen Wistar-Ratten zu einer Schädigung der Leber mit erhöhten Serumwerten für GOT (= Glutamat-Oxalacetat-Transaminase) und GPT (= Glutamat-Pyruvat-Transaminase) sowie zur Entstehung einer Fettleber, wobei TC (= Totalcholesterol), TG (= Triglyceride) und LPO (= Lipidperoxide) in der Leber angereichert sind. Erhalten die gleichen Ratten über denselben Versuchszeitraum zusammen mit dem peroxidierten Maisöl das Stilbenderivat 2,3,5,4'-Tetrahydroxystilben-2-*O*-*β*-D-glucosid in Mengen von 50 bzw. 100 mg/kg KG p.o., dann reduzieren sich die Serumwerte für GOT (-41 %) und GPT (-72 %) sowie die Werte für die Leberlipide TG (-15 %) und LPO (-34 %) deutlich gegenüber der Kontrollgruppe, die nur das peroxidierte Maisöl erhalten hat.[15]
Darüber hinaus konnte in einem In-vitro-Experiment gezeigt werden, daß das gleiche Stilbenderivat in einer Konzentration von 5×10^{-4} mol/L die durch ADP und NADPH induzierte Lipidperoxidation in Lebermikrosomen der Ratte komplett hemmt.[15]
Emodin zeigt *in vitro* vasorelaxierende und immunsuppressive Aktivitäten.[11] In Konzentrationen von 10^{-6} bis 3×10^{-5} mol/L relaxiert Emodin dosisabhängig den isolierten Brust-Aortenring der Ratte, der zuvor durch Phenylephrin, ein Vasokonstringens, kontrahiert wurde. Der IC_{50}-Wert (50 % Relaxation) beträgt für Emodin 14 ± 3 µmol/L (n = 8).[11]
Die immunsuppressive Aktivität von Emodin wurde *in vitro* an menschlichen peripheren mononuclearen Zellen (Lymphocyten, Monocyten bzw. Makrophagen) mit Phytohämagglutinin als Mitogen untersucht. Die Fähigkeit von Emodin, die durch das Mitogen ausgelöste Zellproliferation zu unterdrücken, wird in Prozent der Kontrolle gemessen. Emodin unterdrückt in einer Konzentration von 10^{-6} bis 10^{-4} mol/L dosisabhängig die Proliferation der mononuclearen Zellen. Der IC_{50}-Wert (50 %ige Hemmung der Zellproliferation) beträgt für Emodin 7 ± 1 µmol/L (n = 5).[11]

Volkstümliche Anwendung und andere Anwendungsgebiete: In China werden Extrakte aus dem Rhizom in Kombination mit Extrakten aus der Süßholzwurzel gegen Keuchhusten und Malaria verwendet. Darüber hinaus wird die Droge in China, z.T. auch in Japan, bei Schwindel, Schlaflosigkeit, Impotenz, Verstopfung, Furunkel, verschiedenen Tumoren, Herzinfarkt, Hyperlipidämie, Röteln und lokalen Hautkrankheiten angewendet.[6,7,15] Die Wirksamkeit der Droge bzw. Drogenextrakte bei den genannten vielseitigen Anwendungsgebieten ist gegenwärtig nicht belegt.

Dosierung und Art der Anwendung: *Droge.* Die Droge wird alleine oder in Rezepturen mit anderen Drogen innerlich als Tee oder äußerlich verwendet. Tagesdosis: 9 bis 30 g als Tee.[6]

Mutagenität: Im Ames-Test erwies sich die Droge als nicht mutagen.[20] Zu Emodin s. Fallopia-japonica-Rhizom.

Fallopia-multiflora-Stengel

Synonyme: Caulis Polygoni multiflori, Polygoni multiflori caulis.

Sonstige Bezeichnungen: Chinesisch: Ye jiao teng[3], Shou wu teng.[4]

Monographiesammlungen: Caulis Polygoni Multiflori *ChinP IX*.

Definition der Droge: Die getrockneten lianenartigen Stengel *ChinP IX*.

Stammpflanzen: *Fallopia multiflora* (THUNB.) HARALDSON (als *Polygonum multiflorum* THUNB.).

Gewinnung: Die im Herbst oder Winter geschnittenen Stengel werden von Blättern und Verunreinigungen befreit, gewaschen, geschnitten, zu Bündeln zusammengefaßt und an der Sonne getrocknet.[7]

Schnittdroge: *Geruch.* Keiner.
Geschmack. Schwach bitter und adstringierend.
Makroskopische Beschreibung. Stengel langgestreckt, rundzylindrisch, schwach gekrümmt, gelegentlich verzweigt, uneinheitlich in der Länge, 4 bis 7 mm im Querschnitt, feinere Stengel ca. 1 mm im Durchmesser. Violettrote oder violettbraune, rauhe Oberfläche mit gekrümmten Längsrunzeln. Nodien leicht verdickt mit Verzweigungsnarben. Dünne, leicht abschälbare Epidermis. Droge von spröder Konsistenz, leicht brechbar, an der Bruchstelle ein violettroter Rindenteil und ein gelblich weißer oder blaßbrauner Holzteil erkennbar; deutlich sichtbare Gefäße, lockeres Mark.[7]
Mikroskopisches Bild. Im Querschnitt sind gelegentlich verbliebene Epidermiszellen erkennbar. Korkschicht aus 3 bis 4 Lagen braune Pigmente enthaltender Zellen. Schmale Rinde. Faserbündel des Pericykels zu einem unterbrochenen Kreis angeordnet, Zellwände der Fasern stark verdickt und verholzt, zwischen den Faserbündeln gelegentlich Sklereidennester eingelagert. Breites Phloem, ringförmiges Kambium. Gefäße des Xylems rundlich, einzeln oder in Gruppen angeordnet, ca. 200 µm im Durchmesser. Kleines Mark, Parenchymzellen Calciumoxalatdrusen enthaltend.[7]

Inhaltsstoffe: Die Droge enthält die Anthrachinone Chrysophanol, Emodin und Emodinmonoethylether[6] sowie Polygoacetophenosid.[8]

Lagerung: Droge trocken lagern *ChinP IX*.

Volkstümliche Anwendung und andere Anwendungsgebiete: In China wird die Droge bei Schlaflosigkeit, überhöhter Traumaktivität und bei Körperschmerzen verwendet; äußerlich zur Behandlung von Hautjucken, rheumatoiden Schmerzen und

Hämorrhoiden.[6,7] Die Wirksamkeit der Droge bzw. Drogenextrakte bei den genannten vielseitigen Anwendungsgebieten ist gegenwärtig nicht belegt.

Dosierung und Art der Anwendung: *Droge.* 9 bis 15 g entweder als Einzeldroge oder in Rezepturen mit anderen Drogen jeweils als Tee; äußerlich in ausreichender Menge für Waschungen der betroffenen Stelle mit dem Decoct. Bei äußerlicher Anwendung keine Dosisbeschränkungen.[6,7]

1. Ronse Decraene LP, Akeroyd JR (1988) Botan J Linn Soc 98:321–371
2. Haraldson K (1978) Symb Bot Upsal 22:3–88
3. Bailey JP, Stace CA (1992) Plant Syst Evol 180:29–52
4. Chi HJ, Kim HS (1986) Saengyak Hakhoechi 17:73–77, zit. nach CA 105:139476q
5. Walker EH (1976) Flora of Okinawa and the Southern Ryukyu Islands, Smithsonian Institution, Washington (DC), S. 413
6. Paulus E, Ding YHE (1987) Handbuch der traditionellen chinesischen Heilpflanzen, Haug, Heidelberg, S. 259
7. Stöger EA (1991) Arzneibuch der chinesischen Medizin, Deutscher Apotheker Verlag, Stuttgart
8. Yoshizaki M, Fujino H, Arise A, Ohmura K, Arisawa M, Morita N (1987) Planta Med 53:273–275
9. Tang W, Eisenbrand G (1992) Chinese Drugs of Plant Origin, Springer, Berlin Heidelberg New York, S. 789
10. Zhang XQ, Xa LX (1984) Chin J Pharm Anal 4:347–350, zit. nach Lit.[9]
11. Huang HC, Chu SH, Lee Chao PD (1991) Eur J Pharmacol 198:211–213
12. Chang CW, Huang HC, Chiu TH, Lee Chao PD (1990) J Clin Med 1:94
13. Chang HM, But P (1986) Pharmacology and Application of Chinese Materia Medica, World Scientific, Hong Kong, S. 620
14. Nonaka GJ, Miwa N, Nishioka J (1982) Phytochemistry 21:429–432
15. Kimura Y, Ohminami H, Okuda H, Baba K, Kozawa M, Arichi S (1983) Planta Med 49:51–54
16. Yao GG, Sun XP, Zhou H, Qui ZL (1984) Chin J Pharm Anal 4:28–31, zit. nach Lit.[9]
17. Fijimoto S, Matumoto K, Yamnaka O, Suganuma T, Nagahama T (1990) Denpun Kagaku 37:7–11, zit. nach CA 113:208321q
18. Ma C, Wang J (1991) Chung Kuo Chung Yao Tsa Chih 16:622–644, 702, zit. nach Medine AN 92207342 (1991)
19. Coronary Disease Prevention and Treatment Group, Third People's Teaching Hospital of Shanghai Second Medical College (1973) Pharmaceutical Industry 7:23, zit. nach Lit.[13]
20. Kam JK (1981) Am J Chin Med 9:213–215, zit. nach Dimdi TO83253046
21. Heg (1981) Bd. III, Teil 1, S. 432
22. Hag, Bd. V, S. 821
23. Wallwork JC, Pennock JF (1971) Progr Photosyn Res, Proc Int Congr 1:315–324, zit. nach CA 74:39192
24. Hänsel R, Hörhammer L (1954) Arch Pharm 287:189–198
25. Molnar B (1991) Gyogyszereszet 35:47–52, zit. nach CA 115:56999t
26. Horigome T, Kumar R, Okamoto K (1988) British J Nutr 60:275–285
27. Hörhammer L, Scherm A (1955) Arch Pharm 288:441–447
28. Jaretzky R, Heinemann G (1938) Arch Pharm 276:354–366
29. Tang W, Eisenbrand G (1992) Chinese Drugs of Plant Origin, Springer, Berlin Heidelberg New York, S. 787
30. Yeh SF, Chou TC, Liu TS (1988) Planta Med 54:413–414
31. Murakami T, Ikeda K, Takido M (1968) Chem Pharm Bull 16:2.299–2.300
32. Kimura Y, Kozawa M, Baba K, Hata K (1983) Planta Med 48:164–168
33. Yuchi S, Kimura Y (1986) Japan. Patentschrift, zit. nach CA 105:214090q
34. Arichi H, Kimura Y, Okuda H, Baba K, Kozawa M, Arichi S (1982) Chem Pharm Bull 30:1.766–1.770
35. Luo SF, Yu CL, Zhang PW (1990) Chung-Kuo-Yao-Li-Hsueh-Pao 11:147–150, zit. nach Medline AN 91112404 (1990)
36. Kimura Y, Okuda H, Arichi S (1985) Biochim Biophys Acta 834:275–278
37. Jayasuriya H, Koonchanok NM, Geahlen RL, McLaughlin JL, Chang CJ (1992) J Nat Prod 55:696–698
38. Duke JA (1985) Handbook of Medicinal Herbs, CRC Press, Inc., Boca Raton (Florida), S. 391
39. Lee H, Chen S, Shiow SJ, Lin J (1989) J Chin Oncol Soc 5:86–99, zit. nach Lit.[40]
40. Lee H, Tsai SJ (1991) Food Chem Toxic 29:765–770
41. Brown J, Brown R (1976) Mut Res 40:203–224
42. Liberman DF, Fink RC, Schäfer FL, Mulcahy RJ, Stark AA (1982) Appl Environ Microbiol 43:1.354–1.359
43. Westendorf J, Marquardt H, Poginsky B, Dominiak M, Schmidt J (1990) Mut Res 240:1–12
44. Masuda T, Haraikawa K, Morooka N, Nakana S, Ueno Y (1985) Mut Res 149:327–332
45. Tanaka H, Morooka N, Haraikawa K, Ueno Y (1987) Mut Res 176:165–170

Rg/KH

Filipendula

HN: 2002000

Familie: Rosaceae.

Unterfamilie: Rosoideae.

Tribus: Ulmarieae (Filipenduleae).

Gattungsgliederung: Die Gattung Filipendula MILL. emend. ADANS. umfaßt zehn Arten. Sie wird nicht in Sektionen unterteilt. Früher wurde die Gattung Filipendula in die Gattung Spiraea einbezogen (z. B. von LINNÉ). Die Drogen (Spiraeae flos, herba) werden heute noch entsprechend bezeichnet. Biochemisch (s. Inhaltsstoffgruppen der Gattung Filipendula) und cytologisch (Chromosomengrundzahl x = 7) gehört die Gattung Filipendula jedoch eindeutig zu den Rosoideae,[1] obwohl sie dort eine morphologisch isolierte Stellung einnimmt.[39]

Gattungsmerkmale: Hochwüchsige Langsproßstauden mit kurzem, dicklichem Wurzelstock. Laubblätter unterbrochen fiederteilig oder gefiedert, seltener gelappt, mit großen, mit dem Blattstiel verbundenen Nebenblättern. Blütenstand reichblütig, trugdoldig-rispig oder spirrenartig, mit verkürzter Hauptachse und verlängerten unteren

Seitenzweigen. Blüten zwittrig. Kelchblätter so viele wie Kronblätter. Fünf oder sechs Kronblätter, weiß, rosa oder purpurrot. 20 bis 40 Staubblätter, an der Innenseite des Achsenbechers eingefügt. 5 bis 15 Fruchtblätter, aufrecht, frei, mit zwei hängenden anatropen Samenanlagen. Früchtchen ledrig, nicht aufspringend, einsamig, frei oder schraubig zusammengedreht.[40]

Verbreitung: Weit verbreitet in der nördlichen gemäßigten Zone.

Inhaltsstoffgruppen: Galloylgerbstoffe (Ellagitannine) sowie meist glykosidierte phenolische Verbindungen, welche recht verschiedenen Gruppen von Naturstoffen angehören; charakteristisch sind einfache Phenolglykoside wie Monotropitin und Spiraein. Letztere finden sich allerdings auch in der Unterfamilie der Spiraeoideae.[1] Cyanogene Verbindungen und Sorbit fehlen.
Bei der Hydrolyse der Blätter entsteht aus den Gerbstoffen Ellagsäure, die nach Lit.[1] chemotaxonomisch von Bedeutung ist. Sie kann in den Blättern der Rosoideae (Ausnahme Kerrieae) nachgewiesen werden, wogegen sie in anderen Unterfamilien, so auch den Spiraeoideae, fehlt. Die untersuchten Dicotylen werden je nach Vorkommen von Anthocyanen (a) und Trihydroxy-Verbindungen (darunter Ellagsäure, b) eingeteilt.[1] Rosoideae und Chrysobalanoideae gehören demnach zur Gruppe (ab), die übrigen Gattungen der Familie zur Gruppe (ab_0). Diese Resultate bestätigten sich bei der Untersuchung der genuin vorliegenden Ellagitannine.[2] Sorbit fehlt in der Tribus Ulmarieae wie in den meisten Rosoideae, wogegen diese Substanz in den Spriaeoideae meist akkumuliert wird.[3]

Drogenliefernde Arten: *F. ulmaria*: Spiraeae flos, Spiraeae herba, Filipendula ulmaria hom. *HAB 1*, Filipendula ulmaria ferm 34c hom. *HAB 1*.

Filipendula ulmaria (L.) Maxim

Synonyme: *Spiraea ulmaria* L., *Ulmaria palustris* Moench, *Ulmaria pentapetala* Gilib.

Sonstige Bezeichnungen: Dt.: Johanniswedel, Krampfkraut, Mädesüß, Rüsterstaude, Sumpf-Spirä, Wiesengeißbart, Wiesenkönigin, Wiesenspierstaude, Wurmkraut, Ziegenbart; engl.: Meadowsweet, Queen of meadows; frz.: Reine des prés, Ulmaire; it.: Olmaria.

Systematik: Die Art wird in drei Unterarten aufgeteilt, die sich vor allem in der Behaarung und in der Form der Blätter unterscheiden: ssp ulmaria, ssp picbaueri (Podp.) Smejkal, ssp denudata (J. et Presl) Hayek.[47]

Botanische Beschreibung: Die ausdauernde Pflanze besitzt einen steif aufrechten, einfachen oder meist oberwärts verzweigten, derben, kantigen, 50 bis 150, selten 200 cm hohen, meist kahlen, selten filzigen Stengel. Er trägt entfernt wechselständige, lang gestielte bis, im oberen Teil, fast sitzende, unterbrochen unpaarig gefiederte Laubblätter mit ein bis fünf Paaren großer, einander gegenüberstehender Seitenfiedern. Diese sind spitz eiförmig, am Grunde abgerundet oder kurz keilförmig, am Rande meist flach, selten gekräuselt, doppelt gesägt bis gezähnt, 3 bis 10 cm lang und 1 bis 4 cm breit. Die kleineren, damit abwechselnden, nicht immer gegenständigen Fiederblättchen sind einfach, gezähnt und oft nur wenige Millimeter lang. Die viel größeren Endfiedern sind meist drei-, gelegentlich fünflappig; ihre Lappen entsprechen in Form und Größe den größeren Seitenfiedern. Bei den oberen Laubblättern sind nur diese Endfiedern ausgebildet. Die Fiederblätter sind oberseits dunkelgrün und meist kahl, unterseits dicht grau- bis weißfilzig oder grün und nur auf den hervortretenden Blattnerven behaart, selten völlig kahl. Die oft stengelumfassenden Nebenblätter sind groß, nierenförmig oder fast herzförmig und gezähnt. Die zahlreichen, radiären Blüten sind in endständigen, zusammengesetzten, mehr oder weniger lockeren Doldentrauben mit aufrechten, stark ungleichen Ästen angeordnet. Sie sind teils sitzend, teils mäßig lang gestielt. Ihre Stiele sind ebenso wie die Blütenstandsäste dünn flaumig behaart. Die meist fünf oder sechs freien Kelchblätter sind dreieckig, spitz, etwa 1 mm lang, außen flaumig behaart und am Grunde kurz mit dem fast flachen Blütenbecher verwachsen. Die fünf oder sechs freien Kronblätter sind verkehrt-eiförmig, ziemlich plötzlich in den kurzen Nagel verschmälert, gelblichweiß und 2 bis 5 mm lang. Die 20 bis 40 Staubblätter sind doppelt so lang wie die Kronblätter, tragen je eine rundliche Anthere und sind mit verschmälertem Grund der Innenseite des Blütenbechers angeheftet. Die meist fünf bis zwölf freien, sitzenden, halb herzförmigen Fruchtknoten sind kahl oder flaumig behaart und besitzen einen etwas weniger als 1 mm langen, eine plötzlich verbreiterte, abgeflacht-kugelige Narbe tragenden Griffel.[41] Blütezeit: Im Sommer. $2n = 14$.

Verwechslungen: *F. hexapetala* weist über 20 Fiederpaare pro Laubblatt auf.

Inhaltsstoffe: Der Geruch der Pflanze, insbesondere zur Blütezeit, ist typisch und auf einen der Inhaltsstoffe, den Salicylsäuremethylester, zurückzuführen. Die Pflanze enthält jedoch vorwiegend Flavonolglykoside. Sie sind v. a. in Blättern und Blüten lokalisiert. Die Früchte enthalten die gleichen Flavonoide wie die Blüten, allerdings deutlich weniger. Der Gehalt an Spiraeosid in grünen Früchten beträgt ca. 1 %. Der Gehalt sinkt mit der Reifung. Der Flavonoidfingerprint zeigte keine Unterschiede zwischen den Subspecies denudata und ulmaria in sämtlichen geprüften Organen (Blatt, Blüte, Stengel, Früchte).[48]

Verbreitung: In zumindest zeitweise feuchten Streuwiesen und Auengehölzen, in Sumpfgebieten, an Ufern von Gewässern, in kleineren Gräben. Bevorzugt nährstoffreichen Boden, auf kalkarmem wie kalkreichem Substrat. Vom nördlichen Sibirien, dem Altai und der östlichen Mongolei bis Kleinasien, in die nördlichen Balkanländer (jedoch schon an den Adriatischen Küsten fehlend), Süditalien (nicht auf den Inseln), Frankreich, Spanien (jedoch nicht bis Portugal), Großbritannien (bis zu den Shetlandinseln), Island und Skandinavien (bis zum Nordkap). Ferner Nordamerika, Nordasien bis in die östliche Mongolei.[40]

Anbaugebiete: Polen, das ehemalige Jugoslawien, Bulgarien.

Drogen: Spiraeae flos, Spiraeae herba, Filipendula ulmaria hom. *HAB 1*, Filipendula ulmaria ferm 34c hom. *HAB 1*.

Spiraeae flos (Mädesüßblüten)

Synonyme: Flores Reginae prati, Flores Spiraeae ulmariae, Flos Spiraeae, Flos Ulmariae, Ulmariae flos.

Sonstige Bezeichnungen: Dt.: Spierblumen, Spierstaudenblüten, Sumpfspierblüten; frz.: Fleur d'ulmaire; it.: Fiore di ulmaria; span.: Flor de memeira, Flor de ulmaria.

Monographiesammlungen: Filipendulae ulmariae flos *PF X*; Ulmariae Flos *Belg IV*; Flos Spiraeae *Helv V*; Flores Spiraeae *EB 6*.

Definition der Droge: Die getrockneten Blüten.

Stammpflanzen: *Filipendula ulmaria* (L.) MAXIM.

Herkunft: Hauptlieferländer sind südost- und osteuropäische Länder, vor allem Polen, aber auch das ehemalige Jugoslawien und Bulgarien.

Gewinnung: Die Blüten werden zur Vollblüte abgestreift oder abgekämmt und in einem schattigen, luftigen Raum getrocknet.

Ganzdroge: Die Blüten sind gelblichweiß, bis 5 mm breit. Die perigyne Blüte trägt am Rande der seicht krugförmigen Blütenachse meist fünf flaumige, dreieckig-eiförmige Kelchblätter, meist fünf genagelte, nicht verwachsene, verkehrt eiförmige, gelblichweiße Kronblätter und zahlreiche Staubblätter mit langen Filamenten, die länger als die Blütenblätter sind und am Boden des Kruges fünf bis neun (bis zwölf) kurze, auswärts gebogene Fruchtknoten, deren Griffel eine breite Narbe besitzen, aufweisen.[42]

Schnittdroge: *Geschmack.* Zusammenziehend bitter, adstringierend.
Geruch. Leicht nach Salicylsäuremethylester.
Makroskopische Beschreibung. Die Schnittdroge ist gekennzeichnet durch die kugeligen, gelblichweißen Blütenknospen, zahlreiche bis zu 3 mm lange, schmale, rundlich ovale, abgefallene Kronblätter und sehr viele, weniger als 1 mm große Staubblätter.[15]
Mikroskopisches Bild. Die äußere Epidermis der Blütenachse und der Kelchblätter besteht aus geradlinig polygonalen Zellen und führt zahlreiche anomocytische Spaltöffnungen. Sie trägt zahlreiche einzellige, spitze, gekrümmte, meist 50 bis 150 µm lange Haare mit verhältnismäßig dicker Wand. Die Epidermis der Innenseite ist kahl und spaltöffnungsfrei. Im Mesophyll der Kelchblätter und im Gewebe der Achse finden sich, der Außenseite genähert, zahlreiche Oxalatdrusen. Die äußere Kronblattepidermis zeigt in Flächenansicht vielfach zickzackförmig verlaufende Zellwände und führt vereinzelt Spaltöffnungen. Die inneren Epidermiszellen sind feinwellig begrenzt, papillös. Im Mesophyll finden sich selten Oxalatdrusen. Die fibröse Schicht der Antheren besteht aus Zellen mit sternförmig verdickter Innenwand und dementsprechend durch Leisten verstärkten Seitenwänden. Die Pollenkörner sind kugelig, etwa 16 bis 20 µm dick mit glatter Exine und haben drei Austrittsspalten. Die Fruchtknotenwand ist von einer Epidermis aus kleinen, geradlinig polygonalen Zellen bedeckt, auf die eine kleinzellige Schicht mit kleinen Oxalateinzelkristallen folgt. Die innersten beiden Zellschichten der Fruchtknotenwand bestehen aus schmalen, dünnwandigen, gestreckten Zellen, die sich unter rechtem Winkel kreuzen, von denen die in der Querrichtung verlaufenden die innere Karpellepidermis bilden.[15]

Pulverdroge: Sie ist gekennzeichnet durch Bruchstücke der Blütenachse und der Kelchblätter mit zahlreichen einzelligen, spitzen, gekrümmten, 50 bis 150 µm langen, dickwandigen Haaren und zahlreichen Oxalatdrusen, durch Zellen der äußeren Kronblattepidermis mit zickzackförmig verlaufenden Seitenwänden und wellig buchtigen, papillösen Zellen der inneren Kronblattepidermis, durch Fruchtknotenwandpartien mit kleinen Oxalateinzelkristallen und Narbenstücken mit keuligen Papillen. Die Endotheciumzellen zeigen sternförmige Verdickungsleisten. Die Pollenkörner sind 16 bis 20 µm groß und mit glatter Exine versehen, drei Austrittsstellen.[43]

Verfälschungen/Verwechslungen: Mit Holunderblüten, selten mit Blüten von Filipendula hexapetala. Eine Verwechslung mit Holunderblüten kann schon bei Betrachtung mit der Lupe erkannt werden, da diese fünf miteinander verwachsene Kronblätter aufweisen. Bei mikroskopischer Prüfung ist der Kristallsand auffällig, der bei Spiraeae flos fehlt.[5]

Minderqualitäten: Zu spät geerntete Blüten, in denen bereits ein hoher Anteil an Früchten vorhanden ist.

Inhaltsstoffe: *Ätherisches Öl.* Enthält vor allem Salicylaldehyd; neben zahlreichen anderen Stoffen ist auch Salicylsäuremethylester enthalten. Das Verhältnis Salicylaldehyd : Salicylsäuremethylester wurde mit 74,8 : 1,3 in Blüten,[6] mit 36 : 19 in blühenden Sproßspitzen[7] gaschromatographisch ermittelt. Genuin liegen diese Verbindungen hauptsächlich als Glykoside (s. unten) vor.
Flavonole. Nach neuesten Untersuchungen von mehreren Mustern in der Auvergne gesammelter Droge bis zu 5 % (HPLC), dominant (3–4 %) das schon seit langem bekannte,[8] in anderen Pflanzen selten vorkommende Spiraeosid (= Quercetin-4'-*O*-*β*-D-glucopyranosid und die analoge Kämpferolverbindung (0,6–0,8 %). Ferner weitere Quercetin-Derivate: Hyperosid, Rutin, Quercetin-3-glucuronid und Quercetin-3-arabinosid, sowie (ca. 0,1 %) Quercetin als Aglycon.[48]
Einfache Phenolglykoside. In den Blüten die Primveroside des Salicylaldehyds (Monotropitin, Aus-

beute beim Isolieren: 0,3 %) und des Salicylsäuremethylesters (Spiraein, Ausbeute beim Isolieren: 0,17 %),[10,11] ferner beschrieben Isosalicin.[12]

Gerbstoffe. Mit der Hautpulvermethode wurden 10,3 % Gerbstoffe gefunden und dem Pyrogalloltypus zugewiesen.[13] Die Unterteilung der Gerbstoffe in Gallotannine (Polyester der Gallussäure) und in Ellagitannine (Derivate der Hexahydroxydiphensäure) erfolgte erst später.[14] Die Ellagitannine geben der Droge den adstringierenden Geschmack. Sie wurden aus Blättern isoliert (zusätzliche Angaben unter Droge Spiraeae Herba), ein Vergleich mit den Blüten liegt bisher nicht vor.

Identität: Die Identität der Droge wird nach Lit.[15] mit einem Finger-Print-DC auf Flavonoide mit Rutin, Hyperosid, Isoquercitrin und Quercetin als Referenzsubstanzen bestimmt (Abbildung s. Lit.[5]). Die Zahl der beschriebenen Flecken korrespondiert nicht vollständig mit den verfügbaren Angaben über die Inhaltsstoffe.

DC:[15]
- Sorptionsmittel: Kieselgel HF_{254};
- FM: Ethylacetat-wasserfreie Ameisensäure-Wasser (20 + 2 + 3); Platte gut trocknen.
- Detektion: Mit 1 % Diphenylboryloxyethylamin in MeOH besprühen, dann einige Minuten erhitzen bei 100 bis 105 °C;
- Auswertung: Gelb, grün, blau und orange fluoreszierende Flecken bei UV 365 nm. Präzisere Angaben zur Auswertung gibt Lit.[48] Die mobile Phase ist mit Ethylacetat-Ameisensäure-Wasser (8 + 1 + 1) nicht sehr unterschiedlich zu Lit.[15], die Detektion gleich, außer daß mit Polyethylenglykol 4.000 (5 % in Ethanol) nachgesprüht wird. Es resultieren folgende Rf-Werte und Farben für die einzelnen Flavonolglykoside: Rutin 0,32-orange; Quercetin-3-glucuronid 0,50-orange; Hyperosid 0,55-orange; Spiraeosid 0,62-grün; Quercetin-3-arabinosid 0,64-orange; Kämpferol-4'-glucosid 0,66-gelb; Quercetin 0,97-orange. Spiraeosid entspricht demnach der breiten, intensiv gelb-grün fluoreszierenden Zone auf der Höhe von Quercitrin im Chromatogramm nach Lit.[15]

PF X prüft das bei der Wasserdampfdestillation aus 50 g Droge gewonnene, in 0,5 mL Xylol aufgefangene ätherische Öl auf Methylsalicylat und Salicylaldehyd dünnschichtchromatographisch.
- Sorptionsmittel: Kieselgel G;
- FM: Propanol-2-Toluol-Hexan (8 + 32 + 60);
- Detektion: UV 365nm; ethanolische Eisenchloridlösung;
- Auftragemengen: 20 und 40 µl Probe, 10 µl Referenz.
- Auswertung: Methylsalicylat und Salicylaldehyd zeigen bei 365 nm eine violette Fluoreszenz und färben sich nach Besprühen mit Eisenchlorid violett. Die Banden müssen in der Intensität vergleichbar sein mit denjenigen der Referenzsubstanzen (0,1 mL in 5,0 mL).

Ein RP-HPLC-Trennsystem zum selektiven Nachweis der Aglyka (Salicylaldehyd und Salicylsäuremethylester) im Wasserdampfdestillat und der Glykoside (Spiraein und Monotropitin) in Blättern und Blüten ist beschrieben.[16] Die charakteristischen UV-Spektren erlauben die Peak-Identifikation auch der Glykoside mit Hilfe der leicht verfügbaren Aglyka als Referenzsubstanzen:
- Stationäre Phase: Spherisorb ODS II, 3 µm. Fluß 1 mL/min;
- Mobile Phase für Glykoside: 1,8 % THF in Wasser. Die relativen Retentionszeiten betragen für Isosalicin 1,58; für Spiraein 1,67; für Monotropitin > 5 gegenüber Salicin (k' = 3,32) (Säule: 100 × 4 mm).
- Mobile Phase für Aglyka: 17,8 mL THF, 150 mL Acetonitril, 92,1 mL MeOH, 739,9 mL Wasser, 10 mL *o*-Phosphorsäure (Lösungsstärke S_T = 0,8). k'-Werte lauten für Salicylaldehyd 6,02; Salicylsäure 7,85, Salicylsäuremethylester 24,4.
- Nachweis der Aglyka: Das Wasserdampfdestillat wird in Xylol aufgenommen, 1:2 verdünnt mit MeOH und direkt injiziert. Ohne Verdünnung mit MeOH resultieren keine vernünftigen Chromatogramme, da das Xylol zurückgehalten wird und die Salicylate nicht sofort zur Chromatographie freigegeben werden. Grundsätzlich ist die Gaschromatographie für die Analyse von Wasserdampfdestillaten besser geeignet. Da die gegenüber den Salicylverbindungen apolareren Komponenten des Destillates von der RP-Phase jedoch zurückgehalten werden, ist die Methode sehr selektiv.
- Nachweis der Glykoside: Zum Nachweis der Primveroside (Spiraein, Monotropitin) wird auf die Probenaufbereitung, die zur Isolierung von einfachen Phenolglykosiden eingeführt wurde,[17] zurückgegriffen. Der methanolische Extrakt von 1 g Droge wird in Wasser aufgenommen und über 1 g Polyamid gereinigt. Substanzen mit mehreren Phenolgruppen werden dabei vom Polyamid zurückgehalten, wogegen die glykosidierten Salicylverbindungen die Säule passieren. Die wäßrige Glykosidlösung muß aufkonzentriert werden, was durch Gefriertrocknung mit nachfolgendem Auflösen in 75 % Methanol geschieht.

Nachweis der Primveroside mittels DC:[11]
- Untersuchungslösung: 1 g Droge wird mit 10 mL MeOH während zehn Minuten bei 60 °C extrahiert und zur Trockene eingeengt. Der Extrakt wird in 3 mL Wasser aufgenommen, 1 mL davon wird auf 1 g Polyamid adsorbiert und mit 3 mL Wasser eluiert. Die Lösungen werden eingedampft und in 1 mL 70 % MeOH aufgenommen. 20 µL davon werden auf die DC-Platte aufgetragen;
- Sorptionsmittel: Kieselgel F254, Alufolie;
- FM: Essigester-Ameisensäure-Wasser (65 + 15 + 20);
- Detektion: 0,2 % Naphthoresorcin in 20 %iger ethanolischer Schwefelsäure, frisch zubereitet;
- Auswertung: Bei Erwärmung auf 105 °C färbt sich Spiraein bei einem Rf-Wert von 0,35 bis 0,4 gelb, Monotropitin bei einem Rf-Wert von 0,38 bis 0,45 blau.

Reinheit:
- Fremde Bestandteile: Höchstens 2 %. Kleine, grüne, schraubig ineinandergewundene, sichel-

förmige Früchte der Stammpflanze und Blüten mit verwachsener Blumenkrone und kurzen Staubblattfilamenten (Holunderblüten) dürfen nicht vorhanden sein.[15]
- Trocknungsverlust *(DAB)*: Höchstens 10,0 %.[15]
- Asche *(DAB)*: Höchstens 6,0 %.[15]

Gehalt: *PFX* verlangt mindestens 0,2 % ätherisches Öl (nach Standardmethode *PhEur*).

Gehaltsbestimmung: Für die potentiellen Wirkstoffe Monotropitin und Spiraein liegen bisher keine quantitativen Bestimmungsmethoden vor. Allgemein wird angenommen, daß der Gehalt für eine analgetisch/antipyretische Wirkung zu gering ist.
Für eine ganze Reihe von Flavonoiddrogen, darunter auch Spiraeae flos und herba, wird zur quantitativen Qualitätskontrolle eine Gehaltsbestimmung der Aglyka mit HPLC nach einer Hydrolyse vorgeschlagen.
- Untersuchungslösung: 1 g getrocknete, pulverisierte Droge wird mit 70 mL Methanol während einer Stunde extrahiert und nach Zugabe von 10 mL Salzsäure 25 % während 30 Minuten hydrolysiert. Das Hydrolysat wird filtriert (Glas-Filter G4) und mit 50 mL Methanol ausgewaschen. Die Lösung wird auf 50,0 mL eingeengt. 5,00 mL dieser Lösung werden über eine mit 500 mg RP-C_{18}-Material gefüllte und mit Methanol equilibrierte Kartusche gereinigt. Die Kartusche wird mit 4 mL Methanol nachgewaschen, die Lösung auf 10,00 mL ergänzt. 10 µL dieser Lösung werden chromatographiert;
- Stationäre Phase: Hypersil ODS, 5 µm. Säule: 100 × 4 mm;
- Mobile Phase: A = Methanol; B = 0,5 % *o*-Phosphorsäure;
- Gradient: In 12 Minuten von 38 % A auf 48,2 % A. Fluß 2,0 mL.[18] Diese HPLC-Methode ergibt im Vergleich zur photometrischen Methode nach *DAB* (Monographie Birkenblätter) ca. 20 % höhere Werte.[18]

Die einzelnen Flavonoide wurden mit RP-HPLC bestimmt:[48]
- Untersuchungslösung: 0,5 g pulverisierte Droge wird in 50 % Methanol während einer Stunde unter Rühren am Rückfluß extrahiert. Davon werden 20 µl eingespritzt;
- Stationäre Phase: Superspher RP 8, 3–4 µm. Säule: Lichrocart R, 250:4 mm;
- Mobile Phase: A = Acetonitril-Essigsäure-Wasser (10 + 5 + 85); B = analog (60 + 25 + 15). Gradientenelution konkav von 0 auf 30% B in 35 min, von 30% auf 100% B in weiteren 10 min, Fluß 1,20 mL/min;
- Detektion 360 nm.[49] Elutionsfolge: Rutin (18 min), Quercetin-3-glucuronid, Hyperosid, Quercetin-3-arabinosid, Spiraeosid, Kämpferol-4'-glucoside Quercetin (40 min).

Für die Quantifizierung von Wasserdampfdestillaten kann auf Kapillar-GC-Methoden[6,7,19] zurückgegriffen werden (Stationäre Phase SE 30 oder OV-1).

Lagerung: Vor Licht und Feuchtigkeit geschützt aufbewahren.[15]

Wirkungen: Sämtliche relevanten neueren Arbeiten (außer antimikrobielle Wirkungen) stammen von einer russischen Arbeitsgruppe. Untersucht wurden verschiedene pharmakologische Effekte von wäßrigen Aufgüssen (1:10, 1:20) aus den Organen von *F. ulmaria*. Die Ergebnisse sind schwer interpretierbar, da exakte Angaben zum Modell nicht zugänglich sind. Die Resultate sind in russisch und ukrainisch publiziert.
Verdauungstrakt. In provokativen Modellen bei Ratten wurde insbesondere der positive Einfluß auf die Heilung von experimentell erzeugten Magengeschwüren überprüft, so zum Beispiel nach Injektion von Phenylbutazon, Acetylsalicylsäure und Ethanol. Die Wirkung wird auf die Flavonoide zurückgeführt. Der alkoholische Extrakt zeigte keine Wirkung (obwohl auch ein solcher Flavonoide enthalten dürfte), Blüten waren im Aufguß Wurzeln und Blättern überlegen.[4,20] Dabei wurde beobachtet, daß der DNA- und RNA-Gehalt im lädierten Gewebe herabgesetzt ist und daß Quercetin und ein Extrakt aus Blüten von *F. ulmaria* den RNA-Gehalt normalisieren.[21] Ferner wird (wäßriger Aufguß 1:20 von Blüten) auf eine tonussteigernde und die Kontraktionskraft verstärkende Wirkung auf die glatte Muskulatur aus Darmabschnitten und Abschnitten des Uterushorns von Katzen, Meerschweinchen und Ratten hingewiesen.[22]
Antimikrobielle Wirkung. Im Zusammenhang mit der postulierten aquaretischen Wirkung wurde eine Tinktur (hergestellt nach rumänischer Pharmakopöe mit 70 % Alkohol) in den Verdünnungen 1:10 und 1:25 auf antimikrobielle Aktivität (Agar-Diffusionstest) gegen verschiedene Bakterien geprüft. Eine signifikante Hemmhofbildung wurde bei *Staphylococcus aureus* und *S. epidermis* beobachtet (beide Konzentrationen), die Konzentration 1:10 zeigte Hemmhofbildung bei *Proteus vulgaris* und *Pseudomonas aeruginosa*. Bei *Escherichia coli* und *Klebsiella* keine Wirkung.[23] Ein alkoholisch und wäßrig ausgezogener, dann vereinigter Extrakt (1 g Droge in 1 mL) hemmte das Wachstum in fünfprozentiger Lösung von *Staphylococcus aureus haemolyticus*, *Streptococcus pyogenes haemolyticus*, *Escherichia coli*, *Shigella flexneri*, *Klebsiella pneumoniae* und *Bacillus subtilis* im Biogramm und mit der Verdünnungsmethode (keine genauen Angaben).[24]

Anwendungsgebiete: Zur unterstützenden Behandlung von Erkältungskrankheiten.[25] Fiebrige Erkältungskrankheiten, bei denen eine Schwitzkur erwünscht ist; zur Erhöhung der Harnmenge.[15]

Dosierung und Art der Anwendung: *Droge.* Gebräuchliche Einzeldosis sind 4 bis 6 g getrocknete Droge innerlich als Infus zwei- bis mehrmals täglich.[15,26] Abweichend dazu sind die Empfehlungen einer Tagesdosis von nur 2,5 bis 3,5 g.[25]
Teebereitung: Zwei Teelöffel (4 bis 6 g) werden mit siedendem Wasser (ca. 150 mL) übergossen und nach ca. zehn Minuten durch ein Teesieb gegeben. Der Aufguß wird frisch bereitet und schluckweise möglichst heiß getrunken.[15]

Volkstümliche Anwendung und andere Anwendungsgebiete: Mädesüßblüten werden volksmedizinisch in erster Linie als schweißtreibendes Mittel (heißer Tee), bei rheumatischen Beschwerden und vor allem – infolge der der Droge zugeschriebenen aquaretischen Wirkung – bei Gicht verwendet. Die aquaretische (damals diuretische) Wirkung der Droge begründet die Anwendung bei Blasen- und Nierenleiden (Cystitis, Nephritis).[28] Im Osten (Rußland[29]) wurde ein Decoct zur Wundheilung eingesetzt. In den anglikanischen Ländern wird eher das Kraut verwendet (s. Droge Spiraeae herba). *F. ulmaria* hat an Bedeutung als eigenständige Arzneipflanze verloren und wird vorwiegend in Kombination mit anderen Drogen der gleichen Indikationsgruppe in Erkältungstees und (selten) in Blasen- und Nierentees eingesetzt. In Frankreich ist die traditionelle Anwendung zur symptomatischen Behandlung leichter Gelenkschmerzen (Einnahme und lokale Anwendung) sowie die traditionelle Anwendung (Einnahme) zur Förderung der renalen Wasserausscheidung, zur Anregung der Ausscheidungsfunktion von Niere und Verdauung, bei leichtem Fieber und grippalen Infekten sowie bei Kopf- und Zahnschmerzen üblich.[50]
Die Wirksamkeit der Droge bei den genannten Anwendungsgebieten ist nur teilweise (vergleiche Anwendungsgebiete) belegt.

Dosierung und Art der Anwendung: 5 bis 20 g Droge/L Teeaufguß. Tagesdosis: 250 mL bis 1 L Teeaufguß.[50]

Unerwünschte Wirkungen: *Allergische Wirkungen.* Fälle von belegten allergischen Wirkungen sind nicht beschrieben. Bei Personen, die eine Intoleranz gegenüber Acetylsalicylsäure und/oder anderen nichtsteroidalen Entzündungshemmern entwickelt haben, besteht potentiell die Gefahr einer Sofortreaktion. Es wurde allerdings festgestellt,[27] daß die klinische Relevanz von in den Lebensmitteln vorkommenden Salicylaten (untersucht wurde in erster Linie Salicylsäure) für die Auslösung einer pseudoallergischen Reaktion gering ist. Dies dürfte auch für die Salicylverbindungen in *F. ulmaria* gelten. *Verdauungstrakt.* Auf mögliche Magenbeschwerden und Übelkeit bei Überdosierung wird hingewiesen.[26]

Gegenanzeigen/Anwendungsbeschr.: Mädesüßblüten enthalten Salicylate. Sie sollten daher bei Salicylat-Überempfindlichkeit nicht angewendet werden.[25]

Wechselwirkungen: Keine bekannt.[25]

Tox. Inhaltsstoffe u. Prinzip: Es gibt keine Hinweise auf toxische Inhaltsstoffe in *F. ulmaria*. Eine schädliche Wirkung der Aufgüsse und alkoholischer Extrakte in phytotherapeutisch üblichen Konzentrationen wird ausgeschlossen, da die Entgiftungsfunktionen der Leber bei Ratten und Kaninchen nicht beeinträchtigt werden.[30,31]

Sonst. Verwendung: *Haushalt.* Als Zusatz in Marmeladen, Gelees und eingemachten Früchten.

Gesetzl. Best.: *Standardzulassung.* Mädesüßblüten: Standardzulassung Nummer: 1609.99.99;
Erkältungstee I: Standardzulassung Nummer: 1979.99.99;
Erkältungstee III: Standardzulassung Nummer: 1979.97.99;
Die Erkältungstees der Standardzulassungen enthalten 20 bis 30 % Mädesüßblüten als wirksame Bestandteile.[15] *Offizielle Monographien.* Aufbereitungsmonographie der Kommission E am BGA "*Filipendula ulmaria* (Mädesüß)".[25] Frankreich: Hinweise an die Hersteller pflanzlicher Arzneimittel: Reine des prés/Ulmaire.[50]

Spiraeae herba

Synonyme: Herba Barbae caprae, Herba Reginae prati, Herba Spiraeae ulmariae.

Sonstige Bezeichnungen: Dt.: Mädesüßkraut, Spierkraut, Spierstaude, Sumpfspierkraut; frz.: Herbe d'ulmaire; span.: Yerba de ulmaria.

Monographiesammlungen: Filipendula *BHP 83.*

Definition der Droge: Getrocknete, oberirdische Teile blühender Pflanzen.

Stammpflanzen: *Filipendula ulmaria* (L.) MAXIM.

Herkunft: Hauptlieferländer sind südost- und osteuropäische Länder, so vor allem Polen, aber auch das ehemalige Jugoslawien und Bulgarien.

Gewinnung: In der Blütezeit von Juni bis August werden die oberen Teile der Pflanze, wenn sie voll erblüht ist, gesammelt und zum Trocknen aufgehängt, wobei die Trocknungstemperatur 40 °C nicht überschreiten soll. Die abfallenden Blüten werden aufgefangen und ebenfalls verwendet.[26]

Schnittdroge: *Makroskopische Beschreibung.* Viele Blattfragmente. Die spröden Blätter zerfallen in kleine, undurchsichtige, dunkelgrüne, zusammenhaftende Teile. Zahlreiche, dünnwandige, hohle, oft längs gespaltene, derbe, kantige Stengelteile. Blüten gemäß Beschreibung bei Droge Spiraeae flos.
Mikroskopisches Bild. Auf den Blättern befinden sich zwei Haartypen: Wenige einzellige, dickwandige, sich verjüngende Haare mit einer verdickten, vertieften Basis. Zahlreiche dünnwandige, schmale, weniger als 5 µm breite, lange, gekrümmte und ineinander verwickelte, scheinbar einzellige Haare. Die Spaltöffnungen sind anomocytisch und nur auf der Unterseite der Blätter angeordnet. Im Mesophyll liegen bis zu 40 µm große Calciumoxalatkristalle. Teile der Blüten gemäß Beschreibung bei Droge Spiraeae flos.[44]

Minderqualitäten: Zu spät geerntete Pflanzen, in denen bereits ein hoher Anteil an Früchten vorhanden ist.

Inhaltsstoffe: Qualitativ weitgehend analog zu den Blüten mit zum Teil geänderten Verhältnissen infolge unterschiedlichen Inhaltsstoffspektrums bei den Blättern.
Die Blätter enthalten kein oder nur wenig Spiraein.[16] Getrocknete Blätter finnischer Herkunft enthielten nach Wasserdampfdestillation 29 µg/g Salicylaldehyd, Methylsalicylat war nicht nachweisbar.[19] Auch das Flavonoidmuster der Blätter ist gegenüber den Blüten unterschiedlich. Die 4'-Glykoside (Spiraeosid, Kämpferol-4'-glucosid) fehlen. Mit HPLC konnten Rutin, Hyperosid, Quercetin-3-glucuronid und Quercetin-3-arabinosid in mehreren Mustern in der Auvergne gesammelter Drogen nachgewiesen und quantifiziert (Summe ca. 2 %) werden. Die Stengel enthalten die gleichen Flavonglykoside wie die Blätter, doch nur ca. 0,5 % (Summe).[48] Hauptaglykon nach Hydrolyse war erwartungsgemäß Quercetin (0,9 respektive 1,4 % in zwei Handelsmustern), unter 0,1 % lagen die Werte für Kämpferol und Isorhamnetin.[18]
Isoliert wurden verschiedene Ellagitannine, nämlich 1,2,3-Tri- und 2,3-Di-*O*-galloyl-4,6-(*S*)-hexahydroxydiphenoyl-*β*-D-glucose[32] sowie Rugosin D[33], ein Dimeres der ersten Verbindung, wobei noch zwei gemäß NMR-Daten mögliche Strukturen in Diskussion sind. Die spektroskopischen Daten aus Lit.[45] sind auch mit Isorugosin[46] kompatibel. Rugosin D zeigt ein hohes Proteinbindungsvermögen.[34]

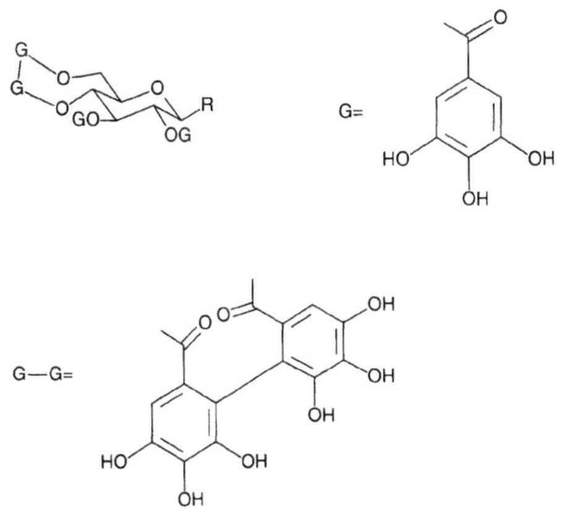

	R
1,2,3-Tri-*O*-galloyl-4,6-(*S*)-hexahydroxydiphenoyl-β-D-glucose	—OG
2,3-Di-*O*-galloyl-4,6-(*S*)-hexahydroxydiphenoyl-D-glucose	∽OH

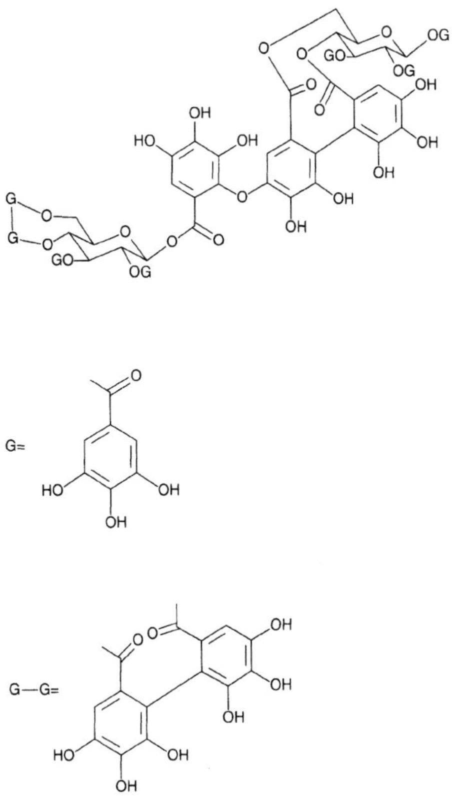

Rugosin D
Ellagitannine in *F. ulmaria*

Zubereitungen: Flüssigextrakt 1:1 in Alkohol 25 %; Tinktur 1:5 in Alkohol 45 % *BHP83*.

Identität: Analog zu Droge Spiraeae flos. Für Flavonoide und Ellagitannine kann allenfalls nach *HAB 1* chromatographiert (DC) werden (s. Filipendula ulmaria ferm 34c hom. *HAB 1*).

Reinheit:
- Asche: Höchstens 8 % *BHP83*
- Säureunlösliche Asche: Höchstens 2 % *BHP83*

Gehaltsbestimmung: Gemäß Droge Spiraeae flos.

Lagerung: Vor Licht und Feuchtigkeit geschützt aufbewahren *BHP83*

Wirkungen: *Proteinbindung.* Rugosin D zeigt sowohl in der Gleichgewichtsdialyse wie auch in der mikrocalorimetrischen Messung eine hohe Bindungskapazität zu Rinder-Serum-Albumin (BSA). Beim Transfer von wäßriger Rugosin D-Lösung in eine BSA-Lösung ist die gemessene freie Energie ΔG je nach Konzentration des Ellagitannins 2- bis 2,5mal negativer (was einer entsprechend höheren Affinität entspricht) als für Penta-*O*-galloyl-*β*-D-glucose, dem Galloylgerbstoff mit dem höchsten Proteinbindungsvermögen. Für die Assoziationskonstante K_a der Gleichgewichtsdialyse ist der Unterschied noch größer. Rugosin D gilt derzeit als das

Gallussäurederivat aus höheren Pflanzen mit dem höchsten Proteinbindungsvermögen.[34] Das Proteinbindungsvermögen von 1,2,3-Tri-*O*-galloyl-4,6-(*S*)-hexahydroxydiphenoyl-β-D-glucose ist mit diesen Methoden nur leicht schwächer als von Penta-*O*-galloyl-β-D-glucose, dasjenige von 2,3-Di-*O*-galloyl-4,6-(*S*)-hexahydroxydiphenoyl-β-D-glucose ist demgegenüber gering.[34–36] Diese *in-vitro*-Versuche belegen die adstringierenden Eigenschaften der Pflanze, die auch in den sensorischen Prüfungen (zusammenziehend bitter) zum Ausdruck kommen. Sie bestätigen einige volksmedizinische Anwendungen.

Wundheilende Wirkung. In einer russischen Arbeit wird auf einen heilenden Effekt des Krautpulvers bei künstlich erzeugten oberflächlichen Wunden bei Ratten (die Wurzel erwies sich als deutlich weniger wirksam) hingewiesen.[37] Detaillierte Angaben sind nicht zugänglich.

Antitumor-Aktivität. Rugosin D zeigte eine Antitumor-Aktivität bei weiblichen Mäusen. 5 respektive 10 mg der Testsubstanz wurden intraperitoneal sechs Tieren appliziert, vier Tage später wurden 10^5 Tumorzellen Sarcoma-180 eingeimpft. Zur Beurteilung der Tumoraktivität wurde ein Faktor (% ILS = 100 · {Mittel der Überlebenstage der behandelten Gruppe – Mittel der Überlebenstage der unbehandelten Gruppe}/ Mittel der Überlebenstage der unbehandelten Gruppe) ermittelt sowie die überlebenden Tiere gezählt. Den Tieren der Kontrollgruppe wurde anstelle des Tannins mit OK-432 eine Streptococcen-Präparation verabreicht. Deren Überlebenszeit betrug 12,9 ± 0,8 Tage. Damit eine Substanz als aktiv bezeichnet wurde, mußte ein % ILS > 70 erreicht werden. Für 10 mg Rugosin D ergab sich ein % ILS = 171,5 bei einem überlebenden Tier, für 5 mg Isorugosin D ein % ILS = 146,5 bei zwei überlebenden Tieren. Die Einmalapplikation vier Tage vor der Impfung der Tumorzellen erwies sich als deutlich wirksamer im Vergleich zur dreimaligen Applikation einen, vier respektive sieben Tage vor der Impfung. Die lange Vorlaufzeit macht Struktur/Wirkungs-Interpretationen schwierig, da vom Metabolismus nichts bekannt und der Effekt der Kontrollbehandlung unklar ist. Die Autoren selbst bezweifeln einen direkten Einfluß der Tannine auf die Tumorzellen. Immerhin erwies sich eine bestimmte Molekularmasse und ein hoher Anteil an Galloylestern für die Antitumorwirkung der Ellagitannine als wichtig.

Anwendungsgebiete: Zur unterstützenden Behandlung von Erkältungskrankheiten.[25]

Dosierung und Art der Anwendung: *Droge.* Gebräuchliche Einzeldosis: 4 bis 5 (bis 6) g getrocknete Droge zwei- bis mehrmals täglich innerlich als Infus, eventuell als Pulver.[25,44] Teebereitung: Analog Spiraeae flos. *Zubereitung.* Gebräuchliche Tagesdosen der Zubereitungen: 1,5 bis 6,0 mL Flüssigextrakt; 2 bis 4 mL der Tinktur.[44]

Volkstümliche Anwendung und andere Anwendungsgebiete: Primär analog Spiraeae flos. Lit.[44] beschreibt weitere, in Deutschland zum Teil unübliche Anwendungsbereiche: Atonische Dyspepsie mit Magenbrennen und Hyperacidität, Diarrhöe bei Kindern sowie in speziellen Fällen zur Prophylaxe und zur Behandlung von Magengeschwüren. Das hohe Proteinbindungsvermögen der Ellagitannine in Blättern von *F. ulmaria* deutet auf einen Nutzen für solche Anwendungen hin; vgl. auch Wirkungen von Spiraeae flos.

Die Wirksamkeit der Droge bei den genannten Anwendungsgebieten ist jedoch nicht ausreichend belegt.

Unerwünschte Wirkungen: Analog Spiraeae flos.

Gegenanzeigen/Anwendungsbeschr.: Mädesüßkraut enhält Salicylate. Es sollte daher bei Salicylat-Überempfindlichkeit nicht angewendet werden.[25]

Wechselwirkungen: Keine bekannt.[25]

Gesetzl. Best.: *Offizielle Monographien.* Aufbereitungsmonographie der Kommission E am BGA "*Filipendula ulmaria* (Mädesüß)".[25]

Filipendula ulmaria hom. *HAB 1.*

Synonyme: Spiraea ulmaria.

Monographiesammlungen: Filipendula ulmaria *HAB 1.*

Definition der Droge: Die frischen, unterirdischen Teile blühender Pflanzen.

Stammpflanzen: *Filipendula ulmaria* (L.) MAXIM.

Ganzdroge: Der Wurzelstock hat erdig aromatischen Geruch und schwach brennenden Geschmack.

Er ist außen dunkelbraun bis schwarz, 2 bis 2,5 cm dick, stark verholzt, knotig verdickt und geringelt. Von dem fast waagrecht im Boden liegenden mehrköpfigen Wurzelstock zweigen etwa 3 mm dicke Wurzeln ab, die ihrerseits faserige, etwas hellere Seitenwurzeln tragen.

Im Querschnitt ist der Wurzelstock gelbweiß bis gelb, das Mark ist schwammig.[41]

Zubereitungen: Urtinktur und flüssige Verdünnungen nach *HAB 1.*, Vorschrift 3a. Eigenschaften: Die Urtinktur ist eine rotbraune Flüssigkeit mit aromatischem Geruch und leicht brennendem Geschmack. Darreichungsformen: Urtinktur, flüssige Verdünnungen, Tabletten, Verreibungen, Streukügelchen; flüssige Verdünnungen zur Injektion ab D6.

Identität: *Urtinktur.* Grauschwarzer Niederschlag nach Zugabe von Eisen(III)chloridlsg. zur Urtinktur (Gerbstoffe); hell gelbgrüne Schicht mit intensiv gelb-grüner Fluoreszenz im UV-Licht bei 365 nm beim Unterschichten mit NaOH; voluminöser Niederschlag mit Blei(II)acetat-Lösung.

Dünnschichtchromatographie:

- Sorptionsmittel: Kieselgel H;
- Untersuchungslösung: Urtinktur;
- Vergleichslösung: Pyrogallol und Thymol in Methanol;
- FM: Chloroform-Ethylacetat-wasserfreie Ameisensäure (50 + 40 + 10);

- Detektion: Nach Verdunsten der mobilen Phase mit ethanolischer Molybdatophosphorsäure-Lösung besprühen, fünf bis zehn Minuten auf 105 bis 110 °C erhitzen und im Tageslicht auswerten;
- Auswertung: Das Chromatogramm der Vergleichslösung zeigt im unteren Teil des mittleren Drittels des Rf-Bereiches den blauen Fleck des Pyrogallols und im unteren Teil des oberen Drittels den blauen Fleck des Thymols. Das Chromatogramm der Untersuchungslösung zeigt folgende blaue Flecke: Knapp oberhalb der Vergleichssubstanz Pyrogallol zwei dicht übereinander liegende Flecke; etwa in Höhe der Vergleichssubstanz Thymol einen Fleck, knapp darunter zwei dicht übereinander liegende Flecke und knapp darüber einen Fleck. Im unteren Drittel des Rf-Bereiches können bis zu drei schwach ausgeprägte Flecke auftreten.

Reinheit: *Urtinktur.*
- Relative Dichte (*PhEur*): 0,895 bis 0,915.
- Trockenrückstand (*DAB*): Mindestens 1,5 %.

Lagerung: *Urtinktur.* Vor Licht geschützt aufbewahren.[41]

Anwendungsgebiete: Entsprechend dem homöopathischen Arzneimittelbild.
Dazu gehören: Rheumatismus; Schleimhautentzündungen.[38]

Dosierung und Art der Anwendung: *Zubereitung.* Soweit nicht anders verordnet: Bei akuten Zuständen häufige Anwendung alle halbe bis ganze Stunde je 5 Tropfen oder 1 Tablette oder 10 Streukügelchen oder 1 Messerspitze Verreibung einnehmen; parenteral ab D6 1 bis 2 mL bis zu 3mal täglich s. c. injizieren. Bei chronischen Verlaufsformen 1- bis 3mal täglich 5 Tropfen oder 1 Tablette oder 10 Streukügelchen oder 1 Messerspitze Verreibung einnehmen; parenteral ab D6 1 bis 2 mL pro Tag s. c. injizieren.[38]

Unerwünschte Wirkungen: Nicht bekannt.
Hinweis: Es können vorübergehend Erstverschlimmerungen vorkommen, die jedoch unbedenklich sind.[38]

Gegenanzeigen/Anwendungsbeschr.: *F. ulmaria* enthält Salicylsäurederivate. Die Urtinktur sollte daher bei Salicylatüberempfindlichkeit nicht angewendet werden.[38]

Wechselwirkungen: Nicht bekannt.[38]

Gesetzl. Best.: *Offizielle Monographien.* Aufbereitungsmonographie der Kommission D am BGA "Filipendula ulmaria (Spiraea ulmaria)".[38]

Filipendula ulmaria ferm 34c hom. *HAB 1*

Synonyme: Spiraea ulmaria ex herba ferm 34c.

Monographiesammlungen: Filipendula ulmaria ferm 34c *HAB 1.*

Definition der Droge: Die frischen, oberirdischen Teile blühender Pflanzen.

Stammpflanzen: *Filipendula ulmaria* (L.) MAXIM.

Ganzdroge: Die frischen Pflanzenteile entwickeln beim Zerreiben Geruch nach Bittermandel und Methylsalicylat. Der Geschmack ist süßlich.

Zubereitungen: Urtinktur und flüssige Verdünnungen nach *HAB 1*, Vorschrift 34c. Eigenschaften: Die Urtinktur ist eine gelbbraune Flüssigkeit mit süßlichem, fruchtigem, arteigenem Geruch.

Identität: *Urtinktur.* Weißer, flockiger Niederschlag nach Zugabe von Bromwasser zur Urtinktur; schwarz-violette Färbung nach Zugabe von Eisen(III)chlorid.
Dünnschichtchromatographie:
- Sorptionsmittel: Kieselgel G;
- Untersuchungslösung: Urtinktur;
- Vergleichslösung: Gallussäure, Tannin, Hyperosid, Rutin in Methanol;
- FM: Ethylacetat-wasserfreie Ameisensäure-Wasser (80 + 10 + 10);
- Detektion: Nach Verdunsten der mobilen Phase mit einer einprozentigen Lösung (*m/V*) von Diphenylboryloxyethylamin in Methanol, danach mit einer fünfprozentigen Lösung (*m/V*) von Polyethylenglycol 400 in Methanol besprühen und im UV-Licht bei 365 nm auswerten;
- Auswertung: Das Chromatogramm der Vergleichslösung zeigt im unteren Drittel des Rf-Bereiches den orangefarbenen Fleck des Rutins, im mittleren Drittel den orangefarbenen Fleck des Hyperosids, im oberen Drittel den grau-blauen, etwas langgezogenen Fleck des Tannins und darüber, etwa in der Mitte des oberen Drittels, den blauen Fleck der Gallussäure. Das Chromatogramm der Untersuchungslösung zeigt wenig unterhalb der Vergleichssubstanz Rutin einen schwach blauen Fleck, über dem Rutin einen blauen Fleck, kurz oberhalb des Hyperosids einen blauen Fleck, kurz unterhalb des Tannins einen blauen Fleck sowie kurz oberhalb der Gallussäure einen blauen Fleck.

Reinheit: *Urtinktur.*
- Relative Dichte (*PhEur*): 1,005 bis 1,025.
- Trockenrückstand (*DAB*): Mindestens 3 %, höchstens 4,5 %.
- pH-Wert: Zwischen 3,0 und 4,0.

Lagerung: *Urtinktur.* Vor Licht geschützt aufbewahren.

1. Bate-Smith EC (1962) J Linn Soc (Bot) 58:95-173
2. Haddock EA, Gupta RK, Al-Shafi SMK, Layden K, Haslam E, Magnolato D (1982) Phytochemistry 21:1.049-1.062
3. Wallaart RAM (1980) Phytochemistry 19:2.603-2.610
4. Yanutsh AY, Barnaulov OD, Ladnaya LY, Manicheva OA (1982) Farm Zh (Kiev) 37:53-56
5. Wichtl M (1989) Mädesüßblüten. In Wichtl M (Hrsg.) Teedrogen, 2. Aufl., Wissenschaftliche Verlagsgesellschaft, Stuttgart, S. 322-324

6. Lindeman A, Jounela-Eriksson P, Lounasmaa M (1982) Lebensm Wiss Technol 15:286–289
7. Valle MG, Nano GM, Tira S (1988) Planta Med 54:181–182
8. Hörhammer L, Hänsel R, Endres W (1956) Arch Pharm 61:133–140
9. Scheer T, Wichtl M (1987) Planta Med 53:573–574
10. Thieme H (1965) Pharmazie 20:113–114
11. Meier B (1988) Analytik, chromatographisches Verhalten und potentielle Wirksamkeit der Inhaltsstoffe salicylathaltiger Arzneipflanzen Mitteleuropas, Habilitationsschrift ETH Zürich, S. 161–170
12. Thieme H (1966) Pharmazie 21:123
13. Steinegger E, Casparis P (1945) Pharm Acta Helv 20:154–173
14. Zem, Bd. 13, S. 71–136
15. Standardzulassungen für Fertigarzneimittel (1989), Deutscher Apotheker Verlag, Pharmazeutischer Verlag, Govi-Verlag, Frankfurt/Main
16. Meier B, Lehmann D, Sticher O, Bettschart A (1987) Dtsch Apoth Ztg 127:2.401–2.407
17. Thieme H (1964) Pharmazie 19:471–475
18. Hasler A (1990) Flavonoide aus Ginkgo biloba und HPLC-Analytik von Flavonoiden in verschiedenen Arzneipflanzen, Dissertation Nr 9353 Eidgenössische Technische Hochschule Zürich, S. 280–285
19. Julkunen-Tiitto MRK, Kirsi MJ, Rimpiläinen TK (1988) Lebensm Wiss Technol 21:36–40
20. Barnaulov OD, Denisenko PP (1980) Farmakol Toksikol 43:700–705
21. Manicheva OA, Barnaulov OD (1984) Rastit Resur 20:256–264
22. Barnaulov OD, Bukreeva TB, Kokarev AA, Sevcenko AI (1978) Rastit Resur 14:573–579
23. Hintz IC, Hodisan V, Tamas M (1983) Clujul Medical 56:381–384
24. Csedö K, Monea M, Sabau M (1987) Poster-Abstract, 35th Annual Congress of Medicinal Plant Research, Leiden
25. BAz Nr. 43 vom 02.03.1989
26. Pahlow M (1987) Das große Buch der Heilpflanzen, 2. Auflage, Gräfe und Unzer, München, S. 314
27. Häberle M (1987) Ernaehr Umsch 34:287–296
28. Madaus G (1938) Lehrbuch der biologischen Heilmittel, Bd. III Heilpflanzen, Thieme-Verlag, Leipzig, S. 2.596
29. NN (1966) Arzneipflanzen in der Sowjetunion, 3. Lieferung, Herausgegeben von der Sektion Medizin des Osteuropa-Institutes, Berlin, S. 61
30. Barnaulov OD, Boldina I, Galushko VV, Karamysina GK, Kumkov AV, Limarenko AY, Martinson TG, Shukhobodskij BA (1979) Rastit Resur 15:399–407
31. Barnaulov OD, Kumkov AV, Khalikova NA, Kochina IS, Shukhobodskii BA (1977) Rastit Resur 13:661–669
32. Gupta RK, Al-Shafi SMK, Layden K, Haslam E (1982) J Chem Soc Perkin Trans I:2.525–2.534
33. Haslam E, Lilley TH, Cai Y, Martin R, Magnolato D (1989) Planta Med 55:1–8
34. McManus JP, Davis KG, Beart JE, Gaffney SH, Lilley TH, Haslam E (1985) J Chem Soc Perkin Trans II:1.429–1.438
35. Beart JE, Lilley TH, Haslam E (1985) Phytochemistry 24:33–38
36. Spencer CM, Cai Y, Martin R, Gaffney SH, Goulding PN, Magnolato D, Lilley TH, Haslam E (1988) Phytochemistry 27:2.397–2.409
37. Barnaulov OD, Konovalova L (1981) Farm Zh (Kiev) 4:52–55
38. BAz Nr. 172a vom 14.09.1988
39. Hgn, Bd. VI, S. 84–94, 104–105; Bd. IX, S. 369–377
40. Heg, Bd. IV, Teil 2, S. 266–274
41. HAB 1
42. Helv V
43. Hag, Bd. IV, S. 997–998
44. BHP 83
45. Spencer CM, Cai Y, Russell M, Lilley TH, Haslam E (1990) J Chem Soc Perkin Trans II:651–660
46. Hatano T, Kira R, Yasuhara T, Okuda T (1988) Chem Pharm Bull 36:3.920–3.927
47. FEu, Bd 2, S. 6–7
48. Lamaison JL, Petitjean-Freytet C, Carnat A (1992) Pharm Acta Helv 67:218–222
49. Lamaison JL, Carnat A (1990) Pharm Acta Helv 65:315–320
50. Ministère des affaires sociales et de la solidarité de la France (1990): Médicaments à base de Plantes. Avis aux fabricants concernant les demandes d'autorisation de mise sur la marché, Bulletin officiel No. 90/22 bis. Direction des Journaux Officiels, 26, rue Desaix 75727 paris Cedex 15.
51. Miyamoto K, Kishi N, Koshiura R, Yoshida T, Hatano T, Okuda T (1987) Chem Pharm Bull 35:814–822

BM/MM

Foeniculum

HN: 2038600

Familie: Apiaceae (Umbelliferae).

Unterfamilie: Apioideae.

Tribus: Apieae.

Subtribus: Apiinae.

Gattungsgliederung: Obwohl die Gattung Foeniculum MILLER aus zwei oder drei Arten bestehen soll, gilt sie inzwischen als monospezifisch mit *Foeniculum vulgare* MILLER als einziger namentlich genannter Art.[1,2]

Gattungsmerkmale: Zumeist ausdauernde Staudengewächse. Stengel meist ästig, gestreift. Laubblätter fein-zerteilt. 3- bis 4fach fiederschnittig, mit feinen und langen, linealisch-fädlichen bis pfriemlich-börstlichen Zipfeln. Dolden groß, öfter reichstrahlig; Hülle und Hüllchen fehlend; Doldenstrahlen lang; Döldchenstrahlen ziemlich kurz; Kelchrand wulstig, ungezähnt; Kronblätter gelb, sehr breit-eiförmig, mit einer fast quadratischen, seicht-ausgerandeten und ganz nach innen eingerollten Spitze; Griffelpolster niedrig-kegelförmig, stumpflich. Frucht eiförmig-länglich, im Querschnitt fast stielrund; Teilfrüchte mit je fünf starken, stumpfen Rippen, deren randständige etwas stärker ausgezogen und einen dicken, wenig vorspringenden, ziemlich schmalen Randflügel bildend; Ölstriemen groß, einzeln unter den Tälchen. Samen im Querschnitt stumpf und niedrig-fünfeckig, auf dem Rücken durch die Ölstriemen stumpfkantig gefurcht, an der Fugenfläche sehr seicht- und breit-ausgehöhlt. Fruchthalter frei, fast bis zum Grunde zweigeteilt.[1]

Verbreitung: Weltweit in allen gemäßigten wärmeren Gebieten, vor allem in der gesamten Mittelmeerregion.

Inhaltsstoffgruppen: Äth. Öl, zumeist aus einem dominierenden Phenylpropanderivat und geringeren Mengen Monoterpenen bestehend;[3–11] Cumarine, auch als Furo- und Pyranocumarine;[12–15] fettes Öl, mit einem hohen Anteil ungesättigter Fettsäuren;[16–18] Flavonoide, in Form von Flavonol-3-*O*-glykosiden und -3-*O*-glucuroniden;[19–21] Pflanzensäuren, als aliphatische Carbonsäuren sowie Benzoesäure- und Zimtsäurederivate;[22–24] Sterine;[12,18] Triterpene.[15]

Drogenliefernde Arten: *F. vulgare*: Foeniculi aetheroleum, Foeniculi fructus, Foeniculum vulgare hom. *HAB 1*, Foeniculum vulgare, äthanol. Decoctum hom. *HAB 1*, Foeniculum vulgare hom. *HPUS 88*.
Zur Drogengewinnung dient allerdings nicht die gesamte Art *F. vulgare* MILLER, sondern nur zwei Varietäten aus der Subspecies *vulgare* kommen in Frage.

Foeniculum vulgare MILLER

Synonyme: *Anethum faeniculum* CLAIRV., *A. foeniculum* L., *A. rupestre* SALISB., *Feniculum commune* BUBANI, *Foeniculum azoricum* MILLER, *F. capillaceum* GILIB., *F. dulce* DC., *F. foeniculum* (L.) H. KARST., *F. officinale* ALL., *F. panmorium* DC., *F. sativum* BERTOL., *Ligusticum divaricatum* HOFFMANNSEGG et LINK, *L. foeniculum* CRANTZ, *Meum foeniculum* (L.) SPRENG. in SCHULT, *Ozodia foeniculacea* WIGHT et ARNOTT, *Selinum foeniculum* (L.) E. H. L. KRAUSE.[1,25]

Sonstige Bezeichnungen: Dt.: Fennekel (Niederrhein), Fennichl (Egerland, Baden), Fennkol, Finkel (Niederdeutsch), Gemeiner Fenchel; engl.: Common fennel, fennel, finkel, spingel; frz.: Fenouil; chinesisch: Hui-hsiang; dän., norw.: Fennikel; holl.: Venkel; it.: Finocchio, finucco; pol.: Fenchul, koper vloski; port.: Fiolho, funcho; rum.: Anason; russ.: Sladkij ukrop; schwed.: Fänkal; serbokroatisch: Divlja mirodija; span.: "Hierba de anis", Hinojo; tsch.: Fenykl; türk.: Arap saÇi; ung.: Edeskömeny.

Systematik: *F. vulgare* MILLER besteht aus zwei Unterarten:

- Ssp. *piperitum* (UCRIA) COUT.: Wild wachsender, unangenehm scharf, fast brennend schmeckender Esels- oder Pfefferfenchel, Syn.: *Anethum piperitum* UCRIA = *F. capillaceum* ssp. *piperitum* (UCRIA) ROUY et CAMUS = *F. officinale* var. *piperitum* (UCRIA) ALEF = *F. piperitum* (UCRIA) PRESL = *Meum piperitum* (UCRIA) SPRENG. in SCHULT.;
- Ssp. *vulgare*: Kultivierter, teilweise verwilderter Gartenfenchel, Syn.: Ssp. *capillaceum* (GILIB.) HOLOMBOE = *F. capillaceum α typicum* HALACSY = *F. officinale* ALL. sens. strict. = *F. vulgare α capillaceum* (PAOLETTI) BURNAT.[1,25–27]

Zwischen den Unterarten kann aufgrund vermutlich reversibler Übergänge keine scharfe Grenze gezogen werden: Einerseits soll ssp. *vulgare* als optimal entwickeltes Stadium der ssp. *piperitum* bei deren Inkulturnahme aufgrund nährstoffreicheren Bodens bzw. durch Selektion entstanden sein. Andererseits ist angeblich bei verwilderten Kulturen von ssp. *vulgare* erneutes Abdriften in ssp. *piperitum* möglich.[1]
Ssp. *vulgare* wird wiederum in drei Varietäten unterteilt:
1. Var. *azoricum* (MILLER) THELLUNG, der Gemüsefenchel oder der Bologneser-, Italienische-, Knollen- oder Zwiebelfenchel, Syn.: *Anethum dulce* DC. = *Anethum foeniculum azoricum* SCHKUHR = *F. capillaceum Γ* dulce ARCANG. = *F. foeniculum* f. *dulce* VOSS = *F. officinale dulce* ALEF. = *F. vulgare α* capillaceum c. dulce PAOLETTI; wird als Gemüse oder Salat angepflanzt; gegessen werden die jungen, evtl. gebleichten Blattsprosse nebst den fleischigen, schalenähnlich verbreiterten, süßlichen Blattscheiden am Grunde des Hauptsprosses;
2. Var. *dulce* (MILLER) THELLUNG, der Süße- oder Süßfenchel, Syn.: *Anethum foeniculum dulce* SCHKUHR = *A. foeniculum romanum* HOFFM. = *A. panmorium* ROXB. ex FLEMING = *Foeniculum capillaceum β* sativum ARCANG. = *F. foeniculum* f. *hortorum* VOSS = *F. officinale hortorum* ALEF. = *F. vulgare α* capillaceum b. sativum PAOLETTI = *F. vulgare β* sativum PRESL.;
3. Var. *vulgare* (MILLER) THELLUNG, der Bitterfenchel oder, da vereinzelt verwildert, der Wilde Fenchel, Syn.: *Anethum foeniculum vulgare* SCHKUHR = *Foeniculum foeniculum* f. *silvestre* VOSS = *F. officinale silvestre* ALEF. = *F. vulgare α capillaceum a. officinale* PAOLETTI = *F. vulgare α silvestre* PRESL.
Für pharmazeutische Zwecke sind nur der Bitter- und Süßfenchel relevant.
Die taxonomische Zuordnung der Fenchelsippen ist anhand Pflanzenhabitus, Fruchtmorphologie und äth. Ölspektrum möglich.
Insbesondere bei manchen außereuropäischen Herkünften wird die Taxonomie jedoch aufgrund widersprüchlicher botanischer und chemischer Befunde erschwert. Es ist noch unklar, ob es sich hierbei um Hybriden, geographische Sippen, chemische Rassen oder weitere eigenständige Varietäten handelt.[1,3,8,9,28]

Botanische Beschreibung: Pflanze ausdauernd bis zweijährig, in Kultur manchmal nur einjährig, kahl, seegrün bis bläulich bereift, stark gewürzhaft riechend. Grundachse oft fingerdick, weißlich, nach oben verästelt, Blattbüschel und Blütenstengel treibend; Stengel aufrecht, 0,9 bis 2 m hoch, reichlich verästelt. Laubblätter im Umriß länglich-dreieckig bis dreieckig-eiförmig, meist drei- bis vierfach fiederschnittig, die unteren gestielt, die mittleren und oberen sitzend; Zipfel letzter Ordnung sehr schmal und fein, von wechselnder Länge, schmal-linealisch-fädlich bis linealisch-pfriemlich, rinnig, ziemlich entfernt und sparrig; Spreite der oberen Laubblätter an Zerteilung abnehmend; Blattscheiden 3 bis 6 cm lang, aufrecht. Dolden ziemlich groß, bis 15 cm Durchmesser, 4- bis

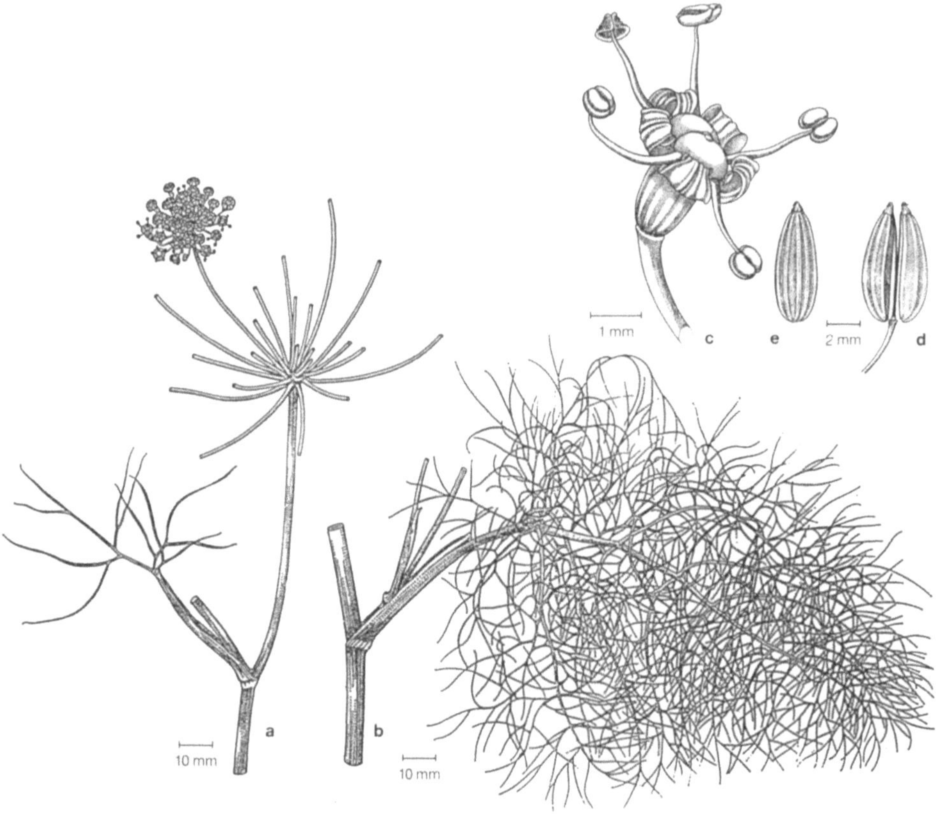

Foeniculum vulgare MILL.: **a** Dolde, die Teilblütenstände wurden bis auf einen entfernt, **b** Sproßabschnitt mit Laubblatt, **c** Blüte, **d** reife Frucht, **e** Teilfrucht. Zeichnung: Ruth Kilian. Aus Lit.[25]

25strahlig, mit meist sehr ungleich langen Strahlen; Blüten ziemlich klein, meist zwitterig; Kronblätter gleichgestaltet, sattgelb, breit-eiförmig, ca. 1 × 1 mm, an der Spitze mit einem fast quadratischen eingerollten Lappen; Griffel zur Blütezeit sehr kurz, fast warzenförmig. Frucht 4 bis 10,5 mm lang und 2 bis 3 mm breit, beiderends wenig – an der Spitze oft etwas stärker – verjüngt, im Querschnitt fast kreisrund bis achteckig, bräunlich oder graugelblich mit meist dunkleren Tälchen; Hauptrippen dreikantig-vorspringend, schärfer oder stumpfer, durch etwa ebenso breite Tälchen getrennt; Randrippen etwas stärker vorspringend, eng anschließend; Fruchthalter dünn, fast borstlich; Griffelpolster stumpf-kegelförmig; Griffel auch bei der Reife sehr kurz, über das Griffelpolster zurückgebogen mit undeutlich angeschwollener Narbe.

Folgende botanische Merkmale ermöglichen die weitere Unterscheidung in die Unterarten:

- Ssp. *piperitum*: Pflanze ausdauernd, 50 cm lang bis über mannshoch. Blattzipfel sämtlich kurz und steif, höchstens 2 cm lang. Dolden klein, kurzgestielt, nur 4- bis 10strahlig. Frucht unangenehm beißend scharf;
- Ssp. *vulgare*: Pflanze von kürzerer Lebensdauer. Blattzipfel 2 bis 5 cm lang, fädlich-schlaff. Dolden größer, länger gestielt, meist 12- bis 25strahlig. Frucht von weniger scharfem Geschmack.

Merkmale der einzelnen Varietäten:

1. Var. *azoricum*: Soll durch Zucht aus den beiden anderen Varietäten hervorgegangen sein; meist einjährig, niedrig, nur 30 bis 50 cm hoch. Dolden 6- bis 8strahlig. Der unterirdische Teil der jungen Blattsprosse als längliche Zwiebel von ca. 15 × 10 cm ausgebildet; Scheiden der Grundblätter gleich Zwiebelschalen verdickt, saftreich, sehr zart, süßlich-milde schmeckend. Früchte sehr kleinkörnig, 4 bis 5 mm lang, optisch an Kümmel erinnernd, aber mit typsichem Fenchelgeruch und süßlichem Geschmack. Die Bezeichnung Fenchel-"Knolle", -"Zwiebel" ist botanisch falsch. Tatsächlich handelt es sich um fleischig verdickte Blätter;
2. Var. *dulce*: Pflanze 1- bis 2jährig, 1,25 bis 2,5 m hoch, Stengel weich und röhrig. Frucht langgestreckt, blaß-weißlich, getrocknet angenehm süßlich schmeckend;
3. Var. *vulgare*: Pflanze 3- bis 4jährig, selten über $1^1/_4$ m hoch, Stengel hart, fast ganz mit Mark erfüllt.

Frucht ziemlich klein, bei der Reife dunkel gefärbt, eher unangenehm schmeckend.[1,11]

Inhaltsstoffe: Bitter- und Süßfenchel sind weitaus besser untersucht als Gemüse- und Pfefferfenchel.
Äth. Öl. Enthalten in schizogenen Exkretgängen in allen Pflanzenteilen mit Ausnahme des Holzes dikker Wurzeln; dominierende Komponenten und Leitsubstanzen sind zum einen die Phenylpropane *trans*-Anethol, Dillapiol, Estragol, Myristicin und Petersilienapiol, zum anderen die Monoterpenkohlenwasserstoffe Limonen, β-Phellandren, α-Pinen und Terpinolen sowie das Monoterpenketon (+)-Fenchon; *trans*-Anethol wird stets von sehr geringen Mengen *cis*-Anethol begleitet.

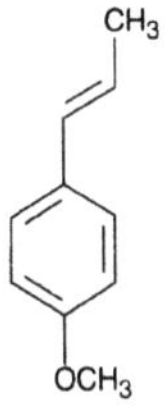

trans-Anethol

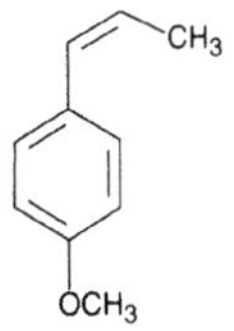

cis-Anethol

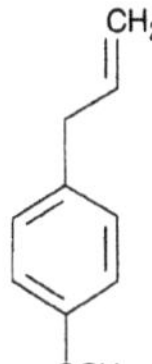

Estragol (Methylchavicol)

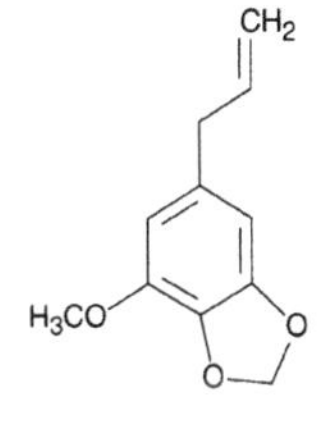

Myristicin

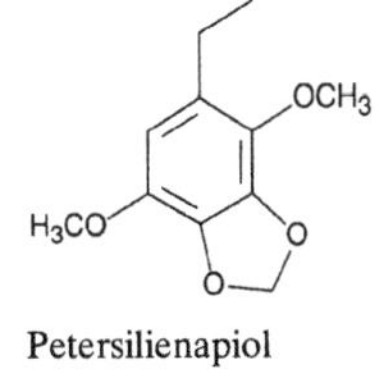

Petersilienapiol

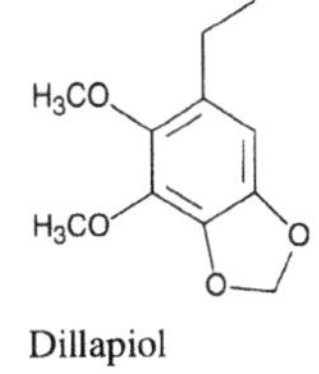

Dillapiol

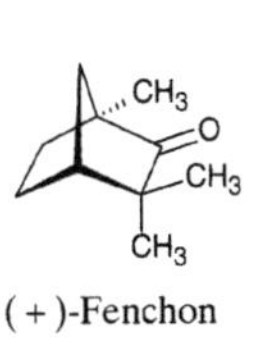

(+)-Fenchon

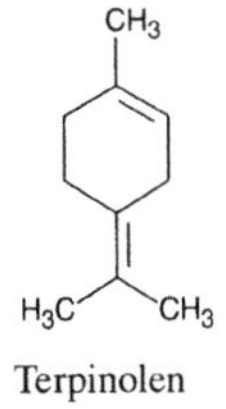

Terpinolen

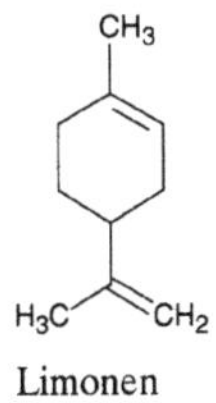

Limonen

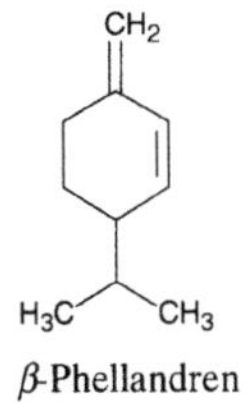

β-Phellandren

Das Vorkommen dieser Leitsubstanzen in den verschiedenen Pflanzenteilen eines Individuums zeigt nicht nur deutliche qualitative und quantitative Unterschiede, sondern unterliegt dort zusätzlich entwicklungsstadienspezifischen Veränderungen. Diese dynamische Ölzusammensetzung bleibt bei Anbau an demselben Standort über mehrere Jahre trotz deutlicher Witterungsunterschiede nahezu unverändert. Auch nach Übersiedlung außereuropäischer Herkünfte in gemäßigtere mitteleuropäische Gebiete wird das ursprüngliche Ölspektrum beibehalten. Die Ölzusammensetzung ist somit nicht klimatisch bedingt, sondern genetisch fixiert und daher chemotaxonomisch sehr wichtig.[3–5,8,10,29–31]
Die Öle der unter- und oberirdischen Pflanzenteile unterscheiden sich am markantesten in der Phenylpropanführung: Hauptkomponente in den 0,5 bis 1% Gesamtöl enthaltenden Wurzeln von Bitter- und Süßfenchel ist mit 50 bis >90% das Dillapiol, begleitet von geringeren Mengen Myristicin und Petersilienapiol. Beim Gemüsefenchel dominieren zu gleichen Teilen Dillapiol und Terpinolen. Anethol, Estragol und Fenchon fehlen in den Wurzeln jedoch fast völlig.[3,11,31,32]
Genau das Gegenteil gilt für die oberirdischen Pflanzenteile: Dill- und Petersilienapiol fehlen, und die als spezifisch für var. *dulce* beschriebenen Myristicinvorkommen[33] sind unzureichend abgesichert. Statt dessen dominieren je nach Sippe *trans*-Anethol oder Estragol, begleitet von einem bestimmten Fenchon- und Monoterpenkohlenwasserstoff-Muster.[3–5,8,10,28,30] Der Ölgehalt ist in den jungen Pflanzenteilen (Primäröl) zumeist höher als während Wachstum und Reifung. Das Ölspektrum von Kraut und zugehörigen Früchten ist qualitativ gleich. Während der Entwicklung zeigen sich jedoch quantitative Verschiebungen mit teilweise unterschiedlicher Tendenz: Im Blatt- und Stengelöl nehmen die Limonen-, β-Phellandren- und α-Pinen-Anteile beständig zu, Anethol, Estragol und Fenchon dagegen ab. Genau die entgegengesetzten Veränderungen erfolgen bei der Entwicklung der Blüte zur reifen Frucht. Lediglich der Fenchonanteil soll im Öl grüner Früchte höher sein als in reifen braunen Früchten. Fruchtöl ist somit anethol- bzw. estragolreich und Monoterpenkohlenwasserstoffarm, Krautöl dagegen Monoterpenkohlenwasserstoffreich und relativ arm an Anethol bzw. Estragol.[4–6,10]
Das Monoterpenkohlenwasserstoff-Spektrum im Kraut ermöglicht die chemotaxonomische Differenzierung der Fenchelsippen: Bei ssp. *piperitum* und var. *vulgare* kumulieren β-Phellandren und α-Pinen, bei var. *azoricum* und var. *dulce* dagegen Limonen. Folgende Zusammensetzungen können für das Krautöl fruchtender Fenchelpflanzen beispielhaft angegeben werden:
- Ssp. *piperitum*: Estragol 37%, β-Phellandren 33%, nahezu anetholfrei;[27]
- Var. *azoricum* (grüne Knolle): *trans*-Anethol 75 bis 80%, Limonen 10 bis 18%, Estragol 3%, Fenchon 2%, geringe Mengen Fenchylacetat und 0,15% *cis*-Anethol, wobei von den äußeren zu den inneren Blattschichten die Anethol- und

Fenchonanteile zu-, die Monoterpenkohlenwasserstoffe und Fenchylacetat dagegen abnehmen;[4,11]
- Var. *dulce*: Limonen 20 bis 70 %, *trans*-Anethol 10 bis 70 %, Estragol 1 bis 5 %, Campher 1 bis 4 %, β-Phellandren und α-Pinen 1 bis 3 %, Fenchon < 1 %;[4,10,34]
- Var. *vulgare*: *trans*-Anethol 30 bis 50 %, α-Pinen 25 bis 35 %, β-Phellandren 15 bis 25 %, Estragol 2 %, Limonen 2 %, Fenchon < 2 %.[4,5]

Viel größere chemotaxonomische Bedeutung besitzt das Fruchtöl. Anhand seines *trans*-Anethol-, Estragol- und Fenchonmusters, sowie des Verhältnisses Limonen/α-Pinen ist die Zuordnung der meisten Herkünfte möglich.[3,6–9,28,35] Dies wird allerdings dann schwierig, wenn kein botanisch einheitliches Muster vorliegt.[8,28,36] Die Fruchtöle der verschiedenen Fenchelsippen sind folgendermaßen zusammengesetzt:
- Bitterfenchel: s. Foeniculi fructus;
- Gemüsefenchel: Ähnlich dem Süßfenchel, enthält jedoch etwas weniger Anethol und vergleichsweise mehr Fenchon. Die Untersuchung einer deutschen Herkunft ergibt *trans*-Anethol 74 %, Limonen 9 %, Fenchon 6,7 %, Estragol 4,9 %, α-Pinen 1,7 %, Anisaldehyd 1,3 %, *p*-Cymen, Myrcen, Sabinen < 0,5 %, *cis*-Anethol 0,14 %;[11]
- Pfefferfenchel: Ähnlich dem Bitterfenchel, führt auf Kosten von Anethol aber ungewöhnlich viel Estragol und relativ wenig Fenchon. Sizilianischer Eselsfenchel enthält z. B. 4,3 % anetholarmes Öl mit Estragol und Fenchon; portugiesische Vorkommen enthalten 40 % Estragol und 7 % Fenchon.[27] Für eine argentinische Herkunft werden 0,83 % Öl mit 33 % Anethol angegeben.[37] Hierher werden auch nahezu anetholfreie englische und türkische Wildvorkommen mit 80 bis 90 % Estragol und 10 bis 15 % Fenchon gerechnet;[8]
- Süßfenchel: s. Foeniculi fructus.

Pflanzensäuren. Liegen frei oder verestert vor. Die wichtigsten Vertreter sind Benzoe-, *p*-Hydroxybenzoe-, Ferula-, Fumar-, Kaffee-, Vanillin- und Zimtsäure. Ihre qual. und quant. Zusammensetzung zeigt ebenfalls entwicklungsstadien- und organspezifische Unterschiede. Der Gehalt steigt von der Wurzel bis zur Blütenregion, mit einem Maximum in Knospen und jungen Blüten. Während Fruchtansatz, -reifung und -lagerung nimmt die Säuremenge ab. Alle grünen Pflanzenteile sind besonders reich an Kaffeesäure, Wurzel und Stengel akkumulieren dagegen besonders Ferulasäure. Während Fruchtentwicklung und Reifung steigt *p*-Hydroxybenzoesäure auf das 20fache, Kaffeesäure geht dagegen auf ein Zehntel der in den Blütenknospen ermittelten Menge zurück.[5]

Immer wieder zitierten älteren Berichten über das Vorkommen von Cynarin[16] fehlt die Bestätigung durch neuere Untersuchungen.

Flavonoide. Als Aglyka sind für die oberirdischen Pflanzenteile bis jetzt Isorhamnetin, Kämpferol und Quercetin beschrieben. Im Kraut werden präparativ 270 ppm Quercetin, 40 ppm Kämpferol und 8 ppm Isorhamnetiin gefunden, jeweils bezogen auf Trockengewicht. Für die Gemüsefenchel-Knolle werden 15 ppm Quercetin, 2 ppm Kämpferol und Spuren von Isorhamnetin angegeben.[21]

Fenchelblätter enthalten unabhängig von Taxon und Herkunft folgende Flavonoide: Alle untersuchten Muster Kämpferol- und Quercetin-3-*O*-β-D-glucuronid, zwei Drittel der Muster zusätzlich Kämpferol- und Quercetin-3-*O*-arabinosid ("Foenicularin"). Als Ursache dieses eigenständigen Auftretens arabinosidpositiver und -negativer Individuen wird die Existenz chemischer Rassen vermutet.[20]

Weitere Inhaltsstoffe. Cumarine: 40 ppm (präparativ) Bergapten und 30 ppm Umbelliferon in der Wurzel.[12]

Sterine: 80 ppm Stigmasterin und 100 ppm Stigmasterinpalmitat in der Wurzel.[12]

Kohlenhydrate: Alle Pflanzenteile führen als temporäres Reservekohlenhydrat neben Glucose, Fructose und Saccharose das für viele Apiaceen typische Trisaccharid Umbelliferose. Hierbei handelt es sich um eine Isoraffinose der genauen Bezeichnung *O*-α-D-Galactopyranosyl-(1,2)-*O*-α-D-glucopyranosyl-(1,2)-*O*-α-D-fructofuranosid. Ihr Gehalt bezogen auf Trockengewicht ist im Blatt am höchsten. In der Dolde nimmt der Umbelilferosegehalt vom Beginn der Blüte bis zur Fruchtreife beständig zu, während Glucose, Fructose und Saccharose steil abfallen.[38]

Verbreitung: Beheimatet im Mittelmeerraum; die natürlichen Vorkommen der vermutlichen Urform ssp. *piperitum* erstrecken sich von den Kanaren bis Syrien, mit dem Schwerpunkt Sizilien. Von dort Verschleppung bis nach England und Argentinien, aber auch Deutschland oder Südtirol; der aus Eselsfenchel durch Inkulturnahme hervorgegangene Gartenfenchel wird nach erneuter Verwilderung inzwischen vom Mittelmeergebiet ostwärts bis nach China, Indien und Persien angetroffen.[1]

Anbaugebiete: Kultivierung ist in allen gemäßigten Regionen mit langem trockenem Spätsommer möglich. Dabei ist Süßfenchel hinsichtlich Sonne und Wärme anspruchsvoller als der Bitterfenchel. Anbauversuche in kälteren Gebieten mit bereits vereinzelten Nachtfrösten während der Fruchtreifungsperiode scheitern, da eine unbefriedigende Ölausbeute mit zu geringem Anethol- und zu hohem Terpenanteil resultiert.[30] Hauptanbaugebiete des Bitterfenchels sind Bulgarien, China, Tschechei, Slowakei, südliche GUS, Italien, Rumänien, Serbien und Ungarn, in Deutschland Sachsen und Thüringen. Süßfenchel wird in großem Maßstab in Ägypten, Argentinien, Frankreich, Indien, Italien, Mazedonien und Ungarn angebaut. Kulturen des äußerst frostempfindlichen Gemüsefenchels befinden sich vor allem in Italien, daneben noch in Frankreich, Griechenland, der Schweiz, Spanien und Nordafrika.

Drogen: Foeniculi aetheroleum, Foeniculi fructus, Foeniculum vulgare hom. *HAB 1*, Foeniculum, äthanol. Decoctum hom. *HAB 1*, Foeniculum vulgare hom. *HPUS 88*.

Foeniculi radix (Fenchelwurzel) ist mittlerweile ohne Bedeutung.
Hinweis: Einige Arzneibücher fordern beim pflanzlichen Ausgangsmaterial ausdrücklich eine bestimmte Varietät. Die meisten Pharmakopöen machen diesbezüglich weniger konkrete Vorgaben, so daß selbst nach genauem Studium der Monographie keine Hinweise auf die zugelassene Fenchelsippe erhalten werden. Schon aus pharmakognostischer Sicht wäre aber aufgrund der deutlichen Unterschiede in Geschmack und Ölzusammensetzung eine Differenzierung in Bitterfenchel und Süßfenchel geboten. Unlängst erstellte eigenständige Monographien für Bitter- und Süßfenchel[39-41] sind daher zu begrüßen.

Foeniculi aetheroleum (Fenchelöl)

Synonyme: Oleum foeniculi.
Aufgrund der möglichen großen Unterschiede in Geschmack und Zusammensetzung sollten in künftigen Arzneibüchern präzisere Drogenbezeichnungen, z.B. Foeniculi amari aetheroleum (Bitterfenchelöl) und Foeniculi dulcis aetheroleum (Süßfenchelöl) eingeführt werden.

Sonstige Bezeichnungen: Dt.: Ätherisches Fenchelöl; engl.: Fennel oil, oil of fennel; frz.: Essence de fenouil, huile essentielle de fenouil; holl.: Venkel olie; it.: Finocchio essenza; port. Essência de funcho; rum.: Ulei de anason; span.: Essencia de hinojo.

Monographiesammlungen: Fenchelöl *DAB 10*; Foeniculi essentia *Belg IV*; Fennel oil *USP XX*, *Mar 29*; Aetheroleum foeniculi *ÖAB 90*; Foeniculi aetheroleum *Helv VII*.

Definition der Droge: Das äth. Öl aus den reifen Früchten *DAB 10*; das durch Wasserdampfdestillation erhaltene äth. Öl der Früchte *Belg IV*; das aus den getrockneten reifen Früchten mit Wasserdampf destillierte flüchtige Öl *USP XX*; das durch Destillation mit Wasserdampf aus den reifen Früchten gewonnene äth. Öl *ÖAB 90*; das aus den zerquetschten Früchten durch Wasserdampfdestillation gewonnene äth. Öl *Helv VII*.

Stammpflanzen: *Foeniculum vulgare* MILLER var. *vulgare DAB 10*; *Foeniculum capillaceum* GILIB. *Belg IV*; *Foeniculum vulgare* MILLER *USP XX*, *Helv VII*; *Foeniculum vulgare* MILLER subsp. *capillaceum* (GILIBERT) HOLOMBOE var. *vulgare* (MILLER) THELLUNG *ÖAB 90*.
Die unterschiedliche Konkretisierung der Stammpflanzen ist bemerkenswert. Nur *DAB 10* und *ÖAB 90* spezifizieren definitiv eine bestimmte Varietät. Nach einigen Arzneibüchern wären demnach sogar Pfefferfenchel- oder Gemüsefenchelöl offizinell.

Herkunft: Hauptlieferländer sind Argentinien, Bulgarien, China, Frankreich, Griechenland, Italien, Japan, Mazedonien, Moldawien, Rumänien, Serbien, Spanien, Ukraine und USA. Hierbei sind Frankreich, Italien und Mazedonien auf Süßfenchelöl spezialisiert.

Gewinnung: Die zerquetschten Früchte werden zumeist einer Wasserdampfdestillation unterworfen. Das Öl wird in einer Ausbeute von 2,5 bis 7 % erhalten. Bei zweijährigen Pflanzen sind hohe Ausbeuten nur im zweiten Jahr möglich. Die Ölqualität wird stark beeinflußt vom Destillationsverfahren, sowie von Form und Material der Destillationsgeräte. Die Dampfdestillation soll höhere Ausbeuten mit höherem Fenchon- und niedrigerem Estragolgehalt liefern als die Wasserdampfdestillation. Geräteformen, die eine längere Verweildauer der flüchtigen Komponenten im Destillationsraum und dadurch erhöhte thermische Belastung bedingen, forcieren die oxidative Zersetzung des Anethols. Auch die vereinzelt noch übliche Kohobation, die wiederholte Destillation des Primärdestillats mitsamt Drogenrückstand zur Erzielung einer "homogeneren" Qualität, führt zu einem deutlichen Anstieg im Gehalt an Anisaldehyd. Inzwischen als antiquiert geltende Destillen aus Keramik oder verzinntem Kupfer erweisen sich den modernen Glasmaterialien hinsichtlich Qualität des Destillats als durchaus ebenbürtig.[6,42,43] Der nach der Destillation anfallende Drogenrückstand gilt als wertvolles Viehfutter.

Handelssorten: Der Fenchongehalt bestimmt Sorte und Verwendung:
- Bitterfenchelöl für rein pharmazeutischen Zwecke; aufgrund seines höheren Fenchongehaltes schmeckt es ziemlich bitter und findet folglich vor allem bei Kindern nur geringe geschmackliche Akzeptanz;
- Süßfenchelöl als Lebensmittel-, Gewürz- und Parfümzusatz; aufgrund seines sehr niedrigen Fenchon- und hohen Anetholanteils schmeckt es angenehm süßlich;
- Öle mit mittlerem Fenchongehalt, der weder eindeutig auf Bitter- noch auf Süßfenchel hinweist; geschmacklich noch akzeptabel und sowohl für Lebensmittel- als auch pharmazeutische Zwecke einsetzbar.

Zusehends aufgegeben wird die früher übliche Charakterisierung der Ölsorten durch Angabe der geographischen Herkunft. So weisen z.B. die Zusätze "Französisch", "Mazedonisch" oder "Römisch" eindeutig auf süßes, "Rumänisch" oder "Ungarisch" dagegen auf bitteres Fenchelöl hin.

Ganzdroge: *Organoleptische Eigenschaften.* Klare, farblose bis schwach gelbliche Flüssigkeit von würzigem Geruch und zuerst süßem, dann bitterm, campherartigem Geschmack *DAB 10*; farblose oder gelbliche Flüssigkeit mit charakteristischem Geruch und Geschmack *Belg IV*; klare, farblose oder schwach gelbliche Flüssigkeit, die nach Fenchel riecht und aromatisch, zuerst süß, dann bitter, campherartig und etwas brennend schmeckt *ÖAB 90*; farblose bis gelbliche, nach Fenchel riechende Flüssigkeit *Helv VII*.
Löslichkeit/Mischbarkeit. Mischbar mit Dichlormethan, EtOH 90%, Ether, Petrolether, Toluol, fetten Ölen und flüssigen Paraffinen *DAB 10*; voll-

ständig löslich im gleichen Volumen EtOH *Belg IV*; löslich im gleichen Volumen EtOH 90% *USP XX*; in jedem Verhältnis mischbar mit Alkohol, Ether, Chloroform, Benzol, Petrolether, flüssigem Paraffin, oder fetten Ölen *ÖAB 90*; mischbar mit wasserfreiem EtOH, Ether, Chloroform, fetten Ölen, flüssigem Paraffin, Petrolether und Schwefelkohlenstoff, verhältnismäßig gut löslich in Lösungen von Alkalisalzen verschiedener aromatischer Säuren *Helv VII*.

Verfälschungen/Verwechslungen: Übliche Verfälschungen sind Verschnitt mit Sternanisöl, Limonen, technischem Anethol oder Terpenkohlenwasserstofffraktionen anderer äth. Öle, z. B. Terpentinöl, sowie der Zusatz von Alkoholen.[27,44] Mit Verwechslungen der verschiedenen Fenchelölsorten bei der Auslieferung ist zu rechnen.

Minderqualitäten: Die Untersuchung von fünf Handelsölen unterschiedlichen Typs, von denen eines bereits zersetzt und zwei offensichtlich grob verfälscht sind, zeigt, daß gravierende Minderqualitäten nicht selten sind.[44] Wird bei der Ölproduktion Pflanzenmaterial mit hohem Krautanteil eingesetzt, resultiert ein Öl mit niedrigerem *trans*-Anethol- sowie erhöhtem Gehalt an *cis*-Anethol, Limonen bzw. *β*-Phellandren.[27,34] Ein mit > 0,5% kaum noch naturbedingter Mehrgehalt an *cis*-Anethol dürfte auf Verschnitt mit technischem Anethol hinweisen. Veraltetes, unzulänglich aufbewahrtes oder wenig schonend destilliertes Öl enthält vergleichsweise viel Anisaldehyd, der in sehr guten Qualitäten nur in Spuren zu finden ist.[42-45] Bei sog. "leichtem Fenchelöl" wurde das Anethol durch Ausfrieren oder Fraktionieren entzogen.[27]

Inhaltsstoffe: s. Foeniculi fructus.

Zubereitungen: *Anethol.* Ein Großteil des Anetholbedarfs wird durch Ausfrieren bzw. Rektifikation vor allem aus argentinischen, bulgarischen oder rumänischen Ölherkünften gedeckt. Trotz seines im Vergleich zum Süßfenchelöl niedrigeren Anetholanteiles wird ausschließlich Bitterfenchelöl zur Anetholgewinnung verwendet, da Bitterfenchel deutlich mehr Gesamtöl enthält.[2] Eigenschaften: Bei > 23 °C farblose oder schwach gelbliche Flüssigkeit mit süßem Geschmack und aromatischem Geruch nach Anis; ist lichtempfindlich; sehr schlecht löslich in Wasser, leicht löslich in Alkohol, mischbar mit Ether und Chloroform *USP XX*. Aus Anis, Fenchel oder Sternanis gewonnenes natürliches Anethol enthält mit < < 5% viel weniger *cis*-Isomer als sog. technisches Anethol. Letzteres wird ausgehend von Anisaldehyd oder Anisol synthetisiert oder durch Isomerisierung von Estragol erhalten und kann mit bis zu 4% *cis*-Anethol verunreinigt sein.[29]

Identität: *Fenchelöl.* DC-Prüfung nach *DAB 10*, *Helv VII*, *AB-DDR*:
- Untersuchungslösung: 1- bis 2%ige Lsg. des äth. Öls;
- Referenzsubstanzen: Anethol 0,5- bis 1%ige Lsg. *DAB 10*, *Helv VII*; Fenchon 0,2%ige Lsg. *AB-DDR*;
- FM: Dichlormethan *DAB 10*; Toluol-Ethylacetat (90 + 10) *Helv VII*; Toluol-Ethylacetat (95 + 5) *AB-DDR*;
- Detektion: (I) UV-Licht bei 254 nm *DAB 10*, (II) Besprühen mit Molybdatophosphorsäure-Lsg. und Erhitzen, (III) erneut Besprühen mit Kaliumpermanganat-Schwefelsäure-Reagenz und Erhitzen *DAB 10*, *Helv VII*, *AB-DDR*;
- Auswertung: Detektionen (I) und (II) lassen in der oberen Chromatogrammhälfte Anethol und in der unteren Hälfte Anisaldehyd erkennen. Das aufgrund seiner Reaktionsträgheit schwer detektierbare Fenchon wird mit (III) sichtbar gemacht. Für die Fenchondetektion sind Alternativen beschrieben.[4,47] Ein positiver Fenchonnachweis wird obligatorisch (*DAB 10*) oder nur fakultativ (*Helv VII*) gefordert. Somit sind in *Helv VII* sowohl Bitter- als auch Süßfenchelöl offizinell.

Das DC alleine erlaubt keine sichere Identitätsprüfung, da Anethol und Estragol an gewöhnlichen Kieselgelschichten nicht getrennt werden. Ein nicht-offizinelles anetholarmes aber estragolreiches Öl würde somit ebenfalls das geforderte DC-Bild liefern. Die Trennung Anethol-Estragol ist z. B. an mit Silbernitrat imprägniertem Kieselgel möglich.[7,9]

Reinheit: *Fenchelöl.*
- Löslichkeit: 2 Vol. T Öl müssen sich in 1 Vol. T. EtOH 90% klar lösen *DAB 10*, *Helv VII*, *ÖAB 90* und die Mischung gegen Lackmus neutral oder höchstens schwach sauer reagieren *ÖAB 90*; 1 Vol. T muß sich in 1 Vol. T EtOH 90% lösen *USP XX*.
- Relative Dichte: 0,961 bis 0,972 *DAB 10*, *Helv VII*; 0,965 bis 0,975 *Belg IV*; 0,953 bis 0,973 *USP XX*; 0,960 bis 0,970 *ÖAB 90*.
- Brechungsindex: 1,528 bis 1,539 *DAB 10*, *ÖAB 90*; 1,528 bis 1,538 *USP XX*; 1,528 bis 1,548 *Helv VII*.
- Optische Drehung: + 10 bis + 24° *DAB 10*; + 11 bis + 24° *ÖAB 90*, *Helv VII*; + 12 bis + 24° *USP XX*.
- Erstarrungstemperatur: Nicht unter + 5 °C *DAB 10*, *Belg IV*; nicht unter + 3 °C *USP XX*; + 5 °C bis + 10 °C *ÖAB 90*, *Helv VII*.
- Säurezahl: Höchstens 1,0 *DAB 10*.
- Schwermetalle: Höchstens 40 ppm *USP XX*.
- Wasser, fremde Ester, fette Öle und verharzte äth. Öle: Die allg. Reinheitsprüfungen müssen entsprechen *DAB 10*, *Helv VII*.

Ein Anstieg der relativen Dichte deutet auf Autoxidation hin. Die Höhe des optischen Drehvermögens wird vom Gehalt an (+)-Fenchon maßgeblich beeinflußt. Eine nicht unterhalb von + 5 °C liegende Erstarrungstemperatur entspricht einem Mindestgehalt von 50% Anethol.[27,45] Ein erhöhter Gehalt an *cis*-Anethol deutet auf Verschnitt mit technischem Anethol hin. Destillationsfehler, falsch gelagertes oder zersetztes Öl erkennt man am erhöhten Anisaldehydgehalt. Verschnitt mit Terpenkohlenwasserstoffen, z. B. Pinaceenöl-Fraktionen, können über erhöhte Anteile von Car-3-en und Limonen nachgewiesen werden.[48] Ohne GC-Prüfung

kann weder ordnungsgemäße Herkunft noch Reinheit eines Fenchelöles beurteilt werden.
Fenchelwasser. (s. Rezepturen).
- Freies Alkali: 10 mL Substanz dürfen sich auf Zugabe von 2 Tr. Phenolphthaleinlsg. nicht röten *ÖAB 90.*
- Äthylalkohol: Von 50 mL Substanz werden 3 mL abdestilliert: Nach Versetzen des Destillates mit 1 mL verd. NaOH-Lösung und einigen Tr. Iodlösung darf beim Erwärmen kein Iodoformgeruch auftreten *ÖAB 90.*
- Schwermetalle: < 2 ppm *ÖAB 90.*
- Verdampfungsrückstand: Höchstens 1 mg/10 mL *ÖAB 90.*

Anethol.
- Relative Dichte: 0,983 bis 0,988 *USP XX.*
- Erstarrungstemperatur: Mindestens 20 °C *USP XX.*
- Brechungsindex: 1,557 bis 1,561 *USP XX.*
- Optische Drehung: -0,15° bis + 0,15° *USP XX.*
- Destillationsbereich: 231 °C bis 237 °C *USP XX.*
- Schwermetalle: Höchstens 40 ppm *USP XX.*
- Aldehyde und Ketone: 10 mL Substanz werden in einem Meßzylinder mit 50 mL gesättigter Natriumbisulfitlsg. geschüttelt. Nach 6stündigem Stehen darf sich weder das Volumen der Anetholphase erkennbar verringern, noch ein kristalliner Niederschlag absondern *USP XX.*
- Phenole: 1 mL Substanz wird mit 20 mL Wasser geschüttelt. Nach erfolgter Phasentrennung wird die wäßrige Phase durch ein befeuchtetes Papierfilter gegeben und das Filtrat mit 3 Tr. Eisen(III)chloridlsg. versetzt. Eine rote oder rötliche Verfärbung darf nicht auftreten *USP XX.*

Gehalt: *Fenchelöl.* Offizinelle Gehaltsforderungen fehlen. *DAB 10* beschreibt lediglich unter "Eigenschaften" einen unverbindlichen Gehalt von "etwa 50 bis 60 % Anethol". Der unter "Reinheit" geforderte Erstarrungspunkt von mindestens + 5 °C spezifiziert indirekt einen Mindestgehalt von 50 % *trans*-Anethol. Da die sehr anetholreichen Süßfenchelöle hierdurch nicht ausgegrenzt werden, ist der Qualitätsanspruch "Bitterfenchelöl" ohne zusätzliche Gehaltsforderung bezüglich Fenchon nicht ausreichend abgesichert.

Gehaltsbestimmung: Temperaturprogrammierte GC-Auftrennung des äth. Öles:
- Kapillarsäule: Länge 50 m;
- stationäre Phase: Carbowax-20 M;
- Auswertung: Quantifizierung der Peaks nach Flächen-Prozenten *AB-DDR.*

Die früher übliche Ermittlung des Anetholgehaltes über den Erstarrungspunkt ist im *DAB 7* letztmals offizinell.
GC an gepackter Säule, Quantifizierung von Anethol und Fenchon mit Hilfe von Menthol als internem Standard. Verglichen mit der Erstarrungspunkt-Methode ergibt die GC bei Anethol einen um ca. 5 % (absolut) höheren Gehaltswert.[49] Da mit gepackten GC-Säulen aufgrund deren geringer Nachweisempfindlichkeit geringe Beimengungen an qualitätsminderndem *cis*-Anethol nicht erkannt werden, sind Kapillarsäulen bei der GC-Prüfung vorzuziehen.

Lagerung: *Fenchelöl.* Vor Licht geschützt, in dicht verschlossenen, dem Verbrauch angemessenen Behältnissen. Öle aus verschiedenen Lieferungen dürfen nicht miteinander gemischt werden *DAB 10*; in dicht schließenden Behältnissen *USP XX*; vor Licht geschützt, in gut schließenden Behältnissen *ÖAB 90*; in möglichst gefülltem, gut verschlossenem Behältnis, vor Licht geschützt *Helv VII*; in luftdichten Behältnissen *Mar 29.*
Hinweis: Äth. Öl, in dem sich vor der Prüfung bzw. Verarbeitung feste Bestandteile abgeschieden haben, ist durch mäßiges Erwärmen vollständig in Lösung zu bringen und zu schütteln *USP XX, ÖAB 90.*
Gutes Fenchelöl beginnt sich aufgrund seines Anetholgehaltes unterhalb von ca. 10 °C zu verfestigen. In kälteren Jahreszeiten ist dies vor allem auch beim analytischen Musterzug zu berücksichtigen.
Fenchelwasser. (s. Rezepturen). Vor Licht geschützt, in dicht schließenden Gefäßen *ÖAB 90.*
Anethol. Dicht verschlossen, vor Licht geschützt *USP XX.*

Stabilität: *Fenchelöl.* Die gleichbleibende Ölzusammensetzung ist abhängig vom Sauerstoffeinfluß: Unter CO_2 bzw. Stickstoff bei Raumtemperatur ohne Lichtschutz aufbewahrte Proben sind selbst nach 2,5 Jahren noch unverändert.[4,10,45] Ist Sauerstoffzutritt möglich, beginnt sich das Öl durch Anetholoxidation zu zersetzen. 90 Tage unverschlossene Lagerung bei Raumtemperatur und Tageslicht führen bei Fenchellöl zu folgenden Veränderungen: *trans*-Anethol 67,5 % → 60 %, Anisaldehyd 0 → 4,5 %, *cis*-Anethol 0,2 → 0,5 %, *p*-Cymol 0,1 % → 1,0 %. Dichte und Peroxidzahl nehmen deutlich zu.[45] In einer mit Korkstopfen verschlossenen, in diffusem Licht gelagerten Probe nimmt *trans*-Anethol innerhalb von 3 Monaten von 68,3 % auf 54,4 % ab. Nach 8 Monaten werden nur noch 5 %, nach 2,5 Jahren nur noch Spuren gefunden.[4] Mechanismus: Über Anetholepoxid- und -glykol entstehen die Hauptoxidationsprodukte Acetaldehyd-, Anisaldehyd, die entsprechenden Säuren sowie 1-*p*-Methoxyphenylpropanon-(2) (= "Anisketon"). In geringerem Umfang werden 1-*p*-Methoxypropiophenon und 1-*p*-Methoxyphenylpropanol-(1) gebildet. Die Autoxidation wird vermutlich durch unter Radikalbildung zerfallende Terpenhydroperoxide initial katalysiert[4,45,46] (s. Formelschema S. 164).
Durch Zugabe von Acetaldehyd, nicht aber Anisaldehyd oder *cis*-Anethol, wird die Zersetzung drastisch beschleunigt.[10] Aus diesen Gründen dürfen verschiedene Ölchargen nicht gemischt werden. Weder Di-*p*-methoxystilben, ein Acetaldehyd-Dimer, noch dessen als sog. "Anetholpolymere" beschriebene Folgeprodukte,[46] sind in neueren Untersuchungen eindeutig bestätigt worden.[4,45] Fenchelöle mit > 2 % Anisaldehyd und > 2 % *p*-Cymen gelten bereits als oxidativ verdorben.[50]
Die Umlagerung von *trans*- zu *cis*-Anethol wird durch UV-Licht oder thermische Belastung forciert. Nach 2stündiger Bestrahlung mit UV-Licht von 254 und 365 nm steigt der *cis*-Anethol-Gehalt von 0,2 % auf 0,5 %. In Ampullen eingeschweißt enthält dieses Öl nach 2stündigem Erhitzen auf 250 °C 2,5 %, auf 350 °C gar 8,5 % *cis*-Isomer. Da bei

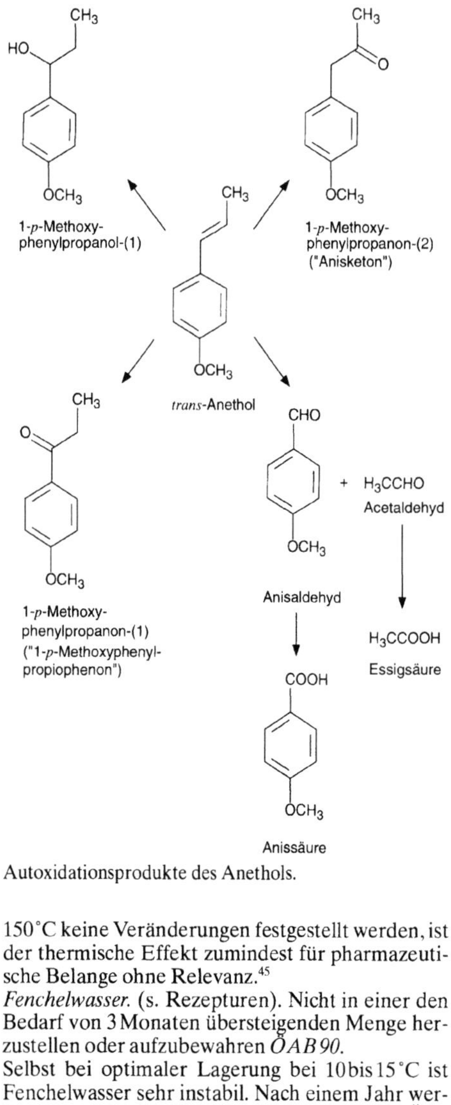

Autoxidationsprodukte des Anethols.

150 °C keine Veränderungen festgestellt werden, ist der thermische Effekt zumindest für pharmazeutische Belange ohne Relevanz.[45]
Fenchelwasser. (s. Rezepturen). Nicht in einer den Bedarf von 3 Monaten übersteigenden Menge herzustellen oder aufzubewahren *ÖAB 90.*
Selbst bei optimaler Lagerung bei 10 bis 15 °C ist Fenchelwasser sehr instabil. Nach einem Jahr werden nur noch 50 % des ursprünglich gelösten Öles bzw. gar nur 30 % des Anethols gefunden.[46] Wegen der noch geringeren mikrobiellen Stabilität ist die o. a. kurze Aufbewahrungsdauer plausibel.

Wirkungen: *Antimikrobielle Wirkung.* Fenchelöl ist *in vitro* antibakteriell wirksam gegen *Escherichia coli*, *Streptococcus pyogenes* und *Staphylococcus aureus*. Die Testorganismen sind Isolate von Patienten mit HNO- bzw. Harnwegsinfektionen. Der Vergleich mit Standard-Antibiotika ergibt folgende Aktivitätsverhältnisse: Fenchelöl = Streptopenicillin > Tetracyclin > > Penicillin (*E. coli);* Streptopenicillin > Fenchelöl = Penicillin = Tetracyclin (*S. pyogenes*); Streptopenicillin > Tetracyclin > Penicillin = Fenchelöl (*S. aureus*). Testsystem: Hemmhoftest; 7 mm-Filterscheiben mit 0,02 mL äth. Öl imprägniert; Positivkontrollen nicht näher spezifiziert.[51]
Fenchelöldämpfe sind *in vitro* antibakteriell wirksam gegen *Mycobacterium avium*. Testsystem: Hemmhöfe auf umgestürzten bebrüteten Agarplatten durch von einer imprägnierten Filterscheibe aufsteigende Dämpfe.[52]
Die antibakterielle In-vitro-Aktivität von Fenchelöl gegen *Bacillus cereus*, *Escherichia coli*, Providencia species, *Salmonella enteritidis* und *Staphylococcus aureus* nimmt im getesteten Konzentrationsbereich von 10 bis 100 % im Agardiffusonstest linear zu.[53]
Fenchelöl wirkt *in vitro* fungicid gegen *Alternaria solani*, *Aspergillus fumigatus*, *Aspergillus niger*, *Cryptococcus rhodobenhani*, *Helminthosporium sativum*, *Mucor mucedo*, *Nigrospora panici*, *Penicillium digitatum*, *Rhizopus nigricans* und *Saccharomyces cerevesiae*. Dabei nimmt die Empfindlichkeit der Testorganismen in der angegebenen Reihenfolge zu (Agardiffusionstest).[54]
Der Zusatz von 0,1 % Fenchelöl zu mit 2 % verschimmeltem Zuckersirup überimpftem Pilzagar hemmt 6 Tage lang jegliches Schimmelwachstum. In diesem Testsystem sind Anethol, Benzoesäure und Methyl-4-hydroxybenzoat ebenfalls jeweils in 0,1 %iger Konzentration wirksam.[55] Für Fenchelöl wird ein Phenolkoeffizient nach Rideal-Walker von 13,0 angegeben.[149]
Fenchon ist im Konzentrationsbereich 1:128 bis 1:512 baktericid und fungicid wirksam. Testsysteme: Plattenverdünnungstest mit Enterokokken, *Escherichia coli*, *Proteus mirabilis*, *Pseudomonas aeruginosa*, *Staphylococcus aureus*; Röhrenverdünnungstest mit *Candida albicans*, *Microspora audounii*, Trichophyton species und *Trichospora cutaneum*.[57]
Wirkung auf die glatte Muskulatur. 10 mg Fenchelöl in 200 mL einer physiologischen Badflüssigkeit wirken *in vitro* am Dünndarm von Kaninchen, Katze und Ratte motilitätsmindernd und relaxierend. Der tonussteigernde Effekt von Acetylcholin, Bariumsulfat, Physostigmin und Pilocarpin wird antagonisiert. Nach Injektion von 25 mg Fenchelöl in den Darm kann die motilitätshemmende Wirkung auch *in situ* am geöffneten Abdomen von Kaninchen und Katze reproduziert werden. Die *in vitro* tonusmindernde Wirkung wird auch am ganzen Rattenmagen sowie am Magensphinkter und Ösophagus von Katze und Kaninchen beobachtet.[58]
5 bis 25 mL Fenchelwasser werden via Katheder in operativ gesetzte Magen-, Ileum- oder Kolonfisteln von Hunden appliziert und somit lokal an den Schleimhäuten des Gastrointestinaltrakts zur Wirkung gebracht. Der Effekt auf Muskeltonus und Peristaltik wird gemessen. Magen und Darm reagieren unterschiedlich. Während am Magenmuskel Tonus und Amplitude der peristaltischen Bewegungen ca. 2 bis 8 min lang anhaltend gesenkt werden, nehmen beide Parameter an Dünndarm und Kolon für ca. 30 min zu.[59]
Am isolierten Dünndarm von Ratten und Meerschweinchen löst Fenchelöl Acetylcholin- und Bariumchlorid-induzierte Spasmen. Nähere Angaben zur Versuchsdurchführung fehlen.[60]
In Konzentrationen > 60 mg/L reduziert Fenchelöl *in vitro* die Ruhekraft (Kontraktur) des Meer-

schweinchen-Trachealmuskels. Bei 200 mg/L tritt völlige Erschlaffung ein. Unterhalb von 60 mg/L wird dagegen eine Zunahme der Ruhekraft festgestellt. Anethol bewirkt in den getesteten Konzentrationen von 2 bis 20 mg/L ebenfalls eine Tonussteigerung, die mit zunehmender Dosierung vereinzelt in leichte oszillierende Bewegungen übergeht. Fenchelöl wirkt *in vitro* an der Längsmuskulatur des Meerschweinchen-Ileums mit anhängendem Plexus myentericus nach elektrischer Stimulation positiv inotrop: Bei 6 bis 7 mg/L werden die phasischen Kontraktionen um 50 % verstärkt. In höheren Dosen von 20 bis 60 mg/L wird zusätzlich auch die Kontraktur um 20 bis 40 % erhöht. Hierfür könnte das Anethol verantwortlich sein, dessen bei 20 mg/L beobachtete tonussteigernde Wirkung bei ca. 60 mg/L in einzelne unregelmäßige Muskelkontraktionen übergeht.[61]

Fenchelöl und Anethol lösen *in vitro* am Dünndarm der Maus bei Konzentrationen von 10 bis 25 mg/L Badflüssigkeit Kontraktionen aus. Bei höheren Dosen von 50, 75 und 100 mg/L tritt nach initialer Tonisierung dagegen rasch Muskelerschlaffung ein, die durch 100 mg Acetylcholin/L nicht antagonisiert wird.[62]

In einer anderen Studie am Kaninchendünndarm hemmt Anethol die Peristaltik *in vitro* bei > 83 mg/L Organbad. Im Gegensatz zu allen anderen getesteten Phenypropanen und Terpenen geht der Anethol-Spasmolyse jedoch eine initiale Tonussteigerung voran.[63]

Offensichtlich wirkt Fenchelöl somit an der glatten Muskulatur des Gastrointestinaltrakts in niederiger Dosierung motilitätsfördernd und in höherer Dosierung spasmolytisch.

Bronchomucotrope Wirkung. Kaninchen erhalten unter Urethannarkose Anethol und Fenchon, jeweils in einer Dosierung von 1, 3, 9, 27, 81 und 243 mg/kg KG in einem Wasserbad vernebelt, zur Inhalation. Volumen und Dichte der ausgestoßenen Atemwegsflüssigkeit werden bestimmt. Fenchon bewirkt bei allen Dosierungen eine Volumenzunahme mit einem Maximum bei der geruchlich eben wahrnehmbaren Vernebelung von 9 mg/kg KG. Der Effekt von Anethol auf das Volumen der Atemwegsflüssigkeit hat sein Maximum bei 3 mg/kg KG, ist insgesamt demjenigen von Fenchon unterlegen und nicht konzentrationsabhängig. Ein Vergleich der zu verschiedenen Jahreszeiten erhaltenen Ergebnisse zeigt für beide Substanzen im Herbst eine besonders auffällige Volumenzunahme. Durch Inhalation von Anethol und Fenchon wird die Dichte der Atemwegsflüssigkeit dosisabhängig reduziert. Die signifikanten Minima werden bei 9 bzw. 27 mg/kg KG festgestellt. Dichteabnahme deutet auf Verflüssigung des Atemsekrets hin.[64]

Estrogene Wirkung. Injektionen von Fenchelöl wirken bei noch nicht geschlechtsreifen weiblichen Ratten und bei erwachsenen ovarektomierten Mäusen brunstauslösend: Mit 500 rat units/mL bzw. < 50 mouse units/mL scheint der postulierte estrogene Effekt bei Ratten deutlich stärker zu sein. Angaben zu Dosierung und Applikationsart fehlen. Im Vergleich zum äth. Öl zeigen dessen Bestandteile Anethol mit 100 rat units/mL bzw. 50 mouse units/mL teilweise geringere und Estragol gar keine Aktivität.[65] Für den estrogenen Effekt werden stilbenartige, aus Anethol bzw. dessen Demethylierungsprodukt "Anol" (4-(1-propenyl)phenol) gebildete Dimere, z. B. "Dianethol", "Photoanethol", verantwortlich gemacht.[65,66] Die Aussagen der Studien sind fraglich, da der Nachweis solcher Polymerisationsprodukte weder in frischem noch in künstlich gealtertem Fenchelöl gelingt.[4,45]

Wirkung auf die Leber. Nach Entfernung von zwei Drittel der Leber erhalten Ratten 7 Tage lang jeweils 1 mal 100 mg Fenchelöl s. c. Nach 10 Tagen wird in der Verum-Gruppe eine gegenüber der Kontrolle (Erdnußöl) signifikant höhere Gewichtszunahme der Rest-Leber festgestellt. Diese Stimulierung der Leberregeneration wird der aromatischen Komponenten Anethol zugeschrieben.[67]

Zentralstimulierende Fenchon-Wirkung. 1.133 mg Fenchon/kg KG s. c. (Maus), gelöst in Sesamöl, erweisen sich als mittlere Konvulsivdosis CD_{50}, bei der innerhalb von 30 min clonische, in tonisch übergehende Krämpfe ausgelöst werden. Die Schlafdauer nach 100 mg Hexobarbital/kg KG i. p. (Maus) wird durch 500 mg Fenchon/kg KG s. c. halbiert. 50 bis 400 mg Fenchon/kg KG i. p. (Ratte) führen zu einer Steigerung der koordinierten Laufleistung: Im Laufrad werden dosisabhängig zwischen 24 bis 148 Umdrehungen/4 h gemessen. Den gleichen Effekt haben 2 bis 5 mg Amphetamin/kg KG. Werte unbehandelter Kontrolltiere fehlen.[68]

Resorption: *Perkutan.* Fenchon soll von der enthaarten Bauchhaut der Maus mäßig schnell, Anethol dagegen vermutlich gar nicht resorbiert werden. Die Versuche bedürfen der Überprüfung. Testprinzip: Indirekte Ermittlung der Resorptionsgeschwindigkeit; die jeweilige Testsubstanz wird auf ca. 2,2 cm^2 Haut appliziert und enthält zu 0,25 % gelöst das perkutan nicht resorbierbare Eserin als Indikator: Eserin kann seine bekannte systemische Wirkung auf die quergestreifte Muskulatur erst entfalten, wenn es aufgrund perkutaner Resorption der als Vehikel fungierenden Testsubstanz mitgeschleppt worden ist. Die Zeitspanne zwischen Applikation und Beginn der Eserin-Wirkung ermöglicht eine Relativmessung der Resorptionsgeschwindigkeit. Ergebnis: Fenchon 45 min/Anethol negativ (> 120 min).[69]

Peroral. Aufgrund mäßiger Absorption verbleibt der Großteil des an Kaninchen verabreichten Anethols zunächst im Magen. Die Maus resorbiert 200 mg Anethol/kg KG nur sehr langsam: Nach 30 min werden noch 60 %, nach 120 min noch 23 % der p. o. applizierten Dosis im Magen wiedergefunden.[70] Innerhalb von 72 h nach p. o. Appl. von 50 mg ^{14}*C-trans*-Anethol werden in den Faeces der Ratte nur ca. 2 % der appl. Radioaktivität wiedergefunden.[71] Anethol wird somit zwar nahezu vollständig, aber doch sehr langsam resorbiert.

Verteilung: Bei Mäusen reichern sich 200 mg Anethol/kg KG i. v. zunächst in Lunge, Leber und Gehirn an. Dagegen scheint nach p. o. Verabreichung resorbiertes Anethol sofort metabolisiert zu werden, da keines dieser Organgewebe nennenswerte Mengen unveränderten Anethols enthält.[70]

Elimination: Daten für Fenchelöl liegen nicht vor. Beim Hund wird Fenchon nach Metabolisierung und Glucuronidierung renal eliminiert. Als Metaboliten werden 4- und 5-Hydroxyfenchon sowie π-Apofenchon-3-carbonsäure, jeweils an Glucuronsäure gebunden, aus dem Harn isoliert.[72]
Beim Kaninchen werden innerhalb von 150 min nach i. v. Appl. von 10 und 20 mg Anethol/kg KG nur 0,025 % bzw. 0,05 % der Dosis unverändert wiedergefunden. Über die Ausatmungsluft werden innerhalb von 150 min nach i. v. Appl. von 20 mg Anethol/kg KG (Kaninchen) bzw. 60 mg Anethol/kg KG (Ratte) nur 0,1 % bzw. 0,2 % der Dosis unverändert ausgeschieden. Als Ursache wird eine rasche Metabolisierung des Anethols vermutet.[70] Anethol wird durch Oxidation der Propenylseitenkette metabolisiert und als Anissäure ausgeschieden.[73]
^{14}C-markiertes *trans*-Anethol wird Ratten p. o. und Mäusen i. p., jeweils als Einzeldosis von 50 mg/kg KG gegeben. Die pulmonale, fäkale und renale Ausscheidung wird während 72 h nach Appl. auf Radioaktivität und Metaboliten untersucht. Ca. 85 % der appl. Radioaktivität werden wiedergefunden, nur > 0,1 % verbleiben in den Tierkörpern. Grundlegende Unterschiede zwischen den Tierarten ergeben sich nicht. Mit ca. 45 % wird die Hauptmenge der Radioaktivität als $^{14}CO_2$ pulmonal eliminiert. Die Atemluft enthält praktisch weder Anethol noch Metaboliten. Ca. 40 % werden nach Metabolisierung renal vor allem als Glucuronide ausgeschieden. Die Faeces enthalten nur 2 % der Radioaktivität. Anethol wird somit nahezu vollständig metabolisiert. Hauptabbauwege sind die oxidative *O*-Demethylierung und der an der Propenylseitenkette ansetzende oxidative Abbau. Als wichtigste Metaboliten identifiziert werden CO_2, 4-Methoxyhippursäure, 4-Methoxybenzoesäure, zwei Diastereomere von 1-(4'-Methoxyphenyl)propan-1,2-diol, sowie 4-Hydroxypropenylbenzol und 2-Hydroxy-1-Methylthio-1-(4'-Methoxyphenyl)propan. Daneben werden noch die 4-Methoxy-Derivate von Acetophenon, Zimtalkohol und Zimtsäure gefunden.[71] Für Maus und Ratte wird eine Abhängigkeit des Eliminierungsweges von der Dosierung festgestellt: Bei 0,05 mg/kg KG dominiert mit 60 bis 70 % die *O*-Demethylierung mit pulmonaler $^{14}CO_2$-Eliminierung. Bei 1.500 mg/kg KG werden dagegen ca. 60 % der Radioaktivität renal eliminiert.[74] In einer anschließenden Studie erhalten 5 männliche Freiwillige jeweils 1, 50 und 250 mg ^{14}C-*trans*-Anethol p. o. Innerhalb von 48 h werden von der appl. Radioaktivität durchschnittlich gefunden: Als $^{14}CO_2$ in der Atemluft 13,5 % bei Dosierung 1 mg, 17,1 %/50 mg, 13,8 %/250 mg; als Seitenketten-oxidierte Metaboliten im Urin 60,1 %/1 mg, 68,6 %/50 mg, 53,9 %/250 mg. Die fäkale Elimination geht gegen Null. Im Gegensatz zum Nager ergibt sich somit für den Anetholstoffwechsel beim Menschen keine Dosisabhängigkeit, da bei allen Dosierungen die renale Elimination nach Metabolisierung deutlich überwiegt. Der Großteil der appl. Dosis wird vom Menschen innerhalb 8 h ausgeschieden, während der Nager hierzu 48 bis 72 h benötigt. Die menschlichen Metaboliten entsprechen qualitativ mehr denjenigen der Maus als denen der Ratte. Hauptmetabolit mit 90 % der Urin-Radioaktivität ist hier 4-Methoxyhippursäure, den Rest bilden 4-Methoxybenzoesäure und drei nicht näher identifizierte Substanzen.[75]

Anwendungsgebiete: Dyspeptische Beschwerden wie leichte, krampfartige Magen-Darm-Beschwerden, Völlegefühl, Blähungen. Katarrhe der oberen Luftwege. Fenchelhonig: Katarrhe der oberen Luftwege bei Kindern.[76]
Hinweis: Fenchelöl scheint zu den Carminativa zu gehören, deren Wirksamkeit bei Darmstörungen, wie z. B. Meteorismus und Blähungen, weniger auf spasmolytischen, sondern vielmehr auf motilitätsfördernden Eigenschaften beruht.[61] Die genannten Anwendungsgebiete gelten nur für Bitterfenchelöle mit höchstens 5 % Estragol.[76]

Dosierung und Art der Anwendung: *Droge.* Tagesdosis 0,1 bis 0,6 mL, entsprechend 0,1 bis 0,6 g für die innere Anwendung.[76] 1 g Öl entspricht 46 Tropfen.[77] Fenchelöl sollte ohne Rücksprache mit Arzt oder Apotheker nicht über längere Zeiträume (mehrere Wochen) eingenommen werden.[76] *Zubereitung.* (s. Rezepturen).
Fenchelhonig mit 0,5 g Fenchelöl/kg: 10 bis 20 g.[76] Für die Zubereitung wird offensichtlich als oberer Grenzwert ein Ölgehalt von 0,05 % gefordert, entsprechend 5 bis 10 mg Fenchelöl/Tag.
Zusammengesetzte Fencheltinktur: Einzeldosis zur Einnahme 2,5 g,[147] Tagesdosis 5 bis 7,5 g.[76]

Volkstümliche Anwendung und andere Anwendungsgebiete: Zur Einnahme: Bei Verdauungsbeschwerden, insbesondere mit Blähungen und Durchfall; bei Fischbandwurm-Befall.[78,79]
Äußerliche Anwendung: Bei ekzematösen Erkrankungen des äußeren Auges z. B. Konjunktivitis, Blepharitis.[80,148]
Diese Anwendungsgebiete sind mit Ausnahme derjenigen des dyspeptischen Formenkreises zum gegenwärtigen Zeitpunkt nicht belegt.
Weitere für Fenchelöl denkbare volkstümliche Anwendungsgebiete s. Foeniculi fructus.

Dosierung und Art der Anwendung: *Droge.* 2 bis 5 Tropfen auf einem Stück Zucker nach jeder Mahlzeit einnehmen.[81] *Zubereitung.* Zusammengesetzte Fencheltinktur als Augenwasser 10fach verdünnt anwenden.[147] Fenchelwasser unverdünnt als Augenkompressen wiederholt anwenden bis zum Abklingen nässender akuter Entzündungen; Fenchelwasser eßlöffelweise einnehmen.[78,80]

Unerwünschte Wirkungen: *Allergische Wirkungen.* In Einzelfällen allergische Reaktionen der Haut und der Atemwege.[76] s. a. Foeniculi fructus.
Das allergene Potential von Fenchelöl ist äußerst gering und es ist unwahrscheinlich, daß Anethol das allergene Agens darstellt. Hierfür spricht einerseits, daß angesichts der weitverbreiteten Anwendung, insbesondere von Anethol in Spirituosen, praktisch keine Fallberichte vorliegen. Andererseits wurden weder für Anethol noch für Bitterfenchelöl im Hauttest Sensibilisierungsreaktionen beobachtet.[50,73] Vorher berichtete vereinzelte positive

Hauttests wurden später nicht bestätigt, als sich herausstellte, daß das getestete äth. Öl verdorben war.[50,82]

Gegenanzeigen/Anwendungsbeschr.: Fenchelhonig: Keine bekannt; Diabetiker müssen den jeweiligen Zuckergehalt des verwendeten Präparates beachten.
Andere Zubereitungen: Schwangerschaft. Nicht anzuwenden bei Säuglingen und Kleinkindern.[76]

Wechselwirkungen: Keine bekannt.[76]
Die gleichzeitige Gabe von jeweils 50 mg/kg KG i. p. Pentobarbital und Fenchelöl (70 % Anethol) führt bei Mäusen zu einer schwach signifikanten Verlängerung des Pentobarbital-Schlafes von 68 auf 100 min.[83] Dieser angesichts der Applikationsart und sehr hohen Dosierung geringfügige Effekt läßt bei bestimmungsgemäßer Anwendung von Fenchelöl keinerlei Wirkungsverstärkung bzw. -abschwächung anderer Pharmaka erwarten.

Tox. Inhaltsstoffe u. Prinzip: Fälle akuter oder chronischer Toxizität bei Anwendung am Menschen sind für Fenchelöl nicht bekannt.
Die Hauptbestandteile Anethol und Fenchon werden in der GRAS-Liste geführt und gelten somit unter den dort genannten Einsatzbedingungen als unbedenkliche Lebensmittelzusatzstoffe. Für *trans*-Anethol hat die FAO/WHO 1967 einen ADI-Wert (acceptable daily intake) von 1,25 mg/kg KG festgesetzt.[150] Die WHO hat 1991 den temporären ADI-Wert auf max. 0,6 mg/kg KG gesenkt;[73] 5 ppm Fenchon in Lebensmitteln sind unbedenklich.[72]
Cis-Anethol, *trans*-Anethol und Estragol sind Objekt verschiedener z. T. widersprüchlicher Toxizitätsstudien. Als gesichert gilt, daß *cis*-Anethol 10- bis 20mal giftiger als *trans*-Anethol ist,[84] Estragol beim Nager cancerogen, die Anethol-Isomere dagegen vermutlich nicht cancerogen wirken (s. Carcinogenität). Rückschlüsse von Ergebnissen hochdosierter Toxizitätsstudien mit Anethol und Estragol am Nager auf evtl. Risiken bei therapeutischer Dosierung am Menschen sind aber aufgrund von Species-Unterschieden bez. Metabolisierung und Eliminierung nur bedingt möglich.[71,74,75] (s. Elimination).
Die vorübergehende arzneiliche Verwendung estragolarmen Fenchelöls läßt daher kein toxikologisches Risiko erwarten.
Cytotoxizität. An HELA-Zellen *in vitro* werden für Fenchelöl cytotoxische Effekte beschrieben: Es soll in Testkonzentrationen von 100, 10 und 1 µg/mL das Zellwachstum, gemessen anhand der Bestimmung des Gesamtproteins, um 90, 27 bzw. 21 % hemmen. Anethol zeigt mit 90, 27 und 0 % geringere toxische Wirkung. Estragol, Fenchon und eine anetholfreie Terpenfraktion des Fenchelöles beeinflussen das Zellwachstum nicht. Die Autoren machen daher allein das Anethol für den cytotoxischen Effekt verantwortlich.[85–87] Da im gleichen Testsystem das anetholreichere Anisöl bei 10 µg/mL noch untoxisch ist, sind die Aussagen dieser Studien in Frage zu stellen.

Akute Toxizität: *Mensch.* Konkrete Fallbeschreibungen liegen nicht vor.
Ein Bericht, dem zufolge Fenchelöl narkotische Wirkung mit epileptischen Anfällen und Halluzinationen verursachte,[79] ist aufgrund nicht abgesicherter Identität des Öles fraglich. *Tier.* Fische werden bei einer Ölkonzentration von 1:34.500 im Wasser in einen narkoseartigen Zustand versetzt, der sich bei Überführung in reines Wasser als reversibel erweist.[88]
Kaninchen sterben innerhalb von 36 h nach Einnahme von 21 g Öl; für Hunde werden nicht näher definierte toxische Nierenstörungen nach dermaler Anwendung von ca. 100 cm^3 Fenchelöl berichtet.[56]
Bei Kaninchen und Hund ruft die p. o. Appl. von 3 g Anethol/kg KG noch keinerlei Vergiftungssymptome hervor. Als niedrigste stets tödliche perorale Dosis werden angegeben: 2,0 mg *trans*-Anethol bzw. 0,22 mg *cis*-Anethol/kg KG (Maus); 4,0 mg *trans*-Anethol bzw. 0,15 mg *cis*-Anethol/kg KG (Ratte). Als niedrigste niemals tödliche perorale Dosis werden für *trans*- und *cis*-Anethol gefunden: 0,5 und 0,05 mg/kg KG (Maus) bzw. 0,4 und 0,05 mg/kg KG (Ratte). Die Krise dauert 6 bis 24 h.[84]

Chronische Toxizität: *Mensch.* Es gibt keine Hinweise auf ein Risiko bei langdauernder Anwendung. *Tier.* Es liegen nur Studien zum Hauptbestandteil Anethol vor. Die Übertragung der erhaltenen Befunde auf Fenchelöl erscheint plausibel: In einer 15wöchigen Fütterungsstudie erhalten Ratten 10 g Anethol/kg Futter. Die männlichen Tiere zeigen eine geringfügig erhöhte Wasseransammlung im Lebergewebe. Weitere toxische Veränderungen bleiben aus.[89] In zwei anderen Studien sind weder nach 1 Jahr mit 2,5 g Anethol/kg Futter, noch nach 15 Wochen mit 10 g Anethol/kg Futter Veränderungen an den Ratten festzustellen. Nach 90 Tagen mit jeweils 1, 3, 10 bzw. 30 g Anethol/kg Futter führen die höchste Dosierung zum Tod aller Ratten und 10 g zu Verlusten. Bei 3 g und höher werden an den Leberzellen konzentrationsabhängig Ödeme und Degenerierung, aber auch Regenerierung festgestellt. Für Ratten wird ein no-effect-level von 2,5 g/kg Futter bzw. 125 mg/kg KG angenommen.[73,79] In der aufwendigsten Studie erhalten Ratten 2 Jahre lang 0,25, 0,5 bzw. 1,0 % *trans*-Anethol/Futter entsprechend einer durchschnittlichen täglichen Anethol-Aufnahme zwischen 105 und 550 mg/kg KG. Die 0,25 %-Dosierung erweist sich als no-effect-level. Auch in den höheren Dosisgruppen zeigen sich hinsichtlich Verhalten, Mortalität und hämatologischem Befund keine Unterschiede zu den Kontrolltieren. Lediglich in der höchstdosierten weiblichen Gruppe werden an den Hepatocyten histopathologische Zellkernveränderungen und Anzeichen von Hypertrophie und Hyperplasie gefunden. Es wird eine Relation dieser Studie für den anetholhaltige Spirituosen verzehrenden Menschen hergestellt: Die maximale tgl. Anethol-Ingestion der Tiere liegt zwischen 350 und 700 mg/kg KG, während ein sehr starker Trinker allenfalls 3,6 mg/kg KG erreicht.[91,92]

Carcinogenität: Studien mit Fenchelöl liegen nicht vor. Gut untersucht sind Anethol und Estragol. Männliche Mäuse erhalten innerhalb der ersten 22 Lebenstage i. p. 4,4 bis 5,5 µmol Estragol. Nach einem Jahr werden bei 12 % der Kontrollen und bei

39 % der Verum-Gruppe Leberzellencarcinome gefunden. Der Seitenketten-Metabolit 1'-Hydroxyestragol mit 70 % Tumorinzidenz wird als hauptsächliches cancerogenes Agens erkannt. Beide Stoffe erweisen sich im Ames-Test als nicht mutagen.[93] Nach i.p. Appl. von 4,75 µmol *trans*-Anethol und Estragol verläuft die Prüfung auf Hepatocarcinogenität im gleichen Testsystem bei Anethol negativ, bei Estragol positiv.[94] Nach einmaliger i.p. Gabe von 0,75 µmol Estragol bzw. 0,25 µmol *cis*-Anethol/g KG in den ersten 12 Lebenstagen entwickeln männliche Mäuse innerhalb von 1 Jahr bei Estragol Lebertumore, bei *cis*-Anethol nicht. Die ebenfalls getesteten Seitenketten-Metaboliiten von *trans*-Anethol sind nicht cancerogen.[95] In einem anderen Test-Modell erhalten Mäuse i.p. 8 Wochen lang 3mal wöchentlich 0,1 bzw. 0,5 g Anethol/kg KG. Es werden keine Lungentumore gefunden. Auch das als Cancerogen anerkannte Safrol ist in diesem Testsystem unwirksam.[96] Eine einjährige Studie mit 0,23 bis 0,5 % *trans*-Anethol bzw. Estragol im Futter männlicher Mäuse ergibt für Anethol einen negativen Befund, in der Estragol-Gruppe zeigen sich Lebertumore.[94] Männliche und weibliche Ratten werden 117 bis 121 Wochen mit 0,25, 0,5 oder 1,0 % *trans*-Anethol gefüttert. Nur in der 1 %-Gruppe der weiblichen Tiere werden neoplastische Leberveränderungen gefunden. Diese unterscheiden sich aber histopathologisch nicht von den Tumoren, die vereinzelt auch bei den Kontrollen gefunden werden. Sie sind lediglich ausgeprägter. Zudem setzt das Tumorwachstum in Kontroll- und Verum-Gruppe erst in der Spätphase der Studie ein. Die Autoren folgern, daß die Tumorentstehung nicht durch Anethol-bedingte genetische Veränderungen verursacht wird. Ein cancerogenes Risiko für den Menschen durch *trans*-Anethol bestünde nicht.[91,92]
Solange keine Untersuchungen für das äth. Öl vorliegen, erscheint es aufgrund dieser Befunde gerechtfertigt, nur estragolarme Fenchelöle arzneilich zu verwenden. Ob dann angesichts der erwiesenen Unterschiede im Phenylpropan-Stoffwechsel bei Maus, Ratte und Mensch (s. o.) das beim Nager eindeutig cancerogene Estragol auch für den Menschen ein Risiko darstellt, muß offen bleiben.

Mutagenität: Es liegen Befunde aus verschiedenen In-vitro-Testsystemen vor. Ein mutagenes Potential für Fenchelöl kann daraus kaum gefolgert werden:
- Ames-Test (*Salmonella typhimurium*): Für Fenchelöl negativ ohne und mit Metabolisierung bei TA 92, 1535, 100, 1537, 94;[97] für ein Süßfenchelöl (Anetholgehalt 84 %) negativ ohne und mit Metabolisierung bei TA 100, 1535, 98, 1537, 1538; positiv für Anethol (98,9 % rein) nur bei TA 100 nach Metabolisierung; bei allen Teststämmen positiv für Estragol (96 % rein), aber durchweg negativ für Estragol (99,9 % rein);[98] Fenchelöl und Anethol schwach positiv nach metabolischer Aktivierung mit S-13-Mix bei TA 100, negativ bei TA 98;[83]
- E.-coli-WP2-uvrA-reversion-test: Negativ für Süßfenchelöl und Anethol;[98]
- Chromosomen-Aberrationstest: An Chinesischen-Hamsterfibroblasten ohne Metabolisierung negativ für Fenchelöl;[97]
- Bacillus-subtilis-DNA-repair-test ("rec-assay"): Ohne Metabolisierung positiv für Süßfenchelöl, aber negativ für Anethol.[98] Der Befund für das äth. Öl ist fragwürdig, da die Autoren Schwächen des Testsystems bei Prüfung öliger Substanzen diskutieren.

Immuntoxizität: Bitterfenchelöl und (Süß?)Fenchelöl, jeweils 4 % in Paraffin, rufen im Maximization-Test an 29 Freiwilligen keinerlei Sensibilisierung hervor. Im 48-Stunden-closed-patch-Test an menschlichen Probanden werden Bitterfenchelöl und (Süß?)Fenchelöl reizlos vertragen.[50,99]
Die Prüfung auf Phototoxizität an rasierter Mäuse- und Schweinehaut verläuft bei beiden Ölen negativ.[82,99]
Unverdünntes Bitterfenchelöl verursacht an der enthaarten Rückenhaut von Mäusen und Schweinen keine Reizung. Nach 24stündiger Okklusivbehandlung an intakter oder verletzter Kaninchenhaut führt es zu Irritationen.[82] Dagegen wirkt unverdünntes (Süß?)Fenchelöl an der Mäusehaut stark irritierend, an der Kaninchenhaut bei Okklusivanwendung nur leicht reizend.[99]

Toxikologische Daten: *LD-Werte.* LD_{50}-Werte:
- Bitterfenchelöl: 4,52 (4,06 bis 5,02) mL/kg KG p.o. (Ratte);[82] 3,12 mL/kg KG p.o. (Ratte);[88] > 5 mL/kg KG dermal (Kaninchen);[82]
- (Süß?)Fenchelöl: 3,8 (3,43 bis 4,17) g/kg KG p.o. (Ratte); > 5 g/kg KG dermal (Kaninchen);[99]
- *trans*-Anethol: 1,41 g/kg KG i.p. (Maus); 2,67 g/kg KG i.p. (Ratte);[84] 3,05 g/kg KG p.o. (Maus); 2,09 g/kg KG p.o. (Ratte); 2,16 g/kg KG p.o. (Kaninchen);[90] > 5 g/kg KG dermal (Kaninchen);[73]
- *cis*-Anethol: 0,1 g/kg KG i.p. (Maus);[84]
- Fenchon: 6,16 g/kg KG p.o. (Ratte); > 5 g/kg KG dermal (Kaninchen);[72] ca. 0,1 g/kg KG i.p. (Ratte).[151]

Rezepturen: Foeniculi aqua (Aqua Foeniculi, Fenchelwasser) *DAB 6*, *ÖAB 90*: 1 T/1,5 T Fenchelöl werden mit 10 T/15 T Talkum fein verrieben, mit 999 T/1.000 T Wasser von 40 °C wiederholt kräftig geschüttelt und nach mehrtägigem Stehen filtriert. Eigenschaften: Fenchelwasser ist fast klar *DAB 6*; fast klare, farblose Flüssigkeit, die deutlich nach ätherischem Fenchelöl riecht und schmeckt *ÖAB 90*. Bei der Herstellung mit Hilfe von Talkum werden nur 9 % des eingesetzten Öles im Fenchelwasser wiedergefunden, 65 % verbleiben im Filter, der Rest geht anderweitig verloren. Die Übergangsrate ließe sich verdoppeln, wenn auf die Talkumverreibung verzichtet und das Öl direkt, oder nach Anlösen in EtOH, ins Wasser eingebracht und wie o. a. weiterverfahren würde.[46]
Foeniculi spiritus (Esprit de Fenouil, Solutio aetherolei foeniculi spirituosa, Spiritus Foeniculi) *Belg IV*: 10 T Fenchelöl werden mit EtOH 80 % zu 1.000 T gelöst.
Foeniculi mel: s. Foeniculi fructus.
Foeniculi tinctura composita: s. Foeniculi fructus.
Foeniculi aetherolei elaeoscaccharum (Elaeosaccharum Oleum Foeniculi, Fenchelöl-Ölzucker): Nach *DAB 6* werden Ölzucker durch Mischen von

1T äth. Öl und 50T mittelfein gepulvertem Zucker hergestellt.

Sonst. Verwendung: *Pharmazie/Medizin.* Bitterfenchelöl ist ein sinnvoller Bestandteil in Hustenbonbons, medizinischen Zahncremes und Mundwässern. *Kosmetik.* In den USA gelten als gewöhnlicher/maximaler Bitterfenchelöl-Anteil folgende Richtwerte: Seifen 0,01/0,1 %, Detergentien 0,001/0,01 %, Cremes und Lotionen 0,005/0,03 %, Parfüm 0,04/0,4 %.[50] *Haushalt.* Als Gewürz und zur Aromatisierung von Lebensmitteln und Tabak hat Süßfenchelöl verglichen mit Bitterfenchelöl die weitaus größere wirtschaftliche Bedeutung. Es ist in der sog. GRAS-Liste der unbedenklichen Lebensmittelzusatzstoffe im Gegensatz zum Bitterfenchelöl aufgeführt[50,82,99] und Bestandteil von Back- und Gewürzaromen. Zur Aromatisierung von Lebensmitteln sind folgende Süßfenchelanteile üblich: 11 ppm in alkoholfreien Getränken, 33 ppm in Candies und Gebäck, 44 ppm in Eiscreme, 40 bis 300 ppm in Wurst und Fleischprodukten.[101] *Landwirtschaft.* Fenchelöl soll eingelagertes Obst und Gemüse vor Pilzbefall schützen.[79] In der Imkerei gilt es als Lockmittel für Bienen.[56] *Industrie/ Technik.* Breite Verwendung ähnlich dem Anethol bei der industriellen Produktion anisartig schmeckender Spirituosen. Aufgrund seines größeren Ölreichtums wird Süßfenchelöl dem Anisöl bei der Herstellung von z. B. Absinth, Ouzo und Sambucco vorgezogen.

Gesetzl. Best.: *Offizielle Monographien.* Aufbereitungsmonographie der Kommission E am BGA "Foeniculi aetheroleum (Fenchelöl)".[76]

Foeniculi fructus (Fenchelfrüchte)

Synonyme: Fructus Foeniculi, Foeniculum.
Die Bezeichnung Foeniculi fructus ist eigentlich zu ungenau. Eine Unterscheidung zwischen Bitterfenchel und Süßfenchel ist neben rein pharmakognostischen Gegebenheiten inzwischen auch aus medizinischen Gründen unumgänglich.[76] Nur zwei Pharmakopöen führen für Bitterfenchel und Süßfenchel separate Monographien. In mehreren Arzneibüchern kann anhand anderer Angaben, z. B. Stammpflanze, Organoleptik, DC-Prüfung oder Ölgehalt, erkannt weren, welche Varietät von der Monographie beschrieben oder ausgegrenzt wird. Nachfolgende Ausführungen zur Droge erfolgen daher wenn möglich getrennt für Bitterfenchel und Süßfenchel. Hiervon abzugrenzen sind sog. "Misch"-Monographien. Diese lassen entweder Bitter- oder Süßfenchel ausdrücklich nebeneinander zu, oder die Angaben sind so weit gefaßt, daß eine Eingrenzung auf bestimmte Varietäten nicht möglich ist. Die resultierende offizinelle Qualitätsvielfalt steht im Widerspruch zur Forderung nach stets gleichbleibender Qualität. Die Wertigkeit dieser Monographien, deren Angaben nachfolgend unter "Fenchel" zu finden sind, ist zwangsläufig geringer.
Bitterfenchel. Foeniculi amari fructus, Fructus Foeniculi amari; früher botanisch falsch "Semen Foeniculi germanici majoris" genannt.
Süßfenchel. Foeniculi dulcis fructus, Fructus Foeniculi dulcis, Fructus Foeniculi kretici, Foeniculum dulce.

Sonstige Bezeichnungen: Engl.: Fennel, fennel fruit, fennel seed, fruit of fennel; frz.: Fruit de fenouil; chinesisch: Xiaohuixiang; dän., norw.: Fennikel; holl.: Venkelfrucht; it.: Finocchio, finocchio salvatico; japanisch: Kikyo; port.: Frutos de funcho; schwed.: Fänkal; span.: Fruto de hinojo.
Bitterfenchel. Dt.: Fenchel, Bitterer Fenchel, Deutscher Fenchel, Dunkler Fenchel, Wilder Fenchel; engl.: Bitter fennel, bitter fennel fruit; frz.: Fenouil amer; it.: Finocchio forte; span.: Hinojo vulgar, semilla de hinojo commun.
Süßfenchel. Dt.: Gewürz-, Französischer- , Kretischer-, Römischer-, Süßer Fenchel, Mazedonischer Anis; engl.: Sweet fennel, sweet fennel fruit; frz.: Aneth doux, fenouil doux, fenouil romain; it.: Finocchio dolce, finocchione; sanskrit: Madhuirika; span.: Hinojo dolce.

Monographiesammlungen: *Bitterfenchel.* Fenchel *DAB 10*; Fenouil amer *PFX*; Fructus foeniculi *Dan IX, Norv V, Svec 46*; Foeniculum *BHP 83*; Fennel *Mar 29*; Foeniculi amari fructus[40].
Süßfenchel. Fenouil doux *PFX*; Foeniculi fructus *Belg IV*; Foeniculi dulcis fructus[41].
"Fenchel". Foeniculi fructi *Hisp IX*; Foeniculi fructus *Ital 6*; Foeniculi fructus *Ned 6, Helv VII*; Fructus foeniculi *ÖAB 90.*

Definition der Droge: Die getrockneten reifen Früchte *DAB 10*; die getrockneten Früchte *PFX*; die Früchte *Belg IV*; die getrockneten Früchte *Dan IX*; die Früchte und Teilfrüchte *Ital 6*; die reife Frucht *Ned 6*; die Frucht *Norv V*; die Spaltfrüchte *Svec 46*; die meistens in die Teilfrüchte zerfallene getrocknete Spaltfrucht *ÖAB 90*; die in die Teilfrüchte zerfallenen, selten noch ganzen trockenen Früchte *Helv VII*; die getrockneten Früchte angebauter Pflanzen *BHP 83, Mar 29.*

Stammpflanzen: *Foeniculum vulgare* MILLER var. *vulgare DAB 10, PFX*;[40] *Foeniculum vulgare* var. *dulce* DC. (= *Foeniculum vulgare* ssp. *capillaceum* GILIB.) *PFX*;[41] *Foeniculum capillaceum* GILIBERT *Belg IV, Norv V*; *Foeniculum vulgare* MILLER *Dan IX, Hisp IX, Ned 6, Helv VII*; die Varietäten *Foeniculum vulgare* MILLER (= *F. officinale* ALL.) und *Foeniculum dulce* MILLER von *Feniculum vulgare* MILLER *Ital 6*; *Foeniculum vulgare* MILLER sens. strict. *Svec 46*; *Foeniculum vulgare* MILLER ssp. *capillaceum* (GILIBERT) HOLOMBOE var. *vulgare* und var. *dulce ÖAB 90*; *Foeniculum vulgare* var. *vulgare* (MILL.) THELLUNG *BHP 83*; *Foeniculum vulgare* var. *vulgare Mar 29.*
Die Angabe müßte botanisch richtig lauten *Foeniculum vulgare* MILLER ssp. *vulgare* var. *vulgare/dulce* (MILLER) THELLUNG.

Herkunft: Fenchel wird fast ausschließlich aus Anbau erhalten. Hauptlieferländer des Bitterfenchels sind derzeit das gesamte Osteuropa, insbesondere Bulgarien, Tschechei, Slowakei, Polen und Ungarn. Auch Thüringen und Sachsen gewinnen wieder an Bedeutung. Die umfangreichsten Süßfenchelkulturen befinden sich in Frankreich, weiter sind Ägypten, Bulgarien, Chinia, Indien und die Türkei zu erwähnen.

Gewinnung: *Bitterfenchel.* Zweijährige Kulturpflanze. Der Anbau beginnt mit der Pflanzenanzucht im Gewächshaus oder im Saatbeet und Auspflanzung im ersten Vegetationsjahr. Nach Überwinterung der mehr oder weniger frostempfindlichen Wurzeln, in Mitteleuropa ein beträchtliches Risiko für den Bestand, kommen die Austriebe im zweiten Vegetationsjahr zur vollen Fruchtreife. In südlichen Ländern ermöglicht das mildere sonnigere Klima sogar einjährigen Anbau. Nach Aussaat im Spätherbst oder Aussetzen angezogener Pflänzchen im Frühjahr reifen die Früchte bereits im folgenden September/Oktober. Bedauerlicherweise werden gerade die Blüten und Früchte gerne von Pilzen und tierischen Parasiten befallen, was häufig den präventiven Einsatz von Repellentien zur Kulturerhaltung erzwingt. Im Idealfall soll die Ernte bei Übergang der Fruchtfarbe von grün nach grau beginnen. Da die zuerst blühenden Hauptdolden früher reifen, tragen die einzelnen Fenchelpflanzen stets Früchte unterschiedlichen Reifegrads. Mittels Flachriffelkämmen oder Gestellen mit eisernen Zähnen werden gezielt nur die reifen Früchte abgestreift. Da auf diese Weise ein Feld alle 5 bis 6 Tage abgegangen werden muß, ist die Ernte des sog. "Kammfenchels" sehr aufwendig und dauert insgesamt ca. 3 Monate. Die Kammdroge ist selten in Teilfrüchte zerfallen, zumeist grünfarbig und von optisch homogener Qualität. Heute werden üblicherweise die schnittreifen Pflanzen gemäht, zu Garben gebunden und unter Dach getrocknet, bis die Früchte ausgedroschen werden können. Die Droge muß im Schatten nachgetrocknet werden. Der "Gedroschene Fenchel" oder "Strohfenchel" ist zumeist iin Teilfrüchte zerfallen und von relativ inhomogener Qualität. Zur Erhöhung der Wirtschaftlichkeit des Anbaus wird inzwischen die Anzucht einjähriger mädruschfester Pflanzen angestrebt, wodurch das Frostrisiko vermieden und maschinelles Abernten der Früchte bereits auf dem Feld ermöglicht würden. Weitere Zuchtziele sind Sorten mit möglichst hohen Öl- und Anetholerträgen, geringerem Sproßanteil und größerer Resistenz gegenüber Parasiten.[2,27,102]
Süßfenchel. Die äußerst frostempfindlichen Pflanzen können nur in sehr warmen und sonnigen Gebieten kultiviert werden. Der Anbau ist einjährig. Weiteres s. Bitterfenchel.

Handelssorten: *Bitterfenchel.* Es handelt sich überwiegend um Herkunftsbezeichnungen; teilweise deutliche Unterschiede bestehen in Farbe, Größe und Morphologie:[4,6,102,103]
- Deutscher Fenchel: Vor allem aus Sachsen und Thüringen; am bekanntesten sind der "Großfruchtige" und der "Lützener Kammfenchel". Kammware ist grün, kaum zerfallen, 10 bis 12 mm lang, Ölgehalt 4,4 bis 4,5 %; gedroschene Droge ist grünlich-braun, vor allem zerfallen, 6 bis 12 × 2,5 bis 4 mm, mit Doldenresten durchsetzt;
- Bulgarischer Fenchel: Grünlichbraun, 5,8 bis 7 mm lang, in Teilfrüchte zerfallen, Ölgehalt 2,9 bis 5,8 %, 1.000-Korn-Gewicht 4,1 g;
- Polnischer Fenchel: Sehr ähnlich dem Dt. Fenchel;
- Ungarischer Fenchel: Dunkler als der Dt. Fenchel, 5 bis 8 × 2 mm, Ölgehalt 4 bis 5 %;
- Rumänischer Fenchel: Mit 3,5 bis 7 × 1,2 bis 3 mm relativ klein, Ölgehalt 4,3 bis 5,4 %;
- Mährischer- oder Rosenfenchel: Blaßgrüne Kammware, die vor allem aufgrund ihres homogenen optischen Gesamteindrucks besticht, teuer, Ölgehalt 4 %;
- Galizischer und Russischer Fenchel: Graugrünbräunlichgrün, 5 bis 6 × 1 bis 2 mm, Ölgehalt 4,5 bis 4,8 %, galten lange als ölreichste Sorten.

Je nach 100-Korn-Gewicht der Teilfrüchte gilt Droge mit > 0,6 g als groß, mit > 0,45 g als kleinfruchtig.[102]
Süßfenchel. Die Herkunft ist maßgebend. Die optischen Unterschiede zwischen den Sorten sind im Gegensatz zum Bitterfenchel nur gering:
- Bulgarischer Süßfenchel: 6,5 bis 7 mm lang, 1.000-Korn-Gewicht 4,8 g, 1,5 bis 3,8 % äth. Öl;[6]
- Französischer- bzw. Kretischer Fenchel: Blaß gelbgrün, bis zu 14 × 3 bis 4 mm, gekrümmte Form, ca. 2,5 % nahezu fenchonfreies äth. Öl, besonders feines mildes Aroma;[102]
- Indischer Fenchel: Braun, nur 3,5 bis 5,5 mm lang, gilt als relativ ölarm, wobei sehr kleine Früchte den höchsten Gehalt aufweisen;[104]
- Mazedonischer Fenchel: Gelblichgrün, 6 bis 8 × 3 mm, auch "Mazedonischer Anis" genannt;[102]
- Türkischer Fenchel: Mit 2,4 bis 3,1 % die zur Zeit ölreichste Sorte.[105]

"Fenchel". Mischungen verschiedener Sorten sind möglich. Daneben gibt es einige Herkünfte, die sich weder dem Bitterfenchel noch dem Süßfenchel eindeutig zuordnen lassen:
- Chinesischer Fenchel: Optisch nicht besonders ansehnliche Qualität, braun, 5 bis 6 × 2 mm, Ölgehalt 3,3 %; die Pflanze entspricht vom Habitus var. *dulce*, jedoch nimmt das Öl aufgrund seines mittelmäßigen Fenchongehaltes geschmacklich eine Position zwischen Süß- und Bitterfenchel ein.[3,106,107] Daraus resultieren vielfältige Verwendungsmöglichkeiten für diese begehrte Sorte;
- Japanischer Fenchel: Schwärzlich braun und sehr klein, 3 bis 4 × 1,2 mm, Ölgehalt 1,8 bis 2,7 %, in manchen Fällen bis 6 %; Geschmack sowie Anethol- und Fenchonanteil lassen ebenfalls auf keine bestimmte Varietät schließen.[3,32]

Ganzdroge: *Bitterfenchel.*
Geruch. Würzig.
Geschmack. Würzig, etwas süßlich, später fast brennend-bitter.[39,40,152–155]
Häufig in die Teilfrüchte zerfallen; die ganzen Früchte annähernd zylindrisch, unten breit abgerundet, oben etwas verschmälert, gelblichgrüngelbbraun, 3 bis 12 mm lang, bis zu 4 mm breit; Griffelpolster mit zwei zurückgebogenen, häufig abgebrochenen Griffelresten; Teilfrüchte mit ebener Fugenfläche und konvexer Rückenfläche mit 5 primären Rippen, 2 davon dorsal, 3 lateral; Rippen deutlich hervortretend, gerade, heller gefärbt, dazwischen 4 dunklere, flache Tälchen.[152]

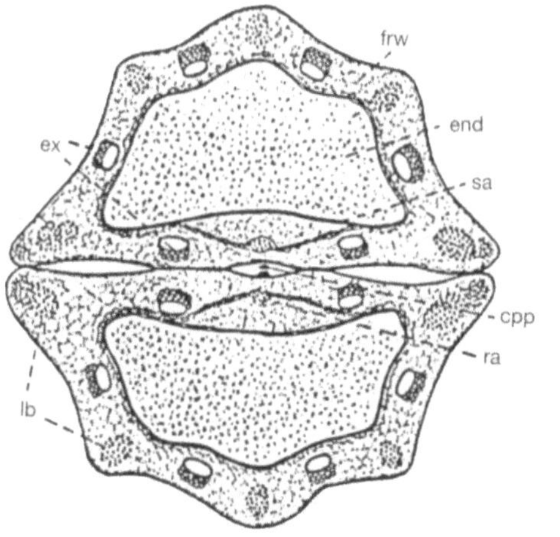

Querschnitt einer ganzen Fenchelfrucht: *frw* Perikarp, *end* Endosperm, *sa* Samenschale, *cpp* Carpophor (Fruchthalter), *ra* Raphe, *lb* Leitbündel, *ex* Exkretgänge, Vergrößerung 20fach. Aus Lit.[146]

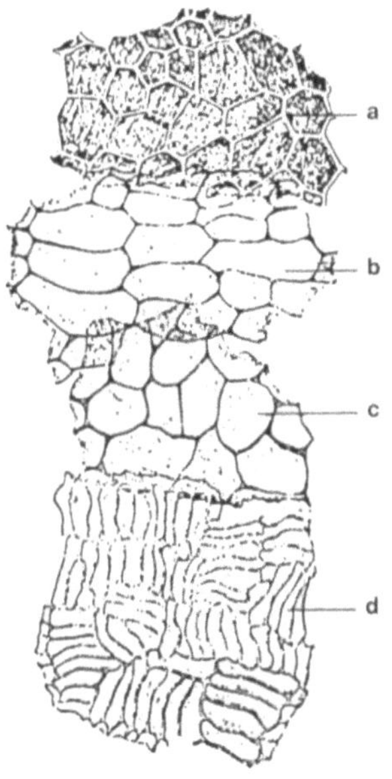

Perikarpgewebe, *a* Epithelzellen des Exkretganges, *b, c* darunterliegendes braunes Parenchym, *d* "Parkettzellen" des Endokarps. Nach Lit.[156]

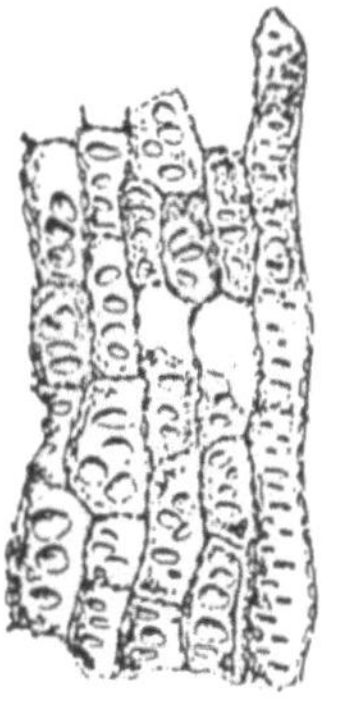

Netzparenchym ("Fensterzellen") aus dem Mesokarp. Nach Lit.[156]

Süßfenchel.
Geruch. Mild, süßlich.
Geschmack. Anisartig, würzig süß.[39,41,157]
Elliptische, gerade oder leicht gebogene Doppelachäne mit großem Griffelpolster an der Spitze. Blaßgelb bis blaßgrün, im allg. 5 bis 10 × 2 bis 3 mm. Die gewöhnlich zusammenhängenden Teilfrüchte sind kahl. Jede trägt fünf deutlich kielförmig hervortretende Rippen, sowie vier große Ölstriemen an der Außen- und zwei an der Innenseite.[39,41] *Mikroskopisches Bild.* Querschnitt: Exocarp aus gerade- und derbwandigen Zellen mit glatter Cuticula, auf der Rückenseite mit spärlichen runden, etwa 25 µm langen Spaltöffnungen vom anomocytischen Typ. Mesocarp aus dünnwandigen rundlichen Parenchymzellen, auf der Rückenseite mit 4, auf der Fugenseite mit meist 2, etwa 100 bis 250 µm breiten, im Querschnitt elliptischen Exkretgängen. Endocarp aus dünnwandigen, gestreckten Zellen in parkettartiger Anordnung. In den Rippen kleine Leitbündel mit Spiralgefäßen und verholzten Sklerenchymfasern sowie Mesocarpzellen mit netzförmig verdickten, verholzten Wänden; Samenschale mit einer Schicht polygonaler Zellen und mehreren obliterierten, gelben bis bräunlichen Zellagen. Das nicht eingefaltete Endosperm besteht aus derbwandigen Zellen, welche zahlreiche Tröpfchen fetten Öls und Aleuronkörner mit sehr kleinen, bis etwa 4 µm großen, kugeligen Oxalatrosetten enthalten.[152]

Pulverdroge: *Bitterfenchel.* Grünlich-graubraun; Fragmente des derbwandigen Exocarps mit spärlichen Spaltöffnungen vom anomocytischen Typ; Fragmente der Exkretgänge mit dünnwandigen, gelblich-braunen bis braunen Teilen des Epithelgewebes; Endocarp mit 4 bis 8 µm schmalen und 100 µm langen, parkettartig angeordneten "Parkettzellen"; Leitbündelfragmente mit verholzten Sklerenchymfasern; netzförmig verdickte, verholzte Parenchymzellen = "Fensterzellen" des Mesocarps; Fragmente des Endosperms mit dickwandigen Zellen, die Aleuronkörner, zahlreiche Tröpfchen fetten Öls und Oxalatrosetten enthalten. Über 10 µm weite Gefäße und Stärkekörner fehlen.
Die Fenster- und Parkettzellen sind innerhalb der Umbelliferenfrüchte für Fenchel charakteristisch. Gefäße > 10 µm würden auf Stengelanteile und Doldenstrahlen schließen lassen, Stärkekörner deuten auf Unkrautsamen hin.[152]
Süßfenchel. Graubraun bis graugelb.
Das Chloralhydrat-Präparat zeigt gelbe Bruchstücke der Sekretgänge aus braunumrandeten polygonalen Sekretzellen, oft überlagert von den 2 bis 9 µm breiten Parkettzellen; dickwandige schräg bis netzförmig getüpfelte Mesocarpzellen (= Fenster-

zellen); zahlreiche Sklerenchymfaserbündel der Rippen, oft vergesellschaftet mit engen spiraligen Gefäßen; sehr zahlreiche Endosperm-Bruchstücke mit Aleuronkörnern und winzigen Calciumoxalat-Rosetten; einige Faserbündel aus dem Karpophor; Öltröpfchen; Stärke fehlt.[39]
"Fenchel". Pulverdroge grünbraun, graubraun bis graugelb.[158,159]

Verfälschungen/Verwechslungen: Verfälschungen und Verwechslungen von Bitter- mit Süßfenchel sind naheliegend. Süßfenchel ist jedoch überwiegend von hellerer Farbe, homogenerem optischem Gesamteindruck, schmeckt nur süßlich, ist selten in die Teilfrüchte zerfallen und oft etwas gebogen geformt. Eine mikroskopische Unterscheidung zwischen Bitter- und Süßfenchel ist nicht möglich.
Falschlieferungen von Dill- und anderen Apiaceenfrüchten werden berichtet.[3] Die früher üblichen groben Verfälschungen mit *Meum athamanticum* (Bärenfenchel), Hirsearten, *Sium latifolium* oder Luzernesamen sind inzwischen sehr selten.[1,102]

Minderqualitäten: Die Praxis, unansehnliche Ware mit auf Schwerspat aufgezogenem Chromgelb einzufärben, ist kaum noch üblich. Ganz oder teilweise entölter Fenchel wird an seiner blassen Farbe, geringerem Aroma und Mindergehalt erkannt. Viele Chargen Handelsdroge sind Mischungen mehrerer Kleinpartien, die sich möglicherweise in Fruchtgröße, Reifegrad, geographischer und botanischer Herkunft, sowie im Ölgehalt unterscheiden. Dies kann eine Qualitätssicherung mittels Untersuchung von kleinen Stichproben erschweren.[8,28,36]

Inhaltsstoffe: *Äth. Öl.* Mit einem Gehalt von 0,8 bis 8,5 % stellt das äth. Öl den wertbestimmenden Bestandteil dar. Dabei ist Süßfenchel deutlich ölärmer. Neben dem Gehalt ist vor allem die Zusammensetzung des Fruchtöls abhängig von der Varietät und dient folglich als wichtiger pharmakognostisch-taxonomischer Parameter. Die meisten feldmäßig angebauten europäischen Herkünfte können damit eindeutig zugeordnet werden. Bis jetzt sind vier verschiedene Fruchtöltypen beschrieben:[5–10,28,29]

1. Bitterfenchelöl von ssp. *vulgare* var. *vulgare*: 50 bis 75 % *trans*-Anethol, 12 bis 33 % Fenchon, 2 bis 5 % Estragol, α-Pinen > Limonen;
2. Süßfenchelöl von ssp. *vulgare* var. *dulce*: 80 bis > 90 % *trans*-Anethol, < 1 bis < 10 % Fenchon, 3 bis 10 % Estragol, Limonen > α-Pinen;
3. Anetholfreies Öl von ssp. *vulgare* var. *vulgare*: 10 bis 30 % Fenchon, 50 bis 80 % Estragol;
4. Australisches Wild-Fenchelöl mit 10 bis 20 % *trans*-Anethol, 10 bis 20 % Fenchon, 55 bis 65 % Estragol.

Es spricht einiges dafür, daß der Anetholreichtum ein Ergebnis der Inkulturnahme ist und bei Verwilderung zugunsten von Estragol verloren geht.
Weitere Bestandteile unabhängig von der Varietät sind Camphen, *p*-Cymen, Myrcen, α- und β-Phellandren, β-Pinen, Sabinen, γ-Terpinen und Terpinolen. Als spezifische Kohlenwasserstoffe werden *cis*-Ocimen für Bitterfenchel- und γ-Fenchen für Süßfenchelöl beschrieben.[6] *Cis*-Anethol ist stets in Mengen < 0,3 % unabhängig von der Gewinnung als offensichtlich natürlicher Bestandteil enthalten. Dagegen scheint Anisaldehyd ein Destillationsartefakt zu sein, da er in CO_2-Extrakten nur in Spuren nachgewiesen wird.[10]
Zu Widersprüchen zwischen botanischer Zuordnung und Ölzusammensetzung s. *F. vulgare*, Systematik.
Bitterfenchelöl. Gesamtgehalt 3 bis 8,5 %; der Gehalt in den beiden Teilfrüchten einer Frucht kann grundverschieden sein. Ein proportionaler Zusammenhang zwischen Fruchtmasse und Ölmenge besteht nicht.[108] Das in Arzneibüchern spezifizierte würzig-süßliche, dann brennend-bittere Aroma erfordert neben *trans*-Anethol als Hauptkomponente größere Mengen bitter schmeckenden Fenchons. Die Untersuchung von Handelsdroge ergibt ein mittleres Ölspektrum von 66 % *trans*-Anethol, 5,3 % Estragol, 20,1 % Fenchon, 1,4 % Limonen und 2,6 % α-Pinen.[36] Ca. 20 vom dt. Drogenhandel im Zeitraum 1988 bis 1992 bezogene Partien Bitterfenchel enthalten mit 60 bis 75 % *trans*-Anethol, 16 bis 22 % Fenchon und 2,5 bis 4,5 % Estragol ein Öl überraschend gleichbleibender Zusammensetzung.[109] Für Bitterfenchel sind zwar noch deutlich fenchonreichere Öle beschrieben,[7,8,28] jedoch dürften solche Qualitäten vom gewohnten Fenchelgeschmack bereits zu sehr abweichen.
Der Estragolanteil im Öl ist für wirksame und unbedenkliche Droge seit kurzem auf max. 5,0 % begrenzt.[76] Damit sind einige wild wachsende, botanisch als ssp. *vulgre* var. *vulgare* identifizierte Herkünfte mit höheren Estragolwerten ausgeschlossen: Argentinien, Tschechei, Slowakei, Spanien mit ca. 12 %,[3,110] Australien, England, Türkei mit 55 bis 80 %[8,28] und eine indische Sippe, die mit 8,3 % ungewöhnlich viel Öl enthält, das fast nur aus Estragol besteht.[9] Die Stereodifferenzierung dreier chiraler Monoterpene aus durch schonende Destillation isoliertem Öl zeigt folgendes Enantiiomerenverhältnis: α-Pinen 2 % *S*/98 % *R*, β-Pinen 19 % *S*/81 % *R*, Limonen 4 % *S*/96 % *R*.[111]
Süßfenchelöl. Gesamtgehalt nur 0,8 bis ca. 3 %, und damit ölärmer als Bitterfenchel.
Die Schwankungen bezüglich der Zusammensetzung scheinen herkunftsbedingt zu sein und zeigen sich am deutlichsten im Fenchongehalt: Réunion: *trans*-Anethol 92,1 %, Estragol 0,8 %, Fenchon 0,1 %, Limonen 4,0 %;[34] Türkei: *trans*-Anethol 86 bis 89 %, Estragol 3,5 %, Fenchon 1,3 bis 1,6 %, Limonen 3,9 bis 4,4 %, α-Pinen 0,3 bis 0,5 %;[105] Japan: *trans*-Anethol 84 %, Estragol 3,3 %, Fenchon 1,7 %, Limonen 2,5 %, α-Pinen 1,2 %;[32] Israel: *trans*-Anethol 84 %, Estragol 3 bis 4 %, Fenchon 6,4 bis 8,7 %, Limonen 2,8 bis 4,1 %, α-Pinen 0,1 bis 0,3 %.[10]
Sonstige Fenchelöle. Das Öl des Chinesischen Fenchels enthält 65 bis 75 % *trans*-Anethol, 7,7 bis 8,7 % Fenchon, 3,5 bis 5,6 % Estragol und Limonen > α-Pinen. Im Pflanzenhabitus entspricht er mehr der süß schmeckenden Varietät, doch die Ölzusammensetzung kann keiner der beiden Varietäten eindeutig zugeordnet werden.[3,106,107]

Pflanzensäuren. Überwiegend Phenolcarbonsäuren, die genuin als Chinasäurederivate oder in glykosidischer Bindung vorliegen. Die wichtigsten Säuren mit dazu vorhandenen Mengenangaben (GC nach enzymatischer und alkalischer Hydrolyse) sind: Äpfel-, Benzoe-, *p*-Cumar- (60 ppm), Ferula- (109 ppm), Fumar-, *p*-Hydroxybenzoe- (137 ppm), Kaffee- (225 ppm), Protocatechu- (12 ppm), Vanillin-, Wein- und Zimtsäure (10 ppm).[22,23,113] Als native Säurederivate sind quantifiziert (HPLC): Chorogensäure 1.270 ppm, je 200 ppm 4- und 5- Caffeoylchinasäure, 170 ppm 3-Feruloyl-, 90 ppm 4-Feruloyl-, sowie je 70 ppm 3- und 5-*p*-Cumaroyl-Chinasäure; *p*-Hydroxybenzoesäure liegt als *O*-*β*-D-glucosid zu 100 ppm vor.[24] Die Gesamtmenge dieser Pflanzensäuren soll während der Fruchtreifung und Drogenlagerung kontinuierlich abnehmen. Währenddessen wird innerhalb der Fraktion ein Rückgang der *p*-Hydroxybenzoe-, Kaffee- und Vanillinsäure- bei gleichzeitiger Zunahme der Benzoesäure- und Weinsäurederivate beobachtet.[22] Fenchelfrüchte enthalten 0,4 ppm Abscisinsäure.[113]
Cumarine. Zahlreich in jeweils sehr geringer Menge enthalten; bis jetzt sind nachgewiesen die einfachen Cumarine Osthenol, Scoparin, Scopoletin, und 15 ppm (präparativ) Umbelliferon; die Furocumarine Bergapten, Columbianetin, Imperatorin, Isopimpinellin (0,5 ppm), Marmesin, Psoralen (0,5 ppm), 5-Methoxypsoralen, 8-Methoxypsoralen (0,005 ppm) und Xanthotoxin; das Pyranocumarin Seselin.[12–15,113] Das Cumarinmuster ist in beiden Varietäten qualitativ gleich. Allerdings werden in Süßfenchel mehr Imperatorin (2,8 ppm) und 5-Methoxypsoralen (5,2 ppm) gefunden als in Bitterfenchel (je 0,5 ppm).[14]
Flavonoide. Die Aglykabestimmung nach Säurehydrolyse ergibt 45 ppm Kämpferol und 165 ppm Quercetin. Als genuine Verbindungen sind beschrieben: Isoquercitrin (12 ppm), Kämpferol-3-*O*-arabinosid und -3-*O*-*β*-D-glucuronid, Quercetin-3-*O*-arabinosid ("Foenicularin", 18 ppm) und -3-*O*-*β*-D-glucuronid ("Nelumbosid", 45 ppm), sowie Rutin (10 ppm).[19,21,114]
Fettes Öl. Wird zu 9 bis 21 % nach Lipoidextraktion erhalten; besteht zu ca. 80 % aus Triglyceriden vor allem ungesättigter Fettsäuren; neben der mit 45 bis 60 % dominierenden Petroselinsäure werden 15 % Linol-, 20 bis 35 % Öl- und 5 % Palmitinsäure gefunden. Das fette Öl enthält weiterhin 4 bis 7 % unverseifbare Anteile, 2 % gesättigte und ungesättigte freie Fettsäuren o. a. Musters, 0,2 % Kohlenwasserstoffe von C_{27} bis C_{30}, 0,2 % freie Alkohole von C_{24} bis C_{30} und 0,1 bis 0,5 % "Fenchelwachs". Letzteres besteht aus Estern des Eicosanols mit Arachin-, Behen- und Stearinsäure.[12,17,115]
Die ungewöhnliche Oxidationsstabilität des fetten Öls beruht auf seinem Gehalt an natürlichen Antioxidantien. Hierunter fallen zum einen mit 0,06 % eine Fraktion aus 6-Oxychromanderivaten, die zu 75 % aus *α*- und *γ*-Tocotrienol neben geringeren Mengen *α*-, *β*- und *γ*-Tocopherol besteht. Zum anderen werden 0,03 % Steringlykosidgemisch beschrieben. Dieses setzt sich aus Campestrol, Cholesterol, *β*-Sitosterol, Δ^7-Stigmasterol, Stigmasterol, teilweise mit Palmitinsäure verestert, zusammen. Schließlich sind noch ca. 0,02 % Oleanolsäure ebenfalls antioxidativ wirksam.[17,18]
Ein als *α*-Amyrin identifiziertes Triterpen ist Bestandteil im Unverseifbaren des fetten Öls.[15]

Zubereitungen: Foeniculi extractum fluidum 1:2 (Extractum foeniculi fluidum 1:2, Fenchelfluidextrakt): Wird aus Fenchelfrüchten und EtOH 45 % (*V*/*V*) nach dem Verfahren der Perkolation bei Raumtemperatur und Normaldruck so hergestellt, daß aus 1 T Droge 2 T Fluidextrakt erhalten werden.[116]
Foeniculi extractum fluidum 1:1 hergestellt mit EtOH 70 % *BHP83*.

Identität: *Bitterfenchel.* DC-Prüfung nach *DAB 10*:
- Untersuchungslösung: Dichormethanauszug aus gepulverter Droge;
- Referenzsubstanzen: Anethol, Anisaldehyd, Olivenöl;
- Sorptionsmittel: Kieselgel GF_{254};
- FM: Dichlormethan;
- Detektion: UV-Licht 254 nm (I), im Tageslicht nach Besprühen mit Molybdatophosphorsäure-Lösung (II), Besprühen mit Kaliumpermanganat/Schwefelsäure-Reagenz (III), Erhitzen nach (II) und (III);
- Auswertung: Nachweis von Anethol (I, II), Anisaldehyd (I, II) und den Triglyceriden des fetten Öls (II) mit Hilfe der Referenzsubstanzen; für Anethol dabei semiquantitative Forderung von ca. 2,5 % bez. auf Droge bzw. ca. 63 % im ätherischen Öl; als Nachweis für das Vorliegen von Bitterfenchel muß nach Detektion (III) zwischen den Zonen von Anisaldehyd und den Triglyceriden das reaktionsträge Fenchon als deutliche, dunkelblaue Zone erscheinen.

DC-Prüfung nach *PF X*:
- Untersuchungslösung: 1:10 Verdünnung des bei der Gehaltsbestimmung erhaltenen äth. Öl/Xylol-Gemisches in Methanol;
- Referenzsubstanzen: Anethol, Fenchon;
- Sorptionsmittel: Kieselgel GF_{254};
- FM: Hexan-Toluol (20 + 80) (*V*/*V*);
- Detektion: UV-Licht 254 nm (I), im Tageslicht nach Besprühen mit Schwefelsäure und Erhitzen auf 140 °C (II);
- Auswertung: In der Plattenmitte wird Anethol anhand seiner Fluoreszenzminderung (I) erkannt; nach Detektion (II) färbt sich Anethol violett, eine Terpenzone im oberen Plattendrittel braun und Fenchon in der unteren Plattenhälfte zitronengelb.

Aufgrund gleichen DC-Verhaltens von Anethol und Estragol ermöglicht die Prüfung den Ausschluß von nicht-offizineller estragolreicher Droge nicht.[7,9] Nur eine GC-Prüfung des äth. Öl-Destillats ermöglicht die sichere Identifizierung von estragolarmem Bitterfenchel und ist inzwischen für den Inverkehrbringer arzneilich verwendeten Fenchels obligatorisch.[76]
Süßfenchel. DC-Prüfung *PF X*:[41]
Wie Bitterfenchel; Vergleichslösung ohne Fenchon; nach Detektion im UV-Licht bei 254 nm wird mit Anisaldehydreagenz besprüht und erhitzt. Die

Hauptzone im Chromatogramm der Droge entspricht bezüglich Rf-Wert und Detektionsverhalten der Anethol-Referenzzone; bei Rf 0,7 pinkfarbene Zone der Monoterpene.
Farbreaktion auf estragolreiches äth. Öl *PFX*:
0,1 mL des bei der Gehaltsbestimmung erhaltenen äth. Öl/Xylol-Gemisches werden mit 0,1 mL Pikrinsäurelsg. (gesättigt in Ethylacetat) versetzt. Bei estragolreichem Öl keine Farbveränderung der gelben Lösung; bei anetholreichem Öl Verfärbung nach orange. Die Prüfung ist erforderlich, da Anethol und Estragol per DC nicht unterschieden werden können.
"Fenchel". DC-Prüfung des Dichlormethanauszuges auf Anethol und Fenchon nach *Helv VII*: Eine Fenchonzone "kann" auftreten. In Verbindung mit der sehr großzügigen Stammpflanzen-Definition sind nach dieser Monographie praktisch alle Fenchelsippen offizinell.
Fencheltinktur. (s. Rezepturen).
DC-Prüfung nach *AB-DDR*:
- Untersuchungslösung: Oberphase nach Ausschütteln von 2 mL Tinktur mit 2 mL Pentan;
- Referenzsubstanzen: *trans*-Anethol und Fenchon;
- Sorptionsmittel: Kieselgel G;
- FM: Toluol-Ethylacetat (95 + 5) (*V/V*);
- Detektion: Im Tageslicht nach Besprühen mit Molybdatophosphorsäure-Lösung/ Erhitzen und Nachsprühen mit Kaliumpermanganat-Schwefelsäure-Reagenz/ Erhitzen;
- Auswertung: In beiden Chromatogrammen hinsichtlich Rf-Wert und Farbgebung entsprechende Zonen; weitere Zonen im Chromatogramm der Untersuchungslösung möglich.

Reinheit: *Bitterfenchel.*
- Fremde Bestandteile: Höchstens 1,5 % Doldenstiele und höchstens 1,5 % sonstige fremde Bestandteile *DAB 10*;[40] höchstens 2,0 % fremde Bestandteile *PFX*; höchstens 1,5 % fremde organische Bestandteile *BHP 83*.
- Trocknungsverlust: Höchstens 13,0 % *DAB 10*, *PFX*.[40]
- Asche: Höchstens 8,0 % *DAB 10*, *PFX*;[40] höchstens 10 % *Dan IX*, *Svec 46*; höchstens 11,0 % *Norv V*, *BHP 83*;
- salzsäureunlösliche Asche: Höchstens 0,2 % *Dan IX*; höchstens 1,5 % *BHP 83*.
- Extraktgehalt (wäßrig): Mindestens 10 % *BHP 83*.

Süßfenchel.
- Fremde Bestandteile: Höchstens 2,0 % *PFX*;[41] höchstens 4 % Körner und andere fremde Bestandteile *Belg IV*.
- Trocknungsverlust: Höchstens 12,0 % *PFX*.[41]
- Asche: Höchstens 10,0 % *PFX*, *Belg IV*.[41]
- Extraktgehalt (wäßrig): Mindestens 15 % *Belg IV*.

"Fenchel".
- Fremde Bestandteile: Höchstens 1 %, Abwesenheit größerer Mengen derber Fasern oder weitlumiger Gefäße *ÖAB 90*; höchstens 1,5 % hauptsächlich Doldenstiele und fremde Samen *Helv VII*.
- Wasser: Höchstens 7,0 % durch azeotrope Destillation bestimmt *Helv VII*.
- Asche: Höchstens 10 % *Ital 6*, *Hisp IX*, *Helv VII*; höchstens 11 % *Ned 6*; höchstens 8 % *ÖAB 90*.
- Extraktgehalt (wäßrig): Mindestens 20 % *Hisp IX*.

Zusammengesetzte Fencheltinktur. (s. Rezepturen).
- Relative Dichte: 0,900 bis 0,910.
- Ethanolgehalt: 63,0 bis 68,0 % (*V/V*).
- Trockenrückstand: Mindestens 1,5 %.[109]

Fenchelfluidextrakt 1:2.
- Ethanolgehalt: 41,0 bis 44,0 % (*V/V*).
- Trockenrückstand: Mind. 5,0 %.[109]

Gehalt: *Bitterfenchel.* Äth. Öl: Mindestens 4,0 % *DAB 10*, *PFX*;[40] mindestens 1,2 % *BHP 83*, *Mar 29*; Pulverdroge mindestens 1,0 % *BPC 73*, *Mar 29*; mindestens 4 % äth. Öl mit höchstens 5 % Estragol.[76] Ein offizineller Fenchon-Gehalt von mindestens 0,6 % bezüglich der Droge war vorgesehen.[117] Bei einem Öl-Gehalt von 4,0 % entspräche dies einem Fenchonanteil von 15 % im Öl.
Süßfenchel. Mindestens 2,0 % äth. Öl, das entweder hauptsächlich aus Anethol oder Estragol besteht *PFX*.[41]
Bezüglich des Estragolgehaltes wird diese Angabe korrigiert werden müssen: Botanisch-systematisch werden bis jetzt alle estragolreichen Fenchelherkünfte der Varietät *vulgare* zugeordnet.[8,9,28] Da estragolreiche Fenchelöle stets ca. 10 % bitter schmeckenden Fenchons enthalten,[8,28] können sie die geschmacklichen Voraussetzungen für Süßfenchel gar nicht erfüllen. Aus toxikologischen Gründen ist es wahrscheinlich sogar ratsam, estragolreichen Fenchel offizinell auszuschließen.[112]
"Fenchel". Äth. Öl: Mindestens 1,4 %, Pulverdroge mindestens 1,0 % *Ned 6*; mindestens 3,5 % *ÖAB 90*; mindestens 2 %, für tierarzneiliche Zwecke mindestens 1,7 % *Helv VII*.

Gehaltsbestimmung: Wasserdampfdestillation der zerkleinerten Droge mit Xylol-Vorlage und volumetrische Erfassung des übergegangenen äth. Öles *DAB 10*, *PFX*, *AB-DDR*.[40,41]
Die geforderte Vorbereitung der Droge für die Destillation ist unterschiedlich: 10 g grob (1.400) zerkleinern *DAB 10*; 30 g zerstoßen *PFX*; 10 g grob gepulvert;[40,41] 30 bis 40 g in einer Schlagmühle 15 s pulvern, bis eine Probe von 2 g Sieb VI vollständig passiert *AB-DDR*. Die Art des Zerkleinerns kann den Gehaltswert und die Zusammensetzung des Wasserdampfdestillates beeinflussen.[3,6] Schlagkreuzmühlen, die das Mahlgut thermisch belasten, sollten nicht verwendet werden. Beim Absieben nach der Zerkleinerung passieren vornehmlich die stark ölhaltigen Fragmente der Fruchtwand das Sieb. Werden von einer deutlich überschüssigen Drogenmenge soviele Teilmengen zerkleinert, bis der Siebdurchgang die vorgeschriebene Bestimmungsmenge erreicht, wird ein deutlich höherer Gehalt gefunden (4,5 bis 5,5 %), als nach mehrmaligem Zerkleinern einer die geforderte Einwaage gerade übersteigenden Drogenmenge (2,5 bis 2,75 %). Für die Gehaltsbestimmung ist folglich entscheidend, aus welcher Menge Droge die für die Destillation benö-

tigte Einwaage zu zerkleinern ist.[118] Nur *AB-DDR* berücksichtigte dies.

Lagerung: *Fenchelfrüchte.* Vor Licht geschützt *DAB 10, Hisp IX*; in dicht schließendem Behältnis, vor Licht und Feuchtigkeit geschützt *PFX, ÖAB 90, Helv VII*;[40,41] dicht verschlossen *Ned 6*; vor Licht geschützt kühl und trocken lagern *BPC 73, Mar 29.*

Stabilität: *Fenchelfrüchte.* Verwendbarkeitsdauer: 3 Jahre.[117] Als Haltbarkeit für unzerkleinerte konfektionierte Teedroge wird 1 Jahr angegeben.[119]
Innerhalb von 2 Jahren wird eine Abnahme des Ölgehaltes von 6,2 % auf 4,5 % bei nahezu unveränderter Ölzusammensetzung beobachtet.[4] Bei dicht verschlossener Lagerung unter Lichtausschluß wird ein monatlicher Ölverlust zwischen 0,01 % und 0,15 % absolut festgestellt.[36] Ganzdroge zeigt nach 6 Monaten Lagerung weder einen Ölverlust noch veränderte Ölzusammensetzung. Gleichzeitig werden bei in Papiertüten eingelagerter grob zerkleinerter Droge nur noch 82 % des Anfangsgehaltes gefunden. Dabei geht der Anetholgehalt von anfangs 2,6 % auf 1,5 % zurück. Anisaldehyd, der erst bei der Drogenzerkleinerung entsteht, zeigt während der Lagerung keine Gehaltszunahme.[120]
Gerade bei der Stabilitätsprüfung von Fenchel ist es schwierig, aus den erhaltenen Einzelergebnissen eine vernünftige Haltbarkeitsprognose abzuleiten, da beobachtete Gehaltsveränderungen nicht zwangsläufig linear mit der Einlagerungszeit korrelieren. Ursache ist die Inhomogenität von Handelsdroge,[36] s. Minderqualitäten.
Fenchelhonig, Fenchelsirup. Da die spasmolytische Wirkung *in vitro* innerhalb von 3 Monaten um 50 % abnimmt, wird zum Verwerfen älterer Zubereitungen geraten.[121]

Wirkungen: Wenn das untersuchte Drogenmaterial pharmakognostisch näher spezifiziert ist, wird dies nachfolgend eigens erwähnt.
Antimikrobielle Wirkung. Aceton-, *n*-Butanol-, Ethanol- und Etherextrakte sind *in vitro* antibakteriell wirksam gegen *Bacillus subtilis, Erwinia carotovora, Escherichia coli, Mycobacterium smegmatis, Proteus vulgaris, Sarcina lutea, Serratia marcescens, Staphylococcus aureus* und *Streptomyces venezuelae.* Sie wirken *in vitro* antifungal gegen *Candida albicans, Cryptococcus rhodobenhani, Epidermophyton interdigitale, Helminthosporium sativum, Penicillium digitatum* und *Trichophyton mentagrophytes.* Aktivitätsunterschiede in Abhängigkeit vom verwendeten Extraktionsmittel bestehen nicht. Testsubstanz: Verdunstungsrückstand des Mazerates aus 20 g Droge und 50 mL Lösungsmittel; Testsystem: Agar-Diffusionstest.[122] Weitere Studien s. Foeniculi aetheroleum.
Expektorierende Wirkung. 200 µL Fencheltee, entsprechend 9,14 mg Bitterfenchel, steigern an der Flimmerepithel tragenden Ösophagusschleimhaut des Frosches die mukociliäre Aktivität *in vitro* um 12 %. 20 µg Bromhexin als Positivkontrolle bewirken eine Steigerung um 34 %. Testsystem: Kinematographische Erfassung der Geschwindigkeit, mit der ein auf das Flimmerepithel aufgebrachter Fremdkörper abtransportiert wird.[123]
Spasmolytische Wirkung. Eine Bitterfenchel-Tinktur 1:3,5 (Auszugsmittel EtOH 31 % *m/m*) wird *in vitro* auf antispasmodische Wirkung gegen die Acetylcholin- und Histamin-induzierte Kontraktion des Meerschweinchendünndarms getestet. Dosierung: 2,5 und 10 mL Tinktur/L Badflüssigkeit entsprechend 0,7 und 2,8 g Droge/L. Die ΔDE_{50}-Werte von Acetylcholin und Histamin werden erhöht, was auf spasmolytische Aktivität der Tinktur hinweist. Ergebnisse (EtOH-Effekt berücksichtigt): Acetylcholin: ΔDE_{50} 8,5 µg/L und ΔDE_{50} 26,6 µg/L bei 2,5 bzw. 10 mL Tinktur/L (nicht signifikant); Histamin: ΔDE_{50} 32,7 µg/L (signifikant) und ΔDE_{50} 11,6 µg/L (nicht signifikant) bei 2,5 und 10 mL Tinktur/L. Die maximale Kontraktion wird durch 2,5 und 10 mL Tinktur/L bei Acetylcholin um 4,0 und 10,5 % gesenkt, bei Histamin um 4,6 und 6,6 %. 0,1 und 1,0 µg Atropin/L bewirken im gleichen Testsystem bei Acetylcholin ΔDE_{50}-Werte von 9,3 bzw. 92,5 µg/L. 10 mL Tinktur/L und 0,3 µg Atropin/L erweisen sich somit in diesem Modell als gleich wirksam.[124] Im gleichen Testsystem hemmt die Tinktur in Dosierungen zwischen 2,5 und 40 mL/L Carbachol-abhängige Kontraktionen dosisabhängig und signifikant um 23 bis 96 %. Da sowohl durch Acetylcholin und Histamin, als auch durch Carbachol provozierbare Darmkontraktionen gehemmt werden, dürfte der spasmolytischen Wirkung ein unspezifischer Effekt zugrunde liegen.[125]
Ein Aufguß aus Bitterfenchel reduziert *in vitro* am Meerschweinchendünndarm durch Acetylcholin und Bariumchlorid auslösbare Spasmen. Fenchelsirup und Fenchelhonig wirken nur geringfügig schwächer. Als äquieffektive Dosis für 1 g Teeaufguß werden 0,0016 g Atropin ermittelt. 2 bis 3 g Aufguß/kg KG hemmen *in situ* am Dünndarm der narkotisierten Katze Acetylcholin- und Histaminspasmen ca. 150 s lang um 50 %.[121]
Steigerung der Magenmotilität. 24 mg Droge/kg KG p. o. stimulieren die Magenmotilität des narkotisierten Kaninichens. Die motilitätshemmende Wirkung von 25 mg Pentobarbiton/kg KG i. v. wird abgeschwächt. Da 2,0 mg Atropinsulfat/kg KG i. v. den Fencheleffekt neutralisieren, wird er als cholinerg eingestuft.[126]
Antiexsudative Wirkung. Testsubstanz: In 5 % Gummi arabicum suspendierter Süßfenchel-Trokkenextrakt, durch Soxhletextraktion von 100 g pulv. Droge mit 300 mL EtOH 80 % und anschließendem Abdampfen des Lösungsmittels bei < 40 °C hergestellt; Angaben zum Droge-Extrakt-Verhältnis fehlen. 100 mg Extrakt/kg KG, per Sonde p. o. appliziert, hemmen das Carrageenin-induzierte Rattenpfotenödem um 36 %. 5 mg Indomethacin/kg KG als Positivkontrolle bewirken 45 % Hemmung.[127]
Antiproliferative Wirkung. Ein alkoholisch-wäßriger Extrakt mit 34 % Fenchel-Polysacchariden wird getestet. 10 mg Extrakt entsprechen 4,8 g Droge. 24 h nach Implantation von ca. 10^6 Sarkom-180-Zellen in die Leistengegend erhalten Mäuse 10 Tage lang jeweils 10 mg Extrakt/kg KG i. p. Nach 3 bzw. 4 Wochen wird eine Hemmung des Tumorzellen-

wachstums um 55% festgestellt. Die Lebenserwartung der Tiere wird nicht signifikant erhöht.[128]
Estrogene Wirkung. Testsubstanz: Pulv. Süßfenchel wird mit Aceton nach dem Soxhletverfahren extrahiert. Der Verdunstungsrückstand wird in EtOH 1% aufgenommen. Angaben zum Droge-Extrakt-Verhältnis fehlen. Nach 10tägiger p.o. Appl. von täglich jeweils 0,5, 1,5 oder 2,5 mg/kg KG zeigen sich bei weiblichen ovarektomierten Ratten estrogene Wirkungen: Die Brunstbereitschaft steigt dosisabhängig. In allen Dosierungen nimmt das Gewicht der Milchdrüsen zu. Das Gewicht von Eileiter, Uterus, Uterusmuskulatur, Vagina und Cervix nimmt in höherer Dosierung signifikant zu. Parallel werden an männlichen Ratten, die den Extrakt in den gleichen Dosierungen 15 Tage lang p.o. erhalten, ebenfalls Hinweise auf estrogene Wirkungen erhalten: Die Proteinkonzentration in Hoden und Samenleiter nimmt ab, diejenige in Prostata und Samenblase zu. Weiterhin nehmen die Enzymaktivitäten der alkalischen und sauren Phosphatase in diesen Geweben ab. Nach Meinung der Autoren läßt die bei den männlichen Tieren beobachtete Abschwächung androgenabhängiger Prozesse, wie Phosphataseaktivitäten und Proteinbiosynthese in Hoden und Samenleiter, auf antagonistische estrogene Wirkung schließen. Demgegenüber wird die vermehrte Proteinbiosynthese in Prostata und Samenblase als estrogen induzierte Bindegewebsneubildung interpretiert.[129] Letzteres widerspricht eindeutig der Auffassung, derzufolge die Prostatahyperplasie durch Androgenüberschuß entsteht.
In einer weiteren Studie an weiblichen ovarektomierten Ratten, die 10 Tage jeweils 0,5, 1,5 oder 2,5 mg o.a. Extraktes p.o. erhalten, werden eine Gewichtszunahme von Vagina und Cervix sowie eine Steigerung des Gewebegehaltes an DNA, RNA und Protein festgestellt.[130] Während die Autoren hier neben estrogenen auch anabole Effekte unterstellen, ist relativierend anzumerken, daß abgesehen vom Proteingehalt in den übrigen Parametern die Werte der intakten Kontrolltiere nicht annähernd erreicht werden.

Anwendungsgebiete: Dyspeptische Beschwerden wie leichte, krampfartige Magen-Darm-Beschwerden, Völlegefühl, Blähungen. Katarrhe der oberen Luftwege. Fenchelsirup und Fenchelhonig bei Katarrhen der oberen Luftwege bei Kindern.[76] Bei Blähungen und krampfartigen Beschwerden im Magen-Darm-Bereich, besonders bei Säuglingen und Kleinkindern sowie zur Schleimlösung in den Atemwegen.[119]

Dosierung und Art der Anwendung: *Droge.* Tagesdosis 5 bis 7 g zerkleinerte Droge für Teeaufgüsse und teeähnliche Produkte.[76]
Teebereitung: 1 bis 3 Teelöffel voll Fenchel werden zerquetscht, mit ca. 150 mL siedendem Wasser übergossen, 5 bis 10 min bedeckt stehen gelassen und dann durch ein Teesieb gegeben. 2- bis 4mal tgl. eine Tasse frisch bereiteten Aufguß warm zwischen den Mahlzeiten trinken. Bei Säuglingen und Kleinkindern kann der Aufguß auch zum Verdünnen von Milch oder Breinahrung verwendet werden.[119] 30 g Droge mit 1.000 mL siedendem Wasser überbrühen, 10 min ziehen lassen, kolieren und nach Belieben süßen, 200 mL Aufguß nach jeder Mahlzeit verabreichen.[81] Bei Verwendung von gequetschtem oder grob gemahlenem Fenchel gehen ca. 10% des in der Droge enthaltenen äth. Öles in den Aufguß über, aus ganzen Früchten dagegen nur 1,5%. 100 mL Tee, hergestellt aus 6 g gequetschtem Fenchel und 450 mL Wasser, enthalten 5,7 mg Anethol, 1,4 mg Fenchon und 0,4 mg Estragol. Die Übergangsrate von Anethol ist limitiert durch dessen Sättigungskonzentration in Wasser und beträgt 10%. Für das besser wasserlösliche Fenchon wird eine Übergangsrate von 22% gefunden.[131] Für wäßrige Aufgüsse (1:20 bzw. 1:40)[160] werden folgende Übergangsraten ermittelt: 1,5 bis 2% bzw. 2 bis 4% bei Anethol und 14 bis 21% bzw. 20 bis 27% bei Fenchon.[132] *Zubereitung.* Tagesdosis 10 bis 20 g Fenchelsirup[147] bzw. 5 bis 7,5 g zusammengesetzte Fenchteltinktur.[76,147] 3mal tgl. 0,8 bis 2 mL Fluidextrakt 1:1 hergestellt mit 70% EtOH.[148]

Volkstümliche Anwendung und andere Anwendungsgebiete: Nahezu weltweit wird Fenchel innerlich angewendet bei Verdauungsproblemen als Carminativum, Stomachikum und aromatisches Tonikum, bei Amenorrhöe, bei verminderter Milchsekretion als Lactagogum, bei Bronchitis und Husten als Expektorans, bei krampfartigen Durchfällen.[79,133,134] Weitere innere Anwendungen: In der Pädiatrie bei Anorexie und bei blähungsbedingten Koliken.[148] Bei Dyspepsie mit Durchfall bei Säuglingen,[78] bei Erbrechen, zur Linderung bei Asthmaanfällen,[110] bei Verhärtungen von Leber und Milz.[79]
Topische Anwendung: Bei Augenschmerzen, Blepharitis, Konjunktivitis mit Lidschwellung, Sehschwäche, bei Rachenentzündungen.[78,80,110,133,148]
In China bei Cholera, Dyspepsie, Nephropathie und Schlangenbiß.[133]
Mit Ausnahme der traditionellen Verwendung bei Verdauungsbeschwerden und Husten sind die Anwendungsgebiete zum jetzigen Zeitpunkt nicht ausreichend belegt.

Dosierung und Art der Anwendung: *Droge.* 3mal tgl. 0,3 bis 0,6 g getrocknete Droge.[148] Bei Verdauungsbeschwerden nach jeder Mahlzeit 2 Kapseln à 0,3 g gepulverte Droge einnehmen.[81] Die Beduinen kauen bei Blähungen und Magenschmerzen die ganzen Früchte.[135]
Teeaufguß aus 1 Löffelchen zerstoßener Früchte und 1 Tasse heißen Wassers zubereiten, nach jeder Mahlzeit 1 Tasse mit Zucker und Honig gesüßt bei Verdauungsproblemen trinken. Zur Steigerung der Milchsekretion 2mal täglich den Aufguß aus 1 Kaffeelöffel Droge/Tasse Wasser trinken.[134] In Lateinamerika wird die in Milch aufgekochte Droge als Lactagogum verwendet.[79] Den erkalteten Teeaufguß für Augenkompressen und Augenwaschungen,[78,110] zum Gurgeln den warmen Tee verwenden.[148] "Konzentrierte" Aufgüsse werden in Indien als Mundspüllösung und bei Augenleiden eingesetzt.[136] *Zubereitung.* Topische Anwendung: Zusammengesetzte Fencheltinktur 10fach verdünnt als Augenwasser anwenden.[147]
Zur Einnahme: Fenchelhonig zur Appetitanregung bei Kindern.[56] In Afrika eine Tinktur bei Diarrhöe,

Magenschmerzen und Krämpfen.[79] In Zentralitalien wird ein Medizinalwein als Digestivum sowie bei Erbrechen und Schluckauf getrunken.[137]

Unerwünschte Wirkungen: *Allergische Wirkungen.* In Einzelfällen allergische Reaktion der Haut und der Atemwege.[76]
Ein 9jähriger Junge mit vorher nur saisonal auftretendem Heuschnupfen erleidet innerhalb von 2 Jahren mehrere Bronchialasthma-Anfälle. Sie dauern bis zu 2 Tage und machen Adrenalin-Injektionen erforderlich. Mehrere Anfälle sollen nach Aussage der Eltern ca. 5 min nach Verzehr von Gemüßefenchel oder von mit Fenchel gewürzter Wurst aufgetreten sein. Die Austestung ergibt einen positiven Hauttest auf Fenchel und Gemüsefenchel, begleitet von starkem Juckreiz. Die Beobachtung, daß manche sonst allergene Speisen nach Weglassen des Fenchels kein Asthma mehr provozieren, deutet auf eine Typ-I-Allergie auf Fenchel als Ursache der Anfälle hin.[138]
Weitere Fallberichte über konkrete allergische Reaktionen auf Fenchel liegen nicht vor. Angesichts ihrer weitverbreiteten Anwendung kann die Droge daher nur ein sehr geringes allergenes Potential besitzen.
Wenn bei der recht häufigen Nahrungsmittelallergie auf Sellerie 13 % der Patienten nach Genuß von Fenchel ebenfalls allergische Reaktionen verspüren, dürfte dies auf die bekannte Gruppensensibilierung innerhalb der Apiaceen zurückzuführen sein.[139] Folgerichtig wird in einer ergänzenden Studie bei 17 % klinisch manifesten und 18,5 % latenten Sellerieallergikern im Scratch-Test auch eine Sensibilisierung gegen Fenchel festgestellt.[140] Aufgrund der engen Assoziation von Sellerieallergie und manifester Beifußpollensensibilisierung einerseits, sowie von Sellerieallergie und testmäßig erfaßbarer Apiaceensensibilisierung andererseits, sind bei entsprechend vorbelasteten Allergikern auch Reaktionen auf Fenchel nicht auszuschließen, "Sellerie-Karotten-Beifuß-Gewürz-Syndrom".[139,141]

Gegenanzeigen/Anwendungsbeschr.: Droge und mit Teeaufgüssen hinsichtlich des Gehaltes an äth. Öl vergleichbare Zubereitungen: Keine bekannt; andere Zubereitungen: Schwangerschaft; Fenchelsirup, Fenchelhonig: Diabetiker müssen den jeweiligen Zuckergehalt der Zubereitung beachten.[77]
Äth. Öl-Gehalt eines Teeaufgusses s. Dosierung und Art der Anwendung.

Wechselwirkungen: Keine bekannt.[76]

Tox. Inhaltsstoffe u. Prinzip: s. Foeniculi aetheroleum.

Akute Toxizität: *Tier.* Ein mit 95 % EtOH hergestellter Spissumextrakt aus gepulverter Droge wird Mäusen in einer einmaligen Dosierung von 0,1, 1 oder 3 g Extrakt/kg KG, entsprechend 5, 10 oder 30 g Droge p.o. verabreicht. Alle Tiere überleben. Anzeichen toxischer Effekte werden nicht beobachtet.[141]

Chronische Toxizität: *Tier.* Mäuse erhalten 90 Tage lang tgl. p.o. 100 mg/kg KG eines mit 95 % EtOH hergestellten Spissumextraktes, entsprechend 1 g Droge. Hinsichtlich Mortalität, Blut- und Organbefund zeigen sich keine signifikanten Unterschiede zu den Kontrollen. Das durchschnittliche KG der männlichen Tiere nimmt signifikant zu, dasjenige der weiblichen Tiere nimmt ab. Nach 40 Tagen stellt sich bei 3 der 15 männlichen Tiere eine Alopezie im Bereich der Schnauze ein. Nach Meinung der Autoren unterstreichen die Ergebnisse die Unbedenklichkeit der Droge bei Langzeitanwendung.[141]

Carcinogenität: Bezüglich der Hepatocarcinogenität von Estragol bei Nagern s. Foeniculi aetheroleum.
Bei bestimungsgemäßer arzneilicher Verwendung von Bitterfenchel mit estragolarmem äth. Öl werden nur sehr geringe Estragolmengen aufgenommen (s.o.). Zudem zeichnet sich der Phenylpropanstoffwechsel des Menschen im Vgl. zum Nager durch qualitativ andere Metaboliten und eine höhere Eliminationsgeschwindigkeit aus.[74,75] Ein relevantes carcinogenes Risiko kann somit für die Anwendung am Menschen ausgeschlossen werden.

Mutagenität: Methanolische und wäßrige Extrakte von Bitter- und Süßfenchel sind im Ames-Test ohne und mit Metabolisierung nicht mutagen an *Salmonella typhimurium* TA 98 und TA 100.[142,143] Die Prüfung des wäßrigen und methanolischen Drogenextraktes im DNA-repair-Test ("rec-assay") an *Bacillus subtilis* verläuft negativ.[142] Eine Studie auf chronische Toxizität mit einem ethanolischen Spissumextrakt (s.o.) ergibt bei den männlichen Tieren keine Anhaltspunkte für spermatotoxische Effekte. Letztere würden auf Keimzellmutationen hinweisen.[141]

Immuntoxizität: Das Sensibilisierungspotential ist äußerst gering, s. Nebenwirkungen.

Toxikologische Daten: *LD-Werte.* Für einen mit 50 % EtOH hergestellten nicht näher spezifizierten Extrakt wird ein LD_{50}-Wert von 500 mg/kg KG i.p. (Maus) angegeben.[144]

Rezepturen: Foeniculi tinctura (Tinctura Foeniculi, Fencheltinktur) 1:5 mit EtOH 70 % (*V/V*). Eigenschaften: Grünlichbraune oder gelblichgrüne Flüssigkeit mit charakteristischem Geruch und Geschmack *AB-DDR.*
Foeniculi tinctura composita (Tinctura Foeniculi composita, zusammengesetzte Fencheltinktur): 200 T zerquetschte Droge werden 3 Tage mit 1.000 T EtOH 70 % (*V/V*) mazeriert. Nach Abpressen und Filtrieren werden darin 2 T Fenchelöl gelöst. Eigenschaften: Grün mit starkem Geruch nach Fenchel, gibt mit Wasser eine milchig-trübe grünliche Flüssigkeit *EB6.*
Foeniculi sirupus (Sirupus Foeniculi, Fenchelsirup): 100 T zerquetschte Droge werden mit 50 T EtOH 96 % (*V/V*) durchfeuchtet, mit 500 T Wasser 24 h bei Raumtemperatur mazeriert, abgepreßt und filtriert. Aus 400 T Flüssigkeit werden mit Zucker 1.000 T Sirup gekocht. Eigenschaften: Braungelbe Flüssigkeit *EB6.*
Foeniculi mel (Mel Foeniculi, Fenchelhonig): 500 T Fenchelsirup, 5 T zusammengesetzte Fencheltinktur und 495 T gereinigten Honig mischen. Eigenschaften: Fenchelhonig ist klar und gelb *EB6.*

Sonst. Verwendung: *Haushalt.* Verwendung von Süßfenchel ähnlich wie Kümmel als Küchengewürz bei der Zubereitung von Fleisch, beim Einmachen von Gurken und Sauerkraut, beim Brotbacken, bei der Käseherstellung; in Afrika zur Aromatisierung von Butter. *Landwirtschaft.* Drogenpulver soll Ungeziefer und Fliegen von Ställen und Zwingern abhalten.[79] *Industrie/Technik.* Ein Großteil des weltweit erzeugten Bitterfenchels wird weniger zu arzneilichen Zwecken, sondern vielmehr zur Gewinnung des in der Aroma-, Lebensmittel- und Parfümindustrie benötigten Anethols verwendet.[2]

Gesetzl. Best.: *Standardzulassung.* Standardzulassung Nr. 5199.99.99 (Fenchel).[119] *Offizielle Monographien.* Aufbereitungsmonographie der Kommission E am BGA "Foeniculi fructus (Fenchel)".[76]

Foeniculum vulgare hom. *HAB 1*

Sonstige Bezeichnungen: Foeniculum.

Monographiesammlungen: Foeniculum vulgare *HAB 1.*

Definition der Droge: Die getrockneten, reifen Früchte.

Stammpflanzen: *Foeniculum vulgare* MILLER var. *vulgare.*

Zubereitungen: *Urtinktur.* Herstellung aus der frisch zerquetschten Droge und flüssige Verdünnungen nach *HAB 1*, Vorschrift 4a mit EtOH 86 %; Eigenschaften: Die Urtinktur ist eine gelbe bis gelbgrüne Flüssigkeit mit arteigenem würzigem Geruch und Geschmack.
Darreichungsformen: Die 4. Dezimalverdünnung der Urtinktur wird mit EtOH 62 %, die folgenden Verdünnungen werden mit EtOH 43 % hergestellt.

Identität: Die Droge muß der Monographie Fenchel *DAB 10* entsprechen.
Urtinktur. Die Urtinktur zeigt im UV-Licht bei 365 nm hellblaue Fluoreszenz, die nach Zugabe von NaOH-Lösung 8,5 % nach gelb umschlägt.
Prüflösung: 10 mL Urtinktur 3mal mit je 10 mL Pentan ausschütteln; vereinigte Pentanphasen filtrieren und im Vakuum zur Trockene einengen; Rückstand in 2 mL Dichlormethan aufnehmen.
0,5 mL Prüflösung mit 1 mL Acetanhydrid und danach mit 0,1 mL Schwefelsäure 96 % versetzen; Farbumschlag von hellgelb nach rotviolett.
DC der Prüflösung nach *HAB 1*:
- Referenzsubstanzen: Anethol, Olivenöl;
- Sorptionsmittel: Kieselgel H;
- FM: Dichlormethan;
- Detektion: a im UV 254 nm; b Molybdatophosphorsäure-Lösung, Erhitzen auf 100 bis 105 °C, Auswertung im Vis; c 0,5 g Kaliumpermanganat in 15 mL Schwefelsäure 96 %, Erhitzen auf 100 bis 105 °C, Auswertung im Vis;
- Auswertung: Im Chromatogramm der Prüflösung kann man mit Hilfe der Referenzzonen im Retentionsbereich zwischen Startlinie und Anetholzone einen charakteristischen Fingerprint von mindestens 6 Zonen erkennen. Diese sind spätestens nach Detektion c alle dunkelblau gefärbt.

Reinheit: *Droge.*
- Die Droge muß der Monographie Fenchel *DAB 10* entsprechen.

Urtinktur.
- Relative Dichte *(PhEur)*: 0,830 bis 0,840.
- Trockenrückstand *(DAB)*: Mindestens 0.6 %.

Gehalt: *Droge.* Die Droge muß der Monographie Fenchel *DAB 10* entsprechen.

Lagerung: *Urtinktur.* Vor Licht geschützt.

Gesetzl. Best.: *Offizielle Monographien.* Aufbereitungsmonographie (Negativ-Monographie) der Kommission D am BGA "Foeniculum vulgare".[145]

Foeniculum vulgare, äthanol. Decoctum hom. *HAB 1*

Sonstige Bezeichnungen: Foeniculum, äthanol. Decoctum.

Monographiesammlungen: Foeniculum vulgare, äthanol. Decoctum *HAB 1.*

Definition der Droge: Die getrockneten, reifen Früchte.

Stammpflanzen: *Foeniculum vulgare* MILLER var. *vulgare.*

Zubereitungen: *Urtinktur.* Herstellung aus der frisch zerquetschten Droge und flüssige Verdünnungen nach *HAB 1*, Vorschrift 19f mit EtOH 62 %; Eigenschaften: Die Urtinktur ist eine gelbe bis grünlichgelbe Flüssigkeit mit arteigenem Geruch und Geschmack.

Identität: *Droge.* Beschreibung und mikroskopische Merkmale wie Fenchel *DAB 10.*
DC-Prüfung nach *HAB 1*:
- Untersuchungslösung: 0,5 mL des bei der Gehaltsbestimmung erhaltenen äth. Öl/Xylol-Gemisches mit 5 mL Toluol versetzen;
- Referenzsubstanzen: Anisaldehyd, Anethol;
- Sorptionsmittel: Kieselgel GF_{254};
- FM: s. Foeniculum vulgare hom. *HAB 1*;
- Detektion: a, b, c s. Foeniculum vulgare hom. *HAB 1*;
- Auswertung: Die Detektionen a, b, c erlauben im Chromatogramm der Untersuchungslösung mit Hilfe der Referenzsubstanzen die Zuordnung der Zonen von Anethol und Anisaldehyd. Nach Detektion c erscheint über der Zone des Anisaldehyds die Fenchonzone.

Urtinktur. Bereitung der Prüflösung und Prüfung s. Foeniculum vulgare hom. *HAB 1.*

Reinheit: *Droge.*
- Fremde Bestandteile *(PhEur)*: Höchstens 1,5 % Doldenstiele und höchstens 1,5 % andere fremde Bestandteile.

- Wasser *(PhEur)*: Höchstens 7 % (*V/G*), mit 20,0 g grob gepulverter Droge (710) durch azeotrope Destillation bestimmt.
- Sulfatasche *(PhEur)*: Höchstens 12,0 %.

Urtinktur.
- Relative Dichte *(PhEur)*: 0,886 bis 0,900.
- Trockenrückstand *(DAB)*: Mindestens 0,7 %.

Gehalt: *Droge.* Mindestens 4,0 % (*V/m*) äth. Öl.

Lagerung: *Urtinktur.* Vor Licht geschützt.

Foeniculum vulgare hom. *HPUS 88*

Monographiesammlungen: Foeniculum vulgare *HPUS 88.*

Definition der Droge: Die Frucht.

Stammpflanzen: *Foeniculum vulgare* MILL.

Zubereitungen: *Urtinktur.* Herstellung durch Mazeration oder Perkolation der frischen oder getrockneten Droge mit Ethanol nach den allg. Zubereitungsvorschriften (Class C) des *HPUS 88.* Ethanolgehalt: 65 % (*V/V*).

Gehalt: *Urtinktur.* Arzneigehalt $^{1}/_{10}$.

---

1. Heg, Bd. V, Teil 2, S. 1.284–1.290
2. Hunault G, Desmarest P, DuMenoir J (1989) Foeniculum vulgare MILLER: Cell Culture, Regeneration and the Production of Anethole. In: Bajaj YPS (Hrsg.) Biotechnology in Agriculture and Forestry, Medicinal and Aromatic Plants, Springer-Verlag, Berlin Heidelberg New York London Paris Tokyo, Bd. 7, S. 185–192
3. Toth L (1967) Planta Med 15:157–172
4. Toth L (1967) Planta Med 15:371–389
5. Trenkle K (1972) Pharmazie 27:319–324
6. Karlsen J, Baerheim-Svendsen A, Chingova B, Zolotovitch G (1969) Planta Med 17:281–293
7. Betts TJ (1968) J Pharm Pharmacol 20:469–472
8. Betts TJ (1968) J Pharm Pharmacol 20:61S–64S
9. Shah CS, Qadry JS, Chauhan MG (1970) Planta Med 18:285–295
10. Ravid U, Putievsky E, Snir N (1983) J Nat Prod 46:848–851
11. Stahl E (1982) Dtsch Apoth Ztg 122:2.324–2.326
12. Kartnig T (1965) Pharm Ztg 31:1.051–1.053
13. Mendez J, Castro-Poceiro J (1981) Rev Lat Quim 12:91–92
14. Ceska O, Chaudhary SK, Warrington PJ, Ashwood-Smith MJ (1987) Phytochemistry 26:165–169
15. El-Krishy EAM, Mahmoud AM, Abu-Mustafa EA (1980) Fitoterapia 51:273–275
16. Hgn (1973) Bd. 6, S. 554–629
17. Seher A, Ivanov SA (1976) Fette Seifen Anstrichm 78:224–228
18. Ivanov SA, Seher A, Schiller H (1979) Fette Seifen Anstrichm 81:105–107
19. Harborne JB, Williams CA (1972) Phytochemistry:11:1.741–1.750
20. Harborne JB, Saleh NAM (1971) Phytochemistry 10:399–400
21. Kunzemann J, Herrmann K (1977) Z Lebensm Unters Forsch 164:194–200
22. Trenkle K (1971) Planta Med 20:289–231
23. Schulz JM, Herrmann K (1977) Z Lebensm Unters Forsch 171:193–199
24. Dirks U, Herrmann K (1984) Z Lebensm Unters Forsch 179:12–16
25. Schultze-Motel J (Hrsg.) (1972) Rudolf Mansfeld, Verzeichnis landwirtschaftlicher und gärtnerischer Kulturpflanzen (ohne Zierpflanzen), 2. Aufl., Springer-Verlag, Berlin Heidelberg New York Tokyo, Bd. 2, S. 1.014–1.018
26. FEu, Bd. 2, S. 341
27. GHo, Bd. VI, S. 432–450
28. Betts TJ (1976) Austr J Pharm Sci NS5:78
29. Naves YR (1958) Parfum Cosmét Sav 1:219–221
30. Embong MB, Hadziyev D, Molnar S (1977) Can J Plant Sci 57:829–837
31. Trenkle K (1969) Pharmazie 24:782
32. Fujita S, Asai Y, Nozaki K (1980) Nippon Nogei Kagaku Kaishi 54:765–767, zit. nach CA (1980) 94:90020z
33. Harborne JB, Heywood VH, Williams CA (1969) Phytochemistry 8:1.729–1.732
34. Conan JY (1977) Riv Ital EPPOS 59:544–549
35. Naves YR, Tucakov J (1959) C R Acad Sci 248:843–845
36. Fehr D (1980) Pharm Ztg 125:1.300–1.303
37. Rodriguez MM, Pizzorno MT, Albonico SM (1982) Acta Farm Bonaerense 1:75–79, zit. nach CA (1983) 99:76657j
38. Hopf H, Kandler O (1976) Biochem Biophys Pflanzen 169:5–36
39. PFX Monographien "Fenouil amer" (Bitterfenchel) und "Fenouil doux" (Süßfenchel)
40. NN (1990) Pharmeuropa 2:192
41. NN (1990) Pharmeuropa 2:191–192
42. Pfeiffer G, Endres W, Rupprecht H (1987) Pharm Ztg 132:2.541–2.549
43. Pfeiffer G, Endres W, Rupprecht H (1988) Pharm Ztg 133:541–548
44. Formácek V, Kubeczka KH (1982) Fennel Oil. In: Formácek V, Kubeczka KH (Hrsg.) Essential Oils Analysis by Capillary Gas Chromatography and Carbon-13 NMR Spectroscopy, 1. Aufl., John Whiley & Sons, Chicester New York Brisbane Toronto Singapore, S. 93–115
45. Kraus A, Hammerschmidt FJ (1980) dragoco report 27:31–40
46. Schantz M v, Juvonen S (1969) Arch Pharm 302:775–787
47. Thielemann KH (1974) Sci Pharm 42:180–182
48. Gabrio T, Volkmann B, Kübler R, Schubert D (1986) Zentralbl Pharmakother Laboratoriumsdiagn 125:459–462
49. Glasl H, Wagner H (1974) Dtsch Apoth Ztg 114:146–151
50. Opdyke DLJ (1979) Food Cosmet Toxicol 17:529
51. Afzal H, Akhtar MS (1981) J Pak Med Assoc 31:230–232
52. Maruzzella JC, Sicurella A (1960) J Am Pharm Assoc 49:692–694
53. Ramadan FM, El-Zanfaly RT, El-Wakeil FA, Allian M (1972) Chem Mikrobiol Technol Lebensm 2:51–55
54. Maruzzella JC, Liquori L (1958) J Am Pharm Assoc 47:250–254
55. Lord CF, Husa WJ (1954) J Am Pharm Assoc 43:438–440

56. Müller A (1951) Die physiologischen und pharmakologischen Wirkungen Ätherischer Öle, Riechstoffe und verwandter Produkte, 1. Aufl., Dr. Alfred Hüthig-Verlag, Heidelberg
57. Göckeritz D, Weuffen W, Höppe H (1974) Pharmazie 29:339–344
58. Gunn JWC (1921) J Pharmacol Exp Ther 16:39–47
59. Plant OH, Miller GH (1926) J Pharmacol Exp Ther 27:149–164
60. Gordonoff T, Rödel S (1960) Hippokrates 31:335–338
61. Reiter M, Brandt W (1985) Arzneim Forsch 35:408–414
62. Imaseki I, Kitabatake Y (1962) Yakugaku Zasshi 82:1.326–1.328
63. Stross W (1922) Arch Exp Path Pharmakol 95:304–336
64. Boyd EM, Sheppard EP (1971) Pharmacology 6:65–80
65. Zondek B, Bergmann E (1938) Biochem J 32:641–645
66. Albert-Puelo M (1980) J Ethnopharmacol 2:337–344
67. Gershbein LL (1977) Food Cosmet Toxicol 15:173–181
68. Wenzel DG, Ross CR (1957) J Am Pharm Assoc 46:77–82
69. Meyer F, Meyer E (1959) Arzneim Forsch 9:516–519
70. LeBourhis B (1968) Ann Biol Cliln 26:711–715
71. Sangster SA, Cladwell J, Smith RL (1984) Food Chem Toxicol 22:695–706
72. Opdyke DLJ (1976) Food Cosmet Toxicol 14:769–771
73. WHO Food Additives Series 28 (1991) Toxicological evaluation of certain food additives and contaminations, World Health Organization, Geneva, S. 135–149
74. Sangster SA, Caldwell J, Smith RL (1984) Food Chem Toxicol 22:707–713
75. Caldwell J, Sutton JD (1988) Food Chem Toxicol 26:87–91
76. BAz Nr. 74 vom 19.04.1991
77. Helv VI
78. Weiß RF (1991) Lehrbuch der Phytotherapie, Hippokrates Verlag, Stuttgart, S. 107–108
79. CRC, S. 198–199
80. Weiß RF (1982) Ärztezeitschr f Naturheilverf 23:225–228
81. Penso G (1987) Pianti Medicinali Nella Terapia Medica, Compendio di farmacognosia pratica per medici et farmacisti, Org. Medico Farmaceutica, Milano, S. 102
82. Opdyke DLJ (1976) Food Cosmet Toxicol 14:309
83. Marcus C, Lichtenstein EP (1982) J Agric Food Chem 30:563–568
84. Caujolle F, Meynier D (1958) C R Acad Sci 246:1.465–1.468
85. Nachev C, Zolotovitch G, Siljanowska K, Stojcev S (1968) Parfümerie u Kosmet 49:104–108
86. Zolotovitch G, Siljanowska K, Stojcev S, Nachev C (1969) Parfümerie u Kosmet 50:257–260
87. Siljanowska K, Stojcev S, Zolotovitch G, Nachev C (1969) Parfümerie u Kosmet 50:293–296
88. Skramlik EV (1959) Pharmazie 14:435–445
89. Hagan EC, Hansen WH, Fitzhugh OG, Jenner PM, Jones W, Taylor JM, Long EL, Nelson AA, Brower JB (1967) Food Cosmet Toxicol 5:141–157
90. Bär F, Griepentrog F (1967) Medizin Ernährg 8:244–251
91. Truhaut R, LeBourhis B, Attia M, Glomot R, Newan J, Caldwell J (1989) Food Chem Toxicol 27:11–20
92. Newberne PM, Carlton WW, Brown WR (1989) Food Chem Toxicol 27:21–26
93. Drinkwater NR, Miller EC, Miller JA, Pitot HC (1976) J Nat Cancer Inst 57:1.323–1.331
94. Miller EC, Swanson AB, Phillips DH, Fletcher DL, Liem A, Miller JA (1983) Cancer Res 43:1.124–1.134
95. Wiseman RW, Miller EC, Miller JA, Liem A (1987) Cancer Res 47:2.275–2.283
96. Stoner GD, Shimkin MB, Kniazeff AJ, Weisburger JH, Weisburger EK, Gori GB (1973) Cancer Res 33:3.069–3.085
97. Ishidate M, Sofuni T, Yoshikawa K, Hayashi M, Nohmi T, Sawada M, Matsuoka A (1984) Food Chem Toxicol 22:623–636
98. Sekizawa J, Shibamoto T (1982) Mutat Res 101:127–140
99. Opdyke DLJ (1974) Food Cosmet Toxicol 12:879–880
100. Duquénois P, Anton R, Dupin M (1977) Ann Pharm Fr 35:497–502
101. Furia TE, Bellanca N (1972) Fenarolis Handbook of Flavour Ingredients, CRC, Ohio
102. Berger F (1952) Handbuch der Drogenkunde, Verlag für medizinische Wissenschaften Wilhelm Maudrich, Wien Düsseldorf, Bd. 3, S. 264–282
103. Calcandi V, Ciropol-Calcandi I, Georgescu E (1961) Pharmazie 16:331–334
104. Lal RN, Sen T (1971) Flavour Ind 2:544–545
105. Arslan N, Bayrak A, Akgul A (1989) Herba Hung 28:27–31
106. Li C, Wan A (1989) Yaowu Fenxi Zazhi 9:336–336, zit. nach CA (1990) 115:189456K
108. Stahl E, Herting D (1976) Planta Med 29:1–9
109. Firma Hetterich/Fürth, Ergebnisse der hauseigenen Qualitätskontrolle
110. Rozas de Votero L, Groß EG, Retamar JA (1981) Essenze Deriv Agrum 31:20–27, zit. nach CA (1982) 96:168514B
111. Kreis P, Hener U, Mosandl A (1990) Dtsch Apoth Ztg 130:985–988
112. Keller K (1992) Z Phytother 13:119
113. Méndez J (1978) Z Pflanzenphysiol 86:61–64
114. Herrmann J, Kunzemann J (1977) Dtsch Apoth Ztg 117:918–920
115. Stepanenko GA, Gusakova SD, Umarov AU (1980) Khim Prir Soedin 6:827–828, zit. nach CA (1981) 94:136161b
116. Chemische Fabrik Dr. Hetterich (1987) Preisliste Nr. 9, Fürth/Bayern
117. Volkmann B, Gabrio T (1989) Zentralbl Pharmakother Laboratoriumsdiagn 128:149–150
118. Menard U, Lehr CM (1987) Dtsch Apoth Ztg 127:1.016–1.017
119. Standard-Zulassung für Fertigarzneimittel (1987/89) Govi Verlag, Pharmazeutischer Verlag, Deutscher Apotheker Verlag, Frankfurt
120. Brand N (1990) Unveröffentlichte eigene Untersuchung im Rahmen der BPI-Arbeitsgruppe "Qualität von Phytopharmaka"
121. Schuster KP (1971) Wirkungsstärke und Wirkungsverluste spasmolytisch wirksamer Arzneidrogen, galenischer Zubereitungen und Arzneifertigwaren, geprüft am isolierten Darm des Meerschweinchens und am Darm der Katze in situ, Dissertation, Universität München
122. Maruzzella JC, Freundlich M (1959) J Am Pharm Assoc 48:356–358
123. Müller-Limmroth W, Fröhlich HH (1980) Fortschr Med 98:95–101
124. Forster HB, Niklas H, Lutz S (1980) Planta Med 40:309–319
125. Forster HB (1983) Z Allgemeinmed 59:1.327–1.333

126. Niiho Y, Takayanagi I, Takagi K (1976) Japan J Pharmacol 27:177–179
127. Mascolo N, Autore G, Capasso F, Menghini A, Fasulo MP (1987) Phytother Res 1:28–31
128. Moon CK, Park KS, Lee SH, Yoon YP (1985) Arch Pharm Res 8:42–44
129. Malini T, Vanithakumari G, Megala N, Anusya S, Devi K, Elango V (1985) Indian J Physiol Pharmacol 29:21-26
130. Annusuya S, Vanithakumari G, Megala N, Devi K, Malini T, Elango V (1988) Indian J Med Res 87:364–367
131. Fehr D (1982) Pharm Ztg 127:2.520–2.522
132. Sur SV, Tuljupa FM, Sur LI (1991) J Chromatrogr 542:451–458
133. Madaus G (1938) Lehrbuch der Biologischen Heilmittel, Abt. 1, Heilpflanzen, Georg Thieme Verlag, Leipzig, Bd. 2, S. 1.354–1.361
134. Font Quer P (1990) Plantas Medicinales el Dioscórides renovado, 12. Aufl., Editorial Labor SA, Barcelona Madrid Bogota Buenos Aires Carracas Lisbõa Quinto Rio de Janeiro Mexico Montevideo, S. 498–500
135. Friedmann J, Yaniv Z, Dafni A, Palewitch D (1986) J Ethnopharmacol 16:275–287
136. Singh YN (1986) J Ethnopharmacol 15:57–88
137. Leporati ML, Pavesi A, Posocco E (1985) J Ethnopharmacol 14:53–63
138. Levy SB (1948) Ann Allergy 6:415–416
139. Wütherich B, Hofer T (1984) Dtsch Med Wochenschr 109:981–986
140. Wütherich B, Hofer T (1985) Schweiz Med Wochenschr 115:358–364
141. Shah AH, Qureshi S, Ageel AM (1991) J Ethnopharmacol 34:167–172
142. Morimoto I, Watanabe F, Osawa T, Okitsu T (1982) Mutat Res 97:81–102
143. Yamamoto H, Mizutani T, Nomura H (1982) Yakugaku Zasshi 102:596–601
144. Dhawan BN, Dubey MP, Mekrotra BN, Rastogi RP, Tandon JS (1980) Indian J Exp Biol 18:594–606
145. BAz Nr. 104a vom 07.06.1990
146. Deutschmann F, Hohmann B, Sprecher E, Stahl E (1979) Pharmazeutische Biologie, Drogenanalyse I, Morphologie und Anatomie, Gustav Fischer Verlag, Stuttgart New York, S. 192
147. EB 6
148. BHP 83
149. Rideal S, et al (1939) Parfum Record 21:344, zit. nach Lit.[56]
150. FAO/WHO: Toxicological evaluation of some flavouring substances and non-nutritive sweetening agents. FAO Nutrition Meetings Report Series No. 44A, WHO/Food Add./68.33 (Food and Agriculture Organization and World Health Organization, United Nations, Geneva 1967), zit. nach Lit.[64]
151. Lardé R (1933) C R Soc Biol 113:1009–1011, zit. nach Lit.[100]
152. DAB 10
153. Dan IX
154. Norv V
155. Svec 46
156. Hag, Bd. 4, S. 1.028
157. Belg IV
158. Helv VII
159. ÖAB 90
160. Ross 11

Br

Fragaria

HN: 2031800

Familie: Rosaceae.

Unterfamilie: Rosoideae.

Tribus: Potentilleae.

Gattungsgliederung: Die Gattung Fragaria L. umfaßt nach einer neueren Untersuchung[65] achtzehn Arten mit zahlreichen Unterarten, Formen und Kultivaren. Sie wird nicht weiter untergliedert.
Die Gattung Fragaria L. ist von der ursprünglicheren Gattung Potentilla L. nicht scharf zu trennen. Beide unterscheiden sich hauptsächlich durch die Ausbildung des Fruchtblattträgers, welcher bei Fragaria zur Fruchtreife fleischig verdickt ist, während er bei Potentilla vertrocknet. Da einige Fragaria-Arten als Lieferanten der Erdbeerfrüchte bekannt sind, wurde aus nomenklatorischen Gründen von der Eingliederung in die Gattung Potentilla abgesehen.[3]

Gattungsmerkmale: Ausdauernde, krautige Pflanzen mit einfacher oder verzweigter Grundachse, häufig mit langen oberirdischen Ausläufern. Stengel schaftartig, aufrecht, meist blattlos. Laubblätter langgestielt, dreizählig gefingert. Blüten in meist armblütigen Trugdolden, zwittrig oder häufiger pleogam, mit fünf Kelchblättern und meist fünf weißen, manchmal auch rosafarbenen Kronblättern. Früchte kleine Nüßchen, die auf der Oberfläche der zu einer fleischigen, saftigen Scheinbeere vergrößerten Blütenachse sitzen.[1]

Verbreitung: Gesamte nördliche gemäßigte Halbkugel, in Asien bis Südindien und Malaysia, in Amerika bis Chile.[65]

Inhaltsstoffgruppen: *Aromastoffe.* In einem Vergleich der Aromastoffe aus den Früchten von fünf Fragaria-Arten wurden 40 Hauptkomponenten identifiziert, die in Form arttypischer Muster auftreten.[4] Aus den reifen Früchten von *F.* x *ananassa* (DUCHESNE) GUEDES wurden nach Wasserdampfdestillation über 150 Verbindungen[5] und nach Anreicherung aus der überstehenden Luft 222 Verbindungen[6] erhalten. Das ätherische Öl der Blätter und Früchte von *F.* x *ananassa* enthält Naphthalinderivate,[34,47] der Fruchtsaft enthält Furanonderivate.[7,8]
Phenolische Verbindungen. Während die phenolischen Inhaltsstoffe von *F.* x *ananassa* (DUCHESNE) GUEDES und von *F. vesca* L. gut untersucht sind, liegen für die anderen Vertreter der Gattung Fragaria kaum Daten vor. In verschiedenen Organen von vier Fragaria-Arten wurden Phenolcarbonsäuren[11–13,17] sowie Zimtsäurederivate[11,12,14,17] gefunden. In allen fünf bisher untersuchten Arten ist das Flavonol Quercetin sowohl in freier, überwiegend jedoch in glykosidierter Form in reichlichen Mengen vorhanden.[11,15–20] In drei Arten wird es von meist ebenfalls glykosidiertem Kämpferol begleitet.[11,16,18–20] Das vorherrschende Flavanol von *F.* x *ananassa* ist (+)-Catechin,[21] daneben kommen in geringen Mengen (+)-Gallocatechin[22,23] sowie

das seltene Luteoforol vor.[24] Das Hauptpigment der Früchte zweier Arten ist Pelargonidin-3-glucosid,[25,26] daneben kommen weitere Pelargonidinglykoside[26,28,29] sowie artabhängige Mengen von Cyanidin-3-glucosid[26,27] vor.

Gerbstoffe. Gerbstoffe dürften in der gesamten Gattung vorhanden sein. Genauere Angaben liegen jedoch nur für *F.* x *ananassa*, in geringerem Umfange auch für *F. vesca* vor. Die Blätter von *F.* x *ananassa* enthalten Gallotannine und Ellagitannine[30] sowie kondensierte Gerbstoffe (oligomere Proanthocyanidine), die Achänen enthalten nur Gerbstoffe des kondensierten Typs.[21] Oligomere Proanthocyanidine wurden in den Wurzeln von *F. vesca* nachgewiesen,[31] s. Fragariae radix. Über Gerbstoffvorkommen in *F. moschata* WESTON und *F. viridis* WESTON wird zwar berichtet, genauere Angaben fehlen allerdings.[12]

Sonstige. Die Blattwachse von drei neuweltlichen Fragaria-Arten enthalten Isomerengemische sekundärer C_{31}- und C_{33}-Alkohole.[48]

Alle genannten Inhaltsstoffgruppen kommen auch in anderen Gattungen der Rosaceen vor und können somit nicht als gattungstypisch gelten.

Drogenliefernde Arten: *F. moschata*: Fragariae folium, Fragariae radix; *F. vesca*: Fragariae folium, Fragariae radix, Fragaria vesca hom. *HAB 34*, Fragaria vesca hom. *HPUS88*; *F. viridis*: Fragariae folium, Fragariae radix.

Fragaria moschata WESTON

Synonyme: *Fragaria elatior* EHRHART, *F. magna* THUILL., *F. moschata* DUCH. in LAMARCK, *F. moschata dioica* DUCH. in LAMARCK, *F. moschata* f. *rubiflora* HEIMERL, *F. reversa* KITAIBEL, *F. vesca moschata* DESF., *F. vesca* var. *β pratensis* AITON.[2]

Sonstige Bezeichnungen: Dt.: Moschuserdbeere, Muskatellererdbeere, Zimterdbeere; engl.: Hautbois strawberry; frz.: Caprona.[61]

Botanische Beschreibung: Der Art *F. vesca* ähnlich, aber höher (bis 40 cm) und kräftiger. Oberirdische Ausläufer immer sympodial, dünn, meist kurz und schlechtentwickelt, öfters auch ganz fehlend. Stengel aufrecht, die Laubblätter meist bedeutend überragend, in ihrer ganzen Ausdehnung waagrecht abstehend, einfach oder drüsig, zottig behaart. Laubblätter größer und schwächer behaart als die von *F. vesca*, im Gegensatz zu dieser Art sind die Haare auf der Blattunterseite jedoch abstehend.[62] Blüten ansehnlicher als bei *F. vesca* mit 5 bis 10 (12) mm langen Kronblättern, Kelchblätter der reifenden Frucht abstehend oder zurückgeschlagen. Scheinbeere kugelig, am Grunde birnenförmig verschmälert und dort nüßchenlos, grünlichweiß und nur an der Sonnenseite gerötet, schwer vom Fruchtboden ablösbar.[1]

Verwechslungen: s. *Fragaria vesca* L.

Inhaltsstoffe: Die Hauptkomponenten der Aromastoffe aus den Früchten von *F. moschata* stimmen mit denen von *F. vesca* weitgehend überein. Dennoch unterscheiden sich die Früchte beider Arten in Aroma und Geschmack deutlich voneinander.[4] Die Blätter und die Wurzeln enthalten zahlreiche Phenolcarbonsäuren und Phenylpropanderivate[12] sowie ein Flavonolglykosid[20] (s. Fragariae folium). Alle Pflanzenteile führen unterschiedliche Mengen an Gerbstoffen, die jedoch nicht näher untersucht wurden.[12]

Verbreitung: Gemäßigtes Europa: Nördlich bis Südskandinavien, östlich bis Nowgorod; Bulgarien, Rumänien, Serbien, Oberitalien, Südfrankreich und Nordspanien. In Großbritannien, Dänemark, Südskandinavien sowie im größten Teil des niederländisch-norddeutschen Flachlandes wohl nur verwildert und mehr oder weniger eingebürgert.[1] Standorte und Bodenansprüche von *F. moschata* ähneln denen von *F. vesca*; *F. moschata* ist jedoch sowohl gegen Kälte als auch gegen Hitze empfindlicher und meidet stark kalkhaltige Böden.[1]

Drogen: Fragariae folium, Fragariae radix.

Fragariae folium (Erdbeerblätter)

s. unter *Fragaria vesca.*

Fragariae radix (Erdbeerwurzel)

s. unter *Fragaria vesca.*

Fragaria vesca L.

Synonyme: *Fragaria botryformis* E.KÖNIG, *F. hortensis* DUCH., *F. minor* DUCH. in LAMARCK, *F. nemoralis* SALISBURY, *F. portentosa* POITEAU et TURPIN, *F. silvestris* DUCH., *F. silvestris* var. *variegata* DUCH., *F. vesca* L. var. *silvestris* L. *hortensis* ASCHERSON et GRAEBENER, *F. vesca* L. var. *silvestris* L. *typica* ASCHERSON et GRAEBENER, *F. vesca* var. *α silvestris* L., *F. vulgaris* var. *α rubra* EHRH.[2]

Sonstige Bezeichnungen: Dt.: Walderdbeere; engl.: Wild strawberry; frz.: Fraisier commun, fraisier des bois, fraisier de table; it.: Frágola, frágola di bosco, frágola selvatica, frávola; port.: Morangueiro; span.: Fresa, fresera, frutilla, mayueta.

Systematik: Von *F. vesca* L. werden vier Unterarten unterschieden:[2]

- ssp. *americana* (PORTER) STAUDT, ist im östlichen Nordamerika und entlang dem nördlichen Prärieland bis nach British Columbia verbreitet;
- ssp. *bracteata* (HELLER) STAUDT, ist im westlichen Nordamerika verbreitet;
- ssp. *californica* (CHAM. et SCHLECHT) STAUDT, ist in Kalifornien verbreitet;
- ssp. *vesca* ist in Europa und Asien verbreitet.

Die Unterart *F. vesca* L. ssp. *vesca* wird in fünf Formen eingeteilt:[2]

- f. *alba* (DUCH.) STAUDT mit weißen Früchten;
- f. *crenata* (SCHUR) SAVULESCU mit gekerbten Kronblättern;
- f. *eflagellis* (DUCH.) STAUDT ohne Ausläufer;
- f. *roseiflora* (BOULAY) STAUDT mit rosafarbenen Kronblättern;
- f. *semperflorens* (DUCH.) STAUDT, eine kräftige Form, die unter günstigen Bedingungen das ganze Jahr über blüht und fruchtet (Monatserdbeere, Alpenerdbeere).

Botanische Beschreibung: 5 bis 20 (30) cm hohe krautige, mehrjährige Pflanze, Grundachse walzlich, waagrecht oder schief, an der Spitze aufsteigend, dicht mit den Resten abgestorbener Laub- und Nebenblätter bedeckt. Ausläufer sympodial, aus den Achseln der Grundblätter treibend. Stengel aufrecht, selten aufsteigend, die grundständigen Laubblätter wenig überragend, im unteren Teil abstehend zottig, im obersten Teil überwiegend anliegend behaart. Laubblätter dreizählig; mittleres Blättchen kurzgestielt, eiförmig bis rhombisch, die seitlichen schief oval oder verkehrt eiförmig, sitzend oder sehr kurz gestielt, sämtliche etwa ab dem unteren Viertel grob gesägt, Endzahn kleiner; Sägezähne mit aufgesetzten, anfangs drüsigen, rötlichen Stachelspitzchen; Unterseite der Blättchen locker anliegend seidenhaarig, Oberseite zerstreut anliegend behaart. Blattstiele sehr lang, abstehend behaart. Nebenblätter lanzettlich, lang zugespitzt, ganzrandig, rotbraun, oberseits kahl, unterseits reichlich anliegend oder aufrecht abstehend behaart. Blüten auf langen, anliegend oder aufrecht abstehend behaarten Stielen, meist zwittrig. Blätter des Außenkelchs lanzettlich bis lineal, anliegend behaart, gleich lang, aber schmäler als die inneren Kelchblätter. Diese sind dreieckig, spitz oder kurz zugespitzt, anliegend behaart, an der reifen Scheinfrucht abstehend oder zurückgeschlagen. Kronblätter rundlich oder eiförmig, genagelt, 4 bis 8 (10) mm lang, kahl, reinweiß. Staubblätter 20, kaum so lang oder etwas länger als das Fruchtblattköpfchen. Fruchtblätter zahlreich, eiförmig, kahl, Griffel seitenständig. Blütenboden postfloral zu einer fleischigen Scheinbeere auswachsend, bis 2 cm lang, ei-, kugel- oder kegelförmig, reif karminrot, saftig, leicht abfallend. Nüßchen eiförmig, 0,8 bis 1,5 mm lang, braun, matt.[1]

Verwechslungen: Verwechslungen mit *F. moschata* und *F. viridis* sind möglich, beide Arten sind jedoch viel seltener als *F. vesca*. *F. moschata* wird bis 40 cm hoch, und hat schlechter entwickelte Ausläufer, die öfters auch ganz fehlen. Stengel meist deutlich länger als die Laubblätter, durchgehend abstehend behaart. Laubblätter größer und unterseits ebenso wie die Blütenstiele waagrecht abstehend behaart. Scheinbeeren kugelig, grünlichweiß und nur an der Sonnenseite gerötet oder rot, schwer vom Fruchtboden ablösbar.[1,32] *F. viridis* ist in allen Teilen kleiner als *F. vesca*, hat monopodiale Ausläufer, die entweder kürzer sind oder häufig ganz fehlen. Kelchblätter postfloral der Scheinbeere eng angedrückt. Scheinbeeren nur 1 cm lang, meist gelblichweiß und nur an der Spitze rot, hart und schwer vom Fruchtboden ablösbar.[1]

Inhaltsstoffe: Die frischen Blätter enthalten Cyanidin-3-glucosid und geringe Mengen an Cyanidin.[16] Alle Pflanzenteile führen unterschiedliche Mengen an Gerbstoffen, die jedoch nicht näher untersucht wurden.[12]

Verbreitung: Fast im ganzen gemäßigten Eurasien. Nördlich bis Island, Nordskandinavien und die Kola-Halbinsel, südlich bis zum Mittelmeer und zum Schwarzen Meer, östlich bis zum Baikalsee. Weitverbreitet auf Waldschlägen und in Lichtungen, in Wäldern, Gebüschen, Hecken, auf Wiesen, Geröllhalden, an Dämmen und Böschungen. Von der Ebene bis zur oberen Waldgrenze, vereinzelt auch in der alpinen Stufe bis etwa 2.200 m. Auf allen Bodenunterlagen, mit Vorliebe auf mäßig trockenem Humus.[1]

Drogen: Fragariae folium, Fragariae radix, Fragaria vesca hom. *HAB 34*, Fragaria vesca hom. *HPUS 88*.

Fragariae folium (Erdbeerblätter)

Synonyme: Folia Fragariae.

Sonstige Bezeichnungen: Dt.: Erbelblätter, Rotbeerblätter, Walderdbeerblätter; engl.: Wild strawberry leaves; frz.: Feuilles de fraisier, feuilles de fraisier de bois; it.: Foglie di frágola; port.: Folhas de morangueiro; span.: Hojas de fresa.

Monographiesammlungen: Fragariae folia *Portug 46*; Folia Fragariae *EB 6*.

Definition der Droge: Die getrockneten, während der Blütezeit im Mai und Juni gesammelten Blätter *EB 6*.

Stammpflanzen: *EB 6* nennt *Fragaria vesca* L., *Portug 46* nennt *Fragaria vesca* L. var. *hortensis* DUCH. als Stammpflanze. In der Aufbereitungsmonographie der Kommission E am BGA werden neben *Fragaria vesca* auch *Fragaria moschata* und *Fragaria viridis* zugelassen.[41]

Herkunft: Sammlung aus Wildvorkommen. Hauptlieferanten sind die Balkanländer.[33]

Gewinnung: Lufttrocknung an einem schattigen Ort.[33]

Ganzdroge: Die Ganzdroge besteht aus den Blättern und einzelnen Stengeln mit Blüten. Blätter langgestielt mit am Stiel angewachsenen Nebenblättern, dreizählig, oberseits hellgrün, unterseits graugrün. Blättchen mit ungleichen Hälften, scharf und grob gesägt, besonders unterseits glänzend seidenhaarig. Seitennerven parallel laufend und in den Randzähnen endigend. s. a. Lit.[64]

Schnittdroge: *Geschmack.* Bitter, zusammenziehend.
Geruch. Heuartig.
Makroskopische Beschreibung. Blattstückchen mit unterseits dichter, seidig glänzender Behaarung, parallel laufenden Seitennerven und scharfgrob gesägtem Rand. Selten gelblich verfärbte

Blüten, vereinzelt dichtbehaarte grüne bis blauviolette Stengelstückchen und weißfilzige Blattknospen.[35]
Mikroskopisches Bild. In der Aufsicht besteht die obere Epidermis aus fast geradlinig-polygonalen Zellen ohne Spaltöffnungen; die untere Epidermis aus wellig begrenzten Zellen mit zahlreichen, von 3 bis 4 Epidermiszellen umgebenen Spaltöffnungen. Vor allem unterseits, und dort besonders auf den Blattnerven, sehr lange, einzellige, schlanke, spitze, dickwandige, gerade, meist anliegende Haare, unterseits außerdem meist dreizellige dünnwandige Drüsenhaare mit ovaler Endzelle. Im Querschnitt ist das Mesophyll bifacial mit 2- bis 3reihigem Palisadenparenchym und 3reihigem Schwammparenchym, vor allem in Nervennähe Drusen, seltener Einzelkristalle aus Calciumoxalat.[36,64]

Pulverdroge: Graugrünes Pulver aus Blattstückchen mit oberseits polygonalen, unterseits flachwelligen Epidermiszellen und Kristallzellen entlang der Blattnerven. Blattunterseite mit langen Deckhaaren, die häufig abgebrochen sind, und mit vereinzelten Drüsenhaare. Mesophyll mit vereinzelten Calciumoxalatdrusen. s. a. Lit.[64]

Verfälschungen/Verwechslungen: Verfälschungen mit den Blättern anderer Fragaria-Arten können vorkommen.[37] Soweit es sich dabei um die anderen europäischen Wildformen *F. moschata* und *F. viridis* handelt, ist die Verfälschung aufgrund der großen Ähnlichkeit zwischen diesen Arten und *F. vesca* nur schwer zu erkennen. Die Blätter der drei F.-Arten müssen jedoch nicht unerschieden werden.[36] Verfälschungen mit Blättern der Gartenerdbeere, *F.* x *ananassa*, sind in der Ganzdroge an den deutlich größeren Blättern und in der Schnittdroge an der fehlenden Behaarung von *F.* x *ananassa* zu erkennen. Hinsichtlich der Anwendung gelten sowohl die Blätter der Wildformen als auch die der Gartenerdbeere gegenüber den Blättern von *F. vesca* als gleichwertig.[37]

Inhaltsstoffe: *Fragaria vesca.* Nachgewiesen wurden Salicylsäure, Zimtsäure, Kaffeesäure und Chlorogensäure.[12] Daneben sind Quercetin und Quercitrin,[15] 2,2% Rutosid (Rutin)[20] sowie (+)-Catechin enthalten.[38] Die Blattdroge enthält außerdem Ellagitannine,[15] darunter das mittels Papierchromatographie nachgewiesene Pedunculagin.[39] DCCC-Untersuchungen deuten auf das Vorkommen von Agrimoniin.[39] Daneben kommen nicht näher untersuchte kondensierte Gerbstoffe (oligomere Proanthocyanidine) vor.[40] Isoliert wurde bisher lediglich das als Gerbstoffvorstufe geltende dimere Procyanidin B-3.[38]
Mittels einer nicht näher beschriebenen Hautpulvermethode wurden in getrockneten Blättern 5% Gerbstoffe,[15] mittels der Hautpulvermethode nach *PhEur* wurden 11,4% Gerbstoffe gefunden.[60]
Fragaria moschata, F. viridis. Die getrockneten Blätter beider Arten enthalten Gallussäure, Salicylsäure, Zimtsäure, Kaffeesäure, Chlorogensäure,[12] 3,4% bzw. 2,3% Rutosid (Rutin)[20] sowie nicht näher untersuchte Gerbstoffe.[12]

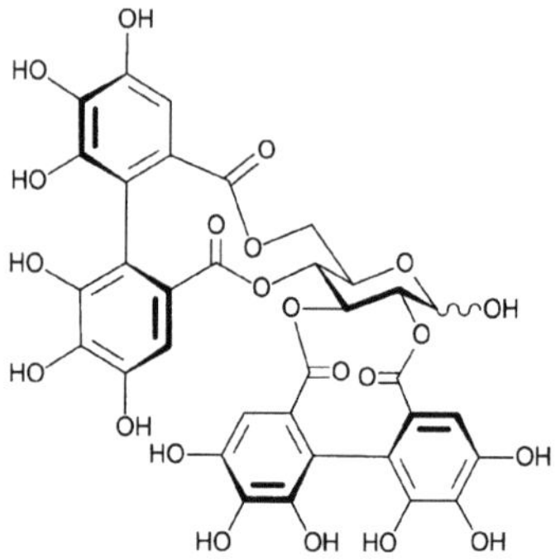

Pedunculagin

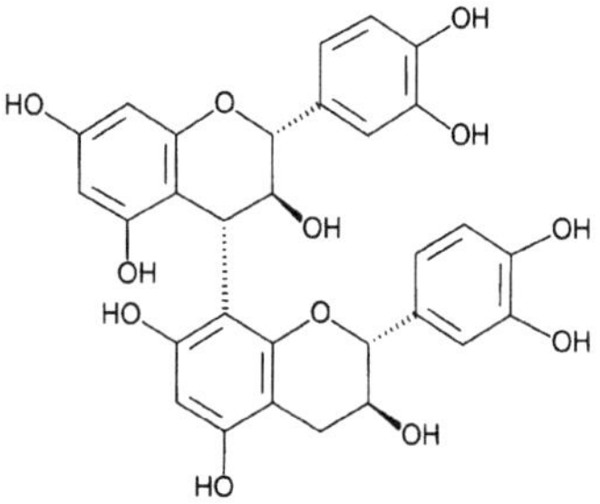

Procyanidin B-3

Identität: Makro- und mikroskopisch nach *EB6*, s. Ganzdroge und Schnittdroge.

Reinheit: Aschegehalt nicht mehr als 9% *EB6*.

Gehalt: Die Arzneibücher machen keine Gehaltsangaben.

Wirkungen: Die Droge wirkt adstringierend.[54,55] Diese Wirkung ist aufgrund der Gerbstofführung plausibel. Experimentelle Untersuchungen liegen jedoch nicht vor.
Die häufig erwähnte diuretische Wirkung von Walderdbeerblättern[41,45,55,57,58] geht auf die Beobachtung zurück, daß ein nicht näher beschriebener Blattextrakt bei Hunden eine als energisch und anhaltend bezeichnete Diurese bewirkt.[43] Bei Ratten hat die wäßrige Abkochung der Blätter entsprechend einer Dosierung von 1 g Droge/kg KG nach p.o. Gabe jedoch keinen nennenswerten Einfluß auf die Diurese.[45]
Der aus 0,5g getrockneten Blättern mit 20mL Ethanol 50% hergestellte Extrakt hemmt in einer Konzentration von 100µL/2,5mL Medium die proteolytische Aktivität des Enzyms Elastase um 85%. Angaben zur Wirkung einer Positivkontrolle fehlen.[60]

Volkstümliche Anwendung und andere Anwendungsgebiete: Häufig erwähnt wird die Anwendung von Zubereitungen aus Walderdbeerblättern bei leichten Durchfällen,[41,54–56] insbesondere bei Kindern,[42,58] sowie zum Gurgeln bei Entzündungen des Halses,[54,55] der Mundschleimhaut und des Zahn-

fleisches.[55] Weitere Anwendungsgebiete sind Darmblutungen,[54] Erkrankungen der Harnwege,[41,54,55] Rheuma und Gicht[41,44,54,57] sowie Lebererkrankungen und Gelbsucht.[41,54]
Die Anwendung bei Durchfall sowie bei Halsentzündungen ist aufgrund des Gerbstoffgehalts plausibel, doch ist die Wirksamkeit nicht hinreichend dokumentiert. Eine spezifische Wirkung bei Asthma (s. Fragariae radix) ist nicht bekannt und auch nicht zu erwarten. Doch ist die Flüssigkeitsaufnahme von 2 bis 3 L/Tag wegen des mukolytischen Effekts der H_2O-Aufnahme bei Asthma erwünscht. Bei den anderen beanspruchten Anwendungsgebieten ist die Wirksamkeit nicht ausreichend belegt, so daß eine therapeutische Anwendung nicht befürwortet werden kann. Gegen eine Anwendung als Fülldroge in Teemischungen bestehen keine Einwände.[41]

Dosierung und Art der Anwendung: *Droge. Innerliche Anwendung.* Abkochung einer Handvoll junger Blätter auf 500 mL Wasser bei Durchfall und Gelbsucht.[54] Abkochung von 375 g grünen Blättern mit 1,15 L Wasser, bis das Decoct auf 550 mL eingekocht ist, bei Durchfall einen Teelöffel alle 3 bis 4 Stunden.[54] Abkochung von 20 g frischen Blättern mit 500 mL Wasser, bis der Extrakt auf die Hälfte des Ausgangsvolumens eingekocht ist, bei Durchfall je einen Teelöffel vor und nach dem Schlafengehen.[57] Aufguß mit 4 g Droge auf 150 mL als Einzelgabe bei Kinderdurchfall.[42]
Äußerliche Anwendung. Abkochung einer Handvoll Blätter als Gurgelmittel bei Halsentzündungen.[54] *Allergische Wirkungen.* Erdbeerblätter können bei Personen mit Allergie gegen Erdbeerfrüchte Überempfindlichkeitsreaktionen auslösen.[41] *Haushalt.* Getrocknete junge Walderdbeerblätter sind manchmal Bestandteil von Kräutertees, die als Schwarztee-Ersatz getrunken werden.[46]

Gesetzl. Best.: *Offizielle Monographien.* Negativmonographie der Kommission E am BGA.[41]

Fragariae radix (Erdbeerwurzel)

Synonyme: Radix Fragariae, Rhizoma Fragariae.

Sonstige Bezeichnungen: Dt.: Erbelwurzel, Rotbeerwurzel, Walderdbeerwurzel; engl.: Wild strawberry root; frz.: Racine du fraisier; it.: Radice di frágola; port.: Raiz de morangueiro.

Monographiesammlungen: Fragariae radix *Portug 46.*

Definition der Droge: Das getrocknete Rhizom.

Stammpflanzen: *Fragaria vesca* L. var. *hortensis* DUCH.

Herkunft: Sammlung aus Wildvorkommen. Hauptlieferanten sind die Balkanländer.[33]

Gewinnung: Trocknung an der Luft.[33]

Ganzdroge: Rhizom wenig verzweigt, etwa 5 cm lang und 1 cm dick, mit zahlreichen Nebenwurzeln, an der Spitze breite, behaarte Blattstielreste. Rinde dunkelbraun, durch Blattnarben in regelmäßigen Abständen von ca. 1 mm undeutlich geringelt. Schnittfläche des Rhizomquerschnitts rötlichbraun mit großem, rundem Mark und 3 bis 5, in tangentialer Richtung durch breite Markstrahlen getrennte Gefäßbündel.[53]

Schnittdroge: *Geschmack.* Zusammenziehend. *Geruch.* Nicht wahrnehmbar.

Verfälschungen/Verwechslungen: Die Rhizome anderer Fragaria-Arten; s. a. Fragariae folium.

Inhaltsstoffe: *Fragaria vesca.* Die Wurzel enthält Salicylsäure, Zimtsäure, Kaffeesäure und Chlorogensäure[12] sowie 0,9 % Rutosid (Rutin).[20] Außerdem wurden kondensierte Gerbstoffe (oligomere Proanthocyanidine) gefunden, die aus den überwiegend [4→8]-verknüpften Flavanolen (+)-Catechin und (-)-Epicatechin in einem Mengenverhältnis von 3:7 aufgebaut sind.[31]
Fragaria moschata, F. viridis. Die getrockneten Wurzeln beider Arten enthalten Zimtsäure, Kaffeesäure, Chlorogensäure[12] und 2,1 % bzw. 1,5 % Rutosid (Rutin)[20] sowie Gerbstoffe, die nicht näher untersucht wurden.[12]

Identität: Makroskopisch nach *Portug 46.*

Wirkungen: Auf einem mit dem hinsichtlich der Extraktionsmethode und der verwendeten Mengen nicht näher beschriebenen wäßrigen Extrakt der Wurzel versetzten Agarnährboden wird bei einer Dosierung von 10 mg Trockenextrakt/mL Nährmedium[63] das Wachstum von 8 der 10 untersuchten Bakterienarten der Gattungen Staphylococcus, Pseudomonas, Proteus, Escherichia, Shigella, Streptococcus und Pasteurella gehemmt. Die Auswertung erfolgt gegen einen unbehandelten Vergleich.[49]
Durch Fermentation eines mit Ethanol-Wasser 8:2 hergestellten Wurzelextrakts wird ein Gemisch aus (+)-Catechin und (-)-Epicatechin sowie Procyanidin B-1, Procyanidin B-2 und Procyanidin B-5 in einem Mengenverhältnis von 26:2: 38:16:4 erhalten,[31] das bei der Ratte nach i. p. Gabe von 200 mg/kg KG die Elimination des i. v. applizierten Farbstoffs Evans Blau aus dem Blutkreislauf verzögert. Daraus wird auf eine angioprotektive Wirkung geschlossen.[49]
An der Ratte konnten durch s. c. Gabe von 7,5 mg/kg KG Reserpin ausgelöste Magenulcera durch i. p. Gabe von jeweils 100 mg/kg KG dieses Gemisches (s. o.) vor und nach der Reserpingabe vermindert werden. Der Ulcus-Index wurde von 5,7 bei den Kontrollen auf 3,1 reduziert. Cimetidin (100 mg/kg KG i. p.) ergab unter gleichen Bedingungen einen Ulcus-Index von 2,7.[50]

Volkstümliche Anwendung und andere Anwendungsgebiete: Zubereitungen aus Walderdbeerwurzeln werden häufig zur Behandlung von Durchfällen,[54,56,59] insbesondere bei Kindern,[54] daneben auch als Gurgelmittel[57] und zur Mundhygiene[59]

empfohlen. Weitere Anwendungsgebiete sind Asthma und Erkrankungen der Harnwege.[54]
Zur Beurteilung der Wirksamkeit bei diesen Indikationen s. Fragariae folium.

Dosierung und Art der Anwendung: *Droge. Innerliche Anwendung.* Abkochung von 1,5 g Wurzeln auf 1 Tasse Wasser bei leichten Durchfällen.[56] Infus von 20 g Wurzel auf 1.000 mL Wasser bei Durchfällen von Kindern.[54] Abkochung von 30 g Wurzeln auf 1.000 mL Wasser bei Harnwegserkrankungen oder Asthma.[54] Bei Harnwegserkrankungen ist die 10minütige Abkochung einer Handvoll des Gemisches aus Blättern und Wurzeln auf 1.000 mL vorzuziehen.[54]
Äußerliche Anwendung. Abkochung von 5 g Wurzeln auf 1.000 mL Wassser zum Gurgeln.[57]

Fragaria vesca hom. *HAB 34*

Monographiesammlungen: Fragaria vesca *HAB 34*.

Definition der Droge: Die reifen Früchte.

Stammpflanzen: *Fragaria vesca* L.

Inhaltsstoffe: In reifen Früchten wurden 80 Aromakomponenten nachgewiesen, von denen 34 identifiziert werden konnten. Bei den Hauptkomponenten handelt es sich um Methylketone, um die entsprechenden sekundären Alkohole und um Ester aliphatischer und phenolischer Carbonsäuren mit meist kurzkettigen Alkoholen.[4] Nach enzymatischer Hydrolyse der glykosidisch gebundenen Aromastoffe reifer Früchte wurden 37 Aglyka gefunden, darunter als Hauptkomponenten *(S)*-2-Methylbuttersäure, Benzylalkohol, 2,5-Dimethyl-4-hydroxy-2*H*-furan-3-on, Benzoesäure und *E*-Zimtsäure.[51] Hauptpigmente der roten Früchte sind Pelargonidin-3-glykosid und Cyanidin-3-glykosid, daneben kommt ein weiteres Pelargonidinglucosid sowie ein nicht identifiziertes Anthocyanidin vor.[26] In grünen Früchten wurden nicht näher untersuchte hydrolysierbare Gerbstoffe nachgewiesen.[12]

Zubereitungen: Essenz nach § 3 *HAB 34*.
Darreichungsformen: Urtinktur, flüssige Verdünnungen, Streukügelchen, Verreibungen, Tabletten, flüssige Verdünnungen zur Injektion, Salben, flüssige Einreibungen (Externa).[52]

Gehalt: *Essenz.* Arzneigehalt 1/3.

Anwendungsgebiete: Die Anwendungsgebiete entsprechen dem homöopathischen Arzneimittelbild. Dazu gehört: Nesselsucht.[52]

Dosierung und Art der Anwendung: *Zubereitung.* Soweit nicht anders verordnet: Bei akuten Zuständen alle halbe bis ganze Stunde je 5 Tropfen oder 1 Tablette oder 10 Streukügelchen oder 1 Messerspitze Verreibung einnehmen; parenteral 1 bis 2 mL bis zu 3mal täglich s.c. injizieren; Salben 1- bis 2mal täglich auftragen; flüssige Einreibungen (Externa): 1 Eßlöffel voll mit 1/4 L Wasser verdünnen, 2- bis 3mal täglich zu Spülungen oder Umschlägen verwenden. Bei chronischen Verlaufsformen 1- bis 3mal täglich 5 Tropfen oder 1 Tablette oder 10 Streukügelchen oder 1 Messerspitze Verreibung einnehmen; parenteral 1 bis 2 mL pro Tag s.c. injizieren; Salben 1- bis 2mal täglich auftragen; flüssige Einreibungen (Externa): 1 Eßlöffel voll mit 1/4 L Wasser verdünnen, 2- bis 3mal täglich zu Spülungen oder Umschläfen verwenden.

Unerwünschte Wirkungen: Nicht bekannt. Hinweis: Es können vorübergehend Erstverschlimmerungen vorkommen, die jedoch ungefährlich sind.[52]

Gegenanzeigen/Anwendungsbeschr.: Nicht bekannt. Hinweis: Die Urtinktur und die 1. Dezimalverdünnung bei bekannter Allergie gegen Erdbeeren nicht anwenden.[52]

Wechselwirkungen: Nicht bekannt.[52]

Gesetzl. Best.: *Offizielle Monographien.* Aufbereitungsmonographie der Kommission D am BGA "Fragaria vesca".[52]

Fragaroa vesca *HPUS 88*

Definition der Droge: Die reife Frucht.

Stammpflanzen: *Fragaria vesca* L.

Zubereitungen: Urtinktur 1:10 durch Mazeration oder Perkolation mit Ethanol nach den allg. Zubereitungsvorschriften des *HPUS 88*. Ethanolgehalt 45 % (*V/V*).

Fragaria viridis Weston

Synonyme: *Fragaria breslingea* Duch. ex Lam., *F. campestris* Steven, *F. collina* Ehrh., *F. consobrina* Jord. et Fourr., *F. dumetorum* Jord., *F. grandiflora* Thuillier, *F. pratensis* Duch., *F. suecia* Jord. et Fourr., *F. sylvestris* var. *abortiva* Duch., *F. vesca β pratensis* L., *F. vesca α sylvestris* L.[2,61] Weitere Synonyme s. Lit.[2]

Sonstige Bezeichnungen: Dt.: Brestling, Hügelerdbeere, Knackerdbeere, Knorpelbeere; engl.: Green strawberry; frz.: Fraisier vert, majaufe.

Botanische Beschreibung: *F. viridis* ist der Art *F. vesca* ähnlich, aber in allen Teilen kleiner, nur 5 bis 20 cm hoch. Oberirdische Ausläufer sehr kurz, immer monopodial, häufig fehlend. Blattunterseite vorwärts angedrückt behaart, höchstens Basis des Hauptnervs jedes Blättchens mit abstehender Behaarung. Kelchblätter der reifenden Frucht angedrückt. Scheinbeeren etwa 1 cm lang, am Grunde halsartig verschmälert und nüßchenlos, meist gelblichweiß und nur an der Spitze rötlich, hart und nur schwer vom Fruchtboden ablösbar. Nüßchen der reifen Frucht in tiefe wabenartige Gruben eingesenkt, zwischen denen sich der Fruchtboden oft fast kantig erhebt.[1,62]

Verwechslungen: s. *Fragaria vesca* L.

Inhaltsstoffe: Die Blätter und die Wurzeln enthalten zahlreiche Phenolcarbonsäuren und Phenylpropanderivate[12] sowie ein Flavonolglykosid[20] (s. Fragariae folium und Fragariae radix). Alle Pflanzenteile führen unterschiedliche Mengen an Gerbstoffen, die jedoch nicht näher untersucht wurden.[12]

Verbreitung: Fast im ganzen gemäßigten Europa verbreitet, jedoch fehlend in Großbritannien, Nordskandinavien, Finnland und im südlichen Mittelmeergebiet. Auch in der westlichen Hälfte des gemäßigten Sibiriens vorkommend.[1,61]
Bevorzugt trockene und kalkhaltige Standorte auf Magerwiesen, Heidewiesen, in Förenwäldern, an sonnigen Felsabhängen, auf Geröll.[1,61]

Drogen: Fragariae folium, Fragariae radix.

Fragariae folium (Erdbeerblätter)

s. unter *Fragaria vesca.*

Fragariae radix (Erdbeerwurzel)

s. unter *Fragaria vesca.*

1. Hegi G (Hrsg.) (1922–1923) Illustrierte Flora von Mitteleuropa, 1. Aufl., Bd. IV, Teil 2, Berlin Hamburg, S. 895–907
2. Staudt G (1962) Can J Bot 40:869–886
3. Kalkman C (1968) Blumea 16:325–354
4. Drawert F, Tressl R, Staudt G, Köppler H (1973) Z Naturforsch 28 c:488–493
5. McFadden WH, Teranishi R, Corse J, Black DR, Mon TR (1965) J Chromatogr 18:10–19
6. Tressl R, Drawert F, Heimann W (1969) Z Naturforsch 24 b:1.201–1.202
7. Ohloff G (1969) Fortschr Chem Forsch 12:219
8. Mayerl F, Näf R, Thomas AF (1989) Phytochemistry 28:631–633
9. Hgn, Bd. V, S. 728
10. Bate-Smith EC (1956) Chem and Ind, Brit Inds Fair Rev: R 32–33
11. Nemec S (1973) Ann Bot 37:935–941
12. Kresanek J, Natherova, Drobna Z (1974) Acta Fac Pharm 26:151–194
13. Maas JL, Wang SY, Galletta GJ (1991) Hort Science 26:66–68
14. Durbin RD, Castillo BS, King TH (1960) Plant Dis Reptr 7:536–537, zit. nach Lit.[11]
15. Herrmann K (1949) Pharm Zentralhalle 88:374–378
16. Creasy L, Maxie L, Singleton VL (1964) Proc Am Soc Hort Sci 85:325–331
17. Runkova LV, Lis EK, Tomaszewski M, Antoszewski R (1972) Biol Plant (Prag) 14:71–81
18. Williams BL, Wender SH (1952) J Am Chem Soc 74:5.919–5.920
19. Co H, Markakis P (1968) J Food Sci 33:281–283
20. Natherova L, Kresanek J, Leifertova I (1975) Acta Fac Pharm 28:115–145
21. Thompson RS, Jacques D, Haslam E, Tanner RJN (1972) J Chem Soc Perkin Trans 1:1.387–1.399
22. Herrmann K (1958) Z Lebensm Unters Forsch 108:152
23. Herrmann K (1961) Naturwissenschaften 48:621–622
24. Bate-Smith EC, Creasy LL (1969) Phytochemistry 8:1.811–1.812
25. Sondheimer E, Kertesz ZI (1948) J Am Chem Soc 70:3.476–3.479
26. Sondheimer E, Karash CB (1956) Nature 178:648–649
27. Lukton A, Chichester CO, Mackinney G (1955) Nature 176:790
28. Fuleki T (1969) J Food Sci 34:365–369
29. Wrolstadt RE, Hildrum KI, Amos JF (1970) J Chromatogr 50:311–318
30. Haddock EA, Gupta RK, Al-Shafi SMK, Layden K, Haslam E, Magnolato D (1982) Phytochemistry 21:1.049–1.062
31. Vennat B, Pourrat A, Texier O, Pourrat H, Gaillard J (1987) Phytochemistry 26:261–263
32. Oberdorfer E (1979) Pflanzensoziologische Exkursionsflora, 4. Aufl., Verlag E. Ulmer, Stuttgart, S. 519
33. Persönliche Mitteilung, Fa. Müggenburg, Hamburg, 04.03.92
34. Kemp TR, Stoltz LP, Smith Jr WT, Chaplin CE (1968) Proc Am Soc Hort Sci 93:334–339
35. Hag, Bd. IV, S. 1.046
36. Berger F (1950) Handbuch der Drogenkunde, Bd. 2, Maudrich, Wien Bonn Bern, S. 147
37. Frohne D (1989) Erdbeerblätter. In: Wichtl M (Hrsg.) Teedrogen, 2. Aufl., Wissenschaftliche Verlagsgesellschaft, Stuttgart, S. 156–157
38. Creasy LL, Swain T (1965) Nature 208:151–153
39. Lund K (1986) Tormentillwurzelstock, phytochemische Untersuchungen des Rhizoms von Potentilla erecta (L.) RÄUSCHEL, Dissertation, Fakultät für Chemie und Pharmazie, Universität Freiburg/B.
40. Creasy LL, Swain T (1966) Phytochemistry 5:501–509
41. BAz Nr. 22a vom 01.02.1990
42. Fischer G, Krug E (1980) Heilkräuter und Arzneipflanzen, 6. Aufl., Haug Verlag, Heidelberg, S. 72–73
43. Leclerc H (1944) Presse Med 52:140
44. Leporatti ML, Pavesi A, Posocco E (1985) J Ethnopharmacol 14:56
45. Caceres A, Giron LM, Martinez AM (1987) J Ethnopharmacol 19:233–245
46. Koch K (1948) Pharmazie 3:29–42
47. Stoltz LP, Kemp TR, Smith Jr WO, Smith Jr WT, Chaplin CE (1970) Phytochemistry 9:1.157–1.158
48. Baker EA, Hunt GM (1979) Phytochemistry 18:1.059–1.060
49. Vennat B, Pourrat A, Pourrat H, Gross D, Bastide P, Bastide J (1988) Chem Pharm Bull 36:828–833
50. Vennat B, Gross D, Pourrat A, Bastide P, Bastide J (1989) Pharm Acta Helv 64:316–320
51. Wintoch H, Krammer G, Schreier P (1991) Flav Fragr J 6:209–215
52. BAz Nr. 109a vom 16.06.1987
53. Berger F (1960) Handbuch der Drogenkunde, Bd. 5, Maudrich, Wien Bonn Bern, S. 202
54. Valnet J (1983) Phytothérapie, Maloine, Paris, S. 382–383
55. Font Quer P (1990) Plantas Medicinales, 12. Aufl., Editorial Labor SA, Barcelona, S. 320–322
56. Leclerc H (1983) Précis de Phytothérapie, Masson, Paris, S. 109–110
57. Cecchini T (1990) Enciclopedia de las hierbas y de las plantas medicinales, Editorial De Vecchi SA, S. 197–198
58. Wren RW (1975) Potter's new cyclopaedia of botanical drugs and preparations, CW Daniel, Saffron Walden, S. 293–294

59. Minist Aff Soc Solidarite (1990) Medicaments à base de plantes, Bulletin officiel No. 90/22
60. Lamaison JL, Carnat A, Petitjean-Freytet C (1990) Ann Pharm Fr 48:335–340
61. Ohle H (1986) Rosaceae. In: Schultze-Motel J (Hrsg.) Rudolf Mansfelds Verzeichnis landwirtschaftlicher und gärtnerischer Kulturpflanzen, Bd. 1, 2. Aufl., Springer, Berlin, S. 388–390
62. Barrenscheen I (1986) Gött Flor Rundbr 20:1–13
63. Pourrat A, Coulet M, Pourrat H (1963) Ann Pharm Fr 21:55–58
64. EB6
65. Staudt G (1989) Acta Hort 265:25–33

ES

Fraxinus

HN: 2035300

Familie: Oleaceae.

Unterfamilie: Oleoideae.

Tribus: Fraxinae.[23]

Gattungsgliederung: Die Gattung Fraxinus L. besteht aus 64 Arten und wird nach Lit.[30] eingeteilt in die beiden Sektionen Fraxinastrum – Blütenstände vor oder mit den Laubblättern erscheinend, aber an den vorjährigen Trieben seitenständig, unbeblättert unterhalb der Laubblatttriebe; Filamente meist kürzer als Antheren – und Ornus – Blütenstände mit Laubblättern erscheinend, endständig ausgebreitet, auf beblätterten Stielen; Filamente meist länger als Antheren.
Die Sektion Fraxinaster DC. umfaßt u. a. die Untersektionen Bumelioides (ENDL.) LINGELSH. mit *F. excelsior* und *F. rotundifolia* und Melioides (ENDL.) LINGELSH. mit *F. americana* und *F. pennsylvanica*. Die Sektion Ornus DC. wird in die Untersektionen Euornus mit *F. ornus* und Ornaster mit *F. chinensis* und *F. rhynchophylla* gegliedert.

Gattungsmerkmale: Bäume, selten Hochsträucher, mit sommergrünen, unpaarig gefiederten Blättern; Blätter gegenständig angeordnet, selten zu dritt in Quirlen; Blüten in zusammengesetzten Trauben, entweder endständig mit den Laubblättern hervorbrechend oder seitenständig vor den Laubblättern erscheinend; sie sind uni- oder bisexuell. Kelch glockig und vierlappig oder fehlt ganz, ebenso wie normalerweise die Blütenkrone; diese, falls vorhanden, aus 2 bis 6 mehr oder weniger freien Petalen bestehend; Stamina meist 2, hypogyn mit kurzen Filamenten und ei- bis herzförmigen Antheren; Gynaeceum aus 2, selten 3 bis 4 Karpellen mit je 2 hängenden Samenanlagen bestehend; Frucht distal geflügelte, einsamige Nuß; Blätter im Jugendstadium meist mit größerer Zahl kleinerer rundlicher und eher grob gezähnter Fiederblättchen, ältere Blätter mit länglich lanzettlichen Fiederblättchen; Keimblätter einfach.[30,31]

Verbreitung: Die Arten der Gattung sind vorwiegend in gemäßigten Gebieten der nördlichen Halbkugel beheimatet, dringen aber in Amerika und Asien auch bis in die Tropen vor und erreichen den südlichsten Punkt ihrer Verbreitung auf Sumatra.[30]

Inhaltsstoffgruppen: *Phenolische Verbindungen.* Ketolignane[6] und die Glucoside Coniferin und Syringin;[32] Syringin und Cumarine treten bei den Arten der Gattung Fraxinus in den Rinden vikariierend auf.
Als Flavonoid-Verbindung wird Rutosid für einige Arten der Gattung Fraxinus angegeben.
Secoiridoide. Ligstrosid und Oleuropein wurden in den Blättern und der Rinde einiger Arten nachgewiesen.[9]
Hexitole und Zucker. D-Mannitol, bei vielen Arten der Gattung in Blättern, Rinden, Wurzeln und Früchten.
Bei einigen Arten der Gattung auch geringe Mengen (< 0,2 %) Sedoheptulose.
Triterpensäuren. In den Blättern einiger Arten Ursolsäure.
Alkaloide. Sinin, ein Chinolizidin-Alkaloid, in der Wurzelrinde der im subtropischen Yunnan heimischen *F. malacophylla* HEMS.[24]

Drogenliefernde Arten: *F. americana*: Fraxinus americana hom. *HAB34*, Fraxinus americana hom. *PFX*, Fraxinus americana hom. *HPUS88*; *F. chinensis*: Fraxini cortex; *F. excelsior*: Fraxini folium, Fraxinus-excelsior-Rinde, Fraxinus excelsior hom. *HAB34*, Fraxinus excelsior hom. *PFX*, Fraxinus excelsior hom. *HPUS88*; *F. ornus*: Manna; *F. rhynchophylla*: Fraxini cortex; *F. stylosa*: Fraxini cortex.

Fraxinus americana L.

Synonyme: *Fraxinus alba* MARSH., *F. acuminata* LAM., *F. canadensis* GAERTN.[33,45], *Calycomelia americana* KOST.[27]

Sonstige Bezeichnungen: Dt.: Amerikanische Esche, Weißesche; engl.: White ash; frz.: Frêne blanc, Frêne d'Amérique.[11,45]

Botanische Beschreibung: 12 bis 25 m hoher Baum von geradem Wuchs mit konischer bis rundlicher Krone; Rinde dunkelgrau und tief längsgefurcht; junge Zweige grau oder braun; Knospen fast schwarz bereift; Blätter 20 bis 30 cm lang, meist 7, selten 5 bis 9 elliptisch oder oval zugespitzte Fiederblättchen; diese 6 bis 13 cm lang und 3 bis 6 cm breit; Rand feingesägt oder meist glatt, oberseits dunkelgrün, unterseits weißlich und manchmal flaumig behaart; Blüten diözisch, 6 mm lang, in gehäuften Rispen, im Frühjahr vor den Blättern erscheinend; Blüten mit einem 4teiligen Kelch; Krone fehlt; Frucht 2,5 bis 5 cm lang, hellrötlich bis blaßbraun, in einen zungenförmigen Flügel auslaufend; Gesamtlänge Frucht und Flügel bis zu 32 cm.[11,12]

Inhaltsstoffe: *Sterole und Triterpene.* Im unverseifbaren Rückstand der Lipidfraktion aus den Blättern wurden an Sterolen weniger als 5 % Campesterol und Stigmasterol und 10 bis 20 % Sitosterol nachgewiesen.[14] Aus der Gruppe der Triterpene

konnte hier nur Betulin mit einem Gehalt von mehr als 20 % identifiziert werden.
Im unverseifbaren Anteil der Lipidfraktion aus den Wurzeln wurden neben den Sterolen Campesterol und Stigmasterol (< 5 %) noch 5 bis 10 % β-Sitosterol und die Triterpene β-Amyrin (5 bis 10 %), α-Amyrin und Lupeol (< 5 %) sowie 5 bis 10 % Betulin gefunden.[14]
Sonstige Verbindungen. In der Rinde Fraxinol, Fraxin, Fraxetin, Tannin, äth. Öl (0,03 %);[33] in den Blättern Apigenin-7-rutinosid, Luteolin-7- und -3'-glucosid.[33]

Verbreitung: Heimisch im östlichen Nordamerika. Das Verbreitungsgebiet erstreckt sich östlich von Südontario bis Nordflorida und westlich von Texas im Süden bis Minnesota im Norden.[12]
Seit 1723 wird *F. americana* auch in Europa kultiviert.[11]

Drogen: Fraxinus americana hom. *HAB34*, Fraxinus americana hom. *PFX*, Fraxinus americana hom. *HPUS88*.

Fraxinus americana hom. *HAB34*

Sonstige Bezeichnungen: Dt.: Weiße Esche.

Monographiesammlungen: Fraxinus americana *HAB34*.

Definition der Droge: Frische Rinde.

Stammpflanzen: *Fraxinus americana* L.

Ganzdroge: Stamm- und Zweigrinde außen mit einer hellgrauen, feinrissigen, hier und da etwas hökkerigen Korkschicht bekleidet. Mittelrinde aus chorophyllhaltigem Parenchym. Innenrinde einen zusammenhängenden Ring stark verdickter Steinzellen zeigend, mit eingesprengten Gruppen weitlumiger Bastfäden. Rinde auf der Innenseite glatt, gelb.

Zubereitungen: Essenz nach § 3 *HAB34*; Eigenschaften: Die Essenz ist von brauner Farbe, schwach aromatischem Geruch und herbem Geschmack.

Identität: *Essenz.* Eisenchloridlösung färbt sie schwarzgrün; Fehling'sche-Lösung wird reduziert.

Gehalt: *Essenz.* Arzneigehalt $^1/_3$.

Anwendungsgebiete: Entsprechend dem homöopathischen Arzneimittelbild. Dazu gehören: Gebärmuttererkrankungen.[34]

Dosierung und Art der Anwendung: *Zubereitung.* Soweit nicht anders verordnet: Bei akuten Zuständen häufige Anwendung alle halbe bis ganze Stunde je 5 Tropfen oder 1 Tablette oder 10 Streukügelchen oder 1 Messerspitze Verreibung einnehmen; parenteral 1 bis 2 mL bis zu 3mal täglich s. c. injizieren. Bei chronischen Verlaufsformen 1- bis 3mal täglich 5 Tropfen oder 1 Tablette oder 10 Streukügelchen oder 1 Messerspitze Verreibung einnehmen; parenteral 1 bis 2 mL pro Tag s. c. injizieren.[34]

Unerwünschte Wirkungen: Nicht bekannt. Hinweis: Es können vorübergehend Erstverschlimmerungen vorkommen, die jedoch unbedenklich sind.[34]

Gegenanzeigen/Anwendungsbeschr.: Nicht bekannt.[34]

Wechselwirkungen: Nicht bekannt.[34]

Gesetzl. Best.: *Offizielle Monographien.* Aufbereitungsmonographie der Kommission D am BGA "Fraxinus americana".[34]

Fraxinus americana hom. *PFX*

Monographiesammlungen: Fraxinus americana pour préparations homéopathiques *PFX*.

Definition der Droge: Frische oder getrocknete Zweigrinde.

Stammpflanzen: *Fraxinus americana* L.

Schnittdroge: *Geruch.* Die Droge ist geruchlos. *Geschmack.* Bitter, zusammenziehend.
Makroskopische Beschreibung. Gewölbte Bruchstücke der Zweigrinde von mehreren cm Länge und 2 bis 3 mm Dicke; äußere Oberfläche gräulichbraun, bei jüngerer Zweigrinde glatt, später mit warzenförmig hervortretenden, weißlichen oder olivgrünen Lenticellen durchsetzt; Innenseite glatt und bräunlich; der Bruch ist glatt.

Zubereitungen: *Urtinktur.* Herstellung nach der allgemeinen Vorschrift zur Herstellung von Urtinkturen der *PFX* mit Ethanol; Eigenschaften: Die Urtinktur ist eine gelblichbraune Flüssigkeit mit leicht aromatischem Geruch und leicht bitterem Geschmack; Ethanolgehalt 55 % (*V/V*).

Identität: *Urtinktur.* Zu 1 mL Urtinktur werden einige Tropfen Eisenchloridlösung gegeben. Es entsteht eine dunkelgrüne Färbung.
DC-Analyse der Urtinktur:
- Sorptionsmittel: Kieselgel G;
- FM: Ethylacetat-Ethylmethylketon-wasserfr. Ameisensäure-dest. Wasser (50 + 30 + 10 + 10);
- Detektion: 1. UV-Licht bei 365 nm; 2. Nach Ansprühen mit Diphenylboryloxyethylamin-Reagenz im UV-Licht bei 365 nm; 3. Ansprühen mit Salpetersäure; die Platte wird anschließend konz. Ammoniakdämpfen ausgesetzt und im Tageslicht ausgewertet;
- Auswertung: 1. Die luftgetrocknete Platte zeigt im UV-Licht bei 365 nm 4 blau fluoreszierende Banden etwa in der Höhe von Rf 0,10, 0,35, 0,40 und 0,65; zusätzlich erscheint eine grüne Zone in der Nähe der Laufmittelfront; 2. Nach dem Besprühen mit Diphenylboryloxyethylamin-Reagenz zeigen sich im UV-Licht bei 365 nm 2 gelbe Zonen mit Rf-Werten von etwa 0,55 und 0,65 und eine weitere grüngelbe Zone in der Nähe der Lösungsmittelfront; zusätzlich kann noch eine weitere gelbliche Zone bei einem Rf-Wert von etwa 0,40 erscheinen; 3. Eine weitere unter den gleichen Bedingungen entwickelte Platte zeigt nach

Ansprühen mit Salpetersäure und nach Einwirken von Ammoniakdämpfen im Tageslicht eine rosaviolette Zone mit einem Rf-Wert von etwa 0,40.

Reinheit: *Urtinktur.*
- Trockenrückstand: Mind. 1 %.

Fraxinus americana hom. *HPUS 88*

Monographiesammlungen: Fraxinus americana *HPUS 88.*

Definition der Droge: Die Rinde.

Stammpflanzen: *Fraxinus americana* L.

Zubereitungen: *Urtinktur.* Herstellung durch Mazeration oder Perkolation der frischen oder getrockneten Droge mit Ethanol nach der allgemeinen Zubereitungsvorschrift (Class C) der *HPUS 88.* Ethanolgehalt 55 % (*V/V*).

Gehalt: *Urtinktur.* Arzneigehalt $^1/_{10}$.

Fraxinus chinensis Roxb.

Systematik: Nach Lit.[26] werden folgende Varietäten unterschieden:
- Var. *acuminata* Lingelsh. (Syn. *Fraxinus koehneana* Lingelsh., *F. szaboana* Lingelsh.): Junge Zweige glatt, mit kleinen Fiederblättchen, 2 bis 10 cm lang, 1 bis 5 cm breit;
- var. *chinensis* (Syn. var. *typica* Lingelsh., *Fraxinus chinensis* Pamp.) mit glatten jungen Zweigen und zugespitzten, mehr oder weniger allmählich zulaufenden Fiederblättchen;
- var. *rhynchophylla* (Hance) Hemsl. (Syn. *Fraxinus bungeana* Hance, *F. obovata* C.K. Schneider, *F. ornus* var. *bungeana* Hance, *F. rhynchophylla* Hance, *F. xanthoxyloides* Wenzig): Diese Varietät wird heute als eigene Art angesehen (s. *F. rhynchophylla* Hance);[29]
- var. *rotundata* mit glatten jungen Zweigen und rundlich zugespitzten Fiederblättchen;
- var. *tomentosa* mit gelblich behaarten oder wolligen jungen Zweigen.

Botanische Beschreibung: Bis 15 m hoher Baum, Winterknospen bräunlich-schwarz, krustig, junge Triebe kräftig, kahl, grau; Blätter 10 bis 20 cm lang mit 5 bis 9 Fiederblättchen. Fiederblättchen elliptisch bis eiförmig, spitz, Basis keilförmig, kerbig gesägt, unten hellgrün und nur Hauptnerven stark behaart, das unterste Blättchenpaar sehr klein. Blüten diözisch, Kelch glockig, Krone fehlend, in 8 bis 10 cm langen Rispen; Blütezeit Mai. Früchte verkehrt-lanzettlich, 4 cm lang, 6 mm breit.[25]
Die var. *acuminata* hat mehr lanzettliche Blätter, die oben schlanker zugespitzt und gesägt sind.[25]

Verbreitung: Vom temperierten Ostasien, der Mandschurei, Nordchina, Korea und Japan durch das zentralasiatische Gebiet Südchinas, südwärts in das Monsungebiet bis Tokin verbreitet.[26]

Drogen: Fraxini cortex.

Fraxini cortex (Fraxinus-chinensis-Rinde)

Sonstige Bezeichnungen: Chinesisch: Quinpi.[38]

Monographiesammlungen: Cortex Fraxini *ChinP IX.*

Definition der Droge: Die getrocknete Rinde der Zweige oder des Stammes.

Stammpflanzen: *Fraxinus chinensis* Roxb. oder *Fraxinus chinensis* Roxb. var. *acuminata* Lingelsh.

Gewinnung: Die Zweig- bzw. Stammrinde wird im Frühling und im Herbst durch Schälen gewonnen, von Verunreinigungen befreit, gewaschen, durchfeuchtet, in Streifen geschnitten und an der Sonne getrocknet.

Schnittdroge: *Geruch.* Die Droge ist geruchlos.
Geschmack. Bitter.
Makroskopische Beschreibung. Zweigrinde: Röhren- oder wannenförmige Stücke, 10 bis 60 cm lang und 1,5 bis 3 mm stark; Außenseite grauweiß, graubraun oder schwarzbraun gefärbt oder wechselnd gefleckt, eben oder leicht aufgerauht; darüber hinaus grauweiße, runde Poren und feine, schräg verlaufende Runzeln; einzelne Stücke mit Verzweigungsnarben; Innenseite gelblichweiß oder braungefärbt und glatt, von harter und spröder Konsistenz; faseriger, gelblichweißer Bruch.
Stammrinde: Längliche 3 bis 6 mm starke Blättchen; äußere Oberfläche graugrün gefärbt mit Rissen, die den Rinnen eines Schildkrötenpanzers ähneln, mit rotbraunen, runden oder quergestellten, länglichen Poren versehen; feste, harte Konsistenz; starker faseriger Bruch.
Mikroskopisches Bild. Im Querschnitt zeigt die Droge eine Korkschicht aus 5 bis 10 Zellagen. Das Phelloderm besteht aus mehreren Lagen polygonaler Collenchymzellen. Die relativ breite Rinde zeigt Fasern und Sklereiden einzeln oder in Bündeln angeordnet. Im Bereich des Pericycels sind die Faserbündel und Steinzellen zu einer an einigen Stellen durchbrochenen Ringschicht angeordnet. Das Phloem besitzt 1 bis 3 Zellagen breite Markstrahlen. Die Faserbündel und vereinzelte Sklereiden sind schichtartig angeordnet; dazwischen verlaufen die Markstrahlen, wodurch ein rasterartiges Muster entsteht. Die Parenchymzellen enthalten Calciumoxalat-Kristallsand.

Inhaltsstoffe: *Cumarine.* Aesculetin (0,1 %), Aesculin (3,1 %), Fraxin (0,6 %) und Stylosin (0,1 %).[19]
Weitere Phenylpropanderivate. Syringin (= 4-*O*-Glucosylderivat des Sinapylalkohols).[19]

Identität: DC der Cumarine:
- Untersuchungslsg.: 1 g der pulverisierten Droge wird mit 10 mL Ethanol versetzt, am Rückfluß

10 min lang erhitzt und nach dem Erkalten filtriert; das Filtrat stellt die Untersuchungslösung dar;
- Referenzlsg.: Fraxetin und Aesculetin in ethanolischer Lösung;
- Sorptionsmittel: Kieselgel G;
- FM: Toluol-Ethylacetat-Ameisensäure-Ethanol (30 + 40 + 10 + 20);
- Detektion: Nach dem Trocknen an der Luft im UV-Licht bei 365 nm;
- Auswertung: Die Spuren von Untersuchungs- und Referenzlösung müssen jeweils auf gleicher Höhe zwei fluoreszierende Flecken zeigen, die einander in der Farbe entsprechen.

Wirkungen: Untersuchungen über Fraxini cortex und deren Zubereitungen liegen nicht vor.
Antiinflammatorische Wirkung. Die Effekte von Aesculetin auf die Platelet-Lipoxygenase und die Cyclooxygenase aus der Ratte wurden *in vitro* untersucht. Für eine 50 %ige Hemmung der Platelet-Lipoxygenase-Aktivität und der Cyclooxygenase-Aktivität waren Aesculetin-Konzentrationen von 0,65 µmol/L bzw. 0,45 µmol/L erforderlich.[20]
Aesculin hemmt die Lipoxygenase-Aktivität ebenfalls, aber weniger stark; für eine 50 %ige Hemmung sind 290 µmol/L Aesculin erforderlich.[20]
Der Mechanismus der Lipoxygenase-Hemmung durch Aesculetin ist nichtkompetitiv.[20]
Aesculetin bewirkt eine 50 %ige Hemmung von 5- und 12-Lipoxygenase aus klonierten Mastocytoma-Zellen bei Konzentrationen von 4 µmol/L bzw. 2,5 µmol/L. Keine Hemmung, sondern eher ein stimulierender Effekt auf die Prostaglandinsynthese wurde bei höheren Aesculetindosen beobachtet.[21]
Die Leukotriensynthese durch Mastocytoma-Zellen der Maus wird in Anwesenheit von Aesculetin in dem Maße reduziert, in dem die 5-Lipoxygenase gehemmt wird.[21]
Aesculetin hemmt *in vitro* die 5-Lipoxygenase menschlicher polymorphkerniger Leukocyten bei einer Konzentration von 100 µmol/L vollständig.[22]

Volkstümliche Anwendung und andere Anwendungsgebiete: Innerlich: Bei Durchfallerkrankungen als Adstringens.[38]
Äußerlich als Decoct: Bei rötlichem, persistierendem Scheidenausfluß; bei geröteten, geschwollenen und schmerzenden Augen; bei Hornhauttrübung und Konjunktivitis.[19,38] Die Wirksamkeit bei den genannten Indikationen ist bisher nicht eindeutig belegt.

Dosierung und Art der Anwendung: *Droge.* Decoct mit Wasser aus 6 bis 12 g Droge.[38]

Fraxinus excelsior L.

Synonyme: *Fraxinus apetala* LAM., *F. biloba* GRENIER et GODRON, *F. excelsa* SALISB., *F. ornus* SCOP.

Sonstige Bezeichnungen: Dt.: Asch, Esche, Steinesche; engl.: Common ash; frz.: Frasine, frêne, fresne; it.: Frassino; span.: Fresno.

Systematik: Nach Lit.[31] wird *F. excelsior* in 2 Unterarten geteilt:
- Subsp. *coriariifolia* (Scheele) E. MURRY: Die dünnen Zweige, die Blattstiele und die Rhachis sind dicht behaart. Diese Subspecies ist in Südosteuropa und dem Iran verbreitet;
- subsp. *excelsior*: Die dünnen Zweige und Blattstiele sind unbehaart; die Rhachis ist kahl oder nur am Ansatz der Fiederblättchen schwach behaart. Der Chromosomensatz beträgt 2n = 46. Diese Subspecies kommt im gesamten Verbreitungsgebiet der Art vor.

Botanische Beschreibung: *Fraxinus excelsior* ist ein bis zu 40 m hoher Baum mit grauer Rinde, welche anfangs glatt, dann rauh und bei dicken alten Zweigen schließlich tief eingerissen ist. Die jungen Zweige und Blattstiele sind glatt oder dicht behaart; die Knospen schwarz. Die 7 bis 13 (selten bis 15) Fiederblättchen sind meistens 5 bis 11 cm lang und 1 bis 3 cm breit; länglich-oval bis lanzettlich, am Grunde keilförmig, lang zugespitzt, klein und scharf gesägt. Sie sind oberseits kahl, sattgrün, unterseits am Mittelnerv und an den stärkeren Seitennerven lockerfilzig behaart oder fast kahl, grünlichbraun, sehr kurz gestielt oder sitzend. Das Endblättchen ist länger gestielt.
Die Rhachis ist gefurcht und in der Furche behaart. Nebenblätter fehlen. Die Blüten sind meist zwittrig, seltener männlich, polygam oder diözisch; sie stehen an reichblütigen Rispen, welche endständig an den Sprossen des gleichen Jahres erscheinen. Den Blüten fehlen Kelch und Krone. Die 2 (bis 3) Antheren der männlichen Blüten sind anfangs purpurrot und stehen auf kurzen Filamenten. Die weiblichen Blüten bestehen aus einem Fruchtknoten mit zweilappiger Narbe und zwei spatelförmigen Staminodien.
Die schmallanzettlichen bis länglich-verkehrt-eiförmigen Früchte hängen an dünnen Stielen und sind 25 bis 50 mm lang und 7 bis 10 mm breit, glänzend braun und einsamig.[30]

Inhaltsstoffe: Im Holz nur geringe Mengen an Cumarinen.

Verbreitung: *F. excelsior* ist in fast ganz Europa verbreitet außer den nördlichen, südlichen und östlichen Rändern. Sie entwickelt sich am besten auf mineralischen, tiefgründigen, frischen bis feuchten Böden in spätfrostfreien, nicht zu warmen und ziemlich luftfeuchten Lagen (Auenwäldern).

Drogen: Fraxini folium, Fraxinus-excelsior-Rinde, Fraxinus excelsior hom. *HAB 34*, Fraxinus excelsior hom. *PFX*, Fraxinus excelsior hom. *HPUS 88*.

Fraxini folium (Eschenblätter)

Synonyme: Folia Fraxini.

Sonstige Bezeichnungen: Dt.: Eschenblätter; frz.: Feuilles de frêne; it.: Foglia di frassino.

Monographiesammlungen: Frêne élevé *PF VIII*; Folium Fraxini *Helv V*; Folia Fraxini *EB 6*.

Definition der Droge: Die im Mai bis Juni gesammelten und getrockneten Laubblätter.[35]

Stammpflanzen: *Fraxinus excelsior* L.

Herkunft: Sammlung aus Wildvorkommen in Europa und dem nördlichen Asien.

Gewinnung: Lufttrocknung im Schatten.

Ganzdroge: Blätter unpaarig gefiedert mit 11 bis 13 kurzgestielten oder sitzenden Fiederblättchen; Fiederblättchen auf der Oberseite dunkelgrün, auf der Unterseite hellgrün, länglich-lanzettlich, am Grunde keilförmig, scharf gesägt, zugespitzt, mit deutlichen, am Rande anastomosierenden Sekundärnerven.[1]

Schnittdroge: *Geruch.* Die Droge ist geruchlos.
Geschmack. Bei längerem Kauen bitter, zusammenziehend.
Makroskopische Beschreibung. Spröde Fiederblattstückchen, auf deren hellgrüner Unterseite die weißlichgelben, meist stärker behaarten Haupt- und die weniger behaarten Seitennerven hervortreten; einzelne Fiederblattstückchen mit kleinen, scharfen, gekrümmten Blattrandzähnen; häufig kräftige, hellbraune Rhachisstücke.[35]
Mikroskopisches Bild. s. Abbildung.

Pulverdroge: Die grüne Droge besteht hauptsächlich aus Blattbruchstücken in Flächenansicht, die beiderseits stark wellig-buchtige Epidermiszellen und auf Bruchstücken der Unterseite zahlreiche, sehr kleine Spaltöffnungen mit 4 bis 9 Nebenzellen erkennen lassen. An den Querschnittsbruchstükken sind neben den dünnwandigen Epidermiszellen 2 Reihen schlanker Palisaden- und 3 bis 5 Lagen Schwammparenchymzellen, kleine braune, in die Epidermis eingesenkte Drüsenhaare von der Art der Labiatendrüsen und 2- bis 3zellige Gliederhaare charakteristisch. Die Köpfchen der vor allem auf den Nerven der Unterseite, aber auch sonst auf der Blattfläche und nur vereinzelt auf der Oberseite vorhandenen Drüsen erscheinen in Flächenansicht als flache, vielzellige Rosetten. Die 800 bis 1.000 µm langen, 1- bis 3zelligen Gliederhaare finden sich auf der Blattunterseite an den Haupt- und Seitennerven; sie sind derbwandig, mit streifiger Cuticula versehen, gerade oder eingekrümmt und treten häufig einzeln im Pulver auf.[35]

Verfälschungen/Verwechslungen: Italienische Fraxini folia stammen von *F. ornus* var. *rotundifolia* TEN. Sie besitzen einen höheren Gerbstoffgehalt und schmecken sehr bitter.[1] Nach Lit.[36] dürfen keine Blätter von *F. ornus* enthalten sein.
Prüfung: Ein 0,01 %iges Infus der Blätter von *F. ornus* zeigt unter gefiltertem UV-Licht eine noch starke blaue Fluoreszenz. Ein Infus der Blätter von *F. excelsior* zeigt bei einer Konzentration von 1 % eine blaugrüne Fluoreszenz. In einer 0,01 %igen

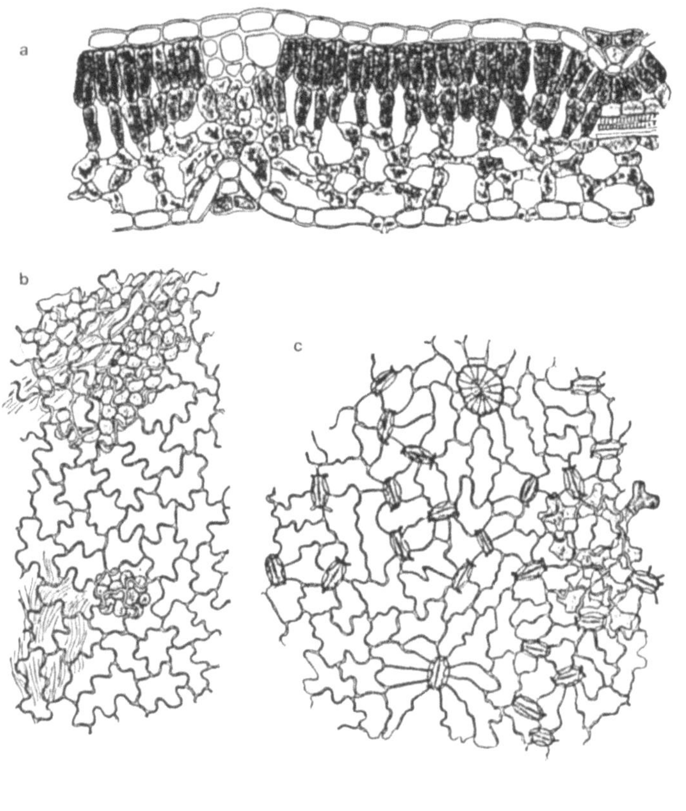

Fraxini folium: **a** Querschnitt, **b** obere Epidermis, **c** untere Epidermis. Nach Lit.[1]

Lösung ist keine wahrnehmbare Fluoreszenz mehr vorhanden.
Ferner wurden Verwechslungen mit den Blättern von *Ailanthus glandulosa* DESF. beobachtet. Diese Blätter sind bis 100 cm lang, unpaarig gefiedert und besitzen 13 bis 20 schiefe, lanzettliche, ganzrandige oder unregelmäßig buchtig-gezähnte Fiederblätter, die in der Nähe des Grundes auf der einen Seite mit 1 bis 3 stumpflichen Drüsenzähnen versehen sind.[10,13]

Inhaltsstoffe: *Flavonoide.* In den Blättern 0,1 bis 0,9 % Rutosid,[16] 3-*O*-Glucoside und 3-*O*-Rhamnoglucoside von Kämpferol und Quercetin.[2] Gesamtgehalt an Flavonoiden 0,6 bis 2,2 %.[16]
Weitere phenolische Verbindungen. 1,9 bis 5,4 %; Gerbstoffe 0,6 bis 4,0 %. In den Blättern Ferulasäure, Kaffeesäure, *p*-Cumarsäure, *p*-Hydroxybenzoesäure, Protocatechusäure, Sinapinsäure, Syringasäure und Vanillinsäure.[18]
Pflanzenschleime und Hexitole. Pflanzenschleime 9,5 bis 22,2 % und D-Mannitol 16,4 bis 28,6 %.[16]
Triterpene und Sterole. Im lipophilen Blattextrakt β-Sitosterol, Betulin, Betulinsäure und 0,7 bis 2,5 % Ursolsäure.
Alkane. Hentriacontan, Nonacosan und Tetratriacontan.[3]
Iridoide Verbindungen. Deoxysyringoxid, Hydroxynuezhenid und Syringoxid.[17]

Identität: DC auf Flavonoide und Cumarine:[4]
- Referenzsubstanz: Rutosid;
- Sorptionsmittel: Kieselgel 60 F_{254} (Fertigplatten);
- FM: Ethylacetat-Ethylmethylketon-wasserfr. Ameisensäure-dest. Wasser (50 + 30 + 10 + 10);
- Detektion: 1. UV-Licht, 2. Citronensäure-Borsäure-Reagenz;
- Auswertung: Wäßrige und ethanolische Extrakte zeigen übereinstimmend 6 Zonen mit den Rf-Werten 0,06, 0,37, 0,46, 0,53, 0,67 und 0,76; dabei liegt eine Zone auf der Höhe des Rutosids.

Reinheit: – Asche: Höchstens 10 %.[35]

Gehalt: Wäßrige Trockenextrakte enthalten ca. 5,7 % Phenolderivate, wäßrig-ethanolische Extrakte (Auszugsmittel: Ethanol 70 % *V/V*) ca. 8,8 %.[4]

Gehaltsbestimmung: Die phenolischen Verbindungen können mit der Folin-Denis-Technik bestimmt werden; dabei wird Gallussäure als Standard verwendet (Eichkurve).[4]

Lagerung: Vor Licht geschützt.[37]

Wirkungen: *Förderung der renalen Exkretion.* Bei männlichen Wistar-Albino-Ratten führen 10 mg/kg KG einer durch Intubation verabreichten Lösung eines sprühgetrockneten wäßrigen Extraktes aus den Blättern von *F. excelsior* mit 5,7 % Phenolderivaten (1,65 g Extrakt suspendiert in 100 mL einer 3 %igen Acaciae-gummi-Lösung) zu einer unsignifikanten Erhöhung der Na^+- und der Cl^--Ausscheidung.
Die Gabe der gleichen Dosis eines sprühgetrockneten wäßrig-ethanolischen Extraktes (70 % *V/V*)) mit 8,8 % Phenolderivaten führen bei einer Lösung von 0,140 g in 100 mL einer 3 %igen Acaciae-gummi-Lösung zur Erhöhung der K^+-Ausscheidung um 100 % und zur Erhöhung der Harnstoffausscheidung um 47 %.
Eine Lösung des gleichen Extraktes in 10facher Konzentration ergibt bei gleicher Applikationsmenge eine Erhöhung der Na^+-Ausscheidung um 75 % und der Cl^--Ausscheidung um 57 %.[4]

Volkstümliche Anwendung und andere Anwendungsgebiete: Bei rheumatischen Erkrankungen und Gelenkgicht, bei Steinleiden zur Steigerung der Harnausscheidung, bei Wassersucht und Fieber. Weiterhin bei Magen- und Spulwürmern und als Abführmittel bei Verstopfung. Äußerlich auf Wunden und Unterschenkelgeschwüre.[28]
Die Wirksamkeit bei den beanspruchten Anwendungsgebieten ist nicht belegt.[7]

Dosierung und Art der Anwendung: *Droge.* Als Tee, z. B. Fiebermittel: 3 Teelöffel der Blätter mit 2 Glas Wasser – heiß angesetzt – tagsüber trinken.[28]

Unerwünschte Wirkungen: *Allergische Wirkungen.* Bei 19 Testpersonen (von 103) aus Michigan mit allergiebedinger Rhinitis bzw. Asthma fiel ein Hauttest mit einem Extrakt aus Pollen von *Olea europaea* (5 %ige Lösung (*m/V*) in 50 %igem Glycerol) positiv aus. Im ELISA-Test auf allergenspezifische IgE-Antikörper zeigten bei Oliven-Pollen-Extrakt die Sera von 11 Personen, bei Fraxinus-excelsior-Pollen-Extrakt die von 8 Personen und bei Ligustrum-Pollen-Extrakt die von 7 Personen eine positive Reaktion.[46] Diese Befunde lassen auf eine hohe Kreuzreaktivität zwischen Oliven-Pollen und anderen in Michigan heimischen Oleaceen schließen.[46]
Ebenso zeigten die Sera von 20 Patienten bei den Pollen von 4 Oleaceen-Arten des Mittelmeergebietes (*Olea europaea, F. excelsior, Ligustrum vulgare* und *Phillyrea angustifolia*) einen hohen Grad an Kreuzreaktivität. Dies wurde *in vitro* durch Bestimmung der IgE-spezifischen Antikörper mit Hilfe von RAST-Inhibierung, Isoelektro-Fokussierung und der "Tandem-Cross-Immunelektrophorese" nachgewiesen.[47]

Gesetzl. Best.: *Offizielle Monographien.* Negativmonographie der Kommission E am BGA "Fraxinus excelsior (Esche)".[7]

Fraxinus-excelsior-Rinde

Sonstige Bezeichnungen: Dt.: Eschenrinde; engl.: Ash bark; frz.: Ecorce de frêne.[33]

Definition der Droge: Die Rinde jüngerer Zweige.[33]

Stammpflanzen: *Fraxinus excelsior* L.

Herkunft: Sammlung aus Wildvorkommen in Europa und dem nördlichen Asien.

Gewinnung: Sammlung im Frühjahr, Lufttrocknung.[33]

Schnittdroge: *Geschmack.* Stark bitter, etwas zusammenziehend.

Makroskopische Beschreibung. Dünne, 2 bis 3 mm dicke, 1 bis 5 cm breite, leicht zerbrechliche Röhren, außen eben, aschgrau oder graugrün, feinrunzelig, hier und da mit Warzen besetzt, innen eben, blaßgelblich; der Bruch bandartig faserig.[33]

Inhaltsstoffe: *Cumaringlykoside und Cumarinderivate.* Isofraxidin (= Calycanthogenol) 0,012 %, Aesculin, Aesculetin, Scopoletin, Fraxinol 0,045 %, Fraxin, Fraxidin 0,006 % und Fraxetin.[8,33]

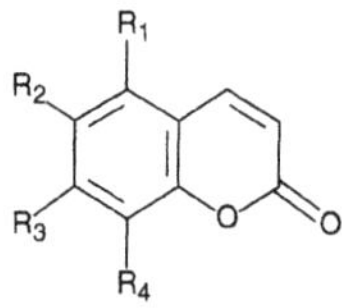

	R_1	R_2	R_3	R_4
Aesculetin	—H	—OH	—OH	—H
Aesculin	—H	—*O*-Glc	—OH	—H
Fraxetin	—H	$—OCH_3$	—OH	—OH
Fraxin	—H	$—OCH_3$	—OH	—*O*-Glc
Fraxidin	—H	$—OCH_3$	$—OCH_3$	—OH
Isofraxidin	—H	$—OCH_3$	—OH	$—OCH_3$
Fraxinol	$—OCH_3$	—OH	$—OCH_3$	—H
Scopoletin	—H	$—OCH_3$	—OH	—H

Secoiridoide. 10-Hydroxyligstrosid.[39]
Sonstige Verbindungen. In der älteren Literatur: Stigmasterol, D-Mannitol, Gerbstoffe, Glucose, Galacturonsäure, äth. Öl. Nach Lit.[33]

Gehaltsbestimmung: Quantitative DC von Isofraxidin durch Emissionsmessung bei 460 nm der bei 365 nm angeregten Fluoreszenz. Erfassungsgrenze: Weniger als 10 ng Isofraxidin; rel. Standardabweichung unter 5 %:[8]
- Sorptionsmittel: HPTLC-Fertigplatten Kieselgel 60;
- FM: Chloroform-MeOH-konz. Ammoniaklösung (90 + 9 + 1).

Wirkungen: *Antiphlogistische Wirkung.* Mit wäßrig hergestellten Extrakten (alkoholfrei) wurde in unterschiedlichen Verdünnungsstufen (10^{-2} bis 10^{-9}) *in vitro* die Beeinflussung des oxidativen Stoffwechsels humaner polymorphkerniger Leukocyten und peripherer Makrophagen nach der Methode von Trush untersucht. Die Hemmung der Aktivierbarkeit verstärkt sich deutlich bis zu etwa 30 min Vorinkubation (37 °C) bei einer Konzentration von 10^{-2}.[43]
Weiterhin diente als Testsystem die durch Freund's Adjuvans induzierte Arthritis an der Rattenpfote. Tägliche perorale Gaben von 5 mL/kg KG – über eine Woche lang – eines wäßrig-ethanolischen Fluidextraktes, der von 46,9 % (*V/V*) ausgehend bei gleichem Volumen auf 8 % Ethanol reduziert wurde und 0,934 mg/mL Isofraxidin enthielt, führten zu einer signifikanten Reduzierung der entzündlichen Prozesse um ca. 40 %.[42]
Analgetische Wirkung. Im Bierhefe-Entzündungsschmerz-Test, der Rückschlüsse auf die Beeinflussung von Druckschmerz liefert, heben 10 mL/kg KG eines Fluidextraktes (ohne Konzentrationsangabe) aus frischer Fraxinus-Rinde, bei dem der Ethanolgehalt auf 8 % (*V/V*) erniedrigt wurde, die Schmerzschwelle bei Ratten um ca. 8 g gegenüber der Kontrollösung (8 % (*V/V*) Ethanol) an, gemessen mit dem Analgesimeter 4 h nach Substanzgabe. Im gleichen Modell wurde die Schmerzschwelle mit Indometacin (2 mg/kg KG) um ca. 12 g erhöht.[41]
Im Phenylchinon-Writhing-Test als Modell für den Tiefenschmerz des Menschen zeigt der gleiche wäßrig-ethanolische Fluidextrakt bei einer Dosis von 1,02 mL/kg KG eine Hemmung der Writhes um 33,6 %, Indometacin (1 mg/kg KG) im Vergleich dazu um 75,3 %.[41]
Antiexsudative Wirkung. Die p.o. Gabe per Schlundsonde von 2 mL/kg KG eines Fluidextraktes (ohne Konzentrationsangabe) aus frischer Fraxinus-Rinde (44,6 % *V/V* Ethanol) reduziert, 30 min vor Ödeminduktion verabreicht, im Carrageenan-Ödem-Test, der für akut exsudative bzw. stärker gewebedestruierende Entzündungsmodelle steht, das in der Rattenpfote induzierte Ödem gegenüber der unbehandelten Kontrolle um ca. 40 %. Die max. Wirkung tritt nach 3 h ein. Mit Indometacin (4 mg/kg KG) wurde im gleichen Modell nach 3 h eine Hemmung um 55 % beobachtet.[41]
Antioxidative Wirkung. Die antioxidative Wirkung (I_{50}-Werte) eines Extraktes aus Blättern und Rinde von *F. excelsior* wurde *in vitro* durch die enzymabhängige Fragmentierung von *α*-Keto-*S*-methylbutyrat (= KMB) für die Systeme Xanthinoxidase (= XOD), Diaphorase (= NADH-Dia-Juglon) und Bengalrosa B sowie die Sauerstoffaufnahme durch das Lipoxygenasesystem bestimmt. Eine 50 %ige Hemmung (I_{50}-Wert) wurde mit folgenden Extraktkonzentrationen im Versuchsansatz erzielt: XOD: 0,1 %; NADH-Dia-Juglon: 0,02 % bei KMB-Fragmentierung und 5 bis 10 % bei Sauerstoffaufnahme; Lipoxygenase: 1,0 bis 2,0 % bei Sauerstoffaufnahme; Bengalrosa B: 0,01 % bei KMB-Fragmentierung.
Die Ergebnisse lassen auf eine Radikalfängerfunktion von Fraxinus-excelsior-Extrakt-Inhaltsstoffen schließen.[40]

Hemmung der cyclo-AMP-Phosphodiesterase-Aktivität. Die cyclo-AMP-Phosphodiesterase-Aktivität wird *in vitro* durch die Cumarine Scopoletin, Isofraxidin und Fraxin (aus der Rinde von *F. japonica* BLUME isoliert) in Konzentrationen von 4,9 × 10^{-5} mol/L, 6,4 × 10^{-5} mol/L bzw. 9,0 × 10^{-5} mol/L zu 50 % gehemmt (IC_{50}-Werte).
Eine Steigerung dieser Hemmung wird demnach durch Substituierung folgender Hydroxylgruppen erreicht:
1. *O*-Methylierung in Position 6 (Scopoletin);
2. *O*-Methylierung oder *O*-Glucosylierung in Position 8 (Isofraxidin, Fraxin).
Die beschriebene analgetische und antihypertensive Aktivität von Scopoletin, die sedative und die anticancerogene Wirkung von Isofraxidin und die diuretische und antirheumatische Wirkung von Fraxin scheinen mit der cyclo-AMP-Phosphordiesterase-hemmenden Aktivität dieser Cumarine zu korrelieren.[44]

Volkstümliche Anwendung und andere Anwendungsgebiete: Früher einmal bei Malaria und Wurmbefall.[1]
Die Wirksamkeit bei diesen Indikationen ist nicht belegt.

Fraxinus excelsior hom. *HAB 34*

Monographiesammlungen: Fraxinus excelsior *HAB 34.*

Definition der Droge: Frische Rinde.

Stammpflanzen: *Fraxinus excelsior* L.

Zubereitungen: Essenz nach § 3 *HAB 34.*

Gehalt: *Essenz.* Arzneigehalt $^1/_3$.

Anwendungsgebiete: Entsprechend dem homöopathischen Arzneimittelbild. Dazu gehört: Weichteilrheumatismus.[34]

Dosierung und Art der Anwendung: *Zubereitung.* Soweit nicht anders verordnet: Bei akuten Zuständen häufige Anwendung alle halbe bis ganze Stunde je 5 Tropfen oder 1 Tablette oder 10 Streukügelchen oder 1 Messerspitze Verreibung einnehmen; parenteral 1 bis 2 mL bis zu 3mal täglich s. c. injizieren. Bei chronischen Verlaufsformen 1- bis 3mal täglich 5 Tropfen oder 1 Tablette oder 10 Streukügelchen oder 1 Messerspitze Verreibung einnehmen; parenteral 1 bis 2 mL pro Tag s. c. injizieren.[34]

Unerwünschte Wirkungen: Nicht bekannt. Hinweis: Es können vorübergehend Erstverschlimmerungen vorkommen, die jedoch unbedenklich sind.[34]

Gegenanzeigen/Anwendungsbeschr.: Nicht bekannt.[34]

Wechselwirkungen: Nicht bekannt.[34]

Gesetzl. Best.: *Offizielle Monographien.* Aufbereitungsmonographie der Kommission D am BGA "Fraxinus excelsior".[34]

Fraxinus excelsior hom. *PFX*

Monographiesammlungen: Fraxinus excelsior pour préparations homéopathiques *PFX.*

Definition der Droge: Zweigrinde und frische Blätter.

Stammpflanzen: *Fraxinus excelsior* L.

Zubereitungen: *Urtinktur.* Herstellung nach der allgemeinen Vorschrift zur Herstellung von Urtinkturen der *PFX* mit Ethanol; Zweigrinde und frische Blätter werden zu gleichen Teilen eingesetzt; Eigenschaften: Die Urtinktur ist eine braune Flüssigkeit mit aromatischem Geruch und leicht bitterem Geschmack; Ethanolgehalt 55 % (*V/V*).

Identität: *Urtinktur.* Zu 1 mL Urtinktur werden einige Tropfen Eisenchloridlösung gegeben. Es entsteht eine dunkelgrüne Färbung. Die Urtinktur wird auf 1:100.000 verdünnt. Im UV-Licht bei 365 nm erscheint keine Fluoreszenz.
DC-Analyse der Urtinktur:
- Referenzlösungen: Fraxin, Rutosid und Scopoletin in Ethanol;
- Sorptionsmittel: Mit Kieselgel G beschichtete Platten;
- FM: Ethylacetat-Ethylmethylketon-wasserfr. Ameisensäure-dest. Wasser (50 + 30 + 10 + 10);
- Detektion: 1. UV-Licht bei 365 nm; 2. Nach Besprühen mit Diphenylboryloxyethylamin-Reagenz im UV-Licht bei 365 nm; 3. Ansprühen mit Salpetersäure; die Platte wird anschließend konz. Ammoniakdämpfen ausgesetzt und im Tageslicht ausgewertet;
- Auswertung: 1. Die luftgetrocknete Platte zeigt im UV-Licht bei 365 nm im Chromatogramm der Fraxinlösung eine grünblau fluoreszierende Bande bei Rf 0,35. Die Scopoletinlösung zeigt eine blau fluoreszierende Bande bei Rf 0,95. Das Chromatogramm der Fraxinus-excelsior-Urtinktur zeigt eine grünblau fluoreszierende Bande bei Rf 0,34 (= Fraxin), eine blauviolette Bande bei Rf 0,40, eine blaue Bande bei Rf 0,50, eine blau fluoreszierende Bande bei Rf 0,95 (= Scopoletin) und eine rote Bande an der Laufmittelfront.
  2. Nach dem Besprühen mit Diphenylboryloxyethylamin-Reagenz zeigt sich im UV-Licht bei 365 nm im Chromatogramm der Rutosidlösung eine orangefarbene Bande bei Rf 0,35. Das Fingerprintchromatrogramm der Fraxinus-excelsior-Urtinktur zeigt ebenfalls eine orange Zone bei Rf 0,35 (= Rutosid), 3 gelbgrünliche Banden bei Rf 0,65, 0,75 und 0,90 und eine grün fluoreszierende Bande bei Rf 0,95.
  3. Eine weitere unter den gleichen Bedingungen entwickelte Platte zeigt nach Besprühen mit Salpetersäure und nach Einwirken von Ammoniakdämpfen im Tageslicht eine rosaviolette Zone mit einem Rf-Wert von etwa 0,40 im Fingerprintchromatogramm der Fraxinus-excelsior-Urtinktur.

Reinheit: *Urtinktur.*
- Trockenrückstand: Mind. 1,40 %.

Fraxinus excelsior hom. *HPUS 88*

Monographiesammlungen: Fraxinus excelsior *HPUS 88*.

Definition der Droge: Die Blätter und die Rinde.

Stammpflanzen: *Fraxinus excelsior* L.

Zubereitungen: *Urtinktur.* Herstellung durch Mazeration oder Perkolation der frischen oder getrockneten Droge – Blätter und Rinde zu gleichen Teilen – mit Ethanol nach der allgemeinen Zubereitungsvorschrift (Class C) der *HPUS 88*. Ethanolgehalt 55% (*V/V*).

Gehalt: *Urtinktur.* Arzneigehalt $^1/_{10}$.

Fraxinus ornus L.

Synonyme: *Fraxinus mannifera* STEUD., *F. rotundifolia* MILL., *Ornus europaea* PERS.

Sonstige Bezeichnungen: Dt.: Blumenesche, Mannaesche, Weißesche; engl.: European flowering ash; frz.: Frêne fleuri, orné à manne; it.: Avornello, frassina della manna, ornielle;[30] span.: Maná.

Systematik: Nach Lit.[31] wird *F. ornus* nicht weiter untergliedert, während nach Lit.[30] folgende Formen für *F. ornus* unterschieden werden: Var. *angustifolia* TEN., var. *juglandifolia* TEN. (= var. *rotundifolia* TEN.), var. *sanguinea* HAUSMANN et LINGELSH., var. *typica* LINGELSH. und die subsp. *garganica* TEN. (= *F. rotundifolia* DC. non TEN., = var. *rotundifolia* WENZIG, = *Ornus rotundifolia* LOUD.).

Botanische Beschreibung: *Fraxinus ornus* ist ein bis zu 8 m hoher Baum mit grauer, warzigkrustiger Rinde. Die einjährigen Zweige sind olivgrün oder bräunlichgraugrün, etwas glänzend, rundlich oder zusammengedrückt bis fast 4kantig, mit zahlreichen, hellgrünlichen Lenticellen. Die Langtriebe sind in Nähe der Spitze dicht fein staubig behaart, die Kurztriebe am Grunde meist etwas bärtig. Die Endknospe ist größer als die abstehenden Seitenknospen, kugelig und 4schuppig; die äußere Schuppe am Rande dicht einfach und drüsig-filzig. Die Seitenknospen sind eirundlich, 2schuppig, silbergrau bis bräunlich und feinfilzig. Die Laubblätter stehen kreuzweise gegenständig und sind inclusive Stiel etwa 30 cm lang (Stiel 4 bis 8 cm lang) und 7- bis 9zählig gefiedert. Die Fiederblättchen sind elliptisch bis eilanzettlich oder eiförmig, am Grunde keilförmig bis abgerundet, am Rande kerbig gesägt, oberseits sattgrün, anfangs meist auf der Mittelrippe behaart, verkahlend, unterseits heller grün und am Mittelnerv und an den unteren Seitennerven rostfarben filzig behaart. Die untersten Blätter brechen an den vorjährigen Trieben hervor.
Die Blüten stehen in aufrechten, später überhängenden Rispen; die Kelchblätter sind sehr kurz, etwa 1 mm lang, tief 4teilig mit breit-dreieckigen Abschnitten, die an der Frucht erhalten bleiben.
Die Kronblätter – 2 oder meist 4 – sind am Grunde paarweise miteinander verbunden, lineal bis schmal zungenförmig, etwa 7 bis 15 mm lang und weiß. Die beiden Stamina besitzen lange, den Fruchtknoten weit überragende Filamente.
Die Frucht ist hängend, zungenförmig, 3 bis 4 mm lang und 7 bis 10 mm breit, am Grunde abgerundet oder keilförmig verschmälert, glänzend, dunkelbraun, flach, queroval und längs gestreift. Die Flügel sind gleich lang oder kürzer als die Nuß, derb, im oberen Drittel am breitesten, vorn gerade oder schief abgestutzt, ausgerandet oder fast spitz. Seitlich verlaufen sie bis zur Mitte der Nuß oder begrenzen sie nur an der Spitze.
Die Samen sind eiförmig, 15 bis 20 mm lang und 4 bis 5 mm breit, flach, längs gestreift und braun.[30]

Inhaltsstoffe: In allen Organen Aesculin, in den Blättern Aesculetin, in den Blüten Cichoriin (= Aesculetin-7-glucosid), Rutosid, D-Mannitol, Sedoheptulose, Ornol.[32]
In der Rinde Fraxetin, Fraxidin, Fraxinol, Isoscopoletin, Scoparon und Scopoletin; die Cumaringlucoside Aesculin und Fraxin.[15]
Ein Petrolätherextrakt der Rinde enthält β-Sitosterol.[15]

Verbreitung: Südeuropa, westlich bis zum östlichen Spanien und bis zu den Balearen, nördlich bis zur Provence und zum Südrand der Alpen (Tessin, Südtirol, Kärnten), Südungarn, Siebenbürgen, östlich bis zur europäischen Türkei; Kleinasien.

Anbaugebiete: *F. ornus* wird zur Saftgewinnung im westlichen Teil der Nordküste von Sizilien (hauptsächlich in der Nähe von Cefalù, Castelbuono und Geraci) und stellenweise noch auf dem italienischen Festland kultiviert.[33] Die Kultur ist jetzt im Erlöschen.

Drogen: Manna.

Manna (Manna)

Sonstige Bezeichnungen: Dt.: Eschenmanna, Himmelsbrot, Himmelstau, Judenbrot, Stengel-(Röhren-)Manna; frz.: Manne, manne en larmes; it.: Manna cannellata; span.: Maná.[30,33]

Monographiesammlungen: Manna *DAB 6*, *Belg IV*, *Dan IX*, *Hisp IX*, *Ital 7*, *PF VIII*, *Portug 35*, *ÖAB 90*, *Helv V*, *BPC 34*.

Definition der Droge: Der durch Einschnitte in die Rinde (Stamm- und Astrinde *ÖAB 90*) gewonnene, an der Luft eingetrocknete Saft *DAB 6*, *ÖAB 90*.

Stammpflanzen: *Fraxinus ornus* L.; in *Ital 7* auch *F. rotundifolia* MILL. (= *F. parvifolia* LAM.) genannt.[33]

Herkunft: Im wesentlichen Sizilien.

Gewinnung: Die Gewinnung der Manna beginnt im 8. bis 10. Lebensjahr des Baumes. Der Baum ist dann 10 bis 14 Jahre lang ertragsfähig.
An Stämmen von 8 bis 10 cm Durchmesser werden im Juli und August mit einem eigenartig gebogenen Messer auf einer Seite in Abständen von 1 bis 4 cm zahlreiche parallele waagrechte Einschnitte ($^1/_4$ bis $^1/_3$ des Stammumfanges) in die Rinde bis auf das Cambium gemacht. Man beginnt in Bodennähe

und rückt täglich oder alle 3Tage nach oben fort, immer nur einen Schnitt ausführend. Die Manna sickert als anfangs bräunliche Flüssigkeit von bitterem Geschmack aus. Nach einigen Stunden verliert sie die Bitterkeit und wird weiß-kristallinisch. Anhaltend trockenes Wetter ist notwendig, um reichlich schöne Manna zu gewinnen; bei Regenwetter wird sie teilweise gelöst und unbrauchbar. Das völlige Austrocknen geschieht an der Sonne.

Handelssorten: Alte Sortenbezeichnungen sind:
1. Manna a cannelo und Manna cannellata, die frei aus der Wunde herabhängende, zu einer stalaktitenartigen Masse erstarrte Manna, deren Bildung früher durch in die Wunde gesteckte Halme begünstigt wurde; diese ist die wertvollste Droge, die schon früher sehr selten war;
2. Manna cannellata wird auch diejenige Droge genannt, die in Krusten von der Rinde abgelöst wird; dies ist die ehemals offizinelle Ware;
3. Gemeine Manna (= Manna communis und Manna Gerace), eine weiche, klebrige, mißfarbige, mit Rindenstücken und anderem verunreinigte Masse, die mehr oder weniger Bruchstücke der Sorte 2 enthält; Geschmack etwas schleimig und kratzend, weniger süß; bessere Qualitäten der gemeinen Manna werden als Manna calabrina, ausgesuchte Stücke als Manna electa, die geringwertigste, eine schmierige Masse bildende Sorte als Manna pinguis, Manna sordida oder Manna di Puglia bezeichnet;
4. Manna depurata hat eine helle Farbe und ist oft verfälscht; sie wird durch Auflösen in Wasser, Abschäumen, Entfärben mit Tierkohle aus geringwertigeren Sorten hergestellt.[33]

Ganzdroge: *Geruch.* Honigartig. *Geschmack.* Süß, schwach-herb. Von den verschiedenen Handelssorten ist nur die beste Sorte, Manna cannellata (cannulata), die Stengelmanna, für den pharmazeutischen Gebrauch zulässig.
Sie bildet gerundet-dreikantige oder fast flache, etwas rinnenförmige, kristallinische, zerreibbare, trockene Stücke von 10 bis 15 cm Länge und 2 bis 4 cm Breite; außen blaßgelb, innen weiß. Querbruch undeutlich geschichtet.
Von der Manna cannellata kommen noch 2 Nebensorten in den Handel:
- Manna in fragmentis, kleine, formlose Stückchen, Bruchstücke von Manna cannellata;
- Manna in lacrimis (granis, guttis), ovale, tränenförmige Stücke, freiwillig ausgeschwitzt; selten im Handel.[33]

Verfälschungen/Verwechslungen: Verfälschungen mit Stärke, Mehl, Honig, feingepulvertem Süßholz, Stärkezucker usw. sind nicht selten.[30]

Minderqualitäten: s. Handelssorten.

Inhaltsstoffe: 70 bis 90 % D-Mannitol, ferner D-Glucose (2,2 %), Fructose (2,5 %). Nach älteren Angaben ca. 6 % Mannotriose (= [αGalp-(1→6)-αGalp-(1→6)-Glc]) und ca. 10 bis 16 % Manneotetrose (= Stachyose [αGalp-(1→6)-αGalp-(1→6)-αGlcp-(1→2)-βFruf]); 0,05 % Harz.
In geringerwertigen Sorten Schleim, Spuren von Fraxin und bitteren Stoffen.[1,33]

Zubereitungen: Sirupus Mannae (Mannasirup) *DAB 6* besteht aus 10 % Manna, 2 % Ethanol, 33 % Wasser und 55 % Zucker.[5]

Identität: Zerdrückt man ein Körnchen Manna auf einem Objektträger in einem Tropfen verdünntem Ethanol, so sieht man unter dem Mikroskop zahlreiche Kristalle, die sich beim Erwärmen fast vollständig lösen. Läßt man abkühlen, so zeigt der Rückstand strahlig angeordnet Prismen oder Nadelbüschel *ÖAB 90.*
1 g Manna löst sich langsam, aber fast vollständig in 5 mL Wasser zu einer süßlich schmeckenden Flüssigkeit. Versetzt man diese Lösung mit 3 mL Fehlingscher Lösung, so scheidet sich beim Erhitzen ein roter Niederschlag ab *ÖAB 90.*
Läßt man einen Tropfen des filtrierten, wäßrigen Auszuges auf einem Objektträger eintrocknen, so zeigt der Rückstand neben zahlreichen, strahlig um einen Punkt angeordneten, dendritisch verzweigten, schmalen Prismen von D-Mannitol große, derbe und kleine, undeutlich ausgebildete Kristalle.
Zerdrückt man ein Körnchen Manna in einem Tropfen Öl und betrachtet es unter dem Mikroskop, so sieht man zahlreiche Kristalle und deren Fragmente; betrachtet man den in Wasser unlöslichen Rückstand der Manna in Wassertropfen, so findet man neben zahlreichen Hefezellen selten Gewebsfragmente vorwiegend der Rinde und auch des Holzkörpers der Mannaesche, sowie sehr vereinzelte Stärkekörner und einige Pilzhyphen.[37]
Nach Lit.[36] soll die wäßrige Lösung von Manna unter dem UV-Licht blau fluoreszieren (Fraxin).
2 Gewichtsteile Manna werden mit einem Gewichtsteil Wasser übergossen und heiß filtriert. Nach dem Abkühlen erscheinen seidig-prismatische Kristalle.
DC-Analse von D-Mannitol analog *DAB 10*:
- Referenzsubstanz: D-Mannitol;
- Sorptionsmittel: Kieselgel 60 F_{254} (Fertigplatten);
- FM: 1-Propanol-Ethylacetat-dest. Wasser (70 + 20 + 10);
- Detektion: Eine 2 %ige Lösung (*m/V*) von Methylenbisdimethylanilin in einer Mischung von 20 Volumenteilen Essigsäure 98 % und 8 Volumenteilen Aceton;
- Auswertung: Der Hauptfleck im Chromatogramm der Untersuchungslösung entspricht in bezug auf Lage, Farbe und Größe dem Hauptfleck im Chromatogramm der Referenzlösung.

Reinheit:
- Nach *ÖAB 90* und den meisten Arzneibüchern löst sich Manna langsam, aber fast vollständig in Wasser; nach *PF VIII* muß sich Manna in der 6fachen Wassermenge lösen.
- Unlöslicher Anteil: 25% in heißem Alkohol *Belg IV.*
- Asche: Höchst. 3 % *DAB 6, Portug 35, Helv V*; höchst. 4 % *Dan IX*; höchst. 3,5 % *Hisp IX, Ital 7*; höchst. 2 % *ÖAB 90.*
- Sulfatasche: Höchst. 4 % *PF VIII.*
- Trocknungsverlust: Höchst. 10% *DAB 6, Dan IX, Hisp IX, PF VIII, Helv V*; höchst. 20 % *Ital 7*; höchst. 5 % *ÖAB 90.*

Gehalt: Gehalt an Rohmannitol (D-Mannitol + Manneotetrose + Mannotriose): Mind. 75% *DAB6, Dan IX, Ital 7, Portug 35*; 72,5% *Belg IV, Hisp IX, Helv V.*
Gehalt an alkohollöslichen Bestandteilen: Mind. 75,0% *ÖAB 90.*

Gehaltsbestimmung: 1,00 g Manna werden mit 1 mL Wasser und 20 mL Ethanol 1 h lang unter Rückflußkühlung gekocht; die Lösung wird noch heiß durch Watte in ein tariertes Wägeglas filtriert. Das Filter wäscht man mit 5 mL heißem Ethanol nach und dampft die vereinigten Flüssigkeiten zur Trockne ein. Das Gewicht des Rückstandes muß nach dem Trocknen bei 103 bis 105 °C mindestens 0,750 g betragen, entsprechend einem Gehalt an alkohollöslichen Bestandteilen von 75,0% *DAB6, ÖAB 90.*

Lagerung: In dicht schließenden Gefäßen mit einem geeigneten Trocknungsmittel *ÖAB 90.*

Stabilität: An der Luft zieht Manna leicht Feuchtigkeit an und bildet einen guten Nährboden für Schimmelpilze.[33]

Wirkungen: Die Droge wirkt aufgrund des Mannitolgehaltes laxierend.

Anwendungsgebiete: Verstopfung; Erkrankungen, bei denen eine erleichterte Darmentleerung mit weichem Stuhl erwünscht ist, z. B. bei Analfissuren, Hämorrhoiden und nach rektal-analen operativen Eingriffen.[7]

Dosierung und Art der Anwendung: *Droge.* Tagesdosis für Erwachsene 20 bis 30 g Droge zum Einnehmen;[7] Tagesdosis für Kinder 2 bis 16 g Droge zum Einnehmen;[7] 20 g.[49] *Zubereitung.* Zubereitungen entsprechend.[7]

Unerwünschte Wirkungen: Bei empfindlichen Personen können Übelkeit und Blähungen auftreten.[7]

Gegenanzeigen/Anwendungsbeschr.: Nicht anwenden bei Darmverschluß.[7]

Gesetzl. Best.: *Offizielle Monographien.* Aufbereitungsmonographie der Kommission E am BGA "Manna".[7]

Fraxinus rhynchophylla HANCE

Synonyme: *Fraxinus bungeana* sensu HANCE (non DC.), *F. bungeana* MAXIMOWICZ (non DC.), *F. chinensis* sensu HERDER (non ROXB.), *F. chinensis* var. *rhynchophylla* (HANCE) HEMSLEY, *F. obovata* SCHNEID., *F. ornus* var. *bungeana* HANCE, *F. xanthoxyloides* sensu WENZIG (non DC.).[25,29]

Botanische Beschreibung: Bis 25 m hoher Baum, oft mehrstämmig, mit breiter Krone und etwas steifer Verzweigung. Blätter 15 bis 25 cm lang mit 5 bis 7 kurz gestielten Fiederblättchen, das unterste Paar meist deutlich kleiner. Das Endblättchen ist oft das größte. Blattstiel rund oder fast rund, oben flach oder nur ganz undeutlich gefurcht und kahl oder etwas dünn behaart. Rhachis rund oder undeutlich kantig oder schmal gefurcht, durchgehend behaart, besonders an der Anheftungsstelle der Fiederblättchen, an der die Behaarung oft etwas auf die Stielchen übergreift. Blättchen eiförmig bis oval-lanzettlich, 7 bis 12 cm lang und 3,5 bis 5 cm breit, größte Breite in oder unterhalb der Mitte. Basis abgerundet bis breit keilförmig, in den bis 5 mm langen Blattstiel verschmälert. Spitze kurz ausgezogen, seltener kurz geschwänzt und nie sichelförmig. Oberseite kahl und grün, oft etwas glänzend, Unterseite heller, kahl mit Ausnahme des unteren Teils der Mittelrippe, die bräunlich, oft sogar etwas filzig behaart ist. Rand meist etwas undeutlich gekerbt bis gezähnt. Textur fest und etwas ledrig.
Blüten mit den Blättern erscheinend, in terminalen Rispen, zweihäusig oder polygam, mit Kelch, aber ohne Kronblätter. Kelch undeutlich vierspaltig oder vierzähnig. Staubgefäße in den zwittrigen Blüten länger als der Griffel, die Antheren länglich und etwas kürzer als die Filamente. Fruchtknoten eiförmig, Griffel mit zwei Narbenlappen. Frucht mit bleibendem Kelch 25 bis 30 mm lang und 4 bis 5 mm breit mit im Querschnitt runder Nuß, der Flügel nur bis zum oberen Drittel herablaufend.
1jährige Triebe im Winter olivgrau bis braungrau, oft etwas orange getönt, rund oder fast rund und kahl. Lenticellen rundlich und zerstreut. Terminalknospe groß und sehr auffällig, grau, seltener braungrau, breit-konisch mit stumpfer Spitze. Das äußerste Schuppenpaar schmal, die Knospe nicht deckend und auf dem Rücken gekielt, die Spitze foliar und abstehend. Das 2. Paar an den Rändern kraus, braun behaart und nur noch auf dem Rücken grau oder graubraun. Beim Schwellen der Knospen zum Frühjahr hin wird diese braune Randbehaarung immer auffälliger. Die ganze Knospe 8 bis 10 mm lang und 6 bis 8 mm breit, mit 3 bis 4 Paar Schuppen. Seitenknospen kleiner und kurz-eiförmig, im Winkel von 45° abstehend mit 2 Paar äußerlich sichtbaren Schuppen; das innere Paar dicht braun behaart. Blattnarben mehr oder weniger halbkreisförmig, der obere Rand meist gestutzt und kaum ausgerandet. Blattkissen nur wenig erhaben, meist mit dem Trieb mehr oder weniger parallel laufend. Ältere Bäume bekommen eine unregelmäßig feinrissige und kleinschuppige Borke.[29]

Verbreitung: Ostasien, von Sachalin über das Ussuri-Gebiet durch die Manschurei und Korea bis zum mittleren China (Hupeh, Kiangsi), Japan?; Vorkommen im Bergland von 500 bis 2.000 m.

Drogen: Fraxini cortex.

Fraxini cortex (Fraxinus-rhynchophylla-Rinde)

Sonstige Bezeichnungen: Chinesisch: Quinpi.[38]

Monographiesammlungen: Cortex Fraxini *ChinP IX.*

Definition der Droge: s. Fraxinus-chinensis-Rinde.

Stammpflanzen: *Fraxinus rhynchophylla* HANCE.

Gewinnung: s. Fraxinus-chinensis-Rinde.

Schnittdroge: s. Fraxinus-chinensis-Rinde.

Inhaltsstoffe: Aesculin und Aesculetin (3,4 %).

Wirkungen: *Antimikrobielle Wirkung.* Aesculin und Aesculetin aus Fraxinus-rhynchophylla-Rinde hemmen nach Lit.[48] das Wachstum von *Shigella flexneri, S. sonnei* und *S. schmitzii* (nähere Angaben unaufgeschlossen, da chinesischer Originaltext). Weitere Wirkungen s. Fraxinus-chinensis-Rinde.

Fraxinus stylosa LINGELSH.

Botanische Beschreibung: Strauch oder schmächtiges Bäumchen, Knospen schwarzbraun, Äste graubraun, junge Zweige bräunlichgelb, Lenticellen selten zerstreut verdeckt. Blätter schmal, 6 bis 15 cm lang, mit 1 bis 2 Fiederblattpaaren und sehr schmaler Blattspindel; Fiederblättchen schwach ledrig oder pergamentartig, lanzettlich, auf beiden Seiten fast gleichfarbig und an den Mittelnerven schwach behaart, mit welligem, undeutlich geschweift-gesägtem Blattrand und keilförmigem Grund stielartig zusammengezogen, leicht sichelförmig, 3,5 bis 8 cm lang und 0,8 bis 2 cm breit. Rispiger Blütenstand zur Zeit der Fruchtreife etwa 8 cm lang. Kelch etwa 1 mm lang, bis zur Mitte 4spaltig, mit spitzen, dreieckigen Zipfeln. Kronblätter 2 bis 3 mm lang, kaum 1 mm breit. Frucht schmal-lanzettlich, 1,5 bis 2 cm lang und 2,5 bis 3 mm breit, Apex zugespitzt, normalerweise mit persistierendem Griffel.[26]

Verbreitung: Temperiertes Ostasien, Schensi, Huan-tou-san.

Drogen: Fraxini cortex.

Fraxini cortex (Fraxinus-stylosa-Rinde)

Sonstige Bezeichnungen: Chinesisch: Quinpi.[38]

Monographiesammlungen: Cortex Fraxini *ChinP IX.*

Definition der Droge: s. Fraxinus-chinensis-Rinde.

Stammpflanzen: *Fraxinus stylosa* LINGELSH.

Gewinnung: s. Fraxinus-chinensis-Rinde.

Schnittdroge: s. Fraxinus-chinensis-Rinde.

Inhaltsstoffe: *Cumarine.* Aesculetin (0,1 %), Fraxin (0,5 %), Aesculin (2,6 %) und Stylosin (= 8-*O*-(Rhamnosylrhamnosylglucosyl)fraxetin) (0,3 %) in der Rinde.[19]
Weitere Phenylpropanderivate. Syringin (= 4-*O*-Glucosyl-Derivat des Sinapylalkohols).[19]

1. Thoms H, Brandt W (Hrsg.) (1931) Handbuch der praktischen und wissenschaftlichen Pharmazie, Urban & Schwarzenberg Verlag, Berlin, Bd. 5/2, S. 1.445–1.448
2. Tissut M, Ravane P (1980) Phytochemistry 19:2077–2.081
3. Kowalczyk B, Olechnowicz-Stepien W (1989) Planta Med 55:623
4. Casadebaig J, Jacob M, Cassanas G, Gaudy D, Baylac G, Puech A (1989) J Ethnopharmacol 26:211–216
5. ds. Hdb. Bd. 1, S. 650
6. Torres R, Delle Monache F, Marini-Bettolo GB (1979) Planta Med 37:32–36
7. BAz Nr. 22a vom 01.02.1990
8. Genius OB (1980) Dtsch Apoth Ztg 120:1.505–1.506
9. Hosny M, Calis I, Nishibe S (1990) Planta Med 56:81
10. ds. Hdb. Bd. 4, S. 145
11. Madaus G (1938) Lehrbuch der biologischen Heilmittel, Georg Thieme Verlag, Leipzig, Bd. II, S. 1.378–1.380
12. Little EL (1980) The Audubon Society Field Guide to North American Trees/Eastern Region, Alfred A. Knopf Verlag, New York, S. 647–648
13. Berger F (1950) Handbuch der Drogenkunde, Wilhelm Maudrich Verlag, Wien, Bd. II, S. 148–150
14. Hooper SN, Candler RF (1984) J Ethnopharmacol 10:181–194
15. Kostova I (1992) Planta Med 58:484
16. Carnat A, Lamaison JL, Duband F (1990) Plant Méd Phytothér 24:145–151
17. Marekov N, Popov S, Khandzhieva N (1986) Khim Ind 58:132–135
18. Kowalczyk B, Olechnowicz-Stepien W (1988) Herba Pol 34:7–13
19. Tang W, Eisenbrand G (1992) Chinese Drugs of Plant Origin, Springer Verlag, Berlin Heidelberg New York, S. 521–523
20. Sekiya K, Okuda H, Arichi S (1982) Biochimic Biophys Acta 713:68–72
21. Neichi T, Koshihara Y, Murota SI (1983) Biochimic Biophys Acta 753:130–132
22. Panossian AG (1984) Biomed Biochim Acta 43:1.351–1.355
23. Melchior H (Hrsg.) (1964) A. Engler's Syllabus der Pflanzenfamilien, 12. Aufl., Gebr. Bornträger, Berlin-Nikolassee, Bd. 2, S. 404
24. Tonkin NN, Work NN (1945) Nature 156:630
25. Krüssmann G (1977) Handbuch der Laubgehölze, Paul Parey Verlag, Berlin Hamburg, S. 88–94
26. Lingelsheim A (1920). In Engler A (Hrsg.) Das Pflanzenreich, Wilhelm Engelmann Verlag, IV 243 I und II, S. 28–30
27. Dragendorff G (1898) Die Heilpflanzen der verschiedenen Völker und Zeiten, Ferdinand Enke Verlag, Stuttgart, S. 524
28. Bässler F (1966) Heilpflanzen erkannt und angewandt, 5. Aufl., Neumann Verlag, Radebeul Berlin, S. 272–273
29. Scheller H (1977) Mitt Dtsch Dendrol Ges 69:49–162
30. Heg, Bd. V, Teil 3, S. 1.919–1.934
31. FEu, Bd. 3, S. 52–55
32. Hgn, Bd. 2, S. 231–247
33. Hag, Bd. 4, S. 1.050–1.055
34. BAz Nr. 109a vom 16.06.1987
35. EB 6, S. 187
36. PF VIII, S. 496–497
37. Helv V, S. 570
38. ChinP IX

39. Jensen SR, Nielsen BJ (1976) Phytochemistry 15:221–223
40. Meyer B, Elstner EF (1990) Planta Med 56:666
41. Okpanyi SN, Schirpke von Paczensky R, Dickson D (1989) Arzneim Forsch 39:698–703
42. El-Ghyzaly, Khayyal MT, Okpanyi SN, Arens-Corell M (1992) Arzneim Forsch 42:333–336
43. Mattar J, Lemmel EM (1991) Aktuelle Rheumatologie 16:61–64
44. Nishibe S, Tsukamoto H, Hisada S, Nikaido T, Ohmoto T, Sankawa U (1986) Shoyakugaku Zasshi 40:89–94
45. HPUS 88
46. Kernerman SM, McCullough J, Green J, Ownby DR (1992) Ann Allergy 69:493–496
47. Bousquet J, Guérin B, Hewitt B, Lim S, Michel FB (1985) Clin Allergy 15:439–448
48. Mei PF, Hsu CC, Wang Y (1962) Acta Chim Sin 28:25–30
49. ÖAB 90

Ge

Fucus

HN: 2029100

Familie: Fucaceae.

Gattungsgliederung: Keine weitere systematische Untergliederung der Gattung Fucus L. mit etwa 90 Arten weltweit, davon 15 Arten auf der nördlichen Hemisphäre.

Gattungsmerkmale: Fucus-Arten bestehen aus einem bis über 1 m langen, diploiden, bandförmigen Thallus, der dem Untergrund mit Rhizoiden (Haftscheiben oder -krallen) aufsitzt. Deutliche Gliederung in Haft-, Stengel-, und Blattorgane erkennbar. Thallus mit 5 bis 20 mm breiten, braunschwarzen bis grünlichbraunen, mehr oder weniger abgeflachten Bändern. Thallus dichotom verzweigt und dadurch in gleichartige Abschnitte unterteilt, die alle eine deutliche, versteifend wirkende Mittelrippe aufweisen. Einige Arten bilden auffallende luftgefüllte Schwimmblasen aus, meist oval. Ende der Thalluszweige angeschwollen mit kleinen nur bei Lupenbetrachtung erkennbaren Konzeptakeln, die nach Fruktifikation (Frühling bis Herbst) abgeworfen werden. Das männliche Konzeptakel ist ein runder Hohlraum, im Inneren mit kurzen Haaren ausgekleidet und mit einem kreisförmigen Porus geöffnet. Generationswechsel äußerlich nicht erkennbar.[1,2]

Verbreitung: Vorwiegend in kalttemperierten Meeren, speziell an felsigen und nicht zu tiefen Küstenregionen.

Inhaltsstoffgruppen: Zellwand- und Reservepolysaccharide in Form von Polyuroniden (Leitsubstanz Alginsäure), sulfatierten Fucanen unterschiedlicher Feinstruktur und Molekulargewichts, sowie Glucane (Leitsubstanz Laminarin).
Monomere Kohlenhydrate mit den Leitsubstanzen L-Fucose und D-Xylose.
Zuckeralkohole mit der Leitsubstanz Mannit, sowie die entsprechenden Essigsäureester, Mono- und Diglucoside. Sterole (Leitsubstanz Fucosterol) sowie carotinähnliche Farbstoffe (Leitsubstanz Fucoxanthin).
Aus dem Meerwasser akkumulierte, in ionischer und proteingebundener Form vorliegende Halogenide, speziell Iod und Brom.

Drogenliefernde Arten: *F. serratus*: Fucus; *F. vesiculosus*: Fucus, Fucus vesiculosus hom. *HAB 34*, Fucus vesiculosus hom. *PFX*, Fucus vesiculosus hom. *HPUS 88*.

Fucus serratus L.

Sonstige Bezeichnungen: Dt.: Sägetang; engl.: Serrated Wrack.

Botanische Beschreibung: 25 bis 60 cm lang werdende diözische Alge mit olivbraunem, ca. 1 bis 4 cm breitem abgeflachtem Thallus, der wiederholt gabelig geteilt ist. Thallus lederartig, mit deutlicher Mittelrippe und ohne Schwimmblasen; Thallusrand einfach oder doppelt gesägt. Fruchtkörper flach, gabelig gestreckt und zugespitzt.[3]

Verwechslungen: Verwechslungen mit anderen Fucusarten können aufgrund des typischen gesägten Thallusrandes von *F. serratus* leicht festgestellt werden.

Inhaltsstoffe: *Polysaccharide.* Bis 19 % Laminarin,[8] Alginsäure, sulfatierte Fucane.[4]
Carotinoide Pigmente. Leitsubstanz Fucoxanthin, Peridinin.[5]
Polare Lipide. In Form der Mono- und Polyesterglykosylsulfate und Phosphatdiglyceride; Mengenanteile artspezifisch.[6] Komplexes Muster verschiedener Acyllipide.[7] Der Gehalt an Gesamtlipid ist abhängig vom Reifegrad der Alge.[8]

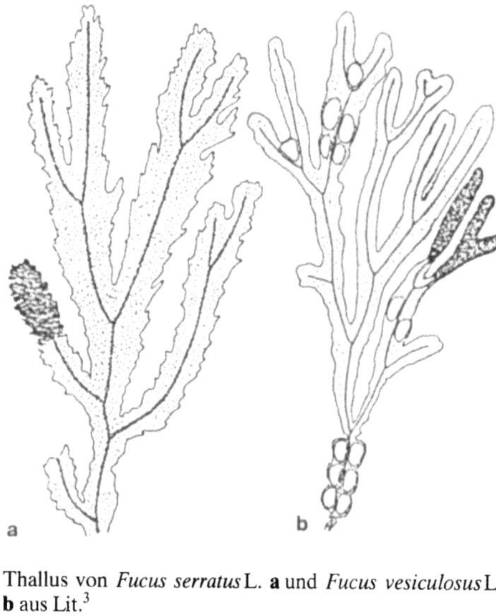

Thallus von *Fucus serratus* L. **a** und *Fucus vesiculosus* L. **b** aus Lit.[3]

Sonstige. Aus Meerwasser akkumulierte Halogenide, speziell bis zu 0,2 % Iod.

Verbreitung: Nördlicher Atlantischer Ozean; selten an der Küste Amerikas.

Anbaugebiete: Die gezielte Kultur ist nicht lohnend.

Drogen: Fucus.

Fucus (Tang)

s. *Fucus vesiculosus* L.

Fucus vesiculosus L.

Synonyme: *Fucus quercus marina* GMEL.

Sonstige Bezeichnungen: Dt.: Blasentang, Höckertang, Meereiche, Meertang, Schweinetang, See-Eiche; engl.: Black tang, Bladder fucus, Bladderwrack, Brown algae, Common sea wrack, Cutweed, Kelp ware, Paddy tang, Sea kelp, Sea oak, Sea ware, Seawrack; frz.: Fucus vésiculeux, Varech vésiculeux; dän.: Bloeretang; holl.: Blaaswier, Zeetang; it.: Alga marina; port.: Algazo, Bodelha, Botelhai, Bothelo, Botilhao-vesiculoso, Carballa, Carvalhino-do-mar, Carvalho-domar, Carvalho-marinho, Sargaco-vesiculoso, Vareque vesiculoso; span.: Corbela, Encina marina, Encina de mar, Quercus marina, Sargazo vejigoso; türk.: Deniz yosunu.

Systematik: 8 Varietäten werden beschrieben, darunter auch eine ohne Schwimmblasen.[9] Die morphologische Ausbildung der Art kann abhängig von den Umgebungsbedingungen sein.[10]

Botanische Beschreibung: Oft über 1 m lang werdende Alge, deren Thallus mit Rhizoiden im Substrat wurzelt. Stamm des Thallus flach, vielfach gabelig verästelt, mit einer der ganzen Länge nach laufenden Mittelrippe. Neben dieser Mittelrippe längliche oder kugelige, luftführende Schwimmblasen, häufig zu zweien oder auch einzeln, mit deren Hilfe der Thallus mehr oder weniger aufrecht gehalten wird. Werden die Blasen an einem Verzweigungspunkt angelegt, entsteht direkt über der Verzweigung eine dritte Blase. Fruchtstände an den Spitzen der fertilen Thallusenden, entweder herz- oder eiförmig plattgedrückt, körnig blasig (vgl. Abb. bei *F. serratus*). Ganze Pflanze im frischen Zustand oliv- bis gelblichbraun.[2,11]

Verwechslungen: Verwechslungen kommen mit anderen Fucus-Arten vor; die Unterscheidung von *F. serratus* (Sägetang) ist durch den bei dieser Art deutlich gesägten Thallusrand im Vergleich zum ganzrandigen Thallus von *F. vesiculosus* gegeben. Verwechslungen mit *Ascophyllum nodosum*, einer noch von Linné der Gattung Fucus zugeordneten Fucaceae, ist möglich. Unterscheidungsmerkmale: Die Alge zeigt im Vergleich zu *F. vesiculosus* schmälere (4 bis 8 mm breite), weniger stark abgeflachte Bänder ohne Mittelrippe. 8 bis 18 mm lange Kurztriebe geben ein weiteres Unterscheidungsmerkmal; die Schwimmblasen sind deutlich breiter als bei *F. vesiculosus*.[12]

Inhaltsstoffe: *Polysaccharide.* Laminarin bis 7 %.[13]
Polyphenolische Verbindungen. Phlorotannine: Polyhydroxypolyphenylether, deren Gehalt und Polymerisierungsgrad innerhalb der Art schwankend ist; Gehaltsunterschiede in Abhängigkeit von der Individuumsgröße, der Jahreszeit und der jeweiligen Umgebungssituation sind beschrieben.[14,15]
Carotinoide Pigmente. Hauptpigment Fucoxanthin (syn. Phycoxanthin),[16] Lutein; Violaxanthin spezifisch für die nicht getrocknete Alge (in trocknendem Pflanzenmaterial Zersetzung zu Zeaxanthin), Neoxanthin,[17] Fucoxanthinol,[17] β-Carotin, Squalen.[18]
Sterole. Sterole mit der Leitstruktur Fucosterin[19,20] (syn. Fucosterol), jeweils auch mit Fettsäuren acyliert oder glykosidiert.[21]
Polare Lipide. In Form der Mono- und Polyesterglykosylsulfate und Phosphatdiglyceride; Struktur und Menge streng artspezifisch.[6]
Sonstige. Langkettige Paraffine, Hentriacontan und Polyene,[18,21] Alkanole, Phytan, Pristan, Phytol.[18] Größere Mengen an Polyen-Fettsäuren.[22] ätherisches Öl in Spuren. Die Alge kann in Abhängigkeit von der jeweiligen Umgebungssituation Schwermetalle,[23,24] Radionuklide[25] und Benzpyrene[26] akkumulieren. Weitere Inhaltsstoffe wie Halogenide s. Fucus.

Verbreitung: In nicht zu tiefen Gewässern der kalttemperierten Meere. Weit verbreitet in der Nordsee und der westlichen Ostsee sowie an Atlantik- und Pazifikküsten.

Anbaugebiete: Die gezielte Kultur ist nicht lohnend.

Drogen: Fucus, Fucus vesiculosus hom. *HAB34*, Fucus vesiculosus hom. *PFX*, Fucus vesiculosus *HPUS88*.

Fucus (Tang)

Synonyme: Fucus marinus, Fucus vesiculosus.

Sonstige Bezeichnungen: Dt.: Blasentang, Höckertang, Meereiche, Tang Fucus; engl.: Blach-tang, Bladder Wrack, Kelp Ware, Sea Oak, Sea Wrack; frz.: Varech vésiculeux; port.: Bodelha; span.: Fucus vesiculosus.

Monographiesammlungen: Tang *DAB10*; Fucus *BHP83*.

Definition der Droge: Der getrocknete Thallus von *Fucus vesiculosus* L. oder von *Ascophyllum nodosum* LE JOL. oder von beiden Arten *DAB10*.[27] Die ganze Pflanze von *F. vesiculosus* L. und anderen Fucus-Arten, die nach dem Sammeln möglichst schnell getrocknet werden *BHP83*. Getrocknete, grob zerkleinerte Thalli von *F. vesiculosus* und *F. serratus*.[61]

Stammpflanzen: *Fucus vesiculosus* L. Zu beachten ist, daß *DAB10* den Thallus von *Ascophyllum nodosum* LE JOL. als alleinigen Bestandteil der Droge oder als Zumischung zu dem von *F. vesiculosus* erlaubt. *BHP83* erlaubt andere Fucus-Arten ohne differenzierende Angaben. Zusätzlich zu *F. vesiculosus* war früher auch *F. serratus* zugelassen.[61]

Herkunft: Sammlung aus Wildvorkommen an Küstenstellen mit ausgeprägten Unterschieden in Ebbe und Flut. Hauptlieferländer sind Frankreich, Irland und die Staaten an der Ostküste der USA.

Gewinnung: Bei Ebbe frisch geerntete Algen werden von anhängenden Muscheln befreit, mit Süßwasser gewaschen und möglichst schnell bei ca. 60 °C getrocknet, wobei eine starke Dunkelfärbung des Pflanzenmaterials eintritt.

Handelssorten: Die Droge wird in verschiedenen Zerkleinerungsgraden gehandelt.

Ganzdroge: Farbe braunschwarz bis grünlichbraun; lederartige, knorpelige und brüchige Stücke des etwa 1 bis 2 cm breiten Thallus. Dieser ist flach, ganzrandig (nach Lit.[61] z. T. mit gesägten Rändern, da auch *F. serratus* zugelassen), ineinander verwunden, gabelästig verzweigt. Verdickte Mittelrippen sind im Falle der Thalli von *F. vesiculosus* gut erkennbar; Mittelrippen fehlend im Falle des Vorhandenseins von *Ascophyllum nodosum*.[60] Luftblasen bei *F. vesiculosus* rundlich-oval, ca. 1 cm und paarweise zu beiden Seiten der Mittelrippe angeordnet, im Gegensatz zu *Ascophyllum nodosum*, der etwas größere und einzeln stehende Schwimmblasen besitzt.[60]
F. vesiculosus mit keulenförmig verdickten, durch die eingesenkten Konzeptakeln fein warzig erscheinende Zweigenden. *Ascophyllum nodosum* mit Konzeptakeln am Ende von kleinen seitlich stehenden Kurztrieben, die in der Droge meistens fehlen.[60]

Schnittdroge: *Geruch.* Meerartig, unangenehm fischartig.
Geschmack. Schleimig, salzig.
Makroskopische Beschreibung. Knorpelige, abgeflachte, brüchige, bräunlich- oder grünlich-schwarze Bruchstücke; Thallusenden mit warzigen Verdickungen (Konzeptakeln); Teile der großen Schwimmblasen mit behaarter Innenseite erkennbar.[60]
Lupenbild. Bruchkerben glatt, Thallusinneres hellbraun. Warzig erscheinende Zweigenden von *F. vesiculosus* erkennbar.
Mikroskopisches Bild. Mehrschichtige Rindenzone aus dicht aneinandergrenzenden, regelmäßig isodiametrischen Zellwänden, die farblos wirken; Zellinhalt gelb bis braun; im Drogeninneren lockeres, schleimiges Mark aus langgestreckten Zellen, die durch starke Verschleimung der farblosen Zellwände isoliert wirken; dazwischen liegen sehr lange dickwandige Zellfäden; alle Markzellen besitzen Zellwände, die in wäßriger Lösung stark aufquellen; *F. vesiculosus*: Mittelrippe mit dicht nebeneinander liegenden parallelen Zellfäden. *Ascophyllum nodosum* mit wesentlich weniger Zellfäden; Mittelrippe gänzlich fehlend. Die Rinde ist dicker als die von *F. vesiculosus*.[60]

Pulverdroge: Farbe grünlichblau bis graubraun; Fragmente der Rindenschicht, deren äußerste Zellreihen regelmäßig, dicht angeordnet und radial gestreckt vorliegen; gut erkennbar sind die inneren Zellreihen, die locker angeordnet und tangential gestreckt sind. Zellinhalt braun, gallertartig; Zellwände farblos, verschleimt; Fragmente der Markschicht mit typischen fadenförmigen Zellen mit dicken, verschleimten Wänden. Die Pulverdroge bietet keine mikroskopischen Unterscheidungsmerkmale zwischen *F. vesiculosus* und *Ascophyllum nodosum*.[60]

Verfälschungen/Verwechslungen: Verfälschungen und Verwechslungen mit Fucus-Arten, speziell mit *F. serratus* (Thallusrand gesägt), sind möglich. Gelegentlich werden schwärzliche, haarförmige, etwa 1 cm lange Büschel der Rotalge Polysiphonia gefunden, die auf Braunalgen epiphytisch vorkommt.[28]

Minderqualitäten: Vom Meer ausgeworfene Algen sollten nicht als Drogenmaterial verwendet werden.[29]

Inhaltsstoffe: *Halogenide.* Aus Meerwasser akkumulierte Halogenide, überwiegend Iod (0,03 bis 0,1 % Gesamtiod, schwankend je nach Herkunft; bestimmt nach Veraschen der Droge und Titration des mittels Br_2 zu IO_3^- oxidierten Iodids mit $Na_2S_2O_3$); daneben etwa 0,015 % Brom.
Neben anorganischen Iodsalzen liegt ein großer Teil (*F. vesiculosus*: 38 bis 78 %, *Ascophyllum nodosum*: 56 bis 73 %) als organisch gebundenes Iod vor, vornehmlich in Proteine, aber auch in Lipide inkorporiert.[30,31] Zusätzlich ist das Vorkommen von Diiodtyrosin beschrieben.[32]
Polysaccharide. Bis zu 30 % Alginsäure,[4,33] ein Polyuronid aus β-1,4-Mannuronsäuren und L-Guluronsäureeinheiten, daneben ein breites Spektrum an Fucanen, wie Homofucane, Glucuronoxylofucane und Fucoidine mit L-Fucose in 1,2-α-glykosidischer Bindung und hohem Sulfatierungsgrad.[4,33,34] Außerdem ist ein immunstimulierend und hämagglutinierend wirkenden Mucopolysaccharid mit niedrigem Sulfatierungsgrad beschrieben.[35–38]
Polyphenolische Verbindungen. Phlorotannine: Höherkettige Oligomere von Phloroglucin. Neben Fucolen mit Verknüpfung der Grundeinheiten über Phenylbindungen sind Fucophloroethole mit Diphenyl- als auch Phenylethergruppierungen beschrieben.[39–42]

Zubereitungen: Eine Methode zur Herstellung sogenannter Protoexoplasmapräparationen ist patentiert;[56–58] hierzu erfolgt Frostung der frischen Alge bei -10 bis -30 °C mit nachfolgender Kältevermahlung in flüssigem Stickstoff. Nach Hochgeschwindigkeitszentrifugation kann der Überstand, das polysaccharid- und mineralstoffreiche Protoexoplasma, medizinisch zur oralen Behandlung erhöhter Kapillarfragilität,[56] zur immuntherapeutischen Behandlung viraler Infektionen durch Steigerung der Immunglobulin-G-Titer[57] sowie zur Behandlung von Mängeln an Spurenelementen, hierbei speziell von Cu, Mg, Mn und Zn,[58] genutzt werden. Weiter ist die Isolierung und Reinigung eines lectinartigen Mucopolysaccharides unter Verwendung klassischer gelchromatographischer Methoden beschrieben. Hierbei handelt es sich um ein Polysaccharid mit einem durchschnittlichen Molekulargewicht von ca. $2 \cdot 10^6$ Dalton mit einem isoelektrischen Punkt von 3,2.[35]

Identität: Nach *DAB 10* und *BHP 83* erfolgen keine gesonderten Identitätsprüfungen. Halogenid kann aus dem wäßrig extrahierten Veraschungsrückstand der Droge durch eine Farbreaktion im sauren Milieu mit Tosylchloramid-Natrium-Lsg. nachgewiesen werden. Das entstehende rotviolette Reaktionsprodukt ist mit Chloroform ausschüttelbar.[61]

Reinheit:
- Trocknungsverlust: Höchstens 15% *DAB 10*.
- Asche: Höchstens 20% *DAB 10*.
- Sulfatasche: Höchstens 4% *BHP 83*.
- Fremde organische Bestandteile: Höchstens 2% *BHP 83*. Fremde Bestandteile: Prüfung vorgeschrieben *DAB 10*.

Gehalt: Mindestens 0,05% Gesamtiod und mindestens 0,02% proteingebundenes Iod *DAB 10*; 0,03 bis 0,04% Gesamtiodid, berechnet auf die bei 105°C getrocknete Substanz.[61]

Gehaltsbestimmung: Gesamtiod: Nach *DAB 10* wird 1 g pulverisierte Droge unter Zusatz von Alkalilsg. zur Zerstörung der Thallusstruktur erhitzt. Nach Zugabe von Kaliumcarbonat wird eingedampft und anschließend verascht, wobei sämtliches Iod in anorganisches Iodid überführt wird. Der Schmelzkuchen wird erschöpfend wäßrig extrahiert. In der so erhaltenen Lsg. wird Iodid mittels Bromwasser in schwefelsaurem Milieu zu Iodat oxidiert. Überschüssiges Brom wird durch Phenolzusatz zerstört. Nach Zugabe von Iodid erfolgt Symproportionierung zu freiem Iod, das mit $Na_2S_2O_3$-Lsg. titriert wird.
Proteingebundenes Iod: Nach *DAB 10* wird 1 g der pulverisierten Substanz zweimal mit Trichloressigsäure versetzt; der so jeweils durch Koagulation ausgefällte Proteinanteil wird abgetrennt. Nach Auswaschen des erhaltenen Rückstands wird der im Protein gebundene Iodanteil wie bei der Gesamtiodidbestimmung ermittelt.
Kolorimetrische und photometrische Methoden zur Iodbestimmung in Algen s. Lit.[30]; weiterhin ist die flammenlose Atomabsorptionspektroskopie zur Gesamtiodbestimmung beschrieben.[43]

Lagerung: Vor Licht geschützt *DAB 10*.

Wirkungen: *Antimikrobielle Wirkung.* Schnitte aus *F. vesiculosus* zeigen im Agar-Diffussionstest gegen *Staphylococcus epidermidis*, nicht aber gegen *Escherichia coli* eine antimikrobielle Wirkung.[44]
Extrakte (4 mg/mL) erweisen sich im Disc-Text in Abhängigkeit vom verwendeten Extraktionsmittel gegenüber *Staphylococcus epidermidis* als unterschiedlich wirksam: Keine Hemmung des Keimwachstums wird bei wäßrigen Extrakten, mäßige Hemmung bei methanolischen und starke Hemmwirkung bei Chloroformextrakten der Droge beobachtet. Die Auswertung erfolgt halbquantitativ ohne Angabe von MHK-Werten.[44]
Ein wäßriger Extrakt (1 g/mL) aus *F. serratus* zeigt in Verdünnungen bis 1,9 mg/mL fungitoxische Eigenschaften in Form einer Agglutinationswirkung gegenüber *Candida guilliermondii*, bis 0,6 mg/mL gegenüber *Candida guilliermondii* var. *galactosa*, bis 4 mg/mL gegenüber *Candida guilliermondii* var. *japonica* bei Inkubation der Verdünnungen mit entsprechenden Hefesuspensionen; Auswertung optisch nach dem Kriterium Agglutination.[45]
Ein isoliertes lectinartiges Mucopolysaccharid aus *F. vesiculosus*[35] zeigt *in vitro* antifungische Agglutinationswirkung gegenüber bestimmten Candida-Arten: MHK gegen *Candida guilliermondi* 78 µg/mL und gegen *Candida krusei* 5.000 µg/mL, bestimmt über den Einbau von ^{14}C-Uridin in die Zellmasse; Toxizität gegenüber anderen Candida-Arten wurde nicht beobachtet; die Interaktion des Lectins mit spezifischen Oberflächenrezeptoren wird diskutiert.[36] Bakteriostatische Wirkung dieses Mucopolysaccharides *in vitro* gegenüber *Neisseria menigitidis* tritt ab 5 µg/mL auf, bakterizide Wirkung ab 10 µg/mL (Wachstumskoeffizienten bestimmt über photometrische Messung der Zelldichte im Flüssigmedium, Testung auf Bakterizidie durch Ausplattieren der behandelten Kulturen).[37] Keine Abhängigkeit der antibakteriellen Eigenschaften des Lectins wird festgetellt gegen serologische Untertypen von Neisseria.[37]
Bakteriostatische Wirkungen des Mucopolysaccharides im gleichen Testmodell ab 5 µg/mL werden gegen bestimmte Escherichia-coli-Stämme beobachtet.[37]
Hämagglutination. Wäßrige Extrakte (0,1 g/mL) aus *F. vesiculosus* und *F. serratus* zeigen Hämagglutination gegenüber mit Papain behandelten menschlichen A_1-Erythrocyten. Die gleichen Extrakte, bei denen polyphenolische Komponenten entfernt wurden, sowie mit Protein angereicherte Extrakte zeigen keine Hämagglutination. Diese Wirkung der Fucusextrakte gegenüber menschlichen Erythrocyten beruht augenscheinlich auf dem Gehalt an polyphenolischen Inhaltsstoffen.[46]
Hypoglykämische Wirkung. Ethanol (95%)-Extrakte aus *F. vesiculosus* zeigen im normalglykämischen New-Zealand-Hasen in einer Dosierung von 10 g/kg KG nach peroraler Gabe signifikante Reduktion der Blutglucosespiegel um 5,8% nach 2 Stunden und um 9,6% nach 4 Stunden.[47] Signifikante Effekte bei den Dosierungen von 5 und 20 g/kg KG p.o. konnten nicht beobachtet werden. Eine Wirkung des Extraktes auf die Serumtriglyceridspiegel bei 5, 10 und 20 g/kg KG wurde nicht beobachtet.[47]
Immunmodulierende Wirkung. Ein lectinartiges Mucopolysaccharid[35] aus *F. vesiculosus*[38] zeigt *in vitro* signifikante Stimulierung des Wachstums von Milzlymphocyten der CBA/ca-Maus: Bei 12,5 µg/mL wird ca. 59% der mit Concanavalin A als Positivkontrolle erreichte Stimulierung beobachtet. Agglutinationswirkung gegen die Lymphocyten erfolgt nicht. Zusatz von fetalem Kälberserum zum Testmedium unterdrückt den stimulierenden Einfluß auf die Blastogenese.[38] *In vivo* stimu-

liert das Mucopolysaccharid an der CBA/ca-Maus (Dosis 200µg/Tier, i. v.) die Primärantwort auf thymusabhängige und thymusunabhängige Antigene signifikant (Plaque-forming-cell-Technik). Ein polyklonal aktivierender Effekt aufgrund der verstärkten Immunantwort gegen verschiedenste Ziele der nichtimmunisierten Maus wird postuliert.[38]

Volkstümliche Anwendung und andere Anwendungsgebiete: Die Droge wird bei Schilddrüsenerkrankungen eingesetzt, hierbei vornehmlich bei Hypothyreose mit Struma und Myxödem.[27] Durch den in der Droge vorhandenen Iodanteil soll eine Aktivierung der Schilddrüsentätigkeit erfolgen. Durch eine damit einhergehende Steigerung des Grundumsatzes begründet sich der weitere Einsatz der Droge bei Fettsucht und Übergewicht.[27] Hierzu zeigt eine orientierende Studie mit übergewichtigen Probanden (n = 50) unter standardisierten Bedingungen bei Gabe von 126mg Fucusextrakt/Tag (keine Angabe zu Extraktionsmittel und Drogenkonzentration) zusätzlich zu anthrachinonhaltigen Laxantien einen stärkeren Gewichtsverlust als in der nur mit Laxantien behandelten Vergleichsgruppe.[48]
Die Wirksamkeit der Droge innerhalb dieser Indikationsgebiete ist gegenwärtig klinisch nicht eindeutig belegt; in Dosierungen, die mehr als 150µg Iod/Tag enthalten, kann aus toxikologischen Gründen der Einsatz der Droge nicht empfohlen werden.[27]
Weitere Einsatzgebiete: Behandlung der Arteriosklerose und von Verdauungsstörungen.[27] Zusätzlich bei Rheumatismus und rheumatischer Arthritis.[62] Äußerlich bei Verstauchungen.[49] Verwendung der Droge aufgrund des Gehaltes an Polysacchariden als Abführmittel bei Verstopfung, wobei die tägliche Dosis durch den toxikologisch nicht unbedenklichen Iodanteil der Droge limitiert ist.
Die Wirksamkeit der Droge bei allen genannten Anwendungsgebieten ist gegenwärtig nicht eindeutig durch entsprechend angelegte klinische Studien belegt.
Oberhalb einer Dosierung, die maximal 150µg Iod pro Tag bei oraler Gabe enthält, kann eine therapeutische Anwendung aufgrund der fehlenden Wirksamkeit und angesichts der Risiken nicht empfohlen werden.[27]

Dosierung und Art der Anwendung: *Droge.* Gebräuchliche Einzeldosis als Aufguß: 5 bis 10g Droge; dreimal täglich eine Einzeldosis.[62]
Anwendung der Droge als Abführmittel bei Verstopfung: Wegen des tox. nicht unbedenklichen Iodanteils wird die tägl. Maximaldosis auf eine 120µg Iod entsprechende Drogenmenge limitiert.[59]
Zubereitung. Gebräuchliche Einzeldosis: 4 bis 8mL eines Extraktes 1 : 1 mit Alkohol 25 %; dreimal täglich eine Einzeldosis.[62]

Unerwünschte Wirkungen: *Allergische Wirkungen.* Oberhalb einer Dosierung von 150µg Iod/Tag kann es in seltenen Fällen zu Überempfindlichkeitsreaktionen unter dem Bild einer schweren Allgemeinreaktion kommen.[27] *Sonstige.* Oberhalb einer Dosierung von 150µg Iod/Tag besteht die Gefahr einer Induktion oder Verschlimmerung einer Hyperthyreose.[27]

Sonst. Verwendung: *Pharmazie/Medizin.* Extrakte der Droge werden aufgrund des hohen mineralischen Gehaltes als Zusatz zu Zahnpasten verwendet.[51] Zusatz der gepulverten Droge zu Haarwässern gegen Seborrhöe und Schuppenbildung.[52] *Kosmetik.* Als Zusatz zu feuchtigkeitsspendenden Gesichtscremes und Peelingmasken. *Haushalt.* Zusatz der iodhaltigen alkoholischen Extrakte zu Fruchtsaftgetränken.[53] *Landwirtschaft.* Verwendung von alkalischen Hydrolysaten und Dialysaten als Zusatz zu Düngemittel und Spritzmittel.[54,55] *Industrie/Technik.* Aus der Asche von Fucus wurde vor Auffindung der Chilesalpeterlager Iod gewonnen; heute Verwendung zur technischen Gewinnung von Alginaten und Fucoidin.[49]

Gesetzl. Best.: *Apothekenpflicht.* Ja. *Offizielle Monographien.* Aufbereitungsmonographie der Kommission E am BGA "Fucus (Tang)".[27]

Fucus vesiculosus hom. *HAB34*

Sonstige Bezeichnungen: Blasentang.

Monographiesammlungen: Fucus vesiculosus *HAB34.*

Definition der Droge: Der getrocknete, gereinigte Thallus.

Stammpflanzen: *F. vesiculosus* L.

Zubereitungen: Tinktur nach § 4 *HAB34* mit Ethanol 90 % (*V/V*); Eigenschaften: Die Tinktur ist von grüner Farbe, eigenartigem, fischähnlichem Geruch und widerlichem Geschmack.
Urtinktur und flüssige Verdünnungen nach *HAB 1*, Vorschrift 4a mit Ethanol 86 % (*m/m*).[50]
Darreichungsformen: Urtinktur, flüssige Verdünnungen, Tabletten, Verreibungen, Streukügelchen, flüssige Verdünnungen zur Injektion.[50]

Gehalt: *Tinktur.* Arzneigehalt 1/10.

Anwendungsgebiete: Die Anwendungsgebiete entsprechen dem homöopathischen Arzneimittelbild. Dazu gehören: Übergewicht, Kropfleiden.[50]

Dosierung und Art der Anwendung: *Zubereitung.* Bei akuten Zuständen häufige Anwendung alle halbe bis ganze Stunde je 5 Tropfen oder 1 Tablette oder 10 Streukügelchen oder 1 Messerspitze Verreibung einnehmen; parenteral 1 bis 2mL bis zu 3mal täglich s. c. injizieren.[50]
Bei chronischen Verlaufsformen 1- bis 3mal täglich 5 Tropfen oder 1 Tablette oder 10 Streukügelchen oder 1 Messerspitze Verreibung einnehmen; parenteral 1 bis 2mL pro Tag s. c. injizieren.[50]

Unerwünschte Wirkungen: Eine Schilddrüsenüberfunktion kann verstärkt werden. Hinweis: Es können vorübergehend Erstverschlimmerungen auftreten, die jedoch unbedenklich sind.[50]

Gegenanzeigen/Anwendungsbeschr.: Bei Schilddrüsenerkrankungen nicht ohne ärztlichen Rat anwenden. Bis D 4: Iodüberempfindlichkeit.[50]

Wechselwirkungen: Nicht bekannt.[50]

Gesetzl. Best.: *Offizielle Monographien.* Aufbereitungsmonographie der Kommission D am BGA "Fucus vesiculosus (Fucus)".[50]

Fucus vesiculosus hom. *PFX*

Sonstige Bezeichnungen: Fucus.

Monographiesammlungen: Fucus vesiculosus pour préparations homéopathiques *PFX*.

Definition der Droge: Der frische, ganze Thallus.

Stammpflanzen: *Fucus vesiculosus* L.

Zubereitungen: Urtinktur mit Ethanol nach der Monographie "Préparations Homéopathiques" *PFX*; Eigenschaften: Die Urtinktur ist eine braunrote Flüssigkeit mit starkem Geruch und charakteristischem Geschmack. Ethanolgehalt 65 % (*V/V*).

Identität: *Droge.* Die Droge muß der makroskopischen Identitätsprüfung wie folgt entsprechen: Dünner, flacher, gerader Thallus mit ungezähntem Rand; Verzweigungen dichotom; luftgefüllte, kleine Schwimmblasen zwischen Verzweigungen; an einigen Thallusspitzen elliptische, pralle Konzeptakeln, deren innere Wand mit verzweigten Haaren ausgekleidet ist und entweder Antheridien oder Oogonien enthält, die auf unterschiedlichen Trägern plaziert sind. Geruch: Charakteristisch nach Meeresalgen. Geschmack: Fade, salzig, schleimig.
Urtinktur. Betrachtung im ultravioletten Licht bei 365 nm: Braune Fluoreszenz der Urtinktur mit orangenem Meniskus.
Ausfällung eines in Ammoniak löslichen und in verdünnter Salpetersäure unlöslichen Präzipitates nach Zusatz von Silbernitrat zu der Urtinktur.
Nach Ansäuern der Urtinktur mit Eisessig und Zusatz von Magnesiumuranylacetatlösung bildet sich ein Niederschlag.
Ausfällung eines Niederschlages nach Zusatz von Bariumchloridlösung zur Urtinktur.
Nach Einengen der Urtinktur zur Trockene und Zugabe von Natriumhydroxidlösung wird bis zur Verkohlung der Masse erhitzt, der Rückstand in Wasser aufgenommen, filtriert und das so erhaltene Filtrat mit Schwefelsäure versetzt; nach Zusatz von Chloroform und Silbernitratlösung färbt sich die organische Phase rosa.

Reinheit: *Urtinktur.*
- Ethanolgehalt: Zwischen 60 und 70 % (*V/V*).
- Trockenrückstand: Mind. 1,50 %.

DC der Urtinktur:
- Sorptionsmittel: Kieselgel G;
- Fließmittel: Chloroform-wasserfreie Essigsäure-Methanol-Wasser (15 + 8 + 3 + 2);
- Detektion: 1. Direktauswertung im UV 365 nm; 2. Besprühen mit Anisaldehyd-Reagenz, Erhitzen auf 100 bis 105 °C für 10 min, Auswertung im Vis; 3. Besprühen mit Anilin-Phthalat-Reagenz, Erhitzen auf 100 bis 105 °C für 20 min, Auswertung im Vis;
- Auswertung: 1. Bei der Direktauswertung im UV 365 nm zeigt sich bei Rf 0,70 eine blaue Bande. 2. Nach Detektion mit Anisaldehyd-Reagenz läßt sich ein charakteristisches Muster von drei unterschiedlich gefärbten Zonen nachweisen. 3. Nach Detektion mit Anilin-Phthalat-Reagenz läßt sich bei Rf 0,15 eine ockerfarbene Zone nachweisen.

Gehalt: *Urtinktur.* 0,001 bis 0,002 % Iod.

Gehaltsbestimmung: *Urtinktur.* 50 g Urtinktur werden zur Trockene eingeengt und der Rückstand nach Zugabe von Natriumhydroxidlösung verascht; der Rückstand wird mit Wasser extrahiert und die resultierende Lösung filtriert; durch Zusatz von Schwefelsäure zum Filtrat wird unter Zuhilfenahme von Methylorange-Indikator ein saurer pH-Wert eingestellt; nach Zusatz von Brom-Reagenz und Kaliumiodid-Reagenz wird gebildetes Iod mittels Natriumthiosulfat-Reagenz gegen Stärkelösung als Indikator titriert.

Fucus vesiculosus hom. *HPUS88*

Monographiesammlungen: Fucus vesiculosus *HPUS88*.

Definition der Droge: Der ganze Thallus.

Stammpflanzen: *F. vesiculosus* L.

Zubereitungen: Urtinktur 1:10 durch Mazeration oder Perkolation mit Ethanol nach den allg. Zubereitungsvorschriften des *HPUS88*. Ethanolgehalt 45 % (*V/V*).

1. Fott B (1971) Algenkunde, 2. Aufl., Gustav-Fischer-Verlag, Jena, S. 190–193
2. Van den Hoek C (1978) Algen – Einführung in die Physiologie, Thieme-Verlag, Stuttgart, S. 181
3. Pankow H (1990) Ostsee-Algenflora, Gustav-Fischer-Verlag, Jena, S. 473
4. Mabeau S, Kloarey B (1987) J Exp Bot 38:1.573–1.580
5. Haugan JA, Liaaen-Jensen S (1989) Phytochemistry 28:2.797–2.798
6. Liem PQ, Laur MH (1976) Biochemie 58:1.367–1.380
7. Smith KL, Haarwood JL (1984) Phytochemistry 23:2.469–2.473
8. Pham QL, Laur MH, Paquet C (1970) Oleagineux 25:223–225
9. Newton LA (1931) A Handbook of the British Seaweeds, The Trustees of the British Museum, London, S. 77–78
10. Kylin H (1947) Die Phaeophyceen der schwedischen Westküste, Bd. 43/4, Universitets Arsskrift N. F. Avd. 2, Uppsala, S. 82–89
11. HAB 34, S. 200–201
12. Stahl E, Menßen G, Staesche K, Beckmann H (1976) Dtsch Apoth Ztg 116:51–54
13. Hoppe HA Drogenkunde, Bd. 2, 8. Aufl., W. de Gruyter Verlag, Berlin New York, S. 22

14. Danton A, Chapman ARO, Markham J (1990) Mar Ecol Prog Ser 65:103–104
15. Ronneberg O, Ruokolathi C (1986) Ann Bot Fenn 23:317–323
16. Heilbron IM, Phipers RF (1935) Biochem J 29:1.360–1.374
17. Nitsche H (1974) Biochim Biophys Acta Gen Subj 338:572–576
18. Halsall TG, Hills JR (1971) J Chem Soc D 9:448–449
19. Heilbron M, Phipers RF, Wright HR (1934) Nature 133:419
20. DiRenzo N (1970) Boll Chim Farm 109:454–462
21. Duperon R, Thiershault M, Duperon P (1983) Phytochemistry 22:535–538
22. Rezanka T, Vyhnalek O, Podojil M (1988) Folia Microbiol 33:309–313
23. Foster P (1976) Environment Pollution 10:45–50
24. Mesmar H (1987) Acta Biol Hung 38:155–160
25. Carlson L, Erlandson B (1991) J Environmental Radioactivity 13:309–322
26. Veldre IA, Itra AR, Palme LP, Kukk KA (1985) Vopr Onkol 31:76–81
27. BAz Nr. 101 vom 01.06.1990
28. Hag, Bd. IV, S. 1.063
29. Nadkarni KM, Nadkarni AK (1954) Indian Materia Medica, 3. Aufl., Popular Book Depot, Bombay, S. 560
30. Stahl E, Menßen G, Staesche K, Beckmann H (1975) Dtsch Apoth Ztg 115:1.893–1.896
31. Pohloudek-Fabini R, Katterbach HA (1965) Pharmazie 20:176
32. Mabeau S, Kloarey B, Joseleau JP (1990) Phytochemistry 29:2.441–2.445
33. Schneider G, Pharmazeutische Biologie, 2. Aufl., Bibliographisches Institut-Wissenschaftsverlag, Mannheim Wien Zürich, S. 148
34. Trabert CH (1969) Arch Pharm 293:278–282
35. Ferreiros CM, Criado MT (1983) Rev Esp Fisiol 39:51–59
36. Criado MT, Ferreiros CM (1983) Ann Microbiol Inst Pasteur 134A:149–154
37. Criado MT, Ferreiros CM (1984) Rev Esp Fisiol 40:227–230
38. Criado MT, Ferreiros CM (1983) IR CS Med Sci Cancer 11:286–287
39. Glombitza KW, Rauwald HW (1975) Pharm Ztg 120:980–981
40. Glombitza KW, Rauwald HW, Eckhard G (1977) Planta Med 32:33–45
41. Reagan MA, Jamieson WD (1982) Phytochemistry 21:2.709–2.711
42. McInnes AG, Ragan MA, Smith DG, John A (1985) Can J Chem 63:304–313
43. Kuldvere K (1982) Analyst 107:1.343–1.347
44. Lustigman B, Brown C (1991) Bull Environ Contam Toxicol 46:329–335
45. Fabregas J, Munoz JL, Vill TG (1989) Res Microbiol 140:373–378
46. Rogers DJ, Loveless RW (1985) Bot Mar 28:133–137
47. Lamela M, Anca J, Villar R, Otero J, Calleja JM (1989) J Ethnopharmacol 27:35–43
48. Curro F, Amadeo A (1976) Arch Medicina Interna 28:19–32
49. Hag, Bd. IV, S. 1.064
50. BAz Nr. 29a vom 12.02.1986 in der Fassung vom BAz Nr. 47 vom 08.03.1990
51. Wixforth B (1985) Deutsches Patent Nr. 1596818-A
52. Launay G (1968) Französisches Patent Nr. 1596818-A
53. Klein-Wanner SA, Schirrmann F, Vanel C (1985) USA-Patent Nr. 4524084-A
54. Shinkyo Sagyo KK (1986) Japanisches Patent Nr. 62265208-A
55. Shinkyo Sagyo KK (1984) Japanisches Patent Nr. 60172914-A
56. Herve RA, Percehais S (1981) Französisches Patent Nr. 8117941
57. Herve RA, Percehais S (1982) Europa-Patent Nr. 0075523
58. Herve RA, Percehais S (1982) Europa-Patent Nr. 0075522
59. Ministère des Affaires sociales et de la Solidarité Bulletin officiel (1990) No. 90/22
60. DAB 10
61. AB-DDR
62. BHP 83

Hl

Fumaria

HN: 2037500

Familie: Papaveraceae.

Unterfamilie: Fumarioideae.

Tribus: Fumarieae.

Gattungsgliederung: Die Gattung Fumaria L. zählt etwa 50 Arten[1,4]. Sie umfaßt 2 Sektionen: Fumaria mit *Fumaria officinalis* L. und Grandiflorae Pugsley.[3]

Gattungsmerkmale: Einjährige Kräuter ohne Milchsaft, mit sympodialer Verzweigung. Blätter wechselständig, 2- bis 4-fach fiederschnittig. Blütentrauben endständig, allseitswendig. Hochblätter schuppenartig. Blüten zwitterig, quer-zygomorph. Kelchblätter 2, hinfällig oder fehlend. Äußere Kronblätter und innere Kronblätter jeweils 2. Staubblätter: 2 äußere seitliche und 2 innere mediane, diese halbiert und mit je einer Hälfte dem benachbarten äußeren bis unter die Anthere angewachsen. Antheren extrors. Fruchtknoten aus 2 seitlichen Karpellen bestehend, einfächerig, mit einer seitenständigen, apotropen oder kampylotropen Samenlage. Frucht nußartig. Samen ohne Anhängsel, mit reichlichem Nährgewebe. Chromosomen: n = 7,14,28,16.[1–4]

Verbreitung: Verbreitungsschwerpunkt vom Mittelmeergebiet bis Zentralasien, nach Amerika eingeschleppt.[2,4,5]

Inhaltsstoffgruppen: Sowohl im ober- wie im unterirdischen Teil der Pflanzen Alkaloide, hauptsächlich Benzylisochinolinderivate.[6] In 17 Arten der Gattung 95 verschiedene Alkaloide, die zu folgenden chem. Gruppen gehören: Protopine, Protoberberine, Phthalid-tetrahydroisochinoline, Spirobenzylisochinoline, Benzophenanthridine, Indenobenzazepine, Aporphine, Promorphinane.[7,8,9] Sowohl der unterschiedliche quant. wie der qual. Gehalt dieser Verb. in den einzelnen Fumaria-Arten dienen zu Versuchen einer chemotaxonomischen Interpretation.[10]

Drogenliefernde Arten: *F. officinalis*: Fumariae herba, Fumaria officinalis hom. *HAB 1*, Fumaria officinalis spag. Krauß hom. *HAB 1*, Fumaria officinalis hom. *PFX*.

Fumaria officinalis L.

Synonyme: *Fumaria media* LOIS., *F. sturmii* OPIZ, *F. vulgaris* BUB.

Sonstige Bezeichnungen: Dt.: Ackerraute, Echter Erdrauch, Erdgalle, Erdrauch, Erdraute, Gemeiner Erdrauch, Kratzheil, Traubenkerbel; engl.: Common fumitory, earthsmoke, fumeterre; frz.: Fleur de terre, fumeterre, fumeterre officinale; it.: Feccia fumosterno, fumaria, fumoterra; pol.: Dymnica pospolita, polna ruta.

Systematik: Von *Fumaria officinalis* sind 2 Unterarten bekannt: *Fumaria officinalis* L. ssp. *officinalis* und *F. officinalis* L. ssp. *wirtgenii* (KOCH) ARCANG.[3]

Botanische Beschreibung: Die 10 bis 50 cm hohe Pflanze hat einen aufrechten oder aufsteigenden dünnen, etwas gerillten, leicht blau bereiften und ästigen Stengel. Die Laubblätter sind gestielt, doppelt gefiedert, weich, mit gestielten, hand- oder fiederförmig geteilten Fiedern und länglich-linealen, 2 bis 3 mm breiten, stumpfen oder spitzen Abschnitten. Die kurzgestielten Blüten stehen in aufrechten, den Laubblättern gegenständigen, dichten, endständigen Trauben und sind 5 bis 8 mm lang. Die 2 Kelchblätter sind bis zu 3 mm lang, eiförmig-lanzettlich, gezähnt, schmäler und kürzer als die Kronröhre. Die äußeren Kronblätter sind vorn abgerundet, purpurrot bis rosa, an der Spitze aber wie die inneren tief dunkelrot bis schwarz, mit grünem Kiel. Die meist schon während der Blütezeit erscheinenden Früchte sind kugelig, seitlich etwas abgeplattet, grün und am oberen Pol deutlich eingedrückt, 2 bis 2,5 mm breit, an aufrecht abstehenden, mehrmals längeren Fruchtstielen, diese etwa doppelt so lang wie die lanzettlichen Hochblätter.[4]

Verwechslungen: Mit anderen, nahe verwandten Fumaria-Arten, wie *F. schleicheri* SOY.-WILLEM. und *F. vaillantii* LOISEL.

Verbreitung: Ganzes Mittelmeergebiet bis Äthiopien; Kanaren, Madeira; ganz Europa (mit Ausnahme des äußersten Nordens) und Westsibirien bis zum Ob. Eingeschleppt auch in Nord- und Südamerika.[4]

Drogen: Fumariae herba, Fumaria officinalis hom. *HAB 1*, Fumaria officinalis spag. Krauß hom. *HAB 1*, Fumaria officinalis hom. *PFX*.

Fumariae herba.

Synonyme: Herba Fumariae.

Sonstige Bezeichnungen: Dt.: Ackerrautenkraut, Erdrauchkraut, Grindkraut, Rauchkraut; engl.: Fumitory herb; frz.: Herbe de fumeterre; pol.: Ziele dymnicy.

Monographiesammlungen: Herba Fumariae *EB 6*.

Definition der Droge: Das getrocknete Kraut.

Stammpflanzen: *Fumaria officinalis* L.

Herkunft: Aus Wildbeständen in Europa und Asien; wird aus Osteuropa importiert.

Schnittdroge: *Geruch.* Geruchlos.
Geschmack. Bitterlich, salzig.
Makroskopische Beschreibung. Die Droge ist gekennzeichnet durch die hell- bis braungrünen, hohlen, furchigkantigen Stengelstücke, durch die stark geschrumpften, rotvioletten Blüten, die grünen, kugeligen, einsamigen Schließfrüchte mit kleinem, braunrotem Samen und durch die feingerunzelten, leicht bereiften, grau- bis bräunlichgrünen Blattfiederstückchen.[11]
Mikroskopisches Bild. Die Blätter führen in beiden aus dünnwandigen, schwach welligen Zellen bestehenden Epidermen Spaltöffnungen, die bei Betrachtung der Fläche oft unregelmäßig polygonal und dünnwandig erscheinen und einen auffällig kurzen Spalt erkennen lassen. Das Mesophyll besteht aus einer Reihe besonders um die Spaltöffnungen herum weitläufig gestellter Palisaden und einem wenigschichtigen Schwammgewebe aus armigen Zellen. Festigungsgewebe fehlt sowohl den Nerven wie dem Blattrande, auch Oxalatkristalle fehlen; die Zellen der oberen Epidermis enthalten jedoch vielfach eine größere Anzahl kleiner Sphärokristalle einer unbekannten Sz. Die Blütenteile führen keine auffälligen Zellformen; die Pollenkörner sind glatt. Die Früchte haben eine aus fast geradlinig-polygonalen oder schwach welligen, dünnwandigen Zellen bestehende Epidermis, deren Cuticula zahlreiche derbe Warzen trägt. Darauf folgt ein sehr dünnwandiges Parenchym, dann eine nach außen höckerig begrenzte Hartschicht, die aus armigen, fest miteinander verwachsenen, meist etwas im Meridian der Frucht gestreckten, reichlich getüpfelten, verholzten Steinzellen besteht. Diese Hartschicht geht in eine schmale Zone flacher, weniger verdickter, aber überaus stark wellig-buchtig begrenzter Zellen über, an die sich noch eine schmale Schicht dünnwandiger Zellen anschließt. Der Same hat eine zarte, braune Samenschale aus dünnwandigen Zellen und enthält im Nährgewebe Öl und Aleuron.[11]

Pulverdroge: Charakterisiert durch Blattstückchen, deren Epidermiszellen oberseits vieleckig, stellenweise mit einem Kristallbelag bedeckt, unterseits wellig, an den Blattzipfelspitzen zu stumpfen Papillen ausgezogen sind und die beiderseits Spaltöffnungen tragen, sowie durch Epidermiszellen der Kelch- und Kronenblätter mit buchtig-vieleckigen oder welligen Seitenwänden ohne Papillen. Die Pollenkörner sind kugelig, mit feingekörnter Exine und 6 großen Poren versehen.[11]

Inhaltsstoffe: *Alkaloide.* Bis zu 1,25 % Gesamtalkaloide[12] bzw. nach anderen Quellen[10,13–15] niedrigere

Gehalte von 0,3 bis 1,0 %. Folgende Alkaloidgruppen sind vertreten:

- Protoberberine, u. a. mit (-)-Scoulerin[7,8,13];

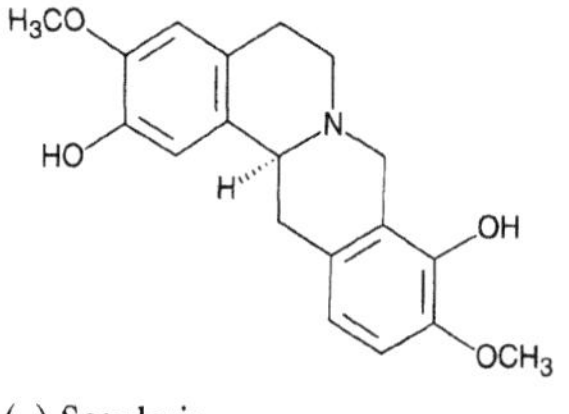

(-)-Scoulerin

- Protopine, u. a. mit Protopin[13,16]: 0,18 bis 0,4 %[17] bzw. 0,36 bis 0,4 %;[18]

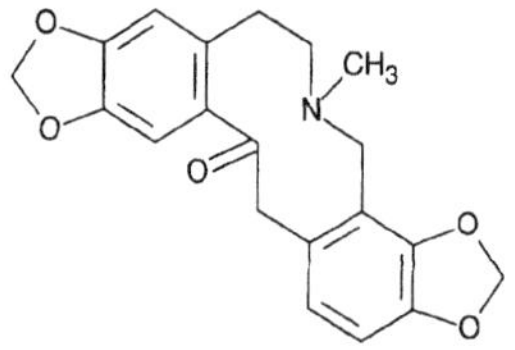

Protopin

- Spirobenzylisochinoline, u. a. mit Fumaricin,[13] (+)-Fumarilin[13] und Fumarophycin;[13,19]

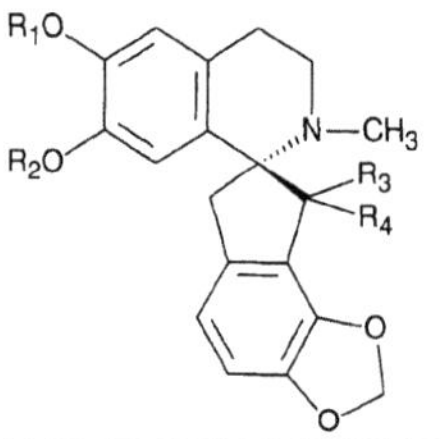

	R_1	R_2	R_3	R_4
Fumaricin	$-CH_3$	$-CH_3$	—H	—OH
(+)-Fumarilin	$-CH_2-$		=O	
Fumarophycin	$-CH_3$	—H	—H	$-OCOCH_3$

- Indenbenzazepine, u. a. mit Fumaritin[13,19] und Fumarofin (0,30 %).[12,19]

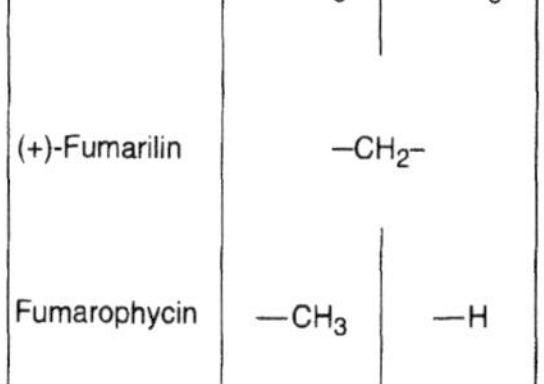

Fumaritin: R_1 = $-CH_3$, R_2 = $-CH_3$
Fumarofin: R_1 = -H, R_2 = -H

Carbonsäuren. Chlorogensäure, Fumarsäure und Kaffeesäure.[20]

Flavonolglykoside. Rutosid (Quercetin-3-glucorhamnosid), Quercetin-3,7-diglucosid, Quercetin-3-glucosid und Spuren von Kämpferol-3-arabinosid.[21]

Sonstige. 0,0025 % Vitamin C.[22]

Identität: DC-Prüfung auf Alkaloide mit Nachweis von Protopin:[12]

- Untersuchungslösung: Der Rückstand eines Methanolextraktes wird in Dichlormethan aufgenommen;
- Referenz-Sz: Noscapinhydrochlorid;
- Sorptionsmittel: Kieselgel GF_{254};
- FM: Dichlormethan-Cyclohexan-Diethylamin (7 + 2 + 1);
- Detektion: Direktauswertung im UV 365 nm und im UV 254 nm, anschließend Besprühen mit verd. Dragendorffs Reagenz und Auswertung im Vis;
- Auswertung: Im Chromatogramm der Untersuchungslsg. ist bei der Direktauswertung im UV 365 nm ein charakteristisches Muster verschieden gefärbter Zonen zu sehen, im UV 254 die mit der Referenz-Sz Noscapin Rf-gleiche (Rf 0,7) fluoreszenzmindernde Zone des Protopins sowie darunter 3 weitere, schwächer fluoreszenzmindernde Zonen. Nach dem Besprühen Orangefärbung der Alkaloide in den Rf-Bereichen 0,7 (Protopin als Hauptzone) sowie 0,4, 0,5 und 0,6 (Nebenzonen); weitere, anders gefärbte Zonen sind zu erkennen.

Reinheit:

- Asche: Höchsten 16 % *EB 6* und Lit.[23]
- Fremde Bestandteile: Höchstens 5 %[23]
- Trocknungsverlust: Höchstens 10 % (2 h bei 100 bis 105 °C).

Gehalt: Gesamtalkaloide, berechnet als Protopin: Mindestens 0,5 %.[23]

Gehaltsbestimmung: Die mit Ammoniaklsg., Ethanol und Ether durchfeuchtete Droge wird mit Ether-Chloroform (3 + 1) bis zur vollständigen Extraktion der Alkaloide perkoliert. Nach Reinigung der Alkaloidfraktion (saure/alkalische Verteilung) wird mit einer definierten Menge Schwefelsäure versetzt und mit Natriumhydroxidlsg. gegen Methylrot-Mischindikator zurücktitriert.[23]
Der Protopingehalt in der Droge und den Zubereitungen kann auch nach alkalischer $CHCl_3$-Extraktion, DC-Trennung und Elution gegen einen Protopinstandard spektrophometrisch bestimmt werden.[18,24] Eine ähnliche spektrometrische Protopin-Best.-Methode im Fumariaextrakt nach vorheriger chromatographischer Trennung der Alkaloidfraktion s. Lit.[17].

Lagerung: Vor Licht und Feuchtigkeit geschützt aufbewahren.[23,25]

Wirkungen: Der Droge wird eine leichte spasmolytische Wirkung im oberen Verdauungstrakt zugeschrieben.[26] Publizierte pharmakologische Prüfungen beziehen sich überwiegend auf einen nicht nä-

her definierten Trockenextrakt, der aus einem durch SC an XAD-2-Harz gereinigten, wäßrigen Auszug gewonnen wurde. 10^{-5} g/mL des oben beschriebenen Extraktes reduzierten am isolieren Kaninchen-Jejunum die Amplitude der spontanen Motorik. Angaben zur Dosisabhängigkeit und Reversibilität des Effektes fehlen.[27]
Am isolierten Ratten-Duodenum erhöhten 1×10^{-5} bis 5×10^{-4} g/mL dosisabhängig den Ruhetonus; Konz. über 1×10^{-3} g/mL verringerten die Amplitude der spontanen Motorik. Nähere Angaben fehlen. Der Effekt wird von den Autoren als "amphospasmolytische" Wirkung bezeichnet.[27] Der Extrakt antagonisiert am isolierten Ratten-Duodenum durch $BaCl_2$ ausgelöste Spasmen. Die ED_{50} beträgt etwa 10^{-4} g/mL und erreicht damit etwa 1/20 der Papaverinwirkung.[27] An der isolierten Vena saphena von Hunden antagonisiert der Extrakt eine durch Noradrenalin ausgelöste Kontraktion (ED_{50} $8{,}5 \times 10^{-6}$ g/mL). Der Extrakt soll darüber hinaus im Konz.-Bereich von 10^{-6} bis 10^{-4} g/mL eine Erhöhung des spontanen Venentonus bewirken. Der Effekt wird allerdings als nicht konstant bezeichnet.[27]
Am isolierten Uterus von Ratten bewirkt der Extrakt in einer Konz. von etwa 10^{-5} g/mL eine Kontraktion. Der Effekt soll ein Maximum durchlaufen und in höheren Konz. geringer sein. Nähere Angaben, speziell zur statistischen Signifikanz der Ergebnisse, fehlen.[27]
An Ratten und am Hund mit Gallengangsfistel kann die durch 50 mg/kg KG p.o. Natriumdehydrocholat ausgelöste Cholerese durch die gleichzeitige Gabe von 50 mg/kg KG p.o. des oben beschriebenen Extraktes vollständig antagonisiert werden. Bei Ratten kann die durch 10 mg/kg KG p.o. Natriumazid verursachte Red. der Gallenausscheidung durch 100 mg/kg KG p.o. des Extraktes vollständig antagonisiert werden.[28,29]
Die p.o. Gabe bis zu 100 mg/kg KG des Extraktes hatte weder beim Hund noch bei der Ratte einen Einfluß auf die normale Gallensekretion.[30] Ob diese Effekte tatsächlich als "amphocholeretische" Wirkungen bezeichnet werden können, erscheint zweifelhaft.
Die Autoren vermuten als WKM eine rein physikalische Einwirkung auf die Spannung bzw. Durchlässigkeit der Zellmembranen, was zu einem verstärkten choleretischen Effekt bei niedrigem Natriumdehydrocholatspiegel und einer umgekehrten Wirkung bei Natriumdehydrocholat-Überschuß führen soll.[30] Diese Hypothese bedarf der Überprüfung.

Anwendungsgebiete: Gegen krampfartige Beschwerden im Bereich der Gallenblase und der Gallenwege sowie des Magen-Darm-Traktes.[26]

Dosierung und Art der Anwendung: *Droge.* 1 bis 2 Teelöffel (2 bis 4 g) zerkleinerte Droge werden mit siedendem Wasser (ca. 150 mL) übergossen und nach 10 min abgeseiht; den noch warmen Teeaufguß 1/2 h vor den Mahlzeiten trinken.[23] Mittlere Tagesdos.: 6 g.[26]
Zubereitung. Galenische Zubereitungen: Mittlere Tagesdosis entspr. 6 g Droge.[26]

Volkstümliche Anwendung und andere Anwendungsgebiete: Bei Verstopfung, bei Lebererkr., auch bei Blasenleiden als Diureticum. Außerdem bei Hautkrankheiten.[31,32] In Mittelitalien in Form von Infusen bzw. Decocten der ganzen Pflanze gegen Atherosklerose, Rheumatismus, Arthritis und zur "Blutreinigung".[33] In Bulgarien wird ein von den Alkaloiden befreiter Fumariaextrakt bei hohem Blutdruck angewandt.[34] Auf den Kanarischen Inseln findet das Erdrauchkraut bei Hypoglykämie Verwendung.[35] In der spanischen Volksmedizin wird der oberirdische Teil von *Fumaria officinalis* bei Infektionen, bei krampfartigen Beschwerden und als Tonikum verwendet.[36] Die Wirksamkeit der Droge und der daraus hergestellten Zubereitungen bei diesen Medikationen ist wissenschaftlich nicht belegt.

Dosierung und Art der Anwendung: Übliche Dos.: 3,65 g Preßsaft tgl. 2 bis 3 Teelöffel Droge (2,4 bis 3,6 g) zum kalten Auszug oder heißen Infus. 1 Teelöffel voll Frischpflanzenverreibung 3mal tgl. (ca. 50 % Pflanzensz.).[31]

Unerwünschte Wirkungen: Keine bekannt.[26]

Gegenanzeigen/Anwendungsbeschr.: Keine bekannt.[26]

Wechselwirkungen: Keine bekannt.[26]

Tox. Inhaltsstoffe u. Prinzip: Als toxisches Prinzip des Erdrauchkrauts sind die Alkaloide anzusehen.

Akute Toxizität: Die akute Toxizität eines Fumariaextraktes, hergestellt durch Einengung eines wäßrigen 10%igen Aufgusses aus der blühenden Pflanze im Vakuum, wurde durch i.p. Injektion bei der Maus und Ratte bestimmt. Der Extrakt wurde als wäßrige Lsg. in Konz. von 2,5 bis 12,5 % injiziert, wobei sich die Dos. nach einer geometrischen Reihe zwischen 0,50 g bis 2,50 g/kg KG bewegten. Bis zu einer Dos. von 1,50 g/kg KG wurde keine Sterblichkeit beobachtet. Diese geringe Toxizität bei dieser Appl.-Art machte eine perorale Verabreichung überflüssig.[37]

Chronische Toxizität: Die chron. Toxizität wurde in einer 3-monatigen p.o. Appl. von 2,40 g/kg Kg des oben beschriebenen Fumariaextraktes untersucht. Es wurden weder Wachstumsverzögerung noch Veränderungen an lebenswichtigen Organen bzw. hämatologische Störungen festgestellt.[37]

Toxikologische Daten: *LD-Werte.* LD_{50} des unter „akute Toxizität" beschriebenen Extraktes beträgt bei i.p. Appl. bei der Maus 1,91 g/kg KG und bei der Ratte 1,28 g/kg KG.[37]

Gesetzl. Best.: *Standardzulassung.* Standardzulassung Nr. 1479.99.99 "Erdrauchkraut".[23] *Offizielle Monographien.* Aufbereitungsmonographie der Kommission E am BGA "Fumriae herba (Erdrauchkraut)".[26]

Fumaria officinalis hom. *HAB 1*

Monographiesammlungen: Fumaria officinalis *HAB1.*

Definition der Droge: Die frischen, oberirdischen Teile blühender Pflanzen.

Stammpflanzen: *Fumaria officinalis* L.

Zubereitungen: Urtinktur und fl. Verdünnungen nach *HAB 1*, Vorschrift 2a; Eigenschaften: Die Urtinktur ist eine grüne bis braune Fl. mit schwachem Geruch und leicht bitterem Geschmack.
Darreichungsformen: Urtinktur, fl. Verdünnungen, Tabletten, Verreibungen, Streukügelchen; fl. Verdünnung zur Inj.[38]

Identität: *Urtinktur.* Hellbrauner Niederschlag nach Zusatz von Wasser und Chloramin-T-Lsg.; nach Zusatz von konz. Ammoniakslsg., Wasser und Ether fluoresziert die Etherphase im UV-Licht bei 365 nm hellblau und die wäßrige Phase gelbgrün.
DC:
- Untersuchungslsg.: Der in Methanol aufgenommene Rückstand der Etherausschüttelung der eingeengten und mit Ammoniaklsg. versetzten Urtinktur;
- Referenz-Sz: Papaverinhydrochlorid, Colchicin, Resorcin;
- Sorptionsmittel: Kieselgel HF_{254};
- FM: Ethylmethylketon-Xylol-Methanol-Diethylamin (50 + 40 + 6 + 4):
- Detektion: Direktauswertung im UV 254 nm (Vergleichslsg.) und im UV 365 nm (Untersuchungslsg.), Besprühen mit verd. Dragendorffs Reagenz 10 % Natriumnitritlsg., Auswertung im Vis;
- Auswertung: Das Chromatogramm der Untersuchungslsg. zeigt im UV 365 nm dicht über dem Start und dem Fleck des Colchicins je einen gelben Fleck, dicht über dem Colchicinfleck zwei gelbe Flecke und dicht darüber einen hellblauen Fleck. Wenig über dem Resorcinfleck liegen drei gelbe Flecke und wenig über dem Papaverinfleck liegen ein hellblauer, ein gelber und ein brauner Fleck. Das Chromatogramm der Untersuchungslsg. zeigt nach dem Besprühen mit verdünntem Dragendorffs Reagenz und Natriumnitritlsg. auf hellrosafarbenem Grund folgende gelbrote Flecke: Dicht über dem Start einen Fleck, wenig über der Vergleichs-Sz Colchicin zwei Flecke sowie wenig unter dem Papaverin einen Fleck.

Reinheit: *Urtinktur.*
- Rel. Dichte (*PhEur*): 0,935 bis 0,950.
- Trockenrückstand (*DAB*): Mind. 2,2 und höchstens 3,0 %.

Lagerung: Vor Licht geschützt.

Anwendungsgebiete: Die Anw.-Gebiete entsprechen dem homöopathischen Arzneimittelbild. Dazu gehören: Chronisches, juckendes Ekzem bei Leberstörungen.[38]

Dosierung und Art der Anwendung: *Zubereitung.* Soweit nicht anders verordnet: Bei akuten Zuständen häufige Aw. alle halbe bis ganze Stunde je 5 Tr. oder 1 Tablette oder 10 Streukügelchen oder 1 Messerspitze Verreibung einnehmen; par. 1 bis 2 mL bis zu 3mal tgl. s.c. injizieren. Bei chron. Verlaufsformen 1- bis 3mal tgl. 5 Tr. oder 1 Tablette oder 10 Streukügelchen oder 1 Messerspitze Verreibung einnehmen; par. 1 bis 2 mL pro Tag s.c. injizieren.[38]

Unerwünschte Wirkungen: Nicht bekannt. Hinweis: Es können vorübergehend Erstverschlimmerungen vorkommen, die jedoch unbedenklich sind.[38]

Gegenanzeigen/Anwendungsbeschr.: Nicht bekannt.[38]

Wechselwirkungen: Nicht bekannt.[38]

Gesetzl. Best.: *Offizielle Monographien.* Aufbereitungsmonographie der Kommission D am BGA "Fumaria officinalis".[38]

Fumaria officinalis spag. Krauß hom. *HAB 1*

Monographiesammlungen: Fumaria officinalis spag. Krauß *HAB 1.*

Definition der Droge: Die ganzen frischen, blühenden Pflanzen.

Stammpflanzen: *Fumaria officinalis* L.

Zubereitungen: Urtinktur und fl. Verdünnungen nach *HAB 1*, Vorschrift 27; Eigenschaften: Die Urtinktur ist eine olivfarbene Fl. mit schwach hefeartigem, schnell sich verflüchtigendem Geruch und länger anhaltendem, leicht bitterem Geschmack.

Identität: *Urtinktur.* Der pH-Wert (*PhEur*) der Urtinktur muß zwischen 4,2 und 4,5 liegen; nach Zusatz von Wasser und Chloramin-T-Lsg. entsteht ein leichter, grauer Niederschlag; nach Zusatz von konz. Ammoniaklsg., Wasser und Ether fluoresziert die Etherphase im UV-Licht bei 365 nm schwach rosa, die wäßrige Phase stumpf gelbgrün.
DC:
- Untersuchungs- und Referenzlsg. sowie Bedingungen: s. Fumaria officinalis hom. *HAB 1*;
- Auswertung: Die Chromatogramme der Vergleichs- und Untersuchungslsg. im UV-Licht s. Fumaria officinalis hom. *HAB 1.* Das Chromatogramm nach dem Besprühen mit Dragendorffs Reagenz und Natriumnitritlsg. zeigt auf hellrosafarbenem Grund folgende gelbrote Flecke: Über dem Colchicin einen Fleck und wenig unter sowie wenig über dem Papaverin je einen Fleck.

Reinheit: *Urtinktur.*
- Rel. Dichte (*PhEur*): 0,960 bis 0,980;
- Trockenrückstand (*DAB*): Mindestens 2,0 und höchstens 2,3 %.

Lagerung: Vor Licht geschützt.

Fumaria officinalis hom. *PF X*

Monographiesammlungen: Fumaria officinalis pour préparations homéopathiques *PF X*.

Definition der Droge: Die frischen oberirdischen Teile der blühenden Pflanze.

Stammpflanzen: *Fumaria officinalis* L.

Zubereitungen: Urtinktur mit Ethanol nach der allg. Vorschrift zur Herstellung von Urtinkturen (Monographie "Préparations Homéopathiques" *PF X*); Eigenschaften: Gelbbraune Fl. mit aromatischem Geruch und bitterem Geschmack; Ethanolgehalt 45% (*V/V*).

Identität: *Urtinktur*. Nach Zugabe von einigen Tr. Eisen(III)chloridlsg. dunkelgrüne Färbung. Nach Verdampfen und Ansäuern mit Salzsäure und Zusatz von Neßlers Reagenz Fällung. Nach Verdampfen und Reinigung durch $CHCl_3$-Extraktion gibt der Chloroformrückstand mit Eisen(II)sulfatlsg. eine violette Färbung.
DC:
- Vergleichlsg.: Ethanolische Fumarinsäure;
- Sorptionsmittel: Kieselgel GR;
- FM: Butanol-Ameisensäure-Wasser (10+2+15);
- Detektion: Direktauswertung im UV 365 nm; anschließend Platte I mit Bromphenolblau/Citronensäure besprühen und Auswertung im Vis, Platte II mit Eisen(II)sulfatlsg. besprühen, ggf. auf 100 °C erhitzen und im Vis auswerten;
- Auswertung: Das Chromatogramm der Untersuchungslsg. zeigt im UV 365 nm zwei gelbe Flecke (Rf 0,20 und 0,30) sowie zwei blaue Flecke (Rf 0,80 und 0,85). Möglich sind auch ein blauer (Rf 0,15) und ein grünlicher Fleck (Rf 0,35). Nach dem Besprühen mit Bromphenolblau/Citronensäure zeigen die Vergleichslsg. und die Untersuchungslsg. einen der Fumarsäure entsprechenden gelben Fleck (Rf 0,80). Das Chromatogramm der Untersuchungslsg., besprüht mit Eisen(II)sulfatlsg. zeigt einen violetten (Rf 0,40) und einen roten Fleck (Rf 0,75). Möglich sind 2 bis 3 weitere, graue Flecken unterhalb Rf 0,40.

Reinheit: *Urtinktur*.
- Trockenrückstand: Mindestens 1,20%.

1. Melchior H (Hrsg.) (1964) A. Engler's Syllabus der Pflanzenfamilien, Gebrüder Borntraeger, Berlin-Nikolassee, Bd. 2, S. 181
2. Hess HE, Landolf E, Hierzel R (1970) Flora der Schweiz, Birkhäuser-Verlag, Basel Stuttgart, Bd. 2, S. 120–124
3. FEu, Bd. 1, S. 255–258
4. Heg Bd. IV, Teil 1, S. 66–72
5. Rothmaler W (1978) Exkursionsflora – Gefäßpflanzen, Volk und Wissen Volkseigener Verlag, Berlin, Bd. II, S. 129–130
6. Pandey VG, Seth KK, Dargupta B (1982) Pharmazie 37:453
7. Forgacs P, Buffard G, Jehanno A, Provost J, Tiberghien R, Touche A (1982) Plantes Méd Phytothér 16:99–115
8. Forgacs P, Jehanno A, Provost J, Tiberghien R, Touche A (1986) Plantes Méd Phytothér 20:64–81
9. Temizer A, Kir S, Sener B, Orbey MT (1987) J Pharm Belg 42:382–388
10. Susplugas J, Lalaurie M, Privat G, Chicaya P (1957) Trav Soc Pharm Montpellier 17:134–137
11. Thoms H (Hrsg.) (1929) Handbuch der praktischen und wissenschaftlichen Pharmazie, Urban & Schwarzenberg Verlag, Berlin Wien, Bd. 5, Teil 1, S. 952
12. Semmer B (1985) Gazillniv Echacilik Fak Derg 2:45–49, zit. nach Int Pharm Abstr 24:448
13. Mardirossian ZH, Kiryakov HK, Ruder JP, MacLean DB (1983) Phytochemistry 22:759–761
14. Molochowa LG, Nazarow BW (1984) Farmacija (Moskva) 1:23–26
15. Frohne D (1989) Erdrauchkraut. In: Wichtl M (Hrsg.) Teedrogen, 2. Aufl., Wissenschaftliche Verlagsgesellschaft, Stuttgart
16. Hermansson J, Sandberg F (1973) Acta Pharm Suec 10:520–522
17. Czapska A (1988) Herba Polon 34:143–149
18. Borejsho NW, Oljeshko GI, Molochowa LG (1977) Rast Res 13:534–535
19. Preisner RM, Shamma M (1980) J Nat Prod 43:305–318
20. Massa N, Susplugas P, Anelli A (1971) Trav Soc Pharm Montpellier 31:233–236
21. Torck M, Pinkas M, Bezanger-Beauquene L (1971) Ann Pharm Fr 29:591–596
22. Jones E, Hughes RE (1983) Phytochemistry 22:2.493–2.499
23. Standardzulassungen für Fertigarzneimittel (1986–1989) Govi-Verlag, Pharmazeutischer Verlag, Deutscher Apotheker Verlag, Frankfurt/Main
24. Kudynow GI, Nazarow BW, Oljeshko GI, Molochowa LG (1974) Farmacija (Moskva) 2:82–83
25. EB 6, S. 247–248
26. BAz Nr. 173 vom 18.09.1986
27. Reynier M, Langrange E, Godard F, Forgacs P, Pesson M, Roquet F (1977) Trav Soc Pharm Montpellier 37:85–102
28. Giroux PJ, Boucard M, Beaulaton IS (1966) Thérapie 21:889–902
29. Boucard M, Laubenheimer B (1966) Thérapie 21:903–911
30. Boucard M, Delonca H, Laubenheimer B, Vedel Y (1966) Ann Pharm Fr 24:681–685
31. Madaus G (1938) Lehrbuch der biologischen Heilmittel, Georg Thieme Verlag, Leipzig, Bd. II, S. 1.396
32. Kretmair H (1949) Pharmazie 4:242
33. Leporatti ML, Pavesi A, Posocco E (1985) J Ethnopharmacol 14:53–63
34. Petkov V (1986) J Ethnopharmacol 15:121–132
35. Darias V, Bravo L, Barquin E, Herrera DM, Fraile C (1986) J Ethnopharmacol 15:169–193
36. Rios JL, Recio MC, Villar A (1987) J Ethnopharmacol 21:139–152
37. Cahen R, Sautai M, Taurand S, Luc S (1964) Thérapie 19:357–394
38. BAz Nr. 22a vom 03.02.1988

PG

Galanthus

HN: 2011800

Familie: Amaryllidaceae.

Tribus: Galantheae.

Gattungsgliederung: Die Gattung Galanthus L. wird heute in etwa 10 Arten gegliedert. Die Arten sind durch Übergänge verbunden, so daß möglicherweise nur eine reale Art existiert.[1,2]

Gattungsmerkmale: Ausdauernde Zwiebelpflanzen mit zwei grundständigen linealischen Blättern, die im unteren Teil von einem weißlichen, häutigen Scheidenblatt umgeben sind; Blütenstengel meistens nur eine Blüte tragend, Blüte nickend, von einem Hüllblatt überragt, das die scheinbare Stengelfortsetzung bildet; 6 Perigonblätter, die äußeren 3 abstehend, weiß, die 3 inneren kürzer, zusammenneigend; 6 Staubblätter; Frucht eine 3fächrige Kapsel, in jedem Fach bis zu 12 Samen, insgesamt aber meistens nicht mehr als 15; ein Griffel.[2,3,67]

Verbreitung: Westgrenze Westfrankreich, Nordgrenze Süddeutschland, im Alpengebiet bis auf die Südalpen weitgehend fehlend, Niederösterreich, Slowakei, Südwesten der GUS, im Osten die Westküste des Kaspischen Meeres erreichend, im Süden bildet die Nordküste des Mittelmeeres die Grenze des Verbreitungsgebietes. Darüber hinaus kommt die Gattung als Gartenflüchtling auch in anderen Gebieten, z. B. in Großbritannien vor; am natürlichen Standort nur in sommergrünen Wäldern, sonst auch auf Wiesen und in Parks.[2]

Inhaltsstoffgruppen: Amaryllidaceen-Alkaloide vom Crinin-, Galanthamin-, Lycorenin-, Lycorin-, Narciclasin- und Pretazettin-Typ.[59]

Drogenliefernde Arten: *G. nivalis*: Galanthi bulbus, Galanthus nivalis hom. *HPUS88*; *G. woronowii*: Galanthi bulbus.

Galanthus nivalis L.

Synonyme: *G. plicatus* HOHENACK.

Sonstige Bezeichnungen: Dt.: Amseleblüeme, Gemeines Schneeglöckchen, Kleines Schneeglöckchen, Lausblume, Lausbüschel, Schneeglöckerl, Schneeguckerchen, Schneekater, Schneetröpferl; engl.: Common snowdrop, Snowdrop; frz.: Galantine, Galantine d'hiver, Nivéole, Perce-neige; it.: Bucaneve, Foraneve.

Systematik: In der älteren Literatur[2] wird die Art in mehrere Unterarten eingeteilt, die aber heute teilweise zu Arten aufgestiegen sind. In phytochemischen Arbeiten werden bisweilen ohne nähere Beschreibung die Unterart *G.n.* ssp. *angustifolia* (G. KOSS) ARTJUSHENKO und die Varietät *G.n.* var. *gracilis* (CELAK) STOJ erwähnt. Letztere ist vermutlich identisch mit *G.n.* ssp. *graecus* ORPHANIDES ad BOISS., die sich durch bereifte und im Jugendstadium eingerollte Blätter auszeichnet. Als Gartenformen sind beschrieben f. *albus* hort., bei der die grünen Punkte auf den inneren Perigonblättern stark reduziert sind oder fehlen, f. *flore pleno*, mit gefüllten Blüten, f. *lutescens* BAK., mit gelblichem Fruchtknoten und gelben, nicht grünen Flecken auf den inneren Perigonblättern, f. *octobrinus* VOSS, die schon Ende Oktober blüht, und f. *poculiformis* hort., deren innere Perigonblätter fast so lang sind wie die äußeren.[4,67]

Botanische Beschreibung: 10 bis 25 cm hoch; Zwiebel kugelig bis eiförmig, 1 bis 1,5 cm breit, von 3 trockenhäutigen braunen Schalen umhüllt; die beiden Blätter bis 0,8 cm breit und bis 10 cm lang, blaugrün bereift, auf der Unterseite mit schwachem, meistens doppeltem Kiel, äußeres Laubblatt mit geschlossener, inneres mit offener Scheide; Blüten einzeln, glockenförmig nickend; von einem kapuzenförmigen Hüllblatt überragt, äußere Perigonblätter oval, ganz weiß, 14 bis 18 mm lang, frei, innere nur etwa halb so lang, an der Spitze ausgerandet, an der Innenseite mit grüner Längslinie und an der Außenseite mit halbmondförmigem grünem Fleck, frei; Staubblätter kurz, Staubbeutel zu einem Streukegel zusammenneigend; Griffel den Antherenkegel überragend; Fruchtknoten tonnenförmig, bis 10 mm lang; Fruchtkapsel reif gelblichgrün, fleischig, zuletzt faltig aufspringend, Samen elliptisch, 3 bis 4 mm lang, mit dünnhäutiger weißlicher Schale und mit kleinem, hornartig gekrümmtem Anhängsel; Blütezeit Februar bis April.[3,67]

Verwechslungen: In Mitteleuropa nur *Galanthus nivalis* verbreitet. In Gärten leicht mit den dort kultivierten Arten, z. B. *G. elwesii* HOOK. f. oder *G. plicatus* M.B., zu verwechseln; beide größer als *G. nivalis*, Blätter über 2 cm breit, über 20 cm lang. Bei *G. elwesii* sind die inneren Blütenblätter nicht nur um die Einkerbung, sondern in der ganzen unteren Hälfte grün, die Blüten sind im Umriß fast kugelig. Bei *G. plicatus* verbreitern sich die einen grauen Flaum und zurückgebogene Ränder aufweisenden Blätter an ihrer Ursprungsstelle, die schmalen Blütenblätter sind weit abgespreizt.[2,4]

Inhaltsstoffe: *Alkaloide.* In allen Teilen der Pflanze kommen Amaryllidaceen-Alkaloide vor, und zwar vom Crinin-Typ (Haemanthamin), vom Galanthamin-Typ (Galanthamin, Narwedin und Nivalidin, letzteres vermutlich bei der Isolierung aus Galanthamin hervorgehend), vom Lycorenin-Typ (Hippeastrin, Magnarcin, Masonin und Nivalin), vom Lycorin-Typ (Galanthin, Lycorin und Nartazin), vom Narciclasin-Typ (Narciclasin), und vom Pretazettin-Typ (Tazettin, vermutlich bei der Isolierung durch Umlagerung aus dem nativen Pretazettin entstehend).[5–8]

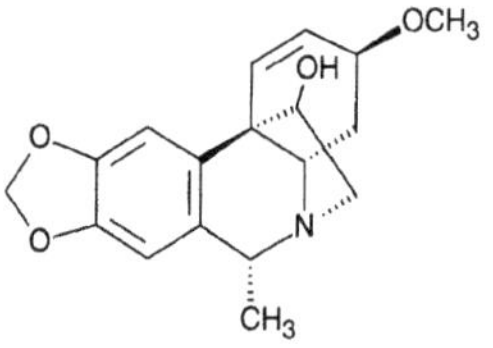

Crinin-Typ (Haemanthamin)

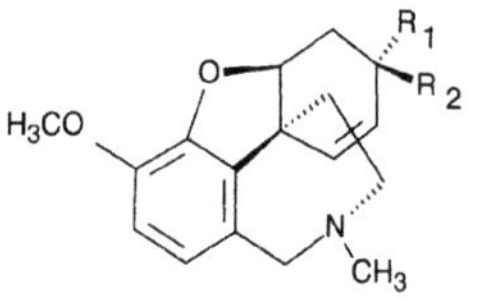

(-)-Galanthamin $R_1 = H$ $R_2 = OH$

Narwedin $R_1, R_2 = O$

Galanthamin-Typ ((-)-Galanthamin, Narwedin)

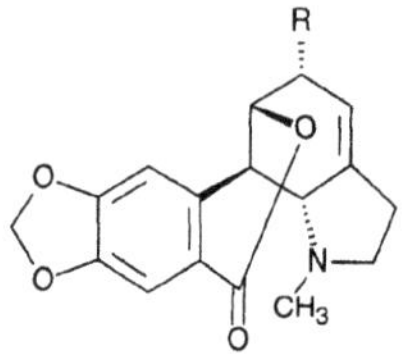

Masonin: R = H
Hippeastrin: R = OH
Nivalin: R = OCH3

Lycorenin-Typ (Masonin, Hippeastrin, Nivalin)

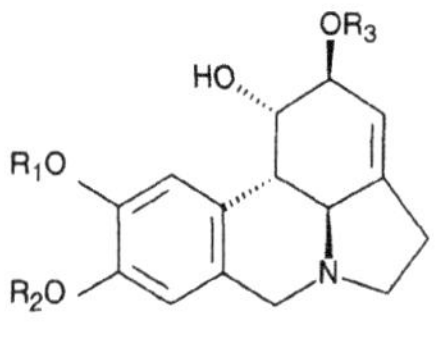

	R_1	R_2	R_3
Lycorin	$-CH_2-$		$-H$
Galanthin	$-CH_3$	$-CH_3$	$-CH_3$

Lycorin-Typ (Lycorin, Galanthin)

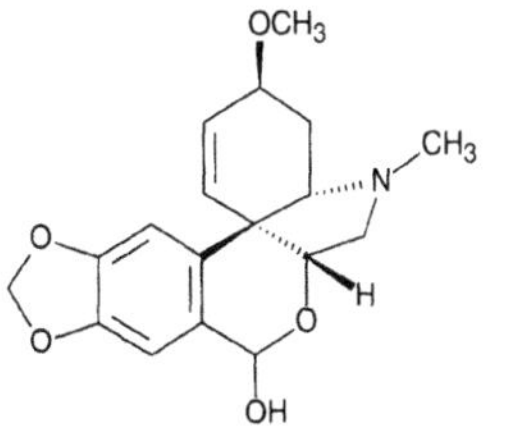

Pretazettin-Typ (Pretazettin)

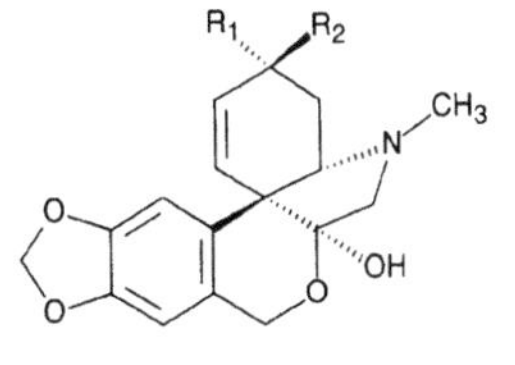

Tazettin R_1 = -H , R_2 = -OCH_3

Criwellin R_1 = -OCH_3 , R_2 = -H

Pretazettin-Typ (Tazettin, Criwellin)

Der Alkaloidgehalt wird, bezogen auf das Trockengewicht, für die unterirdischen Teile mit 0,2 bis 1,6 %, für die oberirdischen Teile mit 0,05 bis 1,4 % angegeben.[9–11] Sowohl der Alkaloidgehalt als auch die Mengenverhältnisse der einzelnen Alkaloide zueinander werden stark vom Chemotyp sowie den Boden- und Klimafaktoren bestimmt.[9–12] Einen besonders hohen Gehalt an Galanthamin sollen *G. nivalis* ssp. *angustifolia* (0,7 % in der Zwiebel) und *G. nivalis* var. *gracilis* (0,2 bis 1,3 % im Kraut) aufweisen.[11,13]

Lectine. Aus den Zwiebeln wurde ein tetrameres Lectin isoliert: M_r etwa 50.000, D-Mannose bindend, in immobilisierter Form Hefemannane und Glykopeptide mit Man(α1$\rightarrow$3)Man-Resten zurückhaltend.[52,53]

Verbreitung: Südeuropäische Pflanze: Nordwärts bis Nordfrankreich, Süddeutschland, Polen, ostwärts bis zum Dnjeprgebiet und zur westlichen Schwarzmeerküste, südwärts vom Südrand der Pyrenäen bis zu den Mittelgebirgen der Balkanhalbinsel, in England verwildert; in Laubmischwäldern, Auwäldern, im Gebüsch, auf Wiesen, in Parkanlagen, in der Nähe alter Burgen auf collinen und montanen, nährstoffreichen, lehmigen Böden vorkommend.[3,67]

Anbaugebiete: Anbau von an Galanthamin reichen Chemotypen in Bulgarien.

Drogen: Galanthi bulbus, Galanthus nivalis hom. *HPUS88*.

Galanthi bulbus (Schneeglöckchenzwiebel)

s. unter *Galanthus woronowii* A. Los.

Sonstige Bezeichnungen: Engl.: Bulb of snowdrop; russ.: Lukowiza podsneshnika.

Definition und Anforderungen: Die frische, zur Blütezeit gesammelte Zwiebel von angebauten, an Galanthamin reichen Chemotypen.

Stammpflanzen: *Galanthus nivalis* L. und *G. woronowii* A.Los.

Herkunft: GUS und Bulgarien, im Lande als Industriedroge genutzt.

Ganzdroge: Die Zwiebeln haben einen Durchmesser von 1 bis 3 cm, besitzen längliche Gestalt und sind von 3 bis 4 trockenhäutigen hellbraunen Schalen umhüllt.

Schnittdroge: Nicht gebräuchlich.

Mikroskopisches Bild. Bei mikroskopischer Untersuchung sind im Tangentialschnitt gegliederte Milchröhren, dünnwandige Parenchymzellen mit Rhaphidenbündeln sowie Stärkekörner und Schleimzellen sichtbar.

Pulverdroge: Nicht gebräuchlich.

Inhaltsstoffe: s. *G. nivalis* und *G. woronowii*.

Zubereitungen: Die Droge dient nur zur Herstellung von Galanthamin. Zur Gewinnung werden die gut getrockneten, pulverisierten Pflanzenteile bei pH 7 bis 7,5 mit MeOH oder EtOH extrahiert. Nach Entfernung des Lösungsmittels im Vakuum löst man die im Rückstand enthaltenen Alkaloide in 2 %iger Schwefelsäure. Aus der schwefelsauren Lsg. werden die Alkaloide von Ionenaustauscherharzen – polymere Sulfonate, Phenolcarboxylate – oder saurem Aluminiumoxid adsorbiert. Danach eluiert man durch Behandlung des Harzes mit Chlorkohlenwasserstoffen, z. B. Dichlormethan, die 4 bis 5 % einer flüchtigen Base, z. B. Pyridin oder Ammoniak, enthalten. Nach der Entfernung des Lösungsmittels wird der harzartige Rückstand mit einer Lsg. von HBr in EtOH oder Aceton behandelt. Die Lsg. wird eingeengt und das erhaltene Galanthaminhydrobromid aus verdünntem EtOH umkristallisiert.[64]

Identität: Mikroskopische Untersuchung; s. Schnittdroge. Der Alkaloidnachweis kann mit Hilfe der DC oder HPLC geführt werden.[12]

Gehalt: 0,05 bis 0,15 % Galanthamin, bezogen auf das Frischgewicht.

Gehaltsbestimmung: In der älteren Literatur werden Methoden zur quantitativen Bestimmung von Galanthamin mit Hilfe der DC,[36,42–45] SC,[39] Elektrophorese,[40] Ionenaustauschchromatographie,[38] Kolorimetrie[41] und GC[46] beschrieben.

Zur Vorbereitung der DC-Bestimmung des Galanthamins wird die Droge mit EtOH extrahiert, der Extr. im Vakuum zur Trockne eingedampft, der Rückstand mit 1 %iger Salzsäure aufgenommen, anschließend wird mit Pet gerührt, filtriert, die wässrige Phase abgetrennt, mit Ammoniaklsg. alkalisiert und mehrmals mit Chloroform ausgeschüttelt. Die Chloroformphase wird eingeengt und der mit Chloroform aufgenommene Rückstand zur DC verwendet. Die DC erfolgt auf Kieselgel G 60-Fertigplatten, Laufmittel Eth-MeOH-Diethylamin

(80 + 15 + 5). Die Auswertung geschieht durch Remissionsmessung bei UV 288 nm.[36] Auch Vermessung der Fleckengröße nach dem Besprühen mit Platin(IV)chlorwasserstoffsäure oder Dragendorff-Rg. ist möglich.[44]
Die moderne Literatur stellt Verfahren zur quantitativen Bestimmung des Galanthamins mit Hilfe der HPLC[12,47,48] vor. Beispielsweise kann nach Kaltextraktion der Droge mit NH_4OH/Chloroform an Kieselgelsäulen mit Dioxan-Triethylamin (99 + 1) Galanthamin von Lycorin, Galanthin, Tazettin, Haemanthidin und anderen Nebenalkaloiden getrennt werden.[12]
Auch die Bestimmung von Galanthamin mit Hilfe eines Radioimmunassays (RIA) wird beschrieben. Dazu extrahiert man die Droge mit siedendem 80%igem EtOH und verdünnt den filtrierten Extr. mit Wasser. Die Proben werden in einer Rinderserum enthaltenden Pufferlsg. mit dem mit 2-*O*-Acetyl[^{3}H]-galanthamin beladenen Antiserum inkubiert, anschließend wird mit Ammoniumsulfatlsg. gefällt und zentrifugiert. Die Radioaktivität der Pellets wird nach dem Auflösen in Wasser mit einem Flüssigkeits-Scintillationszähler bestimmt. Das Antiserum wird durch Immunisierung von Kaninchen mit einem Konjugat von Galanthamin-2-*O*-hemisuccinat und Rinderserumalbumin gewonnen. Kreuzreaktivitäten mit anderen Amaryllidaceenalkaloiden wurden nicht beobachtet. Der Meßbereich liegt zwischen 0,5 bis 100 ng Galanthamin.[37]

Wirkungen: Pharmakologische Untersuchungen sind nur zur Wirkung der aus der Droge isolierten Alkaloide, nicht zu der der Droge selbst bekannt.
Galanthamin ist *in vitro* und *in vivo* als kompetetiver und damit reversibler spezifischer Hemmstoff der Acetylcholinesterase wirksam. Die IC_{50} beträgt *in vitro* 0,35 µmol/L. Seine inhibitorische Wirkung wird *in vivo* sowohl peripher als auch zentral sichtbar.[17-20,49,55,64] Galanthamin (0,3 mg/kg KG) ist in der Lage, beim Menschen die durch curarisierende Agenzien wie Tubocurarin (0,15 mg/kg KG) ausgelöste nichtdepolarisierende neuromuskuläre Blokkade aufzuheben.[17,21,22,64] Es muß für diesen Zweck 20fach höher dosiert werden als Neostigmin (0,015 mg/kg KG) und ist im Gegensatz zu Neostigmin bei hohen Blockerkonz. unwirksam.[22] Beim Kaninchen kann die durch Dextromoramid (0,1 mg/kg KG, i.v.) ausgelöste Atmungsblockade durch Galanthaminhydrobromid (1 mg/kg KG, i.v.) durchbrochen werden.[50]
Lycorin, Pretazettin und Hippeastrin zeigen gegenüber einer Reihe von Viren, z.B. Herpes simplex-Leukämieviren, gute virostatische Wirksamkeit bei relativ geringen cytotoxischen und immunsuppressiven Effekten.[23-26,58] So wird durch Lycorin (2,5 µg/mL) in VERO-Zellkulturen das Auftreten extracellulärer Viren (Poliomyelitis Typ 1, Coxsackie B_2 und Herpes simplex Typ 1) verzögert und der erreichte Virustiter verringert.[25] Die Wirkung kommt vermutlich durch Hemmung der reversen Transskriptase zustande.[27,58]
Bei Eukaryonten unterdrücken Lycorin, Haemanthamin, Narciclasin und Pretazzetin durch Bindung and die 60 S-Untereinheiten der Ribosomen und Hemmung der Verknüpfung der Aminosäuren die Proteinsynthese. Die effektiven Konzentrationen betragen bei HeLa- oder Ascites-Zellen *in vitro* etwa 10^{-4} mol/L.[28,58]
Auf der Hemmung der Proteinsynthese durch diese Alkaloide beruht vermutlich auch die Wirkung auf das Wachstum von Tumorzellen.[29,58] Im Tierversuch wurden mit Pretazzetin (Mäuse, jeden 2. Tag 25 mg/kg KG) therapeutische Effekte (Verlängerung der Überlebensdauer um 33%) u.a. bei Lewis-Lungencarcinomen und Ehrlich-Ascitestumoren erzielt.[28,63]
Lycorin erhöht bei der Ratte in Dosen von 0,1 mg/kg KG den systolischen arteriellen Blutdruck und von 10 mg/kg KG die Herzfrequenz.[51]
Tazettin beeinflußt die neuromuskuläre Erregungsübertragung. Bei Mäusen treten nach i.v. Zufuhr von letalen Dosen (100 mg/kg KG) schlagartig einsetzende Streckkrämpfe auf. Durch Gabe von Diazepam (50 mg/kg KG) werden die Krämpfe unterdrückt, Atropinsulfat (6 mg/kg KG) und Hexobarbital (100 mg/kg KG) sind ohne Einfluß auf die Krampfbereitschaft. Die Atmung wird anfangs beschleunigt, später gelähmt.[31]
Narwedin potenziert die analgetischen Effekte des Morphins, wirkt hypotensiv, positiv inotrop, negativ chronotrop, erhöht Amplitude und Frequenz der Atmung und setzt den einschläfernden Effekt von EtOH und Barbituraten herab. Seine Anticholinesteraseaktivität beträgt weniger als 1% der des Galanthamins.[32,65]
Das Galanthus-Lectin verhindert, wie andere $\alpha 1 \rightarrow$ 3-D-Mannose- bzw. $\alpha 1 \rightarrow$ 6-D-Mannose-spezifische Lectine, *in vitro* die Infektion von MT-4-Zellen durch das "human immunodeficiency virus" der Typen HIV-1 und HIV-2 (beim Menschen AIDS auslösend) und das "simian immunodeficiency virus", ED_{50} 0,2 bis 0,6 ng/mL.[54]

Resorption: Die Galanthus-Alkaloide werden gut resorbiert und eliminiert. Nach peroraler Gabe wurde eine 50- bis 70%ige Hemmung der Acetylcholinesterase der Erythrocyten nach 2h beobachtet. Die Wirkung ist nach 24h verschwunden.[49]

Wirkungsverlauf: Nach i.v. Gabe von Galanthamin tritt die therapeutische Wirkung nach 2 bis 4 min ein, die Wirkungsdauer beträgt 120 bis 180 min.[33]

Anwendungsgebiete: Die Droge wird nicht therapeutisch verwendet. Wegen ihres stark schwankenden Alkaloidspektrums und der voneinander abweichenden Wirkungen der Alkaloide ist eine therapeutische Anwendung nicht vertretbar.
Eingesetzt wird bisher nur Galanthamin (INN Galanthamin), in Form von Galanthaminhydrobromid (Nivalin^R). Anwendungsgebiete sind postoperative Darm-, Magen- und Blasenatonie, Myasthenie, Myopathien und die Behandlung von Folgeerscheinungen nach Poliomyelitis, Polyneuropathien, Polyneuritis sowie Verletzungen der Wirbelsäule. Ausserdem wird es zur Decurarisierung in der Narkosepraxis, seltener als Antiglaukomatosum, bei Thrombosen und Thromboembolien sowie zur Potenzierung der Wirkung von Aminophyllin und

Chlorpromazin eingesetzt.[49,64] Die Anwendung von Galanthamin oder seinen halbsynthetischen Derivaten bei Alzheimerscher Krankheit wird empfohlen.[65,66]

Dosierung und Art der Anwendung: *Droge.* Die Droge wird therapeutisch nicht verwendet. *Zubereitung.* Eingesetzt werden wäßrige Lösungen von Galanthaminhydrobromid zur i. v., seltener zur i. m. oder s. c. Injektion. Dosierung 0,15 bis 0,35 mg/kg KG.[33]

Volkstümliche Anwendung und andere Anwendungsgebiete: Unbekannt.

Unerwünschte Wirkungen: Galanthaminhydrobromid (20 mg beim Menschen, i. v.) kann Bradycardie und atrioventrikuläre Leitungsstörungen auslösen, die durch gleichzeitige Gabe von Atropin (0,5 mg, i. v.) vermeidbar sind.[34]

Gegenanzeigen/Anwendungsbeschr.: Kontraindikationen für die Galanthaminanwendung sind Thyreotoxikose, Myocardinfarkt, Asthma bronchiale, spastische Obstipation und mechanische Obstruktion von Harn- oder Magen-Darm-Trakt. Bei Ulcus ventriculi und dekompensierter Herzinsuffizienz ist Vorsicht bei der Anwendung geboten.

Wechselwirkungen: Schwacher Opiatüberhang wird durch Galanthamin wegen des bestehenden Morphinantagonismus abgebaut.[33]

Akute Toxizität: Nach peroraler Aufnahme der Droge oder anderer Teile der Pflanze wurden Verdauungsstörungen wie Durchfälle, Koliken und Erbrechen beobachtet.[30,56] Bei sehr hohen Dosen sind Symptome denkbar, die denen einer Physostigminvergiftung ähneln.

Chronische Toxizität: Für die Droge unbekannt, bei therapeutischer Anwendung von Galanthamin nicht zu erwarten.

Immuntoxizität: Masonin ist als schwaches Kontaktallergen wirksam; Allergien, die durch die Pflanze oder Droge ausgelöst wurden, sind jedoch nicht bekannt.[60]

Toxikologische Daten: *LD-Werte.* LD_{50} Galanthamin: 11,1 mg/kg KG, Maus, s. c.; Lycorin: 41 mg/kg KG, Hund, i. v.; Narciclasin 5 mg/kg KG, Maus, s. c.; Tazettin: 71 mg/kg KG, Hund, i. v., 100 mg/kg KG, Maus, i. v., 420 mg/kg KG, Maus, i. p.[31,57] *Pflanzengiftklassifizierung.* Mäßig bis schwach giftig für die Droge, hochgiftig für Galanthamin.[62]

Akute Vergiftung: Bei peroraler Aufnahme der Droge oder toxischer Dosen von Galanthamin, falls Erbrechen noch nicht erfolgt, warme Natriumsulfatlösung (1 Eßlöffel auf ein Glas Wasser) trinken und wieder erbrechen lassen, Schutz vor Wärmeverlusten.[38]

Gesetzliche Bestimmungen: *Artenschutz.* Galanthus-Arten stehen unter Naturschutz und sind in der Roten Liste unter den potentiell gefährdeten Pflanzen aufgeführt (gültig für Deutschland, Österreich, Schweiz, Italien, Tschechoslowakei, Ungarn, Jugoslawien).[68] *Apothekenpflicht.* Die Droge wird nicht verwendet. Für Galanthamin und seine Salze besteht Verschreibungs- und damit auch Apothekenpflicht.[61]

Galanthus nivalis hom. *HPUS88*

Monographiesammlungen: Galanthus nivalis *HPUS88.*

Definition der Droge: Die ganze Pflanze.

Stammpflanzen: *Galanthus nivalis* L.

Zubereitungen: *Urtinktur.* Herstellung durch Mazeration oder Perkolation der frischen oder getrockneten Droge mit EtOH nach den allg. Zubereitungsvorschriften (Class C) der *HPUS88.* Ethanolgehalt 45% (*V/V*).

Gehalt: *Urtinktur.* Arzneigehalt $^1/_{10}$.

Galanthus woronowii A. Los.

Synonyme: *G. plicatus* Philippov non M. B.

Sonstige Bezeichnungen: Dt.: Kaukasisches Schneeglöckchen, Woronows Schneeglöckchen; engl.: Caucasian snowdrop, Voronow's snowdrop; frz.: Perce-neige de Voronow; russ.: Podsneshnik Woronowa.

Botanische Beschreibung: Zwiebel bis 3 cm breit; Stengel bis 25 cm lang, schwach gerieft, Blätter linealisch, allmählich spitzer werdend, 20 bis 25 cm lang, die 3 äußeren Perigonblätter weiß, etwa 20 mm lang und 13 mm breit, die inneren etwa 11 mm lang und 8 mm breit, zusammenneigend, mit je 2 elliptischen grünen Flecken an der Spitze, Blütezeit Januar bis Februar.

Inhaltsstoffe: *Alkaloide.* In allen Teilen der Pflanze Amaryllidaceen-Alkaloide, Hauptalkaloid Galanthamin, zu 0,05% bis 0,8% in Zwiebeln und Blättern enthalten, weiter wurden nachgewiesen Galanthin (0,2 bis 0,3%), Lycorin (etwa 0,1%), Galanthamidin und Tazettin.[14–16]

Verbreitung: In den Wäldern des westlichen Vorlandes des Kaukasus endemisch.

Anbaugebiete: Im Süden der GUS.

Drogen: Galanthi bulbus.

1. Melchior H, Werdemann E (1964) A. Englers Syllabus der Pflanzenfamilien, XII. Aufl., Bd. 2 Angiospermen, Verlag Bornträger, Berlin
2. von Gottlieb-Tannenhain P (1904) Abh K K Zool Bot Ges Wien 2(4):1–90
3. Heß HH, Landolt E, Hirzel R (1967) Flora der Schweiz, Birkhäuser, Basel Stuttgart
4. Grunert C (1989) Gartenblumen von A–Z, Neumann-Verlag, Leipzig Radebeul

5. Kalashnikov ID (1970) Farm Zh (Kiev) 25:40–44
6. Boit HG, Döpke W (1960) Naturwiss 47:109
7. Kalashnikov ID (1970) Khim Prir Soedin 6 (3):380
8. Piozzi F (1969) Phytochemistry 8:1.745
9. Boit HG (1954) Chem Ber 87:724–725
10. Leifertova I, Brzdova V (1967) Cesk Farm 16:352–353
11. Gorbunova GM, Patudin AW, Gorbunov WD (1978) Khim Prir Soedin 14 (3):420
12. Zeybek U, Jurenitsch J, Kubelka W, Jentzsch K (1982) Sci Pharm 50:282–284
13. Bubeva-Ivanova L, Ivanov V (1961) Tr Nauchno-Izsled Inst Farm 3:70–75, zit. nach CA 61:14465h
14. Kovtun LS, Patudin AV, Gorbunova GM, Gorbunov VD, Stikhim VA, Gogitidze SD, Nakaidze AK (1978) Farm Zh (Kiev) 59 (6):59–62
15. Proskurnina NF, Jakovleva AP (1956) Zh Obshch Khim 26:172–173
16. Proskurnina NF, Jakovleva AP (1952) Zh Obshch Khim 22:1.899
17. Mashkowskii MD (1955) Farmakol Toksikol 18:21–26
18. Boissier JR (1960) Ann Pharm Fr 18:888–900
19. Vasilenko ET, Tonkopii VD (1974) Biokhimiya 39:701–703
20. Irwin RL, Smith HJ (1960) Biochem Pharmacol 3:147–148
21. Fisenko VP, Mitsov V (1975) Farmakol Toksikol 38:34–38
22. Baraka A, Cozanitis D (1973) Anesth Analg 52:832–836
23. Furusawa E, Furusawa S, Mrimoto S, Cutting W (1971) Proc Exp Biol Med 136:1.168–1.173
24. Ieven M, Vlietinck AJ, Van den Berghe DA, Totte J, Dommisse R, Esmans E, Alderweireldt F (1982) J Nat Prod 45:564–573
25. Ieven M, Van den Berghe DA, Vlietinck AJ (1983) Planta Med 49:109–114
26. Renard-Nozaki J, Kim T, Imakura Y, Kihara Y, Kobayashi S (1968) Res Virol 140:115–128
27. Papas TS, Sandhaus L, Chirigos MS, Furusawa E (1973) Biochem Biophys Res Comm 52:88–92
28. Jimenez A, Santos A, Alonso G, Vazquez D (1976) Biochem Biophys Acta 425:342–348
29. Furusawa E, Furusawa S, Sogkugawa L (1983) Chemotherapy 29:294–302
30. Frohne D, Pfänder HJ (1987) Giftpflanzen. Ein Handbuch für Apotheker, Ärzte, Toxikologen und Biologen, 3. Aufl., Wissenschaftliche Verlagsgesellschaft mbH, Stuttgart
31. Wiezorek WD, Ha-Huyke Ke, Kästner I, Liebmann H (1975) Pharmazie 30:618
32. Bazhenova ED, Aliev KU, Zakirov UB (1974) Farmakol Alkaloidov Ikh Proizvod 74, zit. nach CA 80: 103864r
33. Förster W, Sziegoleit W, Griegel B, Arnold D (1989) Allgemeinmedizinische Arzneitherapie, 6. Aufl., Hirzel, Leipzig, S. 542
34. Cozanitis DA, Nuuttila K, Karhunen P, Baraka A (1973) Anaesthesist 22:457–459
35. Hausen BM (1988) Allergiepflanzen-Pflanzenallergene, Ecomed, Landsberg München, S. 178
36. Wurst F, Prey T, Puchinger L, Baucher E (1980) J Chromatogr 188:452–458
37. Tanahashi T, Poulev A, Zenk MH (1990) Planta Med 56:77–81
38. Yoshino T, Sugihara M (1957) Kagatu To Kogyo (Osaka) 31:96, zit. nach CA 51:11659f
39. Kori S, Shibata K, Nishimura J (1961) Yakugaku Zasshi 81:1.042, zit. nach CA 55:26368b
40. Gheorghiu A, Constantinescu A, Ionescu-Matiu E (1962) Rev Med (Tirgu-Mures) 8:54, zit. nach CA 57:12903h
41. Kuznetsov VI, Volkova NS, Morozova VA (1969) 18:39, zit. nach CA 71:33488j
42. Laiho S, Fales M (1964) J Amer Chem Soc 86:4.434
43. Stahl E (Hrsg.) (1967) Dünnschicht-Chromatographie, 2. Aufl., Springer, Berlin, S. 427
44. Sandberg F, Michel KH (1963) J Nat Prod 26:78
45. Kalashnikov ID (1968) Issled Obl Lek Sredstv 1968: 228, zit. nach CA 74:136420x
46. Millington DS, Games DE, Jackson AH. In: Frigero A (Hrsg.) (1971) Proceedings of the International Symposium on Gas Chromatography Mass Spectrometry, Isle of Elba, Italy, S. 276–288
47. Claessens HA, van Thiel M, Westra P, Soeterboek AM (1983) J Chromatogr 275:345–353
48. Tencheva J, Yamboliev I, Zhivkova Z (1987) J Chromatogr 421:396–400
49. Thomsen T, Kewitz H (1990) Life Sci 46:1.553–1.558
50. Cozanitis DA, Rosenberg P (1974) Anaesthesia 23:302–305
51. Pérez R, Quintana B, Hebel P, Bittner M, Silva M (1986) IRCS Medical Sciences: Biochemistry; Cardiovascular System; Drug Metabolism and Toxicology; Nervous System, Pharmacology; Physiology 14:443–444
52. van Damme EJM, Allen AK, Peumans WJ (1987) FEBS Letters 215:140–144
53. Shibuya N, Goldstein IJ, van Damme EJM, Peumans WJ (1988) J Biol Chem 263:728–734
54. Balzarini J, Schols D, Neyts J, van Damme EJM, Peumans W, De Clercq E (1991) Antimicrob Agents Chemother 35:410–416
55. Schuh FT (1976) Anaesthesist 25:444–448
56. Lewin L (1929) Gifte und Vergiftungen, 4. Aufl., Verlag von Georg Stilke, Berlin
57. Southon IW, Buckingham J (Hrsg.) (1989) Dictionary of Alkaloids, Chapman and Hall, London New York
58. Ieven M, Vlietinck AJ (1981) Pharm Weekbl 116:169–178
59. Man (1960) 4:289–413, (1968) 11:307–405, (1987) 30:251–376
60. Hausen BM (1988) Allergiepflanzen – Pflanzenallergene: Handbuch und Atlas der allergieinduzierenden Wild- und Kulturpflanzen – Kontaktallergene, ecomed Verlagsgesellschaft mbH, Landsberg München, S. 178 u. 275
61. Bundesgesetzblatt I, S. 1.866 vom 5. September 1990
62. Stephan U, Elstner P, Müller RK (Hrsg.) (1985) BI-Lexikon Toxikologie, Bibliographisches Institut, Leipzig, S. 358
63. Furusawa E, Lum MKM, Furusawa S (1981) Chemotherapy 27:277–286
64. Brit. Pat. 942,200 (U.C. 07g(A 61 k)), veröffentlicht 20. Nov. 1963
65. WO 88/08708-A, veröffentlicht 17. Nov. 1988
66. United States Patent No. 4, 663, 318, veröffentlicht 5. Mai 1987
67. Heg, Bd. II, Teil 2
68. RoD

ET

Galium

HN: 2034500

Familie: Rubiaceae.

Unterfamilie: Rubioideae.

Tribus: Rubieae.[1]

Gattungsgliederung: Die Gattung Galium L. umfaßt etwa 300 Arten.[1,2] Die Abgrenzung der Gattung Galium von Asperula L. geschieht nach folgenden Kriterien: Nach Lit.[2] werden Arten mit einer deutlich längeren Kronblattröhre als die Zipfel zu Asperula gestellt, während Arten mit verkürzter Kronröhre zu Galium gerechnet werden. Nach Lit.[3] sind für die Zuordnung zur Gattung Galium die fehlenden Bracteolen sowie das Vorhandensein rückwärtsgerichteter Klimmhaare am Stengel ausschlaggebend. Auch Arten, deren Früchte Borstenhärchen besitzen, werden Galium zugeordnet.
Die europäischen Galium-Arten werden in 9 Sektionen gegliedert. Hierbei gehören *Galium rotundifolium* zur Sektion Platygalium Koch, *G. odoratum* zur Sektion Hylaea (Griseb.) Ehrend., *G. mollugo* zur Sektion Leiogalium Lebed., *G. verum* zur Sektion Galium und *G. aparine* zur Sektion Kolgyda Dumutz. Chromosomenzahl x = 11, 12, (10).[3,4]

Gattungsmerkmale: Ausdauernde, selten einjährige Kräuter mit eiförmigen bis linealen, gegenständigen Laubblättern. Zwischen den Laubblättern befinden sich meist 1 bis 4 gleichgestaltete Nebenblätter, so daß die Blätter in 4- bis 10zähligen Scheinquirlen stehen. Der Stengel ist mehr oder weniger vierkantig und bisweilen mit rückwärts gerichteten Klimmhaaren besetzt. Die Blüten sind zwittrig und bilden köpfchen- bis rispenförmige Blütenstände. Bracteolen an den Inflorenszenzachsen höchster Ordnung fehlen stets. Die Kronblätter sind zu einer 3- bis 5-, meist 4spaltigen Röhre verwachsen. Der Kelch stellt einen Saum dar. Aus dem unterständigen, eiförmigen Fruchknoten entsteht eine zweiknotige Frucht, welche bei der Reife in zwei Teilfrüchtchen zerfällt. Die Frucht trägt bisweilen gebogene Haare. Der Samen ist mit der Fruchtwand verwachsen.[2,3]

Verbreitung: Die Gattung Galium kommt in allen Erdteilen vor.[1] Über 145 der 300 Arten sind in Europa heimisch, 30 Arten sind aus Nordamerika, 20 aus Indien, 8 aus Australien, 8 aus dem tropischen Afrika, 14 aus Südafrika und 5 Arten aus Südamerika bekannt.[2]

Inhaltsstoffgruppen: *Iridoid-Glykoside.* Vor allem Asperulosid (Asperulin, früher Rubichlorsäure genannt), daneben Scandosid. Nach Lit.[5,6] kann das Vorkommen von Asperulin, für Galium- und Asperula-Arten als charakteristisch angesehen werden.
Anthrachinone und Naphthalinderivate. Die unterirdischen Teile aller bisher untersuchten Galium-Arten enthalten reichlich Anthrachinone und Anthrachinonglykoside sowie Naphthalinderivate in vergleichsweise komplexer Zusammensetzung. So wurden aus 9 Galium-Arten 4 bis 13 Anthrachinone (u. a. Alizarin, Lucidin, Lucidin-3-primverosid, Rubiadin und Rubiadin-1-methylether) sowie 1 bis 3 Naphthalindervate isoliert.[7]
Phenolische Verbindungen. Die Flavonole Kämpferol und Quercetin sind weit verbreitet; daneben tritt Myricetin auf. In bestimmten Artengruppen sind die Flavonole gänzlich durch die Flavone Apigenin und Luteolin ersetzt. Das Hauptflavon ist jedoch Diosmetin. Insgesamt scheinen artspezifische Verteilungsmuster zu bestehen.
Chlorogensäure und Gallussäure sind verbreitet; Kaffeesäure, Salicylsäure u. a. Hydroxyzimtsäurederivate kommen ebenfalls vor; Gerbstoffe treten nicht auf.[7]

Drogenliefernde Arten: *G. album*: Galium-album-Kraut, Galium album hom. *HAB34*; *G. aparine*: Galii aparinis herba, Galium aparine hom. *HAB1*, Galium aparine hom. *HPUS88*; *G. mollugo*: Galium-album-Kraut, Galium album hom. *HAB34*; *G. odoratum*: Galii odorati herba, Galium odoratum hom. *HAB1*, Galium odoratum spag. Zimpel hom. *HAB1*; *G. rotundifolium*: Galium-rotundifolium-Wurzel; *G. verum*: Galii lutei herba, Galium verum hom. *HAB34*.

Galium album Mill.

Synonyme: *Galium erectum* Hudson, *Galium mollugo* auct. non L., *Galium mollugo* ssp. *erectum* L.
Die Arten *Galium album* und *Galium mollugo* werden häufig unter dem Namen *Galium mollugo* zusammengefaßt.

Sonstige Bezeichnungen: Dt.: Gemeines Labkraut, Weißes Labkraut, Wilder Krapp; engl.: Hedge bedstraw; frz.: Caille-lait blanc, gaillet commun; it.: Caglio bianco, pergolato.

Systematik: Nach Lit.[3] werden folgende Subspecies unterschieden:
- ssp. *album* mit bis zu 150 cm langen, oftmals schlanken und vorwiegend kahlen Stengeln, sowie eilanzettlichen, allmählich in die Spitze verschmälerten Blättern;
- ssp. *prusense* Ehrend. et Krendl mit bis zu 80 cm langen, glatten oder behaarten Stengeln. Die Blätter sind eilanzettlich bis lanzettlich, normalerweise lederartig und plötzlich in die Spitze verschmälert;
- ssp. *pycnotrichum* Krendl mit bis zu 150 cm langen, robusten und in der Regel haarigen Stengeln und ovalen bis breit eilanzettlichen, zur Spitze meist rasch verschmälerten Blättern.

Botanische Beschreibung: Der Stengel ist 50 bis 150 cm lang, aufrecht oder aufsteigend, kahl oder mit 0,5 bis 1,5 mm langen Haaren besetzt und besitzt lange Internodien. Der Wurzelstock treibt unterirdische Ausläufer. Die Laubblätter sind 10 bis 40 × 1 bis 7 mm groß, oval bis eilanzettlich, dünn oder etwas lederartig. Der Blütenstand ist ziemlich dichtgepackt, breit eiförmig bis oval, meist mit langen Seitenzweigen. Die Stiele sind 1,5 bis 3 mm lang und in der Länge variabel. Nach dem Aufblühen sind sie gespreizt, jedoch weniger als bei *Galium mollugo* L.

Die Blumenkrone ist (2,5 bis) 3 bis 5 mm im Durchmesser und von weißer oder gelblicher Farbe.[3]

Verwechslungen: *Galium mollugo* L.

Inhaltsstoffe: Die folgenden Angaben beziehen sich sowohl auf *Galium album* MILL. als auch auf *Galium mollugo* L., da von den zitierten Autoren beide Arten nicht voneinander differenziert wurden.
Nach Lit.[19] wurde aus Schößlingen 0,2 bis 0,5 % Diosmetin isoliert. Außerdem wurden Chlorogensäure und Scopoletin nachgewiesen (ohne Mengenangaben).[19]
Nach Lit.[20-22] enthält das frische Kraut die Iridoidglucoside Scandosid, Scandosidmethylester und Daphyllosid sowie Asperulosid, Asperulosidsäure, Monotropein, Secogaliosid[20] sowie Mollugosid (8-Hydroxyapodanthosid)[21,22] (ohne Mengenangaben).
In der frischen Wurzel sind 1,96 % Anthrachinonglykoside sowie 0,85 % Anthrachinonaglyka enthalten.[23]

Verbreitung: Heimisch in Europa, in Teilen des Südens und Ostens jedoch nur stellenweise; im Norden und Nordosten größtenteils nur eingeführt.

Drogen: Galium-album-Kraut, Galium album hom. *HAB 34*.

Galium-album-Kraut

Sonstige Bezeichnungen: Dt.: Gemeines Labkraut, Weißes Labkraut.

Definition der Droge: Das blühende Kraut.[16]

Stammpflanzen: *Galium album* MILL. und/oder *Galium mollugo* L.

Schnittdroge: *Mikroskopisches Bild.* Die Blätter sind unterseits am Mittelnerv, seltener auf der ganzen Blattfläche, mit langen (400 µm), spitz-kegelförmigen Borstenhaaren besetzt.[49]

Inhaltsstoffe: *n*-Alkane. Vorwiegend C_{29}-Verbindungen.[14]
Iridoidglucoside. Die neueren Untersuchungen über Iridoidglucoside sind stets mit dem frischen Kraut durchgeführt worden; s. *G. album*.
Sonstige Verbindungen. Älteren Angaben zufolge Gerbsäure ("Aspertannsäure"), Chinasäure, äth. Öl, Citronensäure, Oxalsäure und Hesperidin (ohne Mengenangaben).[24]

Volkstümliche Anwendung und andere Anwendungsgebiete: Bei chronischen Hautausschlägen, Magen- und Darmkatarrh und "wassersüchtigen Schwellungen" (Ödemen?) verwendet.[16] Die Wirksamkeit bei diesen Indikationen ist nicht belegt.

Dosierung und Art der Anwendung: *Droge.* Die Droge wird in Form von Verreibungen und alkoholischen Auszügen verwendet.[16] Nähere Angaben hierzu fehlen.

Sonst. Verwendung: *Haushalt.* Das Kraut wurde früher als Geschmackskorrigens empfohlen.[8]

Galium album hom. *HAB 34*

Sonstige Bezeichnungen: Dt.: Labkraut.

Monographiesammlungen: Galium album *HAB 34*.

Definition der Droge: Das frische, blühende Kraut.

Stammpflanzen: *Galium album* MILL. und/oder *Galium mollugo* L.

Zubereitungen: *Essenz.* Herstellung nach § 2, *HAB 34*; Eigenschaften: Die Essenz ist von rotbrauner Farbe, ohne besonderen Geruch und Geschmack.

Identität: *Essenz.* Dunkelgrüne Färbung nach Zusatz von Eisenchloridlösung; Reduktion von Fehlingscher Lösung.

Gehalt: *Essenz.* Arzneigehalt $^1/_2$.

Gesetzl. Best.: *Offizielle Monographien.* Negativmonographie der Kommission D am BGA "Galium mollugo", "Galium album".[51]

Galium aparine L.

Sonstige Bezeichnungen: Dt.: Klebkraut, Kletten-Labkraut, kletterndes Labkraut; engl.: Catchweed, cleavers, goose-grass, Robin run the hedge; frz.: Gaillet gratteron, gleton, gratteron rièble; it.: Attacamani, attacaveste, speronella.[2,8,9]

Systematik: Nach Lit.[2] existieren von *G. aparine* zwei Varietäten:
- var. *hirsutum* BECKM., Vorkommen in Westfalen; Stengel und Laubblätter im Unterschied zu *G. aparine* langhaarig;
- var. *intermedium* (MÉR.) BRIQUET, Vorkommen selten in der Schweiz; Teilfrüchtchen nicht wie bei *G. aparine* mit hakigen Borsten besetzt.

Botanische Beschreibung: (20 bis) 80 cm bis 1,8 m hohes Kraut; der Stengel ist liegend oder klimmend, ästig, scharf vierkantig, oft fast geflügelt und besitzt lange Stengelglieder. Die Kanten sind durch abwärtsgerichtete Stachelhaare rauh, die Knoten sind verdickt und steifhaarig, sonst ist der Stengel kahl. Die Laubblätter sind zu 6 bis 9 in Scheinquirlen angeordnet, aus keiliger Basis lanzettlich, 30 bis 60 mm lang und 3 bis 8 mm breit, stumpflich, stachelspitzig, oberseits zerstreut kurz-borstig oder kahl, am Rand und unterseits von rückwärtsgerichteten Stachelzähnchen rauh. Die weißen bis grünlichweißen Blüten sind in armblütigen blattwinkelständigen, gestielten Trugdolden angeordnet. Ihre Krone ist ca. 1,5 bis 1,7 mm breit und trägt spitze Zipfel. Die Blütenstiele sind bis zur Fruchtreife nicht zurückgebogen. Die 4 bis 7 mm langen, kugeligen Teilfrüchte sind dicht mit hakigen Borsten besetzt.[3]

Inhaltsstoffe: Die jungen Schosse enthalten 1,1 % Asperulosid, bezogen auf das Gewicht der frischen Pflanze.[10]

Verbreitung: Fast ganz Europa (in Skandinavien bis 68°65' nördlicher Breite), Nord- und Westasien bis Beludschistan, Sibirien, Zentralasien, Himalaya; eingeschleppt auch in Nord- und Südamerika (bis zur Magellanstraße und bis Chile).[2]

Drogen: Galii aparinis herba, Galium aparine hom. *HAB 1*, Galium aparine hom. *HPUS 88*.

Galii aparinis herba

Synonyme: Herba Galii aparinis, Herba Aparinis.

Sonstige Bezeichnungen: Dt.: Klebendes Labkraut, Klebkraut, Klebrich, Kletten-, Kletter-, Kleb-Labkraut, kletterndes Labkraut, Klimmkraut, Zaunkleber, Zaunkraut; engl.: Catchweed herb, cleavers herb, goose grass; frz.: Gaillet gratteron[12], herbe de caille-lait grimpant.[49]

Definition der Droge: Die Droge besteht aus den zur Blütezeit gesammelten und getrockneten oberirdischen Teilen der Pflanze.[12]

Stammpflanzen: *Galium aparine* L.

Ganzdroge: *Geruch.* Geruchlos.
Geschmack. Etwas bitter. Scharf vierkantige, in den unteren Teilen verzweigte Stengel mit rückwärtsgerichteten Stachelspitzen an den Kanten; Blätter lineallanzettlich, einnervig, ganzrandig und in ein Stachelspitzchen endend. Blüten blattachselständig in armblütigen Trugdolden; evtl. enthält die Droge auch die kugeligen, mit widerhakigen Borsten besetzten Früchte.

Inhaltsstoffe: "Galium-Glykosid",[13] nach Lit.[14] eine Mischung aus Deacetylasperulosid und einem nicht identifizierten Glykosid, Monotropein, ein roter Farbstoff vom Alizarintyp[15] sowie 0,03 % *n*-Alkane, wobei C_{29}-Verbindungen überwiegen.[14] Für das getrocknete Kraut wird ein Vitamin C-Gehalt von 0,0498 bis 0,341 % angegeben.[15]

Volkstümliche Anwendung und andere Anwendungsgebiete: Innerlich und äußerlich bei hartnäkkigen Geschwüren, vereiterten Drüsen, Knotenbildung der Brust, Hautausschlägen. Weiterhin bei Grieß- und Steinleiden, z. B. Nierengrieß und Nierensteinen. Als harntreibendes Mittel bei Wassersucht, Blasenkatarrh und Harnverhalten.[16] Die Wirksamkeit bei diesen Indikationen ist nicht belegt.

Dosierung und Art der Anwendung: *Droge.* Als Tee: 4 Teelöffel (3,3 bis 4,4 g) werden auf 2 Glas Wasser heiß angesetzt und tagsüber schluckweise getrunken.[16]

Sonst. Verwendung: *Haushalt.* Die Früchte wurden früher als Kaffee-Surrogat verwendet.[9] *Industrie/Technik.* Der rote Farbstoff vom Alizarintyp, der sich in Alkalien mit blutroter Farbe löst, wurde früher zum Rotfärben auf Aluminiumbeizen gebraucht.[11,15,48]

Galium aparine hom. *HAB 1*

Monographiesammlungen: Galium aparine *HAB 1*.

Definition der Droge: Das frische, blühende Kraut.

Stammpflanzen: *Galium aparine* L.

Zubereitungen: Urtinktur und flüssige Verdünnungen nach Vorschrift 2a, *HAB 1*; Eigenschaften: Die Urtinktur ist eine gelbbraune Flüssigkeit mit erdigem Geruch und bitterem Geschmack.

Identität: *Urtinktur.*
A. Wird 1 mL Urtinktur mit 0,1 mL Kaliumhydroxid-Lösung 20 % versetzt, fluoresziert die Lösung im UV-Licht bei 365 nm grüngelb.
B. Wird 1 mL Urtinktur mit 0,1 mL Eisen(III)chloridlsg. versetzt, tritt grüngelbe bis grünbraune Färbung auf.
C. DC der Urtinktur:
- Referenzsubstanzen: Scopoletin und Papaverinhydrochlorid;
- FM: Wasserfreie Ameisensäure-Wasser-Isopropanol (5 + 15 + 8);
- Detektion: 1. UV 254 nm, 2. Anisaldehyd-Schwefelsäure-Reagenz;
- Auswertung: Das Chromatogramm der Referenzlösung zeigt im UV-Licht bei 254 nm im mittleren Drittel des Rf-Bereichs die Zone des Papaverinhydrochlorids und im oberen Drittel die Zone des Scopoletins.
  Nach Besprühen mit Anisaldehyd-Schwefelsäure-Reagenz und 5 bis 10 min langem Erhitzen auf 105 bis 110 °C kann das Chromatogramm der Untersuchungslösung deutlich unterhalb der Referenzsubstanz Papaverinhydrochlorid zwei schwache Zonen zeigen; etwas oberhalb liegen eine grüne und darüber eine grünblaue Zone. In Höhe der Referenzsubstanz Scopoletin befinden sich eine oder zwei violette Zonen.

Anwendungsgebiete: Entsprechend dem homöopathischen Arzneimittelbild. Dazu gehören: Nierensteinleiden, Geschwüre besonders der Zunge.[50]

Dosierung und Art der Anwendung: *Droge.* Bei akuten Zuständen häufige Anwendung alle halbe bis ganze Stunde je 5 Tropfen oder 1 Tablette oder 10 Streukügelchen oder 1 Messerspitze Verreibung einnehmen; parenteral 1 bis 2 mL bis zu 3mal täglich s. c. injizieren.
Bei chronischer Verlaufsform 1- bis 3mal täglich 5 Tropfen oder 1 Tablette oder 10 Streukügelchen oder 1 Messerspitze Verreibung einnehmen; parenteral 1 bis 2 mL pro Tag s. c. injizieren.[50]

Unerwünschte Wirkungen: Nicht bekannt. Hinweis: Es können vorübergehend Erstverschlimmerungen vorkommen, die jedoch unbedenklich sind.[50]

Gesetzl. Best.: *Offizielle Monographien.* Aufbereitungsmonographie der Kommission D am BGA "Galium aparine".[50]

Galium aparine hom. *HPUS 88*

Monographiesammlungen: Galium aparine *HPUS 88*.

Definition der Droge: Die frische oder getrocknete Ganzpflanze.

Stammpflanzen: *Galium aparine* L.

Zubereitungen: *Urtinktur.* Herstellung durch Mazeration oder Perkolation mit EtOH nach den allg. Zubereitungsvorschriften (Class C) der *HPUS 88.* Ethanolgehalt 45% (*V/V*).

Gehalt: *Urtinktur.* Arzneigehalt $^{1}/_{10}$.

Galium mollugo L.

Synonyme: *Galium elatum* THUILL., *G. insubricum* GAUDIN, *G. tyrolense* WILLD.[55]

Sonstige Bezeichnungen: s. *G. album.*

Systematik: Die Art *G. mollugo* umfaßt mehrere Cytotypen und bildet mit anderen Arten (z.B. *G. verum* L.) Hybriden. Verschiedene chemische Rassen konnten mit Hilfe histochemischer Methoden nachgewiesen werden.[7]
Nach Lit.[3] existiert *Galium mollugo* nur als Subspecies *G. mollugo* ssp. *tyrolense* (WILLD.) HAYEK.

Botanische Beschreibung: 30 bis 150 cm hohe Staude mit normalerweise rötlichem Wurzelstock und langem, unterirdischem Ausläufer. Die Stengel sind meist glatt, aufsteigend bis liegend und tragen zahlreiche Seitenzweige. Die Laubblätter (10 bis 25 × 2 bis 7 mm) sind oval bis breit-eiförmig, dünn, hellgrün und plötzlich in die Spitze verschmälert. Die Infloreszenzen sind von breit-eiförmiger Form und reich verzweigt. Die Stiele sind 2 bis 3(4) mm lang, dünn und nach dem Aufblühen stark abgespreizt. Die Blumenkrone ist weiß, die Größe beträgt 2 bis 3 mm im Durchmesser.

Verwechslungen: *Galium album* MILL.

Inhaltsstoffe: s. *G. album.*

Verbreitung: Heimisch in ganz Europa mit Ausnahme einiger Inseln und Teile des Nordens. Verbreitet auf Wiesen, an Hecken und in offenen Wäldern.

Drogen: Galium-album-Kraut, Galium album hom. *HAB 34.*

Galium-album-Kraut

s. unter *Galium album.*

Galium-album hom. *HAB 34*

s. unter *Galium album.*

Galium odoratum (L.) SCOP.

Synonyme: *Asperula matrisylva* GILIB., *A. odorata* L., *A. odora* SALISB., *Chlorostemma odoratum* FOURR., *Galium matrisylva* WED.[30]

Sonstige Bezeichnungen: Dt.: Duftlabkraut, Echter Waldmeister; engl.: Sweet woodruff, woodruff-asperule; frz.: Asperule odorante, hépatique etoilée, muguet des bois, petit muguet, reine des bois; it.: Asperella odorata, asperella stellina.[2]

Systematik: Nach Lit.[2] gibt es von *G. odoratum* die Varietät *G. latifolia* MARS. Diese läßt sich anhand der Form der Laubblätter (verkehrt-eilänglich, gegen den Grund zu verschmälert) unterscheiden. Die Art ändert wenig ab.

Botanische Beschreibung: 10 bis 35 cm hohe Staude mit dünnem, walzenförmigem, kriechendem Rhizom. Der vierkantige Stengel ist glatt und bis auf die Knoten kahl und glänzend. Die Laubblätter sind zu 6 bis 9 in Scheinquirlen angeordnet; die unteren sind verkehrt-eilänglich, die mittleren und oberen lanzettlich bis länglich lanzettlich, 20 bis 50 mm lang und 6 bis 14 mm breit, ganzrandig, stachelspitzig, kahl und am Rand etwas rauh. Die Blüten sind in endständigen, lockeren Trugdolden angeordnet. Die Kronblätter sind zu einer trichterigen, weißen, etwa 1,5 mm langen Röhre verwachsen. Der 4spaltige Saum ist 2 bis 3,5 mm lang. Die 4 Staubgefäße sind mit der Kronröhre verwachsen. Die Tragblätter des Blütenstandes sind klein, lanzettlich oder fast borstenförmig. Die Früchte sind kugelig, 2 bis 3 mm lang und dicht mit hakigen Börstchen besetzt.[3]
Besonders im welken Zustand duftet die ganze Pflanze nach Cumarin. Die Blätter werden beim Trocknen leicht schwarz.

Verwechslungen: Verwechslungen mit *Galium sylvaticum* L. und *Galium mollugo* L. kommen vor.[26,27] *Galium sylvaticum* bevorzugt ähnliche Standorte wie *G. odoratum*, wächst jedoch höher und ästiger. Die Pflanze besitzt einen runden Stengel und lockerblütige Infloreszenzen. Die Blätter sind unterseits leicht bläulich.[18] *Galium mollugo* L. besitzt lanzettliche, spatelförmige, stachelspitzige Laubblätter, welche am Rande aufwärts rauh sind (s. Botanische Beschreibung *G. mollugo*).

Inhaltsstoffe: Anthrachinonderivate vom Alizarin-Typ sind nur in der Wurzel enthalten.

Verbreitung: Nord- und Mitteleuropa, Gebirge von Italien und von der nördlichen Balkanhalbinsel, Sibirien, Nordafrika. Höhe bis 1.400 m.[2,18]

Drogen: Galii odorati herba, Galium odoratum hom. *HAB 1*, Galium odoratum spag. Zimpel hom. *HAB 1.*

Galii odorati herba (Waldmeisterkraut)

Synonyme: Asperulae odoratae herba, Herba Asperulae, Herba Cordialis, Herba Hepaticae stellatae, Herba Matrisilvae, Herba Matrisylviae vel Matrisilvae.

Sonstige Bezeichnungen: Dt.: Maikraut, Waldmeister, wohlriechendes Meierkraut; engl.: Sweet-scented, wood droof; frz.: Herbe d'asperule odorante, herbe de petit muguet; it.: Asperella odorata.

Monographiesammlungen: Herba Asperulae *EB 6.*

Definition der Droge: Die getrockneten oder frischen, während oder kurz vor der Blütezeit (April bis Mai) gesammelten oberirdischen Teile *EB 6*.

Stammpflanzen: *Galium odoratum* (L.) SCOP. (als *Asperula odorata* L. *EB 6*).

Herkunft: Die Droge wird in Gärten als Arzneipflanze kultiviert oder stammt aus Wäldern, wo sie in Halbkultur genommen wird.[30] Häufig sammelt man sie noch wild. Herkunftsgebiete sind Osteuropa, Italien, Westasien und Nordafrika.[25]

Gewinnung: Das Kraut wird kurz vor oder zu Beginn der Blüte, frühestens vom zweiten Jahr an, geschnitten. Die Trocknung erfolgt im Schatten in luftigen Räumen unter häufigem Wenden. Die Droge sollte vor Licht geschützt werden, um Braunfärbung zu vermeiden.[25]

Ganzdroge: Der 10 bis 30 cm lange Stengel ist 4kantig mit stark hervortretenden Kanten, unbehaart und nur an den Knoten mit einem Kranz feiner, weißer Borsten versehen. Die ganzrandigen Blätter sind 1,5 bis 5 cm lang, 4 bis 12 mm breit, länglich-lanzettförmig, stachelspitzig, am Rande gewimpert, an den Hauptnerven weich-borstig oder fein behaart, oberseits bläulich-schwarzgrün, unterseits graugrün und lassen auf der sehr fein behaarten Unterseite den Mittelnerv hervortreten. Die kleinen Blüten stehen in einer endständigen, reich verzweigten, lockeren Trugdolde. Der Kelch ist undeutlich, die Blumenkrone trichterförmig, mit 4 der Blumenkrone angewachsenen Staubblättern und einem unterständigen Fruchtknoten mit 2spaltigem Griffel versehen.[29]

Schnittdroge: *Geruch.* Nach Cumarin.
Geschmack. Würzig bitter, etwas herb.
Makroskopische Beschreibung. Die Schnittdroge ist gekennzeichnet durch die ganzrandigen, lanzettlichen, dunkel- bis graugrünen Blattstückchen mit dem kräftigen Mittelnerv auf der Unterseite, durch Blattspitzenteile mit der kleinen Stachelspitze, durch dünne, kantige Stengelstücke, durch einzelne Blüten und kugelige, dicht mit hakigen Borsten versehene Früchte.[29]

Pulverdroge: Die graugrüne Pulverdroge ist gekennzeichnet durch kurze, starre, am Blattrand und auf der Unterseite der Mittelrippe vorhandene einzellige, dickwandige, an ihrer Spitze hakenförmig gebogene Haare, die aus breiter Basis entspringen und nach der Blattspitze gerichtet sind, durch zahlreiche, 150 bis 300 µm große Oxalatraphiden, die in Flächenansicht von Blattstückchen im Mesophyll hervortreten, durch Epidermisfetzen mit oberseits schwach getüpfelten, großen, welligen und unterseits wellig buchtigen Zellen und durch Blattstückchen, die auf der Unterseite Spaltöffnungen mit 2 dem Spalt parallel laufenden Nebenzellen zeigen. Querschnittsbruchstückchen zeigen eine Reihe kurzer Palisadenzellen und ein 2- bis 3reihiges Schwammparenchym.[29]

Verfälschungen/Verwechslungen: Verfälschungen und Verwechslungen kommen mit *Galium mollugo* L. und *Galium sylvaticum* L. vor.[15]

Inhaltsstoffe: *Cumarin.* Cumarin liegt in glykosidischer Bindung vor und wird beim Verwelken mit charakteristischem Duft frei.[48] Als geruchlose Vorstufe werden *o*-Cumarsäureglykosid, vor allem Cumarinsäureglykosid genannt. Nach Lit.[31] wird Cumarin auch beim Ansetzen des frischen Krautes mit verdünntem Ethanol durch enzymatische Hydrolyse freigesetzt. Mit Hilfe der quantitativen DC durch Fluoreszenzmessungen wurde ein mittlerer Cumaringehalt von 1,06 % der Pflanzentrockenmasse im April/Mai ermittelt. Im August lag der Gehalt in Abhängigkeit vom Klima zwischen 0,93 % und 0,44 % nach einer längeren Trockenperiode.[31] Die Hauptmenge des Cumarins wird aus den Blättern freigesetzt, Stengel bilden drei- bis viermal weniger Cumaringlykoside.[32] Den höchsten Gehalt an Cumaringlykosid weist das frische Kraut im Frühjahr auf.[28]

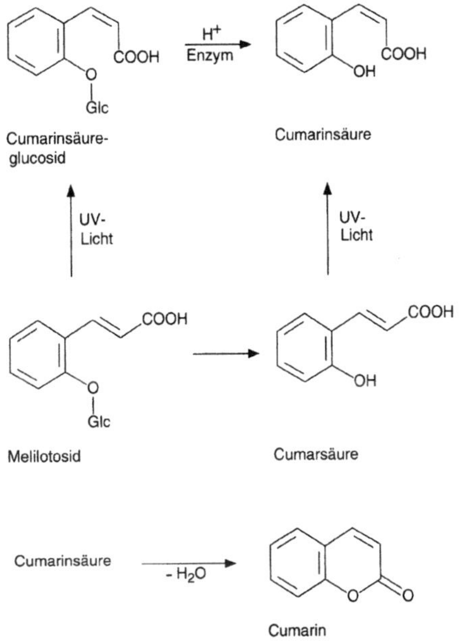

Freisetzung von Cumarin in Galii odorati herba

Iridoide. Älteren Analysen zufolge im frischen Kraut 0,05 % kristallisierendes Asperulosid,[6] nach Lit.[33,34] 0,28 % Asperulosid, sowie Monotropein. Eine HPLC-Untersuchung des frischen Krautes erbrachte 0,25 % Asperulosid, 0,042 % Monotropein und 0,022 % Scandosid. Zudem fanden sich Spuren von Deacetylasperulosidsäure.[35] Der Gehalt an Asperulosid und Monotropein ist in Blüten höher als in Blättern und Sproßachse.[35]

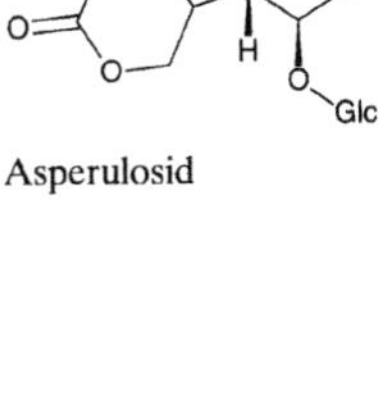

Asperulosid

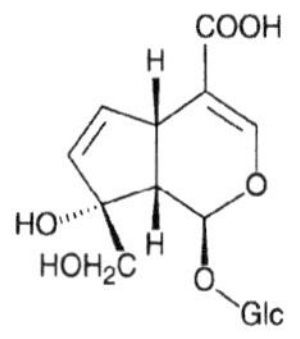

Monotropein

Phenolische Verbindungen. Gallussäure, Kaffeesäure, *p*-Cumarsäure, *p*-Hydroxybenzoesäure und Vanillin.[6]
Weitere Verbindungen. n-Alkane, vor allem *n*-Heptacosan.[14]

Reinheit: – Aschegehalt: Höchstens 14% *EB6*.

Wirkungen: Untersuchungen mit definierten Drogenzubereitungen liegen nicht vor. Für die Asperulosid zugeschriebene antiphlogistische Wirkung sowie für die in Analogie zu anderen "Cumarinpflanzen" der Droge zugeschriebene harntreibende Wirkung fehlen experimentelle Belege.[26,49]

Volkstümliche Anwendung und andere Anwendungsgebiete: Bei Unruhezuständen, Kopf- und Leibschmerzen, Schlaflosigkeit infolge Überarbeitung, unregelmäßiger Herztätigkeit, Herzklopfen, Nervenschmerzen, hysterischen Anfällen, Menstruationsbeschwerden auf nervöser Grundlage. Auch bei Leberstauungen und Gelbsucht. Ferner bei Durchblutungsstörungen, Venenerkrankungen, Venenschwäche und Hämorrhoiden.[54]
Die Wirksamkeit bei den beanspruchten Anwendungsgebieten ist nicht belegt. Die Anwendung kann nicht befürwortet werden.[36]

Dosierung und Art der Anwendung: *Droge.* Mittlere Einzelgabe: Als Einnahme 1,0 g.[29] Als Tee: 2 Teelöffel (1,8 g) mit 1 Teeglas Wasser kalt ansetzen, tagsüber oder vor dem Schlafengehen trinken.
Zu Verreibungen und alkoholischen Auszügen. 5%iges Infus bei Schlaflosigkeit der Kinder, Greise und derjenigen Kranken, deren Leiden auf eine Störung des Sympathikus zurückzuführen sind.[26]
Stirnumschläge vom zerquetschten Kraut bei Kopfschmerzen.[16]

Unerwünschte Wirkungen: In therapeutischen Dosen keine Nebenwirkungen.[38]

Tox. Inhaltsstoffe u. Prinzip: Als toxisches Prinzip der Droge ist Cumarin (s. dieses Hdb., Stoffband) anzusehen.

Akute Toxizität: *Mensch.* Beim Genuß von Waldmeisterzubereitungen (z. B. Waldmeister-Bowle) können Kopfschmerzen auftreten.[37] Akute Vergiftungen durch cumarinhaltige Pflanzen bzw. Nahrungsmittel sind beim Menschen jedoch nicht zu erwarten.[38]

Chronische Toxizität: *Mensch.* Da im Unterschied zu Ratte und Hund beim Menschen nur 1 bis 6% des aufgenommenen Cumarins in die lebertoxische *o*-Hydroxyphenylessigsäure umgewandelt werden (68 bis 92% dagegen in das untoxische 7-Hydroxycumarin), wird das Risiko einer toxischen Langzeitwirkung entsprechender Drogenzubereitungen als gering eingeschätzt.[38] *Tier.* Chronische Cumarinzufuhr verursacht in Ratten und Hunden reduzierte Futterverwertung, Wachstumsstillstand und Leberschäden.[38,53]

Carcinogenität: Cumarin wirkt im Tierversuch an Ratten carcinogen. Angesichts der Species-Unterschiede beim Metabolismus ist die Relevanz dieser Befunde für den Menschen umstritten und bedarf weiterer Untersuchungen.[38,56]

Reproduktionstoxizität: Nach Verfütterung einer 0,25%igen Cumarin-Diät vom 6. bis zum 17. Tag an trächtige NMRI-Mäuse war eine deutliche Entwicklungsverzögerung bei den Feten zu beobachten.[39]
Pflanzengiftklassifizierung. Wenig giftig (+) oder kaum giftig.[37]

Sonst. Verwendung: *Haushalt.* Maiwein-Extrakt, Waldmeisteressenz.[52]
Zur gewerbsmäßigen Herstellung von Maibowle unter Verwendung von Waldmeisterkraut, wobei ein Höchstgehalt von 5 ppm Cumarin nicht überschritten werden darf. Bei einem durchschnittlichen Cumarin-Gehalt von 1,06% der Trockenmasse sollten daher zum Ansatz von 1 L Bowle nicht mehr als 3 g frisches Kraut benutzt werden.[40]
Laut Aromenverordnung ist die Verwendung von Cumarin und von Waldmeisterkraut zur Herstellung von Essenzen seit 1981 verboten.[40]

Gesetzl. Best.: *Offizielle Monographien.* Negativmonographie der Kommission E am BGA "Galii odorati herba (Waldmeisterkraut)".[36]

Galium odoratum hom. *HAB 1*

Monographiesammlungen: Galium odoratum *HAB 1.*

Definition der Droge: Die frischen, kurz vor der Blüte gesammelten oberirdischen Teile.

Stammpflanzen: *Galium odoratum* (L.) Scop.

Zubereitungen: Urtinktur und flüssige Verdünnungen nach *HAB 1*, Vorschrift 3a; Eigenschaften: Die Urtinktur ist eine grünbraune Flüssigkeit mit würzigem Geruch und bitterem Geschmack.

Identität: *Urtinktur.*
A. Wird 1 mL Urtinktur mit 0,1 mL Kaliumhydroxid-Lösung versetzt, so fluoresziert die Lösung im UV-Licht bei 365 nm grüngelb.
B. Werden 0,5 mL Urtinktur mit 0,05 mL Eisen(III)chloridlsg. versetzt, so tritt eine grünbraune Färbung auf.
C. DC der Urtinktur:
- Referenzsubstanz: Eugenol;
- Sorptionsmittel: Kieselgel HF_{254};
- FM: Cyclohexan-Aceton-Isopropanol (80 + 15 + 5);
- Detektion: 1. UV-Licht bei 254 nm, 2. Besprühen mit 0,5 N Kaliumhydroxid-Lösung;

- Auswertung: Das Chromatogramm der Untersuchungslösung zeigt im UV einen fluoreszenzmindernden Fleck und nach dem Besprühen 6 gelbe bis blaue Flecken, die sich in einer bestimmten Relation zur Referenzsubstanz befinden müssen.

Reinheit: *Urtinktur.*
- Relative Dichte *(PhEur)*: 0,898 bis 0,918.
- Trockenrückstand *(DAB)*: Mindestens 1,0 % und höchstens 2,0 %.

Lagerung: Vor Licht geschützt.

Gegenanzeigen/Anwendungsbeschr.: Urtinktur bis D2: Nicht länger als 4 Wochen anwenden.[51]

Gesetzl. Best.: *Offizielle Monographien.* Negativmonographie der Kommission D am BGA "Galium odoratum".[51]

Galium odoratum spag. Zimpel hom. *HAB 1*

Synonyme: Asperula odorata spag. Zimpel.

Monographiesammlungen: Galium odoratum spag. Zimpel *HAB 1.*

Definition der Droge: Die frischen, oberirdischen Teile blühender Pflanzen.

Stammpflanzen: *Galium odoratum* (L.) SCOP.

Zubereitungen: Urtinktur und flüssige Verdünnungen nach *HAB 1*, Vorschrift 25; Eigenschaften: Die Urtinktur ist eine schwachgelbe Flüssigkeit mit arteigenem Geruch und würzigem Geschmack.

Identität: *Urtinktur.*
A. Werden 0,3 mL der Urtinktur mit 0,1 mL rauchender Salpetersäure versetzt, färbt sich die Mischung gelb.
B. Wird 1,0 mL Urtinktur mit 0,1 mL Kaliumhydroxid-Lösung versetzt, fluoresziert die Mischung im UV-Licht bei 365 nm intensiv gelb.
C. DC der Urtinktur:
- Vergleichssubstanz: Eugenol;
- Sorptionsmittel: Kieselgel HF_{254};
- FM: Cyclohexan-Aceton-Isopropanol (80 + 15 + 5);
- Detektion: 1. UV 254 nm, 2. 0,5 N Kaliumhydroxidlsg., UV 365 nm;
- Auswertung: Das Chromatogramm der Urtinktur zeigt bei Rf 0,8 einen fluoreszenzmindernden Fleck, der nach Besprühen mit 0,5 N Kaliumhydroxidlsg. im UV 365 nm leuchtend gelb fluoresziert.

Reinheit: *Urtinktur.*
- Relative Dichte *(PhEur)*: 0,980 bis 0,990.
- Trockenrückstand *(DAB)*: Mindestens 0,2 % und höchstens 0,3 %.

Lagerung: Vor Licht geschützt.

Galium rotundifolium L.

Synonyme: *Galium scabrum* auct. non L.

Sonstige Bezeichnungen: Dt.: Rundblättriges Labkraut.[2]

Systematik: Die Art ändert nur wenig ab. Nach Lit.[2] werden die Formen *latifrons* DOMIN sowie *breivilia-tum* OPIZ unterschieden.

Botanische Beschreibung: 10 bis 40 cm hohe Staude, Wurzelstock zahlreiche, rasige Stämmchen treibend, Stengel liegend oder aufsteigend, meist zart, schlaff, seltener ästig, vierkantig, glatt, kahl oder zerstreut behaart. Die Laubblätter sind zu viert in Scheinquirlen angeordnet. Sie sind eiförmig, elliptisch oder fast kreisrund, abgerundet, stumpf und stachelspitzig. Die Blätter sind von drei Längsnerven durchzogen und am Rand kurz borstlich gewimpert. Blütenstand ist eine armblütige, endständige Trugdolde mit spreizenden Ästen. Die Blumenkrone ist 3 mm breit, weiß und besitzt eiförmige, spitze Zipfel. Die Frucht besteht aus kugeligen, 1,5 mm langen, dicht mit hakigen Börstchen besetzten Teilfrüchtchen.[2]

Verbreitung: Verbreitet in Süd- und Mitteldeutschland, Österreich und in der Schweiz, in Norddeutschland seltener. Außerdem in Kaukasusländern, in Kleinasien und in Südafrika.[2]

Drogen: Galium-rotundifolium-Wurzel.

Galium-rotundifolium-Wurzel

Definition der Droge: Die getrocknete Wurzel.

Stammpflanzen: *Galium rotundifolium* L.

Volkstümliche Anwendung und andere Anwendungsgebiete: Wurzelabsude werden in der Volksmedizin der Sotho in Südafrika als Mittel bei Koliken, bei Halsentzündungen und Brustbeschwerden sowie zum Zähneputzen verwendet.[49] Die Wirksamkeit bei den genannten Indikationen ist nicht belegt.
Medizinmänner verwenden den Absud als Zaubermittel.[41]

Galium verum L.

Synonyme: *Galium luteum* LAM.

Sonstige Bezeichnungen: Dt.: Echtes Labkraut, Gelbes Labkraut; engl.: Cheese rennet, ladies bedstraw, yellow bedstraw, yellow galium; frz.: Caillelait jaune, fleur de Saint Jean, gaillet jaune; it.: Caglio giallo, erba zolfina, presuolo.

Systematik: Es werden zwei Unterarten unterschieden:[3]
- ssp. *verum* mit zahlreichen Blattwirteln, verhältnismäßig kurzen Stengelgliedern und schmalen (kaum 1 mm breiten) Laubblättern. Die Rispe ist

schlank, reichblütig, aufrecht und länger als die Stengelglieder;
- ssp. *wirtgenii* (F. W. SCHULTZ) OBORNY (Syn.: *Galium praecox* (K. H. LANG) H. BRAUN) mit steif aufrechtem Stengel und entfernten Blattwirteln. Die Laubblätter sind bis 2 mm breit und nicht zurückgeschlagen. Die Rispe ist armblütig, ihre Äste sind kürzer als die Stengelglieder. Blüte früher als bei ssp. *verum*.

Botanische Beschreibung: 30 bis 100 cm hohe Staude mit walzenförmigem, kriechendem, Ausläufer treibendem Wurzelstock. Der Stengel ist aufsteigend oder aufrecht, stumpf vierkantig, kurzflaumig oder kahl. Die Laubblätter sind zu 8 bis 12 in Scheinquirlen angeordnet, lineal, 15 bis 25 mm lang, 0,5 bis 2 mm breit, stachelspitzig. Sie sind oberseits kahl oder etwas rauh und dunkelgrün, unterseits dicht flaumig filzig mit vorragendem Rückennerv. Die Blüten befinden sich in einer endständigen Rispe, die Blütenstandsachse ist dicht flaumig. Die Blumenkrone ist 2 bis 3 mm breit, meist goldgelb und duftet stark nach Honig. Die Frucht ist 1,5 mm lang, kahl, glatt und zuletzt schwarz.[2]
Die frische Pflanze besitzt einen angenehmen, gewürzhaften Geruch.[12]

Inhaltsstoffe: In der Wurzel wurden Galiosin und Rubiadinprimverosid nachgewiesen.[41]

Verbreitung: Ganz Europa mit Ausnahme Lapplands und des arktischen Rußlands; Kleinasien, Persien und Syrien.[2]

Drogen: Galii lutei herba, Galium verum hom. *HAB 34*.

Galii lutei herba

Synonyme: Galii veri herba[15], Herba Galii lutei.[49]

Sonstige Bezeichnungen: Dt.: Gelbes Käselabkraut, Gelbes Labkraut, Gelbes Sternkraut, Gliederkraut, Liebfrauenstroh; engl.: Ladies bedstraw, yellow galium; frz.: Caille-lait jaune, gaillet jaune; it.: Caglio giallo.[12]

Definition der Droge: Das zur Blütezeit gesammelte und getrocknete Kraut.[12]

Stammpflanzen: *Galium verum* L.

Schnittdroge: *Geruch.* Die getrocknete Droge ist fast geruchlos.
Geschmack. Säuerlicher, bitterer, adstringierender Geschmack.[12]
Mikroskopisches Bild. Stachelhaare am Blattrand; auf der ganzen unteren Blattseite als weißer filziger Belag kurze, bis 100 µm lange Borstenhaare.[49]

Inhaltsstoffe: Neueren Untersuchungen zufolge enthält die frische Pflanze die Iridoidglykoside Asperulosid,[17,19,45–47] Monotropein,[46,47] Scandosid, Deacetylasperulosidsäure, Giniposidsäure und Asperulosidsäure,[47] eine mit Asperulosid verwandte Substanz, welche anstelle der Acetoxy-Gruppe an C-10 eine *p*-Hydroxyphenylpropionyloxy-Gruppe trägt, sowie Daphyllosid.[48] Mengenangaben werden nicht gegeben. Die Droge enthält zudem einen roten Farbstoff, ca. 0,001 % Labenzym, welches die Milch von Tieren zum Gerinnen bringt, und 0,0065 % den Blütenduft bedingendes äth. Öl,[12,42] außerdem *n*-Alkane, wobei *n*-C_{31}-Verb. vorherrschend sind.[14] Nach Lit.[44] enthält die Droge die Flavonoidglykoside Quercetin-3-glucosid, -7-glucosid, -3,7-diglucosid, und Luteolin-7-glucosid, nach Lit.[17] zudem Palustrosid, Rutosid und Chlorogensäure (ohne Mengenangaben).

Volkstümliche Anwendung und andere Anwendungsgebiete: Bei angeschwollenen Knöcheln sowie bei Blasen- und Nierenkatarrh zur Vermehrung der Harnausscheidung. Äußerlich bei schlecht heilenden Wunden.[43] Die Wirksamkeit bei den genannten Anwendungen ist nicht belegt. Die Droge wird als nahezu obsolet betrachtet.[12]

Dosierung und Art der Anwendung: *Droge.* Innerlich 2 bis 3 Tassen täglich, äußerlich in Form feuchter Umschläge der folgenden Zubereitung: 2 gehäufte Teelöffel Labkraut mit 250 mL kaltem Wasser übergießen, zum Sieden erhitzen, 2 min kochen lassen und abseihen.[43]

Sonst. Verwendung: Das Kraut wurde früher zur Käseherstellung verwendet. Nach der Vorschrift von Gerber verfährt man dazu wie folgt:[15]
Die frischen Pflanzenteile werden bei 40 °C im Dunkeln rasch getrocknet, fein gepulvert und nochmals getrocknet. Bei Ausschluß von Licht und Feuchtigkeit ist dieses Pulver lange haltbar. Zur Gewinnung einer Enzymlösung aus dem Trockenpräparat teigt man dieses mit 5 %iger Kochsalzlösung an und laugt 24 h unter kräftiger Bewegung in Gegenwart von etwas Senföl aus. Es wird so lange mit kleinen Mengen Extraktionsmittel behandelt, bis 5 mL Milch durch 1 mL des Aufzuges innerhalb 2 h bei 55 °C in Gegenwart von etwas $CaCl_2$ nicht mehr koaguliert werden. 10 g frischer Preßsaft oder mit Milchzucker verdünnter Trockenextrakt sollen 0,0001 g Labpulver entsprechen. Demgegenüber wird behauptet, daß es sich nicht um eine Fermentgerinnung, sondern um Säuregerinnung handelt.[15]

Galium verum hom. *HAB 34*

Monographiesammlungen: Galium verum *HAB 34*.

Definition der Droge: Die frische, blühende Pflanze.

Stammpflanzen: *Galium verum* L.

Zubereitungen: Essenz nach § 1, *HAB 34*.

Gehalt: *Essenz.* Arzneigehalt $^1/_2$.

1. Wagnitz G (1964). In: Melchior H (Hrsg.) A. Englers Syllabus der Pflanzenfamilien, Gebrüder Bornträger, Berlin, Bd. 2, S. 417–422
2. Heg, Bd. VI/2, S. 198
3. FEu, Bd. 4, S. 19

4. Garcke A (1972). In: Weihe Kv (Hrsg.) Illustrierte Flora, Deutschland und angrenzende Gebiete, Paul Parey, Berlin Hamburg, S. 1.130–1.142
5. Briggs LH, Nicholls JA (1954) J Chem Soc 3.940–3.943
6. Kooiman P (1966) Acta Bot Neerl 18:124–137
7. Hgn (1973) Bd. VI, S. 130–174
8. Dragendorff G (1898) Die Heilpflanzen der verschiedenen Völker und Zeiten, Neudruck (1967) Werner Fritsch, München, S. 640
9. Wijk HCG (1971) A dictionary of plant names, Dutch Soc. of Science, Harlem, S. 568
10. Trim R, Hill R (1951) Biochem J 50:310
11. Kröber R (1948) Das neuzeitliche Kräuterbuch, 4. Aufl., Hippokrates Verlag Marquard & Cie, Stuttgart, Bd. 1, S. 232–235
12. Thoms H (1931) Handbuch der praktischen und wissenschaftlichen Pharmazie, Urban u. Schwarzenberg, Berlin Wien, Bd. V/2, S. 1.611
13. Kooiman P (1966) Acta Bot Neerl 18:124
14. Corrigan D, Timoney RF (1978) Phytochemistry 17:1.131–1.133
15. Berger F (1954) Handbuch der Drogenkunde, W. Maudrich Verlag, Wien Bonn Bern, Bd. IV, S. 247
16. Bäßler F (1966) Heilpflanzen erkannt und angewandt, 5. Aufl., Neumann Verlag, Radebeul Berlin, S. 190–192
17. Borisov MI, Kovalev VH, Zajtsev VG (1971) Khim Prir Soedin 7:529
18. Rauh W, Senghas K (1976) Flora von Deutschland und seinen angrenzenden Gebieten, 86. Aufl., Quelle & Meyer, Heidelberg, S. 355
19. Kar 81
20. Uesato S, Ueda M, Inouye H, Kuwajima H, Yatsuzuka M, Takaishi K (1984) Phytochemistry 23:2.535–2.537
21. Davini E, Esposito P, Lavarone C, Sen A, Trogolo C, Villa S (1981) Int Conf Chem Biotechnol Biol Act Nat Prod [Proc.] 1st 3:326–331, zit. nach CA 97:69277r
22. Iavarone C, Sen A, Trogolo C, Villa S (1983) Phytochemistry 22:175–178
23. Shapiro DK, Kudinov MA, Biryukova IG, Narizhnaya TI, Anikhimovskaya IV (1985) Vestsi Akad Navuk BSSR, Ser Biyal Navuk: 24–28, zit. nach CA 103:120069v
24. Wehmer C (1929) Die Pflanzenstoffe, 2. Aufl., Verlag von Gustav Fischer, Jena, Bd. 1, S. 1.181–1.182
25. Heeger EF (1989) Handbuch des Arznei- und Gewürzpflanzenbaues, Verlag Harri Deutsch, Thun Frankfurt/Main, S. 776
26. Berger F (1954) Handbuch der Drogenkunde, W. Maudrich Verlag, Wien Bonn Bern, Bd. 4, S. 62
27. Zörnig H (1909) Arzneidrogen, Verlag Dr. W. Klinkhardt, Leipzig, S. 274–275
28. Wehmer C (1931) Die Pflanzenstoffe, 2. Aufl., Verlag von Gustav Fischer, Jena, Bd. 2, S. 1.123
29. EB 6, S. 235
30. Schultze-Motel J (Hrsg.) (1986) Rudolf Mansfeld, Verzeichnis landwirtschaftlicher und gärtnerischer Kulturpflanzen ohne Zierpflanzen, 2. Aufl., Springer Verlag, Berlin, S. 1.100
31. Laub E, Olszowski W, Woller R (1985) Dtsch Apoth Ztg 125:848–850
32. Laub E, Olszowski W (1982) Z Lebensm Unters Forsch 175:179
33. Sticher O (1971) Pharm Acta Helv 46:121
34. Sticher O (1971) Dtsch Apoth Ztg 111:1.795
35. Krumholz B (1988) Untersuchungen über Vorkommen, Verteilung und Stabilität der Iridoide in Galium odoratum (L.) Scop. (Rubiaceae), Dissertation, Universität Frankfurt/Main
36. BAz Nr. 193a vom 15.10.1987
37. Roth L, Daunderer M, Kormann K (1988) Giftpflanzen – Pflanzengifte, 3. Aufl., ecomed verlagsgesellschaft mbH, Landsberg München
38. Teuscher E, Lindequist U (1988) Biogene Gifte, Akademie Verlag, Berlin, S. 228–229
39. Roll R, Bär F (1967) Arzneim Forsch 17:97–100
40. Verordnung über Wein, Likörwein und weinhaltige Getränke vom 15.06.1971 (BGBl. I. S. 926), zuletzt geändert 20.07.1977 (BGBl. I. S. 1.416)
41. Watt J (1990) The Medicinal and Poisonous Plants of Southern and Eastern Africa, 2. Aufl., Teil 2, S. 898
42. Kar 81
43. Pahlow M (1985) Das große Buch der Heilpflanzen, Gräfe und Unzer, München, S. 212–213
44. Raynaud J, Mnajed H (1972) C R Acad Sci D 274:1.746–1.748, zit. nach CA 77:16594
45. Herrissey H (1927) Bull Soc Chim Biol 9:953
46. Swiatek L, Komorowski T (1972) Herba Pol 18:168
47. Kaufmann B (1980) Diss. ETH Zürich
48. Böjthe-Horvath K, Hetenyi F, Kocsis L, Szabo M, Varga-Balazs M, Mathe I, Tetenyi J, Tetenyi P (1982) Phytochemistry 21:2.917–2.919
49. Hag, Bd. 4, S. 1.086–1.090
50. BAz Nr. 217a vom 22.11.1985
51. BAz Nr. 104a vom 07.06.1990
52. dieses Hdb. Bd. 1, S. 706, 710
53. MI 11, S. 401
54. Heilpflanzen-Monographien (1989) EGWA e G Apothekergenossenschaft, Asperg
55. Schubert R, Vent W (Hrsg.) (1988) Exkursionsflora, Kritischer Band, begründet von Rothmaler W, 7. Aufl., Volk und Wissen Verlag, Berlin, Bd. 4, S. 422
56. Opdyke DLJ (1974) Food Cosmet Toxicol 12:385–405

Sw

Gentiana

HN: 2006600

Familie: Gentianaceae.

Unterfamilie: Gentianoideae.

Tribus: Gentianeae.

Subtribus: Gentianinae.

Gattungsgliederung: Gentiana L. und Gentianella Borkh. (→ Gentianella) werden heute als eigenständige Gattungen aufgefaßt.[1] In älteren Floren umfaßt die Gattung Gentiana gemäß einer früheren Einteilung[2] die Untergattungen Eugentiana Kusn. (heute Gattung Gentiana) und Gentianella Kusn. (heute Gattung Gentianella).[3] Die Neugliederung der Gattung Gentiana innerhalb der Subtribus Gentianinae ist allerdings noch nicht abgeschlossen. Aus den neuen Gattungen sind weitere Ausgrenzungen auf Grund unterschiedlicher Chromosomenzahlen in Diskussion.

Die Gattung Gentiana L. s. str. umfaßt ca. 200 Arten. Sie wird unterteilt in je nach Autor sieben[1] bis elf[2] Sektionen. Tabellarische Übersicht s. Lit.[4,5] Die Sektionen Aptera, Chondrophylla, Cyclostigma, Frigida, Gentiana, Pneumonanthe und Thylacites werden von allen Autoren genannt. Die Chromosomengrundzahl der Gattung beträgt x = 10, 11, 12 oder 13.[6] Für die Sektionen Cyclostigma und Thyla-

cites trifft dies allerdings nicht zu,[1] weshalb die Einteilung von manchen Autoren als nicht abgeschlossen beurteilt wird.[6]
Gentiana (Synonym: Coelanthe REN., bei der Einteilung nach Lit.[2] ausschließlich im Gebrauch) ist zumindest in Europa die wichtigste Sektion. Ihre Arten bilden kräftige Wurzeln und sind deshalb als Drogenlieferanten von erstrangiger Bedeutung. Zur Sektion zählen *Gentiana lutea*, *G. pannonica*, *G. punctata* sowie *G. purpurea*. *G. lutea* nimmt dabei eine etwas spezielle Stellung ein, die auch chemotaxonomisch deutlich wird (vgl. Inhaltsstoffe dieser Art). Hybride sind innerhalb der Gattung eine eher seltene Erscheinung, doch die Sektion Gentiana bildet hierbei eine Ausnahme. Etliche der beobachteten Kreuzungen bilden Samen und sind in der Lage, sich selbständig zu vermehren.[7]
G. asclepiadea L. und *G. scabra* BUNGE zählen zur Sektion Pneumonanthe NECK., die sich – was chemotaxonomisch mit Hilfe der *C*-glykosylierten Flavone begründet wurde[5] – aus Gentiana entwickelt haben dürfte.
G. cruciata L. gehört zur Sektion Aptera KUSN., die der Sektion Pneumonanthe nahe steht, was auch chemotaxonomisch belegt werden kann, so daß eine phylogenetische Entwicklung von Aptera aus Pneumonanthe postuliert wird.[5]

Gattungsmerkmale: Die Pflanzen sind ein- oder zweijährig oder ausdauernd, ein- oder mehrstengelig, aufrecht oder rasenbildend. Ihre Laubblätter sind meist sitzend. Die Blüten sind strahlig, groß, meist auffällig, in Trugdolden oder seltener einzeln, blattwinkel- oder gipfelständig, sitzend oder gestielt, in der Regel zwitterig, seltener polygam oder diözisch. Sie besitzen einen Kelch, der meist röhrig ist, meist 5- (seltener 4- bis 7-)spaltig und dann durch eine häutige, innere Membran verbunden oder aber scheidig-zweiteilig aufgeschlitzt. Die Krone ist trichter-, präsentierteller-, glocken- oder keulenförmig, seltener mit verkürzter Röhre, fast radförmig, mit 4- bis 5- (selten bis 8-)teiligem Saum, Kronschlund nackt und ohne Schuppen, berlinerblau, violett, rot, seltener gelb, weiß oder grün. Staubblätter besitzen sie so viele wie Kronzipfel und, mit diesen abwechselnd, der Kronröhre eingefügt; die Antheren sind frei oder in eine Röhre verwachsen, meist nach außen aufspringend. Die Pollen sind kugelig bis mehr oder weniger tetraedrisch oder länglich, 24 bis 60 μm im Durchmesser; Exine mit netzartig verlaufenden Membranleisten. Der Fruchtknoten ist einfächerig, mit zahlreichen Samenanlagen; der Griffel ist allmählich in den Fruchtknoten auslaufend, kurz oder lang, einfach oder zweiteilig, mit zweilappiger, verschieden gestalteter Narbe. Die Honigabsonderung erfolgt am Grunde des Fruchtknotens. Die Kapsel ist sitzend oder gestielt, zweiklappig aufspringend. Die Samen sind zahlreich, in die Placenten eingesenkt, geflügelt oder ungeflügelt, glatt oder mit Blättchen oder Schüppchen bedeckt.[3]

Verbreitung: Die Gattung ist vor allem in den Gebirgen der gemäßigten nördlichen Zonen verbreitet, in den Alpen und den Gebirgen Zentralasiens, auch in Nordamerika. Sie fehlt in Afrika gänzlich.

Inhaltsstoffgruppen: Bitterstoffe (Secoiridoidglucoside), Polyphenole (Xanthone und Flavone, häufig als *C*-Glykosylderivate), Kohlenhydrate wie Glucose, Fructose, Saccharose und Gentiobiose, teilweise Primverose. Charakteristisch ist das Trisaccharid Gentianose, das in geringen Mengen in den Blüten und in großen Mengen in den Wurzeln gefunden wurde. Interessanterweise sind bisher keine Heteroside mit Gentianose bekannt. Gentianose ist ferner nur noch in der Gattung Swertia identifiziert worden.[8]
Das stickstoffhaltige Gentianin, das verschiedentlich beschrieben und für chemotaxonomische Studien verwendet wurde, ist ein Artefakt, das bei der Aufbereitung mit Ammoniak aus den Secoiridoidglykosiden Gentiopicrosid und Swertiamarin entsteht.[9]
Die Xanthonglykoside sind von chemotaxonomischer Bedeutung, insbesondere für die Abgrenzung zwischen Gentiana und Gentianella. Innerhalb einer Sektion ist das "Oxydationsmuster" im allgemeinen konstant. Die Gattung Gentiana ist charakterisiert durch 1,3,7-tri- und 1,3,7,8-tetraoxygenierte Xanthone.[10] Neben Glucose ist das Disaccharid Primverose als Substituent bei den glykosidierten Xanthonen oft anzutreffen.[11] Bei der chemotaxonomischen Beurteilung dieser Daten muß allerdings berücksichtigt werden, daß nur 27 Arten der Gattung auf Xanthone mehr oder weniger vollständig untersucht worden sind.
Für die Sektion Gentiana sind in den Wurzeln und Blüten 1,3,7-oxygenierte Xanthone, darunter Gentisin[12], typisch, ebenso acylierte Secoiridoidglykoside, von denen Amarogentin in allen bisher untersuchten Arten gefunden wurde, so auch (zusammen mit Amaropanin) in *G. burseri* LAPEYR., die nur in den Pyrenäen (anstelle von *G. pannonica*) vorkommt.[13] In den Blättern finden sich vorwiegend *C*-Glykosylflavone (Isovitexin, Isoorientin und Derivate).

Drogenliefernde Arten: *G. asclepiadea*: Gentianae radix; *G. cruciata*: Gentiana cruciata hom. *HAB 34*, Gentiana cruciata hom. *HPUS 78*; *G. lutea*: Gentianae radix, Gentiana lutea hom. *HAB 1*, Gentiana lutea hom. *PF X*, Gentiana lutea hom. *HPUS 88*; *G. pannonica*: Gentianae radix; *G. punctata*: Gentianae radix; *G. purpurea*: Gentianae radix; *G. scabra*: Gentianae scabrae radix.
Hinweise: Im chinesischen Arzneibuch[14] gibt es zwei Monographien für Gentianae Radix mit folgenden Stammpflanzen: *G. manshurica* KITAG., *G. regescens* FRANCH., *G. scabra* BUNGE, *G. triflora* PALL. liefern Gentianae radix (Longdan); *G. crassicaulis* DUTHIE ex BURK., *G. dahurica* FISCH., *G. macrophylla* PALL., *G. straminae* MAXIM. liefern Gentianae macrophyllae radix (Qinjiao). Drogen und Inhaltsstoffe sind in Lit.[15,16] näher beschrieben und werden hier mit Ausnahme von *G. scabra* nicht monographiert.
Drogen Gentiana quinquefolia hom. *HAB 34* und Gentiana quinquefolia hom. *HPUS 88* → Gentianella.

Gentiana asclepiadea L.

Synonyme: *Coelanthe asclepiadea* DON, *Dasystephana asclepiadea* BORKH., *Pneumonanthe asclepiadea* SCHMIDT.

Sonstige Bezeichnungen: Dt.: Schwalbenwurz-Enzian, Würger-Enzian.

Botanische Beschreibung: Die Pflanze ist ausdauernd, 15 bis 60 (bis 100) cm hoch, ohne grundständige Laubblattrosette; sie ist kahl. Die Grundachse ist kräftig, walzlich und knotig; sie treibt mehrere einfache, vielblütige, dicht beblätterte, aufrechte bis überhängende Stengel. Die Laubblätter sind zahlreich, 5 bis 8 cm lang und 3 bis 5 cm breit, eilanzettlich, lang zugespitzt, ungestielt, meist 5nervig, deutlich netzaderig und ganzrandig. Die Blüten sind 35 bis 53 mm lang, einzeln oder zu 2 bis 3 in den oberen Blattachseln gebüschelt, bei überhängendem Stengel einseitig angeordnet. Der Kelch ist glockig, häutig und viel kürzer als die Kelchröhre. Die Kelchzipfel sind länglich oder lineal. Die Krone ist keulenförmig-glockig, dunkelazurblau, innen rotviolett punktiert und mit hellen Längsstreifen, hie und da rein weiß, hellblau oder violett, 5lappig, mit dreieckigen, zugespitzten Zipfeln; in den Falten mit je einem stumpfen Zahn. Die Staubbeutel sind verklebt. Der Griffel ist kurz, mit zurückgerollten Narben. Die Kapsel ist länglich, am Grunde verschmälert und deutlich gestielt. Der Samen ist spindelförmig, 2 mm lang und ringsum breit geflügelt. Blütezeit Juli bis Oktober.[3] Chromosomenzahl 2n = 44.

Inhaltsstoffe: In Blättern das Xanthon Mangiferin und dessen 6- und 7-*O*-Glucoside, die *C*-Glykosylflavone Isovitexin, Isoorientin sowie Saponarin und andere Mono- und Diglucoside dieser beiden Verbindungen.[17–19]

Verbreitung: Verbreitet an lichten Stellen in Wäldern und auf Wiesen, Geröllhalden, Bachufern, bevorzugt feuchte Standorte in der montanen und subalpinen Stufe, mit Vorliebe auf Kalkböden. Mittel- und südeuropäische Gebirgspflanze: Aragon, Jura, Alpen und Alpenvorland, Riesengebirge, Korsika, Apennin (südwärts bis Verna), Gebirge der Balkanhalbinsel, Karpaten, Bithynischer Olymp. Fehlt im Schwarzwald.[20]

Drogen: Gentianae radix.

Gentianae radix (Gentiana-asclepiadea-Wurzel)

Monographiesammlungen: *G. asclepiadea* war eine von vier Stammpflanzen im *AB-DDR*. Sie gilt sonst wegen des Fehlens acylierter Secoiridoidglykoside eher als Verfälschung von Gentianae radix.

Definition der Droge: Die getrockneten Wurzeln.

Stammpflanzen: *Gentiana asclepiadea* L.

Ganzdroge: Lange, dünne Wurzeln mit hellem Bruch.[21]

Inhaltsstoffe: In den Wurzeln Gentiopicrosid[22] und 6'-*O*-*β*-D-Glucosylgentiopicrosid.[23] Die Pflanze enthält keine acylierten Secoiridoidglykoside mit Swerosid als Grundkörper und unterscheidet sich damit phytochemisch wesentlich von den Arten der Sektion Gentiana. Gentiana-asclepiadea-Wurzel ist dennoch etwa gleich bitter wie Gentiana-lutea-Wurzel.[21] Ob allenfalls ähnlich zu *G. scabra*, die wie *G. asclepiadea* zur Sektion Pneumonanthe gehört, Derivate wie Trifloroside oder Scabroside vorliegen, wurde bisher nicht untersucht.

Gesetzl. Best.: *Artenschutz. G. asclepiadea* ist nach der Bundesartenschutzverordnung geschützt.

Gentiana cruciata L.

Synonyme: *Hippion cruciatum* SCHMIDT, *Tretorrhiza cruciata* OPIZ.

Sonstige Bezeichnungen: Dt.: Kreuz-Enzian; engl.: Crosswort gentian; frz.: Gentiane croisette.

Botanische Beschreibung: Die 10 bis 40 cm hohe Pflanze ist ausdauernd. Die Grundachse ist kurz, walzlich, federstieldick und schopfig. Aus den Achseln einer alljährlichen Blattrosette treibt sie meist mehrere, aufsteigende, dicke, dicht beblätterte, zuweilen violett überlaufene, meist einfache Stengel. Die Laubblätter sind länglich-lanzettlich, kreuzweise übereinander gestellt, fast lederig, beidendig verschmälert, stumpf oder die oberen spitz, dreinervig, bis 10 cm lang und 1 bis 2 cm breit; die unteren sind in eine lange, die oberen in eine kurze Scheide verwachsen. Die Blüten sind normal vierzählig, in end- oder blattachselständigen Büscheln, selten auch einzeln. Der Kelch ist kurz-glockig, aufrecht, mit 4 kurzen, lineal-pfriemlichen Zähnen oder scheidenartig. Die Krone ist keulenförmig-glockig, aufrecht, kantig, außen schmutzigblau bis grünlich, innen azurblau, 20 bis 25 mm lang, und hat zwischen den 4 Kronzipfeln 1 bis mehrere Zähne. Die Staubbeutel sind frei, der Griffel fehlt. Die Narben haben 2 kurze, aufrechte, zuletzt zurückgerollte Lappen. Die Lappen sind ellipsoid, ungeflügelt, braun und 1 bis 1,3 mm lang. Blütezeit Juli bis Oktober.[3] Chromosomenzahl 2n = 52.

Inhaltsstoffe: In den Wurzeln Gentiopicrosid, das in geringen Mengen auch in den Blättern vorkommt.[22] In Blättern und Stengeln Mangiferin (ca. 0,2 %), jedoch keine anderen Xanthone, weder Aglyka noch *O*-Glucoside, sowie die *C*-Glykosylflavone Isovitexin, Isoorientin, deren 4'-*O*-Glucoside und in geringen Mengen *t*-Caffeoyl-2''-isoorientin.[24]

Verbreitung: Verbreitet, aber nicht häufig und nur vereinzelt (fehlt stellenweise in weiten Gebieten) auf trockenen, kurzgrasigen Wiesen, Weiden, buschigen, sonnigen Abhängen, an Waldrändern, im Süden in Kastanienhainen, gelegentlich auch auf Kohlenmeilern; von der Ebene bis in die subalpine Stufe (in Bayern bis 1.200 m, in Südtirol bis 1.600 m, im Engadin bis 2.050 m), mit Vorliebe auf kalkhaltigem Boden.[3]

Europäisch-westasiatische Pflanze: Nordwärts vereinzelt bis Holland, Mecklenburg, Estland; im Süden nur in den Gebirgen; Kleinasien, Kaukasus, Westsibirien, Zentralasien (ostwärts bis zum Altai). In den letzten Jahrzehnten wegen intensiverer Bewirtschaftung in vielen Gebieten zurückgegangen.[20]

Drogen: Gentiana cruciata hom. *HAB34*, Gentiana cruciata hom. *HPUS78*.

Gentiana cruciata hom. *HAB34*

Monographiesammlungen: Gentiana cruciata *HAB34*.

Definition der Droge: Frisch geerntete unterirdische Organe.

Stammpflanzen: *Gentiana cruciata* L.

Zubereitungen: Essenz nach § 3 *HAB34*.

Gehalt: *Essenz*. Arzneigehalt $^1/_3$.

Volkstümliche Anwendung und andere Anwendungsgebiete: Wurde im letzten Jahrhundert homöopathisch (aber auch als allopathische Droge) für Tollwut empfohlen, ist aber unwirksam.[21] Die Monographie der Kommission D am BGA beurteilt die von ihr nicht näher definierten Anwendungsgebiete als nicht ausreichend belegt.[25]

Gesetzl. Best.: *Artenschutz*. *G. cruciata* ist nach der Bundesartenschutzverordnung geschützt. *Offizielle Monographien*. Negativmonographie der Kommission D am BGA "Gentiana cruciata".[25]

Gentiana cruciata hom. *HPUS78*

Sonstige Bezeichnungen: Engl.: Crosswort.

Monographiesammlungen: Gentiana cruciata *HPUS78*.

Definition der Droge: Frisch geerntete unterirdische Organe.

Stammpflanzen: *Gentiana cruciata* L.

Zubereitungen: *Urtinktur*. Herstellung: Zu einer feuchten Pflanzenmasse, bestehend aus 100 g Festanteil und 233 mL Pflanzensaft, gibt man 167 mL dest. Wasser und 635 mL Alkohol 94,4 % (*V/V*) zur Bereitung von 1.000 mL Urtinktur.
Dilutionen. D2 (2x) enthält 1 Teil Urtinktur, 3 Teile dest. Wasser und 6 Teile Alkohol; D3 (3x) und höher mit Alkohol 88 % (*V/V*).
Medikationen. D3 (3x) und höher.

Gentiana lutea L.

Synonyme: *Asterias lutea* BORKH., *Swertia lutea* VEST.

Sonstige Bezeichnungen: Dt.: Gelber Enzian; engl.: Bitter wort, Common gentian, Great yellow gentian, Yellow gentian; frz.: Gentiane jaune, Grande gentiane; it.: Genziana maggiore.

Systematik: Bisher sind zwei Unterarten bekannt, ssp. *lutea* und ssp. *symphyandra* MURBECK. Letztere ist ausschließlich im Balkan, vor allem im ehemaligen Jugoslawien, verbreitet. Zudem sind verschiedene Ökotypen mit an den jeweiligen Standort angepaßten Populationen beschrieben.[26] Blatt- und Wurzelformen sowie Habitus sind sowohl am Standort wie auch in nachfolgender Kultur unterscheidbar. Bastarde von *G. lutea* mit *G. purpurea*, *G. punctata* und *G. pannonica* sind vereinzelt anzutreffen, vor allem in den Alpen, wo jeweils zwei Arten miteinander vorkommen.[7,20]

Botanische Beschreibung: Die Pflanze ist ausdauernd, stattlich, 45 bis 140 cm hoch, ganz kahl. Das Rhizom ist mehr- (2- bis 10-)köpfig, oben mitunter bis armdick. Die Wurzeln sind graubraun oder rotbraun, die äußere Korkschicht ist dünn, aber meistens kompakt. Das Rhizom ist kreisrund gefurcht und trägt kleine Knospen. Letztere fehlen der Wurzel, deren Furchen zudem mehr oder weniger schräg in Längsrichtung verlaufen. Die Hauptwurzel kann eine Länge von bis zu einem Meter erreichen bei einem mittleren Durchmesser von 3 bis 5 cm. Das Frischgewicht eines Wurzelstockes einer ausgewachsenen Pflanze mit Wurzeln kann bis zu 7 kg betragen.[4]
Der Stengel ist einfach, aufrecht, stielrund, oberwärts gerieft, bis fingerdick werdend, hohl. Die Laubblätter sind elliptisch, bläulichgrün, stark bogennervig gerippt, 5- bis 7nervig, bis 30 cm lang und bis 15 cm breit; die unteren sind kurzgestielt, die oberen sitzend. Die Blüten sind langgestielt, in 3- bis 10blütigen Trugdolden in den Achseln von schalenförmigen Tragblättern. Die Blütenstiele sind beinahe so lang wie die Krone. Der Kelch ist häutig, blaßgelb, einseitig aufgeschlitzt. Die Krone ist radförmig, fast bis zum Grund 5- bis 6- (selten 9-)teilig, goldgelb, mit kurzer Röhre; die Kronzipfel sind spitz, schmal-lanzettlich, zuletzt sternförmig ausgebreitet. Die Staubblätter sind fast so lang wie die Krone. Die Narbe ist 2,5 bis 3 (bis 5) mm lang, nach der Anthese bei ssp. *lutea* in eine dichte Spirale zurückgerollt. Die Kapsel ist spitz-kegelförmig, bis 6 cm lang. Die Samen sind zahlreich (bis 100 in einer Kapsel), stark abgeflacht, länglich oder rundlich, häutig berandet. Blütezeit Juni bis August.[3] Chromosomenzahl 2n = 40.
G. lutea ssp. *symphyandra* zeigt verwachsene Antheren. Die Narben stehen nach der Anthese aufrecht ab.[27] Die blaßgelben Blüten sind mit feinen braunen Pünktchen entlang den Blütenblattnerven versehen.[28]

Verwechslungen: Beim Sammeln können Verwechslungen mit *Veratrum album* entstehen, da der Habitus dieser Pflanze demjenigen von *Gentiana lutea* ähnlich ist. Bei *Veratrum album* sind die Blätter wechselständig, bei *Gentiana lutea* gegenständig. Unter dem Mikroskop sind bei *Veratrum album* in der Wurzel Kristallraphiden und Stärke zu sehen, die bei *Gentiana lutea* fehlen. Die Wurzel ist zudem

von anderer Gestalt (dünner) und weist polyarche Leitbündel auf; vgl. Lit.[29], → Veratrum.
Die stark wirksamen Veratrum-Alkaloide stellen eine Gefahrenquelle dar. Über Vergiftungsfälle s. Akute Toxizität.

Inhaltsstoffe: *Secoiridoidglykoside*. Amarogentin ist vor allem in der Wurzelrinde und in den Wänden der Kapselfrüchte lokalisiert, Gentiopicrosid findet sich, etwa halb so viel wie in den Wurzeln, auch in den Blättern. Im Gegensatz zu den anderen Arten der Sektion Gentiana enthält *G. lutea* nur Amarogentin und daneben keine zusätzlichen anderen Acylderivate.
Xanthone. Xanthone finden sich in allen Organen der Pflanze. Gentiosid, Isogentisin und Mangiferin wurden aus den Blättern isoliert. *G. lutea* enthält als einzige Art der Sektion Xanthone in den Blättern.[30,31]
Flavone. Isoorientin und Isovitexin sowie deren 4'-*O*-Glucoside[31] und 2"-*O*-Glucoside[32] in den Blättern.

Verbreitung: Mittel- und südeuropäische Gebirgspflanze. Vorkommend in den Pyrenäen, Zentralmassiv, Alpen, Voralpen, Jura, Vogesen, Schwarzwald, Unterfranken, Apennin, Sardinien, Korsika, Balkanhalbinsel, Karpaten.[20] Meist gesellig auf Weiden, ungedüngten Mähwiesen, in der Karflur, in Gebüschen, auf Schutthalden, an Felsen, in Auen, Flachmooren der geologisch jungen Gebirge Europas. In der alpinen Stufe vereinzelt bis 2.500 m aufsteigend. Mit Vorliebe auf Kalkboden, jedoch auch auf Urgestein.
G. lutea weist eine große ökologische Streubreite auf. Bodenuntersuchungen an verschiedenen Standorten ergaben große Unterschiede in der gesamten organischen Substanz, im Gesamtstickstoff, im Eisen- und Mangangehalt sowie im pH (Urgestein in der Auvergne und den Vogesen pH 4,0 bis 4,5; auf kalkreichen Standorten bis pH = 7,4).[28]

Anbaugebiete: Frankreich, Spanien, Deutschland, Italien, Rumänien, Rußland.

Drogen: Gentianae radix, Gentiana lutea hom. *HAB 1*, Gentiana lutea hom. *PF X*, Gentiana lutea hom. *HPUS 88*.

Gentianae radix (Enzianwurzel)

Synonyme: Radix gentianae.

Sonstige Bezeichnungen: Dt.: Bitterwurzel, Fieberwurzel, Hochwurzel.

Monographiesammlungen: Gentianae radix *DAB 10 (Eur), ÖAB 90, Helv VII, BHP 83, Mar 29*.

Definition der Droge: Getrocknete, unterirdische Organe.

Stammpflanzen: *Gentiana lutea* L.
Frühere Arzneibuchmonographien umfaßten auch *G. pannonica*, *G. punctata* und *G. purpurea*, (s. entsprechende Arten). In der Praxis sind diese jedoch ohne große Bedeutung, wohl deshalb, weil sie bei weitem nicht so große Wurzelstöcke ausbilden wie *G. lutea*. In den Arzneibüchern ist der Trend zu *G. lutea* mit wenigen Ausnahmen (*CsL 4*, *ChinP IX*) abgeschlossen.

Herkunft: Vor allem aus Frankreich (Zentralmassiv, Pyrenäen), aus Spanien (Pyrenäen), Italien und den Balkanländern, vorwiegend durch Sammlung aus Wildbeständen. Begrenzte Anbauversuche in Frankreich und in Deutschland (vor allem in Bayern).[33] In Frankreich betrug der Anteil an Enzianwurzel mit 1.430 t frischer Droge und 66 t getrockneter Droge an der gesamten Produktion von Arznei- und Gewürzpflanzen im Jahr 1974 ca. 10 %.[4]
Durch die Sammelaktivitäten war der Bestand des Gelben Enzians, einer ausdauernden, langsam wachsenden Pflanze, deren verzweigte, kräftige Wurzelstöcke erst nach ca. 4- bis 5jähriger Vegetationszeit geerntet werden können, regional gefährdet. Mit Erfolg wurde versucht, die Pflanze zu kultivieren. Die Anbaubedingungen müssen den natürlichen Bodenbedingungen gleichen (tiefgründiger, steinloser, siebfähiger, unkrautfreier, nicht staunasser Boden). Moorboden ist wegen mangelhaften Wurzelwachstums ungeeignet. Der pH-Wert sollte nicht über 6,5 liegen.[34] Die Keimung des Samens war lange Zeit ein Problem, das heute mit einer Stratifizierung (feucht-kühle Lagerung) überwunden werden kann.[35] Versuche mit Mikropropagation wurden in Frankreich gemacht, in der Literatur bisher jedoch nur ungenügend beschrieben.[4] Die Unkrautbekämpfung ist sehr wichtig, da zu großes Wachstum fremder Pflanzen eine Wachstumshinderung zur Folge hat. Eine solche wird auch durch Wassermangel[36] verursacht. Düngung ist nicht notwendig,[37] die Erträge liegen zwischen 50 bis 100 t/ha.[34] Hauptproblem ist das Auftreten der Wurzelhalsfäule, ausgelöst durch *Botrytis cinerea*. Der Keim dringt durch Verletzungen an der Oberfläche ein, die Krankheit tritt oft im Frühjahr auf. Die Fungicide Thiram und Dichlofluanid können Ertragsausfälle vermindern,[38] jedoch nicht verhindern.

Gewinnung: Das Einsammeln der Enzianwurzel für pharmazeutische Zwecke (hoher Bitterstoffgehalt) geschieht vorteilhafterweise im Frühling (s. Inhaltsstoffe: Bitterstoffe). In der Praxis wird allerdings ab Mai/Juni über das ganze Sommerhalbjahr, wenn der Schnee weg ist und die Pflanzen kräftig austreiben, bis in den Oktober gesammelt. Die frisch gegrabenen Wurzeln und Wurzelstöcke werden nach erfolgter sorgfältiger Reinigung sehr rasch getrocknet. Sie behalten dabei ihre helle Farbe. Es muß angenommen werden, daß jede Wurzel bis zur endgültigen Trocknung einen gewissen fermentativen Prozeß durchmacht. Eine gut und schnell getrocknete Ware nimmt erst nach einer Lagerzeit von 6 bis 8 Monaten die endgültige Farbe und den endgültigen Geruch an. Während in der Volksmedizin eher fermentierter Ware der Vorzug gegeben wurde, sind für pharmazeutische Zwecke schnell getrocknete und gut gelagerte Wurzeln zu verwenden. Wird die frische Wurzel fermentiert, bildet sich ein rotbrauner Farbstoff und ein charakteristischer aromatischer Geruch. Der pharmazeutische Wert der Ware wird, solange der Extraktgehalt noch bestimmend ist, durch diesen Gärungsprozeß beeinträchtigt. Der Extraktgehalt ist beträchtlich geringer als bei nicht fermentierter Wurzel. Untersuchungen zum Einfluß der Fermentation (etwa im Vergleich zu einer sorgfältigen Trocknung) auf die Acylbitterstoffe der Droge liegen bisher keine vor.

Handelssorten: Es sind verschiedene Herkünfte im Handel, z. B. "Cantal" aus dem französischen Zentralmassiv.

Ganzdroge: Die Droge umfaßt die unterirdischen Teile von *Gentiana lutea*, d. h. Rhizom und Wurzel. Der Anteil des Rhizoms ist allerdings gering. Die Wurzel besteht aus einfachen oder verzweigten, annähernd zylindrischen Stücken. Diese sind bis 200 mm lang, gelegentlich auch länger und in der Regel 10 bis 40 mm dick. Im Bereich des Rhizomkopfes können die Stücke mitunter bis 80 mm dick sein. Außen ist die Droge graubraun, der Bruch gelblich bis rötlichgelb, jedoch nicht bräunlichrot. Das Rhizom trägt häufig Knospen sowie kreisförmig und eng aneinander angeordnete Blattnarben. Die Wurzel ist längsgerunzelt und zeigt gelegentlich Narben von Wurzelfasern. Beim Trocknen werden Rhizom und Wurzel spröde und brechen mit glattem Bruch. Sie absorbieren leicht Feuchtigkeit, wobei sie biegsam werden. Die Droge wird beim Befeuchten schwammig-weich und quillt dabei stark auf.[123]

Schnittdroge: *Geruch.* Charakteristisch.
Geschmack. Anhaltend stark bitter.
Lupenbild. Am glatten Querschnitt ist außen ein Rindenanteil erkennbar, der etwa ein Drittel des Radius einnimmt und durch ein deutlich sichtbares Kambium vom undeutlich gestreiften parenchymatösen Holzkörper getrennt ist.
Mikroskopisches Bild. Ein Querschnitt zeigt von außen nach innen vier bis sechs Reihen dünnwandiger, gelblichbrauner Korkzellen, auf die ein mehrschichtiges Phelloderm folgt. Dieses besteht im äußeren Bereich aus Kollenchymzellen, im inneren aus tangential gestreckten Parenchymzellen. Im Parenchym des Phloems eingebettet finden sich kleine Gruppen von Siebröhrenbündeln. Der hauptsächlich aus Parenchymzellen bestehende Holzteil enthält verstreut einzeln oder in Gruppen angeordnet Netz-, Spiral- oder Ringgefäße sowie kleine Gruppen intraxyläres Phloem. Die Wurzel zeigt einen dreistrahligen primären Holzteil, das Rhizom ein parenchymatöses Mark. Das Parenchym enthält Öltröpfchen sowie Calciumoxalat in Form kleinster Nadeln oder schmaler Prismen. Stärke fehlt fast vollständig.[123]

Pulverdroge: Das hell- bis gelblichbraune Pulver enthält folgende charakteristische Bestandteile: Parenchymzellen mit mäßig dicken Zellwänden; in den Zellen Öltröpfchen und kleinste, nadelartige Calciumoxalatkristalle, aber fast keine Stärke; einige wenige Gefäße mit netz-, spiral- und ringförmigen Verdickungen; Fasern und Steinzellen fehlen.[123]

Verfälschungen/Verwechslungen: Beschrieben sind Verfälschungen mit den Wurzeln von *Rumex alpinus* L., der in den gleichen Regionen wie der Gelbe Enzian wächst, als Stickstoffanzeiger vor allem massiert um Alphütten, und deshalb leicht beigefügt werden kann. Bei den Rumex-Wurzeln ist der Querschnitt gelb gefärbt und wird nach Benetzung mit einem Tropfen Kalilauge sofort tiefrot (Bornträger-Reaktion der Anthrachinone). Die Droge kann auch mit den Wurzeln von *Gentiana asclepiadea* L. (enthält keine Acylbitterstoffe mit Swerosid als Grundkörper) verfälscht sein; diese sind jedoch im Unterschied zu denjenigen von *Gentiana lutea* sehr lang, dünn und am Bruch heller.[21,39]
Früher waren teilweise auch andere Gentiana-Arten als Stammpflanzen zugelassen (*G. pannonica*, *G. punctata* und *G. purpurea*), was eigentlich sinnvoll war, weil diese Gentiana-Arten eine zu *G. lutea* gleichwertige, betreffend Bitterwert sogar bessere Droge liefern. Aufgezählte Arten unterscheiden sich von *G. lutea* dadurch, daß sie neben Amarogentin auch Amaroswerin und/oder Amaropanin enthalten. Der Unterschied kann dünnschichtchromatographisch festgestellt werden.

Minderqualitäten: Fermentierte Wurzeln.

Inhaltsstoffe: *Bitterstoffe.* Die Bitterstoffe der Gentianaceae gehören zur Gruppe der Secoiridoidglykoside. Gentiopicrosid ist schon im letzten Jahrhundert entdeckt worden, die definitive Struktur wurde erst 1968 geklärt.[40] Da Wurzelextrakte auch nach Abbau des Gentiopicrosids durch *β*-Glucosidase noch immer stark bitter schmecken, stand schon bald fest, daß diese Substanz nur einen geringen Anteil zu den bitteren Eigenschaften der Droge beiträgt.

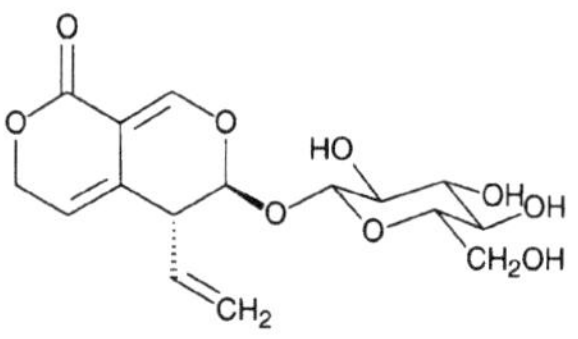

Gentiopicrosid

Die Identifikation des bitteren Prinzips gelang mit der Isolierung von Amarogentin,[41] kurz nachdem diese Substanz aus *Swertia japonica* bekannt geworden war.[42] Weitere Daten zur Struktur liefern ^{13}C-NMR[43] und D/CI-MS[44]. Mengenmäßig dominiert Gentiopicrosid (Bitterwert 12.000), die den Bitterwert der Droge bestimmende Substanz ist jedoch Amarogentin (Bitterwert 58.000.000). Amarogentin ist ein Acylderivat von Swerosid, einem dem Gentiopicrosid ähnlichen, genuin in *G. lutea* bisher nicht identifizierten Secoiridoid. Dieses liegt vermutlich, wie in *G. punctata*,[45] genuin höchstens in Spuren vor. Dies steht im Gegensatz zu zahlreichen Arten anderer Gattungen der Familie Gentianaceae, insbesondere in Swertia-Species, wo die Substanz verbreitet ist. Die Anzahl Hydroxylgruppen der mit dem Zuckerteil veresterten Diphenylcarbonsäure ist entscheidend für die Bitterwirkung. Amaropanin, ein in *G. lutea* nicht vorhandener Dihydroxydiphenylcarbonsäureester, zeigt einen immer noch hohen, aber gegenüber Amarogentin und Amaroswerin, den Trihydroxyderivaten, reduzierten (20.000.000) Bitterwert.

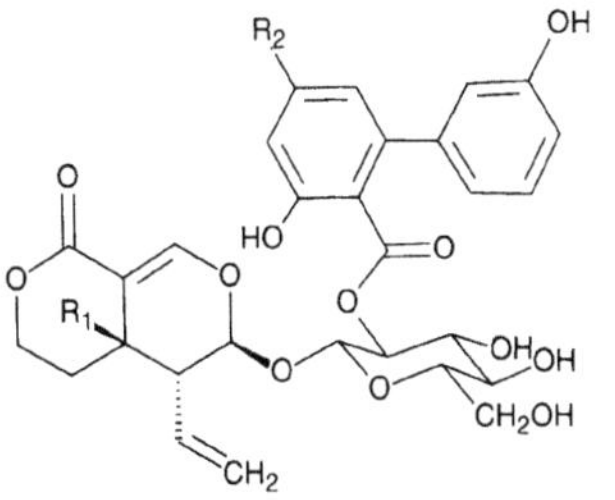

Amaropanin: R_1 = H; R_2 = H
Amarogentin: R_1 = H; R_2 = OH
Amaroswerin: R_1 = OH; R_2 = OH

Der Gehalt an Amarogentin in Drogenmustern wurde verschiedentlich untersucht. Mit HPLC fand man in Handelsmustern zwischen 0,115 und 0,332 mg/g,[46] in einer anderen Untersuchung 0,57 und 0,53 mg/g Amarogentin in der getrockneten Droge.[47] Mit quantitativer DC (= QDC) wurden in einem Ökotyp A aus dem französischen Zentralmassiv je nach Alter 0,5 bis 2,0 mg/g und in Typ B aus den nördlichen Kalkalpen Oberbayerns 0,8 bis 1,7 mg Amarogentin pro g getrockneter Droge gemessen.[26] Später wurden in sechs Ökotypen, obige mit eingeschlossen, Werte von 0,41 bis 1,22 mg/g Droge ermittelt.[28] Von den Ökotypen A und B enthielt 2jähriges Material in den Wurzeln 2,0 mg/g (A), respektive 1,7 mg/g (B) Amarogentin.[48] Für ssp. *symphyandra* wurde in derselben Arbeit ein hoher Wert von 5,1 mg/g Droge gemessen. Ein Amarogentinverlust von 16 bis 30 % wurde bei der üblichen Lufttrocknungsmethode beobachtet, bei einer Gefriertrocknung betrug er 11 %.[48] Für Gentiopicrosid fanden die zitierten Autoren (fast alle bestimmten auch diese Substanz mit HPLC oder QDC) 2 bis 10 % in der getrockneten Wurzel.
Die Verteilung von Amarogentin innerhalb der Wurzel ist nicht homogen. Die Konzentration liegt in der Rinde deutlich höher als im Holzteil: Es wurden 0,95 % Amarogentin in der Rinde im Vergleich zu 0,176 % in der ganzen Wurzel und nur 0,013 % im Holzteil einer amarogentinreichen, gefriergetrockneten Wurzel gemessen. Die Rinde enthielt 91 % des Amarogentins, wobei der Anteil am Gewicht der Gesamtwurzel nur ca. 9 % betrug.[48] Messungen mit HPLC ergaben 0,43 mg/g Amarogentin in der nach der Ernte leicht abschälbaren äußeren Schicht (Anteil der Trockenmasse 22 %) eines 3 cm dicken Rhizoms mit einem Gesamtgehalt von 0,102 mg/g in der getrockneten Droge.[49] Mit 1,15 mg/g Droge lag der Gehalt in 1 cm dicken Wurzeln an einem benachbarten Standort deutlich höher. Dies deutet ebenfalls auf die Lokalisation der acylierten Bitterstoffe in der Rinde hin: Dünnere Wurzeln zeigen einen höheren Gehalt. Fundort aller Muster: Schwadroey, im Obersimmental, Schweiz auf 2.000 m über dem Meer, Ernte Ende Juli 1979, luftgetrocknet.[49]
Die Lokalisation der Bitterstoffe in der Rinde kann ökologisch interpretiert werden als Fraßschutz vor allem gegenüber Mäusen. Weitgehend ausgehöhlte Wurzeln wurden beobachtet, von denen die Mäuse nur die Rinde übrig gelassen hatten. Gentiopicrosid ist demgegenüber in der Wurzel homogen verteilt, wobei die Substanz in Vacuolen abgelagert wird.[50]
Die jahreszeitlichen Schwankungen des Gehaltes an Bitterstoffen in *G. lutea*, der Bitterstoffgehalt in Wurzeln verschiedenen Alters und die Abhängigkeit der Bitterstoffbildung von der Höhenlage sind recht gut untersucht.[28,51,52]
Mit Hilfe der Bitterwertbestimmung wurde nachgewiesen, daß die Bitterstoffakkumulation von der Höhenlage abhängt: In Höhenlagen von 600 bis 1.840 m über dem Meer steigt in den Schweizer Alpen der Bitterwert kontinuierlich an.[52] Diese Resultate wurden bestätigt, als verschiedene Ökotypen auf verschiedenen Höhenlagen kultiviert wurden und ihr Gehalt an Bitterstoffen mit dem von Wildstandorten verglichen wurde. Sämtliche untersuchten Ökotypen produzierten beim Anbau im Flachland (435 m über dem Meer) deutlich weniger Amarogentin als im Gebirge (830 bzw. 1.100 m über dem Meer), z. B. 0,033 % gegenüber 0,089 %. Der höhere Wert entsprach demjenigen am Wildstandort, der sich auf etwa gleicher Höhe befand.[51]
Die jahreszeitlichen Schwankungen zeigten ein Maximum des Bitterstoffgehalts Ende Mai/Anfang Juni. Danach geht der Bitterstoffgehalt wieder auf den Anfangswert zurück. Analoge Ergebnisse erhielt man für drei Vegetationsperioden und für zwei verschiedene Jahre mit unterschiedlichen klimatischen Bedingungen. Der Gehalt an Gentiopicrosid läuft dazu parallel. Gleichzeitig mit der hohen Stoffwechselaktivität zu Beginn des Sproßwachstums im Frühjahr werden demnach die Bitterstoffe Amarogentin und Gentiopicrosid vermehrt gebildet. Während das Absinken des Bitterstoffgehalts als Verdünnungseffekt infolge von Wurzelmassezuwachs erklärt werden kann, ist die Erhöhung des Bitterstoffgehalts auf eine Bitterstoffneubildung zurückzuführen und nicht auf eine Konzentrierung infolge Reservestoffabtransports. Die Wurzelmasse nimmt nämlich in der Zeit, in der der relative Gehalt an Bitterstoffen in den Wurzeln um etwa das Doppelte ansteigt, nur um ca. 20 % ab.[51]
Da Amarogentin zur Hauptsache in der gewichtsmäßig zu vernachlässigenden Dermis der Wurzel lokalisiert ist, hängt der Bitterstoffgehalt der Wurzel von deren Dicke und damit deren Alter ab. Für die Ernte muß ein Kompromiß geschlossen werden zwischen Amarogentinabnahme und Wurzelmassenzuwachs. Das Optimum ortete man in der vierten oder fünften Vegetationsperiode.[28] Diese Verteilung erfordert für zuverlässige Untersuchungen eine sorgfältige Probenahme. Für eine Untersuchungsreihe[51] wurden gefriergetrocknete Wurzelstücke von 1 cm Durchmesser und 5 cm Länge von jeweils 50 Wurzelstöcken gewählt, um einen hinreichend großen Querschnitt für einen Wurzelbestand zu erreichen. Unter der Annahme, daß sämtliches Amarogentin in der Wurzelrinde vorliegt, wurde eine Formel ermittelt, mit der sich anhand der je nach

ihrem Durchmesser in sechs Klassen eingeteilten Wurzelstücke ein Gesamtgehalt für die Ernte errechnen läßt. Einen deutlich höheren Amarogentingehalt zeigt *G. lutea* ssp. *symphyandra* mit Werten, die im Gebirgsanbau drei- bis viermal über jenen von *G. lutea* lagen. Das Dickenwachstum der Wurzeln ist jedoch nur mäßig, weshalb der Ertrag im Anbau nicht befriedigte.

Die Ernte zu pharmazeutischen Zwecken hat dementsprechend im Frühjahr bei der Blattentfaltung zu erfolgen. Die Anforderungen der Pharmakopöe an den Bitterwert (jeweils berechnet aus Gehalt und Bitterwert von Amarogentin) erfüllten allerdings unabhängig vom Erntezeitpunkt mit der Ausnahme eines gealterten und eines schlecht definierten Handelsmusters[46] sämtliche untersuchten Wurzeln, die in die Literatur Eingang fanden.

Kohlenhydrate. In den getrockneten Wurzeln sind 30 bis 55 % Kohlenhydrate enthalten;[28] vor allem Monosaccharide (Glucose und Fructose), Disaccharide (Saccharose und Gentiobiose), Trisaccharide (Gentianose) und Polysaccharide (Pectine oder ähnliche gelbildende Substanzen, 3 bis 11 %). Letztere sind für das starke Quellen der Droge beim Befeuchten verantwortlich.

Der Gesamtkohlenhydratgehalt in den Enzianwurzeln nimmt bis Ende Mai/Anfang Juni ab; er steigt dann bis kurz nach Jahresmitte wieder an. Vor der Jahresmitte bis zum Vegetationsende treten nur noch geringfügige Schwankungen auf. Der Gehalt nimmt leicht ab. Im Frühjahr erfolgt eine Mobilisierung der Kohlenhydrate, die verursacht wird durch den Energiebedarf, der für den Austrieb und die Entwicklung der oberirdischen Pflanzenteile notwendig ist; dadurch nimmt die Wurzelmasse ab. Sobald mehr Assimilate entstehen, als für den weiteren Aufbau der oberirdischen Teile benötigt werden, findet erneut eine Reservestoffspeicherung in den Wurzeln statt. Sechs bis acht Wochen nach diesem Wechsel ist bereits das Maximum erreicht. Danach ist die Assimilatspeicherung für den Wurzelmassezuwachs verantwortlich.[51]

Die Ernte von Wurzeln, die zur Vergärung bestimmt sind, sollte im Sommer vor der vollständigen Fruchtausbildung erfolgen, wobei in der fünften bis siebten Vegetationsperiode gute Erträge zu erwarten sind. Die Gesamtzuckermenge bleibt über die verschiedenen Vegetationsperioden hinweg weitgehend konstant.

Xanthone. Die bisher aus Wurzeln des Gelben Enzians isolierten Xanthone sind alle in 1-, 3- und 7-Stellung oxidiert.[53] Beschrieben wurden bisher Gentisin, Isogentisin (Ausbeute in Mischfraktion 0,014 %[54]), Methylgentisin, Gentisein (Ausbeute: 0,002 %), 1-Hydroxy-3,7-dimethoxyxanthon (0,01 %), 1,3,7-Trimethoxyxanthon (0,002 %), Dihydroxy-1,3-dimethoxy-2,7-xanthon sowie Gentisin-1-*O*-primverosid und Gentiosid-7-*O*-primverosid. Genauere quantitative Untersuchungen liegen nur vereinzelt vor, z. B. 1,31 und 1,51 mg/g Gentiosid, 1,21 bzw. 3,1 mg/g Gentisinprimveroside in getrockneter Wurzel (bestimmt mit HPLC).[55] Der Gesamtgehalt an Xanthonen dürfte den Wert von 1 % in der getrockneten Droge nicht übersteigen, ein beträchtlicher Anteil davon ist glykosidiert.

Ätherisches Öl. Mit einer Ausbeute von 1 bis 2 mg aus 100 g Droge ist der Gehalt an ätherischem Öl unbedeutend. Die aromagebenden Komponenten bei der Branntweinherstellung stammen jedoch aus dieser Fraktion und sind dementsprechend "wertbestimmend". Allerdings ist über die Struktur der Substanzen wenig bekannt, obwohl Kenner von Enzianbrand geschmackliche Unterschiede ausmachen können.[56]

Zubereitungen: Die beschriebenen Zubereitungen sind nicht sehr einheitlich und variieren im Bitterwert stark.

Enziantinktur *DAB 10*: *DAB 10* verwendet zur Herstellung der Tinktur 1 Teil pulverisierte Enzianwurzel und perkoliert nach der allgemeinen Vorschrift mit 5 Teilen Ethanol 70 %.

Tinctura Gentianae *ÖAB 90*: *ÖAB 90* verwendet zur Herstellung der Tinktur 100 Teile verdünntes Ethanol auf 20 Teile Enzianwurzel und mazeriert nach der allgemeinen Vorschrift.

Extractum Gentianae *ÖAB 90*: Der Enzianextrakt nach *ÖAB 90* wird im Perkolationsverfahren mit pulverisierter Enzianwurzel und verdünntem Ethanol hergestellt und nach dem Absetzen schwer löslicher Bestandteile (48 h an einem kühlen Ort) unter vermindertem Druck zur Trockene eingedampft.

Extractum Gentianae fluidum *EB 6*: 1.000 Teile mittelfein gepulverte Droge werden mit einer Mischung von gleichen Teilen Ethanol (Weingeist) und Wasser perkoliert, so daß 1.000 mL Fluidextrakt resultieren.

Gentianae extractum fluidum *Ital 9*: Der Fluidextrakt der italienischen Pharmakopöe wird mit Ethanol 30 % aus Enzianwurzelpulver nach der allgemeinen Vorschrift dieses Arzneibuches für Fluidextrakte hergestellt.

Gentianae extractum siccum normatum *Helv VII*: Zur Herstellung des Trockenextraktes wird nach *Helv VII* Enzianwurzel mit einer Mischung von Ethanol und Wasser (2:1) gleichmäßig befeuchtet. Mit der nötigen Menge der gleichen Mischung werden nach dem Perkolationsverfahren Vorlauf (80 g) und Nachlauf (400 g aus 100 g Droge) gewonnen. Der Nachlauf und die Preßflüssigkeit werden unter vermindertem Druck zur Trockne eingedampft. Der Rückstand wird in 20 g der Ethanol-Wasser-Mischung gelöst und die Lösung mit dem Vorlauf vereinigt. Diese Extraktflüssigkeit wird 8 Tage bei 2 bis 8 °C stehengelassen und bei derselben Temperatur filtriert. Mit 1,00 g Filtrat wird der Verdampfungsrückstand und mit 1,00 g der Bitterwert bestimmt. Dann wird im Filtrat soviel Saccharose gelöst, daß nach dem Eindampfen unter vermindertem Druck der Extrakt den vorgeschriebenen Bitterwert (mind. 400 und max. 500 Einheiten nach *Helv VII*) aufweist.

Gentianae tinctura normata *Helv VII*: Zur Herstellung der Enziantinktur wird der eingestellte Enziantrockenextrakt zu 7,5 % (*m/m*) in Ethanol 70 % (*V/V*) gelöst.

Concentrated Compound Gentian Infusion: Für die in britischen Arzneibüchern beschriebenen Zubereitungen bildet ein mit Ethanol 25 % durch Ma-

zeration hergestellter Mischextrakt (je 125g Enzian, getrocknete bittere Orangenschalen und Zitronenschalen werden mit 1.200mL Lösungsmittel aufbereitet) die Grundlage. Er wird versetzt mit frisch abgekochtem Wasser (10 Teile ad 100; Compound Gentian Infusion *BP88*), verdünnter Salzsäure (0,5mL ad 10,0mL; Acid Gentian Mixture *BPC79*) oder mit Natriumbicarbonat (500mg ad 10,0mL; Alkaline Gentian Mixture *BPC79*).[57]
Gentian and Sodium Bicarbonate Powder *Jap 11:* Das japanische Arzneibuch enthält ein Magenpulver mit der Zusammensetzung 300g Enzianwurzelpulver und 700g Natriumbicarbonat.[58]

Identität: *Droge.* Die Identitätsprüfung von Enzianwurzel erfolgt nach *DAB 10 (Eur)* dünnschichtchromatographisch nach einer auf Lit.[59] basierenden Methode.
DC des methanolischen Extraktes nach *DAB 10 (Eur)*:
- Untersuchungslösung: Methanolischer Extrakt einer Endkonzentration von 1g getrockneter Droge in 5,0mL;
- Referenzsubstanz: Phenazon;
- Sorptionsmittel: Kieselgel, das einen Fluoreszenzindikator mit einem Fluoreszenzoptimum bei 254nm enthält;
- FM: Wasser-Chloroform-Aceton (2 + 30 + 70);
- Detektion: Direktauswertung im UV 254nm, anschließend Besprühen mit Echtrotsalz B und Auswertung im Vis, hierauf Bedampfen mit Ammoniak und Auswertung im Vis;
- Auswertung: Das mit der Referenzsubstanz Rf-gleiche Amarogentin färbt sich nach dem Besprühen orange, nach der Einwirkung der Ammoniakdämpfe rot. Eine unmittelbar darüber liegende, unter der Einwirkung alkalischer Dämpfe violette Zone von Amaropanin deutet auf andere Enzianarten hin.

Zubereitungen. Helv VII verwendet die o. a. Methode zur Identitätsprüfung der eingestellten Tinktur und des Trockenextraktes. *DAB 10* greift zum Nachweis der Bitterstoffe in der Tinktur erstaunlicherweise auf den Nachweis von Gentianin zurück, das in ammoniakalischer Lösung aus Gentiopicrosid entsteht.[9]
DC der Tinktur nach *DAB 10*:
- Untersuchungslösung: Chloroformausschüttelung des mit Schwefelsäure versetzten und mit Ammoniaklösung alkalisierten Trockenrückstandes der Tinktur;
- Referenzsubstanzen: Noscapinhydrochlorid und Papaverinhydrochlorid;
- Sorptionsmittel: Kieselgel GF_{254};
- FM: Ammoniak 26%-Aceton-Dichlormethan (2 + 40 + 60);
- Detektion: Direktauswertung im UV 254nm, anschließend Besprühen mit Dragendorffs Reagens und Auswertung im Vis; Nachbesprühen mit Natriumnitritlösung und Auswertung im Vis;
- Auswertung: Das zwischen Noscapin und Papaverin liegende Gentianin färbt sich nach dem Besprühen orange, nach dem Nachbesprühen rotbraun.

Reinheit: *Droge.* Höchstens 5% Sulfatasche *DAB 10 (Eur).*
Zubereitungen. 1mL Tinktur darf sich auf Zusatz von 0,5mL Ethanol 96% nicht trüben, der Anteil an Methanol und Isopropanol darf 0,2% nicht übersteigen *Helv VII.* 0,5g eingestellter Trockenextrakt und 0,5mL Wasser ergeben eine trübe Lösung, die Trübung muß auf Zusatz von 1mL Ethanol 96% verschwinden *Helv VII.* Höchstens 3% Asche und höchstens 5% Trocknungsverlust für Trockenextrakt *ÖAB 90.*

Gehalt: *Droge. DAB 10 (Eur)* fordert für die Droge einen Bitterwert von mindestens 10.000 und einen Extraktgehalt von mindestens 33%.
Zubereitungen. Für die monographierten flüssigen Zubereitungen (Fluidextrakte, Tinkturen) fordern *DAB 10* und *ÖAB 90* einen Bitterwert von mindestens 1.000, *Helv VII* von mindestens 30 bis höchstens 40, für den eingestellten Trockenextrakt *Helv VII* mindestens 400 und höchstens 500, *ÖAB 90* für den Enziantrockenextrakt mindestens 40.000. *Ital 9* stellt keine Anforderungen.

Gehaltsbestimmung: *Extraktgehalt.* Der Extraktgehalt wird mit 5,0g pulverisierter Droge bestimmt. Zur Droge werden 200mL siedendes Wasser gegeben, während 10min wird gelegentlich geschüttelt. Nach dem Erkalten wird mit Wasser zu 200,0mL ergänzt und filtriert. Dann werden 20,0mL des Filtrates auf dem Wasserbad zur Trockene eingedampft. Der Rückstand wird bei 100 bis 105°C getrocknet und muß mindestens 0,165g betragen *DAB 10 (Eur).* Fermentierte Wurzeln weisen einen relativ niedrigen Extraktgehalt auf.
Bitterstoffe. Die quantitative Bestimmung von Amarogentin erfolgt mit HPLC (direkt) oder mit DC (nach Derivatisierung). Wird Amarogentin direkt bestimmt, so garantiert theoretisch ein Gehalt von 0,017% den von der Pharmakopöe geforderten Bitterwert.
HPLC-Methode. Die Polarität der Bitterstoffe führt zur Trennung auf Umkehrphase (RP-C_{18}) als Methode der Wahl,[46] zumal damit die Retentionszeit von Amarogentin leicht gesteuert und den Erfordernissen (Abtrennung polarerer Begleitsubstanzen) angepaßt werden kann. Von Amarogentin können Amaropanin und Amaroswerin getrennt werden, was auch eine qualitative Beurteilung (andere Enzian-Arten)[60] zuläßt. Vorgeschlagen wurden zudem Methoden auf Normalphase, z. B. Kieselgel Kyowa Mic Si 10µm, mobile Phase Chloroform-Ethanol (91 + 1), Detektion UV 270nm,[47] wobei Trennleistung und Analysendauer (60min) nicht überzeugen. Mit beiden und einer später publizierten Methode[61] (RP-C_8, Peak-Identifikation mit Dioden-Array-Detektion, mobile Phase 20% Methanol) kann auch Gentiopicrosid bestimmt werden. Infolge des geringen Bitterwertes dieser Komponente drängt sich deren Bestimmung trotz hohem Gehalt nicht auf.
HPLC-Bestimmung von Amarogentin mit der Methode des inneren Standards:[46]
- Untersuchungslösung: Ein methanolischer Extrakt der Wurzeln wird mit Essigester ausge-

schüttelt, die Essigesterphase eingeengt und in MeOH aufgenommen;
- Referenzsubstanz: Hydrochinondimethylether;
- Stationäre Phase: μ-Bondapak C_{18} (andere RP-Systeme, wie z.B. Spherisorb ODS II wurden seither überprüft und zeigen gleichwertige Trennung);
- Mobile Phase: Methanol 45 %;
- Detektion: UV 233 nm.

DC-Verfahren. Die quantitative Bestimmung von Amarogentin mit Hilfe der DC basiert auf den Angaben in Lit.[48] Fehlende Chromophore in der Molekülstruktur, mögliche Interferenzen infolge unspezifischer Adsorption von Extraktstoffen auf der Kieselgelschicht und der relativ niedrige Gehalt ließen es sinnvoll erscheinen, nach einem Derivat zu suchen, das eine spezifische photometrische Bestimmung nach Elution des auf der Platte getrennten Bitterstoffes ermöglicht. Die phenolischen Gruppen von Amarogentin erlauben die Reaktion zu einem Diazofarbstoff. Als Vergleichssubstanz dient nicht das kaum verfügbare Amarogentin, sondern 2,4-Dihydroxybenzoesäure. Es wurde gezeigt, daß die nach der Reaktion mit diazotierter Sulfanilsäure entstehenden Diazoverbindungen von Bitterstoff und Referenz sich infolge struktureller Ähnlichkeit bezogen auf den Phenolanteil des Bitterstoffs photometrisch gleich verhalten. Die Methode wurde leicht abgewandelt (größere Probenmengen aufgetragen, da die Extinktionen vielfach unter 0,1 lagen[28]) und verbessert: Die Probenaufbereitung durch Extraktion mit Aceton erwies sich als selektiver (noch weniger Begleitstoffe enthält allerdings der Essigesterauszug für die HPLC nach Lit.[46]) und mit Echtrotsalz B wurde ein zu einer intensiveren Farbreaktion führendes Reagenz eingesetzt:[62]
Ein acetonischer Extrakt wird zur Trockne eingedampft, in Methanol-Aceton (1 + 1) aufgenommen und auf DC-Folie (Kieselgel F_{254}) im FM Aceton-Chloroform-Wasser (60 + 40 + 2) chromatographiert. Nach der Entwicklung wird die Amarogentinzone ausgekratzt und mit Methanol-Wasser (1 + 1) eluiert; das Filtrat wird mit Echtrotsalz B-Lsg. und später mit 15 %iger Natriumcarbonatlsg. versetzt. Die Bestimmung erfolgt spektralphotometrisch bei 477 nm gegen eine Kompensationsflüssigkeit. Als Referenz dient 2,4-Dihydroxybenzoesäure, die dem gleichen Procedere (ohne Entwicklung der Platte) unterworfen wurde. Berechnung für 10,0 g getrocknete Droge: 0,019 × (Extinktion Untersuchungslsg./Extinktion Vergleichslsg.) ergibt den Gehalt an Amarogentin in %.

Wirkwertbestimmung: *Bitterwert.* Der Bitterwert wird organoleptisch durch Vergleich mit Chininhydrochlorid bestimmt, dessen Bitterwert auf 200.000 festgesetzt ist. Das heißt, Verdünnungen der Reinsubstanz von 1/200.000 werden im Normalfall von Testpersonen noch als bitter schmeckend empfunden. Abweichungen von diesem statistisch ermittelten Normalwert gehen als Korrekturfaktor (k) für die betreffende Testperson in die eigentliche Bitterwertbestimmung ein, die unmittelbar nach der Chinin-Testreihe durchzuführen ist. Da die Bitterempfindung von Person zu Person unterschiedlich ist, wird sie zuerst mit der Referenzsubstanz (Chininhydrochlorid) ermittelt. Die Prüfung wird mit Lösungen einer Temperatur von 20 °C durchgeführt. Abweichungen von ± 2 °C haben keinen Einfluß auf das Ergebnis. Als Extraktions- sowie als Spülmittel wird Brunnenwasser verwendet, da destilliertes Wasser zu einer schnelleren Ermüdung der Geschmacksnerven führt. Weil die Geschmacksnerven eine hohe Empfindlichkeit aufweisen, wird mit sehr hohen Verdünnungen gearbeitet. Die Bitterempfindung ist nicht auf der ganzen Zungenoberfläche gleich, sondern ausgeprägt am oberen und vor allem am seitlichen Zungengrund. Durch gewisse Begleitstoffe der Drogen (z.B. Gerbstoffe, ätherische Öle u.a., wobei diese Probleme für Enzian von geringer Bedeutung sind) treten Schwierigkeiten bei der Ermittlung der Grenzkonzentrationen auf. Die größten Fehlerquellen sind jedoch, trotz der Eichung mit Chininhydrochlorid, die Testpersonen. Die Versuchsergebnisse streuen erheblich (Standardabweichungen vom Mittelwert ± 10 bis ± 20 %). Einigermaßen verläßliche Ergebnisse sind nur zu erreichen, wenn die Bitterwertbestimmung mit Gruppen von mehreren Testpersonen in mehrfacher Wiederholung durchgeführt wird.[63]

Lagerung: *Droge.* Vor Licht geschützt aufbewahren *DAB 10 (Eur)*, zusätzlich vor Feuchtigkeit geschützt.[64]
Zubereitung. Für den Enzianextrakt verlangt *ÖAB 90* die Aufbewahrung in dicht schließendem Gefäß vor Licht geschützt mit einem Trocknungsmittel.

Stabilität: Trocken gelagerte Drogen sind auch in Pulverform anhaltend bitter, selbst wenn sie schon mehr als zehn Jahre alt sind.[43]

Wirkungen: *Sekretionsfördernde Wirkung.* Die Pharmakologie der Bittermittel ist grundlegend in Lit.[65] zusammengefaßt. Darin wird eine reflektorische Wirkung auf die Speicheldrüsen und vor allem auf die Magensaftsekretion über die Geschmacksnerven (Nervus vagus) postuliert. Das Sekret enthält Salzsäure und Pepsin, ist also ein echter Verdauungssaft. Die zweite, die sogenannte gastrische Phase, die nach der Aufnahme von Nahrung einsetzt, soll ebenfalls beeinflußt werden. Ausgeschüttet wird zusätzlich Gastrin, ein Polypeptid, dem eine regulatorische Wirkung zugeschrieben wird.[66] Insgesamt wird ein Mechanismus in Gang gesetzt, der sich zugunsten einer besseren Nahrungsausnützung und einer Resorptionssteigerung auswirkt und damit gegebenenfalls auch auf den Allgemeinzustand. Die ältere Literatur ist widersprüchlich, die experimentellen Bedingungen sind zum Teil kaum mehr nachvollziehbar. Dies wurde bereits frühzeitig kritisiert; die daraufhin unternommenen Versuche an isolierten Tierorganen und am ganzen Tier auf der Suche nach einer erregenden Wirkung der Bitterstoffe (auch von Enzian) auf den Sympathicus trugen allerdings keine wesentlichen Erkenntnisse bei.[67] Eine Verstärkung der hemmenden

Wirkung von Adrenalin durch mit Glykosiden angereicherten Extrakten (auch von *G. lutea*) auf den Kaninchendünndarm wurde zwar beobachtet, doch kann – auch nach Lit.[65] – infolge der hohen Dosierungen keine Erhöhung des Sympathicustonus und damit eine Begründung für die Anwendung von Bittermitteln als Tonica respektive Roborantia abgeleitet werden. Später wurde bilanziert, daß weder die Ernährungsphysiologie noch die Pharmakologie über die spezifische Wirkung der Bitterstoffe viel zu sagen haben[68] respektive die vorhandene Literatur kein klares Bild ergibt.[69] Immerhin wurde von einer erhöhten Sekretion von Magensaft (ca. 30 %) nach Applikation von Enziantinktur mit Hilfe eines getränkten Wattebausches in die Mundhöhle von Hunden nach einer Scheinfütterung im Vergleich zur Scheinfütterung ohne vorgängige "Behandlung" berichtet.[70] Kurz nach der Applikation der Tinktur, sobald der deutlich erhöhte Speichelfluß zurückgegangen war, fand eine einminütige "Scheinfütterung" mit Fleisch statt. Den Tieren war in einem aus heutiger Sicht brutal anmutenden Versuch ein Ausgang in die Speiseröhre implantiert worden, so daß keine Bitterstoffe den Magen erreichten. Die Magensaftsekretionskurve (das Sekret wurde über eine Magenfistel aufgefangen) in Abhängigkeit der Zeit verlief mit und ohne Bitterstoffapplikation praktisch gleichförmig, nach Gabe von Bitterstoff jedoch auf deutlich höherem Niveau. Die Acidität des Magensaftes änderte sich nicht, genaue Messungen liegen allerdings nicht vor. Wurde die Enziantinktur 30 min vor der Scheinfütterung appliziert, konnte keine erhöhte Magensaftsekretion beobachtet werden. Nur die Applikation von Bitterstoff und die rasch folgende Fütterung führten zur Sekretsteigerung, für die Applikation ohne Fütterung vermutet der Autor eher eine Hemmung. Der Vermutung entspricht die Beobachtung, daß das Hungergefühl des Menschen und die sogenannten Hungerbewegungen im Magen durch die von wenigen Tropfen Enziantinktur ausgelöste Bitterempfindung auf der Zunge an allerdings nur zwei Versuchspersonen gehemmt wurde.[71] Unterschieden wird dabei vom Autor zwischen Hungergefühl und Appetit, so daß die in Lit.[72] postulierte Kaskade "Appetit durch Erregung der Magensaftsekretion via Geschmacksrezeptoren" dazu nicht im Gegensatz steht. Der Einfluß auf den Appetit wurde in diesem Experiment nicht geprüft, jedoch in einem ungewohnt gut dokumentierten Bericht an nicht genau definierten Hunden untersucht.[73] Diesen wurde ein sogenannter "kleiner Magen" in Form eines abgegrenzten Sackes in die Magenwand operiert. Dieser ist mit Nerven und Gefäßen voll versorgt und durch eine Intubation zugänglich sowohl für die Zufuhr von Bitterstoffen zur Prüfung der direkten Einwirkung als auch zur Probenahme für den Magensaft. Zugeführt wurden mit Hilfe eines Wattebausches auf die Zunge oder durch Direktapplikation in den "Magensack" 0,5 bis 2,6 mL Enziantinktur in "therapeutischer Dosis" (nicht genau definiert), daneben auch andere Bitterstoffe. Bei oraler Zufuhr wurden die Hunde gezwungen, den Wattebausch während einer Minute zu "kauen". Am gesunden Hund konnte kein Einfluß beobachtet werden. Menge und Qualität des Sekretes blieben unverändert, die Hunde zeigten nicht mehr Appetit, die gefressene Menge blieb mit und ohne Behandlung konstant. Da die Sekretion von Magensaft bedingt durch die Kapazität der Drüsen beim gesunden Tier wohl nicht wesentlich gesteigert werden kann, brachte man Hunde durch Blutentzug in einen als "cachectic" bezeichneten anämischen Zustand, bei dem sie nurmehr wenig Magensaft produzierten. Quantität und Qualität (Säure erhöht, Pepsin jedoch praktisch unverändert) des nach Nahrungsaufnahme während einer Stunde (gastrische Phase) ausgeschiedenen Magensaftes wurden gesteigert durch die Applikation des Bittermittels auf die Zunge, nicht jedoch bei Zufuhr direkt in den Magen. Auch nahmen die Tiere im Unterschied zu den Nichtbehandelten deutlich mehr Nahrung auf, was als Appetitsteigerung interpretiert wurde. Der Appetit erreichte zwar nicht denjenigen gesunder Hunde, doch der Einfluß der Bitterstoffe war deutlich und signifikant, und dies interessanterweise unabhängig von der Art der Applikation.

Die Theorie der Einnahme der Bitterstoffe 15 bis 30 min vor der Mahlzeit basiert vermutlich primär auf einem Versuch mit Extrakten aus *G. asclepiadea* und *G. cruciata*, von dem keine Details zugänglich sind.[74] Sie konnte später bestätigt werden:[69] Der Einfluß verschiedener Bitterstoffe, darunter auch einer stark bitteren, aber noch trinkbaren alkoholischen Enziantinktur (0,2 g Droge, vermutlich *G. lutea*, in 100 mL Prüflösung) auf die Speichelsekretion im Vergleich zu den Ruhewerten wurde untersucht. Geprüft wurde an vier jüngeren Versuchspersonen am Morgen 2 h nach einem leichten Frühstück. Enzian zeigte bei großer Streuung (Zunahme 114 %, 195 %, 161 %, 303 %) eine Speichelflußsteigerung mit nur geringer Senkung der Amylaseaktivität und der Hexosaminkonzentration. Letztere wurde als Maß für den Gehalt an Mucopolysacchariden betrachtet. Die Wirkung ist im Vergleich zu scharfen Gewürzen viel geringer, weshalb die Autoren eine durch die Sinnesorgane ausgelöste Erhöhung der Magensaftsekretion als Wirkprinzip postulieren.[68]

Dieselbe Arbeitsgruppe versuchte deshalb, die sekretolytische Wirkung von Enzian im Magen mit Hilfe röntgenologischer Untersuchungen nachzuweisen. Zehn gesunde Probanden mußten 50 mL einer temperierten (28 bis 30 °C) wäßrigen Lösung von 1,0 g eines ethanolischen Extraktes entsprechend 0,2 g Enzianwurzel einnehmen, 5 min danach eine Reismahlzeit, bestehend aus 70 g Trockenreis und 30 g Bariumsulfat als Röntgenkontrastmittel zur Erkennung des Speisebreis. Die Vergleichslösung bestand in 50 mL temperiertem Wasser. Zur Darstellung der Gallenblase wurden 10 h vor Versuchsbeginn 6 Kapseln Biloptin® verabreicht. Der Verlauf der Sekretorik und Motorik von Magen und Darm sowie die Motorik der Gallenblase mit und ohne Einnahme des Bittermittels wurden röntgenologisch geprüft. Das Bittermittel schmeckte intensiv bitter, war aber ohne Widerwillen genießbar. Der Bitterwert wurde nicht bestimmt. Die Autoren zogen aus ihren Messungen (Projektionsfläche des

Kontrast- und Sekretschattens) folgende Schlüsse: Während der ersten 30 min erfolgt eine Stimulierung der Magensaftsekretion. Die Entleerungsgeschwindigkeit des Magens und die Passagegeschwindigkeit durch Jejunum und Ileum wird nicht beeinflußt. Enzian wirkt zudem nach der Meinung der Autoren cholagog (gallenblasenentleerend). Gemessen wurde allerdings die cholecystokinetische (gallenblasenkontrahierende) Wirkung: Die Gallenblasenkontrastfläche reduzierte sich auf 72 % des Nüchternwertes nach Einnahme von Enzian, nur auf 80 % nach der Einnahme einer reinen Reismahlzeit. Da keine Statistik vorliegt, kann keine Aussage über die Relevanz dieser Messungen gemacht werden.[69]
Im Tierversuch (an narkotisierten Ratten, die abgesonderte Galle wurde gesammelt und gemessen) ergab sich nur eine geringe Steigerung (+ 20 %) des Gallenflusses bei einem mit Tween 20 zu 20 % in eine wäßrige Phase eingearbeiteten, aus der Urtinktur hergestellten Trockenextrakt. Ein auf die Hälfte eingeengtes wäßriges Decoct (1:10) zeigte ebenso wie in orientierenden Versuchen eine 1 %ige Lösung von Gentiopicrosid keine Effekte.[75] Quantitative Angaben über die applizierten Mengen und Bitterwerte liegen nicht vor, verglichen wurde mit den Werten vor der Zufuhr des Bitterstoffes.
Im Zusammenhang mit der ungewöhnlichen Anwendung von Enzian in einem pflanzlichen Mittel gegen Erkältungskrankheiten wurde versucht, eine sekretolytische Wirkung im Bereich der oberen Luftwege nachzuweisen.[76] Nach intragastraler Applikation eines Enzianwurzelextraktes (entsprechend 12,6 mg Enzianwurzel/kg KG pro Tag) in 19 %iger alkoholischer Lösung per Schlundsonde an je drei männliche und weibliche Kaninchen an drei aufeinanderfolgenden Tagen konnte im nach der Behandlung narkotisierten Tier mit 2,08 ± 0,16 mL eine deutliche Erhöhung der Bronchialsekretmenge gegenüber den Kontrollgruppen (Ethanol gleicher Konzentration 1,55 ± 0,1 und 1,05 ± 0,08 mL in 3 h) gemessen werden.
Die vorliegenden neueren Daten bestätigen weitgehend das erfahrungsmedizinische Wissen, daß Enzianwurzel über die Geschmacksnerven im Mund eine sensorisch-reflektorische Wirkung auf die Sekretproduktion im Magen zeigt. Eine zusätzliche cholagoge Wirkung erscheint möglich, wobei nicht geklärt ist, ob auch diese sensorisch-reflektorisch erfolgt.
Immunologische Wirkung. Bei Krankheiten wie Morbus Crohn und Colitis ulcerosa wurde ein hoher Gehalt an sIgA beobachtet und dies als eine Überstimulation des lokalen Immunsystems betrachtet. Wie im Darmlumen ist auch im Speichel der Anteil an sIgA am Gesamt-IgA sehr hoch. Die Autoren einer diesbezüglichen Studie[77] sehen im Speichel deshalb einen relativ zuverlässigen Parameter, um das Ausscheidungsvermögen des darmassoziierten Immunsystems zu kontrollieren. Dem sIgA obliegt in seiner dimeren Form vermutlich eine immunregulierende und immunprotektive Wirkung. Die Autoren interessierte das ähnliche Wirkungsprofil zweier unterschiedlicher Bitterstoffdrogen, nämlich Enzian und Chinarinde, vor allem, weil beiden Drogen früher eine fiebersenkende Wirkung zugesprochen wurde. Sie prüften eine D1-Tinktur von *Gentiana lutea* nach homöopathischer Zubereitung (nach einer Aussage in einer anderen Arbeit[78] könnte der Bitterwert der Ausgangsdroge bei 12.000 gelegen haben). Die Medikation (3 × 20 Tropfen täglich) wurde vorerst acht gesunden Probanden im Alter von 23 bis 53 Jahren während acht Tagen verabreicht. Die sIgA-Werte im Speichel wurden vor und nach der Einnahmeperiode gemessen und verglichen mit den Werten anderer Probanden, nämlich sieben Personen im Alter von 22 bis 49 Jahren, die täglich 3 × 20 Tropfen Ethanol und neun Personen im Alter von 27 bis 38 Jahren, die eine gleiche Menge Chinarindentinktur D1 erhalten hatten. Die sIgA-Ausgangswerte bei diesen Probanden lagen zwischen 3,0 und 25,0 mg/dL. Nach der Behandlung zeigten sämtliche mit Enzian behandelten Patienten niedrigere, jene mit Chinarinde behandelten erhöhte sIgA-Werte. Statistisch (die Berechnungsart wird nicht beschrieben) unterschieden sich die beiden Verumgruppen von der Placebogruppe auf einem Signifikanzniveau von $p > 0,05$, wobei fünf Placeboprobanden einen niedrigeren, drei einen höheren Wert aufwiesen. Die Relationen der Zu- und Abnahmen unter Placebo lagen im Bereich der Änderungen bei den therapierten Probanden.
Bei entzündlichen Magen-Darm-Krankheiten unterschiedlicher Art und Lokalisation findet sich ein erhöhter sIgA-Spiegel. Deshalb wurde in Fortsetzung der Versuche die Enziantinktur an 19 kranken Probanden im Alter von 21 bis 66 Jahren eingesetzt, die unter Colitis ulcerosa ($n = 8$), Morbus Crohn ($n = 2$) respektive unspezifischen entzündlichen Affektionen des Magen-Darm-Traktes ($n = 9$) litten. Von diesen zeigten elf einen deutlich erhöhten sIgA-Wert gegenüber den gesunden Probanden. Unter Therapie sanken diese Werte bei der Mehrzahl der Patienten zum Teil drastisch. Nur bei drei Patienten stiegen die Werte, zwei davon zeigten innerhalb der Prüfwoche parallel dazu eine Verschlechterung des klinischen Bildes. Insgesamt sind die Ergebnisse wegen des kleinen Probanden-/Patientenkollektivs und den heterogenen Eingangsbefunden, der kurzen Prüfzeit bei chronischen Krankheiten, der fehlenden statistischen Auswertungen (auch der sIgA-Analytik) und vor allem der erwähnten, aber nicht quantifizierten intraindividuellen Schwankungen schwer bewertbar, zeigen aber doch interessante Ansätze, die über die allein reflektorische Wirkung von Bitterstoffdrogen hinausgehen.
Antimikrobielle Wirkung. Enzianextrakt zeigt eine fungitoxische Wirkung. Ein wäßriger 1:4-Extrakt aus getrockneter Wurzel von *G. lutea* (500 mg getrockneter Extrakt in 6 mL Nährbouillon, beimpft wurde mit 10^6 Sporen, Bebrütung während drei Tagen bei 25 °C) verhinderte die Keimung der Sporen von *Penicillium digitatum* und *Botrytis cinerea* und zeigte eine wachstumshemmende Wirkung bei *Aspergillus niger*, *Aspergillus fumigatus* und *Fusarium oxysporum*. Zahlreiche andere Keime, u. a. *Candida albicans*, wurden in ihrem Wachstum nicht gehemmt.[79] Nach Applikation von β-Glucosidase

zeigte Gentiopicrosid im Biotest auf der Dünnschichtplatte eine fungitoxische Wirkung gegen den Testkeim *Penicillium expansum*, wobei die Wirkung im Test vergleichbar ist mit verschiedenen Polyen-Antibiotica wie Natamycin, Nystatin und Amphotericin B.[80,81] Bei der enzymatischen Umwandlung entsteht aus Gentiopicrosid das Aglykon (vermutlich α- und β-Form) sowie daraus auf der Kieselgel-DC-Platte (= Testsystem) innerhalb einer Stunde Gentiogenal (= (±)-5-Formyl-6-methyl-3,4-dihydro-1*H*,6*H*-pyrano[3,4-c]-pyran-1-on). Beide Substanzen zeigten eine fungitoxische Wirkung gegen *Penicillium expansum*.[82] Die berichtete Aktivität von Xanthonen gegenüber *Mycobacterium tuberculosis* ist für *G. lutea* ohne Bedeutung, da die aktiven Xanthone[83] vorwiegend in 1,3- und 5,6- oder in 8-Stellung oxydiert sind, Verbindungen, die in der Sektion Gentiana nicht vorkommen.

Zentrale Wirkung. Die Anwendung einiger Drogen aus der Familie der Gentianaceae als mildes Psychostimulans vor allem in Indien führte zur pharmakologischen Prüfung von Xanthonfraktionen im Tiermodell.[84] Die Resultate ließen auf eine MAO-Hemmung schließen, die später pharmakologisch für verschiedene Xanthone bestätigt wurde.[85,86] Mit Isogentisin zeigte ein 1,3,7-oxygeniertes Xanthon (vorkommend in Blättern von *G. lutea*) sowohl MAO-A- wie MAO-B-hemmende Wirkung im mitochondrialen System aus Rattenhirn. Für die Anwendung der Enzianwurzel kann daraus vorläufig keine Bedeutung abgeleitet werden, da keines der aus den Wurzeln isolierten Xanthone bisher geprüft wurde. Es gibt in Europa auch keine Anwendungstradition in dieser Richtung.

Wirkungsverlauf: Allgemein wird ein verzögerter Wirkungseintritt postuliert, bedingt durch die sensorische Wirkkomponente und die dadurch ausgelöste reflektorische Sekretolyse, so daß die Einnahme einer flüssigen Zubereitung (Tinktur, Tee) 30 min vor dem Essen empfohlen wird. Arzneiformen wie Kapseln und Dragées gelten derzeit als nicht sinnvoll, da sie den bitteren Geschmack abdecken. Ob in Zukunft nicht noch vermehrt der Aspekt einer lokalen Wirksamkeit im Magen-Darm-Trakt in Betracht gezogen werden muß, kann derzeit nicht abschließend beurteilt werden.

Anwendungsgebiete: Bei Magenbeschwerden, wie z. B. durch mangelnde Magensaftbildung; zur Appetitanregung.[64] Verdauungsbeschwerden wie Appetitlosigkeit, Völlegefühl und Blähungen.[87]

Dosierung und Art der Anwendung: *Droge.* Mittlere Einzeldosis: 1 g Droge. Mittlere Tagesdosis: 2 bis 4 g Droge.[87] Gebräuchliche Einzeldosis als Aufguß oder Abkochung: 1 g Droge auf eine Teetasse *ÖAB 90*.

Die Droge kann in Form des Pulvers eingenommen werden (*BHP 83*). Um den bitteren Geschmack etwas zu mildern, wird in einem Rezept die Vermischung mit Honig oder die Einnahme zusammen mit Brot empfohlen.[88]

Teebereitung. Ein halber Teelöffel voll (1 bis 2 g) Enzianwurzel wird mit siedendem Wasser (ca. 150 mL) übergossen und nach etwa 5 bis 10 min durch ein Teesieb gegeben. Der Tee kann auch durch Ansetzen mit kaltem Wasser und mehrstündiges Ziehen bereitet werden. Soweit nicht anders verordnet, wird mehrmals täglich eine Tasse Tee kalt oder mäßig warm $^1/_2$ h vor den Mahlzeiten getrunken.[64]

In einer selbst durchgeführten Akzeptanz-Prüfung empfanden 7 von 16 erwachsenen Medizinalpersonen einen aus 1 g pulverisierter Droge, die den Anforderungen von *PhEur* entsprach, hergestellten Tee (der mit 150 mL Wasser heiß abgebrüht und dann kalt getrunken wurde) als ungenießbar. Fünf von ihnen beurteilten ihn als zu bitter, nur vier empfanden die Dosierung als richtig, eine als zu niedrig. Ein Unterschied zwischen Frauen und Männern wurde nicht festgestellt.[89] Es ist zu empfehlen, die Konzentration einer Zubereitung individuell auf das Empfinden des Patienten einzustellen, zumal bekannt ist, daß sich im allgemeinen pro Bitterstoff zwei Empfindlichkeitsklassen erkennen lassen, wobei diese nicht unbedingt für jeden Bitterstoff gleichartig hoch oder niedrig sein müssen.[90]

Zubereitung. 0,2 g als gebräuchliche Einzeldosis für Trockenextrakt und 0,5 bis 1,0 g Enziantinktur *ÖAB 90*. 10 bis 20 mL für Acid Gentian Mixture, 10 mL für Alkaline Gentian Mixture sowie 15 bis 40 mL für Compound Gentian Infusion.[57] Tinktur: 1 bis 3 g täglich;[87] gelegentlich werden 35 Tropfen (ca. 1 mL) als obere Grenze für die Einzeldosis betrachtet.[91] Tinktur 1:5 in Ethanol 45 % 3mal täglich 1 bis 4 mL *BHP 83*. Fluidextrakt *EB 6*: 2 bis 4 g;[87] in mittleren Einzeldosen von 1 g *EB 6*.

Volkstümliche Anwendung und andere Anwendungsgebiete: Die volkstümliche Anwendung deckt sich weitgehend mit den anerkannten Anwendungsgebieten. Die Droge wird allerdings selten allein verwendet. Sie findet sich sowohl in Teemischungen (z. B. Magentee I sowie III-VI NRF 6.11. in *DAC 86*) wie in Tinkturen (z. B. Bittere Tinktur NRF 6.3. in *DAC 86*) in Kombination mit anderen Bitterdrogen oder mit anderen Drogen, denen bei Magen-Darm-Beschwerden eine Wirksamkeit zugesprochen wird. Die Anwendung bei Appetitlosigkeit steht im Vordergrund, auch bei der Verwendung von Enzian in Stärkungsmitteln (Roborantia, Tonica, z. B. Schwedenbitter). In Mitteln bei Blähungen wird Enzianwurzel mit Umbelliferenfrüchten, Kamille und/oder Pfefferminze kombiniert. Die Droge ist ferner in Mischungen zur Anregung der Gallensekretion enthalten. In Magenteemischungen ist sie fester Bestandteil der Kompositionen, fehlt allerdings in den Magentees der Standardzulassungen.

Als Mittel gegen Fieber hat Enzian auch in der Volksheilkunde keine Bedeutung mehr. Selbst die historischen Quellen für diese Anwendung sind, so kann man zumindest Lit.[92] interpretieren, vage. Die Wirkung konnte jedenfalls nie bestätigt werden. Enzian wurde demnach früher primär bei Malaria eingesetzt, wobei dem Gentiopicrosid eine Aktivität zugesprochen wurde.[93] Darüber sind in der neuen Literatur keine Informationen mehr zu finden; die Wirksamkeit bei diesem Anwendungsgebiet ist nicht belegt.

Unerwünschte Wirkungen: Selten kann die Anwendung von Enzianzubereitungen Kopfschmerzen auslösen.[64,87] Ist die eingenommene Droge oder Zubereitung zu bitter, kann dies "Ekelgefühle" und damit Brechreize auslösen.

Gegenanzeigen/Anwendungsbeschr.: Magen- und Darmgeschwüre.[64,87] Es wird empfohlen, Enzian bei Menschen mit sehr hohem Blutdruck und bei schwangeren Frauen nicht anzuwenden, da sie die Pflanze nicht gut vertragen sollen.[94,95] Die Anwendung von Enzianwurzel wird in Lit.[96] dahingehend präzisiert, daß die achylischen und atonischen Zustände, der sogenannte "schwache Magen", behandelt werden sollen, nicht jedoch der empfindliche Reizmagen mit Übersäure, da sich die Hyperaciditätsbeschwerden verstärken können.

Wechselwirkungen: Keine bekannt.[87]

Weitere medizinische Verwendung: *Veterinärmedizin.* Enzianwurzeln werden tierarzneilich interessanterweise weniger als Fraßmittel, denn bei Magenkrankheiten und Verdauungsstörungen verwendet. Dies auch in Kombination mit Carbonaten bei akuten Indigestionen und Pansenacidosen von Wiederkäuern.[97]

Toxikologische Eigenschaften: Die Pflanze zeigt keine Toxizität und wird im allgemeinen gut vertragen. LD_{50} unbekannt.
Die intragastrale Applikation eines Enzianwurzelextraktes (entsprechend 12,6 mg Enzianwurzel/kg KG pro Tag) in 19 %iger alkoholischer Lösung per Schlundsonde an je drei männlichen und weiblichen Kaninchen an drei aufeinanderfolgenden Tagen verursachte keine Veränderung von Atem- und Pulsfrequenz, Quickwert, Calcium-, Natrium- und Kalium-Konzentration des Serums. Gegenüber den Kontrollgruppen war die Erythrocytenzahl signifikant von $6{,}05 \pm 0{,}53 \times 10^{12}$/L respektive $5{,}87 \pm 0{,}50 \times 10^{12}$/L (zwei Kontrollgruppen) auf $5{,}49 \pm 0{,}73 \times 10^{12}$/L erniedrigt, ohne daß dieser Befund erklärt und seine Bedeutung interpretiert werden konnte.[76]
Daten zur Toxizität einzelner Inhaltsstoffe liegen keine vor. Für das Alkaloid Gentianin, das aus Gentiopicrosid bei der phytochemischen Aufbereitung unter Verwendung von Ammoniak entsteht und deshalb bei der phytotherapeutischen Anwendung, sofern die Zubereitung nicht basisch erfolgt, keine Rolle spielt, wurde eine letale Dosis an Mäusen nach i. p. Injektion von 400 mg/kg KG ermittelt.[98]

Tox. Inhaltsstoffe u. Prinzip: Den Xanthonen werden mutagene Eigenschaften zugesprochen.

Akute Toxizität: *Mensch.* Intoxikationen stehen durchwegs im Zusammenhang mit der Verwechslung von *Gentiana lutea* mit *Veratrum album*. Die bekannten Intoxikationsfälle entstanden durch völlig unzureichende Sachkenntnis:
Drei Rekruten kauten anstelle von vermeintlichem Enzian Germerwurzeln, einer wurde vier Stunden nach der Wurzeleinnahme im Coma und mit starken Krämpfen ins Spital eingeliefert. Nach wiederholten Magenspülungen und einer Valium/Atropin-Behandlung erholte er sich nur langsam.[99] Anstelle von Enzian hatte ein 45jähriger Italiener, der an einer leichten Leberinsuffizienz litt und deshalb Enziantee zu trinken pflegte, Wurzeln von Weißem Germer gesammelt. Nach Einnahme von 200 mL eines während 12 h in kaltem Wasser mazerierten Tees trat schon nach 50 min folgendes klinisches Bild der Intoxikation auf: Hypotension, Bradycardie, ventriculäre Extrasystolen, Übelkeit und Erbrechen, Unempfindlichkeit der Zunge. Zum atrioventriculären Block kam es nicht, da möglicherweise durch Erbrechen und Diarrhöe die Resorption der Alkaloide unterbrochen werden konnte.[100] Aus Frankreich sind in jüngster Zeit fünf Fälle von Vergiftungen nach der Einnahme eines jeweils zu Hause hergestellten Enzianweins (Enzianwurzelpulver wird dabei mit einem Weißwein extrahiert, abfiltriert und das entstehende Produkt später als Apéritif getrunken) aufgetreten und durch das Centre Anti Poisons in Paris beschrieben worden.[101] Die Symptome waren durchwegs gleich: Schwindel, Erbrechen, Schmerzen in den Eingeweiden, abfallender Blutdruck (bis 70/40 mm Hg) und Sinusbradycardie (Abfall auf bis zu 36 Schläge pro Minute). In einem Fall wurde ein atrioventriculärer Block festgestellt. Nach Applikation von Atropin s. c. oder i. v. erholten sich die Patienten innerhalb von maximal 20 h wieder von der Vergiftung. Die in Österreich bekannt gewordenen sieben Fälle verliefen ähnlich und hatten dieselben Ursachen: Verzehr von Germerwurzeln und Einnahme von Germerwurzeln enthaltendem, selbst hergestelltem Enzianapéritif.[102] Dabei wird postuliert, daß die Resorption der Veratrum-Alkaloide im alkoholischen Extrakt beschleunigt ist und die Vergiftungssymptome schon nach 1 h auftreten.

Mutagenität: Die in Enzianwurzelextrakt beobachtete Mutagenität im Ames-Test ließ sich nach Fraktionierung primär auf die Xanthone Gentisin und Isogentisin zurückführen.[103] Die Mutagenität von Extrakten und isolierten Reinsubstanzen wurde mehrfach an *Salmonella typhimurium* TA100 beobachtet,[104,105] jedoch nur nach Aktivierung mit S9-Mix: 50 µg Gentisin per Platte lösten 342 Revertanten, 50 µg Isogentisin 955 Revertanten (blinder Vergleich: 150 Revertanten) aus.[103] Die Dosisabhängigkeit war bei Isogentisin ausgeprägt, bei Gentisin blieb die Revertantenzahl ab Dosen von 10 µg pro Platte praktisch unverändert. Andere Autoren[105] bestätigten diese Ergebnisse und prüften auch Gentisein, dessen Dosis-Wirkungskurve auf etwas niedrigerem Niveau derjenigen von Gentisin entspricht. Sie prüften die Genotoxizität zudem an weiteren Stämmen: TA97 reagierte am empfindlichsten (1.400 Revertanten für 50 µg Isogentisin), TA2637 und TA100 zeigten außer bei Isogentisin (höhere Mutagenität bei TA2637) weitgehend parallelen Verlauf in der Dosis-Wirkungskurve, TA98 erwies sich – wie auch bei anderen Autoren[103,104] – als wenig empfindlich. Zurückgeführt wurde der Unterschied nach eingehenden Studien verschiedener Xanthone auf die chemische Struktur, da Zahl und Stellung der Hydroxyl- und der Methoxygruppen für die Mutagenität im Ames-Test von Bedeutung sind. Infolge der Strukturverwandtschaft der Xan-

thone zu den Flavonoiden, z. B. Quercetin, überraschen die vorliegenden Resultate nicht. Sie sind wohl auch analog zu werten, gilt doch das ubiquitäre Quercetin als unbedenklich.[106,107] Glykosidierte Xanthone zeigen keine Mutagenität, sofern sie nicht zuvor zusätzlich zum S9-Mix mit β-Glucosidase behandelt werden. Dies deutet darauf hin, daß zu erwartende Metaboliten, etwa Glucuronide, ebenfalls nicht mutagen sind. Die von den Autoren – mit Wissen um die Relativität des Ames-Tests – geforderten zusätzlichen Untersuchungen mit den Xanthonen an Humanzellsystemen und mit reproduktionstoxikologischen Studien stehen bisher weitgehend aus. Es wird nur noch von strukturellen Chromatid-Typ-Aberrationen in M1 (erste Metaphase) vor allem in Form offener Brüche und von Translokationen, begleitet von Gaps bei Hamsterzellen (Stamm V79) nach Applikation von S9-Mix berichtet.[108] Geprüft wurden Enzianextrakt und -tinktur in nicht genau beschriebener Art und Menge.
Mutagene Eigenschaften nach Behandlung mit Nitrit (ca. 6 mg Natriumnitrit in 0,7 mL Reaktionsgemisch, ohne S9-Mix, Stämme TA100 und TA98) zeigten Extrakte aus *Swertia japonica*. Xanthone waren unter den gleichen Bedingungen nicht mutagen, aus den entsprechenden Fraktionen wurden Amarogentin und Amaroswerin isoliert. Die nicht acylierten Secoiridoidglucoside waren nicht mutagen. Höchste Mutagenität wurde für 3,3',5-Trihydroxydiphenyl gemessen: 6.800 revertierende Kolonien/mg bei TA90; 13.400 bei TA100.[109] Diese Verbindung entsteht bei der Hydrolyse von Amarogentin und Amaroswerin mit nachfolgender Decarboxylierung in Natronlauge. Bei der Behandlung der Bitterstoffe mit Nitrit resultiert eine komplexe Mischung unbekannter Substanzen. Es ist praktisch auszuschließen, daß physiologisch (im Magen) je ähnlich hohe Nitritkonzentrationen auftreten.

Sonst. Verwendung: *Haushalt.* In den Alpen und im Jura werden die Wurzeln des Gelben Enzians zur Herstellung von Enzian-Branntwein ("Enzler") verwendet. Die Wurzeln werden nach der Ernte auf einen Haufen geschüttet, der Fermentation überlassen, getrocknet, gehackt und mit Wasser angesetzt. Andere Herstellungsmethoden setzen die geschnittene frische Wurzel der Gärung aus oder setzen diese einer Obstmaische zu. In einem Zeitraum von mehreren Wochen vergären die Zucker zu Alkohol, der Branntwein wird als Destillat gewonnen.[56] Die Ernte erfolgt vorzugsweise im Sommer (→ Inhaltsstoffe: Kohlenhydrate). Die Bitterstoffe spielen keine Rolle, da sie nicht ins Destillat übergehen. Der beste Enzianbranntwein soll allerdings aus *G. purpurea* gewonnen werden.[3]
Alkoholisch-wäßrige Auszüge finden bei der Herstellung von Apéritif-Getränken (Alpenbitter) meist im Gemisch mit anderen Bitterstoffe enthaltenden Pflanzen Verwendung. Für deren Zubereitung gelten die für pflanzliche Arzneimittel gemachten Überlegungen, sofern ein hoher Bitterwert erwünscht ist.

Gesetzl. Best.: *Artenschutz.* Die Pflanze ist in Deutschland geschützt. *Standardzulassung.* Standardzulassung Nr.: 9199.99.99.[64] *Offizielle Monographien.* Aufbereitungsmonographie der Kommission E am BGA "Gentianae radix (Enzianwurzel)".[87]
Leitfaden für Pharmazeutische Unternehmer über die Zulassungsforderungen für Phytopharmaka des französischen Arbeits- und Sozialministeriums.[110]

Gentiana lutea hom. *HAB 1*

Monographiesammlungen: Gentiana lutea *HAB 1*.

Definition der Droge: Die frischen, unterirdischen Teile.

Stammpflanzen: *Gentiana lutea* L.

Zubereitungen: Urtinktur und flüssige Verdünnungen nach *HAB 1*, Vorschrift 3a; Eigenschaften: Die Urtinktur ist eine gelbe bis rotbraune Flüssigkeit ohne besonderen Geruch und mit stark bitterem Geschmack.
Darreichungsformen: Urtinktur, flüssige Verdünnungen, Streukügelchen, Verreibungen, Tabletten, flüssige Verdünnungen zur Injektion.[111]

Identität: Die Identitäsprüfungen umfassen die unspezifischen Prüfungen auf Glykoside (Rotfärbung nach Erhitzen mit Vanillin/Salzsäure), eine Diazoreaktion zum Nachweis von Phenolen (Reaktion mit Sulfanilsäure in verdünnter Salzsäure und 0,2 mL einer 5 %igen Lsg. (*m/V*) von Natriumnitrit; nach Zusatz von 1 mL Natriumcarbonatlsg. entsteht eine beständige, intensiv kirschrote Färbung) sowie eine organoleptische Prüfung: Die Mischung von 1 mL Urtinktur mit 1.000 mL Wasser muß noch deutlich bitter schmecken.
DC der Urtinktur:
- Referenzsubstanzen: Coffein und Hydrochinon;
- Sorptionsmittel: Kieselgel HF_{254};
- FM: Ethylacetat-Methanol-Wasser (77 + 15 + 8);
- Detektion: Direktauswertung im UV 254 nm, anschließend Besprühen mit Echtblausalz-B-Lsg. und Auswertung im Vis;
- Auswertung: Das Chromatogramm der Untersuchungslsg. zeigt im UV 254 nm unterhalb der Vergleichssubstanz Coffein zwei nicht immer getrennte Flecke, etwa in Höhe der Vergleichssubstanz Coffein einen schwachen, oberhalb derselben einen und knapp oberhalb der Vergleichssubstanz Hydrochinon einen Fleck. Nach Behandlung mit Echtblausalz-B-Lsg. zeigt das Chromatogramm der Untersuchungslsg. zwischen Start und der Vergleichssubstanz Coffein mehrere sehr schwache Flecke. Oberhalb der Vergleichssubstanz Coffein und etwa auf Höhe der Vergleichssubstanz Hydrochinon färbt sich je ein Fleck rot.

Reinheit: *Urtinktur.*
- Relative Dichte *(PhEur)*: 0,900 bis 0,920.
- Trockenrückstand *(DAB 10)*: Mindestens 3,5 %.

Lagerung: *Urtinktur.* Vor Licht geschützt aufbewahren.

Anwendungsgebiete: Die Anwendungsgebiete entsprechen dem homöopathischen Arzneimittelbild. Dazu gehören: Verdauungsstörungen.[111]

Dosierung und Art der Anwendung: Soweit nicht anders verordnet: Bei akuten Zuständen häufige Anwendung alle halbe bis ganze Stunde je 5 Tropfen oder 1 Tablette oder 10 Streukügelchen oder 1 Messerspitze Verreibung einnehmen; parenteral 1 bis 2 mL bis zu 3mal täglich s.c. injizieren. Bei chronischen Verlaufsformen 1- bis 3mal täglich 5 Tropfen oder 1 Tablette oder 10 Streukügelchen oder 1 Messerspitze Verreibung einnehmen; parenteral 1 bis 2 mL pro Tag s.c. injizieren.[111]

Unerwünschte Wirkungen: Keine bekannt. Hinweis: Es können sogenannte Erstverschlimmerungen vorkommen, die jedoch unbedenklich sind.[111]

Gegenanzeigen/Anwendungsbeschr.: Keine bekannt.[111]

Wechselwirkungen: Keine bekannt.[111]

Gesetzl. Best.: *Artenschutz.* Die Pflanze ist in Deutschland geschützt. *Offizielle Monographien.* Aufbereitungsmonographie der Kommission D am BGA "Gentiana lutea".[111]

Gentiana lutea hom. *PFX*

Monographiesammlungen: Gentiana lutea pour préparations homéopathiques *PFX*.

Definition der Droge: Die im Frühjahr geernteten, frischen, unterirdischen Teile.

Stammpflanzen: *Gentiana lutea* L.

Zubereitungen: Die Urtinktur wird mit Ethanol nach der allgemeinen Vorschrift der *PFX* für homöopathische Zubereitungen hergestellt; Eigenschaften: Die Urtinktur ist eine gelbe bis rotbraune Flüssigkeit mit charakteristischem Geruch und mit stark bitterem Geschmack; Ethanolgehalt 55 % (*V/V*).

Identität: *Urtinktur.* Die Identitätsprüfungen umfassen die unspezifischen Prüfungen auf Phenole (Braunfärbung nach Zugabe von Eisen(III)chloridlsg.) und die Bildung eines Niederschlages mit Quecksilberkaliumiodid aus salzsaurer Lösung. Die Urtinktur zeigt ferner eine gelbe Fluoreszenz bei 365 nm und färbt sich rot nach einer Zugabe von Magnesium zur salzsauren Lösung.

Reinheit: *Urtinktur.*
- Trockenrückstand: 2,5 %.

Gentiana lutea hom. *HPUS88*

Monographiesammlungen: Gentiana lutea *HPUS88*.

Definition der Droge: Die Wurzel.

Stammpflanzen: *Gentiana lutea* L.

Zubereitungen: *Urtinktur.* Herstellung durch Mazeration oder Perkolation der frischen oder getrockneten Droge mit EtOH nach den allg. Zubereitungsvorschriften (Class C) der *HPUS88.* Ethanolgehalt 55 % (*V/V*).

Gehalt: *Urtinktur.* Arzneigehalt $^1/_{10}$.

Gentiana pannonica Scop.

Synonyme: *Gentiana punctata* Jacq. nec L., *Gentiana purpurea* Gebhard.

Sonstige Bezeichnungen: Dt.: Brauner Enzian.

Systematik: Bastarde von *G. pannonica* mit *G. purpurea* und *G. lutea* sind vereinzelt anzutreffen, vor allem in den Alpen, wo jeweils zwei Arten miteinander vorkommen.[7,20] Varietäten mit kleinem Verbreitungsgebiet in Österreich/Bayern: var. *pichleri* Huter und var. *ronnigeri* Doerfler.[3]

Botanische Beschreibung: Die Pflanze ist ausdauernd und (10)15 bis 60 cm hoch. Der Wurzelstock ist dick-walzlich, schief und mehrköpfig; er treibt kräftige Wurzeln. Der Stengel ist aufrecht, kräftig und hohl. Die Laubblätter sind 5- bis 7nervig, die unteren elliptisch, gestielt, die oberen eiförmig bis lanzettlich, spitz und sitzend. Die Blüten sind ansehnlich, sitzend, in den oberen Blattwinkeln und an der Spitze des Stengels scheinquirlig oder kopfig gehäuft. Der Kelch ist glockig, 4mal kürzer als die Krone, mit 5 bis 8 nach außen gekrümmten Zähnen; letztere sind ungleich lang und zuweilen geteilt. Die Krone ist glockig, nach oben erweitert, 2,5 bis 5,2 cm lang, mit 5 bis 9 verkehrt-eiförmigen, 1,5 cm langen Zipfeln, trüb oder bläulichpurpurn, nach dem Grunde zu gelbgrün, schwarzrot punktiert, ausnahmsweise auch weiß, innen mit Ausnahme der Zähne gelblich, nicht punktiert. Die Staubbeutel sind röhrig-verklebt und 6 bis 7 mm lang. Der Fruchtknoten ist bis 3,5 cm lang und schwarzrot punktiert. Die Kapsel ist ellipsoidisch, kurz und dick gestielt. Die Samen sind flach zusammengedrückt, braun, 2 mm lang und 1,5 mm breit, geflügelt. Blütezeit Ende Juli bis September.[3] Chromosomenzahl 2n = 40.

Verwechslungen: Analog *G. lutea* denkbar, jedoch nicht beschrieben.

Inhaltsstoffe: In Blättern verschiedene Derivate von Isoorientin und Isovitexin, die in geringen Konzentrationen bis zu 0,005 % auch in den unterirdischen Teilen nachgewiesen wurden. Keine Xanthone in den Blättern.[112]

Verbreitung: Nur stellenweise verbreitet auf Karfluren und Geröllhalden, aber auch im Nadelwald und um Alphütten. Auf nährstoff- und kalkhaltigen, aber auch auf kalkarmen, humosen Böden. Pflanze der Ostalpen mit einer Verbreitung von der Ostschweiz (Churfirsten) und den Bergamasker Alpen bis Ostkroatien/Böhmerwald.[3,20]

Drogen: Gentianae radix.

Gentianae radix (Gentiana-pannonica-Wurzel)

Monographiesammlungen: *DAB 7, Ned 6, ÖAB 9* und *Helv VI* ließen u.a. auch *G. pannonica* als Stammpflanze von Enzianwurzel zu. Mangels praktischer Bedeutung ist sie in den späteren Ausgaben dieser Arzneibücher gestrichen worden und deshalb nicht mehr offizinell. Heute nurmehr als eine von drei Stammpflanzen in *CsL 4*.

Definition der Droge: Getrocknete unterirdische Organe.

Stammpflanzen: *Gentiana pannonica* SCOP.

Ganzdroge: Entspricht morphologisch weitgehend der Beschreibung unter Gentiana-lutea-Wurzel. Rhizom und Wurzel erreichen allerdings bei weitem nicht die gleiche Größe wie bei *Gentiana lutea*.

Inhaltsstoffe: Amarogentin (bis zu 0,3 %), Amaropanin und Amaroswerin (wenig), Gentiopicrosid[48] sowie die Xanthone Gentiosid und Gentisin.[53]

Gesetzl. Best.: *Artenschutz. G. pannonica* ist nach der Bundesartenschutzverordnung geschützt.

Gentiana punctata L.

Synonyme: *Dasystephana punctata* BORKH., *Gentiana campanulata* JACQ., *Pneumonanthe punctata* SCHMIDT.

Sonstige Bezeichnungen: Dt.: Gefleckter Enzian, Geflügelter Enzian, Tüpfel-Enzian; romanisch: Giansauna puncteda.

Systematik: Hybriden von *G. punctata* mit *G. lutea* und *G. purpurea* sind vereinzelt anzutreffen, vor allem in den Alpen, wo jeweils zwei Arten miteinander vorkommen.[7,20] Die in Lit.[3] für die Schweiz beschriebenen Varietäten sind unbedeutend und werden in Lit.[20] nicht erwähnt.

Botanische Beschreibung: Die Pflanze ist ausdauernd, 20 bis 60 cm hoch und kahl. Die Grundachse ist dick, walzlich, schief oder waagrecht und treibt kräftige, bis 1 m lange Wurzeln. Sie ist mehrköpfig. Der Stengel ist einfach, aufrecht, etwas kantig, hohl, oberwärts öfters metallisch überlaufen, am Grund mit kurzen, bis 2 cm langen Blättern. Die Stengelblätter sind eiförmig, elliptisch bis verkehrteiförmig, zugespitzt, meist 5nervig; die unteren sind gestielt, die oberen sitzend. Die Blüten sind ansehnlich, ungestielt, aufrecht in den oberen Blattwinkeln und an der Spitze des Stengels scheinquirlig oder kopfig gehäuft. Der Kelch ist glockig, bis auf $^1/_3$ oder $^1/_4$ gespalten, etwa $^1/_3$ so lang wie die Krone (zuweilen ganz verkümmert), mit 5 bis 8 grünen aufrechten Zipfeln. Die Krone ist glockig, nach oben erweitert, mit 5 bis 8 kurzen, eirunden, stumpfen Zipfeln, blaßgelb, allermeist dunkelviolett getüpfelt, 1,4 bis 3,5 cm lang und 6 bis 16 mm im Durchmesser. Die Staubblätter sind zuletzt frei; die Staubfäden sind gewöhnlich 8 mm lang. Die 2lappige Narbe ist schmutzig-violett. Die Kapsel ist ellipsoidisch und sitzend, die Samen sind braun, flach, linsenförmig, fast kreisrund, ringsum geflügelt, mit dem gelbbraunen Flügel 2,5 bis 3 mm lang und 2 mm breit. Blütezeit: Juli bis September.[3] Chromosomenzahl 2n = 40.

Verwechslungen: Analog *G. lutea* denkbar, jedoch nicht beschrieben.

Inhaltsstoffe: In unterirdischen Organen und Blättern verschiedene Derivate von Isoorientin und Isovitexin.[112,113]

Verbreitung: Verbreitet und oft gesellig auf steinigen Weiden und Matten, Karfluren, auf Schutthalden, Moränen, Lägern, im Rhododendrongebüsch, in Nadelwäldern der Alpen, von ca. 1.400 (1.600) bis 2.500 m. Auf Kalk- und Urgestein, und zwar mit Vorliebe auf tiefgründigen, lehmigen Böden.[3] Mittel- und südeuropäische Gebirgspflanze. Heimisch in den Alpen, Sudeten und in den Karpaten, ferner im Gebirge der Balkanhalbinsel, südlich bis Albanien und Bulgarien.[20]

Drogen: Gentianae radix.

Gentianae radix (Gentiana-punctata-Wurzel)

Monographiesammlungen: *DAB 7, Ned 6, ÖAB 9* und *Helv VI* ließen u. a. auch *G. punctata* als Stammpflanze von Enzianwurzel zu. Mangels praktischer Bedeutung ist sie in den späteren Ausgaben dieser Arzneibücher gestrichen worden und deshalb nicht mehr offizinell. Heute nurmehr als eine von drei Stammpflanzen in *CsL 4*.

Definition der Droge: Getrocknete unterirdische Organe.

Stammpflanzen: *Gentiana punctata* L.

Ganzdroge: Entspricht morphologisch weitgehend der Beschreibung unter Gentianae radix. Rhizom und Wurzel erreichen allerdings bei weitem nicht die Größe wie bei *Gentiana lutea*.

Inhaltsstoffe: Amarogentin, Amaropanin, Amaroswerin und Gentiopicrosid,[45,59,114] sowie die Xanthone Gentiosid und Gentisin.[53]

Gesetzl. Best.: *Artenschutz. G. punctata* ist nach der Bundesartenschutzverordnung geschützt.

Gentiana purpurea L.

Sonstige Bezeichnungen: Dt.: Purpurner Enzian, Purpurroter Enzian.

Systematik: Hybriden von *G. purpurea* mit *G. lutea*, *G. punctata* und *G. pannonica* sind vereinzelt anzutreffen, vor allem in den Alpen, wo jeweils zwei Arten miteinander vorkommen.[7,20] Seltene und relativ kleinräumig verbreitete Varietäten: var. *flavida* GREMLI und *flavida asini* BRIQUET (gelbe Blüten) sowie var. *nana* GRISEB. (kleinwüchsig).[3]

Botanische Beschreibung: Die Pflanze ist ausdauernd, 20 bis 60 cm hoch und kahl. Die Grundachse ist dick, walzlich, schief oder waagrecht und treibt kräftige, bis 1 m lange Wurzeln; sie ist mehrköpfig. Der Stengel ist einfach, etwas kantig, hohl, oberwärts öfters metallisch überlaufen, am Grunde mit kurzen, bis 2 cm langen Blättern. Die Stengelblätter sind eiförmig, elliptisch bis verkehrt-eiförmig, zugespitzt, meist fünfnervig; die unteren sind gestielt, die oberen sitzend. Die Blüten sind ansehnlich, ungestielt, aufrecht in den oberen Blattwinkeln und an der Spitze des Stengels scheinquirlig oder kopfig gehäuft. Der Kelch ist glockig, bis auf $^1/_3$ oder $^1/_4$ gespalten, etwa $^1/_3$ so lang wie die Krone (zuweilen ganz verkümmert), mit 5 bis 8 grünen, aufrechten Zipfeln. Die Krone ist glockig, nach oben erweitert, mit 5 bis 8 kurzen, eirunden, stumpfen Zipfeln, aussen rot, innen gelblich, getüpfelt, auf der Innenseite mit grünen Längsadern, selten ganz weiß, auf $^1/_3$ der Länge gespalten, 1,4 bis 3,5 cm lang und 6 bis 16 mm im Durchmesser. Die Staubblätter sind zuletzt frei, die Staubfäden gewöhnlich 8 mm lang. Die Narbe ist schmutzig-violett und zweilappig. Die Kapsel ist ellipsoidisch, sitzend, der Samen braun, flach, linsenförmig, fast kreisrund, ringsum geflügelt, mit dem gelbbraunen Flügel 2,5 bis 3 mm lang und 2 mm breit. Blütezeit August bis September.[3] Chromosomenzahl $2n = 40$.

Verwechslungen: Analog *G. lutea* denkbar, jedoch nicht beschrieben.

Inhaltsstoffe: Keine Xanthone in den Blättern, die die Flavonoide Isoorientin und Isovitexin sowie deren 4'-*O*-Glucoside enthalten.[112]

Verbreitung: Stellenweise auf Wiesen, Weiden und Karfluren, zuweilen auch im Gebüsch oder in lichten Nadelwäldern von ca. 1.600 bis 2.750 m.[3] Skandinavisch-alpine Pflanze. Heimisch in den Zentral- und Westalpen, im Apennin und in den Karpaten mit einem nördlichen Verbreitungsgebiet in Norwegen und Sibirien.[20]

Drogen: Gentianae radix.

Gentianae radix (Gentiana-purpurea-Wurzel)

Monographiesammlungen: *DAB 7*, *Ned 6*, *ÖAB 9* und *Helv VI* ließen u.a. auch *G. purpurea* als Stammpflanze von Enzianwurzel zu. Mangels praktischer Bedeutung ist sie in den späteren Ausgaben dieser Arzneibücher gestrichen worden und deshalb nicht mehr offizinell. Heute nurmehr als eine von drei Stammpflanzen von *CsL 4*.

Definition der Droge: Getrocknete unterirdische Organe.

Stammpflanzen: *Gentiana purpurea* L.

Ganzdroge: Entspricht morphologisch weitgehend der Beschreibung unter Gentianae radix. Rhizom und Wurzel erreichen allerdings bei weitem nicht die Größe wie bei *Gentiana lutea*.

Inhaltsstoffe: Amarogentin (1,5 bis 5,1 mg/g, gemessen mit HPLC in Wurzeln der Schweizer Alpen), Amaropanin (0,6 bis 1,7 mg/g) und Amaroswerin, nicht acylierte Secoiridoidglykoside wie Gentiopicrosid (bis zu 10 %)[46] sowie die Xanthone Gentisin und dessen Primverosid Gentiosid.[53]

Gesetzl. Best.: *Artenschutz. G. purpurea* ist nach der Bundesartenschutzverordnung geschützt.

Gentiana scabra Bunge

Synonyme: *Gentiana buergeri* Miq., *G. fortunei* Hook.

Sonstige Bezeichnungen: Dt.: Japanischer Enzian.

Systematik: Die Art besteht aus zahlreichen Varietäten: *G. scabra* Bunge var. *angustifolia* Kusn., var. *buergeri* (Miq.) Maxim., var. *bungeana* Kusn., var. *fortunei* (Hooker) Kusn., var. *intermedia* Kusn., var. *orientalis* Hara, var. *stenophylla* Hara. Sie unterscheiden sich in der Blattform oder in der Blütenfarbe. In Japan, wo die Bedeutung als Arzneipflanze am größten ist, dominiert *G. scabra* Bunge var. *buergeri* (Miq.) Maxim.

Botanische Beschreibung: Mehrjährige Pflanze. Das Rhizom ist kurz und trägt ein Büschel zäher Wurzeln. Die Sprosse sind zahlreich, 20 bis 100 cm lang mit 10 bis 20 Blattpaaren. Blätter sitzend, lanzettlich bis oval, 4 bis 8 cm lang, 1 bis 3 cm breit, dreinervig. Blüten sitzend, 4,5 bis 6 cm lang, blau, Kelch 15 mm lang, glockenförmig, halb so lang wie die Krone, Kelchbuchten mit Membran. Kronblätter blau, glockenförmig. Blütezeit September bis November.[115,116]

Inhaltsstoffe: Secoiridoidglykoside, Xanthone. Die Pflanze ist phytochemisch schlecht untersucht, nur über die Secoiridoidglykoside in der Wurzel ist etwas bekannt.

Verbreitung: Heimisch im Fernen Osten: China, Japan. In Rußland von Ostsibirien bis Leningrad. Die Pflanze wächst auf Wiesen und Weiden, auch in von der Landwirtschaft verlassenen, verbuschenden Gebieten. Eher feuchte Standorte, im Tiefland und im Gebirge.

Drogen: Gentianae scabrae radix. *G. scabra* ist auch eine der vier Stammpflanzen der hier nicht monographierten Chinesischen Enzianwurzel Radix Gentianae (Longdan) *ChinP IX*; s. Lit.[14,15]

Gentianae scabrae radix (Japanische Enzianwurzel)

Monographiesammlungen: Gentianae scabrae radix *Jap X*.

Definition der Droge: Die getrockneten Wurzeln und Rhizome.

Stammpflanzen: *Gentiana scabra* BUNGE oder andere Arten derselben Gattung.

Herkunft: Japan, China, Ostsibirien.

Ganzdroge: Die Droge besteht aus dem Rhizom mit den Wurzeln. Das Rhizom ist ca. 2 cm lang bei einem Durchmesser von ca. 7 mm, mit Knospen und Narben am Ansatz. Die Wurzeln sind 10 bis 15 cm lang und 3 mm im Durchmesser, mit längsverlaufenden, rauhen Vertiefungen. Außen dunkelgelbbraun gefärbt, der glatte Bruch ist gelblichbraun.

Schnittdroge: *Geruch.* Charakteristisch.
Geschmack. Anhaltend stark bitter.
Mikroskopisches Bild. Unter dem Mikroskop zeigt der Querschnitt der jungen Wurzel die Epidermis, die Exodermis und einige wenige Schichten der Primärrinde. Im allgemeinen bildet jedoch die Endodermis die äußerste Schicht: Sie besteht aus charakteristischen Zellen, die in einige Tochterzellen geteilt sind und aus ein oder zwei Kollenchymschichten, die mit der Innenseite verbunden sind. Die Sekundärrinde weist stellenweise Risse und unregelmäßig verstreute Siebröhren auf. Die Gefäße sind strahlenförmig im Xylem angeordnet. Im Xylem gibt es auch Siebröhren. Das Rhizom besitzt ein großes Mark, selten mit Siebröhren. Die Parenchymzellen enthalten Kristalle (Nadeln, Prismen, Sand) aus Calciumoxalat sowie Öltropfen. Stärke fehlt.[117,118]

Pulverdroge: Das Pulver ist dunkelgelbbraun und enthält Parenchymzellen mit Öltropfen und feinen Kristallen, Netzgefäße, verholzte Gefäße, Fragmente der Endodermis und der Exodermis, unterteilt in typische, hellbraune Tochterzellen. Keine Stärke. Bastfasern und Steinzellen dürfen nicht vorkommen.[118]

Inhaltsstoffe: *Bitterstoffe.* Die Wurzeln von Gentiana scabra enthalten sehr viel Gentiopicrosid. Mit quantitativer DC fand man in frischen Wurzeln zwischen 6 und 10 % (berechnet auf die getrocknete Droge).[119] Beim Trocknen, insbesondere im Sonnenlicht, nimmt der Gehalt an Gentiopicrosid offensichtlich rasch ab. In getrockneten Drogen fand man entsprechend weniger Gentiopicrosid: 1,12 bis 3,12 %.[119] In der Varietät *buergeri* wurden nur 0,35 %[120] bzw. 2,21 und 3,23 %[47] gemessen. Den Bitterwert bestimmen dürften jedoch – ähnlich wie in den Arten der Sektion Gentiana – am glykosidischen Teil mit 2,3-Dihydroxybenzoesäure acylierte Derivate von Swerosid respektive Swertiamarin. Mit Scabrasid und Trifloroside wurden zwei solche Verbindungen aus frischem Rhizom und aus getrockneter Droge (*G. scabra* BUNGE var. *buergeri*) isoliert,[121] später fand dieselbe Arbeitsgruppe zusätzlich Rindosid und Loganinsäure. Aus 500 g getrockneter Wurzel resultierten beim Isolieren 40 mg Scabrasid, 80 mg Triflorosid, 26 mg Rindosid, 102 mg Gentiopicrosid und 98 mg Loganinsäure.[122] Der Bitterwert der acylierten Glykoside wurde nicht bestimmt. Die Substanzen wurden jedoch als sehr bitter beschrieben.

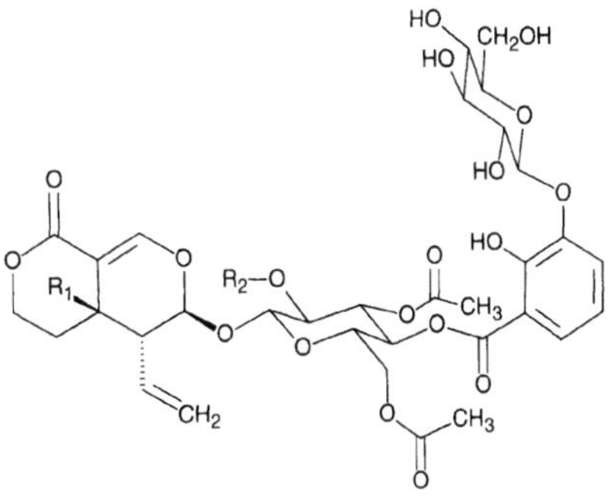

Trifloroside:	R_1 = H; R_2 = Acetyl
Scabrasid:	R_1 = H; R_2 = Benzoyl
Rindosid:	R_1 = OH; R_2 = Acetyl

Xanthone. Die Xanthone wurden bisher in *G. scabra* nicht untersucht. Die Identitätsprüfung in *Jap X* beweist aber, daß solche erwartungsgemäß vorhanden sind.

Zubereitungen: Gentianae scabrae radix pulverata *Jap X.*

Identität: Die Identitätsprüfung erfolgt in *Jap X* mit einer mikroskopischen Prüfung auf Xanthone. Unter leichtem Erhitzen aus gut getrocknetem Drogenpulver sublimieren diese und bilden auf dem über der Probe positionierten Deckglas gelbe Kristalle.

Reinheit: Höchstens 7 % Asche, davon nicht mehr als 3 % in Säure unlöslich *Jap X.*

Gehaltsbestimmung: *Bitterstoffe.* Für die Bestimmung von Gentiopicrosid können die unter *G. lutea* beschriebenen Methoden verwendet werden. Eine nicht sonderlich geeignet erscheinende HPLC-Methode auf normaler Phase beschreibt Lit.[47], die Werte in Lit.[119] sind mit Densitometrie auf DC ermittelt. Für die acylierten Bitterstoffe liegt bisher keine quantitative Gehaltsbestimmungsmethode vor.

Lagerung: Vor Licht und Feuchtigkeit, aber auch Wärme geschützt aufbewahren, da Gentiopicrosid hitzeempfindlich ist.[119]

Wirkungen: Es liegen keine Untersuchungen mit dieser Droge vor. Was für *Gentiana lutea* gilt, kann vermutlich weitgehend übernommen werden.

Anwendungsgebiete: Analog Gentianae radix; Gentianae scabrae radix wird auch an deren Stelle verwendet, weil *G. lutea* in Ostasien nicht verbreitet ist.

Dosierung und Art der Anwendung: *Droge.* Mittlere Einzeldosis: 0,1 bis 0,2 g Droge als Pulver; mittlere Tagesdosis: 0,3 bis 0,5 g Droge als Pulver.[117]

Unerwünschte Wirkungen: Analog Gentianae radix.

Gegenanzeigen/Anwendungsbeschr.: Analog Gentianae radix.

Toxikologische Eigenschaften: Wie alle Gentiana-Species gilt auch *G. scabra* als untoxisch.

Mutagenität: Obwohl die Xanthone in *G. scabra* im Detail nicht bekannt sind, wird auf die postulierte potentielle Mutagenität dieser Substanzen hingewiesen; vgl. Gentiana-lutea-Wurzel.

1. Gillett JM (1957) Ann Missouri Bot Garden 44:195–209
2. Kusnezow NJ (1896–1904) Acta Hort Petrop 15:1–507
3. Heg (1975) Bd. V, Teil 3, S. 1.979–2.047
4. Jollès C (1982) Gentiana lutea L. – Aspects botaniques et chimiques, culture et utilisations. Thèse de l'Université Paris XI, Unité d'enseignement et de recherche des sciences pharmaceutiques et biologiques
5. Goetz M (1977) Les composés polyphénoliques dans G. asclepiadea L., G. cruciata L. et G. ciliata L. Contribution à la phytochimie de la sous-tribu des Gentianinae. Thèse Université de Neuchâtel, Faculté des Sciences
6. Löve A, Löve D (1961) Bot Not 114:40–42
7. Fritsch C (1899) Verhandl Zool Bot Ges Wien 49:1–4
8. Massias M, Carbonnier J, Molho D (1977) Bull Mus Hist Nat Sci Phys 13:41–53
9. Floss HG, Mothes U, Rettig A (1964) Z Naturf 19b:1.106–1.109
10. Hostettmann-Kaldas M, Hostettmann K, Sticher O (1981) Phytochemistry 20:443–446
11. Massias M, Carbonnier J, Molho D (1981) Phytochemistry 20:1.577–1.578
12. Carbonnier J, Massias M, Molho D (1977) Bull Mus Hist Nat Sci Phys 13:23–40
13. Stefanou E, Hostettmann K, Jacot-Guillarmod A (1976) Phytochemistry 15:330–331
14. ChinP IX, S. 115–116
15. Stöger EA (1991) Arzneibuch der chinesischen Medizin, Monographien: Gentianae radix und Gentianae macrophyllae radix, Deutscher Apotheker Verlag, Stuttgart
16. Tang W, Eisenbrand G (1992) Chinese Drugs of Plant Origin, Springer Verlag, Berlin Heidelberg New York Tokyo, S. 549–553
17. Goetz M, Jacot-Guillarmod A (1977) Helv Chim Acta 60:1.322–1.324
18. Goetz M, Hostettmann K, Jacot-Guillarmod A (1976) Phytochemistry 15:2.014
19. Goetz M, Jacot-Guillarmod A (1977) Helv Chim Acta 60:2.104–2.106
20. Hess HE, Landolt E, Hirzel R (1980) Flora der Schweiz, Bd. 3, Birkhäuser Verlag, Basel Boston Stuttgart, S. 20–37
21. Berger F (1960) Handbuch der Drogenkunde, Bd. V – Radices, Wilhelm Maudrich Verlag, Wien Bonn Bern, S. 218
22. Korte F (1954) Z Naturf 9b:354–358
23. Mpondo EM, Chulia AJ (1988) Planta Med 54:185–186
24. Goetz M, Hostettmann K, Jacot-Guillarmod A (1976) Phytochemistry 15:205
25. BAz Nr. 109a vom 16.6.1987
26. Franz C, Fritz D (1975) Planta Med 28:289–300
27. FEur, Bd. 3, S. 60
28. Schultze J (1980) Quantitative Untersuchung und jahreszeitliche Schwankung der wertbestimmenden Inhaltsstoffe von Gentiana-lutea-Wurzeln aus Wildsammlung und aus feldmäßigem Anbau. Dissertation Technische Universität München, Institut für landwirtschaftlichen und gärtnerischen Pflanzenbau, Freising-Weihenstephan
29. Frohne D, Pfänder HJ (1982) Giftpflanzen, Wissenschaftliche Verlagsgesellschaft mbH, Stuttgart, S. 152–154
30. Bellmann G, Jacot-Guillarmod A (1973) Helv Chim Acta 56:284–294
31. Hostettmann K, Bellmann G, Tabacchi R, Jacot-Guillarmod A (1973) Helv Chim Acta 56:3.050–3.054
32. Burret F, Chulila AJ, Debelmas AM (1979) Planta Med 36:178–179
33. Bomme U (1990) Dtsch Apoth Ztg 130:495–501
34. Bomme U (1985) Schule Beratung 10:11–13
35. Bomme U (1984) Merkblätter für Pflanzenbau, Heil- und Gewürzpflanzen 21, Bayrische Landesanstalt für Bodenkultur und Pflanzenbau, Freising
36. Barralis G, Chadoeuf R, Desmarest P (1978) Acta Horticult 73:303–306
37. Franz C, Fritz D (1978) Acta Horticult 73:307–314
38. Zinkernagel V, Franz C (1977) Gartenbauwiss 42:212–217
39. Schier W (1983) Z Phytother 4:542–543
40. Inouye H, Yoshida T, Nakamura Y, Tobita S (1968) Tetrahedron Lett:4.429–4.432
41. Bricout J (1974) Phytochemistry 13:2.819–2.823
42. Inouye H, Nakamura Y (1971) Tetrahedron Lett:1.951–1.966
43. Meier B (1978) Einsatz der HPLC zur qualitativen und quantitativen Bestimmung sowie zur Isolierung von Iridoid- und Secoiridoidglucosiden. Dissertation Eidgenössische Technische Hochschule ETH Zürich, Nr. 6.281
44. Schaufelberger B, Domon B, Hostettmann K (1984) Planta Med 50:398–403
45. Do T, Popov S, Marekov N, Trifonov A (1987) Planta Med 53:580
46. Sticher O, Meier B (1980) Planta Med 40:55–67
47. Takino Y, Koshioka M, Kawaguchi M, Miyahara T, Tanizawa H, Ishii Y, Higashino M, Hayashi T (1980) Planta Med 38:344–350
48. Wagner H, Münzing-Vasirian K (1975) Dtsch Apoth Ztg 115:1.233–1.239
49. Meier B, an dieser Stelle erstmals publizierte Resultate; Methode analog Lit.[46]
50. Keller F (1986) J Plant Physiol 122:473–476
51. Franz C, Franz G, Fritz D, Schultze J (1985) Sci Pharm 53:31–38
52. Bänninger A (1939) Untersuchungen über den Einfluss des Gebirgsklimas auf den Wirkstoffgehalt einiger Arzneipflanzen. Dissertation Eidgenössische Technische Hochschule ETH Zürich, Nr. 1.028
53. Verney AM, Debelmas AM (1973) Ann Pharm Franç 31:415–420
54. Atkinson J, Gupta P, Lewis J (1969) Tetrahedron 25:1.507–1.511
55. Hayashi T, Yamagishi T (1988) Phytochemistry 27:3.696–3.699
56. Mutschlechner E, Kostenzer O (1975) In: Ladurner J (Hrsg.) Veröffentlichungen des Tiroler Landesmuseums Ferdinandeum, Bd. 55, S. 61
57. Mar 29, S. 1.574
58. Jap XI, English Version, S. 1.223–1.225
59. Wagner H, Vasirian K (1974) Dtsch Apoth Ztg 114:1.245–1.248
60. Sticher O, Meier B (1978) Pharm Acta Helv 53:40–45
61. Schaufelberger D, Hostettmann K (1987) J Chromatogr 389:450–455

62. Stahl E, Schild W (1981) Pharmazeutische Biologie, Drogenanalyse II: Inhaltsstoffe und Isolierungen, Gustav Fischer Verlag, Stuttgart New York, S. 171–177
63. Kommentar zur Pharmacopoea Helvetica Editio sexta (1975) Selbstverlag des Schweizerischen Apotheker-Vereins, Bern, S. 139–141
64. Standardzulassungen für Fertigarzneimittel (1986) Deutscher Apotheker Verlag, Govi-Verlag, Frankfurt/Main
65. Schmid W (1966) Planta Med 15 (Supplementum):34–41
66. Hänsel R, Haas H (1984) Phytopharmaka, Springer-Verlag, Berlin Heidelberg New York Tokyo, Korrigierter Nachdruck der 1. Aufl., S. 128
67. Junkmann K (1929) Naunyn-Schmiedeberg's Arch Pharmacol 143:368–380
68. Blumberger W, Glatzel H (1966) Planta Med 15 (Supplementum):52–60
69. Glatzel H, Hackenberg K (1967) Planta Med 16:223–232
70. Borissow (1903) Naunyn-Schmiedeberg's Arch Pharmacol 51:363–371
71. Carlson AJ, Van de Erve J, Lewis JH, Orr SJ (1914–1915) J Pharmacol Exp Ther 6:209–218
72. Glatzel H (1966) Planta Med 15 (Supplementum):46–50
73. Moorhead LD (1915) J Pharmacol Exp Ther 7:577–589
74. Aladashvili VA (1952) Terapevt Arkh 24:58–63, zit. nach CA 47:1847
75. Böhm K (1959) Arzneim Forsch 9:376–378
76. Chibanguza G, März R, Sterner W (1984) Arzneim Forsch 34:32–36
77. Zimmermann W, Gaisbauer G, Gaisbauer M (1986) Z Phytother 7:59–64
78. Zimmermann W (1988) Internist 29:463–471
79. Guérin JC, Réveillère HP (1985) Ann Pharm Franç 43:77–81
80. van der Sluis WG, Labadie RP (1981) Planta Med 42:139–140
81. van der Sluis WG, van der Nat JM, Labadie RP (1983) J Chromatogr 259:522–526
82. van der Sluis WG, van der Nat JM, Spek AL, Ikeshiro Y, Labadie RP (1983) Planta Med 49:211–215
83. Ghosal S, Bisdwas K, Chaudhuri RK (1978) J Pharm Sci 67:721–722
84. Bhattacharya SK, Ghosal S, Chaudhuri RK, Sanyal AK (1972) J Pharm Sci 61:1.838–1.840
85. Suzuki O, Katsumata Y, Oya M, Chari VM, Vermes B, Wagner H, Hostettmann K (1981) Planta Med 42:17–21
86. Schaufelberger D, Hostettmann K (1988) Planta Med 54:219–221
87. BAz Nr. 223 vom 30.11.1985 in der Fassung vom BAz Nr. 50 vom 13.03.1990
88. Widmaier W (1986) Pflanzenheilkunde, WBV Biologisch-medizinische Verlagsgesellschaft mbH, Schorndorf, S. 118
89. Meier B, Brühwiler K (1992) Studie im Rahmen eines Kurses der schweizerischen medizinischen Gesellschaft für Phytotherapie, Publikation in Vorbereitung
90. Henschler D (1966) Planta Med 15 (Supplementum):42–45
91. Pahlow M (1985) Heilpflanzen in der Apotheke, Deutscher Apotheker Verlag, Stuttgart, S. 69
92. Olbrich G, Lendle L (1950) Pharmazie 5:241–245
93. Madaus G (1938) Lehrbuch der biologischen Heilmittel, Heilpflanzen, Bd. II, Thieme Verlag, Leipzig, S. 1.436–1.443
94. Pahlow M (1987) Das große Buch der Heilpflanzen, 2. Aufl., Gräfe und Unzer, München, S. 125–127
95. Duke JA (1988) Handbook of medicinal herbs, 6. Aufl., CRC Press Inc., Boca Raton (Florida), S. 207–208
96. Weiss RF (1985) Lehrbuch der Phytotherapie, 7. Aufl., Hippokrates-Verlag, Stuttgart, S. 77–79
97. Müller W (1991) Tierarzneimittelliste der Schweiz, 5. Aufl., Kantonale Heilmittelkontrolle, Zürich, S. 114, 123, 137, 142
98. Natarajan PN, Wan SC, Zaman V (1974) Planta Med 25:258–260
99. Jaspersen-Schib R (1976) Schweiz Apoth Ztg 114:265–267
100. Azzarone G, Ciammitti B, Mariani L, Morante M, Di Bartolomeo C, Ricci R (1984) Rass Med Sper 31:441–447
101. Garnier R, Carlier P, Hoffelt J, Savidan A (1985) Ann Med Int 136:125–128
102. Hruby K, Lenz K, Krausler J (1981) Wien Klin Wochenschr 93:517–519
103. Morimoto I, Nozaka T, Watanabe F, Ishino M, Hirose Y, Okitsu T (1983) Mut Res 116:103–117
104. Göggelmann W, Schimmer O (1986) Genet Toxicol Diet:63–72
105. Matsushima T, Araki A, Yagame O, Muramatsu M, Koyama K, Ohsawa K, Natori S, Tomimori H (1985) Mut Res 150:141–146
106. Fintelmann V, Siegers CP (1988) Dtsch Apoth Ztg 128:1.499
107. Bertram B (1989) Dtsch Apoth Ztg 129:2.561–2.571
108. Berg B, Göggelmann W, Schmid E (1991) Tagung der Gesellschaft für Strahlen- und Umweltforschung (Neuherberg) auf Westerland/Sylt, Abstract
109. Kanamori H, Sakamoto I, Mizuta M, Tanaka O (1986) Chem Pharm Bull 34:1.663–1.666
110. NN (1987) Pharm Ind 49:1.264–1.274 sowie Bulletin Officiel 86/20 bis und 90/22 bis du Ministère des Affaires Sociales et d'Emploi, Paris: Médicaments à Base de Plantes, Avis aux fabricants concernant les demandes d'autorisation de mise sur le marché
111. BAz Nr. 217a vom 22.11.1985
112. Hostettmann K, Luong MD, Goetz M, Jacot-Guillarmod A (1975) Phytochemistry 14:499–500
113. Luong MD, Jacot-Guillarmod A (1977) Helv Chim Acta 60:2.099–2.103
114. Popov S, Marekov N (1971) Phytochemistry 10:1.981–1.984
115. Ohwi J (1965) Flora of Japan, Smithsonian Institution, Washington (DC), S. 739
116. Shishkin BK, Bobrov EG (1967) Flora of the USSR, Bd. XVIII, Israel Program for Scientific Translation, S. 402
117. Hag, Bd. IV, S. 1.121
118. The Pharmacopeia of Japan, 10. Ausgabe (1982) English Version, Society of Japanese Pharmacopeia, Tokyo, S. 1.049
119. Hayashi T (1976) Yakugaku Zasshi 96:356–361
120. Inouye H, Nakamura Y (1971) Yakugaku Zasshi 91:755–759
121. Ikeshiro Y, Tomita Y (1983) Planta Med 48:169–173
122. Ikeshiro Y, Mase I, Tomita Y (1990) Planta Med 56:101–103
123. DAB 10
124. HPUS 88

BM/MM

Gentianella

HN: 2029700

Familie: Gentianaceae.

Unterfamilie: Gentianoideae.

Tribus: Gentianeae.

Subtribus: Gentianinae.

Gattungsgliederung: Obwohl die Gattung Gentianella MOENCH schon seit 1794 – allerdings nur für *Gentianella tetrandra* – vorgeschlagen wurde, fand die Ausgrenzung aus der Gattung Gentiana L. erst in den letzten Jahren allgemeine Akzeptanz, primär basierend auf einer Arbeit aus dem Jahre 1957.[1] Die meisten Floren orientierten sich zuvor an einer älteren Einteilung, nach der die Gattung Gentiana in die Untergattungen Eugentiana und Gentianella aufgeteilt worden war.[2] Heute wird die nun eigenständige Gattung Gentianella in die drei Untergattungen Arctophilae, Eublephis und Gentianella unterteilt.[1] Darin enthalten sind insgesamt acht Sektionen, wobei diese Einteilung, von zwei nicht aufgeführten kleinen Sektionen mit nur je einer Art abgesehen, mit der älteren weitgehend zur Dekkung gebracht werden kann. Neuerdings wird auch diese Gliederung als nicht endgültig betrachtet und für Gentianella eine Chromosomengrundzahl von $x = 9$ vorgeschlagen, was zur Ausgrenzung der Untergattung Eublephis (bzw. Sektion Crossopetalum[2]) führen würde; die Sektion Comastoma ($x = 5$) wird danach der Gattung Lomatogonium zugeordnet.[3] Man betrachtet Gentianella gegenüber Gentiana als die kleinere Gattung, gibt aber keine genaue Zahl der Arten, da insbesondere die Beschreibung der südamerikanischen Arten zu wünschen übrig läßt.[1] Gentianella steht näher bei Halenia, Lomatogonium und Swertia, anderen Gattungen der Subtribus Gentianinae, als Gentiana. Von den behandelten Arten teilt man *G. amarella* der Serie Amarellae und *G. quinquefolia* der Serie Arctophilae innerhalb der Sektion Amarella zu.[1]

Gattungsmerkmale: Man grenzt die Gattung Gentianella gegenüber Gentiana wie folgt ab:[1,4] Der Quirl der Nektarien befindet sich, abwechselnd mit den Staubblättern, auf der Oberfläche der Kronröhre, bei Gentiana am Grunde des Fruchtknotens. Die Kronröhre oft mit Schlundfransen (insbesondere europäische Arten). Kronzipfel 5- bis 9nervig, bei Gentiana 3nervig. Die Zipfel der Kelchblätter, diese im unteren Teil dachig aufeinanderliegend und miteinander verwachsen, sind nicht mit einer inneren Haut verbunden und auch nie einseitig geschlitzt.
Die Arten der Gattung Gentianella sind gestengelte oder nicht gestengelte einjährige, zweijährige, überwinternde oder mehrjährige, selten (in Südamerika) buschige Pflanzen mit einer Hauptwurzel, selten mit einem dünnen Rhizom. Blätter gegenständig, fleischig oder häutig, sitzend oder gestielt, normalerweise mit 3 bis 5 handförmigen Nerven, diese vorstehend oder unauffällig. Blüten endständig oder in der Fortsetzung der Achse doldig angeordnet, Blütenstände zusammengesetzt oder einfach, oft einblütig. Kelch 4- bis 5zipflig, Kelchblätter zu einer runden oder viereckigen Röhre verwachsen, selten scheidenförmig verwachsen. Kelchzipfel nicht mit einem Membranring verbunden. Kelch mit glatter oder papillös rauher Oberfläche, gelegentlich mit Schuppen am Grund der Röhre. Krone 4- bis 5zipflig, zu einer Röhre verwachsen, trichter- oder glockenförmig, mit oder ohne Schlundfransen. Kronzipfel mit 5 bis 9 weitgehend parallel verlaufenden Nerven, ohne Hautfalte zwischen den Zipfeln. Honigdrüsen zwischen den Staubblättern am Grund der Kronröhre, jedoch nie am Grund des Fruchtknotens. Honigdrüsen schuppig oder gerundet, geschwollen oder nur als kleine Flecken auf der Oberfläche sichtbar. 4 oder 5 Staubblätter, untereinander verbunden. Staubfäden linear oder in eine Spitze auslaufend geflügelt, schwach behaart am Grund. Antheren 2zellig, länglich, selten fast dreieckig. Fruchtknoten sitzend oder gestielt. Narben 2. Frucht eine ovale oder zylindrische Kapsel, von der Spitze her aufspringend. Samen rund oder leicht abgeflacht, gewinkelt oder mit einem Schwanz versehen, Oberfläche netzförmig, papillös oder weich, braun oder bräunlich.[1]

Verbreitung: Die Gattung Gentianella weist eine zu Gentiana analoge Verbreitung auf, ist aber in Südamerika (Anden) stärker vertreten, derweil die Zahl der Arten in Mitteleuropa klein ist.

Inhaltsstoffgruppen: Bitterstoffe (nicht acylierte Secoiridoidglucoside), Polyphenole (Xanthone, Flavone oft *C*-Glykoside) und einfache Kohlenhydrate wie Glucose, Fructose, Saccharose. Gegenüber Gentiana fehlen Gentianose sowie Heteroside mit Primverose.[5] Auch wurden – anders als bei Gentiana – keine Calciumoxalatkristalle im Mesophyll der Blätter beobachtet.[1] Die Arten der Gattung Gentianella enthalten neben Mangiferin 1,3,5,8-tetra- und 1,3,4,5,8-pentaoxygenierte Xanthone, die in der Gattung Gentiana nicht vorkommen.[6,7] *O*-glykosidierte Xanthone enthalten ausschließlich Glucose. Abweichend davon sind zwei Arten der Sektion Crossopetalum (respektive Untergattung Eublephis[1]) mit 1,3,7,8-tetraoxygenierten und (*G. ciliata*) 1,3,7-trioxygenierten Xanthonen.[8] Die cytologisch begründete Ausgrenzung von Crossopetalum zu einer eigenen Gattung Gentianopsis[9] kann also chemotaxonomisch belegt werden. Wie bei Gentiana ist auch bei dieser Gattung zu berücksichtigen, daß nur wenige Arten (insgesamt 8) einer mehr oder weniger umfassenden phytochemischen Untersuchung unterzogen worden sind.

Drogenliefernde Arten: *G. amarella*: Gentiana amarella hom. *HAB 34*, Gentianella amarella, flos hom. *HPUS 88*; *G. quinquefolia*: Gentiana quinqueflora hom. *HAB 34*, Gentiana quinqueflora hom. *HPUS 88*.

Gentianella amarella (L.) BÖRNER

Synonyme: *Gentiana amarella* L., *G. axillaris* F. W. SCHMIDT.

Sonstige Bezeichnungen: Dt.: Bitterer Enzian; engl.: Felwort; frz.: Gentiane amarelle.

Systematik: Die Art zerfällt in zwei Unterarten:[4] Die zweijährige ssp. *euamarella* MURBECK (zerfällt ihrerseits in ein saisondimorph gegliedertes Rassenpaar var. *axillaris* und var. *lingulata*) und die einjährige ssp. *uliginosa* WILLD. Chromosomenzahl 2n = 36.

Botanische Beschreibung: 3 bis 40 cm hohe Pflanze. Stengel aufrecht, einfach oder verzweigt, mit steil aufwärts gerichteten Ästen. Blütenstand traubig. Kelch mit fünf Zipfeln, bis auf etwa $^1/_3$ der Länge eingeschnitten, mit gerundeten Buchten. Zipfel schmal lanzettlich, alle etwa gleich lang und so lang wie die Kronzipfel, am Rande kahl oder mit ganz kleinen Papillen. Krone lila, seltener weiß, mit 5 bis 7 mm langen Zipfeln, im Schlunde bärtig. Kelch und Krone selten 4zählig. Fruchtknoten und Frucht über dem Kelch kaum gestielt (Stiel max. 1 mm).[4,10]

Inhaltsstoffe: Die Art ist phytochemisch nicht untersucht. Nur Gentiopicrosid wurde papierchromatographisch nachgewiesen.[11]

Verbreitung: Montane und subalpine Pflanze. Wächst auf feuchten und kurzrasigen Wiesen und Weiden, Waldlichtungen, Mooren, grasigen Hängen. Eurosibirisch-nordamerikanische Pflanze. Südwärts bis Nordfrankreich, nördlich bis Island, Irland, Schottland, Nordskandinavien, wenige Fundorte in den Alpen. Karpaten, Kaukasus, westliches Sibirien, Nordamerika (südwärts bis Neufundland und Kalifornien), Grönland.[4,10]

Drogen: Gentiana amarella hom. *HAB 34*, Gentianella amarella, flos hom. *HPUS 88*.

Gentiana amarella hom. *HAB 34*

Monographiesammlungen: Gentiana amarella *HAB 34* (Anhang).

Definition der Droge: Die frischen Wurzeln.

Stammpflanzen: *Gentianella amarella* (L.) BÖRNER.

Zubereitungen: *Essenz.* Herstellung nach § 3 *HAB 34*.

Gehalt: *Essenz.* Arzneigehalt $^1/_3$.

Gentianella amarella, flos hom. *HPUS 88*

Monographiesammlungen: Gentianella amarella, flos *HPUS 88*.

Definition der Droge: Die knapp unterhalb der Calyx abgepflückten Blüten.

Stammpflanzen: *Gentianella amarella* (L.) BÖRNER.

Zubereitungen: *Urtinktur.* Herstellung durch Mazeration oder Perkolation mit Ethanol nach den allg. Zubereitungsvorschriften (Class C) des *HPUS 88*. Ethanolgehalt 35 % (*V/V*). *Medikationen.* D2 (2 ×) und höher.

Gehalt: *Urtinktur.* Arzneigehalt $^1/_{10}$.

Gentianella quinquefolia (L.) SMALL

Synonyme: *Gentiana quinqueflora* LAM., *G. quinquefolia* L.

Sonstige Bezeichnungen: Engl.: Stiff gentian.

Systematik: Beschrieben sind zwei Varietäten, var. *occidentalis* (SMALL) HITCHC. und var. *quinquefolia*. Bei var. *occidentalis* sind die Kelchblätter und die Kelchröhre wesentlich, die Blütenblätter etwas größer. Sie sind bei var. *occidentalis* zudem länger als die Kelchröhre, bei var. *quinquefolia* kleiner. Die beiden Varietäten überlappen sich selten in den Dimensionen und gelegentlich in der Verbreitung.[12] Zum Teil wird *Gentianella occidentalis* (A. GRAY) SMALL auch als eigene Art beschrieben.[13] Chromosomenzahl 2n = 36.

Botanische Beschreibung: Die 30 bis 60 cm hohe Pflanze ist ein-, manchmal auch zweijährig. Die Blätter sind oval zugespitzt, der Stengel ist vierkantig. Die Blüten sind tiefblau bis fahllila, variierend bis weiß, bis 2,5 cm lang. Sie stehen, meist zu fünft, endständig am Stamm oder an kleinen axialen Ästen in dichten Büscheln.[12,13]

Verbreitung: Nordamerikanische Pflanze, vor allem in gebirgigem Gebiet außerhalb der Küstenzonen weit verbreitet. Wächst in dichten Wäldern, an Hügeln, auf nassen Wiesen. Bevorzugt kalkhaltigen Boden.[12,13]

Drogen: Gentiana quinqueflora hom. *HAB 34*, Gentiana quinqueflora hom. *HPUS 88*.

Gentiana quinqueflora hom. *HAB 34*

Monographiesammlungen: Gentiana quinqueflora *HAB 34* (Anhang).

Definition der Droge: Die frische, blühende Pflanze.

Stammpflanzen: *Gentianella quinquefolia* (L.) SMALL.

Zubereitungen: *Essenz.* Herstellung nach § 3 *HAB 34*.

Identität: *Essenz.* Arzneigehalt $^1/_3$.

Gentiana quinqueflora hom. *HPUS 88*

Monographiesammlungen: Gentiana quinqueflora *HPUS 88*.

Definition der Droge: Die ganze Pflanze.

Stammpflanzen: *Gentianella quinquefolia* (L.) SMALL (als *Gentiana quinqueflora* HILL).

Zubereitungen: *Urtinktur.* Herstellung durch Mazeration oder Perkolation der frischen oder getrockneten Droge mit EtOH nach den allg. Zubereitungsvorschriften (Class C) der *HPUS 88*. Ethanolgehalt 65 % (*V/V*). *Medikationen.* D1 (1 ×) und höher.

Gehalt: *Urtinktur.* Arzneigehalt $^1/_{10}$.

1. Gillet JM (1957) Ann Missouri Bot Gard 44:195–269
2. Kusnezow NJ (1896–1904) Acta Hort Petrop 15:1–507
3. Löve A, Löve D (1961) Bot Not 114:40–42
4. Heg, Bd. V, Teil 3, S. 1.979–2.047
5. Massias M, Carbonnier J, Molho D (1977) Bull Mus Hist Nat Sci Phys 13:41–53
6. Hostettmann K, Wagner H (1977) Phytochemistry 16:821–829
7. Hostettmann-Kaldas M, Jacot-Guillarmod A (1978) Phytochemistry 17:2.083–2.086
8. Hostettmann-Kaldas M, Hostettmann K, Sticher O (1981) Phytochemistry 20:443–446
9. Ma Y (1951) Acta Phytotax 1:1–19
10. Landolt E, Hess HE, Hirzel R (1980) Flora der Schweiz, 2. Aufl., Bd. 3, Birkhäuser-Verlag, Basel Boston Stuttgart, S. 37
11. Korte F (1955) Z Naturforsch 9b:354–358
12. Gleason HA (1952) The New Britton and Brown: Illustrated Flora of the Northeastern United States and adjacent Canada, Bd. 3, Lancaster Press, Lancaster, S. 60–61
13. Small JK (1933) Manual of the Southeastern Flora, The University of North Carolina Press, Chapel Hill, S. 1.052

BM/MM

Geranium

HN: 2033600

Familie: Geraniaceae.

Tribus: Geranieae.

Gattungsgliederung: Die Gattung Geranium L. besteht aus etwa 275 Arten.[1] Als trennende Merkmale zwischen den Gattungen Geranium L. und Pelargonium L'HÉRIT. ex AIT. werden angegeben:[2–6]
- Geranium: Blüten aktinomorph, einzeln oder in axillären Paaren oder in einem Dichasium; häufig Drüsen am Diskus;
- Pelargonium: Blüten zygomorph, zwei bis viele pro Blütenstiel; Kelchblätter am Grunde verbunden, das hintere mit einem langen, dem Blütenstiel angewachsenen, nektarabsondernden Sporn; keine Drüsen am Diskus.

Gattungsmerkmale: Einjährige und ausdauernde Kräuter, seltener Halbsträucher und 0,5 bis 4 m hohe Sträucher. Sproß meist mit einfachen Haaren und mit Drüsenhaaren, seltener fast kahl. Stengelgelenke meist knotig verdickt. Laubblätter gegenständig, seltener wechselständig, die unteren (seltener alle) eine Rosette bildend; Spreite mehr oder weniger tief fingerförmig in 3 bis 7 gezähnte bis fiederschnittige Lappen geteilt, seltener ungeteilt und nur gezähnt. Nebenblätter frei oder mehr oder weniger verbunden. Blütenstände in den Achseln von Laub- oder Hochblättern, meist zweiblütig, seltener einblütig, in ihrer Gesamtheit einen wickeligen, manchmal doldig verkürzten Blütenstand bildend. Blüten völlig radiär, 5zählig; Kelchblätter 5, frei, mit dachziegeliger Deckung, meist verkehrt-eiförmig bis verkehrt-herzförmig, oft am Nagel bärtig, seltener auch am Vorderrand gewimpert, blau, violett, rot, rosa oder weiß. Zwischen den Kronblättern 5 Honigdrüsen. Androeceum obdiplostemon, d. h., die 5 äußeren Staubblätter vor den Kronblättern, die 5 inneren mit diesen abwechselnd stehend. Meist alle 10 (seltener nur die inneren) Staubblätter Antheren tragend, frei oder am Grunde kurz verbunden, öfters mehr oder weniger behaart. Fruchtknoten aus 5, mit ihren langen Grannen der Mittelsäule angewachsenen Klappen gebildet, mit langem Griffel und 5 Narben; in jedem der 5 Fächer 2 übereinanderstehende, anatrope, hängende Samenanlagen, von denen nur eine reift. Samen glatt oder runzelig, kahl oder behaart, ohne oder mit dünnem Nährgewebe. Keimblätter gefaltet oder eingerollt, tief ausgerandet.[2]

Verbreitung: In den gemäßigten Zonen der ganzen Erde, in den Tropen nur in den Gebirgen.[2]

Inhaltsstoffgruppen: *Gerbstoffe.* Zahlreiche Arten des Genus Geranium weisen hohe Gerbstoffgehalte auf,[7–9] wie etwa die Wurzeln von *Geranium pratense* L. mit 32 % des Trockengewichtes.[9] In den unterirdischen Teilen überwiegen meist kondensierte Gerbstoffe, in den Blättern Galli- und Ellagitannine.[7,8] Es bestehen jedoch Unterschiede in Qualität und Quantität der Gerbstoffe bei den Vertretern der verschiedenen Sektionen des Genus Geranium.[8]
In zahlreichen Arten wurde Geraniin als Hauptkomponente des Ellagitannins gefunden.

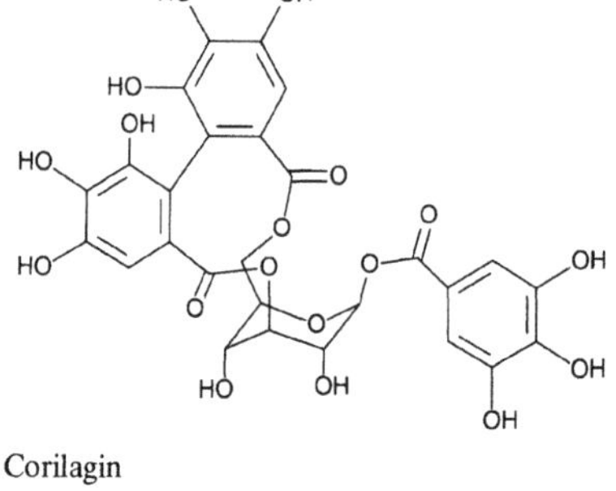

Corilagin

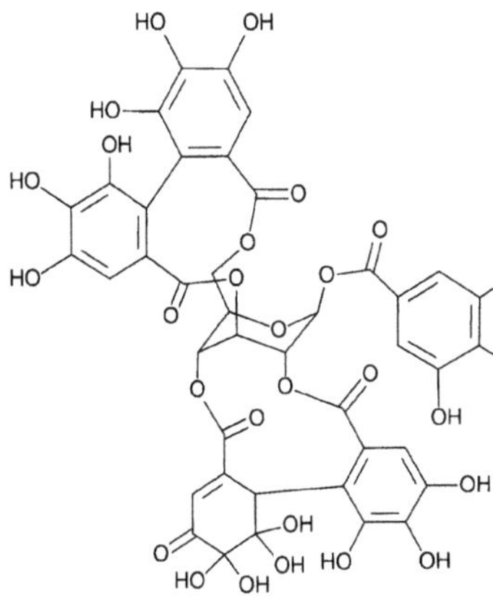

Geraniin

Geraniin enthält eine Corilaginstruktur, die mit einer Dehydrohexahydroxydiphensäure am Glucoseteil in Position 2,4 verknüpft ist.
Hohen Gehalt zeigten die Blätter von *G. thunbergii* mit 12 % des Trockengewichtes,[8,9] jedoch scheinen getrocknete reife Blätter anderer Arten bis zu 20 % Ellagitannin, ausgedrückt als Hexahydroxydiphenglucose, zu enthalten.[10]
Als weitere Gerbstoffe und Gerbstoffbausteine wurden in Geranium-Arten (+)-Epicatechin, (–)-Epicatechin, (+)-Gallocatechin, (+)-Epigallocatechin, Chinasäuremonogallat und ihr 3,5-Digallat, 1,6-Digalloylglucose und *m*-Digallussäure nachgewiesen.[8,9]
Proanthocyanidine. In den meisten von 70 untersuchten Geranium-Arten enthalten.[11]
Flavonoide. Flavone und Flavonole kommen als *O*- und *C*-Glykoside offenbar im Genus Geranium weit verbreitet vor.[8]

Drogenliefernde Arten: *G. macrorrhizum*: Geranium-macrorrhizum-Kraut, Zdravetzöl; *G. maculatum*: Geranium-maculatum-Kraut, Geranium-maculatum-Wurzel, Geranium maculatum hom. *HAB34*, Geranium maculatum hom. *HPUS88*; *G. robertianum*: Geranii robertiani herba, Geranium robertianum hom. *HAB 1*, Geranium robertianum hom. *HPUS88*; *G. sanguineum*: Geranium-sanguineum-Kraut, Geranium-sanguineum-Wurzel.

Geranium macrorrhizum L.

Synonyme: *Geranium lugubre* SALISB., *Robertium macrorrhizum* PICARD.

Sonstige Bezeichnungen: Dt.: Felsen-Storchschnabel, Düsterer Storchschnabel.

Botanische Beschreibung: Fast halbstrauchige Rosettenstaude mit bis über 10 cm langem und bis über 1 cm dickem, kriechendem, über den Boden tretendem, dicht von schwarzbraunen Nebenblattresten umhülltem Erdstock. Sprosse dicht mit kurzen Drüsenhaaren und vereinzelten Deckhaaren besetzt, frischgrün, etwas fleischig, aromatisch duftend. Stengel 20 bis 40 cm hoch, unter dem Blütenstand ohne Laubblätter, an den unteren Knoten mit Stengelblättern. Rosettenblätter mit 10 bis 20 cm langem Stiel und rundlicher, 6 bis 10 cm breiter, zu $^2/_3$ bis $^4/_5$ in meist 7 Lappen geteilter, netznerviger Spreite; Blattlappen verkehrt-eiförmig mit deutlich bespitzten Zähnen. Stengelblätter gegenständig, nur mit 2 bis 3 Lappen, die untersten kurz gestielt, die oberen sitzend; Nebenblätter eiförmig, häutig, mattbraun. Blütenstand ein doldig verkürztes Dichasium mit teils wickelig, teils doldig entwickelten Zweigen. Blütenstandsachsen dicht drüsig, meist mit 4 kleinen Tragblättern und 2 etwa 0,5 bis 1,5 cm langen, nickenden, beim Verblühen sich aufrichtenden Blütenstielen. Kelchblätter eiförmig, ohne die scharf abgesetzte, 1 bis 3 mm lange Granne, ca. 7 mm lang, dreinervig, drüsig behaart, rot, stark gewölbt, bis zur Fruchtreife dauernd zusammenschließend. Kronblätter 1,5 cm lang, mit langem, bärtigem Nagel und etwas kürzerer, verkehrt-eiförmiger, zur Blütezeit sich etwas zurückkrümmender, lebhaft karmin- bis blutroter, selten weißer Platte. Staubblätter mit Kelch und Krone weit überragenden, bis 2 cm langen, oberwärts purpurnen Filamenten und bald abfallenden Staubbeuteln. Griffel mit den violetten, kahlen Narben ca. 4 cm lang. Frucht ohne den langen Griffel ca. 2 cm lang, völlig kahl; Klappen ca. 3 mm lang, oberwärts querrunzelig, gelbbraun, die glatten Samen fortschleudernd.[2]

Inhaltsstoffe: *Gerbstoffe.* Aus den getrockneten Wurzeln wurden unter standardisierten Bedingungen 14,8 % Gerbstoffe isoliert,[12] sowie Gallussäure und Glucogallin nachgewiesen.[13]
Flavonole. Quercetin-3,4'-dimethylether (Ermanin), Quercetin-3,7,3',4'-tetramethylether (Retusin).[13]
Sonstige Verbindungen. β-Sitosterol, β-Sitosteryl-β-D-glucosid sowie das Acetophenonderivat Acetovanillon.[13]

Drogen: Geranium-macrorrhizum-Kraut, Zdravetzöl.

Geranium-macrorrhizum-Kraut

Synonyme: Herba Geranii macrorrhizi.

Definition der Droge: Die zur Blütezeit geernteten, getrockneten oberirdischen Teile.

Stammpflanzen: *Geranium macrorrhizum* L.

Herkunft: Aus den Ländern Nord-, Mittel-, Ost- und Südosteuropas.

Inhaltsstoffe: *Gerbstoffe.* Aus den Blättern wurden kondensierte Gerbstoffe und Phlobaphene isoliert.[14]
Flavonolderivate. Kämpferol-3-methylether (Isokämpferid), Kämpferol-3,7-dimethylether (Kumatakenin), Quercetin-7,3'-dimethylether (Rhamnazin), Quercetin-3,4'-dimethylether (Ermanin),

Quercetin-3,7,3',4'-tetramethylether (Retusin),[8] Kämpferol, Quercetin, Rutosid,[15] 5,7,2',3',4',6'-Hexahydroxyflavon.[16]
Ätherisches Öl. Das Kraut liefert in Ausbeute von etwa 0,1 % ätherisches Öl (Zdravetzöl).[7]
Weitere Inhaltsstoffe. Maltol.[8]

Wirkungen: Wegen des Gerbstoffgehaltes sind adstringierende Wirkungen zu erwarten. Ein nicht näher definierter Extrakt aus den Blättern soll am Hund nach p. o. und i. v. Applikation eine deutliche blutdrucksenkende Wirkung ohne toxische Nebeneffekte ausüben. Diese Wirkung wird den im Extrakt enthaltenden Flavonolen und Gerbstoffen zugeschrieben. Ob es sich hierbei um spezifische Effekte handelt, wird nicht mitgeteilt.[14,16] Da genauere Angaben nicht zugänglich sind, können die Befunde nicht näher interpretiert werden.
Ein nicht näher definierter lyophilisierter Extrakt zeigte hypotensive Aktivität auf anästhesierte Katzen. Eine Dosis von 25 bis 50 mg/kg KG brachte einen mehr als 4 h anhaltenden Effekt. I. p. und p. o. applizierte Dosen von 33 % bzw. 20 % der LD_{50} an Ratten und Kaninchen führten zu keinerlei toxischen Veränderungen an Blut und Geweben.[20] Die Angaben sind angesichts unzureichender Ausführungen zum Extrakt und zur Versuchsanordnung nicht abschließend beurteilbar.

Volkstümliche Anwendung und andere Anwendungsgebiete: In Bulgarien zur sexuellen Anregung. Die Wirksamkeit bei der genannten Anwendung ist nicht belegt.

Zdravetzöl

Synonyme: Geranium-macrorrhizum-aetheroleum.

Sonstige Bezeichnungen: Dt.: Felsenstorchschnabelöl.

Definition der Droge: Das durch Destillation mit Wasserdampf aus dem Kraut gewonnene Öl.

Stammpflanzen: *Geranium macrorrhizum* L.

Verfälschungen/Verwechslungen: Neben dem Destillationsöl wird extrahiertes, sog. Konkretöl angeboten, dessen Geruch als milder und anhaltender beschrieben wird.[67]

Inhaltsstoffe: Geruchsträger ist das Germacron,[68] das zu 2,5 % im Öl enthalten ist. Mengenmäßig dominiert der dem Germacron entsprechende Alkohol, das Germacrol (Stereochemie nicht angegeben). Weitere Bestandteile sind: α- und β-Elemenon, *ar*-Curcumen[7] sowie weitere Sesquiterpene, darunter Germazon und Isogermacron.[17,18,21–23] Außerdem wurden Geraniol und Citronellol gefunden.[7]
Anmerkung: Quercetin-3,7,3',4'-tetramethylether kommt im Extraktionsöl, offenbar aber nicht im Destillationsöl vor.[19]

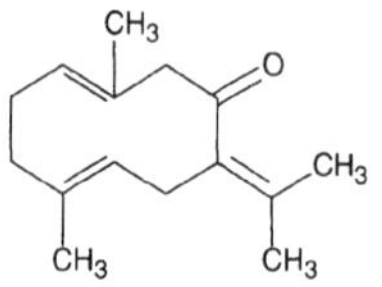

Germacron

Identität: Zdravetzöl bildet bei Raumtemperatur eine blaßgrüne, rosenartig riechende, mit blättrigen Kristallen durchsetzte Masse von weicher Paraffinkonsistenz. Bei etwa 25 bis 35 °C schmilzt sie zu einer grünen Flüssigkeit.[67]

Sonst. Verwendung: *Kosmetik.* In der Parfumerie für Parfums mit Mosnoten, Holznoten, Sandelholznoten, orientalischen Typen, Lavendel, Juchten u. a.[69]
Hinweis: Es wird heutzutage nur noch sehr selten verwendet.

Geranium maculatum L.

Sonstige Bezeichnungen: Dt.: Gefleckter Storchschnabel, Storchschnabel; engl.: Cranesbill, crowfoot, geranium, spotted cranesbill, spotted geranium, storksbill, wild cranesbill; frz.: Pied-de-cornielle.

Botanische Beschreibung: Ausdauernde, krautige Pflanzen mit dickem, zylindrischem, verzweigtem, blaß-braunem Wurzelstock und fadenförmigen Wurzeln. Stamm aufrecht, 30 bis 60 cm hoch, zylindrisch, dichotom verzweigt, grün und behaart. Blätter gegenständig, fünfteilig, mit keilförmigen Lappen. Die aus dem Wurzelstock entspringenden Blätter groß, an langen behaarten Blattstielen. Die dem Stamm entspringenden Blätter kurzgestielt, grün, oberseits behaart oder glatt, unterseits heller und mit aufgerichteten Haaren bedeckt. Die alten Blätter zeigen weißlich-grüne Flecken (maculatum!). Die von April bis Juni gebildeten, 2,5 bis 4 cm großen Blüten sind purpurfarbig und stehen in zarten, terminalen, cymösen Dolden. Kelch und Blütenstiele behaart, jedoch ohne Drüsen.[1,71]

Verbreitung: Heimisch in den USA von Neufundland bis Manitoba, südlich bis Georgia und Missouri.

Drogen: Geranium-maculatum-Kraut, Geranium-maculatum-Wurzel, Geranium maculatum hom. *HAB 34*, Geranium maculatum hom. *HPUS 88*.

Geranium-maculatum-Kraut

Sonstige Bezeichnungen: Engl.: American cranesbill herb, geranium herb.

Monographiesammlungen: Geranium Herb *BHP 83*.

Definition der Droge: Die getrockneten, oberirdischen, zur Blütezeit gesammelten Teile.

Stammpflanzen: *Geranium maculatum* L.

Herkunft: Kanada sowie die östlichen und zentralen Gebiete der Vereinigten Staaten von Nordamerika.

Ganzdroge: Blätter blaßgrün bis braun, bis zu 2 cm breit und 1 cm lang, polygonal, in einen langen Stiel auslaufend, bis nahe an die Basis geteilt, fiederförmig gelappt; die Lappen ca. 2 mm breit, sekundäre Lappen linear; höher ansitzende Blätter schmäler, lanzettförmig und weniger gelappt. Blüten an 2 bis 3 cm langen Blütenstielen, kleine Stiele zarter, aber häufig gebrochen. Kelchblätter länglich-eiförmig, spitz auslaufend, über den Gefäßen behaart. Blütenblätter violett bis purpur; Fruchtblätter mit seidig-weißen Haaren bedeckt, Schnabel bis zu 2 cm lang, manchmal gedreht. Stengel 0,2 bis 0,5 cm dick, blaßgrün bis purpurbraun, längs gestreift und gefurcht, üblicherweise hohl.[65]

Schnittdroge: *Geruch.* Schwach aromatisch.
Geschmack. Leicht bitter.
Makroskopische Beschreibung. Blaßgrün bis bräunliche, schwach behaarte Blattfragmente, zum Teil mit hellen Flecken. 1 bis 2 cm lange, 0,2 bis 0,5 cm dicke, hohle, längs gestreifte und gefurchte grüne bis braunviolette Stengelstücke. Zartere Stengelstücke von Blättern und Blüten. Kelchblattfragmente über den Gefäßen behaart. Vereinzelt die weiß-seidig behaarten Stücke der Fruchtblätter. Violett bis purpur gefärbte Teile von Blütenblättern.
Mikroskopisches Bild. Die Laubblattfragmente mit wellig-buchtigen Epidermiszellen; Spaltöffnungen des anomocytischen Typus; einzellige, dickwandige, gewarzte Haare; Drüsenhaare mit einzelligem Köpfchen und ein- oder zweizelligem Stiel. Kelchblattfragmente mit gestreifter Epidermis; Haare und Spaltöffnung wie bei den Laubblättern. Zahlreiche große Calciumoxalatdrusen in den Flächen zwischen den Gefäßen. Gestreckte Epidermiszellen sowie Faserbündel und Markparenchym vom Stengel.[65]

Pulverdroge: Grünbraunes Pulver mit schwach aromatischem Geruch und leicht bitterem Geschmack.

Inhaltsstoffe: In den getrockneten Blättern wurden Spuren von Procyanidinen, 27,5 % Gesamtgehalt an Galloylestern sowie 10,5 % Hexahydroxydiphenylglucose nachgewiesen.[11]

Reinheit:
- Gesamtasche: Höchstens 10 % *BHP83.*
- Säureunlösliche Asche: Höchstens 2 % *BHP83.*

Wirkungen: Adstringierend, blutstillend, wundheilend.[65]
Die genannten Wirkungen sind aufgrund des Gehaltes an Gerbstoffen plausibel; experimentelle Untersuchungen im Sinne der Pharmakologie liegen jedoch nicht vor.

Volkstümliche Anwendung und andere Anwendungsgebiete: Innerlich: Gegen Durchfall, bei Hämorrhoiden, Zwölffingerdarmgeschwüren, gegen verstärkte Monatsblutungen sowie bei Metrorrhagie, das sind außerhalb der Menstruation auftretende Gebärmutterblutungen.[65]
Die Wirksamkeit bei den genannten Anwendungsgebieten ist nicht belegt: Es ist auch höchst unwahrscheinlich, daß die Gerbstoffe der Droge bei innerlicher Zufuhr blutstillend wirken könnten.

Dosierung und Art der Anwendung: *Droge.* 3mal täglich 1 bis 2 g getrocknetes Kraut als Pulver oder als Infus.[65]

Geranium-maculatum-Wurzel

Synonyme: American cranesbill root, geranium root.

Sonstige Bezeichnungen: Dt.: Alaunwurzel, Storchschnabelwurzel; engl.: Alum root, cranesbill root; frz.: Racine d'alun, racine de bec-de-grue tacheté.

Monographiesammlungen: Geranium Root *BHP83.*

Definition der Droge: Der getrocknete Wurzelstock.

Stammpflanzen: *Geranium maculatum* L.

Herkunft: Kanada, Ost- und Zentral-USA.

Gewinnung: Das Rhizom wird im Spätsommer und Herbst gesammelt.

Ganzdroge: Der Wurzelstock ist etwa 2 bis 12 cm lang, bis 2,5 cm dick, reich verzweigt, stark längsrunzelig, oft knollig, außen dunkelbraun, innen heller braun, weiß oder rötlich, fleischig und zeigt einzelne kräftige, meist unter 15 cm lange Wurzeln von 1 bis 2 mm Durchmesser.[63]

Schnittdroge: *Geruch.* Nicht typisch.
Geschmack. Stark adstringierend.
Mikroskopisches Bild. Die Außenrinde aus einer dünnen Korkschicht, darunter Reihen stark tangential verlängerter Zellen; die Innenrinde ohne deutliche radiale Struktur. Eine breite Markschicht, eine deutliche, selten kreisrunde, an einzelnen Stellen der Oberfläche mehr genäherte Kambiumzone und wenige Gefäßbündel in ungleichen Entfernungen voneinander. Eisenbläuender Gerbstoff in fast allen Zellen, in einzelnen reichlicher als in anderen, in den Wandungen wie im Zellinhalt. Die Stärkekörner glatt, etwas länglich oder eirund, mit einem an der breiteren Seite gelegenen Hilum, meist ohne Spalten, exzentrisch geschichtet; selten doppelte Körner.[63]

Pulverdroge: Rotbraunes Pulver mit adstringierendem Geschmack.[63]

Zubereitungen: Fluidextrakt *BHP83*: Hergestellt durch Perkolation von 1 T Droge mit 1 T Ethanol 45 % (*V/V*).
Tinktur: Hergestellt durch Mazeration oder Perkolation mit Ethanol 45 % (*V/V*), so daß 1 T Droge 5 T Tinktur entspricht.

Identität: Bisher sind keine speziellen Methoden ausgearbeitet worden. Eine Prüfung könnte erfolgen in Anlehnung an die Prüfung von Geranium robertianum hom. *HAB 1*. Die mit $FeCl_3$-Lsg. sich anfärbenden Zonen müssen mit denen einer authentischen Probe von Geranium-maculatum-Wurzel übereinstimmen.

Reinheit:
- Gesamtasche: Höchstens 10 % *BHP 83*.
- Säureunlösliche Asche: Höchstens 2 % *BHP 83*.

Gehalt: Keine Angaben.

Gehaltsbestimmung: Bisher sind keine pharmakopoegerechten Methoden publiziert worden. Es dürften aber die für andere Gerbstoffdrogen ausgearbeiteten Verfahren geeignet sein: Die Bestimmung des Gerbstoffgehaltes nach der Hautpulvermethode des *DAB 10* (Ratanhiawurzel) sowie die Bestimmung der Gesamtphenole mittels Wolframatophosphorsäurelsg. (ebenfalls Ratanhiawurzel *DAB 10*).

Wirkungen: s. Geranium-maculatum-Kraut.

Volkstümliche Anwendung und andere Anwendungsgebiete: s. Geranium-maculatum-Kraut.

Dosierung und Art der Anwendung: *Droge.* 3mal täglich 1 bis 2 g getrocknete Wurzel oder die Abkochung davon innerlich.[65] *Zubereitung.* Fluidextrakt: 3mal täglich 1 bis 2 mL.[65] Tinktur: 3mal täglich 2 bis 4 mL.[65]

Geranium maculatum hom. *HAB 34*

Monographiesammlungen: Geranium maculatum *HAB 34*.

Definition der Droge: Frischer Wurzelstock.

Stammpflanzen: *Geranium maculatum* L.

Zubereitungen: Essenz nach § 3, *HAB 34*. Eigenschaften: Die Essenz ist von gelber Farbe, ohne besonderen Geruch und Geschmack.

Identität: Schwarzgrüne Färbung der Essenz mit Eisen(III)chlorid-Lösung; Fehlingsche Lösung wird reduziert.

Anwendungsgebiete: Entsprechend dem homöopathischen Arzneimittelbild. Dazu gehören: Schleimhautblutungen; Magengeschwüre.[64]

Dosierung und Art der Anwendung: *Zubereitung.* Soweit nicht anders verordnet:
1- bis 3mal täglich 5 bis 10 Tropfen, 1 Messerspitze Verreibung, 1 Tablette oder 5 bis 10 Streukügelchen einnehmen. Injektionslösungen 2mal wöchentlich 1 mL s. c. injizieren.[64]

Unerwünschte Wirkungen: Nicht bekannt. Hinweis: Es können vorübergehend Erstverschlimmerungen vorkommen, die jedoch unbedenklich sind.[64]

Gegenanzeigen/Anwendungsbeschr.: Nicht bekannt.[64]

Wechselwirkungen: Nicht bekannt.[64]

Gesetzl. Best.: *Offizielle Monographien.* Aufbereitungsmonographie der Kommission D am BGA "Geranium maculatum".[64]

Geranium maculatum hom. *HPUS 88*

Monographiesammlungen: Geranium maculatum *HPUS 88*.

Definition der Droge: Die frische oder getrocknete Wurzel.

Stammpflanzen: *Geranium maculatum* L.

Zubereitungen: *Urtinktur.* Herstellung durch Mazeration oder Perkolation mit EtOH nach den allg. Zubereitungsvorschriften (Class C) der *HPUS 88*. Ethanolgehalt 65 % (*V/V*).

Gehalt: *Urtinktur.* Arzneigehalt $^1/_{10}$.

Geranium robertianum L.

Synonyme: *Geranium foetidum* GILIB., *G. graveolens* STOKES, *G. robertiella robertianum* HANKS, *G. robertium vulgare* PICARD, *G. rubellum* MOENCH, *G. rupertianum* BECKH.[13]

Sonstige Bezeichnungen: Dt.: Bockskraut, Gottesgnadenkraut, Robertskraut, Rotlaufskraut, Ruprechtskraut, Stinkender Storchschnabel; engl.: Dragons blood, herb Robert, herb Robin, red shank; frz.: Bec de grue, fourchette du diable, geranium robertin, herbe à Robert, herbe du Saint Robert, herbe du roi Robert; it.: Cicuta rossa, erba cimicina, erba Roberta o Roberziana; port.: Erva-de-sao-roberto; span.: Hierba de San Roberto.

Systematik: *G. robertianum* ist am besten in zwei Arten zu zerlegen, von denen die südliche *G. purpureum* VILL. diploid (2n = 32) ist, während *G. robertianum* L. s. str. tetraploid (2n = 64) ist. *G. robertianum* L. ist bei uns durch 2 Unterarten vertreten, von denen ssp. *robertianum* drüsige und behaarte Stengel und Blätter sowie dunkelbraune, behaarte Früchte besitzt, während die auf die Meeresküsten beschränkte ssp. *maritimum* (BAB.) BAKER kahl oder fast kahl ist und hellbraune, kahle Früchte besitzt.[24]

Botanische Beschreibung: Einjährig oder überwinternd-einjährig, mit schwacher, ästiger Pfahlwurzel und langem Hypocotyl. Sprosse zart, hell- bis dunkelgrün und oft lebhaft karminrot, dicht mit langen, weichen, herbduftenden Drüsenhaaren besetzt. Stengel 20 bis 40 cm lang, an kräftigen Exemplaren bis über 1 cm dick, sehr saftreich, sparrig verzweigt, an den stark verdickten Gelenken meist leicht zerbrechend, stielrund oder schwach gerillt, niederliegend bis aufrecht. Keimblätter nierenförmig, tief ausgerandet. Rosettenblätter meist bald vertrocknend, ihre Stiele zwei- bis viermal so lang wie die Spreite, sich abwärts krümmend (Stelzblätter). Stengelblätter zahlreich, gegenständig, mit 2 bis

8 cm langem Stiel und bis zum Grund in 3 (seltener 5) gestielte, eiförmige, 3 bis 6 cm lange, doppelt fiederspaltige, beiderseits abstehend behaarte Lappen geteilter Spreite; Zähne abgerundet, kurz bespitzt. Nebenblätter sehr klein, aus breitem, die Stengelknoten umfassendem Grund kurz zugespitzt oder abgerundet, drüsig gewimpert. Blütenstandsachsen meist deutlich länger als die tragenden Laubblätter, mit 4 kleinen, lanzettlichen Tragblättern und 2, etwa 2 bis 7 mm langen, dauernd aufrecht abstehenden Blütenstielen. Blüten länger als ihre Stiele, 8 bis 15 mm lang. Kelchblätter die Kronennägel und später die Frucht eng umschließend, eiförmig-lanzettlich, an den 3 kräftigen Längsnerven gekielt, dazwischen grünlichweiß oder rötlich, drüsig-zottig behaart, allmählich in eine 1 bis 2 mm lange Granne ausgezogen. Kronblätter mit etwa 5 mm langem, weißlichem, kahlem Nagel und 4 bis 6 mm langer, keilig-spateliger bis verkehrt-eiförmiger, meist ganzrandiger, kahler, hell bis lebhaft karminrot gefärbter, oft mit 3 helleren Streifen versehener, seltener ganz weißer Platte. Staubblätter etwa so lang wie der Kelch, kahl, mit pfriemlichen Staubfäden und meist rotbraunen Narben zwischen den Staubbeuteln stehend, fast gleichzeitig reifend. Frucht ca. 2 cm lang, mit die glatten fein punktierten Samen dauernd umschließenden, 3 mm langen, vortretend netznervigen, oberwärts querrunzeligen, kahlen oder behaarten Fruchtlappen, die ohne die sich ablösende Granne von der Mittelsäule abgeschleudert werden und 2 weiße, epizoischer Verbreitung dienende Haare tragen.[25]

Verwechslungen: *G. robertianum* L. ist am ehesten mit *G. purpureum* VILL. zu verwechseln. Dieses unterscheidet sich von *G. robertianum* L. durch Kronblätter, die nur 5 bis 8 mm lang sind und somit den 5 bis 6 mm langen Kelch kaum überragen.[14] Außerdem sind die Blätter von *G. purpureum* VILL. weniger tief eingeschnitten, die Fruchtklappen sind sehr stark netzig runzelig, die gesamte Pflanze ist kleiner und gedrungener. Staubbeutel und Pollen sind gelb, jene von *G. robertianum* L. rotbraun bzw. orange gefärbt.[26,27]

Inhaltsstoffe: *Phenolische Verb.* Ellagsäure, Ferulasäure, Kaffeesäure, Kämpferol und Quercetin in den frischen Blättern nachgewiesen.[29]
Gerbstoffe. In der getrockneten Wurzel wurde der Gerbstoffgehalt mit 23,9 % (Hautpulvermethode) bzw. 20,9 % (Kupferacetat-Methode) ermittelt.[32]
Äth. Öl. Aus frischen Blättern wurde ein unangenehm riechendes äth. Öl gewonnen, in dem Geraniol, Germacren D, Limonen, Linalool, Phytol, Terpineol und Terpinen nachgewiesen wurden.[30,31]
Ascorbinsäure. In frischen Blättern wurde ein Ascorbinsäuregehalt von 156,8 ± 21,4 mg/100 g Frischgewicht ermittelt.[28]

Verbreitung: Heimisch von Europa bis China, Japan; in Afrika südlich bis Uganda, im atlantischen Nord- und gemäßigten Südamerika. In Laub- und Nadelgehölzen, auf Schlagflächen, in Hecken.

Drogen: Geranii robertiani herba, Geranium robertianum hom. *HAB 1*, Geranium robertianum hom. *HPUS 88*.

Geranii robertiani herba (Ruprechtskraut)

Synonyme: Herba cum pastoris, Herba divi Ruperti, Herba Geranii chelidonii s. gruinalis s. hirundinarii s. vulnerarii, Herba Geranii robertiani, Herba gratiae Dei, Herba Robertiani, Herba rostrum ciconiae, Herba Ruperti.

Sonstige Bezeichnungen: Dt.: Blutkraut, Bockkraut, Gottesgnadenkraut, Rotlaufkraut, Storchschnabelkraut; engl.: Herb Robert; frz.: Herbe à Robert.

Monographiesammlungen: Herba Geranii Robertiani *EB 6*.

Definition der Droge: Die getrockneten, während der Blütezeit (Mai bis Oktober) gesammelten oberirdischen Teile *EB 6*.

Stammpflanzen: *Geranium robertianum* L.

Herkunft: Hauptlieferländer sind die südost- und osteuropäischen Länder.

Gewinnung: Sammlung aus Wildbeständen; Lufttrocknung im Schatten.

Ganzdroge: Die Ganzdroge besteht aus den Sprossen, Stengeln, Blättern, Blüten und Früchten. Die Sprosse sind allseitig buschig verästelt, hell- bis dunkelgrün, unten meist karminrot angelaufen, mehr oder minder dicht mit langen, weichen Haaren besetzt. Die Stengel sind stielrund oder schwach gerillt, an den stark verdickten Gelenken leicht zerbrechend, unten gleichfalls karminrot angelaufen und meist mit waagrecht abstehenden Haaren besetzt. Die stark geschrumpften, bräunlichen, vertrockneten, grundständigen Rosettenblätter sind langgestielt, im Umriß rundlich, 5teilig mit fiederspaltig eingeschnittenen Abschnitten. Die stark eingerollten und eingeschrumpften Stengelblätter sind gegenständig, mit 2 bis 8 cm langem Stiel versehen, 3zählig, mit doppelt fiederspaltigen, beiderseits abstehend behaarten, stachelspitzig gesägten Abschnitten. Die Blüten sind 5zählig. Die eiförmig-lanzettlichen, an den 3 kräftigen Längsnerven gekielten Kelchblätter umschließen 5 verkehrt eiförmige lila gefärbte Kronblätter oder die Frucht.[66]

Schnittdroge: *Geruch.* Unauffällig.
Geschmack. Schwach bitter.
Makroskopische Beschreibung. Die Schnittdroge ist gekennzeichnet durch die kleinen braunen, behaarten Fruchtklappen mit den eingedrehten Grannen, durch einzelne lila gefärbte Blüten, durch stark geschrumpfte, grüne Fiederblattstückchen und durch grüne und karminrote Stengel- und Sproßstückchen.[66]
Mikroskopisches Bild. Epidermiszellen der Blätter wellig-buchtig, anomocytische Spaltöffnungen nur auf der Blattunterseite. Beide Epidermen weisen einzellige, gewundene Haare sowie mehrzellige Köpfchenhaare auf. Im Mesophyll Oxalatdrusen, Palisadenschichten meist zweireihig, Schwammparenchym kleinzellig. Kelchblattepidermis aus

langgestreckten, wellig-buchtigen Zellen, in den Kelchblättern sehr viele, dicht beisammenliegende Oxalatdrusen. Kelchblatthaare einzellig, derbwandig, mit körniger Cuticula, gerade oder gekrümmt sowie ca. 2 mm lange mehrzellige Köpfchenhaare. Die Kronblattepidermis weist polygonale papillöse Zellen mit kurzen Köpfchenhaaren auf. Epidermiszellen der Stengel polygonal; vereinzelt gewundene, einzellige Haare sowie ein- bis mehrzellige Haare mit ovalen Köpfchen. Fruchtknoten- und Fruchtklappenhaare einzellig, bis 1 mm lang und fein längsgestreift.[66]

Pulverdroge: Die hellgrüne Pulverdroge ist gekennzeichnet durch einzellige, derbwandige, dicht körnelig cuticularisierte, 300 bis 700 µm lange, gerade oder gekrümmte Kelchblatthaare, durch bis 1 mm lange, breite, fein längsgestreifte, einzellige Fruchtknoten- und Fruchtklappenhaare und durch bis 2 mm lange, breite, dickwandige, ein- bis mehrzellige, gewundene, dicht körnelig cuticularisierte Stengelhaare mit kleinen, ovalen Drüsenköpfchen. Kelchblattfragmente in Flächenansicht zeigen langgestreckte, wellig-buchtige Epidermiszellen und sehr viele, etwa 7 µm große, sehr dicht beisammenliegende Oxalatdrusen. Blattfragmente lassen wellig-buchtige Epidermiszellen mit Spaltöffnungen auf der Unterseite und bis 35 µm große Oxalatdrusen im Mesophyll erkennen. Querschnittsbruchstücke zeigen ein meist zweischichtiges Palisaden- und kleinzelliges Schwammparenchym.[66]

Verfälschungen/Verwechslungen: Als Verfälschung von Geranii robertiani herba findet man im Handel das Kraut von *Geranium palustre* L. und *Geranium pratense* L.[33,34]

Inhaltsstoffe: *Flavonole.* Rutosid, Quercetin-3-*O*-rhamnogalactosid, Kämpferol-3-*O*-rutinosid (Nicotiflorin), Hyperosid, Isoquercitrin, Quercimeritrin, Spiraeosid, Astragalin sowie 1 Quercetin- und 2 Kämpferol-3-*O*-glykoside mit den Zuckern Glucose und Rhamnose, freies Quercetin und freies Kämpferol.[35]
Gerbstoffe. β-Penta-*O*-galloylglucose[36] und die Ellagitannine Geraniin und Isogeraniin,[37] wobei Geraniin den Hauptgerbstoffanteil darstellt.[38] Die Gerbstoffgehalte verschiedener Drogenmuster schwankten zwischen 5,0 %, ermittelt nach der Hautpulver- und Agglutinationsmethode,[39] 13,69 % (Hautpulver-Methode[32]) bzw. 11,63 % (Kupferacetat-Methode[32]) und 7,1 % bis 14,5 %, bestimmt nach *PhEur.*[40]
Pflanzensäuren. Äpfel- und Citronensäure.
Sonstige Verbindungen. Maltol,[41] Vitamin C.[28]

Identität: Pharmakopoegerechte Methoden liegen nicht vor.

Gehalt: Keine Angaben.

Gehaltsbestimmung: Spezifische, an die Droge angepaßte Methoden liegen nicht vor. Prinzipiell geeignet erscheinen die folgenden Verfahren:
- Bestimmung des Gerbstoffgehaltes nach *DAB 10.* Die Hautpulvermethode wird hierbei mit der photometrischen Bestimmung der Polyphenole – Reduktion von Wolframatophosphorsäure (Folins Reagenz) zu Polywolframaten, dem sog. Wolframblau – kombiniert;
- Bestimmung der Gesamtgalloylester. Galloylester, unabhängig davon, ob sie Hexahydroxydiphensäure im Molekül enthalten, reagieren in Wasser oder in mit Wasser mischbaren organischen Lösungsmitteln mit Kaliumiodat-Lsg. unter Bildung eines roten Produktes (530 nm), das nicht sehr stabil ist. Das zeitliche Maximum der Rotfärbung ist streng abhängig von der Konzentration an Galloylestern. Tannin dient als Eichsubstanz für die photometrische Bestimmung;[11]
- Bestimmung der Ellagitannine. Ester der Hexahydroxydiphensäure reagieren mit salpetriger Säure (entwickelt aus 1 mL 6 %iger Natriumnitritlsg., 1 mL Essigsäure 6 % und 15 mL Methanol) unter Bildung eines roten Produktes (500 nm), das rasch blau (600 nm) wird, um schließlich langsam zu Gelb hin zu verblassen. Die Farbintensität bei 600 nm ist ein Maß für den Gehalt, wobei eine spezifische Extinktion E = 51,5 der Berechnung zugrunde gelegt wird.[11]

Wirkungen: Eine aus dem Etherextrakt durch mehrfache Lösungsmittelverteilung und SC an Cellulose isolierte, kristalline Fraktion schützt Tabakpflanzen vor Schäden durch bestimmte, pflanzenpathogene Viren. Die Vorbehandlung mit einer Lösung von 10^{-3} g/L reduziert die durch Tabakmosaikvirus verursachten, lokalen Läsionen um 60 bis 70 %.[43]
Der Extrakt aus dem frischen Kraut mit Rhizom (Extraktionsmittel Ethanol 70 %, entsprechend 5 g Droge/10 mL) wurde *in vitro* auf seine antivirale Wirkung geprüft. Der wäßrigen Suspension des Trockenrückstands wird an Affennieren-Zellkulturen bei Zusatz 6 h vor Viruseinsaat eine schwach antivirale Wirkung gegenüber VSV-Virus zugeschrieben. Appliziert wurde die höchste, nicht zelltoxische Konzentration.[44] Nähere Angaben zu den untersuchten Konzentrationen fehlen.
In einer anderen Studie wurde bei der Untersuchung der wäßrigen Lösung eines Extraktes mit Ethanol 80 % (entsprechend 50 g frisches Kraut/ca. 136 mL Kulturmedium) kein antiviraler Effekt an mit Polio-Virus Typ 1, Masern-, Coxsackie-B2-, Adeno- oder Semliki-forest-Virus infizierten Vero-Zellen gefunden. Der Zusatz der maximal nicht zelltoxischen Konzentration (nähere Angaben fehlen) erfolgte 90 min nach Viruseinsaat.[45]
In einem Screening-Test wurde die antimikrobielle Wirkung der wasserlöslichen, in Dichlormethan unlöslichen Fraktion eines mit Ethanol 80 % hergestellten Extraktes aus dem frischen Kraut untersucht. Die Fraktion wirkte im Agardiffusionstest (Lochtest) gegenüber *Escherichia coli*, *Pseudomonas aeruginosa* und *Staphylococcus aureus* schwächer wachstumshemmend als die Referenzsubstanz Neomycin (500 µg/mL). Im Reihenverdünnungstest wurde gegenüber *Microsporum canis* und *Trichophyton mentagrophytes* eine vollständige Wachstumshemmung erzielt. Da die Konzentrationsangaben zur Testsubstanz unzureichend sind, ist eine Beurteilung der Ergebnisse nicht möglich.[46]

Geraniin hemmt *in vitro* an polymorphkernigen Leukocyten der Ratte im Konzentrationsbereich von 10^{-6} bis 10^{-3} M dosisabhängig die Bildung von 5-Hydroxyarachidonsäure (IC_{50} = 8,50 µM), HHT (IC_{50} = 370,0 µM) und Thromboxan B_2 (IC_{50} = 368,3 µM) aus ^{14}C-Arachidonsäure.[48]
In einem Übersichtsartikel werden Drogenzubereitungen deutlich blutdrucksenkende Effekte zugeschrieben.[53] Die Angaben sind nicht überprüfbar, da nähere Daten fehlen.

Volkstümliche Anwendung und andere Anwendungsgebiete: *Innerlich.* Gegen Durchfall, Nieren- und Blasenentzündung, bei Steinleiden. Die Anwendung bei Durchfall scheint aufgrund des Gerbstoffgehaltes plausibel zu sein. Ansonsten ist die Wirksamkeit bei den genannten Anwendungsgebieten nicht begründet.
Äußerlich. Gegen schlecht heilende Wunden, leichte Ausschläge und bei Entzündungen der Mundhöhle.

Dosierung und Art der Anwendung: *Droge. Innerlich.* Einzeldosis 1,5 g.[66] 1 Eßlöffel voll mit $^1/_2$ L Wasser kalt aufsetzen, zum Sieden erhitzen und ziehen lassen.[70] Davon 2 bis 3 Tassen täglich zwischen den Mahlzeiten.
Äußerlich. Als Infus und Decoct (nähere Angaben fehlen). Zum Mundspülen oder zum Gurgeln. Bei Entzündungen der Mundschleimhaut können auch frische Blätter, die man zuvor abwäscht, gekaut werden.[70]

Unerwünschte Wirkungen: Keine Angaben.

Sonst. Verwendung: *Landwirtschaft.* Die Verfütterung von Geraniin an Larven von *Heliothis virescens* führt zu einer Wachstumshemmung. Bei Zusatz von 250 ppm zum Futter wurde im Vergleich zu einer Kontrollgruppe eine 50%ige Wachstumshemmung registriert. Die Autoren diskutieren die Möglichkeit, Geraniin und analoge Verbindungen als Schädlingsbekämpfungsmittel zu verwenden.[52]

Geranium robertianum hom. *HAB 1*

Monographiesammlungen: Geranium robertianum *HAB 1.*

Definition der Droge: Frische, zur Blütezeit gesammelte, oberirdische Teile.

Stammpflanzen: *Geranium robertianum* L.

Zubereitungen: Urtinktur und flüssige Verdünnungen *HAB 1*, Vorschrift 2a; Eigenschaften: Die Urtinktur ist eine honiggelbe bis ockerbraune Flüssigkeit mit wenig charakteristischem Geruch und Geschmack.

Identität: *Urtinktur.* Zusatz von Ethanol 70 % und Eisen(III)chloridlsg. zur Urtinktur führt zu grüner Färbung und schwarzem Niederschlag.
Die mit Wasser verdünnte Urtinktur färbt sich nach Zugabe von Natriumcarbonat-Lösung und Folins Reagenz über Grünblau nach Blau.

Dünnschichtchromatographie der Urtinktur nach *HAB 1*:
- Sorptionsmittel: Kieselgel H;
- Vergleichslösung: Rutosid, Gallussäure und Glucose in Methanol;
- FM: Essigsäure (98 %)-Butanol-Wasser (10 + 40 + 50), Oberphase;
- Detektion: Tauchen in eine Mischung aus Eisen(III)chlorid-Essigsäure-Reagenz/Methanol (1 + 9); ca. 10 min bei 105 bis 110 °C erhitzen, Auswertung im Tageslicht;
- Auswertung: Das Chromatogramm der Referenzlösung zeigt sofort im mittleren Drittel des Rf-Bereichs die gelbe Zone des Rutosids. Nach längerem Erhitzen werden am Beginn des mittleren Drittels die graugrüne Zone der Glucose und im oberen Drittel die rosarote Zone der Gallussäure sichtbar.
  Das Chromatogramm der Untersuchungslösung zeigt zwischen der graubraunen Startzone und der Referenzsubstanz Glucose eine schwächere graubraune Zone und in Höhe der Referenzsubstanz Glucose eine sehr kräftige grünlichgraue Zone. Knapp unterhalb der Referenzsubstanz Rutosid liegt eine graugelbe, darüber eine graue Zone und in Höhe der Referenzsubstanz Gallussäure zwei kaum getrennte rosarote Zonen.

Reinheit: *Urtinktur.*
- Relative Dichte *(DAB)*: 0,930 bis 0,950.
- Trockenrückstand *(DAB)*: Mindestens 1,3 %.

Lagerung: Vor Licht geschützt.

Gesetzl. Best.: *Offizielle Monographien.* Negativmonographie der Kommission D am BGA "Geranium robertianum".[54]

Geranium robertianum hom. *HPUS 88*

Monographiesammlungen: Geranium robertianum *HPUS 88.*

Definition der Droge: Die frische oder getrocknete Ganzpflanze.

Stammpflanzen: *Geranium robertianum* L.

Zubereitungen: *Urtinktur.* Herstellung durch Mazeration oder Perkolation mit EtOH nach den allg. Zubereitungsvorschriften (Class C) der *HPUS 88.* Ethanolgehalt 45 % (*V/V*).

Gehalt: *Urtinktur.* Arzneigehalt $^1/_{10}$.

Geranium sanguineum L.

Synonyme: *Geranium grandiflorum* Gilib.

Sonstige Bezeichnungen: Dt.: Blutröslein, Blut-Storchenschnabel, Blutwurzel, Hühnerwurz; engl.: Blood-dock, bloody crane's bill; frz.: Bec de grue,

Geranium sanquin, herbe à bequet, sanquinaire; it.: Girani di mort, malvaccini, sanguinaria.

Botanische Beschreibung: Rhizomstaude mit 5 bis 8 mm dickem, knorrigem, Niederblätter tragendem, innen rotem, weit kriechendem, ästigem Wurzelstock. Sprosse locker bis ziemlich dicht waagerecht oder rückwärts abstehend behaart oder fast kahl und glänzend, drüsenlos, hellgrün, im Herbst meist durch Anthocyan blutrot gefärbt. Stengel 20 bis 45 cm lang, oft schon vom Grund an gabelig verzweigt oder auch einfach ausgebreitet niederliegend oder aufsteigend, unten etwas gefurcht, oben meist völlig stielrund, ziemlich derb, kahl bis zottig behaart. Laubblätter größtenteils stengelständig (die grundständigen bald vertrocknend), alle gegenständig, mit 0,5 bis 3 cm (an den untersten 4 bis 9 cm) langem, wie die Stengel behaartem Stiel und 3 bis 5 cm breiter, fast bis zum Grund in 7 Lappen geteilter, handnerviger bis schwach netznerviger Spreite; Blattlappen mit Ausnahme der seitlichen und derjenigen der Rosettenblätter in 3 lineale, 2 bis 3 mm breite, ganzrandige, oft nur einnervige, stumpfe oder zugespitzte Zipfel gespalten, die äußersten meist ungeteilt, beiderseits oder nur unterseits abstehend bis vorwärts anliegend behaart. Nebenblätter eiförmig bis lanzettlich, 0,5 bis 1,5 cm lang, trockenhäutig, lebhaft rotbraun, am Rand zerstreut bis zottig gewimpert. Blütenstände alternierend, blattachselständig, mit das tragende Laubblatt überragender, 2 bis 7 cm langer, wie die Stengel behaarter Achse; letztere nur 2 kleine, nebenblattartige Tragblätter und einen wie die Achse beschaffenen, 1 bis 3 cm langen, im Knospenzustand nikkenden, dann geradlinig die Achse fortsetzenden, nach der Bestäubung herabgeschlagenen und bei der Fruchtreife wieder aufgerichteten Blütenstiel tragend. Kelchblätter breit elliptisch, ohne die 1 bis 2,5 mm lange, meist rötliche Granne 6 bis 10 mm lang, besonders auf den 3 bis 7 Nerven zottig behaart, deutlich hautrandig, zur Blütezeit tellerförmig ausgebreitet. Kronblätter verkehrt-herzförmig, 13 bis 18 mm lang, mit seichter, spitzwinkeliger Bucht, an dem kurzen Nagel bärtig, meist lebhaft karminrot (selten violett oder weiß). Staubblätter meist etwas kürzer als die Kelchblätter, mit am Grund deutlich verbreiterten, am Rand gewimperten Staubfäden. Frucht 3 bis über 4 cm lang, am Schnabel und an den Klappen behaart, die glatten oder sehr fein punktierten Samen fortschleudernd.[55]

Verbreitung: Im größten Teil Europas.

Drogen: Geranium-sanguineum-Kraut, Geranium-sanguineum-Wurzel.

Geranium-sanguineum-Kraut

Synonyme: Herba Sanguinariae, Sanguinariae herba.

Sonstige Bezeichnungen: Dt.: Blutkraut, Blutrösleinkraut; engl.: Blood-dock; frz.: Sanguinaire.

Definition der Droge: Die zur Blütezeit gesammelten und getrockneten oberirdischen Teile der Pflanze.

Stammpflanzen: *Geranium sanguineum* L.

Inhaltsstoffe: Gerbstoffe, vorwiegend Galloyl- und Ellagitannine.[10,11] Quercetin und Myricetin.
Mengenangaben zur Droge (Handelsware) fehlen. Frisch geerntete und getrocknete Blätter enthalten 20 % Ellagitannine, berechnet als Hexahydroxydiphenylglucose.[10] Eine andere Probe enthielt 14 % Gesamtgalloylester (photometrische Bestimmung mit KIO_3, s. Geranii robertiani herba) und 6 % Hexahydroxydiphenylglucose.[11]

Wirkungen: Aufgrund des Gehaltes an Gerbstoffen darf angenommen werden, daß die Droge und ihre Zubereitungen adstringierend, lokal entzündungshemmend und lokal hämostyptisch wirken.
Ein nicht näher definierter Extrakt, der überwiegend aus Flavonen, Catechinen, Gallotanninen und Phenolcarbonsäuren bestehen soll, wirkt *in vitro* an Vero-Zellen gegenüber Herpes simplex Virus Typ I antiviral. Hierbei wurde bei Zugabe von 50 und 75 µg/mL nach Viruseinsaat nach 12 h Inkubation eine vollständige Hemmung der Plaquebildung, nach 18 h ein im Vergleich zu Kontrollen um den Faktor 10 geringerer Virustiter festgestellt. Die vorherige Inkubation des Virus mit 50 µg/mL der Zubereitung über 4 h reduzierte die Plaquebildung vollständig. Die höchste an Vero-Zellen untoxische Dosis betrug 100 µg/mL. Da keine biometrische Auswertung mitgeteilt wurde, bedürfen die Angaben der Überprüfung.
Auch gegenüber verschiedenen Influenza-Virus-Stämmen soll die o.a. Zubereitung, überwiegend bei vorheriger Applikation, an der Chorion-Allantois-Membran des Hühnereis, an Hühnerembryonen sowie *in vivo* an der Maus einen antiviralen Effekt ausüben.[57,58]

Volkstümliche Anwendung und andere Anwendungsgebiete: *Innerlich.* Ähnlich wie Ruprechtskraut (s. Geranii robertiani herba) gegen Durchfall. Die Wirksamkeit dürfte aufgrund des Gerbstoffgehaltes plausibel sein.
Äußerlich. Bei schlecht heilenden Wunden.[60] Bei leichten Hautverletzungen sowie bei Entzündungen der Haut und Schleimhäute. Die Wirksamkeit ist aufgrund der adstringierenden und lokal hämostyptischen Wirkung von Gerbstoffen plausibel.

Dosierung und Art der Anwendung: *Droge. Innerliche Anwendung.* Vom Pulver täglich 1 oder 2 Teelöffel, gemischt mit Honig oder Marmelade.
Tee: 1 Teelöffel Schnittdroge mit 1 Tasse kochenden Wassers übergießen und 10 min ziehen lassen. Täglich 2 bis 3 Tassen zwischen den Mahlzeiten.
Tee: 1 Teelöffel Schnittdroge mit 1 Tasse kochenden Wassers übergießen und 15 min ziehen lassen. Jede Stunde 1 oder 2 Teelöffel voll nehmen.
Äußerliche Anwendung. Man befestigt die gereinigten, frischen, zerquetschten Blätter mit einem Verband direkt auf Wunden und Verletzungen.
Abkochung: 1 Eßlöffel Schnittdroge einige Minuten in Wasser kochen und anschließend 15 min ziehen lassen. Nach dem Durchsieben gibt man 1 Eß-

löffel Honig dazu. Dieser Absud ist gut für Wundspülungen, zum Gurgeln, Auswaschen von Wunden, für Verbände auf Verbrennungen, Quetschungen usw.[60]

Geranium-sanguineum-Wurzel

Synonyme: Radix Sanguinariae, Sanguinariae radix.

Sonstige Bezeichnungen: Dt.: Bluthühnerwurz, Blutwurzel.

Definition der Droge: Der getrocknete Wurzelstock.

Stammpflanzen: *Geranium sanguineum* L.

Drogen: Ein rundlicher Wurzelstock mit äußerer schmutzigbrauner und innerer zimtbrauner Rinde.

Inhaltsstoffe: Soll 29% Gerbstoff enthalten (Bestimmungsmethode nicht angegeben).[63] Valide neuere Untersuchungen fehlen.

Wirkungen: Aufgrund des Gerbstoffgehaltes ist von einer adstringierenden Wirkung auszugehen. Ein mit Methanol aus getrockneten, mit Petrolether entfetteten Luftwurzeln(?) hergestellter Extrakt (Extraktausbeute 16%) hemmt *in vitro* die Neuraminidase-Aktivität unterschiedlicher Influenza-Virus-Stämme. Der Effekt war im untersuchten Bereich von 31,2 bis 1.000 µg/mL konzentrationsabhängig. Darüber hinaus soll die Wirkung auch von der Inkubationsdauer (5 bis 60 min) sowie der Inkubationstemperatur (4, 20 und 37 °C) abhängig sein.[61] Da keine biometrische Auswertung mitgeteilt wurde und die Drogendefinition unklar bleibt, bedürfen die Angaben der Überprüfung.

Volkstümliche Anwendung und andere Anwendungsgebiete: Innerlich werden Auszüge aus der Droge gegen Diarrhöen eingesetzt, äußerlich bei Wunden und Geschwüren.
Die Wirksamkeit bei den genannten Anwendungsgebieten ist gegenwärtig nicht belegt.

1. Gleason HA (1968) The New Britton and Brown Illustrated Flora of the Northeastern United States and Adjacent Canada, Hafner Publishing Company Inc., New York London, Bd. 2, S. 457
2. Heg, Bd. IV, Teil 3, S. 1.668
3. Engler A, Prantl K (1896) Die natürlichen Pflanzenfamilien, Verlag von Wilhelm Engelmann, Leipzig, Teil 3, Abt. 4 und 5, S. 8–11
4. Melchior H (1964) Engler's Syllabus der Pflanzenfamilien, Verlag Gebrüder Borntraeger, Berlin-Nikolassee, Bd. II, S. 250
5. Agnew ADQ (1974) Upland Kenya Wild Flowers, Oxford University Press, Oxford UK, S. 140–144
6. Heg, Bd. IV, Teil 3, S. 1.660
7. Hgn, Bd. IV, S. 193–201
8. Hgn, Bd. VIII, S. 511–516
9. Rizk AM (1986) The Phytochemistry of the Flora of Qatar, The Scientific and Applied Research Centre, University of Qatar, S. 148–150
10. Bate-Smith EC (1972) Phytochemistry 11:1.755–1.757
11. Bate-Smith EC (1981) Phytochemistry 20:211–216
12. Mintschev A, Boyadjiev G, Totev IL, Minkov S (1982) Pharmazie 37:803–804
13. Ivancheva S, Zapesochnaya G, Ognyanov I (1976) Dokl Bolg Akad Nauk 29:205–208, zit. nach CA 85:30659u
14. Rainova L, Tsonev I, Petkov V, Ivancheva S, Marinov M (1986) Farmatsiya 18:11–18, zit. nach CA 70:118033m
15. Hodisan V (1982) Contrib Bot:113–116, zit. nach CA 98:195024q
16. Ognyanov IV, Ivancheva S (1972) Dokl Bolg Akad Nauk 25:1.057–1.059, zit. nach CA 78:26447m
17. Bozhkova NV, Stoev G, Orahovats AS, Rizov NA (1984) Phytochemistry 23:917–918
18. Orahovats AS, Bozhkova NV, Hilpert H (1983) Tetrahedron Lett: 947–950
19. Nakashima R, Yoshikawa M, Matsuura T (1973) Phytochemistry 12:1.502
20. Manolov P, Ivancheva S, Petkov V, Tsonev I, Isaev I, Iosifov I, Boyadzhiev G, Klouchek E, Kushev V, Totev I (1980) Probl Vutr Med 8:41–48, zit. nach CA 95:162140j
21. Tsankova E, Ognyanov I (1976) Tetrahedron Lett: 3.833–3.836
22. Tsankova E, Ognyanov I (1978) Tetrahedron 34:603–606
23. Ognyanov I (1985) Perfum Flavor 10:39–44
24. Heg, Bd. IV, Teil 3, S. 1.740
25. Heg, Bd. IV, Teil 3, S. 1.712
26. FEu, Bd. 2, S. 193–199
27. Hallier E (1885) Flora von Deutschland, Verlag von Fr. Eugen Köhler, Gera, Bd. 21, S. 171–173
28. Jones E, Hughes RE (1983) Phytochemistry 22:2.493–2.499
29. Bate-Smith EC (1962) J Linn Soc (Bot) 58: 95–173
30. Berger F (1954) Handbuch der Drogenkunde, Verlag für Medizinische Wissenschaften Wilhelm Maudrich, Wien, Bd. 4, S. 429–431
31. Pedro LG, Pais MSS, Scheffer JJC (1992) Flavour Fragrance J 7:223–226
32. Soos E (1947) Sci Pharm 15:42–51
33. Schmitz B (1958) Dtsch Apoth Ztg 98:643
34. Schmitz B (1959) Dtsch Apoth Ztg 99:319
35. Kartnig T, Bucar-Stachel J (1991) Planta Med 57:292–293
36. Haddock EA, Gupta RK, Al-Shafi SMK, Haslam E (1982) J Chem Soc Perkin Trans 1:2.515–2.524
37. Haddock EA, Gupta RK, Haslam E (1982) J Chem Soc Perkin Trans 1:2.535–2.545
38. Okuda T, Mori K, Hatano T (1980) Phytochemistry 19:547–551
39. Brandt W, Schlund F (1924) Pharm Ztg 69:597, zit. nach Lit.[32]
40. Bucar-Stachel J (1989) Dissertation, Das Flavonoidmuster der oberirdischen Teile von Geranium robertianum L., Naturw. Fakultät der Universität Graz, Österreich
41. Plouvier V (1984) C R Acad Sci, Ser 3, 299:749–752
42. Christ B, Müller KH (1960) Arch Pharm 293:1.033–1.042
43. Martin C, Perdrizet F (1964) C R Acad Sci 258:1.036–1.038
44. Husson GP, Vilagines R, Delaveau P (1986) Ann Pharm Fr 44:41–48
45. Van den Berghe DA, Ieven M, Mertens F, Vlietinck AJ (1978) Lloydia 41:463–471
46. Ieven M, van den Berghe DA, Mertens F, Vlietinck AJ, Lammens E (1979) Planta Med 36:311–321

47. Kimura Y, Okuda H, Mori K, Okuda T, Arichi S (1984) Chem Pharm Bull 32:1.866–1.871
48. Kimura Y, Okuda H, Okuda T, Arichi S (1986) Planta Med 52:337–338
49. Okuda T, Kimura Y, Yoshida T, Hatano T, Okuda H, Arichi S (1983) Chem Pharm Bull 31:1.625–1.631
50. Kimura Y, Okuda H, Okuda T, Hatano T, Agata I, Arichi S (1984) Planta Med 50:473–477
51. Okuda T (1988) Dtsch Apoth Ztg 128:1.943–1.944
52. Klocke JA, van Wagenen B, Balandrin MF (1986) Phytochemistry 25:85–91
53. Petkov V (1986) J Ethnopharmacol 15:121–132
54. BAz Nr. 104a vom 07.06.1990
55. Heg, Bd. IV, Teil 3, S. 1.676
56. Bate-Smith EC (1973) Bot J Linn Soc 67:347–359
57. Manolova N, Gegova G, Serkedzhieva YU, Maksimova-Todorova V, Uzunov S, Ivancheva S (1986) Acta Microbiol Bulg 18:73–77
58. Serkedzhieva YU, Manolova N, Gegova G, Maskimova-Todorova V, Ivancheva S (1986) Acta Microbiol Bulg 18:78–82
59. Serkedzhieva YU, Manolova N, Maksimova-Todorova V, Gegova G (1986) Acta Microbiol Bulg 19:18–22
60. Poletti A, Schilcher H, Müller A (1990) Heilkräftige Pflanzen, Walter Hädecke Verlag, Weil der Stadt, S. 114
61. Serkedzhieva J, Abrashev I, Gegova G, Manolova N (1992) Fitoterapia LXIII:111–117
62. Manolova N, Tonev E, Serkedzhieva J (1991) Acta Microbiol Bulg 28:15–21
63. Hag, Bd. IV, S. 1.125–1.129
64. BAz Nr. 217a vom 22.11.1985
65. BHP 83
66. EB 6, S. 250
67. GHo, Bd. V, S. 381–383
68. Ohloff G (1990) Riechstoffe und Geruchssinn, Springer Verlag, Berlin Heidelberg New York etc., S. 185
69. Janistyn H (1974) Taschenbuch der modernen Parfümerie und Kosmetik, 4. Aufl., Wissenschaftliche Verlagsgesellschaft, Stuttgart, S. 43, 59
70. Flück H (1978) Unsere Heilpflanzen, Otto Verlag, Thun (Schweiz), S. 90
71. HPUS 88

Ka

Geum

HN: 2041800

Familie: Rosaceae.

Unterfamilie: Rosoideae.

Tribus: Geineae.

Gattungsgliederung: Die Gattung Geum L. umfaßt 55 Arten der mittleren und gemäßigten Zone.[51] Sie werden in die folgenden 10 Subgenera eingeteilt: Acomastylis; Erythrocoma; Eugeum, das die größte Anzahl von Arten mit u. a. *Geum allepicum* JACQ., *G. japonicum* THUNB., *G. rivale* L. und *G. urbanum* L. umfaßt und über die ganze Welt verbreitet ist; Neosieversia; Oncostylus; Oreogeum mit u. a. *Geum montanum* L. und *G. reptans* L.; Orthurus; Sieversia; Stylipus und Woronowia.

Gattungsmerkmale: Halbrosettenstauden mit kurzlebiger Primärwurzel und dicklichem Wurzelstock; Grund- und untere Stengelblätter leierförmig gefiedert, obere meist dreizählig oder dreiteilig; Nebenblätter lanzettlich, ungleich eingeschnitten gezähnt, verschieden groß; Blütenstände aus den Achseln der Grundblätter an der Grundachse seitenständig; Blüten zwitterig, einzeln oder in lokkeren Trugdolden; 5 Kelch- und Außenkelchblätter; Kelchblätter meist flach, schüsselförmig; 5 bis 6 Kronblätter, genagelt, viele Staubblätter, zahlreiche Fruchtblätter auf flach gewölbtem, säulenförmig verlängertem Fruchtträger; Griffel endständig, gegliedert; Früchtchen nußartig.[47]

Verbreitung: Verbreitung über die gesamte Nord- und Südhemisphäre, ausgenommen die Arktis, die Antarktis und die Tropen. Standorte je nach Art unterschiedlich vom Tiefland bis in die alpine Stufe ansteigend.[47]

Inhaltsstoffgruppen: Gerbstoffe, bei denen es sich hauptsächlich um Gallo- und Ellagitannine handelt, im Kraut und in den Wurzeln; Triterpene, Flavonoide und organische Säuren im Kraut.[1-4] In den Samen fettes Öl mit Linolensäure als Hauptfettsäure neben Linol- und Ölsäure, weiterhin 10 % gesättigte Fettsäuren mit Stearin- und Palmitinsäure als Hauptkomponenten.[5,6] Ätherisches Öl; weiterhin Gein, das für die Gattung Geum charakteristische Vicianosid des Eugenols,[7] Gein wird durch das Enzym Gease, das im Gegensatz zu Gein im Kraut und in den Wurzeln vorliegt, in Eugenol und Vicianose gespalten.[50]

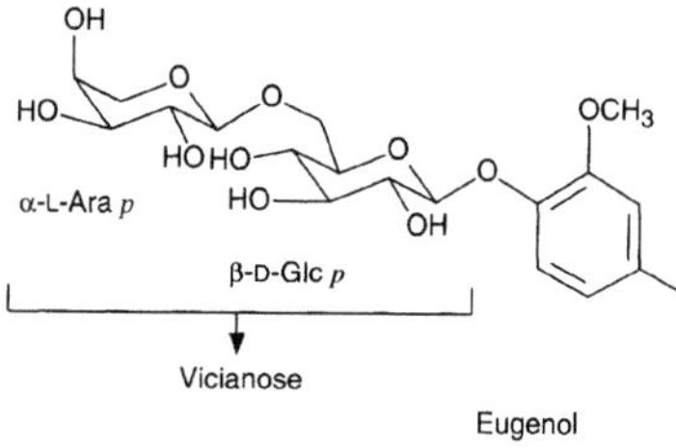

Gein

Drogenliefernde Arten: *G. japonicum*: Geum-japonicum-Kraut; *G. rivale*: Caryophyllatae aquaticae rhizoma, Geum rivale hom. *HAB34*, Geum rivale hom. *HPUS88*; *G. urbanum*: Caryophyllatae herba, Caryophyllatae rhizoma, Geum urbanum hom. *HAB1*, Geum urbanum, äthanol. Decoctum hom. *HAB1*, Geum urbanum hom. *HPUS88*.

Geum japonicum THUNB.

Synonyme: *Geum macrophyllum* WILLD., *G. urbanum* L. var. *japonicum* O. KUNTZE.[47]

Sonstige Bezeichnungen: Dt.: Japanische Nelkenwurz; engl.: Japanese avens.

Systematik: *Geum japonicum* THUNB. zeigt Tendenz zur Variabilität. In China wird eine var. *chinense* BOLLE beschrieben.[51]

Botanische Beschreibung: Endblättchen der unteren Stengelblätter viel größer als die Seitenblättchen, herznierenförmig; Blüten ziemlich groß, nikkend; unteres Griffelglied kahl, länger als das nur am Grund kurz behaarte obere.[47]

Inhaltsstoffe: Das Kraut enthält hydrolysierbare Tannine, Phenolglucoside, Triterpensäuren und Saponine.
Aus 1,6 kg frischen Blättern wurden als Hauptkomponenten der Gerbstofffraktion das dimere Ellagitannin Gemin A (270 mg) und das monomere Pedunculagin (190 mg) erhalten. Nebenkomponenten waren die dimeren Gemine B (39 mg) und C (35 mg) sowie die monomeren Gemine D (20 mg), E (30 mg) und F (32 mg), weiterhin die monomeren Ellagitannine Potentillin (10 mg), Tellimagrandin I (10 mg), und II (27 mg), Casuarictin, Casuarinin (75 mg), Geraniin (35 mg), Praecoxin D (14 mg) und Sanguiin H-4 (12 mg) sowie das Gallotannin 1,2,3-Tri-*O*-galloyl-*β*-D-glucose (10 mg).[8–16]
In den Wurzeln findet sich neben Gerbstoffen ebenfalls Gein.[17]

Verbreitung: Verbreitet in Nordamerika, Nordostchina, Korea und Japan.[51]

Drogen: Geum-japonicum-Kraut.

Geum-japonicum-Kraut

Definition der Droge: Das getrocknete blühende Kraut.

Stammpflanzen: *Geum japonicum* THUNB.

Inhaltsstoffe: *Phenolglucoside.* Aus 6,2 kg Droge wurde ein Gemisch aus zwei isomeren Phenolglucosiden mit Thymohydrochinon als Aglykon isoliert.[18]
Triterpene. Die drei Triterpensäuren 2α-Hydroxy-, $2\alpha,19\alpha$-Dihydroxyursolsäure, 2α-Hydroxyoleanolsäure und der Methylester $2\alpha,19\alpha$-Dihydroxyursolat, 80 mg als Gemisch aus 6,2 kg Droge.[18]

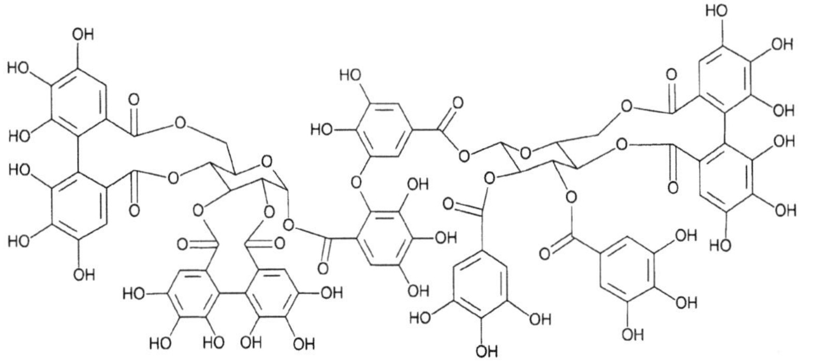

Gemin A

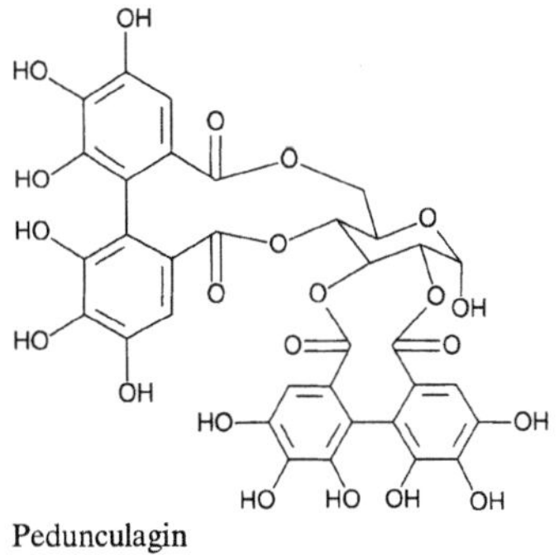

Pedunculagin

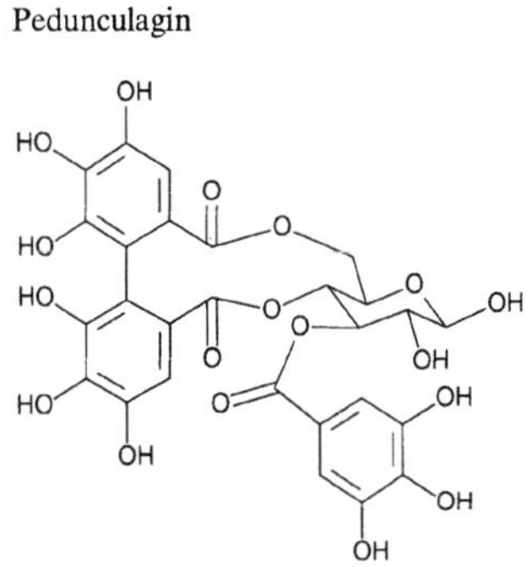

Gemin D

Saponine. Die Pseudosaponine Niga-ichigosid F1 (740 mg) und Suavissimosid F1 (350 mg) vom Ursan-Typ, isoliert aus 6,2 kg Droge.[18,19]

Wirkungen: Das Kraut soll eine adstringierende Wirkung aufweisen.[18] Experimentelle Untersuchungen hierzu liegen nicht vor. Aufgrund der in den Blättern enthaltenen Gerbstoffe ist eine adstringierende Wirkung jedoch plausibel.
Für folgende Inhaltsstoffe der Blätter wurde die gegenüber Melanom (RPMI-795I)-Zellkulturen cytotoxische ED_{50} in µg/mL ermittelt:[20]
Geraniin: 0,35; Pedunculagin: 2,74; Casuarinin: 2,24; Sanguiin H-6: 5,0. Letztere Verbindung ist in *G. japonicum* nicht nachgewiesen, aber Hauptgerbstoff der Blätter von *G. rivale* (s. dort).

Volkstümliche Anwendung und andere Anwendungsgebiete: Ähnlich wie andere Geum-Arten wegen adstringierender Wirkung[18] bei Durchfallerkrankungen. Wegen angeblich guter diuretischer Wirkung[48] bei Zuständen, bei denen eine Harnvolumenvermehrung wünschenswert ist. Präzise Indikationen konnten in der zugänglichen Literatur nicht gefunden werden. Die Wirksamkeit bei den genannten Anwendungsgebieten ist nicht belegt.

Dosierung und Art der Anwendung: Es konnten in der zugänglichen Literatur keine Angaben gefunden werden.

Geum rivale L.

Synonyme: *Caryophyllata aquatica* LAM., *C. rivalis* SCOP., *Geum nutans* CRANTZ non LAM.[47]

Sonstige Bezeichnungen: Dt.: Bachnelkenwurz, Blutströpfchen; engl.: Water avens; frz.: Benoîte d'eau, benoîte des ruisseaux; it.: Benedetta aquata, cariofillata aquata.

Systematik: Von *Geum rivale* werden drei Varietäten beschrieben: Var. *grandifolium* SCHEUTZ (= *G. pictum* hort.), var. *pallidum* (FISCHER et C. A. MEYER) BLYTT und var. *strictum* NORMAN.[47]

Botanische Beschreibung: Halbrosettenstaude mit frühzeitig absterbender, durch Adventivwurzeln ersetzter Primärwurzel; Grundachse einfach, dick, walzig, schief; Stengel aufrecht, 15 bis 70 cm hoch, aus der grundständigen Blattrosette entspringend, behaart, oberwärts meist ästig und braunrot überlaufen; Rosettenblätter langgestielt, unterbrochen leierförmig gefiedert, mit sehr großem, rundlich eiförmigem, meist dreilappig ungleich gesägtem Endblättchen; Seitenblättchen ungleich groß, oberstes Paar viel größer als untere; Laubblätter oberseits wenig, unterseits auf den Nerven reichlich behaart; Stengelblätter im oberen Teil dreizählig, mit schmalen, gezähnten Abschnitten, im unteren den Grundblättern ähnlich; Nebenblätter klein, im unteren Teil mit dem Stiel verbunden, eilanzettlich, grobgezähnt bis fiederspaltig; Blüten in armblütigen Doldentrauben auf langen, dicht behaarten Stielen überhängend, bestehend aus 5 lang zugespitzten, braunroten, drüsig behaarten, 1,5 cm langen Kelchblättern, 5 linealen, beiderseits behaarten, um die Hälfte kürzeren Außenkelchblättern, 5 verkehrtei- bis herzförmigen, blaßgelb und hellrot überlaufenen, 8 bis 10 mm langen Kronblättern und vielen Staub- und Fruchtblättern; Fruchtköpfchen gestielt, Frucht an der Spitze hakig.[47]

Inhaltsstoffe: 16,9 % Gerbstoffe in den Blättern und 7,0 % in den Stengeln, wobei es sich hauptsächlich um Gallo- und Ellagitannine handelt.[23] Hauptgerbstoff der Blätter ist das dimere Ellagitannin Sanguiin H-6 (cytotoxisch etwa halb so aktiv wie Pedunculagin, s. Wirkungen von Geum-japonicum-Kraut), begleitet von den monomeren Casuarictin, Pedunculagin, Potentillin und Tellimagrandin I.[26,28–30] Der Gerbstoffgehalt in der ganzen Pflanze erreicht im Frühjahr sein Maximum und nimmt während der Blütezeit und Fruchtbildung ab.[31]

Verbreitung: Verbreitet in Europa, gemäßigtes Asien und Nordamerika;[51] in feuchten Hochstaudenbeständen, an Quellen, Bach- und Seeufern; von der Ebene bis in die subalpine Stufe ansteigend.[47]

Drogen: Caryophyllatae aquaticae rhizoma, Geum rivale hom. *HAB 34*, Geum rivale hom. *HPUS 88*.

Caryophyllatae aquaticae rhizoma

Synonyme: Radix Caryophyllatae aquaticae, Rhizoma Caryophyllatae aquaticae.

Sonstige Bezeichnungen: Dt.: Bachnelkenwurz, Sumpfnelkenwurz, Ufernelkenwurz, Wasserbenediktenwurzel, Wassernelkenwurz; engl.: Water avens root, waternagel wortel, water throat root; frz.: Gariot d'eau, racines de Benoîte d'eau.

Definition der Droge: Die getrockneten unterirdischen Teile.

Stammpflanzen: *Geum rivale* L.

Ganzdroge: Etwa 10 bis 15 cm langer und 6 bis 8 mm dicker, stark nach Nelken riechender Wurzelstock, außen dunkelbraun, innen rötlich bis gelblich gefärbt, meist mit einer Blattrosette, selten mit einem Blütensproß abschließend.[47]

Inhaltsstoffe: *Ätherisches Öl.* Spuren von ätherischem Öl, dessen Hauptbestandteil Eugenol ist.[21,22]
Gerbstoffe. 15,7 % Gerbstoffe in den Wurzeln und 27,3 % in den Rhizomen.[23,24]
Sonstige phenolische Verbindungen. Gein und Phloroglucin.[7]

Wirkungen: Bachnelkenwurz soll eine adstringierende Wirkung aufweisen.[2,25] Experimentelle Untersuchungen hierzu liegen nicht vor. Aufgrund der enthaltenden Gerbstoffe ist eine adstringierende Wirkung jedoch plausibel.

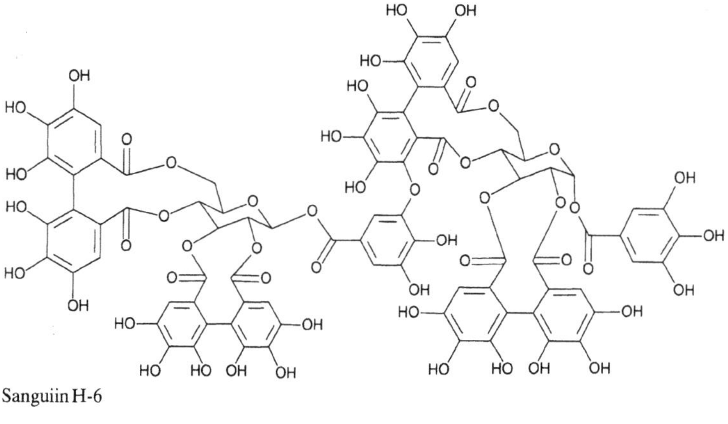

Sanguiin H-6

Volkstümliche Anwendung und andere Anwendungsgebiete: Innerlich: Bei Durchfallerkrankungen, Verdauungsstörungen und Appetitlosigkeit, weiterhin Verwendung bei Husten.[2,25] Die Wirksamkeit bei den genannten Anwendungsgebieten ist nicht belegt.
Äußerlich: Als Gurgelmittel bei Mundkrankheiten.[2,25] Aufgrund der adstringierenden Wirkung ist eine Wirksamkeit bei äußerlicher Anwendung plausibel, doch ist die Wirksamkeit nicht hinreichend dokumentiert.

Geum rivale hom. *HAB34*

Sonstige Bezeichnungen: Dt.: Nelkenwurz.

Monographiesammlungen: Geum rivale *HAB34*.

Definition der Droge: Die frische blühende Pflanze.

Stammpflanzen: *Geum rivale* L.

Zubereitungen: Essenz nach §3, *HAB34*; Eigenschaften: Die Essenz ist eine gelbbraune Flüssigkeit ohne besonderen Geruch und Geschmack.

Identität: *Essenz*. Die Essenz trübt sich mit Wasser und färbt sich nach Zugabe von Eisen(III)chloridlösung schwarzgrün. Fehlingsche Lösung wird reduziert.

Gehalt: *Essenz*. Arzneigehalt $^1/_3$.

Geum rivale hom. *HPUS88*

Monographiesammlungen: Geum rivale *HPUS88*.

Definition der Droge: Die Wurzeln.

Stammpflanzen: *Geum rivale* L.

Zubereitungen: *Urtinktur*. Herstellung durch Mazeration oder Perkolation der frischen oder getrockneten Droge mit Ethanol nach den allg. Zubereitungsvorschriften (Class C) der *HPUS88*. Ethanolgehalt 65% (*V/V*).

Gehalt: *Urtinktur*. Arzneigehalt $^1/_{10}$.

Geum urbanum L.

Synonyme: *Caryophyllata officinalis* MOENCH, *C. urbana* SCOP., *C. vulgaris* LAM., *Geum caryophyllata* GILIB.[47]

Sonstige Bezeichnungen: Dt.: Buschnelkenwurz, Echte Nelkenwurz, Heil aller Welt, Märzwurz, Mauernelkenwurz, Nelkenwurz; engl.: Avens, bennet; frz.: Benoîte; it.: Cariofillata, garofanaia.

Systematik: *Geum urbanum* zeigt eine erhebliche Variabilität. Für Südeuropa wird u.a. eine var. *australe* GUSS beschrieben.[51]

Botanische Beschreibung: Halbrosettenstaude, 25 bis 130 cm hoch; Primärwurzel verschwindend, durch Adventivwurzeln des 2 cm dicken, walzlichen, schiefen Wurzelstockes ersetzt; Stengel seitenständig, dünn, aufrecht, meist ästig, flaumig behaart, aus der Achsel eines Grundblattes entspringend; untere Stengelblätter dreizählig, obere dreiteilig; Nebenblätter rundlich nierenförmig, ungleich eingeschnitten gezähnt; Rosettenblätter kurz gestielt, unterbrochen leierförmig gefiedert; Blütenstand locker traubig-rispig; Blüten endständig, aufrecht, Stiele dicht behaart; Kelchblätter 3 bis 8 mm lang, lang zugespitzt, außen behaart, innen bis auf den weißfilzig behaarten Rand kahl; Außenkelchblätter um die Hälfte kürzer als die Kelchblätter, beiderseits behaart, schmal lineal-lanzettlich; Kronblätter 3 bis 7 mm lang, gelb, kaum benagelt, hinfällig; Griffel gegliedert, Narbe flach; Früchtchen ungestielt, in kugeligen Köpfchen, behaart.[47]

Inhaltsstoffe: Gerbstoffe im Kraut und in den Wurzeln, wobei es sich um ein Gemisch aus Gallo- und Ellagitanninen mit kondensierten Gerbstoffen handelt.[28] Das Enzym Glucosetransferase in den Wurzeln und im Kraut;[33,34] 0,19% Ascorbinsäure in frischen Blättern.[35]

Verbreitung: Verbreitet in Mittel- und Südeuropa, Mittelasien und Nordamerika; in lichten Gehölzen, an Waldrändern, Hecken und auf schattig feuchtem Ödland, auf den verschiedensten Böden allgemein verbreitet; vom Tiefland bis in die Alpentäler ansteigend.[47]

Drogen: Caryophyllatae herba, Caryophyllatae rhizoma, Geum urbanum hom. *HAB1*, Geum urbanum, äthanol. Decoctum hom. *HAB1*, Geum urbanum hom. *HPUS88*.

Caryophyllatae herba

Synonyme: Gei urbani herba, Herba Gei urbani.

Sonstige Bezeichnungen: Dt.: Benediktenkraut, Nelkenwurzkraut, Wahres Benediktenkraut; engl.: Common avens, herb bennet; frz.: Galiote, herbe bénite, herbe de Saint Benoît; it.: Erba benedetta, erba di plaga.

Definition der Droge: Das getrocknete blühende Kraut.

Stammpflanzen: *Geum urbanum* L.

Ganzdroge: Die Ganzdroge ist gekennzeichnet durch die dreilappigen Blätter, die Nebenblätter, die gelben Blüten und durch die an der Frucht bleibenden hakigen Griffel.[52] Weiteres s. Botanische Beschreibung von *Geum urbanum*.
Mikroskopisches Bild. Epidermiszellen der Blätter in der Flächenansicht wellig, derbwandig, obere getüpfelt, spaltöffnungsfrei, untere mit vielen Spaltöffnungen ohne Nebenzellen, beiderseits zahlreiche einzellige, spitze, dickwandige, meist lange Deckhaare, auf den Nerven zusätzlich Köpf-

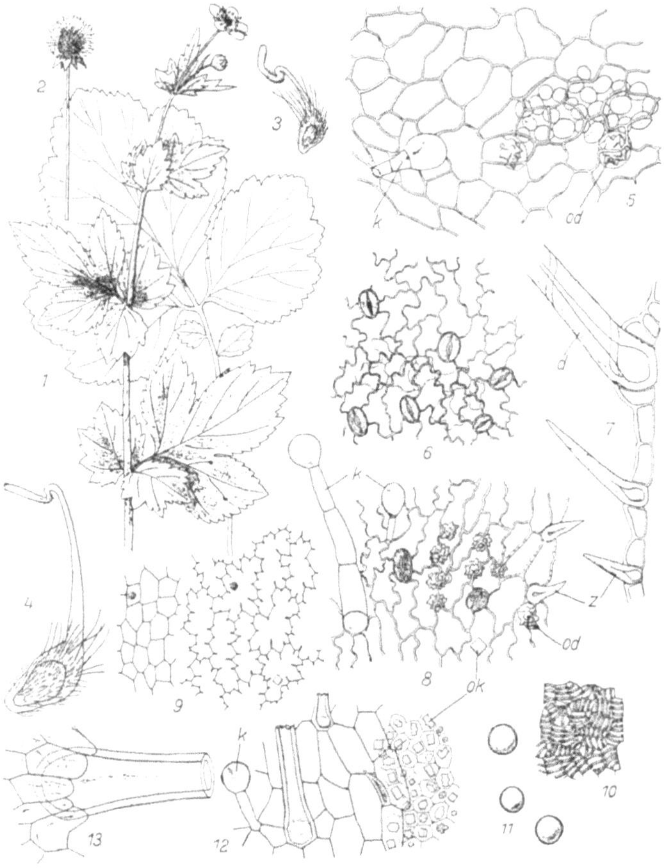

Caryophyllatae herba: *1* Blühende Stengelspitze und Grundblatt, *2* Sammelfrucht der Stammpflanze *Geum urbanum*, *3* einzelner Stempel, *4* Einzelfrucht, *5* obere Blattepidermis, *6* untere Blattepidermis, *7* Deckhaare vom Blattrand, *8* äußere Kelchblattepidermis, darunter Oxalatkristalle des Mesophylls, *9* die beiden Kronblattepidermen, *10* fibröse Schicht der Anthere, *11* Pollenkörner, *12* Epidermis und Kristallschicht der Fruchtwand, *13* Basis eines großen Deckhaares der Frucht; ok Einzelkristalle, od Oxalatdrusen, k Köpfchenhaare, d Deckhaare, z zahnförmige Haare. Aus Lit.[52]

chenhaare mit wenigzelligem Stiel und einzelligem, fast kugeligem Köpfchen, Mesophyll bifacial gebaut, mit derben Oxalatdrusen im Palisadengewebe; Epidermiszellen der Außenkelch- und der Kelchblätter in der Flächenansicht derb, etwas gestreckt, geradlinig bis wellig, beiderseits wenig Spaltöffnungen, oberseits zahlreiche kurze Deck- und Köpfchenhaare, auf der Innenseite nur an den Rändern dickwandige Deck- und Köpfchenhaare, ansonsten zahlreiche meist lange, gewundene, mehrzellige, sehr dünnwandige, schmale Wollhaare, Mesophyll mit zahlreichen Oxalatdrusen und Einzelkristallen; äußere Epidermiszellen der Kronblätter zickzackförmig begrenzt, innere geradlinig-polygonal; Pollenkörner kugelig, dünnwandig, glatt, 25 µm groß, fibröse Schicht mit derben Verdickungsleisten; Fruchtknoten und Frucht mit zahlreichen einzelligen, spitzen, geraden, weitlumigen, derbwandigen Deckhaaren besetzt.[52]

Inhaltsstoffe: *Gerbstoffe.* 20,3 % Gerbstoffe in den Blättern und 4,1 % in den Stengeln.[23] Der Gerbstoffgehalt der ganzen Pflanze erreicht im Frühjahr sein Maximum und fällt während der Blütezeit und Fruchtbildung ab.[31]
Organische Säuren. Citronen- und Äpfelsäure im Kraut, ohne Mengenangaben.[23]
Sesquiterpene. Das Vorkommen der Germacranolide Benedictin, Benedictinolid, Cnicin und Cnicinolid ist zweifelhaft und bedarf der Überprüfung.[37]

Wirkungen: Nelkenwurzkraut soll eine adstringierende Wirkung aufweisen.[25] Experimentelle Untersuchungen hierzu liegen nicht vor. Aufgrund der enthaltenen Gerbstoffe ist eine adstringierende Wirkung jedoch plausibel.

Volkstümliche Anwendung und andere Anwendungsgebiete: Innerlich: Anwendung bei Durchfallerkrankungen, Verdauungsbeschwerden, bei fieberhaften Erkrankungen, Nerven- und Muskelschmerzen.[25] Die Wirksamkeit bei den genannten Anwendungsgebieten ist nicht belegt.
Äußerlich: Als Badezusatz bei Hämorrhoiden.[25] Aufgrund der adstringierenden Wirkung ist eine Wirksamkeit bei äußerlicher Anwendung plausibel, doch ist die Wirksamkeit nicht hinreichend dokumentiert.

Caryophyllatae rhizoma

Synonyme: Gei urbani radix, Radix Caryophyllati, Radix Gei urbani, Radix Sanamundae.

Sonstige Bezeichnungen: Dt.: Benediktenwurzel, Igelkrautwurzel, Märzwurzel, Nardenwurzel, Nelkenwurzel, Weinwurzel; engl.: Common avens root, wood avens; frz.: Racine bénite, racine giroflée.

Definition der Droge: Die getrockneten unterirdischen Teile.

Stammpflanzen: *Geum urbanum* L.

Herkunft: Vorwiegend Sammlung aus Wildbeständen. Hauptlieferländer sind die ost- und südosteuropäischen Länder, insbesondere das ehemalige Jugoslawien.

Gewinnung: Ernte kurz vor oder zu Beginn der Blütezeit im Mai; Lufttrocknung oder unter künstlicher Wärmezufuhr, wobei eine Temperatur von 35 °C nicht überschritten werden sollte.[2]

Ganzdroge: Fingerdicker, 3 bis 8 cm langer, meist einfacher Wurzelstock, oberer Teil meist etwas verdickt, mit Stengel- und Blattstielresten besetzt, unterer kegelförmig, in die schräg abwärts gerichtete Primärwurzel übergehend; außen dunkelbraun, durch Blattreste schuppig geringelt, ringsum mit zahlreichen hellbraunen, bis 2 mm dicken, unterschiedlich langen Adventivwurzeln versehen; Bruch des Wurzelstocks glatt mit einer schmalen, gelblichweißen bis bräunlichen Rinde, hellem, stellenweise unterbrochenem, ringförmigem Holzkörper und einem großen, rötlichbraunen bis braunvioletten Mark; Bruch der Wurzel ebenfalls glatt mit einer hellen, verschieden breiten Rinde und einem häufig vier oder fünfstrahligen Holzkörper.[52]

Schnittdroge: *Geruch.* Fast geruchlos.
Geschmack. Schwach gewürzhaft, später bitter und adstringierend.
Mikroskopisches Bild. Äußere Begrenzung des Wurzelstockes durch Rhizodermis oder einer unterschiedlich breiten Schicht aus im Querschnitt rundlichen bis meist tangential gestreckten, unregelmäßig angeordneten Parenchymzellen mit gelblichen, verdickten Wänden und körnigem Inhalt; darunter 6 bis 10lagiges Periderm aus tangential gestreckten, in den radialen Reihen häufig abwechselnd hohen und flachen Zellen, von denen 2 oder 3 Lagen als Endoderm ausgebildet sind; schmale, aus derbwandigem, tangential gestrecktem Parenchymgewebe bestehende Mittelrinde; Zellen der Innenrinde radial gestreckt, Parenchymgewebe reich an Stärke und Oxalatdrusen; Cambiumzone deutlich; ringförmiger Holzkörper mit zahlreichen, durch meist breite Markstrahlen getrennten Holzteilen, je nach Alter mehr oder weniger deutlich unterbrochen-konzentrisch geschichtet; Markstrahlen im Holz aus nur wenig radial gestreckten, in Reihen angeordneten, dünnwandigen Parenchymzellen bestehend; Mark aufgebaut aus rundlichen bis abgerundet-polyedrischen, derbwandigen, bis 90 µm großen Zellen, deren Wände in mehr oder weniger großen Komplexen gelb bis bräunlich gefärbt sind, in den Zellen häufig je eine grobspitzige, 40 bis 70 µm große Calciumoxalatdruse; alle Parenchymzellen mit einzelnen, einfachen, 5 bis 10 µm großen oder aus zwei bis fünf Teilen zusammengesetzten, bis 18 µm großen Stärkekörnern erfüllt. Wurzeln durch breitere Rinde ausgezeichnet, die etwa die halbe Breite des Holzkörperdurchmessers ausmacht und im Aufbau derjenigen des Wurzelstockes gleicht; Holzkörper mit meist fünf breiten, nach innen keilförmig verschmälerten, durch primäre Markstrahlen getrennten Holzteilen, die aus in Gruppen oder radialen Reihen angeordneten, in Holzparenchym eingebetteten Schrauben- oder Netzgefäßen bestehen.[38,52]

Pulverdroge: Braunes Pulver, gekennzeichnet durch reichliche Mengen dünnwandigen Parenchyms, kleine Stärkekörner, zahlreiche Bruchstükke meist kurzgliedriger, mit kleinen Hoftüpfeln versehener Gefäße, englumige Fasern und Fetzen braunen abgestorbenen Parenchymgewebes, weiterhin durch Oxalatdrusen. Verdünnte Eisen(III)-chloridlsg. verfärbt das Pulver schwarz.[52]

Verfälschungen/Verwechslungen: Selten durch die Wurzeln von *Geum rivale*.[1]

Inhaltsstoffe: *Ätherisches Öl.* 0,02 bis 0,15 % äth. Öl, bez. auf das Trockengewicht. Hauptkomponente ist Eugenol, Nebenkomponenten sind verschiedene Monoterpene mit u. a. *cis*-Myrtanal, *trans*-Myrtenal und *trans*-Myrtanol.[22,39]
Gerbstoffe. 18,6 % Gerbstoffe in den Wurzeln und 28,5 % in den Rhizomen.[23] Die Gerbstoffvorstufen D-Catechin, Gallussäure, Ellagsäure und 6-Galloylglucose.[40,41]
Kohlenhydrate. Fructose, Glucose und Saccharose; weiterhin Vicianose, deren Gehalt während der Blütezeit am höchsten ist; in den Wintermonaten zusätzlich Raffinose und Stachyose.[36,42]
Phenolglykoside. 0,01 % Gein.[43–45]
Organische Säuren. Äpfel-, Chlorogen-, Citronen- und Kaffeesäure.[23]

Identität: Zur Prüfung der Identität werden die in der Droge enthaltenen Gerbstoffe herangezogen. Identität und Reinheit können nach der im *HAB 1* vorgeschlagenen Analytik geprüft werden; s. Geum urbanum hom. *HAB 1*.
Die Trennung der Ellagitannine aus Geum-Arten kann auch mittels HPLC durchgeführt werden. Näheres hierzu s. Lit.[27]

Wirkungen: Nelkenwurzel soll eine adstringierende Wirkung aufweisen.[46] Experimentelle Untersuchungen hierzu liegen nicht vor. Aufgrund der enthaltenen Catechingerbstoffe ist eine adstringierende Wirkung jedoch plausibel.

Volkstümliche Anwendung und andere Anwendungsgebiete: Innerlich: Bei Durchfallerkrankungen, Verdauungsstörungen und Appetitlosigkeit.[2,25] Die Wirksamkeit bei den genannten Anwendungsgebieten ist nicht belegt.
Äußerlich: Bei Schleimhaut- und Zahnfleischentzündungen, als Gurgelmittel für Hals und Rachen, weiterhin bei Frostbeulen und als Badezusatz bei

Hämorrhoiden, für Waschungen und Umschläge bei Hautkrankheiten.[2,25] Aufgrund der adstringierenden Wirkung ist eine Wirksamkeit bei äußerlicher Anwendung plausibel, doch ist die Wirksamkeit nicht hinreichend dokumentiert.

Dosierung und Art der Anwendung: *Droge.* Innerlich: $^1/_2$ bis 1 Teelöffel grob gepulverte Droge mit siedendem Wasser übergießen, nach 10 min abseihen. Bei leichteren Durchfällen mehrmals täglich 1 Tasse lauwarm trinken.
Äußerlich: 1 Teelöffel grob gepulverte Droge mit kaltem Wasser ansetzen, kurz aufkochen, 10 min heiß halten und abseihen. Als Adstringens für Spülungen verwenden.

Sonst. Verwendung: Früher als Ersatz für Gewürznelken. In der Lebensmittelindustrie als Zusatz zu Branntweinen und Likören, in der Kosmetik zu Zahnpasten und Mundwässern.

Geum urbanum hom. *HAB 1*

Monographiesammlungen: Geum urbanum *HAB 1.*

Definition der Droge: Die getrockneten unterirdischen Teile.

Stammpflanzen: *Geum urbanum* L.

Zubereitungen: Urtinktur aus der grob gepulverten Droge und flüssige Verdünnungen nach *HAB 1*, Vorschrift 4a mit Ethanol 62 % *(m/m)*; Eigenschaften: Die Urtinktur ist eine gelblichbraune Flüssigkeit ohne besonderen Geruch und mit schwach würzigem Geschmack.
Darreichungsformen: Urtinktur, flüssige Verdünnungen, Tabletten, Verreibungen, Streukügelchen, flüssige Verdünnungen zur Injektion.[49]

Identität: Prüflösung ist ein Extrakt der grob gepulverten Droge mit 70 %igem Ethanol bzw. die Urtinktur.
Blaugrüne Färbung der mit Wasser verdünnten Prüflösung nach Zugabe von Eisen(III)chloridlösung; karminrote Färbung nach Zugabe von Vanillin-Reagenz; Bildung eines orangebraunen, gallertartigen Niederschlags nach Zugabe von verdünnter Natriumhydroxidlösung.
DC:
- Untersuchungslösung: Ausschüttelung der Urtinktur mit Pentan und Aufnahme des Rückstands in Pentan;
- Referenzlösung: Eugenol und Borneol in Methanol;
- Sorptionsmittel: Kieselgel H;
- FM: Dichlormethan-Ethylacetat (90 + 10);
- Detektion: Nach Verdunsten der mobilen Phase wird mit Anisaldehydlösung besprüht, bei 110 bis 120 °C erhitzt und im Tageslicht ausgewertet;
- Auswertung: Das Chromatogramm der Referenzlösung zeigt im unteren Drittel den bräunlichen Fleck des Borneols und im mittleren den graugrünen des Eugenols. Das Chromatogramm der Untersuchungslösung zeigt folgende violette Flecke: Wenig über der Startlinie einen, in der Höhe des Borneols zwei und oberhalb des Eugenols dicht unterhalb der Frontlinie einen.

Reinheit: *Droge.*
- Fremde Bestandteile *(PhEur)*: Höchstens 2 %.
- Asche *(DAB)*: 11,0 %.
- Salzsäureunlösliche Asche *(PhEur)*: Höchstens 7,0 %.

Urtinktur.
- Relative Dichte *(PhEur)*: 0,890 bis 0,910.
- Trockenrückstand *(DAB)*: Mindestens 1,5 %.

Lagerung: *Urtinktur.* Vor Licht geschützt.

Anwendungsgebiete: Die Anwendungsgebiete entsprechen dem homöopathischen Arzneimittelbild. Dazu gehören: Entzündungen der Harnblase und Harnröhre.[49]

Dosierung und Art der Anwendung: *Zubereitung.* Soweit nicht anders verordnet: Bei akuten Zuständen häufige Anwendung alle halbe bis ganze Stunde je 5 Tropfen oder 1 Tablette oder 10 Streukügelchen oder 1 Messerspitze Verreibung einnehmen; parenteral 1 bis 2 mL bis zu 3mal täglich s. c. injizieren. Bei chronischen Verlaufsformen 1- bis 3mal täglich 5 Tropfen oder 1 Tablette oder 10 Streukügelchen oder 1 Messerspitze Verreibung einnehmen; parenteral 1 bis 2 mL pro Tag s. c. injizieren.[49]

Unerwünschte Wirkungen: Nicht bekannt. Hinweis: Mögliche vorübergehende Erstverschlimmerungen sind unbedenklich.[49]

Gegenanzeigen/Anwendungsbeschr.: Keine bekannt.[49]

Wechselwirkungen: Keine bekannt.[49]

Gesetzl. Best.: *Offizielle Monographien.* Aufbereitungsmonographie der Kommission D am BGA "Geum urbanum".[49]

Geum urbanum, äthanol. Decoctum hom. *HAB 1*

Monographiesammlungen: Geum urbanum, äthanol. Decoctum *HAB 1.*

Definition der Droge: Die frischen unterirdischen Teile.

Stammpflanzen: *Geum urbanum* L.

Zubereitungen: Urtinktur und flüssige Verdünnungen nach *HAB 1*, Vorschrift 19e; Eigenschaften: Die Urtinktur ist eine rotbraune Flüssigkeit mit nelkenähnlichem Geruch und Geschmack.

Identität: *Urtinktur.* Blaue Färbung der mit Wasser verdünnten Urtinktur nach Zugabe von Eisen(III)chloridreagenz; hellrote Färbung der Urtinktur nach Zugabe von Vanillin-Reagenz.

DC:
- Untersuchungslösung: Ausschüttelung der Urtinktur mit Pentan und Aufnahme des Rückstands in Methanol;
- Referenzlösung: Eugenol und Borneol in Methanol;
- Sorptionsmittel: Kieselgel H;
- FM: Dichlormethan-Ethylacetat (90 + 10);
- Detektion: Nach Verdunsten der mobilen Phase wird mit Anisaldehydlösung besprüht, bei 110 bis 120 °C erhitzt und im Tageslicht ausgewertet;
- Auswertung: Das Chromatogramm der Referenzlösung zeigt im unteren Drittel den bräunlichen Fleck des Borneols und im mittleren den graugrünen des Eugenols. Das Chromatogramm der Untersuchungslösung zeigt in der Höhe des Borneols drei violette und in der Höhe des Eugenols einen stark graugrünen Fleck.

Reinheit: *Urtinktur.*
- Relative Dichte *(PhEur)*: 0,957 bis 0,977.
- Trockenrückstand *(DAB)*: Mindestens 1,5 %.

Lagerung: *Urtinktur.* Vor Licht geschützt.

Geum urbanum hom. *HPUS 88*

Monographiesammlungen: Geum urbanum *HPUS 88.*

Definition der Droge: Die Wurzeln.

Stammpflanzen: *Geum urbanum* L.

Zubereitungen: *Urtinktur.* Herstellung durch Mazeration oder Perkolation der frischen oder getrockneten Droge mit Ethanol nach den allg. Zubereitungsvorschriften (Class C) der *HPUS 88.* Ethanolgehalt 65 % (*V/V*).

Gehalt: *Urtinktur.* Arzneigehalt $^1/_{10}$.

1. Wichtl M (Hrsg.) (1989) Teedrogen, 2. Aufl., Wissenschaftliche Verlagsgesellschaft, Stuttgart, S. 352
2. Berger F (1954) Handbuch der Drogenkunde, Verlag Wilhelm Maudrich, Wien, Bd. 4, S. 105–106, Bd. 5, S. 128–129
3. Asenov J, Kaminska J (1970) Pr Ref Dosw Wygloszow Symp 72–75, zit. nach CA 78(1973):55298u
4. Painuly P, Varma N, Tandon JS (1984) J Nat Prod 47:189
5. Hildtich TP (1964) The Chemical Constituent of Natural Fats, 4. Aufl., Chapman & Hall, London, S. 243
6. Reher G (1991) Planta Med 57:76–77
7. Hegnauer R (1954) Phyton (Austria) 5:194–203
8. Yoshida T, Okuda T, Usman Memon M, Shingu T (1982) J Chem Soc Chem Commun 351–353
9. Yoshida T, Maruyama Y, Okuda T, Usman Memon M, Shingu T (1982) Chem Pharm Bull 30:4.245–4.248
10. Yoshida T, Okuda T, Usman Memon M, Shingu T (1985) J Chem Soc Perkin Trans I:315–321
11. Yoshida T, Maruyama Y, Usman Memon M, Shingu T, Okuda T (1985) Phytochemistry 24:1.041–1.046
12. Yoshida T, Hatano T, Okuda T, Usman Memon M, Shingu T, Inoue K (1984) Chem Pharm Bull 32:1.790–1.799
13. Okuda T, Yoshida T, Hatano T (1982) J Chem Soc Perkin Trans I:9–14
14. Okuda T, Yoshida T, Ashida M, Yazaki K (1983) J Chem Soc Perkin Trans I:1.765–1.772
15. Okuda T, Hatano T, Yazaki K (1983) Chem Pharm Bull 31:333–336
16. Okuda T, Hatano T, Yazaki K, Ogawa N (1982) Chem Pharm Bull 30:4.230–4.233
17. Takahashi M, Fujita T (1955) J Pharm Soc Jap 1.567–1.568, zit. nach CA (1956) 50:5099
18. Shigenaga SH, Kouno I, Kawano N (1985) Phytochemistry 24:115–118
19. Schöpke T, Hiller K (1990) Pharmazie 45:313–342
20. Kashiwada Y, Nonaka GJ, Nishioka J, Chang JJ, Lee KH (1992) J Nat Prod 55:1.033–1.043
21. Krupinska A (1970) Ann Pharm (Posznan) 8:93–102, zit. nach CA 74(1971):102954j
22. Hegnauer R (1952) Pharm Weekbl 87:641–646
23. Khabibov ZK, Khalmatov KK (1972) Mater Yubileinoi Resp Nauchn Konf Pharm, Posvyashch 50-Letiyu Obraz SSSR, S. 68–70, zit. nach CA 82(1975):167497x
24. Aliev RK, Aliev ND, Rakhimova AK (1961) Doklady Akad Nauk Azerbaidzhan SSR 17:519–524, zit. nach CA 56(1962):6093b
25. Madaus G (1938, Nachdruck 1976) Lehrbuch der biologischen Heilmittel, Georg Olms Verlag, Hildesheim New York
26. Haddock EA, Gupta RK, Al-Shafi SMK, Layden K, Haslam E, Magnolato D (1982) Phytochemistry 21:1.049–1.062
27. Okuda T, Yoshida T, Hatano T, Iwasaki M, Kubo M, Orime T, Yoshizaki M, Naruhashi N (1992) Phytochemistry 31:3.091–3.096
28. Murko D, Devetak Z (1968) Glas Hem Tehnol Bosne Hercegovine 16:113–116, zit. nach CA 72(1970):63603f
29. Spencer CM, Cai Y, Martin R, Lilley TH, Haslam E (1990) J Chem Soc Perkin Trans I:651–660
30. Oswit J, Sapek B (1982) Rocz Glebozn 33:145–152, zit. nach CA 98(1983):214703d
31. Blinova KF (1957) Khim Farm Inst 2:80–90, zit. nach CA 52(1958):12099e
32. Vasil'kevich SI (1985) Vestsi Akad Navuk BSSR, Ser Biyal Navuk 5:35–38, zit. nach CA 104(1986):31734n
33. Psenak M, Kovacs P, Jindra A (1969) Phytochemistry 8:1.665–1.670
34. Psenak M, Kovacs P (1966) Herba Hung 5:161–166, zit. nach CA 68(1968):47065u
35. Jones E, Hughes RE (1983) Phytochemistry 22:2.493–2.499
36. Psenak M, Jindra A, Stano J, Suchy V (1972) Planta Med 22:93–96
37. Tyihak E, Palyi I, Palyi V (1965) Naturwiss 52:209
38. Kowal T, Krupinska A (1969) Ann Pharm (Posznan) 7:61–82
39. Vollmann C, Schultze W, Kubeczka KH (1987) Pharm Weekbl Sci Ed 9:247
40. Gstirner F, Widemann H (1964) Sci Pharm 32:98–104
41. Zem (1982) Bd. 41, S. 1–46
42. Psenak M, Woitowitz D, Kovacs P, Jindra A (1965) Cesk Farm 14:397–401, zit. nach CA 64(1966):16277h
43. Hegnauer R (1953) Pharm Weekbl 88:385–416
44. Courtois JE, Percheron F, Quang HN (1964) Bull Soc Chim Biol 46:984–986
45. Psenak M, Jindra A, Kovacs P, Dulovcova (1969) Planta Med 19:154–159
46. Weiss RF (1984) Lehrbuch der Phytotherapie, 6. Aufl., Hippokrates Verlag, Stuttgart
47. Heg (1975) Bd. IV, Teil 2A, S. 413–430

48. Perry LM (1980) Medicinal Plants of East- and South-East Asia, The MIT Press, Cambridge (Mass.) London, S. 343
49. BAz Nr. 109a vom 16.06.1987
50. Hgn, Bd. VI, S. 94, 100, 108, 728, 784, Bd. IX, S. 376, 386–395, 731
51. Gajewski W (1957) Monographiae Botanicae, Warschau, Bd. IV
52. Thoms H (Hrsg.) (1931) Handbuch der praktischen und wissenschaftlichen Pharmazie, Urban & Schwarzenberg, Berlin Wien, Bd. V/2, S. 1.033–1.036
53. HAB 1

SM

Gigartina

HN: 2039100

Familie: Gigartinaceae.[1]

Gattungsgliederung: Die Abgrenzung der Gattung Gigartina STACKH. zur Gattung Chondrus STACKH. ist strittig,[2] ebenso wie die bisherige taxonomische Klassifizierung der Familie Gigartinaceae in fünf Gattungen (Besa, Chondrus, Gigartina, Iridaea und Rhodoglossum). Diese Einteilung basiert überwiegend auf äußeren morphologischen und örtlich begrenzten floristischen Untersuchungen einiger Arten. Nach einer umfangreichen neueren Untersuchung,[3] die zusätzlich innere Strukturen und Reproduktionsvorgänge berücksichtigt, wird vorgeschlagen, die Klassifizierung wie folgt zu modifizieren:
1. Gattungen Iridaea BORY und Rhodoglossum J. AGARDH werden nur noch als Synonyme der Gattung Gigartina aufgefaßt.
2. Alle Arten des Subgenus Mastocarpus mit Ausnahme von *Gigartina alveata* (TURNER) J. AGARDH und *G. ancistroclada* MONTAGNE werden als nicht mehr zur Familie Gigartinaceae zugehörig betrachtet.
3. Die Gattung Besa wird zur Familie Phyllophoraceae gestellt.
4. *Chondrus canaliculatus* (C. AGARDH) GREVILLE, *C. elatus* HOLMES und *C. verrucosus* MIKAMI werden zur Gattung Gigartina gestellt.

Hieraus ergibt sich, daß die Gattung Gigartina in ca. 50 Arten unterteilt wird.[3]

Gattungsmerkmale: Aufrechte Pflanzen bis zu 150 cm hoch, mit oder ohne Verzweigungen. Zylindrische Thalluslappen zusammengedrückt kompakt oder ausgedehnt. Kompakte Rinde mit kleinen Zellen an der Außenseite und größeren im inneren Bereich, welche senkrecht zur Thallusoberfläche orientiert sind. Mehr oder weniger zylindrische Thalluslappen, welche aus annähernd sternförmigen Zellen in der Markregion bestehen. Die äußeren Wedel bestehen aus schmalen Zellen in der Medulla. Ein umschließendes Gewebe ist vorhanden. Die jungen Gonimoblastenzellen sind in der Regel rund. Die Gonimoblastenfilamente sind in der Regel nicht zwischen den weiblichen Filamenten. Cystocarpien befinden sich auf der Papille oder eingelassen unter der Oberfläche des Thallus. Tetrasporangien entwickeln sich an verschiedenen Stellen des Thallus. Die Tetrasporangien sind kreuzförmig unterteilt.[3]

Eine Zuordnung der Arten zu den Gattungen Gigartina und Chondrus ergibt sich wie folgt:[3]

Gigartina: Ein von Gewebe umschlossener Gonimoblast, sich an verschiedenen Stellen des Thallus entwickelnde Tetrasporangien, schmale Markzellen, die jungen Gonimoblastenzellen in der Regel rund, Gonimoblastenfilamente nicht zwischen weiblichen Filamenten.

Chondrus: Gonimoblast nicht von Gewebe umschlossen, Tetrasporangien sich im Mark entwikkelnd, Markzellen in der Regel kurz und dick, junge Gonimoblastenzellen in der Regel länglich gestreckt, Gonimoblastenfilamente zwischen vergrößerten Zellen der weiblichen Filamente.

Verbreitung: Zentren des Vorkommens sind die Pazifikküsten von Japan, Nordamerika und Neuseeland. Einige Arten finden sich auch an den Küsten Südafrikas.[3] Außerdem Küsten des Nordatlantiks von Marokko bis Norwegen sowie Nordamerika.

Inhaltsstoffgruppen: Die Arten der Gattung Gigartina sind ähnlich denjenigen der Gattung Chondrus durch das Vorkommen von Hydrokolloiden aus der Stoffgruppe der Carrageenane charakterisiert (s. ds. Hdb. Bd. 4, S. 859). Gefunden werden durchgängig Kappa(κ)- und Lambda(λ)-Carrageenan, in *G. stellata* z. B. auch Iota(ι)-Carrageenan.[4]

Drogenliefernde Arten: *G. stellata*: Carrageen.

Gigartina stellata (STACKH.) BATT.

Synonyme: *Fucus mamillosus* GOODENOUGH et WOODWARD, *F. stellatus* STACKHOUSE in WITHERING, *Gigartina mamillosa* (GOODENOUGH et WOODWARD) J. AGARDH.[5]

Botanische Beschreibung: Thallus meist rötlichbraun oder dunkelrot, zuweilen annähernd schwarz oder grünlich, aufrecht, bis zu 17 cm hoch, flach, dichotom und z. T. auch unregelmäßig verzweigt, fächerförmig ausgebreitet, unten in mehrere stielartige Abschnitte verschmälert, mit einer bis zu 5 cm großen, runden Haftscheibe; multiaxialer Bau; das Mark besteht aus dickwandigen Zellfäden mit einer Rindenschicht aus senkrecht zur Thallusoberfläche angeordneten Zellfäden, bestehend aus sehr kleinen Zellen (2 bis 5 µm); Thalluslappen rinnenförmig mit leicht verdicktem Rand, z. T. sehr verzweigt, mit knorpeliger Oberfläche. Gametangien diözisch verteilt (möglicherweise zuweilen auch monözisch). Spermatangien an den Enden kurzer, verzweigter Zellfäden, die aus Rindenzellen entspringen. Karposporangien 12 bis 20 µm. Keine Tetrasporangien an den Thalluslappen.

Insgesamt sind sowohl das äußere Erscheinungsbild als auch die Färbung der Pflanzen sehr variabel; die Thalluslappen können linear bis fächerförmig verzweigt sein.[5]

Verwechslungen: Habituell sehr ähnlich sind die Pflanzen von *Chondrus crispus* STACKH., mit denen *G. stellata* auch zusammen vorkommt. Eine Unterscheidungsmöglichkeit stellen die stärker gekrümmten Thalluslappen mit ihren verdickten Rändern bei *G. stellata* dar.[5]

Inhaltsstoffe: Zwischen Gametophyten (= haploide Phase innerhalb des Generationswechsels) und Sporophyten (= diploide Phase innerhalb des Generationswechsels) bestehen im Gesamtgehalt an Carrageenen keine wesentlichen Unterschiede.[4] Zur Chemie der Carrageene s. ds. Hdb. Bd. 4, S. 859.

Verbreitung: Das Verbreitungsgebiet von *G. stellata* sind die unteren Litoral- bzw. die oberen Sublitoralzonen der Küstengebiete der Britischen Inseln, Islands, der Färöerinseln, von Nordrußland bis zum Rio d'Oro, Kanadas (Neufundland) und Teilen der USA (North Carolina).[5]

Drogen: Carrageen.

Carrageen (Irländische Alge)

s. ds. Hdb. Bd. 4 → *Chondrus crispus*.

1. Van den Hoek C (1978) Algen, Thieme, Stuttgart
2. West JA, Hommersand MH (1982) Rhodophyta. Life Histories. In: Lobban CS, Wynne MJ (Hrsg.) The Biology of Seaweeds, Blackwell, Oxford London, S. 133–193
3. Kim DH (1976) Nova Hedw 27:1–146
4. Chapman VJ, Chapman DJ (1980) Seaweeds and their uses, Chapman and Hall, London New York
5. Dixon PS, Irvine LM (1977) Seaweeds of the British Isles, Bd. 1: Rhodophyta, British Museum, London

HM

Ginkgo

HN: 2032700

Familie: Ginkgoaceae (einzige Familie der Klasse Ginkgoatae).

Gattungsgliederung: Die Gattung Ginkgo L. umfaßt 1 Art. Gattungssynonyme sind Gingkyo MAYR., Pterophyllus NELS. und Salisburya SMITH.

Gattungsmerkmale: Diözische Holzgewächse. Die männlichen und die weiblichen Blüten stehen in den Achseln von Tragblättern. Die Stamina bestehen aus einem dünnen Filament, das apikal eine kurze rundliche Erweiterung aufweist, an der in der Regel zwei hängende Mikrosporangien (Pollensäcke) entspringen. Die weiblichen Blüten sitzen an einem mehrere cm langen und relativ dünnen Stiel, der am Ende zwei transversal gestellte, sitzende Samenanlagen trägt (s. Abb.) Damit ist eine sehr weitgehende Übereinstimmung mit dem Grundbauplan der Coniferophytina-Blüte gegeben, so daß Ginkgo lange Zeit von den Botanikern zu den Coniferae gezählt wurde. Abweichend von den Coniferen erfolgt jedoch bei Ginkgo die Befruchtung durch bewegliche Spermatozoiden: Aufgrund dieses abweichenden Reproduktionsmechanismus wurde die Gattung Ginkgo schließlich von den Coniferen abgetrennt und als einziges Genus einer eigenen Familie, der Ginkgoaceae, zugeteilt.[1–3,7]

Verbreitung: Endemisch in Südostchina.[7]

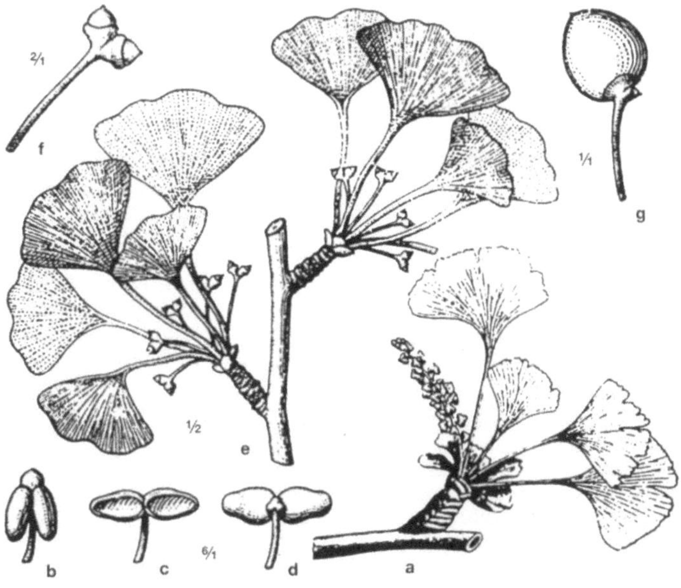

Ginkgo biloba L.: **a** Zweig mit männlichen Blüten am Kurztrieb, **b** Staminodium, **c** Staminodium mit geöffneten Sporangien, **d** Staminodium von rückwärts, **e** Zweig mit weiblichen Blüten am Kurztrieb, **f** weibliche Blüte, **g** Blütenstiel mit einer entwickelten Samenanlage. Die Bruchzahlen geben die Vergrößerung bzw. Verkleinerung an. Aus Lit.[3]

Inhaltsstoffgruppen: Taxoncharakteristisch sind die Ginkgolide sowie das Bilobalid.

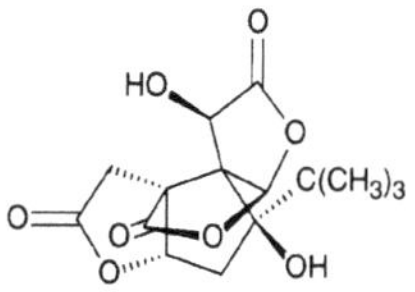

Bilobalid

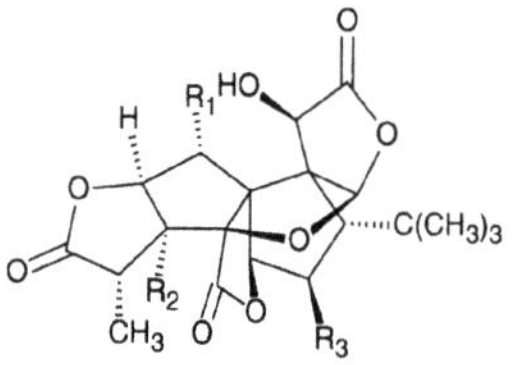

	R_1	R_2	R_3
Ginkgolid A	—H	—OH	—H
Ginkgolid B	—OH	—OH	—H
Ginkgolid C	—OH	—OH	—OH
Ginkgolid J	—H	—OH	—OH
Ginkgolid M	—OH	—H	—OH

Formelübersicht Ginkgolide

Drogenliefernde Arten: *G. biloba*: Ginkgo-biloba-Blätter, Ginkgo-biloba-Samen, Ginkgo biloba hom. *HAB1*, Ginkgo biloba hom. *PFX*, Ginkgo biloba hom. *HPUS88*.

Ginkgo biloba L.

Synonyme: *Pterophyllus salisburiensis* NELSON, *Salisburia adiantifolia* SMITH, *Salisburia macrophylla* C. KOCH.[4]

Sonstige Bezeichnungen: Dt.: Elefantenohrbaum, Entenfußbaum, Fächerblattbaum, Ginkgobaum, Mädchenhaarbaum, Tempelbaum; engl.: Maidenhair tree; frz.: Arbre aux quarante ecus, noyer du Japon; chinesisch: Bai guo, Kung Sun Shu ("Großvater-Enkel-Baum"), Pei Kuo ("Weiße Frucht"), Pinyin, Ya Chio ("Entenfuß"); japanisch: Gin kyo ("Silberaprikose"), Ginnan ("Frucht"), Icho;[4,5] span.: Arbol de los escudos, arbol sagrado.

Systematik: Es sind zahlreiche Sorten bekannt, in erster Linie Sorten, die Wuchsvarianten darstellen, wie beispielsweise *Ginkgo biloba pendula* mit hängenden Zweigen oder *Ginkgo biloba aureovariegata* mit gelb durchsetzten Blättern.[8]

Botanische Beschreibung: Großer, 30 bis 40 m hoher, zweihäusiger Baum, zuerst schmal kegelförmig, später ausladende Krone, Stammumfang bis zu 3 bis 4 m. Die Bäume können ein Alter von mehreren hundert Jahren erreichen. Rinde hell- bis dunkelgraubraun mit groben Furchen und netzförmigen Rissen. Blätter fächerförmig (mehr oder minder tief zweilappig), frischgrün, im Herbst vor Laubabwurf goldgelb, kahl mit parallel verlaufenden gabelig verzweigten Nerven, sie sitzen wechselständig an Langtrieben oder in Büscheln (3 bis 5 Blätter) an Kurztrieben.
Die Blüte erfolgt erst nach etwa 20 bis 30 Jahren. Die weiblichen Blüten stehen einzeln in den Achseln der Laubblätter oder der Schuppenblätter der Kurztriebe. An einem Kurztrieb stehen jedoch immer mehrere zusammen. Die Samenanlagen – in der Regel 2, seltener mehr – sitzen am Ende eines stielartigen Abschnittes, der ca. 2 bis 5 cm lang ist.
Die männlichen Blüten stehen in den Achseln von Schuppenblättern an den Kurztrieben. Sie sind kurzgestielt, kätzchenartig, locker, ca. 2 bis 6 cm lang und tragen zahlreiche Stamina. Diese bestehen aus einem dünnen Filament, das in der Regel 2 Pollensäcke (Mikrosporangien), seltener mehr, trägt.
Die Befruchtung erfolgt einige Monate (ca. 6) nach Bestäubung durch Spermatozoide (komplizierter Reifungsprozeß), dabei kommt in der Regel nur 1 Samenanlage zur Ausbildung. Die reifen Samen entwickeln sich zu gelblichen bis goldgelben Kugeln, etwa 2,5 bis 3 cm im Durchmesser (in Größe und Farbe etwa Mirabellen vergleichbar, fälschlicherweise als Früchte bezeichnet). Die Samenanlagen fallen teilweise bereits vor der Befruchtung zu Boden, dies ist jedoch nicht die Regel.
Zum Bau der Samen, s. Ginkgo-biloba-Samen.

Verwechslungen: Keine bekannt.

Inhaltsstoffe: Zu den Inhaltsstoffen von Blatt und Samen, s. dort. Im Kernholz kommen geringe Mengen ätherisches Öl vor, das hauptsächlich aus Mono- und Sesquiterpenen besteht. Gefunden wurden u. a. die Monoterpenderivate α- und β-Ionon, *p*-Cymol, Thymol und *trans*-Linalooloxid. Die Sesquiterpenfraktion besteht u. a. aus (*E*) und (*Z*)-Dihydroatlanton, aus α- und β-Eudesmol, aus Elemol sowie aus Bilobanon. Beim Bilobanon handelt es sich um ein Sesquiterpen, das – gleich dem Bilobalid und den Ginkgoliden – am Ringskelett durch eine tertiäre Butylgruppe substituiert ist. Im Holz des Ginkgobaumes kommen ferner in großer Mannigfaltigkeit Polyprenylderivate vor, das sind Polyisoprene mit einer endständigen Alkoholgruppe, die frei, verestert oder substituiert vorliegen kann. Ferner führt das Holz (+)-Sesamin, ein ziemlich ubiquitär verbreitetes Lignan.

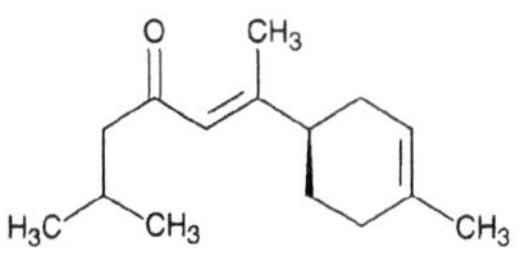

(E)-10,11-Dihydroatlanton

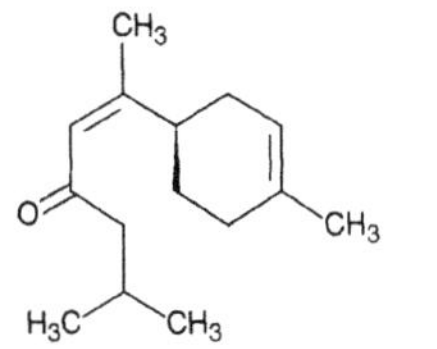

(Z)-10,11-Dihydroatlanton

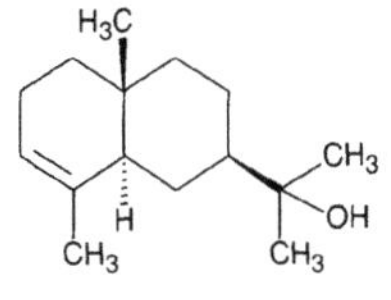

α-Eudesmol

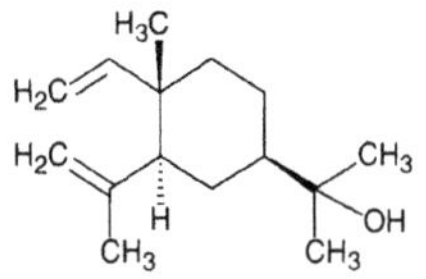

Elemol

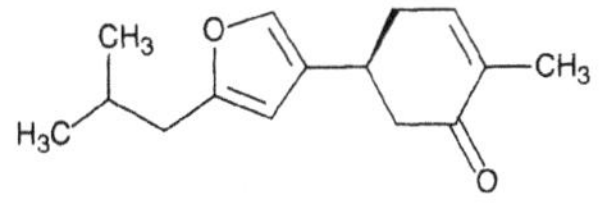

Bilobanon

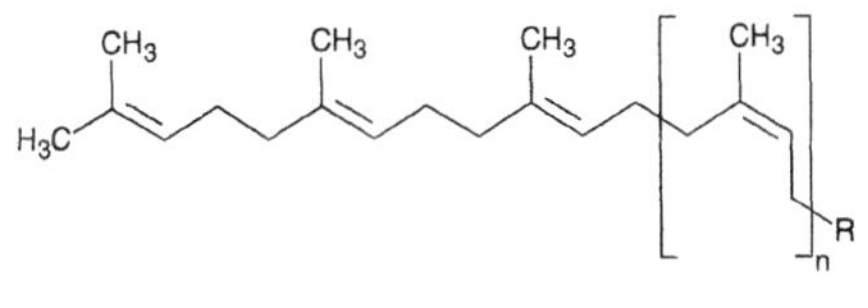

n	R
11-19	—OH
11-19	—OCOCH$_3$
15	—Cl
15	—Br
14	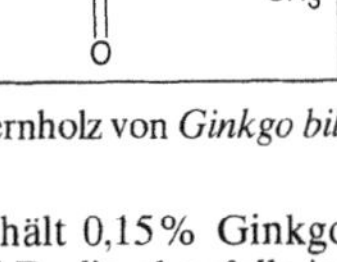

Polyprenole aus dem Kernholz von *Ginkgo biloba* L.

Die Wurzelrinde enthält 0,15% Ginkgolide.[9] Neben Ginkgolid A und B, die ebenfalls in den Blättern (s. dort) vorkommen, wurde Ginkgolid M gefunden. Hingegen fehlen die für die Blätter typischen Terpene Ginkgolid J und Bilobalid.[10]

Verbreitung: Heimat: China, Japan, Korea (kultiviert als Tempelbaum, was neuerdings bezweifelt wird[7]). Wildwachsende Bäume: Angeblich Anfang des 20. Jahrhunderts noch im Südosten Chinas. Anfang des 18. Jahrhunderts in Europa eingeführt. Europa, Nordamerika: Kultiviert, auch als Straßenbaum, da er sehr widerstandsfähig gegen Luftverschmutzung, Insektizide und Pilze ist.[4,5,172]

Anbaugebiete: Die Droge stammt überwiegend von Bäumen aus China, Japan, Nord- und Südkorea. In Europa (Frankreich) und Nordamerika (im Süden der USA) wird Ginkgo in Plantagen kultiviert.

Drogen: Ginkgo-biloba-Blätter, Ginkgo-biloba-Samen, Ginkgo biloba hom. *HAB 1*, Ginkgo biloba hom. *PFX*, Ginkgo biloba hom. *HPUS 88*.

Ginkgo-biloba-Blätter

Synonyme: Ginkgo bilobae folium, Ginkgo folium.

Sonstige Bezeichnungen: Dt.: Ginkgoblätter; engl.: Leaves of Ginkgo.

Definition der Droge: Getrocknete Blätter.

Stammpflanzen: *Ginkgo biloba* L.

Herkunft: Hauptlieferländer: China, Japan, Nord- und Südkorea sowie Anbau (Plantagen): Europa (Frankreich), Nord-Amerika (USA).

Gewinnung: Sammeln der Blätter von kultivierten Bäumen bzw. Wildbeständen. Die Blätter werden entweder durch Hochklettern in die Bäume und Abpflücken der Blätter oder durch Abschneiden einzelner Zweige geerntet. In Plantagen werden die Blätter maschinell von Pflanzen mit strauchartiger Wuchsform geerntet. Die gesammelten grünen Blätter werden getrocknet.
Die getrockneten Blätter werden fest zu Ballen gepreßt, um Feuchtigkeitszutritt und Fermentation möglichst zu verhindern.

Handelssorten: Keine unterschiedlichen Sorten.

Ganzdroge: Meist zweilappige Blätter, oben mit welligem Blattrand und einem unregelmäßig tiefen Einschnitt versehen, oder auch ungeteilt, an den Seiten stets ganzrandig. Schwach eigenartiger Geruch und Geschmack.
Die Blattstiele verbreitern sich allmählich zu der kahlen, fächerförmigen, meist zweilappigen oder auch ungeteilten Blattspreite. Sie ist dichotom geadert, eine Mittelrippe ist nicht vorhanden. Der Blattrand ist oben unregelmäßig mehr oder weniger tief eingeschnitten, an den Seiten ist er ganzrandig. Die Blattoberseite ist etwas dunkler gefärbt als die Unterseite.
Der Stiel ist etwa 4 bis 9 cm lang, schmal, mehr oder weniger behaart, die Blattspreite der Langtriebblätter ist in der Regel 7 bis 10 cm (bis zu 12 cm) lang, während sie bei Kurztriebblättern nur etwa 4 bis 7 cm beträgt.[7]

Schnittdroge: *Geruch.* Schwach eigenartig.
Geschmack. Schwach eigenartig.
Mikroskopisches Bild. Je nachdem, ob es sich um Jugendformen oder ältere Blätter handelt und wo sie sich jeweils am Baum befinden, können sich kleine Unterschiede in der Struktur ergeben.
Die Epidermis der Blattoberseite und -unterseite besteht aus wellig-buchtigen, in der Form unregelmäßigen, meist langgestreckten Zellen. Im Querschnitt erscheinen die ober- und unterseitigen Epidermiszellen etwa isodiametrisch, in der Aufsicht erscheinen die Wände leicht gewellt. Die oberseitigen Epidermiszellen sind dabei etwas größer als die unterseitigen. Die Außenwände der Epidermiszellen sind von einer mehr oder weniger dünnen Cuticula überzogen. Ein Palisadenparenchym ist in der Regel ausgebildet, nur die kleineren Blätter blühender Kurztriebe enthalten kein Palisadenparenchym. Die unregelmäßig angeordneten Spaltöffnungen sind vor allem auf der Unterseite zu erkennen. Auf der Blattoberseite findet man selten intakte Spaltöffnungen, häufiger findet man noch in der Entwicklung steckengebliebene Spaltöffnungsmutterzellen. Die Schließzellen der Stomata sind nur wenig eingesenkt.
Im Bereich der Leitungsbahnen befinden sich auffallend langgestreckte, schmale Zellen mit nur schwach gewellten Wänden, ohne deutliche Buchtung. Im äquifacialen Mesophyll finden sich einzelne, in der Nähe der Leitbündel zahlreiche Calciumoxalatdrusen.
Bei Ginkgo finden sich 3 Arten von Exkretbehältern: Lysigen entstandene Exkrettaschen, die in Reihen von 1 bis 7 mm Länge mit den Leitbündeln abwechseln; bogen- und ringförmig gruppierte Sekretzellen in der Nachbarschaft der Leitbündel und Gerbstoffidioblasten, die dickwandig und durch Streckung oder Vereinigung mehrerer sehr lang werden können.
Aus dem Blattstiel entspringen zwei Leitbündelstränge, von denen jeder – sich dichotom verzweigend – eine Seite der Blattspreite versorgt. Der Stiel selbst weist auf allen Seiten Stomata auf. Die Schließzellen sind nur wenig eingesenkt, die Außenwände der Nebenzellen liegen auf derselben Höhe wie die Epidermiszellen.[7,11]

Pulverdroge: Nicht im Handel.

Verfälschungen/Verwechslungen: Keine bekannt.

Minderqualitäten: Zu hohe Stengelanteile.

Inhaltsstoffe: *Flavonoide.* Die folgenden Gruppen von Flavonoiden kommen vor: Flavanonole (2,3-Dihydroflavonole), Flavonole, Flavone, Biflavone, Catechine und Proanthocyanidine.
Flavanonole. Dihydrokämpferol-7-*O*-glucosid.[20]
Flavonole. Sie kommen in Mengen von 0,5 bis 1,8 %, hauptsächlich als Glykoside des Isorhamnetins, des Kämpferols und des Quercetins vor.[11–13,16,20]
Flavonolmonoglykoside: Isorhamnetin-3-*O*-D-glucosid, Kämpferol-3-*O*-D-glucosid, Kämpferol-7-*O*-D-glucosid, 3'-*O*-Methylmyricetin-3-*O*-D-glucosid, Quercetin-3-*O*-D-glucosid (Isoquercitrin), Quercetin-3-*O*-L-rhamnosid (Quercitrin).[14–17,20]

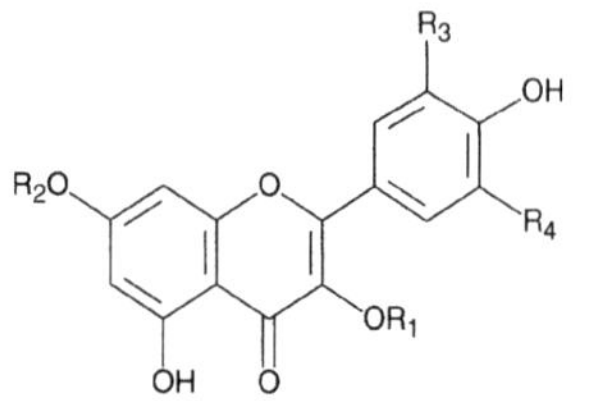

	R_1	R_2	R_3	R_4
Astragalin (Kämpferol-3-*O*-D-glucosid)	-Glc	—H	—H	—H
Isoquercitrin (Quercetin-3-*O*-D-glucosid)	-Glc	—H	—OH	—H
Isorhamnetin-3-*O*-D-glucosid	-Glc	—H	$—OCH_3$	—H
3'-*O*-Methylmyricetin-3-*O*-D-glucosid	-Glc	—H	$—OCH_3$	—OH
Kämpferol-7-*O*-D-glucosid	—H	-Glc	—H	—H
Quercetin-3-*O*-L-rhamnosid	-Rha	—H	—OH	—H

Formelübersicht Flavonolmonoglykoside

Flavonoldiglykoside: Isorhamnetin-3-*O*-rutinosid, Kämpferol-3-*O*-rutinosid, Quercetin-3-*O*-rutinosid (Rutin = Rutinosid) und Syringetin-3-*O*-rutinosid.[15,18,19] Hinweis: Rutinose = 6-*O*-α-L-Rhamnopyranosyl-D-glucopyranose (s. Formelschema S. 273).
Flavonoltriglykoside: Die Zuckerkette liegt verzweigtkettig vor, indem der Glucoseteil der Flavonolrutinoside zusätzlich über die 2-OH an eine α-L-Rhamnose gebunden ist. Bisher sind drei Triglykoside bekannt, und zwar Isorhamnetin-, Kämpferol- und Quercetin-3-*O*-[α-L-rhamnopyranosyl-(1→2)-α-rhamnopyranosyl-(1→6)]-β-D-glucopyranosid.[20]

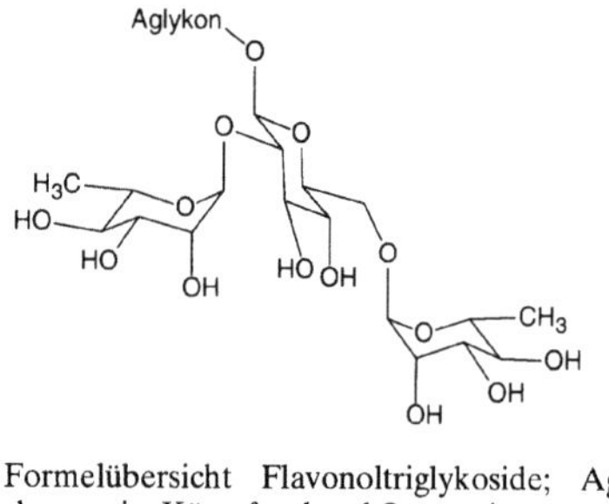

Formelübersicht Flavonoltriglykoside; Aglykon; Isorhamnetin, Kämpferol und Quercetin

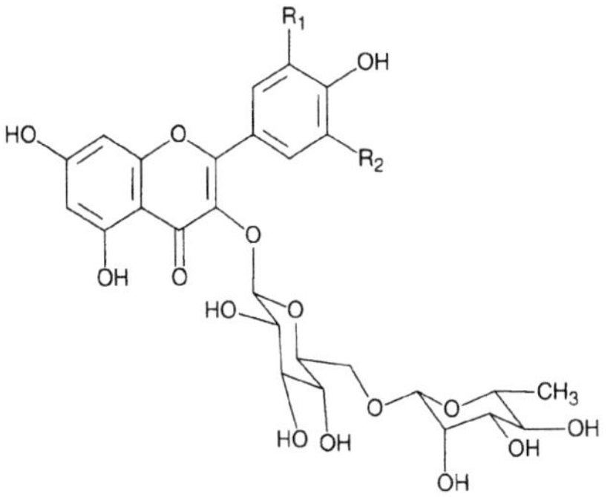

	R_1	R_2
Kämpferol-3-*O*-rutinosid	—H	—H
Quercetin-3-*O*-rutinosid (Rutin)	—OH	—H
Isorhamnetin-3-*O*-rutinosid	$—OCH_3$	—H
3'-*O*-Methylmyricetin-3-*O*-rutinosid	$—OCH_3$	—OH
Syringetin-3-*O*-rutinosid	$—OCH_3$	$—OCH_3$

Formelübersicht Flavonoldiglykoside

Acylierte Flavonoldiglykoside: Im Unterschied zu den zuvor genannten Flavonoldiglykosiden ist das Aglykon nicht an den Glucose-, sondern an den Rhamnoseteil des Disaccharids gebunden. Das 6-

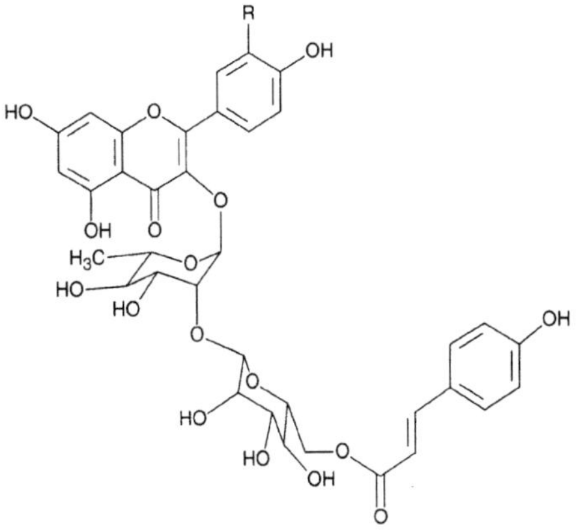

Kämpferolderivat: R = H
Quercetinderivat: R = OH

Formelübersicht Acylierte Flavonoldiglykoside

OH der D-Glucopyranose ist mit *trans*-Cumarsäure oder mit 4-*O*-*β*-D-Glucopyranosyl-*trans*-cumarsäure verestert. Mengenmäßig dominieren Kämpferol- und Quercetin-3-*O*-*α*-L-[(6-*trans*-cumaroylglucopyranosyl)-(1→2)]-rhamnopyranosid. Die beiden Acyldiglykoside kommen in Konzentrationen von 0,06 bis 0,2 % vor.[29,40,167]

Flavone. In freier Form kommen geringe Mengen Luteolin und 5'-Hydroxyluteolin (Delphidenon) vor. Als Glykoside wurden geringe Mengen (Zahlenangaben fehlen) Apigenin-7-*O*-*β*-D-glucopyranosid und Luteolin-3'-*O*-*β*-D-glucopyranosid gefunden.[167]

Biflavone. Isoliert wurden Amentoflavon, Bilobetin, 5-Methoxybilobetin, Ginkgetin, Isoginkgetin und Sciadopitysin. Es wurden Konzentrationen von 0,4 bis 1,9 % gefunden.[23–27,170]

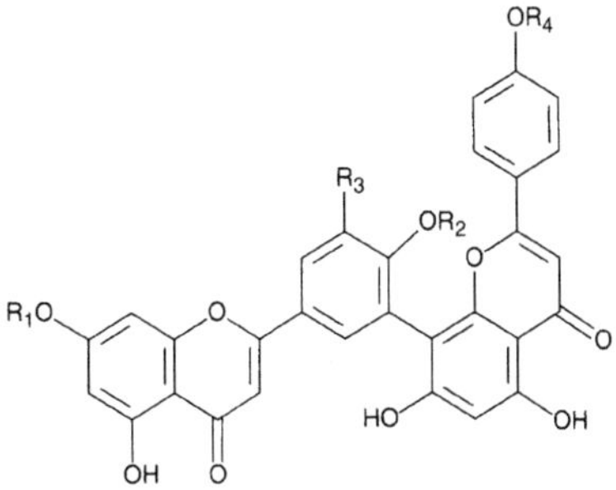

	R_1	R_2	R_3	R_4
Amentoflavon	—H	—H	—H	—H
Bilobetin	—H	$—CH_3$	—H	—H
5'-Methoxy-bilobetin	—H	$—CH_3$	$-OCH_3$	—H
Ginkgetin	$—CH_3$	$—CH_3$	—H	—H
Isoginkgetin	—H	$—CH_3$	—H	$—CH_3$
Sciadopitysin	$—CH_3$	$—CH_3$	—H	$—CH_3$

Formelübersicht Biflavone

Catechine (Flavan-3-ole) kommen in nur geringen Mengen vor (0,005 bis 0,04 %).[168] Gefunden wurden (+)-Catechin, (–)-Epicatechin, (–)-Epigallocatechin und (+)-Gallocatechin.

Proanthocyanidine. 8 bis 12 % zur Hauptsache Polymere mit n > 10 Proanthocyanidine (photome-

trisch bestimmt); davon entfallen 31 bis 58 % auf Prodelphinidine, der Rest auf Procyanidine.[20]
Terpene.
Sesquiterpene. Als bisher einziger Vertreter wurde das bitter schmeckende Bilobalid isoliert. Bilobalid kommt in stark schwankenden Mengen von 0,04 bis 0,2 % vor. Die Struktur (s. unter Inhaltsstoffgruppen von Ginkgo) zeigt durch die drei Butanolide (γ-Lactone) und die tertiäre Butylgruppe Verwandtschaft zu den Ginkgoliden.[11,36,169,170]
Diterpene. Es kommen die Ginkgolide A, B, C und J (s. unter Inhaltsstoffgruppen von Ginkgo) in einer variablen Gesamtkonzentration von 0,06 bis 0,23 % vor; bitter schmeckende farblose Kristalle, die sich in Wasser und in Diethylether lösen. Sie weisen einen für Naturstoffe ungewöhnlichen Molekülbau auf: Sechs Fünfringe, davon drei Butanolide (γ-Lactone), zwei Cyclopentane, die ein Spiro[4,4]nonan-System bilden, und ein Tetrahydrofuranring sind *cis*-ständig kondensiert, so daß ein annähernd isodiametrisch gebautes Molekül entsteht, das einen Hohlraum umschließt. Dieser Hohlraum ist, bedingt durch die Häufung von *O*-Funktionen – einem Ketalsauerstoff, einem Estersauerstoff und einem Hydroxysauerstoff – elektronenreich und stellt als Polydentatsystem eine ideale Bindungsstelle für Kationen oder positiv polarisierte Molekülstellen dar.[12] Einzigartig im Bereich der Naturstoffe ist die für die Ginkgolide charakteristische t-Butylgruppe; dieser lipophile Substituent ist, vom Molekülzentrum aus betrachtet, nach außerhalb gerichtet.
Triterpene. Sitosterol, Sitosterolglucosid (Ipuranol), Campesterol (Campesterin), und 22-Dihydrobrassicasterol wurden nachgewiesen. Mengenangaben fehlen.
Organische Säuren. 6-Hydroxykynurensäure (0,0003 bis 0,1 %, abhängig vom Erntezeitpunkt der Blätter), Shikimisäure (bis 2 %), Ginkgol- und Hydroginkgolsäuren (1 bis 2 % nach Lit.[195]); ferner 3,4-Dihydroxybenzoesäure (Protocatechusäure), 4-Hydroxybenzoesäure und 4-Hydroxy-3-methoxybenzoesäure (Vanillinsäure) (Mengenangaben fehlen).[11,20,173–176]

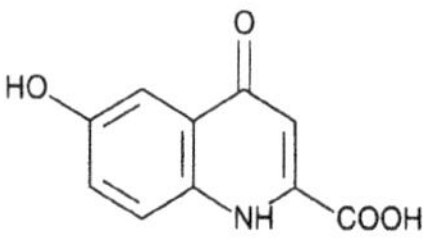

6-Hydroxykynurensäure

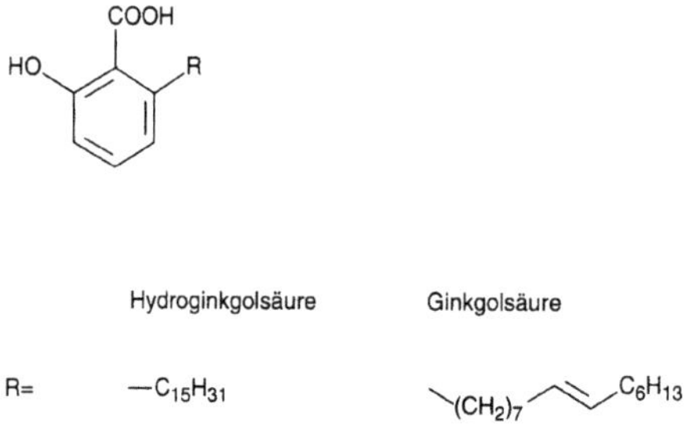

Sonstige Verbindungen. Ginkgole;[175] (*Z,Z*)-4,4'-(1,4-Pentadien-1,5-diyl)diphenol,[39] ein C_{17}-Lignanderivat (nor-Lignan); ein als β-Lectin bezeichnetes, nicht näher charakterisiertes Lectin,[193] Carotinoide (Mengenangaben fehlen) sowie Wachse (0,7 bis 1,0 %), davon ca. 75 % Alkane und Alkanole, 15 % Ester und 10 % freie Säuren; Estolide fehlen.[12]

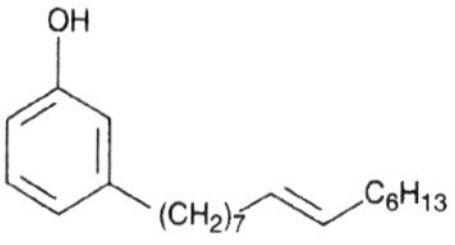

Ginkgol

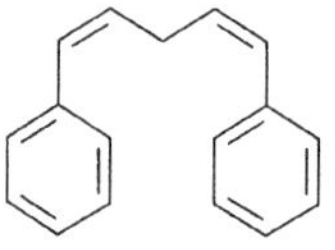
(*Z,Z*)-4,4'-(1,4-Pentadien-1,5-diyl)diphenol

Zubereitungen: Es gibt keine offizinellen Zubereitungen von Ginkgo-biloba-Blättern. Die nachfolgend aufgeführten Zubereitungen stellen die Basis für die im folgenden beschriebenen pharmakologisch-toxikologischen und klinischen Untersuchungen und Ergebnisse dar.
Die Aussagen können daher nicht ohne weiteres auf andere Ginkgo-biloba-Zubereitungen übertragen werden.
Zubereitung 1. Trockenextrakt aus Ginkgo-biloba-Blättern (50:1), eingestellt auf
- 24 % Ginkgoflavonglykoside (bestimmt über HPLC nach Hydrolyse, berechnet als Flavonolcumarinsäureesterglykoside mit einem durchschnittlichen Molekulargewicht von 760, s. a. Lit.[40,189]);
- 6 % Terpenlactone, davon 3,1 % Ginkgolide A, B, C und 2,9 % Bilobalid;
- Begrenzung der Ginkgolsäuren auf < 5 ppm.[158]

Der so definierte Extrakt wird in der Literatur als EGb 761 bezeichnet. Das Herstellverfahren dieses Extraktes ist nicht veröffentlicht.
Die Herstellung von Extrakten, die eine vergleichbare analytische Spezifikation aufweisen, ist in der Patentliteratur[157,182] wie folgt beschrieben:
Verfahren nach Lit.[157]: Extraktion der gemahlenen Droge mit Aceton-Wasser (60 + 40, *m/m*). Einengen unter vermindertem Druck (Feststoffgehalt 30 bis 40 %). Verdünnen des Konzentrats mit Wasser (1:1) und Abkühlen unter Rühren. Der sich bildende Niederschlag aus schwer löslichen lipophilen Bestandteilen wird abgetrennt und verworfen (enthält die Hauptmenge der in den Blättern vorhandenen Alkylphenolverbindungen).
Nach Zugabe von Ammoniumsulfat wird die entstandene Lösung durch Flüssig-Flüssig-Extraktion mit einem Gemisch aus Methylethylketon und Aceton extrahiert. Abtrennen der Oberphase und unter vermindertem Druck Konzentrieren auf einen Feststoffgehalt von 50 bis 70 % (*m/m*). Verdünnen durch Zugabe von Wasser und Ethanol auf eine Lösung von 10 % Trockenextrakt. Zugabe einer Blei(II)hydroxidacetatlösung und Abtrennen der

Blei-Gerbstoff-Fällung. Zur weiteren Abtrennung der Alkylphenole erfolgt eine nochmalige Flüssig-Flüssig-Extraktion mit *n*-Hexan.
Konzentrieren der wäßrig-alkoholischen Extraktlösung unter vermindertem Druck. Nach Zugabe von Ammoniumsulfat erneute Flüssig-Flüssig-Extraktion mit einem Gemisch aus Methylethylketon und Aceton. Abtrennen der organischen Phase und Konzentrieren der erhaltenen klaren Lösung (Feststoffgehalt 50 bis 70 %). Bei einer Temperatur von höchstens 60 bis 80 °C und unter vermindertem Druck Trocknen zum Trockenextrakt. Die Spezifikation für einen Extrakt, der nach diesem Verfahren hergestellt wurde, lautet: Flavonglykoside 24 %, Ginkgolide etwa 3,6 %, Bilobalid etwa 2,9 %, Proanthocyanidine etwa 6,5 % und Alkylphenolverbindungen (Ginkgolsäuren) weniger als 1 ppm.
Verfahren nach Lit.[182]: Extraktion der gemahlenen Droge mit Aceton-Wasser (60 + 40, *m*/*m*). Einengen unter vermindertem Druck (Feststoffgehalt 30 bis 40 %). Verdünnen des Konzentrats mit Wasser (1:1) und Abkühlen unter Rühren. Der sich bildende Niederschlag aus schwer löslichen lipophilen Bestandteilen wird abgetrennt und verworfen (enthält die Hauptmenge der in den Blättern vorhandenen Alkylphenolverbindungen).
Nach Zugabe von Ammoniumsulfat wird die entstandene Lösung durch Flüssig-Flüssig-Extraktion mit einem Gemisch aus Methylethylketon und Aceton extrahiert. Abtrennen der Oberphase und unter vermindertem Druck Konzentrieren auf einen Feststoffgehalt von 50 bis 70 % (*m*/*m*). Verdünnen durch Zugabe von Wasser und Ethanol auf eine Lösung von 10 % Trockenextrakt. Extrahieren der praktisch wäßrigen Lösung mit *n*-Butanol. Konzentrieren der *n*-Butanol-Phasen unter vermindertem Druck (mind. 50 % Feststoffgehalt). Nach Zugabe von Wasser Entfernen von *n*-Butanol durch azeotrope Destillation. Verdünnen des wäßrigen Konzentrats mit Wasser und Ethanol. Zur Entfernung der restlichen Mengen an Alkylphenolen mindestens 3mal mit *n*-Heptan ausrühren. Konzentrieren der Wasserphase unter vermindertem Druck (Feststoffgehalt 50 %). Bei einer Temperatur von höchstens 60 bis 80 °C und unter vermindertem Druck Trocknen zum Trockenextrakt. Die Spezifikation für einen Extrakt, der nach diesem Verfahren hergestellt wurde, lautet: Ginkgoflavonglykoside 24,8 %, Ginkgolide 3,2 %, Bilobalid 2,9 %, Proanthocyanidine etwa 5 %, Alkylphenolverbindungen (Ginkgolsäuren) weniger als 1 ppm.
Zubereitung 2. Trockenextrakt aus Ginkgo-biloba-Blättern (50:1), eingestellt auf
- 25 % Ginkgoflavonglykoside und
- 6 % Terpenlactone (Ginkgolide, Bilobalid).[158]

Nach der Patentliteratur[183] und den Angaben des Herstellers wird der Ginkgo-biloba-Trockenextrakt (50:1) LI 1370 wie folgt hergestellt:
Extraktion der gemahlenen Droge mit Aceton-Wasser (60 + 40, *V*/*V*). Einengung bei Temperaturen < 50 °C und Wiederaufnahme mit Aceton entsprechend einem Verhältnis von 1:1 zum Gewicht der eingesetzten Droge. Extraktion mit *n*-Butanol/Toluol 1:9, 2fache Menge des eingesetzten Drogengewichtes. Extraktion des Butanol/Toluol-Extrakts mit Wasser. Vereinigung der Aceton-Phase mit dem wäßrigen Extrakt; die Butanol/Toluol-Phase wird verworfen. Konzentration unter Vakuum bei Temperaturen < 50 °C zur Entfernung des Acetons. Die verbleibende wäßrige Phase entspricht dem Gewicht der eingesetzten Droge. Erschöpfende Extraktion des wäßrigen Konzentrates mit Methylenchlorid. Die Methylenchlorid-Phase wird eingeengt, mit Aceton, *n*-Butanol/Toluol 1:9 und Ethylacetat gereinigt. Die verbleibende wäßrige Phase wird 2fach mit *n*-Butanol extrahiert; die Butanol-Phasen werden mit Wasser gereinigt. Die Methylchlorid- und die Butanol-Phasen werden bei 70 °C und einem Druck unter 50 mm Hg über 6 h und danach einem Druck unter 10 mm Hg für weitere 14 h getrocknet. Es wird eine erste Butanol-Fraktion mit einem Gehalt an Ginkgoflavonglykosiden zwischen 28 % und 30 %, eine zweite Butanol-Fraktion mit einem Gehalt an Ginkgoflavonglykosiden zwischen 15 % und 18 % und eine Methylenchlorid-Fraktion mit hohem Gehalt an Terpenlactonen, aber nahezu 0 % an Ginkgoflavonglykosiden erhalten. Die 3 Fraktionen werden abhängig von deren Flavonoidgehalt im Verhältnis 70 bis 80:50 bis 20:10 bis 15 derart miteinander gemischt, daß ein nativer Extrakt, enthaltend 24 bis 26 % Flavonglykoside und 5,5 bis 6,5 % Ginkgo-Terpenlactone, entsteht. Die Terpenlactone verteilen sich zu etwa gleichen Teilen auf Bilobalid respektive die Ginkgolide A, B, C und J. Der Gehalt an Ginkgolsäure beträgt < 5 ppm.
Gewinnung der Ginkgolide. Getrocknete Ginkgo-biloba-Blätter (Zerkleinerungsgrad < 4 mm) werden mit Ethanol (95 %, *V*/*V*) perkoliert; der Rückstand des Ethanolextraktes wird in Wasser gelöst, die Lsg. zur Entfernung der Lipide mit *n*-Hexan extrahiert. Die wäßrige Lsg. wird mit *n*-Hexan ausgeschüttelt, der Ethylacetatextrakt zur Trockne eingedampft; der getrocknete Ethylacetatextrakt (ca. 2,5 %, bezogen auf die lufttrockene Droge) wird in Aceton erwärmt, die unlöslichen Substanzen werden abgetrennt und die klare Lsg. wird an einer Sephadex-LH-20-Säule mit Aceton als Elutionsmittel getrennt. Die Ginkgolide enthaltenden Eluate (DC-Prüfung) werden eingedampft und aus Ethanol-Wasser kristallisiert.[31,34] Die Mischung der Ginkgolide kann an Sephadex LH 20 mit Chloroform-Aceton getrennt werden. Die Elutionsfolge ist eine Funktion von Anzahl und Stellung der OH-Gruppen: A→ B→ J→ C.[31] Eine Übersicht über weitere Isolierungsverfahren findet sich in Lit.[31,160]

Identität: Da es von *Ginkgo biloba* keine offizinelle Arzneibuch-Monographie gibt, sind nachfolgend Methoden aus der Literatur beschrieben.
Zum qualitativen Nachweis dienen in erster Linie chromatographische Methoden.
Als nachzuweisende Inhaltsstoffe bzw. Stoffgruppen kommen vor allem die Flavonolglykoside und die Terpenlactone in Frage.
Die für *Ginkgo biloba* charakterisierten Inhaltsstoffe, die Ginkgolide und Bilobalid, sind in relativ niedriger Konzentration in den Blättern enthalten, so daß vor der Bestimmung eine Anreicherung so-

wie eine Entfernung von störenden Begleitstoffen, wie z. B. lipophile pflanzliche Stoffe, erfolgen muß.

Flavonoidglykoside. DC:
- Sorptionsmittel: Kieselgel 60 F_{254};
- FM: Ethylacetat-Ethylmethylketon-Ameisensäure-Wasser (50 + 20 + 8 + 10), 5 min bei 105 °C trocknen;
- Detektion A: Besprühen mit 1 % Diphenylboryloxyethylamin in Methanol, anschließend mit 5 % Polyethylenglykol 4000 in Methanol; Detektion B: Besprühen mit 1 % Vanillin in konz. H_2SO_4; anschließend unter Beobachtung auf 120 °C erwärmen;
- Auswertung A: Nach dem Besprühen sind Flavonoidglykoside im UV-Licht bei 366 nm an ihrer intensiven Fluoreszenz erkennbar, deren Farbe von der Struktur des Flavonoids abhängt. Kämpferol- und Isorhamnetinderivate zeigen meist eine grünlich-gelbe Fluoreszenz, Quercetinderivate eine orangefarbene. Die türkisgrüne Fluoreszenz des Dihydrokämpferol-7-*O*-*β*-D-glucosids verstärkt sich innerhalb von Stunden (vermutlich infolge der Oxidation zu Kämpferol-7-glucosid); Auswertung B: Dihydroflavonolglykoside zeigen im Tageslicht rotviolette bis blauviolette Färbungen. Flavonolglykoside reagieren nur schwach gelb.[20]

HPLC: s. Gehaltsbestimmung.

Terpenoide. DC:
- Probenaufbereitung: Extraktion der Blätter mit erwärmter Aceton-Wasser-Mischung;
- Sorptionsmittel: Kieselgel;
- FM: Toluol-Aceton (7 + 3); Erhitzen auf 170 °C, 30 min;
- Detektion: UV 254 nm;
- Auswertung: Blaß blau fluoreszierende Flecken bei Rf 0,22 (Ginkgolid A), Rf 0,19 (Ginkgolid B), Rf 0,10 (Ginkgolid C).[31]

HPLC: s. Gehaltsbestimmung.

Weitere Methoden zur Identitätsbestimmung s. Lit.[20,40]

Reinheit: Es existieren keine offizinellen Anforderungen für die Droge.

Gehaltsbestimmung: Es gibt keine verbindlichen Forderungen für den Gehalt an Inhaltsstoffen von Ginkgo-biloba-Blättern. Üblicherweise werden die beiden Stoffgruppen – Flavonolglykoside und Terpenlactone – zur Gehaltsbestimmung herangezogen.

Flavonoide. Flavonoidaglyka-Bestimmung mittels HPLC nach Hydrolyse der Glykoside:
- Probenvorbereitung: Erhitzen der pulverisierten Droge 60 min am Rückfluß mit einer Mischung aus Methanol-Salzsäure 25 % (70 + 10, *V*/*V*), Reinigen der Lösung über eine C_{18}-Kartusche (z. B. Bond Elut);
- Stationäre Phase: Hypersil ODS, 5 µm (100 × 4 mm ID);
- Mobile Phase: A = Methanol, B = 0,5 % *ortho*-Phosphorsäure in Wasser; Gradientenverlauf: In 12 min von 38 bis 48,2 % Methanol, (0,85 % Methanol/min); 5 min 100 % Methanol, 5 min 38 % Methanol; Fluß: 2 mL/min;
- Druck: Ca. 180 bar;
- Temperatur: 25 °C;
- UV-Detektion: 370 nm;
- Injektionsvolumen: 10 µL;
- Externer Standard: Isorhamnetin-, Kämpferol- und Quercetin-Referenzgemisch[184] oder
- Interner Standard: Rutin;[20]
- Berechnung: Mittels Umrechnungsfaktor aus den Molekulargewichten, es wird von den drei am häufigsten vorkommenden Aglyka (Isorhamnetin, Kämpferol, Quercetin) auf den Gehalt an Flavonolglykosiden umgerechnet (mittlerer Umrechnungsfaktor 2,51, Berechnung: Σ Aglyka × 2,51 = Gehalt an Ginkgoflavonolglykosiden).[40,41,189]

Weitere Varianten und Methoden zur Bestimmung der Flavonoide sind in der Literatur beschrieben,[40,184,189] die zum Teil große Anforderungen an die apparative Ausrüstung, wie z. B. Dioden-Array-Technik, stellen.

Terpenoide. HPLC:
- Probenaufbereitung: Da die Ginkgolide und Bilobalid in der Droge nur in geringer Konzentration enthalten sind, muß bei der Probenaufbereitung eine Anreicherung der Terpene erfolgen, gleichzeitig müssen störende Begleitstoffe möglichst entfernt werden.
  Die gemahlene Droge wird zweimal am Rückfluß mit Methanol-Wasser (10 + 90) 15 min erhitzt. Die erhaltene Lösung wird filtriert, der Rückstand verworfen. Die Filtrate werden über 2 Säulen gegeben: a) Polyamidsäule (MN Polyamid SC 6) und b) Bond-Elut-C_{18}-Säule. Die Säulen werden mit 2 % und 5 % wäßrigem Methanol gewaschen, die Polyamidsäule wird verworfen. Nach Trocknen und Waschen der Bond-Elut-C_{18}-Säule mit Hexan wird diese mit Hexan-Methylacetat (60 + 40) eluiert. Das Lösungsmittel wird verdampft, der Rückstand in Methanol aufgenommen und die erhaltene Lösung zur HPLC-Bestimmung verwendet.
- Stationäre Phase: Spherisorb C_{18}, 5 µm (231 × 4,6 mm ID);
- Mobile Phase: Wasser-Methanol (67 + 33), isokratisch; Fluß: 1 mL/min;
- Temperatur: Raumtemperatur;
- Detektion: RI-Detektor;
- Interner Standard: Benzylalkohol.[40,159,189]

Weitere Methoden zur Gehaltsbestimmung s. Lit.[20,40,167,169,170,184,189]

Lagerung: Die Droge ist dicht verschlossen, vor Luft und Feuchtigkeit geschützt zu lagern.

Wirkungen: Nach dem heutigen Stand des Wissens werden die Flavonglykoside und Terpenlactone als wirksamkeitsbestimmende Inhaltsstoffgruppen der Ginkgoblätter betrachtet.

Zubereitung 1. Zubereitung 1, in der Literatur als EGb 761 bezeichnet, wurde ausführlich pharmakologisch untersucht.

Die in der Literatur beschriebenen Wirkungen des Extraktes lassen sich wie folgt zusammenfassen: Steigerung der Hypoxietoleranz, Schutz des Gehirngewebes vor den Auswirkungen der Hypoxie und Ischämie, Hemmung der Gehirnödementwicklung und Beschleunigung seiner Rückbildung,

Hemmung der altersbedingten Reduktion von muscarinergen Cholinozeptoren und α_2-Adrenozeptoren sowie Förderung der Cholinaufnahme im Hippocampus, Steigerung der Gedächtnisleistung und des Lernvermögens, Förderung der Kompensation von Gleichgewichtsstörungen, Verminderung des Retina-Ödems und von Netzhautzell-Läsionen, Förderung der Durchblutung, vorzugsweise im Bereich der Mikrozirkulation, Verbesserung der Fließeigenschaften des Blutes, Inaktivierung toxischer Sauerstoffradikale, Antagonisierung von PAF (platelet activating factor).

Der standardisierte Ginkgo-Extrakt erhöht bei hypobarer und hypoxischer Hypoxie die Hypoxietoleranz. Im Vergleich zu unbehandelten Kontrolltieren wird unter letalen hypoxischen Bedingungen 30 min nach Applikation des Extraktes die Überlebenszeit von Ratten bei einer Dosis von 100 mg/kg KG i. p. um das 1,5- bis 6fache gesteigert, bei Mäusen dosisabhängig um das 1,5- bis 3fache (100 mg/kg KG und 200 mg/kg KG i. p.).[42-44] Die Vorbehandlung (200 mg/kg KG/Tag p. o., 14 Tage) führt bei Ratten zu einer Verlängerung der Überlebenszeit um das Doppelte.[42] Unter Hypoxie ist im Vergleich zu unbehandelten Kontrolltieren der cerebrale Energiestoffwechsel bei Ratten nach Gabe von 100 mg/kg KG i. p. 30 min vor Eintritt des Sauerstoffmangels weniger beeinträchtigt, das Hirngewebe weist deutlich höhere Werte an Kreatinphosphat, ATP und Glucose und wesentlich niedrigere Werte an Lactat auf.[42,43] Die antihypoxischen Effekte des Extraktes sind auf die Nichtflavonoid-Fraktion des Extraktes zurückzuführen, wie in vergleichenden Untersuchungen mit 60 mg/kg KG i. p. der flavonfreien Fraktion nachgewiesen wurde.[43] Humanpharmakologisch wurde in einer placebokontrollierten Doppelblindstudie ein hypoxieprotektiver Effekt bei gesunden Probanden mit Hilfe eines oculodynamischen Tests nachgewiesen. Unter mehrmaliger Hypoxiebelastung traten bei den mit Extrakt (160 mg/Tag, 14 Tage) vorbehandelten Probanden im Vergleich zu Placebo signifikant kürzere Augeneinstell- und Wahlreaktionszeiten auf.[102]

Bei Ratten mit partieller cerebraler Ischämie nach Injektion von Mikropartikeln in die Aorta carotis communis kommt es nach Vorbehandlung (100 mg/kg KG/Tag p. o. oder 20 mg/kg KG/Tag i. p., 3 Wochen) zu geringer ausgeprägtem neurologischem Defizit und Hirnödem und zu einer Reduktion der Mortalitätsrate im Vergleich zu unbehandelten Tieren.[45,46] Nach halbseitiger kompletter Ischämie der rechten Hirnhemisphäre durch ipsilaterale Carotisligatur bei der mongolischen Springmaus (Gerbil) bewirkt die 7tägige Vorbehandlung mit 50 mg/kg KG/Tag p. o. bzw. 10 mg/kg KG/Tag i. p. einen protektiven Effekt auf die Atmungskettenfunktion der Mitochondrien, eine Hemmung des Hirnödems und der Ausprägung neurologischer Störungen, beurteilt anhand eines "Stroke-Index".[47] Auch für die Ginkgolide und Bilobalid wurde eine Cerebroprotektion nach Ischämie nachgewiesen: Am Modell der 10minütigen bilateralen Carotisligatur mit anschließender Reperfusion wurde bei Gerbils gezeigt, daß die 1wöchige Vorbehandlung mit Ginkgolid A, C und J (jeweils 10 mg/kg KG/Tag p. o.) sowie von Ginkgolid B (5 und 10 mg/kg KG/Tag p. o.) den "Stroke-Index", der bei den operierten, nicht medikamentös behandelten Kontrolltieren 4 h nach der Ligatur einen Wert von 11,6 aufwies, auf 6,4, bzw. 5,8 (5 bzw. 10 mg Ginkgolid B) und 6,6 (Ginkgolid A) reduziert; die mitochondriale Atmung wird durch Ginkgolid B in beiden Dosierungen weitgehend normalisiert. Von den Ginkgoliden erweist sich das Ginkgolid B am wirksamsten, wie auch die Ergebnisse nach i. p. Applikation von 10 mg/kg KG des Ginkgolids 10 min vor und 1 h nach Reperfusion zeigen, wobei es neben der Abnahme des Stroke-Index und der mitochondrialen Beeinträchtigung zu einer Hemmung des Hirnödems kommt.[48] 50 mg/kg KG Ginkgolid B, 1 h vor experimenteller Vorderhirnischämie durch 10minütiges Abklemmen der Carotiden bei Ratten p. o. verabreicht, reduzieren den postischämischen Untergang von Neuronen im CA 1-Band des Hippocampus gegenüber unbehandelten Kontrollen um 35 %.[49] Am Modell der fokalen cerebralen Ischämie der Maus nach Okklusion der Aorta cerebralis media (MCA) führt die s. c. Applikation von 2 bis 20 mg/kg KG Bilobalid 30 min vor Ischämiebeginn zu einer dosisabhängigen Verminderung des Infarktbezirks, wobei bereits 5 mg/kg KG Bilobalid im Vergleich zu unbehandelten Kontrollen statistisch signifikant cerebroprotektiv wirken.[50]

Ginkgo-Extrakt hemmt bei der Ratte das experimentelle cytotoxische Hirnödem durch Triethylzinn (TET), Hexachlorophen und Bromethalin. Der Extrakt (100 mg/kg KG/Tag p. o.) wirkt protektiv auf das durch diese Substanzen induzierte Ödem.[51-54,57] Durch den Extrakt kommt es zu einem verminderten oder ausbleibenden Anstieg des cerebralen Wasser- oder Na^+-Gehaltes (z. B. TET: H_2O-Gehalt 81,08 %, Na^+-Gehalt 319,8 mmol/kg Trockenmasse, TET + Extrakt: H_2O-Gehalt 78,57 %, Na^+-Gehalt 179,3 mmol/kg, Kontrolle: H_2O-Gehalt 78,30 %, Na^+-Gehalt 182,9 mmol/kg),[53] zu geringer ausgeprägten neurologischen Intoxikationszeichen, zu verminderter Körpergewichtsabnahme (z. B. Hexachlorophen: 228 g, Hexachlorophen + Extrakt: 253 g, Kontrolle: 266 g)[57] oder, beim TET-Ödem, zu histologisch nachweisbarer Reduktion der Auflockerung von Myelinschichten und der Vakuolenbildung in der weißen Substanz.[53] Bilobalid, gleichzeitig mit Hexachlorophen oder Triethylzinn gegeben, vermindert in der Dosis von 5 bzw. 10 mg/kg KG p. o. ebenfalls den Ausprägungsgrad des Hexachlorophen- bzw. TET-Ödems.[57] Der auch kurative antiödematöse Effekt des Extraktes wurde beim TET-Modell nachgewiesen, wobei der Extrakt (100 mg/kg KG/Tag p. o.) nach Absetzen des TET 1 bis 4 Wochen verabreicht wurde.[52,55,56] Neben einer Wiederzunahme der Dichte der weißen Substanz[55] und einer Abnahme des cerebralen Wasser- und Na^+-Gehaltes wurde elektronenmikroskopisch und histochemisch bei den mit dem Extrakt behandelten Tieren eine Aktivierung der Astrocyten, die das durch TET geschädigte Myelin phagocytierten, festgestellt.[56]

Der Extrakt (100 mg/kg KG/Tag p. o.) übt bei Ratten eine protektive und kurative Wirkung auf eine durch TET hervorgerufene Neuropathie aus, die

durch zeitlich kürzere (6 Tage anstelle von 14 Tagen), zur Hirnödembildung noch nicht ausreichende TET-Gabe erzeugt wurde. Der Extrakt hemmt oder reduziert die TET-bedingte Abnahme des Körpergewichtes sowie des Futter- und Wasserverbrauchs und verkürzt die durch TET verlängerte Schmerzreaktionszeit im Hot-Plate-Test.[51,57]
Bei der wachen, normoxischen Ratte erhöht Ginkgo-Extrakt (130 mg/kg KG i. v.) und, in quantitativ ähnlicher Weise, die Nichtflavonfraktion (60 mg/kg KG i. v.), den mit Hilfe einer autoradiographischen Methode (^{14}C-Iodantipyrintechnik) bestimmten lokalen cerebralen Blutfluß in nahezu allen untersuchten Regionen um 50 bis 100 %.[43,58] Der Extrakt (100 mg/kg KG 15 und 45 min nach Ischämie-Ende) vermag die postischämische Hypoperfusion nach 10minütiger Vorderhirnischämie bei Ratten deutlich abzuschwächen.[61] Bei einer klinisch-pharmakologischen Untersuchung an Patienten mit cerebrovaskulärer Erkrankung wurde mit Hilfe der Xenon-Clearance-Methode festgestellt, daß der Extrakt nicht nur zu einer Zunahme der Hirndurchblutung in der gesamten Hemisphäre um 8,4 % führt, sondern auch zu einer Zunahme der Gewebsperfusion im ischämisch geschädigten Areal und in dessen Umgebung.[103]
Intravitalmikroskopisch wurde an Piaarteriolen der narkotisierten Katze nach i. v. Infusion des Extraktes (0,3 mg/kg KG/min) eine Dilatation der Gefäße um 7 % nach 20 min und um 21 % nach 1 h beobachtet.[59] Die i. v. Gabe von 2 bis 25 mg/kg KG des Extraktes führt bei Kaninchen zu einer dosisabhängigen Verkürzung der Spasmusdauer eines durch topische Applikation von autologem Serum erzeugten Spasmus von Arteriolen der Hirnoberfläche.[60]
Der Extrakt erhöht, im Gegensatz zum Cholinesterasehemmer Tacrine, die Cholinaufnahme im Hippocampus *in vivo* und *in vitro*. Während durch den Extrakt (50 und 100 mg/kg KG/Tag p. o., 30 Tage, 24 Monate alte Tiere) die Cholinaufnahme bei alten Ratten mit der niedrigeren Dosis und *in vitro* (15 und 30 µg/mL) mit beiden Konzentrationen signifikant ansteigt, nimmt unter Tacrine die Cholinaufnahme sowohl *in vivo* (5 und 10 mg/kg KG/Tag p. o., 3 Monate, 22 Monate alte Tiere) als auch *in vitro* (20 bis 50 ng/mL) ab und erreicht bei den höchsten Dosen statistische Signifikanz im Vergleich zu unbehandelten Kontrolltieren.[104] Die altersbedingte Abnahme der Zahl der α_2-Adrenozeptoren im Hippocampus 24 Monate alter Ratten wird durch die chronische Extrakt-Gabe (5 mg/kg KG i. p.) gehemmt; der um 25 bis 32 % bei unbehandelten alten Ratten reduzierte B_{max}-Wert für die ^3H-Rauwolscin-Bindung wird durch den Extrakt um 28 % auf den Wert 4 Monate alter Tiere angehoben.[62] Eine 4wöchige Behandlung mit 100 mg/kg KG p. o. des Extraktes vermag bei 24 Monate alten Ratten den altersbedingten Rückgang der Zahl der muscarinergen Cholinozeptoren im Hippocampus um ca. 20 % auf einen Wert anzuheben, der der Rezeptorendichte im Gehirn junger, 3 Monate alter Ratten entspricht.[63] Bei jungen Ratten findet sich keine Beeinflussung beider Neurotransmitter. Der Extrakt potenziert einige für Cholinergika typische Effekte wie die antihypoxische und analgetische Wirkung. So wird bei Mäusen im Hypoxie-Test die Verlängerung der Überlebenszeit durch Physostigmin (0,2 mg/kg KG s. c. 1 h vor Versuchsbeginn) oder Pilocarpin (2 mg/kg KG i. p.) durch die additive Gabe von 50 mg/kg KG Ginkgo-Extrakt p. o. nochmals um den Faktor 2,3 erhöht, die Cholinergika-bedingte Verlängerung der Reaktionszeit im Hot-Plate-Test nach Kombination mit Ginkgo-Extrakt verdoppelt. Scopolamin als Anticholinergikum antagonisiert die durch den Extrakt hervorgerufene Verlängerung der Überlebenszeit.[67]
Bei der durch Scopolamin verursachten Amnesie der Ratte zeigt sich im Passive-Avoidance-Test, daß mit dem Extrakt (150, 300, 400, 500 mg/kg KG i. p.), Piracetam (1.500, 3.000 mg/kg KG i. p.) und Dihydroergocristinmesilat (0,45, 3,6 mg/kg KG i. p.) eine gegenüber den Kontrolltieren signifikante Verlängerung der Latenzzeit als Ausdruck einer Abschwächung der Gedächtnisstörung erzielt werden kann, wenn auch mit diesen Substanzen die maximalen Effekte der Cholinesterasehemmer Tacrine (1 und 3 mg/kg KG i. p.) und Galanthamin (0,3 bis 10 mg/kg KG i. p.) nicht erreicht wurden. Nicergolin (5 bis 30 mg/kg KG i. p.) und Raubasin (1,8 bis 43,2 mg/kg KG i. p.) waren bei diesem Modell wirkungslos.[64] Lernfähigkeit und Gedächtnisleistung wurden in einem Belohnungstest an 9 bzw. 13 Wochen alten Mäusen nach 4- und 8wöchiger Vorbehandlung und Weiterbehandlung während der Trainingsphase (30 Tage) und Testphase (10 Wochen) durch den Extrakt (100 mg/kg KG/Tag p. o.) verbessert. Bei einigen Teilaufgaben waren die Ergebnisse nach 8wöchiger Vorbehandlung besser als nach 4wöchiger Vorbehandlung.[65] In aktiven und passiven Vermeidungstests kommt es bei 24 Monate alten Ratten, nicht jedoch bei 8 Monate alten Tieren, zu dosisabhängiger Steigerung der Lernfähigkeit und des Gedächtnisses nach Verabreichung von 25 und 50 mg/kg KG des Extraktes entweder i. v. 1 h vor Testbeginn oder s. c. täglich ab einer Woche vor Testbeginn. Nach subchronischer Gabe bei der höheren Dosis wird auch die Immobilität der Tiere verringert und auf die bei den jungen unbehandelten Tieren ermittelten Werte reduziert.[66]
Im Bereich des Innenohres wurde bei der Katze die Wirkung des Extraktes (8,75 mg/kg KG i. v.) auf die Cochleadurchblutung nach hypotensiver Ischämie untersucht. Die Halbwertszeiten der Wasserstoffclearance verringern sich als Zeichen einer Durchblutungssteigerung durch den Extrakt von 13,2 ± 3,3 min auf 8,9 ± 3,0 min. Die i. v. Applikation volumengleicher NaCl-Lösung beschleunigt die Wasserstoffauswaschvorgänge in der Cochlea nicht.[68]
Nach unilateraler vestibulärer Neurektomie bei Katzen beschleunigt die postoperative Behandlung mit Ginkgo-Extrakt (50 mg/kg KG/Tag i. p., 30 Tage) die Kompensation der Gleichgewichtsstörungen und Wiedererlangung der lagebedingten, lokomotorischen und oculomotorischen Reflexe.[69] Die nach Labyrinthschädigung entstandene vestibuläre Dekompensation bei Ratten wird durch die Verabreichung des Extraktes (50 mg/kg KG/Tag i. p., 73 Tage postoperativ) im Vergleich zu unbehandel-

ten Tieren innerhalb eines kürzeren Zeitraums gebessert.[70]
Am Auge bewirkt beim Kaninchen die 14tägige Vorbehandlung (100mg/kg KG/Tag p.o.) eine Verminderung des Ödems der Photorezeptoren um 49% und der Desorganisation der bipolaren Zellen um 90% nach Photokoagulation der Retina mittels Argon-Laser.[71] Bei Ratten (Alloxan-Diabetes) führt die 14tägige Vorbehandlung vor Diabetesinduktion und anschließende 2monatige Dauerbehandlung (200mg/kg KG/Tag p.o.) zu einer geringeren Amplitudenabnahme der b-Welle im Elektroretinogramm.[72] Bei der isolierten, einem Lipidperoxidationsprozeß ausgesetzten Retina von Ratten verzögert sich die Zeit bis zur 50%igen Abnahme der b-Wellenamplitude im Elektroretinogramm um das Doppelte. Retina-Ödem, Neutrophilenmigration und Elektrolytverschiebungen in der Netzhaut als Reperfusionsfolgen nach Ischämie durch Okklusion der Arteria retinae werden durch die Gabe des Extraktes (100mg/kg KG p.o. vor Anästhesiebeginn) in gleicher Weise vermindert wie durch Verabreichung von Superoxiddismutase (15.000 U/kg KG i.v. 5min vor Reperfusionsbeginn).[74,75]
An intakten menschlichen Erythrocyten wurde mit hochauflösenden mikrorheologischen Methoden *in vitro* eine dosisabhängige Zunahme der Plastizität der Erythrocytenmembran nach Zugabe von 3,3 bis 330 µg/mL Extrakt auf deutlich übernormale Werte erreicht. Die reduzierte Membransteifigkeit wurde auch an gesunden Probanden nach parenteraler (1 × 200mg i.v. Infusion) und nach p.o. Gabe (200mg/Tag, 10 Tage) sowie bei Patienten mit arterieller Verschlußkrankheit nachgewiesen.[76,77] *In vitro* wird die Erythrocytenaggregation durch 3,5 und 7 µg/mL Extrakt deutlich gehemmt; mit Hilfe der Filtrometrie, die nur gröbere Veränderungen zu erfassen vermag, wurde jedoch keine Beeinflussung der Erythrocytenflexibilität gesehen.[78] Im Rahmen einer placebokontrollierten Doppelblindstudie kam es bei Patienten mit Claudicatio intermittens unter standardisierter ergometrischer Belastung im Akutversuch nach i.v. Gabe von 35mg Extrakt zu einer im Vergleich zu Placebo signifikanten Abnahme der Erythrocytenaggregation, der Vollblutviskosität bei niedrigen und hohen Schergraden sowie der Plasmaviskosität.[80] In einer offenen Studie an Patienten mit erhöhtem Fibrinogenspiegel und erhöhter Plasmaviskosität führte die Extraktgabe (240mg p.o., 12 Wochen) zu einer Senkung des Fibrinogens, der viskösen und elastischen Komponente der Vollblutviskoelastizität, der Plasmaviskosität und der Erythrocytenaggregation.[97] Bei Patienten nach apoplektischem Insult und mit erhöhtem hämorheologischen Parametern bewirkte die Infusion des Extraktes (350mg/Tag, 10 Tage), mit niedermolekularem Dextran als Trägerlösung, eine deutliche Abnahme der viskoelastischen Parameter des Blutes 5 und 10 Tage nach Behandlungsbeginn, während in der nur mit der Trägerlösung behandelten Kontrollgruppe keine Veränderungen der Viskoelastizität gefunden wurden.[82] Während einer Langzeitbehandlung über einen Zeitraum von mehr als 3 Monaten kam es zunehmend im Verlauf der Therapie (240mg/Tag p.o.) zu einer Senkung der Viskoelastizität und der Plasmaviskosität bei Patienten mit Arteriosklerose.[83] In einer kontrollierten Doppelblindstudie an Patienten mit erhöhten Viskoelastizitätsparametern wurde nach 4tägiger Infusion des Extraktes (200mg/Tag i.v. in 250mL physiol. NaCl-Lösung) eine im Vergleich zur Kontrollgruppe (250mL physiol. NaCl-Lösung) signifikante Abnahme der Vollblutviskosität und -elastizität bei unveränderter Plasmaviskosität sowie eine Zunahme der Mikrozirkulation im Hautbereich beobachtet.[84] Die orale Dosis von 1 × 600mg führte bei gesunden Probanden zu einer deutlichen Hemmung der Thrombocytenaggregation nach Stimulierung mit PAF, ADP und Adrenalin, wobei die Wirkung auf die PAF-induzierte Plättchenaggregation am stärksten ausgeprägt war.[85] Nach 7tägiger Gabe von 240mg/Tag p.o. wurde bei gesunden Probanden eine Hemmung der PAF-induzierten Thrombocytenaggregation sowie der Spontanaggregation festgestellt.[86] Bei einer placebokontrollierten Doppelblindstudie an Patienten mit Hirnleistungsstörungen und erhöhtem Gefäßrisiko wurde im Verlauf der Behandlung (120mg/Tag p.o., 12 Wochen) eine kontinuierliche Abnahme der Thrombocytenaggregation nachgewiesen.[87] In einer placebokontrollierten Doppelblindstudie an gesunden Probanden wurde nach Extrakteinnahme (240mg/Tag p.o., 3 Tage) eine Hemmung der belastungsbedingten Leukocytenrigidifizierung festgestellt: Die Verminderung der Filtrationsrate betrug unter Verum lediglich 4,4% gegenüber einem Wert von 11,2% unter Placebo.[88]
Zum Wirkmechanismus sind bisher folgende Rückschlüsse möglich:
Der standardisierte Ginkgo-Extrakt besitzt die Fähigkeit, aggressive freie Sauerstoffradikale abzufangen und die Lipidperoxidation zu hemmen sowie den plättchenaktivierenden Faktor PAF zu antagonisieren. Diesen Wirkmechanismen wird ein wesentlicher Teil der Extrakteffekte zugeschrieben, wobei die Radikalfängereigenschaften den Flavonglykosiden und der PAF-Antagonismus den Ginkgoliden zugeordnet werden können.[61,91–96,160]
Der Wirkungsmechanismus des neuroprotektiv wirkenden Bilobalids ist bisher nicht geklärt. Bei der Hemmung des Hirnödems, bei ischämischer Retinaschädigung, bei der Förderung der Synthese des vasorelaxierend wirkenden Prostacyclins und der Thrombocytenaggregationshemmung sowie bei der Reduktion der Erythrocytenrigidität wurde ein Zusammenhang mit den Radikalfängereigenschaften des Extraktes nachgewiesen.[54,55,73–75,93,99]
Ein Bezug des PAF-Antagonismus zur Hemmung von Hirnödem und postischämischer cerebraler Schädigung, zur Verbesserung der nach Ischämie beeinträchtigten regionalen Hirndurchblutung und zur Hemmung der Thrombocytenaggregation wurde ebenfalls belegt.[48,85,86,100,101]
Zubereitung 2. Der Extrakt wird in der Literatur als LI 1370 bezeichnet:
Für den Extrakt wurde eine Durchblutungssteigerung im Bereich der Mikrozirkulation und eine Verbesserung der Fließeigenschaften des Blutes beschrieben: An durch Lactatacidose geschädig-

ten Mikrogefäßen im Versorgungsgebiet der Arteria mes. sup. der Ratte wurde mit Hilfe der Intravitalmikroskopie 20 min nach i. v. Applikation des Extraktes (50 mg/kg KG) eine Zunahme der Erythrocyten-Fließgeschwindigkeit um 313 %, eine tendenzielle Abnahme der Aggregation von Erythrocyten und Thrombocyten sowie der Leukocytenadhäsion beobachtet. Nach lokaler perivaskulärer Applikation einer alkoholfreien Extraktlösung (0,03 bis 3 mg/mL) auf das geschädigte Areal kam es dosis- und zeitabhängig innerhalb von 6 min zu einem Anstieg der Erythrocyten-Fließgeschwindigkeit bis zum 6fachen des Kontrollwertes.[185]
In einer placebokontrollierten Doppelblindstudie wurde bei gesunden Probanden 2 h nach Einnahme des Extraktes (1 × 112 mg) eine signifikante Reduktion der Erythrocytenaggregation um 15,6 % registriert, die mit einer cutanen Mikrozirkulationssteigerung um 57 % verbunden war. Hämatokrit, Plasmaviskosität, Erythrocytenrigidität und die spontante Thrombocytenaggregation wurden nicht beeinflußt.[79]
Bei Patienten mit Hypertonie und Fundus hypertonicus (Stadium 1) wurde in einer placebokontrollierten Doppelblindstudie bei den mit Verum (300 mg/Tag p. o., 6 Wochen) behandelten Patienten eine tendenzielle Abnahme der Erythrocytenaggregation und -filtrationszeit, eine signifikante Abnahme der Plasmaviskosität und der arterio-venösen Kreislaufzeit sowie eine Zunahme des retinalen Blutflusses nachgewiesen.[81]
Ergebnisse klinischer Prüfungen.
Zubereitung 1.
Hirnleistungsstörungen:
Angaben zur Methodik: CGI Item 2,[190] SCAG,[199] SKT,[200] Zahlenverbindungstest,[201,202] Zahlensymboltest,[203] NAB,[204] Crichton-Skala,[205] Sakkaden-Test.[194,196]
In einer multizentrischen Studie an 209 ambulanten Patienten mit präseniler und seniler Demenz vom Alzheimer Typ und Multiinfarkt-Demenz, die alle derzeit geforderten wesentlichen Methodenstandards für Nootropikaprüfungen erfüllte, wurde die Wirksamkeit des Extraktes (240 mg/Tag p. o., 24 Wochen) belegt. Beim multiplen Vergleich der Responder in bis zu 3 primären Zielgrößen (CGI Item 2, SKT, NAB) zeigte sich eine Verum-Placebo-Differenz von 20 % ($p < 0,01$) mit Verbesserungen in mindestens 2 von 3 Zielvariablen nach 24 Wochen. Bei Item 2 der CGI (Clinical Global Impressions) kam es unter Verum zu einer Zustandsänderung "um viel oder sehr viel besser" bei 32 % der Patienten gegenüber 17 % unter Placebo ($p < 0,05$); beim SKT (Syndrom-Kurz-Test) nahm die Punktezahl um mindestens 4 Punkte bei 38 % der Patienten unter Verum gegenüber 18 % unter Placebo ab ($p < 0,005$). Unter Verum betrug die mittlere prozentuale Verbesserung der Aufmerksamkeits- und Gedächtnisleistungen im SKT nach 24 Wochen 21,6 %, unter Placebo 7,1 %, entsprechend einer Verum-Placebo-Differenz von 14,5 %. Der Extrakt war bei Patienten mit Demenz vom Alzheimer Typ und Multiinfarkt-Demenz gleichermaßen wirksam.[110]
Bei 40 Patienten mit mittelschwerer Demenz vom vaskulären oder Alzheimer Typ sowie Mischformen waren bei 3 Zielgrößen, entsprechend einer Wirksamkeit auf psychopathologischer, psychometrischer und Verhaltensebene, in der mit dem Extrakt (4mal pro Woche 200 mg i. v. in 250 mL physiol. NaCl-Lösung, 4 Wochen) behandelten Patientengruppe signifikant bessere Ergebnisse gegenüber Placebo (250 mL physiol. NaCl-Lösung) zu verzeichnen. Bei CGI Item 2 wurden bei 17 Patienten unter Verum und bei 7 Patienten unter Placebo Besserungen erzielt ($p < 0,0001$); beim Kurztest für allgemeine Intelligenz (KAI) war in der Verumgruppe bei 9 Patienten, in der Placebogruppe bei 1 Patienten eine Verbesserung des Intelligenzquotienten zu beobachten ($p < 0,05$); bei der NAB (Nürnberger-Alters-Beobachtungs-Skala) erfolgte unter Verum eine Abnahme des Gesamtscores von 23,6 auf 19,7, unter Placebo von 21,8 auf 21,7 ($p < 0,01$). Darüber hinaus zeigten sich für die Begleitgrößen Selfrating Depression Scale (SDS), Veränderung des Hauptsymptoms (meist Vergeßlichkeit) und Nürnberger-Alters-Aktivitäten-Skala (NAA) ebenfalls Vorteile für die Verumgruppe.[124]
Sowohl auf psychometrischer Ebene als auch auf Symptom- und neurophysiologischer Ebene wurde bei 40 hospitalisierten Patienten mit seniler Demenz vom Alzheimer Typ in einer Studie von 3 Monaten unter der Therapie mit 240 mg/Tag p. o. eine statistisch zu sichernde Überlegenheit gegenüber Placebo beobachtet. In der Verumgruppe sank die Punktezahl bei der Zielgröße SKT von 17 auf 12, während er in der Placebogruppe von 15 auf 17 anstieg ($p < 0,001$). Bei dem mit dem Wiener-Determinations-Testgerät untersuchten Reaktionsvermögen wurden unter Verum Normalwerte erreicht, während die Reaktionswerte unter Placebo im pathologischen Bereich verblieben. Der Summenscore der SCAG-Skala verringerte sich durch den Extrakt von 70 auf 47 Punkte ($p < 0,005$), wobei sich von 18 Einzelitems der Skala 14 deutlich besserten; unter Placebo kam es zu keinen Veränderungen. Im EEG verringerte sich der Theta-Wellenanteil des Theta/Alpha-Quotienten von 79,4 % auf 61,9 % bei unverändertem Placebowert von 78 % ($p < 0,01$). Beim Sakkadentest nahmen, im Gegensatz zu Placebo, Latenz und Dauer der Sakkaden ab, die Geschwindigkeit nahm zu ($p < 0,0001$).[111]
Bei 40 Patienten mit ebenfalls primär degenerativer Demenz führte die 3monatige Behandlung mit täglich 120 mg p. o. zu einer Verum-bedingten Verringerung des Summenscores der SCAG-Skala von 71,8 auf 47,9 Punkte (Placebo: Von 70,3 auf 68,6) und der Crichton-Skala von 23,4 auf 17,9 Punkte (Placebo: Von 25,1 auf 24,6). Im Zahlensymboltest kam es in der Verum-Gruppe zu einem Anstieg von 16,2 auf 18,8 Punkte (Placebo: Absinken von 14,9 auf 13,9 Punkte), im Zahlen-Nachsprechtest zu einem Anstieg von 7,7 auf 9,5 Punkte (Placebo: Abnahme von 7,7 auf 7,5). Die Flimmerverschmelzungsfrequenz stieg unter Extraktbehandlung von 39,6 auf 41,4 Hz an (Placebo: Abnahme von 38,9 auf 38,5 Hz), die Reaktionszeit verringerte sich von 1,96 auf 1,63 s (Placebo: Abnahme von 1,85 s auf

1,83 s). Bei allen Meßparametern ergab sich eine statistisch sicherbare Überlegenheit gegenüber Placebo.[112]
Bei 40 Patienten mit chronischen Hirnleistungsstörungen wurde durch die Extraktbehandlung (120 mg/Tag p. o., 8 Wochen) im Zahlensymboltest eine Verbesserung von 25,72 auf 43,45 Punkte, durch Placebo von 28,21 auf 32,50 Punkte erreicht ($p < 0{,}05$); beim Zahlen-Nachsprechen stieg die Punktezahl unter Verum von 6,54 auf 11,0 Punkte, unter Placebo von 6,64 auf 7,21 Punkte ($p < 0{,}01$). In der geriatrischen Skala nach Plutchik, einer Skala zur Beurteilung des Verhaltens, ergab sich eine Überlegenheit des Extraktes gegenüber Placebo hinsichtlich der Besserung des Sozialverhaltens, der geistigen Verwirrtheit, der Kommunikationsschwierigkeiten, der Sorgfalt und der Notwendigkeit physischer Hilfestellung.[121]
In 2 weitgehend gleich angelegten, voneinander unabhängigen Studien an 36 hospitalisierten Patienten mit hirnorganischem Psychosyndrom bzw. 24 hospitalisierten Patienten mit Hirnleistungsstörungen und erhöhtem Gefäßrisiko dienten als Beurteilungskriterien das quantifizierte EEG, die Geschwindigkeit der sakkadischen Augenbewegungen, psychometrische Tests (Wiener-Determinations-Test, Zahlenverbindungstest) und, bei den Patienten mit erhöhtem Gefäßrisiko, ein "venöser Mikroembolie-Index" als Maß der Thrombocytenaggregation. Die Behandlung erfolgte mit 120 mg EGb761/Tag p. o. bzw. Placebo über einen Zeitraum von 2 bzw. 3 Monaten. Im Vergleich zu Placebo besserten sich unter Verum signifikant die pathologischen EEG-Befunde durch Abnahme des Theta-Wellenanteils, die Reaktions- und Konzentrationstests und der Sakkadentest. Der venöse Mikroembolie-Index nahm, als Zeichen eine thrombocytenaggregationshemmenden Wirkung des Extraktes, unter Verum von 2,6 auf 1,3 ab, während er unter Placebo gleichbleibend 2,6 betrug ($p < 0{,}001$ ab 4 Wochen).[87,114]
Bei 40 ambulanten Patienten mit cerebrovaskulärer Insuffizienz kam es durch die Extraktbehandlung (120 mg/Tag p. o., 12 Wochen) zu einer Abnahme der Werte im SCAG-Summenscore von 33 auf 22 Punkte, bei mit 34 und 33 Punkten fast unveränderten Werten in der Placebogruppe ($p = 0{,}0005$). Bei den Einzelitems zeigte sich die Wirkung des Extraktes vor allem auf Störungen des Kurzzeitgedächtnisses, der geistigen Wachsamkeit und das Symptom Schwindel. Beim SKT erfolgte eine Abnahme von 7 auf 3,5 Punkte durch Verum bei nur geringfügiger Veränderung unter Placebo. Mittels vierstufiger Rating-Skalen ergaben sich bei den Symptomen Kopfschmerzen, Ohrgeräusche und Schwindel ebenfalls für Verum deutliche Unterschiede im Vergleich zu Placebo.[115]
In einer 1-Jahres-Langzeitstudie an 166 Patienten mit cerebraler Insuffizienz sank unter Extraktbehandlung (160 mg/Tag p. o.) der Summenscore einer klinisch-geriatrischen Skala (EACG), deren Items im wesentlichen mit denen der SCAG-Skala übereinstimmen, von 47,41 Punkten auf 37,35, unter Placebo von 48,42 Punkten auf 43,8 ($p < 0{,}01$, Placebovergleich).[116]
Bei der psychometrischen, computerisierten Erfassung von Kurzspeicherkapazität und Grundlerngeschwindigkeit zeigte sich an 72 ambulanten Patienten mit Cerebralinsuffizienz am Ende der Behandlungsphase nach 24 Wochen für die Kurzspeicherkapazität eine statistisch signifikante Differenz zwischen Verum und Placebo zugunsten der mit dem Extrakt (160 mg/Tag p. o.) behandelten Patientengruppe. Die IQ-Werte der Kurzspeicherkapazität stiegen unter Verum von 93,5 auf 107,5, unter Placebo von 93,8 auf 95,8 ($p = 0{,}018$). Der Effekt auf die Lerngeschwindigkeit war geringer ausgeprägt.[117]
Mit zusätzlicher Gabe des Extraktes (160 mg/Tag p. o., 3 Monate) zu einem Gedächtnistraining konnten in einer Studie an 80 ambulanten Probanden mit beginnender Gedächtnisstörung (Alter über 55 Jahre) im Hinblick auf die Endbeurteilung die besten Ergebnisse im Vergleich zu Placebo und Training erzielt werden.[122]
Das Symptom "depressive Verstimmung" bei Hirnleistungsstörungen war Gegenstand einer Studie an 60 Patienten, die über einen Zeitraum von 12 Wochen Extrakt (120 mg/Tag p. o.) bzw. Placebo erhielten. Hauptzielgröße war der Summenscore der Hamilton-Depressions-Skala (HAMD). In der Verumgruppe verringerte sich der Summenscore von 13,3 auf 7,3 Punkte, in der Placebogruppe von 15,0 auf 10,3 Punkte ($p < 0{,}05$).[118]
Auch bei primär therapieresistenter depressiver Verstimmung älterer Patienten mit Hirnleistungsstörungen, die nach mindestens 3monatiger Behandlung mit tri- und tetracyclischen Antidepressiva nicht zu einer zufriedenstellenden Remission kamen, zeigte sich im Rahmen einer Studie an 40 Patienten, daß durch den Extrakt (240 mg/Tag p. o., 8 Wochen), zusätzlich zur unverändert weitergeführten antidepressiven Medikation verabreicht, bereits nach 4wöchiger Zusatztherapie eine Abnahme des Gesamtscores der HAMD von 14 auf 7 erzielt wurde, der bis zum Behandlungsende weiter auf 3,5 absank; in der Placebogruppe sank der Score lediglich um einen Punkt und blieb auf diesem Niveau stabil ($p < 0{,}01$). Im Kurztest für allgemeine Intelligenz (KAI) kam es als Zeichen einer Zunahme der kognitiven Leistungsfähigkeit und Informationsverarbeitungsgeschwindigkeit unter Verum zu einem Anstieg um 15 Punkte von 82,5 auf 97,5 Punkte gegenüber einem Anstieg in der Placebogruppe um 4 Punkte ($p < 0{,}02$).[119]
Typische Symptome der cerebrovaskulären Insuffizienz, wie z. B. depressive Verstimmung, Angstzustände, Schwindel, Kopfschmerzen, Ohrensausen, wurden in einer Studie an 50 stationären Patienten durch den Extrakt (120 mg/Tag p. o., 30 Tage) mit gegenüber Placebo statistisch sicherbarer Überlegenheit gebessert ($p < 0{,}0005$).[120]

– Periphere arterielle Verschlußkrankheit (pAVK):
Bei 60 austrainierten Patienten mit pAVK im Stadium IIb nach Fontaine, die trotz Gehtraining keine weitere Steigerung der Gehstrecke aufwiesen, führte die Therapie mit dem Extrakt (120 mg/Tag p. o., 24 Wochen) zu einem Gehstreckengewinn mit einer statistisch sicherbaren Überlegenheit gegenüber Placebo 8, 16 und 24 Wochen nach Therapiebeginn

(p < 0,001). Die Zunahme der schmerzfreien Gehstrecke betrug 46,9 m unter Verum und 11,3 m unter Placebo. 31 % der Patienten erreichten durch den Extrakt eine mindestens 60 %ige Verlängerung der Gehstrecke gegenüber 0 % der Patienten in der Placebogruppe (p < 0,002).[131]
Durch Behandlung von 36 Patienten des Stadiums IIb nach Fontaine mit physikalischem Training und Extrakt (160 mg/Tag p.o., 24 Wochen) bzw. Placebo wurde mit Verum und Gehtraining eine Verlängerung der schmerzfreien Gehstrecke um 152,2 m und mit Placebo plus Gehtraining um 90 m erreicht (p < 0,01).[132]
In einer Studie an 80 Patienten mit Stadium IIb nach Fontaine kam es durch Verum (120 mg/Tag p.o., 24 Wochen) zu einem Zuwachs der schmerzfreien Gehstrecke von 64,3 m und unter Placebo zu einer Zunahme von 30 m (p < 0,05).[133]
In einer älteren Crossover-placebokontrollierten Doppelblindstudie von 12 Wochen Dauer wurde die an 29 Patienten im Stadium II nach Fontaine ermittelte schmerzfreie Gehstrecke durch Verum (160 mg/Tag p.o., jeweils 6 Wochen) in der 1. und 2. Behandlungsphase um 77 bzw. 55,6 % verlängert; unter Placebo erfolgte in der 1. Therapiephase eine Gehstreckenverlängerung um 3,7 %, in der 2. Phase im Anschluß an die Verumbehandlung eine Abnahme um 21,8 % (p < 0,002).[102]
Bei einer kontrollierten Vergleichsstudie an 36 Patienten im Stadium IIb nach Fontaine fand sich unter der Therapie mit dem Extrakt (160 mg/Tag p.o., 26 Wochen) bzw. Buflomedil (600 mg/Tag p.o., 26 Wochen) bezüglich der Verlängerung der schmerzfreien Gehstrecke eine statistisch sicherbare Überlegenheit gegenüber der Behandlung mit Buflomedil (p < 0,05).[134]
Eine Studie an 64 Patienten zeigte, daß im Stadium III nach Fontaine die präoperative Infusionstherapie mit dem Extrakt (200 mg/Tag i.v. in 500 mL physiol. NaCl-Lösung, 8 Tage) die Schmerzsymptomatik deutlicher zu beeinflussen vermochte als Placebo (500 mL physiol. NaCl-Llösung/Tag i.v.). In der Verumgruppe wurde auf einer analogen Schmerzskala eine Reduktion des Wertes von 60,68 mm auf 29,90 mm, in der Placebogruppe von 51,41 mm auf 38,78 mm verzeichnt (p < 0,04).[135]
In einer referenzkontrollierten Doppelblindstudie an 40 Patienten im Stadium III und IV nach Fontaine wurde eine Abnahme der auf einer visuellen Analogskala ermittelten Schmerzintensität um 2,48 Punkte und eine Zunahme des transcutanen Sauerstoffpartialdruckes am Fußrücken des stärker betroffenen Beines um 6 mm Hg durch Extraktbehandlung (200 mg/Tag i.v. in 500 mL physiol. NaCl-Lösung, 3 Wochen) verzeichnet. Die Ergebnisse waren damit, ebenso wie der reduzierte Analgetikaverbrauch, mit denen der Referenzsubstanz Naftidrofuryl (400 mg/Tag i.v. in 500 mL physiol. NaCl-Lösung) vergleichbar.[103]
– Tinnitus, Schwindel, Hörsturz:
In 2 placebokontrollierten Doppelblindstudien an 99 bzw. 103 Patienten mit Tinnitus kam es durch Extrakt-Therapie (120 bzw. 160 mg/Tag p.o., 3 Monate) zu einer Abnahme der Tinnitus-Lautstärke am stärker betroffenen Ohr von 42,3 dB auf 39,0 dB, durch Placebo zu einem Anstieg von 44,1 dB auf 45,1 dB (p < 0,02) bzw. zu einer Abnahme der Tinnitusintensität durch Verum um 1 Punkt auf einer 4stufigen Skala gegenüber einer Reduktion durch Placebo um 0,67 Punkte (p < 0,05).[136,137]
Bei 35 Patienten mit vestibulärem Schwindel konnte in einer placebokontrollierten Doppelblindstudie der Effekt einer Basisbehandlung mit physikalischer Trainingsbehandlung durch die zusätzliche Therapie mit Extrakt (160 mg/Tag p.o., 4 Wochen) im Gegensatz zu Placebo deutlich gesteigert werden. Mit Hilfe der Posturographie wurde gezeigt, daß sich unter Verum-Trainingsbehandlung die Schwankamplitude um –22,2 mm und unter Placebo-Trainingsbehandlung um –10,3 mm verringerte.[138]
Bei 70 Patienten mit durchschnittlich seit 4 Monaten bestehender Schwindelsymptomatik wurde in einer placebokontrollierten Doppelblindstudie festgestellt, daß die Therapie mit Verum (160 mg/Tag p.o., 3 Monate) den Schwindel, beurteilt anhand eines Gesamtscores, der Intensität, Frequenz und Dauer der Symptomatik erfaßte, und anhand einer visuellen Analogskala, im Gegensatz zu Placebo, deutlich besserte (p < 0,05).[139]
Die Lateralschwankungsbreite im Cranio-Corpo-Gramm wurde in einer placebokontrollierten Doppelblindstudie an 33 Patienten mit starker subjektiver Schwindelsymptomatik unter Extraktbehandlung (120 mg/Tag p.o., 12 Wochen) von 19,4 auf 10,3 cm, unter Placebogabe von 18,5 auf 15,8 cm reduziert (p < 0,005).[105]
Bei 80 Patienten mit Hörsturz wurde im Rahmen einer 3wöchigen randomisierten referenzkontrollierten Studie nach Therapie mit Extrakt bzw. Naftidrofuryl (täglich morgens i.v. Infusion mit 175 mg Extrakt bzw. 400 mg Naftidrofuryl, abends 80 mg Extrakt bzw. 200 mg Naftidrofuryl p.o.) für die Zielgröße relativer Hörgewinn am stärker betroffenen Ohr ein deutlicher Vorteil für die mit Extrakt behandelten Patienten beobachtet (p = 0,07 und 0,06 grenzwertig signifikant zugunsten des Extraktes nach 2 und 3 Wochen). Für die Anzahl der Patienten, deren Hörvermögen den Wert vor dem Hörsturz erreichte, war die Überlegenheit des Extraktes statistisch auffällig (p = 0,03); das gleiche galt mit p-Werten von p = 0,05 für die Verbesserung der subjektiv vom Patienten bewerteten Tinnitusintensität nach 2 und 3 Wochen. Auch bei absolutem Hörgewinn, Tinnituslautstärke sowie der Zeit bis zur Wiederherstellung des Hörvermögens wurden günstigere Werte in der Extraktgruppe ermittelt.[181]
In einer randomisierten Vergleichsstudie bei 52 Patienten mit akutem einseitigem Hörsturz führte die 9tägige Infusionstherapie mit Extrakt (200 mg/Tag i.v.) bzw. Piracetam (12 g/Tag i.v.) und anschließende 6wöchige orale Weiterbehandlung (Extrakt 160 mg/Tag bzw. Piracetam 2,4 g/Tag) zu einer Senkung der Hörschwelle im Frequenzbereich von 250 bis 3.000 Hz um –15,5 dB (Extrakt) bzw. –5,25 dB (Piracetam) nach Abschluß der Infusionstherapie und um insgesamt –18,4 dB (Extrakt) bzw. um –6,2 dB (Piracetam) bei Behandlungsende (p < 0,05).[140]

– Sehstörungen:
24 Patienten mit cerebroretinaler Mangeldurchblutung wurden in einer randomisierten Doppelblindstudie nach gemeinsamer Placebophase dosisgestaffelt mit Ginkgo-Extrakt (Gruppe A: 80 mg/Tag p.o., 4 Wochen, danach 160 mg/Tag, 4 Wochen; Gruppe B: 160 mg/Tag p.o., 8 Wochen) behandelt. Beim Zielparameter der Studie, der Leuchtdichten-Unterschiedsempfindung, kam es zu einer deutlichen Zunahme der Netzhautempfindlichkeit um + 1,94 dB bei den Patienten der Gruppe B; bei Gruppe A wurde nach Überwechseln auf die höhere Dosierung ein sprunghafter Anstieg um + 2,32 dB beobachtet. Die prozentuale Empfindlichkeit geschädigter Netzhautpunkte wurde stärker beeinflußt als die gesunder. Zusätzlich verbesserten sich in Gruppe B der korrigierte Fern- bzw. Nahvisus am schlechteren Auge um 0,2 bzw. 1,4 Stufen sowie die begleitenden Farbsinnstörungen.[141]
Bei 20 Patienten mit seniler Makuladegeneration, die in einer placebokontrollierten Doppelblindstudie Extrakt (160 mg/Tag p.o., 6 Monate) bzw. Placebo erhielten, zeigten sich am Ende der Behandlung signifikante Unterschiede zu Placebo im Hinblick auf den Fernvisus. Die Visuszunahme durch den Extrakt betrug 0,23 ($p < 0,05$).[142]
In einer offenen Vergleichsstudie gegen Placebo wurde bei 10 Patienten mit seniler Makuladegeneration ebenfalls eine Visusverbesserung durch den Extrakt (120 mg/Tag p.o., 6 Monate) festgestellt, die 0,15 betrug. Gleichzeitig wurde eine Verkürzung der arterio-venösen Passagezeit von 3,32 s auf 2,48 s beobachtet; bei Placebo betrugen die Werte 2,74 s vor und 2,45 s nach Therapie.[98]
In einer placebokontrollierten Doppelblindstudie an 29 Patienten mit eingestelltem Diabetes mellitus und beginnender diabetischer Retinopathie mit blau-gelb Dyschromatopsie wurde das Farbsehvermögen bei den mit Extrakt (160 mg/Tag p.o., 6 Monate) behandelten Patienten im Vergleich zu Placebo verbessert, wobei der Gruppenunterschied bei den Patienten ohne ischämische Zone in der Retina (Verum: $n = 9$, Placebo: $n = 10$) zugunsten von Verum statistisch sicherbar war ($p < 0,05$).[113]
In einer Vergleichsstudie mit Heparin an 20 Patienten mit seit weniger als 2 Tagen zurückliegendem Verschluß der Vena centralis retinae oder eines ihrer Äste bewirkte die einleitende Infusionstherapie und p.o. Weiterbehandlung (Extrakt: 200 mg/Tag i.v., 10 Tage, anschließend 160 mg/Tag p.o., 80 Tage; Heparin: 500 I.E./kg KG/Tag, 10 Tage, anschließend Extrakt 160 mg/Tag p.o., 80 Tage) in der Extraktgruppe eine Verbesserung des auskorrigierten Fernvisus um 0,39 und des Nahvisus um 5,8 Grade auf der Parinaud-Skala. Angiographisch zeigte sich besonders eine Rückbildung des Ödems. Bei der initial mit Heparin behandelten Gruppe wurden demgegenüber eine Visusverbesserung um 0,25 bzw. 4,1 Grade beim Nah- und Fernvisus und eine geringere Ödembeeinflussung beobachtet.[143]
– Polyneuropathie:
Bei 60 Patienten mit sensorimotorischer diabetischer Polyneuropathie verbesserten sich in einer placebokontrollierten Doppelblindstudie die Kalt-Warm-Diskriminationsschwellen von 3,25 °C auf 1,68 °C in der Verumgruppe (360 mg/Tag p.o., 6 Monate) und von 3,39 °C auf 2,62 °C in der Placebogruppe.[144]
Die Kombination des Extraktes (100 mg/Tag i.v., 14 Tage, anschl. 180 mg/Tag p.o., 14 Tage) mit Folsäure (15 mg/Tag i.v., 14 Tage, anschl. 5 mg/Tag p.o., 14 Tage) bewirkte in einer placebokontrollierten Doppelblindstudie an 40 Patienten mit diabetischer Polyneuropathie im Vergleich zur alleinigen Therapie mit Extrakt bzw. Folsäure bzw. Placebo einen gegenüber den anderen Gruppen signifikanten Anstieg der motorischen Nervenleitgeschwindigkeit des Nervus peron. comm. von 39,7 m/s auf 44,9 m/s ($p = 0,001$). Die kombinierte Behandlung besserte auch den Schweregrad der Schmerzsymptomatik bzw. der Par- oder Dysästhesien signifikant gegenüber den anderen Gruppen ($p < 0,001$ bzw. $p < 0,05$).[145]
Zubereitung 2.
– Hirnleistungsstörungen:
In einer multizentrischen Studie an 303 ambulanten Patienten mit Hirnleistungsschwäche konnten unter Verum (150 mg/Tag p.o., 3 Monate) im Vergleich zu Placebo signifikante Besserungen durch Verum bei 8 von 11 typischen Symptomen, insbesondere bei Gedächtnislücken, Kopfschmerzen und Ohrensausen nachgewiesen werden ($p < 0,01$). Im Zahlenverbindungstest kam es in der Verumgruppe zu einer Verkürzung der Durchführungszeit um 25 %, unter Placebo um 14 % ($p < 0,01$). Das ärztliche Gesamturteil zur Wirksamkeit zeigte eine signifikante Überlegenheit der Verumgruppe ($p < 0,001$).[125]
Auch bei einem Kollektiv von 99 ambulant behandelten Patienten mit Hirnleistungsstörungen wurde im Verlauf der Extrakt-Therapie (150 mg/Tag p.o., 3 Monate) eine im Vergleich zu Placebo deutliche Überlegenheit der Verum-Therapie auf die Besserung von 8 der 11 typischen Symptome, wie Gedächtnislücken, Vergeßlichkeit, Konzentrationsschwäche, Ermüdbarkeit, Leistungsminderung, Antriebsarmut, Schwindel ($p < 0,01$) und Ohrensausen beobachtet ($p < 0,05$).[126]
Bei 50 ambulanten Patienten mit degenerativer oder vaskulärer Demenz kam es durch Verum (150 mg/Tag p.o., 3 Monate) im SKT zu einer Abnahme des Scores von ca. 5,3 auf ca. 1, durch Placebo von ca. 6,8 auf ca. 5,4 ($p < 0,001$). Im Zahlenverbindungstest verkürzte sich die Durchführungszeit in der Verumgruppe von ca. 33 s auf ca. 26 s, nicht dagegen in der Placebogruppe; wegen größerer Streuungen in der Placebogruppe waren bei diesem Test die Unterschiede Verum versus Placebo nicht signifikant. Bei Behandlungsende bestand ein Gruppenunterschied für 7 von 11 typischen Symptomen zugunsten von Verum, insbesondere bei den Symptomen Schwindel und Kopfschmerzen ($p < 0,001$).[127]
Das Leitsymptom depressive Verstimmung wurde, ebenso wie andere typische Symptome, durch Extraktbehandlung (160 mg/Tag p.o., 6 Wochen) bei einer Studie an 60 Patienten mit cerebraler Insuffizienz statistisch signifikant im Vergleich zu Placebo gebessert. Die Wirkung trat unter stationärer Behandlung 2 bis 4 Wochen nach Beginn der Therapie

ein und nahm bis zum Ende der 6wöchigen Behandlungsperiode weiter zu.[123]
Bei 50 stationären Patienten mit hirnorganischem Psychosyndrom erfolgte die Wirksamkeitsbeurteilung des Extraktes (150 mg/Tag p.o., 6 Wochen) durch psychometrische Tests (Wiener-Determinationsgerät und Zahlenverbindungstest) und neurophysiologische Meßmethoden (Sakkadentest, EEG-Analyse und Messung evozierter Potentiale). Bei allen 5 Zielkriterien ergab sich im Gruppenvergleich zwischen Verum und Placebo eine Überlegenheit von Verum (p < 0,001). Bei den "richtigen Reaktionen" mit dem Wiener-Determinationsgerät kam es unter Verum zu einer Verschiebung aus dem leicht pathologischen Bereich in den Normalbereich gegenüber einer Verschlechterung unter Placebo; im Zahlenverbindungstest nahm unter Verum die Durchführungszeit um etwa 10 s ab bei nahezu unveränderten Werten unter Placebo. Beim Sakkadentest verminderte sich unter Verum die Dauer der schnellen Augenbewegungen im Mittel um 55, die Sakkadenlatenz um 85 ms, die Sakkadengeschwindigkeit stieg um 150 Grad/s an, unter Placebo wurden auch hier die Befunde nicht beeinflußt. Im EEG wurde eine Abnahme des Theta-Anteils sowohl in der Placebo- als auch in der Verumgruppe beobachtet, wobei die Abnahme unter Verum jedoch stärker ausgeprägt war. Bei den evozierten Potentialen nahm die Amplitude P300 ausschließlich in der Verumgruppe zu.[128]
Bei 16 Patienten mit den Zeichen einer cerebralen Insuffizienz und einem im Normbereich liegenden EEG-Befund wurde im circadianen Schlafentzugsmodell gezeigt, daß der Extrakt (150 mg/Tag p.o., 2 Monate), im Gegensatz zu Placebo, nachts unter Schlafentzug zu einer Abnahme der Leistung im Theta-Band und einer Zunahme des Alpha-Slow-Wave-Index (ASI) im Sinne einer Vigilanzsteigerung führte.[129]
Eine weitere Studie wurde an 52 ambulanten Patienten mit vaskulär bedingter Demenz durchgeführt (150 mg/Tag p.o., 3 Monate). Als Prüfkriterien wurden der Zahlenverbindungstest A, der Grünberger verbale Gedächtnistest und das Global-Urteil des Arztes zur Wirksamkeit erfaßt. Infolge ausgeprägter Placebo-Effekte, die überraschenderweise auch bei den psychometrischen Testverfahren beobachtet wurden, waren die Unterschiede zwischen Verum und Placebo nur bei dem Grünberger verbalen Gedächtnistest statistisch signifikant (p < 0,05), nicht dagegen bei den anderen Zielkriterien.[186]
90 Patienten mit cerebraler Insuffizienz und Beschwerden im Sinne der "CI(Cerebrale-Insuffizienz)-Skala" von mehr als 19 Punkten wurden doppelblind in 11 Fachpraxen behandelt (150 mg/Tag p.o., 3 Monate). Die Verlaufskontrolle erfolgte unizentrisch mittels einer psychometrischen Testbatterie (Mini-Mental-Status, Mehrfach-Wortschatz-Test-A, Demenz-Pseudodemenz-Differenzierungsbogen, Kurzform der Ischämie-Skala nach Hachinski, CI-Skala). Damit wurden die allgemeinen Basisgrößen der Intelligenz, der Grundreaktionszeit, der Aufmerksamkeit, der Umstellungsfähigkeit, der visuellen Merkfähigkeit und der Gedächtnisspanne geprüft. Gegenüber der Placebo-Behandlung kam es zu signifikant ausgeprägteren Leistungssteigerungen, darunter insbesondere einer Stabilisierung der Qualität von Informationsverarbeitungsprozessen, der Verbesserung der Aufmerksamkeit bei schneller Orientierung und Neuanpassung, der Verbesserung der Gedächtnisleistung hinsichtlich der visuellen Merkfähigkeit sowie einer Beschwerdereduktion und Abnahme auffälliger Verhaltensweisen.[187]
In einer Studie an 50 ambulanten Patienten mit schweren kognitiven Defiziten noch 7 bis 24 Monate nach Aneurysma-Operation wegen Subarachnoidalblutung fand sich unter Verum (150 mg/Tag p.o., 12 Wochen), im Vergleich zu Placebo, eine Verbesserung des Kurzzeitgedächtnisses auf verbaler Ebene (p < 0,05) sowie eine Verbesserung der Reaktionszeit und eine Reduktion der Fehlreaktionen (p < 0,01) bei der Testung der Aufmerksamkeit mit der Zimmermann-Test-Batterie. Die Besonderheit dieser Studie lag neben der Indikation im Einschluß vieler jüngerer Patienten (21 bis 63 Jahre), die weder eine Multiinfarkt- noch eine Alzheimer Demenz aufwiesen; die beobachtete Wirksamkeit war nicht altersabhängig.[130]

Resorption: *Zubereitung 1.* Bei Ratten wurde nach p.o. Verabreichung von ^{14}C-radioaktiv markiertem Extrakt eine Resorptionsrate von 60% ermittelt. Die Ginkgolide zeigen beim Menschen nach p.o. Applikation von 80 mg des Extraktes eine sehr gute absolute Bioverfügbarkeit von 98 bis 100% (Ginkgolid A) und 79 bis 93% (Ginkgolid B). Für Bilobalid wurde beim Menschen nach p.o. Gabe von 120 mg des Extraktes eine absolute Bioverfügbarkeit von mehr als 70% festgestellt.
Zubereitung 2. An 2 gesunden Probanden wurde die Resorption der Flavonolglykoside und -aglyka nach einmaliger p.o. Gabe von 50, 100 und 300 mg der Zubereitung untersucht. Aus der HPLC-Bestimmung der Summe der nach Hydrolyse erhaltenen Aglyka Isorhamnetin, Kämpferol und Quercetin wurde geschlossen, daß die Eliminationshalbwertszeit der Flavonglykoside im Bereich von 2 bis 4 h liegt, sich im untersuchten Dosierungsbereich eine lineare Beziehung zwischen der Dosis und den maximalen Plasmaspiegeln andeutet.

Verteilung: *Zubereitung 1.* ^{14}C-Extrakt, Ratte, p.o.: Im Plasma war die Maximalkonzentration nach 1,3 h erreicht. Die Halbwertszeit der Radioaktivität lag bei 4,5 h. Ein erneuter Anstieg der Plasmakonzentration nach 12 h deutete auf einen enterohepatischen Kreislauf hin. Eine Anreicherung fand sich cerebral besonders im Bereich des Hippocampus, Hypothalamus und Corpus striatum, außerdem im okulären (Linse, Glaskörper, Retina) und endokrinen (Nebennieren, Schilddrüse) Gewebe.[106]
Mensch, p.o.: Nach Gabe von 80 mg Extrakt lagen die maximalen Plasmakonzentrationen bei 15 ng/mL für Ginkgolid A und 4 ng für Ginkgolid B. Die maximale Plasmakonzentration von Bilobalid lag bei 18,8 ng/mL (nach 120 mg Extrakt).[108]
Im Pharmako-EEG konnte in einer Studie an 12 gesunden jungen Probanden mit placebokontrolliertem Doppelblind-Crossover-Design nachgewiesen

werden, daß sowohl der Gesamtextrakt (240 mg/Tag p.o., 3 Tage) als auch Fraktion 1 des Extraktes, bei der selektiv Bilobalid entfernt wurde (240 mg/Tag p.o., 3 Tage), und Fraktion 2, bei der selektiv die Terpenlactone entfernt wurden (240 mg/Tag p.o., 3 Tage), cerebral bioverfügbar waren, wobei die Schwerpunkte der hirnelektrischen Aktivität nach Gabe der Fraktionen 1 bzw. 2 im frontalen bzw. temporobasalen Bereich lagen und der Gesamtextrakt Veränderungen in beiden Hirnregionen hervorrief.[107]

Elimination: *Zubereitung 1.* ^{14}C-Extrakt, Ratte, p.o.: Nach 72 h waren 38 % der Gesamtradioaktivität über die Lunge, 22 % über den Urin und 29 % über die Faeces ausgeschieden.[106] Mensch, p.o., i.v: Die Eliminationshalbwertszeiten betrugen ca. 4 h (Ginkgolid A) und ca. 7 h (Ginkgolid B). Die Eliminationshalbwertszeit von Bilobalid betrug 3,2 h. Nach i.v. Gabe wurden Halbwertszeiten von 3,5 h (Ginkgolid A) bzw. 5,5 h (Ginkgolid B) und von 3,2 h (Bilobalid) gemessen.[108]
Zubereitung 2. Mensch, p.o.: Aus der HPLC-Bestimmung der Summe der nach Hydrolyse erhaltenen Aglyka Isorhamnetin, Kämpferol und Quercetin wurde geschlossen, daß die Eliminationshalbwertszeit der Flavonglykoside im Bereich von 2 bis 4 h liegt, und daß nach 24 h, auch in der höchsten Dosierung, die Flavonolglykoside vollständig eliminiert werden (Erfassungsgrenze 0,6 ng/mL).[109]

Anwendungsgebiete: Für Zubereitung 1 (s. Zubereitungen) sind folgende Anwendungsgebiete zugelassen:[188]
Hirnleistungsstörungen (nachlassende intellektuelle Leistungsfähigkeit und Vigilanz) mit den Symptomen Schwindel, Ohrensausen, Kopfschmerzen, Gedächtnisschwäche, Stimmungslabilität mit Ängstlichkeit. Periphere arterielle Durchblutungsstörungen mit erhaltener Durchblutungsreserve (intermittierendes Hinken). Als unterstützende Behandlung eines infolge Zervikalsyndroms beeinträchtigten Hörvermögens.
Für Zubereitung 2 gelten die Anwendungsgebiete: Hirndurchblutungsstörungen mit Beschwerden wie z.B. Konzentrationsschwäche, Vergeßlichkeit, Gedächtnislücken, Verwirrtheit, Schwindel, Kopfschmerzen, Ohrensausen.
Anmerkungen.
Mit Zubereitung 1 und Zubereitung 2 wurden zahlreiche placebokontrollierte Doppelblindstudien durchgeführt.[110–120,122–130,186,187] Die Wirksamkeitsbeurteilung erfolgte auf psychopathologischer Ebene anhand Clinical Global Impressions (CGI) "Item 2", der Sandoz Clinical Assessment Geriatric Scale (SCAG) oder mit Symptomenskalen, auf der Ebene objektivierender Leistungsverfahren mit psychometrischen Tests, wie z.B. dem Syndrom-Kurz-Test (SKT), Zahlenverbindungstest, Zahlensymboltest oder Tests am Wiener-Determinationsgerät, auf Verhaltensebene mit Hilfe der Nürnberger-Alters-Beobachtungs-Skala (NAB) oder der Crichton-Skala, und, auf neurophysiologisch-funktionsdynamischer Ebene, mit quantitativer EEG-Analyse oder der Veränderung sakkadischer Augenbewegungen im Sakkaden-Test.
Bei Patienten mit peripherer arterieller Verschlußkrankheit des Stadiums II nach Fontaine wurde mit Zubereitung 1 in kontrollierten Studien beim Intergruppenvergleich eine statistisch signifikante Verlängerung der schmerzfreien Gehstrecke unter standardisierten Bedingungen zugunsten des Ginkgo-Extraktes ermittelt.[102,131–134]
Für ein infolge Zervikalsyndroms beeinträchtigtes Hörvermögen liegen mit Zubereitung 1 zwar klinische Erfahrungen, jedoch keine kontrollierten Studien vor. Die Beeinflussung otologisch bedingter Funktionsstörungen mit den Symptomen Tinnitus, Schwindel oder Hörsturz wurde mit Zubereitung 1 ausführlicher in kontrollierten Studien untersucht.[105,136–140,181]

Dosierung und Art der Anwendung: *Zubereitung 1.* Tagesdosis für p.o. Anwendung: 120 mg Extrakt.[87,112,114,115,118,120,121,158] In klinischen Studien wurden auch höhere Tagesdosen von 160 mg[102,113,116,117,122,132,134,137–139] und 240 mg[110,111,119] verabreicht.[1]
Tagesdosis für die parenterale Anwendung: 50 bis 100 mg Extrakt (i.m., langsam i.v.), 100 bis 200 mg Extrakt (i.v. Infusion). Als Trägerlösungen für die Infusionsbehandlung eignen sich physiologische Kochsalzlösung, niedermolekulare Dextrane oder HAES.
Zubereitung 2. Tagesdosis für p.o. Anwendung: 90 bis 120 mg Extrakt.[158,189] Die klinischen Studien wurden mit den höheren Tagesdosen von 150 mg[125–130,187] und 160 mg Extrakt[123] durchgeführt.

Volkstümliche Anwendung und andere Anwendungsgebiete: In der traditionellen chinesischen Medizin bei Asthma, Bluthochdruck, Ohrensausen und Angina pectoris.[146,153] In Frankreich bei chronisch venöser Insuffizienz.[161] Die Wirksamkeit bei den genannten Anwendungsgebieten ist nicht belegt.
Zubereitung 1: Vaskulär oder degenerativ bedingte Retinopathien, bei Verschluß der Vena centralis retinae oder eines ihrer Äste[98,113,141–143] sowie bei Polyneuropathien.[144,145] Die genannten Indikationen sind zwar bisher nicht zugelassen, doch liegen kontrollierte Studien vor, die auf eine Wirksamkeit hindeuten.

Dosierung und Art der Anwendung: *Droge.* In der traditionellen chinesischen Medizin: Tagesdosis 3 bis 6 g Blätter als Infus;[146,153,161] bei Asthma auch als Inhalation des Decoctes:[197]
Andere Anwendungsgebiete: Dosierung mit Fertigarzneimitteln, die Zubereitung 1 enthalten, s. Wirkungen.

Unerwünschte Wirkungen: Bei p.o. Applikation: Sehr selten leichte Magen-Darm-Beschwerden, Kopfschmerzen oder allergische Hautreaktionen.
Bei parenteraler Applikation: Sehr selten Magen-Darm-Beschwerden und, besonders bei allergischer Disposition, Kreislaufregulationsstörungen (Blutdruckabfall, Schwindel, Kopfschmerzen) oder allergische Hautreaktionen.
Zur Frage der Häufigkeit von Nebenwirkungen wurde bei 1.357 niedergelassenen Ärzten mit Zubereitung 2 eine Studie bei 13.565 Patienten durchge-

führt. 10.815 dieser Patienten erhielten für mindestens 3 Monate das Ginkgo-Präparat (120 mg/Tag p. o.). Differenziert nach der Hachinski-Skala hatten 40 % der Patienten eine vaskuläre und 28 % eine primär degenerative Demenz, in 32 % wurde ein Mischtyp diagnostiziert. Unter der Behandlung mit dem Ginkgo-Präparat traten bei 183 Patienten (1,69 %) Nebenwirkungen auf. Am häufigsten wurden Übelkeit (37 Fälle = 0,34 %), Kopfschmerzen (24 = 0,22 %), Magenbeschwerden (15 = 0,14 %), Diarrhö (15 = 0,14 %) und Allergien (10 = 0,09 %), Unruhe/Angst (8 = 0,07 %) und Schlafstörungen (6 = 0,06 %) genannt. Insgesamt waren die Nebenwirkungen wesentlich seltener als unter der Therapie mit anderen Nootropika (5,42 % bei 2.141 Patienten). Nebenwirkungen, die zum Abbruch der Therapie geführt hätten, wurden in keinem Fall beobachtet.[191]

Beeinflussung des Reaktionsvermögens: Eine Beeinflussung des Reaktionisvermögens durch Ginkgo-Extrakt ist bislang nicht bekannt.

Abhängigkeitspotential: Hinweise auf physische und/oder psychische Abhängigkeit liegen nicht vor.

Schwangerschaft: Erfahrungen über die Anwendung in der Schwangerschaft liegen nicht vor. Embryotoxische bzw. teratogene Effekte beim Menschen sind bisher nicht bekannt geworden.

Stillperiode: Erfahrungen über die Anwendung in der Stillperiode liegen nicht vor.

Gegenanzeigen/Anwendungsbeschr.: Überempfindlichkeit gegen Ginkgo-biloba-Extrakte.

Wechselwirkungen: Berichte über Wechselwirkungen mit anderen Arzneistoffen bzw. Therapien sind derzeit nicht bekannt.
Es besteht eine physikalisch-chemische Unverträglichkeit der Injektionslösung (Zubereitung 1) mit Kälberblutextrakten. Die Injektionslösung (Zubereitung 1) soll nicht in Mischung mit anderen Arzneistoffen, insbesondere nicht mit Kälberblutextrakten, verabreicht werden.
Wechselwirkungen zwischen Zubereitung 1 und den zur Infusionsbehandlung empfohlenen Trägerlösungen (physiologische NaCl-Lösung, niedermolekulare Dextrane, HAES = Poly[*O*-2-hydroxyethyl]stärke) wurden nicht beobachtet.

Tox. Inhaltsstoffe u. Prinzip: Ginkgo-biloba-Extrakte sind bislang bei kurzfristiger oder chronischer Anwendung mit keiner relevanten klinischen Toxizität in Erscheinung getreten.[160,191]

Akute Toxizität: Die bei der Bestimmung der LD-Werte der Zubereitung 1 beobachtete Symptomatik war unspezifisch und umfaßte im wesentlichen Muskelzuckungen und Krämpfe, gefolgt von Atonie und Adynamie.[148]

Chronische Toxizität: Subchronische Toxizitätsstudien mit Zubereitung 1 wurden bei der Ratte (15 bis 100 mg/kg KG/Tag i. p.) für die Dauer von 12 Wochen und beim Hund (7,5 bis 30 mg/kg KG/Tag i. v. bzw. 5 mg/kg KG/Tag i. m.) für die Dauer von 8 Wochen durchgeführt.
Die chronische Toxizität wurde bei Ratte und Hund während einer 6 Monate dauernden Studie geprüft. Verabreicht wurden täglich 20 und 100 mg/kg KG bzw. ansteigend 300, 400 und 500 mg/kg KG/Tag (Ratte) sowie 20 und 100 mg/kg KG bzw. ansteigend 300, 400 mg/kg KG/Tag (Hund) p. o.; Hunde reagierten auf den Extrakt empfindlicher als Ratten. Nach Dosierungen von 100 mg/kg KG p. o. wurden ab dem 60. Behandlungstag im Kopfbereich leichte transitorische vasodilatatorische Effekte mit den Zeichen einer Cephalgie beobachtet; nach der höchsten Dosis von 400 mg/kg KG (entsprechend einer Dosis von 24 g bei einem 60 kg schweren Menschen) waren die Störungen ausgeprägter und traten ab dem 35. Behandlungstag auf.
Die Daten ergaben keinerlei Anhaltspunkte für biochemische, hämatologische oder histologisch nachweisbare Schäden. Leber- und Nierenfunktion waren nicht beeinträchtigt.[148]

Carcinogenität: Zubereitung 1 erwies sich in einer Carcinogenitätsstudie von 104 Wochen Dauer nach täglicher p. o. Gabe von 4, 20 und 100 mg/kg KG bei der Ratte als nicht cancerogen.[150]

Mutagenität: In 4 Mutagenitäts-Tests, dem Ames-Test (S.-typhimurium-Stämme TA 1535, 1537, 1538, 98 und 100, Extraktdosis bis 10 mg/Platte, mit und ohne metabolischer Aktivierung mit Rattenleber S9-Mix), dem Host-Mediated-Assay (Maus, S.-typhimurium-Stamm TA 1537, Extrakt-Dosis bis zu 20 g/kg KG p. o.), dem Micronucleus-Test (Maus, Extraktdosis bis zu 20 g/kg KG p. o.) und dem Chromosomenaberrationstest (menschliche Lymphocyten, Extraktdosis bis zu 100 µg/mL) wurde kein mutagenes Potential der Zubereitung 1 nachgewiesen.[151]

Reproduktionstoxikologie: Die Untersuchungen wurden mit 100, 400 und 1.600 mg/kg KG/Tag der Zubereitung 1 p. o. bei der Ratte und von 100, 300 sowie 900 mg/kg KG/Tag p. o. beim Kaninchen durchgeführt. Der Extrakt zeigte keine teratogenen, embryotoxischen oder die Reproduktion beeinträchtigenden Wirkungen.[149]

Sensibilisierungspotential: Für Ginkgolsäuren sind allergene Eigenschaften beschrieben.[38,146]
Im Popliteal-Lymphknotentest (PLT) bei der Maus, einem Testverfahren zum Nachweis von Substanzen mit kontaktallergenen oder systemische Autoimmunreaktionen auslösenden Eigenschaften, wurde gezeigt, daß die subplantare Injektion von Ginkgolsäuren aus Blättern in einem Dosisbereich von 1 × 62,5 bis 500 µg/Hinterpfote dosisabhängig zu einer Vergrößerung des ipsilateralen Popliteal-Lymphknotens als Ausdruck einer potentiell allergenen Wirkung führte.[192]
Durch das Herstellverfahren von Zubereitung 1 werden unerwünschte Begleitstoffe wie die Ginkgolsäuren weitgehend eliminiert.

Gewebeverträglichkeit: Die handelsübliche Injektionslösung von Zubereitung 1 mit 16,6 mg Extrakt/mL der gebrauchsfertigen Lösung erwies sich nach i. v., i. a., i. m., s. c. und paravenöser Applikation beim Kaninchen als gut gewebeverträglich und erzeugte keine Hämolyse.[152]

Toxikologische Daten: *LD-Werte.* LD_{50} (Zubereitung 1):

- Maus: 7.725 mg/kg KG p.o.; 1900 mg/kg KG i.p.; 1100 mg/kg KG i.v.
- Ratte: Die LD_{50} p.o. war nicht bestimmbar, da der Extrakt bis zur Dosis von 10 g/kg KG p.o. keine letalen Effekte zeigte und höhere Dosen nicht appliziert werden konnten. Ratte i.p. 2.100 mg/kg KG, i.v. 1.100 mg/kg KG.[148]

Sonst. Verwendung: *Kosmetik.* Ginkgo-Extrakte aus Blättern werden zur Hautpflege und in Haarwaschmitteln verwendet.[154,155]

Gesetzl. Best.: *Apothekenpflicht.* Präparate mit Zubereitung 1 und 2 aus Ginkgo-Blättern sind apothekenpflichtig.

Ginkgo-biloba-Samen

Synonyme: Semen Ginkgo.

Sonstige Bezeichnungen: Dt.: Ginkgonüsse (Samenkern), Ginkgosamen, fälschlicherweise auch Ginkgofrüchte; engl.: Ginkgo fruit, Ginkgo nuts, Ginkgo seeds; chinesisch: Baiguo.

Monographiesammlungen: Bai guo *ChinP IX.*

Definition der Droge: Die von der fleischigen Außenschicht befreiten Samen.

Stammpflanzen: *Ginkgo biloba* L.

a

b

Ginkgo biloba: **a** weibliche Pflanze mit zahlreichen Samen, **b** Ginkgo semen, die von der harzig-fleischigen Außenschicht befreiten Samen. Aus Lit.[198]

Herkunft: Sammeln der im Herbst abfallenden Samen.

Gewinnung: Die harzig-fleischige Außenschicht, die einen unangenehmen Geruch nach Buttersäure aufweist, wird abgerieben oder abgewaschen. Unmittelbar vor der Verwendung wird die Samenanlage aus der Steinschicht herausgelöst.

Ganzdroge: Die "Samen" sind länglich-eiförmig, ca. 2 cm lang, bis 1,5 cm dick, an beiden Enden etwas zugespitzt; grünlichgrau gefärbt.

Schnittdroge: Außen die holzige Sclerotesta; sie umgibt den ca. 2 cm langen Steinkern, der ellipsoidisch, leicht zusammengedrückt und deutlich 2- bis 3kantig ist. Der Steinschicht liegt noch eine papierartige Haut an, die Endotesta. Auf dem quergeschnittenen Samen erkennt man ein umfangreiches, weißliches bis grünliches Nährgewebe.[7]

Inhaltsstoffe: Eingehender untersucht ist die harzig-fleischige Außenschicht, die aber nicht in Drogenzubereitungen gelangt. Sie enthält (Mengenangaben fehlen) Ginkgolsäuren, Hydroginkgolsäuren, Ginkgol, Ginnol, Bilobol sowie 4'-Methoxypyridoxin.[11,153,165,166]
Die Samenanlage ("Nuts") enthält 68 % Stärke, 13 % Proteine, 3 % Lipide und 1,6 % Pentosane.

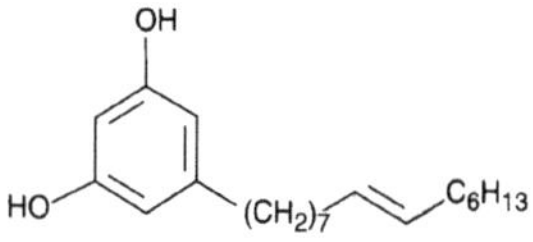

Bilobol

Volkstümliche Anwendung und andere Anwendungsgebiete: In der traditionellen chinesischen Medizin bei Asthma, bei Tuberkulose sowie bei Enuresis, Leukorrhö und Polyurie.[146,153,165,177] Die Wirksamkeit im Sinne der naturwissenschaftlich orientierten Medizin ist nicht belegt.

Dosierung und Art der Anwendung: *Droge.* Tagesdosis 6 bis 9 g als Tee (nähere Angaben fehlen).[146,153]

Tox. Inhaltsstoffe u. Prinzip: Durch den Gehalt an 4'-Methoxypyridoxin kann nach Verzehr oder Einnahme der Droge eine Krankheit hervorgerufen werden, bei der als Hauptsymptom Krämpfe auftreten. Man bezeichnet die Erscheinung als "Ginnansitotoxismus". Es wird vermutet, daß nicht nur Vitamin B_6 antagonisiert wird, sondern daß die Bildung von 4-Aminobuttersäure aus Glutamat im Gehirn gehemmt wird.[165,166]
Hinweis: In der fleischigen Außenschicht sind die Phenole vom Typus der Ginkgolsäuren und Ginkgole lokalisiert. Diese Phenole sind stark lokal hautreizende Stoffe. In Japan ist die Ginkgo-Dermatitis bekannt, die sich bei der Gewinnung der eßbaren Samenkerne beim Arbeiten mit ungeschützten Händen ausbilden kann.[38,146,162-164] Nach oraler Aufnahme kommt es zu schweren gastrointestinalen Entzündungserscheinungen. Die Ausscheidung über die Nieren führt später zu Nephritis.[153] Da die Außenschicht bei der Drogengewinnung entfernt wird, treffen die erwähnten akuten Intoxikationserscheinungen auf die Droge selbst nicht zu.

Sonst. Verwendung: *Haushalt.* Geröstete Samenanlagen (Samenkerne, "Nuts") werden in Ostasien als Delikatesse, ähnlich wie bei uns Pistazien, verwendet.[4,11,197]

Ginkgo biloba hom. *HAB 1*

Synonyme: Ginkgo.

Monographiesammlungen: Ginkgo biloba *HAB 1*.

Definition der Droge: Die frischen Blätter.

Stammpflanzen: *Ginkgo biloba* L.

Zubereitungen: Urtinktur und flüssige Verdünnungen nach *HAB 1*, Vorschrift 3a; Eigenschaften: Die Urtinktur ist eine grünbraune Flüssigkeit mit würzigem Geruch und stark adstringierendem Geschmack.
Darreichungsformen: Urtinktur, flüssige Verdünnungen, Tabletten, Verreibungen, Streukügelchen, flüssige Verdünnungen zur Injektion.[180]

Identität: *Urtinktur.* Nach Verdünnen der Urtinktur und Zugabe von Eisen(III)chloridlsg. färbt sich die Lsg. schmutzig-grün. Nach Zugabe von Magnesiumspänen und Salzsäure zur Urtinktur entsteht eine Dunkelrotfärbung. Nach Zusatz von Resorcin und Salzsäure zur Urtinktur entsteht eine Dunkelrotfärbung.
DC der Urtinktur:
- Referenzsubstanzen: Hyperosid, Quercetin, Rutin;
- Sorptionsmittel: Kieselgel H;
- FM: Ethylacetat-wasserfreie Ameisensäure-Wasser (80 + 10 + 10);
- Detektion: Besprühen mit Aluminiumchlorid-Reagenz, nach 10 min Auswertung im UV 365 nm;
- Auswertung: Nachweis eines charakteristischen Musters gelbgrün bzw. blau fluoreszierender Zonen.

Reinheit: *Urtinktur.*
- Relative Dichte *(PhEur)*: 0,905 bis 0,925.
- Trockenrückstand *(DAB)*: Mind. 3,5 %.

Lagerung: Vor Licht geschützt.

Anwendungsgebiete: Die Anwendungsgebiete entsprechen dem homöopathischen Arzneimittelbild. Dazu gehören: Mandelentzündung; Kopfschmerz; Schreibkrämpfe.[180]

Dosierung und Art der Anwendung: *Zubereitung.* Soweit nicht anders verordnet:
Bei akuten Zuständen häufige Anwendung alle halbe bis ganze Stunde je 5 Tropfen oder 1 Tablette oder 10 Streukügelchen oder 1 Messerspitze Verreibung einnehmen; parenteral 1 bis 2 mL bis zu 3mal täglich s. c. injizieren.
Bei chronischen Verlaufsformen 1- bis 3mal täglich 5 Tropfen oder 1 Tablette oder 10 Streukügelchen oder 1 Messerspitze Verreibung einnehmen; parenteral 1 bis 2 mL pro Tag s. c. injizieren.[180]

Unerwünschte Wirkungen: Nicht bekannt. Hinweis: Es können vorübergehend Erstverschlimmerungen vorkommen, die jedoch unbedenklich sind.[180]

Gegenanzeigen/Anwendungsbeschr.: Nicht bekannt.[180]

Gesetzl. Best.: *Offizielle Monographien.* Aufbereitungsmonographie der Kommission D beim BGA "Ginkgo biloba".[180]

Ginkgo biloba hom. *PFX*

Monographiesammlungen: Ginkgo biloba pour préparations homéopathiques *PFX*.

Definition der Droge: Die frischen Blätter.

Stammpflanzen: *Ginkgo biloba* L.

Zubereitungen: Urtinktur nach der Monographie "Préparations Homéopathiques" *PFX* mit Ethanol 65% (*V/V*); Eigenschaften: Die Urtinktur ist eine braungrüne Flüssigkeit mit herbem Geruch und schwachem Geschmack.

Identität: *Urtinktur.* Mit Magnesium und Salzsäure versetzt färbt sich die Urtinktur braunorange, mit Eisen(III)chloridlsg. dunkelgrün; beim Erhitzen mit Resorcin und Salzsäure entsteht eine dunkelrote Färbung.

Reinheit:
- Ethanolgehalt: Zwischen 60 und 70% (*V/V*).
- Trockenrückstand: Höher oder gleich 1,50%.
- DC-Chromatographie der Urtinktur: a) Referenzsubstanzen: Rutosid, Isoquercitrin; b) Sorptionsmittel: Kieselgel G; c) FM: Ethylacetat-Methylethylketon-Ameisensäureanhydrid-Wasser (50 + 30 + 10 + 10); d) Detektion: 1. Direktauswertung im UV 365 nm; Besprühen mit Naturstoffreagenz, Auswertung im UV 365 nm; 2. Besprühen eines zweiten identisch entwickelten Chromatogramms mit konz. Ammoniak, Auswertung im UV 365 nm; e) Auswertung: 1. Bei der Direktauswertung im UV 365 nm zeigen sich im Chromatogramm der Untersuchungslsg. 3 bräunliche Bande im unteren Rf-Bereich, eine weißrosa fluoreszierende unterhalb des Isoquercitrins (Rf 0,65) und eine rote Bande an der Front, nach der Behandlung mit Naturstoffreagenz zeigt sich ein charakteristisches Muster 8 farbiger Zonen. 2. Im 2. Chromatogramm erscheint eine leuchtend gelbe Zone bei Rf 0,60.

Ginkgo biloba hom. *HPUS 88*

Monographiesammlungen: Ginkgo biloba *HPUS 88*.

Definition der Droge: Die Blätter.

Stammpflanzen: *Ginkgo biloba* L.

Zubereitungen: *Urtinktur.* Herstellung durch Mazeration oder Perkolation der frischen oder getrockneten Droge mit EtOH nach den allg. Zubereitungsvorschriften (Class C) der *HPUS 88*. Ethanolgehalt 65% (*V/V*).

Gehalt: *Urtinktur.* Arzneigehalt $^1/_{10}$.

1. Müller I (1992) Pharm Unserer Zeit 21:201–205
2. Denffer D v, Ziegler H, Ehrendorfer F, Bresinsky A (1983) Lehrbuch der Botanik, Fischer, Stuttgart New York, S. 776
3. Pilger R (1926) Ginkgoaceae. In: Engler A, Prantl K (Hrsg.) Die natürlichen Pflanzenfamilien, Engelmann, Leipzig, Bd. 13
4. Michel PF (1986) Ginkgo biloba, Ein Baum besiegt die Zeit, Verlag Editions Felin, Paris
5. Li HL (1955) Mitt Dtsch Dendrolog Ges 59:10–21
6. Kubitzky K (1990) Ginkgoatae. In: Kramer KU, Green PS (Hrsg.) The Families and Genera of Vascular Plants I, Springer Verlag, Berlin Heidelberg New York
7. Melzheimer V (1992) Pharm Unserer Zeit 21:206–214
8. Ohwi J (1965) Flora of Japan, Smithsonian Institution, Washington (D.C.)
9. Weinges K, Bähr W (1972) Liebigs Ann Chem 759:158–172
10. Braquet P (Hrsg.) (1988) Ginkgolides – Chemistry, Biology, Pharmacology and Clinical Perspectives, JR Prous Science Publishers, Barcelona, Bd. 1
11. Hölzl J (1992) Pharm Unserer Zeit 21:215–223
12. Boralle N, Braquet P, Gottlieb OR (1988) Ginkgo biloba: A Review of its Chemical Composition. In: Braquet P (Hrsg.) Ginkgolides, JR Prous Science Publishers, Barcelona, Bd. 1, S. 9–25
13. Fisel J (1965) Naturwissenschaften 52:592
14. Weinges K, Bähr W, Kloss P (1968) Arzneim Forsch 18:537–539
15. Geiger H (1979) Z Naturforsch 34b:878–879
16. Weinges K, Bähr W, Kloss P (1968) Arzneim Forsch 18:539–543
17. Nasr C, Haag-Berrurier M, Lobstein-Guth A, Anton R (1985) Acta Agron Hung 34:73
18. Geiger H, Beckmann S (1965) Z Naturforsch 20b:1.139–1.140
19. Victoire C, Haag-Berrurier M, Lobstein-Guth A, Balz JP, Anton R (1988) Planta Med 54:245–247
20. Schennen A (1988) Neue Inhaltsstoffe aus den Blättern von Ginkgo biloba L. sowie Präparation ^{14}C-markierter Ginkgo-Flavone, Dissertation, Marburg
21. Nasr C, Haag-Berrurier M, Lobstein-Guth A, Anton R (1986) Phytochemistry 25:770–771
22. Nasr C, Lobstein-Guth A, Haag-Berrurier M, Anton R (1987) Phytochemistry 26:2.869–2.870
23. Briancon-Scheid F, Guth A, Anton R (1982) J Chromatogr 245:261–267
24. Baker W, Finch ACM, Ollis WD, Robinson KW (1963) J Chem Soc: 1.477–1.490
25. Briancon-Scheid F, Lobstein-Guth A, Anton R (1983) Planta Med 49:204–207
26. Baker W, Finch ACM, Ollis WD, Robinson KW (1959) Proc Chem Soc: 91–92
27. Miura H, Kihara T, Kawano N (1969) Chem Pharm Bull 17:150–154
28. Weinges K, Bähr W, Theobald H, Wiesenhütter A, Wild R, Kloss P (1969) Arzneim Forsch 19:328–330

29. Meier B, Hasler A, Sticher O (1992) Poster 40th Annual Congress, Society for Medicinal Plant Research, Triest
30. Furukawa S (1933) Sci Papers Inst Phys Chem Research Tokyo 19:27–38, zit. nach CA 27:303
31. Teng BP (1988) Chemistry of Ginkgolides. In: Braquet P (Hrsg.) Ginkgolides, JR Prous Science Publishers, Barcelona, Bd. 1, S. 37–48
32. Okabe K, Yamada S, Yamamura S, Takada S (1967) J Chem Soc: 2.201–2.206
33. Nakanishi K, Habaguchi K, Nakadeira Y, Woods MC, Maruyama M, Major RT, Alaudinn M, Patel AR, Weinges K, Bähr W (1971) J Am Chem Soc 93:3.544–3.546
34. Weinges K, Hepp M, Jaggy H (1987) Liebigs Ann Chem: 521–526
35. Nakanishi K, Habaguchi K (1971) J Am Chem Soc 93:3.546–3.547
36. Weinges K, Bähr W (1969) Liebigs Ann Chem 724:214–216
37. Ibata K, Mizuno M, Tanaka J (1983) Biochem J 213:305–311
38. Gellermann JL, Schlenk H (1968) Anal Chem 40:739–743
39. Plieninger H, Schwarz B, Jaggy H, Huber-Patz U, Rodewald H, Irngartinger H, Weinges K (1986) Liebigs Ann Chem: 1.772–1.778
40. Sticher O (1992) Pharm Unserer Zeit 21:253–265
41. Hasler A, Sticher O, Meier B (1990) J Chromatogr 508:236–240
42. Karcher L, Zagermann P, Krieglstein J (1984) Naunyn-Schmiedeberg's Arch Pharmacol 327:31–35
43. Oberpichler H, Beck T, Abdel-Rahman MM, Bielenberg GW, Krieglstein J (1988) Pharmacol Res Commun 20:349–368
44. Krieglstein J, Heuer H (1986) Arzneim Forsch 36:1.568–1.571
45. Larsen RG, Dupeyron JP, Boulu RG (1978) Thérapie 33:651–660
46. LePoncin-Lafitte M, Rapin J, Rapin JR (1980) Arch Int Pharmacodyn 243:236–244
47. Spinnewyn B, Blavet N, Clostre F (1986) Presse Méd 15:1.511–1.515
48. Spinnewyn B, Blavet N, Clostre F, Bazan N, Braquet P (1987) Prostaglandins 34:337–349
49. Oberpichler H, Sauer D, Roßberg C, Mennel HD, Krieglstein J (1990) J Cereb Blood Flow Metabol 10:133–135
50. Krieglstein J, Ausmeier F (1992) 4th Intern Congr Phytother, München 10. bis 13. Sept., Abstr SL10
51. Chatterjee SS, Gabard B (1984) Naunyn-Schmiedeberg's Arch Pharmacol Suppl 325:R82, Abstr 327
52. Gabard B, Chatterjee SS (1980) Naunyn-Schmiedeberg's Arch Pharmacol Suppl 311:R68, Abstr 271
53. Otani M, Chatterjee SS, Gabard B, Kreutzberg GW (1986) Acta Neuropathol (Berlin) 69:54–65
54. Dorman DC, Côté LM, Buck WB (1992) Am J Vet Res 53:138–142
55. Boulieu R, Munoz JF, Macovschi O, Pacheco H (1988) C R Soc Biol (Paris) 182:196–201
56. Sancesario G, Kreutzberg GW (1986) Acta Neuropathol (Berlin) 72:3–14
57. Chatterjee SS, Gabard B, Jaggy H (1986) US Patent Nr. 4, 571, 407
58. Krieglstein J, Beck T, Seibert A (1986) Life Sci 39:2.327–2.334
59. Iliff LD, Auer LM (1983) J Neurosurg Sci 27:227–231
60. Reuse-Blom S, Drieu K (1986) Presse Méd 15:1.520–1.523
61. Krieglstein J, Oberpichler H (1989) Pharm Ztg 134:2.279–2.289
62. Huguet F, Tarrade T (1992) J Pharm Pharmacol 44:24–27
63. Taylor JE (1986) Presse Méd 15:1.491–1.493
64. Chopin P, Briley M (1992) Psychopharmacol 106:26–30
65. Winter E (1991) Pharmacol Biochem Behav 38:109–114
66. Continella G, Drago F (1985). In: Agnoli A, Rapin JR, Scapagnini V, Weitbrecht WV (Hrsg.) Effects of Ginkgo biloba extract on organic cerebral impairment, John Libbey, London, S. 35–42
67. Chatterjee SS, Nöldner M (1989) Naunyn-Schmiedeberg's Arch Pharmacol Suppl 339:R107, Abstr 425
68. Maass B, Silberzahn J, Simon R (1987) Extr Otorhinol 9:169–172
69. Lacour M, Ez-Zaher L, Raymond J (1991) Pharmacol Biochem Behav 40:367–379
70. Denise P, Bustany P, Moulin M, Pottier M (1990) Eur J Pharmacol 183:1.459
71. Clairambault P, Magnier B, Droy-Lefaix MT, Magnier M, Pairault C (1986) Sem Hop Paris 62:57–59
72. Doly M, Braquet P, Droy MT, Bonhomme B, Ruchoux MM, Meyniel G (1988) Neurochem Pathol 8:15–26
73. Droy-Lefaix MT, Bonhomme B, Doly M (1991) Drugs Exp Clin Res 17:571–574
74. Szabo ME, Droy-Lefaix MT, Doly M, Braquet P (1991) Ophthalmic Res 23:225–234
75. Szabo ME, Droy-Lefaix MT, Doly M, Braquet P (1992) Exp Eye Res 55:39–45
76. Artmann G, Degenhardt R, Wolff H, Grebe R, Schmid-Schönbein H (1991). In: Kemper FH, Schmid-Schönbein H (Hrsg.) Rökan, Springer, Berlin, Bd. 1, S. 47–62
77. Grebe R, Artmann G, Wolff H, Degenhardt R, Schmid-Schönbein H (1991). In: Kemper FH, Schmid-Schönbein H (Hrsg.) Rökan, Springer, Berlin, Bd. 1, S. 31–45
78. Ernst E, Matrai A (1986) Herz Kreisl 18:358–360
79. Jung F, Mrowietz C, Kiesewetter H, Wenzel E (1990) Arzneim Forsch 40:589–593
80. Rudofsky G (1987) Fortschr Med 105:397–400
81. Koza KD, Ernst FD, Spörl E (1991) Muench Med Wochenschr 133 (Suppl 1):47–50
82. Anadere I, Chmiel H, Witte S (1985) Clin Hemorheol 5:411–420
83. Witte S (1989) Clin Hemorheol 9:831–837
84. Költringer P, Eber O, Lind P, Langsteger W, Wakonig P, Klima G, Rothlauer W (1989) Perfusion 1:28–30
85. Guinot P, Caffrey E, Lambe R, Darragh A (1989) Haemostasis 19:219–223
86. Klein P (1988) Therapiewoche 38:2.379–2.383
87. Hofferberth B (1991). In: Stodtmeister R, Pullinat LE (Hrsg.) Mirkozirkulation in Gehirn und Sinnesorganen, Ferdinand Enke, Stuttgart, S. 64–74
88. Ernst E, Marshall M (1992) Perfusion 5:241–242
89. Schaffler K, Reeh PW (1985) Arzneim Forsch 35:1.283–1.286
90. Heiss WD, Zeiler K (1978) Pharmakotherapie 1:137–144
91. Pincemail J, Deby C (1986) Presse Méd 15:1.475–1.479
92. Pincemail J, Dupuis M, Nasr C, Hans P, Haag-Berrurier M, Anton R, Deby C (1989) Experientia 45:708–712
93. Chatterjee SS, Gabard B (1982) Naunyn Schmiedeberg's Arch Pharmacol Suppl 319:R15, Abstr 57

94. Barth SA, Inselmann G, Engemann R, Heidemann HT (1991) Biochem Pharmacol 41:1.521–1.526
95. Pignol B, Etienne A, Crastes de Paulet A, Deby C, Mencia-Huerta JM, Braquet P (1988) Prog Clin Biol Res 280:173–182
96. Braquet P (Hrsg.) (1988/1989) Ginkgolides, JR Prous Science Publishers, Barcelona, Bd. 1/Bd. 2
97. Witte S, Anadere I, Walitza E (1992) Fortschr Med 110:247–250
98. Wolf S, Bertram B, Schulte K, Jung F, Kiesewetter H, Reim M (1991). In: Stodtmeister R, Pillunat LE (Hrsg.) Mikrozirkulation in Gehirn und Sinnesorganen, Ferdinand Enke, Stuttgart, S. 109–113
99. Schmid-Schönbein H, Artmann G, Degenhardt R (1991). In: Kemper FH, Schmid-Schönbein H (Hrsg.) Rökan, Springer, Berlin, Bd. 1, S. 103–111
100. Plotkine M, Massad L, Allix M, Boulu R (1988). In: Braquet P (Hrsg.) Ginkgolides, JR Prous Science Publishers, Barcelona, Bd. 1, S. 687–689
101. Panetta T, Marcheselli VL, Braquet P, Spinnewyn B, Bazan NG (1987) Biochem Biophys Res Commun 149:580–587
102. Salz H (1980) Ther Gegenw 119:1.345–1.356
103. Horsch S (1992) Klinische Studie Köln, Mitteilung Firma Dr. Willmar Schwabe, Karlsruhe
104. Kristofikova Z, Benesova O, Tejkalova H (1992) Dementia 3:304–307
105. Claussen CF, Kirtane MV (1985). In: Claussen CF (Hrsg.) Presbyvertigo, Presbyataxie, Presbytinnitus, Springer, Berlin, S. 103–115
106. Moreau JP, Eck J, McCabe J, Skinner S (1986) Presse Méd 15:1.458–1.463
107. Künkel H (1993) Neuropsychobiology 27:40–45
108. Fourtillan JB (1989/1992) Mitteilung Firma Dr. Willmar Schwabe, Karlsruhe
109. Nieder M (1991) Muench Med Wochenschr 133 (Suppl 1):61–62
110. Kanowski S (1992) Klinische Studie Berlin, Mitteilung Firma Dr. Willmar Schwabe, Karlsruhe
111. Hofferberth B (1992) Klinische Studie Coppenbrügge, Mitteilung Firma Dr. Willmar Schwabe, Karlsruhe
112. Weitbrecht WU, Jansen W (1986) Fortschr Med 104:199–202
113. Lanthony PC, Cosson JP (1988) J Fr Ophthalmol 11:671–674
114. Hofferberth B (1989) Arzneim Forsch 39:918–922
115. Halama P, Bartsch G, Meng G (1988) Fortschr Med 106:408–412
116. Taillandier J, Ammar A, Rabourdin JP, Ribeyre JP, Pichon J, Niddam S, Pierat H (1986) Presse Méd 15:1.583–1.587
117. Gräßel E (1992) Fortschr Med 110:73–76
118. Stocksmeier U, Eberlein M (1992) TW Neurol Psychiat 6:74–76
119. Schubert H, Halama P (1993) Geriat Forsch 3:45–53
120. Eckmann F, Schlag H (1982) Fortschr Med 100:1.474–1.478
121. Dieli G, La Mantia V, Saetta M, Costanzo E (1981) Il Lavoro Neuropsichiatrico 68:3–15
122. Israel L, Dell'Accio E, Martin G, Hugonot R (1987) Psychol Méd 19:1.431–1.439
123. Eckmann F (1990) Fortschr Med 108:557–560
124. Halama P (1992) Klinische Studie Hamburg, Mitteilung Firma Dr. Willmar Schwabe, Karlsruhe
125. Brüchert E, Heinrich SE, Ruf-Kohler P (1991) Muench Med Wochenschr 133 (Suppl 1):9–14
126. Schmidt K, Rabinovici K, Lande S (1991) Muench Med Wochenschr 133 (Suppl 1):15–18
127. Halama P (1991) Muench Med Wochenschr 133 (Suppl 1):19–22
128. Hofferberth B (1991) Muench Med Wochenschr 133 (Suppl 1):30–33
129. Schulz H, Jobert M, Breuel HP (1991) Muench Med Wochenschr 133 (Suppl 1):26–29
130. Maier-Hauff K (1991) Muench Med Wochenschr 133 (Suppl 1):34–37
131. Blume J (1992) Klinische Studie Aachen, Mitteilung Firma Dr. Willmar Schwabe, Karlsruhe
132. Bulling B, Barry S v (1991) Med Welt 42:702–708
133. Bauer U (1984) Arzneim Forsch 34:716–720
134. Berndt ED, Kramar M (1987) Therapiewoche 37:2.815–2.819
135. Saudreau F, Serise JM, Pillet J, Maiza D, Mercier V, Kretz JG, Thibert A (1989) J Mal Vasc 14:177–182
136. Morgenstern C (1992) Klinische Studie Hamburg, Mitteilung Firma Dr. Willmar Schwabe, Karlsruhe
137. Meyer B (1986) Presse Méd 15:1.562–1.564
138. Hamann KF (1985) Therapiewoche 35:4.586–4.590
139. Haguenauer JP, Cantenot F, Koskas H, Pierart H (1986) Presse Méd 15:1.569–1.572
140. Baschek V, Steinert W, Michaelis P (1988). Excerpta Med Int Congr Series 791:575–582
141. Raabe A, Raabe M, Ihm P (1991) Klin Monatsbl Augenheilkd 199:432–438
142. Lebuisson DA, Leroy L, Rigal G (1986) Presse Méd 15:1.556–1.558
143. Bokobza Y, D'Arbigny P (1991) La Revue d'ONO 11:37–40
144. Janka HU, Schuh D, Nuber A, Mehnert H (1992) Geriat Forsch 3:173–179
145. Költringer P, Langsteger W, Lind P, Klima G, Florian W, Schubert B, Pierer G, Reisecker F, Eber O (1992) Z Allgemeinmed 68:96–102
146. Paulus E, Yu-he D (1987) Handbuch der traditionellen chinesischen Heilpflanzen, Karl F. Haug, Heidelberg
147. Mosig A (1954) Dtsch Apoth Ztg 37:887–888
148. Marcy R (1977) unveröffentlicht, Mitteilung Firma Dr. Willmar Schwabe, Karlsruhe
149. James P, Billington R, Clark R, Gibson WA, Offer J, Reid YJ (1981/1982) Huntingdon Research Centre Huntingdon, Mitteilung Firma Dr. Willmar Schwabe, Karlsruhe
150. Hill RE (1991) Toxicol Labor Lim Ledbury, Mitteilung Firma Dr. Willmar Schwabe, Karlsruhe
151. Hossak DJN, Richold M, Jones E, Bellamy RP, Richardson JC (1978/1979) Huntingdon Research Centre Huntingdon, Mitteilung Firma Dr. Willmar Schwabe, Karlsruhe
152. Sterner W, Korn WD (1987) IBR Forschungs GmbH Walsrode, Mitteilung Firma Dr. Willmar Schwabe, Karlsruhe
153. Chang HM, But PPH (1987) Pharmacology and Applications of Chinese Materia Medica, Chinese Medicinal Material Research Centre, The Chinese University, Hongkong
154. Rovesti P (1974) Riv Ital Essenze Profumi Off Aromi Saponi Cosmet Aerosol 56:13–17
155. Ziolkowsky B (Hrsg.) (1990) Kosmetikjahrbuch, Verlag für Chem Ind H Ziolkowsky KG, Augsburg
156. ChinP IX
157. O'Reilly J, Anmount L, Glounthaune IE, Jaggy H (1989) Erfinder; Montana Ltd. Anmelder; Wirkstoffkonzentrate und neue Wirkstoff-Kombinationen aus Blättern von Ginkgo biloba. Offenlegungsschrift DE 39 40 094 A1

158. Rote Liste (1993) Bundesverband der Pharmazeutischen Industrie (Hrsg.), Editio Cantor, Aulendorf/Württ
159. Van Beek TA, Scheren HA, Rantio T, Melger WCH, Lelyveld GP (1991) J Chromatogr 543:375–387
160. De Feudis FV (1991) Ginkgo biloba Extract EGb 761, Pharmacological Activities and Clinical Applications, Elsevier, Paris
161. Valnet J (1983) Phythothérapie, 5. Aufl., Maloine S. A. Editeur, Paris
162. Saito J (1931) Ginkgo-Dermatitis, zit. nach Fühner (Hrsg.) Sammlung von Vergiftungsfällen, Pharmakologisches Institut der Universität, Bonn, Bd. 2, S. 145–146
163. Sowers WF, Weary PE, Collins OD, Cawley EP (1965) Arch Dermatol 91:452–456
164. Starr AM (1913) Bot Gaz 55:251
165. Tang W, Eisenbrand G (1992) Chinese Drugs of Plant Origin, Springer Verlag, Berlin Heidelberg New York
166. Wada K, Ishigaki S, Meda K, Take Y, Sasaki K, Sakata M, Haga M (1988) Chem Pharm Bull 36:1.779–1.782
167. Hasler A (1990) Flavonoide aus Ginkgo biloba L., Dissertation, Zürich
168. Stafford HA, Kreiflow KS, Lester HH (1986) Plant Physiol 82:1.132–1.138
169. Hasler A, Meier B (1992) Pharm Pharmacol Lett 2:187–190
170. Van Beek TA, Lelyveld GP (1992) Planta Med 58:413–416
171. Ageta H (1959) Yakugaku Zasshi 79:58–60, zit. nach CA 53:10032c
172. Majo RT (1967) Science 15:1.270–1.273
173. Schennen A, Hölzl J (1986) Planta Med 52:235–236
174. Drieu K (1986) Presse Méd 31:1.455–1.457
175. Chung BY, Won LS, Lee BR, Lee CH (1982) Taehan Hwahakhoe Chi 26:95–98, zit. nach CA 96:214355a
176. Furukawa S (1932) Sci Papers Inst Phys Chem Research Tokyo 19:27–38, zit. nach CA 27:303
177. Duke JA, Ayensu ES (1985) Medicinal Plants of China, Reference Publication, Inc., Algonac (Michigan), Bd. 1
178. HAB 1
179. PF X
180. BAz Nr. 217a vom 22.11.1985
181. Beck C (1993) Klinische Studie Freiburg/Breisgau, Mitteilung Firma Dr. Willmar Schwabe, Karlsruhe
182. Schwabe K-P (1989) Erfinder); Dr. Willmar Schwabe GmbH & Co Anmelder; Extrakt aus Blättern von Ginkgo biloba. Offenlegungsschrift DE 39 40 091 A1
183. Bombardelli E, Mustich G, Bertani M (1993) Erfinder; Indena SpA Abmelder; New Extracts of Ginkgo biloba and their methods of preperation, European Patent Specification, publ number 0 360 556 B1
184. Wagner H, Bladt S, Berkulin W (1989) Dtsch Apoth Ztg 129:2.421–2.429
185. Ernst FD (1991) Muench Med Wochenschr 133 (Suppl 1):51–53
186. Hartmann A, Frick M (1991) Muench Med Wochenschr 133 (Suppl 1):23–25
187. Vesper J, Hänsgen KD (1991) Klinische Studie, Berlin, Mitteilung Firma Lichtwer, Berlin
188. BAz Nr. 190 vom 11.10.1986
189. Sticher O (1993) Planta Med 59:2–11
190. National Institute of Mental Health (NIMH) (1970) Clinical global impressions (CGI). In: Guy W, Bonato RR (Hrsg.) Manual for the ECDEU assessment battery, Chevy Chase, Maryland, 12-1-12-6
191. Burkard G, Lehrl S (1991) Muench Med Wochenschr 133 (Suppl 1):38–43
192. Koch E, Chatterjee SS, Jaggy H (1992) Naunyn-Schmiedeberg's Arch Pharmacol Suppl 345:R95, Abstr 380
193. Clarke AE, Gleeson PA, Jermyn MA, Knox KB (1978) Aust J Plant Physiol 5:707–722, zit. nach CA 90:36310y
194. Fletcher WA, Sharpe JA (1986) Ann Neurol 20:464–471
195. Jaggy H (1993) unveröffentlicht, Mitteilung Firma Dr. Willmar Schwabe, Karlsruhe
196. Konrad HR, Rybak LP, Ramsey DE, Anderson DR (1983) Laryngoscope 93:1.171–1.176
197. Michel PF, Hosford D (1988) Ginkgo biloba: From "living fossil" to modern therapeutic agent. In: Braquet P (Hrsg.) Ginkgolides, JR Prous Science Publishers, Barcelona, Bd. 1, S. 1–8
198. Arzneibuchkommission im Gesundheitsministerium der Volksrepublik China (Hrsg.) (1990) Farbatlas der chinesischen Drogen des Chinesischen Arzneibuches, ISBN 7-5359-0649-4/R. 129
199. Venn RD (1983) Gerontology 29:185–198
200. Erzigkeit H (1986) Syndrom-Kurz-Test, Vless, Ebersberg
201. Reitan RM (1985) Perceptual Motor Skills 8:271–276
202. Oswald WD, Roth E (1987) Der Zahlenverbindungs-Test, Hogrefe, Göttingen
203. Wechsler D (1964) Die Messung der Intelligenz Erwachsener, Hogrefe, Göttingen
204. Oswald WD, Fleischmann UM (1986) Das Nürnberger Alters-Inventar (NAI), Hogrefe, Göttingen
205. Robinson RA (1964). In: Anderson WE (Hrsg.) Current achievements in geriatrics, Cassell, London, S. 190–203

Sß/WJ

Glechoma

HN: 2003400

Familie: Lamiaceae.

Unterfamilie: Nepetoideae.

Tribus: Nepeteae.

Gattungsgliederung: Die Gattung Glechoma L. umfaßt ca. 5 bis 6 Arten, von denen 3 Arten in Mitteleuropa beheimatet sind:[27]
- *Glechoma hederacea* L.
- *Glechoma hirsuta* WALDST. et KIT.
- *Glechoma serbica* HALACSY et WETTST.

Gattungsmerkmale: Niederliegende, ausdauernde Kräuter mit gekerbten oder gezähnten Laubblättern. Blüten gestielt in 2 bis 5 armblütigen, blattachselständigen Scheinquirlen; Brakteen vorhanden. Kelch röhrig-glockig, maximal 11 mm lang, 13nervig, mit 3zähniger Oberlippe und 2spaltiger Unterlippe. Krone blauviolett mit vorn stark erweiterter, gerader Röhre, flacher ausgerandeter Oberlippe und 3spaltiger Unterlippe mit großem, ausgerandetem, bärtigem Mittellappen. 4 Staubblätter parallel unter der Oberlippe aufsteigend; die hinteren länger als die vorderen. Antheren mit rechtwinkelig spreizenden Pollensäcken, derart angeordnet, daß je ein Paar eine Kreuzfigur bildet. Griffel in 2 kurze, gleiche, spitze Narbenäste gespalten. Nüßchen glatt.[26]

Drogenliefernde Arten: *G. hederacea*: Glechomae hederaceae herba, Glechoma hederacea hom. *HAB34*, Glechoma hederacea hom. *HPUS88*.

Glechoma hederacea L.

Synonyme: *Calamintha hederacea* Scop., *Chamaeclema hederacea* Moench, *Glechoma hederacea* L. ssp. *glabriuscula* (Neilr.) Gams, *Nepeta glechoma* Benth., *Nepeta hederacea* (L.) Trev.[26,28]

Sonstige Bezeichnungen: Dt.: Erdefeu, Gundelrebe, Gundermann; engl.: Ground ivy; frz.: Couronne de Saint-Jean, herbe de Saint-Jean, lierre terrestre, rondotte, violette de cochon; it.: Edera terrestre, ellera terrestre.[26]

Botanische Beschreibung: Ausdauerndes Kraut mit kriechendem, an den unteren Knoten wurzelndem, auch im Winter belaubtem Hauptstengel. Sprosse meist zerstreut kurzhaarig, seltener ganz kahl oder dicht zottig behaart. Stengel vierkantig, bis zu 50 cm lang und bis zu 2 mm dick und ebenso wie die Blattstiele häufig blauviolett überlaufen. Laubblätter kreuzgegenständig; Blattstiele an den aufrechten Sprossen 0,5 bis 2 cm und an den kriechenden Sprossen 3 bis 9 cm lang. Die Laubblätter nierenförmig bis breit-herzförmig; 1,5 bis 3 cm lang und ebenso breit, grob gekerbt, oberseits dunkelgrün, unterseits heller grün. Stengel und Blätter mit kurzen, meist verstreut auftretenden Haaren. Blüten in zwei- bis sechsblütigen Scheinquirlen in den Achseln der Laubblätter. Einzelblüten 1 bis 2 cm lang, deutlich gestielt mit kurzen, 1 bis 1,5 mm langen Vorblättern. Kelch zweilippig, röhrenförmig und fünfzähnig, 5 bis 6,5 mm lang; Blütenkrone (Corolla) 15 bis 22 mm lang, zweilippig, blaßviolett, seltener rotviolett oder weiß; Nüßchen ca. 2 mm.[26,27,29]

Verwechslungen: Eine Verwechslung mit *Lamium amplexicaule* L. wurde beobachtet.[1] Die Unterscheidung ist jedoch, bedingt durch den ganz anderen Blütenbau der Gattung Lamium, sehr einfach.

Verbreitung: In Wiesen und Wäldern, meist auf feuchten Böden, fast in ganz Europa vorkommend.

Drogen: Glechomae hederaceae herba, Glechoma hederacea hom. *HAB34*, Glechoma hederacea hom. *HPUS88*.

Glechomae hederaceae herba (Gundelrebenkraut)

Synonyme: Herba Hederae terrestris.

Sonstige Bezeichnungen: Dt.: Erdefeukraut, Gundermannkraut; engl.: Gill herb, Ground Ivy herb; frz.: Herbe de Lierre terrestre, Herbe de terrêtre; it.: Edera terrestra erba; span.: Yerba de Hiedra Terrestre.

Monographiesammlungen: Lierre terrestre *PF VII*; Gundelrebenkraut *DAC86*; Herba Hederae terrestris *EB6*; Nepeta Hederacea *BHP83*.

Definition der Droge: Das blühende Kraut *PF VII*; die während der Blüte gesammelten und getrockneten oberirdischen Teile *DAC86*; die getrockneten, während der Blütezeit (von April bis Juni) gesammelten, oberirdischen Teile *EB6*, die getrockneten oberirdischen Teile *BHP83*;

Stammpflanzen: *Glechoma hederacea* L. *BHP83* gibt hierfür das Synonym *Nepeta hederacea* (L.) Trev. an.

Herkunft: Sammlung aus Wildbeständen; Hauptsächlich Südosteuropa (Bulgarien, Rumänien, ehemaliges Jugoslawien, Türkei).

Gewinnung: Luftgetrocknet im Schatten, um Verluste an ätherischem Öl gering zu halten.

Schnittdroge: *Geschmack.* Bitter, etwas kratzend.
Geruch. Schwach, würzig.
Makroskopische Beschreibung. Blattstücke dünn, zerbrechlich, gefaltet und geschrumpft; oberseits dunkelgrün, unterseits hellgrün mit grob gekerbtem Rand; handnervig, zerstreut behaart und durch Lamiaceen-Drüsenschuppen punktiert.
Zahlreiche, vierkantige, hohle Stengelstücke, grün, oft violett überlaufen; selten blauviolette Lippenblüten.[2]
Mikroskopisches Bild. Das bifaciale Blatt zeigt im Querschnitt ein ein- bis zweireihiges Palisadenparenchym. In Aufsicht besitzen die Epidermiszellen welligbuchtige Seitenwände. Auf der Blattunterseite sind diacytische Spaltöffnungsapparate und zahlreiche große Lamiaceen-Drüsenschuppen mit 8 Exkretzellen. Beide Blattseiten weisen Drüsenhaare mit kurzem einzelligem Stiel und ein- bis zweizelligem Köpfchen auf. Kurze, eckzahnförmige Haare, häufig mit Cuticularwarzen, finden sich vor allem am Blattrand. Besonders über den Leitbündeln sitzen drei- bis sechszellige, dickwandige, glatte Gliederhaare (100 bis 200 μm lang), häufig mit vergrößerter Basalzelle. Auf der Epidermis des Stengels finden sich verschiedene Haartypen, vor allem Eckzahnhaare und kurz gestielte Drüsenhaare. Das Kronblatt weist außer den beschriebenen Gliederhaaren 300 bis 400 μm lange, fingerförmige dünne Haare mit Cuticularwarzen auf. Die Pollenkörner sind etwa 25 μm groß, glatt und mit 6 schlitzartigen Austrittsstellen versehen.[29]

Pulverdroge: Graugrünes Pulver mit zahlreichen Blattfragmenten. Epidermiszellen wellig-buchtig, die Blattunterseite mit zahlreichen Lamiaceen-Drüsenschuppen und diacytischen Spaltöffnungsapparaten. Beide Blattseiten mit kurzgestielten Drüsenhaaren mit ein- bis zweizelligen Köpfchen, kurze, dicke Eckzahnhaare und drei- bis sechszellige, dickwandige, glatte Gliederhaare. Daneben auch Bruchstücke von Stengelteilen und sehr vereinzelt Blütenreste.[29]

Inhaltsstoffe: *Ätherisches Öl.* Die frische Pflanze weist bis zu 0,03 % grünes, die getrocknete Pflanze bis zu 0,06 % dunkelbraunes ätherisches Öl auf.[3,26] Es enthält als Hauptkomponente Monoterpen-Ketone [(–)-Pinocamphon, (–)-Menthon, (+)-Pulegon];[4] weiterhin eine Vielzahl von Mono- und Sesquiterpenen,[4,5] darunter je nach Herkunft und Erntezeit hauptsächlich Germacren D (19,4 %), Germacren B (13,9 %), *cis*-Ocimen (9,2 %), *β*-Elemen (8,9 %), 1,8-Cineol (6,2 %), *α*-Pinen (3,7 %), Myrcen (3,4 %), *β*-Pinen (2,9 %).
Weitere Sesquiterpenoide. Glechomafuran, Glechomanolid.[6]

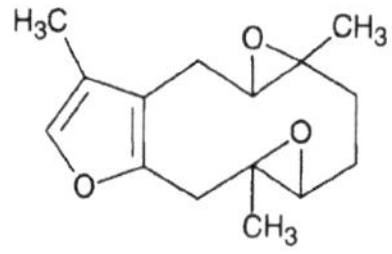

Glechomafuran

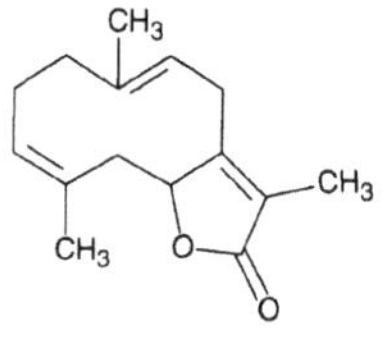

Glechomanolid

Zimtsäurederivate. Rosmarinsäure: 1,48 % im Blatt, 0,10 % im Stengel;[7] der Gehalt nimmt stark ab, wenn das Kraut bei Temperaturen über 50 °C getrocknet wird.[7] Kaffeesäure, Ferulasäure und Sinapinsäure.[8]
Flavonoide. Neben Cymarosid, Cosmosyin (= Apigenin-7-glucosid) und Luteolin-7-diglucosid wurden die Quercetinglykoside Hyperosid und Isoquercitrin nachgewiesen.[9]
Triterpencarbonsäuren. *α*- und *β*-Ursolsäure, 2*α*- und 2*β*-Hydroxyursolsäure, Oleanolsäure.[10–12]
Hydroxyfettsäuren. 9-Hydroxy-10-*trans*,12-*cis*-octadecadiensäure.[13]

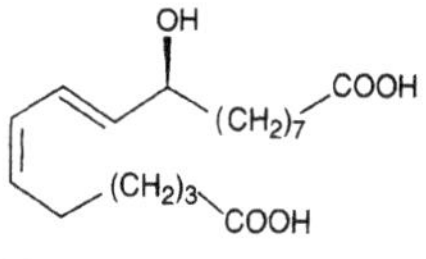

9-Hydroxy-10-*trans*,12-*cis*-octadecadiensäure

Zubereitungen: Fluidextrakt 1:1 in 25 % Ethanol *BHP83.*

Identität: Prüfung auf phenolische Hydroxylgruppen mit Eisen(III)chloridlsg. *DAC86.*
DC des ätherischen Öles *DAC86*:
- Aufarbeitung: Extraktion des ätherischen Öles mit n-Hexan;
- Referenzsubstanzen: Brenzcatechin (I), Menthol (II), Guajazulen (III);
- Sorptionsmittel: Kieselgel 60 (Fertigplatten);
- Fließmittel: Toluol-Ethylacetat (80 + 20) (Kammersättigung);
- Detektion: Besprühen mit Anisaldehydlösung und Erhitzen auf 100 bis 105 °C, Auswertung im Vis;
- Auswertung: Im Chromatogramm des aufbereiteten ätherischen Öles ist unterhalb und oberhalb der Referenzsubstanz I eine violette Zone erkennbar. In Höhe der Referenzsubstanz II treten eine blauviolette Zone, oberhalb eine violette und 3 grüne Zonen auf; oberhalb der Referenzsubstanz III zeigt sich eine intensiv violette Zone.

Reinheit:
- Fremde Bestandteile: Höchstens 2 % *DAC86.*
- Asche: Höchstens 13 % *DAC86*; höchstens 10 % *EB6.*
- Trocknungsverlust: Höchstens 10 % *DAC86.*

Gehalt: Mindestens 1,3 % mit Hautpulver fällbare Polyphenole, berechnet als Pyrogallol *DAC86.*

Gehaltsbestimmung: Zur Bestimmung der Gerbstoffe wird nach *DAC86* die Hautpulvermethode (Bindung der Gerbstoffe an getrocknete, geraspelte Haut) kombiniert mit einer photometrischen Bestimmung der Polyphenole [Reduktion von Wolframatophosphorsäure (Folins Reagenz) zu Polywolframaten] eingesetzt. Als Referenzsubstanz wird Pyrogallol verwendet.
Der mit siedendem Wasser hergestellte Gerbstoffextrakt wird nach dem Filtrieren geteilt. In einem aliquoten Teil des Filtrats wird der Gesamtgehalt an Polyphenolen bestimmt. In einem weiteren aliquoten Teil des Filtrats werden die Gerbstoffe durch Hautpulver adsorbiert. Nach Abtrennen des gegerbten Hautpulvers werden die in der Lösung verbliebenen Polyphenole ebenfalls mit Folins Reagenz bestimmt. Aus der Differenz zwischen den beiden photometrisch ermittelten Absorptionen ergibt sich der Gehalt der an Hautpulver gebundenen Polyphenole (Gerbstoffe).[14]

Lagerung: Vor Licht geschützt *DAC86.*

Wirkungen: Die Droge soll antiinflammatorisch wirken; die Wirkung soll auf dem Triterpen-Gehalt (Ursol- und Oleanolsäure) der Droge beruhen.[21] Exp. Belege hierzu liegen nicht vor.

Volkstümliche Anwendung und andere Anwendungsgebiete: Die Droge wird in der Volksheilkunde bei Magen-Darmkatarrhen verwendet.[16,26] Bei Durchfall wird sie als Antidiarrhoicum eingesetzt.[26] Ferner findet die Droge bei leichten Erkrankungen der oberen Bronchien Verwendung und wird zur symptomatischen Behandlung von Husten eingesetzt.[17] Die Beliebtheit von *G. hederacea* als Hustenmittel ist jedoch kaum begründet.[18] Weiter wird die Droge als Diuretikum bei Blasen- und Nierensteinen angewendet.[16,26] Äußerlich werden Preßsaft oder Aufguß zum Waschen schlecht heilender Wunden und Geschwüre und anderer Hautkrankheiten (sogar Psoriasis) verwendet.[16,19] In der chinesischen Medizin wird Glechomae hederaceae herba zur Normalisierung bei ungleichmäßiger Menstruation eingesetzt.[20] In Italien werden die Blätter bei Arthritis und Rheuma verwendet.[21]
Die Wirksamkeit bei den genannten Anwendungsgebieten konnte bis jetzt nicht belegt werden.

Dosierung und Art der Anwendung: *Droge.* Gebräuchliche Einzeldosis der getrockneten Droge: Innerlich: 2 bis 4 g;[28] 2 g.[15]
Äußerlich: Bei Rheuma und Arthritis werden die gerebelten Blätter auf die betroffenen Körperstellen aufgelegt.[21]
Zubereitung. 2 bis 4 mL Fluidextrakt (1:1).[28]

Akute Toxizität: *Mensch.* Vergiftungen beim Menschen sind nicht bekannt.[30] *Tier.* Besonders bei Pferden wurden Vergiftungserscheinungen (gespreizte Stellung, röchelnde Atmung, Schweiß, Speichelfluß, pochender Herzschlag, Ausfluß aus der Nase) festgestellt.[22,30]
Mäuse sterben nach 3 bis 4 Tagen, wenn sie ausschließlich mit der Droge gefüttert werden.[23]

Mutagenität: Ein wäßriger Extrakt aus getrocknetem Glechomae hederaceae herba (50 g Droge wurden mit 300 mL Wasser bei 40 °C extrahiert und der Extrakt getrocknet; die Testlösung enthielt 100 mg Trockenextrakt/mL Wasser) zeigt weder im Rec-Test mit zwei Bacillus-subtilis-Stämmen, noch im Ames-Test mit zwei Salmonella-typhimurium-Stämmen eine mutagene Wirkung.[24] Ein methanolischer Extrakt (50 g getrocknete Droge wurden mit 300 mL Methanol bei 40 °C extrahiert und der Extrakt getrocknet; die Testlösung enthielt 100 mg Trockenextrakt/mL DMSO) zeigt im Rec-Test schwach mutagene Wirkung, die jedoch nicht im Ames-Test bestätigt wird.[24]

Toxikologische Daten: *Pflanzengiftklassifizierung.* Wenig giftig (+).[30]

Akute Vergiftung: *Erste Maßnahmen.* Kohle-Pulver nach Verschlucken. Nach Aufnahme großer Mengen kann eine Magenspülung in der Klinik und anschließende Kohlegabe erforderlich sein.[30]

Sonst. Verwendung: *Haushalt.* Das im Frühling gesammelte Kraut wird für Suppen verwendet oder spinatartig zubereitet.[26]

Glechoma hederacea hom. *HAB 34.*

Synonyme: Gundelrebe.

Monographiesammlungen: Glechoma hederacea *HAB 34.*

Definition der Droge: Frische, zur Blütezeit geerntete, oberirdische Teile.

Stammpflanzen: *Glechoma hederacea* L.

Zubereitungen: Essenz nach § 3 *HAB 34*; Eigenschaften: Die Essenz ist von grünlich-brauner Farbe, ohne besonderen Geruch und Geschmack.
Urtinktur und flüssige Verdünnungen nach *HAB 1*, Vorschrift 3a.
Darreichungsformen: Urtinktur, flüssige Verdünnungen, Verreibungen, Streukügelchen, flüssige Verdünnungen zur Injektion, Suppositorien.[25]

Identität: *Essenz.* Mit gleichen Raumteilen Wasser mischt sich die Essenz opaleszierend trübe. Eisen(III)chloridlösung färbt sie dunkler. Fehlingsche Lösung wird reduziert.

Gehalt: *Essenz.* Arzneigehalt $^1/_3$.

Anwendungsgebiete: Die Anwendungsgebiete entsprechen dem homöopatischen Arzneimittelbild. Dazu gehören: Hämorrhoiden, Durchfall.[25]

Dosierung und Art der Anwendung: *Zubereitung.* Soweit nicht anders verordnet:
Bei akuten Zuständen häufige Anwendung jede halbe bis ganze Stunde je 5 Tropfen oder 1 Tablette oder 10 Streukügelchen oder eine Messerspitze der Verreibung einnehmen; parenteral 1 bis 2 mL bis zu 3mal täglich s.c. injizieren; Suppositorien 2- bis 3mal täglich 1 Zäpfchen einführen.
Bei chronischen Verlaufsformen 1- bis 3mal täglich 5 Tropfen oder 1 Tablette oder 10 Streukügelchen oder 1 Messerspitze der Verreibung einnehmen; parenteral 1 bis 2 mL pro Tag s.c. injizieren; Suppositorien 2- bis 3mal täglich 1 Zäpfchen einführen.[25]

Unerwünschte Wirkungen: Nicht bekannt.
Hinweis: Es können vorübergehend Erstverschlimmerungen vorkommen, die jedoch unbedenklich sind.[25]

Gegenanzeigen/Anwendungsbeschr.: Nicht bekannt.[25]

Wechselwirkungen: Nicht bekannt.[25]

Gesetzl. Best.: *Offizielle Monographien.* Aufbereitungsmonographie der Kommission D am BGA "Glechoma hederacea".[25]

Glechoma hederacea hom. *HPUS 88*

Monographiesammlungen: Glechoma hederacea *HPUS 88.*

Definition der Droge: Die ganze Pflanze.

Stammpflanzen: *Glechoma hederacea* L.

Zubereitungen: *Urtinktur.* Herstellung durch Mazeration oder Perkolation mit Ethanol nach den allg. Zubereitungsvorschriften (Class C) des *HPUS 88.* Ethanolgehalt 45% (*V/V*). *Medikationen.* D1 (1 ×) und höher.

Gehalt: *Urtinktur.* Arzneigehalt $^1/_{10}$.

1. Zbory B (1927) Ber Ungar Pharm Ges 6:407,440
2. Weber U, Hummel K (1965) Geschnittene Drogen, 5. Aufl., G. Fischer Verlag, Stuttgart
3. Berger F (1949) Handbuch der Drogenkunde, W. Maurich Verlag, Wien, S.259–261
4. Takemato T, Kusano G, Hikino H (1966) Yakugaku Zasshi 86:1.162–1.165
5. Lawrence BM, Hogg JW, Terhune SJ, Morton JK, Gill LS (1972) Phytochemistry 11:2.636–2.638
6. Stahl E, Datta SN (1972) Liebigs Ann Chem 757:23–32
7. Okuda T, Hatano T, Agata I, Nishibe S (1986) Yakugaku Zasshi 106:1.108–1.111

8. Varilova NK, Fursa NS, Oshmarina VI (1988) Khim Prir Soedin 24:293–294, zit. nach CA 109:70428p
9. Zieba J (1973) Pol J Pharmacol Pharm 25:593–597
10. Zieba J (1973) Pol J Pharmacol Pharm 25:587–592
11. Tokuda H, Ohigashi H, Koshimizu K, Ito Y (1986) Cancer Lett 33:279–286
12. Okuyama E, Yamazaki M, Ishii Y (1983) Shoyakugaku Zasshi 37:52–55, zit. nach CA 99:145988g
13. Henry DY, Gueritte-Voegelein F, Insel PA, Ferry N, Bouguet J, Potier P, Sevenet T, Hanoune J (1987) Eur J Biochem 170:389–394
14. Stahl E, Jahn H (1984) Arch Pharm 317:573
15. EB 6
16. Jaretzky R (1949) Lehrbuch der Pharmakognosie, Verlag Fried. Vieweg & Sohn, Braunschweig, S. 191–192
17. Thromm S (1987) Pharm Ind 49:1.265–1.274
18. Weiss RF (1984) Lehrbuch der Phytotherapie, 6. Aufl., Hippokrates-Verlag, Stuttgart, S. 259
19. Leeser O (1988) Lehrbuch der Homöopathie, Bd. III: Pflanzliche Arzneistoffe I, 2. Aufl., Karl F. Haug Verlag, Heidelberg, S. 612–615
20. Kong YC, Xie JX, But PPH (1986) J Ethnopharmacol 15:1–44
21. Cappelletti EM, Trevisan R, Caniato R (1982) J Ethnopharmacol 6:161–190
22. Levin L (1962) Gifte und Vergiftungen, Lehrbuch der Toxikologie, 5. Aufl., Karl F. Haug Verlag, Ulm, S. 841
23. Bergeron JM, Jodoin L (1982) Can J Zool 60:1.855–1.866
24. Morimoto I, Watanabe F, Osawa T, Okitsu T, Kada T (1982) Mutat Res 97:81–102
25. BAz Nr. 109a vom 29.01.1987
26. Heg, Bd. V, Teil 4, S. 2.372–2.377
27. FEu, Bd. 3, S. 161
28. BHP 83
29. DAC 86
30. RoD

Ge

Globularia

HN: 2040600

Familie: Globulariaceae.

Gattungsgliederung: Die Gattung Globularia L. wurde in der älteren Literatur mit 17 Arten von der Gattung Lytanthus WETTST. mit 2 Arten getrennt.[1] In der neueren Literatur werden beide Gattungen vereint und die Artenzahl der erweiterten Gattung Globularia heute mit 22,[2,3] 24[4] und 25[5] angegeben. Die Gattung Globularia wird nach Lit.[2] in sieben Sektionen unterteilt. Zur Sektion Alypum (FISCH.) SCHWZ. gehören *G. alypum* L. und *G. arabica* JAUB. et SPACH.
Synonyme des Gattungsnamens sind Abolaria NECK. und Alypum FISCH.[1]

Gattungsmerkmale: Ausdauernde Blütenpflanzen, Rosettenstauden und flach ausgebreitete, wurzelnd-kriechende Spaliersträucher oder auch lorbeerblättrige, bis 2 m hohe Sträucher, hartlaubige Rutensträucher, Zwergsträucher, Vollkugelpolster und hemikryptophytische Kriechstauden. Laubblätter wechselständig, ungeteilt bis wenig gezähnt, an der Spitze oft mehr oder weniger ausgerandet, meist derb, immergrün bis wintergrün, scheinbar kahl, doch mit oft kalksezernierenden, winzigen, mehrzelligen Köpfchenhaaren besetzt. Blüten an einem hochblätterbesetzten Schaft in einem einzelnen endständigen Köpfchen, von Tragblättern gestützt, ohne Vorblätter. Schaft stets sekundärachsig, d. h. in der Achsel eines oft reduzierten Blattes, also seitlich von der Hauptachse, entspringend, seine Hochblätter von den Laubblättern sehr verschieden. Kelch bis zur Fruchtreife bleibend, verwachsenblättrig, vom Rücken her mehr oder weniger zusammengepreßt, zweilippig, mit zweizähniger Ober- und dreizähniger Unterlippe. Krone röhrig, zweilippig, die Unterlippe stets dreizähnig bis dreispaltig, die Oberlippe in der Regel zweispaltig, doch gelegentlich auch einzipfelig oder ganz reduziert. Blütenfarbe blau, nur bei einer Art gelb. Staubblätter 4, mit langen Filamenten der Kronröhre eingefügt. Fruchtknoten oberständig, 2blättrig und 2fächerig angelegt, doch ein Fach frühzeitig ganz unterdrückt, im fertilen Fach nur noch eine anatrope Samenanlage. Griffel lang, fadenförmig, an der Spitze in 2 kurze Narbenlappen gespalten. Frucht eine winzige, dünnschalige Nuß, im Kelch eingeschlossen und mit ihm vom Wind verbreitet. Samen mit geradem, im Nährgewebe eingebettetem Embryo.[4]

Verbreitung: Von den Kanarischen Inseln und Madeira beiderseits des Mittelmeers bis Vorderasien, Südarabien, Somaliland und mit einigen Arten bis Mitteleuropa verbreitet.[4]

Inhaltsstoffgruppen: Iridoidglucoside, zumeist aus oberirdischen Pflanzenteilen verschiedener Globularia-Arten.[4,6,8–26]
Aromatische Carbonsäuren (vor allem Zimtsäure und von dieser abgeleitete Phenolcarbonsäuren), Flavonoide, vor allem Rutosid.[4,6,8,14,15,17,18,28–34]
Gerbstoffe von nicht näher bekannter Struktur in drei Globularia-Arten.[4,6,11,14,15,17,18]
Zuckeralkohole (vor allem Mannitol) in vier Globularia-Arten.[6,8,10,11,15,17,18]

Drogenliefernde Arten: *G. alypum*: Alypi folium.

Globularia alypum L.

Synonyme: *Alypum salicifolium* FISCH., *Globularia alypa* ST.-LAG., *G. murbeckii* SENN., *G. turbith* LAM. ex WILLK., *G. virgata* SAL.[2]

Sonstige Bezeichnungen: Dt.: Kugelblume, Kugelblumenstrauch; engl.: Wild senna; frz.: Globulaire turbith, herbe terrible, séné arabe, séné de Provence, séné sauvage, turbith, turbith blanc; arabisch: Tassel'ra; it.: Sena di Provenza, sena falsa; span.: Alipo, boja, cardenilla, cebollada, corona real, coronilla del fraile, coronilla del rey, coronilla real, rocha, servencia, siemprenjuta, turbith blanco, zocollada.

Botanische Beschreibung: Sparriger Strauch, bis etwa 1 m hoch, mit graugrünen, ausdauernden Blättern und blaublühenden Köpfchen. Junge Zweige und Blätter mit zahlreichen Kalkausscheidungen versehen. Blätter lanzettlich, ganzrandig oder gezähnt, ledrig, kurz gestielt, wechselständig, gleichmäßig an Hauptachsen verteilt, dichter, büschelig inseriert an kurzen, nicht blühenden Seitenästen. Blütenköpfchen 1 bis 2,5 cm im Durchmesser, terminal, manchmal mit axillären Köpfchen darunter; Involucralblätter oval, dachziegelartig sich überlagernd, am Rand behaart. Kelch verwachsenblättrig, leicht gebogen; Kelchzähne etwa doppelt so lang wie der röhrig verwachsene untere Teil, auf der Außenseite mit langen weißen Haaren besetzt. Krone leuchtend blau, ungleich zweilippig; die Oberlippe klein, zweizipfelig oder ungeteilt, manchmal sogar fehlend; Unterlippe lang, dreizipfelig. Staubblätter 4, annähernd gleich lang. Fruchtknoten eiförmig kahl.[2,15,37,38]

Verwechslungen: *Globularia alypum* ist der nahverwandten Art *G. arabica* JAUB. et SPACH ähnlich. Während *G. alypum* Heterophyllie zeigt, am gleichen Strauch ganzrandige wie auch gezähnte Blätter auftreten, hat *G. arabica* nur ganzrandige und zudem auch breitere, an der Basis der Triebe fast eirundliche Blätter. Der Hauptunterschied zwischen beiden Arten liegt in den größeren Blütenköpfchen von *G. arabica*.[2]

Globularia alypum L.: Habitus einer blühenden Pflanze. Aus Lit.[15]

Inhaltsstoffe: *Flavonoide.* Aus Wurzeln 8-*C*-Glucosyl-4',7-dihydroxyflavon; aus Blüten Cyanidin und Paeonidin.[30]

Verbreitung: Verbreitet, zumeist an steinigen Orten, im Mittelmeergebiet, mit Ausnahme des äußersten Ostens, besonders vorkommend in Südfrankreich, Italien und Spanien sowie auf Madeira.[1,2,17]

Drogen: Alypi folium.

Alypi folium

Synonyme: Folia Alypi, Folia Globulariae, Herba terribilis.[8,17]

Sonstige Bezeichnungen: Dt.: Kugelblumenblätter, Kugelblumenstrauchblätter; engl.: Globularia leaves; frz.: Feuilles de séné sauvage, globulaire turbith, herbe terrible, séné de Provence, séné sauvage; it.: Sena di Provenca, sena falsa; holl.: Kogelbloemstruik bladeren; span.: Hojas de alipo.

Definition der Droge: Die getrockneten Laubblätter einschließlich eines geringen Anteils dünner Sproßachsen.[17]

Stammpflanzen: *Globularia alypum* L.

Herkunft: Sammlung aus Wildvorkommen im Verbreitungsgebiet, besonders in Spanien und Südfrankreich.

Ganzdroge: Die getrockneten Blätter sind von gelbgrüner Färbung, etwa 1,5 bis 2 cm lang und 0,5 bis 0,75 cm breit, lanzettlich, an der Basis in den kurzen Stiel verschmälert, vorne zugespitzt und entweder ganzrandig oder mit ein bis zwei Zähnen nahe der Spitze versehen. Die Blätter sind ziemlich derb, und ihre Mittelrippe tritt meist etwas hervor.
Lupenbild. Bei Lupenbetrachtung erkennt man mit Kalkschüppchen bedeckte Drüsenhaare. In der Epidermis finden sich zahlreiche zweiköpfige Drüsen und Calciumoxalatkristalle.[17,38]

Schnittdroge: *Geschmack.* Bitter.[38]

Inhaltsstoffe: *Iridoidglucoside.* Aucubin,[6,9] 1,7 % Globularin (= Alypin,[6,8,14,15,17,18,20–23] Catalpol,[7,20,21] Globularidin,[7,21,22] Globularimin, Globularinin,[7,21,23,24,26] Globularicisin.[7,21,23] Qualitativer Nachweis aus wäßrigem Drogenextrakt über HPLC und NMR-Spektroskopie.[21]

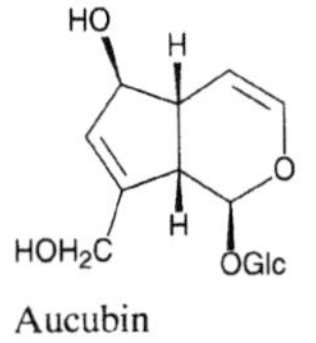

Aucubin

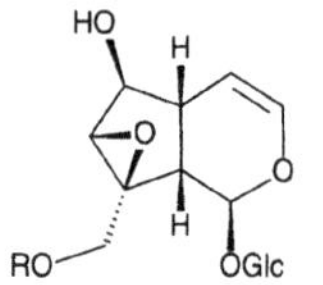

Globularin: R=

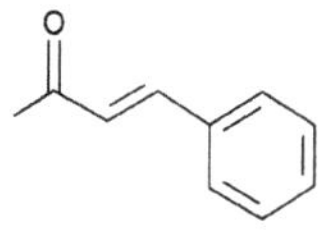

Globularicisin: R=

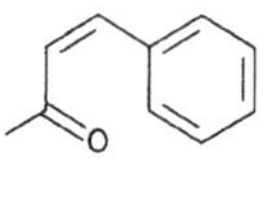

Catalpol: R= H

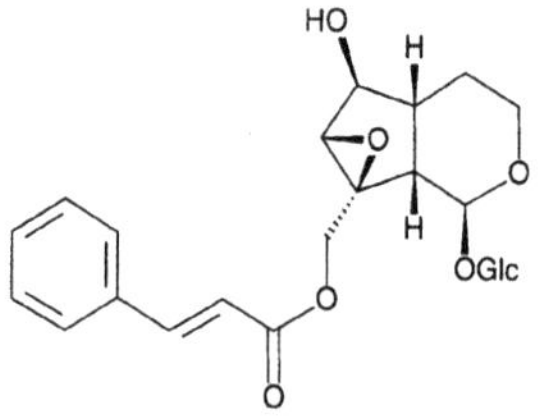

Globularidin

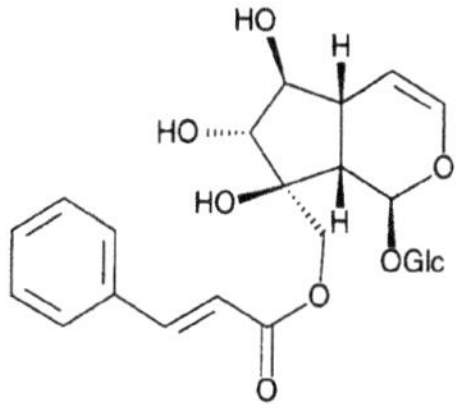

Globularimin

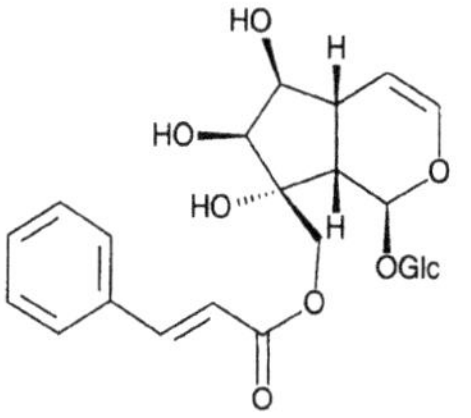

Globularinin

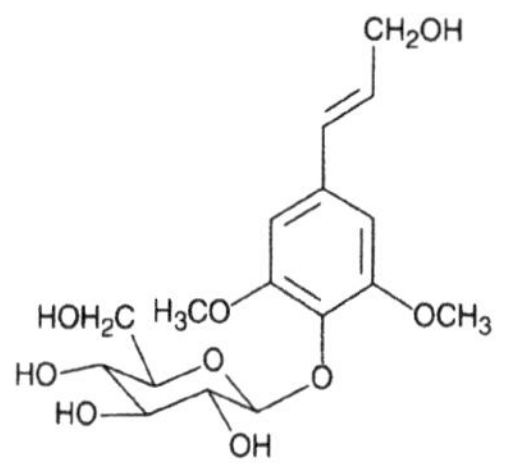

Syringin

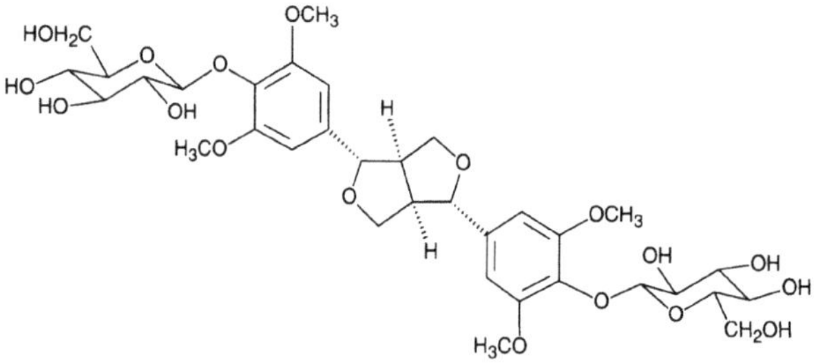

Liriodendrin

Aryl- und Lignanglucoside. Arylglucosid Syringin (= Alyposid); das Lignandiglucosid Liriodendrin; qualitativer Nachweis aus wäßrigem Drogenextrakt über HPLC und NMR-Spektroskopie.[7,21]

Aromatische Carbonsäuren. Zimtsäure mit 0,7 %.[6,15,17,18,27-29,39] Protocatechusäure, *p*-Cumarsäure, Kaffeesäure, Ferulasäure, Chlorogensäure, *p*-Hydroxybenzoesäure, Vanillinsäure, Syringinsäure, *β*-Resorcylsäure, Sinapinsäure, Salicylsäure.[6,8,15,18,28,29,31]

Flavonoide. Gesamtflavonoide 0,33 %,[30] mit 4',7-Dihydroxyflavon, Apigenin-7-glucosid, Quercetin und Luteolin-7-glucosid;[30] Rutosid (= Globulariacitrin) als Hauptflavonoid;[6,8,14,15,17,18,28-30,32,39] als Flavonaglykon 6-Hydroxyluteolin.[34]

Sonstige Verbindungen. Gerbstoffe,[15,17,39] Gesamtgehalt 8,7 %;[14] Mannitol;[6,8,15,18,39] Triterpen *β*-Amyrin;[7] Phytosterole (ohne nähere Angaben);[39] Globulariasäure $C_{26}H_{32}O_7$;[6,8,15,17,32] Pikroglobularin, ein nicht-glykosidischer Bitterstoff $C_{24}H_{30}O_7$;[6,8,14,15,18,32,35] Alkaloide (ohne nähere Angaben) fehlend,[14] nachgewiesen.[36]

Wirkungen: Die Droge soll mild abführend wirken;[8,14,15,17,32,38-44] ferner gilt sie als cholagog, adstringierend,[39] diuretisch,[42] antiseptisch im Bereich der Harnwege,[45] emetisch[32] und als Magensäure bindendes Mittel.[15] Die genannten Wirkungen sind bislang nicht exakt belegt.

Antileukämische Wirkung. Ein wäßriger Drogenextrakt (aus 20 bis 50 g Droge in 500 mL Wasser) wurde *in vivo* auf seine antileukämische Wirkung gegen P 388-Leukämie der Maus untersucht. Die i. p. Gabe von 100, 200 oder 400 mg/kg KG des Trockenrückstands über 10 Tage nach Tumoreinsaat verlängerte die Überlebenszeit der Tiere dosisabhängig um 10 bis über 25 %.[45] Als antileukämisch wirksamer Inhaltsstoff des Wasserextrakts wird Liriodendrin vermutet.[21]

Der wäßrige Drogenextrakt zeigte *in vitro* keine Aktivität gegen KB neoplastische Zellkulturen, außerdem keine antibakterielle Aktivität gegen *Staphylococcus aureus* und keine Antimalaria-Wirkung gegen *Plasmodium berghei* in infizierten Mäusen.[45]

Volkstümliche Anwendung und andere Anwendungsgebiete: Die Droge wird bei Verstopfung angewandt[8,15,17,39,43–45] sowie zur Bindung von Magensäure,[15] bei Gicht, Rheumatismus, Arthritis, gastritischen Hämorrhagien[39,45] und bei Harnwegsinfekten.[45] Die Wirksamkeit bei den genannten Anwendungsgebieten ist nicht belegt.

Dosierung und Art der Anwendung: *Droge.* Als mildes Abführmittel wird die Droge in Form einer Abkochung verwendet; dazu werden 40 g Droge in 1 L Wasser gegeben, nach dem Aufkochen 10 min ziehengelassen und 2mal täglich eine Tasse getrunken.[15,39] Nach einer anderen Vorschrift werden 5 bis 10 g Droge auf eine Tasse Wasser als Abkochung zubereitet, wobei die abführende Wirkung der schwach bitter-gewürzhaften Abkochung nach 8 bis 12 h eintreten soll.[17] Als Mittel zur Bindung überschüssiger Magensäure wird die Droge als Infus zubereitet, wobei auf 1 L Wasser 30 g Droge gegeben werden; ungesüßt jeweils eine Tasse voll davon direkt vor den Mahlzeiten einzunehmen.[15] Wegen der schädlichen Wirkungen des Globularins (vgl. Toxische Inhaltsstoffe und Prinzip) ist die Anwendung der Droge umstritten;[14] bei der üblichen Anwendung der Droge als Decoct oder Infus mit 30 oder 40 g Droge pro Liter werden jedoch nur geringe Mengen an Globularin (mit 1,7 % in der Droge[7]) erreicht; von höheren Dosierungen muß jedoch abgeraten werden.

Tox. Inhaltsstoffe u. Prinzip: Das in der Droge enthaltene Globularin erzeugt beim Menschen Erbrechen, Koliken, Diarrhöen, Schwindel und Kollapserscheinungen.[8,14,16] Über die für die toxische Wirkung erforderliche Dosis schwanken die Angaben;[16] so soll etwa Globularin in größeren Dosen von 5 bis 10 g pro Tasse Wasser die toxischen Symptome verursachen,[8] nach Lit.[14] soll die Dosis von 0,5 g Globularin beim Menschen die toxischen Symptome bewirken. Am Frosch erzeugt Globularin in einer Dosierung von 0,1 bis 0,3 g (ohne weitere Angaben) Bradypnoe und unter Verschwinden der Reflexerregbarkeit tödliche Lähmung.[7,14]
Weitergehende toxikologische Daten liegen bislang nicht vor.

1. Wettstein R (1895) Globulariaceae. In: Engler A, Prantl K (Hrsg.) Die natürlichen Pflanzenfamilien, Engelmann, Leipzig, IV. Teil, 3. Abt. b
2. Schwarz O (1939) Bot Jahrb 69:318–373
3. Mabberley DJ (1989) The plant-book, Cambridge University Press, Cambridge
4. Heg (1975) Bd. VI, Teil 1, S. 551–558
5. Melchior H (Hrsg.) (1964) A. Engler's Syllabus der Pflanzenfamilien, 12. Aufl., Bornträger, Stuttgart, Bd. II, S. 453
6. Hgn, Bd. 4, S. 207–210, Bd. 8, S. 520–522
7. Lewin L (1928, Nachdruck 1992) Gifte und Vergiftungen: Lehrbuch der Toxikologie, 6. Aufl., Haug, Heidelberg
8. Hag, Bd. IV, S. 1.142–1.143
9. Paris R (1946) Bull Soc Bot Fr 93:159–162
10. Fikenscher LH, Hegnauer R, Ruijgrok HWL (1969) Pharm Weekbl 104:561–566
11. Zellner J (1934) Arch Pharm 272:601–607
12. Chaudhuri RK, Sticher O (1980) Helv Chim Acta 63:117–120
13. Chaudhuri RK, Salama O, Sticher O (1981) Helv Chim Acta 64:2.401–2.404
14. Gessner O (1974) Gift- und Arzneipflanzen von Mitteleuropa, 3. Aufl., Universitätsverlag, Heidelberg
15. Font Quer P (1990) Plantas medicinales, 12. Aufl., Editorial Labor SA, Barcelona
16. Roth L, Daunderer M, Kormann K (1988) Giftpflanzen Pflanzengifte, 3. Aufl., Ecomed, Landsberg München
17. Berger F (1950) Handbuch der Drogenkunde, Maudrich, Wien, Bd. 2, S. 34–36
18. Wehmer C (1931) Die Pflanzenstoffe, 2. Aufl., Fischer, Jena, Bd. 2, S. 1.142
19. Amer M, El-Masry S (1988) Alexandria J Pharm Sci 2:153–155
20. Bernard P, Lallemand M, Balansard G (1974) Plant Méd Phytothér 8:180–187
21. Chaudhuri RK, Sticher O (1981) Helv Chim Acta 64:3–15
22. Chaudhuri RK, Sticher O (1979) Helv Chim Acta 62:644–646
23. Chaudhuri RK, Salama O, Sticher O (1980) Planta Med 40:164–167
24. Chaudhuri RK, Sticher O (1979) Planta Med 36:269–270
25. Kinzel H, Stummerer-Schmid H (1970) Phytochemistry 9:2.237–2.239
26. Chaudhuri RK, Sticher O, Winkler T (1979) Tetrahedron Lett 34:3.149–3.152
27. Wiesner J (1928) Die Rohstoffe des Pflanzenreichs, 4. Aufl., Engelmann, Leipzig, Bd. II, S. 1.809
28. Bernard P, Lallemand M, Balansard G (1974) Plant Méd Phytothér 8:174–179
29. Wunderlich A (1908) Arch Pharm 246:256–259
30. Hassine BB, Bui AM, Mighri Z, Cavé A (1982) Plant Méd Phytothér 16:197–205
31. Ben Hassine B, Bui A, Mighri Z (1982) J Soc Chim Tunis 7:3–10
32. Tiemann R (1903) Arch Pharm 241:289–306
33. Klimek B (1988) Phytochemistry 27:255–258
34. Harborne JB, Williams CA (1971) Phytochemistry 10:367–378
35. Wiesner J (1927) Die Rohstoffe des Pflanzenreichs, 4. Aufl., Engelmann, Leipzig, Bd. I, S. 158
36. Viladomat F, Codina C, Llabres JM, Bastida J (1986) Int J Crude Drug Res 24:123–130
37. FEu (1972) Bd. 3, S. 282–283
38. Planchon G (1859) Des globulaires au point de vue botanique et médical, Typographie de Boehm, Montpellier
39. Valnet J (1983) Phytothérapie. Traitment des maladies par les plantes, 5. Aufl., Maloine S. A., Paris
40. Pammel LH (1911) A manual of poisonous plants, The torch press, Cedar Rapids
41. Uphof JCT (1968) Dictionary of economic plants, 2. Aufl., Cramer, Lehre
42. Steinmetz EF (1957) Codex vegetabilis, Amsterdam
43. Steinmetz EF (1954) Materia medica vegetabilis, Pt. 1, S. 78 Amsterdam
44. Battandier J (1900) Plantes médicinales, Giralt, Algier
45. Caldes G, Prescott B, King JR (1975) Planta Med 27:72–76

MG

Glycine

HN: 2026900

Familie: Fabaceae (Leguminosae).

Unterfamilie: Faboideae (Papilionoideae).

Tribus: Phaseoleae.

Subtribus: Glyciniinae.

Gattungsgliederung: Die Gattung Glycine WILLD. besteht aus 9 Arten und wird in 2 Untergattungen gegliedert:[1]

- subgenus Glycine mit 7 Arten, z. B. *G. canescens* F. J. HERM., *G. clandestina* WENDL., *G. falcata* BENTH., *G. tabacina* (LABILL.) BENTH. und
- subgenus Soja (MOENCH) F. J. HERM., mit *G. max* (L.) MERR. und *G. soja* SIEB. et ZUCC. (= *G. ussuriensis* REG. et MAAK), der Wildform von *G. max*.

Gattungsmerkmale: Kriechende, windende, selten aufrechte Kräuter, ausdauernd (= subgen. Glycine) oder einjährig (= subgen. Soja). Stengel und Blätter gewöhnlich behaart. Nebenblätter klein, abfallend. Blätter dreiblättrig gefiedert, mit Nebenblättchen; Blättchenspreite ganzrandig. Blütenstände traubig, achselständig, selten terminal. Hochblätter pfriemförmig, klein. Blüten klein, purpurfarben bis weiß, kurz gestielt. Kelch angedeutet zweilippig, 5lappig; die beiden oberen Lappen teilweise verwachsen. Kronblätter kahl, lang genagelt, Fahne rundlich bis eiförmig; Schiffchen viel kürzer als die Flügel. Staubblätter 10, verwachsen, ein Staubblatt frei. Antheren gleichförmig, Fruchtknoten sitzend, Griffel kurz. Hülsen flach, gerade oder sichelförmig gebogen, über den Samen etwas aufgeblasen, aufspringend. Samen länglich-eiförmig bis fast kugelig.[2]

Verbreitung: Die Untergattung Glycine ist fast ausschließlich in Australien verbreitet, nur bei 2 Arten reicht die Verbreitung von Australien über die Südpazifischen Inseln, Philippinen bis Südchina und Taiwan. Die Untergattung Soja ist in China, Taiwan, Japan, Korea und der östlichen GUS verbreitet.[1]

Inhaltsstoffgruppen: Es liegen keine vergleichenden phytochemischen Untersuchungen der verschiedenen Glycine-Arten vor. Sämtliche Inhaltsstoffangaben der Literatur beziehen sich auf *G. max*.

Drogenliefernde Arten: *G. max*: Lecithinum ex Soja, Sojae oleum, Sojae semen.

Glycine max (L.) MERR.

Synonyme: *Dolichos soja* L. (non *Glycine soja* SIEB. et ZUCC.), *Glycine hispida* (MOENCH) MAXIM., *Phaseolus max* L., *P. sordidus* SALISB., *Soja angustifolia* MIQ., *S. hispida* MOENCH, *S. japonica* SAVI, *S. max (L.)* PIPER, *S. soja* KARST.[3]

Werden *G. max* (L.) MERR. und ihre Wildform *G. soja* (L.) SIEB. et ZUCC. in eine Art vereint, so muß diese *G. soja* (L.) SIEB. et ZUCC. em. BENTH. heißen.[3]

Sonstige Bezeichnungen: Dt.: Sojapflanze; engl.: Soya plant, Soybean plant; frz.: Soya; chinesisch: Tatou.

Botanische Beschreibung: Einjähriges buschiges Kraut. Stengel aufrecht, mehr oder weniger stark verzweigt, meist 40 bis 90 cm hoch. Stengel und Blätter dicht zottig behaart. Blätter dreizählig, langgestielt, Blättchen groß, eiförmig, ganzrandig, besonders am Rand und auf den Nerven der Unterseite behaart. Blüten klein, unauffällig, violett bis weißlich, sehr kurz gestielt, in drei- bis achtblütigen, aufrechten Büscheln in den Blattachseln; Hochblättchen sehr klein. Kelch glockig, zottig behaart; Kelchzähne etwa so lang wie die Kelchröhre; Krone wenig länger als der Kelch; Fahne kaum länger als Flügel und Schiffchen; Staubblätter 10, alle verwachsen; Fruchtknoten mit kurzem Griffel. Hülsen abstehend oder hängend, 3,5 bis 5 cm lang und ca. 1 cm breit, gerade oder gekrümmt, stumpf oder kurz bespitzt, gelb bis gelbbraun, seltener schwarzbraun oder violett, rauh behaart, um die 1 bis 4 Samen angeschwollen, dazwischen schwammige Zwischenwände, spät aufspringend. Samen länglich-eiförmig, weiß, gelb oder schwarzbraun.[4]

Inhaltsstoffe: *Aliphatische Säuren und Zucker.* Die Wurzeln enthalten die organischen Säuren *cis*- und *trans*-Aconitin-, Ameisen-, Bernstein-, Brenztrauben-, Citronen-, Fumar-, Glutar-, Glycol-, α-Ketoglutar-, Malon-, Milch- und Oxalsäure. Dagegen fehlen Isocitronensäure und Weinsäure. An Zuckern wurden 0,95 % Glucose und 2 % Saccharose gefunden.[5]

Phenolische Verbindungen. Die *C*-Glykosylflavone Carlinosid, Isocarlinosid, Vitexin, Vitexin-2"-*O*-rhamnosid, Isoschaftosid und 6,8-Di-*C*-hexosylgenkwanin[6] sowie zu 11 bis 33 mg (präparative Isolierung auf chromatographischen Wegen) aus den frischen Wurzeln von 1.200 jungen Pflanzen die Isoflavonglykoside Daidzin und Genistin und deren Agluca Daidzein (= 7,4,-Dihydroxyisoflavon) und Genistein.[7]

Daidzin und Genistin sind bereits in Plumula, Hypocotyl und Radicula der Samen lokalisiert, aus denen sich Luftsproß und Wurzeln entwickeln, nicht jedoch in den Keimblättern.[8] Auch die Laubblätter enthalten geringe Mengen Daidzin und Genistein.[9]

Nach Befall durch den phytopathogenen Pilz *Phytophthora megasperma* f. sp. *glycinea* oder phytopathogene Bakterien (*Pseudomonas syringae* pv. *glycinea*) kommt es in Hypocotyl, Keimblättern und Laubblättern zu einer Kumulation von Daidzin, Genistin und weiterer Isoflavonderivate: Ononin, Formonetin[9] und Isoformonetin (= 7-Methoxy-4'-hydroxyisoflavon),[10] Cumestrol sowie die mit diesen verwandten Pterocarpan-Phytoalexine Glyceocarpin,[10] Glyceofuran, Glyceollin I bis IV, 9-*O*-Methylglyceofuran, 3,6a,9-Trihydroxypterocar-

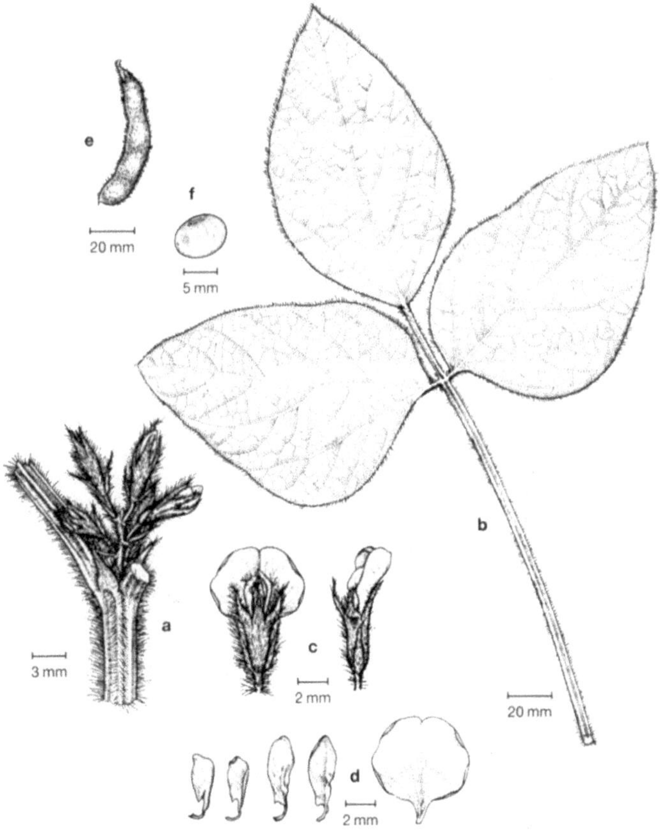

Glycine max (L.) MERR.: **a** Blütenstand, **b** Laubblatt, **c** Blüten in Seiten- und Vorderansicht, **d** Fahne, Flügel und Schiffchen (von rechts), **e** Hülse, **f** Samen. Aus Lit.[3]

pan und Hydroxyphaseollin[11] Die Kumulation der Isoflavon- und vor allem der Pterocarpanderivate wird als Abwehrreaktion der Pflanze gegen Mikroorganismen betrachtet. So sollen 3,6a,9-Trihydroxypterocarpan und vor allem Hydroxyphaseollin fungicide Wirkung besitzen.[11]

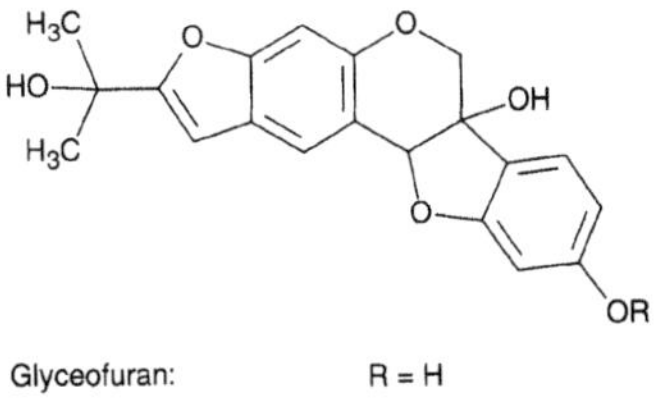

Glyceofuran: R = H
9-O-Methylglyceofuran: R = CH_3

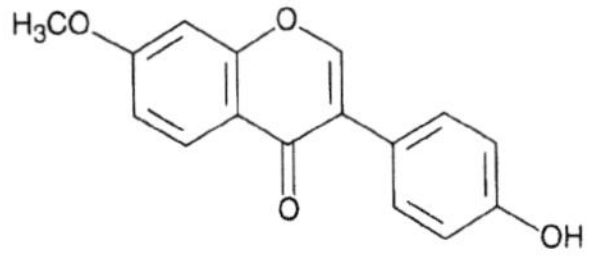

Isoformonetin

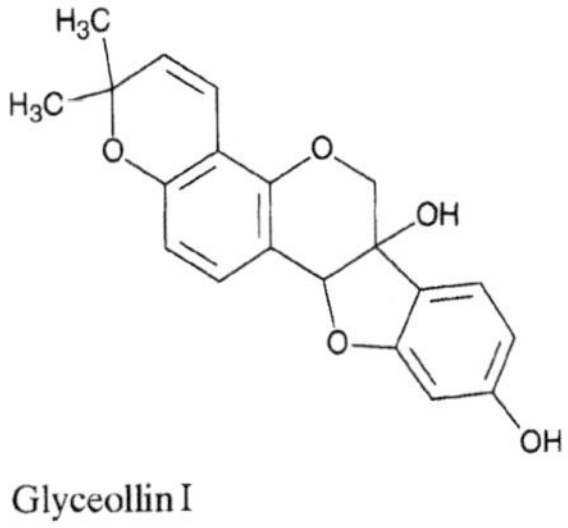

Glyceollin I

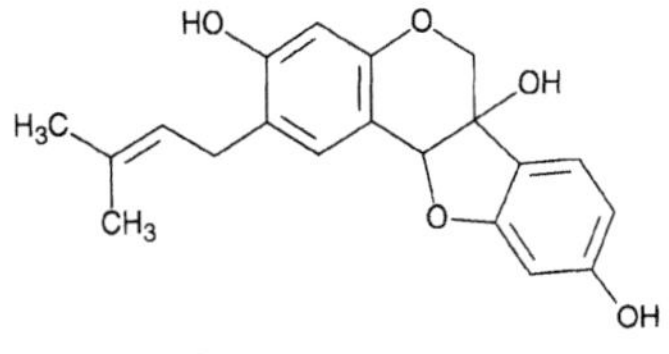

Glyceocarpin

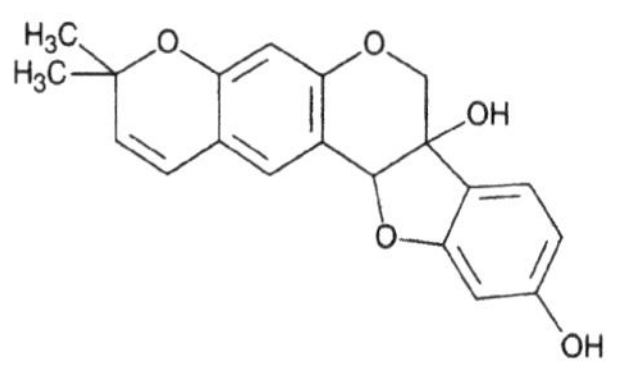

Glyceollin II

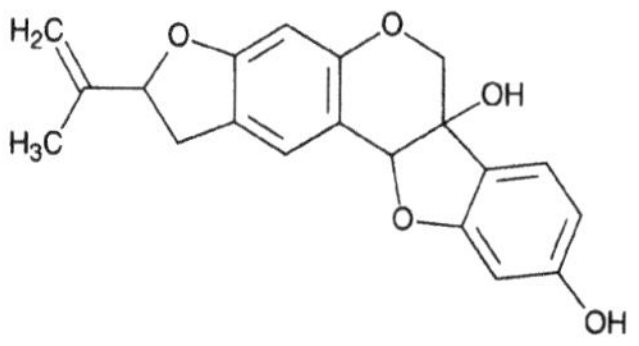

Glyceollin III

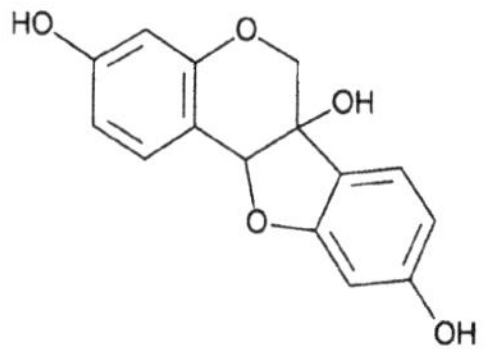

3,6a,9-Trihydroxypterocarpan

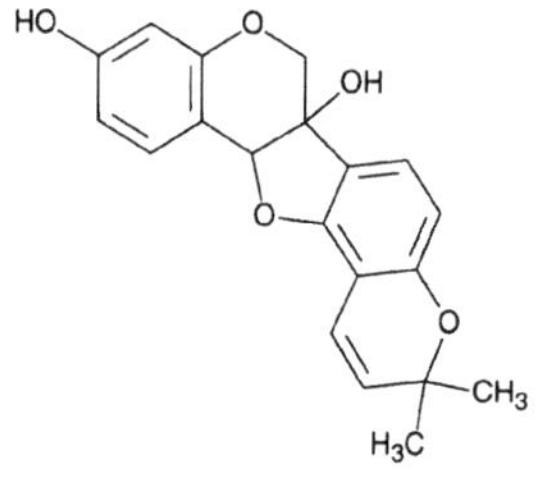

Hydroxyphaseollin

Das Cumarinderivat Cumestrol (= 3,9-Dihydroxy-cumestan) und dessen 3-*O*-*β*-Glucosid Cumestrin (12 bzw. 3 mg aus frischen Wurzeln von 1.200 jungen Pflanzen auf chromatographischen Wegen isoliert).[7]

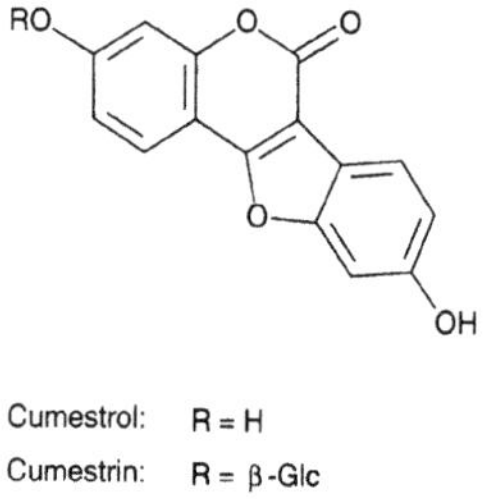

Cumestrol: R = H

Cumestrin: R = β-Glc

Phytosterole. Die Blätter enthalten die 4-Demethylsterole Campesterol, Sitosterol und Stigmasterol, frei sowie als Sterylester und Sterylglykoside gebunden (Gesamtsterolgehalt 2 bis 4 mg/g Trokkengewicht). Während der Vegetationsperiode nehmen der Gesamtsterolgehalt und der Gehalt an gebundenen Sterolen in den Blättern zu, während der Gehalt an freien Sterolen abnimmt. Dieser Vorgang ist bei frühreifenden Sorten stärker ausgeprägt als bei spätreifenden. Sitosterol dominiert sowohl in der freien als in der gebundenen Sterolfraktion. In der freien Sterolfraktion nimmt es von 50 % vor der Blüte auf 60 % zum Fruchtansatz zu und in der gebundenen Sterolfraktion von 65 % vor der Blüte auf 80 % zum Fruchtansatz. Stigmasterol dagegen nimmt in der gleichen Zeit von 40 % der freien Sterolfraktion auf 30 % und in der gebundenen Sterolfraktion von 30 % auf 15 % ab. Freies wie gebundenes Campesterol nehmen ebenfalls während der Vegetationsperiode ab. Diese jahresperiodischen Änderungen verlaufen in früh- und spätreifenden sowie insektenresistenten und nichtresistenten Sorten gleich.[12]

Fettsäuren. Während der Entwicklung der Samen kommt es zu quantitativen Veränderungen in der Fettsäurenzusammensetzung. Myristinsäure weist in sehr jungen Samen (Frischgewicht unter 100 mg) einen hohen Gehalt auf (ca. 20 bis über 30 mol % pro Samenfrischgewicht; Begriff mol % vom Autor nicht definiert) und fällt schon in 200 mg schweren Samen auf einen Gehalt von 1 bis 2 mol % ab. Palmitinsäure nimmt bis zum Samengewicht von 200 mg zu (von ca. 10 auf ca. 15 mol %) und nimmt dann langsam bis auf ca. 5 mol % zur Reife ab, während der Gehalt an Stearinsäure mit 3 bis 4 mol % pro Samenfrischgewicht während der Entwicklung konstant bleibt. Linolensäure nimmt in sehr jungen (bis 150 mg schweren) Samen zu (auf ca. 15 bis über 20 mol %), nimmt in 200 mg schweren Samen auf ca. 10 mol % ab und bleibt bis zur Reife konstant. Die beiden in den reifen Samen dominierenden Fettsäuren Öl- und Linolsäure nehmen während der 1. Hälfte der Samenentwicklung (bis 300 mg Frischgewicht) stark zu (bis auf über 50 mol % bzw. ca. 30 bis 35 mol %), danach bleiben sie annähernd konstant. In den reifen Samen ist der Linolensäuregehalt umgekehrt proportional dem Ölsäuregehalt.[16]

Sonstige Verbindungen. In Blättern von Sorten, die gegen den Mexikanischen Bohnenkäfer, *Epilachna varivestis* MULSANT, und andere blattfressende Insekten resistent sind, wurde als möglicher Resistenzfaktor *Pinitol* (= 3-*O*-Methylchiroinositol) gefunden.[13] Durch trockene Vakuumdestillation wurden aus frischen Blättern einer insektenresistenten Sorte die gasförmigen, für den Mexikanischen Bohnenkäfer toxischen Substanzen Stickoxide ($NO_{(x)}$ $1{,}1 \cdot 10^{-7}$ mol/g Frischgewicht), Methanol ($10 \cdot 10^{-7}$ mol/g), Acetaldehyd ($7{,}6 \cdot 10^{-7}$ mol/g) und Ethanol ($13 \cdot 10^{-7}$ mol/g) gewonnen. Nichtresistente Sorten enthielten dieselben Stoffe in geringerer Menge.[14]

Sonstige. Sojakeimlinge enthalten Adenin, Adenosin, Hypoxanthin, Inosin, Adenyl-, Asparagin-, Cytidyl-, Glutamin- und Uridylsäure, Alanin, Arginin, Histidin, Leucin, Lysin, Phenylalanin, Valin sowie Bernstein-, Citronen-, Glycol-, Malon- und Milchsäure und die Zucker Glucose und Maltose.[15]

Verbreitung: Die Heimat der Sojapflanze ist Ostasien. Sie wurde selbst niemals wild gefunden. Ihre Wildform *G. soja* SIEB. et ZUCC. ist im Amur-Ussuri-Gebiet, Nordchina, Taiwan, Korea und Japan verbreitet.[3]

Anbaugebiete: *Glycine max* wird in China seit etwa 1700 bis 1100 v. Chr. kultiviert.[1] Heute wird sie in subtropischen Gebieten in Ostasien, Nordamerika, Brasilien, Osteuropa und Südafrika angebaut.

Drogen: Lecithinum ex soja, Sojae oleum, Sojae semen.

Lecithinum ex soja (Sojalecithin)

Synonyme: Lecithinum ad emulsionem, Lecithinum vegetabile.

Sonstige Bezeichnungen: Dt.: Pflanzenlecithin; engl.: Lecithin; frz.: Lécithine; it.: Lecitina.

Monographiesammlungen: Lecithin *USP XXII-NF XVII*; Lecithinum vegetabile *ÖAB 90*; Lecithinum *Helv VI*; Lecithins *Mar 28*.

Definition der Droge: Komplexe Mischung acetonunlöslicher Phosphatide, hauptsächlich aus Phosphatidylcholin, Phosphatidylethanolamin, Phosphatidylserin und Phosphatidylinositol mit verschiedenen anderen Substanzen wie Triglyceriden, Fettsäuren und Kohlenhydraten *USP XXII-NF XVII*. Phosphatgemisch, das hauptsächlich aus Lecithinen und Kephalinen besteht, deren Moleküle sich aus 1 Molekül Glycerophosphorsäure, 2 Molekülen höheren Fettsäuren und 1 Molekül Cholin bzw. Colamin aufbauen *ÖAB 90*, *Helv VI*.

Stammpflanzen: *Glycine max* (L.) MERR.

Herkunft: Hauptlieferländer sind die USA, Brasilien und Argentinien.

Gewinnung: Das durch Extraktion der Sojabohnen gewonnene rohe Öl wird bei 60 bis 80 °C mit ca. 2 % Wasser intensiv gemischt. Dabei quellen die Phospholipide und bilden sog. Micellen, die infolge ihrer höheren Dichte leicht von dem sie begleitenden Öl abgetrennt werden können. Sie werden nach einer Ruhezeit von 10 min zentrifugiert. Der dabei angefallene 30 bis 50 % Wasser enthaltende Lecithinschlamm wird im Dünnschichtverdampfer bei einer Temperatur von ca. 100 °C im Vakuum bis auf einen Restwassergehalt von 0,2 bis 0,8 % eingedampft.[19]

Handelssorten: Das nach dem unter "Gewinnung" beschriebenen Verfahren erhaltene Lecithin wird auch als Rohphosphatid bezeichnet. Es entspricht dem in *ÖAB 90* und *Helv VI* beschriebenen Lecithin.
Für diätetische Zwecke und in der Lebensmittelindustrie finden häufig weiter bearbeitete Lecithine Verwendung. Dabei kann es sich um native Lecithine handeln, deren Funktionalität durch Zusätze verändert wird oder um fraktionierte Lecithine. Die erste Möglichkeit ist eine Entölung des Lecithins, die zu pulver- oder granulatförmigen Produkten mit einem acetonunlöslichen Anteil (s. Gehaltsbestimmung) von 95 % und mehr führt. Weitere Möglichkeiten der Fraktionierung bestehen bei ethanolischer Extraktion des Lecithins, wobei die Phospholipide in eine ethanollösliche und eine ethanolunlösliche Fraktion getrennt werden und durch Reinigungsschritte Phospholipide einheitlicher Klassenzugehörigkeit erhalten werden können. Darüber hinaus sind enzymatisch oder chemisch modifizierte Lecithine im Handel.[19]

Ganzdroge: Gelbbraune oder braune, homogene, honigartige bis salbenartige Masse. Geruch und Geschmack eigenartig.

Verfälschungen/Verwechslungen: Lecithine aus anderen pflanzlichen Quellen als Sojabohnen gewonnen oder tierischen Ursprungs, z. B. aus Ei, werden von *ÖAB 90* und *Helv VI* als Verfälschungen betrachtet. *USP XXII-NF XVII* läßt ebenso wie die Zusatzstoff-Verkehrsverordnung (E 322)[17] und der Food Chemical Codex, 3. Ausgabe (FCC III)[18] auch Lecithine anderer Herkunft zu.

Inhaltsstoffe: Das nach dem unter "Gewinnung" beschriebenen Verfahren gewonnene Lecithin enthält 45 bis 60 % Phospholipide, 30 bis 35 % Sojaöl und kleine Mengen freier Fettsäuren, 5 bis 10 % freie Kohlenhydrate und Glykolipide, 2 bis 5 % Phytosterole, Tocopherole u. a.[19,20]
Für die gesamte Stoffklasse der Phospholipide findet man auch die Bezeichnung "Phosphatide".
Die Zusammensetzung der Phosphatidfraktion wird wie folgt angegeben: Phosphatidylcholin 19 bis 21 %, Phosphatidylethanolamin 8 bis 20 %, Phosphatidylinositol 20 bis 21 %, andere Phospholipide 5 bis 11 %.[21]
Phosphatidylcholin wird in älterer Literatur häufig mit dem Trivialnamen "Lecithin" bezeichnet; es ist im Unterschied zu den meisten anderen Phospholipiden löslich in EtOH. Die ethanolunlöslichen Phospholipide werden auch als "Kephaline" bezeichnet; hierzu gehören Phosphatidylethanolamin, Phosphatidylinositol, Phosphatidylserin, wobei man häufig auch nur Phosphatidylethanolamin als "Kephalin" benannt findet.

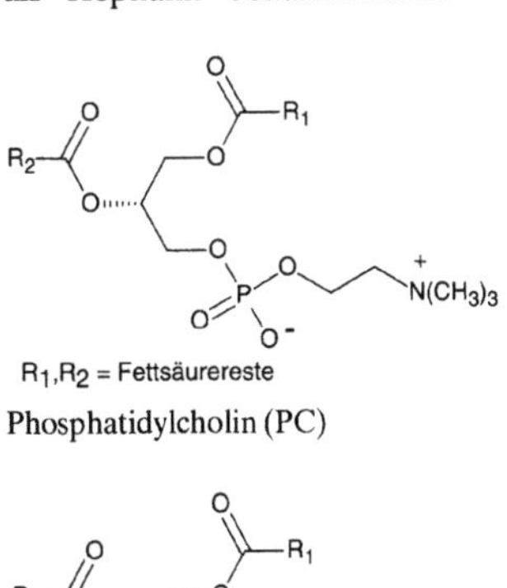

Phosphatidylcholin (PC)

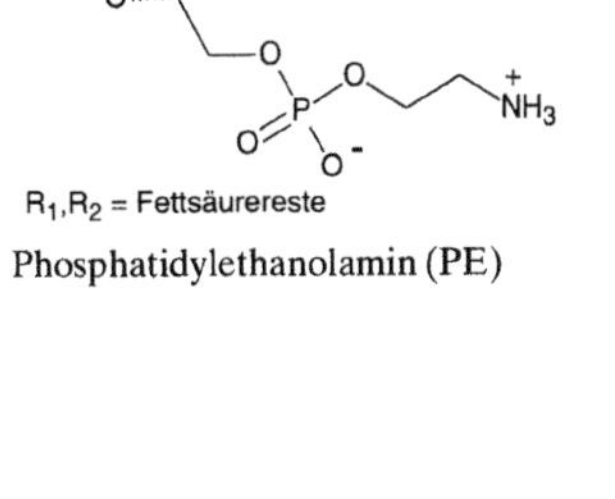

Phosphatidylethanolamin (PE)

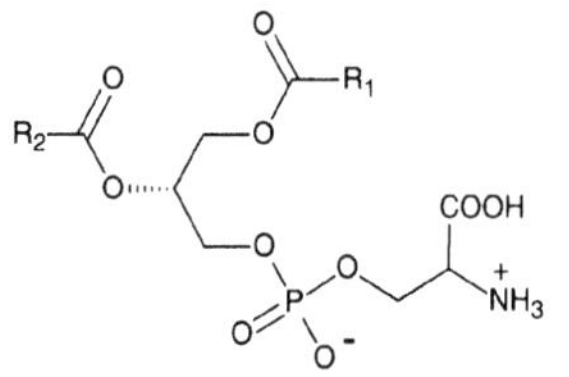

Phosphatidylserin (PS)

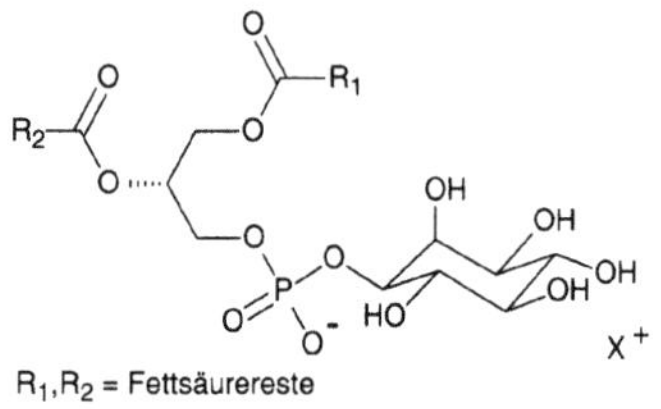

Phosphatidylinositol (PI)

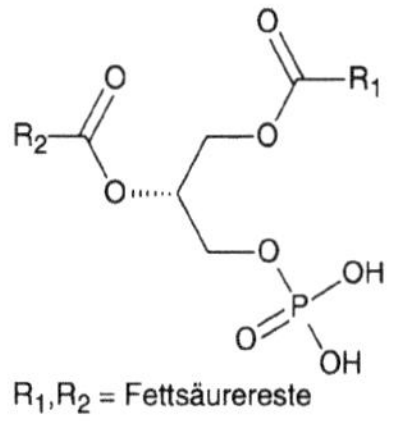

Phosphatidsäure (PA)

In der Natur kommt fast ausschließlich die in den Strukturformeln gezeigte α-Konfiguration vor; bei der β-Konfiguration ist der Phosphorsäurerest an die *C-2*-ständige OH-Gruppe des Glycerols gebunden. Aus der Verschiedenheit der Fettsäurereste R_1 und R_2 ergibt sich eine Vielzahl verschiedener Verbindungen. Die Fettsäurezusammensetzung ist charakteristisch für die Herkunft des Lecithins. Die wichtigsten Fettsäuren in Sojalecithin sind Linolsäure 54,0%, Ölsäure 17,7%, Palmitinsäure 17,4%, Linolensäure 6,8% und Stearinsäure 4,0%.[22]

Zubereitungen: Phospholipide aus Sojabohnen mit ca. 76% (3-sn-Phosphatidyl)cholin sowie (3-sn-Phosphatidyl)cholin aus Sojabohnen → Hdb., Stoffe.

Identität: *ÖAB 90* und *Helv VI* lassen auf Phospholipide prüfen: Sojalecithin wird mit EtOH 94% und einigen Tr. einer 1%igen Lsg. von Vanillin in EtOH versetzt; die Lösung wird mit H_2SO_4 95% unterschichtet und vorsichtig geschwenkt. In der Grenzzone entsteht nach unten ein roter Ring, während sich bei stärkerem Umschwenken die überstehende Flüssigkeit violettrosa und die Grenzzone tief rubinrot färbt. Beide Arzneibücher lassen flüchtige Amine durch Färbung von Lackmuspapier beim Erhitzen der Sz und Phosphat mit Ammoniummolybdat-Lsg. nachweisen.

Reinheit: Die Iodzahl als Maßzahl für den Gehalt an ungesättigten Fettsäuren ist auf 70 bis 90 (*ÖAB 90*) bzw. 65 bis 105 (*Helv VI*) festgelegt.

Helv VI läßt auf Eilecithin und andere Pflanzenlecithine prüfen: Eine mit ethanolischer Kalilauge verseifte Lecithinprobe wird angesäuert und mit Wasser verdünnt. Die nicht in Lösung gegangenen Anteile werden in EtOH aufgenommen und mit Digitonin vesetzt. Ein sich dabei bildender Niederschlag wird mit Essigsäureanhydrid behandelt, gereinigt und zur Kristallisation gebracht; Bestimmung des Schmelzbereiches.
Auf ranziges Lecithin und Phosphatidsäuren lassen *ÖAB 90* und *Helv VI* durch Titration der Probe mit 1 N-NaOH gegen Phenolphthalein prüfen. Dieses Verfahren entspricht der Bestimmung der Säurezahl, die von *USP XXII-NF XVII*, E 322[17] und FCC III[18] auf max. 35 festgelegt wird. Der von *ÖAB 90* und *Helv VI* zugelassene Verbrauch an NaOH entspricht einer Säurezahl von etwa 33,5. Die Säurezahl bei Lecithinen wird nicht allein durch freie Fettsäuren, die bei hydrolytischen, enzymatischen oder oxidativen Zersetzungen entstehen, sondern auch durch sauer reagierende Phospholipide wie Phosphatidsäure und Phosphatidylinositol verursacht. Als Prüfung auf Ranzidität lassen E 322[17] und FCC III[18] die Peroxidzahl prüfen und begrenzen diese auf max. 10 bzw. max. 100. Bei der Bestimmung der Peroxidzahl werden Hydroperoxide, die die erste Stufe im Oxidationsprozeß darstellen, erfaßt.[19] Da diese Hydroperoxide im weiteren Verlauf unter Spaltung der Fettsäureketten weiterreagieren, sinkt die Peroxidzahl nach anfänglich deutlichem Anstieg wieder ab.
Der Trocknungsverlust des Lecithins wird in *ÖAB 90* auf 3,0%, in *Helv VI* und E 322[17] auf 2,0% begrenzt. *USP XXII-NF XVII* und FCC III[18] schreiben eine Wasserbestimmung nach Karl Fischer mit max. 1,5% Wasser vor. Da sich Lecithin bereits ab 50 °C zersetzt (s. Stabilität), werden beim Trocknungsverlust auch erste thermische Zersetzungsprodukte erfaßt.
Die Asche wird von *ÖAB 90* und *Helv VI* mit 4,0 bis 7,0% angegeben.
USP XXII-NF XVII läßt wie FCC III[18] den hexanunlöslichen Anteil bestimmen und begrenzt diesen auf max. 0,3%. Dazu werden 10 g Sz in 100 mL Hexan gelöst und filtriert. Der Filtrationsrückstand wird getrocknet und gewogen. E 322[17] führt diese Prüfung mit Toluol durch. Durch diese Bestimmung werden Verunreinigungen durch Mineralien und Saatteilchen erfaßt.[19]
USP XXII-NF XVII, FCC III[18] und E 322[17] lassen auf Arsen (max. 3 ppm) und Blei (max. 10 ppm) prüfen. *USP XXII-NF XVII* und FCC III[18] begrenzen Schwermetalle auf max. 40 ppm, E 322[17] läßt auf Zink (max. 25 ppm) prüfen und begrenzt die Summe von Zink und Kupfer auf 50 ppm.

Gehalt: Mind. 50,0% Acetonunlösliches *USP XXII-NF XVII*, FCC III[18]; mind. 60,0% Acetonunlösliches E 322.[7]

Gehaltsbestimmung: Der Ölanteil in Lecithin wird in *USP XXII-NF XVII*, FCC III[18] und E 322[17] durch die Bestimmung des acetonunlöslichen Anteils bestimmt. Praktisch unlöslich in Aceton sind Phospholipide, Glykolipide und Kohlenhydrate, während sich das Öl löst. Aufgrund einer gewissen

Löslichkeit der Phospho- und Glykolipide ist die Bestimmung bei 0 bis 5 °C und die Verwendung eines zuvor mit Phospholipiden gesättigten Acetons vorgeschrieben. Die Probe wird in Aceton gelöst, zentrifugiert und die überstehende Flüssigkeit dekantiert. Dies wird wiederholt, der Rückstand anschließend getrocknet und ausgewogen. Der hexan- bzw. toluollösliche Anteil wird abgezogen. Der acetonunlösliche Rückstand ist ein Maß für den Gehalt des Sojalecithins an Phospho- und Glykolipiden und Kohlenhydraten, die Differenz zu 100 % ein Maß für den Ölanteil. Der Phospholipidgehalt eines Lecithins kann über die Bestimmung des Phosphors und Umrechnung mit dem mittleren Molekulargewicht der Phospholipide erfolgen. Eine Methode ist die Veraschung der Probe und photometrische Messung des blaugefärbten Komplexes von Phosphor und Ammoniummolybdat.[23] Eine Bestimmung einzelner Phospholipide ist durch eine vorherige Trennung über DC und anschließende Phosphorbestimmung möglich.[24]

Wirkwertbestimmung: Da Lecithin häufig als Emulgator eingesetzt wird, lassen *ÖAB 90* und *Helv VI* das Emulgiervermögen bestimmen. 0,1 g Lecithin müssen nach Zusatz von 10 mL Wasser und 5 mL Olivenöl eine stabile Emulsion bilden. Nach 1 h darf sie höchstens aufgerahmt sein, aber auf der Rahmschicht keine Öltropfen erkennen lassen.

Lagerung: Dicht verschlossen, vor Licht geschützt *Helv VI.*

Stabilität: Teilweise Zersetzung beim Erwärmen über 50 °C. Verseifung mit Alkalien und Säuren in der Wärme *Helv VI.*

Wirkungen: *Cholesterolsenkende Wirkung.* Meerschweinchen entwickelten unter einer Diät, die 15 % Schweinefett mit Zuatz von 0,5 % Cholesterol enthielt, nach 6 Wochen eine Hypercholesterolämie. Der Zusatz von 7,5 % entöltem Sojalecithin bewirkte zu derselben Diät nach 6 Wochen eine 49 %ige Abnahme des Gesamtplasmacholesterols (von 265 auf 131 mg/dL), wobei das High-Density-Lipoprotein-Cholesterol (= HDL-C) nur geringfügig (von 47 auf 58 mg/dL) zunahm. In den Aorten nahm der Gesamtcholesterolgehalt um 40,8 % (von 4,9 auf 2,9 mg/g) ab.[25]
21 Patienten mit Serumcholesterolgehalten über 300 mg/100 mL, die 1 bis 10 Jahre lang erfolglos eine fettarme Diät (mit 25 g Fett täglich) erhalten hatten, erhielten 3 Monate lang zu dieser Diät täglich 36 g entöltes Sojalecithin. Danach war der Serumcholesterolgehalt um durchschnittlich 41 mg/100 mL, der Gesamtlipidgehalt um durchschnittlich 14 mg/100 mL gesunken.[26] Die Ergebnisse bedürfen der Überprüfung.
Für aus Sojalecithin gewonnene Phospholipide mit ca. 76 % (3-sn-Phosphatidyl)cholin, sowie für (3-sn-Phosphatidyl)cholin aus Sojabohnen werden antihyperlipidämische und antiarteriosklerotische Wirkungen beschrieben; → Hdb., Stoffe.

Anwendungsgebiete: Leichtere Fettstoffwechselstörungen, insbesondere Hypercholesterolämien, sofern diätetische Maßnahmen allein nicht ausreichen.[27]

Dosierung und Art der Anwendung: *Droge.* Soweit nicht anders verordnet: Mittlere Tagesdosis: Gesamtphospholipide in ihrem natürlichen Mischungsverhältnis entsprechend 3,5 g (3-sn-Phosphatidyl)cholin.[27]

Volkstümliche Anwendung und andere Anwendungsgebiete: Sojalecithin wird bei Schwächezuständen, Konzentrationsmangel, Altersbeschwerden, Gehirn- und Nervenkrankheiten, Leber- und Galleleiden[19] sowie bei Blutarmut[52] verwendet. Die Wirksamkeit bei den genannten Anwendungsgebieten ist gegenwärtig noch nicht belegt.

Unerwünschte Wirkungen: Keine bekannt.[27]

Gegenanzeigen/Anwendungsbeschr.: Keine bekannt.[27]

Wechselwirkungen: Keine bekannt.[27]

Toxikologische Eigenschaften: Von der FDA wurde Sojalecithin als nicht toxisch (= GRAS = general recognized as safe) eingestuft.

Sonst. Verwendung: *Pharmazie/Medizin.* Entöltes Sojalecithin dient als Emulgator zur Herstellung von Fettemulsionen zur parenteralen Ernährung. Vor allem die phosphatidylcholinreichen Fraktionen werden zu Liposomen verarbeitet; → Hdb. 2, S. 720, 849. *Kosmetik.* Entöltes Sojalecithin oder dessen phosphatidylcholinreiche Fraktionen können als Emulgatoren und Stabilisatoren sowohl für Öl-in-Wasser- (Cold Cremes) als auch für Wasser-in-Öl-Emulsionen (Nacht- und Sportcremes) verwendet werden. Entöltes Lecithin ist auch als Aktivsubstanz in Lösungen zur Nachbehandlung gewaschener Haare und als Weichmacher für Lippenstifte geeignet. In neuerer Zeit erlangen auch Liposomen auf Phospholipidbasis in kosmetischen Präparaten als Mittel zur Optimierung des Feuchthaltevermögens in der Hautpflege Bedeutung;[19] → Hdb. 2, S. 880. *Landwirtschaft.* Sojalecithin wird als Komponente von Tierfuttermitteln verwendet, vor allem um die Emulgierung in Tränken zu erleichtern und fettreiche Emulsionen zu stabilisieren, so vor allem in den Milchaustauschern zur Kälberfütterung. Diese werden aus Magermilchpulver, pflanzlichen oder tierischen Fetten, Sojalecithin, Vitaminen und Mineralstoffen durch Verdünnung mit Wasser gewonnen. Als Komponente von Geflügelfutter fördert Sojalecithin die Gewichtszunahme von Broilern und die Eierproduktion von Legehennen.[19]
Da Sojalecithin eine Schutzwirkung bei bestimmten Pflanzenkrankheiten ausübt, z. B. Reisbrand, Echtem Mehltau, Tomatenfäule, wird eine 0,15 %ige Lecithinlösung als Spritzmittel bei Mehltau verwendet.[19] *Industrie/Technik.* Sojalecithin dient als Additiv zur Herstellung von Mineralölemulsionen sowie als Emulgator, Stabilisator und Rostschutzmittel. In Anstrich-, Druck- und Malerfarben auf Lösungsmittelbasis verhindert ein Lecithinzusatz die Sedimentation des Pigments, in Wasserfarben das Wandern des Farbkörpers zwischen

der Öl- und der Wasserphase. Dank seiner hohen Grenzflächenaktivität garantiert Lecithin die vollständige Adhäsion des Anstrichs. In der Textilindustrie kann Sojalecithin den Spinnprozeß erleichtern und das Aufziehen der Farbstoffe auf Fasern fördern. Als Zusatz zu Lösungmitteln verbessert es bei der chemischen Reinigung die Schmutzentfernung.[19]
Bei der Margarineherstellung dient Sojalecithin als Emulgator und Antispritzmittel. Noch besser sind für diese Zwecke die durch Extraktion des Sojalecithins mit wasserhaltigen Alkoholen erhältlichen phosphatidylcholinreichen Fraktionen. Beim Backen erleichtert ein Zusatz von Sojalecithin das Aufschlagen fetthaltiger Teige, ermöglicht die Verwendung kleberarmer Mehle und führt durch stärkere Volumenzunahme der Backwaren zu höheren Ausbeuten, schließlich verzögert er das Altbackenwerden. Bei der Schokoladenherstellung setzt der Zusatz von Sojalecithin die Viskosität der Mischung herab, verkürzt die Bearbeitungszeit und führt zu einer Ersparnis an Kakaobutter. Ein Zusatz von 0,5 % Sojalecithin führt zur gleichen Viskositätserniedrigung wie 5 % Kakaobutter. Auch bei der Herstellung kakaohaltiger Fettglasuren hat sich ein Zusatz von einigen Prozent Sojalecithin als vorteilhaft erwiesen. Bei der Herstellung instantisierter Lebensmittel fördert Sojalecithin die Dispergierbarkeit von Voll- und Magermilchpulvern, Kakaopulvern, Kaffeextraktpulvern o. ä., die unbehandelt beim Einbringen in Wasser leicht klumpen, da die Oberfläche der Partikel wegen ihres Fettgehaltes die Benetzung mit Wasser verhindert. Durch Aufsprühen einer Lecithinschicht wird die Oberfläche der Pulverteilchen hydrophilisiert, so daß sie schnell in Wasser untersinken.[19]

Gesetzl. Best.: *Offizielle Monographien.* Aufbereitungsmonographie der Kommission E am BGA "Lecithinum ex soja (Sojalecithin)".[27]

Sojae oleum (Sojaöl)

Synonyme: Oleum Sojae.

Sonstige Bezeichnungen: Dt.: Sojabohnenöl; engl: Soyabean Oil, Soya Oil, Soybean Oil.

Monographiesammlungen: Soya Oil *BP88*; Soybean Oil *USP XXII*; Soya Oil *Mar29.*

Definition der Droge: Das gereinigte, deodorierte und durch Filtration bei ca. 0° geklärte fette Öl aus den Sojabohnen, das ein geeignetes Antoxidans enthalten kann *BP88*; das gereinigte fette Öl aus den Sojabohnen *USP XXII.*

Stammpflanzen: *Glycine max* (L.) MERR.

Herkunft: Hauptlieferländer sind die USA, Brasilien, Argentinien.

Gewinnung: Das Öl wird z. T. durch Pressen der Samen gewonnen, überwiegend jedoch durch Extraktion mit Hexan. Vor der Extraktion werden die Samen gereinigt, getrocknet, durch Erhitzen aufgebrochen, von den Schalen getrennt und in Flocken zerkleinert, um hohe Extraktionsraten und eine leichte Entfernung des Lösungsmittels zu erreichen.[28] Das so erhaltene Rohöl hat einen hohen Anteil an Phospholipiden, von denen es durch Mischen mit ca. 2 % Wasser bei 60 bis 80 °C getrennt werden muß (s. Gewinnung des Sojalecithins). Anschließend wird das entschleimte Öl durch Behandlung mit NaOH-Lsg. entsäuert, d. h. die im rohen Öl vorhandenen freien Fettsäuren werden durch Überführung in ihre ölunlöslichen Natriumsalze ausgefällt.[11,53]
BP88 schreibt winterisiertes Sojaöl vor, dem durch Absenken auf 0 °C die unter diesen Bedingungen kristallinen höheren gesättigten Fettsäuren und Fettbegleitstoffe durch Filtration entzogen werden. Die Partikelgröße des Extraktionsgutes beeinflußt sowohl die Extraktionsrate als auch die Menge des extrahierten Öles. Unmittelbar nach Mischen feinen Sojamehls mit Hexan bei Zimmertemperatur sind ca. 95 % des Öles gelöst. Darum ist auch die Extraktion eines feinen Sojamehles (Partikelgröße unter 150 μm) durch Schicht-Gegenstromextraktion möglich. Nach dieser Methode erhält man – bei einem Restölgehalt von 1 % im Sojamehl – ein nur schwach gefärbtes, reines Sojaöl, dessen Anteil an Phospholipiden und freien Fettsäuren geringer ist als der eines raffinierten Öles nach dem üblichen Verfahren.[28]

Ganzdroge: Hellgelbes, klares Öl. Geruch und Geschmack fehlend oder sehr schwach eigenartig, angenehm.

Verfälschungen/Verwechslungen: Baumwollsaatöl.[55]

Inhaltsstoffe: Die Fettsäuren des Sojaöls sind hauptsächlich C_{18}-Säuren: Linolsäure (44 bis 62 %), Ölsäure (19 bis 30 %), Linolensäure (4 bis 11 %) und Stearinsäure (1 bis 6 %); ferner die C_{16}-Säure Palmitinsäure (7 bis 14 %). Im Öl sind etwa 0,4 % Sterole enthalten, wovon auf β-Sitosterol ein Anteil von 50 bis 60 % entfällt. Daneben sind Spuren weiterer Fettbegleitstoffe wie Phospholipide, Enzyme, Vitamine, Pigmente (Carotinoide und Chlorophylle) und Kohlenwasserstoffe enthalten. Das rohe, durch Extraktion mit Hexan erhaltene Öl enthält 2 bis 3 % Phospholipide. Da diese die Haltbarkeit des Öls beeinträchtigen, werden sie grundsätzlich durch den Prozeß der Entschleimung entfernt.
Tocopherole, zu etwa 0,115 % im Öl enthalten, bewirken einen vorübergehenden Schutz vor Oxidationsprozessen, welche sich geruchlich und geschmacklich durch Ranzigwerden des Öls bemerkbar machen.[29]

Identität: *BP88* und *USP XXII* geben die Dichte d_{25}^{25} mit 0,916 bis 0,922 und die Brechzahl n_D^{25} mit 1,465 bis 1,475 an. *USP XXII* läßt die Iodzahl bestimmen und begrenzt diese auf 120 bis 151, was etwa einem Anteil von 80 % ungesättigten Fettsäuren entspricht. Die Verseifungszahl von 180 bis 200, vorgeschrieben von *USP XXII*, ist typisch für Öle mit überwiegend C_{18}-Fettsäuren.

Reinheit: Die unverseifbaren Anteile werden von *BP88* und *USPXXII* mit 1,5 bzw. 1,0% angegeben. Hierdurch werden Fettbegleitstoffe wie Kohlenwasserstoffe, Sterole, Tocopherole begrenzt.
Die Säurezahl wird auf 0,6 in *BP88* bzw. 2,5 in *USPXXII* beschränkt. Höhere Säurezahlen deuten auf Anteile von Phospholipiden im Öl oder beginnende Hydrolyse z. B. durch Überalterung hin.
USPXXII läßt die Peroxidzahl bestimmen und legt sie mit max. 10 fest (s. a. Sojalecithin).
BP88 läßt die vorgeschriebene Winterisierung (s. Gewinnung) des Öls prüfen: Das Öl muß bei 0°C 16h lang klar bleiben.
Zur Erkennung fremder fetter Öle schreiben *BP88* und *USPXXII* die gaschromatographische Bestimmung der Fettsäuremethylester vor, da hierdurch die Identität bzw. Verfälschung eines Öls wesentlich genauer als durch die Kennzahlen erkennbar ist.
Zusätzlich schreibt *USPXXII* die Prüfung auf Baumwollsaatöl vor. Dazu wird die Sz in Isoamylalkohol/1%iger Lsg. von Schwefel in Schwefelkohlenstoff unter Rückfluß zum Sieden erhitzt und darf anschließend bei Erwärmen in gesättigter NaCl-Lsg. auf 110° bis 115°C keine Rotfärbung zeigen. Die Rotfärbung wird durch geringe Mengen von typischen Fettsäuren aus Baumwollsaatöl bedingt, die einen Cyclopropenring enthalten.[54]

Lagerung: In gut gefüllten Gefäßen, dicht verschlossen, vor Licht geschützt, unterhalb 25°C *BP88, USPXXII.*

Stabilität: Die Haltbarkeit des Öls ist begrenzt, nach einigen Wochen tritt infolge beginnender Oxidation ein etwas "saatiger" Beigeschmack auf, der die Geschmacksumkehr ankündigt.[29]

Wirkungen: *Magenverweildauerverlängernde Wirkung bei Dumping-Syndrom.* Die nach Vagotomie beschleunigte Magenentleerung nach flüssigen Mahlzeiten wurde bei Patienten mit Dumping-Syndrom signifikant verlängert, wenn 20min vor der Glucosemahlzeit (150mL einer 50%igen Glucoselösung) 75mL einer 20%igen Sojaölemulsion eingenommen wurden. Die rasche Magenentleerung innerhalb 20min wurde um ca. 48% reduziert gegenüber Kontrollen, die statt des Sojaöls dest. Wasser erhalten hatten. Die Beschwerden wurden dadurch deutlich gebessert.[30]

Anwendungsgebiete: Emulsionen mit 10 oder 20% gereinigtem Sojaöl werden als intravenöse Infusion zur parenteralen Ernährung verwendet, entweder allein oder mit Zusatz von Aminosäuren und Kohlenhydratlösungen.[39]

Dosierung und Art der Anwendung: *Zubereitung.* Die tägliche Dosis einer 10%igen Sojaölemulsion zur parenteralen Ernährung beträgt 500 bis 1.500mL, die einer 20%igen Emulsion 500 bis 1.000mL. Für Kinder wird eine Dosis von 0,5 bis 4g/kg KG vorgeschlagen.[39]
Die Dosis am 1. Tag sollte gewöhnlich nicht das Äquivalent von 1g Sojaöl/kg KG erreichen und an den folgenden Tagen ansteigen auf 2, wenn nötig auf 3g/kg KG innerhalb von 24h. Die Infusion sollte mit einer Rate von 20 Tropfen/min beginnen und bei einer 10%igen Emulsion langsam auf maximal 60 Tropfen/min gesteigert werden. Es wird empfohlen, daß 500mL einer 10%igen Emulsion über eine Zeit von nicht weniger als 3h und eine 20%ige Emulsion über eine Zeit von nicht weniger als 5h infundiert werden.[39] Da es bei und nach jeder Fettinfusion zu einer Hyperlipidämie kommt und auch die individuelle Verträglichkeit geprüft werden muß, empfiehlt sich die Gabe über einen Zeitraum von 6 bis 8h mit anschließender Einhaltung eines längeren Klärungsintervalls.[31]

Unerwünschte Wirkungen: *Allergische Wirkungen.* Selten können nach den Infusionen Juckreiz, Nesselsucht, Fieber oder allergischer Schnupfen auftreten.[39] *Blut.* Langdauernde Infusionen mit Sojaölemulsionen oder ihre Anwendung bei Patienten mit beeinträchtigtem Fettstoffwechsel können zum sog. Fettüberladungssyndrom führen, das sich in Knochenmarkdepression, Anämie, Thrombocytopenie, spontanen Blutungen und Hyperlipidämie äußert.[32,39] *Leber, Pankreas, Stoffwechsel.* Beim Fettüberladungssyndrom kommt es zu Leber- und Milzvergrößerung mit Veränderungen in der Lebermorphologie, die sich nach Absetzen der Infusion nur langsam zurückbilden. Im Vordergrund steht eine Sternzellverfettung. Das reticuloendotheliale System der Leber wird mit Fettpartikeln beladen bis zu seiner Blockade.[33]

Gegenanzeigen/Anwendungsbeschr.: Allergie gegen Sojaöl.
Patienten mit schweren Lebererkrankungen, akutem Schock oder Hyperlipidämie sowie solche, deren Fettabsorption oder Fettstoffwechsel gestört sind, sollten keine Infusionen mit Sojaölemulsionen erhalten. Falls die Infusion bei solchen Patienten erforderlich ist, sollte auf jeden Fall die Fetteliminationskapazität täglich untersucht werden.[31,39]
Zurückhaltung und Vorsicht sind darüber hinaus bei der schweren respiratorischen Insuffizienz, bei Entgleisung der Gerinnung sowie bei septischen Zustandsbildern geboten, da dem Öl, intravasal verabreicht, RES-blockierende Eigenschaften zugeschrieben werden.[31]

Sonst. Verwendung: *Kosmetik.* Sojaöl wird als Badezusatz bei trockener Haut verwendet.[39] Hilfsstoff zur Herstellung halbfester Zubereitungen (Salben, Cremes, Gele, Pasten).[53] *Haushalt.* Sojaöl ist ein gutes Speiseöl für Salate, Majonaisen sowie zum Kochen und Backen. *Industrie/Technik.* Zur Margarineherstellung sowie in der Seifen-, Farben- und Lackindustrie.

Sojae semen

Synonyme: Semen Sojae.

Sonstige Bezeichnungen: Dt.: Fettbohne, Japanische Bohne, Ölbohne, Sojabohnen, Sojasamen; engl.: Soya bean, Soybean; frz.: Fèves de Soya; chinesisch: Hei-tou, Hei-tou-i; japanisch: Daidzu.

Definition der Droge: Die trockenen reifen Samen.

Stammpflanzen: *Glycine max* (L.) MERR.

Herkunft: Ausschließlich aus Kulturen. Hauptlieferländer sind die USA, Brasilien, Argentinien und China.

Gewinnung: Die Sojabohne wird im Mai, in Brasilien im Dezember, etwa 6 cm tief in lockeren, fein krümeligen, neutralen Boden gesät. Im Sommer und Herbst sind hohe Temperaturen und eine mittlere Niederschlagsmenge erforderlich. Von der Aussaat bis zur Reife benötigt die Pflanze je nach Sorte 80 bis 200 Tage. Die Ernte erfolgt, wenn die Blätter gelb werden, noch vor dem Platzen der Hülsen. Die Pflanzen werden entweder aus dem Boden gerissen oder – in Ostasien – mit Sicheln abgemäht, einige Tage getrocknet und gedroschen. In den hochentwickelten Ländern erfolgt die Ernte mit Mähdreschern.[4]

Ganzdroge: Samen verschieden gestaltet, länglich-eiförmig, etwas abgeflacht oder fast kugelig, 4 bis 10 mm lang, 3 bis 7 mm breit und 2 bis 6 mm dick, weißlich- bis bräunlichgelb, grünlich, rötlich oder schwärzlich, glatt, leicht glänzend. Gelbe Samen am häufigsten; braune oder schwärzliche Samen etwas kleiner als weißlichgelbe. Nabel etwa die Hälfte der Längsseite einnehmend, ca. 3 mm lang, mit kreisförmigem, braunem Kamm eingefaßt. Im Zentrum bei weißlichgelben Samen eine dunkle Linie, bei braunen oder schwärzlichen Samen eine weiße Vertiefung.[34]

Schnittdroge: *Geruch.* Sehr schwach, eigenartig.
Geschmack. Anfangs leicht bitter, dann ölig, nußartig.
Mikroskopisches Bild. Epidermis der Samenschale aus Palisadensklereiden, im Querschnitt 30 bis 60 µm hoch und 6 bis 15 µm breit, am Nabel bis 80 µm hoch, deren Wände im oberen Teil stark, an der Basis wenig verdickt; Lumen bei dunkelfarbigen Samen gefärbt; in Flächenansicht je nach Einstellung verschieden dickwandig. Darunter Trägerzellen, etwa so hoch wie die Palisadensklereiden, am Nabel höher, bis 150 µm, sanduhrförmig, oben und unten aneinanderschließend, in der Mitte mit großen elliptischen Interzellularen; in Flächenansicht mittlere Teile als derbe konzentrische Kreise oder Ovale hervortretend. Anschließende Zellschichten kollabiert, nur eine Lage aus großen, rechteckigen Aleuronzellen erhalten. Embryo aus dünnwandigen Zellen mit bis 25 µm großen Aleuronkörnern. Stärke gewöhnlich fehlend; in einigen Sorten wenige sehr kleine, kugelige Stärkekörner vorhanden. Cotyledonarzellen z.T. mit schmalprismatischen, ca. 50 µm langen Calciumoxalatkristallen.[34,35]

Pulverdroge: Weißlichgelbes Pulver, bei farbigen Samen mit braunen oder grünlichen Partikeln vermengt, enthält: Palisadensklereiden vor allem in Flächenansicht, bei farbigen Samen mit dunklem Lumen; Trägerzellen sanduhrförmig, oft isoliert, in Verbänden vor allem in Flächenansicht mit den hervortretenden Kreisen oder Ovalen der Zellmitte; Aleuronzellen, Cotyledonarzellen mit Calciumoxalatprismen; dünnwandiges Embryonalgewebe. Stärkekörner sehr spärlich, klein, kugelig, meist fehlend.[35]

Inhaltsstoffe: *Proteine und Aminosäuren.* Die Sojabohne enthält 35 bis 40 % Proteine, wobei über 80 % des Gesamtproteins in Form des Globulins Glycinin vorliegt.[29] Es wurden Proteine mit proteasehemmenden Eigenschaften gefunden (s. Wirkungen). Die wichtigsten Aminosäuren sind Arginin (7,1 %), Histidin (2,3 %), Isoleucin (4,7 %), Leucin (6,6 %), Lysin (5,8 %), Methionin (2 %), Phenylalanin (5,7 %), Threonin (4 %), Tryptophan (1,2 %) und Valin (4,2 %).[36] Neben verschiedenen Enzymen enthält die Sojabohne auch Phasin, ein giftiges Agglutinin, das erst durch eine genügende Erhitzung (Kochen) denaturiert, wodurch es seine toxischen Eigenschaften einbüßt.[29]
Kohlenhydrate. 20 bis 30 %, u.a. 4,7 % Galactose sowie Xylogalactomannan und Arabinogalactan.[34]
Lipide. Der Gehalt an fettem Öl beträgt 12 bis 18 %, wovon 90 bis 95 % auf Fettsäureglyceride entfallen; daneben finden sich freie Fettsäuren, Phospholipide, Tocopherole, Sterole, hauptsächlich Stigmasterol und Sitosterol, Kohlenwasserstoffe wie Decadienal und Squalen.[34]
Saponine. Die Sojabohne enthält einige bitterschmeckende Saponine, welche nach Hydrolyse fünf verschiedene Aglyka liefern, die als Sojasapogenole A, B, C, D (= Artefakt) und E bezeichnet werden.[29]

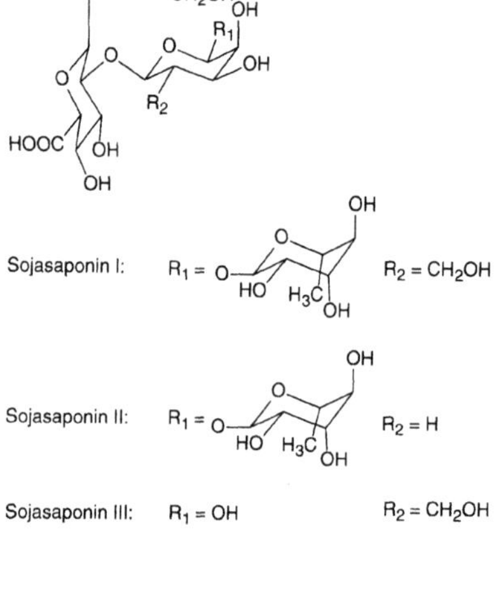

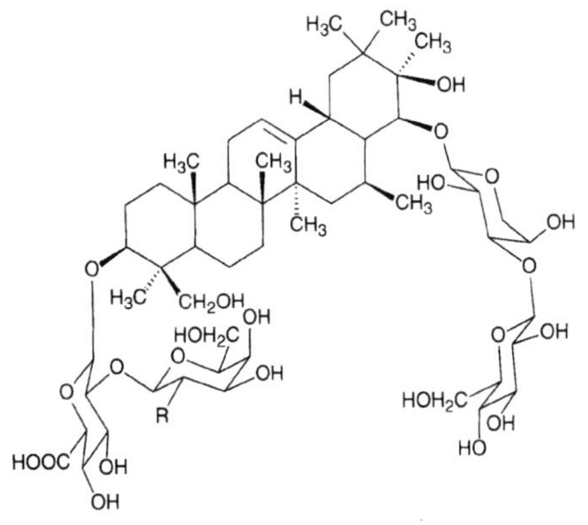

Sojasaponin A_1: R = 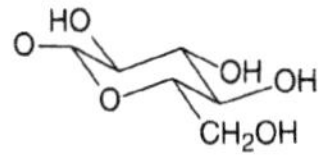

Sojasaponin A_2: R = OH

Flavonoide. An Flavonoiden sind die Isoflavone Daidzein (Smt. 315 bis 323 °C) und sein 7-*O*-Glucosid Daidzin (Smt. 234 bis 236 °C $[\alpha]_D^{20} = -36{,}4°$ (in 0,02 N methanolischer NaOH)) sowie Genistein und sein 7-*O*-Glucosid Genistin (Smt. 254 bis 256 °C, $[\alpha]_D^{20} = -27{,}7°$ (in 0,02 N methanolischer NaOH)) zu 0,15 % enthalten.[37,38]

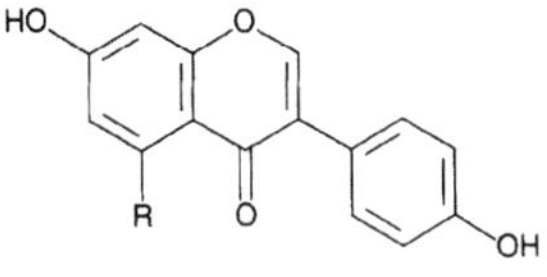

Daidzein: R = H
Genistein: R = OH

Wirkungen: *Antitumor-Wirkung.* Ein Zusatz von 30 % gemahlenen Sojabohnen zum Futter verhinderte bei Mäusen die Ausbildung durch Dibutylamin und Natriumnitrit induzierter Tumoren in Leber und Blase. Während bei Tieren, die nur Dibutylamin und Natriumnitrit mit dem Trinkwasser erhielten, nach 4 bis 6 Monaten Gewebeveränderungen in Leber und Blase auftraten und nach 9 bzw. 12 Monaten 15 % bzw. 27 % der Mäuse Lebertumoren (Hepatome) sowie 20 % bzw. 40 % der Mäuse Blasentumoren (Papillome) ausbildeten, traten bei den gleichzeitig mit Sojabohnen gefütterten Mäusen erst nach 6, 9 und 12 Monaten bei nur 9 bis 14 % der Tiere leichte Gewebeveränderungen auf; alle Mäuse waren nach 12 Monaten tumorfrei. Es wird vermutet, daß das reiche Vorkommen von Proteasehemmern in den Sojabohnen für ihre Tumorschutzwirkung verantwortlich ist.[40]
Ein aus der Sojabohne isoliertes Protein mit hohem Anteil an Proteasehemmern (Edi Pro A), dem Futter beigemengt, verhinderte dosisabhängig die Ausbildung genetisch determinierter spontaner Lebertumoren bei Mäusen. Der Zusatz von 2,6 % Edi Pro A zum Futter führte nach 18 Monaten zu einer Tumorreduktion von 75 %, der Zusatz von 5,2 % Edi Pro A zu 100 %iger Tumorreduktion gegenüber Kontrollen.[41]
Antithrombotische Wirkung. Perorale Gaben von Gesamtsojasaponin (10 bis 200 mg/kg KG) verminderten dosisabhängig die Ausbildung von durch Endotoxin (0,1 mg/kg KG i. v.) ausgelösten Gefäßthromben bei Ratten.[42] Perorale Gaben von 100 bzw. 200 mg/kg KG Gesamtsojasaponin verminderten bei Ratten signifikant die durch i. v. Infusion von Thrombin (4 E/min über 30 min) in den Nierenglomeruli gebildeten Fibrinthromben. Die Anzahl der durch Fibrinthromben verschlossenen Glomeruli wurde von 69,3 % auf 41,9 bzw. 29,1 % reduziert.[42] Die Gerinnungszeit des Blutes wurde *in vitro* signifikant verlängert durch Inkubation mit jeweils 250 µg/mL Gesamtsojasaponin bzw. den einzelnen Sojasaponinen I, II, III, A_1 und A_2 vor dem Thrombinzusatz (von 206 s auf 350 s).[42]
Wirkung bei toxischen Leberschäden. Erhielten Ratten 5 Wochen lang einen Zusatz von 50 mg/kg KG Gesamtsojasaponin zu einer fettreichen, peroxidiertes Maisöl enthaltenden Diät, so wurde der durch die Lipoperoxide bedingte Anstieg der Serumtransaminasen GOT und GPT, des Cholesterols und der Triglyceride signifikant vermindert (GOT von 136 auf 94 Karmen-Einheiten, GPT von 39 auf 15 Karmen-Einheiten Cholesterol von 137 auf 107 mg/dL, Triglyceride von 94 auf 63 mg/dL).[43]
Serumcholesterolsenkende Wirkung. Erhielten Ratten 10 Tage lang eine cholesterolfreie, fettarme Diät, die entweder 20 % isoliertes Sojaprotein oder 20 % Casein enthielt, so war der Plasmacholesterolgehalt nach der Sojaproteindiät um ca. 40 mg/dL signifikant niedriger als nach der Caseindiät. Wurden nach 10 Tagen die Diäten vertauscht, so veränderten sich die Plasmacholesterolgehalte innerhalb von 3 Tagen auf dasselbe Niveau wie es vor dem Proteinaustausch bei der jeweils anderen Gruppe vorlag.[44] Das Wirkprinzip der Plasmacholesterolsenkung durch das isolierte Sojaprotein ist noch unbekannt. Die Vermutung, daß Sojaprotein die Rückresorption von Cholesterol und Gallensäuren im Jejunum bzw. Ileum verhindert und damit ihre Ausscheidung mit den Faeces fördert, kann nicht zutreffen, da bei Ratten, deren Jejunum oder Ileum entfernt worden war, sich der Plasmacholesterolgehalt nach beiden Diäten und deren Vertauschung in gleicher Weise und auf etwa dem gleichen Niveau einstellte.[44]
Triglyceridsenkende Wirkung. Bei Ratten, die nach 2 Tagen Fasten eine fettfreie Diät mit 18 % isoliertem Sojaprotein erhielten, waren Körpergewicht und Lebergewicht nach 5 Tagen signifikant niedriger als bei Ratten, die statt des Sojaproteins Casein erhielten. Die Plasma-Triglyceride waren nach Sojaproteindiät um 46,9 %, die Leber-Triglyceride um 51,7 % niedriger als nach Caseindiät.[45] Die triglyceridvermindernde Wirkung des Sojaproteins wird einer Reduktion der Fettsäuresynthese und nicht einem verstärkten Abbau zugeschrieben.[45]

Volkstümliche Anwendung und andere Anwendungsgebiete: In Ostasien werden die Samen bei

Fieber, Infektionskrankheiten, Wassersucht, Blähungen, bei Lebensmittelvergiftungen und zur Kräftigung verwendet.[50] Die Wirksamkeit bei den genannten Anwendungsgebieten ist gegenwärtig nicht belegt.

Unerwünschte Wirkungen: Sehr selten kann es nach Einnahme von isoliertem Sojaprotein oder Sojamilch zu einer Sojaproteinintoleranz kommen. Dabei ist die Darmschleimhaut akut entzündet und wird flach (die Darmzotten verschwinden). Als Symptome treten Fieber, Leucocytose, Cyanose, Erbrechen, massive, blutgefärbte schleimige Durchfälle und Entwässerung auf. 48 h nach Absetzen des Sojaproteins waren alle Symptome verschwunden. Die Darmzotten regenerierten innerhalb von 4 Tagen.[47]
Ein hoher Anteil von Sojabohnen in der menschlichen Nahrung verhindert die Resorption von peroral gegebenem Thyroxin aus dem Magen-Darm-Kanal. Normalerweise werden etwa 25 bis 30 % des körpereigenen Thyroxins durch die Galle ausgeschieden und wieder resorbiert. Diese Rückresorption kann gestört und damit ein Teil der Wirkung des körpereigenen Thyroxins ausgeschaltet werden.[48]

Gegenanzeigen/Anwendungsbeschr.: Sojaproteinintoleranz s. o., Thyroxinmangel s. o.

Carcinogenität: Wurden Ratten 60 Wochen lang kontinuierlich mit rohem Sojamehl (5 bis 100 % des Gesamtproteins/Futter) gefüttert, so entwickelten 10 bis 15 % der Tiere Pankreaskrebs. Erhielten die Ratten 60 Wochen lang nur an 2 Tagen wöchentlich 100 % rohes Sojamehl und an 5 Tagen sojafreies Futter, so traten sogar bei 60 % der Ratten Pankreascarcinome auf. Bereits nach 20 Tagen der Fütterung war eine Vergrößerung des Pankreas zu beobachten. Erhitztes Sojamehl (5 bis 100 % des Gesamtproteins/Futter) führte dagegen zu keiner Veränderung des Pankreas. Selbst nach kontinuierlicher Fütterung über 2 Jahre waren alle Ratten frei von Pankreaskrebs. Die cancerogene Wirkung wird einem Trypsinhemmer im rohen Sojamehl zugeschrieben, der beim Erhitzen zerstört wird.[49]
Die Wirkung einer Langzeitfütterung von rohem Sojamehl auf den Pankreas ist bei den verschiedenen Tierarten sehr unterschiedlich. Mäuse und Hamster sind viel weniger empfindlich als Ratten. Mäuse, die 18 Monate lang eine Diät mit 42,1 % rohem Sojamehl erhalten hatten, wiesen zwar eine Vergrößerung ihres Pankreas auf (1,13 % des Körpergewichtes gegenüber 0,79 % nach Fütterung mit erhitztem Sojamehl bzw. 0,81 % nach Caseindiät), zeigten aber nur eine relativ geringe Menge von atypischen traubenartigen Zellknötchen (5 bis 15 %) und keine Carcinome. Erhielten die mit rohem Sojamehl gefütterten Mäuse zusätzlich 15 wöchentliche i. p. Injektionen von Azaserin (10 mg/kg KG), einem chemischen Cancerogen, von dem bekannt ist, daß es bei Ratten eine hohe Rate von atypischen traubenartigen Zellknötchen induziert, so wurde dadurch die Wirkung des rohen Sojamehles bei den Mäusen nach 18 Monaten nicht verstärkt.[50] Hamster, die 15 Monate lang eine Diät mit 42,1 % rohem Sojamehl erhalten hatten, ließen weder eine Vergrößerung noch irgendwelche morphologische Veränderungen ihres Pankreas erkennten.[50]

Sonst. Verwendung: *Haushalt.* Unreife Samen werden, vor allem in Ostasien, als Gemüse gekocht, gepökelt oder zu Konserven verarbeitet, reife Samen werden gekocht, gebacken, geröstet oder gegoren verwendet. Sie werden zu Sojasaucen sowie gemahlen und mit Wasser gekocht zu Sojamilch und Sojaquark (= Tofu) verarbeitet, die in Ostasien, bedingt durch den Mangel an Kuhmilch, in größerem Umfang verwendet werden. In den westlichen Ländern dienen sie vor allem als Diätetika bei Kuhmilchallergie und werden zu Säuglings- und Kindernährmitteln verwendet.[34,51] *Landwirtschaft.* Die eiweißreichen Rückstände der Öl- und Lecithingewinnung werden im größten Umfang als Viehfutter verwendet. *Industrie/Technik.* In großem Umfang dienen die Samen zur Gewinnung des Sojaöls, Sojalecithins und Sojaproteins. Das letztere wird als Eiweißkonzentrat mit 70 % Protein sowie als isoliertes Eiweiß mit 95 % Protein in Mehl- oder Pulverform gewonnen. Auch werden strukturierte Eiweißprodukte aus isoliertem und aus 50 %igem Sojaeiweiß hergestellt, die zur Gewinnung von vegetabilischem Fleisch dienen. Die Ausnutzung des Sojaeiweißes in den westlichen Ländern der Welt wird weniger aus der Perspektive der Eiweißergänzung der Nahrungsmittel gesehen, sondern vor allem zur Ausnutzung der technologischen Eigenschaften, wie des Wasserbindungsvermögens, der Fettbindungskraft, der Emulgierbarkeit, der Gelatinierungsfähigkeit oder des Dispersionsvermögens.[34] Sojaeiweiß wird außerdem zu Diabetikerpräparaten und anderen Diätetika verarbeitet.
Aus der Fraktion der Phytosterole kann β-Sitosterol als Rohstoff zur Gewinnung von Glucocorticoiden und Sexualhormonen dienen.

1. Hymowitz T, Newell CA (1981) Econ Bot 35:272–288
2. Ohwi J (1965) Flora of Japan, 1. Aufl., Meyer u. Walker, Washington
3. Schultze-Motel J (Hrsg.) (1986) Rudolf Mansfelds Verzeichnis landwirtschaftlicher und gärtnerischer Kulturpflanzen (ohne Zierpflanzen), 2. Aufl., Bd. 1, Springer, Berlin Heidelberg New York Tokyo, S. 545–547
4. Franke W (1980) Nutzpflanzenkunde, 2. Aufl., Thieme, Stuttgart New York
5. Tsujimura K, Chino M, Shih C (1962) Hiryogaku Zasshi 33:322, zit. nach CA 63:13702
6. Jay M, Lameta-D'Arcy A, Viricel MR (1984) Phytochemistry 23:1.153–1.155
7. Le-Van N (1984) Phytochemistry 23:1.204–1.205
8. Tani T, Katsuki T, Kubo M, Arichi S, Kitagawa I (1985) Chem Pharm Bull 33:3.834–3.837
9. Osman SF, Fett WF (1983) Phytochemistry 22:1.921–1.923
10. Ingham JL, Keen NT, Mulheirn LJ, Lyne RL (1981) Phytochemistry 20:795–798
11. Sims JJ, Keen NT, Honwad VK (1972) Phytochemistry 11:827–828
12. Grunwald C, Kogan M (1981) Phytochemistry 20:765–768
13. Dreyer DL, Binder RG, Chan BG, Waiss AC, Hartwig EE, Beland GL (1979) Experientia 35:1.182–1.183

14. Wel L, Kogan M, Fischer D (1987) Phytochemistry 26:2.397–2.398
15. Take T, Itsuka H (1966) Kaseigaku Zasshi 17:213–217, zit. nach CA 65:19224
16. Cherry JH, Bishop L, Leopold N, Pikaard C, Hasegawa PM (1984) Phytochemistry 23:2.183–2.186
17. Zusatzstoff-Verkehrsverordnung vom 10.7.1984, EG-Nr. E 322
18. Food Chemical Codex, 3. Ausgabe (FCC III) (1981) National Academy Press, Washington (D.C.)
19. Pardun H (1989) Fat Sci Technol 91:45–58
20. Scholfield CR (1981) J Am Oil Chem Soc 58:889–892
21. Pardun H (1988) Die Pflanzenlecithine, 1. Aufl., Verlag für chemische Industrie, Augsburg
22. Nasner A, Kraus L (1982) Dtsch Apoth Ztg 122:2.407–2.415
23. Deutsche Gesellschaft für Fettwissenschaft (1989) Methode C-VI 4 (61), Wissenschaftliche Verlagsgesellschaft, Stuttgart
24. American Oil Chemist's Society (AOCS) (1981) 3. Ausgabe, Bd. II, Official Method Ja 7–86, Champaigne, Illinois (USA)
25. O'Brian BC, Corrigan SM (1988) Lipids 23:647–650
26. Morrison LM (1958) Geriatrics 13:12–19
27. BAz Nr. 85 vom 05.05.1988
28. Nieth CD, Snyder HE (1991) J Am Oil Chem Soc 68:246–249
29. Pardun H (1965). In: Handbuch der Lebensmittelchemie, 4. Aufl., Bd. 4: Fette und Lipoide, Springer, Berlin Heidelberg New York, S. 402–1.086
30. Lawaetz O, Bloom SR, Stimpel H, Siemssen OJ (1986) Ann Chir Gynaecol 75:308–313
31. Kuemmerle HD, Hitzenberger G, Spitzy KH (Hrsg.) (1984) Klinische Pharmakologie, Ecomed, Landsberg
32. Belin RP, Bivins BA, Jona JZ, Young VL (1976) Arch Surg 111:1.391–1.393
33. Statz A, Heinisch MH (1978) Infusionsther 5:50–53
34. Hag, Bd. IV, S. 1.154–1.157
35. Bothe F, Gassner G (1973) Mikroskopische Untersuchung pflanzlicher Lebensmittel, 4. Aufl., Fischer, Stuttgart, S. 111–113
36. Bansi (1949) Ernaehrung Verpfl 1:80
37. Kitada Y, Ueda Y, Yamamoto M, Ishikawa M, Nakazawa H, Fujita M (1986) J Chromatogr 366:403–406
38. Walz E (1931) Liebigs Ann Chem 489:118–155
39. Mar 29
40. Mokhtar NM, El-Aaser AA, El-Bolkainy MN, Ibrahim HA, El-Din NB, Moharram NZ (1988) Eur J Cancer Clin Oncol 24:403–412
41. Becker FF (1981) Carcinogenesis 2:1.213–1.214
42. Kubo M, Matsuda H, Tani T, Namba K, Arichi S, Kitagawa Y (1984) Chem Pharm Bull 32:1.467–1.471
43. Ohminami H, Kimura Y, Okuda H, Arichi S, Yoshikawa M, Kitagawa J (1984) Planta Med 50:440–441
44. Saeki S, Nishikawa H, Kiriyama S (1987) J Nutr 117:1.527–1.531
45. Iritani N, Suga A, Fukuda H, Katsurada A, Tanaka T (1988) J Nutr Sci Vitaminol 34:309–315
46. Perry LM, Metzger J (1980) Medicinal Plants of East and Southeast Asia: Attributed Properties and Uses, 1. Aufl., MIT Press, Cambridge Massachusetts London
47. Ament ME (1972) Gastroenterol 62:227–234
48. Lindner E (1990) Toxikologie der Lebensmittel, 4. Aufl., Thieme, Stuttgart, S. 31
49. McGuines EE, Morgan RGH, Wormsley KG (1984) Environ Health Persp 56:205–212
50. Liener IE, Hasdai A (1986) Adv Exp Med Biol 199:189–197
51. Berger F (1964) Handbuch der Drogenkunde, 1. Aufl., Bd. 6, Maudrich, Wien, S. 396–403
52. Mar 28
53. Ull, Bd. 16, S. 105–107
54. Kom, Bd. 1, S. 143
55. USP XXII

Se/SH

Glycyrrhiza

HN: 2021000

Familie: Fabaceae (Leguminosae).

Unterfamilie: Papilionoideae.

Tribus: Galegeae.

Subtribus: Glycyrrhizinae.[274]

Gattungsgliederung: Die Gattung Glycyrrhiza L. besteht aus etwa 20 bis 30 Arten und wird in 3 Sektionen eingeteilt.[1] Die wichtigsten Arten *G. echinata* L. (Syn. *G. dioschoridis* MEDIK., *G. muricata* GEORGI), *G. glabra* L., *G. lepidota* (NUTT.) PURSH (Syn. *G. glutinosa* NUTT., *Liquiritia lepidota* NUTT.) und *G. uralensis* FISCH. ex DC.[2] gehören der Sektion Euglycyrrhiza an. Die Sektionen Glycyrrhizopsis und Meristotropis umfassen jeweils nur eine Art, nämlich *G. flavescens* BOISS. bzw. *G. triphylla* FISCH. et MEY.[1] Die Autoren der Flora der UdSSR spalten dic Gattung auf in Glycyrrhiza und Meristotropis FISCH. et MEY.[273]

Gattungsmerkmale: Stattliche Stauden und Halbsträucher, oft drüsig behaart, mit großen, unpaarig gefiederten Laubblättern und mit kleinen, hinfälligen Nebenblättern. Blättchen meist eiförmig bis elliptisch und deutlich fieder- oder netznervig, unterseits meist mit sitzenden Drüsen. Kleine bis mittelgroße Blüten in blattachselständigen aufrechten Trauben und Ähren sowie hinfällige Tragblätter. Kronblätter alle frei, meist schmal, violett, bläulich, weiß oder gelblich. Schiffchen spitzlich oder stumpf. Oberstes Staubblatt frei oder an einer Seite mit den übrigen verbunden. Staubbeutel mit an der Spitze verbundenen Fächern. Fruchtknoten sitzend, mit 2 bis vielen Samenanlagen, fädlichem Griffel und kopfiger Narbe. Hülsen flach oder holperig gedunsen, mit lederigen, oft stacheligen Klappen, nicht oder sehr spät aufspringend, einfächerig. Samen nierenförmig bis kugelig.[271]

Verbreitung: Mittelmeergebiet, Südosteuropa bis Westsibirien, Vorder- und Mittelasien (gemäßigtes bis subtropisches Asien), temperiertes Südamerika und Australien. Westliches Nordamerika (*G. echinata*).[1,2,271]

Inhaltsstoffgruppen: Wichtigste Inhaltsstoffgruppen der Gattung sind Triterpensaponine mit Glycyrrhizin als Hauptkomponente, Flavonoide und Chalkone.

Triterpensaponine. Der Glycyrrhizingehalt ist in Wurzeln von *G. uralensis* etwas höher als in Wurzeln von *G. glabra*[3,4] und in *G. inflata* ca. doppelt so hoch.[4] Höhere Glycyrrhizingehalte ergeben sich auch für *G. echinata*.[5,6] Stengel und Blätter der drei erstgenannten Arten enthalten annähernd gleiche Glycyrrhizinmengen (Stengel ca. 0,7 %, Blätter ca. 1,5 %).[4] Neben Glycyrrhizin finden sich in zahlreichen Arten weitere Saponine. Identifiziert wurden bisher in den Wurzeln von *G. echinata*, *G. macedonica* BOISS. et ORPH. und *G. pallidiflora* MAXIM. ein identisches Macedonsäure-glucuronopyranosylrhamnopyranosid und Echinatsäure-glucuronopyranosylrhamnopyranosid.[7-9] In Wurzeln und Rhizomen von *G. aspera* PALL. Glabrolid und Glycyrrhetinsäuremethylester,[12] in den Wurzeln von *G. echinata* Isoechinatsäure[13] und Isomacedonsäure,[14] von *G. macedonica* Echinatsäure,[15,16] Isomacedonsäure, Macedonsäure[15-17] und Meristotropsäure,[18] und von *G. pallidiflora* Macedonsäure[19] und Meristotropsäure.[18]

Flavonoide und Chalkone. Der Flavanon- und Chalkongehalt beträgt bei *G. glabra* var. *glandulifera* 1,1 bis 2,1 % und 0,6 bis 1,5 %, bei *G. glabra* var. *glabra* 0,9 bis 2,1 % und 0,8 bis 1,4 % sowie bei *G. glabra* var. *violacea* 1,6 bis 1,9 % und 0,7 bis 1,1 %.[20] Demgegenüber wurde für die var. *violacea* lediglich ein Gesamtflavonoidgehalt von 0,3 bis 0,8 % und für *G. echinata* von 0,12 % ermittelt.[21] Sowohl bei *G. glabra* als auch bei *G. echinata* konnten keine qualitativen Unterschiede im Flavonoidgehalt in Abhängigkeit vom Fundort beobachtet werden.[22,23] Charakteristisch für Flavonoide und Chalkone der Gattung sind häufig vorkommende Prenylierungen an allen drei Ringen des Grundkörpers, z. T. mit Cyclisierung zu zusätzlichen Ringsystemen. Die bisher in der Gattung nachgewiesenen Flavonoide sind: *G. echinata* in den Wurzeln Isoschaftosid, Isoviolanthin, Schaftosid, Vicenin-2, Vitexin,[24] Licoflavon A,[25] Liquiritigenin und Liquiritin,[6] in Zell- und Gewebekultur 4',7-Dihydroxyflavon, Licoflavon A[25] und Formononetin;[26] *G. eurycarpa* P. C. LI in den Wurzeln Formononetin-7-*O*-[D-apio-β-D-furanosyl(1$\rightarrow$2)]-β-D-glucopyranosid, Liquiritin und Schaftosid;[27] in der gesamten Pflanze von *G. lepidota* Glabranin, Glepidotin A, Glepidotin B und Pinocembrin;[28] in den oberirdischen Teilen von *G. macedonica* Astragalin, Isoquercitrin, Kämpferol, Nicotiflorin, Quercetin und Rutosid (Rutin).[29]
Bei den für die Gattung als charakteristisch geltenden Chalkonen handelt es sich zum Teil um Isoliquiritigenin und dessen Glykoside. Typisch für Zell-, Gewebe- und Calluskulturen von *G. echinata* ist die Bildung von Echinatin (= 4,4'-Dihydroxy-2-methoxychalkon).[26,30,31] Echinatinproduktion erfolgt auch in der Calluskultur von *G. uralensis*[32] sowie in intaktem Sinkiang-Süßholz.[33] Neben Echinatin produziert die Zellkultur von *G. echinata* 5'-Prenyllicodion.[30]
Weitere in der Gattung identifizierte Chalkone sind Pinocembrin und 2',4'-Dihydroxychalkon aus den oberirdischen Teilen von *G. astragalina* GILL.,[34] Isoliquiritin aus den Wurzeln von *G. eurycarpa*.[27]

Sonstige Verbindungen. Neben den genannten Hauptinhaltsstoffgruppen finden sich sporadisch Vertreter weiterer Stoffgruppen. Dabei handelt es sich zum einen um verschiedenartigste phenolische Verbindungen, zum anderen um Terpenoide sowie um Bestandteile von fetten Ölen. Im einzelnen wurden nachgewiesen in den Blättern und terminalen Zweigen von *G. acanthocarpa* J. M. BLACK 3-Methoxy-5-pentyl-2-prenylphenol, 3-Methoxy-5-phenethyl-2-prenylphenol, 4-Methoxy-6-pentyl-3-prenylsalicylsäure, 4-Methoxy-6-phenetyl-3-prenylsalicylsäure, ent-3β,17-Diacetoxy-16α-(–)-kauran-16-ol und ent-3β,17,19-Triacetoxy-16β-(–)-kauran.[37] In *G. echinata* in den Wurzeln D-Mannitol,[38] in der Callus- und Zellkultur Licodion;[25,31] die Samen enthalten 4,54 % Öl bezogen auf Trockengewicht mit 2,30 % Cholesterol, 13,19 % Campesterol, 16,91 % Stigmasterol und 69,37 % Sitosterol in unverseifbarer Fraktion und Linolensäure (39,74 %), Linolsäure (29,40 %), Ölsäure (14,01 %) und Palmitinsäure (11,71 %) in der verseifbaren Fraktion.[39] Glepidotin C[40] und 3,4-Dihydroxy-4-(3-methyl-2-butenyl)-bisbenzyl in *G. lepidota*.[28]

Drogenliefernde Arten: *G. glabra*: Liquiritiae radix, Glycyrrhiza glabra hom. *HAB 34*, Glycyrrhiza glabra hom. *HPUS 88*; *G. inflata*: Liquiritiae radix; *G. uralensis*: Liquiritiae radix.

Glycyrrhiza glabra L.

Synonyme: *Glycyrrhiza echinata* LEPECH., *G. glandulifera* WALDST. et KIT., *G. hirsuta* L., *G. officinalis* LEPECH., *G. pallida* BOISS., *G. violacea* BOISS., *Liquiritia officinalis* MOENCH, *L. officinarum* MEDIK.[1]

Sonstige Bezeichnungen: Dt.: Deutsches Süßholz, Gemeines Süßholz, Lakritze, Lakritzen, Russisches Süßholz, Spanisches Süßholz, Süßholz; engl.: Common licorice, licorice, liquorice, sweet-wort; frz.: Bois doux, bois sucré, glycyrrhize, racine douce, régalisse, réglisse, riglisse; it.: Legno dolce, legorizia, ligorizia, ligurizia, liquirizia, radice dolce, reglizia, regolizia, uguirizia; span.: Orozuz, regalicia.[2,41,42,271]

Systematik: Folgende Varietäten werden von *Glycyrrhiza glabra* L. genannt: var. *glandulifera* (WALDST. et KIT.) HERDER et REGEL, var. *pallida* BOISS., var. *typica* REGEL et HERDER (= var. *glabra*) und var. *violacea* BOISS.[2,43,271]

Botanische Beschreibung: Ausdauernde, 1 bis 1,5 (2) m hohe Staude mit langer Lebensdauer (ca. 15 Jahre), welche zunächst eine lange, kräftige Pfahlwurzel und später Nebenwurzeln und ein stark verholzendes Rhizom entwickelt. Unterirdische Teile ca. 2 cm dick und bei älteren Pflanzen von graubraunem bis dunkelbraunrotem Kork umgeben. Stengel werden jährlich neu getrieben; sie sind kräftig, aufrecht, entweder von unten an oder nur im oberen Teil verästelt, oberwärts meist rauh. Laubblätter unpaarig gefiedert, 10 bis 20 cm lang; Blättchen in 3 bis 8 Paaren, eiförmig bis breitelliptisch, 2 bis 5 cm lang und 1,5 bis 2,5 cm breit, oberseits grün, unterseits stark drüsenhaarig, deutlich fiedernervig. Nebenblätter sehr klein und hinfällig. Blütenstände in den Blattachseln, aufrecht, ährenähnlich, 10 bis 15 cm lang. Blüten 1 bis 1,5 cm lang, bläulich bis hellviolett, kurz gestielt. Kelch kurzglockig, drüsenhaarig; Kelchzähne länger als die Röhre, spitz lanzettlich. Kronblätter schmal; Schiff-

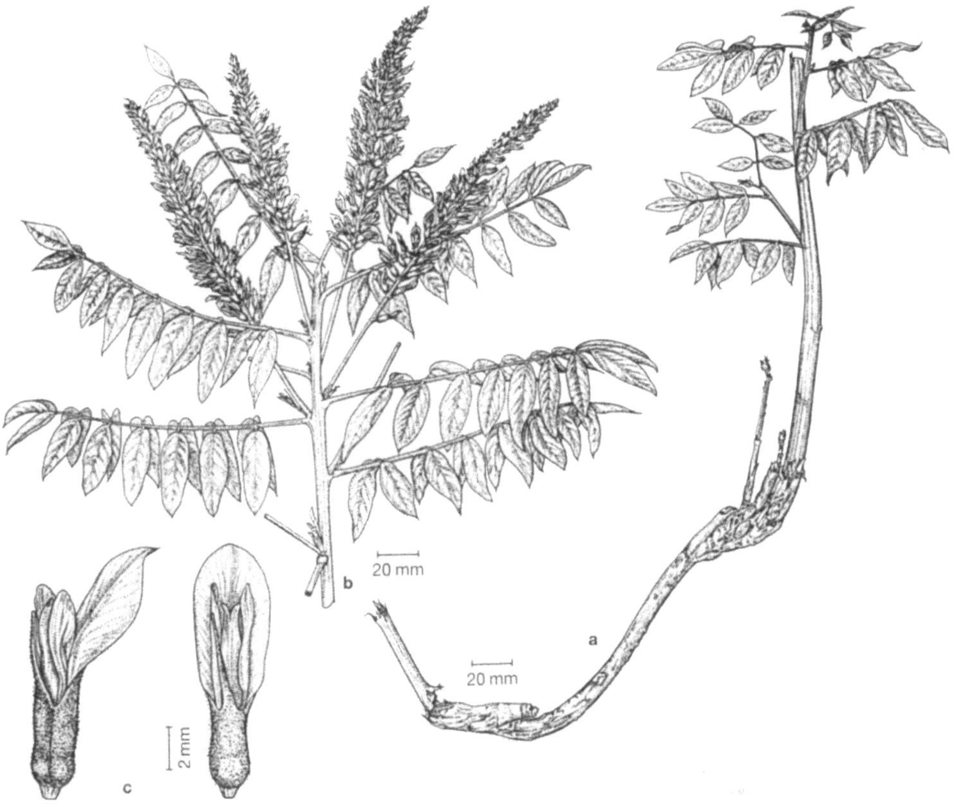

Glycyrrhiza glabra L. var. *glabra*: **a** basaler Teil der Pflanze mit Rhizom, **b** Blütensproß, **c** Blüten in Seiten- und Vorderansicht. Aus Lit.[2]

chenblätter nicht verwachsen, spitz, aber nicht geschnäbelt. Hülsen 1,5 bis 2,5 cm lang und 4 bis 6 mm breit, aufrecht abstehend, flach, mit sehr dicken Nähten, kahl, etwas netzig-grubig, reif lederig, rotbraun, nicht aufspringend, meist mit 3 bis 5 braunen Samen. Diese nierenförmig, 2 bis 2,5 (4) mm lang, 2 bis 3 mm breit und 1,3 bis 1,5 mm dick.[43,271]

Verwechslungen: Verwechslungen sind nicht bekannt.

Inhaltsstoffe: Gleichfalls Blätter und Stengel sind glycyrrhizinhaltig, doch liegt der Gehalt bei nur 0,9 und 1,7 %.[4] Demgegenüber erfolgt in der Callus- und Zellsuspensionskultur keine Produktion von Glycyrrhizin, dafür aber Nachw. des möglichen Precursors *β*-Amyrin sowie von Betulinsäure und Lupeol.[44]
Zu den zahlreichen in den oberirdischen Teilen vorkommenden Flavonoiden fehlen fast vollständig quantitative Angaben. Nachgewiesen wurden in vereinigten oberirdischen Teilen von *G. glabra* 5,7-Dihydroxy-6-prenylflavon, Galangin, Genistin, Naringenin,[45] Astralagin, Astragalinmonoacetat, Folerogenin, Folerosid, Genkwanin, Glyphosid, Isoquercetin, Isorhamnetin, Kämpferol, Kämpferol-3-glucobiosid, Liquiritigenin, Quercetin, Quercetin-3-glucobiosid,[22] Glabranin,[45–47] Pinocembrin,[45,47] Prunetin,[47] Saponaretin, Vitexin,[22,48] in den Blättern Isomucronulatol[49] sowie ferner Formononetin, Glabren, Glabridin, Glabrol, Hispaglabridin A und B, 4'-*O*-Methylglabridin, Phaseolliniflavan[50] und Glyphosid,[51] in den Blättern von *G. glabra* var. *glandulifera* Astragalin, Isoviolanthin, Isoquercitrin, Isoschaftosid und Schaftosid sowie in den Früchten Astragalin und Isoquercitrin,[52] in den Blättern von *G. glabra* var. *typica* Licoflavanon und Pinocembrin.[53] Zum Vorkommen von Chalkonen wird lediglich über Isoliquiritigenin in den oberirdischen Teilen von *G. glabra* berichtet.[22]

Verbreitung: An ausgesprochen trockenen Stellen, in trockenen Gebüschen oder zwischen Zwergsträuchern, allg. auf Sand- und Lehmböden, auch auf Sand- und Lehmböden von Flußufern.[41,43,271]
Die einzelnen Varietäten von *Glycyrrhiza glabra* besiedeln unterschiedliche Areale:
var. *glandulifera*: südöstliches Europa und Westasien (u. a. Ungarn, Vorderasien, Ukraine, Mittelrußland, südliches Sibirien, Afghanistan bis westliches China);

var. *pallida*: Irak;
var. *typica*: südliches Europa und südwestliches Asien;
var. *violacea*: Irak.[43,271]

Anbaugebiete: Anbaugebiete der Varietäten von *Glycyrrhiza glabra* sind warmgemäßigte bis subtropische Länder des Mittelmeergebiets (Spanien, Italien, Frankreich, Griechenland, Ägypten), Rußland (Wolgaufer, südlicher Ural), Westasien (Türkei, Syrien, Iran), Mittelasien, Nordindien, Australien, Amerika (Brasilien, Kalifornien) und Südafrika.[2,5,6,54]

Drogen: Liquiritiae radix, Glycyrrhiza glabra hom. *HAB34*, Glycyrrhiza glabra hom. *HPUS88*

Liquiritiae radix (Süßholzwurzel)

Synonyme: Glycyrrhizae radix, Radix Glycyrrhizae, Radix Liquiritiae.

Sonstige Bezeichnungen: Dt.: Lakritzenwurzel, Russisches Süßholz, Spanisches Süßholz, Süßholz; engl.: Licorice root, Liquorice root, Sweet root; frz.: Bois doux, Racine de réglisse, Racine douce, Réglisse; chinesisch: Gancao; it.: Liquirizia; russ.: Koren solodki, Lakritschny koren.[42,55,56]

Monographiesammlungen: Liquiritiae radix *DAB10 (Eur)*, *ÖAB90*, *Helv VII*; Glycyrrhiza *USPXXI*, *Jap XI*; Radix Glycyrrhizae *ChinP IX*; Liquorice *Mar29*; Liquiritiae radix sine cortice *DAC86*.

Definition der Droge: Die ungeschälten, getrockneten Wurzeln und Ausläufer *DAB10 (Eur)*, *ÖAB90*, *Helv VII*, *Mar29*; getrocknete Rhizome und Wurzeln, die ein gelbes und süßes Holz ergeben *USPXXI*; Wurzel oder Ausläufer mit (ungeschält) oder ohne (geschält) Periderm *Jap XI*; die im Frühling oder Herbst ausgegrabenen, von den feinen Nebenwurzeln befreiten und an der Sonne getrockneten Wurzeln und Rhizome *ChinP IX*; die geschälten, getrockneten, ganzen oder zerkleinerten Wurzeln und Ausläufer *DAC86*.

Stammpflanzen: Die Mehrzahl der Monographiesammlungen nennt als Stammpflanze *Glycyrrhiza glabra* L. *USPXXI* erwähnt zusätzlich noch die Varietät *G. glabra* L. var. *glandulifera* WALD. et KIT. sowie andere Varietäten von *G. glabra* L., die ein gelbes und süßes Holz ergeben. *Jap XI* läßt neben *G. glabra* noch *G. uralensis* FISCH. ex DC. sowie weitere Arten der Gattung Glycyrrhiza zu. *ChinP IX* nennt insbesondere *G. uralensis* und ferner *G. glabra* sowie *G. inflata* BATALIN. Bei Bezug von Russischem Süßholz muß z. T. mit von *G. uralensis* stammendem Drogenmaterial gerechnet werden.[43]

Herkunft: Die Droge stammt in der Regel aus dem Anbau. Wildvorkommen von *G. glabra* werden auch heute noch z. T. stark genutzt (Türkei, Griechenland, Spanien, Irak). Gleiches gilt für *G. uralensis* (China, Mittelasien, Südsibirien und Mongolei); sie wird aber inzwischen auch kultiviert.[2] 1988 wurden insgesamt 753,1 t Süßholzwurzeln im Werte von 1,614 Millionen DM und 1989 549,5 t im Werte von 1,400 Millionen DM in die Bundesrepublik Deutschland importiert, wovon allerdings wieder 334,1 t bzw. 377,7 t ausgeführt wurden.[58] Von der 1988 eingeführten Menge entfielen die Hauptanteile auf die Türkei (372,4 t, var. *glandulifera*), China (176,9 t), die Sowjetunion (59,4 t), Bulgarien (43,4 t) und Italien (37,5 t).[59]

Gewinnung: Die Ernte erfolgt vom Spätherbst bis zum Frühjahr, bevor der neue Austrieb beginnt. Die Hauptpfahlwurzel bleibt in der Regel stehen; es kommen nur Nebenwurzeln zur Ernte. Diese werden mit dem Messer abgeschnitten und mit der Hand aus der Erde herausgezogen. Geerntet wird regelmäßig in dreijährigem Turnus. Die Trocknung erfolgt auf natürliche oder künstliche Weise und dauert verhältnismäßig lange.[277]

Handelssorten: Nach der Herkunft kann in Spanisches und Russisches Süßholz unterschieden werden. Spanisches Süßholz stammt von *G. glabra* var. *typica* und kommt ungeschält in den Handel. Die Hauptmenge der Droge stellen die ca. 2 cm dicken, in unterschiedlich lange, zylindrische, gerade oder nur wenig gebogene Stücke zerschnittenen Ausläufer dar, die im Gegensatz zum Russischen Süßholz nicht auf dem Wasser schwimmen. Es stammt insbesondere aus spanischem, französischem und italienischem Anbau,[276] wobei heute nur letzterer Bedeutung für den deutschen Drogenmarkt besitzt.[59] Russisches Süßholz stammt von der var. *glandulifera* bzw. von *G. uralensis* und wurde ursprünglich nur geschält oder doppelt geschält in den Handel gebracht (Radix Liquiritiae rossica mundata seu bismundata).[276] Heute werden jedoch nur noch große Mengen ungeschältes Süßholz von den Staaten der GUS exportiert.[60] Geschälte Süßholzwurzel stammt heute größtenteils aus China (s. *G. uralensis*).[2]

Ganzdroge: Harte, geschälte oder ungeschälte Wurzel- und Ausläuferstücke, 1 bis 2 cm dick und in der Regel bis 30 cm lang, teilweise jedoch bis 4 cm dick und bis 1 m lang. Selten verzweigte Wurzelstücke. Rinde bräunlichgrau bis braun und längsgestreift mit Narben von Nebenwurzeln. Ausläufer mit gleichem Aussehen, jedoch uniformer und zuweilen mit Spuren von Blattbasen bzw. Schuppenblättern und kleinen Knospen. Geschälte Ware hell- bis dunkelgelb mit faserig-rauher Oberfläche. Bruch körnig und faserig, keine glatte Bruchfläche. Schmale Korkschicht und dicke, radialgestreifte Innenrinde von hellgelber Farbe. Leicht gelber Holzkörper kompakt, von radialer Struktur. Ausläufer zudem mit zentralem Mark.

Schnittdroge: *Geruch.* Schwach wahrnehmbar.
Geschmack. Sehr süß und leicht aromatisch, Rinde nicht bitter.
Makroskopische Beschreibung. Nahezu würfelförmige, gelbliche Stücke, die in Längsrichtung leicht spaltbar sind. Oft Fasern am Rande von Schnittflächen.
Lupenbild. Das Lupenbild der Ausläufer (und Wurzeln) zeigt im aufgeweichten Querschnitt ein

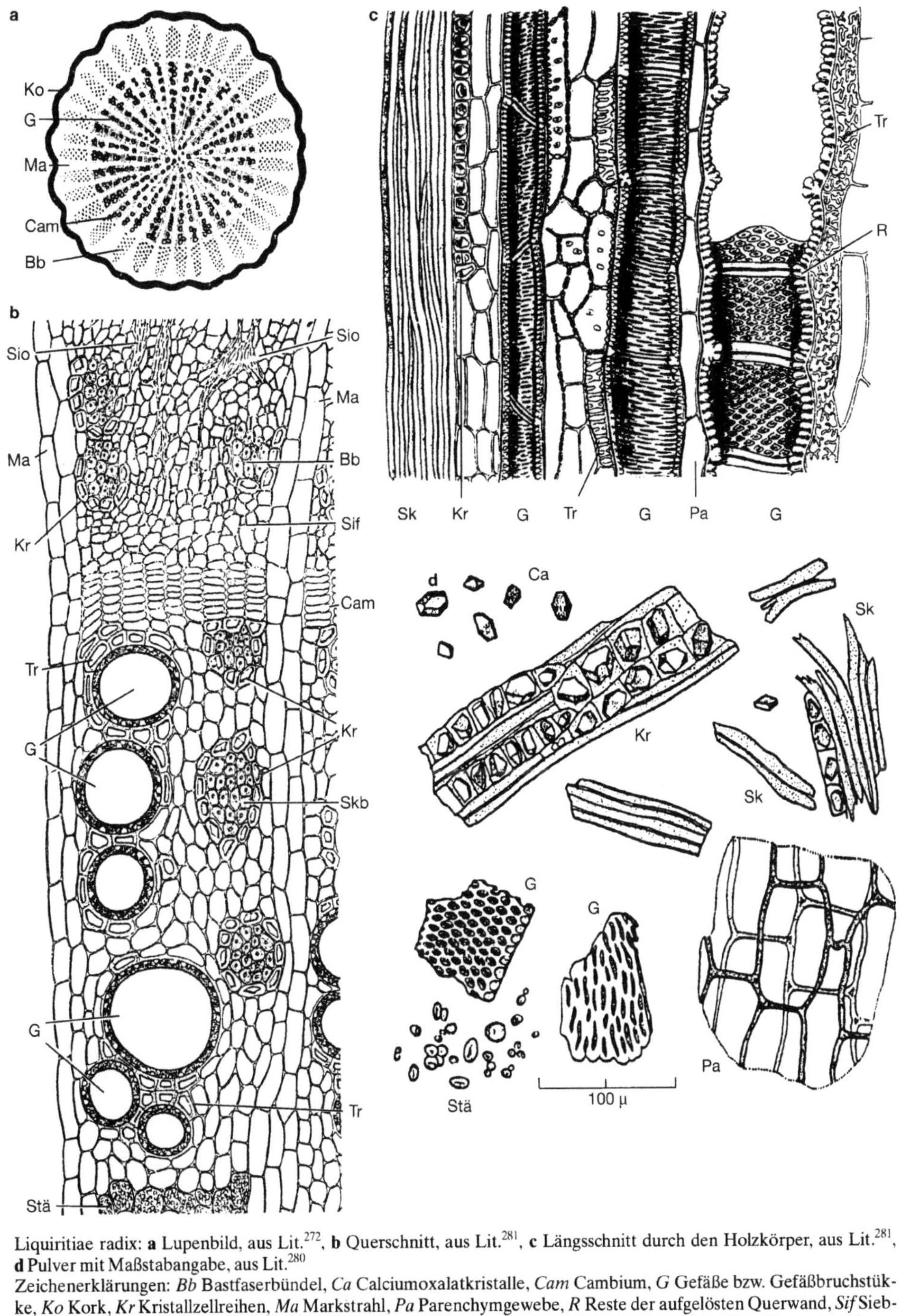

Liquiritiae radix: **a** Lupenbild, aus Lit.[272], **b** Querschnitt, aus Lit.[281], **c** Längsschnitt durch den Holzkörper, aus Lit.[281], **d** Pulver mit Maßstabangabe, aus Lit.[280]
Zeichenerklärungen: *Bb* Bastfaserbündel, *Ca* Calciumoxalatkristalle, *Cam* Cambium, *G* Gefäße bzw. Gefäßbruchstükke, *Ko* Kork, *Kr* Kristallzellreihen, *Ma* Markstrahl, *Pa* Parenchymgewebe, *R* Reste der aufgelösten Querwand, *Sif* Siebgewebe, funktionsfähig, *Sio* Siebgewebe, obliteriert, *Sk* Sklerenchymfasern bzw. -bruchstücke, *Skb* Sklerenchymfaserbündel, *Stä* Stärke bzw. Stärkeinhalt einiger Zellen, *Tr* Tracheiden in der Nähe der Gefäße

sehr schmales graues Mark und einen ganz regelmäßig radial-strahligen, orangegelben Holzkörper, der besonders an der Peripherie zahlreiche weite Gefäßöffnungen erkennen läßt und von einer grauen Kambiumlinie nach außen begrenzt wird. Die lichtgraugelbliche Rinde ist von Radialstrahlen durchzogen, die nach außen spitz enden und das Phloem darstellen, zwischen dem die grauen Rindenstrahlen liegen.[272]

Mikroskopisches Bild. Im Querschnitt außen zuweilen Reste der primären, abgestorbenen Rinde. Kork mit 10 bis 25 Lagen dünnwandiger Zellen, nach innen mit 1 bis 2 Lagen etwas tangential gestreckter Phellodermzellen. Im Phloem radial angeordnete Bündel von gelben, dickwandigen Fasern mit reduziertem Lumen und an der Außenseite teilweise verholzten Wänden, diese 700 bis 1.200 µm lang und 10 bis 20 µm dick und von Zellen mit 10 bis 35 µm langen und 2 bis 5 µm breiten Ca-Oxalatkristallen umgeben. In den äußeren Schichten neben den Faserbündeln obliterierte Protophloembündel (Keratenchym). In der Nähe des Kambiums funktionsfähiges Phloem. Markstrahlen im Xylem und am Kambium 2 bis 8 Zellen breit, nach außen hin breiter. Im Xylem radiale Reihen von Tracheiden und Gefäßen, diese abwechselnd mit Holzfaserbündeln, getrennt durch ein nichtverholztes Parenchym. Holzfaserbündel wie Faserbündel des Phloems mit Kristallzellen umgeben. Gefäße mit einem Durchmesser von 30 bis 150 µm und 5 bis 10 µm starken Wänden, welche zahlreiche Holztüpfel oder Netzverdickungen aufweisen. Gefäße vergesellschaftet mit Holzparenchym. Parenchymzellen meist mit runden oder ovalen Stärkekörnern mit 2 bis 20 µm Durchmesser. Markparenchym nur in den Ausläufern. Im Holzteil des Russischen Süßholzes mehr Gefäße als Holzfaserbündel. Bei gespaltenen Wurzeln zuweilen Verkorkung der primären Markpartien (Wundkorkbildung). s. a. Lit.[278,279]

Pulverdroge: Aus ungeschälter Droge bräunlich/gräulichgelb, aus geschälter Droge hellgelb. Bruchstücke des stärkereichen Rinden- oder Holzparenchyms und der Markstrahlen. Stärkekörner einzeln, nur selten zu 2 oder 3 zusammengesetzt, rund oder rundlich-eckig, auch ei- oder stäbchenförmig. Reichlich Bruchstücke der Sklerenchymfasern von Rinde und Holz, diese von Kristallzellreihen begleitet. Vereinzelt Ca-Oxalatkristalle. Gefäßbruchstücke mit zitronengelber, spaltenförmig bis netzförmig verdickter und behöft-getüpfelter Membran, Durchmesser 15 bis 170 µm. Bei ungeschälter Droge Korkfragmente. s. a. Lit.[278,279]

Verfälschungen/Verwechslungen: Bei der aus Ostasien stammenden Droge handelt es sich mit großer Wahrscheinlichkeit zum Teil um *G. uralensis*. Diese Art ist jedoch *G. glabra* hinsichtlich des Glycyrrhizingehalts überlegen und steht der offizinellen Art auch bezüglich weiterer pharmakologisch relevanter Inhaltsstoffe nicht nach. Als Verfälschungen gelten *G. lepidota* sowie alle nicht süß schmeckenden Glycyrrhiza-Arten sowie das glycyrrhizinhaltige sog. Indische oder Jamaica-Süßholz, welches von der Giftpflanze *Abrus precatorius* L. stammt.[276]

Minderqualitäten: Süßholzpulver wird gelegentlich mit dem Pulver ausgezogener Wurzeln, mit pulverisierten Olivenkernen, Curcuma, Stärke, Mehl, Farbstoffen, Zucker, Süßstoff u. a. versetzt.[276]

Inhaltsstoffe: *Saponine.* Wichtigste Komponente mit einem Gehalt von 2 bis 15 % ist das Glycyrrhizin, bei dem es sich um Ammonium- bzw. Calciumsalze der Glycyrrhizinsäure [= Glycyrrhetinsäure-3-*O*-β-D-glucuronopyranosyl (1 → 2)-β-D-glucuronopyranosid] handelt. In den Wurzeln von *G. glabra* steigt der Glycyrrhizingehalt mit dem Pflanzenwachstum[3] und erreicht maximale Werte allgemein in den Hauptwurzeln,[61,62] und zwar dort in den Wurzelspitzen,[3] sowie in auf salzhaltigem Boden wachsenden Pflanzen.[3] Seitenwurzeln weisen höhere Gehalte auf als horizontale Rhizome.[3] Wurzeln mit einem Durchmesser von 0,5 bis 2 cm sind am geeignetsten zum Gebrauch als Droge.[63] Unterschiede im Glycyrrhizingehalt ergeben sich in Abhängigkeit von Stand- und Fundort, vgl. Lit.[3,61,63,276], sowie zwischen den Varietäten.[20,21,64]

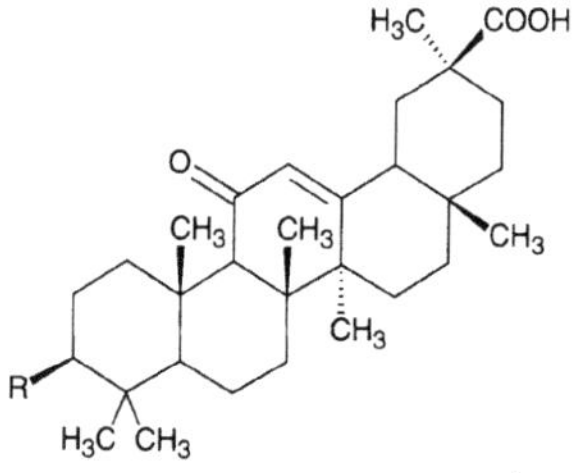

Glycyrrhetinsäure: R = OH

Glycyrrhizinsäure:

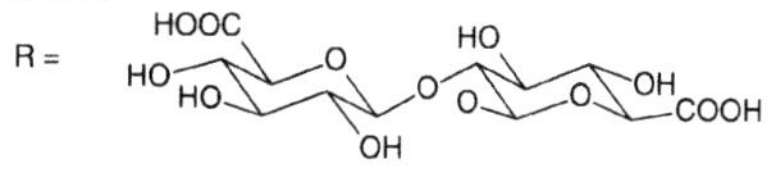

Neben Glycyrrhizin- und Glycyrrhetinsäure Nachweis zahlreicher weiterer Sapogenine: Desoxyglabrolid,[65,67] 11-Desoxyglabrolid,[69] Glabra(in)säure,[53] Glabrolid,[65,69] 18α-Glycyrrhetinsäure,[67] Glycyrrhetinsäuremethylester,[70] Glycyrrhetol,[65,71] 24-Hydroxy-11-desoxyglycyrrhetinsäure,[72] 18α-Hydroxyglycyrrhetinsäure,[65,66] 24-Hydroxyglycyrrhetinsäure,[67,72] 28-Hydroxyglycyrrhetinsäure,[73] 21α-Hydroxyisoglabrolid,[71] 24-Hydroxyliquiritinsäure,[74] 3β-Hydroxyolean-11,13(18)-dien-30-säure,[65-67] 3β-Hydroxyolean-12-en-30-säure,[65,68] Isoglabrolid,[65,75] Liquiridiolsäure,[74] Liquiritinsäure,[65,68] Liquorsäure,[76,77] Uralensäure.[70]

In den Wurzeln von *G. uralensis* neben Glycyrrhizinsäure als weitere Saponine die Licoricesaponine A3 (= 3-*O*-β-D-Glucuronopyranosyl(1→ 2)-β-D-glucuronopyranosyl-glycyrrhetinsäure-3-*O*-β-D-glucopyranosid), B2 (= 3-*O*-β-D-Glucuronopyranosyl(1→ 2)-β-D-glucuronopyranosyl-3β-hydroxyoelan-12-en-30-säure), C2 (= 3-*O*-β-D-Glucuronopyranosyl(1→ 2)-β-D-glucuronopyranosyl-3β-hydroxyolean-11,13(18)-dien-30-säure), D3 (= 3-*O*-α-L-Rhamnopyranosyl(1→2)-β-D-glucuronopyranosyl (1→2)-β-D-glucuronopyranosyl-22β-acetoxy-3β-hydroxyolean-12-en-30-säure) und E2 (= 3-*O*-β-D-Glucuronopyranosyl (1→2)-β-D-glucuronopyranosyl-3β-hydroxy-11-oxoolean-12-en-30,22β-carbolacton),[255] sowie die Uralsaponine A (= Glycyrrhetinsäure-3-*O*-β-D-glucuronopyranosyl (1→2)-glucuronopyranosid) und B (= Glycyrrhetinsäure-3-*O*-β-D-glucuronopyranosyl (1→3)-glucuronopyranosid).[256] In den Wurzeln von *G. inflata* 3-*O*-[β-D-Apiofuranosyl(1→2)-β-D-glucuronopyranosyl]-glycyrrhetinsäure (Apioglycyrrhizin) und 3-*O*-[α-L-Arabinopyranosyl(1→2)-β-D-glucuronopyranosyl]-glycyrrhetinsäure (Araboglycyrrhizin);[10] ferner das Aglykon 11-Desoxyglycyrrhetinsäure.[11]

Flavonoide. Wie auch bei den in anderen Arten der Gattung sowie anderen Pflanzenteilen vorkommenden Flavonoiden fehlen für die Vielzahl der in der Droge nachgewiesenen Verbindungen jegliche quantitative Angaben. Identifiziert wurden bisher: Aus *G. glabra* 7-Acetoxy-2-methylisoflavon, 7-Hydroxy-2-methylisoflavon, 7-Methoxy-2-methylisoflavon,[77] 3',5'-Dihydroxy-5,7-dimethoxy-4',6-diprenylisoflavon, 3',5',7-Trihydroxy-5-methoxy-4',6-diprenylisoflavon,[78] Formononetin,[79] Glabren,[80,81] Glabridin, Glabrol,[82] Glabron,[81] Glyzaglabrin,[83] Glyzarin,[84] Liquirazid,[86] Liquiritigenin,[85] Liquiritin[86] und Rhamnoliquiritin.[276] In der var. *glandulifera* Glabren, Glabridin,[36] Glucosyl-apiosyl-4'-liquiritigenin, Licurasid, Liquiritin.[87] In der var. *glandulifera* und der var. *violacea* Isoschaftosid, Isoviolanthin und Schaftosid.[47] In der var. *typica* Formononetin, Glabren, Glabridin, Glabrol, Hispaglabridin A und B, 3-Hydroxyglabrol, 3'-Methoxyglabridin, 4'-*O*-Methylglabridin, Phaseollinisoflavan,[88] Liquiritigenin, Liquiritin[89] und Rhamnoliquiritin.[89,90] Aus dem Sipei-Süßholz die Gancaonine F bis I,[91] Glisoflavon, Kämpferol-3-*O*-methylether,[92] Glycyrrhisoflavanon,[93] Glycyrrhisoflavon, Isolicoflavonol,[93,94] Kumatakenin, Licoflavonol, Licoricon,[95] Licoisoflavon A[96] und Licoricidin.[97] Aus dem Sinkiang-Süßholz 4',7-Dihyroxyflavon, Formononetin, Glabrol, Licoisoflavanon und Licoisoflavon B.[33]

In den Wurzeln von *G. uralensis* 3,4',5,7-Tetrahydroxy-3'-prenylflavon, 2',4',7-Trihydroxy-5-methoxy-2-oxo-6-prenylisoflavan-3-en, Liquiritigenin,[262] Apigenin-6,8-di-*C*-glucosid, Liquiritigenin-4'-apiosyl(1→2)-glucosid, Liquiritigenin-7,4'-diglucosid,[263] 4'-*O*-β-D-Apio-D-furanosyl(1→2)-β-D-glucopyranosylliquiritigenin, Liquiritin, Ononin,[264] Formononetin, Licoricidin[265] und Licoricon.[265,266]

In G. inflata-Wurzeln 4',7-Dihydroxyflavon, Licoflavon, Liquiritigenin, Liquiritin und Ononin.[11]

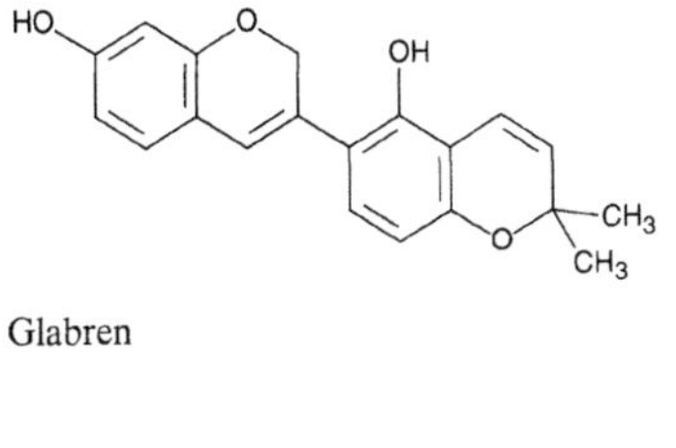

Glabren

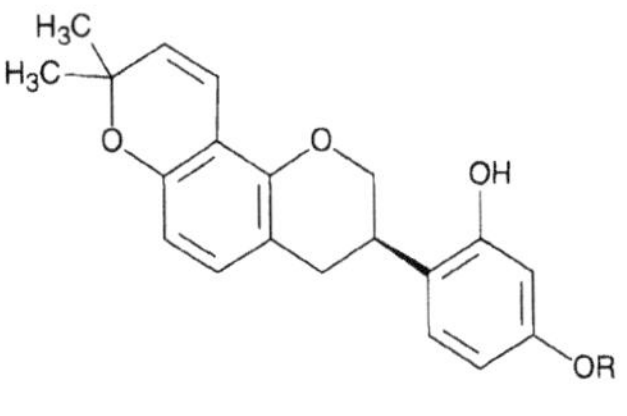

Glabridin: R = H
4'-*O*-Methylglabridin: R = CH_3

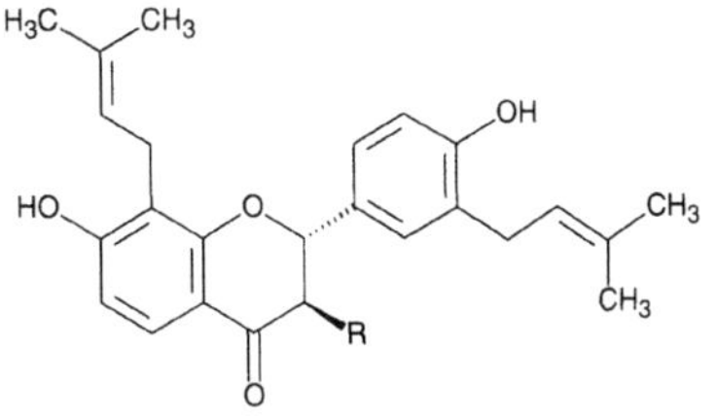

Glabrol: R = H
3-Hydroxy-glabrol: R = OH

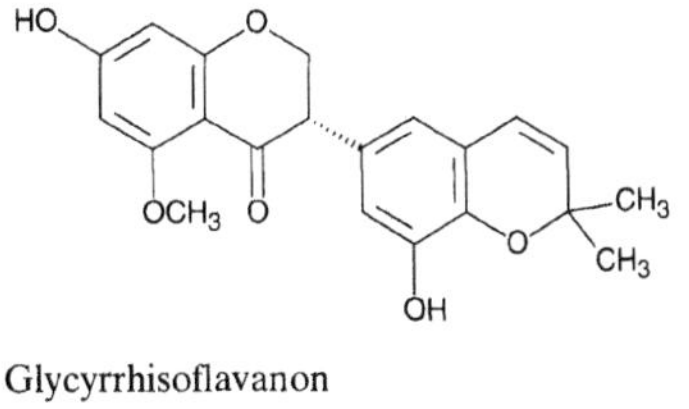

Glycyrrhisoflavanon

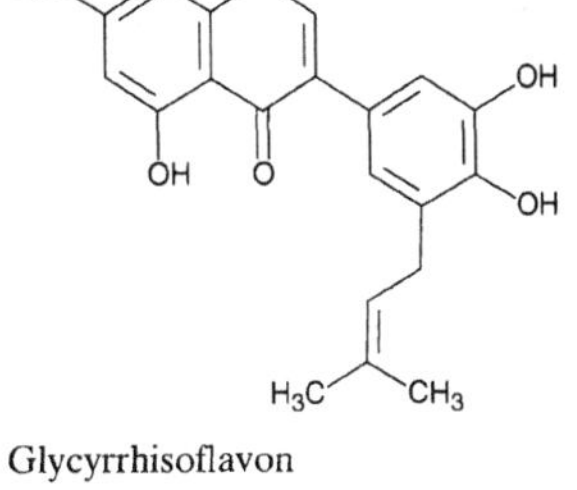

Glycyrrhisoflavon

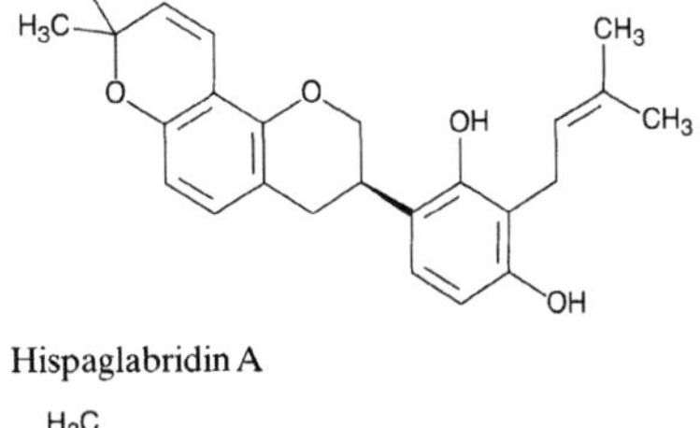

Hispaglabridin A

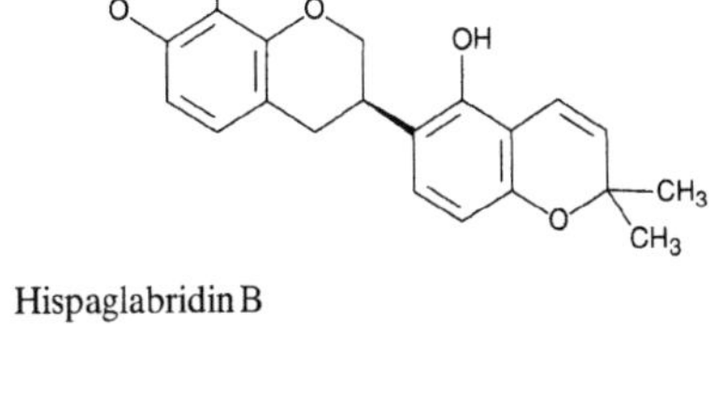

Hispaglabridin B

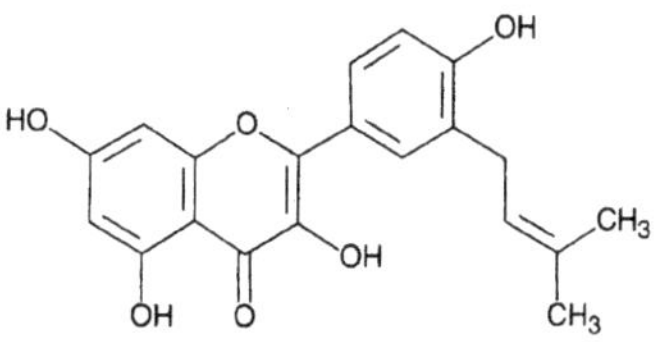

Isolicoflavonol

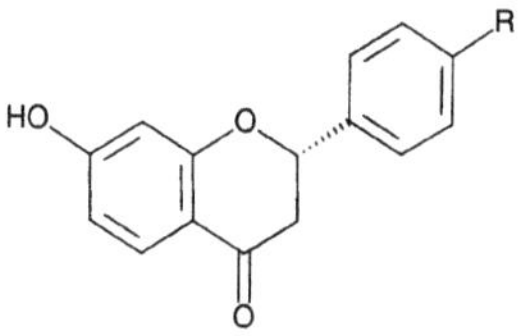

Liquiritigenin: R = OH
Liquiritin: R =

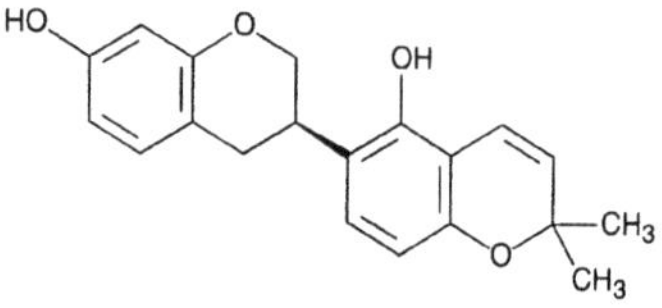

Phaseollinisoflavan

Chalkone. Neben Isoliquiritigenin und Isoliquiritin[276] enthalten die Wurzeln von *G. glabra* die Isoliquiritingeninglykoside Licurosid und Neolicurosid[98] sowie 4-Hydroxychalkon.[85] Rhamnoisoliquiritin wurde aus der var. *typica* isoliert.[89] Aus dem Sipei-Süßholz erhielt man Licochalkon A[94] und aus dem Sinkiang-Süßholz Echinatin.[33] Wichtigstes Chalkon der Glycyrrhiza-uralensis-Wurzel ist Isoliquiritigenin.[262] Dieses sowie die Licochalkone A und B kommen in den Wurzeln von *G. inflata* vor.[11,35,36]

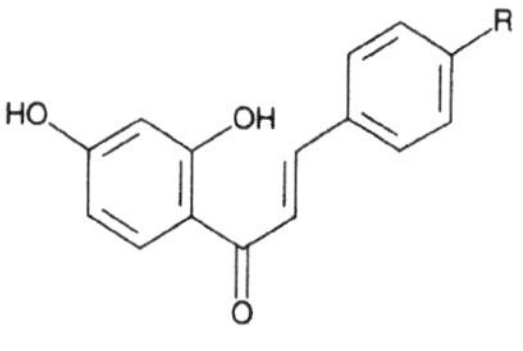

Isoliquiritigenin: R = OH
Isoliquiritin: R =

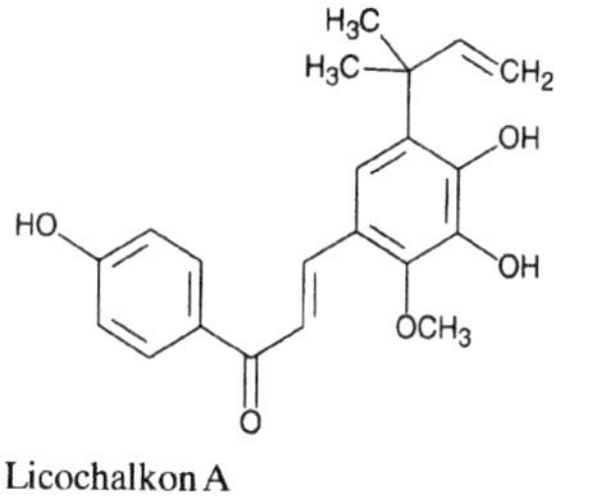

Licochalkon A

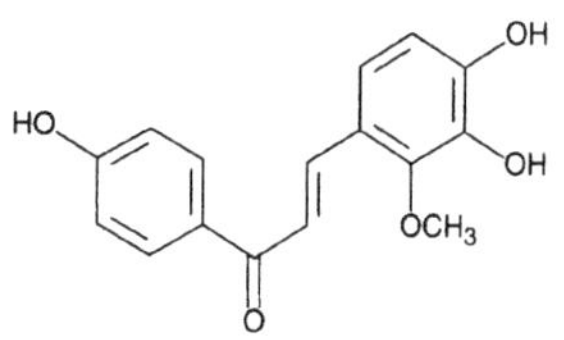

Licochalkon B

Weitere Stoffgruppen. Wie bei den anderen Arten der Gattung sind auch bei der offizinellen Droge nur relativ wenige Substanzen weiterer Stoffklassen bekannt, für die zudem wie auch bei den Flavonoiden keine bzw. sehr kritisch zu bewertende quantitative Angaben vorliegen. Erwähnenswert sind lediglich die Cumarine, wobei wie auch bei Flavonoiden und Chalkonen auf häufige Prenylierung hinzuweisen ist. Folgende Cumarine wurden isoliert: Liqcoumarin,[99] Herniarin und Umbelliferon[276] aus den Wurzeln von *G. glabra*; aus den Rhizomen auch Licocumaron;[100] Glycocumarin,[94] Glycycumarin,[93,100] Glycyrin,[101] Licoarylcumarin, Licocumaron,[92] Licopyranocumarin,[92,94] Isoglycyrol[91] und Glycyrol[91,95] aus Sipei-Süßholz.

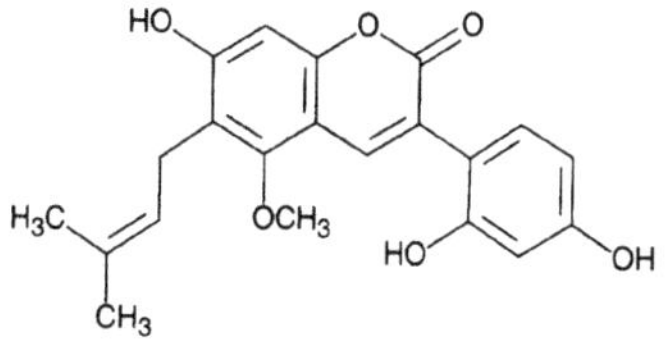

Glycycumarin

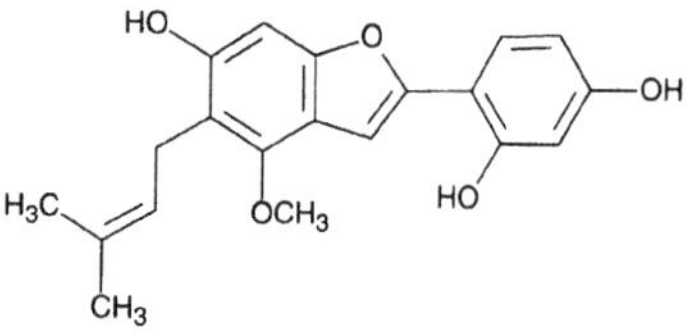

Licocumaron

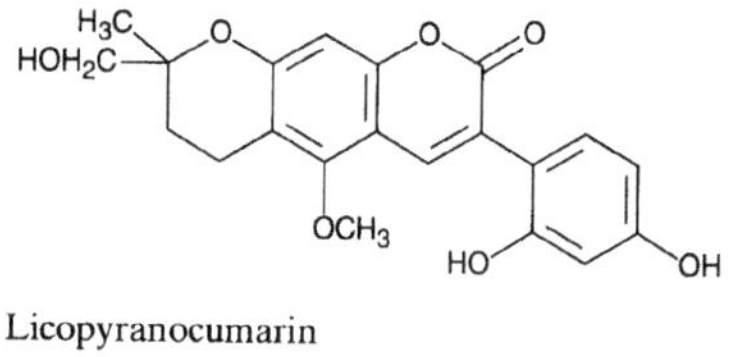

Licopyranocumarin

Als Aromastoffe des zu 0,047 % in Süßholzwurzeln enthaltenen Öls wurden Anethol, Estragol, Eugenol, Indol und γ-Nonalacton und als eine Hauptkomponente Hexansäure ermittelt.[102] Weitere aliphatische Säuren der Süßholzwurzel sind 9,12,13-Trihydroxy-10-octadecensäure und 9,12,13-Trihydroxy-10,11-oxydecansäure.[103] Als flüchtige Verbindungen der Rhizome wurden Benzaldehyd, Benzylalkohol, Geraniol, Hexanol, Linalool A- und -B-Oxid, 1-Octen-3-ol, Pentanol, Phenethylalkohol, α-Terpineol, Terpin-1-en-4-ol, Tetramethylpyrazin und *trans*-3-Hexen-1-ol identifiziert.[104] Angaben zu Inhaltsstoffen wie Cholin, Betain, Gummi,

Harz etc., vgl. Lit.[276], fehlen in der neueren Literatur. Die Angaben zum Polysaccharidgehalt schwanken zwischen 10 und 20%.[105,276] Der Kaliumgehalt liegt unterhalb der Grenze, welche schädliche Wirkungen hervorrufen kann.[106]
In den Wurzeln von *G. uralensis* β-Sitosterol,[265] Licobenzofuran (= Liconeolignan)[265,269] und Methylglycyrol.[270] In G.-inflata-Wurzeln β-Sitosterol.[11]

Zubereitungen: Süßholzfluidextrakt (Liquiritiae extractum fluidum) *DAB10*: Gewonnen durch Perkolation von pulverisierter Süßholzwurzel mit 70%igem Ethanol und Einstellen auf einen Glycyrrhizinsäuregehalt von 4bis6%. Pure Glycyrrhiza Extract *USPXXI*: 1.000g Süßholzwurzel werden mit kochendem Wasser perkoliert, mit verdünnter Ammoniaklösung bis zur deutlichen Wahrnehmung eines Ammoniakgeruches verdünnt und anschließend im Vakuum auf ein Volumen von 1.500mL reduziert. Glycyrrhiza Fluidextract *USPXXI*: Hergestellt durch erschöpfende Perkolation von 1kg grob pulverisiertem Drogenmaterial, Zusatz von Ammoniaklösung bis zur Wahrnehmung eines deutlichen Ammoniakgeruches, Einkochen auf ein Volumen von 750mL und Zusatz von 250mL Ethanol. Liquorice Liquid Extrakt *BP88*: Erschöpfende Perkolation von 1kg ungeschälter, grob pulverisierter Droge mit Wasser, Aufkochen, Einengen, bis spez. Gewicht der Flüssigkeit 1,198g/mL beträgt, anschließend Zusatz von Ethanol bis 25% des Gesamtvolumens; nach mindestens 1monatigem Stehen erfolgt eine Filtration. Deglycyrrhizinised Liquorice Extract *BP88*: Eingestellt auf 0,5bis2,0% Liquiritigenin; hergestellt durch Extraktion von pulverisierter Süßholzwurzel mit Wasser, Entfernung der Glycyrrhizinsäure und Trocknen des Extrakts. Extractum Liquiritiae (Süßholzextrakt) *ÖAB90*: Perkolation von Süßholzwurzel mit einer Mischung aus 95Teilen dest. Wasser und 5Teilen Ammoniak und Einengen zur Trockne nach Filtration. Extractum Liquiritiae fluidum (Süßholzfluidextrakt) *ÖAB90*: Perkolation der Droge mit einer Mischung aus 95Teilen dest. Wasser und 5Teilen Ammoniak, Filtration von Perkolat und Preßflüssigkeit und Einengen auf ca. 120Teile im Vakuum, Alkalisierung mit Ammoniak und Zusatz von 40Teilen Ethanol, Einengen nach 48stündigem Stehen auf 90Teile und Zusatz von 10Teilen Ethanol. Liquiritiae Extractum Liquidum (Süßholzliquidextrakt) *Helv VII*: Gewonnen durch Perkolation mit einer Mischung aus 10g 26%iger Ammoniaklösung und 600g Wasser, Einengen auf definiertes Volumen und Mischen mit Ethanol. Glycyrrhiza Extract (Extractum Glycyrrhizae) *Jap XI*: Digestion fein geschnittener Droge mit Wasser, Zusatz von 25Teilen Ethanol zu 75Teilen konzentriertem Extrakt und Einengen zu viskösem Extrakt. Crude Glycyrrhiza Extract (Extractum Glycyrrhizae Crudum) *JapXI*: Grob pulverisierte Süßholzwurzel wird mit Wasser gekocht, unter Druck filtriert und anschließend eingeengt.
Glycyrrhizinsäuregewinnung. Zerkleinerte Wurzeln werden mit H_2O extrahiert und filtriert. SC des Filtrats an Polyamid mit H_2O, 99% MeOH und 85% MeOH mit 1N-Ammoniaklsg. ergab Glycyrrhizinsäureammoniumsalz.[107] 50kg Süßholzwurzelextrakt in 350L H_2O gelöst, Ausfällen neutraler Bestandteile durch Einstellen auf pH0,5 mit 50L 20% H_2SO_4. Nach 1h aus Überstand 23,5kg Glycyrrhizinsäure gewonnen, diese extrahiert mit 200L Me_2CO, mit 25% NH_4OH auf pH8,5 alkalisiert und das Triammoniumsalz ausgefällt. Dieses zerkleinert und 6,5kg des Pulvers mit 13L 80% HAc gemischt zwecks Erhalt von 4,9kg amorphem Monoammoniumsalz. Dieses mit 350L 35%igem EtOH versetzt, erhitzt und kristallisiert mit Glycyrrhizinsäuremonoammoniumsalzkristallen mit > 99% Reinheit als Produkt.[108] Süßholzwurzel mit einem unpolaren Lösungsmittel behandelt, mit einem hydrophilen niedrigen Alkohol extrahiert, Extrakt getrocknet und verteilt zwischen H_2O oder hydrophilen Lösungsmitteln und hydrophoben Lösungsmitteln, wäßrige oder hydrophile Phase getrocknet.[109] SC des wäßrigen Extrakts an Resin HS. Eingeengte und sprühgetrocknete aktive Fraktion ergibt reine, pulverförmige Glycyrrhizinsäure.[110]

Identität: Versetzen der pulverisierten Droge mit 0,05mL 96%iger H_2SO_4 ergibt orangegelbe Färbung der Pulverfragmente und allmähliche Rosarotfärbung zahlreicher Fragmente *DAB10 (Eur), ÖAB90, Helv VII, DAC86*. Der Nachweis beruht auf der Überführung von Liquiritin und Liquiritigenin zu Isoliquiritigenin und der Protonierung dessen Carbonylsauerstoffs unter Erhalt eines orangegelb gefärbten Kations.
Nach *BP88* zusätzlich dünnschichtchromatographische Prüfung (s.a. Reinheit): Die Prüfung beruht zum einen auf dem Nachw. $CHCl_3$-löslicher Bestandteile (Lsg.1) sowie zum anderen auf dem Nachw. der nach 1stündiger saurer Hydrolyse erhaltenen Glycyrrhetinsäure (Lsg.2).
DC nach *BP88*:
- Untersuchungslösungen: s.o.;
- Referenzsubstanz: Glycyrrhetinsäure (Lsg.3);
- Sorptionsmittel: Kieselgel GF_{254};
- FM: Ethylacetat - 1M NH_4OH - abs. EtOH (60 + 27 + 13, Oberphase);
- Detektion: Direktauswertung im UV 254nm, anschließend Besprühen mit Anisaldehydlsg., 10min auf 100bis105°C Erhitzen und Auswertung im Vis;
- Auswertung: Im UV 254nm in Lsg.2 und 3 übereinstimmende Glycyrrhetinsäurebanden bei Rf0,1; nach dem Besprühen im Vis Blauviolettfärbung der Glycyrrhetinsäure, zudem Orangegelbfärbung von zwei schon vor dem Besprühen sichtbaren Banden bei Rf0,6 in Lsg.1 und 2.

DC nach *Jap XI* (Glycyrrhizinsäurenachweis):
- Untersuchungslösung: EtOH-H_2O (7 + 3)-Extrakt der Droge;
- Referenzsubstanz: Glycyrrhizinsäure;
- Sorptionsmittel: Kieselgel mit Fluoreszenzindikator;
- FM: BuOH-H_2O-wasserfreie HAc (7 + 2 + 1);
- Detektion: Direktauswertung im UV 254nm;
- Auswertung: Übereinstimmung eines der Flekken der Probenlsg. mit der Referenzsubstanz.

Reinheit: *Droge.*

- Wasserlöslicher Extrakt: Mindestens 20% *DAB 10 (Eur), ÖAB 90, Helv VII, DAC 86*; mindestens 25% *Jap XI.*
- Sulfatasche: Höchstens 10% *DAB 10 (Eur), ÖAB 90, Helv VII, DAC 86.*
- Salzsäureunlösliche Asche: Höchstens 2% *DAB 10 (Eur), ÖAB 90, Helv VII, Jap XI*; höchstens 2,5% *USP XXI.*
- Asche: Höchstens 5% *DAC 86.*
- Gesamtasche: Höchstens 7% *Jap XI.*
- Trocknungsverlust: Höchstens 12% *Jap XI.*
- Fremde Bestandteile: Höchstens 10% ungeschälte und teilweise geschälte Drogenteile und höchstens 2% sonstige fremde Bestandteile *DAC 86.*
- Curcuma: Bei der Prüfung auf Identität färbt sich beim Betrachten unter dem Mikroskop kein Fragment sofort karminrot *PhEur 83.* Die Prüfung ist in der Neufassung nicht mehr enthalten *PhEur 90.*
- DC nach *DAB 10 (Eur), ÖAB 90, Helv VII*: a) Untersuchungslösungen: Chloroformextrakt der Droge (Lsg. a), Extrakt der nach der $CHCl_3$-Extraktion verbliebenen Droge mit 1 N-H_2SO_4 unter Hydrolyse der Glycyrrhizinsäure (Lsg. b); b) Referenzsubstanz: Glycyrrhetinsäure; c) Sorptionsmittel: Kieselgel GF_{254}; d) FM: wasserfreies EtOH-Ammoniaklsg. (1,7% NH_3 (*m*/*V*))-Ethylacetat (13 + 27 + 60, Oberphase); e) Detektion: Direktauswertung im UV 254 nm, anschließend Besprühen mit Anisaldehyd-Reagenz, 10 min auf 100 bis 105 °C Erhitzen und Auswertung im Vis; f) Auswertung: Im Chromatogramm der Lsg. b im UV 254 nm Übereinstimmung einer Zone bei Rf 0,1 mit Glycyrrhetinsäure. Im Chromatogramm der Lsg. a fehlt diese Zone, da in ordnungsgemäß hergestellter und gelagerter Droge keine freie Glycyrrhetinsäure enthalten ist. Nach Detektion mit Anisaldehyd-Reagenz im Vis Blauviolettfärbung der Glycyrrhetinsäure entsprechenden Zone im Chromatogramm von Lsg. b sowie weitere blauviolett gefärbte Zonen; in beiden Chromatogrammen gelborange Zonen bei Rf 0,6, die im Vis schon vor dem Besprühen sichtbar waren; die mit Glycyrrhizinsäure übereinstimmende Zone muß die gleiche Größe wie die der Vergleichslsg. aufweisen, was Abschätzung eines Mindestgehalts an Glycyrrhizinsäure von 3,5% erlaubt.

Gehalt: Mindestens 4,0% Glycyrrhizinsäure *DAB 10 (Eur), ÖAB 90, Helv VII, DAC 86.*

Gehaltsbestimmung: Photometrische Bestimmung nach präparativer dünnschichtchromatographischer Abtrennung der nach saurer Hydrolyse erhaltenen Glycyrrhetinsäure. Zur Herstellung der Untersuchungslösung wird 1,00 g pulverisierte Droge 2 h mit 25 mL 1 N-HCl in 2,5 mL Dioxan unter Rückfluß hydrolysiert und anschließend mit $CHCl_3$ extrahiert. Die Herstellung der Referenzlösung erfolgt unter Verwendung von 50,0 mg Glycyrrhizinsäure in analoger Weise. Die dünnschichtchromatographische Trennung erfolgt durch zweimalige Entwicklung mit EtOH-Ammoniak-Ethylacetat an Kieselgel GF_{254} und UV-Detektion bei 254 nm. Die substanzhaltigen Schichten werden abgekratzt und die Substanzen mit wasserfreiem EtOH extrahiert. Die Messung erfolgt bei 250 nm unter Verwendung einer durch Extraktion einer substanzfreien Zone mit EtOH erhaltenen Blindprobe als Kompensationsflüssigkeit *DAB 10 (Eur), ÖAB 90, Helv VII.*
HPLC-Bestimmung der Glycyrrhizinsäure nach *DAC 86*:

- Untersuchungslösung: Wasser-Ammoniak-Extrakt;
- Referenzsubstanz: Glycyrrhizinsäure;
- Stationäre Phase: ODS Kieselgel (RP-18);
- Mobile Phase: MeOH-H_2O-HAc (60 + 35 + 5);
- Detektion: 258 nm;
- Auswertung: Die Berechnung erfolgt durch Vergleich der Peakfläche mit der des Referenzchromatogramms.

Neben den Bestimmungen der Monographiesammlungen existieren zusätzlich HPLC-Methoden jeweils mit UV-Detektion, auf der präparativen DC basierende Methoden sowie weitere Bestimmungsverfahren: Als Ionenpaar-HPLC an ODS-Säule mit MeOH-H_2O als mobiler Phase;[111,112] HPLC an YQG $C_{18}H_{37}$-Säule mit MeOH-H_2O-HAc 36% (58 + 42 + 2) als mobiler Phase;[113] HPLC an RP-18 mit MeOH-H_2O-HAc (71 + 28 + 1) mit Refraktions- und UV-Detektion;[114] HPLC an γ-Bondapack-C-18-Säule mit MeOH-H_2O-HAc (60 + 34 + 6) als mobiler Phase;[115] "Hochgeschwindigkeits"-Flüssigchromatographie an Permaphase AAX-Säule mit 30% *i*-Propanol in Phosphatpuffer (pH 5,2) als mobiler Phase;[116] spektrophotometrische Erfassung der mittels präparativer DC isolierten Glycyrrhizinsäure,[117,118] spektrophotometrische Erfassung der mittels saurer Hydrolyse und präparativer DC gewonnenen Glycyrrhetinsäure;[119] DC der Glycyrrhizinsäure mit densitometrischer Auswertung,[120–122] nach vorheriger Hydrolyse zu Glycyrrhetinsäure;[123] säulenchromatographische Abtrennung der Glycyrrhizinsäure an Kationenaustauscher KU-2-8,[124] DC-Sorbenzien[125] mit anschließender Bestimmung bei 252 nm; säulenchromatographische Abtrennung der Glycyrrhizinsäure an D101 Harz-Säule, Umsetzung mit Vanillin-H_2SO_4 und Bestimmung bei 556 nm;[126] turbidimetrische Bestimmung nach Chromatographie an SP-Sephadex C-25 und Hydrolyse mit $HClO_4$;[127] GC nach Hydrolyse und Methylierung;[128] spektrophotometrische Erfassung nach Hydrolyse und Umsetzung mit Vanillin-H_2SO_4;[129,130] oscillographische Bestimmung nach Extraktion mit 3% Trichloressigsäure enthaltendem Aceton;[131] potentiometrische Titration an Pb^{2+}-selektiver Elektrode mit $Pb(NO_3)_2$ als Titrationsmittel.[132]

Lagerung: Vor Licht geschützt *DAB 10 (Eur), ÖAB 90, Helv VII, DAC 86*; dicht verschlossen *ÖAB 90*; in luftdichtem Behälter *Helv VII*; geschützt vor Insektenbefall *USP XXI.*

Wirkungen: *Expektorierende Wirkung.* Wie bei den meisten Saponindrogen existieren auch für die Süßholzwurzel kaum Arbeiten, die den Mechanismus der expektorierenden Wirkung experimentell belegen. In Experimenten an isolierter flimmerepitheltragender Mucosa von männlichen Fröschen verursachte Süßholzextrakt eine Senkung der Viskosität des mucösen Schleimanteils, gleichzeitig jedoch auch eine Verminderung der mucozilliaren Aktivität.[133]

Antiulcerogene Wirkung. Die Wirksamkeit gegen Magengeschwüre wird insbesondere der Glycyrrhizinsäure bzw. ihrem Aglykon Glycyrrhetinsäure zugeschrieben (→ Hdb. 8, Glycyrrhizinsäure), jedoch sollen auch desglycyrrhizinierte Extrakte Wirksamkeit besitzen. Als Wirkungsmechanismus der ulcusprotektiven Eigenschaften der Glycyrrhizinsäure wird ein Synergismus mit den Corticosteroiden diskutiert, welcher auf der Hemmung der Δ4-5β-Reduktase-Aktivität beruht. Durch diese wahrscheinlich durch die 11-Oxo-Gruppe bedingte Aktivität kommt es zu einer Verzögerung des Abbaus und damit der Ausscheidung der Corticosteroide.[134] Demgegenüber konnte eine Induktion der Corticosteroidsekretion nicht beobachtet werden.[135] Ferner wurde für Glycyrrhizinsäure eine Hemmung der durch 12-*O*-Tetradecanoylphorbol-12-acetat induzierten Entzündung festgestellt.[136]

Die durch 50 mg entglycyrrhizinierten Süßholzextrakt (ES) in 0,5 mL 0,15 mol/L NaCl (i. p.) gezeigte Schutzwirkung auf Magenmucosa bei aspirininduziertem Magenschleimhautschaden bei Ratten ist stärker als die von 5 mg/kg KG Cimetidin in 0,5 mL 0,15 mol/L NaCl (i. p.). Die stärkste Schutzwirkung wird durch Kombination beider Mittel erhalten.[137] Die simultane Gabe von 60 mg Aspirin und 100 bis 500 mg ES (Ratten, p. o.) führte zu Reduktion der Magenmucosaschädigung. Beim Menschen ergab die dreimalige tägliche Gabe von 975 mg Aspirin und 350 mg ES einen verminderten fäkalen Blutverlust.[138] Belegt wird die Anwesenheit weiterer antiulcerogener Komponenten, deren Wirksamkeit unabhängig von den Corticosteroiden ist, angeblich dadurch, daß auch in adrenalektomierten Ratten mit streßinduzierten Geschwüren derartige Wirkungen bestehen und diese besonders durch unpolare Extrakte aus *G. uralensis* hervorgerufen wurden.[139]

Demgegenüber konnten in mehreren klinischen Tests (Doppelblindstudien) keinerlei Unterschiede zwischen der antiulcerogenen Wirksamkeit von ES und Placebopräparaten beobachtet werden. So gab es in einer Studie an 47 Patienten mit aktivem Dünndarmgeschwür keinen Unterschied zwischen der Kontrollgruppe (24 Patienten) und der Untersuchungsgruppe (23 Patienten), welche 30 Tage tgl. 2 Tabletten mit jeweils 380 mg ES erhielten.[140] Bei 96 Patienten mit Magengeschwür waren nach 4wöchiger Gabe von tgl. 5 × 2 Kapseln mit je 500 mg ES keine Unterschiede zwischen der Kontrollgruppe und der Untersuchungsgruppe (jeweils 48 Patienten) sowohl bezüglich Geschwürheilung, Geschwürflächenreduktion (ermittelt durch Gastroskopie und Radiologie) als auch hinsichtlich der klinischen Symptome feststellbar.[141] Nach dreimaliger tgl. Gabe von 760 mg ES konnte in einer Studie an 38 Patienten mit Magengeschwür nach 4 Wochen keinerlei Unterschied zwischen der placebo- und der glycyrrhizabehandelten Gruppe beobachtet werden.[142] Im Test an 43 Patienten verursachte die tgl. Applikation von 450 mg ES keine signifikantere ulcusheilende Wirkung als das Placebopräparat.[143] Gleichfalls in einer Studie an 90 Patienten mit rezidivierendem Dünndarmgeschwür ergab die 6wöchige Gabe von tgl. 3 × 760 mg ES keinerlei Vorteile gegenüber dem Placebo sowohl hinsichtlich der Häufigkeit und Schwere von Schmerzen als auch der allgemeinen Bewertung durch Ärzte und Patienten.[144] Infolge dieser Befunde ist der Gebrauch von entglycyrrhiziniertem Süßholzextrakt in der Ulcustherapie negativ zu bewerten.

Einfluß auf den Steroidhormon-Stoffwechsel. Die i. p. Applikation von 100 mg Glycyrrhizin pro kg KG führte bei Ratten nach 30 min zu keiner signifikanten Erhöhung des Plasmacorticosteronspiegels.[145]

Die Untersuchung des Einflusses von Glycyrrhizin auf die hemmende Wirkung von Cortison auf die Corticotropinbildung im Hypophysenvorderlappen ergab unter normalen Bedingungen eine Hemmung der Cortisonwirkung und unter Streßbedingungen eine Verstärkung der Cortisonwirkung.[146] Perorale Applikation von Glycyrrhizinsäure an Ratten bewirkte eine partielle Hemmung der renalen 11β-Dehydrogenase, nicht dagegen der 11-Oxo-Reduktase.[147]

Untersuchungen der Rezeptoraffinität ergaben, daß Glycyrrhizin und Glycyrrhetinsäure 1/50.000 bzw. 1/10.000 der Rezeptoraffinität zu Aldosteronrezeptoren sowie 1/100.000 bzw. 1/5.000 der Rezeptoraffinität von Dexamethason zu Glucocorticoidrezeptoren im Rattennierencytoplasma besitzen, jedoch keine Affinität zu Androgen- und Estrogenrezeptoren bei Konz. von 1 mmol/L.[148] Andere Autoren ermittelten, daß die durch Glycyrrhetinsäure erfolgte Bindung an Aldosteronrezeptoren im Nierencytoplasma von Ratten 1/10.000 der durch Aldosteron verursachten Bindung beträgt. Im Gegensatz zu Aldosteron erfolgte jedoch keine Verdrängung der Verbindung durch den Aldosteronantagonisten RU-28362 von den Rezeptoren.[149]

Untersuchungen zur Affinität von Glycyrrhizin zu Steroidhormonen in aus Leber und Uterus von Kaninchen gewonnenem Cytosol ergaben eine minimale Bindung der Substanz an Estrogen- und Androgenrezeptoren, nicht jedoch an Progesteronrezeptoren im uterinen Cytosol. Eine mäßige Bindungsaktivität wurde für Glucocorticoidrezeptoren des Lebercytosols beobachtet, zudem eine schwache Bindungsaktivität an das steroid- bzw. sexualhormonbindende Globulin.[150] Eine Affinität von Glycyrrhetinsäure, die 1/3.000 der des Aldosterons betrug, beobachtete man auch zu Aldosteronrezeptoren von einkernigen Leucocyten.[151]

Antimikrobielle Wirkung. Zahlreiche (insbesondere phenolische) Inhaltsstoffe der Süßholzwurzel besitzen antimikrobielle Wirksamkeit. Fast vollständig fehlen zu diesen aktiven Komponenten Angaben zu ihrem Gehalt in der Droge. Obwohl infolge dieser fehlenden quantitativen Daten eine abschließende Beurteilung kaum möglich erscheint, dürften sie in ihrer Gesamtheit zu einer nicht unwesentlichen antimikrobiellen Wirkung der Süßholzwurzel beitragen. Nachgewiesen wurden derartige Wirkungen für Extrakte aus Russischem Süßholz (identifiziert als *G. glabra* var. *glandulifera*, I) und Xinjiang-Süßholz (identifiziert als *G. inflata*, II). Die aktiven Bestandteile aus I wurden als Glabren und Glabridin und diejenigen aus II als Licochalkone A und B identifiziert. Wirksam waren gegen die grampositiven Bakterien *Staphylococcus aureus* Licochalkon A (MHK 1,95 µg/mL), Licochalkon B (31,3 µg/mL), Glabren (7,81 µg/mL) und Glabridin (1,95 µg/mL) (vgl. Streptomycinsulfat 1,95 µg/mL) und *Bacillus subtilis* Licochalkon A (MHK 3,91 µg/mL), Licochalkon B (31,3 µg/mL), Glabren (7,81 µg/mL) und Glabridin (3,91 µg/mL) (vgl. Streptomycinsulfat 1,95 µg/mL), gegen die Hefen *Saccharomyces cerevisiae* Glabren (MHK 15,6 µg/mL) und Glabridin (7,81 µg/mL) (vgl. Streptomycinsulfat > 250 µg/mL) und *Candida utilis* Glabren (MHK 31,3 µg/mL) und Glabridin (7,81 µg/mL) (vgl. Streptomycinsulfat > 250 µg/mL) sowie gegen die Pilze *Mucro pusillus* Glabren (MHK 15,6 µg/mL) und Glabridin (3,91 µg/mL) (vgl. Streptomycinsulfat > 250 µg/mL) und *Aspergillus niger* Glabridin (MHK 31,3 µg/mL) (vgl. Streptomycinsulfat > 250 µg/mL). Keine der getesteten Verbindungen zeigte Aktivität gegen die gramnegativen Bakterien *Escherichia coli* und *Pseudomonas aeruginosa*.[36]

Die aus Spanischem Süßholz isolierten Verbindungen Hispaglabridin A (MHK jeweils 3,12 µg/mL) und B (6,25 und 3,12 µg/mL), 4'-*O*-Methylglabridin (6,25 und 3,12 µg/mL), Glabridin (jeweils 6,25 µg/mL), Glabrol (jeweils 1,56 µg/mL), Phaseollinisoflavan (25 und 12,5 µg/mL) und Glabren (jeweils 25 µg/mL) sind wirksam gegen *Staphylococcus aureus* und *Mycobacterium smegmatis* (vgl. Streptomycinsulfat 5 und 1,25 µg/mL), dagegen nicht gegen *Escherichia coli*, *Salmonella gallinarum*, *Klebsiella pneumoniae* und *Candida albicans*.[50]

Licocumaron und Glycycumarin aus Sipei-Süßholz zeigen Aktivität gegen verschiedene Bakterien und Hefen. Die MHK betrugen bei *Streptococcus mutans* für Glycycumarin und Licocumaron je 12,5 µg/mL (vgl. Streptomycinsulfat 3,13 µg/mL), bei *Staphylococcus aureus* für Glycycumarin 3,13 µg/mL und für Licocumaron 6,25 µg/mL (vgl. Streptomycinsulfat 3,13 µg/mL), bei *Bacillus subtilis* jeweils 6,25 µg/mL (vgl. Streptomycinsulfat 3,13 µg/mL), bei *Saccharomyces cerevisiae* jeweils 25 µg/mL (vgl. Streptomycinsulfat > 100 µg/mL), bei *Candida utilis* für Glycycumarin 50 µg/mL und für Licocumaron 25 µg/mL (vgl. Streptomycinsulfat > 100 µg/mL), bei *Pichia nakazawae* jeweils 25 µg/mL (vgl. Streptomycinsulfat > 100 µg/mL) und bei *Rhizopus formosaensis* für Licocumaron 50 µg/mL (vgl. Streptomycinsulfat > 100 µg/mL). Unwirksam bei 100 µg/mL waren Glycycumarin und Licocumaron gegen *Escherichia coli* und *Aspergillus niger* sowie Glycycumarin gegen *Rhizopus formosaensis*.[100]

Die Glepidotine A und B aus *G. uralensis* zeigen antimikrobielle Aktivität gegen grampositive und -negative sowie säureresistente Mikroorganismen und Hefepilze. Die MHK betrugen für *Staphylococcus aureus* bei Glepidotin A und B 25 µg/mL (vgl. Streptomycinsulfat 5 µg/mL), für *Klebsiella pneumoniae* bei Glepidotin A 25 µg/mL und bei Glepidotin B 100 µg/mL (vgl. Streptomycinsulfat 2,5 µg/mL), für *Mycobacterium pneumoniae* bei Glepidotin A und B 25 µg/mL (vgl. Streptomycinsulfat 1,25 µg/mL) und für *Candida albicans* bei Glepidotin A 25 µg/mL und bei Glepidotin B 50 µg/mL (keine Hemmwirkung durch Streptomycinsulfat). Keine Hemmwirkung wurde gegenüber *Escherichia* festgestellt.[28]

Unter einer Anzahl aus *G. glabra* var. *typica* isolierter Verbindungen zeigten Glabridin, 3-Hydroxyglabrol, 4'-*O*-Methylglabridin, Hispaglabridin A (MHK jeweils 6,25 µg/mL), Glabrol (1,56 µg/mL) und Hispaglabridin B (3,12 µg/mL) Aktivität gegen *Staphylococcus aureus* (vgl. Streptomycinsulfat 5 µg/mL), Glabridin (50 µg/mL) gegen *Candida albicans* und Glabridin, 3-Hydroxyglabrol (MHK jeweils 6,25 µg/mL), 4'-*O*-Methylglabridin, die Hispaglabridine A und B (jeweils 3,12 µg/mL) und Glabrol (1,56 µg/mL) gegen *Mycobacterium smegmatis* (vgl. Streptomycinsulfat 1,25 µg/mL). Keine der getesteten Verbindungen war aktiv gegen *Escherichia coli*, *Salmonella gallinarum* und *Klebsiella pneumoniae*.[88]

Ein methanolischer und ein 50 %iger methanolischer Extrakt aus Wurzeln von *G. glabra* zeigten Antiplaque-Wirkung gegen *Streptococcus mutans*. Es erfolgt Hemmung der Anhaftung von lebenden Zellen von *S. mutans* an dünne Oberflächen mit einer IC_{50} von 10 bis 30 µg/mL und eine antibakterielle Wirkung gegen *S. mutans* sowie Hemmung der Glycosyltransferase.[152] Demgegenüber wurde in anderen Versuchen bei Glycyrrhizinkonzentrationen von 0 bis 10 % keine Wachstumshemmung von *S. mutans* beobachtet, jedoch gleichfalls bereits in Gegenwart von 1 % Glycyrrhizin in einer 2 %igen Saccharoselösung eine mehr als 90 %ige Hemmung der Anhaftung von *S. mutans* festgestellt.[153]

Kauen von Süßholzwurzel bewirkt eine nur langsame Säurebildung in interdentaler Plaque. Es tritt kein Abfall des pH unter 6,0 auf, wogegen nach Spülung mit Saccharose pH 4,8 bis 5,7 erreicht wird. Kauen von Süßholzwurzel nach Saccharosespülung stellt den pH-Wert der Plaque wieder auf Werte von pH 5,7 bis 7,0 ein.[154] Dennoch konnte in Untersuchungen an menschlichem Zahnschmelz durch Mundwasser und Pastillen, die jeweils 1 % Glycyrrhizin enthielten, im Gegensatz zum gleichfalls getesteten 0,05 %igen NaF-Mundwasser keine Antikarieswirkung ermittelt werden. Die Anzahl der Kariesstellen entsprach derjenigen bei der placebobehandelten Gruppe, während der Mineralverlust des Zahnschmelzes etwas geringfügiger ausfiel. Als Ursache für die ausbleibende antikariogene Wirkung werden eine zu geringe Glycyrrhizinkonzentration und -einwirkzeit diskutiert.[155]

Antivirale Wirkung. Glycyrrhizinsäure hemmt das Wachstum und die Zellpathogenität verschiedener DNA- und RNA-Viren in Kulturen von menschlichen aneuploiden HEp2-Zellen ohne Schädigung der Zellen und deren Replikationsfähigkeit. Der Nachweis erfolgte an Vaccinia-, Herpes simplex Typ 1-, Newcastle-Krankheit-, Stomatitis- und Polio-Typ 1-Viren. Die wirksame Konz. betrug 8 mmol/L, schwache Aktivität bei 4 bis 2 mmol/L,

Unwirksamkeit bei 1 mmol/L. Die Wirkung beruht wahrscheinlich auf einer direkten Wechselwirkung zwischen Glycyrrhizinsäure und dem Virusprotein.[156]
Aktivität gegenüber Influenza Typ A und B sowie Newcastle-Krankheit-Viren zeigte die Verbindung auch im Test unter Verwendung befruchteter Hühnereier. Als Wirkungsmechanismus wird eine Wachstumshemmung der Viren im Embryonengewebe angenommen, da die Droge keinen Einfluß auf die Viruslebensfähigkeit sowie die hämagglutinierende Aktivität der Viruspartikel zeigte.[157] Der ID_{50}-Wert für Glycyrrhizinsäure bei 5 verschiedenen Linien des Varicella-zoster-Virus betrug nach vorheriger Einführung der Viren in menschliche unentwickelte Fibroblasten 0,71 mmol/L. Gleichfalls aktiv war die Substanz bei Applikation 24 h vor Viruseinführung bei einer Konz. von 2,5 mmol/L, wodurch eine Inaktivierung von 99 % der Viruspartikel innerhalb von 30 min erfolgte. Konkrete Vermutungen hinsichtlich des Mechanismus der antiviralen Wirkung werden nicht genannt, lediglich die Möglichkeit der Hemmung der Penetration, Anheftung oder Freisetzung der Viruspartikel wird diskutiert.[158]
Auch gegen HIV-Viren war Glycyrrhizinsäure wirksam. Im Test an der menschlichen leukämischen T-Zellinie MOLT-4 bewirkte sie eine dosisabhängige Hemmung des HIV-1-Virus im Konzentrationsbereich von 0,075 bis 0,6 mmol/L. In diesem Bereich kommt es gleichfalls zu einer Hemmung der Proteinkinase-C-Aktivität. Auf der Hemmung dieses Enzyms beruht wahrscheinlich die Hemmung der Vermehrung des HIV-Virus. Zudem bewirken 1,2 mmol/L Glycyrrhizinsäure eine Hemmung der Anheftung des Virus an MT-4-Zellen um 38 bzw. 60 % nach 60 und 120 min.[59] Auch für weitere Komponenten des Süßholzes konnte eine Aktivität gegen durch HIV-Viren ausgelöste Prozesse festgestellt werden. So hemmen die Sipei-Süßholz-Komponenten Licochalkon A, Isolicoflavonol, Glycycumarin, Glycyrrhisoflavon und Licopyranocumarin die HIV-induzierte Riesenzellbildung ohne zu beobachtende Cytotoxizität bei 20 µg/mL. Glycyrrhizinsäure zeigte die gleiche Wirkung bei 500 µg/mL, Licochalkon B war cytotoxisch bei 20 µg/mL, Liquiritin und Isoliquiritigenin waren wirkungslos bei 20 µg/mL.[94]
Unter 40 getesteten Verbindungen gegen die Hepatitis-A-Virus-Antigenexpression in der menschlichen Hepatomzellinie PLC/PRF/5 besitzt Glycyrrhizin das zweitbeste Verhältnis von antiviraler Aktivität und toxischer Wirkung. Die ED_{50} betrug < 400 µg/mL bei einer geringen Cytotoxizität und geringfügiger mikroskopisch sichtbarer Veränderung der Zellmorphologie (> 2.000 µg/mL).[160] Demgegenüber beträgt die ED_{50} von Glycyrrhizinsäure gegen verschiedene Linien des Masernvirus im Durchschnitt 720 µg/mL, womit die Substanz nach Angaben der Autoren praktisch wirkungslos ist.[161]
Weiterhin zeigte Glycyrrhizinsäure eine Wachstumshemmung verschiedener nichtverwandter DNA- und RNA-Viren bei Konz., die durch nichtinfizierte Zellkulturen gut vertragen werden. In diesem Konz.-Bereich erfolgt gleichfalls eine irreversible Inaktivierung von Herpes simplex. Eine Einschätzung der Relevanz dieser Ergebnisse ist kaum möglich.[162] Gleiches gilt für den Test von 9 Saponinpflanzen gegen das Wachstum von Influenza-Typ A-Viren in Hühnerembryos, bei denen *G. glabra* die stärkste Wirkung besaß, die in direkter Beziehung zu Konzentration und Oberflächenaktivität stand.[163]
Ebenfalls nicht quantifiziert wurde die Wirksamkeit der Polysaccharide aus *G. uralensis* gegen 7 RNA- und DNA-Viren, bei denen Aktivität gegen Vesicular-Stomatitis, Herpes simplex 1, Adenovirus 2 und Vacciniavirus festgestellt wurde.[164]
In-vitro-Untersuchungen des antiviralen Wirkungsmechanismus von Glycyrrhizin ergaben, daß es anscheinend durch eine direkte Bindung von Glycyrrhizinsäure an das Virus zu einer Inaktivierung der Viruskinasen P kommt, wodurch eine selektive Hemmung der Phosphorylierung von Proteinen durch die Kinasen erfolgt und es damit zur Reduktion der Virulenz kommt.[165]
Nach anderen Untersuchungsergebnissen beruht der Mechanismus der antiviralen Wirkung von Glycyrrhizin auf einer Induktion der Bildung von Interferon-g und einer daraus resultierenden Verbesserung der Natürlichen Killerzellaktivität. Die stärkste antivirale Wirkung wurde bei Mäusen nach i. v. Injektion von 200 mg Glycyrrhizin pro kg KG beobachtet, doch liegt diese Konz. nahe der letalen Konz. Gleichfalls die untoxische Konz. von 20 mg/kg KG verursacht eine deutliche antivirale Aktivität und Induktion der Interferonbildung. Die Interferoninduktion ist T-Zell-abhängig und erfordert sowohl Lymphocyten als auch Makrophagen. Glycyrrhetinsäure erwies sich als wenig wirksam. Bei Verwendung von Glycyrrhizin erfolgte bei Mäusen schnelle Herausbildung einer Toleranz nach wiederholter Injektion der Verbindung, wobei nach der 4. Applikation keinerlei Interferon mehr nachweisbar war. Nach 7 oder mehr Tagen ist jedoch die Sensibilität gegenüber Glycyrrhizin wieder gegeben. Klinische Studien an 21 Probanden bestätigten die im Tierversuch gewonnenen Ergebnisse. I. v. Applikation von 80 mg/kg KG führte bei 45 % der Probanden zu nachweisbaren Interferonspiegeln sowie bei 75 % zu einer verbesserten Natürlichen Killerzellaktivität.[166]
Immunmodulatorische Wirkung. Die Applikation von 15 mg bzw. von 30 mg/kg KG Glycyrrhizin reduzierte den durch Gabe von bakterieller α-Amylase in Freunds Adjuvans erzeugten Antikörpertiter in Kaninchen gegen die α-Amylase um 50 % bzw. 75 %. In adrenalektomierten Tieren war die Glycyrrhizingabe wirkungslos. Gleichfalls kam es durch Cortison zu einer Senkung des Antikörpertiters, der bei Zusatz von Glycyrrhizin nochmals verringert wurde.[167]
Gleichfalls hemmen die Polysaccharide aus *G. uralensis in vivo* Antikörper- und Interleukin-2-Produktion. Weiterhin besitzen sie *in vitro* eine mitogene Wirkung auf die über eine B-Lymphocytenstimulation vermittelte Rattenmilzzellen-Proliferation.[168] Demgegenüber wurde durch Glycyrrhizinsäure in anderen Untersuchungen eine Stimulation

der Proliferation von B- und auch von T-Lymphocyten beobachtet.[169]
Antitumorwirkung. Simultane 3monatige Applikation des Carcinogens 3'-Methyl-4-dimethylaminoazobenzol (0,06% in der Nahrung) sowie von Glycyrrhizin (1 mg parenteral 2mal wöchentlich) führte bei Mäusen zu erheblich reduzierter Entstehung von prähepatomen Zellschäden (erhöhte Anzahl von Lysosomen, atrophierter Golgi-Apparat, degenerierte Mitochondrien) im Vergleich zur alleinigen Gabe des Carcinogens.[170] Zufuhr von 3 mg Glycyrrhizin pro Tag (gelöst im Trinkwasser) ergab bei Mäusen eine Verminderung der durch 7,12-Dimethylbenz[a]anthracen (DMBA) induzierten Tumorzahl von 48 auf 38 pro Tier bei gleichzeitig verzögerter Tumorbildungsrate. Der Effekt war unabhängig davon, ob die Glycyrrhizingabe gleichzeitig mit der DMBA-Gabe oder 50 Tage davor begonnen wurde.[171]
Glycyrrhizin hemmt den fördernden Effekt von 12-*O*-Tetradecanoylphorbol-12-acetat auf durch DMBA induzierte Hauttumorbildung in Mäusen.[136]
Schwache Wachstumshemmung von Ehrlich Aszites- und Sarcoma 45-Zellen *in vivo* (Ratten und Mäuse) durch Natriumglycyrrhizinat, Ammoniumglycyrrhetinat sowie ein weiteres Glycyrrhetinsäurederivat. Keine In-vitro-Aktivität der getesteten Verbindungen, In-vivo-Effekt wahrscheinlich über Eingriff in Corticoid-Stoffwechsel.[172]
In vitro Vergrößerung der Expression von H-2/Klasse I-Antigenen an der Oberfläche verschiedener aus Mäusen gewonnener Tumorzellinien (L5178Y 3,37fach, EL-4 3,20fach, P388 2,62fach, MethA 2,09fach, YAC-1 2,00fach, L1210 1,74fach, NS1- 1,47fach, P1.HTR 0,67fach) sowie der Transkription von Klasse I-Genen durch Glycyrrhizinsäure. Diese Expressionsvergrößerung erfolgt interferonunabhängig. Gleichfalls kommt es zu einer erhöhten Expression von H-2/Klasse I-Antigenen in normalen Zellpopulationen von Mäusen *in vivo*. Durch diese Vergrößerung der Genexpression kommt es zu einer Beschleunigung der zellulären Immunität. Es wird angenommen, daß die Schutzwirkung gegen Virusinfektionen und die immunmodulierte Tumorkontrolle des Glycyrrhizins auf diesem Mechanismus beruht.[173]
Leberschutzwirkung. I. p. Gabe von 200 mg Glycyrrhizin pro kg KG 20 h vor i. p. Applikation von 0,015 mL CCl_4 führte zu deutlicher Verminderung einer Leberzellschädigung und zu einer Senkung der Transaminaseaktivität bei Ratten. Keine derartige Schutzwirkung wurde beobachtet, wenn Glycyrrhizin 2 h vor der CCl_4-Injektion verabreicht wurde. Im Gegensatz dazu zeigt Glycyrrhizin eine Schutzwirkung vor Allylformiat (0,1 mg/kg KG), wenn es 2 h, nicht dagegen 20 h vor Injektion des Allylformiats appliziert wurde. Keine Schutzwirkung ergab sich gegen eine endotoxininduzierte Leberzellschädigung (Lipopolysaccharid aus *Escherichia coli*, 3 mg/kg KG), obgleich die Mortalität nach Endotoxingabe gesenkt wurde.[174] An Primärkulturen von Rattenhepatocyten bewirkte Glycyrrhizin eine Hemmung der CCl_4-induzierten Freisetzung der Lactatdehyrogenase und der Glutamin-Oxalessigsäure-Aminotransferase. Bei einer Konz. von 200 µg/mL kam es zur vollständigen Hemmung der durch 5 mmol/L CCl_4 bewirkten Lactat-Dehydrogenase-Freisetzung, bei 25 µg/mL zeigte sich eine leichte Wirkung.[175] Im gleichen Testsystem zeigte neben Glycyrrhizinsäure noch stärker Glycyrrhetinsäure antihepatotoxische Wirkung sowohl bei CCl_4- als auch bei galactosamininduzierter Cytotoxizität. Glycyrrhetinsäure hemmt die Bildung freier Radikale und die Fettperoxidation stärker als Vitamin E, jedoch zeigt Glycyrrhizinsäure keine signifikante Wirkung. Nach Angaben der Autoren beruht die Wirkung wahrscheinlich auf der Hemmung des Enzyms, welches CCl_4 in CCl_3-Radikale überführt. Es liegen zwei Wirkprinzipien vor, zum einen eine nichtenzymatische Hemmung der Peroxidbildung und zum anderen die enzymatische Wirkung.[176]
Antioxidative Wirkung/Radikalfangende Eigenschaften. Glabren aus Russischem Süßholz (identifiziert als *G. glabra* var. *glandulifera*) zeigt dreifache antioxidative Wirkung im Vergleich zu Vitamin E, die Licochalkone A und B aus Xinjian-Süßholz (identifiziert als *G. inflata*) besitzen die gleiche.[36] Aus dem Sipei-Süßholz isolierte Flavonoide besitzen radikalfangende Eigenschaften. Der Nachweis erfolgte unter Verwendung des 1,1-Diphenyl-2-picrylhydrazyl-Radikals, und es ergaben sich für die getesteten Verbindungen folgende EC_{50}-Werte: Licochalkon B $2,2 \times 10^{-5}$ mol/L, Licochalkon A $1,2 \times 10^{-4}$ mol/L, Glycycumarin $4,1 \times 10^{-5}$ mol/L, Isolicoflavonol $4,0 \times 10^{-5}$ mol/L, Glycyrrhisoflavanon $3,6 \times 10^{-4}$ mol/L, Glycyrrhisoflavon $3,8 \times 10^{-5}$ mol/L, Isoliquiritigenin $9,6 \times 10^{-4}$ mol/L. Bei 4',7-Dihydroxyflavon, Liquiritigenin, Liquiritin und Isoliquiritin war die Hemmwirkung $< 10^{-4}$ mol/L. Die Radikalfängerwirkung steht im Zusammenhang mit der Hemmung des Arachidonsäuremetabolismus durch Süßholzflavonoide.[93]
Wirkung gegen hämolysierende Substanzen. Glycyrrhizin hemmt *in vitro* die hämolytische Aktivität verschiedener Saponine bei einem Konz.-Verhältnis von 1/400. *In vivo* (Mäuse von 22 g KG) war keine Bestätigung der Ergebnisse möglich, da aufgrund der eigenständigen Toxizität der Glycyrrhizinsäure bei der i. v. Applikation lediglich die Verwendung eines Konz.-Verhältnisses von 1/2,5 möglich war. Trotz fehlender Beeinflussung der hämolytischen Aktivität konnte die nach Injektion der Saponine bestehende Mortalität um 40% gesenkt werden (30 mg Glycyrrhizin/kg KG, 57 mg Digitonin/kg KG, 0,05 mL i. v.).[222]
Beeinflussung des Elektrolythaushalts. Die Licochalkone A und B senken den calciumionomycininduzierten hohen freien Ca^{2+}-Spiegel im Cytosol in Gegenwart von 1 mmol/L Ca^{2+} oder 1 mmol/L EGTA.[177] Extrakte aus Glycyrrhiza senken den K^+-Serumspiegel bei Ratten auf 5,8, 5,4 und 5,5 mmol/L nach 4wöchiger Gabe von 0,1-, 0,2- und 0,5%igen Lösungen; Kontrollgruppe 6,4 mmol/L; keine weitere Senkung bei Gabe von 100 mg/kg KG i. p. von Hydrochlorthiazid.[178] Zu durch Veränderungen des Elektrolythaushalts bedingten Krankheitssymptomen vgl. Nebenwirkungen.
Beeinflussung von Enzymaktivitäten. Flavonoide, Chalkone, Cumarine und weitere Phenole aus dem

Sipei-Süßholz wurden auf ihre Xanthinoxidase-Hemmwirkung geprüft. Es ergaben sich folgende IC_{50}-Werte: Licochalkon A 5,6 × 10^{-5} mol/L, Licochalkon B 3,0 × 10^{-5} mol/L, Glycyrrhisoflavon 5,3 × 10^{-5} mol/L, Licocumaron 1,3 × 10^{-5} mol/L, vgl. Allopurinol 1,6 × 10^{-7} mol/L. Die IC_{50}-Werte von Glisoflavon, Glycyrrhisoflavanon, Licopyranocumarin, Licoarylcumarin, Glycycumarin und Kämpferol-3-*O*-methylester waren > 1,0 × 10^{-4} mol/L.[92]
Von sechs aus Süßholzwurzel isolierten Verbindungen zeigt Isoliquiritigenin die höchste Hemmwirkung gegenüber der die Reduktion von Glucose zu Sorbitol katalysierenden Aldose-Reduktase (gewonnen aus Rattenlinsen) mit einer IC_{50} von 3,2 × 10^{-7} mol/L bei Verwendung von DL-Glyceraldehyd als Substrat.[179,180] Die IC_{50} für die Hemmung der Sorbitolakkumulation in menschlichen Erythrocyten beträgt 2,0 × 10^{-6} mol/L. Die Hemmung der Sorbitolbildung wurde gleichfalls bei Ratten *in vivo* nachgewiesen. Aufgrund dieser Wirkung ist Isoliquiritigenin nach Angaben der Autoren verwendbar zur Verhinderung diabetischer Komplikationen.[180]
Liquiritigenin (IC_{50} 2,09 mol/L) und Isoliquiritigenin (IC_{50} 17,3 µmol/L) zeigen substratkompetitive Hemmung der Monoaminoxidase. Struktur-Aktivitäts-Untersuchungen ergaben, daß die Hemmwirkung der Chalkonderivate der 4- oder 4'-Hydroxygruppe und der möglichen Koplanarität zwischen den Phenylringen und der benachbarten Ketongruppe zuzuschreiben ist.[181]
Ammoniumglycyrrhetinat hemmt die Na^+/K^+-aktivierte ATPase in Schweinenierenmicrosomen.[182]
Im wesentlichen fehlen Angaben der jeweiligen Autoren zur Relevanz der von ihnen beschriebenen Beeinflussung von Enzymaktivitäten für den medizinischen Gebrauch der Süßholzwurzel oder deren Bestandteile.
Hypolipidämische Wirkung. Extrakte aus Wurzeln und Kraut von *G. glabra*, Glycyram und Na-Glycyrrhetinat besitzen stärkere hypolipidämische Wirkung als Polysponin in Tween-80- bzw. Hypervitaminose D_2-induzierter Hyperlipidämie (Ratte, nähere Angaben zur Versuchsdurchführung fehlen).[183]
Antimutagene Wirkung. Im Ames-Test hemmen Glycyrrhizaextrakt (I) und Glycyrrhetinsäure (II) die mutagene Wirkung von 3-Amino-1,4-dimethyl-5*H*-pyrido[4,3-b]-indol (Trp-P-1) und 3-Amino-1-methyl-5*H*-pyrido[4,3-b]-indol (Trp-P-2). Weiterhin erfolgt Hemmung der mutagenen Wirkung von Benzo[a]pyren, 3-Methylcholanthren, 2-Naphthylamin, 2-Amino-6-methyldipyrido[1,2-a:3',2'-d]-imidazol (Glu-P 1), Dimethylnitrosamin und Dimethylaminobenzol. Demgegenüber erfolgt die Hemmung der Mutagenität von 2-(2-Furyl)-3-(5-nitro-2-furyl)-acrylamid (AF 2) nur durch den Extrakt.[184]
Der Extrakt aus *G. glabra* zeigt antimutagene Wirkung im modifizierten Ames-Salmonellen-Test in weitem Konz.-Bereich unterhalb der toxischen Konz. Eine polare Fettfraktion des Extraktes sowie das Isoflavon Glabren sind wirksam gegen EMS-induzierte Mutationen; Glabren ist dabei hoch antimutagen auch gegen spontane Mutationen in Dosen weit unter der toxischen Dosis.[80]
Gleichfalls bewirkte Glycyrrhizin einen antimutagenen Effekt im Ames-Test. Die Aktivität bestand sowohl gegen die erst nach Metabolisierung aktiven Mutagene Benzo[a]pyren, 2-Acetylaminofluren und 4-Nitrochinolin-1-oxid als auch gegen die ohne Metabolisierung mutagenen Zuckerderivate Methylglyoxal, Glyceraldehyd sowie ein Glucosepyrolysat, wogegen Glycyrrhetinsäure nur die Mutagenität der ersten Gruppe senkt, die der zweiten dagegen erhöht.[185]
Antianämische Wirkung. Liquiritin (50 mg/mL) ist Bestandteil einer Injektionslösung mit antianämischer Wirkung.[186]
Estrogene Wirkung. Glycyrrhizinsäure besitzt estrogene Wirkung im Test an Utera von unreifen Mäusen. Die estrogene Wirkung von 5 mg Glycyrrhizinsäure entspricht der von 5 µg Estradiol. Weiterhin besteht eine synergistische Wirkung mit Estradiol auf die Uterusentwicklung.[187] Komponenten der phenolischen Fraktion zeigen im Tierversuch estrogene Wirkung. Die Aktivität beträgt 1/533 der Aktivität von Estron. Toxische Wirkungen traten nicht auf.[188]
Sowohl *G. glabra* als auch *G. uralensis* enthalten beachtliche Mengen an estrogen wirkenden Verbindungen, wobei die max. estrogene Wirkung zu Beginn des vegetativen Wachstums vorliegt.[189] Vgl. hierzu auch Wechselwirkungen.
Wachstumsfördernde Wirkung. Der Heißwasserextrakt aus Wurzeln von Glycyrrhiza wirkt als wachstumsförderndes Mittel bei Haustieren nach Zusatz zum Futter als Trockenpulver. Bei 17 Wochen alten weiblichen Schweinen bewirkt der Zusatz von 0,025 % einer 1:10-Mischung Glycyrrhizaextrakt-Lactose eine 2 %ige zusätzliche Gewichtszunahme und der 0,1 %ige Zusatz eine 42 %ige zusätzliche Gewichtszunahme. Auf die Ursachen der Gewichtszunahme wie möglicherweise Wassereinlagerung, Ödeme etc. gehen die Autoren nicht ein.[190]
Antihistaminische Wirkung. Bei einer Konz. von 20 bis 35 µg bewirkt Glycyrrhetinsäure eine nahezu vollständige Hemmung des dexamethasoninduzierten Anstiegs von Histamingehalt und Histidindecarboxylaseaktivität in Mastocytomzellen P-815. In antigenstimulierten Rattenmastzellen kommt es zu einer beachtlichen Hemmung der Histaminfreisetzung und zur Verstärkung der Hemmwirkung von Dexamethason. Keine derartige Wirkung wurde durch Glycyrrhizin hervorgerufen. Demgegenüber beobachtete man nach Gabe dieser Verbindung an Ratten eine Hemmung der Histaminfreisetzung aus antigenstimulierten Mastzellen. Als Ursache der *in vivo* gezeigten Aktivität wird eine Umwandlung in Glycyrrhetinsäure in der Ratte diskutiert.[191]

Resorption: Nach peroraler Gabe von 400 mg eines pulverförmigen Extrakts von *G. glabra*, gewonnen aus der sauren Fraktion nach methanolischer Extraktion, wurden maximale Glycyrrhizin- und Glycyrrhetinsäurespiegel 8 bis 14 h nach der Applikation am Menschen gefunden.[192] Maximale Serumkonz. an Glycyrrhetinsäureglykosiden wurden nach weniger als 4 h nach der peroralen Gabe eines Süßholzdekokts beobachtet, welches 133 mg Glycyrrhizin enthielt.[193] Glycyrrhetinsäure erreichte 24h nach der Applikation maximale Serumspiegel.[193,194]

Verteilung: Nach i.v. Gabe von 100mg Glycyrrhizin/kg KG erreicht die Konz. an Glycyrrhetinsäure im Plasma von Ratten zwischen 1 und 48h Werte von 1,5bis3µg/mL. Die Verteilung von Glycyrrhetinsäure entspricht einem Zweikompartimentmodell mit Michaelis-Menten-Elimination. Die Elimination ist dosisabhängig bis zum Erreichen einer Sättigungskonz.[195] Glycyrrhizinbindungsstellen existieren im menschlichen Serum hauptsächlich in der Albuminfraktion, wobei sowohl spezifische als auch unspezifische Bindungsstellen vorhanden sind. Die Bindungskonstanten für die spezifischen Bindungen betragen im menschlichen Serum $1{,}31 \times 10^5$ mol/L und im menschlichen Serumalbumin $3{,}87 \times 10^5$ mol/L.[196] Das Gleichgewichtsvolumen von Glycyrrhizin beträgt beim Menschen das ca. 2,2fache des gesamten Blutvolumens und ist damit sehr niedrig. Dies ist wahrscheinlich durch eine sehr starke Serumproteinbindung bedingt.[197] Für die Verteilung von Glycyrrhizin beschreibende pharmakokinetische Modelle vgl. Lit.[198,199]

Elimination: Glycyrrhetinsäure ist bis 130h nach peroraler Gabe eines Extraktes beim Menschen im Urin nachweisbar. Die mit dem Urin ausgeschiedene Menge beträgt nur ca. die Hälfte der Gesamtmenge; Ausscheidung der verbleibenden Menge über Gastrointestinaltrakt.[194] Im Versuch an 5 gesunden Probanden erfolgte nach peroraler Gabe eines 133mg Glycyrrhizin enthaltenden Glycyrrhizadekokts die Elimination der Glycyrrhetinsäureglykoside innerhalb 72h, wobei jedoch große interindividuelle Unterschiede beobachtet wurden. Bei zwei Probanden Nachweis von Glycyrrhetinsäure noch nach 96h. Die renale Exkretion von Glycyrrhizinsäure betrug 2% der Gesamtdosis.[193]
Nach i.v. Applikation von 100mg Glycyrrhizin/kg KG an Ratten wurde eine biphasische Elimination mit Auftreten von Sekundärpeaks in der Eliminationsphase beobachtet. Die Cl_{tot} betrug ca. 0,37mL/min × kg, die Cl_R 0,032mL/min × kg. In Ratten, bei denen die Gallenflüssigkeit über eine Fistel abgeleitet wird, ergaben sich folgende Werte: Cl_{tot} 0,94mL/min × kg, Cl_B 0,72mL/min × kg, Cl_R 0,04mL/min × kg, Cl_M 0,175mL/min × kg. Die Elimination erfolgt zu ca. 80% über die Leber. Gleichzeitig unterliegt die Verbindung einem enterohepatischen Kreislauf, worin die Ursache für das Auftreten der Sekundärpeaks besteht.[200]
Im Intestinaltrakt erfolgt Hydrolyse zu Glycyrrhetinsäure sowie deren Transformation zu 3-epi-Glycyrrhetinsäure. Die Umformung ist reversibel über das Intermediat 3-Dehydroglycyrrhetinsäure.[201,202] Unter 13 aus menschlichem Kot isolierten Bakterienarten bewirkt Ruminococcus sp. POl-3 Hydrolyse von Glycyrrhizin zu Glycyrrhetinsäure sowie die Reduktion von 3-Dehydroglycyrrhetinsäure zu Glycyrrhetinsäure. Demgegenüber reduziert *Clostridium innocuum* ES24-06 Dehydroglycyrrhetinsäure zu 3-epi-Glycyrrhetinsäure. Eine Mischung beider Stränge führt gleichfalls Epimerisierung von Glycyrrhetinsäure zu 3-epi-Glycyrrhetinsäure und vice versa durch.[202] Rattenleberhomogenate bewirken in Gegenwart von $NADP^+$ Oxidation von 18β-Glycyrrhetinsäure zu 3-Oxo-18β-glycyrrhetinsäure, in Gegenwart von NADPH zu 22α- und 24-Hydroxy-18β-glycyrrhetinsäure. Die Hydroxylierung erfolgt durch Cytochrom-P450. Gleichfalls erfolgt Oxidation von 3-Oxo-18β-glycyrrhetinsäure und 3-epi-Glycyrrhetinsäure, kaum jedoch von 18α-Glycyrrhetinsäure.[203]

Anwendungsgebiete: Katarrhe der oberen Luftwege und Ulcus ventriculi/ duodeni.[204] Zur Schleimlösung und Erleichterung des Auswurfes bei Katarrhen der oberen Atemwege (Bronchitis). Zur Unterstützung der Behandlung von krampfartigen Beschwerden bei Magenschleimhautentzündungen (chronische Gastritis).[205]

Dosierung und Art der Anwendung: *Droge. Mittlere Tagesdosis.* Ca. 5bis15g Droge entsprechend 200bis600mg Glycyrrhizin.[204]
Dauer der Anwendung. In hohen Dosen nicht länger als 4bis6 Wochen.[205] Gegen die Verwendung der Droge als Geschmackskorrigens bis zu einer maximalen Tagesdosis von 100mg Glycyrrhizin bestehen keine Einwände.[206]
Teebereitung. Etwa 1Teelöffel voll (2bis4g) wird mit kochendem Wasser (ca. 150mL) überbrüht, weitere 5min zum Sieden erhitzt und nach dem Abkühlen durch ein Teesieb gegeben. Soweit nicht anders verordnet, wird jeweils nach den Mahlzeiten eine Tasse Teeaufguß getrunken.[205]

Zubereitungen: *Succus Liquiritiae.* (Lakritz, der zur Trockne eingedickte wäßrige Extrakt.) Mittlere Tagesdosen 0,5bis1,0g bei Katarrhen der oberen Luftwege, 1,5bis3,0g bei Ulcus ventriculi/duodeni.[204]

Volkstümliche Anwendung und andere Anwendungsgebiete: In Afrika und Asien zur Förderung der Menstruation, Milchbildung und Harnausscheidung; bei Obstipation, Entzündungen der Luftwege, des Appendix, des Magen-, Darm-, und Urogenitaltraktes sowie bei Epilepsie und zur Anregung des Geschlechtstriebes.[276] Aufgrund der antiphlogistischen Wirksamkeit der Glycyrrhizinsäure in Salben zur Behandlung verschiedener Dermatosen.[206] Die Wirksamkeit der Droge bei diesen Indikationen ist nicht belegt.

Unerwünschte Wirkungen: *Blut.* Nach 45tägiger Gabe von 10g Süßholzextrakt pro kg KG bzw. 1g/kg KG an männliche Ratten kam es zum Blutdruckanstieg von ca. 110mm Hg auf ca. 180mm Hg.[214]
Niere, Harnwege, Elektrolythaushalt. Bei längerer Anwendung und höherer Dosierung können mineralocorticoide Effekte in Form einer Natrium- und Wasser-Retention mit vermehrter Wassereinlagerung mit leichten Schwellungen besonders im Bereich von Gesicht und Fußgelenken, Kaliumverlust mit Hochdruck, Ödeme und Hypokaliämie und in seltenen Fällen Myoglobinurie auftreten;[205,207] vgl. auch Chronische Toxizität.
Die perorale Gabe von 100bis200g Süßholz entsprechend 0,7bis1,4g Glycyrrhizinsäure in einer

Studie mit 14 gesunden Probanden für 1 bis 4 Wochen führte zu einer deutlich verminderten Plasma-Angiotensin-II-Konz., Plasmaaldosteronkonz. sowie zur Verminderung der Harnausscheidung von Aldosteron, ferner zur Senkung des K-Serumspiegels (in drei Fällen bis zur Hypokaliämie). Nach Beendigung der Süßholzzufuhr kam es zur Normalisierung sämtlicher Werte.[208]
In einer klinischen Studie an 12 gesunden Probanden kam es nach 8wöchiger Zufuhr von tgl. 100 g Süßholzextrakt zu einem 81 %igen Konz.-Anstieg des Atriellen Natriuretischen Peptids (ANP) neben den Symptomen des Hyperaldosteronismus. Es wird vermutet, daß der Anstieg der Konz. des Peptids, welches natriuretische, vasodilatorische und diuretische Eigenschaften besitzt, hauptsächlich durch die Flüssigkeitsretention bedingt ist. Ob die erhöhte ANP-Ausschüttung der Entwicklung des Bluthochdrucks entgegenwirkt, kann nicht sicher geschlußfolgert werden. Untersuchungen des Cortisolspiegels ergaben erhöhte Werte für die Harnexkretion, während die Plasmakonz. weitgehend unverändert bleibt. Aufgrund dessen wird diskutiert, daß die glucocorticoide Wirkung des Glycyrrhizins und der Glycyrrhetinsäure eher auf einer Verdrängung des Cortisols von den Transcortinbindungsstellen als auf der Hemmung der 11β-Hydroxysteroiddehydrogenase beruht.[209]
546 mg Glycyrrhizin pro Tag wurden 12 Patienten mit chronischer Hepatitis gegeben. Dabei trennte sich die Probandengruppe in 5 Responder mit erhöhtem Blutdruck und vermindertem K-Serumspiegel sowie 7 Nonresponder. Sowohl bei Respondern als auch bei Nonrespondern kam es zur Verminderung der Plasmareninaktivität, wobei jedoch bei Nonrespondern hierbei bereits niedrige Basiswerte vorlagen. Sämtliche Veränderungen waren reversibel nach Absetzen der Glycyrrhizingabe.[210]
9 Patienten mit chronischer Hepatitis erhielten tgl. 40 bis 200 mg Glycyrrhizin i.v. Unter ihnen befanden sich 4 Diabetiker, die gleichzeitig Insulin erhielten. Drei der vier Diabetiker entwickelten innerhalb von 3 bis 6 Tagen eine Hypokaliämie, Natriumretention, Verminderung der Plasmaaldosteronkonz. sowie eine Unterdrückung der Plasmareninaktivität. Bei den restlichen Patienten verursachte auch die langdauernde Gabe (18 bis 266 Tage) von Glycyrrhizin keine Abnormalitäten.[211]
In einer Studie an 6 gesunden männlichen Probanden im Alter von 20 bis 25 Jahren, die unter stationären Bedingungen und Elektrolytbilanzdiät durchgeführt wurde, wurde eine Woche lang tgl. 3 × 100 mg Carbenoxolon oder 3 × 800 mg desglycyrrhizinierter Süßholzextrakt gegeben. Nach Gabe des Süßholzextrakts traten im Gegensatz zur Carbenoxolonapplikation keine Veränderungen der Renin- und Aldosteronwerte auf. Demgegenüber kam es zum Anstieg des postprandialen Gastrins im Serum in Vergleich zu unbehandelten Kontrollen.[212]
Auch in einer weiteren Studie an 2 Patienten (60jährige und 72jährige Frau) verursachte entglycyrrhizinierter Glycyrrhiza-Extrakt (2,28 g/Tag, 21 Tage) lediglich eine leichte Na-Retention, dagegen keinerlei bemerkenswerte Veränderungen in Körpergewicht, Blutdruck, Serumspiegel von Na-, K- und Cl-Ionen.[213]

Gegenanzeigen/Anwendungsbeschr.: Chronische Leberentzündung,[205] cholestatische Lebererkrankungen, schwere Niereninsuffizienz, Schwangerschaft,[215] Leberzirrhose, Hypertonie, Hypokaliämie.[205,215]

Wechselwirkungen: Keine Wechselwirkungen bei bestimmungsgemäßem Gebrauch.[205] Bei längerer Anwendung keine gleichzeitige Gabe mit kaliumsparenden Diuretika wie Spironolacton, Triamteren oder Amilorid. Die Wirkung von herzwirksamen Glykosiden kann aufgrund erhöhter Kaliumverluste verstärkt werden. Durch verminderte Natrium- und Wasserausscheidung kann die Einstellung mit Arzneimitteln gegen Hypertonie erschwert werden.[205] Kaliumverluste durch andere Arzneimittel, z. B. Thiazid und Schleifendiuretica, können verstärkt werden.[207] Gleichfalls sollte bei längerer Anwendung auf die Zufuhr einer kaliumreichen Kost (z. B. Bananen, getrocknete Aprikosen) geachtet werden.[205]
Glycyrrhizin hemmt dosisabhängig die Wirkung von Estradiol-17-on auf das Uterusgewicht und die β-Glucuronidaseaktivität. Eine 50 %ige bzw. stärkere Hemmung wurde bei einem Konz.-Verhältnis von Glycyrrhizin zu Estradiol-17-on von 500:1 bzw. 1.000:1 erhalten. Bei größerem Verhältnis kommt es zu einer verminderten Wirkung oder einer Wirkungsumkehr. Eine direkte Wirkung auf das Uterusgewicht und die β-Glucuronidaseaktivität besitzt Glycyrrhizin nicht. Eine Hemmung des Estrogenabbaus in der Leber als Ursache der beobachteten Effekte wird diskutiert.[217]
Bei adrenalektomierten Ratten führt die Gabe von 10 mg Glycyrrhizin zur Verminderung der durch 1 mg Cortison induzierten Leberglykogenkonzentration auf $^1/_6$. Gleichfalls Hemmung der durch Cortison bewirkten Steigerung der Leberpyrrolaseaktivität sowie des Einbaus von ^{14}C-Acetat in Cholesterol. Demgegenüber besitzt Glycyrrhizin keinen eigenständigen Einfluß auf die genannten Parameter.[218]
Wirkungsverstärkung. Zusatz von Süßholzextrakt zu einem Nitrofurantoinpräparat vergrößerte bei Patienten mit Harnwegsinfektionen die Ausscheidungsrate von Nitrofurantoin und damit die Wirkungsstärke, die sich in einer verkürzten Zeit bis zum Erreichen von Keimfreiheit im Harn widerspiegelte bei gleichzeitiger Reduktion der bei alleiniger Nitrofurantoingabe auftretenden Kopfschmerzhäufigkeit. Demgegenüber trat bei gesunden Probanden keine signifikante Differenz in der Nitrofurantoinexkretion auf.[219]
Koapplikation (i.v.) von 200 mg Glycyrrhizin mit 0,096 mg/kg KG Prednisolonsuccinat an 6 gesunde Probanden bewirkte signifikante Erhöhung der Plasmakonz. von Gesamtprednisolon nach 6 und 8 h und von freiem Prednisolon nach 4, 6 und 8 h. Gleichfalls Erhöhung der AUC, Verminderung der Gesamtplasmaclearance und Verlängerung der durchschnittlichen Verweilzeit. Es erfolgte keine Beeinflussung der Verteilung, so daß die Erhöhung

der Plasmakonz. auf einer Hemmung der Metabolisierung beruht.[220]
Die Verwendung einer 2g Glycyrrhizin enthaltenden 0,1%igen wäßrigen Benzoesäurelösung als Arzneiträger für 0,2%iges Idoxuridin-Gel war signifikant besser bei Behandlung einer Herpes-Infektion von Lippen und Nase als ein kommerzielles 0,5%iges Idoxuridin-Gel. Für die verbesserte Wirksamkeit werden sowohl die entzündungshemmende und antivirale Wirkung der Glycyrrhizinsäure als auch eine Verbesserung der Hautpermeation von Idoxuridin verantwortlich gemacht.[221]

Akute Toxizität: s. Toxikologische Daten.

Chronische Toxizität: 90tägige Gabe von Futter mit 0,1% bzw. 0,5% Dikalium- und Diammoniumglycyrrhizinat an gesunde, männliche Wistar-Ratten mit Körpergewichten von 80 bis 90g sowie 4wöchige i.m. Applikation von Glycyrrhetinsäure verursacht keine Veränderung des Körpergewichts und des Gewichts von Leber, Niere, Milz und Nebennierenrinde sowie keine pathologischen Veränderungen dieser Organe.[206] Demgegenüber bewirkten 2,5g/kg/Tag eines Rohextraktes mit 48 bis 58% Glycyrrhizinsäure nach 3monatiger p.o. Gabe eine verminderte Körpergewichtszunahme, Blutzellenanzahl und Thymusgewicht sowie atrophische Cortex- und sporadische Lymphofollikelbildung in der Thymusdrüsenmedulla, jedoch reversibel nach Unterbrechung der Applikation der Droge; kein toxischer Effekt nach p.o. Gabe von 0,31 bis 0,63g/kg KG des Drogenpulvers.[227]
Fallberichte zu Süßholzintoxikationen (vgl. hierzu auch Nebenwirkungen).
Ein 68jähriger Mann, der 10 Jahre lang tgl. 50 bis 100g Süßholzextrakt gegessen hatte, zeigte an klinischen Symptomen periodisch auftretenden Abdominalschmerz sowie Verstopfung. Trotz Clonidintherapie seit 9 Jahren lagen der Blutdruck bei 180/100, austauschbares Na und Blutvolumen 28% bzw. 11% höher als normal. Die Plasmarenin- und Aldosteronwerte waren erniedrigt und eine Hypokaliämie gegeben. Nach Absetzen des Süßholzkonsums normalisierten sich Blutdruck, Blutvolumen und Plasmakaliumspiegel innerhalb von 3 Wochen, austauschbares Na und Plasmarenin innerhalb von 4 Monaten. Die beobachteten Veränderungen sind vergleichbar mit einem primären Hyperaldosteronismus.[228]
Mit dem allgemeinen Symptom einer 3 Tage währenden generalisierten Schwäche wurde ein 57jähriger Mann in klinische Behandlung genommen, der 10 Jahre lang 1- bis 2mal wöchentlich ca. 100 bis 150g Süßholzextrakt gegessen hatte. Der Blutdruck betrug 170/108, der Serumkaliumspiegel war erniedrigt, ebenso der Serumphosphatspiegel bei einer gleichzeitig erhöhten Phosphatclearance und einer verminderten Phosphatreabsorption in den Nierentubuli, was durch die Hypokaliämie bedingt war. Nach Absetzen des Süßholzkonsums kam es innerhalb von 10 Tagen zur Normalisierung der pathologisch veränderten Werte. Wiederaufnahme der Zufuhr von Süßholz nach 45 Tagen bewirkte abermalige Verminderung von Serumkalium- und Serumphosphatspiegel.[229]
Vier Frauen im Alter zwischen 31 und 58 Jahren, die tgl. 120 bis 150g Süßholzextrakt konsumierten, wurden wegen antihypertensivtheapieresistenten Hochdrucks sowie Hypokaliämie stationär behandelt. Innerhalb weniger Tage (6 bis 15) nach Absetzen des Süßholzgebrauchs kam es zur Normalisierung der Kaliumwerte und allmählich auch des Blutdrucks und der Plasmareninaktivität.[230]
Die langdauernde, häufige Zufuhr von 100 bis 200g Lakritze pro Tag bewirkte bei einer 20jährigen Frau die Herausbildung einer lebensbedrohlichen Hypokaliämie (Serum-K 0,08mmol/L, normal 3,6 bis 5,1mmol/L), die mit dem Auftreten zahlreicher ventrikulärer Extrasystolen verbunden war.[231]
Bei zwei Frauen (71 bzw. 68 Jahre) mit mittelschwerer Hypertonie hielten die nach Beendigung des Süßholzkonsums normalerweise abklingenden Symptome des Pseudoaldosteronismus (Bluthochdruck, Na-Retention, Hypokaliämie, verminderte Reninaktivität) noch annähernd 2 Monate lang an. Als Ursache wird einerseits die Na-reiche und K-arme Kost diskutiert, ferner auch ein beeinträchtigter Glycyrrhizinmetabolismus und insbesondere eine Veränderung der Konformation der renalen Mineralocorticoidrezeptoren, welche zu einer Verlängerung der mineralocorticoiden Wirkung führen.[232]
Vier Patienten (Alter 21, 53, 62, 74 Jahre) entwikkelten nach 3monatiger bis 3jähriger Einnahme eines glycyrrhizinhaltigen Laxans einen Pseudoaldosteronismus mit Hypertonie und Hypokaliämie sowie verminderter Plasmareninaktivität. Nach 2monatiger Gabe von Spironolacton und Absetzen des Laxans Normalisierung aller Werte. Die vorliegende Studie ist der erste Bericht über einen Pseudohyperaldosteronismus nach Einnahme glycyrrhizinhaltiger Laxantien.[233]
Nach ca. 3jähriger Einnahme eines glycyrrhizinhaltigen Abführmittels (ca. 150mg Glycyrrhizin pro Woche) kam es bei einem glycyrrhizinsensiblen Patienten zur Entstehung von Bluthochdruck, K-Mangel und Na-Überschuß (Plasma) mit Muskelschwäche, Nausea und zeitweiligem Erbrechen. Normalisierung nach Absetzen der Glycyrrhizinzufuhr. Mit gleichem Patienten wurde ein kontrollierter Versuch durchgeführt, in welchem ihm 7 Tage lang Kontrollnahrung, 11 Tage 2mal tgl. ca. 50mg Glycyrrhizin und danach 7 Tage Kontrollnahrung gegeben wurde. Während der Glycyrrhizinzufuhr stellten sich abermals ein erhöhter Na- und ein erniedrigter K-Spiegel ein, jedoch wurde in dieser Zeit keine Beeinflussung des Blutdruckes festgestellt.[234]
Bei einem ansonsten völlig gesunden 53jährigen Mann bewirkte der 9tägige Konsum von tgl. rund 700g Lakritze neben einem Pseudoaldosteronismus die Entwicklung einer schweren Stauungsinsuffizienz, welche nach Beendigung des Lakritzkonsums voll reversibel war.[235]
Bei einer 26jährigen, ansonsten völlig gesunden Sportlehrerin kam es nach mehrjährigem exzessiven Lakritzkonsum neben der Herausbildung eines Pseudoaldosteronismus mit allen Symptomen zu einer Hyperprolactinämie, welche zur Amenorrhoe führte. Auch hier nach Absetzen allmähliches Abklingen der Symptome.[236]

Eine 43jährige ehemalige Alkoholikerin entwickelte durch mehrmonatigen Genuß eines süßholzhaltigen Getränks einen Pseudoaldosteronismus mit den Symptomen Bluthochdruck, Hypokaliämie, verminderter Plasmareninaktivität sowie allgemeiner Müdigkeit und Schwäche mit Parästhesien besonders an den Fingern. Das Krankheitsbild war gegenüber der Therapie mit einem Thiaziddiuretikum sowie dem Antihypertonikum Enelapril resistent, verschwand jedoch völlig einen Monat nach Absetzen der Süßholzzufuhr.[237]
Bei einem Patienten, der 6 bis 7 Jahre tgl. eine 0,5 g Ammoniumglycyrrhizinat entsprechende Menge Lakritze gegessen hatte, kam es zu einem erhöhten Blutdruck und erhöhtem Na-Blutspiegel sowie einem verminderten K-Spiegel mit plötzlichem Auftreten folgender klinischer Symptome: Schwierigkeiten, die Arme zu heben; Schwäche aller Extremitäten; zeitweise krampfartige Schmerzen in Armen und Beinen; Unfähigkeit, das Bett zu verlassen. Die Kenntnisnahme des Lakritzkonsums war Zufallsentdeckung. Nach Absetzen kam es zur Normalisierung der Blutwerte und zum Verschwinden der klinischen Symptome. Dem gleichen Patienten wurde 2 Tage lang 2 × 0,5 g, 3 Tage lang 2 × 1 g und 5 Tage lang 2 × 2 g Ammoniumglycyrrhizinat verabreicht. Nach kurzer Zeit kam es abermalig zum Anstieg des Na-Blutspiegels und des Blutdrucks sowie zum Absinken des K-Blutspiegels.[238]
Sechsmonatiges Essen von insgesamt 4 kg Lakritze (jeden zweiten Tag eine Stange zu ca. 35 g) bewirkte einen Anstieg des systolischen Blutdrucks von 140 mm Hg auf 230 mm Hg. Nach Beendigung des Lakritzkonsums Normalisierung des Blutdrucks.[239]
Eine 20jährige Frau litt unter unerklärbaren Kopfschmerzen, Nervosität und Bluthochdruck (220/140). Nach einem Jahr, in dem sie wie in der davor liegenden Zeit tgl. ca. 100 g Lakritze konsumierte, betrug der Blutdruck in den Armen 200/135. Nach Bekanntwerden des Lakritzkonsums wurde dieser kontrolliert aufrechterhalten, wobei der Blutdruck kontinuierlich bei 200/140 lag. Nach Absetzen der Lakritzzufuhr am 16. Tag erfolgte innerhalb von 13 Tagen Normalisierung des Blutdrucks. Nach 17 Tagen mit normalem Blutdruck wurde die Süßholzzufuhr wieder aufgenommen, was einen abermaligen Anstieg des Blutdrucks bedingte. Gleichfalls wurden Augenhintergrundsveränderungen festgestellt, doch erwiesen sich auch diese als reversibel. Während der Zeit der Süßholzaufnahme waren der Serumkaliumspiegel erniedrigt und der Serumnatriumspiegel erhöht. Damit verbunden waren Wasserretention und Gewichtszunahme.[240]
Ein 53jähriger Leberzirrhotiker (Alkoholkonsum seit 1 Jahr gestoppt) trank 14 Tage lang ein Süßholzgetränk entsprechend einer tgl. Glycyrrhizinzufuhr von 0,35 g. Es entwickelten sich eine schwere Hypokaliämie, metabolische Acidose, Enzymabnormalitäten, hohe renale K-Ausscheidungsraten, niedrige Plasmareninaktivität und niedrige Aldosteronspiegel, d. h. die allgemeinen Anzeichen eines exogenen Hypermineralocorticoidismus. Sämtliche Symptome verschwanden nach Absetzen der Süßholzeinnahme und traten sehr schnell nach nochmaliger Gabe von 0,35 g Glycyrrhizin pro Tag wieder auf. Es wird geschlußfolgert, daß zirrhotische Patienten anscheinend besonders sensibel für Glycyrrhizin sind.[241]
Bei einem 50jährigen Ex-Alkoholiker kam es nach Einnahme eines glycyrrhizinhaltigen Getränks zur Entstehung von Bluthochdruck (200/110) und zu Extremitätenschwäche. Normalisierung nach Absetzen der Konsumption dieses Getränks. Die Autoren schlußfolgern, daß es bei Ex-Alkoholikern, Diabetikern und Hypertonikern zu besonders schweren Verläufen des Hypermineralocorticoidismus kommt.[242]
Das kontinuierliche Essen von Lakritze (ca. 500 g wöchentlich) führte bei einer 31jährigen Patientin zu Hypokaliämie mit Hypertonie, verbunden mit einer schweren Myopathie, die sich in hypotonischen Gliedmaßen, der Unfähigkeit, Kopf, Arme und Beine vom Bett zu erheben, äußerte und durch eine Elektromyographie bestätigt wurde. Absetzen des Lakritzkonsums und Gabe von 64 mmol KCl/Tag führte zu dramatischer Verbesserung der Muskelkraft innerhalb von 48 h. Bei Überprüfung der Laborwerte nach 2 Monaten waren ebenso K-Spiegel und Plasmaaldosteronwerte im Normalbereich.[243]
Ein 54jähriger Patient, der 2 Jahre lang tgl. 20 bis 25 g und zuletzt für einige Wochen 40 bis 50 g Lakritze gegessen hatte, wurde mit einer akuten Rhabdomyolyse und einer damit einhergehenden Myoglobinämie stationär aufgenommen. Bedingt ist dieses Krankheitsbild wahrscheinlich durch die durch Süßholz ausgelöste Hypokaliämie. Bluthochdruck, allgemeine Schwäche sowie Muskelschmerzen gingen damit einher. 10 Tage nach Absetzen des Lakritzkonsums bzw. nach Beginn der K-Gabe befanden sich die zuvor pathologisch veränderten Werte der Muskelenzyme wieder im Normalbereich.[244]
Bei einem $2^1/_2$jährigen Mädchen bewirkte die einmalige Aufnahme von ca. 114 g Lakritze die Ausbildung einer vorübergehenden hypertensiven Encephalopathie mit Muskelschwäche, Schwindel und Erbrechen. Nach 11 Tagen waren alle Abnormalitäten abgeklungen.[245]
Bei einem 30jährigen Patienten führte wöchentliches Essen von 2 Packungen Lakritze über einen Zeitraum von mehr als 3 Jahren zur Herausbildung einer Hypertonie, die zu einer hypertensiven Retinopathie (Grad 4 entsprechend Keith-Wagener-Klassifikation) führte. Ausgelöst wurde die Retinopathie durch ein durch den Bluthochdruck verursachtes Ödem der Sehnervenscheibe. Nach Einstellen des Lakritzkonsums und medikamentöser Behandlung der Hypertonie verschwanden sämtliche Symptome dieses Krankheitsbildes.[246]
Ein 38jähriger Mann wurde wegen einer Tachykardie hospitalisiert. Die Laborwerte erwiesen sich als normal. Während der stationären Phase waren alle Versuche zur Antiarrhythmieeinstellung erfolglos. Aufgrund des sich verschlechternden Zustandes des Patienten erfolgte nochmalige Bestimmung der Laborwerte, wobei ein erniedrigter K-Serumspiegel festgestellt wurde. Befragen des Patienten er-

gab, daß er während der Hospitalisierung tgl. 400 g Lakritzbonbons gegessen hatte. Nach Beendigung des Lakritzkonsums kam es zur Normalisierung des Kaliumspiegels.
Ebenso blieb bei einer 34jährigen, tachykarden Frau mit erniedrigtem K-Serumspiegel die Antiarrhythmieeinstellung erfolglos. Ein Befragen der Person ergab, daß sie tgl. 300 g Lakritzkonfekt konsumiert hatte, nach dessen Beendigung und Kaliumersatz die Antiarrhythmieeinstellung erfolgreich war. Die Autoren geben an, daß die Häufigkeit der durch Lakritze induzierten oder bei bestehender Neigung leichter auftretenden Herzrhythmusstörungen durch die geringe Zahl der veröffentlichten Fälle wahrscheinlich unterschätzt wird.[247]

Carcinogenität: Dinatriumglycyrrhizinat zeigte bei Langzeittest an B6C3F$_1$-Mäusen keinerlei Anzeichen für chronische Toxizität bzw. Tumorgenität. Bei männlichen Mäusen erfolgte ein 0,15-, 0,08- bzw. 0,04 %iger Zusatz der Verbindung zum Trinkwasser, bei weiblichen Mäusen zusätzlich ein 0,3 %iger Zusatz. Die Applikationsdauer betrug 96 Wochen, die Versuchsdauer 110 Wochen.[248]

Reproduktionstoxizität: Ein 4 %iger Zusatz von Glycyrrhizinammoniumsalz zur Nahrung von Ratten ergab eine Steigerung der Letalität der Föten von ca. 4 % auf 7 %. Bei Mäusen blieb ein signifikanter Effekt bei der höchsten verwendeten Glycyrrhizinkonz. von 4 % aus. Gleichfalls konnte bei männlichen Nachkommen (Ratten) auch bei 4 %igem Glycyrrhizinzusatz kein signifikant erhöhter Anteil von Chromosomenmutationen festgestellt werden.[249]
Die 2-, 0,4- und 0,08 %ige Gabe von Dinatriumglycyrrhizinat an trächtige Ratten von Tag 0 bis Tag 20 der Tragzeit verursachte keinerlei Schädigungen der Föten. Auch 8 Wochen nach der Geburt wurden keine Unterschiede zur Kontrollgruppe beobachtet.[250]
Bei 90tägiger p. o. Gabe von Glycyrrhizin an Mäuse betrug die minimale toxische Dosis (TDL$_0$) 4,5 g/kg. Beeinflußt wurden Ovarien und Eileiter der Muttertiere.[223]
Applikation von 20, 240 und 680 mg Ammoniumglycyrrhizinat pro kg Körpergewicht zwischen 7. und 17. Tag der Gravidität bewirkte bei Ratten keinerlei Zunahme an äußerlichen Fehlfunktionen, im Grad der Verknöcherung und in der Gewichtszunahme. Demgegenüber wurde eine leichte, aber signifikante Verstärkung der Embryoletalität, von leichten Anomalien im Knochenapparat und von renalen Ektopien beobachtet,[251] wobei infolge fehlender systematischer Zusammenhänge zur eingesetzten Dosis die Ergebnisse kritisch zu bewerten sind.
Der ID$_{50}$-Wert für die Wachstumshemmung von CHO-Kl-Zellen betrug für Na-Glycyrrhizinat und Trinatriumglycyrrhizinat 26,0 bzw. 24,0 mg/mL. Bei 24stündiger Behandlung der Zellen mit 20,0 mg/mL wurden durch beide Substanzen keine Chromosomenveränderungen hervorgerufen.[252]

Toxikologische Daten: *LD-Werte.* LDL$_0$ von Glycyrrhizin an Ratten 3 g/kg KG (p. o.), 2 g/kg KG (i. p.), an Mäusen 4 g/kg KG (p. o.), 1 g/kg KG (i. p.) und 300 mg/kg KG (i. v.).[223] Minimale toxische Dosis (TDL$_0$) von Glycyrrhizin beim Menschen 280 mg/kg KG/4 Wochen.[208] LD$_{50}$ von Trinatriumglycyrrhizinat bei Mäusen 1.546 mg/kg KG (s. c.) und von Dinatriumglycyrrhizinat 144 mg/kg KG (i. p.).[224] Die LD$_{50}$ bei Mäusen beträgt nach i. p. Applikation für Dikaliumglycyrrhizinat 1.400 mg/kg KG, für Diammoniumglycyrrhizinat 1.250 mg/kg KG sowie für Glycyrrhetinsäure 308 mg/kg KG und nach p. o. Gabe für Dikaliumglycyrrhizinat 8.100 mg/kg KG, für Diammoniumglycyrrhizinat 9.600 mg/kg KG sowie für Glycyrrhetinsäure über 610 mg/kg KG.[206] LD$_{50}$ von Glycyrrhizawurzelextrakt bei Mäusen 681 mg/kg KG (i. p.).[225] LD$_{50}$ von Glycyrrhizaextrakt bei Ratten 14.200 mg/kg KG (p. o.), 1.240 mg/kg KG (i. p.) und 4.200 mg/kg KG (s. c.), bei Mäusen 1.500 mg/kg KG (i. p.) und 4.000 mg/kg KG. Toxische Einflüsse bei Ratten hauptsächlich auf Gastrointestinaltrakt (Hypermotilität, Diarrhöe), Niere, Harnleiter und Harnblase, bei Mäusen auf Verhalten (Konvulsionen oder Beeinflussung der Krampfschwelle) und Blut (Veränderungen der Milz).[226]

Alte Rezepturen: Pulvis Liquiritiae compositus (Brustpulver) *DAB 6*. Zu bereiten aus 10 Teilen mittelfein gepulvertem Zucker, 3 Teilen fein gepulverten Sennesblättern, 3 Teilen fein gepulvertem Süßholz, 2 Teilen gepulvertem Fenchel und 2 Teilen gereinigtem Schwefel. Brustpulver ist grünlichgelb.

Sonst. Verwendung: *Haushalt.* In der Süßwarenindustrie zur Lakritze-Herstellung bzw. zur Produktion von lakritzhaltigen Konfekten. Zur Herstellung von Kautabak, Porter und Ale. Als Süßstoff aufgrund des 50fach süßeren Geschmacks von Glycyrrhizin als Saccharose. Als Geschmackskorrigens. *Landwirtschaft.* Die extrahierte Droge als Dünger für Pilzzuchten. *Industrie/Technik.* In China und Japan in der Tusche- und Tintenfabrikation. Früher aufgrund der schaumbildenden Eigenschaften zur Darstellung von Schaumlöschmitteln.

Gesetzl. Best.: *Standardzulassung.* Süßholzwurzel, Zulassungs-Nummer: 1309.99.99.[205] *Offizielle Monographien.* Aufbereitungsmonographie der Kommission E am BGA "Liquiritiae radix (Süßholzwurzel)".[204,207,215,216]

Glycyrrhiza glabra hom. *HAB 34*

Monographiesammlungen: Glycyrrhiza glabra *HAB 34*.

Definition der Droge: Die getrocknete Wurzel.

Stammpflanzen: *Glycyrrhiza glabra* L.

Zubereitungen: Tinktur nach § 4 *HAB 34* mit Ethanol 60 % (*m/m*).

Gehalt: *Tinktur.* Arzneigehalt $^1/_{10}$.

Gesetzl. Best.: *Offizielle Monographien.* Negativmonographie der Kommission D am BGA "Glycyrrhiza glabra".[57]

Glycyrrhiza glabra hom. *HPUS 88*

Monographiesammlungen: Glycyrrhiza glabra *HPUS 88*.

Definition der Droge: Das Rhizom und die Wurzeln.

Stammpflanzen: *Glycyrrhiza glabra* L.

Zubereitungen: *Urtinktur.* Herstellung durch Mazeration oder Perkolation der frischen oder getrockneten Droge mit EtOH nach den allg. Zubereitungsvorschriften (Class C) der *HPUS 88*. Ethanolgehalt 65 % (*V/V*).

Gehalt: *Urtinktur.* Arzneigehalt $^1/_{10}$.

Glycyrrhiza inflata Balatin

Botanische Beschreibung: Die Art wird in Lit.[275] beschrieben. Übersetzungen der in Chinesisch abgefaßten Darstellung liegen nicht vor.

Drogen: Liquiritiae radix.

Liquiritiae radix

s. unter *Glycyrrhiza glabra.*

Glycyrrhiza uralensis Fisch. ex Dc.

Synonyme: *Glycyrrhiza asperrima* L. f. var. *uralensis* (Fisch. ex Dc.) Rgl. et var. *desertorum* Rgl., *G. glandulifera* Waldst. ex Kit. var. *grandiflora* (Tausch) Ldb., *G. grandiflora* Tausch, *G. viscida* Turcz. ex Bess.

Sonstige Bezeichnungen: Dt.: Chinesisches Süßholz; engl.: Chinese licorice; chinesisch: Kan-tsao; russ.: Solodka ural'skaja.

Botanische Beschreibung: Ausdauernde Pflanze mit aufrechtem, kräftigem, feinbehaartem Stengel; 40 bis 70 (100) cm hoch, verzweigt oder unverzweigt, getüpfelt mit kleinen Drüsen oder drüsigen Stacheln. Lanzettlich-pfriemliche Nebenblätter, ca. 3 mm lang, behaart und drüsig, zur Blütezeit abfallend. Blätter 10 bis 25 cm lang, gefiedert; Stiel 8 bis 29 mm lang, ebenso wie die Rachis feinbehaart und drüsig; 13 bis 17 Blättchen, eiförmig bis elliptisch, 2 bis 5 cm lang und 1,5 bis 3 cm breit, mit kurzem, 1,5 bis 3,0 mm langem Stiel und kurzen Flaumhaaren entlang der Adern, besonders unterseits; mehr oder weniger getüpfelt mit klebrigen Drüsen, oft glänzend infolge Drüsenausscheidungen. Dichte, zusammenhängende Blütentrauben von 2 bis 7 cm Länge; Schaft 3 bis 6 cm lang, mit kurzen Haaren und Drüsen. Blüten 14 bis 23 mm lang; Calyx 8 bis 14 mm lang, leicht sackförmig an der Basis, mehr oder weniger feinbehaart oder drüsig, Zahn ca. 4,5 bis 5,0 mm lang, ebenso die Röhre oder etwas kürzer als Zahn; Corolla violett mit weißer Schattierung; Fahne ca. 13 bis 14 mm, Flügel ca. 11 bis 12 mm und Schiffchen ca. 10 bis 10,5 mm lang; 5- bis 8samige Früchte, ca. 6 bis 7 mm breit und 2 bis 4 cm lang, sichelförmig oder gewunden, bedeckt mit dunkelbraunen, harten Warzen. Blütezeit Juni bis August.[253,254]

Inhaltsstoffe: *Triterpensaponine.* Neben Glycyrrhizinsäure sind weitere in der Art gefundene Sapogenine 3*β*,24-Dihydroxyolean-11,13(18)-dien-30,22*β*-carbolacton, 3*β*,18*α*-Dihydroxy-11-oxoolean-12-en-30-säuremethylester,[257] 3*β*,24-Dihydroxyolean-11,13(18)-dien-30-säuremethylester, Glabrolid, Glycyrrhetinsäuremethylester, 24-Hydroxyglabrolid, 24-Hydroxyglycyrrhetinsäuremethylester,[258] 3*β*-Hydroxyolean-9(11),12-dien-30-säure, 3*β*-Hydroxyolean-11,13(18)-dien-30-säure, 24-Hydroxyglycyrrhetinsäure[259] und Glyuranolid.[260,261]
Flavonoide. Aus den oberirdischen Teilen erhielt man Formononetin sowie die Gancaonine A bis E,[267] aus der Calluskultur Liquiritigenin, Formononetin und 3'-Hydroxyformononetin,[32] ferner 3',5'-Dihydroxy-5,7-dimethoxy-4',6-diprenylisoflavan.[268]
Chalkone. Wichtigstes Chalkon der Art ist Isoliquiritigenin, welches sowohl in den intakten Wurzeln[262] als auch in der Calluskultur[32] nachgewiesen wurde. Letztere produziert ferner Isobavachalkon.[32]
Sonstige Verbindungen. Auch hierbei handelt es sich größtenteils um phenolische Verbindungen: In der Wurzel neben *β*-Sitosterol[265] Licobenzofuran (= Liconeolignan)[265,269] und Methylglycyrol,[270] in Wurzel und oberirdischen Teilen Glycyrol und Isoglycyrol,[262,270] in den oberirdischen Teilen Lupiwighteon, Scopoletin und Sigmoidin B[267] sowie in der Calluskultur *p*-Hydroxybenzoesäure.[32]

Verbreitung: Mittelasien, Pakistan, Rußland, Südsibirien, Mongolei, Nordwest- und Nordchina (Kansu, Shansi).[2,253]

Anbaugebiete: Kulturversuche in Kasachstan, Südwestsibirien, Transkaukasien und Weißrußland.[2]

Drogen: Liquiritiae radix.

Liquiritiae radix

s. unter *Glycyrrhiza glabra.*

1. Melchior H (Hrsg.) (1964) A. Engler's Syllabus der Pflanzenfamilien, Bd. II, Gebrüder Borntraeger, Berlin, S. 235
2. Schultze-Motel J (Hrsg.) (1986) Rudolf Mansfelds Verzeichnis landwirtschaftlicher und gärtnerischer Kulturpflanzen (ohne Zierpflanzen), Bd. 2, Springer, Berlin Heidelberg New York Tokyo, S. 599–600
3. Lerman FS (1970) In: Chevrenidi SK (Hrsg.) Mater Biol Vidov Roda Glycyrrhiza L., Taschkent, UdSSR, S. 188–194, zit. nach CA 77:98798
4. Ren J, Li P, Yu J (1990) Zhongcaoyao 21:17–18

5. Bakhtavar F (1979) Pazhoohandeh (Teheran) 23:9–19, zit. nach CA 92:143254
6. Semenchenko VF (1969) Rastit Resur 5:394–397, zit. nach CA 72:19117
7. Murav'ev IA, Semenchenko VF (1969) Khim Prir Soedin 5:17–19
8. Semenchenko VF, Murav'ev IA (1975) Rastit Resur 11:381–384, zit. nach CA 83:168369
9. Semenchenko VF, Murav'ev IA (1968) Rastit Resur 4:62–67
10. Kitagawa I, Sakagami M, Hashiuchi F, Zhou JL, Yoshikawa M, Ren J (1989) Chem Pharm Bull 37:551–553
11. Yang S, Liu Y (1988) Zhiwu Xuebao 30:176–182, zit. nach CA 109:107754
12. Kir'yalov NP, Bogatkina VF, Nadezhina TP (1973) Khim Prir Soedin 9:277
13. Kir'yalov NP, Bogatkina VF (1971) Khim Prir Soedin 7:378
14. Kir'yalov NP, Bogatkina VF (1971) Khim Prir Soedin 7:123–124
15. Semenchenko VF, Murav'ev IA (1974) Aktual Vopr Farm 2:70–71, zit. nach CA 84:132598
16. Semenchenko VF (1970) Khim Prir Soedin 6:490
17. Zorina AD, Matyukhina L, Saltykova IA, Shavva AG (1973) Zh Org Khim 9:1.673–1.678
18. Kir'yalov NP, Amirova GS (1968) Khim Prir Soedin 4:87–92
19. Murav'ev IA, Semenchenko VF, Kukhareva LV (1971) Khim Prir Soedin 7:122–123
20. Tanker M, Ozkal N (1978) Ankara Univ Eczacilik Fak Mecm 8:69–79, zit. nach CA 94:12811
21. Bakhtavar F (1979) Pazhoohandeh (Teheran) 23:9–19, zit. nach CA 92:143254
22. Litvinenko VI, Nadezhina TP (1972) Rastit Resur 8:35–42, zit. nach CA 76:124123
23. Litvinenko VI, Nadezhina TP (1971) Rastit Resur 7:576–580, zit. nach CA 76:70073
24. Afchar D, Cavé A, Guinaudeau H, Vaquette J (1984) Plant Med Phytother 18:170–174, zit. nach CA 102:128851
25. Furuya T, Ayabe S, Kobayashi M (1976) Tetrahedron Lett:2.539–2.540, zit. nach CA 86:5089
26. Furuya T, Matsumoto K, Hikichi M (1971) Tetrahedron Lett:2.567–2.569
27. Liu Q, Liu YL (1989) Yaoxue Xuebao 24:525–531
28. Mitscher LA, Rao GSR, Khanna I, Veysoglu T, Drake S (1983) Phytochemistry 22:573–576
29. Litvinenko VI, Nadezhina TP (1970) Rastit Resur 6:575–578, zit. nach CA 74:95410
30. Ayabe S, Iida K, Furuya T (1986) Phytochemistry 25:2.803–2.806
31. Ayabe S, Kobayashi M, Hikichi M, Matsumoto K, Furuya T (1980) Phytochemistry 19:2.179–2.183, zit. nach CA 94:99744
32. Kobayashi M, Noguchi H, Sankawa U (1985) Chem Pharm Bull 33:3.811–3.816
33. Saito T, Noguchi H, Shibata S (1978) Chem Pharm Bull 26:144–147
34. Pederiva R, Giordano OS (1987) zit. nach CA 107:96718
35. Xu RS, Wen KL, Jiang SF, Wang CG, Jiang FX, Xie YY, Gao YS (1978) Hua Hsueh Hsueh Pao 37:289–297, zit. nach CA 92:198060
36. Okada K, Tamura Y, Yamamoto M, Inoue Y, Takagaki R, Takahashi K, Demizu S, Kajiyama K, Hiraga Y, Kinoshita T (1989) Chem Pharm Bull 37:2.528–2.530
37. Ghisalberti EOL, Jefferies PR, McAdam D (1981) Phytochemistry 20:1.959–1.961
38. Elgamal MHA, Fayez MBE (1968) Acta Chim (Budapest) 58:75–84, zit. nach CA 70:29115
39. Gorunovic M, Stosic D, Runjajic-Antic D, Lukic P (1983) Plant Med Phytother 17:161–164, zit. nach CA 101:51726
40. Gollapudi SR, Telikepalli H, Keshavarz-Shokri A, Vander Velde D, Mitscher LA (1989) Phytochemistry 28:3.556–3.557
41. Madaus R (1938) Lehrbuch der Biologischen Heilmittel, 1. Aufl., Bd. 1, Georg Thieme, Leipzig
42. Willuhn G (1989) Süßholzwurzel. In: Wichtl M (Hrsg.) Teedrogen, Wissenschaftliche Verlagsgesellschaft mbH, Stuttgart, S. 479–482
43. Auster F, Schäfer J (1960) Arzneipflanzen, 22. Lieferung, VEB Georg Thieme, Leipzig
44. Hayashi H, Fukui H, Tabata M (1988) Plant Cell Rep 7:508–511, zit. nach CA 110:111792
45. Batirov EK, Kiyamitdinova F, Malikov VM (1986) Khim Prir Soedin: 111–112, zit. nach CA 104:203930
46. Kattaev NS, Nikonov GK (1972) Khim Prir Soedin 8:805–806
47. Kattaev NS, Nikonov GK (1974) Khim Prir Soedin 10:93
48. Litvinenko VI, Kovalev IP (1967) Khim Prir Soedin 3:56–57
49. Ingham JL (1977) Phytochemistry 16:1.457–1.458, zit. nach CA 87:164195
50. Mitscher LA, Park YH, Omoto S, Clark GW, Clark D (1978) Heterocycles 9:1.533–1.538
51. Litvinenko VI (1966) Rastit Resur 2:531–536, zit. nach CA 66:73264
52. Afchar D, Cavé A, Vaquette J (1984) Plant Med Phytother 18:55–61, zit. nach CA 102:59362
53. Fukui H, Goto K, Tabata M (1988) Chem Pharm Bull 36:4.174–4.176
54. Paul Müggenburg GmbH & Co, persönliche Mitteilung, 04.04.1991
55. Berger F (1960) Handbuch der Drogenkunde, Bd. V, Wilhelm Maudrich, Wien Bonn Bern, S. 292–306
56. Ross 10
57. BAz Nr. 104a vom 07.06.1990
58. hgk Mitteilungen (1990) 33:53–56
59. hgk Mitteilungen (1989) 32:63
60. Caesar, Loretz (1979) Dtsch Apoth Ztg 119:XXII–XXIII
61. Saurambaev BN (1977) Izv Akad Nauk Kaz SSR, Ser Biol 15:15–18, zit. nach CA 88:71434
62. Fuggersberger HR, Franz G (1984) Planta Med 50:409–413, zit. nach CA 102:75775
63. Albaa SI, Mahran GH, El-Hossary GA, Selim MA (1978) Bull Fac Pharm, Cairo Univ, Volume Date 1975 14:41–51, zit. nach CA 89:87164
64. Umek A, Pavli V, Pukl M (1984) Farm Vestn 35:13–21, zit. nach CA 101:87507
65. Russo G (1968) Corsi Semin Chim 11:20–22, zit. nach CA 72:21799
66. Canonica L, Danieli B, Russo G, Bonati A (1967) Gazz Chim Ital 97:769–786
67. Russo G (1967) Fitoterapia 38:98–109, zit. nach CA 69:93590, zit. nach Price KR, Johnson IT, Fenwick GR (1987) CRC Critical Rev Food Sci Nutrit 26:27–135
68. Canonica L, Russo G, Bombardelli E (1966) Gazz Chim Ital 96:833–842, zit. nach Price KR, Johnson IT, Fenwick GR (1987) CRC Critical Rev Food Sci Nutrit 26:27–135
69. Canonica L, Russo G, Bonati A (1966) Gazz Chim Ital 96:772–785, zit. nach Price KR, Johnson IT, Fenwick GR (1987) CRC Critical Rev Food Sci Nutrit 26:27–135

70. Kir'yalov NP, Murav'ev IA, Stepanova EF, Bogatkina VF (1970) Khim Prir Soedin 6:770–771
71. Canonica L, Danieli B, Manitto P, Russo G, Bombardelli E (1967) Gazz Chim Ital 97:1.347–1.358
72. Canonica L, Danieli B, Manitto P, Russo G, Bonati A (1967) Gazz Chim Ital 97:1.359–1.369
73. Elgamal MHA, El-Tawil BAH (1975) Planta Med 27:159–163
74. Canonica L, Danieli B, Manitto P, Russo G, Bombardelli E, Bonati A (1968) Gazz Chim Ital 98:712–728
75. Canonica L, Danieli B, Manitto P, Russo G (1966) Gazz Chim Ital 96:843–851, zit. nach Price KR, Johnson IT, Fenwick GR (1987) CRC Critical Rev Food Sci Nutrit 26:27–135
76. Elgamal MHA, Fayez MBE, Snatzke G (1965) Tetrahedron 21:2.109–2.115, zit. nach Price KR, Johnson IT, Fenwick GR (1987) CRC Critical Rev Food Sci Nutrit 26:27–135
77. Bharadwaj DK, Murari R, Seshadri TR, Sing R (1976) Phytochemistry 15:352–353, zit. nach CA 84:176713
78. Kawakami T, Uchida M, Wada M, Yamamura T, Harada F, JP 63267773 A2 4 Nov 1988 JP 87-103718 27 Apr 1987, zit. nach CA 111:167414
79. Elgamal MHA, Fayez MBE (1972) Indian J Chem 10:128, zit. nach CA 76:151018
80. Mitscher LA, Drake S, Gollapudi SR, Harris JA, Shankel DM (1986) Basic Life Sci 39:153–165
81. Kinoshita T, Saito T, Shibata S (1976) Chem Pharm Bull 24:991–994
82. Saito T, Kinoshita T, Shibata S (1976) Chem Pharm Bull 24:752–755
83. Bhardwaj DK, Singh R (1977) Curr Sci 46:753, zit. nach CA 88:19048
84. Bhardwaj DK, Seshadri TR, Singh R (1977) Phytochemistry 16:402–403
85. Hoton-Dorge M (1974) J Pharm Belg 29:560–572, zit. nach CA 83:111099
86. Balbaa SI, Mahran GH, El-Hossary GA, Selim MA (1976) Bull Fac Pharm, Cairo Univ, Volume Date 1975 14:213–229, zit. nach CA 87:206410
87. Afchar D, Cavé A, Vaquette (1980) Plant Med Phytother 14:46–50, zit. nach CA 93:91865
88. Mitscher LA, Park YH, Clark D, Beal JL (1980) J Nat Prod 43:259–269
89. Van Hulle C, Braeckman P, Vandewalle M (1971) Planta Med 20:278–282, zit. nach CA 76:83552
90. Van Hulle C (1968) Pharm Tijdschr Belg 45:137–145, zit. nach CA 70:106822
91. Fukai T, Wang QH, Kitagawa T, Kusano K, Nomura T, Iitaka Y (1989) Heterocycles 29:1.761–1.772
92. Hatano T, Yasuhara T, Fukuda T, Noro T, Okuda T (1989) Chem Pharm Bull 37:3.005–3.009
93. Hatano T, Kagawa H, Yasuhara T, Okuda T (1988) Chem Pharm Bull 36:2.090–2.097
94. Hatano T, Yasuhara T, Miyamoto K, Okuda T (1988) Chem Pharm Bull 36:2.286–2.288
95. Saito T, Kinoshita T, Shibata S (1976) Chem Pharm Bull 24:1.242–1.245
96. Kinoshita T, Saito T, Shibata S (1978) Chem Pharm Bull 26:141–143
97. Fukai T, Toyono M, Nomura T (1988) Heterocycles 27:2.309–2.313
98. Miething H, Speicher-Brinker A (1989) Arch Pharm 322:141–143, zit. nach CA 111:4253
99. Bhardwaj DK, Murari R, Seshadri T, Singh R (1976) Phytochemistry 15:1.182–1.183, zit. nach CA 86:29251
100. Demizu S, Kajiyama K, Takahashi K, Hiraga Y, Yamamoto S, Tamura Y, Okada K, Kinoshita T (1988) Chem Pharm Bull 36:3.474–3.479
101. Kinoshita T, Saito T, Shibata S (1978) Chem Pharm Bull 26:135–140
102. Kameoka H, Nakai K (1987) Nippon Nogei Kagaku Kaishi 61:1.119–1.121, zit. nach CA 108:62302
103. Shirinyan EA, Panosyan AG, Barikyan ML, Avakyan OM (1988) Izv Akad Nauk SSSR, Ser Biol:932–936, zit. nach CA 110:108136
104. Toulemonde B, Mazza M, Bricout J (1977) Ind Aliment Agric 94:1.179–1.182, zit. nach CA 88:150841
105. Dzumamuratova A, Seitmuratov E, Rakhimov DA, Ismailov ZF (1978) Khim Prir Soedin: 513–514, zit. nach CA 89:176372
106. Petricic J, Petricic V (1975) Farm Glas 31:453–459, zit. nach CA 84:155558
107. JP 53008765, zit. nach CA 89:117790
108. Murav'ev IA, Ponmarev VD, Gruzinova NA (1970) Aktual Vop Farm, Volume Date 1968:115–119, zit. nach CA 76:49859
109. JP 56138121 A2, zit. nach CA 96:11655
110. JP 57159800 A2, zit. nach CA 98:132304
111. Sagara K, Ito Y, Oshima T, Kawaura M, Misaki T (1985) Chem Pharm Bull 33:5.364–5.368
112. Sagara K, Ito Y, Oshima T, Murayama H, Itokawa H (1986) Shoyakugaku Zasshi 40:77–83
113. Lu G, Liu J (1988) Yaowu Fenxi Zazhi 8:137–139, zit. nach CA 109:135046
114. Li R, Wang Q, Dou J, Pei Y (1987) Zhongcaoyao 18:157–158
115. Sticher O, Soldati F (1978) Pharm Acta Helv 53:46–52
116. Ogawa S, Yoshida A, Mitani Y (1976) Yakugaku Zasshi 96:122–124, zit. nach CA 84:126813
117. Thieme H, Hartmann U (1974) Pharmazie 29:50–53
118. Pohl P, Hädrich W (1976) Dtsch Apoth Ztg 116:625–627
119. Kowalewska K (1981) Herba Pol 27:31–37, zit. nach CA 95:146412
120. Takino Y, Koshioka M, Shiokawa M, Ishii Y, Maruyama S, Higashino M, Hayashi T (1979) Planta Med 36:74–78
121. Shu Y, Xu G, Tang W (1986) Zhongcaoyao 17:202–205
122. Vanhaelen M, Vanhaelen-Fastre R (1983) J Chromatogr 281:263–271
123. Shimura K, Masuda N, Sakurai K, Mori Y, Fujio T (1983) Mie-ken Eisei Kenkyusho Nenpo:75–79, zit. nach CA 103:11538
124. Manyak VA, Murav'ev IA (1984) Farmatsiya (Moskau) 33:31–33, zit. nach CA 101:147139
125. Yakubova MR, Genkina GL, Shakirov TT (1977) Kim Prir Soedin: 802–806, zit. nach CA 88:110580
126. Liu LJ, Pan JY, Yin XH, Lu YS (1985) Zhongcaoyao 16:202–206, zit. nach CA 103:59374
127. Chen SC, Li HT (1982) J Chin Chem Soc (Taipei) 29:47–53, zit. nach CA 97:20674
128. Amagaya S, Sugishita E, Ogihara Y, Ogawa S, Aizawa T (1985) J Chromatogr 320:430–434
129. Srivastava VK, Mukerjee SK, Maheshwari ML (1977) Indian Drugs 14:80–82, zit. nach CA 86:177375
130. Mahran GH, Balbaa SI, El-Hossary GA, Selim MA (1975) Bull Fac Pharm, Cairo Univ, Volume Date 1973 12:71–81
131. Song H, Wang W (1987) Yaowu Fenxi Zazhi 7:108–110, zit. nach CA 107:83975
132. Xue XX, Xiao L (1985) Fenxi Huaxue 13:176–179, zit. nach CA 103:121856

133. Müller-Limmroth W, Fröhlich HH (1980) Fortschr Med 98:95–101
134. Tamura Y, Nishikawa T, Yamada K, Yamamoto M, Kumagai A (1979) Arzneim Forsch 29:647–649
135. Hiai S, Sasayama Y, Oguro C (1987) Chem Pharm Bull 35:241–248
136. Yasukawa K, Takido M, Takeuchi M, Nakagawa S (1988) Yakugaku Zasshi 108:794–796
137. Bennett A, Clark-Wibberley T, Stamford IF, Wright JE (1980) J Pharm Pharmacol 32:151
138. Rees WDW, Rhodes J, Wright JE, Stamford IF, Bennett A (1979) Scand J Gastroenterol 14:605–607
139. Wang YT, Su CY, Ko WC, Hsu SY, Tsai CS (1972) T'ai-Wan I Hsueh Hui Tsa Chih 71:256–259, zit. nach CA 77:96972
140. Feldman H, Gilat T (1971) Gut 12:449–451
141. Bardhan KD, Cumberland DC, Dixon RA, Holdsworth CD (1978) Gut 19:779–782
142. Engqvist A, von Feilitzen F, Pyk E, Reichard H (1973) Gut 14:711–715
143. Hollanders D, Green G, Woolf IL, Boyes BE, Wilson RY, Cowley DJ, Dymock IW (1978) Br Med J 1:148
144. Misiewicz JJ, Russell RI, Baron JH, Cox AG, Grayson MJ, Howel Jones J, Lennard-Jones JE, Colin-Jones DG, Temperley J, Richardson P (1971) Br Med J 3:501–503
145. Hiai S, Yokoyama H, Oura H, Yano S (1979) Endocrinol Jap 29:661–665
146. Kumagai A, Asanuma Y, Yano S, Takeuchi K, Morimoto Y, Uemura T, Yamamura Y (1966) Endocrinol Jap 13:234–244
147. Monder C, Stewart PM, Lakshmi V, Valentino R, Burt D, Edwards CRW (1989) Endocrinol 125:1.046–1.053
148. Armani D, Karbowiak I, Funder JW (1983) Clin Endocrinol 19:609–612
149. Takeda R, Miyamori I, Soma R, Matsubara T, Ikeda M (1987) J Steroid Biochem 27:845–849
150. Tamaya T, Sato S, Okada H (1986) Acta Obstet Gynecol Scand 65:839–842
151. Armanini D, Wehling M, Weber PC (1989) J Endocrinol Invest 12:303–306
152. Namba T, Tsunezuka M, Dissanayake DMRB, Pilapitiya U, Saito K, Kakiuchi N, Hattori M (1985) Shoyakugaku Zasshi 39:146–153, zit. nach CA 104:31601
153. Segal R, Pisanty S, Wormser R, Azaz E, Sela MN (1985) J Pharm Sci 74:79–81
154. Silvera RS, Mühlemann HR (1973) Helv Odontol Acta 17:96–98, zit. nach CA 80:46386
155. Deutschman M, Petrou ID, Mellberg JR (1989) Caries Res 23:206–208
156. Pompei R, Flore O, Marccialis MA, Pani A, Loddo B (1979) Nature 281:689–690
157. Pompei R, Paghi L, Ingianni A, Uccheddu P (1983) Microbiologica (Bologna) 6:247–250
158. Baba M, Shigeta S (1987) Antiviral Res 7:99–107
159. Ito M, Sato A, Hirabayashi K, Tanabe F, Shigeta S, Baba M, de Clercq E, Nakashima H, Yamamoto N (1988) Antiviral Res 10:289–298
160. Crance JM, Biziagos E, Passagot J, van Cuyck-Gandre H, Beloince R (1990) J Med Virol 31:155–160
161. Hosoya M, Shigeta S, Nakamura K, de Clercq E (1989) Antiviral Res 12:87–98
162. Pompei R (1979) Riv Farmacol Ter 10:281–283, zit. nach CA 92:104967
163. Vichkanova SA, Goryunova LV (1971) Tr Vses Nauch-Issled Inst Lek Rast 14:204–212, zit. nach CA 78:155107
164. Chang Y, Bi W, Yang G (1989) Zhongguo Zhongyao Zazhi 14:236–238, zit. nach CA 111:17206
165. Ohtsuki K, Iahida N (1988) Biochem Biophys Res Commun 157:597–604
166. Abe N, Ebina T, Ishida N (1982) Microbiol Immunol 26:535–539
167. Kumagai A, Nanaboshi M, Asanuma Y, Yagura T, Nishino K, Yamamura Y (1967) Endocrinol Jap 14:39–42
168. Shi Y, Yang G (1986) Zhongguo Mianyixue Zazhi 2:295–300, zit. nach CA 107:75921
169. Chavali SR, Francis T, Campbell JB (1987) Int J Immunopharmac 9:675–683
170. Watari N (1976) J Cell Biol 70:1a
171. Agarwal R, Wang ZY, Mukhtar H (1991) Nutr Cancer 15:187–193
172. Shvarev IF, Konovalova NK, Putilova GI (1966) Vop Izuch Ispol'z Solodki SSSR, Akad Nauk SSSR:167–170, zit. nach CA 68:113187
173. Zhang YH, Yoshida T, Isobe K, Rahman SMJ, Nagase F, Ding L, Nakashima I (1990) Immunol 70:405–410
174. Shibayama Y (1989) Exp Molec Pathol 51:48–55
175. Nakamura T, Fujii T, Ichihara A (1985) Cell Biol Toxicol 1:285–295
176. Kiso Y, Tohkin M, Hikino H, Hattori M, Sakamoto T, Namba T (1984) Planta Med 50:298–302
177. Kimura Y, Okuda H, Okuda T, Arichi S (1988) Phytother Res 2:140–145
178. Ko GI (1988) Yakche Hakhoechi 18:1–3, zit. nach CA 109:86022
179. Aida K, Tawata M, Shindo H, Onaya T, Sasaki H, Nishimura H, Chin M, Mitsuhashi H (1989) Planta Med 55:22–26
180. Aida K, Tawata M, Shindo H, Onaya T, Sasaki H, Yamaguchi T, Chin M, Mitsuhashi H (1990) Planta Med 56:254–258
181. Tanaka S, Kuwai Y, Tabata M (1987) Planta Med 53:5–8, zit. nach CA 107:35544
182. Qi Z, Urayama O, Nakao M (1987) Shengwu Huaxue Zazhi 3:89–92, zit. nach CA 107:33172
183. Vasilenko YK, Stepanova EF, Skul'te IV, Mdezenova TD (1988) Farmatsiya (Moskau) 37:9–13, zit. nach CA 110:51112
184. Tanaka M, Mano N, Akazai E, Narui Y, Kato F, Koyama Y (1987) J Pharmacobio-Dyn 10:685–688
185. Yamaguchi T, Watanabe T (1984) Agric Biol Chem 48:3.137–3.139
186. Kosuge S (1984) JP 59231021 A2, zit. nach CA 102:172655
187. Sharaf A, Gomaa N, El-Gamal MHA (1975) Egypt J Pharm Sci 16:245–251, zit. nach CA 86:183715
188. Murav'ev IA, Kononikhina NF (1972) Rastit Resur 8:490–497, zit. nach CA 78:75811
189. Goryachev VS, Pauzner LE, Muinova SS (1970) In: Chevrenidi SK (Hrsg.) Mater Biol Vidov Roda Glycyrrhiza L., Taschkent, UdSSR, S. 11–15, zit. nach CA 77:85618
190. Tanaka I (1973) JP 48016607, zit. nach CA 80:46780
191. Iwanishi N, Kawai H, Hayashi Y, Yatsunami K, Ichikawa A (1989) Biochem Pharmacol 15:2.521–2.526
192. Itoh M, Asakawa N, Hashimoto Y, Ishibashi M, Miyazaki H (1985) Yakugaku Zasshi 105:1.150–1.154, zit. nach CA 104:141604
193. Terasawa K, Bandoh M, Tosa H, Hirate J (1986) J Pharmacobio-Dyn 9:95–100
194. Bando M, Terasawa K, Kaneoka M, Yano S, Kato H, Hirate J, Horikoshi I (1985) Wakan Iyaku Gakkaishi 2:264–265, zit. nach CA 104:28337

195. Ishida S, Sakiya Y, Ichikawa T, Awazu S (1989) Chem Pharm Bull 37:2.509–2.513
196. Ishida S, Sakiya Y, Ichikawa T, Kinoshita M, Awazu S (1989) Chem Pharm Bull 37:226–228
197. Nakano N, Kato H, Suzuki H, Nakao K, Yano S, Kanaoka M (1981) Wakan-Yaku 14:97, zit. nach Ishida S, Sakiya Y, Ichikawa T, Kinoshita M, Awazu S (1989) Chem Pharm Bull 37:226–228
198. Ishida S, Sakiya Y, Ichikawa T, Taira Z, Awazu S (1990) J Pharmacobio-Dyn 13:142–157
199. Ishida S, Sakiya Y, Ichikawa T, Taira Z, Awazu S (1990) Chem Pharm Bull 38:212–218
200. Ichikawa T, Ishida S, Sakiya Y, Sawada Y, Hanano M (1986) J Pharm Sci 75:672–675
201. Hattori M, Sakamoto T, Kobashi K, Namba T (1983) Planta Med 48:38–42
202. Hattori M, Sakamoto T, Yamagishi T, Sakamoto K, Konishi K, Kobashi K, Namba T (1985) Chem Pharm Bull 33:210–217
203. Akao T, Aoyama M, Akao T, Hattori M, Imai Y, Namba T, Tezuka Y, Kikuchi T, Kobashi K (1990) Biochem Pharmacol 40:291–296
204. BAz Nr. 90 vom 15.05.1985
205. Standard-Zulassungen für Fertigarzneimittel (1986) Deutscher Apotheker Verlag, Stuttgart, Govi-Verlag, Frankfurt/Main
206. Glycyrrhizin and Glycyrrhetinic Acid, A Take-Off of Licorice Industry from its Dark Mystery (1971) Maruzen Pharmaceutical Co., Ltd., Nichimen Company Ltd., Osaka
207. BAz Nr. 50 vom 13.03.1990
208. Epstein MT, Espinger EA, Donald RA, Hughes H (1977) Br Med J 1:488–490
209. Forslund T, Fyhrquist F, Froseth B, Tikkanen I (1989) J Intern Med 225:95–99
210. Kageyama Y, Suzuki H, Saruta T (1991) Endocrinol Jap 38:103–108
211. Fujiwara Y, Kikkawa R, Nakata K, Kitamura E, Takama T, Shigeta Y (1983) Endocrinol Jap 20:243–249
212. von Baas EU, Holtermüller KH, Sinterhauf K, Walter U (1976) Z Gastroenterol 14:273–276
213. Cooke WM, Baron JH (1971) Digestion 4:264–268
214. Girerd RJ, Rassaert CL, Di Pasquale G, Kroc RL (1958) Am J Physiol 194:241–245
215. BAz Nr. 178 vom 21.09.1991
216. BAz Nr. 74 vom 19.04.1991
217. Kumagai A, Nishino K, Shimomura A, Kin T, Yamamura Y (1967) Endocrinol Jap 14:34–38
218. Kumagai A, Nishino K, Yamamoto M, Nanaboshi M, Yamamura Y (1966) Endocrinol Jap 13:416–419
219. Datla R, Rao SR, Murthy KJR (1981) Indian J Physiol Pharmacol 25:59–63
220. Chen MF, Shimada F, Kato H, Yano S, Kanaoka M (1990) Endocrinol Jap 37:331–341
221. Segal R, Pisanty S (1987) J Clin Pharm Therap 12:165–171
222. Segal R, Milo-Goldzweig I, Kaplan G, Weisenberg E (1977) Biochem Pharmacol 26:643–645
223. Yakuri to Chiryo (1977) 5:2.041, zit. nach DIMDI-RTECS Dokument Nr. ND038991
224. Yakkyoku (1981) 32:1.367, zit. nach DIMDI-RTECS Dokument Nr. ND038302
225. Indian J Exp Biol (1984) 22:312, zit. nach DIMDI-RTECS Dokument Nr. ND038990
226. Komiyama K, Kawakubo Y, Fukushima T, Sugimoto K, Takeshima H, Ko Y, Sato T, Okamoto M, Umezawa I, Nishiyama Y (1977) Oyo Yakuri 14:535–548, zit. nach DIMDI-RTECS Dokument Nr. ND028989
227. Komiyama K, Kawakubo Y, Fukushima T, Sugimoto K, Takeshima H, Ko Y, Sato T, Okamoto M, Umezawa I, Nishiyama Y (1977) Oyo Yakuri 14:535–548, zit. nach CA 88:69205
228. Beretta-Piccoli C, Salvade G, Crivelli PL, Weidmann P (1985) J Hypertens 3:19–23
229. Vianna NJ (1971) J Am Med Assoc 215:1.497–1.498
230. Cuspidi C, Gelosa M, Moroni E, Sampieri L (1981) Minerva Med 72:825–830
231. Nielsen I, Smith Pedersen R (1984) Lancet 1:1.305
232. Takeda R, Morimoto S, Uchida K, Nakai T, Miyamoto M, Hashiba T, Yoshimitsu K, Kim KS, Miwa U (1979) Endocrinol Jap 26:541–547
233. Scali M, Pratesi C, Zennaro MC, Zampollo V, Armanini D (1990) J Endocrinol Invest 13:847–848
234. Cumming AMM, Boddy K, Brown JJ, Fraser R, Lever AF, Padfield PL (1980) Postgrad Med J 56:526–529
235. Chamberlain TJ (1970) J Am Med Assoc 213:1.343
236. Werner S, Brismar K, Olsson S (1979) Lancet 1:319
237. Ferrari P, Trost BN (1990) Schweiz Rundsch Med Prax 79:377–378
238. Conn JW, Rovner DR, Cohen EL (1968) J Am Med Assoc 205:492–496
239. Harders H, Rausch-Strootmann JG (1953) Med Wochenschr 20:580–582
240. Koster M, David GK (1968) New England J Med 278:1.381–1.383
241. Piette AM, Bauer D, Chapman A (1984) Ann Med Interne 135:296–298
242. Trono D, Cereda JM, Favre L (1983) Schweiz Med Wochenschr 113:1.092–1.095
243. Sundaram MBM, Swaminathan R (1981) Postgrad Med J 57:48–49
244. Heidemann HT, Kreuzfelder E (1983) Klin Wochenschr 61:303–305
245. McNicholl B, Kilroy MK (1969) J Pediatr 74:963–964
246. Garnier-Fabre A, Chaine G, Paquet R, Robert N, Fischbein L, Ronineau M (1987) J Fr Ophtalmol 10:735–740
247. Böcker D, Breithardt G (1991) Z Kardiol 80:389–391
248. Kobuke T, Inai K, Nambu S, Ohe K, Takemoto T, Matsuki K, Nishina H, Huang IB, Tokuoka S (1985) Food Chem Toxicol 23:979–983
249. Sheu CW, Cain KT, Rushbrook CJ, Jorgenson TA, Generoso WM (1986) Environ Mutagen 8:357–367
250. Itami T, Ema M, Kanoh S (1985) J Food Hyg Soc Jap 26:460–464
251. Mantovani A, Ricciardi C, Stazi AV, Macri C, Piccioni A, Badellino E, De Vincenzi M, Caiola S, Patriarca M (1988) Food Chem Toxicol 26:435–440
252. Yoshida S, Masubuchi M, Hiraga K (1978) Mutat Res 54:262
253. Ali SI (1977) Flora of West Pakistan, Bd. 100 – Papilionaceae, Karachi
254. Shishkin BK, Bobrov EG (1972) Flora of the U.S.S.R., Bd. XIII – Leguminosae, Israel Program from Scientific Translations, Jerusalem
255. Kitagawa I, Zhou JL, Sakagami M, Taniyama T, Yoshikawa M (1988) Chem Pharm Bull 36:3.710–3.713
256. Zhang RY, Zhang JJ, Wang MT (1986) Yaoxue Xuebao 21:510–515
257. Shu YH, Zhang RY, Zhao YY, Zhang JW, Tong WD (1987) Yaoxue Xuebao 22:512–514
258. Shu YH, Zhao YY, Zhang RY (1985) Yaoxue Xuebao 20:193–197
259. Kir'yalov NP, Bogatkina VF, Barkaeva EY (1974) Khim Prir Soedin 10:102–103

260. Gao C, Qiao L, Jia Q, Zhang Z (1990) Bopuxue Zazhi 7:11–16, zit. nach CA 113:57789
261. Jia Q, Wang B, Shu YH, Zhang RY, Gao CY, Qiao L, Pang JH (1989) Yaoxue Xuebao 24:348–352
262. Zhou DY, Song GQ, Jian FX, Chang XR, Guo WB (1984) Huaxue Xuebao 42:1.080–1.084
263. Yahara S, Nishioka I (1984) Phytochemistry 23:2.108–2.109
264. Nakanishi T, Inada A, Kambayashi K, Yoneda K (1985) Phytochemistry 24:339–341
265. Chang XR, Xu QH, Zhu DY, Song GQ, Xu RS (1983) Yaoxue Xuebao 18:45–50
266. Kaneda M, Saito T, Iitaka Y, Shibata S (1973) Chem Pharm Bull 21:1.338–1.341
267. Fukai T, Wang QH, Nomura T (1989) Heterocycles 29:1.369–1.378
268. US 4639466, zit. nach CA 106:189006
269. Chang XR, Xu QH, Zhu DY, Song GJ, Xu RS (1981) Zhongcaoyao 12:530, zit. nach CA 97:20701
270. Shiozawa T, Urata S, Kinoshita T, Saito T (1989) Chem Pharm Bull 37:2.239–2.240
271. Heg (1975) Bd. IV, Teil 3, S. 1.453–1.457
272. Tschirch A, Oesterle O (1900) Anatomischer Atlas der Pharmakognosie und Nahrungsmittelkunde, Chr. Herm. Tauschnitz, Leipzig, 1. Abtlg., S. 29 und Tafel 8
273. Flora of the U.S.S.R. (1948) Bd. XIII, Translated from Russian, Israel Program from Scientific Translation, Jerusalem 1972, S. 176
274. Polhill RM, Raven P (1981) Advances in Legume Systematics, Part 1, Royal Botanical Gardens, Kew
275. Acta Phytotaxonomica Sinica (1977) Bd. 15, Nr. 2, S. 49
276. Hag, Bd. 4, S. 1.160–1.174
277. Heeger EF (1956) Handbuch des Arznei- und Gewürzpflanzenbaues - Drogengewinnung, Deutscher Bauernverlag, Berlin, S. 409–414
278. DAB 10
279. DAC 86
280. Karsten G, Weber U, Stahl E (1962) Lehrbuch der Pharmakognosie für Hochschulen, 9. Aufl., Gustav Fischer Verlag, Stuttgart
281. Gilg E, Brandt W, Schürhoff PN (1927) Lehrbuch der Pharmakognosie, 4. Aufl., Julius Springer Verlag, Berlin

TS

Gossypium

HN: 2031400

Familie: Malvaceae.

Tribus: Hibisceae.

Gattungsgliederung: Die Gattung Gossypium L. unterteilt sich in etwa 50 Arten, von denen vier Hauptarten (*G. arboreum* L., *G. barbadense* L., *G. herbaceum* L., *G. hirsutum* L.) großflächig kultiviert werden. Jede dieser vier Kulturarten entstand auf Grund einer eigenständigen, unabhängigen Entwicklung aus Wildpflanzen. Durch die Vielzahl der Formen innerhalb der Gattung, die durch den Einfluß des Menschen im Laufe der Kultivierung entstanden, ist eine exakte systematische Organisation schwierig. Eine Vielzahl wilder und kultivierter Arten ist als eigene Art beschrieben worden; neuerdings werden auf Grund genetischer Untersuchungen nur noch wenige Arten unterschieden, allerdings ist die Interpretation der alten Namen noch vielfach umstritten und bedarf der endgültigen Klärung.[1] Die Genusgliederung teilt in Wild- und kultivierte Formen ein, wobei letztere durch die Fähigkeit charakterisiert sind, verspinnbare Fasern zu produzieren. Die Kulturbaumwolle wird in zwei Abteilungen gegliedert:
1. Altweltliche Arten mit 2n = 26 Chromosomen (diploid), mit den Hauptvertretern *G. arboreum* L. und *G. herbaceum* L.;
2. Neuweltliche Arten mit 4n = 52 Chromosomen (tetraploid), mit den Hauptvertretern *G. barbadense* L. und *G. hirsutum* L.

Die tetraploiden Arten Amerikas besitzen in ihrem Genom allerdings einen Anteil der altweltlichen Art *G. herbaceum* und einen Anteil amerikanischer diploider Wildarten, die als Allopolyploide angesehen werden.[2]
In Anlehnung an eine ältere Systematik[4] wird die Gattung in 4 Subgenera (Subg. Gossypium, Houzingenia FRYXELL, Karpas RAF., Sturtia (R. BROWN) TODARO) und diese jeweils in weitere Sektionen eingeteilt.[3]

Gattungsmerkmale: Strauchige, bis fast 3 m hohe, baumförmige, in der Kultur zumeist einjährige, krautige, monopodial verzweigte Pflanzen mit gewöhnlich drei- bis siebenlappigen, am Grunde herzförmigen Laubblättern, die wechselständig angeordnet und langgestielt sind. Sie sind, wie auch Teile der restlichen Pflanze, mit Öldrüsen besetzt, die als kleine, dunkle Pünktchen schon mit unbewaffnetem Auge sichtbar sind. Auf der Mittelrippe der Blattunterseite treten extraflorale Nektarien auf. Die Blüten sind meist groß, dunkel- oder blaßgelb, purpurrot oder weiß und stehen einzeln in den Blattachseln. Die Farbe ändert sich mit dem Verblühen allmählich in Rosa, später in Rot bis Violett. Nach 1 bis 3 Tagen fällt die Blütenkrone ab. Das Öffnen der Blüte vollzieht sich in den Morgenstunden. Die Blüten sind von dem fünfspaltigen, angedrückten Kelch und von 3 großen, bleibenden, tief gezackten, auf Hochblätter zurückzuführenden Außenkelchblättern umgeben. Die drei- bis fünfklappig aufspringenden, walnußgroßen Kapseln enthalten 5 bis 10 nierenförmige oder eilängliche, 3 bis 5 mm dicke, schwärzliche Samen, deren Oberfläche mit langen, in der Regel weißen, seltener gelblichen oder bräunlichen, einzelligen Haaren bedeckt ist, die als Flugapparat zur Verbreitung der Samen dienen und als Schwebehaare bezeichnet werden. Diese stellen in ihrer Gesamtheit den bis faustgroßen, aus der reifen Frucht hervortretenden Wollbausch dar. Die Länge der Fasern ("Stapel") variiert zwischen 20 und 46 mm; die Fasern bestehen aus reiner Cellulose. Neben diesen eigentlichen Baumwollhaaren oder dem "Vlies" weisen bestimmte Arten auf der Samenoberfläche noch einen kurzen Filz auf. Die Keimblätter sind in den Samen eigenartig gefaltet.[2,5]

Verbreitung: Die Gattung Gossypium benötigt zum Wachstum tropisches bis subtropisches Klima und ist im Verbreitungsbereich zwischen 28° südlicher Breite und 41° nördlicher Breite zu finden.

Inhaltsstoffgruppen: Fette Öle mit typischen cyclopropenoiden Fettsäuren (Malvaliasäure und Sterculiasäure); Flavonolglykoside; Anthocyane mit dem Hauptvertreter Cyanidin; phenolische Verbindungen mit dem Hauptvertreter Gossypol, einem dimeren C_{30}-Sesquiterpen und seinen Glykosiden, hauptsächlich in den Samen und Wurzeln, aber auch in Exkreträumen und subepidermalen Blattdrüsen von Stengel und Blüten vorkommend; geringe Mengen ätherisches Öl; Triterpene mit dem Hauptvertreter β-Amyrin; Catechingerbstoffe.[6]

Drogenliefernde Arten: *G. arboreum*: Gossypii oleum, Gossypii radicis cortex, Gossypii semen, Lanugo gossypii absorbens; *G. barbadense*: Gossypii oleum, Gossypii radicis cortex, Gossypii semen, Lanugo gossypii absorbens; *G. herbaceum*: Gossypii oleum, Gossypii radicis cortex, Gossypii semen, Lanugo gossypii absorbens, Gossypium herbaceum hom. *HAB34*, Gossypium herbaceum hom. *HPUS88*; *G. hirsutum*: Gossypii oleum, Gossypii radicis cortex, Gossypii semen, Lanugo gossypii absorbens.
Hinweis: Andere für die Gewinnung oben genannter Drogen mögliche Stammpflanzen, die aber im Welthandel jeweils nur eine geringere Bedeutung besitzen, sind: *G. brasiliense* MACF., *G. mexicanum* TOD., *G. microcarpum* TOD., *G. nanking* MEYEN (Syn. *G. indicum* LAM., *G. micranthum* CAV.) *G. obtusifolium* PARL., *G. peruvianum* CAV., *G. punctatum* L., *G. purpurascens* POIR., *G. racemosum* POIR., *G. religiosum* L., *G. sandvicense* PARL. (Syn. *G. tomentosum* NUTT.), *G. stocksii* MAST., *G. taitense* PARL., *G. vitifolium* LAM.

Gossypium arboreum L.

Synonyme: *G. anomalum* WATT, *G. cerneum* TOD., *G. herbaceum* L. var. *obtusifolium* ROXB., *G. herbaceum* L. var. *perrieri* HOCHR., *G. nanking* MEYEN, *G. intermedium* TOD., *G. neglectum* TOD., *G. obtusifolium* ROXB., *G. obtusifolium* ROXB. ex G. DON var. *nanking* MEYEN, *G. rubrum* FORSSK., *G. sanguineum* HASSK.

Sonstige Bezeichnungen: Engl.: Indian cotton tree, Silk cotton tree, Tree cotton; frz.: Cotonier arborescent; chinesisch: Shu-mien; Indien: Dev Kapas, Nutma, Papas.

Systematik: Die Art wird dem Subgenus Gossypium, Subsectio Gossypium zugerechnet.[3]
Verschiedene Varietäten mit einer Vielzahl von Unterformen sind beschrieben (var. *neglectum* TOD. (Syn. *G. neglectum* TOD.), var. *nanking* MEYEN, var. *paradoxum* PROKH., var. *perrieri* HOCHR., var. *sanguineum* HASSK.).[3]

Botanische Beschreibung: Immergrüner Strauch, der bis zu 4 m hoch wird und eine Breite von bis zu 3 m erreichen kann. Die Blätter sind breit-herzförmig, 5- bis 7fach gelappt und bis zu etwa $^2/_3$ der Blatttiefe eingeschnitten. Die Blüten sind gelb mit dunkelrotem Fleck am Grund der Kronblätter. Die Samen sind mit grün-grauen Linters versehen.

Verwechslungen: Verwechslungen mit anderen kultivierten Baumwollarten sind möglich.

Inhaltsstoffe: Fettes Öl (vgl. Gossypii oleum) mit den typischen cyclopropenoiden Fettsäuren Malvaliasäure und Sterculiasäure in den Samen.
Flavonoide Komponenten wie Isoquercitrin in den Blüten und Herbacitrin (Herbacetin-7-glucosid). Gossypol, Saponine.

Verbreitung: Die Pflanze, die den altweltlichen Arten zugerechnet wird, ist heimisch in Westafrika und Asien.

Anbaugebiete: Ausgedehnte Kulturen sind in Äthiopien, auf der Arabischen Halbinsel, in Indien und Ceylon zu finden.

Drogen: Gossypii oleum, Gossypii radicis cortex, Gossypii semen, Lanugo gossypii absorbens.

Gossypii oleum

s. unter *Gossypium hirsutum* L.

Gossypii radicis cortex

s. unter *Gossypium hirsutum* L.

Gossypii semen

s. unter *Gossypium hirsutum* L.

Lanugo gossypii absorbens

s. unter *Gossypium hirsutum* L.

Gossypium barbadense L.

Synonyme: Synonyme von *G. barbadense* var. *barbadense*: *G. herbaceum* L. var. *vitifolium* LAM., *G. hirsutum* L. var. *microcarpum* TOD., *G. microcarpum* TOD., *G. multiglandulosum* PHILIPPI, *G. peruvianum* CAV., *G. vitifolium* LAM.
Synonyme von *G. barbadense* var. *braziliense* RAF.: *G. brasiliense* MACFAD., *G. lapideum* TUSSAC, *G. guyanense* RAF. var. *braziliense* RAF., *G. peruvianum* CAV. var. *brasiliense* MACFAD.
Synonyme von *G. barbadense* var. *darwinii* WATT: *G. purpurascens* J. D. HOOKER.

Sonstige Bezeichnungen: Engl.: Egyptian cotton, Pima cotton, Sea island cotton.

Systematik: Die Art wird dem Subgenus Karpas zugeordnet.[3]
Verschiedene Varietäten mit einer Vielzahl von Unterformen sind beschrieben: var. *barbadense*, var. *braziliense* RAF., var. *darwinii* WATT, var. *maritimum* TOD. (Syn. *G. maritimum* TOD).[5]

Botanische Beschreibung: Immergrüner Strauch, der bis zu 3 m hoch wird und eine Breite von bis zu 2 m erreichen kann. Die Blätter sind herzförmig, haarig, mit gewellten Rändern. Die Blüten sind gelb mit purpurnem Einschlag und mit dunkelrotem Fleck am Grund der Kronblätter.

Verwechslungen: Verwechslungen mit anderen kultivierten Baumwollarten sind möglich.

Inhaltsstoffe: Fettes Öl (vgl. Gossypii oleum) mit den typischen cyclopropenoiden Fettsäuren Malvaliasäure und Sterculiasäure in den Samen.
Flavonoide. Astragalin, Chrysanthemin, Gossypitrin, Hirsutrin, Isoquercitrin, Kämpferol-3-galactosid, Kämpferol-3-rutinosid, Quercetin-3-glucosid, Quercetin-3-sophorosid, Quercimetrin, Rutosid (Rutin).
Sesquiterpene. Helicosid A, B; 6-Desoxyhemigossypol, Hemigossypol, *p*-Hemigossypol.[9]
Triterpene. 6,6-Dimethoxygossypol, (–)-Gossypol.[7]
Sonstige phenolische Komponenten. Chlorogensäure und Kaffeesäure.

Verbreitung: Die Art zählt zu den neuweltlichen Arten und ist heimisch in Nordperu und auf den Antillen. Var. *barbadense* ist beheimatet in Peru, Ekuador und auf den Galapagos-Inseln, var. *braziliense* ist heimisch im tropischen Südamerika und auf den Antillen, var. *darwinii* ist heimisch auf den Galapagos-Inseln. Die Art wurde im 19. Jahrhundert nach Ägypten ausgebürgert, dort als "Egyptian cotton" heimisch und bildete die Kulturrassen Abbassi, Ashmouni, Assili, Beharab, Gallini, Ivannovitch, Mansurah, Messifeh, Mitafif, Nubari, Siftah, Voltos, Zagazig, die auch z. T. aus Kreuzungen mit *G. hirsutum* entstanden.[5] Es erfolgte ein Rückimport in die USA, wo sie in Form von abgewandelten Züchtungen die Gruppe des "Pima cotton" bildet.

Anbaugebiete: Nord- und Mittelamerika, Peru, Westindien, Brasilien, Ägypten, Nordafrika, Queensland.
Die Art liefert die Sea-Island-Baumwolle, auch Barbados- oder New-Orleans-Baumwolle genannt.

Drogen: Gossypii oleum, Gossypii radicis cortex, Gossypii semen, Lanugo gossypii absorbens.

Gossypii oleum

s. unter *Gossyium hirsutum* L.

Gossypii radicis cortex

s. unter *Gossypium hirsutum* L.

Gossypii semen

s. unter *Gossypium hirsutum* L.

Lanugo gossypii absorbens

s. unter *Gossypium hirsutum* L.

Gossypium herbaceum L.

Synonyme: *Gossypium eglandulosum* Cav.
Synonyme von *G. herbaceum* L. var. *acerifolium* Guill. et Perr.: *G. arboreum* L. var. *acerifolium* Guill. et Perr., *G. arboreum* L. var. *frutescens* Delile, *G. arboreum* L. var. *wightianum* Tod., *G. cambayense* Raf. var. *wightianum* Tod., *G. obtusifolium* Roxb. et G. Don var. *wightianum* Tod., *G. wightianum* Tod., *G. punctatum* Schum. et Thonn. var. *acerifolium* Guill. et Perr..
Synonyme von *G. herbaceum* L. var. *africanum* Watt: *G. abyssinicum* Watt, *G. africanum* Watt, *G. arboreum* L. var. *africanum* Watt, *G. obtusifolium* Roxb. ex G. Don var. *africanum* Watt, *G. obtusifolium* Roxb. ex G. Don var. *simpsonii* Watt, *G. obtusifolium* Roxb. ex G. Don var. *wattii* Watt.

Sonstige Bezeichnungen: Dt.: Baumwollstrauch; engl.: Cotton, Cotton plant, Herbaceous cotton plant, Levan cotton; frz.: Cotonnier, Cotonnier herbace; chinesisch: Ya-la-po-mien; holl.: Aziatische Katoenplant, Katoenstruik; Indien: Kapas, Kapastula, Karpas, Paruthi; it.: Cotone asiatico; span.: Algodonero herbaceo; türk.: Pamuk.

Systematik: Die Art wird dem Subgenus Gossypium, Subsectio Gossypium zugeordnet.[3] Mehrere Varietäten mit einer Vielzahl von Unterformen sind beschrieben (var. *acerifoilum* Guill. et Perr., var. *africanum* Watt).[3]

Botanische Beschreibung: Immergrüner Strauch, der bis zu 2 m hoch wird und eine Breite von bis zu 1,5 m erreichen kann. Die wenigen Zweige sind glatt bis spärlich behaart und belaubt. Die Blätter sind breit-herzförmig, ledrig und netzartig, haarig, mit gewellten Rändern, kurzer Spitze und schmaler Basis. Die Blüten sind gelb und mit dunkelrotem Fleck am Grund der Kronblätter. Der Kelch ist ca. 2,5 cm lang. Die Hochblätter sind dreieckig und an der Basis gerundet; die Ränder derselben sind 6- bis 8fach gezähnt. Die Frucht ist schnabelförmig, am Ende abgerundet, bis zu 18 mm lang mit 3 bis 4 Fächern. Die in den Schwebehaaren eingebetteten Samen sind eckig mit grauer Behaarung.

Verwechslungen: Verwechslungen mit anderen kultivierten Baumwollarten sind möglich.

Inhaltsstoffe: Fettes Öl (vgl. Gossypii oleum) mit den typischen cyclopropenoiden Fettsäuren Malvaliasäure und Sterculiasäure in den Samen.
Flavonoide. Gossypetin (8-Hydroxyquercetin), Gossypitrin (8-Hydroxykämpferol), Herbacitrin (8-Hydroxykämpferol-7-glucosid), Isoquercitrin, Kämpferol, Quercimetrin (Quercetin-7-glucosid), Quercitrin in den Blüten; Chrysanthemin (3-*β*-D-Glucosid des Cyanidins), Gossypitrin, Herbacitrin (Herbacetin-7-glucosid) in nicht angegebenen Pflanzenteilen.

Sonstige. Cyanogene Glykoside in den Blättern (nicht in den Blättern von *G. arboreum* und *G. barbadenis*).

Verbreitung: Die Art wird zu den altweltlichen Arten gezählt: Die Varietät *africanum* WATT, die heute nicht mehr kultiviert wird, ist heimisch in Südafrika, die Varietät *acerifolium* GUILL. et PERR. ist heimisch im tropischen Asien und Afrika.

Anbaugebiete: Die Hauptanbaugebiete liegen in Ägypten, China, Indien und in Kleinasien, von wo die Art die "Indische Baumwolle" oder auch "Deccabaumwolle" liefert.

Drogen: Gossypii oleum, Gossypii radicis cortex, Gossypii semen, Lanugo gossypii absorbens, Gossypium herbaceum hom. *HAB34*, Gossypium herbaceum hom. *HPUS88*.

Gossypii oleum

s. unter *Gossypium hirsutum* L.

Gossypii radicis cortex

s. unter *Gossypium hirsutum* L.

Gossypii semen

s. unter *Gossypium hirsutum* L.

Lanugo gossypii absorbens

s. unter *Gossypium hirsutum* L.

Gossypium herbaceum *HAB34*

Sonstige Bezeichnungen: Dt.: Baumwollstaude.

Monographiesammlungen: Gossypium herbaceum *HAB34*.

Definition der Droge: Die frische, innere Wurzelrinde.

Stammpflanzen: *Gossypium herbaceum* L.

Zubereitungen: Essenz nach §3 *HAB34*; Eigenschaften: Die Essenz ist von rötlichbrauner Farbe, ohne besonderen Geruch und von bitterem Geschmack.
Urtinktur und flüssige Verdünnungen nach *HAB1*, Vorschrift 3a.[34]
Darreichungsformen: Urtinktur, flüssige Verdünnungen, Tabletten, Verreibungen, Streukügelchen, flüssige Verdünnungen zur Injektion.[34]

Identität: *Essenz.* Eisen(III)chloridlsg. färbt sie schwarzgrün, Fehlingsche Lösung wird reduziert.

Gehalt: *Essenz.* Arzneigehalt $^1/_3$.

Anwendungsgebiete: Die Anwendungsgebiete entsprechen dem homöopathischen Arzneimittelbild. Dazu gehören: Beschwerden vor der Regel, Regelstörung; Gebärmutterblutung; Schwangerschaftserbrechen.[34]

Dosierung und Art der Anwendung: *Zubereitung.* Soweit nicht anders verordnet: Bei akuten Zuständen häufige Anwendung alle halbe bis ganze Stunde je 5 Tropfen oder 1 Tablette oder 10 Streukügelchen oder 1 Messerspitze Verreibung einnehmen; parenteral 1 bis 2 mL bis zu 3mal täglich s.c. injizieren. Bei chronischen Verlaufsformen 1- bis 3mal täglich 5 Tropfen oder 1 Tablette oder 10 Streukügelchen oder 1 Messerspitze Verreibung einnehmen; parenteral 1 bis 2 mL pro Tag s.c. injizieren.[34]

Unerwünschte Wirkungen: Nicht bekannt. Hinweis: Es können vorübergehend Erstverschlimmerungen vorkommen, die jedoch ungefährlich sind.[34]

Gegenanzeigen/Anwendungsbeschr.: Nicht bekannt.[34]

Wechselwirkungen: Nicht bekannt.[34]

Gesetzl. Best.: *Offizielle Monographien.* Aufbereitungsmonographie der Kommission D am BGA "Gossypium herbaceum".[34]

Gossypium herbaceum hom. *HPUS88*

Monographiesammlungen: Gossypium herbaceum *HPUS88*.

Definition der Droge: Die Wurzelrinde.

Stammpflanzen: *Gossypium herbaceum* L.

Zubereitungen: *Urtinktur.* Herstellung durch Mazeration oder Perkolation der frischen oder getrockneten Droge mit EtOH nach den allg. Zubereitungsvorschriften (Class C) der *HPUS88*. Ethanolgehalt 65% (*V/V*).

Gehalt: *Urtinktur.* Arzneigehalt $^1/_{10}$.

Gossypium hirsutum L.

Synonyme: *G. hopi* LEWT., *G. latifolium* MURR., *G. mexicanum* TOD., *G. paniculatum* BLANCO, *G. religiosum* L., *G. schottii* WATT.
Es ist zu beachten, daß *G. religiosum* auch heute noch oft als eigene Art betrachtet wird, was nach der heute allgemein akzeptierten Systematik[10] keine Gültigkeit mehr hat.

Sonstige Bezeichnungen: Dt.: Amerikanische Baumwollpflanze; engl.: American cotton plant,

Upland cotton, Upland Georgian, Dharwar-Americain; frz.: Cotonnier americain; holl.: Amerikanische Katoenplant; it.: Cotone americano; span.: Algodonero americano.

Systematik: *G. hirsutum* wurde früher in der Literatur zuweilen als eine Varietät von *G. herbaceum* angesehen.
Die Art wird heute dem Subgenus Karpas zugeordnet.[3] Neben speziellen Zuchtformen sind verschiedene Varietäten mit einer Vielzahl von Unterformen beschrieben (var. *hirsutum*, var. *marie-galante* WATT, var. *punctatum* SCHUM. et THONN.).

Botanische Beschreibung: Immergrüner Strauch, der bis zu 2 m hoch wird und eine Breite von bis zu 2 m erreichen kann. Die Blätter sind haarig, mit gesägten Rändern, wenig tief geteilt mit abgerundeter Basis. Die Blüten sind weiß bis cremig-gelb mit 5 bis 7 cm langen Petalen. Der bei anderen Gossypium-Arten auftretende dunkelrote Fleck am Grund der Kronblätter fehlt. Der Kelch ist ca. 4,5 cm lang. Die Kapseln enthalten 8 bis 10 Samen.

Verwechslungen: Verwechslungen mit anderen kultivierten Baumwollarten sind möglich.

Inhaltsstoffe: Fettes Öl (vgl. Gossypii oleum) mit den typischen cyclopropenoiden Fettsäuren Malvaliasäure und Sterculiasäure sowie Epoxyölsäure (< 1,3 % des Gesamtsamenöls); Linolsäure in den Blättern und Blüten und Ölsäure in den Blüten; freie Fettsäuren, Triglyceride.
Flavonoide. Isoquercitrin, Kämpferol-3-α-D-glucofuranosid, Quercetin-3-β-D-glucofuranosid, Quercimeritrin in den Blüten,[5] Sexangularetin-3-glucosido-7-rhamnosid in den Blüten;[11] Chrysanthemin, Gossypicyanin (Cyanidin-3-β-D-glucosido-β-D-xylosid).[5]
Sesquiterpene. (*S*)-Abscissinsäure, Bisabolenoxid, Lacimilen A, B, C.
Triterpene. (+)-Gossypol,[7] 6,6'-Dimethoxygossypol, 6-Methoxygossypol.
Norditerpene. Strigal.
Sesterpenoide. Helicocide H_1, H_2, H_3, H_4.[12]
Sonstige. Ätherisches Öl. Phospholipide und Sterolester. *N*-haltige Verbindungen: Serotonin, Histamin, freie Aminosäuren in großer Menge in den Antheren.[13] Kondensierte Tannine in den Blättern.[14]

Verbreitung: Die Pflanze zählt zu den neuweltlichen Gossypium-Arten und hat ihre Heimat in Zentralamerika, speziell in Guatemala und Mexiko. Die einfachen, nicht speziell auf die Faserproduktion hochgezüchteten Stämme wachsen als "dooryard cotton" wild, sind allerdings auch im europäischen Mittelmeerraum zu finden.

Anbaugebiete: Zentralamerika und die Südstaaten der USA, allerdings sind auch Einbürgerungen der Varietät *marie-galante* in Afrika und von var. *punctatum* in Asien beobachtet worden.

Drogen: Gossypii oleum, Gossypii radicis cortex, Gossypii semen, Lanugo gossypii absorbens.

Gossypii oleum (Baumwollsamenöl)

Synonyme: Oleum gossypii, Oleum gossypii seminis.

Sonstige Bezeichnungen: Dt.: Baumwollsaatöl, Cottonöl; engl.: Cotton oil, Cottonseed oil; frz.: Huile de cotonnier; Indien: Binaula ka te, Paruttikkottai ennai, Tulabij; port.: Oleo de Algodoeiro; span.: Aceite de algodon.

Monographiesammlungen: Cottonseed oil *BP68, USP XXI-NF XVI, BPC59.*

Definition der Droge: Das raffinierte, fette Öl aus den Samen *BP68, USP XXI-NF XVI*; das raffinierte, fette Öl, das durch Auspressen oder Lösungsmittelextraktion der Samen erhalten wird *BPC59.*

Stammpflanzen: Verschiedene kultivierte Gossypiumarten *BP68*; *G. hirsutum* L. und andere Gossypiumarten *USP XXI-NF XVI*; *G. herbaceum* L. und andere Gossypiumarten *BPC59.*

Herkunft: Die Hauptlieferländer sind die USA, Ägypten und Indien; die Welterzeugung liegt bei etwa 2,5 Millionen Tonnen im Jahr; zusammen mit Erdnuß-und Sojaöl bestreitet es den Hauptanteil der Weltproduktion an Pflanzenölen.[15,16]

Gewinnung: Das durch Lösungsmittelextraktion oder Pressung der entfaserten und geschälten Samen erhaltene Rohöl besitzt eine durch den Harz- und Farbstoffanteil bedingte typische bräunliche bis tiefrote Farbe und enthält bis zu 6 % an Gossypol. Nachfolgende Raffinierung durch Ausfrieren des hochschmelzenden Stearinanteils bei 3 bis 4 °C ("Winterisieren") und/oder Neutralisierung und Ausfällung von freien Fettsäuren sowie die alkalische Zerstörung von Gossypol führt zur Darstellung des gereinigten, entfärbten Öles; die Ölausbeute liegt bei ca. 15 %.[16,17]

Ganzdroge: Blaßgelbes bis gelbes Öl; geruchlos bis nahezu geruchlos, nussiger Geschmack.[64,65]

Verfälschungen/Verwechslungen: Verfälschungen mit Sesamöl sowie mit Kapoköl aus *Ceiba pentandra* GAERTN. (Bombaceae) sind möglich.[64,65]

Inhaltsstoffe: Glyceridgemisch mit den Hauptfettsäuren Linolsäure und Ölsäure (45 bzw. 30 %) neben ca. 20 % Palmitinsäure und 5 % Myristinsäure; geringe Anteile Stearinsäure (2 %) und Arachinsäure sowie die für das Öl typischen Cyclopropenfettsäuren Malvaliasäure und Sterculiasäure.[15] Phospholipide, bis 38 mg Tocopherole pro 100 g Droge.[46] Gossypol nur in Spuren, obwohl Öle mit bis zu 2,6 % Gossypol beschrieben sind.[18]

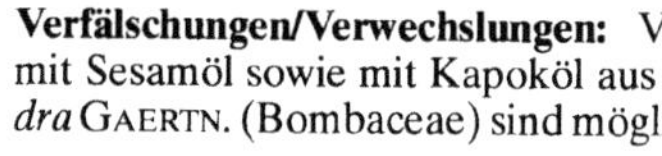

Malvaliasäure

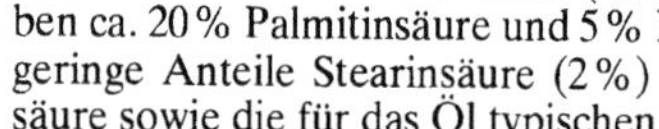

Sterculiasäure

Identität: Das Öl ist mischbar mit Chloroform, Petroläther (40 bis 60 °C Siedebereich) *BP68* und Ether *BPC59* und nahezu unlöslich in Ethanol 95 % *BP68, BPC59.*
Halphen-Reaktion auf Cyclopropanfettsäuren: Zugabe des doppelten Volumens einer Mischung aus Amylalkohol und einer 1 %igen Lösung von gefälltem Schwefel in Schwefelkohlenstoff zu Baumwollsamenöl und anschließendes Erhitzen der Mischung bei 90 bis 100 °C resultiert in einer allmählichen Entwicklung einer rosa bis roten Färbung nach einer Reaktionsdauer von 5 bis 15 min *USP XXI-NF XVI*, innerhalb von 30 min *BP68, BPC59.*

Reinheit:
- Dichte: 0,915 bis 0,920 *BP68, BPC59*; 0,915 bis 0,921 *USP XXI-NF XVI.*
- Iodzahl: 103 bis 113 *BP68*; 109 bis 120 *USP XXI-NF XVI.*
- Verseifungszahl: 190 bis 198 *BP68, USP XXI-NF XVI.*
- Säurezahl: Nicht mehr als 0,5 *BP68.*
- Freie Fettsäuren: Verbrauch von nicht mehr als 2,0 mL 0,02 N-NaOH zur Neutralisierung von 10,0 g Öl *USP XXI-NF XVI.*
- Verfestigungsbereich der Fettsäuren: 31 bis 35 °C *USP XXI-NF XVI.*
- Schwermetalle: Nicht mehr als 0,001 % *USP XXI-NF XVI.*
- Trichlorethylen: Je 2 mL Pyridin und Natriumhydroxidlösung 10 % werden im Wasserbad 5 min auf 90 °C erhitzt. Danach erfolgt Zugabe von 1 mL Öl, ohne die Phasen zu vermischen. Innerhalb von 20 min darf sich die Pyridinphase nicht rosa färben *USP XXI-NF XVI.*
- Abwesenheit von Sesamöl *BP68*: 2 mL der zu untersuchenden Probe werden mit 1 mL konzentrierter Salzsäure, die 1 % *(m/V)* Saccharose enthält, gemischt und geschüttelt. Nach 5 min darf die Säureschicht nicht rosa gefärbt sein. Im Falle, daß eine Rosafärbung auftritt, darf diese nicht intensiver sein als im Falle der Testdurchführung ohne Saccharose *BP68.*

Lagerung: Aufbewahrung in einem gut gefüllten, fest verschlossenen Behältnis *BP68, BPC59*; Aufbewahrung in dichten, lichtundurchlässigen Behältnissen, übermäßige Wärmebelastung ist zu vermeiden *USP XXI-NF XVI.*

Volkstümliche Anwendung und andere Anwendungsgebiete: Verwendung des sterilisierten Öls als Nahrungszusatz bei Zuständen, die eine parenterale Ernährung notwendig machen, oder wenn eine streng stickstofffreie Ernährung gefordert wird.[19]
Die Anwendung der Droge in diesem Indikationsgebiet ist allerdings nicht durch eindeutige klinische Studien abgesichert.
Einsatz des Öls auf Grund des hohen Gehaltes an ungesättigten Fettsäuren in der Therapie der Hypercholesterolämie,[19] wobei klinische Studien zum Beleg der Wirksamkeit fehlen.
Die Applikation des Öls auf Grund des Gehaltes an lipidlöslichen Vitaminen bei Vitamin-E-Mangelerscheinungen wird in der Volksmedizin vorgeschlagen; klinische Studien zum Beleg dieser Indikation liegen nicht vor.

Dosierung und Art der Anwendung: Die parenterale Applikation von Baumwollsamenöl erfolgt in Form von 10- und 15 %igen *(m/V)* Emulsionen; die hierfür notwendige Entkeimung des eingesetzten Öls wird in der Regel bei 150 °C für 60 min durchgeführt. Die perorale Applikation wird ebenfalls in Form der entsprechenden ca. 40 %igen Emulsionssysteme in Einzeldosierungen von 60 mL durchgeführt.[19]

Unerwünschte Wirkungen: *Herz, Kreislauf, Gefäße.* Blutdruckabfälle, Cyanose, Dyspnoe, Erbrechen wurden vereinzelt bei der intravenösen Gabe von Baumwollsamenölzubereitungen beschrieben.[19] Ein als "Overload-Syndrom" bezeichneter, vollständig reversibler Effekt wurde vereinzelt bei der hochdosierten parenteralen Dauergabe von Baumwollsamenölemulsionen (> 50 g Öl, tägliche Applikation über mehr als zwei Wochen) beobachtet; typische Symptome stellten Anämie, Thrombocytopenie, Thrombosen, Hyperlipidämie und Knochenmarksdepressionen dar, ähnlich wie für die posttraumatische Fettembolie beschrieben; die Möglichkeit einer Reaktion gegen die in den Darreichungsformen eingesestzten Emulgatoren, vorwiegend Lecithin, muß allerdings ebenfalls in Betracht gezogen werden.[20]

Weitere medizinische Verwendung: Emulsionen werden als stark fetthaltige Nährstoffzufuhr während der Cholecystographie verwendet.[19]
Therapeutische Anwendung des Öls in der Veterinärmedizin als Acaricid, Pediculicid,[22] sowie als Laxativum; die üblichen Dosierungen liegen hierfür beim Hund bei 15 bis 60 mL und bei der Katze bei 4 bis 30 mL.[21] Diese beanspruchten Wirkqualitäten sind allerdings nicht durch entsprechende Studien belegt.

Chronische Toxizität: Die In-vivo-Applikation der Cyclopropenfettsäuren Sterculiasäure und Malvaliasäure während eines 5wöchigen Fütterungsversuches an männlichen Kaninchen bewirkt bei Gabe von 0,27 % Zusatz beider Substanzen zur Nahrung signifikante Erhöhung der Cholesterol- und Triglyceridspiegel sowie verstärkte atherosklerotische Ablagerung in den Gefäßen.[45]

Reproduktionstoxizität: Fütterungsversuche bis zu 20 Wochen an juvenilen weiblichen Ratten unter Zusatz von ca. 1 % Malvalia- und Sterculiasäure zur Nahrung (entsprechend ca. 105 mg/Ratte/Tag) ergab signifikante Verzögerungen in der Geschlechtsentwicklung, erkennbar an der verzögerten Öffnung der Vagina; zusätzlich wurden in ihrer Dauer verlängerte, dafür in der Häufigkeit verminderte Zyklen beobachtet.[47]

Toxikologische Daten: *LD-Werte.* LD_{50} bei p. o. Gabe an der Ratte: 90 mL/kg KG.[18] LD_{50} bei p. o. Gabe an der Maus, Verabreichung in vier Dosen: 275 ± 22 mL/kg KG; LD_{100} im gleichen Modell: 347 mL/kg KG, LD_0 203 mL/kg KG.[18]

Sonst. Verwendung: *Pharmazie/Medizin.* Baumwollsamenöl findet als Öl zur Bereitung von Injektionspräparaten Verwendung; ebenso in der Herstellung von Salben und Linimenten. *Kosmetik.* Verwendung des Öls zur Seifenfabrikation, vor allem von Schmierseife.[17] *Haushalt.* Verwendung von raffiniertem, gebleichtem Baumwollsamenöl als Speiseöl. Als Cottonölmargarine wird der feste Anteil des Öls bezeichnet. *Industrie/Technik.* Durch Härtung des Öls resultiert ein schmalzähnliches Fett ("Crisco") mit breiter Verwendung als Haushalts- und Bratfett, das sogenannte "Shortening". Verwendungn des Öls zur Margarineherstellung und zur Isolierung industriell nutzbarer Fettsäuren, Fettalkohole und Fettalkoholsulfonaten.[16,17]

Gossypii radicis cortex (Baumwollwurzelrinde)

Synonyme: Cortex gossypii radicis, Cortex radicis gossypii, Gossypii cortex.

Sonstige Bezeichnungen: Dt.: Baumwollrinde; engl.: Cotton root bark; frz.: Écorce de racine de cotonnier; Indien: Kapasi-mul-twak, kapas ki jarka chhilka, kapas muler chhal; port.: Casca algodoeiro de la raiz; span.: Corteza de algodon de la raiz.

Monographiesammlungen: Gossypii radicis cortex *EB6*; Gossypium *BHP83*.

Definition der Droge: Die getrocknete Wurzelrinde *EB6, BHP83.*

Stammpflanzen: *Gossypium herbaceum* L. *EB6*; *G. herbaceum* L. und andere Gossypiumarten *BHP83.*

Herkunft: Die Droge stammt aus großflächig angelegten Baumwollkulturen, vornehmlich aus den USA, aber auch aus Rußland und Indien.

Ganzdroge: Die Ganzdroge besteht aus den bis zu 30 cm langen, oft aufgerollten, flexiblen, etwa 1 cm breiten, gelben Streifen der Wurzelrinde, die 0,5 bis 1 mm dick, außen gelbrot, innen weißlich und von einem dünnen, leicht zu entfernenden Kork bedeckt sind; gelegentlich werden kleine anhängende Würzelchen beobachtet; die Außenfläche ist netzartig gerunzelt, häufig durch Pilzlager schwarz punktiert, trägt Lentizellen und ist zimtbraun; die Innenseite ist leicht braun gefärbt mit einem leichten seidigen Schimmer.[63,66]

Schnittdroge: *Geschmack.* Stark zusammenziehend, scharf.
Geruch. Geruchlos.
Makroskopische Beschreibung. Die Schnittdroge ist gekennzeichnet durch die außen orangebraunen, meist schwarz punktierten, netzadrig gerunzelten und infolge der Abblätterung des dünnen Korks rauhen, innen hellbraunen und längsgestreiften Rindenstückchen von zähem, faserigem Bruch.[66]
Lupenbetrachtung. Die innere Rinde ist flammenartig gezeichnet; helle, nach außen sich tangential erweiterende Markstrahlen wechseln mit dunklen, deutlich tangential gestrichelten Rindenstrahlen ab.[66]
Mikroskopisches Bild. Der Kork besteht aus großen, dünnwandigen, tangential gestreckten Zellen. Die nur schmale primäre Rinde läßt kleine Gruppen gerbstofführender Zellen und vereinzelt Zellen mit Einzelkristallen von Calciumoxalat erkennen. In der sekundären Rinde sind die Markstrahlen nach außen teilweise fächerartig erweitert. Die nach außen sich verschmälernden Rindenstrahlen zeigen sehr zahlreiche, ziemlich umfangreiche, tangential gestreckte Skelerenchymfaserbündel, durch Weichbastgruppen mit meist zusammengefallenen Siebröhren getrennt. Die Fasern sind ziemlich weitlumig, nicht sehr stark verdickt, lang und schmal, beiderseits lang zugespitzt. Die primäre Rinde und die Markstrahlen führen große Sekretbehälter mit braunem Inhalt, der in Alkohol, Ether und Alkalien löslich ist. Das übrige Parenchym der Rinde enthält Stärke, Gerbstoffe und sehr häufig Calciumoxalat in Form von Drusen.[5]

Pulverdroge: Das gelbbraune Pulver ist gekennzeichnet durch dünnwandiges Korkgewebe und Markstrahlgewebe, durch Gruppen ziemlich weitlumiger, sehr langer, zugespitzter Bastfasern und Sekretbehälter mit typisch braunem Inhalt.[66]

Inhaltsstoffe: Die Inhaltsstoffe der Droge sind schlecht charakterisiert; die Droge kann als nicht ausreichend analysiert gelten.

Reinheit: *Droge.*
- Max. Aschegehalt: 5 % *EB6.*
- Säureunlösliche Asche: Höchstens 2 % *BHP83.*
- Fremde organische Verunreinigungen: Höchstens 5 % *BHP83.*

Wirkungen: *Histaminfreisetzende Wirkung.* Ein wäßriger Extrakt, der aus 83 mg Droge aus *G. hirsutum* gewonnen wurde (keine Angaben zum Drogen-Extrakt-Verhältnis), provozieren *in vitro* bei Inkubation mit Schweinelungengewebe signifikante Freisetzungsraten von Histamin, die bei ca. 18 % bezogen auf den analytisch erfaßbaren Gesamthistamingehalt des eingesetzten Gewebes liegen.[23]

Volkstümliche Anwendung und andere Anwendungsgebiete: Anwendung der Droge oder entsprechender Zubereitungen als Emmenagogum bei Amenorrhöe und Dysmenorrhöe,[26,63] sowie bei unregelmäßiger Regelblutung.[27] Weiterhin wird die Droge gegen Nausea, Fieber,[29] Kopfschmerz,[30] Diarrhöe[30] und Dysenterie[30] eingesetzt. Auf Grund einer secaleähnlichen oxytocischen Wirkung wird die Droge als wehenförderndes Mittel und zur Austreibung der Nachgeburt verwendet. Weitere Verwendung erfolgt bei Urethritis, Nervenentzündungen[31] sowie bei mangelnder Milchbildung als Galactagogum.[32] Weitere Anwendung der Droge als Hämostypticum bei Metrorrhagien, zur Therapie von Menorrhagien und Blutungen, die durch Entzündungszustände der Beckenorgane hervorgerufen werden.[5] Die Droge wird gelegentlich in Kombination mit Secale[33] oder Hydrastis verwendet. Bei atonischer Amenorrhöe wird speziell die Kombination mit Chamaelirium und Leonurus, bei Dysmenorrhöe mit Pulsatilla und Viburnum empfohlen.[83] Die

Wirksamkeit bei den genannten Anwendungsgebieten ist nicht belegt.

Dosierung und Art der Anwendung: *Droge.* Mittlere therapeutische Einzelgabe als Einnahme 2g oder 10g Abkochung 20%[66] oder 1 Teelöffel für ein Decoct als Einzeldosis.[33] *Zubereitung.* Tinktur und Flüssigextrakt 2bis4mL.[63] Flüssigextrakt 20bis40 Tropfen pro Einzeldosis.[33] Der Fluidextrakt wird während der Geburt einmalig mit 1 bis 2 Kaffeelöffeln und nach der Geburt zur Blutstillung mit 1 bis 2 Kaffeelöffeln zwei- bis viermal täglich dosiert.[5]

Unerwünschte Wirkungen:

Schwangerschaft: Die Einnahme von Drogenzubereitungen aus Baumwollwurzelrinde in der Schwangerschaft kann zum Abort führen.[26] s. Reproduktionstoxikologie.

Gegenanzeigen/Anwendungsbeschr.: Die Anwendung von Gossypiumpräparaten während der Schwangerschaft ist wegen der abortiven Wirkung kontraindiziert.

Reproduktionstoxizität: Mißbräuchliche Anwendung als Abortivum in höheren Dosen.[26,28] Hierzu wird die gesamte Abkochung aus 60bis600g Frischdroge oder entsprechend reduzierte Dosen der getrockneten Droge p.o. eingenommen.
Im Tierexperiment[24,25] ergaben sich dagegen keine Hinweise auf fertilitätshemmende Wirkungen:
Mittels Glycerol/Ethanol hergestellte Extrakte (500g Droge werden mit 500mL Glycerol/Ethanol (1:3) 6h bei Raumtemperatur extrahiert, nachfolgend Perkolation des Rückstandes mit Ethanol, Vereinigung der Extrakte, Einengen und Lösen von 2g Extrakt/mL Wasser) aus Wurzelrinde von *G. herbaceum* zeigen *in vivo* nach intraperitonealer Applikation an Ratten in Dosen von 50 und 100mg/kg KG einen Tag post coitum keine Hemmung der Fruchtbarkeit weiblicher Tiere.[24]
Suspensionen von Benzolextrakten der Droge aus *G. herbaceum* ergeben in Dosen von 100 bis 200mg/kg KG nach peroraler Gabe an der Ratte im 7-Tage-post-coitum Test keinerlei fertilitätshemmende Effekte.[25]

Sonst. Verwendung: *Industrie/Technik.* Verwendung von Drogenextrakten zur Färbung von Textilien; die damit erzielbaren Farben reichen von Gelb über Grünlichgelb bis Orange.[5,17]

Gossypii semen (Baumwollsamen)

Synonyme: Semen bombacis, Semen gossypii.

Sonstige Bezeichnungen: Engl.: Cotton seeds.

Definition der Droge: Die reifen Baumwollsamen.

Stammpflanzen: *Gossypium herbaceum* L. und andere kultivierte Baumwollarten. Nach Lit.[35] nur *G. hirsutum* L.

Herkunft: Überwiegend aus den USA (ca. 20,9% der Produktion 1981/82) und China (21,4%); weitere Erzeugerländer sind Rußland (17,8%), Indien (9,9%) und Pakistan (5,3%). Der weitaus größte Teil der Jahresproduktion an Baumwollsamen, die 1981/82 immerhin ca. 28 Millionen Tonnen Samen betrug, wird sofort nach der Ernte großtechnisch weiterverarbeitet. Die pharmazeutisch genutzte Droge wird in Deutschland zur Zeit nicht mehr regelmäßig gehandelt; die genaue Herkunft etwaiger Bestände ist auf Grund des globalen Baumwollsamenhandels kaum möglich.

Gewinnung: Die Gewinnung der Baumwollsamen erfolgt als Nebenprodukt bei der Gewinnung der Baumwollfasern, die als Schwebehaare aus Epidermiszellen der Samen hervorgegangen sind. Die Samen werden von den Fasern und den flaumigen Linters befreit; anhaftende Verunreinigungen werden entfernt.

Ganzdroge: Braune oder schwärzliche, breite, eckige, geruchlose Samen, außen matt, längsgeadert und im Umriß eiförmig, am Rücken stärker gewölbt. Die sehr hartschaligen, mitunter stumpfkantigen Samen sind auf der Fläche zum größten Teil von der Haarbildung, den kurzen Linters befreit. Nur in der Gegend der beiden Pole findet man öfters je ein gelbliches oder weißfilziges Mützchen aufsitzen. Die häufig ranzig riechenden Samen erreichen eine Länge von 7bis9mm und eine Dicke von 3bis5mm.[5]

Verfälschungen/Verwechslungen: Verfälschungen und Verwechslungen mit nicht identifizierbaren anderen pflanzlichen Materialien kommen nach Lieferantenangaben häufig vor.

Minderqualitäten: Beschädigung der Samen während des Erntevorganges durch Quetschungen, damit einhergehend der direkte Kontakt des Embryos mit Luft,[15] führt zu unerwünschten Oxidationserscheinungen der Sameninhaltsstoffe. Nur gänzlich intakte Samen sollten pharmazeutisch eingesetzt werden.
Der mikrobielle Befall der Droge und die Kontamination mit Aflatoxinen ist beschrieben.[15]

Inhaltsstoffe: Fettes Öl (vgl. Gossypii oleum); die Menge an Öl in den Samen (20bis30%) schwankt in Abhängigkeit von den eingesetzten Gossypium-Arten sowie den Umgebungsbedingungen.[15]
Proteine. 20bis27% in Form der löslichen cytoplasmatischen Enzyme und der unlöslichen Strukturproteine.[15] Die Totalhydrolyse zeigt eine Dominanz der Aminosäuren Glutaminsäure (bis 11%) und Arginin (bis 5%).[17]
Gossypol und andere polyphenolische Pigmente. Gossypol (= 1,1',6,6',7,7'-Hexahydroxy-5,5'-diisopropyl-3,3'-dimethyl-(2,2'-binaphthalen)-8,8'-dicarboxaldehyd) liegt in drei tautomeren Formen vor: Die Hydroxylaldehyd-α-Form, gelb gefärbt; die Lactol-β-Form, orangegelb; die cyclische Carboxyl-γ-Form, rot gefärbt.[5] Die Gehalte schwanken je nach Stammpflanze zwischen 0,1 und 9% sehr stark. Gossypol ist in speziellen Farbstoffdrüsen der Samen lokalisiert; Zuchtformen ohne diese Drüsen erwiesen sich als gossypolfrei und werden auch als solche kultiviert.[15] Überblick über die Derivate s. Lit.[36]

Es ist zu beachten, daß Gossypol mit in der Droge vorhandenen Proteinen reagieren kann. Hierbei kommt es zwischen den Aldehydgruppen des Gossypols und Amingruppen von vorwiegend Lysingruppen zu Aminalbildungen, die im supramolekularen Bereich zu Quervernetzungen von Proteinen in Form von Dimeren bis Oligomeren führen kann.[61] Diese Reaktion wird durch Zermahlen der Droge, Kochen oder längere Lagerzeit provoziert, mit dem Effekt von sinkendem freiem Gossypoltiter, aber auch mit reduzierten Proteinanteilen, die als Nährstoffquelle genutzt werden können, eine in der Tierernährung mit Baumwollsamenmehl wichtige Tatsache.

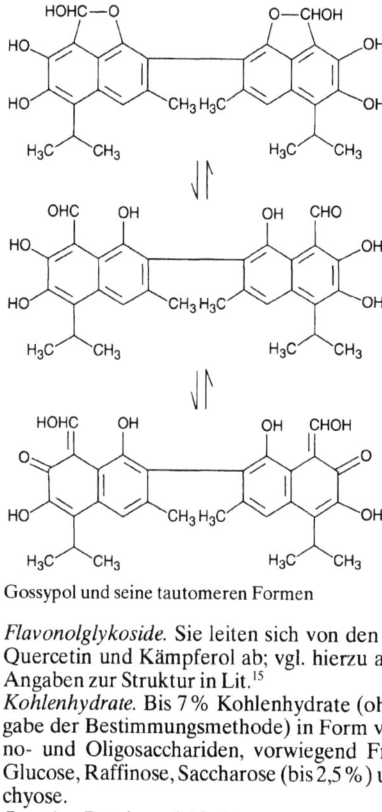

Gossypol und seine tautomeren Formen

Flavonolglykoside. Sie leiten sich von den Aglyka Quercetin und Kämpferol ab; vgl. hierzu auch die Angaben zur Struktur in Lit.[15]
Kohlenhydrate. Bis 7 % Kohlenhydrate (ohne Angabe der Bestimmungsmethode) in Form von Mono- und Oligosacchariden, vorwiegend Fructose, Glucose, Raffinose, Saccharose (bis 2,5 %) und Stachyose.
Sonstige. Betain und Cholin.

Zubereitungen: Die Reinsubstanz Gossypol wird aus der gepulverten Droge durch Extraktion mit Ether und nachfolgender Chromatographie des Rohextraktes auf Kieselgelsäulen mit Chloroform/Petroläther-Eluens gewonnen; je nach Art der Ausgangsdroge kann (–)-Gossypol aus Samen von *G. barbadense* und (+)-Gossypol aus Samen von *G. hirsutum* isoliert werden.[7]

Gehalt: *Gossypol.* Zur Bestimmung von Gossypol in pflanzlichem Material dient in der Regel die HPLC auf RP 18-Säulen:[8] 100 bis 300 mg der gepulverten Droge werden mit 5 mL Aceton für 16 h bei Raumtemperatur mazeriert. Nach Filtration durch Papier wird der Extraktionsrückstand zweimal mit je 3 mL Aceton nachgewaschen. Die vereinigten Filtrate werden unter Vakuum zur Trockne gebracht und der so erhaltene Rückstand mit 10,0 mL einer 1 %igen Lösung von Essigsäure in Chloroform gelöst; 4 µL dieser Untersuchungslösung werden hochdruckflüssigchromatographisch auf einer C_{18}-reversed-phase-Säule (250 × 4 mm) unter Verwendung von Methanol-Wasser-Chloroform (70 + 30 + 40) mit einem Zusatz von 0,1 % Phosphorsäure als Eluens bei einer Flußrate von 1 mL/min untersucht. Detektion erfolgt bei 254 nm. Gossypol eluiert bei einer Retentionszeit von ca. 5 min. Alternativ zu dieser Methode kann der gleiche Extrakt auf einer SO_3H-Säule unter Verwendung des Eluens Methanol-Citratpuffer pH 6,3 (55 + 45) chromatographiert werden; Retention von Gossypol bei etwa 4 min.[8] Die Methode kann auch zur Reinheitsprüfung Verwendung finden. Alternative Bestimmungsmethoden wie DC, Papierchromatographie oder kolorimetrische Methoden s. Lit.[8] Zusätzlich ist eine Methode zur Trennung der Enantiomeren von Gossypol beschrieben.[59]

Wirkungen: Wäßrige Suspensionen der gepulverten Droge aus *G. herbaceum* in Dosierungen von 5, 10, und 20 g Droge/kg KG zeigten nach p. o. Verabreichung im normalglykämischen und alloxandiabetischen Kaninchen nach 3 h signifikante Senkungen der Blutzuckerwerte. Diese verminderten sich von initial ca. 390 mg Glucose/100 mL bei den diabetischen Tieren zu 172 mg/100 mL in der 5-g-Gruppe. Bei normalglykämischen Kaninchen wurden in der 10-g-Dosisstufe Verminderung der Blutglucosespiegel von initial 111 mg/100 mL zu 99 mg/100 mL beobachtet. Als Nebenbefunde innerhalb der Untersuchungen wurden deutliche, aber nicht signifikante Absenkungen der Serumcholesterol- und der Triglyceridspiegel nach 10tägiger p.o. Verabreichung der Suspension (10 g/kg KG) in den beiden Testmodellen beobachtet.[37]
Auf Grund des Gehaltes der Droge an Gossypol sollte beachtet werden, daß bei Applikation von Drogenzubereitungen das Auftreten der typischen Gossypolwirkungen möglich ist; hierzu zählen: Hemmung von Enzymen des Energiestoffwechsels, Entkopplung der Atmungskette von der oxydativen Phosphorylierung, Reduzierung der zellulären ATP-Konzentration, Verminderung des Membranpotentials sowie Hemmung der akrosomalen Spermienproteinase Akrosin.[58] Cytotoxische Effekte von Gossypol gegen bestimmte schnellwachsende Tumorzellinien wurden *in vitro* nachgewiesen.[60]
Im Bereich der Spermienveränderungen zeigen sich Verlust der progressiven Motilität, Verminderung der Induktionsrate der Akrosomenreaktion sowie Hemmung des Cervicalmucus-Penetrationsvermögens der Spermien.[58] Hieraus resultieren die breit angelegten klinischen Studien zur Verwendung von Gossypol als fertilitätshemmende Substanz beim Mann, die auch entsprechende Effektivität von Gossypol bei dieser Indikation zeigten. Die Reversibilität des Effektes ist nicht in allen Fällen gegeben (je nach Studie 90 bis 99 %). Die klinische Anwendbarkeit der Substanz ist auf Grund erheblicher Nebenwirkungen nicht sinnvoll. Es ist zu

beachten, daß die fertilitätshemmende Wirkung von Gossypol ausschließlich dem (–)-Gossypol-Enantiomeren zufällt, das entsprechende (+)-Gossypol allerdings zu den Nebenwirkungen des Racemates mit beiträgt.[62] Ausführliche Übersichtsarbeiten zur Pharmakologie, Toxikologie und klinischen Wirksamkeit von Gossypol s. Lit.[38,50,58]

Anwendungsgebiete: Anwendungsgebiete von Gossypol-Reinsubstanz s. Wirkungen.

Volkstümliche Anwendung und andere Anwendungsgebiete: Volksmedizinische Verwendung der Droge in Indien bei Fieber,[5] Kopfschmerzen, Husten, Verstopfung, Dysenterie, bei verminderter Milchbildung, bei verminderter Sexualfunktion als Aphrodisiacum, bei Epilepsie und als Antidot gegen Schlangenbisse; mißbräuchlich als Abortivum.[32,36] Auch Anwendung bei Gonorrhöe und chronischer Cystitis.[29] Die Wirksamkeit bei den genannten Anwendungsgebieten ist nicht belegt.

Dosierung und Art der Anwendung: *Droge.* In Form von herkömmlichen Teezubereitungen und Emulsionssystemen zur peroralen Anwendung.[32]

Unerwünschte Wirkungen: *Endokrinium, Genitalsystem.* Obwohl keine spezielle Literatur über unerwünschte Nebenwirkungen auf die Fruchtbarkeit bei Einnahme der Droge vorliegt, ist davon auszugehen, daß bei längerer Einnahme der Droge oder von Zubereitungen, bedingt durch den relativ hohen Gossypolgehalt der Samen, die antifertile Wirkung des Gossypols bei männlichen Patienten auftreten kann.

Tox. Inhaltsstoffe u. Prinzip: Die Toxizität der Droge kann auf den Gehalt an freiem Gossypol zurückgeführt werden. Da der Gehalt an freiem Gossypol in der jeweiligen Droge in Abhängigkeiti vom Ausgangsmaterial als auch in Abhängigkeit vom Ausmaß der Inaktivierung von Gossypol durch Reaktion mit Proteinen in der Droge während der Lagerung sehr stark schwankt, sind definierte Aussagen zur Toxizität der Droge auf Grund fehlender Standardisierung der eingesetzten Ausgangsmaterialien sehr kritisch zu bewerten.[51–53]
Es ist zusätzlich zu beachten, daß andere Pigmente im Baumwollsamen ebenfalls toxisch wirken; Details zu Gossypurpurin und Gossyverdurin s. Lit.[54,55]

Chronische Toxizität: Bezüglich der chronischen Toxizität von reinem Gossypol bestehen starke Unterschiede zwischen verschiedenen Species: Als sehr empfindlich gelten Schweine und Katzen, Hunde als etwas resistenter und Ratten als widerstandsfähig. So führen tägliche Dosen von 150 mg Gossypol beim Schwein innerhalb von 28 Tagen zum Tod,[56] während von Ratte und Hamster 10 bis 15 mg/kg KG Gossypol p.o. über 8 Wochen toleriert werden.[50] Unter den beobachteten toxischen Symptomen sind deutlich Herzinsuffizienz diagnostizierbar, Hypertrophie des Herzens, Ödeme der Lunge, Leberschädigungen mit Degeneration der Parenchymzellen.[57] Die toxischen Wirkungen beruhen eventuell auf einer Verminderung der sauerstoffübertragenden Funktionen der Erythrocyten.[57]

Am Menschen wurde folgende toxische Wirkung beobachtet: Hypokalämische Paralyse nach über einjähriger Behandlung mit Gossypol,[49] wobei bei 0,75% aller Fälle beim Menschen renal bedingte K^+-Mängel durch direkten toxischen Einfluß auf die Nierentubuli beschrieben wurden.[44,48] Dieser Nebeneffekt kann teils durch Kaliumsubstitution aufgehoben werden; irreversible Schädigungen werden mit etwa 3% angegeben.[48]

Sonst. Verwendung: *Pharmazie/Medizin.* Verwendung der Baumwollsamen zur Gewinnung von Baumwollsaatöl (vgl. Gossypii oleum). Verwendung der Samen zur Gewinnung von reinem Gossypol. In der Mikrobiologie wird ein 1%iger wäßriger Extrakt der Droge als "cotton seed medium" verwendet.[39]
Veterinärmedizin. Powder-Lactogol oder Lactogol, ein trockener Baumwollsamenextrakt als Galactagogum täglich 10 bis 12 g, in der Veterinärmedizin bei Kühen 100 bis 150 g. *Industrie/Technik.* Baumwollsamen werden großtechnisch zu folgenden Produkten weiterverarbeitet: Die flaumigen Linters werden neben der Verwendung in der Textilbranche (Watte, Filze und Garne) zur Gewinnung von reiner Cellulose und den entsprechenden partialsynthetisch abgewandelten Derivaten verwendet; Viscoseprodukte aus dem Pulp der Linters werden zu dünnen Filmen (Wursthäuten, Planen etc.) und Papier verarbeitet.
Die Samenschalen dienen als Viehfutter, als Düngematerial, zur Gewinnung von Furfural und im Naturkostsektor als Ballaststoffquelle; der Pulp der Schale dient der Celluloseindustrie als Rohstoff; der Embryoanteil der Samen wird auf Grund des hohen Nährwerts als Viehfutter, in der Backwarenindustrie der USA und als Düngemittelzusatz verwendet; das isolierte fette Öl wiederum ist Ausgangsprodukt für eine Vielzahl weiterer Produkte (vgl. Gossypii oleum und Lit.[15]).

Lanugo gossypii absorbens (Verbandwatte aus Baumwolle)

Vgl. hierzu auch Hdb. 1, S. 17–21.

Synonyme: Gossypium depuratum.

Sonstige Bezeichnungen: Dt.: Baumwollwatte, Gereinigte Baumwolle, Verbandwatte; engl.: Absorbent Cotton, Cotton, Cotton Wood, Purified Cotton; frz.: Coton, Coton carde, Coton hydrophile; belg.: Ouate depuree, Ouate hydrophile; it.: Cotone idrofilo, Ovatta di cotone idrofilo per uso sanitário; port.: Algodaco; span.: Algodon, Algodon absorbente, Algodon hydrophylum, Algodon purificado.

Monographiesammlungen: Lanugo gossypii absorbens *DAB 10 (Eur)*, *ÖAB 90*, *Helv VII*; Purified Cotton *USP XXII*.

Definition der Droge: Die gereinigten, entfetteten, gebleichten und sorgfältig kardierten Haare der Samenschale; sie ist aus neuer Baumwolle oder aus frischen Kämmlingen guter Qualität hergestellt; sie darf keine Schönungsmittel enthalten *DAB 10 (Eur), ÖAB 90, Helv VII*; die Samenhaare, die von anhaftenden Verunreinigungen befreit, entfettet, gebleicht und im Endbehältnis sterilisiert werden *USP XXII*.

Stammpflanzen: Verschiedene Arten der Gattung Gossypium L. *DAB 10 (Eur), ÖAB 90, Helv VII*; *G. hirsutum* oder andere Arten der Gattung Gossypium *USP XXII*.

Herkunft: Die Baumwolle zählt zu den ältesten Kulturpflanzen der Menschheit. Schon 5800 vor Christus findet Baumwolle in Asien Verwendung, in Indien existiert seit 1500 vor Christus eine blühende Baumwollindustrie.[40] Die Baumwolle wurde durch die Araber in Europa eingeführt, wo mit der Erfindung der Spinnmaschinen im 18. Jahrhundert diese Faser ihren großen Aufschwung nahm, zuerst in England, später in Deutschland und Frankreich. Da der Anbau von Gossypium nur in den tropischen und subtropischen Gegenden zwischen 41° nördlicher Breite und 28° südlicher Breite rentabel ist, konzentriert sich die ausschließlich auf den gezielten Anbau in Kulturen gerichtete Erzeugung von Baumwolle auf einige wenige Gebiete: Ägypten, Sudan, Türkei, Indien, China, der asiatische Teil von Südrußland, Brasilien, Argentinien, Mexiko, Westindien (Guadeloupe, Haiti, Jamaika, Martinique, Puerto Rico) und die Südstaaten der USA. Haupthandelsplätze für Baumwolle stellen Dallas, Memphis, Liverpool, Le Havre, Alexandria und Bremen dar.

Gewinnung: Die Gewinnung von Baumwolle erfolgt in der Regel maschinell mit mechanischen Baumwollpflückmaschinen oder – heute nur noch selten – von Hand. Letzteres hat den Vorteil, daß eine sorgfältige Auslese hinsichtlich des Reifegrades erfolgen und dann eine reine Baumwolle gewonnen werden kann, die weniger Blatt- und Fruchtreste enthält. Die Fasern werden anschließend mittels sogenannter Entkernungs- oder Egreniermaschinen von den anhaftenden Samenkörnern getrennt. Da diese etwa $^2/_3$ des Gewichtes des Kapselinhaltes ausmachen, wird das Egrenieren schon auf der Sammelstelle vorgenommen. Die Samen selbst werden zu Baumwollsaatöl (vgl. Gossypii oleum), zu Margarine, Futtermittel und für technische Zwecke verwendet (vgl. Gossypii semen). Nach dem Entkernen erfolgt eine mechanische Vorreinigung der meist noch mit Samen- und Kapselresten, mit Strauchteilen, Sand und Staub verunreinigten Originalbaumwolle. Danach gelangen die Fasern zur Baumwollpresse, wo sie zu Ballen komprimiert werden. Bei manchen Baumwollarten bleiben nach dem Egrenieren an den Samen noch viele kurze flaumartige Fasern, die sogenannte Grundwolle, hängen, die mittels Sägemaschinen abgetrennt werden. Diese als "Linters" bezeichneten kurzen Fasern können nur für geringwertige, meist technisch gebrauchte Wattesorten Verwendung finden und sollen nicht zu pharmazeutisch genutzter Watte verarbeitet werden. Die gepreßten Ballen werden geöffnet und die Baumwolle den Ballenbrechern zugeführt. Dort findet durch Zerzupfen des Materials eine erste Auflockerung statt, die im Kastenspeier anschließend fortgesetzt wird. Dann gelangt die Baumwolle zum Stufenreiniger, in dem die Baumwollflocken weiterhin geöffnet werden. Staub wird abgesaugt und die schweren Verunreinigungen entfernt. Zur Entfernung lipophiler Begleitstoffe (Cuticula), Teilen der Primärwand und im Lumen eingelagerter Begleitstoffe, die eine Benetzung der Fasern erschweren, erfolgt im Rahmen einer Naßbehandlung ein Beuch- und Bleichprozeß. Das Beuchen bereitet den eigentlichen Bleichprozeß vor und geschieht durch Kochen bei ca. 3 bar mit verdünnter Natronlauge oder Natriumcarbonatlösung unter Zusatz von Netzmitteln und emulgierenden Stoffen. Das sich anschließende Bleichen soll den auf der Faser anhaftenden Farbstoff oxidativ zerstören und der Baumwolle eine reine, weiße Farbe geben. Das Bleichen erfolgt mit Natriumhypochlorit, Peroxiden oder mit Natriumchlorit, Verfahren, die die früher verwendeten Methoden unter Verwendung von Chlorbleichlauge ersetzen. Vorteilhaft sind solche Bedingungen, die den Beuchprozeß mit dem Bleichvorgang kombinieren, so z. B. das HT (= Hochtemperatur-Verfahren) mit Natriumperoxid bei 105 bis 120 °C oder mit Natriumchlorit bei saurem pH bei 60 bis 90 °C. Nach dem Bleichen wird reichlich gewässert, heiß geseift und nachgewaschen. Das nachfolgende Abknirschen dient dazu, die Watte, die durch das Kochen, Bleichen und Waschen rauh, fett- und wachsarm geworden ist, geschmeidig zu machen. Hierzu werden aus verdünnten Seifenlösungen durch Zugabe von Säure freie Fettsäuren auf der Faser abgeschieden, die wie ein Film die Faser überziehen. Andere Methoden verwenden als Überzugsmittel Aviagezusätze wie kombinierte Fettalkohole, Fettsäurepolyglycolester oder Alkylpolyglycolether. Der nachfolgende Zusatz von optischen Aufhellern ist durch die entsprechenden Forderungen der Pharmakopöen untersagt. Die nun erhaltene gereinigte Baumwolle wird zur Entfernung des anhaftenden Wassers geschleudert und in Trockenöfen auf einen definierten Feuchtegehalt eingestellt. Das so erhaltene Produkt stellt die "gereinigte Baumwolle, Gossypium depuratum" dar, die als Vorprodukt zur Herstellung von Verbandwatte dient. Verbandwatte und gereinigte Watte sind somit hinsichtlich der Baumwolltechnologie keine synonymen Begriffe. Die gleichwertige Verwendung durch manche Pharmakopöen darf hierüber nicht hinwegtäuschen; erst die weitere Bearbeitung der gereinigten Baumwolle durch eine Auflockerung der Flocken im Krempel- bzw. Kardierungsprozeß, welche eine gleichseitige Ausrichtung der einzelnen Fasern bewirkt, führt zu dem Produkt Verbandwatte.[40]

Für die Produktion von pharmazeutisch nutzbarer Baumwolle werden heute überwiegend Kämmlinge oder sehr selten noch Flyerfäden verwendet, wenn sie gebleicht und wie oben beschrieben aufbereitet werden. Kämmlinge stellen in den Spinnereien anfallende kurze bis mittlere, vor dem eigentlichen Spinnprozeß von den Kämm-Maschinen gekämmte Fasern dar, die zur Garnherstellung unge-

eignet sind. Flyerfäden sind Vorgarne in Form von ganz lose gesponnenen Faserbündeln, die beim Beginn des Spinnprozesses durch Fadenbruch oder Restspulen anfallen.[40]
Im Rahmen von Arbeitsschutzmaßnahmen ist während der Baumwollverarbeitung darauf zu achten, daß ausreichende Staubschutz- und Absaugeinrichtungen in den Aufarbeitungsanlagen vorhanden sind. Sowohl chronische Inhalation als auch akute Exposition der Beschäftigten mit anfallenden Stäuben kann zu Ventilations- und Lungenfunktionsstörungen führen, bedingt durch in der Baumwolle enthaltene terpenoide Aldehyde, die Mastzelldegranulationsprozesse mit starker Histaminfreisetzung provozieren.[41]

Handelssorten: Nahezu der ausschließliche Bedarf wird aus Kämmlingen der Textilindustrie gedeckt. Die Zuordnung von einzellnen Baumwollsorten aus definierten Baumwollarten hat für die heutige Praxis keine Bedeutung mehr, ist in der Regel auch nicht mehr exakt nachvollziehbar.

Ganzdroge: Verbandwatte ist weiß und praktisch geruch- und geschmacklos. Die einzelnen Fasern sind zwischen 10 und 40 mm, nach Lit.[67] mindestens 10 mm lang. Sie bietet beim Auseinanderziehen einen deutlichen Widerstand und darf bei leichtem Schütteln nicht merklich stäuben. Sie enthält nur Spuren von Blattresten, Frucht- oder Samenschalen.[67] Die Droge ist durch ein hohes Maß an Wasserbindevermögen gekennzeichnet, das höher liegt als bei den entsprechenden Watten aus Zellwolle; dies ist bedingt durch die nebenvalenzartige Anlagerung von Hydratwasser an die hydrophilen OH-Gruppen der Cellulose unter Quellung der Fasern sowie auch durch kapillare Bindung des Wassers in den Lumina der Fasern.

Schnittdroge: Mikroskopisch sind die Fasern in Luft als flache Bänder mit einem deutlichen Lumen gekennzeichnet, die an den Rändern verdickt, abgerundet und häufig um die eigene Achse gedreht sind. Die Breite liegt bei etwa 40 µm. Die Außenseite wirkt durch Unebenheiten in der Cuticula oft runzelig und feinkörnig. Den Hauptteil des Baumwollhaarschnittes nimmt die Sekundärwand ein, die nach außen durch eine Primärwand, nach innen durch die Tertiärwand begrenzt wird. Das Haarende weist eine kegel-, spatel-, oder kolbenförmige Spitze auf. Die größte Breite des Haares liegt etwas unterhalb der Mitte.
Mit Chlorzinkiod-Lsg. quillt die Membran stark auf und nimmt eine violette, mit Iodschwefelsäure eine blaue Färbung an (Cellulosereaktion); keine Färbung wird mit Phloroglucin/Perchlorsäure erreicht (Abwesenheit von Verholzungen); in Schweitzers Reagenz quellen einzelne Teile der Faser kugel- oder tonnenförmig auf, zwischen denen sich die Cuticula ringförmig zusammenschiebt; auf den blasenförmig aufgequollenen Stellen erkennt man deutlich feine Schichten, die die gequollenen Zellwandverdickungen darstellen.[40]

Inhaltsstoffe: Baumwolle für medizinische Zwecke besteht zu etwa 88 % aus reiner α-Cellulose, 5 bis 9 % Wasseranteil, 0,1 bis 0,3 % Mineralstoffen, wenig Proteinen sowie geringen Anteilen (0,5 bis 0,8 %) an Fetten und Wachsen (teilweise veresterte, hochmolekulare Alkohole und Fettsäuren, hochmolekulare Kohlenwasserstoffe, Fettsäureglyceride), ein die Hydrophobie der Watte erhöhender Bestandteil. Zusätzliches Auftreten von nichtionogenen Aviagemitteln aus der Herstellung sind möglich.

Identität: Unter dem Mikroskop betrachtet, besteht jede Faser aus einer einzigen Zelle von bis zu 4 cm Länge und 40 µm Breite in Form einer abgeflachten Röhre mit dicken Wänden, häufig um die eigene Achse gedreht *DAB 10 (Eur), ÖAB 90, Helv VII.*
Die Fasern färben sich auf Zusatz von iodhaltiger Zinkchloridlsg. violett *DAB 10 (Eur), ÖAB 90, Helv VII.*
Die Watte ist in Zinkchlorid-Ameisensäure bei leichtem Erwärmen auf 40 °C nicht löslich *DAB 10 (Eur), ÖAB 90, Helv VII.*

Reinheit: *Droge.*
- Sauer oder alkalisch reagierende Verunreinigungen: Zur Prüfung auf Rückstände aus den alkalischen Bleich- und Reinigungsbädern und den sauren Avivierungsbädern: Die wäßrige Prüflösung darf Phenolphthalein- bzw. Methylorange-Lösung nicht rosa färben *DAB 10 (Eur), USP XXII, ÖAB 90, Helv VII.*
- Fremde Fasern: Mikroskopisch betrachtet besteht die Droge ausschließlich aus Baumwollfasern; vereinzelte fremde Fasern können gefunden werden *DAB 10 (Eur), ÖAB 90, Helv VII.*
- Andere fremde Bestandteile: Metallpartikel und ölige Verunreinigungen müssen abwesend sein *USP XXII.*
- Fluoreszenz: Betrachtung der Droge im ultravioletten Licht bei 365 nm zeigt eine schwache bräunlichviolette Fluoreszenz der Droge und einige gelbe Partikel; die Droge darf jedoch mit Ausnahme einzelner Fasern nicht stark blau leuchten *DAB 10 (Eur), ÖAB 90, Helv VII.*
- Noppen: Noppen stellen weiche Knötchen des Baumwollvlieses dar, die durch Zusammenballen kürzerer Fasern meist schon im Rohstoff vorhanden sind oder sich beim Reinigungsprozeß bilden; sich hart anfühlende Noppen können jedoch Schalenteile enthalten.[42] Zwischen zwei farblosen Glasplatten wird die Droge ausgebreitet und im durchfallenden Licht mit einem Standardreferenzmuster der *PhEur* verglichen; es dürfen nicht mehr Noppen als im Vergleichsmuster detektiert werden *DAB 10 (Eur), ÖAB 90, Helv VII.*
- Saugfähigkeit: Absinkdauer höchstens 10 s *DAB 10 (Eur), USP XXII, ÖAB 90, Helv VII.* Wasserhaltevermögen mindestens 23,0 g Wasser pro Gramm Droge *DAB 10 (Eur), ÖAB 90, Helv VII*; mindestens das 24fache des Eigengewichtes *USP XXII.*
- Wasserlösliche Substanzen: Höchstens 0,50 % *DAB 10 (Eur), ÖAB 90, Helv VII*; höchstens 0,35 % *USP XXII.*
- Etherlösliche Substanzen bestimmt mit der Soxhlet-Apparatur: Höchstens 0,50 % *DAB 10*

(Eur), ÖAB 90, Helv VII; höchstens 0,7% *USP XXII*.
- Tenside: Die wäßrige Prüflösung darf nach einem definierten Schüttelprozeß keinen Schaumring höher als 2 mm aufweisen *DAB 10 (Eur), ÖAB 90, Helv VII*.
- Farbstoffe: Ein alkoholisches Perkolat der Droge muß bestimmten Farbvergleichslösungen entsprechen *DAB 10 (Eur), ÖAB 90, Helv VII*; darf gelblich, aber nicht blau oder grün gefärbt sein *USP XXII*.
- Trocknungsverlust: Höchstens 8,0% *DAB 10 (Eur), ÖAB 90, Helv VII*. Beachtenswert ist die Tatsache, daß Baumwolle mit einem Trocknungsverlust höher als 9% durch Pilzbefall angegriffen und brüchig werden kann.[14]
- Glührückstand: Höchstens 0,20% *USP XXII*.
- Sulfatasche: Höchstens 0,40% *DAB 10 (Eur), ÖAB 90, Helv VII*.
- Faserlänge: Mindestens 60% der Fasern sind 12,5 mm lang oder länger und mindestens 10% sind 6,25 mm lang oder kürzer *USP XXII*.
- Sterilität: Steril nach *USP XXII*.

Wirkwertbestimmung: s. Reinheit: Saugfähigkeit.

Lagerung: In schützender, staubdichter Verpackung, an einem trockenen Ort *ÖAB 90, Helv VII*, da die mikrobielle Güte bei Feuchtlagerung nicht mehr gewährleistet ist.

Anwendungsgebiete: Anwendung als saugfähiger Verbandstoff zur Wundversorgung, zum Aufsaugen von Sekreten, zum Aufbringen von Flüssigkeiten auf Hautareale etc.

Weitere medizinische Verwendung: → Hdb. 1, Kapitel 1 (Verbandstoffe).

Sonst. Verwendung: Häufige Weiterverarbeitung der Droge zu den entsprechenden sterilisierten Watten. Weiterverarbeitung der Watte zu Wattezubereitungen mit speziellen Anwendungsgebieten wie Mullwatte, Polsterwatten, Gehirnwatten, Wattepellets, imprägnierten Watten, Kollodium etc. Im angelsächsischen Raum häufige Verwendung als Füllstoff für Tablettengläser und -flaschen. Filtersäulen aus gereinigter Baumwolle werden zur Aufbereitung von leukocytenarmem Blut für Transfusionszwecke verwendet; der Vorteil gegenüber anderen Filtermaterialien liegt in der Abwesenheit von Pyrogenen und toxischen Substanzen im Eluat.[43] In der Mikrobiologie wird Baumwollwatte wegen der guten Filtereigenschaften gegen Luftkeime als Abdeckmaterial verwendet.

1. Schultze-Motel J (Hrsg.) (1981) Rudolf Mansfeld Verzeichnis landwirtschaftlicher und gärtnerischer Kulturpflanzen (ohne Zierpflanzen), Bd. 2, Springer Verlag, Berlin Heidelberg New York Tokyo, S. 854–857
2. Franke G (1976) Nutzpflanzen der Tropen und Subtropen, Bd. 2, S. Hirzel Verlag, Leipzig, S. 311
3. Wendel JF, Albert VA (1992) Syst Bot 17:115–125
4. Fryxell PA (1968) Brittonia 20:378–386
5. Hag, Bd. IV, S. 1.179–1.186
6. Hgn, Bd. V, S. 31–45
7. Hua ZR, Dong LX (1988) Contraception 37:239–245
8. Wang M (1987) J Ethnopharmacol 20:1–11
9. Glasby JS (1991) Dicitonary of Plants, Taylor and Francis, London New York Philadelphia, S. 294
10. Fryxell PA (1984) Taxon 18:585–591
11. Elliger CA (1984) Phytochemistry 23:1.199–1.201
12. Zem (1985) Bd. 48, S. 203–269
13. Hanny BW, Elmore CD (1980) Phytochemistry 19:137–138
14. Lane HC, Scuster MF (1981) Phytochemistry 20:425–427
15. Cherry JP, Leffler HR (1984) Agronomy 24:511–569
16. Wagner H (1982) Pharmazeutische Biologie: Drogen und ihre Inhaltsstoffe, 2. Aufl., Gustav Fischer Verlag, Stuttgart New York, S. 291
17. Hoppe HA (1977) Drogenkunde, 8. Aufl., Bd. 2, W. de Gruyter Verlag, Berlin New York, S. 546–549
18. Fiedler HP (1989) Lexikon der Hilfsstoffe für Pharmazie, Kosmetik und angrenzende Gebiete, 3. Aufl., Bd. 1, Editio Cantor, Aulendorf, S. 194
19. Mar 28
20. Goulon M, Barrois A, Grosbuis S, Schortgen G (1974) Nouv Presse Med 3:13–18
21. Stecker PG (Hrsg.) (1968) The Merck Index, 8. Aufl., Merck und Co., Rahway/USA, S. 290
22. MI 11
23. Evans E, Nichols PJ (1973) J Pharm Pharmacol 25 (Suppl):141P
24. Peters VM, Campos AL, Andrade ATL, Guerra MO (1980) Reproduction 4:165–170
25. Prakash AO, Mathur R (1976) Indian J Exp Biol 14:623–626
26. Conway GA, Slocumd JC (1979) J Ethnopharmacol 1:241–261
27. Kong YC, Xie J, But PP (1986) J Ethnopharmacol 15:1–44
28. Weniger B, Haag-Berrurier M, Anton R (1982) J Ethnopharmacol 6:64–67
29. Singh YN (1986) J Ethnopharmacol 15:57–88
30. Gill LS, Akinwumi C (1986) J Ethnopharmacol 18:257–266
31. Weniger B, Rouzier M, Dagilh R, Henrys D, Henrys JH, Anton R (1986) J Ethnopharmacol 17:13–30
32. Nadkarni KM (1955) Indian Materia Medica, 3. Aufl., Popular Book Depot, Bombay, S. 587–590
33. Karl J (1983) Phytotherapie, 4. Aufl., Verlag Tibor Marczell, München, S. 167
34. BAz Nr. 29a vom 12.02.1986
35. Müggenburg P (1991) Gesamtkatalog analysierter pflanzlicher Rohstoffe, Müggenburg Extrakt GmbH, Henstadt-Ulzburg, S. 49
36. Beradi LC, Goldblatt LA (1980) Gossypol. In: Liener I (Hrsg.) Toxic constituents of plant foodstuffs, Academic Press, New York, S. 183–237
37. Dogar IA, Ali M, Yaqub M (1988) J Pakistan Med Assoc 38:289–295
38. Bingel AS, Fong HHS (1988) Potential fertility-regulating agents from plants. In: Wagner H, Hikimo H, Farnsworth NR (Hrsg.) Economic and Medicinal Plant Research, Bd. 2, Academic Press, London New York Toronto, S. 73–118
39. Chaturvedi S, Randhawa S, Chaturvedi VP, Khan ZU (1990) J Med Vet Mycol 28:139–145
40. Hag, Bd. VII, S. 877–882
41. Elissalde MH, Stipanovic RD, Ellissalde GS (1985) Am Ind Hyg Assoc J 46:396–401
42. Kom, Bd. 3, S. 3.460
43. Kikugawa K, Minoshima K (1978) Vox-Sang 34:281–290

44. Wang C, Yeung RTT (1985) Contraception 32:237–252
45. Ferguson TL, Wales JH, Sinnhuber RO, Lee DL (1976) Food Cosmet Toxicol 14:15–18
46. Senser F, Scherz H (1991) Der kleine Souci, 2. Aufl., Wissenschaftliche Verlagsanstalt, Stuttgart, S. 97
47. Sheehan ET, Vavich MG (1965) J Nutrition 85:8–12
48. Wang C, Yeung RTT (1985) Contraception 32:237–252
49. Quian SZ (1985) Int J Androl 8:313–324
50. Waller DP, Zaneveld LJD, Farnsworth NR (1985) Gossypol: Pharmacology and current status as a male contraceptive. In: Wagner H, Hikino H, Farnsworth NF (Hrsg.) Economic and Medicinal Plant Research, Bd. 1, Academic Press, London Orlando San Diego New York Toronto Montreal Sydney Tokyo, S. 87–112
51. Eagle E (1960) J Am Oil Chem Soc 37:40–43
52. Guerra OM, Andrade ATL (1978) 18:191–199
53. Aswal BS, Bhakuni DS, Goel AK, Kar K, Mehrotra BN, Mukherjee KC (1984) Indian J Exp Biol 22:312–332
54. Eagle E, Hall CM, Castillon L, Miller CB (1951) J Am Oil Chem Soc 27:300–311
55. Alsberg CL, Schwartze EW (1991) J Pharmacol Exp Ther 13:504–514
56. Tollett JT, Stepphenson EI, Diggs BG (1957) J Anim Sci 16:1.081–1.095
57. Lindner E (1990) Toxikologie der Nahrungsmittel, 4. Aufl., Georg Thieme Verlag, Stuttgart New York, S. 46–49
58. Glander HJ (1988) Zentralbl Gynaekol 110:772–777
59. Zheng DK, Si YK, Meng JK, Zhou J, Huang L (1985) J Chem Soc Chem Comm:168–180
60. Tuszynski GP, Cossu G (1984) Cancer Res 44:768–771
61. Lyman CM, Baliga BP, Slay MW (1959) Arch Biochem Biophys 84:486–497
62. Yu Y (1987) J Ethnopharmacol 20:65–78
63. BHP 83
64. BP 68
65. BPC 59
66. EB 6
67. DAB 10
68. Wang C, Yeung RTT (1985) Andrologia 15:565–570

Hl

Guaiacum

HN: 2000500

Familie: Zygophyllaceae.

Unterfamilie: Zygophylloideae.

Tribus: Zygophylleae.

Gattungsgliederung: Die Gattung Guaiacum L. besteht aus vier Arten: *G. coulteri* Gray, *G. sanctum* L., *G. parvifolium* Planch., *G. officinale* L.[1]

Gattungsmerkmale: Bäume mit 2- bis 14paarigen Blättern mit kleinen, dreieckigen, frühabfallenden Nebenblättern. Blüten bläulich oder rötlich, lang gestielt, einzeln endständig oder in Scheindolden, welche durch Verkürzung der primären und sekundären Achsen von Dichasien oder Wickeln entstanden sind. Kelchblätter 4 bis 5, ungleich groß. Blütenblätter 4 bis 5, verkehrt-eiförmig, abfallend. Discus kaum entwickelt. Staubblätter 8 bis 10, die Staubfäden fadenförmig, nackt; Antheren länglich. Fruchtknoten gestielt, verkehrt-eiförmig oder keulenförmig, zwei- bis fünflappig, zwei- bis fünffächrig, mit pfriemenförmigem Griffel, die einzelnen Fächer mit mehreren (acht bis zehn) hängenden Samen, letztere mit lang ausgezogener Mikropyle. Frucht lederartig, zwei- bis fünflappig oder zwei- bis fünfflügelig, mit einsamigen Fächern. Samen eiförmig, dick, mit dünner Schale. Keimling gerade, mit flachen, eiförmigen Keimblättern und kurzem Stämmchen.[1]

Verbreitung: Vom wärmeren Nordamerika bis nach dem äquatorialen Südamerika.[1]

Inhaltsstoffgruppen: Triterpensapogenine mit dem Aglykon Oleanolsäure;[2] Lignane und Monoepoxylignane,[3] darunter Guajaretsäure und α-Guajaconsäure;[4,5] ätherische Öle mit Guajol.

Drogenliefernde Arten: *G. officinale*, *G. sanctum*: Guaiaci aetheroleum, Guaiaci cortex, Guaiaci lignum, Guaiaci resina, Guaiacum hom. *HAB 1*, Guaiacum hom. *PFX*, Guaiacum hom. *HPUS 88*.

Guaiacum officinale L.

Sonstige Bezeichnungen: Dt.: Franzosenholz, Guajakholzbaum, Heiligenholz, Pockholz, Schlangenholz; engl.: Guaiacum; frz.: Gaïac, Gayac; it.: Guaiaco; span.: Guajacum, Guayacan, Palosanto.[6,7]

Botanische Beschreibung: Immergrüner Baum, bis 13 m hoch, mit kurz gestielten, gegenständigen, lederartigen, zwei- bis dreipaarig gefiederten Blättern; Fiedern schief eiförmig oder länglich, stumpf und ganzrandig. Blüten blaßblau zu sechst bis zehnt in Scheindolden auf 2 cm langen Blütentrieben stehend; Kelch und Krone fünfblättrig; zehn Staubblätter; zweifächeriger Fruchtknoten; Frucht eine zweifächerige, herzförmige, von den Seiten zusammengedrückte Kapsel; in jedem Fach ein Same.

Guaiacum officinale L., Blühender Zweig. Aus Lit.[6]

Inhaltsstoffe: In den Blättern, der Rinde und im Holz sind Saponine[2,8–12] enthalten. Das Holz enthält Lignane;[4,5,13–15] in geringen Mengen ätherisches Öl und Alkaloide.[16,48] Es wurden drei Basen nachgewiesen, jedoch nicht Harman, Harmin oder Harmol. Kautschuk vom Hevea-Typ ist besonders im Kernholz (bis zu 6,5 %), im Splintholz nur in geringen Mengen enthalten. Das Holz von *G. officinale* gilt als kautschukreich. Der Kautschuk tritt nur in den parenchymatischen Gewebeanteilen des Xylems auf. Als Kautschukbegleiter treten bei *G. officinale* Triterpene und das Sesquiterpen Guajol auf.[17]

Verbreitung: An trockenen Standorten auf Kalkböden, in Florida, auf den Antillen, in Guayana, Venezuela und Kolumbien.[49]

Anbaugebiete: Westindische Inseln.[18]

Drogen: Guaiaci aetheroleum, Guaiaci cortex, Guaiaci lignum, Guaiaci resina, Guaiacum hom. *HAB1*, Guaiacum hom. *PFX*, Guaiacum hom. *HPUS88*.

Guaiaci aetheroleum (Guajakholz)

s. unter *Guaiacum sanctum.*

Guaiaci cortex (Heiligenholzrinde)

s. unter *Guaiacum sanctum.*

Guaiaci lignum (Guajakholz)

s. unter *Guaiacum sanctum.*

Guaiaci resina (Guajakharz)

s. unter *Guaiacum sanctum.*

Guaiacum hom. *HAB1*

s. unter *Guaiacum sanctum.*

Guaiacum hom. *PFX*

s. unter *Guaiacum sanctum.*

Guaiacum hom. *HPUS88*

s. unter *Guaiacum sanctum.*

Guaiacum sanctum L.

Synonyme: *G. verticale* ORTEGA.[1]

Sonstige Bezeichnungen: Wie Art *G. officinale.*

Botanische Beschreibung: Immergrüner Baum, bis ca. 9 m hoch, mit drei- bis vierpaarig gefiederten Blättern, Fiedern kurz bespitzt; Frucht fünfflügelig und fünffächrig.

Inhaltsstoffe: Die Inhaltsstoffe entsprechen weitgehend denen der Art *G. officinale.* Das Holz von *G. sanctum* ist weniger harzreich.[1]

Verbreitung: In Florida, auf den Bahama-Inseln, den Antillen, in Guatemala und Südmexiko (Yucatan).[49]

Anbaugebiete: Vorzugsweise auf den Bahama-Inseln.

Drogen: s. Drogen der Art *G. officinale.*

Guaiaci aetheroleum (Guajakholzöl)

Synonyme: Oleum guajaci, Oleum Ligni Guajaci.

Sonstige Bezeichnungen: Dt.: Guajakharzöl, Guajakholzöl; engl.: Oil of Guaiac Wood; frz.: Essence de Bois de Gaiac.

Stammpflanzen: *Guaiacum officinale* L. und *G. sanctum* L.[35]

Herkunft: Kleine Antillen, Bahamas, Dominikanische Republik, Haiti, Jamaika, Kuba, USA (Florida).

Gewinnung: Das Guajakholzöl wird durch Wasserdampfdestillation oder mit gespanntem Wasserdampf aus dem Guajakholz gewonnen. Das durch Wasserdampfdestillation erhaltene Öl ist farblos und wird allmählich fest, das mit gespanntem Wasserdampf erhaltene Öl ist dunkelbraun.[35]

Verfälschungen/Verwechslungen: Das Guajakholzöl des Handels wird heute aus *Bulnesia sarmienti* LORENTS gewonnen.[36,48]

Inhaltsstoffe: *Sesquiterpenalkohol.* Hauptbestandteil des Öls ist Guajol; weiteres nocht nicht erforscht.[36]

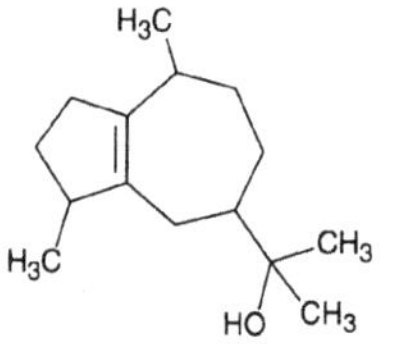

Guajol

Guaiaci cortex (Heiligenholzrinde)

Synonyme: Cortex Guajaci.

Sonstige Bezeichnungen: Dt.: Franzosenholzrinde, Pockholzrinde, Schlangenholzrinde; engl.: Pockwood bark; frz.: Écorce de gaiac.

Stammpflanzen: *Guaiacum officinale* L. und *G. sanctum* L.

Ganzdroge: Unregelmäßige, flache oder schwach gewölbte, harte oder schwere Rindenstücke von 4 bis 6 mm Dicke und etwa 10 cm Länge. Außen graubraun mit gelben Flecken, bei älteren Rinden muschelige Vertiefungen. Die Innenseite hellgelblich, eben, der Länge nach gestreift, mit äußerst feinen, nur mit der Lupe erkennbaren, genäherten horizontalen Querstreifen. Der Bruch kurz, blättrig, auf dem Bruch und auf der Innenfläche zahlreiche glänzende Punkte (Kristalle).

Schnittdroge: *Geruch.* Besonders beim Erwärmen würzig.
Geschmack. Schwach bitter und kratzend, bitterer als beim Holz.
Mikroskopisches Bild. Querschnitt: Außen ein geschichteter Kork aus dünnwandigen Zellen und Steinzellen. Primäre Rinde fehlt bei älteren Rinden. Die fast schachbrettartig gefelderte sekundäre Rinde aus abwechselnd tangentialen, breiten Lagen von Steinzellgruppen (Steinzellen und Bastfasern) und schmalen Parenchymstreifen, radial durchschnitten von sehr zahlreichen, meist einreihigen, durchschnittlich fünf bis zehn Zellreihen hohen Markstrahlen. Die Parenchymstreifen aus meist drei bis vier Reihen in der Länge gestreckter, dünnwandiger Zellen, die häufig lange Oxalateinzelkristalle führen, die anderen mit Stärke. Die Steinzellen sehr stark verdickt, verschieden groß und reichlich porös. In den äußeren Partien der Innenrinde bestehen die sklerotisierten Bänder nur aus Steinzellen, mehr nach innen zu sind diese Steinzellgruppen beiderseits an der Begrenzung zum Parenchymgewebe von etwas längeren, gestreckten Steinzellen begleitet. Im innersten Teil nur farblose Bastfasern, keine der obigen gelblichen Steinzellen. Der innerste Teil der Innenrinde geschichtet; es wechseln drei bis vier Zellreihen starker Parenchymstreifen mit Reihen obliterierter Siebröhrenbündel. Auch hier in sehr großer Anzahl vierseitige, an beiden Enden zugespitzte, prismatische Oxalateinzelkristalle.
Auf dem Längsschnitt sind alle Rindenparenchymzellen sehr regelmäßig in Reihen stockwerkartig übereinander angeordnet und völlig gleich lang.

Inhaltsstoffe: *Triterpensaponine.*[2,11,12,45] Die Rinde von *G. officinale* enthält neben dem Aglykon Oleanolsäure noch weitere Triterpensapogenine: Nortriterpensapogenin 3-*O*-[α-L-Arabinopyranosyl]-30-norolean-12,20(29)-dien-28-carbonsäure, 3β,20ζ-Dihydroxy-30-norolean-12-en-28-carbonsäure ($C_{29}H_{46}O_4$), Larreagenin A (ein Triterpen, welches erstmalig aus *Larrea divaricata* isoliert worden war) und Officigenin ($C_{60}H_{92}O_9 \cdot H_2O$), ein Ester, der aus den beiden Triterpenoiden 3β,29-Dihydroxyolean-12-en-28-carbonsäure (= Mesembryanthemoidigensäure) und 3β,24-Dihydroxyolean-12-en-28,29-dicarbonsäure besteht, welche bei der alkalischen Hydrolyse entstehen.

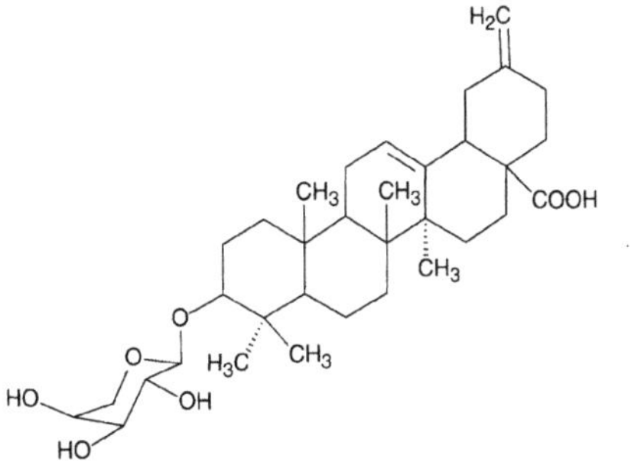

3-*O*-[α-L-Arabinopyranosyl]-30-norolean-12,20(29)-dien-28-carbonsäure

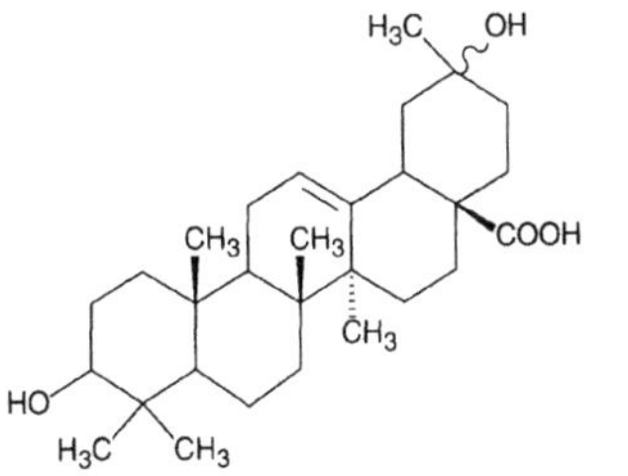

3β,20ζ-Dihydroxy-30-norolean-12-en-28-carbonsäure

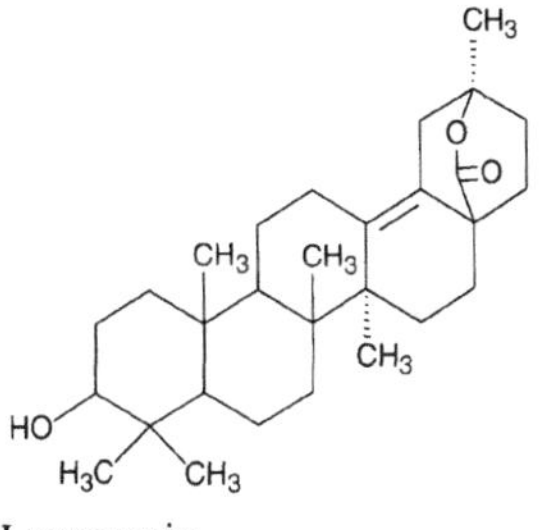

Larreagenin

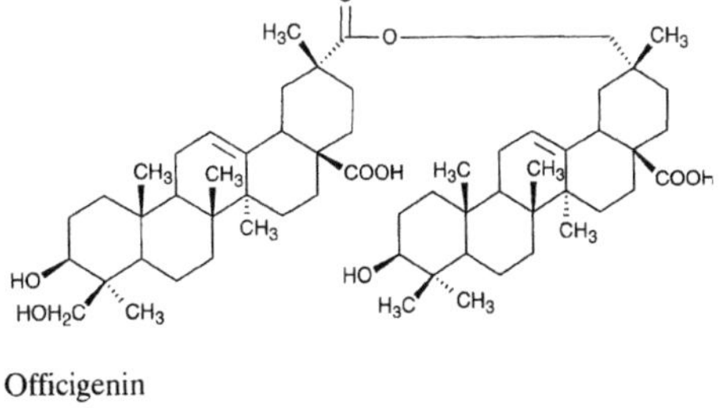

Officigenin

Sterine. Sitosterin und Sitosterin-D-glucosid.

Volkstümliche Anwendung und andere Anwendungsgebiete: In Mexico wird die Rinde innerlich bei Gicht, Rheuma und Geschlechtskrankheiten verwendet; Rindenextrakte werden als diuretisch und diaphoretisch wirkende und stoffwechselanregende Mittel verwendet. Äußerlich wird die Rinde bei Hautaffektionen verwendet.[46] Die Wirksamkeit bei den genannten Anwendungsgebieten ist gegenwärtig nicht belegt.

Guaiaci lignum (Guajakholz)

Synonyme: Lignum Guajaci.

Sonstige Bezeichnungen: Dt.: Franzosenholz, Guaiacum-officinale- bzw. Guaiacum-sanctum-Holz, Guajakholz, Heiligenholz, Pockholz, Schlangenholz;[19] engl.: Guaiacum Wood; frz.: Bois de gaïac; port.: Lenha di guaiaco; span.: Leño de guayaco.

Monographiesammlungen: Lignum Guajaci *DAB6, Helv V, BPC 49.*

Definition der Droge: Kern- und Splintholz *DAB6*, das Kernholz soll in der geschnittenen Droge überwiegen *Helv V*.

Stammpflanzen: *Guaiacum officinale* L., welches die Hauptmasse der Droge liefert, und *G. sanctum* L.

Herkunft: Vorwiegend von den westindischen Inseln, besonders von der Insel Gonaive (vor der Westküste von Haiti).[18]

Handelssorten: Im Großhandel in bis zu 30cm dikken, schweren (relative Dichte d = 1,3), von der Rinde befreiten Stamm- und Zweigstücken, im Kleinhandel geraspelt oder geschnitten.

Ganzdroge: Holz an der entrindeten Oberfläche bogig bis wellig gestreift, Splint gelblichweiß und vom grünlichbraunen Kernholz scharf abgegrenzt. Das gegenüber dem Splint harzreichere Kernholz ist sehr hart und schlecht spaltbar, was auf dem schichtweise schiefen, entgegengesetzten Faserverlauf beruht. Das gespaltene Holz zeigt demzufolge zackige und splitterige Bruchstellen. Es zeichnet sich durch eine große Dauerhaftigkeit und Zähigkeit sowie eine hohe Dichte aus. Die anfänglich hellere Farbe des Kernholzes dunkelt an der Luft und am Licht infolge Oxidation des Harzes nach und wird grünbraun. Keine Jahresringe. Die unregelmäßigen, konzentrischen Zonen rühren von ungleichmäßiger Einlagerung des das Holz färbenden Harzes her. Die Gefäße sind für das freie Auge nur im inneren Splintholz als grüne Punkte erkennbar, im Kern und im äußeren Splint meist nur mit der Lupe sichtbar. Die Gefäße des äußeren Splints sind offen, die des Kerns mit Harz gefüllt.[20]

Schnittdroge: *Geschmack.* Schwach kratzend.[50]
Geruch. Beim Erwärmen aromatisch, etwas an Benzoe erinnernd.[21]
Splintholz fast geruch- und geschmacklos.
Mikroskopisches Bild. Die Hauptmasse wird von stark verdickten, langen, vielfach gekrümmt verlaufenden Holzfasern mit schrägen Spaltentüpfeln gebildet. Die kurzgliedrigen Gefäße in den Holzstrahlen sind groß und mit vielen kleinen Holztüpfeln versehen, oft den Zwischenraum zwischen zwei Markstrahlen ausfüllend. Die Markstrahlen einreihig, drei bis sechs Zellen hoch. Das Holzparenchym verläuft in tangentialen, ein bis zwei Zellen breiten Streifen. In den Parenchymzellen befinden sich Stärkekörner und einzelne Oxalatkristalle. Die Gefäße sind mit alkohollöslichem Harz erfüllt.[22]

Pulverdroge: Hauptsächlich Bruchstücke sehr stark verdickter, langer, hin- und hergebogener und fest verflochtener Sklerenchymfasern; weniger häufig Fragmente sehr breiter, einzelnstehender, dickwandiger, kurzgliedriger Gefäße, meist von Holzparenchym umgeben. Querschnittstücke mit meist einreihigen Markstrahlen, diese auf Längsschnitten bis sechs, meist vier Zellen hoch. Die Ge-

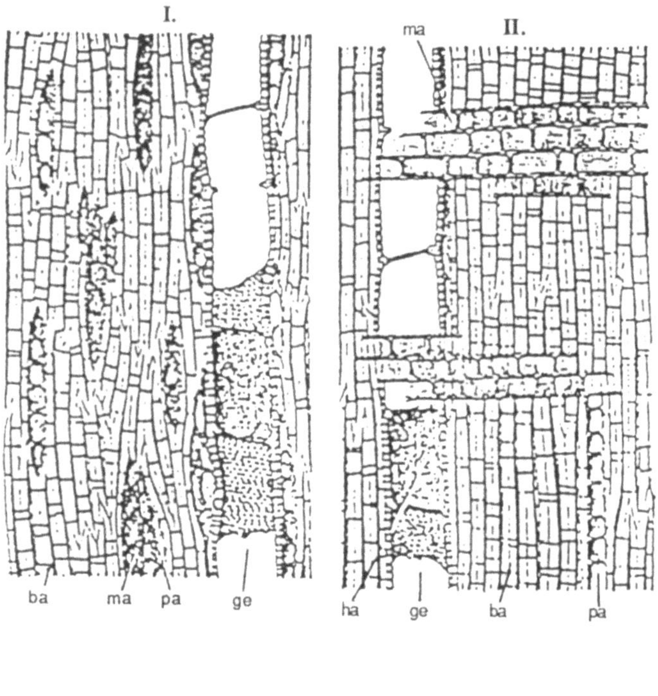

Lignum Guaiaci. *I* Tangentialer Längsschnitt; *II* Radialer Längsschnitt. *ba* Libriformfasern; *ma* Markstrahlen; *pa* Holzparenchym; *ge* Gefäße, *ha* einzelne Gefäßglieder mit Harz erfüllt. Aus Lit.[51]

fäße mit hellbraunem, selten ziegelrotem Harz erfüllt.

Minderqualitäten: Droge, bei der gewichtsmäßig der Anteil an Splintholz überwiegt. Begründung: Mit dem Verhältnis Kernholz zu Splintholz ändert sich die chemische Zusammensetzung quantitativ; Kernholz enthält vorwiegend Harz mit Lignanen, Splint hingegen Saponine.

Inhaltsstoffe: *Harz.*[20,48] Das Holz enthält 15 bis 25 % Harz. Die Schwankungen sind oft bedingt durch einen höheren Gehalt an Splintholz. Da das Splintholz nur ca. 2 bis 3 %, das Kernholz dagegen etwa 25 % Harz enthält, bedeutet ein höherer Gehalt an Splintholz eine beträchtliche Verminderung des Harzgehaltes.
Ätherisches Öl. Die Droge enthält nur geringe Mengen ätherischen Öls.[48]
Triterpensaponine. Guajaksaponine mit dem Aglykon Oleanolsäure. Das Splintholz enthält mehr Saponine als das Kernholz.[2,9,11,23]

Zubereitungen: Guaiaci Ligni Tinctura 1:5 (Tinctura Guajaci Ligni, Guajakholztinktur *EB6*); Extractum Guaiaci.[25] Guajakholztinktur nach *Helv IV*: 100 Teile grobgepulvertes Guajakholz werden mit verdünntem Weingeist (70 %) durchfeuchtet und mit weiteren Mengen davon perkoliert, bis 500 Teile Tinktur erhalten werden.

Identität: s. Lit.[14,15]
- Prüfung auf Lignane mittels des Guajaconsäuretestes:

Schüttelt man 0,2 g Guajakholz mit 5 mL Weingeist 10 s lang und versetzt das Filtrat mit 1 Tr. Kupfersulfatlösung und 2 Tr. 0,1 N Ammoniumrhodanidlösung, so entsteht eine tiefblaue Färbung *DAB6*. Kocht man 0,2 g des zerkleinerten Kernholzes mit 5 mL Weingeist aus, filtriert und schüttelt das Filtrat mit Bleiperoxid, so färbt sich die Flüssigkeit tiefblau (Guajaconsäure) *Helv V*.
α-Guajaconsäure (= Furoguajacin) reagiert mit Oxidationsmitteln zu bis-Methylenchinon (= Furoguajacinblau = Guajakblau) (s. Formelübersicht Inhaltsstoffe der Droge Guaiaci resina). Die Lösung ist tiefblau gefärbt. Die Blaufärbung verschwindet nach Zugabe von Säuren oder Basen.
- Prüfung auf Saponine (Schaumtest):[9]

Die Abkochung von einem Teil Guajakholz und fünf Teilen Wasser trübt sich beim Erkalten und gibt beim Schütteln einen bleibenden weißen Schaum *DAB6*.
Diese Bestimmung ist sehr unspezifisch, da auch Nichtsaponine schäumen können.[26]

Reinheit:
- Extraktgehalt: Mind. 18 % *BPC49*.
- Asche: Höchstens 2 % *Helv V*.

Lagerung: Vor Licht geschützt *Helv V*.

Wirkungen: *Fungistatische Wirkung.*[27] Saponinhaltige Methanolextrakte der Droge zeigen *in vitro* fungistatische Wirkung gegen drei von vier getesteten Pilzarten (*Piricularia oryzae*, *Trichothecium roseum*, *Claviceps purpurea*) und eine partielle Wirkung gegen *Polyporus versicolor* (Kanaltest gegen wachsende Pilzhyphen auf Malz-Pepton-Agar pH 5,4). Die Hemmzonen betrugen 3 bis 10 mm. Die Wirkung wird *in vitro* durch Cholesterin verringert.

Anwendungsgebiete: Unterstützende Behandlung rheumatischer Beschwerden.[28]

Dosierung und Art der Anwendung: *Droge.* Gebräuchliche Einzeldosis der Droge:
Innerlich; 1,5 g Droge als Abkochung;[25] die Droge wird mit kaltem Wasser (1 Tasse = ca. 150 mL) übergossen, langsam zum schwachen Sieden erhitzt und nach 15 min durch ein Teesieb gegeben. Mittlere Tagesdosis 4,5 g Droge.[28] *Zubereitung.* Guaiaci Ligni Tinctura (Tinctura Guajaci ligni *EB6*) 20 bis 40 Tropfen pro dosi.[29]

Volkstümliche Anwendung und andere Anwendungsgebiete: Weitgehend obsolet; nur als Bestandteil der diuretischen Mischung Species Lignorum. Früher gegen Gicht, Rheuma, Syphilis, Atemwegserkrankungen und Hautleiden eingesetzt.[6,30] In Zentralamerika und der Karibik wird es auch heute noch bei Syphilis, Hautleiden und rheumatischen Beschwerden eingesetzt.[7] Die Wirksamkeit bei den meisten dieser Anwendungsgebiete, mit Ausnahme der rheumatischen Beschwerden,[28] ist nicht belegt.

Unerwünschte Wirkungen: Keine bekannt.[28]

Gegenanzeigen/Anwendungsbeschr.: Keine bekannt.[28]

Wechselwirkungen: Keine bekannt.[28]

Weitere medizinische Verwendung: Als Mundwasserzusatz: "In Mundspülwasser gebracht, finden kolloidale Ausscheidungen statt, die sich an der Mundschleimhaut festsetzen und dort infolge des Gehalts an ätherischem Öl keimentwicklungshemmend wirken."[31]

Toxikologische Daten: *Pflanzengiftklassifizierung.* Gesicherte Kenntnisse über die Toxikologie des Guajakholzes liegen nicht vor. Nach Lit.[32] wird es unter "giftig + " eingeordnet.

Sonst. Verwendung: *Industrie/Technik.* Zur Herstellung des Harzes (s. Droge Guaiaci resina), zu Tischler- und Drechslerarbeiten (z. B. von Kegelkugeln), für Zwecke, bei denen es auf große Widerstandsfähigkeit gegen Reibung ankommt, z. B. für Seilscheiben, für die Herstellung von Lagerschalen für Schiffsschraubenwellen und Maschinen der Nahrungsmittel- und Textilherstellung.[17,33,34]

Gesetzl. Best.: *Offizielle Monographien.* Aufbereitungsmonographie der Kommission E am BGA "Guajaci lignum (Guajakholz)".[28]

Guaiaci resina (Guajakharz)

Synonyme: Resina Guajaci.

Sonstige Bezeichnungen: Dt.: Guajacum, Guajakharz, Gummi Guajaci; engl.: Guajacum resin; frz.: Résine de gaiac; port.: Resina de guaiaco, Resina de lenha santo; span.: Resina de Guayaco.

Monographiesammlungen: Resina Guajaci *EB6*, *Helv V*; Guaiaci Resina *Ital VI*, *Belg IV*; Résine de gaiac *CF37*; Guaiacum Resin *BPC49*.

Definition der Droge: Das Harz des Kernholzes.

Stammpflanzen: *Guaiacum officinale* L. und *G. sanctum* L.

Herkunft: Der überwiegende Teil der Handelsware wird auf der Insel Gonaive gewonnen.

Gewinnung: Das Guajakharz ist das entweder freiwillig ausfließende oder durch künstlich angelegte Einschnitte austretende Harz. Da die Menge des freiwillig austretenden Harzes sehr gering ist, hat es für den Handel keine große Bedeutung. Durch Einschnitte in das Kernholz tritt das Harz in verstärktem Maße aus. Es erstarrt nach dem Austritt zu Körnern von einem Durchmesser von bis zu 5 cm (Resina Guajaci in lacrimis (granis)). Der überwiegende Teil der Handelsware wird jedoch durch Schwelung der mit Einschnitten versehenen Stämme gewonnen (Resina Guajaci in massis (naturalis)). Auch wird das zerkleinerte Holz mit Salzwasser gekocht und das auf der Oberfläche sich ansammelnde Harz nach Erkalten abgenommen. Ferner kann es durch Extraktion mit Alkohol oder anderen Lösungsmitteln gewonnen werden. Mit Holz- und Rindenstückchen stark verunreinigtes oder durch Alkoholextraktion gewonnenes Harz wird pharmazeutisch nicht verwendet. Durch Lösen in Weingeist und Eindampfen der Lösung gewinnt man ein gereinigtes Harz, Resina Guajaci depurata. Ein für analytische Zwecke verwendetes Harz reagiert am empfindlichsten, wenn es durch Extraktion mit Chloroform hergestellt wird.[18,37,38]

Handelssorten: Resina Guajaci in lacrimis ist eine sehr gute, aber seltene Ware. Sie kommt in walnußgroßen, kugeligen oder fast kugeligen, dunkelrotbraunen, außen schmutzig grünlich bestäubten Körnern oder Tränen vor. Resina Guajaci in massis, die Hauptsorte des Handels, wird pharmazeutisch verwendet. Sie bildet tief rötlichbraune oder grünlichbraune, harte, spröde Stücke mit glänzendem Bruch.[52] Diese Sorte ist meist mit Holz- und Rindenstückchen verunreinigt.

Ganzdroge: Beschreibung s. Handelssorten.

Schnittdroge: *Geruch.* Besonders beim Erwärmen benzoeartig angenehm.
Geschmack. Scharf und kratzend.
Sie ist gekennzeichnet durch die grünlich bestäubten, glasigen, glänzenden, rotbraunen Splitterchen.

Pulverdroge: Das aus dem Harz hergestellte Pulver ist frisch bereitet weißlich, färbt sich aber durch Oxidation an der Luft grün und blau, im Licht rötlichbraun.

Verfälschungen/Verwechslungen: Resina Terebinthinae wurde beobachtet.

Inhaltsstoffe: Ca. 15 % des Harzes sind in Petrolether und ca. 70 % in Ether löslich.[15,48] Die petroletherlösliche Fraktion besteht aus (–)-Guajaretsäure (= Dehydroguaialignan) und Dihydroguajaretsäure, die etherlösliche Fraktion aus Dehydroguajaretsäure, Guajacin, Isoguajacin, Furoguajacin (= Dehydroguaiamonoepoxylignan, identisch mit α-Guajaconsäure[14]), Methylfuroguajacin (= 4'-Methyldehydroguaiamonoepoxylignan) und die Tetrafuroguajacine A und B.[3,5,13] Geringe Mengen ätherisches Öl. Vgl. a. Identität der Droge Guaiaci lignum "Guajaconsäuretest".

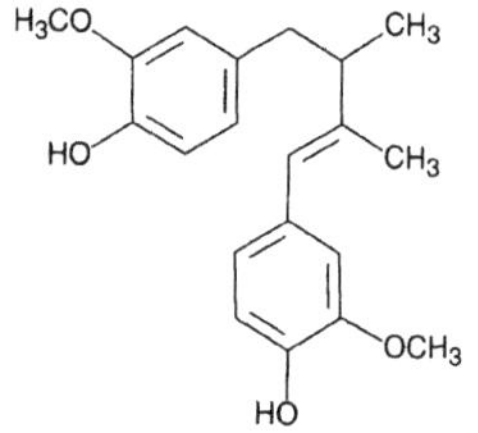

Guajaretsäure

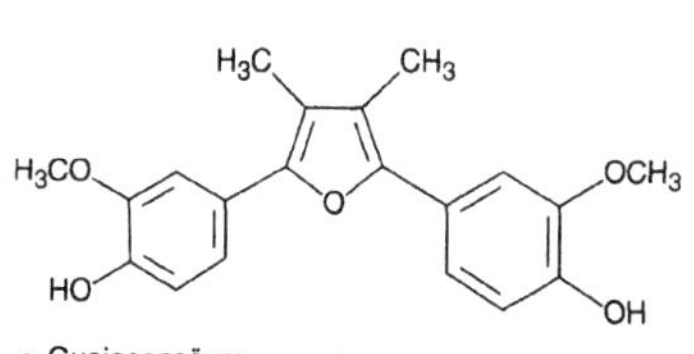

α-Guajaconsäure

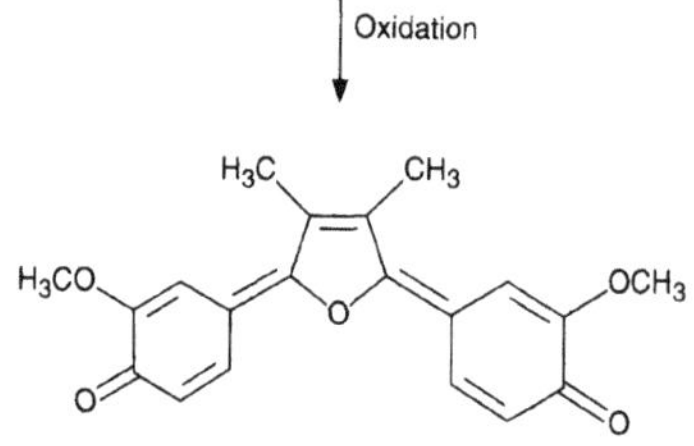

Guajakblau

Zubereitungen: Guaiaci Resinae Tinctura (Tinctura Guajaci resinae, Guajakharztinktur *EB6*):
20 g Guajakharz werden in einem geschlossenen Kolben mit 100 mL Äthanol 80 % (*V/V*) unter gelegentlichem Umschütteln zehn Tage lang mazeriert; anschließend wird filtriert.[52]

Identität:
- Phenolreaktion: Die alkoholische Drogenlösung gibt mit Eisen(III)chlorid zunächst eine tiefblaue Farbe, die nach und nach über Grün in Gelb übergeht.
- Guajaconsäuretest: Die Mischung von 5 mL einer einprozentigen alkoholischen Lösung mit 5 mL Wasser wird durch Schütteln mit 0,02 g Bleiperoxid tiefblau; in der abfiltrierten Flüssigkeit bringen sowohl verdünnte Säuren als auch Erwärmen die blaue Farbe zum Verschwinden. Die blaue Farbe tritt aber wieder hervor, wenn man nochmals Bleiperoxid zu der durch Erwärmen entfärbten Flüssigkeit hinzusetzt *Helv V*.

Reinheit: Vgl. Identität der Droge Guaiacum hom. *HAB1*.
- Extraktgehalt: In Alkohol (90 %) unlösliche Anteile max. 15 % *BelgIV*; petrolätherlösliche Anteile max. 10 % *EB6*.
- Asche: Max. 1 % *Helv V*; 2 % *EB6*; 4,4 % *BelgIV*.
- Optische Drehung: α_D ca. –17° *PF37*.

Bestimmung der optischen Drehung nach *CF37*: Eine Lösung von 4g Guajakharz in Alkohol (95%) zu 100mL wird mit Kohle entfärbt und die optischen Drehung in einem 20-cm-Rohr bestimmt. Berechnung s. *CF37*.
- SZ: 89 bis 97.
- Nach *EB6* darf sich ein Petrolätherextrakt, mit Kupferacetat geschüttelt, nicht blau oder grün färben (Colophonium). Die meisten anderen Arzneibücher verlangen ähnliche Prüfungen.

Lagerung: Vor Licht geschützt in gut schließenden Behältern, nicht in gepulvertem Zustand *Helv. V*.

Resorption: Das Guajakharz wird nur sehr wenig, wenn überhaupt resorbiert. Der größte Teil wird über die Faeces ausgeschieden, der Rest im Colon zerstört.[40]

Volkstümliche Anwendung und andere Anwendungsgebiete: In Zentralamerika und auf den Antillen genau wie die Droge Guaiaci lignum bei Syphilis, Hautleiden und Rheumatismus.[7] Die Wirksamkeit bei diesen Anwendungsgebieten ist nicht belegt.

Dosierung und Art der Anwendung: *Droge*. Mittlere Einzelgabe als Einnahme 0,3 g.[53] Einnahme zweibis dreimal täglich.[25] *Zubereitung*. 30 bis 50 Tropfen pro dosi der Tinktur.[29]

Weitere medizinische Verwendung: Das Harz stellt ein empfindliches Reagenz auf Oxydasen und Peroxydasen dar. Die Guajaktinktur als Reagenz nach *PhEur* dient zum Nachweis von Blut im Harn oder Stuhl (Haemoccult-Test nach Greegor).[52]
Bei Verwendung der Guajaktinktur zum Nachweis von Blut im Stuhl kann es zu falsch positiven Ergebnissen kommen, da neben der α-Guajaconsäure auch andere Verbindungen vorkommen, die sich oxidieren lassen. Daneben gibt es noch andere Inhaltsstoffe, die die Indikatorreaktion hemmen können.[24,39]

Chronische Toxizität: *Mensch*. Vier weibliche und sieben männliche Probanden erhielten 50 bzw. 100 mg Guajakharz täglich während eines Untersuchungszeitraumes von 18 bis 104 Wochen. Als Parameter wurden bestimmt: die Erythrocyten- und Leukocytenzahlen, der Hämoglobingehalt, die Nieren- und Darmtätigkeit, das Körpergewicht und der allgemeine Gesundheitszustand. Alle untersuchten Parameter blieben während des gesamten Untersuchungszeitraumes unverändert.[41] *Tier. Kurzzeituntersuchungen*. Ratten: Vier Gruppen mit je zehn Ratten erhielten eine Diät, die 10% Schweinefett enthielt, dem kein, 0,05%, 0,5% oder 5% Guajakharz beigemengt war. Dies entspricht einem Guajakharzgehalt der Gesamtdiät von 0%, 0,005%, 0,05% bzw. 0,5%. Auswirkungen dieser Diät auf die Wachstumsrate der Tiere konnten in einem Versuchszeitraum von 41 Wochen nicht festgestellt werden.[41]
Hunde, Katzen: Erwachsene Hunde und Katzen, die über 63 bis 103 Wochen (Hunde) bzw. 34 bis 117 Wochen (Katzen) täglich Guajakharz (500 mg oder 1.000 mg) mit dem Futter erhalten hatten, zeigten keine Veränderungen des Körpergewichtes, des allgemeinen Verhaltens oder im Erscheinungsbild. Die Zahl der roten und weißen Blutkörperchen blieb normal. Mikroskopische Untersuchungen zeigten keine Veränderungen der Mukosa, der Lungen, der Leber, der Nieren und der Milz.[41]
Langzeitstudie. In einer Lebenszeitstudie wurden 40 Ratten mit einer Diät gefüttert, die Schweinefett enthielt, dem Guajakharz in verschiedenen Konzentrationen beigemischt worden war. Die beigefügten Konzentrationen entsprachen einem Guajakharzgehalt der Gesamtdiät von 0%, 0,005%, 0,05% bzw. 0,5%. Die zweite und dritte Generation dieser Versuchsratten wurde ebenfalls während ihrer gesamten Lebenszeit auf dieser Diät gehalten. Es zeigten sich keine Unterschiede zwischen den Versuchsgruppen und der Kontrollgruppe im Körpergewicht, der Wachstumsrate, der Lebenserwartung, der Reproduktionsrate und bei pathologischen Untersuchungen.[41] In einer weiteren Studie wurden Ratten zwei Jahre lang auf einer Diät gehalten, die kein bzw. 0,5% Guajakharz enthielt. Auch nach dieser Zeit konnte zwischen Versuchs- und Kontrollgruppe kein Unterschied in der Wachstumsrate, der Mortalität und bei pathologischen Untersuchungen festgestellt werden.[41]

Toxikologische Daten: *LD-Werte*. LD_{50}: Mäuse: p.o. und i.p. > 2.000 mg/kg KG;
Ratten: p.o. > 5.000 mg/kg KG;
Meerschweinchen: p.o. 1.120 mg/kg KG.[42]

Sonst. Verwendung: *Industrie/Technik*. In der Lebensmittelindustrie wird das Harz als Antioxidans zur Haltbarmachung vorwiegend tierischer Fette oder einer Kombination solcher Fette und pflanzlicher Öle verwendet.[30,40,43]
Bei Verwendung als "Food Additive" soll der ADI (acceptable daily intake)-Wert von maximal 2,5 mg/kg Körpergewicht berücksichtigt werden.[44]

Guaiacum hom. *HAB 1*

Monographiesammlungen: Guaiacum *HAB 1*.

Definition der Droge: Das durch Ausschmelzen des Kernholzes gewonnene Harz.

Stammpflanzen: *Guaiacum officinale* L. und *G. sanctum* L.

Zubereitungen: Urtinktur und flüssige Verdünnungen nach *HAB 1*, Vorschrift 4a durch Mazeration der zerkleinerten Substanz mit Ethanol 86% (*m/m*). Eigenschaften: Die Urtinktur ist eine rostbraune Flüssigkeit von benzoeartigem Geruch und unangenehm kratzendem Geschmack.
Darreichungsformen: Urtinktur, flüssige Verdünnungen, Streukügelchen, Verreibungen, Tabletten, flüssige Verdünnungen zur Injektion, Salben.[47]

Identität: Prüflösung: 1 g Substanz wird mit 10 mL Äthanol 86% zehn Minuten lang gerührt; anschließend wird filtriert.
- Unbeständige Blaufärbung der Prüflösung nach Zugabe von Eisen(III)chlorid-Lösung;

- beim Schütteln der mit Wasser verdünnten Prüflösung bildet sich ein hellbräunlicher, lang anhaltender Schaum;
- Ausschüttelung der mit Wasser verdünnten Prüflösung mit Chloroform, Einengen der organischen Phase zur Trockene, Violettfärbung nach Zugabe von Schwefelsäure;
- Blaufärbung der Prüflösung nach Zugabe von Kupfer(II)sulfat und Ammoniumthiocyanat.

Dünnschichtchromatographie *HAB 1*:
- Untersuchungslösung: Prüflösung;
- Vergleichslösung: Vanillin und Brenzcatechin in Methanol;
- Sorptionsmittel: Kieselgel HF_{254};
- Fließmittel: Toluol-Chloroform-Methanol (80 + 10 + 10), Zweifachentwicklung;
- Detektion: Direktauswertung im UV 254 nm, anschließend Besprühen mit Antimon(III)chloridlsg. und Auswertung im Vis;
- Auswertung: Das Vanillin besitzt im UV 254 nm einen R_{st}-Wert von 1,7, bezogen auf den graubräunlichen Fleck des Brenzcatechins: R_{st} 1,0. Das Chromatogramm der Untersuchungslösung zeigt im Tageslicht folgende Flecke (bezogen auf Brenzcatechin): R_{st} 0,61 (gelb), R_{st} 0,67 (rötlich), R_{st} 0,90 (gelb) und R_{st} 1,12 (violett).

Reinheit: *Urtinktur.*
- Relative Dichte *(PhEur)*: 0,850 bis 0,863.
- Trockenrückstand *(DAB)*: Mindestens 8,0 und höchstens 9,9 %.

Lagerung: *Urtinktur.* Vor Licht geschützt.

Anwendungsgebiete: Entsprechend dem homöopathischen Arzneimittelbild.
Dazu gehören: Mandel- und Rachenentzündung; Entzündungen der Bronchien und Lunge; Rheumatismus; Gicht.

Dosierung und Art der Anwendung: *Zubereitung.* Soweit nicht anders verordnet: Bei akuten Zuständen häufige Anwendung alle halbe bis ganze Stunde je 5 Tropfen oder 1 Tablette oder 10 Streukügelchen oder 1 Messerspitze Verreibung einnehmen; parenteral 1 bis 2 mL bis zu 3mal täglich s. c. injizieren; Salben 1- bis 2mal täglich auftragen. Bei chronischen Verlaufsformen 1- bis 3mal täglich 5 Tropfen oder 1 Tablette oder 10 Streukügelchen oder 1 Messerspitze Verreibung einnehmen; parenteral 1 bis 2 mL pro Tag s. c. injizieren; Salben 1- bis 2mal täglich auftragen.[47]

Unerwünschte Wirkungen: Nicht bekannt.
Hinweis: Es können vorübergehend Erstverschlimmerungen vorkommen, die jedoch unbedenklich sind.[47]

Gegenanzeigen/Anwendungsbeschr.: Nicht bekannt.[47]

Wechselwirkungen: Nicht bekannt.[47]

Gesetzl. Best.: *Offizielle Monographien.* Aufbereitungsmonographie der Kommission D am BGA.[47]

Guaiacum hom. *PFX*

Monographiesammlungen: Guaiacum pour préparations homéopathiques *PFX*.

Definition der Droge: Das getrocknete, aus dem eingeschnittenen Holz unter Hitzeeinwirkung als Exsudat ausgetretene Harz.

Stammpflanzen: *Guaiacum officinale* L. oder *G. sanctum* L.

Zubereitungen: Urtinktur mit Ethanol nach der Monographie "Préparations homéopathiques" *PFX*; Eigenschaften: Die Urtinktur ist eine braunrote Flüssigkeit mit einem an Vanille und Benzoe erinnernden Geruch und einem an Vanille erinnernden, später scharf und brennend werdenden Geschmack; Ethanolgehalt 90 % *(V/V)*.

Identität: Die Nachweise werden mit einer 10 %igen ethanolischen Lösung der Droge oder mit der Urtinktur durchgeführt: Auf Zusatz der 15fachen Menge Wasser entsteht eine erhebliche milchige Trübung. Die mit Ethanol verdünnte Prüflösung ergibt auf Zusatz von Eisen(III)chloridlsg. eine blaue Färbung, die über grün in gelb übergeht. Der Trockenrückstand der Chloroformausschüttelung der mit Wasser versetzten Prüflösung färbt sich mit Schwefelsäure violett. Mit 2 Tr. Kupfersulfatlsg. und 1 Tr. 0,1 N Ammoniumthiocyanatlsg. ergibt die mit Ethanol verdünnte Prüflösung eine blaue Färbung.

Reinheit: *Droge.*
- Sulfatasche: Höchstens 2 %.

Urtinktur.
- Trockenrückstand: Mindestens 7,0 %.
- DC einer 10 %igen ethanolischen Lösung der Droge bzw. der Urtinktur: a) Referenzsubstanz: Vanillin; b) Sorptionsmittel: Kieselgel C; c) FM: Dichlormethan-Isopropylether (30 + 20); d) Detektion: Direktauswertung im Vis und im UV 365 nm, anschließend Besprühen mit ethanolischer Phloroglucinlsg. 1 % *(m/V)* und Auswertung im Vis; e) Auswertung: Sowohl bei der Direktauswertung im Vis und im UV 365 als auch nach dem Besprühen jeweils eiin charakteristisches Muster unterschiedlich gefärbter Zonen mit definierten Rf-Werten im Vergleich zur Referenzsubstanz.

Guaiacum hom. *HPUS88*

Monographiesammlungen: Guaiacum *HPUS88*.

Definition der Droge: Das Harz.

Stammpflanzen: *Guaiacum officinale* L. und *G. sanctum* L.

Zubereitungen: *Urtinktur.* Herstellung durch Mazeration oder Perkolation der frischen oder getrockneten Droge mit EtOH nach den allg. Zubereitungsvorschriften (Class C) der *HPUS88*. Ethanolgehalt 90 % (*V/V*).

Gehalt: *Urtinktur.* Arzneigehalt $^{1}/_{10}$.

1. Engler A, Prantl K (1897) Die natürlichen Pflanzenfamilien, Bd. III, Teil 4, S. 76–82
2. Ahmad VU, Bano N, Bano S (1986) Phytochemistry 25:951–952
3. Weinges K, Spänig R (1967) Lignans und Cyclolignans. In: Taylor WS, Battersby AR. Oxidative coupling of phenols, Marcel Dekker, New York, S. 324–355
4. Auterhoff H, Schulz W, Ulrich H (1969) Arch Pharm 302:545–554
5. King FE, Wilson JG (1964) J Chem Soc:4.011–4.024
6. Madaus G (1976) Lehrbuch der Biologischen Heilmittel, Bd. II, Olms, Hildesheim New York
7. Hirschhorn HH (1981) J Ethnopharmacol 4:129–158
8. Wedekind E, Schicke W (1931) Z Physiol Chem 195:132–138
9. Zumbruch HJ (1931) Über die Bedeutung des Saponins für die systematische Gliederung der Zygophyllaceen-Gattungen, Inaugural-Dissertation, Berlin
10. Luft G (1926) Die Verteilung der Saponine und Gerbstoffe in der Pflanze, zit. nach Lit.[9]
11. Ahmad VU, Bano N, Bano S (1984) Phytochemistry 23:2.613–2.616
12. Ahmad VU, Bano N, Bano S (1984) J Nat Prod 47:977–982
13. King FE, Wilson JG (1965) J Chem Soc:1.572–1.580
14. Kratochvil JF, Burris RH, Seikel MK, Harkin JM (1971) Phytochemistry 10:2.529–2.531
15. Auterhoff H, Kühl J (1966) Arch Pharm 299:618–626
16. Borkowski B, Frenclowa I, Grochocinska Z (1964) CA 61:2904
17. Sandermann W, Dietrichs HH, Simatupang MH, Puth (1963) Holzforschung 17:161–168
18. Berger F (1964) Handbuch der Drogenkunde, Bd. VI, Wilhelm Maudrich, Wien
19. Synonymen-Verzeichnis zum Arzneibuch, 2. Ausg. (1987) Deutscher Apotheker Verlag, Stuttgart, Govi-Verlag, Frankfurt/Main
20. Berger F (1952) Handbuch der Drogenkunde, Bd. III, Wilhelm Maudrich, Wien
21. Gilg E, Brandt W (1922) Lehrbuch der Pharmakognosie, 3. Aufl., Julius Springer, Berlin
22. Fischer R, zit. nach Lit.[20]
23. Winterstein A, Stein G (1931) Z Physiol Chem 199:64
24. Mar 29
25. Pharmazeutische Stoffliste (1988) Arzneibüro der Bundesvereinigung Deutscher Apothekerverbände (ABDA), Frankfurt/Main
26. Kofler L (1922) Pharm Monatshefte 3:8
27. Wolters B (1966) Dtsch Apoth Ztg 106:1.729–1.733
28. BAz Nr. 76 vom 23.4.1987
29. Karl J (1983) Phytotherapie, 4. Aufl., Tibor Marczell, München
30. Braun H, Frohne D (1987) Heilpflanzen-Lexikon, 5. Aufl., Gustav Fischer Verlag, Stuttgart
31. Schwarz H (1954) Seifen, Oele, Fette, Wachse 80:307–308
32. Roth L, Daunderer M, Kormann K (1984) Giftpflanzen – Pflanzengifte, 2. Aufl., Ecomed Verlag, Landsberg München
33. Wiesner VJ (1928) Die Rohstoffe des Pflanzenreiches, 4. Aufl., Bd. II, Wilhelm Engelmann, Leipzig
34. Schneider G (1985) Pharmazeutische Biologie, 2. Aufl., B.I.-Wissenschaftsverlag, Bibliographisches Institut, Mannheim Wien Zürich
35. GHo, Bd. 5, S. 388
36. Jaminet VL (1949) Ätherische Öle – Riechstoffe, Riechdrogen, Cram De Gruyter & Co, Hamburg
37. Howes FN (1949) Vegetable, Gums und Resins, Chronica Botanica Company, Waltham Mass. USA
38. Trease GE, Evans WC (1983) Pharmacognosy, 12 Aufl., Baillier Tindall, London, S. 473
39. Guethlein W, Wielinger H, Rittersdorf W, Werner W (1978) Ger Offen 19 pp. DE 27 16 061
40. WHO (1962) Sixth Report of FAO/WHO Expert Committee on Food Additives, S. 65–67
41. Johnson V, Carlson AJ, Kleitman N, Bergström P (1938) Food Res 3:555
42. Lehman AJ, Fitzhugh OG, Nelson AA, Woodward G 81951) Advances Food Res 3:197–208
43. Wagner H (1985) Pharmazeutische Biologie – Drogen und ihre Inhaltsstoffe, 3. Aufl., Gustav Fischer Verlag, Stuttgart New York
44. WHO (1974) Techn. Rep. Ser. No. 539, FAO Nutrition Meetings Rep Ser No. 53, Geneve
45. Habermehl G, Moeller H (1974) Liebigs Ann Chem 2:169
46. Mendieta RM, del Amo S (1981) Plantas Medicinales del Estado de Yucatan, Instituto Nacional de Investigaciones sobre Recursos Bióticos, Xalapa, Veracruz, S. 163
47. BAz Nr. 190a vom 10.10.1985
48. Hgn, Bd. VI, S. 709–716, Bd. IX, S. 779–781
49. Zan
50. DAB 6
51. Hag, Bd. IV, S. 1.197–1.203
52. PhEur
53. EB 6

BS

Gypsophila

HN: 2033200

Familie: Caryophyllaceae.

Unterfamilie: Silenoideae.

Tribus: Diantheae.

Gattungsgliederung: Die Gattung Gypsophila L., die der Gattung Saponaria L. sehr nahe steht, umfaßt etwa 125 Arten und wird in 3 Untergattungen gegliedert:[1,2]
1. Subgenus Gypsophila BARKOUDAH;
2. Subgenus Macrorrhiza (BOISS.) PAX et HOFFM.;
3. Subgenus Pseudosaponaria F. N. WILLIAMS.

Nach diesem taxonomischen Konzept gehören die offizinell relevanten Arten alle zum Subgenus Gypsophila, in folgende Sektionen:
- Sectio Corymbosae BARKOUDAH – mit *G. fastigiata* L.;
- Sectio Gypsophila BARKOUDAH – mit *G. struthium* L.;
- Sectio Paniculaeformes F. N. WILLIAMS – mit *G. arrostii* GUSSONE, *G. paniculata* L., *G. perfoliata* L.[1,2]

Gattungsmerkmale: Halbsträucher, aufrechte oder kriechende Stauden oder Einjährige. Primärwurzel ausdauernd, meist kräftig entwickelt, bei einigen Arten daneben auch sproßbürtige Wurzeln. Blätter sitzend, linealisch bis lanzettlich, selten ei- bis herzförmig oder nadelförmig, blaugrün, schwach fleischig. Blütenstände dichasial, reichblütig, rispenförmig bis köpfchenförmig. Kelch glocken- oder kreiselförmig, seltener zylindrisch, mehr oder weniger tief 5spaltig, mit häutigen Streifen zwischen den Kelchblättern. Kronblätter länger als die Kelchblätter, weiß bis rosa, zur Basis allmählich verschmälert, nicht deutlich in Platte und Nagel gegliedert, ohne Nebenkrone und Flügelleisten. Staubblätter 10, an der Basis verdickt, Griffel 2. Kapsel kugelig, eiförmig oder eilänglich, mit 4 Zähnen aufspringend. Samen flach nierenförmig, höckerig, mit seitlichem Nagel. Keimling gekrümmt.[1]

Verbreitung: Eurasien von den mediterranen bis in die gemäßigten und z. T. bis in die kalten (borealen) Zonen. Das Gattungsareal ist ausgesprochen kontinental, d. h. die Gattung fehlt in den ozeanischen Randlagen des Kontinents wie auf den Britischen und Japanischen Inseln. Das Hauptentfaltungszentrum mit 75 Arten liegt im südpontischen, kaukasischen und westorientalischen Gebiet.[1]

Inhaltsstoffgruppen: *Triterpensaponine.* Das Hauptsapogenin ist Gypsogenin, daneben kommt Quillajasäure (= 16-Hydroxygypsogenin) vor und, z. B. in *G. arrostii*, ein weiteres hydroxyliertes Gypsogenin, dessen genaue Struktur noch nicht aufgeklärt werden konnte.[3] Die Saponine sind bisdesmosidisch, mit Zuckerresten am 3-OH und am 28-Carboxyl des Sapogenins. An Zuckern sind Glucose, Galaktose, Arabinose, Xylose, Rhamnose, Fucose und Glucuronsäure gebunden. Die Gypsophilasaponine sind sauer aufgrund der freien Carboxylgruppe der Glucuronsäure, die glykosidisch mit der 3-OH Gruppe des Sapogenins verknüpft ist.[4]
Das erste zuckerreiche Saponin (aus *G. pacifica* KOM.), dessen Struktur geklärt werden konnte, ist Gypsosid,[5] das in der Gattung verbreitet vorkommen soll.

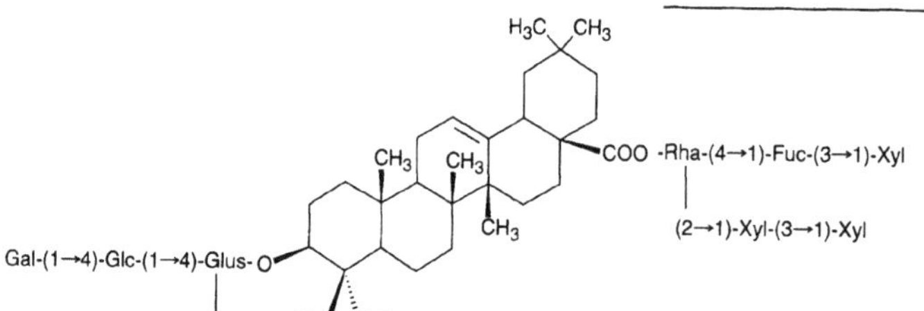

Gypsosid

Die Gypsophilasaponine werden ausschließlich in den Wurzeln gebildet und speziell im sekundären Phloem der Wurzeln akkumuliert. Sie werden nicht in die Sprosse transportiert.[6]
Phytosterole. Die verbreitet vorkommenden Phytosterole werden überwiegend in den Blättern gebildet und finden sich in allen Pflanzenteilen.[6] Die Hauptsterole sind Spinasterol (= 24α-Ethylcholesta-7,22(*E*)-dien-3β-ol) und 22-Dihydrospinasterol (= 24α-Ethylcholesta-7-en-3β-ol).[7]
Phenolische Verbindungen. Kaffeesäure und Chlorogensäure kommen in den 47 darauf untersuchten russischen Arten reichlich vor.[8]
Cyclitole. Das Vorkommen von Pinitol (0,1 bis 1 % des trockenen Krautes) ist ein höchst charakteristisches Merkmal der Familie Caryophyllaceae und damit auch der Gattung Gypsophila. Es wurde in allen darauf untersuchten Arten gefunden.[4]
Kohlenhydrate. Als Reservekohlenhydrat findet sich nur in den Samen kleinkörnige Stärke; die Wurzeln speichern statt dessen ein "Lactosin" genanntes Gemisch aus Oligosacchariden und Polysacchariden, deren Hauptbaustein Galaktose ist. Es handelt sich überwiegend um Tetra- bis Octasaccharide.[4]

Drogenliefernde Arten: *G. arrostii*: Saponariae alba radix; *G. fastigiata*: Saponariae alba radix; *G. paniculata*: Saponariae alba radix; *G. perfoliata*: Saponariae alba radix; *G. struthium*: Saponariae alba radix.

Gypsophila arrostii GUSSONE

Sonstige Bezeichnungen: Dt.: Italienische Seifenwurz, Italienisches Gipskraut, Italienisches Schleierkraut, Sizilianische Seifenwurz, Sizilianisches Gipskraut; it.: Erba-lanaria.

Botanische Beschreibung: Kräftige Staude mit kräftiger, tiefgehender Rübenwurzel, Sproßbasen ausdauernd, dicht über dem Boden ausgebreitet, mit Sproßknospen. Triebe aufrecht, 50 bis 90 cm hoch, reich verzweigt, schwach kurzhaarig. Blätter gegenständig, linear bis linear-lanzettlich, 20 bis 70 mm lang, 2,5 bis 10 mm breit. Blüten in reichblütigen Rispen; Blütenstiele weich behaart, 5- bis 10mal so lang wie der Kelch; Kelch 2 bis 2,5 mm; Kelchzähne länglich-eiförmig, stumpf; Kronblätter etwas größer als die Kelchzähne, länglich-elliptisch, weißlich bis blaß purpurn getönt, Kapsel kugelig, Samen mit abgeflachten Höckern.[9]

Inhaltsstoffe: Sämtliche Angaben über Inhaltsstoffe beziehen sich auf die Wurzel, die zugleich die Droge liefert; s. Saponariae alba radix unter *G. paniculata.*

Verbreitung: Süditalien, Sizilien, Griechenland, auf gips- und kreidehaltigen Böden.

Drogen: Saponariae alba radix.

Saponariae alba radix

s. unter *Gypsophila paniculata*.

Gypsophila fastigiata L.

Synonyme: *Gypsophila pulposa* GILIB., *Saponaria fastigiata* (L.) LAM.

Sonstige Bezeichnungen: Dt.: Büschel-Gipskraut, Ebensträußiges Gipskraut.

Systematik: Von *G. fastigiata* gibt es 2 Unterarten: ssp. *arenaria* (WALDST. et KIT.) DOM. und ssp. *fastigiata*. Erstere zeichnet sich aus durch höheren Wuchs und einen sparrigen Blütenstand mit kräftig behaarten Ästen und großen Blüten.[1]

Botanische Beschreibung: Kräftige Staude mit kräftiger, mäßig verzweigter Primärwurzel. Sproßbasen mit Sproßknospen ausdauernd, dicht über dem Boden ausgebreitet. Triebe aufrecht, 50 bis 100 cm hoch, reich verzweigt, unten kahl, oben und im Blütenstandsbereich drüsig-weichhaarig. Blätter schmal-lanzettlich, stumpf oder zugespitzt, 2 bis 8 cm lang und 1 bis 4 mm breit, einnervig. Blüten zahlreich, in ziemlich dichten Blütenständen. Blütenstiele so lang wie der Kelch oder kürzer. Kelch kahl, 2 bis 3 mm; Kelchzähne eiförmig stumpf, oft fein gewimpert. Blumenkronblätter weiß oder rosa, 1,5mal so lang wie der Kelch, abgerundet. Staubblätter 10, länger als die Krone. Kapsel wenig länger als der Kelch, mit über 20 Samen. Samen mit langen, spitzen, konischen Höckern.[1,9]

Verbreitung: Zentrales und östliches Mitteleuropa, in Finnland bis an die Subarktis (69° nördl. Breite), im Süden bis zum ehemaligen Jugoslawien. Wächst auf Binnendünen, auf nährstoffreichen Sand- und Kiesböden, auf Gips-, vereinzelt auch auf Kalkgestein; in Sandgruben, Steinbrüchen und auf Aufschüttungen oft in Massenbeständen.[1]

Drogen: Saponariae alba radix.

Saponariae alba radix

s. unter *Gypsophila paniculata*.

Gypsophila paniculata L.

Synonyme: *Arrostia paniculata* (L.) RAF., *Gypsophila parviflora* MOENCH, *Saponaria paniculata* (L.) NEUMAYER.[1,12]

Sonstige Bezeichnungen: Dt.: Rispen-Gipskraut, Rispiges Gipskraut, Schleierkraut; engl.: Baby's breath, Maiden's breath, Tall gypsophyll; holl.: Bruidssluier.[12]

Systematik: Von *G. paniculata* werden aufgrund der Behaarung 2 Varietäten unterschieden: var. *adenopoda* BORBAS (Sprosse behaart, Hochblätter und Blütenstiele mehr oder weniger drüsenhaarig) und var. *paniculata* (Sprosse, Blätter, Tragblätter und Blütenstände kahl).[1]

Botanische Beschreibung: Kräftige Staude mit sehr kräftiger, tiefgehender Pfahlwurzel. Sproßbasen ausdauernd, gedrungen. Überwinternde Knospen im Boden oder dicht über der Bodenoberfläche. Triebe aufrecht, bis 1 m hoch, später sich oft hinlegend, unten schwach vierkantig und kurzhaarig, oben kahl, sehr reich verzweigt. Untere Seitenzweige vegetativ, mittlere an den Endverzweigungen Blüten tragend, obere nur mit Blüten. Blätter lanzettlich, zugespitzt mit abgesetzter Spitze, 2 bis 7 cm lang und 2,5 bis 10 mm breit. Blüten in sehr reichblütigen, rispenartigen Blütenständen. Blütenstiel 1- bis 1,5mal so lang wie der Kelch. Blütendurchmesser bis 5 mm. Kelch 1,5 bis 2 mm lang; Kelchzähne eiförmig, abgerundet. Kronblätter weiß, selten hellrosa, etwa doppelt so lang wie der Kelch, abgerundet, zuletzt zurückgebogen. Staubblätter 10, länger als die Krone. Kapsel kurz, rundlich. Samen mit stumpfen Höckern.[1]

Inhaltsstoffe: Die oberirdischen Pflanzenteile enthalten die Flavonglykoside Orientin und Homoorientin. Mengenangaben fehlen.[13]

Verbreitung: Südosteuropa, Ungarn, Kaukasus, Türkei, Iran, mittleres und südliches Rußland, Mongolei, Westchina. Im westlichen Europa und Nordamerika vereinzelt verschleppt und eingebürgert. Wächst auf krumenfrischen bis feuchten, kalkfreien, schwach bis mäßig sauren, aber nicht nährstoffarmen Böden, vorwiegend auf Äckern, in Akkerfurchen und auf Stoppeläckern sowie Brachen, verschiedentlich auch auf trockenfallenden Flächen von Teichen und Stauseen.[1]

Anbaugebiete: In Bulgarien, dem ehemaligen Jugoslawien, der Türkei, Ungarn und Usbekistan.

Drogen: Saponariae alba radix.

Saponariae alba radix (Weiße Seifenwurzel)

Synonyme: Gypsophilae radix, Radix Lanariae (bei Droge von *G. arrostii*), Radix Saponariae alba.

Sonstige Bezeichnungen: Dt.: Levantinische oder Sizilianische Seifenwurzel bzw. Italienische Gipskrautwurzel für Droge von *G. arrostii*; Polnische, aber auch Levantinische Seifenwurzel für Droge von *G. fastigiata*; Levantinische, Türkische, Russische oder Ungarische Seifenwurzel für Droge von *G. paniculata*; Bulgarische oder Russische Seifenwurzel für Droge von *G. perfoliata*; Ägyptische oder Spanische Seifenwurzel für Droge von *G. struthium*. Engl.: White soapwort root bzw. Italian soapwort root für Droge von *G. arrostii*, Egyptian oder Spanish soap root für Droge von *G. struthium*; frz.: Racine des saponaire blanche bzw. Saponaire d'orient oder Saponaire d'Egypt für Droge von *G. struthium*; it.: Radice di saponaria bzw. Radice di lanaria für Droge von *G. arrostii*; span.: Raiz de saponaria blanca; arabisch: Irq el halawe für Droge von *G. struthium*.

Monographiesammlungen: Saponariae albae radix *Hung VI*.

Definition der Droge: Die geschälten getrockneten Wurzeln mit kurzen Wurzelstöcken *Hung VI*.

Stammpflanzen: *Gypsophila paniculata* L. *Hung VI*; hochwüchsige Gypsophila-Arten, besonders *G. arrostii* GUSSONE, *G. fastigiata* L., *G. paniculata* L., *G. perfoliata* L. und *G. struthium* L.[11]

Herkunft: Ägypten, Balkanländer, China, Griechenland, Italien, Polen, Rußland, Spanien, Türkei. Sammlung aus Wildvorkommen bzw. Kulturen.

Gewinnung: Die Trocknung sollte möglichst rasch bei erhöhter Temperatur oder an der Sonne erfolgen. Die dickeren Wurzeln sollten vor dem Trocknen in schräge Scheiben von 2 bis 5 mm Dicke geschnitten werden,[40] um einer Abspaltung der Zukker von den Saponinen vorzubeugen. Die langsam getrockneten, unzerkleinerten, 4 bis 8 cm dicken Wurzeln türkischer Herkunft enthalten nur noch die Aglyka.[15]

Handelssorten: Saponariae alba radix aus China stimmt makroskopisch und mikroskopisch überein mit einer authentischen Wurzel von *G. perfoliata*, die aber in China nicht vorkommt. Sie kann von dünnen Wurzeln der *G. paniculata* stammen, die dort vorkommt, kann aber auch von einer anderen chinesischen Gypsophila-Art stammen. Eine Artbestimmung anhand der Droge ist nicht möglich.[31]

Ganzdroge: G.-arrostii-Wurzeln: Rübenartige Pfahlwurzeln, zylindrisch, bis ca. 20 cm lang und ca. 2,5 cm dick, wenig verzweigt, gehen über in kurzen, mehrköpfigen Wurzelstock. Außenseite wie bei den anderen Gypsophila-Arten, nur etwas dunkler graubraun, Querschnitt weißlich; Holzkörper blaß gelb, sehr schwach weißlich, radial gestreift. Rinde schmal, ca. 1 mm breit, deutlich vom graubraunen Kork abgesetzt.[10]
G.-fastigiata-, G.-paniculata-, G.-perfoliata-, G.-struthium-Wurzeln: Wurzeln bis etwa 35 cm lang, ziemlich gleichmäßig, bis 8 cm dick bei *G. paniculata*, bis zu 2,5 cm bei *G. fastigiata*, *G. perfoliata*, *G. struthium*, oben mit kurzem Wurzelstock. Seitenwurzeln dünner. Außenseite hell graubraun, etwas gedreht, tief längsrunzelig, mit zahlreichen quergestellten, helleren Warzen und mit Narben dünner Seitenwurzeln. Querschnitt mit großem bräunlichgelbem Holzkörper. Holzkörper bei Lupenbetrachtung strahlig mit weißlichen Markstrahlen und deutlicher, jahresringartiger konzentrischer Zonierung. Rinde weißlich, durch dunkleres Kambium deutlich vom Holzkörper abgesetzt, 2 bis 5 mm breit, kann bei den dicksten Wurzeln bis $^1/_4$ des Holzkörpers erreichen. Bei Befeuchten werden in der weißen Rinde etwas dunklere Siebteile sichtbar, die vom Kambium aus flammenförmig vorstoßen.[11]

Schnittdroge: *Geruch.* Fehlt; der Staub reizt zum Niesen.
Geschmack. Leicht bitter-süß, dann anhaltend kratzend.
Makroskopische Beschreibung. G.-arrostii-Wurzeln: Unregelmäßig gebrochene, nicht faserige, zuweilen auch in Scheiben geschnittene, außen graubraune Wurzelstücke mit dünner, weißlicher Rinde und blaß gelblichem Holzkörper; unter der Lupe radial gestreift.[11]
G.-fastigiata-, G.-perfoliata-, G.-struthium-Wurzeln sowie dünnere Wurzeln von *G. paniculata*: Unregelmäßig gebrochene, außen hell graubraune Wurzelstücke mit schmaler, weißlicher Rinde und gelblichem Holzkörper, der im Querschnitt deutlich radial gestreift erscheint. Dickere Wurzeln von *G. paniculata*: Überwiegend flache, faserige, gelbliche Bruchstücke des Holzkörpers, daneben unregelmäßig gebrochene Rindenstücke mit hell graugelbem Kork.[11,31]
Mikroskopisches Bild. G.-arrostii-Wurzeln: Im wesentlichen übereinstimmend mit dünneren Wurzeln von *G. paniculata* und den anderen Arten, nur Korkzellen ein wenig dunkler und, im Gegensatz zu allen anderen Gypsophila-Wurzeln, in der Rinde kleine Nester relativ dünnwandiger, getüpfelter Steinzellen.[11] Holzfasern fehlen.
G.-fastigiata-, G.-perfoliata-, G.-struthium-Wurzeln sowie dünnere Wurzeln von *G. paniculata* (bis ca. 15 mm Dicke): Kork hell graubraun, mehr- bis vielschichtig; Korkzellen groß, relativ dünnwandig. Phelloderm kollenchymatisch. Rinde ausschließlich aus dünnwandigen, parenchymatischen Zellen mit sehr zahlreichen 20 bis 80 µm großen Calciumoxalatdrusen, seltener Kristallsand. Holzkörper zusammengesetzt aus breiten weißlichen Markstrahlen und gelblichen Holzstrahlen. Markstrahlen aus dünnwandigen Parenchymzellen mit sehr zahlreichen 50 bis 70 µm, zuweilen bis 100 µm großen Calciumoxalatdrusen. In den Holzstrahlen bis 60 µm weite Netz- und Hoftüpfelgefäße, oft begleitet von schmalen Tracheiden oder mehr oder weniger strahlig angeordnet zwischen derbwandigem Holzparenchym. Im Holzparenchym nur wenige bis ca. 30 µm große Calciumoxalatdrusen oder Kristallsand, Holzfasern fehlen.[31] Bei dickeren Wurzeln von *G. paniculata* (ab ca. 15 mm Dicke) in den Holzstrahlen konzentrisch angeordnete Sklerenchymfaserzonen aus dickwandigen, blaß gelblichen bis grünlichgelben Holzfasern und nur vereinzelten Gefäßen, abwechselnd mit konzentrischen weißlichen Parenchymzonen mit vielen Gefäßen. In dikken Wurzeln Sklerenchymfaserzonen breiter und zahlreicher im Vergleich zu Parenchymzonen. Stärke fehlt.[11,31]

Pulverdroge: Pulver aller Gypsophila-Arten hellgrau-gelblich mit sehr zahlreichen großen Calciumoxalatdrusen, seltener Kristallsandzellen; zahlreiche freiliegende Calciumoxalatdrusen; spärliche bräunlichgraue Korkfragmente; zahlreiche Bruchstücke von Netz-, seltener Hoftüpfelgefäßen und Tracheiden, Stärke fehlt.[10] Bei *G. arrostii* spärliche Nester relativ dünnwandiger, getüpfelter Steinzellen. Bei dickeren Wurzeln von *G. paniculata* zahlreiche Verbände blaßgelblicher bis grünlichgelber, dickwandiger Sklerenchymfasern.[11,31]

Verfälschungen/Verwechslungen: Verfälschungen kommen praktisch nicht mehr vor. Lit.[40] nennt die Wurzeln
1. von *Saponaria officinalis* L.: Nur 5 bis 10 mm dick, außen rötlichbraun, längsfurchig, mikroskopisch entsprechend dünnen Wurzeln von *G. paniculata*, nur die Zahl der Calciumoxalatdrusen ist erheblich geringer, Markstrahlen kaum auffallend, Kork braun;[10]
2. von *Glycyrrhiza echinata* L. sind makroskopisch dünneren Wurzeln von *G. paniculata* sehr ähnlich, aber Kork braun; mikroskopisch vor allem am Vorhandensein von Stärke sowie von Bastfasern mit Kristallzellreihen zu erkennen, wenig Calciumoxalatdrusen;[10]
3. von *Bryonia alba* L.: Wurzel sehr dick, stets zerkleinert anzutreffen; außen schmutzigweiß bis gelblich, tief rissig, innen weiß; Geschmack außerordentlich bitter; mikroskopisch am Vorkommen von Stärke zu erkennen.[10]

Inhaltsstoffe: *Saponine.* Saponariae alba radix enthält bis zu 20 % eines Saponingemisches, als dessen Hauptglykosid das bisdesmosidische Gypsosid A (Aglykon = Gypsogenin) angegeben wird.[4,11] In getrockneten Wurzeln chinesischer Provenienz wurden jedoch statt dessen 4 Triterpensaponine mit etwas kürzeren Zuckerketten gefunden.[14]
1. 3-*O*-β-D-Galaktopyranosyl-(1→2)-[β-D-xylopyranosyl-(1→3)]-β-D-glucuronopyranosyl-quillajasäure-28-*O*-β-D-glucopyranosyl-(1→3)- [β-D-xylopyranosyl-(1→4)]-α-L-rhamnopyranosyl-(1→2)-β-D-fucopyranosid; 2. 3-*O*-β-D-Galaktopyranosyl-(1→2)-[β-D-xylopyranosyl-(1→3)]-β-D-glucuronopyranosyl-quillajasäure-28-*O*-β-D-arabinopyranosyl-(1→4)-β-D-arabinopyranosyl-(1→3)-β-D-xylopyranosyl-(1→4)-α-L-rhamnopyranosyl-(1→2)-β-D-fucopyranosid; 3. 3-*O*-β-D-Glucopyranosyl-(1→2)-β-D-glucopyranosyl-gypsogenin-28-*O*-β-D-glucopyranosyl-(1→3)-[β-D-xylopyranosyl-(1→4)]-α-L-rhamnopyranosyl-(1→2)-β-D-fucopyranosid; 4. 3-*O*-β-D-Xylopyranosyl-(1→3)-[β-D-galaktopyranosyl-(1→2)]-β-D-glucuronopyranosyl-gypsogenin-28-*O*-β-D-glucopyranosyl-(1→3)-[β-D-xylopyranosyl-(1→4)]-α-L-rhamnopyranosyl-(1→2)- β-D-fucopyranosid (s. Formelschema unten).
Möglicherweise handelt es sich um beim Trocknen durch enzymatische Hydrolyse entstandene Abbauprodukte von Saponinen mit längeren Zuckerketten. Hinweise auf solche Abbaureaktionen während des Trocknens finden sich auch bei Drogen türkischer Provenienz, in denen kein Gypsosid A mehr nachweisbar ist. Der Abbau geht mit dem Verlust des bitteren und kratzenden Geschmacks der Droge einher.[15]

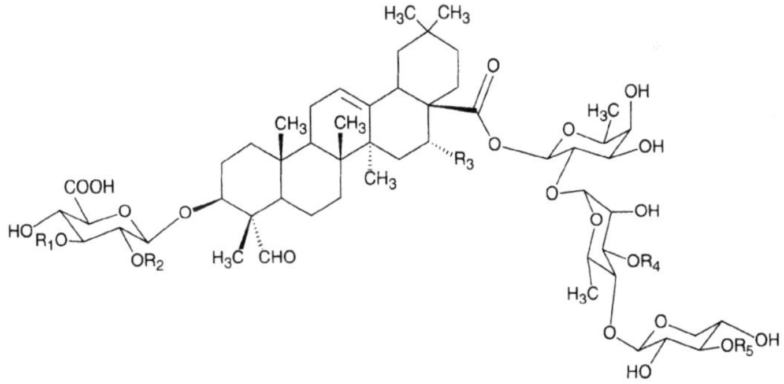

4 Saponine aus G. paniculata	R1	R2	R3	R4	R5
G1	—Xyl	—Gal	—OH	—Glc	—H
G2	—Xyl	—Gal	—OH	—H	—Ara-Ara
G3	—H	—Glc	—H	—Glc	—H
G4	—Xyl	—Gal	—H	—Glc	—H

Im Saponingemisch von *G. arrostii* wurden nach Hydrolyse 3 Aglyka durch UV-Absorption bei 190bis200nm festgestellt. Eines wurde als Gypsogenin identifiziert, die beiden anderen, mit M_r 486, möglicherweise als hydroxylierte Gypsogeninisomere, von denen eines wahrscheinlich Quillajasäure ist.[3] Die Wurzeln von *G. struthium* enthalten das Triterpensaponin Sapoalbin, dessen Genin als 23-Oxo-oleanolsäure identifiziert wurde; der Zuckeranteil besteht aus Rhamnose, Fucose, Xylose, Arabinose, Glucose und Galaktose; Schaumzahl des Sapoalbins = 85 (zur Ausführung s. Lit.[33,34]); hämolytischer Index = 53.000 (mit menschlichem Blut).[29]

Phytosterole. Aus im Südlibanon gesammelten Wurzeln von *G. struthium* wurden die Phytosterole Spinasterol, Spinasteryl-3β-D-*O*-glucosid, Oleanol- und Betulinsäure und ihr Isomer, die 3β-Hydroxy-lup-20(29)-en-27-säure sowie 3 neue Phytosterole (I-III) isoliert.[30] Phytosterol I = 24(R/α)-Stigmast-22-en-3β-D-*O*-glucosid; Phytosterol II = 24 (R/α)-Ergosta-5,22-dien-7α-ol-3β-D-*O*-glucosid; Phytosterol III = 24(R/α)-Ergosta-6,22-dien-5α-acetoxy-3β-D-*O*-glucosid.

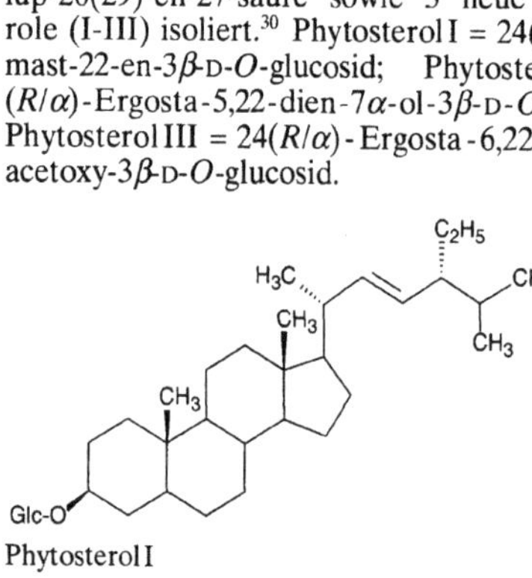

Phytosterol I

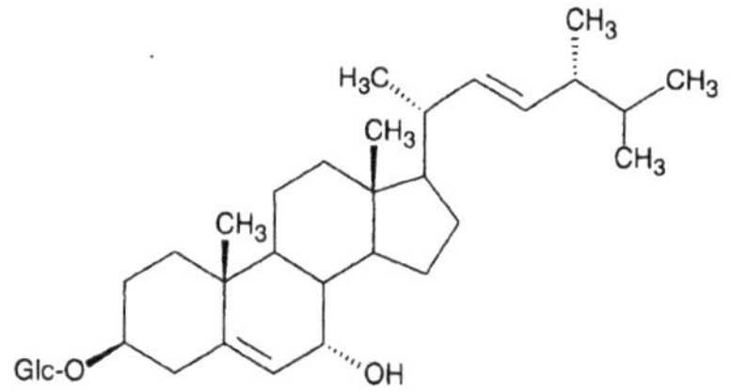

Phytosterol II

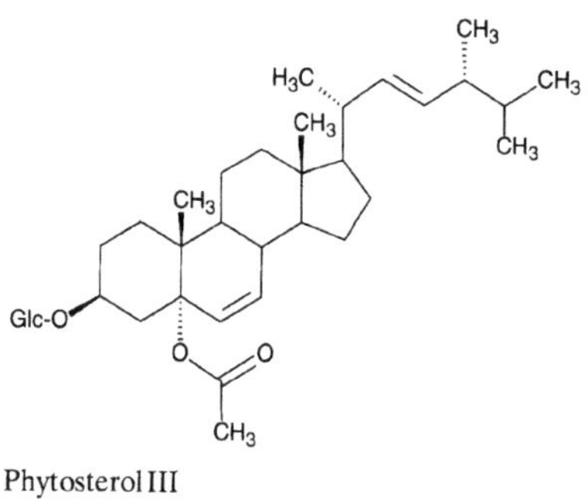

Phytosterol III

Zubereitungen: *Saponinum album.* Gewinnung: Gepulverte Seifenwurzel oder ein getrockneter wäßriger Extrakt derselben wird mit heißem EtOH extrahiert. Die heiße Lsg. wird filtriert. Aus dieser scheidet sich beim Erkalten das Saponin pulverförmig ab. Zur Reinigung fällt man die wäßrige Lsg. des Saponins mit Bariumhydroxid. Der Nd. ist in überschüssigem Bariumhydroxid löslich, in reinem Wasser unlöslich. Man fällt aus der wäßrigen Lsg. das Barium durch Einleiten von Kohlendioxid und fällt dann aus dem durch Eindunsten konz. Filtrat das Saponin durch Zusatz von EtOH.[32]

Identität: 1. Schaumschüttelprobe: 1 T der gepulverten Droge wird mit 10 T Wasser geschüttelt: Es bildet sich ein starker, stabiler Schaum *Hung VI.*
2. 1 g gepulverte Droge wird 2 min mit 10 mL $CHCl_3$ geschüttelt, filtriert und das Filtrat zur Trockne gebracht. Der Rückstand wird in 1 mL HAc 98 % gelöst. Damit wird in einem Reagenzglas konz. H_2SO_4 überschichtet. Die Grenzschicht färbt sich braun bis rötlich-braun, die HAc-Schicht hellgrün *Hung VI.*
3. DC:[16]
- Referenzsubstanz: Saponin Merck;
- Sorptionsmittel: Kieselgel;
- FM: Chloroform-Methanol-Wasser-Butanol (1 + 2 + 1 + 1);
- Detektion: Direktauswertung im UV 360 nm, anschließend Besprühen mit Anisaldehyd-Reagenz und Auswertung im Vis;
- Auswertung: Man erhält ein Fingerprintchromatogramm, das mit dem einer authentischen Droge übereinstimmen muß.

Reinheit:
- Andere Pflanzenteile: Max. 1 % *Hung VI.*
- Ungeschälte Wurzeln: Max. 2 % *Hung VI.*
- Fremde Bestandteile (*Bryonia alba*, *Glycyrrhiza echinata*): 1 T gepulverte Droge wird mit 10 T H_2O geschüttelt. Die Lsg. darf sich nach Zusatz von 1 bis 2 Tr. 0,01 N-Iod-Lsg. nicht blau färben *Hung VI.* Die Droge darf keine Wurzeln von *Saponaria officinalis* enthalten *Hung VI.*
- Wasser: Max. 12 % *Hung VI.*
- Asche: Max. 8 % *Hung VI.*
- HCl-unlösliche Asche: Max. 0,5 % *Hung VI.*
- Wasserlöslicher Extrakt: Mind. 40 % *Hung VI.*

Gehalt: Der Hämolytische Index muß mind. 5.000 betragen, berechnet auf die bei 100 °C getrocknete Droge *Hung VI.*
Ein Mindestgehalt für Saponine nach der HPLC-Methode ist noch nicht festgelegt.[11]

Gehaltsbestimmung: HPLC mit octyldecylsilyliertem Kieselgel (7 µm):[11]
- Temp.: 30 °C;
- Gradienten-FM: H_2O/H_3PO_4 (1.000 + 1)/CH_3CN 2 min isokratisch mit CH_3CN, über 15 min linearer Anstieg auf 45 % CH_3CN; nach einem Spülgang von 3 min mit 100 % CH_3CN wird die Säule für 12 min mit 30 % CH_3CN konditioniert;
- Flußrate: 0,8 mL/min;
- Detektion: UV 200 nm.

Angaben zu Extraktionsverfahren, Reinigung, Referenz-Sz usw. sind noch nicht präzisiert.

Wirkwertbestimmung: *Hämolytischer Index.* Unter dem Hämolytischen Index ist der reziproke Wert der Verdünnung zu verstehen, in der 1 g Droge unter den angegebenen Bedingungen gerade noch totale Hämolyse hervorruft. Zu seiner Bestimmung wird nach *Hung VI* das Drogenpulver in einem 250 mL-Kolben mit 100 mL Pufferlsg. (pH = 7,4 = Lsg. von 1,743 g KH_2PO_4, 9,596 g $Na_2HPO_4 \cdot H_2O$ und 9,00 g NaCl in 1.000 mL Wasser) 30 min im Wasserbad erhitzt und heiß in einen 100 mL-Meßkolben filtriert. Von diesem Extrakt wird eine Verdünnungsreihe mit 0,2/0,4/0,6/0,8/1,0/1,2 mL des Extraktes (mit Pufferlsg. zu jeweils 5 mL aufgefüllt) hergestellt. Diese wird ohne Schütteln (um Schäumen zu vermeiden) mit jeweils 5 mL einer 2%igen, aus frischem Rinderblut bereiteten Blutsuspension gemischt. Nach 2 h wird der Grenzwert der Hämolyse festgestellt, bei dem die Mischung gerade noch transparent ist. An einer neuen 12stufigen Testreihe, bei der der Grenzwert die höchste Konzentration bildet und die niedrigste Konzentration 0,55 mL weniger Drogenextrakt enthält, wird der sichtbare hämolytische Index nach 6 h ermittelt. Der sichtbare hämolytische Index hi der Droge errechnet sich nach der Formel hi = 10/p, wobei p der Drogeninhalt des Reagenzglases, ausgedrückt in g der bei 100 °C getrockneten Droge darstellt. Um den hämolytischen Index HI zu erhalten, muß der sichtbare hämolytische Index mit dem Blutfaktor F multipliziert werden (HI = 10/p · F). Diesen erhält man anhand paralleler Verdünnungsreihen einer 0,02%igen Standardsaponinlsg. in Pufferlsg., beginnend mit 1 mL bis zu 5 mL, indem der HI des Standardsaponins (25.000) durch den sichtbaren hämolytischen Index des Standardsaponins dividiert wird *Hung VI*.

Lagerung: Dicht verschlossen *Hung VI*.

Wirkungen: *Antibiotische Wirkung.* Ein mit 10% Methanol bereiteter Gypsophila-Wurzelextrakt wirkt im Kanaltest gegen auf Malz-Pepton-Agar vom pH 5,4 wachsende Pilzhyphen von *Piricularia oryzae* fungistatisch (100% Hemmung) und von *Claviceps purpurea* fungicid. Dabei sind an den Pilzhyphen knotige, kugelförmige oder keulige Anschwellungen der Zellen zu beobachten. Bei *Claviceps purpurea* ist vor allem ein Aufplatzen der Hyphenspitzen (= Plasmoptyse) als Folge der Permeabilitätsveränderung durch höhere Saponinkonzentrationen festzustellen. Die Wirkung beruht auf den Saponinen.[38]

Insekticide Wirkung. 1 mL eines wäßrigen Extraktes aus der luftgetrockneten Wurzel (entspr. 1 g trockener Wurzel), 10fach mit dest. Wasser verdünnt, wirkten auf Larven von *Aedes aegypti* innerhalb von 24 h zu 90 bis 100% letal.[17]

Weitere pharmakologische Untersuchungen liegen nur über die isolierten Saponine vor.

Cholesterolsenkende Wirkung. Erhielten Ratten 21 Tage lang 20 g rohes Gypsophilasaponin (Reinheitsgrad = 60,4%)/kg Futter, so wurde ihr Plasmacholesterolgehalt gegenüber Kontrollen, die nur die Grundnahrung erhalten hatten, signifikant um 17% vermindert. Wurde der Eisengehalt von normal 38 mg/kg Futter auf 12 mg/kg Futter vermindert, so führte die Gabe von 20 g Saponin/kg Futter nach 21 Tagen zu einer signifikanten Abnahme des Serumcholesterols um 23% gegenüber Kontrollen, die die eisenreduzierte Grundnahrung ohne Saponin erhalten hatten. Nach einer Reduktion des Zinkgehaltes von normal 55 mg/kg Futter auf 10 mg/kg Futter führte die Gabe von 20 g Saponin/kg Futter nach 21 Tagen jedoch nur zu einer signifikanten Reduktion des Plasmacholesterolgehaltes um 11% gegenüber entspr. Kontrollen.[18]

Wirkung auf den Mineralstatus. Wie die cholesterolsenkende Wirkung des Gypsophilasaponins durch den Eisen- und Zinkgehalt der Nahrung beeinflußt wird, so beeinflußt das Saponin auch die Eisenaufnahme aus der Nahrung bzw. den Eisenstatus in der Leber, während der Zinkstatus in den Oberschenkelknochen durch die Saponingaben nicht beeinflußt wird.[18] Erhielten Ratten 21 Tage lang 20 g rohes Gypsophilasaponin (Reinheitsgrad = 60,4%)/kg Futter in einer Grundnahrung mit 38 mg Fe und 55 mg Zn/kg Futter sowie in einer Fe-reduzierten Grundnahrung mit 12 mg Fe/kg Futter und in einer Zn-reduzierten Grundnahrung mit 10 mg Zn/kg Futter, so wurde der Eisenstatus in der Leber signifikant um 13%, bzw. 9% und 8% reduziert; zugleich nahm der Gesamthämoglobingehalt des Blutes um 5%, 8% bzw. 4% ab.[18]

Erhielten Ratten eine einmalige Gabe von 120 µg Fe (als $FeSO_4$ in 0,1 N-HCl) oder 139 µg Zn (als $ZnCl_2$ in 0,1 N-HCl) in 3 g einer Stärke-Saccharose-Paste zusammen mit steigenden Mengen gereinigten Gypsophilasaponins, so nahm die Eisenresorption mit zunehmender Saponinkonzentration ab, während die Zn-Resorption nicht beeinflußt wurde. Die Abnahme der Fe-Resorption war ab einem Saponin : Fe-Wert von 1 signifikant und erreichte bei einem Saponin : Fe-Wert von 4 (= 12 mg Saponin) ihr Maximum, d. h. eine Reduktion der Fe-Resorption um ca. 17% gegenüber Kontrollen. Durch weitere Erhöhung der Saponingaben (bis zu 48 mg) wurde die resorptionshemmende Wirkung nicht mehr verstärkt.[19] Es wird vermutet, daß entweder die sauren Triterpensaponine mit dem Nahrungseisen Komplexe bilden, die nicht resorbiert werden können, oder daß die kurzfristige Einwirkung des Saponins auf die Schleimhautzellen die Fe-Resorption vermindert.[19]

Wirkung auf die Permeabilität der Darmwand. In-vitro-Versuche an isolierten gewendeten Rattendarmabschnitten zeigten, daß bei Gegenwart von Gypsophilasaponin (2 mg/mL Perfusionsmedium) die aktive Galaktoseaufnahme in den Darm signifikant niedriger war als bei den saponinfreien Kontrollen (bei 20 mmol/L Galactose um 86% niedriger, bei 40 mmol/L um 100%, d. h. es wurde nichts mehr aufgenommen). Dagegen war der passive Transport der normalerweise nicht resorbierten L-Glucose um ca. 35% bei 20 mmol/L und um ca. 41% bei 40 mmol/L L-Glucose höher als bei den saponinfreien Kontrollen.

Daraus wird geschlossen, daß Gypsophilasaponin die Permeabilität des isolierten Darmgewebes erhöht, so daß sowohl die passiv transportierte L-Glucose als auch Polyethylenglycol 4.000, für das der Darm normalerweise impermeabel ist, passieren können, während die Kapazität der Schleimhautzellen zur Aufnahme aktiv resorbierter Substrate, wie D-Galactose, abnimmt.[20]

Die treibende Kraft für den aktiven Hexosetransport in den Darm ist ein elektrochemischer Gradient für Natrium durch die Darmwand, durch den eine substratabhängige transmurale Potentialdifferenz (= PD) aufgebaut wird.[20] Bei Anwesenheit von 0,2 mmol/L Gypsophilasaponin wird die glucosestimulierte PD des isolierten Rattendarms von normal 3,5 bis 4 mV schnell, d.h. innerhalb von 6 bis 8 min, deutlich gesenkt auf ca. 2 mV und wird nach Überführen des Gewebes in ein saponinfreies Medium nicht wieder erhöht. Das Sinken der PD wird durch zunehmende Saponinkonzentrationen von 0,3 bis 8 mmol/L verstärkt.[20] Die Änderungen der PD des isolierten Rattendarmes durch Gypsophilasaponin kann demnach als Index für die Fähigkeit des Saponins, die Permeabilität der Darmschleimhaut zu beeinflussen, gelten.[20,21] Das Sinken der glucoseabhängigen PD am isolierten Rattendarm bei Gegenwart von Gypsophilasaponin (5 mmol/L) wurde durch molare Konzentrationen von 0,5 bis 2,0 mmol/L Taurocholat signifikant verlangsamt von ca. 3 auf ca. 0,5 mV/min. Es wird vermutet, daß die Wirkung des Saponins durch die Bildung eines viskosen Produktes mit der Taurocholsäure verhindert wird.[21] Der Zusatz von 5 mmol/L Gypsophilasaponin zu 2,5 mmol/L Taurocholsäure in einer Pufferlösung (pH 7,4) führt *in vitro* zu einem signifikanten Anstieg der Viskosität (von ca. 3 auf ca. 22 mPa · s.). Die Viskosität war am höchsten bei niedrigen molaren Verhältnissen von Gallesalz zu Saponin von 0,5 bis 2,0.[21] Unter diesen Bedingungen war eine Hemmung der Hexoseaufnahme durch den Darm festzustellen, wie aus dem Sinken der PD geschlossen wurde.[21]

Spermicide Wirkung. Eine 1 %ige Lösung von Gypsophilasaponin in physiologischer Kochsalzlösung tötete menschliche Spermien innerhalb von 3,5 min ab.[22] Eine 5 %ige Lösung von Gypsophilasaponin in physiologischer Kochsalzlösung tötete menschliche Spermien (60 bis 120 · 10^9 Spermien/L) innerhalb von 20 sec.[23]

Sekretomotorische Wirkung. Werden curarisierte Frösche bei konstanter Temperatur und Luftfeuchte auf den Rücken gelagert und die Geschwindigkeit des Flimmerstromes an einem auf das Flimmerepithel des Rachendaches gelegten Korkstückchens bei direkter Einwirkung einer wäßrigen Saponinlösung gemessen, so führt eine steigende Konzentration der Saponinlösung zu einer Beschleunigung des Flimmerstromes, bis bei einer Grenzkonzentration von 1:10.000 eine ca. 30 %ige Beschleunigung erreicht ist. Konzentrationserhöhung auf 1:6.000 verlangsamt den Flimmerstrom, bei ca. 1:3.000 sistiert er infolge Gewebeschädigung.[24] Hierbei handelt es sich nicht um eine echte pharmakologische Wirkung, da die Zilienbewegung durch das Saponin nicht direkt beeinflußt wird, sondern um eine physikalische Wirkung. Durch die Oberflächenaktivität der Saponine kommt es zu einer Verflüssigung des Schleimes, in den die Zilien eingebettet sind. Diese Viskositätsminderung des Schleimes bedeutet geringeren Widerstand für die Zilienbewegungen und dadurch Beschleunigung des Flimmerstromes.[24]

Vermutlich kommt es bei oraler Applikation einer saponinhaltigen Zubereitung bzw. eines saponinhaltigen Extraktes infolge der Oberflächenaktivität des Saponins zu einer gewissen Verflüssigung zähen, besonders im hinteren Rachenraum befindlichen Schleimes, der expektoriert wird und für den nachlaufend produzierten Schleim kein Hindernis mehr darstellt. Dieser Effekt ist jedoch nur sehr schwach und reicht zur Erklärung der expektorierenden Wirkung beim Menschen nicht aus.[24,25] Die häufig diskutierte Erklärung, die expektorierende Wirkung des Saponins käme durch eine reflektorische Sekretionssteigerung der Bronchien nach Reizung der Magenschleimhaut und dadurch bewirkter Erregung des Nervus vagus zustande, dürfte nicht stichhaltig sein, da andere bei Erregung dieses Nervs zu erwartende Effekte ausbleiben.[24,25] Auch spasmolytische und hustendämpfende Effekte des Saponins werden zur Erklärung ihrer expektorierenden Wirkung diskutiert[25] sowie ein mögliches Zusammenwirken mit anderen Pflanzeninhaltsstoffen bei der Anwendung eines Extraktes.[24] Experimentelle Belege liegen hierzu jedoch nicht vor.

Anwendungsgebiete: Katarrhe der oberen Luftwege.[26]

Dosierung und Art der Anwendung: *Droge.* Tagesdosis 30 bis 150 mg Droge, 3 bis 15 mg Gypsophilasaponin; Zubereitungen entsprechend.[26] Zerkleinerte Droge für Teeaufgüsse. Gypsophilasaponin sowie andere galenische Zubereitungen zum Einnehmen.[26]

Volkstümliche Anwendung und andere Anwendungsgebiete: Bei Husten, äußerlich bei chronischen Hauterkrankungen, besonders Ekzemen.[27] Die Wirksamkeit der Droge bei den äußerlichen Anwendungsgebieten ist gegenwärtig nicht belegt.

Unerwünschte Wirkungen: In seltenen Fällen Magenschleimhautreizungen.[26]

Gegenanzeigen/Anwendungsbeschr.: Nicht bekannt.[26]

Wechselwirkungen: Nicht bekannt.[26]

Tox. Inhaltsstoffe u. Prinzip: Das toxische Prinzip der Droge ist das Saponin.

Wirkungsmechanismus: Die Droge ist in hoher Dosierung zelltoxisch.[26]

Die Toxizität des Saponins nach peroraler Applikation ist sehr gering, da es vom Magen-Darm-Trakt praktisch nicht resorbiert wird. Es kommt höchstens zu Reizungen und Irritationen der Schleimhäute, die bis zum Absterben von Schleimhautzellen führen können.[24]

Die direkte Einwirkung der Droge auf das Blut führt infolge des Saponingehaltes sofort zur Hämolyse, d.h. zum Zerfall der Erythrocyten und zum Austreten des Hämoglobins in das Serum. Bei parenteraler Zufuhr, insbesondere bei i.v. Applikation ist die Droge deshalb stark toxisch. Hämolytische Aktivität und Toxizität laufen jedoch nicht parallel.[35]

Akute Toxizität: *Tier.* Die Untersuchungen beziehen sich auf das isolierte Saponin. Bei Ratten, die eine tödliche Dosis Gypsophilasaponin i. v. erhalten hatten, steht pathologisch-anatomisch eine massive Hämolyse mit Hämoglobin-Ablagerungen vor allem in den Nieren bei starker Hämoglobin-Phagocytose der Sternzellen des Leberparenchyms im Vordergrund. Leber und Nieren sind gestaut, das Herz ist dilatiert, die Zeichen eines zentralen Kreislaufversagens sind gegeben. Symptome einer gesteigerten Stoffwechseltätigkeit der Leberzellen (Knitterkerne) sind zu finden. Als Todesursache wird die Anoxie bzw. Hypoxie lebenswichtiger Zentren infolge der intravasalen Hämolyse angesehen.[24,28]
Die Anwendung einer 1 %igen Lösung von Gypsophilasaponin in physiologischer Kochsalzlösung an der Vaginalschleimhaut von Kaninchen führte an 10 aufeinanderfolgenden Tagen zu keiner Reizung.[22]

Chronische Toxizität: Bei Ratten, die 7 Tage lang ca. 1,5 % (*m/m*) Gypsophilasaponin im Futter erhalten hatten, waren keine Anzeichen von Entzündung oder funktionaler Beschädigung der Jejunum-Schleimhaut, aber Änderungen in der Darmzottenmorphologie festzustellen. Die Schleimzellproliferation der mit Saponin gefütterten Ratten war gegenüber den Kontrollen deutlich verstärkt. Besonders die Drüsenlänge betrug nahezu 140 % derjenigen der Kontrollen.[21]
Der Serumcholesterolgehalt der mit Saponin gefütterten Ratten war signifikant um ca. 25,4 % niedriger als derjenige der Kontrollen, dagegen war der Gesamtcholesterolgehalt des Caecums um ca. 76 % höher als bei den Kontrollen.[21]

Toxikologische Daten: *LD-Werte.* Für die Droge liegen keine LD-Werte vor.
LD_{50} für Gypsophilasaponin bei Ratten nach i.v. Applikation = 1,9 mg/kg KG, nach p.o. Applikation = 50 mg/kg KG.[35] Bei Mäusen ist die LD_{50} nach p.o. Applikation 2.000 mg/kg KG, nach s.c. Applikation 100 mg/kg KG und nach i.v. Applikation 15 mg/kg KG.[36]

Akute Vergiftung: *Erste Maßnahmen.* Nach peroraler Aufnahme von Saponinen: Erste Hilfe: Kohle pulvis 10 g. Ggf. Augen spülen. Lokal Lacorten-Schaum.[37]

Sonst. Verwendung: *Haushalt.* Die Wurzel dient als mildes Waschmittel für Wolle und andere zarte Gewebe. Dabei werden 100 g Wurzeln mit 2 L Wasser 10 min lang ausgekocht und reichlich verdünnt für $^1/_2$ kg Wäsche verwendet.[10] *Industrie/Technik.* Als mildes, schäumendes Waschmittel in der Pelz- und Lederindustrie, sowie zur Herstellung von Saponinum album, s. o.[28]
Das isolierte Saponin kann als Schaumbildner bzw. -festiger in der Konditorei, zur Herstellung von Schaumbeton und als Zusatz für Löschmittel in Feuerlöschern dienen.[10]

Gesetzl. Best.: *Offizielle Monographien.* Aufbereitungsmonographie der Kommission E am BGA "Gypsophilae radix (Weiße Seifenwurzel)".[26]

Gypsophila perfoliata L.

Synonyme: *Gypsophila trichotoma* WEND.

Sonstige Bezeichnungen: Dt.: Breitblättriges Gipskraut; russ.: Belyj myl'nyj koren, Kacim prozennostnya; usbekisch: Kočim.[12]

Botanische Beschreibung: Kräftige Staude mit kräftiger, reich verzweigter Primärwurzel. Sproßbasen mit Sproßknospen ausdauernd, dicht über dem Boden ausgebreitet. Triebe aufsteigend, 30 bis 100 cm hoch, gelbgrün, im unteren Teil drüsig behaart, oben kahl, selten ganz kahl. Blätter eiförmig oder länglich-eiförmig, spitz bis stumpf, stengelumfassend und an der Basis verwachsen, 2 bis 14 cm lang und 1 bis 3,5 cm breit, 3- bis 7nervig, behaart. Blüten zahlreich, in lockeren Blütenständen. Blütenstiele 4 bis 15 mm lang, kahl. Kelch 2 bis 2,5 mm; Kelchzähne eiförmig, stumpf, Kronblätter weiß bis blaß purpurn, ausgerandet. Samen mit sehr kleinen Höckern.[9]

Verbreitung: Südosteuropa von Bulgarien, ehemaligem Jugoslawien, Rumänien bis Südostrußland, Kaukasus, Westsibirien, Mittelasien.

Anbaugebiete: Usbekistan.

Drogen: Saponariae alba radix.

Saponariae alba radix

s. unter *Gypsophila paniculata*.

Gypsophila struthium L.

Sonstige Bezeichnungen: Dt.: Salzkrautblatt, Seifenartiges Gipskraut, Spanisches Gipskraut, Strauß-Gipskraut; engl.: Struthium gypsophila; frz.: Gypsophile frutiqueuse; it.: Struzio.

Systematik: *G. struthium* wird aufgrund der Form ihrer Blütenstände in die beiden Unterarten subsp. *hispanica* (WILLK.) G. LÓPEZ und subsp. *struthium* gegliedert.[39]

Botanische Beschreibung: Pflanze mehr oder weniger büschelig, blaugrau, kahl; Triebe 30 bis 100 cm, aufsteigend oder aufrecht, reich verzweigt. Blätter 10 bis 50 mm lang, halbzylindrisch, 1 mm dick. Blüten in kurz gestielten, dichten Trauben von ca. 1 cm Durchmesser, zu einer ausgebreiteten pyramidenförmigen Rispe vereinigt. Hochblätter eiförmig bis verkehrt-eiförmig, stumpf, bewimpert. Blütenstiele sehr kurz, manchmal drüsig behaart. Kelch 2 bis 3,5 mm lang; Kelchzähne lanzettlich, spitz oder stumpf, bewimpert. Samen mit langen, spitzen, kegelförmigen Höckern.[9,39]

Inhaltsstoffe: Die Angaben zu Inhaltsstoffen beziehen sich ausschließlich auf die Wurzel, die zugleich die Droge liefert; s. Saponariae alba radix unter *Gypsophila paniculata*.

Verbreitung: Heimisch in Zentral- und Südostspanien,[9] verbreitet auch an der afrikanischen Mittelmeerküste, Ägypten, bis in den Mittleren Osten, Libanon, Arabien[29] auf gipshaltigen Böden.

Drogen: Saponariae alba radix.

Saponariae alba radix

s. unter *Gypsophila paniculata*.

1. Heg (1975), Bd. III, Teil 3, S. 955–968
2. Barkoudah YI (1962) Wendtia 9:1–203
3. Mostad HB, Doehl J (1987) J Chromatogr 396:157–168
4. Hgn, Bd. III, S. 380–392
5. Kochetkov NK, Khorlin AJ, Ovodov JS (1963) Tetrahedron Lett:477–482
6. Henry M, Rochd M, Bennini B (1991) Phytochemistry 30:1.819–1.821
7. Salt TA, Adler JH (1986) Lipds 21:754–758
8. Hgn, Bd. VIII, S. 215–220
9. FEu, Bd. 1, S. 181–183
10. Berger F (1960) Handbuch der Drogenkunde, 1. Aufl., Bd. 5, W. Maudrich, Wien, S. 424–426
11. Monographieentwurf für den DAC86, 1. Rev. vom 22.05.1989. Noch nicht veröffentlicht
12. Schultze-Motel J (Hrsg.) (1986) Rudolf Mansfelds Verzeichnis landwirtschaftlicher und gärtnerischer Kulturpflanzen (ohne Zierpflanzen), 2. Aufl., Bd. 1, Springer, Berlin Heidelberg New York Tokyo, S. 141–142
13. Darmograi VN, Krivenchuk PE, Litvinenko VL (1969) Farmatsiya (Moskau) 18:30–32
14. Frechet D, Christ B, Monegier du Sorbier B, Fischer H, Vuilhorgne M (1991) Phytochemistry 30:927–931
15. Christ B, Rhône-Poulenc Rorer (1990) persönliche Mitteilung
16. Rhône-Poulenc Rorer, eigene Angaben
17. Patterson BD, Khalil SKW, Schermeister LJ, Quraishi MS (1975) J Nat Prod 38:391–403
18. Southon S, Johnson IT, Gee JM, Price KR (1988) Br J Nutr 59:49–55
19. Southon S, Wright AJA, Price KR, Fairweather-Tait SJ, Fenwick GR (1988) Br J Nutr 59:389–396
20. Johnson IT, Gee JM, Price K, Curl C, Fenwick GR (1986) J Nutr 116:2.270–2.277
21. Gee JM, Johnson IT (1988) J Nutr 118:1.391–1.397
22. AbdElbary A, Nour SA (1979) Pharmazie 34:560–561
23. Primorac M, Sekulovic D, Antonic S (1985) Pharmazie 40:585
24. Vogel G (1963) Planta Med 11:362–376
25. Reznicek G, Jurenitsch J (1991) Pharm Unserer Zeit 20:278–281
26. BAz Nr. 101 vom 01.06.1990
27. Gessner O, Orzechowski G (1974) Gift- und Arzneipflanzen von Mitteleuropa, 3. Aufl., Universitätsverlag C. Winter, Heidelberg, S. 153–157
28. Hag, Bd. IV, S. 1.223–1.224
29. Vochten R, Joos P, Ruyssen R (1969) J Pharm Belg [NS] 24:213–226
30. Del Castillo JB, Zeitoun BA, Arriaga FJ, Vazquez P (1986) Fitoterapia 57:61–64
31. Eigene Untersuchungen
32. Hag, Bd. VI B, S. 285
33. Fischer R (1968) Praktikum der Pharmakognosie, 4. Aufl., Springer, Wien New York, S. 395
34. Wichtl M (1971) Die Pharmakognostisch-chemische Analyse. Untersuchung und Wertbestimmung von Drogen und Galenischen Präparaten, 1. Aufl., Akademische Verlagsgesellschaft, Frankfurt/Main, S. 370
35. Vogel G, Marek ML (1962) Arzneim Forsch 12:815–825
36. Abderhalden's Handb Biol Arb (1935), Bd. 4, S. 1.289, zit. nach DIMDI RTECS, Dok. Nr. 054050 vom 18.10.1992
37. Roth L, Daunderer M, Kormann K (1988) Giftpflanzen, Pflanzengifte, Vorkommen, Wirkung, Therapie, Allergische und phototoxische Reaktionen, 3. Aufl., Ecomed, Landsberg München, S. 588
38. Wolters B (1966) Dtsch Apoth Ztg 106:1.729–1.732
39. Castroviejo S, Lainz M, López González G, Montserrat P, Munoz Garmendia F, Paiva J, Villar L (1990) Flora Iberica, Bd. 2, Real Jardin Botánico, C. S. I. C., Madrid, S. 410–412
40. Hung VI

Se/SH

Hamamelis

HN: 2040100

Familie: Hamamelidaceae.

Unterfamilie: Hamamelidoideae.

Tribus: Hamamelideae.

Gattungsgliederung: Die Gattung Hamamelis L. (Syn.: Trilopus ADANS.) umfaßt, je nach Autor,[1-3] 5 bis 6, 6 bis 8 oder 10 Arten. In Anbetracht der geringen Artenzahl ist eine weitere Untergliederung in Sektionen nicht gegeben.

Gattungsmerkmale: Sommergrüne Sträucher, seltener kleine Bäume mit schuppiger Rinde, im Aussehen etwas an Corylus L. erinnernd. Blätter wechselständig, kurz gestielt, ungleichseitig, hasel- oder erlenähnlich, meist ziemlich breit und ganzrandig oder breit-gekerbt, auch buchtig gezähnt, abfallend; die kleinen lanzettlichen Nebenblätter später abfallend. Blüten in der Regel zwittrig, mit gelegentlicher Verkümmerung des einen Geschlechts, zu wenigen (1 bis 5, meist 3) in achselständigen, kurz gestielten Köpfchen, nach dem Blattfall oder vor dem neuen Austrieb erscheinend; jede Blüte mit breitem, schuppenförmigem Deckblatt und 2 ähnlichen Vorblättern, am Köpfchenstiel 1 bis 3 winzige abfallende Hochblätter; die im Blütenköpfchen seitlichen Blüten vierzählig, die fünfzähligen Endblüten fast nie ausgebildet. Blütenboden glockenförmig. Sepalen 4, zurückgebogen, eiförmig oder dreieckig, dekussiert, orthogonal gestellt; Petalen 4, mit den Sepalen abwechselnd, gelb oder rötlich, in der Knospe der Länge nach uhrfederartig eingerollt oder zerknittert, schmal, lang, linealisch, bandförmig oder in den fruchtbaren Blüten fehlend; fertile Staubblätter 4, den Sepalen gegenüberliegend, mit den Petalen und mit einem inneren Kreis von 4 schmal-schuppenförmigen, zungenförmigen, am Ende bisweilen verbreiterten und zweispitzigen Staminodien abwechselnd; Filamente kurz, dicklich pfriemförmig, kürzer als der Kelch, das Konnektiv dick, Antheren nahezu kugelig, stumpf, mit flacherer Rückenseite, bei den beiden Pollensäkken jedes Fach mit einer einzigen seitlichen, nach außen geöffneten, nach vorne umgeschlagenen, einflügeligen Klappe aufspringend. Fruchtknoten etwas eingesenkt, aus 2 Karpellen, 2fächerig, mit je einer hängenden Samenanlage, in der oberen Hälfte apokarp, in der unteren synkarp mit vollständiger Scheidewand; Griffel 2, kurz, etwas spreizend, mit stumpflichen oder etwas kopfigen Narben. Die im nächsten Sommer reifende Frucht eine holzige, von der Spitze aus loculicid 2klappig aufspringende Kapsel mit hornartigem Endokarp und mit 2 großen, länglichen Samen mit glänzender, krustiger Testa.[2,4-7]

Verbreitung: Gemäßigte Gebiete des atlantischen Nordamerikas und Ostasiens.[2,4,6]

Inhaltsstoffgruppen: Die Gattung Hamamelis ist, soweit die bisherigen Untersuchungen Verallgemeinerungen zulassen, durch das Vorkommen folgender Inhaltsstoffe gekennzeichnet:
Gerbstoffe und Gerbstoffbausteine. In den Blättern, der Rinde und den Zweigen: Hamamelitannin (fehlt weitgehend in den Blättern); geringe Mengen Gallotannine, die zu Pentagalloylglucose und Gallussäure abbaubar sind; Gallussäure; reichlich kondensierte oligomere und polymere Proanthocyanidine; Catechine, Gallocatechine.[8-14]
Flavonole. Überwiegend in den Blättern und Blüten und nur in geringer Menge in der Rinde: Kämpferol, Quercetin und Myricetin (fehlt bei *H. mollis* OLIV.) als Aglyka; in den Blättern glykosidisch gebunden z.B. als Afzelin (= Kämpferol-3-rhamnosid), Astragalin (= Kämpferol-3-glucosid), Isoquercitrin (= Quercetin-3-glucosid), Quercitrin (= Quercetin-3-rhamnosid), Myricetin-3-glucosid oder Myricitrin (= Myricetin-3-rhamnosid). Die Blüten weisen ein anderes Flavonolglykosidspektrum auf; Spiraeosid (= Quercetin-4'-glucosid) wurde in den Blüten von 4 untersuchten Hamamelis-Arten als Hauptflavonoid aufgefunden, in den Blättern fehlte es.[12-15]
Weitere Verbindungen. In den Blättern Chinasäure; in den beblätterten Zweigen geringe Mengen wasserdampfflüchtiger Substanzen (ätherische Öle).[13,14,16-18]

Drogenliefernde Arten: *H. virginiana*: Hamamelidis aqua, Hamamelidis cortex, Hamamelidis folium, Hamamelis virginiana hom. *HAB 1*, Hamamelis virginiana, äthanol. Decoctum hom. *HAB 1*, Hamamelis virginiana e cortice et ex summitatibus hom. *HAB 1*, Hamamelis virginiana e foliis hom. *HAB 1*, Hamamelis virginiana hom. *PFX*, Hamamelis virginiana hom. *HPUS 88*.

Hamamelis virginiana L.

Synonyme: *Hamamelis androgyna* WALT., *H. caroliniana* WALT., *H. corylifolia* MOENCH, *H. dentata* MOENCH, *H. dioica* WALT., *H. estivalis* RAF., *H. macrophylla* PURSH, *H. nigra* RAF., *H. parvifolia* RAF., *H. rotundifolia* RAF., *H. virginata* sic, *H. virginiana* ssp. *parvifolia* NUTT., *H. virginica* L., *H. virginiae* L., *Trilopus dentata* RAF., *T. estivalis* RAF., *T. nigra* RAF., *T. parvifolia* RAF., *T. rotundifolia* RAF., *T. virginica* RAF.[5,19]

Sonstige Bezeichnungen: Dt.: Hamamelis, Hexenhasel, Virginischer Zauberstrauch, Virginische Zaubernuß, Zauberhasel, Zaubernuß; engl.: Magicians rod, pistachio nut, snapping hazelnut, spotted alderstriped alder, winter bloom, witch hazel; frz.: Hamamélis de Virginie.

Systematik: Zwei Varietäten sind beschrieben: *Hamamelis virginiana* L. var. *angustifolia* NIUEWL., Blätter 6 bis 12 cm lang, 3 bis 6 cm breit, Stiel 1,5 bis 2 cm lang; *H. virginiana* L. var. *orbiculata* NIUEWL., Blätter klein, fast kreisförmig, 1,5 bis 5 cm lang.[4]

Botanische Beschreibung: Sommergrüner Strauch oder kleiner Baum, gewöhnlich 2 bis 3 m, aber auch 5 bis 7 (maximal 10) m hoch, Stammdurchmesser bis 40 cm, breit und locker wachsend, Habitus ähnlich *Corylus avellana* L. (Haselstrauch). Rinde dünn, außen braun, innen rötlich. Ältere Zweige stark buschig verästelt, silbergrau bis graubraun, mit Lenticellen; jüngere Zweige gelblichbraun, mit braunen Sternhaaren.
Blätter wechselständig, dünn, etwas ledrig, verkehrt-eiförmig bis rhombisch, (4) 8 bis 15 cm lang, 7 bis 11 cm breit, ähnlich denen des Haselstrauches, spitz oder stumpf, häufig schief und ungleichhälftig, da die Spreitenhälften am kurzen Blattstiel oft in ungleicher Höhe mit herzförmigem Grund enden; Blattrand grob gekerbt, stumpf buchtig gezähnt bis ungleichmäßig wellig geschweift; auf der Blattunterseite starker Mittelnerv und 5 bis 7 Paar, an starken Blattzähnen endigende Seitennerven erster Ordnung hervortretend, auf der Blattoberseite Nerven eingesenkt; jüngere Blätter und Blattstiel unterseits rostbraun und flaumig sternhaarig, ältere Blätter nur noch unterseits in den Nervenwinkeln behaart, oben dunkelgrün, unten heller grün; Nebenblätter lanzettlich, spitz, ca. 1 cm lang, abfallend; Blätter im Herbst prächtig gelb oder (seltener) rot.
Normale Blütezeit meist kurz vor oder nach dem Laubfall, zwischen September und Dezember, gelegentlich (in Europa) auch zwischen Januar und April; die zarten, hell- bis goldgelben, streng duftenden, kurzgestielten Blütenbüschel an den unbelaubten Pflanzen auffallend. Blütenstand eine kleine, köpfchenförmige Ähre in den Achseln der abgefallenen Blätter, mit 5 bis 8 radiären, 4zähligen Blüten, nur selten eine Endblüte. Kelchblätter eiförmig oder dreieckig, nach außen gebogen, auf der Innenseite stumpf gelbbraun bis braun; Kronblätter leuchtend gelb, lang und schmal-linealisch, ca. 1 (bis max. 2) cm lang, in der Knospe spiralig gerollt, nach der Entfaltung seidenpapierartig zerknittert.
Androeceum aus 2 Wirteln; im äußeren Kreis 4 mit den Petalen alternierende fertile Staubblätter mit fast kugeliger Anthere auf kurzem, dickem Filament, Antherenfächer sich mit je einer 1flügeligen Klappe öffnend; im inneren Kreis 4 zungenförmige, schlanke Staminodien. Gynaeceum aus 2 verwachsenen Karpellen; Griffel 2, lang, sich verjüngend, an der Spitze etwas nach außen gebogen. Ovar zottig behaart, 2fächerig, mit 2 anatropen Samenanlagen. Befruchtung erfolgt erst im nächsten Frühjahr 5 bis 7 Monate nach der Bestäubung nach einer Ruhezeit des Pollens bis Mai.
Frucht eine holzige, eiförmige, haselnußähnliche, 12 bis 15 mm lange, dicht behaarte Kapsel mit 2 Hörnchen an der Spitze, bis zur Hälfte von der Achse umgeben; sich erst bis zum Sommer entwikkelnd, oft bis zur nächsten Blütezeit am Strauch verbleibend. Infolge von Gewebespannungen springt die Kapsel bei der Reife gleichzeitig loculi-

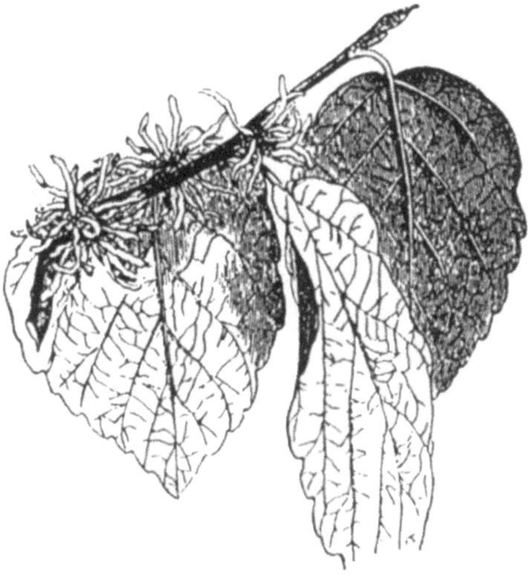

Hamamelis virginiana L.: Blühender Zweig. Aus Lit.[7]

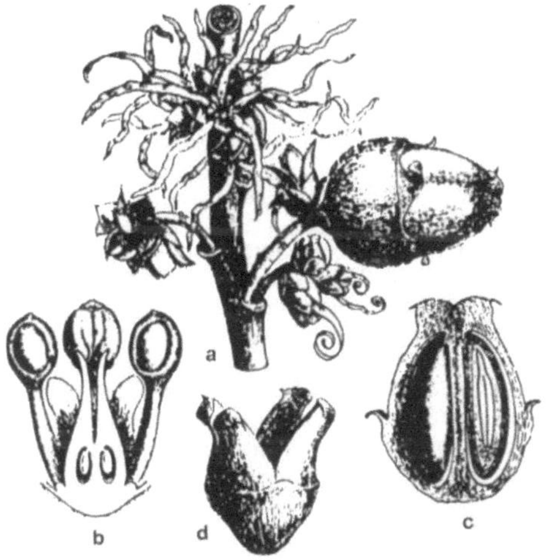

Hamamelis virginiana L.: **a** Zweigstück mit vorjähriger, fast reifer Frucht und oben mit 5blütigem Köpfchen, in dem 4 Blüten 4zählig, die Endblüte 5zählig ist, **b** Blüte (ohne Blütenhülle) im Längsschnitt, **c** fast reife Frucht im Längsschnitt, **d** reife Frucht, entleert. Aus Lit.[7]

cid und septicid, 4 Klappen bildend so heftig auf, daß die beiden dunklen Samen bis zu 4 m weit fortgeschleudert werden. Die Samen sollen erst keimen, nachdem sie 2 Winter in der Erde gelegen haben.[2,4–7,20]

Verwechslungen: *Hamamelis macrophylla* PURSH ist sehr nahe mit *Hamamelis virginiana* L. verwandt und wird ihr deshalb oft zugerechnet (s. Synonyme): Blätter meist stumpf oder abgerundet, Lappen weniger zahlreich, schwächer, mehr abgerundet, Basis weniger ungleich, anfangs mehr oder weniger behaart und zuletzt etwas rauh von den verbleibenden Resten der Büschelhaare; Blüten kleiner, Kelch 5 mm im Durchmesser, innen bleichgelb, manchmal rotstreifig, Petalen gelb, 8 mm lang, Blütezeit Dezember bis Februar; vermutlich gehören hierzu die in den Gärten angepflanzten "spätblühenden *H. virginiana*".[4,6]

Inhaltsstoffe: Die frischen Blätter von *H. virginiana* enthalten etwa 60 mg Astragalin, 10 mg Isoquercitrin und 10 mg Myricetin-3-glucosid pro 100 g Frischmaterial (papierchromatographischer Vergleich quant. Extrakte mit Testreihen). Die Blüten von *H. virginiana* weisen ein anderes Flavonolglykosidspektrum als die Blätter auf: Das in den Blättern fehlende Spiraeosid (Quercetin-4'-glucosid) wurde in den Blüten als Hauptflavonoid papierchromatographisch nachgewiesen, die Flavonolglykoside der Blätter traten dagegen nur als schwache Nebenzonen auf.[15]

Der Gehalt an Chinasäure in den Blättern scheint mit zunehmendem Alter der Blätter stark abzunehmen: Im April wurden 1,05 %, im Juli dagegen nur noch 0,3 % Chinasäure aus den getrockneten Blättern isoliert; Ende September fand sich keine Chinasäure mehr in den Blättern.[16]

Im Fluidextrakt aus den Stengeln von *H. virginiana*, hergestellt durch Perkolation mit Ethanol 45 % (*V*/*V*) (Droge/Extrakt-Verhältnis 1:1) nach der für Hamamelis(blätter)fluidextrakt *PFX* beschriebenen Methode (s. Hamamelidis folium, Zubereitungen), wurde mittels HPLC-Analyse (externer Standard) ein Hamamelitanningehalt von 66 mg/100 g Fluidextrakt ermittelt. Der Stengelfluidextrakt enthält damit etwa 80mal weniger Hamamelitannin als der nach derselben Methode hergestellte Rindenfluidextrakt (s. Hamamelidis cortex, Zubereitungen). Im Stengelfluidextrakt wurden ferner Gallussäure und die in Hamamelis-Blättern (s. Hamamelidis folium) ebenfalls aufgefundenen Proanthocyanidine nachgewiesen (HPLC-Analyse, keine Quantifizierung).[11,21]

Verbreitung: Laubwälder der atlantischen Staaten der USA, vom südlichen Kanada (Neuschottland, Neubraunschweig) bis Texas und Nordflorida, westlich bis Wisconsin, Nebraska und Missouri; Gebüsche, Waldränder, felsige Flußufer, gelegentlich auf Sanddünen; tiefgründige Böden werden bevorzugt.[4,7,20]

Anbaugebiete: Im Jahre 1736 nach England eingeführt; seither als winterharte Pflanze in Mitteleuropa in Gärten und Parkanlagen angepflanzt, auch in subtropischen Ländern kultiviert.[4,20]

Drogen: Hamamelidis aqua, Hamamelidis cortex, Hamamelidis folium, Hamamelis virginiana hom. *HAB 1*, Hamamelis virginiana, äthanol. Decoctum hom. *HAB 1*, Hamamelis virginiana e cortice et ex summitatibus hom. *HAB 1*, Hamamelis virginiana e foliis hom. *HAB 1*, Hamamelis virginiana hom. *PFX*, Hamamelis virginiana hom. *HPUS 88*.

Hamamelidis aqua (Hamameliswasser)

Synonyme: Aqua Hamamelidis, Aqua Hamamelidis corticis, Liquor Hamamelidis.

Sonstige Bezeichnungen: Engl.: Distilled witch-hazel (extract), Hamamelis water, witch-hazel (water).

Monographiesammlungen: Hamamelis water *NFXI, BPC79, Mar28*; Aqua Hamamelidis Corticis *EB6*.

Definition der Droge: Hamamelis water *NFXI, BPC79*: Mazeration der frisch geschnittenen und teilweise getrockneten Zweige mit Wasser, anschließend Destillation des Mazerats und Versetzen mit Ethanol.
Aqua Hamamelidis Corticis (Hamamelisrindenwasser) *EB6*: Mazeration von grob gepulverter Hamamelisrinde mit einem Ethanol-Wasser-Gemisch, anschließend Destillation des Mazerats.
Hamamelisdestillat: Wasserdampfdestillation der frischen Blätter und Zweige;[22] Wasserdampfdestillation der Blätter (mit wenig Zweiganteilen), anschließend Zusatz von Ethanol.[23]

Stammpflanzen: *Hamamelis virginiana* L.

Gewinnung: Frisch geschnittene und teilweise getrocknete Zweige werden ca. 24 h mit etwa der doppelten Menge (*m/m*) Wasser mazeriert; anschließend wird solange destilliert, bis höchstens 830 mL Destillat pro 1.000 g Zweige erhalten werden; abschließend werden pro 850 mL Destillat 150 mL Ethanol zugefügt und sorgfältig gemischt; 1 Teil Hamamelis water entspricht 1 Teil Hamameliszweigen.[24] Nach Lit.[25] wird der nach dem gleichen Verfahren hergestellte Mazerationsansatz destilliert, bis mindestens 800 mL und höchstens 850 mL klares, farbloses Destillat je 1.000 g Zweige erhalten werden; abschließend wird mit Ethanol auf 1.000 mL ergänzt.
Das Gemisch von 1.000 T grob gepulverter Hamamelisrinde, 150 T Ethanol und 2.000 T Wasser wird 24 h lang bei Zimmertemperatur stehengelassen, dann werden 1.000 T abdestilliert; 1 T Hamamelisrindenwasser entspricht 1 T Hamamelisrinde.[26]
Blätter mit wenig Zweiganteilen werden der Wasserdampfdestillation unterzogen; dem Destillat wird bis zu einer Endkonzentration von 15 % (*V/V*) Ethanol zugefügt; 1 T Hamamelisdestillat entspricht 1 T Hamamelisblättern.[23]
Im Frühjahr und im Frühsommer gesammelte frische Blätter und Zweige werden der Wasserdampfdestillation unterzogen.[22]

Ganzdroge: Hamameliswasser *NFXI, BPC79* ist eine klare und farblose Flüssigkeit mit charakteristischem Geruch und Geschmack. Hamamelisrindenwasser *EB6* ist klar oder fast klar.

Verfälschungen/Verwechslungen: Als Verfälschungen gelten als "Hamameliswasser" deklarierte Zubereitungen, die durch Perkolation oder andere Verfahren hergestellte Rinden- und/oder Blattextrakte neben/anstatt Hamamelisdestillat enthalten.

Inhaltsstoffe: *Ätherisches Öl.* Destillate aus Blättern enthalten 0,01 bis 0,02 % ätherisches Öl mit ketonischen Inhaltsstoffen;[27] s. Hamamelidis folium. Über Bestandteile von Destillaten aus Rinde liegen keine Angaben vor.
In mehreren Hamameliswasserpräparaten des Handels wurde der Gehalt an äth. Öl bestimmt (s. Gehaltsbestimmung). Es zeigten sich erhebliche Schwankungen im Ölgehalt: 1 bis 8 mg äth. Öl pro 100 g Hamameliswasser.[17]
Hinweis: Tannine sind in Hamameliswasser nicht enthalten, da sie nicht wasserdampfflüchtig sind (s. Definition).[28,29]

Identität: DC-Nachweis von Hamameliswasser *NFXI, BPC79* sowie von Hamamelisdestillat:[17]
- Untersuchungslsg.: Hamamelisblattdestillat wird unter Zusatz von Natriumchlorid mehrmals mit Pentan ausgeschüttelt und die vereinigten Pentanphasen schonend abdestilliert; der Rückstand wird in Pentan gelöst, mit abs. Ethanol und einer Lsg. von 2,4-Dinitrophenylhydrazin in Phosphorsäure/Ethanol 95 % versetzt und 15 min stehengelassen; danach wird überschüssiges Reagenz durch Ausschütteln mit Wasser entfernt und die eingeengte Pentanphase zur DC verwendet;
- Referenzsubstanzen: 2,4-Dinitrophenylhydrazone von Acetaldehyd, *n*-Hexen-2-al-1 und von *α*- oder *β*-Ionon;
- Sorptionsmittel: Kieselgel;
- FM: Hexan-Ethylacetat (93 + 7, *V/V*);
- Detektion: Direktauswertung im Vis;
- Auswertung: Nachweis der in 2,4-Dinitrophenylhydrazone umgesetzten Carbonylverbindungen des ätherischen Öles. Die als Vergleichshydrazone eingesetzten Verbindungen müssen auch in der Untersuchungslsg. erkennbar sein.

Anmerkung: Für Hamamelisrindenwasser *EB6* wurden bisher keine Identitätsprüfungen vorgeschlagen.

Reinheit:
- Ethanolgehalt: 14 bis 15 % *NFXI*.
- Relative Dichte: 0,979 bis 0,982 *NFXI*; 0,981 bis 0,982.[25]
- Trockenrückstand: Höchstens 0,025 % *NFXI*.
- pH-Wert: Reagiert neutral oder sauer gegen Lackmus *NFXI*; pH zwischen 3,0 und 6,0;[25] pH zwischen 4,0 und 5,0.[23]
- Prüfung auf Aceton und Isopropanol: Muß den Anforderungen entsprechen *NFXI*.
- Prüfung auf Formaldehyd: Auf Zusatz einer Mischung von 2 mL 1 %iger Phloroglucinlsg. mit 5 mL NaOH-Lsg. zu 2 mL Hamameliswasser darf keine Rotfärbung auftreten *NFXI*.
- Prüfung auf Methanol: Zusatz von 5 mL Chromotropsäurelsg. zu einer mit tropfenweise zugegebener Natriumhydrogensulfitlsg. (5 %) entfärbten Mischung von je einem Tropfen Hamameliswasser, 2 %iger Phosphorsäurelsg. und 5 %iger Kaliumpermanganatlsg; Erhitzen auf dem Wasserbad (60 °C, 5 min); es darf keine violette Färbung auftreten *NFXI*.

- Prüfung auf Gerbstoffe: Höchstens 0,003 %.[25] Methode: Spektralphotometrische Bestimmung bei 650 nm nach Umsetzung der Tannine mit Folins Reagenz unter Zusatz einer wäßrigen Lsg. von 20 % Natriumcarbonat und 1,2 % Natriumtartrat; der Gehalt wird direkt durch Vergleich der gemessenen Extinktion mit der Extinktion einer gleich behandelten Standardlsg. von Gerbsäure in Wasser errechnet.[25]

Lagerung: Dicht verschlossen, vor Hitze geschützt *NF XI.*

Wirkungen: Hamamelisdestillat wird eine adstringierende, entzündungshemmende und lokal hämostyptische Wirkung zugeschrieben.[22] Ausreichende experimentelle Studien liegen hierzu nicht vor, jedoch ist eine adstringierende Wirkung wenig plausibel, da Gerbstoffe im Destillat fehlen.

Verkürzung der Blutungszeit. Die Verkürzung der Blutungszeit durch Hamamelis(blatt)destillat mit 0,015 % ätherischem Öl und dem daraus gewonnenen ätherischen Öl wurde an Schnitt-Traumen des Kaninchenohres geprüft. Verglichen wurde der intraindividuelle Unterschied der Blutungszeit von Schnittverletzungen (Seitenvergleich) 24 h vor und nach i. v. Gabe der Prüfsubstanz. 2 und 4 mL des Destillates, vor Applikation teilweise von Ethanol befreit, verkürzten die Blutungszeit um 33 bzw. 37 %. 2 und 4 mL einer 1 %igen Lsg. des äth. Öls in physiologischer Kochsalzlsg. reduzierten die Blutungszeit um 19 bzw. 30 %. Eine statistische Untersuchung der Ergebnisse fand nicht statt, ein Zusammenhang zwischen dem äth. Öl und der Verkürzung der Blutungszeit scheint jedoch nicht zu bestehen.[27]

Die i. v. Gabe von 2 bzw. 4 mL Hamamelis(blatt)destillat an Kaninchen soll die Blutgerinnung, gemessen nach der Hohlperlenkapillarmethode, beschleunigen. Eine statistische Auswertung der Ergebnisse fand nicht statt. Eine Dosisabhängigkeit der Wirkung scheint jedoch nicht zu bestehen. Die Angaben bedürfen der Überprüfung.[27]

Klinische Untersuchungen. In zwei randomisierten Doppelblindstudien wurden auf der Rückenhaut von je 24 gesunden menschlichen Probanden durch UV-Bestrahlung bzw. durch wiederholtes Abziehen von Klebebändern Erytheme erzeugt. Auf die geröteten Hautstellen wurden dann verschiedene Cremezubereitungen aufgetragen; nach 24 h (UV-Erythem) bzw. nach 4 h/8 h (Klebestreifen-Erythem) wurde die antiinflammatorische Wirkung der Zubereitungen visuell und mittels Chromametrie (Ermittlung der Hautrötung) im Vergleich zu einer unbehandelten (erythematösen) Hautstelle ausgewertet. Das in einigen Cremegrundlagen inkorporierte Phosphatidylcholin (PC) soll die topische Bioverfügbarkeit der Wirksubstanzen erhöhen. Getestet wurden u. a.: Hamamelis-O/W-Cremes, pro 100 g Creme 5,35 g Destillat aus frischen Blättern und Zweigen, eingestellt auf 0,64 mg bzw. 2,56 mg Hamamelisketone, Cremegrundlage mit ≥ 85 % Phosphatidylcholin ("Hamamelis-PC-Cremes"); Hamamelis-O/W-Creme, pro 100 g Creme 5,35 g Destillat aus frischen Blättern und Zweigen, eingestellt auf 0,64 mg Hamamelisketone, Cremegrundlage ohne PC ("Hamameliscreme"); die reinen Cremegrundlagen mit bzw. ohne Phosphatidylcholin; 1 %ige Hydrocortison-Creme.

Die statistische Auswertung ergab beim UV-Erythem nur für Hydrocortisoncreme und die niedrigdosierte Hamamelis-PC-Creme eine gegenüber der Kontrolle deutliche ($0,05 < p < 0,1$) Erythemhemmung. Die Hydrocortisoncreme war in der Wirkung der Hamameliscreme ohne PC ($0,05 < p < 0,1$) und den reinen Cremegrundlagen mit und ohne PC ($0,01 < p < 0,05$) überlegen.

Im Klebestreifen-Test wurde mit der Hydrocortisoncreme ($p \leq 0,05$), der niedrigdosierten Hamamelis-PC-Creme und der hochdosierten Hamamelis-PC-Creme ($0,05 < p < 0,1$) eine gegenüber der Kontrolle deutliche Erythremhemmung erzielt. Die niedrigdosierte Hamamelis-PC-Creme war in der Wirkung der PC-Cremegrundlage ($p < 0,1$) überlegen; die Hydrocortisoncreme übertraf beide Hamamelis-PC-Cremes und die reinen Cremegrundlagen (mit und ohne PC) in der Wirkung ($p < 0,1$).

Aus den Ergebnissen läßt sich folgern, daß Cremezubereitungen von Hamamelisdestillat mit Zusatz von Phosphatidylcholin (Hamamelis-PC-Cremes) antiinflammatorisch wirksamer sind als solche Zubereitungen ohne Zusatz von PC. Die 4fach höher dosierte Hamamelis-PC-Creme zeigt dabei keine stärkere Aktivität als die niedrigdosierte Hamamelis-PC-Creme. Die Hamamelis-PC-Cremes sind in beiden Tests schwächer wirksam als die 1 %ige Hydrocortisoncreme.[30]

An 22 gesunden menschlichen Probanden und 5 Patienten mit atopischer Neurodermitis und Psoriasis wurde die antiphlogistische Wirkung einer Hamamelissalbe (Salbe mit 6,25 % (*m/m*) Destillat aus frischen Blättern und Zweigen (1:1,6), eingestellt auf 0,75 mg Hamamelisketone) im Vergleich zur wirkstofffreien Salbengrundlage mittels Fluvographie (indirekte Messung der Hautdurchblutung) untersucht. Hamamelissalbe und wirkstofffreie Salbengrundlage wurden bei den Probanden und Patienten zur gleichen Zeit und unter gleichen Bedingungen auf die Haut aufgetragen. Bei 17 von 22 Probanden führte die Hamamelissalbe zu einer Abnahme der Hautdurchblutung nach einer Latenzzeit von 31 min (durchschnittlich –15 % der Ausgangswerte); bei 20 von 21 Probanden führte die wirkstofffreie Salbengrundlage zu einer Zunahme der Hautdurchblutung nach einer Latenzzeit von 24 min (durchschnittlich + 23 % der Ausgangswerte). Bei den 5 Patienten mit atopischer Neurodermitis und Psoriasis kam es unter Anwendung der Hamamelissalbe zu einer Verminderung der Hautdurchblutung um durchschnittlich –24 % der Ausgangswerte. Zusätzlich erfolgte an 2 Probanden eine percutane Sauerstoffmessung (polarographische Messung des Sauerstoffpartialdrucks). Bei dem mit Hamamelissalbe behandelten Probanden nahm der Sauerstoffpartialdruck der Haut ab, bei dem mit Salbengrundlage behandelten zu. Die Abnahme der Hautdurchblutung bzw. des Sauerstoffpartialdrucks der Haut unter Hamamelissalben-Behandlung wird als antiphlogistische Wirkung ge-

wertet. Eine statistische Auswertung der Ergebnisse fand nicht statt.[31]
In einer randomisierten Doppelblindstudie wurden 22 Patienten mit Neurodermitis mittlerer Ausprägung an beiden Unterarmen gleichzeitig mit Hamamelissalbe (Salbe mit 6,25 % (*m/m*) Destillat aus frischen Blättern und Zweigen (1:1,6), eingestellt auf 0,75 mg Hamamelisketone) und Bufexamacsalbe (50 mg Bufexamac/g Salbe) 3 Wochen lang behandelt. Die Salben wurden, getrennt auf je eine Unterarmseite, dreimal täglich aufgetragen. Als Prüfparameter wurden die Hautsymptome der Neurodermitis, Lichenifikation, Pruritis, Infiltration, Schuppung und Rötung, herangezogen. Der intraindividuelle Seitenvergleich (Hamamelissalbe versus Bufexamacsalbe) wurde statistisch überprüft. Nach 3wöchiger Therapie wurde mit beiden Salben eine deutliche (mind. 50 %) Besserung der Hautsymptomatik bei 36 bis 59 % der Patienten, je nach Symptom, erzielt. Die Wirkung entsprach der eines schwachen Glucocorticoids. Die Therapie mit Hamamelissalbe war derjenigen mit Bufexamacsalbe gleichwertig, statistisch wurde kein Unterschied gefunden. Aufgrund der verhältnismäßig geringen Patientenzahl und dem fehlenden Vergleich mit der Salbengrundlage ist eine abschließende Beurteilung der Ergebnisse nicht möglich.[32]

Anwendungsgebiete: *Hamamelisdestillat.* Leichte Hautverletzungen, lokale Entzündungen der Haut und Schleimhäute; Hämorrhoiden, Krampfaderbeschwerden.[22]

Dosierung und Art der Anwendung: *Hamamelisdestillat.* Äußerlich: Hamameliswasser unverdünnt oder im Verhältnis 1:3 mit Wasser verdünnt zu Umschlägen, 20 bis 30 % in halbfesten Zubereitungen. Innerlich (auf Schleimhäuten): Mehrmals täglich die einer Menge von 0,1 bis 1 g Droge entsprechende Menge Hamameliswasser unverdünnt oder mit Wasser verdünnt anwenden.[22]

Volkstümliche Anwendung und andere Anwendungsgebiete: Hamameliswasser bei Hautirritationen und rauher Haut,[37] bei Quetschungen, Verstauchungen, leichten Schnitten, Kratzern, zur Linderung von Muskelschmerzen, bei Schmerzen und Schwellungen durch Stiche nichtgiftiger Insekten, Sonnenbrand und äußeren Hämorrhoiden.[33] Die Wirksamkeit der Droge bei den genannten Indikationen ist außer bei leichten Hautverletzungen, lokalen Hautenzündungen und Hämorrhoiden nicht belegt.

Dosierung und Art der Anwendung: *Hamamelisrindenwasser.* Mittlere Einzelgabe: Innerlich 10,0 g zum Einnehmen.[26]

Unerwünschte Wirkungen: Keine bekannt.[22] *Allergische Wirkungen.* Aufgrund des, wenn auch geringen, Gehaltes an ätherischem Öl soll eine allergische Kontaktdermatitis nicht völlig auszuschließen sein (s. a. Sensibilisierungspotential).[33] *Peripheres Nervensystem.* Eine beobachtete leicht stechende Empfindung bei der Anwendung wird dem Alkoholgehalt zugeschrieben.[33]

Gegenanzeigen/Anwendungsbeschr.: Keine bekannt.[22]

Wechselwirkungen: Keine bekannt.[22]

Mutagenität: Industriell hergestelltes Hamameliswasser (nicht näher spezifiziert) war im Ames-Test an *Salmonella typhimurium* (Stämme TA 1535, TA 1537, TA 98, TA 100) ohne und mit metabolischer Aktivierung durch S-9-Mix (Leberhomogenate von männlichen Sprague-Dawley-Ratten und Syrischen Hamstern nach Induktion durch Aroclor 1254) bei vier Testreihen dreimal nicht mutagen und einmal mutagen. Auch nach eingehenden chromatographischen Untersuchungen der eingesetzten Hamameliswasserproben können die Autoren keine schlüssige Erklärung für die positiven Ergebnisse bei einer der Testreihen auf Mutagenität geben.[34]

Sensibilisierungspotential: Das Sensibilisierungspotential von Hamameliswasser dürfte äußerst gering sein:
In einem patch-test an 1.032 Patienten entwickelten 2 Patienten nach topischer Anwendung einer Hamamelissalbe (Salbe mit 6,25 % (*m/m*) Destillat aus frischen Blättern und Zweigen (1:1,6), eingestellt auf 0,75 mg Hamamelisketone) eine allergische Kontaktdermatitis; auf Salbenbestandteile wie Wollwachs (1 %), flüssiges Paraffin (20 %) und Vaseline (20 %) reagierten die beiden Patienten negativ. Offen bleibt, ob in der Hamamelissalbe Konservierungsmittel enthalten sind, die die Allergie ausgelöst haben könnten.[35]

Alte Rezepturen: Unguentum Hamamelidis (Hamamelissalbe) *EB 6*, s. ds. Hdb. Bd. 1, S. 693.

Sonst. Verwendung: *Kosmetik.* Einsatz (bis zu 50 %) in Gesichtswässern, Pre-shaves, Aftershaves, Hautnährcremes und Deocremes;[23,36] gut verdünnt als Bestandteil von Augenlotionen.[37]

Gesetzl. Best.: *Offizielle Monographien.* Aufbereitungsmonographie der Kommission E am BGA "Hamamelidis folium et cortex (Hamamelisblätter und -rinde)".[22]

Hamamelidis cortex (Hamamelisrinde)

Synonyme: Cortex Hamamelidis.

Sonstige Bezeichnungen: Dt.: Virginische Zaubernußrinde, Wünschelrutenrinde, Zauberhaselrinde, Zauberstrauchrinde; engl.: Hamamelis bark, tobacco wood, witch hazel bark; frz.: Ecorce d'hamamélis de Virginie, écorce du noisetier de la sorcière; it.: Corteccia di amamelide; span.: Corteza de hamamelis.

Monographiesammlungen: Hamamelisrinde *DAC 86*; Hamamelis Bark *BPC 49*, *BHP 83*, *Mar 28*.

Definition der Droge: Die getrocknete, zerkleinerte Rinde der Stämme und Zweige *DAC86*; die getrocknete Rinde *BPC49*, *BHP83*.

Stammpflanzen: *Hamamelis virginiana* L.

Herkunft: USA, Kanada, Anbaugebiete in Europa.

Ganzdroge: Rindenstücke verschieden lang, 1 bis 3 cm breit und bis 2 mm dick, rinnenförmig gebogen oder seltener röhrig eingerollt. Die zimt- oder rötlichbraune Außenseite ist mit einem dünnen, weißlichen oder graubraunen, zahlreiche Lenticellen zeigenden Kork bedeckt. Die gelblich- oder rötlichbraune Innenseite ist längsgestreift.[38]

Schnittdroge: *Geruch.* Kaum wahrnehmbar.
Geschmack. Zusammenziehend, bitter.[38]
Makroskopische Beschreibung. Splittrige, rotbraune, eingebogene Rindenstückchen, die auf der Außenseite meist noch hellbraune Korkreste zeigen, auf der helleren Innenseite längsgestreift sind und am Querbruch in der äußeren Hälfte insbesondere bei Lupenbetrachtung eine hellere Zone (Steinzellring) erkennen lassen.[38,39]
Mikroskopisches Bild. Die Rinde junger, gelblicher Zweige weist eine Epidermis mit zahlreichen Sternhaaren auf, die denen der Hamamelisblätter ähnlich sind. Die Rinde sekundär verdickter Zweige hat ein vielschichtiges Korkgewebe. Jüngeres Phelloderm besteht aus isodiametrischen, derbwandigen, fein getüpfelten Zellen, im älteren Phelloderm sind die Zellen tangential gestreckt und kollenchymatisch verdickt. Die Zellen der primären Rinde sind fast rund, führen teilweise braune Massen und Oxalateinzelkristalle und bilden größere Interzellularen. Ein aus kleinen, englumigen Steinzellen sowie aus Faserbündeln bestehender, fast kontinuierlicher Ring trennt die primäre von der sekundären Rinde, die von einreihigen, selten zweireihigen Markstrahlen durchzogen wird. Diese Markstrahlen bestehen aus derbwandigem, getüpfeltem Parenchym mit farblosen Wänden. Das sekundäre Rindengewebe wird von elliptisch geformten Bündeln sehr englumiger Bastfasern durchzogen, die im Längsschnitt Kristallzellreihen mit Calciumoxalateinzelkristallen erkennen lassen. Im Querschnitt finden sich vereinzelt derbwandige Siebröhren mit steil gestellten Siebplatten.[38]

Pulverdroge: Das rötlichbraune Pulver ist durch folgende Bestandteile charakterisiert: Stücke mit derbwandigem, kleinzelligem Parenchym; unregelmäßig geformte oder kubische, oft recht kleine, stark verdickte Steinzellen; von Kristallzellreihen begleitete, verdickte, aber meist nur in den äußeren Membranschichten verholzte Fasern; Fetzen des meist dünnwandigen, nicht verholzten, seltener derbwandigen, verholzten Korks und Calciumoxalateinzelkristalle. Mit Eisen(III)chloridlsg. färbt sich das Pulver blauschwarz.[38]

Verfälschungen/Verwechslungen: Zeitweise durch die Rinde von *Corylus avellana* L. (Haselnuß) substituiert: Haselnußrinde ähnelt Hamamelisrinde sehr; allerdings umfaßt das Korkcambium der Haselnußrinde weniger als 10 bis 12 Zellreihen (wie bei Hamamelisrinde); die Zellen dieses Meristems sind

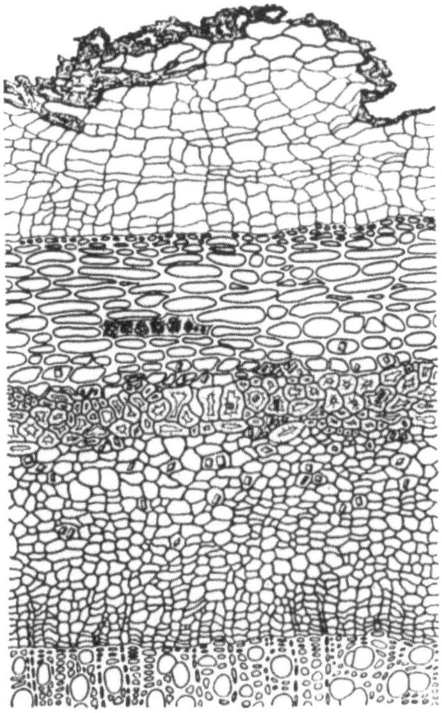

Hamamelidis cortex, Querschnitt durch die Rinde eines Zweiges von 10 mm Durchmesser: *a* dünnwandiges Periderm, *b* Mittelrinde, *c* Sklerenchymring, *d* Innenrinde mit Cambium, *e* Holzkörper. Aus Lit.[40]

bei Hamamelisrinde dünnwandiger und nicht so flach wie bei Haselnußrinde. Im Gegensatz zu Hamamelisrinde sind bei Haselnußrinde zum Teil große Bastbündel zwischen Sklerenchym und Holzkörper vorhanden. Die beiden Pulverdrogen können nur sehr schwer voneinander unterschieden werden.[20]

Minderqualitäten: Rindendroge mit gelblichweißen, vom Holzkörper stammenden Teilen auf der gelblich- bis rötlichbraunen Innenseite; in der Pulverdroge an den Gefäßbruchstücken zu erkennen.[20]

Inhaltsstoffe: *Gerbstoffe und Gerbstoffbausteine.* Bis zu ca. 12 %[41] (nach Lit.[38] mind. 9 %) mit Hautpulver fällbare Gerbstoffe, über deren genaue Zusammensetzung noch keine endgültige Klarheit herrscht.
Ein in Wasser sehr schwerlöslicher, gut kristallisierender Anteil der Gerbstofffraktion ist das Hamamelitannin (= 2-*C*-(Hydroxymethyl)-D-ribofuranose-2',5-digallat = 2,5-Di-*O*-galloylhamamelose = *β*-Hamamelitannin),[42,43] das nach Lit.[14] nur geringe gerbende Eigenschaften hat. Daneben kommen Monogalloylhamamelosen vor.[44]
Ein acetonischer Extrakt aus Zweigrinde wurde einer mehrtägigen Methanolyse unterworfen; der Fortgang der Methanolyse wurde mittels DC überprüft, als Vergleichssubstanzen wurden die bei der

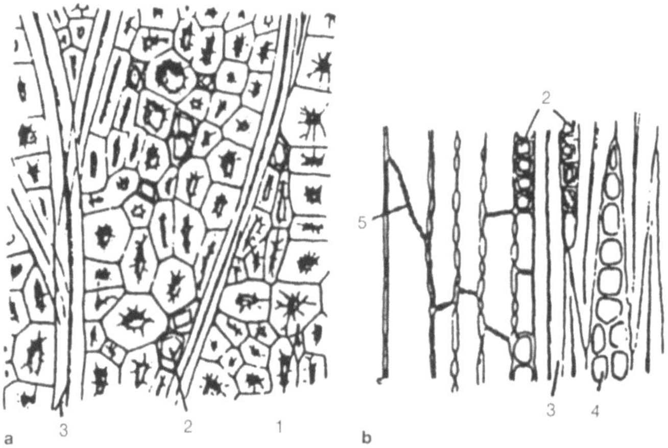

Hamamelidis cortex, Tangentialschnitt: **a** Steinzellring, **b** sekundäre Rinde; *1* Steinzellen und Steinzellnester, *2* Calciumoxalatkristalle, *3* Fasern und Faserbündel, *4* Markstrahlen, *5* Siebplatten. Aus Lit.[7]

Methanolyse des chinesischen Tannins auftretenden Gerbstoffabbauprodukte Gallussäure, Methylgallat und Pentagalloylglucose mitchromatographiert. Im Verlaufe der Methanolyse des Rindenextraktes traten u.a. schwache Zonen in Höhe der drei Vergleichssubstanzen auf. Aus dem acetonischen Rindenextrakt wurden neben Gallussäure und Hamamelitannin die Catechine (+)-Catechin, (+)-Gallocatechin, (–)-Epicatechingallat und (–)-Epigallocatechingallat isoliert (keine Mengenangaben); auch die Anwesenheit von Proanthocyanidinen vom Cyanidin- und Delphinidintyp wurde nachgewiesen. Aus den Ergebnissen folgern die Autoren, daß Hamamelis-Rinde neben Hamamelitannin und nur geringen Mengen an Gallotannin noch einen beträchtlichen Anteil an Proanthocyanidinen enthält.[9]
In einer neueren Analyse wurden in einem hydroalkoholischen Rindenextrakt (keine Angabe zum Droge/Extrakt-Verhältnis) mittels HPLC Gallussäure, Hamamelitannin und die in Hamamelis-Blättern (s. Hamamelidis folium) ebenfalls aufgefundenen Proanthocyanidine nachgewiesen; Hauptverbindung im Extrakt ist Hamamelitannin.[11] Rückschlüsse auf die in der Droge enthaltene Menge an Gallussäure, Hamamelitannin und Proanthocyanidinen sind aus den Angaben nicht möglich.
Flavonole. Die Rinde soll die für Hamamelisblätter (s. Hamamelidis folium) beschriebenen Flavonolglykoside in geringer Konzentration enthalten; detaillierte Angaben fehlen.[18]
Ätherisches Öl. Die Rinde soll ca. 0,1 % äth. Öl enthalten, über dessen Zusammensetzung, trotz einer Analyse,[45] noch wenig Klarheit herrscht.

Zubereitungen: Aqua Hamamelidis Corticis (Hamamelisrindenwasser) *EB6* und Hamamelis water *NFXI*, *BPC79*: s. Hamamelidis aqua.
Extractum Hamamelidis Corticis fluidum (Hamamelisrindenfluidextrakt) *EB6*: 1.000T mittelfein gepulverte Hamamelisrinde werden mit einer Mischung aus 100T Glycerol, 100T Ethanol und 150T Wasser angefeuchtet, anschließend werden durch Perkolation mit Ethanol-Wasser (1 + 1) 1.000 mL Fluidextrakt (1:1) hergestellt. Eigenschaften: Hamamelisrindenfluidextrakt *EB6* ist dunkelrotbraun, riecht schwach würzig und schmeckt herb.
Hamamelisrindenfluidextrakt:[21] Fluidextrakt (1:1), hergestellt durch Perkolation mit 45 % (*V/V*) Ethanol nach der für Hamamelis(blätter)fluidextrakt *PFX* beschriebenen Methode (s. Hamamelidis folium). Hamamelitanningehalt: 5,2 g pro 100 g Fluidextrakt (HPLC-Analyse, externer Standard).
Hamamelis Tincture (Tinctura Hamamelidis) *BPC49*: Tinktur (1:10), hergestellt durch Perkolation mit Ethanol 45 %.

Identität: Der Heißwasserauszug der Droge ergibt mit Eisen(III)chloridlsg. eine intensiv blaue bis blauschwarze Färbung *DAC86*.
DC-Nachweis von Gerbstoffen und Catechinen nach Lit.[46,47]:
- Untersuchungslsg.: Methanolisch-wäßriger (18 + 42) Drogenextrakt, in zwei Banden aufgetragen;
- Referenzsubstanzen: Hamamelitannin, Gallussäure und Catechin;
- Sorptionsmittel: Kieselgel 60 F_{254} bzw. Kieselgel G;
- FM: Ethylacetat-Toluol-Ameisensäure-Wasser (60 + 20 + 15 + 5) bzw. Ethylformiat-wasserfreie Ameisensäure-Wasser (80 + 10 + 10);
- Detektion: Die Catechinbande und eine der beiden Banden der Untersuchungslsg. werden mit Eisen(III)chloridlsg. besprüht, die verbliebenen Banden werden mit Vanillin-Phosphorsäure-Reagenz besprüht; Erhitzen auf 105 °C bis zur deutlichen Farbentwicklung; Auswertung im Vis;
- Auswertung: Mit $FeCl_3$-Lsg. geben die Gallotannine graublaue Farbreaktionen, mit Vanillin-Phosphorsäure reagieren die Catechine unter Rotfärbung.[48]

HPLC-Fingerprint eines wäßrig-ethanolischen Rindenextraktes nach Lit.[11]:

- Stationäre Phase: Lichrosorb RP18 5μ (125 × 4,6 mm);
- Mobile Phase: A Ameisensäure-Wasser (1 + 19), B Methanol; Gradient: 0 bis 2 min, 7 % B in A isokratisch; 2 bis 5 min, 7 bis 11 % B in A linear; 5 bis 11 min, 11 bis 33 % B in A linear; 11 bis 20 min, 33 bis 34 % B in A linear; Flußrate: 2,2 mL/min;
- Temperatur: 21 °C;
- Detektion: UV 280 nm;
- Auswertung: Retentionszeiten: Gallussäure 1,45 min; Hamamelitannin 8,20 min (Hauptpeak); Proanthocyanidine mehrere Peaks im Bereich von 10 bis etwa 15 min; HPLC-Chromatogramme sind in Lit.[11,21] angegeben.

Reinheit:
- Fremde Bestandteile: Höchstens 2 % *DAC 86*.
- Trocknungsverlust (2 h bei 100 bis 105 °C): Höchstens 12 % *DAC 86*.
- Asche: Höchstens 7,0 % *DAC 86*; höchstens 5 % *BHP 83*.
- Säureunlösliche Asche: Höchstens 1,5 % *BHP 83*.
- Extraktivstoffe: Mindestens 20 % in 45 %igem Ethanol lösliche Extraktivstoffe *BPC 49*.

Gehalt: Gerbstoffe: Mindestens 9,0 % mit Hautpulver fällbare Gerbstoffe *DAC 86*. Ca. 6 % Tannin *BHP 83*.

Gehaltsbestimmung: Gravimetrische Bestimmung der mit Hautpulver fällbaren Gerbstoffe aus dem Heißwasserextrakt *DAC 86*: Hierzu wird zunächst der Trockenrückstand des Heißwasserauszuges ("Gesamtrückstand") ermittelt; anschließend werden die Trockenrückstände der Filtrate von mit Hautpulver geschütteltem Drogenauszug ("Rückstand nach Hautpulverhandlung") bzw. Wasser als Blindwert ("Hautpulverrückstand" = wasserlösliche Anteile des Hautpulvers) bestimmt. Der Gerbstoffgehalt errechnet sich aus der Differenz zwischen Gesamtrückstand (plus Hautpulverrückstand) und Rückstand nach Hautpulverbehandlung.
Möglich wäre auch eine indirekte photometrische Bestimmung der Gerbstoffe in Anlehnung an *DAB 10*, z. B. von Ratanhiawurzel: Die Polyphenole der Untersuchungslsg. werden nach Umsetzung mit Wolframatophosphorsäure oder Folins Reagenz zu Wolframblau quantitativ bestimmt; aus der Extinktionsdifferenz vor und nach der Bindung der Gerbstoffe durch Hautpulver oder Casein läßt sich auf den Gerbstoffgehalt der Untersuchungslsg. schließen; als Eichsubstanz können Pyrogallol oder Gallussäure dienen. s. a. Hamamelidis folium, Gehaltsbestimmung nach *Helv VII*.
Die getrennte Bestimmung des Gehaltes an Gallussäure, Hamamelitannin und oligomeren Proanthocyanidinen in Hamamelisrindenzubereitungen ist mittels HPLC (externer Standard) möglich;[21] HPLC-Bedingungen s. Identität.

Lagerung: Vor Licht geschützt *DAC 86*.

Wirkungen: Hamamelisrindenzubereitungen wird eine adstringierende, entzündungshemmende und lokal hämostyptische Wirkung zugeschrieben.[22] Ausreichende experimentelle Studien liegen hierzu nicht vor, jedoch ist eine adstringierende Wirkung bei ausreichendem Gerbstoffgehalt plausibel.

Anwendungsgebiete: Leichte Hautverletzungen, lokale Entzündungen der Haut und Schleimhäute; Hämorrhoiden, Krampfaderbeschwerden.[22]

Dosierung und Art der Anwendung: *Droge.* Dekokte aus 5 bis 10 g Droge auf 1 Tasse (ca. 250 mL) Wasser zu Umschlägen und Spülungen.[22] Bei Zahnfleisch- und Mundschleimhautentzündungen mehrmals täglich mit einem Dekokt (10 bis 15 min) aus 2 bis 3 g Droge auf ca. 150 mL Wasser spülen.[48] *Zubereitung.* Äußere Anwendung: Extraktzubereitungen: In halbfesten und flüssigen Zubereitungen entsprechend 20 bis 30 % Droge.[22]
Zubereitungen zur inneren Anwendung (auf Schleimhäute):
Zäpfchen: 1- bis 3mal täglich die einer Menge von 0,1 bis 1 g Droge entsprechende Menge einer Zubereitung anwenden.[22]
Andere Zubereitungen: Mehrmals täglich die einer Menge von 0,1 bis 1 g Droge entsprechende Menge einer Zubereitung anwenden.[22]

Volkstümliche Anwendung und andere Anwendungsgebiete: Zur Unterstützung der Therapie akuter, unspezifischer Durchfallerkrankungen,[48] bei Menstruationsbeschwerden sowie bei Beschwerden in der Menopause.[50] Die Wirksamkeit der Droge bei den genannten Indikationen ist nicht belegt, bei unspezifischen Durchfallerkrankungen aufgrund des Gerbstoffgehaltes zumindest plausibel.

Dosierung und Art der Anwendung: *Droge.* 2- bis 3mal täglich zwischen den Mahlzeiten 1 Tasse frisch bereitetes Dekokt (10 bis 15 min) aus 2 bis 3 g Droge auf 150 mL Wasser trinken.[48] *Zubereitung.* Innerlich 1 bis 8 g Fluidextrakt pro Tag, 15 Tropfen alle 2 h (50 Tropfen entsprechen etwa 1 g).[50] Tagesdosis der Tinktur (1:5): 0,1 bis 1,0 g. Hinweis: Die Dosierungsangaben nach Lit.[50] bedürfen der Überprüfung.

Unerwünschte Wirkungen: Nach Lit.[22] keine bekannt. Bei empfindlichen Patienten sollen nach Lit.[48] nach Einnahme von Zubereitungen aus Hamamelisrinde gelegentlich Magenreizungen auftreten können; ferner sollen die in Hamamelisrinde enthaltenen Gerbstoffe in seltenen Fällen Leberschäden erzeugen können.

Gegenanzeigen/Anwendungsbeschr.: Nicht bekannt.[22]

Wechselwirkungen: Nicht bekannt.[22]

Sonst. Verwendung: *Kosmetik.* Einsatz von Extrakten beispielsweise in Gesichtswässern, Pre-shaves, After-shaves, Hautnährcremes und Deocremes.[36]

Gesetzl. Best.: *Standardzulassung.* Standardzulassung "Hamamelisrinde", Zul.-Nr. 9799.99.99.[48] *Offizielle Monographien.* Aufbereitungsmonographie der Kommission E am BGA "Hamamelidis folium et cortex (Hamamelisblätter und -rinde)".[22]

Hamamelidis folium (Hamamelisblätter)

Synonyme: Folia Hamamelidis.

Sonstige Bezeichnungen: Dt.: Wünschelrutenblätter, Zauberhaselblätter, Zauberstrauchblätter; engl.: Hamamelis leaves, witch hazel leaves; frz.: Feuilles d'hamamélis; it.: Amamelide foglie; span.: Hojas de hamamelis.

Monographiesammlungen: Hamamélis de Virginie *PF X*; Amamelide foglie *Ital 9*; Hamamelidis folium *Helv VII*; Hamamelisblätter *DAC 86*; Hamamelis *BPC 79*, *Mar 28*; Hamamelis Leaf *BHP 83*.

Definition der Droge: Die getrockneten Blätter *PF X*, *Ital 9*, *Helv VII*, *BPC 79*, *BHP 83*; die getrockneten, ganzen oder zerkleinerten Laubblätter *DAC 86*.

Stammpflanzen: *Hamamelis virginiana* L.

Herkunft: USA, Kanada; Anbaugebiete in Europa.

Gewinnung: Die Laubblätter werden im Herbst gesammelt und möglichst schnell getrocknet.[39]

Ganzdroge: Blätter kurz gestielt, meist 8 bis 12 cm lang und ca. 7 cm breit, verkehrt-eiförmig oder rhombisch, meist asymmetrisch, mit unregelmäßig grob gekerbtem Rand und vereinzelten Drüsenzähnen. Die Spreite ist fiedernervig, auf der Oberseite dunkelgrün, auf der Unterseite hell- oder braungrün. Von dem kräftigen Mittelnerv gehen starke Seitennerven ab, die in den Kerbzähnen enden und auf der Unterseite stark hervortreten. Die Blätter sind, abgesehen von den in den Winkeln der Nerven befindlichen Büschel- und Sternhaaren, unbehaart.[38]

Schnittdroge: *Geruch.* Schwach, typisch.
Geschmack. Herb, schwach zusammenziehend.
Makroskopische Beschreibung. Die Droge ist charakterisiert durch dünne Blattstückchen, die auf der helleren Unterseite neben den stark hervortretenden Blattnerven bei Lupenbetrachtung zahlreiche punktförmige Erhebungen zeigen.[38]
Mikroskopisches Bild. Die Aufsicht zeigt die beiden Epidermen aus stark wellig ausgebuchteten Zellen. Auf der Blattunterseite finden sich zahlreiche Spaltöffnungen, meist vom paracytischen Typ. An den Nerven höherer Ordnung sitzen vereinzelt Sternhaare aus etwa 5 bis 10 einzelligen, derbwandigen Einzelhaaren.
Der Querschnitt zeigt das Mesophyll aus einer Lage langgestreckter Palisadenzellen und einem kleinzelligen Schwammparenchym mit unregelmäßigen, großen Interzellularen. Es wird von einzeln liegenden, unregelmäßig geformten, verholzten Idioblasten durchzogen, die oft von der oberen bis zur unteren Epidermis reichen. Einige Parenchymzellen enthalten Calciumoxalateinzelkristalle. Die Leitbündel werden von Kristallzellreihen begleitet, die meistens Einzelkristalle, sehr selten auch Calciumoxalatdrusen führen.[38]

Pulverdroge: Das bräunlichgraue Pulver ist gekennzeichnet durch zahlreiche Leitbündelelemente mit Kristallzellreihen, Mesophyllfragmente (z. T. mit Einzelkristallen), wellige Epidermiszellen mit Spaltöffnungen vom paracytischen Typ und Spiralgefäße. Seltener anzutreffen sind die großen, sehr dickwandigen, unregelmäßig geformten Idioblasten und die Sternhaare oder von diesen abgetrennte, einzellige, sehr dickwandige Haare. Die Haare sind zahlreicher auf jungen Blättern, die Idioblasten in alten Blättern. Mit Eisen(III)chloridlsg. färbt sich das Pulver blauschwarz.[38]

Verfälschungen/Verwechslungen: Die Droge wurde zeitweise durch Blätter von *Corylus avellana* L. (Haselnuß) ersetzt: Haselnußblätter unterscheiden sich von Hamamelisblättern durch einen herzförmigen, symmetrischen Blattgrund, einen doppelt

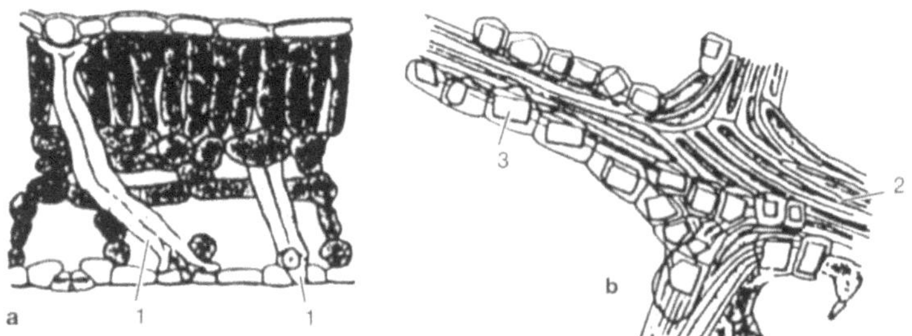

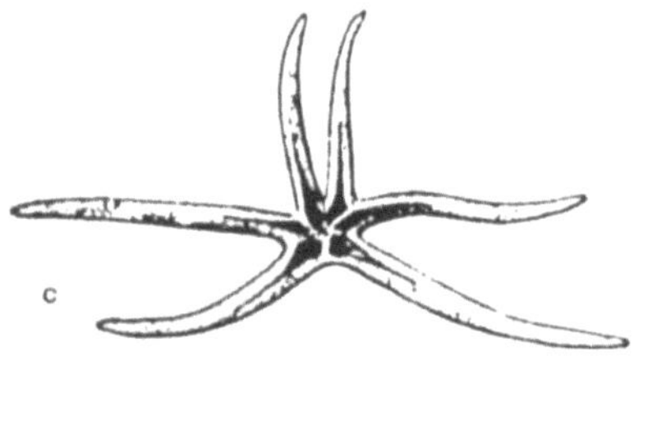

Hamamelidis folium: **a** Blattquerschnitt mit Idioblasten, **b** Leitbündel mit Kristallzellreihen, **c** Haarbüschel (Sternhaar) in Flächenansicht; *1* Idioblast, *2* Fasern, *3* Calciumoxalatkristalle. Aus Lit.[7]

gesägten Blattrand, das stets zugespitzte vordere Blattende des sonst rundlichen Blattes, die größere Anzahl der vom Hauptnerv abzweigenden Seitennerven (8 bis 10 auf jeder Blatthälfte), die Behaarung von Blattspreite (einzellige Haare), Blattnerven (kleine mehrzellige Drüsenhaare) und Blattstiel (Drüsenhaare mit mehrzelligem Stiel und ebensolchem Köpfchen). Mikroskopisch können Haselnußblätter gut von Hamamelisblättern unterschieden werden: Beim Haselnußblatt umgeben die Nebenzellen zu mehreren kranzförmig die Stomata (Hamamelisblatt: 1 bis 2 Nebenzellen jederseits), das Palisadengewebe ist mehrschichtig (Hamamelisblatt: Sowohl bei Schatten- als auch bei Sonnenblättern einschichtig), in besonders großen Palisadenzellen liegen Kristalldrusen (Hamamelisblatt: Nur Sphärokristalle im Schwammparenchym und Einzelkristalle in den Kristallfaserzellen der Nerven), im Gegensatz zum Hamamelisblatt gibt es beim Haselnußblatt keine Idioblasten.[20] s. a. Reinheit, Fremde Bestandteile; s. a. ds. Hdb. Bd. 4, S. 1.028.

Minderqualitäten: Blattdroge mit beigemengten Zweigstückchen, die in der Ganzdroge durch ihre Form, Farbe und Behaarung auffallen und in der zerkleinerten Droge hauptsächlich durch viele Gefäßelemente, Korkzellen und Steinzellen mit sehr dicker, geschichteter, durch verzweigte Tüpfelkanäle durchsetzter Membran erkenntlich sind.[20]

Inhaltsstoffe: *Gerbstoffe und Gerbstoffbausteine.* Nach Lit.[38] mind. 5% mit Hautpulver fällbare Gerbstoffe, über deren genaue Zusammensetzung noch keine endgültige Klarheit herrscht.

Ein acetonischer Blattextrakt wurde einer mehrtägigen Methanolyse unterworfen; der Fortgang der Methanolyse wurde mittels DC überprüft, als Vergleichssubstanzen wurden die bei der Methanolyse des chinesischen Tannins auftretenden Gerbstoffabbauprodukte Gallussäure, Methylgallat und Pentagalloylglucose mitchromatographiert. Im Verlaufe der Methanolyse des Blattextraktes traten u. a. deutliche Zonen in Höhe der drei Vergleichssubstanzen auf. Aus dem acetonischen Blattextrakt konnten die Catechine (+)-Catechin, (+)-Gallocatechin, (−)-Epicatechingallat und (−)-Epigallocatechingallat angereichert und identifiziert werden; auch die Anwesenheit von Proanthocyanidinen vom Cyanidin- und Delphinidintyp wurde nachgewiesen. Hamamelitannin fehlte im Extrakt. Aus den Ergebnissen folgern die Autoren, daß Hamamelis-Blätter einen hohen Anteil an Gallotannin neben geringeren Mengen an Proanthocyanidinen enthalten.[9]

In einer neueren Analyse wurden in einem hydroalkoholischen Blattextrakt (keine Angabe zum Droge/Extrakt-Verhältnis) mittels HPLC Hamamelitannin (s. Hamamelidis cortex) und Proanthocyanidine nachgewiesen. Bei den Proanthocyanidinen handelt es sich überwiegend um Oligomere ($n \leq 6$; 73% der Proanthocyanidinfraktion; Bestimmung des Polymerisationsgrades mittels SC). Vier Proanthocyanidine, ein Procyanidin-Oligomer und drei Procyanidin/Prodelphidin-Oligomere, wurden mittels präp. HPLC isoliert und charakterisiert (Nachweis von Cyanidin bzw. Delphinidin nach Säurebehandlung).[11,12]

Pro 100 g hydroalkohol. Trockenextrakt sind enthalten: 0,7 g Hamamelitannin und 80,0 g Proanthocyanidin, best. als (+)-Catechin (HPLC-Bestimmung, externer Standard); 39 g mit Hautpulver fällbare Gerbstoffe (Hautpulver-Wolframblau-Methode *Helv VII*).[12]

Rückschlüsse auf die in der Droge enthaltene Menge an Gallussäure, Hamamelitannin und Proanthocyanidinen sind aus den Angaben nicht möglich.

Flavonole. Pro 100 g hydroalkohol. Trockenextrakt (s. Gerbstoffe) sind enthalten: 1,9 g Flavonoide, best. als Quercetin (Umsetzung mit $AlCl_3$, spektralphotometrische Best.). Mittels DC wurden nachgewiesen: Kämpferol, Quercetin, Isoquercitrin und Quercitrin.[12] Rückschlüsse auf die in der Droge enthaltene Menge an Flavonoiden sind aus den Angaben nicht möglich.

Ätherisches Öl. 0,01 bis 0,5% äth. Öl (Wasserdampfdestillation). Das äth. Öl besteht zu 40% aus aliphatischen Alkoholen, zu ca. 15% aus aliphatischen Estern und zu ca. 25% aus Carbonylverbindungen. Die Carbonylfraktion enthält Acetaldehyd (3,2%), *n*-Hexen-2-al-1 (9,7%), α-Ionon (3,5%) und β-Ionon (1%). Als einzige aromatische Komponente konnte bisher Safrol (max. 0,2% im Öl) isoliert werden.[17,51,52]

Weitere Verbindungen. Pro 100 g hydroalkohol. Trockenextrakt (s. Gerbstoffe) sind enthalten: 6,5 g Gallussäure und 13,0 g Kaffeesäure (densitometrische Best. nach DC-Auftrennung).[12] Rückschlüsse auf die in der Droge enthaltenen Menge an Gallussäure und Kaffeesäure sind aus den Angaben nicht möglich.

Chinasäure (s. *H. virginiana*).[16]

Zubereitungen: Extrait d'hamamélis (fluide) (Hamamelidis Extractum fluidum) *PFX*: 1.000 g angemessen zerkleinerte Hamamelisblätter werden erschöpfend mit Ethanol 45% (*V/V*) perkoliert. Dabei werden die ersten 800 g Perkolat getrennt aufgefangen und die Perkolation dann bis zur Vollständigkeit fortgeführt. Das zweite Perkolat wird unter vermindertem Druck bei niedriger Temperatur bis zur Konsistenz eines Dickextrakts konzentriert und in dem ersten Perkolat gelöst. Abschließend wird mit Ethanol 45% auf 1.000 g ergänzt, 48 h an einem kühlen Ort stehengelassen und filtriert. 1 T Hamamelisfluidextrakt *PFX* entspricht 1 T Hamamelisblättern. Eigenschaften: Hamamelisfluidextrakt *PFX* ist eine dunkelbraune Flüssigkeit von charakteristischem Geruch und bitterem Geschmack, die auf Zusatz des gleichen bis 9fachen Volumens Wasser eine intensive Trübung, sodann einen reichlichen, sehr feinen, braunen Niederschlag ergibt. Hamamelitanningehalt:[21] 110 mg pro 100 g Hamamelisfluidextrakt *PFX* (HPLC-Analyse, externer Standard).

Hamamelidis extractum liquidum normatum (Extractum hamamelidis fluidum, eingestellter Hamamelisliquidextrakt) *Helv VII*: 100 g pulverisierte Hamamelisblätter werden mit 45 g einer Mischung von 1 T Ethanol 96% und 2 T Wasser gleichmäßig befeuchtet und mit 540 g dieser Mischung perkoliert. 85g Vorlauf werden getrennt aufgefangen. Nachlauf und Preßflüssigkeit werden unter vermindertem Druck möglichst zur Trockene eingedampft. Der Rückstand wird in 15g der obigen Ethanol-Wasser-Mischung gelöst und mit dem Vorlauf vereinigt. Dann wird 8Tage lang bei 2bis8°C stehengelassen und bei derselben Temperatur filtriert. Mit 0,750g Filtrat wird der Gerbstoffgehalt bestimmt und hierauf mit der obigen Ethanol-Wasser-Mischung auf den vorgeschriebenen Gehalt eingestellt. Eigenschaften: Eingestellter Hamamelisliquidextrakt *Helv VII* ist eine rotbraune, klare Flüssigkeit von herbem Geschmack, trübe mischbar mit Wasser und Ethanol 96%, klar löslich in Ethanol 36% (*V/V*) und Ethanol 70% (*V/V*).

Extractum Hamamelidis (Hamamelisextrakt) *EB6*: 1T grob gepulverte Hamamelisblätter werden mit 3T Ethanol und 3T Wasser 3Tage lang unter häufigem Umrühren bei Zimmertemperatur stehengelassen und dann ausgepreßt. Der Rückstand wird mit 1T Ethanol und 1T Wasser in gleicher Weise 24h lang ausgezogen. Beide Auszüge werden vereinigt, nach dem Absetzen filtriert; das Filtrat wird zu einem dicken Extrakt eingedampft. Eigenschaften: Hamamelisextrakt *EB6* ist braun und in Wasser trübe löslich.

Extractum Hamamelidis fluidum (Hamamelisfluidextrakt) *EB6*: 1.000T grob gepulverte Hamamelisblätter werden mit 400T Ethanol-Wasser (1 + 1) angefeuchtet und aus diesem Ansatz nach der Vorschrift des *DAB6* für "Extracta fluida" 1.000T Fluidextrakt hergestellt. 1T Hamamelisfluidextrakt *EB6* entspricht 1T Hamamelisblättern. Eigenschaften: Hamamelisfluidextrakt *EB6* ist dunkelgrünlichbraun, riecht schwach teerartig und schmeckt stark herb zusammenziehend.

Hamamelis dry extract (Hamamelis Extract) *BPC79*: Herstellung im kleinen Maßstab: 1.000g mittelfein gepulverte Hamamelisblätter werden mit Ethanol 45% erschöpfend perkoliert, der Alkohol bei niedrigen Temperaturen abgezogen und der Rückstand bis zum Zustand eines feinen Pulvers weiter reduziert. Industrielle Herstellung: Wie oben beschrieben in proportional vergrößertem Maßstab. Dabei kann der Ethanol unter Berücksichtigung der hierfür geltenden gesetzlichen Bestimmungen durch vergällten Industriealkohol ersetzt werden.

Hamamelis Liquid Extract *BHP83*: Fluidextrakt (1:1), mit 45% Ethanol.

Identität: *Droge.* Auf Zusatz von Eisen(III)chloridlsg. zu einem Drogenmazerat mit Ethanol 60% (*V/V*) (*PFX*) bzw. 96% (*V/V*) (*Ital9, Helv VII*) bildet sich ein bläulichschwarzer Niederschlag bzw. färbt sich die hellgrüne Lösung dunkelgrün; auf Zusatz von Eisen(III)chloridlsg. zu einem wäßrigen Drogenauszug (*DAC86*) entsteht eine intensiv blaue bis blauschwarze Färbung (Gerbstoffe).

Auf Zusatz von Magnesium und Salzsäure zu einem mit Wasser verdünnten ethanolischen (60%, *V/V*) Drogenmazerat färbt sich die Lösung rosa (Flavonole) *PFX*.

DC der Gerbstoffe nach Lit.[46]:

- Untersuchungslsg.: Methanolischer (45%) Drogenextrakt;
- Referenzsubstanzen: Catechin, Hamamelitannin;
- Sorptionsmittel: Kieselgel 60 F_{254};
- FM: Ethylacetat-Toluol-wasserfreie Ameisensäure-Wasser (60 + 20 + 15 + 5);
- Detektion: Besprühen mit Eisen(III)chloridlsg., Auswertung im Vis;
- Auswertung: Die Gerbstoffe färben sich grauviolett an. Außer der intensiven Hamamelitanninzone bei Rf 0,24 bis 0,27 treten in der Höhe von Catechin (Rf 0,54) und bei Rf 0,15 weitere Gerbstoffzonen auf.

DC der Gerbstoffe nach Lit.[47]:

- Untersuchungslsg.: Ethylacetatausschüttelung eines wäßrigen Drogenauszuges;
- Referenzsubstanz: β-Hamamelitannin;
- Sorptionsmittel: Kieselgel G;
- FM: Ethylformiat-wasserfreie Ameisensäure-Wasser (80 + 10 + 10);
- Detektion: Besprühen mit Eisen(III)chloridlsg., Auswertung im Vis;
- Auswertung: Die Gerbstoffe erscheinen als graublaue Flecken; im Chromatogramm der Untersuchungslsg. treten 2Zonen mit den relativen Rf-Werten R_{St} 0,70bis0,90 für die Hauptzone bzw. R_{St} 1,45bis1,65 für die Nebenzone in bezug auf den Rf-Wert der Hamamelitanninzone im Chromatogramm der Vergleichslsg. auf.

HPLC-Fingerprint eines wäßrig-ethanolischen Blattextraktes nach Lit.[11]:

- Stationäre Phase: Lichrosorb RP18 5μ (125 × 4,6mm);
- Mobile Phase: A Ameisensäure-Wasser (1 + 19), B Methanol; Gradient: 0bis2min, 7% B in A isokratisch; 2bis5min, 7bis11% B in A linear; 5bis11min, 11bis33% B in A linear; 11bis 20min, 33bis34% B in A linear; Flußrate: 2,2mL/min;
- Temperatur: 21°C;
- Detektion: UV 280nm;
- Auswertung: Retentionszeiten: Gallussäure 1,45min; Hamamelitannin 8,20min; Proanthocyanidine, mehrere Peaks im Bereich von 10 bis etwa 18min; Hauptpeaks 1,45min, 10,10min, 12,60min, 14,25min, 14,75min, 15,45min; HPLC-Chromatogramme sind in Lit.[11,21] angegeben.

Die in Lit.[53] angegebene HPLC-Trennmethode,

- Stationäre Phase: Hypersil ODS 5µm microbore (100 × 2,1mm),
- Mobile Phase: A Phosphorsäure pH2,8, B Acetonitril; Gradient: 0bis9,9min, A 97,5%; 10bis 14,9min, A 80,0%; 15bis16,9min, A 65,0%; 17bis20min, A 0%; Flußrate: 0,5mL/min,
- Temperatur: 40°C,
- Detektion: UV 274nm,

mit vorheriger Extrakt-Aufreinigung erscheint für die Charakterisierung des Extraktes weniger geeignet zu sein.

Zubereitungen. Auf Zusatz von Eisen(III)chloridlsg. zum mit Ethanol 60% (*V/V*) und Wasser verdünnten Hamamelisfluidextrakt bildet sich ein bläulichschwarzer Niederschlag (Gerbstoffe) *PFX*.

Das Filtrat einer gegen Ende der Gasentwicklung filtrierten Mischung von Hamamelisfluidextrakt, Ethanol, Wasser, Magnesiumspäne und Salzsäure ist rosa bis orangerosa (Flavonole) *PFX*.
Versetzt man 1 mL eingestellten Hamamelisliquidextrakt mit 4 mL Wasser, entsteht eine stark trübe Flüssigkeit, aus der sich bald ein reichlicher, flockiger Niederschlag ausscheidet; beim Erwärmen wird diese Mischung klar *Helv VII*.
Beim Schütteln des mit Ethanol 70 % (*V/V*) verdünnten und mit 10 %iger ethanolischer (96 %) Eisen(III)chloridlsg. versetzten eingestellten Hamamelisliquidextraktes färbt sich die hellgrüne Lösung dunkelgrün *Helv VII*.

Reinheit: *Droge*.
- Fremde Bestandteile: Höchstens 2,0 % *PFX*. Höchstens 3 % Stiele *Ital9*. Höchstens 7 % verholzte Zweige und höchstens 2 % andere fremde Bestandteile; kurzhaarige Blätter mit doppelt gesägtem Rand, die im Mesophyll vereinzelte rosettenförmige Calciumoxalatdrusen, jedoch keine verzweigten, verholzten Steinzellen führen und die besonders auf den Nerven sehr dickwandige, einzellige Haare aufweisen, dürfen nicht vorhanden sein (*Corylus avellana* L.) *Helv VII*. Höchstens 7% verholzte Teile der Sproßachse und höchstens 2 % sonstige fremde Bestandteile *DAC86*. Höchstens 2 % fremde organische Bestandteile und höchstens 3 % Stengel und Früchte *BPC79*. Höchstens 2 % fremde organische Bestandteile, höchstens 3 % Stiele *BHP83*.
- Trocknungsverlust: Höchstens 10,0 % (100 bis 105 °C) *PFX*; höchstens 9,0 % (2 h, 100 bis 105 °C) *DAC86*.
- Asche: Höchstens 8,0 % *PFX*, höchstens 7,0 % *DAC86*, *BHP83*.
- Sulfatasche: Höchstens 3,0 % *Ital9*; höchstens 8,0 % *Helv VII*.
- Säureunlösliche Asche: Höchstens 2 % *BHP83*.
- Extraktivstoffe: 20 bis 30 % mit Ethanol 45 % (*V/V*) extrahierbare Stoffe *BPC79*.
- DC nach *PFX*: a) Untersuchungslsg.: Blattmazerat (16 h) mit Ethanol 60 % (*V/V*); b) Referenzsubstanzen: Quercetin (DC-Platte I); Gallussäure und Ethylgallat (DC-Platte II); c) Sorptionsmittel: Kieselgel; d) FM: Hexan-Wasser-Eisessig-Pentanol (10 + 15 + 35 + 35); e) Detektion: Platte I: Besprühen mit 2 %iger (*m/V*) ethanolischer Aluminiumchloridlsg., Auswertung im UV 365 nm; Platte II: Besprühen mit Eisen(III)chloridlsg., Auswertung im Vis; f) Auswertung: In den Chromatogrammen der Untersuchungslsg. müssen die den Referenzsubstanzen in Lage und Färbung entsprechenden Zonen vorhanden sein; die gemeinsam aufgetragenen Referenzsubstanzen Gallussäure (Rf ca. 0,70) und Ethylgallat (Rf ca. 0,80) müssen deutlich voneinander getrennt sein.

Hamamelisfluidextrakt PFX.
- Trockenrückstand: 15,0 bis 20,0 % (3 h, 100 bis 105 °C).
- Ethanolgehalt: 34,0 bis 39,0 % (*V/V*).
- Prüfung auf Methanol und Isopropanol: Muß den Vorschriften entsprechen.
- DC, s. Droge.

Eingestellter Hamamelisliquidextrakt Helv VII.
- Ethanolgehalt: 28 bis 35 %.
- Prüfung auf Methanol und Isopropanol: Höchstens 0,2 %.

Gehalt: *Droge*. Mindestens 5,5 % Gerbstoff *Helv VII*; mindestens 5,0 % mit Hautpulver fällbare Gerbstoffe *DAC86*. Nach Lit.[17] sollte auch ein Mindestgehalt an 0,04 % ätherischem Öl gefordert sein.
Eingestellter Hamamelisliquidextrakt Helv VII. Mindestens 3,5 und höchstens 4,5 % Gerbstoff.

Gehaltsbestimmung: *Droge*. Kombinierte Hautpulver-Wolframblau-Methode *Helv VII*: Hierbei werden die Polyphenole über die Reduktion von Wolframatophosphorsäure im alkalischen Milieu zu intramolekularen Mischoxiden ("Wolframblau") indirekt photometrisch bestimmt. Gerbstoffpolyphenole lassen sich durch Bindung an Hautpulver von den übrigen Polyphenolen (Flavonolen, Polyhydroxcarbonsäuren etc.) abtrennen. Ein Heißwasserextrakt der Droge wird vor und nach dem Schütteln mit standardisiertem Hautpulver mit Wolframatophosphorsäure versetzt; aus der Extinktionsdifferenz (Bestimmung bei 715 nm) wird auf den Gehalt an Gerbstoffen geschlossen. Als Referenzsubstanz dient Pyrogallol. Bei dieser störanfälligen Konventionsmethode sind die Bedingungen genau einzuhalten; ein Umrechnungsfaktor ist erforderlich. Zu Verbesserungsvorschlägen bezüglich Meßwellenlänge, Referenzsubstanzen, Zusammensetzung von geeigneten Reagenzien, Verwendung drogenspezifischer Umrechnungsfaktoren sowie direkter Bestimmung der Polyphenole durch Messung der UV-Absorption s. Lit.[54]
Gravimetrische Bestimmung der mit Hautpulver aus dem Heißwasserextrakt fällbaren Gerbstoffe *DAC86*, s. Hamamelidis cortex. Die getrennte Bestimmung des Gehaltes an Gallussäure, Hamamelitannin und oligomeren Proanthocyanidinen in Hamamelisblattzubereitungen ist mittels HPLC (externer Standard) möglich;[21] HPLC-Bedingungen s. Identität.
Bei der in Lit.[55] angegebenen densitometrischen Bestimmung nach DC-Auftrennung (Chloroform-Ethanol-Ameisensäure, 5 + 4 + 1), die als Routine-Analyse zur Ermittlung des Gallussäure- bzw. "Tannin"-Gehalts von sprühgetrockneten wäßrig-alkoholischen Hamamelisblattextrakten vorgeschlagen wird, ist eine getrennte Bestimmung der Proanthocyanidine nicht möglich.
Eingestellter Hamamelisliquidextrakt Helv VII. Kombinierte Hautpulver-Wolframblau-Methode, s. o., aus dem mit Wasser verdünnten Liquidextrakt.

Lagerung: *Droge*. Unter Ausschluß von Licht und Feuchtigkeit *PFX*. Dicht verschlossen, vor Licht geschützt *Ital9*, *Helv VII*. Vor Licht geschützt *DAC86*.
Hamamelisfluidextrakt PFX. Gut verschlossen, vor Licht geschützt. Behältnisse aus Plastik sind zu vermeiden.
Eingestellter Hamamelisliquidextrakt Helv VII. Gut verschlossen, vor Licht geschützt.

Wirkungen: Hamamelisblattzubereitungen wird eine adstringierende, entzündungshemmende und lokal hämostyptische Wirkung zugeschrieben.[22] Ausreichende experimentelle Studien liegen hierzu nicht vor, jedoch ist eine adstringierende Wirkung bei ausreichendem Gerbstoffgehalt plausibel.
Wirkung auf das Gefäßsystem. Modell: Perfusion der Kaninchenhinterpfote (Aorta abdominalis/Vena cava inferior) mit einem isotonischen wäßrigen Perfusat (Dextran/Ringer-Locke); Messung der Durchflußgeschwindigkeit des Perfusats (bei konstantem Druck) vor und nach i.a. Applikation der Prüfsubstanzen. Zahl der Versuchstiere n = 150.
Hamamelisblattzubereitungen – hydroalkoholischer (Ethanol 60 %) sprühgetrockneter Extrakt, wäßriger sprühgetrockneter Extrakt, Tinktur (Ethanol 60 %) *PF VIII* (zur Trockene eingeengt), Fluidextrakt (Ethanol 45 %) *PF VIII* (zur Trockene eingeengt) – vermögen in einer Dosierung von jeweils 300 mg/L Perfusat die Durchflußgeschwindigkeit des Perfusats innerhalb von 10 bis 20 min nach i.a. Applikation um 40 bis 80 % (je nach Prüfsubstanz) gegenüber dem Ausgangswert herabzusetzen. Am wirksamsten ist der Fluidextrakt (maximale Herabsetzung der Durchflußgeschwindigkeit in kürzester Zeit); am schwächsten wirkt der sprühgetrocknete wäßrige Extrakt. Die Wirkung scheint dosisabhängig zu sein. Als Schwellenwert (minimale Wirkkonzentration) wird für alle Zubereitungen 160 bis 180 mg/L Perfusat angegeben. Da die Wirkung der Zubereitungen durch gleichzeitige Applikation von Adrenergica, Adrenolytica oder Myotonica nicht beeinflußt wird, werten die Autoren den Effekt als venentonisierend.[56–58]
Eine aus Hamamelisblätterextrakt angereicherte, nicht näher spezifizierte Tanninfraktion bewirkt am isolierten Aortensegment eine gegenüber dem Adrenalin schwache, prolongierte Vasokonstriktion.[57]

Anwendungsgebiete: Leichte Hautverletzungen, lokale Entzündungen der Haut und Schleimhäute; Hämorrhoiden, Krampfaderbeschwerden.[22]

Dosierung und Art der Anwendung: *Droge.* Äußerlich: Dekokte aus 5 bis 10 g Droge auf 1 Tasse (ca. 250 mL) Wasser zu Umschlägen und Spülungen.[22] Bei Zahnfleisch- und Mundschleimhautentzündungen wird mehrmals täglich mit einem Dekokt aus 2 bis 3 g Hamamelisblättern mit ca. 150 mL Wasser (10 min) gespült.[48] *Zubereitung.* Äußerlich: Extraktzubereitungen: In halbfesten und flüssigen Zubereitungen entsprechend 5 bis 10 % Droge.[22]
Innerlich (auf Schleimhäuten): Zäpfchen 1- bis 3mal täglich die einer Menge von 0,1 bis 1 g Droge entsprechende Menge einer Zubereitung anwenden.[22]
Andere Darreichungsformen: Mehrmals täglich die einer Menge von 0,1 bis 1 g Droge entsprechende Menge einer Zubereitung anwenden.[22]

Volkstümliche Anwendung und andere Anwendungsgebiete: Innerlich zur Unterstützung der Therapie akuter, unspezifischer Durchfallerkrankungen bei Schulkindern und Erwachsenen.[38] Bei Dickdarmschleimhautentzündung, Bluterbrechen, Blutspucken; äußerlich bei Prellungen und lokalisiert entzündeten Schwellungen.[59] In Frankreich ist die traditionelle Anwendung von Hamamelisblattzubereitungen bei Hämorrhoiden, Bindehautentzündung und zur Mundhygiene (Vorbeugung von Schleimhautentzündungen) üblich; ferner wird die Droge bei Beschwerden infolge von Veneninsuffizienz, wie z. B. Schwere in den Beinen, eingenommen.[60] Die Wirksamkeit der Droge bei den genannten Indikationen ist nicht belegt.

Dosierung und Art der Anwendung: *Droge.* Etwa 1 Teelöffel voll (2 bis 3 g) Hamamelisblätter wird mit siedendem Wasser (ca. 150 mL) übergossen und nach etwa 10 min durch ein Teesieb gegeben; 2- bis 3mal täglich 1 Tasse frisch bereiteten Aufguß zwischen den Mahlzeiten trinken.[48] 3mal täglich 2 g Droge oder Teeaufguß.[59] *Zubereitung.* Fluidextrakt (1:1) mit Ethanol 45 %: 3mal täglich 2 bis 4 mL.[59]
Extractum Hamamelidis *EB 6*: Mittlere Einzelgabe zur Einnahme 0,1 g, als Stuhlzäpfchen 0,1 g.[26] Extractum Hamamelidis fluidum *EB 6*: Mittlere Einzelgabe zur Einnahme 5,0 g, mittlerer Gehalt in Hämorrhoidalsalben 10 %.[26]

Unerwünschte Wirkungen: Nach Lit.[22] keine bekannt. Bei empfindlichen Patienten sollen nach Lit.[48] nach Einnahme von Zubereitungen aus Hamamelisblättern gelegentlich Magenreizungen auftreten können; ferner sollen die in Hamamelisblättern enthaltenen Gerbstoffe in seltenen Fällen Leberschäden erzeugen können.

Gegenanzeigen/Anwendungsbeschr.: Keine bekannt.[22]

Wechselwirkungen: Keine bekannt.[22]

Carcinogenität: Je 15 weibliche und männliche, 1 bis 2 Monate alte NIH Black Ratten erhalten 78 Wochen lang einen lyophylisierten wäßrigen Blattextrakt in einer Dosierung von 10 mg (gelöst in 0,5 mL physiol. Kochsalzlsg.) pro Woche s.c. injiziert; 30 Kontrolltiere erhalten s.c. reine Kochsalzlsg. Die Tiere werden insgesamt 90 Wochen beobachtet. Nach etwa 73 Wochen entwickeln sich bei drei der männlichen extraktbehandelten Ratten maligne mesenchymale Tumore; bei den Kontrolltieren treten keine Tumore auf. Die Tumorrate wird als unauffällig eingestuft.[61]

Alte Rezepturen: Suppositoria Hamamelidis (Hamamelis-Stuhlzäpfchen) *EB 6*: Aus 50 T Hamamelisextrakt und 950 T Kakaobutter werden Zäpfchen im Gewicht von 2 g geformt.
Hamamelis suppositories *BPC 79*: Herstellung nach den allg. Herstelllungsvorschriften der *BPC 79* mit Kakaobutter oder einer anderen geeigneten Grundlage.

Sonst. Verwendung: *Kosmetik.* Einsatz von Extrakten beispielsweise in Gesichtswässern, Pre-shaves, After-shaves, Hautnährcremes und Deocremes.[36]

Gesetzl. Best.: *Standardzulassung.* Standardzulassung "Hamamelisblätter", Zul.-Nr. 9699.99.99.[48] *Offizielle Monographien.* Aufbereitungsmonographie der Kommission E am BGA "Hamamelidis folium et cortex (Hamamelisblätter und -rinde)".[22]

Hamamelis virginiana hom. *HAB 1*

Synonyme: Hamamelis.

Monographiesammlungen: Hamamelis virginiana *HAB 1*.

Definition der Droge: Die frische Rinde der Wurzeln und der Zweige.

Stammpflanzen: *Hamamelis virginiana* L.

Zubereitungen: Urtinktur und flüssige Verdünnungen nach *HAB 1*, Vorschrift 3a; Eigenschaften: Die Urtinktur ist eine rötlichbraune Flüssigkeit mit zusammenziehendem Geschmack.
Darreichungsformen: Urtinktur, flüssige Verdünnungen, Tabletten, Verreibungen, Streukügelchen, flüssige Verdünnungen zur Injektion, Salben, Suppositorien, flüssige Einreibungen (Externa).[62]

Identität: *Urtinktur.* Der Rückstand der Urtinktur färbt sich auf Zusatz einer Lösung von Dimethylaminobenzaldehyd in wasserhaltiger Schwefelsäure nach Erwärmen dunkelrotbraun. Nach Verdünnen mit Wasser ergibt die Urtinktur auf Zusatz von Ammoniumeisen(III)sulfatlsg. eine blauviolette Färbung. Auf Zusatz von konz. Ammoniaklsg. zur Urtinktur entsteht eine rostbraune Färbung.
DC der Urtinktur:
- Referenzsubstanzen: Gallussäure, Tannin, Arbutin und Rutin;
- Sorptionsmittel: Kieselgel H;
- FM: Ethylacetat-wasserfreie Ameisensäure-Wasser (80 + 10 + 10);
- Detektion: Besprühen mit einer 1 %igen (*m/V*) methanolischen Lsg. von Diphenylboryloxyethylamin und hierauf mit einer 5 %igen (*m/V*) methanolischen Lsg. von Polyethylenglykol 400, Auswertung im UV 365 nm;
- Auswertung: Das Chromatogramm der Urtinktur zeigt zwischen den Vergleichssubstanzen Rutin und Arbutin einen schwach blauen Fleck, auf Höhe des Arbutins und in Höhe des Tannins je einen stark blauen Fleck, auf Höhe der Gallussäure einen graubraunen und knapp darüber einen blauen Fleck. Zwischen den Vergleichssubstanzen Arbutin und Tannin können ein oder zwei weitere blaue Flecke auftreten.

Reinheit: *Urtinktur.*
- Relative Dichte *(PhEur)*: 0,900 bis 0,925.
- Trockenrückstand *(DAB)*: Mindestens 3,5 %.

Lagerung: Vor Licht geschützt.

Anwendungsgebiete: Die Anwendungsgebiete entsprechen dem homöopathischen Arzneimittelbild. Dazu gehören: Krampfaderleiden; Hämorrhoiden; Haut- und Schleimhautblutungen.[62]

Dosierung und Art der Anwendung: *Zubereitung.* Soweit nicht anders verordnet: Bei akuten Zuständen häufige Anwendung alle halbe bis ganze Stunde je 5 Tropfen oder 1 Tablette oder 10 Streukügelchen oder 1 Messerspitze Verreibung einnehmen; parenteral 1 bis 2 mL bis zu 3mal täglich s.c. injizieren; Suppositorien 2- bis 3mal täglich 1 Zäpfchen einführen; Salben 1- bis 2mal täglich auftragen. Bei chronischen Verlaufsformen 1- bis 3mal täglich 5 Tropfen oder 1 Tablette oder 10 Streukügelchen oder 1 Messerspitze Verreibung einnehmen; parenteral 1 bis 2 mL pro Tag s.c. injizieren; Suppositorien 2- bis 3mal täglich ein Zäpfchen einführen; Salben 1- bis 2mal täglich auftragen, flüssige Einreibungen (Externa): 1 Eßlöffel voll mit $^1/_4$ L Wasser verdünnen, 2- bis 3mal täglich zu Spülungen oder Umschlägen verwenden.[62]

Unerwünschte Wirkungen: Nicht bekannt. Hinweis: Es können vorübergehend Erstverschlimmerungen vorkommen, die jedoch unbedenklich sind.[62]

Gegenanzeigen/Anwendungsbeschr.: Nicht bekannt.[62]

Wechselwirkungen: Nicht bekannt.[62]

Gesetzl. Best.: *Offizielle Monographien.* Aufbereitungsmonographie der Kommission D am BGA "Hamamelis virginiana (Hamamelis)".[62]

Hamamelis virginiana, äthanol. Decoctum hom. *HAB 1*

Synonyme: Hamamelis, äthanol. Decoctum.

Monographiesammlungen: Hamamelis virginiana, äthanol. Decoctum *HAB 1*.

Definition der Droge: Die getrocknete Rinde der Stämme und Zweige.

Stammpflanzen: *Hamamelis virginiana* L.

Zubereitungen: Urtinktur aus der zerkleinerten Droge und flüssige Verdünnungen nach *HAB 1*, Vorschrift 19f mit Ethanol 30 % (*m/m*); Eigenschaften: Die Urtinktur ist eine rotbraune Flüssigkeit mit schwach arteigenem Geruch und zusammenziehendem Geschmack.

Identität: Prüflsg. ist ein Drogenextrakt mit Ethanol 50 % (*m/m*) bzw. die Urtinktur.
Die mit Wasser verdünnte Prüflsg. ergibt mit 10 %iger (*m/V*) Ammoniumeisen(II)sulfatlsg. Blauefärbung und Trübung.
Die mit Wasser verdünnte Prüflsg. ergibt mit 10 %iger (*m/V*) ethanolischer Eisen(III)chloridlsg. Blaufärbung.
Versetzt man die Prüflsg. mit einer 1 %igen (*m/V*) Lösung von Vanillin in Salzsäure, färbt sich die Mischung rot.
DC der Prüflsg.:
- Referenzsubstanzen: Tannin und Gallussäure in Aceton;
- Sorptionsmittel: Kieselgel H;
- FM: Ethylacetat-wasserfreie Ameisensäure-Wasser (80 + 10 + 10);
- Detektion: Zunächst Besprühen mit einer 1 %igen (*m/V*) methanolischen Lsg. von Diphenylboryloxyethylamin, anschließend mit einer 5 %igen (*m/V*) methanolischen Lsg. von Polyethylenglykol 400, Auswertung im UV 365 nm;

- Auswertung: Das Chromatogramm der Prüflsg. zeigt im unteren Drittel des Rf-Bereichs drei blaue Flecke, in Höhe der Vergleichssubstanz Tannin ebenfalls drei blaue Flecke und in Höhe der Vergleichssubstanz Gallussäure und knapp darüber je einen blauen Fleck.

Reinheit: *Droge.*
- Fremde Bestandteile *(PhEur)*: Höchstens 5%.
- Sulfatasche *(PhEur)*: Höchstens 8,0%.
- Asche *(DAB)*: Höchstens 6,0%.

Urtinktur.
- Relative Dichte *(PhEur)*: 0,956 bis 0,966.
- Trockenrückstand *(DAB)*: Mindestens 1,5%.

Gehalt: *Droge.* Mindestens 2,5% mit Hautpulver fällbare Gerbstoffe, berechnet als Pyrogallol.

Gehaltsbestimmung: Kombinierte Hautpulver-Wolframblau-Methode aus dem Heißwasserextrakt mit Pyrogallol als Vergleich; s. Hamamelidis folium.

Lagerung: Vor Licht geschützt.

Hamamelis virginiana e cortice et ex summitatibus hom. *HAB 1*

Monographiesammlungen: Hamamelis virginiana e cortice et ex summitatibus *HAB 1.*

Definition der Droge: Ein Gemisch aus 1 Teil frischer Zweigrinde und 2 Teilen frischer Zweigspitzen.

Stammpflanzen: *Hamamelis virginiana* L.

Zubereitungen: Urtinktur und flüssige Verdünnungen nach *HAB 1*, Vorschrift 3a; Eigenschaften: Die Urtinktur ist eine rötlichbraune Flüssigkeit mit zusammenziehendem Geschmack.

Identität: *Urtinktur.* Der Rückstand der Urtinktur färbt sich auf Zusatz einer Lsg. von Dimethylaminobenzaldehyd in wasserhaltiger Schwefelsäure dunkelrotbraun.
Die mit Wasser verdünnte Urtinktur ergibt mit Ammoniumeisen(III)sulfatlsg. eine grünviolette Färbung.
Auf Zusatz von konz. Ammoniaklsg. zur Urtinktur entsteht eine rostbraune Färbung.
DC der Urtinktur: Bedingungen s. Hamamelis virginiana hom. *HAB 1*; Auswertung: Das Chromatogramm der Urtinktur zeigt zwischen den Vergleichssubstanzen Rutin und Arbutin einen schwach blauen Fleck, auf Höhe des Arbutins einen schwach blauen Fleck, auf Höhe des Tannins einen stark blauen Fleck, auf Höhe der Gallussäure einen graubraunen Fleck sowie knapp darüber einen blauen und direkt darüber einen intensiv gelben Fleck. Zwischen den Vergleichssubstanzen Arbutin und Tannin können ein oder zwei weitere blaue Flecke auftreten.

Reinheit: *Urtinktur.*
- Relative Dichte *(PhEur)*: 0,900 bis 0,925.
- Trockenrückstand *(DAB)*: Mindestens 3,5%.

Lagerung: Vor Licht geschützt.

Anwendungsgebiete: Die Anwendungsgebiete sind nicht ausreichend belegt.[49]

Unerwünschte Wirkungen: Nicht bekannt.[49]

Gesetzl. Best.: *Offizielle Monographien.* Negativmonographie der Kommission D am BGA "Hamamelis virginiana e cortice et ex summitatibus".[49]

Hamamelis virginiana e foliis hom. *HAB 1*

Synonyme: Hamamelis, Folium.

Monographiesammlungen: Hamamelis virginiana e foliis *HAB 1.*

Definition der Droge: Die frischen Blätter.

Stammpflanzen: *Hamamelis virginiana* L.

Zubereitungen: Urtinktur und flüssige Verdünnungen nach *HAB 1*, Vorschrift 3c; Eigenschaften: Die Urtinktur ist eine goldgelbe bis rotbraune Flüssigkeit mit arteigenem Geruch und zusammenziehendem Geschmack.

Identität: *Urtinktur.* Auf Zusatz einer 10%igen (*m*/*V*) Lsg. von Ammoniumeisen(II)sulfat zur mit Wasser verdünnten Urtinktur entstehen eine graugrüne Färbung und Trübung; nach dem Absetzen ist die überstehende Flüssigkeit graugrün gefärbt.
Nach Zugabe einer 10%igen (*m*/*V*) ethanolischen Eisen(III)chloridlsg. zur mit Wasser verdünnten Urtinktur entsteht eine Blaufärbung.
Versetzt man die Urtinktur mit einer 1%igen (*m*/*V*) Lsg. von Vanillin in Salzsäure, färbt sich die Flüssigkeit rot.
DC der Urtinktur: Bedingungen s. Hamamelis virginiana, äthanol. Decoctum hom. *HAB 1*; Auswertung: Im Chromatogramm der Urtinktur treten im unteren Drittel des Rf-Bereiches zwei oder drei gelbrote Flecke, in Höhe der Vergleichssubstanz Tannin ein langgezogener blauer Fleck, in dem noch ein gelbroter Fleck vorhanden ist, und knapp darunter ein ebenfalls gelbroter Fleck auf. In Höhe der Vergleichssubstanz Gallussäure ist ein blauer Fleck zu sehen, darüber erscheinen mit steigenden Rf-Werten ein blauer, ein gelbroter und ein grüngelber Fleck.

Reinheit: *Urtinktur.*
- Relative Dichte *(PhEur)*: 0,976 bis 0,996.
- Trockenrückstand *(DAB)*: Mindestens 5%.

Lagerung: *Urtinktur.* Vor Licht geschützt.

Hamamelis virginiana hom. *PFX*

Synonyme: Hamamelis.

Monographiesammlungen: Hamamelis virginiana pour préparations homéopathiques *PFX.*

Definition der Droge: Die frischen oder getrockneten Blätter und Zweigrinde.

Stammpflanzen: *Hamamelis virginiana* L.

Zubereitungen: Urtinktur mit Ethanol aus frischen oder getrockneten Blättern und Zweigrinde zu gleichen Teilen nach der Monographie "Préparations Homéopathiques" *PFX*; Eigenschaften: Die Urtinktur ist eine braune Flüssigkeit von charakteristischem Geruch und zusammenziehendem Geschmack; Ethanolgehalt 55 % (*V/V*).

Identität: *Urtinktur.* Mit einigen Tropfen Eisen(III)chloridlsg. gibt die Urtinktur blauschwarze Färbung. Mit Salzsäure und Magnesiumspäne ergibt die Urtinktur eine braunrote Färbung.

Reinheit: *Urtinktur.*
- Trockenrückstand: Mindestens 1,2 %.
- DC der Urtinktur: a) Referenzsubstanzen: Gallussäure, Quercetin und Kämpferol; b) Sorptionsmittel: Kieselgel G; c) FM: Toluol-Ethylformiat-wasserfreie Ameisensäure (50 + 40 + 10); d) Detektion: Direktauswertung im UV 365 nm, anschließend Besprühen mit Diphenylboryloxyethylamin-Reagenz und Auswertung im UV 365 nm; e) Auswertung: Im Chromatogramm der Untersuchungslösung ist abgesehen von den in Lage und Färbung mit den Referenzsubstanzen übereinstimmenden Banden bei der Direktauswertung ein Muster weiterer, charakteristisch gefärbter Banden zu sehen.

Hamamelis virginiana hom. *HPUS 88*

Monographiesammlungen: Hamamelis virginiana *HPUS 88.*

Definition der Droge: Die Rinde inklusive der Wurzelrinde.

Stammpflanzen: *Hamamelis virginiana* L.

Zubereitungen: *Urtinktur.* Herstellung durch Mazeration oder Perkolation der frischen oder getrockneten Droge mit EtOH nach den allg. Zubereitungsvorschriften (Class C) der *HPUS 88.* Ethanolgehalt 55 % (*V/V*).

Gehalt: *Urtinktur.* Arzneigehalt $^1/_{10}$.

1. Mabberley DJ (1990) The Plant-Book, Cambridge University Press, Cambridge New York, S. 263
2. Heg (1975) Bd. IV, Teil 2A, S. 23–25
3. Endress PK (1989) Plant Syst Evol 162:193–211
4. Krüssmann G (1977) Handbuch der Laubgehölze, Verlag Paul Parey, Berlin Hamburg, Bd. II, S. 126, 129
5. Small JK, Nash GV, Britton NL, Rose JN, Rydberg PA (1905) North American Flora, The New York Botanical Garden, New York, Bd. 22, Teil I, S. 186–187
6. Harms H (1930) Hamamelidaceae. In: Engler A (Hrsg.) Die natürlichen Pflanzenfamilien, Wilhelm Engelmann, Leipzig, Bd. 18a, S. 317–320
7. Thoms H, Brandt W (Hrsg.) (1931) Handbuch der praktischen und wissenschaftlichen Pharmazie, Urban und Schwarzenberg, Berlin Wien, Bd. V, 2. Hälfte, S. 999
8. Friedrich H, Krüger N (1974) Planta Med 25:138–148
9. Friedrich H, Krüger N (1974) Planta Med 26:327–332
10. Friedrich H, Krüger N (1974) Planta Med 26:333–337
11. Vennat B, Pourrat H, Pouget MP, Gross D, Pourrat A (1988) Planta Med 54:454–457
12. Vennat B, Gross D, Pourrat A, Pourrat H (1992) Pharm Acta Helv 67:11–14
13. Hgn (1966) Bd. IV, S. 238–246
14. Hgn (1989) Bd. VIII, S. 552–557
15. Egger K, Reznik H (1961) Planta 57:239–249
16. Plouvier V (1961) Compt Rend 252:599–601
17. Messerschmidt W (1971) Dtsch Apoth Ztg 111:299–301
18. Rilk R (1988) Seifen, Oele, Fette, Wachse 114:15–20
19. Pen
20. Auster F, Schäfer J (1953) Hamamelis virginiana L., Verlag Dr. Willmar Schwabe, Leipzig
21. Vennat B, Pouget MP, Gross D, Pourrat A (1989) Pharm Belg 44:285–291
22. BAz Nr. 154 vom 21.08.1985 in der Fassung vom BAz Nr. 50 vom 13.03.1990
23. Patri G, Silano G (1989) Plant preparations used as ingredients of cosmetic products, Council of Europe, Strasbourg, S. 160–163
24. NF XI
25. NN (1992) Pharmacopeial Forum 18:3.855–3.856
26. EB 6
27. Neugebauer H (1948) Pharmazie 3:313–314
28. Tyler VE (1981) The Honest Herbal, GF Stickley, Philadelphia, S. 226–227
29. Trease GE, Evans WC (1983) Pharmacognosy, 12. Aufl., Baillière Tindall, London, S. 380–381
30. Korting HC, Schäfer-Korting M, Hart H, Laux P, Schmid M (1993) Eur J Clin Pharmacol 44:315–318
31. Sorkin B (1980) Phys Med u Reh 1:53–57
32. Swoboda M, Meurer J (1991) Z Phytother 12:114–117
33. NN (1982) Federal Register 47:39.446–39.447
34. Mortelmans K, Haworth S, Lawlor T, Speck W, Tainer B, Zeiger E (1986) Environ Mutagen 8:1–119
35. Bruynzell DP, Ketel WG van, Young E, Joost T van, Smeenk G (1992) Contact Dermatitis 27:278–279
36. Eisberg N (1978) Manufact Chemist Aerosol News 49:42, 62
37. BPC 79
38. DAC 86, 3. Ergänzungslieferung 1991
39. Hag, Bd. V, S. 9–14
40. Schindler H (1955) Inhaltsstoffe und Prüfungsmethoden homöopathisch verwendeter Heilpflanzen, Editio Cantor, Aulendorf/Württ., S. 109–111
41. Soos E (1947) Scientia Pharmac 15:42, zit. nach Lit.[8]
42. Mayer W, Kunz W, Loebich F (1965) Liebigs Ann Chem 688:232–238
43. MI 11, S. 726
44. Schilling G, Keller A (1986) Z Naturforsch 41c:253
45. Martelli A, Bicchi C, Frattini C (1979) Riv Ital EPPOS 61:99–102
46. Pachaly P (1984) Dtsch Apoth Ztg 43:2.153–2.161
47. DAC 79
48. Braun R (Hrsg.) (1991) Standardzulassungen für Fertigarzneimittel, Text und Kommentar, Deutscher Apotheker Verlag, Govi-Verlag, Frankfurt/Main
49. BAz Nr. 129a vom 15.07.1988
50. Valnet J (1983) Phytothérapie, 5. Aufl., Maloine, Paris
51. Messerschmidt W (1967) Arch Pharm 300:550–552
52. Messerschmidt W (1968) Arzneim Forsch 18:1.618
53. Schulz H, Albroscheit G (1988) J Chromatogr 442:353–361

54. Glasl H (1983) Dtsch Apoth Ztg 123:1.979–1.987
55. Vanhaelen M, Vanhaelen-Fastre R (1981) J Chromatogr 281:263–271
56. Balansard P, Delaage M, Faure F, Bouyard P (1970) Thérapie 25:675–682
57. Balansard P, Faure F, Balansard G, Delaage M, Roussey A, Bouyard P (1972) Thérapie 27:793–799
58. Bernard P, Balansard P, Balansard G, Bovis A (1972) J Pharm Belg 27:505–512
59. BHP 83
60. Ministère des affaires sociales et de la solidarité (1990) Médicaments à base de plantes, Bulletin officiel No. 90/22
61. Kapadia GJ, Chung EB, Ghosh B, Shukla YN, Basak SP, Morton JF, Pradhan SN (1978) J Natl Cancer Inst 60:683–686
62. BAz Nr.29a vom 12.02.1986

HB/Fl/Ay

Harpagophytum

HN: 2036200

Familie: Pedaliaceae.

Tribus: Pedalieae.[1]

Gattungsgliederung: Die Gattung Harpagophytum DC. ex MEISSN. umfaßt die beiden Arten *Harpagophytum procumbens* (BURCH.) DC. und *Harpagophytum zeyheri* DECNE. (Syn. *Harpagophytum peglerae* STAPF).[2]

Gattungsmerkmale: Ausdauernde Kräuter mit strahlenförmig von einer dicken, knolligen Wurzel ausgehenden Trieben. Sprosse 3 bis 6, wenig verzweigt, niederliegend; werden in jeder Vegetationsperiode neu entwickelt. Die etwas fleischigen Blätter sind gegenständig, die Form ist sehr variabel und reicht von verkehrt-eiförmig bis stark zergliedert. Große Blüten stehen einzeln in den Blattachseln; sie sind glockenförmig mit gelber Kronröhre und purpurnen Koroll-Lappen.
Die Früchte sind Kapseln. Diese haben zahlreiche Auswüchse. Nach dem Aufspringen der Kapseln spreizen sich diese krallenförmig auseinander (Teufelskrallen).[2,3]

Verbreitung: Süd- und Südwestafrika, insbesondere in den Savannen der Kalahari Südafrikas und Namibias.[4]

Inhaltsstoffgruppen: Bisher wurde aus dieser Gattung lediglich *Harpagophytum procumbens* näher untersucht, wobei ausschließlich die unterirdischen Organe geprüft wurden. Als charakteristische Inhaltsstoffe finden sich
- Iridoidglykoside;[5,6]
- Flavone und Flavonole;[6–8]
- 2-Phenylethanolderivate;[9]
- Stachyose als Reservezucker.[10–12]

Drogenliefernde Arten: *H. procumbens*: Harpagophyti radix, Harpagophytum procumbens hom. *HAB1*.

Harpagophytum procumbens (BURCH.) DC.

Synonyme: *Harpagophytum burcherllii* DECNE.[2]

Sonstige Bezeichnungen: Dt.: Afrikanische Teufelskralle, Teufelskralle, Trampelklette; engl.: Devils claw, grapple plant, wool spider; frz.: Tubercule de griffe du diable; africaans: Duiwelsklou.

Systematik: Es werden zwei Unterarten unterschieden:
- *Harpagophytum procumbens* ssp. *procumbens*, hauptsächlich in Namibia und Bechuanaland vorkommend;
- *Harpagophytum procumbens* ssp. *transvaalensis* (ohne Autorenname), im nördlichen Transvaal und Südsimbabwe vorkommend.[2]

Botanische Beschreibung: Ausdauernde, krautige Pflanze mit einem weit verzweigten Wurzelsystem und 1 bis 1,5 m langen Trieben, die flach dem Boden aufliegen und sich auch verzweigen. Die Blätter sind gestielt und tief gelappt; sie sind meist gegenständig, an den Sproßenden oft auch wechselständig. In den Blattachsen sind einzeln die auffallend großen, fingerhut- oder gloxinienähnlichen Blüten (4 bis 6 cm)

Harpagophytum procumbens (BURCH.) DC.: Blüten mit kurzen Stielen in den Blattachseln, Samenkapsel mit armartigen Auswüchsen und den ankerartigen Haken. Maßstab im Original nicht angegeben. Aus Lit.[13]

an kurzen Stielen. Ihre Kronblätter sind hellrosa bis purpurn. Die zweifächerigen, seitlich zusammengedrückten, eiförmigen Samenkapseln sind 7 bis 20 cm lang, stark verholzt und mit einer Doppelreihe elastischer, armartiger, verzweigter Auswüchse versehen, welche kräftige, ankerartige Haken tragen (sog. Trampelkletten). Die Früchte enthalten etwa 50 längliche, dunkelfarbene Samen mit rauher Oberfläche. Die oberirdischen Teile der Pflanze sterben zur Trockenzeit ab. Die Speicherwurzeln der Pflanze werden von Haupt- (Primär-) und Seitenwurzel gebildet. Die ersten tragen oben stumpf vierkantige, 10 bis 20 cm lange, 30 bis 60 cm dicke, aufrechte Wurzelhälse (orthotrope Rhizome). Sie sind von einem rissigen, 1 bis 2 mm dicken Korkmantel bedeckt und oft durch Insektenfraß hohl. Die Knollen der Seitenwurzeln sind bis zu 60 mm dick und bis 20 cm lang, außen meist hellbraun bis rotbraun und haben einen dünnen, etwas längsrissigen Korkmantel. Sie können oft zu mehreren an einer Seitenwurzel gebildet werden und wiegen bis zu 600 g. Sie finden sich im Umkreis von etwa 150 cm um die Pflanze und in 30 bis 100 cm Tiefe.[13,14]

Inhaltsstoffe: Über charakteristische Inhaltsstoffe in den oberirdischen Organen liegen keine Angaben vor.

Verbreitung: Sandige Steppenregionen, die an die Wüste Kalahari (Botswana) grenzen: Transvaal, Buschmannland, Kapprovinz, Orange-Freistaat, Namibia sowie der Süden Zimbabwes.[2,3] An lichten Stellen der Baumsavannen sowie an Orten, an denen die natürliche Vegetation der Savannen und Grasländer durch anthropogene Eingriffe gestört ist, wie z. B. an Wegrändern.[2]

Drogen: Harpagophyti radix, Harpagophytum procumbens hom. *HAB1*.

Harpagophyti radix (Teufelskrallenwurzel)

Synonyme: Radix Harpagophyti, Tubera Harpagophyti.

Sonstige Bezeichnungen: Dt.: Afrikanische Teufelskrallenwurzel.

Monographiesammlungen: Harpagophytum *BHP 83*.

Definition der Droge: Die in Scheiben oder Stücke geschnittenen oder gepulverten, getrockneten, knolligen Sekundärwurzeln.[15]

Stammpflanzen: *Harpagophytum procumbens* (Burch.) Dc.

Herkunft: Namibia, Südafrika; Sammlung aus Wildvorkommen.

Gewinnung: Zerkleinerung der Droge vor dem Trocknen. Nach ca. 3 Tagen Trocknung, meist vor Ort in der Sonne, erhält man die Droge.[16]

Schnittdroge: *Geruch.* Nahezu geruchlos.
Geschmack. Mäßig bis stark bitter und etwas süßlich.
Makroskopische Beschreibung. Unregelmäßig gestaltete Drogenstücke, fächer- bis keilförmig und mit gekrümmter Außenseite. Korkschicht dünn, hellgraubraun bis dunkelbraun. Bruchstellen glatt, Bruchfläche hornartig, hellgrau bis weißlich; erhabene Strahlen führen von außen zum Zentrum hin; im Querschnitt hebt sich die dunklere Kambiumzone als etwas erhabene Linie zwischen Rinde und Holzkörper deutlich ab. Stücke sind bis zu 2 cm groß, außen gelblichgrau bis hellrostfarben, hart und schwer zu brechen. Vereinzelt kommen auch zylindrische, hellbraune Stücke mit runzeligen Seitenwänden vor.[15]
Lupenbild. 0,3 bis 0,5 mm dicker, zerrissener, oft mehrschichtiger Korkmantel, gefolgt von einer etwa 4 bis 8 mm starken Rinde und einer dunkler gefärbten Kambiumschicht. Im Zentralzylinder schmale, radiale Gefäßstrahlen, in denen weite Gefäße einzeln oder in kleinen Gruppen angeordnet sind; Markstrahlen nicht sehr deutlich.
Mikroskopisches Bild. Korkschichten aus dünnwandigen, regelmäßigen Zellen, gefolgt von der meist schmalen Rinde, die überwiegend aus großen, dünnwandigen, großgetüpfelten Zellen gebildet wird. Vereinzelt großlumige, eckige Steinzellen. Nester von mit rotbraunen Inklusen gefüllten Parenchymzellen, die sich mit Eisen(III)chlorid dunkelbraun, mit Schiffschem Reagenz leuchtend rot färben. In der Rinde finden sich obliterierte Siebteile, die seitlich zusammengedrückt sind. Im Zentralzylinder vereinzelt oder in kleinen Gruppen beieinanderliegende weitlumige, gelbliche, im Längsschnitt als kurzgliedrig erkennbare getüpfelte Gefäße; teilweise von tracheidalen Zellen begleitet. Markstrahlen sind vom parenchymatischen Grundgewebe kaum zu unterscheiden. Das Holzparenchym gleicht dem Rindenparenchym und enthält wie dieses vereinzelt gelbe oder rötlichbraune Harztropfen. Beide Gewebe enthalten gelegentlich bis zu 20 µm große Calciumoxalatkristalle, meist kleine Nadeln, aber auch regelmäßige, kubische bis isodiametrische Kristalle. Stärke fehlt.[6,15,17–21]

Pulverdroge: Hellbraunes Pulver; zahlreiches verholztes Parenchym, begleitet von verdickten Gefäßen. Zahlreiche dünnwandige, getüpfelte Parenchymzellen mit teils harzigen Tröpfchen, teils mit gelben oder rotbraunen Harztropfen, vereinzelt mit Calciumoxalateinzelkristallen oder -nadeln; lange, dünnwandige Korkzellen mit braunem Inhalt. Keine Stärke. Steinzellen fehlen.[15,17,20]

Verfälschungen/Verwechslungen: Alte, primäre Speicherwurzeln von *Harpagophytum procumbens*; erkennbar an schwarzbraunen Verfärbungen und dem Fehlen des bitteren Geschmacks. Stark bitter schmeckende Wurzeln anderer afrikanischer Pflanzen wie *Elephantorrhiza* spec. (Mimosaceae) und *Acanthosicyos naudianus* L. (Curcubitaceae).[5,22]

Inhaltsstoffe: *Iridoidglykoside.* Hauptsächlich Harpagosid mit 0,5 bis 1,6 %,[3,5,6,8,23–25] Harpagid (keine Mengenangaben)[6] und Procumbid (2,1 g aus 10 kg Wurzeldroge bzw. 0,1 g aus 1,4 kg Wurzeldroge isoliert; keine weiteren Mengenangaben).[26–28]

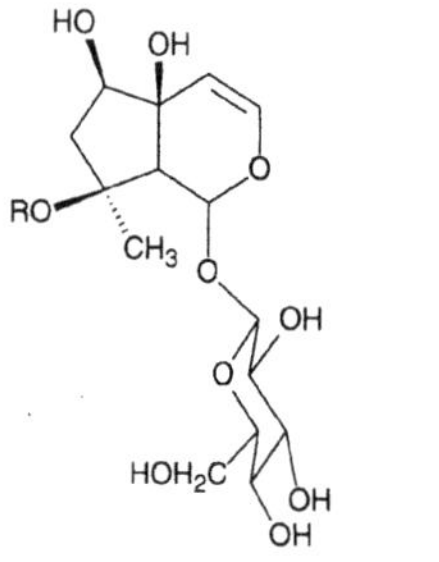

Harpagosid: R= -(*E*)-Cinnamoyl

Harpagid: R= -H

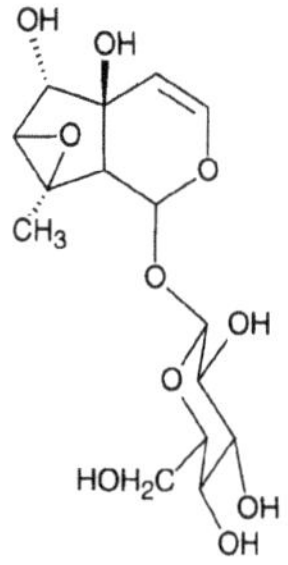

Procumbid

Flavonverbindungen. Nach Lit.[30] insgesamt ca. 0,018 % Flavone und Flavonole mit Fisetin (3,3',4',7-Tetrahydroxyflavon), Kämpferid (3,5,7-Trihydroxy-4'-methoxyflavon), Kämpferol (3,4',5,7-Tetrahydroxyflavon) und Luteolin (3',4',5,7-Tetrahydroxyflavon) als Aglyka.[6]

2-Phenylethanolderivate. Die Phenylethylderivate Acteosid (= Kusagenin, Verbascosid) (1,14 g aus 1 kg Droge isoliert), Isoacteosid (2,19 g aus 1 kg Droge isoliert) sowie β-(3',4'-Dihydroxyphenyl) ethyl-*O*-α-L-rhamnopyranosyl(1→3)-β-D-glucopyranosid (umgerechnet ca. 500 mg aus 1 kg Droge isoliert).[9]

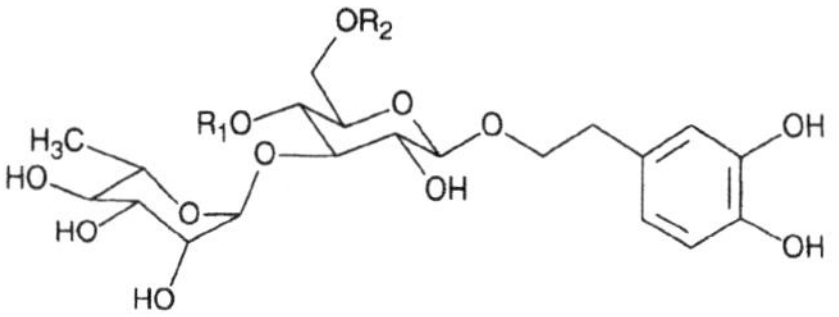

	R_1	R_2
Acteosid	*trans*-Caff	—H
Isoacteosid	—H	*trans*-Caff
β-(3',4'-Dihydroxyphenyl)-ethyl-*O*-α-L-rhamnopyranosyl-(1→3)-β-D-glucopyranosid	—H	—H

Caff = Caffeoyl

Acteosid

Weitere Verbindungen. Ca. 1,2 % Gummiharz;[29] 0,03 % ätherisches Öl;[29] geringe Mengen von Harpagochinon (keine Mengenangaben);[6] bis zu 46 % Stachyose, berechnet auf die getrocknete Droge.[11,12]

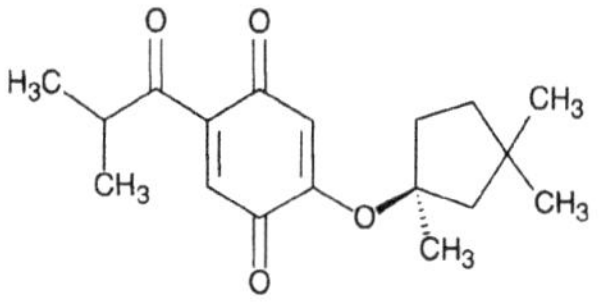

Harpagochinon

Identität: DC des methanolischen Drogenauszugs:

- Referenzsubstanz: Harpagosid;
- Sorptionsmittel: Kieselgel 60 F_{254};
- FM: Wasser-Methanol-Ethylacetat (10 + 13 + 77);
- Detektion: UV 254 nm, Vanillin-Schwefelsäure-Reagenz, Erhitzen auf 100 bis 105 °C, Auswerten im Vis;
- Auswertung: Im UV 254 nm befindet sich in der Mitte eine fluoreszierende Zone, die sich nach Detektion mit Vanillin-Schwefelsäure-Reagenz rosarot bis rotviolett färbt (Harpagosid). Weitere rotgefärbte Zonen können vorhanden sein.[15]

Weitere DC-Trennsysteme finden sich bei Lit.[4,5,17,31–33]

Farbreaktionen des wäßrig-ethanolischen Drogenauszugs:

1. Mit Vanillin-Schwefelsäure: Dunkelrotfärbung.
2. Auszug zur Trockene eingeengt, in Wasser aufgenommen und mit Kaliumpermanganatlösung versetzt: Es entsteht ein Geruch nach Benzaldehyd.[20]

Farbreaktionen mit Drogenpulver:

1. Droge versetzt mit Salzsäure: Rotfärbung.
2. Droge versetzt mit Schwefelsäure: Rotfärbung.
3. Droge versetzt mit Vanillin-Schwefelsäure: Droge rot, langsam auslaufend, umgebende Flüssigkeit gelbgrün.[6]
4. Droge versetzt mit Phloroglucin-Salzsäure: Grünfärbung.[17]

Reinheit:

- Fremde Bestandteile: Höchstens 2 %.[15]
- Asche: Höchstens 8 %.[15]
- Trocknungsverlust: Höchstens 10,0 %, mit 1,000 g pulverisierter Droge (355) durch 2 h langes Trocknen im Trockenschrank bei 100 bis 105 °C bestimmt.[15]

Gehalt: Mind. 1,0 % Harpagosid, bezogen auf die getrocknete Droge.[15]

Gehaltsbestimmung: HPLC des methanolischen Drogenauszugs:

- Referenzsubstanz: Harpagosid;
- Interner Standard: Methylcinnamat;
- Sorptionsmittel: Octadecylsilyliertes Kieselgel;
- FM: Methanol-Wasser (1 + 1);
- Säulenmaße: 0,125 m Länge, 4 mm innerer Durchmesser;
- Flußrate: 1,5 mL pro min;
- Detektion: 278 nm.[15]

Weitere Methoden: Zur Bestimmung der Gesamtiridoide im Drogenpulver wird die Umsetzung einer wäßrigen bzw. wäßrig-methanolischen Untersuchungslösung mit Vanillin-Schwefelsäure und anschließender photometrischer Auswertung bei 538 nm vorgeschlagen.[34]

Weitere Gehaltsbestimmungsmethoden (quantitative Auswertung von Dünnschichtchromatogrammen, GC, HPLC) finden sich in Lit.[3,5,23,35,36]

Lagerung: Vor Licht und Feuchtigkeit geschützt.[15]

Wirkungen: *Antiphlogistische Wirkung.* Die antiphlogistische/antiexsudative Wirkung sowohl der Droge als auch ihres Inhaltsstoffes Harpagosid wurden tierexperimentell häufig untersucht, klinische Studien zum Nachweis dieser Wirkungen liegen dagegen nur wenige vor. Die Untersuchungsergebnisse sind widersprüchlich; das gilt sowohl für die Extrakte als auch für Harpagosid. Teilweise sind die Ergebnisse wegen völlig unzureichender Charakterisierung der untersuchten Substanz nicht interpretierbar.

Im Rattenpfotenödemtest (2 % Ovalbumin) wirkte Harpagosid weder bei Dosen von 2, 10 oder 40 mg/kg KG i.v. noch bei der hohen Dosis von 100 mg/kg KG i.v. (16 h vor der Ödemprovokation) ödemhemmend; im Vergleich zu den Kontrolltieren wurden keine signifikanten Differenzen gefunden. Ebenso wirkungslos, d.h. ohne signifikanten Unterschied zu den Kontrolltieren, erwies sich in diesem Modell Harpagosid sowie das durch Emulsin gespaltene Glykosid, wenn jeweils 20 mg/kg KG i.p./Tag an 3 Tagen vor der Ödemerzeugung appliziert wurden.[37]

Am Carrageenan-induzierten Ödem der Rattenpfote zeigte "Harpagophytum" (keine Angaben zur Zubereitung) in Dosen bis zu 6 g/kg KG p.o. keinen antiödematösen Effekt; im Gegensatz dazu bewirkte Acetylsalicylsäure (200 mg/kg KG p.o.) eine Ödemhemmung von 51,9 %.[38]

Auch ein wäßriger Extrakt (Droge-Extrakt-Verhältnis = 2:1) erwies sich im Carrageenan-Rattenpfotenödemtest bei Dosen von 1 g/kg KG p.o. als wirkungslos; die Ödemhemmung betrug 6 % und war mit $p < 0,1$ nicht signifikant; Indometacin als Vergleichssubstanz erzielte bei einer Dosis von 5 mg/kg KG eine signifikante ($p > 0,001$) Hemmung um 63 %.[39]

Dagegen zeigte im Carrageenan-Rattenpfotenödemtest ein Trockenextrakt (Droge-Extrakt-Verhältnis = 1,5:1; Extraktionsmittel: Wasser) bei sehr hohen Dosen (100, 200 und 400 mg Droge/kg KG i.p.) eine Ödemhemmung von 38, 65 bzw. 72 %. Im Vergleich dazu hemmte Indometacin im gleichen Test dosisabhängig die Ödembildung um 33, 48 bzw. 58 % bei Dosen von 2,5, 5 oder 10 mg/kg KG i.p. Harpagosid erwies sich bei Dosen von 5 und 10 mg/kg KG i.p., entsprechend 400 bzw. 800 mg Droge, in diesem Test als unwirksam bei akuten entzündlichen Prozessen.[40]

Im Rattenpfotenödemtest (0,5 mg Adriamycin) bewirkte Harpagophytumpulver (37, 370, 3.700 mg/kg KG/Tag p.o.) bereits eine Stunde nach der Applikation eine Ödemhemmung von 48, 24 bzw. 24 % gegenüber dem Ausgangswert; dagegen hatten diese Dosen keinen Einfluß mehr auf das Ödemvolumen nach 5 Tagen. Aufgrund des Fehlens einer Kontrollgruppe bedürfen die Ergebnisse einer Überprüfung.[41]

Im Granulombeuteltest der Ratte nach Selye als Modell für chronische Entzündungsprozesse mit Exsudation und Proliferation verminderte Harpagosid, in einer Dosis von 20 mg/kg KG i.p. täglich über 12 Tage gegeben, das Granulomgewicht gegenüber der Kontrollgruppe um 29,9 % (Phenylbutazon: 38,6 % nach 40 mg/kg KG i.p.), das Exsudat um 33,8 % (Phenylbutazon: 41,8 %) und das Granulationsgewebe um 19,2 % (Phenylbutazon: 18 %); vergleichbare Ergebnisse wurden mit emulsinbehandeltem Harpagosid (20 mg/kg KG i.p.) erzielt.[37]

Im Formaldehyd-Arthritis-Test an der Ratte erwiesen sich sowohl ein wäßriger Gesamtextrakt (20 mg/kg KG pro Tag i.p. über 10 Tage) als auch emulsinbehandeltes Harpagosid (10 mg/kg KG i.p. täglich über 5 Tage) in gleicher Weise wirksam wie Phenylbutazon (50 mg/kg KG pro Tag i.p. über 10 Tage); die Differenzen der Messungen der Gelenkdurchmesser der behandelten zu den unbehandelten Tieren waren signifikant.[37]

Dagegen war "Harpagophytum" nach p.o. Gabe von 2 g/kg KG täglich über 7 Tage unwirksam gegen Adjuvant-induzierte Arthritis an der Ratte, während Indometacin (3 mg/kg KG p.o.) in 4 Tagen das Ödem zum Abklingen brachte. In Konzentrationen über 10^5 µg/mL beeinflußte die Prüfsubstanz die Prostaglandinsythetase *in vitro* nicht, während Indometacin durch 0,316 µg/mL und Acetylsalicylsäure durch 437 µg/mL die Enzymaktivität jeweils um 50 % hemmten (Substrat: [1-^{14}C]-Arachidonsäure).[38]

Im Krümmreflextest (Writhing-Test) an der Maus reduzierte ein Trockenextrakt (Droge-Extrakt-Verhältnis 1,5:1; Extraktionsmittel: Wasser) bei Dosen von 100, 200 und 400 mg/kg KG i.p. die Zahl der Krümmreflexe, die durch die i.p. Injektion von 1,2 %iger Essigsäure ausgelöst wurden, um 47, 53 bzw. 78 %. Harpagosid zeigte in diesem Test mit 5 mg/kg KG i.p. keine Wirkung, wohl aber reduzierten 10 mg Harpagosid/kg KG i.p. die Anzahl der Krümmreflexe um 42 %. Acetylsalicylsäure (68 mg/kg KG i.p.) und Morphinsulfat (1,15 mg/kg KG i.p.) induzierten einen Schutz von 59 bzw. 67 %. Gegen einen thermischen Reiz (Hitzeplatten-Test) erwies sich sowohl der Trockenextrakt (200 und 400 mg/kg KG i.p.) als auch Harpagosid (10 mg/kg KG i.p.) an der Maus als unwirksam; von den beiden Vergleichssubstanzen Acetylsalicylsäure und Morphin war nur Morphin (4,6 mg/kg KG i.p.) in diesem Versuch wirksam.[40]

An unterschiedlichen Tiermodellen wurden verschiedene Drogenzubereitungen – wäßriger Trokkenextr. (Harpagosid-Gehalt: 2,7 %) = (I), MeOH-Trockenextrakt (Harpagosid-Gehalt: 3,7 %) = (II), wäßrige Phase des MeOH-Extr. (Harpagosid-Gehalt: 0,2 %) = (III), BuOH-Phase des MeOH-Extr. (Harpagosid-Gehalt: 19,5 %) = (IV), BuOH-Extr. (Harpagosid-Gehalt: 85 %) = (V) – in Dosen von 20 und 200 mg des jeweiligen Extr./kg KG p.o. und 0,5 bzw. 5 mg/kg KG i.v. geprüft:

Bei p.o. Gabe war im Carrageenan-Rattenpfotenödemtest für keine der geprüften Zubereitungen ein signifikanter, ödemhemmender Effekt feststellbar, jedoch hemmte (V) bei i.v. Applikation die Ödementwicklung signifikant dosisabhängig um 12,9 (0,5 mg/kg KG) bzw. 23,4 % (5 mg/kg KG).[42]

Im UV-Erythem-Test an Meerschweinchen verringerten bei der hohen Dosis nach p. o. Gabe (I) wie auch (II) das Hauterythem um 23,6%, (IV) um 17,6%; die entzündungshemmende Wirkung lag jedoch weit unter der von Phenylbutazon (ED_{50} = 15 mg/kg KG p. o.).[42]

Im Granulombeuteltest der Ratte nach Selye wurden durch (I) in der hohen Dosis von 200 mg/kg KG p. o. das Gewicht des Granulationsgewebes um 35,4% und das Volumen des Exsudates um 69% signifikant gegenüber den Kontrolltieren vermindert. (II) hemmte ebenfalls in dieser Dosis p. o. das Exsudatvolumen signifikant um 73,8%. Bei i. v. Applikation erreichte die Hemmung des Exsudatvolumens durch (V) (5 mg/kg KG) 45,5%; diese Hemmung war ebenfalls signifikant.[42]

Im Brennstrahl-Test zeigte sich eine signifikante Zeitverlängerung gegenüber den Ausgangswerten bei unbehandelten Mäusen für (I) (+ 29,4% bei der niedrigen/ + 32,5% bei der hohen Dosierung), (IV) (+ 19/ + 32%) und (V) (+ 19,6/ + 32,6%); dieser analgetische Effekt war jedoch schwächer als der von Acetylsalicylsäure (ED_{50} = 200,16 mg/kg KG p. o.).[42]

Im Writhing-Syndrom-Test zeigte im Gegensatz zu Acetylsalicylsäure (ED_{50} = 116,9 mg/kg KG p. o.) keine der geprüften Zubereitungen eine analgetische Wirkung.[42]

In einer nicht-kontrollierten Studie erhielten 13 Patienten mit Arthritis über 6 Wochen 3 × 410 mg/Tag eines wäßrigen, nicht näher definierten Extraktes. Während dieser Zeit und über 6 Wochen Nachbeobachtung veränderten sich die beobachteten Parameter (u. a. Schmerzen, Morgensteifigkeit) nicht signifikant. Die Blutsenkungsreaktion stieg sogar von anfangs 48 mm/h auf 56 mm/h.[43] Die Ergebnisse sind wegen fehlender experimenteller Angaben kaum interpretierbar.

In einer weiteren offenen, nicht-kontrollierten Studie wurden 43 Patienten mit degenerativ-rheumatischen Erkrankungen mit Harpagophytumpulver (die Angaben zur Dosierung sind unklar) über 60 Tage behandelt und aus der Beurteilung der Zielgrößen (Schmerz, funktionelle Unbeweglichkeit, Morgensteifigkeit?) anhand von scores sehr gute bzw. gute Behandlungsergebnisse in über 80% aller Fälle abgeleitet.[44] Die Ergebnisse bedürfen, vor allem aufgrund des Studiendesigns, einer Überprüfung.

In einer ambulanten, multizentrischen, placebokontrollierten Doppelblindstudie erhielten 89 Patienten über 2 Monate Harpagophytumpulver in einer Dosis von 2 g/Tag. Die Zielkriterien Schmerzempfindlichkeit (score 0 bis 10) und Abstand Fingerspitze-Boden (in cm) wurden vor sowie 30 und 60 Tage nach Behandlungsbeginn gemessen. Beide Größen verminderten sich signifikant:

Schmerz-scores (Mittelwerte): 7,3 auf 4,5 für das Verum, 6,8 auf 5,1 für Placebo. Finger-Boden-Distanz (Mittelwerte): 36,9 auf 30,9 cm (Verum), 45,2 auf 42,8 cm (Placebo).

Die Autoren halten aufgrund dieser Studie Harpagophytum für wirksam und unbedenklich in der Behandlung rheumatischer Schmerzen; da das Design der Studie hier nur unvollständig mitgeteilt wurde, sind die Ergebnisse als vorläufig zu betrachten; das Ausmaß der Wirkung erscheint jedenfalls sehr gering.[45]

Appetitanregende und choleretische Wirkung. Aufgrund des Gehaltes an bitter schmeckendem Harpagosid wird der Droge eine appetitanregende wie auch choleretische Wirkung zugeschrieben;[46] entsprechende Wirkungen erscheinen zwar plausibel, jedoch liegt derzeit kein spezielles wissenschaftliches Erkenntnismaterial dafür vor.

Andere Wirkungen. Ein methanolischer Extrakt (Drogen-Extrakt-Verhältnis = 5:1) reduzierte bei normotonen Ratten dosisabhängig den arteriellen Blutdruck. Der Blutdruckabfall war nur bei hohen Dosen (400 mg/kg KG p. o. bzw. 50, 75, 100 mg/kg KG i. p.) für 15 bis 90 min nach der Applikation signifikant ($p < 0{,}05$) und mit einer signifikanten Bradycardie frühestens 15 min (i. p.) bzw. 30 min (p. o.) nach Appl. verbunden.

Harpagosid rief in keiner der beiden Applikationsformen einen bradycarden Effekt hervor; die Blutdrucksenkung war geringer als die durch den MeOH-Extrakt hervorgerufene.[47]

Bei Ratten hatte der MeOH-Extrakt eine protektive Wirkung bei durch Aconitin erzeugten Arrhythmien. Abhängig von Dosis (100 bis 400 mg/kg KG p. o.; 25 bis 100 mg/kg KG i. p.) und Applikationsart erhöhte sich die zur Auslösung von Arrhythmien erforderliche Aconitindosis um 50 bis 110% p. o. bzw. um 136 bis 208% i. p. Die erzielte Wirkung war jedoch geringer als die von Lidocain. Dagegen wurde in diesem Modell bei $CaCl_2$-induzierten Arrhythmien ein mit Lidocain (100 mg/kg KG p. o.) vergleichbarer oder stärkerer Schutz erzielt.[47]

Am isolierten Rattenherzen bewirkten sowohl der MeOH-Extrakt durch die Zugabe von 1 mg zur Perfusionslösung bei Start der Reperfusion wie auch Harpagosid (0,085 mg) eine Verminderung der ventrikulären Arrhythmien.[48]

Sowohl der methanolische Trockenextrakt (Drogen-Extrakt-Verhältnis = 5:1; 20 und 80 μg/mL) als auch Harpagosid (1,7, 3,2, 6,8 μg/mL) und Harpagid (0,4, 0,8, 1,6, 3,2 μg/mL) beeinflußten den Muskeltonus am isolierten Ratten- und Meerschweinchendarm. Als Agonisten wurden Acetylcholinchlorid (10^{-9} bis 10^{-7} g/mL) und Bariumchlorid (20 bis 200 μg/mL) eingesetzt. Der Trockenextrakt und Harpagosid reduzierte nur in den höchsten geprüften Konzentrationen (80 bzw. 6,8 μg/mL) den Muskeltonus.

Harpagid wirkte in der niedrigen Konzentration (0,4 μg/mL) tonussteigernd, während bei höheren Konzentrationen (1,6 und 3,2 μg/mL) eine Verstärkung der Amplitude der Kontraktionen verbunden mit einer Tonusverringerung beobachtet wurde.[49]

Anwendungsgebiete: Appetitlosigkeit, dyspeptische Beschwerden; unterstützende Therapie degenerativer Erkrankungen des Bewegungsapparates.[50]

Dosierung und Art der Anwendung: *Droge.* Soweit nicht anders verordnet: Tagesdosis: Bei Appetitlosigkeit 1,5 g, Zubereitungen mit entsprechendem Bitterwert; ansonsten 4,5 g Droge; Zubereitungen entsprechend.[50]

Art der Anwendung: Zerkleinerte Droge für Aufgüsse sowie andere Zubereitungen zum Einnehmen.[50]
Teebereitung: 1 Teelöffel (= 4,5 g) fein geschnittene Droge mit 300 mL kochendem Wasser übergießen, 8 h stehenlassen und danach abseihen; in 3 Portionen über den Tag verteilt trinken.[18]

Volkstümliche Anwendung und andere Anwendungsgebiete: In Südafrika wird der Wurzelinfus bei Verdauungsstörungen, Blutkrankheiten, Fieber und zur Appetitanregung eingenommen. Die frische Wurzel ist in Salben bei Hautverletzungen und -erkrankungen gebräuchlich und die getrocknete Wurzel zur Schmerzstillung und bei Schwangerschaftsbeschwerden.[14]
In Europa wird die Droge bei Stoffwechselerkrankungen, Arthritis, Gallen-, Leber-, Nieren- und Blasenleiden, Allergien und allgemeinen Alterserscheinungen verwendet.[18]
Die Wirksamkeit bei den weitergehenden Anwendungsgebieten ist jedoch nicht belegt.

Unerwünschte Wirkungen: *Allergische Wirkungen.* Infolge Harpagophytum-Exposition wurden bei einer Arbeiterin eines pharmazeutischen Laboratoriums Conjunctivitis, Rhinitis sowie Asthma ausgelöst und durch einen positiven Provokationstest die Pflanze als Ursache der Allergie bestätigt. Als allergen wirksam und sensibilisierend könnten die Inhaltsstoffe Zimtsäure, Harpagochinon, ein Harz bzw. Terpene in Frage kommen.[51]

Gegenanzeigen/Anwendungsbeschr.: Magen- und Zwölffingerdarmgeschwüre.[14]

Akute Toxizität: *Tier.* Bei der Prüfung der akuten Toxizität von Harpagosid traten als Vergiftungssymptome Bauch- bzw. Seitenlage, tonisch-klonische Krämpfe, Passivität, verminderte Spontanaktivität, verminderter Muskeltonus, schwächere Reflexauslösbarkeit und verengte Lidspalten auf.[42]

Toxikologische Daten: *LD-Werte.* Für *Harpagophytum procumbens* wird die LD_{50} bei Mäusen mit über 13,5 g/kg KG p. o. angegeben.[38]
Für Harpagosid beträgt die LD_{50} bei Mäusen 511 mg/kg KG i. v.; Angaben zur Geschlechtsabhängigkeit fehlen.[42]

Gesetzl. Best.: *Artenschutz.* In Südafrika unter Naturschutz.
Offizielle Monographien. Aufbereitungsmonographie der Kommission E am BGA "Harpagophyti radix (Südafrikanische Teufelskrallenwurzel)".[50]

Harpagophytum procumbens hom. *HAB 1*

Synonyme: Harpagophytum

Monographiesammlungen: Harpagophytum procumbens *HAB 1*.

Definition der Droge: Die vor dem Trocknen zerkleinerten dicken, seitlichen Speicherwurzeln.

Stammpflanzen: *Harpagophytum procumbens* (Burch.) Dc.

Zubereitungen: Urtinktur aus der grob geschnittenen Droge (2800) und flüssige Verdünnungen nach *HAB 1*, Vorschrift 4a mit Ethanol 62%. Eigenschaften: Die Urtinktur ist eine braungelbe Flüssigkeit mit aromatischem Geruch und leicht bitterem Geschmack.

Identität: 1. Farbreaktion eines wäßrig-ethanolischen Drogenauszugs bzw. der Urtinktur mit Vanillin-Schwefelsäure: Dunkelrotfärbung.
2. Ein wäßrig-ethanolischer Auszug bzw. die Urtinktur wird zur Trockne eingeengt, in Wasser aufgenommen und mit Kaliumpermanganatlösung versetzt: Es entsteht ein Geruch nach Benzaldehyd.
3. DC des ethanolischen Drogenauszugs (1:10, 70% EtOH) bzw. der Urtinktur:
- Referenzsubstanzen: Chlorogensäure, Phenacetin, Phenazon;
- Sorptionsmittel: Kieselgel HF_{254};
- FM: Wasser-Methanol-Ethylacetat (10 + 13 + 77); zwei Durchläufe, Zwischentrocknung 10 min bei 80 °C;
- Detektion: UV 254 nm; Vanillin-Schwefelsäure-Reagenz, Erhitzen auf 105 bis 110 °C; Auswertung im Vis;
- Auswertung: Im UV bei 254 nm tritt knapp unterhalb der Referenzsubstanz Phenacetin eine fluoreszenzmindernde Zone auf. Nach Behandlung mit dem Reagenz ist anhand der Referenzsubstanzen ein charakteristisches Muster von mind. sechs farbigen Zonen im Vis zu erkennen.

Reinheit: *Droge.*
- Fremde Bestandteile: Höchstens 5% Stücke mit 1 bis 2 mm dicker Korkschicht, die nicht bitter schmecken (primäre Speicherwurzel).
- Asche: Höchstens 6%.
- Trocknungsverlust: Höchstens 9,0% mit 1,000 g pulverisierter Droge (710) bestimmt.

Urtinktur.
- Relative Dichte *(DAB)*: 0,900 bis 0,920.
- Trockenrückstand *(DAB)*: Mindestens 3,8%.

Lagerung: *Urtinktur.* Vor Licht geschützt.

Anwendungsgebiete: Entsprechend dem homöopathischen Arzneimittelbild. Dazu gehört: Chronischer Rheumatismus.[52]

Dosierung und Art der Anwendung: *Droge.* Soweit nicht anders verordnet:
1- bis 3mal täglich 5 bis 10 Tropfen, 1 Messerspitze Verreibung, 1 Tablette oder 5 bis 10 Streukügelchen einnehmen. Salben 1- bis 3mal täglich auftragen.
Tinktur zur äußeren Anwendung: 1 Eßlöffel voll mit 1/4 L Wasser verdünnen, 2- bis 3mal täglich zu Spülungen oder Umschlägen verwenden.
Ab D3: Injektionslösungen 2mal wöchentlich 1 mL s. c. injizieren.[52]

Unerwünschte Wirkungen: Nicht bekannt. Hinweis: Es können vorübergehend Erstverschlimmerungen vorkommen, die jedoch unbedenklich sind.[52]

Gegenanzeigen/Anwendungsbeschr.: Nicht bekannt.[52]

Wechselwirkungen: Nicht bekannt.[52]

Gesetzl. Best.: *Offizielle Monographien.* Aufbereitungsmonographie der Kommission D am BGA "Harpagophytum procumbens".[52]

1. Melchior H (Hrsg.) (1964) A. Englers Syllabus der Pflanzenfamilien, Gebr. Borntraeger, Berlin-Nikolasee, Bd. 2, S. 460
2. Ihlenfeld HD, Hartmann H (1979) Mitt Staatsinst All Bot 13:15–69
3. Haag-Berrurier M, Kuballa B, Anton R (1978) Plantes médicinales et phytothérapie 12:197–206
4. Kämpf R (1976) Schweiz Apoth Ztg 114:337–342
5. Czygan FC, Krüger A, Schier W, Volk OH (1977) Dtsch Apoth Ztg 117:1.431–1.434
6. Sticher O (1977) Dtsch Apoth Ztg 117:1.279–1.284
7. Hgn, Bd. V, S. 299–303
8. Sticher O (1977) Pharm Acta Helv 52:20–32
9. Burger J, Brandt E, Vincent E, Ferreira D (1987) Phytochemistry 26:1.453–1.457
10. Franz G, Czygan FC, Abou-Mandour AA (1982) Planta Med 44:218–220
11. Ziller KH, Franz G (1979) Planta Med 37:340–348
12. Ziller KH, Franz G (1979) Planta Med 36:294–295
13. Koenen E v (1978) Heil- und Giftpflanzen in Südwestafrika, Akademischer Verlag, Windhoek SWA und Stuttgarter Verlagskontor, Stuttgart
14. Hag, Bd. 5, S. 18–20
15. Monographieentwurf für 2. Nachtrag DAB 10
16. Czygan FC (1987) Z Phytother 8:17–20
17. Schier W, Bauersfeld H (1973) Dtsch Apoth Ztg 113:795–796
18. Czygan FC (1983) Teufelskralle. In: Wichtl M (Hrsg.) Teedrogen, 1. Aufl., Wissenschaftliche Verlagsgesellschaft mbH, Stuttgart, S. 335–336
19. Volk E (1964) Dtsch Apoth Ztg 104:573
20. HAB 1
21. BHP 83, S. 111
22. Schier W (1981) Dtsch Apoth Ztg 121:327
23. Sticher O, Meier B (1980) Dtsch Apoth Ztg 120:1.592–1.594
24. Lichti H, Wartburg A v (1966) Helv Chim Acta 49:1.522–1.580
25. Lichti H, Wartburg A v (1964) Tetrahedron Lett:835–843
26. Tunmann P, Stierstorfer N (1964) Tetrahedron Lett:1.697–1.699
27. Tunmann P, Hammer HE (1968) Liebigs Ann Chem 712:138–145
28. Bianco A, Esposito P, Guiso M, Scarpati ML (1971) Gazz Chim Ital 101:764–773
29. Kwasniewski V (1978) Dtsch Apoth Ztg 118:49–50
30. Tunmann P, Bauersfeld HJ (1975) Arch Pharm 308:655–657
31. Pachaly P (1982) Dtsch Apoth Ztg 122:2.059
32. Wagner H, Bladt S, Zgainski G (1983) Drogenanalyse, Springer Verlag, Heidelberg, S. 132–133
33. Becker H, Richter S (1975) Pharm Ztg 120:441–442
34. Pourrat H, Texier O, Vennat B, Pourrat A (1985) Ann Pharm Fr 43:601–606
35. Ficarra P, Ficarra R, Tommasini A, de Pasquale Costa R, Guarniera Fenech C, Ragusa S (1986) Boll Chim Farm 125:250–253
36. Vanhaelen M, Vanhaelen-Fastre R, Elchami A (1981) J Chromatogr 209:476–478
37. Eichler O, Koch C (1970) Arzneim Forsch 20:107–109
38. Whitehouse LW, Znamirowska M, Paul CJ (1983) Can Med Assoc J 129:249–251
39. McLeod DW, Revell P, Robinson BV (1979) Br J Pharmacol 66:140–141
40. Lanhers MC, Fleurentin J, Mortier F, Vinche A, Younos C (1992) Planta Med 58:117–123
41. Jadot G, Lecomte A (1992) Lyon Méditerranée Médical Médecin du Sud-Est 28:833–835
42. Erdös A, Fontaine R, Friehe H, Durand R, Pöppinghaus T (1978) Planta Med 34:97–108
43. Grahame R, Robinson BV (1981) Ann Rheum Dis 49:632
44. Pinget M, Lecomte A (1990) 37[02] Le Magazine 10
45. Lecomte A, Costa JP (1992) 37[02] Le Magazine 15
46. Zimmermann W (1976) Z Allgemeinmed 23:1.178–1.184
47. Circosta C, Occhiuto F, Ragusa S, Trovato A, Zumino G, Briguglio F, de Pasquale A (1984) J Ethnopharmacol 11:259–274
48. Costa de Pasquale R, Busa G, Circosta C, Iauk L, Ragusa S, Ficarra P, Occhiuto F (1985) J Ethnopharmacol: 193–199
49. Occhiuto F, Circosta C, Ragusa S, Ficarra P, Costa de Pasquale R (1985) J Ethnopharmacol 13:201–208
50. BAz Nr. 43 vom 02.03.1989 i. d. Fassung v. BAz Nr. 164 vom 01.09.1990
51. Altmeyer N, Garnier R, Rosenberg N, Geerolf AM, Ghaem A (1992) Archives des Maladies Professionnelles de Médecine du Travail et du Securité Sociale 53:289–291
52. BAz Nr. 22a vom 03.02.1988 i. d. Fassung v. BAz Nr. 146 vom 08.08.1989

WH/Sa

Harungana

HN: 2003700

Familie: Hypericaceae (Clusiaceae; Guttiferae).

Unterfamilie: Hypericoideae.

Gattungsgliederung: Die Gattung Harungana LAM. umfaßt vier Arten: *H. lebrunia* SPIRL., *H. madagascariensis* LAM. ex POIR. *H. montana* SPIRL. und *H. robynsii* SPIRL.[1]

Gattungsmerkmale: Bäume, Sträucher und mehrjährige Kräuter mit häufig einfachen, immergrünen Blättern, die einfach, gegenständig oder wirtelig, meist von Ölbehältern durchscheinend punktiert sind. Die schizogenen, kugeligen Exkretblätter enthalten vorwiegend ätherisches Öl; in den Gewebslücken, vor allem der Blütenblätter, finden sich Exkrete mit roten, photosensibilisierend wirkenden Pigmenten. Die Blüten sind überwiegend gelb, teilweise weiß, in endständigen Blütenständen.[1,2]

Verbreitung: Tropisches Afrika.

Inhaltsstoffgruppen: Von den vier Arten der Gattung Harungana wurde bisher nur *H. madagascariensis* phytochemisch untersucht; s. Harungana-madagascariensis-Blätter und Harungana-madagascariensis-Rinde.[2–8]

Drogenliefernde Arten: *H. madagascariensis*: Harunganae madagascariensis cortex et folium, Harungana-madagascariensis-Blätter, Harungana-madagascariensis-Rinde, Harungana madagascariensis hom. *HAB 1*, Haronga madagascariensis hom. *HPUS 88*.

Harungana madagascariensis LAM. ex POIR.

Synonyme: *Haronga madagascariensis* (LAM. ex POIR.) CHOISY., *Harungana madagascariensis* (CHOISY) POIR.

Sonstige Bezeichnungen: Dt.: Drachenblutbaum; engl.: Dragon's blood tree; frz.: Guttier du Gabon.

Botanische Beschreibung: Baum oder Strauch, 4 bis 10 m hoch, mit stark verzweigter Krone; Blätter immergrün, gegenständig, elliptisch-oval, an der Basis abgerundet bis herzförmig, 5 bis 22 cm lang und 4 bis 10 cm breit, glänzend, mit Sekretbehältern; Infloreszenz vielblütig, terminal, doldenartig, bis 20 cm im Durchmesser: Blüten klein, weiß, mit je 5 Kelch- und Kronblättern; Staubblätter 3 bis 4; Fruchtknoten gefächert mit 2 Samenanlagen pro Fach; Griffel 5; Steinfrüchte rundlich, ca. 4 mm, rötlich gefärbt; Samen etwa 10, zylindrisch, mit schwarzen Drüsenhaaren und netziger Oberflächenstruktur.

Verbreitung: Die weiteste Verbreitung findet *H. madagascariensis* in den Gebieten des tropischen Afrikas wie Angola, Gabun, Goldküste, Guinea, Kamerun, Liberia, Madagaskar, Nigeria, Senegal, Sierra Leone, Sudan, in Ostafrika und im Tanganyika-Gebiet.[2,9,10]

Drogen: Harunganae madagascariensis cortex et folium, Harungana-madagascariensis-Blätter, Harungana-madagascariensis-Rinde, Harungana madagascariensis hom. *HAB 1*, Haronga madagascariensis hom. *HPUS 88*.

Harunganae madagascariensis cortex et folium (Harongarinde und -blätter)

Definition der Droge: Getrocknete Rinde mit getrockneten Blättern.[17] Ein Mischungsverhältnis von etwa 2 Teilen Rinde und 1 Teil Blättern wird empfohlen.

Stammpflanzen: *Harungana madagascariensis* LAM ex POIR.

Herkunft: s. Harungana-madagascariensis-Blätter und Harungana-madagascariensis-Rinde.

Gewinnung: s. Harungana-madagascariensis-Blätter und Harungana-madagascariensis-Rinde.

Ganzdroge: s. Harungana-madagascariensis-Blätter und Harungana-madagascariensis-Rinde.

Schnittdroge: s. Harungana-madagascariensis-Blätter und Harungana-madagascariensis-Rinde.

Inhaltsstoffe: s. Harungana-madagascariensis-Blätter und Harungana-madagascariensis-Rinde.

Zubereitungen: Extractum harongae (Syn. Extractum Folii et Corticis Harongae siccum, Haronga-Extrakt), standardisiert auf einen Gehalt von 0,1 % Chrysophansäurederivate; Hinweis: Der Trockenextrakt (keine Spezifizierung) ist im Fertigarzneimittel Harongan® Tabletten enthalten.
Tinctura harongae (Syn. Tinctura Folii et Corticis Harongae, Haronga-Tinktur, Harongablätter- und -rinden-Tinktur), standardisiert auf einen Gehalt von 0,01 % Chrysophansäurederivate; Hinweis: Die Tinktur (keine Spezifizierung) ist im Fertigarzneimittel Harongan® Tropfen enthalten.
Wäßrig-alkoholischer Trockenextrakt (keine Spezifizierung).[17]

Identität: s. Harungana-madagascariensis-Blätter, Harungana-madagascariensis-Rinde sowie Harungana madagascariensis hom. *HAB 1*.

Gehaltsbestimmung: s. Harungana-madagascariensis-Rinde.

Wirkungen: *Verdauungsregulierende Wirkung.* Zubereitungen aus Harongarinde mit -blättern stimulieren die exkretorische Pankreasfunktion, regen die Magensaftsekretion an und wirken choleretisch und cholecystokinetisch.[17]
In-vivo-Modelle. Fütterungsversuche mit BALB &/c-Mäusen und anschließende histologische/histochemische Untersuchungen der Organe:[18]
Kurzfristige (6 Tage), mittelfristige (45 Tage) und längere (9 Monate) p. o. Gabe von Futter, vermischt mit 3,5 oder 20 % Trockenextrakt (keine Spezifizierung) aus Harongarinde und -blättern (= Haronga-Extrakt). Die Gabe eines mit 20 % Haronga-Extrakt vermischten Futters soll einer Extraktmenge von 35 bis 40 g/kg KG entsprechen. Kurzfristige und mittelfristige Gabe aller drei Futtergemische führt gleichermaßen zu einer markanten Ausscheidung von Zymogenkörnchen aus dem Pankreas und zur Erhöhung des RNS- und Eiweißgehaltes in Pankreas und Duodenumepithel als Zeichen fortlaufender Zymogenaktivität und erhöhter Eiweiß- bzw. Enzymsynthese mit Enzymausscheidung. Die ebenfalls beobachtete gesteigerte Esteraseaktivität in Leber, Niere, Pankreas und Duodenum wird als Zeichen zunehmenden Lipidstoffwechsels gewertet. Bei längerer Verabreichung scheint sich eine "Adaptation" bzw. "Resistenz" gegen den Extrakt zu entwickeln, da die Organe der mit Haronga-Extrakt behandelten Mäuse keine Unterschiede mehr zu den unbehandelten zeigen.
Fütterungsversuche mit männlichen Ratten, die gegenüber dem Haronga-Extrakt zehnmal empfindlicher sind als Mäuse (s. o.), und anschließende Untersuchung der Magen- und Dünndamrmsekretion

bzw. nach Anlegen akuter und chronischer Fisteln der Pankreassaft- und Gallensekretion:[19]
Kurzfristige (6 Tage) und mittelfristige (30 Tage) Gabe von Futtergemischen mit 0,3 bzw. 0,5 % Haronga-Extrakt (s. o.) führt zur Erhöhung der Magensaftmenge, dessen Salzsäuregehalt und der Darmsaftmenge um das Dreifache gegenüber den Kontrollen. Die Gallen- und Pankreassaftproduktion steigt dabei um das Zwei- bis Dreifache an (akute Fistelmethode). Pepsinaktivität im Magensaft und Amylase-, Trypsin- und Lipaseaktivität in Darm- und Pankreassaft der mit Haronga-Extrakt behandelten Ratten sind eindeutig höher (unterschiedliche Werte) als die Kontrollen. Die Bilirubinkonzentration der Galle bleibt dagegen praktisch konstant. Längere Verabreichung (270 Tage) scheint zur Resistenzentwicklung zu führen (s. o.); Gallen- und Pankreassaftproduktion der mit Haronga-Extrakt behandelten Ratten und der Kontrollen sind annähernd gleich (chronische Fistelmethode).
Antihepatotoxische Wirkung. Zubereitungen aus Harongarinde mit -blättern zeigen bei akuter und chronischer Leberschädigung durch die Hepatotoxine CCl_4 bzw. Brombenzol Leberschutzwirkung.[20]
In-vivo-Modelle. Leberschädigung männlicher Ratten und anschließende histologische/histochemische Untersuchungen der Leber:[20]
Akute Leberschädigung durch einmalige Gabe von 0,2 mL/100 g KG CCl_4 durch eine Magensonde bzw. 0,1 mL/100 g KG Brombenzol durch subcutane Injektion; chronische Leberschädigung durch wöchentliche Gabe von 0,2 mL/100 g KG CCl_4 durch eine Magensonde 5 bis 6 Monate lang. Zum Schutz vor akuter Leberschädigung wird nach der Toxingabe Futter vermischt mit 0,5 % Trockenextrakt (keine Spezifizierung) aus Harongarinde und -blättern (= Haronga-Extrakt) und 0,2 % Cystein als lipotrope Vergleichssubstanz 6 Tage lang verabreicht; gegen chronische Leberschädigung wird gleichzeitig mit dem Toxin 1000 mg/kg KG Cystein als Vergleich wöchentlich i. p. verabreicht, das Futtergemisch mit 0,5 % Haronga-Extrakt nur alle 2 Wochen. Cystein und der Haronga-Extrakt vermindern gleich stark die leberschädigende Wirkung der akuten Vergiftung mit CCl_4 und Brombenzol; es zeigten sich weniger Gewichtsverlust und Fettinfiltration der Leber als bei den unbehandelten Ratten. Bei chronischer CCl_4-Vergiftung schützt der Haronga-Extrakt die Leber wirkungsvoller als Cystein; der Haronga-Extrakt hemmt die pathologische Leberfibrose vollkommen, bei der mit Cystein behandelten Leber sind dagegen stellenweise nekrotische Herde sichtbar.
Antimikrobielle Wirkung. s. Droge Harungana-madagascariensis-Rinde.

Anwendungsgebiete: Dyspeptische Beschwerden und leichte exokrine Pankreasinsuffizienz.[17]

Dosierung und Art der Anwendung: *Zubereitung.* Einnahme: Mittlere Tagesdosis: 7,5 bis 15 mg eines wäßrig-alkoholischen Trockenextraktes, entsprechend 25 bis 50 mg Droge. Andere Zubereitungen (keine Spezifizierung) entsprechend. Zubereitungen aus Harongarinde mit -blättern sollen nicht länger als 2 Monate angewendet werden.[17]

Volkstümliche Anwendung und andere Anwendungsgebiete: s. Harungana-madagascariensis-Blätter und Harungana-madagascariensis-Rinde.

Unerwünschte Wirkungen: *Haut.* Eine Photosensibilisierung ist besonders bei hellhäutigen Personen möglich,[17] hervorgerufen durch Hypericin und Pseudohypericin.

Gegenanzeigen/Anwendungsbeschr.: Akute Pankreatitis und akute Schübe chronisch rezidivierender Pankreatitis, schwere Leberfunktionsstörungen, Gallensteinleiden, Verschluß der Gallenwege, Gallenblasenempyem, Ileus.[17]

Sonst. Verwendung: *Haushalt.* s. Harungana-madagascariensis-Rinde.

Gesetzl. Best.: *Offizielle Monographien.* Aufbereitungsmonographie der Kommission E am BGA "Harunganae madagascariensis cortex et folium (Harongarinde und -blätter)".[17]

Harungana-madagascariensis-Blätter

Synonyme: Folia Haronga, Folia Harunganae, Harunganae folium.

Sonstige Bezeichnungen: Dt.: Harongablätter, Harunganablätter; weitere Bezeichnungen in afrikanischen Sprachen s. Lit.[9]

Definition der Droge: Die getrockneten Blätter.[2]

Stammpflanzen: *Harungana madagascariensis* LAM. ex POIR.

Herkunft: Sammlung aus Wildbeständen; Hauptlieferländer sind der Sudan und Länder des Tanganyika-Gebietes.

Gewinnung: Die ganzen Blätter werden luftgetrocknet.[11]

Ganzdroge: Blätter kurzgestielt, elliptisch bis schwach länglich-herzförmig, ganzrandig, 10 bis 20 cm lang, bis zu 10 cm breit, spitz auslaufend, hinten gerundet bis leicht ausgerandet, dünn, hart, ledrig steif; Blattoberseite graugrün bis braungrau, mehr oder weniger glänzend; Blattunterseite heller, glanzlos; junge Blätter beiderseits von dünnem, bräunlichen Haarfilz bedeckt; ältere Blätter auf der Oberseite fast kahl, auf der Unterseite, besonders auf den Nerven, mehr oder weniger filzig behaart; Blattnervatur auf der Unterseite stark hervortretend; in der Durchsicht eine Vielzahl dunkler, auf Sekretbehälter zurückzuführender Punkte.[2]

Schnittdroge: *Makroskopisches Bild.* Die Blattdroge wird nach dem Sammeln nicht zerkleinert; s. daher Beschreibung der Ganzdroge; Trocknung und Transport bedingen ein stark zerknittertes und zerbrochenes Blattmaterial.
Mikroskopisches Bild. Epidermiszellen der Blattoberseite geradwandig, polygonal, mit mäßig verdickten, wenig gewölbten Außenwänden, von einer

feinwarzigen Cuticula bedeckt; Epidermiszellen der Blattunterseite dickwandig, stark papillös vorgewölbt; zwei- bis dreischichtige Hypodermis aus großen, rundlichen bis liegend-ovalen, farblosen Zellen; Palisadenparenchym einschichtig, 4- bis 6mal länger als breit; Schwammparenchym mehrschichtig, aus länglichen, liegenden Zellen; zahlreiche, von 2 bis 4 Nebenzellen umgebene Spaltöffnungen; im Schwamm- und Palisadenparenchym größere Zellen mit je einer Calciumoxalatdruse; im Schwammparenchym oder an der Grenze zwischen Schwamm- und Palisadenparenchym kugelige, voluminöse Exkretbehälter mit schwarzrotem Inhalt, in der Durchsicht als dicht gestreute, dunkle Punkte erscheinend; Leitbündel kollateral mit nierenförmig gebogenem Xylem; Leitbündel der stärkeren Blattnerven von 2bis4 Reihen verholzter Sklerenchymfasern ringförmig umschlossen; kollenchymatisch verdickte Zellen zwischen den Leitbündeln und oberer sowie unterer Epidermis; auf beiden Blattseiten dünnwandige, farblose Sternhaare, auf einem kurzen, gedrungenen, mehrzelligen Stiel sitzend; die unterste, mit der Epidermis verbundene Zelle des Stieles rötlich bis bräunlich gefärbt, in der Durchsicht als kleine Punkte erscheinend.[2,4]

Minderqualitäten: Die Blattdroge wird bisweilen mit Resten von Fruchtständen, schirmförmig ausgebreiteten Scheindolden, und kleinen, kugeligen Steinfrüchtchen verunreinigt geliefert.
Einheitlich braun verfärbte Blätter deuten auf schlechte Qualität hin.[2]

Inhaltsstoffe: *Anthranoide.* Madagascarin; Naphthodianthrone: Hypericin, Pseudohypericin.[2,4,8,17]

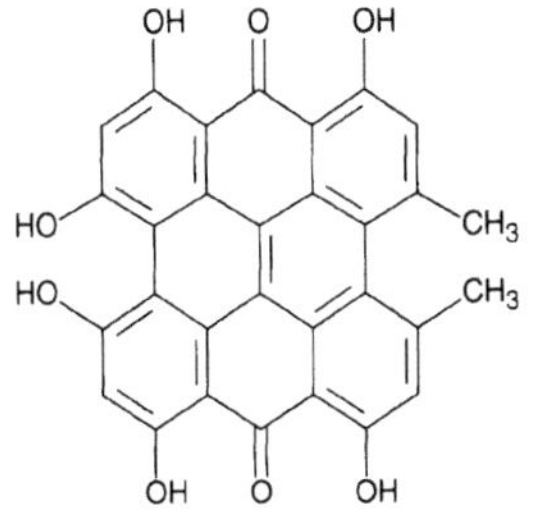

Hypericin

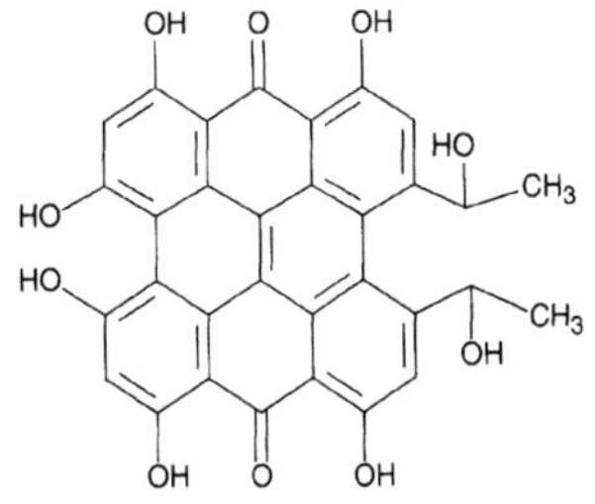

Pseudohypericin

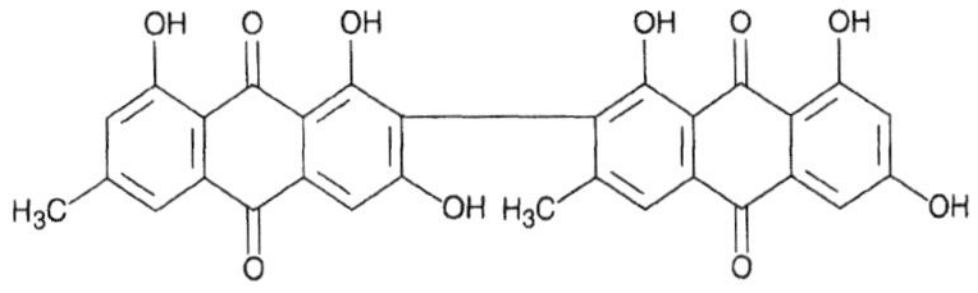

Madagascarin

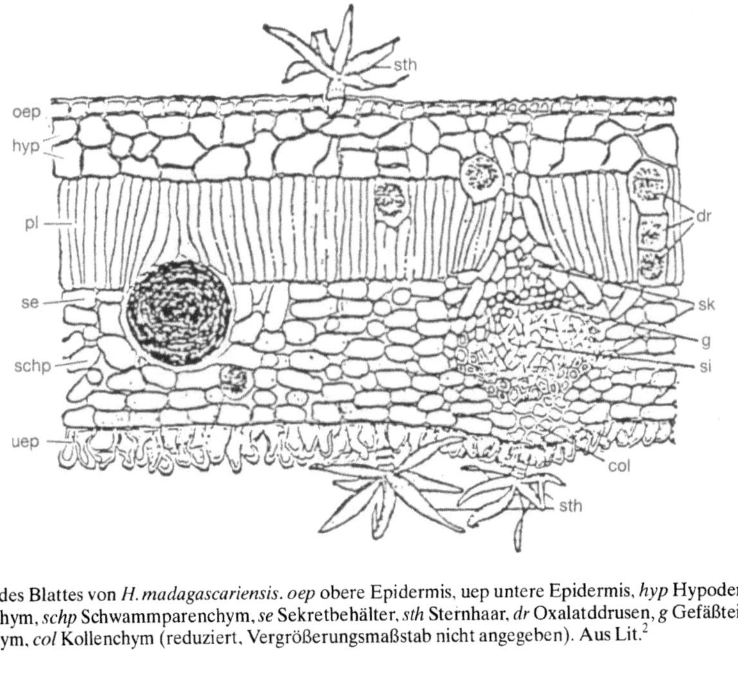

Querschnitt des Blattes von *H. madagascariensis*. *oep* obere Epidermis, uep untere Epidermis, *hyp* Hypodermis, *pl* Palisadenparenchym, *schp* Schwammparenchym, *se* Sekretbehälter, *sth* Sternhaar, *dr* Oxalatddrusen, *g* Gefäßteil, *si* Siebteil, *sk* Sklerenchym, *col* Kollenchym (reduziert, Vergrößerungsmaßstab nicht angegeben). Aus Lit.[2]

Polyphenolische Substanzen. Flavonole: Quercitrin, Hyperosid, Quercetin-3-arabinosid, Quercetin-3-xylosid; Flavanon: Astilbin; Flavanol: (–)-Epicatechin; dimeres Proanthocyanidin: Procyanidin B_2.[2–4]
Ätherisches Öl. Die gelagerte Blattdroge enthält etwa 0,04 % ätherisches Öl, in dem über 40 Komponenten identifiziert werden konnten. Die Hauptkomponente der flüchtigen Bestandteile bildet das α-Pinen mit rund 20 %. Das ätherische Öl enthält weiterhin eine Vielzahl von Monoterpenen, Sesquiterpenen und Anthranoiden. Es ist schwächer gelb gefärbt als das ätherische Öl aus der Rinde (s. Harungana-madagascariensis-Rinde).[4,13]

Zubereitungen: s. Harunganae madagascariensis cortex et folium.

Identität: s. Harungana madagascariensis hom. *HAB 1.*
Keine speziellen Methoden in der Literatur angegeben; geeignet sein dürfte:
DC-Prüfung eines methanolischen Drogenauszuges auf a Hypericine und b Quercetinglykoside:[16]
- Referenzsubstanzen: a Hypericin; b Rutin + Chlorogensäure (Leitsubstanzen); Hyperosid; Quercitrin;
- Sorptionsmittel: DC-Fertigplatten Kieselgel 60 F_{254};
- Fließmittel: a Toluol-Ethylformiat-Ameisensäure (50 + 40 + 10); b Ethylacetat-Ameisensäure-Eisessig-Wasser (100 + 11 + 11 + 26);
- Detektion: a Direktauswertung im UV 365 nm; Besprühen mit 10 %iger ethanolischer Pyridinlösung, Auswertung im UV 365 nm; b Besprühen mit Naturstoff-Polyethylenglykol-Reagenz (NST/PEG), Auswertung im UV 365 nm;
- Auswertung: a Hypericine zeigen im UV 365 nm in der Direktauswertung rötliche, nach Pyridin-Reagenz-Behandlung orangerote Fluoreszenz (Rf 0,4 bis 0,5); b Quercetinglykoside zeigen im UV 365 nm nach NST/PEG-Behandlung orange Fluoreszenz, die Leitsubstanz Chlorogensäure in der Referenzlösung hellblaue Fluoreszenz und die Hypericine bei etwa Rf 0,9 rote Fluoreszenz.

Wirkungen: s. Harunganae madagascariensis cortex et folium.

Anwendungsgebiete: s. Harunganae madagascariensis cortex et folium.

Dosierung und Art der Anwendung: s. Harunganae madagascariensis cortex et folium.

Volkstümliche Anwendung und andere Anwendungsgebiete: In Afrika werden Zubereitungen aus den Blättern (keine Spezifizierung) bei Magen- und Verdauungsstörungen (vgl. Anwendungsgebiete der Droge Harunganae madagascariensis cortex et folium), Obstipation, Diarrhöe, Hepatho- und Cholepathien, Bandwurmerkrankungen, Hämorrhoiden, Gonorrhöe, Dermatitiden, Flechten, Ekzemen, Krätze, Menstruationsstörungen und Kindbettfieber eingesetzt.[2,9,10]
Die Wirksamkeit der Droge bei diesen Indikationen ist nicht belegt.

Unerwünschte Wirkungen: s. Harunganae madagascariensis cortex et folium.

Gegenanzeigen/Anwendungsbeschr.: s. Harunganae madagascariensis cortex et folium.

Gesetzl. Best.: *Offizielle Monographien.* s. Harunganae madagascariensis cortex et folium.

Harungana-madagascariensis-Rinde

Synonyme: Cortex Haronga, Cortex Harunganae, Harunganae cortex.

Sonstige Bezeichnungen: Dt.: Harongarinde, Harunganarinde; weitere Bezeichnungen in afrikanischen Sprachen s. Lit.[9]

Definition der Droge: Die getrocknete Zweig-, Ast-, Stamm- und Wurzelrinde.[2]

Stammpflanzen: *Harungana madagascariensis* LAM. ex POIR.

Herkunft: Sammlung aus Wildbeständen; Hauptlieferländer sind der Sudan und Länder des Tanganyika-Gebietes.

Gewinnung: Die unterschiedlich zerkleinerte Rindendroge wird luftgetrocknet.[11] Bei der von Zweigen und dünnen Ästen abgeschälten Rinde bleibt die Borke meist erhalten, von der Ast- und Stammrinde wird sie gleich bei der Ernte entfernt. Die Wurzelrinde, falls vorhanden, stellt meist nur einen geringen Anteil der Rindendroge dar.[2]

Ganzdroge: Zweig- und dünnere Astrinde: Flach gewölbte bis röhrenförmige, gelbe bis zimtbraune, von einer dünnen, rissigen, regelmäßig geschichteten Borke bedeckte Stücke; die Innenseite meistens etwas dunkler gelbbraun bis rotbraun und schwach längsrunzelig.
Ast- und Stammrinde: Bandartige, flache bis wellig gebogene Stücke, selten dicker als 0,5 cm, häufig von der Borke befreit und dann mit schwarzroten Exkretrückständen außen bedeckt.
Wurzelrinde: Charakteristisch ist die teilweise bis zu 1 cm dicke, rotbraune Borke.
Der Bruch ist hornartig hart, völlig glatt und hell rötlichbraun bis graurot gefärbt.[2]

Schnittdroge: *Geschmack.* Süßlich-bitter, etwas adstringierend.
Geruch. Aromatisch, gewürzartig.
Makroskopisches Bild/ Lupenbild. Bei zuvor in Wasser aufgeweichten Rindenstücken sind bei Lupenbetrachtung die schizogenen Sekretgänge im Querschnitt als Punkte, im Längsschnitt als dunklere Maserung meist gut zu erkennen. Die Markstrahlen heben sich im Querschnitt als feine, helle, radiale Streifen ab. Die primäre Rinde ist weitgehend abgestoßen; die Borke, falls vorhanden, besteht aus dem abgestorbenen Gewebe der sekundären Rinde, die von hellen, fast farblosen Korkstreifen durchzogen wird.[2]
Die Handelsware kann bis zu 30 cm lang und 10 cm breit sein, s. daher auch Beschreibung der Ganzdroge.
Mikroskopisches Bild. Parenchymzellen der fast ausschließlich aus sekundärem Gewebe bestehen-

den Rindenstücke oft tangential zusammengedrückt, mit stark, aber unregelmäßig verdickten, gelblichen Zellwänden; Markstrahlen 2 bis 6 Reihen breit, meist 30, vereinzelt bis über 40 Lagen hoch, aus Zellen mit knotig verdickter Wand; zahlreiche, tangential zusammengedrückte Exkretkanäle, oft mit Resten eines dunkelrotbraunen Exkretes; die größeren Exkretgänge in tangentialen Reihen angeordnet, die schmaleren einzeln liegend oder zu Gruppen gehäuft; Calciumoxalatdrusen und einzelne oder zu Rosetten zusammengesetzte Stärkekörner; Bastfasern und Steinzellen fehlen.[2]

Inhaltsstoffe: *Polyphenolische Substanzen.* Flavanol: (–)-Epicatechin; dimere Proanthocyanidine: Procyanidine B_2, B_6, B_7; Catechingerbstoffe.[3,4]
Anthranoide Substanzen. Harunganin; Euxanthon; 1,8-Dihydroxyanthracene: Anthrone: Haronginanthron, Madagascinanthron; Anthrachinone: Madagascin, Physcion, Chrysophanol.[4–7,17]

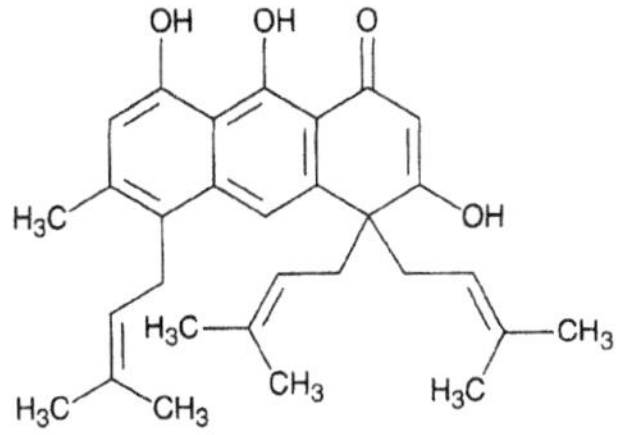

Harunganin

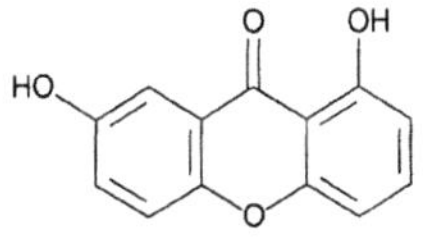

Euxanthon

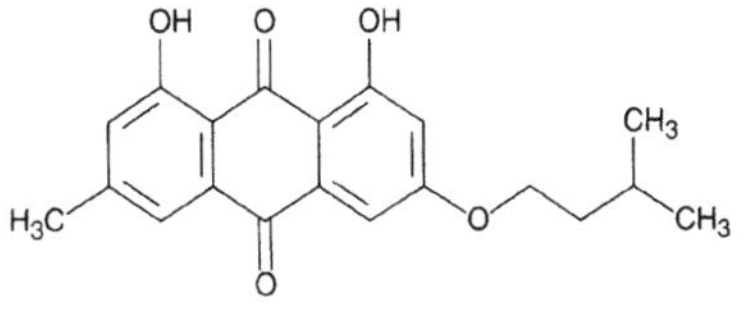

Madagascin

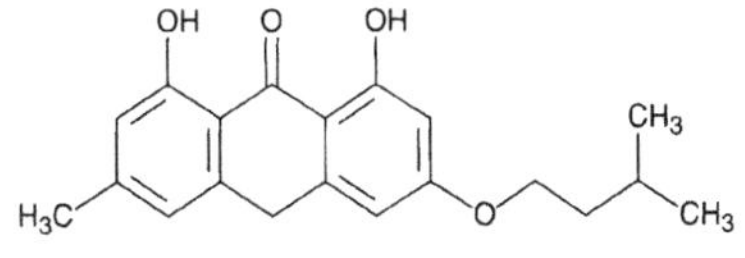

Madagascinanthron

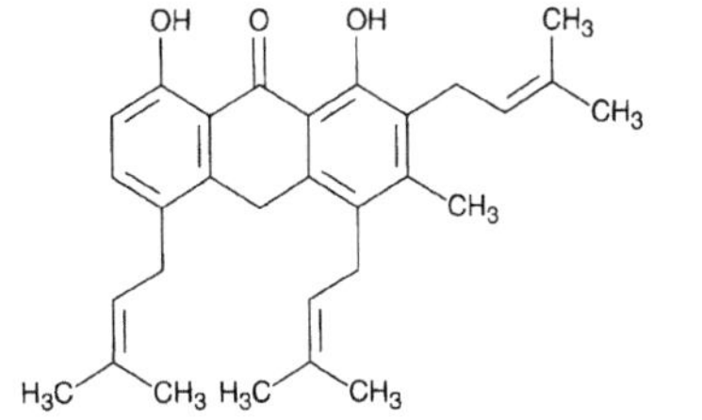

Haronginanthron

Triterpene. Friedelin, Betulinsäure.[6]
Ätherisches Öl. Die gelagerte Rindendroge enthält ca. 0,07 % ätherisches Öl, in dem über 60 Komponenten identifiziert werden konnten, wobei α-Pinen, β-Farnesen und γ-Terpineol quantitativ etwa die Hälfte der flüchtigen Bestandteile bilden. Das kräftig gelb gefärbte ätherische Öl enthält weiterhin eine Vielzahl von Monoterpenen, Sesquiterpenen und Anthranoiden.[4,12,13]

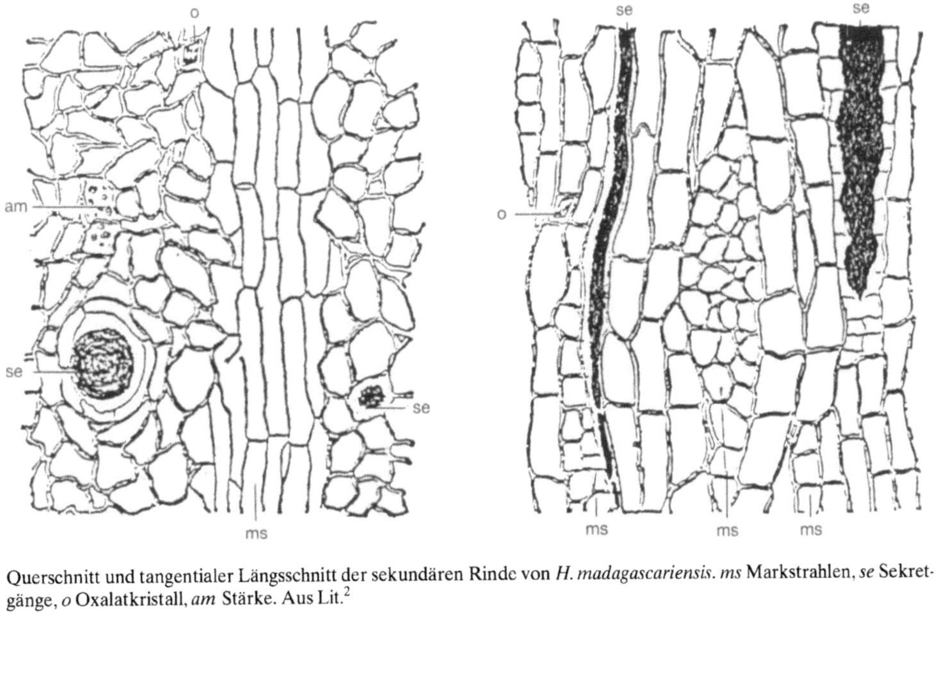

Querschnitt und tangentialer Längsschnitt der sekundären Rinde von *H. madagascariensis*. *ms* Markstrahlen, *se* Sekretgänge, *o* Oxalatkristall, *am* Stärke. Aus Lit.[2]

Zubereitungen: s. Harunganae madagascariensis cortex et folium.

Identität: s. Harungana madagascariensis hom. *HAB 1*.
DC-Nachweis der 1,8-Dihydroxyanthracenderivate:[7]
- Untersuchungslösung: Ausschütteln eines wäßrig-methanolischen Drogenauszuges mit Pentan und DC-Prüfung der Pentanlösung;
- Referenzsubstanzen: Chrysophanol, Madagascin, Madagascinanthron, Physcion;
- Sorptionsmittel: Kieselgel 60 F_{254};
- Fließmittel: Peroxidfreier Ether-Hexan (1 + 3);
- Detektion: Alkoholische ammoniakalische Kalilauge;
- Auswertung: Nachweis der 1,8-Dihydroxyanthrachinone Chrysophanol, Madagascin und Physcion nach Detektion als rotviolette Flecke im Vis (Bornträgerreaktion); Madagascinanthron erscheint als gelber Fleck, der sich nach kurzer Zeit rot färbt (Oxidation zu Madagascin), aber auch fehlen kann.

Gehaltsbestimmung: Spektralphotometrische Gesamtbestimmung der 1,8-Dihydroxyanthracenderivate, bezogen auf Chrysophanol (Bornträgerreaktion):[7] Anreicherung der Anthracenverbindungen aus dem methanolischen Drogenauszug und Abtrennung störender Begleitstoffe erfolgt mittels Verteilungsverfahren und Adsorptionschromatographie an Kieselgel. Anthrone, außer dem sterisch gehinderten Haronginanthron, werden durch Oxidation mit Selendioxid in Anthrachinone überführt. Die in ammoniakalischer Natronlauge (Laugengemisch) zum Schluß gelösten Anthrachinone werden im UV 520 nm gegen das Laugengemisch photometrisch bestimmt. Eine mit Chrysophanol im Laugengemisch erstellte Eichkurve wird der Messung zugrundegelegt.
Die für verschiedene afrikanische Provenienzen gefundenen Werte divergieren erheblich: Zwischen 25 und 146 mg Gesamtanthracene pro 100 g Rindendroge.

Wirkungen: s. a. Harunganae madagascariensis cortex et folium.
Antimikrobielle Wirkung. Bakteriologischer Test:[14] Nähragarplatten mit dem wäßrigen Decoct der Stammrinde von *H. madagascariensis* in Mulden werden mit verschiedenen grampositiven Bakterienkulturen beimpft und 24 h bei 37 °C bebrütet. Anschließend wird auf Bakterienwachstumshemmung untersucht (nur Angabe von positiver oder negativer Aktivität). Das wäßrige Decoct der Stammrinde hemmt das Wachstum von Sarcina-lutea- und Staphylococcus-aureus-Kulturen.

Anwendungsgebiete: s. Harunganae madagascariensis cortex et folium.

Dosierung und Art der Anwendung: s. Harunganae madagascariensis cortex et folium.

Volkstümliche Anwendung und andere Anwendungsgebiete: In Nigeria wird aus der Stammrinde von *H. madagascariensis* und diversen weiteren Pflanzen ein wäßriges Decoct hergestellt. Das Decoct sowie eine daraus zubereitete schwarze Seife werden bei Hauterkrankungen zum Waschen verwendet. Ein aus dem Decoct zubereiteter Puder wird nach der Waschung auf die infizierten Hautpartien gegeben.[14] Aufgrund der antibakteriellen Wirkung der Stammrinde von *H. madagascariensis* (s. Wirkungen) sowie einiger weiterer im Decoct enthaltener Pflanzen scheint die Anwendung plausibel. Auf Madagaskar wird die Rinde von *H. madagascariensis* nach fetten Mahlzeiten, vermutlich zur Verdauungsförderung, gekaut.[2] In ganz Afrika werden Zubereitungen aus der Rinde (keine Spezifizierung) bei Magen- und Verdauungsstörungen (vgl. Anwendungsgebiete der Droge Harunganae madagascariensis cortex et folium), Obstipation, Diarrhöe, Hepatho- und Cholepathien, Bandwurmerkrankungen, Hämorrhoiden, Gonorrhöe, Dermatitiden, Flechten, Ekzemen, Krätze, Menstruationsstörungen und Kindbettfieber eingesetzt.[2,9,10]
Die Wirksamkeit der Droge bei diesen Indikationen ist nicht belegt.

Gegenanzeigen/Anwendungsbeschr.: s. Harunganae madagascariensis cortex et folium.

Sonst. Verwendung: *Haushalt.* Rindenexsudate werden auf Madagaskar, an der Goldküste, in Nigeria und in Ostafrika zum Färben traditioneller Textilien und anderer Gegenstände verwendet.[2,15]

Gesetzl. Best.: *Offizielle Monographien.* s. Harunganae madagascariensis cortex et folium.

Harungana madagascariensis hom. *HAB 1*

Synonyme: Haronga.

Monographiesammlungen: Harungana madagascariensis *HAB 1*.

Definition der Droge: Eine Mischung, die zu etwa einem Teil aus getrockneten Blättern und zu etwa zwei Teilen aus getrockneter Zweigrinde besteht.

Stammpflanzen: *Harungana madagascariensis* (CHOISY) POIR. (Syn. *H. madagascariensis* LAM. ex POIR.).

Zubereitungen: Urtinktur aus der grob gepulverten Droge und flüssige Verdünnungen nach *HAB 1*, Vorschrift 4a mit Ethanol 62 % (*m/m*); Eigenschaften: Die Urtinktur ist eine rotbraune Flüssigkeit mit würzigem Geruch und adstringierendem, bitterem Geschmack.

Identität: *Droge.* Der filtrierte wäßrig-ethanolische Drogenauszug wird:
1. mit Wasser verdünnt und mit Ether ausgeschüttelt. Die abgetrennte Etherphase wird mit wäßriger Ammoniaklösung versetzt, worauf sich die wäßrige Phase orangebraun bis rotbraun färbt;
2. mit Wasser verdünnt und mit Blei(II)acetatlösung versetzt, worauf ein hellbrauner, voluminöser Niederschlag entsteht;

3. auf dem Wasserbad eingeengt und der Rückstand mit Molybdatophosphorsäure-Reagenz versetzt, worauf sich die Mischung blaugrün färbt;
4. auf dem Wasserbad eingeengt, mit Wasser verdünnt und mit Ether ausgeschüttelt. Nach Einengen der Etherphase wird der Rückstand in Methanol gelöst (Prüflösung) und einer DC-Prüfung unterzogen:
- Referenzsubstanzen: Gallussäure (I), Kaffeesäure (II), Emodin (III);
- Sorptionsmittel: Kieselgel H;
- Fließmittel: Chloroform-Ethylacetat-wasserfreie Ameisensäure (50 + 40 + 10);
- Detektion: Methanolische KOH-Lösung, Auswertung im Vis; anschließend 0,5 % Echtblausalz B-Lösung, Auswertung im Vis;
- Auswertung: Nach Detektion mit methanolischer KOH-Lösung färbt sich die Referenzsubstanz I gelbbraun, II orangebraun und III rot. In der Prüflösung stimmen zwei Zonen in Lage und Farbe mit den Referenzsubstanzen II und III überein. Nach Besprühen mit Echtblausalz B-Lösung färbt sich die Referenzsubstanz I rotbraun, II gelbbraun und III braunviolett; die Prüflösung zeigt insgesamt vier orangerote Zonen unterhalb, auf Höhe von bzw. über I; eine gelbbraune Zone auf Höhe von II; je eine braunviolette Zone über II und auf Höhe von III; bisweilen eine orangerote Zone dicht über III.

Urtinktur. Die Urtinktur ergibt die für die Droge angegebenen Identitätsreaktionen.

Reinheit: *Droge.*
- Fremde Bestandteile: Höchstens 2 %.
- Sulfatasche: Höchstens 6,0 %.
- Asche: Höchstens 5,0 %.

Urtinktur.
- Relative Dichte: 0,895 bis 0,915.
- Trockenrückstand: Mindestens 1,8 %.

Lagerung: Vor Licht geschützt.

Anwendungsgebiete: Die Anwendungsgebiete sind nicht ausreichend belegt.[21]

Gesetzl. Best.: *Offizielle Monographien.* Negativmonographie der Kommission D am BGA "Harungana madagascariensis (Haronga)".[21]

Haronga madagascariensis hom. *HPUS 88*

Monographiesammlungen: Haronga madagascariensis *HPUS 88*.

Definition der Droge: Rinde mit Blättern.

Stammpflanzen: *Haronga madagascariensis* Choisy (Syn. *Harungana madagascariensis* Lam. ex Poir).

Zubereitungen: *Urtinktur.* Herstellung durch Mazeration oder Perkolation mit Ethanol nach den allg. Zubereitungsvorschriften (Class C) des *HPUS 88*. Ethanolgehalt 70 % (*V/V*).

Gehalt: *Urtinktur.* Arzneigehalt $^{1}/_{10}$.

1. Spirlet ML (1966) Contribution à la Flore de Congo, du Rwanda et du Burundi; Guttiferae, Brüssel
2. Fisel J, Gäbler H, Schwöbel H, Trunzler G (1966) Dtsch Apoth Ztg 106:1.053–1.060
3. Hahn H (1972) Über die Isolierung einiger Inhaltsstoffe aus den Arzneipflanzen Lagochilus inebrians Bge. und Haronga madagascariensis Chois., Diplomarbeit Univ. Heidelberg, S. 16–38
4. Gehrmann B (1989) Analytische Studie an Harungana madagascariensis Lam. ex Poir., Dissertation Univ. Hamburg
5. Stout GH, Alden RA, Kraut J, High DF (1962) J Am Chem Soc 84:2.653–2.654
6. Ritchie E, Taylor WC (1964) Tetrahedron Lett:1.431–1.436
7. Messerschmidt W (1966) Dtsch Apoth Ztg 106:1.209–1.211
8. Buckley DG, Ritchie E, Taylor WC, Young LM (1972) Aust J Chem 25:843–855
9. Dalziel JM (1937) The Useful Plants of Westtropical Africa, The Crown Agents for the Colonies, London, S. 87–88
10. Watt JM, Breyer-Brandwijk MG (1962) Medicinal and Poisonous Plants of Southern and Eastern Africa, 2. Aufl., E & S Livingstone Ltd., Edinburgh London
11. Fa. Müggenburg (1989) Persönliche Mitteilung, Hamburg
12. Gehrmann B, Kraus L (1987) Pharm Weekbl (Sci) 9:234
13. Gehrmann B, Kraus L (1989) Planta Med 55:104–105
14. Malcolm SA, Sofowora EA (1969) Lloydia 32:512–517
15. Heckel E (1910). Les Plantes Utiles de Madagascar, Challamel A., Paris, S. 64–67
16. Wagner H, Bladt S, Zgainski EM (1983) Drogenanalyse, Dünnschichtchromatographische Analyse von Arzneidrogen, Springer Verlag, Berlin Heidelberg New York
17. BAz Nr. 50 vom 13.03.1986
18. Kemeny T (1971) Arzneim Forsch 21:101–104
19. Kemeny T (1971) Arzneim Forsch 21:271–274
20. Kemeny T (1971) Arzneim Forsch 21:421–424
21. BAz Nr. 22a vom 03.02.1988 in der Fassung vom BAz Nr. 146 vom 08.08.1989

Gn/HB

Hazunta

HN: 2038900

Familie: Apocynaceae.

Unterfamilie: Plumerioideae.

Tribus: Tabernaemontaneae.

Gattungsgliederung: Nach systematischer Überarbeitung der Gattung Hazunta Pichon werden die pharmazeutisch interessanten Arten und Varietäten heute in die Synonymie von *Tabernaemontana coffeoides* Boj. ex A. DC. einbezogen.[1]

1. Leeuwenberg AJM (1991) A Revision of Tabernaemontana, The Old World Species, Royal Botanic Gardens, Kew, S. 83–88

RL

Hedera

HN: 2037200

Familie: Araliaceae.

Tribus: Schefflereae.

Gattungsgliederung: Nach älterer Auffassung[1] umfaßt die Gattung Hedera L. die sechs Arten *Hedera canariensis* WILLDENOW, *Hedera colchica* KOCH, *Hedera helix* L., *Hedera himalaica* TOBLER (= *H. nepalensis* KOCH), *Hedera japonica* TOBLER (= *H. rhombea* (MIQ.) BEAN = *H. tobleri* NAKAI) und *Hedera poetarum* BERTOLONI. Neuere Publikationen[2,3] nennen nur fünf Arten, da *Hedera poetarum* BERTOLONI als *Hedera helix* L. var. *poetica* WESTON betrachtet wird. Auch wird *Hedera canariensis* WILLD. häufig als *Hedera helix* L. ssp. *canariensis* (WILLD.) P. COUT. geführt. In Rußland wurden die Arten *Hedera pastuchovii* WORON., die wohl zu *Hedera colchica* KOCH zu rechnen ist,[4,5] sowie *Hedera caucasigena* POJARK, eine Subspecies von *Hedera helix* L.[5] (s. Synonyme von *H. helix*), bearbeitet.

Gattungsmerkmale: Immergrüne, kletternde Sträucher (einige Gartenformen nicht kletternd), im Jugendstadium mit Luftwurzeln. Blätter ledrig, gestielt, wechselständig, im Jugendstadium meist deutlich drei- bis fünflappig oder herzförmig, später ganzrandig mit herzförmigem oder breit keilförmigem Grund. Oberseite wachsartig glatt, auf der Unterseite im Jugendstadium Sternhaare. Nebenblätter fehlen. Blüten zwittrig. Kelch fünfzähnig. Kronblätter fünf, 1 bis 3 mm lang, oval-dreieckig. Brakteen ca. 1 mm lang, leicht abfallend. Staubblätter fünf, mit eiförmigen Antheren, wechselständig zu den Petalen. Griffel fünf, zu einer Säule verwachsen, in einer undeutlich fünflappigen Narbe endend. Fruchtknoten oberständig oder halbunterständig, meist fünffächerig mit einer Samenanlage pro Fach. Blüten in Dolden, die einzeln oder in endständigen, zusammengesetzten Trauben stehen. Blütenstiele nicht gegliedert, mit Sternhaaren besetzt. Drei- bis fünfsamige, beerenartige Steinfrucht von 4 bis 7 mm Durchmesser mit fleischigem Exokarp und ledrigem Endokarp; schwarz, bei manchen Arten oder Varietäten auch orange, gelb oder cremefarben.[2,6]

Verbreitung: Die Gattung Hedera ist in Nordafrika, auf den Kanaren und Azoren sowie in ganz Süd- und Mitteleuropa bis nach Südskandinavien verbreitet. Im Osten reicht das Verbreitungsgebiet ungefähr bis zu einer Linie von Kurland zur Schwarzmeerküste; von dort erstreckt es sich durch den Kaukasus über Nordpersien und Afghanistan nach Indien, China, Korea und Japan. In Nordamerika ist Hedera eingeschleppt.[1,7]

Inhaltsstoffgruppen: *Triterpene.* Die Gattung Hedera ist gekennzeichnet durch das Vorkommen von Saponinen – hauptsächlich Oleanan, daneben Dammaran[8–10] als Grundgerüst der Aglyka – in Stamm, Rinde, Blättern und Früchten. Vorherrschende Aglyka sind Oleanolsäure und Hederagenin, die bisher in den untersuchten Arten *H. rhombea*,[11,12] *H. colchica*,[13] *H. nepalensis*[10,14] und *H. helix*[15–17] nachgewiesen wurden. Aus *H. nepalensis*,[14] *H. rhombea*[12] und *H. helix*[18] wurden in geringen Mengen auch Campesterol-, Stigmasterol- und β-Sitosterolglykoside isoliert.

Polyine. Aus *H. canariensis* und *H. helix* sind verschiedene C_{17}-Polyacetylene (Falcarinolderivate) beschrieben.[19,20]

Fettes Öl. Die Samen enthalten 20 bis 35 % fettes Öl. Hauptbestandteil ist bei *H. helix* und *H. nepalensis* Petroselinsäure (= *cis*-6-Octadecensäure) mit bis zu 80 %, bei *H. rhombea* Linolsäure mit ca. 75 % bei nur 1,5 % Petroselinsäure.[21]

Sonstige Inhaltsstoffe. Bezüglich anderer Inhaltsstoffe wurde bisher lediglich *H. helix* eingehender bearbeitet (s. *Hedera helix*, s. Hederae helicis folium).

Drogenliefernde Arten: *H. helix*: Hederae helicis folium, Hedera helix hom. *HAB1*, Hedera helix hom. *HPUS88*.

Hedera helix L.

Synonyme: *Hedera caucasigena* POJARK, *H. chrysocarpa* WALSH, *Hedera helix* ssp. *caucasica* KLEOP., *H. helix* var. *chrysocarpa* TEN., *H. taurica* CARR., *H. helix* var. *taurica* TOBLER.

Sonstige Bezeichnungen: Dt.: Baumtod, Efeu, Eppig, Immergrün, Mauerewig, Mauerranke, Rankefeu, Totenranke, Wintergrün; engl.: Bindwood, Common Ivy, Woodbind; frz.: Lierre à cautère, Lierre commun, Lierre des poètes, Lierre grimpant; it.: Edera, Ellera; dän.: Efeu, Vedbend; holl.: Klimop; norw.: Bergflette, Eføi; pol.: Bluszcz; russ.: Pluszcz; schwed.: Murgröna; span.: Hiedra; tsch.: Břečtan obecný; ung.: Borostyán.

Systematik: Es werden die drei botanischen Varietäten *H. helix* var. *baltica*, *H. helix* var. *helix* und *H. helix* var. *hibernica* unterschieden.[3] Darüber hinaus existieren ca. 60 Kultur- bzw. Gartenformen ("cv."), die sich aufgrund der Anzahl von Seitentrieben und der Farbe der Blätter in drei Gruppen einteilen lassen. Genaue Beschreibung und Bestimmungsschlüssel s. Lit.[2,3]; eine vereinfachte Übersicht gibt Lit.[6]

Botanische Beschreibung: Kriechendes oder mittels Haftwurzeln kletterndes Holzgewächs. Stamm verzweigt. Laubblätter wintergrün, ledrig, in der Jugend behaart, später kahl; oberseits dunkelgrün, glänzend, mit fächerstrahliger Nervatur. Heterophyllie: Blätter der nichtblühenden Sprosse aus herzförmigem Grunde 3- bis 5-, selten bis 9zählig gelappt, meist weiß geadert; Blätter der Blütenzweige eirautenförmig bis lanzettlich, lang zugespitzt, ganzrandig. Blüten meist zwittrig, 5zählig, wenig auffällig, zu einfachen kugeligen Halbdolden vereinigt, die traubig angeordnet stehen. Tragblätter klein und häutig. Blütenstiele bis 2 cm lang, ungegliedert, mit Sternhaaren besetzt. Kronblätter 5, dickfleischig, außen braun, innen gelblichgrün, eiförmig, spitz, 3 bis 4 mm lang, hinfällig. Staubblätter 5. Fruchtknoten halbunterständig mit deutlichem, 4 mm breitem Drüsendiskus, breit-kegelförmig, filzig-sternhaarig, meist 5(10)fächerig, in jedem Fach eine Samenanlage. Griffel meist 3 bis 5, kurz, bis zur Spitze zu einer Säule verwachsen. Beeren kugelig, 8 bis 10 mm im Durchmesser, mit drei bis fünf Samen; unreif rötlichviolett, später dunkelbraun, zuletzt blauschwarz, sehr selten gelb. Samen nierenförmig, dreikantig, spitz, 5 bis 6 mm lang.[2,7] Blüte etwa ab dem achten bis zehnten Jahr von September bis November, Fruchtreife im darauffolgenden Frühjahr.

Inhaltsstoffe: *Triterpene.* Saponine vom Oleanantyp finden sich in allen Teilen der Pflanze. Aus frischen Beeren wurden Hederagenin-3-*O*-α-L-arabinopyranosid (ca. 0,06 %), Hederagenin-3-*O*-β-D-glucopyranosid (ca. 0,03 %), Hederagenin-3-*O*-α-L-rhamnopyranosyl-(1→ 2)-α-L-arabinopyranosid (ca. 0,04 %) und Hederagenin-3-*O*-β-D-glucopyranosyl-(1→ 2)-β-D-glucopyranosid (ca. 0,08 %) isoliert.[22] Eingehend untersucht wurde auch das Saponinspektrum der Blätter (s. Hederae helicis folium). Aus Blüten und Früchten wurden Stigmasterol-, Sitosterol- und Stigmast-7-en-3β-olglykoside isoliert.[18] Zum Sterolspektrum der Blätter s. Hederae helicis folium.
Ätherisches Öl. Efeustämme führen ein Gummiharz sehr unterschiedlicher Zusammensetzung.[23] Nähere Angaben zu Inhaltsstoffen von Harz und ätherischem Öl fehlen. Zum ätherischen Öl der Blätter s. Hederae helicis folium.
Polyine. Aus dem Stamm sind die C_{17}-Polyacetylene Falcarinon (ca. 0,05 %),[24] Falcarinol (ca. 0,03 %), 11,12-Dehydrofalcarinol (ca. 0,005 %) und Didehydrofalcarinol (ca. 0,0025 %) bekannt.[19,25] Aus den Früchten wurden Falcarinon (ca. 0,0005 %), Falcarinol (ca. 0,001 %) und (*Z*)-9,10-Epoxy-1-heptadecen-4,6-diin-3-on (ca. 0,00025 %) isoliert.[26]
Fettes Öl. Efeusamen enthalten ca. 35 % fettes Öl. Hauptbestandteil ist mit 60 bis 80 % Petroselinsäure (= *cis*-6-Octadecensäure). Der Petroselinsäureanteil steigt mit zunehmendem Reifegrad. Weiterhin finden sich Linolsäure (8 bis 20 %), Ölsäure (4 bis 8 %), Palmitinsäure (3 bis 6 %), geringe Mengen Stearinsäure sowie Spuren anderer Fettsäuren.[21,27] Im Perikarp werden dagegen vorwiegend *cis*-11-Octadecensäure und 9-Hexadecensäure akkumuliert; Linolsäure- und Palmitinsäuregehalt nehmen mit fortschreitender Fruchtreife ab.[27]
Alkaloide. Aus vier in Ägypten wachsenden Varietäten von *H. helix* wurde Emetin isoliert;[28] s. a. Hederae helicis folium.
Phenolische Inhaltsstoffe. Die Rinde der Zweige enthält Scopolin (= 7-Hydroxy-6-methoxycumaringlucosid), Chlorogensäure, Isochlorogensäure, *p*-Cumarsäure- und Ferulasäurederivate, Rutosid (= Rutin) sowie Spuren von Kämpferol-3-rhamnoglucosid und Isoquercitrin.[30]
Sonstige Inhaltsstoffe. Nach einem Herbstfrost wurde auf den Früchten die Bildung eines rauhreifartigen Überzuges beobachtet, der sich als reine Galactose erwies.[29]

Verbreitung: *Hedera helix* L. ist fast in ganz Europa heimisch. Das Verbreitungsgebiet reicht nördlich bis Großbritannien, Südnorwegen und Südschweden. Die Ostgrenze bildet ungefähr eine Linie von der Insel Ösel zur westlichen Schwarzmeerküste. Süd- und Westgrenze bilden Mittelmeer und Atlantik. Isolierte Vorkommen gibt es auf der Krim, im Kaukasus, in Kleinasien, Armenien, Zypern und Libanon. In Nordamerika ist *Hedera helix* eingeführt.[1,2]

Drogen: Hederae helicis folium, Hedera helix hom. *HAB 1*, Hedera helix hom. *HPUS 88*.
Die in der älteren Literatur öfters erwähnten Drogen Gummiresina, Lignum und Baccae Hederae sind obsolet.

Hederae helicis folium (Efeublätter)

Synonyme: Folia Hederae, Folia Hederae arboreae, Folia Hederae communis, Folia Hederae helicis, Folia Hederae maioris, Folia Hederae nigrae, Folia Helicis.

Sonstige Bezeichnungen: Dt.: Adamsblätter, Efeublätter, Hedera-helix-Blätter, Ivenblätter, Rampelblätter.

Definition der Droge: Getrocknete Laubblätter.

Stammpflanzen: *Hedera helix* L.

Herkunft: Die Droge wird aus osteuropäischen Ländern importiert.[31]

Ganzdroge: Oberseits dunkelgrüne, unterseits hellgrüne, langgestielte Blätter. Spreite meist kahl, 4 bis 8 cm lang und etwa ebenso breit, drei- bis fünfeckig gelappt mit herzförmigem Grund oder etwa 5 bis 10 cm lang, ca. 6 cm breit, eilanzettlich und ganzrandig.[32]

Schnittdroge: *Geruch.* Eigentümlich, schwach wahrnehmbar, etwas muffig.
Geschmack. Schleimig, schwach bitter und leicht kratzend.
Mikroskopisches Bild. Zellen der oberen Epidermis ohne Stomata, derbwandig mit stark welligen Seitenwänden; von einer dicken Cuticula bedeckt. Untere Epidermis mit zahlreichen anomocytischen, selten auch anisocytischen Spaltöffnungen. Mesophyll aus zwei Reihen Palisadenzellen und einem mächtig entwickelten, großlückigen Schwammparenchym; im Mesophyll zahlreiche, bis 40 µm große Calciumoxalatdrusen sowie spärlich Schleimzellen, besonders im Schwammparenchym. Gefäßbündel der Hauptnerven nach allen Seiten von ein bis zwei Reihen dickwandiger Fasern umgeben, im Mark des Gefäßbündels ebensolche Fasern. Unterseite jüngerer Blätter und Blattstiele mit sechs- bis achtstrahligen Sternhaaren.[31,33]

Inhaltsstoffe: *Triterpene.* Efeublätter enthalten ca. 5 % Saponine.[16,17] Die Saponinfraktion besteht hauptsächlich aus bisdesmosidischen Hederagenin-, Oleanolsäure- und Bayogeninglykosiden,[16] je-

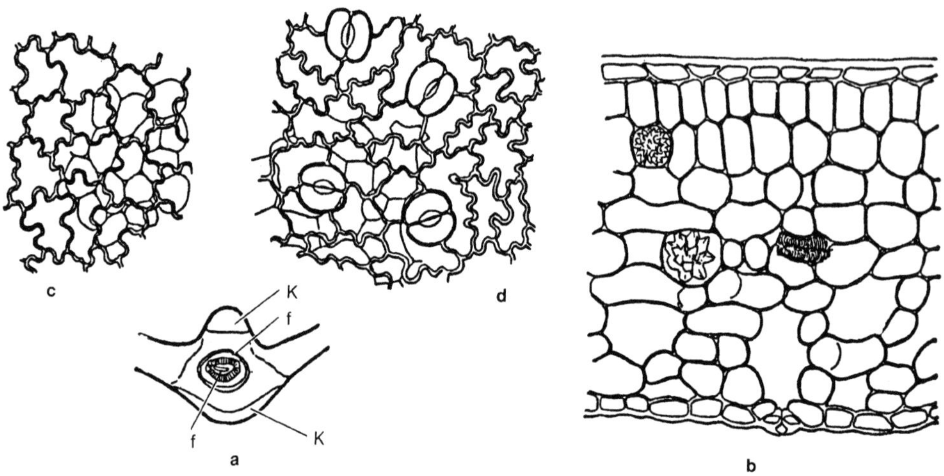

Hedera helix: **a** Querschnitt des Blattes mit Hauptnerven (Lupenbild), *K* Kollenchym, *f* Faserbündel, **b** Blattquerschnitt, **c** obere Epidermis, **d** untere Epidermis. Aus Lit.[34]

doch liegen genuin auch geringe Mengen des Monodesmosids α-Hederin vor.[15,35–37] Hauptsaponin ist Hederasaponin C (= Hederacosid C), aus dem durch Fermentation oder alkalische Hydrolyse α-Hederin erhalten wird.[15] Daneben findet man geringere Mengen Hederasaponin B (= Hederacosid B), das nach Fermentation oder alkalischer Hydrolyse β-Hederin liefert,[15] sowie Hederasaponin D (= Hederasaponin K10),[38] E, F, G, H und I.[16] Die Saponine liegen ungefähr in folgendem Mengenverhältnis zueinander vor: Hederasaponin B:C:D:E:F:G:H:I wie 70:1.000:45:10:40:15:6:5.[16] Das zunächst aus Efeuholz und -blättern isolierte Hederasaponin A (= Hederacosid A)[39] konnte in späteren Untersuchungen[15,16] nicht wieder aufgefunden werden. Möglicherweise wurde eine bestimmte Varietät, From oder chemische Rasse untersucht. Weiterhin wurden in freier und veresterter Form folgende Sterole isoliert:[18] Stigmasterol oder dessen 24β-Isomeres Poriferasterol (ca. 9 mg/100 g Frischgewicht) sowie kleinere Mengen Sitosterol, α-Spinasterol, 5α-Stigmast-7-en-3β-ol, Cholesterol und Campesterol.

Polyine. Aus Efeublättern wurden Falcarinol und Didehydrofalcarinol isoliert.[19,20] Angaben zum Gehalt fehlen.

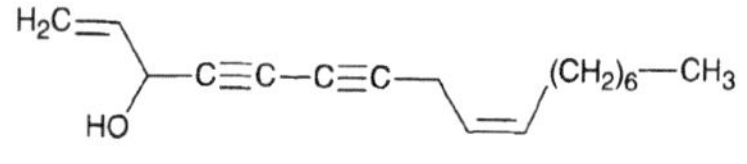

Falcarinol

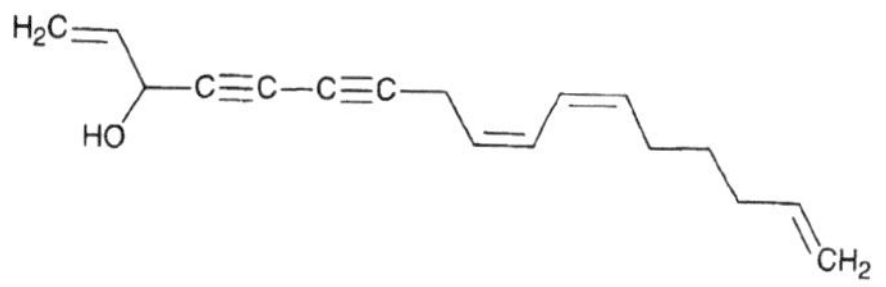

Didehyrofalcarinol

Phenolische Inhaltsstoffe. Rein vegetativ wachsender Efeu enthält in den Blättern als Hauptflavonoid Rutosid (= Rutin = Quercetin-3-rhamnoglucosid); beim Übergang zur reproduktiven Phase wird in zunehmendem Maße auch Kämpferol-3-rham-

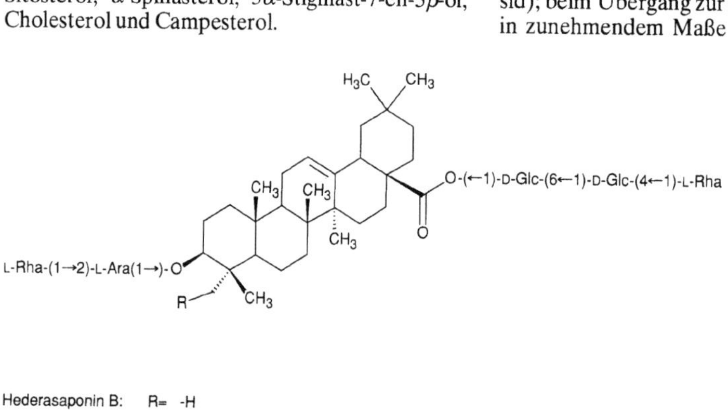

Hederasaponin B: R= -H

Hederasaponin C: R= -OH

noglucosid gebildet.[40,41] In Freilandblättern, die einen strengen Winter überdauert hatten, wurde die Bildung eines sog. Kälteanthocyans beobachtet,[1] das als Cyanidin-3-monosid identifiziert wurde.[40] Nähere Angaben zur Zuckerkomponente fehlen. Weiterhin wurden in Efeublättern Chlorogensäure, Kaffeesäure und Scopolin (= 7-Hydroxy-6-methoxycumaringlucosid) nachgewiesen.[40]

Ätherisches Öl. Aus dem ätherischen Öl der Blätter wurden folgende Substanzen identifiziert: Methylethylketon, Methylisobutylketon, Capronaldehyd, *trans*-2-Hexenal, *trans*-2-Hexenol, Furfurol, Maltol sowie die Sesquiterpene *β*-Elemen und Germacren B; das ebenfalls beschriebene Elixen (= *γ*-Elemen) ist ein Artefakt, das beim Erhitzen durch Cope-Umlagerung aus Germacren B entsteht.[42]

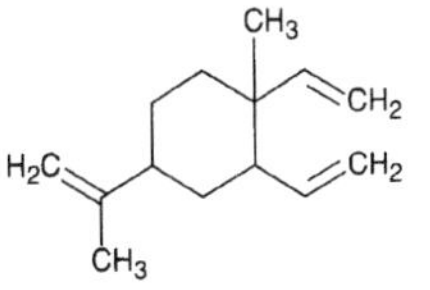

β-Elemen

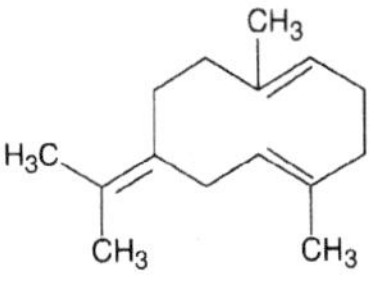

Germacren B

Alkaloide. Der Versuch, das für den Ganzpflanzenextrakt beschriebene Emetinvorkommen für die Blattdroge zu bestätigen, schlug zunächst fehl.[43] Später wurde aufgrund dünnschichtchromatographischer Untersuchungen von Blattextrakten das Vorhandensein von Spuren der Alkaloide Emetin und Cephaelin behauptet.[44] Verläßliche Untersuchungen fehlen; der Sachverhalt bedarf der Überprüfung.

Vitamine. Gepulverte Droge aus Blättern, Blattstielen und kleinen Zweigen enthält 10 bis 15 mg Vitamin E und ca. 6 mg Provitamin A (= *β*-Carotin) pro 100 g. Ascorbinsäure (= Vitamin C) konnte nicht nachgewiesen werden.[45] Der Ascorbinsäuregehalt frischer Blätter liegt mit ca. 50 mg pro 100 g relativ niedrig.[46]

Identität: DC nach *AB-DDR*:
- Untersuchungslösung: Methanolischer Drogenextrakt;
- Vergleichslösung: Methanolische Aescinlösung;
- Sorptionsmittel: Kieselgel G;
- FM: Propanol-Benzol-Essigsäure-Wasser (50 + 40 + 20 + 20);
- Detektion: Besprühen mit konz. Schwefelsäure, anschließend 10 min bei 120 °C erhitzen;
- Auswertung: Braunvioletter Fleck bei R_x 0,75 bis 0,95 und rotvioletter Fleck bei R_x 1,8 bis 2,2. Weitere anders gefärbte Flecke können vorhanden sein. Hauptfleck der Vergleichslösung bei Rf 0,2 bis 0,4.

Reinheit: Höchstens 2 % unschädliche Beimengungen, 10 % verfärbte Bestandteile und 50 % Zweigteile und Blattstiele.[32]

Gehaltsbestimmung: Quantifizierung von Hederasaponin B, C und *α*-Hederin in Efeublattextrakten und Fertigarzneimitteln durch HPLC:[47]
- Interner Standard: *p*-Hydroxybenzoesäurepropylester;
- Säule: RP 18, 5 µm, 125 × 4 mm;
- Elutionsmittel: Gradient: A: Wasser, B: Acetonitril, jeweils unter Zusatz von 10 mL 0,1 N Phosphorsäure pro Liter; in 10 min von 22 % B auf 32 % B, dann in weiteren 15 min auf 54 % B; Anstieg linear;
- Flußrate: 1 mL/min;
- Detektionswellenlänge: 205 nm.

Ältere Methoden bedienen sich zur Bestimmung der Hederasaponine B und C in Efeublättern der Photometrie nach vorausgegangener dünnschichtchromatographischer Auftrennung.[48] Nach Hydrolyse kann auch der Hederageningehalt von Efeuextrakten photometrisch bestimmt werden.[49] DC-Direktauswertung mittels Remissionsmessung ist ebenfalls beschrieben.[50]

Wirkwertbestimmung: Wie bei allen saponinhaltigen Drogen kann eine Wertbestimmung durch Ermittlung des Hämolytischen Indexes oder des Fischindexes vorgenommen werden. Der Hämolytische Index (gemäß *Helv V*) von aus Blattdroge gewonnenem Hedera-helix-Saponin wurde mit Vollblut (1:50 verdünnt) zu 103.000, mit gewaschenen Erythrocyten (1:50 verdünnt) zu 262.000 bestimmt.[51]

Stabilität: Die Droge zeigte nach einjähriger Lagerung sowohl bei Aufbewahrung mit Trocknungsmittel und unter Lichtschutz als auch bei offener Aufbewahrung nur eine sehr geringfügige Erniedrigung des Saponingehaltes.[52]

Wirkungen: *Antivirale Wirkung.* Untersuchungen mit Extrakten fehlen. Hederasaponin C erwies sich *in vitro* in einer Konzentration von 100 µg/mL als wirksam gegen Influenzavirus A2/Japan-305 (Hemmung der quantitativen Hämadsorption von Meerschweinchenerythrocyten: 54 %).[53]

Antibakterielle Wirkung. Getestet wurde ein aus der Droge erhaltener Saponinextrakt mit Hederasaponin C als Hauptbestandteil. Der Extrakt wirkte *in vitro* in einer Konzentration von 5 mg/mL auf alle getesteten Bakterienstämme bakterizid. Die minimale Hemmkonzentration lag für grampositive Bakterien (Bacillus spp., Staphylococcus spp., Enterococcus spp., Streptococcus spp.) bei 0,3 bis 1,25 mg/mL, für gramnegative Bakterien (Salmonella spp., Shigella spp., Pseudomonas spp., *Escherichia coli, Proteus vulgaris* u. a.) bei 1,25 bis 5 mg/mL.[54] Hederasaponin C erwies sich im Reihenverdünnungstest in Konzentrationen unter 1.000 µg/mL als unwirksam gegen *Staphylococcus aureus* 2438.[55] Ein aufbereiteter alkoholischer Efeuextrakt hemmte im Agardiffusionstest das Wachstum von *Staphylococcus aureus* ATCC 25923 und *Pseudomonas aeruginosa* vollständig, von *Escherichia coli* partiell.[56]

Antimykotische Wirkung. Screeningergebnisse belegen eine gute Wirksamkeit von Efeublattextrakten im Agardiffusionstest gegen fast alle getesteten Pilzstämme.[56,57] Das Wachstum der Dermatophyten *Trichophyton rubrum* und *Trichophyton mentagrophytes* sowie von *Microsporum canis* wurde im Agardilutionstest vollständig gehemmt.[56] Zur Ermittlung der wirksamen Inhaltsstoffe wurden Un-

tersuchungen mit aufbereiteten Saponinkomplexen und Reinsubstanzen aus Efeublättern durchgeführt. In Flüssigmedium erwiesen sich die Saponinkomplexe CS 60, CSP 90 (s. Anthelminthische Wirkung) sowie Hederasaponin C in Konzentrationen bis zu 50 mg/mL als unwirksam gegen *Candida albicans*, *Microsporum canis*, *Epidermatophyton floccosum* und *Trichophyton rubrum*.[58] Hederasaponin C hemmte im Reihenverdünnungstest in einer Konzentration von 250 µg/mL das Wachstum des Hautpilzes *Trichoderma mentagrophytes*.[55]
Das durch Hydrolyse aus Hederasaponin C entstehende α-Hederin verhinderte *in vitro* in Flüssigmedium Wachstum von *Microsporum canis* bereits in einer Konzentration von 50 µg/mL, von *Candida albicans* in einer Konzentration von 100 µg/mL.[58,59]
Nach neuesten Untersuchungen beträgt die minimale Hemmkonzentration (= MHK) von α-Hederin im Agardilutionstest für *Candida glabrata* LM 744 5 µg/mL, für *Candida pseudotropicalis* Y 0106 10 µg/mL, für *Candida albicans* ATCC 2091 und Y 0109 sowie für *Candida tropicalis* LM 772 jeweils 25 µg/mL und für *Candida krusei* LM 86 50 µg/mL (zum Vergleich: MHK Amphotericin B = 1 µg/mL). Für die Dermatophyten *Trichophyton rubrum*, *Trichophyton mentagrophytes* sowie für *Microsporum canis* und *Microsporum gypseum* wurde die MHK im Agardilutionstest zu jeweils 10 µg/mL bestimmt (zum Vergleich: MHK Ketoconazol = 0,5 µg/mL). Hederagenin war im gleichen Test gegen alle genannten Dermatophyten und Candidaspecies unwirksam.[6]
Sehr beachtenswert sind die Ergebnisse von In-vivo-Versuchen mit Candida-albicans-infizierten weißen Mäusen, denen die *in vitro* unwirksamen (s. o.) Saponinextrakte appliziert wurden. Zur Heilung aller Tiere (10 Mäuse pro Testgruppe) war die p. o. Applikation folgender Tagesdosen notwendig: CS 60: 50 mg/kg KG über 10 Tage; CSP 90 und Hederasaponin C: 100 mg/kg KG über 15 Tage; α-Hederin: 100 mg/kg KG über 10 Tage. Von dem zum Vergleich gegebenen Antimykoticum Amphotericin B mußten täglich 2,5 mg/kg KG über 6 Tage hinweg verabreicht werden, um alle Tiere zu heilen.[58]
Zusammenfassend belegen die dargestellten Ergebnisse, daß die genuin vorliegenden Hederasaponine eine wesentlich geringere antimykotische Wirkung haben als deren monodesmosidische Hydrolyseprodukte. Untersuchungen zeigen, daß den Hederasaponinen im Efeu, der gegen Pilzbefall eine bemerkenswerte Resistenz zeigt und nur von ganz wenigen Arten ernsthaft geschädigt werden kann, offensichtlich die Rolle präformierter Abwehrstoffe zukommt, aus denen bei Verletzung des Zellgewebes durch enzymatische Hydrolyse die hochaktiven fungiciden Monodesmoside freigesetzt werden.[61] Das Wachstum aller getesteten Pilzstämme (Alternaria, Aspergillus, Botrytis, Cercospora, Colletotrichum, Cylindrocarpon, Didymella, Fusarium, Ophiobolus, Phoma, Trichoderma, Trichothecium ssp.) konnte im Agardiffusionstest durch α-Hederin in Konzentrationen von 30 bis 170 µg/mL vollständig gehemmt werden. Lediglich Pythium und Phytophthora spp., die innerhalb der Phycomycetes zu den sich durch einen besonderen Zellwandaufbau auszeichnenden Oomycetales gehören, waren in ihrem Wachstum auch durch α-Hederin-Konzentrationen von über 200 µg/mL nicht zu beeinflussen.[61]
Anthelminthische Wirkung. Aus der Droge wurden bereitet: Ein 60 %iger Saponinkomplex (CS 60), ca. 60 % Hederasaponin C, daneben Hederasaponin B, Rutosid, Kaffee- und Chlorogensäure enthaltend, und ein 90 %iger Saponinkomplex (CSP 90), erhalten aus CS 60 durch Abtrennung der phenolischen Inhaltsstoffe, ca. 90 % Hederasaponin C, daneben Hederasaponin B enthaltend. *In vitro* wirkte CS 60 binnen 24 h auf *Fasciola hepatica* in einer Konzentration von 1 mg/mL tödlich, auf Dicrocoelium spp. in einer Konzentration von 0,5 mg/mL. Für CSP 90 betrug die tödliche Konzentration unter gleichen Bedingungen jeweils 5 mg/mL. Vergleichsweise getestetes α-Hederin, das Hydrolyseprodukt von Hederasaponin C, wirkte bereits in Konzentrationen von 0,005 bzw. 0,01 mg/mL tödlich.
Dicrocoelium-infizierte Schafe (Gewicht ca. 30 kg), die im Abstand von jeweils 10 Tagen p. o. eine Dosis CS 60 bzw. CSP 90 (erste Dosis 500 mg/kg KG, zweite und dritte Dosis je 800 mg/kg KG) erhielten, waren nach drei Gaben wurmfrei. Die Extrakte wurden von den Schafen gut vertragen. Das wiederum zum Vergleich getestete α-Hederin war bei den In-vivo-Versuchen weniger wirksam als die Extrakte.[62]
Mollusicide Wirkung. *In vitro* wurde die Wirkung gegen die Posthornschnecke *Biomphalaria glabrata*, Zwischenwirt des Bilharzioseerregers, getestet. Während bisdesmosidische Hederageninglykoside keinerlei mollusicide Aktivität zeigten, wirkten monodesmosidische Hederageninglykoside schon in Konzentrationen von 8 bis 16 ppm mollusicid.[22,63]
Ein methanolischer Rohextrakt aus Efeubeeren (vgl. Inhaltsstoffe von *H. helix*) wirkte in einer Konzentration von 40 ppm tödlich. Blattextrakte zeigten eine deutlich geringere Aktivität.[22]
Wirkung gegen Flagellaten. Leishmania: Ein 60 %iger Saponinkomplex (CS 60; vgl. Anthelminthische Wirkung) wie auch die bisdesmosidischen Hederasaponine B, C und D wirkten *in vitro* nicht leishmanicid. Die entsprechenden Monodesmoside α-, β- und δ-Hederin (alle als Natriumsalze) zeigten hingegen eine dem Pentamidin vergleichbare Aktivität. Die minimale Hemmkonzentration (= MHK) für promastigote Leishmania spp. lag für α- und β-Hederin sowie für Pentamidin bei 5 µg/mL, für δ-Hederin bei 10 µg/mL. Hederagenin-Na zeigte eine MHK von 25 µg/mL.[64] Trypanosoma: Reines α-Hederin war *in vitro* gegen *Trypanosoma brucei brucei* wirksam. Die MHK lag bei 25 µg/mL. Für δ-Hederin und Hederagenin betrug die MHK jeweils 50 µg/mL; bisdesmosidische Hederasaponine zeigten hingegen keine Effekte.[65]
Cytotoxische Wirkung. Ein alkoholischer Efeu-Ganzpflanzenextrakt erwies sich als wirksam gegen Ehrlich-Ascites-Carcinomzellen. *In vitro* waren nach 2 h 99,25 ± 0,8 %, nach 4 h 100 % der Carcinomzellen lebensunfähig (Versuchsbedingungen: $2{,}5 \times 10^5$ Tumorzellen/mL; pH 6,2; 0,1 mL Efeuextrakt, entsprechend 20 mg getrocknetem Pflanzenmaterial). *In vivo* verlängerte die intraperitoneale Injektion des Efeuextraktes (2,5 g getrocknetes

Pflanzenmaterial/kg KG an jedem zweiten Tag für die Dauer von 5 Tagen) die Lebenszeit von tumortragenden Mäusen (weibliche Schweizer Albinomäuse, 18 bis 22 g) signifikant: Lebensdauer der Testgruppe: 31,1 ± 9,41 Tage; Lebensdauer der Kontrollgruppe: 17,3 ± 2,2 Tage; t-Test: $p < 0{,}05$.[66]
In-vitro-Untersuchungen mit den Einzelsubstanzen α-, β-, δ-Hederin, Hederasaponin B, C, D und Hederagenin an B16-Melanomzellen (Maus), 3T3-non-cancer-Fibroblasten (Maus), Flow-2002-non-cancer-Zellen (Mensch) und HeLa-Tumorzellen (Mensch) zeigten, daß alle getesteten Verbindungen wenigstens fünffach geringer wirksam waren als die Referenzsubstanz Strychnopentamin. Vergleichsweise am stärksten wirkten die Monodesmoside α- und β-Hederin, die bereits in einer Konzentration von 10 µg/mL eine gewisse Cytotoxizität zeigten; ab einer Konzentration von 25 µg/mL waren binnen 24 h alle Zellen abgetötet. Hederagenin war weniger wirksam als seine Monodesmoside; die Bisdesmoside Hederasaponin B, C, D waren auch in Konzentrationen von 200 µg/mL vollständig unwirksam.[67]
Spasmolytische, antitussive und expektorierende Wirkungen. Es liegen lediglich Untersuchungen mit einem im Handel befindlichen Efeupräparat vor, das einen Efeublättertrockenextrakt enthält, der auf die spasmolytische Wirksamkeit von 10 mg Papaverin pro Gramm standardisiert ist. Zubereitungen aus diesem Extrakt erwiesen sich als wirksam bei der Behandlung rezidivierender spastischer und chronisch-obstruktiver Bronchitiden. Bei Kindern konnte mit Tagesdosen von 140 bis 280 mg p. o. bereits nach einer Woche eine deutliche Besserung der Symptome Husten, Auswurf, Atemnot, der spirometrischen Untersuchungsergebnisse sowie der Auskultationsbefunde erreicht werden. Bei ca. $^3/_4$ der Patienten war der Behandlungserfolg gut oder sehr gut.[68–70] Als gleichermaßen effektiv erwies sich die Inhalationstherapie (Kaltvernebelung). Sowohl bei Erwachsenen, die wegen chronischer Atemwegserkrankungen,[71] akuter Bronchitis, Reizhusten[72] oder zur Behandlung der Begleitbronchitis bei Lungen- oder Silicotuberkulose therapiert wurden,[73] als auch bei Kindern[74,75] ließ sich innerhalb einiger Tage eine signifikante Besserung der bronchitischen Beschwerden und des Hustenreizes bewirken. Bei täglicher Inhalation einer 40 bis 80 mg Trockenextrakt enthaltenden Zubereitung, verteilt auf zwei bis drei Einzeldosen, wurde bereits nach einer Woche ein deutlicher Rückgang der Hustensymptome und der Sputummenge erreicht, die Sputumqualität war verbessert. Nach 2 Therapiewochen war die Mehrzahl der Patienten weitgehend beschwerdefrei. Die geringfügige Verbesserung der Lungenfunktionswerte war statistisch nicht signifikant.[71,73–75] Alle applizierten Zubereitungen wurden gut vertragen, Nebenwirkungen wurden nicht beobachtet.
Die protektive Wirkung von Lyophilisaten nicht näher charakterisierter Efeuextrakte auf das durch Reizgasinhalation (2.000 ppm Methallyl-Luft-Gemisch; 1 h) ausgelöste Lungenödem wurde in einer orientierenden Studie an Ratte und Maus untersucht. Die vorherige i. p. Gabe von 200 mg/kg KG soll das relative Lungengewicht und die Rötung des Lungengewebes nach Reizgasinhalation im Vergleich zu unbehandelten Kontrollen verringern. Die mitgeteilten Unterschiede sind allerdings statistisch nicht signifikant.[76]
Antiexsudative Wirkung. Aus der Blattdroge gewonnenes Hedera-helix-Saponin beschleunigte im Tierversuch die Rückbildung des ovalbumininduzierten Ödems der Rattenpfote (männliche Ratten, 100 bis 150 g; 2 mg Ovalbumin/Pfote). Die i. v. applizierte wirksame Dosis (DE_{50}) betrug 0,32 mg/kg, der Therapeutische Index (= LD_{50}/DE_{50}) lag mit 40 ausreichend hoch.[51]
Diuretische Wirkung. Bei Untersuchungen an Ratten (weiblich, 100 bis 200 g) zeigte aus Efeublättern gewonnenes, i. v. appliziertes Hedera-helix-Saponin auch bei hoher Dosierung keinerlei diuretische Wirksamkeit.[51]

Anwendungsgebiete: Katarrhe der Luftwege; symptomatische Behandlung chronisch-entzündlicher Bronchialerkrankungen.[77]

Dosierung und Art der Anwendung: *Droge.* Soweit nicht anders verordnet: Mittlere Tagesdosis 0,3 g zerkleinerte Droge; Zubereitungen entsprechend.[77]

Volkstümliche Anwendung und andere Anwendungsgebiete: Volksmedizinisch wird die Droge innerlich bei Leber-, Milz- und Galleleiden, besonders Cholelithiasis, sowie bei Gicht, Rheuma und Skrofulose angewendet. Als äußerliche Anwendungsgebiete werden Cellulitis, Geschwüre, Entzündungen, Brandwunden, Schwielen, parasitäre Erkrankungen, Neuralgien, rheumatische Beschwerden und Folgen von Venenentzündungen genannt.[31,78,79] Diese Anwendungsgebiete sind derzeit wissenschaftlich nicht haltbar.

Dosierung und Art der Anwendung: *Droge.* Innere Anwendung: Tee: 1 gehäuften Teelöffel Droge mit $^1/_4$ L heißem Wasser übergießen und 10 min ziehen lassen;[80] nach anderen Angaben 3 Eßlöffel geschnittener Droge auf 1 L Wasser, 3 Tassen täglich.[79]
Äußerliche Anwendungen: Frische Blätter bei Rheuma, eiternden Wunden und Brandwunden; bei Rheuma auch Abkochungen von frischen Blättern (200 g/L Wasser).
Zubereitung. Tinktur: Bei Keuchhusten 5 bis 10 Tropfen als Einzeldosis; nicht mehr als 40 bis 50 Tropfen pro Tag.[79] Äußerlich bei Rheuma Kataplasmen ($^1/_4$ frische Blätter, $^3/_4$ Leinmehl) und Salben (alkohol. Extr. in Lanolin/Vaseline). Tinktur oder mit Essig eingemachte Blätter bei Hühneraugen und Schwielen.[79]

Unerwünschte Wirkungen: Keine bekannt.[77] *Allergische Wirkungen.* Über ein allergenes Potential der Droge liegen keine Angaben vor. Frische Efeublätter können hingegen schwere Kontaktallergien auslösen[81–83] (s. a. Sensibilisierungspotential).

Gegenanzeigen/Anwendungsbeschr.: Keine bekannt.[77]

Wechselwirkungen: Keine bekannt.[77]

Tox. Inhaltsstoffe u. Prinzip: Verläßliche Angaben zum toxischen Prinzip von Efeublättern fehlen. Sicherlich verursachen die enthaltenen Saponine gastrointestinale Reizungen, in Fällen der Ingestion größerer Mengen wohl auch Magen- und Darmentzündungen. Ob eine Resorption nennenswerter Saponinmengen erfolgt, ist ungewiß. Die hohe Toleranz von Ratten, Mäusen (vgl. Toxikologische Daten, LD-Werte) und Schafen (vgl. Anthelminthische Wirkung) bei peroraler Gabe von Efeusaponin spricht gegen die Resorption wirksamer Mengen. Inwieweit die enthaltenen Polyine an der toxischen Wirkung beteiligt sind, ist unklar.

Akute Toxizität: *Mensch.* Nach dem Beschneiden von Efeusträuchern kommt es öfters zu Erythemen, schweren Hautausschlägen und Dermatiden.[81-86] Als hautreizendes und allergenes Prinzip wurden die enthaltenen Polyacetylene ermittelt[86,87] (s. Sensibilisierungspotential).
Verläßliche Angaben zur Toxizität von Efeublättern fehlen. Der Verzehr einer größeren Menge Efeublätter führte bei einem dreieinhalbjährigen Jungen zu folgenden Vergiftungserscheinungen: Starke Benommenheit mit Halluzinationen, klonische Krämpfe; erhöhte Temperatur, erweiterte Pupillen, beschleunigter Puls; im Gesicht, am Rücken und den Beinen ein scharlachartiger Hautausschlag. Eine emetische oder abführende Wirkung wurde nicht beobachtet.[88]
Vergiftungen durch Efeubeeren sind unwahrscheinlich, da die reifen Beeren trockenhäutig sind, bitter schmecken und ein leichtes Brennen im Rachen verursachen. Der Verzehr von 2 bis 3 Beeren verursachte bei kleinen Kindern Bauchkrämpfe, Erbrechen, Gesichtsrötung und Somnolenz. Bei leichter Symptomatik ist eine Behandlung der auftretenden gastrointestinalen Beschwerden angezeigt, notwendigenfalls ist Erbrechen auszulösen.[89,90]
Tier. Die perorale Gabe von bis zu 4,1 g/kg KG des Trockenrückstandes eines mit Ethanol 66 % (*V/V*) hergestellten Efeublattextraktes führte bei Ratten innerhalb von 72 h nicht zu Todesfällen. Als Vergiftungssymptome wurden lediglich Durchfälle beobachtet.[91] Weitere Untersuchungen zur Toxizität der Droge am Tier fehlen. Tödliche Vergiftungsfälle durch Efeublätter sind nicht beschrieben. Die Verfütterung von Efeubeeren, deren Inhaltsstoffspektrum dem der Blätter ähnlich ist (vgl. Inhaltsstoffe von *H. helix* und Hederae helicis folium), an Hühner soll zu tödlichen Vergiftungen geführt haben.[92] Zur toxischen Wirkung von Efeubeeren und -samen an Ratten s. Lit.[91], zur Toxizität von Hedera-helix-Saponin an Ratten und Mäusen s. LD-Werte.

Mutagenität: Ein Extrakt aus *Hedera helix* verhinderte durch UV, 4NQO, AF-2, MMS, EMS, MNNG und ENNG ausgelöste Mutationen. Nähere Angaben sowie verläßliche Untersuchungen zum Wirkungsmechanismus fehlen.[93] α-, β- und δ-Hederin waren im Ames-Test (Dosis: 400 µg; Teststamm: *Salmonella typhimurium* TA 98; Aktivierung: S9 Mix) nicht mutagen; sie zeigten sogar antimutagene Aktivität gegen 1,2-Benzpyren.[94]

Sensibilisierungspotential: Efeu kann schwere Hautausschläge verursachen (s. Akute Toxizität) und hat allergene Potenz. In den vergangenen 100 Jahren sind in der Fachliteratur über 60 Fallbeschreibungen publiziert worden. Extrakte aus frischen Efeublättern, besonders ätherische Auszüge, wirkten sensibilisierend. Die Sensibilisierungspotenz wird als mittelstark eingestuft; die Irritationsgrenze liegt sehr niedrig.[95] Als allergene Substanzen wurden die Polyacetylene Falcarinol, Didehydrofalcarinol und 11,12-Dehydrofalcarinol identifiziert.[86,87] Falcarinon scheint ohne allergene Potenz zu sein.[86,96] Falcarinol, der Hauptsensibilisierungsfaktor, ist chemisch sehr reaktiv. Nach Protonierung und Abspaltung der Hydroxylgruppe entsteht ein sehr stabiles Carbokation, das leicht mit Mercapto- und Aminogruppen in Proteinen zu Haptenen reagieren kann.[96] Falcarinol löste im Tierversuch an Meerschweinchen nach erfolgter Sensibilisierung bereits in Konzentrationen von 0,03 % starke Reaktionen aus. Im Test am Menschen mit der Reinsubstanz zeigten 10 von 20 Versuchspersonen eine Sensibilisierung (0,05 bis 1 % Falcarinol). 11,12-Dehydrofalcarinol und Didehydrofalcarinol sind weniger potent. Weitere Einzelheiten s. Lit.[86,87]
Falcarinol und andere Polyacetylene sind in den Familien Apiaceae, Araliaceae und Asteraceae weit verbreitete Sekundärstoffe. Bei Patienten mit Efeuallergie kann sich nach Kontakt mit solchen Pflanzen daher ein Rezidiv entwickeln.[95]

Toxikologische Daten: *LD-Werte.* Aus der Blattdroge gewonnenes Hedera-helix-Saponin wurde an Ratten auf seine Toxizität untersucht. Die LD_{50} betrug bei i.v. Applikation 13 ± 0,3 mg/kg KG. Bei peroraler Gabe von 100 mg/kg KG konnte an der Ratte keinerlei toxische Wirkung festgestellt werden.[51] Toxizitätsuntersuchungen an Mäusen ergaben folgende Werte: Für einen aus Efeublättern hergestellten Saponinextrakt CS 60 (vgl. Anthelminthische Wirkung), der zu 60 % Hederasaponin C enthält, wurde die LD_{50} bei i.p. Applikation zu 2,3 g/kg KG bestimmt, für reines α-Hederin betrug sie 1,8 g/kg KG. Bei peroraler Gabe ist die Toxizität wesentlich geringer: Die LD_{50} war für CS 60, CSP 90 (aufgereinigter CS 60-Extrakt mit einem Hederasaponin C-Anteil von 90 %), Hederasaponin C und α-Hederin > 4 mg/kg KG.[58] *Giftklassifizierung.* Giftig +.[97]

Sonst. Verwendung: *Kosmetik.* Efeuextrakte finden Anwendung in Shampoos sowie in Kosmetika, die gegen Cellulitis wirksam sein sollen.[98] Für das Präparat Helancyl® wurde die Anwesenheit von allergenen Substanzen aus Efeu nachgewiesen.[86]

Gesetzl. Best.: *Offizielle Monographien.* Aufbereitungsmonographie der Kommission E am BGA "Hederae helicis folium (Efeublätter)".[77]

Hedera helix hom. *HAB 1*

Monographiesammlungen: Hedera helix *HAB 1.*

Definition der Droge: Die frischen, unverholzten Triebe.

Stammpflanzen: *Hedera helix* L.

Zubereitungen: Urtinktur und flüssige Zubereitungen nach *HAB 1*, Vorschrift 3a; Eigenschaften: Die Urtinktur ist olivgrün gefärbt, von leicht ranzigem Geruch und schwach bitterem Geschmack.
Darreichungsformen: Urtinktur, flüssige Verdünnungen, Streukügelchen, Verreibungen, Tabletten, flüssige Verdünnungen zur Injektion.[99]

Identität: *Urtinktur.* Beim Versetzen mit Wasser entsteht eine milchige Trübung. Erhitzt man die Urtinktur nach Zusatz von Resorcin und etwas Salzsäure, entsteht eine kräftige Rotfärbung.
DC:
- Untersuchungslösung: Urtinktur;
- Vergleichslösung: Aescin, Khellin und Sennosid B in methanolischer Lösung;
- Sorptionsmittel: Kieselgel H;
- FM: Propanol-Ethylacetat-Wasser-Eisessig (42 + 32 + 26 + 0,1);
- Detektion: Besprühen mit Blutkörperchen-Sprühlösung oder mit einer 10 % igen Lösung von Schwefelsäure in wasserfreiem Ethanol, Auswertung im Vis; wird mit Schwefelsäure/Ethanol detektiert, ist die Platte nach dem Besprühen 5 bis 10 min bei 110 °C zu erhitzen;
- Auswertung: Bei Detektion mit Blutkörperchen-Sprühlösung: Im Chromatogramm der Vergleichslösung zeigt sich im mittleren Drittel des Rf-Bereiches der Hämolysefleck des Aescins; das Chromatogramm der Untersuchungslösung weist einen Hämolysefleck oberhalb der Vergleichssubstanz Aescin auf. Bei Detektion mit Schwefelsäure/Ethanol: Im Chromatogramm der Vergleichslösung ist im unteren Drittel des Rf-Bereiches der blaugrüne Fleck des Sennosids B, im mittleren Drittel der grauviolette Fleck des Aescins und im oberen Drittel der gelbe Fleck des Khellins sichtbar. Das Chromatogramm der Untersuchungslösung zeigt einen gelben Fleck wenig unterhalb der Vergleichssubstanz Sennosid B, einen violettbraunen etwa in der Mitte zwischen den Vergleichssubstanzen Sennosid B und Aescin, einen violetten etwa auf der Höhe des Aescins, je einen violetten knapp unter und knapp über der Vergleichssubstanz Khellin sowie einen blaugrauen deutlich oberhalb des Khellins.

Reinheit: *Urtinktur.*
- Relative Dichte: 0,898 bis 0,918.
- Trockenrückstand: Mindestens 2,5 %.

Lagerung: *Urtinktur.* Vor Licht geschützt.

Anwendungsgebiete: Die Anwendungsgebiete entsprechen dem homöopathischen Arzneimittelbild. Dazu gehören: Akute Enzündungen der Atemwege und der Verdauungsorgane; Schilddrüsenüberfunktion; rheumatische Erkrankungen.[99]

Dosierung und Art der Anwendung: *Zubereitung.* Soweit nicht anders verordnet: Bei akuten Zuständen häufige Anwendung alle halbe bis ganze Stunde je 5 Tropfen oder 1 Tablette oder 10 Streukügelchen oder 1 Messerspitze Verreibung einnehmen; parenteral 1 bis 2 mL bis zu 3mal täglich s. c. injizieren. Bei chronischen Verlaufsformen 1- bis 3mal täglich 5 Tropfen oder 1 Tablette oder 10 Streukügelchen oder 1 Messerspitze Verreibung einnehmen; parenteral 1 bis 2 mL pro Tag s. c. injizieren.[99]

Unerwünschte Wirkungen: Bis D4: Eine Schilddrüsenüberfunktion kann verstärkt werden. Hinweis: Es können vorübergehend Erstverschlimmerungen vorkommen, die jedoch ungefährlich sind.[99]

Gegenanzeigen/Anwendungsbeschr.: Nicht bekannt.[99]

Wechselwirkungen: Nicht bekannt.[99]

Gesetzl. Best.: *Offizielle Monographien.* Aufbereitungsmonographie der Kommission D am BGA "Hedera helix".[99]

Hedera helix hom. *HPUS 88*

Monographiesammlungen: Hedera helix *HPUS 88.*

Definition der Droge: Frische oder getrocknete blühende Zweige.

Stammpflanzen: *Hedera helix* L.

Zubereitungen: *Urtinktur.* Herstellung durch Mazeration oder Perkolation mit Ethanol nach den allg. Herstellungsvorschriften (Class C) der *HPUS 88.* Ethanolgehalt 65 % (*V/V*).

Gehalt: *Urtinktur.* Arzneigehalt $^1/_{10}$.

---

1. Tobler F (1912) Die Gattung Hedera, Gustav Fischer Verlag, Jena
2. Lawrence GHM, Schulze AE (1942) Gentes Herbarum 6:107–173
3. Lawrence GHM (1956) Morris Arboretum Bull 7:19–31
4. Woronow GN (1933) Flora Sistematika Vysšich Rastenji 1:213–224
5. Shishkin BK (Hrsg.) (1973) Flora of the USSR, Keter Press, Jerusalem, Bd. 16, S. 5–14
6. Krüssmann G (1977) Handbuch der Laubgehölze, 2. Aufl., Parey Verlag, Hamburg Berlin, Bd. 2, S. 137–143
7. Heg (1975) Bd. V, Teil 2, S. 914–925
8. Kizu H, Koshijima M, Hayashi M, Tomimori T (1985) Chem Pharm Bull 33:1.400–1.406
9. Kizu H, Koshijima M, Tomimori T (1985) Chem Pharm Bull 33:3.176–3.181
10. Kizu H, Kikuchi Y, Tomimori T, Namba T (1985) Shoyakugaku Zasshi 39:170–172, zit. nach CA 104:115940
11. Shimizu M, Arisawa M, Morita N, Kuzu H, Tomimori T (1978) Chem Pharm Bull 26:655–659
12. Kizu H, Hirabayashi S, Suzuki M, Tomimori T (1985) Chem Pharm Bull 33:3.473–3.478
13. Dekanosidze GE, Pkheidze TA (1968) Khim Prir Soedin 4:253, zit. nach CA 70:35047
14. Kizu H, Kitayama S, Nakatani F, Tomimori T, Namba T (1985) Chem Pharm Bull 33:3.324–3.329
15. Tschesche R, Schmidt W, Wulff G (1965) Z Naturforsch 20B:708–709

16. Elias R, Diaz Lanza AM, Vidal-Ollivier E, Balansard G, Faure R, Babadjamian A (1991) J Nat Prod 54:98–103
17. Pasich B, Terminska K, Demczuk K (1983) Farm Pol 39:657–659, zit. nach CA 101:35909
18. Hillman JR, Knights BA, McKail R (1975) Lipids 10:542–544
19. Boll PM, Hansen L (1987) Phytochemistry 26:2.955–2.956
20. Bruhn G, Faasch H, Hahn H, Hausen BM, Bröhan J, König WA (1987) Z Naturforsch 42B:1.328–1.332
21. Kleiman R, Spencer GF (1982) J Am Oil Chem Soc 59:29–38
22. Hostettmann K (1980) Helv Chim Acta 63:606–609
23. Hgn, Bd. 3, S. 173–184
24. Bohlmann F, Arndt C, Bornowski H, Kleine KM (1961) Chem Ber 94:958–967
25. Gafner F, Reynolds GW, Rodriguez E (1989) Phytochemistry 28:1.256–1.257
26. Christensen LP, Lam J, Thomasen T (1991) Phytochemistry 30:4.151–4.152
27. Grosbois M (1971) Phytochemistry 10:1.261–1.273
28. Mahran GH, Hilal SH, El-Alfy TS (1975) Planta Med 27:127–132
29. von Lippmann EO (1910) Ber Dtsch Chem Ges 43:11–12
30. Tronchet J (1964) CR Acad Sci Paris 258:2.390–2.392
31. Willuhn G (1989) Efeublätter. In: Wichtl M (Hrsg.) Teedrogen, 2. Aufl., Wissenschaftliche Verlagsgesellschaft, Stuttgart, S. 139–141
32. AB-DDR
33. Berger F (1950) Handbuch der Drogenkunde, Wilhelm Maudrich Verlag, Wien, Bd. 2, S. 156–158
34. Thoms H (1931) Handbuch der praktischen und wissenschaftlichen Pharmazie, Verlag Urban und Schwarzenberg, Berlin Wien, Bd. V/2, S. 1.370
35. van der Haar AW (1913) Arch Pharm 251:632–666
36. van der Haar AW (1921) Ber Dtsch Chem Ges 54:3.142–3.158
37. Wulff G (1968) Dtsch Apoth Ztg 108:797–807
38. Babadjamian A, Elias R, Faure R, Vidal-Ollivier E, Balansard G (1988) Spectroscopy Lett 21:565–573
39. Scheidegger JJ, Cherbuliez E (1955) Helv Chim Acta 38:547–556
40. Urban R (1958) Planta 52:47–64
41. Reynaud J, Raynaud J (1982) Plantes Méd Phytothér 16:318–320
42. Bernardi R, Cardani C, Ghiringhelli D, Selva A (1970) Chimica Industria 52:581–582
43. Jensen SR, Nielsen BJ, Dahlgren R (1975) Bot Notiser 128:148–180
44. Rusche S (1979) Über das Vorkommen von Alkaloiden in juvenilen und adulten Blättern von Hedera helix L., Diplomarbeit, Naturwissenschaftliche Fakultät der Universität Graz
45. Cortesi R, Weber HR (1958) Boll Chim Farm 97:131–137
46. Jones E, Hughes RE (1983) Phytochemistry 22:2.493–2.499
47. Wagner H, Reger H (1986) Dtsch Apoth Ztg 126:2.613–2.617
48. Kartnig T, Wegschaider O, Ri CY (1972) Planta Med 21:29–34
49. Fröhling D (1969) Pharmazie 24:704
50. Glasl H, Ihrig M (1984) Pharm Ztg 129:2.619–2.622
51. Vogel G, Marek ML (1962) Arzneim Forsch 12:815–825
52. Kartnig T, Ri CY, Wegschaider O (1972) Planta Med 22:127–135
53. Rao SG, Sinsheimer JE, Cochran KW (1974) J Pharm Sci 63:471–473
54. Cioaca C, Margineanu C, Cucu V (1978) Pharmazie 33:609–610
55. Tschesche R, Wulff G (1965) Z Naturforsch 20B:543–546
56. Ieven M, Vanden Berghe DA, Mertens F, Vlietinck A, Lammens E (1979) Planta Med 36:311–321
57. Wolters B (1966) Dtsch Apoth Ztg 106:1.729–1.733
58. Timon-David P, Julien J, Gasquet M, Balansard G, Bernard P (1980) Ann Pharm Fr 38:545–552
59. Balansard G, Timon-David P, Julien J, Bernard P, Gasquet M (1980) Planta Med 39:234
60. Favel A, Steinmetz MD, Ollivier E, Elias R, Regli P, Balansard G (1992) Planta Med 58:A635–A636
61. Schlösser E (1973) Z Pflkrankh Pflschutz 80:704–710
62. Julien J, Gasquet M, Maillard C, Balansard G, Timon-David P (1985) Planta Med 51:205–208
63. Hostettmann K, Kizu H, Tomimori T (1982) Planta Med 44:34–35
64. Majester-Savornin B, Elias R, Diaz-Lanza AM, Balansard G, Gasquet M, Delmas F (1991) Planta Med 57:260–262
65. Tedlaouti F, Gasquet M, Delmas F, Timon-David P, Elias R, Vidal-Ollivier E, Crespin F, Balansard G (1991) Planta Med 57:A78
66. El-Merzabani MM, El-Aaser AA, Attia MA, El-Duweini AK, Ghazal AM (1979) Planta Med 36:150–155
67. Quetin-Leclerq J, Elias R, Balansard G, Bassleer R, Angenot L (1992) Planta Med 58:279–281
68. Gulyas A, Lämmlein MM (1992) Sozialpaediatrie 14:632–634
69. Düchtel-Brühl Ä (1976) Med Welt NF 27:481
70. Loos M (1958) Med Klinik:1.693–1.695
71. Böhlau V (1977) Notabene Medici 7:26–29
72. Leskow P (1985) Z Phytother 6:61–64
73. Arch F (1974) Notabene Medici 4:2–8
74. Rudkowski Z, Latos T (1979) Aerztl Praxis 32:344–346
75. Rudkowski Z, Latos T (1980) Aerztl Praxis 33:2.561–2.562
76. Schottek W (1972) Berufsdermatosen 20:88–92
77. BAz Nr. 122 vom 06.07.1988
78. Madaus G (1938) Lehrbuch der biologischen Heilmittel, Georg Thieme Verlag, Leipzig, Bd. 2, S. 1.512–1.517
79. Valnet J (1983) Phytothérapie, 5. Aufl., Maloine S. A., Paris, S. 506–508
80. Pahlow M (1979) Das große Buch der Heilpflanzen, Gräfe und Unzer Verlag, München, S. 111–112
81. Hambly EM, Wilkinson DS (1978) Contact Dermatitis 4:239–240
82. Mitchell JC (1981) Contact Dermatitis 7:158–159
83. Boyle J, Harman RMH (1985) Contact Dermatitis 12:111–112
84. Mitchell JC, Rook AJ (1979) Botanical Dermatology, Greengrass, Vancouver (Canada), S. 121–123
85. Roed-Petersen J (1975) Contact Dermatitis 1:57
86. Hausen BM, Bröhan J, König WA, Faasch H, Hahn H, Bruhn G (1987) Contact Dermatitis 17:1–9
87. Gafner F, Epstein W, Reynolds G, Rodriguez E (1988) Contact Dermatitis 19:125–128
88. Turton PHJ (1925) Br Med J:294
89. Jaspersen-Schib R (1990) Dtsch Apoth Ztg 130:2.766–2.772
90. Frohne D, Pfänder HJ (1987) Giftpflanzen, 3. Aufl., Wissenschaftliche Verlagsgesellschaft, Stuttgart, S. 67–68
91. Lanza JP, Steinmetz MD, Pellegrin E, Mourgue M (1980) Plantes Méd Phytothér 14:221–229

92. Mahe-Quinio M, Rossinyol G, Foucaud A (1975) Plantes Méd Phytothér 9:182–186
93. Saigusa S, Ohtsuka A, Nunoshiba T, Sotani T, Nishioka H (1987) Mutation Res 182:375
94. Elias R, De Meo M, Vidal-Ollivier E, Laget M, Balansard G, Dumenil G (1990) Mutagenesis 5:327–331
95. Hausen BM (1988) Allergiepflanzen – Pflanzenallergene, Teil 1: Kontaktallergene, Ecomed Verlagsgesellschaft, Landsberg/Lech, S. 139–141
96. Hansen L, Hammershøy O, Boll PM (1986) Contact Dermatitis 14:91–93
97. RoD
98. Dubois J, Cassan A, Trebosc MT (1985) Fr Demande FR 2.555.344, zit. nach CA 103:92658
99. BAz Nr. 29a vom 12.02.1986 in der Fassung vom BAz Nr. 47 vom 08.03.1990

KH/Rg

Helenium

HN: 2035400

Familie: Compositae (Asteraceae).

Unterfamilie: Asteroidae.

Tribus: Heliantheae.

Subtribus: Heleniinae.[1]

Gattungsgliederung: Die Gattung Helenium L. besteht aus etwa 40 Arten sowie zahlreichen Sorten, die heute als Helenium-Hybriden zusammengefaßt werden. An ihrer Entstehung soll neben *H. autumnale* L. vor allem *H. nudiflorum* NUTT. beteiligt sein.[2]

Gattungsmerkmale: Stattliche, 40 bis 200 cm hohe, kahle oder feinweichhaarige, einjährige bis ausdauernde Pflanzen mit wechselständigen, drüsig-punktierten, gewöhnlich am Stengel herablaufenden Blättern und einzelnen bis zahlreichen mittelgroßen oder ziemlich großen Blütenköpfchen. Diese sind strahlenförmig bis geringfügig scheibenförmig, die weiblichen Zungenblüten gelb oder gelegentlich teilweise purpurfarben, keilförmig, dreilappig, nicht sehr zahlreich. Die Hüllblätter 2- oder 3reihig, fast gleich lang, die inneren gelegentlich kürzer, schmäler, kantig oder fast kantig, schon früh, selten später zurückgebogen, die äußeren manchmal an der Basis verwachsen. Blütenstandsboden konvex, eiförmig bis konisch, nackt. Röhrenblüten sehr zahlreich, zwittrig, die Kronblattlappen drüsig bis zottig behaart. Antheren mit kleinen Anhängseln, die am Grunde pfeilförmig ausgebildet sein können. Griffeläste abgeflacht, die Spitzen verbreitert, fast gestutzt, pinselförmig. Früchte 4- bis 5kantig, normalerweise an Rippen und Tälchen behaart. Pappus trockenhäutig bis durchsichtig, oft aus kurzen grannenförmigen Schuppen bestehend.[3]

Verbreitung: Das Hauptverbreitungsgebiet ist das atlantische Nordamerika bis Mexiko im Süden.

Inhaltsstoffgruppen: Praktisch alle Arten enthalten Sesquiterpenlactone in wechselnder Zusammensetzung und Menge.[17] Die vorkommenden Lactontypen lassen sich hauptsächlich in 3 Gruppen einteilen:[4] Die C_{14}-Verbindungen (Norsesquiterpenlactone), die C_{15}-Vertreter (Sesquiterpenlactone) und die C_{17}-Verbindungen (Acetate der C_{15}-Lactone). Bei den C_{15}-Verbindungen handelt es sich überwiegend um Lactone vom Pseudoguaianolid- und Guaianolid-Typ. Helenalin ist das in der Gattung am besten untersuchte und am weitesten verbreitete Sesquiterpenlacton vom Pseudoguaianolid-Typ.[5,6] Die Substanz ist, wie auch die anderen Sesquiterpenlactone der Gattung, ein starker Bitterstoff.
In einigen Arten wurden chlorierte Acetylenverbindungen gefunden.[4]

Drogenliefernde Arten: *H. autumnale*: Helenium-autumnale-Kraut.

Helenium autumnale L.

Synonyme: *Helenium grandiflorum* NUTT., *H. latifolium* MILL.

Sonstige Bezeichnungen: Dt.: Herbst-Sonnenbraut; engl.: Autumn sneezewort, common sneezeweed, false sunflower, ox-eye.

Systematik: Die Pflanze wird im gärtnerischen Betrieb in 5 Unterarten und 2 Varietäten kultiviert.

Botanische Beschreibung: Dicht beblätterte Staude mit aufrechtem Stengel, etwa 80 bis 150 cm hoch. Der Stengel wird von den herablaufenden Blättern geflügelt. Blätter wechselständig, lanzettlich, drüsig-punktiert, ganzrandig oder entfernt gesägt. Köpfchen zahlreich, etwa 3 bis 5 cm breit, heterogam, in dichten Doldenrispen. Hülle aus zwei Reihen pfriemlicher, krautiger Hüllblätter, die äußeren am Grunde verwachsen, die inneren kürzer, frei, alle zuerst abstehend, später zur Fruchtreife zurückgeschlagen. Zahlreiche randliche weibliche Zungenblüten, Zunge keilförmig, am Ende stumpf dreizähnig, gelb, goldgelb-rotpurpurn oder braunrot gescheckt bzw. gestreift, zuweilen ganz purpurrot, etwas zurückgeschlagen. Scheibe (wie der Köpfchenboden) erst halbkugelig, später fast kugelig; Scheibenblüten sehr zahlreich, röhrig, zwittrig, schmutzig gelb gefärbt.
Achänen sind schwach kantig, an den Kanten zottig behaart; Pappus aus 5 bis 8 freien, kurzen, in eine Grannenspitze auslaufenden Schuppen bestehend.

Inhaltsstoffe: Über die Existenz chemischer Rassen in verschiedenen Regionen wird berichtet. Statt des normalerweise vorherrschenden Helenalins enthalten diese Pflanzen Dihydromexicanin E[8] oder Flexuosin A.[6]
Im frischen Rhizom einer japanischen Population fand man Helenalin zu 0,006 % und 2-Methoxy-2,3-dihydrohelenalin zu 0,001 %; die oberirdischen Teile enthielten jedoch keinerlei Helenalin.[21] Japanisches Pflanzenmaterial lieferte das intensiv bittere Pseudoguaianolid Picrohelenin (ohne Angabe des Pflanzenteils und der Ausbeute) und das Methylsulfonat-Pseudoguaianolid Sulferalin (aus den Wurzeln, Mengenangaben fehlen).[23] Plenolin, ein

Helenium autumnale L. Aus Lit.[3]

Pseudoguaianolidsesquiterpenlacton von *H. autumnale* aus Florida, ist als 11,13-Dihydrohelenalin strukturell aufgeklärt.[22] Vermutlich von oberirdischen Pflanzenteilen aus Florida stammen die Guaianolide Florilenalin und 11,13-Dihydroflorilenalin.[27] Abgesehen von Flexuosin A und Picrohelenin gibt es in *H. autumnale* (keine Angaben über untersuchte Pflanzenteile oder Ausbeuten) noch weitere Sesquiterpenlactonester sowie auch Sesquiterpenlactonglucoside, Dehydro- und Dihydroderivate, z.B. 3-*O*-Angeloylcarolenalon, 6-*O*-Angeloylplenolin, Carolenalin-4-*O*-β-D-glucosid, Carolenalol, 11,13-Dehydrocarolenalin, 11,13-Dihydroarnifolin, 3-*O*-Tigloylcarolenalin, 3-*O*-Tigloylcarolenalon[26] und 4-*O*-Tigloyl-11,13-dihydroautumnolid.[25,26]

Verbreitung: Einheimisch in Nordamerika, hauptsächlich im Norden und Südwesten der Vereinigten Staaten.

Anbaugebiete: Vor allem bei uns beliebte Zierpflanze in Gärten.

Drogen: Helenium-autumnale-Kraut.

Helenium-autumnale-Kraut

Definition der Droge: Die zur Blütezeit gesammelten und getrockneten oberirdischen Teile.

Stammpflanzen: *Helenium autumnale* L.

Herkunft: s. Verbreitung von *H. autumnale*.

Inhaltsstoffe: *Sesquiterpenlactone.* Die Pseudoguaianolide Helenalin zu 0,36 % aus dem Kraut[5,9] und zu 1 bis 2 % aus getrockneten Blüten[4] sowie Autumnolid (ohne Mengenangaben),[6,10] Mexicanin I (ohne Mengenangabe)[10] und Tenulin (s. u.).[11] In getrocknetem Kraut aus North Carolina waren weder Helenalin noch Dihydromexicanin E das vorherrschende Sesquiterpenlacton, sondern mit 0,4 % das Guaianolid Carolenalin;[12] daneben fanden sich (ohne Mengenangaben) Carolenin[12] und Carolenanon,[24] ein Guaianolid mit einem Cycloheptenonring. Das Norsesquiterpenlacton Dihydromexicanin E wurde zu ca. 0,2 %,[8] das Sesquiterpenlactonacetat Flexuosin A zu 0,3 %[4] ebenfalls aus dem getrockneten Kraut extrahiert. Das Vorkommen verschiedener Chemotypen zeigt weiterhin die Tatsache, daß in Pflanzenmaterial aus Pennsylvania nicht Helenalin, sondern Tenulin das Hauptsesquiterpenlacton war; Tenulinausbeute bei präparativer Isolierung 2 % aus Blüten, 0,6 % aus Blättern und Stengeln.[11] Getrocknete Pflanzen aus Alabama enthielten Acetylflexuosin A zu 0,3 %.[6] In den oberirdischen Teilen von *H. autumnale* aus Japan fand man die Guaianolide Halshalin und Akihalin (Mengenangaben fehlen).[23]

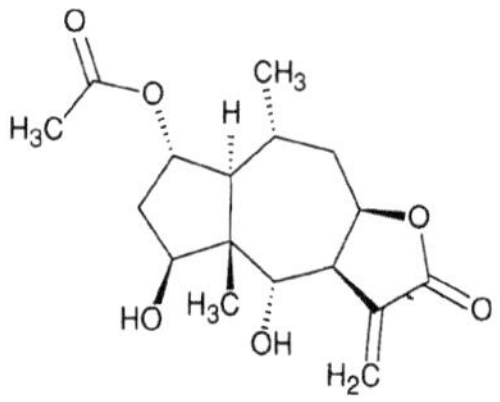

Picrohelenin

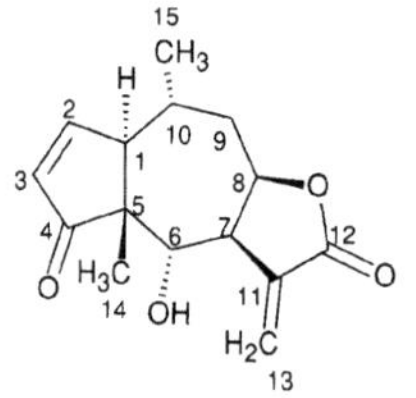

Helenalin

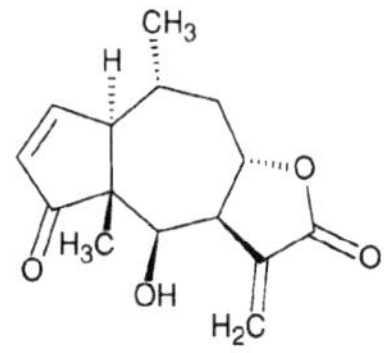

Mexicanin I

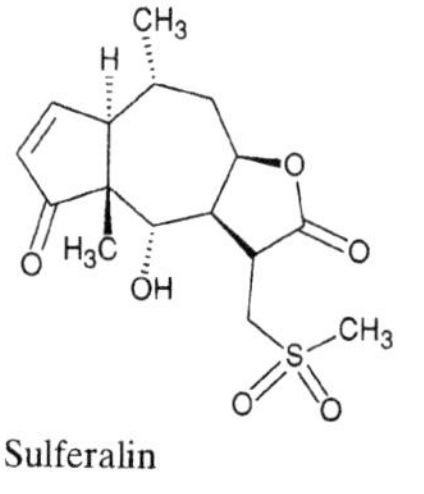

Sulferalin

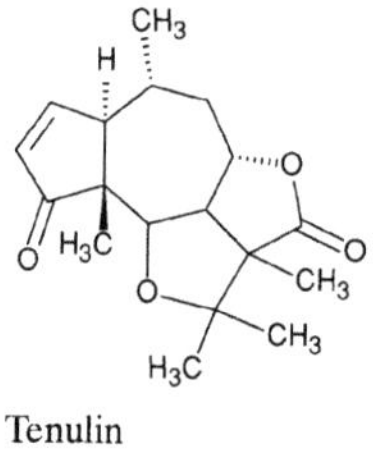

Tenulin

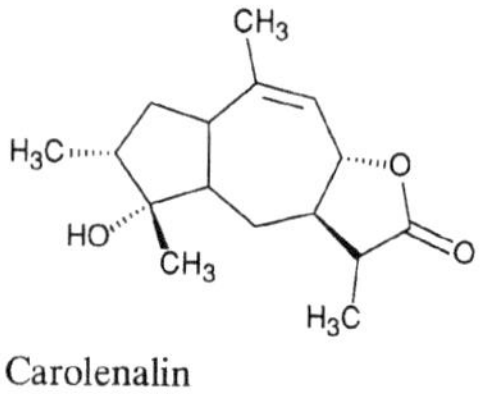

Carolenalin

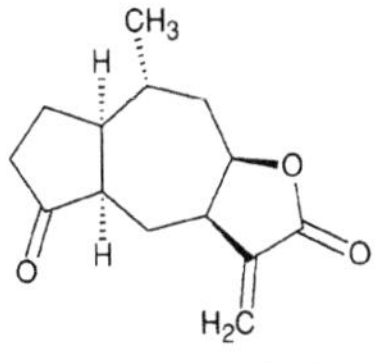

Dihydromexicanin E

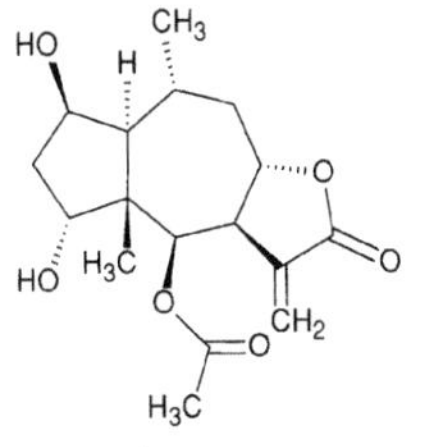

Flexuosin A

Flavone. Über das Vorkommen kleiner Mengen (keine nähere Konzentrationsangaben) Hispidulin (= 6-Methoxyapigenin) in *H. autumnale* wird berichtet.[13] Folgende 6-*C*- bzw. 8-*C*-(β-D-Glucosyl)-flavone wurden qualitativ nachgewiesen: Isoorientin, Orientin und Saponaretin (Vitexin).[7]
Sonstige Verbindungen. Die ubiquitär vorkommenden Verbindungen Mannitol und β-Sitosterol wurden auch in der Droge nachgewiesen.[10] In den Blütenblättern wurde Helenien, der Dipalmitinsäureester des Luteins gefunden.[14]

Wirkungen: Untersuchungen zu Wirkungen von Drogenzubereitungen sind nicht bekannt. Zu den pharmakologischen Eigenschaften des Inhaltsstoffes Helenalin s. Lit.[15]

Volkstümliche Anwendung und andere Anwendungsgebiete: Die Droge wurde früher in Nordamerika von den Winnebago-Indianern bei Erkältungen, von anderen bei Fieber, zur Stärkung und Entwässerung eingesetzt.[19] Die Wirksamkeit der Droge bei den genannten Anwendungsgebieten ist jedoch nicht belegt.

Unerwünschte Wirkungen: *Allergische Wirkungen.* Eine durch Helenium hervorgerufene Kontaktdermatitis an einem Patienten wird in England beschrieben.[16] Er litt an einer chronischen Dermatitis an Gesicht, Hals, Ohren, Handrücken und einigen Teilen der Beine. Verursacht wurden die Symptome durch blühende Heleniumpflanzen in seinem Garten.

Tox. Inhaltsstoffe u. Prinzip: Die Gruppe der Sesquiterpenlactone stellt das toxische Prinzip der Pflanze dar. Zu den toxikologischen Eigenschaften von Helenalin s. auch Lit.[17,18]

Akute Toxizität: *Mensch.* In einer älteren Untersuchung werden die Wirkungen der frischen Pflanze und vor allem des Blütenstaubes folgendermaßen beschrieben:[19] Starker Tränenfluß, heftiges Niesen und starke Reizung der Schleimhäute.
Das isolierte Helenalin bewirkte, in Pulverform eingeatmet, die gleichen Symptome. Ein Selbstversuch des Autors[19] mit einer halbgesättigten wäßrigen Lösung, die er sich unter die Haut injizierte, führte sofort zu einem über 10 min anhaltenden brennenden Gefühl, gefolgt von einem beträchtlichen Ödem über 4 bis 5 cm^2. Das Ödem blieb 2 oder 3 Tage bestehen und verschwand vollständig erst nach 2 bis 3 Wochen. *Tier.* Neben *H. autumnale* verursacht auch die Aufnahme von Pflanzenmaterial anderer Helenium-Arten, z. B. von *H. hoopesii* GRAY, durch Haustiere ernste Vergiftungen und führt zu einer im amerikanischen Westen und Südwesten als "spewing sickness" bekannten Vergiftung.[20]
Insbesondere Weidetiere, also Rinder, Schafe und Ziegen sowie Pferde und Maultiere können nach Verfütterung zu Schaden kommen.[19] Die Symptome äußern sich in Atemschwierigkeiten, Kurzatmigkeit, starkem Durchfall und epilepsieartigen Krämpfen. In abgeschwächter Form zeigen sich auch bei den Tieren die beim Menschen bekannten Symptome des heftigen Tränen- und Niesreizes. Es wurde beobachtet, daß Pferde und Maultiere empfindlicher reagieren und schneller sowie ernster erkranken.[19]

Immuntoxizität: Die Sensibilisierungspotenz von *Helenium autumnale* wird als mittelstark eingeschätzt. Über die Häufigkeit von Sensibilisierungen sind keine sicheren Aussagen möglich. Kreuzreaktionen mit anderen Korbblütlern sind zu erwarten. Das Sensibilisierungsvermögen ist auf die in der Droge enthaltenen Sesquiterpenlactone zurückzuführen, von denen die meisten als potentielle Kontaktallergene einzustufen sind.[17]

Toxikologische Daten: *LD-Werte.* s. Lit.[18]

---

1. Melchior H (Hrsg.) (1964) A. Engler's Syllabus der Pflanzenfamilien, 12. Aufl., Gebr. Bornträger, Berlin-Nikolassee, Bd. 2, S. 491
2. Heg, Bd. VI, Teil 3, S. 215
3. Gleason H (Hrsg.) (1952) Illustrated Flora of the United States and Adjacent Canada, Bd. 3, S. 378–379
4. Hgn, Bd. III, S. 467–469, Bd. VIII, S. 266–288
5. Clark EP (1936) J Am Chem Soc 58:1.982–1.983
6. Herz W, Subramaniam PS, Dennis N (1969) J Org Chem 34:2.915–2.917
7. Wagner H, Iyengar MA (1972) Phytochemistry 11:446
8. Lucas RA, Smith RG, Dorfman L (1964) J Org Chem 29:2.101
9. Reeb E (1910) J Pharm Elsass Lothringen 37:149
10. Pettit GR, Budzinski JC, Cragg GM, Brown P, Johnston LD (1974) J Med Chem 17:1.013–1.016
11. Herz W, Subramaniam PS (1972) Phytochemistry 11:1.101
12. Furukawa H, Lee KH, Shingu T, Meck R, Piantadosi C (1973) J Org Chem 38:1.722–1.725
13. Carman NJ, Watson T, Bierner NW, Averett J, Sanderson S, Seaman FC, Mabry TJ (1972) Phytochemistry 11:3.271–3.272
14. Hikino H (1968) Chem Pharm Bull 16:1.601–1.604
15. dieses Hdb., Bd. 4, S. 349–350
16. Calnan CD (1978) Contact Dermatitis 4:115–116
17. Hausen BM (1988) Allergiepflanzen – Pflanzenallergene, ecomed Verlagsgesellschaft, Landsberg München, Teil 1, S. 142–143
18. dieses Hdb., Bd. 3, S. 650
19. Lamson PD (1913) J Pharmacol Exp Ther 4:471–489
20. Plants Poisonous to Livestock in the Western States (1980) Agriculture Information Bulletin No 415, S. 67
21. Kondo Y, Hamada F, Yoshizaki F (1976) Heterocycles 5:373–376
22. McPhail A, Onan KD (1975) J Chem Soc Perkin Trans II:487–491
23. Kondo Y, Yoshizaki F, Hamada F, Imai J, Kusano G (1977) Tetrahedron Lett:2.155–2.158

24. McPhail AT, Onan KD, Furukawa H, Lee KH (1975) Tetrahedron Lett:1.229–1.232
25. Furukawa H, Itoigawa M, Kumagai N, Ito K, McPhail AT, Onan KD (1978) Chem Pharm Bull 26:1.335–1.337
26. Itoigawa M, Kumagai N, Sekiya H, Ito K, Furukawa H (1981) Yakugaku Zasshi 101:605–613, zit. nach CA 95:165583s
27. Kozuka M, Lee KH, McPhail AT, Onan KD (1975) Chem Pharm Bull 23:1.895–1.897

Sz

Helianthus

HN: 2026200

Familie: Asteraceae (Compositae).

Unterfamilie: Asteroideae.

Tribus: Heliantheae.

Subtribus: Helianthinae.

Gattungsgliederung: Die Gattung Helianthus L. besteht aus etwa 70 Arten. Ein System (Einteilung in Sektionen) der Gattung existiert bisher noch nicht. Vorläufig werden drei Gruppen unterschieden: 1. Strauchige südamerikanische Arten, 2. mit Rhizomen oder Knollen ausdauernde nordamerikanische Arten und 3. mit Pfahlwurzeln ausdauernde Wüstenpflanzen und Einjährige, vorwiegend im westlichen Nordamerika.[71]

Gattungsmerkmale: Einjährige oder ausdauernde Kräuter, seltener Sträucher. Laubblätter häufig im unteren Teil des Stengels gegenständig, oben wechselständig, seltener alle gegenständig. Blätter ungeteilt, lineal-lanzettlich, eiförmig bis herzförmig, ganzrandig oder gezähnt und oft rauhhaarig. Köpfchen mittelgroß bis sehr groß sowie einzeln oder in lockeren Doldentrauben. Hülle zwei- bis vielreihig, äußere Hüllblätter oft laubig. Köpfchenboden flach oder schwach gewölbt. Spreublätter groß, längsgefaltet, die Achänen mehr oder weniger einhüllend. Randblüten ungeschlechtlich mit deutlicher, meist gelber Zunge. Scheibenblüten zwittrig, röhrig, gelb oder purpurn bis braun. Achänen dick, wenig zusammengedrückt, im Querschnitt elliptisch oder undeutlich vierkantig. Pappus aus zwei leicht abfallenden Grannen, dazwischen selten noch einige ebenfalls hinfällige kleine Schüppchen.[71]

Verbreitung: Die meisten Arten sind in Nordamerika (Südkanada bis Nordmexiko) beheimatet, einige strauchige Vertreter bewohnen die Anden von Südkolumbien bis Peru.[71]

Inhaltsstoffgruppen: Sesquiterpenlactone vom Germacranolid-Typ, insbesondere Heliangolide und Germacrolide, sowie Sesquiterpenlactone vom Guajanolid- und Eudesmanolid-,[1] aber auch vom 1,2-Secogermacranolid-Typ[2] und Bisnorsesquiterpene;[3] Diterpene vorwiegend vom Kauran-, aber auch vom Trachyloban-, Labdan- und Atisiran-Typ.[1,72] Des weiteren wurden Diterpene vom Atisan-[4,5] und Pimaran-Typ[6] gefunden. Triterpenalkohole; Triterpensaponine vom Oleanen-Typ; Carotinoide; Phenolcarbonsäuren; Flavonoide,[72] insbesondere Flavone, methoxylierte Flavone, Flavane, Chalkone sowie Flavonole und deren Glykoside;[7–9] Cumarine und Methoxybenzochinone;[3] fette Öle; Acetylenverbindungen.[72]

Drogenliefernde Arten: *H. annuus*: Helianthi flos, Helianthi folium, Helianthi fructus, Helianthi oleum, Helianthus annuus hom. *HAB 1*, Helianthus annuus hom. *HPUS 88*; *H. tuberosus*: Helianthus-tuberosus-Knollen, Helianthus tuberosus hom. *HAB 1*.

Helianthus annuus L.

Synonyme: *Helianthus cultus* VENTSL., *H. erythrocarpus* BARTL., *H. indicus* L., *H. platycephalus* CASS., *H. pumilus* PERS.

Sonstige Bezeichnungen: Dt.: Gewöhnliche Sonnenblume, Sonnenrose; engl.: Common sunflower, Sun rose; frz.: Grand soleil, Helianthe, Tournesol; it.: Girasole; span.: Girasol, Mirasol.

Systematik: Die Art *Helianthus annuus* untergliedert sich in subsp. *annuus*, subsp. *lenticularis* (DOUGL.) COCKERELL (Syn. *H. lenticularis* DOUGLAS) und subsp. *texanus* HEISER. Innerhalb der subsp. *annuus* werden var. *annuus* und var. *macrocarpus* (DC.) COCKERELL (Syn. *H. macrocarpus* DC., *H. annuus* var. *oleifer* THELLUNG) unterschieden. Die als Ölpflanzen kultivierten Pflanzen gehören zur subsp. *annuus* var. *macrocarpus*. Hierbei werden verschiedene Sorten unterschieden.[71]

Botanische Beschreibung: 1 bis 3 m hohe, einjährige Pflanzen mit langer Primärwurzel, an deren oberem Teil sich zahlreiche Seitenwurzeln befinden. Stengel 2 bis 7 cm dick, aufrecht, unverzweigt oder mit wenigen Ästen im oberen Teil und rauhhaarig. Blätter zumeist wechselständig, herzförmig-dreieckig, am Grunde in den Stiel zusammengezogen, spitz, dreinervig, unregelmäßig kerbig gesägt und beiderseits kurz borstenhaarig. Köpfchen einzeln oder zu wenigen, meist nickend und 10 bis 40 cm breit; Hüllblätter mehrreihig, dachig angeordnet, spitz, krautig, meist spärlich borstig behaart und etwa 7 bis 15 mm breit; Köpfchenboden fast flach oder konkav bis konvex gewölbt; 20 bis 70 ungeschlechtliche, zungenförmige, goldgelbe, 3 bis 10 cm lange und 1 bis 3 cm breite Randblüten sowie zahlreiche zwittrige, röhrenförmige, rotbraune, purpurne oder gelbe Scheibenblüten mit schwarzen oder purpurnen Antheren. Die gefalteten, dreizipfeligen Spreublätter umfassen die Achänen halbseitig. Achänen seitlich abgeflacht, in Seitenansicht verkehrt-eiförmig bis fast keilförmig, 4 bis 15 mm lang, fein längs gestreift, dicht angedrückt flaumig behaart, weißlich, strohgelb, grau bis schwarz, oft auch grau oder schwarz mit weißlichen Längsstreifen. Der Pappus besteht aus zwei hinfälligen Borsten. Chromosomenzahl $2n = 34$.[71]

Inhaltsstoffe: Blätter, obere Stengelanteile und Drüsenhaare der Blattoberfläche enthalten Sesquiterpenlactone vom Germacranolid-Typ, insbesondere Furanoheliangolide (1,3-Ether-4,5-*cis*-Verbindungen) und 4,5-*trans*-Verbindungen.[10–13] In den Blättern, Blütenköpfen und Früchten sind hydroxylierte Diterpensäuren vom Kauran und Trachyloban-Typ sowie deren Ester anzutreffen.[4,12,14–17] Triterpenalkohole,[18,19], mono- sowie bisdesmosidische Triterpenglykoside[20–27] und Carotinoide[28–30] sind Bestandteile der gelben Randblüten. Weiterhin sind Sterole,[31,32] fette Öle,[33] Wachse,[34,35] Proteine,[36–38] Phenolcarbonsäuren,[39,40] Flavonoide,[41,42] niedere Carbonsäuren,[43] die Acetylenverbindung Dehydrofalcarinon,[44] ätherisches Öl[45] und Pektine[46] enthalten.

Verbreitung: Die Subsp. *annuus* ist eine Ruderalpflanze des zentralen und östlichen Nordamerika, wohingegen subsp. *lenticularis* und subsp. *texanus* im westlichen Nordamerika wild vorkommen. Subsp. *annuus* var. *annuus* wird als Zierpflanze und subsp. *annuus* var. *macrocarpus* als Öl- und Futterpflanze kultiviert.[71]

Anbaugebiete: Rußland, Südosteuropa, insbesondere Bulgarien, Ungarn und Rumänien sowie Südamerika, besonders Argentinien, sowie des weiteren Südafrika.[71]

Drogen: Helianthi flos, Helianthi folium, Helianthi fructus, Helianthi oleum, Helianthus annuus hom. *HAB1*, Helianthus annuus hom. *HPUS88*.

Helianthi flos

Synonyme: Flores Helianthi, Flores Helianthi annui.

Sonstige Bezeichnungen: Dt.: Sonnenblumenblütchen, Sonnenblumenblütenblätter.

Monographiesammlungen: Flores Helianthi *Ross9*.

Definition der Droge: Die Droge besteht aus den zu Beginn der Blütezeit gesammelten zungenförmigen Randblüten der Kulturpflanze *Ross9*.

Stammpflanzen: *Helianthus annuus* L.

Herkunft: s. Anbaugebiete von *Helianthus annuus*.

Ganzdroge: Goldgelbe, ungeschlechtliche, 2 cm breite und 6 bis 10 cm lange Randblüten, jedoch weisen verschiedene Rassen und Kulturformen beträchtliche Unterschiede auf.[47]

Minderqualitäten: Die zwittrigen Scheibenblüten von gelbbrauner bis brauner Farbe werden nicht verwendet.[47]

Inhaltsstoffe: Thujanolester von Ent-kaur-16-en-19-säure sowie von Ent-trachyloban-19-säure neben weiteren Diterpenen vom Kauran-, Trachyloban- und Atisan-Typ,[15] vgl. auch Lit.[16] Verschiedene Triterpenalkohole, hauptsächlich Heliantriol C;[18,19] mono- und bisdesmosidische Triterpenglykoside, hauptsächlich das Echinocystsäurebisdesmosid Helianthussaponin 2, sowie weitere Echinocyst- und Oleanolsäurederivate;[20–27] Carotinoide, hauptsächlich Luteinepoxid (= Taraxanthin), die mit Fettsäuren verestert sind;[28–30] Flavonolglykoside, Quercetin-3-glucosid und -7-glucosid;[41] Pektine.[46] Literatur ohne Mengenangaben.

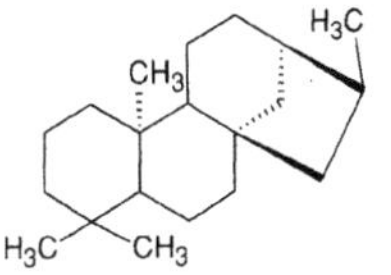

Kauran-Typ

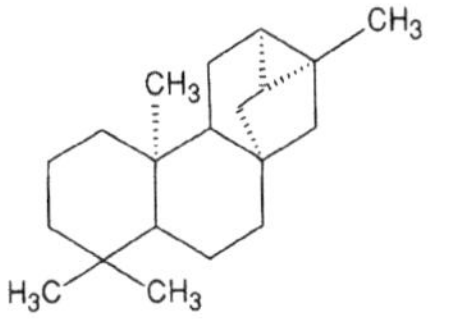

Trachyloban-Typ

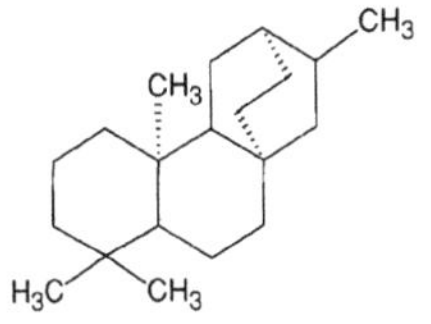

Atisan-Typ

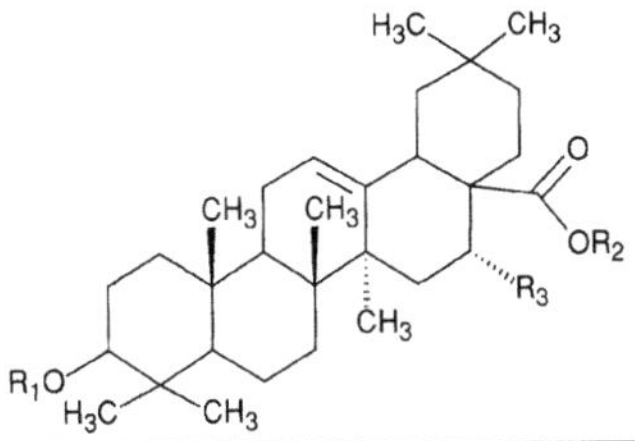

	R_3
Echinocystsäurederivate	—OH
Oleanolsäurederivate	—H

Reinheit:
- Feuchtigkeitsgehalt: Max. 13 % *Ross9*.
- Verwelkte Blüten: Max. 5 % *Ross9*.
- Röhrenblüten: Max. 1 % *Ross9*.
- Organische Beimengungen: Max. 0,5 % *Ross9*.

Lagerung: In dicht verschlossenen Glas- oder Blechbehältnissen *Ross9*.

Volkstümliche Anwendung und andere Anwendungsgebiete: In der russischen Volksmedizin adjuvant bei Malaria sowie bei Appetitlosigkeit.[48] Bei Malaria angeblich, wenn selbst hohe Dosen Chinin versagt haben.[73] Bei fieberhaften Erkrankungen. In Indien nahezu als Allheilmittel bei Beschwerden in der Brust, der Leber, der Lunge, bei Hämorrhoiden, Augenentzündungen und Ascites.[49] Die Wirksamkeit bei den genannten Anwendungsgebieten ist nicht belegt.

Dosierung und Art der Anwendung: *Droge*. Teezubereitung bei fieberhaften Erkrankungen: Hierzu wird 1 gehäufter Eßlöffel getrocknete Blütenblätter mit 250 mL kochendem Wasser übergossen und

10 min ausgezogen. Die Anwendung des mit Honig gesüßten Tees erfolgt 2- bis 3mal täglich. Die Mischung aus Lindenblüten und Sonnenblumenblüten bei Erkältungskrankheiten.[50] *Zubereitung.* Tinktur (1:10 mit Alkohol 35, 70 oder 95 %) aus frischen Blütenblättern allein oder unter Einbeziehung der oberen Stengelteile bzw. der Rinde frischer Stengel:[50–52] Dosierung: 20 bis 30 Tropfen Tinktur der Blütenblätter, 2- bis 3mal täglich bei fieberhaften Erkrankungen und Malaria.[52]

Sonst. Verwendung: *Pharmazie/Medizin.* Weiterhin dient die als Sonnenblumenblüten deklarierte Droge als schmückender Bestandteil von Teegemischen.

Helianthi folium

Synonyme: Folia Helianthi.

Sonstige Bezeichnungen: Dt.: Sonnenblumenblätter.

Monographiesammlungen: Folium Helianthi *Ross 9.*

Definition der Droge: Die Droge besteht aus den zu Beginn der Blütezeit gesammelten Blättern der Kulturpflanze *Ross 9.*

Stammpflanzen: *Helianthus annuus* L.

Herkunft: s. Anbaugebiete von *Helianthus annuus.*

Ganzdroge: *Geruch.* Ohne Geruch. *Geschmack.* Schwach bitter. Die dreinervigen Laubblätter sind von herzförmig-dreieckiger Form, in den Blattstiel rasch zusammengezogen, zugespitzt, gekerbt gesägt, beiderseits angedrückt behaart bzw. steifborstig. Sie sind bis 25 cm lang, oft zerbrochen, von dunkelgrüner bis bräunlichgrüner Farbe.[73]
Lupenbild. Auf der Blattoberseite zahlreiche verstreut liegende, weißliche, erweiterte Haarbasen.
Mikroskopisches Bild. Auf der Oberfläche sind zahlreiche starre Haare von unterschiedlicher Größe, kegelförmig mit breiter Basis, die bei kleinen Haaren aus einer Zelle, bei größeren aus 8 bis 12 ringartig angeordneten Zellen bestehen. Die Basalzellen werden im Verlauf des Wachstums sehr dick, undurchsichtig und nehmen eine Weißfärbung an. Die Endzellen sind dünn, zugespitzt und öfters aufgebrochen. Mitunter finden sich auch dünne, zylindrische Haare mit stumpfem Ende, die aus 6 bis 12 sehr kurzen Zellen bestehen, wobei die untere Zelle häufig etwas schmäler als die anderen ist.[73]

Inhaltsstoffe: Sesquiterpenlactone vom Heliangolid-Typ wie Niveusin C (= Annuithrin)[10,11] und B[11] oder 4,5-Dihydroniveusin A;[12] 0,12 bis 0,27 % Diterpensäuren vom Kauran-Typ wie Grandiflorinsäure und 17-Hydroxy-ent-isokaur-15-en-19-säure und vom Trachyloban-Typ wie Ciliarinsäure;[12] Flavonoide mit Aglyka vom Flavon-Typ wie Luteolin, Nepetin, Hispidulin, Jaceosidin und Nevadensin sowie vom Chalkon-Typ wie Isoliquiritigenin und 2',4-Dihydroxy-4'-methoxychalkon;[42] die Acetylenverbindung Cosmen.[53] 7 bis 8 % Carbonsäuren wie Äpfel-, Bernstein-, Citronen-, Fumar-, Malon- und Oxalsäure;[42] 20 % Pektine.[46]

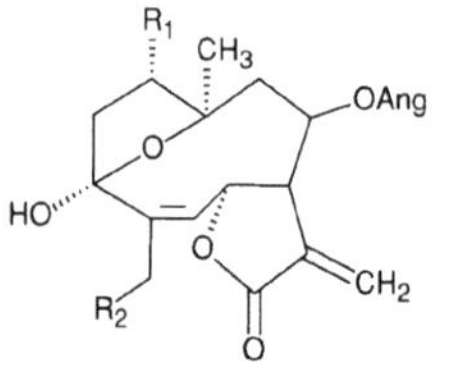

Ang = Angelicoyl

	R_1	R_2
Niveusin B	—H	—OH
Niveusin C	—OH	—H

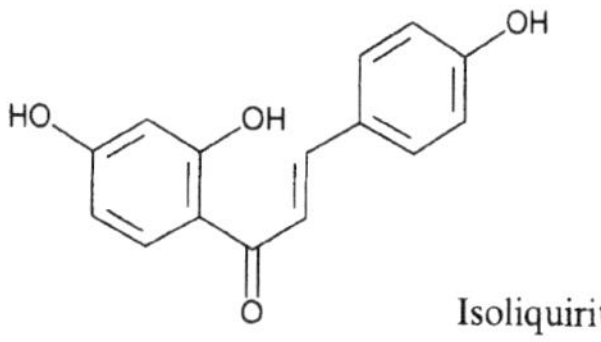

Isoliquiritigenin

Reinheit:
- Feuchtigkeitsgehalt: Max. 13 % *Ross 9.*
- Dunkelbraune Blätter oder Blätter mit braunen Flecken: Max. 5 % *Ross 9.*
- Stengel und große Blattstiele: Max. 3 % *Ross 9.*
- Organische Beimengungen: Max. 0,5 % *Ross 9.*
- Mineralische Beimengungen: Max. 0,5 % *Ross 9.*

Schnittdroge.
- Stücke über 8 mm Größe: Max. 5 % *Ross 9.*
- Bestandteile, die durch ein Sieb von 1 mm Maschenweite fallen: Max. 10 % *Ross 9.*

Lagerung: In Kisten oder Blechdosen *Ross 9.*

Volkstümliche Anwendung und andere Anwendungsgebiete: In der russischen Volksmedizin adjuvant bei Malaria sowie bei Appetitlosigkeit.[48] Bei Migräne, nervösen Störungen, fieberhaften Erkrankungen, Erkältungskrankheiten und Magenschmerzen.[54] Äußerlich bei Hexenschuß.[49] Die Wirksamkeit der Droge bei den genannten Anwendungsgebieten ist nicht belegt.

Dosierung und Art der Anwendung: *Zubereitung.* Tinktur 1:10 mit Alkohol 60 %: 20 Tropfen auf etwa die zehnfache Menge Wasser, alle drei Stunden zu nehmen.[54]

Unerwünschte Wirkungen: Kann brechenerregend wirken.[49]
Die in der Droge enthaltenen Sesquiterpenlactone könnten aufgrund cytotoxischer Eigenschaften[55] insbesondere bei einer Daueranwendung möglicherweise zu Nebenwirkungen führen. Den Sesquiterpenlactonen werden weiterhin auch die Auslösung gelegentlich bei der Ernte auftretender Kontaktdermatitiden zugeschrieben.[56,57]

Helianthi fructus

Synonyme: Fructus Helianthi, Semen Helianthi.

Sonstige Bezeichnungen: Dt.: Sonnenblumenfrüchte, Sonnenblumenkerne; engl.: Sunflower seed; frz.: Graines d'hélianthe annuel.

Definition der Droge: Die reifen Früchte (Achänen).

Stammpflanzen: *Helianthus annuus* L.

Herkunft: s. Anbaugebiete von *Helianthus annuus*.

Ganzdroge: *Geruch.* Geruchlos. *Geschmack.* Ölig, nußartig. Die Früchte sind in Größe, Form und Farbe sehr variabel, meist 8 bis 14 mm lang, 5 bis 8 mm breit, 2 bis 5 mm dick, abgeflacht, breit bis schmal verkehrt-eiförmig, besonders an den Schmalseiten mit einer deutlichen Längskante versehen, im Querschnitt unregelmäßig vierkantig, zum Grunde hin etwas zugespitzt. Oberfläche dunkelgrau, auf den Flächen fein, an den Randkanten breit weiß längsgestreift, oft auch vollständig schwarz, grau oder weiß, glatt oder fein längsrippig, glänzend oder matt. Fruchtwand 0,8 mm dick, innen hell, fein längsstreifig, hart, holzig, in Längsrichtung spaltbar und vom Samen abtrennbar. Samen abgeflacht, verkehrt-eiförmig, am unteren Ende schmal zugespitzt, weißlich, aus dem von einer dünnen Samenschale umgebenen Embryo bestehend.
Mikroskopisches Bild. Zellen der äußeren Fruchtwandepidermis in Aufsicht axial gestreckt mit stumpfen, abgerundeten bis schief abgerundet-zugespitzten Enden. Zellen in den dunklen Teilen der Fruchtwand besitzen verdickte, zum Teil getüpfelte Wände und Zellen der helleren Teile dünner erscheinende Wände; dazwischen, verstreut oder gehäuft, rundlich bis ovale Basalzellen der aufrecht abstehenden, bis auf die Spitzen miteinander verwachsenen, 0,14 bis 0,5 mm langen, am Grunde 0,025 bis 0,03 mm breiten, aber meist abgebrochenen Zwillingshaare. Querschnitt der Zellen der äußeren Fruchtwandepidermis quadratisch bis tangential gestreckt; das sich anschließende Hypoderm aus 3 bis 8 Lagen gleichmäßig übereinander liegender, fast korkartig angeordneter, flacher, in Aufsicht unregelmäßiger bis rechteckiger Zellen mit etwas verdickter, allseits reichlich, aber sehr fein getüpfelter Wand bestehend; Phytomelanlage zwischen Hypoderm und Faserschicht eingeschoben. Faserschicht aus 10 bis 20 Lagen hohen, nach innen etwas vorgewölbten Gruppen axial verlaufender, außen mehr oder weniger isodiametrischer, dickwandiger, englumiger, nach innen zu allmählich mehr radial gestreckter und häufig größerer und weitlumigerer Fasern mit verholzter, reich getüpfelter Wand. Diese Gruppen sind meist durch eine radial verlaufende Reihe kleinerer, außen tangential, nach innen zu radial gestreckter, derbwandiger, getüpfelter und zum Teil ebenfalls Phytomelan enthaltender Zellen getrennt. Innere, meist schmale Schicht des Mesocarps besteht aus dünnwandigen, verschieden großen Zellen, enthält einige kleine, fast kaum noch erkennbare Leitbündel, innere Fruchtwandepidermis nicht besonders ausdifferenziert. Samenschale aus wenigen Lagen rundlicher, polyedrischer, dünnwandiger, zarter Zellen, mit dem meist einschichtigen Endosperm verwachsen, dessen isodiametrische Zellen gleichmäßig schwach verdickte Wände besitzen und Aleuronkörper und Eiweißkristalle führen. Die zartwandigen Embryozellen enthalten reichlich fettes Öl.[74]

Inhaltsstoffe: Carotinoide;[29] Sterole und 24-Alkylsterole,[31,32] vgl. Helianthi oleum; ca. 50 % fette Öle,[33] vgl. Helianthi oleum; Fettalkohole: 36,9 % Hexacosanol, 17,2 % Octacosanol, 26,8 % Tetracosanol, 8,5 % Triacontanol;[33] Phospholipide wie Phosphatidylcholin und -ethanolamin;[58] Wachse, 1 % in der Samenschale, 0,4 bis 0,5 % in der Fruchtschale;[34] Proteine: Globuline (Helianthinin) und Albumine mit einem Anteil von 20 %;[36–38] Phenolcarbonsäuren, vorwiegend Chlorogensäure;[39,40] 4 % Carbonsäuren wie Fumarsäure mit einem Anteil von 60 % und Bernsteinsäure.[43]

Volkstümliche Anwendung und andere Anwendungsgebiete: Röstprodukte geschälter Sonnenblumenkerne werden zur Behandlung und Prophylaxe infektiöser Erkrankungen des Darmtraktes wie Ruhr, Pseudo-Ruhr, Paratyphus und Typhus sowie als Wundstreupulver bei eiternden Wunden und Erfrierungen verwendet.[59] Zur Wirksamkeit bei den genannten Anwendungsgebieten liegen keine hinreichend dokumentierten Erfolgsberichte vor.

Sonst. Verwendung: *Haushalt.* Die Früchte können zur Herstellung von Brot oder Kaffee-Surrogat verwendet werden.[47] *Landwirtschaft.* Der als Öl- oder Preßkuchen bezeichnete Preßrückstand dient als Mastfutter für Geflügel.

Helianthi oleum (Sonnenblumenöl)

Synonyme: Oleum Helianthi, Oleum Helianthi Seminis.

Sonstige Bezeichnungen: Engl.: Sunflowerseed oil; frz.: Huile de grand soleil; it.: Olio di girasole; span.: Aceite de Helianto.

Monographiesammlungen: Huile de Tournesol *PF IX*; Oleum Helianthi *Ross 9*; Sonnenblumenöl *DAC 86*; Sunflower Oil *Mar 29*.

Definition der Droge: Das durch Kaltpressung der von den Fruchtschalen befreiten Früchte gewonnene fette Öl *PF IX*; das aus den Samen gepreßte, nichtraffinierte fette Öl *Ross 9*; das aus den reifen Früchten durch kaltes Auspressen oder Extraktion gewonnene, gegebenenfalls raffinierte Öl *DAC 86*; das aus den Früchten gepreßte Öl *Mar 29*.

Stammpflanzen: *Helianthus annuus* L.

Herkunft: s. Anbaugebiete von *Helianthus annuus*.

Gewinnung: s. Definition der Droge.

Ganzdroge: Kaltgepreßtes Öl ist klar oder schwach opaleszierend, gelb bis dunkelgelb; fast ohne Geruch. Extrahiertes und raffiniertes Öl ist klar, hellgelb; fast ohne Geruch.[75]

Inhaltsstoffe: Acylglyceride mit hohen Anteilen an ungesättigten Fettsäuren, z. B. 36,6 bis 62,1 % Linolsäure und 25,5 bis 41,5 % Ölsäure sowie 7,5 bis 13,7 % Palmitinsäure, 4,3 bis 7,3 % Stearinsäure und 0,1 bis 0,5 % Myristicinsäure;[33] Sterole: Δ-5-Sterole wie Campesterol, Cholesterol, Sitosterol und Stigmasterol; Δ-7-Sterole wie Δ-7-Campestenol, Δ-7-Stigmastenol, Δ-7,24(28)-Stigmastadienol, Δ-7,24(25)-Stigmastadienol und Δ-7,9(11),24(28)-Stigmastatrienol;[31] 24-Alkylsterole wie 24-Methyl-5α-cholest-7-en-3β-ol.[32]

Identität: DC *PFIX*:
- Untersuchungslösung: Sonnenblumenöl in Chloroform;
- Vergleichslösung: Maisöl in Chloroform;
- Sorptionsmittel: Kieselgur, imprägniert mit Petroläther-flüssiges Paraffin (95 + 5);
- Fließmittel: Essigsäure;
- Detektion: Iodbedampfung, bis braune Zonen sichtbar werden, Entfernung überschüssigen Iods, Detektion mit Stärkelsg.;
- Auswertung: Das Chromatogramm der Untersuchungslösung zeigt nach der Iod-Stärke-Detektion vier blaue Hauptbanden, die denen der Vergleichslösung sowie der eines angegebenen Standardchromatogramms entsprechen.

Reinheit:
- Aussehen: Die Substanz darf nicht stärker opaleszieren als eine Referenzsubstanz *DAC86*;
- Alkalisch reagierende Substanzen: Die Substanz muß der Prüfung entsprechen *PFIX, DAC86*.
- Relative Dichte: 0,918 bis 0,924 *PFIX*; 0,920 bis 0,930 *Ross 9*; 0,919 bis 0,925 *DAC86*.
- Brechzahl: 1,473 bis 1,476 *PFIX, DAC86*; 1,470 bis 1,474 *Ross 9*.
- Säurezahl: Höchstens 2,0 *PFIX, DAC86*; höchstens 2,25 *Ross 9*.
- Verseifungszahl: 187 bis 192 *PFIX*; 185 bis 198 *Ross 9*; 184 bis 194 *DAC86*.
- Iodzahl: 120 bis 140 *PFIX, DAC86*; 119 bis 144 *Ross 9*.
- Peroxidzahl: kleiner als 12 *PFIX*; höchstens 10 *DAC86*.
- Unverseifbare Anteile: Höchstens 1,5 % *PFIX, DAC86*.
- Fremde fette Öle: Die Prüfung erfolgt mittels Gaschromatographie. Die Fettsäurefraktion des Öles muß folgende Zusammensetzung haben: Palmitinsäure: 4,0 bis 9,0 %; Palmitoleinsäure: Höchstens 1,0 %; Stearinsäure: 1,0 bis 7,0 %; Ölsäure: 15,0 bis 35,0 %; Linolsäure: 50,0 bis 72,0 %; Linolensäure: Höchstens 2,0 %; Arachinsäure: Höchstens 1,0 %; Behensäure: Höchstens: 2,0 %; sonstige Fettsäuren: Höchstens 2,0 % *DAC86*.
- Baumwollsamenöl: Nach Zusatz eines Schwefel-Schwefelkohlenstoff-Pyridin-Gemisches und anschließender Erwärmung darf keine rote oder rötliche Verfärbung auftreten *Ross 9*.
- Baumwollsamen-, Kapoköl: Nach Mischen der Substanz mit einem Schwefel-Schwefelkohlenstoff-*i*-Pentanol-Gemisch, Verdampfen der Lösungsmittel und Erhitzen mit ges. Natriumchloridlösung darf keine rote Färbung auftreten *AB-DDR*.
- Kreuzblütleröl: Nach Zusatz alkoholischer Silbernitratlösung darf weder ein dunkler Niederschlag noch eine dunkle Färbung sichtbar sein *Ross 9*.
- Sesamöl: Nach Schütteln mit konz. Schwefelsäure und Furfurollsg. darf die wäßrige Schicht keine rote Färbung zeigen *AB-DDR*.
- Raps- und Baumwollsamenöl: Nach der Prüfung mittels Gaschromatographie werden höchstens 1 % Erucasäure und 0,1 % Myristicinsäure zugelassen *PFIX*.
- Hanföl: Nach Zusatz von rauchender Salpetersäure darf keine Farbveränderung auftreten *Ross 9*.
- Saflor- und Maisöl: Nach der Prüfung mittels Gaschromatographie wird ein Verhältnis von β-Sitosterol zu Δ-7-Sterolen von mindestens 2,5 sowie ein Verhältnis der Δ-7-Sterole zu Campesterol von mindestens 1 gefordert *PFIX*.
- Raffiniertes Öl: Das Verhältnis der Extinktionen des in Cyclohexan aufgenommenen Öls bei 232 und bei 270 nm muß mindestens 7 betragen *PFIX*.
- Perchlorethylen: Höchstens 0,1 ppm *DAC86*.
- Verdorbenheit: Das Öl darf keinen fremdartigen Geruch oder Geschmack aufweisen *PFIX*; nach Zusatz von konz. Salzsäure und Resorcin-Lsg. darf die wäßrige Phase keine stärkere Färbung als eine Kaliumpermanganat-Vergleichslösung zeigen *AB-DDR*; die Substanz darf nicht ranzig riechen oder schmecken *DAC86*.

Lagerung: Vor Licht geschützt, in dicht verschlossenen, dem Verbrauch angemessenen, möglichst vollständig gefüllten Behältnissen oder unter Inertgas; Öle aus verschiedenen Lieferungen dürfen nicht miteinander gemischt werden *DAC86*.

Stabilität: Inkompatibilitäten bestehen gegenüber Luft, Licht und Schwermetallen *DAC86*.

Volkstümliche Anwendung und andere Anwendungsgebiete: Innerlich bei Verstopfung (Gleitmittel), äußerlich als Massageöl, in Form von Ölläppchen bei schlecht heilenden Wunden[50] sowie zur Behandlung von Hautläsionen, Psoriasis und Rheuma. Ausreichende klinische Studien zur Wirksamkeit der Droge bei den genannten Indikationen liegen nicht vor. Die Anwendung von Pflanzenölen bei trockenen Hauterkrankungen erscheint jedoch plausibel.

Carcinogenität: Bei Mäusen und Ratten fördert eine fettreiche Nahrung die Entwicklung spontaner und chemisch induzierter Brusttumoren. Bei Ratten mit chemisch induzierten Tumoren steigt die Tumorrate durch einen hohen Anteil von Sonnenblumenöl im Futter: Intragastrale Gaben von jeweils 5 mg 7,12-Dimethylbenz[a]anthracen an 50 Tage alte, weibliche Sprague-Dawley-Ratten; nach einer Woche Diätbeginn mit 2,3 % Kokosöl und 0,7 % Sonnenblumenöl (I) bzw. 20 % Sonnenblumenöl (II) im Futter; Autopsie nach 19 Wochen; Tumorentwicklung (überwiegend Brustdrüsentumoren) zu 70% bei I und zu 95% bei II, was einer Verdoppelung der absoluten Tumorzahl entspricht. Der Effekt wird auf den Anteil höher ungesättigter Fettsäuren (18:2) im Sonnenblumenöl zurückgeführt.[60] Langzeitversuche (656 Tage) mit syrischen Goldhamstern, die eine an Sonnenblumenöl reiche Diät (20% ungesättigte Fettsäuren) erhielten, bestätigten den Promotor-Effekt auf die Carcinomentwicklung (Induktion von Tumoren der Atemwege durch Benzo[a]pyren und Eisenoxid).[61] Die Befunde dürften für die o.g. Indikationen des Sonnenblumenöls kaum relevant sein.

Sonst. Verwendung: *Pharmazie/Medizin.* Als indifferentes Füllmaterial für Weichgelatinekapseln; zur Herstellung von Salben und Cremes,[75] Substitution von Oliven- und Erdnußöl innerhalb pharmazeutischer Zubereitungen.[76] *Haushalt.* Sonnenblumenöl wird als Salat- und Bratöl verwendet. *Industrie/Technik.* Sonnenblumenöl dient zur Herstellung von Margarine, Firnis und Kerzen sowie zur Lederbearbeitung und als Konservierungsmittel in der Tuchfabrikation.[47]

Helianthus annuus hom. *HAB 1*

Monographiesammlungen: Helianthus annuus *HAB 1.*

Definition der Droge: Die reifen Früchte.

Stammpflanzen: *Helianthus annuus* L.

Zubereitungen: Urtinktur aus der frisch zerkleinerten Droge und flüssige Verdünnungen nach *HAB 1*, Vorschrift 4a mit Ethanol 86% (*m/m*); Eigenschaften: Die Urtinktur ist eine hellgelbe Flüssigkeit ohne besonderen Geruch und mit schwach öligem Geschmack.
Darreichungsformen: Urtinktur, flüssige Verdünnungen, Streukügelchen, Verreibungen, Tabletten, flüssige Verdünnungen zur Injektion.[62]

Identität: Prüflösung, entweder mit Ethanol unter Rückfluß gewonnener Drogenextrakt oder Urtinktur, zeigt nach Zugabe von Eisen(III)chloridlsg. eine dunkelgrüne Anfärbung, fluoresziert bei 365 nm schwach grünlichblau und nach Zusatz von verd. Ammoniaklsg. intensiv gelblichgrün.
Der in Chloroform aufgenommene Verdampfungsrückstand der Prüflösung zeigt nach Zusatz von Acetanhydrid und konz. Schwefelsäure eine allmählich entstehende, dunkelgrüne Anfärbung.
Dünnschichtchromatographie:
- Untersuchungslösung: Prüflösung;
- Vergleichslösung: Maisöl und Chlorogensäure in Ethanol;
- Sorptionsmittel: Cellulose, imprägniert mit Petroläther-flüssiges Paraffin (95 + 5);
- Fließmittel: Essigsäure-Wasser (97 + 3);
- Detektion: UV 365 nm, anschließend Iodbedampfung, bis braune Zonen sichtbar werden, Entfernung überschüssigen Iods mittels Kaltluftstrom und Detektion mit Stärke-Lsg.;
- Auswertung: Das Chromatogramm der Vergleichslösung zeigt im mittleren Drittel des Rf-Bereichs die blau fluoreszierende Zone der Chlorogensäure. Im Chromatogramm der Untersuchungslösung tritt in Höhe der Referenzsubstanz eine blau fluoreszierende Zone auf und oberhalb zeigen sich eine bis zwei hellblau fluoreszierende Zonen. Das Chromatogramm der Vergleichslösung zeigt nach der Iod-Stärke-Detektion im unteren Drittel vier blaue Zonen des Maisöls und im mittleren Drittel die blaue Zone der Chlorogensäure. Das Chromatogramm der Untersuchungslösung zeigt drei blaue Zonen in Höhe der oberen drei Zonen der Vergleichssubstanz Maisöl. In Höhe der untersten Zone der Vergleichssubstanz Maisöl kann eine schwache Zone auftreten. In Höhe der Vergleichssubstanz Chlorogensäure befindet sich eine blaue Zone, und darüber treten noch bis zu fünf blaue Zonen auf.

Reinheit: *Droge.*
- Geruch und Geschmack: Droge darf nicht ranzig riechen oder schmecken.
- Asche *(DAB)*: Höchstens 3,0%.
- Fremde Bestandteile *(DAB)*: Höchstens 1,5%.

Urtinktur.
- Relative Dichte *(DAB)*: 0,825 bis 0,845.
- Trockenrückstand *(DAB)*: Mindestens 0,5%.

Lagerung: *Urtinktur.* Vor Licht geschützt.

Anwendungsgebiete: Die Anwendungsgebiete entsprechen dem homöopathischen Arzneimittelbild. Dazu gehören: Fieberanfälle; Verdauungsstörungen.[62]

Dosierung und Art der Anwendung: *Zubereitung.* Soweit nicht anders verordnet: Bei akuten Zuständen häufige Anwendung alle halbe bis ganze Stunde je 5 Tropfen oder 1 Tablette oder 10 Streukügelchen oder 1 Messerspitze Verreibung einnehmen; parenteral 1 bis 2 mL bis zu 3mal täglich s.c. injizieren. Bei chronischen Verlaufsformen 1- bis 3mal täglich 5 Tropfen oder 1 Tablette oder 10 Streukügelchen oder 1 Messerspitze Verreibung einnehmen; parenteral 1 bis 2 mL pro Tag s.c. injizieren.[62]

Unerwünschte Wirkungen: Nicht bekannt.
Hinweis: Es können vorübergehend Erstverschlimmerungen vorkommen, die jedoch unbedenklich sind.[62]

Gegenanzeigen/Anwendungsbeschr.: Nicht bekannt.[62]

Wechselwirkungen: Nicht bekannt.[62]

Gesetzl. Best.: *Offizielle Monographien.* Aufbereitungsmonographie der Kommission D am BGA "Helianthus annuus".[62]

Helianthus annuus hom. *HPUS 88*

Monographiesammlungen: Helianthus annuus *HPUS 88.*

Definition der Droge: Die reifen Blütenköpfe.

Stammpflanzen: *Helianthus annuus* L.

Zubereitungen: *Urtinktur.* Herstellung durch Mazeration oder Perkolation der frischen oder getrockneten Droge mit EtOH nach den allg. Zubereitungsvorschriften (Class C) der *HPUS 88*. Ethanolgehalt 55 % (*V/V*).

Identität: *Urtinktur.* Arzneigehalt $^1/_{10}$.

Helianthus tuberosus L.

Synonyme: *Helianthus mollissimus* E. E. WATSON. Zu *H. tuberosus* gehören wahrscheinlich auch die als Helianthi und Salsifis beschriebenen Pflanzen, deren Anbau vor und während des ersten Weltkrieges zeitweilig propagiert wurde und deren botanische Bestimmung als *Helianthus decapetalus* L., *H. doronicoides* LAM., *H. macrophyllus* WILLD. var. *sativus* GRAEBNER und *H. strumosus* L. *var. willdenowianus* THELLUNG von Anfang an umstritten war.[71]

Sonstige Bezeichnungen: Dt.: Erdapfel, Erdbirne, Grundbirne, Jersualem-Artischocke, Knollige Sonnenblume, Topinambur; engl.: Challenger, Girasole, Jersualem-artichoke, Topinambur; frz.: Artichaut de Jerusalem, Topinambour; it.: Girasole, Patata die Canada, Tartufo di Canna, Topinambour; span.: Pataca, Patata de Cana.

Systematik: *H. tuberosus* gilt in Nordamerika als variable, nicht leicht abzugrenzende Art. In Europa werden verschiedene Sorten kultiviert, die sich in der Blütezeit, Form und Farbe der Knollen sowie in der Blattform und der Behaarung unterscheiden.

Botanische Beschreibung: Pflanze ausdauernd, 1,5 bis 3 m hoch. Grundachse mit unterirdischen Ausläufern, die in länglich-spindelförmigen oder rundlichen, kartoffelähnlichen Knollen enden; Ausläufer und Knollen mit gegenständigen schuppigen Niederblättern besetzt. Stengel aufrecht, nur oben verzweigt, rundlich, grün, zerstreut kurzrauhhaarig bis ziemlich dichtrauhhaarig zottig, markig. Laubblätter im unteren und mittleren Teil des Stengels gegenständig, zuweilen auch zu dritt wirtelig, oben wechselständig. Blätter derb, oberseits von ganz kurzen Härchen rauh, unterseits mehr oder weniger dicht kurz weichhaarig und mit sitzenden Drüsen versehen; breit eiförmig bis eilanzettlich, am unteren Ende meist spitz ausgezogen, am Grunde in einen etwa 2 bis 4 cm langen, oben geflügelten Stiel zusammengezogen, am Rande grob und oft etwas unregelmäßig gesägt, dreinervig. Köpfchen wenige, in lockerer Doldentraube in den Achseln der oberen Laubblätter an etwa 8 bis 20 cm langen, mit eilanzettlichen, laubigen Hochblättern besetzten Stielen, etwa 4 bis 6 cm breit. Hüllblätter mehrreihig, wenig ungleich lang, etwa von der Mitte an sparrig abstehend, krautig, innen schmutzig grün, außen fast schwarz, am Rande dicht bewimpert mit weißlichen, 0,6 bis 1 mm langen Haaren, auf der Fläche im unteren Teil fast kahl, oben angedrückt kurzhaarig; etwa 4 mm breit, 15 bis 17 mm lang, länger als die Scheibe, im unteren Teil fast parallelrandig, oben allmählich in eine Spitze ausgezogen. Köpfchenboden fast flach, markig. Spreublätter gekielt, länglich, mit längerem Mittelzipfel und 2 kleinen Seitenzipfeln, vielnervig, häutig, außen kurzhaarig, oben schwärzlich, fast so lang wie die Röhrenblüten. Randblüten steril, mit etwa 9 mm breiter und 25 bis 45 mm langer, dunkelgelber Zunge. Scheibenblüten zwittrig, röhrig, schmutzig gelb, Röhre unten behaart, Zipfel kurzhaarig. Achänen länglich, seitlich abgeflacht, 5 bis 7 mm lang, graubraun und meistens mit dunklen Querstreifen, zerstreut behaart. Chromosomenzahl: 2n = 102.[71]

Inhaltsstoffe: In den Knollen hauptsächlich Kohlenhydrate, insbesondere Inulin; Eiweiß und Fette.[63] In den Blättern Sesquiterpenlactone vom 1,10-epoxidierten Heliangolid-Typ als Hauptkomponenten bei kultivierten Pflanzen, wohingegen bei wildwachsenden Vertretern 3,10-epoxidierte Heliangolide, Germacrolide und Eudesmanolide dominieren.[64] Diterpensäuren vom Kauran- und Labdan-Typ;[65] ätherisches Öl;[66] die Acetylenverbindung Dehydrofalcarinon,[44] organische Säuren,[67] glykosidierte Auronderivate, das Chalkonderivat Coreopsin, methoxylierte Flavanonderivate, glykosidierte Flavonolderivate[68] und 1 bis 2 % Kautschuk im Kraut.[72]

Verbreitung: Im zentralen und östlichen Nordamerika weit verbreitet; in Mitteleuropa verschiedene Sorten als Futter-, Gemüse- oder Zierpflanze kultiviert sowie in einzelnen Formen verwildert in Staudengesellschaften an Flußufern, an Schuttplätzen, auf feuchten bis frischen, nährstoffreichen, mehr oder weniger humosen, sandig-kiesigen Lehm- und Tonböden eingebürgert.[71]

Drogen: Helianthus-tuberosus-Knollen, Helianthus tuberosus hom. *HAB 1*.

Helianthus-tuberosus-Knollen

Synonyme: Adenes canadensis, Radix Helianthi tuberosi.

Sonstige Bezeichnungen: Dt: Knollige Sonnenblumenknollen, Topinambur, Erdbirne.

Definition der Droge: Die unterirdischen Knollen; nähere Angaben fehlen.

Stammpflanzen: *Helianthus tuberosus* L.

Herkunft: s. Verbreitung von *Helianthus tuberosus*.

Gewinnung: Anbau und Ernte der Topinambur gehen ähnlich wie bei der Kartoffel vor sich. Da die Knollen frosthart sind, können sie bis in den Winter hinein und auch noch im Frühjahr geerntet werden. Die Knollen verlieren, bedingt durch ihre dünne Schale, schnell Wasser, so daß die Lagerung einige Schwierigkeiten bereitet. Am besten lassen sich die Knollen in feuchtem Sand aufheben. Die Ernte erfolgt bei reiner Knollennutzung je nach Bedarf über den ganzen Winter hinweg, bei Nutzung von Knollen und Kraut muß das Kraut bis Ende Juni geschnitten sein, damit bis zum Knollenansatz im August wieder genügend Assimilationsfläche ausgetrieben ist, oder man erntet das Kraut im Herbst nach der Ausbildung der Knollen.[73]

Ganzdroge: Die Knollen sind unregelmäßig rundlich, keulen- bis spindelförmig oder langgestreckt, am unteren Ende, zum verdickten Ausläuferteil hin mehr oder weniger spitz zulaufend, 2 bis 10 cm lang, 2 bis 6 cm dick, außen weißlich, gelblich bis braun, rötlich, rot bis blaurot, an den ringsum verlaufenden Rändern der Niederblätter bisweilen dunkler gefärbt, in der Achsel der kreuzweise gegenständigen Niederblattpaare sowie am oberen Ende je eine breit kegelförmige, bis 3 mm große, stets farblose Knospe, außerdem verschieden lange Wurzeln oder deren Reste. Anstelle der unteren Achselknospen finden sich bisweilen kleinere, weniger typisch gestaltete Seitenknollen.[74]

Schnittdroge: *Geruch.* Erdig.
Geschmack. Die rohen Knollen haben einen an rohe Haselnüsse erinnernden Geschmack.
Makroskopische Beschreibung. Der Querschnitt ist weißlich und läßt eine sehr schmale, kaum 1 mm breite Rinde, einen undeutlich radiärstrahligen Holzkörper sowie ein nur kleines, kaum deutlich abgesetztes, glasig erscheinendes Mark erkennen.[74]

Inhaltsstoffe: 15 bis 22 % Kohlenhydrate, insbesondere Inulin, das bei der Hydrolyse 97 % Fructose und 3 % Glucose ergibt; 3 % Eiweiß; 0,5 % Fett;[63] beim Verbrennen 1 bis 2 % Asche, davon 50 % Kaliumionen, als Anionen hauptsächlich Phosphat; Vitamin A, B1, B2, C, H, D; Gerbstoffe;[72] Diterpensäuren: 0,60 % Kauran-Derivate, 0,33 % Labdan-Derivat; 0,05 % des Sesquiterpenkohlenwasserstoffs β-Bisabolen[65] sowie ätherisches Öl.[66]

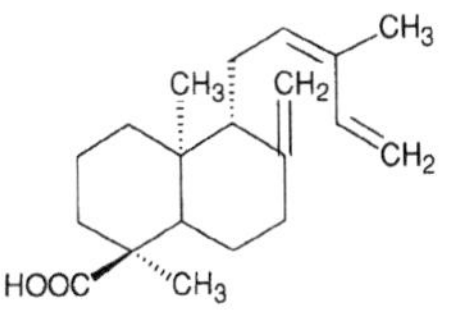

Labdan-Derivat aus *H. tuberosus*

Volkstümliche Anwendung und andere Anwendungsgebiete: Zur Diät-Ernährung sowie bei Verstopfung.

Unerwünschte Wirkungen: Nach Einnahme größerer Mengen des Topinambursaftes wurde bei Männern eine Erhöhung der Serumtriglyceride (keine Angaben zum Ausmaß) beschrieben.[69] Die Menge von 40 bis 50 g Fructose täglich sollte insbesondere bei einer Hypertriglyceridämie oder einer Niereninsuffizienz nicht überschritten werden. Weiterhin sind Meteorismus und Flatulenz möglich.[63]

Weitere medizinische Verwendung: Topinambursaft, der durch Pressung der Knollen und anschließender Partialhydrolyse des darin enthaltenen Inulins gewonnen wird, dient aufgrund eines hohen Fructose-Glucose-Quotienten in Form von verdünnten Trinksäften zur diätetischen Behandlung des Diabetes mellitus. Hierbei wird die im Vergleich zur Glucose langsamere Resorption sowie die insulinunabhängige Verwertung der Fructose ausgenutzt. Die in diesen Präparaten ebenfalls vorliegenden Oligomeren können nur von Darmbakterien abgebaut werden.[69]

Sonst. Verwendung: *Haushalt.* In der Nachkriegszeit zur menschlichen Ernährung.[63] *Industrie/Technik.* Zur Herstellung von Fructose durch Abbau des Inulins. Zur Verhinderung der Kristallisation des Zuckers in der Süßwarenindustrie. Topinambur gibt für Brennereizwecke eine rasch vergärbare Maische mit einer guten Alkoholausbeute. Knollen und Kraut weiterhin als wertvolle Futtermittel.[73]

Helianthus tuberosus hom. *HAB 1*

Monographiesammlungen: Helianthus tuberosus *HAB 1.*

Definition der Droge: Frische, im Spätherbst geerntete Knollen.

Stammpflanzen: *Helianthus tuberosus* L.

Zubereitungen: Urtinktur und flüssige Verdünnungen nach *HAB 1*, Vorschrift 2a; Eigenschaften: Die Urtinktur ist eine gelbbraune bis rotbraune Flüssigkeit mit charakteristischem Geruch und süßlich-erdigem, aromatischem Geschmack.

Identität: Nach Zugabe von Eisen(III)chloridlsg. zur Urtinktur entsteht ein braungrüner Niederschlag; die Mischung aus Urtinktur und Ethanol 96 % wird trüb.
Dünnschichtchromatographie:
- Untersuchungslösung: Urtinktur;
- Vergleichslösung: Ascorbinsäure, Coffein und Paracetamol in Methanol;
- Sorptionsmittel: Kieselgel GF_{254};
- Fließmittel: Wasser-Isopropylalkohol-Ethylacetat (15 + 35 + 50);
- Detektion: Direktauswertung im UV 254 nm, anschließend Besprühen mit Vanillin-Schwefelsäure und Auswertung im Vis;
- Auswertung: Das Chromatogramm der Vergleichslösung zeigt im UV 254 nm im unteren Drittel des Rf-Bereichs die Zone des Coffeins, im mittleren Drittel die Zone der Ascorbinsäure und im oberen Drittel die Zone des Paracetamols. Nach der Vanillin-Schwefelsäure-Detektion zeigt das Chromatogramm der Untersuchungslösung vom Start bis oberhalb der Vergleichssubstanz Ascorbinsäure eine langgezogene, grün-schwarze Zone, eine dunkelviolette und eine gelbe Zone unterhalb und eine dunkelgrüne Zone oberhalb der Vergleichssubstanz Coffein und eine violette Zone oberhalb der Vergleichssubstanz Paracetamol.

Reinheit: *Urtinktur.*
- Relative Dichte *(DAB)*: 0,950 bis 0,970.
- Trockenrückstand *(DAB)*: Mindestens 6,0 %.

Lagerung: *Urtinktur.* Vor Licht geschützt.

Gesetzl. Best.: *Offizielle Monographien.* Negativmonographie der Kommission D am BGA "Helianthus tuberosus".[70]

1. Gershenzon J, Ohno N, Mabry TJ (1981) Rev Latinoamer Quim 12:53–61
2. Melek FR, Ahmed AA, Gershenzon J, Mabry TJ (1984) Phytochemistry 23:2.573–2.575
3. Herz W, Bruno M (1986) Phytochemistry 25:1.913–1.916
4. Beale MH, Bearder JR, MacMillan J, Matsuo A, Phinney BO (1983) Phytochemistry 22:875–881
5. Herz W, Kulanthaivel P, Watanabe K (1983) Phytochemistry 22:2.021–2.025
6. Herz W, Kulanthaivel P (1984) Phytochemistry 23:1.453–1.459
7. Schilling EE (1983) Biochem Syst Ecol 11:341–344
8. Schilling EE, Panero JL, Storbeck TA (1987) Biochem Syst Ecol 15:671–672
9. Gao F, Wang H, Mabry TJ (1987) J Nat Prod 50:23–29
10. Spring O, Albert K, Gradmann W (1981) Phytochemistry 20:1.883–1.885
11. Spring O, Albert K, Hager A (1982) Phytochemistry 21:2.551–2.553
12. Melek FR, Gage DA, Gershenzon J, Mabry TJ (1985) Phytochemistry 24:1.537–1.539
13. Spring O, Benz T, Ilg M (1989) Phytochemistry 28:745–749
14. Hutchison M, Gaskin P, MacMillan J, Phinney BO (1988) Phytochemistry 27:2.695–2.701
15. Pyrek JS (1984) J Nat Prod 47:822–827
16. Ferguson G, McCrindle R, Murphy ST, Parvez M (1982) J Chem Res Synop 200–201
17. Martin Panizo F, Rodriguez B (1979) An Quim 75:428–430, zit. nach CA 91:120388
18. Pyrek JS (1979) Pol J Chem 53:1.071–1.072
19. Pyrek JS (1979) Pol J Chem 53:2.465–2.475
20. Tchirva WJA, Tcheban PL, Lasurjevski GW (1968) Khim Prir Soedin 140, zit. nach CA 69:41746
21. Tcheban PL, Tchirva WJA, Lasurjevski GW (1969) Khim Prir Soedin 59
22. Tcheban PL, Tchirva WJA, Lasurjevski GW (1969) Khim Prir Soedin 129–130, zit. nach CA 71:70889
23. Tcheban PL, Tchirva WJA (1969) Khim Prir Soedin 327, zit. nach CA 73:45777
24. Wojciechowski Z, Anysz-Loos L, Szybek P, Ukrainska H, Kasprzyk Z (1971) Bull Acad Pol Sci, Ser Sci Biol 19:179–182
25. Wojciechowski Z, Kasprzyk Z (1972) Bull Acad Pol Sci, Ser Sci Biol 20:87–89, zit. nach CA 76:154087
26. Bader G, Wagner K, Hiller K (1990) Planta Med 56:553–554
27. Bader G, Zieschang M, Wagner K, Gründemann E, Hiller K (1991) Planta Med 57:471–474
28. Egger K (1968) Z Naturforsch 23b:733–735
29. Toth G, Szabolcs J (1981) Phytochemistry 20:2.411–2.4115
30. Deli J, Molnar P, Toth G, Szabolcs J, Radics L (1988) Phytochemistry 27:547–549
31. Homberg EE, Schiller HPK (1973) Phytochemistry 12:1.767–1.773
32. Matsumoto T, Nakagawa M, Itoh T (1984) Phytochemistry 23:921–923
33. Huesa Lope J, Carabello-Infante Perales P, Mazuelos Vela F (1974) Grasas Aceites 25:350–353, zit. nach CA 82:135733
34. Rzhekin VP, Krasilnikov VN, Karaseva TV, Nedachina NA, Gorshkova EI (1968) Maslozhir Prom 34:13–16, zit. nach CA 69:68476
35. Popov A, Dodova-Anghelova M, Ivanov CH, Stefanov K (1970) Riv Ital Sostanze Grasse 47:254–256, zit. nach CA 73:78792
36. Schwenke KD, Pähtz W, Linow KJ, Raab B, Schultz M (1979) Nahrung 23:241–254
37. This P, Goffner D, Raynal M, Chartier Y, Delseny M (1988) Plant Physiol Biochem 26:125–132
38. Decherf-Hamey S, Mimouni B, Raymond J, Azanza JL (1990) Nahrung 34:387–398
39. Pomenta JV, Burns EE (1971) J Food Sci 36:490–493
40. Leung J, Fenton TW, Claudinin DR (1981) J Food Sci 46:1.386–1.393
41. Harborne JB, Smith DM (1978) Biochem Syst Ecol 6:287–291
42. Riesenberg LH, Soltis DE, Arnold D (1987) Amer J Bot 74:224–233
43. Gemishev TM (1966–1967) God Sofii Univ Biol Fak 61:185–197, zit. nach CA 73:127714
44. Bohlmann F, Arndt C, Bornowski H, Jastrow H, Kleine KM (1962) Chem Ber 95:1.320–1.327
45. Etievant PX, Azar M, Pham-Delegue MH, Masson CJ (1984) J Agric Food Chem 32:503–509
46. Luedtke M (1961) Z Pflanzenzue 45:406–420
47. Berger F (1949–1952) Handbuch der Drogenkunde, Verlag für medizinische Wissenschaften Wilhelm Maudrich, Wien, Bd. 1, S. 305; Bd. 2, S. 158; Bd. 3, S. 282
48. Müller-Dietz H, Kraus EM, Rintelen K (1965) Arzneipflanzen in der Sowjetunion, Berlin, S. 116
49. Kiritkar KR, Basu BD, An ICS (1988) Indian Medicinal Plants, Bd. II, International Book Distributors, Dehradun, S. 1.370–1.371
50. Pahlow M (1989) Das große Buch der Heilpflanzen, Gräfe und Unzer Verlag, München, S. 305
51. Erdmann H (1930) Muench Med Wochenschr 77:1.127
52. Valnet J (1983) Phytotherapie – Traitment des maladies par les plantes, Maloine S. A., Paris, S. 442
53. Sörensen JS, Sörensen NA (1954) Acta Chem Scand 8:284–291
54. Cecchini T (1990) Enciclopedia de las hierbas y de las plantas medicinales, Editorial de Vecchi S. A., Barcelona, S. 211–212
55. Spring O, Kupka J, Maier B, Hager A (1981) Z Naturforsch 37C:1.087–1.091
56. Hausen BM (1988) Allergiepflanzen, Pflanzenallergene, Kontaktallergene, Ecomed, Landsberg, S. 144–146
57. Hausen BM, Spring O (1989) Contact Dermatitis 20:326–334
58. Shustanova LA, Umarov AU, Markman AL (1971) Khim Prir Soedin 3–7, zit. nach CA 74:108155
59. Schwarz FKT (1944) Hippokrates 15:33–34
60. Hopkins GJ, Kennedy TG, Carrol KK (1981) J Natl Cancer Inst 66:517–522
61. Beems RB, van Beek L (1984) Carcinogenesis 5:413–417
62. BAz Nr. 22a vom 03.02.1988
63. Laube H (1988) Dtsch Med Wochenschr 113:1.534
64. Spring O (1991) Phytochemistry 30:519–522
65. Bohlmann F, Jakupovic J, King RM, Robinson H (1980) Phytochemistry 19:863–868
66. MacLeod AJ, Pieris NM, Gonzales de Troconis N (1982) Phytochemistry 21:1.647–1.651
67. Inge-Vechtomova NI (1971) Vstn Leningrad Univ Biol 113–117, zit. nach CA 76:110312
68. Schilling EE, Mabry TJ (1981) Biochem Syst Ecol 9:161–163
69. Angeli I, Bärwald G (1985) Gordian 11:239–244
70. BAz Nr. 199a vom 20.10.1989
71. Heg, Bd. VI, Teil 3, S. 244–257
72. Hgn, Bd. III, S. 345, 483–495, 521–537; Bd. VII, S. 107, 150; Bd. VIII, S. 265–314

73. Hag, Bd. 5, S. 29–34
74. HAB 1
75. DAC 86
76. Mar 29

GB/Hi

Helleborus

HN: 2036300

Familie: Ranunculaceae.

Unterfamilie: Helleboroideae.

Tribus: Helleboreae.

Subtribus: Helleborinae.

Gattungsgliederung: Die Gattung Helleborus L. (Syn. Helleboraster MOENCH) besteht aus etwa 22 bis 25 Arten. Die Gattung gliedert sich auf in die beiden Hauptgruppen der Hellebori scapigeri A. BRAUN und der Hellebori caulescentes A. BRAUN. Zur ersten gehören alle mitteleuropäischen Arten bis auf *H. foetidus*. Sie sind charakterisiert als Stauden mit langgestielten Grundblättern und einem kräftigen, kriechenden Wurzelstock; die blühenden Stengel sind frei von Laubblättern, haben dagegen spreitenlose oder laubblattartige Hochblätter; die Stengel sind krautig und nicht stark verholzend. Zur zweiten Hauptgruppe gehört in Mitteleuropa lediglich *H. foetidus*: Stauden mit beblätterten, in Mitteleuropa zweijährigen, oberirdischen Sprossen, ohne langgestielte Grundblätter, mit aufrechtem, mehr oder weniger verholztem Stengel und einem aufsteigenden, schwach entwickelten Wurzelstock. Die Hauptgruppe der Hellebori scapigeri läßt sich in drei Sektionen unterteilen: Chenopus SCHIFFNER, Griphopus SPACH und Syncarpus SCHIFFNER. Die Gruppe der Hellebori caulescentes umfaßt ebenfalls drei Sektionen: Cicarpon ULBRICH, Helleborastrum SPACH (Syn.: Euhelleborus SCHIFFNER) und Helleborus (Syn.: Chionorhodon SPACH). Helleborus ist in den meisten Merkmalen im Vergleich zu den Gattungen Eranthis L. und Shibateranthis NAKAI, mit denen es die Subtribus Helleborinae SPACH der Tribus Helleboreae DC. bildet, die ursprünglichere Gattung. Der systematische Anschluß von Helleborus ist jedoch noch unklar. Zum einen sind die Merkmalsübereinstimmungen nichtserologischer Art mit Caltha und Trollius hoch, zum anderen aber weisen verschiedene Ähnlichkeiten, wie z. B. das Vorkommen von Ranunculin, auf Anemone, Clematis und Ranunculus hin. Serologische Beziehungen bestehen auch zu Nigella und annuellen Ranunculaceen (Myosurus, Adonis, Consolida).[23]

Gattungsmerkmale: Die Gattung Helleborus umfaßt überwiegend frühlingsblühende, krautige Pflanzen mit meist zerteilten, wechselständigen Blättern und auffällig gefärbten, zwittrigen, radiären bis dorsiventralen Blüten mit schraubiger oder wirteliger Anordnung der einzelnen Elemente. Neben dem corollinischen Perianth findet sich eine aus Staubblättern hervorgegangene Hülle von blumenkronartigen sogenannten Honigblättern. Zahlreiche freie Stamina und viele unverwachsene, oberständige Fruchtblätter, aus denen häufig geschnäbelte Balg- oder Nußfrüchte hervorgehen. Deckhaare einzellig. Chromosomengrundzahl $x = 8$.[23,27]

Verbreitung: Mittel- und Südeuropa, Kleinasien, Nordamerika.

Inhaltsstoffgruppen: Bufadienolide und Flavonoide mit Glykosylierung in 7-Stellung sowie 3-Rhamnoglucoside; außerhalb der Gattung Helleborus bei den Ranunculaceen bisher nicht nachgewiesen. Charakteristisch sind ferner das Lactonglucosid Ranunculin und das Saponingemisch Helleborin mit Sapogeninen vom Steroidtyp (vermutlich bisdesmosidische Furostanderivate), als deren Aglyka wurden bisher Spirosta-5,25(27)-dien-1β,3β,11α-triol, Macranthogenin (25(27)-Dehydrosarsapogenin) identifiziert.[31] Nur einige Arten sind alkaloidführend.[27]

Drogenliefernde Arten: *H. foetidus*: Hellebori foetidi rhizoma, Helleborus foetidus hom. *HAB34*, Helleborus foetidus hom. *HPUS88*; *H. niger*: Hellebori nigri rhizoma, Helleborus hom. *HAB34*, Helleborus niger hom. *PFX*, Helleborus niger hom. *HPUS88*; *H. orientalis*: Helleborus orientalis hom. *HAB34*; *H. viridis*: Hellebori viridis rhizoma, Helleborus viridis hom. *HAB34*, Helleborus viridis hom. *HPUS88*.

Helleborus foetidus L.

Synonyme: *Helleboraster foetidus* (L.) MOENCH.

Sonstige Bezeichnungen: Dt.: Stinkende Nieswurz; engl.: Bear's foot, setterwort, stinking Hellebore; frz.: Pan au lau, pied de griffon, rose de serpent; it.: Elabro puzzolente, fava di lupo.

Botanische Beschreibung: Ausdauerndes, halbstrauchiges Kraut, bis 50 cm hoch. Der aufrechte, kahle Stengel ist mehr oder weniger stark verzweigt und an der Basis verholzend. Die grundständigen Laubblätter sind winterhart, dunkelgrün gefärbt und haben eine sehr breite, hellgrüne Scheide. Sie sind langgestielt, 3- bis 9fach fußförmig geteilt, mit schmal-lanzettlichen, oben stark entfernt gesägten Abschnitten. Die stengelständigen Laubblätter gehen durch Verjüngung der Blattspreite allmählich in breite, eiförmige, ganzrandige, hellgrüne Hochblätter über, die häufig noch kurze, spitze Spreitenreste tragen. Die grünen Blüten haben einen Durchmesser von 1 bis 3 cm und sind mehr oder weniger stark hängend. Fünf breit-eiförmige, glockenförmige, zusammenneigende Blütenhüllblätter mit rotbraunem Rand. Die Kronblätter sind zu kurzen, tütenförmigen Honigblättern umgebildet. Zahlreiche gelbe Staubblätter. Es entstehen etwa drei braune, längliche, vielsamige Balgfrüchte mit gebogenem Schnabel und mit Querstreifen. Die mattschwarzen Samen sind eiförmig und mit einer schmalen Längswulst versehen. Chromosomenzahl $2n = 32$.[23] *Helleborus foetidus* besitzt im Gegensatz zu den übrigen Arten kein Rhizom mit sproßbürtigen Wurzeln, sondern ein stark verholztes Wurzelsystem.[1]

Inhaltsstoffe: In den Stengeln und Blütenblättern ca. 1,4 % Ranuncosid;[12,13] Flavonoide, insbesondere Quercetin-3-sambubiosyl-7-glucosid und Quercetin-3-caffeoylsophorosyl-7-glucosid; das Lacton Protoanemonin mit ca. 0,07 %[16] sowie das Alkaloid Corytuberin.[22]

Verbreitung: Westliches und südliches Europa, nordwärts bis Südengland und Wales, Belgien und Nordwestdeutschland (hier eher verwildert), im Süden bis Südspanien, Nordafrika (Tanger), Balearen, Kalabrien. Auf trockenen, steinigen Abhängen und Felsen sowie in lichten Bergwäldern. Fast ausschließlich auf kalkhaltigem Boden.[23]

Drogen: Hellebori foetidi rhizoma, Helleborus foetidus hom. *HAB34*, Helleborus foetidus hom. *HPUS88*.

Hellebori foetidi rhizoma

Synonyme: Rhizoma Helleborasti, Rhizoma Hellebori foetidi.

Sonstige Bezeichnungen: Dt.: Stinkende Nieswurzel.

Definition der Droge: Der getrocknete Wurzelstock mit Wurzeln.

Stammpflanzen: *Helleborus foetidus* L.

Schnittdroge: *Geruch.* Im frischen Zustand widerlich, beim Trocknen verlorengehend.[1]
Geschmack. Bitter, scharf.[1]
Mikroskopisches Bild. Im Querschnitt der Wurzel erkennt man ein dünnes, 3 bis 8 Zellschichten breites, braunes Abschlußgewebe aus tangential stark verdickten Zellen, das den weißen, leicht von der Rinde ablösbaren Holzkörper umhüllt.[1]

Inhaltsstoffe: Ca. 0,1 % des Steroidsaponingemisches Helleborin, welches bis heute noch nicht näher analysiert wurde;[2,28] ca. 4,2 bis 9,3 % Ranuncosid;[12] keine herzwirksamen Glykoside.[2,6]

Identität: DC:[2]
- Untersuchungslösung: Der Methanolextrakt des zuvor mit Petroläther entfetteten Drogenpulvers;
- Sorptionsmittel: Kieselgel F_{254};
- FM: Choroform-Methanol-Wasser (35 + 25 + 10, Unterphase);
- Detektion: Besprühen mit Anisaldehyd-Schwefelsäure-Reagenz, anschließend auf ca. 110 °C erhitzen, Auswertung im UV 366 nm;
- Auswertung: Im Rf-Bereich um 0,7 findet sich eine olivgrüne Bande (Saponine); im Bereich von 0,7 bis zur Fließmittelfront können noch mehrere schwache Banden vorhanden sein.

Volkstümliche Anwendung und andere Anwendungsgebiete: Bei Verstopfung, Übelkeit, Wurmbefall, zur Menstruationsregulierung und Abtreibung sowie bei akuter Nephritis.[32] Die Wirksamkeit bei den genannten Anwendungsgebieten ist gegenwärtig nicht belegt; die Verwendung der Droge ist vom heutigen Standpunkt aus zudem auf Grund der Risiken abzulehnen.

Tox. Inhaltsstoffe u. Prinzip: Das Steroidsaponingemisch Helleborin; typische Saponinintoxikation mit ausgeprägten Reizerscheinungen an Schleimhäuten, Übelkeit, Erbrechen, Durchfällen, Mydriasis, Schwindel, Atemnot, Herzrhythmusstörungen, Krämpfen; s. a. Lit.[36]

Akute Toxizität: *Mensch.* Bei peroraler Aufnahme von bereits 3 Samenkapseln kann es zu Entzündungen des Mundes, Übelkeit, Schwindel, Durchfall, Gefäßkrämpfen und Atemnot kommen; ferner zu Pupillenerweiterung, Herzrhythmusstörungen, Krämpfen bis hin zur Atemlähmung. Angesichts weitgehend vergleichbarer Inhaltsstoffe sind entsprechende Symptome auch nach Einnahme der Droge zu erwarten. Bei der Verwendung als Schnupftabak können Schleimhautreizungen mit Blasenbildung und Blutungen vorkommen; s. a. Lit.[36] Durch Helleborin verursachte Vergiftungserscheinungen sind wie folgt beschrieben: Übelkeit, Erbrechen, Schlingbeschwerden, Magen- und Leibschmerzen, Durchfall, Wadenkrämpfe, Hautblässe, Schwindel, Ohrensausen, Mydriasis, Senkung der Pulsfrequenz und Dyspnoe.[39] *Tier.* Bei Rindern, die *Helleborus foetidus* fraßen, wurden in Intervallen auftretende epileptoide Krämpfe mit Symptomen wie Zittern, Niederstürzen des Tieres, Augenverdrehen und Pupillenerweiterung beobachtet.[39,40] Es wird von Todesfällen bei Rindern berichtet, die ca. 20 h nach Verzehr der Blätter eintraten; als Symptome zeigten sich vor deren Tod Bewegungsstörungen, Durchfall, Aufblähen des Bauches, Bindehautentzündung, Tachycardie und erniedrigte Temperatur. Bei den toten Tieren wurde Blut an Maul und After gefunden.[43]
Pflanzengiftklassifizierung. Sehr giftig + + +.[18]

Akute Vergiftung: *Erste Maßnahmen.* Erbrechen auslösen, Gabe von 10 g Medizinalkohle und Natriumsulfat; Zufuhr salinischer Abführmittel; Magenspülung; s. a. Lit.[36]

Sonst. Verwendung: *Landwirtschaft.* Gegen Pflanzenschädlinge.

Gesetzl. Best.: *Artenschutz.* Die Pflanze steht in Deutschland, Österreich, der Schweiz, Italien, der ehemaligen Tschechoslowakei und im ehemaligen Jugoslawien unter Naturschutz; aufgenommen in die Rote Liste als potentiell gefährdete Pflanze.[36]

Helleborus foetidus hom. *HAB 34*

Monographiesammlungen: Helleborus foetidus *HAB34*.

Definition der Droge: Die getrocknete Wurzel.

Stammpflanzen: *Helleborus foetidus* L.

Zubereitungen: Tinktur nach §4 *HAB34* mit 60%igem Ethanol (*m/m*).

Gehalt: *Tinktur.* Arzneigehalt $^1/_{10}$.

Lagerung: Droge, Urtinktur, 2. und 3. Dezimalpotenz vorsichtig.

Helleborus foetidus hom. *HPUS 88*

Monographiesammlungen: Helleborus foetidus *HPUS 88.*

Definition der Droge: Die Wurzel.

Stammpflanzen: *Helleborus foetidus* L.

Zubereitungen: *Urtinktur.* Herstellung durch Mazeration oder Perkolation der frischen oder getrockneten Droge mit Ethanol nach den allg. Zubereitungsvorschriften (Class C) der *HPUS 88.* Ethanolgehalt 65 % (*V/V*).

Gehalt: *Urtinktur.* Arzneigehalt $^1/_{10}$.

Helleborus niger L.

Sonstige Bezeichnungen: Dt.: Christrose, Schneerose, Schwarze Nieswurz; engl.: Black hellebor, Christ hellebor, Christmas rose; frz.: Ellebore noir, Hellébore noir, herbe de feu, rose de Noël; it.: Elleboro nero, erba nocca, fava di lupo, rosa di Natale; span.: Pie di diavolo.

Systematik: Die Art gliedert sich in zwei schwach voneinander getrennte Unterarten:
ssp. *macranthus* (FREYN) SCHIFFNER (Syn.: *H. altifolius* KERNER, *H. niger* L. var. *macracanthus* FREYN): Hat kräftigere Gestalt, matte, bläulich-grüne Laubblätter, breit-verkehrt-lanzettliche, meist schmale Blattabschnitte, die in oder über der Mitte am breitesten sind, mit feinen, seitlich abstehenden, stechend-spitzen Zähnchen; Blüten größer, ca. 8 bis 11 cm im Durchmesser, Kelchblätter nach dem Verblühen meist violett verfärbend;
ssp. *niger*: Laubblätter glänzend dunkelgrün, Blattabschnitte rhombisch-keilförmig, im vordersten Drittel am breitesten, grob gesägt, mit nach vorn gekrümmten und mit einer deutlichen Nervenfurche versehenen Zähnen; Blüten ca. 6 bis 8 cm im Durchmesser, die Kelchblätter sind nach dem Verblühen grün oder schwach rötlich.[23]

Botanische Beschreibung: Ausdauerndes Kraut von 15 bis 30 cm Höhe. Kräftiger Wurzelstock, ästig, geringelt, bis 10 cm lang, mit zahlreichen, fleischigen Wurzeln. Winterharte, grundständige Laubblätter, lang gestielt, ledrig, glänzend bis matt, dunkelgrün, fußförmig 7- bis 9teilig. Abschnitte schmal-lanzettlich, keilförmig, oberwärts mehr oder weniger stark gesägt. Nerven oberseits vertieft. Ein bis zwei stengelständige, hochblattartige blaßgrüne Blätter. Blütenstiele aufrecht, dick, kahl, oben mit ein bis drei hellgrünen schuppenförmigen, ganzrandigen Hochblättern. Meist eine, selten zwei bis drei endständige, weiße, sich im Dezember entfaltende Blüten von 3 bis 6 cm Durchmesser. Kelchblätter bis 45 mm lang, eiförmig, sich an den Rändern überlappend, weiß bis schwach rosa, später grün oder purpurrot werdend. Blütenblätter tütenförmig, gelb bis gelbgrün. Staubblätter zahlreich. Balgfrüchte auf kurzem Fruchtträger, mit Schnabel etwa 3 cm lang. Am Grund oder bis auf ein Drittel der Länge miteinander verwachsen, meist sieben Früchte pro Pflanze. Zahlreiche eiförmige Samen, am Rücken mit einem blasigen Längswulst; Chromosomenzahl 2n = 32.[23]

Inhaltsstoffe: *Saponine:* Das Steroidsaponingemisch Helleborin; das Sapogenin Spirosta-5,25(27)-dien-1β,3β-11α-triol.[9]
Flavonoide in Blättern, Blüten und Stengeln: Kämpferol-3-sambubiosyl-7-glucosid, Kämpferol-3-sambubiosid, Kämpferol-3,7-diglucosid, Kämpferol-3-sophorosid.
Sonstige. Aconitsäure; das Lacton Protoanemonin in den Blättern.[16] Ranuncosid (= 5-Hydroxylaevulinsäureglucosid) in den oberirdischen Teilen: Blätter 4 bis 9 %, Blüten ca. 1,4 %.[12,13] Ferner Corytuberin.[22] Im Gegensatz zu früheren Angaben enthält *Helleborus niger* nicht das Bufadienolid Hellebrin (= Hellebrigeninglucorhamnosid).[1,2,6]

Ranuncosid

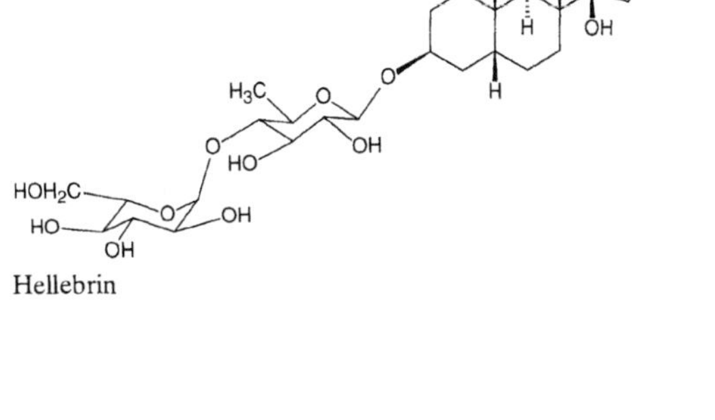

Hellebrin

Verbreitung: In den Wäldern Mittel- und Südeuropas, insbesondere in den Alpen, im Apennin, in Frankreich und Rußland. Wächst stellenweise an steinigen, buschigen Abhängen; wird häufig auch in Gärten und auf Friedhöfen kultiviert.

Drogen: Hellebori nigri rhizoma, Helleborus hom. *HAB34*, Helleborus niger hom. *PFX*, Helleborus niger hom. *HPUS88*.

Hellebori nigri rhizoma (Nieswurzwurzelstock)

Synonyme: Radix Hellebori nigri, Radix Hippocratis, Radix Melampodii, Rhizoma Hellebori, Rhizoma Hellebori nigri.
Hinweis: Radix Hellebori albi ist das Rhizom von *Veratrum album* L.

Sonstige Bezeichnungen: Dt.: Christrosenwurzel, Schneerosenwurzel, Schwarze Christwurzel, Schwarzer Nieswurzwurzelstock; engl.: Christmas root; frz.: Racine d'hellébore noir, Rhizome d'hellébore; it.: Helleboro preta; span.: Raiz de eleboro negro.

Monographiesammlungen: Rhizoma Hellebori *EB6*, Hellebore *BPC34*.

Definition der Droge: Der getrocknete Wurzelstock.

Stammpflanzen: *Helleborus niger* L.; zusätzlich *Helleborus viridis* L. für Rhizoma Hellebori *EB6*.

Herkunft: Hauptsächlich in Österreich, teilweise aus Oberitalien, der Provence und vom Balkan.[1,2]

Ganzdroge: Schwarzer bis schwarzbrauner, verästelter Wurzelstock von 3 bis 6 cm Länge, mit verschieden langen Wurzeln versehen. Der Wurzelstock ist von Blattresten geringelt und hat vertiefte Stengelnarben. Im Querschnitt sind 4 bis 6 weißliche, keilförmige Gefäßbündel zu erkennen. Die 2 bis 3 mm dicken Wurzeln sind außen schwarzbraun, im Querschnitt ist ein helles Leitbündel erkennbar.[1,19,37]

Schnittdroge: *Geruch.* Schwach.
Geschmack. Stark bitter, später scharf.
Makroskopische Beschreibung. Sehr viele braunschwarze, 2 bis 3 mm dünne, rundliche Wurzelstükke sowie unregelmäßige, schwarzbraune Wurzelstockteile, die durch die Narben, die dünnen, hellen Gefäßbündel und den deutlich strahligen Bau des Xylems charakterisiert sind.
Mikroskopisches Bild. Beim Querschnitt des Rhizoms findet sich als Abschlußgewebe eine Epidermis sowie dickwandiges Metaderm. Das Phloem ist faserfrei, die Phloemteile verbreitern sich nach innen hin. Die Xylemteile sind keilförmig, die Markstrahlen breit. Die Wurzelquerschnitte zeigen ein tetrarches Leitbündel, umgeben von einer Endodermis mit Casparyschen Streifen sowie einer Exodermis aus braunen, außen sichelförmig verdickten Zellen.[1,19]

Pulverdroge: Im Pulver dominieren die dunkelgefärbten Exodermis- und Hypodermiszellen, die fett- und stärkehaltigen Parenchymzellen sowie die Netztracheen. Fasern und Kristalle fehlen.[19]

Verfälschungen/Verwechslungen: Mit Hellebori viridis rhizoma sowie den unterirdischen Teilen von *Trollius europaeus* L., *Aconitum napellus* L., *Astrantia major* L., *Actaea spicata* L. und *Adonis vernalis* L.: Rhizome und Wurzeln sehen sich sehr ähnlich und lassen sich praktisch nicht unterscheiden.[1,19] Mit Veratri albi radix: Dessen Anwesenheit ist bei der Ganz- und Schnittdroge leicht optisch erkennbar, in der Pulverdroge histochemisch nachweisbar durch eine positive Alkaloidreaktion, durch steinzellenartige Endodermiszellen, Oxalatraphiden sowie langgestreckte, gelbliche, verdickte und getüpfelte Epidermiszellen.[19]

Inhaltsstoffe: Alkaloide: Celliamin, Sprintillamin, Sprintillin.
Saponine: Ca. 0,1 % Helleborin; das Sapogenin Spirosta-5,25(27)-dien-1β,3β,11α-triol.[9]
Ferner Aconitsäure. Im Gegensatz zu früheren Angaben enthält Hellebori nigri rhizoma nicht das Bufadienolid Hellebrin (Hellebrigeninglucorhamnosid).[1,4]

Identität: Reaktion des Drogenpulvers mit *p*-Dimethylaminobenzaldehyd in schwefelsaurem Milieu (Wasickys Reagenz) *EB6*. Da diese Reaktion auf dem Nachweis der in der Gattung Helleborus weitverbreiteten Steroidsaponine basiert, sollte zur Prüfung der Identität besser die DC herangezogen werden:
- Untersuchungslösung: Der Methanolextrakt des zuvor mit Petroläther entfetteten Drogenpulvers;
- Sorptionsmittel: Kieselgel F_{254};
- FM: Chloroform-Methanol-Wasser (35 + 25 + 10, Unterphase);
- Detektion: Besprühen mit Anisaldehyd-Schwefelsäure-Reagenz, anschließend auf ca. 110 °C erhitzen, Auswertung im UV 366 nm;
- Auswertung: Im Rf-Bereich um 0,7 findet sich ein olivgrüner Hauptfleck (Saponine). Weitere Flecken sind nur schwach erkennbar. Blau gefärbte Banden unterhalb (herzwirksame Glykoside) und oberhalb (Aglyka der herzwirksamen Glykoside) des Hauptflecks dürfen nicht erscheinen (Verfälschungen).[1,2,4]

Reinheit: Asche: Max. 6 % *EB6*.

Lagerung: Vorsichtig *EB6*.

Volkstümliche Anwendung und andere Anwendungsgebiete: Bei Verstopfung, Übelkeit, Wurmbefall, zur Menstruationsregulierung und Abtreibung sowie bei akuter Nephritis.[28,32] Die Wirksamkeit bei den genannten Anwendungsgebieten ist gegenwärtig nicht belegt; die Verwendung der Droge ist vom heutigen Standpunkt aus zudem auf Grund der Risiken abzulehnen.

Dosierung und Art der Anwendung: *Droge.* Mittlere Einzelgabe: 0,05 g. Größte Einzelgabe: 0,2 g;

größte Tagesgabe 1,0g. Mittlerer Gehalt als Schnupfpulver: 10%.[38]

Tox. Inhaltsstoffe u. Prinzip: Als toxische Inhaltsstoffe kommen bei *Helleborus niger* nach bisherigen Erkenntnissen nur das Saponingemisch Helleborin und Protoanemonin in Betracht. Helleborin: s. Hellebori foetidi rhizoma. Protoanemonin: Schleimhautreizungen, welche vor allem zu Gastroenteritiden mit heftigem Erbrechen und Durchfällen führen können; s. a. Lit.[36] Cardiotoxische Substanzen wie Hellebrin oder andere Bufadienolide sind in der Droge nicht enthalten; frühere widersprüchliche Angaben in dieser Hinsicht beruhen darauf, daß zum einen laut *EB6* der Wurzelstock von *Helleborus viridis* L. (hellebrinführend) für die Droge Rhizoma Hellebori zugelassen war, zum anderen darauf, daß die Anwesenheit von Hellebori viridis rhizoma neben Hellebori nigri rhizoma pharmakognostisch praktisch nicht nachweisbar war.[33]

Akute Toxizität: *Mensch.* Nach Verschlucken von Blumenwasser, in dem vorher *Helleborus niger* stand, wurde als Vergiftungssymptom ein Kratzen im Hals beobachtet;[40] sonst wie Hellebori foetidi rhizoma (s. dort). *Tier.* Bei Rindern wurden nach Verzehr von *Helleborus niger* Herzstörungen, beengte Atmung, Geifer, blutige Darmentleerung und Unterdrücken des Wiederkäuens beobachtet. Ein Pferd soll nach Verzehr von 1 kg Blättern verendet sein, Hammel bekamen durch Fressen der frischen Pflanze Aufblähungen, blutige Entleerungen und Krämpfe.[39]
Pflanzengiftklassifizierung. Sehr stark giftig + + +.[18]

Akute Vergiftung: *Erste Maßnahmen.* Erbrechen auslösen, Gabe von 10g Medizinalkohle und Natriumsulfat; Zufuhr salinischer Abführmittel; Magenspülung; s. a. Lit.[36]

Sonst. Verwendung: *Haushalt.* Als Schnupfmittel; wegen der schleimhautreizenden Wirkung des Helleborins, s. Hellebori viridis rhizoma. *Landwirtschaft.* Gegen Pflanzenschädlinge.

Gesetzl. Best.: *Artenschutz. Helleborus niger* steht unter Naturschutz. In der Roten Liste als potentiell gefährdet aufgenommen.[18] *Apothekenpflicht.* Ja.

Helleborus hom. *HAB34*

Sonstige Bezeichnungen: Dt.: Christwurzel, schwarze Nieswurz.

Monographiesammlungen: Helleborus *HAB34*.

Definition der Droge: Der getrocknete Wurzelstock mit den daranhängenden Wurzeln.

Stammpflanzen: *Helleborus niger* L.

Zubereitungen: Tinktur nach §4 *HAB34* mit Ethanol 90% (*V/V*); Eigenschaften: Die Tinktur ist von gelber Farbe, widerlichem Geruch und brennendem Geschmack. Die 2. und 3. Dezimalpotenz werden mit 90%igem, die 4. wird mit 60%igem (*m/m*) und die höheren Verdünnungen werden mit Ethanol 45% (*m/m*) bereitet.
Urtinktur nach *HAB1*, Vorschrift 4a mit Ethanol 86% (*m/m*); D2 und D3 mit Ethanol 86% (*m/m*); D4 mit Ethanol 62% (*m/m*); ab D5 mit Ethanol 43% (*m/m*).[24]
Darreichungsformen: Ab D3: Flüssige Verdünnungen, Tabletten, Verreibungen, Streukügelchen, flüssige Verdünnungen zur Injektion.[24]

Identität: Ein Gemisch aus gleichen Teilen Tinktur und Wasser wird mit Bleiessig vermischt, das Filtrat mit Natronlauge alkalisiert und mit Chloroform ausgeschüttelt. Die zur Trockene eingedampfte Chloroformphase färbt sich nach Zusatz von konzentrierter Schwefelsäure purpurrot. Werden 5 mL der 2. bis 4. Dezimalpotenz auf dem Wasserbad verdunstet, dann färbt sich der Rückstand mit wenig konzentrierter Schwefelsäure purpurrot bis rötlich.

Reinheit: *Tinktur.*
- Spezifisches Gewicht: 0,840 bis 0,855.
- Trockenrückstand: 3,24 bis 3,70%.

Gehalt: *Tinktur.* Arzneigehalt $^1/_{10}$.

Lagerung: Droge, Urtinktur, 2. und 3. Dezimalpotenz vorsichtig.

Anwendungsgebiete: Die Anwendungsgebiete entsprechen dem homöopathischen Arzneimittelbild. Hierzu gehören: Hirn- und Hirnhautentzündungen; akute Durchfallerkrankungen; Nierenentzündung; Verwirrtheitszustände und Gemütsleiden.[24]

Dosierung und Art der Anwendung: *Zubereitung.* Soweit nicht anders verordnet: Bei akuten Zuständen alle halbe bis ganze Stunde je 5 Tropfen oder 1 Tablette oder 10 Streukügelchen oder 1 Messerspitze Verreibung einnehmen; parenteral 1 bis 2 mL bis zu 3mal täglich s.c. injizieren. Bei chronischen Verlaufsformen 1- bis 3mal täglich 5 Tropfen oder 1 Tablette oder 10 Streukügelchen oder 1 Messerspitze Verreibung einnehmen; parenteral 1 bis 2 mL pro Tag s.c. injizieren.[24]

Unerwünschte Wirkungen: Nicht bekannt. Hinweis: Es können vorübergehend Erstverschlimmerungen vorkommen, die jedoch unbedenklich sind.[24]

Gegenanzeigen/Anwendungsbeschr.: Nicht bekannt.[24]

Wechselwirkungen: Nicht bekannt.[24]

Gesetzl. Best.: *Offizielle Monographien.* Aufbereitungsmonographie der Kommission D am BGA "Helleborus niger (Helleborus)".[24]

Helleborus niger hom. *PFX*

Monographiesammlungen: Helleborus niger pour préparations homéopathiques *PFX*.

Definition der Droge: Die frischen unterirdischen Teile.

Stammpflanzen: *Helleborus niger* L.

Zubereitungen: Urtinktur mit Ethanol nach der Monographie "Préparations Homéopathiques" *PF X*; Eigenschaften: Die Urtinktur ist eine hellgelbe Flüssigkeit mit schwachem Geruch und adstringierendem Geschmack; Ethanolgehalt 65 % (*V/V*).

Identität: Auf Zusatz einiger Tropfen Dinitrobenzoesäurelsg. und eines Tropfens Kaliumhydroxidlsg. 30 % (*m/V*) zu 1 mL Urtinktur entsteht eine intensive rotviolette Färbung. Nimmt man den Verdampfungsrückstand von 2 mL Urtinktur in einigen Tropfen Acetanhydrid und Schwefelsäure auf, entsteht eine tief rotbraune Färbung.

Reinheit: *Urtinktur.*
- Trockenrückstand: Mindestens 0,90 %.
- DC der Urtinktur: a) Sorptionsmittel: Kieselgel G; b) FM: Butanol-Eisessig-Wasser (40 + 10 + 10); c) Detektion: 1. Direktauswertung im UV 365 nm, 2. Besprühen mit einer Mischung aus gleichen Teilen Dinitrobenzoesäure 2 % (*m/V*) in Methanol und 2 N ethanolischer Kaliumhydroxidlsg., Auswertung im Vis, 3. Besprühen mit 10%iger ethanolischer Schwefelsäure (*m/V*), 10 min bei 100 bis 105 °C erhitzen, Auswertung im UV 365 nm; d) Auswertung: 1. Bei der Direktauswertung im UV 365 nm soll keine Bande von bemerkenswerter Intensität zu sehen sein. 2. Nach dem Besprühen mit Dinitrobenzoesäure/Kaliumhydroxid erscheinen im Vis zwei rosaviolette Banden bei Rf ca. 0,4 und 0,65. 3. Nach dem Besprühen mit ethanolischer Schwefelsäure ist ein charakteristisches Muster verschieden gefärbter Banden mit definierten Rf-Werten zu sehen.

Helleborus niger hom. *HPUS 88*

Monographiesammlungen: Helleborus niger *HPUS 88.*

Definition der Droge: Die Wurzel.

Stammpflanzen: *Helleborus niger* L.

Zubereitungen: *Urtinktur.* Herstellung durch Mazeration oder Perkolation der frischen oder getrockneten Droge mit Ethanol nach den allg. Zubereitungsvorschriften (Class C) der *HPUS 88.* Ethanolgehalt 65 % (*V/V*).

Gehalt: *Urtinktur.* Arzneigehalt $^1/_{10}$.

Helleborus orientalis LAM.

Synonyme: *Helleborus caucasicus* A. BR., *H. officinalis* SALISB., *H. ponticus* A. BR.

Botanische Beschreibung: Höhe bis zu 60 cm, Stengel blattlos; gewöhnlich sehr lange, einzelstehende, grundständige, gefingerte Laubblätter mit 5 bis 9 ungeteilten, oval-lanzettlichen, grob gezähnten Segmenten; die Blätter sind winterhart. Kelchblätter grünlichweiß, oval, leicht gekrümmt, 20 bis 30 (35) mm. Blüten 3 bis 4, von ca. 6 cm Durchmesser, die zunächst beigefarben, später grünlich-gelbbräunlich sind. Gewöhnlich mehr als 6 Samen.[34,35]

Inhaltsstoffe: Bufadienolide: In Spuren Hellebrin,[3] Hellebrigenin, Desglucohellebrin;[2] Saponine: Helleborin, Helleborein, Spirosta-5,25(27)-dien-$1\beta,3\beta,11\alpha$-triolglykoside.[2]

Verbreitung: In der Türkei, im Kaukasusgebiet sowie in deren angrenzenden Gebieten.

Drogen: Helleborus orientalis hom. *HAB 34.*

Helleborus orientalis hom. *HAB 34*

Monographiesammlungen: Helleborus orientalis *HAB 34.*

Definition der Droge: Die getrocknete Wurzel.

Stammpflanzen: *Helleborus orientalis* LAM.

Zubereitungen: Tinktur nach § 4 *HAB 34* mit Ethanol 60 % (*m/m*).

Gehalt: *Tinktur.* Arzneigehalt $^1/_{10}$.

Lagerung: Droge, Urtinktur, 2. und 3. Dezimalpotenz vorsichtig.

Helleborus viridis L.

Synonyme: *Helleboraster viridis* (L.) MOENCH, *Helleborus officinalis* SPACH.

Sonstige Bezeichnungen: Dt.: Bärenfuß, Grüne Nieswurz; engl.: Bear's foot; frz.: Herbe à la bosse, herbe à setons, pommelière; it.: Cavolo-di lupo-femina, erba nocca.

Systematik: Die Art gliedert sich auf in die in Westeuropa auftretende ssp. *occidentalis* (REUT.) SCHIFFNER sowie in die ssp. *viridis*, die überwiegend in Zentral- und Osteuropa beheimatet ist:
- ssp. *occidentalis*: Grundblattabschnitte unterseits kahl, breit-lanzettlich bis länglich-eilanzettlich, grob tief eingeschnitten und doppelt gezähnt; Stengelblätter groß, die Blüten überragend, 3- bis 7teilig, grob und oft eingeschnitten gezähnt. Blütenstand 3- bis 9blütig, Griffel wenigstens so lang wie die höher hinauf verwachsenen Karpelle.
- ssp. *viridis*: Grundblattabschnitte unterseits behaart, schmal bis länglich-lanzettlich, fein und regelmäßig gezähnt; Stengelblätter klein, 3- bis 5teilig, fein gezähnt. Blütenstand 1- bis 3blütig. Kelchblätter rundlich-eiförmig, Griffel höchstens $^2/_3$ so lang wie die am Grunde kurz verwachsenen Karpelle.[23]

Botanische Beschreibung: Ausdauerndes Kraut, bis 40 cm hoch. Aufrechter, kahler bis spärlich behaarter Stengel, erst oben wenig verzweigt. Vom Grund bis zur Verzweigung blattlos. Meist zwei grundständige, nicht winterharte Laubblätter, langgestielt, 7- bis 13fach fußförmig geteilt, mit schmal-lanzettlichen, scharf gesägten, selten noch 2- bis 3fach zerschlitzten Abschnitten und oberwärts vertieften, unterwärts deutlich hervortretenden, oft behaarten Nerven, meist dunkelgrün. Die stengelständigen Laubblätter ähneln den grundständigen, sind jedoch kleiner und ungestielt. Zwei bis drei grasgrüne, im Durchmesser 4 bis 7 cm große Blüten. Fünf eiförmige, ganzrandige, mehr oder weniger ausgebreitete, sich zum Teil deckende Blütenhüllblätter. Die Kronblätter sind zu kurzen, tütenförmigen Honigblättern umgebildet. Nur wenige, am Grund verwachsene Fruchtblätter mit aufrechtem Griffel. Die Balgfrüchte sind ohne Schnabel 25 bis 28 mm lang, die Schnabellänge beträgt etwa ein Viertel bis die Hälfte der Frucht. Die Samen sind mit einer schmalen, einseitigen Längsleiste versehen, die am Ende einen Ring trägt. Der kräftige Wurzelstock ist schwarz und ein- bis mehrköpfig. Chromosomenzahl 2n = 32.[23]

Inhaltsstoffe: In den oberirdischen Organen Ranunculin, Isoranunculin, Ranuncosid und Ranunculosid[20] sowie Magnoflorin und Corytuberin.[22]

Verbreitung: Europa, Nordamerika.

Drogen: Hellebori viridis rhizoma, Helleborus viridis hom. *HAB 34*, Helleborus viridis hom. *HPUS 88*.

Hellebori viridis rhizoma

Synonyme: Radix Hellebori viridis, Rhizoma Hellebori viridis.

Sonstige Bezeichnungen: Dt.: Grüner Nieswurzwurzelstock.

Monographiesammlungen: Rhizoma Hellebori *EB 6*.

Definition der Droge: Der getrocknete Wurzelstock mit Wurzeln.

Stammpflanzen: *Helleborus viridis* L.; zusätzlich *Helleborus niger* L. für Rhizoma Hellebori *EB 6*.

Ganzdroge: Wurzelstock an den Spitzen durch die Narben der abgestorbenen Blätter geringelt, bis 10 cm lang, etwa 1 cm dick, reich verzweigt, vielköpfig, mit vielen fleischigen, zylindrischen, etwa 2 bis 3 mm dicken, senkrecht absteigenden Wurzelfasern besetzt. Außen braun bis schwarz, innen grauweiß bis weiß. Auf dem Querschnitt eine breite Rinde, einen 3- bis 4strahligen, durch Gefäßbündel gebildeten Stern und innerhalb desselben ein gut ausgebildetes, weißes Mark zeigend.[37]

Schnittdroge: *Geruch.* Bei der Frischdroge rettichartig, nach dem Trocknen nur noch schwach ausgeprägt.
Geschmack. Intensiv bitter, später scharf und brennend.
Lupenbild. Stücke mit dicker Rinde, im Xylem vier oder mehr tangential gestreckte Gefäßbündel von keilartiger bis fast quadratischer Form, die durch breite Markstrahlen getrennt sind. Die Wurzelstücke haben ebenfalls eine ausgeprägte Rinde, die vom Zentralzylinder durch eine deutlich erkennbare Endodermis getrennt ist. Bei jungen Wurzeln radiäres Leitbündel, bei älteren bilden die Gefäßbündel einen 5- bis 7strahligen Stern mit spitzen Strahlen.[19]
Mikroskopisches Bild. Beim Querschnitt des Rhizoms findet sich als Abschlußgewebe eine Epidermis sowie dickwandiges Metaderm. Das Phloem ist faserfrei, die Phloemteile verbreitern sich nach innen hin. Die Xylemteile sind keilförmig, die Markstrahlen breit. Die Wurzelquerschnitte zeigen ein tetrarches Leitbündel, umgeben von einer Endodermis mit Casparyschen Streifen sowie einer Exodermis aus braunen, außen sichelförmig verdickten Zellen.[1,19]

Pulverdroge: Gekennzeichnet durch die dunkelgefärbten Epidermis- und Hypodermiszellen, Netzgefäße und durch fett- und stärkehaltige Parenchymzellen. Langgestreckte, gelbliche, verdickte und getüpfelte Epidermiszellen und Oxalatraphiden dürfen nicht vorhanden sein (Hinweis auf *Veratrum album*).[38]

Verfälschungen/Verwechslungen: Mit Hellebori nigri rhizoma: Die Rhizome ähneln sich makroskopisch wie mikroskopisch sehr stark; lediglich bei Anwesenheit der jeweils charakteristischen unteren Blätter ist eine sichere Unterscheidung möglich.
Mit *Actaea spicata* L.: Deren Rhizom ist größer und holziger und hat an der Spitze zahlreiche Stengelreste; der Holzkörper der Wurzel ist kreuzförmig; Xy-

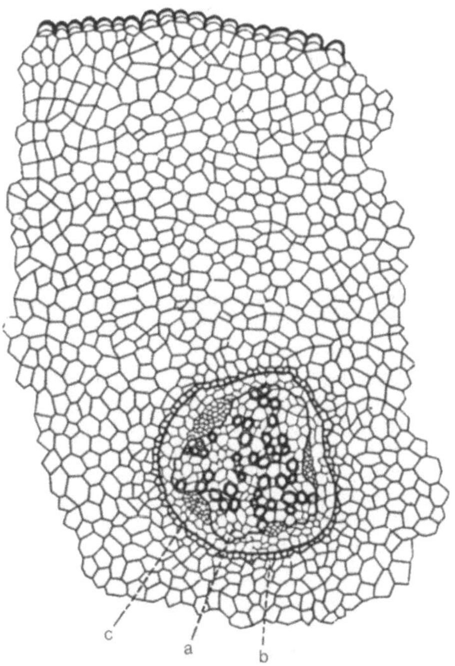

Querschnitt durch die Wurzel von *Helleborus viridis*: *a* Holzkörper, *b* Endodermis, *c* Kambium. Aus Lit.[30]

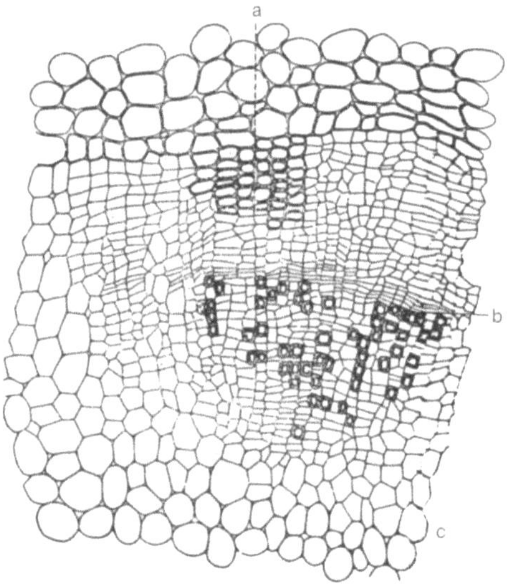

Querschnitt durch das Rhizom von *Helleborus viridis*: *a* Bastteil, *b* Gefäße, *c* Mark. Aus Lit.[30]

lemstrahlen sind reichlich von Libriform umgeben.[30]
Mit *Adonis vernalis* L.: Dessen Rhizom ist dünn, schwarz gefärbt; die Gefäße stehen in deutlichen radialen Reihen. Der Holzkörper der Wurzeln ist rund oder 5strahlig, die Markstrahlen sind breit. Die Nebenwurzeln haben einen 5strahligen oder runden Holzkörper.[30]
Mit *Trollius europaeus* L.: Rhizom einfach, höchstens 2 cm lang, vertikal oder aufsteigend, reichlich mit Wurzeln besetzt. Der Querschnitt zeigt sehr breite Gefäßbündel. Wurzeln besitzen einen sternförmigen, aus wenigen großen Gefäßen bestehenden Holzkörper.[30]
Mit *Eupatorium cannabium* L.: Rhizom mit kreisförmig angeordneten schizogenen Sekretbehältern sowie einzeln oder in Gruppen auftretenden Steinzellen in der primären Rinde. Wurzel besitzt pentarches Leitbündel mit kleinem zentralen Parenchym; Endodermis besteht aus unverdickten Zellen.[30]

Inhaltsstoffe: Die Droge enthält etwa 0,1 % des Saponinglykosidgemischs Helleborin, die Bufadienolide Hellebrin (0,47 bis 1,01 %),[3] Desglucohellebrin, 14-Hydroxy-3-oxo-1,2,20,22-bufatetraenolid, 14-Hydroxy-3-oxo-1,4,20,22-bufatetraenolid, 14-Hydroxy-3-oxo-1,3,5,22-bufatetraenolid[11] sowie die Alkaloide Celliamin, Sprintillamin und Sprintillin (insgesamt ca. 0,1 bis 0,2 %).[2]

Identität: Wird ein Schnitt der Droge bzw. eine geringe Menge der Pulverdroge für wenige Minuten in einen Tropfen einer Mischung aus *p*-Dimethylaminobenzaldehyd-Schwefelsäure-Wasser (2 g : 6 g : 0,4 g; Wasickys Reagenz) gegeben, so tritt nach Zugabe von Wasser eine rosarote Färbung auf *EB6*. Da diese Reaktion auf dem Nachweis der Steroidsaponine beruht, verläuft sie bei allen hier aufgeführten Helleborus-Arten positiv.
Aussagekräftiger ist daher die DC:
- Untersuchungslösung: Der Methanolextrakt des zuvor mit Petroläther entfetteten Drogenpulvers;
- Sorptionsmittel: Kieselgel F_{254};
- FM: Chloroform-Methanol-Wasser (35 + 25 + 10, Unterphase);
- Detektion: Besprühen mit Anisaldehyd-Schwefelsäure-Reagenz, anschließend auf ca. 110 °C erhitzen, Auswertung im UV 366 nm;
- Auswertung: Im Rf-Bereich um 0,7 findet sich eine olivgrüne Bande (Saponine). Bei einem Rf-Wert von ca. 0,4 erscheint die blaue Bande des Hellebrins. Im Bereich von 0,7 bis zur Fließmittelfront können noch mehrere schwache blaue Banden auftreten (Aglyka herzwirksamer Glykoside).[2]

Reinheit: Asche: Max. 6 % *EB6*.

Lagerung: Vorsichtig *EB6*.

Volkstümliche Anwendung und andere Anwendungsgebiete: Bei Verstopfung, Übelkeit, Wurmbefall.[32] Die Wirksamkeit bei den genannten Anwendungsgebieten ist gegenwärtig nicht belegt; die Verwendung der Droge ist vom heutigen Standpunkt aus zudem auf Grund der Risiken abzulehnen.

Dosierung und Art der Anwendung: *Droge.* Mittlere Einzelgabe: 0,05 g. Größte Einzelgabe: 0,2 g; größte Tagesgabe 1,0 g. Mittlerer Gehalt als Schnupfpulver: 10 %.[38]

Tox. Inhaltsstoffe u. Prinzip: Das Saponingemisch Helleborin; s. Hellebori foetidi rhizoma.
Herzwirksame Glykoside: Hellebrin hemmt die membrangebundene Na^+/K^+-ATPase und hat damit weitreichenden Einfluß auf die Kontraktilität und die Stoffwechselprozesse in den Zellen sowie auf die Reizbarkeit und die Reizleitung der Zellen.
Alkaloide: Erregung motorischer Hirnzentren bis hin zu Krämpfen und Atemlähmung. Am Herzen Erzeugung von Bradycardie und negativer Inotropie; s. a. Lit.[36]

Akute Toxizität: *Mensch.* Nach Einnahme eines Teeaufgusses aus nicht näher definierten Teilen von *Helleborus viridis* folgten als Vergiftungserscheinungen Erbrechen, Durchfälle und Herzrhythmusstörungen.[41] Ferner wird von einem Fall berichtet, bei dem nach Einnahme von ca. 60 g Droge brennende Magenschmerzen, Erbrechen, Schwindel, Pupillenerweiterung sowie starkes Absinken der Pulsfrequenz auftraten.[39]
Durch Helleborin verursachte Vergiftungserscheinungen sind wie folgt beschrieben: Übelkeit, Erbrechen, Schlingbeschwerden, Magen- und Leibschmerzen, Durchfall, Wadenkrämpfe, Hautblässe, Schwindel, Ohrensausen, Mydriasis, Senkung der Pulsfrequenz und Dyspnoe.[39]
Ferner durch die Alkaloide Steigerung der Atmung, Unruhe, dann Krämpfe und schließlich Atemlähmung; s. a. Lit.[36] und Sonstige Verwendung. *Tier.* Nach Aufnahme frischer Blätter von

Helleborus viridis wird von Todesfällen bei Rindern berichtet, die zum einen nach wenigen Stunden, zum anderen bis zu 11 Tagen nach Verzehr der Pflanzen eintraten. Bei letzteren wurden bis zu deren Tod Schmerzen und Bewegungsstörungen beobachtet; der Stuhl war blutig, und einige der Tiere hatten leichte Untertemperatur. Bei der Obduktion zweier Rinder wurden Veränderungen der Nieren, der Lungen, des Kehldeckels, des Herzens und des Gehirns festgestellt.[42]

Toxikologische Daten: *LD-Werte.* Hellebrin: LD_{50} (Katze, i.v.): 0,104 mg/kg KG;[29] LD_{50} (Ratte, i.v.): 21 mg/kg KG;[46] LD_{50} (Maus, i.p.): 8,4 mg/kg KG.[46] Desgluco-Hellebrin: LD_{50} (Katze, i.v.): 0,086 mg/kg KG.[26]
Pflanzengiftklassifizierung. Sehr stark giftig + + +.[18]

Akute Vergiftung: *Erste Maßnahmen.* Sofortiges Auslösen von Erbrechen und Verabreichung von 10 g Medizinalkohle und Natriumsulfat; Magenspülung; s. a. Lit.[36]

Sonst. Verwendung: *Haushalt.* Als Schnupf- und als Niespulver. Beschrieben sind Mischungen aus *Helleborus viridis* mit *Veratrum album* und *Quillaja saponaria.* Nach Schlucken bzw. Inhalation von Pulverpartikeln wurde von Vergiftungsfällen berichtet, deren Symptome sich mit den oben beschriebenen decken; zusätzlich traten auf Veratrumalkaloide zurückzuführende Symptome auf. Im Falle von gemeldeten Vergiftungen bei 6 bis 9 Jahre alten Kindern klangen die Symptome nach 2 bis 4 h wieder ab.[44,45] *Landwirtschaft.* Gegen Pflanzenschädlinge.

Gesetzl. Best.: *Artenschutz.* Nach der Bundesartenschutzverordnung (BArtSchV) vom 25.08.1980 geschützte Art.

Helleborus viridis hom. *HAB 34*

Sonstige Bezeichnungen: Dt.: Grüne Nieswurz.

Monographiesammlungen: Helleborus viridis *HAB 34.*

Definition der Droge: Getrockneter Wurzelstock.

Stammpflanzen: *Helleborus viridis* L.

Zubereitungen: Tinktur nach § 4 *HAB 34* mit Ethanol 90 % (*V/V*); Eigenschaften: Die Tinktur ist von dunkelgelber Farbe, ohne besonderen Geruch und von eigenartigem, etwas an Rettich erinnernden Geschmack. Die 2. und 3. Dezimalpotenz werden mit 90%igem, die 4. wird mit 60%igem (*m/m*) und die höheren Verdünnungen werden mit 45%igem Ethanol (*m/m*) bereitet.
Urtinktur und flüssige Verdünnungen nach *HAB 1*, Vorschrift 4a mit Ethanol 86 % (*m/m*), D4 mit Ethanol 62 % (*m/m*), ab D5 mit Ethanol 43 % (*m/m*).[25]
Darreichungsformen: Ab D3: Flüssige Verdünnungen, Tabletten, Verreibungen, Streukügelchen, flüssige Verdünnungen zur Injektion.[25]

Identität: Ein Gemisch aus gleichen Teilen Tinktur und Wasser wird mit Bleiessig vermischt, das Filtrat mit Natronlauge alkalisiert und mit Chloroform ausgeschüttelt. Die zur Trockene eingedampfte Chloroformphase färbt sich nach Zusatz von konzentrierter Schwefelsäure rot.
Werden 5 mL der 2. bis 4. Dezimalpotenz auf dem Wasserbad verdampft, dann färbt sich der Rückstand mit wenig konzentrierter Schwefelsäure rötlich.

Reinheit: *Tinktur.*
- Spezifisches Gewicht: 0,842 bis 0,844.
- Trockenrückstand: 2,41 bis 3,53 %.

Gehalt: *Tinktur.* Arzneigehalt $^{1}/_{10}$.

Lagerung: Droge, Urtinktur, 2. und 3. Dezimalpotenz vorsichtig.

Anwendungsgebiete: Die Anwendungsgebiete entsprechen dem homöopathischen Arzneimittelbild. Dazu gehört: Durchfall.[25]

Dosierung und Art der Anwendung: *Zubereitung.* Soweit nicht anders verordnet: Bei akuten Zuständen alle halbe bis ganze Stunde je 5 Tropfen oder 1 Tablette oder 10 Streukügelchen oder 1 Messerspitze Verreibung einnehmen; parenteral 1 bis 2 mL bis zu 3mal täglich s.c. injizieren. Bei chronischen Verlaufsformen 1- bis 3mal täglich 5 Tropfen oder 1 Tablette oder 10 Streukügelchen oder 1 Messerspitze Verreibung einnehmen; parenteral 1 bis 2 mL pro Tag s.c. injizieren.[25]

Unerwünschte Wirkungen: Nicht bekannt. Hinweis: Es können vorübergehend Erstverschlimmerungen vorkommen, die jedoch unbedenklich sind.[25]

Gegenanzeigen/Anwendungsbeschr.: Nicht bekannt.[25]

Wechselwirkungen: Nicht bekannt.[25]

Gesetzl. Best.: *Offizielle Monographien.* Aufbereitungsmonographie der Kommission D am BGA "Helleborus viridis".[25]

Helleborus viridis hom. *HPUS 88*

Monographiesammlungen: Helleborus viridis *HPUS 88.*

Definition der Droge: Die Wurzel.

Stammpflanzen: *Helleborus viridis* L.

Zubereitungen: *Urtinktur.* Herstellung durch Mazeration oder Perkolation der frischen oder getrockneten Droge mit Ethanol nach den allg. Zubereitungsvorschriften (Class C) der *HPUS 88.* Ethanolgehalt 65 % (*V/V*).

Gehalt: *Urtinktur.* Arzneigehalt $^{1}/_{10}$.

1. Wissner W, Kating H (1974) Planta Med 26:128–143
2. Wissner W, Kating H (1974) Planta Med 26:228–249

3. Wissner W, Kating H (1974) Planta Med 26:365–374
4. Wissner W, Kating H (1974) Pharm Ztg 119:1.985–1.994
5. Tschesche R, Scholten H, Peters M (1969) Z Naturforsch 24b:1.492
6. Wissner W, Kating H (1971) Planta Med 20:344–349
7. Petricic J, Tarle D, Holik L (1971) Planta Med (Suppl 4):143–146
8. Hauser E, Linde H, Zivanov D (1972) Helv Chim Acta 55:2.625–2.628
9. Linde HFG, Isaac O, Linde HHA, Zivanov D (1971) Helv Chim Acta 54:1.703–1.708
10. Martinek A (1973) Planta Med 24:73–82
11. Wissner W (1973) Planta Med 24:201–210
12. Martinek A (1974) Planta Med 25:377–384
13. Martinek A (1974) Planta Med 26:219–224
14. Kißmer B, Wichtl M (1986) Planta Med 52:152–153
15. Hardman R, Benjamin TV (1980) Planta Med 39:148–152
16. Bonora A, Dall Olio G, Bruni A (1985) Planta Med 51:364–367
17. Kißmer B, Wichtl M (1987) Arch Pharm 320:541–546
18. Roth L, Daunderer M, Kormann K (1984) Giftpflanzen Pflanzengifte, Ecomed Verlagsgesellschaft mbH, Landsberg München, IV-1-H, S. 7–10
19. Fischer R (1968) Praktikum der Pharmakognosie, Springer-Verlag, Wien New York, S. 225–226, 317
20. Tschesche R (1972) Chem Ber 105:290–300
21. Kavalali G (1976) Lloydia 39:178–179
22. Slavik J, Bochorakova J, Slavikova L (1987) Collect Czech Chem Commun 52:804–811
23. Heg (1975) Bd. III, Teil 3, S. 91–107
24. BAz Nr. 22a vom 03.02.1988
25. BAz Nr. 104a vom 07.06.1990
26. NN (1947) J Pharmacol Exp Ther 90:271
27. Hgn, Bd. VI, S. 10–44, 782–783
28. Madaus G (1938) Lehrbuch der Biologischen Heilmittel, Thieme-Verlag, Leipzig, S. 1.527–1.532
29. NN (1950) J Pharmacol Exp Ther 99:395
30. Moeller J, Thoms H (1905) Real-Enzyklopädie der gesamten Pharmazie, Urban & Schwarzenberg, Berlin Wien, Bd. 6, S. 300–304
31. Teuscher E, Lindequist U (1987) Biogene Gifte, Gustav Fischer Verlag, Stuttgart New York, S. 179–181
32. Geßner O (1953) Gift- und Arzneipflanzen von Mitteleuropa, Carl Winter Universitätsverlag, Heidelberg, S. 219–222
33. Frohne D, Pfänder HJ (1984) Giftpflanzen, Wissenschaftliche Verlagsgesellschaft mbH, Stuttgart, S. 204–205
34. FEu, Bd. 1, S. 207–208
35. Davis PH, Cullen J (1965) Helleborus L. In: Davis PH (Hrsg.) Flora of Turkey and the East Aegean Islands, University Press, Edingburgh, S. 96–97
36. dieses Hdb., Bd. 3, S. 650–654
37. HAB 34
38. EB 6
39. Lewin L (1992) Lehrbuch der Toxikologie, 6. Aufl., Haug Verlag, Heidelberg, S. 596–598
40. DIMDI-Intox (1991) Eingangs-Nr. 244868
41. DIMDI-Intox (1982) Eingangs-Nr. 55436
42. Johnson CT, Routledge JK (1971) Vet Rec 89:202
43. Holliman A, Milton D (1990) Vet Rec 127:339–340
44. Mostin M, van Tittelboom T (1984) J Pharm Belg 39:380–382
45. Libon M, Angenot L (1984) J Pharm Belg 39:233–237
46. NN (1965) Arch Int Pharmacodyn Ther 155:165

WH

Hepatica

HN: 2003200

Familie: Ranunculaceae.

Unterfamilie: Ranunculoideae (= Anemonoideae).

Tribus: Anemoneae (= Clematideae).

Subtribus: Anemoninae.

Gattungsgliederung: Die Gattung Hepatica MILL. wurde vielfach als Sektion der Gattung Anemone L. geführt und ist gegenüber dieser schwer abzugrenzen. Über die Anzahl ihrer Arten besteht keine Einigkeit: Es werden hierfür etwa 5 bis 8[1] bzw. 6[2] oder auch etwa 10 Species [3] angegeben. Einige Arten werden auch eher als Varietäten bzw. Unterarten der verbreitetsten Art *H. nobilis* GARS. angesehen.[1]

Gattungsmerkmale: Niedrige Stauden mit einer Blattrosette und einem kurzen Wurzelstock; ungeteilte oder dreilappige, bei einigen Arten auch bis zu fünflappige Laubblätter; drei Hochblätter bilden ein kelchartiges Involucrum; ein echter Kelch ist jedoch nicht vorhanden, sondern nur eine Blütenhülle aus blauen, weißen oder rosafarbenen Perigonblättern; Griffel zur Fruchtzeit nicht verlängert; Früchtchen an der Insertionsstelle mit deutlich abgegliederter durchscheinender Apophyse.[1]

Verbreitung: In den gemäßigten Zonen Europas, Zentral- und Ostasiens sowie des atlantischen Nordamerika.[1-3] In Europa und Amerika sind je zwei Arten beschrieben worden: *H. nobilis* GARS. und *H. transsilvanica* FUSS. bzw. *H. acutiloba* DC. und *H. americana* (DC.) KER-GAWL.; die beiden amerikanischen Arten werden heute meist als die Varietäten *H. nobilis* var. *acuta* (PURSH) STEYERMARK bzw. *H. nobilis* var. *obtusa* (PURSH) STEYERMARK angesehen. In Asien kommen außer *H. nobilis* noch einige weitere Arten vor.[1]

Inhaltsstoffgruppen: Es liegen nur Untersuchungen zu *H. nobilis* und *H. transsilvanica* vor. Der Gehalt an Protoanemonin, das allgemein in der Subtribus Anemoninae vorkommt, ist geringer als in der Gattung Anemone s. str. Wie allgemein in der Subtribus ist Saponin enthalten; des weiteren sind einige Flavonolglykoside und Anthocyane näher bestimmt.[3] Zur Abgrenzung der Gattung sind die Inhaltsstoffe nicht geeignet.

Drogenliefernde Arten: *H. nobilis*: Hepatica-nobilis-Kraut, Hepatica triloba hom. *HAB 34*, Hepatica triloba hom. *HPUS 88*.

Hepatica nobilis GARS.

Synonyme: *Anemone hepatica* L., *Hepatica acuta* (PURSH) BRITTON für die gleichnamige Varietät, *H. anemonoides* VEST, *H. nobilis* MILL., *H. nobilis* SCHREBER, *H. triloba* CHAIX, *H. triloba* GILIB.

Sonstige Bezeichnungen: Dt.: Blagäugelchen, Blage Holtblaume, Blag Osterblom, Blauäugerl, Blaublume, Blaue Herzblume, Blaue Schlüsselblume, Blaue Windblume, Buschbliml, Dochder vor de Moder, Ebenauskraut, Edel-Leberkraut, Fastenblume, Feigerl, Guggauchele, Gulden Leberkraut, Haselmünichkraut, Hasenwurz, Herzblümli, Herzfreude, Herzkraut, Herzleberkraut, Himmelssterndl, Hirschklee, Holzblüemli, Holzveigerl, Josefibleaml, Leberblattl, Leberblümchen, Leberkraut, Leberwindblume, Märzblümchen, Märzveigerl, Oeschen, Osterbleaml, Osterbloome, Schneekaderl, Schwarzblätterkraut, Sohn vorm Vater, Staudenguckerl, Sternleberkraut, Viölchen, Vorwitzelche, Vorwitzerchen, Vorwitzkraut, Waldvaichala, Windrosenkraut; engl.: Early anemone, Kidney liver-leaf, Liver-leaf, Liverwort, Round-lobed hepatica, Trefoil; frz.: Fille avant la mère, Hépatique, Herbe de la trinité; dän.: Blå simmer; it.: Erba trinità; tsch.: Játerník trojlaločný,Podléska; pol.: Przelaszczka; russ.: Petschenotschnitsa; ung.: Májkokörcsin.

Systematik: Wie bei vielen Ranunculaceae treten bei *H. nobilis* häufig Anomalien wie gefüllte Blüten oder ungewöhnliche Anzahl oder Ausgestaltung von Hoch- und Blütenhüllblättern auf, vor allem bei in Kultur gehaltenen Pflanzen; die Variabilität der Blattform und der Ausbildung der Blüte ist innerhalb der Art sehr hoch. Es sind daher zahlreiche Varietäten beschrieben worden, die jedoch im europäischen Verbreitungsgebiet ohne weiteren systematischen Wert sind.[1] Die beiden nordamerikanischen Varietäten *H. nobilis* var. *acuta* (PURSH) STEYERMARK und var. *obtusa* (PURSH) STEYERMARK unterscheiden sich von der europäischen Varietät *H. nobilis* var. *nobilis* durch schmalere Blütenhüllblätter, längere und breitere Hochblätter und eine stärkere Behaarung.[1]

Botanische Beschreibung: Beschreibung der europäischen Varietät *H. nobilis* var. *nobilis*: Ausdauernd, 5 bis 15 cm hoch. Wurzelstock kurz, faserig, dunkelbraun. Laubblätter grundständig, zahlreich, langgestielt, lederig, oben grün, unten meist mehr oder weniger violett, am Grunde herzförmig, dreilappig, mit bis zur Hälfte eingeschnittenen, breit eiförmigen, stumpfen bis zugespitzten Lappen, diese sehr selten nochmals gelappt; Blätter in der Jugend einschließlich der Stiele dicht weißseidig behaart, später verkahlend, erst nach der Blüte erscheinend. Blühende Stengel blattachselständig, zahlreich, behaart, aufrecht, meist rötlich, mit drei bis zu 1 cm langen, ganzrandigen, eiförmigen, ungestielten, kelchartigen Hochblättern dicht unter der aufrechten Blüte. Blütenhüllblätter 6 bis 8, himmelblau, außen heller, selten rosa oder weiß, schmal eiförmig, ganzrandig, hinfällig. Nektarien fehlend. Staubblätter fast weiß mit rotem Konnektiv. Narbe kopfig. Früchtchen länglich, behaart, mit kurzem Schnabel, der verdickten halbkugeligen Blütenachse eingefügt.[1]

Verwechslungen: Eine Verwechslungsgefahr besteht nicht.

Inhaltsstoffe: s. Hepatica-nobilis-Kraut.

Verbreitung: Heimisch in fast ganz Europa ohne atlantische Gebiete und ohne Dänemark und NW-Deutschland, in Korea und Japan sowie in den beiden erwähnten Varietäten im gemäßigten Nordamerika. Zerstreut, aber gesellig in krautreichen Buchen- und Eichen-, im Osten auch Nadelmischwäldern; vor allem im Kalkbuchenwald, auf sommerwarmen, frischen bis mäßig trockenen, mehr oder weniger nährstoff- und basenreichen, meist kalkhaltigen, neutral-milden, humosen, lockeren, steinigen oder reinen Lehmböden; Lehmanzeiger.[1]

Drogen: Hepatica-nobilis-Kraut, Hepatica triloba hom. *HAB 34*, Hepatica triloba *HPUS 88*.

Hepatica-nobilis-Kraut (Leberblümchenkraut)

Synonyme: Hepaticae herba, Hepaticae nobilis herba, Herba hepaticae, Herba hepaticae nobilis. Hinweis: Unter Berücksichtigung des vorherrschenden Organs auch: Folia hepaticae nobilis, Folia trifolii aurei.

Sonstige Bezeichnungen: Dt.: Edel-Leberkraut, Leberblümchen, Leberkraut; engl.: Liver leaves, Liverwort leaves (zur Eingrenzung des Organs s. Hinweis bei Synonyme); frz.: Herbe d'hépatique.

Definition der Droge: Das getrocknete Kraut ohne die Wurzeln. Hinweis: In der Volksmedizin werden namentlich bei äußerlicher Anwendung auch die frischen oberirdischen Teile verwendet.

Stammpflanzen: *Hepatica nobilis* GARS.

Gewinnung: Ernte des Krautes zur Blütezeit; Lufttrocknung im Schatten. Anmerkung: Bei Sammlung aus Wildbeständen müssen die Wurzeln im Boden belassen werden, da sie geschützt sind.

Ganzdroge: Dreilappige Blätter mit hellgrüner und kahler Oberseite; die behaarte Unterseite nimmt später eine violette Färbung an.[10]

Schnittdroge: *Geschmack.* Adstringierend und leicht bitter.[10,11]
Mikroskopisches Bild. Der Querschnitt zeigt eine Reihe kurzer und breiter Armpalisaden mit 2 bis 4 Armen, ferner ein breites Schwammparenchym aus flacharmigen Zellen, von denen die untersten zwei Schichten sehr derbwandig, die oberen dünnwandig sind. Kristalle fehlen. Gefäßbündel ohne Fasern. Obere Epidermiszellen tiefwellig, buchtig, oft fast sternförmig, mit starken Wänden, Cuticularfalten finden sich nur oberhalb der Gefäßbündel. Epidermis der Blattunterseite aus tiefwelligen, buchtigen Zellen mit etwas dünneren Wänden. Spaltöffnungen oberseits sehr spärlich, unterseits zahlreich, ohne Nebenzellen. Cuticula in der Nähe der Haare zart gestreift, ebenso die Haare. Diese auf der oberen Epidermis spärlich, auf der unteren zahlreich, meist ca. 1,5 mm lang, schlank, einzellig, scharf zugespitzt und glattwandig, Wand meistens stark verdickt; die Haare des Blattrandes dagegen sind an

der Basis retortenförmig gekrümmt, etwas breiter mit stärker verdickten Wänden; die Haare des Blattstiels sind wesentlich länger als die der Blattspreite.[11]

Inhaltsstoffe: *Lactonbildende Glucoside.* Im Rahmen chemotaxonomischer Untersuchungen über die Ranunculaceae glaubte man, für *Hepatica nobilis* aus der Frischpflanze das Lactonglucosid Ranunculin nachgewiesen zu haben;[4] Angaben zum Gehalt fehlen. Ranunculin spaltet sehr leicht (z.B. durch pflanzeneigene Enzyme) Protoanemonin (= "Anemonol") ab, das allmählich von selbst zu Anemonin dimerisiert.[3] Protoanemonin ist in der getrockneten Droge nicht mehr enthalten, da es beim Trocknen in Anemonin übergeht. Genauere Untersuchungen hierüber liegen im Falle von *H. nobilis* nicht vor.

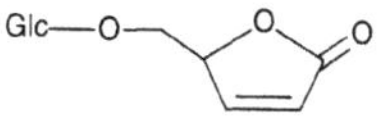

Ranunculin

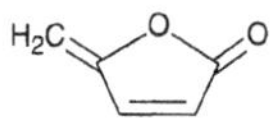

Protoanemonin

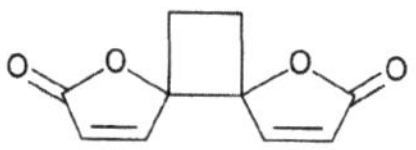

Anemonin

Ungewöhnlich leicht Protoanemonin abspaltende Verbindungen scheinen in Frischpflanzen jedoch nicht oder nur selten in Form von Ranunculin vorzuliegen, das nur bei einem speziellen enzyminaktivierenden Isolierungsverfahren erhalten wird; anstelle von Ranunculin spricht man deshalb gerade im Falle von *Hepatica nobilis*, bei der das genuine Vorkommen von Ranunculin nicht bestätigt werden konnte, besser von einer protoanemoninliefernden Verbindung oder einem ranunculinartigen Glucosid. Sein Gehalt ist mit maximal 0,07% des Frischpflanzengewichtes (ber. als Ranunculin) bei *Hepatica nobilis* im Vergleich zu anderen Ranunculaceen verhältnismäßig gering.[3]
Flavonolglykoside. Die Blätter enthalten Quercetin-3-β-D-glucosid (Isoquercitrin), Quercetin-3-β-glucuronid und Quercetin-7-β-D-glucosid (Quercimeritrin), die Blütenhülle die homologen Kämpferolderivate Kämpferol-3-β-D-glucosid (Astragalin), Kämpferol-3-β-glucuronid und Kämpferol-7-β-D-glucosid (Populnin) sowie Kämpferol-3,7-diglucosid.[5,6]
Anthocyane. In den Blättern sind weiterhin die Anthocyane Cyanidin-3-glucosid (Chrysanthemin) und Cyanidin-3-xylosylglucosid (möglicherweise Cyanidin-3-sambubiosid), in den blauen Blüten Delphinidin-3,5-diglucosid und Delphinidin-3-rhamnosyl-5-glucosid nachgewiesen.[6]
Sonstige. Ein weiteres Glykosid aus *H. nobilis* wurde Hepatrilobin genannt, aber chemisch nicht charakterisiert;[7] als einziges Saponin ist für *H. nobilis* Hepatisaponin beschrieben.[8] Mit chemischen und dünnschichtchromatographischen Methoden läßt sich in *H. nobilis* ein tertiäres oder quartäres Alkaloid nachweisen, das ebenfalls nicht näher spezifiziert wurde.[9]

Volkstümliche Anwendung und andere Anwendungsgebiete: Innerlich: Hepatica-nobilis-Kraut wird in der Volksmedizin vor allem bei Hepatopathien und Gallebeschwerden (einschließlich Gallensteinen) verwendet; darüber hinaus als mildes Diureticum bei Nieren- und Blasenleiden sowie bei chronischen Kehlkopf- und Lungenaffektionen, in der Tschechei bei Tuberkulose und als Tonicum bei Überanstrengung, in Ungarn bei Diphtherie, die Blüten in Litauen bei Enurese.[1,10,12–16] In Mittelitalien nimmt man außerdem den alkoholischen Extrakt (keine Angabe zur Herstellung) zur Erhöhung der Monatsblutung, zur Linderung der Schmerzen während der Wehen, bei Neuralgien und bei Herzleiden.[17] Äußerlich: Bei Wunden, Geschwüren, Mandelentzündung, zur "Ableitung" von Schmerzen, als blasenziehendes Mittel und bei rheumatischen Erkrankungen.[1,12,18,19]
Die Wirksamkeit bei den genannten Anwendungsgebieten ist nicht belegt, die Anwendung des frischen Krautes als blasenziehendes Mittel wegen seines Gehaltes an Protoanemonin plausibel.

Dosierung und Art der Anwendung: *Droge.* Innerlich: Gebräuchliche Einzeldosis: 2 bis 4 g als Infus.[10] Von einem 3- bis 6%igen Infus 2 bis 3 Tassen pro Tag.[15] Als 3%iges Mazerat in Wasser oder Wein.[16] Übliche Tagesdosis: 4 Teelöffel Droge (entspr. 3,84 g) als Mazerat.[12] Äußerlich: Die zerquetschte frische Pflanze.[1] *Zubereitung.* Als Waschung, in Form eines (ggf. unter Zusatz von Alkohol hergestellten) Kataplasmas oder die zerkleinerten Blätter in Kombination mit Oleoresinaten, anderen pflanzlichen Drogen, Olivenöl, Hühnerfett und Alkohol als Einreibung.[12,17–19] Genauere Angaben zur Herstellung dieser Zubereitungen fehlen.

Tox. Inhaltsstoffe u. Prinzip: Das in der frischen Pflanze enthaltene Protoanemonin führt bei Haut- oder Schleimhautkontakt zu heftigen lokalen Reizungen.[20] Da die Verbindung flüchtig ist und sich beim Trocknen zersetzt bzw. zu Anemonin dimerisiert, sind entsprechende Risiken bei der getrockneten Droge nicht zu erwarten. Anmerkung: Über die Toxikologie der Vorstufen oder der Zersetzungsprodukte von Protoanemonin liegen keine Untersuchungen vor, so daß weitergehende Aussagen nicht möglich sind.

Gesetzl. Best.: *Artenschutz. Hepatica nobilis* steht in Deutschland, Österreich, der Schweiz, Italien, der Tschechoslowakei und Ungarn unter Schutz.

Hepatica triloba hom. *HAB 34*

Sonstige Bezeichnungen: Dt.: Leberblümchen.

Monographiesammlungen: Hepatica triloba *HAB 34*.

Definition der Droge: Frische Blätter.

Stammpflanzen: *Hepatica nobilis* GARS. Als Autor für *H. nobilis* gibt *HAB 34* SCHREBER an.

Zubereitungen: Essenz nach § 3 *HAB 34*. Eigenschaften: Die Essenz ist von grünlichbrauner Farbe, schwach aromatischem Geruch und etwas süßlichem Geschmack. Urtinktur und flüssige Verdünnungen nach *HAB 1*, Vorschrift 3a.[21] Darreichungsformen: Urtinktur, flüssige Verdünnungen, Tabletten, Verreibungen, Streukügelchen; flüssige Verdünnungen zur Injektion.[21]

Identität: *Essenz.* Mit dem gleichen Volumen Wasser mischt sich die Essenz opalisierend trüb, Eisen(III)chloridlsg. färbt sie dunkler; Fehlingsche Lösung wird von ihr reduziert.

Gehalt: *Essenz.* Arzneigehalt 1/3.

Anwendungsgebiete: Die Anwendungsgebiete entsprechen dem homöopathischen Arzneimittelbild. Dazu gehört Rachenkatarrh.[21] *Zubereitung.* Soweit nicht anders verordnet: Bei akuten Zuständen häufige Anwendung alle halbe bis ganze Stunde je 5 Tropfen oder 1 Tablette oder 10 Streukügelchen einnehmen; parenteral 1 bis 2 mL bis zu 3mal täglich s.c. injizieren. Bei chronischen Verlaufsformen 1- bis 3mal täglich 5 Tropfen oder 1 Tablette oder 10 Streukügelchen oder 1 Messerspitze Verreibung einnehmen; parenteral 1 bis 2 mL pro Tag s.c. injizieren. Hinweis: Die Urtinktur und die 1. Dezimalverdünnung mit Wasser verdünnt einnehmen.[21]

Unerwünschte Wirkungen: Nicht bekannt. Hinweis: Es können vorübergehend Erstverschlimmerungen vorkommen, die jedoch unbedenklich sind.[21]

Gegenanzeigen/Anwendungsbeschr.: Nicht bekannt.[21]

Wechselwirkungen: Nicht bekannt.[21]

Gesetzl. Best.: *Artenschutz. Hepatica nobilis* steht in Deutschland, Österreich, der Schweiz, der Tschechoslowakei und Ungarn unter Schutz. *Offizielle Monographien.* Aufbereitungsmonographie der Kommission D am BGA "Hepatica nobilis (Hepatica triloba)".[21]

Hepatica triloba hom. *HPUS88*

Monographiesammlungen: Hepatica triloba *HPUS88*.

Definition der Droge: Die ganze Pflanze.

Stammpflanzen: *HPUS88* gibt als Stammpflanze *Anemone hepatica* mit den Synonymen *Hepatica americana* und *H. triloba* an. Deshalb ist von *Hepatica nobilis* var. *obtusa* (PURSH) STEYERMARK (= *H. americana* (DC.) KER-GAWL.) auszugehen, wegen der Ähnlichkeit der beiden amerikanischen Varietäten vermutlich auch von *H. nobilis* var. *acuta* (PURSH) STEYERMARK.

Zubereitungen: *Urtinktur.* Herstellung durch Mazeration oder Perkolation der frischen oder getrockneten Droge mit EtOH nach den allg. Zubereitungsvorschriften (Class C) der *HPUS88*. Ethanolgehalt 65 % (*V/V*).

Gehalt: *Urtinktur.* Arzneigehalt $^1/_{10}$.

1. Heg, Bd. III, Teil 3, S. 225-229
2. Melchior H (Hrsg.) (1964) A. Engler's Syllabus der Pflanzenfamilien, 12. Aufl., Bd. II, Gebr. Borntraeger, Berlin-Nikolassee
3. Hgn, Bd. VI, S. 17–20, S. 47–48, Bd. IX, S. 317–329
4. Ruijgrok HWL (1963) Planta Med 11:338–347
5. Raynaud J, Lebreton P (1970) CR Acad Sci (Sér D) 271:1.128–1.130
6. Raynaud J, Nétien G (1971) Ann Pharm Fr 29:449–460
7. Delattre MA (1912) J Pharm Chim (Sér 7) 6:292–298
8. Marquina JMG, Villa MG (1948) Farmacognosia (Madrid) 7:103–128
9. Serrano M, Codina C, Viladomat F, Bastida J, Llabrés JM (1985) Int J Crude Drug Res 23:105–117
10. Fischer G, Krug E (1980) Heilkräuter und Arzneipflanzen, 6. Aufl., Haug Verlag, Heidelberg, S. 140–141
11. Hag, Bd. V, S. 49–50
12. Madaus G (1938) Lehrbuch der biologischen Heilmittel, Abteilung I, Bd. II, Georg Thieme Verlag, Leipzig
13. Karl J (1983) Phytotherapie, 4. Aufl., Verlag Tibor Marczell, München
14. Buff W, von der Dunk K (1988) Giftpflanzen in Natur und Garten, 2. Aufl., Verlag Paul Parey, Berlin Hamburg
15. Valnet J (1983) Phytothérapie, Maloine, Paris
16. Font Quer P (1990) Plantas medicinales, 12. Aufl., Editorial Labor, Barcelona
17. Leporatti M, Pavesi A, Posocco E (1985) J Ethnopharmacol 14:53–63
18. Turner NJ (1984) J Ethnopharmacol 11:181–201
19. Cappelletti EM, Trevisan R, Caniato R (1982) J Ethnopharmacol 6:161–190
20. RoD
21. BAz Nr. 22a vom 03.02.1988

VS

Heracleum

HN: 2027600

Familie: Apiaceae.

Unterfamilie: Apioideae.

Tribus: Peucedaneae.

Subtribus: Tordyliinae.

Gattungsgliederung: Die Gattung Heracleum L. umfaßt ca. 60 Arten,[1] wobei die Artenzahl stark schwankt, da die Taxa sehr unterschiedlich weit gefaßt werden. Für den europäischen Raum werden 9 Arten und 8 Unterarten genannt,[62] im eurasischen Raum sind 37 Arten beschrieben, die an Hand der Fruchtmorphologie in 5 Sektionen gegliedert sind.[2]

Gattungsmerkmale: Meist hochwüchsige, zweijährige oder ausdauernde Stauden mit handförmig gelappten oder dreigeteilten, gefiederten oder doppelt gefiederten Blättern. Kelchzipfel schmal. Blütenblätter weiß, grüngelb oder rosa. Früchte elliptisch oder umgekehrt-eiförmig bis fast rund, stark abgeflacht, kahl oder borstig behaart, Ränder breit geflügelt. Die drei Rückenrippen fädlich hervorstehend. Ölgänge einzeln in den Tälchen; am unteren Ende Ölgänge auffallend angeschwollen, kürzer als die Frucht.[61,62]

Heracleum ist die systematisch schwierigste Gattung der Apiaceae in der mitteleuropäischen Flora. Die unterscheidenden Merkmale sind sehr unbeständig.[61]

Verbreitung: Eurasien, nördliche Halbkugel, in Südosteuropa, Vorderasien, Sibirien und in den Bergländern von Ostindien am reichsten entwikkelt. In Nordamerika nur *H. lanatum* MICHX.[1]

Inhaltsstoffgruppen: *Cumarine.* Wie in vielen anderen Gattungen der Tribus Peucedaneae sind in der Gattung Heracleum Cumarine praktisch ubiquitär und in allen Organen enthalten. Schwerpunkt bilden Furocumarine sowohl des linearen Tpys (häufig Bergapten und Isopimpinellin) als auch des angulären Typs (häufig Isobergapten, Pimpinellin und Sphondin), seltener Dihydrofurocumarine. Hydroxy- und Methoxycumarine sind quantitativ meist nachrangig. Bisher sind in über 40 Sippen Furocumarine nachgewiesen worden.

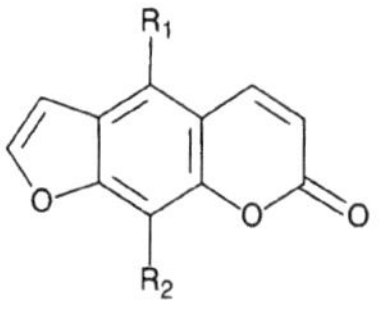

Bergapten: $R_1 = OCH_3$; $R_2 = H$
Isopimpinellin: $R_1 = OCH_3$; $R_2 = OCH_3$

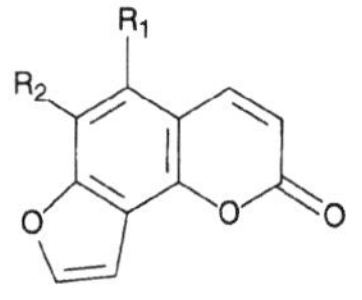

Isobergapten: $R_1 = OCH_3$; $R_2 = H$
Pimpinellin: $R_1 = OCH_3$; $R_2 = OCH_3$
Sphondin: $R_1 = H$; $R_2 = OCH_3$

Auf der Basis der Furocumarine werden chemotaxonomische, phylogenetische und biogenetische Zusammenhänge innerhalb der Gattung diskutiert,[3] die allerdings angesichts der zahlreichen Einzelergebnisse der letzten 20 Jahre neu überdacht werden müßten. Die Cumarinzusammensetzung ist auch Gegenstand einer chemosystematischen Beschreibung der Gattung Heracleum im Geltungsbereich der Flora der ehemaligen UdSSR.[4]
Ätherisches Öl. Ätherische Öle sind in Arten der Apiaceae weit verbreitet, so auch in der Gattung Heracleum als ubiquitär anzunehmen. Bis heute sind in knapp 20 Sippen ätherische Öle nachgewiesen worden, nur wenige davon sind ausreichend analysiert. Ester aliphatischer Alkohole mit ihrem unangenehmen Geruch sind für die Fruchtöle typisch.

Drogenliefernde Arten: *H. laciniatum*: Heracleum-laciniatum-Kraut; *H. lanatum*: Heracleum-lanatum-Kraut, Heracleum-lanatum-Öl, Heracleum-lanatum-Wurzel; *H. mantegazzianum*: Heracleum-mantegazzianum-Kraut; *H. sphondylium*: Heraclei radix, Heraclei sphondylii herba, Heracleum-sphondylium-Früchte, Heracleum sphondylium hom. *HAB 34*, Heracleum sphondylium hom. *PFX*, Branca ursina hom. *HPUS 88*.

Heracleum laciniatum HORNEM.

Synonyme: *Heracleum giganteum* FISCHER ex HOFFM., *H. panaces* BECKER, *H. pyrenaicum* BIEB., *H. speciosum* RUDOLPHI, *H. villosum* FISCHER ex HOFFM., *Sphondylium giganteum* HOFFM., *S. pyrenaicum* HOFFM., *S. villosum* HOFFM.[61]

Sonstige Bezeichnungen: Dt.: Palme von Tromsö, Zipfelblättriger Bärenklau, Zottiger Bärenklau; engl.: Palm of Tromsö.

Systematik: Nach der Behaarung der Früchte werden drei Varietäten unterschieden: var. *decipiens* (HOFFM.) THELLUNG, var. *subvillosum* (HOFFM.) THELLUNG und var. *villosum* (HOFFM.) THELLUNG.[61]

Botanische Beschreibung: Zweijährige bis ausdauernde Kräuter, 1,5 bis 2 m hoch, Früchte oval, 7 bis 8 mm lang, behaart.

Inhaltsstoffe: Furocumarine in Wurzeln und Früchten.[5,17,70]

Verbreitung: Heimisch auf der Krim (?) und im Kaukasus (?), in Mittel- und Westeuropa als Zierpflanze gezogen, dann verwildert. Besonders auffallender Bestand um Tromsö, Norwegen, daher der Name "Tromsö-Palme".[63]

Drogen: Heracleum-laciniatum-Kraut.

Heracleum-laciniatum-Kraut.

Definition der Droge: Die frischen oberirdischen Teile der als Zierpflanze angebauten Art.

Stammpflanzen: *Heracleum laciniatum* HORNEM.

Herkunft: In Mittel- und Nordeuropa als Zierpflanze.

Inhaltsstoffe: *Furocumarine.* In Blättern und Stengeln Furocumarine;[70,71] insbesondere Angelicin, Bergapten, Isobergapten, Isopimpinellin, Pimpinellin und Sphondin.
Ätherisches Öl. In den oberirdischen Teilen äth. Öl mit den für Heracleum-Arten typischen aliphatischen Estern, wie Ethylbutyrat, Hexylbutyrat und Octylacetat; außerdem Octylalkohol, gebundene Essig- und Buttersäure; Anwesenheit von Aldehyd. In den Destillationswässern Ethyl- und Methylalkohol; im Vorlauf Essigsäure und Ethylalkohol.[63]

Wirkungen: Die Pflanze löst bei Kontakt mit der Haut und anschließender Sonnenbestrahlung eine phototoxische Reaktion aus, die sich in einer Dermatitis mit Juckreiz und Rötung manifestiert.

Tox. Inhaltsstoffe u. Prinzip: Furocumarine; vgl. Heraclei sphondylii herba, → Hdb. 3, S. 802.

Akute Vergiftung: *Erste Maßnahmen.* Meidung weiterer Sonnenexposition, vgl. *Heracleum mantegazzianum.*

Heracleum lanatum MICHX.

Synonyme: *Heracleum candicans* DC., *H. nepalense* DON, *H. nepalense* var. *bivittata* CL., *H. obtusifolium* DC.[66]

Sonstige Bezeichnungen: Dt.: Wolliger Bärenklau; engl.: Cow parsnip.

Systematik: Nicht ganz klar abzugrenzen ist die Art in Ostasien, wo auch *Heracleum barbatum* LEDEB. als eine sehr nahestehende Art vorkommt. Diese wird, wie auch die anderen nahe verwandten Arten Ostasiens, *Heracleum dissectum* LEDEB., *H. dulce* FISCHER und *H. moellendorffii*, vom Index Kewensis mit *H. lanatum* vereinigt.[61] Bei der Bezeichnung *H. lanatum* var. *nipponicum* (oder auch var. *asiaticum*) handelt es sich um eine H. lanatum-Vorkommen in Japan.[63] Tatsächlich könnte es sich auch um eine der obengenannten heimischen und mit *H. lanatum* nahe verwandten Arten handeln.

Botanische Beschreibung: Ausdauernde, kräftige Pflanze von 1 bis 3 m Höhe, flaumig bis filzig behaart; Blätter rund, tief geteilt und 20 bis 30 cm breit. Fieder eiförmig bis rund, am Grunde herzförmig, grob gezähnt und unterschiedlich gelappt. Dolde 10 bis 20 cm im Durchmesser, 15- bis 30strahlig. Früchte oval, ca. 10 mm lang und fast ebenso breit, häufig flaumig behaart. Blütezeit Juni/Juli.[51]

Inhaltsstoffe: *Furocumarine.* In den Wurzeln der var. *nipponicum* bzw. var. *asiaticum* Furocumarine.[52,67] Es wird darauf hingewiesen, daß die Blätter keine derartigen Verbindungen enthalten.[52,54] Diese Angabe ist zweifelhaft, da von anderen Autoren auch aus den Blättern von *H. lanatum* (ohne Angabe der Varietät) Furocumarine isoliert wurden.[57,72] *Ätherisches Öl.* In den getrockneten Früchten 0,26 bis 0,57 % ätherisches Öl.[63]

Verbreitung: Neufundland bis Alaska, in Nordamerika südlich bis North Carolina und Kalifornien; Ostasien.

Drogen: Heracleum-lanatum-Kraut, Heracleum-lanatum-Öl, Heracleum-lanatum-Wurzel.

Heracleum-lanatum-Kraut

Definition der Droge: Frisches Kraut.

Stammpflanzen: *Heracleum lanatum* MICHX.

Herkunft: Nordamerika, Ostasien.

Inhaltsstoffe: *Furocumarine.* 0,1 bis 0,2 % Furocumarine; hauptsächlich Sphondin, dann Pimpinellin, Isopimpinellin, Bergapten, Xanthotoxin, Isobergapten, Psoralen und Angelicin.[57] Mindestens 11 weitere Furocumarine, an Hydroxycumarinen Umbelliferon und Skimmin.[57] Die Furocumarine kommen auch auf der Oberfläche der Blätter vor.[72] Im Laufe der Vegetationsperiode ist der Gehalt im April/Mai am höchsten, fällt mit zunehmender Blattgröße. Einen noch höheren Gehalt weisen die neuen, im August gebildeten kleinen Blätter auf.[72]

Volkstümliche Anwendung und andere Anwendungsgebiete: Soll nach alten Angaben als Rubefaciens verwendet werden;[68] von eklektischen Ärzten bei Epilepsie.[60] Die Wirksamkeit bei den genannten Anwendungsgebieten ist nicht belegt.

Tox. Inhaltsstoffe u. Prinzip: Auf Grund des Furocumaringehalts ist bei Kontakt mit der Haut und anschließender Sonnenbestrahlung eine phototoxische Reaktion zu befürchten, die sich in einer Dermatitis mit Juckreiz und Rötung manifestiert;[73] vgl. Heraclei sphondylii herba, → Hdb. 3, S. 802.

Heracleum-lanatum-Öl

Definition der Droge: Das ätherische Öl der Früchte.

Stammpflanzen: *Heracleum lanatum* MICHX.

Inhaltsstoffe: 1 bis 2 % Aldehyde und Ketone und 1 bis 2 % Phenole.[63]

Wirkungen: Antirheumatischer Effekt. In einer klinischen Studie bei 112 Patienten mit Weichteilrheumatismus führte die Injektion des ätherischen Öls in 76,5 % der Fälle zu spürbarer Schmerzreduktion, Abschwellung und Wiederherstellung der Normalfunktionen (nähere Angaben fehlen).[58]

Heracleum-lanatum-Wurzel

Definition der Droge: Die Wurzel; nähere Angaben fehlen.

Stammpflanzen: *Heracleum lanatum* MICHX., *H. lanatum* var. *asiaticum*, *H. lanatum* var. *nipponicum*.

Herkunft: *H. lanatum* vermutlich aus Nordamerika, die Varietäten *asiaticum* und *nipponicum* aus Ostasien.

Inhaltsstoffe: In der Varietät *nipponicum* sind Furocumarine enthalten, im einzelnen Pimpinellin (0,3 %), Isobergapten (0,12 %), Sphondin (0,06 %), Isopimpinellin (0,03 %), Bergapten (0,01 %).[63] Kleine Mengen von Angelicin[54,55] und Spuren von Psoralen.[54] Für die Varietät *asiaticum* werden dieselben Furocumarine erwähnt, allerdings kein Hinweis auf das Vorkommen von Sphondin.[67]
Neuere Arbeiten über die Inhaltsstoffe der Wurzeln der Varietät *nipponicum* berichten über das Vorkommen von Pimpinellin, Isopimpinellin, Bergapten, Isobergapten neben Vaginidiol, Sphondin, Apterin und den Hydroxycumarinen Scopoletin und Umbelliferon;[53] Ferulasäure und *p*-Cumarsäure.[53] Ferulasäure kommt außerdem auch verestert mit *p*-Hydroxyphenylalkohol vor, außerdem

prenyliertes Cumarin (7-(Methyl-2-butenoyloxy)cumarin).[56] β-Sitosterol.[67]

Volkstümliche Anwendung und andere Anwendungsgebiete: Von den Indianern bei Pocken und Cholera.[59] In den Vereinigten Staaten nach alten Angaben bei Husten, Krämpfen, Epilepsie, Blähungen, zur Verdauungsförderung und nicht näher definierten Steigerung der Harnausscheidung. Frisch auch als Rubefaciens.[68] Die Wirksamkeit bei den genannten Indikationen ist nicht belegt.
Im mitteleuropäischen Raum findet die Droge keine Verwendung.

Heracleum mantegazzianum SOMM. et LEV.

Synonyme: *Heracleum caucasicum* STEVEN(?), *H. giganteum* (HORNEM.) hort., *H. villosum* hort.[61]

Sonstige Bezeichnungen: Dt.: Herkulesstaude, Mantegazzis Bärenklau, Riesenbärenklau; engl.: Giant hogweed.

Systematik: Die Art wurde 1895 zum ersten Mal ausführlich beschrieben. Es ist aber nicht ausgeschlossen, daß sie ältere Namen besitzt. Möglicherweise entsprechen die Arten *Heracleum caucasicum* STEVEN (1812) und *H. giganteum* HORNEM. (1819) dem Riesenbärenklau.[61]

Botanische Beschreibung: Zwei- oder mehrjährige Pflanze, bis 3 m hoch, Stengel bis zu 10 cm im Durchmesser, mit auffallenden purpurfarbenen Flecken. Blätter dreizählig oder in unterschiedlichem Grade gefiedert. Dolden 50- bis 150strahlig, bis zu 50 cm im Durchmesser. Blütenblätter bis 12 mm, weiß oder leicht rosa. Frucht (7 bis) 9 bis 11 × 6 bis 8 (bis 10) mm, kahl bis behaart; Ölgänge stark angeschwollen, 0,5 bis 1 mm groß. Blütezeit Juli bis September.[62]

Inhaltsstoffe: Furocumarine in allen Organen. Gesamtgehalt in den Wurzeln 0,64 bis 1,23 %;[9,10,48] darunter das Furocumaringlykosid Apterin.[11]

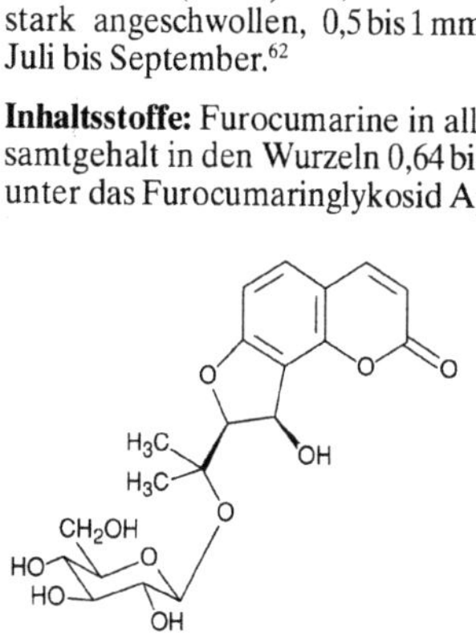

Apterin

Verbreitung: Ursprünglich im Kaukasus, 1890 nach Europa gebracht, wo die Pflanze wegen der riesigen Ausmaße als dekorative Zierpflanze in größeren Gartenanlagen geschätzt wird. Vielfach verwildert.

Drogen: Heracleum-mantegazzianum-Kraut.

Heracleum-mantegazzianum-Kraut

Definition der Droge: Die frischen oberirdischen Teile.

Stammpflanzen: *Heracleum mantegazzianum* SOMM. et LEV.

Herkunft: In Mitteleuropa als Zierpflanze und verwildert.

Inhaltsstoffe: *Furocumarine.* Angelicin, Bergapten, Imperatorin, Isobergapten, Isopimpinellin, Phellopterin, Pimpinellin, Sphondin und Xanthotoxin in allen Organen, in den Früchten in höchster Konzentration. Gesamtfurocumaringehalt: Früchte 3,28 %;[7,8] Blätter 0,28 % und Sproßachsen 0,050 %.[7] Der Gehalt ist in den oberirdischen Teilen im Juni am höchsten.[7]

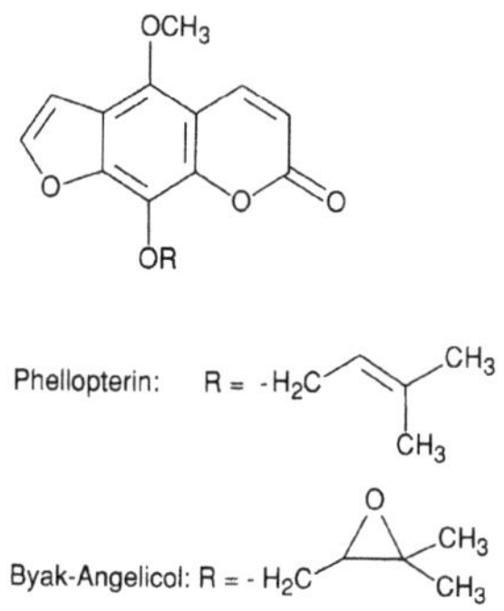

Ätherisches Öl. In allen Pflanzenteilen, in den Früchten (Gehalt 8,2 %, Wasserdampfdestillation) mit Estern des Octylalkohols als Hauptbestandteile; in den Blättern mit Ocimen.[63]
Fettes Öl. In den Früchten mit ca. 88 % C_{18}-Fettsäuren, u. a. Petroselinsäure (18:1, Δ6).[14]

Wirkungen: Der bei Verletzung des Stengels austretende Pflanzensaft verursacht bei Kontakt mit der Haut und gleichzeitiger Sonneneinstrahlung die sog. Wiesendermatitis (vgl. Heraclei sphondylii herba), weswegen die Pflanze als Giftpflanze in der Literatur geführt wird.[12] Abbildung des Verlaufs einer experimentell gesetzten Photodermatitis mit einem frisch abgeschnittenen Stengelstück auf der Haut des Unterarms s. Lit.[12] Nach 24 h Rötung der Kontaktstelle am Unterarm, nach 3 Tagen Erythem mit starker Blasenbildung.
Das Wirkungsprinzip beruht auf einer Photoaddition der furanischen oder lactonischen Doppelbindung eines Furocumarins mit Pyrimidinresten der DNA; vgl. Heraclei sphondylii herba, → Hdb. 3, S. 802.

Tox. Inhaltsstoffe u. Prinzip: Furocumarine; vgl. Heraclei sphondylii herba; → Hdb. 3, S. 802.

Akute Toxizität: *Mensch. Fallbeschreibungen.* Ein 3½jähriges Mädchen spielte in der Hitze eines Junitages mehrere Stunden nackend in einem mit Herkulesstauden "verunkrauteten" Garten. Nachts entwickelten sich am ganzen Körper zunächst fast

schmerzlose rote Streifen und Flecken, auf denen im Verlauf von 24 h Blasen aufschossen. Einen Tag später zeigten sich nahezu generalisiert entzündlich-bullöse Hautveränderungen (Photodermatitis bullosa generalisata).[13]
Bei einem 16jährigen Jungen hatten sich innerhalb von 4 Tagen eher flächenhafte, stellenweise bullöse, bräunlichrote Hautveränderungen an unbedeckten Armen und am Hals entwickelt. Der Junge hatte an einem sonnenreichen Junitag beim Umpflanzen mit Herkulesstauden und beim Mähen eines stark verunkrauteten Rasens mit Pflanzensaft auf die freigetragene Haut Kontakt bekommen.[13]
Ein 14jähriger Schüler zeigte eine strichförmige, vesicobullöse Dermatitis mäßigen Grades an der Unterlippen-Kinnpartie und am linken Handrücken. Die Erscheinungen waren unmittelbar nach einem im Juni durchgeführten Schulspiel auf einem mit Herkulesstauden besetzten Areal aufgetreten. Bei ungefähr 30 % aller beteiligten 39 Schüler hatten sich (offenbar nicht behandlungsbedürftige) Hautreizungen, zum Teil in perioraler Ringform gezeigt, da die hohlen Stiele der Pflanzen als "Sprachrohre" benutzt wurden.[19]
Pflanzengiftklassifizierung. Gefährlichkeitsgrad: Giftig (+).[64]

Akute Vergiftung: *Erste Maßnahmen.* Meidung weiterer Sonnenexposition. Äußerlich Dermatica mit halogenierten Corticoiden.[64]

Heracleum sphondylium L.

Synonyme: *Heracleum branca* Scop. ex Lam. et Dc., *H. branca ursina* All., *H. protheiforme* Crantz, *H. sibiricum* (L.) Hartman, *Sphondylium branca* Scop., *S. branca-ursi* Besser, *S. branca-ursina* Hoffm.[61]

Sonstige Bezeichnungen: Dt.: Gemeiner Bärenklau, Wiesen-Bärenklau; engl.: Common cow parsnip, hogweed, keck; frz.: Berce, branc ursine, false branc ursine; it.: Sedano dei prati.[61]

Systematik: Nach Lit.[61] wird *Heracleum sphondylium* als Sammelart geführt. Zur Gliederung in Unterarten und Varietäten werden die Zerteilung der Laubblätter und die Behaarungsverhältnisse herangezogen. Es wird auf die große Schwierigkeit der Unterscheidung hingewiesen, verursacht durch die Unbeständigkeit der Merkmale. In Europa am weitesten verbreitet ist die Unterart *australe* (*Heracleum sphondylium* L. subspec. *australe* (Hartman) Neuman),[61] so daß davon ausgegangen werden muß, daß bei nicht weiterer Spezifizierung diese Unterart gemeint ist, wenn Pflanzen aus dem mitteleuropäischen Raum untersucht wurden. Nach Lit.[62] erfolgt die Untergliederung der Art nach geographischen Gesichtspunkten. Die Unterart *australe* entspricht der Unterart *sphondylium* (*H. sphondylium* L. subspec. *sphondylium* = subspec. *australe* (Hartman) Ahlfvengren).
Übereinstimmend werden noch folgende Unterarten genannt:[61,62] Subspecies *sibiricum* (= *Heracleum sibiricum* L.), Sibirischer oder Strahlenloser Bärenklau, und die Subspecies *montanum* sowie *pyrenaicum*. Die Subspecies *juranum* (= *Heracleum alpinum* L.) nach Lit.[61] entspricht schließlich der Subspecies *alpinum* (L.) Bonnier nach Lit.[62]

Botanische Beschreibung: Pflanze zweijährig bis ausdauernd, Stengel 50 cm bis 2 m, röhrig, kantig-gefurcht, mit nach rückwärts gerichteten Borstenhaaren, an den Knoten ein auffallender Borstenkranz; Laubblätter in Zerteilung und Behaarung sehr veränderlich. Stets teilweise 5- (bis 7-)schnittig, bei den typischen Formen oberseits mehr oder weniger weich behaart, unterseits nur an den Haupt- und den stärkeren Seitennerven borstig behaart, die feineren Nerven wie die übrige Blattfläche dicht weichhaarig (= ssp. *australe*). Dolden 15- bis 30strahlig, flach, Doldenstrahlen ungleich lang, kantig, behaart. Hülle fehlend oder 1- bis 6blättrig (an den Seitendolden), Hüllchenblätter zahlreich, lanzettlich und dicht behaart. Kronblätter herzförmig-ausgerandet mit eingeschlagenem Läppchen versehen, ungleichförmig, außen öfter behaart, weiß oder grünlich, grüngelb oder gelblich, auch rosa. Frucht flach, elliptisch, umgekehrt-eiförmig oder fast kreisrund, etwa 6 bis 10 mm lang, im reifen Zustand öfter kahl, seltener behaart. Flügelrand 0,5 bis 1 mm breit. Rückenrippen 3, Ölgänge einzeln in den Tälchen, stark vorspringend, an der Fugenfläche meist 2 bis 4. Am unteren Ende keulenförmig angeschwollen. Kleine "sekundäre" Ölgänge außerhalb der Leitbündel der 5 Hauptrippen. Blüte Juni bis September.[61]

Inhaltsstoffe: *Furocumarine.* In allen Pflanzenteilen von *Heracleum sphondylium* und *H. sphondylium* subspec. *sibiricum* (= *H. sibiricum*) kommen Furocumarine des Psoralen- und Angelicintyps vor.[15–17,48]
Ätherisches Öl. Wie für Apiaceen typisch, äth. Öl in allen Pflanzenteilen vorkommend. Das gilt auch für *Heracleum sibiricum*.[18] Das bei *H. sphondylium* aus den von den Früchten befreiten trockenen Dolden zu 0,08 % gewonnene ätherische Öl (Wasserdampfdestillation) ist geruchlich deutlich verschieden von dem Öl der Früchte.[63]

Verbreitung: *Heracleum sphondylium* kommt als Sammelart in fast ganz Europa, bis Skandinavien vordringend, ferner in West- und Nordasien vor. *H. sphondylium* subspec. *sphondylium* ist hauptsächlich in Nordwesteuropa, bis Skandinavien reichend, Ost- und Zentraleuropa sowie im Mittelmeergebiet verbreitet.

Anbaugebiete: Die Pflanze wird nicht kultiviert.

Drogen: Heraclei radix, Heraclei sphondylii herba, Heracleum-sphondylium-Früchte, Heracleum sphondylium hom. *HAB34*, Heracleum sphondylium hom. *PFX*, Branca ursina hom. *HPUS88*.

Heraclei radix (Bärenklauwurzel)

Synonyme: Heraclei rhizoma, Radix Heraclei, Radix Heraclei sphondylii, Radix Pimpinellae albae, Radix Pimpinellae franconiae, Radix Pimpinellae spuriae.

Definition der Droge: Die getrockneten Wurzeln.

Stammpflanzen: *Heracleum sphondylium* L.

Herkunft: Sammlung aus Wildvorkommen.

Ganzdroge: *Geschmack.* Würzig, deutlich bitter. Die Droge hat kaum einen eigenen Indikationsanspruch und erscheint in der Literatur zumeist nur als Verfälschung der Bibernellwurzel, Pimpinellae radix.[31] Aus diesem Grunde behandeln alle makroskopischen Beschreibungen der Droge lediglich Unterscheidungsmöglichkeiten der beiden Wurzeln. Die Ganzdroge, allenfalls auch die Schnittdroge, liefert dafür als beste Merkmale die Anordnung und Größe der Ölgänge, die zahlreich in unregelmäßigen konzentrischen Kreisen im Rindenparenchym liegen, 80 bis 130 µm im Durchmesser. Am Kambium ein Kreis sehr kleiner Sekretbehälter; Tabelle im Vergleich zu verschiedenen Pimpinella-Wurzeln s. Lit.[31] Zellen mit Oxalatsand in der Rinde, im Holzkörper dickwandige große lignifizierte Faserbündel zwischen den Gefäßstrahlen.[31]

Inhaltsstoffe: *Furocumarine.* 1,01 % Furocumarine;[48] hauptsächlich Pimpinellin und Isopimpinellin, weiterhin Bergapten, Isobergapten, Sphondin und in geringen Konzentrationen Angelicin sowie Xanthotoxin.[32,33] Das in der Literatur häufig zitierte Heraclin ist mit Bergapten identisch.
Cumarine. An Hydroxycumarinen Scopoletin, Umbelliferon und Umbelliprenin;[32] als Cumaringlykosid Apterin.[34]
Ätherisches Öl. Überwiegend Terpenkohlenwasserstoffe, aliphatische Ester und je nach Herkunft Myristicin enthaltend.[35]
Polyine (Polyacetylene). Es sind zwei Alkohole ($C_{17}H_{24}O$ und $C_{17}H_{26}O$) isoliert worden.[36]

Analytik: Durch den Umstand, daß immer nach Unterscheidungsmöglichkeiten zwischen Pimpinellae radix und ihrer Verfälschung Heraclei radix gesucht wurde, sind verschiedene DC-Methoden in der Literatur zu finden. Am besten bewährt hat sich die Trennung des Methanolextraktes auf Kieselgel-60-Platten mit dem Fließmittelsystem Toluol-Ether (1 + 1, mit Essigsäure gesättigt).[37] Rf-Werte: Scopoletin 0,28, Umbelliferon 0,40, Sphondin 0,46 bis 0,48, Xanthotoxin 0,53, Isopimpinellin 0,54, Bergapten 0,59, Pimpinellin 0,65, Isobergapten 0,71.[35] Der Cumaringehalt in Heraclei radix liegt 20mal höher als in Pimpinellae radix.[38]
Empfindlicher als die Detektion mit UV-Licht 366 nm und eine gleichzeitige Aussage über die phototoxischen Eigenschaften der Furocumarine läßt sich auf der DC durch Besprühen mit einer Konidiensuspension von *Penicillium expansum* gestalten. Nach anschließendem Bestrahlen mit UV-Licht 366 nm zeigen lineare Furocumarine bei einer Nachweisgrenze zwischen 1 und 8 ng auf der Platte "Hemmhöfe".[39]
HPLC-Methode zur Trennung der Chloroformextrakte auf Lichrosorb Si 60, 5 µm-Material mit Essigester-Chloroform-Diethylether-*n*-Hexan (0,6 + 58,5 + 0,9 + 40) oder noch zusätzlich mit 0,04 % Wasser, UV-Detektion, quantitative Auswertung.[33,40] HPLC auf RP-Phase Spherisorb mit Lösungsmittelgradient.[41]
Weitere Trennmethoden für Cumarine resultieren aus der Verwendung von Wurzelextrakten als Furocumarin-Testmischung: SCLC (Sequential Centrifugal Layer Chromatography),[42] OPLC (Overpressure Layer Chromatography).[43]
Gaschromatographie von Cumarinen frei oder als Trimethylsilylether auf gepackten Säulen mit 1,5 % SE 30 auf Chromosorb W 60 bis 80 mesh.[44]

Volkstümliche Anwendung und andere Anwendungsgebiete: Bei Verdauungsbeschwerden, nervösen Leiden, Epilepsie und Ruhr;[45] bei Magen- und Darmkatarrh mit Durchfall im Gemisch mit Tormentillwurzel.[75] Die Wirksamkeit der Droge bei diesen Indikationsansprüchen ist nicht belegt.

Dosierung und Art der Anwendung: *Droge.* 3 Teile Bärenklauwurzel gemischt mit 2 Teilen Tormentillwurzel; 4 Teelöffel auf 2 Glas Wasser als Tee.[75]

Unerwünschte Wirkungen: *Haut.* Nach Einnahme der Droge muß mit phototoxischen Effekten gerechnet werden.

Gegenanzeigen/Anwendungsbeschr.: Wegen der phototoxischen Effekte sollte nach Einnahme auf Sonnenbäder und intensive UV-Strahlung verzichtet werden.

Tox. Inhaltsstoffe u. Prinzip: Phototoxische Furocumarine; vgl. Heraclei sphondylii herba, → Hdb. 3, S. 802.

Mutagenität: Die mutagene Wirkung von Furocumarinen ist bekannt.[46,49] Untersucht wurde die chromosomenschädigende Aktivität von aus der Droge isoliertem Isopimpinellin an menschlichen Lymphocyten. Einwirkung von Isopimpinellin (5 µg/mL Lymphocytenkultur), 1 h im Dunkeln, dann Bestrahlung mit UV-A 0,7, 1,4 und 2,8 J/cm^2 erhöht die CA (Chromosomenaberration) etwa um den Faktor 2; die Substanz ist demnach schwach clastogen; keine Erhöhung der Schwesterchromatid-Austauschrate (SCE).[47] Es wird darauf hingewiesen, daß der phototoxische Effekt von Furocumarinen nicht mit der Fähigkeit zur Auslösung von Chromosomenbrüchen korreliert ist.

Heraclei sphondylii herba (Bärenklaukraut)

Synonyme: Brancae ursinae (germanicae) herba, Herba Brancae ursinae, Herba Heraclei sphondylii.[65,74]

Sonstige Bezeichnungen: Dt.: Wiesenbärenklaukraut.

Definition der Droge: Das von Juni bis August gesammelte und getrocknete Kraut.[75]

Stammpflanzen: *Heracleum sphondylium* L. s. l.

Herkunft: Sammlung aus Wildvorkommen.

Inhaltsstoffe: Furocumarine sind in der frischen Pflanze nachgewiesen[25] (Gesamtgehalt Blätter: 0,52 bis 0,61 %, Blüten: 0,55 %[48]) und auch in der Droge zu erwarten. Im einzelnen: Angelicin, Bergapten, Isobergapten, Pimpinellin, Psoralen, Sphondin, Xanthotoxin;[26] vgl. auch *H. sphondylium*. Ätherisches Öl mit Mono- und Sesquiterpenkohlenwasserstoffen.[22]

Analytik: s. Heraclei radix.

Volkstümliche Anwendung und andere Anwendungsgebiete: Bei Muskelkrampf, bei Störungen im Bereich des Magens, wie Verdauungsbeschwerden, Durchfall, Magen- und Darmkatarrh mit Durchfall nach Erkältung,[75] bei Epilepsie.[69] Die Wirksamkeit bei den genannten Anwendungsgebieten ist nicht belegt.

Dosierung und Art der Anwendung: *Droge.* Bei Magenbeschwerden: 3 Teelöffel des zerkleinerten Krautes mit 2 Glas Wasser kalt ansetzen, 8 h stehen lassen und tagsüber schluckweise trinken.[69,75]

Unerwünschte Wirkungen: *Haut.* Nach Einnahme der Droge muß mit phototoxischen Effekten gerechnet werden.

Gegenanzeigen/Anwendungsbeschr.: Wegen der phototoxischen Effekte sollte nach Einnahme auf Sonnenbäder und intensive UV-Bestrahlung verzichtet werden.

Tox. Inhaltsstoffe u. Prinzip: Die Erwähnung von *Heracleum sphondylium* als Giftpflanze in der Literatur[12,64] geht auf den Gehalt an Furocumarinen in allen Pflanzenteilen zurück. Sie lösen durch Kontakt mit der Haut bei gleichzeitiger oder nachfolgender Einwirkung von Sonnenlicht eine phototoxische Dermatitis aus, die sich in einem zunächst brennenden und juckenden Erythem äußert, das sich im weiteren Verlauf zu einer Dermatitis mit Juckreiz und Rötung entwickelt und langandauernde Hyperpigmentierungen der Haut hinterläßt.[27] Da dies häufig beim zufälligen Berühren der Pflanzen an ihren natürlichen Standorten in Wiesen passiert, spricht man von einer sog. Wiesendermatitis, die häufig auch beim Sammeln oder Ernten entsprechender Drogen nicht selten auftritt; → Hdb. 3, S. 802.
Das toxische Prinzip beruht auf einer Photoaddition der furanischen oder lactonischen Doppelbindung eines Furocumarins mit Pyrimidinresten der DNA in Form eines Cyclobutanderivats. Bifunktionelle Reaktionen, bei denen beide Doppelbindungen eines Moleküls reagieren, führen zur Verknüpfung der beiden Einzelstränge des DNA-Doppelstranges.[28] Auch werden photochemische Reaktionen zwischen Furocumarinen und Proteinen bzw. Aminosäuren beschrieben. Effektiv ist Licht der Wellenlänge 315 bis 375 nm, das Wirkungsmaximum liegt bei 330 bis 335 nm.[5] Ein Vergleich der Wirksamkeit von vier verschiedenen Furocumarinen aus *Heracleum laciniatum* weist Bergapten als das wirksamste aus, dann folgen, nach Wirksamkeit angeordnet, Pimpinellin, Angelicin und Sphondin.[6] Untersuchungen zu Struktur-Wirkungs-Beziehungen zeigen, daß lineare Furocumarine wesentlich stärkere phototoxische Reaktionen zeigen als anguläre und daß eine Substitution des Moleküls je nach Stellung und Art des Substituenten den Effekt erhöhen oder erniedrigen kann.[29] Da die quantitative Zusammensetzung der Furocumarine während der Vegetationsperiode stark schwankt, kommt es zu recht unterschiedlichen Erfahrungen in Bezug auf die Phototoxizität der dafür verantwortlichen Pflanzen bzw. Pflanzenteile,[5] was sich in den z. T. kontroversen Befunden in der Literatur widerspiegelt.[64]
Biologische Testsysteme zur Prüfung von Pflanzenextrakten oder Reinsubstanzen sind entwickelt worden. Zur Prüfung vieler Heracleum-Arten wurde *Candida albicans* im Agarplattentest verwendet.[25] Eine besser auf die menschliche Haut übertragbare Testmethode auf phototoxische und photoallergische Potenz mit Albino-Meerschweinchen s. Lit.[30]

Akute Toxizität: *Mensch.* Fallbeschreibung: 58 Soldaten erkrankten nach einer Bundeswehrübung, bei der sie durch eine Heracleum-sphondylium-reiche Wiese gerobbt waren, an einer Photodermatitis bullosa striata pratensis (Oppenheim). Hautbefund: An Handrücken und Handgelenken, auch am Hals und im Gesicht, scharf begrenzte, nicht konfluidierende Rötungen und Schwellungen mit erbsgroßen, wasserhellen Blasen, die sich später partiell eitrig trübten.[50]
Pflanzengiftklassifizierung: Wenig giftig (+);[64] gilt für die frische Pflanze.

Mutagenität: s. Heraclei radix.

Akute Vergiftung: *Erste Maßnahmen.* Meidung weiterer Sonnenexposition. Äußerlich Dermatica mit halogenierten Corticoiden.[64]

Heracleum-sphondylium-Früchte (Bärenklaufrüchte)

Definition der Droge: Die Früchte; nähere Angaben fehlen.

Stammpflanzen: *Heracleum sphondylium* L. s. l.

Ganzdroge: s. Botanische Beschreibung von *H. sphondylium*.

Inhaltsstoffe: *Furocumarine.* 0,62 % Furocumarine;[48] hauptsächlich Bergapten, dann Phellopterin, Imperatorin, Xanthotoxin,[8,20] weiterhin Angelicin, Sphondin, Isobergapten, Pimpinellin, Psoralen und Isopimpinellin.[21] In Früchten von *H. sphondylium* subspec. *sphondylium* in Italien ist Byak-Angelicol Hauptfurocumarin.[22] Bei reifen Früchten sind die Verbindungen in den Exkretgängen lokalisiert.
Ätherisches Öl. 1 bis 2,5 % äth. Öl mit über 50 bis 60 % verestertem und freiem Octanol,[23] hauptsächlich Octylacetat, Octylcaproat und Octylbutyrat, lokalisiert in den Ölgängen.[22] In den die Rippen begleitenden Exkretgängen Monoterpenkohlenwasserstoffe, hauptsächlich Myrcen und Limonen sowie verschiedene Alkylbenzole.[22]

Sonstige Verbindungen. Langkettige Kohlenwasserstoffe (C_{25} bis C_{30}) im nichtflüchtigen Anteil eines Petrolätherextraktes.[24]

Volkstümliche Anwendung und andere Anwendungsgebiete: Gegen Durchfall, bei Wurmbefall, Krämpfen und zur Förderung der Menstruation.[65,68] Die Wirksamkeit der Droge bei diesen Indikationen ist nicht belegt.

Dosierung und Art der Anwendung: *Droge.* Aufguß der Droge.

Unerwünschte Wirkungen: *Haut.* Bei Einnahme der Droge muß mit phototoxischen Effekten gerechnet werden.

Tox. Inhaltsstoffe u. Prinzip: Phototoxische Furocumarine;[20] s. Heraclei sphondylii herba, → Hdb. 3, S. 802.
Pflanzengiftklassifizierung. Wenig giftig (+).[64]

Akute Vergiftung: *Erste Maßnahmen.* Meidung von Sonnenexposition. Lokal Dermatica mit halogenierten Corticoiden.[64]

Sonst. Verwendung: *Kosmetik.* Der in den Früchten bzw. dem ätherischen Öl enthaltene Octylalkohol kann in der Parfümindustrie verwendet werden.[65]

Heracleum sphondylium hom. *HAB34*

Monographiesammlungen: Heracleum Sphondylium *HAB34.*

Definition der Droge: Das frische Kraut.

Stammpflanzen: *Heracleum sphondylium* L.

Zubereitungen: Essenz nach § 1 *HAB34.* Darreichungsformen: Urtinktur, flüssige Verdünnungen, Streukügelchen, Verreibungen, Tabletten, flüssige Verdünnungen zur Injektion.[76]

Identität: *Essenz.* Arzneigehalt $^1/_2$.

Anwendungsgebiete: Die Anwendungsgebiete entsprechen dem homöopathischen Arzneimittelbild. Dazu gehört: Überfunktion der Talgdrüsen.[76]

Dosierung und Art der Anwendung: *Zubereitung.* Soweit nicht anders verordnet: Bei akuten Zuständen häufige Anwendung alle halbe bis ganze Stunde je 5 Tropfen oder 1 Tablette oder 10 Streukügelchen oder 1 Messerspitze Verreibung einnehmen; parenteral 1 bis 2 mL bis zu 3mal täglich s. c. injizieren. Bei chronischen Verlaufsformen 1- bis 3mal täglich 5 Tropfen oder 1 Tablette oder 10 Streukügelchen oder 1 Messerspitze Verreibung einnehmen; parenteral 1 bis 2 mL pro Tag s. c. injizieren.[76]

Unerwünschte Wirkungen: Bei der Urtinktur und der 1. Dezimalverdünnung kann in seltenen Fällen Photosensibilisierung auftreten. Hinweis: Es können vorübergehend Erstverschlimmerungen vorkommen, die jedoch ungefährlich sind.[76]

Gegenanzeigen/Anwendungsbeschr.: Nicht bekannt.[76]

Wechselwirkungen: Nicht bekannt.[76]

Gesetzl. Best.: *Offizielle Monographien.* Aufbereitungsmonographie der Kommission D am BGA "Heracleum sphondylium".[76]

Heracleum sphondylium hom. *PFX*

Synonyme: Branca ursina.

Monographiesammlungen: Heracleum sphondylium pour préparations homéopathiques *PFX.*

Definition der Droge: Die frische, ganze, blühende Pflanze.

Stammpflanzen: *Heracleum sphondylium* L.

Zubereitungen: *Urtinktur.* Urtinktur mit Ethanol nach der Monographie "Préparations Homéopathiques" *PFX.* Eigenschaften: Die Urtinktur ist eine grünbraune Flüssigkeit mit aromatischem Geruch; Ethanolgehalt 55 % (*V/V*).

Identität: *Droge.* Die Droge muß die in der Monographie beschriebenen Merkmale besitzen.
Urtinktur. Blaue Fluoreszenz im UV-Licht 365 nm. Nach Zusatz von 2 Tropfen alkoholischer Kaliumhydroxidlösung zu 1 mL Urtinktur hellgrüne Fluoreszenz.

Reinheit: *Urtinktur.*
- Ethanolgehalt: Zwischen 50 und 60 % (*V/V*).
- Trockenrückstand: Mindestens 1,1 %.
- DC der Urtinktur: a) Referenzsubstanz: Bergapten; b) Sorptionsmittel: Kieselgel G; c) FM: Toluol-Ether-verdünnte Essigsäure (50 + 50 + 10); d) Detektion: Direktauswertung im UV-Licht 365 nm; e) Auswertung: Referenzsubstanz liefert grünen Fleck bei Rf 0,60. In der Untersuchungslösung zeigen sich insgesamt 6 Flecken, blau, blauviolett und grün.

Branca ursina hom. *HPUS88*

Monographiesammlungen: Branca ursina *HPUS 88.*

Definition der Droge: Die ganze Pflanze.

Stammpflanzen: *Heracleum sphondylium* L.

Zubereitungen: *Urtinktur.* Herstellung durch Mazeration oder Perkolation der frischen oder getrockneten Droge mit EtOH nach den allg. Zubereitungsvorschriften (Class C) der *HPUS88.* Ethanolgehalt 55 % (*V/V*).

Gehalt: *Urtinktur.* Arzneigehalt $^1/_{10}$.

---

1. Melchior H (Hrsg.) (1964) A. Engler's Syllabus der Pflanzenfamilien, 12. Aufl., Bd. II, Gebr. Bornträger, Berlin, S. 378

2. Shishkin BK (1951) Flora of the USSR, Bd. XVII, Umbelliflorae, Izdatel'stvo Akademii Nauk SSSR, Moskau Leningrad, S. 224
3. Molho D, Jössang P, Jarreau MC, Carbonnier J (1971) In: Heywood VH (Hrsg.) The Biology and Chemistry of the Umbelliferae, Academic Press, London, S. 337–360
4. Satsyperova IF, Komissarenko NF (1978) Rastit Resur 14:337–347, 482–498
5. Kavli G, Raa J, Johnson BE, Volden G, Haugsbö S (1983) Contact Dermatitis 9:257–262
6. Kavli G, Midelfart K, Raa J, Volden G (1983) Contact Dermatitis 9:364–366
7. Pira E, Romano C, Sulotto F, Pavan I, Monaco E (1989) Contact Dermatitis 21:300–303
8. Beyrich TH (1968) Pharmazie 23:336–339
9. Karlsen J, von Hagen P, Baerheim Svendsen A (1967) Medd Norsk Farm Selsk 29:153–157
10. Vanhaelen M, Vanhaelen-Fastre R (1974) Phytochemistry 13:306
11. Fischer FC, Jasperse PH, Karlsen J, Baerheim Svendsen A (1974) Phytochemistry 13:2.334
12. Frohne D, Pfänder HJ (1981) Dtsch Apoth Ztg 121:2.269–2.275
13. Ippen H (1984) Derm Beruf Umwelt 32:134–137
14. Stuhlfauth T, Fock H, Huber H, Klug K (1985) Biochem Syst Ecol 13:447–453
15. Baerheim Svendsen A, Ottestad E, Blyberg M (1959) Planta Med 7:113–117
16. Ognyanov I, Gentscheva G, Georgiev V, Panov P (1966) Planta Med 14:19–21
17. Baerheim Svendsen A, Ottestad E (1957) Pharm Acta Helv 32:457–461
18. Solodovnichenko NM, Borisyuk YG (1962) Tr Khark Farm Inst: 27–29, zit. nach CA 61:9590h
19. Schulz KH, Spier HW (1951) Hautarzt 2:77–78
20. Ceska O, Chaudhary SK, Warrington PJ, Ashwood-Smith MJ (1987) Phytochemistry 26:165–169
21. Karlsen J, Algera MAW, Baerheim Svendsen A (1969) Sci Pharm 37:249–253
22. Bicchi C, D'Amato A, Frattini C, Cappelletti EM, Caniato R, Filippini R (1990) Phytochemistry 29:1.883–1.887
23. Beyrich T, Pohloudek-Fabini R (1961) Pharmazie 16:360–368
24. Lawrie W, McLean J, Younes MEG (1968) Phytochemistry 7:2.065–2.066
25. Weimarck G, Nilsson E (1980) Planta Med 38:97–111
26. Carbonnier-Jarreau MC, Carbonnier J, Faríle M, Molho D (1978) Bull Mus Natl Hist Nat, Sci Phys-Chim 19:13–16
27. Hausen BM (1988) Allergiepflanzen – Pflanzenallergene, ecomed Verlagsgesellschaft mbH, Landsberg München
28. Fahr E (1982) Pharm Ztg 127:163–170
29. Scott BR, Pathak MA, Mohn GR (1976) Mutat Res 39:29–74
30. Guillot JP, Gonnet JF, Loquerie JF, Martini MC, Convert P, Cotte J (1985) J Toxicol-Cut Ocular Toxicol 4:117–133
31. Schier W, Schultze W (1987) Dtsch Apoth Ztg 127:2.717–2.721
32. Hörhammer L, Wagner H, Kraemer-Heydweiller D (1966) Dtsch Apoth Ztg 106:267–272
33. Zogg GC, Nyiredy S, Sticher O (1989) Dtsch Apoth Ztg 129:717–722
34. Fischer FC, Baerheim Svendsen A (1976) Phytochemistry 15:1.079–1.080
35. Kubeczka KH, Bohn I (1985) Dtsch Apoth Ztg 125:399–402
36. Bohlmann F, Zdero C, Trenel J, Haenel P, Grenz M (1971) Chem Ber 104:1.322–1.328
37. Wagner H, Bladt S, Zgainski EM (1983) Drogenanalyse, Springer, Berlin Heidelberg New York, S. 149
38. Hörhammer L, Wagner H, Lay B (1960) Pharmazie 15:645–647
39. van der Sluis WG, van Arkel J, Fischer FC, Labadie RP (1981) J Chromatogr 214:349–359
40. Zogg GC, Nyiredy S, Sticher O (1988) J Planar Chromatogr 1:351
41. Erdelmeier CAJ, Meier B, Sticher O (1985) J Chromatogr 346:456–460
42. Erdelmeier CAJ, Nyiredy S, Sticher O (1985) HRC CC, J High Resolut Chromatogr Chromatogr Commun 8:132–134
43. Zogg GC, Nyiredy S, Sticher O (1988) J Planar Chromatogr 1:261–264
44. Furuya T, Kojima H (1967) J Chromatogr 29:382–388
45. Kroeber L (1947) Das neuzeitliche Kräuterbuch, 3. Aufl., Bd. II, Hippokrates Verlag, Stuttgart, S. 299
46. Schimmer O (1978) Dtsch Apoth Ztg 118:1.818–1.823
47. Abel G, Erdelmeier C, Meier B, Sticher O (1985) Planta Med 51:250–252
48. Teuscher E, Lindequist U (1988) Biogene Gifte, Akademie-Verlag, Berlin
49. Schimmer O (1981) Pharm Unserer Zeit 10:18–28
50. Qadripur SA, Gründer K (1975) Hautarzt 26:495–497
51. Gleason HA (1952) The new Britton and Brown Illustrated Flora of the Northeastern United States and adjacent Canada, Bd. 2, Lancaster Press, Lancaster-Penna, S. 640
52. Fujita M, Furuya R (1956) J Pharm Soc Jpn 76:535–538
53. Shimomura H, Sashida Y, Nakata H, Kawasaki J, Ito Y (1982) Phytochemistry 21:2.213–2.215
54. Furuya T, Kojima H (1967) J Chromatogr 29:382–387
55. Hata K, Sano K (1962) Syoyakugaku Zasshu 16:26, zit. nach Biol Abst 49:26278
56. Nakata H, Sashida Y, Shimomura H (1982) Chem Pharm Bull 30:4.554–4.556
57. Steck W (1970) Phytochemistry 9:1.145–1.146
58. Chang H, But PP (1987) Pharmacology and Applications of Chinese Materia Medica, Bd. 2, World, Scientific, S. 896
59. Chandler RF, Freeman L, Hooper SN (1979) J Ethnopharmacol 1:49–68
60. Lewis WH (1977) Medicinal Botany, John Wiley & Sons, New York London Sydney Toronto, S. 167
61. Heg (1975) Bd. V, Teil 2, S. 1.415–1.454
62. FEu, Bd. 2, S. 364–366
63. GHo, Bd. VI, S. 515–521
64. Roth L, Daunderer M, Kormann K (1988) Giftpflanzen – Pflanzengifte, 3. Aufl., ecomed Verlagsgesellschaft, Landsberg München, S. 362–364
65. Hag, Bd. V, S. 52–54
66. Mukherjee PK (1977) In: Cauwet-Marc AM, Carbonnier J (Hrsg.) Les Ombellifères, Centre National de la Recherche Scientifique, Perpignan, S. 47–70
67. Mitsuhashi H, Nomura T, Nagai U, Muramatsu T, Tokuda I (1961) Yakugaku Zasshi 81:464–467
68. Dragendorff G (1898) Die Heilpflanzen der verschiedenen Völker und Zeiten, Gerd Enke, Stuttgart, Neudruck (1967) W. Fritsch, München, S. 499
69. Madaus G (1938) Lehrbuch der biologischen Heilmittel, Bd. II, Georg Thieme Verlag, Leipzig, S. 1.546
70. Kavli G, Krokan H, Midelfart K, Volden G, Raa J (1983) Photobiochem Photobiophys 5:159–168

71. Kavli G, Krokan H, Myrnes B, Volden G (1984) Photodermatol 1:85–86
72. Zobel AM, Brown S (1990) J Chem Ecol 16:1.623–1.634
73. Lewin L (1962) Gifte und Vergiftungen, K.F. Haug Verlag, Ulm/Donau, S. 734
74. Berger F (1954) Handbuch der Drogenkunde, Bd. 4, Verlag für medizinische Wissenschaften, W. Maudrich, Wien, S. 81–82
75. Bässler F (1966) Heilpflanzen erkannt und angewandt, 5. Aufl., Neumann Verlag, Radebeul, S. 140–141
76. BAz Nr. 22a vom 03.02.1988

SB

Heterotheca

HN: 2001000

Familie: Asteraceae (Compositae).

Unterfamilie: Asteroideae.

Tribus: Astereae.

Gattungsgliederung: Die Gattung Heterotheca CASS. besteht aus etwa 30 Arten und wird in drei Sektionen eingeteilt:[1,2]
- Sectio Ammodia (NUTT.) V. HARMS mit *H. breweri* (GRAY) SHINNERS und *H. oregona* (NUTT.) SHINNERS;
- Sectio Heterotheca, z. B. mit *H. grandiflora* NUTT., *H. inuloides* CASS., *H. psammophila* WAGENK., *H. subaxillaris* (LAM.) BRITT. et RUSBY;
- Sectio Phyllotheca (NUTT.) V. HARMS mit *H. camphorata* (EASTWOOD) SEMPLE, *H. canescens* (DC.) SHINNERS., *H. villosa* (PURSH) SHINNERS.

Die meisten Arten gehören zur Sektion Phyllotheca. Aufgrund cytologischer, morphologischer und anatomischer Ähnlichkeiten zwischen den Gattungen Heterotheca, Chrysopsis und Pityopsis wurden mehrfach Revisionen dieser Gattungen vorgeschlagen; eine umfassende Überarbeitung dieser Gattungen liegt bisher jedoch nicht vor.[1-5]

Gattungsmerkmale: Einjährige oder ausdauernde krautige Pflanzen; überwiegend verzweigte Pfahlwurzeln, z. T. Ausbildung lateraler Rhizome. Sprosse aufrecht, zweigtragend oder unverzweigt. Blütenkörbchen mittelgroß, rispig angeordnet; Hülle scheibenförmig, halbkugelig oder glockenförmig; Blütenstandsboden flach bis leicht gewölbt, mit mehrreihigen, linear- bis lanzettförmigen, behaarten Hüllkelchblättern. Randblüten weiblich, gelb, einreihig, zygomorph und zungenförmig; Scheibenblüten zwittrig, gelb, radiär-symmetrisch, fünfzipfelig. Achänen oval bis eiförmig-länglich, glatt oder behaart. Fruchtknoten der Randblüten ohne oder mit ein- bis zweireihigem Pappus; Fruchtknoten der Scheibenblüten mit doppeltem Pappuskranz, wobei der äußere deutlich kürzer als der innere ist. Laubblätter oval bis lanzettlich, gezähnt, alternierend; untere Blätter dicht gedrängt, z. T. Blattrosette, gestielt; obere Blätter kleiner, lanzettförmig, meist sitzend.[2,6]

Verbreitung: Westliches Nordamerika von Kanada bis Mexiko. Diploide Populationen im südlichen Teil der Great Plains und in den Gebirgen des westlichen Kanada bis Mexiko; tetraploide Populationen zusätzlich im nördlichen Gebiet der Great Plains; die annuellen, diploiden Populationen der Sektion Heterotheca in einem schmalen Band auftretend, das sich von den küstennahen Ebenen Mississippis bis Nord-Carolina und vom Golf von Mexiko bis zum Atlantik erstreckt.[2]

Inhaltsstoffgruppen: Ätherisches Öl, hauptsächlich mit Mono- und Sesquiterpenen.[7-10]
Bei den nicht wasserdampfflüchtigen, lipophilen Verbindungen dominieren ebenfalls Sesquiterpene mit Cadinan- und Isocadinangerüst.[11-17] In den Wurzeln C_{10}-Polyacetylene.[12,13,15]
Flavanone, methylierte Flavon- und Flavonolaglyka sowie deren 6-substituierte Derivate, Flavonol-3-*O*-glykoside.[18-21]
Die Acetylenverbindungen sind typisch für Gattungen dieser Tribus bzw. der Subtribus Solidagininae. Das Vorkommen einer Vielzahl von Cadinan- und Isocadinanderivaten ist ein durchgängiges Merkmal innerhalb der Gattung Heterotheca mit großer taxonomischer Bedeutung, das es erlaubt, diese Gattung von nahe verwandten Gattungen eindeutig abzugrenzen.[13,16]

Drogenliefernde Arten: *H. inuloides*: Heterotheca-inuloides-Blüten. Blätter und Wurzeln werden in älterer Literatur erwähnt; die Angaben erscheinen sehr unsicher.[22,25]

Heterotheca inuloides CASS.

Sonstige Bezeichnungen: Dt.: Falsche Arnika, Mexikanische Arnika; span.: Arnica, Arnica del Pais, Falsa Arnica; indianisch: Acahual, Acahuatl, Cahual, Cuauteco, Cuauteteco.[23]

Botanische Beschreibung: 25 bis 60 cm hohe krautige, ausdauernde Pflanze. Runder, borstig behaarter Stengel, im basalen Bereich wenig, im oberen stärker verzweigt. Stengel schraubig beblättert; im unteren Teil dicht gedrängt und gestielt. Blattstiel behaart und am Blattgrund erweitert; Blattspreite 3 bis 11 cm lang und 1 bis 5 cm breit, elliptisch, beidseitig behaart, am Rand abgerundet gezähnt oder gekerbt. Obere Blätter kleiner, mit kürzerem Blattstiel; im mittleren Stengelbereich Blätter fast sitzend, beidseitig borstig behaart, oval-lanzettlich, am oberen Ende spitz auslaufend; Blattränder unregelmäßig und nur wenig gezähnt und gebuchtet. Blätter im Bereich der Infloreszenzen schmal, stark behaart, vollständig sitzend, kaum gezähnt. Blütenköpfchen rispig angeordnet, halbkegelförmig, 2 bis 4 cm breit; Hüllblätter mehrreihig, lanzettlich; Blütenboden flach bis schwach gewölbt; gelbe Randblüten und Scheibenblüten; Achänen 1 bis 3 mm lang.[24]

Inhaltsstoffe: Die oberirdischen Pflanzenorgane enthalten neben dem Flavonol Quercetin Sesquiterpenkohlenwasserstoffe und sauerstoffhaltige Sesquiterpene mit Cadalin- und Isocadalinstruktur.[12]

Die Wurzeln enthalten die zwei C_{10}-Polyacetylene *trans*-Lachnophyllolacetat und *trans*-Lachnophyllolangelikat.[12]

Verbreitung: Mexiko: Im Valle de México in Höhen von 1.700 bis 3.000 m sowie in höheren Lagen der Staaten Puebla, Tlaxcala, Veracruz, Morelos, Hidalgo, Michoacán, Jalisco und Guanajuato; dort in größeren Beständen an Straßenseiten und Feldrändern auf steinig-sandigen Böden in Pinus- und Quercuswäldern.[21,25]

Drogen: Heterotheca-inuloides-Blüten.

Heterotheca-inuloides-Blüten

Sonstige Bezeichnungen: Dt.: Mexikanische Arnikablüten.

Definition der Droge: Die zur Blütezeit gesammelten und getrockneten Blütenkörbchen.[8]

Stammpflanzen: *Heterotheca inuloides* CASS.

Herkunft: Soweit bekannt, nur Sammlung aus Wildbeständen in Mexiko.

Ganzdroge: Flach bis leicht gewölbter, grubig vertiefter, unbehaarter Blütenstandsboden, 5 bis 6 mm breit. Hüllkelch aus ca. 55 bis 70 schmal-lanzettlichen, bis zu 9 mm langen Involucralblättern, mehrreihig; grünlich-braune Außenseite, an der Basis wenig, an der Spitze stark behaart. 19 bis 30 zungenförmige gelbe Randblüten, einreihig, meist eingerollt; 1,5 bis 1,7 cm lang; Corolle im unteren Bereich röhrig und außen behaart, Übergang in eine dreizähnige Zunge, die von 5 bis 8 parallel verlaufenden Nerven durchzogen wird. Fruchtknoten 2 bis 3 mm lang, behaart, kein Pappus. Griffel etwa ein Drittel so lang wie die Zunge; V-förmig auseinanderweichende Narbenschenkel, an der Außenseite papillös.
Zahlreiche gelbe Scheibenblüten, im unteren Teil röhrig, außen behaart; in halber Höhe Erweiterung der Röhre, die in einen fünfspaltigen Saum mit schwach zurückgekrümmten, dreieckigen Kronblattzipfeln ausläuft; fünf Staubblätter, ca. 6 bis 7 mm lang; Filamente etwa in der Mitte der Kronröhre inseriert: Antheren mit ihrer Cuticula zu einer Röhre verklebt; Konnektivzipfel abgesetzt und lanzenspitzenartig; Antherenbasis pfeilflügelartig, Griffel wie bei den Randblüten. Fruchtknoten 1 bis 2 mm lang, oval, dicht behaart; an der Spitze ein zweireihiger, aus grauweißen borstigen Haaren bestehender Pappus; äußerer Pappuskranz ca. 1 mm lang, innerer bis 7 mm lang.[8,26]
Gelegentlich an den Pseudanthien ein 3 bis 7 cm langer Stengel.[8]

Schnittdroge: *Geschmack.* Schwach bitter, aromatisch-herb.
Geruch. Schwach aromatisch.
Makroskopische Beschreibung. Gelbe Rand- und Scheibenblüten und deren Fragmente; grüne Fragmente des Hüllkelches und des Blütenbodens; zahlreiche Pappusfragmente.
Mikroskopisches Bild. Blütenstandsboden aus unregelmäßig-buchtigen Parenchymzellen, große Interzellularen. Hüllkelchblätter mit durchscheinendem Hautrand, Zellen der inneren Epidermis einreihig, langgestreckt und spaltöffnungsfrei, selten Gliederhaare; Zellen der äußeren Epidermis wellig-buchtig, anomocytische Spaltöffnungsapparate mit 4 bis 6 Nebenzellen. Auf der Außenseite folgende Haarformen: Vier- bis neunzellige, bis 1.660 µm lange Gliederhaare mit mehrzelliger Basis; bis zu 450 µm lange ein- oder zweizellreihige Drüsenhaare mit rundlichen, mehrzelligen Köpfchen; im Bereich des Mittelnervs fünf- bis neunzellige, ca. 800 bis 1.500 µm lange, cuticular gewarzte Haare mit mehrzelliger Basis, Corollenepidermis der Randblüten aus beiderseits polygonal bis langgestreckten Zellen, schwach papillös; Cuticula mit deutlicher Streifung; am röhrenförmigen Teil und auf der Außenseite des flächigen Teils wenige vier- bis sechszellige, zweizellreihige, ca. 300 bis 600 µm lange Gliederhaare, sowie einzellreihige, etwa 200 bis 400 µm lange Gliederhaare; keine Drüsenhaare. Im Mesophyll der Kronblattbasis und im Griffelgewebe zahlreiche Einzelkristalle bzw. Kristalldrusen. Fruchtknoten mit zahlreichen schlanken, peitschenartigen Zwillingshaaren besetzt, getüpfelte Zwischenwand, bis zu 660 µm lang. Phytomelaneinlagerungen fehlen. Corollblattepidermis der Scheibenblüten zeigt die gleichen mikroskopischen Merkmale wie die Randblüten, Papillen der Kronblattzipfel jedoch ohne Cuticularstreifung; gleiche Behaarung wie bei den Randblüten; im Mesopyhll der Corollblattepidermis Einzelkristalle und Kristalldrusen. Endothecium der Antheren mit bügelförmigen Wandverdikkungen. Zahlreiche gelbe, ca. 25 µm große rundliche Pollenkörner, grobstachelige Exine mit drei Keimporen. Im Griffelgewebe zahlreiche Kristalldrusen. Narbenschenkel wie bei den Randblüten nur auf der Außenseite papillös. Fruchtknoten stärker behaart als bei den Randblüten, gleicher Haartyp wie dort. Phytomelaneinlagerungen fehlen. Pappus zweireihig, aus schlanken Pappusborsten, die aus mehreren Reihen gestreckter Haarzellen mit abstehenden spitzen Enden bestehen; Pappusspitze nur aus zwei bis drei Haarzellen.[8,21,26]

Pulverdroge: Gelbbraunes Pulver mit Fragmenten der Kronblüten mit papillöser Epidermis, Gliederhaare; Bruchstücke des Fruchtknotens mit Zwillingshaaren; Fragmente der Pappusborsten mit freien Haarspitzen; mehr oder weniger grüne Fragmente der Hüllkelchblätter mit Spaltöffnungen, Gliederhaaren und Drüsenhaaren; Fragmente der Blumenkrone und des Blütenstandsbodens; zahlreiche gelbe, rundliche Pollenkörner mit stacheliger Exine und drei Keimporen.

Inhaltsstoffe: *Ätherisches Öl.*[7,8,21] Die Droge enthält 0,25 bis 0,44 % eines rotbraunen zähflüssigen ätherischen Öles mit ca. 17 % freien Fettsäuren, von denen Palmitinsäure die Hauptkomponente darstellt. Mengenmäßig überwiegen Sesquiterpenkohlenwasserstoffe und sauerstoffhaltige Sesquiterpene. Die fünf Hauptkomponenten des Öls sind Cadalin, 7-Hydroxy-3,4-dihydrocadalin, 4-Methoxyisocadalin, Calacoren und Caryophyllenoxid. Monoterpe-

ne (u.a. Borneol, Linalool) und Phenylpropane (u.a. Anethol, Benzylalkohol, Eugenol) treten nur in Spuren auf.
Flavonoide.[19,20,21,27–30] 0,73 bis 0,83 % Flavonoide; neben den freien Aglyka Kämpferol, Luteolin und Quercetin mehrfach methoxylierte Flavanole und 6-Methoxyflavonole, bei denen die Hydroxylgruppe an C-3 stets methyliert ist, wie Casticin, Pachypodol, Penduletin, Retusin; die Flavanone Eriodictyol-3'-methylether und Eriodictycol-7,3'-dimethylether; Kämpferol-3-*O*-glykoside wie Astragalin (0,01 %), Kämpferol-3-*O*-robinobiosid, Nicotiflorin und Trifolin (0,01 %); Quercetin-3-*O*-glykoside wie Guaijaverin (0,02 %), Hyperosid und Isoquercitrin (zusammen 0,4 %) Quercetin-3-*O*-glucuronid (0,09 %), Rutosid (0,26 %).[27,28]
Phenolcarbonsäuren und Cumarine.[20,27] Phenolcarbonsäuren wie Chlorogensäure (0,17 %) Kaffeesäure, Protocatechusäure sowie das Cumarin Umbelliferon.

Zubereitungen: Zur Herstellung von alkoholischen Tinkturen und Decocten s. Lit.[25]

Identität: In Deutschland spielt die Droge nur eine Rolle als Verfälschung der offizinellen Arnikablüten *DAB 10*. Als Reinheitsprüfung schreibt das *DAB 10* eine DC-Analyse der Flavonoidglykoside vor, die eine Erkennung der wichtigsten Verfälschungen, so auch von Heterothecablüten, ermöglicht. Das DC-System des *DAB 10* eignet sich ebenfalls zur Identitätsprüfung der "Mexikanischen Arnikablüten".[27,28,30]
DC des methanolischen Blütenauszuges nach *DAB 10*:
- Referenzsubstanzen: Chlorogensäure (I), Hyperosid (II), Rutin (III) und Kaffeesäure (IV);
- Sorptionsmittel: Kieselgel G;
- Fließmittel: Ethylacetat-Ethylmethylketon-Ameisensäure (wasserfrei)-Wasser (50 + 30 + 10 + 10);
- Detektion: Besprühen mit Diphenylboryloxyethylamin-Reagenz/Macrogol-Lösung; Auswertung nach 30 Minuten im UV-Licht bei 365 nm;
- Auswertung: Im Chromatogramm des methanolischen Blütenauszuges erscheinen 4 Zonen gleicher Rf-Werte und gleicher Fluoreszenz wie die Referenzsubstanzen I bis IV. An die Chlorogensäure-Zone I schließt sich oberhalb die orange fluoreszierende Bande des Quercetin-3-*O*-glucuronids an. Oberhalb der Zone II erscheint die orange fluoreszierende Bande des Isoquercitrins. Kurz oberhalb dieser Zone liegt eine weitere schwach orange fluoreszierende Bande, in der Astragalin, Trifolin und Quercetin-3-*O*-arabinosid vorliegen. Im oberen Drittel des Chromatogrammes erscheinen zwei orange-braun fluoreszierende Zonen, wobei die untere von zwei hellblau fluoreszierenden Zonen flankiert wird. Diese Bande färbt sich nach Detektion zunächst gelb und zeigt im UV-Licht eine Fluoreszenzminderung. Nach längerem Liegenlassen der DC-Platte geht die Farbe in ein Orangebraun über. Dicht unterhalb der Kaffeesäurezone IV befindet sich im Chromatogramm der Untersuchungslösung eine intensiv türkisfarbig fluoreszierende Bande.[28,30]

Gehalt: 0,25 bis 0,44 % ätherisches Öl;[7,8,21] 0,73 bis 0,83 % Flavonoide, berechnet als Quercetin,[21,27] bzw. 1,42 %, ber. als Hyperosid.[29]

Gehaltsbestimmung: Gravimetrische Bestimmung des durch Wasserdampfdestillation gewonnenen ätherischen Öles mit der "Karlsruher Apparatur" nach Stahl.[8]
Die photometrische Bestimmung des Gesamtflavonoidgehaltes beruht auf dem üblichen Verfahren, die nach Hydrolyse erhaltenen Flavonoidaglyka mit Aluminium(III)chlorid in gefärbte Chelatkomplexe zu überführen; Messung bei 425 nm. Durch Verwendung der Bezugssubstanzen Quercetin und Hyperosid sowie verschiedener Absorptionskoeffizienten ergeben sich unterschiedliche Angaben des Flavonoidgehaltes.[27,29] Am geeignetsten erscheint der Bezug auf das quantitativ dominierende Aglykon Quercetin, dessen Absorptionskoeffizient experimentell mit 800 ermittelt wurde.[27]
Alternativ zur spektralphotometrischen Flavonoidbestimmung bietet sich die Hochleistungsflüssigkeitschromatographie an RP-18-Phasen an; neben der Darstellung des charakteristischen Fingerprints dieser Droge erlaubt diese Methode die quantitative Erfassung der wichtigsten Einzelkomponenten.[27,29]

Wirkungen: Pharmakologische Untersuchungsergebnisse liegen keine vor, abgesehen von einer älteren Beobachtung, nach der eine nicht näher definierte Zubereitung im Tierversuch brechreizerregende und abführende Wirkung aufweist.[31]

Volkstümliche Anwendung und andere Anwendungsgebiete: Haupteinsatzgebiet von *H. inuloides* in der mexikanischen Volksmedizin ist die äußerliche Behandlung von Prellungen, Verstauchungen und Verletzungen sowie der Gebrauch als lokales Wundmittel. Daneben wurde und wird die Droge jedoch auch oral verabreicht gegen Sumpffieber, Fieber und Bronchitis, als Tonicum sowie diuretisch wirksames, schweißtreibendes, abführendes und brechreizerregendes Mittel.[25,32–34] Eine Untersuchung hierzu s. Lit.[22]
Die Wirksamkeit bei den genannten Anwendungsgebieten ist gegenwärtig aufgrund fehlender pharmakologischer und tierexperimenteller Untersuchungen noch nicht belegt.

1. Semple JC (1987) Brittonia 39:379–386
2. Semple JC, Blok VC, Heiman P (1980) Canad J Bot 58:164–171
3. Semple JC (1977) Canad J Bot 55:2.503–2.513
4. Shinners L (1951) Field Lab 19:66–71
5. Harms VL (1965) Brittonia 17:11–16
6. Martin WC, Hutchins CR (1981) A Flora of New Mexico, AR Gantner Verlag KG, Vaduz
7. Willuhn G, Schneider R, Matthiesen U (1985) Dtsch Apoth Ztg 125:1.941–1.944
8. Schneider R (1984) Dissertation, Mathematisch-Naturwissenschaftliche Fakultät der Universität Düsseldorf
9. Lincoln DE, Lawrence BM (1984) Phytochemistry 23:933–934

10. Bandoni AL, Grassetti C, Perina R (1986) Perfumer Florist 11:67–69
11. Willuhn G, Schneider R (1987) Arch Pharm 320:393–396
12. Bohlmann F, Zdero C (1976) Chem Ber 109:2.021–2.025
13. Bohlmann F, Zdero C (1979) Phytochemistry 18:1.675–1.680
14. El-Dahmy S, Sarg T, Farrag NM, Ateya AM, Jakupovic J, Bohlmann F, King RM (1986) Phytochemistry 25:1.474–1.475
15. Bohlmann F, Zdero C (1979) Phytochemistry 18:1.185–1.187
16. Bohlmann F, Wolfrum C, Jakupovic J, King RM, Robinson H (1985) Phytochemistry 24:1.101–1.103
17. Bohlmann F, Gupta RK, King RM, Robinson H (1982) Phytochemistry 21:2.982–2.984
18. Wollenweber E, Schober I, Clark WD, Yatskievych G (1985) Phytochemistry 24:2.129–2.131
19. Jerga C, Merfort I, Willuhn G (1990) Planta Med 56:122–123
20. Jerga C, Merfort I, Willuhn G (1990) Planta Med 56:413–415
21. Willuhn G, Röttger PM (1980) Dtsch Apoth Ztg 120:1.039–1.042
22. Dias JL (1976) Usos de las plantas medicinales de Mexico: Monografias Cientificas II, Instituto Mexicano para el estudio de las plantas medicinales, Mexico
23. Dias JL (1976) Indice y sinonimia de las plantas medicinales de Mexico: Monografias Cientificas I, Instituto Mexicano para el estudio de las plantas medicinales, Mexico
24. King R, Dawson HW (1975) In: Cassini (Hrsg.) On Compositae, Bd. III, Oriole Editions, New York
25. Martinez M (1969) Plantas Medicinales de Mexico, Editorial Botas, Mexico
26. Saukel J (1984) Sci Pharm 52:35–46
27. Jerga C (1989) Dissertation, Mathematisch-Naturwissenschaftliche Fakultät der Universität Düsseldorf
28. Merfort I, Willuhn G, Jerga C (1990) Dtsch Apoth Ztg 130:980–984
29. Wagner H, Tittel G, Bladt S (1983) Dtsch Apoth Ztg 123:515–521
30. Willuhn G, Kresken J, Merfort I (1983) Dtsch Apoth Ztg 123:2.431–2.434
31. Instituto Medico Nacional (1897) Anales del Instituto Medico Nacional, Bd. III, Oficina Tipografica de la Secretaria de Fomento, Mexico
32. Instituto Medico Nacional (1896) Anales del Instituto Medico Nacional, Bd. II, Oficina Tipografica de la Secretaria de Fomento, Mexico
33. Mex P 52
34. Cabrera LG (1943) Plantas Curativas de Mexico, Editorial al Ciceron, Mexico

Ja

Hintonia

HN: 2017900

Familie: Rubiaceae.

Unterfamilie: Cinchonoideae.

Tribus: Cinchoneae.

Gattungsgliederung: Die Gattung Hintonia BULLOCK umfaßt vier Arten,[1,2] die aufgrund taxonomischer Untersuchungen aus der Gattung Coutarea AUBLET ausgegliedert wurden.[2]

Gattungsmerkmale: Büsche oder kleine Bäume von bis zu 5 m Höhe mit charakteristischen Blättern, Blattstiel 11 bis 18 mm, Blattform breit elliptisch, eiförmig, wenig lanzettlich oder verlängert lanzettlich, 4 bis 9 cm lang, 2,5 bis 4 cm breit, Blattende spitz oder lang zugespitzt; auch die Blattbasis spitz. Die Corolle ist weiß, 6- oder 8zählig; die Früchte sind scheidewandspaltige Springfrüchte, die Placenta ist groß und schwammig und enthält eine variierende Anzahl von Samen; sie sind dachziegelartig angeordnet, flach und geflügelt; die Samenschale ist netzartig ausgebildet.[1,2]

Verbreitung: Zentral- und Südamerika, vor allem in Mexiko und Guatemala.

Inhaltsstoffgruppen: Es liegen kaum Untersuchungen vor, so daß die Gattung in chemotaxonomischer Hinsicht als unbearbeitet gelten muß. Auffallend erscheint die Speicherung von Cucurbitacinen in der Rinde. Die Verwandschaft zu den Gattungen Coutarea AUBLET und Exostema (PERS.) BONPL. spiegelt sich wieder im Vorkommen von 4-Phenylcumarinen, und zwar in deren Ausgestaltung als Oxidoneoflavonoide und als Neoflavonglykoside. Übersicht s. Lit.[3]

Drogenliefernde Arten: *H. latiflora*: Hintonia-latiflora-Rinde.

Hintonia latiflora (SESSE et MOC. ex DC.) BULLOCK

Synonyme: *Coutarea latiflora* SESSE et MOC. ex DC., *Portlandia pterosperma* S.WATSON.

Systematik: Neben dem Typus ist als Varietät *Hintonia latiflora* var. *leiantha* BULLOCK beschrieben.[1]

Botanische Beschreibung: Bis zu 5 Meter hoher Busch oder Baum, Blattstellung kreuzgegenständig, Blätter oval bis elliptisch, 4 bis 12 cm lang und 2,5 bis 5 cm breit, an der Basis verschmälert, kurzgestielt; Infloreszenz vielblütig, terminal. Blüten 6zählig, weiß, duftend, mit auffallender Trichterform, der Kelchsaum sechsgeteilt mit lanzettlichen Zipfeln. Fruchtknoten zweifächerig. Kapsel grippig, kahl mit zahlreichen Samen in jedem Fach, 2 bis 2,5 cm lang; Samen mit häutigen Flügeln.[1,4]

Drogen: Hintonia-latiflora-Rinde.

Hintonia-latiflora-Rinde

Synonyme: Cortex Copalchi. Hinweis: Zu weiteren Drogen, die unter dem Namen Copalchi verwendet werden, s. Verfälschungen, Verwechslungen.

Sonstige Bezeichnungen: Dt.: Copalchi-Rinde, mexikanische Fieberrinde; engl.: Corky Copalche

Bark, Quilled Copalchi; frz.: Copalchi. Hinweis: Zu weiteren volkstümlichen lateinamerikanischen Bezeichnungen s. Lit.[5-7]

Definition der Droge: Die Droge besteht aus den getrockneten Stücken der Stamm- und Astrinde.[5,6]

Stammpflanzen: *H. latiflora* (SESSE et MOC. ex DC.) BULLOCK.

Herkunft: Sammlung aus Wildbeständen; Hauptlieferland ist Mexico.

Gewinnung: Die unterschiedlich zerkleinerte Rindendroge wird luftgetrocknet.[8]

Ganzdroge: Stamm- und Astrinde: Flach gewölbt, zum Teil vollkommen eingerollt, junge Rindenstücke zeigen noch keine differenzierte Ausbildung einer Schuppenborke; Borke meist mittelgraubraun, manchmal mit leicht grünlicher Tönung, mit kleinen hellbraunen Fleckchen; sie ist von zahlreichen, zum Teil sehr feinen Längsstreifen und Längsrissen durchzogen; Risse in der Querrichtung sind verhältnismäßig selten, häufig findet man jedoch kleine hellbraune, ganz leicht wulstige Querstreifen; die Ausbildung vereinzelter, meist etwas dunkel gefärbter Borkenschuppen auf diesen jungen Rindenstücken ist besonders auffallend, wie auch die leuchtend hellbraun gefärbten Narben von abfallenden Schuppen; ältere Rinden weisen eine ausgesprochene Schuppenborkenbildung auf mit Längs- und Querrissen bis zu 5 mm Tiefe; die Schuppen haben meist eine annähernd rhombische, rechteckige oder quadratische Form, in selteneren Fällen ist die Borke ausgesprochen knorrig; kontrastreich verschiedene Färbung der einzelnen Borkenschichten, meist sandbraun, mittelrötlichbraun und hellgraubraun geflecktes Aussehen, was sehr gegen den dunkelgraubraun gefärbten Rindenteil absticht.
Der Bruch ist hart und sehr kurz, im inneren Teil der Rinde faserig oder bisweilen auch schuppig.[4,7]

Schnittdroge: *Geschmack.* Stark bitter.
Geruch. Nicht besonders charakteristisch.
Mikroskopisches Bild. Zahlreiche, stark lichtbrechende, große Bastfaserbündel aus langen, an beiden Enden stumpf zugespitzten Fasern im Gewebe der sekundären Rinde regelmäßig verstreut. Steinzellen am äußersten Rand der primären Rinde, zum Teil in Nestern angeordnet. Bei älteren, geschälten Rinden selten oder gar nicht vorhanden. Kristallsandschläuche, gefüllt mit Calciumoxalat, an zahlreichen Stellen der primären Rinde und den Phloemstrahlen der sekundären Rinde. In den meisten Zellen harzartige Einschlüsse. Schuppenborke bei älteren, geschälten Stücken. Kleinkörnige Stärke in verhältnismäßig geringen Mengen.[5-7]

Verfälschungen/Verwechslungen: In den lateinamerikanischen Herkunftsländern werden unter Copalchi eine Vielzahl medizinisch genutzter Rindendrogen verwendet, die von Region zu Region

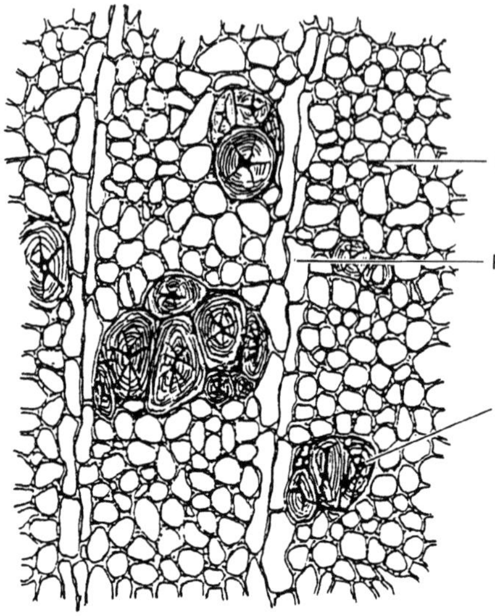

H. latiflora, Stammrinde, Querschnitt. Ausschnitt aus dem sekundären Phloem nahe dem Kambium. *Phl* Phloemstrahl, *St* Steinzellen, *Rd* Rindenparenchym. Nach Lit.[5]

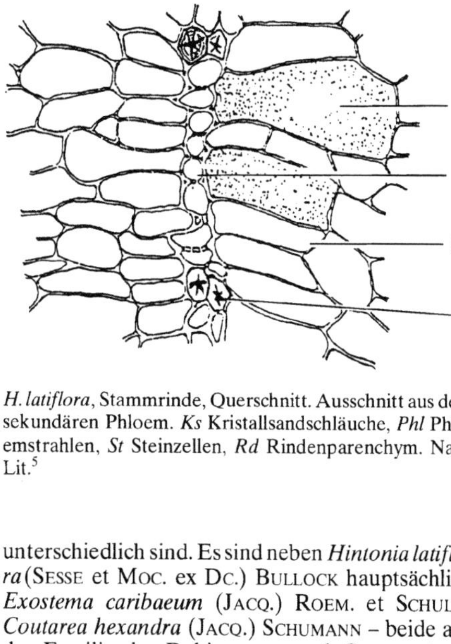

H. latiflora, Stammrinde, Querschnitt. Ausschnitt aus dem sekundären Phloem. *Ks* Kristallsandschläuche, *Phl* Phloemstrahlen, *St* Steinzellen, *Rd* Rindenparenchym. Nach Lit.[5]

unterschiedlich sind. Es sind neben *Hintonia latiflora* (SESSE et MOC. ex DC.) BULLOCK hauptsächlich *Exostema caribaeum* (JACQ.) ROEM. et SCHULT., *Coutarea hexandra* (JACQ.) SCHUMANN – beide aus der Familie der Rubiaceae – und *Croton niveus* JACQ., eine Euphorbiaceae. In der nach Europa gelangenden Handelsware finden sich häufiger in einem nicht immer eindeutig zu bestimmenden Anteil Rindenteile von *Exostema caribaeum* (JACQ.) ROEM. et SCHULT.[5-7]

Inhaltsstoffe: *Polyphenolische Substanzen.* Neoflavonoide (4-Phenylcumarine): 4',5'-Dihydroxy-7-methoxy-4-phenyl-5,2'-oxidocumarin; 5,3',4'-Trihydroxy-7-methoxy-4-phenylcumarin;

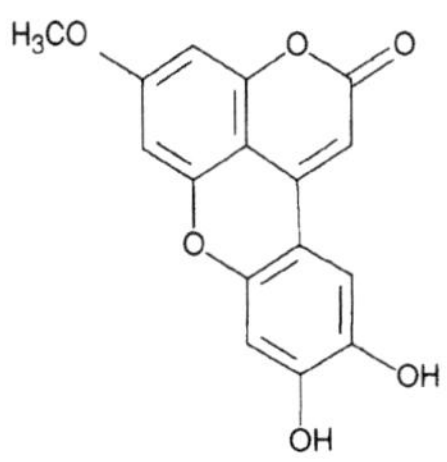

4',5'-Dihydroxy-7-methoxy-4-phenyl-5,2'-oxidocumarin

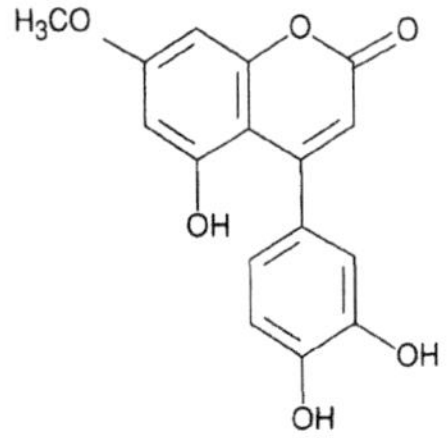

5,3',4'-Trihydroxy-7-methoxy-4-phenylcumarin

Neoflavonoidglykoside: 5-*O*-*β*-D-Galactopyranosyl-4'-hydroxy-7-methoxy-4-phenylcumarin; 5-*O*-*β*-D-Galactopyranosyl-3',4'-dihydroxy-7-methoxy-4-phenylcumarin; 5-*O*-*β*-D-Glucopyranosyl-3',4'-dihydroxy-7-methoxy-4-phenylcumarin; 6"-Acetyl-5-*O*-*β*-D-galactopyranosyl-3',4'dihydroxy-7-methoxy-4-phenylcumarin; 5-*O*-*β*-D-Glucopyranosyl-7,3',4'-trihydroxy-4-phenylcumarin;

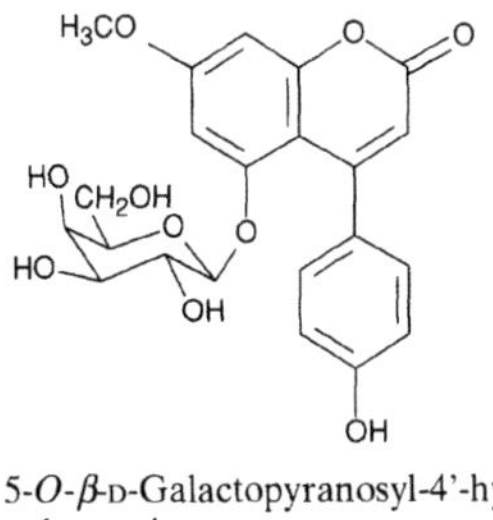

5-*O*-*β*-D-Galactopyranosyl-4'-hydroxy-7-methoxy-4-phenylcumarin

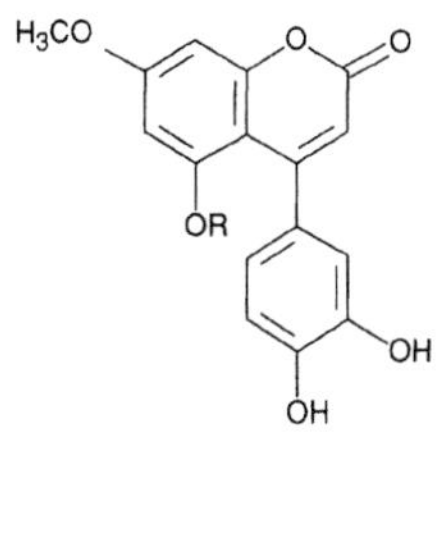

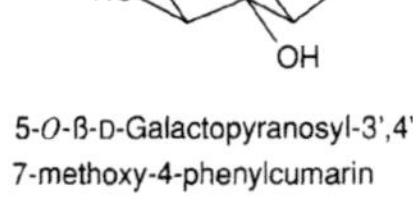

5-*O*-ß-D-Galactopyranosyl-3',4'-dihydroxy-7-methoxy-4-phenylcumarin

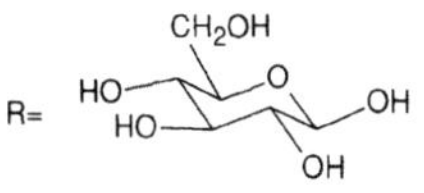

5-*O*-ß-D-Glucopyranosyl-3',4'-dihydroxy-7-methoxy-4phenylcumarin

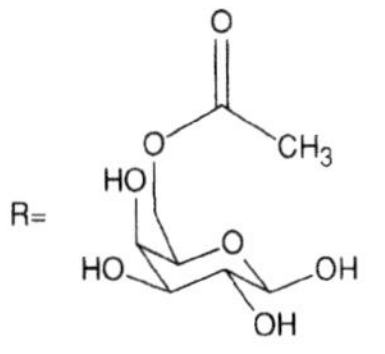

6"-Acetyl-5-*O*-ß-D-galactopyranosyl-3',4'-dihydroxy-7-methoxy-4-phenylcumarin

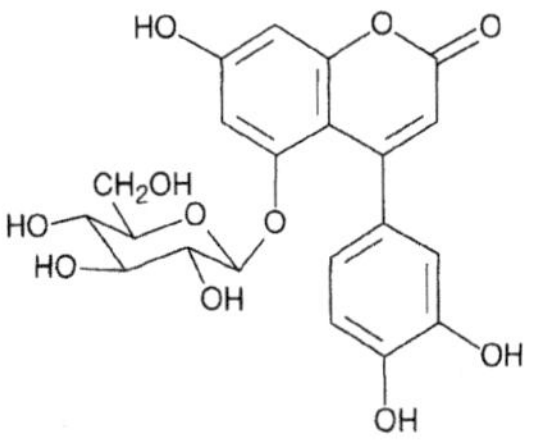

5-*O*-*β*-D-Glucopyranosyl-7,3',4'-trihydroxy-4-phenylcumarin

Flavon/Flavonol: 7-Methylluteolin, Quercetin; Phenolcarbonsäuren: Kaffeesäure, Chlorogensäure, *p*-Hydroxybenzoesäure, Vanillinsäure; Catechingerbstoffe.[5-7,11]
Triterpene. Cucurbitacine: 3-*O*-*β*-D-Glucopyranosyl-23,24-dihydrocucurbitacin F; 23,24-Dihydrocucurbitacin F-25-acetat.[11,12] 23,24-Dihydrocucurbitacin F.

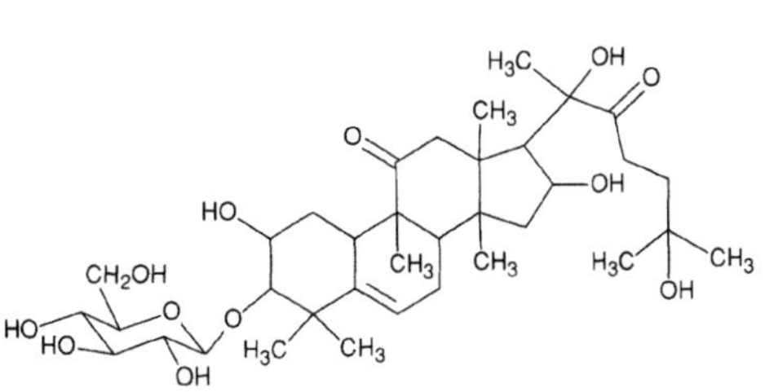

3-*O*-*β*-D-Glucopyranosyl-23,24-dihydrocucurbitacin F

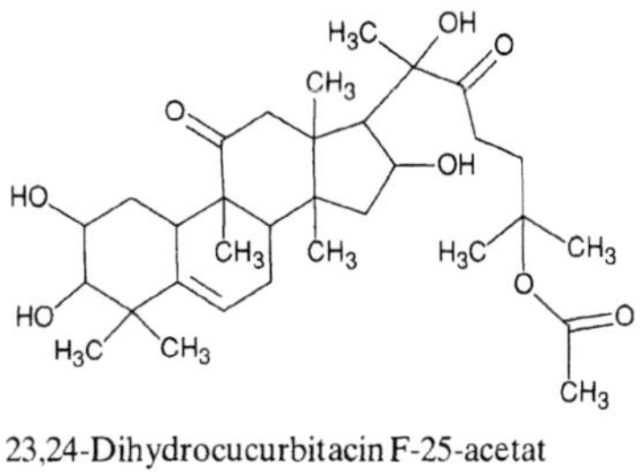

23,24-Dihydrocucurbitacin F-25-acetat

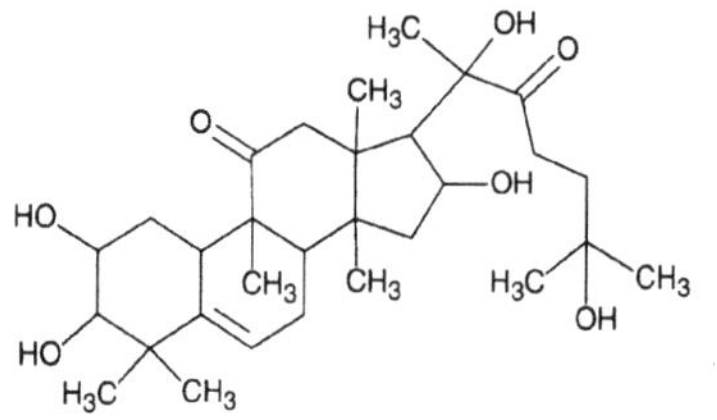

23,24-Dihydrocucurbitain F

Hinweis: Entgegen älteren Angaben enthält die Droge weder Chinin oder Chinidin noch Alkaloide überhaupt.[5,6,9,10]

Zubereitungen: Aus der Rinde wird in den Ursprungsländern ein Tee (Teeabkochung von einem Kaffeelöffel Drogenpulver[5]) zubereitet. In Deutschland wird hauptsächlich der wäßrig-ethanolische Extrakt gebraucht. Es handelt sich um einen 20%igen ethanolischen Extrakt aus der Rinde von *H. latiflora* (1 Teil Droge : 5 Teile Menstruum).[13]

Wirkungen: *Blutzuckersenkende Wirkung.* Die blutzuckersenkende Wirkung von 10 mL/Tier p. o. eines wäßrig-ethanolischen Extraktes aus der Rinde (6 % Trockenextraktanteil) wurde an 12 Stunden hungernden Kaninchen untersucht (n = 6). Die Ergebnisse liefern aufgrund methodischer Lücken lediglich Anhaltspunkte für eine Senkung des Blutzuckers nach initialer, kurzzeitiger Erhöhung.
In gleicher Dosierung p. o. wurde ebenfalls an Kaninchen nach 12stündigem Nahrungsentzug der Verlauf einer durch i. v. verabreichte Glucoselösung induzierten Hyperglykämie verfolgt. Die gemessenen Werte zeigten eine Verringerung und Verkürzung der Hyperglykämie unter die Blutzuckerwerte der Kontrolltiere, wobei auch diese Versuchsanlage viele Fragen offen läßt. Nach s. c. Injektion des Extraktes wurde keine Wirkung beobachtet.[17]
An männliche Mäuse, Stamm CBA/HZgr, die nach Alloxanvorbehandlung eine deutliche Hyperglykämie entwickelten, wurde die vorgenannte Extraktlösung in Dosen von 10 bis 60 mg/kg KG mit der Schlundsonde p. o. verabreicht. Über einen Zeitraum von bis zu 75 Minuten trat nach 20 und 40 mg/kg KG eine Blutzuckersenkung auf.[18] Da die Angaben zu den Versuchen unzureichend sind, lassen sich diese Ergebnisse nicht abschließend interpretieren.
Plasmodizide Wirkung. Nicht näher definierte Rindenextrakte und daraus isolierte Substanzen besitzen *in vitro* eine plasmodizide Wirkung auf Plasmodium-falciparum-Stamm FCH-5/Tansania. Die höchste Aktivität wird einem "hydrolisierten Essigsäureethylester-Extrakt" zugeschrieben (IC_{50} 7,3 µg/mL).[21]

Volkstümliche Anwendung und andere Anwendungsgebiete: In Mexiko bei Malaria sowie bei dyspeptischen Beschwerden.[7] In Europa unterstützend bei Altersdiabetes.[14–16] Die Wirksamkeit bei den genannten Anwendungsgebieten ist nicht belegt.

Dosierung und Art der Anwendung: Dreimal täglich einen Kaffeelöffel voll Drogenpulver auf eine Tasse als Decoct.[5] Als Extrakt: Initial dreimal täglich 50 bis 60 Tropfen und weiter dreimal täglich 30 Tropfen.[13]

Unerwünschte Wirkungen: Bei bestimmungsgemäßen Gebrauch des wäßrig-ethanolischen Extraktes (1:5) wurden keine unerwünschten Wirkungen beobachtet.[14]
Spontane Verdachtsmeldungen von vermuteten Leberschäden nach Einnahme des Extraktes führten 1986 zu einem Stufenplanverfahren, Stufe 1, durch das Bundesgesundheitsamt.[20] Ein kausaler Zusammenhang hat sich jedoch in diesem Verfahren nicht bestätigt.

Akute Toxizität: *Mensch.* In hohen Dosen sollen Drogenzubereitungen Erbrechen und starke Schweißabsonderungen verursacht haben.[20] *Tier.* Orientierende Untersuchungen an Mäusen ergaben weder Anzeichen für histologische Veränderungen an Leber oder Niere noch für Änderungen im Allgemeinbefinden der Tiere. Hierbei wurden Tagesdosen von 200 mg und 500 mg/Maus einer Suspension des wäßrig-ethanolischen Extraktes mit einem 6%igen Gehalt an Trockenextrakt p. o. verabreicht.[22]

Chronische Toxizität: Nach Tagesdosen von 200 mg und 500 mg/Maus einer Suspension des wäßrig-ethanolischen Extraktes mit einem 6%igen Gehalt an Trockenextrakt p. o. über maximal 87 Tage ergaben sich keine Hinweise auf histologische Veränderungen an Leber oder Niere. Das Allgemeinbefinden der Tiere blieb unbeeinflußt. Für eine abschließende Beurteilung der chronischen Toxizität bedarf es weiterer Untersuchungen, so fehlen z. B. blutchemische Daten.[22]

Mutagenität: Im DNA-Repair-Test wurde bei einer Maximalkonzentration von 5 mg/mL einer Lösung des wäßrig-ethanolischen Extraktes an Hepatocyten anhand einer unveränderten ^{3}H-Thymidineinbaurate keinerlei Hinweis auf eine erbgutverändernde Wirkung gefunden.[19]

1. Bullock A (1935) Hooker's Ic Pl 33:3.295
2. Aiello A (1979) J Arnold Arbor 60:38–126
3. Hgn, Bd. IX, S. 417–436
4. Geyer H, Kaiser H (1955) Arch Pharm 288:253–271
5. Geyer H (1955) Beiträge zur Pharmakognosie, Chemie und Pharmakologie der Rinde von Coutarea latiflora D.C. und zur Kenntnis der Copalchi-Rinden, Dissertation, Eberhard-Karls-Universität Tübingen
6. Reher G (1982) Untersuchung der Rinden von Coutarea latiflora DC. (Rubiaceae) und anderer "Copalchi"-Rinden, Dissertation, Universität Hamburg
7. Noster S (1992) Untersuchung der Copalchi-Rinden unter besonderer Berücksichtigung von Coutarea hexandra, Exostema caribaeum, Exostema mexicanum und Hintonia latiflora, Dissertation, Universität Hamburg
8. Klenke A (1991) Persönliche Mitteilung der Firma Müggenburg
9. Gerecke W (1961) Über einige Inhaltsstoffe von Coutarea latiflora D.C. und die Synthese des Luteolins, Dissertation, Eberhard-Karls-Universität Tübingen

10. Bastien M (1961) Recherches sur les Copalchis, drogues hypoglycemiantes et en particulier sur le Coutarea latiflora, D.C. (Rubiaceae), Dissertation, Université de Paris
11. Mata R, Camacho M, Cervera E, Byes R, Linares E (1990) Phytochemistry 29:2.037–2.040
12. Requero M, Mata R, Bye R, Linares E, Delgado G (1987) J Nat Prod 50:315–316
13. Bundesverband der Pharmazeutischen Industrie e.V. (Hrsg) (1991) Rote Liste, Editio Cantor, Aulendorf/ Württ., Nr. 11066
14. Kuhr R (1953) Landarzt 29:542
15. Ritzmann K (1951) Hippokrates 21:161
16. Vida W (1951) Med Welt 20:1.623
17. Geyer H, Kaiser H (1955) Arch Pharm 288:595–608
18. Slijepcevic M, Kraus L, Noster S (1993) Fitoterapia (zur Publikation eingereicht)
19. Kraus L (1987) Persönliche Mitteilung: Untersuchungen zur Gentoxizität, DNA-Repair-Test nach GM Williams, Toxikologisches Institut der Universität Hamburg
20. Arznei-telegramm (1986) Nr. 7, 67
21. Noster S, Kraus L (1990) Planta Med 56:63–65
22. Noster S, Kraus L (1990) Pharmacological effects of extracts from Coutarea latiflora and Exostema caribaeum, Poster T.2/26, First International Congress on Ethnopharmacology, Strasbourg, Frankreich

No/LK

Humulus

HN: 2002600

Familie: Cannabaceae.

Gattungsgliederung: Die Gattung Humulus L. umfaßt drei Arten: *Humulus lupulus* L., *H. japonicus* SIEB. et ZUCC. (*H. scandens* (LOUR.) MERR.) und *H. yunnanensis* HU.[1]

Gattungsmerkmale: Pflanzen krautig, einjährig oder mit unterirdischem, mehrjährigem Rhizom. Triebe rechtswindend, mit Klimm- oder Amboßhaaren besetzt. Blätter gegenständig. Pflanzen zweihäusig; männliche Blütenstände aus Dichasien aufgebaute, lockere Rispen, endständig oder in den Achseln mehr oder weniger reduzierter Laubblätter. Männliche Blüten gestielt, mit 5 weißlich-grünen, freien Perigonblättern und 5 kurzfädigen Staubblättern, Staubblätter in der Knospe aufrecht, mit oder ohne Harzdrüsen; Pollen schwefelgelb, unregelmäßig, glatt, tetraedrisch bis polyedrisch. Weibliche Blütenstände einzeln oder zu mehreren an axillären Kurztrieben oder endständig, dicht zapfenartig, langgestielt. Weibliche Blüten mit ungeteiltem Perianth, in der Achsel eines Vorblattes; je 1 oder 2 Blüten (mit Vorblatt) in den Achseln der zwei mehr oder weniger verwachsenen Nebenblätter eines normalerweise unentwickelten Laubblattes sitzend. Frucht eine glatte weißgraue bis schwarze Nuß, 3 mm lang, eiförmig, zusammengedrückt.[2]

Verbreitung: In den gemäßigten Gebieten Europas, Asiens und Nordamerikas sowie Chiles und Australiens verbreitet; das Vorkommen von *H. yunnanensis* HU ist auf die Yunnan Provinz in China beschränkt.[1]

Inhaltsstoffgruppen: Phytochemische Untersuchungen innerhalb der Gattung Humulus liegen vor allem für *H. lupulus* L. vor. Zu *H. yunnanensis* HU finden sich keine Arbeiten, was vermutlich daran liegt, daß die Art nicht allgemein anerkannt ist, und die Pflanze vielfach als *H. lupulus* L. identifiziert wurde.[1]
In den Blättern von *H. japonicus* SIEB. et ZUCC. wurde Glucoluteolin (= Luteolin-7-glucosid), Cosmosiin (= Apigenin-7-glucosid) und Vitexin nachgewiesen, Proanthocyanidine fehlen. Das Kraut mit Zapfen liefert ein äth. Öl mit viel Humulen, Humulol, Humulenol, weniger Caryophyllen, α-Copaen, Selinen und Cadinen, und nur Spuren von Myrcen.[3,4]
Die für *H. lupulus* L. charakteristischen Hopfenbitterstoffe sind nicht gattungstypisch: *H. japonicus* SIEB. et ZUCC. hat keine Hopfendrüsen.[3]

Drogenliefernde Arten: *H. lupulus*: Lupuli glandula, Lupuli strobulus, Humulus lupulus hom. *HAB 1*, Humulus lupulus hom. *PFX*, Humulus lupulus hom. *HPUS88*, Lupulinum hom. *HPUS88*.

Humulus lupulus L.

Synonyme: *Humulus lupulus* L. var. *cordifolius* (MIQ.) MAXIM. in FRANCH. et SAV.: *Humulus cordifolius* MIQ.
Humulus lupulus L. var. *lupuloides* E. SMALL: *Humulus americanus* NUTT.[1,5]
Humulus lupulus L. var. *lupulus*: *Cannabis lupulus* (L.) SCOPOLI, *Humulus lupulus* var. *brachystachyus* ZAPALOWICZ, *H. volubilis* SALISB., *H. vulgaris* GILIB., *Lupulus communis* GAERTN., *L. humulus* MILL., *L. scandens* LAM.[1]
Humulus lupulus L. var. *neomexicanus* NELSON et COCKERELL: *Humulus neomexicanus* (NELSON et COCKERELL) RYDBERG.[1]

Sonstige Bezeichnungen: Dt.: Hopfen; engl.: Hops; frz.: Houblon, Vigne du nord; it.: Luppulo; port.: Lupolo; span.: Lupulo.

Systematik: Es werden aufgrund morphologischer Merkmale (Blattform, Blattbehaarung, Drüsendichte auf der Blattoberfläche, Behaarung der Blattstiele) und geographischer Verbreitung 5 Varietäten unterschieden: *H. lupulus* L. var. *cordifolius* (MIQ.) MAXIM. in FRANCH. et SAV.; var. *lupuloides* E. SMALL; var. *lupulus*; var. *neomexicanus* NELSON et COCKERELL; var. *pubescens* E. SMALL.[1]

Botanische Beschreibung: Ausdauernde, windende Pflanze, deren einjährige Triebe 6 m, in Kulturen 12 m Länge erreichen. Stengel grün, nicht verholzend. Blätter gegenständig, 10 bis 15 cm breit, eiförmig, meist in 3 bis 5 gezähnte, lang zugespitzte Lappen geteilt. Männliche Blüten grünlich, ca. 5 mm im Durchmesser. Weibliche Blüten in dichtblütigen, stark verzweigten Infloreszenzen. Fruchtknoten mit zwei Narben, am Grunde von einem häutigen, eng anliegenden Perigon umschlossen; das Hüllblatt 5- bis 8nervig, sein oberes Ende abgerundet, zur Zeit der Reife ähnlich den Brakteen stark heranwachsend zu den eiförmigen Fruchtständen, den "Hopfendolden". An ihnen stehen 1 bis 2 cm lange Deckblätter, die sich dachziegelartig decken und in ihrer Gesamtheit den 2 bis 5 cm langen und 1 bis 2 cm breiten Fruchtstand bilden. Die Innenseiten der Deckblätter sind übersät mit kleinen, glänzenden, hellgelben Drüsenschuppen.[2]

Inhaltsstoffe: Von Hopfen sind zahlreiche Chemocultivars (= Chemovarietäten, chemische Rassen) bekannt, die sich qualitativ und quantitativ im Gehalt an Bitterstoffen und ätherischem Öl unterscheiden. Für die Sortenspezifizierung geeignet sind folgende Bestandteile des äth. Öles:
β-Caryophyllen, Farnesen, Humulen, 2-Methylisobutyrat, Methyl-*n*-octylketon, Myrcen, Posthumulen-1 und Posthumulen-2.[6]
Untersuchungen mit den Sorten Brewers Gold, Hallertauer mittelfrüh, Hersbrucker spät, Northern Brewer und Record zeigen, daß Hersbrucker spät den geringsten Gehalt an äth. Öl aufweist. Wenig Öl liefert auch der Brewers Gold und der Hallertauer mittelfrüh. Die Sorte Northern Brewer hat etwa den doppelten Ölgehalt wie Hallertauer mittelfrüh. Sortentypisch für den Hersbrucker spät sind die Posthumulenanteile.[7] Eine Hopfenprobe kann durch etwa 30 Variable determiniert werden. Das anfallende Zahlenmaterial wird über die "multiple schrittweise Diskriminanzanalyse" mittels EDV aufgearbeitet. Die Schwierigkeiten, die bei chemischen Sortenunterscheidungen auftreten, sind in erster Linie darin begründet, daß es sich nur um quantitative Unterschiede handelt. Durch sehr umfassende Untersuchungen gelang es, 6 Grundtypen des Welthopfensortiments zu finden.[8] Bei überaltertem Hopfen ist die Sortencharakterisierung durch Polymerisationsreaktionen in der Regel sehr erschwert.[9]
Hopfen ist Gegenstand einer Vielzahl von Arbeiten, die sich allerdings fast ausschließlich auf die Hopfenzapfen beschränken. In den Blättern von *H. lupulus* wurden bisher Kämpferol- und Quercetinglykoside, z. B. Rutin, und Proanthocyanidine, z. B. Procyanidin und Prodelphinidin, nachgewiesen.[3,4,10] Ferner enthalten die Blätter Ascorbinsäure[12] und Quebrachitol[1].

Verbreitung: Die ursprüngliche Heimat des Hopfens ist schwer zu definieren, da fossile Vorkommen praktisch fehlen und die langdauernde Kultur zur Verbreitung weit über das ursprüngliche Areal hinaus beigetragen hat. Hopfen ist seit dem 8. Jahrhundert in Mitteleuropa eingebürgert und wird in allen gemäßigten Zonen der Alten und Neuen Welt kultiviert, findet sich auch häufig verwildert an Flußufern, in Auwäldern und Hecken.[2]
Nach Lit.[1] ist *H. lupulus* var. *cordifolius* in Ostasien, vor allem Japan, beheimatet, var. *lupuloides* im östlichen Nordamerika, var. *lupulus* in Europa, von wo aus die Pflanze in andere Länder gebracht wurde (z. B. eingebürgert im östlichen Nordamerika), var. *neomexicanus* im Westen Nordamerikas und var. *pubescens* im amerikanischen Mittelwesten.

Anbaugebiete: Deutschland (Hallertau, Spalt, Tettnang, Hersbruck), Tschechoslowakei (Saaz); auch Österreich, Frankreich, Belgien, Portugal, England, USA und Australien bauen in größerem Umfang Hopfen an. Kultiviert werden nur die weiblichen Pflanzen.[2]

Drogen: Lupuli glandula, Lupuli strobulus, Humulus lupulus hom. *HAB 1*, Humulus lupulus hom. *PF X*, Humulus lupulus hom. *HPUS 88*, Lupulinum hom. *HPUS 88*.

Lupuli glandula (Hopfendrüsen)

Synonyme: Glandula(e) Lupuli, Lupulinum.

Sonstige Bezeichnungen: Dt.: Hopfenmehl, Hopfenstaub, Lupulin.

Monographiesammlungen: Glandulae Lupuli *Ned 5*, *EB 6*; Glandula Lupuli *ÖAB 90*; Lupulinum *Helv V*.

Definition der Droge: Die von den Fruchtständen abgesiebten Drüsenhaare.

Stammpflanzen: *Humulus lupulus* L.

Herkunft: Von Hopfen, der für die Brauereien kultiviert wurde.

Gewinnung: Durch Absieben der Drüsenhaare von den Fruchtständen.[13]

Handelssorten: Im Gegensatz zu Lupuli strobulus wird Lupuli glandula nicht nach Provenienz gehandelt.

Ganzdroge: *Geruch.* Sehr charakteristisch, würzig. *Geschmack.* Gewürzhaft, bitter.
Makroskopische Beschreibung. Die Droge stellt ein grünlichgelbes bis bräunlichgelbes, ungleichmäßiges, etwas klebriges Pulver dar.
Mikroskopisches Bild. 150 bis 250 µm große, schüsselförmige Drüsenhaare, die aus einer einreihigen Schicht polygonaler Sekretionszellen bestehen, von denen sich die Cuticula blasenförmig abhebt. Die Cuticula zeigt Abdrücke der Sekretionszellen. Der Raum zwischen Cuticula und Drüsenzellen ist mit einem gelbbraunen Sekret ausgefüllt, das in Alkohol, Ether oder Chloralhydratlsg. löslich ist.[13]

Minderqualitäten: Droge, die länger als ein Jahr gelagert wurde, wird braun, mißfarbig, riecht unangenehm käsig und muß verworfen werden.

Inhaltsstoffe: 5 bis 7 % Hopfenbittersäuren und ihre Autoxidationsprodukte; Xanthohumol; 1 bis 3 % ätherisches Öl (s. Lupuli strobulus).

Identität: Die Arzneibücher schreiben nur eine makroskopische und mikroskopische Prüfung der Droge vor. Nachweis der Humulone, der Lupulone und des Xanthohumols analog Lupuli strobulus.

Reinheit:
- Alte, zersetzte Hopfendrüsen: Hopfendrüsen dürfen nicht mißfarbig sein und dürfen höchstens schwach nach Valeriansäure riechen *ÖAB 90*; al-

te, braune, unangenehm käseartig riechende Ware ist zu verwerfen *EB 6*.
- Fremde Beimengungen: Unter dem Mikroskop dürfen Fragmente der Fruchtstände (Epidermiszellen) nicht zu sehen sein *ÖAB 90*; das Mikroskop darf nur wenige Trümmer der Hopfenpflanze und Sandkörnchen erkennen lassen *EB 6*.
- Asche: Höchst. 10% *ÖAB 90, EB 6*; höchst. 12% *Helv V*.
- Etherlösl. Bestandteile (Extraktgehalt): Mind. 70% *ÖAB 90, EB 6*.

Gehaltsbestimmung: s. Lupuli strobulus.

Lagerung: Vor Licht geschützt, in gut schließenden Gefäßen, nicht länger als 1 Jahr *ÖAB 90, Helv V, EB 6*.

Stabilität: s. Lupuli strobulus.

Wirkungen: s. Lupuli strobulus.

Volkstümliche Anwendung und andere Anwendungsgebiete: Äußerlich in Salben bei schlecht heilenden Wunden und Geschwüren.[14] Die antibakterielle Wirkung von Hopfenzubereitungen (s. Wirkungen von Strobuli lupulus) könnte ein Hinweis für eine wissenschaftliche Rechtfertigung sein, der Beweis steht jedoch noch aus.

Dosierung und Art der Anwendung: *Droge.* Gebräuchliche Einzeldosis: 0,1 bis 1,0 g;[13] 0,3 g.[14] *Zubereitung.* Als Hautsalbe 30%.[14]

Unerwünschte Wirkungen: *Allergische Wirkungen.* s. Lupuli strobulus.

Toxikologische Daten: s. Strobuli lupulus.

Lupuli strobulus (Hopfenzapfen)

Synonyme: Flores Humuli lupuli, Strobili humili, Strobili lupuli, Strobuli lupuli.

Sonstige Bezeichnungen: Dt.: Hopfenblüten, Hopfendolden, Hopfenkätzchen, Humulus-lupulus-Blütenstände; engl.: Hops; frz.: Cône de Houblon.

Monographiesammlungen: Lupuli strobuli (Hopfenzapfen) *DAB 10*; Houblon *PF X*; Strobuli Lupuli *EB 6*; Humulus *BHP 83*; Lupulus *Mar 28*.

Definition der Droge: Die ganzen, getrockneten, weiblichen Blütenstände *DAB 10, PF X*; die getrockneten, im September gesammelten, weiblichen Blütenstände *EB 6*; die getrockneten Fruchtstände.[15,16]

Stammpflanzen: *Humulus lupulus* L.

Herkunft: Da der Bedarf an Hopfen für pharmazeutische Zwecke gering ist, findet ausschließlich Hopfen Verwendung, der für Brauereien kultiviert wird.

Gewinnung: Frisch geernteter Hopfen wird mit warmer Luft bei Temperaturen zwischen 30 und 60°C auf Darren getrocknet und nach dem Trocknen zur Steigerung der Haltbarkeit geschwefelt. Zur Erzielung einer guten Lagerfähigkeit soll der verpackte Hopfen einen Wassergehalt von 10 bis 11% aufweisen.[17]

Handelssorten: Hopfen wird nach Provenienz gehandelt. Je nach Provenienz ist der Gehalt an äth. Öl bzw. an Hopfenbittersäuren sehr unterschiedlich (Chemovarietäten, s. Inhaltsstoffe von *H. lupulus*).

Ganzdroge: Die Ganzdroge besteht aus den grünlichgelben, gestielten, eiförmigen, 2 bis 4 cm langen Hopfenzapfen, die dachziegelig übereinander liegende, trockenhäutige, eiförmig zugespitzte, dünne Deckblätter tragen, in deren Achsel meist zwei weibliche Blüten stehen. Jede einzelne Blüte ist noch von einem kleinen, in den Winkeln der Deckblätter sitzenden, kurz- und derbgestielten, schiefeiförmigen, häutigen Vorblatt umhüllt. Die Blüten sowie die Deck- und Vorblätter tragen am Grunde Drüsenschuppen (s. Lupuli glandula).

Schnittdroge: Die Schnittdroge ist gekennzeichnet durch die hellgelbgrünen, dünnhäutigen Blattstückchen der eiförmigen Deckblätter und der schief eiförmigen, am Grunde einseitig eingerollten Vorblätter. Die Blattstückchen sind deutlich parallelnervig und tragen am Grunde goldgelbglänzende, sandkorngroße Drüsenschuppen.

Pulverdroge: Hellgelbgrünes Pulver. Bruchstücke der Deck- und Vorblätter mit wellig-buchtigen, etwas verdickten Epidermiszellen, Spaltöffnungen auf der Unterseite, einzelligen, spitzen, geraden oder abgebogenen Deckhaaren, großen Drüsenköpfchen und kleinen Köpfchenhaaren mit zweizelligem Stiel und wenigzelligem Köpfchen. In Mesophyllbruchstücken sind einzelne Oxalatdrusen zu erkennen.

Verfälschungen/Verwechslungen: Selten, gelegentlich verfälscht mit verwildertem Hopfen, der niedrigeren Gehalt an Hopfenbittersäuren aufweist.

Minderqualitäten: Unsachgemäß gelagerte Droge nimmt einen unangenehm "käsigen" Geruch an, ist dann meist mißfarbig und muß verworfen werden.[16]

Inhaltsstoffe: Überblick s. a. Lit.[3,18]
Hopfenbitterstoffe. Monoacylphloroglucide (= Hopfenbittersäuren) und ihre Autoxidationsprodukte: 10 bis 25% des Trockengewichtes von Hopfen bestehen aus einer in kaltem Methanol und Ether löslichen, harzigen Masse (= Gesamtharze). Aufgrund der unterschiedlichen Löslichkeit in Hexan unterteilt man in "Gesamtweichharze" (hexanlöslich) und "Hartharze" (hexanunlöslich). Die Gesamtweichharze bestehen aus den "Hopfenbittersäuren" und den "unspezifischen Weichharzen". Die unspezifischen Weichharze stellen Autoxidationsprodukte der Bittersäuren dar. Das Hartharz enthält wiederum die Autoxidationsprodukte der Gesamtweichharze. Bei der Lagerung nimmt der Hartharzanteil kontinuierlich zu, während sich der Weichharzanteil in gleichem Maße verringert.
Die Bittersäuren sind Monoacylphloroglucide mit Dimethylallyl-Seitenketten. Nach der Anzahl der Dimethylallyl-Seitenketten unterscheidet man Humulone (= "α-Säuren") mit zwei und Lupulone (= "β-Säuren") mit drei Dimethylallyl-Seitenket-

ten. Die α-Säuren bzw. β-Säuren stellen jeweils Homologe dar, die sich in ihren Seitenketten am *C*-2-Atom unterschieden (s. Formelübersicht).[3,17]

α-Hopfenbittersäuren:

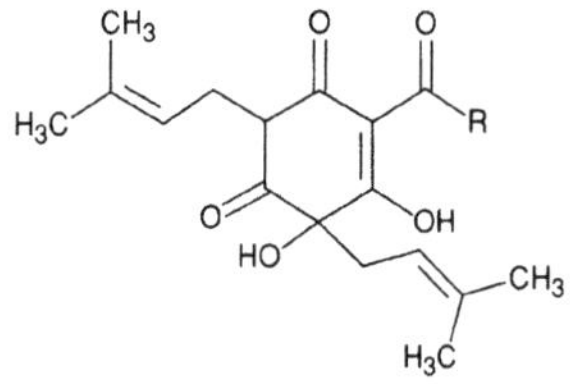

Humulon:	R = $CH_2CH(CH_3)_2$
Cohumulon:	R = $CH(CH_3)_2$
Adhumulon:	R = $CH(CH_3)CH_2CH_3$
Prähumulon:	R = $CH_2CH_2CH(CH_3)_2$
Posthumulon:	R = C_2H_5

β-Hopfenbittersäuren:

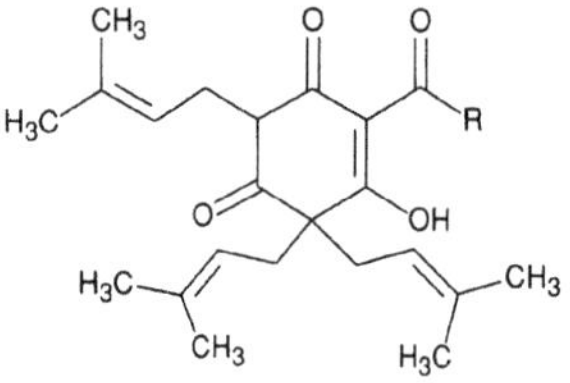

Lupulon:	R = $CH_2CH(CH_3)_2$
Colupulon:	R = $CH(CH_3)_2$
Adlupulon:	R = $CH(CH_3)CH_2CH_3$
Prälupulon:	R = $CH_2CH_2CH(CH_3)_2$

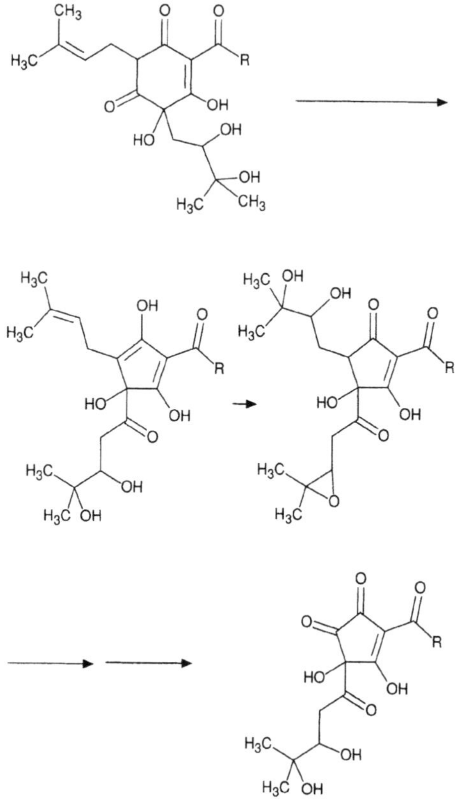

Die wichtigsten Autoxidationsprodukte der α-Hopfenbittersäuren

Hopfenbittersäuren sind sehr leicht autoxidabel und gehen bei der Lagerung in das äußerst komplexe Gemisch polarer Verbindungen über, das unter dem Namen "Hartharze" zusammengefaßt wird. Aus den α-Säuren entstehen dabei Cyclopentatrionderivate mit zahlreichen Glykol-, Keto- oder Epoxidgruppen. β-Säuren bilden dagegen vorwiegend Dihydrofuranderivate (s. Formelübersicht).[3] Da der Gehalt an α- bzw. β-Säuren bereits innerhalb einer Lagerdauer von 6 Monaten um ca. 30% absinkt, werden Mindestgehalte für Hopfenzapfen für pharm. Zwecke gefordert, um überlagerte Drogen auszuschließen (s. Gehalt)[19] (s. Formelschema rechte Spalte und S. 451).

Als flüchtiges Autoxidationsprodukt wird 2-Methyl-3-buten-2-ol während der Lagerung aus den Hopfenbittersäuren gebildet. Der Mechanismus dieser Reaktion, der nur die Gegenwart von Luftsauerstoff eintritt, wurde untersucht und an einem Versuchsmodell gezeigt, daß die Oxidation durch OH-Radikale ausgelöst wird. Inwieweit die Verbindung auch *in vivo* aus Hopfenbittersäuren entsteht, ist noch offen.[20]

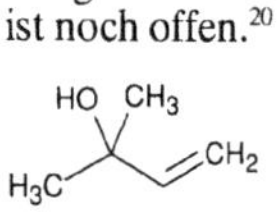

2-Methyl-3-buten-2-ol

Frischer Hopfen enthält nur Spuren von 2-Methyl-3-buten-2-ol, während nach einer zweijährigen Lagerzeit der Gehalt auf Maximalwerte von 0,1 bis 0,15% ansteigt, um danach wieder allmählich abzusinken.[21] 2-Methyl-3-buten-2-ol besitzt einen hohen Dampfdruck, ist wasserdampfflüchtig und zu ca. 13% in Wasser löslich. In einem wasserdampfdestillierten Hopfenöl ist die Verbindung daher nur in Spuren vorhanden.[22]

Lipophile Hopfenextrakte enthalten 2-Methyl-3-buten-2-ol, während mit polaren Lösungsmitteln bereitete Hopfenextrakte und die daraus hergestellten Fertigarzneimittel frei von 2-Methyl-3-buten-2-ol sind.[21,23]

Die Gesamtharzmenge, der Weichharz- bzw. Hartharzanteil, der Gehalt an α- bzw. β-Säuren sowie das Verhältnis der Humulon- und Lupulon-Homologe ist abhängig von der Hopfensorte (Chemocultivar – s. *H. lupulus*), dem Anbaugebiet, dem Erntezeitpunkt, der Trocknung und der Lagerung des Hopfens. Die Menge an α-Säuren im Hopfen schwankt demnach zwischen 3 und 12%, die Menge an β-Säuren zwischen 3 und 5%, jeweils auf die Trockensubstanz bezogen.[17]

Polyphenole. Die Polyphenole machen 4 bis 14% der Hopfentrockensubstanz aus, je nach Hopfensorte, Provenienz und Lagerzustand des Hopfens.[17]

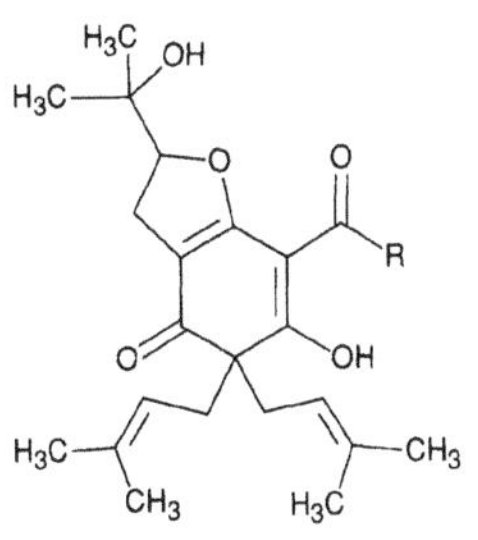

Lupoxes "A"

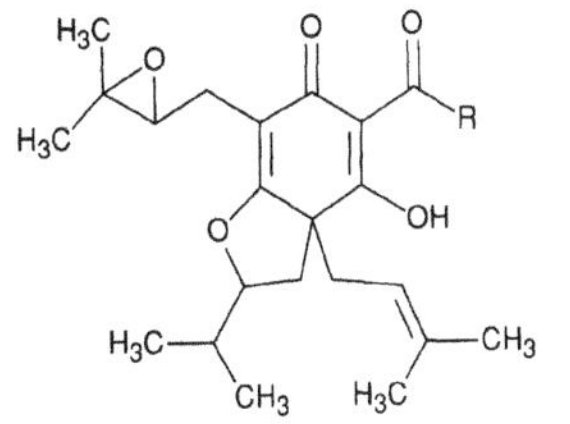

Lupoxes "B"

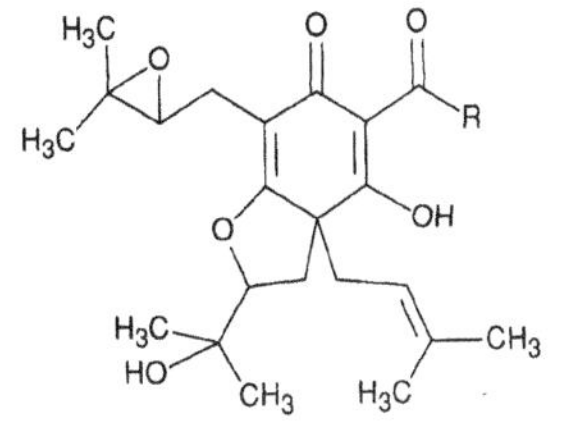

Lupdoxes "A"

Die wichtigsten Autoxidationsprodukte der β-Hopfenbittersäuren

Phenolcarbonsäuren: Ferulasäure, Gallussäure, Kaffeesäure, *para*-Cumarsäure, *para*-Hydroxybenzoesäure, Protocatechusäure und Vanillinsäure frei und glykosidisch gebunden;[17] Chlorogensäure, Neochlorogensäure.[3]
Flavanone/Chalkone: In den Hartharzen findet sich das Chalkon Xanthohumol und sein korrespondierendes Flavanon Isoxanthohumol; ferner die Chalkone Desmethylxanthohumol, 3'-Isoprenyl-2',4-dihydroxy-4',6'-dimethoxychalkon und 2',6'-Dimethoxy-4,4'-dihydroxychalkon.[24-26]

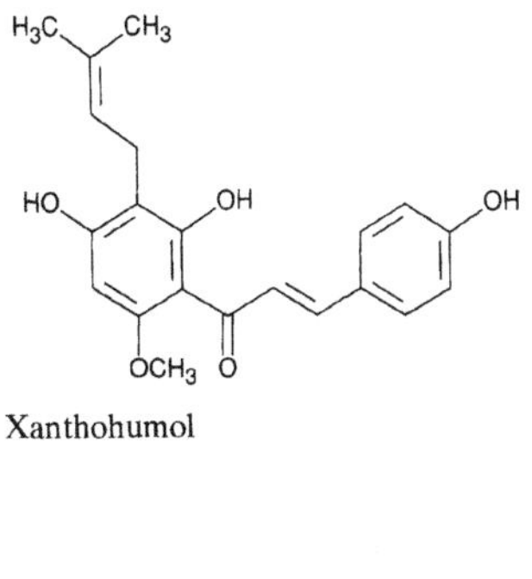

Xanthohumol

Xanthohumol hat im Hopfen die Bedeutung einer Leitsubstanz. Sein Gehalt nimmt während einer Lagerung von 6 Monaten um ca. 50 % ab, so daß ein Mindestgehalt von 0,2 % in Hopfenzapfen für pharmazeutische Zwecke gefordert wird, um überlagerte Droge auszuschließen.[19,24]
Flavonole: Kämpferol- und Quercetin-3-glykoside, z. B. Astragalin, Isoquercitrin, Rutin.[3,4]
Catechine: Catechin, Epicatechin.[3,10,17]
Proanthocyanidine: Procyanidin, Prodelphinidin; Propaeonidin und Propelargonidin sortenabhängig.[4]
Kondensierte Gerbstoffe: Nicht näher definierte Triflavane, höher polymerisierte Polyphenole und Phlobaphene.[10,17]
Ätherisches Öl. Der Ölgehalt des Hopfens wird in der Literatur mit 0,05 bis 1,7 % angegeben. Diese großen Schwankungen sind dadurch zu erklären, daß Sorte (Chemocultivar – s. *H. lupulus*), Lagerzeit und Lagerbedingungen einen erheblichen Einfluß auf die Ölausbeute haben. Hopfenöl setzt sich zu ca. 70 % aus Terpenkohlenwasserstoffen und zu etwa 30 % aus sauerstoffhaltigen Verbindungen zusammen. Hauptbestandteile sind Myrcen (27 bis 62 %), Humulen (3,5 bis 35 %), β-Caryophyllen (2,7 bis 17 %) und 2-Undecanon (2 bis 17 %). Etwa 150 Neben- und Spurenbestandteile sind identifiziert,[27-29] darunter auch ungewöhnliche Strukturen wie Hopfenether und Karahanaenon.[30,31] 2-Methyl-3-buten-2-ol findet sich nur zum geringen Teil im wasserdampfdestillierten äth. Öl; die Hauptmenge verbleibt in der Wasserphase (s. Hopfenbitterstoffe).[22]
Für die einzelne Hopfensorte ist das Verhältnis der Hauptkomponenten des äth. Öles erstaunlich konstant. Der Ölgehalt nimmt beim Lagern sehr rasch ab. Myrcen polymerisiert zum schwerflüchtigen Dimyrcen und weiter zu Polymyrcenen. Die Autoxidation der Terpenkohlenwasserstoffe führt über Peroxide und Epoxide zu Alkoholen und Ketonen. Aus Aldehyden entstehen Persäuren, die ihrerseits Anlaß zu weiteren Oxidationsreaktionen geben.

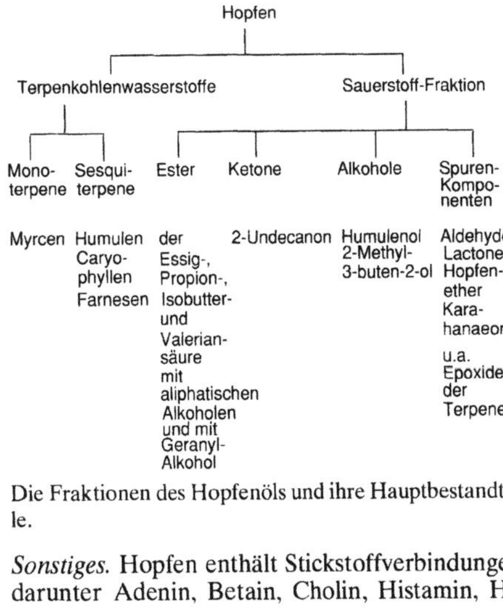

Die Fraktionen des Hopfenöls und ihre Hauptbestandteile.

Sonstiges. Hopfen enthält Stickstoffverbindungen, darunter Adenin, Betain, Cholin, Histamin, Hy-

poxanthin, Riboflavin sowie eine ganze Reihe von Aminosäuren. In der Literatur des vergangenen Jahrhunderts wird immer wieder von Alkaloiden berichtet, die der Hopfen enthalten soll ("Hopein"). Auch in neuerer Literatur findet sich das Hopfenalkaloid "Hopein" wieder, obwohl keine neueren Untersuchungen zur Bestätigung der Anwesenheit einer solchen Verbindung vorliegen. Es wurde vermutet, daß es sich hierbei um Cholin handelt.[3]
Aufgrund der nahen Verwandtschaft von *Cannabis indica* und *Humulus lupulus* hat man versucht, psychotrope Cannabis-Inhaltsstoffe im Hopfen nachzuweisen. Hopfen ist jedoch frei von Cannabinoiden.[32]

Zubereitungen: Lipophile Hopfenextrakte werden in der Brauindustrie außer durch Extraktion mit Dichlormethan heute zunehmend durch Extraktion mit überkritischem CO_2 hergestellt[33] und gelangen standardisiert auf ihren Gehalt an Hopfenbittersäuren in den Handel.
Auf dem Arzneimittelmarkt findet sich der Hopfen in verschiedenen Arzneitypen wieder: Die Droge als Bestandteil von Hopfenkissen oder Teemischungen; Lipoidextrakte aus der Droge für Badezusätze; alkoholische oder hydroalkoholische Extrakte aus der Droge (Fluidextrakte, Trockenextrakte) für verschiedene Präpartae zur innerlichen Anwendung, meist als Kombinationspräparate.[19]
Das *BHP83* gibt als Zubereitungen an: Fluidextrakt 1:1 in Ethanol 45 % (*V/V*); Tinktur 1:5 in Ethanol 60 % (*V/V*).

Identität: Das *DAB 10* läßt einen mit Methanol-Wasser (7 + 3) hergestellten Drogenauszug auf die Anwesenheit von Humulonen, Lupulonen und Xanthohumol dünnschichtchromatographisch prüfen:
- Referenzsubstanzen: Aminoazobenzol, Cumarin, Sudan;
- Sorptionsmittel: Kieselgel GF_{254};
- FM: Cyclohexan-Ethylacetat-wasserfreie Essigsäure (60 + 38 + 2);
- Detektion: Auswertung im UV 254 und 365 nm; Besprühen mit einer frisch hergestellten Mischung von Folins Reagenz-Wasser (1 + 3) und anschl. Einbringen in eine mit Ammoniakdampf gesättigte Kammer;
- Auswertung: Anhand der Laufhöhe der drei Referenzsubstanzen Nachweis der Zonen der Humulone, Lupulone und des Xanthohumols. Die Humulone und Lupulone ergeben Fluoreszenzminderung im UV 254 nm, Xanthohumol dagegen nur sehr schwach. Im UV 365 nm fluoreszieren die Lupulone hellblau und die Humulone hellbraun bis braun, Xanthohumol erscheint als dunkelbrauner Fleck. Nach Besprühen mit wäßrigem Folins Reagenz und Einbringen in Ammoniakdämpfe färben sich die Lupulon- und Humulon-Zonen im Vis graublau, Xanthohumol erscheint graugrün.

Eine ähnliche Methode stellt die in Lit.[34] angegebene DC eines methanolischen Drogenauszuges dar; diese Methode erlaubt aber neben einem rein qualitativen Nachweis auch eine halbquantitive Prüfung:
- Referenzsubstanzen: Aminoazobenzol, Benzalacetophenon, Curcumin, Sudangelb;
- Sorptionsmittel: Kieselgel HF_{254};
- FM: Cyclohexan-Ethylacetat-Propionsäure (60 + 38 + 2 *V/V*);
- Detektion: Direktauswertung im UV 254 nm; Besprühen mit Vanillin/Schwefelsäure-Reagenz, Auswertung im Vis;
- Auswertung: Die DC-Bedingungen sind so gewählt, daß die Zonen für Xanthohumol, für die Humulone und für die Lupulone auf dem Chromatogramm zu sehen sein müssen. Die Nachweisgrenzen sind erreicht, sobald der Gehalt an Humulonen unter 0,50 %, an Lupulonen unter 0,13 % und der Gehalt an Xanthohumol unter 0,03 % in der Droge absinkt. Zudem müssen die Zonen der Humulone und der Lupulone mindestens die gleiche Fluoreszenzlöschung zeigen wie die Zone des Benzalacetophenons (bei genau definierten Extrakt/Lösungs- und Auftragemengen), um der geforderten Mindestqualität zu genügen.

Die in *PFX* und in Lit.[16] angegebenen DC-Methoden erlauben dagegen nur den Nachweis unspezifischer Flavonoide (Kämpferol- und Quercetinglykoside).
Sinnvoller für die Festlegung der pharmazeutischen Qualität sind die oben angegebenen Methoden zum Nachweis der Humulone, Lupulone und Xanthohumol. Neben der DC-Prüfung läßt *PFX* eine gaschromatographische Prüfung des durch Wasserdampfdestillation (mit Xylolvorlage) aus der Droge gewonnenen äth. Öles durchführen. Die Retentionszeiten der drei Hauptpeaks des äth. Öl/Xylolgemisches müssen mit den Retentionszeiten der Hauptpeaks der drei Vergleichssubstanzen *β*-Caryophyllen, Humulen und *β*-Myrcen übereinstimmen.

Reinheit:
- Geruch: Die Droge darf nicht verdorben riechen *DAB 10*; unangenehm käseartig riechende Droge ist zu verwerfen.[16]
- Fremde Bestandteile: Höchst. 1 %; braune, mißfarbige Droge darf nicht vorhanden sein *DAB 10*.[16]
- Trocknungsverlust: Höchst. 8 % *DAB 10*;[16] höchst. 12,0 % *PFX*.
- Asche: Höchst. 12 % *DAB 10*;[16] höchst. 10,0 % *PFX*.
- Kupfer: Höchst. 400 ppm.[16]

Hopfenzapfen nehmen bei unsachgemäßer Aufbewahrung rasch einen unangenehmen Geruch an, weil sich die labilen Inhaltsstoffe dann schnell zersetzen; eine solche käseartig riechende Droge ist meist auch mißfarbig und zu verwerfen. Hopfenzapfen können Kupfersalze enthalten, die von Rückständen bestimmter Pflanzenbehandlungsmittel (Fungizide) stammen. Deshalb ist eine Begrenzung des Kupfergehaltes auf 400 ppm vorgesehen. Zur Bestimmung muß zuvor ein Aufschluß mit HNO_3 und H_2O_2 erfolgen, dann erfolgt die etwas aufwendige, aber präzise Ermittlung des Kupferge-

haltes mit selbst herzustellendem Bleidiethyldithiocarbamat, wobei das entspr. Kupferchelat entsteht.[16]
Allgemein muß auf Pestizid- und Schwermetallrückstände beim Hopfen geachtet werden. Außerdem besitzt Hopfen eine hohe Nitratspeicherfähigkeit. Neuere, umfangreiche Untersuchungen haben gezeigt, daß in Deutschland für Brauereizwecke kultivierter Hopfen mit Schadstoffen relativ gering belastet ist.[35]

Gehalt:
- Extraktgehalt mit verd. Methanol: Mind. 25,0% *DAB 10*.[16]
- Extraktgehalt mit Wasser: Mind. 18%.[16]
- Äth. Öl: Mind. 0,30% *(V/m) PFX*; mind. 0,35% *(V/G)*.[15]
- Flavonoidgehalt: Mind. 0,5%, berechnet als Rutosid.[16]

Geeigneter für die Beurteilung der pharmazeutischen Qualität von Hopfenzapfen ist der Gehalt an Hopfenbitterstoffen und Xanthohumol in der Droge. Es wird ein Mindestgehalt von 0,82% α-Säuren (Humulon, Cohumulon, Adhumulon), 0,43% β-Säuren (Lupulon, Colupulon, Adlupulon) und 0,20% Xanthohumol gefordert.[19]

Gehaltsbestimmung: *Extraktgehalt.* Die Droge wird mit verd. MeOH (ca. 70% *V/V*) bzw. heißem Wasser extrahiert. Ein aliquoter Teil des Filtrats wird eingedampft und getrocknet und der Trockenrückstand gewogen.
Für die Beurteilung der Qualität von Hopfenzapfen stellen die Extraktgehalte aber keine besonders aussagekräftigen Kriterien dar.[16]
Äth. Öl. Wasserdampfdestillation mit Xylolvorlage *PFX*.
Flavonoidgehalt. Photometrische Bestimmung der Flavonole als Al-Chelate.[16] Die Methode läßt keine Aussage über die hopfenspezifischen Inhaltsstoffe zu.
Hopfenbitterstoffe/Xanthohumol. Geeigneter für die Qualitätsbeurteilung von Hopfen sind Verfahren zur Gehaltsbestimmung der pharm. Hopfenleitsubstanzen Humulone, Lupulone und Xanthohumol. Für die Bestimmung werden heute fast ausschließlich HPLC-Verfahren verwendet, wie z.B. die Trennung auf RP-18 Material mit einem Methanol-Wasser-Gradienten,[19] die den qualitativen und quantitativen Nachweis der α-Säuren Humulon, Cohumulon und Adhumulon, der β-Säuren Lupulon, Colupulon und Adlupulon sowie des Xanthohumols gestattet. Eine bessere HPLC-Trennung liefert die in der Brauereianalytik verwendete Methode mit Acetonitril-Ammoniumphosphatlsg.-Gradienten auf RP18-Säulen.[36] Weitere routinemäßige Methoden für das brauereichemische Labor werden in Lit.[33,37,38] beschrieben.

Lagerung: Dicht verschlossen, vor Licht geschützt *DAB 10*; dicht verschlossen, vor Licht und Feuchtigkeit geschützt *PFX*;[16] nicht über 1 Jahr Lagern.[19]

Stabilität: Die Gehalte an α- und β-Säuren sowie an Xanthohumol im Hopfen nehmen bereits vom Zeitpunkt der Ernte an kontinuierlich ab.[39] Gegenläufig dazu steigt der Gehalt an 2-Methyl-3-buten-2-ol, welches im frischen Hopfen nur in Spuren vorliegt, an und erreicht nach einer Lagerzeit von etwa 2 Jahren sein Maximum. Wird noch länger gelagert, geht der Gehalt allmählich wieder zurück.[21]
Lipophile Hopfenextrakte sind unter Luftausschluß gelagert erheblich stabiler als die Droge. Weniger stabil sind hydroalkoholische Hopfenextrakte, da polare Extraktivstoffe des Hopfens – möglicherweise Metallionen – zum raschen Abbau der Humulone führen; stabiler verhalten sich dabei die Lupulone und Xanthohumol.[19]

Wirkungen: Folgende Wirkungen werden dem Hopfen zugeschrieben: Sedierend (beruhigend, schlaffördernd),[15] antibakteriell,[40,41] antimykotisch,[42] estrogen,[43-45] spasmolytisch,[46] anregend auf die Magensaftsekretion.[47]
Sedierende Wirkung. Bemühungen, den sedierenden Effekt von Hopfen im Tierexperiment zu bestätigen, sind bereits aus dem vorigen Jahrhundert bekannt. Diese Arbeiten zeigen ebenso wie die aus den 30er Jahren dieses Jahrhunderts erhebliche methodische Mängel (Übersicht s. Lit.[18,23]). Es werden daher im folgenden nur Arbeiten jüngeren Datums besprochen, in denen versucht wurde, sedierende Wirkungen von Hopfenextrakten, Hopfenbittersäuren, Hopfenöl und Hopfenexhalationen nachzuweisen.
Hopfenextrakte. Es wurde versucht, die sedierende Wirkung von wäßrigen, ethanolischen, acetonischen und Petrolether-Hopfenextrakten über eine Abnahme der Kiemenschlagfrequenz von Goldkarpfen nachzuweisen. Die Extrakte wurden unmittelbar in das Aquarienwasser appliziert und erweisen sich als wirkungslos oder krampferregend. Eine reversible Abnahme der Kiemenschlagfrequenz, die auf eine Sedierung hindeuten könnte, wurde nicht beobachtet.[48] Nähere Angaben sind nicht zugänglich.
Die Wirkung ethanolischer und mit Methylisobutylketon hergestellter Hopfenextrakte auf Wistar-Ratten und NMRI-Mäusen wurde überprüft. Auch nach Verabreichung von 1.000 mg/kg KG (per Schlundsonde) werden bis unmittelbar vor Todeseintritt weder Sedierungs- noch Erregungssymptome gesehen. Ebenso negativ verlief die Prüfung der barbituratpotenzierenden Wirkung, die Prüfung der lokomotorischen Aktivität nach Dews, der Lauftrommeltest und der rotating rod-Test.[49]
Es wird berichtet, daß nach i. v. und s. c. Applikation der Phenol- und Acetonfraktion ethanolischer Hopfenextrakte ein "reduzierter Allgemeinzustand" festgestellt wurde. Leider sind die experimentellen Daten der Arbeit in mehrfacher Hinsicht widersprüchlich und ungenau. Es kann daher nicht zweifelsfrei geklärt werden, ob eine Sedierung beobachtet wurde. Die applizierten Mengen beginnen bei der halben LD_{50}-Dosis. Daher kann nicht ausgeschlossen werden, daß es sich bereits um toxische Effekte handelt (s. toxikologische Daten).[50]
Dagegen wird von einer "Motilitätsminderung" von 60% gesprochen, gemessen nach i. p. Verabreichung einer 200 mg Hopfen pro 20 g Maus entsprechenden Dosis eines Hopfenauszuges mit Ether im Lichtschrankenkäfig.[51] Diese Ergebnisse wurden

von anderer Seite bestätigt und es wurde darüber hinaus festgestellt, daß die motilitätsmindernde Wirkung auf Mäuse mit einem toxischen Effekt verknüpft ist, der sich in einem Nachziehen der Hinterbeine und einem Drücken der Beckenpartie gegen den Käfigboden äußert. Dieses Verhalten könnte ein Zeichen für abdominelle Schmerzen sein. Über eine Fraktionierung des etherischen Hopfenauszuges mit einer Mischung von *n*-Hexan/Ether mit in Zehnerschritten steigenden Etheranteilen (10 bis 50 %) gelang es, vier bei Mäusen sedativ wirksame Fraktionen zu isolieren (Etheranteil 10 bis 40 %), denen das toxische Prinzip fehlt und die sich in der Stärke des sedierenden Effektes nur geringfügig voneinander unterscheiden.[52]
Die sedativ wirksame Fraktion soll ein Sekundärprodukt sein, das erst bei der Umsetzung mit Ether gebildet wird.[53] Nicht geklärt ist die Möglichkeit einer Verunreinigung des verwendeteten Ethers mit Peroxiden. Die Reaktion von Hopfenbittersäuren mit Etherperoxiden könnte zu pharmakologisch aktiven Per-Verbindungen führen, die dann natürlich nicht als Hopfenwirkstoffe angesehen werden dürften.[54]
Hopfenbittersäuren. Während in der älteren Literatur immer wieder von sedierenden und hypnotischen Wirkungen der Hopfenbittersäuren auf die unterschiedlichen Tierarten berichtet wird, verliefen Prüfungen aus neuerer Zeit negativ (Übersicht s. Lit.[18,55]).
Dosen von 10 und 100 mg Lupulon/kg KG p. o. zeigen an Wistar-Ratten und NMRI-Mäusen überhaupt keine Wirkungen. Selbst nach Verabreichung der LD_{50}, die p. o. für Mäuse 525 mg/kg KG beträgt, sind bis unmittelbar vor Todeseintritt keine Symptome von Sedierung oder Erregung feststellbar.[49]
Prüfungen der Hopfenbittersäuren im Humanversuch sind in der Literatur ebenfalls dokumentiert. Sie stammen meist aus einer Zeit, in der die tuberculostatischen Wirkungen des Lupulons diskutiert wurden. Nach Verabreichung einer Tagesdosis von 5.000 mg Lupulon wird als Nebenwirkung leichte Schläfrigkeit angegeben.[56] Nach Verordnung der gleichen Dosis 12 Wochen lang wurde lediglich vereinzelt Übelkeit und Erbrechen beobachtet.[57] Die isolierten Bitterstoffe des Bieres wurden in einer Einzeldosis von 60 mg an 15 Testpersonen verabreicht.[58] Es konnten keinerlei Wirkungen festgestellt werden. Auch nach 5 Kapseln à 250 mg "Lupulin", das 50 mg α-Säuren, 40 mg β-Säuren und 8 mg Hopfenöl enthielt, wurde von einzelnen Testpersonen lediglich über "leichte Benommenheit" am nächsten Morgen geklagt.
Hopfenöl. Beim Goldkarpfen wurde eine Reduktion der Kiemenschlagfrequenz festgestellt (Dosierung 0,005 mL/250 mL Wasser).[48] Da dieser Effekt auch durch äth. Öle, die keine sedierenden Eigenschaften haben, hervorgerufen wird, ist der Test für den Nachweis einer Sedierung ungeeignet. Es konnte gezeigt werden, daß die Reduktion der Kiemenschlagfrequenz vom Alkohol- und Ketonanteil des äth. Öles abhängig ist.[59]
Untersuchungen im Lichtschrankenkäfig zeigten, daß Mäuse selbst nach i. p. Applikation von 1 mg Hopfenöl/g KG nicht mit einer Motilitätsabnahme reagieren.[52]
Hopfenexhalationen. In den Ausdünstungen des Hopfens wurden Aceton, 2-Methyl-3-buten-2-ol und Myrcen nachgewiesen. Bei NMRI-Mäusen bewirkt 2-Methyl-3-buten-2-ol in einer Dosierung von 0,8 g/kg KG i. p. eine kurze Excitationsphase, gefolgt von einer etwa 8 h anhaltenden tiefen Narkose, von der sich die Versuchstiere wieder vollständig erholen.[22] Bei Wistar-Ratten führt 2-Methyl-3-buten-2-ol in einer Dosierung von 206,5 mg/kg KG i. p. zu einer Motilitätsabnahme von 50 %. Die Aktivitätsminderung setzt nach wenigen Minuten ein, erreicht nach etwa 2 h ihr Maximum und klingt dann rasch wieder ab. Die Motilitätsabnahme ist keine Folge einer Muskelrelaxation und liegt im gleichen Dosisbereich wie beim strukturverwandten Hypnotikum 3-Methyl-1-pentin-2-ol (Allotropal®).[60,61]
Antibakterielle/antimykotische Wirkung. Die bakteriostatischen und tuberculostatischen Wirkungen der Hopfenbittersäuren waren Anlaß zu einer Vielzahl von Arbeiten (Übersicht s. Lit.[40,41]). Praktische Bedeutung kommt diesen Wirkungen heute nicht mehr zu. Die MHK von Lupulon für *Mycobacterium tuberculosis* beträgt im Reihenverdünnungstest 25 µg/mL, für *Mycobacterium phlei* 50 µg/mL, für *Bacillus subtilis* 1 µg/mL.[62] Je ausgeprägter der lipophile Charakter des Moleküls ist, um so leichter kann es in die lipophile Bakterienmembran eindringen. Daher steigt mit zunehmender Länge der Acyl-Seitenkette die antibakterielle Aktivität an.[63]
3-Isopentenylphlorisovalerophenon, ein Bestandteil der Hartharzfraktion, hemmt das Wachstum von *Candida*- (MHK 50 µg/mL), *Fusarium*- (MHK 50 µg/mL), *Mucor*-(MHK 12,5 µg/mL) und *Staphylococcus*-Arten (MHK 25 µg/mL).[42]
Estrogene Wirkung. Über die estrogene Wirksamkeit von Hopfenzubereitungen wurde immer wieder berichtet;[43–45] die experimentellen Angaben in diesen Arbeiten sind aber sehr ungenau.
Es gibt auch Arbeiten, bei denen das Fehlen einer estrogenen Aktivität des Hopfens festgestellt wurde,[64] was durch eine neuere, sehr detaillierte Untersuchung bestätigt wird:[65] Die Wirkung des äth. Hopfenöles, von ethanolischen Hopfenextrakten unterschiedlicher Provenienz und von α- und β-Hopfenbittersäuren wurde am Uterus der juvenilen Maus untersucht. Kontrollsubstanz war 17β-Estradiol. Alle geprüften Zubereitungen unterschieden sich in ihrer Aktivität nicht von der Kontrolle.
Daraufhin wurde versucht, das aktive Prinzip in den wäßrigen Auszügen zu finden. Nach Entfernung der Harze und des Chlorophylls mit Aceton und Extraktion mit Boratpuffer im Alkalischen wurden zwei überwiegend aus Zuckern und Uronsäuren bestehende Fraktionen gelchromatographisch getrennt. Diese Fraktionen erwiesen sich an nicht mit Serumgonadotropin behandelten juvenilen Ratten als inaktiv, zeigten jedoch bei solchen, die mit Serumgonadotropin vorbehandelt wurden, in einer Dosierung von 20 bzw. 50 mg/100 g KG einen im Vergleich zu unbehandelten Kontrolltieren signifikanten Gewichtsverlust (p 0,01) der Ovarien. Es

wird daher postuliert, daß die Fraktionen als Serumgonadotropin-Suppressor wirksam sind bzw. die Empfindlichkeit der Ovarien gegenüber Gonadotropin herabsetzen.[66]
Auch der positive Rezeptortest am uterinen cytoplasmatischen Estrogenrezeptor des Kalbes unterstützt die immer wieder geäußerte Vermutung, daß Hopfen zu den estrogenreichsten Pflanzen zählt (bis 20.571 ng 17β-Estradiol-Äquiv./g Trockensubstanz).
Diesen Ergebnissen zufolge ist eine starke estrogene Wirksamkeit nur am Ende der Wachstumsperiode (September) gegeben und bei der Sorte Hüller Bitter größer als bei den Sorten Northern Brewer und Hallertauer mittelfrüh.[67]
Aufgrund der zahlreichen Widersprüche, auch in der neueren Literatur, muß die Frage, ob Hopfen ein estrogenes Prinzip enthält oder nicht, nach wie vor als nicht endgültig geklärt angesehen werden.
Sonstige Wirkungen. Hopfenbittersäuren sollen die Magensaftsekretion stimulieren.[47] Am isolierten Kaninchen- und Meerschweinchen-Darm sollen alkoholische Hopfenextrakte stark spasmolytische Wirkungen (wirksame Dosierung am isolierten Kaninchendarm 0,001 mL/mL Organbad) zeigen,[46] was die volksmedizinische Anwendung von Hopfen bei Spasmen im Magen-Darm-Bereich erklären könnte. Nähre Angaben fehlen, so daß weitere Untersuchungen notwendig sind.

Anwendungsgebiete: Befindungsstörungen wie Unruhe und Angstzustände, Schlafstörungen.[15] s. Kommentar zur sedierenden Wirkung des Hopfens unter "Wirkungen".

Dosierung und Art der Anwendung: *Droge.* Einzelgabe der Droge 0,5 g.[15]
Geschnittene Droge, Drogenpulver oder Trockenextraktpulver für Aufgüsse, Abkochungen oder andere Zubereitungen; flüssige und feste Darreichungsformen zur innerlichen Anwendung.[15]
Teebereitung: 1 bis 2 Teelöffel voll Hopfenzapfen werden mit heißem Wasser (ca. 150 mL) übergossen und nach 10 bis 15 min durch ein Teesieb gegeben. Soweit nicht anders verordnet, 2- bis 3mal täglich und vor dem Schlafengehen 1 Tasse frisch bereiteten Teeaufguß trinken.[16]

Volkstümliche Anwendung und andere Anwendungsgebiete: In Form des "Hopfenkissens" in der Aromatherapie bei Schlafstörungen. Vereinzelt wurde empfohlen, das Kissen mit warmem Hopfen zu füllen;[68] bei der Leichtflüchtigkeit des im Tierversuch sedierend wirkenden 2-Methyl-3-buten-2-ols erscheint diese Anwendungsform aus heutiger Sicht plausibel.
Ferner als Zusatzstoff in Bädern. In solchen Badeprodukten konnte das im Tierversuch sedierend wirkende 2-Methyl-3-buten-2-ol nachgewiesen werden,[23] was die äußerliche Anwendung des Hopfens in Form von Badezusätzen plausibel erscheinen läßt.
In Kombination mit Baldrian, bei Schlafstörungen, neurovegetativen Störungen, nervöser Übererregbarkeit, (starker) Nervosität, Spannungs- und Erregungszuständen, Neurasthenie, Hyperthyreose, Thyreotoxikose, Hypertonie, Managersyndrom, körperlicher oder nervlicher Überlastung und allgemein zur Beruhigung.
Die Wirksamkeit von Hopfen und Hopfenextrakten über den Geruch durch Inhalation im Sinne einer Aromatherapie ist aber bisher nicht ausreichend untersucht und überzeugend belegt worden. Ferner liegen keine klinischen Untersuchungen zur perkutanen Resorption und pharmakologischen Wirkung des 2-Methyl-3-buten-2-ols am Menschen vor.[69]
BHP83 nennt als Indikationen für die innerliche Anwendung von Hopfenzubereitungen Neuralgien, Schlaflosigkeit, Nervosität, Priapismus, Darmschleimhautentzündungen und speziell Unruhezustände verbunden mit nervösen Spannungskopfschmerzen und/oder Verdauungsstörungen; äußerliche Anwendung bei Ulcus cruris.
Die Droge wird außerdem als Bittermittel und bei Magenbeschwerden, insbesondere nervösen Gastropathien, bei Neurosen und bei sexueller Übererregbarkeit als Anaphrodisiacum eingenommen; äußerlich in Salben bei schlecht heilenden Wunden und Geschwüren, was aufgrund der antibakteriellen Wirkung der Hopfenbittersäuren gerechtfertigt sein könnte.[70,71]
Die Wirksamkeit der Droge bei den genannten Indikationen ist nicht hinreichend belegt und bedarf der weiteren Prüfung.

Dosierung und Art der Anwendung: *Droge.* Einzeldosis 0,5 bis 1 g, als Schlafmittel 1 bis 2 g.[81]
Teeaufguß: 1 Teelöffel (ca. 0,5 g) Hopfenzapfen auf 1 Tasse Wasser heiß aufgießen, bedeckt 10 min ziehen lassen, abseihen.[70]
Zubereitung. Fluidextrakt: Einzeldosis 0,5 bis 2 mL; Tinktur: Einzeldosis 1 bis 2 mL.[81]

Unerwünschte Wirkungen: *Allergische Wirkungen.* Die sogenannte "Hopfenpflückerkrankheit", eine Hopfendermatitis, tritt nur bei Kontakt mit frischen Hopfenzapfen auf.[72] Es wird vermutet, daß das sensibilisierende Agens beim Trocknen zerstört wird.[73]
Es wird über den Fall einer durch Hopfenstaub ausgelösten Kontaktallergie berichtet. Der Patient entwickelte eine Konjunktivitis, Rhinitis, Bronchitis und eine Dermatitis im Gesichtsbereich. Der Patient reagierte im Patch-Text auch auf wäßrige Hopfenauszüge stark positiv.[74]

Gegenanzeigen/Anwendungsbeschr.: Keine bekannt.[15]

Wechselwirkungen: Keine bekannt.[15]

Toxikologische Daten: *LD-Werte. Ethanolischer Hopfenextrakt.* Maus: LD_{50} 3.500 mg/kg KG p.o.,[49] LD_{50} 1.200 mg/kg KG s.c.;[50] Ratte: LD_{50} 2.700 mg/kg KG p.o.[49]
Methylisobutylketon-Hopfenextrakt. Maus: LD_{50} 2.700 mg/kg KG p.o.; Ratte: LD_{50} 415 mg/kg KG p.o.[49]
Lupulone. Maus: LD_{50} 525 mg/kg KG p.o.,[49] LD_{50} 1.200 mg/kg KG s.c.,[50] LD_{50} 600 mg/kg KG i.m.;[75,76] Ratte: LD_{50} 1.800 mg/kg KG p.o.,[75] LD_{50} 330 mg/kg KG i.m.[75,76]

Humulon. Maus: LD_{50} 1.500 mg/kg KG p. o., LD_{50} 600 mg/kg KG i. m.[76]

Sonst. Verwendung: *Kosmetik.* Hopfenöl findet gelegentlich Einsatz in herbkrautigen Parfümölkreationen. Hopfenextrakte werden aufgrund ihres angeblichen Gehaltes an Phytoestrogenen gelegentlich in kosmetischen Cremes verwendet. Extrakte und Abkochungen von Hopfen verleihen dunklem Haar einen schönen Glanz und werden daher in Haarpflegepräparaten eingesetzt. *Industrie/Technik.* Die Hauptmenge des angebauten Hopfens geht in die Brauereien. Brauereihopfen wird bei Temperaturen von unter 10 °C gelagert. Die maximale Lagerzeit beträgt 1 Jahr. Aufgrund der besseren Haltbarkeit haben auf α-Säuren standardisierte Bitterstoffextrakte in diesem Bereich erhebliche Bedeutung.

Gesetzl. Best.: *Standardzulassung.* Standardzulassung Hopfenzapfen Nr. 1029.99.99. *Offizielle Monographien.* Aufbereitungsmonographie der Kommission E am BGA "Lupuli strobulus";[15] Aufbereitungsmonographie der Kommission B8 am BGA "Hopfen als Zusatzstoff in Bädern".[69]

Humulus lupulus hom. *HAB 1*

Synonyme: Lupulus.

Monographiesammlungen: Humulus lupulus *HAB 1.*

Definition der Droge: Die frischen, kurz vor dem Zeitpunkt der Samenreife gesammelten, möglichst samenarmen Fruchtzapfen.

Stammpflanzen: *Humulus lupulus* L.

Zubereitungen: Urtinktur und flüssige Verdünnungen nach *HAB 1*, Vorschrift 3a; Eigenschaften: Die Urtinktur ist eine bräunlichgelbe bis gelbbraune Flüssigkeit mit arteigenem Geruch und bitterem Geschmack.
Darreichungsformen: Urtinktur, flüssige Verdünnungen, Tabletten, Verreibungen, Streukügelchen, flüssige Verdünnungen zur Injektion.[77]

Identität: *Urtinktur.* Nach Versetzen der Urtinktur mit Eisen(III)chloridlsg. tritt Grünfärbung ein; nach Verdünnen der Urtinktur mit der gleichen Menge Wasser entsteht eine starke Trübung.
Ausschütteln der mit Wasser verd. Urtinktur mit Hexan und DC-Prüfung der eingeengten, in MeOH aufgenommenen Hexanphasen:
- Referenzsubstanzen: Linalool, Linalylacetat;
- Sorptionsmittel: Kieselgel HF_{254};
- FM: Hexan-Ethylacetat (90 + 10);
- Detektion: Besprühen mit Anisaldehydlsg. und Erhitzen auf 105 bis 110 °C 10 min, Auswertung im Vis innerhalb von 10 min;
- Auswertung: Nachweis eines charakteristischen Musters verschiedenfarbiger Zonen im Vis.

Reinheit: *Urtinktur.*
- Relative Dichte *(PhEur)*: 0,894 bis 0,914.
- Trockenrückstand *(DAB)*: Mind. 1,8 %.

Lagerung: Vor Licht geschützt.

Anwendungsgebiete: Die Anwendungsgebiete entsprechen dem homöopathischen Arzneimittelbild. Dazu gehören: Nervosität, Schlafstörungen.[77]

Dosierung und Art der Anwendung: *Zubereitung.* Soweit nicht anders verordnet:[77]
Bei akuten Zuständen häufige Anwendung alle halbe bis ganze Stunde je 5 Tropfen oder 1 Tablette oder 10 Streukügelchen oder 1 Messerspitze Verreibung einnehmen; parenteral 1 bis 2 mL bis zu 3mal täglich s. c. injizieren.
Bei chronischen Verlaufsformen 1- bis 3mal täglich 5 Tropfen oder 1 Tablette oder 10 Streukügelchen oder 1 Messerspitze Verreibung einnehmen; parenteral 1 bis 2 mL pro Tag s. c. injizieren.

Unerwünschte Wirkungen: Nicht bekannt. Hinweis: Es können vorübergehend Erstverschlimmerungen vorkommen, die jedoch unbedenklich sind.[77]

Gegenanzeigen/Anwendungsbeschr.: Nicht bekannt.[77]

Wechselwirkungen: Nicht bekannt.[77]

Gesetzl. Best.: *Offizielle Monographien.* Aufbereitungsmonographie der Kommission D am BGA "Humulus lupulus".[77]

Humulus lupulus hom. *PFX*

Monographiesammlungen: Humulus lupulus pour préparations homéopathiques *PFX.*

Definition der Droge: Die frischen oder getrockneten reifen weiblichen Blütenstände.

Stammpflanzen: *Humulus lupulus* L.

Zubereitungen: *Urtinktur.* Herstellung mit Ethanol nach der allgemeinen Vorschrift der *PFX* zur Herstellung von Urtinkturen; Eigenschaften: Die Urtinktur ist eine orangebraune, stark riechende Flüssigkeit mit erst scharfem, dann bitterem Geschmack. Ethanolgehalt 55 % (*V/V*).

Identität: *Urtinktur.* Prüfungen weitgehend in Übereinstimmung mit Humulus lupulus *HAB 1.*
DC-Prüfung der Urtinktur:
- Referenzsubstanzen: Isoquercitrin, Rutin;
- Sorptionsmittel: Kieselgel G;
- FM: Ethylacetat-Methylethylketon-Essigsäureanhydrid-Wasser (50 + 30 + 10 + 10);
- Detektion: Naturstoffreagenz, Auswertung im UV 365 nm;
- Auswertung: Flavonoidnachweis anhand der Referenzsubstanzen.

DC-Prüfung der Petroletherausschüttelung aus der Urtinktur:
- Referenzsubstanz: Humulen;
- Sorptionsmittel: Kieselgel G;
- FM: Toluol-Isopropylether (40 + 10);
- Detektion: Besprühen mit Anisaldehydlsg. und Erhitzen auf 105 bis 110 °C 10 min, Auswertung im Vis;

- Auswertung: Nachweis von Ätherischölbestandteilen anhand der Referenzsubstanz.

Reinheit: *Urtinktur.*
- Ethanolgehalt: Zwischen 50 und 60 % (*V/V*).
- Trockenrückstand: Höher oder gleich 1,50 %.

Humulus lupulus hom. *HPUS 88*

Monographiesammlungen: Humulus lupulus *HPUS 88.*

Definition der Droge: Die weiblichen Blütenstände (Hopfenzapfen).

Stammpflanzen: *Humulus lupulus* L.

Zubereitungen: *Urtinktur.* Herstellung durch Mazeration oder Perkolation mit Ethanol nach den allg. Zubereitungsvorschriften (Class C) des *HPUS 88.* Ethanolgehalt 55 % (*V/V*).
Medikationen: D1 (1x) und höher.

Gehalt: *Urtinktur.* Arzneigehalt $^1/_{10}$.

Lupulinum hom. *HPUS 88*

Monographiesammlungen: Lupulinum (Lupulin) *HPUS 88.*

Definition der Droge: Das aus Hopfenzapfen gewonnene helle, bräunlichgelbe bis gelblichbraune granuläre, harzige Pulver von aromatischem Geruch und bitterem Geschmack (Drüsenhaare).

Stammpflanzen: *Humulus lupulus* L.

Zubereitungen: *Urtinktur.* Herstellung durch Mazeration oder Perkolation mit Ethanol nach den allg. Zubereitungsvorschriften (Class C) des *HPUS 88.* Ethanolgehalt 65 % (*V/V*).
Verreibungen. Herstellung durch Verreibung mit Lactose nach den allg. Zubereitungsvorschriften (Class F) des *HPUS 88.*
Medikationen: D1 (1x) und höher.

Reinheit: Wird die Droge in Wasser geschüttelt, darf kein Sand zu sehen sein.

Gehalt: *Urtinktur.* Arzneigehalt $^1/_{10}$.

1. Small E (1978) Syst Botany 3:37–76
2. Heg (1981) Bd. III, Teil 1, S. 283–290
3. Stevens R (1967) Chem Rev 67:19–71
4. Hgn (1989) Bd. 8, S. 193–198
5. Millspaugh CF (1974) American medicinal plants, New York
6. Maier J (1978) Hopfen-Rundschau:258
7. Maier J (1972) Dtsch Brauwirtschaft 81, Sonderbeilage:21–23
8. Maier J (1977) Hopfen-Rundschau:140
9. Krüger E (1975) Monatsschrift für Brauerei:20–27
10. Hgn (1964) Bd. 3, S. 350–357
11. Plouvier V (1960) Compt Rend 251:131
12. Karabanov YV (1959) Trudy Zhitomirsk Nauch Inist Selekts Stantsii Khmelevodstva 6:211–215, zit. nach CA 55:12555
13. ÖAB 90
14. EB 6
15. BAz Nr. 228 vom 05.12.1984 in der Fassung von BAz Nr. 50 vom 13.03.1990
16. Braun R (Hrsg.) (1991) Standardzulassung für Fertigarzneimittel, Text und Kommentar, 7. Ergänzungslieferung, Deutscher Apotheker Verlag, Stuttgart, Govi Verlag, Frankfurt/Main
17. Narziss L (1985) Schuster/Weinfurter/Narziss, Die Bierbrauerei, Bd. 2, Die Technologie der Würzebereitung, 6. Aufl., neubearbeitet von Ludwig Narziss, Ferdinand Enke Verlag, Stuttgart
18. Wohlfart R (1982) Beiträge zum Nachweis sedativhypnotischer Wirkstoffe in Humulus lupulus L., Dissertation, FU Berlin
19. Hänsel R, Schulz J (1986) Dtsch Apoth Ztg 126:2.033–2.037
20. Wohlfart R, Wurm G, Hänsel R, Schmidt H (1983) Arch Pharm 316:132–137
21. Hänsel R, Wohlfart R, Schmidt H (1982) Planta Med 45:224–228
22. Hänsel R, Wohlfart R, Coper H (1980) Z Naturforsch 35c:1.096–1.097
23. Wohlfart R (1983) Dtsch Apoth Ztg 123:1.637–1.638
24. Hänsel R, Schulz J (1988) Arch Pharm 321:37–40
25. Song-San S, Watanabe S, Saito T (1989) Phytochemistry 28:1.776–1.777
26. Govaert F, Verzele M, Anteunis M, Fontyn F, Stockx J (1957) Experientia 13:105–106
27. Jahnsen VJ (1963) J Inst Brew 69:460
28. Buttery RG (1966) Chem and Ind:1.225–1.226
29. Tressl R, Friese L, Fendesack F, Köppler H (1978) Agricultural and Food Chemistry 26:1.426–1.430
30. Naya Y, Kotake M (1967) Tetrahedron Lett:1.715, 2.459
31. Naya Y, Kotake M (1968) Tetrahedron Lett:1.645
32. Fenselau C, Kelly S, Salmon M, Billets S (1976) Food Cosmet Toxicol 14:35–39
33. Daud IS, Kusinski S (1986) J Inst Brew 92:559–567
34. Hänsel R, Schulz J (1986) Dtsch Apoth Ztg 126:2.347–2.348
35. Maier J (1989) Brauwelt 129:764–767
36. Narziss L, Scheller L (1984) Monatsschr Brauwiss 37:496–504
37. Buckee GK, Baker CD (1987) J Inst Brew 93:468–471
38. Hann JT (1987) Chromatographia 24:510–512
39. Forster A (1981) Brauwiss 34:429–439
40. Teuber M (1973) Arch Mirkobiol 94:159
41. Erdmann F (1951) Pharmazie 6:442
42. Mizobuchi S, Sato Y (1985) Rep Res Lab Kirin Brew Co LTD:39–44
43. Schäfer F (1964) Über das ätherische Öl und die östrogenen Substanzen in Hopfen, Dissertation, Saarbrükken
44. Hesse R, Hoffman B, Karg H, Vogt K (1981) Zentralbl Veterinärmed Reihe A 2816:442–454
45. Kumai A, Okamoto R (1984) Toxicol Lett (Amsta) 21:203–208
46. Caujolle F, Chanh HP, Duch-Khan P, Diaz X, Bravo Diaz L (1969) Agressologie 10:405–409
47. Tamasdan S, Cristea E, Mihele D (1981) Farmacia (Bucharest) 29:71–75
48. Grumbach P (1957) Contribution à l'étude de l'action pharmacologique de lupulin sur Carassus auratus, Thèse, Université Genève

49. Hänsel R, Wagener HH (1967) Arzneim Forsch 17:79–81
50. Strenovskaja AG (1968) Sb Tr Inst Kosmetol:108
51. Bravo L, Cabo J, Fraile A, Jiminez J, Villar A (1974) Bull Chim Farm 113:310–315
52. Löffelholz K (1978). In: Erfahrungen über die Chemie und Wirkungen von Naphthochinon-Derivaten und Hopfeninhaltsstoffen, ZYMA-Symposium, München, Symposiumsbericht ZYMA GmbH, München, S. 63
53. Miller J (1980). In: Arbeiten über die Chemie und die Wirkungen einiger pharmazeutisch verwendeter Pflanzeninhaltsstoffe, ZYMA-Symposium, München, Symposiiumsbericht ZYMA GmbH, München, S. 63
54. Wurm G (1980) Diskussionsbeitrag, ZYMA-Symposium, München, unveröffentlicht
55. Wohlfart R (1980). In: Arbeiten über die Chemie und die Wirkungen einiger pharmazeutisch verwendeter Pflanzeninhaltsstoffe, ZYMA-Symposium, München, Symposiumsbericht ZYMA GmbH, München, S. 49
56. Farber SM (1950) Diss Ches (AM) 18:10
57. Chin YC (1950) Arch Intern Pharmacodyn 82:82
58. Stocker H (1967) Schweiz Brau Rundsch 78:80
59. Wasley-Hadzija B, Bohinc P (1956) Ann Pharm Fr 14:283
60. Wohlfart R, Hänsel R, Schmidt H (1981) Monatsschr Brauwiss 34:430
61. Wohlfart R, Hänsel R, Schmidt H (1983) Planta Med 48:120–123
62. Teuber M (1970) Applied Microbiology 19:871
63. Schmalreck AF, Teuber M (1974) Can J Microbiol 21:205–212
64. Knörr K, Lehr H, Prost V (1956) Hippokrates 27:327
65. Fenselau C, Talalayl P (1973) Fd Cosmet Toxicol 11:597–603
66. Kumai A, Okamoto R (1984) Toxicol Lett 21:203–207
67. Hesse R, Hoffmann B, Karg H, Vogt H (1981) Zbl Vet Med A 28:442–454
68. Grieve M (1959) A Modern Herbal, Bd. I, New York, S. 411
69. BAz Nr. 203 vom 30.10.1991
70. Fintelmann V, Menßen HG, Siegers CP (1989) Phytotherapie Manual, 1. Aufl., Hippokrates Verlag, Stuttgart, S. 69
71. Madaus G (1938) Lehrbuch der biologischen Heilmittel, Thieme Verlag, Leipzig, S. 1.797–1.799
72. Newmark FM (1978) Ann Allergy 41:311–312
73. Cooksoon JS, Lawton A (1953) Br Med J 2:376–379
74. Raith L, Jäger K (1984) Contact Dermatitis 11:53
75. Chin YC (1949) Proc Soc Exp Biol Med 70:158–162
76. Skinner FA (1955). In: Peach K, Tracy MV (Hrsg.) Moderne Methoden der Pflanzenanalyse, Bd. 3, Berlin, S. 683
77. BAz Nr. 172a vom 14.09.1988
78. Buchbauer G, Hafner M (1985) Pharm Unserer Zeit 14:8–18
79. Grant HL, Burkardt RJ (1988) J Am Soc Brew Chem 46:5–8
80. Mizobuchi S, Sato Y (1985) Rep Res Lab Kirin Brew Co LT:33–38
81. BHP 83

RW

Hyacinthus

HN: 2001100

Familie: Hyacinthaceae.[1]

Unterfamilie: Scilloideae.[1]

Gattungsgliederung: Die Gattung Hyacinthus L. umfaßt vier Arten: *H. amethystinus* L. (= *Hyacinthella angustifolia* MEDIC.), *H. leucophaeus* STEV. (= *Hyacinthelle leucophaea* SCHUR = *Czekelia transsilvanica* SCHUR), *H. orientalis* L. und *H. trifoliatus* TEN. (= *Bellevalia trifoliata* [TEN.] KTH.).[2]

Gattungsmerkmale: Hyacinthus-Arten sind unbehaarte, ausdauernde Pflanzen. Zwiebel eiförmig bis niedergedrückt, mit purpurvioletten bis weißlichen Häuten (Farbe der Zwiebelhäute stimmt mit Farbe der Blüten mehr oder weniger überein). Laubblätter grundständig, wenig zahlreich (vier bis sechs), linealisch bis lanzettlich-linealisch, ziemlich fleischig, an der Spitze etwas kapuzenförmig zusammengezogen. Blütenstand eine Traube mit wenigen bis vielen blauen, rosafarbenen, roten oder weißen duftenden Blüten. Perigon mit trichterförmiger Röhre und mit abstehenden oder etwas zurückgerollten Abschnitten. Staubblätter mit der Röhre verwachsen. Fruchtkapsel niedergedrückt-kugelig, je 8 bis 12 Samen in den Fächern enthaltend.[2,3,9]

Verbreitung: Südosteuropa und Kleinasien.[1]

Inhaltsstoffgruppen: In Blättern, Blütenstielen und Zwiebeln Salicylsäure;[1,4] in Samen und Zwiebeln Steroidsaponine; in Zwiebeln Fructan (Inulin), wenig Stärke,[4] Abscisinsäure;[6] ätherisches Öl in "absolue" des Blütenextrakts;[7] in den Blättern Chelidonsäure.[4,5]

Drogenliefernde Arten: *H. orientalis*: Hyacinthus-orientalis-Samen.

Hyacinthus orientalis L.

Sonstige Bezeichnungen: Dt.: Hyazinthe; engl.: Queen of the Pinks.

Systematik: Von *H. orientalis* L. gibt es viele Kulturformen, z. B. *H. orientalis* var. *albulus* [JORDAN] BAK. (= *H. romanus* horts. und *H. romanus* L. = *Bellevalia romana* [L.] RCHB.).[2]
Chromosomenzahl: 7, 8, 9 und mehr.[8]

Botanische Beschreibung: 30 bis 50 cm hohe Pflanze, Blätter linealisch bis linealisch-lanzettlich, flach. Blütenstände racemös, Blütentraube locker oder dicht, mit 5 bis 15 Blüten, gewöhnlich geneigte Antheren, Blütenstiel 4 bis 8 mm, Perianth 10 bis 25 mm, Perigonabschnitte länglich bis eiförmig, offen oder leicht zurückgebogen, Antheren dunkelblau. Septalnektarien. Loculicide Kapseln.[3,8]

Inhaltsstoffe: In den Blüten: 0,016% ätherisches Öl, bestehend u. a. aus Ethylphenylalkohol, Eugenol, Benzoesäure, Benzylalkohol, Benzylbenzoat, Benzaldehyd, Zimtalkohol, Cinnamoylacetat,

Zimtaldehyd und *N*-Methylanthranilsäuremethylester.[7]
In den Blättern Flavonoide: Tricin-7-fructosylglucosid, Tricin-7-rutinosyl-4-glucosid, Tricintriglucoside und Tricindiglucoside.[4,5]

Verbreitung: Östliches Mittelmeergebiet, hier und da auch verwildert und kultiviert (Südtirol, Gardasee).[1-3]

Drogen: Hyacinthus-orientalis-Samen.

1. Dahlgren RMT, Clifford HT, Yeo PF (1985) The Families of the Monocotyledons, 3. Aufl., Springer-Verlag, Berlin
2. Heg, Bd. II, Teil 2
3. FEu, Bd. 5, S. 44
4. Williams C, Harborne J, Mathew B (1988) Phytochemistry 27:2.612
5. Williams CA (1975) Biochem Syst Ecol 3:229–244
6. Nowak J, Ross JA, Rudnicki R, Saniewski M (1973) Phytochemistry 12:3.015
7. Darnley Gibbs R (1974) Chemotaxonomy of Flowering Plants, Bd. 1-3, McGill-Queen's University Press, Montreal London
8. Rohweder O, Endress PK (1983) Samenpflanzen, Morphologie und Systematik der Angiospermen und Gymnospermen, Georg Thieme Verlag, Stuttgart
9. Hutchinson J (1959) The Families of Flowering Plants, 2. Aufl., Clarandon Press, Oxford

Kr

Hyacinthus-orientalis-Samen

Synonyme: Hyacinthi semen, Semen Hyacinthi.

Sonstige Bezeichnungen: Dt.: Hyazinthensamen.

Stammpflanzen: *Hyacinthus orientalis* L.

Herkunft: Sammlung aus Wildvorkommen, in Kultur im östlichen Mittelmeergebiet.[2]

Ganzdroge: Der Samen ist oval bis birnenförmig, schwarz, ca. 3 mm groß, mit auffälligem weißlichem Samenanhängsel (= Elaiosom) und runzliger Samenschale (= Testa). Die äußere Schicht der Testa besteht aus mehreren Schichten und hat eine phytomelane, ziemlich dicke Rinde. Das Endosperm besteht aus Zellen mit getüpfelten Wänden, die Aleuron und fette Öle, aber keine Stärke enthalten. Der Embryo ist zylindrisch und gerade.[1]

Inhaltsstoffe: Nicht untersucht.

Volkstümliche Anwendung und andere Anwendungsgebiete: Bei Harnbeschwerden und Ikterus. Die Wirksamkeit bei den genannten Anwendungsgebieten ist nicht hinreichend dokumentiert.

Hydrocotyle

HN: 2042400

Das frühere Subgenus Centella der Gattung Hydrocotyle L. mit der pharmazeutisch wichtigen Art *Hydrocotyle asiatica* L. (heute gültiges Synonym: *Centella asiatica* (L.) URBAN) wird nach neuerer systematischer Auffassung jetzt als eigene Gattung geführt.[1] Alle weiteren Angaben s. ds. Hdb. Bd. 4 → Centella.

1. Tang-shui L (1977) Flora of Taiwan, 107. Fam. Umbelliferae, Epoch Publishing Co, Taipeh, Taiwan

RS

Hydrophyllum

HN: 2034000

Familie: Hydrophyllaceae.

Tribus: Hydrophylleae.

Gattungsgliederung: Die Gattung Hydrophyllum L. umfaßt 8 chemotaxonomisch und morphologisch sehr nahe verwandte Arten und 4 Varietäten in 2 Zentren Nordamerikas (Ost und West), die durch eine artenfreie Zone vollständig getrennt sind. Keine der Arten kommt gleichzeitig im Osten und Westen vor. Zu den östlichen Arten zählen *H. appendiculatum* MICHX., *H. canadense* L., *H. macrophyllum* NUTT. und *H. virginianum* L.; die westlichen sind *H. capitatum* DOUGL., *H. fendleri* (GRAY) HELLER, *H. occidentale* (WATSON) GRAY und *H. tenuipes* HELLER. Bei den folgenden 2 westlichen Arten wurden Varietäten erkannt: Bei *H. capitatum* (var. *alpinum* WATSON und var. *capitatum*) und bei *H. fendleri* (var. *albifrons* (HELLER) MACBRIDE und var. *fendleri*).[3]
Die ausdauernden Arten lassen sich in zwei morphologische Gruppen einteilen in Abhängigkeit von der Form des Rhizoms und der trugdoldigen Blütenstände. Eine Gruppe (*H. capitatum*, *H. macrophyllum*, *H. occidentale*) ist charakterisiert durch gekürzte Rhizome und kompakte, kugelförmige Blütenstände. Für die andere Gruppe (*H. canadense*, *H. fendleri*, *H. tenuipes* und *H. virginianum*) sind verzweigte Rhizome und offene, oft lockere Blütenstände typisch. Wegen seiner lockeren Blütenstände wird das zweijährige *H. appendiculatum* zur letzteren Gruppe gerechnet.[1]
Chemotaxonomisch lassen sich die Arten nicht aufgrund des Flavonoidmusters, sondern nur durch variierende Mengen der einzelnen Flavonoide unterscheiden (Quantifizierungen wurden nur durch Fleckintensitäten bei der Dünnschichtchromatographie vorgenommen).[1]

Gattungsmerkmale: Die selten ein- oder zweijährigen, meist aber ausdauernden Pflanzen sind in der Regel stark behaart. Es handelt sich um niederliegende oder aufrechte Kräuter, selten Sträucher mit wechsel- oder gegenständigen, einfachen oder fiedrig eingeschnittenen bis doppelt gefiederten Laubblättern ohne Nebenblätter. Die meist 5zähligen Blüten sind zwittrig und stehen regelmäßig in reichblütigen Blütenständen. Die Blüten haben 5 Kelchzipfel, eine meist blaue bis weiße, rad- bis glockenförmige oder kurz trichterförmige Krone mit 5 meist breiten, abstehenden Zipfeln, die am Grunde röhrig verwachsen sind, und 5 Staubblättern, die der Kronröhre anhaften. Der Fruchtknoten ist oberständig, aus 2 knorpeligen oder schwammigen Fruchtblättern, 1- bis 2fächrig mit 1 oder 2 fadenförmigen Griffeln. Die Früchte sind Kapseln, die Samen (1 bis 800) sind kugelig bis eckig, teils runzelig und enthalten ein Nährgewebe. Chromosomenzahl $n = 9$.[1]

Verbreitung: Osten und Westen von Nordamerika.[1]

Inhaltsstoffgruppen: Flavonoide und andere phenolische Verbindungen in Blüten und Blättern: Quercetin, Kämpferol, ein weiteres Flavonol-Aglykon, ein Isoflavon-Aglykon, Kaffeesäure, Aesculetin, Chlorogensäure, Quercetin-3-*O*-rhamnosid, Delphinidinglucosid, Cyanidin-3,5-diglucosid und Delphinidin-3,5-diglucosid.[1]

Drogenliefernde Arten: *H. virginicum*: Hydrophyllum virginicum hom. *HAB 34*, Hydrophyllum virginianum hom. *HPUS 88*.

Hydrophyllum virginicum L.

Synonyme: *Hydrophyllum patens* BRITT., *H. spiraeaefolium* SALISB., *H. virginianum* L., *H. virginianum* f. *simplicifolium* FERN., *H. virginicum* BRITT.[3]

Sonstige Bezeichnungen: Dt.: Virginisches Wasserblatt; engl.: Burr flowers, Virginian waterleaf.

Botanische Beschreibung: Ausdauernde, 10 bis 90 cm hohe Staude mit kriechendem Rhizom, das durch die verwelkten Scheiden früherer Sprosse schuppig gezähnt ist. Die Sprosse sind in der Regel einfach, zuweilen verzweigt. Die Laubblätter sind auffallend gestielt und 2- bis 3paarig gefiedert mit 5 bis 7 oval-lanzettförmigen bis länglichen, scharf und unregelmäßig gezähnten Teilblättchen, deren unteres Paar meist zweigeteilt ist, während die oberen teils zusammengewachsen sind; alle Teilblättchen laufen spitz zu. Die Blüten stehen in endständigen und oberen axialen Trugdolden, sind weiß, lila oder lila gesprenkelt mit gabelförmigen, langen Blütenstielen. Der Blütenkelch ist deutlich fünfgeteilt, die glockenförmige Blütenkrone ebenfalls. Die Früchte sind einfächerige loculicide Kapseln etwa von Erbsengröße. Blütezeit Juni bis August.[3,4]

Verwechslungen: *H. tenuipes*, zu unterscheiden nur durch seine vegetativen Blüten- und Fruchtformen und die geographische Herkunft.[1,3]

Inhaltsstoffe: s. Inhaltsstoffgruppen der Gattung; zusätzlich Myricetin, Scopolin, Cumarin (ohne Mengenangaben).[2]

Verbreitung: In den östlichen Regionen Nordamerikas.[1]

Drogen: Hydrophyllum virginicum hom. *HAB 34*, Hydrophyllum virginianum hom. *HPUS 88*.

Hydrophyllum virginicum hom. *HAB 34*

Monographiesammlungen: Hydrophyllum virginicum *HAB 34*.

Definition der Droge: Die frische, blühende Pflanze.

Stammpflanzen: *Hydrophyllum virginicum* L.

Zubereitungen: Essenz nach § 3 *HAB 34*.

Gehalt: *Essenz*. Arzneigehalt $^1/_3$.

Hydrophyllum virginianum hom. *HPUS 88*

Monographiesammlungen: Hydrophyllum virginianum *HPUS 88*.

Definition der Droge: Die ganze, frische Pflanze.

Stammpflanzen: *Hydrophyllum virginicum* L.

Zubereitungen: *Urtinktur*. Herstellung durch Mazeration oder Perkolation mit Ethanol nach den allg. Zubereitungsvorschriften (Class C) *HPUS 88*. Ethanolgehalt 45 % (*V/V*).

Gehalt: *Urtinktur*. Arzneigehalt $^1/_{10}$.

1. Beckmann RL jr (1979) Am J Bot 66:1.053–1.061
2. Britton N, Brown A (1970) An illustrated Flora of the Northern United States and Canada, Bd. III, Dover Publications, Inc. N4, New York, S. 65–66
3. Constance L (1942) Am Mid Nat 27:710–731
4. Millspaugh CF (1974) American Medicinal Plants, Dover Publications, New York, S. 476

Kr

Hyoscyamus

Familie: Solanaceae.

Unterfamilie: Solanoideae.
Hyoscyamus wird seit kurzem auch der neu eingeführten Unterfamilie der Atropoideae zugeordnet.[1]

Tribus: Solaneae.

Subtribus: Hyoscyaminae.[2,3]

Gattungsgliederung: Die Gattung Hyoscyamus L. zählt etwa 20 Arten, die in 2 Sektionen unterteilt werden können:[2]
- Sektion Chamaehyoscyamus WETTST. und
- Sektion Euhyoscyamus (LED.) em. WETTST.

Die drogenliefernden Arten gehören zur Sektion Euhyoscyamus.[2,4,5]

Gattungsmerkmale: Aufrechte oder niederliegende, meist behaarte Kräuter, ein- oder zweijährig, selten ausdauernd; Laubblätter ungeteilt, lappig oder fiederlappig; Blüten achselständig, Kelch röhrig-glockig, trichterförmige, 5lappige, etwas zygomorphe Blütenkrone; Frucht zuerst beerenähnlich, im reifen Zustand Deckelkapsel mit zahlreichen Samen.[4,6]

Verbreitung: In fast ganz Europa (Ausnahme hoher Norden), Nordafrika und im gemäßigten Asien, auch in den Trockengebieten von Nordamerika und Australien.[4]

Inhaltsstoffgruppen: *Alkaloide.* In allen Arten Alkaloide der Tropangruppe; Hauptalkaloide sind *S*-(–)-Hyoscyamin und *S*-(–)-Scopolamin, daneben Aposcopolamin, Norscopolamin, Littorin, Tropin, Cuskhygrin, Tigloidin und Tigloyloxytropan;[5,7] Untersuchungen zu den Alkaloiden der nicht drogenliefernden Arten *Hyoscyamus albus* L., *H. aureus* L., *H. pusillus* L. und *H. reticulatus* L. s. Lit.[8–12]
Flavonoide. Vor allem Flavonolglykoside, z. B. Rutin.[5]
Kohlenwasserstoffe. Bei *H. albus* z. B. 2,3-Dimethylnonacosan.[10]

Drogenliefernde Arten: *H. muticus*: Hyoscyami mutici herba; *H. niger*: Hyoscyami folium, Hyoscyami semen, Hyoscyamus hom. *HAB 1*, Hyoscyamus hom. *PFX*, Hyoscyamus niger hom. *HPUS 88*.

Hyoscyamus muticus L.

Synonyme: *Scopolia datora* DUNAL, *Scopolia mutica* DUNAL.

Sonstige Bezeichnungen: Dt.: Ägyptisches Bilsenkraut; engl.: Egyptian Henbane; frz.: Jusquiame d'Egypte; it.: Giusquiamo egiziano.

Botanische Beschreibung: Krautige, 0,3 bis 0,9 m hohe Pflanze mit weit kriechenden Wurzeln; fester, aufrechter, verzweigter Stengel, der eckig scheint, knotig, beblättert; Zweige bedeckt mit weichen, klebrigen Haaren; Blüten einseitig in 10- bis 30blütigen ährenförmigen, im Alter stark verlängerten (15 bis 30 cm) Trauben; Blütenstiele der unteren Blüten manchmal fast ebenso lang wie der Kelch, die der obersten Blüten kaum 2,5 cm lang; krugförmiger Kelch mit zahlreichen Nerven, im Blütenstand 1,7 bis 2,5 cm lang, später noch länger; Blütenkrone glockenförmig; Staubgefäße ungleich, die drei unteren kürzer, etwa ebenso lang wie die Blütenkrone, die beiden oberen länger als die Blütenkrone; Fruchtknoten glatt oder schwach behaart; Griffel glatt, länger als die Staubgefäße; Kapseln 10 × 6 mm, länglich, oben abgerundet, an der Spitze mit Ringriß aufspringend; Samen sehr zahlreich, 6 mm im Durchmesser, scheibenförmig, knotig und gelb gefärbt.[13,14]

Inhaltsstoffe: *Alkaloide.* Der Gesamtalkaloidgehalt kann bis zu 2 % des Trockengewichts der Pflan-

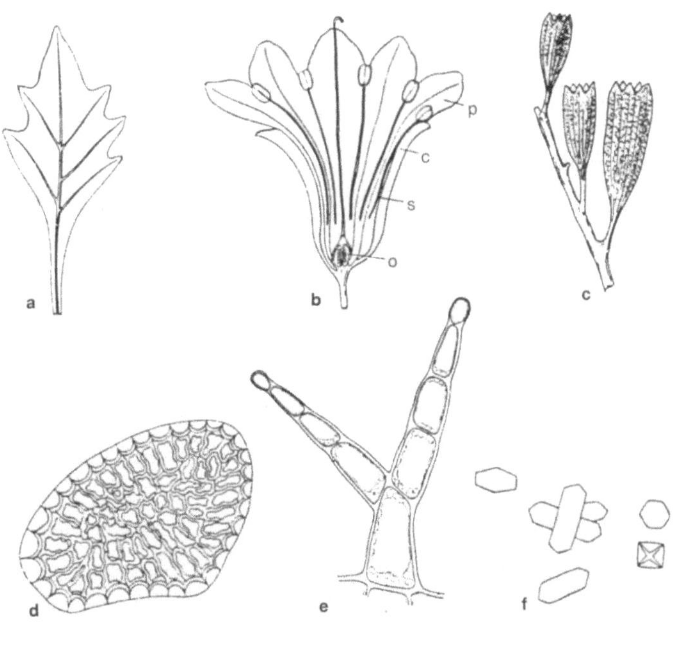

Hyoscyamus muticus L.: **a** Blatt, **b** Blüte geöffnet (*p* Blütenblätter, *c* Kelch, *s* Staubgefäße, *o* Fruchtknoten), **c** fruchtender Zweig mit verholzten Kelchen, **d** Samenquerschnitt, **e** Gliederhaare, **f** Calciumoxalatkristalle. Aus Lit.[13]

zen betragen und ist abhängig von Entwicklungszustand der Pflanzen, Ploidie und Wachstumsbedingungen.[15-17] Nach Lit.[18] liegt er zwischen 0,5 und 1,4 %. Die Tropanalkaloide befinden sich in allen Pflanzenteilen. Ihre Biogenese erfolgt wahrscheinlich in der Wurzel. Die Wurzel enthält 0,4 bis 0,8 % Alkaloide, Blüten und Früchte 0,67 bis 1,76 %, die Samen 0,6 %.[19] Hyoscyamin und Scopolamin sind die Hauptalkaloide (Hyoscyamin 0,27 bis 0,76 % vom Trockengewicht, Scopolamin 0,05 bis 0,38 % vom Trockengewicht[15]), als Nebenalkaloide wurden Noratropin, Norscopolamin, Apoatropin, Belladonnin, Scopin und Tropin nachgewiesen.[17] In den Blüten lassen sich 0,720% Atropin und 0,043 % Scopolamin bestimmen.[20] Der Hyoscyamingehalt erreicht in den oberirdischen Teilen sein Maximum zur Zeit der vollen Blüte, der Scopolamingehalt ist am höchsten zu Beginn der Blüte.[21]
Sonstige. Außerdem wurden in Spuren vorkommende aliphatische Kohlenwasserstoffe und deren Derivate, darunter z. B. 3-Hydroxytetratriacontan-30-on, identifiziert.[22] Hauptfettsäure der Samen ist Linolensäure, die in Mono- und Triglyceriden gebunden vorkommt.[23]

Verbreitung: Ägypten bis Sudan, Syrien bis Afghanistan, Pakistan und Nordindien, vor allem in Wüstengebieten.[4,14,24]

Anbaugebiete: Ägypten, das ehemalige Jugoslawien, Griechenland, Pakistan, Indien.[14,24]

Drogen: Hyoscyami mutici herba.

Hyoscyami mutici herba (Ägyptisches Bilsenkraut)

Synonyme: Folia Hyoscyami mutici, Herba Hyoscyami mutici.

Sonstige Bezeichnungen: Dt.: Hyoscyamus-muticus-Kraut; engl.: Egyptian Henbane, Henbane leaves; frz.: Herbe de jusquiame d'Egypte; port.: Folhas de meimendro; span. Hojas de beleño.

Monographiesammlungen: Herba Hyoscyami mutici *Dan IX*, *Helv V*; Hyoscyami mutici herba *Belg V*, *Pl Ed II*; Hyoscyamus muticus *BPC 49*.

Definition der Droge: Die getrockneten Blätter und blühenden Zweigspitzen *Pl Ed II*.

Stammpflanzen: *Hyoscyamus muticus* L.

Herkunft: In Ägypten vor allem Sammlung aus Wildvorkommen, darüber hinaus auch Anbau (s. Anbaugebiete von *H. muticus*).[24]

Ganzdroge: Verknäuelte Masse von Blättern, Stengeln und blühenden Zweigspitzen nebst einigen Früchten.
Blätter blaßgrün bis gelblich, gestielt oder fast sitzend, in Form und Größe unterschiedlich; Blattspreite oval, rhombisch bis breitelliptisch, bis 15 cm lang und 10 cm breit, in eine symmetrische Basis und eine scharfe Spitze auslaufend; Blattrand ganzrandig oder gezähnt, mit 2 bis 5 dreieckigen spitzen Zähnen auf jeder Seite; Blattober- und -unterseite dicht mit Drüsenhaaren besetzt; Mittelnerv breit, auf der Blattunterseite hervortretend; Nervatur gefiedert, die Hauptseitennerven vom Mittelnerv unter einem Winkel von ungefähr 45° abzweigend; untere Blätter groß, gezähnt mit einem schwach beflügelten Stiel, obere Blätter kleiner, kurz gestielt oder fast sitzend, schwächer gezähnt oder ganzrandig; Blattstiel bis 9 cm lang.
Stengel gräulichgelb, rundlich, schwach zusammengedrückt, in Längsrichtung fein gestreift, schwach behaart und hohl; Seitenzweige rundlich, behaart.
Blüte kurz gestielt, jede von einem großen, behaarten blattartigen Tragblatt begleitet, dieses normalerweise eiförmig lanzettlich bis schmal lanzettlich; Kelch dicht behaart, röhrenförmig, gestreift, 2 bis 4 cm lang und an der Öffnung 2 cm breit mit 5 kurzen, ungleichen, dreieckigen, stumpfen Zähnen. Krone nach dem Trocknen gelblichbraun, manchmal mit tief purpurn gefärbten Flecken, zygomorph, trichterförmig, mit 5 breiten, ungleichen Zipfeln, nur wenig länger als der Kelch und an der oberen Öffnung fast gleich breit, Staubgefäße 5, epipetal, ungleich lang mit haarigen, purpurfarbenen Filamenten und bräunlichen oder manchmal purpurfarbenen Staubbeuteln. Fruchtknoten eiförmig, oberständig, zweikarpellig, zweifächerig, schwach behaart, mit vielen, kampylotropen Samenanlagen, die an zentraler Placenta stehen.
Frucht: Deckelkapsel, von ausdauerndem Kelch umschlossen, zylindrisch, 1,5 cm lang, 0,6 cm dick, seitlich etwas zusammengepreßt, mit oder ohne Deckel. Same gelblichgrau bis braun, sehr klein, mehr oder weniger nierenförmig, seitlich zusammengepreßt, ungefähr 1 mm lang mit einer netzförmigen Samenschale; Embryo gebogen, in ein öliges Endosperm eingebettet.[13]

Schnittdroge: *Geruch.* Unangenehm, narkotisch.
Geschmack. Bitter, scharf.
Mikroskopisches Bild. Blatt: Monofacial bis undeutlich bifacial. Epidermiszellen polygonal mit schwach welligen, antiklinalen Wänden und gestreifter dicker Cuticula; sehr viele Drüsenhaare, bis 600 µm lang, verzweigt oder unverzweigt, mit endständigem, drüsenartigem, kugelförmigem, einzelligem Köpfchen und ein- bis vierzelligem Stiel; sehr wenige einfache, kurze, vielzellige, einreihige Haare; Spaltöffnungen auf beiden Seiten vom Cruciferentyp; im Mesophyll, an die beiden Epidermen anschließend, je eine einreihige Palisadenschicht, zahlreiche Calciumoxalatkristalle, in Idioplasten als Prismen, Zwillingskristalle, kleine Würfel, seltener als Drusen oder als Kristallsand; Mittelnerv ohne peripheres Kollenchym; Leitelemente aus einem Bogen von mehreren kollateralen Leitbündeln, die oberhalb zusätzliche Phloemgruppen aufweisen.
Stengel: Epidermishaare ähnlich denen der Blätter; Rinde mit peripherem Kollenchym; Endodermis als Stärkescheide; Pericykel mit isolierten kleinen Gruppen weitlumiger Fasern; Phloem ohne Fasern; Xylem als durchgehender Zylinder ausgebildet; Xylemfasern mit linearen, schrägen Tüpfeln und häufig verzweigten Enden; Ring-, Spiral-, Netz- und Tüpfelgefäße; markständiges Phloem aus zahl-

reichen Strängen, begleitet von einzelnen weitlumigen Fasern; Mark aus runden, dünnwandigen Parenchymzellen; Kristalle wie in den Blättern, in Rinde und Mark verstreut.
Kelch mit Spaltöffnungen und Haaren wie in den Blättern und mit Bastfasern.
Krone mit länglichen Epidermiszellen und gestreifter Cuticula; Haare und einige Spaltöffnungen nur auf der äußeren Epidermis, vereinzelt kleine prismatische Kristalle. Staubgefäße mit haarigem Filament, papillösem, gestreiftem Exothecium und polygonalen Endotheciumzellen mit dicken, verholzten Leisten. Pollenkörner in Chloralhydrat annähernd kugelig, ungefähr 50 µm groß, mit fein getüpfelter Exine und mit 3 großen, kegelförmigen Poren. Pericarp mit länglichen, getüpfelten, verholzten Endocarpzellen.
Same: Epidermiszellen der Samenschale mit dikken, verholzten, welligen, antiklinalen Wänden; Endospermzellen dünnwandig mit Öltröpfchen und ovalen, 3 bis 8 µm großen Aleuronkörnern, jedes Korn mit einem polyedrischen Kristalloid und einem kleinen Globoid.[13]

Pulverdroge: Hell grünlichgelbes Pulver, Bruchstücke der Blätter mit welligen Epidermiszellen, gestreifter Cuticula und Spaltöffnungen vom Cruciferentyp; wenig einfache, kurze, einreihige Haare; Drüsenhaare zahlreich, verzweigt oder unverzweigt mit einem ein- bis vierzelligen Stiel und einem einzelligen, kugelförmigen Köpfchen, bis 600 µm lang, meistens als Bruchstücke; Mesophyll monofacial mit Kristallen; Bruchstücke von Holzfasern, Ring-, Spiral-, Netz- und Tüpfelgefäßen; Bruchstücke von Pericykelfasern; Calciumoxalatkristalle zahlreich, Prismen 45 bis 110 µm lang, ferner Zwillingskristalle, selten Kristalldrusen oder Kristallsand; gelbliche Bruchstücke der Blütenblätter und deren Antheren zeigen verdickte Endotheciumleisten, wenige runde Pollenkörner; gelegentlich Bruchstücke der Samenschale mit verdickten, welligen, verholzten Epidermiszellen oder Endospermzellen mit Ölkügelchen und ovalen Aleuronkörnern, gelegentlich Steinzellen des Pericarps.[13]

Inhaltsstoffe: *Alkaloide.* Alkaloidgehalt der Blätter in Abhängigkeit vom Entwicklungszustand der Pflanzen (am höchsten im Stadium der Fruchtreife während der Wintersaison im Sudan) zwischen 0,69 und 2,15 %, der Stengel zwischen 0,33 und 0,47 %[19] bzw. zwischen 0,6 und 0,8 %.[25] Dabei ist der Gehalt an *S*-(–)-Hyoscyamin wesentlich höher als der an *S*-(–)-Scopolamin (mehr als 90 % der Gesamtalkaloide Hyoscyamin; nach Lit.[20] in den Blättern 0,615 % Atropin und 0,002 % Scopolamin, im Stengel 0,341 % Atropin).

Zubereitungen: Hyoscyami mutici herbae pulvis (pulverisiertes Bilsenkraut) *PI Ed II*. *H. muticus* wird auf Grund des relativ hohen Gesamtalkaloidgehalts mit einem hohen Anteil von *S*-(–)-Hyoscyamin zur Isolierung dieses Alkaloids verwendet.[22,26] Nach einem allgemein für die Gewinnung von Tropanalkaloiden geeigneten Verfahren wird die gepulverte Droge mit einem geeigneten Lösungsmittel, z. B. kaltem Ethanol, extrahiert. Die Extrakte werden eingeengt und die Alkaloide mit verdünnten Säuren ausgeschüttelt. Nach dem Alkalisieren erfolgt das Ausschütteln der Alkaloidbasen mit einem organischen Lösungsmittel, z. B. Chloroform. Die erhaltene Lösung wird gewaschen, getrocknet und eingeengt. Aus dem meist amorphen Rückstand erhält man durch weitere Reinigungsschritte vor allem Hyoscyamin bzw. Atropin.[26] Eine Steigerung der Alkaloidausbeute kann durch Zugabe oberflächenaktiver Agentien bei der Extraktion erreicht werden.[27] An der Alkaloidgewinnung aus In-vitro-Kulturen von *H. muticus* wird gearbeitet.[16,26]

Identität: Herstellung eines Etherauszuges aus dem Drogenmaterial, diesen nach dem Versetzen mit Salzsäure zur Trockne eindampfen, tropfenweise rauchende Salpetersäure zugeben, eindampfen, Violettfärbung nach Zusatz von Aceton und ethanolischer Kalilauge (Vitali-Morin-Reaktion) *Dan IX*.

Reinheit:
- Asche: Höchstens 20 % *Belg V, Dan IX, PI Ed II*.
- Säureunlösliche Asche: Höchstens 4 % *Dan IX*; 12,0 % *PI Ed II*.
- Fremde organische Masse: Höchstens 2,0 % *PI Ed II*.
- Stengelanteile: Höchstens 10 % Stengelanteile mit einem Durchmesser von max. 1 cm *Dan IX*; 45,0 % mit einem Durchmesser von mehr als 10 mm *PI Ed II*.

Gehalt: Mindestens 0,75 % Alkaloide, berechnet als Hyoscyamin *Belg V*; 1 % *Dan IX*; 0,8 % *PI Ed II, Helv V*.

Gehaltsbestimmung: Nach *PI Ed II* wie bei Belladonnae herba (→ Atropa); weitere Möglichkeiten zur Gehaltsbestimmung → Hyoscyami folium.

Lagerung: Separandum *Dan IX*; in gut verschlossenen Behältern, vor Licht geschützt, trocken *PI Ed II*.

Wirkungen: Die pharmakologischen Eigenschaften entsprechen denen von *Hyoscyamus niger*. Auf Grund des wesentlich geringeren Scopolaminanteils an den Gesamtalkaloiden dürfte die zentralsedierende Wirkungskomponente zurückgedrängt sein.

Volkstümliche Anwendung und andere Anwendungsgebiete: Es sind die gleichen Anwendungsgebiete wie bei *Hyoscyamus niger* denkbar. Untersuchungen liegen nicht vor.

Toxikologische Eigenschaften: Die toxikologischen Eigenschaften sind ähnlich denen von *Hyoscyamus niger*. Wie erst vor wenigen Jahren in Deutschland beobachtete Vergiftungsfälle zeigen, können zentral erregende Wirkungen auftreten. Eine als "Traumkraut" deklarierte Droge, bestehend aus Hyoscyami mutici herba, war in den Handel gebracht worden und hatte bei Jugendlichen die typischen Symptome einer Atropinvergiftung mit Delirien hervorgerufen.[29]

Sonst. Verwendung: *Pharmazie/Medizin.* Als Ausgangsmaterial zur Herstellung (Isolierung) von Hyoscyamin oder Atropin verwendet (s. Zubereitungen).

Gesetzl. Best.: *Apothekenpflicht.* Ja.

Hyoscyamus niger L.

Synonyme: *Hyoscarpus niger* (L.) DULAC, *Hyoscyamus agrestis* KIT., *Hyoscyamus auriculatus* TEN., *Hyoscyamus bohemicus* SCHMIDT, *Hyoscyamus lethalis* SALISB., *Hyoscyamus officinalis* CR., *Hyoscyamus pallidus* WALDST. et KIT. ex WILLD., *Hyoscyamus persicus* BOISS. et BUHSE, *Hyoscyamus pictus* ROTH, *Hyoscyamus syspirensis* KOCH, *Hyoscyamus verviensis* LEJ., *Hyoscyamus vulgaris* NECK.[4,13,24]

Sonstige Bezeichnungen: Dt.: Bilsenkraut, Dullkraut, Gemeines Bilsenkraut, Rasenwurz, Saukraut, Schlafkraut, Schwarzes Bilsenkraut, Teufelswurz, Tollkraut, Zigeunerkraut; engl.: Black henbane, foetid nightshade, henbane, henbell, hogbean, poison tobacco, stinking roger; frz.: Herbe aux chevaux, herbe aux dents, jusquiame (noire); it.: Alterco, cassilagine, dente cavallino, erba del dento, giusquiamo (nero), iosciamo; span.: Beleño, veleño negro.[24]

Systematik: Die Art *Hyoscyamus niger* L. läßt sich in drei Varietäten unterteilen:
- var. *annuus* SIMS, 1jährig (meist angebaut);
- var. *niger*, 2jährig;
- var. *pallidus* (WALDST. et KIT.) KOCH, 2jährig.

Botanische Beschreibung: Aufrechtes, bis zu 80 cm hohes Kraut mit ungeteilten Blättern; Wurzel spindelig, oberwärts rübenförmig; klebrig-zottiger Stengel mit länglich-eiförmigen Blättern, die buchtig gezähnt sind; Blüten fast sitzend einseitswendig in den Blattachseln angeordnet, mit röhrig-glockigem Kelch, Blütenkrone trichterförmig, 5lappig, schwach zygomorph und schmutzig-gelb mit violetten Adern; reife Frucht ist eine bauchige, bis 1,5 cm lange Deckelkapsel mit bis zu 200 Samen; Samen graubraun, grubig vertieft, mehr oder weniger nierenförmig, zusammengedrückt, 1 bis 1,3 mm lang und 1 mm breit; Geruch des frischen Krautes widrig, betäubend; Geschmack des fri-

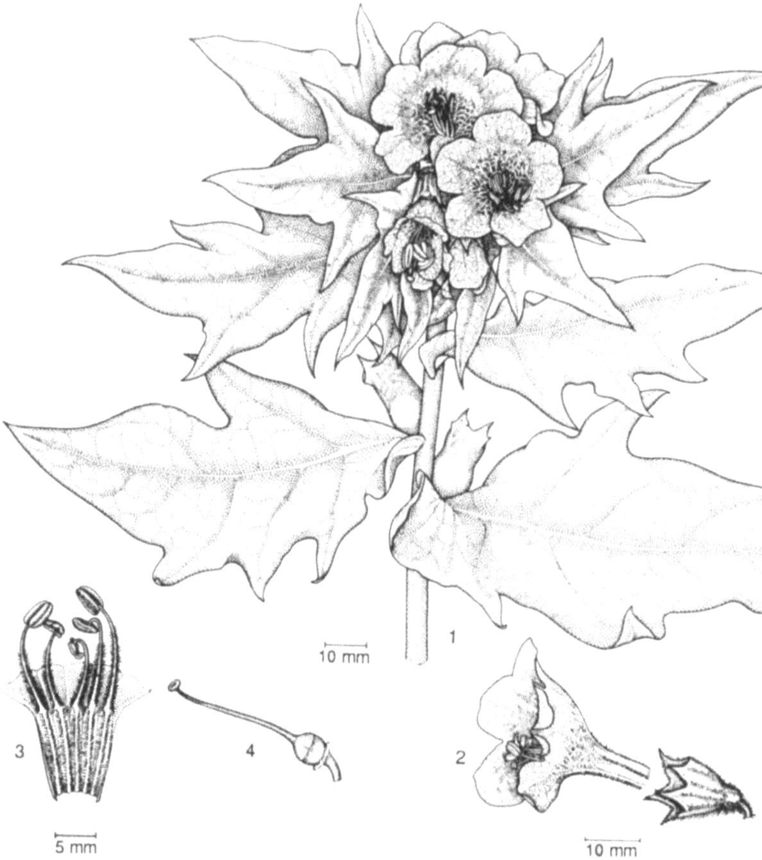

Hyoscyamus niger L.: *1* blühender Trieb, *2* Blüte, *3* Androeceum, *4* Gynoeceum. Aus Lit.[24]

schen Krautes fade, etwas bitter; ein- und zweijährige Formen; die 2jährigen bilden im 1. Jahr Blattrosette und im 2. Jahr 30 bis 80 cm hohen Blühtrieb.[4,13,30,31]

Verwechslungen: Verwechslungen sind möglich mit

- *Hyoscyamus muticus* L., die Drüsenhaare sind hier zahlreich verzweigt (bei *H. niger* stets einfach), meist vergabelt, am Ende jedes Astes mit einem einfachen Köpfchen;
- *Hyoscyamus reticulatus* L., hier purpurviolette, netzartig geaderte Blütenkrone;
- *Hyoscyamus albus* L., hier nur gestielte, rundlich eiförmige oder herzförmige, 4 bis 5 cm lange und fast ebenso breite, grob- und stumpfgesägte Blätter, Calciumoxalat in Drusen, hellgelbe, nicht adernetzige Blütenkronen.[4,6,13]

Inhaltsstoffe: *Alkaloide.* Tropanalkaloide befinden sich in allen Pflanzenteilen.[30,31] In den getrockneten oberirdischen Pflanzenteilen wurde ein Gesamtalkaloidgehalt von 0,13 % ermittelt. Davon waren 60 % Hyoscyamin, der Rest besteht vorwiegend aus Scopolamin, α- und β-Belladonnin, Tropin, Apoatropin und Apohyoscin.[32] In den Blüten lassen sich 0,025 % Atropin und 0,040 % Scopolamin, im Stengel 0,020 % Atropin und 0,032 % Scopolamin bestimmen.[20] In den Wurzeln wurden 0,08 % Alkaloide gefunden.[33] In allen Pflanzenteilen lassen sich Hyoscyamin-*N*-oxide nachweisen.[34]
Flavonoide. Vor allem Flavonolglykoside.[5,35]

Verbreitung: *H. niger* L. ist in Europa, West- und Nordasien bis zum Himalaya und Nordafrika beheimatet, in Ostasien, Nordamerika und Australien ist die Art eingebürgert.[4,24]

Anbaugebiete: *H. niger* L. wird in Mitteleuropa kaum noch angebaut.

Drogen: Hyoscyami folium, Hyoscyami semen, Hyoscyamus niger hom. *HAB 1*, Hyoscyamus niger hom. *PFX*, Hyoscyamus niger hom. *HPUS 88.*

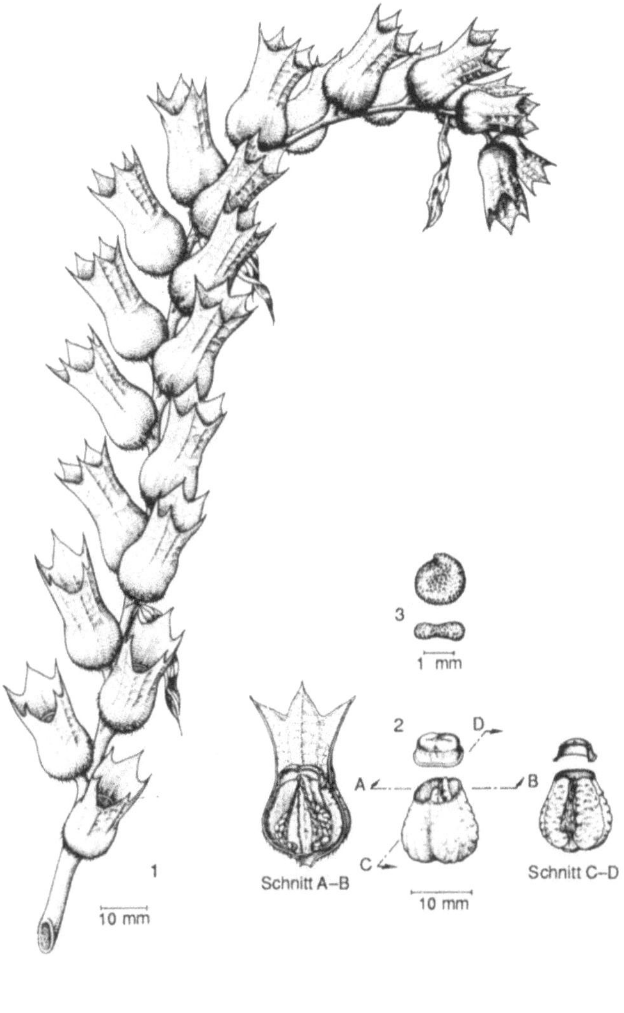

Hyoscyamus niger L.: *1* Fruchtstand, *2* Kapsel, *3* Samen. Aus Lit.[24]

Hyoscyami folium (Hyoscyamusblätter)

Synonyme: Folia Hyoscyami, Herba Hyoscyami, Hyoscyami herba, Hyoscyamus.

Sonstige Bezeichnungen: Dt.: Bilsenkraut, Bilsenkrautblätter, Hühnertod, Säukraut, Schlafkraut, Tollkraut, Totenblumenkraut, Zigeunerkraut; engl.: Henbane leaf (leaves), Hyoscyamus (leaf) leaves; frz.: Feuilles de jusquiame (noire), jusquiame noire; it.: Foglia di giusquiamo; port.: Meimendro, meimendro negro; span.: Beleño negro, hoja de beleño.

Monographiesammlungen: Hyoscyami folium *DAB10 (Eur), USP X, ÖAB90, Helv VII*; Hyoscyami herba *PI Ed II*; weitere Erwähnung in *BPC79, Mar29.*

Definition der Droge: Die getrockneten Blätter oder die getrockneten Blätter mit blühenden Zweigspitzen und gelegentlich Früchten *DAB10 (Eur), ÖAB90, Helv VII*; die getrockneten Blätter oder die getrockneten Blätter und blühenden Zweigspitzen *PI Ed II.*

Stammpflanzen: *Hyoscyamus niger* L.

Herkunft: Aus wildwachsenden oder kultivierten Pflanzen; Hauptlieferländer sind das ehemalige Jugoslawien, Rumänien, Bulgarien, Albanien, Ungarn, Rußland und Polen (vorwiegend Sammlung).[24]

Gewinnung: *Anbau.* Angebaut wird meistens die einjährige Varietät; gute Erträge im Mischanbau mit *Datura stramonium* L.; in der Fruchtfolge nach Hackfrüchten oder Getreide auf humusreichen, gut abgedüngten, lockeren und kalkhaltigen Böden; Einsaat März oder April direkt auf den Acker, Düngung mit Reinstickstoff (Kalkammonsalpeter), Kalkstickstoff, Superphosphat, Kalisalz.[36]
Drogengewinnung. Sammel- bzw. Erntezeit von Blättern oder Kraut während der Blüte Juni bis August, aus Kulturen mit Ableger- oder Vollerntemaschine möglich; Ertrag an Trockenware (Kultur) 16 dt/ha Blätter, 24 dt/ha Blattkrüll, 32 dt/ha blühendes Kraut; Trocknung in Trocknungsanlagen bei 40 bis 60°C; vor Beschickung der Anlage wird das gehäckselte Drogenmaterial mit Windsichtern in Blatt- und Stengelteile getrennt; Verpackung in Ballen von 50 kg brutto.[36]

Ganzdroge: Gelblichgrüne, mürbe und oft zerbrochene Blätter, Blätter entweder sitzend oder kurz gestielt (dann eiförmig-langgestreckt bis dreieckig-eiförmig) oder mit einem Stiel, der bis etwa ein Drittel so lang wie die Spreite ist (dann eiförmig-lanzettlich), bis zu 25 cm lange Blattspreite mit scharfer Blattspitze; Blattrand unregelmäßig gezähnt, breite und dreieckige Lappen, Blätter stark behaart und auf beiden Seiten klebrig, breiter und deutlich entwickelter Mittelnerv, Hauptseitennerven einen breiten Winkel mit dem Mittelnerv bildend und in den Spitzen der Lappen endend; Stengel hohl und abgeflacht zylindrisch, Blüten entspringen den Blattachseln der großen Deckblätter, eng zusammengedrängt, mit gamesopalem, breitem, glockenförmigem Kelch, dieser mit fünf dreieckigen zugespitzten Zipfeln; kurz-trichterförmige, fünfzipfelige und gelbliche Krone; als Frucht Deckelkapsel (im reifen Zustand etwa 1,5 cm lang), eingeschlossen in dem ausdauernden Kelch; Samen graubraun mit wellig-netzartiger Schale.[37]

Schnittdroge: *Geruch.* Widerlich, unangenehm. *Geschmack.* Zunächst schal, dann bitter und etwas scharf.
Mikroskopisches Bild. Epidermiszellen in der Aufsicht mit welligen Wänden und glatter Cuticula, zahlreiche Deck- und Drüsenhaare besonders an den Hauptnerven; einreihige Haare mit fast glatter Oberfläche und bis 500 µm lange Drüsenhaare mit 2 bis 6 Zellen in einem einreihigen Stiel und mit einem großen, ovalen, vielzelligen Köpfchen; Spaltöffnungen vom Apiaceentyp mit 3 bis 4 Nebenzellen; in der oberen Epidermisschicht ungefähr 125/mm^2, zahlreicher in der unteren Epidermis. Im Querschnitt Palisadenschicht einreihig; Kristallzellschicht vorhanden, mit je einem ungefähr 5 bis 20 µm langen Einzel- oder Zwillingskristall oder einer wenig gegliederten Kristalldruse in jeder Zelle, in den den Nerven benachbarten Zellen gelegentlich Kristallsand; in geringerer Anzahl als die übrigen Kristallbildungen auch konzentrisch geschichtete Sphärite von Calciumoxalat (Erkennungsmerkmal für Hyoscyami folium, da in anderen Solanaceen-Blattdrogen nicht vorkommend), meist kombiniert mit den in der Droge häufigen Einzelkristallen und hauptsächlich in der Mitte und in der Spitze der Blätter. Beim Mittelnerv obere Epidermis oft vom übrigen Gewebe abgetrennt, Kollenchym nur als Bündelscheide vorkommend, Mittelnerv enthält einen Bogen aus kollateralen Leitbündeln, die oberhalb zusätzliche Phloemgruppen aufweisen.

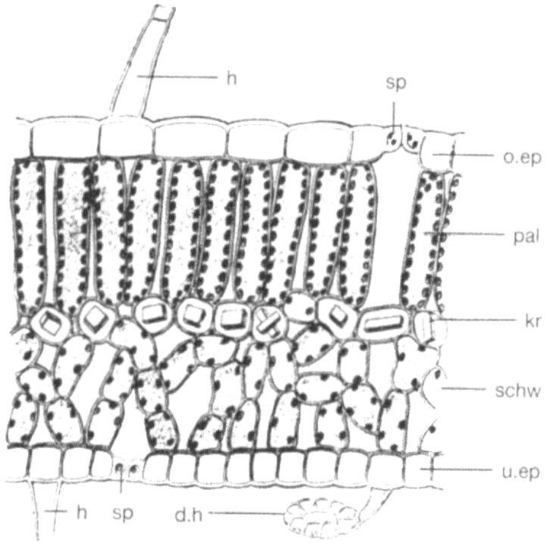

Hyoscyami folium: Querschnitt durch das Blatt. *h* Gliederhaare, *d.h* Drüsenhaar, *sp* Spaltöffnungen, *o.ep* obere Epidermis, *u.ep* untere Epidermis, *pal* Palisadenzellen, *schw* Schwammparenchym, *kr* Kristalle. Aus Lit.[13]

Stengel: Epidermishaare einfach, einreihig und Drüsenhaare wie auf den Blättern; Rindenkollenchym bis 10 Zellen dick; endodermale Stärkescheide; Pericykel mit kleinen Faserbündeln; Phloem ohne Fasern; sekundäres Xylem besteht aus einem durchgehenden Zylinder aus Xylemfasern mit strichförmigen Tüpfeln und mit Ring-, Spiral- oder Netzgefäßen; markständiges Phloem netzartig, auf dem Querschnitt als einzelne Stränge zu erkennen. Kelch mit Spaltöffnungen und Haaren wie die der Blätter. Krone innen glatt, aber außen behaart, besonders auf den unteren Nerven; Nerven mit Spiraltracheiden und mit Zellen, die bläuliches Anthocyan enthalten, das sich mit Chloralhydrat rot färbt. Antheren mit auffällig verdickten Leisten im Endothecium; die Pollenkörner in Chloralhydrat annähernd kugelig, bis 60 µm groß, mit 6 breiten Poren und einer Exine mit zahlreichen, feinen, unregelmäßig angeordneten Tüpfeln.
Samen: Epidermiszellen der Samenschale mit dikken, verholzten, welligen, antiklinalen Wänden und mit Kieselsäurekristallen; Steinzellen im Pericarp und in der Samenschale.[13,37]

Pulverdroge: Gelb- bis graugrünes Pulver, bestehend aus Epidermisbruchstücken mit Spaltöffnungen vom anisocytischen Typ, Bruchstücken von glattwandigen Drüsenhaaren und geringerer Anzahl von Deckhaaren, Parenchymfragmenten mit Zellen, die Einzel- oder Zwillingskristalle aus Calciumoxalat enthalten, Epidermisbruchstücken der Blütenkrone mit gewellten und gefalteten Wänden, annähernd kugeligen Pollenkörnern mit einem Durchmesser von 35 bis 55 µm, freien Calciumoxalatprismen, vereinzelt Drusen und Kristallsandzellen sowie manchmal netzartig verdickten Stengelgefäßen.[37,38]

Verfälschungen/Verwechslungen: Verfälschungen bzw. Verwechslungen sind möglich mit den Blättern von

- *Hyoscyamus albus* L., hier nur gestielte, rundlich eiförmige oder herzförmige, 4 bis 5 cm lange und fast ebenso breite, grob- und stumpfgesägte Blätter, Calciumoxalatdrusen;
- *Hyoscyamus muticus* L., Drüsenhaare hier nicht mit einfachem, sondern zahlreich verzweigtem, meist vergabeltem Stiel, am Ende jeden Astes mit einem einfachen Köpfchen, Epidermiszellen mit dicken Außenwänden, Spaltöffnungen eingesenkt, typische Palisaden fehlen;
- *Hyoscyamus reticulatus* L.[13]

Minderqualitäten: Vom Mehltau befallene Blätter (Alkaloidverlust bis zu 40 %).[13]

Inhaltsstoffe: *Alkaloide.* In den Blättern bzw. im Kraut 0,03 bis 0,28 % Tropanalkaloide, Hauptalkaloide *S*-(–)-Hyoscyamin bzw. Atropin und *S*-(–)-Scopolamin im Verhältnis 2:1 bis etwa 1:1, in Spuren Apoatropin, Belladonnin, Cuskhygrin und die *N*-Oxide der Alkaloide;[25,33,34,39] der Scopolaminanteil kann auch höher als der von Atropin sein. Bei einer Bestimmung wurden in den Blättern 0,010 % Atropin und 0,035 % Scopolamin gefunden.[20]
Flavonoide. Das den Hauptanteil der Flavonoidfraktion ausmachende Flavonolglykosid Rutin wurde in einer Konzentration von 0,05 % des Trokkengewichts gefunden.[35]
Sonstige. Cumarinderivate in Spuren.[40]

Zubereitungen:

- Hyoscyami pulvis normatus (eingestelltes Hyoscyamuspulver) *DAB 10 (Eur), ÖAB 90, Helv VII,* hergestellt aus gepulverten Hyoscyamusblättern, die, falls erforderlich, mit Hilfe gepulverter Lac-

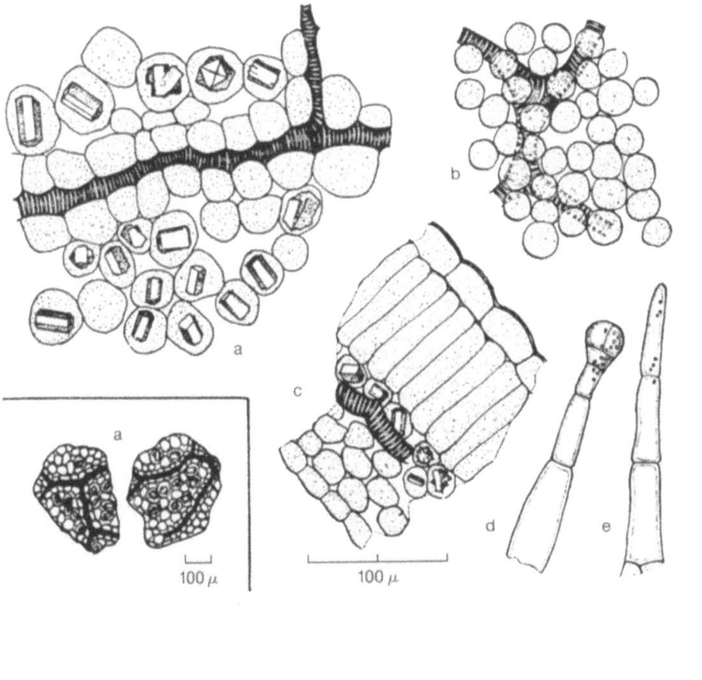

Hyoscyami folium: **a** Blattstück mit Gefäßen und Einzelkristallen (Aufsicht), **b** Palisadenparenchym mit darunterliegenden Gefäßen (Aufsicht), **c** Blattstück mit Gefäß und Einzelkristallen (Querschnitt), **d** Drüsenhaar, **e** Haar. Aus Lit.[13]

tose oder gepulverter Hyoscyamusblätter geringeren Gehalts auf den erforderlichen Alkaloidgehalt eingestellt werden, entspricht Hyoscyami Herbae Pulvis *PI Ed II*;
- Hyoscyami tinctura (Hyoscyamustinktur) *PI Ed II, USP X, NF X, BP Add 88*, klare, grün-braune Flüssigkeit mit charakteristischem Geruch und bitterem, etwas scharfem Geschmack, hergestellt aus gepulvertem Hyoscyamuskraut durch Perkolation mit verdünntem Ethanol und Auspressen;
- Oleum Hyoscyami *DAB 6*, mit fettem Öl (Erdnuß-, Oliven-, Sesam- oder Sonnenblumenöl) im Verhältnis 1:10 bereiteter Auszug aus Hyoscyami folium;
- Extractum Hyoscyami siccatum, Hyoscyami dry extract *BP 88, BPC 79, Mar 29*, getrockneter alkoholischer Extrakt der Blätter;
- Hyoscyamus liquid extract *BPC 79, Mar 29*, alkoholisches Perkolat;
- selten Verwendung zur Isolierung von Hyoscyamin, Isolierung mit Hilfe von Kationenaustauschern.[41]

Identität:
- Eine mikrochemische Identitätsprüfung wird gefordert von *DAB 10 (Eur) ÖAB 90* und *Helv VII* für Hyoscyami folium und Hyoscyami pulvis normatus: Extraktion der Alkaloide mit verdünnter Schwefelsäure aus dem Drogenmaterial und Ausschütteln aus dem mit Ammoniak alkalisierten Filtrat mit Chloroform, Nachweis durch Vitali-Morin-Reaktion.[42]
- *BP 88* fordert außerdem eine dünnschichtchromatographische Identitätsprüfung, wobei die Flecke von Hyoscyamin und Scopolamin der Untersuchungslösung mit den entsprechenden der Vergleichslösung übereinstimmen müssen.
- Dünnschichtchromatographische Identifizierung in Tinkturen s. Lit.[43]
- Dünnschichtchromatographische Differenzierung verschiedener galenischer Zubereitungen von *Atropa bella donna, H. niger* und *H. muticus* s. Lit.[44]

Reinheit:
- Fremde Bestandteile: Nicht mehr als 2,5 % Stengel mit einem Durchmesser von mehr als 7 mm *DAB 10 (Eur), ÖAB 90, Helv VII*; nicht mehr als 3,0 % Stengel mit einem Durchmesser von mehr als 5 mm, nicht mehr als 2,0 % fremde organische Masse *PI Ed II*.
- Salzsäureunlösliche Asche: Höchstens 12,0 % *DAB 10 (Eur), PI Ed II, ÖAB 90, Helv VII*.
- Für eingestelltes Hyoscyamuspulver zusätzlich Trocknungsverlust höchstens 5,0 %, ermittelt mit 1,00 g Droge durch Trocknen im Trockenschrank bei 100 bis 105 °C *DAB 10 (Eur), Helv VII*.
- Dünnschichtchromatographische Reinheitsprüfung von Hyoscyamusblättern und -pulver *DAB 10 (Eur), ÖAB 90, Helv VII*:
- Untersuchungslsg.: Extraktion der Alkaloide mit verd. Schwefelsäure, Ausschütteln mit peroxidfreiem Ether, Rückstand der Etherlsg. in MeOH aufnehmen;
- Referenzsubstanz: Hyoscyaminsulfat, Scopolaminhydrobromid;
- Sorptionsmittel: Kieselgel G;
- FM: Aceton-Wasser-Ammoniaklsg. 26 % (90 + 7 + 3);
- Detektion: Dragendorffs-Reagenz;
- Auswertung: Vergleich der Flecke der Untersuchungslsg. mit denen der Vergleichslsg.; Flecke von Apoatropin und Tropanol dürfen nicht sichtbar sein.

Gehalt: Hyoscyami folium: Mindestens 0,05 % Gesamtalkaloide, berechnet als Hyoscyamin, bezogen auf die bei 100 bis 105 °C getrocknete Droge *DAB 10 (Eur), ÖAB 90, Helv VII*.
Hyoscyami herba: Mindestens 0,05 % Alkaloide, berechnet als Hyoscyamin *PI Ed II*.
Hyoscyami pulvis normatus: 0,05 bis 0,07 % Gesamtalkaloide, berechnet als Hyoscyamin und bezogen auf die getrocknete Droge *DAB 10 (Eur), ÖAB 90, Helv VII*.
Hyoscyami tinctura: 0,0045 bis 0,0055 % (*m/V*) Alkaloide, berechnet als Hyoscyamin *PI Ed II*.
Extractum Hyoscyami siccatum: 0,3 % Alkaloide, berechnet als Hyoscyamin *BP 88, BPC 79, Mar 29*.
Hyoscyamus liquid extract: 0,05 % (*m/V*) Alkaloide, berechnet als Hyoscyamin *BPC 79, Mar 29*.

Gehaltsbestimmung: Nach Bestimmung des Trocknungsverlustes wird der Gesamtalkaloidgehalt durch eine indirekte maßanalytische Bestimmung ermittelt *DAB 10 (Eur), ÖAB 90, Helv VII*, ähnlich in *PI Ed II*.
Quantitative Extraktion der Alkaloidbasen aus dem mit Ammoniak und organischem Lösungsmittel befeuchteten Drogenpulver durch Mazeration und Perkolation mit einer Mischung aus Chloroform und peroxidfreiem Ether; Prüfung auf Vollständigkeit der Extraktion mit Mayers Reagenz; Versetzen des eingeengten Perkolats mit Ether, mehrmaliges Ausschütteln mit verdünnter Schwefelsäure, Alkalisieren der vereinigten sauren Fraktionen und Ausschütteln mit Chloroform, Erhitzen der getrockneten organischen Phase zum Entfernen der flüchtigen Basen; Titration des Säureüberschusses mit Natriumhydroxid-Lösung.
Weitere Möglichkeiten zur Gehaltsbestimmung: Prinzipiell sind die gleichen Methoden wie zur Gehaltsbestimmung bei Belladonnae folium oder Stramonii folium geeignet. Folgende Methoden wurden in jüngerer Zeit für die Alkaloidbestimmung in *Hyoscyamus niger* oder *H. muticus* (teilweise auch in In-vitro-Kulturen) bzw. in deren Zubereitungen angewendet:
- Spektrophotometrische Bestimmung nach Komplexbildung mit Bromkresolgrün oder anderen Verbindungen;[45,46]
- HPLC: Nachweis und quantitative Bestimmung der Alkaloide in Pflanzenextrakten z. B. nach Trennung auf zwei verschieden polaren Säulen (RP-C18 und RP-CN) mit Acetonitril-Wasser (35 + 65) mit 0,5 % Triethylamin als mobiler Phase und Detektion bei 254 nm;[20] in Tinkturen nach Trennung auf C18-Säulen;[47] Ionenpaar-HPLC;[48]
- GC, eventuell in Kopplung mit Massenspektrometrie;[49]

- Dünnschichtchromatographie, z. B. planimetrische Bestimmung der Fleckgröße;[25]
- kolorimetrische Bestimmung nach papierchromatographischer Trennung;[50]
- Radiorezeptorassay mit tritiertem Chinuclidinylbenzylat zur Bestimmung des Gesamttropanalkaloidgehalts, beruhend auf der Verdrängung des radioaktiv markierten Chinuclidinylbenzylats von seinen Rezeptoren durch die Alkaloide;[15,16]
- Radioimmunoassay zur Bestimmung von Scopolamin oder Hyoscyamin, Nachweisgrenze 200 pg Scopolamin bzw. 125 pg Hyoscyamin/0,1 mL Extrakt;[15,16,51]
- kompetitiver Enzymimmunoassay zur Bestimmung von Scopolamin, Nachweisgrenze 0,5 pg/0,1 mL Extrakt.[51,52]

Wirkwertbestimmung: Eine biologische Wirkwertbestimmung kann durch den Nachweis einer Pupillenerweiterung am Katzen- oder Kaninchenauge durchgeführt werden,[53] ist jedoch heute kaum noch erforderlich. Eine reproduzierbare und empfindliche Methode zur biologischen Wertbestimmung soll der Vergleich der dosisabhängigen Hemmung der acetylcholininduzierten Kontraktion des Meerschweinchenileums durch Hyoscyamus-Zubereitungen mit der durch Hyoscyaminsulfat als Referenzsubstanz sein.[54]

Lagerung: Hyoscyami folium: Vor Licht geschützt, vorsichtig *DAB 10 (Eur)*; dicht verschlossen, vor Licht geschützt, abgesondert *Helv VII, ÖAB 90*; kühl, trocken, lichtgeschützt *Mar 29*.
Hyoscyami herba: In gut verschlossenem Behältnis, an trockenem Platz *PI Ed II*.
Hyoscyami pulvis normatus: Dicht verschlossen (bei Zutritt von Feuchtigkeit und Luftsauerstoff allmähliche Racematbildung und langsame *N*-Oxid-Bildung), vor Licht geschützt, vorsichtig *DAB 10 (Eur), ÖAB 90, Helv VII*.
Hyoscyami tinctura: In dicht verschlossenem Behälter, vor Licht geschützt und kühl, nicht länger als 1 Jahr nach Herstellung *PI Ed II*.
Extractum Hyoscyami siccatum: Kühl lagern in gut verschlossenen Behältern *BP 88, BPC 79, Mar 29*.

Stabilität: Bei pH-Werten über 7,0, besonders bei höheren Temperaturen, erfolgt Hydrolyse der Esteralkaloide.[55] s. a. Lagerung von Hyoscyami pulvis normatus.

Wirkungen: Die Wirkungen von Hyoscyami folium und daraus hergestellten Zubereitungen werden durch *S*-(–)-Hyoscyamin, Atropin und *S*-(–)-Scopolamin bestimmt. Die Nebenalkaloide sind nicht von Bedeutung. Der Wirkungsmechanismus besteht im antagonistischen Angriff der genannten Alkaloide am muscarinergen Acetylcholinrezeptor (parasympathicolytische Wirkung). In höheren Dosen kommt es zusätzlich zu zentralen Effekten (→ Monographien der Alkaloide in Hdb. Gifte bzw. Stoffe). Wie aus dem Alkaloidgehalt zu erwarten ist, kommt es nach Applikation der Droge bzw. ihrer Zubereitungen zur Spasmolyse der glatten Muskulatur des Magen-Darm-Trakts, der Harnwege und der Bronchien, zur Einschränkung der Sekretion verschiedener Drüsen und am Auge zu Akkomodationslähmung und Mydriasis. Auf Grund des relativ hohen Gehalts an Scopolamin, das im Gegensatz zu Atropin bereits in niederen Dosen sedierend bis einschläfernd wirkt, stehen in zentraler Hinsicht Dämpfungserscheinungen im Vordergrund.[30,31,56–59]

Resorption: Die in der Droge enthaltenen Alkaloide sollen sowohl über die Schleimhäute als auch nach Injektion aus dem Gewebe rasch und vollständig resorbiert werden. Die maximale Plasmakonzentration soll nach p. o. Zufuhr nach etwa 1 Stunde erreicht sein.[57,60] Experimentelle Untersuchungen an Hyoscyamus-Zubereitungen fehlen.

Verteilung: Die Alkaloide passieren Blut-Liquor-Schranke und Placenta und wurden in der Muttermilch nachgewiesen.[57,60,61]

Wirkungsverlauf: Der Wirkungseintritt soll auch nach Applikation von Drogenzubereitungen schnell erfolgen und das Wirkungsmaximum nach ca. 1. Stunde erreicht sein. Die Wirkungsdauer beträgt im allgemeinen 3 bis 4 Stunden. Mydriasis und zentrale Effekte können wesentlich länger andauern, eventuell mehrere Tage.[57,60–62]

Elimination: Die Plasmahalbwertszeit der Alkaloide liegt beim Menschen zwischen 13 und 38 Stunden. Atropin wird in der Leber teilweise metabolisiert und zu ca. 50 % unverändert über die Niere ausgeschieden, die Metaboliten ebenfalls vorwiegend renal. Scopolamin wird fast vollständig metabolisiert, nur ca. 1 % wird unverändert im Urin ausgeschieden.[60]

Anwendungsgebiete: Spasmen im Bereich des Gastrointestinaltraktes.[56]

Dosierung und Art der Anwendung: *Droge.* Die Droge wird heute kaum noch verordnet, wenn, dann zur p. o. Applikation in Form von eingestelltem Hyoscyamuspulver.[63] *Zubereitung.* Mittlere Einzeldosis: 0,5 g eingestelltes Hyoscyamuspulver entsprechend 0,25 bis 0,35 mg Gesamtalkaloide; größte Einzeldosis: 1,0 g eingestelltes Hyoscyamuspulver entsprechend 0,5 bis 0,7 mg Gesamtalkaloide; größte Tagesdosis: 3,0 g eingestelltes Hyoscyamuspulver entsprechend 1,5 bis 2,1 mg Gesamtalkaloide, berechnet als Hyoscyamin.[56]
Einzeldosis des eingestellten Hyoscyamuspulvers 0,2 bis 0,4 g;[86] in 24 h maximal 6 g,[87] gebräuchliche Einzeldosis 0,2 bis 0,4 g, Einzelmaximaldosis 0,5 g, Tagesmaximaldosis 1,5 g.[88]
Einzeldosis des Flüssigextraktes beträgt 0,2 bis 0,5 mL.[86] Die innerliche Anwendung nicht eingestellter Zubereitungen ist wegen der geringen therapeutischen Breite nicht vertretbar.
Äußerlich: Hyoscyamusöl ist Bestandteil einiger Salben, Linimente und Öle und wird äußerlich als Einreibung verordnet.[63]

Volkstümliche Anwendung und andere Anwendungsgebiete: Bilsenkraut wurde schon im Altertum von den Kulturvölkern um den Persischen Golf, aber auch von indogermanischen Völkerstämmen als Heil- und Giftpflanze genutzt. Im Mittelalter war es Bestandteil der sogenannten Hexensalben, diente als Vertilgungsmittel gegen Ratten und Mäuse, zum Betäuben der Fische und als Zusatz zu Bier, um dessen Rauschwirkung zu erhöhen. Bis in die erste Hälfte des 20. Jahrhunderts hinein wurden Bilsenkrautzubereitungen als schmerz- und krampfstillende Mittel bei Magenkrämpfen, Gesichtsschmerzen, Zahnschmerzen, Keuchhusten, schmerzenden Geschwülsten und Geschwüren, Unterleibsentzündungen usw. angewendet.[64,65] Die Wirksamkeit kann bei Krampf- und wahrscheinlich auch bei Schmerzzuständen (betäubende Wirkung) als belegt gelten. Die Anwendung erfolgte äußerlich und innerlich, äußerlich vor allem in Form des Bilsenkrautöls. Die topische Anwendung von Zubereitungen mit Bilsenkrautöl zur Behandlung von Narben wird auch in jüngerer Zeit empfohlen.[66] Auch in China werden Zubereitungen der Blätter wegen ihrer krampflösenden und angeblich schmerzstillenden Eigenschaften angewendet.[67] Neuere Untersuchungen aus China weisen auf die Anwendung bei Mikrozirkulationsstörungen hin.[68,69] In Nordindien dient die gesamte Pflanze als Wurmmittel, die Blätter werden gemeinsam mit Tabak zur Erzeugung von Halluzinationen gebraucht.[70]

Unerwünschte Wirkungen: Mundtrockenheit, Akkomodationsstörungen, Tachykardie, Miktionsstörungen.[56] Darüber hinaus können, zumindest bei höheren Dosen, zentrale (vorwiegend zentral dämpfende) Effekte beobachtet werden (s. Toxikologie).

Gegenanzeigen/Anwendungsbeschr.: Tachykarde Arrhythmien, Prostataadenom mit Restharnbildung, Engwinkelglaukom, akutes Lungenödem, mechanische Stenosen im Bereich des Magen-Darm-Traktes, Megakolon.[56]

Wechselwirkungen: Verstärkung der anticholinergen Wirkung durch tricyclische Antidepressiva, Amantadin, Antihistaminica, Phenothiazine, Procainamid und Chinidin.[56]

Tox. Inhaltsstoffe u. Prinzip: Für die Toxizität sind ebenso wie für die pharmakologische Wirksamkeit Hyoscyamin/Atropin und Scopolamin verantwortlich.

Toxikokinetik: s. Pharmakologische Eigenschaften.

Wirkungsmechanismus: s. Pharmakologische Eigenschaften.

Akute Toxizität: *Mensch.* Die Vergiftungssymptome sind denen von Datura-Vergiftungen ähnlich (→ Datura). Es kommt zu Mundtrockenheit und extremem Durst, Gesichtsrötung, Pulsbeschleunigung und Mydriasis. Auf Grund des relativ hohen Scopolaminanteils im Alkaloidgemisch überwiegt oft die zentralsedierende Wirkungskomponente, aber auch zentralerregende Symptome wie motorische Unruhe und Halluzinationen sind nicht auszuschließen.[58,71]
Da die Pflanze ihrem äußeren Erscheinungsbild nach keinen Anreiz zum Verzehr bietet, sind akzidentelle Vergiftungen selten. In der Türkei kam es zu tödlichen Intoxikationen bei Kindern, die bei Mangel an frischem Gemüse Bilsenkrautblätter als Salat verzehrten.[72]

Eine aktuelle Vergiftungsmöglichkeit stellt die Verwendung von Bilsenkraut als (Ersatz für andere) Rauschmittel und Narcoticum dar.[71,73–75] Eine Studie aus Zentralanatolien zeigte, daß sogar Kinder während des Spiels von den Pflanzen essen, um deren Effekte zu erproben. 26,3 % der in die Untersuchung einbezogenen Kinder (= 20) erlitten schwere Vergiftungen, 5 waren in komatösem Zustand und 2 starben.[73] In Australien wollte sich ein junger Mann durch Kauen von 4 Blüten in einen euphorischen Zustand versetzen. Etwa 2 Stunden später wurde er in erregtem Zustand, mit visuellen Halluzinationen, dilatierten Pupillen, Tachykardie (120/min), Mundtrockenheit, Sehstörungen sowie heißer und trockener Haut ins Krankenhaus eingeliefert, aus dem er 48 Stunden später entlassen werden konnte.[71] Die durch anticholinerge Symptome (Mundtrockenheit, Mydriasis, Hautrötung, Ruhelosigkeit, Disorientierung, Halluzinationen) gekennzeichnete Vergiftung zweier Personen in den USA wird ebenfalls auf *H. niger* zurückgeführt.[76]
Tier. Tiervergiftungen sind, zumal einige Tierarten wirksame Entgiftungsmechanismen besitzen (→ Atropa), sehr selten.

Reproduktionstoxizität: Da von einigen Autoren teratogene Effekte von hohen Dosen Scopolamin gefunden wurden,[77] diese jedoch von anderen nicht bestätigt werden konnten,[78] können zur Zeit keine endgültigen Angaben über eventuelle reproduktionstoxikologische Effekte von scopolaminhaltigen Bilsenkrautzubereitungen gemacht werden. Bis jetzt gibt es keine Hinweise dafür, exakte Untersuchungen fehlen jedoch.

Abhängigkeitspotential: Bei mißbräuchlicher Verwendung zu Rauschzwecken ist die Ausbildung einer Abhängigkeit denkbar.[59]

Toxikologische Daten: *LD-Werte.* LD_{50} Atropin, p.o., Ratte, 622 mg/kg KG; LD_{50} Atropin, p.o., Maus, 400 mg/kg KG; LD_{min} Atropin, p.o., Kaninchen, 1.450 mg/kg KG;[79]
LD Atropin, p.o., Erwachsene, etwa ab 100 mg, Kinder wenige Milligramm;[62]
LD_{50} Scopolamin, i.v., Maus, 163 mg/kg KG;[79]
LD Scopolamin für den Menschen etwa wie Atropin, LD *S*-(−)-Hyoscyamin, p.o., Erwachsene, ab 10 mg.[62]
Bei Aufnahme von Pflanzenteilen sollen Vergiftungen bei mehr als 0,5 g der Blätter möglich sein.[58]
Pflanzengiftklassifizierung. Sehr stark giftig + + +.[80]

Akute Vergiftung: *Erste Maßnahmen.* Nach p.o. Aufnahme (potentiell) toxischer Dosen sollte möglichst schnell Erbrechen ausgelöst werden, z.B. durch Trinken von Salzwasser. Zur primären Giftentfernung können außerdem Natriumsulfat und Aktivkohle gegeben werden. Als temperatursenkende Maßnahmen sind Umschläge mit nassen Tüchern geeignet, Antipyretika sind kontraindiziert. Wegen möglicher Halluzinationen und Delirien sollte der Patient ständig beobachtet werden.[30,31,57,58–60,62] *Präventivmaßnahmen.* Nicht möglich.

Gesetzl. Best.: *Artenschutz.* Die Pflanze gehört laut Roter Liste zu den gefährdeten Pflanzen.[80] *Apothekenpflicht.* Ja. *Verschreibungspflicht.* Droge ab 0,4 g, Zubereitungen aus 0,4 g Droge, ausgenommen zum äußeren Gebrauch. *Offizielle Monographien.* Aufbereitungsmonographie der Kommission E am BGA "Hyoscyami folium (Hyoscyamusblätter)".[56]

Hyoscyami semen (Hyoscyamussamen)

Synonyme: Semen Hyoscyami.

Sonstige Bezeichnungen: Dt.: Bilsenkraut-, Gichtkraut-, Saubohnen-, Schlaf-, Tollkraut-, Zigeunerkrautsamen; engl.: Henbane seed, hyoscyamus seed; frz.: Graines de jusquiame, jusquiame noire, semence de jusquiame (noire); port.: Sementes de meimendro; span.: Semillas de beleño.

Monographiesammlungen: Hyoscyami semen: *CF49, Dan IX, EB IV*; weitere Erwähnung in *BPC34.*

Definition der Droge: Die getrockneten Samen *Dan IX.*

Stammpflanzen: *Hyoscyamus niger* L.

Ganzdroge: Graubraune Samen von bis zu 1,5 mm Länge, zusammengedrückt, nierenförmig-rundlich, außen netzig-grubig; dünne Samenschale, im Inneren weißliches Endosperm, darin großer, in Form einer 9 gedrückter Embryo.[13]

Schnittdroge: *Geruch.* Die Droge ist geruchlos.
Geschmack. Ölig, bitter.
Mikroskopisches Bild. Samenschale aus 2 Schichten:
- Epidermis aus großen, gestreckt rechteckigen, an den Seitenwänden und der Innenwand stark verdickten und deutlich geschichteten Zellen.
- Mehrere Reihen zusammengefallener, dünnwandiger, mit dunkelbraunem Inhalt gefüllter Zellen und einreihiger Nucellarrest, an den äußeren Enden der Seitenwände der Epidermiszellen Schopf kleiner Wärzchen erkennbar, Wände von der Fläche her gesehen stark wellig verbogen.[13]

Pulverdroge: Pulver gekennzeichnet durch eigenartige Verdickung und wellige Struktur der Epidermiszellen der Samenschale und durch reichliches Auftreten von Fragmenten des dünnwandigen, farblosen, Öl- und Aleuronkörner führenden Gewebes des Endosperms und des Embryos.[13]

Inhaltsstoffe: *Alkaloide.* 0,05 bis 0,3 % Tropanalkaloide, hauptsächlich *S*-(–)-Hyoscyamin, Atropin, *S*-(–)-Scopolamin und Atroscin,[30,31] in den Samen von *Hyoscyamus niger* verschiedener Provinzen in Tibet 0,04 bis 0,22 % Gesamtalkaloide, davon 0,02 bis 0,17 % Hyoscyamin und 0,01 bis 0,08 % Scopolamin.[81]
Sonstige. 15 bis 30 % fettes trockenes Öl.[33]

Identität: Wie Hyoscyami folium *Dan IX.*

Reinheit:
- Aschegehalt: Maximal 7 % *Dan IX.*
- Säureunlösliche Asche: Maximal 3 % *Dan IX.*

Gehalt: Mindestens 0,1 % Tropanalkaloide *Dan IX.*

Gehaltsbestimmung: – Titrimetrische Bestimmung der Alkaloide im Etherauszug der mit Petrolether entfetteten Samen *Dan IX*;
- Quantitative Bestimmung nach Dünnschichtchromatographie auf Kieselgel G im Laufmittel Butanol-Essigsäure-Wasser (40 + 10 + 50), Elution mit Methanol, spektrophotometrische Bestimmung bei 283 nm;[82]
- Nichtwäßrige Titration mit Methylviolett als Indikator nach Isolierung der Alkaloide durch SC an Aluminiumoxid und Elution mit Chloroform.[83]

Lagerung: Als Separandum *Dan IX.*

Wirkungen: Wie Hyoscyami folium.

Volkstümliche Anwendung und andere Anwendungsgebiete: Früher als Räuchermittel gegen Asthma und Zahnschmerzen, auch innerlich in Form einer Emulsion oder eines Pulvers.[64,84]

Toxikologische Eigenschaften: s. Hyoscyami folium.

Akute Toxizität: *Mensch.* Akute Vergiftungen sind möglich bei mißbräuchlicher Anwendung als Rauschmittel oder durch Verwechslung der Samen mit Mohnsamen.[4,30] In der älteren Literatur ist eine Massenvergiftung von 66 Personen durch mit fast 2 % Bilsenkrautsamen verunreinigter Hirse beschrieben.[85]

Therapeutische Maßnahmen bei Vergiftungen: s. Hyoscyami folium.

Sonst. Verwendung: Die Samen wurden früher zur Alkaloidgewinnung verwendet.

Hyoscyamus niger hom. *HAB 1*

Synonyme: Hyoscyamus.

Monographiesammlungen: Hyoscyamus niger *HAB 1.*

Definition der Droge: Die ganze, frische, blühende Pflanze.

Stammpflanzen: *Hyoscyamus niger* L.

Zubereitungen: Urtinktur und flüssige Verdünnungen nach *HAB 1*, Vorschrift 2a; Eigenschaften: Die Urtinktur ist eine bräunlichgelbe Flüssigkeit von charakteristischem Geruch.
Darreichungsformen: Ab D4: Flüssige Verdünnungen, Verreibungen, Tabletten, flüssige Verdünnungen zur Injektion; Salben ab D3, Streukügelchen ab D2.[89]

Identität: *Urtinktur.* Michrochemische Prüfung: Ausschütteln der Alkaloide aus der alkalisierten Urtinktur mit Ether, Rückstand der Etherphase mit rauchender Salpetersäure versetzen, nach Eindampfen Aceton und 3 %ige Kalilauge in Ethanol zugeben, Violettfärbung (Vitali-Morin-Reaktion);

Dünnschichtchromatographische Prüfung: Ähnlich wie Reinheitsprüfung für Hyoscyami folium *DAB 10 (Eur)*.

Reinheit:
- Relative Dichte: 0,930 bis 0,945.
- Trockenrückstand: Mindestens 1,0 %.

Gehalt: *Urtinktur.* Mindestens 0,007 und höchstens 0,01 % Alkaloide, berechnet als Hyoscyamin.

Gehaltsbestimmung: Indirekte maßanalytische Bestimmung: Extraktion der Alkaloide aus der alkalisierten Urtinktur, Filtration, Eindampfen und Erhitzen zur Entfernung flüchtiger Basen, Lösen des Rückstands in Ethanol, nach Zusatz von Wasser, verd. Salzsäure und Methylrot-Mischindikator Titration mit Natronlauge.

Lagerung: Vor Licht geschützt und vorsichtig lagern.

Anwendungsgebiete: Entsprechend dem homöopathischen Arzneimittelbild.
Dazu gehören:Unruhe und Erregungszustände; Schlafstörungen; spastische Zustände der Atemwege und der Verdauungswege.[89]

Dosierung und Art der Anwendung: *Zubereitung.* Soweit nicht anders verordnet:
Bei akuten Zuständen häufige Anwendung alle halbe bis ganze Stunde je 5 Tropfen oder 1 Tablette oder 10 Streukügelchen oder 1 Messerspitze Verreibung einnehmen; parenteral 1 bis 2 mL bis zu 3mal täglich s. c. injizieren; Salben 1- bis 2mal täglich auftragen. Bei chronischen Verlaufsformen 1- bis 3mal täglich 5 Tropfen oder 1 Tablette oder 10 Streukügelchen oder 1 Messerspitze Verreibung einnehmen; parenteral 1 bis 2 mL pro Tag s. c. injizieren; Salben 1- bis 2mal täglich auftragen.[89]

Unerwünschte Wirkungen: Nicht bekannt.
Hinweis: Es können vorübergehend Erstverschlimmerungen vorkommen, die jedoch unbedenklich sind.[89]

Gegenanzeigen/Anwendungsbeschr.: Nicht bekannt.[89]

Wechselwirkungen: Nicht bekannt.[89]

Gesetzl. Best.: *Offizielle Monographien.* Aufbereitungsmonographie der Kommission D am BGA "Hyoscyamus niger (Hyoscyamus)".[89]

Hyoscyamus niger hom. *PFX*

Monographiesammlungen: Hyoscyamus niger pour préparations homéopathiques *PFX*.

Definition der Droge: Die gesamte frische blühende Pflanze.

Stammpflanzen: *Hyoscyamus niger* L.

Zubereitungen: Urtinktur, hergestellt nach der Monographie préparations homéopathiques *PFX*; Eigenschaften: dunkelbraune Flüssigkeit, Geruch und Geschmack widerlich.

Identität: Nachweis der Alkaloide nach Extraktion aus der Tinktur durch intensive Violettfärbung bei Zusatz von Salpetersäure in alkalischer Lösung und Aceton (Vitali-Morin-Reaktion).
Prüfung auf Verfälschung durch Belladonnatinktur (bei Verfälschung Fluoreszenz bei 365 nm nach Extraktion mit Chloroform und Zugabe konz. Ammoniaklösung).

Reinheit: *Urtinktur.*
- Trockenrückstand: Höher oder gleich 1,50 %.

DC-Chromatographie der Urtinktur:
- Vergleichslsg.: Belladonna-Urtinktur;
- Sorptionsmittel: Kieselgel G;
- FM: Butanol-Eisessig-Wasser (40 + 10 + 10);
- Detektion: Direktauswertung im UV 365 nm, anschl. Besprühen mit $AlCl_3$-Reagenz;
- Auswertung: Nachweis eines charakteristischen Musters verschiedenfarbiger Zonen im UV 365 nm; die blaue Bande bei Rf 0,9 muß schwächer fluoreszieren als die von der Vergleichslsg. Belladonna-Urtinktur.

DC der aus der Urtinktur extrahierten Alkaloide:
- Referenzsubstanzen: Hyoscyaminsulfat, Scopolaminhydrobromid, Atropinsulfat;
- Sorptionsmittel: Kieselgel G;
- FM: Aceton-Wasser-konz. Ammoniak (90 + 7 + 3);
- Detektion: Dragendorffs-Reagenz/Natriumnitrit;
- Auswertung: Nachweis des Hyoscyamins und Scopolamins.

Gehalt: *Urtinktur.* 0,002 bis 0,004 % Alkaloide, berechnet als Hyoscyamin; Alkoholgehalt 45 % (*V/V*).

Gehaltsbestimmung: Indirekte maßanalytische Bestimmung der aus der Tinktur extrahierten Alkaloide, Titration des Überschusses an Schwefelsäure mit 0,02 N-Natronlauge mit Methylrot als Indikator.

Lagerung: Tinktur 1 Jahr verwendbar, nach Kontrollen bis zu 5 Jahre nach Herstellung.

Hyoscyamus niger hom. *HPUS 88*

Monographiesammlungen: Hyoscyamus niger *HPUS 88*.

Definition der Droge: Die ganze, blühende Pflanze.

Stammpflanzen: *Hyoscyamus niger* L.

Zubereitungen: *Urtinktur.* Herstellung durch Mazeration oder Perkolation mit Ethanol nach den allg. Zubereitungsvorschriften (Class C) des *HPUS 88*. Ethanolgehalt 45 % (*V/V*).

Gehalt: *Urtinktur.* Arzneigehalt $^1/_{10}$.

---

1. Tetenyi P (1987) Ann Missouri Bot Gard 74:600–608
2. von Wettstein R (1894) Solanaceae. In: Engler A, Prantl K (Hrsg.) Die natürlichen Pflanzenfamilien, Bd. IV/3b, Engelmann, Leipzig, S. 292–293
3. D'Arcy WG (1979) Linnean Soc Symp Ser 7:3–47
4. Heg, Bd. V/4, S. 2.573–2.578

5. Hgn, Bd. VI, S. 444–445, Bd. IX, S. 569,578
6. FEu, Bd. 3, S. 195
7. Evans WC (1979) Linnean Soc Symp Ser 7:241–254
8. Baytop A, Tanker M (1962) Istanbul Tip Fak Mec 25:259–268, zit. nach Hgn, Bd. VI, S. 444
9. Aripova SF (1985) Khim Prir Soedin: 274, zit. nach CA 103:34908m
10. Mahmood U, Shukla YN, Thakur RS (1985) Phytochemistry 24:1.618–1.619
11. Danos B (1969) Herba Hung 8:7–12
12. Golgolab H (1979) Pazhoahandeh (Teheran) 23:35–42, zit. nach CA 92:143255x
13. Hag, Bd. 5, S. 203–214
14. Chopra RN, Chopra IC, Handa KL, Kapur LD (1982) Chopra's Indigenous Drugs of India, Academic Publishers, Calcutta New Delhi
15. Oskman-Caldentey KM, Vuorela H, Strauß A, Hiltunen R (1987) Planta Med 53:349–354
16. Oksman-Caldentey KM (1987) Scopolamine and Hyoscyamine Production by Plants and Cell Cultures of Hyoscyamus muticus, Dissertation Helsinki
17. Strauß A (1987) Biotechnology in Agriculture and Forestry, Springer Verlag, Berlin Heidelberg, zit. nach Lit.[13]
18. Grieve M (1977). In: Leyel DF (Hrsg.) Modern Herbal, Jonathan Cape, London, S. 397–404
19. El Sheikh MOA, El Hassan GM, El Tayeb Abdel Hafeez AR, Abdalla AA, Antonn MD (1982) Planta Med 45:116–119
20. Mandal S, Naqvi AA, Thakur RS (1991) J Chromatogr 547:468–471
21. Tyagi BR, Akhila A, Gupta MM, Uniyal GC, Lal RN (1985) Fitoterapia 55:359–360
22. Goswami A, Shukla YN, Thakur RS (1981) Phytochemistry 20:1.315–1.317
23. Gomaa CS, Bishay DW (1978) Egypt J Pharm Sc 17:63–70, zit. nach CA 90:92316s
24. Schultze-Motel J (Hrsg.) (1986) Rudolf Mansfelds Verzeichnis landwirtschaftlicher und gärtnerischer Kulturpflanzen, Bd. 3, Akademie-Verlag, Berlin, S. 1.184–1.186
25. Oswald N, Flück H (1964) Sci Pharm 32:136–141
26. Bartholome E, Bickert E, Hellmann H (Hrsg.) Ullmanns Enzyklopädie der technischen Chemie, 2. Aufl., Bd. 1, Urban und Schwarzenberg, Berlin Wien, S. 222–224; Bd. 9, S. 526
27. Hussein AM, Kassem AA, Mursi HM, Hammond EI (1970) Bull Fac Pharm Cairo Univ 8:205–217, zit. nach CA 73:59241q
28. Koul S, Ahuja A, Grewal S (1983) Planta Med 47:11–16
29. Pfänder HJ, Sokoll U, Frohne D (1983) Dtsch Apoth Ztg 123:1.974–1.978
30. Teuscher E, Lindequist U (1988) Biogene Gifte, Akademie-Verlag, Berlin, Gustav Fischer Verlag, Stuttgart
31. Frohne D, Pfänder HJ (1987) Giftpflanzen, Wissenschaftliche Verlagsgesellschaft mbH, Stuttgart
32. Sharova EG, Aripova SY, Abdilalimov OA (1977) Khim Prir Soedin: 126–127, zit. nach CA 89:50201h
33. Schindler H (1954) Arzneim Forsch 4:354–356
34. Phillipson JD, Handa SS (1975) Phytochemistry 14:999–1.003
35. Steinegger lE, Sonanini D (1960) Pharmazie 15:643–644
36. Ebert K (1982) Arznei- und Gewürzpflanzenanbau, Ein Leitfaden, Akademie-Verlag, Berlin
37. Kom, Bd. 2, S. 1.940
38. Karsten G, Weber U, Stahl E (1962) Lehrbuch der Pharmakognosie für Hochschulen, 9. Aufl., Gustav Fischer Verlag, Jena
39. Hamada T, Murakami N, Nishioka I (1978) Shoyakugaku Zasshi 32:199–208, zit. nach CA 91:9405x
40. Hörhammer L, Wagner H, Hölzl J (1968) Dtsch Apoth Ztg 108:1.616–1.618
41. Mehrotra JK, Kumar K, Chandra M (1973) Ind Drugs Pharm Ind 8:27–34
42. Kny L, Beyrich T, Göber B (1983) Lehrbuch der Arzneimittelkontrolle, Verlag Volk und Gesundheit, Berlin
43. Prum A, Prum N, Perrin AM (1969) Bull Trav Soc Pharm Lyon 13:10–14
44. Delaey JA, Van Ooteghem M (1968) Pharm Tijdschr Belg 45:241–248
45. Bauer A (1989) Chem Labor Betr 40:57–61
46. Khalil SAH, El Masry S (1976) J Pharm Sci 65:614
47. Paphassarang S, Raynaud J, Godeau RP, Binsard AM (1985) J Chromatogr 319:412–418
48. Oshima T, Sagara K, Tong Y, Zhang G, Chen Y (1989) Chem Pharm Bull 37:2.456–2.458
49. Hashimoto T, Yamada Y (1983) Planta Med 47:195–199
50. Zielinska-Sowicka R, Gudej J, Sibielak A (1971) Ann Acad Med Lodz 12:403–409, zit. nach CA 79:35195a
51. Weiler EW, Stöckigt J, Zenk MH (1981) Phytochemistry 20:2.009–2.016
52. Oksman-Caldentey KM, Strauß A (1986) Planta Med 52:6–12
53. Tonnesen M (1948) Acta Pharmacol (Kbh) 4:186–198
54. Kahn-Borenstein C (1983) J Pharm Belg 38:81–88
55. Kahn-Borenstein C (1986) J Pharm Belg 41:5–11
56. BAz Nr. 85v vom 05.05.1988
57. Forth W, Henschler D, Rummel W (Hrsg.) (1986) Allgemeine und spezielle Pharmakologie und Toxikologie, Wissenschaftsverlag, Mannheim Wien Zürich
58. Moeschlin S (1986) Klinik und Therapie der Vergiftungen, Georg Thieme Verlag, Stuttgart
59. Wirth W, Gloxhuber C (1985) Toxikologie – für Ärzte, Naturwissenschaftler und Apotheker, Georg Thieme Verlag, Stuttgart
60. Seeger R, Neumann HG (1986) Dtsch Apoth Ztg 126:1.930–1.934
61. Ammon HPT (Hrsg.) (1986) Arzneimittelneben- und -wechselwirkungen, Wissenschaftliche Verlagsgesellschaft mbH, Stuttgart
62. Ludewig R, Lohs KH (1981) Akute Vergiftungen, Gustav Fischer Verlag, Jena
63. Braun H, Frohne D (1987) Heilpflanzen-Lexikon für Ärzte und Apotheker, Gustav Fischer Verlag, Stuttgart
64. Madaus G (1938, Nachdruck 1989) Lehrbuch der biologischen Heilmittel, Bd. 7, Mediamed Verlag, Ravensburg
65. Wellen BJ (1986) Zur Geschichte des Bilsenkrauts, Dissertation Marburg/Lahn
66. Pfirrmann RW, Wicki O (1981) Ger Offen Pat A 61 K:35–78, zit. nach CA 95:225687s
67. Hirschhorn HH (1982) J Ethnopharmacol 6:109–119
68. Yang G (1990) Chung-Hsi-I-Chieh-Ho-Tsa-Chih 10:59–61, zit. nach Medline 90275688
69. Ding GS (1987) Clin Ther 9:345–357
70. Shah NC (1982) J Ethnopharmacol 6:293–301
71. Sands JM, Sands R (1976) Med J Aust 2:55–58
72. Kürkcüogen M (1970) Turk J Pediat 12:48–56
73. Tugrul L (1985) Bull Narc 37:75–78
74. Nagy L, Sipos I (1980) Morphol Igazsagugyi Orv Sz 20:312, zit. nach Medline 81270403
75. Betz P, Janzen J, Roider G, Penning R (1991) Arch Kriminol 188:175–182

76. Spoerke DG, Hall AH, Dodson CD, Sternitz FR, Swanson C, Rumack BH (1987) IJ Emerg Med 5:385–388
77. McBride WG, Vardy PH, French J (1982) Aust J Biol Sci 35:173–178
78. George JD, Price CJ, Marr MC (1987) Gov Rep Announce Index (U.S.) 87, Abst. 758252, zit. nach CA 109:695z
79. Duke JA (1977) Crit Rev Toxicol 5:189–237
80. Roth L, Daunderer M (1990) Giftliste, 6. Aufl., Bd. III, ecomed Verlagsgesellschaft, Landsberg/Lech, S. 375–376
81. Peigen X, Liyi H (1983) J Ethnopharmacol 8:1–18
82. Alam M, Ashraf M, Dara M, Tangeer S (1985) J Pharm (Lahore) 6:33–39
83. Ashraf M, Alam M, Dara MST (1983) J Pharm (Lahore) 6:55–58
84. Mehra KL (1979) Linnean Soc Symp Ser 7:161–170
85. Osetzky W (1931) Samml Vergiftungsfälle 2, A 139: 125–126
86. Mar 29
87. Helv VII
88. ÖAB 90
89. BAz Nr. 190a vom 10.10.1985

UL

Hypericum

HN: 2041400

Familie: Hypericaceae (Guttiferae).

Unterfamilie: Hypericoideae.

Tribus: Hypericeae.[1]

Gattungsgliederung: Nach Lit.[2] wurde eine neue Systematik der Gattung Hypericum L. erarbeitet. Danach läßt sich die Gattung, welche bisher 378 bekannte Arten umfaßt,[2] in 30 Sektionen einteilen. Der Polyploidiegrad bzw. die Chromosomengrundzahl sind die Einteilungskriterien.[2,3] Bei dem älteren System waren Blütenbau sowie Vorhandensein und Charakteristik der hypericinhaltigen Sekretbehälter Grundlage der Gattungsgliederung in 18 Sektionen.[3-6]
Die zuweilen von Hypericum abgespaltene, nahe verwandte Gattung Ascyrum L.[7,14] umfaßt Species mit vierzähligem Perianth, stellt aber keine eigene monophyletische Gruppe dar und sollte deshalb zwei separaten Sektionen der Gattung Hypericum unterstellt werden.[2]
Nach Lit.[1,5] werden *Hypericum perforatum* L. und *Hypericum pulchrum* L. der Sektion Euhypericum Boiss. zugeordnet. Nach Lit.[6] gehört *H. pulchrum* zur Sektion Taeniocarpium Jaub. et Spach und *H. perforatum* zur Sektion Hypericum. Letztgenannter Sektion werden neuerdings beide o. a. Arten unterstellt.[2,8]

Gattungsmerkmale: Stauden, Halbsträucher, selten 1jährige Kräuter. Laubblätter gegenständig, selten quirlig, ohne Nebenblätter, oft von Öldrüsen durchscheinend oder von Hypericinbehältern schwarz punktiert. Zahlreiche Staubblätter zu 3 bis 5 über den Kronblättern stehenden Bündeln verwachsen. Blüten in endständigen, zusammengesetzten Trugdolden, 5 Kronblätter, selten 4, in der Knospenlage gedreht. 5 Kelchblätter, selten 4, gleich oder verschieden gestaltet, in der Knospenlage dachig oder klappig, an der Frucht erhalten bleibend. Oberständiger Fruchtknoten mit 3 bis 5 Griffeln. Vielsamige Kapselfrüchte.[1,9]
Nach Lit.[2,3] wird als Chromosomengrundzahl X = 9, 8, 7 für die Sektion Hypericum angegeben, wobei die Polyploidiestufen 2, 4, 5 und 6 auftreten.

Verbreitung: Die sehr artenreiche Gattung Hypericum ist ubiquitär verbreitet, nur in der Arktis und Antarktis fehlen Vertreter der Gattung.[1] Von den bisher bekannten Arten sind ca. 20 in Mitteleuropa[7] heimisch und ca. 60 in ganz Europa.[10]

Inhaltsstoffgruppen: *Flavonole, Flavone, Biflavone.* Reichliches Vorkommen von Flavonolen und Flavonen, sowie ihrer Glykoside. Quercetin-3-glykoside wurden am häufigsten beobachtet, neben Apigenin- und Luteolin-7-glykosiden sowie *C*-Glykosylflavonen.[7,11] Hypericum-Arten weisen unterschiedliche Flavonoidmuster auf.[11]
Biflavonoide kommen in vielen Arten der Gattung Hypericum vor, lokalisiert in Blüten und Knospen, nicht aber in Sproßachsen und Blättern, besonders in *Hypericum barbatum* Jacq., *H. hirsutum* L., *H. montanum* L. und *H. perforatum*.[7] Bisher konnten I3,II8-Biapigenin und I3',II8-Biapigenin (Amentoflavon) nachgewiesen werden.[12,13]
Xanthone. Die Xanthone als typische Guttiferenmerkmale kommen in 18 Hypericum-Arten vor.[15] Mono-, di-, tri- und tetrahydroxylierte Xanthone sowie die Xanthonolignane Kielcorin und Hypercorin wurden isoliert und strukturell aufgeklärt.[7,16] Mangiferin konnte aus *H. androsaemum* L., *H. aucheri* Jaub. et Spach, *H. barbatum* Jacq., *H. humifusum* L., *H. linarifolium* Vahl, *H. maculatum* Crantz, *H. mysurense* Wight et Arn., *H. pulchrum* L. und *H. rumeliacum* Boiss. nachgewiesen werden.[7,17,18]
Naphthodianthrone. Weiterhin typisch für Hypericum ist die Synthese und Akkumulation von Naphthodianthronen (Hypericin und Analoga), welche enge Beziehungen zum Genus aufzeigen.[7,11,20-22] Belegt durch zahlreiche Untersuchungen ist dies auf die Sektionen Campylosporus Spach und Euhypericum Boiss. (nach alter systematischer Einteilung) beschränkt.[7,23] Nach Lit.[7] kommt Hypericin in den Arten von 16 zur Gattung Hypericum gehörenden Sektionen vor.
Phloroglucine. Prenylierte Phloroglucine wurden aus *H. japonicum* Thunb. ex Murray, *H. perforatum*, *H. revolutum* Vahl und *H. uliginosum* H. B. K. isoliert.[24-26]
Ätherisches Öl. Bildung und Speicherung von ätherischem Öl mit größeren Mengen von aliphatischen Kohlenwasserstoffen ist in allen untersuchten Arten belegt.[3] Ätherisches Öl wurde bisher in Sproßachsen, Blüten, Samen, Knospen und Blättern aber nicht in Wurzeln nachgewiesen.[3,11]
Gerbstoffe. Catechingerbstoffe sind charakteristisch für das Genus Hypericum.[7,19] Gerbstoffreich sind vor allem *H. barbatum*, *H. hirsutum*, *H. maculatum* und *H. perforatum*.[7]

Wachse. Wachsfraktionen wurden aus den Wurzeln von *Hypericum connatum* LAM. und *H. laxiusculum* ST.-HIL. sowie aus dem Kraut von *H. perforatum* extrahiert. Daraus konnten Paraffine (C_{28}, C_{30}) und Wachsalkohole (C_{24}, C_{26}, C_{28}) isoliert werden.[3,7]

Drogenliefernde Arten: *H. perforatum*: Hyperici flos recens, Hyperici herba, Hypericum perforatum hom. *HAB 1*, Hypericum perforatum Rh hom. *HAB 1*, Hypericum perforatum hom. *PF X*, Hypericum perforatum hom. *HPUS 88*; *H. pulchrum*: Hypericum pulchrum hom. *HAB 34*.

Hypericum perforatum L.

Synonyme: *Hypericum officinarum* CRANTZ, *H. officinale* GATER. ex STEUD., *H. vulgare* LAM.[1]

Sonstige Bezeichnungen: Dt.: Echtes Johanniskraut, Herrgottsblut, Hexenkraut, Jageteufel, Johannisblut, Konradskraut, Mannskraft, Tüpfel-Hartheu; engl.: Hardhay, Saint John's Word; frz.: Herbe à mille trous, herbe de millepertuis; it.: Erba di San Giovanni, iperico; span.: Hipericon.[1,27,29,30,33]

Systematik: Von *H. perforatum* gibt es vier Unterarten, deren Hauptunterscheidungsmerkmale die unterschiedlichen Breiten der Kelchblätter sind:[1]

- ssp. *angustifolium* (DC.) GAUDIN: Kelchblätter schmal-lanzettlich, 0,7 bis 1 mm breit und 4 bis 6 mm lang;
- ssp. *latifolium* (KOCH) A. FRÖHLICH: Kelchblätter breit-lanzettlich bis breit-eiförmig, 2 bis 3 mm breit und 4 bis 6 mm lang, an der Spitze buchtig gezähnelt;
- ssp. *perforatum*: Kelchblätter lanzettlich fein zugespitzt, 1 bis 1,5 mm breit und bis 7 mm lang;
- ssp. *veronense* (SCHRANK) A. FRÖHLICH: Kelchblätter kurz, 3 bis 4 mm lang, 0,7 bis 1 mm breit.

Als Chromosomenzahlen werden für *H. perforatum* 2n = 32, 36, 48 angegeben.[2,10,31]

Botanische Beschreibung: Ausdauernde Pflanze mit langlebiger, spindelförmiger, reichästiger Wurzel und reichästigem Rhizom. Stengel 20 bis 100 cm hoch, aufrecht, im oberen Teil ästig, mit zahlreichen, oft ausläuferartigen, kurzen, bis 12 cm langen Adventivsprossen, stielrund, mit 2 Längskanten, kahl, bereift, zur Spitze hin mit Drüsen besetzt. Laubblätter elliptisch-eiförmig, länglich oder lineal, die unteren am Grunde abgerundet, sitzend, die oberen kurz stielartig in den Grund verschmälert, stumpf, zuweilen etwas stachelspitzig, ganzrandig, kahl, durchscheinend punktiert (Namensgebung perforatum), am Rande und teilweise auch auf der Fläche mit schwarzen Drüsen. Blüten auf unbehaarten, meist schwarzdrüsgien Stielen, in ausgebreitetem, trugdoldigem Blütenstand mit aus reichblütigen Schraubeln bestehenden Seitengliedern. Kelchblätter ei-lanzettlich bis lanzettlich, fein zugespitzt, etwa 6 mm lang, an der Spitze ganzrandig oder gesägt, unbehaart, mit vielen hellen und schwarzen punkt- oder strichförmigen Drüsen. Kronblätter unsymmetrisch, 10 bis 13 mm lang, spitz, an der einen Seite – selten beidseitig – gekerbt, goldgelb, mit schwarzen Punkten und helleren oder dunkleren Strichen auf der Fläche. 50 bis 60 Staubblätter. Fruchtknoten breit- bis schmal-eiförmig; Griffel 1,5- bis 3mal so lang wie der Fruchtknoten. Kapselfrucht breit- bis schmaleiförmig, 5 bis 10 mm lang, mit breiten, strich- bis punktförmigen Drüsen und unregelmäßigen Riefen. Samen zylindrisch, an beiden Enden kurz zugespitzt, feinwarzig, 1 bis 1,3 mm lang, schwarz oder dunkelbraun.[1]

Verwechslungen: Verwechslungsgefahr besteht mit den naheverwandten Species *H. hirsutum*, *H. maculatum* (am häufigsten), *H. montanum* und *H. tetrapterum* FRIES.[29,32] Diese Arten kommen sehr oft vergesellschaftet mit der offizinellen Art vor und neigen auch zur Bastardisierung, sind aber makroskopisch von *H. perforatum* zu unterscheiden.[32] Hauptunterscheidungsmerkmale werden in Lit.[1,8,32] angegeben; s. a. Hyperici herba.

Hypericum perforatum L.

Inhaltsstoffe: *Xanthone.* Vor allem in der Wurzel enthalten. Strukturell aufgeklärt sind Kielcorin, Mangiferin und 1,3,6,7-Tetrahydroxyxanthon,[1,11,16,18,36] für das ein Gehalt von 0,95 mg/100 g in der Wurzel angegeben wird.[36]

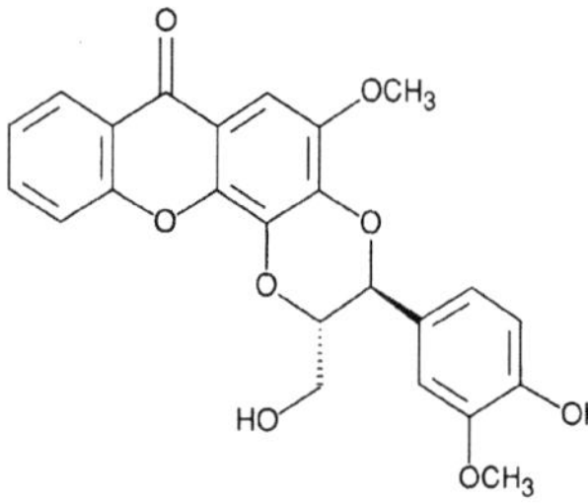

Kielcorin

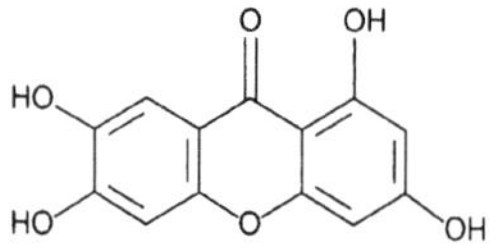

1,3,6,7-Tetrahydroxyxanthon

Naphthodianthrone. Mit Ausnahme der Wurzeln in der gesamten Pflanze.[11,34]
Phloroglucine. In reifen Früchten findet sich der höchste Gehalt an Hyperforin (4,5 %).[35]

Verbreitung: Heimisch in ganz Europa, Westasien, auf den Kanarischen Inseln und in Nordafrika. Eingeschleppt und eingebürgert in Ostasien, Nord- und Südamerika, Australien und Neuseeland.[1]

Anbaugebiete: Kultiviert in Polen, Weißrußland, West-Sibirien.[10,73]

Drogen: Hyperici flos recens, Hyperici herba, Hypericum perforatum hom. *HAB 1*, Hypericum perforatum Rh hom. *HAB 1*, Hypericum perforatum hom. *PFX*, Hypericum perforatum hom. *HPUS 88*.

Hyperici flos recens (Frische Johanniskrautblüten)

Monographiesammlungen: Flores Hyperici recentes *EB 6*.

Definition der Droge: Die frischen, im Juli oder August gesammelten und von den Blütenstandsachsen getrennten Blütenknospen und Blüten *EB 6*.

Stammpflanzen: *Hypericum perforatum* L.

Ganzdroge: s. Botanische Beschreibung.

Verfälschungen/Verwechslungen: s. *Hypericum perforatum*.

Inhaltsstoffe: *Blütenfarbstoffe.* Cyanidin; Carotinoidfarbstoffe: Xanthophyll (Lutein), Violaxanthin, Luteoxanthin.[3]
Flavonoide. Flavon- und Flavonolglykoside und deren Aglyka, 2,5 bis 4 % Quercetinglykoside mit Hyperosid als Hauptkomponente (bestimmt durch HPLC, bez. auf TG).[39,40] Für Hyperosid wird ein Gehalt von 1,1 % angegeben.[34] Quercetin wurde in geringer Menge gefunden;[39] Biflavone: 0,1 bis 0,5 % I3,II8-Biapigenin, 0,01 bis 0,05 % Amentoflavon (HPLC-Bestimmung, bez. auf TG).[12,13]

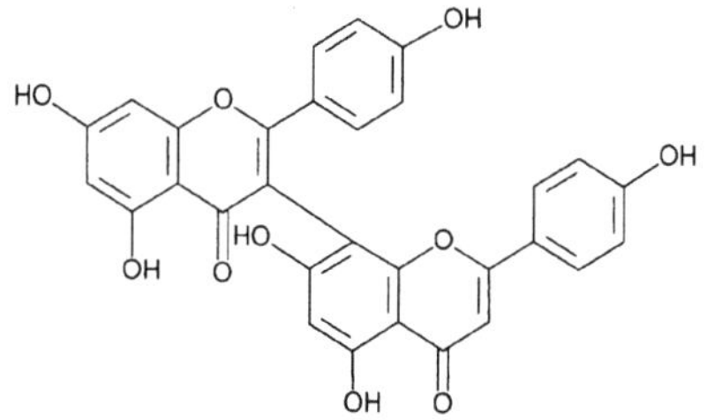

I3,II8-Biapigenin

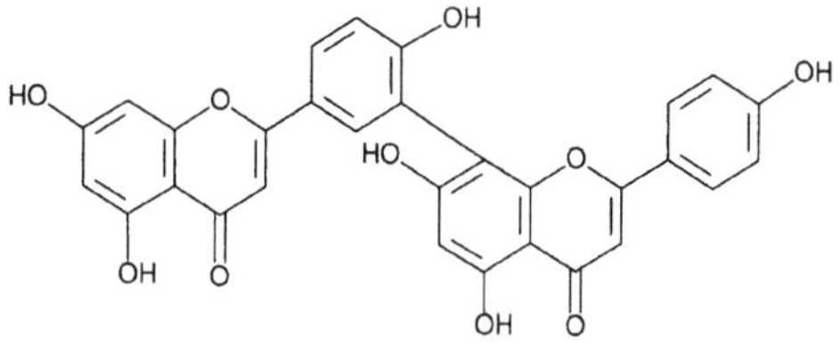

I3',II8-Biapigenin (Amentoflavon)

Xanthone. 1,28 mg/100 g 1,3,6,7-Tetrahydroxyxanthon (HPLC, bez. auf TG), höchster Gehalt von allen Pflanzenteilen.[36]
Naphthodianthrone. Hypericin (0,09 bis 0,12 %), Pseudohypericin (0,23 bis 0,29 %, HPLC, bez. auf TG). Das Verhältnis beider Komponenten beträgt etwa 1:2.[39,41]
Phloroglucine. Hauptsächlich Hyperforin (ca. 2 %), Adhyperforin (0,2 %, Bestimmung durch HPLC).[35] Die sehr instabilen, oxidationsempfindlichen Phloroglucinderivate sind bisher nur in Frischmaterial bzw. zeitlich begrenzt in Zubereitungen daraus (Johannisöl) anzutreffen.[11,40]
Ätherisches Öl. Ca. 0,25 % (höchster Gehalt von allen Pflanzenteilen, gespeichert in den makroskopisch erkennbaren Ölbehältern).[11] Hauptbestandteile sind gesättigte aliphatische Kohlenwasserstoffe, vor allem 2-Methyloctan, Undecan, Dodecanol neben Mono- und Sesquiterpenen (α-Pinen, Caryophyllen).[3,19,42] Eigenschaften: Schwachgrüne Farbe und Geruch nach Koniferenöl.[3,42]
Alkane. Aus Blüten konnten zwei Paraffinderivate isoliert werden, die durch unterschiedliche Löslichkeit in Alkohol voneinander trennbar sind.[42] Die angenommene Bruttoformel liegt für das in Alkohol schwer lösliche Derivat bei $C_{33}H_{68}$, F = 63 °, für das leichtlösliche bei $C_{36}H_{74}$, F = 68 °.[28,42]

Zubereitungen: Oleum Hyperici (Johannisöl) *EB 6*: Zerquetschen der Johanniskrautblüten und sofortiges Übergießen mit Olivenöl in einem weißen Glas (Verhältnis 25:100 Teile). Gärung an einem warmen Ort unter regelmäßigem Umschütteln und anschließendem Verschluß des Glases. Son-

nenexposition bis zum "leuchtend rot" Werden des Öles (Zeitdauer ca. sechs Wochen). Öl abpressen, mit Natriumsulfat (6 Teile) entwässern und filtrieren. Eigenschaften: Geruch aromatisch. Im durchscheinenden Licht rubinrot, im auffallenden Licht fluoreszierend dunkelrot bis gelbrot. Diese Vorschrift läßt sich in größerem technischen Maßstab kaum mehr einhalten, da Johanniskrautblüten ohne Krautanteile nur durch Handarbeit geerntet werden können.[44]
In Johannisöl wurden bisher durch qualitative DC die sog. Ölhypericine (Struktur noch nicht vollständig aufgeklärt), Quercetin, I3II8-Biapigenin, Kämpferol und 1,3,6,7-Tetrahydroxyxanthon nachgewiesen.[11,40,44] Aus frischem Öl gelang der Nachweis von Hyperforin, Adhyperforin und strukturverwandten Substanzen.[40]
Johannisöl: 250 g frische, zerquetschte Blüten (handbreit unter den Blüten abgeschnittene Triebspitzen) beläßt man 3 bis 4 Tage lang in einem Gemisch aus $^1/_2$ L Olivenöl und 250 g Weißwein. Das Ganze wird dann im Wasserbad solange erhitzt, bis der Wein vollständig verdampft ist. Eigenschaften: Blutrote Farbe.[64]

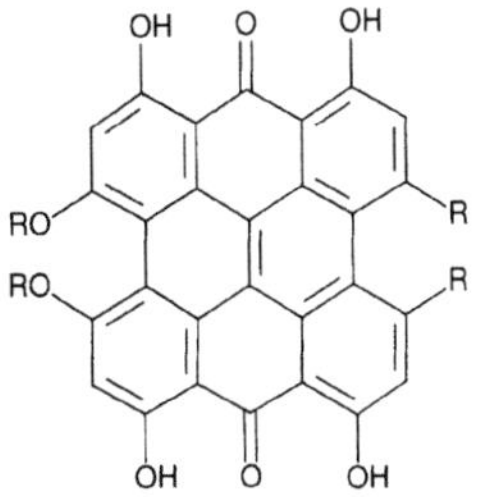

R = FS oder Isoprenyl; nach Lit. 11)

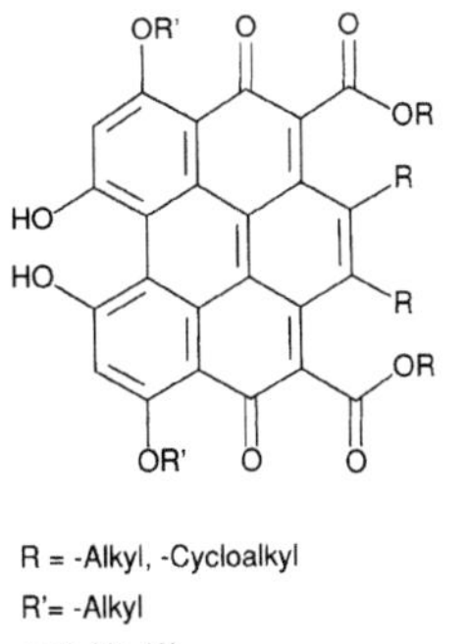

R = -Alkyl, -Cycloalkyl
R'= -Alkyl
nach Lit. 40)

Mögliche Strukturen der lipophilen Ölhypericine

Identität: *Droge.* Verreibt man frische Johanniskrautblütenknospen zwischen den Fingern, so färbt sich die Haut rot.[38]
Ein DC-Nachweis von Hyperforin kann zur Identitätsprüfung herangezogen werden:[11,35,40]
- Sorptionsmittel: Kieselgel 60 F_{254};
- FM: Heptan-Isopropanol-Ameisensäure (90 + 15 + 0,5);
- Detektion: UV 254 nm und 366 nm; Besprühen mit 0,5 % (*m*/*V*) Echtblausalz-B-lösung;
- Auswertung: Im UV bei 254 nm Substanzzone mit starker Fluoreszenzminderung und bei 366 nm blaue Eigenfluoreszenz (Rf-Wert 0,4 bis 0,5), mit Echtblausalz B gelb. Eine zweite schwache Zone (Rf-Wert 0,55) reagiert mit oranger Farbe.

DC zum Nachweis von Blüteninhaltsstoffen (Biapigenin und Hyperforin):[40]
- Probenlösung: 350 mg frische Johanniskrautblüten mit 50 mL Aceton extrahieren, einengen, Rückstand in 2 mL Aceton lösen;
- Referenzsubstanzen: Quercetin, Luteolin, Kämpferol, 0,05 % (*m*/*V*) in MeOH;
- Sorptionsmittel: Kieselgel 60 F_{254};
- FM: Heptan-Aceton-*tert.*-Butylmethylether-Ameisensäure 85 % (33 + 35 + 30 + 2, *V*/*V*);
- Detektion: a) UV 254 nm; b) UV 366 nm; c) Platte 10 min auf 100 °C erhitzen; Besprühen der noch warmen Platte mit 1 % (*m*/*V*) Diphenylboryloxyethylamin in MeOH; Nachsprühen mit 5 % (*m*/*V*) PEG 4000 in Ethanol 96 %;
- Auswertung: Im UV 254 nm bei Rf = 0,8 die stark fluoreszierende Zone des Hyperforins, im UV 366 nm typisch ziegelrot fluoreszierende Zonen in der Plattenmitte. Nach Detektion mit c) ist im UV 366 nm bei Rf = 0,2 der schwarz-gelb fluoreszierende Fleck des Biapigenins zu erkennen, bei Rf = 0,3 als intensive Zone des orangefluoreszierende Quercetin, darunter weniger intensiv Luteolin, über Quercetin eine türkisgrün fluoreszierende Zone (Xanthone[40]), intensive Chlorophyllzonen bei Rf = 0,6 bis 0,7.

Zubereitung. Unter der Analysenquarzlampe zeigt Johannisöl eine ziegelrote Fluoreszenz.[38] Diese Prüfung reicht nicht aus, da hier kein Nachweis auf Qualität und Identität der verwendeten Ausgangsdroge erhalten wird.[40] Eine genauere Methode s. Lit.[40] Hiernach wird eine DC-Probenlösung durch selektive Festphasenextraktion einer Urprobenlösung erhalten:
- Urprobenlösung: 1 g Johannisöl mit 10 mL Heptan mischen;
- Festphase: Aminopropyl, Bond Elut[R], Solid Phase Extraktionssäule NH_2;
- Konditionierung: Mit 0,01 N NaOH-Lsg., MeOH, Aceton und Heptan;
- Anreichern: Urprobenlösung auf die Säule saugen;
- Spülen: Mit Heptan 10 mL;
- Eluieren: 5 % (*V*/*V*) wasserfreie Ameisensäure in Aceton und MeOH (1 + 1), Lösungsmittel abziehen, Rückstand in 2 mL Aceton lösen.

Mit dieser Lösung wird die DC-Untersuchung durchgeführt, s. Nachweis von Blüteninhaltsstoffen der Droge.[40] Im UV 366 nm zeigen sich bei Rf = 0,5 die ziegelrot fluoreszierenden Zonen der Hauptölhypericine neben den schon o. a. Substanzzonen: Biapigenin Rf = 0,2; Quercetin Rf = 0,3 u. a. schwach fluoreszierende Zonen.[40]
Der Nachweis von Hyperforin wäre ein sicherer Identitätsnachweis für die Verwendung von *H. per-*

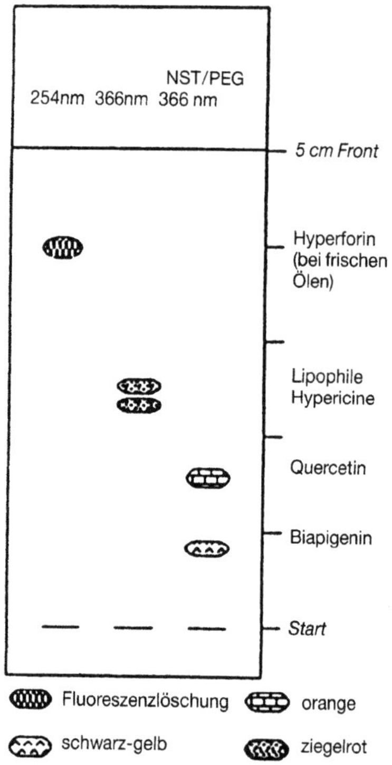

Nachweis von Hyperforin und Identitätsprüfung von Johannisöl durch DC auf Kieselgel. Fließmittel: Heptan-Aceton-*tert.*-Butylmethylether-Ameisensäure 85 % (33 + 35 + 30 + 2, *V/V*); Detektion mit Diphenylboryloxyethylamin/PEG 4000 (NST/PEG).

foratum, da es nach derzeitigem Kenntnisstand nur in den Blüten dieser Art vorkommt, ist aber, wie Stabilitätsuntersuchungen zeigen, in Johannisölen nach wenigen Monaten abgebaut und nicht mehr nachzuweisen. In älteren Ölen liegen Homologe vor, für die es zur Zeit noch keine analytischen Daten gibt.[40]

DC-Methode ohne vorausgehende Festphasenextraktion:[44]

- Probenlösung: Dreimalige Methanolextraktion von Johannisöl, einengen, öligen Rückstand in Petroläther aufnehmen, kühlen, den danach entstandenen gelben Niederschlag abzentrifugieren, in MeOH lösen;
- Referenzsubstanzen: Amentoflavon, Kämpferol, Quercetin;
- Sorptionsmittel: Kieselgel 60 F_{254};
- FM: Toluol-Ethylformiat-Ameisensäure (5 + 4 + 1);
- Detektion: UV 366 nm, Besprühen mit einer 1 %igen methanolischen Naturstoffreagenz-A Lsg.;
- Auswertung: Bei UV 366 nm müssen in der Probe mindestens die folgenden Zonen nachweisbar sein: I3,II8-Biapigenin (Rf = 0,38 bis 0,40, braungelb) in Bezug auf Referenz-Amentoflavon (Rf = 0,4 bis 0,43, gelb). Als weitere Flavonolaglyka treten Quercetin (Rf = 0,51 bis 0,54, orangegelb) und Kämpferol (Rf = 0,6 bis 0,62, zitronengelb) auf. Die Biflavonoide erscheinen vor der Detektion unter UV 366 nm dunkelbraun bis schwarz. Der Nachweis des Biflavonoids I3, II8-Biapigenin ist als eindeutiges Identitätskriterium für die Verwendung von *H. perforatum* anzusehen.[44]

Reinheit:
Zubereitung. Eine Rotfärbung von fetten Ölen ist auch durch Alkannin und Alkanninester aus Alkannae tinctoriae radix möglich und gilt als Verfälschung.

Allerdings ist ein 0,2 %iger Alkanninzusatz zum Olivenöl, das als Oleum rubrum u. a. Grundlage für Hypericumöl darstellt, zulässig.[45] Zur Unterscheidung sog. echter Hypericumöle von mit Azofarbstoffen oder Alkannaöl gefärbten falschen Ölen werden mehrere Nachweise beschrieben:[42,46]

- Oleum Hyperici verum färbt einen Kapillarstreifen nicht, während Alkanna gefärbtes Öl rot gefärbte Kapillarbilder ergibt;[42]
- Die Ölproben werden mit der doppelten Menge Ether versetzt und a) mit Salzsäure ausgeschüttelt. Bei Anwesenheit von Azofarbstoffen ist die Säureschicht entweder sofort oder nach einigen Minuten deutlich rot gefärbt. Alkannaöle färben die Säureschicht nicht, echte Hypericumöle färben die saure Lösung lichtgrün.[42,46] Nimmt man b) statt der Säure 0,5 N Kalilauge zum Ausschütteln, geben Alkannaöle eine kornblumenblaue, echte Öle eine grüne und Gemische eine blauolivgrüne (bald in hellgrün übergehende) Färbung. Der Alkannafarbstoff schlägt auf Säurezusatz in Rot um.[42,46]

Gehaltsbestimmung: *Droge.* Nach Lit.[39] steht ein HPLC-Gradient zur Verfügung, mit dem eine Gehaltsbestimmung der zur Zeit bekannten Hauptinhaltsstoffe in Johanniskrautblüten durchgeführt werden kann. Unberücksichtigt bleiben ätherisches Öl, Procyanidine, Gerbstoffe und Xanthone. Die Proben werden nach Ultra-Turrax- oder Ultraschallextraktion auf RP-18 Material mit einem Gradienten aus Acetonitril (19 %), Wasser (80 %), H_3PO_4 (1 %) = A und Acetonitril (59 %), Methanol (40 %), H_3PO_4 (1 %) = B aufgetrennt. Die Quantifizierung der Inhaltsstoffe erfolgt bei 254 nm nach der Methode des externen Standards. Erfaßt werden Hypericin, Pseudohypericin, Hyperosid, Rutosid, Quercitrin, Isoquercitrin, I3,II8-Biapigenin und Hyperforin.

Die Phloroglucine (vor allem Hyperforin) können mit o. a. Gradienten[39] oder auch einer isokratischen HPLC-Methode bestimmt werden.[35,40] Die isokratische Methode wird mit einem Fließmittel aus Acetonitril und Wasser (mit 1,1 g/L $NH_4H_2PO_4$ und 10 % 0,01 M H_3PO_4; pH 2,2 bis 2,7) im Volumenverhältnis 80:20 auf RP-8 Material bei einer Wellenlänge von 270 nm durchgeführt.[40]

Zur selektiven Bestimmung der Hypericine s. Hyperici herba.

Zubereitung. Die Ausarbeitung von Gehaltsbestimmungen ist problematisch wegen der Instabilität einiger Ölbestandteile. Für die Analytik des Jo-

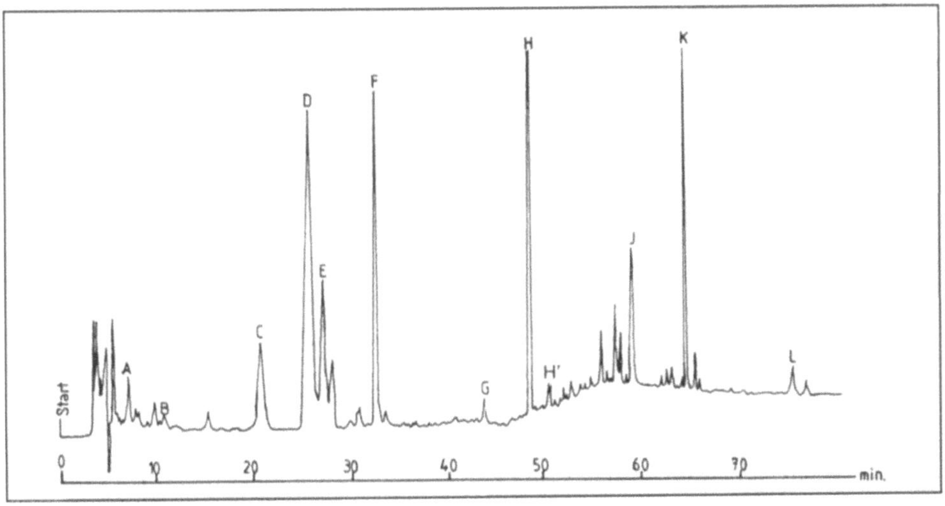

HPLC-Auftrennung eines Johanniskrautblüten-Extraktes: A Chlorogensäure, B Kaffeesäure, C Rutosid, D Hyperosid, E Isoquercitrin, F Quercitrin, G Quercetin, H I3,II8-Biapigenin, H' Amentoflavon, J Pseudohypericin, K Hyperforin, L Hypericin. Gradientenelution nach Lit.[39] (s. Text); Detektion: UV 254 nm; Flußrate: 0,6 mL/min.

hannisöles steht noch kein Verfahren zur Verfügung, das die Bestimmung eines definierten und für die Ausgangsdroge typischen Inhaltsstoffes ermöglicht.[40]
Johannisöl enthält sehr wahrscheinlich kein Hypericin, für die leuchtend rote Farbe des Öles werden die lipophilen Ölhypericine verantwortlich gemacht, die vermutlich bei der Herstellung durch Umsetzung von Naphthodianthronen in Gegenwart von Wasser und Sonnenlicht gebildet werden.[40,44] Aus diesem Grund führt eine bisher übliche photometrische Gehaltsbestimmung von Johannisöl durch Absorptionsmessung bei 590 nm höchstens zu relativen Ergebnissen, da der spezifische Absorptionskoeffizient nur für Hypericin und für methanolische Lösungen Gültigkeit hat.[40]

Anwendungsgebiete: Ölige Zubereitungen (Johannisöl):
Einnahme: Dyspeptische Beschwerden.[47]
Äußere Anwendung: Zur Behandlung und Nachbehandlung von scharfen und stumpfen Verletzungen, Myalgien und Verbrennungen ersten Grades.[47]
Diese Indikationen ergeben sich vorwiegend aus der Aufbereitung von Erkenntnismaterial der Erfahrungsmedizin; kontrollierte klinische Studien liegen hierzu nicht vor.

Dosierung und Art der Anwendung: *Zubereitung.* Ölige Zubereitungen (Johannisöl):
Tagesdosis zur Einnahme: Entsprechend 2 bis 4 g Droge.[47] Dosierungs- und Konzentrationsangaben für Zubereitungen zur äußeren Anwendung liegen nicht vor. In der Regel wird Johannisöl unverdünnt aufgetragen.

Volkstümliche Anwendung und andere Anwendungsgebiete: Zur Einnahme als leicht galletreibendes Mittel oder zur Beruhigung des nervös überreizten Magens.[48] Äußerlich bei Rheuma und Hexenschuß.[48]
Die Wirksamkeit der Droge bei diesen Indikationen ist nicht belegt.

Dosierung und Art der Anwendung: *Droge.* Mittlere Einzelgabe: Zur Einnahme 1,0 g (10,0 g Aufguß 10 %ig).[38] *Zubereitung.* Innerlich: 2mal täglich 1 Teelöffel Johannisöl.[48] Äußerlich: Für Umschläge und Kompressen.[64]

Mutagenität: Die Gentoxizität von Johannisöl wurde in 2 Testsystemen (Mutagenese in *Salmonella typhimurium*, TA 98, eine Aktivierung mit S 9; Induktion von DNA-Reparatur in primären Rattenleberzellen) untersucht. Johannisöl erwies sich als mutagen in *Salmonella typhimurium*, TA 98.[113]

Gesetzl. Best.: *Offizielle Monographien.* Aufbereitungsmonographie der Kommission D am BGA "Hyperici herba (Johanniskraut)".[47]

Hyperici herba (Johanniskraut)

Synonyme: Herba Hyperici, Herba solis, Hypericum cum flore, Sumitates Hyperici.[27,33,49]

Sonstige Bezeichnungen: Dt.: Blutkraut, Feldhopfenkraut, Tüpfelhartheu; engl.: Hardhay, herb of St. John's word; frz.: Herbe de l'arroche puant, herbe de millepertuis perfolic, herbe de Saint Jean; it.: Iperico; port.: Herba de San Xuan, hipericao; span.: Corazoncillo, hierba de San Juan, hipericon.[1,27,33,50,51]

Monographiesammlungen: Hyperici herba *Ross 9, DAC 86, BHP 83, Mar 28.*

Definition der Droge: Die kurz vor oder während der Blütezeit gesammelten und getrockneten ganzen oder zerkleinerten oberirdischen Teile *DAC86*.
Nur die blühenden Zweigspitzen[29,71] *Mar28* oder auch Stengel, Blüten, Knospen und ein Anteil unreifer Früchte, reife Früchte jedoch nicht *Ross9*.

Stammpflanzen: *Hypericum perforatum* L.

Herkunft: Die Droge stammt aus Wildsammlungen. Importe kommen aus den Oststaaten, Balkanländern und Rußland (Ukraine) sowie aus Indien und dem Iran.[10,53]

Gewinnung: Für die Drogenbereitung wird das Kraut in der Regel zu Beginn der Blütezeit geschnitten (Juni bis Anfang August) und in Bündeln getrocknet. Das Trocknen muß rasch, aber schonend für Öl- und Sekretbehälter geschehen und sollte bei warmer Witterung auf Trockenböden bei feuchter, kühler Witterung unter Hilfe mäßiger künstlicher Wärme (30 bis 40 °C) durchgeführt werden, um Braunfärbung zu vermeiden, bei Erhaltung der Sekrete.[42]

Ganzdroge: Die gelbgrünen, hohlen Stengel weisen zwei charakteristische Längskanten auf, die für das Erkennen von Verwechselungen und Verfälschungen mit anderen Hypericum-Arten wichtig sind.[11,33] Die Blätter sind gegenständig, sitzend, eiförmig oder länglich, bis 3,5 cm lang, ganzrandig, unbehaart, und durchscheinend punktiert. Die sehr zahlreichen gelben, kurzgestielten, fünfzähligen Blüten bilden traubig zusammengesetzte Trugdolden. Die fünf lanzettlichen, spitzen, schwarzpunktierten Kelchblätter sind halb so lang wie die dunkelgelben, am Rande mit dunkelroten Drüsen besetzten, schief-eiförmigen Kronblätter. Die zahlreichen Staubblätter sind zu drei bis sechs, meist drei Bündeln verwachsen. Der Fruchtknoten trägt drei Griffel. Einige Fruchtknoten sind bereits zu einer länglichen ovalen, grünlichen, dreifächerigen Kapsel unterschiedlichen Reifegrades entwikkelt.[33]

Schnittdroge: *Geruch.* Schwach.
Geschmack. Herb bitter, adstringierend.[33,54]
Makroskopische Beschreibung. Überwiegend hellbraungrüne, faltige eingeschrumpfte Blattfragmente, die im Gegenlicht punktiert erscheinen. Gelbbraune Blütenknospen und einzelne Kronblätter mit dunkelroten, randständigen Drüsen. Stengelstücke zylindrisch, hohl, zweikantig, grüngelb-rötlichbraun.[33,54]
Lupenbild. Charakteristische, dunkelrote, punkt- und strichförmige Hypericinbehälter in den Kronblättern. Je ein Hypericinbehälter befindet sich in der Konnektivspitze der Staubblätter, Laubblätter mit durchscheinenden Exkretbehältern.[29]
Mikroskopisches Bild. Die Stengelepidermis besteht aus polygonalen, dickwandigen, schwach getüpfelten Zellen mit anisocytischen, rundlichen Spaltöffnungen. In der primären Rinde finden sich einzelne, stark axial gestreckte, etwa 400 bis 600 µm lange Hypericinbehälter. Der Holzkörper bildet einen geschlossenen Ring, der aus Spiral-, Netz- und

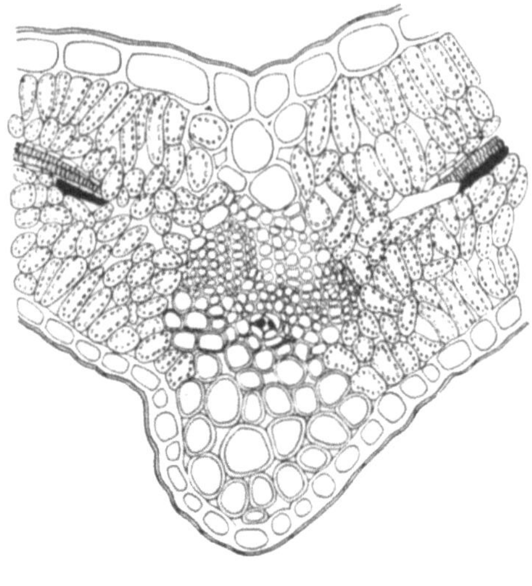

Hypericum perforatum L.: Querschnitt durch das Laubblatt mit Leitbündel, Sekretgängen und hypodermalem Gewebe. Aus Lit.[1]

Hoftüpfelgefäßen, Holzfasern und derbwandigen Holzparenchymzellen besteht und von einzellreihigen Markstrahlen durchzogen wird. An das Holz anschließende, noch erhaltene Markschichten bestehen aus großen Parenchymzellen mit eingestreuten kleinen Gruppen von rundlich-ovalen, derbwandigen, getüpfelten Zellen.
Die Blätter sind beidseitig kahl. Die Epidermis der Blattoberseite besteht in der Aufsicht aus polygonalen Zellen mit derben, fein getüpfelten Seitenwänden, die der Unterseite aus welligen, dünnwandigen Zellen. Auf der Unterseite befinden sich zahlreiche anisocytische Spaltöffnungen von ca. 24 bis 28 µm Länge und einer Weite von 17 bis 28 µm. Das Mesophyll besteht aus 1 bis 2 Lagen Palisadenparenchym und Schwammparenchym. Im Mesophyll befinden sich große kugelige Exkretbehälter, die mit fettartigen, stark lichtbrechenden Tropfen gefüllt sind. Am Blattrand sind schwärzliche, Hypericin enthaltende lysigene Exkretblätter zu finden, deren Inhalt sich in Chloralhydrat mit roter Farbe löst. Der Aufbau der Kelchblätter ist analog den Laubblättern, sie enthalten aber im allgemeinen mehr Hypericinbehälter. Die Korollblätter charakterisieren sich durch zahlreiche, meist am Rand befindliche ca. 200 µm große Hypericinbehälter. Jedes Staubblatt besitzt einen etwa 170 µm weiten Hypericinbehälter an der Konnektivspitze. Die Pollenkörner sind etwa 20 µm groß, rundlich bis leicht dreieckig, glatt und mit drei Keimporen.[29,33,54] Der Fruchtknoten trägt eine Epidermis aus radial gestreckten, in der Flächenansicht polygonalen Zellen mit dicker Cuticula. Sein Mesophyll wird von wenigen Lagen rundlich-ovaler Zellen gebildet, deren innerste kleiner sind. Die innere Epidermis besteht aus kurzen, stumpfen Fasern mit wenig verdickten Wänden, die quer bis leicht schräg zur Längsachse des Fruchtknotens angeordnet sind.

Zwischen den schwach ausgeprägten Rippen befinden sich, in Längsreihen angeordnet, zahlreiche rundlich-ovale Exkretbehälter mit stark lichtbrechenden Lipidtropfen.
Bei der Entwicklung der Früchte bleibt der anatomische Bau des Fruchtknotens im Prinzip erhalten. Die Epidermiszellen werden derbwandiger und erscheinen auch im Querschnitt gerundet polygonal. Im Mesokarp vergrößern sich vor allem die Exkretbehälter erheblich, bis sie fast den gesamten Querschnitt des Mesokarps einnehmen und die Epidermis mehr oder weniger stark nach außen dehnen. Die Wände der kurzen, stumpfen Fasern der inneren Epidermis werden bei der Entwicklung zum Endokarp stark verdickt.
In reiferen Früchten sind bereits kleine, braune Samen ausgebildet. Sie erscheinen grubig punktiert, da die Wände ihrer rundlich-polygonalen Epidermiszellen nur innen und seitlich starke, braune Verdickungen tragen. Die hypodermale Schicht der Samenschale besteht aus kleineren farblosen, derbwandigen, regelmäßig isodiametrischen Zellen. Nährgewebe und Embryo führen reichlich Fetttropfen.[33]

Pulverdroge: Grünbraunes Pulver mit charakteristischen Laubblattfragmenten, die in Flächenansicht große, rundlich-ovale, helle Exkretbehälter mit stark lichtbrechenden Tropfen aufweisen. Obere Epidermis mit polygonalen, derbwandigen, getüpfelten Zellen, untere Epidermis aus welligen Zellen mit zahlreichen großen, anisocytischen Spaltöffnungen. Das Pulver enthält Hypericinbehälter oder diese bildende Zellgruppen mit dunkelrotbraunem, chloralhydratlöslichem Inhalt vor allem in Laub-, Kelch- und Kronblättern sowie in Stengelrindenstückchen. Blaßgelbe Teile der Blumenkrone enthalten mit gelblichen Tröpfchen gefüllte Zellen und zahlreiche Hypericinbehälter. Antherenstücke mit Endotheciumzellen und zahlreichen ca. 20µm großen, glatten, rundlich bis dreiseitigen Pollenkörnern mit 3 Keimporen. Viele verholzte Stengelstücke mit Spiral-, Netz- und Hoftüpfelgefäßen sowie langen derbwandigen Fasern und Holzparenchym. Haare fehlen.[33]

Verfälschungen/Verwechslungen: Verfälschungen und Verwechslungen kommen häufig mit nahe verwandten Hypericum-Arten vor, die in der Natur mit der offizinellen Art vergesellschaftet auftreten. Die Verfälschungen können sowohl makroskopisch durch abweichende morphologische Merkmale als auch analytisch mittels DC (s. Identität) erkannt werden:[11,29,32]

- *H. barbatum*: Stielrunder Stengel, länglich-lanzettliche Laubblätter, die nicht oder nur zerstreut durchscheinend punktiert sind, auffällig borstig gefranste bartartige Kelch- und Deckblätter;
- *H. hirsutum*: Der stielrunde Stengel und die ovalen Laubblätter sind weich behaart; charakteristische Kelchblätter, am Rand tentakelartig mit langstieligen, schwarzen Drüsen besetzt. Kronblätter mit nur randständigen, schwarzen Drüsen;
- *H. maculatum*: Vierkantiger, nicht geflügelter Stengel mit breit-eiförmigen, spärlich punktierten Laubblättern, Kronblätter symmetrisch, 3 bis 4mal so lang wie die stumpf-elliptischen Kelchblätter;
- *H. montanum*: Stengel stielrund, Laubblätter mit nur randständigen, schwarzen Drüsen, Kronblätter ganz ohne Drüsen;
- *H. tetrapterum*: Deutlich vierflügeliger Stengel mit halbstengelumfassenden, dicht und fein punktierten Laubblättern, symmetrische Kronblätter, 2mal so lang wie der Kelch.

Minderqualitäten: Drogenpartien mit einem hohen Anteil an verholzten Achsenteilen haben einen erniedrigten Hypericingehalt und entsprechen meist nicht der Gehaltsforderung nach *DAC 86*.

Inhaltsstoffe: *Flavon- und Flavonolderivate.* 2 bis 4% (HPLC), vorwiegend Quercetinglykoside mit Hyperosid (0,7%), Quercitrin (0,3%), Rutosid (0,3%) und Isoquerictrin (0,3%) als Hauptkomponenten. Ferner die Aglyka Quercetin, Kämpferol, Luteolin und Myricetin.[11,34,39,44]

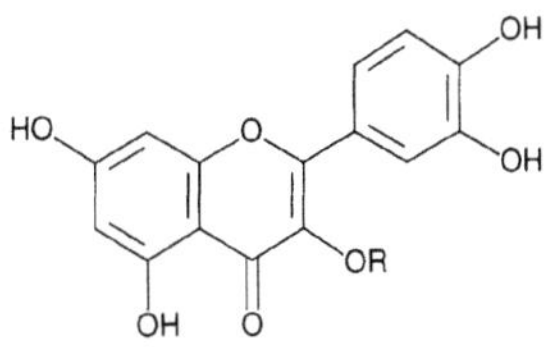

Hyperosid:	R = -β-D-Gal
Quercitrin:	R = -α-L-Rha
Isoquercitrin:	R = -β-D-Glc
Rutin (Rutosid):	R = -β-D-Glc(6←1)α-L-Rha

Flavonole

Xanthone. Im getrockneten Kraut durchschnittlich 0,15 bis 0,72 mg/100 g 1,3,6,7-Tetrahyroxyxanthon (HPLC nach präparativer DC-Extraktaufarbeitung).[36] Nach Lit.[36] enthielten Blätter 0,22 mg/100 g, Sproßachsen waren xanthonfrei.
Naphthodianthrone. 0,1 bis 0,15% (HPLC), hauptsächlich Hypericin und Pseudohypericin sowie in geringer Menge deren Biosynthesevorstufen Protohypericin und Protopseudohypericin, die durch Lichteinwirkung cyclisiert werden.[11,41,55,56]
Der Gehalt an Hypericin und hypericinähnlichen Substanzen liegt im getrockneten Kraut bei durchschnittlich 0,1% und ist in Blüten und Knospen am höchsten (0,2 bis 0,3%), während Blätter wenig (0,08%) und Sproßachsen nur Spuren aufweisen.[11]
Cyclopseudohypericin kommt in geringer Menge und sehr wahrscheinlich auch genuin vor, wird aber mindestens teilweise durch Umsetzung aus Pseudohypericin gebildet.[44,57] Folgende weitere Naphthodianthrone wurden bisher in geringen Mengen isoliert und strukturell aufgeklärt, sind aber in ihrem genuinen Vorkommen fraglich: Isohypericin, Desmethylpseudohypericin, Pseudohypericodehydrodianthron und Hypericodehydrodianthron.[3,11,72]

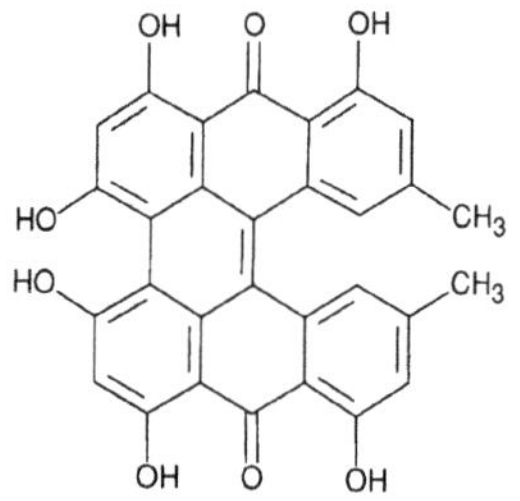

Protohypericin

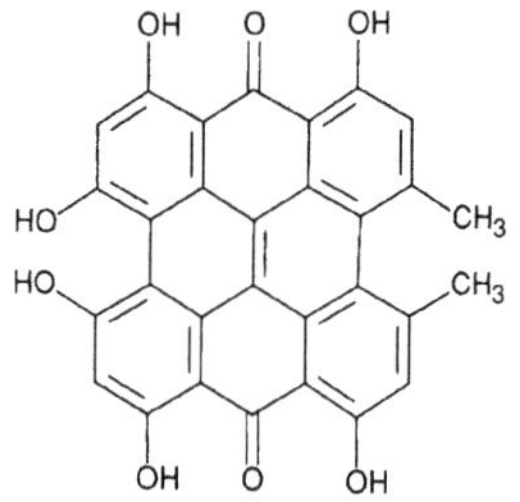

Hypericin

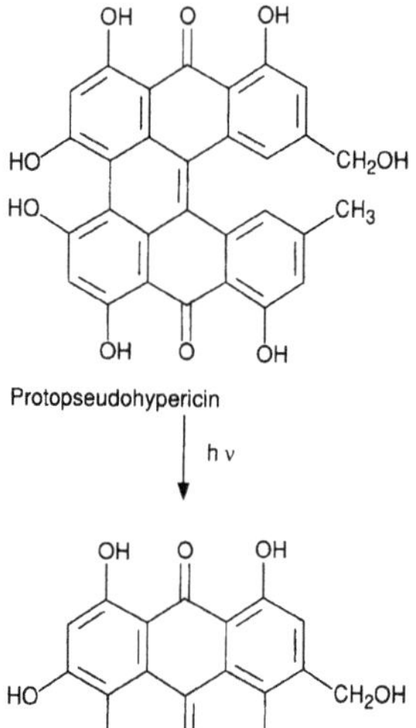

Protopseudohypericin

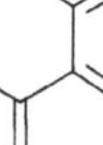

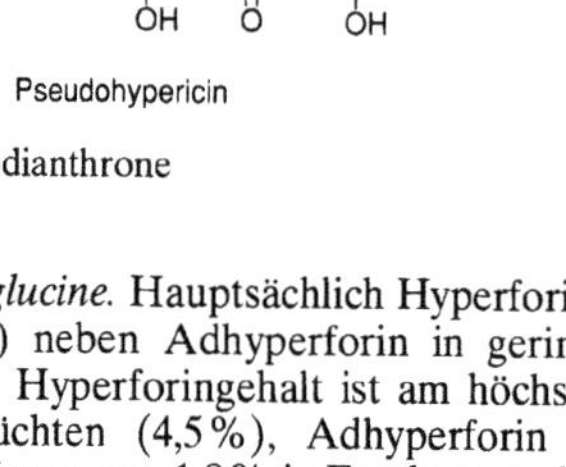

Pseudohypericin

Naphthodianthrone

Phloroglucine. Hauptsächlich Hyperforin 2bis4% (HPLC) neben Adhyperforin in geringer Menge. Der Hyperforingehalt ist am höchsten in reifen Früchten (4,5%), Adhyperforin wurde in einer Menge von 1,8% in Früchten nachgewiesen. Der Nachweis der sehr instabilen, oxidationsempfindlichen Verbindungen gelang bis jetzt nur aus Frischpflanzenmaterial und frisch hergestelltem Johannisöl, nicht aus anderweitigen Drogenauszügen.[35,40]

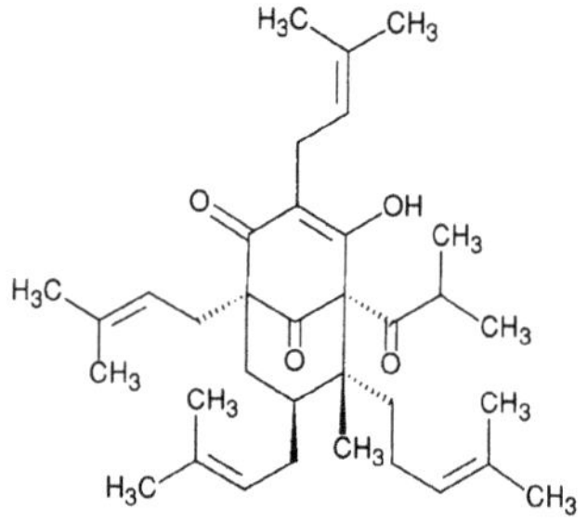

Hyperforin

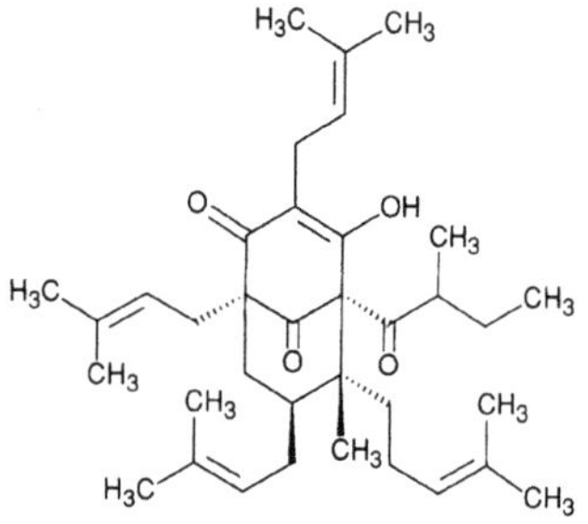

Adhyperforin

Ätherisches Öl. Durch Wasserdampfdestillation lassen sich ca. 0,1 bis 1% (Neo-clevenger Apparatur[3,11]) ätherisches Öl aus der Droge gewinnen. Gehaltsdifferenzen resultieren aus jahreszeitlichen Schwankungen.[3] In Knospen und Blättern ist der Gehalt etwa gleichwertig (0,2%), in Kapseln geringer (0,09%) und in Sproßachsen ist kein ätherisches Öl nachweisbar.[11] Hauptbestandteile sind höhere *n*-Kohlenwasserstoffe bes. $C_{29}H_{60}$,[20,21,28] 2-Methyloctan, Undecan und Dodecanol sowie Mono- und Sesquiterpene mit α-Pinen und Caryophyllen als Hauptvertreter.[3,21] Nachgewiesen wurde auch 2-Methyl-3-buten-2-ol, bekannt als Abbauprodukt der Hopfenbittersäuren.[40]

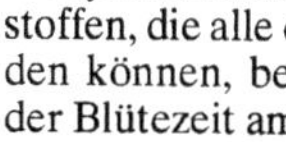

2-Methyl-3-buten-2-ol

Procyanidine und Gerbstoffe. Der Gehalt an Gerbstoffen, die alle dem Catechin-Typ zugeordnet werden können, beträgt 6,5 bis 15% und ist während der Blütezeit am höchsten. Die Catechingerbstoffe sind hauptsächlich in Achsenorganen, Blättern und unreifen Früchten lokalisiert.[3,40] Nachgewiesen wurden ebenfalls die biogenetischen Vorstufen Leucoanthocyanidine, Catechin, Epicatechin, Procyanidine und Gallussäure.[40,43,58,59]

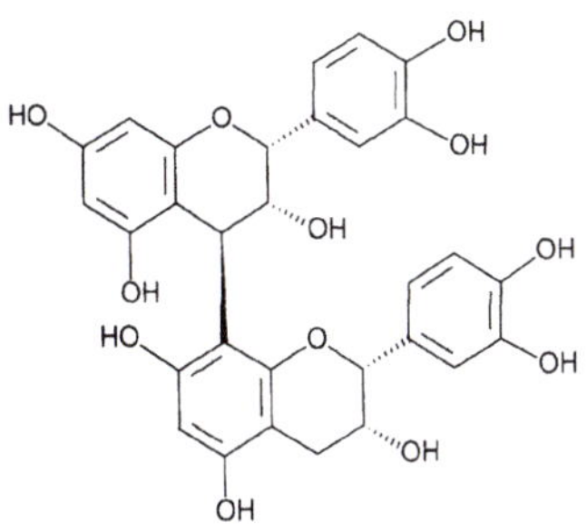

Dimeres Procyanidin B2 (Epicatechin-4$\beta\rightarrow$ 8')-Epicatechin)

Wachse. Im Fett-Wachs-Gemisch, durch Petroläther-Extraktion erhalten, befinden sich die Paraffine C_{28} und C_{30} sowie die Wachsalkohole C_{24}, C_{26}, C_{28}. Quantitative Angaben liegen bisher nicht vor.[3]
Sonstige Inhaltsstoffe. Es kommen ca. 0,15% Alkane und 0,45% Alkanole vor im Bereich von C_{16} bis C_{29}, daneben auch verzweigtkettige Alkane; Pflanzensäuren, hauptsächlich Kaffee- und Chlorogensäure; ferner Ascorbinsäure 39,5 mg/100 g, Carotin 55 mg/100 g, etwas Cholin und Spuren von Alkaloiden.[3,34,40]

Zubereitungen: Tinktur: 20 g zerkleinerte Droge (handbreit unter der Blüte abgeschnittene und getrocknete Triebspitzen) mit 100 g Ethanol (70%) extrahieren, filtrieren und in dunkler Flasche aufbewahren.[64]

Identität: DC eines methanolischen Drogenauszuges nach *DAC86*:
- Sorptionsmittel: Kieselgel 60 F_{254};
- FM: Toluol-Ethylacetat-Ameisensäure wasserfrei (50 + 40 + 10);
- Detektion: Direktauswertung im UV 365 nm; Besprühen mit 0,5 N ethanolischer Kaliumhydroxid-Lsg., sofort im UV 365 nm auswerten;
- Auswertung: Nachweis von 2 charakteristisch rot fluoreszierenden Zonen im mittleren Rf-Bereich (oberer Fleck Hypericin, unterer Fleck Pseudohypericin); Fluoreszenz nimmt nach Besprühen stark zu; Nebenzonen können ebenfalls schwach fluoreszieren.

Weitere DC-Analysen zur Kennzeichnung typischer Inhaltsstoffe: Die nachfolgenden Chromatogramme zeigen die Variabilität in der Stoff-Führung von Hypericum-Pflanzen und Drogen verschiedener Standorte bzw. Herkünfte.
DC methanolischer Auszüge verschiedener Drogenherkünfte:
- Sorptionsmittel: Kieselgel 60 F_{254};
- FM: Ethylacetat-Ameisensäure-Wasser (30 + 2 + 3);
- Detektion: Naturstoffreagenz A/PEG 4000, Auswertung im UV 366 nm;

Zur Unterscheidung der offizinellen Droge von anderen Hypericum-Arten (s. a. Verfälschungen/Verwechslungen):
- *H. barbatum*: Im DC fehlen Hyperforin und Rutosid (= Rutin), typisch sind rotorange fluoreszierende Flavonoidglykoside.

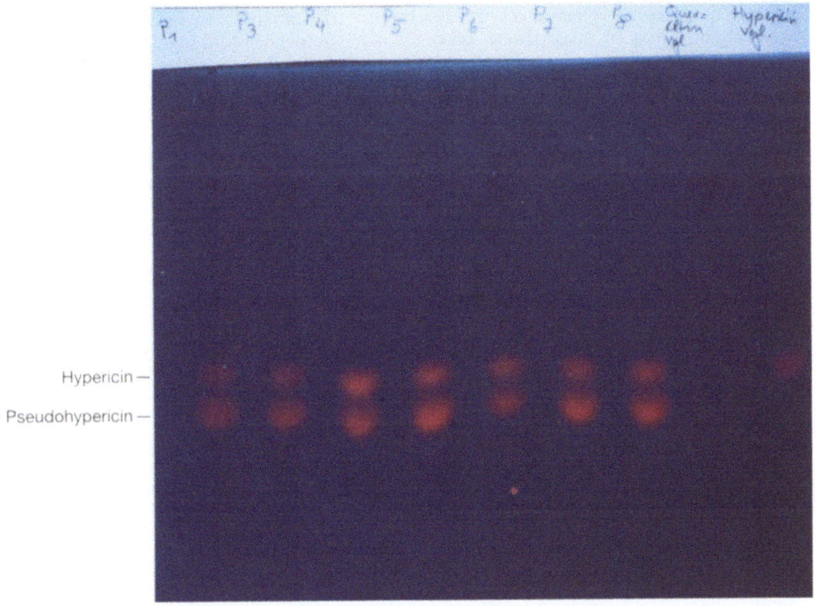

Hypericum perforatum, DC der Species von verschiedenen Standorten in Deutschland, Nachweis von zwei charakteristischen fluoreszierenden Zonen. Bedingungen (s. u.), ohne Detektion, im nassen Zustand unter UV 366 nm photographiert. Herkünfte (Hessen/Nd.-Rhein): *1* Oberrosphe, *2* Michelbach, *3* Wehrhausen, *4* Dagobertshausen, *5* Großfelden, *6* Gladenbach, *7* Kalkar, *8* Goch/Nd.-Rhein. Schütt H, Diederich W (1993) eigene Untersuchungen.

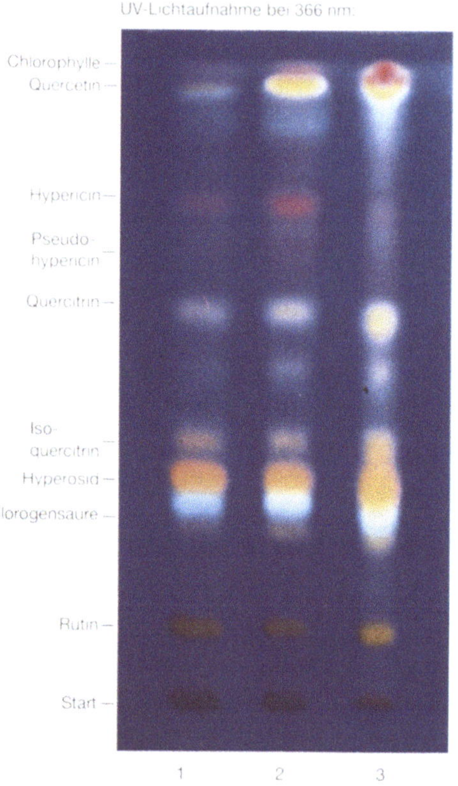

Nachweis von Flavonoid-Verbindungen und Hypericinen in *Hypericum perforatum* verschiedener Herkünfte mit Naturstoffreagenz im UV nach o. a. Vorschrift. *1* Stamm Cölbe, Marburg (1992), *2* Raum Duisburg (1992), *3* Handelsware unbekannter Herkunft (1990). Nach eigenen Untersuchungen von Schütt H (1992).

- *H. hirsutum*: Im DC fehlen Hyperforin und Rutosid, typisch ist das Vorkommen von Orientin.
- *H. maculatum*: Im DC fehlen Hyperforin und Rutosid, aber Emodin kommt vor.
- *H. montanum*: Im DC fehlen Hyperforin und Rutosid, typisch ist eine türkis fluoreszierende Pflanzensäure, die zusätzlich zu der üblichen Chlorogensäure auftritt.
- *H. tetrapterum*: Im DC fehlen Hyperforin und Rutosid, aber Emodin kommt vor.

Reinheit:
- Fremde Bestandteile: Höchstens 2 % *DAC86*.
- Trocknungsverlust: Höchstens 13 % *Ross9*; 10 % *DAC86*.
- Asche: Höchstens 8 % *Ross9*; 5 % *DAC86*; 8 % *BHP83*.

Gehalt: Qualitätsbestimmende Leitstoffe der Droge sind nach derzeitigem Kenntnisstand die Naphthodianthrone der Hypericingruppe, die nach *DAC86* zu mind. 0,04 %, berechnet als Hypericin, enthalten sein müssen.

Gehaltsbestimmung: *Naphthodianthrone.* Nach *DAC86* werden die Naphthodianthrone durch UV-spektroskopische Absorptionsmessung bei 590 nm quantifiziert. Aus dem Meßwert ergibt sich der Gehalt an Naphthodianthronen (Gesamthypericin), berechnet als Hypericin. Dazu wird 1 g gepulverte Droge u. a. zur Abtrennung der Pigmente mit Dichlormethan in der Soxhlet-Apparatur ausgezogen. Der anschließend luftgetrocknete Rückstand wird dann mit Aceton extrahiert. Die Aceton-Extraktlösung wird im Vakuum zur Trockne eingedampft und der Trockenrückstand in 25 mL Methanol gelöst. Das Filtrat wird verdünnt und bei 590 nm die Absorption gegen Methanol gemessen. Der Bestimmung liegt der spezifische Absorptionskoeffizient für Hypericin $A^{1\%}_{1cm} = 870$ zugrunde.
Die Naphthodianthrone können auch durch HPLC quantitativ erfaßt werden. Dafür stehen mehrere validierte Methoden zur Verfügung.[39,57,60–62]
In dem HPLC-Verfahren nach Lit.[61] kann die Probenaufarbeitung entspr. Lit.[33] übernommen werden oder man wendet eine erschöpfende Soxhlet-Extraktion der Droge mit Methanol an. Die Chlorophyllanteile werden dann mittels HPLC (Parameter s. unten) von den Naphthodianthronen getrennt eluiert. Mit diesem Verfahren werden neben Hypericin und Pseudohypericin auch die hypericinartigen Verbindungen Protopseudohypericin, Protohypericin und Cyclopseudohypericin erfaßt, die Protoverbindungen allerdings nur, wenn bei der Probenaufarbeitung unter Lichtausschluß gearbeitet wird, da sonst die lichtabhängige Umwandlung in Hypericin und Pseudohypericin stattfindet. Die HPLC-Analytik wird auf RP-18 Material mit einem isokratischen Fließmittelsystem (Methanol-Ethylacetat-0,1 M Natriumdihydrogenphosphat-Monohydrat, mit Phosphorsäure auf pH = 2,1 eingestellt; 1.893,4 g + 526 g + 618,4 g) durchgeführt. Die Peakflächen werden mit Hypericin als Vergleichssubstanz nach der Methode des externen Standards ausgewertet. Die verwendete Detektionswellenlänge 590 nm erfaßt Pseudohypericin und Hypericin jeweils im Maximum ihrer längstwelligen UV-Absorption, die Protoverbindungen und Cyclopseudohyericin zeigen eine hypsochrome Verschiebung ihrer langwelligen UV-Banden, so daß diese Verbindungen bei 590 nm nicht im Maximum ihrer UV-Absorption detektiert werden. Nach Lit.[61] wurde die HPLC-Methode mit dem Verfahren nach Lit.[33] verglichen und als Vorteil für letztere der geringe zeitliche und apparative Aufwand genannt.
Nachteil der direkten photometrischen Methode ist die fehlende Selektivität, da aus einem Gemisch die Gesamtheit aller vorliegenden hypericinartigen Verbindungen unspezifisch bestimmt wird. Diese Methode eignet sich nicht für Bestimmungen aus Johanniskrautzubereitungen wie Tinkturen, Kapseln, Dragees u. a., da eine Abtrennung störender Begleitstoffe wie Chlorophylle erschwert ist. Ein Vergleich der Gehaltswerte nach *DAC* ($A^{1\%}_{1cm}$ = 870) und HPLC erbrachte einen Zahlenwert von 1,16, um den der Gesamthypericingehalt nach *DAC* größer ist als der nach HPLC bestimmte. Der Koeffizient beträgt 1,41 mit $A^{1\%}_{1cm}$ = 718 (bis 1991 gültige

Fassung des *DAC*) und wird für Johanniskrautzubereitungen noch größer.
Seit kurzem steht eine fluorimetrische Bestimmungsmethode zur Verfügung, die es ermöglicht, auch geringe Mengen an Hypericin und Pseudohypericin quantitativ aus Pflanzenmaterial, Extrakten oder festen Darreichungsformen zu bestimmen.[62] Danach wird das Probenmaterial durch eine vorgeschaltete Säulenreinigung aufgetrennt und die Hypericine untergrundfrei und quantitativ von der stationären Phase eluiert. Als Minisäule kann eine Pasteurpipette verwendet werden, die am Ende mit Glaswolle abgedichtet wird. Diese wird gefüllt mit Sephadex LH20 (5 cm = 1 mL Bettvolumen), das zuvor im Eluenten MeOH-Aceton (3 + 2, *V/V*) vorgequollen wurde. In diesem Volumen lassen sich ca. 30 µg Hypericin reinigen und quantitativ eluieren. Aufgetragen werden methanolische, filtrierte Lösungen des Untersuchungsmaterials. Nach dem Eindringen der Auftragslösung in das Gelbett wird mit MeOH gespült und die Abtrennung der Begleitstoffe von den auf der Säule verbleibenden Hypericinen visuell beobachtet. Die Hypericine werden dann mit o. a. Eluenten quantitativ eluiert und nach Verdünnung fluorimetrisch bei einer Anregungswellenlänge von Hg, M 365 nm und einer Meßwellenlänge von 600 nm mit Standardlösungen bestimmt. Eine photometrische Vermessung der Lösung bei 590 nm ist ebenfalls möglich.[62] Diese Methode bietet auch den Vorteil der schnellen und einfachen Handhabung bei hoher Präzision und eignet sich auch für die Routineanalytik.[62]
Flavon-, Flavonolderivate. Nach Lit.[39], s. Hyperici flos recens.
Xanthone. Wegen der geringen Konzentration ist eine direkte Xanthonbestimmung aus dem Kraut nicht möglich, sondern es bedarf einer Aufkonzentrierung.[36] Zur Herstellung der Ausgangslösung wird pulverisiertes Drogenmaterial mit Ethanol 50 % im Ultraschallbad extrahiert, der eingeengte, konzentrierte, wäßrig-ethanolische Extrakt anschließend durch präparative DC aufgetrennt und die dem 1,3,6,7-Tetrahydroxyxanthon entsprechende Zone ausgekratzt und mit Methanol eluiert:

- Referenzsubstanzen: Quercetin oder 1,3,6,7-Tetrahydroxyxanthon;
- Sorptionsmittel: Kieselgel 60 F_{254};
- FM: Ethylacetat-Methanol-Wasser (77 + 15 + 8);
- Detektion: UV 366 nm;
- Auswertung: Eigenfluoreszenz orange-apricot, Rf-Bereich des Quercetins entspricht dem von 1,3,6,7-Tetrahydroxyxanthon.

Das getrocknete Eluat stellt nach der Wiederaufnahme in Methanol, 80 %, die Probenlösung für die HPLC dar, die auf RP-18 Material mit einem Gradienten aus Methanol-Wasser-Phosphorsäure (20 + 80 + 0,1) = A und gleichen Komponenten (80 + 20 + 0,2) = B bei einer Wellenlänge von 254 nm mit externem Standard durchgeführt wird.[36]

Lagerung: Vor Licht geschützt *DAC 86*.

Wirkungen: *Antidepressive Wirkung.* Die Lösungskinetik der Inhaltsstoffe aus der Hypericum-Droge ist in starkem Maße von den Extraktionsmitteln und den Extraktionsverfahren abhängig.[37] Die Publikationen und Berichte zu den pharmakologischen und klinischen Studien geben zur pharmazeutischen Qualität der verwendeten Extrakte leider nur teilweise Auskunft. Zur Ergänzung dieser Angaben wurden daher nachfolgend, sofern Handelspräparate genannt worden sind, die entsprechenden Daten aus Lit.[76] mit herangezogen.
In vitro und am Tier. Hypericin mit einem Reinheitsgrad von 80 %, gewonnen mit einem nicht näher erklärten Extraktionsverfahren aus *Hypericum perforatum*, wurde *in vitro* hinsichtlich seiner Hemmwirkung auf die Monoaminoxidase (MAO) geprüft. Als Testmedien wurden Präparationen aus Rattenhirn-Mitochondrien verwendet, die eine Differenzierung der MAO Typ A und Typ B erlauben. Die IC_{50}, bezogen auf die Hypericin-Konzentration, betrug für den Typ A 6,8 × 10^{-5} mol/L, für den Typ B 4,2 × 10^{-4} mol/L. Die Hemmung war irreversibel.[52]
Eine andere Arbeitsgruppe konnte das Ergebnis nicht bestätigen, fand jedoch eine Hemmung der MAO durch mehrere nicht näher definierte wäßrig-ethanolische Gesamtextrakte aus *Hypericum perforatum*. Diese Extrakte wurden mittels HPLC fraktioniert. Hemmwirkungen auf die MAO wurden mit 2 Fraktionen nachgewiesen, die kein Hypericin, sondern insbesondere Xanthon-Derivate enthielten. Die vermuteten Wirkstoffe wurden als Reinsubstanzen in demselben Testsystem geprüft, wobei sich für die Hemmung der MAO Typ A resp. Typ B die folgenden molaren IC_{50}-Werte ergaben: Flavon 1,0 × 10^{-6} resp. 7,2 × 10^{-4}, Xanthon 1,5 × 10^{-6} resp. 4,8 × 10^{-4}, Kämpferol 3,0 × 10^{-6} resp. 9,0 × 10^{-4}, Flavanon 7,9 × 10^{-4} resp. 8,5 × 10^{-4} und Cumarin 6,0 × 10^{-5} resp. 8,5 × 10^{-6}. Die Autoren schlossen daraus, daß im Hypericum-Extrakt Flavone und Flavonole potente MAO-Hemmer Typ A sein könnten, während von Cumarin eine Hemmung Typ B ausgehen könnte.[65]
Eine weitere Untersuchung zur MAO-Hemmung *in vitro* wurde mit einer Enzym-Präparation aus Schweineleber (vorwiegend MAO-Aktivität Typ B) durchgeführt. Grundlage des Meßverfahrens war die durch die MAO katalysierte Umwandlung von Vanillylamin in Vanillin. In diesem Experiment wurden 2 wäßrig-methanolische Hypericum-Extrakte, Droge : Extrakt-Verhältnis 4 bis 7:1 mit 0,1 % resp. 0,5 % Gesamt-Hypericin (*DAC 86*), sowie Hypericin als Substanz (Reinheitsgrad 98 %) geprüft. Bei allen Präparationen traten Löslichkeitsprobleme auf. Darüber hinaus beeinflußten die Lösungsmittel die Testsysteme. In einem Lösungssystem Ethanol-Wasser-Tween 80 der prozentualen Zusammensetzung 80 + 20 + 0,001 betrugen abzüglich der Lösungsmitteleffekte die IC_{50}-Werte für die MAO-Hemmung für die beiden Hypericum-Extrakte, unter Zugrundelegung einer rechnerischen mittleren rel. Molmasse von 500 für alle Inhaltsstoffe des Gesamtextraktes, summarisch etwa 10^{-3} M. Hypericin als Reinsubstanz bewirkte bei einer Konzentration 10^{-4} mol/L eine MAO-Hemmung von 25 %. Die aus der spezifischen Absorption errechnete Konzentration des Gesamt-Hypericins (*DAC 86*) betrug dagegen in den Extrakten

MIX
Papier aus verantwortungsvollen Quellen
Paper from responsible sources
FSC® C105338

If you have any concerns about our products,
you can contact us on
ProductSafety@springernature.com

In case Publisher is established outside the EU,
the EU authorized representative is:
Springer Nature Customer Service Center GmbH
Europaplatz 3, 69115 Heidelberg, Germany

Printed by Libri Plureos GmbH
in Hamburg, Germany

Hagers Handbuch

der Pharmazeutischen Praxis
5., vollständig neubearbeitete Auflage

Herausgeber
F. von Bruchhausen, G. Dannhardt, S. Ebel, A. W. Frahm,
E. Hackenthal, R. Hänsel, U. Holzgrabe, K. Keller, E. Nürnberg,
H. Rimpler, G. Schneider, P. Surmann, H. U. Wolf, G. Wurm

Die Einzelbände des Gesamtwerks haben die Titel:

Band 1
G. Wurm (Hrsg.)
Waren und Dienste
ISBN 3-540-52142-9

Band 2
E. Nürnberg, P. Surmann (Hrsg.)
Methoden
ISBN 3-540-52459-2

Band 3
H. U. Wolf (Hrsg.)
Gifte
ISBN 3-540-52633-1

Band 4–6 (3 Teilbände)
R. Hänsel, K. Keller, H. Rimpler, G. Schneider (Hrsg.)
Drogen A–D
ISBN 3-540-52631-5
Drogen E–O
Drogen P–Z

Band 7–9 (3 Teilbände)
F. v. Bruchhausen, G. Dannhardt, S. Ebel, A. W. Frahm,
E. Hackenthal, U. Holzgrabe (Hrsg.)
Stoffe A–D
ISBN 3-540-52632-3
Stoffe E–O
Stoffe P–Z

Band 10
Register

R. Hänsel K. Keller H. Rimpler
G. Schneider (Hrsg.)

Drogen E–O

Unter besonderer Mitarbeit von
S. Greiner, G. Heubl und E. Stahl-Biskup

Bearbeitet von

R. D. Aye, G. Bader, I. Bauer, R. Bauer, H. Becker, G. Beyer, W. Blaschek, N. Brand, U. Braun-Sprakties, R. Brenneisen, R. Broese, A. Burger, J. Burghart, N. Chaurasia, W. Cholcha, U. Eilert, D. Ennet, W. Ferstl, E. Fiegert, F. Gaedcke, B. Gehrmann, K. Gomaa, P. Gorecki, M. W. Grubert, G. Harnischfeger, H. J. Helmlin, G. Henkler, A. Hensel, G. Heubl, A. Hiermann, K. Hiller, K. Hoffmann-Bohm, B. Hohmann, W. Holz, J. Hölzl, K. H. Horz, O. Isaac, C. Jerga, W. Juretzek, T. Kartnig, H. P. Koch, H. Koehler, L. Kraus, W. Kreis, E. Leng-Peschlow, R. Liersch, U. Lindequist, E. Mechler, B. Meier, M. Meier-Liebi, H. G. Menßen, I. Merfort, H. Miething, S. Moeck, S. Mundt, K. Münzing-Vasirian, S. Noster, N. Ohem, D. Paper, J. Reichling, W. Schilz, H. Schleinitz, E. Schneider, E. Scholz, T. Schöpke, V. Schulz, H. Schütt, H. Schwarze, S. Schweins, B. Schwell, R. Seitz, U. Sonnenborn, E. Spieß, V. Ssymank, K. Staesche, E. Stahl-Biskup, H. Stuppner, E. Teuscher, M. Veit, A. Wiebrecht, M. Wink, U. Wissinger-Gräfenhahn, R. Wohlfart, B. Zepernick

Mit einem Geleitwort des wissenschaftlichen Beirats

Mit 134 Abbildungen und 554 Formeln

Mit 124 Arzneipflanzengattungen, 262 Arzneipflanzenarten und 618 Drogen

Springer-Verlag Berlin Heidelberg GmbH

Professor Dr. R. HÄNSEL
Westpreußenstraße 71
81927 München

Dr. K. KELLER
Institut für Arzneimittel
des Bundesgesundheitsamtes
Seestraße 10
13353 Berlin

Professor Dr. H. RIMPLER
Albert-Ludwigs-Universität
Institut für Pharmazeutische
Biologie
Schänzlestraße 1
79104 Freiburg

Professor Dr. G. SCHNEIDER
Taunusstraße 29
65760 Eschborn

CIP-Titelaufnahme der Deutschen Bibliothek
Hagers Handbuch der pharmazeutischen Praxis / Hrsg. F. von Bruchhausen ... – 5., vollst. neubearb. Aufl. – Berlin ; Heidelberg ; New York ; London ; Paris ; Tokyo ; Hong Kong ; Barcelona ; Budapest : Springer.
ISBN 978-3-642-63427-7 ISBN 978-3-642-57993-6 (eBook)
DOI 10.1007/978-3-642-57993-6
NE: Bruchhausen, Franz von [Hrsg.]; Hager, Hermann [Begr.];
Handbuch der pharmazeutischen Praxis
5., vollst. neubearb. Aufl.
Bd. 5. Drogen: E–O; mit Formeln, 124 Arzneipflanzengattungen, Arzneipflanzenarten und Drogen / R. Hänsel ... (Hrsg.). Unter besonderer Mitarb. von S. Greiner ... Bearb. von R. D. Aye ... Mit einem Geleitw. des wiss. Beirats. – 1993
NE: Hänsel, Rudolf [Hrsg.]; Aye, Rolf-Dieter

Ursprünglich erschienen bei Springer-Verlag Berlin Heidelberg New York 1993
Softcover reprint of the hardcover 5th edition 1993

14/3145-5 4 3 2 1 0 – Gedruckt auf säurefreiem Papier

Geleitwort

Seit über 100 Jahren ist „Hagers Handbuch der Pharmazeutischen Praxis“ ein anerkanntes und umfassendes Nachschlagewerk für alle, die sich in Apotheken, in der pharmazeutischen Industrie, in pharmazeutischen Hochschulinstituten und Untersuchungslaboratorien mit Arzneimitteln und ihren Ausgangsstoffen beschäftigen.

Hans Hermann Julius Hager wurde am 03. Januar 1816 als Sohn des Regimentsarztes Dr. Johannes Hager in Berlin geboren. Wie sein Vater wollte er Arzt werden, doch dieser veranlaßte ihn, den Apothekerberuf zu ergreifen, wahrscheinlich weil es im Haus Hager finanziell nicht zum besten bestellt war. Mit 16 Jahren begann er seine Lehrzeit in der Löwen-Apotheke in Salzwedel. 1838 erhielt er eine Anstellung in einer Apotheke in Perleberg, in der sich sein wissenschaftliches Talent entfalten konnte, so daß er 1841, ohne vorher ein Studium absolviert zu haben, mit Glanz das Staatsexamen bestand. Im darauffolgenden Jahr erwarb er die Stadt-Apotheke in Frauenstadt in Niederschlesien. Schon während seiner Lehrzeit veröffentlichte er einen „Leitfaden für stöchiometrische Berechnungen“, während der Zeit als Apothekenleiter in Frauenstadt erschien das „Handbuch der pharmaceutischen Recepturkunst“ als Vorläufer seiner späteren „Technik der pharmaceutischen Receptur“. Es folgten 1855 und 1857 Kommentare zu der preußischen, sächsischen, hannöverschen, hamburgischen und schleswig-holsteinischen Pharmakopöe unter dem Titel „Die neuesten Pharmakopöen Norddeutschlands“ in zwei Bänden. Da seine Bücher ein unerwartetes Echo fanden, verkaufte er seine Apotheke, um sich als freischaffender Autor ganz der pharmazeutischen Schriftstellerei zu widmen.

Seit 1859 wohnte er in Berlin, richtete sich dort ein Privatlaboratorium ein und gab bereits im ersten Jahr seines Berlinaufenthaltes die „Pharmaceutische Centralhalle“ heraus, eine unabhängige Fachzeitung, die vorwiegend der wissenschaftlichen Pharmazie gewidmet war und 109 Jahrgänge erlebte.

Andere Beispiele seines literarischen Schaffens sind das „Manuale pharmaceuticum“, das bis 1891 sechs Auflagen und von 1902 bis 1931 drei weitere Auflagen erlebte, die „Adjumenta varia chemica et pharmaceutica“ von 1860, ein „Lateinisch-deutsches Wörterbuch der Pharmakopöen“ von 1863 und 1869 eine vergleichende Untersuchung der englischen, französischen, deutschen, schweizerischen und russischen Arzneibücher. Ab 1860 gab er den „Pharmazeutischen Kalender“ heraus, 1863 folgten die „Industrieblätter“, die vor allem das Geheimmittelunwesen bekämpfen sollten. 1866 folgte Hagers Buch über das „Microscop und seine Anwendung“, das bis 1920 zwölfmal aufgelegt worden ist.

Um abseits der Großstadt ungestörter arbeiten zu können, kaufte er sich 1871 ein kleines Landhaus, die Pulvermühle bei Fürstenberg a.d.

Oder. Hier kommentierte er in den Jahren 1873 und 1874 die Pharmacopoea Germanica und setzte seine 1860 begonnene fruchtbare Zusammenarbeit mit dem Verleger Julius Springer in der Herausgabe von „Hagers Handbuch für die Pharmazeutische Praxis“ fort.

Obwohl seine Bücher eine außergewöhnlich große Verbreitung fanden, konnten sie den Autor nicht vor einer allmählichen Verarmung retten. 1881 mußte er die Pulvermühle verkaufen und nach Frankfurt/Oder übersiedeln. Dort richtete er sich wiederum ein Laboratorium ein. Aus finanziellen Gründen war er dann 1896 gezwungen, auch dieses wieder aufzugeben. Er zog zu seinem Sohn nach Neuruppin. Dort ist er dann 1897 völlig verarmt gestorben.

1876 erschien die erste Auflage des Hager, Handbuch für die Pharmazeutische Praxis mit zwei Teilbänden, die wegen der großen Nachfrage nachgedruckt werden mußten. Schon 1880 folgte der erste Ergänzungsband, weitere Ausgaben des Werkes erschienen in den Jahren 1880, 1882, 1883, 1886, 1887, 1888, 1891 und 1893. Der „Hager“ wurde in allen Auflagen von der Fachöffentlichkeit mit großem Lob aufgenommen und fand reißenden Absatz. Es war das Verdienst von Hermann Hager, jede Substanz, Droge oder Zubereitung, die er beschrieb, in mehreren Mustern in seinem Laboratorium selbst untersucht zu haben.

Seit dem Erscheinen der 4. Auflage sind über 20 Jahre vergangen, eine Zeit, in der die pharmazeutischen Wissenschaften eine rasante Entwicklung durchgemacht haben. Mit der Internationalisierung des Arzneimittelwesens ist der Bedarf an Informationen über die eigenen Grenzen hinaus zunehmend gestiegen. Neue Untersuchungs- und Bestimmungsmethoden sind in die pharmazeutische Analytik, neue Darreichungsformen, neue Arzneistoffe und Diagnostika in die Therapie eingeführt worden.

Der Springer-Verlag hat sich daher entschlossen, dieser Entwicklung mit der neu konzipierten 5. Auflage gerecht zu werden. Die Fülle wissenschaftlicher Erkenntnisse und Daten mußten im „Hager“ auf ca. 10000 Druckseiten komprimiert werden, die in fünf Sachgebiete mit insgesamt neun Bänden geteilt wurden. Als 10. Band wird ein Gesamtregister aller Bände erscheinen.

Als Herausgeber konnten für die einzelnen Bände gewonnen werden:

Band 1
Gisela Wurm, Essen
Waren und Dienste

Band 2
Eberhard Nürnberg, Erlangen; Peter Surmann, Würzburg
Methoden

Band 3
Hans-Uwe Wolf, Ulm
Gifte

Band 4–6
Rudolf Hänsel, München; Konstantin Keller, Berlin;
Horst Rimpler, Freiburg; Georg Schneider, Eschborn
Drogen

Band 7–9
Franz von Bruchhausen, Berlin; Gerd Dannhardt, Frankfurt;
Siegfried Ebel, Würzburg; August Wilhelm Frahm, Freiburg;
Eberhard Hackenthal, Heidelberg; Ulrike Holzgrabe, Bonn
Stoffe

Band 10
Register

Die Bände erscheinen in der Reihenfolge ihrer Fertigstellung, beginnend mit Band 1. Zu jedem Band gehört ein Sachverzeichnis, das um den Inhalt des jeweils neu erschienenen Bandes ergänzt wird.

Zu Beginn eines jeden Bandes sind ein Inhaltsverzeichnis, ein Gesamtabkürzungsverzeichnis sowie das Verzeichnis der Standardliteratur abgedruckt. Speziallliteratur ist am Ende der Monographie angegeben, in der sie zitiert wird. Die Auswahl der in den einzelnen Monographien aufgeführten Handelsprodukte und Fertigarzneimittel stellt kein Werturteil dar, sie sind lediglich als Beispiele aufzufassen und sollen den Arzneistoff für den Leser näher charakterisieren. Kombinationsarzneimittel werden nur in Ausnahmefällen genannt.

Pharmazie und Medizin sind als Wissenschaft ständig in Fluß. Soweit in diesem Werk eine Dosierung oder eine Applikation erwähnt wird, darf der Benutzer zwar darauf vertrauen, daß Autoren, Herausgeber und Verlag größte Mühe aufgewandt haben, daß diese Angaben dem Wissensstand bei Fertigstellung des jeweiligen Bandes entsprechen. Dennoch ist jeder Leser aufgefordert, insbesondere bei der Anwendung von Fertigarzneimitteln, die Gebrauchsinformationen zu prüfen, um in eigener Verantwortung festzustellen, ob die hier gegebenen Empfehlungen für Dosierung und Beachtung der Kontraindikationen gegenüber den Angaben im „Hager“ noch dem Stand der Erkenntnisse entsprechen.

Der Band 1 „Waren und Dienste“ enthält den derzeitigen Stand des Wissens auf den Gebieten „Verbandmittel, Mittel und Gegenstände zur Kranken- und Säuglingspflege, ärztliche Instrumente, Säuglingsernährung, Schädlingsbekämpfung und Pflanzenschutz, Impfschemata, Diagnostika, ältere Prüfmittel und Reagenzien, Rezepturvorschriften, Tierarzneimittel und Heil- und Mineralwässer“.

Der Band 2 „Methoden (der pharmazeutischen Technologie und der pharmazeutischen Analytik)“ beschreibt allgemeine Meßtechniken, die Parameter der Stoffbeschreibungen, die Qualitätskontrolle, die Grundoperationen zur Herstellung und die Bewertung von Arzneimitteln und deren Darreichungsformen.

Der Band 3 „Gifte“ informiert über Chemikalien, Suchtstoffe, Inhaltsstoffe von Giftpflanzen und Gifttieren, Biozide sowie deren Reaktionen im Stoffwechsel, Vergiftungssymptome, Krankheitserscheinungen und ihre Therapie mit Antidoten.

Die Bände 4 bis 6 behandeln das große Gebiet der Arzneipflanzen, Drogen und andere Rohstoffe biologischen Ursprungs, gegliedert nach Gattungen. Hierbei handelt es sich um biologische Ausgangsstoffe, die in der Therapie mit Arzneimitteln angewandt werden, aber auch solche, die in der Reformwaren-, Gewürz- und Parfümindustrie und in den besonderen medizinischen Therapierichtungen eine Rolle spielen. Neben den üblichen Arzneibuchdrogen der europäischen Staaten und der USA sind auch wichtige Drogen des Handels aufgenommen.

In den Bänden 7 bis 9 werden die wichtigsten Daten chemisch definierter Stoffe oder Stoffgemische dargestellt. Dazu gehören Synonyma, Zugehörigkeit zu bestimmten Arzneibüchern, Kriterien der Verschreibungspflicht, Strukturformeln, Angaben zur Synthese und Löslichkeit, Eigenschaften, Identitäts-, Reinheits- und Gehaltsbestimmungen, zur Stabilität, Lagerung, Anwendung sowie eine ausführliche Darstellung der Pharmakologie und der medizinischen Anwendung.

Der Herausgeberbeirat dankt den Herausgebern der einzelnen Bände und den über 300 Autoren für ihr unermüdliches Engagement und die ungeheure Arbeit, die solch ein umfangreiches Werk, wie der 10-bändige Hager, macht. Der Herausgeberbeirat dankt dem Springer-Verlag für seine Bereitschaft, das Wagnis eingegangen zu sein, die 5. Auflage des Hager herauszugeben.

Dezember 1991

Wissenschaftlicher Beirat
R. Braun, S. Ebel, G. Franz
P. Fuchs, H. Gebler
G. Hanke, G. Harnischfeger
H. Sucker

Vorwort

Das Konzept und die Ordnung der Drogenbände wurde im Band 4 Drogen A–D ausführlich beschrieben. Das Ziel blieb: alles, was über Drogen bekannt ist, anhand von zugänglicher Primärliteratur auszuwählen und doch umfassend darzustellen. Die Herausgeber und der Springer-Verlag hatten die schwierige Aufgabe und das damit verbundene organisatorische Problem zu lösen entweder mit der Herausgabe des Bandes 5 Drogen E–O auf alle geplanten Monographien zu warten oder einen Redaktionsschluß zu setzen. Der Leser des Werkes, der die eine oder andere Monographie nicht findet, wird leicht feststellen, daß zugunsten des Redaktionsschlusses entschieden wurde. Nach Redaktionsschluß angenommene Monographien sollen zu einem späteren Zeitpunkt in einem Folgewerk erscheinen.

Alle Monographien wurden von Wissenschaftlern aus Universitäten und der forschenden pharmazeutischen Industrie in enger Zusammenarbeit mit den Herausgebern und der Hager-Redaktion des Springer-Verlages erarbeitet. Literatur aus verschiedenen Wissenschaftsgebieten wie der systematischen Botanik, der vergleichenden Phytochemie, der pharmakognostischen und pharmazeutischen Analytik, der Pharmakologie, der Toxikologie und der Ethnomedizin galt es auszuwerten, kritisch zu wichten und zu einem einheitlichen Ganzen zusammenzufügen. Für diesen vorbildlichen und unermüdlichen Einsatz sei allen 84 Autoren an dieser Stelle herzlich gedankt. Nur sie haben trotz beruflicher Verpflichtungen das termingerechte Erscheinen des vorliegenden Bandes ermöglicht.

Die Namen und Adressen der Autoren sind wie schon im Band 4 Drogen A–D in der Titelei genannt. Die Monographien sind am Schluß mit einem Autorenkürzel gekennzeichnet. Für die Zuordnung zwischen Monographie und Autor sind in erweiterter Form alle Monographien der Bände 4 Drogen A–D und 5 Drogen E–O mit den Autorennamen als Synopse in die Titelei aufgenommen.

Die Herausgeber wären überfordert, wenn sie nicht verläßliche und bewährte Unterstützung gehabt hätten. Ihr Dank gilt daher wiederum Herrn Dr. P. Heinrich und allen externen und internen Mitarbeitern der Hager-Redaktion des Springer-Verlags, die bereits im Band 4 Drogen A–D mit ihrer Funktion gewürdigt wurden. Besonders seien Frau Prof. E. Stahl-Biskup und Herr Priv.-Doz. Dr. G. Heubl genannt; ihnen haben die Herausgeber für fachkundige Moderation und darüberhinaus für tatkräftige Hilfe bei der Neufassung von Revisionen zu danken.

München, Berlin, Freiburg, Frankfurt am Main
im August 1993

Rudolf Hänsel
Konstantin Keller
Horst Rimpler
Georg Schneider

Synopse der Arzneipflanzengattungen

Gattung	Autoren
Abelmoschus	Kraus J.
Abies	Frank/Fett
Abroma	Grubert
Acacia	Harnischfeger
Acanthosicyos	Grubert
Achillea	Jurenitsch/Kastner/Saukel/ Zitterl-Eglseer
Achyranthes	Liersch/Hoffmann-Bohm
Achyrocline	Burger/Stuppner
Aconitum	Teuscher
Acronychia	Eilert
Adhatoda	Seitz
Adiantum	Hoffmann-Bohm/Heubl
Adlumia	Schneider K.
Adonis	Junior
Aegopodium	Hohmann
Aerva	Grubert
Aesculus	Beck
Aethusa	Thober-Miething
Agathis	Harnischfeger
Agathosma	Schwell
Ageratum	Proksch
Agropyron	Gorecki/Seitz
Agrostemma	Hoffmann-Bohm
Ailanthus	Hoffmann-Bohm/Heubl/Seitz
Ajuga	Proksch
Akebia	Kletter
Alcea	Blaschek
Alchemilla	Moeck
Alchornea	Schneider K.
Aletris	Liersch
Alkanna	Hoffmann-Bohm/Heubl
Alliaria	Schennen
Allium	Aye/Jüptner/Ferstl
Alnus	Proksch
Aloe	Beil/Rauwald
Aloysia	Seitz
Althaea	Blaschek
Amaranthus	Braun-Sprakties
Amomum	Chaurasia
Anacardium	Braun-Sprakties
Anagallis	Grubert
Anamirta	Hänsel/Seitz
Ananas	Carle
Anemarrhena	Seitz/Hänsel
Anemone	Ssymank
Anthemis	Isaac
Anthyllis	Burger/Stuppner
Apium	Frank/Warncke
Apocynum	Diettrich/Luckner/Seitz
Aquilaria	Kletter
Aquilegia	Paper

Gattung	Autoren
Arachis	Hänsel/Stahl-Biskup/Zepernick
Aralia	Sonnenborn/Schweins
Arbutus	Kraus Lj./Gehrmann/Hänsel
Arctostaphylos	Hoffmann-Bohm/Simon
Armeniaca	Seitz
Armoracia	Kartnig
Arnica	Merfort
Artemisia	Proksch/Wissinger-Gräfenhahn
Asarum	Hoffmann-Bohm/Gracza
Ascophyllum	Hensel
Aspalathus	Steuding
Asparagus	Kartnig
Aspidium	Seitz
Aspidosperma	Hoffmann-Bohm
Astragalus	Scholz
Astrantia	Hiller
Atriplex	Burger/Stuppner
Atropa	Lindequist
Avena	Hiermann
Baccharis	Seitz/Proksch
Ballota	Chaurasia
Banisteria	Brenneisen
Baptisia	Staesche/Schleinitz
Barosma	Hoffmann-Bohm
Begonia	Kämpfer/Rauwald
Bellis	Schöpke/Hiller
Berberis	Kreis
Bergenia	Gorecki
Betula	Gorecki/Seitz
Bifidobacterium	Sonnenborn
Boophane	Kober/Rauwald
Borago	Ratka
Bovista	Seitz
Bowdichia	Burger/Stuppner
Bowiea	Diettrich/Luckner
Brassica	Mundt/Teuscher
Breynia	Liersch
Bryonia	Reichling
Bunium	Stahl-Biskup
Bupleurum	Schweins/Sonnenborn
Buxus	Kreis
Calamintha	Hohmann
Calendula	Isaac
Calla	Koehler
Calluna	Kraus Lj./Gehrmann/Seitz
Calotropis	Diettrich/Luckner
Caltha	Horz/Reichling
Camellia	Teuscher
Cannabis	Schmidt
Capsella	Seitz/Gorecki
Capsicum	Chaurasia/Henkler
Cardiospermum	Franck

Gattung	Autoren
Carex	Koch/Hoffmann-Bohm
Carlina	Ratka/Seitz
Carum	Stahl-Biskup
Cassia	Staesche/Schleinitz
Castanea	Scholz
Catha	Brenneisen/Mathys
Caulophyllum	Hoffmann-Bohm/Heubl
Ceanothus	Hoffmann-Bohm/Heubl
Centaurea	Koch/Hampe
Centaurium	Hoffmann-Bohm/Heubl/Seitz
Centella	Kartnig/Hoffmann-Bohm
Cephaelis	Kreis
Cerbera	Diettrich/Luckner
Cereus	Seitz
Cetraria	Kartnig/Ferstl
Chaenomeles	Kletter
Chaerophyllum	Stahl-Biskup
Chamaecytisus	Wink
Chamaemelum	Isaac
Chamomilla	Carle
Cheiranthus	Diettrich/Luckner/Schwell
Chelidonium	Hoffmann-Bohm/Stahl-Biskup/Gorecki
Chimaphila	Seitz
Chondrodendron	Kreis
Chondrus	Miething/Hänsel
Chrysanthemum	Seitz
Cichorium	Scholz
Cinchona	Hoffmann-Bohm/Langhammer
Cinnamomum	Chaurasia
Claviceps	Teuscher
Cochlearia	Kartnig
Coffea	Baumann/Seitz
Cola	Seitz/Gehrmann/Kraus Lj.
Colchicum	Teuscher
Collinsonia	Thober-Miething
Colutea	Grubert
Commiphora	Moeck
Conium	Teuscher
Convallaria	Koehler/Kopp/Loew
Conyza	Hoffmann-Bohm
Copernicia	Zepernick/Hänsel/Stahl-Biskup
Coriandrum	Brand
Cornus	Hoffmann-Bohm
Corydalis	Kreis
Corylus	Proksch
Corynanthe	Chaurasia
Costus	Kletter
Cotyledon	Schilz
Coutarea	Seitz
Crataegus	Bauer I./Hölscher
Cryptostegia	Diettrich/Luckner
Cucumis	Miething
Cucurbita	Reichling/Horz
Cuminum	Stahl-Biskup
Curcuma	Staesche/Schleinitz
Cyamopsis	Grubert
Cymbopogon	Hänsel/Uehleke
Cynanchum	Seitz
Cynara	Brand
Cypripedium	Veit
Cytisus	Wink
Dactylopius	Kraus Lj./Gehrmann/Khaliefi
Datura	Lindequist
Dicentra	Kreis
Dictamnus	Eilert/Hoffmann-Bohm
Dieffenbachia	Koehler
Digitalis	Luckner
Doronicum	Proksch
Dregea	Luckner/Diettrich
Drimia	Seitz
Drimys	Horz
Dryas	Schennen
Dryopteris	Pilgrim
Echinacea	Bauer R./Liersch
Eclipta	Leng-Peschlow
Elettaria	Braun-Sprakties
Elymus	Seitz
Ephedra	Hiller/Henkler
Epilobium	Kartnig/Hoffmann-Bohm
Equisetum	Hiermann
Erigeron	Hoffmann-Bohm
Eriocereus	Chaurasia
Erophila	Grubert
Eryngium	Beyer
Erysimum	Mundt
Erythroxylum	Lindequist/Teuscher
Escherichia	Sonnenborn
Eschscholzia	Kreis
Eucalyptus	Brand
Eugenia	Horz/Reichling
Fagopyrum	Reichling/Horz
Fallopia	Reichling/Horz
Filipendula	Meier/Meier-Liebi
Foeniculum	Brand
Fragaria	Scholz
Fraxinus	Gaedcke
Fucus	Hensel
Fumaria	Gorecki
Galanthus	Teuscher
Galium	Schwell
Gentiana	Meier/Meier-Liebi
Gentianella	Meier/Meier-Liebi
Geranium	Kartnig
Geum	Moeck
Gigartina	Miething
Ginkgo	Spieß/Juretzek
Glechoma	Gaedcke
Globularia	Grubert
Glycine	Staesche/Menssen
Glycyrrhiza	Schöpke
Gossypium	Hensel
Guajacum	Braun-Sprakties
Gypsophila	Staesche/Schleinitz
Hamamelis	Hoffmann-Bohm/Ferstl/Aye
Harpagophytum	Holz/Schwarze
Harungana	Gehrmann/Hoffmann-Bohm
Hazunta	Liersch
Hedera	Horz/Reichling
Helenium	Schilz
Helianthus	Bader
Helleborus	Holz
Hepatica	Ssymank
Heracleum	Stahl-Biskup

Gattung	Autoren	Gattung	Autoren
Heterotheca	Jerga	Luffa	Broese
Hintonia	Noster/Kraus Lj.	Luzula	Hohmann
Humulus	Wohlfart	Lycium	Hoffmann-Bohm/Mechler
Hyacinthus	Koehler	Lycoperdon	Seitz/Hohmann
Hydrocotyle	Seitz	Lycopersion	Mechler
Hydrophyllum	Koehler	Lysimachia	Hohmann
Hyoscyamus	Lindequist	Lytta	Teuscher
Hypericum	Schütt/Schulz	Macrocystis	Schneider E.
Hypoxis	Seitz	Mahonia	Broese/Heubl
Iberis	Reichling/Horz	Majorana	Stahl-Biskup
Ilex	Hölzl/Ohem	Malus	Ennet
Illicium	Stahl-Biskup/Zepernick/ Henkler	Malva	Blaschek
		Mandragora	Mechler
Inula	Gomaa	Manihot	Seitz/Hohmann
Ipomoea	Münzing-Vasirian	Maranta	Seitz/Hohmann
Iresine	Liersch	Marchantia	Becker
Jacaranda	Koehler	Marrubium	Seitz/Zepernick
Jateorhiza	Kreis	Marsdenia	Paper
Juniperus	Hoffmann-Bohm/Ferstl/Seitz	Matricaria	Seitz
Justicia	Schneider E.	Maytenus	Isaac
Kadsura	Harnischfeger	Melissa	Stahl-Biskup
Kalmia	Bauer I.	Mentha	Stahl-Biskup
Knautia	Grubert	Meum	Paper
Krameria	Scholz	Moringa	Eilert/Hoffmann-Bohm
Laburnum	Wink	Musa	Seitz/Zepernick
Lavandula	Stahl-Biskup/Wissinger-Gräfen-hahn	Myristica	Isaac
		Myroxylon	Ennet/Wiebrecht
Lemna	Veit	Myrtillocactus	Holz
Leonurus	Kartnig/Hoffmann-Bohm/Seitz	Myrtus	Cholcha
Lepidium	Koch/Schwell	Nardostachys	Fiegert
Leucanthemum	Meier/Meier-Liebi/Heubl	Nasturtium	Mundt
Levisticum	Merfort	Nyctocereus	Chaurasia
Linum	Leng-Peschlow	Nymphaea	Holz/Staesche/Heubl
Lippia	Burghart	Oenothera	Becker
Liquidambar	Ennet	Olea	Scholz
Liriodendron	Burger/Stuppner	Operculina	Münzing-Vasirian
Liriosma	Schweins/Sonnenborn	Origanum	Stahl-Biskup
Lophophora	Brenneisen/Helmlin	Orthosiphon	Merfort

Abkürzungsverzeichnis

AAS	Atomabsorptionsspektroskopie
Abb.	Abbildung
Abk.	Abkürzung
abs.	absolut
AChE	Acetylcholinesterase
Ac_2O	Acetanhydrid
Akt.	Aktivität
alkal.	alkalisch
allg.	allgemein
AMG	Arzneimittelgesetz
Anm.	Anmerkung
anorg.	anorganisch
Ant.	Antagonist
ant.	antagonistisch
anschl.	anschließend
Anw.	Anwendung
Appl.	Applikation
appl.	appliziert
ApBetrO	Apothekenbetriebsordnung
aq.	wasserhaltig, mit Wasser solvatisiert
ASK	Arzneimittel-Stoffkatalog
asymm.	asymmetrisch
Aufl.	Auflage
auss.	ausschließlich
bakt.	bakteriell
BAN	British Approved Names
bas.	basicum (Basisch)
Bd.	Band
Beh.	Behandlung
belg.	belgisch
ber.	berechnet
Best.	Bestimmung
best.	bestimmt
betr.	betrifft, betreffen, betreffend
Bez.	Bezeichnung
bez.	bezogen
biol.	biologisch
Biotr.	Biotransformation
Biov.	Bioverfügbarkeit
BRS	Biologische Referenz-Substanz
BTM	Betäubungsmittel
BuOH	Butanol
bzgl.	bezüglich
Bzl.	Benzen (Benzol)
bzw.	beziehungsweise
ca.	circa, ungefähr
CAS	Chemical Abstracts Services
CCD	Gegenstromverteilung
CD	Circulardichroismus
ChE	Cholinesterase
chem.	chemisch
chron.	chronisch
conc.	concisus (geschnitten)
Cort.	Cortex (Rinde)
crist.	cristallisatus (kristallin)
CRS	Chemische Referenz-Substanz
d	Dublett
dän.	dänisch
DC	Dünnschichtchromatographie, Dünnschichtchromatogramm
DCCC	Tröpfchengegenstromverteilung
DCF	Denomination commune française
dest.	destillatus (destilliert)
dgl.	dergleichen, desgleichen
d.h.	das heißt
dil.	dilutus (verdünnt)
Diss.	Dissoziation
diss.	dissoziiert
div.	diverse
D, L	Konfigurationsbezeichnungen
DLM	Dosis letalis minimum
DMF	Dimethylformamid
DMSO	Dimethylsulfoxid
Dos.	Dosierung, Dosis
dt.	deutsch
ED	mittlere Einzeldosis
EG-Nr.	Stoffe und Zusatzstoffe nach Zusatzstoff-Zulassungsverordnung
Eig.	Eigenschaft
einschl.	einschließlich
Elh.	Elementarhilfe
Elim.	Elimination
elim.	eliminieren, eliminiert
engl.	englisch
entspr.	entspricht, entsprechend
entw.	entweder
Erkr.	Erkrankung
Errb.	Erregbarkeit
Erythr.	Erythrocyten
Est.	Erstarrungstemperatur
et al.	et alii
etc.	et cetera
Eth	Diethylether
EtOH	Ethanol
evtl.	eventuell
Exp.	Experiment
exp.	experimentell
Extr.	Extractum (Extrakt)
EZ	Esterzahl
Fbg.	Färbung
FIA	Fließinjektionsanalyse
finn.	finnisch
Fl.	Flüssigkeit
fl.	flüssig
Flor.	Flores (Blüten)
FM	Fließmittel
Fol.	Folia (Blätter)
Fp.	Flammpunkt

Fruct.	Fructus (Früchte)
frz.	französisch
FT	Fourier Transformation
GC	Gaschromatographie
gem.	geminal
ges.	gesättigt
Gew.	Gewicht
GFC	Gelfiltrationschromatographie
ggf.	gegebenenfalls
GKl.	Giftklasse/Giftklassifizierung
Gl.	Gleichung
Glyc.	Glycerol 85 %
GPC	Gelpermeationschromatographie
grch.	griechisch
HAc	Essigsäure
H.I.	Hämolytischer Index
HN	Hager Nr.
holl.	holländisch
hom.	homöopathisch
HPLC	Hochdruckflüssigkeitschromatographie
Hrsg.	Herausgeber
HWZ	Halbwertszeit
hygr.	hygroskopisch
i	iso
i.a.	intraarteriell
i.c.	intracutan
IC	Ionenchromatographie
ICt_{50}	Produkt aus Konzentration und Zeit, das in 50% aller Fälle zur Kampfunfähigkeit führt
IE	Internat. Einheit
i.m.	intramuskulär
Ind.	Indikator
Indk.	Indikation
indiv.	individuell
Inf.	Infusion (Infusion)
inhal.	inhalativ/inhalatorisch
Inj.	Injektion
Inkomp.	Inkompatibilitäten
INN	International Nonproprietary Name (Internationaler Freiname)
Int.	Intensität
Inter.	Interaktion
IP	Isoelektrischer Punkt
i.p.	intraperitoneal
IR	Infrarot
irr.	irreversibel
isl.	isländisch
it.	italienisch
i.v.	intravenös
IZ	Iodzahl
jug.	jugoslawisch
KG	Körpergewicht
KIndk	Kontraindikation
Komb.	Kombination
Komm	Kommentar
Konj.	Konjugation
konst.	konstant
Konz.	Konzentration
konz.	konzentriert
korr.	korrigiert
krist.	kristallisiert, kristallin
l	löslich
LC_{Lo}	niedrigste in der Literatur angegebene tödliche Konzentration
LCt_{50}	Produkt aus Konzentration und Zeit, das in 50% aller Fälle zum Tod führt
LD_{Lo}	niedrigste in der Literatur angegebene tödliche Dosis
LD_{min}	minimale Letaldosis
LD_{50}	Letaldosis (50 %)
Leuk.	Leukocyten
Lign.	Lignum (Holz)
ll	leicht löslich
LM	Lösungsmittel
LPLC	Niederdruckflüssigkeitschromatographie
Lsg.	Lösung
m	Multiplett
m	meta
männl.	männlich
MAK	Maximale Arbeitsplatzkonzentration
max.	maximal
med.	medizinisch
MeOH	Methanol
Metab.	Metabolisierung
metab.	metabolisiert
MHK	Minimale Hemmkonzentration
min.	minutus (zerkleinert)
MPLC	Mitteldruckflüssigkeitschromatographie
MS	Massenspektrum, Massenspektrometrie
Mus.	Muskulatur
Nachw.	Nachweis
nat.	natürlich
n.B.	nach Bedarf
Nd.	Niederschlag
NFN	Nordiska Farmakopenämnden
NIR	Nahes Infrarot
nmiH	nicht mehr im Handel
NMR	Kernmagnetische Resonanz
norw.	norwegisch
o	ortho
o.a.	oder anderes auch, oben angegeben(e)
OHZ	Hydroxylzahl
opt.	optisch
ORD	Optische Rotationsdispersion
org.	organisch
Ox.	Oxidation
p	para
p.a.	pro analysi
PAH	Polycyclische Aromatische Kohlenwasserstoffe
par.	parenteral
p.c.	percutan
PEG	Polyethylenglycol (Macrogol)
Pet	Petrolether
pH	negativer dekadischer Logarithmus der Hydroniumionenkonzentration
phad.	pharmakodynamisch
phak.	pharmakokinetisch
pI_{50}	negativer Logarithmus derjenigen Konzentration eines Hemmstoffs, die zu einer 50%igen Hemmung führt.
p.o.	per os
pol.	polnisch
port.	portugiesisch
POZ	Peroxidzahl
ppm	Teile je Million Teile (parts per million)

prim.	primär
Pro.	Prophylaxe
PrOH	Propanol
pul.	praktisch unlöslich
pulv.	pulveratus (pulverisiert)
pur.	purus (rein)
PSC	Präparative Schichtchromatographie
q	Quartett
qual.	qualitativ
quant.	quantitativ
quart.	quartär
R	Reagenzien/Lösung europäisch (DAB 9)
Rad.	Radix (Wurzel)
RCCC	Rotating locular counter current chromatography
reag.	reagierend
Red.	Reduktion
regelm.	regelmäßig
rel.	relativ
res.	resistent
Rf	Retentionsfaktor
Rg.	Reagenz
Rhiz.	Rhizoma (Rhizom)
Rkt.	Reaktion
RN	Reagenzien/Lösung national (DAB 9)
R.S.	Konfigurationsbezeichnung nach CIP
R_{st}	R_{st}-Wert (Standard)
rum.	rumänisch
russ.	russisch
RV	Urtitersubstanz (DAB 9)
s	Singulett
s.	siehe
S.	Seite
s. a.	siehe auch
SC	Säulenchromatographie
s.c.	subcutan
schwed.	schwedisch
Sdt.	Siedetemperatur
sek.	sekundär
Sem.	Semen (Samen)
SL	Systemnummer der Stoffliste
sl	schwer löslich
sll	sehr leicht löslich
Smt.	Schmelztemperatur
SmtEut	eutektische Schmelztemperatur
s. o.	siehe oben
sog.	sogenannt
Sol.	Solutio (Lösung)
sol.	solutus (gelöst)
span.	spanisch
Spec.	Species (Teemischung)
spez.	spezifisch
ssl	sehr schwer löslich
ssp.	Subspecies
Stip.	Stipites (Stiele)
Stoffw.	Stoffwechsel
s. u.	siehe unten
Subl.	Sublimation
subl.	sublimatus (sublimiert)
subt.	subtilis (fein)
Supp.	Suppositorium (Zäpfchen)
Sym.	Symptom
symp.	symptomatisch
symm.	symmetrisch
Synth.	Synthese
synth.	synthetisch
Sz	Substanz
SZ	Säurezahl
t	Triplett
T	Teil(e)
Tab.	Tabelle
TD	mittlere Tagesdosis
Temp.	Temperatur
tert.	tertiär
tgl.	täglich
ther.	therapeutisch
ther. M.	therapeutische Maßnahmen
THF	Tetrahydrofuran
tierexp.	tierexperimentell
Titr.	Titration
titr.	titratus (eingestellt)
TMS	Tetramethylsilan
Tol.	Toluen (Toluol)
tox.	toxisch. toxikologisch
Toxk.	Toxikokinetik
Tr.	Tropfen
tsch.	tschechisch
türk.	türkisch
UA	Unverseifbare Anteile
u. a.	und andere, unter anderem
Übpf.	Überempfindlichkeit
ung.	ungarisch
Ungt.	Unguentum (Salbe)
unk.	unkompliziert
USAN	United States Adopted Names
usw.	und so weiter
u. U.	unter Umständen
UV	ultraviolett
UW	unerwünschte Wirkungen
Vak.	Vakuum
Verb.	Verbindung
verd.	verdünnt
Verg.	Vergiftung
Verm.	Verminderung
Vert.	Verteiler
Verw.	Verwendung
vet.	veterinärmedizinisch
vgl.	vergleiche
VgS.	Vergiftungssymptom(e)
Vis	sichtbares Licht
Vol.	Volumen
vomed.	volksmedizinisch
Vork.	Vorkommen
Vorschr.	Vorschrift
VVol.	Verteilungsvolumen
weibl.	weiblich
WHO	Weltgesundheitsorganisation
WKM	Wirkmechanismen
wl	wenig löslich
Wst.	Wirkstoff
z. B.	zum Beispiel
Zers.	Zersetzung
zit.	zitiert
ZNS	Zentralnervensystem
z. T.	zum Teil
Zul.-Nr.	Zulassungsnummer
Zus.	Zusammensetzung
zus.	zusammen

Standardliteratur und verbindliche Kürzel

AB-DDR Minister für Gesundheitswesen der DDR (1987). Arzneibuch der DDR. 2. Ausgabe. Akademie-Verlag, Berlin

Ana Florey K (Hrsg.) (1972–1986) Analytical Profiles of Drug Substances Bd. 1–15, 1. Aufl., Academic Press, New York London

APr Dinnendahl V. Fricke U (1982) Arzneistoffprofile Bd. 1–5. 1. Aufl. mit 5 Ergänzungslieferungen 1983–87. Govi-Verlag GmbH Pharmazeutischer Verlag, Frankfurt/Main

Arg 66 Famacopea Argentina 1966

Arg 78 Farmacopea Nacional Argentina, Edicion 6, 1978

BAz Bundesanzeiger, herausgegeben vom Bundesminister der Justiz

Belg VI Pharmacopée Belge VI (1982), J. Duculot-Gembloux

Belg IV Pharmacopée Belge IV (1930) und Nachträge bis 1953, F. & N. Dantinne, Strée

Belg V Pharmacopée Belge V (1962–1968), Bd. 1–3 und Nachträge

BHP 83 British Herbal Medicine Association (1983) British Herbal Pharmacopoeia. Megaron Press. Bournemouth

BHP 90 British Herbal Medicine Association (1990) British Herbal Pharmacopoeia

BP 68 British Pharmacopoeia XI (1968) und Nachtrag 1971, The Pharmaceutical Press, London

BP 88 British Pharmacopoeia XLI (1988), Her Majesty's Stationary Office, London

BPC 73 [68, 63, 59, 54, 49, 34] British Pharmaceutical Codex X (1973) [IX (1986), VIII (1963), VII (1959), VI (1954), V (1949), IV (1934)]

BPC 79 The Pharmaceutical Codex (1979), The Pharmaceutical Press, London

BPVet British Pharmacopoeia (Veterinary) und Nachträge (1977)

Brasil 1 Farmacopeia dos Estados Unidos do Brasil (1926)

Brasil 2 Farmacopeia dos Estados Unidos do Brasil (1959)

Brasil 3 Farmacopeia dos Estados Unidos do Brasil (1976)

BVetC53 British Veterinary Codex (1953)

CF 49 Codex Français = Pharmacopoea Gallica = Pharmacopée Française VII (1949)

CF 65 s. PF VIII

CFT Benigni R, Capra C, Cattorini PE (1962) Piante Medicinali, Chimica, Farmacologia e Terapia. Inverni& Della Beffa. Mailand

ChinPIX The Pharmacopoeia Commission of PRC (1988) Pharmacopeia of the People's Medical Publishing House, Beijing

CRC Duke IA (1986) CRC-Handbook of Medicinal Herbs, 3. Print, CRC-Press. Boca Raton

CsL 2 Pharmacopoea Bohemoslovenica II (1954) und Nachtrag

CsL 3 Pharmacopoea Bohemoslovenica III (1970) und Nachtrag (1976)

DAB 6 Deutsches Arzneibuch 6. Ausgabe (1926) und Nachträge, R. v. Deckers Verlag, G. Schenck, Berlin

DAB 7 Deutsches Arzneibuch 7. Ausgabe (1968) und Nachträge, Deutscher Apotheker-Verlag, Stuttgart, Govi-Verlag GmbH, Frankfurt/Main

DAB 8 Deutsches Arzneibuch 8. Ausgabe (1978) und Nachträge, Deutscher Apotheker Verlag, Stuttgart, Govi-Verlag GmbH, Frankfurt/Main

DAB 9 Deutsches Arzneibuch 9. Ausgabe (1986) Wissenschaftliche Verlagsgesellschaft, Stuttgart, Govi-Verlag GmbH, Frankfurt/Main

DAB 9 N 1 1. Nachtrag 1989 zum Deutschen Arzneibuch 9. Ausgabe 1986. Wissenschaftliche Verlagsgesellschaft, Stuttgart, Govi-Verlag GmbH, Frankfurt/Main

DAB 9 N 2 2. Nachtrag 1990 zum Deutschen Arzneibuch 9. Ausgabe 1986. Wissenschaftliche Verlagsgesellschaft, Stuttgart, Govi-Verlag GmbH, Frankfurt/Main

DAB 10 Deutsches Arzneibuch 10. Ausgabe (1991) Deutscher Apotheker Verlag, Govi-Verlag GmbH, Frankfurt/Main

DAC 79 Arbeitsgemeinschaft der Berufsvertretungen Deutscher Apotheker (Hrsg.) (1979) Deutscher Arzneimittel-Codex (und Ergänzungslieferungen), Govi-Verlag, Pharmazeutischer Verlag, Frankfurt/Main, Deutscher Apotheker Verlag, Stuttgart

DAC 86 Bundesvereinigung Deutscher Apothekerverbände (1986), Deutscher Arzneimittel-Codex 1986 mit Ergänzungen, Deutscher Apotheker Verlag, Stuttgart, Govi-Verlag, Frankfurt/Main

Dan IX — Pharmacopoea Danica IX (1948) und Nachträge

Disp Dan — Dispensatorium Danicum (1963) und alle Nachträge bis 1973, Hrsg. von Danmark, Farmakopekommissionen, Kopenhagen Busck

EB 6 — Ergänzungsbuch zum Deutschen Arzneibuch, 6. Ausg. (1941), Dr. Hans Hösel, Deutscher Apotheker Verlag, Berlin

Egypt 84 — Egyptian Pharmacopoeia 1984

FEu — Tutin TG, Heywood VH, Burges NA, Valentine DH, Waleters SM, Webb DA (Hrsg.) (1964–1980) Flora Europaea Vol. I–V, At the University Press, Cambridge

FN Belg V — The Belgian National Formulary V (1977)

FNFr — Formulaire Nationale de France I (1974) und Ergänzungsband (1976)

GHo — Treibs W (Hrsg.), Gildemeister E, Hoffmann F (1956–1968) Die ätherischen Öle Bd. 1–8, 4. Aufl., Akademie Verlag, Berlin

HAB 1 — Homöopathisches Arzneibuch, 1. Ausgabe (1978), 1.–4. Nachtrag (1985), Deutscher Apotheker Verlag, Stuttgart, Govi-Verlag, Frankfurt/Main

HAB 34 — Homöopathisches Arzneibuch (1934), Verlag Dr. Willmar Schwabe, Berlin

Hag — List PH, Hörhammer L (Hrsg.) (1977) Hagers Handbuch der Pharmazeutischen Praxis, 4. Aufl., Bd. 1–8, Springer-Verlag, Berlin Heidelberg New York

Heg — Conert HJ, Jäger EJ, Kadereit JW, Schultze-Motel W, Wagenitz G, Weber HE (Hrsg.) (1964–1992) Gustav Hegi Illustrierte Flora von Mitteleuropa, Bände I–VI, 2. u. 3. Aufl., Paul Parey, Berlin Hamburg

Helv V — Pharmacopoea Helvetica V (1933) und Nachträge

Helv VI — Pharmacopoea Helvetica VI (1971) und Nachträge, Eidgenössische Drucksachen- und Materialzentrale, Bern

Helv VII — Pharmacopoea Helvetica VII (1987), Eidgenössische Drucksachen- und Materialzentrale, Bern

Hgn — Hegnauer R (1962–1992) Chemotaxonomie der Pflanzen, Bd. I–X, Birkhäuser Verlag, Basel Stuttgart

Hisp IX — Farmacopea Oficial Espanola IX (1954)

Hop — Hoppe HA (1975–1987) Drogenkunde Vol. 1–3, 8. Aufl., W. de Gruyter Verlag, Berlin New York

HPUS 78 — Homoeopathic Pharmacopeia of the United States VIII (1978) mit Supplement A (1982)

Hung VII — Lang B (Hrsg.) (1986) Pharmacopea Hungarica VII, Akademiai kiado, Budapest

IndP 55 — Pharmacopoeia of India I (1955)

IndP 66 — Ministry of Health (1966) Pharmacopoeia of India II, The manager of publications, Delhi

IndP 85 — Ministry of Health&Family Welfare (1985), Pharmacopoeia of India III, Publications&Information Directorate (CSIR), New Dehli

IndPC 53 — Mukerji B (1953) The Indian Pharmaceutical Codex, Council of Scientific & Industrial Research, New Delhi

Ital 6 — Farmacopea Ufficiale del Regno d'Italia VI (1940), Istituto poligrafico dello stato, Rom

Ital 7 — Farmacopea Ufficiale della Repubblica Italiana VII (1965), Istituto poligrafico dello stato P. V., Rom

Ital 8 — Farmacopea Ufficiale della Repubblica Italiana VIII (1972), Bd. 1–3, Istituto poligrafico dello stato P. V., Rom

Ital 9 — Farmacopea Ufficiale della Repubblica Italiane IX (1985), Instituto poligrafico e zecca dello stato, Rom

Jap XI — The Pharmacopeia of Japan 11th Edition (1986) The Society of Japanese Pharmacopoeia, Jakuji Nippo, Ltd., Tokyo

Jug IV — Pharmacopoea Jugoslavica IV (1984)

Kar 58 — Karrer W (1958) Konstitution und Vorkommen der organischen Pflanzenstoffe – exclusive Alkaloide, Birkhäuser Verlag, Basel Stuttgart

Kar 81 — Karrer W, Huerlimann H, Cherbuliez E (1981–1985) Konstitution und Vorkommen der organischen Pflanzenstoffe exclusive Alkaloide Erg. Band, Teile 1 und 2, Birkhäuser Verlag, Basel Stuttgart

Kir — Kirk RE, Othmer DF (1978–1984) Encyclopedia of Chemical Technology, Bd. 1–25, 3. Aufl., Interscience Publ. (John Wiley&Sons Inc.), New York

Kle 82 — Kleemann A, Engel J (1982) Pharmazeutische Wirkstoffe: Synthesen, Patente, Anwendungen, 2. Aufl., Georg Thieme Verlag, Stuttgart New York

Kle 87 — Kleemann A, Engel J (1987) Pharmazeutische Wirkstoffe: Synthesen, Patente, Anwendungen, Ergänzungsband 1982–1987, 1. Aufl., Georg Thieme Verlag, Stuttgart New York

Kol — Kolthoff IM, Elving PJ (Hrsg.) (1959–1980). Treatise in Analytical Chemistry, Interscience Publishers Inc., New York

Kom — Hartke K, Mutschler E (Hrsg.) (1986) Kommentar zum Deutschen Arzneibuch 9. Ausg., Bd. 1–3, Wissenschaftliche Verlagsgesellschaft, Stuttgart

LBö — Landolt-Börnstein (1961–1986) Zahlenwerte und Funktionen aus Naturwissenschaften und Technik (Gruppe 1: Vol. 1–9, Gruppe 2: Vol. 1–17. Gruppe 3: Vol. 1–22, Gruppe 4: Vol. 1–5, Gruppe 5: Vol. 1–4, Gruppe 6:

Vol. 1–2), Springer-Verlag, Berlin Heidelberg New York

LHi Fiedler HP (1979) Lexikon der Hilfsstoffe, 3. Aufl., Editio Cantor, Aulendorf

MAK Henschler D (Hrsg.) (1972–1988) Gesundheitsschädliche Arbeitsstoffe. Toxikologisch-arbeitsmedizinische Begründung von MAK-Werten, Verlag Chemie, Weinheim

Man Manske RHF, Rodrigo RGA, Brossi A (Hrsg.) (1950–1988) The Alkaloids Vol. 1–33. Academic Press, San Diego New York Berkeley Boston London Sydney Tokio Toronto

Mar 28 Reynolds JEF (Hrsg.) Martindale (1982) The Extra Pharmacopoeia, 28. Edition, The Pharmaceutical Press, London

Mar 29 Reynolds JEF (Hrsg.) Martindale (1989) The Extra Pharmacopoeia. 29. Edition. The Pharmaceutical Press, London

MB MB Formulary (1959). Apotekarsocietetens Förlag, Stockholm

MC De Stevens G (Hrsg.) (1963–1985) Medicinal Chemistry Vol. 1–20, Academic Press, New York London

Mex P 52 Farmacopea Nacional de los Estados Unidos Mexicanos (1952)

MI Budavari S, The Merck Index (1989) 11. Auflage, Merck&Co. Inc., Rahway New Jersey

Ned 5 Nederlandse Pharmacopee V (1926)

Ned 6 Nederlandse Pharmacopee VI (1958), Staatsdrukkerij – en uitgeverijbedrijf, 's-Gravenhage

Ned 7 Nederlandse Farmacopee VII (1971), Staatsuitgeverij, 's-Gravenhage

Ned 9 Nederlandse Farmacopee IX (1983–87), staatsuitgeverij/'s-gravenhage

NF XIV [XIII, XII, XI, X] American Pharmaceutical Association (1975) [(1970, (1965), (1960), (1955)] National Formulary XIV [XIII, XII, XI, X]

NF XV ff. vereinigt mit USP XX ff., s. dort

Nord 63 Pharmacopoea Nordica, Editio Danica III (1963), Nyt Nordisk Forlag Arnold Busck, Kopenhagen

Nord IV Pharmacopoea Nordica. Editio Danica, IV (1975), Udgivet i medfor af lov om apothekervaesenet. Kopenhagen, und Ergänzungsbände

Norv V Pharmacopoea Novegica V (1939)

ÖAB 9 Österreichisches Arzneibuch 9. Ausgabe (1960), Bd. 1–2, Österreichische Staatsdruckerei, Wien

ÖAB 81 Österreichisches Arzneibuch (1981), Bd 1–2, Österreichische Staatsdruckerei, Wien

ÖAB 90 Österreichisches Arzneibuch (1990) und 1. Nachtrag, Verlag der Österreichischen Staatsdruckerei, Wien

Pen Penso G (1983) Index plantarum medicinalium totius mundi eorumque synonymorum, O. E. M. F., Mailand

PF VIII Pharmacopée Française = Codex Français VIII (1965)

PF IX Pharmacopée Française IX (1973)

PF X La Commission Nationale de Pharmacopée (1988), Pharmacopée Française X. L' Adrapharm, Paris, und Supplements

PhEur Europäisches Arzneibuch, 2. Ausgabe

PI Ed I/1 Pharmacopoea Internationalis I (1955), Internationales Arzneibuch, Bd. 1, Wissenschaftliche Verlagsgesellschaft mbH, Stuttgart

PI Ed I/2 Pharmacopoea Internationalis I (1957), Internationales Arzneibuch, Bd. 2, Wissenschaftliche Verlagsgesellschaft mbH, Stuttgart

PI Ed II Pharmacopoea Internationalis II (1967)

PI 1 WHO (1979) Pharmacopoea Internationalis, Vol. 1, Berger-Levrault, Frankreich

PI 2 WHO (1981) Pharmacopoea Internationalis, Vol. 2, Presses Centrales, Schweiz

PI 3 WHO (1988), Pharmacopoea Internationalis, Vol. 3, Presses Centrales, Schweiz

Pol IV Farmakopea Polska IV (1965)

Portug 35 Pharmacopeia Portuguesa (1935)

Portug 46 Farmacopeia Portuguesa VI (1946) und Ergänzungsbände 1961 und 1967

Pro Prous JR (Hrsg.) (1976–1988) Drugs of the Future Vol. 1–13, JR Prous S. A. Publishers, Barcelona

RoD Roth L, Daunderer M (Hrsg.) (1985) Gifte, Krebserzeugende gesundheitsschädliche und reizende Stoffe, Ordner 1–4, Ecomed-Verlag, Moderne Industrie, München

Rom IX Farmacopeea Romana, Editia A, IX-A (1976), Editura medicala

Ross 9 Gosudarstwiennaja Farmakopoea IX SSSR, Nationale Pharmakopöe Nr. 9 der UdSSR

Ross 10 Gosudarstwiennaja Farmakopoea X SSSR, Nationale Pharmakopöe Nr. 10 der UdSSR

SG Bundesamt für das Gesundheitswesen, Schweizer Giftliste, Ausg. 1987, Eidgenössische Drucksachen- und Materialzentrale, Bern

Svec 46 Svenska Farmakopen XI (1946)

TurkP Türk Farmakopesi (1974)

Ull Bartholome E, Bickert E, Hellmann H (Hrsg.) (1972–84) Ullmanns Enzyklopädie der technischen Chemie Bd. 1–25, 4. Aufl., Verlag Chemie, Weinheim

USD 60 United States Dispensatory (1960)

USP XIX United States Pharmacopeial Convention (1975), The United States Pharmacopeia USP XIX

USP XVIII [XVII, XVI, XI]	United States Pharmacopeial Convention (1970) [(1965), (1950), (1935–1939)] The Pharmacopeia of the United States of America USP XVIII [XVII, XVI, XI]
USP XX	United States Pharmacopeial Convention (1980), The United States Pharmacopeia USP – XXNF XV
USP XXI	United States Pharmacopeial Convention (1985), The United States Pharmacopeia USP XXI – NF XVI
USP XXII	United States Pharmacopeial Convention (1989), The United States Pharmacopeia USP XXII – NF XVII
Wst	Weast RC, Selby SM (1987/88) CRC-Handbook of Chemistry and Physics, 68. Ed., The Chemical Rubber Co., Cleveland Ohio
Zan	Zander R, Encke F, Buchheim G, Seybold S (1984), Handwörterbuch der Pflanzennamen, 13. Aufl., Eugen Ulmer, Stuttgart
Zem	Herz W, Griesebach H, Kirby GW, Tamm Ch (Hrsg.) (1938–1989) Zechmeister L, Fortschritte der Chemie organischer Naturstoffe, Bände 1–54, Springer-Verlag, Heidelberg

Physikalische Größen

Größe	Zeichen	Größe	Zeichen
Absorption	$A_{1\,\text{cm}}^{1\,\%}$	Fläche	A
– spezifische		Frequenz	f, ν
Absorption, Koeffizient		Geschwindigkeit	v
– dekadischer	$\alpha(\lambda)$	Geschwindigkeitsgefälle	D
– molarer dekadischer	$\kappa(\lambda)$	Geschwindigkeitskonstante	k
Absorptionsvermögen	A, D_i	Gleichgewichtskonstante	K
Aktivität	a	Impuls	p
Aktivitätseffizient	f	Kapazität	C
Arbeit	w, W	Kraft	F
Avogadro-Konstante	L, N_A	Kopplungskonstante	J
Beschleunigung	a	Ladungszahl	z
Boltzmann-Konstante	R	Länge	l
Brechzahl	n	Leistung	P
Chemische Verschiebung	δ	Lichtgeschwindigkeit	c_o
Chemisches Potential	μ	magn. Flußdichte	B
Dichte	ρ	Masse	m
– relative	d	Massengehalt	ω
Dielektrizitätskonstante (Permittivität)	ε	Massenkonzentration	β
Dielektrizitätszahl (Permittivitätszahl)	ε_r	Molalität	b
Diffusionskoeffizient	D	molare Leitfähigkeit	Λ
Druck	p	Molmasse	M
elektr. Dipolmoment	p_e	Oberflächenkonzentration	Γ
elektr. Leitfähigkeit	γ	Oberflächenspannung	σ, γ
elektr. Feldkonstante	ε_o	Osmotischer Druck	Π
elektr. Feldstärke	E	Periodendauer	T
elektr. Ladung	Q	Plancksche Konstante	h
elektr. Oberflächenpotential	χ	relative Atommasse	A_r
elektr. Potential		relative Molekülmasse	M_r
– äußeres	ψ	Schubmodul	G
– inneres	V, Φ	Schubspannung	τ
elektr. Spannung	U	Stoffmenge	n
elektr. Widerstand	R	Stoffmengenkonzentration	c
elektrochem. Durchtrittsfaktor	α	stöchiometr. Faktor	ν
elektrochem. Potential	μ	Stromstärke	I
elektromot. Kraft	E	Temperatur	
elektrokin. Potential (Zetapotential)	ζ	– Celsius-T.	t
Energie	w, W	– thermodynamische	T
– innere	U	Überführungszahl	t
– freie	A	Überspannung	η
– kinetische	E_{kin}	Viskosität	
– potentielle	E_{pot}	– dynamische	η
Enthalpie		– kinematische	ν
– freie	H	Volumen	V
– spezifische	G	Volumenkonzentration	σ
Entropie		Wellenlänge	λ
– molare	S	Wellenzahl	$\tilde{\nu}$
Fallbeschleunigung	g_u	Winkelgeschwindigkeit	ω
Faraday Konstante	F	Zeit	t

Autorenverzeichnis

Ay Dr. Rolf-Dieter Aye
Kran-Apotheke
Lünertorstraße 5
21335 Lüneburg

GB Dr. Gerd Bader
Humboldt-Universität zu Berlin
Fachbereich Pharmazie
Goethestraße 54
13086 Berlin

IB Dr. Ingeborg Bauer
Dr. Willmar Schwabe Arzneimittel
Willmar-Schwabe-Str. 4
76227 Karlsruhe

rb Prof. Dr. Rudolf Bauer
Universität Düsseldorf
Institut für Pharm. Biologie
Universitätsstr. 1
40225 Düsseldorf

BH Prof. Dr. Hans Becker
Universität des Saarlandes
Pharmakognosie u. Analyt. Phytochemie
Fachbereich 14.3
Am Stadtwald
66123 Saarbrücken

BG Dr. Gabriele Beyer
Humboldt-Universität zu Berlin
Sektion Chemie/Bereich Pharmazie
Goethestraße 54
13086 Berlin-Weißensee

WB Prof. Dr. Wolfgang Blaschek
Universität Kiel
Institut für Pharmazie
Abt. Pharmazeutische Biologie
Grasweg 9
24118 Kiel

Br Dr. Norbert Brand
c/o Galenika Dr. Hetterich GmbH
Gebhardtstraße 5
90765 Fürth

BS Dr. Ursula Braun-Sprakties
Wendelinusstraße 45
52134 Herzogenrath

Be Prof. Dr. Rudolf Brenneisen
Universität Bern
Pharmazeutisches Institut
Pharm. Phytochemie & Pharmakognosie
Baltzerstr. 5
CH-3012 Bern

Bs Dr. Reinhold Broese
Deutsche Homöopathie Union
Ottostraße 24
76227 Karlsruhe

Bu Prof. Dr. Artur Burger
Universität Innsbruck
Institut für Pharmakognosie
Innrain 52
A-6020 Innsbruck

Bt Dr. Joseph Burghart
Bergsonstr. 165
81245 München

NC Dr. Neera Chaurasia
Am Sonnenhof 12
97976 Würzburg

Ch Dr. Walter Cholcha
Am Birkenwäldchen 21
25469 Halstenbek

Ei Dr. Udo Eilert
Techn. Univ. Carolo Wilhelmina
Institut für Pharm. Biologie
Mendelssohnstraße 1
38106 Braunschweig

En Dr. Diether Ennet
Wisbyer Str. 3
10439 Berlin

Fl Apotheker Wolfgang Ferstl
Thierschplatz 4a
80538 München

EF Dr. Edda Fiegert
Warthestraße 27
81927 München

Ge Dr. Frauke Gaedcke
c/o H. Finzelberg's
Nachf. GmbH & Co. KG
Koblenzer Straße 48–54
5470 Andernach

Gn Dr. Beatrice Gehrmann
Thalia-Apotheke
Gerhard-Hauptmann-Platz 46
20095 Hamburg

Go Dr. Karem Gomaa
Karl-Theodor-Straße 97
80796 München

PG Prof. Dr. Piotr Gorecki
Institut für Heilpflanzenforschung
Libelta 27
PL-61707 Poznan

MG Dr. Meinhard W. Grubert
Johannes-Gutenberg-Universität
Institut für Pharmazie
Saarstraße 21
55122 Mainz

GH Prof. Dr. Götz Harnischfeger
Breiter Weg 15
38640 Goslar

hH Hans-Jörg Helmlin
Universität Bern
Pharmazeutisches Institut
Pharm. Phytochemie & Pharmakognosie
Baltzerstraße 5
CH-3012 Bern

HG Dr. Günter Henkler
Inst. f. Arzneimittel
Seestraße 10
13353 Berlin

Hl Dr. Andreas Hensel
c/o ASTA Pharma AG
Postfach 100105
Weismüllerstraße 45
60314 Frankfurt

Hu Priv.-Doz. Dr. Günther Heubl
Kirchstraße 32a
82054 Sauerlach

AH Prof. Dr. Alois Hiermann
Institut für Pharmakognosie
Universitätsplatz 4
A-8010 Graz

Hi Prof. Dr. Karl Hiller
Humboldt-Universität
Chemie WB Pharmazie
Goethestraße 54
13086 Berlin

HB Dr. Kerstin Hoffmann-Bohm
Emmeringer Str. 37
82275 Emmering

Ho Dr. Bertold Hohmann
Institut für Angewandte Botanik
Marseiller Str. 7
20355 Hamburg

WH Dr. Wolfgang Holz
Iserstraße 78
14513 Teltow

Hö Prof. Dr. Josef Hölzl
Philipps-Universität Marburg/Lahn
Inst. f. Pharmazeutische Biologie
Deutschhausstr. 17 1/2
35037 Marburg/Lahn

KH Dr. Karl-Heinrich Horz
Aartal-Apotheke
Friedhofstraße 4
35745 Herborn-Seelbach

Ic Dr. Otto Isaac
Liesingstraße 8
63457 Hanau (Großauheim)

Ja Dr. Christine Jerga
Schwanenstraße 80
42697 Solingen

WJ Dr. Wiltrud Juretzek
Dr. Willmar Schwabe Arzneimittel
Willmar-Schwabe-Str. 4
76227 Karlsruhe

Ka Prof. Dr. Theodor Kartnig
Institut für Pharmakognosie
Universitätsplatz 4/1
A-8010 Graz

Kh Prof. Dr. Heinrich P. Koch
Universität Wien
Institut f. Pharm. Chemie
Währinger Str. 10
A-1090 Wien

Kr Dr. Hildegard Koehler
Universität Regensburg
Pharmazeutische Biologie
Universitätsstraße 31
93053 Regensburg

LK Prof. Dr. Ljubomir Kraus
Universität Hamburg
Institut für Angewandte Botanik
Abteilung Pharmakognosie
Bundesstraße 43
20146 Hamburg

WK Priv.-Doz. Dr. Wolfgang Kreis
Universität Tübingen
Pharmazeutisches Institut
Auf der Morgenstelle 8
72076 Tübingen

LP Dr. Elke Leng-Peschlow
Kieskauler Weg 67
51109 Köln

RL Dr. Reinhard Liersch
c/o Madaus AG
Ostmerheimer Straße 198
51109 Köln

UL Dr. Ulrike Lindequist
Ernst-Moritz-Arndt-Universität
Greifswald
Institut für Pharm. Biologie
Jahnstraße 15 a
38640 Greifswald

Mr Dr. Ernst Mechler
Beim Herbstenhof 29
72076 Tübingen

BM Prof. Dr. Beat Meier
Zeller AG
Pflanzliche Heilmittel
Seeblickstr. 4
CH-8590 Romanshorn

MM Apothekerin Marianne Meier-Liebi
Pharma-Beratung
Harossenstr. 2 a
CH-8311 Brütten

Mn Dr. Hans-Georg Menßen
Akazienweg 3
50126 Bergheim/Erft

IM Dr. Irmgard Merfort
Institut für Pharm. Biologie
Gebäude 26.23
Universitätsstraße 1
40225 Düsseldorf

HM Dr. Holger Miething
Klosterfrau Berlin GmbH
Motzenerstraße 41
12277 Berlin

SM Leb.-chemikerin Sabine Moeck
Fronhoferstr. 9
12165 Berlin

Mu Dr. Sabine Mundt
Ernst-Moritz-Arndt-Universität
Greifswald
Institut für Pharm. Biologie
Jahnstraße 15 a
38640 Greifswald

mv Dr. Kerstin Münzing-Vasirian
Pater-Rupert-Mayerstr. 1
82049 Pullach im Isartal

No Siegfried Noster
c/o Messmer Tee
Messmerstraße 29
97508 Grettstadt

On Dr. Norbert Ohem
Philipps-Universität Marburg/Lahn
Inst. f. Pharmazeutische Biologie
Deutschhausstraße $17^1/_2$
35037 Marburg/Lahn

Pa Dr. Dietrich Paper
Pharmazeutische Biologie
Universität Regensburg
Universitätsstraße 31
93053 Regensburg

Rg Prof. Dr. Jürgen Reichling
Inst. f. Pharm. Biologie
Im Neuenheimer Feld 364
69120 Heidelberg

Sz Dr. Winfried Schilz
c/o Birkenweg Pharm. Fabrik GmbH
Werk Birkenweg
Birkenweg 3
63801 Kleinostheim/Main

SH Apothekerin Hildegard Schleinitz
Rhône-Poulenc Rorer GmbH
Nattermannallee 1
50829 Köln

Sr Dr. Ernst Schneider
c/o Salus-Haus
Bahnhofstraße 24
83052 Bruckmühl (Obb.)

ES Dr. Eberhard Scholz
Albert-Ludwigs-Universität
Inst. f. Pharm. Biologie
Schänzlestr. 1
79104 Freiburg

TS Dr. Thomas Schöpke
Humboldt-Universität zu Berlin
Sektion Chemie/Bereich Pharmazie
Goethestraße 54
13086 Berlin-Weißensee

SV Prof. Dr. Volker Schulz
c/o Lichtwer Pharma
Wallenroderstraße 8–10
13435 Berlin

hs Heidi Schütt
Philipps-Universität Marburg/Lahn
Inst. f. Pharm. Biologie
Deutschhausstr. $17^1/_2$
35037 Marburg/Lahn

Sa Dipl.-Leb. chem. Hildegund Schwarze
Inst. f. Arzneimittel
Seestraße 10
13353 Berlin

Sc Dipl.-Biol. Sabine Schweins
Dr. Poehlmann & Co. GmbH
Pharmazeutische Fabrik
Abt. f. Biologische Forschung
Loerfeldstraße 20
58313 Herdecke

Sw Dr. Bettina Schwell
Rendelerstraße 20
60385 Frankfurt am Main

RS Dr. Renate Seitz
Emmeringer Straße 11
82275 Emmering

So Dr. Ulrich Sonnenborn
Dr. Poehlmann & Co. GmbH
Pharmazeutische Fabrik
Loerfeldstraße 20
58313 Herdecke

Sß Edda Spieß
Dr. Willmar Schwabe Arzneimittel
Willmar-Schwabe-Str. 4
76227 Karlsruhe

VS Priv.-Doz. Dr. Volker Ssymank
Cheruskerstr. 15
38112 Braunschweig

Se Dr. Karin Staesche
Littenweilerstr. 40
79117 Freiburg

SB Prof. Dr. Elisabeth Stahl-Biskup
Institut für Pharmazie
Abt. Pharmazeutische Biologie
Bundesstraße 43
20146 Hamburg

Sp Dr. Hermann Stuppner
Universität Innsbruck
Inst. f. Pharmakognosie
Innrain 52
A-6020 Innsbruck

ET Prof. Dr. Eberhard Teuscher
Ernst-Moritz-Arndt-Universität
Greifswald
Institut für Pharm. Biologie
Jahnstraße 15 a
17489 Greifswald

MV Dr. Markus Veit
An der Stadtmauer 1 a
97084 Würzburg-Heidingsfeld

aw Dr. Axel Wiebrecht
Institut für Arzneimittel
Seestraße 10
13353 Berlin

MW Prof. Dr. Michael Wink
Ruprecht-Karls-Universität
Inst. f. Pharm. Biologie
Im Neuenheimer Feld 364
69120 Heidelberg

WG Dr. Ulrike Wissinger-Gräfenhahn
Institut für Arzneimittel
Seestraße 10
13353 Berlin

RW Dr. Rainer Wohlfart
Leistenstr. 27 a
8700 Würzburg

Ze Dr. Bernhard Zepernick
Tollensestraße 46 B
14167 Berlin

nur etwa 10^{-5} bis 10^{-6} mol/L. Aus diesen Ergebnissen wurde geschlossen, daß die Hypericine nicht die einzigen und wahrscheinlich auch nicht die maßgeblichen MAO-Hemmstoffe im Hypericum-Extrakt sein können.[67]
In derselben Arbeitsgruppe wurden mit den beiden genannten Hypericum-Extrakten In-vitro-Untersuchungen an der Catechol-*O*-methyltransferase (COMT) durchgeführt. Unter Zugrundelegung eines mittleren Molekulargewichtes von 500 für die Gesamtextrakte wurde bei Konzentrationen bei 10^{-4} mol/L die COMT um maximal 35 % gehemmt. Als Vergleichssubstanzen wurden in demselben System u. a. Quercetin, Rutosid und Hypericin geprüft. Während für Quercetin und Rutosid Hemmwirkungen bis zu einer Konzentration von 10^{-5} mol/L nachweisbar waren, hatte Hypericin bis zur höchsten gemessenen Konzentration (10^{-4} mol/L) keinerlei Hemmwirkung. Insgesamt kam die Arbeitsgruppe zu dem Schluß, daß, unter der Hypothese einer rezeptorgebundenen antidepressiven Wirkung, die Wirkung im Falle der Hypericum-Extrakte nach heutigem Wissensstand nicht eindeutig bestimmten Inhaltsstoffen zuzuordnen ist.[67]
Ein alkoholischer Extrakt aus *Hypericum perforatum*, 0,7 % "Hypericin" enthaltend (weitere Angaben zum Herstellungsverfahren des Extraktes und zur Bestimmung des Hypericins fehlen), wurde in 5 Modellen an Mäusen hinsichtlich der Einflüsse auf das Explorationsverhalten in fremder Umgebung, die Ethanol-Schlafzeit, die Reserpin-Wirkung, das Verhalten am Wasserrad und die Aggressivität isoliert gehaltener männlicher Mäuse sowie in einem Modell der Einfluß auf die Clonidin-Depression mongolischer Gerbils geprüft. Die Hypericum-Zubereitungen wurden p. o. appliziert. Die Dosierungen wurden auf Hypericin umgerechnet und betrugen 2 bis 12 mg Hypericin/kg KG. Die statistischen Mittelwerte aus je 10 Tieren ergaben im Vergleich mit den Werten der Kontrollgruppen statistisch signifikante Steigerungen nach p. o. Applikation des Hypericum-Extraktes bei folgenden Zielparametern und Dosierungen: Neugierverhalten (Extraktdosis entsprechend 10 mg/kg Hypericin, $p < 0,05$), lokomotorische Aktivität (Extraktdosis entsprechend 2 mg/kg Hypericin, $p < 0,05$) Ethanol-Schlafzeit (Extraktdosis entsprechend 2,4 mg/kg Hypericin, $p < 0,05$; Dosis entsprechend 6 mg/kg Hypericin, $p < 0,01$), Verhalten am Wasserrad (Dosis entsprechend 12 mg/kg Hypericin, $p < 0,05$). Ausgehend von dem angegebenen Gesamtgehalt von weniger als 1 % "Hypericin" hätte damit die wirksame Mindestdosis auf den Extrakt umgerechnet 200 mg/kg KG oder mehr betragen. Bei den Versuchen am Wasserrad wurde außerdem Hypericin als Reinsubstanz (keine Angabe über Quelle und Reinheitsgrad) vergleichend angewendet. Im Gegensatz zu den Versuchen mit dem Extrakt erfolgte die Applikation des reinen Hypericins jedoch i. p. Bei einer Dosis von 20 mg/kg KG ergab sich bei den Mittelwerten aus 6 Tieren im Vergleich mit dem Kontrollversuch eine signifikant ($p < 0,05$) höhere Anzahl der Umdrehungen, wobei jedoch die Vergleichbarkeit zu den Versuchen mit den Extrakten wegen der unterschiedlichen Applikationsweise nicht gegeben ist.
In bezug auf den Reserpin-Antagonismus wurden bei p. o. Applikation des Extraktes bei Dosierungen entsprechend einem Hypericin-Anteil von 1 mg, 2 mg und 3 mg/kg KG, nicht jedoch bei 6 mg/kg KG, statistisch signifikante Unterschiede der Reserpin-induzierten Hypothermie an der Maus im Vergleich mit entsprechenden Kontrollversuchen nachgewiesen.[68]

Bei Probanden und Patienten.
Zubereitung 1. Ein wäßrig-methanolischer Extrakt, Verhältnis Droge : Extrakt 4 bis 7:1 mit mindestens 0,1 % Gesamt-Hypericin nach *DAC86*, wurde bei 12 gesunden Probanden beiderlei Geschlechtes im Alter von 18 bis 42 Jahren in einer placebokontrollierten Doppelblindstudie im Cross-over-Design auf neurophysiologisch meßbare Effekte geprüft. Die Tagesdosis betrug p. o. 3 × 300 mg des nativen Extraktes, die Behandlungsdauer 6 Wochen. Es wurden quantitative EEG-Untersuchungen, einschließlich visuell und akustisch evozierter Potentiale, sowie psychometrische Leistungstests vorgenommen. Bei allen EEG-Untersuchungen wurde die Differenz Verum minus Placebo zu den Zeitpunkten 0, 2, 4 und 6 Wochen nach Beginn der Einnahme ermittelt. Im Ruhe-EEG wurde eine Senkung der Alpha-Aktivität bei gleichzeitiger Aktivitäts-Erhöhung im Beta-Wellen-Bereich beobachtet.
Die evozierten Potentiale zeigten bei Latenz-Zeiten zwischen 100 und 250 ms im Beta-Wellen-Bereich einheitlich Verkürzungen unter dem Verum. Die meisten EEG-Veränderungen waren 14 Tage nach Beginn der Einnahme sichtbar, nahmen bis zur 4. Behandlungswoche weiter zu und blieben dann bis zur 6. Behandlungswoche in etwa gleich. Die 4 durchgeführten psychometrischen Leistungstests ergaben keinen Hinweis auf eine Beeinträchtigung der Konzentrationsfähigkeit und der Wachheit. Aufgrund der neurophysiologischen und der psychometrischen Untersuchungsergebnisse ergab sich ein analoges Wirkprofil zu einem nicht sedierenden Antidepressivum mit teilweisen Ähnlichkeiten zum Imipramin.[69]
Eine weitere placebo-kontrollierte Doppelblindstudie wurde bei 12 Probandinnen im Alter von 55 bis 75 Jahren durchgeführt. Im Cross-over-Design wurden 2 Therapie-Phasen von je 4 Wochen im Vergleich mit Placebo durchgeführt. Die Dosierung betrug für das Verum p. o. 3 × 300 mg des nativen Hypericum-Extraktes. Die 4wöchigen Behandlungsphasen waren durch eine 14tägige Wash-out-Phase getrennt. Am Ende beider Therapie-Phasen wurden die Plasma-Spiegel für Hypericin mittels selektiver HPLC-Analytik gemessen. Diese waren nach der Verum-Therapie bei allen Patienten nachweisbar und betrugen 1,5 bis 5,6 ng/mL (Median 2,05 ng/mL); am Ende der Placebo-Phase war Hypericin in keinem Falle nachweisbar. Jede Probandin verbrachte insgesamt 4 Nächte (Prüftage 2, 30, 44 und 72) zur polygraphischen Schlafaufzeichnung im Schlaflabor. Jeder dieser Nächte war eine Adaptionsnacht vorgeschaltet. Die visuelle und automatische quantitative EEG-Analyse ergab, daß die

Einschlafdauer durch das Verum nicht verkürzt wurde und die Gesamtschlafzeit unverändert blieb. Im ersten Schlafzyklus der Nacht nahm jedoch der Anteil des langwelligen Tiefschlafes unter Verum im Mittel von 1,5 % auf 6 % der gesamten Schlafdauer zu, während er unter Placebo von 4 % auf 2,5 % abnahm. Darüber hinaus kam es unter Verum zu einer Verkürzung der Latenz des REM-Schlafes im Mittel von 91 auf 80 min, während die Latenz unter Placebo um 3 min zunahm. Die Gesamtdauer des REM-Schlafes blieb unter Placebo konstant bei 21 %, während sich unter Verum ein geringer Anstieg von 19 % auf 22 % der gesamten Schlafdauer ergab. Aufgrund der geringen Fallzahl war allerdings beim Vergleich Placebo gegen Verum keiner der Zielparameter statistisch signifikant unterschiedlich. Die Autoren schlossen jedoch aus den Ergebnissen, daß der geprüfte Hypericum-Extrakt weder ein sedierendes Potential, noch typische Effekte im Sinne eines MAO-Hemmers hat, weil Antidepressiva der letztgenannten Gruppe typischerweise die REM-Latenz verlängern und zu einer Suppression des REM-Schlafes führen.[70]

Eine prospektive Doppelblindstudie wurde mit 50 männlichen und weiblichen Patienten im Alter von 20 bis 64 Jahren in einer neurologischen Fachpraxis durchgeführt. Als Klassifikationskriterien für den Patienteneinschluß galten nach ICD-09 die neurotische Depression (ICD-300.4) und die kurz dauernde depressive Verstimmung (ICD-309.0). Es wurden Patienten aufgenommen, deren Hamilton-Bewertungszahl (HAMD) zwischen 16 und 20 lag. Die Tagesdosis für das Verum betrug p.o. 3 × 300 mg des nativen Hypericum-Extraktes, die Behandlungsdauer 4 Wochen. Als Wirksamkeitskriterien wurden die Hamilton-Depressionsskala (HAMD, konfirmatorische Größe), die Beschwerdeskala nach von Zerssen (BF-S) sowie die Clinical-Global-Impression-Skala (CGI) verwendet. Als "Responder" waren im Prüfplan solche Patienten festgelegt worden, deren HAMD-Score nach 4 Wochen um mindestens 50 % gefallen war oder höchstens 10 betrug. Unter 22 auswertbaren Verum-Patienten waren demzufolge 10 als Responder einzustufen, während unter 17 auswertbaren Placebo-Patienten keiner dieses Kriterium erfüllte. Der Unterschied zwischen den Therapie-Gruppen war mit $p < 0{,}005$ statistisch signifikant. Die Bewertung der Beschwerdeliste nach von Zerssen ergab bei 2seitiger Prüfung ebenfalls eine signifikante ($p < 0{,}002$) Besserung in der Verum-Gruppe von der 0. zur 4. Woche.[74]

In einer multizentrischen Doppelblindstudie wurde die Wirksamkeit bei 50 Patienten mit leichten bis mittelschweren depressiven Verstimmungen geprüft. Die Studie erfolgte prospektiv gegen Placebo, die Dosis pro Tag betrug p. o. 3 × 300 mg des nativen Extraktes, die Behandlungsdauer 6 Wochen. Einschlußkriterien nach ICD-09 waren neurotische Depressionen (ICD-300.4) und kurzdauernde depressive Verstimmungen (ICD-309.0). Eingeschlossen wurden Patienten mit einer Hamilton-Bewertungszahl von 16 bis 26. Als Bewertungskriterien für die Wirksamkeit wurden die Hamilton-Depressions-Skala (HAMD) sowie als psychometrischen Leistungstest der Kurztest für allgemeine Basisgrößen der Informationsverarbeitung (KAI) ausgewählt. Bei ausgeprägten Placebo-Effekten ergab sich für keine der angewendeten Skalen ein signifikanter Unterschied zwischen Verum und Placebo.[75]

Eine weitere randomisierte, doppelblind, placebokontrollierte Studie wurde multizentrisch in 3 Arztpraxen mit insgesamt 105 ambulanten Patienten durchgeführt. Die Einschlußdiagnosen gemäß den Klassifikations-Kriterien nach ICD-09 waren die neurotische Depression (ICD-300.4) oder die kurzdauernde depressive Verstimmung (ICD-309.0). Der Rohsummen-Score nach Hamilton mußte bei Einschluß 16 bis 20 Punkte betragen. Die Tagesdosis für das Verum betrug p. o. 3 × 300 mg des nativen Extraktes, die Behandlungsdauer 4 Wochen. Als Beurteilungskriterien für die Wirksamkeit und Verträglichkeit wurde die Hamilton-Depressions-Skala, der Aufmerksamkeits-Belastungs-Test nach Brickenkamp und der Reaktionstest mit dem Wiener Determinations-Gerät durchgeführt. Der Rohsummen-Score nach Hamilton fiel unter der 4wöchigen Therapie unter Placebo von 16 auf 11 und in der Verum-Gruppe signifikant stärker von 16 auf 7 ab. In der Placebo-Gruppe waren 13 von 47 Patienten (28 %) und in der Verum-Gruppe 28 von 42 Patienten (67 %) als Responder einzustufen. Die Meßergebnisse beim Aufmerksamkeitstest nach Brickenkamp und dem Reaktionstest mit dem Wiener Determinationsgerät unterschieden sich zu keinem Zeitpunkt signifikant zwischen Verum und Placebo, so daß die Behandlungserfolge bei der depressiven Symptomatik nicht von medikamentös bedingten Einschränkungen von Aufmerksamkeit und Reaktionsvermögen begleitet waren.[77,78]

Eine weitere prospektive placebo-kontrollierte Doppelblindstudie wurde mit 40 ambulanten Patienten im Alter von 39 bis 63 Jahren in einer internistischen Praxis durchgeführt. Eingeschlossen wurden vorwiegend Patienten mit kurzdauernden depressiven Verstimmungen (ICD-309.0). Die Dauer der Depression bis zum Beginn der Studie betrug mehrheitlich nur 1 bis 3 Monate. Die Behandlungsdauer betrug 4 Wochen, die Tagesdosis p. o. 3 × 300 mg des nativen Extraktes. Der konfirmatorische Zielparameter war die Hamilton-Depressions-Skala (HAMD); in Ergänzung dazu wurde die Clinical-Global-Impression-Skala (CGI) angewendet. Der Hamilton-Gesamtscore für die Items 1 bis 18 war bei diesen nur leicht erkrankten Patienten initial relativ niedrig; er änderte sich im Verlauf der 4wöchigen Therapie in der Placebo-Gruppe von 12,4 auf 10,3 und in der Verum-Gruppe von 12,6 auf 5,6. Diese Unterschiede zwischen Verum und Placebo waren statistisch signifikant. In der CGI-Skala war aufgrund des niedrigen initialen Schweregrades und eines ausgeprägten Placebo-Effektes nur eine tendenzielle Überlegenheit der Verum-Gruppe nachzuweisen.[79]

20 Patienten mit schwerer saisonaler Depression (DSM-III-R-Kriterien) wurden in einer randomisierten Studie für die Dauer von 4 Wochen mit p. o. 3 × 300 mg Hypericum-Extrakt behandelt. Gleichzeitig wurde bei 10 der Patienten eine typische

Lichttherapie (3.000 lux) und bei den 10 anderen Patienten eine Placebo-Lichttherapie (100 lux) angewendet. Das Erfolgskriterium für die Therapie war die Hamilton-Depressions-Skala (HAMD). Der HAMD-Gesamtscore sank in der Gruppe mit zusätzlicher Lichttherapie von 21,9 auf 5,9 (73% Reduktion) und in der Gruppe mit zusätzlichem Placebo-Licht von 20,6 auf 8,2 (62% Reduktion). Die Autoren schlossen daraus, daß die Behandlung mit dem Hypericum-Extrakt sehr effektiv war und durch die typische Lichttherapie nur noch leichtgradig verbessert werden konnte. In einer parallel laufenden Studie mit Fluoxetin war der HAMD-Score bei zusätzlichem therapeutischen Licht um 64,2% und bei zusätzlichem Placebo-Licht um 53,8% gesunken, so daß die therapeutische Wirksamkeit des Hypericum-Extraktes und des Fluoxetins in diesen 2 Studien in etwa gleichwertig war.[80]

In einer multizentrischen Doppelblindstudie wurde die Wirksamkeit des Hypericum-Extraktes (p.o. 3 × 300 mg täglich) im Vergleich mit Imipramin (p.o. 3 × 25 mg täglich) geprüft. An der Studie nahmen 20 niedergelassene Ärzte unter Einschluß von insgesamt 131 Patienten teil. Als Kriterien für den Einschluß galten nach DSM-IIIR die "Major Depression" mit einzelnen Episoden (DSM-296.2), die "Major Depression" mit mehreren Episoden (DSM-296.3), die neurotische Depression (DSM-300.4) und die kurzdauernde depressive Verstimmung (DSM-309.0). Als Bewertungskriterien für die Wirksamkeit galten die Hamilton-Depressions-Skala (HAMD) und die Depressions-Skala nach von Zerssen (D-S-Skala). Die mittleren Score-Werte der HAMD-Skala sanken im Verlauf der insgesamt 42tägigen Therapie unter dem Hypericum-Extrakt von 20,04 auf 8,53 (57%) und unter Imipramin von 18,90 auf 10,33 (45%). Die statistische Analyse ergab zwischen den beiden Therapieformen weder bei der HAMD- noch bei der B-S-Skala einen signifikanten Unterschied in der Wirksamkeit.[81]

Eine weitere doppelblinde Vergleichsstudie wurde zwischen dem Hypericum-Präparat (p.o. 3 × 300 mg täglich) und Maprotilin (p.o. 3 × 25 mg täglich) mit 80 Patienten durchgeführt. Die Einschlußkriterien nach ICD-9 waren die neurotische Depression (ICD-300.4) und die kurzdauernde depressive Verstimmung (ICD-309.0). Konfirmatorischer Parameter für die vergleichende Bewertung der Wirksamkeit waren die Responder-Kriterien der Hamilton-Depressions-Skala (HAMD). Unter der 4wöchigen Therapie mit dem Hypericum-Präparat sank der HAMD-Score im Mittel von 21,7 auf 12,8 und unter Maprotilin von 23,1 auf 12,5 ab. Nach den Responder-Kriterien waren unter der Therapie mit dem Hypericum-Extrakt 20 Patienten (61%) und unter Maprotilin 23 Patienten (68%) Responder. Zum Vergleich beider Medikationsgruppen wurde der Chi-Quadrat-Test eingesetzt, der keine signifikanten Differenzen zwischen den Medikationsgruppen ergab.[82]

Eine Anwendungsbeobachtung unter mindestens 4wöchiger Therapie mit p.o. 3 × 300 mg des Hypericum-Extraktes wurde bei 3.250 depressiven Patienten in insgesamt 663 Arztpraxen durchgeführt. 76% der Patienten waren Frauen, 24% Männer. Das mittlere Alter betrug 51 ± 15 Jahre. Am häufigsten waren die Symptome Niedergeschlagenheit, Ruhelosigkeit, Ein- und Durchschlafstörungen sowie Kopfschmerzen und Herzbeschwerden. Diese Symptome traten bei den Patienten mit einer Häufigkeit von ca. 60 bis 90% auf. Das abschließende Gesamturteil der Ärzte und der Patienten zur Wirksamkeit stimmte in etwa überein. Danach wurden rund 75% der Patienten unter der 4wöchigen Therapie "verbessert" bis "beschwerdefrei", während etwa 25% der Patienten auf die Therapie nicht sicher ansprachen. Auf der Depressionsskala nach von Zerssen verbesserten sich die Punktwerte im Gesamtkollektiv im Mittel um etwa 50%, wobei leichte und mittelschwere Depressionen relativ besser ansprachen als schwere Depressionen. Hinsichtlich des Patientenalters ergaben sich in den Altersgruppen 20 bis 35, 36 bis 50 und 51 bis 65 Jahre praktisch keine Unterschiede in der Wirksamkeit; in der Altersgruppe über 65 Jahre war die Erfolgsquote etwas geringer.[83] Zur Häufigkeit der im Rahmen dieser Studie ebenfalls erfaßten unerwünschten Arzneimittelwirkungen, s. Unerwünschte Wirkungen.

Zubereitung 2. Ein ethanolischer Hypericum-Extrakt, Droge : Extrakt-Verhältnis 5,3 bis 6,5:1, wurde als Flüssig-Präparation mit 0,25 mg Gesamt-Hypericin (*DAC 86*) pro mL in der Tagesdosis von p.o. 3 × 30 Tropfen (ca. 3 × 1,5 mL) über den Zeitraum von 4 bis 6 Wochen in einer offenen Studie bei 6 depressiven Patientinnen im Alter von 55 bis 65 Jahren geprüft. Zielparameter waren die ausgeschiedenen Mengen des von 3-Methoxy-4-hydroxyphenylglycol (MHPG, renal ausgeschiedener Hauptmetabolit des Noradrenalins) im Urin, die jeweils innerhalb von 2 h nach der ersten und zweiten Applikation des Prüfpräparates gemessen wurden. Die Ausscheidung war vor der Studie mit 0,66 ± 0,26 µg/mL in einer für depressive Patienten typischen Form erniedrigt. Zwei Stunden nach der 1. Applikation betrug die Ausscheidung 2,47 ± 1,11 µg/mL, 2 h nach der 2. Applikation betrug sie im Mittel 3,07 ± 1,73 µg/mL. Die Autoren schlossen daraus, daß der Hypericum-Extrakt das gestörte Neurotransmitter-Gleichgewicht bei depressiven Patienten in einer für Antidepressiva typischen Weise beeinflußt.[84]

Dieselbe Flüssig-Zubereitung wurde in der Tagesdosis von p.o. 3 × 20 Tropfen (ca. 3 × 1 mL) bei 49 ambulanten depressiven Patienten in einer randomisierten Doppelblindstudie über den Zeitraum von 4 Wochen gegen Placebo geprüft. Zur Beurteilung der Wirksamkeit wurde die Hamilton-Depressions-Skala angewendet. Die Zahl der Symptome je Patient verminderte sich unter dem Verum von 10,95 auf 3,54 und unter Placebo von 11,8 auf 9,96. Der Hamilton-Score reduzierte sich unter Verum statistisch signifikant von 22,9 zu Beginn auf 15,2 nach 2 Wochen und 16,4 nach 4 Wochen Therapie; unter Placebo betrug der Hamilton-Score bei Aufnahme 24,0, nach 2 Wochen 31,1 und nach 4 Wochen 29,6.[85]

Dieselbe Flüssig-Zubereitung wurde in einer placebo-kontrollierten Doppelblindstudie bei 40 depressiven Patienten im Alter von 22 bis 77 Jahren geprüft. Die Tagesdosis betrug p.o. 3 × 30 Tropfen (ca. 3 × 1,5 mL), die Therapiedauer 4 Wochen. Zur Bewertung des Therapie-Effektes diente die Hamilton-Depressions-Skala sowie das "State-Trait-Anxiety-Inventory" (STAI) nach Spielberger und Laux. Die mittleren Bewertungszahlen nach der Hamilton-Skala betrugen in der Verum- bzw. Placebo-Gruppe vor Beginn der Therapie 29 bzw. 30 und nach 4 Wochen Therapie 10 bzw. 20. Die Unterschiede zwischen Verum und Placebo waren statistisch signifikant und erfüllten insgesamt die Wirksamkeits-Kriterien dieser Skala (Abfall um mindestens 50 % der Initialwerte bzw. Endwerte unter 10 Punkten). Die STAI-Skala zur Bewertung der Ängstlichkeit ergab lediglich eine trendmäßige, jedoch keine statistisch signifikante Überlegenheit der Verum-Gruppe.[86]

Dasselbe Hypericum-Flüssigpräparat wurde in einer weiteren placebo-kontrollierten Doppelblindstudie, die multizentrisch in 6 Arztpraxen durchgeführt wurde, bei 116 depressiven Patienten im Alter von 18 bis 65 Jahren durchgeführt. Als Einschlußkriterium galt ein Hamilton-Score von mehr als 16. Die Beurteilung der therapeutischen Wirksamkeit wurde mittels der Hamilton-Depressions-Skala (HAMD) und der Hamilton-Angst-Skala (HAMA) sowie der Depressivitäts-Skala nach von Zerssen (D-S) durchgeführt. Die Dosierung des Präparates betrug p.o. 3 × 30 Tropfen (ca. 3 × 1,5 mL), die Behandlungsdauer 6 Wochen. Der mittlere Gesamtscore der HAMD-Skala änderte sich zwischen Behandlungsbeginn und 6-Wochen-Kontrolle in der Verum-Gruppe von 21,6 auf 8,9 und in der Placebo-Gruppe von 20,9 auf 16,1. In der HAMA-Skala veränderten sich die entsprechenden Werte unter Verum von 11,9 auf 4,5 und unter Placebo von 12,1 auf 8,2. In der B-S-Skala kam es zu einem Absinken des Gesamtscores von 11,7 auf 4,9 unter Verum und von 12,7 auf 8,1 unter Placebo.[87]

In einer einfachblinden Prüfung wurde bei je 15 Patienten im Alter zwischen 64 und 87 Jahren mit reaktiver Depression nach Amputation einer Gliedmaße die Wirksamkeit des Hypericum-Präparates in der Tagesdosis von p.o. 3 × 30 Tropfen (ca. 3 × 1,5 mL) im Vergleich mit Imipramin (50 mg/Tag) geprüft. Alle Patienten wurden stationär behandelt. Unmittelbar vor der Operation sowie nach 5 und nach 10 Tagen erfolgte die Beurteilung der Patienten unter Anwendung der Hamilton-Depressions-Skala (HAMD). Die HAMD-Mittelwerte sanken unter Behandlung mit dem Hypericum-Präparat im Mittel von 24,5 Punkten vor der Operation auf 5,0 Punkte nach 10 Tagen; in der Imipramin-Vergleichsgruppe änderte sich der HAMD-Score im gleichen Zeitraum im Mittel von 26,7 auf 4,7 Punkte. Die nicht näher beschriebene vergleichende Statistik ergab keine Unterschiede zwischen beiden Behandlungsgruppen.[88]

In einer offenen Studie wurde die Wirksamkeit des Hypericum-Präparates (p.o. 3 × 30 Tropfen, entsprechend ca. 3 × 1,5 mL/Tag) mit derjenigen von 2 × 3 mg Bromazepam täglich über den Behandlungszeitraum von 4 Wochen verglichen. In die Studie wurden 80 depressive Patienten im Alter von 40 bis 70 Jahren aufgenommen. Das Einschluß-Kriterium war das Depressions-Status-Inventar nach Zung (DSI), wobei der DSI-Score 40 bis 50 Punkte betragen mußte. Als weiteres Kriterium zur Beurteilung der Wirksamkeit wurde der State-Trait-Anxiety-Inventory nach Spielberger und Laux (STAI) angewendet. Der DSI-Score betrug bei Aufnahme in der Hypericum-Gruppe 45, in der Bromazepam-Gruppe 44. Er fiel unter Therapie in beiden Gruppen auf etwa 35 ab, so daß sich kein Gruppenunterschied im Behandlungserfolg ergab. Bei dem STAI-Score kam es in der Hypericum-Gruppe zu einer Reduktion von 57,9 auf 45,4 Punkte und in der Vergleichsgruppe nach Bromazepam von 57,6 auf 46,2 Punkte. Auch hier ergab sich kein Gruppenunterschied. Die Verträglichkeit war jedoch in der Hypericum-Gruppe wesentlich besser (18 Nennungen von Nebenwirkungen in der Hypericum- gegenüber 49 Nennungen in der Bromazepam-Gruppe).[89]

In einer placebo-kontrollierten Doppelblindstudie wurde die Wirksamkeit des Flüssig-Präparates bei insgesamt 46 depressiven Patienten geprüft. Nähere Angaben über die Patienten und die Dosierung des Präparates fehlen in der Publikation. Die Behandlungsdauer betrug 8 Wochen. Als Erfolgskriterium zur Beurteilung der Wirksamkeit wurde insbesondere die Hamilton-Depressionsskala (HAMD) herangezogen. Die statistische Auswertung ergab keine signifikanten Unterschiede zwischen Verum und Placebo.[90]

In einer multizentrischen placebo-kontrollierten Doppelblindstudie wurde die Wirksamkeit des Flüssig-Präparates bei 88 Patienten mit leichten bis mittelschweren depressiven Verstimmungszuständen (ICD-300.4) im Alter von 20 bis 65 Jahren geprüft. Als Einschluß- und Effektivitäts-Kriterium diente die Hamilton-Depressions-Skala mit 21 Items. Bei Einschluß der Patienten mußte der Score mindestens 16 Punkte betragen. Die Patienten erhielten über die Dauer von 4 Wochen p.o. 3 × 30 Tropfen entsprechend 3 × 1,5 mL pro Tag des Hypericum-Präparates oder eines nach Farbe, Geruch, Geschmack und Aussehen identischen Placebos. Die Mittelwerte des HAMD-Scores veränderten sich im Laufe der Therapie unter Verum von 17,8 auf 9,85 Punkte und unter Placebo von 17,3 auf 16,65 Punkte. Nach den Wirksamkeitskriterien der Skala waren 29 (70,7 %) der 42 mit dem Verum-behandelten Patienten als Responder einzustufen, während die Responder-Rate unter Placebo in ungewöhnlicher Weise nur 7,1 % betrug. Die Unterschiede in der Wirksamkeit waren statistisch hochsignifikant.[91]

Weitere Zubereitungen. Ein nicht näher definierter Hypericum-Extrakt wurde in Form einer Flüssig-Präparation, 0,2 mg Gesamt-Hypericin (gemessen vermutlich analog *DAC 86*) pro mL enthaltend, bei 60 depressiven Patienten (31 Männer, 29 Frauen) im Alter von 19 bis 73 Jahren in einer prospektiven Doppelblindstudie gegen Placebo geprüft. Die Tagesdosis betrug p.o. 3 × 30 Tropfen (ca. 3 × 1,5 mL), die Therapiedauer 6 Wochen. Zur Beurteilung der therapeutischen Wirksamkeit wurde eine Skala mit 52 Symptomen jeweils vor Beginn sowie nach 3 und 6 Wochen Therapie entsprechend einer

Beschwerdestärke von 0 bis 3 herangezogen. Die mittleren Beschwerde-Scores aus allen Symptomen betrugen vor Therapie in der Verum- resp. Placebo-Gruppe 1,76 resp. 1,83, nach 3 Wochen 1,16 resp. 1,63 und nach 6 Wochen 0,68 resp. 1,54. Angaben zur statistischen Signifikanz der Unterschiede zwischen Verum und Placebo wurden nicht gemacht; eine Validierung der Methode zur Erfassung dieser Beschwerde-Scores liegt ebenfalls nicht vor.[92]
Ein weiterer, nicht näher definierter Hypericum-Extrakt wurde in einer randomisierten Doppelblindstudie bei insgesamt 50 Patienten mit leichten bis mittelschweren depressiven Verstimmungszuständen der ICD-Klassifikationen 300.4 (neurotische Depression), 309.0 (kurzdauernde Depression) und 311.0 (anderweitig nicht klassifizierbare depressive Zustandsbilder) geprüft. Die Patienten der Verum-Gruppe nahmen morgens und mittags je 2 Kapseln entsprechend 2 × 112 bis 138 mg des Hypericum-Extraktes bzw. 2 × 0,5 mg Gesamt-Hypericin (gemessen wahrscheinlich nach *DAC86*). Die Therapiedauer betrug 8 Wochen. Die Bewertungskriterien waren die Hamilton-Depressionsskala (HAMD), die Hamilton-Anxiety-Skala (HAMA), die Depressivitäts-Skala nach von Zerssen (D-S) und die Clinical-Global-Impressions-Scale (CGI). Als Responder-Kriterium galt hinsichtlich der HAMD eine Abnahme des Gesamtscores um mindestens 50% gegenüber dem Ausgangswert oder eine Abnahme auf 10 Punkte oder weniger. Bis zur 8. Woche hatten 80% der Verum-Patienten und 44% der Placebo-Patienten die Erfolgskriterien erreicht. Die Responderraten der Verum-Behandlung unterschieden sich signifikant von Placebo ($p < 0{,}002$). Das Ergebnis bei den 3 anderen Skalen zeigte im ähnlichen Sinne eine signifikante oder tendentielle Überlegenheit der Therapie mit dem Hypericum-Präparat.[93]
Ein weiterer, nicht näher definierter Hypericum-Extrakt wurde in einer randomisierten Doppelblindstudie im Vergleich mit Amitriptylin geprüft. Die Dosierung betrug 3 × 1 Kapsel des Hypericum-Präparates entsprechend 3 × 0,25 mg Gesamt-Hypericine (gemessen wahrscheinlich nach *DAC86*) bzw. 30 mg Amitriptylin täglich. Die insgesamt 80 Patienten im Alter von 25 bis 83 Jahren aus einer nervenärztlichen Praxis hatten nach ICD-10 die Einschlußdiagnosen leichter (F32.0) oder mittelgradiger (F32.1) depressiver Syndrome oder rezidivierende depressive Störungen (F33, 33.0 bis 33.1). Als Erfolgskriterium dienten die Hamilton-Depressions-Skala (HAMD) und die Befindlichkeitsskala nach von Zerssen (Bf-S). Der HAMD-Gesamtscore fiel unter der 6wöchigen Therapie unter Hypericum von 15,82 auf 6,34 und unter Amitriptylin von 15,26 auf 6,56 ab. Die Responder-Kriterien waren nach 6 Wochen bei 84% der Hypericum- und bei 74% der Amitriptylin-Fälle erreicht. Die Ergebnisse der Befindlichkeitsskala waren ähnlich und zeigten ebenso wie die HAMD-Skala keinen statistischen Unterschied zwischen der Wirksamkeit von Amitriptylin und dem Hypericum-Präparat.[94]
Weitere Wirkungen. Drei Extrakte aus *Hypericum perforatum*, gewonnen mit Petroläther, Chloroform bzw. Methanol wurden hinsichtlich ihrer antibakteriellen Aktivität gegen insgesamt 4 grampositive und 3 gramnegative Bakterienarten geprüft. Im Agar-Diffusionstest auf Filterpapierscheiben erwiesen sich insbesondere die Petroläther- und Chloroform-Extrakte, weniger dagegen die methanolischen Extrakte, als bakterizid gegen alle geprüften Bakterien. Die MHK, bezogen auf die jeweilige Extraktkonzentration im wäßrigen Versuchsansatz, betrugen 0,6 bis 2,5 mg/mL.[95]
Von aktuellem Interesse sind die nachgewiesenen Effekte gegen Retroviren, insbesondere gegen HIV-Viren,[96–100] Zytomegalie-Viren,[101,102] HSV-Viren[102,103] und Influenza-Viren.[102,103] Die sowohl viruziden als auch replikationishemmenden Wirkungen[96,101,103] werden jedoch ausschließlich durch die Naphthodianthrone bewirkt, wobei Hypericin stärker wirksam war als Pseudohypericin.[102] Die Untersuchungen wurden mehrheitlich *in vitro* mittels Plaque-Auszählung an Monolayer-Kulturen von menschlichen Fibroplasten durchgeführt, wobei entweder eine Vorinkubation (Messung viruzider Effekte) oder ein direkter Zusatz von Hypericin-Lösungen zu den infizierten Monolayer-Kulturen (Messung virustatischer Effekte) erfolgte.[96,101–103] Darüber hinaus wurden auch Tierversuche mit infizierten Mäusen durchgeführt.[98,99] Bei den In-vitro-Ansätzen lagen die minimalen Hemmkonzentrationen für Hypericin mehrheitlich zwischen 2,5 ng/mL und 1 µg/mL.[96,102,103] Bei den Tierversuchen betrugen die Dosen, die eine 50%ige Reduktion der Todesrate bewirkten, 10 bis 50 µg Hypericin pro Maus.[98] Die wirksamen Endkonzentrationen in den Testansätzen sind insofern von besonderem Interesse, als sie bis in die Größenordnung derjenigen Konzentrationen reichen, die mit einem methanolischen Hypericum-Extrakt in der Dosierung von p.o. 3 × 300 mg täglich im Plasma von Patienten gemessen worden sind.[70] Verglichen mit der wirksamen Dosis im Tierversuch[98] ist dagegen die Zufuhr von Hypericin mit den üblichen therapeutischen Dosen um etwa 2 Zehnerpotenzen geringer. Mögliche therapeutische Anwendungen von Hypericum-Extrakten in antiviraler Indikation könnten darüber hinaus eine maßgebliche Einschränkung dadurch erfahren, daß die Intensität der virustatischen Wirkungen der Hypericine *in vitro* offenbar stark von Lichteinflüssen abhängig ist.[96,104]

Verteilung: Radioaktives [^{14}C]-Hypericin und [^{14}C]-Pseudohypericin aus *Hypericum perforatum* wurde 8 Mäusen p.o. appliziert. Nach 90, 180, 270 und 360 min wurde die prozentuale Verteilung der Radioaktivität im Gastrointestinaltrakt, Blut, Muskel, Gehirn sowie in der Leber und Niere gemessen. Nach 90 min waren vom Hypericin im Gastrointestinaltrakt 42%, im Blut 6%, im Muskel 31% und in den übrigen Organen jeweils weniger als 1% der Dosis enthalten; Pseudohypericin war nach 90 min noch zu 70% im Gastrointestinaltrakt; Blut und Muskel enthielten je etwa 2% und die anderen Organe weniger als 1%. Nach 360 min waren im Gastrointestinaltrakt nur noch 19% des Hypericins, aber noch 44% des Pseudohypericins enthalten. Die Konzentrationen in den übrigen Organen waren zu diesem Zeitpunkt noch nicht maßgeblich verändert.[105]

Anwendungsgebiete: Psychovegetative Störungen, depressive Verstimmungszustände, Angst und/ oder nervöse Unruhe.[47] Die Indikation "depressive Verstimmungszustände" ist für wäßrig-alkoholische Extrakte aus Hyperici herba durch zeitgemäße klinische Doppelblindstudien gesichert.[69,70,74,75,77–94] Ölige Zubereitungen, s. Hyperici flos recens.

Dosierung und Art der Anwendung: *Droge.* Bereitung eines Tee-Aufgusses: 2 Teelöffel Johanniskraut werden mit 150 mL siedendem Wasser überbrüht und nach 10 min abgeseiht. Morgens und abends werden 1 bis 2 Tassen des frisch bereiteten Tees getrunken.[63] Die mittlere Tagesdosis entspricht 2 bis 4 g Droge.[47]

Zubereitung. Methanolische oder ethanolische Extrakte: Bei der Indikation "depressive Verstimmungszustände" sollten feste und flüssige Zubereitungen, Droge : Extrakt-Verhältnis z. B. 4 bis 7:1, Mindestgehalt an Gesamt-Hypericin nach *DAC 86* 0,1 %, in einer Dosierung von 300 bis 900 mg nativem Extrakt pro Tag über 4 bis 6 Wochen eingenommen werden. Sofern in diesem Zeitraum keine deutliche Besserung der Symptomatik eintritt (Responder-Quote 60 bis 80 %) ist die Therapie zu wechseln. Die Gesamtmenge der Hypericine (diese ergibt sich insbesondere aus dem Gehalt an Hypericin und Pseudohypericin) soll 0,2 bis 1 mg pro Tag betragen.[47] Ölige Zubereitungen, s. Hyperici flos recens.

Volkstümliche Anwendung und andere Anwendungsgebiete: Johanniskraut wird volksmedizinisch bei Gallenblasenerkrankungen, Gastritis, Bronchitis und Asthma, Diarrhöe, Enuresis nocturna, Rheuma, Gicht sowie gegen Würmer verwendet.[29,42,106–109] Zur Wirksamkeit bei den genannten Anwendungsgebieten liegen keine kontrollierten Studien vor.

Unerwünschte Wirkungen: In 7 klinischen Studien[69,79,84–87,92] mit insgesamt mehr als 400 Patienten wurden keine relevanten Nebenwirkungen angegeben. In einer Studie gaben 2 von 12 Probanden unter Verum rote Flecken am Oberkörper bzw. allergische Reaktionen an.[70] In einer weiteren Studie hatte 1 Patient von 50 unter Verum Schlafstörungen und häufiges Harnlassen. In einer weiteren Studie[77] hatten von 105 Patienten 2 unter Verum Rötung und Juckreiz bzw. Müdigkeit.
Eine Anwendungsbeobachtung mit der Zubereitung 1, Tagesdosis p. o. 3 × 300 mg, wurde bei insgesamt 3.250 depressiven Patienten über mindestens 4 Wochen durchgeführt. Nicht indikationsbezogene Nebenwirkungen hatten zu Beginn der Therapie 3,97 %, am Ende der Therapie 2,31 % der Patienten. Unerwünschte Arzneimittelwirkungen wurden von insgesamt 79 (2,73 %) Patienten angegeben, davon 18 (0,55 %) gastrointestinale Beschwerden, 17 (0,52 %) allergische Reaktionen, Hautausschlag oder Pruritis, 13 (0,4 %) Müdigkeit, 8 (0,26 %) Unruhe und 5 (0,15 %) Schwindel.[83]

Gegenanzeigen/Anwendungsbeschr.: Keine bekannt.[47] Eine Photosensibilisierung, insbesondere bei hellhäutigen Personen, ist möglich.[47]

Wechselwirkungen: Keine bekannt.[47] Theoretisch wäre denkbar, daß eine Verstärkung photosensibilisierender Effekte anderer Pharmaka, z. B. bei gleichzeitiger Therapie mit Tetracyclinen, eintreten könnte.

Tox. Inhaltsstoffe u. Prinzip: Toxische Wirkungen werden zwei Inhaltsstoff-Gruppen zugeschrieben, nämlich Naphthodianthronen (Hypericine) und dem Quercetin. Für die Naphthodianthrone sind phototoxische,[110–112] für Quercetin genotoxische[113–118] Wirkungen berichtet bzw. diskutiert worden.

Resorption: Ein Proband nahm eine Einzeldosis eines wäßrig-ethanolischen Extraktes von Hyperici herba, entsprechend einer Hypericin-Menge von 1 mg, ein. Danach wurde die Hypericin-Konzentration im Blutserum gemessen. Hypericin war erst 3 h nach der Einnahme nachweisbar und der Spiegel stieg danach kontinuierlich bis zum Zeitpunkt 8 h nach der Einnahme von 0,5 ng/mL auf etwa 4 ng/mL an.[105] Diese Plasma-Konzentrationen sind vergleichbar mit denjenigen, die nach 4wöchiger Einnahme eines Hypericum-Präparates (Zubereitung 1, s. Wirkungen) bei 12 Patienten nachgewiesen worden sind (s. Wirkungen).[70]

Mutagenität: Die Gentoxizität verschiedener Zubereitungen von Johanniskraut wurde in 2 Testsystemen (Mutagenese in *Salmonella typhimurium*, TA 98, eine Aktivierung mit S 9; Induktion von DNA-Reparatur in primären Rattenleberzellen) untersucht. Ein ethanolischer Extrakt war in beiden Testsystemen positiv. Nach chromatographischer Auftrennung des Extraktes konnte gezeigt werden, daß die genotoxische Wirkung ausschließlich dem Gehalt an Quercetin zuzuordnen war.[113]
Eine andere Arbeitsgruppe prüfte ebenfalls einen ethanolischen Extrakt aus Hyperici herba auf dessen Mutagenität in *Salmonella typhimurium*, TA 98, Aktivierung mit S 9. Der Test war ebenfalls positiv. Die chromatographische Auftrennung führte ebenfalls zu dem Resultat, daß die beobachtete Mutagenität dem Quercetin-Gehalt, der in diesem Falle etwa 1 mg/g Extrakt betrug, zuzuordnen war.[114]
Die Gentoxizität eines wäßrig ethanolischen Hypericum-Extraktes, Droge : Extrakt-Verhältnis 4:1, enthaltend 0,2 bis 0,3 % Gesamt-Hypericin (*DAC 86*) und 0,35 mg/g Quercetin, wurde in verschiedenen In-vivo- und In-vitro-Testsystemen geprüft. Es wurden sowohl Genmutationen als auch Chromosomenmutationen erfaßt. Durchgeführt wurden als In-vitro-Tests der Hypoxanthin-Guanin-Phosphoribosyl-Transferase-Test (Hypericumextrakt-Konzentrationen 0,3 bis 4,0 µg/mL), der UDS-Test (Extrakt-Konzentrationen 0,014 bis 1,37 µg/mL), der Fellfleckentest bei Mäusen (Dosis 1 bis 10 mg/kg KG) und der *in vivo* Chromosomenaberrations-Test an Knochenmarkzellen chinesischer Hamster (Dosis 10 mg/kg KG). Sowohl die In-vitro-Tests als auch die In-vivo-Tests zeigten ein negatives Ergebnis, so daß sich keinerlei Hinweise auf

ein mutagenes Potential des geprüften Hypericum-Extraktes ergaben.[115]
Eine Prüfung des Risikopotentiales von Quercetin durch die "International Agency for Research on Cancer" (IARC) resultierte in der Schlußfolgerung, daß keine validen Anhaltspunkte für die Carcinogenität von Quercetin beim Menschen vorliegen.[116]
Die tägliche Aufnahme von Quercetin, wie sie im Rahmen der Therapie mit pflanzlichen Präparaten wie Hypericum-Extrakt erfolgen kann, liegt in der Größenordnung von allenfalls 1 mg Quercetin pro Tag.[115,118] Diese Menge dürfte durch die tägliche Zufuhr von Quercetin im Sinne der Nahrungsaufnahme von Gemüse und Früchten um ein Vielfaches überschritten werden.[116–118]

Immuntoxizität: Photosensibilisierungen[110,111] durch die nahrungsbedingte Aufnahme von frischem oder getrocknetem Johanniskraut wurden bei Weidetieren (Schafe, Kälber, Kühe, Pferde) beobachtet. Die Sensibilisierung geht eindeutig auf die im Johanniskraut enthaltenen Hypericine zurück, die durch Licht in der Wellenlänge von etwa 320 nm angeregt werden und danach mit molekularem Sauerstoff zur Bildung von Peroxid-Radikalen beitragen.[112] Eine quantitative Prüfung der Toxizität hat ergeben, daß eine Dosis von 1 g/kg KG Johanniskraut bei Kälbern noch keine photosensibilisierende Wirkung hatte, wohl aber eine solche von 3 g/kg KG.[110] Vergleicht man damit die in den klinischen Studien mit den höchsten Dosierungen[69,70] angewendeten Tagesdosen und rechnet die betreffenden Extraktmengen in Drogenmengen um, dann ergibt sich daraus, daß die therapeutische Tagesdosis beim Menschen weniger als 0,1 g Droge pro kg KG und Tag beträgt, so daß die photosensibilisierende Dosis bei Kälbern um den Faktor 30 höher lag. Dieser quantitative Vergleich könnte erklären, warum Nebenwirkungen im Sinne einer Photosensibilisierung unter der therapeutischen Anwendung von Hypericum-Präparaten bisher noch in keinem Falle mit Sicherheit nachgewiesen wurden. Das schließt Reaktionen im Sinne der Photosensibilisierung, z.B. bei einer Anwendung besonders hypericinreicher Extrakte oder auch bei Überdosierung eines herkömmlichen Präparates, nicht aus.

Akute Vergiftung: *Erste Maßnahmen.* Über akute Vergiftungen durch Hypericum-Präparate beim Menschen ist bisher nicht berichtet worden. Insbesondere wegen der Indikation "Depression" mit möglicher Einnahme von Überdosen in Suicidabsicht sowie möglichen Einnahmen von Überdosen durch AIDS-Patienten wegen des bekanntgewordenen antiviralen Effektes sollten dennoch bei Ärzten geeignete Maßnahmen für den Fall von Intoxikationen durch Johanniskraut-Präparate bekannt sein. Diese Maßnahmen bestehen darin, daß der betreffende Patient vor dem Tageslicht geschützt werden muß und zwar für die Dauer von etwa einer Woche. In diesem Zeitraum wurden bei Tier-Intoxikationen neben den typischen Hauterscheinungen auch Anstiege der CPK im Blutserum beobachtet.[110]

Gesetzl. Best.: *Standardzulassung.* Standardzulassung Nr. 1059.99.99 Johanniskraut.
Offizielle Monographien. Aufbereitungsmonographie der Kommission E am BGA "Hyperici herba (Johanniskraut)".[47]

Hypericum perforatum hom. *HAB 1*

Synonyme: Hypericum.

Monographiesammlungen: Hypericum perforatum *HAB 1.*

Definition der Droge: Die ganze, frische, blühende Pflanze.

Stammpflanzen: *Hypericum perforatum* L.

Zubereitungen: Urtinktur und flüssige Verdünnungen nach *HAB 1*, Vorschrift 3a; Eigenschaften: Die Urtinktur ist eine dunkelkirschrote bis bräunlichrote Flüssigkeit ohne besonderen Geruch und von etwas scharfem Geschmack. Darreichungsformen: Urtinktur, flüssige Verdünnungen, Streukügelchen, Verreibungen, Tabletten, Verdünnungen zur Injektion, Salben.[66]

Identität: Urtinktur mit Ethanol und Eisen(III)-chloridlsg. versetzt ergibt Grünschwarzfärbung.
DC der Urtinktur:
- Referenzsubstanzen: Coffein, *p*-Aminoacetophenon, Salicylsäure;
- Sorptionsmittel: Kieselgel GF_{254};
- FM: Butanol-Essigsäure-Wasser (70 + 15 + 5);
- Auswertung: Markieren der Referenzsubstanzzonen unter UV 254 nm und Auswertung nach Besprühen mit Vanillin-Schwefelsäure über Vergleich der Rf-Werte.

Reinheit: *Urtinktur.*
- Relative Dichte *(PhEur)*: 0,900 bis 0,917.
- Trockenrückstand *(DAB)*: Mind. 1,5 %.

Lagerung: Vor Licht geschützt.

Anwendungsgebiete: Die Anwendungsgebiete entsprechen dem homöopathischen Arzneimittelbild. Dazu gehören: Verletzungen des peripheren oder zentralen Nervensystems, Verstimmungszustände, Gehirngefäßverkalkung, Asthma.[66]

Dosierung und Art der Anwendung: *Droge.* Bei akuten Zuständen häufige Anwendung alle halbe bis ganze Stunde je 5 Tropfen oder 1 Tablette oder 10 Streukügelchen oder 1 Messerspitze Verreibung einnehmen; parenteral 1 bis 2 mL bis zu 3mal täglich; Salben 1- bis 2mal täglich auftragen. Bei chronischen Verlaufsformen 1- bis 3mal täglich 5 Tropfen oder 1 Tablette oder 10 Streukügelchen oder 1 Messerspitze Verreibung einnehmen; parenteral 1 bis 2 mL pro Tag; Salben 1- bis 2mal täglich auftragen.[66]

Unerwünschte Wirkungen: Bei Urtinktur und 1. Dezimalverdünnung kann Photosensibilisierung auftreten. Es können auch sogenannte Erstverschlimmerungen vorkommen, die jedoch ungefährlich sind.[66]

Gegenanzeigen/Anwendungsbeschr.: Keine bekannt.[66]

Wechselwirkungen: Keine bekannt.[66]

Gesetzl. Best.: *Offizielle Monographien.* Aufbereitungsmonographie der Kommission D am BGA "Hypericum perforatum (Hypericum)".[66]

Hypericum perforatum Rh hom. *HAB 1*

Synonyme: Hypericum Rh.

Monographiesammlungen: Hypericum perforatum Rh *HAB 1.*

Definition der Droge: Verwendet werden die frischen, oberirdischen Teile blühender Pflanzen.

Stammpflanzen: *Hypericum perforatum* L.

Zubereitungen: Urtinktur und flüssige Verdünnungen nach *HAB 1*, Vorschrift 21; Eigenschaften: Die Urtinktur ist eine weinrote bis braunrote Flüssigkeit mit schwach fruchtigem Geruch.

Identität: *Urtinktur.* Nach Verdünnen der Urtinktur mit Ethanol und Zugabe von Eisen(III)chloridlsg. tritt Grünbraunfärbung ein. Im UV_{365}-Licht fluoresziert der Etherauszug der Urtinktur rot, nach tropfenweiser Zugabe von Schwefelsäure grün.
DC der methanolischen Lösung eines zuvor eingeengten Ethylacetatauszuges der Urtinktur:
- Referenzsubstanzen: Rutin, Quercetin, 4-Aminohippursäure;
- Sorptionsmittel: Kieselgel H;
- FM: Ethylacetat-Ameisensäure-Wasser (90 + 5 + 5);
- Detektion: Die Chromatogramme werden mit Aluminiumchlorid und PEG-Lösung besprüht und bei 105 bis 110 °C erhitzt;
- Auswertung: Nachweis eines charakteristischen Flecken-Musters im UV 365 nm anhand der fluoreszierenden Zonen der Referenzsubstanzen.

Reinheit: *Urtinktur.*
- Relative Dichte *(PhEur)*: 1,010 bis 1,030.
- Trockenrückstand *(DAB)*: Mind. 4 %.

Lagerung: *Urtinktur.* Vor Licht geschützt, dicht verschlossen.

Hypericum perforatum hom. *PFX*

Synonyme: Hypericum.

Monographiesammlungen: Hypericum perforatum pour préparations homéopathiques *PFX.*

Definition der Droge: Die ganze, frische, blühende Pflanze.

Stammpflanzen: *Hypericum perforatum* L.

Zubereitungen: *Urtinktur.* Herstellung gemäß den allgem. technischen Herstellungsvorschriften für homöopathische Zubereitungen der *PFX* mit Ethanol 65 % (*V/V*).

Hypericum perforatum hom. *HPUS 88*

Monographiesammlungen: Hypericum perforatum *HPUS 88.*

Definition der Droge: Die ganze Pflanze.

Stammpflanzen: *Hypericum perforatum* L.

Zubereitungen: *Urtinktur.* Herstellung durch Mazeration oder Perkolation mit Ethanol nach den allgem. Zubereitungsvorschriften (Class C) der *HPUS 88.* Ethanolgehalt 65 % (*V/V*).

Gehalt: *Urtinktur.* Arzneigehalt $^1/_{10}$.

Hypericum pulchrum L.

Synonyme: *Hypericum amplexicaule* GILIB.

Sonstige Bezeichnungen: Dt.: Heide-Johanniskraut, Schönes Johanniskraut; engl.: Small upright St. John's wort; it.: Erba di S. Giovanni occidentale.[3,27]

Botanische Beschreibung: 20 bis 60 cm hohe, kahle Pflanze mit spindeliger, ästiger, ausdauernder Wurzel und kurzem, niederliegendem oder aufrechtem ästigem Rhizom; neben blühenden Stengeln auch unfruchtbare Sprosse treibend; aufrechter stielrunder Stengel, einfach oder ästig, hohl, oft rötlich überlaufen; Laubblätter dreieckig bis herzförmig, sitzend, kreuzweise gegenständig, durchscheinend punktiert, oberseits grün, unterseits blaugrün, am Grunde knorpelig; Blüten auf langen Stielen, in schmaler, langgestreckter Rispe; Kelchblätter verkehrt-eiförmig, etwa 3 mm lang, stumpf, am Rande mit sitzenden, gestielten, schwarzroten Drüsen; Kronblätter länglich lanzettlich, 8 bis 9 mm lang, goldgelb, oft rötlich überlaufen, mit randständigen, deutlich gestielten schwarzroten Drüsen; Staubbeutel gelbrot, 4 mm langer Griffel, eiförmige Kapsel 6 mm lang, Samen eilänglich, ca. 0,5 mm lang, hellbraun und rauh.[3]

Inhaltsstoffe: *Ätherisches Öl.* Beschrieben wird das Vorkommen von gesättigten Aldehyden (*n*-Octanol, *n*-Decanal), und Sesquiterpenen (Caryophyllen u. a.), Monoterpenalkohole sollen fehlen.[3,19] Der Gehalt lag für das ganze Kraut bei 0,13 %. Aus 1 kg trockener Blüten wurden 0,91 g rote Pigmente isoliert, darunter Hypericin und Pseudohypericin.[27] Ferner Isoquercitrin und Avicularin.[27] Weitere phytochemische Angaben zur Pflanze liegen nicht vor.

Verbreitung: Heimisch in Westeuropa bis Süditalien.[1]

Drogen: Hypericum pulchrum hom. *HAB 34.*

Hypericum pulchrum hom. *HAB 34*

Monographiesammlungen: Hypericum pulchrum *HAB34.*

Definition der Droge: Die frische blühende Pflanze.

Stammpflanzen: *Hypericum pulchrum* L.

Zubereitungen: Essenz nach § 3, *HAB 34.*

Gehalt: *Essenz.* Arzneigehalt $^1/_2$.

1. Heg, Bd. V/1, S. 502–534, 674d–675
2. Robson NKB (1977) Studies in the genus Hypericum (Guttiferae), Bulletin of the British Museum (natural History), Botany series, Bd. 5, S. 292–355
3. Roth L (1990) Hypericum, Hypericin, Botanik, Inhaltsstoffe, Wirkung, ecomed Verlagsgesellschaft mbH, Landsberg, S. 28–87, 97–121
4. Heg, Bd. V/1, S. 503
5. Engler A, Prantl K (Hrsg.) (1895) Die natürlichen Pflanzenfamilien, III. Teil, Abt. 6, Leipzig, S. 208
6. FEu, Bd. 2, S. 261–269
7. Hgn, Bd. IV, S. 223–226, 526–549
8. Weihe K v (Hrsg.) (1972) Illustrierte Flora, 23. Aufl., Paul Parey Verlag, Berlin Hamburg, S. 595–600
9. Rothmaler W (Hrsg.) (1972) Exkursionsflora, Volk und Wissen, 1. Aufl., Volkseigener Verlag, Berlin, Bd. 2, S. 175, 176
10. Braunewell H (1991) Dissertation, Gießen
11. Berghöfer R (1987) Dissertationes Botanicae, Verlag J. Cramer, Berlin Stuttgart, Bd. 106
12. Berghöfer R, Hölzl J (1987) Planta Med 53:216, 217
13. Berghöfer R, Hölzl J (1987) Planta Med 55:91
14. Hutchinson J (1973) The Families of Flowering Plants, 3. Aufl., Oxford University Press, London, S. 336
15. Bennett GJ, Lee HH (1989) Phytochemistry 28:967–998
16. Nielsen H, Arends P (1978) Phytochemistry 17:2.040–2.041
17. Seabra RM, Alves AC (1989) Planta Med 55:404
18. Kitanov G, Blinova KF (1978) Khim Prir Soedin :524, zit. nach CA 89:176377
19. Steinegger E, Hänsel R (1992) Lehrbuch der Pharmakognosie, 5. Aufl., Springer-Verlag, Berlin Heidelberg, S. 672–673
20. Mathis C, Ourisson G (1963) Phytochemistry 2:157–171
21. Mathis C, Ourisson G (1964) Phytochemistry 3:115–133
22. Kartnig T, Göbel I (1992) Planta Med 58 (Suppl 1):579
23. Keller R (1925). In: Engler A, Prantl K (Hrsg.) Natürliche Pflanzenfamilien, 2. Aufl., S. 175–183
24. Decostered LA, Hoffmann E, Kyburz R, Bray D, Hostettmann K (1990) Planta Med 57:548–551
25. Ishiguro K, Yamaki M, Kashihara M, Takagi S, Isoi K (1990) Phytochemistry 29:3, 1.010, 1.011
26. Ishiguro K, Yamaki M, Kashihara M, Takagi S, Isoi K (1989) Planta Med 56:274–276
27. Hag, Bd. 5, S. 214–219
28. Brondz I, Greibrokk T, Aasen AJ (1983) Phytochemistry 22:295, 296
29. Wichtl M (Hrsg.) (1990) Teedrogen, 2. Aufl., Wissenschaftliche Verlagsgesellschaft, Stuttgart, S. 257–259
30. Cecchini T (Hrsg.) (1990) Enciclopedia de las hierbas y de las plantas medicinales, Editorial Dvecchi FA, Barcelona, S. 239
31. Moore DM (1982) Check list and chromosome index. In: Tutin TG, (Hrsg.) Flora Europeae, Cambridge London New York, S. 129–130
32. Berghöfer R, Hölzl J (1986) Dtsch Apoth Ztg 126:2.569–2.573
33. DAC 86
34. Sektion Medizin des Osteuropa-Institutes der Freien Universität Berlin (Hrsg.) (1966) Arzneipflanzen in der Sowjetunion, Reihe Medizin, Heft 44, S. 134, 135
35. Maisenbacher P, Kovar KA (1992) Planta Med 58:291–293
36. Sparenberg B (1993) Dissertation, Marburg
37. Niesel S (1992) Dissertation, Berlin
38. EB 6
39. Hölzl J, Ostrowsky E (1987) Dtsch Apoth Ztg 127:1.227–1.230
40. Maisenbacher P (1991) Dissertation, Tübingen
41. Ostrowsky E (1988) Dissertation, Marburg
42. Auster F, Schäfer J (1958) Hypericum perforatum L., VEB Georg Thieme, Leipzig
43. Melzer R (1990) Dissertation, Marburg
44. Stock S (1992) Dissertation, Marburg
45. Dietrich K (1920) Neues pharamzeutisches Manual, Springer-Verlag, Berlin
46. Reichert B, Frerichs G, Arends G, Zörnig H (Hrsg.) (1949) Handbuch der Pharmaceutischen Praxis, 1. Ergänzungsband, Nachdruck, Springer-Verlag, Berlin
47. BAz Nr. 228 vom 05.12.1984 i. d. F. vom 02.03.1989
48. Pahlow M (1985) Heilpflanzen, Gräfe und Unzer, München
49. Müggenburg Liste des Drogenhandels (1992) Fa. Müggenburg, Hamburg
50. Font Quer P (1990) Plantas medicinales, 12. Aufl., Editorial Labor, Barcelona, S. 291, 292
51. Valnet J (1983) Phytotherapie, 5. Aufl., Maloine, Paris, S. 546
52. Suzuki O, Katsumata Y, Oya M, Bladt S, Wagner H (1984) Planta Med 50:272–274
53. Ebert K (1982) Arznei- und Gewürzpflanzen, Wissenschaftliche Verlagsgesellschaft mbH, Stuttgart
54. BHP 83
55. Brockmann H, Haschad MN, Maier K, Pohl F (1939) Naturwissenschaften 27:550
56. Brockmann H, Franssen V, Spitzner D, Augustiniak H (1974) Tetrahedron Lett :1.991–1.994
57. Häberlein H, Tschiersch KP, Stock S, Hölzl J (1992) Pharm Ztg Wiss 4:169–174
58. Melzer R, Fricke U, Hölzl J (1991) Arzneim Forsch 41:5, 481–483
59. Hölzl J, Münker H (1985) Acta Agron Hung Suppl 34:52
60. Freytag WE (1984) Dtsch Apoth Ztg 124:2.383–2.386
61. Krämer W, Wiartalla R (1992) Pharm Ztg Wiss 5:202–207
62. Klein-Bischoff U, Klumpp U (1993) Pharm Ztg Wiss 2:55–58
63. NN (1986) Standardzulassung für Fertigarzneimittel, Govi-Verlag, Frankfurt
64. Poletti A, Schilcher H, Müller A (Hrsg.) (1990) Heilkräftige Pflanzen, Walter Hädecke Verlag, Weil d. Stadt, S. 78
65. Demisch L, Hölzl J, Gollnik B, Kaczmarczyk P (1989) Pharmacopsychiatry 22:194
66. BAz Nr. 190a vom 10.10.1985
67. Thiede HM, Walper A (1993) Nervenheilkunde 12: 346–348

68. Okpanyi SN, Weischer ML (1987) Arzneim Forsch 37:10–13
69. Johnson D, Siebenhüner G, Hofer E, Sauerwein-Giese E, Frauendorf A (1992) Neurol Psychiatr 6:436–444
70. Schulz H, Jobert M (1993) Nervenheilkunde 12: 323–327
71. Patri G, Silano V (Hrsg.) (1989) Council of Europe, Plant preparations used as ingredients of cosmetic products, 1. Aufl., Strasbourg, S. 168
72. Brockmann H (1957) Chem org Naturstoffe 14:141–177
73. Schulze-Motel J (Hrsg.) (1986) Rudolf Mansfeld, Verzeichnis landwirtschaftlicher und gärtnerischer Kulturpflanzen (ohne Zierpflanzen), 2. Aufl., Akademie-Verlag, Berlin, Bd. 1, S. 253
74. Halama P (1991) Nervenheilkunde 10:250–253
75. Lehrl S, Burkard G, Woelk H (1993) Nervenheilkunde 12: 281–284
76. Bundesverband der Pharmazeutischen Industrie (1993) Rote Liste, Editio Cantor, Aulendorf/Württ.
77. Harrer G, Sommer H (1993) Münch Med Wschr 135: 305–309
78. Schmidt U, Sommer H (1993) Fortschr Med 19: 339–342
79. Hübner WD, Lande S, Podzuweit H (1993) Nervenheilkunde 12: 278–280
80. Martinez B, Kasper S, Ruhrmann S, Möller HJ (1993) Nervenheilkunde 12: 302–307
81. Vorbach EU, Hübner WD, Arnoldt KH (1993) Nervenheilkunde 12: 290–296
82. Harrer G, Hübner WD, Podzuweit H (1993) Nervenheilkunde 12: 297–301
83. Woelk H, Burkard G, Grünwald J (1993) Nervenheilkunde 12: 308–313
84. Müldner H, Zöller M (1984) Arzneim Forsch 34:918–920
85. Schlich D, Braukmann F, Schenk N (1987) Psycho 13:440–447
86. Schmidt U, Schenk N, Schwarz I, Vorberg G (1989) Psycho 15:665–671
87. Harrer G, Schmidt U, Kuhn U (1991) Neurol Psychiatr 5:710–716
88. Werth W (1989) Der Kassenarzt 15:64–68
89. Kugler J, Weidenhammer W, Schmidt A, Groll S (1990) Z Allg Med 66:21–29
90. Osterheider M, Schmidtke A, Beckmann H (1992) Fortschr Neurol Psychiat 60; Sonderheft 2:210–211
91. Quandt J, Schmidt U, Schenk N (1993) Der Allgemeinarzt 1993:97–102
92. Hoffmann J, Kühl ED (1979) Z Allgemeinmed 55:776–782
93. Reh C, Laux P, Schenk N (1992) Therapiewoche 42:1.576–1.581
94. Bergmann R, Nüßner J, Demling J (1993) Neurol Psychiatr 7:235–240
95. Barbagallo G, Chisari G (1987) Fitoterapia 58:175–177
96. Hudson JB, Lopez-Bazzocchi I, Towers GHN (1991) Antiviral Res 15:101–112
97. Kraus GA, Pratt D, Tossberg J, Carpenter S (1990) Biochem Biophys Res Commun 172:149–153
98. Lavie G, Valentine F, Levin B, Mazur Y, Gallo G, Lavie D, Weiner D (1989) Proc Natl Acad Sci 86:5.963–5.967
99. Meruelo D, Lavie G, Lavie D (1988) Proc Natl Acad Sci 85:5.230–5.234
100. Schinazi RF, Chu CK, Babu R, Owald BJ, Saalmann V, Cannon DL, Eriksson BFH (1990) Antiviral Res 13:265–272
101. Barnard DL, Huffman JH, Morris JLB, Wood SG, Hughes BG, Sidwell RW (1992) Antiviral Res 17:63–77
102. Lavie D, Revel M, Rotmann D, Vande Velde V (1991) European Patent Office, Publication No: 0256452, A2
103. Andersen DO, Weber ND, Wood SG, Hughes BG, Murray BK, North JA (1991) Antiviral Res 16:185–196
104. Hudson JB (1989) Antiviral Res 12:55–74
105. Stock S, Hölzl J (1991) Planta Med 57 (Suppl 2):A61–62
106. Haselhuber A, Kleinschmidt H, Knust v. Wedel S (1969) Hippokrates 40:105
107. Schimmer O (1989) Therapeutikon 2:76–81
108. Satyavati GV, NN (1987) Medical plants of India, Indian council of medical research, New Delhi, S. 57
109. Hölzl J (1989) Therapeutikon 3:540–547
110. Araya OS, Ford EJH (1981) J Comp Pathol 91:135–141
111. Kümper H (1989) Tierärztl Prax 17:257–261
112. Giese AC (1980) Photochem Photobiol Rev 5:229–255
113. Poginsky B, Westendorf J, Prosenc N, Kuppe M, Marquardt H (1988) Dtsch Apoth Ztg 128:1.364–1.366
114. Schimmer O, Häfele F, Krüger A (1988) Mutat Res 206:201–208
115. Okpanyi SN, Lidzba H, Scholl BC, Miltenburger HG (1990) Arzneim Forsch 40:851–854
116. IARC (1980) Scientific publications 31:213–219
117. Mizuno M, Tsuchida H, Kozukue N, Mizuno S (1992) Nippon Shokuhin Kogyo Gakkaishi 39:88–92
118. N. N. (1988) Dtsch Apoth Ztg 128:1.499

hs/SV

Hypoxis

HN: 2038500

Familie: Hypoxidaceae.

Gattungsgliederung: Die ca. 90 Arten umfassende[1] Gattung Hypoxis L., die früher den Amaryllidaceae, Tribus Hypoxideae, zugeordnet war,[2,3] wird nach der heute gültigen infragenerischen Gliederung der Gattung nun in die eigene Familie der Hypoxidaceae gestellt und in 11 Sektionen eingeteilt.[4–8] Die bekanntesten Arten *H. obtusa* BURCH. und *H. rooperi* MOORE stehen in der Section Obtusae, *H. rigidula* BAKER in der Section Rigidulae.[4]

Gattungsmerkmale: Krautige Geophyten, mit kräftiger, rundlicher oder länglicher Knolle (Rhizom), diese bis 11 cm im Durchmesser, mit holzigem Innenteil und gelblich fleischigem Außenteil, der von Schleimgängen durchsetzt und von einer derben Faserhülle umgeben ist. Blätter schmal, linealisch-zugespitzt, rosettig oder dreizeilig angeordnet, dicht mit sternförmigen oder verzweigten Haaren besetzt. Blüten auf meist langem, blattlosen Schaft, in Trauben oder Scheindolden, seltener einzeln. Perigonblätter 6, frei, gelb bis grünlich, lanzettlich, die 3 äußeren schmäler als die inneren. Staubblätter 6, seltener 4, die Antheren mit Schlitzen öffnend, die 3 inneren Staubblätter etwas kürzer als die 3 äußeren; Filamente an der Basis der Antheren angeheftet. Fruchtknoten unterständig, 3fächrig, mit zahlrei-

chen Samenanlagen pro Fach; Griffel mit einfacher, kegelförmiger oder 3furchiger Narbe; Kapsel dünnwandig, sich mit einem ringsumlaufenden Riß öffnend. Samen länglich bis rundlich, schwarz, glänzend, warzig bis stachelig.[1,11]
Viele Hypoxis-Arten zeigen eine ausgeprägte Polymorphie, als Ursache wird Apomixis angenommen.[9,10]

Verbreitung: Die Gattung Hypoxis ist pantropisch verbreitet. Das Mannigfaltigkeitszentrum liegt in Südafrika, wo etwa 45 Arten vorkommen. Außerhalb Afrikas ist die Gattung noch in Südostasien, in Japan und Australien vertreten, das Areal erfaßt aber auch Teile von Nord-, Mittel- und Südamerika; in Europa fehlt sie.[3,4,9]

Inhaltsstoffgruppen: *Chelidonsäure.* Sie konnte in verschiedenen Organen und zum Teil in hoher Konzentration in 6 Hypoxis-Arten nachgewiesen werden.[12,13]
Norlignane. Aus den Rhizomknollen von 11 afrikanischen Arten und einer brasilianischen Art wurden biogenetisch verwandte Glucoside von 2 Aglyka mit dem ungewöhnlichen Grundgerüst Ph-C_5-Ph isoliert. Die Aglyka Rooperol (= (*E*)-1,5-bis(3',4'-dihydroxyphenyl)-1-penten-4-in) und Nyasol (= (*Z*)-1,3,-bis(4'-hydroxyphenyl)-1,4-pentadien) werden zu den Norlignanen gerechnet.[12,14]

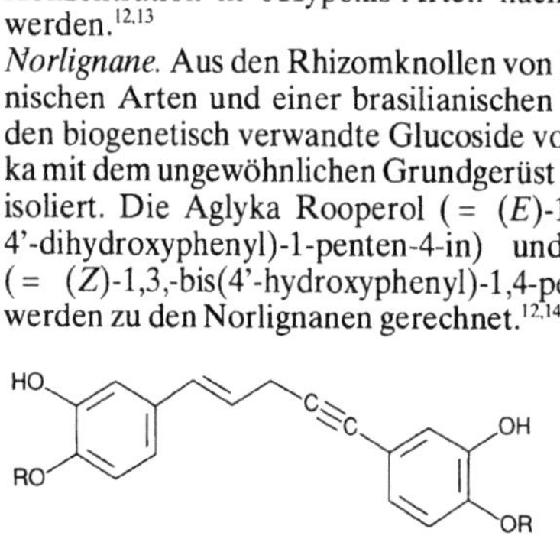

Rooperol: R = H
Hypoxosid: R = Glc

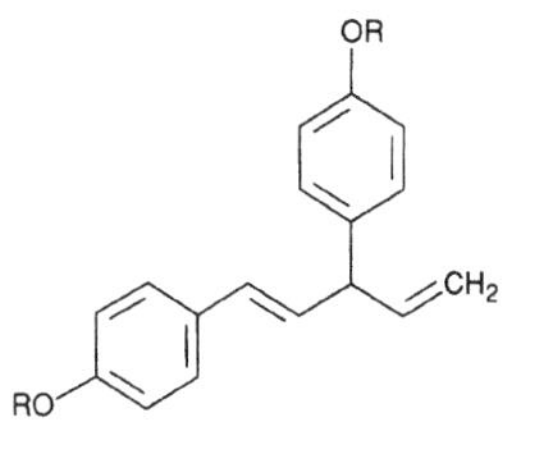

Nyasol: R = H
Nyasosid: R = Glc

Phenolische Verbindungen. Blatthydrolysate von *H. krebsii* enthalten Quercetin, Kaffee- und *p*-Cumarsäure.[15] Das für Monocotyledonen ungewöhnliche Auftreten von Ellagsäure in *H. filiformis* bedarf der Bestätigung.[12]
Phytosterole. Aus dem Cormus von *H. rooperi* und *H. obtusa* β-Sitosterol und β-Sitosterolglucosid.[16,17]
Samenfette. Die fettreichen Samen der neuseeländischen Art *H. pusilla* enthalten bis zu 84 % Linolensäure.[18]
Chemotaxonomisch wird die Abgrenzung der Hypoxidaceae zu den Liliaceae und Amaryllidaceae bestätigt, da ihnen – soweit untersucht – die charakteristischen chemischen Merkmale dieser Familien, nämlich Steroidsaponine einerseits und Alkaloide andererseits, zu fehlen scheinen.[12,14]

Drogenliefernde Arten: *H. rooperi*: Hypoxis-rooperi-Rhizom.

Hypoxis rooperi MOORE

Synonyme: *Hypoxis elata* HOOK[19], *H. hemerocallidea* FISCH. et MEY.[20]
Anmerkung: Die beiden früher getrennt behandelten Arten[4] *H. hemerocallidea* und *H. rooperi* sind in einer kürzlichen Revision als eine identische Art, nämlich *H. hemerocallidea*, erkannt worden.[20] Gleichwohl hat der neue gültige Artname erst wenig Eingang in die pharmazeutische und medizinische Literatur gefunden. Deshalb wird die Art auch hier unter dem bekannteren Synonym abgehandelt.

Sonstige Bezeichnungen: Engl.: Bantoe-tulip; africaans: Gifbol, Kaffertulp.[21,22]

Systematik: Auch innerhalb dieser Art herrscht wohl aus Gründen der apomiktischen Fortpflanzung eine große morphologische Variationsbreite, insbesondere in Blattgröße und Behaarung. Die eindeutige Zuordnung zur Spezies ist trotzdem meist gewährleistet, es sind jedoch auch Intermediärformen, z. B. zwischen *H. rooperi* und *H. rigidula* BAKER, bekannt.[23]
Die Art ist hochpolyploid, mit variablen Chromosomenzahlen: 2n = 76, 96 und 114.[24,25]

Botanische Beschreibung: Pflanze krautig, Cormus mit kugeligem Habitus, 5 bis 7,5 cm im Durchmesser, von einem borstenartigen Ring gekrönt; Blätter 12 bis 18, lanzettlich zugespitzt, in der unteren Hälf-

Hypoxis rooperi MOORE: Blühende Pflanze. Aus Lit.[29]

te am breitesten, 30 bis 60 cm lang und 2,4 bis 4 cm breit, fest, meist kahl, nur am Blattrand und am Rücken kurz behaart; Blüten 4 bis 10, traubig angeordnet; Blütenstiele der unteren Blüten 1,2 bis 2,5 cm lang; Tragblätter linealisch; Perigonblätter etwa 18 mm lang, länglich, gelb, die äußeren Blütenblätter auf der Außenseite dicht behaart; Antheren lanzettlich, etwa 6 mm lang, Filamente kürzer; Fruchtknoten kreiselförmig, 8 mm lang, dicht behaart; Kapsel dicht behaart, 12 mm lang, etwa in der Mitte aufreißend.[3]

Verwechslungen: Mit *Hypoxis forbesii* BAK., eine Art, die kleiner ist und ein kürzeres Perianth besitzt.[3]

Inhaltsstoffe: *Kohlenhydrate.* In Blättern und Cormus Pentosen, Hexosen und Stärke (ohne Mengenangaben).[26]
Norlignane. In Blättern, Wurzeln und Wurzelstock in ansteigender Konzentration das Glucosid Hypoxosid, in den Blättern jedoch sehr wenig (ohne genaue Angaben).[27]

Verbreitung: In Afrika, südlich der Sahara bis zum Kap, insbesondere in Südafrika. In offener Steppe, am Rand von Dünenwäldern und Uferstränden, auf sandigen Hügeln, z. T. auch bis zu Höhen von 1.800 m.[28]

Drogen: Hypoxis-rooperi-Rhizom.

Hypoxis-rooperi-Rhizom

Synonyme: Hypoxidis radix, Hypoxidis rhizoma.

Sonstige Bezeichnungen: Dt.: Hypoxis-rooperi-Knolle, Hypoxis-rooperi-Rhizomknolle.

Definition der Droge: Die frische oder getrocknete Rhizomknolle.[28,29]

Stammpflanzen: *Hypoxis rooperi* MOORE.

Herkunft: Aus Wildbeständen in Südafrika, dort insbesondere aus den östlichen Küstenregionen, aus Swaziland, Lesotho und Natal.[14,28,29]

Gewinnung: Die Knollen werden nach dem Sammeln geschnitzelt und an der Sonne getrocknet und kommen so in Südafrika in den Handel oder sie werden frisch zu Extrakten verarbeitet.[29]

Ganzdroge: Vertikal orientierte, rundlich bis längliche, meist mächtige Rhizomknolle von 5 bis 8 cm, seltener bis zu 12 cm Durchmesser, borstengekrönt, mit unverzweigten Adventivwurzeln. Die frische Schnittfläche ist leuchtend gelb, verfärbt aber sofort über rotbraun nach schmutzig-dunkel. Aus Exkretbehältern tritt gummenartig-schleimiges Exkret.

Schnittdroge: *Makroskopische Beschreibung.* Das 1 bis 1,5 cm dicke Rindenparenchym mit zarten Leitbündeln und großen Exkretbehältern umschließt den Zentralzylinder aus stärkehaltigem Speicherparenchym. *Mikroskopisches Bild.* In den Randzonen des Organs stärkefreie Parenchymzellen mit zahlreichen Raphidenbündeln; auffallend ist eine tangential verlaufende Quervernetzung der Leitbündel an der Peripherie des Zentralzylinders, so daß im Längsschnitt eine fast ununterbrochene Zone von quergeschnittenen kollateralen Leitbündeln beobachtbar ist. In dieser Zone finden sich auch Partien von Kambiumzellen. Die Leitbündel weisen ein Außenxylem auf, das oftmals hufeisenförmig den Siebteil umgreift, selten einen geschlossenen Ring bildet. Sklerenchymatische Elemente fehlen völlig; die Parenchymzellen sind getüpfelt. Eine zartwandige Korkschicht bildet das Abschlußgewebe, Reste der Nebenwurzeln zeigen eine U-förmige verdickte tertiäre Endodermis; Korkbildung setzt in tieferen Rindenschichten ein.
Die Stärkekörner des Speicherparenchyms sind von kugeliger Form und nur ca. 5 µm groß.[19]

Inhaltsstoffe: *Kohlenhydrate.* Als Speicherorgan enthält der Cormus Glucose, Fructose, Saccharose und Stärke in saisonal schwankenden Konzentrationen (keine genauen Angaben).[29]
Norlignane. 3,5 bis 4,5 % Hypoxosid (aus der getrockneten Droge), 0,08 bis 0,1 % des zugehörigen Aglykons Rooperol und 0,004 % eines sehr ähnlichen Aglykons mit der Struktur 1-(2'',4''-Dihydroxy-phenyl)-5-(4'-hydroxyphenyl)pent-1-en-4-in.[30,31]
Phytosterole. Bis 0,2 % β-Sitosterol und 0,001 bis 0,009 % β-Sitosterol-β-D-glucosid.[16] Es handelt sich jedoch dabei nicht um reines Sitosterol bzw. dessen reines Glucosid, sondern um ein Gemisch aus Gesamtsterolen und Gesamtsterolinen (d. s. die Glucoside), wovon 85 % auf ungesättigte Sterole entfallen, die als β-Sitosterol berechnet werden.[32,33]

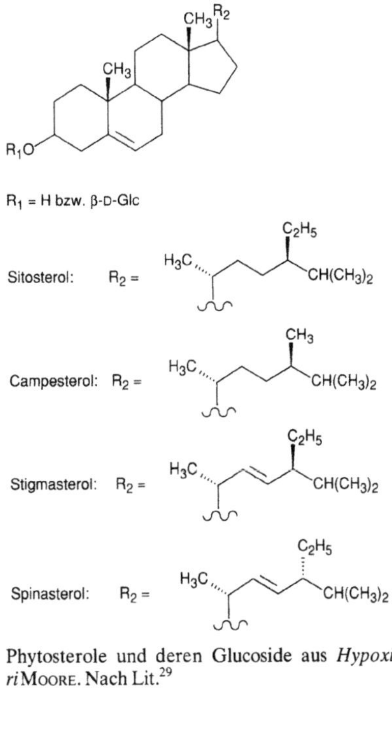

Phytosterole und deren Glucoside aus *Hypoxis rooperi* MOORE. Nach Lit.[29]

Zubereitungen: Nach patentierten Verfahren wird aus der Droge (z.T. auch aus weiteren Hypoxis-Species mit vergleichbar hohen Phytosterol-Gehalten[16]) durch hydrophile Extraktion eine β-Sitosterol-Fraktion gewonnen, die einen Anteil von bis zu 10% β-Sitosterol-glucosid enthält. Fertigarzneipräparate mit isoliertem Hypoxis-rooperi-β-Sitosterol sind üblicherweise auf einen Glucosid-Anteil von 1% standardisiert.[32] Über das zur Standardisierung herangezogene Verfahren liegen keine näheren Angaben vor.
Gängige Darstellungsverfahren sind:
- Extraktion der bei 40°C getrockneten, geschälten oder ungeschälten Droge oder sofortige Extraktion nach der Ernte der entsprechenden frischen Droge mit niederen Alkoholen, Aceton oder Dioxan, vorzugsweise Ethanol 60 bis 70% (*V/V*), im Verhältnis 1:10.[34]
- Frische, gereinigte Droge wird unmittelbar vor oder während des Zerkleinerungsprozesses kurzzeitig stark erhitzt zur Inaktivierung der Phytosterol-Glucosidasen. Anschließend bis zu 15tägige Extraktion mit kochendem Wasser oder verdünnten Alkoholen und Gefriertrocknung der so erhaltenen Fraktion. Ausbeuten, berechnet als Phytosterolglucoside: Bis 9 mg/100 g Droge.[16,35]

Identität: Durch morphologisch-anatomische Bestimmung.[19]
Spezielle chemische Identitätsreaktionen der Droge sind nicht publiziert. Eine Prüfung auf Identität kann sich auf den Nachweis von β-Sitosterol bzw. der Gesamtphytosterole stützen.[40]
DC-Nachweis der Phytosterole nach Lit.[40]:
- Untersuchungslösung: Zerkleinerte Droge wird mit Chloroform-Methanol (2 + 1) extrahiert, der eingedampfte Rückstand in Chloroform aufgenommen;
- Referenzsubstanzen: Cholesterol/Sitosterol;
- LM: Dichlorethan-Methanol (98 + 2);
- Detektion: Besprühen mit 2,7-Dichlorfluoreszeinlsg., UV bei 254 nm;
- Auswertung: Es zeigen sich fluoreszenzmindernde Banden im Bereich der Referenzsubstanzen.

Gehaltsbestimmung: Gehaltsbestimmungen von Phytosterolen mittels präparativer DC nach Zugabe eines inneren Standards zur Untersuchungslsg. (s. Identität) oder mit Hilfe von GC auf gepackter Säule oder kapillarsäulenchromatographisch werden in Lit.[40] beschrieben.

Wirkungen: Es liegen Untersuchungen zu Wirkungen der angereicherten Sitosterolfraktion aus Hypoxis-rooperi-Knollen mit einem Mindestanteil von 1% Sitosterolglucosid vor (s.a. unter Zubereitungen). Die der Droge zugeschriebenen Wirkungen werden, ohne daß hierfür ausreichende experimentelle Daten vorlägen, β-Sitosterol zugeschrieben.[38,52,55,56] Der auf Grund einer vermeintlichen besseren Bioverfügbarkeit angenommene Wirksamkeitsbeitrag von β-Sitosterol-glucosid[32] muß auf der Basis der negativen Ergebnisse in einer klinischen Studie[52] in Frage gestellt werden.
Wie Untersuchungen zur Zusammensetzung von β-Sitosterol-Präparaten[40] gezeigt haben, handelt es sich dabei um komplexe Produkte oft nicht genau definierbaren Ursprungs, bei denen von einer akzeptablen Konstanz der Produktzusammensetzung nicht unbedingt ausgegangen werden kann. Wirkungsaussagen können daher nur zu den jeweils untersuchten Produkten gelten.
Im folgenden wird die untersuchte Substanz als "Phytosterole aus Hypoxis-Arten" bezeichnet.
Antiexsudative Wirkung. Am Carragenin- bzw. Hefe-induzierten Ödem der Rattenpfote sollen die Phytosterole aus Hypoxis-Arten in Dosen von 500, 1.000 und 2.500 mg/kg KG, p.o. anitexsudativ wirken. Die optimale Wirkung wird bei Verabreichung 2h vor dem Phlogistikum erzielt. Besonders die Spätphase der Entzündungsreaktion soll beeinflußt werden. Im Carragenin-Ödem-Modell wurde 24h nach Gabe des Phlogistikums eine Hemmung von 12 bis 21% gegenüber den Kontrollen gemessen. Mit Phenylbutazon, 25 mg/kg KG, p.o. wurde eine Hemmung von 14% und mit Acetylsalicylsäure, 125 mg/kg KG, p.o. von 17% erzielt. Im hefeinduzierten Ödem wurde mit der Fraktion nach 24h eine Hemmung um 33 bis 55% gesehen. Mit 10 mg/kg KG p.o. Hydrocortison wurde eine Hemmung um 12% und mit 125 mg/kg KG p.o. Acetylsalicylsäure um 4% erzielt.[37] Die Ergebnisse sind angesichts unzureichender Angaben nicht abschließend bewertbar.
Wirkung auf urologische Parameter bei BPH. In mehreren, teils Placebo-kontrollierten, teils offenen Studien oder in nicht kontrollierten Feldstudien wird über die Wirkung von Phytosterolen aus Hypoxis-Arten auf urologische Meßparameter wie Restharnmenge, Uroflow, Prostatavolumen bei BPH berichtet. Hierbei soll bei BPH nach Tagesdosen von 30 bis 60 mg über Zeiträume von 4 bis 8 Wochen der Restharn, z.B. im günstigsten Fall von im Mittel 125 mL auf 25 mL reduziert[38,53] und der Harnfluß von 14 mL/s auf 18 mL/s[42] gesteigert worden sein.
Auch die mittels Ultraschall ermittelte Struktur des Prostatagewebes soll sich durch die Medikation ändern, was als Reduktion der interstitiellen Ödembildung interpretiert wird.[39,53]
Subjektive Befunde wie Nykturie, Harndrang und Pollakisurie sollen gebessert werden.[38,39,41–45]
Die Angaben der Studien ohne Placebo-Kontrolle sind angesichts des erheblichen Placebo-Effektes nicht interpretierbar. Auch die kontrollierten Studien lassen eine Aussage zu den Wirkungen kaum zu, da z.B. häufig auf intra- und interindividuelle Schwankungen, Probleme der Richtigkeit, Präzision und Aussagekraft der Meßwerte, Eingangskriterien und Erfolgskriterien nicht in ausreichendem Maße eingegangen wird.
Senkung eines erhöhten PG-Spiegels. In einer vergleichenden Untersuchung an 33 Patienten mit klinisch manifestem Prostata-Adenom, von denen die Hälfte 12 Wochen lang 30 mg/Tag Phytosterole aus Hypoxis-Arten eingenommen hatte, wurde durch Punktion, Elektroresektion oder offener Operation Adenomgewebe entnommen und der Prostaglandingehalt (PG F_2 und PG E_2) pro g Protein der behandelten und unbehandelten Gruppe radioimmunologisch verglichen. Unabhängig von der

Entnahmetechnik lag in allen Fällen der PG-Spiegel der behandelten Gruppe signifikant niedriger (zwischen 65 bis 91 %), so daß angenommen wird, daß der therapeutische Effekt von Phytosterolen aus Hypoxis-Arten bei BPH durch die Hemmung der lokalen Prostaglandin-Synthese vermittelt wird.[46]
Zum selben Ergebnis kam eine Studie, bei der der Prostaglandingehalt im Prostataexprimat von Patienten mit fortgeschrittener BPH vor und nach 12wöchiger Behandlung mit 20 mg/Tag Phytosterolen aus Hypoxis-Arten p.o. gemessen wurde. Nach 3monatiger Therapie waren im Prostatamassagesekret im Mittel nur noch 52% 6-Oxo-PGF_1 und 57% PGE_2 – bezogen auf die Gehalte dieser Substanzen vor Beginn der Therapie – zu finden.[47]
Zu kontroversen Ergebnissen kam eine Studie, bei der versucht wurde, PGE_2-Konzentrationen bei gesunden Männern, Patienten mit BPH und Patienten mit Prostatitis im Serum und Exprimat zu bestimmen und Korrelationen zum jeweiligen Erkrankungszustand zu finden.[48] Es zeigen sich dabei signifikante Unterschiede zwischen PGE_2-Konzentrationen im Exprimat gesunder Männer in der Altersstufe von 20 bis 50 Jahren (n = 57; mittlere PGE_2-Konzentration: 258 ng/g Protein) und von Patienten mit einer akuten Prostatitis (n = 18; mittlere PGE_2-Konzentration: 2.490 ng/g Protein). Die Konzentrationen normalisieren sich parallel zum Behandlungsverlauf mit 60 mg/Tag Phytosterol aus Hypoxis-Arten p.o. als Adjuvanstherapie zu Tetracyclin. Tendenziell geringer im Vergleich zur gesunden Probandengruppe sind die PGE_2-Konzentrationen im Exprimat von Patienten mit BPH (n = 11; mittlere PGE_2-Konzentration: 85 mg/g Protein) vor Beginn der Therapie. Nach 6- und 12wöchiger Einnahme von 60 mg/Tag Phytosterole aus Hypoxis-Arten war keine signifikante Änderung der PGE_2-Konzentrationen im Exprimat zu beobachten (n = 7; mittelere PGE_2-Konzentration: 75 bzw. 95 ng/g Protein).
Im Gegensatz zu den beiden oben aufgeführten Studien[46,47] konnten hier im Verlauf der konservativen Therapie keine PGE_2-Änderungen gesehen werden.[48]

Volkstümliche Anwendung und andere Anwendungsgebiete: Die bisher vorliegenden Studien zur Wirksamkeit der Phytosterole aus Hypoxis-Arten liefern Anhaltspunkte für eine mögliche Eignung bei Miktionsbeschwerden bei beginnender benigner Prostatahyperplasie. Zur abschließenden Bewertung wären jedoch kontrollierte Studien mit definierbaren Extrakten über einen ausreichenden Zeitraum erforderlich.
In Südafrika werden Decocte aus frischen oder getrockneten Hypoxis-rooperi-Knollen bei Blasenentzündungen und Prostatabeschwerden getrunken.[28,29,32] Bei der afrikanischen Bevölkerung dient frischer Knollensaft von *Hypoxis rooperi* als Wundheilmittel; er wird auf frische Verbrennungen aufgeträufelt.[49] Im Norden Botswanas trinkt man Knollenabkochungen bei Lungenerkrankungen.[50]
Die Wirksamkeit bei diesen Indikationen ist nicht belegt.

Dosierung und Art der Anwendung: *Zubereitung.* Fertigpräparationen von Phytosterolen aus Hypoxis-Arten werden zur Initialtherapie in einer Dosierung von 3mal tgl. 20 mg, zur Langzeittherapie 3mal tgl. 10 mg eingenommen.

Unerwünschte Wirkungen: *Verdauungstrakt.* Bei Einnahme von Phytosterol-Präparaten aus Hypoxis-Arten kann es in seltenen Fällen zu Magenbeschwerden kommen.[48] In 3 von 98 Fällen traten bei der Einnahme von 60 mg/Tag β-Sitosterol aus *Hypoxis rooperi* im Rahmen einer klinischen Studie Magenbeschwerden auf, wobei nicht beurteilt werden konnte, inwieweit die verwendeten Hartgelatinekapseln die Beschwerden verursacht hatten.[53]

Gegenanzeigen/Anwendungsbeschr.: In einer Placebo-kontrollierten Doppelblindstudie an 32 Patienten mit eingeschränkter Leberfunktion in Folge chronischer Lebererkrankung führten Phytosterole aus Hypoxis-Arten bei einer Dosierung von 3mal tgl. 20 mg p.o. über 12 Wochen zu keinem schädigenden Einfluß auf den Verlauf klinisch-chemischer Parameter bei nicht-aggressiven Lebererkrankungen. Umgekehrt konnte auch kein die Lebererkrankung bessernder Effekt beobachtet werden.[54] Die Autoren sehen keine Risiken bei der Anwendung von Phytosterolen aus Hypoxis-Arten bei Patienten mit nicht-aggressiven Lebererkrankungen.

Akute Toxizität: *Tier.* Nach Verabreichung der Phytosterolfraktion aus *Hypoxis rooperi* über 7 Tage an verschiedene Tierarten wurden keine histopathologischen Abweichungen oder Änderungen des Körpergewichtes gegenüber einer Kontrollgruppe beobachtet.[37] Untersucht wurden Maus: 100 bis 2.500 mg/kg KG, Ratte: 100 bis 1.000 mg/kg KG, Kaninchen: 100 bis 500 mg/kg KG, Hund: 250 bis 1.000 mg/kg KG, Affe (*Papio ursinus*): 1100 bis 2.500 mg/kg KG, jeweils p.o.
Auch in einer 6-Wochen-Studie an Ratten und an Affen (bis zu 500 mg/kg KG) und an Kaninchen und Hunden (bis zu 250 mg/kg KG) wurden keine Abweichungen zu Standardbefunden beobachtet.[37]
An Shay-Ratten wurde bis zur höchsten untersuchten Dosis von 250 mg/kg KG keine Erhöhung des Ulcus-Index beobachtet.[37]

Chronische Toxizität: *Tier.* In einer Studie an Ratten mit 100 mg/kg KG p.o. Phytosterolen über 26 Wochen bzw. 250 mg/kg KG über 52 Wochen sowie an Affen mit 100 mg/kg KG über 26 Wochen wurden keine Hinweise auf toxische Wirkungen gefunden.[37]

1. Dyer RA (1976) The Genera of Southern African Flowering Plants. Gymnosperms and Monocotyledons, Dept. of Agricultural Technical Series, Pretoria, Bd. 2
2. Pax F (1889) Amaryllidaceae. In Engler A, Prantl K (Hrsg.) Die Natürlichen Pflanzenfamilien, Teil 2/5, Engelmann, Leipzig, S. 97–125
3. Thiselton-Dyer WT (Hrsg.) (1897) Flora Capensis, Reeve, London, Bd. 6, S. 174–189
4. Nel G (1914) Studien über die Amaryllidaceae-Hypoxideae, unter besonderer Berücksichtigung der afrika-

nischen Arten. In: Engler A (Hrsg.) Beiträge zur Flora von Afrika 43, Bot Jahrb 51, S. 234–338
5. Hutchinson J (1934) The families of the flowering plants, London, Bd. 2
6. Melchior H (1964) Englers Syllabus der Pflanzenfamilien, Gebr. Bornträger, Berlin-Nikolassee
7. Dahlgren RMT, Clifford HT, Yeo PF (1985) The Families of the Monocotyledons, Springer, New York, S. 161–164
8. Thompson MF (1976) Bothalia 12:111–117
9. Nordal I, Laane MM, Holt E, Staubo I (1985) Nord J Bot 5:15–30
10. Heideman ME (1983) Bothalia 13:889–893
11. Roessler H (1969) Hypoxidaceae. In: Merxmüller H (Hrsg.) Prodromus einer Flora von Südwestafrika, Cramer, Lehre, Bd. 5, S. 151/1
12. Hgn, Bd. 2, S. 234–236; Bd. 7, S. 479, 494, 536, 661–663
13. Ramstad E (1953) Pharm Acta Helv 28:45–57
14. Nicoletti M, Galeffi C, Messana I, Marini-Bettolo GB (1992) J Ethnopharmacol 36:95–101
15. Bate-Smith EC (1968) J Linn Soc (Bot) 60:325–332
16. Pegel KH (1973) Verfahren zur Extraktion von sterolinreichen Produkten, Ger Offen Nr. 2312285, zit. nach CA 80:12672k
17. Longo R, Tira S (1991) Planta Med 42:195–197
18. Morice JM (1970) Phytochemistry 9:1.829–1.833
19. Langhammer L, Lorra R (1989) Pharm Ztg Wiss 134:9–11
20. Hilliard OM, Burrt BL (1986) Notes Royal Bot Gard Edinb 43:184–228
21. Phillips PE, Van Hoepen E (Hrsg.) (1966) Smith CA, Common Names of South African Plants, The Government Printer, Pretoria SA
22. Hedberg I, Stangard F (1989) Traditional Medicinal Plants in Botswana, Ipeleng Publ., Botswana
23. Wilsenach R (1967) J South Afr Bot 33:75–84
24. Wilsenach R, Warren JL (1967) J South Afr Bot 33:133–140
25. Fernandes A, Neves JB (1961) R IVe Reun AETFAT, S. 439–464, zit. nach Lit.[4]
26. Bews JW, Vanderplank JE (1930) Ann Botany 44:689–719
27. Bayley AD, Van Staden J (1990) Plant Physiol Biochem 28:691–695
28. Walford SN (1979) Dtsch Apoth 11:642–647
29. Van Staden J, Bailey AD (1988) Hypoxis ssp.: Micropropagation and in vitro Production of Hypoxoside. In: Bajaj YPS (Hrsg.) Biotechnology in Agriculture and Forestry, Medicinal and Aromatic Plants I, Springer, Berlin Heidelberg, Bd. 4, S. 437–447
30. Drewes SE, Hall AJ, Learmoonth RA (1984) Phytochemistry 23:1.313–1.316
31. Drewes SE, Scogings UJ, Wenteler GL (1989) Phytochemistry 28:153–156
32. Pegel KH (1984) Extr urolog (Suppl I) 7:105–111
33. Van Staden J (1981) Deutsch Apoth 33:460–467
34. Reisch J, Möllemann H (1972) Wirkstoffextrakt aus Hypoxis spezies. Ger Offen Nr. 2251695
35. Pegel KH (1975) Extraction of Phytosterol glucosides from Hypoxis tubers. UK Patent Specif 1417272
36. Pegel KH, Walker H (1984) Extr urologica (Suppl I) 7:91–104
37. Kündig H (1981) Notabene medici 11:358–363
38. Ebbinghaus KD, Baur MP (1977) Z Allgemeinmed 53:1.054–1.058
39. Szutrely HP (1982) Med Klin 77:42–46
40. Henneking K, Heckers H (1983) Med Welt 34:625–632
41. Schindler E (1983) Ärztl Prax 35:1.717–1.718
42. Ströker W (1985) Ärztl Prax 37:2.138–2.139
43. Schneider HJ (1986) Z Allgemeinmed 62:1.069–1.072
44. Albrecht J (1981) Ärztl Prax 35:2.621–2.627
45. Rummani F (1981) Extracta med pract 2:393–2399
46. Zahradnik HP, Schillfahrt R, Schoening R, Ebbinghaus KD, Dunzendorfer U (1980) Fortschr Med 98:69–72
47. Bach D, Walker H, Zahradnik HP (1985) Therapiewoche 35:4.292–4.297
48. Bauer HW, Bach D (1986) Urol Int 41:139–144
49. Watt JM, Breyer-Brandwijk M (1962) The medical and poisonous plants of southern and eastern Africa, 2. Aufl., Livingstone Ltd., Edinburgh London, S. 41
50. Reyneka JL (1971) Thesis Pretoria, S. A.
51. Pujol J (1990) The herbalist handbook, African Flora and medicinal plants, Natural Healers Foundation, Durban S. A.
52. Kadow C, Abrams PH (1986) Eur Urol 12:187–189
53. Barsom S (1978) Z Allg Med 54:1.067–1.069
54. Bräuer H, Schomann C (1978) Fortschr Med 96:833–834
55. Ebbinghaus KD (1974) Münchn Med Wschr 116:2.209–2.212
56. Bialluch W (1980) Z Allgemeinmed 56:1.684–1.687

RS

Iberis

HN: 2001400

Familie: Brassicaceae.

Tribus: Lepidieae.

Subtribus: Iberidinae.

Gattungsgliederung: Die Gattung Iberis L. umfaßt etwa 30 Arten, von denen einige als Zierpflanzen gezogen werden. Synonyme: Arabis ADANSON, Biauricula BUBANI.[20]

Gattungsmerkmale: Einjährige oder ausdauernde Kräuter oder Halbsträucher mit beblättertem, kantigem Stengel. Haare einfach, oft papillös. Blätter etwas fleischig mit verschmälertem Grund. Blütentrauben gedrungen, ebensträußig, zur Fruchtzeit kaum verlängert. Kelchblätter 4, schräg abstehend, die seitlichen etwas ausgesackt. Kronblätter 4, weiß, rosa oder violett, die beiden äußeren besonders an den Randblüten oft mehrfach größer als die inneren; alle deutlich genagelt, mit aufrechtem Nagel und abstehender Platte. Staubblätter 6; Staubfäden ohne Anhängsel, am Grunde der kurzen seitlichen Staubfäden je zwei rhombische bis dreieckige, flache Honigdrüsen. Fruchtknoten mit deutlichem Griffel und einer Samenanlage pro Fach. Fruchtstiele etwas abgeflacht, auf der Innenseite flaumig. Frucht eiförmig oder rundlich bis fast rechteckig, von vorn und hinten stark zusammengedrückt, oben ausgerandet und meist breit geflügelt, 2fächerig, mit verbreitertem Rahmen und sehr schmaler, dicklicher Scheidewand. Samen fast kreisrund, flach, oft berandet, runzlig, bisweilen verschleimend. Embryo mit flachen, an der Krümmung entspringenden Keimblättern und seitenständigem Würzelchen.[20]

Verbreitung: Europa, vor allem im Mittelmeergebiet; einzelne Arten nach Mitteleuropa eindringend.

Inhaltsstoffgruppen: Die Gattung Iberis enthält Glucosinolate, Cucurbitacine und Cucurbitacinglykoside (Strukturformeln s. Iberidis semen). Aufgrund des Vorkommens bzw. Fehlens bestimmter Cucurbitacine und Glucosinolate wurde die Gattung Iberis in vier verschiedene biochemische Gruppen eingeteilt.[1-7] Diese Einteilung erscheint nach neueren Untersuchungen fraglich.[8]

Drogenliefernde Arten: *Iberis amara*: Iberidis semen, Iberis-amara-Kraut, Iberis amara hom. *HAB 1*, Iberis amara hom. *PFX*, Iberis amara hom. *HPUS 88*.

Iberis amara L.

Synonyme: *Biauricula amara* Bubani, *Thlaspi amarum* Crantz.[20]

Sonstige Bezeichnungen: Dt.: Bauernsenf, Bitterer Bauernsenf, Grützblume, Schleifenblume; engl.: Bitter candytuft, Clown's mustard, White candytuft; frz.: Téraspic, Thlaspi blanc; it.: Iberide bianca; schwed.: Blomsterkrasse; ung.: Tátárvirag.

Systematik: Von *Iberis amara* L. gibt es mehrere Varietäten, die sich durch Größe und Verzweigungsgrad der Pflanzen sowie durch Blattform und Blütenfarbe unterscheiden: *I. amara* var. *angustissima* Hagenb., *I. amara* var. *arvatica* (Jord.) Green, *I. amara* var. *decipiens* (Jord.) Thell., *I. amara* var. *minor* Babey, *I. amara* var. *rubicunda* Schur., *I. amara* var. *ruficaulis* Lej. et Court.[20]

Botanische Beschreibung: Pflanze ein-, seltener zweijährig, 10 bis 40 cm hoch. Stengel meist aufrecht, abstehend verzweigt, beblättert, kantig; vor allem auf den Kanten von meist rückwärts gerichteten Haaren rauhflaumig bis kurzzottig bedeckt, oberwärts meist verkahlend. Laubblätter länglich-keilförmig, stumpf, die unteren oft spatelförmig und in einen längeren Stiel verschmälert, die oberen mit verschmälertem Grund sitzend, im oberen Teil beiderseits mit meist 2 bis 4 entfernten, stumpflichen Zähnen, selten fast ganzrandig, am Rande bewimpert, auf den Flächen öfter kahl. Blütentrauben während des Blühens etwas verlängert, locker. Blüten lang abstehend gestielt, meist weiß. Kelchblätter rundlich, etwa 1,5 bis 2 mm lang, breit, weiß- oder rötlich-hautrandig, aufrecht abstehend, ungezackt. Äußere Kronblätter ca. 6 mm, innere ca. 3 mm lang, länglich-verkehrteiförmig, ganzrandig. Am Grunde der seitlichen Staubblätter finden sich polsterförmige Honigdrüsen. Die medianen Nektarien sind nicht ausgebildet. Fruchtstand traubig verlängert. Fruchtstiele abstehend oder auswärts gebogen, derb, kantig, innerseits flaumig, so lang oder länger als die Frucht (Schötchen). Die Schötchen sind etwa 4 bis 5 mm lang, fast kreisrund, unterseits konvex, oberseits durch die etwas eingebogenen Flügelränder konkav, nach oben verschmälert, rechtwinkelig bis spitzwinkelig ausgerandet, mit in der Jugend auswärtsstehenden, später vorgestreckten oder etwas zusammenneigenden, spitzen, dreieckigen Flügellappen, die meist den Griffel überragen. Fruchtklappen vom Grund an ziemlich breit geflügelt, auf der Fläche von fiederförmigen, in den Flügeln netzförmig anastomisierenden Nerven durchzogen; Rahmenstück derb und breit, lanzettlich-pfriemlich. In beiden Fächern nur je ein Same. Samen halbeiförmig, 2,5 bis 3 mm lang, braun, am Grunde etwas flügelrandig. Samenschale fast glatt, bei Benetzung mit Wasser nicht verschleimend. Chromosomenzahl: n = 7. Blütezeit: Mai bis August.[20]

Inhaltsstoffe: Alle Teile der Pflanze enthalten Glucosinolate, besonders aber die Samen.[3] Weiter kommen in der ganzen Pflanze stark bitter schmeckende, tetracyclische Triterpenverbindungen vor, die als Cucurbitacine bezeichnet werden:[1–7] Die Frischpflanze enthält in allen Teilen noch verschiedene Amine, wie z.B. 3-Methylthiopropylamin, (*R*)-3-Methylsulphinylpropylamin und Ethanolamin, die vermutlich durch Autolyse der entsprechenden Glucosinolate entstehen. (*R*)-3-Methylsulphinylpropylamin ist die Hauptsubstanz: Wurzel: 0,06 mg/g FG, Kraut: 0,2 mg/g FG; Blüten: 0,62 mg/g FG; Samen: 0,14 mg/g FG.[17]

Verbreitung: Nordspanien, Frankreich; nach Norden bis Südengland, ostwärts bis ins belgische Maasbergland, Saar- und Moseltal, am Rhein von der Moselmündung bis zum Schaffhauser Randen, von Südfrankreich an der Rhône aufwärts bis Bex. Die Pflanzen kommen vor allem in Getreideäkkern, auf warmen, sommertrockenen, basenreichen, meist kalkhaltigen, steinigen Lehm- und Lößböden, auch im offenen Flußkies oder als Zierpflanzen gelegentlich an Schuttstellen verwildert vor.[20]

Anbaugebiete: Neben kleineren Anbauparzellen, z.B. in Rheinland-Pfalz, existieren meist nur firmeneigene Anbaugebiete.

Drogen: Iberidis semen, Iberis-amara-Kraut, Iberis amara hom. *HAB 1*, Iberis amara hom. *PFX*, Iberis amara hom. *HPUS 88*.

Iberidis semen

Synonyme: Semen Iberidis.

Sonstige Bezeichnungen: Dt.: Schleifenblumensamen; engl.: Bitter candy seeds, Clown's mustard seeds; frz.: Semences d'Iberide.[10]

Definition der Droge: Die reifen Samen.

Stammpflanzen: *Iberis amara* L.

Herkunft: Sammlung aus Wildvorkommen und Anbau.

Ganzdroge:
Geruch. Schwach ranzig.
Geschmack. Bitter.
Makroskopische Beschreibung. Samen braun, flachgedrückt-eiförmig mit fast glatter Samenschale, zum Hilum hin etwas verschmälert, ca. 3,5 mm lang, 2,5 mm breit und ca. 1 mm dick, der Rand meist ringsum schmal geflügelt. Keimwurzel durch eine schmale Furche abgesetzt.[23]
Mikroskopisches Bild. Die äußere Epidermis der Testa besteht aus überwiegend axial gestreckten, flachen Zellen mit dicker Außenwand. Darunter liegen unregelmäßig polygonale, verschieden große Zellen, deren gerade verlaufenden Zellwände fein wellig strukturiert sind. Im Querschnitt sind die Zellen abgerundet quadratisch bis tangential gestreckt, etwa 35 µm hoch und 20 bis 35 µm breit. Die nach innen folgende Farbstoffschicht besteht aus gelblichbraunen Zellagen. Die innere Epidermis der Testa besteht aus großen, unregelmäßig gestreckt-polygonalen, 15 bis 20 µm hohen und 25 bis 45 µm breiten Zellen. Nach innen folgt das Endosperm, das in seinen Zellen Aleuronkörner, Öltropfen und Oxalatkristalle enthält.[23]

Inhaltsstoffe: *Cucurbitacine.* Die Cucurbitacine bilden das bittere Prinzip der Samen. Hauptkompo-

nenten sind Cucurbitacin E und Cucurbitacin I (0,2 bis 0,4 %, bez. auf das Frischgewicht), daneben finden sich Spuren der Cucurbitacine K und J. Diese vier nicht-glykosidisch gebundenden Cucurbitacine gehören zum Diosphenoltyp.[2,3]
Fettes Öl. Die Samen enthalten noch 12,8 % fettes Öl, das hauptsächlich aus Behensäure (45,1 %), Ölsäure (21,5 %), Palmitinsäure (10,8 %), Linolensäure (9 %), Arachidonsäure (7,3 %) und Linolsäure (6,4 %) besteht.[25]

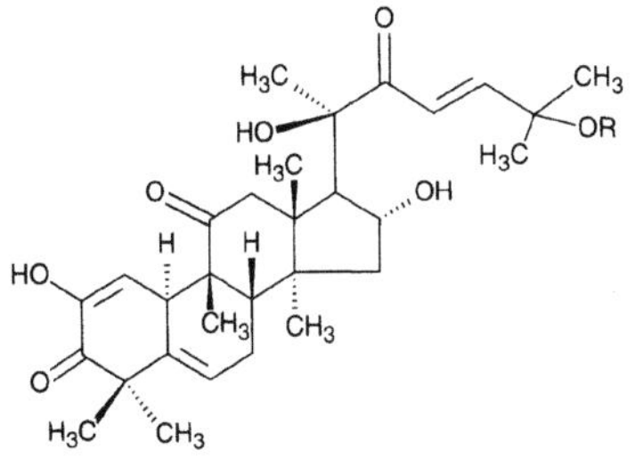

Cucurbitacin E: R = $COCH_3$

Cucurbitacin I: R = H

Glucosinolate. Außerdem findet man noch Glucosinolate (1,4 % bez. auf Frischgewicht) wie Glucoiberin, Glucocheirolin und Glucoibervirin.[3]

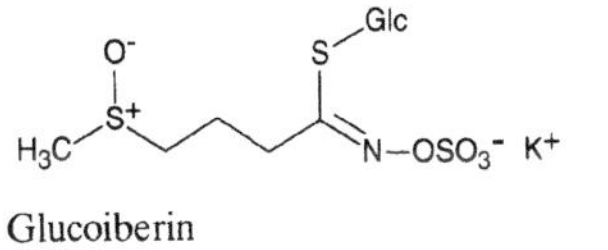

Glucoiberin

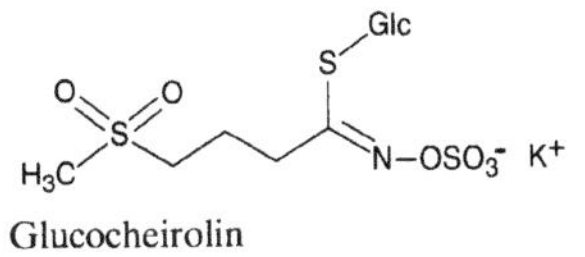

Glucocheirolin

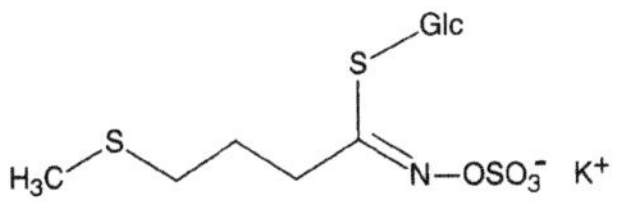

Glucoibervirin

Zubereitungen: Alkoholische Extrakte aus Iberidis semen sind Bestandteile verschiedener Fertigarzneimittel.[21]

Identität: Gut nachweisbar sind die Cucurbitacine E und I.[3,11] Die Samen werden zunächst mit Pet entfettet, anschließend zerkleinert und mit Aceton extrahiert. Nach Entfernen des Acetons wird der Rückstand in Chloroform aufgenommen.[3]
Dünnschichtchromatographische Trennung:
- Sorptionsmittel: Kieselgel G;
- FM: Chloroform-Ethanol (95 + 5);
- Detektion: Besprühen mit einer 5 %igen Lsg. von $FeCl_3$ in Ethanol;
- Auswertung: Alle Cucurbitacine vom Diosphenoltyp erscheinen auf der DC als braune Flecken.

Die Cucurbitacine lassen sich auch mit Hilfe der HPLC trennen und eindeutig identifizieren.[11]

Gehaltsbestimmung: Die Gehaltsbestimmung kann mittels HPLC durchgeführt werden.[11]

Wirkungen: Die Cucurbitacine E und I zeigen gegen verschiedene experimentelle tierische Tumore nur eine relativ mäßige Antitumorwirkung.[12–15] *In vivo* wird das Wachstum des soliden Crocker Sarcoms 180 in Mäusen am besten gehemmt; die Wachstumshemmung beträgt bei 1 mg/kg KG i. p. ca. 50 bis 60 %. Aufgrund ihrer Toxizität sind Cucurbitacine als Antitumormittel ohne jede praktische Bedeutung.[12–15]
Das unverdünnte, durch Extraktion mit Pet gewonnene fette Öl wirkt im Agardiffusionstest auf Filterpapierscheiben schwach antimikrobiell gegen einige gramnegative, z. B. *Escherichia coli*, *Salmonella typhi*, und grampositive Keime, z. B. *Staphylococcus aureus*, *Bacillus anthracis*. Die Hemmhöfe waren kleiner als bei den Kontrollen mit 10 U Penicillin, 10 µg Streptomycin oder 30 µg Tetracyclin. Im gleichen Modell wurde an einigen Pilzen, z. B. *Aspergillus niger* und *Fusarium oxysporum*, eine geringe Hemmwirkung beobachtet. Die Wirkung war schwächer als 5 µg/mL Hamycin bzw. 1 % Resorcinol.[25]

Volkstümliche Anwendung und andere Anwendungsgebiete: Nur noch selten bei Verdauungsstörungen zur Anregung der Magensaftsekretion; als Amarum mit choleretischem Effekt. Die Wirksamkeit der Droge bei diesen Indikationen ist nicht ausreichend belegt.

Schwangerschaft: Bisher liegen keine Untersuchungen zur Fertilitätsstörung, Embryotoxizität oder Teratogenität durch die Droge bzw. durch Drogenzubereitungen vor. Es sei jedoch noch einmal darauf hingewiesen, daß Cucurbitacine stark cytotoxische Verbindungen mit alkylierenden Eigenschaften darstellen.[12–15] Daher sollte aus grundsätzlichen Überlegungen in der Schwangerschaft von einer Anwendung der Droge bzw. von Drogenzubereitungen Abstand genommen werden.

Tox. Inhaltsstoffe u. Prinzip: Cucurbitacine sind ganz allgemein dünn- und dickdarmreizende, toxische und cytotoxische Substanzen.[12–15] Die beiden Cucurbitacine E und I haben sich *in vitro* gegen menschliche Tumorzellinien als außerordentlich cytotoxisch wirkende Substanzen herausgestellt. Ihre ED_{50} beträgt für die Nasopharynx-Carcinom KB-Zellen 0,005 bis 0,01 µg/mL und für die HeLa-Zellen 0,005 bis 0,05 µg/mL. Zum Vergleich: Actinomycin D, eine bekannt cytotoxisch wirkende Substanz, besitzt im gleichen Experimentalsystem eine ED_{50} von 0,001 µg/mL.
Die Cucurbitacine E und I sind auch für Blattkäfer der Gattung Phyllotreta toxisch; sie wirken gegenüber dieser Insektengruppe als Fraßschutzmittel.[9]
LD-Werte. Cucurbitacin E: Die LD_{50} bei der Maus beträgt 2 µg/g KG i. p.[13] bzw. 340 µg/g KG p. o.[16]
Cucurbitacin I: Die LD_{50} bei der Maus beträgt 2 µg/g KG i. p.[13] bzw. 5 µg/g KG p. o.[16]
Pflanzengiftklassifizierung. Giftig +.[22]

Akute Vergiftung: *Erste Maßnahmen.* Kohlepulver, Erbrechen. Klinik: Magenspülung, Kohlepulver. Kontrolle der Leber- und Nierenwerte bis zum 8. Tag nach der Giftaufnahme.[22]

Gesetzl. Best.: *Artenschutz.* Nach der Roten Liste gehört die Pflanze *Iberis amara* zu den vom Aussterben bedrohten Arten.[22]

Iberis-amara-Kraut

Sonstige Bezeichnungen: Dt.: Schleifenblumenkraut.

Definition der Droge: Die frische, ganze blühende Pflanze.

Stammpflanzen: *Iberis amara* L.

Herkunft: Überwiegend aus firmeneigenem Anbau.

Inhaltsstoffe: In der Frischpflanze sind Cucurbitacine mit den Hauptsubstanzen Cucurbitacin E (0,15 mg/g FG) und Cucurbitacin I (0,08 mg/g FG) sowie Glucosinolate enthalten.[9,17,18] In den Blüten liegen noch reichlich Flavonolglykoside mit Kämpferol und Quercetin als Aglyka vor: Kämpferol-3-*O*-arabinosido-7-*O*-rhamnosid, Kämpferol-3-*O*-glucosido-7-*O*-rhamnosid, Kämpferol-7-*O*-rhamnosid, Quercetin-3-*O*-glucosido-7-*O*-rhamnosid. In Blättern und Stengeln treten dagegen Flavonoide nur in Spuren auf.[19]

Zubereitungen: Alkoholische Extrakte sind Bestandteile von Fertigarzneimitteln.[21]

Identität: Die Cucurbitacine lassen sich mittels HPLC trennen und eindeutig identifizieren.[11]

Gehaltsbestimmung: Die Gehaltsbestimmung kann mittels HPLC durchgeführt werden.[11]

Wirkungen: Die antagonistische Wirkung eines wäßrig-ethanolischen (31,5 % *V/V*) Iberis-amara-Frischpflanzenextrakts (6:10) gegen Acetylcholinspasmen wurde am isolierten Meerschweinchenileum in einem Konzentrationsbereich von 0,125 bis 1,0 mL/L Organbad untersucht. Der Extrakt erhöhte dosisabhängig den Grundtonus und reduzierte in den Konzentrationen 0,50 und 0,75 mL/L signifikant die EC_{50} des Spasmogens von 16,8 ± 2,9 auf 9,3 ± 1,0 µg/L bzw. von 31,7 ± 10,8 auf 14,8 ± 4,4 µg/L. Die max. Kontraktion wurde nicht beeinflußt.[26]
Im Carrageenan-Rattenpfotenödem-Test wurde die antiexsudative Wirkung eines wäßrig-ethanolischen Iberis-amara-Frischpflanzenauszugs[26] in 38,8 % EtOH geprüft. Der Extrakt enthielt 24,6 µg/mL Glucoiberin, 44,0 µg/mL Cucurbitacin E und 49,0 µg/mL Cucurbitacin I. Untersucht wurden 1,0, 2,5, 5,0 und 10,0 mL/kg KG. Als Kontrolle dienten 10,0 mL/kg KG EtOH 38,8 %, als Refernz Indometacin 4 mg/kg KG. Die Substanzen wurden 30 min vor Ödeminduktion p. o. verabreicht. Ab einer Dosis von 2,5 mL/kg KG wurde eine signifikante, dosisabhängie Ödemreduktion beobachtet. Mit 10 mL/kg KG wurde nach 6 h der gleiche Effekt wie mit 4 mg/kg KG Indometacin (–71 %) beobachtet. In den mit dem Drogenauszug behandelten Gruppen wurde keine laxierende Wirkung festgestellt.

Volkstümliche Anwendung und andere Anwendungsgebiete: Nur noch selten bei Verdauungsstörungen zur Anregung der Magensaftsekretion; als Amarum mit choleretischem Effekt. Die Wirksamkeit der Droge bei diesen Indikationen ist nicht ausreichend belegt.

Tox. Inhaltsstoffe u. Prinzip: s. Iberidis semen.

Wirkungsmechanismus: Ein 10fach konzentrierter wäßrig-ethanolischer Iberis-amara-Frischpflanzenextrakt[26] (im Konzentrat: 109 µg/mL Cucurbitacin E, 127 µg/mL Cucurbitacin I) in 29,42 % EtOH wurde im Kolonie-Proliferationstest (CP-Test) mit V79 Zellen des Chinesischen Hamsters auf seine cytotoxische Wirkung überprüft. Die V79 Zellen wurden verschiedenen Extraktkonzentrationen 6 h und 48 h ausgesetzt. Während des 6 h-Testansatzes wurden Parallelkulturen mit einem S9 Mix behandelt. Nur in der höchsten getesteten Konzentration (43 µL Extrakt/mL) konnte bei einer Expositionszeit von 48 h eine signifikante cytotoxische Wirkung beobachtet werden. Von den eingesetzten Zellen überlebten lediglich 27,5 %.[28]

Akute Toxizität: *Tier.* Ein wäßrig-ethanolischer (31,5 % *V/V*) Trockenextrakt mit 0,63 mg/g Cucurbitacin I und 0,69 mg/g Cucurbitacin E wurde CD-Ratten in einer Dosis von 3.612 bis 6.921 mg/kg KG, in 20 mL/kg KG Wasser gelöst, p. o. verabreicht. Hierbei wurden u. a. Lethargie, eine geringere motorische Aktivität, taumelnder Gang, gekrümmte oder Bauchlage, Atemstörungen, Speichelfluß und Durchfall beobachtet. Die Symptome bildeten sich bei den überlebenden Tieren nach 3 Tagen zurück.[29] Sie entsprechen teilweise den bei anderen Vergiftungen mit cucurbitacinhaltigen Pflanzen beobachteten Effekten,[31] s. ds. Hdb., Bd. 3 → Cucurbitacin E. Der Drogenextrakt wird als schwach toxisch eingestuft.[29,30]

Toxikologische Daten: *LD-Werte.* Wäßrig-ethanolischer (31,5 % *V/V*) Trockenextrakt mit 0,63 mg/g Curcurbitacin I und 0,69 mg/g Cucurbitacin E in 20 mL/kg KG Wasser gelöst: LD_{50}, p. o., CD-Ratte, 14 Tage, 6.079 mg/kg KG (95 % Konfidenzintervall 4.816 bis 7.343 mg/kg).[29] *Pflanzengiftklassifizierung.* Giftig +.[22]

Akute Vergiftung: *Erste Maßnahmen.* s. Iberidis semen.

Gesetzl. Best.: *Artenschutz.* s. Iberidis semen.

Iberis amara hom. *HAB 1*

Monographiesammlungen: Iberis amara *HAB 1*.

Definition der Droge: Die reifen, getrockneten Samen.

Stammpflanzen: *Iberis amara* L.

Zubereitungen: Urtinktur und flüssige Verdünnungen nach *HAB 1*, Vorschrift 4a; Eigenschaften: Die

Urtinktur ist von gelblichbrauner Farbe, mit aromatischem Geruch und von stark bitterem Geschmack.
Darreichungsformen: Ab D 3: Flüssige Verdünnungen, Tabletten, Verreibungen, Streukügelchen; flüssige Verdünnungen zur Injektion ab D 4.[24]

Identität: *Urtinktur.* Nach Zusatz von Kaliumhydroxid und Natriumpentacyanonitrosylferrat entsteht eine intensive violette Färbung, die rasch weinrot wird. Gibt man zur Urtinktur Silbernitratlösung sowie 26 %ige Ammoniaklösung, dann färbt sich die Urtinktur beim Erhitzen dunkelbraun bis grünschwarz.
Dünnschichtchromatographie:
- Untersuchungslsg.: Urtinktur;
- Vergleichslsg.: Lactose, Glucose und Arbutin in wäßrig-methanolischer Lsg.;
- Sorptionsmittel: Kieselgel H (DC-Fertigplatte Kieselgel 60);
- Fließmittel: Wasser – 98 %ige Essigsäure – 1-Propanol – 1-Butanol (20 + 20 + 25 + 35);
- Detektion: Das Chromatogramm wird nach Verdunsten des Fließmittels mit Anisaldehyd-Reagenz besprüht und 5 bis 10 min lang auf 105 bis 110 °C erhitzt; die Auswertung des Chromatogramms erfolgt im Tageslicht.
- Auswertung: Das Chromatogramm der Vergleichslösung zeigt im unteren Drittel des Rf-Wertbereichs die grüne Zone der Lactose, im mittleren Drittel die grüne Zone der Glucose und im oberen Drittel die grüne Zone des Arbutins. Das Chromatogramm der Untersuchungslösung zeigt unterhalb der Vergleichssubstanz Lactose zwei grüne Zonen. Unterhalb der Glucose erkennt man eine braune Zone, die bei längerem Erhitzen dunkelgrün wird; über dieser Zone kann eine violette Zone liegen. Zwischen der Glucose und dem Arbutin treten eine grüne und eine violette Zone auf. Über dem Arbutin kann man noch eine graublaue, eine rotviolette und eine violette Zone erkennen.

Reinheit: *Urtinktur.*
- Spez. Gew.: 0,890 bis 0,905.
- Trockenrückstand: Mindestens 1,5 %.
- Asche: Höchstens 6 %.

Lagerung: Vor Licht geschützt aufbewahren.

Anwendungsgebiete: Entsprechend dem homöopathischen Arzneimittelbild. Dazu gehören: Herzrhythmusstörungen; Herzschwäche.[24]

Dosierung und Art der Anwendung: *Zubereitung.* Soweit nicht anders verordnet: Bei akuten Zuständen häufige Anwendung alle halbe bis ganze Stunde je 5 Tropfen oder 1 Tablette oder 10 Streukügelchen oder 1 Messerspitze Verreibung einnehmen; parenteral 1 bis 2 mL bis zu 3mal täglich s. c. injizieren. Bei chronischen Verlaufsformen 1- bis 3mal täglich 5 Tropfen oder 1 Tablette oder 10 Streukügelchen oder 1 Messerspitze Verreibung einnehmen; parenteral 1 bis 2 mL pro Tag s. c. injizieren.[24]

Unerwünschte Wirkungen: Nicht bekannt. Hinweis: Es können vorübergehend Erstverschlimmerungen vorkommen, die jedoch unbedenklich sind.[24]

Gegenanzeigen/Anwendungsbeschr.: Nicht bekannt.[24]

Wechselwirkungen: Nicht bekannt.[24]

Gesetzl. Best.: *Offizielle Monographien.* Aufbereitungsmonographie "Iberis amara" der Kommission D am BGA.[24]

Iberis amara hom. *PFX*

Monographiesammlungen: Iberis amara *PFX.*

Definition der Droge: Die reifen, getrockneten Samen.

Stammpflanzen: *Iberis amara* L.

Zubereitungen: Urtinktur mit Ethanol nach der allgemeinen Vorschrift der *PFX* zur Herstellung von Urtinkturen; Eigenschaften: Die Urtinktur ist eine orange Flüssigkeit mit einem Geruch nach Rüben und einem sehr bitteren Geschmack. Ethanolgehalt 65 % (*V/V*).

Iberis amara hom. *HPUS88*

Monographiesammlungen: Iberis amara *HPUS88.*

Definition der Droge: Die Samen.

Stammpflanzen: *I. amara* L.

Zubereitungen: *Urtinktur.* Herstellung durch Mazeration oder Perkolation mit Ethanol nach den allg. Zubereitungsvorschriften (Class C) der *HPUS88.* Ethanolgehalt 65 % (*V/V*).
Medikationen: D1 (1x) und höher.

Gehalt: *Urtinktur.* Arzneigehalt $^1/_{10}$.

1. Gmelin R (1963) Arzneim Forsch 13:771–776
2. Gmelin R (1966) Planta Med 15 (Suppl):119–127
3. Schultz OE, Gmelin R (1954) Arch Pharm 287:404–411
4. Gmelin R (1966) Pharmazie 21:704
5. Gmelin R (1966) Dtsch Apoth Ztg 106:822
6. Gmelin R (1966) Dtsch Apoth Ztg 106:1.650
7. Bredenberg IB, Gmelin R (1962) Acta Chem Scand 16:1.802–1.803
8. Cutis PJ, Maede PM (1971) Phytochemistry 10:3.081–3.083
9. Nielsen JK, Larsen LM, Sorensen H (1977) Phytochemistry 16:1.519–1.522
10. Berger F (1981) Synonyma-Lexikon der Heil- und Nutzpflanzen, Österreichischer Apotheker Verlag, Wien
11. Bauer R, Wagner H (1983) Dtsch Apoth Ztg 123:1.313–1.321
12. David JH, Vallance DK (1955) J Pharm Pharmacol 7:295–296
13. Gitter S, Gallily R, Shohat B, Lanie D (1961) Cancer Res 21:516–521
14. Konopa J, Matuszkiewicz A, Hralowska M, Onoszka K (1974) Arzneim Forsch 24:1.741–1.743
15. Gallily R, Shohat B, Kalish J, Simon G, Lavie D (1962) Cancer Res 22:1.038–1.045

16. Le Men J, Buffard G, Provost J, Tiberghien R, Forgacs P, Lagrange E, Albert O, Aurousseau M (1969) Chim Ther 4:459–465
17. Dalgaard L, Nawaz R, Sorensen H (1977) Phytochemistry 16:931–932
18. Zem, Bd. 18, S. 122–176
19. Kowalewski Z, Wierzbicka K (1971) Planta Med 20:328–339
20. Heg, Bd. IV, Teil 1, S. 384–391
21. Pharmazeutische Stoffliste (1988) Arzneibüro der Bundesvereinigung Deutscher Apothekerverbände (ABDA), Frankfurt/Main
22. RoD
23. HAB 1
24. BAz Nr. 22a vom 03.02.1988
25. Akhtar K, Bokadia M, Mehta B, Batra K (1986) Grasas Aceites 37:148–151
26. Okpanyi S, Mark M, Wahl M (1993) Acta Horticulturae 332 (im Druck)
27. Okpanyi S (1991) Untersuchungen des antiphlogistischen Potentials des Iberis amara Frischpflanzenauszuges mit dem Carrageenan-Rattenpfotenödem-Test, FB 11/92, Dokumentation der Firma Steigerwald Arzneimittelwerk GmbH, Darmstadt
28. Miltenburger HG (1986) Laboratorium für Mutagenitätsprüfung, Techn. Hochschule Darmstadt, Bericht LMP-Zyt 10, Dokumentation der Fa. Steigerwald Arzneimittelwerke GmbH, Darmstadt
29. Cummins HA (1991) Bericht Life Science Research Limited, Eye, Suffolk, No. 90/SWL061/1336, Dokumentation der Fa. Steigerwald Arzneimittelwerke GmbH, Darmstadt
30. Hodge H, Sterner J (1949) Am Ind Hyg Assoc Quart 10:93, zit. nach Lit.[28]

Rg/KH

Ilex

HN: 2002400

Familie: Aquifoliaceae.

Tribus: Iliceae.

Gattungsgliederung: Die Gattung Ilex L. besteht aus ca. 400[1] bis 600[2] Arten und wird in fünf Untergattungen eingeteilt: Byronia, Euilex mit *I. aquifolium* und *I. paraguariensis*, Prinus, Tybonia und Yrbonia.[3]

Gattungsmerkmale: Bäume oder Sträucher. Blätter gegen- oder wechselständig, gestielt. Unisexuelle Blüten, aktinomorph, hypogyn, 4 bis 5 (bis 9) Blütenblätter in radiärer Anordnung, weißlich, frei bis leicht an der Basis verbunden. Staubblätter frei. Kugelige bis ovale Steinfrüchte, dunkelrot bis schwarz, selten dunkelgelb mit (1 bis) 4 bis 5 (bis 22) Fächern, in der Regel einsamig.[4]

Verbreitung: Weltweit (kosmopolitisch) mit Schwerpunkten in Zentral- und Südamerika und Asien; in Europa nur die Untergattung Euilex.

Inhaltsstoffgruppen: Caffeoylchinasäuren, in 15 Arten nachgewiesen; Purine, von 19 Arten bekannt;[5] Fettsäuren: In Samen und Blättern von 9 Arten, C_{16}- bis C_{20}-Säuren, gesättigt und ungesättigt;[1] cyanogene Glykoside, bis jetzt in 5 Ilex-Arten bestimmt;[1,6] Triterpene und Triterpensaponine, Anthocyane.

Drogenliefernde Arten: *I. aquifolium*: Ilex-aquifolium-Blätter, Ilex aquifolium e foliis siccatis *HAB 1*, Ilex aquifolium *HAB 34*, Ilex aquifolium *HPUS 88*, Ilex aquifolium, flos *HPUS 88*; *I. paraguariensis*: Mate folium, Maté *HAB 34*, Ilex paraguariensis *HPUS 88*.

Ilex aquifolium L.

Sonstige Bezeichnungen: Dt.: Christdorn, Hülsdorn, Hülse, Stechpalme; engl.: Holly; frz.: Houx.

Botanische Beschreibung: Bis 10 m hoher immergrüner Baum oder Strauch. Die Äste und das Laub sind kahl, die Blüten durch Verkümmern des einen Geschlechts zweihäusig. Die Blütenstände, meist ein- bis dreiblütige Trugdolden, stehen in den Blattachseln. Die Blütenstiele der weiblichen Blüten sind meist länger als die der männlichen. Der Kelch ist vierspaltig und meist fein behaart, die Zipfel sind abgerundet, stumpf oder spitzig. Die Blumenkrone ist weiß oder rötlichweiß, radförmig ausgebreitet und vierspaltig. Die Kronblätter sind selten nahezu frei. Vier Staubblätter und vierfächriger Fruchtknoten.

Verbreitung: Mitteleuropa, Nordamerika, Ostasien. Als Unterholz in Wäldern; Hecken; auf den verschiedensten Bodenarten.

Drogen: Ilex-aquifolium-Blätter, Ilex aquifolium e foliis siccatis *HAB 1*, Ilex aquifolium *HAB 34*, Ilex aquifolium *HPUS 88*, Ilex aquifolium, flos *HPUS 88*.

Ilex-aquifolium-Blätter

Synonyme: Folia agrifolii, Folia aquifolii, Folia ilicis, Folia ilicis aquifolii.

Sonstige Bezeichnungen: Dt.: Christdornblätter, Hülsenblätter, Stecheichenblätter, Stechpalmenblätter; engl.: Holly leaves; frz.: Feuilles d'houx.

Definition der Droge: Die getrockneten Laubblätter.

Stammpflanzen: *Ilex aquifolium* L.

Ganzdroge: Die immergrünen, länglich-eiförmigen Blätter sind starr, dick und ledrig und in den kurzen, dicken Blattstiel verschmälert. Sie sind kahl, oberseits glänzend dunkelgrün, unterseits heller und matter. Der Blattrand ist gewellt und grob buchtig gezähnt mit Stacheln, seltener ganzrandig. Die Blätter sind etwa 4 bis 8 cm lang und 2 bis 5 cm breit. Die Seitennerven erster Ordnung spalten sich nahe am Rand in zwei Nerven auf, von denen einer in die Spitze des Blattzahnes geht.

Schnittdroge: *Geruch.* Keiner.
Geschmack. Herb, etwas widerlich.

Mikroskopisches Bild. Kleinzellige, wellig-buchtige obere Epidermis mit dicker Cuticula. Ein-, gelegentlich auch zweireihiges Hypoderm aus derbwandigen, getüpfelten Zellen. Drei- bis vierreihiges Palisadenparenchym aus kurzen, meist breiten Zellen; Schwammparenchym mit großen Interzellularräumen. Untere Epidermis ebenfalls mit dicker Cuticula; viele, von 5 bis 7 Nebenzellen umgebene Spaltöffnungsapparate. 50 bis 60 µm große Oxalatdrusen treten in erster Linie an der Grenze von Palisaden- und Schwammparenchym auf. Die Blattleitbündel werden oben von einer schmal kappenförmigen und unten von einer breit U-förmigen Schicht von Sklerenchymfasern umgeben.

Inhaltsstoffe: *Triterpene.* α-Amyrin und dessen Ester, β-Amyrin, Baurenol, Erythrodiol, Oleanolsäure, Ursolsäure, Uvaol.[42]
Sterole. β-Sitosterol 80 %, Stigmasterol 10 %, Campesterol 4 %, Cholesterol in Spuren,[43] Ergosterol.[42]
Purinalkaloide. Theobromin,[5] konnte nicht bestätigt werden.
Flavonoide. Rutosid; Kämpferol- und Quercetinglykoside.
Depside. Chlorogensäure und andere Pflanzensäuren.
Fettsäuren. Gesättigte und ungesättigte C_{14}- bis C_{24}-Säuren.[42]
Aminosäuren. Asparaginsäure, Glutaminsäure, Cystein, Serin, Tryptophan, Valin.
Cyanogene Glykoside. 0,16 % cyanogene Glykoside,[6] als Menisdaurin identifiziert.[16]

Volkstümliche Anwendung und andere Anwendungsgebiete: Gegen Fieber, Rheuma, Gicht und chronische Bronchitis; Verstopfung. Die Wirksamkeit der Droge bei diesen Indikationen ist nicht belegt.

Gesetzl. Best.: *Artenschutz. Ilex aquifolium* ist nach der Bundesartenschutzverordnung geschützt.

Ilex aquifolium e foliis siccatis hom. *HAB 1*

Monographiesammlungen: Ilex aquifolium e foliis siccatis *HAB 1.*

Definition der Droge: Die getrockneten Blätter.

Stammpflanzen: *Ilex aquifolium* L.

Zubereitungen: Urtinktur und flüssige Verdünnungen nach *HAB 1*, Vorschrift 4a mit 43 %igem Ethanol; Eigenschaften: Die Urtinktur ist eine grünbraune Flüssigkeit mit würzig herbem Geruch und bitterem Geschmack.

Identität: *Wäßrig-ethanolischer Drogenextrakt bzw. Urtinktur.* Farbreaktionen mit Natronlauge oder Anisaldehyd.
DC:
- Prüflsg.: Wäßrig-ethanolischer Drogenextrakt bzw. Urtinktur;
- Referenzsubstanzen: Rutosid, Hyperosid, Chlorogensäure und Kaffeesäure;
- Sorptionsmittel: Kieselgel HF_{254};
- FM: Ethylacetat-Ameisensäure 98 %-Essigsäure 98 %-Wasser (67 + 7,5 + 7,5 + 18);
- Detektion: Besprühen mit Diphenylboryloxyethylamin und Polyethylenglycol 400, Auswertung im UV 365 nm;
- Auswertung: Anhand der Referenzsubstanzen ein charakteristisches Muster verschieden gefärbter Flecke.

Reinheit: *Droge.*
- Fremde Bestandteile: Höchstens 2 %.
- Asche: Höchstens 10 %.

Urtinktur.
- Relative Dichte: 0,930 bis 0,940.
- Trockenrückstand: Mindestens 1,0 %.

Lagerung: *Urtinktur.* Vor Licht geschützt.

Gesetzl. Best.: *Artenschutz. Ilex aquifolium* ist nach der Bundesartenschutzverordnung geschützt. *Offizielle Monographien.* Negativmonographie der Kommission D am BGA "Ilex aquifolium e foliis siccatis".[44]

Ilex aquifolium hom. *HAB 34*

Sonstige Bezeichnungen: Dt.: Stechpalme.

Monographiesammlungen: Ilex aquifolium *HAB 34.*

Definition der Droge: Im Juni gesammelte, frische Blätter.

Stammpflanzen: *Ilex aquifolium* L.

Zubereitungen: Essenz nach § 2 *HAB 34*; Eigenschaften: Die Essenz ist eine braune Flüssigkeit ohne besonderen Geruch und Geschmack.
Darreichungsformen: Ab D2: Flüssige Verdünnungen, Streukügelchen, Verreibungen, Tabletten, flüssige Verdünnungen zur Injektion.[45]

Identität: Mit gleichem Volumen Wasser mischt sich die Essenz opalisierend trübe, mit Eisen(III)chloridlsg. färbt sie sich grünschwarz, Fehlingsche Lösung wird reduziert.

Gehalt: *Essenz.* Arzneigehalt $^1/_2$.

Anwendungsgebiete: Die Anwendungsgebiete entsprechen dem homöopathischen Arzneimittelbild. Dazu gehört: Bindehautentzündung.[45]

Dosierung und Art der Anwendung: *Zubereitung.* Soweit nicht anders verordnet: Bei akuten Zuständen häufige Anwendung alle halbe bis ganze Stunde je 5 Tropfen oder 1 Tablette oder 10 Streukügelchen oder 1 Messerspitze Verreibung einnehmen; parenteral 1 bis 2 mL bis zu 3mal täglich s. c. injizieren. Bei chronischen Verlaufsformen 1- bis 3mal täglich 5 Tropfen oder 1 Tablette oder 10 Streukügelchen oder 1 Messerspitze Verreibung einnehmen; parenteral 1 bis 2 mL pro Tag s. c. injizieren.[45]

Unerwünschte Wirkungen: Nicht bekannt. Hinweis: Es können vorübergehend Erstverschlimmerungen vorkommen, die jedoch unbedenklich sind.[45]

Gegenanzeigen/Anwendungsbeschr.: Nicht bekannt.[45]

Wechselwirkungen: Nicht bekannt.[45]

Gesetzl. Best.: *Artenschutz. Ilex aquifolium* ist nach der Bundesartenschutzverordnung geschützt. *Offizielle Monographien.* Aufbereitungsmonographie der Kommission D am BGA "Ilex aquifolium".[45]

Ilex aquifolium hom. *HPUS88*

Monographiesammlungen: Ilex aquifolium *HPUS88.*

Definition der Droge: Die jungen, beblätterten Zweige mit reifen Beeren.

Stammpflanzen: *Ilex aquifolium* L.

Zubereitungen: *Urtinktur.* Herstellung durch Mazeration oder Perkolation der frischen oder getrockneten Droge mit EtOH nach den allg. Zubereitungsvorschriften (Class C) der *HPUS88.* Ethanolgehalt 65 % (*V/V*). *Medikationen.* D1 (1 ×) und höher.

Gehalt: *Urtinktur.* Arzneigehalt $^1/_{10}$.

Ilex aquifolium, flos hom. *HPUS88*

Monographiesammlungen: Ilex aquifolium, flos *HPUS88.*

Definition der Droge: Die Blüten der Zweigspitzen mit den Blättern.

Stammpflanzen: *Ilex aquifolium* L.

Zubereitungen: *Urtinktur.* Herstellung durch Mazeration oder Perkolation der frischen oder getrockneten Droge mit EtOH nach den allg. Zubereitungsvorschriften (Class C) der *HPUS88.* Ethanolgehalt 35 % (*V/V*). *Medikationen.* D1 (1 ×) und höher.

Gehalt: *Urtinktur.* Arzneigehalt $^1/_{10}$.

Ilex paraguariensis St. Hil.

Synonyme: *Ilex bonplandiana* Münter, *I. domestica* Reiss., *I. mate* St. Hil., *I. paraguaiensis* Unger, *I. paraguajensis* Endlicher, *I. paraguarensis* E. Spach, *I. paraguayensis* Hook., *I. paraguayiensis* Ed. Winkler, *I. paraguayriensis* Bonpl., *I. paraguensis* D. Don, *I. sorbilis* Reiss., *I. theezans* Bonpl., *I. vestita* Reiss.

Sonstige Bezeichnungen: Dt.: Mate, Yerbabaum; engl.: Mate; frz.: Maté; port.: Congonha, Erva mate; span.: Yerba mate; südamerikanische Indios: Caá, Congoin.

Systematik: Schwer abgrenzbare Varietäten und Unterarten. In Rio Grande do Sul/Brasilien werden z. B. drei Varietäten unterschieden: Talo roxo ("roter Stengel"), talo branco ("weißer Stengel") und piriquita.

Botanische Beschreibung: Immergrüne Bäume mit heller Borke und länglich-ovaler Krone. 15 bis 20 m hoch, auf den Plantagen 2 bis 5 m hoch gehalten. Die Blätter sind wechselständig, verkehrt-eiförmig, mehr oder weniger zugespitzt, mit gesägt-gekerbtem Rand vor allem in der oberen Hälfte; oberseits dunkelgrün, unterseits hellgrün, derb bis lederartig, 6 bis 20 cm lang, 3 bis 9 cm breit. Blüten achselständig, in Büscheln zu 40 bis 50 Blüten. 4- bis 5blättriger Kelch und Krone, meist eingeschlechtig, diözisch. Steinfrucht rund, rötlich, 4- bis 8samig.

Verwechslungen: Angeblich werden in Südamerika auch andere Ilex-Arten bei der Wildsammlung geerntet. Benannt werden *I. brevicuspis* Reiss., *I. conocarpa* Reiss., *I. dumosa* Reiss., *I. microdonta* Reiss., *I. pseudobuxus* Reiss., *I. theezans* Mart.[2]

Verbreitung: Ausschließlich in Südamerika zwischen dem 20. und 30. südlichen Breitengrad; in Südbrasilien (Paraná, Santa Catarina, Rio Grande do Sul) bis zum Fluß Paraná; in Paraguay, Uruguay, Bolivien und Nordargentinien (Misiones, Corrientes); in Brasilien auf den Hochebenen (Planalto) ab ca. 500 m. Ursprünglich Unterholz der Araukarienwälder, heute nach Abholzen des Waldes freistehend.

Anbaugebiete: In Argentinien praktisch nur Plantagenwirtschaft, in Brasilien Vergrößerung des Anbaus wie z. B. bei Curitiba, Venancio Aires, Erechim: 1988/89 stammten schätzungsweise 30 % des brasilianischen Mate aus dem Anbau.

Drogen: Mate folium, Maté *HAB34*, Ilex paraguariensis *HPUS88.*

Mate folium (Mateblätter)

Synonyme: Folia mate, Mate.

Sonstige Bezeichnungen: Dt.: Jesuitentee, Matetee, Missionstee, Paraguaytee, Paranatee; engl.: Jesuit's tea, Mate, Paraguay tea, St. Bartholomew's tea; frz.: Maté, Thé du Paraguay; port.: Chimarrão, Erva mate, Mate; span.: Yerba mate.

Monographiesammlungen: Grüne Mateblätter *DAC86.*

Definition der Droge: Die einer Vorröstung (Zapekierung) unterzogenen, getrockneten Blätter *DAC86.*

Stammpflanzen: *Ilex paraguariensis* St. Hil.

Herkunft: Hauptlieferant ist Brasilien. Vom gesamten Import nach Deutschland (1988: 308 t) entfallen 95,3 % auf Brasilien, 1,4 % auf Argentinien und 3,3 % auf Paraguay.[7] Etwa 70 % des brasilianischen Mate stammen aus Wildsammlungen, der Rest aus Kulturen.

Gewinnung: Abschneiden, Abschlagen oder Abreißen von Ästen und Zweigen bis zu 95 % der Blattmasse. Ernte in der Regel alle zwei Jahre in den Monaten Mai bis September.
Die Anzucht erfolgt aus Samen (6 Monate Stratifikation), nach 3 bis 6 Jahren erste Ernte; bis zu einem

Alter von 60 Jahren kann ein Baum genutzt werden. Zunächst werden noch am Tag der Ernte die Blätter (und Zweige) kurzzeitig stark erhitzt, um ein Schwarzwerden der Blätter zu verhindern: Die Polyphenoloxidasen werden inaktiviert. Die Blätter werden 20 bis 80 s in einem ca. 300 bis 350 °C heißen rotierenden Metallzylinder erhitzt oder auch direkt durch die Flamme eines Holzfeuers in den Zylinder fallengelassen (Zapekieren). Der anschließende Trocknungsvorgang wird heute meist bei großer Hitze (etwa 140 bis 250 °C) in weiteren Trommeln in wenigen Minuten erledigt oder schonender mit Warmluft von 60 bis 80 °C 6 h auf Hürden oder Holzförderbändern ("Barbacua-Verfahren") durchgeführt. Es folgen Zerkleinerungs- und Siebvorgänge, wobei für den einheimischen Gebrauch die Droge mit Stampfanlagen oder Mühlen gepulvert wird.

Handelssorten: In Europa: Schnittdroge: Mate grün und Mate geröstet. In Südamerika: Pulverdroge: Chimarrão: Verschiedene Handelstypen mit unterschiedlichen Pulverisierungsgraden und Stengelanteilen.

Ganzdroge: Derbe bis ledrige, verkehrt-eiförmige, 6 bis 20 cm lange, 3 bis 9 cm breite Blätter, die am Rand, besonders in der oberen Hälfte schwach gesägt-gekerbt sind. Oberseits dunkelgrün, unterseits heller mit deutlich hervortretenden geschlossenen, schleifenartigen Sekundärnerven. Braune bis schwarze Verfärbungen sind durch ein unvollständiges Zapekieren möglich.

Schnittdroge: *Geruch.* Schwach aromatisch, loheartig, rauchig.
Geschmack. Herb, rauchig, zusammenziehend.
Makroskopische Beschreibung. Glatte, steife, kleine, unregelmäßig gebrochene Blattstückchen. Überwiegend grün, aber auch bräunlich. Die hervortretende Netznervatur ist teilweise erkennbar. Zweig- und Stengelstückchen kommen vor.
Mikroskopisches Bild. Querschnitt: Einschichtige Epidermis mit geraden Zellwänden, gelegentlich Speicher- (Schleim-)zellen, Cuticula schmaler als das Lumen. Bifacialer Blattaufbau. Das Palisadenparenchym zwei- bis vierschichtig mit kurzen Zellen und z. T. großen Interzellularen. Die Gefäßbündel der größeren Nerven mit Fasern und Kristallen umgeben. Ausgeprägtes Schwammparenchym; zahlreiche Calciumoxalatdrusen, außerdem sog. Fettkörper (Ester von Triterpenalkoholen und -säuren). Untere Epidermis mit Spaltöffnungen mit großem substomatärem Raum (Atemhöhle), sehr selten Korkwarzen oder Haare.
Flächenschnitt: Überseits vier- bis achteckige, geradwandige Epidermiszellen, dichte Cuticularstreifung, z. T. anastomosierend. Unterseits ebenfalls sehr ausgeprägte Streifung, viele ovale bis rundliche Spaltöffnungsapparate mit drei bis sechs Nebenzellen. Schwammparenchym mit großen Interzellularen, dadurch sternförmiges Gewebe mit doppelt bis dreifach so großen Zellen wie die der Epidermis.

Pulverdroge: Bräunlichgrünes Pulver, bestehend aus Blattfragmenten mit Epidermiszellen, Cuticularstreifung, Spaltöffnungsapparaten, Mesophyll mit Calciumoxalatdrusen wie oben beschrieben. Gelegentlich Holz und Rinde von Zweigstückchen, mit Calciumoxalatkristallen.

Verfälschungen/Verwechslungen: Neben Verwechslungen mit anderen Ilex-Arten bei der Wildsammlung (s. Verwechslungen von *I. paraguariensis*) wird aus Südamerika von Verfälschungen mit *I. dumosa* Reiss., *I. theezans* Mart., Manioklaub (*Manihot utilissima*) und Palmblättern (*Euterpe edulis*) berichtet (s. Toxikologie/Vergiftungsfälle).

Minderqualitäten: Im grünen Mate weist ein hoher Anteil dunkel verfärbter Blattstücke auf unvollkommenes Zapekieren und somit ungewollte Fermentation hin. Die Beimengung von Zweigen senkt den Coffeingehalt (s. Gehalt).

Inhaltsstoffe: *Purine.* Coffein 0,4 bis 1,6 % (mit dem Alter des Blattes abnehmend), Theobromin 0,3 bis 0,45 %, Theophyllin in Spuren.
Caffeoylchinasäuren. Chlorogensäuren (10 bis 12 % gesamt): Chlorogensäure (5-CQA), 3,5-, 4,5- und 3,4-Dicaffeoylchinasäure, Neochlorogensäure (3-CQA), Kryptochlorogensäure (4-CQA).

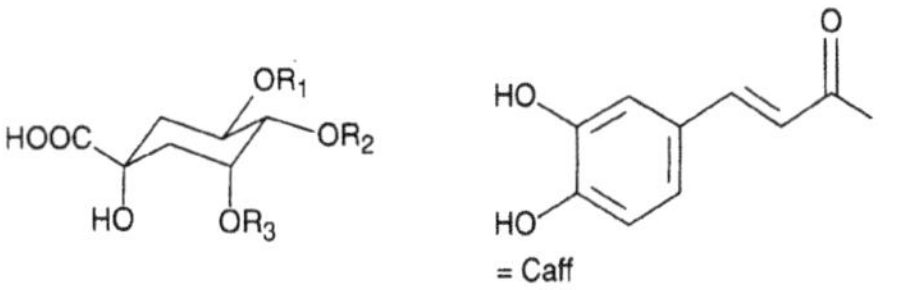

	R_1	R_2	R_3
Chlorogensäure (5-CQA)	—Caff	—H	—H
Neochlorogensäure (3-CQA)	—H	—H	—Caff
Kryptochlorogensäure (4-CQA)	—H	—Caff	—H
3,5-diCQA	—Caff	—H	—Caff
4,5-diCQA	—Caff	—Caff	—H
3,4-diCQA	—H	—Caff	—Caff

Caffeoylchinasäuren

Flavonoide. Isoquercitrin, Kämpferolglykoside, Rutosid.
Saponine. Bisdesmoside der Ursolsäure und Oleanolsäure[8] sowie Matesaponin 1 (= Ursolsäure-3-*O*-[β-D-glucopyranosyl-(1 → 3)-α-L-arabinopyranosyl]-(28→ 1)-β-D-glucopyranosylester).[9]

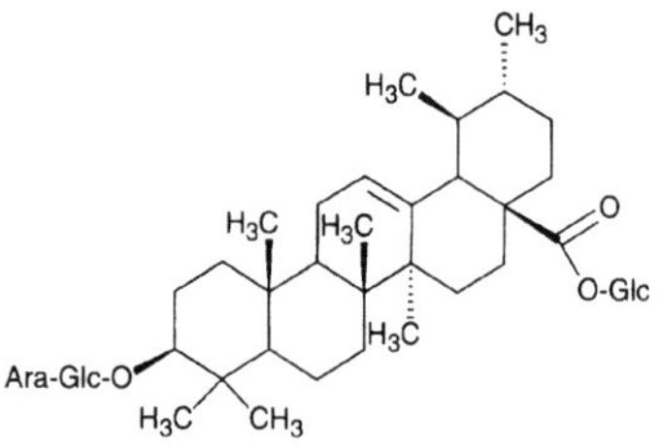

Matesaponin 1

Cyanogenes Glykosid. 0,02 % cyanogenes Glykosid,[6] dessen Struktur als Menisdaurin (isoliert aus *Ilex aquifolium*) bestimmt wurde.[16]

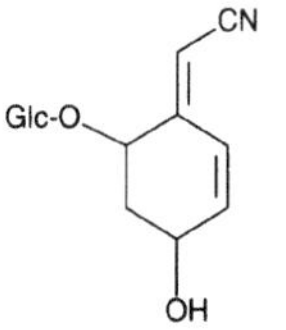

Menisdaurin

Vitamine. Ascorbinsäure (C) 5,5 bis 20,7 mg/100 g; Nicotinsäure 2,7 bis 10,7 mg/100 g; Carotin 0,4 bis 2,3 mg/100 g; Riboflavin (B_2) 0,25 bis 0,65 mg/100 g; Thiamin (B_1) 0,06 bis 0,31 mg/100 g.
Ätherisches Öl. Gesamtgehalt: 0,01 bis 0,16 %;[12] 0,78 %;[13] Spuren bis 0,38 %.[14]
Bestandteile: Buttersäure, Isobuttersäure, Isocapronsäure, Isovaleriansäure, 4-Oxolaurinsäure und Harzsäuren, ferner 2,5-Xylenol, zusammen mit 3 Monophenolen und 3 Polyphenolen.[15]
Sonstige. Keine Catechin- oder Gallotannin-Gerbstoffe.

Zubereitungen: Mate folium tostum, geröstete Mateblätter *DAC 86*: Die getrockneten grünen Blätter werden 20 min auf etwa 100 °C erhitzt, mit Wasser abgeschreckt und 3 bis 4 Tage zur Geruchs- und Geschmacksentwicklung gelagert.
Fertigpräparate enthalten Tinkturen und Gesamtextrakte aus den Blättern.

Identität: Dünnschichtchromatographie:
Flavonoide und Caffeoylchinasäuren:[17,18]
- Untersuchungslösung: Methanolisch-wäßriger Drogenextrakt;
- Referenzsubstanzen: Rutosid, Chlorogensäure (5-CQA) 1 %ig, Coffein 0,5 %ig;
- Sorptionsmittel: Kieselgel 60 F_{254};
- Fließmittel: Ethylacetat-Wasser-Ameisensäure-konz. Salzsäure (75 + 8 + 6 + 1, Oberphase);
- Detektion: Direktauswertung im UV 254 nm; anschließend Besprühen mit Naturstoffreagenz A (1 %ige methanol. Diphenylboryloxyethylamin-Lsg.) und Auswertung im Vis;
- Auswertung: UV 254 nm: Fluoreszenzlöschung bei Rf 0,47 bis 0,53 (Coffein); Rf 0,09 bis 0,15; 0,15 bis 0,22; 0,35 bis 0,42 (Flavonoide). Nach Besprühen (im Vis): Rf 0,09 bis 0,15 orange (Rutosid); 0,15 bis 0,22 gelb (Kämpferoldiglykosid); 0,25 bis 0,31 hellgrün (5-CQA); 0,31 bis 0,37 hellgrün (3-CQA); 0,35 bis 0,42 orange (Isoquercitrin); 0,56 bis 0,69 hellgrün (zwei di-CQA); 0,81 bis 0,86 hellgrün (3,5-di-CQA) sowie 0,96 bis 0,99 (Chlorophylle).

Purine nach *DAC 86*:
- Untersuchungslösung: 1,0 g gepulverte Droge in 10 mL einer Mischung von Ethanol 96 %-Chloroform-Wasser (55 + 30 + 15) 5 min unter Rückfluß erhitzen, filtrieren und zu 10 mL ergänzen;
- Sorptionsmittel: Kieselgel 60 F_{254};
- Fließmittel: Ethylacetat-Methanol-Wasser (77 + 13 + 10);
- Detektion: Direktauswertung im UV 254 nm; Besprühen mit 0,1-N-Iod-Lösung, nachbesprühen mit Ethanol 96 %-Salzsäure 25 % (1 + 1) und Auswertung im Vis;
- Auswertung: Fluoreszenz-Löschung vor Besprühen, Coffein Rf = 0,5, Theobromin 0,4. Nach dem Besprühen Blaufärbung der Zonen. Im Chromatogramm der Untersuchungslösung können weitere gefärbte Nebenflecke vorkommen.

Reinheit:
- Aschegehalt: Max. 8 % *DAC 86*.
- Fremde Bestandteile: Höchstens 2 % *DAC 86*. Ein größerer Stengel- bzw. Zweiganteil ist aufgrund des minderen Coffeingehaltes unerwünscht; Dünnschichtchromatographie wie oben. s. a. Toxikologie/Vergiftungsfälle.

Gehalt: Mindestens 0,6 % Coffein *DAC 86*.
Große Schwankungsbreite von 0,3 % bis 1,6 % Coffein, in jungen Blättern bis zu 2 %,[21] wohl auch von der Bestimmungsmethode abhängig. In Brasilien werden 0,7 % als normal betrachtet.

Gehaltsbestimmung: Die Coffeinbestimmung kann durch Titration, UV-Absorption[19] oder HPLC[20,46] erfolgen.

Wirkungen: Für die behauptete antiseptische und desinfizierende Wirkung fehlen experimentelle Belege.[35]
Entsprechend dem Coffeingehalt können analeptische, diuretische, positiv inotrope, positiv chronotrope, glykogenolytische und lipolytische Wirkungen angenommen werden.[22] Die Chlorogensäuren sind aufgrund ihrer Komplexbildung mit Coffein und eigenen Effekten an der Drogenwirkung beteiligt. Der nicht unbeträchtliche Anteil an Theobromin dürfte ebenfalls die Wirkungsweise beeinflussen.
Stimulierende Wirkung. Die perorale Gabe reiner Chlorogensäure (5-CQA) bei Ratten zeigt eine Senkung der Krampfschwellenwerte nach der Elektroschockmethode nach Gerlich (entsprechend einer Steigerung der zentralen Erregbarkeit). Z. B. wird die Krampfschwelle bei einer Gabe von 3,75 mg/kg KG p. o. nach 90 min um rund 10 % gesenkt.[23]

Anwendungsgebiete: Zur Einnahme bei geistiger und körperlicher Ermüdung.[22]

Dosierung und Art der Anwendung:
Droge. Tagesdosis: 3 g.[22]
Teebereitung: Etwa 2 g (1 Teelöffel) werden mit heißem, nicht mehr sprudelndem Wasser (150 bis 250 mL) übergossen und nach 5 bis 10 min durch ein Teesieb gegeben. Die anregende Wirkung ist stärker und der Geschmack angenehmer beim kurz aufgebrühten Aufguß.

Volkstümliche Anwendung und andere Anwendungsgebiete: In den Herkunftsländern innerlich zur Magenstärkung und bei zu geringer Harnausscheidung, gegen Geschwüre, gegen Rheuma, Depression, Neurasthenie, Anämie; prophylaktisch gegen Fieber und Infektionen.[35,36] Gegen Arteriosklerose,[37] als Kataplasma gegen Entzündungen und Geschwüre.[38]
Die Wirksamkeit bei den angeführten Indikationen ist nicht wissenschaftlich belegt. In klinischen Studien wird die Unterstützung von Reduktionsdiäten beschrieben.[39–41]

Unerwünschte Wirkungen: Keine bekannt.[22]
Bei exzessivem Gebrauch tritt Gewöhnung ein.[33,34]

Gegenanzeigen/Anwendungsbeschr.: Keine bekannt.[22]

Toxische Inhaltsstoffe und Prinzip: In epidemiologischen Studien wurde eine Koinzidenz zwischen dem Auftreten von Speiseröhrentumoren und dem Konsum von Mate gefunden. Es wird der Verdacht geäußert, daß die sehr heiße Mate-Zubereitung zur Entstehung von Speiseröhrenkrebs,[24–27] Kehlkopfkrebs[28] sowie Krebs im Mund-/Rachenraum[29] beiträgt. Mate-Trinker entwickeln 2,2mal häufiger eine histologisch belegte Ösophagitis als Nichttrinker.[30]
Der Benzpyrengehalt liegt höher (über 1 ppb) als bei Kaffee oder Schwarzem Tee; da aber nur 0,22 bis 1,88 % in den Aufguß übergehen, wird ein Festlegen von Grenzwerten nicht als notwendig erachtet.[31]
Vergiftungsfälle. Nach Einnahme großer Mengen von Mate über etwa 2 Jahre entwickelte sich bei einer 26jährigen Frau eine Venen-Verschluß-Krankheit der Leber (VOD = Veno-occlusive disease) mit tödlichem Verlauf. In einer Probe des von ihr verwendeten Tees wurden geringe Mengen an Pyrrolizidinalkaloiden gefunden. Eine eindeutige Identifizierung der Alkaloide war nicht möglich. Da entsprechende Verbindungen in anderen Proben nicht identifiziert werden konnten, wird auf eine fremde Beimengung im Tee geschlossen.[32]

Sonst. Verwendung: *Haushalt.* Mate ist ein Genußmittel zur Belebung der Kräfte und zur Steigerung des Wohlbefindens. Es ist das Nationalgetränk in Südbrasilien, Nordargentinien und Paraguay sowie Uruguay und Chile. Der Mate-Genuß gehört zum sozio-kulturellen Umfeld, der Gast wird mit dem Trank begrüßt; man sieht darin ein Äquivalent zur Friedenspfeife in Nordamerika. Mate leitet sich von mati aus der Guaranisprache ab, was ursprünglich das Trinkgefäß bedeutete; der Begriff ging auf das Getränk, die Droge und die Pflanze über. Der Südamerikaner trinkt den Chimarrão (Mate-Pulver) aus einer Cuia (Kürbisgefäß) mit der Bombilla (Saugrohr), wobei eine Füllung mit 30 bis 40 g mit ca. 1 L Wasser sukzessive ausgewaschen wird.
In Europa konnte sich der Mate wegen seines rauchig-herben Geschmacks nicht gegen Kaffee und Schwarzen Tee durchsetzen.

Gesetzl. Best.: *Offizielle Monographien.* Aufbereitungsmonographie der Kommission E des BGA "Mate folium (Mateblätter)".[22]

Maté hom. *HAB 34*

Sonstige Bezeichnungen: Dt.: Paraguaytee.

Monographiesammlungen: Maté *HAB 34*.

Definition der Droge: Die getrockneten Blätter.

Stammpflanzen: *Ilex paraguariensis* St. Hil. (als *Ilex paraguayensis* St. Hil.).

Zubereitungen: Tinktur nach §4 *HAB 34* mit 60 %igem Weingeist; Eigenschaften: Die Tinktur ist eine braune Flüssigkeit ohne besonderen Geruch und mit bitterem, leicht brennendem Geschmack.
Urtinktur und flüssige Verdünnungen nach *HAB 1*, Vorschrift 4a mit Ethanol 62 % (*m*/*m*).[47]
Darreichungsformen: Urtinktur, flüssige Verdünnungen, Streukügelchen, Verreibungen, Tabletten, flüssige Verdünnungen zur Injektion.[47]

Identität: 5 mL der Tinktur ergeben mit einigen Tropfen Salpetersäure, die etwas salpetrige Säure enthält, eine rote Färbung. Die 1. und 2. Dezimalpotenz färben sich nach Zusatz von Eisen(III)chloridlsg. deutlich grün.

Reinheit: *Tinktur.*
- Spez. Gewicht: 0,901 bis 0,908.
- Trockenrückstand: 2,10 bis 3,64 %.

Gehalt: *Tinktur.*
- Alkaloidgehalt (Coffein): Mind. 0,065 g/100 g Tinktur.
- Arzneigehalt $^1/_{10}$.

Anwendungsgebiete: Die Anwendungsgebiete entsprechen dem homöopathischen Arzneimittelbild. Dazu gehört: Verdauungsschwäche.[47]

Dosierung und Art der Anwendung: *Zubereitung.* Soweit nicht anders verordnet: Bei akuten Zuständen häufige Anwendung alle halbe bis ganze Stunde je 5 Tropfen oder 1 Tablette oder 10 Streukügelchen oder 1 Messerspitze Verreibung einnehmen; parenteral 1 bis 2 mL bis zu 3mal täglich s. c. injizieren. Bei chronischen Verlaufsformen 1- bis 3mal täglich 5 Tropfen oder 1 Tablette oder 10 Streukügelchen oder 1 Messerspitze Verreibung einnehmen; parenteral 1 bis 2 mL pro Tag s. c. injizieren.[47]

Unerwünschte Wirkungen: Nicht bekannt. Hinweis: Es können vorübergehend Erstverschlimmerungen vorkommen, die jedoch unbedenklich sind.[47]

Gegenanzeigen/Anwendungsbeschr.: Nicht bekannt.[47]

Wechselwirkungen: Nicht bekannt.[47]

Gesetzl. Best.: *Offizielle Monographien.* Aufbereitungsmonographie der Kommission D am BGA "Ilex paraguariensis (Mate)".[47]

Ilex paraguariensis hom. *HPUS 88*

Monographiesammlungen: Ilex paraguariensis *HPUS 88*.

Definition der Droge: Die Blätter.

Stammpflanzen: *Ilex paraguariensis* ST. HIL.

Zubereitungen: *Urtinktur.* Herstellung durch Mazeration oder Perkolation der frischen oder getrockneten Droge mit EtOH nach den allg. Zubereitungsvorschriften (Class C) der *HPUS 88.* Ethanolgehalt 65 % (*V/V*). *Medikationen.* D1 (1 ×) und höher.

Gehalt: *Urtinktur.* Arzneigehalt $^1/_{10}$.

1. Alikaridis F (1987) J Ethnopharmacol 20:121–144
2. Edwin G, Reitz PR (1967) Aquifoliaceas. In: Reitz PR (Hrsg.) Flora Ilustrada Catarinense, Teil 1, Fasc. AQUI, Conseilho Nacional de Pesquisa, Instituto Brasileiro de Desinvolvimento Florestal, M. A. Herbário Barbosa Rodrigues, Itajai
3. Loesener T (1942, Nachdruck 1960) Aquifoliaceae. In: Engler A, Prantl K (Hrsg.) Die natürlichen Pflanzenfamilien, 2. Aufl., Bd. 20b, Engelmann, Berlin
4. Giberti GC (1979) Darwiniana 22:217–240
5. Bohinc P, Korbar-Šmid J (1978) Acta Pharm Jugoslav 28:55–60
6. Willems M (1989) Planta Med 55:195
7. Schneckenburger S (1989) Der Palmengarten 52:120–125
8. Gosmann G (1989) Dissertation UFRGS, Porto Alegre
9. Gosmann G, Schenkel EP (1989) J Nat Prod 52:1.367–1.370
10. Chaves JM (1944) Rev Alim (Rio de Janeiro) 8:173–175
11. Escudero P, Escudero A, Herraiz ML (1945) Rev Soc Bras Quim 14:119–128
12. Peyer W, Gstirner F (1932) Apoth Ztg 72:672
13. Haensel H (1904) Pharm Ztg 49:335
14. Freise FW (1936) Pharm Zentralhalle 77:53–55
15. Montes AL (1964) An Soc Cient Argent 178:19–43, zit. nach CA 62:7583d
16. Nahrstedt A, Wray V (1990) Phytochemistry 29:3.934–3.936
17. Ohem N (1992) Dissertation, Marburg
18. Ohem N, Hölzl J (1990) Pharm Ztg 135:2.737–2.746
19. Lehmann G, Morán M (1971) Z Lebensm Unters Forsch 147:281–283
20. Baltassat F, Darbour N, Ferry S (1984) Plant Méd Phytothér 18:195–203
21. de Garcia Paula RD (1962) Rev Bras Quim 54:492–494
22. BAz Nr. 85 vom 5.5.1988
23. Czok G, Lang K (1961) Arzneim Forsch 11:448–450
24. Vassallo A, Correa P, DeStefani E, Cendan M, Zavala D, Chen V, Carzoglio J, Deneo-Pellegrini H (1985) J Nat Cancer Inst 75:1.005–1.009
25. Shimada A (1986) Gan No Rinsho 32:631–640
26. Kapadia GJ, Rao GS, Morton JF (1983) Carcinogens Mutagens Environ 3:3–12
27. Shimada A, Kamiyama S, Caminha JAN, Moriguchi Y (1981) Soc Sci Med D15:187–198
28. De Stefani E, Correa P, Oreggia F, Leiva J, Rivero S, Fernandez G, Deneo-Pellegrini H, Zavala D, Fontham E (1987) Cancer 60:3.087–3.090
29. De Stefani E, Correa P, Oreggia F, Deneo-Pellegrini H, Fernandez G, Zavala D, Carzoglio J, Leiva J, Fontham E, Rivero S (1988) Rev Epidemiol Sante Publique 36:389–394
30. Munoz N, Victora CG, Crespi M, Saul C, Braga NM, Correa P (1987) Int J Cancer 39:708–709
31. Ruschenburg U, Jahr D (1986) Café, Cacao, Thé 30:3–10
32. McGee JOD, Patrick RS, Wood CB, Blumgart LH (1976) J Clin Path 29:788–794
33. Hauschild W (1935) Dissertation, Zürich
34. Legl G (1929) Med Welt 3:295–296
35. Sprecher von Bernegg A (1936) Tropische und subtropische Weltwirtschaftspflanzen, Ferdinand Enke, Stuttgart
36. Rammstedt O (1915) Pharm Zentralhalle 59:29–34
37. Goldfien JS (1969) In: Linhares T (Hrsg.) História econômica do mate, José Olympio, Rio de Janeiro
38. Simões CMO, Mentz LA, Schenkel EP, Irgang BE, Stehmann JR (1988) Plantas da Medicina Populare no Rio Grande do Sul, Editora de Universidade UFRGS, Porto Alegre
39. Roth H (1984) Dtsch Apoth 36:382–387
40. Götz V, Kessler H (1990) Natur Ganzheitsmed 3:252–258
41. Matzkies F (1989) Therapeutikon 3:624–631
42. Catalano S, Marsili A, Morelli I, Pistelli L, Scartoni V (1978) Planta Med 33:416–417
43. Knights BA, Smith AR (1977) Phytochemistry 16:139–140
44. BAz Nr. 146 vom 8.8.1989
45. BAz Nr. 22a vom 3.2.1988
46. DAC 86
47. BAz Nr. 172a vom 14.9.1988

Hö/Oh

Illicium

HN: 2028000

Familie: Illiciaceae.
Die Gattung Illicium L. wird heute allgemein als Vertreter einer eigenen, monotypischen Familie Illiciaceae angesehen. Dagegen wird sie nach Lit.[1] zur Familie Schisandraceae gestellt.

Gattungsgliederung: Die Gattung Illicium umfaßt 42 Arten.[2]

Gattungsmerkmale: Immergrüne Sträucher oder kleinere Bäume mit einfachen, wechselständigen, oft am Ende der Triebe gebüschelten Blättern; Blüten radiär, zwittrig, klein, meist einzeln in den Blattachseln, Blütenhüllblätter rot oder gelb, wie die Staubblätter spiralig angeordnet, Fruchtblätter freistehend in einem Kreis, Griffel lang, offen, mit bis zur Basis herablaufender Narbenfläche; zur Fruchtreife erhält das gesamte Gynäceum ein sternförmiges Aussehen; je Fruchtblatt eine Samenanlage, der Same wird durch Aufreißen der Bauchnaht frei.[2–4]

Verbreitung: Himalaya bis Japan, Sumatra und Borneo, ferner Südosten der USA, Westindien und Ost-Mexiko.[2,4]

Inhaltsstoffgruppen: Die Gattung Illicium zeichnet sich aus durch das Vorkommen der toxischen, mäßig toxischen und nicht toxischen Sesquiterpenlactone der Anisatingruppe (β- und δ-Lactonring), der Majucingruppe (γ- und δ-Lactonring) und der Pseudoanisatingruppe (ε-Lactonring). Diese Sesquiterpene sind bisher außerhalb der Gattung Illicium nicht gefunden worden.[5]

Typisch für die Gattung ist auch das Vorkommen zahlreicher Phenylpropanderivate; in einfacher Form als *trans*-Anethol, Eugenol, Safrol, u.a. im ätherischen Öl, oder häufig auch *C*- oder *O*-prenyliert wie Prenyleugenol, Foeniculin,[5] oder die Illicinone und Illifurone,[6] bei denen die Gattung namensgebend war; auch in Form von Neolignanen und Sesquineolignanen.[7]
Catechingerbstoffe, auch prenyliertes Catechin.[8]

Drogenliefernde Arten: *Illicium anisatum:* Shikimi fructus. *I. verum*: Anisi aetheroleum, Anisi stellati fructus, Illicium anisatum hom. *HPUS88.*

Illicium anisatum L.

Synonyme: *Illicium japonicum* SIEB., *Illicium religiosum* SIEB. et ZUCC.

Sonstige Bezeichnungen: Dt.: Japanischer Sternanis, Shikimibaum; engl.: Japanese star anise.

Botanische Beschreibung: Strauch oder kleiner, immergrüner Baum mit ledrigen, glänzenden länglichen Blättern, 4 bis 10 cm lang, 1,5 bis 3,5 cm breit, plötzlich kurz zugespitzt. Blüten 2,5 bis 3 cm im Durchmesser, lang, schmal und radförmig ausgebreitet. Samen gelblichbraun. Zur Unterscheidung von *Illicium verum* wichtig sind die zurückgekrümmten Karpellspitzen.[79]

Inhaltsstoffe: Die für die Gattung typischen Sesquiterpenlactone des Anisatin-, Majucin- und Pseudoanisatintyps sind in Blättern und Früchten enthalten;[5] ätherisches Öl in Früchten[80] und Blättern,[80,81] Phenylpropanderivate in Blättern und Holz;[10] Catechingerbstoffe, teilweise prenyliert, in der Rinde.[8]

Verbreitung: Japan, Südkorea.

Drogen: Shikimi fructus.

Shikimi fructus

Synonyme: Fructus Shikimi.

Sonstige Bezeichnungen: Dt.: Shikimifrüchte, Shimifrüchte; engl.: Shikimi fruits.

Definition der Droge: Reife Früchte mit Samen.

Stammpflanzen: *Illicium anisatum* L.

Schnittdroge: *Geruch.* Balsamartig.
Geschmack. Bitterlich scharf, nicht anisartig.
Makroskopische Beschreibung. Braun- bis hellgelbe im Durchmesser ca. 2,5 cm große Sammelbalgfrüchte mit 8, selten 9 oder 10 gleichförmig entwickelten, bauchigen Einzelfrüchten, Balgspitze dünn und hakenförmig nach oben gekrümmt. Samenlagerfläche nicht glänzend, graubräunlich oder silbergrau. Samen bräunlichgelb bis gelb, 6,5 bis 8 mm lang. Fruchtstiel gerade.
Mikroskopisches Bild. Endocarppalisaden im Mittel 365 µm bzw. höchstens etwa 400 µm; längste Palisaden meist in den der Spaltfläche entgegengesetzten Wand. Abrupter Übergang zu den umgebenden sclereidartig ausgebildeten Epidermiszellen der Spaltfläche. Wenig erhabene Cuticularstreifung der äußeren Fruchtwand. Steinzellen der Kolumella rundlich und nicht verzweigt wie bei Sternanis. Palisaden der Samenschale bis ca. 300 µm hoch.[70]

Inhaltsstoffe: *Sesquiterpenlactone.* Sesquiterpenlactone sind in Form von Dilactonen des Anisatin-, Majucin- und Pseudoanisatintyps enthalten. Im einzelnen Anisatin,[82,83] 7-Desoxy-7β-hydroxypseudoanisatin,[86] 6-Desoxymajucin,[85] 6-Desoxypseudoanisatin,[85] 2α-Hydroxyneoanisatin,[86] Neoanisatin[82,83] und Pseudoanisatin.[84] Nicht immer wurden Fruchtwand und Samen getrennt untersucht. Einen weiteren Sesquiterpendilactontyp stellen die Anislactone A[87,88] und B[87] dar. Keine Konzentrationsangaben.

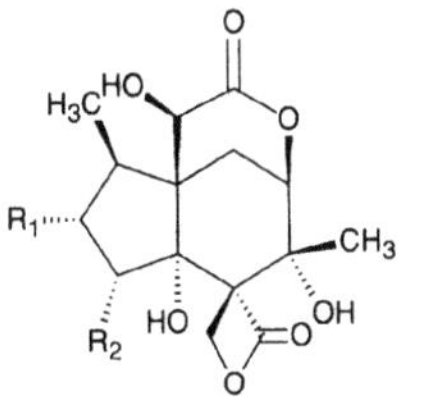

	R1	R2
2α-Hydroxyneoanisatin	—OH	—H
Anisatin	—H	—OH
Neoanisatin	—H	—H

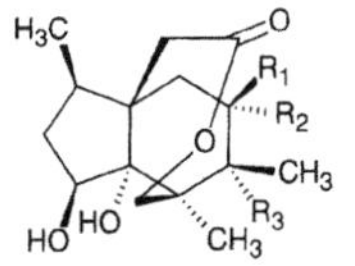

	R1	R2	R3
7-Desoxy-7β-hydroxypseudoanisatin	—OH	—H	—OH
Pseudoanisatin	=O		—OH
6-Deoxypseudoanisatin	=O		—H

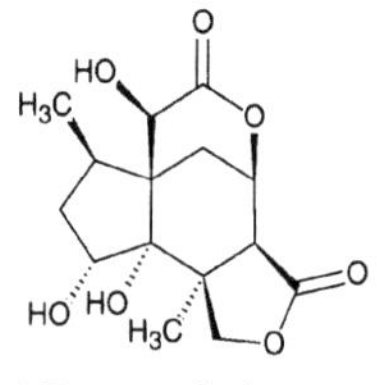

6-Deoxymajucin

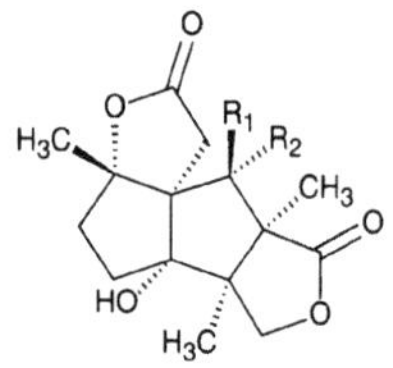

	R_1	R_2
Anislacton A	—H	—OH
Anislacton B	—OH	—H

Ätherisches Öl. 0,5 bis 1% ätherisches Öl.[80] Die wichtigsten Komponenten sind 1,8-Cineol (18%), Linalool (10%), Methyleugenol (9,8%), α-Terpenylacetat (6,8%), Safrol (6,6%), Myristicin (3,5%).[89] Die letzten zwei sind für die Abgrenzung gegenüber Sternanisöl wichtig. Weitere Mono- und Sesquiterpene s. Lit.[89]

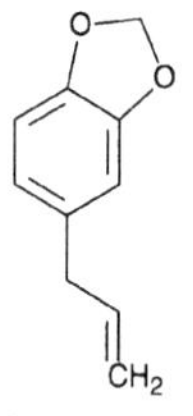

Safrol

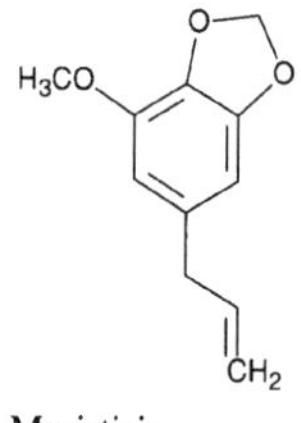

Myristicin

Shikimisäure. Sie erhielt ihren Namen von den Shikimifrüchten, aus denen sie Ende des letzten Jahrhunderts isoliert wurde; Vorkommen bis zu 18%.[66]

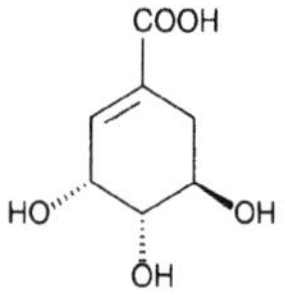

Shikimisäure

Identität: Eine Identitätsprüfung bei Shikimifrüchten hat nur eine Bedeutung in der Abgrenzung von Shikimifrüchten gegenüber Sternanis. Hierfür wird das Aussehen der Ganzdroge und deren mikroskopisches Bild herangezogen.[70] Als wirklich sicheres Merkmal gilt nur die Form der Steinzellen der Kolumella, die bei Shikimifrüchten rundlich, bei Sternanis verzweigt sind;[70] s. a. Anisi stellati fructus. Phytochemisch läßt sich eine Abgrenzung gegenüber Sternanis durch einen Nachweis des Safrols,[20] sicherer noch des Myristicins[19] vornehmen; s. a. Anisi stellati fructus.

Wirkungen: Anisatin wirkt, ähnlich wie Picrotoxin, als nicht-kompetitiver GABA-Antagonist konvulsiv.
In einer Menge von 10^{-3} mol antagonisiert Anisatin *in vitro* die GABA-induzierte Depolarisation der Synapsenmembran afferenter Bahnen des Rattenhirns, während 10^{-5} mol die elektrisch stimulierten Potentiale und Reflexe der hinteren Wurzel der Spinalnerven des Frosches antagonisieren.[90,91]

Volkstümliche Anwendung und andere Anwendungsgebiete: Shikimifrüchte sollen bei Magenbeschwerden, bei Blähungen und (insbesondere bei religiösen Zeremonien) als Stimulans angewendet werden.
Das ätherische Öl soll als Mittel gegen Koliken bei Kindern, gegen Zahnschmerzen und bei (nicht näher bezeichneten) Dermatitiden wirksam sein.[16]
Die Wirksamkeit der Droge bei diesen Indikationen ist nicht belegt. Angesichts der Risiken ist eine Verwendung nicht vertretbar.

Verteilung: Eine als Shikimin bezeichnete Substanz soll im Blut *in vivo* eine Halbwertszeit von 15 min aufweisen, *in vitro* dagegen stabil sein.[16]

Akute Toxizität: *Mensch.* Wiederholt sollen Kinder nach p.o. Aufnahme von 1,5 g Frucht verstorben sein. Andererseits soll eine Frau die Einnahme eines 24-h-Macerationsdecoctes aus 30 g Frucht überlebt haben.[92]
Die in der Vergangenheit aufgetretenen Intoxikationen infolge Verwechslung der Früchte des echten (*Illicium verum*) mit denen des falschen Sternanis (*Illicium anisatum* L.) bzw. bei Verfälschungen der Droge sollen entsprechend der jüngeren Literatur (nach 1937) in Europa nicht mehr vorgekommen sein.[16]
Symptome: Erbrechen, Durchfälle, klonische und tonische Krämpfe, teilweises oder vollständiges Versagen des Harnflusses, Atemstillstand.[16]
Tier. Beim Kaninchen soll durch Shikimi-Extrakte die Blutgerinnungszeit stark verkürzt werden. Anisatin soll eine hohe Fischtoxizität aufweisen.

Chronische Toxizität: *Tier.* Wiederholte Gaben (0,1 mg/kg KG, p.o.?) von Shikimin sollen am Kaninchen zu Veränderungen an Ovarien und Nebennieren geführt haben.[16]

Toxikologische Daten: *LD-Werte.* 0,02 g einer als Shikimin bezeichneten Substanz p.o. wirkten am (nicht näher bezeichneten) Hund innerhalb 2 h, 4 g Samen p.o. am Hund (6 kg KG) innerhalb 3 h, 10 g ätherisches Öl aus Blättern am Kaninchen letal.[92]
An der Maus soll die LD_{50} (p.o.) für Shikimifruchtpulver 1 g/kg KG, für das Pericarp 0,5 g/kg KG und für den Samen 2,2 g/kg KG betragen.[16]

Die LD_{50} wurde für Anisatin zu 0,7 g/kg KG und für Neoanisatin zu 1 g/kg KG (beides Maus, i. p.) angegeben.[16]

Akute Vergiftung: *Erste Maßnahmen.* Aufrechterhalten der Atmungs-, Kreislauf- und Ausscheidungsfunktionen; bei Atemlähmung sind Narkotika kontraindiziert.[16]

Sonst. Verwendung: *Landwirtschaft.* Als Insekticid. *Industrie/Technik.* Das ausgepreßte Öl als Brennöl, Früchte und Rinde als Räucherwerk.[16] *Haushalt.* Als Aromaticum; als Gewürz, in China auch als Mischung mit Sternanis.[16]

Illicium verum Hook. fil.

Synonyme: *Illicium anisatum* Gaertn. non. L., *Illicium stellatum* L.

Sonstige Bezeichnungen: Dt.: Badian, echter Sternanis, Sternanis(baum); engl.: Star anise; frz.: Anis étoilé, badiane, badanier de Chine; holl.: Steranijs; it.: Anice stellato; span.: Anis estallado.

Botanische Beschreibung: Etwa 10 m hoher immergrüner Baum mit weißer, birkenähnlicher Rinde und elliptisch-lanzettlichen ganzrandigen Blättern; Blüten gelblich- oder rötlichweiß, Sammelfrüchte korkig-holzig, rotbraun, bestehend aus etwa 8 um eine Mittelachse rosettenartig angeordneten Balgfrüchten mit je einem eiförmigen, rotbraunen Samen mit glänzender Oberfläche und vertieftem Nabel.

Inhaltsstoffe: Ätherisches Öl mit *trans*-Anethol als Hauptkomponente, im Pericarp 5 bis 8 %, im Samen ca. 2,5 % und in Blättern und Zweigen ca. 1 %.[9] Zahlreiche Phenylpropanderivate auch in Blättern und Holz.[10]
Sesquiterpendilactone scheinen in dieser Art zu fehlen.[1,5]

Anbaugebiete: Nur in Kultur bekannt; angebaut in China und Vietnam.[11]

Drogen: Anisi aetheroleum, Anisi stellati fructus, Illicium anisatum hom. *HPUS 88.*

Anisi aetheroleum (Anisöl)

Synonyme: Aetheroleum anisi, Anisi oleum, Oleum anisi.

Sonstige Bezeichnungen: Dt.: Sternanisöl; engl.: Star anise oil; frz.: Essence de badiane, huile essentielle d'anis; it.: Anice essenza.

Monographiesammlungen: Anisöl *DAB 10*; Anise oil *BP 88, USP XXI, Mar 29*; Huile essentielle d'anis *PF X*; Aetheroleum anisi *ÖAB 90*; Anisi aetheroleum *Helv VII.*

Definition der Droge: Anisöl ist das aus den reifen Früchten gewonnene ätherische Öl *DAB 10.*

Stammpflanzen: *Pimpinella anisum* L. oder *Illicium verum* Hook. fil.
Heutzutage wird in allen Pharmakopöen neben *Pimpinella anisum* auch *Illicium verum* als Stammpflanze zugelassen.

Herkunft: China, Vietnam.

Gewinnung: Sternanisöl wird durch Wasserdampfdestillation aus den reifen, frischen, zerkleinerten Sammelbalgfrüchten gewonnen.

Handelssorten: Unter der Bezeichnung Anisöl wird heute fast ausschließlich das vergleichsweise billige Sternanisöl gehandelt; Öl aus *Pimpinella anisum* ist im Handel praktisch nicht erhältlich, hat aber einen feineren Geruch und Geschmack.

Ganzdroge: Anisöl ist eine klare, farblose bis blaßgelbe, in der Kälte zu einer weißen Kristallmasse erstarrende Flüssigkeit von kräftigem Geruch nach Anis und aromatisch-süßlichem Geschmack; mischbar mit Dichlormethan, Ethanol 90 %, Ether, Petrolether, Toluol, fetten Ölen und flüssigen Paraffinen.[12,13]

Verfälschungen/Verwechslungen: Nicht auszuschließen ist, daß Öl aus Shikimifrüchten (*Illicium anisatum* L.) durch Verwechslung der Früchte in die Droge gelangt.

Minderqualitäten: Da das Öl zur Gewinnung von natürlichem *trans*-Anethol verwendet wird, kommen bisweilen beraubte Öle in den Handel, deren *trans*-Anetholgehalt durch Zusatz von technischem Anethol wieder angehoben wird. Technisches *trans*-Anethol enthält im Vergleich zu natürlichem einen höheren Anteil an giftigem *cis*-Anethol.

Inhaltsstoffe: Die folgenden Angaben beziehen sich auf Anisöl der Stammpflanze *Illicium verum*, Angaben zum Öl aus *Pimpinella ansium* s. ds. Hdb. Bd. 6 → Pimpinella.
Hauptkomponente ist das geruchs- und geschmacksbestimmende Phenylpropanderivat *trans*-Anethol (80 bis 90 %); weitere Phenylpropanderivate sind Methylchavicol (= Estragol) (0,6 bis 6,6 %), das *O*-prenylierte Phenylpropanderivat Foeniculin (0,5 bis 5 %), *cis*-Anethol (0 bis 0,4 %) und Anisaldehyd (0,4 bis 1,7 %). An Monoterpenen sind hauptsächlich Limonen (0,4 bis 10,4 %), Linalool (0,5 bis 2,3 %), α-Pinen (0,1 bis 2,6 %) enthalten.[14-16] Die Sesquiterpenkohlenwasserstofffraktion (1 %) besteht aus *cis*- und *trans*-α-Bergamoten, β-Bisabolen, Caryophyllen, α-Copaen und β-Farnesen.[14] Das für Sternanis als typisch beschriebene 1,4-Cineol[17] wurde später nie mehr bestätigt. Im Vergleich zum Anisöl aus *Pimpinella anisum* ist der Terpengehalt höher,[15] wodurch sich möglicherweise erklärt, warum Sternanisöl nicht die geruchliche Qualität des Anisöls aus *P. anisum* erreicht. Das im Sternanisöl detektierte Anisoxid ist ein Aufarbeitungsartefakt entstanden bei der Destillation durch Claisenumlagerungen aus Foeniculin.[18]
Der in älteren Untersuchungen erbrachte Nachweis von Safrol in Sternanisöl wird als falsch positiv beurteilt: In 6 Proben Sternanisöl, das aus verschiedenen Chargen von *Illicium verum* durch Wasser-

dampfdestillation abgetrennt worden war, wurde die Substanz dünnschicht- und gaschromatographisch als Foeniculin identifiziert.[20]

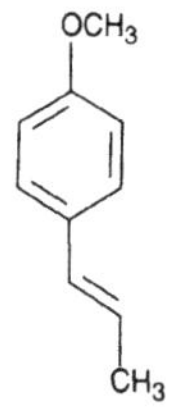

trans-Anethol

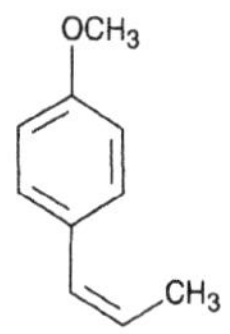

cis-Anethol

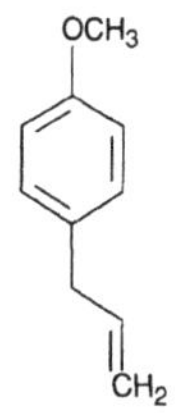

Estragol

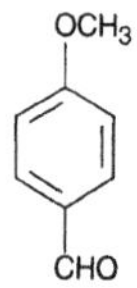

Anisaldehyd

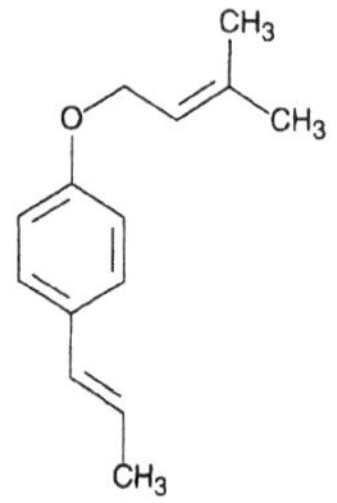

Foeniculin

Identität: Nach *DAB 10* wird die Identitätsprüfung des Anisöls mit Hilfe der Dünnschichtchromatographie durchgeführt:

- Untersuchungslsg.: Lösung des Öls in Toluol;
- Referenzlsg.: Anethol in Toluol;
- Sorptionsmittel: Kieselgel 60 F_{254};
- FM: Dichlormethan;
- Detektion: Fluoreszenzminderung im UV-Licht 254 nm, Besprühen mit Molybdatophosphorsäure-Lösung und Erhitzen auf 100 bis 105 °C; anschließend wird mit einer Lösung von Kaliumpermanganat in konz. Schwefelsäure nachgesprüht und nochmals erhitzt;
- Auswertung: Die fluoreszenzmindernde Zone des Anethols färbt sich nach dem Besprühen mit Molybdatophosphorsäure und Erhitzen blau; die Zone des Anisaldehyds in der unteren Hälfte der Untersuchungslsg. ist ebenfalls stark fluoreszenzmindernd, färbt sich aber nur zögernd braungelb an. Nach dem Besprühen mit Kaliumpermanganat-Schwefelsäure und Erhitzen werden die Flecke von Anethol und Anisaldehyd dunkelblau. Oberhalb der Zone des Anisaldehyds darf keine blaugefärbte Zone des Fenchons auftreten, ein Hinweis auf das Vorliegen von Fenchelöl.

Eine Unterscheidung zwischen einem Öl aus Früchten von *Illicium verum* und dem aus Früchten von *Pimpinella anisum* ist vom *DAB 10* nicht vorgesehen, kann aber mit denselben DC-Bedingungen vorgenommen werden. Bei Sternanisöl zeigt sich oberhalb des Anethols meist eine weitere blaue Zone, die dem Foeniculin zugeordnet werden kann. Diese Substanz ist typisch für Sternanisöle, wenngleich die Konzentration als stark schwankend (0,5 bis 5 %) angegeben ist; in einzelnen Früchten wurde schon bis 20 % Foeniculin nachgewiesen.[19] Denselben Rf-Wert zeigt unter diesen DC-Bedingungen aber auch Safrol, eine typische Komponente des Öls aus Shikimifrüchten, den Früchten von *Illicium anisatum* L. Sie sind als Verfälschung von Sternanisfrüchten bekannt; auch durch Verwechslung könnten die Öle daraus in die Droge gelangen.

Eine DC-Unterscheidung zwischen Safrol und Foeniculin ist unter folgenden Bedingungen möglich:

- Sorptionsmittel: Kieselgel 60 F_{254};
- FM: Zweifachentwicklung mit Hexan-Tetrachlorkohlenstoff (9 + 1) und Cyclohexan-Tetrachlorkohlenstoff (7 + 3);
- Detektion: Besprühen mit Anisaldehyd-Schwefelsäure-Reagenz, Erhitzen auf 100 bis 105 °C;
- Auswertung: Als farblich differenzierte Zonen bei Rf 0,26 Foeniculin, 0,36 Anethol, 0,48 Safrol.[20]

Zuverlässiger für eine Unterscheidung zwischen Öl aus Sternanis und Shikimifrüchten ist der DC-Nachweis von Myristicin, das im Öl der Shikimifrüchte zu 1 bis 3,5 % enthalten ist.[19]

Einen Hinweis auf Öle aus Früchten von *Pimpinella anisum* gibt unter DC-Bedingungen des *DAB 10* außerdem ein Fleck oberhalb von Anisaldehyd, der im Gegensatz zu Fenchon im UV-Licht 254 nm Fluoreszenzminderung zeigt und sich mit Anisaldehyd-Reagenz und anschließendem Erhitzen grau färbt. Es handelt sich um Pseudoisoeugenyl-2-methylbutyrat,[21,22] das im Sternanisöl nicht enthalten ist.

Weitere Identitätsprüfungen:

PF X verwendet die Gaschromatographie und läßt damit gleichzeitig eine quantitative Bestimmung einzelner Bestandteile des Öls durchführen:

- Stationäre Phase: Polyethylenglykol 20.000, Kapillare 30 bis 60 m lang, 0,30 mm i. D.;
- Detektion: Flammenionisationsdetektor;
- Auswertung: Für einige Komponenten sind Grenzwerte angegeben: *trans*-Anethol (84 bis 93 %), Estragol (0,5 bis 6 %), α-Terpineol (0,1 bis 1,5 %), Anisaldehyd (0,1 bis 3,5 %), *cis*-Anethol (< 0,1 bis 0,5 %), Linalool (< 1,5 %). Unter diesen Bedingungen sind auch die für die Identität wichtigen Komponenten Fenchon, Foeniculin, Pseudoisoeugenyl-2-methylbutyrat und Safrol detektierbar.

Reinheit:

- Relative Dichte: d_{20} = 0,979 bis 0,994 *DAB 10*; 0,978 bis 0,992 *BP 88*; 0,978 bis 0,990 *PF X*; 0,978 bis 0,988 *USP XXI*; 0,982 bis 0,992 *Helv VII*; 0,980 bis 0,990 *ÖAB 90*.
- Brechungsindex: n_D^{20} = 1,553 bis 1,561 *DAB 10*; 1,553 bis 1,560 *BP 88*, *Helv VII*; 1,552 bis 1,560 *PF X*; 1,552 bis 1,559 *ÖAB 90*.
- Optische Drehung: –2° bis + 1° *BP 88*, *USP XXI*, *Helv VII*, *ÖAB 90*; –2° bis + 5° *PF X*.
- Erstarrungstemperatur: + 15 bis + 19 °C *DAB 10*, *ÖAB 90*; nicht unter 15 °C *BP 88*, *USP XXI*; + 15 bis + 20 °C *PF X*, *Helv VII*.
- Säurezahl: Höchstens 1,0 *DAB 10*.

Weiterhin wird im *DAB 10* auf fremde Ester, fette Öle, verharzte ätherische Öle, wasserlösliche An-

teile und halogenhaltige Verunreinigungen geprüft. *Helv VII* prüft außerdem auf Wassergehalt, *USP XXI* auf Schwermetalle und Phenole.
Die Erstarrungstemperatur ist ein Qualitätsmerkmal für Anisöl und hängt unmittelbar mit dem Gehalt an Anethol (Schmp. +21,1 °C) zusammen. Der geforderte Bereich von +15 bis +19 °C entspricht einem Anetholgehalt von ca. 85 bis 95 %.[23] Sternanisöle haben einen Erstarrungspunkt von +15 bis +18 °C, meist um 16 °C.[9] Der Erstarrungspunkt der Sternanisöle hängt ab von der Jahreszeit, in welcher das Öl gewonnen wird. Öle, die während der kühlen Saison destilliert werden, zeigen Erstarrungspunkte von +16 °C und darüber, Sommeröle Erstarrungspunkte von höchstens 15 °C. Werden Blätter und kleine Zweige dem Destillationsgut beigemischt, erhält man ebenfalls niedrigere Erstarrungspunkte. Sternanisblätteröl hat einen durchschnittlichen Erstarrungspunkt von +13 °C.[9]

Gehalt: Wertbestimmend für Anisöl ist der Gehalt an Anethol; eine Gehaltsanforderung wird durch die Arzneibücher nur indirekt durch die Bestimmung der Erstarrungstemperatur gestellt (s. Reinheit). Ein Gehalt an Anethol von 80 bis 90 % und ein kleiner Methylchavicolgehalt wird von *DAB 10* als Eigenschaft von Anisöl erwartet. Sternanisöle erfüllen diese Anforderungen.

Gehaltsbestimmung: Eine genaue Gehaltsbestimmung, die neben *trans*-Anethol auch die übrigen Komponenten des Öls berücksichtigt, läßt sich am besten gaschromatographisch durchführen. Besonders geeignet sind dafür polare stationäre Phasen wie z. B. Polyethylenglycole in Form von gepackten Säulen oder Kapillaren; Gaschromatogramm s. Lit.[22] Eine Methode mit Menthol als innerem Standard ist in Lit.[24] beschrieben. Auch die HPLC kann für die Reinheitsprüfung und Gehaltsbestimmung eingesetzt werden:[25]

- Stationäre Phase: Hibar Fertigsäule LiChrosorb RP-18 (7 µm), 250 × 4 mm, Merck;
- Mobile Phase: Acetonitril-Wasser (6 + 4);
- Durchflußrate: 1,4 mL/min;
- Detektion: UV 230 nm.

Lagerung: Vor Licht geschützt, in dicht verschlossenen, dem Verbrauch angemessenen Behältnissen. Öle aus verschiedenen Lieferungen dürfen nicht miteinander gemischt werden *DAB 10*.
Der geforderte Lichtschutz ist wichtig, da *trans*-Anethol unter Lichteinfluß bei Anwesenheit von Sauerstoff einer Autoxidation unterliegt, die durch eine Epoxidierung der Doppelbindung eingeleitet wird.[26] Nach einem Zersetzungsschema[27] entstehen daraus Anisaldehyd, Acetaldehyd, Anisketon, *p*-Methoxyphenylpropanol, *p*-Methoxypropiophenon und als Dimerisierungsprodukt ("Photoanethol") das *trans*-4,4'-Dimethoxystilben. Anissäure bildet sich durch Oxidation von Anisaldehyd und durch Zersetzung des 4,4'-Dimethoxystilbens. Das giftige *cis*-Anethol entsteht ebenfalls unter Lichteinfluß durch Isomerisierung aus *trans*-Anethol.

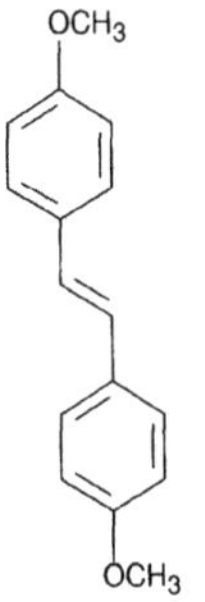

(*E*)-4,4'-Dimethoxystilben

In belichteten Ölen nicht nachweisbar war das *trans*-4,4'-Dimethoxydiethylstilben (= Dianethol), das östrogene Wirkung besitzt,[28] und Dianisoin.[27]

Wirkungen: Die in der Literatur vorliegenden pharmakologischen Daten beziehen sich überwiegend auf "Anisöl", wobei häufig nicht erkennbar ist, ob dieses von echtem Anis oder von Sternanis stammte. Beide Öle besitzen zwar mit Anethol (s. ds. Hdb. Bd. 5 → Foeniculum) die gleiche dominierende Hauptkomponente, unterscheiden sich aber deutlich in Bezug auf zahlreiche Nebenkomponenten. In wieweit diese Verbindungen, trotz ihrer im Vergleich zu Anethol geringen Konzentrationen, an der pharmakologischen Wirkung von "Anisöl" beteiligt sind, ist nicht bekannt.[16]
Wenn bei Berichten über "Anisöl" nicht dessen Herkunft genannt wird, ist wahrscheinlich, daß es sich um das kostengünstigere Sternanisöl handelt.
Nähere Angaben zu den im folgenden zitierten Wirkungen s. ds. Hdb. Bd. 6 → Pimpinella.
Expektorierende Wirkung. Anisöl steigert bei Meerschweinchen,[30] Kaninchen und Ratte[16] die Bronchialsekretion.
An Flimmerepithel-Präparaten des Frosch-Ösophagus wird die mucociliare Aktivität schwach gesteigert.[16]
Spasmolytische Wirkungen.
Anisöl antagonisiert Carbachol-induzierte Spasmen der glatten Muskulatur der isolierten Trachea des Meerschweinchens, nicht jedoch des Ileums.[33]
Am isolierten Dünndarm von Kaninchen, Ratten und Katzen reduziert Anisöl Frequenz und Amplitude der Pendelbewegungen und führt zur Relaxation.[34]
Anisöl soll bei niedriger Konzentration (20 bis 40 mg/L) am isolierten Kaninchen-, Katzen- und Hundedarm, sowie (20 bis 60 mg/L) am isolierten Meerschweinchendarm zu einer Steigerung des Tonus bzw. der Kontraktionskraft führen, während höhere Konzentrationen (100 bis 200 mg/L) am Kaninchen-, Katzen- und Hundedarm eine Erschlaffung bewirken sollen. Arbeiten zit. in Lit.[16]
Weitere Wirkungen. Beim Menschen soll Anisöl nach p.o. Applikation die Magensäuresekretion stimulieren und verdauungsfördernd wirken, bei Fistelhunden soll die Cholatmenge unter Anstieg des Cholesterin-Cholat-Koeffizienten erhöht werden. Arbeiten zit. in Lit.[16]
Bei männlichen Mäusen verlängert Anisöl (i. p.) die Pentobarbital-Schlafzeit.[35]

An einer von zwei Ziegen erhöhte Anisöl (p. o.) geringfügig Milchmenge und Fettgehalt.[36]
Anisöl und Verdünnungen in Olivenöl wirken *in vitro* antibakteriell.[37]
Anisöl steigert die Penetration von 5-Fluorouracil durch exstirpierte menschliche Haut.[38]

Anwendungsgebiete: Katarrhe der Luftwege; dyspeptische Beschwerden.[39]
Diese Angaben stützen sich auf Erfahrungsmaterial in anerkannten Fachbüchern und Sammelwerken. Originalliteratur über Ergebnisse methodisch einwandfrei durchgeführter Untersuchungen zur therapeutischen Wirksamkeit liegt weder für Sternanis,[16] noch zu Anisöl[16] oder zu Anethol[16,40] vor.

Dosierung und Art der Anwendung: *Droge.* Soweit nicht anders verordnet: Mittlere Tagesdosis 0,3 g ätherisches Öl; Zubereitungen entsprechend.[39]
Hinweise: Die erforderliche Dosierung des ätherischen Öls ist aufgrund des vorliegenden Erkenntnismaterials höher als rein rechnerisch aufgrund der Drogenmenge zu erwarten wäre.

Volkstümliche Anwendung und andere Anwendungsgebiete: In der Volksmedizin wird Anisöl bei mangelnder Stilleistung, bei Regelstörungen und auch bei Libido- und Potenzmangel eingenommen, äußerlich zu hautreizenden Einreibungen angewendet; außerdem soll es als Insekten- und Läusemittel beim Menschen[16] und gegen (nicht genanntes) Ungeziefer an Geflügel wirksam sein.[52]
Es gibt einzelne Versuche (s. Wirkungen), die Erfahrungen aus der Volksmedizin im Tierexperiment wissenschaftlich zu untermauern. Bis zum gegenwärtigen Zeitpunkt ist die Wirksamkeit bei diesen Anwendungsgebieten jedoch nicht belegt.

Unerwünschte Wirkungen: Keine bekannt.[39]
Allergische Wirkungen. Inwieweit Befunde zu nicht spezifiziertem "Anisöl" für Sternanis relevant sind, ist unklar.
Anis zählt zu den potenten und häufigen Allergenen.[41] Es ergeben sich Hinweise darauf, daß die Allergie gegen Anis keine reine "Anethol-Allergie" darstellt. Eine verhältnismäßig große Zahl von Patienten zeigt in verschiedenen Hauttests und im RAST ein auffälliges Muster gemeinsamer positiver Reaktionen auf Kräuterpollen und/oder Nahrungsmittel und/oder Gewürze;[42,43] es wurde der Begriff "Sellerie-Karotten-Beifuß-Gewürz-Syndrom" geprägt.[44]
Sternanisöl in 1- bzw. 2 %iger Vaseline führte bei 5 von 100 (aufeinanderfolgenden, sonst nicht näher bezeichneten) Dermatitispatienten zu aktiver Sensibilisierung. Bei einer Reexposition nach 2 bis 6 Wochen reagierten 4 der 5 Patienten positiv auf 1- und 2 %ige Lösungen und 1 Patient positiv auf eine 0,5 %ige Lösung. 3 von 3 dieser Patienten reagierten auch positiv auf Anethol, 1 von 1 auch stark positiv auf α-Pinen und Safrol sowie positiv auf Estragol. Eine Kreuzallergie zu 35 weiteren in Polen in der Kosmetikindustrie verwendeten ätherischen Ölen wurde nicht beobachtet.[45]
Die lokale Applikation von Sternanisöl (4 % in Vaseline, Epikutan-Test über 48 h) führte bei (einer nicht genannten Zahl von) Probanden zu keiner Sensibilisierungsreaktion.[46] Auch im Maximization-Test (4 % in Vaseline) an 25 Probanden ergaben sich keine Anzeichen für eine Sensibilisierung.[47,48]
Sternanisöl (1- bzw. 2 %ig in Vaseline) führte in 2 Studien an 100 aufeinanderfolgenden Dermatitispatienten und 50 auf andere ätherische Öle positiv reagierenden Patienten im Epikutantest in 34 % bzw. 36 % der Fälle zu Hautirritationen.[45]
Aus anderen Versuchen an Dermatitispatienten wurde abgeleitet, daß Sternanisöl ein höheres kontaktallergisches Potential aufweist, wenn der Anteil an Anisaldehyd und *p*-Methoxyphenylaceton höher ist. Ein direkter Zusammenhang zu den entsprechenden Bestandteilen ließ sich jedoch nicht nachweisen.[49]
Bei einer 44jährigen Frau wurden gleichzeitig Stomatitis und Dermatitis der linken Hand nach Anwendung eines Anisöl-haltigen Zahnprothesenreinigers beobachtet. Gezielte Epikutantests verliefen mit Anisöl und Anethol positiv.[50]

Gegenanzeigen/Anwendungsbeschr.: Allergie gegen Anethol.[51]

Wechselwirkungen: Keine bekannt.[39]

Tox. Inhaltsstoffe u. Prinzip: Die Toxizität von Anisöl wird im Wesentlichen durch den Hauptbestandteil Anethol begründet, wobei *cis*-Anethol (je nach Autor) 5- bis 20mal toxischer sein soll[16,53] als *trans*-Anethol. Ältere, insbesondere nicht sachgemäß gelagerte Öle können aufgrund ihres erhöhten Gehaltes an *cis*-Anethol und/oder Anisaldehyd toxischer sein.[16] s. a. Anisi stellati fructus sowie ds. Hdb. Bd. 6 → Pimpinella; bez. Anethol und Estragol s. ds. Hdb. Bd. 5 → Foeniculum.

Akute Toxizität: *Mensch.* Zu Sternanisöl liegen keine Befunde vor.
Tier. Sternanisöl führt bei Applikation auf den Rücken haarloser Mäuse,[54] ebenso wie auf intakte oder rasierte Kaninchenhaut,[55] nach 24 h zu keinen Irritationen.[54]
Kaninchen sollen durch Einbringen von Anisöl in den Magen getötet werden, bei Vögeln soll der Tod unter narkotischen Erscheinungen schon nach äußerer Anwendung von wenig Öl erfolgen, Hunde dagegen sollen 7 bis 8 g (p. o.) ohne Schaden vertragen. Arbeiten zit. bei Lit.[16]

Chronische Toxizität: *Tier.* Bei Schweinen und haarlosen Mäusen wurde nach Applikation von unverdünntem Sternanisöl keine Phototoxizität beobachtet.[54]
Zwei-Jahres-Studien mit Anisöl an Ratten im Dosisbereich von 105 bis 550 mg/kg KG/Tag p. o. zeigten bis auf leichte Gewichtsretardierung keine medikationsbezogenen Reaktionen.[52]

Carcinogenität: Untersuchungen zur Carcinogenität von eindeutig charakterisiertem Sternanisöl liegen nicht vor.
Bez. der Carcinogenität von Anethol und Estragol s. a. ds. Hdb. Bd. 5 → Foeniculum.
Befunde zur Carcinogenität[56] von Safrol (p. o. Applikation an CD-1-Mäuse, postnatal an den Tagen

1, 8, 15 und 22, Gesamtdosis je 9,45 µmol) als Bestandteil von Anisöl werden relativiert durch dünnschicht- und gaschromatographische Untersuchungen, die den seinerzeit geführten Nachweis von Safrol in Anisöl als falsch positiv erkennen[29] (s. Inhaltsstoffe).

Mutagenität: s. Anisi stellati fructus.

Immuntoxizität: s. Unerwünschte Wirkungen.

Toxikologische Daten: *LD-Werte.* Für Sternanisöl betrug die LD_{50} 2,57 g/kg KG (Ratte, p.o.) bzw. > 5 g/kg KG (Kaninchen, dermal).[55]
Als LD_{50} für Anisöl (unbekannter Herkunft) wurden 2,7 g/kg KG (Ratte, p.o.) ermittelt, aus einem Vergleich mit Fenchelöl wird geschlossen, daß die Toxizität auf Anethol zurückzuführen sei.[57]

Sonst. Verwendung: s. Anisi stellati fructus.

Gesetzl. Best.: *Offizielle Monographien.* Aufbereitungsmonographie der Kommission E "Anisi stellati fructus",[39] "Anisi fructus".[51]

Anisi stellati fructus (Sternanis)

Synonyme: Anisum badium, Anisum stellatum, Fructus anisi stellati.

Sonstige Bezeichnungen: Dt.: Sternanis, Chinesischer Sternanis; engl.: Chinese anise, star anise (fruit); frz.: Badiane (de chine), fruit d'anis étoilé; it.: Badiana; port.: Badiana; span.: Anis estrellado.

Monographiesammlungen: Sternanis *DAB 10*; Fructus anisi stellati *ÖAB 90*; Star anise *Mar 29*.

Definition der Droge: Die ganzen, getrockneten Sammelfrüchten *DAB 10*.

Stammpflanzen: *Illicium verum* HOOK. fil.

Herkunft: Aus Anbau vorwiegend in Indochina, Japan und den Philippinen. Die Droge wird aus China und Vietnam importiert.[58]

Gewinnung: Die Früchte werden kurz vor der Vollreife von August bis Oktober mit langen Haken von den Bäumen gepflückt bzw. geschüttelt.

Ganzdroge: Rotbraune, korkig-holzige Sammelfrüchte, die aus meist 8 sternförmig um eine 6 mm hohe Achse (Kolumella) angeordneten, kahnförmigen, 12 bis 20 mm langen, 6 bis 11 mm hohen, meist ungleich entwickelten Teilfrüchten bestehen. Die in eine stumpfe Spitze ausgezogene Einzelfrucht ist außen graubraun und grob runzelig, innen glänzend, rotbraun und glatt. Die reifen Früchte sind an der Bauchnaht aufgesprungen und lassen je einen eiförmigen, zusammengedrückten, bis 8 mm großen Samen von glänzender, kastanienbrauner Farbe erkennen.[59]

Schnittdroge: *Geruch.* Aromatisch nach Anis.
Geschmack. Brennend würzig.
Makroskopische Beschreibung. Harte Fruchtwandteile, ganze Samen, Samenbruchstücke. Die Schnittdroge ist nicht gebräuchlich.
Mikroskopisches Bild. Die welligbuchtigen Epidermiszellen der Fruchtwand sind an der Außenseite stark verdickt, ihre Cuticula ist stark gefaltet. Das Mesocarp besteht aus großzelligem, von Leitbündeln durchzogenem Parenchym mit Ölzellen und einzelnen, sternförmigen Steinzellen. Das Endocarp wird von palisadenartigen, 400 bis 600 µm langen, relativ dünnwandigen Zellen mit Spaltentüpfeln gebildet. In der Kolumella kommen vorwiegend etwa 200 µm lange (100 bis über 400 µm lange), unterschiedlich stark verdickte Steinzellen mit spitzen, teilweise sternförmigen Fortsätzen (Astroskleреiden) vor. Die Epidermis der Samenschale besteht aus gelblichen, palisadenförmigen, dickwandigen und stark getüpfelten, etwa 150 bis 200 µm langen Zellen. Das Endosperm enthält Öltropfen und unregelmäßig lappige, grobbuckelige Aleuronkörner.[12]

Pulverdroge: Als mikroskopische Merkmale sind die Epidermiszellen der Fruchtwand mit den Cuticularleisten, die langen, mäßig verdickten Palisaden des Endocarps und die steinzellartigen Faserzellen des Mesocarps sowie braunes Mesocarpparenchym enthalten. Aus dem Samen stammen die derbwandigen, getüpfelten, grün-gelblichen Palisaden der Samenschale, sowie Tafelzellen und braunes Parenchym der Samenschale. Verzweigte Steinzellen stammen aus der Kolumella.[59]

Verfälschungen/Verwechslungen: Früher häufig, heute selten, durch Shikimifrüchte, die giftigen Früchte von *Illicium anisatum* L. (syn. *I. religiosum* SIEB. et ZUCC.), s. a. Identität.

Minderqualitäten: Überreife Früchte, die von den Bäumen fallen und aufgelesen werden, enthalten weniger ätherisches Öl.

Inhaltsstoffe: *Ätherisches Öl.* Die Droge enthält 5 bis 9 % ätherisches Öl (Sternanisöl),[9] das vorwiegend in der Fruchtwand lokalisiert ist; s. Anisi aetheroleum.
Fettes Öl. In den Samen etwa 20 % fettes Öl mit 45 % Ölsäure, 24 % Linolsäure, 23 % Palmitinsäure und 2,5 % Stearinsäure im Säureanteil.[60]
Lipide. 1,2 % Phospholipide und 4,6 % Glykolipide, α-Tocopherol, β-Sitosterol, Campesterol.[61]
Flavonoide. In der getrockneten Droge 30 mg/100 g Flavonolglykoside mit Quercetin-3-*O*-rutinosid (= Rutin, Rutosid) als Hauptglykosid, gefolgt von Kämpferol-3-*O*-rutinosid. In geringer Konzentration liegen Kämpferol-3-*O*-β-D-glucosid, Kämpferol-3-*O*-galactosid, Quercetin-3-*O*-glucosid, Quercetin-3-*O*-galactosid, Quercetin-3-*O*-rhamnosid und Quercetin-3-*O*-xylosid vor.[62]
Phenolcarbonsäuren und Depside. Ca. 0,15 % Phenolcarbonsäuren, hauptsächlich Protocatechusäure, in abnehmender Konzentration angeordnet, dann *p*-Hydroxybenzoesäure, *p*-Cumarsäure, Vanillinsäure, Syringasäure, Ferulasäure, und Kaffeesäure;[63] *p*-Hydroxybenzoesäure auch als Glucosid.[64]
An Kaffeesäureestern 0,01 bis 0,02 %; 3-Caffeoylchinasäure, 4-*p*-Cumaroylchinasäure und 5-*p*-Cumaroylchinasäure.[65]

Hinweise in der Literatur auf das Vorkommen von Shikimisäure gehen auf Arbeiten Ende des letzten Jahrhunderts zurück.[66]
Gerbstoffe. 30 mg/kg Gesamtcatechine mit Catechin, Epicatechin und Epigallocatechin.[67]

Identität: Die Identitätsprüfung des *DAB 10* beschränkt sich auf die Beschreibung der Ganzdroge und auf eine dünnschichtchromatographische Analyse des Toluolextrakts, wobei in der Auswertung nur auf die Zone des *trans*-Anethols und auf die der mitextrahierten Fette hingewiesen wird. Verwendet wird Kieselgel als stationäre Phase, als mobile Phase dient Toluol, der Nachweis erfolgt mit Anisaldehydreagenz.
Diese Identitätsprüfung ist nicht ausreichend, wenn Sternanis gegenüber den Shikimifrüchten abgegrenzt werden soll, die früher häufiger, heute sicher nur noch selten als Verfälschung bzw. Verwechslung vorkommen. Als Unterscheidungsmerkmale werden in der Literatur der Geruch und Geschmack, der Durchmesser der Sammelfrucht, die Form der Bälge und der Fruchtstiele aufgeführt. Weiterhin dienen die Form der Steinzellen der Kolumella, die Palisaden des Endocarps und die Palisaden der Samenschale als mikroskopische Unterscheidungsmerkmale.[59,68,69] Als Ergebnis einer ausführlichen morphologisch-anatomischen Untersuchung[70] wurde festgestellt, daß der Merkmalsbestand der meisten Früchte einer mosaikartigen Kombination aus sogenannten "typischen" Sternanis- und Shikimimerkmalen gleicht. Eine Sternanisfrucht kann in Bezug auf viele Merkmale "Sternanis-typisch" oder "Shikimi-typisch" sein. Entsprechendes gilt für Shikimifrüchte. Erschwerend kommt noch hinzu, daß zahlreiche Übergangsformen existieren. Von allen morphologisch-anatomischen Merkmalen gewährleistet lediglich die Form der Steinzell-Idioblasten der Kolumella eine sichere Differenzierung zwischen Sternanis und Shikimifrüchten.[70] Findet man im Kolumella-Mazerat eine Anzahl bizarr verzweigter Astrosclereiden mit einer Größe um 0,4 mm, so handelt es sich mit Sicherheit um eine Sternanis-Frucht. Die Idioblasten der Shikimi-Kolumella dagegen sind deutlich kleiner, weniger verzweigt und erreichen nur ganz selten eine Größe von 0,3 mm.[70]
Als phytochemisches Unterscheidungsmerkmal kann der für Sternanisöl typische Gehalt an Foeniculin und der nur für Shikimifruchtöl typische Gehalt an Safrol und Myristicin herangezogen werden.[19] Letzteres läßt sich mit dem im *DAB 10* für die Identitätsprüfung verwendeten System abtrennen, für die Trennung von Foeniculin und Safrol wird eine Zweifachentwicklung auf Kieselgel mit den Fließmitteln Hexan-CCl_4 (90 + 10) und Cyclohexan-CCl_4 (70 + 30) benötigt.[20] Eine Unterscheidungsmöglichkeit mittels direkter massenspektrometrischer Untersuchung von Fruchtmaterial durch Auswertung der Massenspektren dieser drei Komponenten wird beschrieben,[19] ist aber einer Routineanalyse kaum zugänglich, eher jedoch die Gaschromatographie auf polaren stationären Phasen (s. Anisi aetheroleum), auch gekoppelt als GC-MS.[19]

Reinheit:
- Fremde Bestandteile: Prüfung gemäß V.4.2 *DAB 10*; höchst. 1 % *ÖAB 90*; Shikimifrüchte dürfen nicht vorhanden sein *ÖAB 90*.
- Wasser: Höchst. 7 % *DAB 10*.
- Asche: Höchst. 5 % *DAB 10, ÖAB 90*.
- Säureunlösliche Asche: Höchst. 2,5 % *ÖAB 90*.

Gehalt: Mindestens 7,0 % (*V/m*) ätherisches Öl *DAB 10*; mindestens 5,0 % *ÖAB 90*.

Gehaltsbestimmung: Volumetrische Bestimmung des Gesamtgehaltes an ätherischem Öl durch Wasserdampfdestillation der gepulverten Droge; Destillationszeit 2 h *DAB 10*.

Lagerung: Vor Licht geschützt *DAB 10*.

Wirkungen: Bronchosekretolytisch, spasmolytisch im Magen-Darm-Trakt.[39] Die Wirkungen der Droge werden wesentlich auf den Gehalt an ätherischem Öl zurückgeführt, s. a. Anisi aetheroleum.
Sternanispulver und -Extrakte sollen antibiotisch wirken, nähere Angaben fehlen. Arbeiten zit. bei Lit.[16]
Sternanispulver (vom Autor als "Illicium anisatum" bezeichnet) hemmt schwächer als das daraus extrahierte Anethol (dieses in Konzentrationen ab 2 mg/mL) Wachstum und Toxinproduktion von *Aspergillus flavus* und *A. versicolor*.[71]

Anwendungsgebiete: Katarrhe der Luftwege; dyspeptische Beschwerden.[39]
Diese Angaben stützen sich auf Erfahrungsmaterial in anerkannten Fachbüchern und Sammelwerken. Originalliteratur über Ergebnisse methodisch einwandfrei durchgeführter Untersuchungen zur therapeutischen Wirksamkeit liegt weder für Sternanis,[16] noch zu Anisöl[16] oder zu Anethol[16,40] vor.

Dosierung und Art der Anwendung: *Droge.* Soweit nicht anders verordnet: Mittlere Tagesdosis 3,0 g Droge; Zubereitungen entsprechend. Unmittelbar vor der Anwendung zerkleinerte Droge, sowie andere galenische Zubereitungen, zum Einnehmen. Sternanispulver zur Teebereitung ist wenig gebräuchlich; als Einzeldosis sollen 0,5 bis 1,0 g frisch gepulverte Droge eingesetzt werden.[16]

Unerwünschte Wirkungen: Keine bekannt.[39]
Allergische Wirkungen. Bez. des allergischen Risikos von Sternanis liegt nicht zum Pulver, sondern lediglich zum ätherischen Öl Erkenntnismaterial vor, s. Anisi aetheroleum.

Gegenanzeigen/Anwendungsbeschr.: Keine bekannt;[39] Anwendungsbeschränkungen bei Überempfindlichkeit gegen Anethol.[51]

Wechselwirkungen: Keine bekannt.[39]

Tox. Inhaltsstoffe u. Prinzip: Bei Verwechslung mit den Früchten des falschen oder japanischen Sternanis (*Illicium anisatum* L.), auch Shikimifrüchte genannt, bzw. bei Verfälschungen der Droge, kann es zu z. T. tödlichen Vergiftungen kommen, die insbesondere auf den Gehalt an Anisatin und Neoanisatin zurückzuführen sein sollen.[16] s. a. *Illicium anisatum*.

Akute Toxizität: *Tier.* Zu Anisi stellati fructus liegen keine Befunde vor, s. aber Anisi aetherolum.

Chronische Toxizität: *Mensch.* Für Sternanis gibt es keine Hinweise auf ein Risiko bei langdauernder Anwendung.
Tier. Sternanis, verabreicht mit einer Standarddiät (ad libidum, 5% Droge) über 14 Tage, führt bei Mäusen zu einer Erhöhung des Lebergewichts um 24% und zu einer Beeinflussung der Leberenzyme; der Cytochrom-P-Gehalt wird um durchschnittlich 62% auf 0,483 nmol/mg mikrosomales Protein erhöht, die Arylkohlenwasserstoffhydrolase um durchschnittlich 4% auf 1.399 pmol/min/mg mikrosomales Protein gesenkt, die Epoxidhydoxylase etwa auf das Doppelte erhöht (entsprechend 19,22 nmol gebildetes *p*-Nitrostyren/min/mg mikrosomales Protein).[72]
Ein Trockenextrakt (3maliger Auszug der Droge mit der 3fachen Menge Ethanol 95%) in einer Standarddiät (ad libidum) über 14 Tage erhöht bei männlichen Mäusen das Gewicht der Leber um 16% und reduziert den Cytochrom-P-Gehalt um durchschnittlich 34% auf 0,252 nmol/mg mikrosomales Protein, die Ethoxycumarin-O-deethylase wird um durchschnittlich 45% auf 112 pmol/min/mg und die Arylkohlenwasserstoffhydrolase um durchschnittlich 23% auf 155 pmol/min/mg mikrosomales Protein erhöht, die Glutathion-*S*-transferase um durchschnittlich 27% auf 4,03 µmol/min/mg Cytosol reduziert.[73]

Carcinogenität: Untersuchungen zur Carcinogenität von Anisi stellati fructus liegen nicht vor.

Mutagenität: Aufgrund von In-vitro-Untersuchungen mit bakteriellen Systemen (mit und ohne metabolischer Aktivierung) ist für Sternanis auf ein schwaches mutagenes Potential zu schließen.
So soll Sternanis an *Salmonella typhimurium* TA 98 und TA 100, ohne S-9-Aktivierung, (keine weiteren Angaben zum Ausgangsmaterial oder zur Versuchsdurchführung) Mutagenität gezeigt haben.[74]
In einem anderen Fall war der Ames-Test an *Salmonella typhimurium* mit einem Trockenextrakt (50 mL Chloroform-Methanol (2:1) je 10 g Droge) wegen cytotoxischer Interferenzen nicht auswertbar. Ein Trockenextrakt mit Ether aus dem 24-h-Sammelurin von Ratten, denen mit dem Futter o. a. Extrakt (entsprechend etwa 500 mg Sternanis) verabreicht worden war, erwies sich an TA-100-Stämmen als schwach mutagen.[75]
Im DNA-Repairtest an *Bacillus subtilis* konnte für Sternanis weder durch die Droge ("Chinesischer Sternanis" aus Thailand, zur Verminderung von Insekticid-Resten vor der Zerkleinerung zweimal gewaschen) noch für einen wäßrigen Trockenextrakt (1:5, kalt filtriert, zuvor 1 h gekocht, 50 mg/Platte; 0,05 µg Mitomycin als positive bzw. Wasser und Zellulose als negative Kontrolle) Mutagenität nachgewiesen werden.[76]
Mikrosomales Protein männlicher Mäuse, deren Standarddiät (ad libidum) über 14 Tage 2,5% eines Trockenextraktes aus Sternanis (3maliger Auszug der Droge mit der 3fachen Menge Ethanol 95%) zugesetzt worden war, erhöhte an *Salmonella typhimurium* (TA 100) die Aflatoxin-B_1-Mutagenität auf etwa das Doppelte, während die Benzopyren-Mutagenität um etwa 5% reduziert wurde.[73]
Die Mutagenität ist möglicherweise auf Bestandteile des ätherischen Öls zurückzuführen.
Estragol wirkte an *Salmonella typhimurium* (TA 100) ohne Zusatz aktivierender Lebermikrosomen nur sehr schwach, der 1'-Hydroxymetabolit dagegen deutlich mutagen (ca. 15 Revertanten/µmol).[77]
Ungereinigtes Estragol (96% zeigte an TA 100, TA 1535 sowie an TA 98 und TA 1537 ohne S-9-Mix schwache Mutagenität, hochgereinigtes Material (99,9%) dagegen in keinem dieser Fälle.[78]
Bezüglich Anethol s. ds. Hdb. Bd. 5 → Foeniculum.

Toxikologische Daten: Für Anisi stellati fructus nicht bekannt; s. Anisi aetheroleum.

Sonst. Verwendung: Der größte Teil der Welternte an Sternanis dient, auch in Form des ätherischen Öls und des daraus isolierten Anethols, zur Aromatisierung zahlreicher Produkte in der Arznei- und Lebensmitteltechnologie, sowie in der Kosmetik.[16]

Gesetzl. Best.: *Offizielle Monographien.* Aufbereitungsmonographie der Kommission E am BGA "Anisi stellati fructus",[39] "Anisi fructus".[51]

Illicium anisatum hom. *HPUS 88*

Monographiesammlungen: Illicium anisatum *HPUS 88.*

Definition der Droge: Die Samen.

Stammpflanzen: *Illicium verum* Hook. fil.

Zubereitungen: *Urtinktur.* Herstellung durch Mazeration oder Perkolation der frischen oder getrockneten Droge mit EtOH nach den allg. Zubereitungsvorschriften (Class C) der *HPUS 88.* Ethanolgehalt 65% (*V/V*).

Gehalt: *Urtinktur.* Arzneigehalt $^1/_{10}$.

1. Hgn (1969) Bd. 5, S. 12; (1973) Bd. 6, S. 336–338
2. Airy Shaw HK (1973) J C Willis, A dictionary of the flowering plants and ferns, 8. Aufl., The University Press, Cambridge, S. 590–591
3. Kruse J (1993) Illiaciales. In: Urania-Pflanzenreich, Blütenpflanzen 1, Urania-Verlag, Leipzig Jena Berlin, S. 57–58
4. Buchheim G (1964) Magnoliales. In: A Engler's Syllabus der Pflanzenfamilien, 12. Aufl., Borntraeger, Berlin, Bd. 2, S. 119
5. Hgn (1990) Bd. 9, S. 520
6. Yakushijin K, Tohshima T, Kitagawa E, Suzuki R, Sekikawa J, Morishita T, Murata H, Sheng-Ten Lu, Furukawa H (1984) Chem Pharm Bull 32:11–22
7. Kouno I, Hashimoto A, Kawano N, Yang CS (1989) Chem Pharm Bull 37:1.291–1.292
8. Morimoto S, Tanabe H, Nonaka GI, Nishioka I (1988) Phytochemistry 27:907–910
9. GHo, Bd. IV, S. 625

10. Yakushijin K, Tohshima T, Suzuki R, Murata H, Sheng-Ten L, Furukawa H (1983) Chem Pharm Bull 31:2.879–2.883
11. Schultze-Motel J (Hrsg.) (1986) Rudolf Mansfeld, Verzeichnis landwirtschaftlicher und gärtnerischer Kulturpflanzen, 2. Aufl., Springer Verlag, Berlin Heidelberg New York, S. 213
12. DAB 10
13. Helv VII
14. Bricout J (1974) Bull Soc Chim Fr. 41:1.901–1.903
15. Formacek V, Kubeczka KH (1982) Essential Oil Analysis by Capillary Gas Chromatography and Carbon-^{13}NMR-Spectroscopy, John Wiley & Sons, Chichester New York Brisbane Toronto Singapore, S. 291
16. Zänglein A, Schultze W (1989) Z Phytother 10:191–202
17. Kämpf R, Steinegger E (1974) Pharm Acta Helv 49:87–93
18. Okely HM, Grundon M (1971) J Chem Soc D, Chem Commun:1.157–1.158
19. Schultze W, Zänglein A, Lange G, Kubeczka KH (1990) Dtsch Apoth Ztg 130:1.194–1.201
20. Seger V, Miething H, Hänsel R (1987) Pharm Ztg 132:2.747–2.748
21. Kubeczka KH, von Massow F, Formacek V, Smith MAR (1975) Z Naturforsch 31b:283–284
22. Kubeczka K (1982) Dtsch Apoth Ztg 122:2.309–2.316
23. Kom, S. 861–862
24. Glasl H, Wagner H (1974) Dtsch Apoth Ztg 114:146–151
25. Kovar KA, Bock E (1983) J Chromatogr 262:285–291
26. Formacek V (1979) Einsatzmöglichkeiten der ^{13}C-NMR-Spektroskopie bei der direkten Analyse ätherischer Öle, Dissertation, Würzburg
27. Seger V (1990) Untersuchung zu Inhaltsstoffen der Früchte von Pimpinella anisum L. und Illicium verum Hook. fil. und ihrer ätherischen Öle, Dissertation, Berlin
28. Dodds EC, Goldberg L, Lawson W, Robinson R (1938) Nature 141:247–248
29. Lewin L (1929) Gifte und Vergiftungen, Lehrbuch der Toxikologie, 4. Ausgabe, Verlag von Georg Stilke, Berlin, S. 605
30. Boyd EM, Pearson GL (1946) Am J Med Sci 211:602–610
31. Eldon M, Boyd MD (1946) Am J Med Sci 211:603–610
32. Müller-Limmroth W, Fröhlich HH (1980) Fortschr Med 98:95–101
33. Reiter M, Brandt W (1985) Arzneim Forsch 35:408–414
34. Gunn JWC (1920) J Pharmacol Exp Ther 16:39–47
35. Marcus C, Lichtenstein EP (1982) J Agric Food Chem 30:563–568
36. Ringseisen J (1931) Versuche über den Einfluß ätherischer Öle auf die Milchabsonderung und über die Frage der Ausscheidung in die Milch, Inauguraldissertation, Maximilians-Universität, München
37. Ramadan FM, El-Zanfaly RT, El-Wakeil FA, Alian AM (1972) Chem Mikrobiol Technol Lebensm 2:51–55
38. Williams AC, Barry BW (1989) Int J Pharmaceutics 57:R7–R9
39. BAz Nr. 122 vom 06.07.1988
40. BAz Nr. 217 vom 23.11.1991
41. Thiel C, Fuchs E, Kalveram KJ, Forck G (1983) 4. Kölner RAST-Symposium, Pharmacia, S. 118–127
42. Thiel C, Fuchs E (1981) 3. Kölner RAST-Symposium, Grosse Verlag, Berlin, S. 178–185
43. Wüthrich B, Hofer T (1984) Dtsch Med Wochenschr 109:981–986
44. Wüthrich B, Dietschi R (1985) Schweiz Med Wochenschr 115:358–364
45. Rudzki E, Gryzwa Z (1976) Contact Derm 2:305–308
46. Kligman AM (1974) Report to RIFM, 17.09., zit. nach Opdyke DLJ (1975) Food Cosmetic Toxicol 13:715–716
47. Kligman AM (1966) J invest Derm 47:393, zit. nach Opdyke DLJ (1975) Food Cosmetic Toxicol 13:715–716
48. Kligman AM, Epstein W (1975) Contact Dermatitis 1:231 zit. nach Opdyke DLJ (1975) Food Cosmetic Toxicol 13:715–716
49. Rudzki E, Grzywa Z, Krajewska D, Kozlowska A, Czerwinska-Dihm I (1978) Arch Immunol Ther Exp (Warsz) 26:735–738
50. Loveman AB (1938) Arch Dermatol Syphilol 37:70–81
51. BAz Nr. 122 vom 06.07.1988
52. Czygan FC (1992) Z Phytother 13:101–106
53. Steinegger E, Hänsel R (Hrsg.) (1988) Lehrbuch der Pharmakognosie und Phytopharmazie, 4. Aufl., Springer-Verlag, Berlin Heidelberg New York London Paris Tokyo, S. 304–306
54. Urbach F, Forbes PD (1974) Report to RIFM, 18.09., zit. nach Opdyke DLJ (1975) Food Cosmetic Toxicol 13:715–716
55. McGee G (1974) Report to RIFM, 27.09., zit. nach Opdyke DLJ (1975) Food Cosmetic Toxicol 13:715–716
56. Miller EC, Swanson AB, Phillips DH, Fletcher TL, Liem A, Miller A (1983) Cancer Res 43:1.124–1.134
57. Skramlik EV (1959) Pharmazie 14:435–445
58. Wichtl M (1989) Teedrogen, 2. Aufl., Wissenschaftliche Verlagsgesellschaft, Stuttgart, S. 473
59. Deutschmann F, Hohmann B, Sprecher E, Stahl E (1992) Drogenanalyse I: Morphologie und Anatomie, Gustav Fischer Verlag, Stuttgart Jena New York, S. 98
60. Hag, Bd. V, S. 228
61. Kataoka E, Tokue C, Tanimura W (1987) Nogaku Shuho 31:189–196, zit. nach CA 107:57610f
62. Knackstedt J, Herrmann K (1981) Z Lebensm Unters Forsch 173:288–290
63. Schulz JM, Herrmann K (1980) Z Lebensm Unters Forsch 171:193–199
64. Dirks U, Herrmann K (1984) Phytochemistry 23:1.811–1.812
65. Dirks U, Herrmann K (1984) Z Lebensm Unters Forsch 179:12–16
66. Kar 58, S. 393
67. Schulz JM, Herrmann K (1980) Z Lebensm Unters Forsch 171:278–280
68. ÖAB 90
69. Rohdewald P, Rücker G, Glombitza KW (1991) Apothekengerechte Prüfvorschriften, Deutscher Apotheker Verlag, Stuttgart, S. 1.001
70. Zänglein A, Schultze W, Kubeczka KH (1989) Dtsch Apoth Ztg 129:2.819–2.828
71. Hitokoto H, Morozumi S, Wauke T, Sakai S, Kurata H (1980) Appl Environmental Microbiol 39:818–822
72. Hendrich S, Bjeldanes LF (1983) Fd Chem Toxic 21:479–486
73. Hendrich S, Bjeldanes LF (1986) Fd Chem Toxic 24:903–912
74. Lin J, Wang H, TAi MW (1980) Toxicol Lett (Spec. Issue):55 (Abstr. No 0.79)
75. Rockwell P, Raw I (1978) Nutr Cancer 1:10–15
76. Ungsurungsie M, Suthienkul O, Paovalo C (1982) Fd Chem Toxic 20:527–530
77. Swanson AB, Chambliss DD, Blomquist JC, Miller EC, Miller JA (1979) Mutation Res 60:143–153

78. Sekizawa J, Shibamoto T (1982) Mutation Res 101:127–140
79. Hag, Bd. V, S. 230
80. GHo, Bd. IV, S. 638
81. Shibuya M, Abe K, Nakahashi Y, Kubota S (1978) Chem Pharm Bull 26:2.671–2.673
82. Yamada K, Takada S, Nakamura S, Hirata Y (1968) Tetrahedron 24:199–229
83. Yamada K, Takada S, Nakamura S, Hirata Y (1968) Tetrahedron 24:1.267–1.273
84. Kouno I, Irie H, Kawano N (1984) J Chem Soc Perkin Trans I:2.511–2.515
85. Kouno I, Akiyama T, Kawano N (1988) Chem Pharm Bull 36:2.990–2.992
86. Kouno I, Mori K, Akiyama T, Hashimoto M (1991) Phytochemistry 30:351–353
87. Kouno I, Mori K, Okamoto S, Sato S (1990) Chem Pharm Bull 38:3.060–3.063
88. Kouno I, Mori K, Kawano N, Sato S (1989) Tetrahedron Lett:7.451–7.452
89. Cook WB, Howard AS (1966) Can J Chem 44:2.461–2.465
90. Matsumoto K, Fukuda H (1982) Neuroscience Letters 32:175–179
91. Kudo Y, Oka JI, Yamada K (1981) Neuroscience Letters 25:83–88

SB/Ze/HG

Inula

HN: 2027100

Familie: Asteraceae (Compositae).

Unterfamilie: Asteroideae.

Tribus: Inuleae.

Subtribus: Inulinae.

Gattungsgliederung: Die Gattung Inula L. umfaßt etwa 120 Arten; davon sind ca. 25 Arten in Europa heimisch. Die europäischen Arten werden in folgende Sektionen eingeteilt: Cupularia (z. B. *I. graveolens* (L.) Desf., *I. viscosa* (L.) Ait.), Enula (z. B. *I. britannica* L., *I. germanica* L.), Inula (z. B. *I. helenium* L.) und Limbarda (z. B. *I. crithmoides* L.). Eine Bastardisierung kommt innerhalb der Sektion Enula häufig vor.[111] Nach Lit.[112] werden *Inula viscosa* und *Inula graveolens* in die Gattung Dittrichia W. Greuter gestellt.

Gattungsmerkmale: Einjährige, zweijährige oder meist ausdauernde krautige Pflanzen, teilweise Sträucher. Stengel unverzweigt oder verzweigt. Blätter wechselständig, ungeteilt, ganzrandig oder gezähnt. Blütenköpfchen einzeln, traubig oder rispig angeordnet. Blütenhülle zylindrisch oder halbkugelig bis becherförmig aus mehrreihigen Hüllblättern. Blütenboden flach bis gewölbt, ohne Spreublätter, meist kahl oder bewimpert, seltener flachgrubig. Blütenfarbe gelb. Weibliche Randblüten meist einreihig mit deutlicher Zunge. Scheibenblüten zwittrig, zahlreich, röhrig mit 5 Zipfeln. Staubbeutel geschwänzt. Achänen zylindrisch oder spindelförmig. Pappus einreihig mit dünnen freien oder am Grunde kurz verbundenen Haaren. In der Regel sind die Arten diploid. Chromosomenzahl x = 8, 9, 10.[111,112]

Verbreitung: Europa, Asien, Afrika ohne das nördliche Eurasien und die tropischen Tiefländer.[111]

Inhaltsstoffgruppen: Inulin als Reservepolysaccharid der Wurzel;[113] L-Inositol sowie dessen Angelate;[1] Petaine;[2,3] Phytomelane;[114] Thymolderivate, v. a. Epoxythymol und Thymolester;[2,4,5] Triterpene,[6,7,113] z. B. Taraxasterol, Stigmasterol, Friedelin; Diterpene;[114] Sesquiterpene, v. a. Sesquiterpenlactone und von diesen abgeleitete Bitterstoffe[2,8–14] vom Eudesman-, Germacranolid-, Pseudoguaianolid- sowie Guaianolid-Typ; Sesquiterpensäuren;[15–17] tricyclische Sesquiterpenlactone;[114] Diterpene kommen in seltener Ausstattung vor: *Inula royleana* DC. enthält ein tricyclisches Diterpen mit einem aromatischen Ring, das Inuroyleanol, sowie Methyllycaconitin, ein C_{19}-Diterpenalkaloid;[18,19,114] Flavone und Flavonole, vergleichsweise häufig als 7-*O*-Glykoside auftretend wie Nepitrin, Patulitrin, Quercetagitrin und Quercimeritrin, v. a. in Blüten und Blättern,[20–26] Chlorogensäure.[27]

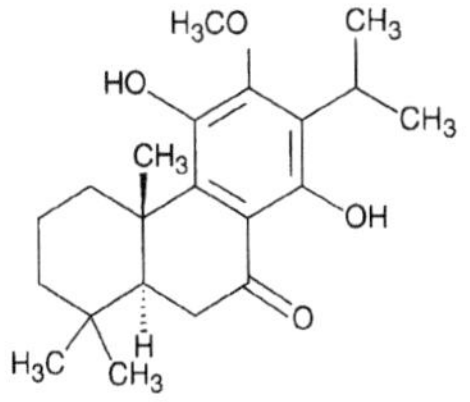

Inuroyleanol

Drogenliefernde Arten: *I. britannica*: Inulae flos; *I. conyza*: Conyzae herba majoris; *I. germanica*: Inula-germanica-Kraut; *I. graveolens*: Inula-graveolens-Kraut; *I. helenium*: Helenii rhizoma, Inula Helenium hom. *HAB34*, Inula helenium hom. *HPUS88*; *I. japonica*: Inulae flos; *I. racemosa*: Inula-racemosa-Wurzel; *I. viscosa*: Inula-viscosa-Kraut.

Inula britannica L.

Synonyme: *Aster britannicus* (L.) Allioni, *Conyza britannica* (L.) Morison ex Ruprecht.

Sonstige Bezeichnungen: Dt.: Wiesenalant.

Systematik: Die Variabilität von *I. britannica* ist bei weitem die größte unter den europäischen Inula-Arten. Vor allem treten Unterschiede in der Blattform und Behaarung auf, es kommen di-, tri- und tetraploide Formen vor.[111]
Inula japonica Thunb. gilt als Varietät und wird auch als *Inula britannica* var. *japonica* (Thunb.) Fr. et Sav. bezeichnet.[28]

Botanische Beschreibung: Pflanze 20 bis 60 cm hoch, ausdauernd. Wurzeln kriechend und kurz. Stengel aufrecht, rundlich, schwach gerippt, dicht anliegend seidig behaart bis fast kahl, reich beblättert. Laubblätter oberseits spärlich, unterseits dichter anliegend seidenhaarig bis fast kahl, drüsig, ganzrandig oder gezähnt. Untere Blätter in den kurzen Stiel verschmälert; obere Blätter mit abgerundetem oder schwach herzförmigem Grund sitzend, lanzettlich. Blütenköpfchen 2,5 bis 5 cm breit, einzeln oder zu wenigen Doldentrauben vereint. Hülle halbkugelig. Hüllblätter mehrreihig, sehr zahlreich, lineal-lanzettlich, ca. 1 mm breit, krautig, grün, behaart, drüsig. Blüten goldgelb. Weibliche Randblüten zahlreich, zungenförmig, bis 1 mm breit. Zwittrige Scheibenblüten röhrenförmig, zahlreich. Achänen zylindrisch, längsrippig, 1,3 mm lang, angedrückt behaart, oben zuweilen drüsig. Pappus aus feinen rauhen Borsten, ca. 5 mm lang.[111,112]

Verwechslungen: Gelegentlich mit *Pulicaria dysenterica* (L.) BERNH. aufgrund des ähnlichen Habitus. Eine Unterscheidung ist durch den krönchenförmigen äußeren Pappus von Pulicaria möglich.[111]

Inhaltsstoffe: *Sesquiterpenlactone.* Die oberirdischen Teile enthalten Sesquiterpenlactone vom Germacranolid-, Eudesmanolid-,[2,30] bzw. Guaianolid-Typ, z. B. Britanin und Gaillardin.[30,31]
Phenolische Verbindungen. Isoquercitrin, Kämpferol, Luteolin, Nepitrin, Patulitrin, Quercetin bzw. deren Derivate sowie Kaffee- und Chlorogensäure.[20,25,32,33]
Triterpenderivate. Die Triterpenfettsäureester 3β,16β-Dihydroxylupeol-3-palmitat bzw. -myristat sowie β-Amyrinpalmitat, epi-Friedelinol, Olean-13(18)-en-3-acetat und Sitosterol-3-glucosid.[33]
Sonstige Verbindungen. Die oberirdischen Teile enthalten Spuren von Petainen. Die Wurzeln enthalten Petaine, Nerolester, Thymolderivate[2] und Inulin.[29]

Verbreitung: Eurasien mit Ausnahme des hohen Nordens, nördliche Türkei und Iran, Zentral- und Ostasien. Fehlt trotz des Artnamens auf den Britischen Inseln und außerdem auf der Iberischen Halbinsel, in Süditalien und auf den Mittelmeerinseln.[111]

Drogen: Inulae flos.

Inulae flos (Alantblüten)

Synonyme: Flores Inulae, Flos Inulae, Inulae flores.

Sonstige Bezeichnungen: Chinesisch: Xuanfuhua.

Monographiesammlungen: Inulae flos *ChinP IX*.

Definition der Droge: Getrocknete Blütenstände.

Stammpflanzen: *Inula britannica* L. und *I. japonica* THUNB.

Gewinnung: Zur Blütezeit geerntet und im Schatten oder in der Sonne getrocknet.[115]

Ganzdroge: *Geruch.* Schwach.
Geschmack. Schwach bitter.[112,115]
Kugelige Blütenköpfchen. Hüllblätter mehrreihig, sehr zahlreich, lineal-lanzettlich, ca. 1 mm breit, krautig, grün, behaart; drüsig. Blüten goldgelb. Randblüten zahlreich, zungenförmig, bis 1 mm breit. Scheibenblüten röhrenförmig, zahlreich.[112,115]

Pulverdroge: Hüllblätter mit Gliederhaaren aus 1 bis 8 Zellen. Nichtdrüsige Pappushaare aus mehreren Haarzellreihen. Epidermiszellen des Fruchtknotens enthalten stäbchenförmige Calciumoxalatkristalle, bis zu 48 µm lang und 22 µm im Durchmesser. Fruchtknoten mit 90 bis 220 µm langen Zwillingshaaren. Pollen rund, mit 3 Keimporen, 22 bis 33 µm im Durchmesser, 3 µm lange Stacheln auf der Oberfläche.[115]

Verfälschungen/Verwechslungen: Bisweilen mit Arnicae flos.[111]

Inhaltsstoffe: Aus den Blüten wurde Gaillardin als Hauptbestandteil isoliert.[31]

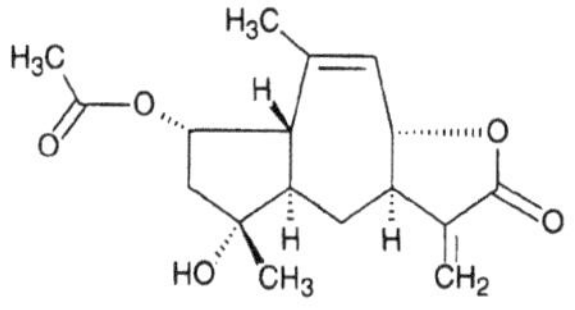

Gaillardin

Zubereitungen: Mixuanfuhua *ChinP IX*: Nach Zusatz von Honiglösung wird die Droge solange geröstet, bis diese sich nicht mehr klebrig anfühlt.

Lagerung: Trocken, vor Feuchtigkeit geschützt *ChinP IX*.

Wirkungen: Ein wäßriger Blütenextrakt (ohne Angabe zur Herstellung) hemmt in einer Konzentration von 100 µg/mL *in vitro* die cAMP-Phosphodiesterase zu 60 %.[34]
Ein wäßriger Extrakt (Droge-Extrakt-Verhältnis 1:10) verhindert *in vitro* die Infektion von menschlichen embryonalen Muskelzellen mit dem Herpes-simplex-Virus II Stamm 0523; nähere Angaben zur Dosis fehlen.[35]
Das Decoct gilt in der traditionellen chinesischen Medizin als schleimlösend und als antiemetisch wirkend.[115] Für die behauptete Wirkung gibt es keine experimentellen Belege.

Volkstümliche Anwendung und andere Anwendungsgebiete: Bei Husten, Völlegefühl in der Brust und Zwerchfellgegend, Erbrechen, bei Beschwerden der ableitenden Harnwege.[115]
Die Wirksamkeit bei den genannten Beschwerden ist – im Sinne der naturwissenschaftlich orientierten Medizin – nicht belegt.

Dosierung und Art der Anwendung: *Droge.* 3 bis 9 g in einem Beutel eingeschlossen abkochen.[115]

Inula conyza DC.

Synonyme: *Conyza squarozza* L., *C. vulgaris* LAM., *Inula squarozza* (L.) BERNHARDI, *I. vulgaris* TREVISAN.

Sonstige Bezeichnungen: Dt.: Dürrwurz, Dürrwurz-Alant, Flohkraut; engl.: Ploughman's spikenard; frz.: Chasse puces, herbe aux moches; holl.: Donderkuid; it.: Baccherina, coniza; span.: Coniza.

Systematik: *I. conyza* ist tetraploid (2n = 32).[111]

Botanische Beschreibung: Pflanze zweijährig oder ausdauernd, 20 bis 120 cm hoch. Wurzelstock langfaserig, knotig, verdickt, schief. Stengel aufrecht oder am Grunde aufsteigend, dicht kurzhaarig-filzig, rotbraun, am Grunde holzig, oberwärts verzweigt. Laubblätter dünn, oberseits fast kahl, unterseits dicht behaart bis dünn flaumig-filzig, drüsig, unterseits deutlich hervortretende Nervatur, gezähnt, seltener ganzrandig. Untere Blätter oval bis länglich, stumpf, in den kurzen Stiel zugeschweift. Obere Blätter länglich-oval bis lanzettlich, spitz mit breit abgerundetem Grunde sitzend, beidendig verschmälert. Blütenköpfchen zahlreich, kurz gestielt, ca. 1 cm breit, dichte Doldentraube bildend. Blütenhülle becherförmig, 7 bis 9 mm breit, 8 bis 10 mm lang. Hüllblätter zahlreich, mehrreihig, regelmäßig-dachig angeordnet, nach innen an Länge zunehmend. Äußere Hüllblätter häutig, mit kurzer, grüner, dreieckiger, krautiger, meist abstehender Spitze. Innere Hüllblätter trockenhäutig, lineal-aufrecht. Blüten schmutziggelb. Weibliche Randblüten zahlreich, mehrreihig mit kurzer dreilappiger Zunge, kürzer als die Hülle. Zwittrige Scheibenblüten zahlreich, röhrig mit 5 Zipfeln. Achänen zylindrisch, längsrippig, 2 bis 2,5 mm lang, oberseits angedrückt behaart. Pappus einreihig, 5 bis 6 mm lang.[111,112]

Inhaltsstoffe: In den Wurzeln Petaine und Thymolderivate.[2,36]

Verbreitung: West-, Mittel-, Südeuropa, nördlich bis England und Dänemark. Fehlend in Südgriechenland und der Ägais. Südliches Osteuropa, Bessarabien, Krim, Vorderasien, Türkei, Kaukasus, Nordiran, Nordafrika; selten in Algerien. Wächst meist in dichten Wäldern und Gebüschen auf vorzugsweise kalkreichen Brachböden.[111,112]

Drogen: Conyzae herba majoris (vulgaris).

Conyzae herba majoris

Synonyme: Herba Conyzae majoris (vulgaris).

Sonstige Bezeichnungen: Dt.: Gelbe Minze, Großes Dürrwurzelkraut, Großes Dürrwurzkraut, Flohkraut, Mückenkraut, Ruhrkraut; engl.: Great fleabane; frz.: Herbe de conis vulgaire.

Definition der Droge: Die zur Blütezeit gesammelten Triebspitzen mit den ansitzenden Blättern.[116]

Stammpflanzen: *Inula conyza* DC.

Handelssorten: Die Droge ist über den Handel nicht verfügbar.

Ganzdroge: *Geruch.* Schwach gewürzartig.
Geschmack. Aromatisch bitter.[36]
In der Blütenregion doldentraubig verästelt, mehr oder weniger stark behaart. Blätter eiförmig bis länglich, zu einem kurzen Blattstiel verschmälert, kaum gesägt, mit netzartiger Nervatur und unterschiedlich starker Behaarung.[36]
Mikroskopisches Bild. Oberseits ein ein-, seltener zweireihiges Palisadenparenchym; Schwammgewebe zwei- bis fünfreihig. Epidermiszellen oberseits polygonal und wenig gebogen, unterseits stark wellig. Drüsenschuppen zweizellreihig, Deckhaare aus 3 bis 4 Gliedern, Basiszelle starkwandig und breiter.[116]

Verfälschungen/Verwechslungen: Früher wurden Beimengungen zu Digitalis purpureae folium beobachtet,[36,37] die durch die typische Haarform von *I. conyza* und durch fehlende Calciumoxalatkristalle identifiziert werden können.

Inhaltsstoffe: Die Droge ist bisher kaum phytochemisch untersucht. Nachgewiesen wurden Petaine und Linolensäure; Sesquiterpenlactone fehlen.[2]

Wirkungen: Für die behauptete diuretische und menstruationsfördernde Wirkung[38] gibt es keine experimentellen Belege.

Volkstümliche Anwendung und andere Anwendungsgebiete: Die Pflanze wurde früher bei Appetitlosigkeit und Magenbeschwerden, bei Beschwerden im Bereich der ableitenden Harnwege und bei Hautausschlägen verwendet.[36] Die Wirksamkeit bei den genannten Anwendungsgebieten ist nicht belegt.

Akute Toxizität: *Tier.* Als Folge von Massenvergiftungen bei Rindern, die Luzerne vermengt mit *I. conyza* fraßen, mit den Symptomen Verdauungsstörungen, Kreislaufschwäche und Hämolyse, werden Parenchymschäden von Leber, Herz und Niere beobachtet. Ein toxisches Prinzip kann nicht angegeben werden.[39]

Sonst. Verwendung: *Haushalt.* Zum Vertreiben von Insekten wegen des strengen Geruches, worauf auch die Bezeichnung Flohkraut bzw. die beiden französischen Synonyme hindeuten.[38]

Inula germanica L.

Synonyme: *Inula fasciculata* Gilib., *I. micranthos* Poiret, *I. praealta* Dumortier, *Pulicaria germanica* (L.) J. et C. Presl.

Sonstige Bezeichnungen: Dt.: Deutscher Alant.

Systematik: Pflanze ausdauernd, 30 bis 50 cm hoch. Wurzelstock mit Niederblättern besetzt. Stengel aufrecht, kurz zottig behaart, oberseits verzweigt, unterwärts schuppige Niederblätter, die in Laubblätter übergehen. Laubblätter länglich-elliptisch, spitz, drüsig, mit herzförmigem Grunde, halbstengelumfassend. Untere Laubblätter klein gezähnt, obere ganzrandig. Blattoberseite angedrückt behaart, Unterseite dicht anliegend langhaarig. Blütenköpfchen zahlreich, in dichter endständiger Doldenrispe, ca. 1 cm breit. Blütenhülle zylindrisch.

Hüllblätter mehrreihig, regelmäßig dachig, häutig bis ledrig, mit grünem Mittelnerv, flaumig behaart, äußere kurz dreieckig, innere lanzettlich. Blüte goldgelb. Ca. 25 weibliche Randblüten, zungenförmig, die Hülle nur wenig überragend. Seitenblüten zahlreich, röhrig. Achänen zylindrisch, 1,5 mm lang, bräunlich, kahl. Pappus 6 bis 7 mm lang, feine, rauhe, am Grunde verbundene Borsten.[111]

Inhaltsstoffe: Die Sesquiterpensäuren Germanin A und B, Nerolidol, Sesquiterpenlactone mit Melampolidstruktur (aus 150 g lufttrockenen oberirdischen Teilen 25 mg durch chromatographisches Verfahren präparativ isoliert) und vom Germacranolid-Typ (15 mg) sowie das Stilbenderivat Pinosylvin.[40]

Verbreitung: Mittel- und Südosteuropa, Vorderasien, südwestliches Sibirien. In Europa nördlich bis ins mittlere Deutschland, westlich bis zum Rhein. Wächst bevorzugt auf trockenen, kalkhaltigen Lehm- oder Lößböden unter Gebüschen.[111]

Drogen: Inula-germanica-Kraut.

Inula-germanica-Kraut

Definition der Droge: Hinweise zu Definition und Anforderungen sind in der Literatur nicht enthalten. Die Droge ist nicht handelsüblich.

Stammpflanzen: *Inula germanica* L.

Inhaltsstoffe: s. Inhaltsstoffe von *I. germanica*.

Volkstümliche Anwendung und andere Anwendungsgebiete: Früher bei Kachexie, Skrofulose und Katarrh.[116] Die Anwendungsgebiete sind weder belegt noch plausibel.

Inula graveolens (L.) DESF.

Synonyme: *Cupularia graveolens* (L.) GREN. et GODR., *Dittrichia graveolens* (L.) W. GREUTER, *Erigeron graveolens* L., *Solidago graveolens* (L.) LAM.

Sonstige Bezeichnungen: Engl.: Cape khakiweed; span.: Olivardilla, olivardo.

Systematik: Nach Lit.[112] wird *I. graveolens* im Gegensatz zu Lit.[111] der Gattung Dittrichia W. GREUTER zugeteilt.

Botanische Beschreibung: Einjährige, 10 bis 50 cm hohe Pflanze, drüsig, unangenehm riechend, reich verzweigt. Blätter lanzettlich bis lineal, untere gezähnt, obere ganzrandig. Blüten 5 bis 10 mm breit. Blütenhülle kegelig. Äußere Hüllblätter krautig, innere strohig mit grünem Mittelstreifen. Kurze Randblüten, die Hülle kaum überragende Zunge. Achänen an beiden Enden verschmälert, behaart, oben drüsig. Pappushaare leicht abbrechend, am Grunde zu einem Ring verbunden.[111]

Inhaltsstoffe: Sesquiterpenlactone vom Guaianolid-[41] und vom Eudesman-Typ.[42,43]

Verbreitung: Mittelmeergebiet, in Frankreich bis zur Seine. Eingebürgert in Südafrika und Südaustralien.[111]

Drogen: Inula-graveolens-Kraut.

Inula-graveolens-Kraut

Definition der Droge: In der Literatur sind keine Angaben zu Definition und Anforderung zu finden. Die Droge ist nicht über den Handel verfügbar.

Stammpflanzen: *Inula graveolens* (L.) DESF.

Inhaltsstoffe: In den oberirdischen Pflanzenteilen wurden folgende Verbindungen nachgewiesen: Sesquiterpensäuren mit Selinangrundstruktur, darunter 0,1 % Ilicinsäure;[16,42] Dihydroflavone mit Aromadendrin-, Taxifolin- oder Padmatin-Grundstruktur; Flavone mit Kämpferol- und Quercetin-Grundstruktur;[16,42] β-Sitosterol;[27] 0,02 % ätherisches Öl.[117]

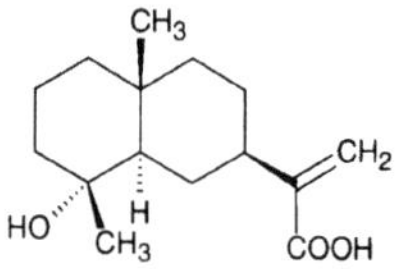

Ilicinsäure

Wirkungen: Für die behauptete diuretische Wirkung[44] gibt es keine experimentellen Belege.

Volkstümliche Anwendung und andere Anwendungsgebiete: Bei Steinleiden;[44] angeblich früher auch bei rheumatischen Erkrankungen, Asthma und Amenorrhöe.[16,116] Die Wirksamkeit bei den genannten Anwendungsgebieten ist nicht belegt.

Toxikologische Eigenschaften: Bei Schafen tritt nach Verzehr eine Enteritis mit teilweise tödlichem Ausgang auf. Nähere Angaben zum toxischen Prinzip und zur Dosis fehlen.[45]

Inula helenium L.

Synonyme: *Aster helenium* (L.) SCOP., *A. officinalis* ALL., *Corvisartia helenium* (L.) MÉRAT, *Helenium grandiflorum* GILIB.

Sonstige Bezeichnungen: Dt.: Brustalant, Darmwurz, Echter Alant, Edelwurz, Glockenwurz, Großer Heinrich, Helenenkraut, Odinskopf, Schlangenwurz; engl.: Elecampane, elfdock, ploughman's spikenard, scabwort; frz.: Aunée, inule, oeil de cheval; dän.: Alant; it.: Antivelano, elenio, enula campana, erbella; port.: Enula campana, inula campana; span.: Ala, astabaca, enula campana, helenio, hierba del moro.

Systematik: Unterarten sind nicht bekannt. Chromosomenzahl 2n = 20.[111]

Botanische Beschreibung: Pflanze ausdauernd, 80 bis 180 cm hoch. Wurzelstock kurz, gedrungen, mit kräftigen, bis zu 1 cm dicken und bis zu 50 cm langen Wurzeln. Stengel aufrecht, sehr kräftig, rundlich, grün, zuweilen purpur überlaufen, dicht kurzhaarig, mit weißem Mark. Laubblätter derb; Nerven unterseits hervortretend, feinere Nerven oberseits eingedrückt; Blätter oberseits zerstreut kurzhaarig, unterseits filzig mit ziemlich kurzen, aber sehr dichten Haaren, graugrün, ziemlich unregelmäßig fein bis doppelt gezähnt, Zähne mit knorpeligen Spitzen. Grundblätter und untere Stengelblätter breit-lanzettlich bis oval, spitz, am Grunde in einen oberwärts geflügelten Stiel verschmälert, Spreite 15 bis 25 cm breit und 40 bis 80 cm lang; mittlere Stengelblätter kleiner, oval, spitz, mit herzförmigem, kurz herablaufendem Grunde sitzend; obere Stengelblätter länglich, herzförmig, spitz, halbstengelumfassend sitzend. Blütenköpfchen 6 bis 7 cm breit, zahlreich, traubig angeordnet; Äste zuweilen mit seitlichen Blüten; obere Blüten oft doldentraubig, wobei die endständigen meist die seitlichen etwas überragen. Blütenhülle becherförmig, ohne die abstehenden Teile der Hüllblätter etwa 2 cm breit und 1,5 cm hoch. Hüllblätter mehrreihig, die äußeren hochblattartig, fast ganz krautig, länglich-dreieckig mit deutlicher Nervatur, 8 bis 10 mm breit, abstehend, außen filzig; mittlere Hüllblätter mit anliegendem, krautigem, am Rande häutigem unteren Teil und kleinerem dreieckigem, krautigem und abstehendem oberen Teil; innere Hüllblätter ganz häutig, unten strohfarben, oben bräunlich, länglich und oben spatelig erweitert, die innersten linealisch, kaum erweitert. Blütenköpfchenboden flach, schwach grubig, kahl. Blüten kräftig gelb. Randblüten weiblich, zahlreich, mit linealischer, etwa 2 mm breiter und 2 bis 3 cm langer Zunge. Scheibenblüten zwittrig, sehr zahlreich, röhrig. Achänen zylindrisch, vielrippig, 4 bis 5 mm lang, braun, kahl. Pappus undeutlich mehrreihig, 8 bis 10 mm lang, aus bräunlichen, feinen, rauhen, spröden Borsten. Blütezeit Juni bis Oktober.[46,111]

Verwechslungen: Nicht bekannt.

Inhaltsstoffe: Die oberirdischen Pflanzenteile von *I. helenium* sind nicht annähernd so gut untersucht wie die Wurzeln. In den Blüten kommen Quercetin, Quercetin-7-triglucosid und 3-Methylquercetin,[24] in den Blättern L-Inositol[114] und der Bitterstoff Alantopikrin[29,114] und in den oberirdischen Teilen die Sesquiterpenlactone 11(13)-Dehydroeriolin, 2α-Hydroxyalantolacton und 4α,5α-Epoxy-10α-14-*H*-inuviscolid[14] sowie Petaine[3] vor. Zu den Inhaltsstoffen der Wurzeln s. Helenii rhizoma.

Verbreitung: Ursprünglich ist *I. helenium* wahrscheinlich in Zentralasien heimisch.[111] Süd- und Südosteuropa, aus Hausgärten verwildert in Mitteleuropa bis Großbritannien und Norwegen, südliches Westsibirien, Vorder- und Zentralasien, Südostkanada und nördliche USA. Das Vorkommen in Europa, Kleinasien, Nordamerika sowie Japan ist entweder auf Einbürgerung oder Verwilderung ehemaliger Kulturen zurückzuführen.[46,47,111] Häufig an Uferbüschen, Wiesengräben, Weg- und Waldrändern und in Hecken anzutreffen.[46]

Anbaugebiete: Kleinere Anbauflächen in Nordholland, Belgien, Frankreich, Deutschland, dem ehemaligen Jugoslawien, Ungarn, Polen und den USA.[46-49]

Drogen: Helenii rhizoma, Inula helenium hom. *HAB34*, Inula helenium hom. *HPUS88*.

Helenii rhizoma (Alantwurzel)

Synonyme: Helenii radix, Radix Enulae, Radix Helenii, Radix Inulae, Rhizoma Helenii.

Sonstige Bezeichnungen: Dt.: Alantwurzel, Aletwurzel, Altwurzel, Brustalant, Darmwurz, Donavarwurzel, Edelherzwurzel, Fadenwurzel, Glokkenwurzel, Großer Heinrich, Handwurzel, Helenenkrautwurzel, Odinskopfwurzel, Oldwurzel, Schlangenwurz, Umlenkwurzel; engl.: Elecampane root, elfdock root; frz.: Racine d'aunée, rhizome d'aunée officinal.

Monographiesammlungen: Aunée (Inula helenium) *PFX*; Radix Helenii *Ned5*; Rhizoma Helenii *EB6*; Elecampane (Helenii rhizoma) *BHP90*.

Definition der Droge: Getrockneter, im Herbst von zwei- bis dreijährigen kultivierten Pflanzen gesammelter, zerkleinerter Wurzelstock mit den Wurzeln *PFX*, *EB6*, *BHP90*.

Stammpflanzen: *Inula helenium* L.

Herkunft: Die Droge stammt aus Kulturen und wird vorwiegend aus China, Rußland und Bulgarien importiert.[51] Ein geringer Anbau wird in Holland, Belgien, Frankreich, dem ehemaligen Jugoslawien, Ungarn, den USA sowie Bayern vorgenommen.[46-49]
Ausführliche Angaben zur Kultur und Ernte s. Lit.[52]

Gewinnung: Die Ernte erfolgt im Herbst,[49] da am Ende der Vegetationsperiode die höchsten Gehalte an ätherischem Öl auftreten.[117] Vor dem Trocknen werden die Wurzeln der Länge nach, seltener in Querscheiben zerschnitten, z. T. auch geschält und zum Trocknen an Fäden aufgehängt. Eine künstliche Trocknung kann bis zu einer Maximaltemperatur von 60 °C erfolgen, um den Verlust an flüchtigen Inhaltsstoffen gering zu halten.[46,53]

Handelssorten: Helenii radix *EB6* tota aut concisa.[54]

Ganzdroge: Stücke der ursprünglich bis zu 50 cm langen, bis zu 2,5 cm dicken, walzenförmigen, außen gelblichen oder graubraunen, innen bräunlichen, fleischigen Nebenwurzeln; daneben meist ca. 4 cm breite Längsstücke, seltener Querscheiben des gespaltenen, bis zu 10 cm langen und bis zu 5 cm dikken, mehrköpfigen, oben beringelten, außen graubraunen, längsrunzeligen Wurzelstockes. Häufig geschält. Gut getrocknet ist die Droge hart und spröde, feucht dagegen zäh.[118]

Schnittdroge: *Geruch.* Aromatisch.
Geschmack. Würzig-bitter.[46,51,55,118]
Makroskopisches Beschreibung. Graubraune, außen fein längsrunzelige, harte hornartige Stückchen; auf dem Querbruch eine dunkelbraune Kambiumlinie und ein harziges Glitzern durch die zahlreichen Sekretbehälter mit Kristallen. Radiäre Streifung im Querschnitt.[46,55,118]
Mikroskopisches Bild. Rhizomquerschnitt: Starke, bräunliche Korkschicht, darunter in dem dünnwandigen Parenchym der Mittelrinde ein Kreis aus rundlichen oder ovalen, bis zu 0,2 mm breiten Balsambehältern, deren Inhalt aus kleinen, nadelförmigen Kristallen besteht. Die Innenseite aus breiten, die gleichen schizogenen Balsambehälter aufweisenden Markstrahlen und engen, nur aus Siebröhren und Parenchym bestehenden Rindenstrahlen. Der durch ein breites, dunkles Kambium von der Rinde getrennte Holzkörper umschließt ein stark entwickeltes Mark. Im Holz breite Markstrahlen und schmale, aus Holzparenchym und radial angeordneten Gruppen von Gefäßen gebildete Holzstrahlen; Markstrahlen und Mark mit gleichen Sekretbehältern. Die Wurzel zeigt übereinstimmenden Bau, jedoch kein Mark, sondern an dessen Stelle verholzte, getüpfelte Ersatzfasern. Sämtliche Parenchymzellen enthalten Inulin, Stärkeklumpen fehlen.[116]

Pulverdroge: Die hellgraubraune Pulverdroge ist gekennzeichnet durch Parenchymzellen mit Inulinklumpen, durch rundliche oder ovale, 200 µm große Exkretbehälter, die häufig kleine, nadelförmige Alantolactonkristalle enthalten, durch Gefäßbruchstücke und durch bräunliche Korkzellen.[118]

Verfälschungen/Verwechslungen: Da die Droge aus Kulturen stammt, sind Verwechslungen in der Regel ausgeschlossen. Gelegentlich werden Verfälschungen mit Belladonnawurzel beobachtet, die, im Frühjahr gesammelt, äußerlich der Alantwurzel ähnelt und zudem zu diesem Zeitpunkt noch keine Stärke enthält.[46,51,53,118] s. a. Reinheit.

Inhaltsstoffe: *Ätherisches Öl,*[117] *Terpene und Wachse.* 1 bis 3 % äth. Öl (Wasserdampfdestillation), nach anderen Angaben bis zu 5 %;[56,57] der Gehalt schwankt in Abhängigkeit von der Vegetationsperiode, wobei der höchste Gehalt im Herbst gemessen wird.[117] Davon besteht der größte Teil aus Sesquiterpenlactonen des Eudesmanolidtypus: Bis zu 2 % Alantolacton, bis zu 2,7 % Isoalantolacton, daneben geringe Mengen Dihydroisoalantolacton, Dihydroalantolacton und Tetrahydroalantolacton.[56,57] Das Gemisch dieser Alantolactonderivate wird u. a. in der älteren Literatur auch als Helenin, Alantcampher oder ebenfalls als Alantolacton bezeichnet;[119] Spuren weiterer Eudesmanolide;[58] β-Elemen;[117] Nonacosan;[59] Petaine;[12] Phytomelane;[114] 8,9-Epoxy-10-isobutyryloxythymolisobuyrat;[51] Friedelin;[7] β- und γ-Sitosterol, β-Sitosterolglucosid,[59,60] Stigmasterol[117] sowie Dammarandienol und dessen Acetat;[51,59,60] Harze und Wachse.[53]

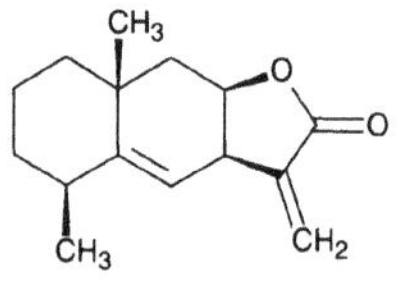

Alantolacton

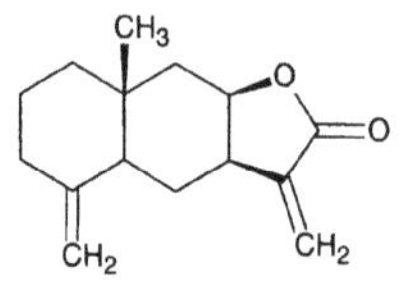

Isoalantolacton

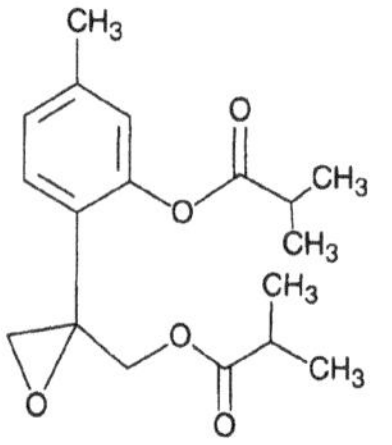

8,9-Epoxy-10-isobutyryloxythymolisobutyrat

Polysaccharide. Pectine[53] und bis zu 44 % Inulin,[61] dessen Name sich von *I. helenium*, aus dessen Rhizom es bereits 1804 von Apotheker Rose isoliert worden ist, ableitet.[113] Weitere Polyfructosane, auch "Inulide" genannt, sind als jahreszeitlich auftretende, enzymatische Abbauprodukte des genuinen Reservepolymers zu betrachten.[46,53]

Zubereitungen: Alantwurzelextrakt (Extractum Helenii) *EB 6*: Alkoholisch-wäßriger, viskoser, brauner Extrakt, der sich in Wasser trübe löst. Herstellung: 2 Teile gepulverte Wurzeldroge, 6 Teile Ethanol 90 % (*V/V*), 9 Teile Wasser.
Alantcampher *Mar 29*, s. Inhaltsstoffe.

Identität: Mikrochemisch: In den Parenchymzellen finden sich Inulinklumpen, die sich mit 1-Naphthol-Schwefelsäurereagenz nachweisen lassen bzw. beim Betupfen mit Ethanol Sphärokristalle bilden.[51,53,55] Alantolacton läßt sich mit einer 1 %igen Lösung von *p*-Dimethylaminobenzaldehyd in konz. Schwefelsäure bzw. mit einer 1 %igen Lösung von Vanillin in konz. Schwefelsäure direkt in der Wurzel nachweisen. Es entsteht eine orangebraune bzw. violettrote Färbung.[117]
DC des durch Wasserdampfdestillation gewonnenen ätherischen Öls:[51]
- Referenzsubstanz: Thymol;
- FM: Toluol-Ethylacetat (97 + 3);
- Detektion: Besprühen mit 5 %iger ethanolischer Schwefelsäure und anschließend mit 1 %iger Vanillinlsg. in Ethanol, erhitzen auf 105 °C, Auswertung im Vis;
- Auswertung: Thymol erscheint als rote Zone bei einem Rf-Wert von ca. 0,5. Die Untersuchungslösung zeigt in diesem Bereich eine intensive rot- bis blauviolette Zone. Etwas unterhalb kann zusätzlich eine rotviolette Zone sichtbar sein. Oberhalb der Hauptzone liegen 2 schwächere violette Zonen, an der Fließmittelfront ist eine violette Zone sichtbar.

Nach *BHP 90* wird ein methanolischer Extrakt mit Aescin als Referenzsubstanz dünnschichtchromatographisch untersucht.
Nach *PF X* wird Inulin nach saurer Hydrolyse als Fructose und Glucose dünnschichtchromatographisch nachgewiesen.

Reinheit: *Droge.*
- Asche: Höchst. 6% *PFX, EB6*; 7% *Ned5*; 8% *BHP90.*
- Säureunlösliche Asche: Höchst. 1% *BHP90.*
- Fremde Bestandteile: Höchst. 2% *PFX, BHP90.*
- Trocknungsverlust: Höchst. 14% *BHP90.*
- Wasserlösliche Extraktivstoffe: Mind. 27% *BHP90.*

Verfälschungen kommen mit der Wurzeldroge von *Atropa bella-donna* vor (s.a. Verfälschungen/Verwechslungen).[46,51,53] Wird diese im Frühjahr geerntet, so ist – wie bei *I. helenium* – keine Stärke enthalten, die mit der Iodstärke-Probe nachgewiesen werden könnte. Alantwurzel färbt sich mit dem Iodstärke-Reagenz gelblich. Eine mikroskopische Unterscheidung ist durch die bei *Atropa bella-donna* fehlenden Exkretbehälter und die vorhandenen, bei *I. helenium* aber fehlenden, Kristallsandzellen möglich.[46]
Chemische Nachweise der Verfälschung beruhen auf Farbreaktionen der Belladonnaalkaloide:
- Das DC des methanolischen Extraktes zeigt bei Anwesenheit von Belladonnaalkaloiden nach Detektion mit 10%iger Kaliumhydroxidlösung bei einem Rf-Wert von 0,02 eine bei 365 nm blaugrün fluoreszierende Zone. Nachweisgrenze: 0,5% Belladonnawurzel.[51]
- Ein ammoniakalischer Extrakt zeigt eine positive Vitali-Reaktion[53] bzw. eine positive Dragendorff-Probe *PFX.*

Gehalt: Mindestgehalt an ätherischem Öl 1,8% *EB6.*

Gehaltsbestimmung: Durch Wasserdampfdestillation der Droge *EB6*. Die Einzelkomponenten des ätherischen Öls durch GC.[56,57]

Lagerung: Vor Licht und Feuchtigkeit geschützt *PFX*; vor Licht und Feuchtigkeit geschützt in einem gut verschlossenen Behältnis *BHP90*. Die trockene Lagerung ist wichtig, weil die Droge hygroskopisch ist und in feuchtem Zustand leicht von Schimmelpilzen befallen wird.[46] Von einer Lagerung in Kunststoffbehältern ist wegen des ätherischen Ölgehaltes abzusehen.[51]

Wirkungen: *Antimikrobielle Wirkung.* Die antimikrobielle Wirkung beruht in erster Linie auf dem Gehalt an Sesquiterpenlactonen. Der Petrolätherauszug der Droge (Helenin) hat *in vitro* folgende minimalen Hemmkonzentrationen: 10 bis 400 µg/mL bei gramnegativen, 100 bis 800 µg/mL bei grampositiven Bakterien, 200 bis 750 µg/mL bei Hefen und 50 bis 500 µg/mL bei Dermatophyten. Resistente Stämme werden nicht beobachtet.[62,63]
Bei *Fusarium solani* liegt die fungistatische Aktivität von Alantolacton bei 100 bis 200 µg/mL *in vitro.* Sporenbildung und Glucoseeinbau in Makromoleküle kommen ab einer Konzentration von 400 µg/mL zum Erliegen.[64,65]
Anthelminthische Aktivität. Ein konzentrierter wäßriger Extrakt (Droge-Extrakt-Verhältnis 1:1) führt *in vivo* bei infizierten Kaninchen nach p.o. Applikation (3 mL, 2mal täglich, 30 Tage) zu einem 50%igen Rückgang der Eibildung von *Clonorchis sinensis.*[66] Die Wirkung ist an die intakte Sesquiterpenlactonstruktur gebunden, wobei eine Erregung der Wurmmuskulatur beobachtet wird.[46,53] Am Schweineascariden tritt keine vermicide Wirkung auf. 0,2 g Helenin pro Tier wirken bei Spul- und Bandwürmern von Katzen vermifug.[46]
Antitumorale Wirkung. Alantolacton und Isoalantolacton hemmen *in vitro* das Wachstum einer menschlichen Lungencarcinomzellinie ab einer Konzentration von 50 µg/mL zu 100%.[67]
Ein nicht näher spezifizierter Extrakt hat i.p. (20 bis 160 mg/kg KG, verschiedene Applikationsintervalle) an verschiedenen transplantierten Sarcomen der Ratte eine hemmende Wirkung auf das Tumorwachstum bei geringer Toxizität.[68]
Blutgerinnung. Helenin (2 bis 10 mg/kg KG, s.c.) bzw. ein wäßriger Extrakt (genaue Angaben zur Konzentration fehlen, i.p.) verkürzen bei Ratten und Kaninchen die Gerinnungszeit.[69] *In vitro* führt der Extrakt zu einer Koagulation oxalatbehandelten Plasmas und aktiviert Thromboplastin.[70]
Darmmuskulatur. Helenin bzw. Alantolacton führen am isolierten Kaninchendarm ab einer Konzentration von 0,04 bzw. 0,01 mg/mL zu einer völligen Lähmung der Spontankontraktion.[46]
Für die behauptete cholagoge Wirkung[47] gibt es keine gesicherten experimentellen Belege.

Volkstümliche Anwendung und andere Anwendungsgebiete: Innerliche Anwendung bei Verdauungsstörungen, Menstruationsbeschwerden, Infektionen der ableitenden Harnwege, bei Erkrankungen der Atemwege wie Bronchialkatarrh, Keuchhusten und Reizhusten sowie Bronchitis als Expectorans, bei Herzbeschwerden, Erkältung, Kopfschmerzen sowie Wurmbefall. Äußerlich als Umschlag bei Exanthemen und Infektionen der Haut.[29,47,50,51,71–77,120]
Die Wirksamkeit bei den genannten Anwendungsgebieten ist nicht belegt. Wegen des Allergierisikos wird die Anwendung nicht befürwortet.[50]

Dosierung und Art der Anwendung: *Droge.* Mittlere perorale Einzelgabe 1 g.[118] 1 Teelöffel geschnittener Droge mit 1 Tasse heißem Wasser übergießen, nach 10 min abseihen, mehrmals täglich 1 Tasse trinken.[51,78] Aufguß als Kompresse auf die erkrankte Hautstelle auflegen.[75] *Zubereitung.* Extractum Helenii: Mittlere perorale Einzelgabe 0,5 g.[118]

Unerwünschte Wirkungen: *Allergische Wirkungen.* Sesquiterpenlactone, bei *I. helenium* konzentrationsbedingt in erster Linie Alantolacton und Isoalantolacton, lösen Kontaktallergien aus.[79,80] Alantolacton bzw. Helenin dienen als Indikator für eine Compositenallergie, da etwa 50% der Compositenallergiker Kreuzreaktion mit diesen Sesquiterpenlactonen ab einer Grenzkonzentration von 1% zeigen.[80] Das Auftreten von Allergien führte neben der umstrittenen Wirksamkeit zur negativen Bewertung durch die Kommission E am BGA.[50]
Fallberichte existieren zu durch *I. helenium* und Helenin ausgelösten Kontaktdermatitiden[81–83] bzw. Kontakstomatitiden.[84] Die Sensibilisierungspotenz wird als stark, die Häufigkeit als gelegentlich eingeschätzt.[80] Für Alantolacton kann gezeigt werden, daß es als Hapten an Hautproteine bindet. Das ge-

bildete Addukt kann Kreuzreaktion gegenüber Verbindungen mit einer α-Methylen-γ-Lactonstruktur induzieren.[51] Eine solche Adduktbildung ist z.B. über eine Michael-analoge Reaktion der elektrophilen Enongruppe des Alantolactons mit Sulfhydrylgruppen der Hautproteine möglich.[79,85] *Verdauungstrakt.* Schleimhautreizung.[51]

Gegenanzeigen/Anwendungsbeschr.: Bekannte Allergie gegen Alant und andere Compositen.

Tox. Inhaltsstoffe u. Prinzip: Untersuchungen über das toxische Prinzip existieren nicht. Es ist aber davon auszugehen, daß die reaktive Gruppe der Sesquiterpenlactone durch Reaktionen mit Bionucleophilen, z.B. Sulfhydrylgruppen von Enzymen, für die toxische Wirkung verantwortlich ist.[79]

Akute Toxizität: *Mensch.* Nach größerer Gabe von Alantolactonen oder Überdosierung der Wurzel Nausea, Vomitus, Diarrhöe, Magenschmerzen, vereinzelt eitrige Ausschläge.[46,71,121] Genaue Mengenangaben liegen in der Literatur nicht vor. *Tier.* Nach parenteraler Applikation von Helenin Asphyxie, Lähmungen, Konvulsionen und Erbrechen.[46]

Immuntoxizität: Der Etherextrakt hat ein starkes Sensibilisierungspotential; die Häufigkeit wird als gelegentlich beschrieben. Für diese Sensibilisierungen sind die Sesquiterpenlactone verantwortlich.[80]

Toxikologische Daten: *LD-Werte.* Die LD für Helenin beträgt p.o. 1,2 g/kg KG, Kaninchen.[46] *Pflanzengiftklassifizierung.* Praktisch ungiftig.[121]

Akute Vergiftung: *Erste Maßnahmen.* Als unspezifische Maßnahmen werden Magenspülung, Kohlepulver und Natriumsulfat empfohlen.[121]

Sonst. Verwendung: *Kosmetik.* Alantextrakte werden trotz des bekannten Sensibilisierungspotentials in der Biokosmetik zur Behandlung von Akne, Ekzemen und zur Schönheitspflege empfohlen.[80]

Gesetzl. Best.: *Offizielle Monographien.* Negativmonographie der Kommission E am BGA "Helenii radix (Alantwurzel)".[50]

Inula Helenium hom. *HAB 34*

Sonstige Bezeichnungen: Dt.: Alant.

Monographiesammlungen: Inula Helenium *HAB 34.*

Definition der Droge: Frische Wurzel.

Stammpflanzen: *Inula helenium* L.

Zubereitungen: Essenz nach §3 *HAB 34*; Eigenschaften: Die Essenz ist von goldgelber Farbe, angenehmem, schwach aromatischem Geruch und bitterem, zusammenziehendem Geschmack.
Urtinktur und flüssige Verdünnungen nach *HAB 34*, Vorschrift 3a.[86]
Darreichungsformen: Urtinktur, flüssige Verdünnungen, Tabletten, Verreibungen, Streukügelchen sowie flüssige Verdünnungen zur Injektion.[86]

Identität: *Essenz.* Trübe Mischung nach Zusatz gleicher Raumteile Wasser; Natronlauge ruft gelbe Färbung hervor; Reduktion von Fehlingscher Lösung.
Urtinktur. Ein Zusatz von konzentrierter Schwefelsäure führt zu einer weinroten bis braunen Verfärbung.[87]

Gehalt: *Urtinktur.* Arzneigehalt $^1/_3$.

Anwendungsgebiete: Die Anwendungsgebiete entsprechen dem homöopathischen Arzneimittelbild. Dazu gehören: Chronischer Husten, Magengeschwüre, Ausfluß.[86]

Dosierung und Art der Anwendung: *Zubereitung.* Akute Zustände: Jede halbe bis ganze Stunde je 5 Tropfen oder 1 Tablette oder 10 Streukügelchen oder eine Messerspitze Verreibung einnehmen; parenteral 1 bis 2 mL bis zu dreimal täglich s.c. injizieren.
Chronische Zustände: Ein- bis dreimal täglich je 5 Tropfen oder 1 Tablette oder 10 Streukügelchen oder 1 Messerspitze Verreibung einnehmen; parenteral 1 bis 2 mL täglich s.c. injizieren.[86]

Unerwünschte Wirkungen: Nicht bekannt. Hinweis: Es können vorübergehend Erstverschlimmerungen vorkommen, die jedoch unbedenklich sind.[86]

Gegenanzeigen/Anwendungsbeschr.: Bekannte Allergie gegen Alant und andere Compositen.[86]

Wechselwirkungen: Nicht bekannt.[86]

Gesetzl. Best.: *Offizielle Monographien.* Aufbereitungsmonographie der Kommission D am BGA "Inula helenium".[86]

Inula helenium hom. *HPUS 78*

Synonyme: Elecampane.

Monographiesammlungen: Inula helenium *HPUS 78.*

Definition der Droge: Frische Wurzel.

Stammpflanzen: *Inula helenium* L.

Zubereitungen: *Urtinktur.* Herstellung durch Mazeration oder Perkolation der frischen oder getrockneten Droge mit EtOH nach den allg. Zubereitungsvorschriften (Class C) der *HPUS 78.* Ethanolgehalt 65 % (*V/V*).

Gehalt: *Urtinktur.* Arzneigehalt $^1/_{10}$.

Inula japonica Thunb.

Synonyme: *I. britannica* L. var. *japonica* (Thunb.) Fr. et Sav.

Systematik: *I. japonica* Thunb. gilt als Varietät von *I. britannica.*[28]

Verbreitung: Japan, Korea, Mandschurei, China.[28]

Drogen: Inulae flos.

Inulae flos

s. unter *Inula britannica*.

Inula racemosa HOOKER f.

Botanische Beschreibung: 0,3 bis 1,5 m hohe Pflanze mit kräftigem, rauhem, gerilltem Stengel. Blätter ledrig, oberseits rauh, unterseits dicht behaart, zakkig gekerbt. Basale Blätter 20 bis 45 cm lang und 12,5 bis 20 cm breit, langstielig, elliptisch. Stengelblätter länglich, halb den Stengel umfassend, oft tief an der Basis gelappt. Blüten zahlreich, 4 bis 5 cm im Durchmesser. Äußere Hüllblätter breit, dreizipfelig, zurückgebogen; innere Hüllblätter linear, spitz zulaufend. Dünne, 1,3 cm lange Zungenblüten. Achänen 4 mm lang, haarlos. Pappus 8 mm lang, rötlich.[88]

Inhaltsstoffe: Sesquiterpenlactone: Alloalantolacton, Isoalantolacton, Alantolacton,[10] Alantodien, Isoalantodien,[89] Germacranolide wie Inunolid und Dihydroinunolid;[90] oxidierte Sesquiterpenlactone: Die Sesquiterpenlactonaldehyde Inunal und Isoinunal[91] sowie Epoxy- und Perhydroxyalantolide,[92] (–)-Dammaran-20,24-dien-3-β-acetat.[93]
2,6 % ätherisches Öl in den Wurzeln[117] mit einem Anteil von 60 % Sesquiterpenen, davon 22 % Heptadeca-1,8,11,14-tetraen, 4 % β-Elemen, ca. 6 % α-Jonon und ca. 2 % β-Jonon.[94]

Verbreitung: Gemäßigte und alpine Zonen des westlichen Himalaya, z. B. Kaschmir,[88,94] dort an den Rändern von Getreidefeldern.[95]

Anbaugebiete: In geringem Umfang Anbau in Kaschmir.[95,96]

Drogen: Inula-racemosa-Wurzel.

Inula-racemosa-Wurzel

Sonstige Bezeichnungen: In Indien: Mano.

Definition der Droge: Die zur Blütezeit (September bis Oktober) von mindestens 3 Jahre alten Pflanzen gesammelten frischen oder in kleine Stücke geschnittenen und in der Sonne getrockneten Wurzeln.[95,96]

Stammpflanzen: *Inula racemosa* HOOKER f.

Handelssorten: Die Droge ist nicht über den Handel verfügbar.

Ganzdroge: *Geruch.* Süß, bisweilen campherartig. *Geschmack.* Bitter.[96]
Unregelmäßig geformt, 20 bis 25 cm lang und bis zu 5 cm im Durchmesser. Außen braungefärbt, innen gelblich.[96] Außer bei Lit.[96] ist die Droge in der Literatur nicht näher beschrieben.

Verfälschungen/Verwechslungen: Verfälschungen werden mit *Saussurea lappa* C. B. CLARKE beobachtet. Eine Unterscheidung ist dünnschichtchromatographisch nach Detektion mit Schwefelsäure möglich (genauere DC-Angaben fehlen): Grüne und purpurfarbene Zonen bei *Saussurea lappa*, braune Zonen bei *Inula racemosa*.[96]

Inhaltsstoffe: 1,3 bis 2,6 % ätherisches Öl. Im Petrolätherextrakt (5,7 bis 6,2 %) Alantolacton, Isoalantolacton, die korrespondierenden Dihydroderivate und Inunolid.[96]

Wirkungen: *Antimikrobielle Aktivität.* Der Hexanextrakt aus der Wurzel wirkt *in vitro* ab einer Konzentration von 8 µg/mL bei Trichophyton-, Microsporum-, Candida- und Aspergillus-Arten fungistatisch.[97]
Herz-Kreislauf-Aktivität. Das Drogenpulver der Wurzel verhindert bei Patienten (n = 9, männlich, 40 bis 60 Jahre) mit ischämischem Herzen – der Grad der Ischämie ist nicht näher beschrieben – nach peroraler Gabe von 3 g im EKG nach 90 min eine ST-Streckensenkung.[98] Der Petroletherauszug der Wurzel wirkt *in vitro* am Froschherz negativ inotrop und negativ chronotrop (200 µg/Herz), bei hoher Dosierung tritt Herzstillstand ein. Es wird eine β-blockierende Wirkung angenommen. Bei Ratten sinken nach peroraler Applikation des Petrolätherextraktes (400 mg/kg KG) der Plasmaglucosespiegel sowie die Insulinkonzentration.[99] Am Kaninchen ist eine Beeinflussung der Prostaglandin E-Konzentration der Aorta nach oraler Gabe der Pulverdroge (500 mg pro Tier) feststellbar.[100] An der Ratte kann ein durch Isoprenalingabe ausgelöster Myocardinfarkt durch Vorbehandlung mit Drogenpulver (60 mg/kg KG) verhindert werden.[101]

Volkstümliche Anwendung und andere Anwendungsgebiete: Als Expectorans bei Erkrankungen der Luftwege,[88,94] bei Herz-[101] und Atembeschwerden,[99] bei Spasmen, Asthma, Bronchitis und Schluckbeschwerden sowie als Anthelminthicum bei Wurmbefall.[96] Die Wirksamkeit der Droge bei den genannten Indikationen ist nicht ausreichend belegt. Die Anwendung bei Angina pectoris[98] bedarf weiterer klinischer Überprüfung.

Dosierung und Art der Anwendung: *Droge.* 3 g peroral.[98]

Inula viscosa (L.) AITON

Synonyme: *Dittrichia viscosa* L., *Erigeron viscosa* L., *Solidago viscosa* BROT.

Sonstige Bezeichnungen: Dt.: Klebriger Alant; span.: Altabaca, hierba mosquera, olivarda; port.: Tagueda, taveda.

Systematik: Nach Lit.[112] wird *I. viscosa* im Gegensatz zu Lit.[111] der Gattung Dittrichia W. GREUTER zugeteilt. Es existieren die Unterarten ssp. *revoluta* und ssp. *viscosa*.

Botanische Beschreibung: Drüsig-klebrige, perennierende, 40 bis 130 cm hohe Pflanze. Stengel an der Basis hölzern. Blätter 3 bis 7 cm lang, linealisch bis länglich-lanzettlich, spitz, wenig gezähnt. Blüten

6 bis 8 mm Durchmesser; äußere Hüllblätter linear-lanzettlich, spitz, 1 bis 2 mm lang und 0,5 bis 0,7 mm breit, innere Hüllblätter 6 bis 8 mm lang und 0,6 bis 0,8 mm breit. Zungenblüten 10 bis 12 mm lang, die Blütenhülle überragend. Achänen haarig, 2 mm lang, Pappus mit ca. 15 Borsten. Ssp. *viscosa* mit aufrechtem Stengel, Blätter länglich-lanzettlich, flachrandig; ssp. *revoluta*: Stengel am Boden liegend, Blätter linear, am Rande eingerollt. Harziger Geruch.[111,112]

Inhaltsstoffe: Flavonoide: Hispidulin,[21] Quercetinderivate, z. B. 3,3'-Dimethoxyquercetin,[3,102] Kämpferolderivate, z. B. 2*R*,3*R*-Dihydro-7-methoxy-kämpferol,[102] Naringenin, Taxifolin;[23,25,26] Sesquiterpensäuren mit Eudesmangrundgerüst, z. B. 12-Carboxyeudesman-3,11,(13)-dien;[15,17,103] Thymolderivate;[5] Petaine; Sesquiterpenlactone, z. B. 2-Desacetoxyxanthinin und Inuviscolid; 3-*β*-Acetoxydammaran-20,24-dien;[3,5,15,17,103,104] Myristin-, Palmitin-, Stearin- und Linolsäure sowie Aminosäuren und Glucose, Fructose und Saccharose;[105] 4-Taraxasterolacetat;[6] 0,01 % ätherisches Öl mit 1,4-Dimethylazulen, Cineol und Paraffin.[117]

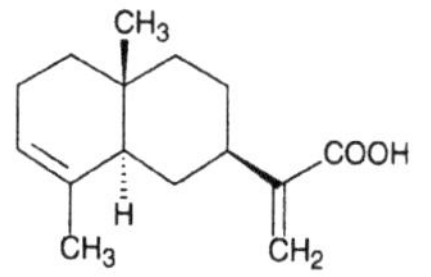

12-Carboxyeudesman-3,11(13)-dien

$H_3C-(C{\equiv}C)_5-HC=CH_2$

Petain

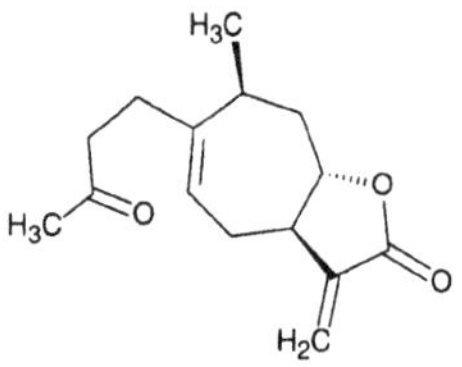

2-Desacetoxyxanthinin

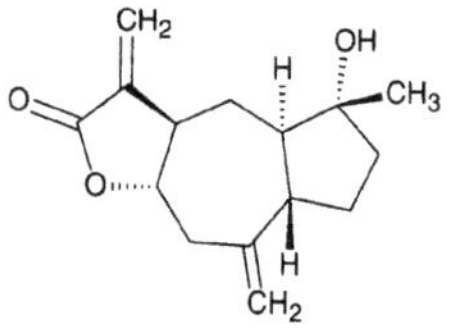

Inuviscolid

Verbreitung: Mittelmeergebiet.[112]

Drogen: Inula-viscosa-Kraut.

Inula-viscosa-Kraut

Definition der Droge: Nähere Angaben zu Definition und Anforderungen der Droge finden sich in der Literatur nicht. Die Droge ist nicht über den Handel verfügbar.

Stammpflanzen: *Inula viscosa* (L.) AITON

Inhaltsstoffe: s. Inhaltsstoffe von *I. viscosa*.

Wirkungen: *Antimikrobielle Aktivität.* 12-Carboxyeudesman-3,11(13)-dien, eine aus *I. viscosa* isolierte Sesquiterpensäure, hat *in vitro* eine fungistatische Aktivität bei Trichophyton-, Epidermatophyton-, Microsporum- und Candida-Arten sowie eine antibakterielle Aktivität bei verschiedenen grampositiven und gramnegativen Bakterien ab 5 mg/mL.[103]

Anthelminthische Aktivität. Die oberirdischen Pflanzenteile haben *in vitro* und *in vivo* anthelminthische Aktivität bei *Syphacia obvelata*, *Hymenolepsis nana* var. *fraterna* und *Fasciola hepatica*, die auf den Sesquiterpensäuregehalt zurückgeführt wird. Die wirksame Grenzkonzentration von Sesquiterpensäuren beträgt *in vitro* 0,1 bis 1 mg/mL. *In vivo* führt die einmalige perorale Applikation von Sesquiterpensäuren (400 mg/kg KG, Maus) zu einer totalen Wurmfreiheit bei 50 % der Tiere.[106]

Volkstümliche Anwendung und andere Anwendungsgebiete: Bei offenen Wunden, zur Hygiene, bei Spasmen, Hautleiden und Warzen sowie bei rheumatischen Schmerzen;[107] bei Wurmbefall,[29,106] bei Malaria und Infektion der ableitenden Harnwege;[108] bei Fieber und Tumoren.[116] Die Wirksamkeit der Droge bei diesen Indikationen ist nicht ausreichend belegt.

Unerwünschte Wirkungen: *Allergische Wirkungen.* Kontaktdermatitis; experimentell kann gezeigt werden, daß dabei Inuviscolid und 2-Desacetoxyxanthinin (0,1 % in Vaseline) als Auslöser fungieren. Kreuzreaktionen treten mit Alanto- und Isoalantolacton auf. Die Sensibilisierungspotenz wird als stark eingeschätzt.[80,109,110]

Toxikologische Daten: *LD-Werte.* Toxikologische Daten existieren lediglich zu 12-Carboxyeudesman-3,11(13)-dien: LD_{50}: 200 mg/kg KG i.p. bei Mäusen; 1.000 mg/kg KG p.o. Der Tod tritt durch Atemstillstand ein.[103]

Sonst. Verwendung: *Haushalt.* Das ätherische Öl wird als Mittel gegen Insekten und Pflanzenschädlinge verwendet.[117] Das frische Kraut wird auf Euböa dem Wein zugesetzt, um ihm einen harzigen Geschmack zu verleihen.[117]

1. Bohlmann F, Maniruddin A, Jakupovic J (1982) Phytochemistry 21:780–782
2. Bohlmann F, Zdero C (1977) Phytochemistry 16:1.243–1.245
3. Bohlmann F, Czerson H, Schöneweiß S (1977) Chem Ber 110:1.330–1.334
4. Metwally MA, Dawidar AM (1985) Phytochemistry 24:1.377–1.378
5. Shtacher G, Kashman Y (1971) Tetrahedron 27:1.343–1.349
6. Öksüz S (1976) Planta Med 29:343–345
7. Chandler RF, Hooper SH (1979) Phytochemistry 18:711–724
8. Adekenov SM, Budesinsky M, Abdikalkov MA, Turdybekov CM, Saman D, Bloszyk E, Drozdz B, Holub

M (1990) Collect Czech Chem Commun 55:1.568–1.579
9. Bloszyk E, Budesinsky M, Daniewski WM, Peskova E, Drozdz B, Holub M (1990) Collect Czech Chem Commun 55:1.562–1.567
10. Bhandari P, Rastogi RP (1983) Indian J Chem 22B:286–287
11. Bohlmann F, Ates N, Grenz M (1982) Phytochemistry 21:1.166–1.168
12. Bohlmann F, Mahanta PK, Jakupovic J, Rastogi RC, Natu AA (1978) Phytochemistry 17:1.165–1.172
13. Topcu G, Öksüz S (1990) Phytochemistry 29:3.666–3.667
14. Vajs V, Jeremic D, Milosavljevic S, Macura S (1989) Phytochemistry 28:1.763–1.764
15. Ulubelen A, Öksüz S, Gören N (1987) Phytochemistry 26:1.223–1.224
16. Fardella G (1979) Fitoterpia 50:3–4
17. Barbetti P, Chiappini I, Fardella G, Menghini A (1981) Planta Med 41:471
18. Pelletier SW, Joshi BS, Desai HK (1985) Techniques for isolation of alkaloids. In: Vlietnick AJ, Dommisse RA (Hrsg.) Advances in medicinal plant research, Wissenschaftliche Verlagsgesellschaft, Stuttgart, S. 173–193
19. Schneider G (1990) Arzneidrogen: ein Kompendium für Pharmazeuten, Biologen und Chemiker, BI-Wissenschaftsverlag, Mannheim Wien Zürich, S. 255
20. Krolikowska M, Wolbis M (1979) Acta Pol Pharm 36:395
21. Abdalla S, Abu-Zarga M, Afifi F, Al-Khalil S, Sabri S (1988) Gen Pharmac 19:559–563
22. Baruah NC, Sharma RP, Thyagarajan G, Herz W, Govindan SV (1979) Phytochemistry 18:2.003–2.006
23. Grande M, Piera F, Cuenca A, Torres P, Bellido IS (1985) Planta Med 51:414–419
24. Kowalewska K, Lutomski J (1978) Herba Polon 24:107–113
25. Öksuz S (1977) Planta Med 31:270–273
26. Taillade C, Susplugas P, Balansard G (1980) Plan Méd Phytothér 14:26–28
27. Souleles C, Philianos S (1979) Fitoterapia 50:251–254
28. Ohwi J (1965) Flora of Japan, Smithsonian Institution, Washington D.C., S. 861
29. Hoppe HA (1975) Drogenkunde, 8. Aufl., Bd. 1, Walter de Gruyter, Berlin, S. 607–608
30. Ito K, Iida T (1981) Phytochemistry 20:271–273
31. Pyrek J (1977) Roczniki Chemii Ann Soc Chim Polon 51:1.277–1.278
32. Dombrowicz E, Greiner M (1968) Farm Pol 24:471–474
33. Öksuz S, Topcu G (1987) Phytochemistry 26:3.082–3.084
34. Nikaido T, Ohmoto T, Noguchi H, Kinoshita T, Saitoh H, Sankawa U (1981) Planta Med 43:18–23
35. Minshi Z (1989) J Trad Chin Med 9:113–116
36. Berger F (1954) Handbuch der Drogenkunde, Bd. 4, Wilhelm Maudrich, Wien, S. 175–176
37. Berger F (1950) Handbuch der Drogenkunde, Bd. 2, Wilhelm Maudrich, Wien, S. 116–118
38. Font Quer P (1962) Plantas medicinales, Editorial Labor S. A., Barcelona Madrid Buenos Aires Rio de Janeiro Mexico Montevideo, S. 787
39. Ulbrich M, Lorenz H, Rittenbach P, Rossow N, Voigt O (1966) Montsh Veterinaermed 21:896–902
40. Bohlmann F, Baruah RN, Jakupovic J (1985) Planta Med 51:261–262
41. Chiappini I, Fardella G (1980) Fitoterapia 51:161–162
42. Öksuz S, Topcu G (1992) Phytochemistry 31:195–197
43. Stagno d'Alcontres G, Gattuso M, Aversa MC, Caristi C (1973) Gaz Chim Ital 103:239–246
44. Kritikar KR, Basu BD, An ICS (1988) Indian Medicinal Plants, 3. Aufl., Bd. II, Nachdruck, International Book Distributors, Dehradun (Indien), S. 1.352
45. Schneider DJ, Du Plessis JL (1980) J South Afr Vet Ass 51:159–161
46. Auster F, Schäfer J (1955) Arzenipflanzen. Inula helenium L., VEB Georg Thieme, Leipzig
47. Madaus G (1938) Lehrbuch der Biologischen Heilmittel, Bd. II, Georg Thieme, Leipzig, S. 1.619–1.626
48. Bomme U (1990) Dtsch Apoth Ztg 130:495–501
49. Ebert K (1982) Arznei- und Gewürzpflanzen, Wissenschaftliche Verlagsgesellschaft, Stuttgart, S. 52
50. BAz Nr. 85 vom 05.05.1988
51. Willuhn G (1989) Alantwurzelstock. In: Wichtl M (Hrsg.) Teedrogen, 2. Aufl., Wissenschaftliche Verlagsgesellschaft, Stuttgart, S. 45–47
52. Heeger EF (1956) Handbuch des Arznei- und Gewürzpflanzenbaues – Drogengewinnung, Deutscher Bauernverlag, Berlin, S. 430–435
53. Berger F (1960) Handbuch der Drogenkunde, Bd. 5, Wilhelm Maudrich Verlag, Wien Bonn Bern, S. 180–185
54. Müggenburg P (1991) Katalog der Firma Müggenburg, S. 52
55. Hörhammer L (1970) Teeanalyse, 3. Aufl., Springer, Berlin Heidelberg New York, S. 58
56. Rosik GH, Zinchencho A, Reznichenko A, Kovalev I (1987) Khim Farm Zh 21:632–634
57. Zinchenko V, Khvorost P, Bakai S, Tarusin A, Kravchina T (1983) Rastit Res 19:544–548
58. Kashman Y, Lavie D, Glotter E (1967) Israel J Chem 5:23–27
59. Olechnowicz-Stepien W, Rzadkowska-Bodalska H (1969) Dissert Pharm Pharmacol 21:337–340
60. Olechnowicz-Stepien W, Rzadkowska-Bodalska H, Grimshaw J (1975) Rodzniki Chemii Ann Soc Chim Polon 49:849–851
61. Gorunovic M, Lukic P, Djordjevic S, Stosic D (1988) Herba Hung 27:61–65
62. Kowalewski Z, Kedzia W, Koniar H (1976) Arch Immunol Ther Exp 24:121–125
63. Petkov V (1986) J Ethnopharmacol 15:121–132
64. Wahab S, Lal B, Jacob Z, Pandey VC, Srivastava OP (1979) Mycopathologia 68:31–38
65. Wahab S, Tandon RN, Jacob Z, Sagar P, Srivastava OP (1981) J Indian Bot Soc 60:278–281
66. Rhee JK, Beak BK, Ahu BZ (1985) Ann J Chin Med 13:65–69
67. Woerdenbag HJ, Meijer C, Mulder NH, de Vries EGE, Hendriks H, Malingré TM (1986) Planta Med 52:112–114
68. Valavichyus YM, Yankyavichyus KK, Mazelaitis IV, Budrene SF, Valavichene YV, Virbitskas YV, Lubyanskene VN (1989) Liet Tsr Moksla Akad Darb Ser C Biol Mokslai 2:118–122
69. Mansurov MM, Gafurova SG, Dzhuraeva KK, Mansurova UM (1983) Med Zh Uzb 8:64–66
70. Mansurov MM, Mansurova UM (1983) Med Zh Uzb 8:51–54
71. Pahlow M (1979) Das große Buch der Heilpflanzen, Gräfe und Unzer, München, S. 53–54
72. Fischer G (1947) Heilkräuter und Arzneipflanzen, 2. Aufl., Karl F. Haug, Berlin Tübingen Saulgau, S. 10–11
73. Weiss RF (1980) Lehrbuch der Phytotherapie, 4. Aufl., Hippokrates, Stuttgart, S. 239–241

74. Heinz UJ (1984) Das große Buch der modernen Pflanzenheilkunde, Hermann Bauer, Freiburg i. Br., S. 398–399
75. Orzechowski G (Hrsg.) (1974) Gessner Gift- und Arzneipflanzen von Mitteleuropa, Carl Winter Universitätsverlag, Heidelberg, S. 261–262
76. Chandler RF, Freeman L, Hooper SH (1979) J Ethnopharmacol 1:49–68
77. Hirschhorn HH (1982) J Ethnopharmacol 6:109–119
78. Frohne D (1987) Heilpflanzen Lexikon für Ärzte und Apotheker, Gustav Fischer, Stuttgart New York, S. 140
79. Willuhn G (1991) Dtsch Apoth Ztg 131:1.949
80. Hausen BM (1988) Allergiepflanzen Pflanzenallergene, ecomed Verlagsgesellschaft, Landsberg München, S. 149–151,244,268
81. Stampf JL, Benezra C, Klecak G, Geleick H, Schulz KH, Hausen BM (1982) Contact Dermatitis 8:16–24
82. Evans FJ, Schmidt RJ (1980) Planta Med 38:289–316
83. Aberer W, Hausen BM (1990) Contact Dermatitis 22:53–55
84. Kim SC, Hong KT, Kim DH (1988) Contact Dermatitis 19:309
85. Willuhn G (1987) Dtsch Apoth Ztg 127:2.511–2.517
86. BAz Nr. 22a vom 03.02.1988
87. Schindler H (1955) Inhaltsstoffe und Prüfungsmethoden homöopathisch verwendeter Heilpflanzen, Editio Cantor, Aulendorf, S. 123–124
88. Blatter E, Caius JF, Mhaskar KS (1935) Indian Medicinal Plants, Lalit Mohan Basa, Allahabad, Indien, S. 1.351–1.352
89. Kalsi PS, Goyal R, Talwar KK, Chhabra BR (1989) Phytochemistry 28:2.093–2.096
90. Paknikar SK, Sardesai LG (1988) Planta Med 54:186–187
91. Kalsi PS, Goyal R, Talwar KK, Chhabra BR (1988) Phytochemistry 27:2.079–2.081
92. Goyal R, Chhabra BR, Kalsi PS (1990) Phytochemistry 29:2.341–2.343
93. Paknikar SK, Naik US, Raghavan R (1982) Indian J Chem 21B:894
94. Bokadia MM, MacLeod AJ, Mehta SC, Mehta BK, Patel H (1986) Phytochemistry 25:2.887–2.888
95. Schultze-Motel J (Hrsg.) (1986) Rudolf Mansfeld, Verzeichnis landwirtschaftliciher und gärtnerischer Kulturpflanzen (ohne Zierpflanzen), Bd. 3, Akademie-Verlag, Berlin, S. 1.272
96. Arora RK, Maheshwari ML, Chandel KPS, Gupta R (1980) Econ Bot 34:175–180
97. Tripathi VD, Agarwal SK, Srivastava OP, Rastogi RP (1978) Indian J Pharm Sci:129–131
98. Tripathi SN, Upadhyaya BN, Gupta VK (1984) Indian J Physiol Pharmacol 28:73–75
99. Tripathi YB, Tripathi P, Upadhyaya BN (1988) J Ethnopharmacol 23:3–9
100. Dwivedi S, Chansouria JPN, Somani PN, Udupa KN (1986) 6th International Conference on Prostaglandins and Related Compounds, Abstract Book, S. 459
101. Patel V, Banu N, Ojha JK, Malhotra OP, Udupa KN (1982) Acta Nerv Super Praha Suppl 3:387–394
102. Chiappini I, Fardella G, Menghini A, Rossi C (1982) Planta Med 44:159–161
103. Shtacher G, Kashman Y (1970) J Med Chem 13:1.221–1.223
104. Sanz JF, Fernando C, Marco JA (1991) Phytochemistry 30:3.653–3.655
105. Chiarlo B, Trevisani I, Ambrosetti P (1972) Relata Tech Chim Biol Appl 4:369–374
106. Susplugas C, Balansard G, Julien J, Timon-David P, Rossi JC, Gasquet M (1979) Planta Med 36:253–254
107. Dafni A, Yaniv Z, Palevitch D (1984) J Ethnopharmacol 10:295–310
108. Rios JL, Recio MC, Villar A (1987) J Ethnopharmacol 21:139–152
109. Pinedo JM, Gonzales de Canales F, Hinojosa JL, Llamas P, Hausen BM (1987) Contact Dermatitis 17:322–323
110. Sertoli A, Fabbri P, Campolmi P, Panconesi E (1978) Contact Dermatitis 4:314–315
111. Heg, Bd. VI, Teil 4, S. 160–193
112. FEu, Bd. 4, S. 133–137
113. Kar 58
114. Hgn, Bd. III, S. 456–535, 656; Bd. VIII, S. 261–283, 315
115. ChinP IX
116. Hag, Bd. V, S. 246–250
117. GHo, Bd. 7, S. 605–612
118. EB 6
119. Mar 29
120. BHP 90
121. RoD, Bd. 4–1, S. 4–5

KG

Ipomoea

HN: 2041700

Familie: Convolvulaceae.

Unterfamilie: Convolvuloideae.

Tribus: Ipomoeeae.

Gattungsgliederung: Die Gattung Ipomoea L. umfaßt ca. 500 Arten, von denen 2 in Europa beheimatet sind.[1] Von einigen Autoren wird Ipomoea s. l. in mehrere kleinere Genera unterteilt. Dies führt dazu, daß einige unter Ipomoea geführte Arten den nahestehenden Gattungen Merremia DENNST. ex ENDL., Operculina SILVA MANSO und Pharbitis CHOISY[2–4] sowie Exogonium (WENDER.) BENTH. zugeteilt werden.
Nach Lit.[5,6] werden die Genera Exogonium (WENDER.) BENTH., Batatas (L.) POIR., Pharbitis CHOISY und Quamoclit MILL. in Ipomoea eingeschlossen. Operculina SILVA MANSO wird als eigenständige Gattung geführt.[7] Diese Zuordnung kann akzeptiert werden und dient als Grundlage für diese Monographie. Die Bewertung der älteren Literatur gestaltet sich daher äußerst schwierig, da die Zuordnung der untersuchten Arten durch unterschiedliche Namensgebung und unübersichtliche Synonymie erschwert ist. Nicht selten ist es unklar, welche Art tatsächlich untersucht wurde, da bei der Untersuchung der Harze die drogenliefernde Stammpflanze sich schwer nachträglich bestimmen ließ.[8]
Neben bedeutsamen Harzdrogen umfaßt die Gattung Ipomoea auch wichtige Kulturpflanzen wie die Süßkartoffel (= Sweet potato) von *I. batatas* (L.) POIR. und die in ihrem Habitus sehr ähnlichen, als Prunkwinden (= Morning Glory) bezeichneten Zierpflanzen wie *I. digitata* L., *I. purpurea* (L.) ROTH., *I. tricolor* CAV. *I. violacea* L. u. a.

Gattungsmerkmale: Einjährige Kräuter oder Dauerpflanzen; die meisten Arten sind windende Pflanzen, nur teilweise aufrechte Pflanzen, Sträucher oder Bäume, die Blätter wechselständig, einfach oder gelappt, tief eingeschnitten bis gefingert; kräftige Rhizome oder knollig verdickte Wurzeln; die Blüten regelmäßig, trichterförmig oder leicht kraterförmig und in der Knospenanlage gedreht, zwittrig mit (4-) 5blättrigem Kelch, (4-) 5zipfliger verwachsener Krone, (4-) 5 Staubblättern und oberständigem, meist zweifächerigem Fruchtknoten und mit einer oder zwei Samenanlagen pro Fach; es entwickelt sich eine Kapselfrucht (Spaltkapseln).[3]

Verbreitung: Tropische und subtropische Gebiete.

Inhaltsstoffgruppen: *Harzglykoside.* Typisch für die Gattung sind die sog. Glykoretine (= Harzglykoside),[8-10] die vor allem in den unterirdischen Organen aber auch in den Samen und im Kraut der meisten bisher untersuchten Ipomoea-Arten vorkommen. Chemisch sind sie im Prinzip alle gleich strukturiert und stellen Glykoside von Mono- oder Dihydroxyfettsäuren mit Di- bis Hexasacchariden dar, deren Zuckeranteil mit flüchtigen kurzkettigen Fettsäuren verestert ist. Diese Bausteine können monomer vorkommen[11] oder durch esterartige Verknüpfung der Monomere untereinander Makromoleküle mit Molekulargewichte von 500 bis 10.000 bilden.[12]
Durch alkalische Hydrolyse der Glykoretine erhält man zunächst durch Esterspaltung die kurzkettigen Säuren und die sog. Glykosidsäuren z.B. Convolvulinsäure,[13] Orizabinsäure,[17] Pharbitinsäuren,[15,16] Rhamnoconvolvulinsäure (= Operculinsäure),[14] Turpethinsäure[18] etc.
Anschließende saure Hydrolyse liefert durch Glykosidspaltung als Aglyka Hydroxyfettsäuren (z.B. Convolvulinolsäure) und Zucker.[19]

Als wesentliche Bestandteile der Glykoretine werden beschrieben:
Hydroxyfettsäuren: 3,11-Dihydroxymyristinsäure (= 3,11-Dihydroxytetradecansäure = Ipurolsäure) (*I. nil*, *I. orizabensis*, *I. purga*), 3,12-Dihydroxypalmitinsäure (= 3,12-Dihydroxytetradecansäure = Operculinolsäure) (*I. operculata*), 11-Hydroxymyristinsäure (= 11-Hydroxytetradecansäure) (*I. purga*), 11-Hydroxypalmitinsäure (= 11-Hydroxyhexadecansäure = Jalapinolsäure) (*I. operculata*, *I. orizabensis*, *I. purga*), 11-Hydroxypentadecansäure (= Convolvulinolsäure) (*I. orizabensis*, *I. purga*), Monohydroxylaurinsäure (= Monohydroxydodecansäure) (*I. purga*), Trihydroxymyristinsäure (= Trihydroxytetradecansäure = Brasilolsäure) (*I. operculata*).
Kurzkettige Säuren: Essigsäure, *n*-Decan- und *n*-Dodecansäure, Isobuttersäure, Isovaleriansäure, Methylethylessigsäure, Nilsäure, Propionsäure, Tiglinsäure, Trimethylessigsäure, *n*-Valeriansäure.[5]
Exogonsäure: Nichtflüchtige C_{10}-Säure, charakteristisch für das brasilianische Jalapenharz.
Zucker: D-Chinovose, D-Fucose, D-Glucose, L-Rhamnose (als Mono- bis Hexasaccharide; vorwiegend in β-D- und α-L-glykosidischer Bindung; $1\rightarrow 2$-, $1\rightarrow 3$-, $1\rightarrow 4$- und $1\rightarrow 6$-Verknüpfungen, linear oder verzweigtkettig).
Alkaloide. Tropeinverbindungen und Lysergsäurederivate (Ergot-Alkaloide) wurden in den Samen vieler Ipomoea-Arten, wie z.B. *I. hederacea* JACQ., *I. muricata* (L.) JACQ., *I. nil* (L.) ROTH, *I. violacea* L., nachgewiesen.[20]
Terpenoide. Sesquiterpene: Die toxischen Bitterstoffe der durch Ascomyceten infizierten Knollen der Süßkartoffel *I. batatas* (L.) POIR. weisen Furano-Sesquiterpenstruktur auf.[21,22] Die infizierten Knollen werden ungenießbar, bitter und giftig. Auch Insektenfraß oder andersartige Gewebeschädigung induziert die Pflanze zur Bildung solcher

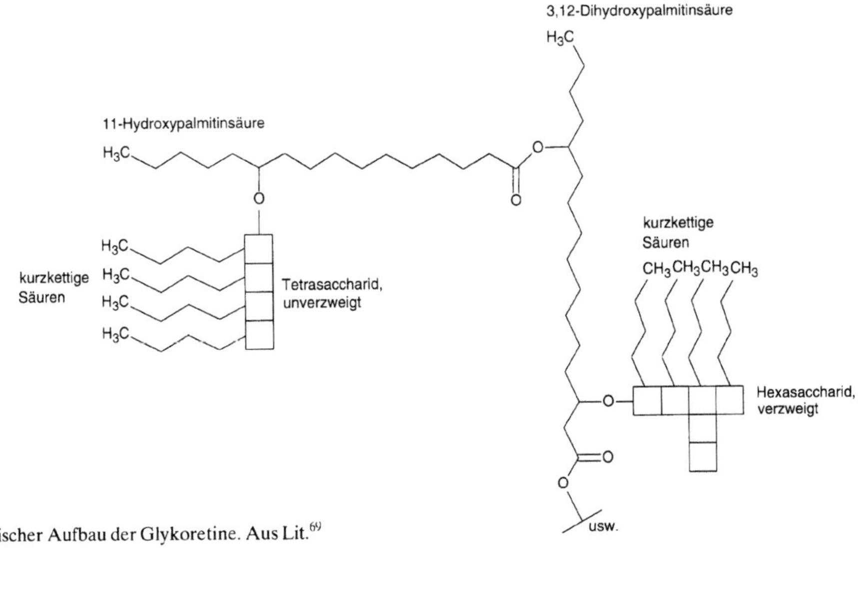

Schematischer Aufbau der Glykoretine. Aus Lit.[69]

Substanzen. Hauptvertreter dieser Stoffgruppe sind Ipomeamaron,[23] Ipomeamaronol und ähnlich strukturierte Verbindungen.[24,25]

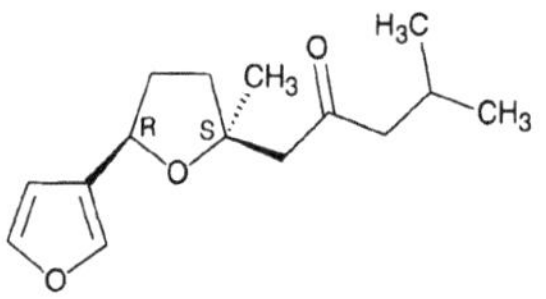

Ipomeamaron

Diterpene: Die als Wuchsstoffe bekannten Gibberelline; vor allem aus den unreifen Samen von *I. nil* (L.) ROTH und *I. violacea* L. isoliert und in ihrer Struktur nachgewiesen.[26-29]
Steroide. Phytoecdysone aus den Samen von *I. hederacea* JACQ., und *I. nil* (L.) ROTH.[30]
Zucker und Polysaccharide. Als Reservestoff der Knollen und verdickten Rhizome. Besondere Bedeutung findet hier *I. batatas* (L.) POIR., die Süßkartoffel (Sweet potato), die zu Speisezwecken in Afrika und Amerika kultiviert wird. In den Knollen sind neben Stärke (ca. 17 %) auch verschiedene Zucker enthalten (Fructose, Glucose, Saccharose; Gesamtzuckergehalt ca. 4 %).

Drogenliefernde Arten: *I. hederacea*: Pharbitidis semen; *I. nil*: Pharbitidis semen; *I. operculata*: Jalapae brasiliensis tuber; *I. orizabensis*: Scammoniae mexicanae radix, Scammoniae mexicanae resina; *I. purga*: Jalapae resina, Jalapae tuber, Jalapa hom. *HAB34*, Jalapa hom. *HPUS88*; *I. stans*: Ipomoea stans hom. *HPUS88*; *I. violacea*: Ipomoea-violacea-Samen.

Ipomoea hederacea JACQ.

Synonyme: *Convolvulus hederaceus* var. *beta* L., *C. hederaceus* var. *eta* L., *C. trilobus* MACH., *Ipomoea barbigera* SWEET, *I. coerulea* ROXB. (auch KON.), *I. desertorum* HOUSE, *I. punctata* PERS., *I. scabra* GMEL., *I. triloba* THUNB., *Pharbitis hederacea* (L.) CHOISY.

Sonstige Bezeichnungen: Dt.: Japanische Winde; engl.: Morning glory.

Botanische Beschreibung: Einjährige, 2 bis 3 m hoch wachsende windende Pflanze mit leicht nach unten gebogenen behaarten Stielen. Die Blätter sind 5 bis 12,5 cm im Durchmesser, eiförmig bis herzförmig und mehr oder weniger tief dreilappig. Die Blütenzweige sind meist kürzer als die Blütenstiele, die eine bis fünf Blüten tragen. Die Kelchblätter können 1,3 bis 2,5 cm lang werden und haben eine schmallanzettliche, abrupt zugespitzte Spitze und eine mehr oder weniger rauh behaarte Basis. Sie sind stark ausgebreitet oder gebogen (Unterschied zu *I. nil* (L.) ROTH.). Die Blütenkrone ist 3,8 bis 5 cm lang, röhren- bis tonnenförmig, blaurosa gefleckt oder nach unten orangefarben, auf der Außenseite glatt. Der Fruchtknoten ist dreifächerig; die Kapselfrucht ist etwa 8 mm im Durchmesser, dreifächerig und besteht aus 6 kugeligen bis eiförmigen glatten Samenanlagen, die vier bis sechs glatte Samen enthalten.[79]

Verwechslungen: Mit *I. nil* (L.) ROTH. Beide Pflanzen können auch miteinander vermischt sein; sie liefern die gleiche Droge.

Verbreitung: Amerika, Indien, Himalaya (bis 2.000 m), China, subtropische Gebiete; wildwachsend oder kultiviert.

Drogen: Pharbitidis semen.

Pharbitidis semen

s. unter *Ipomoea nil*.

Ipomoea nil (L.) ROTH

Synonyme: *Convolvulus hederaceus* L., *C. hederaceus* var. *zeta* L., *C. nil* L., *C. tomentosus* VELLOSO, *Ipomoea cuspidata* RUIZ et PAVON, *I. githaginea* A. RICHARD, *I. scabra* FORSSK., *Pharbitis nil* (L.) CHOISY.

Sonstige Bezeichnungen: Engl.: Morning glory.

Botanische Beschreibung: Krautige, windende Pflanze; Stengel, Blatt- und Blütenstiele behaart; Blätter herzförmig, ganzrandig bis dreifach gelappt, Mittelrippe bis 12 cm, Spitze und Lappenenden zugespitzt, teilweise beidseitig behaart; eine bis mehrere Blüten an den 1 bis 16 cm langen Blütenstielen, Deckblätter linear, die untersten 8 bis 10 mm, Kelchblätter 2 bis 3 cm, an der Basis behaart, länglich linear, sich allmählich zuspitzend mit langer scharfer Spitze, steif oder gerade, wenig ausgebreitet (Unterschied zu *I. hederacea*). Blütenkorolle trichterförmig, 3 bis 5 cm lang, blau mit weißer Röhre; Kapseln 3fächerig, umgeben von den geöffneten Kelchblättern; bis 6 braunschwarze Samen.[3]

Inhaltsstoffe: Gibbereline: Als Wuchsstoffe bekannte Diterpenglykoside, vorwiegend in den unreifen Samen vorkommend;[26-29,31,32] Anthocyane: Als farbgebende Komponente der Blüten acylierte Peonidinglykoside in den violettblauen Sorten[33,34] und acylierte Pelargonidinglykoside in den purpurroten Varietäten.[35]

Verbreitung: Tropische bis subtropische Gebiete.

Anbaugebiete: Seit dem 15. Jahrhundert in Japan und jetzt auch weltweit als Zierpflanze kultiviert.

Drogen: Pharbitidis semen.

Pharbitidis semen

Synonyme: Kaladana, Semen Pharbitis.

Sonstige Bezeichnungen: Dt.: Kaladana-Samen, Trichterwindensamen; engl.: Pharbitis seeds; chinesisch: Baichou, Heichou, Qian niu zi.

Bemerkung. Auch die Samen von *Quamoclit coccinea* (L.) MOENCH (Syn. *Ipomoea coccinea* L.), *Ipomoea tigridis* L., *I. eriocarpa* R. BR., *Calonyction muricatum* (L.) G. DON. (Syn. *I. muricata* (L.) JACQ.) und *I. palmata* FORSK. sind als Kaladana im Handel.[79]

Monographiesammlungen: Kaladana *BPC49*; Semen Pharbitidis *ChinP IX.*

Definition der Droge: Getrocknete, reife Samen-*ChinP IX.*

Stammpflanzen: *Ipomoea nil* (L.) ROTH oder *I. hederacea* JACQ. oder *I. purpurea* (L.) ROTH.

Herkunft: Tropische und subtropische Länder, Himalaya-Gebiet, Indien, China, Amerika.

Gewinnung: Im Herbst, wenn die Früchte reif, aber noch nicht aufgesprungen sind, werden die Pflanzen geschnitten und an der Sonne getrocknet, die Samen werden ausgelöst und von Verunreinigungen befreit.[67]

Handelssorten: Baichou (weiße Samen) und Heichou (schwarze Samen).[67]

Ganzdroge: Samen etwa 4 bis 8 mm lang, 3 bis 5 mm breit, mit einer flachen Längsfurche entlang der Mittellinie der gekrümmten Oberfläche. Am proximalen Ende eine herzförmige Vertiefung vom Hilum. Diese ist durch kurze, braune Haare gefärbt. Samenschale grauschwarz oder blaß gelblich weiß, hart, unbehaart.[67,79]

Schnittdroge: *Geruch.* Geruchlos.
Geschmack. Zuerst süßlich, dann scharf, bitter anästhesierend.
Makroskopische Beschreibung. Im Längsschnitt zwei gerippte Kotyledonen mit zahlreichen Harzzellen, ein schmales schleimiges Endosperm entlang der Samenschale und zwischen den größeren Falten der Kotyledonen; eine halbmondförmige Hypocotyl-Radicula, deren Wurzelende eine stumpfe Spitze hat. Im Querschnitt sind die blaßgelb oder gelbgrün gefärbten, runzelig kontrahierten und gefalteten, schwach fettigen Keimblätter sichtbar.[79]
Mikroskopisches Bild. Querschnitt: Epidermiszellen der Testa länglich rechteckig, gelegentlich zu einzelligen 40 bis 210 μm langen, nichtdrüsigen Haaren umgebildet; darunter eine Lage quadratischer, hypodermaler Zellen; anschließend eine 75 bis 100 μm starke Palisadenschicht, gegen den Rand zu eine deutliche Lichtlinie sichtbar; Nährschicht aus mehreren Lagen tangential gestreckter Zellen und degenerierter Zellen; die Zellen der Testa und aller anderen Gewebe sind bei schwarzen Samen (Heichou) braun oder gelbbraun, bei weißen Samen (Baichou) annähernd farblos. Die Endospermzellen fast quadratisch mit verdickten Zellwänden, die inneren Zellen verschleimt; Parenchym der Keimblätter rundlich, mit runden bis ovalen, bis 140 μm großen Exkretbehältern in verstreuter Anordnung; in den Zellen Aleuronkörner und Calciumoxalatdrusen 10 bis 20 μm.[67]

Pulverdroge: Hellbraunes Pulver; Epidermiszellen der Testa tief braun gefärbt, unregelmäßig geformt mit schwach wellig gekrümmten Zellwänden; vereinzelt einzellige, gelbbraune, leicht gekrümmte Haare von 60 bis 200 μm Länge; in den Fragmenten der Keimblätter runde bis ovale Exkretbehälter, Oxalatdrusen; Fragmente der Palisadenschicht mit einer deutlichen Lichtlinie; getüpfelte Zellen aus der Nährschicht.[67]

Verfälschungen/Verwechslungen: Samen verschiedener Ipomoea-Arten: *I. muricata* (L.) JACQ. (= *Calonyction muricatum*); *Acacia arabica* WILLD., *Crotalaria juncea* L., *Ocimum basilicum* L. und *Peganum harmala* L.

Inhaltsstoffe: *Fettes Öl.* 12 bis 14 %, bestehend aus Glyceriden der Öl-, Palmitin- und Stearinsäure.
Harz. Ca. 16 %, mit dem Glykoretin Pharbitin,[36] das durch alkalische Hydrolyse in Pharbitinsäure A, B, C, D[15,16,37] und kurzkettige Fettsäuren zerfällt.
Als Fettsäuren werden beschrieben: (+)-α-Methylbuttersäure, Nilsäure (= (–)-α-Methyl-β-hydroxybuttersäure), Tiglin- und Valeriansäure; Pharbitinsäure, ein 11-*O*-Penta- oder Hexaglykosid der Ipurolsäure (= 3,11-Dihydroxytetradecansäure), enthält als Zuckerbestandteile D-Chinovose, D-Glucose und L-Rhamnose.[16]

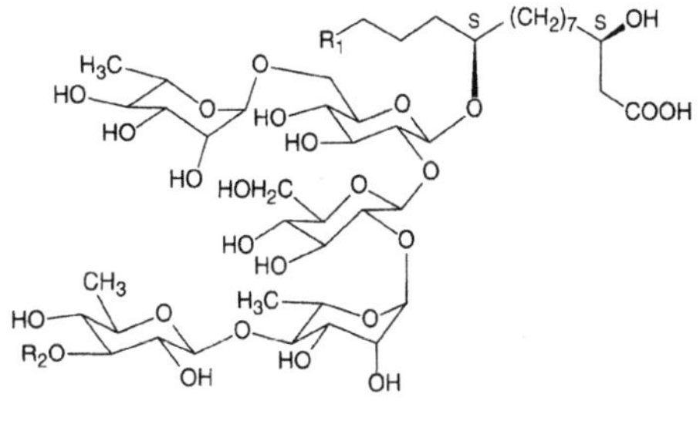

	R_1	R_2
Pharbitinsäure C	—H	—H
Pharbitinsäure D	—H	α-L-Rha *p*
Pharbitinsäure B	$—C_2H_5$	α-L-Rha *p*

Alkaloide. Ca. 0,5 %, bestehend aus Lysergol (53 %) und Chanoclavin (37 %), Penniclavin, Isopenniclavin und Elymoclavin,[38,39] kein Ergometrin.
Weitere Verbindungen. Phytoecdysone mit polyhydroxysteroider Struktur.[30]

Zubereitungen: Pharbitidis resina (dt.: Kaladana-Harz, engl.: Kaladana resin/ Pharbitis resin): Der

durch Alkoholextraktion der gepulverten Droge gewonnene, gereinigte und gepulverte Extrakt.[73,74]
Kaladana-Harz ist ein helles bis gelbbraunes Pulver, das beim Erhitzen schmilzt und nach dem Abkühlen eine helle durchscheinende Masse bildet. Geschmack leicht bitter, dann scharf; Geruch leicht brenzlig.[79] Gewinnung: Grob gepulverte Samen von *I. nil* (L.) Roth oder *I. hederacea* Jacq. werden mit Ethanol warm extrahiert und zur Trockene eingeengt.[79]

Identität: *Samen.* 2 g gepulverte Droge werden mit 20 mL Petrolether versetzt, 2 bis 4 h stehengelassen und anschließend filtriert. Die auf diese Weise entfettete Droge wird mit 20 mL Methanol versetzt, 4 h in der Kälte mazeriert und anschließend filtriert:
- 3 mL des Filtrates werden in einer Abdampfschale zur Trockene eingedampft, mit 1 Tropfen Schwefelsäure versetzt und am Wasserbad erhitzt: Der Rückstand nimmt rote oder violette Farbe an;
- Mit einer Mikropipette wird eine geringe Menge der methanolischen Extraktlösung auf ein Blatt Filterpapier aufgetragen, dazu wird 5 %ige Molybdatophosphorsäure-Lösung zugetropft, anschließend wird das Filterpapier 2 min im Trokkenschrank auf 120 °C erhitzt: Es erscheint ein blauer bis blauschwarzer Fleck.

Dem Ethanol-Extrakt 90 % (*V/V*) wird verdünnte Ammoniaklösung zugefügt:
- Es darf innerhalb von 15 min keine Rotfärbung auftreten.
- Die Lösung muß eine hellblaue Fluoreszenz im gefilterten UV-Licht zeigen.[80]

Harz. Zu 0,5 g Harz fügt man 5 mL verdünnte Ammoniaklösung und schüttelt 15 min. Es darf keine rote Färbung innerhalb 15 min entstehen. Die Lösung zeigt eine hellblaue Fluoreszenz.[80]

Reinheit: *Samen.*
- Asche: Höchstens 6 %.[67,73]
- Feuchtigkeitsgehalt: Höchstens 12 %.[73]
- Fremde Beimengungen: Höchstens 2 % *Ind PC53.*
- Petroletherlösliche Bestandteile: Max. 0,5 % *Ind PC53.*
- Ethanollösliche Stoffe: 14 % *BPC49.*

Harz.
- 1 g Harz mit 10 mL Wasser verrieben, muß nach dem Filtrieren eine farblose Lösung geben.[73]
- –1 g Harz mit 10 mL Chloroform in der Wärme digeriert, soll ein Filtrat geben, dessen Rückstand nach Abdestillieren des Chloroforms nur 0,1 g beträgt.[73]

Lagerung: Trocken lagern.[67]

Wirkungen: Bedingt durch den Gehalt an Glykoretinen beim Menschen laxierend wirkend.[8,81] Zum Wirkungmechanismus liegen keine experimentellen Studien vor.

Volkstümliche Anwendung und andere Anwendungsgebiete: Bei Obstipation als drastisches Laxans; bei Wurmbefall als Anthelminticum.[67,81]
In der traditionellen chinesischen Medizin werden folgende Verwendungen beschrieben: Bei Gedunsenheit, Völlegefühl, Harnverhalten und Obstipation, Säfte- und Flüssigkeitsretention, Keuchatmung und Husten, Unterleibsschmerzen aufgrund von Parasitenbefall durch Spul- und Bandwürmer.[67]
Die Wirksamkeit bei den genannten Indikationen ist im Sinne der naturwissenschaftlich orientierten Medizin nicht hinreichend belegt.

Dosierung und Art der Anwendung: *Samen.* Tagesdosis: 0,5 bis 1,5 g;[73] 2 bis 3 g.[74] *Harz.* Gebräuchliche Einzeldosis 0,1 g; Tagesdosis 0,3 g;[73] 0,12 bis 0,5 g.[74] Einzelmaximaldosis 0,5 g, Tagesmaximaldosis 1,5 g.[73]

Gegenanzeigen/Anwendungsbeschr.: In der Schwangerschaft kontraindiziert.[81]
Da die Wirkung sehr drastisch ist, sich offensichtlich auf Dick- und Dünndarm erstreckt und oft von krampfartigen Schmerzen begleitet ist, wird die Anwendung der Droge nicht mehr empfohlen.[66]

Tox. Inhaltsstoffe u. Prinzip: Die laxierende Wirkung ist auf die Glykoretine zurückzuführen.

Reproduktionstoxikologie: Die teratogene Wirkung wurde an Froschembryonen in verschiedenen Stadien mit unterschiedlichen Dosen geprüft. Abnorme Entwicklungen wie Macro-Mikroenzephalie, gekrümmte Schwänze sowie Ausbildung von Beulen auf der Haut wurden beobachtet.[65]

Toxikologische Daten: *LD-Werte.* LD_{50} Maus: 121 mg/kg KG i. p.[66]

Ipomoea operculata (Gomes) Martin

Synonyme: *Convolvulus macrocarpus* L., *C. operculatus* Gomes, *Merremia macrocarpa* (L.) Roberty, *Operculina macrocarpa* (L.) Urban, *O. operculata* Gomes, *Piptostegia gomesii* Mart.

Sonstige Bezeichnungen: Dt.: Brasilianische Winde.

Botanische Beschreibung: Kahle, holzige, ausdauernde Kletterpflanze mit großen, unterirdischen Knollen; Stengel geflügelt vierkantig; Blattstiele 2,5 bis 7,5 cm; Blätter tief eingeschnitten, fünf- bis siebenzählig gefingert bis gefiedert, Fiederblättchen 3,5 bis 10 cm lang, an beiden Enden zugespitzt, ganzrandig; Blütenstiele geflügelt, mit einer bis zwei Blüten; Blüten 2 bis 4 cm mit weißer bzw. gelber, trichterförmiger Korolle; Kelchblätter elliptisch, 1,5 bis 2,5 cm lang, stumpf; Kapseln rundlich, 2,5 bis 4 cm lang, oben gefurcht, vom Kelch umgeben mit vier breit-eiförmigen schwarzen Samen, am Hilum fein behaart, sonst kahl.[3]

Verwechslungen: Brasilien.

Drogen: Jalapae brasiliensis tuber.

Jalapae brasiliensis tuber

Synonyme: Jalap, Jalapae brasiliensis radix, Radix Jalapae brasiliensis, Tubera Jalapae brasiliensis.

Sonstige Bezeichnungen: Dt.: Brasilianische Jalapa, Brasilianische Jalapenknollen; engl.: Brazilian Jalap; frz.: Brasilian jalap; port.: Jalapa do Brazil.

Monographiesammlungen: Tubera Jalapae brasiliensis *Portug. 35*; Jalapa *BPC 49*, *Brasil 2*.

Definition der Droge: Getrocknete Wurzeln und Wurzelknollen.[74,82]

Stammpflanzen: *Ipomoea operculata* MARTIN (= *Merremia macrocarpa* (L.) ROBERTY = *Operculina macrocarpa* L.) oder *Merremia tuberosa* (L.) RENDLE (= *I. tuberosa* L.).

Gewinnung: s. Jalapae tuber.

Ganzdroge: Die Wurzeln sind spindel- oder rübenförmig, außen graubraun oder schwarzbraun und runzelig.[10]

Schnittdroge: In den Handel kommen oft die knopfförmigen, vor dem Trocknen in Scheiben geschnittenen Knollen. Der Querschnitt grauweiß mit mehreren dunkleren konzentrischen Kreisen, die durch sekundäre und tertiäre Kambien entstehen.[10]

Mikroskopisches Bild. Korkschicht mit tangential verdickten Zellen; Phelloderm gut entwickelt, Rindenparenchym mit Sekundär- und Tertiärkambien, Xylembündel durch Parenchymbrücken getrennt, Netzgefäße ohne behöfte Tüpfel, Tracheiden und Fasertracheiden. Im Parenchym einfache und zusammengesetzte Stärkekörner, ca. 12 bis 18 µm groß, Zwillingskörner mit typischem wellenförmigen Spalt. In der Rinde und im Holzteil zahlreiche Zellen mit Harz und Zellen mit Oxalatdrusen (ca. 12 bis 24 µm).[79]

Inhaltsstoffe: *Harz.* Ca. 12 bis 15 %, bestehend aus ca. 50 % etherunlöslichen "Convolvulin" und ca. 5 % etherlöslichem "Jalapin".[10] Die Harzbestandteile (Glykoretine) werden nach alkalischer Hydrolyse in Glykosidsäuren und kurzkettige Fettsäuren gespalten.[12,40] Als typische Säure wurde Exogonsäure (7 %) nachgewiesen.[41–43] Exogonsäure ist in *I. purga* nicht enthalten und dient zur Unterscheidung der beiden Harze.

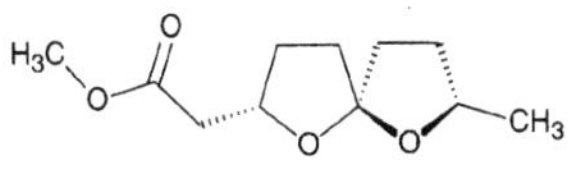

(*E*,*E*),2(*S*), 5(*S*), 7(*R*)

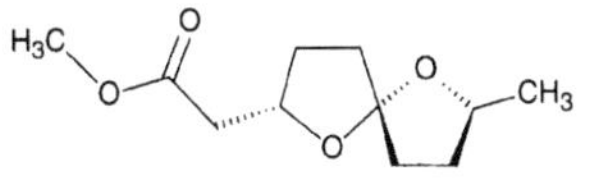

(*Z*,*Z*),2(*S*), 5(*R*), 7(*R*)

Exogonsäure liegt zu 80 % in der *E*,*E*- und *Z*,*Z*-diastereomeren Form vor. Aus Lit.[43]

Convolvulin kann durch alkalische Hydrolyse in Rhamnoconvolvulinsäure (= Operculinsäure) und Fettsäuren gespalten werden.[12,14,44,45] Rhamnoconvolvulinsäure ist ein Gemisch aus mind. 4 Glykosidsäuren: Rhamnoconvolvulinsäure A, B, C und D.[46,47] Als Fettsäuren werden beschrieben: Essig-, Methylethylessig-, Tiglin-, Trimethylessig-, *n*- und iso-Valerian- sowie Exogonsäure. Die saure Hydrolyse von Rhamnoconvolvulinsäure ergibt als Aglykon Operculinolsäure (= 3,12-Dihydroxypalmitinsäure) bzw. Brasilolsäure (= Trihydroxymyristinsäure) und D-Glucose und L-Rhamnose.
Die etherlösliche Fraktion Jalapin enthält monomere Glykoretine, die als Operculine I bis XVIII bezeichnet wurden. Ihre Struktur ist gekennzeichnet durch intramolekulare macrocyclische Esterbindung.[48–51]

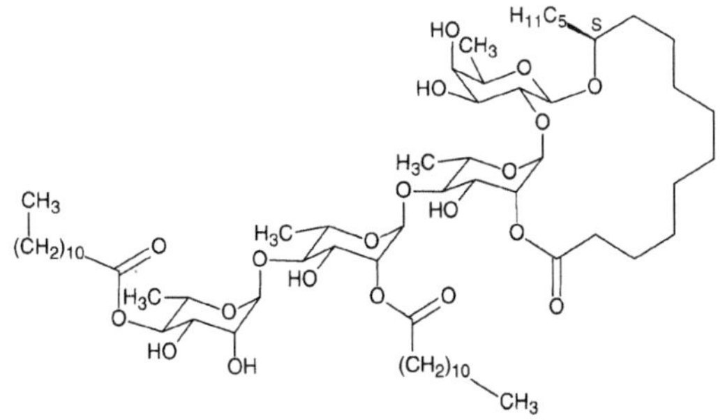

Operculin VI.

Die alkalische Hydrolyse der Operculine I bis XVIII ergibt Jalpinolsäure-11-*O*-glykoside (= Operculinsäure A bis G) und als Fettsäuren *n*-Decan- und/oder *n*-Dodecansäure statt der kurzkettigen Fettsäuren.[52,53] Der Zuckeranteil besteht aus D-Glucose und L-Rhamnose.

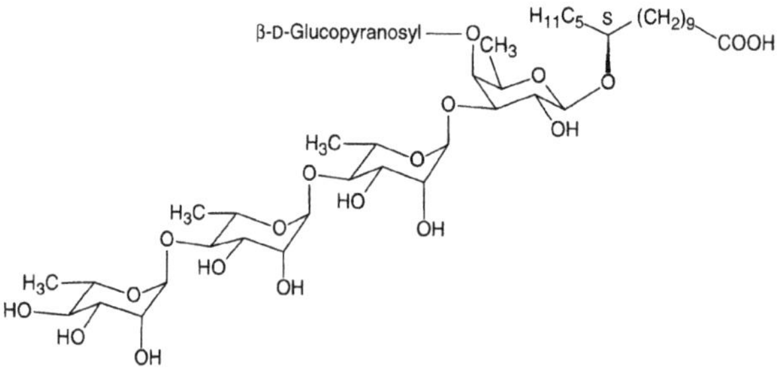

Operculinsäure A.

Zubereitungen: Brasilianisches Jalapenharz (Jalapae brasiliensis resina, Resina de Jalapa) *Brasil 2*: Brasilianisches Jalapenharz ist eine gelblich-kastanienbraune Masse mit gläsernem Bruch, schwachem Geruch und säuerlichem Geschmack. Die Gewinnung erfolgt ähnlich wie beim echten Jalapenharz durch Extraktion mit Ethanol.

Identität: Zur Identitätsprüfung und als Unterscheidungsmerkmal zu den anderen Ipomoea-Harzen dienen folgende Parameter:[10]
- Schmelzpunkt: 94 bis 100 °C;
- Spez. Drehung: –20°;
- Fluoreszenz im gefilterten UV-Licht: Gelbbraun;
- Etherlöslicher Anteil: < 10%;
- Etherunlöslicher Anteil: Bis 90%;
- Wasserlöslicher Anteil: Ca. 20%;
- Nachweis von Exogonsäure: Positiv.

DC-Nachweis von Exogonsäure:[42,43]
- Prüflösung: 0,1 g Harz werden mit 2,5 mL 5%iger Natronlauge versetzt, innerhalb von 15 min gelöst, danach mit 1,5 mL 25%iger Schwefelsäure angesäuert, mit Wasser auf 5 mL verdünnt und 3mal mit je 3 mL Ether extrahiert;
- Sorptionsmittel: Kieselgel G;
- FM: Isopropanol-10%ige Ammoniaklösung (2 + 1);
- Detektion: Vanillin-Schwefelsäure-Reagenz;
- Auswertung: Bei Rf-Wert 0,7 erscheint ein gelber Fleck (= Exogonsäure).

Reinheit: *Droge.*
- Asche: Höchstens 14% *Brasil 2.*
- Säureunlösliche Asche: Höchstens 3% *Brasil 2.*

Harz.
- Feuchtigkeitsgehalt: Höchstens 8% *Brasil 2.*
- Asche: Höchstens 1% *Brasil 2.*
- Gehalt an etherlöslichen Anteilen im Harz: Höchstens 2% *Brasil 2.*

Gehalt: Mindestgehalt an Harz: 15% *Brasil 2.*

Gehaltsbestimmung: Bestimmt wird der Harzgehalt durch Perkolation der gepulverten Droge mit Ethanol, Ausschütteln mit Chloroform und Einengen der organischen Phase und Trocknen bis zur Gewichtskonstanz *Brasil 2.*[79]

Wirkungen: Bedingt durch den Gehalt an Glykoretinen beim Menschen laxierend wirkend.[8,56,66] Zum Wirkungsmechanismus liegen keine experimentellen Daten vor.

Volkstümliche Anwendung und andere Anwendungsgebiete: Bei Obstipation als drastisches Abführmittel.[56,66,69]

Gegenanzeigen/Anwendungsbeschr.: Während der Schwangerschaft kontraindiziert.[66]
Da die Wirkung sehr drastisch ist, sich offensichtlich auf Dick- und Dünndarm erstreckt und schon in therapeutischen Dosen von krampfartigen Schmerzen begleitet ist, wird die Anwendung der Droge nicht mehr empfohlen.[66]

Tox. Inhaltsstoffe u. Prinzip: Die drastisch laxierende Wirkung ist auf den Glykoretingehalt zurückzuführen.[56,66,69]

Ipomoea orizabensis (PELLET.) LED. ex STEUD.

Synonyme: *Convolvulus orizabensis* PELLET., *Ipomoea mestillanica* CHOISY.

Sonstige Bezeichnungen: Dt.: Falsche Jalape, Mexikanische Winde.

Botanische Beschreibung: Eine windende Pflanze mit großen herzförmigen Blättern und rötlich-purpurnen, glockenförmigen Blüten.[79]

Verbreitung: Heimisch in Mexiko.

Drogen: Scammoniae mexicanae radix, Scammoniae mexicanae resina.

Scammoniae mexicanae radix

Synonyme: Ipomoea (radix), Radix Jalapae fibrosae, Radix Jalapae fusiformis, Radix Jalapae levis, Radix Jalapae mexicanae, Radix Orizabae, Stipites Jalapae.

Sonstige Bezeichnungen: Dt.: Mexikanische Scammoniawurzel, Orizabawurzel, Scammoniumwurzel; engl.: (Mexican) scammony root, orizaba jalap root; frz.: Jalap fusiforme, male ou léger, racine de scammonée, racine d'ipomoea orizabensis, scammonée du Mexique. span.: Raiz de escamonea.

Monographiesammlungen: Scammoniae mexicanae radix *DAC 76.*

Definition der Droge: Die getrockneten Wurzeln *DAC 76.*

Stammpflanzen: *Ipomoea orizabensis* (PELLET.) LED. ex STEUD.

Herkunft: In Mexiko heimisch.

Ganzdroge: Die Wurzelknollen sind etwa 18 bis 25 cm lang, 9 bis 10 cm breit, zylindrisch-spindelförmig, graubraun bis bräunlichschwarz, in der Längsrichtung stark faltig. Die ungeschnittenen Wurzeln sind in der Längsrichtung oft tief eingeschnitten.[76]

Schnittdroge: Zumeist kommen die Wurzeln scheiben- oder keilförmig geschnitten in den Handel. Die Stücke sind 1 bis 4 cm dick und 5 bis 8 cm breit, stark runzelig und außen hellgraubraun, der Querschnitt ist erdgrau und weist 3 bis 6 konzentrische braune Kreise von vorspringenden, faserigen Gefäßen auf. Sie fluoreszieren im UV-Licht blauviolett. Die zahlreichen Harzzellen sind als glänzende Punkte zu erkennen. Die Stücke sind hart, der Bruch unregelmäßig und harzig.[76]
Mikroskopisches Bild. Die Korkzellen sind dünnwandig und oft verholzt. Die konzentrischen Ringe des kollateralen Gefäßbündels sind durch dünnwandiges Parenchym radiär getrennt. Der Holzteil besteht aus dickwandigen 1.500 µm langen und 50 µm breiten Fasern und bis 150 µm breiten getüpfelten Gefäßen. Im Parenchym zerstreut liegen milchsaftführende Zellen mit körnigem Inhalt, der sich mit einer verdünnten Iodlösung (1 Volumenteil 0,1 N Iodlösung mit 4 Volumenteilen Wasser) intensiv gelb färbt. Es sind außerdem zahlreiche meist aus 2 bis 5 Teilen zusammengesetzte Stärkekörner, wenig Einzelkörner sowie vereinzelt Calciumoxalatdrusen von 15 bis 40 µm erkennbar.[76]

Pulverdroge: Das hellbraune Pulver ist durch gelbe, stark getüpfelte und deutlich geschichtete Steinzellen, mitunter mit Einzelkristallen aus Calciumoxalat im Lumen, gekennzeichnet. Neben Netzgefäßbruchstücken, Parenchymzellen und großen Harzzellen sind rundliche oft zusammengesetzte Stärkekörner von 25 bis 35 µm Durchmesser und konzentrisch geschichteter Struktur mit zirkelförmigem Trockenspalt sowie zahlreiche Calciumoxalatkristalle von 10 bis 20 µm Länge und Fragmente der Sekretmasse zu erkennen. Das Sekret tritt in unförmigen Klumpen oder in Form von Emulsionskugeln auf.[76]

Verfälschungen/Verwechslungen: Die Droge ist nicht zu verwechseln mit Scammoniae radix von *Convolvulus scammonia* L. Verwechslung mit Jalapae tuber, der echten Jalapenknolle von *Ipomoea purga* (WENDER.) HAYNE, sind möglich. Die Stücke von *Ipomoea orizabensis* sind heller und leichter als die von *I. purga*.

Inhaltsstoffe: s. Scammoniae mexicanae resina.

Identität: DC-Prüfung nach *DAC 76*:
- Prüflsg.: 0,20 g fein gepulverte Droge werden mit 5,00 mL Ethanol 96 % unter häufigem Umschütteln 5 h extrahiert und dann filtriert;
- Referenzsubstanz: 10 mg Umbelliferon werden in 15,00 mL Ethanol 96 % gelöst, 1 mL dieser Lsg. wird mit Ethanol 96 % auf 10,0 mL verdünnt;
- Sorptionsmittel: Kieselgel GF_{254}-Platten;
- FM: Toluol-Ethanol (165 + 35);
- Detektion: Direktauswertung im UV 366 nm; Besprühen mit Vanillin-Schwefelsäure-Reagenz, Trocknung im Warmluftstrom und Auswertung im UV 366 nm;
- Auswertung: Im UV beobachtet man einen grün und drei blau fluoreszierende Flecke. Der mittlere der blau fluoreszierenden Flecke besitzt den gleichen Rf-Wert wie der Fleck der Referenzsubstanz, fluoresziert aber schwächer als dieser. Der untere Fleck fluoresziert stark, während der obere nur schwach blau fluoresziert. Der grün fluoreszierende Fleck befindet sich erheblich oberhalb der blau fluoreszierenden. Dicht über der Startlinie kann außerdem noch ein sehr schwach blau fluoreszierender Fleck auftreten. An der Auftragungsstelle der Untersuchungslösung darf sich bei Besprühen mit Vanillin-Schwefelsäure-Sprühreagenz keine Gelbfärbung zeigen *DAC 76*.

Reinheit:
- Fremde Beimenungen *(DAB 7)*: Höchstens 1 % *DAC 76*.
- Trocknungsverlust *(DAB 7)*: Höchstens 10 % *DAC 76*.
- Asche *(DAB 7)*: Höchstens 10 % *DAC 76*.
- Sulfatasche *(PhEur 7)*: Höchstens 15 % *DAC 76*.
- Säureunlösliche Asche *(PhEur 7)*: Höchstens 1,5 % *DAC 76*.

Gehalt: Mindestens 12 % Skammoniaharz, berechnet auf die getrocknete Droge; mindestens 60 % etherlösliche Bestandteile in dem isolierten Harz *DAC 76*.

Gehaltsbestimmung: Die Gehaltsbestimmung umfaßt die Bestimmung des Harzgehaltes und die Bestimmung der etherlöslichen Bestandteile des Harzes.
Die gepulverte Droge wird im Dauerextraktionsapparat 4 h mit Ethanol extrahiert und nach vollständigem Entfernen der Extraktionsflüssigkeit und Trocknung bis zur Gewichtskonstanz durch Wägung der Gehalt an extrahierbarem Harz bestimmt.
Die etherlöslichen Bestandteile des Harzes werden durch eine zweite gravimetrische Bestimmung ermittelt. Dabei wird der pulverisierte Trockenrückstand mit Ether extrahiert. Der Rückstand wird getrocknet und sein Gewicht bestimmt. Durch Differenzwägung des Trockenrückstandes vor und nach der Etherextraktion kann der Gehalt an etherlöslichen Bestandteilen festgelegt werden *DAC 76*.

Lagerung: Vorsichtig.[77]

Volkstümliche Anwendung und andere Anwendungsgebiete: Bei Obstipationen als drastisches Laxans.[56,66,69]

Dosierung und Art der Anwendung: *Droge.* Mittlere Einzelgabe 1,0 g.[75]

Gegenanzeigen/Anwendungsbeschr.: Die Anwendung während der Schwangerschaft ist absolut kontraindiziert.[66]

Da die Wirkung sehr drastisch ist und oft von krampfartigen Schmerzen begleitet ist, wird die Droge nicht mehr empfohlen.[66]

Tox. Inhaltsstoffe u. Prinzip: Die drastisch laxierende Wirkung ist auf den Glykoretingehalt zurückzuführen.[56,66,69]

Scammoniae mexicanae resina

Synonyme: Resina Ipomoeae, Resina Orizabae, Resina Orizabensis.

Sonstige Bezeichnungen: Dt.: Mexikanisches Skammonia-Harz, Orizaba-Harz, Skammonium-Harz; engl.: Ipomoea resin, (Mexican) scammony resin; frz.: Résine de jalap d'Orizaba, résine de scammonée du Mexique.

Monographiesammlungen: Résine de Scammonée du Mexique *CF65*; Ipomoea Resin *NFXI*, *BPC63*; Scammoniae mexicanae resina *DAC76*.

Definition der Droge: Der eingedampfte, ethanolische Auszug aus den Wurzeln, der mit heißem Wasser gewaschen und getrocknet ist *DAC76*.

Stammpflanzen: *Ipomoea orizabensis* (PELLET. LED. ex STEUD.

Gewinnung: Die Gewinnung erfolgt durch Extraktion mit Ethanol und anschließendes Abdestillieren des Lösungsmittels, Waschen des Rückstandes mit kochendem Wasser und Trocknen.

Ganzdroge: Bräunliche, fast durchscheinende Stükke von sprödem, harzigem Bruch mit charakteristischem nicht unangenehmem Geruch und kratzendem Geschmack.[76]
Zylindrische, etwa 3 cm dicke durchschnittlich 20 cm lange, außen matte, graubraune, fein längsrillige, gelblich bestäubte Stangen, die an den kantigen Bruchstellen glänzend und porös sind.[77]

Pulverdroge: Weißlich-gelbes Pulver, gekennzeichnet durch kleine hellgelbe Splitterchen;[77] blaßbraunes Pulver.[76]

Inhaltsstoffe: Das Harz besteht zu ca. 70 % aus einem etherlöslichen Anteil, der als Scammonin oder Orizabin bezeichnet wird, und zu 4% aus einem etherunlöslichen Anteil, α-Scammonin.[19] Die etherlösliche Fraktion ergibt bei der alkalischen Hydrolyse einen Oligosaccharid-Säure-Komplex und folgende flüchtige Säuren: Essig-, Isobutter-, Isovalerian-, Methylethylessig-, Propion-, Tiglin- und *n*-Valeriansäure. Durch anschließende saure Hydrolyse läßt sich der Oligosaccharid-Säure-Komplex in Jalapinolsäure (= 11-Hydroxypalmitinsäure) und D-Fucose, D-Glucose und L-Rhamnose spalten. Der Oligosaccharid-Säure-Komplex wurde als Orizabin I, II, III bis IV bezeichnet. Die Orizabine stellen monomere macrocyclische Verbindungen dar, die durch intramolekulare Esterbildung entstehen.[11]

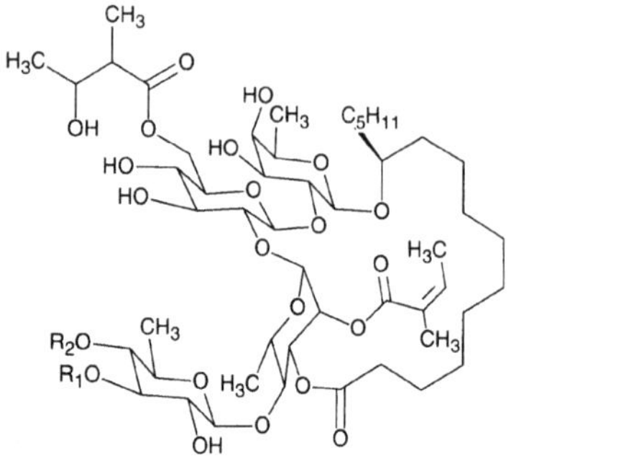

	R_1	R_2
Orizabin I	—H	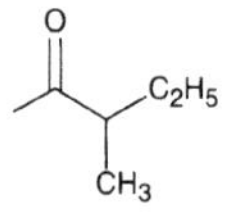
Orizabin II	—H	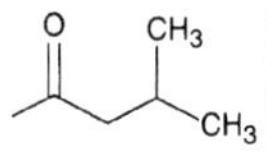
Orizabin III	—H	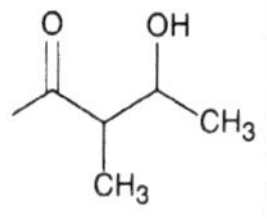
Orizabin IV	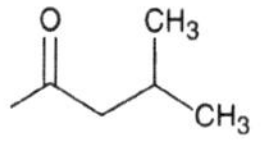	—H

Der etherunlösliche Anteil gibt bei alkalischer Hydrolyse dieselben flüchtigen Säuren sowie einen Oligosaccharid-Säure-Komplex, der als Orizabinsäure bezeichnet wird.[17] Als Hydrolyseprodukte entstehen Ipurolsäure (= 3,11-Dihydroxymyristinsäure), Operculinolsäure (= 3,12-Dihydroxypalmitinsäure), D-Fucose, D-Glucose und L-Rhamnose.

Identität: Zur Identität und als Unterscheidungsmerkmal zu den anderen Ipomoea-Harzen dienen folgende Parameter:[10]
- Schmelzpunkt: 121 bis 127 °C;
- Spez. Drehung: –25,4 °;
- Fluoreszenz im gefilterten UV-Licht: Blaurot;
- Etherlöslicher Anteil: > 60 %;
- Etherunlöslicher Anteil: Bis 40 %;
- Wasserlöslicher Anteil: Ca. 0,5 %.

DC-Methode nach *DAC76*:
- Prüflsg.: 0,20 g fein gepulverte Substanz werden in 5,00 mL Ethanol 96 % gelöst;
- Referenzsubstanz: 10 mg Umbelliferon werden in 15,00 mL Ethanol 96 % gelöst, 1 mL dieser Lsg. wird mit Ethanol 96 % auf 10,0 mL verdünnt;
- Sorptionsmittel: Kieselgel GF_{254}-Platten;
- FM: Toluol-Ethanol (165 + 35);

- Detektion: Direktauswertung im UV 366nm; Besprühen mit Vanillin-Schwefelsäure-Reagenz, Trocknung im Warmluftstrom und Auswertung im UV 366nm;
- Auswertung: Im UV 366nm sind zwei blau fluoreszierende Hauptflecke sichtbar, von denen der obere Fleck gleichen Rf-Wert hat wie die Vergleichssubstanz. Beim Besprühen mit Vanillin-Schwefelsäure-Reagenz darf an der Auftragestelle keine Gelbfärbung auftreten.

Reinheit: Die Reinheit wird über folgende Prüfung bestimmt *DAC76*:
- Fremde Harze: Wird die Substanz in 6N Natronlauge unter Kochen gelöst und nach dem Erkalten mit 6N Salzsäure versetzt, so darf in der Lösung nur eine Opaleszenz, aber keine starke Trübung auftreten.
- Wasserlösliche Anteile: Höchstens 4%. Die fein gepulverte Substanz wird mit Seesand verrieben, mit Wasser versetzt und 2h lang geschüttelt. Nach Filtration wird zur Trockene eingeengt und bei 100°C bis zur Gewichtskonstanz getrocknet. Der Rückstand wird genau gewogen.
- Trocknungsverlust: Höchstens 5% (*DAB7*, im Trockenschrank bei 100°C, Einwaage 1,00g fein gepulverte Substanz).
- Sulfatasche: Höchstens 0,5% (*PhEurI*, mit 1,0g Einwaage).

Gehalt: Mindestens 60% etherlösliche Bestandteile *DAC76*.

Gehaltsbestimmung: Nach *DAC76* wird der Gehalt an etherlöslichen Anteilen und die Säurezahl der etherlöslichen Anteile bestimmt.
Bestimmung der etherlöslichen Anteile: Die pulverisierte Substanz wird in einem gewogenen Kolben mit Ether ausgeschüttelt und die Lösung durch einen gewogenen Glasfiltertiegel filtriert, Kolben und Tiegel werden mit Ether nachgewaschen. Das Filtrat dient der Säurezahl-Bestimmung. Danach werden Kolben und Tiegel bis zur Gewichtskonstanz getrocknet und gewogen. Der Rückstand im Kolben und Tiegel darf nicht mehr als 40% betragen.
Die Etherlösung wird zur Bestimmung der Säurezahl verwendet. Dafür wird nach Zusatz von Phenolphthalein und Ethanol mit 0,1N ethanolischer Kalilauge bis zur Rotfärbung titriert. Die Säurezahl darf höchstens 30 betragen.

Lagerung: Vorsichtig.

Wirkungen: Stark abführend. Drastikum.
Aus den Glykoretinen werden im Dick- und Dünndarmbereich in Anwesenheit von Galle Hydroxyfettsäuren freigesetzt, die schleimhautreizende Eigenschaften haben. Zusätzlich ist die stark wasserentziehende Wirkung, die zu beträchtlichem Wasserverlust des Organismus führt, zu beachten.[10] Die stark abführende Wirkung ist vermutlich auch an die ungespaltenen Glykoretinen mittleren Molekulargewichtes gebunden.[12]

Wirkungsverlauf: s. Jalapae resina.

Volkstümliche Anwendung und andere Anwendungsgebiete: Bei Obstipationen als drastisches Laxans.[56,66,69]

Dosierung und Art der Anwendung: *Droge.* Mittlere Einzelgabe 0,1 g.[77]

Gegenanzeigen/Anwendungsbeschr.: Die Anwendung während der Schwangerschaft ist absolut kontraindiziert.[66]
Da die Wirkung sehr drastisch ist und oft von krampfartigen Schmerzen begleitet ist, wird die Verwendung der Droge nicht mehr empfohlen.[66]

Tox. Inhaltsstoffe u. Prinzip: Die drastisch laxierende Wirkung ist auf den Glykoretingehalt zurückzuführen.[56,66,69]

Ipomoea purga (WENDER.) HAYNE

Synonyme: *Convolvulus jalapa* SCHIEDE non L., *C. purga* WENDER., *Exogonium purga* (WENDER.) BENTH., *Ipomoea schiedeana* ZUCC. non HAM.[5]

Sonstige Bezeichnungen: Dt.: Echte Jalape, Mexikanische Jalape, Veracruz Jalape.

Botanische Beschreibung: Eine bis über 4m hoch windende, ausdauernde Pflanze mit knollig-rübenförmig verdicktem Rhizom, das zahlreiche Niederblätter trägt, in deren Achseln sich knollenartige, mit Reservestoffen gefüllte Nebenwurzeln befin-

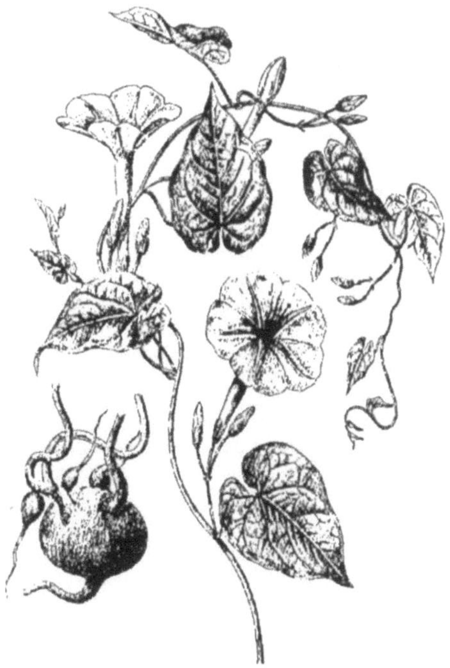

Ipomoea purga (WENDER.) HAYNE. Blühende Pflanze (nach E. Gilg) aus Lit.[82]

den. Diese liefern die Droge Jalapae tuber. Der Stengel der Windenpflanze ist purpurn, die Laubblätter sind herzförmig bis breit-herzförmig, zugespitzt, ganzrandig und kahl. Die Blüten stehen einzeln oder zu zweien, die Kelchzipfel sind ohne Stachelspitze und purpurn, die Blütenkrone ist rot.[79]

Verbreitung: Mexiko, Cordilleren, Guatemala, El Salvador, Honduras, Costa Rica, Panama.

Anbaugebiete: Nord- und Ost-Indien, Mittel- und Südamerika.

Drogen: Jalapae resina, Jalapae tuber, Jalapa hom. *HAB34*, Jalapa hom. *HPUS88*.

Jalapae resina

Synonyme: Resina Jalapae Vera Cruz.

Sonstige Bezeichnungen: Dt.: Jalapa, Jalapenharz, Mexikanisches Jalapenharz, Veracruz Jalapa; engl.: Jalap, Jalap resin, resin of Jalap; frz.: Résine de jalap.

Monographiesammlungen: Resina Jalapae *DAB6*, *Hisp IX*, *Ned5*, *Helv V*; Jalapae resina *Belg V*, *Ital6*; Résine de Jalap *CF49*; Jalap resin *BPC63*, *NFXI*; Jalapa *ÖAB9*.

Definition der Droge: Das durch ethanolische Extraktion aus den Wurzelknollen gewonnene Harz.

Stammpflanzen: *Ipomoea purga* (WENDER.) HAYNE.

Gewinnung: Das Harz wird durch Extraktion der grob gepulverten Jalapenwurzel mit Alkohol gewonnen. *ÖAB9* gab folgende Vorschrift:
Jalapenwurzel (IV) 100 Teile, Ethylalkohol 600 Teile und dest. Wasser nach Bedarf. Jalapenwurzel wird mit 400 Teilen Ethylalkohol 24 h lang unter häufigem Umschütteln bei 30 bis 40 °C extrahiert. Dann filtriert man die Flüssigkeit ab, preßt den Rückstand aus und behandelt ihn in gleicher Weise nochmals mit 200 Teilen Ethylalkohol. Die vereinigten Filtrate versetzt man mit dem gleichen Volumen dest. Wassers und destilliert den Ethylalkohol auf dem Wasserbad ab. Nach dem Abgießen des Wassers wird das ausgeschiedene Harz so lange mit heißem dest. Wasser unter Durchkneten mit einem Spatel gewaschen, bis sich das Wasser nicht mehr färbt. Dann trocknet man das Harz auf dem Wasserbad unter Umrühren, bis eine Probe, auf einer kalten Platte gegossen, fest wird und sich nach dem Erkalten pulverisieren läßt. In gleicher oder ähnlicher Weise sind die Vorschriften der anderen Pharmakopöen (*DAB6*, *Helv V*).

Ganzdroge: Harte, braune, an der Außenseite bestäubte, an den glänzenden Bruchrändern durchscheinende, zu einem hellbraunen Pulver zerreibliche Masse. Geschmack anfangs schwach süßlich, später bitter und etwas kratzend; Geruch eigenartig.

Verfälschungen/Verwechslungen: Orizaba-Jalape, Brasil-Jalape, Aloe, Colophonium, Guajakharz, Stärke, Dextrin.

Inhaltsstoffe: Das Harz besteht aus ca. 55 % etherunlöslichem Convolvulin und ca. 7 % etherlöslichem Jalapin.
Aufbau wie alle Glykoretine aus der Familie der Convolvulaceen aus drei Hauptbestandteilen: Hydroxyfettsäuren, flüchtige, kurzkettige Fettsäuren und Zucker.
Nach Untersuchung verschiedener Autoren[13,40,55] lassen sich die Glykoretine durch ihre Etherlöslichkeit und durch alkalische und saure Hydrolyse fraktionieren. Aus Convolvulin erhält man nach der alkalischen Hydrolyse ca. 74 % einer Oligosaccharid-Komplex (Rhamnoconvolvulinsäure).
Die nachfolgende schematische Darstellung soll einen Überblick über die gebräuchlichen Bezeichnungen der Fraktionen des Jalapa-Harzes geben:

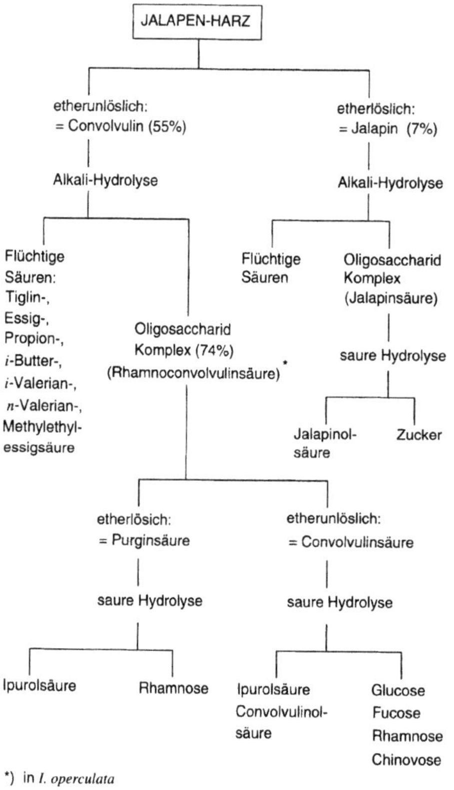

*) in *I. operculata*

Identität: Zur Identität und als Unterscheidungsmerkmal zu den anderen Ipomoea-Harzen dienen folgende Parameter:[10]

- Schmelzpunkt: 138 bis 144 °C;
- Spez. Drehung: –37 °;
- Fluoreszenz im gefilterten UV-Licht: Blauviolett;
- Etherlöslicher Anteil: < 10 %;
- Etherunlöslicher Anteil: Bis 90 %;
- Wasserlöslicher Anteil: Ca. 0,5 %.

Identitätsprüfung nach *ÖAB9*: Etwa 1 g zerriebenes Jalapenharz löst sich in 2 mL konzentrierter Natriumhydroxidlösung beim Erwärmen bis auf gerin-

ge Reste. 1 mL dieser Lösung wird nach dem Ansäuern mit verdünnter Salzsäure trüb; nach einiger Zeit scheidet sich brauner Niederschlag ab. Wird der Rest der bereiteten Lösung mit 9 mL Wasser versetzt und geschüttelt, so entsteht ein starker Schaum.
Löslichkeit: Löslich in Ethanol und Alkalihydroxiden, fast vollständig löslich in Aceton und Isopropanol, nur teilweise löslich in Chloroform, fast unlöslich in Ether, Petrolether, Benzol und Schwefelkohlenstoff, unlöslich in fetten und ätherischen Ölen.

Reinheit: *ÖAB 9* beschreibt folgende Prüfungen:
- Ungenügend gereinigtes Harz, Aloe: Wird 1 g zerriebenes Jalapenharz mit 10 mL heißem Wasser 1 min lang geschüttelt, so darf der wäßrige Auszug nach dem Filtrieren nicht stärker gefärbt sein als eine Mischung von 0,5 mL Eisen-Farbstandard, 0,05 mL Kobalt-Farbstandard und 9,8 mL 1 %iger Salzsäure.
- Kolophonium: Wird 1 g zerriebenes Jalapenharz mit 10 mL Petrolether 1 min lang geschüttelt und hierauf abfiltriert, so darf sich das Filtrat beim Durchschütteln mit 3 mL Kupferacetatlösung nicht grün färben.
- Orizabaharz, Kolophonium und andere Harze: Man läßt 0,1 g zerriebenes Jalapenharz mit 10 g Ether etwa 6 h in einer verschlossenen Flasche und häufigem Umschütteln stehen, filtriert dann die Lösung in ein tariertes Wägeglas und wäscht den Rückstand samt Filter mit 5 mL Ether nach. Der Verdampfungsrückstand der vereinigten etherischen Lösungen darf höchstens 0,050 g betragen.
- Gujakaharz: Löst man den bei der vorhergehenden Prüfung erhaltenen Rückstand in einigen mL Ethanol und tränkt mit der Lösung einen Streifen Filterpapier, so darf dieser nach dem Trocknen durch 1 Tropfen Eisen(III)chloridlösung nicht blau gefärbt werden.
- Säurezahl: Höchstens 28.
- Asche: Höchstens 0,5 %.

Lagerung: Vorsichtig! Vor Licht geschützt, in gut schließenden Behältnissen.[78]

Wirkungen: Bedingt durch den Glykoretingehalt beim Menschen drastisch abführend wirkend.[54] Es führt zu wäßrigen Stuhlentleerungen innerhalb von 5 bis 6 h. Die Wirksamkeit von Resina Jalapae *DAB 6*, Resina Ipomoeae operculatae, Resina orizabensis und Resina Turpethi wurden biologisch an der Maus geprüft, wonach Resina orizabensis (ED_{50} = 1,5 mg pro Maus) schwächer wirkt als die übrigen Harze (ED_{50} = 0,5 bis 1,0 mg pro Maus), die praktisch die gleiche Wirksamkeit zeigen.[12,56] Experimentelle Studien zum Wirkungsmechanismus liegen nicht vor.

Wirkungsverlauf: Einige Beobachtungen sprechen dafür, daß die abführende Wirkung an die intakten Glykoretinmoleküle gebunden ist.[12] Andererseits wird angenommen, daß das Harz im Dünndarm in Gegenwart von Gallflüssigkeit in Zucker, Aglyka und freie Hydroxyfettsäure gespalten wird. Die entstehende Hydroxyfettsäure würde dann ähnlich wie die Ricinolsäure – man vermutet über eine Freisetzung von Histamin[72] – eine Erregung der Dünndarmmuskulatur auslösen.

Volkstümliche Anwendung und andere Anwendungsgebiete: Bei Obstipationen als drastisches Laxans. In der Volksmedizin bei Koliken, Kolitis, Dysenterien; bei Schmerzen im Darmbereich und gegen Rheumatismus.[64] Die Wirksamkeit der Droge bei diesen Indikationen ist nicht belegt.

Dosierung und Art der Anwendung: *Droge.* Mittlere Einzelgabe 0,1 bis 0,3 g. Einzelmaximaldosis: 0,5 g; Tagesmaximaldosis: 1,5 g.[78]

Unerwünschte Wirkungen: Bei größeren Dosen (über 1,0 g Jalapenknolle) erstreckt sich die Reizwirkung auch auf den Dickdarm und kann kolikartige Leibschmerzen, Tenesmen und Übelkeit sowie Entzündungen der Darmschleimhaut hervorrufen.[10,66]

Gegenanzeigen/Anwendungsbeschr.: Die Anwendung während der Schwangerschaft ist absolut kontraindiziert.[66]
Da die Wirkung sehr drastisch ist, sich offensichtlich auf Dick- und Dünndarm erstreckt und oft von krampfartigen Schmerzen begleitet ist, wird die Anwendung der Droge nicht mehr empfohlen.[66]

Tox. Inhaltsstoffe u. Prinzip: Die drastisch laxierende Wirkung ist auf den Glykoretingehalt zurückzuführen.[56,66,69]

Alte Rezepturen: Sapo Jalapinus *DAB 6*; Extraktum Rhei compositum *DAB 6*.

Gesetzl. Best.: *Apothekenpflicht.* Ja. *Verschreibungspflicht.* Ja.

Jalapae tuber

Synonyme: Chelapa, Ipomoea (radix), Jalapae, Jalapae Radix, Mexico-Jalapoe, Radix Jalapae, Radix Rhabarbi nigri, Tubera Jalapae, Vera-Cruz Jalapoe.

Sonstige Bezeichnungen: Dt.: Jalapenknollen, Jalapenwurzel, Purgierwurzel, Schwarzer Rhabarber; engl.: Jalap, jalap root, jalap tuber, Vera Cruz jalap; frz.: Racine (tubercule) de jalap; span.: Jalapa de Mejico, jalapa tuberosa, raiz de jalapa, tuberculo de jalapa.

Monographiesammlungen: Tubera Jalapae *DAB 6*; Jalapae tuber *Belg V*, *Hisp IX*; Jalap *CF 65*, *NF XI*, *BPC 63*; Tuber Jalapae *Dan IX*, *Helv V*; Jalapae Tubera *Ital 6*; Jalapae Radix *Ned 6*; Jalapa *Portug 35*; Radix Jalapae *ÖAB 9*.

Definition der Droge: Die knollig verdickten, bei starker Wärme getrockneten Nebenwurzeln *DAB 6*; die getrocknete Nebenwurzelknolle *ÖAB 9*.

Stammpflanzen: *Ipomoea purga* (WENDER.) HAYNE (als *Exogonium purga* (WENDEROTH) BENTHAM in *DAB 6*, *ÖAB 9*).

Herkunft: Mexiko, Jamaika, Südamerika.

Gewinnung: Die Wurzeln werden im Mai bis Herbst gegraben, gereinigt und entweder in der Sonne, in heißer Asche oder hängend über offener Flamme getrocknet.

Ganzdroge: Die Wurzeln sind einfach oder zu mehreren vereinigt, im oberen Teil knollig verdickt, kugelig, birnenförmig oder länglich-spindelförmig, bis 200 g schwer, sehr hart. Die Wurzelzweige, die verlängerte Wurzelspitze und die Achsenteile sind entfernt. Auf der Außenseite tief längsfurchig, höckerig oder unregelmäßig netzrunzelig, graubraun oder dunkelbraun, mit kurzen, quergestreckten, helleren Lenticellen; zwischen den Furchen eine schwarze, durch ausgetretenes Harz glänzende Farbe. Der Bruch ist eben, fast muschelig, weder faserig noch holzig, je nach Trocknungsart hornig bei starker Erwärmung (auf Feuer oder Asche) oder mehlig bei niedriger Erwärmung (Trocknung an der Sonne).[79]

Schnittdroge: *Geruch.* Eigenartig, oft rauchartig infolge des Trocknens über freiem Feuer.
Geschmack. Anfangs süßlich, dann unangenehm und scharf, im Rachen lange haftend.[79]
Makroskopische Beschreibung. Der weißlichgraue Querschnitt zeigt mehrere dunkle Sekretbehälter und zahlreiche dunklere kreisförmige Linien, die durch anomale Kambien entstehen.
Mikroskopisches Bild. Eine dünne dunkelbraune Korkschicht. Im Parenchym der sekundären Rinde Stärke, Oxalatdrusen und zahlreiche, große rundliche Sekretbehälter mit verkorkter dünner Membran und graugelbem harzigem Milchsaft. Nur wenige in der Nähe des Kambiums gut erhaltene Siebröhrenstränge. Vereinzelt Steinzellen. Im Holzteil Parenchym, wenige radiale Gefäßstränge aus kurzgliedrigen Tracheen mit behöften Tüpfeln und kurzen mehr oder weniger spitz endenden Tracheiden, um die sich sekundäres Cambium bildet, das nach außen Siebröhren, Sekretbehälter, Parenchymzellen und Oxalatzellen erzeugt.[79]

Pulverdroge: Wenig brauner dünnwandiger Kork, dünnwandiges getüpfeltes stärkehaltiges Parenchymgewebe mit Oxalatdrusen und zahlreichen, großen, rundlichen Sekretbehältern mit verkorkter dünner Membran und harzigem Inhalt, der als farblose "Emulsionskugel" austritt und sich bei Zusatz von wäßriger Iodlösung leuchtend gelb färbt und dadurch von den blaugefärbten Stärkekörnern deutlich abhebt. Stärkekörner, kleinere 8 bis 15 µm, zusammengesetzte 25 bis 40 µm, kugelig bis eiförmig, exzentrisch geschichtet mit typisch geschwungenen Berührungsflächen und kleinstrahliger Kernhöhle; Calciumoxalatdrusen, gelbe Harzzellen, Harzklumpen, Parenchymgewebefetzen und Steinzellen aus der Außenseite.[79]

Verfälschungen/Verwechslungen: Verwechslungen mit anderen Convolvulaceenwurzeln sind möglich; die Harze zeigen qualitative und quantitative Unterschiede auf, sind in der Wirkung jedoch alle gleich.

Folgende Drogen kommen durch ihr äußerlich ähnliches Aussehen als Verwechslung oder Verfälschung in Betracht:
- Radix Scammoniae Mexicanae von *Ipomoea orizabensis* (PELLET.) LED. ex STEUD.: Die Stücke von *Ipomoea orizabensis* sind heller und leichter als die von *I. purga*;
- Tampicowurzel von *I. simulans* HANBURY hat einen holzigen Bruch;
- Turpithwurzel (Radix Turpethi) von *Operculina turpethum* (L.) MANSO;
- Brasilianische Jalapenwurzel von *I. operculata* (Syn. *Merremia macrocarpa* (L.) ROBERTY);
- Scammoniumwurzeln von *Convolvulus scammonia* L.;
- *Mirabilis jalapa* L., zu erkennen an typischen Oxalatdrusen und verholzten Fasern.[10]

Minderqualitäten: Schon extrahierte und entharzte Knollen.

Inhaltsstoffe: 5 bis 20 % Harz, Glykoretine (s. Jalapae resina).
In der Droge sind außerdem enthalten: Phytosterole, Fettsäuren, höhere Alkohole, das Cumarin Scopoletin (= β-Methylesculetin), das Sitosterolglykosid Ipuranol; daneben Stärke und Zucker, D-Chinovose (Isorhodeose, D-Epirhamnose).

Reinheit: Die Reinheit wird über folgende Prüfung bestimmt:
- Fremde Beimengungen: Höchstens 1 % *BPC 63*.
- Asche: Höchstens 6,5 % *DAB 6, Hisp IX, Ital 6, Ned 6, Helv V*; 7 % *Dan IX*; 5 % *ÖAB 9*; 6 % *BPC 63*.
- Säureunlösliche Asche: Höchstens 0,3 % *Dan IX*; 0,5 % *NF XI*.
- Feuchtigkeitsgehalt: Höchstens 8 % *Belg V*; 4 % *NF XI*.

Gehalt: Mindestgehalt an Harz: 8 % *Belg V*; 10 % *DAB 6, CF 65, Dan IX, Hisp IX, Ital 6, Ned 6, ÖAB 9, Helv V, BPC 63*.
Etherlösliche Bestandteile des Harzes: Max. 3 % *Hisp IX, Helv V*.
Etherlöslicher Rückstand der Wurzeln: Max. 1,2 % *DAB 6, ÖAB 9*.

Gehaltsbestimmung: Bestimmt werden der Harzgehalt und der etherlösliche Anteil des Harzes. Nach *ÖAB 9* wird die gepulverte Droge bei Raumtemperatur mit Ethanol extrahiert und filtriert. Nach vollständigem Entfernen der Extraktionsflüssigkeit und Trocknung bis zur Gewichtskonstanz wird durch Wägung der Gehalt an extrahierbarem Harz bestimmt.

Lagerung: Vorsichtig! Vor Licht geschützt, in gut schließenden Behältnissen.[78]

Wirkungen: Bedingt durch den Glykoretingehalt beim Menschen drastisch laxierend wirkend.[54] Zum Wirkungsmechanismus liegen keine experimentellen Studien vor.

Volkstümliche Anwendung und andere Anwendungsgebiete: Bei Obstipationen als drastisches Laxans und Purgativum.[56,66,69] Die Droge gilt heute als obsolet.

Dosierung und Art der Anwendung: *Droge.* Mittlere Einzelgabe: 0,5 g;[78] 1,0 g;[75] Einzelmaximaldosis: 1,5 g; Tagesmaximaldosis: 4,5 g.[78]

Gegenanzeigen/Anwendungsbeschr.: Die Anwendung während der Schwangerschaft ist absolut kontraindiziert.[66]
Da die Wirkung sehr drastisch ist und oft von krampfartigen Schmerzen begleitet ist, wird die Anwendung der Droge nicht mehr empfohlen.[66]

Tox. Inhaltsstoffe u. Prinzip: Die drastisch laxierende Wirkung ist auf den Glykoretingehalt zurückzuführen.[56,66,69]

Toxikologische Daten: *Giftklassifizierung.* Giftigkeitsgrad: Giftig +.[68]

Rezepturen: Sapo Jalapinus *DAB 6.*

Gesetzl. Best.: *Apothekenpflicht.* Ja. *Verschreibungspflicht.* Ja.

Jalapa hom. *HAB 34*

Monographiesammlungen: Jalapa *HAB 34.*

Definition der Droge: Als Droge gilt die getrocknete Wurzelknolle.

Stammpflanzen: *Ipomoea purga* HAYNE (als *Exogonium purga* (WENDER.) BENTHAM. in *HAB 34*).

Zubereitungen: *Urtinktur.* Herstellung durch Mazeration oder Perkolation der getrockneten Droge mit Ethanol 90 % (*V/V*) nach allgemeinen Zubereitungsvorschriften (§ 4) des *HAB 34.*
Urtinktur nach *HAB 1*, Vorschrift 4a mit Ethanol 86 % (*m/m*); D2 und D3 mit Ethanol 86 % (*m/m*); D4 mit Ethanol 62 % (*m/m*); ab D5 mit Ethanol 43 % (*m/m*).[57]

Gehalt: *Urtinktur.* Arzneigehalt $^1/_{10}$.

Anwendungsgebiete: Die Anwendungsgebiete entsprechen dem homöopathischen Arzneimittelbild. Dazu gehören: Durchfälle und nächtliche Unruhezustände bei Kindern.[57]

Dosierung und Art der Anwendung: *Zubereitung.* Ab D4: Flüssige Verdünnungen, Tabletten, Verreibungen, Streukügelchen, flüssige Verdünnungen zur Injektion.[57]
Bei akuten Zuständen häufige Anwendung alle halbe bis ganze Stunde 5 Tropfen oder 1 Tablette oder 10 Streukügelchen oder 1 Messerspitze Verreibung einnehmen; parenteral 1 bis 2 mL bis zu 3mal tägl. s.c. injizieren. Bei chronischen Verlaufsformen 1- bis 3mal täglich 5 Tropfen oder 1 Tablette oder 10 Streukügelchen oder 1 Messerspitze Verreibung einnehmen; parenteral 1 bis 2 mL pro Tag s.c. injizieren.[57]

Unerwünschte Wirkungen: Nicht bekannt. Hinweis: Es können vorübergehend Erstverschlimmerungen vorkommen, die jedoch unbedenklich sind.[57]

Gegenanzeigen/Anwendungsbeschr.: Nicht bekannt.[57]

Gesetzl. Best.: *Offizielle Monographien.* Aufbereitungsmonographie der Kommission D am BGA "Ipomoea purga (Jalapa)".[57]

Jalapa hom. *HPUS 88*

Monographiesammlungen: Jalapa *HPUS 88.*

Definition der Droge: Rhizome.

Stammpflanzen: *Ipomoea purga* HAYNE.

Zubereitungen: *Urtinktur.* Herstellung durch Mazeration oder Perkolation der frischen oder getrockneten Droge mit Ethanol nach allg. Zubereitungsvorschriften (Class C) der *HPUS 88.* Ethanolgehalt 65 % (*V/V*).

Gehalt: *Urtinktur* Arzneigehalt $^1/_{10}$.

Ipomoea stans CAV.

Botanische Beschreibung: Etwa 1 m hohe Pflanze, mit dickem Rhizom und aufrechten, behaarten Zweigen, Blätter wechselständig, oval, lanzenförmig, buchtig und rauh, mit 3 bis 4 cm langen und 1 bis 1,5 cm dicken und kurzen Blattstielen. Verwachsenkronblättrige, alleinstehende achselständige Blüten von violetter Färbung, kapselförmige Frucht mit 4 Samen. Blütezeit Juli bis September.[79]

Verbreitung: Heimisch in Mexiko.

Drogen: Ipomoea stans hom. *HPUS 88.*

Ipomoea stans hom. *HPUS 88*

Monographiesammlungen: Ipomoea stans *HPUS 88.*

Definition der Droge: Rhizome.

Stammpflanzen: *Ipomoea stans* CAV.

Zubereitungen: *Urtinktur.* Herstellung durch Mazeration oder Perkolation der frischen oder getrockneten Droge mit Ethanol nach allgemeinen Zubereitungsvorschriften (Class C) der *HPUS 88.* Ethanolgehalt 65 % (*V/V*).

Gehalt: *Urtinktur.* Arzneigehalt $^1/_{10}$.

Ipomoea violacea L.

Synonyme: *Ipomoea tricolor* CAV.

Sonstige Bezeichnungen: Engl.: Morning glory; span.: Badoh negro.

Botanische Beschreibung: Weißblühende Trichterweide.

Ipomoea violacea L.

Inhaltsstoffe: In den Blättern wurden durch Extraktion mit Natriumhyrogencarbonat und organischen Lösungsmitteln folgende Alkaloide mittels DC[58] und Massenspektroskopie[59] nachgewiesen: Ergometrinin, Ergometrin, Isolysergsäureamid und Lysergsäureamid. Die Ermittlung des Alkaloidgehaltes erfolgte mittels Spektrophotofluorimetrie nach Umsetzung mit modifiziertem van-Urk-Reagenz (*p*-Dimethylaminobenzaldehyd in H_2SO_4 konz. + $FeCl_3$) bei 400 nm; der Gesamtalkaloidgehalt schwankte zwischen 0,027 und 0,04 %.[60]
Die Biosynthese der Indolalkaloide erfolgt hauptsächlich in den Blättern, die darauf folgende Translokalisation führt zu einer Anreicherung der Alkaloide in den Samen.[70]
Der Chanoclavingehalt ist in jungen Samen sehr hoch und nimmt im weiteren Verlauf zugunsten von Lysergsäureamid ab.[61]

Verbreitung: Heimisch in Mexiko.

Drogen: Ipomoea-violacea-Samen.

Ipomoea-violacea-Samen

Synonyme: Ololiuqui, Piule.
Hinweis: Unter dem Namen Ololiuqui werden auch die Samen von *Rivea corymbosa* (L.) HALL. verstanden.

Sonstige Bezeichnungen: Engl.: Blue-star, heavenly blue.

Definition der Droge: Getrocknete Samen.

Stammpflanzen: *Ipomoea violacea* L.

Herkunft: Mexiko.

Ganzdroge: Schwarze, längliche Samen.

Inhaltsstoffe: *Alkaloide.* Gesamtalkaloide 0,02 bis 0,05 %;[20,63] nach Lit.[20] ca. 0,02 % Indolalkaloide, davon 44 % Lysergsäureamid und 34 % Isolysergsäureamid. Nach Lit.[64] folgende Lysergsäure-Derivate: (+)-Lysergsäureamid (Ergin) 0,035 %, (+)-Isolysergsäureamid (Isoergin) 0,005 %, und die entsprechenden Hydroxyethylamide Chanoclavin 0,005 % und Elymoclavin 0,005 % und Ergometrin 0,005 %.

Identität: Dünnschichtchromatographie der Alkaloide:[62]
- Prüflösung: Die getrockneten pulverisierten Samen werden mit Petrolether entfettet, nach Anfeuchten mit 10 %igem Ammoniumhydroxid wird mit Ether erschöpfend extrahiert. Der Etherextrakt wird auf $^1/_{10}$ des ursprünglichen Volumens eingeengt und mit 0,1 N H_2SO_4 extrahiert. Die Säurephase wird anschließend mit 1 %iger NH_4OH auf pH 9 alkalisiert. Aus der alkalisch wäßrigen Lösung werden die Alkaloidbasen mit Chloroform extrahiert;
- Sorptionsmittel: Silicagel G;
- FM: Aceton-Piperidin (9 + 1) oder Aceton-Ethylpiperidin (9 + 1);
- Detektion: Direktauswertung im UV 254 nm und 365 nm; Besprühen mit van-Urk-Reagenz: 1) 2 g *p*-Dimethylaminobenzaldehyd gelöst in 20 mL HCl konz. und 80 mL Ethanol, 2) Natriumnitrit 1 %ig in Wasser;
- Auswertung: Die Alkaloide erscheinen als violette Zonen.

Zur Trennung von Lysergsäureamid und Isolysergsäureamid sind folgende DC-Parameter geeignet:
- Sorptionsmittel: Aluminiumoxid;
- FM: Chloroform-Ethanol (96 + 4) oder Aceton-Ethylpiperidin (9 + 1);
- Detektion und Auswertung: s. oben.[62]

Weitere DC-Methoden zum Alkaloidnachweis:[20]
- Sorptionsmittel: Silicagel G;
- FM: a) Aceton-Piperidin (9 + 1), b) Chloroform-Methanol (4 + 1), c) Aceton-Ethylacetat-Dimethylformamid (5 + 5 + 1);
- Detektion: Direktauswertung im UV 365 nm (graublau); Besprühen mit van-Urk-Reagenz.

Gehaltsbestimmung: Die zur Identitätsprüfung hergestellte Prüflösung kann durch Zusatz von van-Urks-Reagenz und anschließender Spektrophotometrie zur quantitativen Bestimmung der Alkaloide verwendet werden.[63]

Wirkungen: Es wird ein psychomimetischer und halluzinogener Effekt beschrieben, der auf die LSD-ähnlichen Verbindungen in den Samen zurückgeführt werden kann.[64,71]

Wirkungsverlauf: Ca. 300 Samen führen zu einem ähnlichen Effekt wie 200 bis 300 µg LSD-25; Müdigkeit, Apathie, Gefühl der Leere und Unwirklichkeit sowie der völligen Bedeutungslosigkeit der Außenwelt, Nausea und akute bis chronische psychotische Reaktionen werden beschrieben.[64,71]

Volkstümliche Anwendung und andere Anwendungsgebiete: Als Rauschgiftdroge Ololiuqui zu magisch-medizinischen Zwecken bei Indianern in Mexiko.

Dosierung und Art der Anwendung: *Droge.* Psychomimetische Effekte lassen sich durch etwa 5 g (etwa 125 Samen) einer alkaloidreichen Varietät erzielen.
Zu religiös rituellen Zwecken: Die Samen werden gewaschen und in Wasser ca. 8 h eingeweicht, durch ein Tuch abgeseiht und getrunken.

Unerwünschte Wirkungen: *Beeinflussung des Reaktionsvermögens.* Als narkotisch hallzinogene Substanz einzustufen.[68] Experimentelle Untersuchungen liegen nicht vor.

Tox. Inhaltsstoffe u. Prinzip: Die toxischen Eigenschaften sind auf die Lysergsäure-Alkaloide zurückzuführen.[68]

Toxikologische Daten: *LD-Werte.* LD_{50} an Ratten: Ca. 164 bis 214 mg/kg.[68]

---

1. Mabberley DJ (1990) The Plant-book, Cambridge University Press, New York Port Chester Melbourne Sydney
2. Schultze-Motel J (Hrsg.) (1986) Rudolf Mansfeld, Verzeichnis landwirtschaftlicher und gärtnerischer Kulturpflanzen, Springer, Berlin Heidelberg New York, Bd. 2, S. 1.104–1.108
3. Howard RA (1989) Flora of the Lesser Antilles, Arnold Arboretum, Harvard University Jamaica Plain, Massachusetts, Bd. 6, Teil 3, S. 133
4. Zander R, Encke F, Buchheim G, Seybold S (1980) Handwörterbuch der Pflanzennamen, 12. Aufl., Eugen Ulmer, Stuttgart, S. 345, 433, 461
5. Austin DF (1977) Ann Missouri Bot Gard 64:330–339
6. Austin DF (1986) Taxon 35:355
7. Staples GW III, Austin DF (1981) Brittonia 33:591
8. Hgn, Bd. II, S. 547; Bd. VIII, S. 321
9. Gstirner F (1955) Prüfung und Verarbeitung von Arzneidrogen, Springer, Berlin Göttingen Heidelberg
10. Berger F (1960) Handbuch der Drogenkunde, Maudrich W, Wien, Bd. V, S. 271–280
11. Noda N, Ono M, Miyahara K, Kawasaki T (1987) Tetrahedron 43:3.889–3.902
12. Auterhoff H, Demleitner H (1955) Arzneim Forsch 5:402
13. Singh S, Stacey BE (1973) Phytochemistry 12:1.701–1.705
14. Wagner H, Kazmaier P (1977) Phytochemistry 16:711
15. Okabe H, Kawasaki T (1970) Tetrahedron Lett:3.123–3.126
16. Ono M, Noda N, Kawasaki T, Miyahara K (1990) Chem Pharm Bull 38:1.892–1.897
17. Schwarting G (1974) Zur Chemie der Harzglykoside von Convolvulus microphyllus, Ipomoea Quamoclit und Ipomoea orizabensis, Dissertation München
18. Wagner H, Wenzel G, Chari VM (19978) Planta Med 33:144–151
19. Shellard EJ (1961) Planta Med 9:146–152
20. Niwaguchi T, Inoue T (1969) J Chromatogr 43:510–512
21. Burka LT, Thorsen A (1982) Phytochemistry 21:860–870
22. Kubota T (1958) Tetrahedron Lett:68
23. Schneider JA, Yoshihara K, Nakanishi K (1983) J Chem Soc Commun:352–353
24. Yang DTC, Wilson BJ, Harris TM (1970) Phytochemistry 10:1.653–1.654
25. Oguni I, Uritani I (1974) Phytochemistry 13:521–522
26. Takahashi N, Yokota T, Murofushi N, Tamura S (1969) Tetrahedron Lett:2.077–2.080
27. Yokota T, Takahashi N, Murofushi N, Tamura S (1971) Tetrahedron Lett:2.081–2.084
28. Yokota T, Murofushi N, Takahashi N, Tamura S (1971) Agr Biol Chem 35:583–595
29. Genest K (1967) Lloydia 30:164–176
30. Canonica L, Danieli B, Ferrari G, Krepinsky J, Weisz-Vincze I (1975) Phytochemistry 14:525–527
31. Yokota T, Murofushi N, Takahashi N (1971) Phytochemistry 10:2.493–2.494
32. Yamaguchi I, Fujisawa S, Takahashi N (1982) Phytochemistry 21:2.049–2.055
33. Lu TS, Saito N, Yokoi M, Shigihara A, Honda T (1991) Phytochemistry 30:2.387–2.390
34. Lu TS, Saito N, Yokoi M, Shigihara A, Honda T (1992) Phytochemistry 31:659–663
35. Lu TS, Saito N, Yokoi M, Shigihara A, Honda T (1992) Phytochemistry 31:289–295
36. Kawasaki T, Okabe H, Nakatsuka I (1971) Chem Pharm Bull 19:1.144–1.149
37. Okabe H, Kawasaki T (1972) Chem Pharm Bull 20:514–520
38. Abou Chaar CI, Digenis GA (1966) Nature 212:618
39. Abou Chaar CI (1970) Nature 225:663
40. Shellard EJ (1961) Planta Med 9:141–145
41. Graf E, Dahlke E, Voigtländer HW (1965) Arch Pharm 298:81–91
42. Graf E, Dahlke E, (1964) Chem Ber 97:2.785–2.797
43. Lawson EN, Jamie JF, Kitching W (1992) J Org Chem 57:353–358
44. Votocek E, Prelog V (1929) Collect Trav Chim Tchecoslovaquie 1:55
45. Kazmaier P (1971) Über die Isolierung und Strukturaufklärung der Rhamnoconvolvulinsäure aus Ipomoea operculata, Dissertation München
46. Graf E, Bühle H (1974) Arch Pharm 307:628–635
47. Graf E, Bühle H (1974) Arch Pharm 307:636–643
48. Ono M, Kubo K, Miyahara K, Kawasaki T (1989) Chem Pharm Bull 37:241–244
49. Ono M, Nishi M, Kawasaki T, Miyahara K (1990) Chem Pharm Bull 38:2.986–2.991
50. Ono M, Kawasaki T, Miyahara K (1991) Chem Pharm Bull 39:2.534–2.539
51. Ono M, Fujimoto K, Kawata M, Fukunaga T, Kawasaki T, Miyahara K (1992) Chem Pharm Bull 40:1.400–1.403
52. Ono M, Kawasaki T, Miyahara K (1989) Chem Pharm Bull 37:3.209–3.213
53. Ono M, Fukunaga T, Kawasaki T, Miyahara K (1990) Chem Pharm Bull 38:2.650–2.655
54. Lewin L (1928) Gifte und Vergiftungen, Lehrbuch der Toxikologie, 6. Aufl., Nachdruck (1992), Haug, Heidelberg, S. 802
55. Shellard EJ (1961) Planta Med 9:102
56. Auterhoff H (1954) Planta Med 2:195
57. BAz Nr. 22a vom 03.02.1988
58. Weber JM, Ta TS (1976) Mikrochim Acta 1:217–225
59. Weber JM, Ta TS (1976) Mikrochim Acta 1:227–242
60. Weber JM, Ta TS (1976) Mikrochim Acta 1:581–588

61. Genest K (1966) J Pharm Sci 55:1.284–1.288
62. Genest K (1965) J Chromatogr 19:531–539
63. Wilkinson RE, Hardcastle WS, McCormick CS (1988) Bot Gaz 149:107–109
64. Duke IA (1985) CRC-Handbook of Medicinal Herbs, CRC-Press, Boca Raton, S. 250
65. Simeon EC, Manikis LA (1988) Acta manil 37:71–80
66. Braun H (1987) Heilpflanzen-Lexikon für Ärzte und Apotheker, Gustav Fischer Verlag, Stuttgart New York
67. ChinP IX
68. RoD (1984) 18. Erg. Lfg. 5, IV–1.I
69. Steinegger E, Hänsel R (1988) Lehrbuch der Pharmakognosie und Phytopharmazie, Springer, Berlin Heidelberg New York, S. 67
70. Mockaitis JM, Kivilaan A, Schulze A (1973) Biochem Physiol Pflanz 169:248–257
71. Hofmann A (1971) Bull Narcotics 23:3–14
72. Bader H (1985) Lehrbuch der Pharmakologie und Toxikologie, 2. Aufl., VCH edition medizin, Weinheim, S. 366
73. Pharmacopoea Japonica, Editio septa 1962
74. BPC 49
75. NF XI
76. DAC 76
77. EB 6
78. ÖAB 9
79. Hag, Bd. V, S. 264–272
80. Ind PC 53
81. Paulus E, Ding YH (1987) Handbuch der traditionellen chinesischen Heilpflanzen, K. F. Haug Verlag, Heidelberg, S. 202
82. Hag, Bd. IV, S. 896

MV

Iresine

HN: 2029200

Familie: Amaranthaceae.

Unterfamilie: Gomphrenoideae.

Tribus: Gomphreneae.

Gattungsgliederung: Die Gattung Iresine P. BROWNE hat ca. 40 Arten; von der verwandten Gattung Paffia unterscheidet sich Iresine durch normalerweise eingeschlechtige Blüten gegenüber zweigeschlechtigen Blüten bei Paffia sowie einem tief eingeschnittenen Griffel gegenüber dem kurzen zweilippigen Griffel von Paffia.[1]

Gattungsmerkmale: Ein- oder mehrjährige Kräuter, Büsche oder kleine Bäume. Stamm mehr oder weniger behaart oder unbehaart, aufrecht oder kriechend, wenig bis stark verzweigt, Nodien etwas verdickt. Blätter gegenständig, gestielt, Ränder dünn bis leicht fleischig, ganzrandig oder leicht gezähnt. Blüten klein, in gedrängten vielblütigen Köpfchen an den Enden der Triebe und in den Blattachseln der oberen Blätter; jede Blüte gegenüberliegend, mit einer Bractee und 2 Bracteolen, hautartig, durchscheinend, silbrig weiß, unbehaart bis leicht oder dicht behaart. Blüten klein bis sehr klein, meist unvollständig. Pflanzen monözisch, diözisch oder polygam. Perinath mit 5 basal verwachsenen oder freien etwa gleichgroßen, durchscheinenden, silbrig weißen, strohfarbenen, 1- bis 3nervigen abaxial unbehaarten oder behaarten Tepalen; die der Fruchtblätter tragenden Blüten werden durch einen Ring von Haaren gestützt, die sich nach der Befruchtung verlängern. Andröceum meist mit 5 Staubblättern (teilweise reduziert, bei den Fruchtblätter tragenden Blüten fehlend), im Grunde verwachsen, Antheren einwärtsgekehrt, rückseits fixiert, 2 Pollenfächer mit Aufplatzlinie; Pseudostaminodien fehlend oder sehr kurz, Griffel 1, sehr kurz oder fehlend, Narben 2 oder 3, gewöhnlich verlängert, gestaucht bis fadenförmig; Ovar 1, gestützt durch einen verlängerten Funiculus mit obenliegender Microphyle. Alle Blüten mit einer hervorragenden 5lappigen Fruchtscheibe. Frucht sehr klein, silbrig weiß, durchscheinend, nicht aufplatzend, mehr oder weniger kugelige Hautfrucht mit reichlich langen Haaren, zur Reifezeit abfallend; Samen schmal, linsenförmig, rot bis rostbraun.[2]

Verbreitung: Südstaaten der USA bis Südamerika.

Drogenliefernde Arten: *I. diffusa:* Iresine-diffusa-Kraut, Achyranthes calea hom. *HPUS 78*; *I. herbstii:* Iresine-herbstii-Kraut.

Iresine diffusa HUMB. et BONPL. ex WILLD.

Synonyme: *Iresine canescens* HUMB. et BONPL. ex WILLD., *I. celosia* L., *I. celosioides* L., *I. paniculata* (L.) KUNTZE non POIRET. Die genannten Synonyme werden heute unter *I. diffusa* var. *diffusa* verwiesen.[2,3]

Sonstige Bezeichnungen: Engl.: Juba's bush; Mexiko: Tlatlancuaya;[5] span.: Hierba de calentura, hierba del tabardillo.

Systematik: Bei *I. diffusa* handelt es sich um eine sehr veränderliche Art. Hinsichtlich Größe und Blütenorgane sowie Art der Behaarung gibt es beachtliche Abweichungen. Diese Merkmale führen zur Benennung verschiedener Varietäten var. *diffusa* und var. *spiculigera*.[1]

Botanische Beschreibung: Einjährige oder perennierende, aufrechte oder kletternde, zweihäusige Kräuter oder Halbsträucher. Stengel gering oder stark ästig, glatt oder fein behaart, normalerweise mehr oder weniger zottig an Knoten, oberhalb der Knoten schmäler werdend (zumindest bei Trockenmaterial) und unterhalb der Knoten leicht verdickt; bei einjährigen oder krautigen Pflanzen ca. 0,5 m hoch; bei kletternden perennierenden Pflanzen bis zu 3 m hoch oder mehr; junge Stengel und Äste kantig und gefurcht; grundständige Teile älterer Stengel glatt, in Transektion abgerundet und dazu neigend, hölzern zu werden. Blätter, Blattspreiten gegenständig, breit-eiförmig bis breit-lanzettlich, spitz bis spitz zulaufend und stachelspitzig, abgerundet bis keilförmig am Grund, dünn und leuchtend grün oder dicker und gelblich-grün, glatt bis unterschiedlich fein behaart, bei einigen Formen mit gelben Trichomen darunter, voll entwickelte Spreiten meistens 3 bis 10 cm lang und 1,5 bis 6 cm breit, mit 4 bis 8 Paaren größerer gebogener Sekundärnerven, Blattstiel bis zu 5 cm lang, oben gerillt, die Spreite am Blattstiel als zwei schmale Furchen herablaufend; Büschel kleinerer Blätter sind häufig in den Achseln vorhanden. Blütenstand variabel in Größe und Form, meistens 10 bis 20 cm lang, doch häufig bis zu 50 cm Umfang, endständig auf Stengel und größeren Zweigen, äußerste Einheiten kurze Blütenähren, Blütenstandäste auf der Unterseite unbehaart bis unterschiedlich fein behaart, oft zottig, mitunter mit goldenen Trichomen, häufig gestützt von kleinen lanzettlichen blattförmigen Blättern; Hauptachse auf der Unterseite unbehaart bis unterschiedlich fein behaart, mitunter weiß-zottig, manchmal mit gelben Trichomen, bei einigen Arten mit auffallend leuchtend gelben oder orangefarbigen steifen Trichomen am Grunde jeder Blüte. Hochblätter und Vorblätter trockenhäutig, ungefähr dreieckig, unbehaart oder leicht flaumig, weiß und halb durchsichtig bis hellbraun oder bronzefarben, Vorblätter bis 1,5mal so lang wie Hochblatt, ganzrandig oder mit gezähntem Rand. Blüten 0,8 bis 2,1 mm lang (vom Grunde des Hochblattes bis zur Spitze der Blütenhülle). Blütenblätter trockenhäutig, weißlich und halb durchsichtig bis dunkler- und bronzefarben, eiförmig, stark konkav, äußere Blütenblätter leicht breiter als die inneren. Nur mit Staubblättern ausgerüstete Blüten ungestielt oder auf der unteren Seite in den Vorblättern sitzend; Vorblätter 0,4 bis 1,1 mm lang; Blütenblätter ohne Aderung oder mit schwacher und undeutlicher Mittelader; Stamina 5, Fäden pfriemlich, nahe dem Grunde weiter werdend und unter einer 5lappigen Scheibe angesetzt, fruchtbare Stamen mitunter in verminderter Zahl; Gynäceum nicht voll entwikkelt, meistens säulenförmig. Weibliche Blüten mit kurzem Stiel (0,2 bis 0,4 mm) in Vorblättern, mit einem dicken Wirbel weißer Trichome, die sich aus dem Blütenstiel reifer Blüten entwickeln; Vorblätter 0,6 bis 1,8 mm lang; Blütenblätter schwach bis deutlich 3aderig; Fruchtknoten 0,5 bis 0,8 mm breit zur Blütezeit, abgerundet, Griffel kurz oder unvollkommen entwickelt. Stigmazweige dünn, 0,3 bis 0,5 mm lang zur Blütezeit. Schlauch nicht aufspringend. Samen fast rund, 0,4 bis 0,6 mm breit, rötlichbraun, Samenschale weich oder flach geformt, glänzend.[1]

Inhaltsstoffe: S. Iresine-diffusa-Kraut.

Verbreitung: Südstaaten der USA bis Peru.

Drogen: Iresine-diffusa-Kraut, Achyranthes calea hom. *HPUS 78*.

Iresine-diffusa-Kraut

Sonstige Bezeichnungen: Engl.: Fever herb; span.: Hierba de la calentura, hierba del tabardillo.

Definition der Droge: Getrocknetes Kraut.

Stammpflanzen: *Iresine diffusa* var. *diffusa* Humb. et Bonpl. ex Willd.

Herkunft: Mittel- und Südamerika.

Gewinnung: Wildsammlung.

Inhaltsstoffe: Das getrocknete Kraut enthält 0,36 % Iresin sowie 0,0004 % Dihydroiresin und Isoiresin, durch Cyclisierung von Farnesol entstandene Sesquiterpenlactone. Außerdem 0,03 % Cerylalkohol und 0,05 % Sterine, Hauptsterin ist β-Sitosterin. Ferner enthält die Droge Ttlatlancuayin, (= 2,5-Dimethoxy-6,7-methylendioxyisoflavon).[4] Mengenangaben fehlen.

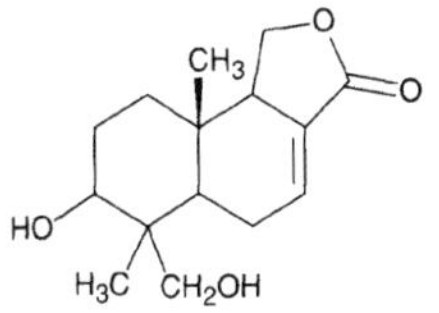

Iresin

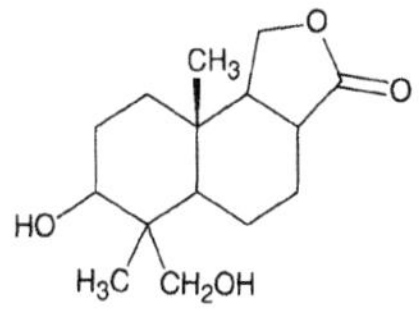

Dihydroiresin

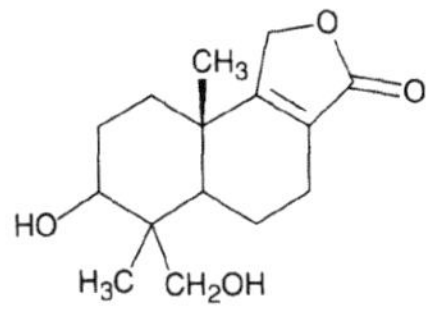

Isoiresin

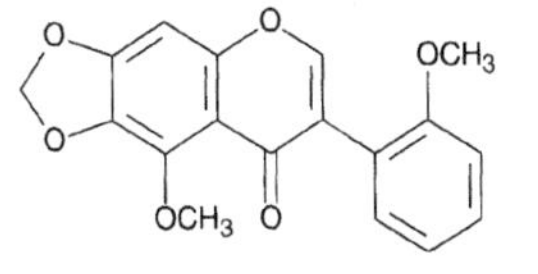

Ttlatlancuayin

Wirkungen: Für die behauptete diaphoretische und diuretische Wirkung[5] gibt es keine experimentellen Belege.

Volkstümliche Anwendung und andere Anwendungsgebiete: In Mexiko bei Fieber, bei Gelbfieber sowie bei Malaria.[5] Die Wirksamkeit bei den genannten Anwendungsgebieten ist nicht belegt.

Dosierung und Art der Anwendung: Als Decoct aus 50 g Blätter auf 300 g Wasser.[5] Zur Dosierung fehlen nähere Angaben.

Achyranthes calea hom. *HPUS 78*

Synonyme: Fever herb.

Monographiesammlungen: Achyranthes calea hom. *HPUS 78*.

Definition der Droge: Die ganz frische Pflanze.

Stammpflanzen: *Iresine diffusa* Humb. et Bonpl. ex Willd. (*Achyranthes calea* Ibañez).[9] *HPUS 78* gibt das Synonym *Iresine celosioides* L. an.

Zubereitungen: *Urtinktur.* Herstellung: Zu einer feuchten Pflanzenmasse, bestehend aus 100 g Festanteil und 567 mL Pflanzensaft, gibt man 470 mL EtOH 94,9 % (*V/V*) zur Bereitung von 1.000 mL Urtinktur.

Dilutionen. D2 (2x) aus 1 Teil Urtinktur, 4 Teilen dest. Wasser und 5 Teilen EtOH 94,9 % (*V/V*); D3 (3x) und höher mit EtOH 88 % (*V/V*).
Medikationen. D3 (3x) und höher.

Gehalt: *Urtinktur.* Arzneigehalt $^{1}/_{10}$.

Iresine herbstii Hook.

Synonyme: *Achyranthes verschaffeltii* Lemaire, *Iresine verschaffeltii* (Lemaire) Lemaire.

Systematik: *Iresine herbstii* ist nahe verwandt mit *Iresine diffusa*.

Botanische Beschreibung: Blätter verschieden rot und gelb gefärbt, häufig an den Blattadern gelb oder pink gestreift, Blattspitze rund und tief gekerbt oder zweilappig variierend von lanzettlich bis zugespitzt; Blüten ähnlich wie bei *Iresine diffusa*, jedoch gelblich mit teilweise nadelförmigen Haaren an der Rachis.[1]

Inhaltsstoffe: Als Pigmente vom Betacyanintyp wurden Amarantin und Isoamarantin (6 %), Iresinin I (27 %), Iresinin II (4,5 %), Iresinin III (0,6 %) und Iresinin IV (1,35 %) in frischen Blättern nachgewiesen.[6] Iresinin I ist der 3-Hydroxy-3-methylglutarsäurehalbester des Amaranthins.

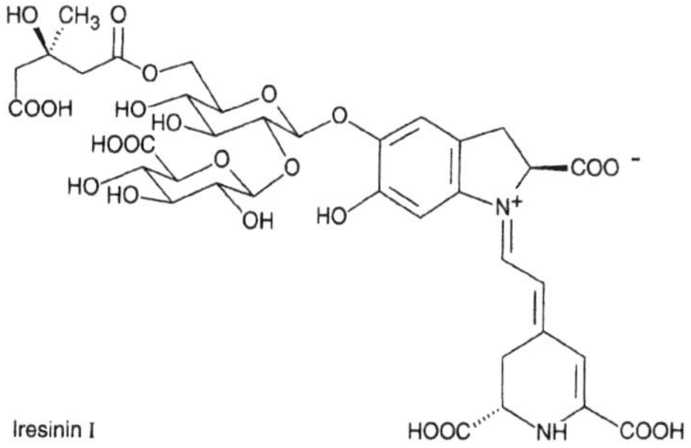

Iresinin I

Verbreitung: Weltweit in den Tropen als Zierpflanze verbreitet.

Drogen: Iresine-herbstii-Kraut.

Iresine-herbstii-Kraut

Definition der Droge: Verwendet wird das getrocknete Kraut.

Stammpflanzen: *Iresine herbstii* Hook.

Herkunft: China.

Ganzdroge: s. Botanische Beschreibung von *Iresine herbstii.*

Volkstümliche Anwendung und andere Anwendungsgebiete: In China bei Menstruationsstörungen,[7] regional auch Blätter bei Frauenkrankheiten im allgemeinen.[8] Die Wirksamkeit bei den genannten Anwendungsgebieten ist jedoch nicht belegt.

1. Eliasson U (1987) In: Harling G, Anderson L (Hrsg.) Flora of Ecuador No. 28, 44. Amaranthaceae, S. 111–127
2. Robertson KR (1981) J Arnold Arb 62:267–314
3. Shinners LH (1962) Taxon 11:141–142
4. Hgn, Bd. III, S. 86
5. Martinez M (1959) Las Plantas Medicinales de Mexico, 4. Aufl., Ediciones Bota, Mexico, S. 324–325
6. Minale L, Piatelli M, De Stefano S, Nicolaus RA (1966) Phytochemistry 5:1.037–1.052
7. Kong YC, Xie JX, But PPH (1986) J Ethnopharmacol 15:1–44
8. Sheng-Ji P (1985) J Ethnopharmacol 13:121–127
9. Ibañez J (1879) Naturaleza 4:79

RL

Jacaranda

HN: 2033900

Familie: Bignoniaceae.

Tribus: Tecomeae.

Gattungsgliederung: Die Gattung Jacaranda Juss. umfaßt ca. 43 Arten und läßt sich in 2 Sektionen gliedern, die sich in ihrer Morphologie und geographischen Verteilung unterscheiden. Die Sektion Dilobos Endl. ist mit ca. 4/5 ihrer Arten auf einen Streifen entlang des ostbrasilianischen Küstenraumes konzentriert, 4/5 aller Arten der Sektion Monolobos Dc. findet man im Gebiet der Anden, des nördlichen Südamerika und der Antillen. Folgende morphologische Unterschiede der Sektionen bestehen: 2 Theken bei Dilobos, nur 1 bei Monolobos; bei Dilobos eine basal verlaufende, bei Monolobos eine basal blasig aufgetriebene Blütenröhre. Der Kelch ist bei Bilobos immer flach gezähnt, bei Monolobos meist sehr tief gezähnt; die Bilobos-Arten haben lilaviolette bis dunkelrote Blüten, die von Monolobos hellblaue. Bilobos-Arten haben immer einzellige Blattbehaarung, bei Monolobos ist diese häufig mehrzellig. Der Rand der Blättchen ist bei Bilobos oft gesägt-gezähnt, bei Monolobos immer ganz. Bilobos-Arten haben immer ein unbehaartes Gynaeceum, während es bei Monolobos oft behaart ist. Auch in der Fruchtfarbe unterscheiden sich die beiden Sektionen, bei Bilobos sind die Früchte meist braunschwarz, bei Monolobos häufig gelb bis hellbraun.[2]

Gattungsmerkmale: Chromosomenzahl bei allen Arten einheitlich 2n = 36.
Hohe Bäume bis niedrige Sträucher mit gegenständigen, meist doppelt, aber auch einfach gefiederten oder ungeteilten ganzrandigen Blättern. Der Blütenstand ist meist ein viel- bis wenigblütiger Thyrsus, der endständig oder achselständig zu finden ist, manchmal auch am alten Holz. Der 5zählige Blütenkelch ist klein, röhren-, trichter- oder krugförmig, flach bis tief gezähnt oder gelappt. Die ebenfalls 5zählige Blütenröhre ist schmal bis breit, trichterförmig glockig, hellblau, violett, dunkelrot oder selten weiß, außen oft einfach und drüsig behaart. Die 4 oder 2 Staubblätter sind am Grund ebenfalls drüsig behaart. Die 1 oder 3 Staminodien sind immer länger und viel dicker als die Filamente der Staubblätter, dicht drüsig behaart und apikal ganz oder schwach zweigeteilt. Das Gynaeceum ist flach gedrückt, kahl oder behaart, vom Diskus deutlich abgesetzt oder

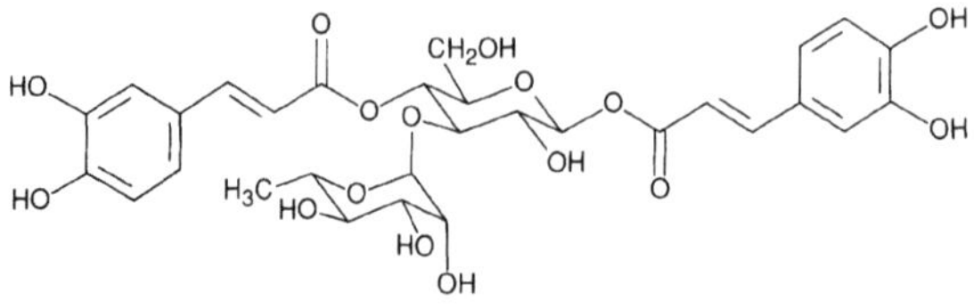

Verbascosid

in diesen übergehend. Die Frucht ist eine zweifächrige, loculizide, meist flach gedrückte Kapsel mit geflügelten Samen.[2,36]

Verbreitung: Tropen und Subtropen.

Inhaltsstoffgruppen: Flavon-7-*O*-glykoside und Flavonol-3-*O*-glykoside, oft 6-hydroxyliert in den Bättern.[2] In den Samen fette Öle mit konjugierten Triensäuren.[36]

Drogenliefernde Arten: *J. acutifolia*: Jacaranda-acutifolia-Früchte; *J. caroba*: Carobae folium, Jacaranda caroba hom. *HAB 34*, Jacaranda caroba hom. *HPUS 88*.

Jacaranda acutifolia HUMB. et BONPL.

Botanische Beschreibung: Hoher Baum, der doppelt gefiederte Blätter mit 3 bis 6 Fiederpaaren trägt. Die Blättchen sind in 6 bis 20 Paaren je Fieder angeordnet, sitzend, elliptisch bis oblong, unbehaart und völlig eben (an der Oberseite keine eingesenkte Nervatur). Der Kelch ist 2,5 bis 3,5 mm groß, die Kelchzähne 0,5 bis 2 mm lang. Die Blüte ist hellblau und wenig behaart. Die Früchte sind elliptisch bis kreisrund und 2,5 bis 4 cm breit.[2]

Verwechslungen: Sehr ähnlich *J. mimosifolia* D. DON, die im Unterschied deutlich mehr Fiederpaare pro Blatt, deutlich eingesenkte Netznervatur auf den Blättchen sowie kleinere Kelche (< 2,5 mm) und Kelchzähne (< 1 mm) und breitere Früchte (4,5 bis 6 cm) aufweist.[2] Die Unterscheidungsmerkmale scheinen jedoch nicht ausreichend, da in der Literatur häufig *J. mimosifolia* und *J. acutifolia* nicht differenziert werden.

Inhaltsstoffe: Die meisten Autoren unterscheiden nicht genau zwischen *Jacaranda mimosifolia* und *J. acutifolia*, so daß die folgenden Inhaltsstoffangaben nicht klar der einen oder anderen Art zugeordnet werden können:
Anthocyane wie Delphinidin, Delphinidin-3-glucosid und Delphinidin-3,5-diglucosid in den Blüten.[6,7] Apigeninglykoside in den Blüten.[21-23] 2-(1-Hydroxy-4-oxo-2,5-cyclohexadienyl)acetat,[24] Scutellarin-7-glucuronid[25] und ein Triterpenoid, Hydrochinon und Scutellarin,[26] Jacaranon, Verbascosid, Phenylacetyl-β-D-glucosid und Jacaranose in den Blättern.[27] Konjugierte ungesättigte Fettsäuren im Öl des Samens.[11,28-30] Lupenon, β-Sitosterol und Oleanolsäure in den Wurzeln.[31] Spinasteron und langkettige Ester von Zimtsäurederivaten (Ferulasäure, Kaffeesäure) im Holz.[33] Gerbstoffe (dünnschichtchromatographisch identifiziert) in Blättern und Rinde.[8] Flavonole wie 3,7,2',3',4'-Pentahydroxyflavon-3-*O*-neohesperidosid sowie Lupenon und β-Sitosterol in der Rinde.[32]

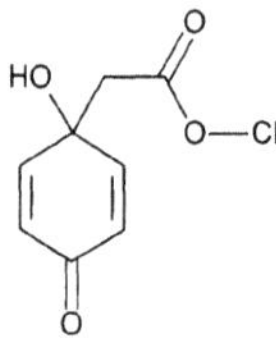

Jacaranon

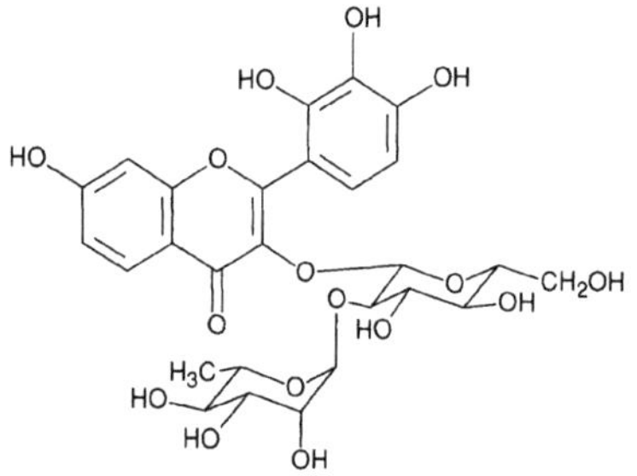

3,7,2',3',4'-Pentahydroxyflavon-3-*O*-neohesperidosid

Verbreitung: Nördliche bolivianische und peruanische Anden.

Drogen: Jacaranda-acutifolia-Früchte.

Jacaranda-acutifolia-Früchte

Synonyme: Fructus Jacarandae.

Sonstige Bezeichnungen: Dt.: Jacarandafrüchte.

Stammpflanzen: *Jacaranda acutifolia* HUMB. et BONPL.

Herkunft: Bolivien und Peru.

Ganzdroge: Elliptische bis kreisrunde Kapselfrüchte.

Inhaltsstoffe: β-Sitosterol, Ursolsäure und Hentriacontan[10] sowie 2-(1-Hydroxy-4-oxo-2,5-cyclohexadienyl)acetat.[24]

Volkstümliche Anwendung und andere Anwendungsgebiete: Gegen entzündliche Schwellungen der Lymphdrüsen bei Syphilis und Gonorrhöe.[12]

Die Wirksamkeit der Droge bei diesen Indikationen ist nicht belegt.

Sonst. Verwendung: *Landwirtschaft.* Als Fischgift.

Jacaranda caroba DC.

Synonyme: *Bignonia caroba* VELL., *B. procera* WILLD., *Jacaranda procera* SPRENG.[1,2]

Sonstige Bezeichnungen: Dt.: Jacarandabaum, Caroba; engl.: Caroba;[1] port.: Carobinha.
Unter der Bezeichnung Caroba sind auch noch die Früchte und Hülsen von *Ceratonia siliqua* L. (Caroben oder Caruben), die Gallen von *Pistacia terebinthus* L. (Caroben oder Carobben) und die Blätter von *Sparattosperma leucanthum* (VELL.) K. SCHUM. (= *Sparattosperma lithontripticum* MART.) (Caroba branco) im Handel.
In Brasilien versteht man unter Caroba de flor verde die Pflanze *Cybistax antisyphilitica* MART. (= *Bignonia quinquefolia* VAHL); Caroba de campo ist *Memora nodosa* (DC.) MIERS (= *Bignonia nodosa* MANSO.); Caroba guyra ist *Bignonia purgans*. Alle diese mit Caroba bezeichneten Pflanzen werden als Volksheilmittel verwendet.[37]

Botanische Beschreibung: Der 7 bis 10 m hohe Baum hat gegenständige, doppelt unpaarig gefiederte, gestielte, länglich-ovale, bis 100 cm lange und bis 60 cm breite Blätter sowie graugrüne, glatte, glänzende, teils gegen-, teils wechselständige Blättchen (5 bis 10 cm groß) an den Nebenspindeln. Die großen, weißen Blüten sind schwach 2lippig und stehen in Rispen. Die Frucht ist eine Kapsel.[1,35,38]

Verbreitung: Brasilien.

Anbaugebiete: Tropischer Teil von Südamerika.[1]

Drogen: Carobae folium, Jacaranda caroba hom. *HAB 34*, Jacaranda caroba hom. *HPUS 88*.

Carobae folium

Synonyme: Folia caraibae, Folia Carobae, Folia Jacarandae.

Sonstige Bezeichnungen: Dt.: Jacarandablätter, Karaibablätter, Karobablätter, Karobenblätter; engl.: Caroba leaves; frz.: Feuilles de caa-roba.

Stammpflanzen: *Jacaranda caroba* DC.

Herkunft: Tropisches Südamerika.

Ganzdroge: *Makroskopische Beschreibung.* Als Droge werden in der Regel nur die von den Spindeln abgelösten Blättchen verwendet, die dann meist zerbrochen sind. Ihre Oberseite ist glatt, glänzend, braungrün oder braun; die Unterseite ist matt, grün bis graugrün und leicht filzig.[35]

Mikroskopisches Bild. Die etwas größeren Zellen der Epidermis der Oberseite haben in der Aufsicht leicht gewellte Zellwände, die Zellwände der Unterseite sind stark gewellt. Nur auf der Unterseite sind Spaltöffnungen zu sehen. Beide Blattflächen weisen Drüsenhaare mit einzelligem, kurzem Stiel und entweder 2- bis 4zelligem herz- oder eiförmigem Köpfchen oder 6- bis 8zelligem kreiselförmigem Köpfchen mit gelbbraunem Inhalt auf. Auf der Oberseite sitzen vereinzelte, einzellige, derbwandige, gekrümmte Haare. Der Filz auf der Unterseite wird von langen, einzelligen, geraden, derbwandigen Haaren gebildet. Im Querschnitt ist in fast allen Mesophyllzellen Gerbstoff nachzuweisen, und in den Zellen dazwischen sieht man Oxalatkristalle und -drusen.[37]

Inhaltsstoffe: Nach älteren Angaben Steroidsaponine, deren Gehalt und Identität jedoch nie bestätigt wurden,[36] Iridoide, Saponine, Cumarine und ein aromatisches Harz.[1]

Volkstümliche Anwendung und andere Anwendungsgebiete: In der südamerikanischen Volksmedizin gegen Syphilis und bei Obstipation.[1] Eine Wirksamkeit der Droge bei diesen Indikationen ist nicht belegt.

Dosierung und Art der Anwendung: *Droge.* Tees: 1 bis 3 g Blätter 3- bis 4mal täglich.[12] Bäder.

Jacaranda caroba hom. *HAB 34*

Monographiesammlungen: Jacaranda caroba *HAB 34*.

Definition der Droge: Die getrockneten Blätter.

Stammpflanzen: *Jacaranda caroba* DC. *HAB 34* gibt deren Synonym *Jacaranda procera* SPRENG. an.

Zubereitungen: Tinktur nach § 4 *HAB 34* mit Ethanol 60 % (*m/m*); Eigenschaften: Die Tinktur ist von brauner Farbe, ohne besonderen Geruch und von süßlich aromatischem Geschmack.
Urtinktur und flüssige Verdünnungen nach *HAB 1*, Vorschrift 4a mit Ethanol 62 % (*m/m*).[20]
Darreichungsformen: Urtinktur, flüssige Verdünnungen, Tabletten, Verreibungen, Streukügelchen, flüssige Verdünnungen zur Injektion.[20]

Gehalt: *Tinktur.* Arzneigehalt $^{1}/_{10}$.

Anwendungsgebiete: Die Anwendungsgebiete entsprechen dem homöopathischen Arzneimittelbild. Dazu gehören: Harnröhren- und Vorhautentzündungen; Rheumatismus.[20]

Dosierung und Art der Anwendung: Soweit nicht anders verordnet: Bei akuten Zuständen häufige Anwendung alle halbe bis ganze Stunde je 5 Tropfen oder 1 Tablette oder 10 Streukügelchen oder 1 Messerspitze Verreibung einnehmen; parenteral 1 bis 2 mL bis zu 3mal täglich s.c. injizieren. Bei chronischen Verlaufsformen 1- bis 3mal täglich 5 Tropfen oder 1 Tablette oder 10 Streukügelchen oder 1 Messerspitze Verreibung einnehmen; parenteral 1 bis 2 mL pro Tag s.c. injizieren.[20]

Unerwünschte Wirkungen: Nicht bekannt. Hinweis: Es können vorübergehend Erstverschlimmerungen vorkommen, die jedoch unbedenklich sind.[20]

Gegenanzeigen/Anwendungsbeschr.: Nicht bekannt.[20]

Wechselwirkungen: Nicht bekannt.[20]

Gesetzl. Best.: *Offizielle Monographien.* Aufbereitungsmonographie der Kommission D am BGA "Jacaranda procera (Jacaranda caroba)".[20]

Jacaranda caroba hom. *HPUS 88*

Monographiesammlungen: Jacaranda caroba *HPUS 88*.

Definition der Droge: Die Blüten.

Stammpflanzen: *Jacaranda caroba* DC. (als *Bignonia caroba* VELL.).

Zubereitungen: *Urtinktur.* Herstellung durch Mazeration oder Perkolation mit Ethanol nach den allgemeinen Zubereitungsvorschriften (Class C) der *HPUS 88*. Ethanolgehalt 65 % (*V/V*).

Gehalt: *Urtinktur.* Arzneigehalt $^1/_{10}$.

1. Leeser O (1971) Lehrbuch der Homöopathie, Bd. II: Pflanzliche Arzneistoffe, Karl F. Haug-Verlag, Heidelberg, S. 782–783
2. Morawetz W, Greger H, Valant K (1982) Morphologisch-ökologische Differenzierung, Biologie, Systematik und Evolution der neotropischen Gattung Jacaranda (Bignoniaceae), Springer-Verlag, Wien
3. Harborne JB (1967) Phytochemistry 6:1.643–1.651
4. Bate-Smith EC (1962) J Linn Soc Bot 58:95–173
5. Sankara Subrananian S, Nagarajan S, Sulochana N (1972) Phytochemistry 12: 1.499
6. Billot J (1967) Phyisol Veg 5:293–310, zit. nach CA 68:9527p
7. Billot J (1974) Phyisol Veg 12:189–198, zit. nach CA 81:166455z
8. Saleh NAM, El Sherbeiny AEA, El Sissi HI (1969) Qual Plant Mater Veg 17:384–394, zit. nach CA 72:107834p
9. Ferguson N, Lien EJ (1982) J Nat Prod 45:523–524
10. Zirvi KA, Amir F (1973) Pak J Sci Ind Res 16:178, zit. nach CA 81:10958e
11. Gaydou EM, Ramanoelina ARP (1983) Rev Fr Corps Gras 30:21–25, zit. nach CA 89:177742t
12. Madaus G (1938) Lehrbuch der biologischen Heilmittel, Bd. II, Thieme-Verlag, Leipzig, S. 1648
13. Ogura M, Cordell GA, Farnsworth NR (1976) Lloydia 39:255–257
14. Farnsworth NR, Cordell GA, Ogura M (1977) Ger Offen 12 pp, zit. nach CA 88:110522w
15. Ogura M, Cordell GA, Farnsworth NR (1977) Lloydia 40:157–168
16. Ogura M, Cordell GA, Farnsworth NR (1977) Phytochemistry 16:286–287
17. Marques de Melo CF, Bernado de Souza H, Loureiro MRC (1971) Inst Pesqui Exp Agropecuar Norte Ser Tecnol 2:24, zit. nach CA 78:73846a
18. Marques de Melo CF, Bernado de Souza H, Al MdeF, Duarte MdeLR (1971) Inst Pesqui Exp Agropecuar Norte Ser Tecnol 2:75, zit. nach CA 78:86148z
19. Kass A, Wangaard FF, Schroeder HA (1970) Wood Fiber 2:31–39, zit. nach CA 75:7607k
20. BAz Nr. 22a vom 03.02.1988
21. Fernandez ME (1968) An Asoc Quim Argent 56:135–137, zit. nach CA 74: 39129b
22. Tripathi PS, Ameta SC, Ranawat MPS (1977) Vijnana Parishad Anusandhan Patrika 20:369–371, zit. nach CA 89:103754r
23. Mahran GH, El-Fishawy AM, Abd El-Monem M, Hilal AM (1991) Bull Fac Pharm (Cairo Univ.) 29:83–86
24. Da Silva MCM (1981) Cienc Nat (St. Maria Braz) 41–44, zit. nach CA 99:3040t
25. Subramanian SS, Nagarajan S, Sulochana N (1972) Phytochemistry 11:1499
26. Subramanian SS, Nagarajan S, Sulochana N (1973) Phytochemistry 12:220–221
27. Gambaro V, Garbarino JA, Galeffi C, Nicoletti M, Messana I, Marini-Bettolo GB (1988) Rev Latinoam Quim 19:17–19
28. Conacher HBS, Gunstone FD, Hornby GM, Padley F (1970) Lipids 5:434–441
29. Jacobson M, Crystal MM, Kleiman R (1981) J Am Oil Chem Soc 58: 982–983
30. Tulloch AP (1982) Lipids 17:544–550
31. Prakash L, Garg G (1980)Phamazie 35:649
32. Joshi KC, Bansal RK, Singh P, Singh G (1975) Indian J Chem 13:869–870, zit. nach CA 83:144550r
33. Dayal R, Seshadri TR (1979) J Indian Chem Soc 56:1.269–1.270, zit. nach CA 93:110544h
34. Maharan GH, El-Fishawy AM, Hosny AMS, Hilal Am (1991) Herba Hung 30:98–108
35. HAB 34
36. Hgn, Bd. III, S. 268–279
37. Hag, Bd. V, S. 308–309
38. HPUS 88

Kr

Jateorhiza

HN: 2036900

Familie: Menispermaceae.

Tribus: Tinosporeae.[1]

Gattungsgliederung: Die Gattung Jateorhiza MIERS umfaßt lediglich 2 Arten.[2,3]

Gattungsmerkmale: Verholzte Lianen; Blätter langgestielt, tief 3-5(-7)fach gelappt; männliche Blüten in langen Rispen; Blüten mit 6 Kelchblättern, die 3 äußeren länglich-elliptisch, die inneren eiförmig, die 6 Kronblätter leicht gewölbt, 6 freie oder verwachsene Staubblätter, Antheren einwärtsgekehrt, kugelig, Staubbeutel quer aufplatzend; weibliche Blütenstände achselständige Trauben; Kron- und Kelchblätter der weiblichen Blüten wie jene der männlichen, 6 zungenförmige Staminodien, 3 Fruchtknoten, spitz-eiförmig, kurz in die 2- bis 3lappigen Narben auslaufend; (spitz-)eiförmige, abgeflachte Steinfrüchte, nach innen gekehrte Seite meist glatt, die andere kurz, abstehend, drüsig behaart; Samen mit fleischigem, zerklüftetem Endosperm.[3]

Verbreitung: Tropisches West- und Ostafrika.

Inhaltsstoffgruppen: *Alkaloide.* Quartäre Protoberberinalkaloide, die auch für andere Gattungen der Familie Menispermaceae sowie in weniger verwandten Taxa beschrieben sind.
Diterpene. Furanoditerpen-Bitterstoffe, die in der gesamten Familie Menispermaceae verbreitet zu sein scheinen.[33]

Drogenliefernde Arten: *J. macracantha*: Jateorhiza-macracantha-Frischpflanze; *J. palmata*: Colombo radix; *Jateorhiza palmata* hom. *HAB 1*.

Jateorhiza macracantha (Hook. f.) Exell et Mendonça

Synonyme: *Jateorhiza strigosa* Miers, *Cocculus macracanthus* Hook. f. ex Hook.

Sonstige Bezeichnungen: Lokal: Maiombe, Pango Munga.

Botanische Beschreibung: Verholzte Liane ähnlich der *Jateorhiza palmata*, mit grünlich-gelben Blüten; das Laub wird bei Blühbeginn abgeworfen.[24]

Verbreitung: Im tropischen Westafrika von Nigeria bis in den Kongo.

Drogen: Jateorhiza-macracantha-Frischpflanze.

Jateorhiza-macracantha-Frischpflanze

Definition der Droge: Die frische Pflanze.[24]

Stammpflanzen: *Jateorhiza macracantha* (Hook.) f. Exell et Mendonça.

Volkstümliche Anwendung und andere Anwendungsgebiete: In Kamerun bei Schlangenbissen.[24] Die Wirksamkeit ist nicht belegt.

Jateorhiza palmata Miers

Synonyme: *Chasmanthera columba* (Roxb.) Baill., *Chasmanthera palmata* Baill., *Cocculus palmatus* DC., *Jateorhiza columba* (Roxb.) Oliv., *J. miersii* Oliv., *Jateorrhiza calumba* Miers, *Jatrorrhiza palmata* Miers[4] (hierbei wurde die nach den Nomenklaturregeln gültige Schreibweise fälschlicherweise verändert), *Menispermum columba* Roxb., *Menispermum palmatum* Lam.[4,26]

Sonstige Bezeichnungen: Ostafrika: Calumba.

Botanische Beschreibung: Baumhoch schlingende, verzweigte Liane, zunächst flaumig, dann borstig bis zottig behaart; Blätter mit borstigen, 18 bis 25 cm langen Stielen; Blattspreite 15 bis 35 cm lang, 16 bis 40 cm breit, beiderseits borstig behaart, selten kahl, breit gerundet, an der Basis tief herzförmig, gewöhnlich mit 5 breit-eiförmigen Lappen, diese gelegentlich steif gespitzt, 5 bis 7 handförmig verzweigte Basalnerven; Pflanze diözisch; männliche Blütenstände 40 cm lang, Hauptachse borstig behaart, Seitenäste manchmal kahl, mit einem abstehenden schmal-lanzettlichen Deckblatt; Blüten ungestielt, männliche Blüten mit grünlichen Kelchblättern, 2,7 bis 3,2 mm lang und 1,2 bis 1,6 mm breit, Kronblätter 1,8 bis 2,2 mm lang, Staubgefäße frei, am Grund mit den eingechlagenen Rändern der Kronblätter verwachsen, 1 bis 1,8 mm lang; weibliche Blütenstände 8 bis 10 cm lang: weibliche Blüten mit 1 bis 1,5 mm langen, rostrot behaarten Fruchtknoten, die Früchte 2 bis 2,5 cm lang und 1,5 bis 2 cm breit.[3]

Inhaltsstoffe: In der frischen Wurzel 0,07 bis 1,5 % ätherisches Öl mit Thymol; die alten Wurzeln sind ölärmer als die jungen.[6]

Verbreitung: Wälder der ostafrikanischen Küstenländer und auf Madagaskar.[6,7]

Anbaugebiete: Auf den Maskarenen, Seychellen und Ceylon kultiviert.[6,7]

Drogen: Colombo radix, Jateorhiza palmata hom. *HAB 1*.

Colombo radix

Synonyme: Radix calumbae, Radix colombo.

Sonstige Bezeichnungen: Dt.: Colombowurzel, Kalumbewurzel, Kolumbowurzel; engl.: Calumba, colombo, colombo root; frz.: Racine de colombo; it.: Radice di colombo.

Monographiesammlungen: Radix Colombo *DAB 6*; Calumba *USP XI*, *BPC 54*, *Mar 28*; Radix Calumbae *Helv V*.

Definition der Droge: Die im frischen Zustand in Querscheiben zerschnittenen und getrockneten, verdickten Teile der Wurzel *DAB 6*.

Stammpflanzen: *Jateorhiza palmata* Miers.

Herkunft: Anbau in Ghana, Mosambik, Madagaskar, Maskarenen, Indien.

Gewinnung: Die einem dicken Rhizom entspringenden Speicherwurzeln werden im März ausgegraben, gewaschen und in kleinere Stücke, meist Scheiben, geschnitten, die dann im Schatten schnell getrocknet werden, um das Faulen der Droge zu verhindern.[5]

Ganzdroge: *Geschmack.* Bitter; färbt den Speichel gelb.
Geruch. Fast geruchlos.
Makroskopische Beschreibung. Die getrockneten Wurzelscheiben sind spröde, rundlich oder oval,

3 bis 8 cm breit und 0,2 bis 2 cm dick; außen runzelig, graubräunlich, auf der Fläche schmutzig graugelb oder grünlichgelb, die etwas eingesunkene Mitte meist dunkler bis bräunlich, mit erhabenen Punkten; der undeutlich strahlige Holzteil ist durch eine dunkle Kambiumlinie deutlich vom Rindenbereich getrennt; die Droge bricht glatt und stäubt etwas beim Brechen.[5,6]

Mikroskopisches Bild. Im Querschnitt unter den regelmäßigen Peridermzellen große, ungleichmäßig verdickte und getüpfelte Steinzellen, die meist mehrere Oxalateinzelkristalle, Sphärite oder Kristallsand einschließen; in der sekundären Rinde schmale Baststrahlen, die einige Siebröhrengruppen, jedoch keine Bastfasern erkennen lassen; das parenchymatische Speichergewebe ist in Rinde und Mark voll von durchschnittlich 45 µm großen, ei- bis keulenförmigen Stärkekörnern mit deutlicher Schichtung; im Parenchym Oxalatprismen; innerhalb des Kambiums schmale Holzstrahlen mit 160 µm weiten Netz- und Tüpfelgefäßen, Hoftüpfeltracheiden und wenigen Fasern; im Zentrum einzelne, regellos verteilte Gefäßgruppen.[6,7]

Pulverdroge: Reichlich parenchymatisches Grundgewebe, gefüllt mit sehr großen, unregelmäßig geformten, selten zusammengesetzten Stärkekörnern und Oxalatprismen, die häufig von der Stärke verdeckt sind; vereinzelt gelbgrüne Steinzellen mit Oxalatkristallen unterschiedlicher Größe oder mit Kristallsand; gelbgrüner Kork; Stücke kurzgliedriger, breitgetüpfelter, goldgelber Gefäße, mit Belegzellen.[8,28]

Verfälschungen/Verwechslungen: Verfälschungen und Verwechslungen wurden zwar gelegentlich beobachtet,[6–8] spielen aber heute keine Rolle mehr; manchmal enthält die Droge Teile des Rhizoms, das an der geringeren Größe, der schmalen Rinde und dem auffallend radiären Holzteil mit stark entwikkeltem, verholztem Zentrum der Scheiben zu erkennen ist.[29]

Inhaltsstoffe: *Alkaloide.* Zwischen 0,95 und 1,2 %,[6,23,32] nach anderen Angaben bis zu 3 % quartäre Alkaloide:[5] Darunter Palmatin, das bis zu 95,6 % der Gesamtalkaloide betragen kann; daneben Jatrorrhizin (Jateorhizin) und Columbamin, die zus. bis zu etwa 50 % der Gesamtalkaloide ausmachen können;[6,9] außerdem etwa 0,015 % Bisjatrorrhizin.[10]

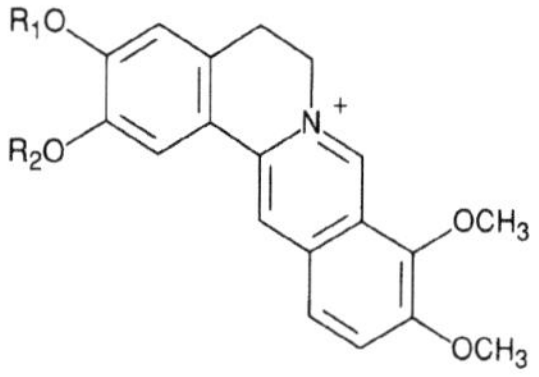

Palmatin :	R_1 = -CH_3,	R_2 = -CH_3
Jatrorrhizin :	R_1 = -H,	R_2 = -CH_3
Columbamin :	R_1 = -CH_3,	R_2 = -H

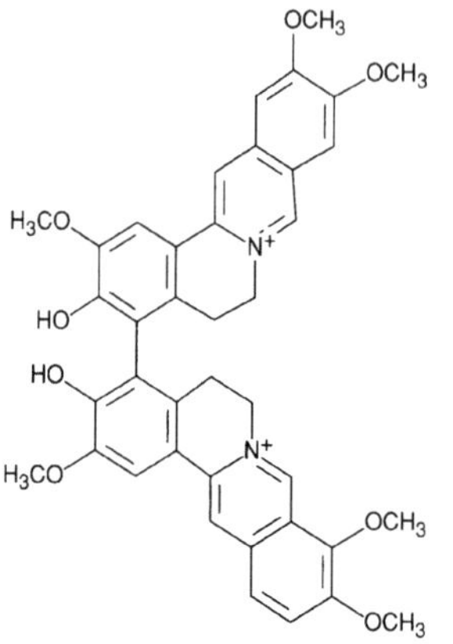

Bisjatrorrhizin

Diterpene. Die Diterpenbitterstoffe Palmarin und Chasmanthin sowie deren Glucoside Palmatosid A bzw. Palmatosid B; Columbin und Jateorin sowie deren Glucoside Palmatosid D und Palmatosid F; Palmatosid G.[11–13] Isocolumbin, Isojateorin und deren Glucoside Palmatosid C bzw. E werden als Aufarbeitungsartefakte betrachtet.[14–16]

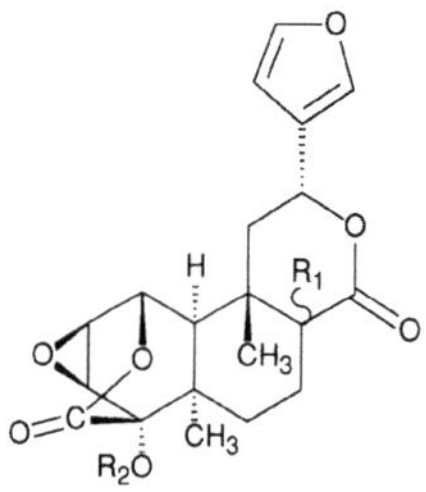

Palmarin :	R_1 = ···H,	R_2 = H
Chasmanthin :	R_1 = —H,	R_2 = H
Palmatosid A :	R_1 = ···H,	R_2 = β-D-Glc*p*
Palmatosid B :	R_1 = —H,	R_2 = β-D-Glc*p*

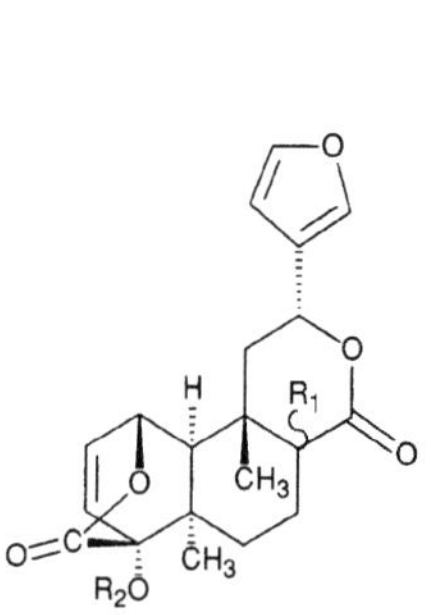

Isocolumbin :	R_1 = ···H,	R_2 = H
Columbin :	R_1 = —H,	R_2 = H
Palmatosid C :	R_1 = ···H,	R_2 = β-D-Glc*p*
Palmatosid D :	R_1 = —H,	R_2 = β-D-Glc*p*

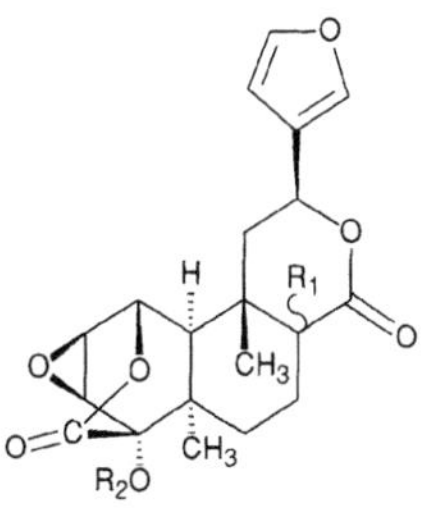

Isojateorin :	R_1 = ···H,	R_2 = H
Jateorin :	R_1 = —H,	R_2 = H
Palmatosid E :	R_1 = ···H,	R_2 = β-D-Glc*p*
Palmatosid F :	R_1 = —H,	R_2 = β-D-Glc*p*

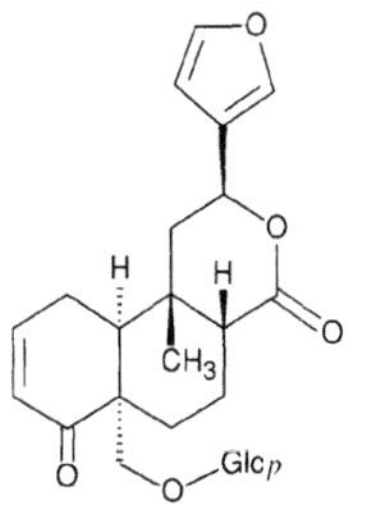

Palmatosid G

Zubereitungen: Extractum Colombo Fluidum (Kolombofluidextrakt) *EB6*, hergestellt mit verd. EtOH nach der Vorschrift Extracta fluida DAB 6; 1 T Fluidextrakt entspr. 1 T Droge; Eigenschaften: Der Fluidextrakt ist eine braungelbe, anhaltend bitter schmeckende Fl. Tinctura Colombo (Kolombotinktur) *EB6*, hergestellt aus 200 T grob gepulverter Droge und 1.000 T verd. EtOH. Vinum Colombo (Kolombowein) *EB6*, hergestellt aus 100 T grob gepulverter Droge und 1.000 T Xereswein; nach 8 Tagen wird der Auszug abgepreßt und filtriert.

Identität: *Droge.* Die Steinzellen färben sich nach Beh. mit H_2SO_4 70 %ig leuchtend grün; bei der Mikrosublimation bilden sich wenige, gelblich gefärbte Tröpfchen, aus denen sich nach einiger Zeit viele fast farblose Kristalle abscheiden *DAB6*; mit verd. EtOH, aber nicht mit Eth, kann ein gelber Auszug gewonnen werden, in dem nach Zugabe einiger Tropfen Iod eine braune Trübung entsteht *Helv V*; s. a. Reinheit (DC) und Jateorhiza palmata hom. *HAB1*.
Zubereitungen. Extractum Colombo fluidum: 1 T Extrakt mit 5 T Wasser zeigt nach Zusatz von wenig HCl und Chloraminlsg. eine Rotfärbung *EB6*. Die anderen Zubereitungen werden entsprechend geprüft *EB6*.

Reinheit:
- Asche: Höchstens 9 % *DAB6, Helv V.*
- Säureunlösliche Asche: Höchstens 2,0 % *BPC54*.
- Fremde org. Sz: Höchstens 2,0 % *BPC54*.

Die DC[20] erlaubt eine Unterscheidung zwischen Colombo-, Berberis- und Hydrastiswurzelextrakten:
- Referenz: Ein Palmatin-Jateorhizin-Gemisch;
- Sorptionsmittel: Kieselgel 60 F_{254};
- FM: Propanol-Ameisensäure-Wasser (90 + 1 + 9);
- Detektion: Direktauswertung im UV 365 nm;
- Auswertung: Zitronengelbe Fluoreszenz der Alkaloide auf Höhe der Referenz, darüber wenige schwach blau fluoreszierende Zonen.

Trennsysteme auf Aluminiumoxid als Sorptionsmittel oder Kieselgel zur Analytik der Reinalkaloide s. Lit.[20,21].
HPLC-Analytik der Protoberberinalkaloide:[22]
- Sorptionsmittel: Nucleosil $5C_{18}$;
- FM: Acetonitril-Wasser-Gradient, beide Komponenten mit Phosphorsäure auf pH 3,0 eingestellt;
- Flußrate 1,5 mL/min;
- Temperatur: Durchführung der Trennung bei 20 °C;
- Detektion: Im Säuleneluat bei 228 nm.

Gehalt:
- Wasserlösliche Extraktivstoffe: Mindestens 15,0 % *BPC54*.
- EtOH(60 %)-lösliche Extraktivstoffe: Höchstens 15,0 % *BPC54*.

Gehaltsbestimmung: Die grob gepulverte Droge wird im Soxhlet mit verd. EtOH extrahiert, der Extrakt mit HOAc und H_2SO_4 angesäuert und die Alkaloide mit Zink reduziert; die filtrierte, fast farblose Lsg. wird mit Ammoniak basisch gestellt und die Alkaloidbasen mit Eth ausgeschüttelt; die Eth-Phase wird getrocknet, größtenteils abgezogen, die Lsg. mit 0,1N HCl versetzt, der Eth vollständig abgezogen und der Gesamtalkaloidgehalt durch Rücktitration unter Verwendung des Indikators Dimethylgelb bestimmt. Die titirierte Lsg. wird mit Na OH basisch gestellt und das nicht-phenolische Alkaloid Palmatin mit Eth extrahiert und anschließend wiederum titrimetrisch bestimmt.[23] Das Palmatin kann auch im ursprünglichen Drogenauszug als Pikrolonat gravimetrisch bestimmt werden.[8,23]

Lagerung: Trocken *BPC54*.

Wirkungen: Nach älteren Untersuchungen sollen Jateorhizin und Palmatin auf die glatte Muskulatur des Intestinaltraktes ähnlich wie Morphin ruhetonussteigernd wirken;[17] Colomboalkaloide sollen am Frosch, Palmatin auch am Säugetier, eine ZNS-lähmende Wirkung aufweisen;[25] nähere Angaben liegen nicht vor. Zur Droge selbst liegen keine entsprechenden Untersuchungen vor.

Volkstümliche Anwendung und andere Anwendungsgebiete: Bei Verdauungsstörungen mit Durchfall,[19] dyspeptischen Beschwerden,[29] chronischen Durchfällen bei Lungenkranken.[6] Zur Wirksamkeit der Droge bei diesen Anw.-Gebieten liegen keine ausreichenden Daten vor.

Dosierung und Art der Anwendung: *Droge.* Als Decoct 1:20 zweistündlich 1 Eßlöffel.[19]
Zubereitung. Mittlere Einzelgabe des Fluidextraktes *EB6*: 0,5 g (= 20 Tr.), der Kolombotinktur *EB6*: 2,5 g, des Kolomboweins *EB6*: 5,0 g.[34]

Unerwünschte Wirkungen: *Verdauungstrakt.* Gastrointestinale Störungen nach Einnahme eines Decoctes.[18,30] Nähere Angaben fehlen.

Akute Toxizität: *Mensch.* Höhere Dos. sollen Erbrechen auslösen, Überdos. können außerdem zentrale Lähmungserscheinungen und gelegentlich Bewußtlosigkeit hervorrufen.[18,30] Nähere Angaben fehlen. *LD-Werte.* Für einen nicht näher bezeichneten Extrakt wird nach der Litchfield-Wilcoxon-Methode bestimmt, eine LD_{50}, Maus, p.o., von 2,4 bis 5 g angegeben. Nähere Angaben sind nicht zugänglich.[32]

Jateorhiza palmata hom. *HAB 1*

Synonyme: Columbo.

Monographiesammlungen: Jateorhiza palmata *HAB 1.*

Definition der Droge: Die getrocknete Wurzel.

Stammpflanzen: *Jateorhiza palmata* MIERS (als *Jateorhiza palmata* (LAM.) MIERS)

Zubereitungen: Urtinktur aus der pulverisierten Droge und fl. Verdünnungen nach *HAB 1*, Vorschrift 4a mit Ethanol 62 % (*m/m*); Eigenschaften: Die Urtinktur ist eine zitronengelbe Fl. ohne besonderen Geruch und mit bitterem Geschmack.

Identität: Prüflsg. ist ein ethanolischer Drogenextrakt bzw. die Urtinktur. Auf Zusatz von Dragendorffs Reagenz zur Prüflsg. entsteht ein roter Niederschlag. Gibt man zur Prüflsg. Natriumhydroxidlsg. 8,5 %, färbt sich die Mischung orange. Die Prüflsg. fluoresziert im UV 365 nm kräftig gelb.
DC der Prüflösung:
- Referenz-Sz: Chlorogensäure und Hyperosid;
- Sorptionsmittel: Kieselgel HF_{254};
- FM: Ethylacetat-Ameisensäure-Wasser (8 + 1 + 1);
- Detektion: Direktauswertung im UV 254 nm (Referenzlsg.), anschließend Besprühen mit Dragendorffs Reagenz und Auswertung im Vis;
- Auswertung: Im Chromatogramm der Prüflsg. treten etwa in Höhe der Referenz-Sz (mittlerer Rf-Bereich) zwei fluoreszenzmindernde Zonen auf, die sich nach Besprühen mit Dragendorffs Reagenz orange färben.

Reinheit: *Droge.*
- Asche: Höchstens 9,0 %.

Urtinktur.
- Relative Dichte: 0,890 bis 0,905.
- Trockenrückstand: Mindestens 1,0 %.

Unerwünschte Wirkungen: Ab D 4: Keine bekannt.[31] *Offizielle Monographien.* Negativmonographie der Kommission D am BGA "Jateorhiza palmata (Columbo)".[31]

1. Forman L (1982) Kew Bull 37:367–368
2. Exell AW, Mendonca FA (1937) Conspectus Florae Angolensis, Ministério do Ultramar, Lisboa, Bd. 1 Ranunculaceae-Aquifoliaceae, S. 40
3. Turrill WB, Milne-Redhead E (1956) Flora of Tropical East Africa, Menispermaceae, Crown Agents for Oversea Governments and Administrations, London, S. 15
4. Diels L (1910) Menispermaceae. In: Engler A (Hrsg.) Das Pflanzenreich, Menispermaceae, Verlag Wilhelm Engelmann, Leipzig, Bd. 46 (IV. 94), S. 1–345
5. Helv V, Kommentar, S. 690
6. Berger F (1960) Handbuch der Drogenkunde, Wilhelm Maudrich Verlag, Wien, Bd. V Radices, S. 142–147
7. Pabst G (1880) Köhlers Medizinal-Pflanzen in naturgetreuen Abbildungen mit kurz erläuterndem Text, Verlag Eugen Köhler, Gera-Untermhaus, Bd. I, Nr. 140
8. Hag, Bd. V, S. 313–315
9. Cava MP, Reed TA, Beal JL (1965) Lloydia 28:73–82
10. Carvalhas (1972) J Chem Soc Perkin I:327–330
11. Barton DHR, Overton KH, Wylie A (1962) J Chem Soc 4.809–4.815
12. Balasubramanian SK, Barton DHR, Jackman LM (1962) J Chem Soc 4.816–4.820
13. Overton KH, Weir NG, Wylie A (1966) J Chem Soc 1.482–1.490
14. Itokawa H, Mizuno K, Ichihara Y, Takeya K (1987) Planta Med 53:271–273
15. Yonemitsu M, Fukuda N, Kimura T, Komori T (1986) Liebigs Ann Chem 1.327–1.333
16. Yonemitsu M, Fukuda N, Kimura T, Komori T (1987) Liebigs Ann Chem 193–197
17. Oliver-Bever B (1983) J Ethnopharmacol 7:1–93
18. Paris RR, Moyse H (1967) Précis de matière médicale, Masson et Cie., Paris, Bd. II, S. 180
19. Hänsel R (1991) Phytopharmaka, 2. Aufl., Springer-Verlag, Berlin Heidelberg New York, S. 139–140
20. Wagner H, Bladt S, Zgainski EM (1983) Drogenanalyse, Springer-Verlag, Berlin Heidelberg New York, S. 80–81
21. Baerheim Svendsen A, Verpoorte R (1983) J Chromatogr Library 23A, Chromatography of Alkaloids, Part A: Thin-Layer Chromatography, Elsevier Scientific Publishing Company, Amsterdam, S. 188–194
22. Breuling M, Alfermann W, Reinhard E (1986) Plant Cell Rep 4:220
23. Neugebauer H, Brunner K (1938) Arch Pharm 276:199–206
24. Raponda-Walker A, Sillans R (1961) Les plantes utiles du Gabon, Editions Paul Lechevalier, Paris, S. 291
25. Biberfeld J (1919) J Exp Pathol Ther 7, zit. nach Lit.[6]
26. Schultze-Motel J (Hrsg.) (1968) Rudolf Mansfelds Verzeichnis landwirtschaftlicher und gärtnerischer Kulturpflanzen (ohne Zierpflanzen), Akademie-Verlag, Berlin, Bd. 1, S. 231
27. DAB 6, S. 553–554
28. Helv V, S. 848–849
29. BPC 54, S. 136–137
30. Lewin L (1962) Gifte und Vergiftungen, Lehrbuch der Toxikologie, 5. Aufl., Karl F. Haug Verlag, Ulm, S. 608
31. BAz Nr. 146 vom 08.08.1989
32. Haginiwa J, Masatoshi H (1962) Yakugaku Zasshi 82:726–731
33. Hgn, Bd. V, S. 73–95, 428–431
34. EB 6, S. 139, 547, 581

WK

Juniperus HN: 2044600

Familie: Cupressaceae.[1]

Unterfamilie: Juniperoideae.[1]

Gattungsgliederung: Die Gattung Juniperus L. umfaßt etwa 60 Arten und wird in 3 Sektionen unterteilt:

- Sectio Caryocedrus, mit *J. drupacea* LABILL.;
- Sectio Oxycedrus, mit z. B. *J. brevifolia* (SEUB.) ANTOINE, *J. communis* L., *J. oxycedrus* L.;
- Sectio Sabina, mit z. B. *J. chinensis* L., *J. excelsa* BIEB., *J. foetidissima* WILLD., *J. horizontalis* MOENCH, *J. phoenicea* L., *J. sabina* L., *J. thurifera* L., *J. virginiana* L.

Die Unterteilung in Sektionen erfolgt aufgrund morphologischer Unterschiede, und zwar hauptsächlich der Blattform (s. Gattungsmerkmale).[1]
Die Vertreter der Sektion Sabina werden bisweilen von der Gattung Juniperus abgetrennt und in eine eigene Gattung Sabina MILLER gestellt.[2]
Juniperus drupacea LABILL. wurde ursprünglich der Sektion Oxycedrus zugeteilt.[3] Später wurde die Art von Juniperus abgetrennt und als *Arceuthos drupacea* (LABILL.) ANTOINE in das monotypische Genus Arceuthos ANTOINE et KOTSCHY gestellt.[2,4–6] Neuerdings wird die Art wieder der Gattung Juniperus zugerechnet und dort in einer eigenen Sektion Caryocedrus von den Arten der Sektionen Oxycedrus und Sabina abgetrennt.[1] Auch chemische Untersuchungen mit *J. drupacea*, wie z. B. ein Screening der Biflavonoidmuster in den Nadeln verschiedener Juniperus-Arten[7] oder ein Vergleich der Zusammensetzung der Nadelöle von *J. drupacea* und *J. oxycedrus*,[8] sprechen für eine Zugehörigkeit von *J. drupacea* zur Gattung Juniperus. Ob eine Einordnung dieser Art in eine eigene Sektion Caryocedrus und damit eine Abtrennung von den Arten der Sektion Oxycedrus gerechtfertigt ist, wird mitunter bezweifelt.[8]

Gattungsmerkmale: Reichverzweigte, niederliegende oder aufrechte Sträucher, auch niedrige Bäume. Blätter in der Jugend immer nadelförmig, an erwachsenen Pflanzen entweder alle nadelförmig oder alle schuppenförmig, nicht selten sind aber auch Nadeln und Schuppen gemischt. Männliche Blüten meist zu mehreren kopfig vereint, seltener einzeln, Staubblätter mit kurzem Stiel, der in ein breites, flächiges Gebilde übergeht, an dessen Unterseite 3 bis 6 Pollensäcke angeheftet sind. Weibliche Blühsprosse mit mehreren Quirlen spitzlicher Schuppenblätter, die obersten (Fruchtblätter) mit je einer Samenanlage. Die zuerst freien Fruchtblätter verwachsen bis zur Zeit der Samenreife in ein fleischiges, kugeliges Gebilde (Beerenzapfen, Scheinbeere) mit 1 bis 10 hartschaligen, etwas kantigen, ungeflügelten Samen.[1]
Die Einteilung der Juniperus-Arten in drei verschiedene Sektionen basiert im wesentlichen auf folgenden morphologischen Merkmalen:[1]
Blätter mind. teilweise schuppenförmig und dem Sprosse anliegend, nur selten alle nadelförmig, dann aber an der Basis nicht verwachsen, herablaufend; Pflanzen ohne deutliche Winterknospen, Blüten an den Zweigen endständig, Samen 1 bis 6: Sektion Sabina.
Blätter alle nadelförmig, abstehend, in 3zähligen Wirteln, an der Basis verwachsen, oberwärts mit zwei oft zusammenfließenden weißlichen Streifen, Pflanzen mit deutlichen Winterknospen, Blüten blattachselständig, Samen meist 3:

- Nadeln am Sproß herablaufend, Beerenzapfen 2 bis 2,5 cm groß, Samen zu einem 3fächerigen Steinkern verwachsen: Sektion Caryocedrus (*J. drupacea*);
- Nadeln nicht herablaufend, Beerenzapfen kleiner, Samen nicht verwachsen: Sektion Oxycedrus.

Verbreitung: Die Gattung Juniperus ist auf der ganzen nördlichen Erdhalbkugel von der Tundra der südlichen Arktis bis in die Subtropen und Tropen verbreitet. In Ostafrika reicht sie bis gegen den Äquator. In Europa ist sie vor allem in den Gebirgen der meridional-temperaten Zone und in den Subtropen anzutreffen. In Mitteleuropa heimisch sind *J. communis* und *J. sabina*.[1]
Folgende Juniperus-Arten findet man in Mitteleuropa in verschiedenen Gartenformen kultiviert: *J. chinensis*, *J. communis*, *J. horizontalis*, *J. sabina*, *J. thurifera*, *J. virginiana*. *J. chinensis* var. *pfitzeriana* ist eine der in Mitteleuropa meist angepflanzten Coniferen.[1]

Inhaltsstoffgruppen: Chemotaxonomische Untersuchungen innerhalb der Gattung Juniperus, insbesondere zur Unterscheidung der Arten der Sektion Oxycedrus/Caryocedrus und Sabina, liegen nur in Ansätzen vor.[9–11] Die in älteren Arbeiten aufgefundenen "Unterschiede" im Chemismus der Sektionen, so z. B. das Vorkommen der Sesquiterpene Cedrol und Cedren nur im Holz von Vertretern der Sektion Sabina,[12] mußten aufgrund neuerer phytochemischer Ergebnisse, wie das Auffinden der beiden o. a. Sesquiterpene in Arten der Sektion Oxycedrus,[13,14] revidiert werden. Die in neueren Arbeiten beobachteten chemischen Unterschiede zwischen den Sektionen[9–11] (s. unten) können daher nur als vorläufig betrachtet werden.
Die Gattung Juniperus ist, soweit die bisherigen Untersuchungen Verallgemeinerungen zulassen, durch das Vorkommen folgender Inhaltsstoffe gekennzeichnet (s. a. *J. communis*, *J. oxycedrus*, *J. sabina*, *J. virginiana*):
Terpenverbindungen. Ätherische Öle wurden in den Beerenzapfen, Blättern, beblätterten Zweigen und im Holz zahlreicher Juniperus-Arten gefunden. Die äth. Öle der Beerenzapfen und Blätter bestehen hauptsächlich aus Monoterpenen neben meist geringeren Mengen an Phenolen, Phenylpropanderivaten und Sesquiterpenen, die Öle der Hölzer sind dagegen durch einen hohen Gehalt an Sesquiterpenen gekennzeichnet. Diterpene finden sich je nach Eigenschaften (flüchtig oder nicht flüchtig) und Aufarbeitungsverfahren in den äth. Ölen oder in den sauren, phenolischen oder neutralen Harzfraktionen wieder.[6,15]

Blatt- und Fruchtöle. Die äth. Öle der Blätter und Früchte verschiedener Juniperus-Arten zeigen als charakteristische Bestandteile Monoterpenkohlenwasserstoffe, wie α-Pinen, α-Terpinen, β-Myrcen, β-Pinen, β-Terpinen, Limonen und Sabinen, und oxydierte Monoterpenverb., wie Bornylacetat, 1,8-Cineol, Citronellol, Sabinol, Sabinylacetat und Terpinen-4-ol.[10,16–22] Bemerkenswert ist dabei, gerade in Hinblick auf mögliche chemotaxonomische Auswertungen der Öle, die erhebliche intra- und interindividuelle Variabilität der quant. Zusammensetzung: Untersuchungen der Blatt- und Fruchtöle mehrerer Juniperus-Arten, wie z.B. *J. communis* L.,[23–26] *J. occidentalis* HOOK.,[18] *J. scopulorum* SARG. und *J. virginiana* L.,[20] ergaben, daß bei qual. etwa gleicher Ölzusammensetzung der prozentuale Anteil der einzelnen Terpene im Öl je nach Population und Individuum bei ein und derselben Art und dem gleichen Pflanzenorgan erheblich schwankt. Außerdem scheint bei äth. Ölen, die durch Wasserdampfdestillation gewonnen werden, der pH-Wert des Destillationswassers einen Einfluß auf die quant. Terpenzusammensetzung zu haben (s. *J. sabina*).[22]

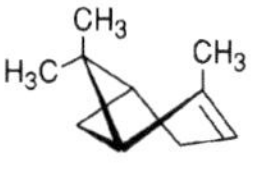
α-Pinen

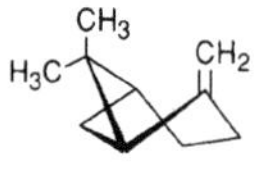
β-Pinen

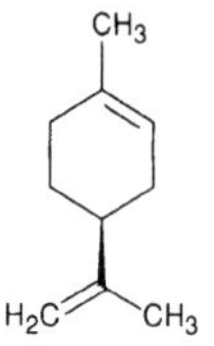
Limonen

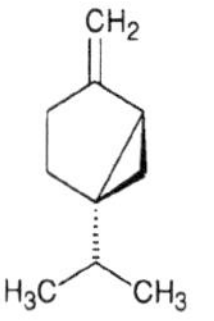
(+)-Sabinen

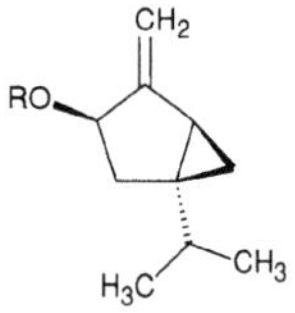
(+)-Sabinol: R= -H

(+)-Sabinolacetat: R= $-COCH_3$

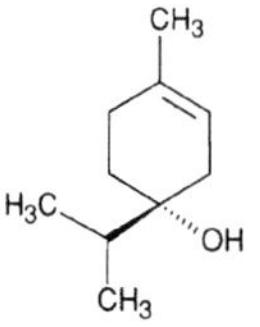
Terpinen-4-ol

Holzöle. Für die aus dem Holz von Juniperus-Arten gewonnenen äth. Öle sind Sesquiterpene wie α- und β-Cedren, Cedrol, Cuparen, Hinokisäure, Thujopsen, Widringtoniasäure II und Widdrol typisch.[5,14,15,27] Auch bei diesen Ölen, ähnlich wie bei den Blatt- und Fruchtölen (s. oben), scheint der pH-Wert während der Wasserdampfdestillation die quantitative Terpenzusammensetzung zu beeinflussen; je nach Acidität des Wassers können während der Destillation säurekatalysierte Terpenumbildungen stattfinden. Wird das Holz direkt im kochenden Wasser erhitzt, so ergibt sich nach einer Destillationsdauer von 2 h im Destillationswasser ein pH-Wert von 6, was in etwa dem pH-Wert des Pflanzenmaterials in wäßriger Lsg. entspricht; kommt das Holz dagegen nur mit dem Wasserdampf in Kontakt, so ergibt sich ein pH-Wert von etwa 8,6 im Destillationswasser. Das im sauren Milieu erhaltene äth. Öl zeigt einen höheren Gehalt an oxydierten Sesquiterpenen, wie Cedrol und Widdrol, und einen niedrigeren Gehalt an Sesquiterpenkohlenwasserstoffen, wie α-Cedren, β-Cedren und Thujopsen, als das im alkalischen Milieu erhaltene äth. Öl.[28]

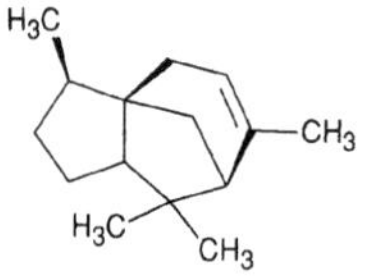
α-Cedren

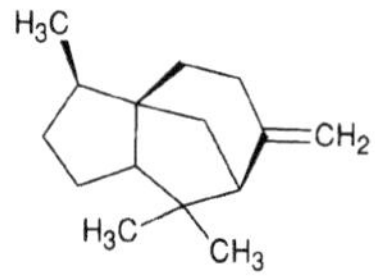
β-Cedren

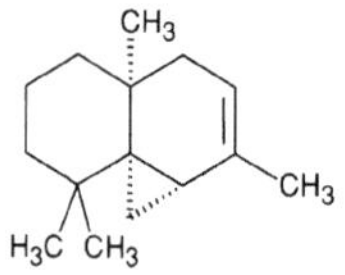
Thujopsen

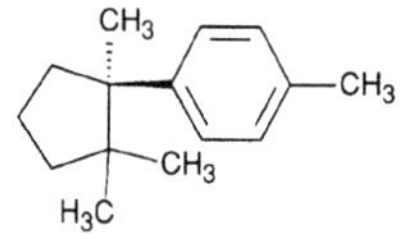
Cuparen

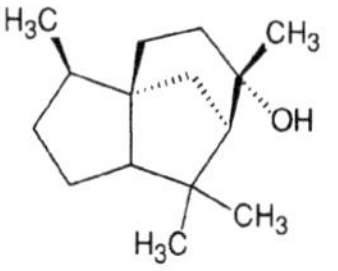
Cedrol

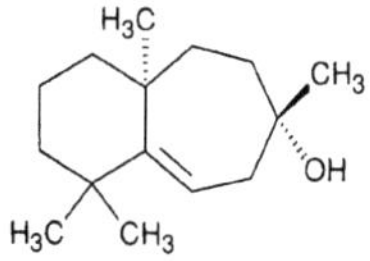
Widdrol

Diterpene. In den Beerenzapfen, Blättern, beblätterten Zweigen, im Holz und in der Rinde mehrerer Juniperus-Arten wurden Diterpene aufgefunden. Es handelt sich vorwiegend um Diterpensäuren vom Abietantyp, wie 4-Epiabietinsäure, vom Labdantyp, wie Commun-, Imbricatol- und Isocupressinsäure, und vom Pimarantyp, wie Isopimar- und Sandaracopimarsäure. Außerdem kommen phenolische Diterpene wie Ferruginol, Sugiol und Totarol vor.[5,6,15,27] Die Imbricatolsäure (= Dihydroisocupressinsäure) soll typisch für das Harz der Arten der Sektionen Caryocedrus und Oxycedrus sein und nur selten im Harz der Arten der Sektion Sabina auftreten.[9] Abietinsäurederivate wurden bisher nur in den Beerenzapfen von Arten der Sektion Sabina gefunden, in den Früchten von Arten der Sektion Oxycedrus scheinen sie zu fehlen. Ferner wurden Unterschiede zwischen den Arten der Sektionen Oxycedrus und Sabina im Mengenverhältnis der drei isomeren Communsäuren in den Beerenzapfen beobachtet: Während in den Früchten der Arten der Sektion Sabina *cis*- und *trans*-Communsäure überwiegen und der Anteil an Isocommunsäure (= Myrcecommunsäure) vergleichsweise nur gering ist, ist bei den Früchten der Arten der Sektion Oxycedrus die Isocommunsäure vorherrschend.[11]

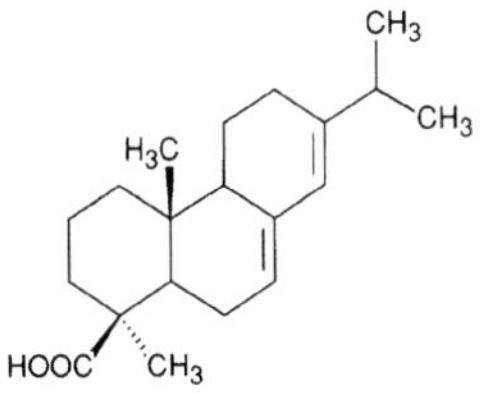

4-Epiabietinsäure

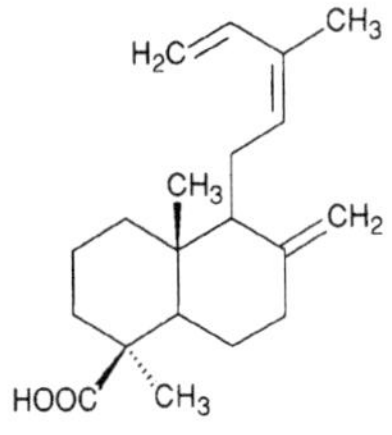

cis-Communsäure

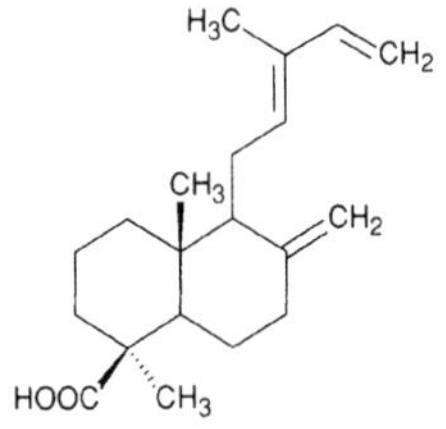

trans-Communsäure

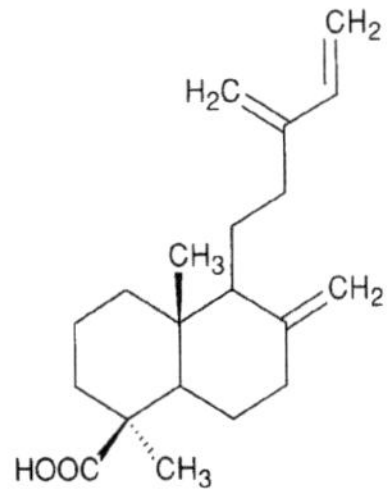

Isocommunsäure

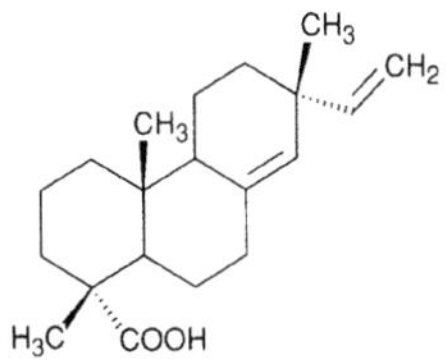

Sandaracopimarsäure

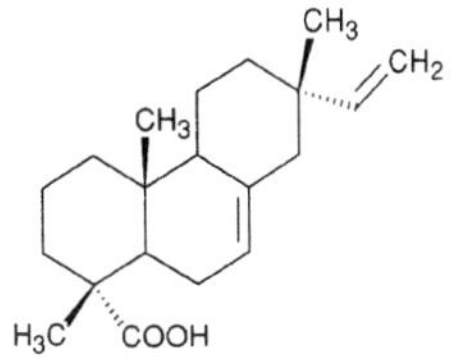

Isopimarsäure

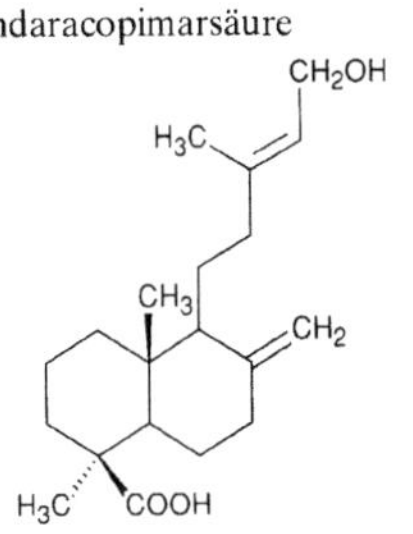

Isocupressinsäure

Tropolone. Im Kernholz mehrerer Juniperus-Arten wurden Tropolone, wie α-Thujaplicin, β-Dolabrin, β-Thujaplicin (= Hinokitiol), Nootkatin, Nootkatinol, Procerin und Pygmaein, nachgewiesen. Es handelt sich hierbei um Verbindungen mit einem C_7-Ring mit drei konjugierten Doppelbindungen, einer Carbonylgruppe und einer Hydroxylgruppe mit phenolischen Eigenschaften.[5,15,29] Interessant erscheint aus phytochemischer Sicht, daß es innerhalb der Gattung Juniperus, wie auch in anderen tropolonführenden Gattungen der Familie der Cupressaceen, einige Arten gibt, die überhaupt keine Tropolone aufweisen (z. B. *J. occidentalis*, *J. virginiana*).[15]

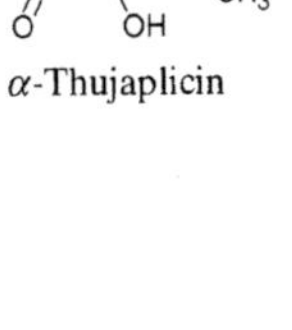

α-Thujaplicin

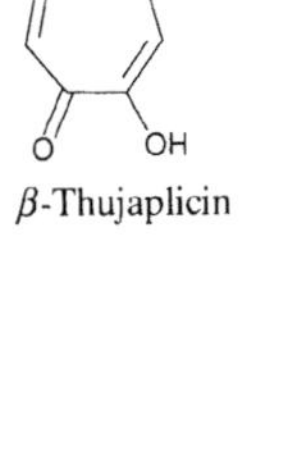

β-Thujaplicin

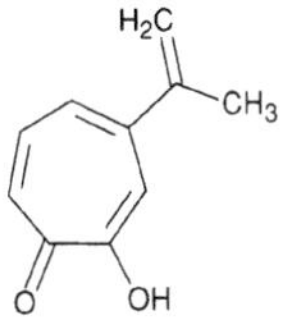

β-Dolabrin

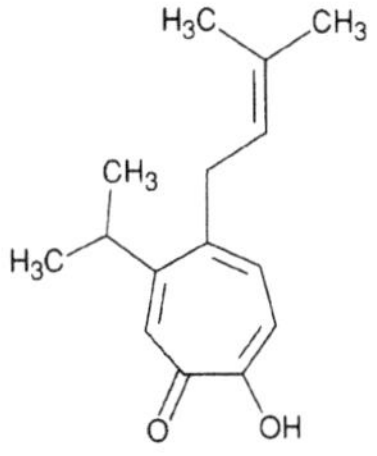

Nootkatin

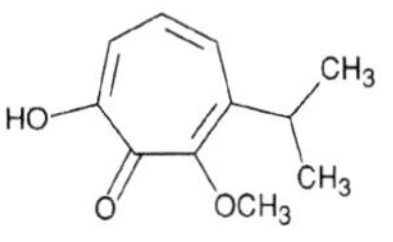

Pygmaein

Lignane. In der Gattung Juniperus finden sich tumornekrotisierende Lignane vom Typ des Desoxypodophyllotoxins und des Podophyllotoxins. Sie treten vornehmlich in den Blättern bzw. beblätterten Zweigen auf, vereinzelt auch in den Früchten, und zwar fast ausschließlich bei Arten der Sektion Sabina. Im Holz treten Lignane eher selten auf, was auch für die gesamte Familie der Cupressaceen zu gelten scheint. Bisher wurde im Holz von Juniperus-Arten nur das gegen Tumoren inaktive Savinin (= Hibalacton, Taiwanin-B) gefunden.[5,6,15,30–39] Untersuchungen an männlichen und weiblichen Exemplaren einiger Juniperus-Arten ergaben, daß die Blätter männlicher Pflanzen anscheinend nur Podophyllotoxin, die weiblicher Pflanzen je nach Art Desoxypodophyllotoxin oder Podophyllotoxin beinhalten.[30,31]

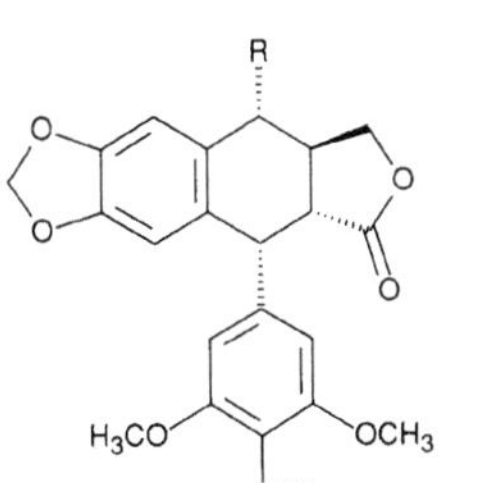

Podophyllotoxin: R= -OH
Desoxypodophyllotoxin: R= -H

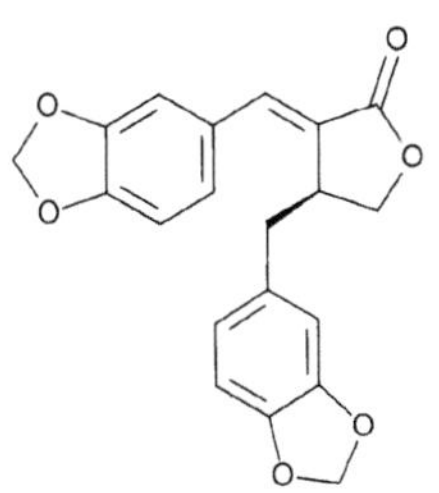

(–)-Savinin

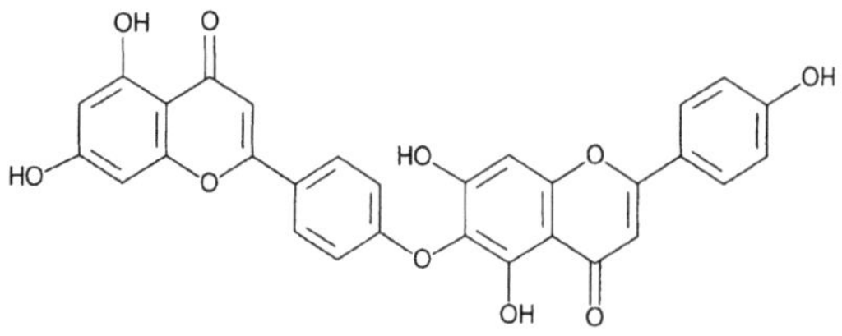

Hinokiflavon

Kryptophenole (Alkylphenole). Im Kernholz zahlreicher Juniperus-Arten wurden Carvacrol und Thymohydrochinon sowie dessen Derivate nachgewiesen.[5,15,27]

Polyphenolische Verbindungen.

Flavonoide. Nach einer älteren Arbeit[40] sollen im Genus Juniperus die Biflavone Hinokiflavon und Kayaflavon in den Blättern regelmäßig vorkommen. Gemäß einer neueren chemotaxonomischen Untersuchung permethylierter sowie nichtpermethylierter Extrakte der beblätterten Zweige mehrerer Juniperus-Arten (DC-Analyse/Isolierung) ergibt sich für das Genus Juniperus folgendes Biflavonoidmuster: Amentoflavon als Hauptbiflavon neben mehr oder weniger großen Mengen an Cupressoflavon und Hinokiflavon; Hinokiflavon kann auch fehlen; höhermethylierte Biflavone treten nur selten auf.[7] Neben Biflavonoiden enthalten die Blätter bzw. beblätterten Zweige von Juniperus-Arten in freier und glykosidischer Form Flavonole vom Kämpferol- und Quercetintyp, wie z. B. Rutosid, Flavone vom Apigenin- und Luteolintyp, wie z. B. Nepetin (= 6-Methoxyluteolin) und Nepitrin (= Nepetin-7-glucosid), und Isoflavone, wie z. B. Irigenin, Iridin, Junipegenin A, B und C.[5,6,41–45] Aus Beerenzapfen von *J. macropoda* BOISS. wurde Hypolaetin(= 8-Hydroxyluteolin)-7-glucosid isoliert.[41]

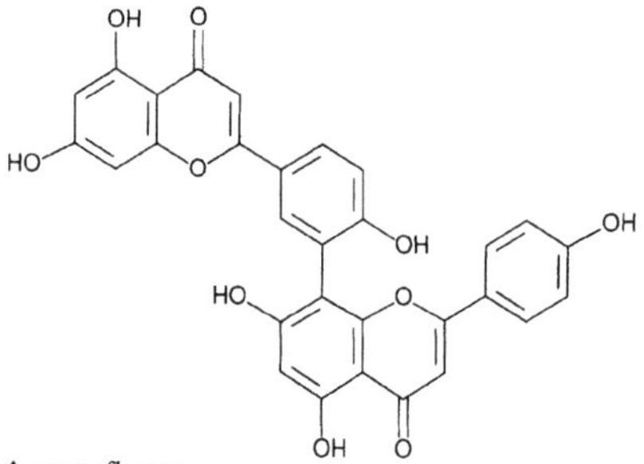

Amentoflavon

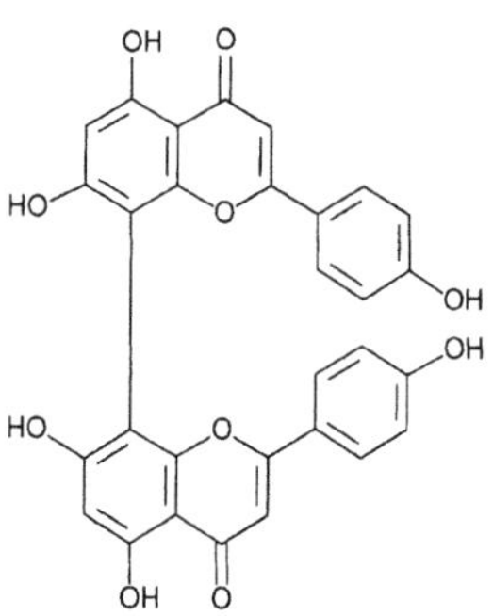

Cupressoflavon

Cumarine. Umbelliferon wurde in den Blättern von *J. communis* und *J. drupacea* nachgewiesen.[42,46] Die beblätterten Zweige von *J. sabina* (s. dort) enthalten 5-Methylcumarine, wie z. B. Cumarsabin und Siderin.[47]

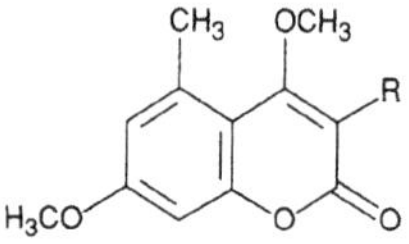

Siderin: R= -H

Cumarsabin: R= $-CH_3$

Proanthocyanidine. Leucoanthocyane (= Flavan-3,4-diole) und kondensierte Proanthocyanidine (= Flavan-3-ol-Biopolymere = kondensierte Catechine) scheinen in der Gattung Juniperus verbreitet zu sein.[5,6]

Bei einigen Arten, wie *J. communis*, *J. oxycedrus* und *J. phoenicea*, finden sich erhebliche innerartliche Unterschiede in dem Verhältnis von Procyanidin (PC) zu Prodelphinidin (PD) in den Blättern.[6] *J. nana* WILLD. (= *J. communis* ssp. *alpina* (NEILR.) CELAK) weist ein PC:PD-Verhältnis von ungefähr 45:55 auf, *J. communis* ssp. *communis* von ungefähr 90:10.[48] *J. phoenicea* wird neuerdings aufgrund des PC-PD-Verhältnisses in drei Unterarten eingeteilt.[49]

Untersuchungen mit *J. communis* (s. dort) ergaben, daß in praktisch allen Pflanzenorganen kondensierte Proanthocyanidine vorkommen. Als Gerbstoffvorstufen wurden in Blättern, Beerenzapfen, männl. Zapfen und im Holz monomere Catechine sowie dimere Procyanidine vom Typ B nachgewiesen.[50,51] In unreifen Beerenzapfen von *J. drupacea* fanden sich ebenfalls monomere Vorstufen, wie (+)-Catechin und (–)-Epicatechin, und sechs dimere Proanthocyanidine, Procyanidin B1 bis B5 und B7.[52]

Drogenliefernde Arten: *J. communis*: Juniperi aetheroleum, Juniperi fructus, Juniperi lignum, Juniperus communis hom. *HAB 1*, Juniperus communis e fructibus siccatis hom. *HAB 1*, Juniperus communis hom. *PF X*, Juniperus communis hom. *HPUS 88*; *J. oxycedrus*: Juniperi pix; *J. sabina*: Sabinae aetheroleum, Sabinae summitates, Juniperus sabina hom. *HAB 1*, Juniperus sabina hom. *HPUS 88*; *J. virginiana*: Juniperus-virginiana-Holzöl, Juniperus virginiana hom. *HAB 34*, Juniperus virginiana hom. *HPUS 88*.

Juniperus communis L.

Synonyme: s. Systematik.

Sonstige Bezeichnungen: Dt.: Wacholder; engl.: Juniper, Juniper-tree; frz.: Genièvre, genévrier; dän.: Enebaer; holl.: Jenverstruik; it.: Ginepro, zenèver; pol.: Jalowiec; russ.: Mozzevel'nik; slowenisch: Jalowjenc; span. Enebro común; tsch.: Jalovec.[1]

Systematik: *J. communis* L. gliedert sich in mind. 6 verschiedene Sippen, von denen 3 in Europa verbreitet sind:[1,2,26]

- ssp. *alpina* (NEILR.) CELAK (Syn. *Juniperus communis* L. ssp. *nana* (WILLD.) SYME in SOWERBY, *J. nana* WILLD., *J. sibirica* BURGSDORF), Zwergwacholder: Niederliegender, spalierförmiger Zwergstrauch, Nadeln nicht über 10 bis 15 mm lang und bis 2 mm breit, breit-lanzettlich, spitz bis stumpflich, anliegend und aufwärts gekrümmt, dicht gestellt, die Quirle höchstens 3 mm voneinander entfernt, die Nadeln sich deshalb dachziegelig deckend und meist nur ungefähr so lang wie die reife Scheinbeere, diese deutlich länger als breit; Hochgebirge und subarktische Region von Europa, Kleinasien, Himalaja, Nordsibirien, Japan, Südgrönland, westliches Nordamerika;
- ssp. *communis*: Mehr oder weniger aufrechter Strauch, seltener baumförmig, Nadeln bis 20 mm lang und nur 1 bis 1,5 mm breit, lineal, stachelspitzig, abstehend und gerade, locker gestellt, die Quirle 5 bis 10 mm, seltener bis 20 mm voneinander entfernt, meist mehr als doppelt so lang wie die reife, kugelige Scheinbeere; Europa, Südsibirien;
  Die Varietät *intermedia* (SCHUR) SANIO (Syn. *J. intermedia* SCHUR) ist eine meist unter 1 m hohe Zwischenform von ssp. *alpina* und ssp. *communis*, die im Gebirge von 1.400 bis 1.800 m ein Verbindungsglied zwischen diesen beiden Unterarten darstellt;
- ssp. *hemisphaerica* (J. et C. PRESL) NYMAN: Strauch, Nadeln 1,3 bis 2 mm breit, dicht gestellt, lanzettlich, mit breitem, weißem Streifen; mediterrane Gebirge, besonders auf der Iberischen Halbinsel.

Drei weitere Unterarten sind beschrieben: Ssp. *depressa* (PURSH) FRANCO, Nordamerika; ssp. *nipponica* (MAXIM.) FRANCO, Gebirge von Nordjapan; ssp. *rigida* (SIEB. ex ZUCC.), Mittel- und Südjapan, Korea, Ostmandschurei.[1]

Vor allem die Unterart *communis* ist stark veränderlich im Habitus, in der Form und Länge der Nadeln etc.; sie wird in zahlreichen Gartenformen kultiviert.[1]

Botanische Beschreibung: Strauch oder Baum, erwachsen bis 12 m hoch, je nach Standort von sehr unterschiedlichem Wuchs, meist vom Grunde an verzweigt, seltener bei baumförmigen Exemplaren mit einem Hauptstamm und einem kurzen, astlosen Schaft von höchstens 2 bis 2,5 m Länge, über dem eine pyramidale, ausnahmsweise aber auch eine breite, abgeflachte Krone folgt. Rinde anfänglich glatt, später rissig, sich faserig abschälend und graubraun werdend. Die Knospen von schuppenartigen Nadeln bedeckt, die nur durch ihre geringere Länge von den normalen Laubblättern abweichen. Diese sind immergrün, nadelförmig, lineal bis breit-lanzettlich, stumpflich bis stachelspitzig, auf der Oberseite mit einem deutlichen blauweißen Wachsstreifen, bis 20 mm lang und bis gegen 2 mm breit, am Grunde angeschwollen und mit einem Gelenk am Stengel angeheftet, nicht herablaufend, in 3gliedrigen, selten 4gliedrigen Quirlen. Im Querschnitt zeigen die Nadeln ein einziges medianes Gefäßbündel und unmittelbar unter diesem einen median verlaufenden Harzgang. Ober- und Unterhaut mit stark verdickten Zellwänden. Meist zweihäusig, selten einhäusig, sehr selten mit Zwitterblüten. Männliche Blüten im Herbst als kurze Seitensprosse in den Blattachseln der mittleren Nadelquirle eines Zweiges angelegt, einzeln, meist schräg abwärts gerichtet, länglich, gelblich, 4 bis 5 mm lang, aus mehreren alternierenden Quirlen von je 3 schuppenförmigen, vorn zugespitzten Antheren mit 3 bis 4 Pollensäkken, die sich auf der Innenseite mit einem weiten, rundlichen Loch öffnen. Weibliche Blüten ähnlich wie die männlichen angelegt, einzeln, aufrecht stehend, mit mehreren 3gliedrigen Quirlen länglicher, spitzer Schuppenblätter, die 3 gipfelständigen konkav gekrümmt, Samenanlagen zu 3 endständig und mit den obersten Schuppenblättern alternierend. Nach der Bestäubung werden die obersten Schuppenblätter ("Fruchtblätter") fleischig und wachsen zu einer kugeligen Scheinbeere (Beerenzapfen) heran, die die Samen bald völlig einschließt. Unreife Scheinbeere grünlich, saftlos, von unangenehmem Geschmack; reife Beerenzapfen schwarzbraun, bläulich bereift, kugelig bis eiförmig, 4 bis 9 mm dick, kurz gestielt. Samen hellbraun, länglich-dreikantig, zwischen den Kanten etwas warzig, mit harter Schale. Chromsomenzahl $2n = 22$. Blütezeit April, in höheren Lagen Mai bis Juni.[1]

Verwechslungen: Von besonderer Bedeutung sind Verwechslungen mit der giftigen Art *J. sabina*. Bestimmungsschlüssel:

- Blätter alle nadelförmig, meist in 3zähligen Quirlen, am Sproß nie herablaufend und ohne Harzdrüsen – *J. communis*;
- Blätter größtenteils schuppenförmig, kreuzweise gegenständig, am Sproß herablaufend und mit Harzdrüsen – *J. sabina*.[1]

Inhaltsstoffe: *Ätherisches Öl.*

Blatt- und Fruchtöle. Die ätherischen Öle unterschiedlich alter Blätter sowie reifer und unreifer Früchte (Wasserdampfdestillation) verschiedener Juniperus-communis-Populationen aus dem westfälischen und norddeutschen Raum wurden gaschromatographisch untersucht und die Ergebnisse statistisch ausgewertet. Die Öle enthalten überwiegend Monoterpenkohlenwasserstoffe neben geringeren Anteilen an Sesquiterpenkohlenwasserstoffen und oxidierten Monoterpenen. Die qualitative Zusammensetzung der Öle ist in etwa gleich.

Beim Vergleich der Öle der Blattknospen mit denen der voll entwickelten, einjährigen Blätter zeigt sich, daß der Ölgehalt in den Blattknospen (ca. 0,8 % *V/m*, vermutlich auf das Frischgewicht bezogen) um etwa 15 bis 20 % höher liegt als in den voll entwickelten Blättern (ca. 0,6 % *V/m*, vermutlich auf das Frischgewicht bezogen) und daß es signifikante quantitative Unterschiede in der Zusammensetzung beider Öle gibt. Zur statistischen Auswertung wurden die Hauptkomponenten α-Pinen, β-Pinen, Camphen, 1,4-Cineol, Myrcen und Sabinen herangezogen. Der Gehalt an α- und β-Pinen ist in den Knospenölen stets höher als in den Ölen der vollentwickelten Blätter, der Anteil an 1,4-Cineol und Sabinen ist dagegen stets höher in den Ölen älterer Blätter. Beachtliche Unterschiede bzgl. der quant. Ölzusammensetzung zeigen sich dabei zwischen einzelnen Individuen (intraindividuelle Variabilität), was die statistische Analyse erschwert. So gibt es Pflanzen, die z. B. nur ca. 13 % α-Pinen im Öl der älteren Blätter aufweisen und andere, bei denen das α-Pinen mit einem Anteil von ca. 80 % die Hauptkomponente dieses Öls darstellt; eine ähnlich große Streuungsbreite war auch bei den anderen im Öl enthaltenen Terpenen zu verzeichnen.

Bei den Fruchtölen zeigt sich eine ebenso große intraindividuelle Variabilität in der quant. Terpenzusammensetzung. Der Vergleich der Öle zweijähriger, grüner (unreifer) Beerenzapfen mit denen dreijähriger, reifer Beerenzapfen ergibt, bei statistischer Auswertung der Hauptkomponenten 1,4-Cineol, Myrcen, α-Pinen, β-Pinen und Sabinen, keine signifikanten Unterschiede zwischen den beiden Ölen; auch die Schwankungen im Ölgehalt (zwischen 0,6 und 1,2 % *V/m*, vermutlich bezogen auf das Frischgewicht) sind bei beiden Ölen ähnlich. Bei dem Versuch, die Öle einjähriger unreifer Früchte mit denjenigen dreijähriger reifer Früchte zu vergleichen, finden sich dagegen Hinweise auf erhebliche quant. Unterschiede; die Öle einjähriger Früchte ähneln den Ölen der Blattknospen (s. oben).

Der statistische Vergleich der Öle reifer Früchte mit denen vollentwickelter Blätter zeigt, daß die Öle bzgl. ihrer Zusammensetzung nicht gleichwertig sind; für die Hauptkomponente α-Pinen ergeben sich zwar keine Unterschiede, sämtliche andere Verb. sind aber je nach Pflanzenorgan in deutlich unterschiedlichen Mengen vertreten.[23,24]

Aufgrund der erheblichen intraindividuellen Variabilität in der quant. Ölzusammensetzung wurden verschiedene Juniperus-communis-Populationen aus dem westfälischen und norddeutschen Raum daraufhin untersucht, ob die Variabilität populations- oder wuchstypabhängig sei (GC-Analyse der Öle). Die statistische Auswertung der Blatt- bzw. Fruchtöle ergab keinen Zusammenhang zwischen der Ölzusammensetzung und dem Standort oder der Wuchsform.[25] Demgegenüber zeigen neuer Analysen (GC bzw. GC-MS) der Blatt- bzw. Fruchtöle von Pflanzen aus verschiedenen Ländern beachtliche Unterschiede in der quant. Ölzusammensetzung je nach Herkunftsland, Höhenlage und Wuchsform, bei nach wie vor bestehender großer intraindividuellen Variabiltät. Ein hoher α-Pinengehalt bei vergleichsweise geringem Sabinenanteil scheint für Blattöle von Pflanzen aus dem Flachland (5 bis 200 m) charakteristisch zu sein.[53] Bei den Ölen reifer Früchte von Pflanzen aus Finnland, mit α-Pinen (18 bis 58 %), Myrcen (7 bis 23 %), γ-Cadinen (5 bis 13 %), Sabinen (> 1 %), Caryophyllen, β-Elemen und Terpinen-4-ol (die drei letzteren zusammen ca. 3 %) als Hauptkomponenten des Öls, ist der α-Pinengehalt im Öl bei niederliegenden Pflanzen am höchsten, bei pyramidal-gewachsenen Pflanzen am geringsten; der Anteil der anderen Verb. schwankt je nach Standort und Wuchsform.[54] In derselben Studie werden die Öle dreijähriger, reifer Beerenzapfen mit denen zweijähriger, unreifer Beerenzapfen derselben Pflanzen verglichen. Es zeigt sich, im Gegensatz zu den Ergebnissen einer früheren Arbeit[25] (s. oben), daß die beiden Öle nicht gleichwertig sind: Öle reifer Früchte weisen einen höheren α-Pinengehalt und höhere Anteile an α-Muurolen, β-Elemen, β-Selinen, Caryophyllen, Germacren D, Humulen und Terpinen-4-ol auf als Öle unreifer (zweijähriger) Früchte (GC-MS-Analyse).[54] Bei der GC-Analyse von Beerenzapfen italienischer Herkunft (Chianti-Gebiet) fand man, daß der Anteil an oxidierten Terpenen, die für das Aroma des Öls bedeutend sind, in den Ölen reifer Früchte stets höher ist als in den Ölen unreifer grüner Früchte oder der Blätter.[55]

Die ätherischen Öle aus den getrockneten Blättern (Wasserdampfdestillation) dreier Juniperus-communis-Taxa aus Rumänien, nämlich *J. communis* L. ssp. *communis*, *J. intermedia* SCHUR (Syn. *J. communis* L. ssp. *communis* L. var. *intermedia* (SCHUR) SANIO) und *J. sibirica* BURGSDORF (Syn. *J. communis* L. ssp. *alpina* (NEILR.) CELAK), wurden gaschromatographisch untersucht und die Ergebnisse statistisch ausgewertet. Die qualitative Ölzusammensetzung ist bei allen drei Taxa gleich. Bei der quantitativen Ölzusammensetzung ergeben sich, neben der bereits früher beobachteten starken intraindividuellen Variabilität (s. oben), erhebliche Abweichungen. Als typische Ölmerkmale wurden die Hauptinhaltsstoffe Δ^3-Caren, 1,4-Cineol, *p*-Cymen, Myrcen, β-Phellandren, α-Pinen, Sabinen, α-Terpinen und Terpinen-4-ol zur statistischen Auswertung herangezogen. Während sich die Öle von "*J. communis*" und "*J. intermedia*" stark ähneln und praktisch als gleichwertig anzusehen sind, sind signifikante Unterschiede zwischen "*J. communis*"/"*J. intermedia*" einerseits und "*J. sibirica*" andererseits zu verzeichnen: Die Öle von "*J. sibirica*" weisen einen höheren Δ^3-Caren- und α-Pinengehalt auf als die Öle der beiden anderen Taxa, dagegen zeigen letztere höhere 1,4-Cineol-, Myrcen-, Sabinen- und Terpinen-4-ol-Werte.[26] Die taxonomische Stellung dieser drei Taxa, wie sie in neuerer Lit.[1] aufgrund morphologischer Merkmale dargestellt ist (s. Systematik), wird somit auch durch chemische Merkmale unterstützt.

Neben den o. a. Faktoren, wie Herkunft, Wuchsform und Alter der Pflanzenteile, scheint bei ätherischen Blatt- und Fruchtölen, die durch Wasserdampfdestillation gewonnen werden, der pH-Wert des Destillationswassers einen Einfluß auf die Terpenzusammensetzung zu haben. In Abhängigkeit von der Acidität des Wassers können während der Destillation säurekatalysierte Monoterpenumbildungen stattfinden, wie z. B. die Transformation von Sabinen in α- und γ-Terpinen, Terpinen-4-ol und in Terpinolen (s. *J. sabina*). Dies könnte u. U. zu

einer Modifizierung der Wirkung des äth. Öls führen, denkt man z. B. an die beobachtete diuretische Wirkung des Öls, die auf seinem Gehalt an Terpinen-4-ol beruhen soll (s. Juniperi aetheroleum, Wirkungen).[22]
Holzöle. Die quantitative Ölzusammensetzung scheint, ähnlich wie bei den Blatt- und Fruchtölen (s. oben), durch die Destillationsmethode beeinflußt zu sein (Sesquiterpenumbildungen); s. Inhaltsstoffgruppen der Gattung Juniperus.
Weitere Terpenverbindungen. Die tricyclischen Sesquiterpenkohlenwasserstoffe Longifolen (= Junipen) und Juniperol (= Longiborneol, Macrocarpol), die Diterpensäure Communsäure und das phenolische Diterpen (+)-Totarol wurden aus der Rinde von *J. communis* isoliert (keine Mengenangaben).[15,27]
Aus dem Etherextrakt aus den Blättern von *J. communis* ssp. *communis* wurden insgesamt 17 Diterpensäuren vom Abietan-, Labdan- und Pimaran-Typ isoliert (insgesamt ca. 1,8 %, bezogen auf die getrockneten Blätter). Hauptverbindungen waren Isocupressinsäure, Isopimarsäure, *trans*-Communsäure, Sandaracopimarsäure und Imbricatalsäure.[56] Aus dem Hexanextrakt aus den Blättern von *J. communis* ssp. *hemisphaerica* wurden in einer weiteren Arbeit insgesamt 13 Diterpensäuren vom Labdan- und Pimaran-Typ isoliert (insgesamt ca. 1,1 %, bezogen auf die getrockneten Blätter); Hauptverbindungen waren Isocupressinsäure, Isopimarsäure und Sandaracopimarsäure.[57] Die Diterpenmuster der beiden Subspecies waren ähnlich.
Polyphenolische Verbindungen. s. a. Inhaltsstoffgruppen der Gattung Juniperus.
Flavonoide. Aus den beblätterten Zweigen von *J. communis* wurden die Biflavone Amentoflavon (0,085 %), Cupressoflavon (0,016 %) und Bilobetin (0,006 %) isoliert.[58] Aus dem Etherextrakt aus den Blättern von *J. communis* wurden ca. 0,01 % Cupressoflavon und ca. 0,0015 % Hinokiflavon erhalten.[56] Ferner sollen die Blätter Flavon- und Flavonolaglyka bzw. -glykoside enthalten, z. B. Nepetin (6-Methoxyluteolin), Nepitrin (Nepetin-7-glucosid), die 6-Xyloside von Scutellarein (6-Methoxyapigenin) und 6-Hydroxyluteolin sowie Quercetin, Isoquercitrin und Rutosid.[6,46,59]
Cumarin. Umbelliferon wurde in den Blättern von *J. communis* nachgewiesen.[46]
Proanthocyanidine. Praktisch alle Pflanzenorgane von *J. communis* enthalten kondensierte Proanthocyanidine. Aus der frischen Stammrinde wurden die monomeren Gerbstoffvorstufen (+)-Afzelechin, (+)-Catechin, (–)-Epiafzelechin, (–)-Epicatechin, (–)-Epigallocatechin und (+)-Gallocatechin isoliert (keine Mengenangaben). Auch in den Extrakten der anderen Pflanzenorgane, d. h. frischer reifer und unreifer Früchte, frischer Blattknospen, Blätter, männlicher Blüten und frischen Holzes, konnten die o. a. Flavan-3-ole nachgewiesen werden (SC/DC), wobei (+)-Catechin und (–)-Epicatechin stets in größeren Mengen als die anderen Verb. auftraten. Flavan-3,4-diole konnten nicht eindeutig nachgewiesen werden, ihre Anwesenheit wird aber vermutet.[50] In einer weiteren Arbeit wurden aus der frischen Stammrinde dimere Proanthocyanidine vom Typ B, nämlich Procyanidin B1, B2, B3 und B4 isoliert (keine Mengenangaben).[51]
Weitere Angaben zu Inhaltsstoffen von *J. communis* s. Juniperi aetheroleum, Juniperi fructus und Juniperi lignum.

Verbreitung: Europa, von der Küste des Eismeers südlich bis Zentralspanien, Sierra Nevada, Sizilien, Peloponnes, nordafrikanisches Gebirge; in Rußland südlich bis etwa zum 50. Breitengrad, Krim; Nordasien östlich bis Kamtschatka, Sachalin, Japan, südlich bis zum Altai, größere Areale im Kaukasus, in den nordpersischen Gebirgen, ferner vom Tiën-Schan bis zum Himalaya; Südgrönland, Nordamerika von Labrador und Alaska südwärts bis Oklahoma und New Mexico.[1] s. a. Verbreitung der Unterarten unter Systematik.

Drogen: Juniperi aetheroleum, Juniperi fructus, Juniperi lignum, Juniperus communis hom. *HAB 1*, Juniperus communis e fructibus siccatis hom. *HAB 1*, Juniperus communis hom. *PFX*, Juniperus communis hom. *HPUS 88*.

Juniperi aetheroleum (Wacholderbeeröl)

Synonyme: Aetheroleum Juniperi, Oleum Iuniperi, Oleum Juniperi, Oleum Juniperi baccarum.

Sonstige Bezeichnungen: Dt.: Ätherisches Wacholderöl, Wacholderöl; engl.: Juniper berry oil; frz.: Essence de genièvre, huile essentielle de genièvre; it.: Ginepro essenza.

Monographiesammlungen: Oleum Juniperi *DAB 7*; Aetheroleum Juniperi *ÖAB 90*; Iuniperi aetheroleum *Helv VII*; Juniper Oil *Mar 28*.

Definition der Droge: Ätherisches Öl aus den reifen Beerenzapfen *DAB 7*; das durch Wasserdampfdestillation aus den reifen Beeren gewonnene ätherische Öl *ÖAB 90*; das aus den Beerenzapfen durch Wasserdampfdestillation gewonnene und mit einem geeigneten Antioxidans konservierte ätherische Öl *Helv VII*; das aus den getrockneten reifen Früchten durch Destillation gewonnene Öl *Mar 28*.

Stammpflanzen: *Juniperus communis* L.

Gewinnung: Wasserdampfdestillation der zerquetschten getrockneten, reifen Beerenzapfen.[60–62]

Ganzdroge: Wacholderbeeröl ist eine klare, farblose oder gelbliche bis grünliche oder bräunliche, leicht bewegliche Flüssigkeit, die nach Wacholderbeeren riecht und brennend und schwach bitter schmeckt. Es ist in jedem Verhältnis mischbar mit absolutem Alkohol, Ether, Chloroform, Petroläther, flüssigem Paraffin, fetten Ölen und Schwefelkohlenstoff.[63–65] Verhältnismäßig gut löslich in Lösungen von Alkalisalzen verschiedener aromatischer Säuren.[65]

Verfälschungen/Verwechslungen: Verschnitte von Wacholderbeeröl mit Terpentinöl und Mineralölen wurden beobachtet.[61]

Minderqualitäten: Das bei der Wacholderbranntwein-Herstellung anfallende ätherische Öl (Ätherischölphase) ist als minderwertig anzusehen, da es nur noch die in 40 bis 50 % Ethanol unlöslichen Terpene enthält, wichtige Geschmacks- und Geruchskomponenten des Öls (sauerstoffhaltige Terpene) fehlen;[61] s. Juniperi fructus, sonst. Verwendung.

Inhaltsstoffe: Wacholderbeeröl enthält überwiegend Monoterpenkohlenwasserstoffe neben geringeren Anteilen an Sesquiterpenkohlenwasserstoffen und oxidierten Monoterpenen. Die qualitative Zusammensetzung der Öle ist stets gleich. Die quantitative Zus. schwankt erheblich je nach Herkunft, Standort und Wuchsform der Pflanzen, Reifegrad der Beeren, Destillationsbedingungen etc.; s. *J. communis*. Hauptverbindungen im äth. Öl sind meist α-Pinen, β-Myrcen, β-Pinen, Limonen und Sabinen. Ein aus Beeren italienischer Herkunft durch Wasserdampfdestillation gewonnenes äth. Öl weist bsp. folgende prozentuale Zusammensetzung auf (GC-MS-Analyse):[19]
33,6 % α-Pinen, 11,0 % β-Myrcen, 10,5 % γ-Muurolen, 7,6 % Sabinen, 3,1 % Limonen, 2,9 % γ-Elemen, 2,7 % β-Caryophyllen, 2,5 % α-Cadinen, 2,5 % β-Pinen, 2,2 % Humulen, 2,1 % Terpinen-4-ol, 1,6 % α-Muurolen, 1,1 % β-Elemen, 1 % α-Terpinolen, 1 % β-Farnesen, 0,9 % α-Cubeben, 0,9 % 4-Thujanol, 0,8 % α-Cadinol, 0,8 % γ-Cadinen, 0,7 % α-Thujen, 0,6 % Aromadendren, 0,5 % α-Terpinen, 0,4 % α-Copaen, 0,4 % Bornylacetat, 0,3 % Camphen, 0,2 % Campholenaldehyd, 0,2 % *p*-Cymen, 0,2 % α-Terpineol, 0,2 % Verbenon, 0,1 % 4-Caren; Rest unbekannt.

Zubereitungen: Wacholderbeeröl ist Bestandteil einer ganzen Reihe von Fertigarzneimitteln: Bei den Monopräparaten handelt es sich meist um in fettem Öl gelöstes und in Weichgelatinekapseln abgefülltes Wacholderbeeröl;[66] bei den Kombinationspräparaten ist Wacholderbeeröl u. a. inkorporiert in Badeöle, Balsame, flüssige, z. T. ölige Zubereitungen zum Einnehmen oder Auftragen, Salben, etc.[67,68]

Identität: 1,0 mL Wacholderbeeröl muß sich mit 10,0 mL Ethanol 90 % (*V/V*; *ÖAB 90*) bzw. 96 % (*Helv VII*) klar oder mit nur leichter Trübung mischen *ÖAB 90*, *Helv VII*. Die Mischung muß gegen Lackmus neutral oder höchstens schwach sauer reagieren *ÖAB 90*.
DC von Wacholderbeeröl nach *Helv VII*:
- Referenzsubstanz: α-Terpineol;
- Sorptionsmittel: Kieselgel F_{254};
- FM: Hexan-Ethanol 96 % (95 + 5);
- Detektion: Besprühen mit Anisaldehyd-Rg. und 10 min auf 100 bis 105 °C erhitzen, Auswertung im UV 365 nm;
- Auswertung: Das Chromatogramm der Referenzlsg. zeigt im untersten Viertel die gelb fluoreszierende Zone des α-Terpineols; das Chromatogramm der Untersuchungslsg. zeigt eine gelb fluoreszierende Zone (Terpinen-4-ol) mit gleicher Farbe wie die α-Terpineolzone im Chromatogramm der Referenzlsg., aber doppeltem Rf-Wert.

Reinheit:
- Relative Dichte: 0,856 bis 0,876 *DAB 7*, *ÖAB 90*; 0,860 bis 0,884 *Helv VII*.
- Brechzahl: 1,472 bis 1,484 *DAB 7*; 1,472 bis 1,480 *ÖAB 90*; 1,470 bis 1,482 *Helv VII*.
- Optische Drehung: −1° bis 15° *DAB 7*; zwischen + 0,5 und −15° *ÖAB 90*.
- Fremde Ester: Das Wacholderöl muß der Prüfung entsprechen *DAB 7*, *Helv VII*.
- Fette Öle und verharzte Öle: Wacholderbeeröl muß der Prüfung entsprechen *DAB 7*, *ÖAB 90*, *Helv VII*.
- Alkalisch oder sauer reagierende Verunreinigungen: 1,0 mL einer Lösung von 0,5 mL Wacholderbeeröl in 5,0 mL Ethanol 90 % muß sich nach dem Verdünnen mit 1,0 mL Wasser auf Zusatz von Bromkresolgrünlsg. grün färben und darf sich nicht gelb färben *DAB 7*.
- Wasserlösliche Anteile, Schwermetallionen, halogenhaltige Verunreinigungen: Wacholderbeeröl muß den Prüfungen entsprechen *DAB 7*.
- Weitere mögliche Reinheitsprüfungen: GC-Prüfung,[54,69,70] z. B. mit a) fused silica OV-351 Kapillarsäule 25 m × 0,32 mm (innerer Durchmesser), d_f 0,20 µm, b) Temperaturgradient: 60 bis 220 °C, 4 °/min, c) Trägergas: Helium, 1,4 mL/min, d) Flammenionisationsdetektor;[54] HPLC-Prüfung mit a) stationäre Phase: Hibar Fertigsäule LiChrosorb RP-18 (7 µm), 250 × 4 mm, Merck, b) mobile Phase: Acetonitril-Wasser (6 + 4), linear, Durchflußrate 1,4 mL/min, c) Detektion: UV 230 nm.[71]

Lagerung: Vor Licht geschützt, in dicht schließenden Gefäßen *DAB 7*, *ÖAB 90*, *Helv VII*; das Behältnis sollte dem Verbrauch angemessen sein *DAB 7* bzw. möglichst gefüllt sein *Helv VII*; Öle aus verschiedenen Lieferungen dürfen nicht miteinander gemischt werden *DAB 7*; in luftdichten Behältnissen, vor Licht geschützt kühl aufbewahren *Mar 28*.

Wirkungen: *Diuretische Wirkung.* Zur diuretischen Wirkung des Wacholderbeeröls liegen nur ältere tierexperimentelle Untersuchungen vor:
12 weiße Ratten, denen vorher 2,5 mL physiologische Kochsalzslsg. verabreicht wird, erhalten s. c. 1,0 mL/kg KG Wacholderbeeröl; eine gleich starke Kontrollgruppe erhält nur physiologische Kochsalzlsg.; nach 4 bzw. 24 h wird die Menge ausgeschiedenen Urins bestimmt. Nach 4 h beträgt die durchschnittliche Urinmenge der mit Wacholderbeeröl behandelten Ratten etwa das Dreifache der Kontrolle, nach 24 h etwa das Zweifache. Nachdem eine nicht näher definierte Terpenkohlenwasserstofffraktion aus dem Wacholderbeeröl im selben Versuch keine besondere Wirkung zeigte, wird die (ebenfalls nicht näher definierte) sauerstoffhaltige Terpenfraktion untersucht. Das darin enthaltene Terpinen-4-ol zeigt im Versuch eine ausgeprägte diuretische Wirkung: Bei einer Dosierung von 0,1 mL/kg KG s. c. beträgt die durchschnittliche Urinmenge nach 3 h etwa das 5,5fache der Kontrolle, nach 24 h etwa das 3,5fache. Nach Meinung der Autoren ist dem Terpinen-4-ol ein Großteil der diuretischen Wirkung der Droge zuzuschreiben (s.

aber Kommentar zum Terpinen-4-ol unter *J. communis*, Inhaltsstoffe).[72]
In einem weiteren Versuch erhalten Ratten 0,1 mL/kg KG Terpinen-4-ol i.m. verabreicht, wobei neben einer vermehrten Wasserausscheidung auch eine erhöhte Elektrolytelimination (Natrium, Kalium, Chlorid) beobachtet wird; detaillierte Angaben fehlen.[73]
Nach Auffassung einiger Autoren soll es sich bei der beobachteten diuretischen Wirkung des Wacholderbeeröls um keine "echte" saluretische Wirkung, sondern um eine reine "Wasserdiurese" handeln, die im wesentlichen auf einer erhöhten renalen Durchblutung, gefolgt von einer Zunahme der glomerulären Filtrationsrate und gesteigerter Primärharnbildung basiert.[66,74,108] Die Wirkung kann auch auf eine unspezifische Reizung des Nierenparenchyms zurückgeführt werden;[125,191] s. toxikologische Eigenschaften.
Choleretische Wirkung. Wacholderbeeröl bewirkt an Ratten eine dosisabhängige Steigerung des Gallenflusses: An Urethan-anästhesierten Wistar-Ratten wird der Ductus choledochus kanüliert und während einer Gesamtversuchsdauer von 240 min alle 30 min die abgeschiedene Gallenmenge ermittelt; alle 60 min erfolgt intraduodenale Reinjektion der sezernierten Galle. Die Prüfsubstanzen (gelöst in Olivenöl) werden jeweils intraduodenal verabreicht; das Instillationsvolumen beträgt einheitlich 2,5 mL/kg KG. Zur Beurteilung der choleretischen Wirkung wird als Parameter der auf 30 min und 100 g Körpergewicht bezogene Gallenfluß, als Mittelwert aus acht 3-min-Perioden innerhalb 240 min Versuchsdauer, herangezogen. Die prozentuale Steigerung des Gallenflusses gegenüber der Kontrolle (Olivenöl) beträgt bei einer Dosierung von 250, 300 bzw. 500 mg/kg KG Wacholderöl etwa 13, 19 bzw. 87 %; die Vergleichsubstanz Dehydrocholsäure, Natriumsalz zeigt in einer Dosierung von 50, 100 bzw. 200 mg/kg KG eine prozentuale Steigerung gegenüber der Kontrolle von etwa 28, 37 bzw. 110 %.[75]
Antimicrobielle Wirkung. Wacholderbeeröl soll auf Bakterien, Pilze und Flechten eine keimtötende Wirkung haben.[76,77]
Bei der In-vitro-Prüfung des Öls im Gastest (durch 2 Petrischalenhälften gebildeter, abgeschlossener Gasraum und Einbringen des Öls in Mengen von 0,01 bzw. 0,05 mL in die untere Schalenhälfte) zeigt Wacholderbeeröl Wachstumshemmung gegenüber Bakterien wie *Bacillus anthracis*, *Corynebacterium diptheriae*, *Escherichia coli*, *Staphylococcus aureus* etc. (keine MHK-Werte angegeben). Im nachfolgenden In-vivo-Versuch erhalten Ratten Wacholderbeeröl in einer Dosierung von täglich 0,25, 0,5 bzw. 1,0 g/kg KG p.o. mehrere Tage lang verabreicht. Die aufgefangenen, sterilfiltrierten Urinfraktionen werden jeweils auf bacteriostatische Wirksamkeit gegen *Staphylococcus aureus* SG 511 untersucht. Erst am 3. Versuchstag zeigt sich eine deutliche bacteriostatische Wirkung des Urins, eine klare Dosisabhängigkeit ist aber nicht zu erkennen. Aufgrund der nur zögernd einsetzenden Wirkung, des Fehlens einer erkennbaren Dosis-Wirkungsbeziehung und der zur Erzielung eines Effektes vergleichsweise hohen Dosierung folgert der Autor, daß eine antimicrobielle Wirkung des Öls beim Menschen in therapeutischen Dosen nicht zu erwarten ist.[192]
Weitere Wirkungen. Wacholderbeeröl soll durch Anregung der Darmperistaltik die Verdauung fördern sowie eine Tonuszunahme des graviden Uterus bewirken.[83] Es soll ferner expectorierend und durch Erschlaffung der glatten Muskulatur bronchospasmolytisch wirken; auch Spasmen des Darms sollen gelöst werden.[78–82] Die Untersuchungen hierzu stammen hauptsächlich aus den 30er Jahren dieses Jahrhunderts, neuere experimentelle Belege für die postulierten Wirkungen liegen nicht vor.
Im In-vitro-Cyclooxygenase-Testsystem zur Auffindung potentieller Inhibitoren der Prostaglandinbiosynthese zeigt Wacholderbeeröl in einer Konz. von 37 µM keine Hemmung der Cyclooxygenase.[84]

Resorption: An ausgewachsenen, männlichen Kaninchen wurde mittels eines Bürgi-Apparates (Methode s. Lit.[183]) untersucht, ob Wacholderöl durch die Haut penetriert und in der Exspirationsluft nachweisbar ist: Ein halbkugelförmiges, unten offenes Glasgefäß wird auf die Bauchhaut geklebt und abgedichtet; das Öl bedeckt den mit der Glasglocke abgegrenzten Hautbezirk. Mittels einer mit zwei Müllerschen Ventilen versehenen Gummimaske werden Ein- und Ausatmungsluft getrennt; als Reagenz zum Ätherischölnachweis in der Ausatmungsluft dient Vanillinsalzsäurelösung, die durch äth. Öle rot gefärbt wird. Etwa 1 h nach Aufbringen des Wacholderbeeröls auf die Haut ist die Vanillinsalzsäurereaktion deutlich, 2 h danach stark positiv; das expirierte Öl ist auch durch seinen Geruch wahrnehmbar. Auch nach Wegnahme der Glasglocke und Reinigung der Hautstelle ist noch etwa 4 h lang eine positive Vanillinsäurereaktion zu verzeichnen.[193]
Die percutane Resorption der Inhaltsstoffe α-Pinen, β-Pinen und Camphen wurde im Humanversuch quantitativ bestimmt: 50 bis 75 min nach Badebeginn eines 20-min-Bades ergeben sich maximale Blutspiegel, wobei bei einem Gehalt von 1 mg/L Badewasser gelöstes Terpen die Blutspiegel ca. 7 bis 8 ng/mL erreichen. Einen Tag nach dem Bad betragen die Blutspiegel noch etwa 0,5 % ihres Maximalwertes.[85]
Die Aufnahme der Terpene aus dem Bad soll zu etwa 10 bis 20 % über Inhalation, zu etwa 80 bis 90 % über die Haut erfolgen.[85]
Humanversuche zur Resorption des Wacholderöls selbst liegen nicht vor.

Anwendungsgebiete: Innerlich bei dyspeptischen Beschwerden.[86] Als Badezusatz zur unterstützenden Behandlung bei Erkrankungen des rheumatischen Formenkreises.[68]

Dosierung und Art der Anwendung: *Droge. Innere Anwendung.* Flüssige und feste Darreichungsformen ausschließlich zur Einnahme.[86] Tagesdosis: 20 mg bis maximal 100 mg ätherisches Öl.[86]
Zubereitung. Äußere Anwendung. Wacholderbäder: Anwendung als Vollbad, das eine Hyperämie

der Haut durch die Inhaltsstoffe gewährleistet; Badetemperatur 35 bis 38°C; Badedauer 10 bis 20 min.[68] Angaben zur Dosierung in Bädern liegen nicht vor.
Hinweis: Nach Lit.[88] tritt Hyperämisierung erst ab einer Konzentration von etwa 25 Vol% Wacholderbeeröl auf. Derartige Konzentrationen sind in Bädern nicht erreichbar und wären aus toxikologischer Sicht vermutlich unvertretbar.

Volkstümliche Anwendung und andere Anwendungsgebiete: *Innerlich.* Wacholderöl wird bei zu geringer Harnausscheidung,[62,63,110] bei Prostatitis,[111] Rheuma,[110] Blähungen und nicht näher spezifizierten Koliken[63] eingenommen. Die Anwendung der Droge bei Blähungen und dadurch bedingten Beschwerden ist plausibel, die Wirksamkeit der Droge bei den anderen genannten Indikationen ist aber derzeit nicht ausreichend belegt.
Äußerlich. Wacholderspiritus und Wacholderöl in öligen Zubereitungen werden äußerlich als hautreizendes Mittel bei Erkrankungen des rheumatischen Formenkreises, Lumbago, Gicht und Ischias angewandt. In Form von Kompressen und Waschungen wird das Öl bei Akne, Ekzemen und Wunden eingesetzt.[62,89,110,133]
Bei lokaler Anwendung dürfte Wacholderöl aufgrund seines Gehaltes an α-Pinen eine ähnlich hautreizende Wirkung wie gereinigtes Terpentinöl aufweisen.[89,90] Die Anwendung des Öls zur Hyperämisierung bei rheumatischen Beschwerden erscheint daher plausibel, die Wirksamkeit der Droge bei den anderen genannten Indikationen ist derzeit aber nicht ausreichend belegt.

Dosierung und Art der Anwendung: *Droge. Innerlich.* 0,03 bis 0,2 mL;[63] 0,1 g (5 Tropfen);[62] 3mal täglich 3 Tropfen in warmem Wasser aufgelöst oder mit Honig vermischt einnehmen;[110] 0,10 bis 0,20 g Öl pro Tag in Alkohol oder in Honig.[132]
Zubereitung. Äußerlich. Spiritus Juniperi, Wacholderspiritus (Wacholderöl:Ethanol 90% im Verhältnis 1:9): 0,3 bis 1,2 mL.[63]
Äußerlich 5%ig in Einreibungen als Hautreizmittel zur lokalen Hyperämisierung.[62]
Für Kompressen und Waschungen 20 Tropfen Öl in 1 Glas kochendem Wasser aufgelöst.[110]
Für Einreibungen 10 Tropfen Wacholderöl auf 100 Tropfen Olivenöl.[110]

Unerwünschte Wirkungen: *Niere, Harnwege, Elektrolythaushalt. Innere Anwendung.* Bei langdauernder Anwendung von Wacholderbeeröl können Nierenschäden auftreten.[86] *Äußere Anwendung:* Für Wacholderbäder keine Nebenwirkungen bekannt.[68]

Gegenanzeigen/Anwendungsbeschr.: *Innere Anwendung.* Schwangerschaft, entzündliche Nierenerkrankungen.[63,86]
Äußere Anwendung. Bei größeren Hautverletzungen und akuten Hautkrankheiten, schweren fieberhaften und infektiösen Erkrankungen, Herzinsuffizienz und Hypertonie nur nach Rücksprache mit dem Arzt anwenden.[68]
Für Wacholderbäder sind bei Verwendung während der Schwangerschaft und Lactation keine Einschränkungen genannt.[68]

Wechselwirkungen: Keine bekannt.[68,86]

Akute Toxizität: *Mensch.* Bei Überdosierung von Wacholderbeeröl können Nierenschäden auftreten.[86] Konkrete Vergiftungsfälle liegen nicht vor. Die Vergiftungserscheinungen ähneln denen anderer ätherischer Öle, wobei die lokale Reizwirkung des Öls im Vordergrund steht: Bei Aufbringung auf die Haut Rötung, Hautentzündung mit Blasenbildung und starken Schwellungen; bei peroraler Aufnahme aufgrund der renalen Ausscheidung, z. T. in unveränderter Form, Reizung und Entzündungsreaktionen von Nierenparenchym und Harnwegen – Nierenschmerzen, Harndrang, Auftreten von Blut, Eiweiß und Zylindern im Harn, Veilchengeruch des Harns; Krämpfe selten, Atmung und Herztätigkeit beschleunigt, Menorrhagien, aber selbst nach großen Dosen kein Abort.[119,120,125,191]
Bei Verwendung von Wacholderbädern: Für die in Bädern vorkommenden Konzentrationen von Inhaltsstoffen des Wacholders sollen keine toxikologischen Erscheinungen zu erwarten sein.[68] Angaben zu den Konzentrationen fehlen allerdings.
Tier. Kaninchen sollen nach 15 g Wacholderbeeröl p.o. innerhalb von 22 h sterben. Beobachtet wurden: Verminderung der Herzarbeit, mühsame Atmung, Schwäche der Extremitäten, Durchfall. Bei der Obduktion fanden sich Epithelschäden in Magen und Darm sowie kleine Hämorrhagien.[125]

Sensibilisierungspotential: Unverdünntes Wacholderbeeröl verursacht an der enthaarten Rückenhaut von Mäusen und Schweinen keine Reizung;[91] nach 24stündiger Okklusivbehandlung an intakter oder verletzter Kaninchenhaut führt es zu mäßiger Reizung.[92] Demgegenüber traten im Hautpermeationstest (s. Resorption) nach 4stündiger Einwirkung von unverdünntem Wacholderbeeröl auf die Bauchhaut von ausgewachsenen, männlichen Kaninchen erhebliche Hautentzündungen auf.[193]
Die Prüfung auf Phototoxizität an rasierter Mäuse- und Schweinehaut verläuft negativ.[91]
Im 24-Stunden-patch-Test an menschlichen Probanden ruft unverdünntes Wacholderbeeröl nur bei 2 von 20 Probanden Irritationen hervor.[93] Im 24-Stunden-closed-patch-Test an menschlichen Probanden wird Wacholderbeeröl, 8% in Paraffin, reizlos vertragen.[94] Die Angaben stehen in Widerspruch zu den der Droge zugeschriebenen Wirkungen, s. toxikologische Eigenschaften bzw. volkstümliche Anwendung, sonstige Anwendungsgebiete.
Im Maximization-Test an 25 Freiwilligen ruft Wacholderbeeröl, 8% in Paraffin, keinerlei Sensibilisierung hervor.[94]

Toxikologische Daten: *LD-Werte.* LD_{50}-Werte von Wacholderbeeröl: Ratten p.o. 6,28 g/kg KG;[95] Kaninchen dermal 5 g/kg KG.[92]
LD_{50}-Werte von Terpinen-4-ol: Maus i.p. 0,25 mL/kg KG, p.o. 1,85 mL/kg KG, s.c. 0,75 mL/kg KG, i.m. 0,78 mL/kg KG; Ratte i.m. 1,5 mL/kg KG.[73]

Akute Vergiftung: *Erste Maßnahmen.* Erste Hilfe: Gabe von Kohlepulver, Erbrechen auslösen, Gabe von Natriumsulfat, viel trinken lassen; lokal Locacorten-Schaum.[119]

Rezepturen: Iuniperi spiritus (Spiritus iuniperi, Wacholdergeist, Esprit de genièvre, Spirito di ginepro) *Helv VII*:
Herstellung: 0,5 g Wacholderbeeröl werden in 66,3 g Ethanolum cum camphora 0,1 per centum gelöst und 33,2 g gereinigtes Wasser hinzugefügt. Die Mischung wird 8 Tage lang bei 2 bis 8 °C stehengelassen und bei derselben Temperatur mit einem geeigneten Hilfsmittel (z.B. etwa 0,1 % medizinische Kohle) filtriert. Eigenschaften: Klare, farblose Flüssigkeit mit kräftigem Geruch nach Wacholderbeeröl. Anmerkung: Wacholdergeist ist nicht zum innerlichen Gebrauch bestimmt.

Sonst. Verwendung: *Kosmetik.* In den USA gelten als gewöhnlicher/maximaler Wacholderbeeröl-Anteil folgende Richtwerte: Seifen 0,02/0,2 %, Detergentien 0,002/0,02 %, Cremes und Lotionen 0,01/0,05 %, Parfüme 0,1/0,8 %.[60] *Haushalt.* Wacholderbeeröl erhielt den sogenannten GRAS-Status (Generally Recognized As Safe) der unbedenklichen Lebensmittelzusatzstoffe im Jahre 1965 und wurde von der FDA (U.S. Food and Drug Administration) für Lebensmittel zugelassen.[60,96] Der Council of Europe nahm Wacholderbeeröl in die 1974 erstellte Liste der für Lebensmittel geeigneten Aromastoffe und Gewürze mit auf, mit einer möglichen Limitierung des Gehaltes der aktiven Wirkstoffe im Endprodukt.[97] *Industrie/Technik.* Die Verwendung von Wacholderbeeröl zur Wacholderbranntwein-Herstellung ist verboten;[98] s. Juniperi fructus.

Gesetzl. Best.: *Offizielle Monographien.* Aufbereitungsmonographie der Kommission E am BGA "Juniperi fructus (Wacholderbeeren)".[86] Aufbereitungsmonographie der Kommission B 8 am BGA "Wacholderbäder".[68]

Juniperi fructus (Wacholderbeeren)

Synonyme: Baccae Juniperi, Drupae Juniperi, Fructus Juniperi, Galbuli Juniperi, Iuniperi fructus, Pseudofructus iuniperi.
Hinweis: Da die Samen von drei Hochblättern eingeschlossen werden und es sich bei der Droge somit um eine Scheinfrucht handelt, ist die korrekte lateinische Drogenbezeichnung Juniperi pseudofructus.[99]

Sonstige Bezeichnungen: Engl.: Juniper, juniper berry, juniper fruit; frz.: Baie de genévre, genièvrier, genièvre; it.: Ginepro; span.: Gálbulos de enebro.

Monographiesammlungen: Juniperi fructus *DAB 10*; Genièvre *PF X*; Fructus Juniperi *ÖAB 90*; Iuniperi fructus *Helv VII*; Juniperus *BHP 83*; Juniper *Mar 28.*

Definition der Droge: Die reifen, getrockneten Beerenzapfen *DAB 10, ÖAB 90, Helv VII*; die getrocknete Scheinfrucht, allgemein als "Beere" bezeichnet *PF X*; die getrockneten, reifen Früchte *BHP 83, Mar 28*; die reifen frischen oder getrockneten Beerenzapfen.[86]

Stammpflanzen: *Juniperus communis* L.

Herkunft: Vor allem Italien, aber auch Rumänien, Ungarn und ehemaliges Jugoslawien.[99]

Gewinnung: Die reifen Beerenzapfen werden Ende August bis Mitte September geerntet, bei Raumtemperatur getrocknet und durch Siebe von Blatt- und Stengelstücken getrennt. Für arzneiliche Zwecke bestimmte Droge ist gewöhnlich noch sorgfältig ausgelesen und besteht aus großen Früchten.[99]

Handelssorten: Im Handel werden angeboten:[100] Juniperi fructus, Balkanware: totus Industrieware, totus courant, totus doppelt ges., totus handverlesen, contusus, minut. contusus, pulv. gross.; Juniperi fructus, italienische Ware: totus doppelt ges., totus handverlesen, totus Riesenbeeren, contusus, minut. contusus.

Ganzdroge: Der aus 3 fleischigen Fruchtschuppen gebildete Beerenzapfen ist kugelig mit einem Durchmesser bis 10 mm, violettbraun bis schwarzbraun und häufig bläulich bereift. Am Scheitel findet sich ein 3strahliger, geschlossener Spalt mit 3 undeutlichen Höckern, an der Basis häufig noch ein Stielrest.[101]

Schnittdroge: *Geruch.* Besonders beim Zerdrücken stark aromatisch.[101]
Geschmack. Süß und würzig.[101]
Makroskopische Beschreibung. Im bräunlichen, krümeligen Fruchtparenchym liegen meist 3, seltener 2 kleine, längliche, scharf 3kantige, an der Rückseite etwas abgerundete, oben zugespitzte, sehr harte Samen; sie sind im unteren Teil mit dem Fruchtparenchym verwachsen, untereinander jedoch frei. An ihren Außenflächen liegen eiförmige, sehr große Exkretbehälter mit harzig-klebrigem Inhalt.[101]
Mikroskopisches Bild. Epidermiszellen von einer dicken, bisweilen rissigen Cuticula bedeckt, in Aufsicht unregelmäßig polygonal, mit dicken, getüpfelten, farblosen Wänden und braunem Inhalt, am 3strahligen Spalt des Fruchtscheitels papillenartig ineinander verzahnt. Spaltöffnungen vom anomocytischen Typ meist nur an den oberen Teilen der Frucht.
Auf die Epidermis folgen nach innen wenige Lagen stark kollenchymatisch verdickter Zellen. Das an Interzellularen reiche Mesocarp besteht aus großen, dünnwandigen, meist rundlichen Parenchymzellen mit hellem bis bräunlichem, körnigem Inhalt. Einzeln oder in Nestern finden sich dazwischen unregelmäßig gestaltete, sehr große, gelbliche Idioblasten mit leicht verdickter, bisweilen schwach verholzter Wand und wenigen, meist spaltenförmigen Tüpfeln (Tonnenzellen). Die zahlreichen, verstreut im Mesocarp liegenden Exkretbehälter, die von mehreren Lagen zartwandiger Zellen umgeben sind, lassen sich in der Droge nur schwer finden. Die auf der Außenseite der Samen eingesenkten, eiför-

migen, bis 2.000 µm langen Exkretbehälter sind dagegen deutlich zu erkennen.
Endocarp nur an den oberen, mit den Samen nicht verwachsenen Teilen der Fruchtwand ausgebildet. Die Endocarpzellen sind den Epidermiszellen ähnlich, ihre Wände erscheinen durch unregelmäßige Tüpfel zuweilen etwas knotig verdickt. Im unteren Teil der Frucht sind Frucht- und Samenwand miteinander verwachsen. Samenschale mit kleinzelliger, derbwandiger Epidermis und zahlreichen Lagen unregelmäßiger, abgerundet-gestreckter, stark verdickter, getüpfelter, farbloser Sklereiden, in deren engem Lumen sich wenige Calciumoxalatkristalle finden. Das Endosperm und der Embryo enthalten fettes Öl und Aleuronkörner.[65,101]

Pulverdroge: Bruchstücke der dickwandigen und getüpfelten Epidermiszellen mit farblosen Wänden und braunem Inhalt; kollenchymatisch verdickte Hypodermiszellen, wenige Fragmente des Spaltes des Fruchtscheitels mit papillös verzahnten Epidermiszellen; große, rundliche, in lockeren Verbänden liegende Mesocarpzellen, unregelmäßige, meist spärlich getüpfelte, große, gelbe Idioblasten (Tonnenzellen); Fragmente der Steinzellschicht der Samenschale, farblose, dickwandige, getüpfelte Steinzellen mit Calciumoxalat, Bruchstücke des dünnwandigen Endosperms und des zarten Embryogewebes mit fettem Öl und Alueronkörnern. Stärke fehlt.[101]

Verfälschungen/Verwechslungen: Früchte anderer Juniperus-Arten. Sie fallen bereits durch abweichende Größe und Farbe auf, lassen sich aber sicher durch mikroskopische Prüfung (z. B. Fehlen von Tonnenzellen) erkennen. Die Früchte von *J. oxycedrus* L. haben einen Durchmesser von 10 bis 12 mm und sind glänzend braunrot. Die Beerenzapfen von *J. oxycedrus* L. ssp. *macrocarpa* (SIBTHORP et SMITH) BALL sind bis 15 mm dick, diejenigen von *J. sabina* L. sind aus 3 oder 4, seltener aus 1 oder 2 Fruchtschuppen zusammengesetzt, haben einen Durchmesser von 5 bis 8 mm, sind jedoch fast schwarz und bläulichweiß bereift und besitzen verzweigte Idioblasten im Mesocarp.[99,101] Die Anzahl der Fruchtschuppen darf nicht einziges Kriterium dafür sein, eine Verfälschung festzustellen; über Mißbildungen mit 5 bis 6 Fruchtschuppen wurde berichtet.[102]

Minderqualitäten: Die Droge enthält fast immer unreife oder verfärbte Früchte, doch liegt deren Anteil in einer guten Ware nur bei ca. 1 bis 2 %;[99] s. a. Reinheit.

Inhaltsstoffe: *Ätherisches Öl.* Je nach Herkunft und Qualität der Beerenzapfen 0,8 bis 2 % (*V/m*) äth. Öl (Wasserdampfdestillation);[61,99] s. Juniperi aetheroleum.
Diterpene. Isocommunsäure (= Myrcecommunsäure), *cis*-Communsäure, *trans*-Communsäure (48:36:15);[11] s. Inhaltsstoffgruppen der Gattung Juniperus.
Proanthocyanidine. Kondensierte Gerbstoffe vom Catechintyp; als monomere Gerbstoffvorstufen in der Droge nachgewiesen (SC/DC): (+)-Afzelechin, (+)-Catechin, (–)-Epiafzelechin, (–)-Epicatechin, (–)-Epigallocatechin und (+)-Gallocatechin, wobei (+)-Catechin und (–)-Epicatechin mengenmäßig überwiegen.[50] Leucanthocyane (Flavan-3,4-diole) sollen vorhanden sein,[99] konnten aber bisher nicht eindeutig nachgewiesen werden.[50]
Weitere Verbindungen. Ca. 30 % Invertzucker; geringe Mengen Flavonoide (keine näheren Angaben).[1,99,103]
Aus Wacholderbeeren wurde mittels verschiedener Ausschüttelverfahren, SC und präparativer DC eine sehr geringe Menge einer Fraktion isoliert, die als Hauptverbindung Desoxypodophyllotoxin enthalten soll (GC/MS-Analyse, Vergleich mit synthetisiertem Desoxypodophyllotoxin).[104,105] In der Arbeit fehlen Angaben zum Verhältnis Droge : Extrakt : Fraktion; es wird auch nicht angegeben, ob frische oder getrocknete Beerenzapfen als Ausgangsmaterial verwendet wurden. In neuerer Literatur findet sich keine Bestätigung dieser Ergebnisse.[106]

Zubereitungen: Aufgüsse, Abkochungen, alkoholische Extrakte, weinige Auszüge (keine Spezifizierungen);[86] Fluidextrakt 1:1 mit Ethanol 25 % (*V/V*);[107] Tinktur 1:5 mit Ethanol 45 % (*V/V*).[107]
Wacholderbeeren und deren Zubereitungen sind Bestandteil einer ganzen Reihe von Fertigarzneimitteln: Wacholderbeeren finden sich in Fertigteemischungen bzw. zu Trockenextrakten verarbeitet in sofortlöslichen Tees, z. T. auch in festen Zubereitungen wie Dragees, Granulat, Kapseln und Tabletten; Wacholderbeerenextrakte (keine Spezifizierungen) sind Bestandteil von Badeölen, Säften, Salben und Tropfen.[67,108,109]

Identität: Versetzt man einen methanolischen Extrakt aus pulv. Droge mit dem gleichen Volumen Schwefelsäure 96 %, entsteht eine rotviolette Färbung *DAB 10, PF X, Helv VII.* Die intensive Rotviolettfärbung tritt dadurch auf, daß die im Methanolextrakt enthaltenen Leucoanthocyane durch konz. Schwefelsäure unter Wasserabspaltung in Anthocyane, zum Teil infolge von Hydrolyse in Anthocyanidine umgewandelt werden.[99] *PF X* führt die Rotviolettfärbung auf die in der Droge enthaltenen Diterpene zurück.
Digeriert man den Trockenrückstand eines methanolischen Extrakts aus pulv. Droge mit Wasser, so ergibt das Filtrat mit Natriumhydroxidlsg. 40 % (*DAB 10*) bzw. 60 % (*m/V*; *Helv VII*) eine gelborange Färbung *DAB 10, Helv VII.* Es handelt sich hierbei um einen wenig spezifischen Flavonoidnachweis: Die Absorptionsmaxima von Flavonoiden werden auf Zusatz von NaOH bathochrom verschoben.[99]
DC eines Dichlormethanextraktes aus zerquetschter Droge nach *DAB 10*:
- Referenzsubstanzen: Cineol und Guajazulen;
- Sorptionsmittel: Kieselgel G;
- FM: Dichlormethan;
- Detektion: Besprühen mit Anisaldehyd-Rg. und 5 bis 10 min Erhitzen auf 100 bis 105 °C, Auswertung im Vis;
- Auswertung: Anhand der Referenzsubstanzen zwei charakteristisch gelegene rotviolette Zonen (Diterpensäuren sowie Mono- und Sesquiterpenkohlenwasserstoffe); meist noch 4 schwächere rötliche oder blauviolette Zonen.

DC der bei der Gehaltsbestimmung erhaltenen Lösung des ätherischen Öls in Xylol nach *Helv VII*:
- Referenzsubstanz: Terpineol;
- Sorptionsmittel: Kieselgel F_{254};
- FM: Hexan-Ethanol 96 % (95 + 5);
- Detektion: Besprühen mit Anisaldehyd-Rg. und 10 min Trocknen bei 100 bis 105 °C, Auswertung im UV 254 nm;
- Auswertung: Das Chromatogramm der Untersuchungslsg. zeigt eine gelb fluoreszierende Zone (Terpinen-4-ol), welche die gleiche Farbe wie die Zone des Chromatogramms der Referenzsubstanz, aber den doppelten Rf-Wert aufweist.

Reinheit:
- Fremde Bestandteile: Höchst. 5 % unreife oder mißfarbige Beerenzapfen *DAB 10, PFX, ÖAB 90, Helv VII*; höchst. 2 % sonstige fremde Bestandteile *DAB 10, PFX*. Von den Früchten anderer Juniperus-Arten schließen *DAB 10* und *Helv VII* namentlich diejenigen von *J. oxycedrus* L. (einschließlich der ssp. *macrocarpa* (Sibthorp et Smith) Ball), *J. phoenicea* L. und *J. sabina* L. aus; s. a. Verfälschungen. *ÖAB 90* schließt nur die Beerenzapfen von *J. sabina* aus: Im Mesocarp dürfen keine verzweigten Tonnenzellen vorkommen.
- Trocknungsverlust: Höchst. 15,0 %, mit 1,0 g grob zerquetschter Droge durch 2 h langes Trocknen bei 100 bis 105 °C bestimmt *DAB 10, PFX*.
- Wasser: Höchst. 12,0 % (*V/m*), mit grob zerstoßener Droge durch azeotrope Destillation bestimmt *Helv VII*.
- Asche: Höchstens 4,0 % *DAB 10*; höchstens 5,0 % *PFX, ÖAB 90, BHP 83*.
- Sulfatasche: Höchstens 6,0 % *Helv VII*.
- Säureunlösliche Asche: Höchstens 0,5 % *BHP 83*.
- DC des bei der Gehaltsbestimmung erhaltenen Gemisches von ätherischem Öl und Xylol nach *PFX*: a) Referenzsubstanzen: α-Terpineol, β-Caryophyllen, β-Pinen; b) Sorptionsmittel: Kieselgel G; c) FM: Hexan-Ethylacetat (95 + 5); d) Detektion: Besprühen mit Phosphormolybdänsäure 25 % (*m/V*) in MeOH, 5 min Erhitzen auf 105 bis 110 °C, Auswertung im Vis; e) Auswertung: Drei der zahlreichen blauen Flecken müssen in Lage und Färbung mit denen der drei Referenzsubstanzen übereinstimmen.
- Weitere mögliche Reinheitsprüfungen: GC-Prüfung[54,69,70] oder HPLC-Prüfung[71] des äth. Öls, s. Juniperi aetheroleum.

Gehalt: Ätherisches Öl: Mind. 1,0 % (*V/m*) *DAB 10, ÖAB 90, Helv VII*; mind. 0,75 % (*V/m*) *PFX*.

Gehaltsbestimmung: Ätherisch-Öl-Bestimmung mit der Neo-Clevenger-Apparatur aus leicht zerquetschter Droge mit Wasser als Destillationsflüssigkeit und Xylol als Vorlage *DAB 10, PFX, Helv VII*; ohne Xylolvorlage *ÖAB 90*. Das Zerquetschen der Droge ist notwendig, um die ziemlich feste Epidermis samt Hypoderm zu zerreißen und das die Ölbehälter einschließende Gewebe freizulegen; unzerkleinerte Droge liefert nur wenig ätherisches Öl.[99]

Lagerung: Vor Licht geschützt *DAB 10, PFX, ÖAB 90, Helv VII*; als Pulver höchstens 24 h lang *DAB 10*; in gut verschlossenem Behältnis, vor Feuchtigkeit geschützt *PFX*; in gut schließenden Behältnissen *ÖAB 90*; vor Feuchtigkeit geschützt *Helv VII*.
Da die zerkleinerte Droge ziemlich rasch äth. Öl verliert, soll die Droge nur unzerkleinert bevorratet werden; daher auch die Forderung des *DAB 10*, die Droge als Pulver nicht länger als 24 h aufzubewahren.[99]

Wirkungen: s. a. Juniperi aetheroleum.
Diuretische Wirkung. Der Droge wird eine diuretische Wirkung zugeschrieben,[66,107,108,110,111] bei der es sich um keine "echte" (saluretische) Diurese, sondern um eine "Wasserdiurese" handeln dürfte; die Wirkung wird auf das in der Droge enthaltene ätherische Öl zurückgeführt;[63,66,99,108,111] s. Juniperi aetheroleum. Exp. Belege für die Wirkung der Droge am Menschen liegen nicht vor.
Es gibt eine Reihe von älteren, hauptsächlich aus den 30er Jahren dieses Jahrhunderts stammenden tierexp. Arbeiten, die sich mit der diuretischen Wirkung von Wacholderbeerzubereitungen beschäftigen. So wurde beispielsweise die harntreibende Wirkung eines Wacholderbeerinfuses (keine Angabe zum Droge : Extrakt-Verhältnis) an Ratten geprüft:[112] Ausgewachsene Ratten erhielten nüchtern das in jeweils 5 mL Wasser gelösten Wacholderbeerinfus p. o. verabreicht in einer Dosierung von 8 mg, 16 mg, 32,5 mg, 65 mg, 125 mg bzw. 250 mg (keine Angabe, ob Menge pro Tier oder pro kg KG des Tieres); Kontrolltiere erhielten 5 mL reines Wasser. Bestimmt wurden das in 4 h ausgeschiedene Harnvolumen sowie die im Harn enthaltene Menge an Chlorid, Gesamtstickstoff und Harnstoff-Stickstoff. Bei den mit Wacholderbeerinfus behandelten Ratten zeigte sich im Vergleich zur Kontrolle eine Steigerung des ausgeschiedenen Harnvolumens (Maximum: + 61 % bei 32,5 mg Infus), der Chloridmenge (Maximum: + 110 % bei 32,5 mg Infus), der Menge an Gesamtstickstoff (Maximum: + 44 % bei 125 mg Infus) und der Menge an Harnstoff-Stickstoff (Maximum: + 40 % bei 32,5 mg Infus). Die Wirkungsbreite der Droge war recht gering: So führten 8 mg Infus zu einer Verminderung des Harnvolumens gegenüber der Kontrolle um –16 %, 16 mg, 32,5 mg, 65 mg bzw. 125 mg Infus zu einer Steigerung gegenüber der Kontrolle um + 20 %, + 61 %, + 36 % bzw. + 40 % und 250 mg Infus wiederum zu einer Verminderung um –18 %.
In einer neueren Arbeit wird ein lyophylisierter wäßriger Extrakt aus der Droge (keine Angabe zum Droge : Extrakt-Verhältnis) männlichen Ratten in einer Dosierung von 1.000 mg/kg KG (gelöst in dest. Wasser) p. o. verabreicht. Die Kontrolltiere erhalten nur dest. Wasser p. o. (1 mL/100 g KG). Allen Tieren wird i. p. 25 mL/kg KG Wasser verabreicht und 6 h später die ausgeschiedene Harnmenge und die Na^+-, K^+- und Cl^--Elimination gemessen. Es konnten gegenüber der Kontrolle weder ei-

ne verstärkte Diurese noch vermehrte Ionenelimination beobachtet werden.[113]
Blutdrucksenkende Wirkung. Ein lyophilisierter wäßriger Extrakt aus der Droge (keine Angabe zum Droge: Extrakt-Verhältnis) bewirkt an männlichen normotensiven, mit Pentobarbital anästhesierten Ratten in einer Dosierung von 25 mg/kg KG i. v. eine anfängliche vorübergehende Erhöhung des arteriellen Blutdrucks, gefolgt von einer Blutdrucksenkung um ca. 27 % gegenüber dem Ausgangswert.[113]
Antidiabetische Wirkung. Gesunde erwachsene männliche Mäuse erhalten 40 Tage lang ein mit pulv. Droge angereichertes Futter (6,25 %) sowie statt Trinkwasser ein Drogeninfus (1 g Droge auf 400 mL Wasser), ad libitum. Während der ersten 12 Behandlungstage zeigen sich praktisch keine Veränderungen in Körpergewicht, Nahrungs- und Flüssigkeitsaufnahme, Blutzuckerspiegel und Insulinwerten gegenüber den Kontrollen bzw. gegenüber den vor der Drogenzugabe ermittelten Ausgangswerten. Am 12. Behandlungstag wird durch Gabe von 200 mg/kg KG i. p. Streptozotocin Diabetes ausgelöst. Bei allen Tieren treten, wenn auch in unterschiedlichem Maße, als typische Anzeichen für Streptozotocin-Diabetes bei Mäusen Gewichtsverlust, Polyphagie, Polydipsie, Hyperglykämie und Insulinmangel auf. Während sich die Insulinwerte und die Nahrungsmittelaufnahme der Extrakt-behandelten Tiere nicht wesentlich von denen der Kontrolltiere unterschieden, zeigen sich signifikante Unterschiede ($p < 0{,}05$) in Gewicht, Flüssigkeitsaufnahme und Blutzuckerspiegel: Am Ende der Behandlung beträgt der Gewichtsverlust bei den Kontrolltieren durchschnittl. 15 % der Ausgangswerte, bei den Extrakt-behandelten Tieren nur durchschnittl. 6 % der Ausgangswerte; die tgl. Flüssigkeitsaufnahme ist bei den Kontrolltieren etwa doppelt so hoch wie bei den Extrakt-behandelten Tieren (Ausgangswert durchschnittl. 7 mL/Maus/ Tag; am 40. Behandlungstag: Kontrolle durchschnittl. 38 mL/Maus/Tag, Extrakt-behandelte Tiere durchschnittl. 20 mL/Maus/Tag); die Blutzuckerwerte sind bei den Extrakt-behandelten Tieren deutlich weniger gestiegen als bei den Kontrolltieren (Ausgangswert durchschnittl. 8 mmol/L; z. B. am 25. Behandlungstag: Kontrolle durchschnittl. 33 mmol/L, Extrakt-behandelte Tiere durchschnittl. 20 mmol/L).
Der Wirkmechanismus dieses hypoglykämischen Effektes ist unklar, zumal der Extrakt keinen Einfluß auf die Plasma-Insulinwerte zu haben scheint.[117]
Antiexsudative Wirkung. Carrageenan-Rattenpfotenödem-Test: Ein getrockneter, mit 80 % Ethanol hergestellter Drogenextrakt (300 mL/100 g Droge), suspendiert in 5 %iger Gummi-arabicum-Lsg. als Vehikel, hemmt die Ödembildung um 60 bzw. 79 % in einer Dosierung von 100 bzw. 200 mg/kg KG p. o.; die Vergleichssubstanz Indometacin (5 mg/kg KG p. o., suspendiert in 5 %iger Gummi-arabicum-Lsg.) hemmt die Ödembildung um 45 %.[194]
Virushemmende Wirkung. Aus dem mit heißem Isopropanol hergestellten Wacholderbeerenextrakt wurde eine Fraktion isoliert (keine Angabe zum Verhältnis Droge: Extrakt: Fraktion), die *in vitro* die Vermehrung (DNA-Replikation) von Herpes-simplex-Virus-Typ 1 (HSV-1) in primären menschlichen Amnionzellen hemmt, und zwar bei Zugabe der isolierten Fraktion sowohl vor als auch bis zu 24 h nach Inkubation der Herpes-Viren in den Amnionzellkulturen; als minimale Hemmkonzentration wird 60 ng/mL angegeben. Auf die Amnionzellen hatte die isolierte Fraktion in den getesteten Konzentrationen (1,5 bis 7.700 ng/mL) keine toxische Wirkung. Die Hauptverbindung der Fraktion wurde als Desoxypodophyllotoxin identifiziert. Das zum Vergleich synthetisierte Desoxypodophyllotoxin weist im o. a. Testsystem eine minimale Hemmkonzentration von 1,5 ng/mL auf, bei Zugabe 16 h vor als auch bis zu 24 h nach Inkubation der Herpes-Viren in den Amnionzellkulturen; in den getesteten Konzentrationen (1,5 bis 11.000 ng/mL) übt Desoxypodophyllotoxin keine toxische Wirkung auf Amnionzellen aus. Ob es sich bei der Verb. in der Fraktion wirklich um Desoxypodophyllotoxin handelt (s. Inhaltsstoffe), bleibt noch zu klären.[104,105]
Weitere Wirkungen. Ein lyophilisierter wäßriger Extrakt der Droge (keine Angabe zum Droge: Extrakt-Verhältnis) bewirkt bei männlichen Mäusen in einer Dosierung von 200 mg/kg KG (i. p.?) eine um 178 % gegenüber der Kontrolle erhöhte Resistenz gegen thermische Reize. Derselbe Extrakt zeigt weder lokalanästhetische Wirkung bei topischer Applikation von 5 mg Extrakt, gelöst in 0,05 mL physiologischer Kochsalzlsg., an männliche Ratten noch eine Hemmung der spontanen motorischen Aktivität nach Gabe von 750 mg/kg KG an männliche Mäuse; genauere Angaben fehlen.[113]
Der Droge werden außerdem folgende Wirkungen zugeschrieben:
Drogenzubereitungen, wie Infus, Dekokt oder alkohol. Extrakte, sollen durch Anregung der Darmperistaltik die Verdauung fördern sowie am graviden Uterus eine Tonuszunahme bewirken;[83] sie sollen ferner expectorierend und durch Erschlaffung der glatten Muskulatur bronchospasmolytisch wirken; auch Spasmen des Darms sollen gelöst werden.[78-82] Die Untersuchungen hierzu stammen größtenteils aus den 30er Jahren dieses Jahrhunderts, neuere experimentelle Belege für die postulierten Wirkungen liegen nicht vor.

Resorption: s. Juniperi aetheroleum.

Anwendungsgebiete: Innerlich bei dyspeptischen Beschwerden;[86] bei Verdauungsbeschwerden wie Aufstoßen, Sodbrennen und Völlegefühl.[87]
Als Badezusatz zur unterstützenden Behandlung bei Erkrankungen des rheumatischen Formenkreises.[68]

Dosierung und Art der Anwendung: *Droge. Innere Anwendung.* Ganze, gequetschte oder pulv. Droge für Aufgüsse und Abkochungen, alkoholische Extrakte und weinige Auszüge. Flüssige und feste Darreichungsformen ausschließlich zur peroralen Anwendung.[86]
Tagesdosis: 2 g bis maximal 10 g der getrockneten Wacholderbeeren, entspr. 20 mg bis 100 mg ätherisches Öl.[86]

Teebereitung: "Etwa ein Teelöffel voll (2 bis 3 g) Wacholderbeeren wird zerquetscht, mit heißem Wasser (ca. 150 mL) übergossen und nach etwa 10 Minuten durch ein Teesieb gegeben."[87] Soweit nicht anders verordnet, wird 3- bis 4mal täglich 1 Tasse Tee getrunken. Tee aus Wacholderbeeren soll ohne Rücksprache mit dem Arzt nicht länger als 4 Wochen angewendet werden.[87]
Zubereitung. Äußere Anwendung. Wacholderbäder: Anwendung als Vollbad, das eine Hyperämie der Haut durch die Inhaltsstoffe gewährleistet; Badetemperatur 35 bis 38 °C; Badedauer 10 bis 20 min.[68] Angaben zur Dosierung in Bädern fehlen.

Volkstümliche Anwendung und andere Anwendungsgebiete: *Innerlich.* In der Volksmedizin werden Wacholderbeerzubereitungen, insbesondere Infus, Tinktur und Fluidextrakt, bei Verdauungsbeschwerden und damit verbundenen Blähungskoliken,[107,132] bei akuter und chronischer Cystitis (in Abwesenheit von Nierenentzündungen),[107,110,118,132] bei Arteriosklerose, Gicht[132] sowie bei rheumatischen Beschwerden[107] eingenommen. Infus und Tinktur der Droge werden ferner zur Förderung einer geregelten Menstruation[110] und Linderung schmerzhafter Menstruationsblutungen,[132] zur Anregung der Schweißsekretion und zur Linderung des Hustenreizes bei Erkrankungen der Respirationsorgane, insbesondere grippalen Bronchitiden,[103,110] verabreicht.
Die gemahlenen Wacholderbeeren werden bei Diabetes eingenommen.[132] Das Kauen einiger Wacholderbeeren soll unangenehmen Mundgeruch beseitigen.
Mit Ausnahme der Anwendung der Droge bei Verdauungsstörungen und damit verbundenen Beschwerden (s. Anwendungsgebiete), sind die genannten Indikationen derzeit nicht ausreichend belegt.
Äußerlich. Drogenzubereitungen (keine Spezifizierung) werden bei rheumatischen Schmerzen in Gelenken und Muskeln topisch angewandt;[107] als Badzubereitung bei rheumatischen Anfällen und Arthritis.[110,132]
Mit Ausnahme der Anwendung der Droge als Zusatz zu Bädern zur Linderung rheumatischer Beschwerden (s. Anwendungsgebiete) sind die genannten Indikationen derzeit nicht ausreichend belegt.

Dosierung und Art der Anwendung: *Droge. Innerlich.* Gebräuchliche Einzeldosis als Aufguß: 0,5 g auf 1 Teetasse.[64] Infus 1:20 mit kochendem Wasser: 3mal tgl. 100 mL trinken.[107] Infus aus 1 Kaffeelöffel getrockneter und zerquetschter Wacholderbeeren und 1 Tasse kochendem Wasser; 10 min ziehenlassen; 3 Tassen am Tag.[110,132]
Tinktur: 20 g getrocknete und zerquetschte Wacholderbeeren läßt man 8 Tage lang in 80 g Ethanol 70 % ziehen; 20 bis 30 Tropfen 2- bis 3mal am Tag einnehmen.[110]
Bei Diabetes: Pro Tag etwa 10 frisch gemahlene Beeren mit Wasser einnehmen; 15 Tage lang. Nach einer Pause von 1 Monat wird die Einnahme wiederholt.[132]
Zubereitung. Innerlich. Fluidextrakt 1:1 mit Ethanol 25 % (*V/V*): 3mal tgl. 2 bis 4 mL. Tinktur 1:5 mit Ethanol 45 % (*V/V*): 3mal tgl. 1 bis 2 mL.[107]

Unerwünschte Wirkungen: *Niere, Harnwege, Elektrolythaushalt. Innere Anwendung.* Bei langdauernder Anwendung von Wacholderbeeren oder ihrer Zubereitungen können Nierenschäden auftreten.[86]
Äußere Anwendung. Für Wacholderbäder keine Nebenwirkungen bekannt.[68]

Gegenanzeigen/Anwendungsbeschr.: *Innere Anwendung.* Schwangerschaft, entzündliche Nierenerkrankungen.[86,107,119]
Äußere Anwendung. Bei größeren Hautverletzungen und akuten Hautkrankheiten, schweren fieberhaften und infektiösen Erkrankungen, Herzinsuffizienz und Hypertonie nur nach Rücksprache mit dem Arzt anwenden.[68]
Für die Verwendung von Wacholderbädern während der Schwangerschaft und Lactation werden keine Einschränkungen genannt.[68]

Wechselwirkungen: Keine bekannt.[68,86]

Tox. Inhaltsstoffe u. Prinzip: Für die toxische Wirkung der Droge wird das darin enthaltene ätherische Öl verantwortlich gemacht;[109,119–121,191] s. Juniperi aetheroleum.
Hinweis: Da die pharmazeutischen Präparate je nach Art der Aufarbeitung der Droge, z. B. wäßrige oder alkoholische Extraktion, ölfreier Trockenextrakt etc., unterschiedliche Mengen an äth. Öl bzw. Terpenkohlenwasserstoffen enthalten können, sollten die toxikologischen Wirkungen des äth. Öls nicht ohne Kenntnis der relevanten Konz. an Wirkstoffen auf die Präparate extrapoliert werden.[109]

Akute Toxizität: *Mensch.* Nach Lit.[86,119,122,123] können bei Überdosierung der Droge oder ihrer Zubereitungen Nierenreizungen und evtl. Nierenschäden auftreten. Konkrete Vergiftungsfälle liegen nicht vor; Vergiftungserscheinungen s. Juniperi aetheroleum.
Für die Angabe, daß hohe Dosen (keine Mengenangabe) beim Menschen krampfartige Schmerzen und Uterusblutungen bewirken und zum Abort bzw. zur Frühgeburt führen können,[124] liegen keine konkreten Berichte vor.
Tier. 10 männliche Wistar-Ratten erhielten einen getrockneten, mit 80 %igem Ethanol hergestellten Drogenextrakt (300 mL/100 g Droge) in einer Dosierung von 2,5 g/kg KG p.o. verabreicht und wurden 7 Tage lang beobachtet. Keines der Tiere starb; es konnten auch keine Nebenwirkungen festgestellt werden.[196]

Reproduktionstoxikologie: *Antiimplantative/abortive Wirkung.* Ein getrockneter, mit 50 %igem Ethanol aus der Droge hergestellter Extrakt (keine Angabe zum Droge : Extrakt-Verhältnis) wird jeweils 10 Swiss-Albino-Ratten vom 1. bis 7. Gestationstag in einer Dosierung von täglich 300 bzw. 500 mg/kg KG p.o. verabreicht. Die 10 Kontrolltiere erhalten nur das Vehikel (Gummi-arabicum-Suspension). Am 10. Gestationstag wird die Zahl der Implantationen mittels Laparotomie festgestellt. Bei 5 der 10 mit 300 mg/kg KG und 8 der 10 mit 500 mg/kg KG

behandelten Ratten (Kontrolle 0 %) sind keine Implantationen feststellbar. Die Ratten mit Implantationen erhalten daraufhin vom 14. bis 16. Gestationstag die gleichen Dosen verabreicht. Am 18. Gestationstag zeigen nur noch 3 der 5 mit 300 mg/kg KG behandelten Ratten Implantationen, die mit 500 mg/kg KG behandelten Tiere gar keine mehr. Die durchschnittliche Zahl der Embryonen ist bei den Extrakt-behandelten Ratten am 10. bzw. 18. Gestationstag gegenüber der Kontrolle reduziert. Im weiteren Verlauf der Untersuchung gebären alle Kontrolltiere, aber keine der Extrakt-behandelten Tiere. Der Extrakt wirkt auch dann abortiv, wenn die Ratten nur vom 14. bis 16. Gestationstag 300 bzw. 500 mg/kg KG p. o. erhalten.[114]
Die getrockneten, mit Aceton bzw. 50 %igem Ethanol aus den getrockneten Samen hergestellten Extrakte (keine Angabe zum Droge : Extrakt-Verhältnis) wirken an Ratten ebenfalls antiimplantativ: Nach Gabe von täglich 200 mg/kg KG Acetonextrakt bzw. 150 mg/kg KG Ethanol(50 %)extrakt p. o. vom 1. bis 7. Gestationstag sind am 10. Tag bei jeweils 3 der 5 Ratten keine Implantationen feststellbar; die nur mit dem Vehikel (Gummi-arabicum-Suspension) behandelten Kontrolltiere weisen alle Implantationen auf.[115,116]

Toxikologische Daten: *LD-Werte.* Lyophilisierter wäßriger Drogenextrakt (s. Wirkungen): Männliche Mäuse: LD_{50} 3.000 mg/kg KG i. p.[113] *Giftklassifizierung.* Ungiftig bis schwach giftig (+).[119]

Akute Vergiftung: *Erste Maßnahmen.* s. Juniperi aetheroleum.

Sonst. Verwendung: *Kosmetik.* s. Juniperi aetheroleum. *Haushalt.* Wacholderbeeren werden als Küchengewürz für Sauerkraut, Fischmarinaden, Wild und Wildgeflügel verwendet.[98,109] *Industrie/Technik.* Wacholderbeerdestillate werden zur Herstellung von Branntwein verwendet, z. B. Doornkaat, Genever, Gin oder Steinhäger.[98,109] Die zerquetschten, mit warmem Wasser übergossenen Beeren werden der Gärung unterworfen; nach Beendigung der Gärung wird die Flüssigkeit destilliert, bis man ein 40 bis 50 % Ethanol enthaltendes Destillat erhält; dabei trennt sich die in 50 % Ethanol nur wenig lösliche Ätherischölphase von dem Destillat und kann entfernt werden. Das zur weiteren Getränkeherstellung verwendete Destillat enthält nun einen Teil der sauerstoffhaltigen (mehr oder weniger leicht löslichen) Terpene aus dem äth. Öl, die dem Destillat das charakteristische Aroma des Öls verleihen. Die verbleibende abgetrennte Ätherischölphase besitzt nur noch die in 40 bis 50 % Ethanol unlöslichen Terpene.[61]

Gesetzl. Best.: *Standardzulassung.* Standardzulassung Nr. 1369.99.99 "Wacholderbeeren".[87] *Offizielle Monographien.* Aufbereitungsmonographie der Kommission E am BGA "Juniperi fructus (Wacholderbeeren)".[86] Aufbereitungsmonographie der Kommission B8 am BGA "Wacholderbäder".[68]

Juniperi lignum (Wacholderholz)

Synonyme: Lignum Juniperi.

Sonstige Bezeichnungen: Engl.: Juniper wood.

Monographiesammlungen: Lignum Juniperi *EB 6.*

Definition der Droge: Das getrocknete Ast-, Stamm- und Wurzelholz *EB 6.*

Stammpflanzen: *Juniperus communis* L.

Ganzdroge: 2 bis 5 cm dicke, meist der Länge nach gespaltene, gelblichweiße bis rötlichgelbe, von einer braunen, leicht ablösbaren Rinde bedeckte Holzstückchen. Das Holz läßt sich leicht schneiden und spalten und bricht kurzfaserig.[126]

Monographiesammlungen: *Geruch.* Beim Erwärmen angenehm aromatisch.[126]
Makroskopische Beschreibung. Weißgelbliche bis gelbbraune, meist mit einer dünnen Borke bedeckte, in Würfel geschnittene oder gerapselte Holzstückchen; sie sind feinfaserig, leicht spaltbar und zerbrechlich.[126]
Lupenbild. Auf dem Querschnitt treten zahlreiche, deutliche schmale Jahresringe hervor, auf dem radialen Längsschnitt die Markstrahlen als horizontale, feine Streifen.[126]
Mikroskopisches Bild. Im Querschnitt regelmäßige Tracheiden, größere Zonen dünnwandiger Zellen mit großem Lumen (Frühholz), abwechselnd mit Zonen dickwandiger, kleinerer Zellen (Spätholz).[127]
Harzgänge fehlen, die Markstrahlen sind immer nur einschichtig und im Radialschnitt gegen die Holztracheiden mit 1 bis 4 sehr deutlich behöften Tüpfeln im Kreuzungsfeld versehen, während an den Tangentialwänden die Tüpfel fehlen oder nur sehr vereinzelt auftreten. Nicht selten zeigen die Innenwände der Tracheiden besonders im Spätholz eine feine, schraubig verlaufende Streifung, die nicht mit den Verdickungsleisten der Tracheiden bei der Eibe verwechselt werden darf. Wichtige Erkennungsmerkmale: Keine Harzkanäle, Markstrahlen meist nicht über 7 Zellen hoch, Parenchymzellen mit dunkelbraunen Inhaltsstoffen.[1]

Pulverdroge: Die weißgelbe Pulverdroge ist gekennzeichnet durch Gewebefetzen aus langen, faserförmigen, spitzen, dünnwandigen bis dickwandigen, mit Hoftüpfeln versehenen, bis 25 µm breiten Tracheiden und quer zur Verlaufsrichtung der Tracheiden sich erstreckenden, 2 bis 10 Zellen hohen Markstrahlen.[126]

Verfälschungen/Verwechslungen: Verfälschungen mit wertlosen Laub- und Nadelhölzern wurden öfters beobachtet, z. B. von Birke, Eberesche, Fichte oder Pappel.[128]

Inhaltsstoffe: *Ätherisches Öl.* Die Droge soll weniger als 0,1 % äth. Öl enthalten;[1] Wacholderholzöl soll aus etwa 37 % Thujopsen, 12 % δ-Cadinen + Isocadinen, 4 % Humulen, 3 % Cuparen, 2 % Cedrol, 1 % Widdrol u. a. bestehen.[13] Neuere Untersuchungen liegen nicht vor.

Weitere Terpenverbindungen. Phenolische Diterpene: 0,1 % (+)-Ferruginol, 6,7-Dehydroferruginol, (+)-Sugiol, (+)-Xanthoperol; Xanthoperol (11-α-Konfiguration) liegt im Holz genuin in Form des 11-Epimers (11-β) vor.[129-131]
Tropolone. α- und β-Thujaplicin, Nootkatin, Pygmaein (papierchromatographischer Nachweis).[13,15]
Lignane. 0,00025 % Savinin (isoliert).[32]
Kryptophenole (Alkylphenole). Carvacrol (Keine Mengenangaben).[27]
Proanthocyanidine. Kondensierte Gerbstoffe vom Catechintyp; monomere Gerbstoffvorstufen wurden im frischen Holz nachgewiesen (s. *J. communis*).[50] Leucoanthocyane (Flavan-3,4-diole) sollen vorhanden sein,[99] konnten aber bisher nicht eindeutig nachgewiesen werden.[50]

Zubereitungen: Wacholderholz findet sich noch vereinzelt in Fertigteemischungen, Wacholderholzöl (Oleum Juniperi pro usu externo *EB6*, s. Alte Rezepturen) in Fertigpräparaten wie Badeölen, Einreibungen und Inhalaten.[67]

Identität: Der wäßrige, farblose und geschmacksfreie Drogenauszug wird durch Eisen(III)chloridlsg. nicht verändert *EB6*.

Reinheit:
- Fremde Bestandteile: Gefäße und Fasern von Laubhölzern dürfen nicht vorhanden sein *EB6*.
- Asche: Maximal 7 % *EB6*.

Wirkungen: Die Droge soll harn- und schweißtreibend wirken.[132,133] Experimentelle Belege für diese postulierten Wirkungen liegen nicht vor.

Volkstümliche Anwendung und andere Anwendungsgebiete: Wacholderholz wird heute nur noch vereinzelt, vor allem als Bestandteil von Teemischungen, bei unzureichender Harnausscheidung und als "blutreinigendes Mittel" eingenommen;[128] äußerlich wird die Droge bei schlecht heilenden Wunden und chronischen Geschwüren angewandt.[132] Die Wirksamkeit der Droge bei diesen Indikationen ist nicht belegt.

Dosierung und Art der Anwendung: *Droge. Innerlich.* Mittlere Einzelgabe: Dekokt zur Einnahme aus 3,0 g Droge (= 1 Tasse Abkochung).[126]
Äußerlich. Dekokt aus 50 g Droge pro 1 L Wasser; zur Wundspülung.[132]

Sensibilisierungspotential: Beim Umgang mit Wacholderholz sollen bei Holzarbeitern Atembeschwerden und Dermatitis aufgetreten sein;[134] derartige Reaktionen könnten auf die in der Droge enthaltenen Tropolone zurückzuführen sein.[195]

Alte Rezepturen: Oleum Juniperi pro usu externo (Wacholderöl für den äußeren Gebrauch, Oleum Juniperi e Ligno, Wacholderholzöl) *EB6*: Herstellung: 100 T Wacholderöl und 900 T Gereinigtes Terpentinöl werden gemischt. Eigenschaften: Wacholderöl für den äußeren Gebrauch ist klar.
Hinweis: Die im Handel als Oleum Juniperi Ligni (juniper wood oil) deklarierten Öle, die reines Wacholderholzöl enthalten sollen, bestehen oft stattdessen aus Mischungen von Wacholderbeeröl (Juniperi aetheroleum) und Terpentinöl.[61,63]

Sonst. Verwendung: *Industrie/Technik.* Da Wacholderholz leicht zu bearbeiten ist, wird es zur Herstellung von Bleistiften, Spazierstöcken, Pfeifen etc. verwendet.[1]

Juniperus communis hom. *HAB 1*

Monographiesammlungen: Juniperus communis *HAB 1*.

Definition der Droge: Die frischen, reifen Beerenzapfen.

Stammpflanzen: *Juniperus communis* L.

Zubereitungen: Urtinktur und flüssige Verdünnungen nach *HAB 1*, Vorschrift 3a, mit Ethanol 86 % (*m/m*). Vor der Herstellung der Urtinktur werden die Beerenzapfen mit Wasser auf einen Feuchtigkeitsgehalt (Trocknungsverlust) von 60 % (*m/m*) eingestellt. Eigenschaften: Die Urtinktur ist eine braune Flüssigkeit mit angenehm harzig-gewürzhaftem Geruch und etwas brennendem, bitterem Geschmack.
Darreichungsformen: Urtinktur, flüssige Verdünnungen, Tabletten, Verreibungen, Streukügelchen; flüssige Verdünnungen zur Injektion.[135]

Identität: *Urtinktur.* Mit Wasser versetzt trübt sich die Urtinktur milchig, mit Schwefelsäure färbt sie sich rotviolett. Eingeengte Urtinktur ergibt mit Natriumhydroxidlsg. eine gelborange bis hellbraune Färbung.
DC-Prüfung:
- Untersuchungslösung: Die organischen Phasen der mit Pentan ausgeschüttelten Urtinktur werden nach dem Eindampfen in Methanol aufgenommen;
- Referenzsubstanzen: Cineol und Eugenol;
- Sorptionsmittel: Kieselgel H;
- FM: Methylenchlorid;
- Detektion: Besprühen mit Anisaldehyd-Reagenz, 10 min Erhitzen auf 105 bis 110 °C, Auswertung im Vis;
- Auswertung: In Höhe der Referenzsubstanz Eugenol (oberes Drittel des Rf-Bereichs) sollen ein rötlichbrauner und ein grünlichbrauner Fleck, darüber 3 violette Flecke, im mittleren Rf-Bereich in Höhe der Referenzsubstanz Cineol ein rosafarbener Fleck, nach unten zu 4 violette Flecke erscheinen.

Reinheit: *Urtinktur.*
- Relative Dichte *(PhEur)*: 0,900 bis 0,920.
- Trockenrückstand *(DAB)*: Mind. 10,0 %.

Lagerung: Vor Licht geschützt.

Anwendungsgebiete: Die Anwendungsgebiete entsprechen dem homöopathischen Arzneimittelbild. Dazu gehören: Ausscheidungsstörungen der ableitenden Harnorgane, dyspeptische Beschwerden.[135]

Dosierung und Art der Anwendung: *Zubereitung.* Soweit nicht anders verordnet:
Bei akuten Zuständen häufige Anwendung alle halbe bis ganze Stunde je 5 Tropfen oder 1 Tablette

oder 10 Streukügelchen oder 1 Messerspitze Verreibung einnehmen; parenteral 1 bis 2 mL bis zu 3mal täglich s. c. injizieren.
Bei chronischen Verlaufsformen 1- bis 3mal täglich 5 Tropfen oder 1 Tablette oder 10 Streukügelchen oder 1 Messerspitze Verreibung einnehmen; parenteral 1 bis 2 mL pro Tag s. c. injizieren.[135]

Unerwünschte Wirkungen: Nicht bekannt. Hinweis: Es können vorübergehend Erstverschlimmerungen vorkommen, die jedoch unbedenklich sind.[135]

Gegenanzeigen/Anwendungsbeschr.: Die Urtinktur sowie die 1. und 2. Dezimalverdünnung sollen nicht in der Schwangerschaft und bei vorgeschädigter Niere angewendet werden.[135]

Wechselwirkungen: Nicht bekannt.[135]

Gesetzl. Best.: *Offizielle Monographien.* Aufbereitungsmonographie der Kommission D am BGA "Juniperus communis".[135]

Juniperus communis e fructibus siccatis hom. *HAB 1*

Monographiesammlungen: Juniperus communis e fructibus siccatis *HAB 1*.

Definition der Droge: Die reifen, getrockneten Beerenzapfen.

Stammpflanzen: *Juniperus communis* L.

Zubereitungen: Urtinktur aus der frisch zerquetschten Droge und flüssige Verdünnungen nach *HAB 1*, Vorschrift 4a mit Ethanol 62% (*m/m*). Eigenschaften: Die Urtinktur ist eine braungelbe bis rotbraune Flüssigkeit mit arteigenem Geruch und bitter würzigem Geschmack.

Identität: *Droge.* Prüflsg. ist ein filtrierter, wäßrig-äthanolischer Drogenauszug. Mit Wasser versetzt trübt sich die Prüflsg. milchig, mit Schwefelsäure färbt sie sich rotviolett. Eingeengte Prüflsg. ergibt mit Natriumhydroxidlsg. eine gelborange Färbung.
DC-Prüfung:
- Untersuchungslösung: Das bei der Gehaltsbestimmung erhaltene, wasserfrei abgelassene ätherische Öl, in Chloroform gelöst;
- Referenzsubstanzen: Cineol und Eugenol;
- Sorptionsmittel: Kieselgel H;
- FM: Methylenchlorid;
- Detektion: Besprühen mit Anisaldehyd-Reagenz, 10 min Erhitzen auf 105 bis 110 °C, Auswertung im Vis;
- Auswertung: Etwa in Höhe der Referenzsubstanz Eugenol (oberes Drittel des Rf-Bereichs) sollen ein grauvioletter Fleck, in Frontnähe ein rosafarbener Fleck, etwas über der Referenzsubstanz Cineol ein rosafarbener Fleck und nach unten zu 3 violette Flecke erscheinen.

Urtinktur. Die Urtinktur gibt die für die Droge (s. oben) beschriebenen Identitätsreaktionen. Prüflsg. ist die Urtinktur. DC-Prüfung analog wie für Juniperus communis hom. *HAB 1* beschrieben.

Reinheit: *Droge.*
- Minderwertige Droge: Höchst. 5% unreife oder mißfarbene Beerenzapfen.
- Fremde Bestandteile: Beerenzapfen anderer Juniperus-Arten, wie *Juniperus oxycedrus* L., *Juniperus phoenicea* L. und *Juniperus sabina* L., dürfen nicht vorhanden sein.
- Wasser *(PhEur)*: Höchst. 15,0% (*V/m*), mit 10,0 g grob zerstoßener Droge durch azeotrope Destillation bestimmt.
- Sulfatasche *(PhEur)*: Höchst. 6,0%, mit 1,00 g grob zerstoßener Droge bestimmt.

Urtinktur.
- Relative Dichte *(PhEur)*: 0,898 bis 0,908.
- Trockenrückstand *(DAB)*: Mind. 4,0%.

Gehalt: Mindestens 1,0% ätherisches Öl (*V/m*).

Gehaltsbestimmung: Wasserdampfdestillation *(PhEur)* der leicht zerquetschten Droge mit Xylol-Vorlage.

Lagerung: Vor Licht geschützt.

Juniperus communis hom. *PFX*

Monographiesammlungen: Juniperus communis pour préparations homéopathiques *PFX*.

Definition der Droge: Die frischen oder getrockneten Pseudofrüchte oder Beeren.

Stammpflanzen: *Juniperus communis* L.

Zubereitungen: Urtinktur mit Ethanol nach der allgemeinen Vorschrift der *PFX* zur Herstellung von Urtinkturen; Eigenschaften: Die Urtinktur ist eine orangegelbe Flüssigkeit mit aromatischem Geruch und schwachem, etwas bitterem Geschmack; Ethanolgehalt 65% (*V/V*).

Identität: *Droge.* Ein ethanolischer Drogenauszug muß den für die Urtinktur beschriebenen Identitätsprüfungen entsprechen.
Urtinktur. Beim Mischen mit Wasser trübt sich die Urtinktur milchig, mit Natriumhydroxidlsg. färbt sie sich braunorange, mit Schwefelsäure rotviolett.

Reinheit: *Droge.*
- Sulfatasche: Höchst. 6,0%.
- DC-Prüfung eines ethanolischen Drogenauszuges analog der Urtinktur.

Urtinktur.
- Trockenrückstand: Mindestens 2,5%.
- DC-Prüfung: a) Sorptionsmittel: Kieselgel G; b) FM: 1. Ethylacetat-wasserfreie Ameisensäure-Wasser (80 + 10 + 10), 2. Chloroform-Aceton (19 + 1); c) Detektion: 1. Im UV 365 nm; Besprühen mit Diphenylboryloxyethylaminlsg., Auswertung im UV 365 nm; 2. Besprühen mit Anisaldehyd-Reagenz, 10 min Erhitzen auf 105 °C, Auswertung im Vis; d) Auswertung: 1. Im unbehandelten Chromatogramm erscheint eine blaue Bande bei Rf 0,4, eine braune Bande bei 0,6, eine

bläuliche Bande bei 0,75 und eine braunrote an der Laufmittelfront. Im besprühten Chromatogramm erscheinen orangegelbe Banden bei Rf 0,25, 0,45, 0,5, 0,65, 0,7 und 0,95 sowie eine gelbe Bande bei 0,6; 2. Im zweiten Chromatogramm werden 5 rosa bis violette Banden bei Rf 0,2, um 0,5 und an der Front erwartet.

Gehalt: *Droge.* Mindestens 0,75% (*V/m*) ätherisches Öl.

Gehaltsbestimmung: Wasserdampfdestillation mit Xylolvorlage.

Juniperus communis hom. *HPUS 88*

Monographiesammlungen: Juniperus communis *HPUS 88*.

Definition der Droge: Die reifen Beeren.

Stammpflanzen: *Juniperus communis* L.

Zubereitungen: *Urtinktur.* Herstellung durch Mazeration oder Perkolation der frischen oder getrockneten Droge mit Ethanol nach den allg. Zubereitungsvorschriften (Class C) der *HPUS 88*. Ethanolgehalt: 65% (*V/V*).

Gehalt: *Urtinktur.* Arzneigehalt $^1/_{10}$.

Juniperus oxycedrus L.

Synonyme: *J. oxycedrus* L. ssp. *oxycedrus*: Syn. *J. rurescens* LINK; *J. oxycedrus* L. ssp. *macrocarpa* (SIBTH. et SM.) BALL: Syn. *J. macrocarpa* SIBTH. et SM., *J. umbilicata* GODRON; *J. oxycedrus* L. ssp. *transtagana*: Syn. *J. oxycedrus* ssp. *rufescens* auct. lusit.[2]

Sonstige Bezeichnungen: Dt.: Baumwacholder, Spanische Zeder; engl.: Cade; frz.: Cèdre piquant; span.: Cada, enebro de la miera.

Systematik: Drei Subspecies werden beschrieben, die anhand folgender morphologischer Merkmale unterschieden werden:[2]
Blätter 4 bis 12 mm lang, 1 bis 1,5 mm breit, stumpf und stachelspitzig, reife Beerenzapfen 7 bis 10 mm im Durchmesser, rot; Strauch bis 2 m hoch, meist fastigiat (= mit Zweigspitzen so hoch wie der Hauptsproß): Subspecies *transtagana*;
Blätter bis zu 25 mm lang; junge Blätter pfriemlich, spitz zulaufend, ältere aber nahezu stumpf und kaum stachelspitzig; reife Beerenzapfen dunkelrot bis purpur:
- Blätter bis 2 mm breit; reife Beerenzapfen 8 bis 10 mm im Durchmesser, glänzend, unreife Beerenzapfen bisweilen bereift; kleiner Baum oder aufrechter Strauch: Subspecies *oxycedrus*;
- Blätter bis zu 2,5 mm breit; reife Beerenzapfen 12 bis 15 mm im Durchmesser, matt, unreife Beerenzapfen bereift; kleiner Baum oder niedergestreckter Strauch: Subspecies *macrocarpa*.

Botanische Beschreibung: Strauch oder Baum, bis zu 14 m hoch. Blätter alle nadelförmig, abstehend, in dreizähligen Wirteln, an der Basis verwachsen, am Sproß nicht herablaufend, oft scharf stachelspitzig und sehr starr, oberwärts mit zwei weißlichen, durch eine grüne Mittelrippe getrennte Streifen. Blüten zweihäusig, blattachselständig. Beerenzapfen aus 3 bis 6 Schuppen, unreif gelblich, reif rot, im zweiten Jahr reifend. Samen frei, meist 3; s. a. Beschreibung der Subspecies unter Systematik.[1,2]

Inhaltsstoffe: *Ätherisches Öl.*
Blattöle. Die ätherischen Öle der Blätter (Wasserdampfdestillation) von Juniperus-oxycedrus-Pflanzen aus Griechenland wurden gaschromatographisch untersucht. Der Ölgehalt in den Blättern liegt bei durchschnittlich 1,1% (*V/m*, bezogen auf das Frischgewicht). Die Terpenkohlenwasserstoffe α-Pinen, β-Phellandren, Myrcen und Terpinolen dominieren; die Blattöle weisen regelmäßig hohe α-Pinenwerte bei vergleichsweise niedrigen β-Phellandrenwerten auf; es zeigt sich eine ähnlich große intraindividuelle Variabilität in der quant. Ölzusammensetzung, wie sie bereits bei *J. communis* beobachtet werden konnte (s. dort): Es waren Gehaltsschwankungen von 2,3 bis 56,6% α-Pinen, 0,6 bis 3,4% Myrcen, 0,1 bis 22,7% Terpinolen und 6,8 bis 52,6% β-Phellandren zu verzeichnen.[8]
Die GC-Analyse des äth. Öles frischer Blätter (Wasserdampfdestillation) von Juniperus-oxycedrus-Pflanzen aus England ergab einen Gehalt von 94% α-Pinen, 2% Limonen und 4% nicht identifizierter Verb.[10]
Fruchtöle. Wasserdampfdestillation der Früchte von Pflanzen griechischer Provenienz ergab einen durchschnittlichen Ölgehalt von 1,1% für die unreifen Früchte und 0,9% für die reifen Früchte (*V/m*, bezogen auf das Frischgewicht).[8]
Aus den frischen, reifen Beerenzapfen von *J. oxycedrus* spanischer Herkunft wurde mittels Wasserdampfdestillation 0,50% ätherisches Öl folgender prozentualer Zusammensetzung gewonnen (GC-MS-Analyse):
60,60% α-Pinen, 24,97% β-Myrcen, 5,19% γ-Muurolen, 1,77% Limonen, 1,08% β-Pinen, 0,93% γ-Cadinen, 0,64% α-Copaen, je 0,51% α-Terpinolen und *cis*-Caryophyllen, 0,42% β-Farnesen, 0,37% α-Humulen, 0,33% γ-Elemen, 0,30% Sabinen, 0,29% α-Muurolen, 0,23% Mirtenylacetat, je 0,22% Camphen und 1,8-Cineol, 0,17% Campher, 0,15% Linalool, 0,14% Terpinen-4-ol, je 0,10% α-Terpineol und γ-Terpinen, 0,07% *p*-Cymen und 0,05% α-Terpinen.[21]
Holzöle. Aus dem zu Sägespänen zerkleinerten Holz von *J. oxycedrus* spanischer Provenienz wurden mittels Wasserdampfdestillation 2,5% (*V/m*) ätherisches Öl folgender prozentualer Zusammensetzung gewonnen (GC-MS-Analyse):[152]
δ-Cadinen 27,3%, Epicubenol 13,2%, Cubenol 6,5%, β-Caryophyllen 6,4%, 14-Hydroxy-9-epi-β-caryophyllen 4,3%, Gleenol 2,7%, Torreyol und *trans*-Calamenen je 2,6%, τ-Muurolol 2,1%, Epizonaren 1,9%, 14-Hydroxy-α-muurolen 1,7%, 14-Hydroxy-δ-cadinen 1,5%, α-Muurolen und 14-Oxo-α-muurolen je 1,4%, α-Calacoren 1,1%, Cu-

benen 1,0 %, Selina-11-en-4α-ol 0,8 %, α-Phellandren und β-Selinen je 0,6 %, α-Ylangen 0,4 %, α-Cubeben und α-Humulen je 0,2 %.
Es waren weder Monoterpene noch Diterpene im Öl nachweisbar. Während in den Hölzern anderer Juniperus-Arten Sesquiterpene vom Cedran-, Cuparan- oder Thujopsan-Typ vorherrschen (s. Inhaltsstoffgruppen der Gattung Juniperus), sind die Sesquiterpene im Juniperus-oxycedrus-Holzöl überwiegend vom Cadinan-Typ.[152]
Weitere Terpenverbindungen. Beerenzapfen von *J. oxycedrus* sollen einen Sesquiterpenalkohol vom Aromadendran-Typ, genannt Viridoflorol, enthalten;[153] in neuerer Literatur findet sich keine Bestätigung dieser Angabe.
Die Beerenzapfen enthalten ferner nach Lit.[11] die Diterpensäuren Isocommunsäure, *cis*-Communsäure und *trans*-Communsäure, und zwar im Verhältnis 98:1:1; s. a. Inhaltsstoffgruppen der Gattung Juniperus.
Tropolone. Nach Lit.[15] könnte Nootkatin in der Pflanze enthalten sein (keine Angabe des Pflanzenteils); neuere Untersuchungen hierzu liegen nicht vor.
Lignane. Nach Lit.[33] enthält *J. oxycedrus* keine Lignane; nähere Angaben sind nicht zugänglich.
Polyphenolische Verbindungen.
Flavonoide. Permethylierte sowie nichtpermethylierte Extrakte der beblätterten Zweige von *J. oxycedrus* wurden auf Biflavonoide untersucht (DC-Analyse). Als Hauptbiflavone wurden Amentoflavon und Cupressoflavon nachgewiesen.[7]
Außerdem sollen die Blätter bzw. beblätterten Zweige Hydroxyluteolinderivate enthalten;[154] nähere Angaben fehlen.
Proanthocyanidine. s. Inhaltsstoffgruppen der Gattung Juniperus.

Verbreitung: Heimisch in den Mittelmeergebieten und Balkanländern, besonders im Gebirge; in Mitteleuropa nicht winterhart.[1]

Drogen: Juniperi pix.

Juniperi pix (Kadeöl)

Synonyme: Oleum cadi, Oleum cadinum, Oleum Juniperi empyreumaticum, Oleum cedri oxycedri, Pix cadi, Pix Juniperi (liquida), Pix Oxycedri, Pyroleum Juniperi, Pyroleum Oxycedri.

Sonstige Bezeichnungen: Dt.: Juniperus-oxycedrus-Holzteer, Kaddigöl, Kranewittöl, Spanisch-Cedernöl, Takusöl, Wacholderholzteer, Wacholderteer; engl.: Cade oil, juniper tar, juniper tar oil, oil of cade; frz.: Goudron de cade, huile de cade; it.: Olio cadino; port.: Oleo de cade; span.: Alquitrán de cada.

Monographiesammlungen: Oleum Cadinum *Belg IV*; Goudron de Cade *CF 49*; Pyroleum Juniperi *Dan IX*; Pix Liquida Oxycedri *Hisp IX*; Olio cadino *Ital 7*; Oleum Juniperi empyreumaticum *Ned 6*; Oleo de Cade *Portug 35*; Juniper Tar *USP XXI*; Pix Oxycedri *Helv VI*; Pix Juniperi *EB 6*; Cade Oil *BPC 79, Mar 28.*

Definition der Droge: Der durch trockene Destillation aus dem Holz und den Zweigen gewonnene Teer *USP XXI, EB 6, BPC 79, Mar 28.*

Stammpflanzen: *Juniperus oxycedrus* L.
EB 6 läßt auch andere Juniperus-Arten zu, ohne diese näher zu definieren.

Gewinnung: Zur Kadeölgewinnung in größerem Maßstab hat man früher, vor allem in Frankreich und in der spanischen Provinz Málaga, das Verfahren der unvollkommenen Verbrennung unter Luftabschluß eingesetzt: Man benutzte dazu einen gemauerten Ofen (6 bis 7 m lang, ca. 2 m hoch), dessen Boden geneigt und mit einer Rinne versehen war, durch die das Öl in ein vor der Ausflußstelle in einer Grube stehendes Gefäß abfließen konnte. Der Ofen war außer an der für die Grube vorgesehenen Stelle mit Erde überdeckt und zum Einfüllen und Anzünden des Holzes oben und an den Seiten mit großen Öffnungen versehen. Unmittelbar nach dem Anzünden des Holzes wurden sämtliche Öffnungen luftdicht verschlossen, worauf sich die Destillation unter gleichzeitiger Verkohlung des Holzes vollzog. Der Prozeß dauerte oft mehrere Tage. Das frische Destillat wurde dann 2 bis 3 Wochen stehengelassen, worauf es sich in drei Schichten trennte. Die oberste Schicht stellt das Kadeöl dar.[61]

Ganzdroge: Kadeöl ist eine sirupdicke, ölige, rotbraune bis schwarzbraune, in dünner Schicht gelbe Flüssigkeit von eigenartigem, durchdringendem, rauchigem Geruch und scharfem Geschmack. Es ist in Wasser sehr schlecht löslich, teilweise löslich in Petroläther und kaltem Ethanol 90 %, beinahe vollständig löslich in heißem Ethanol 90 % und bei 20 °C in Chloroform und 3 T Ether löslich; die etherische Lösung zeigt meist nach kurzer Zeit flockige Ausscheidungen.[63,126,158]

Verfälschungen/Verwechslungen: Nadelholzteer (Pinaceen-Teeröl), der als Teerfraktion bei der trockenen Destillation des Holzes verschiedener Arten aus den Gattungen Abies, Larix und Pinus anfällt;[158] Buchenholzteer (Fagi pix);[159] Harze oder Harzöle.[160] s. a. Reinheit.

Minderqualitäten: Mit Buchenholzteer, Harzen, Harzölen oder Nadelholzteer verschnittener Wacholderteer.

Inhaltsstoffe: Nach Lit.[161] stellt das Oleum cadinum eine Mischung folgender Produkte dar: Komponenten des äth. Öls des Holzes; pyrogen veränderte Komponenten des äth. Öls des Holzes; pyrogen aus dem in Ether bzw. Petroläther löslichen Anteil des Harzes des Holzes gebildete flüchtige Bestandteile. Dazu kommen noch die pyrogen aus dem Lignin bzw. aus dem in Ether und Petroläther unlöslichen Anteil des Harzes entstandenen Teerprodukte, die schwerer als Wasser sind.
Kadeöl soll Cadinen, Cadinol und das pyrogen gebildete Dimethylnaphthalin enthalten; das aus dem Kadeöl (durch Rektifizierung) gewonnene äth. Öl

soll 40% Cadinol, das Kadeöl nur 10% Cadinol enthalten.[61,162]
In einer neueren Untersuchung[163] der Bestandteile des Kadeöls wurde das Öl auf eine Kieselgelsäule aufgebracht, mit Hexan eluiert und die aufgefangenen Hexanfraktionen nach Vereinigung und Einengung einer GC-MS-Analyse unterworfen. Die Hexanfraktion wies folgende prozentuale Zusammensetzung auf:
δ-Cadinen 27,3%, Calamenen 15,6%, γ_1-Muurolen 5,7%, γ_2-Cadinen 5,3%, γ-Gurjunen 4,9%, α-Muurolen 3,9%, Dihydrocurcumen 3,6%, 1,6-Dimethyl-4-isopropylnaphthalin, β-Caryophyllen (isomer) 2,0%, Cubenen 2,0%, α-Cedren 1,6%, γ_1-Cadinen 1,3%, τ-Muurolol 1,2%, Calacoren 1,0%, α-Cadinol 0,7%, β-Caryophyllen 0,4%, Cuparen 0,3% u.a. (zum Vergleich s. Zusammensetzung des Holzöls unter *J. oxycedrus*).
Kadeöl enthält ferner polycyclische aromatische Kohlenwasserstoffe;[164,165] Benz[α]pyren wurde im Kadeöl in ng/g-Mengen gefunden.[166]
Nach Lit.[63,158] soll Kadeöl auch Ethylguajacol, Guajacol sowie Kresol enthalten (keine näheren Angaben).

Zubereitungen: Kadeöl ist Bestandteil einiger weniger Fertigarzneimittel zum äußeren Gebrauch (Bäder, Seifen, Suspensionen).[67]

Identität: Der filtrierte wäßrige Extrakt gibt auf Zusatz von Silberammoniumnitratlsg. schon bei Zimmertemperatur eine schwarze Färbung *USP XXI, EB 6*.
Der filtrierte wäßrige Extrakt ergibt auf Zusatz von alkalischer Kupfertartratlsg. (Fehling-Lsg.) und Erhitzen zum Sieden eine rote Fällung *USP XXI, BPC 79*.
Der filtrierte wäßrige Extrakt muß gegenüber Lackmuspapier sauer reagieren *USP XXI, Helv VI, EB 6*.
Der filtrierte wäßrige Extrakt wird auf Zusatz von verd. Eisen(III)chloridlsg. rot bzw. rötlichbraun bis violettbraun gefärbt *EB 6, BPC 79*.
Der filtrierte wäßrige Extrakt färbt sich auf Zusatz von Kaliumdichromatlsg. gelbbraun bis rötlichbraun und wird bald undurchsichtig und trübe *EB 6*.

Reinheit:
- Relative Dichte: 0,950 bis 1,055 *USP XXI*; 0,970 bis 1,010 *BPC 79*.
- Brechzahl: 1,510 bis 1,530 *BPC 79*.
- Destillationsverhalten: Bei der fraktionierten Destillation dürfen unter 150°C höchstens 2% übergehen, mindestens 75% müssen von 150 bis 300°C und mindestens 50% von 250 bis 300°C übergehen; das Destillat muß bei 250°C zitronengelb, bei 300°C grünlich sein *Helv VI*. Bei der Destillation von 100 mL Kadeöl müssen mindestens 50 mL bis 300°C übergehen *EB 6*.
- Buchenholzteer: Wenige Tropfen der bei der Destillation zwischen 200 und 250°C erhaltenen Fraktion werden in Petroläther gelöst und mit Bariumhydroxidlsg. geschüttelt. Die Mischung darf sich nicht stahlblau färben. Nach Trennung der Schichten muß die untere Schicht hellbraun, die obere gelblich sein; eine rote bis violette Färbung darf nicht auftreten *Helv VI*.
- Harze, Harzöle, Nadelholzteer: Die organische Phase einer Mischung von Wacholderteer mit Hexan (*USP XXI*) bzw. Petroläther (40 bis 60°C; *BPC 79*) und Kupferacetatlösung darf sich nach dem Schütteln und Dekantieren auf Zusatz von Ether nicht dunkelgrün oder schwärzlich färben *USP XXI* bzw. nicht grün oder dunkler als hellbraun *BPC 79*. Ein Tropfen der bei der Destillation zwischen 250 und 300°C übergegangenen Fraktion wird in Essigsäureanhydrid gelöst und mit einem Tropfen Schwefelsäure 60% versetzt; es erscheint eine grüne, sofort blaugrün werdende Färbung, die bald verblaßt; die Mischung darf sich jedoch nicht rot bis rotviolett färben *Helv VI*.
- Sulfatasche: Maximal 0,25% *Helv VI*.
- Nichtphenolische Stoffe: Mindestens 54% (*m/V*), davon mindestens 65% (*V/m*) ätherisches Öl *Helv VI*.

Lagerung: In dichten, lichtundurchlässigen Behältnissen; vor Hitze geschützt *USP XXI*; vor Licht geschützt, nicht über 40°C lagern *Mar 28*.

Wirkungen: *Antimicrobielle Wirkung.* Kadeöl hemmt allein oder in Kombination mit Olivenöl (1:1) *in vitro* das Wachstum von *Bacillus brevis*, *Micrococcus citreus* und *Micrococcus pyogenes* var. *alba*, nicht aber von *Proteus morgani* und *Salmonella typhosa* (Agardiffusionstest): Mit einem Kadeöl- bzw. Kadeöl/Olivenöl-getränkten Plättchen (12,5 mm im Durchmesser) wurden Hemmzonen von 2 bis 10 mm je nach Bakteriumart erzielt.[167] Im gleichen Test hemmt Kadeöl das Wachstum von *Alternaria solani*, *Aspergillus fumigatus*, *Aspergillus niger*, *Candida albicans*, *Candida tropicalis*, *Cryptococcus neoformans*, *Cryptococcus rhodobenhani*, *Helminthosporium sativum*, *Mucor mucedo*, *Nigrospora panici*, *Penicillium digitatum*, *Saccharomyces cerevisiae*, *Streptomyces venezuelae*, nicht aber von *Candida krusei* und *Rhizopus nigricans*: Mit einem Kadeöl-getränkten Plättchen (ca. 6 mm im Durchmesser) wurden Hemmzonen von 1 bis 8 mm je nach Pilzart erzielt.[168] Neuere Arbeiten liegen nicht vor.
Weitere Wirkungen. Kadeöl soll ferner keratolytische, antipruritische und antiekzematöse Eigenschaften aufweisen.[169,172] Exp. Belege hierzu liegen nicht vor.

Volkstümliche Anwendung und andere Anwendungsgebiete: Innerlich früher bei chronischen Hautleiden und (selten) bei Wurmbefall.[191] Topisch bei Ekzemen, Haarausfall, Psoriasis und Seborrhöe;[63,132,158,191] bei Juckreiz und zum Auflösen von Hornhaut;[132,172] auch bei Gicht, Krätze und Rheumatismus.[172,191] Die Wirksamkeit der Droge bei den genannten Indikationen ist nicht belegt.

Dosierung und Art der Anwendung: *Droge.* Zur Einnahme: 3 bis 5 Tropfen;[127] Einzeldosis 0,2 g.[170]
Zubereitung. Lokale Anwendung in Haarwässern, Linimenten, medizinischen Seifen, Salben und Shampoos;[63,132] topisch: Einreibung 20%, Pinselung unverdünnt, Salbe 20%.[170]

Weitere medizinische Verwendung: In der Veterinärmedizin wird Kadeöl bei Hautkrankheiten, wie Ekzemen und Krätze, eingesetzt.[1,132] Es wird von der topischen Anwendung von Kadeölzubereitung, als 1- bis 5%ige Salbe, 4%iges Shampoo oder 34%iges Bad, bei Juckreiz und Ekzemen im Ohrbereich von Hunden und Katzen berichtet.[169]

Akute Toxizität: *Tier.* Bei jungen erwachsenen Osborne-Mendel-Ratten trat kurz nach p. o. Gabe von Kadeöl Schwäche auf; die Tiere sahen mehrere Tage lang abgemagert aus; Reizungen des Gastrointestinaltraktes waren zu verzeichnen (s. Toxikologische Daten, LD-Werte).[171]

Carcinogenität: Polycyclische aromatische Kohlenwasserstoffe (s. Inhaltsstoffe) werden als potentiell carcinogene Verbindungen angesehen; sie können durch kovalente Bindung mit cellulärer DNA Addukte bilden. Untersucht wurde daher die Bildung von DNA-Addukten in der Haut von Psoriasis-Patienten, in Hautkulturen gesunder Menschen sowie in Mäusehaut und -lunge nach topischer Applikation von unverdünntem Kadeöl:

- Männliche, 4 bis 6 Wochen alte Parkes-Mäuse erhielten 5 Tage lang ca. 50 mg Kadeöl tgl. auf die rasierte Rückenhaut aufgetragen. Die Mäuse wurden am 1., 4., 7., 14. und 32. Tag nach der letzten Applikation getötet, Lunge und behandelte Hautareale wurden entfernt. Die unbehandelten Kontrolltiere wurden am 1. und 14. Tag getötet und untersucht.
- Auf in Kultur gehaltene Hautproben gesunder erwachsener Menschen wurde Kadeöl aufgetragen (6 bis 7 mg/cm^2); unbehandelte Hautkulturen dienten als Kontrolle.
- Psoriasis-Patienten erhielten Kadeöl auf psoriatische Hautstellen auf dem Arm appliziert (keine Angabe zur Dosis); nach 24 h wurden Biopsien (9 bis 12 mm^2) von der mit Kadeöl behandelten psoriatischen Haut bzw. zur Kontrolle von einer unbehandelten nichtpsoriatischen Hautstelle daneben entnommen.

Anschließend wurde die DNA aus Mäusehaut und -lunge bzw. den menschlichen Hautkulturen und -biopsien isoliert, enzymatisch abgebaut und ^{32}P-markiert und chromatographiert; ^{32}P-markierte Addukte wurden mittels Autoradiographie nachgewiesen und quantifiziert. Ergebnisse:

- Bei den mit Kadeöl behandelten Mäusen waren DNA-Addukte sowohl in der Haut als in der Lunge nachweisbar: 1 Tag nach der letzten Kadeölbehandlung ca. 0,37 fmol Addukte/µg DNA in der Haut, ca. 0,64 fmol Addukte/µg DNA in der Lunge; in der Haut betrug die Adduktmenge nach 7 Tagen nur noch etwa 0,05 fmol Addukte/µg DNA, und nach 32 Tagen waren fast keine Addukte mehr nachweisbar; in der Lunge dagegen waren sowohl am 7. als auch am 32. Tag noch etwa die gleiche Adduktmengen wie nach dem 1. Tag zu finden.
- In den mit Kadeöl behandelten menschlichen Hautkulturen waren etwa 0,9 fmol Addukte/µg DNA, bei den Kontrollen weniger als 0,15 fmol Addukte/µg DNA nachweisbar.
- In den Hautbiopsien von mit Kadeöl behandelten Psoriasis-Patienten waren je nach Individuum 0,15 bis 0,36 fmol Addukte/µg DNA, bei den Kontrollen weniger als 0,1 fmol Addukte/µg DNA nachweisbar.

Aus den Ergebnissen folgern die Autoren ein genotoxisches Risiko für den Menschen bei der topischen Anwendung von Kadeölzubereitungen.[164]

Sensibilisierungspotential: In Lit.[172] wird von verschiedenen Tests berichtet, nach denen a) unverdünntes Kadeöl an der enthaarten Rückenhaut von Mäusen und Schweinen[173] sowie nach 24stündiger Okklusivbehandlung an intakter und verletzter Kaninchenhaut[174] keine Reizungen hervorruft, b) verd. Kadeöl, 8% in Paraffin, im 24-Stunden-patch-Test an menschlichen Probanden zu keinen Reizungen sowie im Maximization-Test an 25 Freiwilligen zu keinerlei Sensibilisierung führt[175] und c) die Prüfung auf Phototoxizität an rasierter Mäuse- und Schweinehaut[173] negativ verläuft. Unklar ist, ob bei diesen Tests das ätherische Öl (rectified cade oil) oder wirklich Kadeöl (cade oil) untersucht wurde, zumal dies nicht eindeutig aus Lit.[172] hervorgeht und die Originalarbeiten nicht zugänglich sind. Andere Quellen geben an, daß Kadeöl bei dermaler Applikation zu Irritationen und allergischer Dermatitis führen kann.[134,166]

Toxikologische Daten: *LD-Werte.* LD_{50}: Ratte 8.014 mg/kg KG p. o.[171]

Rezepturen: Cade oil ointment (Unguentum Ol. Cadinum):[63] Kadeöl 25 g, gelbes Bienenwachs 12,5 g, gelbe Vaseline 62,5 g.
Cade oil shampoos:[63] 1. Kadeöl 2,5 mL, Tween 60 2 g, Triethanolaminlaurylsulfat ad 100 mL; 2. Kadeöl 10% und Triethanolamin 10% in Spiritus Saponatus.
Oil of cade ointment:[63] Kadeöl 6 g, gefällter Schwefel 3 g, Salicylsäure 2 g, Unguentum emulsificans 89 g.

Sonst. Verwendung: *Haushalt.* Nach Lit.[176] sollte Kadeöl von einer Verwendung in Lebensmitteln als aromatisierender Zusatz ausgeschlossen werden.

Juniperus sabina L.

Synonyme: *Sabina officinalis* GARCKE.

Sonstige Bezeichnungen: Dt.: Sadebaum, Sebenbaum, Sevibaum, Stinkwacholder; engl.: Savin; frz.: Sabine; it.: Sabina; span.: Sabina, sabino.

Systematik: *J. sabina* ist hinsichtlich Blattform, Blattherstellung und Wuchsform ziemlich veränderlich:

- Var. *sabina*: Wuchs locker, niederliegend bis aufsteigend oder aufrecht und dann einige Meter hoch. Blätter schuppenförmig, kreuzweise gegenständig, klein, dem Sproß dicht anliegend; verbreitet, an Wildstandorten vorherrschend, als Gartensorte "Erecta" auch in Kultur und bisweilen fälschlicherweise als "Cupressifolia" gehandelt;

- var. *tamariscifolia* (AIT.) KOEHNE: Schuppen- und Nadelblätter gemischt oder Nadeln vorherrschend, diese kurz, scharf stachelspitzig, mitunter in 3zähligen Quirlen; an Wildstandorten selten, in Kultur seit langem bekannt und oft angepflanzt;
- "Cupressifolia": Wuchsform niedrig, gedrungen und dicht, Äste waagerecht, Blätter schuppenförmig, angedrückt, blaugrün, Pflanze an der Basis und im Inneren bisweilen auch mit Nadeln; seit langem als Gartensorte kultiviert;
- "Fastigiata": Unregelmäßige, aber schlanke, schmale, über 5 m hohe Säulenform, Triebe dicht, aufrecht, vorherrschend mit olivgrünen Schuppenblättern; nur in Kultur, z. B. auf der Insel Mainau im Bodensee.[1]

Botanische Beschreibung: Meist niederliegender, vielästiger, sich weit ausbreitender, scharf duftender Strauch mit besenförmig verlängerten Ästen, seltener baumförmig und bis 12 m Höhe erreichend und dann mit knorrigem, schräg aufsteigendem Stamm von maximal über 2 m Durchmesser und dichter, buschiger Krone oder in Kultur mit aufrechtem Stamm und säulenförmiger Krone. Rinde an den jungen Zweigen gelbbraun, später rötlichbraun, schwach glänzend und blätterig. Blätter immergrün, schuppenförmig, länglich-rautenförmig bis rhombisch-lanzettlich, dunkelgrün, auf der Innenseite mit 2 weißlichen Wachsstreifen, außen mit einem länglichen, glänzendgelben Hökker über den durchschimmernden großen Ölbehältern, 1 bis 2,5 mm lang, an erwachsenen Exemplaren kreuzweise gegenständig und dicht dachziegelig dem Sprosse anliegend und mit diesem mehr oder weniger verwachsen, deutlich herablaufend. Im Querschnitt zeigen die basalen Teile der Blätter keine Gefäßbündel. Das Leitungssystem ist auf das zentrale, dem Stengel angehörige Gefäßbündel beschränkt. Der weite, median gelegene Harzgang ist mit 2 Schichten schmaler, langgestreckter Epithelzellen ausgekleidet. Oberhaut und Unterhaut stark verdickt. Pflanze einhäusig oder zweihäusig. Die männlichen und weiblichen Blüten sitzen am Ende von kurzen, mit dekussierten Blattschuppen besetzten Seitenzweigen, sog. Brachyblasten. Männliche Blüten stumpf-ellipsoidisch, mit 10 bis 14 ebenfalls dekussiert stehenden Staubblättern. Diese sind schildförmig, mit kurzem Stiel und kreisrundlicher oder stumpf-dreieckiger, feinwimperiger Konnektivplatte, auf der Außenseite mit Öldrüse, nach innen mit 2 bis 4 länglich-eiförmigen Pollensäcken, die sich nach innen mit einem etwas schief verlaufenden Längsspalt öffnen. Die weiblichen, 3 bis 6 mm langen Brachyblasten sind zur Zeit der Bestäubung zwar aufrecht, später aber nach unten gekrümmt. Sie schließen mit vier gelblichen, zuerst sternförmig spreizenden Fruchtblättern ab, die am Grunde je eine Samenanlage tragen. Fruchtblätter bis zur Samenreife fleischig werdend, die Samen in einer erbsengroßen, blauschwarzen und hechtblau bereiften Scheinbeere (Beerenzapfen) umschließend. Von den 14 Samenanlagen gelangen meist nur 3 oder 2, selten nur eine einzige zur Entwicklung. Samen eiförmig, mehrkantig-gestreift. Chromosomenzahl 2n = 22. Blütezeit März bis Mai.[1]

Inhaltsstoffe: *Ätherisches Öl.*

Blattöle. Das in den Blättern eines Juniperus-sabina-Exemplares enthaltene äth. Öl wurde ein Jahr lang alle 15 Tage untersucht (Wasserdampfdestillation der schonend getrockneten Pflanzenteile; GC-MS-Analyse). Es ergaben sich bei gleichbleibender qualitativer Zusammensetzung nur verhältnismäßig geringe jahreszeitliche Schwankungen in der quantitativen Ätherischölzusammensetzung (Sabinylacetat 47,4 ± 3,0 %, Sabinen 22,1 ± 3,0 %).[136]
Die äth. Öle der Blätter von *J. sabina* und verschiedener als Ziersträucher verwendeter Juniperus-sabina-Cultivare, nämlich "Arcadia", "Blue Danube" und "Mascula", wurden verglichen (Wasserdampfdestillation der schonend getrockneten Pflanzenteile; GC-MS-Analyse). Bei qual. ähnlicher Zusammensetzung zeigen sich erhebliche Unterschiede im prozentualen Anteil der Hauptkomponenten Sabinen und Sabinylacetat: *Juniperus sabina* 23,5 %/45,5 % (Sabinen/Sabinylacetat), "Arcadia" 18,3 %/53,1 %, "Blue Danube" 40,8 %/ 19,1 %, "Mascula" 29,3 %/38,0 %. Ob es sich hierbei um verschiedene Chemotypen handelt oder ob andere Faktoren wie Standort etc. eine Rolle spielen, kann derzeit nicht beantwortet werden.[136,137]
Offen bleibt auch, ob es bei *Juniperus sabina* eine ähnliche intraindividuelle Variabilität in der quant. Ölzusammensetzung gibt, wie sie bei den Blatt- und Fruchtölen anderer Juniperus-Arten beobachtet wurde (s. Inhaltsstoffgruppen der Gattung Juniperus); Untersuchungen hierzu liegen derzeit nicht vor.
Bei äth. Ölen, die durch Wasserdampfdestillation gewonnen werden, scheint der pH-Wert des Destillationswassers einen Einfluß auf die Terpenzusammensetzung zu haben. Während der Destillation können säurekatalysierte Monoterpenumbildungen stattfinden, wie z. B. die Transformation von Sabinen in α- und γ-Terpinen, Terpinen-4-ol und Terpinolen, je nach Acidität des Wassers. Die Zweigspitzen von *J. sabina* wurden einer Wasserdampfestillation von 4 h in verschiedenen Pufferlösungen unterworfen (pH 2,2 bis 8). Das bei pH 5, was in etwa dem pH-Wert des Pflanzenmaterials in wäßriger Lsg. entspricht, erhaltene äth. Öl hat folgende prozentuale Zusammensetzung (GC-Analyse):[22]
Sabinylacetat 37,2 %, Sabinen 30,5 %, Terpinen-4-ol 6,9 %, β-Myrcen 3,8 %, γ-Terpinen 3,7 %, α-Terpinen 2,3 %, Limonen 2,0 %, α-Pinen 1,9 %, Methylcitronellat 1,6 %, δ-Cadinen 1,4 %, Terpinolen 1,4 %, *trans*-Sabinol 1,4 %, Citronellol 1,2 %, α-Thujen 0,9 %, β-Thujon 0,6 %, α-Terpineol 0,5 %, *p*-Cymen 0,5 %, *trans*-Sabinenhydrat 0,5 %, β-Phellandren 0,4 %, 1,8-Cineol 0,3 %, *cis*-Sabinenhydrat 0,3 %, α-Phellandren 0,2 %, *cis*-2-*p*-Menthen-1-ol 0,2 %, Citronellal 0,2 %, *trans*-2-*p*-Menthen-1-ol, in Spuren α-Fenchen und Camphen.
Während der prozentuale Gehalt an Estern (Methylcitronellat, Sabinylacetat) im äth. Öl unter verschiedenen pH-Bedingungen konstant bleibt, sinkt der Gehalt an Sabinen sowie *cis*- und *trans*-Sabi-

nenhydrat mit fallendem pH-Wert (Sabinen ca. 38 % pH 8, ca. 7 % pH 2,2), gleichzeitig nimmt der Gehalt an Terpinen-4-ol, α- und γ-Terpinen und Terpinolen zu (Terpinen-4-ol ca. 1 % pH 8, ca. 20 % pH 2,2).[22]
Fruchtöle. Aus den frischen, reifen Beerenzapfen von *J. sabina* spanischer Herkunft wurden mittels Wasserdampfdestillation 2,25 % (*V/m*) ätherisches Öl folgender prozentualer Zusammensetzung gewonnen (GC-MS-Analyse):
82,89 % Sabinen, 5,8 % β-Myrcen, 4,95 % α-Pinen, 1,85 % Limonen, 1,07 % Terpinen-4-ol, 0,86 % α-Terpinolen, 0,56 % γ-Terpinen, 0,37 % Germacren-B, 0,16 % β-Pinen, 0,12 % Linalool, 0,07 % Cadinol, je 0,06 % γ-Cadinen und *p*-Cymen, 0,05 % Camphen, je 0,04 % 1,8-Cineol, γ-Muurolen und Sabinol, 0,03 % α-Terpineol, je 0,02 % Bornylacetat und *cis*-Caryophyllen sowie je 0,01 % β-Selinen und *p*-Cymen-8-ol.[21]
Weitere Terpenverbindungen. Aus den getrockneten Beerenzapfen von *J. sabina* wurden insgesamt 22 Diterpene vom Abietan-, Labdan- und Pimaran-Typ isoliert (insgesamt ca. 5,4 %). Hauptverbindungen waren *trans*-Communsäure und *cis*-Communsäure; daneben wurden geringe Mengen an Sesquiterpenen erhalten, nämlich Oplopanon (ca. 0,017 %) und Oplopenon (ca. 0,004 %).[11]
Lignane. In einer älteren Arbeit[30,31] mit *J. sabina* var. *tamariscifolia* wurden aus den beblätterten Zweigen männlicher Pflanzen 0,14 % Podophyllotoxin, aus den beblätterten Zweigen weiblicher Pflanzen 0,1 % Desoxypodophyllotoxin und aus der Frucht 0,3 % Desoxypodophyllotoxin isoliert; das Holz männlicher Pflanzen enthielt keine Lignane.
Weitere Angaben zu Inhaltsstoffen von *J. sabina* s. Sabinae aetheroleum und Sabinae herba.

Verbreitung: Gebirge von Südeuropa, nordwärts bis zu den Nordkarpaten, den Alpen und zum Schweizer Jura, westwärts auf der Iberischen Halbinsel bis zu den Kantabrischen Gebirgen, südlich bis zur Sierra Nevada, sehr selten in Algerien, auf der Apenninen-Halbinsel bis zu den Abruzzen, auf der Balkan-Halbinsel südwärts bis Albanien, zum Rila-Gebirge und Balkan, in Südrußland isoliert nordwestlich Wolgograd zwischen Don und Wolga, an der Wolga nördlich Woshim, ferner Krim und Kaukasus, im südlichen Ural östlich Ufa, Sibirien am oberen Ischin und vom Tiën-Schan bis zum Altai und Alatau.[1]

Drogen: Sabinae aetheroleum, Sabinae summitates, Juniperus sabina hom. *HAB 1*, Juniperus sabina hom. *HPUS 88*.

Sabinae aetheroleum (Sadebaumöl)

Synonyme: Aetheroleum Sabinae, Oleum Sabinae.

Sonstige Bezeichnungen: Engl.: Savin oil; frz.: Huile essentielle de Sabine.

Monographiesammlungen: Oleum Sabinae *EB 6*; Savin Oil *Mar 28*.

Definition der Droge: Das ätherische Öl der Blätter und Zweigenden *EB 6*.

Stammpflanzen: *Juniperus sabina* L.

Gewinnung: Wasserdampfdestillation der beblätterten Zweige.[61]

Ganzdroge: Sadebaumöl ist eine farblose bis gelbliche Flüssigkeit, die unangenehm narkotisch riecht und campherartig schmeckt.[63,126]

Verfälschungen/Verwechslungen: Nach Lit.[147] sind die im Handel erhältlichen "Sadebaumöle" auch heute noch häufig mit Ölen anderer Juniperus-Arten verfälscht, und zwar vor allem mit den Ölen von *Juniperus phoenicea* L. und *Juniperus thurifera* L. var. *gallica* De Coincy (s. a. Sabinae summitates).

Inhaltsstoffe: Sadebaumöl enthält als Hauptverbindungen Sabinylacetat und Sabinen, daneben β-Myrcen, Terpinen-4-ol, α-Pinen, Limonen, γ-Terpinen, β-Thujon, α-Thujen, Terpinolen, α-Terpinen, Sabinol, α- und β-Phellandren, 1,8-Cineol, *p*-Cymen, Citronellol, Elemol, Cadinen, Camphen u. a.;[136,137] zur prozentualen Zusammensetzung s. *J. sabina*.

Identität: Für die Identitätsprüfung geeignet ist die Gas-Chromatographie,[22,136,137] mit bsp. folgenden Parametern:
- Kapillarsäule, Kieselgur, 50 m Länge;
- stationäre Phase: Carbowax 20 M;
- Temperaturgradient: 60 bis 180 °C, 2 °C/min;
- Trägergas: Stickstoff, Druck 0,5 bar;
- Flammenionisationsdetektor;
- Einspritzmenge: 1 µL einer 1 %igen Lsg. des äth. Öls in Pentan.[136,147]

Gaschromatogramm in Lit.[147] angegeben.
Nach Lit.[10,147] sind die als Verfälschung häufig vorkommenden äth. Öle von *J. phoenicea* L. und *J. thurifera* L. var. *gallica* De Coincy daran zu erkennen, daß sie einen hohen Gehalt an Terpenkohlenwasserstoffen, vor allem α-Pinen (bis zu 90 %), neben gar keinem oder nur geringen Mengen Sabinylacetat (bis zu 1 %) aufweisen.

Reinheit:
- Relative Dichte: 0,902 bis 0,925 *EB 6*.
- Brechzahl: 1,473 bis 1,480 *EB 6*.
- Optische Drehung: + 38° bis + 62° *EB 6*.
- Prüfung auf fremde Öle: 1 mL Sadebaumöl muß sich in 0,5 mL Ethanol 90 % lösen. Nach weiterem Zusatz dieses Ethanols muß die Lösung klar bleiben *EB 6*.

Lagerung: Vorsichtig aufzubewahren *EB 6*.

Wirkungen: In der Literatur findet man nur wenige Angaben zur Wirkung des Sadebaumöls in "nicht-toxischen" Dosen; die meisten Arbeiten beschäftigen sich mit der akuten Toxizität des Öls im Tierversuch oder es wird von Vergiftungen nach mißbräuchlicher Einnahme des Öls als vermeintliches Abortivum berichtet (s. Akute Toxizität). Die Untersuchungen stammen größtenteils aus den 30er bzw. 40er Jahren dieses Jahrhunderts und sind entweder nicht zugänglich oder die exp. Daten unvollständig (Überblick s. Lit.[106]): Sadebaumöl soll demnach *in vivo* bei Meerschweinchen, Kaninchen und Katzen die glatte Muskulatur des Darms und des Uterus stimulieren sowie isolierte Uteri dieser Tiere zu Kontraktionen anregen.[138,139] Andererseits wird berichtet, daß das Öl überhaupt keine stimulierende, sondern nur eine kontraktionshemmende, paralysierende Wirkung auf isolierte Uteri ausübt und die oftmals postulierte emmenagoge (abortive[106]) Wirkung auf einer gastrointestinalen Reizung beruhen soll.[140]

Volkstümliche Anwendung und andere Anwendungsgebiete: Sadebaumöl wurde früher bei Menstruationsstörungen und mißbräuchlich zur Abtreibung eingenommen.[61,63,146,191]
Äußerlich wurde das Öl in Form von Einreibungen, Pflastern und Salben bei neuralgischen Schmerzen, Alopecie,[146] Warzen und spitzen Condylomen (Feigwarzen) angewandt.[122,147,191] Aufgrund der starken Vergiftungsgefahr ist die Anwendung der Droge obsolet.[67]
Die Wirksamkeit der Droge bei den genannten Anwendungsgebieten ist nicht belegt.

Dosierung und Art der Anwendung: *Droge.* Größte Einzelgabe 0,2 g; größte Tagesgabe 0,5 g; mittlerer Gehalt als Einreibung 1 % (davon nicht mehr als 20 g).[126]
Hinweis: Wegen der Toxizität des Öls ist vor einer innerlichen Anwendung zu warnen; bei der äußerlichen Anwendung ist größte Vorsicht geboten, da die percutane Resorption oft unterschätzt wird; keine Selbstmedikation.[109]

Weitere medizinische Verwendung: In der Veterinärmedizin früher u. a. bei Verstopfung, Blähungen und Menstruationsstörungen eingesetzt.[147]

Akute Toxizität: *Mensch.* Sadebaumöl gilt allgemein als ein äußerlich wie innerlich sehr starkes Irritans,[62,119,122,125,191] das außer einer Hyperämisierung im Becken Hämaturie und heftige Beschwerden im Gastrointestinaltrakt verursachen kann.[63,122,191]
Folgende Vergiftungserscheinungen werden beschrieben:[122,191]
Bei peroraler Aufnahme infolge der lokalen Reizwirkung des Öls Gewebeschädigung im Gastrointestinaltrakt, an Nieren und Harnwegen: Erbrechen grüner, charakteristischer nach Sadebaumöl riechender, zuweilen auch bluthaltiger Massen, Durchfälle, heftige Leibschmerzen, Bauchfellentzündung; Hämaturie, erst Steigerung, dann Abnahme der Harnsekretion; erst Krämpfe und schließlich zentrale Lähmung; Uterusblutungen, Abort aber oft erst nach tödlichen Dosen; Tod in tiefer Bewußtlosigkeit, meist erst nach 10 h bis mehreren Tagen; auch resorptive Vergiftungen nach topischer Anwendung möglich.
Bei Aufbringung auf die Haut Rötung, Blasenbildung und tiefergehende Nekrosen.
Es liegen zwei ältere Berichte zur Vergiftung bei mißbräuchlicher Einnahme als Abortivum vor:

- Eine 32jährige Frau nahm in der sechsten Schwangerschaftswoche zur Abtreibung zwei Tage hintereinander je 5 g Sadebaumöl ein; daraufhin sollen Abort, heftige akute Nephritis, Urämie und der Tod eingetreten sein.[142]
- Zwei schwangere griechische Frauen nahmen Sadebaumöl zur Abtreibung ein (keine Dosisangabe); es soll in beiden Fällen zum Tod ohne Abort gekommen sein.[143]

Tier. Nach einer älteren Untersuchung erhielten Meerschweinchen 60 bis 300 Tropfen Sadebaumöl und Kaninchen 300 bis 500 Tropfen p. o. verabreicht. Als Zeichen akuter Toxizität traten bei den Tieren Dyspnoe, Hämaturie, Gastroenteritis und Kachexie auf. Ein Teil der Tiere starb, der Rest überlebte für eine kurze Zeit. Die Autopsie ergab hämorrhagische Nephritis, degenerative Hepatitis ohne Fettinfiltration, Lungenödem, hämorrhagische Infiltration der Alveolaren sowie Blutungen in allen anderen Organen. Es konnte kein Zusammenhang zwischen der verabreichten Dosis und den Organläsionen festgestellt werden; detaillierte Angaben fehlen.[144] Katzen sollen durch 3,6 g Sadebaumöl p.o. vergiftet werden (keine Angabe der Symptome).[125]

Reproduktionstoxikologie: Hinweise auf eine mögliche abortive Wirkung des Öls gibt eine neuere tierexp. Untersuchung: Je 22 IOPS-Swiss OF 1 Mäuse erhalten Sadebaumöl in einer Dosierung von tgl. 0, 15, 45 bzw. 135 mg/kg KG s.c. vom 6. bis zum 15. Gestationstag verabreicht. Am 17. Gestationstag werden die Tiere getötet und Muttertiere sowie Feten untersucht. Bei allen mit dem Öl behandelten Mäusen zeigt sich dosisabhängig eine gegenüber der Kontrolle signifikante Zunahme der Zahl der resorbierten bzw. toten Feten. Die Feten zeigen keine signifikanten Mißbildungen. Bei den Muttertieren, die 45 bzw. 135 mg/kg KG erhalten hatten, ist ein gegenüber der Kontrolle signifikanter Gewichtsverlust vom 6. bis zum 15. Gestationstag zu verzeichnen; die Muttertiere, welche alle Feten resorbiert hatten, weisen eine blassere und deutlich kleinere Leber auf (Hepatotoxizität). Als mögliches Wirkprinzip des Öls wird von den Autoren Sabinylacetat genannt.[141]

Toxikologische Daten: *LD-Werte.* Für Sadebaumöl liegen keine LD_{50}-Werte vor. Nach einer älteren Arbeit soll die minimale letale Dosis des Öls beim Meerschweinchen 3 g/kg KG betragen.[138] Beim Menschen sollen die tödlichen Dosen sehr stark schwanken;[191] für die in der Literatur häufig anzutreffende Angabe, 6 Tropfen Sadebaumöl seien bereits tödlich,[120,125,145] finden sich keine konkreten Belege.

Akute Vergiftung: *Erste Maßnahmen.* Erste Hilfe: Gabe von Kohlepulver, Erbrechen auslösen, Gabe von Natriumsulfat, viel trinken lassen; lokal Locacorten-Schaum.[119] s. a. ds. Hdb. Bd. 3, S. 702.

Gesetzl. Best.: *Apothekenpflicht.* Ja. *Verschreibungspflicht.* Ja.

Sabinae summitates (Sadebaumkraut)

Synonyme: Cacumina Sabinae, Folia Sabinae, Frondes Sabinae, Herba Sabinae, Ramuli Sabinae, Sabinae cacumina, Sabinae herba, Sabinae ramuli, Summitates Sabinae, Turiones Sabinae.

Sonstige Bezeichnungen: Dt.: Sabinakraut, Sabinerkraut, Sadebaumspitzen, Sebenstrauchkraut, Sevenkraut, Sevikraut; engl.: Savin, Savin tops; frz.: Sabine; it.: Sabina; span.: Sumidades de sabina, yerba de sabina.

Monographiesammlungen: Sabinae herba ad usum veterinarium *Helv VII*; Summitates Sabinae *EB6*; Savin *Mar28*.

Definition der Droge: Die getrockneten, von den verkorkten Stengeln abgelösten, beblätterten Zweigspitzen *Helv VII*; die getrockneten, jüngsten Zweigspitzen *EB6*; die frischen oder getrockneten jungen Schößlinge *Mar28*.

Stammpflanzen: *Juniperus sabina* L.

Handelssorten: Im Handel wird angeboten:[100] Sabinae summitas gerebelt, pulv. gross.

Ganzdroge: Zweigenden einfach oder verzweigt, 1 bis 10 cm lang, 1 bis 2,5 mm dick, grün beblättert. Blättchen meist kreuzgegenständig oder seltener in Dreierwirteln inseriert, an der Basis mit dem Stengel verwachsen, meist schuppenartig anliegend oder seltener im oberen Teil der Zweigenden nadelartig abstehend, auf der Außenseite mit einer 0,5 bis 1 mm langen, leichten Einsenkung. Gelegentlich grüne bis blaubereifte, höchstens 8 mm große, kugelige Beerenzapfen.[65]

Schnittdroge: *Geruch.* Herb und charakteristisch.
Geschmack. Würzig bitter, widrig.[65,126]
Makroskopische Beschreibung. Kleine Zweigstückchen mit 4 dichten Zeilen von gekreuzt gegenständigen, schuppenförmigen, sich dachziegelartig deckenden, rhombischen Blättern.[126]
Mikroskopisches Bild. In den beblätterten Teilen ist der Stengel ganz mit der Blattbasis verwachsen und weist daher keine Epidermis auf. Im Zentrum liegen 2 bis 4 Leitbündelstränge mit Tracheiden, neben denen je nach Insertionshöhe der Blätter noch 2 oder 4 Blattspurbündel vorkommen können. Das schuppenartige Blatt besitzt im Querschnitt eine äußere Epidermis mit sehr dicker Cuticula, in der sehr feine Calciumoxalatkristalle liegen. Darauf folgt eine Schicht von einer, seltener zwei Lagen dickwandiger Fasern mit oft spalten- bis T-förmigem Lumen. Diese Schicht fehlt über dem Exkretbehälter und unter den Spaltöffnungen. Der schizogene Exkretbehälter mißt etwa 200 µm im Durchmesser. Unter der Faserschicht folgen 1 bis 3 Lagen kurzer, ungleich langer Palisaden und darauf ein lockeres Schwammparenchym. In Flächenansicht bestehen die Blattepidermen aus gestreckten, meist rechteckigen Zellen mit getüpfelten Radialwänden. Die charakteristischen, in Reihen angeordneten Spaltöffnungen zeigen verholzte Schließzellen und an den Polen eine verholzte Mittellamelle, die in zwei kurze Häkchen ausmündet.[65]

Pulverdroge: Das grüne bis graugrüne Pulver ist besonders gekennzeichnet durch Flächenansichten von Epidermisfragmenten mit gestreckten, rechteckigen, getüpfelten Zellen und z. T. mit den oben beschriebenen Spaltöffnungen, durch Verbände der oft etwas bogig gekrümmten Fasern in Längsansicht und durch Tracheiden. Es können Elemente der Frucht vorkommen, besonders dünn- bis derbwandige, bis über 500 µm lange, getüpfelte Tonnenzellen und Verbände der etwa 50 bis 150 µm großen, sehr dickwandigen, polyedrischen Steinzellen der Samenschalen, deren kleines Lumen meist einen oder mehrere Calciumoxalateinzelkristalle führt. Ferner kugelige, seltener ovale, 20 bis 32 µm große Pollenkörner.[65]

Verfälschungen/Verwechslungen: Nach neuesten Untersuchungen von Handelsmustern von Sabinae summitates scheinen Verfälschungen und/oder Verwechslungen der Droge auch heute noch häufig vorzukommen. Demgemäß dürfte spanische Handelsware oft aus *Juniperus phoenicea* L. (Syn. *Sabina phoenicea* ANTOINE) oder der in Spanien viel häufiger auftretenden *Juniperus thurifera* L. var. *gallica* DE COINCY (Syn. *Juniperus gallica* ROUY, *Juniperus sabina* var. *arborea* MUTEL) bestehen.[147]
In Frankreich kommen in der Dauphiné und in der Provence neben *J. sabina* L. auch *J. phoenicea* L. und *J. thurifera* L. var. *gallica* DE COINCY verbreitet vor; französische Handelsware stellte früher oft ein Gemenge von Zweigspitzen dieser drei Juniperus-Arten dar;[146] derartige Verfälschungen oder Verwechslungen dürften nach Lit.[147] auch heute zu finden sein.
Beschreibung der Zweigspitzen und Blätter von Cupressaceae-Arten, die nach Lit.[65] zur Verfälschung der Droge herangezogen werden könnten:
- *Cupressus sempervirens* L.: Die jungen Äste sind vierkantig, und die weitläufig stehenden Blätter haben auf dem Rücken zwei Längsfurchen;
- *Juniperus communis* L.: Die Zweigspitzen enthalten steife, abstehende, bis 16 mm lange Nadeln in dreigliedrigen Wirteln;
- *J. phoenicea* L.: Die kurzen, dicklichen Blätter sind an den Zweigspitzen wechselständig, 3 oder 4 Blätter dachziegelartig um die Achse herum angeordnet. Im Mesophyll sind 50 bis 120 µm große, einzelne oder in Gruppen vereinigte Steinzellen vorhanden. Sie sind rundlich bis elliptisch oder abgerundet polyedrisch, mehr oder weniger verdickt und besitzen ein verhältnismäßig großes Lumen. Die Schließzellenpaare in den Spaltöffnungen sind von einem durch die Nebenzellen gebildeten, wallartigen Saum umgeben, der durch eine besonders starke Cuticularauflage entstanden ist;
- *J. thurifera* L. var. *gallica* DE COINCY: Die Blätter sind klein, dekussiert, ihrer halben Länge nach an die Zweige angewachsen, länglich-lanzettlich. Jedes Blatt enthält am Grunde 4 elliptische Drüsen;
- *J. virginiana* L.: Die 2- bis 3- oder 4reihig angeordneten Blätter sind stechend und enthalten, vorwiegend am unteren Teil der Rückseite, eirunde bis fast kugelige Öldrüsen.

Inhaltsstoffe: *Ätherisches Öl.* Älteren Angaben zufolge enthält die Droge je nach Frische und Sammelzeit zwischen 3 und 5 %,[61,146] neueren Angaben zufolge nur zwischen 2 und 3 % ätherisches Öl (Wasserdampfdestillation);[22,147] s. Sabinae aetheroleum.

Weitere Terpenverbindungen. Sesquiterpene: Oplopanon, (–)-Germacra-1(10),5(*E*)-dien-4*β*-ol, *α*-Cadinol (jeweils 75 mg, 59 mg bzw. 50 mg aus 7 kg Droge isoliert); Diterpene: 4-Epiabietinsäure, Abieta-7,13-dien-3-on, 4-Epiabietal, Labd-13(*E*)-en-8,15-diol, 19-Acetoxylabd-13(*E*)-en-8,15-diol, 4-Epipalustrinsäure-9*α*-13*α*-endoperoxid, Sandaracopimarsäure (jeweils 6,1 g, 2,04 g, 1,04 g, 640 mg, 300 mg, 120 mg bzw. 68 mg aus 7 kg Droge isoliert).[148]

Lignane. Nach einer älteren Untersuchung[30] soll die Droge 0,20 % Podophyllotoxin und 0,10 % Savinin enthalten. In neueren Arbeiten wurden folgende Lignane aus der Droge erhalten (isolierte Menge aus 7 kg Droge):
(–)-Desoxypodorhizon (1,4 g;[38] 1,1 g[37]); Desoxypodophyllotoxin (580 mg;[38] 530 mg[37]); Junaphtoinsäure (320 mg[39]); Desoxypicropodophyllotoxin (211 mg;[37] 130 mg[37]); Dehydropodophyllotoxin (200 mg[39]); Acetylepipodophyllotoxin (190 mg[37,38]); Epipicropodophyllotoxin (135 mg[38]); *β*-Peltatin-A-methylether (115 mg;[38]/70 mg[37]); (+)-Epipinoresinol (108 mg[39]); Picropodophyllotoxin (100 mg;[38]/30 mg[37]); Podorhizol (70 mg[38]); 2'-Methoxypodophyllotoxin (60 mg[38]); 3-*O*-Demethylyatein (59 mg[39]); Acetylepipicropodophyllotoxin (40 mg[37,38]); Picropodophyllotoxin (30 mg[38]); (+)-Dihydrosesamin (28 mg[38]); Epipodophyllotoxin (19 mg[38]); Acetylpodorhizol (18 mg[38]); Anhydropodorhizol (18 mg[38]); *β*-Peltatin-B-methylether (16 mg[38]); 2'-Methoxypicropodophyllotoxin (10 mg[38]); 2'-Methoxyepipicropodophyllotoxin (9 mg[38]).

Cumarine. Cumarsabin (350 mg aus 2,4 kg Droge[149] bzw. 2,7 g aus 7 kg Droge[47] isoliert), 8-Methoxycumarsabin (2,4 g aus 2,4 kg Droge[149] bzw. 290 mg aus 7 kg Droge[47] isoliert), Siderin (850 mg aus 2,4 kg Droge[149] bzw. 240 mg aus 7 kg Droge[47] isoliert) und 4-Methoxy-5-methylcumarin (8 mg aus 7 kg Droge isoliert[47]).

Propiophenonderivate. 2-Hydroxy-3,4-dimethoxy-6-methylpropiophenon (30 mg aus 7 kg Droge isoliert) und 2-Hydroxy-4-methoxy-6-methylpropiophenon (21 mg aus 7 kg Droge isoliert).[47]

Weitere Verbindungen. 2'-Hydroxy-2,6'-dimethyl-3,3',4'-trimethoxyzimtsäure (90 mg aus 7 kg Droge isoliert) und das Chromonderivat Eugenin (25 mg aus 7 kg Droge isoliert).[47]

Identität: DC des Dichlormethanextraktes nach *Helv VII*:
- Referenzsubstanzen: Eugenol und Vanillin;
- Sorptionsmittel: Kieselgel GF_{254};
- FM: Toluol-Methanol (95 + 5);
- Detektion: Direktauswertung im UV 254 und UV 365 nm, anschließend mit Anisaldehyd-Rg. besprühen, 5 min bei 100 bis 105 °C trocknen und im Vis auswerten;
- Auswertung: Das Chromatogramm der Untersuchungslösung zeigt im UV 365 nm mehrere rot fluoreszierende Zonen sowie in einem Rf-Bereich zwischen den beiden im UV 254 nm fluoreszenzmindernden Referenzsubstanzen eine hellblau bis gelblich fluoreszierende Zone; nach dem Besprühen erscheint an dieser Stelle oder in ihrer unmittelbaren Nähe eine violette Zone als Hauptzone des Chromatogramms der Untersuchungslösung.

Reinheit:
- Fremde Bestandteile: Höchstens 5 % braune, verholzte Stengelanteile mit einem Durchmesser von über 4 mm *Helv VII*.
- Zweigspitzen und Blätter folgender anderer Cupressaceae-Arten dürfen nicht vorhanden sein *Helv VII*: *Cupressus sempervirens* L., *Juniperus communis* L., *J. phoenicea* L., *Juniperus thurifera* L. var. *gallica* DE COINCY und *J. virginiana* L. Beschreibungen dieser unzulässigen Drogenbestandteile s. Verfälschungen/Verwechslungen.
- Trocknungsverlust: Höchstens 10,0 %, mit frisch pulverisierter Droge bei 100 bis 105 °C bestimmt *Helv VII*.
- Asche: Höchstens 7 % *EB 6*.
- Sulfatasche: Höchstens 9,0 % *Helv VII*.

Gehalt: Ätherisches Öl: Mindestens 2,0 % (*V/m*) *Helv VII*; mindestens 3 % *EB 6*.

Gehaltsbestimmung: Mit frisch pulverisierter Droge in der Neo-Clevenger-Apparatur mit Wasser als Destillationsflüssigkeit und Xylol als Vorlage *Helv VII*.

Lagerung: Gut verschlossen, vor Licht geschützt *Helv VII*.

Wirkungen: s. a. Sabinae aetheroleum. Sadebaumkraut wird eine emmenagoge Wirkung zugesagt; es soll die Gebärmutter anregen und so Menstruation bzw. Wehen fördern. Gleichzeitig soll die Droge aber auch blutstillend wirken, und zwar sollen nichtmenstruationsbedingte Blutungen in der Gebärmutter zum Stillstand gebracht werden.[108,110,146,147] Nach einer älteren Arbeit[150] rufen 50 mg eines wäßrigen Drogenextraktes am isolierten Meerschweinchenuterus Kontraktionen hervor. Neuere exp. Belege zu den postulierten Wirkungen liegen nicht vor.
Die Droge soll ferner gegen Tumoren wirksam sein: Nach s.c. Gabe eines wäßrigen Drogenextraktes (keine Angabe zum Droge:Extrakt-Verhältnis) an Mäuse, denen Sarcoma 37 implantiert wurde, werden Hämorrhagie und Nekrose der Tumoren beobachtet. Als minimale Effektivdosis wird für den Extrakt 400 µg/g, für das aus dem Extrakt isolierte Podophyllotoxin 2 µg/g angegeben;[30] genauere Angaben liegen nicht vor. Neuere exp. Belege sind nicht vorhanden.

Volkstümliche Anwendung und andere Anwendungsgebiete: Sadebaumkrautpulver, -infus oder -dekokt wurden früher bei Menstruationsstörungen und mißbräuchlich zur Abtreibung eingenommen.[110,122,125] Aufgrund der starken Vergiftungsgefahr ist die innere Anwendung der Droge obsolet.[67] Äußerlich werden Sadebaumkrautpulver und -extrakt als Hautsalbe, zur Behandlung von Warzen und spitzen Condylomen (Feigwarzen) eingesetzt.[122,125] Die Anwendung bei Feigwarzen erscheint angesichts der in der Droge enthaltenen Podophyllotoxine plausibel; zudem wäre es möglich, daß die Kombination von irritierend wirkendem

äth. Öl und Podophyllotoxinen auch gewöhnliche Warzen beeinflußt.[109,122]
Die Wirksamkeit der Droge bei den genannten Anwendungsgebieten ist nicht belegt.

Dosierung und Art der Anwendung: *Droge.* Mittlerer Gehalt: Als Hautsalbe 50%.[126]
Tagesmaximaldosis: 1 g Droge, Zubereitungen entsprechend.[109]
Hinweis: Wegen der Toxizität der Droge ist vor einer innerlichen Anwendung zu warnen; bei der äußerlichen Anwendung ist größte Vorsicht geboten, da die percutane Resorption oft unterschätzt wird; keine Selbstmedikation.[109]

Weitere medizinische Verwendung: In der Veterinärmedizin zur Austreibung der Nachgeburt verwendet;[1] früher auch bei Verstopfung, Blähungen, Menstruationsstörungen etc.[147]

Tox. Inhaltsstoffe u. Prinzip: Für die toxische Wirkung der Droge wird das darin enthaltene ätherische Öl verantwortlich gemacht;[119,120,122,191] s. Sabinae aetheroleum. Neben dem äth. Öl könnten auch die in der Droge enthaltenen Podophyllotoxine zur Toxizität beitragen;[109] s. ds. Hdb. Bd. 3, S. 981–984 (Podophyllin, Podophyllotoxin).

Akute Toxizität: *Mensch.* Die Symptome bei Vergiftungen mit Sadebaumkraut entsprechen in etwa den für Sadebaumöl beschriebenen;[119,122,125] s. Sabinae aetheroleum und ds. Hdb. Bd. 3, S. 702.
Nach der Einnahme von 0,3 bis 0,8 g Sadebaumkraut als emmenagoges Mittel sollen früher häufig Verdauungsstörungen, mitunter Erbrechen und Durchfall, Harndrang, Hämaturie und verstärkte Menstruation beobachtet worden sein.[125]
Eine 21jährige Schwangere, die zur Abtreibung Sadebaumkrautpulver einnahm (keine Dosisangabe), bekam am Morgen starke Magenschmerzen und Krämpfe und wurde bewußtlos; gegen Mittag setzten die Wehen ein; am Nachmittag starb die Frau während der Geburt. Auch nach Einnahme von Sadebaumkrautinfus (keine Dosisangaben) soll es bei Schwangeren zum Abort und zum Tod der Mutter gekommen sein.[125]
Es wird ferner berichtet, daß sich bei einem Mann, der etwa 2 g Sadebaumkraut einnahm, Hämaturie entwickelte; als Symptome wurden Harndrang, Blut im Urin sowie Schmerzen in Blase und Harnwegen angegeben.[151]
Tier. Kaninchen sollen durch 7 g Sadebaumkraut p.o. innerhalb von $7^1/_2$ h sterben. Hunde sollen durch 14 bis 22 g Sadebaumkrautpulver vergiftet werden, mit folgenden Symptomen: Speichelfluß, erschwerte Harnabsonderung, Zittern, Pulsbeschleunigung, Dyspnoe, Sinken der Körpertemperatur, Lähmung und schließlich Tod. Die Sektion der Tiere ergab Entzündungsreaktionen und auch Blutungen im Ösophagus, Magen, Darm, Peritoneum, in den Nieren, in der Blase sowie im Uterus.[125]

Chronische Toxizität: Sadebaumkraut wurde früher zur Abtreibung gelegentlich auch in wiederholten Dosen über einen längeren Zeitraum eingenommen:[125]
Eine Frau, die monatelang tgl. 0,3 bis 0,5 g Sadebaumkraut eingenommen hatte, bekam Kopfschmerzen, Erbrechen, Gesichts- und Körperanschwellung und wurde benommen und blind; es wurden reichliche Blutungen an der Netzhaut, Schwellung der Papillen und Schlängelung der Netzhautvenen festgestellt. Nach 5 Monaten war der Zustand noch unverändert.

Toxikologische Daten: *Giftklassifizierung.* Sehr stark giftig (+ + +).[119]

Akute Vergiftung: *Erste Maßnahmen.* s. Sabinae aetheroleum und ds. Hdb. Bd. 3, S. 702.

Alte Rezepturen: s. ds. Hdb. Bd. 1, S. 606.

Gesetzl. Best.: *Apothekenpflicht.* Für Sabinakraut und Zubereitungen besteht Apothekenpflicht. *Verschreibungspflicht.* Für Sabinakraut und Zubereitungen besteht Verschreibungspflicht.

Juniperus sabina hom. *HAB 1*

Synonyme: Sabina.

Monographiesammlungen: Juniperus sabina *HAB 1.*

Definition der Droge: Die frischen, jüngsten, noch unverholzten Zweigspitzen mit den Blättern.

Stammpflanzen: *Juniperus sabina* L.

Zubereitungen: Urtinktur und flüssige Verdünnungen nach *HAB 1*, Vorschrift 3a, mit Ethanol 86% (*m/m*); Eigenschaften: Die Urtinktur ist eine braungrüne Flüssigkeit mit eigenartig harzigem Geruch und unangenehm bitterem Geschmack.
Darreichungsformen: Ab D4: Flüssige Verdünnungen, Tabletten, Verreibungen, flüssige Verdünnungen zur Injektion; Streukügelchen ab D2.[135]

Identität: *Urtinktur.* Mit Wasser versetzt trübt sich die Urtinktur milchig. Die organische Phase der mit Bleiacetat ausgefällten und mit Chloroform ausgeschüttelten Urtinktur färbt sich nach dem Eindampfen mit Salpetersäure unter Zugabe von Ammoniak gelbrot.
DC-Prüfung:
- Untersuchungslösung: Die organischen Phasen der mit Pentan ausgeschüttelten Urtinktur werden nach dem Eindampfen in Methanol aufgenommen;
- Referenzsubstanzen: Cineol und Eugenol;
- Sorptionsmittel: Kieselgel H;
- FM: Methylenchlorid;
- Detektion: Besprühen mit Anisaldehyd-Reagenz, 10 min Erhitzen auf 105 bis 110 °C, Auswertung im Vis;
- Auswertung: In Höhe der Referenzsubstanz Eugenol (oberes Drittel des Rf-Bereichs) ein gelbbrauner Fleck, darüber ein gelblicher, darüber wiederum ein violetter Fleck, im mittleren Rf-Bereich in Höhe der Referenzsubstanz Cineol ein rosafarbener Fleck, zwischen Start und der Referenzsubstanz Cineol je ein blauvioletter, gelbbrauner und violettbrauner Fleck.

Reinheit: *Urtinktur.*
- Relative Dichte *(PhEur)*: 0,905 bis 0,925.
- Trockenrückstand *(DAB)*: Mind. 4,5 %.

Lagerung: Vor Licht geschützt. Vorsichtig zu lagern.

Anwendungsgebiete: Die Anwendungsgebiete entsprechen dem homöopathischen Arzneimittelbild. Dazu gehören: Gebärmutterblutung, Entzündung der Harn-Geschlechts-Organe, Rheumatismus, Gicht, Warzen.[135]

Dosierung und Art der Anwendung: *Zubereitung.* Soweit nicht anders verordnet:
Bei akuten Zuständen häufige Anwendung alle halbe bis ganze Stunde je 5 Tropfen oder 1 Tablette oder 10 Streukügelchen oder 1 Messerspitze Verreibung einnehmen; parenteral 1 bis 2 mL bis zu 3mal täglich s. c. injizieren.
Bei chronischen Verlaufsformen 1- bis 3mal täglich 5 Tropfen oder 1 Tablette oder 10 Streukügelchen oder 1 Messerspitze Verreibung einnehmen; parenteral 1 bis 2 mL pro Tag s. c. injizieren.[135]

Unerwünschte Wirkungen: Nicht bekannt. Hinweis: Es können vorübergehend Erstverschlimmerungen vorkommen, die jedoch unbedenklich sind.[135]

Gegenanzeigen/Anwendungsbeschr.: Die Urtinktur sowie die 1. und 2. Dezimalverdünnung sollen nicht in der Schwangerschaft und bei vorgeschädigter Niere angewendet werden.[135]

Wechselwirkungen: Nicht bekannt.[135]

Gesetzl. Best.: *Apothekenpflicht.* Ja. *Verschreibungspflicht.* Urtinktur und 1. bis 3. Dezimalverdünnung. *Offizielle Monographien.* Aufbereitungsmonographie der Kommission D am BGA "Juniperus sabina (Sabina)".[135]

Juniperus sabina hom. *HPUS 88*

Monographiesammlungen: Juniperus sabina *HPUS 88.*

Definition der Droge: Die Zweige und Blätter.

Stammpflanzen: *Juniperus sabina* L.

Zubereitungen: *Urtinktur.* Herstellung durch Mazeration oder Perkolation der frischen oder getrockneten Droge mit Ethanol nach den allg. Zubereitungsvorschriften (Class C) der *HPUS 88.* Ethanolgehalt 65 % (*V/V*).

Gehalt: *Urtinktur.* Arzneigehalt $^1/_{10}$.

Gesetzl. Best.: *Apothekenpflicht.* Ja. *Verschreibungspflicht.* Urtinktur und 1. bis 3. Dezimalverdünnung.

Juniperus virginiana L.

Sonstige Bezeichnungen: Dt.: Rote Zeder, Virginischer Wacholder, Virginische Zeder; engl.: American red cedar, Eastern red cedar, red cedar, red juniper, virgin cedar, Virginia cedar, Virginia red cedar; frz.: Cèdre de Virginie, genévrier de Virginie.

Botanische Beschreibung: 9 bis 30 m hoher, geradstämmiger Baum von sehr veränderlichem Habitus mit schlank-eiförmiger bis fast schirmartiger Krone. Zweige auffallend dünn, 0,6 bis 0,8 mm im Durchmesser. Blätter kreuzweise gegenständig, höchstens an den Hauptästen in dreizähligen Wirteln angeordnet; nadelförmige Blätter 5 bis 6 mm lang, an der Basis nicht verwachsen, herablaufend, lanzettlich-pfriemlich oder fast dornig stachelig, oft auch an alten Bäumen zu finden; schuppenförmige Blätter 0,5 bis 1,5 mm, dachziegelig angedrückt, spitz, auf dem unteren Teil der Rückenseite oft mit eirunder oder fast kugeliger Öldrüse. Blüten einhäusig. Beerenzapfen auf aufrechten Kurztrieben, 4 bis 6 mm im Durchmesser, eiförmig oder auch kugelig, blau bereift, unter dem Reifbelag dunkelpurpurn, schon im Herbst des ersten Jahres reifend. Blütezeit April bis Mai.[1,2,177] In Europa wird *J. virginiana* nur bis 15 m hoch.

Inhaltsstoffe: *Ätherische Öle.*
Blattöle. Die ätherischen Öle der frischen Blätter (Wasserdampfdestillation) verschiedener Juniperus-virginiana-Populationen aus den USA wurden gaschromatographisch untersucht. Bei etwa gleicher qual. Zusammensetzung zeigen die Öle erhebliche Unterschiede in ihrer quant. Terpenzusammensetzung (interindividuelle Variabilität): Bei Pflanzen aus Washington D.C. stellt Limonen (19,3 %) die Hauptkomponente im Blattöl dar, neben etwas geringeren Mengen an Safrol (ca. 11,1 %), Sabinen (7,6 %), Bornylacetat (ca. 6,7 %), Campher (ca. 5,4 %), *cis/trans*-Isosafrol (ca. 5,1 %), Elemol (ca. 3,7 %), Methyleugenol (ca. 2,9 %), Linalool (ca. 2,8 %) und α-Cadinol/τ-Muurolol (ca. 2,5 %); Pflanzen aus Texas enthalten als Hauptkomponente Sabinen (32,8 %), neben etwas geringeren Mengen an Safrol (13,8 %), Elemol (6,1 %), Terpinen-4-ol (5,9 %), α-Pinen (3,2 %), Methyleugenol (3,1 %), Limonen (2,8 %) und γ-Terpinen (2,0 %).
Da die Blattöle der Juniperus-virginiana-Populationen aus Texas den Blattölen der nahe verwandten, in den Rocky Mountains verbreiteten *J. scopulorum* SARG. stark ähneln, wird eine Hybridisierung zwischen diesen beiden Arten nicht ausgeschlossen.[20,178,179]
Holzöle. Das getrocknete Kernholz von *J. virginiana* liefert bei der Wasserdampfdestillation (20 h) 3,18 % (*V/m*) ätherisches Öl, das getrocknete Splintholz dagegen weniger als 0,5 % (*V/m*).[14,180]
Nach Lit.[28] können sich kommerzielle Juniperus-virginiana-Holzöle in ihrer quant. Zusammensetzung je nach Holz (Anteil an Splintholz bzw. Kernholz), angewandter Destillationsmethode (s. Holzöle unter Inhaltsstoffgruppen der Gattung Juniperus), Destillationsdauer, angewandter Temperatur

etc. unterscheiden. Kommerzielles Holzöl aus Virginia (s. Herkunft von Juniperus-virginiana-Holzöl) hat folgende prozentuale Zusammensetzung (GC-MS-Analyse):
Cedrol 22,2%, Thujopsen 21,3%, α-Cedren 21,1%, β-Cedren 8,2%, α-Selinen 3,0%, Widdrol 2,3%, β-Himachalen 2,1%, β-Chamigren 1,8%, Cuparen 1,6%, α-Alasken 0,9%, α-Bisabolol, β-Acoradien 0,3%, α-Acoradien, α-Himachalen und 6-Isocedrol je 0,2% u. a.[28]
Äth. Öl, das durch Wasserdampfdestillation (20h) des getrockneten Kernholzes gewonnen wurde, zeigt eine ähnliche prozentuale Zusammensetzung (GC-MS-Analyse):
Thujopsen 27,6%, α-Cedren 27,2%, Cedrol 15,8%, β-Cedren 7,7%, Cuparen 6,3% und Widdrol 1% (weitere Verb. nicht untersucht).[14]
Tropolone. J. virginiana soll keine Tropolone enthalten.[15]
Lignane. Aus den beblätterten Zweigen weiblicher Juniperus-virginiana-Exemplare wurden 0,1% Podophyllotoxin isoliert. Die beblätterten Zweige männlicher Pflanzen sollen dagegen nur 0,05% Podophyllotoxin enthalten; in den Früchten konnten keine Lignane aufgefunden werden.[30,31,34]
Flavonoide. Permethylierte sowie nichtpermethylierte Extrakte der beblätterten Zweige von *J. virginiana* wurden auf Biflavonoide untersucht (DC-Analyse). Als Hauptbiflavone wurden Amentoflavon und Cupressoflavon nachgewiesen, Hinokiflavon scheint in geringerer Menge vorzuliegen.[7]
Außerdem sollen die Blätter bzw. beblätterten Zweige Kämpferol und Quercetin, z. T. in Form ihrer Glykoside, enthalten (Nachweis mittels Papierchromatographie).[181]

Verbreitung: *J. virginiana* stammt aus dem atlantischen Nordamerika: Kanada bis zum Golf von Mexiko, westwärts bis zu den Rocky Mountains; in Mitteleuropa in zahlreichen Gartenformen kultiviert, winterhart.[1,127,177]

Drogen: Juniperus-virginiana-Holzöl, Juniperus virginiana hom. *HAB 34*, Juniperus virginiana hom. *HPUS 88*.

Juniperus-virginiana-Holzöl

Synonyme: Oleum Ligni Cedri.

Sonstige Bezeichnungen: Dt.: Cedernholzöl, Zedernholzöl; engl.: (American) cedarwood oil, cedarwood oil Virginia, oil of (red) cedarwood, red cedarwood oil, Virginia (red) cedarwood oil; frz.: Essence de bois de cèdre.

Definition der Droge: Das ätherische Öl aus dem Holz.

Stammpflanzen: *Juniperus virginiana* L.

Herkunft: Juniperus-virginiana-Holzöl wird in Virginia, USA, großtechnisch hergestellt (1984: 240 t pro Jahr).[182]

Gewinnung: Zur Ölgewinnung wird die Wasserdampfrücklaufdestillation des zu Spänen oder Sägemehl zerkleinerten Holzes empfohlen; s. Lit.[28]

Ganzdroge: Juniperus-virginiana-Holzöl ist nahezu farblos, etwas dickflüssig und manchmal mit Campher-Kristallen durchsetzt. Es hat einen milden, eigenartigen, lange anhaftenden Geruch. Werden die Öldämpfe eingeatmet, nimmt der Urin Veilchengeruch an. Das Öl ist verhältnismäßig schwer löslich in Alkohol.[61]

Inhaltsstoffe: Juniperus-virginiana-Holzöl enthält als Hauptverbindungen die Sesquiterpene α-Cedren, β-Cedren, Cedrol, Cuparen, Thujopsen und Widdrol;[14,28] zur prozentualen Zusammensetzung s. *J. virginiana.*
Aus dem Öl wurden ferner folgende Sesquiterpene isoliert:
(*E*)-Betulenal, Caryolan-1-ol, Cedran-9-on, 8-Cedren-2-ol, 8-Cedren-3-on, 8-Cedren-10-on, Chamigrenal, Funebrenal (= 8-Cedren-15-al), 2-Methyl-6-(4'-methylphenyl)heptan-2-ol-3-on, Nootkaton und Thjopsenal (keine Mengenangaben).[183]
Darüber hinaus soll das Öl noch folgende Bestandteile enthalten: Anisaldehyd, α-Pinen, α-Pinenepoxid, α-Terpineol, Bisabolenoxid I, Bisabolenoxid II, β-Thujon, Carvacrol, Ethylvanillin, Eugenol, Limonen, Limonenepoxid, Menthol, Methoxyacetophenon, Methylnaphthylketon, Neoisomenthol, Thymol (keine Mengenangaben); genauere Angaben zur Herkunft des untersuchten kommerziellen Juniperus-virginiana-Holzöles sowie zu den Isolierungs- und Strukturaufklärungsmethoden fehlen.[184]

Zubereitungen: Juniperus-virginiana-Holzöl ist Bestandteil einiger Fertigarzneimittel (Balsame, Cremes, Salben).[67]

Identität: Für Juniperus-virginiana-Holzöl werden folgende Konstanten angegeben: Relative Dichte d_{15}: 0,940 bis 0,964; optische Drehung α_D: −18° bis −52°; Brechzahl n_D^{20}: 1,50 bis 1,51; Säurezahl bis 1,5, Esterzahl bis 12, Esterzahl nach Acetylierung 13 bis 68.[61]
Für die Identitätsprüfung geeignet ist auch die Gaschromatographie,[20,28,178] mit bsp. folgenden Parametern:
- Kapillarsäule (fused silica), J & W DB-5, 30 m Länge, 0,26 mm innerer Durchmesser; 0,25 μm;
- Temperaturgradient: 60 bis 240 °C, 3 °C/min;
- Trägergas: Helium;
- Flammenionisationsdetektor;
- Einspritzmenge: 1 μL einer 10%igen Lsg. des äth. Öls in Ether.[28,178]

Gaschromatogramm in Lit.[28] angegeben.

Wirkungen: *Insekticide Wirkung.* Mehrere Elasmolomus-sordidus-Kolonien mit je 40 erwachsenen geschlechtsreifen Tieren ("peanut trash bug") wurden in mit Sägemehl sowie ausreichend Futter und Wasser versehenen Plastikbehältern angelegt. Bei einigen Kolonien war das Sägemehl mit Juniperus-virginiana-Holzöl, Cedren bzw. Cedrol angereichert (Konzentration im Sägemehl 3%, 2% bzw. 2%); bei der Kontrollkolonie reines Sägemehl. Die

Käfer wurden 8 Wochen lang beobachtet, tote Tiere alle 1 bis 2 Tage entfernt. Nach 8 Wochen wurden die Tiere gezählt: In der Kontrollkolonie waren noch 27 der ursprünglich 40 Käfer vorhanden, dazu 49 neue geschlechtsreife Käfer sowie > 900 junge Käfer verschiedener Entwicklungsstadien. In den auf Cedren- bzw. Cedrol-angereichertem Sägemehl angelegten Kolonien waren noch 3 bzw. 2 der ursprünglich jeweils 40 geschlechtsreifen Käfer vorhanden, dazu 10 bzw. > 400 ausgeschlüpfte Jungtiere, die allerdings alle tot waren. In den auf mit Juniperus-virginiana-Holzöl angereichertem Sägemehl angelegten Kolonien waren keine der ursprünglich 40 geschlechtsreifen Käfer mehr vorhanden und auch keine Jungtiere ausgeschlüpft.[185]
Weitere Wirkungen. Bei CBA/J-Mäusen wurde die Hexobarbitalschlafzeit (125 mg/kg KG i.p. Hexobarbital) gemessen. Bei auf reinem Sägemehl gehaltenen Tieren betrug die Schlafzeit durschnittlich 41 min, bei den 3 Wochen lang auf mit Juniperus-virginiana-Holzöl angereichertem Sägemehl (2 %) gehaltenen Tieren betrug die Schlafzeit durchschnittlich 17 min ($p < 0{,}001$). Als möglicher Grund für die beobachtete Schlafzeitverkürzung wird Enzyminduktion angegeben.[185]

Volkstümliche Anwendung und andere Anwendungsgebiete: Juniperus-virginiana-Holzöl wurde früher bei Menstruationsstörungen und Gonorrhöe sowie mißbräuchlich als Abtreibungsmittel eingenommen.[186,191] Die Wirksamkeit der Droge bei den genannten Anwendungsgebieten ist nicht belegt.

Akute Toxizität: Nach Lit.[191] soll Juniperus-virginiana-Holzöl ähnlich wie Sadebaumöl wirken. Als Vergiftungssymptome wurden beschrieben:[119] Krämpfe, Atemnot, Kreislaufkollaps, zuletzt Bewußtlosigkeit und Tod; s. a. ds. Hdb. Bd. 3, S. 703. Konkrete Vergiftungsfälle liegen nicht vor.

Carcinogenität: Untersuchungen liegen nur für Juniperus-virginiana-Holz und nicht für das daraus gewonnene Holzöl vor: Bei C3H-A^{VY}-, C3H-A^{VY}fB- und CBA/J-Mäusen, die auf Juniperus-virginiana-Holzspänen gehalten wurden, war die Tumorrate im Vergleich zu den nur auf reinem Sägemehl gehaltenen Tieren signifikant erhöht; nähere Angaben s. Lit.[185]

Immuntoxizität: Unverdünntes Juniperus-virginiana-Holzöl verursacht an der enthaarten Rückenhaut von Mäusen keine Reizung;[187] nach 24stündiger Okklusivbehandlung an intakter oder verletzter Kaninchenhaut führt es zu mäßiger Reizung.[188]
Im 48-Stunden-closed-patch-Test an menschlichen Probanden wird Juniperus-virginiana-Holzöl, 8 % in Paraffin, reizlos vertragen.[189]
Im Maximization-Test an 25 Freiwilligen ruft Juniperus-virginiana-Holzöl, 8 % in Paraffin, keinerlei Sensibilisierung hervor.[189]
Die Prüfung auf Phototoxizität an rasierter Mäusehaut verläuft negativ.[187] Älteren Berichten zufolge kann es nach Anwendung kosmetischer Erzeugnisse, die Juniperus-virginiana-Holzöl enthalten, und anschl. Lichtexposition zu Dermatitis kommen.[155,190]

Toxikologische Daten: *LD-Werte.* LD_{50}: Kaninchen dermal bzw. Ratte peroral > 5 g/kg KG.[188]

Akute Vergiftung: *Erste Maßnahmen.* Erste Hilfe: Gabe von Kohlepulver, Erbrechen auslösen, Gabe von Natriumsulfat, viel trinken lassen; lokal Locacorten-Schaum;[119] s. a. ds. Hdb. Bd. 3, S. 703.

Sonst. Verwendung: *Pharmazie/Medizin.* Juniperus-virginiana-Holzöl dient als Grundlage für Insektenvertreibungsmittel. Verdicktes Öl wird als Hilfsmittel für die mikroskopische Untersuchung verwendet.[61] *Kosmetik.* Juniperus-virginiana-Holzöl wird zum Parfümieren von Seifen und kosmetischen Erzeugnissen verwendet.[61] In den USA gelten als gewöhnlicher/maximaler Ölanteil folgende Richtwerte: Seifen 0,05/0,3 %, Detergentien 0,005/0,03 %, Cremes und Lotionen 0,02/0,05 %, Parfüme 0,2/0,8 %.[156]

Juniperus virginiana hom. *HAB 34*

Monographiesammlungen: Juniperus virginiana *HAB 34*.

Definition der Droge: Die frischen Zweigspitzen.

Stammpflanzen: *Juniperus virginiana* L.

Zubereitungen: Essenz nach *HAB 34*, § 3 mit Ethanol 90 % (*V/V*).
Urtinktur und flüssige Verdünnungen nach *HAB 1*, Vorschrift 3a mit Ethanol 86 % (*m/m*); Darreichungsformen: Ab D4: Flüssige Verdünnungen, Tabletten, Verreibungen, Streukügelchen, flüssige Verdünnungen zur Injektion.[157]

Gehalt: *Essenz.* Arzneigehalt $^1/_3$.

Lagerung: Vorsichtig zu lagern.

Anwendungsgebiete: Die Anwendungsgebiete entsprechen dem homöopathischen Arzneimittelbild. Dazu gehören: Entzündungen der ableitenden Harnwege.[157]

Dosierung und Art der Anwendung: *Zubereitung.* Soweit nicht anders verordnet:
Bei akuten Zuständen häufige Anwendung alle halbe bis ganze Stunde je 5 Tropfen oder 1 Tablette oder 10 Streukügelchen oder 1 Messerspitze Verreibung einnehmen; partenteral 1 bis 2 mL bis zu 3mal täglich s. c. injizieren.
Bei chronischen Verlaufsformen 1- bis 3mal täglich 5 Tropfen oder 1 Tablette oder 10 Streukügelchen oder 1 Messerspitze Verreibung einnehmen; parenteral 1 bis 2 mL pro Tag s. c. injizieren.[157]

Unerwünschte Wirkungen: Nicht bekannt. Hinweis: Es können vorübergehend Erstverschlimmerungen vorkommen, die jedoch unbedenklich sind.[157]

Gegenanzeigen/Anwendungsbeschr.: Nicht bekannt.[157]

Wechselwirkungen: Nicht bekannt.[157]

Gesetzl. Best.: *Offizielle Monographien.* Aufbereitungsmonographie der Kommission D am BGA "Juniperus virginiana".[157]

Juniperus virginiana hom. *HPUS 88*

Monographiesammlungen: Juniperus virginiana *HPUS 88*.

Definition der Droge: Die Zweige.

Stammpflanzen: *Juniperus virginiana* L.

Zubereitungen: *Urtinktur.* Herstellung durch Mazeration oder Perkolation der frischen oder getrockneten Droge mit Ethanol nach den allg. Zubereitungsvorschriften (Class C) der *HPUS 88*. Ethanolgehalt 65 % (*V/V*).

Gehalt: *Urtinktur.* Arzneigehalt $^{1}/_{10}$.

1. Heg (1981) Bd. I, Teil 2, S. 104, 108–120
2. FEu (1964) Bd. 1, S. 38–39
3. De Halacsy E (1904) Conspect Flor Gaec, Bd. III, Lipsiae Sumptibus Guilelmi, Engelmann, zit. nach Lit.[8]
4. Engler A (1954) Syllabus der Pflanzenfamilien, Bd. I, Gebrüder Borntraeger, Berlin-Nikolassee, zit. nach Lit.[8]
5. Hgn (1962) Bd. 1
6. Hgn (1986) Bd. 7
7. Gadek PA, Quinn CJ (1985) Phytochemistry 24:267–272
8. Hörster H (1974) Planta Med 26:113–118
9. Gough LJ (1970)) Phytochemistry 9:1.093–1.096
10. Banthorpe DV, Davies HS, Gatford C, Williams SR (1973) Planta Med 23:64–69
11. Pascual J de, San Feliciano A, Miguel del Corral JM, Barrero AF (1983) Phytochemistry 22:300–301
12. Bredenberg JB (1957) Acta Chem Scand 11:98
13. Bredenberg JB (1961) Acta Chem Scand 15:961–966
14. Adams RP (1987) Econ Bot 41:48–54
15. Zem (1966) Bd. 24, S. 207–287
16. Heimler D, Vidrich V (1988) J Chromatogr 448:301–305
17. Sakar M (1985) Fitoterapia 56:360–361
18. Rudloff E von, Hogge L, Granat M (1980) Phytochemistry 19:1.701–1.703
19. Bonaga G, Galletti GC (1985) Ann Chim (Rome) 75:131–136
20. Adams RP, Rudloff E von, Hogge L, Zanoni T (1981) J Nat Prod 44:21–26
21. Guerra Hernandez E, Del Carmen Lopez Martinez M, Garcia Villanova R (1987) J Chromatogr 396:416–420
22. Koedam A, Looman A (1980) Planta Med 39 (Suppl 1):22–28
23. Hörster H (1973) Planta Med 23:353–362
24. Hörster H (1974) Planta Med 25:73–79
25. Hörster H (1974) Planta Med 26:45–51
26. Hörster H, Csedö K, Racz G (1976) Pharmazie 31:888–890
27. Erdtman H (1963) Pure Appl Chem 6:679–708
28. Adams RP (1991) Cedar Wood Oil – Analyses and Properties. In: Linskens HF, Jackson JF (Hrsg.) Essential Oils and Waxes, Springer-Verlag, Berlin Heidelberg New York London Paris Tokyo Hong Kong Barcelona Budapest, S. 159–173
29. Rennerfelt E (1948) Physiol Plantarum 1:245, zit. nach Lit.[15]
30. Hartwell JL, Johnson JM, Fitzgerald B, Belkin M (1953) J Am Chem Soc 75:235–236
31. Fitzgerald DB, Hartwell JL, Leiter JL (1957) J Nat Cancer Inst 18:83, zit. nach Lit.[5,15]
32. Bredenberg JB, Runeberg J (1961) Acta Chem Scand 15:455
33. Serebryakova AP, Filitis LN, Utkin LM (1961) Zh Obshchei Khim 31:1.731–1.734, zit. nach CA 55:26144
34. Kupchan SM, Hemingway JC, Knox JR (1965) J Pharm Sci 54:659–660
35. Doi K, Shibuya T (1972) Phytochemistry 11:1.175
36. Tammami B, Torrance SJ, Cole JR (1977) Phytochemistry 16:1.100–1.101
37. San Feliciano A, Miguel Del Corral JM, Gordaliza M, Castro MA (1989) Phytochemistry 28:659–660
38. San Feliciano A, Miguel Del Corral JM, Gordaliza M, Castro MA (1990) Phytochemistry 29:1.335–1.338
39. San Feliciano A, Miguel Del Corral JM, Gordaliza M, Castro MA (1991) Phytochemistry 30:3.483–3.485
40. Kariyone T (1962) J Pharm Soc Jpn 16:1, zit. nach Lit.[15]
41. Siddiqui SA, Sen AB (1971) Phytochemistry 10:434–435
42. Sakar MK, Friedrich H (1984) Planta Med 50:108–109
43. Sethi ML, Taneja SC, Agrawal SG, Dhar KL, Atal CK (1980) Phytochemistry 19:1.831–1.832
44. Sethi ML, Taneja SC, Dhar KL, Atal CK (1981) Phytochemistry 20:341–342
45. Sethi ML, Taneja SC, Dhar KL, Atal CK (1983) Phytochemistry 22:289–292
46. Jermanowska Z, Samula K (1966) Diss Pharm Pharmacol Polon 18:169, zit. nach Lit.[6]
47. San Feliciano A, Miguel Del Corral JM, Gordaliza M, Castro MA (1991) Fitoterapia 62:435–439
48. Lebreton P (1979) Candollea 34:241, zit. nach Lit.[6]
49. Lebreton P (1983) Agronomia Lusit 42:55, zit. nach Lit.[6]
50. Friedrich H, Engelshowe R (1978) Planta Med 33:251–257
51. Engelshowe R (1983) Planta Med 49:170–175
52. Sakar MK, Engelshowe R (1985) Planta Med 51:263–264
53. Vernin G, Boniface C, Metzger J, Ghiglione C, Hammoud A, Suon K, Fraisse D, Parkanyi C (1988) Phytochemistry 27:1.061–1.064
54. Kallio H, Jünger-Mannermaa K (1989) J Agric Food Chem 37:1.013–1.016
55. Gelsomini N, Vidrich V, Fusi P, Michelozzi M (1988) J High Resolut Chromatogr Commun 11:218–220
56. Pascual J de, Barrero AF, Muriel L, San Feliciano A, Grande M (1980) Phytochemistry 19:1.153–1.156
57. San Feliciano A, Caballero E, Del Rey B, Sancho I (1991) Phytochemistry 30:3.134–3.135
58. Lamer-Zarawska E (1975) Pol J Pharmacol Pharm 27:81–87
59. Lamer-Zarawska E (1977) Roczniki Chemii (Pol) 51:2.131, zit. nach Lit.[6]
60. Opdyke DLJ (1976) Food Cosmet Toxicol 14:333
61. GHo, Bd. IV, S. 272–304
62. DAB 7-Kommentar, S. 1.504–1.506
63. Mar 28, S. 676
64. ÖAB 90
65. Helv VII
66. Schilcher H (1984) Dtsch Apoth Ztg 124:2.429–2.436

67. Pharmazeutische Stoffliste (1990) 7. Aufl., ABDA, Frankfurt
68. BAz Nr. 127 vom 12.07.1990
69. Vasek FC, Scora RW (1967) Am J Bot 54:781–789, zit. nach Lit.[107]
70. Karlsen J, Siwon H (1975) J Chromatogr 110:187–189
71. Kovar KA, Bock E (1983) J Chromatogr 262:285–291
72. Janku I, Hava M, Motl O (1957) Experientia 13:255–256
73. Janku I, Hava M, Kraus R, Motl O (1960) Arch Exp Path Pharmakol 238:112–113
74. Hänsel R, Haas H (1983) Therapie mit Phytopharmaka, Springer-Verlag, Berlin Heidelberg New York
75. Vogel G (1975) Arzneim Forsch 25:1.356–1.365
76. Chandler RF (1986) Can Pharm J 119:563–566, zit. nach Lit.[106]
77. Greber W (1966) Kosmetik Parfum Drogen Rdschr 13:6–8, zit. nach Lit.[89]
78. Klare K (1927) Med Welt 1:1.089–1.090, zit. nach Lit.[89]
79. Hochsinger K (1932) Wien Med Wochenschr 35, zit. nach Lit.[103]
80. Maurerer N (1933) Med Welt 7:201, zit. nach Lit.[89]
81. Greiling G (1955) Med Monatsschr 9:674–676, zit. nach Lit.[89]
82. Billes L (1931) Med Klinik 4, zit. nach Lit.[103]
83. Leers H (1940) Hippokrates 11:1.117–1.123
84. Wagner H, Wierer M, Bauer R (1986) Planta Med 52:184–187
85. Römmelt H, Zuber A, Dirnagl K, Drexel H (1974) Muench Med Wochenschr 116:537–540, zit. nach Lit.[89]
86. BAz Nr. 228 vom 05.12.1984
87. Standardzulassungen für Fertigarzneimittel (1987/89) Govi Verlag, Pharmazeutischer Verlag, Deutscher Apotheker Verlag, Frankfurt/M.
88. Knorr H, Schöps P, Seichert N, Schnizer W, Pratzel HG (1987) Z Phys Med Baln Med Klim 16:282, zit. nach Lit.[89]
89. Pratzel HG, Schnizer W (1992) Handbuch der medizinischen Bäder, Haug Verlag, Heidelberg, S. 174–176
90. Hausschild F (1956) Pharmakologie und Grundlagen der Toxikologie. In: Gildemeister E, Hoffmann F (Hrsg.) Die ätherischen Öle, VEB Georg Thieme, Leipzig, Bd. 1
91. Urbach F, Forbes PD (1972) Report to RIFM, 26 July, zit. nach Lit.[60]
92. Schelanski MV (1972) Report to RIFM, 14 July, zit. nach Lit.[60]
93. Katz A (1946) Spice Mill 69:46, zit. nach Lit.[60]
94. Kligman AM (1972) Report to RIFM, 19 October, zit. nach Lit.[60]
95. Skramlik E von (1959) Pharmazie 14:435–445
96. Flavoring Extract Manufacturers' Association (1965) Food Technol, Champaign 19:155, zit. nach Lit.[60]
97. Council of Europe (1974) Natural Flavouring Substances, Their Sources, and Added Artificial Flavouring Substances, Partial Agreement in the Social and Public Health Field, List N(1), Series 1(b), No. 249, Strasbourg, S. 75, zit. nach Lit.[60]
98. Neumüller OA (1988) Römpps Chemie-Lexikon, 8. Aufl., Franckh'sche Verlagshandlung, Stuttgart, Bd. 6, S. 4.562
99. Kom. Bd. 3, S. 3.491–3.494
100. Fa. Paul Müggenburg (1990) Lieferprogramm, Hamburg
101. DAB 10
102. Schier W (1981) Dtsch Apoth Ztg 121:323–329
103. Berger F (1952) Handbuch der Drogenkunde, 1. Aufl., Wilhelm Maudrich Verlag, Wien Düsseldorf, Bd. III, S. 290–298
104. Markkanen T (1981) Drugs Exp Clin Res VII:69–73
105. Markkanen T, Mäkinen ML, Nikoskelainen J, Ruohonen J, Nieminen K, Jokinen P, Raunio R, Hirvonen T (1981) Drugs Exp Clin Res VII:691–697
106. Corrigan D (1993) Juniperus species. In: De Smet PAGM, Keller K, Hänsel R, Chandler RF (Hrsg.) Adverse effects of herbal drugs, Springer-Verlag, Berlin Heidelberg New York London Paris Tokyo Hong Kong Barcelona Budapest, Bd. 2, S. 217–229
107. BHP 83, S. 123–124
108. Hänsel R (1991) Phytopharmaka, 2. Aufl., Springer-Verlag, Berlin Heidelberg New York etc.
109. Hänsel R (1988) E. Steinegger, R. Hänsel, Lehrbuch der Pharmakognosie und Phytopharmazie, 4. völlig neubearb. Aufl., Springer-Verlag, Berlin Heidelberg New York London Paris Tokyo
110. Poletti A, Schilcher H, Müller A (1990) Heilkräftige Pflanzen, erweiterte und aktualisierte Neuausgabe, Walter Hädecke Verlag, Weil der Stadt, S. 200–201
111. Robert S (1986) J Pharm Belg 41:40–45
112. Vollmer H, Giebel A (1938) Arch Exp Path Pharmakol 190:522–534
113. Lasheras B, Turillas P, Cenarruzabeitia E (1986) Plant Méd Phytothér 20:219–226
114. Agrawal OP, Bharadwaj S, Mathur R (1980) Planta Med 40 (Suppl):98–101
115. Prakash AO (1986) Int J Crude Drug Res 24:19–24
116. Prakash AO, Saxena V, Shukla S, Tewari RK, Mathur S, Gupta A, Sharma S, Mathur R (1985) Acta Europaea Fertilitatis 16:441–448
117. Swanston-Flatt SK, Day C, Bailey CJ, Flatt PR (1990) Diabetologia 33:462–464
118. Schauenberg P, Paris F (1977) Guide to medicinal plants, Lutterworth Press, Guildford London
119. RoD, IV-1, S. 1–6
120. Forth W, Henschler D, Rummel W (Hrsg.) (1987) Allgemeine und spezielle Pharmakologie und Toxikologie, 5. Aufl., Wissenschaftsverlag, Mannheim Wien Zürich, S. 822–823
121. Schilcher H (1985) Effects and side-effects of essential oils. In: Baerheim Svendsen A, Scheffer JJC (Hrsg.) Essential oils and aromatic plants, Martinus Jijhoff, Dordrecht, zit. nach Lit.[106]
122. Frohne D, Pfänder HJ (1987) Giftpflanzen, Ein Handbuch für Apotheker, Toxikologen und Biologen, 3. Aufl., Wissenschaftliche Verlagsgesellschaft mbH, Stuttgart
123. Czygan FC (1987) Z Phytother 8:10
124. Zepernick MA, Langhammer L, Lüdcke JBP (1984) Lexikon der offizinellen Arzneipflanzen, Walter de Gruyter Verlag, Berlin, S. 238
125. Lewin L (1929) Gifte und Vergiftungen, G. Stilke, Berlin, S. 894
126. EB 6, S. 338
127. Hag, Bd. 5, S. 333–344
128. Berger F (1952) Handbuch der Drogenkunde, 1. Aufl., Wilhelm Maudrich Verlag, Wien Düsseldorf, Bd. III, S. 477
129. Bredenberg JB, Gripenberg J (1956) Acta Chem Scand 10:1.511–1.514
130. Bredenberg JB (1957) Acta Chem Scand 11:932–935
131. Bredenberg JB (1960) Acta Chem Scand 14:385–390

132. Valnet J (1984) Aromathérapie, traitement des maladies par les essences des plantes, 10. Aufl., Maloine SA, Paris
133. Thurzová L (1976) Lexikon der Heilpflanzen, Lingen Verlag, Köln
134. Mitchell J, Rook A (1979) Botanical Dermatology, Greengras, Vancouver, S. 242–244, zit. nach Lit.[106]
135. BAz Nr. 29a vom 12.02.1986
136. Fournier G, Pages N, Fournier C, Callen G (1990) J Pharm Belg 45:293–298
137. Fournier G, Pages N, Fournier C, Callen G (1991) Planta Med 57:392–393
138. Manceau P, Revol L, Vernet AM (1936) Bull Soc Pharmacol 43:14–24
139. Prochnow L (1912) Arch Intern Pharmacodyn 21:313–319, zit. nach CA 6:1181
140. Macht DI (1912) J Pharmac 4:547–552, zit. nach CA 7:3367
141. Pages N, Fournier G, Chamorro G, Salazar M, Paris M, Boudene C (1989) Planta Med 55:144–146
142. Welker A (1919) Therap Mh 33:158, zit. nach Lit.[61]
143. Papavassiliou MJ (1935) Soc Med Leg 15:778–781
144. Patoir A, Patoir G, Bédrine H (1938) C R Soc Biol 127:1.325–1.326
145. CRC, S. 257
146. Berger F (1954) Handbuch der Drogenkunde, 1. Aufl., Wilhelm Maudrich Verlag, Wien Düsseldorf, Bd. IV, S. 437–441
147. Fournier G, Pages N, Baudron V, Paris M (1989) Plantes Méd Phytothér 23:169–179
148. San Feliciano A, Miguel Del Corral JM, Gordaliza M, Castro MA (1989) Phytochemistry 30:695–697
149. Pascual J de, San Feliciano A, Miguel Del Corral JM, Barrero AF, Rubio M, Muriel L (1981) Phytochemistry 20:2.778–2.779
150. Renaux J, La Barre J (1941) Acta Biol Belg 1:334–335
151. Blumel P (1941/43) Vergiftungsfälle 12:25–28, zit. nach Lit.[106]
152. Barrero AF, Sanchez JF, Oltra JE, Altarejos J, Ferrol N, Barragan A (1991) Phytochemistry 30:1.551–1.554
153. Dolejs L, Sorm F (1960) Collect Czech Chem Commun 25:1.837, zit. nach Lit.[15]
154. Lebreton P et al. (1978) Bull Inst Sci Rabat 3:155–168, zit. nach Lit.[6]
155. Tulipan L (1938) Arch Derm Syph 38:906, zit. nach Lit.[156]
156. Opdyke DLJ (1974) Food Cosmet Toxicol 12:845–846
157. BAz Nr. 22a vom 03.02.1988
158. BPC 79, S. 118
159. Helv VI, zit. nach Hag
160. USP XXI, S. 578
161. Huerre R (1922) J Pharm Chim 25:165, 214, zit. nach Lit.[5]
162. Mousseron M, Granger R, Ronayroux M (1939) C R Acad Sci 208:1.411, zit. nach Lit.[61]
163. Chalchat JC, Garry RP, Michet A (1988) Flavour Fragrance J 3:19–22
164. Schoket B, Horkay I, Kósa A, Páldeák L, Hewer A, Grover PL, Phillips DH (1990) J Investigative Dermatology 94:241–246
165. Fabian F, Poliniceucu M (1985) Farmacia (Bucharest) 33:117–122, zit. nach CA 104:56487
166. Bouhlal K, Meynadier JM, Peyron JL, Peyron L, Marion JP, Bonetti G, Meynadier J (1988) Parfums, Cosmet Aromes 83:73–82, zit. nach Lit.[106]
167. Maruzella JC, Henry PA (1958) J Am Pharm Ass 47:294–296
168. Maruzella JC, Liguori L (1958) J Am Pharm Ass 47:250–254
169. Wilcke JR (1988) Veterinary Clinics of North America, Small Animal Practice 18:783–797
170. Haffner F, Schultz OE, Schmid W (1984) Normdosen gebräuchlicher Arzneistoffe und Drogen, 7. Aufl., Wissenschaftliche Verlagsgesellschaft, Stuttgart
171. Jenner PM, Hagan EC, Taylor JM, Cook EL, Fitzhugh OG (1964) Food Cosmet Toxicol 2:327–343, zit. nach Lit.[60]
172. Opdyke DLJ (1975) Food Cosmet Toxicol 13 (Suppl):733–734
173. Urbach F, Forbes PD (1974) Report to RIFM, 17 July, zit. nach Lit.[172]
174. Wohl AJ (1974) Report to RIFM, 15 May, zit. nach Lit.[172]
175. Kligman AM (1974) Report to RIFM, 12 August, zit. nach Lit.[172]
176. Food Standards Committee Report on Flavouring Agents (1965) HM Stationery Office, London, zit. nach Lit.[63]
177. HPUS 88
178. Adams RP (1991) Analysis of Juniper and Other Forest Tree Oil. In: Linskens HF, Jackson JF (Hrsg.) Essential Oils and Waxes, Springer-Verlag, Berlin Heidelberg New York London Paris Tokyo Hong Kong Barcelona Budapest, S. 131–157
179. Flake RH, Rudloff Ev, Turner BL (1973) Recent Adv Phytochem 6:215–229
180. Adams RP (1987) Biomass 12:129–139
181. Takahashi M et al. (1960) J Pharm Soc Jpn 80:1.488, zit. nach Lit.[5]
182. Lawrence BM (1985) Perf Flav 10:1–6, zit. nach Lit.[28]
183. Heide R ter, Visser J, Linde LM van der, Lier FP van (1988) Dev Food Sci 18 (Flavors Fragrances):627–639
184. Baslas RK, Saxena S (1985) Herba Hung 24:27–29
185. Sabine JR (1975) Toxicology 5:221–235
186. Watt JM, Breyer-Brandwijk MG (1962) Medicinal and Poisonous plants of Southern and Eastern Africa, 2. Aufl., E & S Livingstone Ltd., Edinburgh London
187. Urbach F, Forbes PD (1973) Report to RIFM, 18 July, zit. nach Lit.[156]
188. Moreno OM (1973) Report to RIFM, 5 July, zit. nach Lit.[156]
189. Kligman AM (1973) Report to RIFM, 31 October, zit. nach Lit.[156]
190. Greenbaum SS (1934) J Pharm Sci 55:11.426, zit. nach Lit.[156]
191. Geßner O (1931) Die Gift- und Arzneipflanzen von Mitteleuropa, K. Winter, Heidelberg, S. 196
192. Winter AG (1957) Zentralbl Bakt Paras Rd; Infekt Kr Hyg 170:215–222
193. Bürgi E (1942) Die Durchlässigkeit der Haut für Arzneien und Gifte, Springer-Verlag, Berlin, S. 8–10, 49–51
194. Mascolo N, Autore G, Capasso F, Menghini A, Fasulo MP (1987) Phytother Res 1:28–31
195. Hausen B (1988) Allergiepflanzen, Pflanzenallergene, Ecomed, Landsberg München

HB/Fl/RS

Justicia

HN: 2015500

Familie: Acanthaceae.

Unterfamilie: Acanthoideae.

Tribus: Justicieae.

Gattungsgliederung: Die Gattung Justicia L. ist die größte innerhalb der Acanthaceae und enthält etwa 600 Arten.[16] Bisweilen wird die Artenzahl auf 250 bzw. 300 geschätzt,[19] oder man geht von etwa 420 Arten aus.[20] Die Bearbeitung in Lit.[16] stellt aber derzeit die aktuellste und umfassendste Revision der gesamten Gattung Justicia dar, so daß diesen Angaben Priorität einzuräumen ist.
Die früher als eigenständig betrachteten Gattungen Adhatoda MILLER und Beloperone NEES werden heute in Justicia L. einbezogen. Die Gattung wird in 16 Sektionen und 7 Subsektionen gegliedert.[16] Die pharmazeutisch verwendeten Arten sind wie folgt einzuordnen:
Justicia adhatoda L. und *J. engleriana* LINDAU gehören in die Sektion Vasica LINDAU, *J. betonica* L. in die Sektion Betonica (NEES) T. ANDERS., *J. gendarussa* BURM. fil. in die Sektion Raphidospora (NEES) T. ANDERS. und *J. procumbens* L. in die Sektion Rostellaria V. A. W. GRAHAM.

Gattungsmerkmale: Ausdauernde, selten einjährige Kräuter oder Sträucher. Blätter einfach, gestielt, elliptisch-oval bis lanzettlich, ganzrandig oder gekerbt, an der Basis herzförmig oder keilig verschmälert, im Blattgewebe oft mit auffälligen Cystolithen von 0,1 bis 0,5 mm Länge. Blüten in Trauben oder Dichasien vereinigt, teilweise auch in Form kompakter Büschel, seltener zu einer Einzelblüte reduziert. Tragblätter dreieckig-lanzettlich bis rundlich-oval, so lang oder länger als der Kelch. Häufig mit 2 Vorblättern. Kelch röhrenförmig, 5teilig mit meist gleichen Segmenten, bisweilen auf 1 Segment reduziert. Krone röhrig verwachsen, zweilippig, die Oberlippe schwach zweilappig, die Unterlippe deutlich dreilappig. Staubblätter 2, dithezisch, die Theken oft ungleich, teilweise mit sterilen Anhängseln. Pollen mit 2 bis 3(4) Keimporen, isopolar, mit feinnetziger Oberflächenskulpturierung. Fruchtknoten 2fächerig, mit jeweils 2 Samenanlagen pro Fach. Kapsel 4samig. Samenform (scheibenförmig bis kugelig) und Oberfläche (glatt bis grubig, auch behaart) sehr variabel.[16]

Verbreitung: Tropen, überwiegend in Asien, auch tropisches Afrika.

Inhaltsstoffgruppen: Die Gattung Justicia ist phytochemisch kaum untersucht worden. Insbesondere ist nicht bekannt, ob die für *Justicia adhatoda* L. charakteristischen Chinazolinalkaloide in weiteren Justicia-Arten vorkommen.

Drogenliefernde Arten: *J. adhatoda*: Justicia-adhatoda-Blätter, Justicia-adhatoda-Blüten, Justicia-adhatoda-Rinde, Justicia-adhatoda-Wurzel, Adhatoda vasica hom. *HAB1*, Justitia adhatoda hom. *HPUS88*; *J. betonica*: Justicia-betonica-Blätter; *J. engleriana*: Justicia-engleriana-Blätter, Justicia-engleriana-Wurzel; *J. gendarussa*: Justicia-gendarussa-Blätter; *J. procumbens*: Justicia-procumbens-Kraut.

Justicia adhatoda L.

Synonyme: *Adhatoda vasica* NEES, *Adhatoda zeylanica* MEDIKUS, *Ecbolium adhatoda* (L.) KUNTZE.

Sonstige Bezeichnungen: Engl.: Malbar nut; Bengali: Bakash; Gjuarati: Adatoda, Ardusi; Hindi: Adulsa, Vasaka; Sinhala: Adatoda, Agaladara; Tamil: Adadodi, Vachai.

Botanische Beschreibung: Immergrüner, unangenehm riechender, bis 2,5 m hoher, dichter Strauch, mit zahlreichen, meist gegenständig angeordneten Ästen. Stamm mit gelblicher Rinde. Blätter einfach, gestielt, lanzettlich bis elliptisch, 8 bis 25 cm lang, 2,5 bis 8 cm breit, zugespitzt, ganzrandig an der Basis keilförmig, mit 10 bis 12 Paar netzig verbundenen Nerven, dünn, ledrig. Blattspreite und Blattstiel fein behaart. Blattstiel 1,3 bis 2,5 cm lang. Blüten in dichten, 2,5 bis 7,5(12) cm langen, gestielten, blattachselständigen Ähren. Tragblätter elliptisch, 2,2 bis 4 cm lang, 5- bis 7nervig. Vorblätter länglich lanzettlich, spitz, 1,5 bis 2 cm lang, mit ciliatem Rand, 1nervig. Kelch bis 1,5 cm lang, kahl oder schwach behaart, tief 5spaltig, mit gleichmäßigen lanzettlichen Segmenten. Krone weiß, auf der Unterlippe mit einigen unregelmäßigen, in Querrich-

Blühender Zweig von *Justicia adhatoda* L. Nach Lit.[1]

tung verlaufenden, roten bis purpurfarbenen Bändern.
Kronröhre 1,3 cm lang, in der unteren Hälfte zylindrisch, innen behaart. Oberlippe konvex gewölbt, schwach zweigelappt. Unterlippe ebenso lang, aber breiter, tief dreigelappt. 2 Staubblätter mit verbreiterten Filamenten. Antheren pfeilförmig, an der Basis manchmal gespornt. Fruchtknoten 2fächerig, mit zweilappiger Narbe. Kapsel 4samig, 1,9 bis 2,5 cm lang, 0,8 cm breit, längsrillig, kurz behaart. Samen 5 bis 7 mm im Durchmesser, rundlich, unbehaart, schwach höckrig-warzig.[1,21,22]

Verwechslungen: Die zur gleichen Familie gehörende und im selben Gebiet vorkommende Art *Justicia betonica* L. hat ähnliche Blätter, unterscheidet sich jedoch durch einen weniger dichten Blütenstand mit kleineren, hellpurpur gefärbten Tragblättern.[1]

Inhaltsstoffe: Alle Organe führen Alkaloide, vorzugsweise Alkaloide vom Chinazolintyp, mit Ausnahme des Adhatonins der Wurzel, das zu den Alkaloiden der Harmanreihe gehört. Das Alkaloidspektrum der Blätter hängt vom Alter ab. In Blättern älterer Pflanzen überwiegen Vasicin und Hydroxyvasicin; in denen jüngerer Pflanzen kommen daneben Vasicolin und Adhatodin sowie deren Oxydationsprodukte Vasicolinon und Anisotin vor.[2,5]
Die Alkaloidkonzentration aller Pflanzenorgane zeigt einen ausgeprägten jahreszeitlichen Rhythmus. In Hyderabad wurden für die Blätter zwei Jahresmaxima – im September/Oktober und im Januar/Februar – gefunden, in Sri Lanka hingegen ein einziges Maximum in den Monaten Juli/August, ähnlich in Jammu-Tawi mit maximalen Alkaloidgehalten von August bis Oktober.[2,4,5] Blätter, Blüten und Wurzel liefern 0,075 % ätherisches Öl (bestimmt mittels Wasserdampfdestillation).[34]

Verbreitung: Ursprünglich war die Pflanze in Nordindien (Pandschab, Assam, Nepal) beheimatet, ist jedoch heute im ganzen Verbreitungsgebiet der Ayurvedamedizin, also in Indien und Sri Lanka, sowie ostwärts bis zum Malaiischen Archipel anzutreffen. Meist wächst die Pflanze wild, wird aber auch als Hecke angepflanzt.

Anbaugebiete: Die Droge stammt überwiegend aus Wildsammlung und ein Anbau ist wegen des verbreiteten Vorkommens nicht notwendig.

Drogen: Justicia-adhatoda-Blätter, Justicia-adhatoda-Blüten, Justicia-adhatoda-Rinde, Justicia-adhatoda-Wurzel, Adhatoda vasica hom. *HAB 1*, Justicia adhatoda hom. *HPUS 88*.

Justicia-adhatoda-Blätter

Synonyme: Folia Adhatodae.

Sonstige Bezeichnungen: Dt.: Adhatoda-vasika-Blätter, Vasaka-Blätter; engl.: Malabar nut leaves; Indien: Adhatoda, Vasaka.

Monographiesammlungen: Adhatoda *BPC 49*; Vasaka *IndP 85*, *IndPC 53*.

Definition der Droge: Getrocknete Laubblätter.

Stammpflanzen: *Justicia adhatoda* L.

Herkunft: Indien, Nepal, Pakistan, Sri Lanka und andere Länder Südost-Asiens.

Gewinnung: Sammlung aus Wildvorkommen, Lufttrocknung.

Handelssorten: Großblättrige (GBV) und kleinblättrige (KBV) Sorte.[2]

Ganzdroge: Die Blätter sind ungeteilt, ganzrandig, lanzettlich bis elliptisch zugespitzt, in eine Spitze auslaufend, dünn, ledrig, Epidermis beiderseits glatt mit einzelnen feinen Haaren auf der Spreite und dem Blattstiel. Blattstiel 1,3 bis 2,5 cm lang. Die Blätter der kleinblättrigen Sorte (KBV) sind 10 bis 15 cm lang und 3 bis 6 cm breit, von dunkelgrüner Farbe, elliptisch bis leicht herzförmig und tragen neben dem Hauptnerv 8 bis 10 Paare von Seitennerven. Die Blätter der großblättrigen Sorte (GBV) sind 20 bis 30 cm lang und 4 bis 8 cm breit, von hellgrüner Farbe, lanzettlich geformt, dünner und tragen neben dem Hauptnerv 13 bis 14 Paare von Seitennerven.[2]

Schnittdroge: *Geruch.* Kräftig, süßlich unangenehm.
Geschmack. Bitter.
Makroskopische Beschreibung. Die getrocknete Droge besteht aus dünnen, ledrigen Blattstücken mit glatter Oberfläche und wenigen feinen Haaren. Farbe an der Blattoberseite dunkel-bräunlichgrün, an der Unterseite heller grünlich-braun. *Mikroskopisches Bild.* Diacytische Stomata auf beiden Blattflächen, besonders zahlreich auf der Unterseite. Epidermiszellen mit welligem Rand. Die dünnwandigen, warzigen Deckhaare der großblättrigen Sorte (GBV) sind meist dreizellig, 140 bis 400 µm lang und überweigend auf der Blattunterseite zu finden. Vereinzelt kommen auch einzellige Deckhaare vor. Bei der kleinblättrigen Sorge (KBV) sind die Deckhaare meist zweizellig, länger (200 bis 500 µm) und auf beiden Blattseiten gleich häufig. Die kleinen, sitzenden, braunen, vierzelligen Drüsen sind bei der GBV in größerer Zahl und mit größerem Durchmesser zu finden als bei der KBV, wo sie überwiegend auf der Blattunterseite stehen. Auch Cystolithen und Ölzellen treten bei der GBV häufiger auf. Abbildungen zur Anatomie s. Lit.[2,3]

Pulverdroge: Zwei- bis vierzellige, dünnwandige, warzige Deckhaare, 4zellige Drüsen, wellige Epidermiszellen, diacytische Stomata, Cystolithen aus Calciumcarbonat, keine Stärke, Spiral- und Netzgefäße.[36]

Inhaltsstoffe: *Alkaloide.* 0,5 bis 2 % Chinazolinalkaloide (titrimetrisch bestimmt und berechnet als Vasicin, bzw. durch HPLC als Einzelsubstanzen).[5]
Die Gesamtalkaloide verteilen sich auf Vasicin (45 bis 95 %), Vasicinon (10 bis 15 %), Hydroxyvasicin (3 %), Vasicolin (2 bis 5 %) und 5-Methoxyvasicin (Spuren).[8]

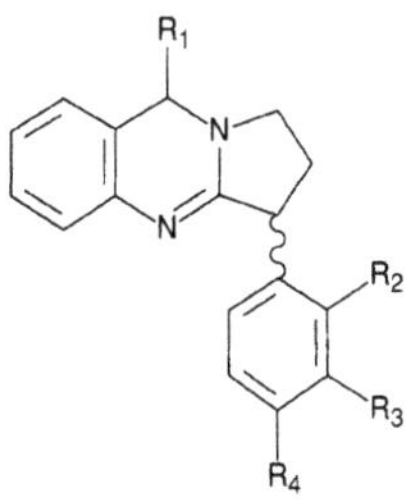

	R_1	R_2	R_3	R_4
Adhatodin	$-H_2$	$-H$	$-C(=O)OCH_3$	$-NHCH_3$
Anisotin	$=O$	$-H$	$-C(=O)OCH_3$	$-NHCH_3$
Vasicolin	$-H_2$	$-N(CH_3)_2$	$-H$	$-H$
Vasicolinon	$=O$	$-N(CH_3)_2$	$-H$	$-H$

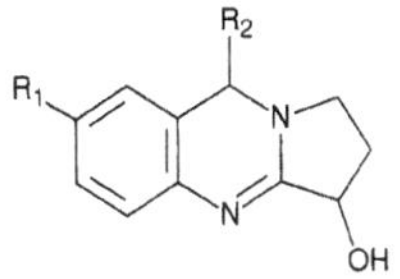

	R_1	R_2
Vasicin	$-H$	$-H_2$
Vasicinon	$-H$	$=O$
Hydroxyvasicin	$-OH$	$-H_2$

Ca. 0,2 % eines unangenehm riechenden ätherischen Öles nicht näher bekannter Zusammensetzung.[14]

Zubereitungen: Extractum Vasakae Liquidum *IndPC53*: Fluidextrat 1:1, hergestellt durch Perkolation mit Ethanol 40 % (*V/V*).

Identität: DC der Alkaloide:
- Prüflösung: Ein mit verdünnter Schwefelsäure hergestellter Extrakt aus der gepulverten Droge wird durch Laugenzugabe alkalisch eingestellt, mit Diethylether ausgeschüttelt und die Etherphase aufgetragen;
- Sorptionsmittel: Kieselgel 60 F_{254};
- Fließmittel: Toluol-Ethylacetat-Diethylamin (7 + 2 + 1);
- Detektion: Direktauswertung im UV 254 und UV 365 nm;
- Auswertung: Bei Betrachtung im UV 254 nm erkennt man Vasicin und Vasicinon als deutliche Absorptionsbanden im Bereich von Rf gleich 0,1 bis 0,2. Im UV 365 nm erscheint bei Rf ca. 0,7 ein deutlich blau fluoreszierender Fleck.

Reinheit: – Fremde organische Beimengungen: Höchstens 2 % *IndPC53*.

Gehalt: Keine Gehaltsforderungen festgelegt.

Gehaltsbestimmung: Titrimetrische Bestimmung der Alkaloide: Beschreibung der Methode s. Adhatoda vasica hom. *HAB 1*.
HPLC-Bestimmung der Alkaloide:
- Probenvorbereitung: Die mit Ammoniak befeuchtete Droge wird mit Chloroform extrahiert und die Chloroformphase mit 10 % Essigsäure ausgeschüttelt. Nach Alkalisierung der Säurephase werden die Alkaloide wieder mit Chloroform ausgeschüttelt;
- HPLC-Parameter: ODS-Säule 5 µm, 30 cm; Eluent: Methanol, Dichlormethan, Perchlorsäure (50:50:0,01), Fluß 0,1 mL/min, Detektion bei 300 nm;
- Retentionszeiten: Vasicinon = 5 min, Vasicin = 7 min. Die Berechnung des Gehalts erfolgt über die äußeren Standards Vasicin und Vasicinon, deren Gewinnung beschrieben wird.[8]

Stabilität: Über die Haltbarkeit der Droge liegen keine Angaben vor. Bei Extraktion mit organischen Lösemitteln, besonders mit lipophilen chlorierten Kohlenwasserstoffen, tritt eine lichtabhängige (UV-Licht) Oxidation des Vasicins zu Vasicinon ein.[8]

Wirkungen: Die Alkaloide sowie das ätherische Öl werden als die wirksamkeitsbestimmenden Inhaltsbestandteile angesehen. Aus diesem Grunde wurden pharmakologische Prüfungen überwiegend mit einzelnen Alkaloiden durchgeführt. Zu den Wirkungen des ätherischen Öles liegen hingegen nur einige wenige ältere Prüfungen vor.
Wirkungen auf den Respirationstrakt.
Expektorierende Wirkung. Nach klinischen Beobachtungen wirkt die Tinktur bei Patienten mit akuter oder chronischer Bronchitis expectorierend.[35] Angaben zu der verwendeten Dosierung können der Literatur nicht entnommen werden. An der expektorierenden Wirkung soll das ätherische Öl beteiligt sein. Für diese behauptete Wirkung reichen die experimentellen Belege jedoch nicht aus.[23-25]
Bronchospasmolytische Wirkung.
Drogenzubereitungen. Bei Patienten mit Bronchialasthma zeigte die Tinktur keine bronchospasmolytische Wirkung; auch konnte kein synergistischer Effekt zur Gabe von Belladonna-Extrakt oder Atropin beobachtet werden.[35] Angaben zur Dosie-

rung, zur Zahl der Probanden oder andere Details können der Literatur nicht entnommen werden.
Reinsubstanzen. Vasicin als Reinsubstanz zeigt bei histamininduzierter Bronchokonstriktion am anästhesierten Meerschweinchen im Dosisbereich von 2,5 bis 10 mg/kg KG i.v. zunächst einen bronchokonstriktorischen Effekt, dem dosisabhängig längerdauernde Bronchodilatation folgt. Ab einer Dosis von 5 mg/kg KG Vasicin wird eine, durch 2 µg/kg KG i.v. Histamin ausgelöste Bronchokonstriktion inhibiert. Die Hemmung hält 15 bis 20 min an.
An isolierten Trachialringen von Meerschweinchen und Hunden zeigt Vasicin eine dosisabhängige Hemmung des durch Carbachol ausgelösten Bronchospasmus. Die Vasicinkonzentration im Organbad lag im Bereich von 4×10^{-5} bis $2,4 \times 10^{-4}$ g/mL.[10]
Am anästhesierten Hund wurde die atemstimulierende Wirkung von Vasicin untersucht. I.v. Gaben von 5 bis 7,5 mg/kg KG führten zu einer zwei- bis dreifachen Erhöhung der Frequenz und der Atemtiefe. Der Effekt tritt 2 bis 3 min nach der Injektion auf und hält 40 bis 60 min an.
Lokale Applikation einer Emulsion von 1 mg/mL Vasicin auf die innere Oberfläche des isolierten Froschösophagus erhöht die Motilität der Cilien um 40 bis 50 %.[10]
Vasicinon, das Oxidationsprodukt von Vasicin, zeigt am anästhesierten Meerschweinchen in Dosen von 2,5 bis 10 mg/kg KG i.v. einen stärkeren bronchokonstriktorischen Effekt als Vasicin.
Eine durch 2 µg/kg KG i.v. Histamin induzierte Bronchokonstriktion wird nach Vasicinongabe in den genannten Dosen verstärkt.[10]
Vasicin und Vasicinon im Mischungsverhältnis 1:1 zeigen höhere bronchodilatatorische Aktivität und Antagonismus gegen histamininduzierte Bronchokonstriktion als eine entsprechende Gabe von Vasicin alleine. Vasicinon verstärkt also die bronchodilatatorische Wirkung von Vasicin.[10]
Zusammenfassend läßt sich sagen, daß bei Gabe von Vasicin nach kurzzeitiger Bronchokonstriktion eine langanhaltende Bronchodilatation auftritt. Vasicinon zeigt für sich alleine eine anhaltend bronchokonstriktorische Wirkung. In Kombination mit Vasicin verstärkt es jedoch dessen bronchodilatatorische Wirkung.
Wirkungen auf das Herz-Kreislauf-System.
Drogenzubereitungen. Untersuchungen mit Drogenzubereitungen liegen nicht vor.
Reinsubstanzen. Neben seiner Wirkung auf die Bronchien führt Vasicin am anästhesierten Hund nach i.v. Gabe von 5 bis 10 mg/kg KG dosisabhängig einen leichten Blutdruckabfall von 35 und 42 % herbei. Vasicinon zeigt keinen Einfluß auf den Blutdruck.[29] Am isolierten perfundierten Meerschweinchenherzen nach Langendorff zeigt Vasicin einen negativ inotropen und negativ chronotropen Effekt. Vasicinon selbst besitzt keine der genannten Wirkungen, ist jedoch ein Antagonist des Vasicins am isolierten Meerschweinchenherzen nach Langendorff.[10]
Wirkungen auf das Urogenitalsystem.
Drogenzubereitungen. Über eine Antifertilitätswirkung ethanolischer Auszüge der Blätter wird berichtet. An weiblichen Albino-Ratten soll damit die Trächtigkeit um 60 bis 70 % reduziert werden.[25]
Reinsubstanzen. Der isolierte Rattenuterus im Östrus reagiert auf Konzentrationen von 1 bis 5 µg/mL Vasicin im Organbad mit einer Erhöhung der Amplitude und des Tonus der koordinierten Kontraktion.[10]
Im Tierversuch an Ratten, Meerschweinchen, Hamstern und Kaninchen konnte bei den beiden zuletztgenannten Tierspezies eine dosisabhängige abortive Wirkung von i.v. appliziertem Vasicin nachgewiesen werden. Die effektive Dosis lag im Bereich von 2,5 bis 10 mg/kg KG. Hemmung des Effektes durch vorherige Gabe von Aspirin oder Indocid deutet auf eine Wirkung durch Freisetzung von Prostaglandinen hin.[26]
Klinisch-pharmakologische Untersuchungen am Menschen, bei denen Vasicin in Dosen von 0,5 bis 16 mg in 500 mL Kochsalzlösung über 3 Stunden infundiert wurde, zeigten eine gute Verträglichkeit der angegebenen Dosen. Jedoch kam es bei den behandelten Frauen zu einer Tonuserhöhung und verstärkter Kontraktion des Uterus, was auf eine potentiell abortfördernde Wirkung von Vasicin beim Menschen hinweist.[27]
Antibakterielle Wirkung. Für die antibakterielle Wirkung von Blattextrakten[35] liegen keine experimentellen Belege vor. Das ätherische Öl hemmt dosisabhängig im Bereich von 2 bis 20 µg/mL dem Nährmedium zugesetzt selektiv das Wachstum von *Mycobacterium tuberculosis*; andere säurefeste Bakterien bleiben bis in den Konzentrationsbereich von 500 µg ätherisches Öl/mL Nährmedium unbeeinflußt.[28]

Resorption: Untersuchungen liegen nur für das Vasicin vor. Es wird nach oraler Gabe an Mäuse, Ratten und Meerschweinchen rasch resorbiert; Angaben zur Resorptionsquote fehlen. Das Alkaloid unterliegt metabolischen Veränderungen durch die Leberenzyme, wobei Vasicinon, Desoxyvasicin und bisher nicht identifizierte weitere Oxidationsprodukte entstehen. Bereits 30 min nach oraler Gabe ist Vasicin nahezu quantitativ verstoffwechselt.[10]
Dieser ausgesprochene first-pass-Effekt des Vasicins hat für die Beurteilung von Wirkungen galenischer Zubereitungen, die Vasicin enthalten, die Konsequenz: Es darf von den Wirkungen des Vasicins nach parenteraler Applikation nicht auf die von Drogenextrakten extrapoliert werden, insbesondere gilt das für die Wirkung auf den Uterus, die den Metaboliten völlig abgeht.
Die Bioverfügbarkeit des Vasicins – als Meßparameter dienen Blutspiegelkurven (Konzentrations-Zeit-Kurven) – kann allerdings durch die gleichzeitige Gabe von Piper-longum-Früchten oder auch von reinem Piperin (50 mg/kg KG) um 230 % gesteigert werden: Von 61 µg-h/mL auf 204 µg-h/mL.[10]
Als Ursache wird eine Hemmung der Leberenzyme vermutet.

Verteilung: Die Verteilung von radioaktiv markiertem Vasicin nach i.v. Applikation von 30 mg/kg KG wurde über einen Zeitraum von 90 min an Mäusen untersucht.[11] Danach sind während der ersten 30 min nach Applikation die höchsten Gewebespiegel im Uterus zu finden. Überraschenderweise lassen sich in diesem Zeitraum im Gehirn höhere Spiegel als in den übrigen Organen nachweisen. Anschließend erfolgt eine Umverteilung der Radioaktivität in die Skelettmuskulatur. Parallel dazu ist eine stetige Zunahme radioaktiv markierter Substanzen in Niere, Lunge und Gastrointestinaltrakt zu beobachten.[11]

Elimination: 90 Minuten nach i. v. Applikation von 30 mg/kg KG in Mäusen sind 10 % der verabreichten Menge an radioaktiv markiertem Vasicin überwiegend in unveränderter Form renal eliminiert. Ein großer Teil der Radioaktivität wird mit der Galle in den Darm abgegeben. Mehr als 70 % der radioaktiv markierten Substanzen sind nach 52 Stunden ausgeschieden. Genauere Angaben werden nicht gemacht.[11]

Volkstümliche Anwendung und andere Anwendungsgebiete: Katarrhe der oberen Luftwege, akute und chronische Bronchitis.[34,35] Die Anwendung bei Bronchitis kann mit der bronchospasmolytischen Wirkung des Vasicins in Verbindung gebracht werden; doch konnte die klinische Wirksamkeit nicht bestätigt werden.[35] Bei Lungentuberkulose als hustenreizstillendes und auswurfförderndes Mittel.[35] In den Lehrbüchern der Ayurvedamedizin werden als weitere Anwendungsgebiete Gonorrhöe, "Unreinheiten" des Körpers, Durchfall und Schlangenbisse genannt.[1] Die Wirksamkeit der Droge bei den genannten Anwendungsgebieten ist nicht belegt.

Dosierung und Art der Anwendung: Innerlich: Einzeldosis 2 g als Pulverdroge oder als Abkochung.[35] Demgegenüber nach Lit.[34] als Tagesdosis 1 bis 2 g als Droge und als Fluidextrakt (1:1 mit Ethanol 40 %, *V/V*).

Unerwünschte Wirkungen: In höherer Dosierung können Reizungen der Magenschleimhaut, Erbrechen und Durchfall auftreten.[34]

Gegenanzeigen/Anwendungsbeschr.: Obwohl es keine konkreten Hinweise auf oxytocinartige oder fruchtschädigende Wirkungen nach p. o. Applikation von Vasicin enthaltenden Drogenzubereitungen gibt, sollte sicherheitshalber eine Anwendung während der Schwangerschaft vermieden werden.

Tox. Inhaltsstoffe u. Prinzip: Angaben liegen nur für den Reinstoff Vasicin vor.[10]

Akute Toxizität: LD_{50} bei der Maus: 78,5 mg Vasicinhydrochlorid/kg KG i. p.; bei der Ratte: 250 mg/kg KG s. c. Bei hoher Dosierung tritt der Tod innerhalb von 1 h nach Applikation nach vorangehenden Krämpfen ein.
Nach i. p. oder i. v. Gabe von 20 mg Vasicinhydrochlorid/kg KG an wache Hunde stellten sich innerhalb von 5 min Erregungszustände ein, die Atemtätigkeit erwies sich als beschleunigt, es kam zu Salivation sowie zur Entleerung von Blase und Darm. Nach weiteren 30 min klangen die Erscheinungen ab. Selbst nach Gabe von 50 mg/kg KG (i. v. oder i. p.) wurden keine Todesfälle beobachtet; Beobachtungszeitraum 72 h.

Chronische Toxizität: Für die Droge und ihre Zubereitungen liegen keine Studien vor. Die Reinsubstanz Vasicin wurde von Ratten bei täglicher Gabe von 10, 25 und 50 mg/kg KG s. c. sowie von 20 und 100 mg/kg KG p. o. über einen Zeitraum von 15 Tagen gut vertragen: Es wurde keine Gewichtsabnahme beobachtet, auch keine Änderung klinischer und biochemischer Laborwerte; die histopathologische Untersuchung von Leber, Milz, Lunge, von Herz, Testes und Uterus waren ohne Befund. Zwei Tiere zeigten eine herdartige Ansammlung von Monocyten in den Glomeruli nach Gabe von 100 mg Vasicin/kg KG p. o.[10]

Carcinogenität: Für die Droge und ihre Zubereitungen liegen keine Untersuchungen zur Carcinogenität vor.

Mutagenität: Für die Droge und ihre Zubereitungen liegen keine Untersuchungen zur Mutagenität vor.

Reproduktionstoxizität: Für die Droge und ihre Zubereitungen liegen keine Untersuchungen zur Reproduktionstoxikologie vor. Vasicin wurde an Ratten (50 Versuchstiere) und an Kaninchen (52 Tiere beiderlei Geschlechts) auf Teratogenität geprüft: Die Nachkommen der ersten und der zweiten Generation ließen keinerlei pathologische Veränderungen erkennen.[10]

Alte Rezepturen: Syrupus Vasakae *IndPC 53*: Extractum Vasakae Liquidum 50 mL, Glycerol 10 mL, Sirup ad 100 mL.

Sonst. Verwendung: *Pharmazie/Medizin.* Vasicin diente als Modellsubstanz für chemische Synthesereihen von Expektorantien, aus denen die Arzneistoffe Bromhexin und Ambroxol hervorgegangen sind.[12,13] *Landwirtschaft.* Eine insekticide Wirkung der Vasaka-Blätter wurde beschrieben.[6] Diese Wirkung gegen eine Vielzahl von Insektenarten beruht auf einer Reduktion der Eizahl und der Befruchtungsfähigkeit von Eiern und Spermien durch das Alkaloid Vasicin, sowie einem fraßhemmendem Effekt. Vasicin wirkt ferner algicid gegen die in Fischteichen wuchernden Algen der Gattung Euglena. Vasakablätter werden auch zur Kontrolle des Algenwachstums in Reisfeldern empfohlen.[10] Nach älteren Beobachtungen sollen Reisbauern in Nordindien die Blätter als Herbicid und gegen Blutegel in Reisfeldern benutzt haben.[14]

Justicia-adhatoda-Blüten

Definition der Droge: Während der Blütezeit gepflückte Blüten.

Stammpflanzen: *Justicia adhatoda* L.

Inhaltsstoffe: In den Blüten ist 2',4-Dihydroxychalkon-4-glucosid gefunden worden.[18] Die Menge ist nicht bekannt. Außerdem enthalten die Infloreszenzen abhängig von der Jahreszeit 1 bis 2 % Vasicin.[4]

Volkstümliche Anwendung und andere Anwendungsgebiete: In der Ayurvedamedizin wie die Blätter angewendet (s. Justicia-adhadota-Blätter).

Justicia-adhatoda-Rinde

Definition der Droge: Die getrocknete Rinde der Stämme, Zweige und Wurzeln.

Stammpflanzen: *Justicia adhatoda* L.

Inhaltsstoffe: In der Rinde wurden Vanillinsäure, Isovanillinsäure und Syringasäure gefunden.[31]

Volkstümliche Anwendung und andere Anwendungsgebiete: In der Ayurvedamedizin wie die Blätter angewendet (s. Justicia-adhadota-Blätter).

Justicia-adhatoda-Wurzel

Definition der Droge: Die getrocknete Wurzel.

Stammpflanzen: *Justicia adhatoda* L.

Inhaltsstoffe: Aus der Wurzel sind sowohl Alkaloide vom Chinazolintyp – Vasicin, Vasicinon, Vasicinol, Vasicinolon und Vasicol – als auch das Harmanalkaloid Adhatonin isoliert und identifiziert worden.[17,32] Mengenangaben werden nicht mitgeteilt.

Volkstümliche Anwendung und andere Anwendungsgebiete: In der Ayurvedamedizin wie die Blätter angewendet (s. Justicia-adhatoda-Blätter).

Adhatoda vasica hom. *HAB 1*

Monographiesammlungen: Adhatoda vasica *HAB 1* (5. Nachtrag).

Definition der Droge: Die frischen Blätter.

Stammpflanzen: *Adhatoda vasica* NEES (Syn. *Justicia adhatoda* L.).

Zubereitungen: Urtinktur und flüssige Verdünnungen nach *HAB 1*, Vorschrift 3a; Eigenschaften: Die Urtinktur ist eine grüne Flüssigkeit ohne besonderen Geruch und mit bitterem Geschmack.
Darreichungsformen: Verreibungen, Tabletten, Streukügelchen und flüssige Verdünnungen zur Injektion.[33]

Identität: *Urtinktur.*
- Orangegelber Niederschlag mit Dragendorffs Reagenz.
- Farbveränderung von grün nach braun mit Eisen(III)chlorid-Lsg.
- Violette Fluoreszenz im UV-Licht bei 365 nm.
- Voluminöser Niederschlag nach Zugabe von Blei(II)acetat-Lsg.
- Dünnschichtchromatographie: Diese speziell für das *HAB 1* erarbeitete DC-Prüfung zielt auf den Nachweis der Alkaloide. Man erhält mit dem ammoniakalischen Etherauszug aus der Urtinktur ein typisches Fingerprintchromatogramm, in dem das Hauptalkaloid Vasicin eine intensive Zone im unteren Drittel des Rf-Bereichs zeigt. Daneben treten bei Betrachtung im UV-Licht bei 365 nm mehrere blauviolett fluoreszierende Alkaloidbanden auf. Zur Detektion der Alkaloide verwendet man das Iodplatin-Reagenz des *HAB 1*.

Reinheit: *Urtinktur.*
- Relative Dichte: 0,895 bis 0,915.
- Trockenrückstand: Mindestens 1,5 %.

Gehalt: Die Urtinktur enthält mindestens 0,18 und höchstens 0,36 % nicht flüchtiger Basen, berechnet als Vasicin.

Gehaltsbestimmung: Titrimetrische Alkaloidbestimmung nach Ausschütteln der alkalisierten Urtinktur mit Ether.

Anwendungsgebiete: Die Anwendungsgebiete entsprechen dem homöopathischen Arzneimittelbild. Dazu gehören: Akute Entzündungen der Luftwege; Heuschnupfen.[33]

Dosierung und Art der Anwendung: *Zubereitung.* Bei akuten Zuständen häufige Anwendung alle halbe bis ganze Stunde je 5 Tropfen oder 1 Tablette oder 10 Streukügelchen oder 1 Messerspitze Verreibung einnehmen; parenteral 1 bis 2 mL bis zu 3mal täglich.
Bei chronischen Veralufsformen 1- bis 3mal täglich 5 Tropfen oder 1 Tablette oder 10 Streukügelchen oder 1 Messerspitze Verreibung einnehmen; parenteral 1 bis 2 mL pro Tag.[33]

Unerwünschte Wirkungen: Nicht bekannt. Hinweis: Es können vorübergehend Erstverschlimmerungen vorkommen, die jedoch unbedenklich sind.[33]

Gesetzl. Best.: *Offizielle Monographien.* Aufbereitungsmonographie der Kommission D am BGA "Adhatoda vasica (Justicia adhatoda)".[33]

Justicia adhatoda hom. *HPUS 88*

Monographiesammlungen: Justicia adhatoda *HPUS 88.*

Definition der Droge: Die Blätter.

Stammpflanzen: *Adhatoda vasica* NEES (Syn. *Justicia adhatoda* L.).

Zubereitungen: *Urtinktur.* Herstellung durch Mazeration oder Perkolation mit Ethanol nach den allg. Zubereitungsvorschriften (Class C) des *HPUS 88.* Ethanolgehalt: 65 % (*V/V*).

Gehalt: *Urtinktur.* Arzneigehalt $^1/_{10}$.

Justicia betonica L.

Synonyme: *Adhatoda betonica* (L.) NEES, *Ecbolium betonica* (L.) KUNTZE, *Nicoteba betonica* (L.) LINDAU.

Botanische Beschreibung: Kleiner, bis 150 cm hoher Busch mit einfachen gegenständigen Blättern von 15 cm Länge und 6 cm Breite. Blüten im Blütenstand unregelmäßig angeordnet, Brakteen weiß mit grünen Adern, Blütenblätter hell purpur, innen und außen leicht behaart.

Verbreitung: Indien, Sri Lanka, Malaiischer Archipel, Tropisches Afrika.

Drogen: Justicia-betonica-Blätter.

Justicia-betonica-Blätter

Definition der Droge: Frische und getrocknete Laubblätter.

Stammpflanzen: *Justicia betonica* L.

Volkstümliche Anwendung und andere Anwendungsgebiete: In Indien und Sri Lanka werden die Blätter als Umschlag bei Verbrühungen verwendet.[1] Die Wirksamkeit der Droge ist nicht belegt. Es fehlen systematische Untersuchungen zur therapeutischen Eignung bei diesem Anwendungsgebiet.

Justicia engleriana Lindau

Synonyme: *Adhatoda engleriana* (Lindau) C.B. Clarke.

Botanische Beschreibung: Kleiner Busch mit zugespitzten Blättern von 40 cm Länge und 15 cm Breite. Blätter unterseits an der Mittelrippe behaart. Brakteen der Blüte vierzeilig angeordnet, von grüner Farbe mit dunklen Adern.

Verbreitung: Ostafrika.

Drogen: Justicia-engleriana-Blätter, Justicia-engleriana-Wurzel.

Justicia-engleriana-Blätter

Definition der Droge: Frische Laubblätter.

Stammpflanzen: *Justicia engleriana* Lindau.

Volkstümliche Anwendung und andere Anwendungsgebiete: Von den Eingeborenen Ostafrikas werden die frischen Blätter als Abführmittel bei Verstopfung und ein Dekokt der Blätter als Schmerzmittel bei der Geburt verwendet.[37] Die Wirksamkeit der Droge ist nicht belegt. Es fehlen systematische Untersuchungen zur therapeutischen Eignung bei diesen Anwendungsgebieten.

Justicia-engleriana-Wurzel

Definition der Droge: Frische und getrocknete Wurzel.

Stammpflanzen: *Justicia engleriana* Lindau.

Volkstümliche Anwendung und andere Anwendungsgebiete: Die Wurzel wird in Tansania und Kenia als Abführmittel bei Verstopfung und als Heilmittel bei Tuberkulose verwendet. Die Wirksamkeit der Droge ist nicht belegt. Es fehlen systematische Untersuchungen zur therapeutischen Eignung bei diesen Anwendungsgebieten.

Justicia gendarussa Burm. fil.

Synonyme: *Ecbolium gendarussa* (Burm.) Kuntze, *Gendarussa vulgaris* Nees.

Botanische Beschreibung: Stark verzweigter, bis 120 cm großer Busch mit vierkantigen Sprossen, die an den Blattachseln deutlich verdickt sind. Ganzrandige, lineal lanzettliche Blätter, gegenständig, 12 cm lang und 2 cm breit, Blüten im Blütenstand zu dreien in gegenständigen Quirlen angeordnet, Brakteen nur 2 bis 3 mm lang und stark behaart, Blütenröhre ist 5 cm lang, weiß und auf Ober- und Unterlippe rot gesprenkelt.

Verbreitung: Südostasien.

Drogen: Justicia-gendarussa-Blätter.

Justicia-gendarussa-Blätter

Definition der Droge: Frische oder getrocknete Laubblätter.

Stammpflanzen: *Justicia gendarussa* Burm. fil.

Inhaltsstoffe: Blätter enthalten viele Kaliumsalze und Justicin, ein bitteres Alkaloid.

Volkstümliche Anwendung und andere Anwendungsgebiete: Ein Infus der Blätter wird gegen Fieber und Kopfschmerz in der indischen und ceylonesischen Volksmedizin eingenommen. Der frische Saft der Blätter wird Kindern als Hustenmittel gegeben und als Tropfen gegen Ohrenschmerzen verwendet. Ein öliger Auszug der Blätter wird gegen Drüsenschwellungen und bei Ekzemen aufgetragen.[1] Die Wirksamkeit der Droge ist nicht belegt. Es fehlen systematische Untersuchungen zur therapeutischen Eignung bei diesen Anwendungsgebieten.

Justicia procumbens L.

Synonyme: *Ecbolium procumbens* (L.) Kuntze, *Rostellaria procumbens* (L.) Nees.

Botanische Beschreibung: Verzweigt kriechendes, ausdauerndes Kraut von etwa 20 cm Höhe. Zweige treiben an den unteren Knoten Wurzeln aus. Einfache gegenständige Blätter von 5 cm Länge und 2 cm Breite, oval bis eiförmig-oval geformt mit stumpfer Spitze und beidseitig leicht behaart. Blüten in einem dichten zylindrischen Blütenstand. Brakteen lineal lanzettlich, 6 mm lang, behaart und am Rand bewimpert. Zweilippige Blütenkronröhre ca. 1 cm lang, hellviolett bis pink gefärbt und auf der Unterlippe dunkle Flecken.

Verbreitung: Indien und Sri Lanka.

Drogen: Justicia-procumbens-Kraut.

Justicia-procumbens-Kraut

Definition der Droge: Verwendet werden die oberirdischen Teile in getrockneter oder frischer Form.

Stammpflanzen: *Justicia procumbens* L.

Volkstümliche Anwendung und andere Anwendungsgebiete: In Indien wird ein Aufguß des Krautes bei Asthma, Husten und Rheuma verwendet.[1] Die Wirksamkeit der Droge ist nicht belegt. Es fehlen systematische Untersuchungen zur therapeutischen Eignung bei diesen Anwendungsgebieten.

1. Jayaweera DMD (1981) Medicinal plants used in Ceylon, Teil 1, National Science Council, Colombo
2. Pundarikakshudu K, Bhavsar GC (1988) Int J Crude Drug Res 26:88–96
3. Krishnaswami R, David JC (1940) Indian J Pharm 2:141–145
4. Arambewela LSR, Ratnayake CK, Jayasekera JS (1988) Fitoterapia 59:151–153
5. Pandita K, Bhatia MS, Thappa RK, Agarwal SG, Dhar KL, Atal CK (1983) Planta Med 48:81–82
6. Srivastava SK (1960) zit. nach CA 54:2646h
7. Inamdar MC, Khorana ML, Rajarama Rao MR (1965) Planta Med 13:194–199
8. Brain KR, Thapa BB (1983) J Chromatogr 258:183–188
9. Schneider E (1988) Z Phytother 9:29–32
10. Atal CK (1980) Chemistry and Pharmacology of Vasicine – A new oxytocic and abortifacient, RRL, Jammu-Tawi
11. Zutshi U, Rao PG, Soni A, Gupta OP, Atal CK (1980) Planta Med 40:373–377
12. Engelhorn R, Püschmann S (1963) Arzneim Forsch 13: 474–480
13. Püschmann S, Engelhorn R (1978) Arzneim Forsch 28:889–898
14. Dymock W, Warden CJ, Hooper D (1893) Pharmacographia Indica, Bd. 3, Kegan, London Bombay Calcutta
15. Metha DR, Naravana JS, Desai RM (1963) J Org Chem 28:445–448
16. Graham VAW (1988) Kew Bull 43:551–664
17. Dhar KL, Jain MP, Koul SK, Adtal CK (1981) Phytochemistry 20:319–321
18. Bhartiya HP, Gupta EC (1982) Phytochemistry 21:247
19. Immelmann K (1983) S Afr J Bot 2:251
20. Mabberley DJ (1987) The plant book, Cambridge Univ. Press, Cambridge
21. Baker CA, Bakhuizenvanderbrink RC (1965) Flora of Java, Bd. 2, Groningen, Niederlande
22. Kirtikar KR, Basu BD, An ICS (1933) Indian Medicinal Plants, Bd. 3, Allahbad, Indien
23. D'Cruz JL, Nimbkar AY, Kokate CK (1979) Ind J Pharm Sci 41:C12
24. Rajaram Rao MR (1961) Indian J Pharm 23:115
25. Prakash AO, Saxena V, Shukla S (1985) Acta Europaea Fertilitatis 16:441–448
26. Chandhoke N (1987) Indian Drugs 24:425–429
27. Wakhloo RL, Kaul G, Gupta OP, Atal CK (1980) Indian J Pharmacol 12:129–131
28. Gupta KC Chopra IC (1954) Ind J Med Res 42:355
29. Gupta OP, Sharma ML, Ray Gantak BJ, Atal CK (1977) Indian J Med Res 66:680–691
30. Singh RS, Misra TN, Pandey HS, Singh BP (1992) Fitoterapia 63:262
31. Berg AJ, Silva SR (1990) Planta Med 56:666–667
32. Jain MP, Sharma VK (1982) Planta Med 46:250–255
33. BAz Nr. 22a vom 3.2.1988
34. Mar 28, S. 688
35. Chopra RN, Chopra IC, Hand KL, Kapur LD (1982) Chopra's Indigenous Drugs of India, Academic Publishers, Calcutta New Delhi, S. 264–266
36. Hag, Bd. 2, S. 1.100–1.101
37. Watt JM, Breyer-Brandwijk MG (1962) Medicinal and Poisonous plants of Southern and Eastern Africa, 2. Aufl., E & S Livingstone Ltd., Edinburgh London

Sr

Kadsura

HN: 2021900

Familie: Schisandraceae.

Gattungsgliederung: Die Gattung Kadsura Juss. besteht aus ca. 20 Arten.[2]

Gattungsmerkmale: Immergrüne kletternde Sträucher mit frisch fleischigen, trocken lederartigen oder zum Teil häutigen ungeteilten Blättern und dünnem Blattstiel. Die Blätter können gezähnt sein, sind wechselständig oder scheinwirtelig gehäuft. Kadsura besitzt blattachselständige eingeschlechtliche Blüten, die gewöhnlich einzeln an dünnen Blütenstielen sitzen, mit einer Hülle aus 9 bis 15 Perigonblättern. Letztere sind dachziegelartig angeordnet und gehen farblich graduell von den äußeren grünen zu den größeren weiß-rosafarbenen inneren Blütenblättern über. Die männlichen Blüten besitzen sehr zahlreiche Staubblätter mit kurzen, verwachsenen Antheren. Die Staubblätter können einzeln frei oder in einem rundlichen Kopf zusammen stehen. Die weiblichen Blüten besitzen viele Fruchtblätter mit oberständigem Fruchtknoten und 2 bis 5 Samenanlagen. Die Frucht ist eine beerenartige kugelige Sammelfrucht, die aus den kahlen Fruchtblättern hervorgeht. Die Samen sitzen im Fruchtfleisch.[1]
Haare fehlen. In allen Organen kommen Ätherisch-Öl-Idioblasten vor.[2] Schleimzellen befinden sich in Blättern und Achse,[2] dort auch verschieden gestaltete Sklereiden mit Oxalatkristallen auf den Wänden.
Die Gattung Kadsura ist außerordentlich nahe verwandt mit der Gattung Schisandra, mit der sie zusammen die Familie Schisandraceae bildet. Der Unterschied beruht lediglich auf den Merkmalen des Pistills.[2] Während bei Kadsura der Torus kurz ist, ist dieser bei Schisandra wesentlich verlängert, was dazu führt, daß in der ersteren Gattung die Fruchtblätter in einem eiförmigen oder ellipsoiden Köpfchen angeordnet sind, während sie in letzterem Fall in langgestreckt zylindrischer Form vorliegen. Auf der Basis der Merkmale männlicher Blüten sind die Gattungen nicht zu unterscheiden. Aus der engen Verwandtschaft heraus verzichtet man gelegentlich auf die Trennung in die o. a. Gattungen und verschmilzt sie zur Gattung Schisandra.[2]

Verbreitung: Südostasien, Japan, Korea bis Zentral-China, Malaysia, Java bis Amboina.[2,3]

Inhaltsstoffgruppen: Die Blätter führen als Flavonoide ausschließlich Quercetin und Kämpferol.[21]

In einzelnen Arten wurden als Schleimbestandteile Xylose, Arabinose, Galactose und Glucuronsäure beschrieben,[21] ferner ätherisches Öl mit einem hohen Anteil an Sesquiterpenen in den Ölzellen.[21] In den Stengeln und Wurzeln wurden Lignane mit einem Spirobenzofuran-Grundgerüst[4,5] und vom Lanostan ausgehende Triterpene[6,21] gefunden. Eine systematisch phytochemische Untersuchung steht noch aus.

Drogenliefernde Arten: *Kadsura coccinea*: Kadsura-coccinea-Stengel, Kadsura-coccinea-Wurzel; *K. heteroclita*: Kadsura-heteroclita-Stengel; *K. japonica*: Kadsurae fructus; *K. longipedunculata*: Kadsura-longipedunculata-Stengel, Kadsura-longipedunculata-Wurzel. *K. scandens*: Kadsura-scandens-Blätter, Kadsura-scandens-Früchte, Kadsura-scandens-Rinde, Kadsura-scandens-Wurzel.

Kadsura coccinea (LEM.) A. C. SMITH

Synonyme: *Cosbaea coccinea* LEM., *Kadsura cavaleriei* H. LEV., *Kadsura hainanensis* HANCE, *Kadsura chinensis* MERR., *Schizandra crassifolia* PIERRE, *Schizandra hanceana* BAILL.

Sonstige Bezeichnungen: Chinesisch: Cahu-fan-tuen-tang, Fan-pan-kwoh; vietnamesisch: Re-pa, Xunh-xe.[2]

Botanische Beschreibung: Monözische, aber anscheinend oft auch diözische Schlingpflanze mit zur Spitze hin reich verzweigtem Stengel, der bis zu 10 mm Durchmesser erreicht. Die Blätter sitzen an 12 bis 40 mm langen Stielen und sind ledrig, spitzoval oder elliptisch, 8 bis 17 cm lang, 2,5 bis 7 cm breit mit eingekrümmtem Rand. Die Blüten stehen einzeln, selten paarig, an kurzen Stielen innerhalb der Blattachsel. Das Perianth der männlichen Blüten besteht aus 10 bis 16 Blättern, das Androeceum enthält 13 bis 48 Staubblätter von 8 bis 19 mm Länge. Das Perianth der weiblichen Blüten sieht ähnlich aus, das Gynaeceum ist ovoid bis rundlich, gewöhnlich 5 bis 6 mm im Durchmesser mit 5 bis 7 Reihen von Fruchtblättern. Die Frucht wird aus 50 bis 60 reifen Fruchtblättern gebildet.

Inhaltsstoffe: Die Wurzeln enthalten die Lignane Desoxyschisandrin, Gomisin, Isokadsuramin, Kadsutherin und Wuweizisu-C, weiterhin die tetracyclischen Triterpene Coccininsäure, 24-Methylcycloartanon und Kadsurasäure.
Die Stengel enthalten eine Reihe von Derivaten des Spirobenzofuranoids Oxokadsuran.[5]

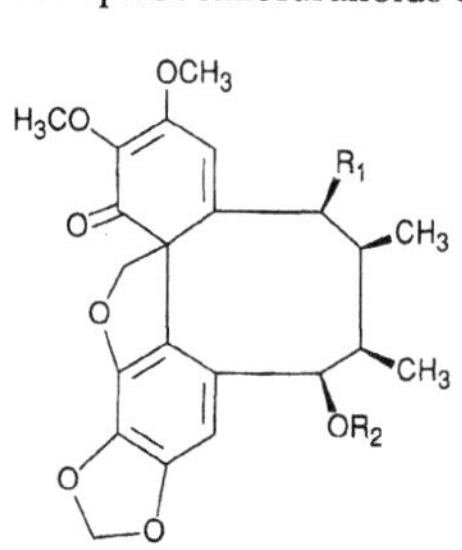

Oxokadsuran-Grundgerüst

Verbreitung: Südchina, Hainan und Indochina; in Dickichten, Wäldern und Forsten zwischen 450 und 1.750 m über Meereshöhe.[2]

Drogen: Kadsura-coccinea-Stengel, Kadsura-coccinea-Wurzel.

Kadsura-coccinea-Stengel

Definition der Droge: Die getrockneten Stengel.

Stammpflanzen: *Kadsura coccinea* (LEM.) A. C. SMITH.

Volkstümliche Anwendung und andere Anwendungsgebiete: Wie Kadsura-coccinea-Wurzel.[5]

Kadsura-coccinea-Wurzel

Definition und Anforderungen: Die getrocknete Wurzel.

Definition der Droge: *Kadsura coccinea* (LEM.) A. C. SMITH.

Volkstümliche Anwendung und andere Anwendungsgebiete: Die getrockneten Wurzeln werden in China bei Rheuma und Zwölffingerdarmgeschwüren verwendet.[5]
Weder für Zubereitungen aus der Droge noch für definierte Inhaltsstoffe liegen Nachweise der Wirksamkeit im Sinne der westlichen, naturwissenschaftlich orientierten Medizin vor.

Kadsura heteroclita (ROXB.) CRAIG

Synonyme: *Kadsura acuminata* PARMENT., *K. championi* CLARKE, *K. roxburghiana* ARN, *K. wightiana* ARN., *Schizandra crassifolia* PIERRE, *Sphaerostemma blumiana* GRIFFITH, *Uvaria heteroclita* ROXB.[2]

Sonstige Bezeichnungen: Chinesisch: Kwo-shanlung-tang; Indien (Assam): Kang-mari, Tubee-kura; vietnamesisch: Nam-xoi.[2]

Botanische Beschreibung: Einhäusige Kletterpflanze mit kahlem Stengel von bis zu 12 mm Durchmesser. Pro Jahrestrieb finden sich 4 bis 15 Blätter. Letzere sitzen an einem 5 bis 40 mm langen Blattstiel und haben eine ovale bis lanzettlich-ovale Form. Die Länge beträgt zwischen 8 und 17 cm bei 3 bis 8,4 cm Breite. Das Blatt endet in einer ausgezogenen, zipfelartigen, 0,5 bis 1,5 cm langen Spitze. Der Blattrand ist leicht gezähnt mit 1 bis 2 Zähnchen pro cm. Die Blattspreite ist mit Drüsen besetzt.
Die Blüten stehen einzeln in den Blattachseln. Die männlichen Blüten besitzen ein Perianth aus 11 bis 15 fahlgelben Blütenblättern, die in 4 bis 5 Kreisen angeordnet sind. Die Blütenblätter sind bis zu 8 mm lang. Die 50 bis 65 rosa bis purpurroten Staubblätter stehen in 6 bis 10 Kreisen, sind am

Grunde fleischig verwachsen und besitzen nur ein kleines Filament von etwa 1,5 mm Länge. Die weiblichen Blüten sind ähnlich gebaut. Sie haben 30 bis 55 Fruchtblätter mit je 2 bis 3 Samenanlagen. Die sich daraus bildenden fleischigen roten bis scharlachroten Sammelfrüchte sind 10 bis 20 mm breit und 6 bis 15 mm hoch.[2]

Inhaltsstoffe: Aus dem Stengel wurden eine Reihe von Triterpenen mit ungewöhnlichem 14-(13-12)-Abeo-Lanostangerüst isoliert,[16] nämlich Kadsulacton A, Neokadsuraninsäure A und Seco-Neokadsuraninsäure A.

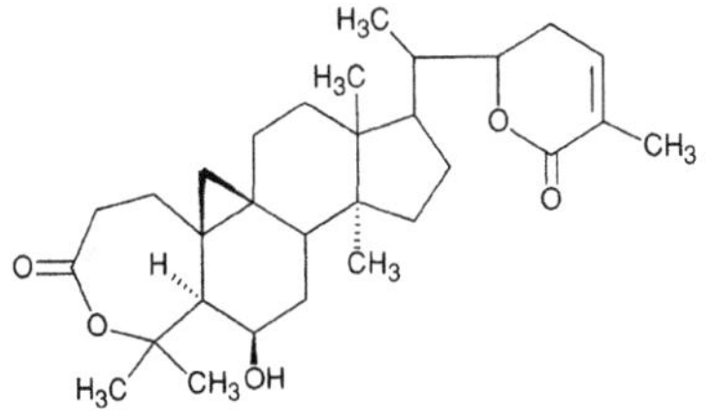

Kadsulacton A

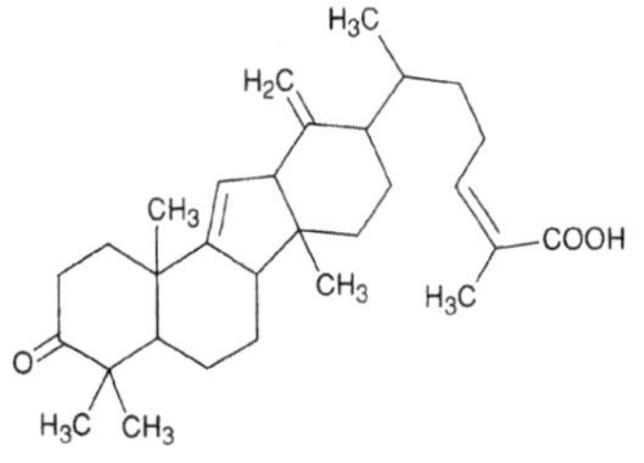

Neokadsuraninsäure A

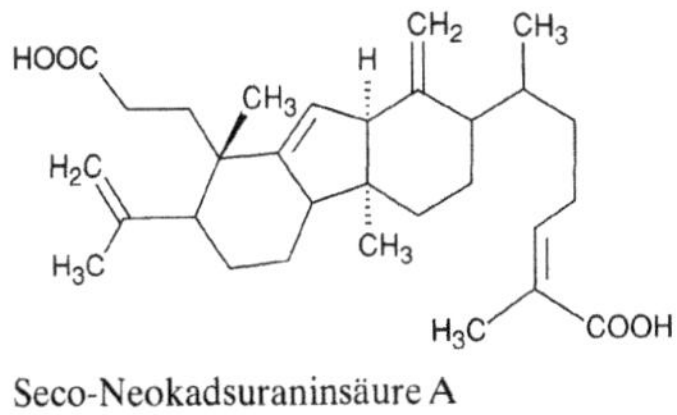

Seco-Neokadsuraninsäure A

Verbreitung: Von den südchinesischen Provinzen Kwangtung, Hainan, Kwangsi, Kweichow und Yünnan bis Bengalen und Sikkim, südlich in Indochina, Thailand, Ceylon, den Andamanen und in Indonesien, auf Sumatra in Höhen zwischen 400 bis 2.000 m, hauptsächlich in Wäldern, Dschungeln, Erosionsrinnen und Buschwerk entlang der Flüsse.[2]

Drogen: Kadsura-heteroclita-Stengel.

Kadsura-heteroclita-Stengel

Definition der Droge: Die getrockneten Stengel.

Stammpflanzen: *Kadsura heteroclita* (ROXB.) CRAIG.

Wirkungen: Ethanolische Auszüge der Droge hemmten *in vitro* die Cholesterol-Biosynthese.[7] Da Details der Versuchsanordnung fehlen, ist diese Angabe nicht interpretierbar.

Volkstümliche Anwendung und andere Anwendungsgebiete: In Südchina als Mittel gegen Rheuma sowie bei entzündlichen Katarrhen der oberen Luftwege verwendet.[15] Die Wirksamkeit bei den genannten Anwendungsgebieten ist nicht hinreichend belegt.

Kadsura japonica (L.) DUNAL

Synonyme: *Cadsura japonica* (L.) DUNAL, *Kadsura matsudai* HAYATA, *K. roxburghiana* ARN., *Schizandra japonica* (L.) BAILL., *Uvaria japonica* L.

Sonstige Bezeichnungen: Dt.: Japanischer Kugelfaden; japanisch: Andakaja, Binan-Kadsura, Futo Kadsura, Pusumi, Sane-Kadsura.

Botanische Beschreibung: Verholzter zweihäusiger Schlingstrauch mit elliptischen bis lanzettlichen, 6 bis 11 cm langen, pergamentartigen, leicht gekerbten Blättern. Die eingeschlechtlichen Blüten sind gelb oder weiß bis rötlich und sitzen einzeln an blattachselständigen, bis 4 cm langen purpurroten Blütenstielen. Blütezeit ist August bis November. Die Sammelfrüchte sind rot und kugelförmig.[1]

Inhaltsstoffe: In hydrolysierten Blattextrakten wurden Cyanidin, Delphinidin, Kämpferol, Myricetin, Quercetin, und Kaffeesäure nachgewiesen.[21] Im ätherischen Öl der Früchte und Samen wurde

Kadsura japonica: *1* Holzige Ranke mit Blüten, *2* Staubgefäße, *3* Samen, *4* Beere, *5* Ranke mit kugelförmigem Fruchtstand, *6* Androeceum. Aus Lit.[1]

das äußerst labile Germacren C beschrieben, Blätter und Stengel enthalten Germacren D.[7,8]

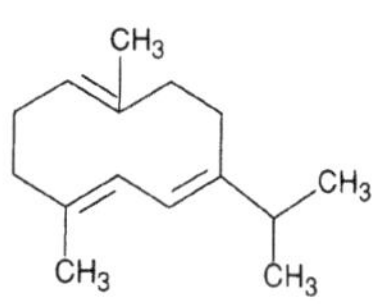

Germacren C

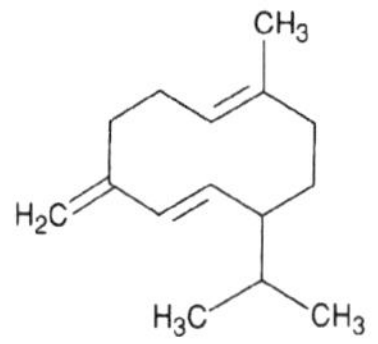

Germacren D

Verbreitung: Japan, Ryukyu-Inseln, Südkorea, Taiwan; in Bergwäldern bis 2.000 m Höhe.[1]

Drogen: Kadsurae fructus.

Kadsurae fructus

Synonyme: Fructus kadsurae, Schisandrae fructus.

Sonstige Bezeichnungen: Dt.: Kadsura-japonica-Früchte, Unechte Schisandrafrüchte; japanisch: Nangomishi.

Definition der Droge: Die getrockneten Sammelfrüchte.

Stammpflanzen: *Kadsura japonica* (L.) DUNAL.

Herkunft: Sammlung aus Wildvorkommen, insbesondere in Japan.

Handelssorten: Die Droge ist eine nichtoffizinelle Handelssorte von Schisandrae fructus *ChinP IX*, *Jap XI*.
Letztere ist die Frucht von *Schisandra chinensis* BAILL. (→ Schisandra). Die Früchte von *K. japonica*, die morphologisch fast identisch mit der eigentlichen Schisandrafrucht sind und gleichsinnig verwendet werden, sind nicht in *ChinP IX* und *Jap XI* monographiert.

Ganzdroge: 4 bis 6 mm große, aromatisch süßlich-herb schmeckende Früchte von brauner bis dunkelbrauner Farbe mit zuweilen glatten, hellbraunen Flecken auf der Oberfläche. Das Fruchtfleisch läßt sich leicht ablösen, wonach die ein bis zwei graubräunlichen Samen sichtbar werden. Die Innenseite der äußeren Samenschale ist hell bis dunkelbraun. Die konvexe Seite der inneren Samenschale trägt eine schwärzlichgraue schmale Mittellinie. Den Hauptteil des Samens bildet das Endosperm, der Embryo ist klein und wenig differenziert.[9] *Mikroskopisches Bild.* Die Epidermis des Fruchtfleisches ist mit einer nur teilweise streifigen, dicken Cuticula überzogen und besteht aus polyedrischen, teils in Sekretzellen umgewandelten Epidermiszellen. Im Querschnitt erscheinen die Epidermiszellen viereckig, ihre tangentialen Zellwände sind relativ dick. Vereinzelt sind Cuticularknötchen der Epidermiszapfen auszumachen. Die Epidermiszellen enthalten eine purpurbraune, unregelmäßig kantige Masse, die sich durch Säure rötet, durch Ammoniak oder 1 % KOH bläut und durch Eisenchlorid schwärzt.[9] Der äußere Teil des Fruchtfleisches besteht aus dickwandigem, große Interzellularräume aufweisendem Gewebe. Das Fruchtfleisch enthält häufig Gefäßbündel, insbesondere Spiralgefäße, daneben Sekretzellen, die etwas dickwandig und verkorkt sind. Sie enthalten hellgelbes ätherisches Öl, Schleim und Harze. In den Fruchtfleischzellen finden sich besonders in der Nähe der Gefäßbündel zahlreiche Oxalatkristalle unterschiedlichen Typs, vom Kristallsand bis zu Drusen. Daneben sind gelbe bis braune Sphärite auffällig. Die aus einem äußeren und inneren Teil bestehende Samenschale besitzt außen quadratische, farblose bis gelbliche, mit einer Cuticula überzogene Epidermiszellen. Sie enthalten ätherisches Öl, Kristalle und in gelben Körnchen, Schollen oder körnigen Massen vorkommenden Gerbstoff. Die innere Samenschale besteht aus meistens einer Schicht großer, dünnwandiger schwach verkorkter Zellen, die gelbes ätherisches Öl und kleine Sphärite enthalten. Die Endospermzellen sind dickwandig. Sie enthalten fettes Öl und zahlreiche in der Regel 7 bis 10 µm große Aleuronkörner.[9]

Verfälschungen/Verwechslungen: Schisandrae fructus von *Schisandra chinensis* BAILLON, Schisandraceae, sieht der Furcht von *Kadsura japonica* außerordentlich ähnlich. Sie wird analog zu dieser eingesetzt, so daß von einer Verfälschung sensu stricto nicht gesprochen werden kann.

Inhaltsstoffe: Das ätherische Öl oder Früchte und Samen enthält das labile Germacren C.[7,8] Weiterhin wurden aus den Früchten Ester des Binankadsurins-A isoliert.[10]

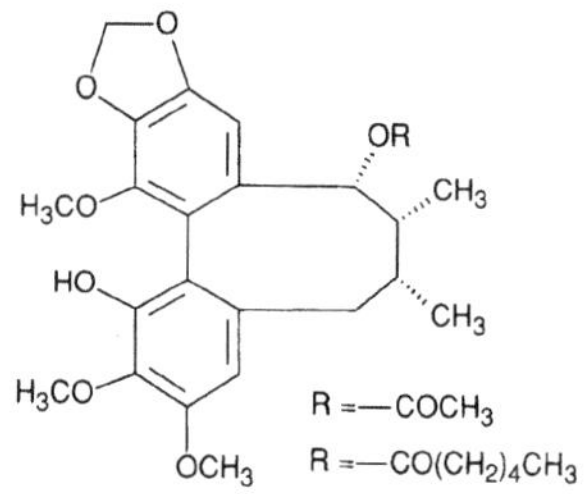

Binankadsurin-A-Ester

Zubereitungen: Analog zu Schisandrae fructus. *ChinP IX* läßt die Früchte vor dem Trocknen in Essig dünsten. Anschließend wird getrocknet und zerkleinert.

Volkstümliche Anwendung und andere Anwendungsgebiete: Im klassischen chinesisch-tibetischen Medizinalsystem wird die Droge als Adjuvans für Lunge und Niere beschrieben.[11] Das Qi wird aufgefüllt, Sperma und Pneuma konsolidiert. Demzufolge wird eine Tagesdosis von 1,5 bis 6 g angegeben mit folgenden Indikationen: Chronischer Husten und Asthma, Spermatorrhöe, Enurese, länger dauernde Diarrhöe, Nachtschweiße, Ungleichgewicht der Körperflüssigkeiten mit Folge von Durst, Kurzatmigkeit und schwachem Puls sowie Schlaflosigkeit.[20]
Diese Anwendungsvorschläge sind in der klassischen westeuropäischen Medizin für die analoge Schisandrae chinensis fructus zumindest teilweise

bestätigt worden.[12,13] Nachweis der Wirksamkeit für die gleichsinnig eingesetzten Kadsurafrüchte ist bisher noch nicht erfolgt.

Kadsura longipedunculata FINET et GAGNEPAIN

Synonyme: *Kadsura peltigera* REHDER et WILSON, *Schizandra axillaris* sensu DIELS.

Sonstige Bezeichnungen: Chinesisch: Sai-ng'ang-fan-fün.

Systematik: Die Pflanze stimmt in fast allen Merkmalen mit *Kadsura heteroclita* überein, wobei trotz großer Überschneidungen Unterschiede in der Größe versch. Organe, z. B. Blattstiel, glaubhaft gemacht werden. Wegen des unterschiedlichen geographischen Vorkommens konnte man sich nicht entschließen, sie als Unterart von *K. heteroclita* anzusehen.[2]

Botanische Beschreibung: s. *Kadsura heteroclita.*

Inhaltsstoffe: Die Stengel enthalten die bei *K. heteroclita* erwähnten Triterpene.[17] In Stengel und Wurzel wurden die bereits in *K. coccinea* beschriebenen Lignane Kadsuramin, Gomisin (Zusammenfassung s. Lit.[21]) sowie das Anwulignan gefunden.

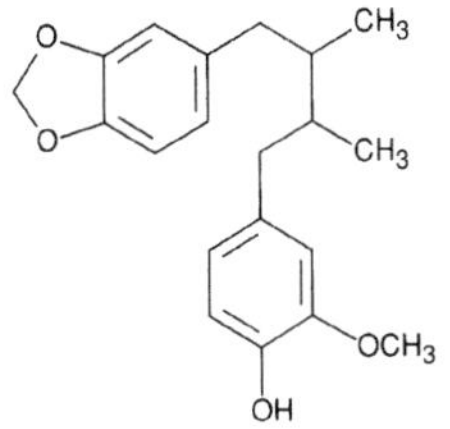

Anwulignan

Verbreitung: Ost- und südliches Zentralchina, in den Provinzen Chekiang, Hupeh, Szechuan, Kwangtung, Kwangsi, Kweichow. Habitat ähnlich wie *K. heteroclita*, Höhenstufen zwischen 100 bis 1.200 m.[2]

Drogen: Kadsura-longipedunculata-Stengel, Kadsura-longipedunculata-Wurzel.

Kadsura-longipedunculata-Stengel

Definition der Droge: Verholzte, trockene Stengel.

Stammpflanzen: *Kadsura longipedunculata* FINET et GAGNEPAIN.

Volkstümliche Anwendung und andere Anwendungsgebiete: Abkochungen der Droge werden in China bei unregelmäßiger Monatsblutung,[18] bei rheumatoider Arthritis sowie Magen- und Zwölffingerdarmgeschwüren eingesetzt.[17] Eine klinische Wirksamkeit dieser Anwendungsgebiete ist bisher nicht bekannt geworden.

Kadsura-longipedunculata-Wurzel

Definition der Droge: Die getrocknete Wurzel.

Stammpflanzen: *Kadsura longipedunculata* FINET et GAGNEPAIN.

Volkstümliche Anwendung und andere Anwendungsgebiete: Wie Kadsura-longipedunculata-Stengel.

Kadsura scandens BL.

Synonyme: *Kadsura cauliflora* BL., *Sarcocarpon scandens* BL., *Schizandra ovalifolia* PARMENT.

Sonstige Bezeichnungen: Java: Akar damak-damak, Akar tjalak, Aroy Hungur-bu-ut, Hungun buut; Malaya: Akar Kapala Patong, Belebar; Sumatra: Andor sidari.[2]

Systematik: Die ursprüngliche Aufteilung in *K. cauliflora* und *K. scandens* ist nicht gerechtfertigt.[2]

Botanische Beschreibung: Bis 25 m große Schlingpflanze mit tief gefurchter, fahler bis dunkler, korkartiger Rinde und bis zu 10 cm Stammdurchmesser. Die breit-ovalen, ledrigen, bis 20 cm langen und 10 bis 15 cm breiten Blätter laufen in eine kurze Spitze aus. Rosa Blüten in den Blattachseln, aber auch cauliflor, getrenntgeschlechtig, etwa 1,5 cm im Durchmesser mit jeweils vielen Staubgefäßen oder 60 bis 120 Fruchtblättern.[2]

Verbreitung: Von Südthailand über Malaya bis Sumatra und Java im tropischen Regenwald, auch auf Mindanao in den Philippinen.[2,19]

Drogen: Kadsura-scandens-Blätter, Kadsura-scandens-Früchte, Kadsura-scandens-Rinde, Kadsura-scandens-Wurzel.

Kadsura-scandens-Blätter

Definition der Droge: Die frisch gepflückten Blätter.

Stammpflanzen: *Kadsura scandens* BL.

Volkstümliche Anwendung und andere Anwendungsgebiete: Frische Blätter werden verzehrt bei Diarrhöe, schleimigen Stühlen, Leibschmerzen sowie bei Schwierigkeiten beim Wasserlassen.[14] Die Wirksamkeit bei den genannten Anwendungsgebieten ist bisher nicht belegt.

Kadsura-scandens-Früchte

Definition der Droge: Die frischen Früchte.

Stammpflanzen: *Kadsura scandens* BL.

Volkstümliche Anwendung und andere Anwendungsgebiete: Wie Kadsura-scandens-Blätter.[14]

Kadsura-scandens-Rinde

Definition der Droge: Rinde.

Stammpflanzen: *Kadsura scandens* Bl.

Volkstümliche Anwendung und andere Anwendungsgebiete: Die Rinde wird in Indonesien gegen Fieber eingesetzt.[14] Näheres ist nicht bekannt. Die Wirksamkeit bei diesem Anwendungsgebiet ist nicht belegt.

Kadsura-scandens-Wurzel

Definition der Droge: Die Wurzel und Holz.

Stammpflanzen: *Kadsura scandens* Bl.

Volkstümliche Anwendung und andere Anwendungsgebiete: Eine Abkochung wird in Indonesien als volkstümliches Mittel gegen Husten eingesetzt.[14] Weiterhin findet sie gegen Rheumatismus Anwendung.[3] Nach europäischen medizinischen Kriterien sind diese Anwendungsgebiete nicht belegt.

1. Li HL (1976) Schisandraceae. In: Flora of Taiwan, Bd. II, Epoch Publ. Co., Taipeh, Taiwan, S. 399–401
2. Smith AC (1947) Sargentia 7:1–224
3. Ridley HN (1922) The Flora of the Malay Peninsula, Bd. I, L. Reeve & Co., London
4. Li LN, Xue H, Tan R (1985) Planta Med 51:297
5. Li LN, Xue H (1990) Phytochemistry 29:2.730–2.732
6. Li LN, Xue H (1986) Planta Med 52:492
7. Morikawa K, Horese Y (1969) Tetrahedron Lett:1.799
8. Morikawa K, Horese Y (1971) Tetrahedron Lett:1.131
9. Fujita N (1929) Arch Pharm 267:532–542
10. Ookawa N (1981) Chem Pharm Bull 29:123–126
11. Hübottner F (1957) Chinesisch-tibetische Pharmakologie und Rezeptur, KF Haug Verlag, Ulm
12. Severzow II (1946) Pharmakologiya Toxikologiya 4:10–12
13. Murtazin IM (1946) Pharmakologiya Toxikologiya 4:12–13
14. Hirschhorn HH (1983) J Ethnopharmacol 8:65–96
15. Yiping C, Zhougwen L, Hongyie Z, Handong S (1990) Phytochemistry 29:3.358–3.359
16. Li LN, Xue H, Ge DL, Kangouri K, Miyoshi T, Omura S (1989) Planta Med 55:300–302
17. Li LN, Xue H, Kangouri K, Ikeda A, Omura S (1986) Planta Med 55:294–296
18. Cheung-Kong Y, Xie JX, Phui-Hay-But P (1986) J Ethnopharmacol 15:1–44
19. Merill ED (1923) An Enumeration of Philippine Flowering Plants, Bureau of Science Print, Manila
20. ChinP IX
21. Hgn, Bd. V, S. 19; Bd. VI, S. 337–342, 745; Bd. IX, S. 521–526, 774

GH

Kalmia

HN: 2038800

Familie: Ericaceae.

Unterfamilie: Rhododendroideae.

Tribus: Phyllodoceae.[1]

Gattungsgliederung: Die Gattung Kalmia L. besteht aus etwa 7 Arten sowie einer Reihe von Varietäten und Kulturformen.[2]

Gattungsmerkmale: Immergrüne Sträucher oder kleine, bis 4 m hohe Bäume mit meist behaarten, runden oder abgeflachten Zweigen, Blätter gegenständig, wechselständig oder zu je 3 in Quirlen angeordnet, ledrig, gestielt, ganzrandig. Blüten einzeln, in den Blattachseln oder in terminalen oder lateralen Dolden oder Doldentrauben stehend. Blütenstiel dünn, mit gestielten Drüsenhaaren. Blüten 5zählig, radiärsymmetrisch, strahlig. Kelch grün, verwachsen, mit 5 freien Lappen, diese länger als die Kelchröhre, auch zur Fruchtreife noch erhalten. Krone radförmig, weiß oder rosa, mit kurzer zylindrischer Röhre, gekielt, im unteren Teil mit 10 sackförmigen Ausstülpungen, in denen die Staubblätter unter Spannung gehalten werden. Staubblätter 10, kürzer als die Krone, die Filamente fadenförmig. Antheren ohne Anhängsel, kurz, eiförmig, mit großen seitlichen Schlitzen sich öffnend. Pollen in Tetraden, teilweise mit Viscinfäden anstelle von Pollenkitt. Fruchtknoten oberständig, aus 5 Karpellen, mit zahlreichen Samenanlagen. Griffel verlängert. Kapsel eiförmig bis kugelig, sich mit 5 Klappen öffnend. Samen zahlreich, klein.[2]

Verbreitung: Die Gattung Kalmia ist in Nordamerika von Alaska bis Kalifornien und Utah sowie im Osten von Labrador bis Florida verbreitet.

Inhaltsstoffgruppen: *Diterpene.* Grayanotoxin 1 (= Acetylandromedol) überwiegt bei allen Ericaceen, so auch bei Kalmia. Die Verbindung wurde mehrfach aus verschiedenen Ericaceen isoliert und mit unterschiedlichen Namen belegt: Asebotoxin,[4] Andromedotoxin,[5–7] Rhodotoxin.[8] Die Identität dieser Verbindungen ist bewiesen.[9,10]
Phenole. Flavonoide, Gerbstoffe.[11]
Triterpene und lipophile Flavone im Epicuticularwachs.[11]

Drogenliefernde Arten: *K. latifolia*: Kalmiae folium, Kalmia latifolia hom. *HAB 1*, Kalmia latifolia hom. *HPUS 88*.

Kalmia latifolia L.

Synonyme: *Kalmia lucida* Koch, *K. nitida* Forbes. Ältere Synonyme s. Lit.[1,10]

Sonstige Bezeichnungen: Dt.: Amerikanischer Lorbeer, Breitblättriger Berglorbeer, Kalmie, Lorbeerrose; engl.: American laurel, big ivy, big-leaved ivy, broadleaved laurel, calico bush ivy, lambkill, laurel, mountain laurel, rose laurel, round-leaved laurel, sheep-laurel, spoonbunch, spoonwood; frz.: Grande kalmie.

Systematik: Möglicherweise existieren Chemovare: Europäische Kulturformen sollen keine Grayanotoxine bzw. Kalmitoxine führen.[13]

Botanische Beschreibung: Vielästiger bis 4 m hoher Strauch oder kleiner Baum mit rötlich-braunen oder grauen Zweigen. Blätter wechselständig, flach, ledrig, elliptisch-lanzettlich, 4 bis 12 cm lang und 1,5 bis 4 cm breit, oberseits dunkelgrün, kahl, auf der Unterseite rotbraun, mit zahlreichen Drüsenhaaren, zugespitzt, an der Basis keilig verschmälert. Blattstiel 1 bis 3 cm lang, oft drüsig. Infloreszenz terminal, eine zusammengesetzte Doldentraube. Blütenstiele 2 bis 4 cm lang, oft flockig oder drüsig behaart. Tragblätter 1 bis 5 mm lang. Kelch grün oder rötlich, 5 bis 8 mm breit, die Lappen länglich, zugespitzt. Krone schwach rosa, 1,5 bis 3 cm im Durchmesser, mit purpurnen Flecken in der Umgebung jeder Antherentasche, außen oft drüsig, innen mit einfachen Haaren. Griffel 1 bis 1,8 mm lang. Antheren dunkel purpurn oder braun, Filamente behaart. Kapsel kugelig, bisweilen abgeflacht, drüsig behaart, 4 bis 7 mm breit und 3 bis 5 mm lang. Samen 0,7 bis 1 mm lang, die Testa locker zwischen den beiden Enden anliegend.[2]

Verwechslungen: Nach Lit.[18] kommen Verwechslungen mit *Kalmia angustifolia* L. vor, einer Art, die wesentlich giftiger sein soll.

Inhaltsstoffe: Eingehend untersucht wurden bisher nur die Blätter, s. Kalmiae folium. Der Blütennektar ist toxisch;[24] daraus darf extrapoliert werden, daß auch die Blüten, zumindest aber der Nektar, Grayanotoxine führen.

Verbreitung: Östliches Nordamerika. Von Maine bis Ohio, Mississippi, Alabama, Georgia und Nordwest-Florida.

Drogen: Kalmiae folium, Kalmia latifolia hom. *HAB 1*, Kalmia latifolia hom. *HPUS 88*.

Kalmiae folium

Synonyme: Folium Kalmiae.

Sonstige Bezeichnungen: Dt.: Kalmia-latifolia-Blatt.

Definition der Droge: Die frischen oder getrockneten Blätter.

Stammpflanzen: *Kalmia latifolia* L.

Herkunft: Nordamerika; auch geringer Anbau in Europa.

Ganzdroge: Die immergrünen Blätter sind lorbeerartig, eilanzettlich, spitz und kahl, 6 bis 8 cm lang und 1 bis 4 cm breit, mit auf der Unterseite stark hervortretendem Mittelnerv und kurzem Blattstiel. Die Blattoberseite ist dunkelgrün, etwas glänzend; die Unterseite ist mattgrün.

Schnittdroge: *Mikroskopisches Bild.* Die Epidermiszellen des Blattes im Flächenbild beiderseits polygonal mit schwach gewellten Wänden. Die Cuticula oberseits stark ausgebildet; Stomata nur unterseits, zahlreich, ohne Nebenzellen. Einzelne Epidermiszellen ragen tief in das Palisadengewebe hinein und zeigen Verschleimung. Das Palisadengewebe ist zwei- bis dreischichtig, das Schwammgewebe auffallend dickwandig. Im Mesophyllgewebe zerstreut zahlreiche Drusen von Calciumoxalat, daneben nur wenige Einzelkristalle. Einzellige spitz zulaufende, bis 60 µm lange Haare mit starken, geraden Seitenwänden nur am Hauptnerv; daneben in der Blattunterseite zahlreiche keulenförmige, dunkelrotbraune Drüsenzotten mit bis 80 µm hoher, vielzelliger Keule und ebenso vielzelligem ein- bis zweireihigem Stiel.[16]

Inhaltsstoffe: *Diterpene.* Tetracyclische Diterpene vom Grayanotoxintyp; isoliert wurden Lyonol A, Grayanotoxin II, III und XVIII sowie Kalmitoxin I bis VI.[12] Quantitative Angaben fehlen.

Flavonoide. Asebotin, Catechin, Eriodictyol, Guaiaverin, Hyperosid, Phloridzin, Phloridzin-2"-acetat, Phloridzin-4-methylether sowie, lokalisiert im Epicuticularwachs, Eucalyptin, Sideroxylin und deren 3-Methoxyderivate.[15] Quantitative Angaben fehlen.

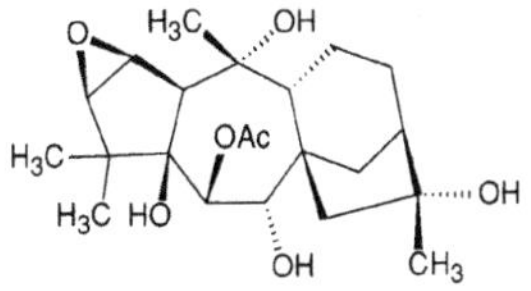

Lyonol A (= Lyoniatoxin)

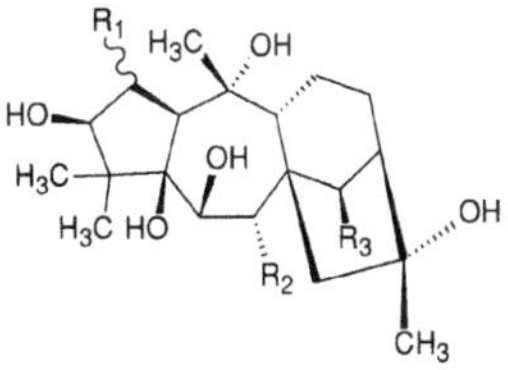

	R_1	R_2	R_3
Grayanotoxin I	β-H	—H	$—OCOCH_3$
Grayanotoxin III	β-H	—H	—OH
Kalmiatoxin I	β-H	—OH	—OH
Kalmiatoxin VI	α-OH	$—OCOCH_3$	—OH

In Kalmia-Arten vorkommende Grayanotoxine. Stereochemie nach Lit.[22]

Anwendungsgebiete: *Kalmia latifolia* wird heute nur noch homöopathisch angewendet.

Volkstümliche Anwendung und andere Anwendungsgebiete: Decocte wurden früher bei verschiedenen Formen von Tinea capitis, bei Psoriasis, Herpes und sekundärer Syphilis angewendet.[18] Die Wirksamkeit bei den genannten Anwendungsgebieten ist nicht belegt; wegen des Vorkommens der toxischen Grayanotoxine muß von Anwendungsversuchen abgeraten werden.

Tox. Inhaltsstoffe u. Prinzip: Die Toxizität wird auf die Grayanotoxine (Andromedotoxine) einschl. der Kalmiatoxine zurückgeführt.[19] Die Substanzen binden sich an die Rezeptorstelle II des Na^+-Tunnelproteins und blockieren den Na^+-Kanal. Damit wird ein Verschluß des Natriumkanals verhindert, und die erregbaren Membranen der Herz- und Nervenzellen bleiben depolarisiert. Durch einen verbesserten Calciumeinstrom und die Aktivierung der Na^+/Ca^{2+}-Pumpe erhöht sich die intrazelluläre Calciumkonz. Die sensiblen Nervenendigungen werden nach einer anfänglichen Erregung gelähmt. Am Herzen treten eine positiv inotrope Wirkung und eine Bradycardie auf. Der Blutdruck wird langanhaltend gesenkt. Betroffen sind auch periphere Nervenendigungen sowie das Atem- und Brechzentrum.[19] s. a. ds. Hdb. Bd. 3, S. 72–74.

Akute Toxizität: *Mensch.* Meist wenige Minuten nach Einnahme kommt es zu schmerzhaften Reizungen der Schleimhäute in Mund und Magen, Salivation, kaltem Schweiß und kalter Haut. Übelkeit, Erbrechen und Durchfälle können auftreten. Zentralnervöse Erscheinungen wie Schwindel, Kopfschmerzen und Fieberanfälle sowie rauschartige Zustände und optische Störungen mit zeitweiliger Blindheit wurden beobachtet. Die Lähmung sensibler Nervenendigungen führt zu Parästhesien der Extremitäten und im Bereich der Mundschleimhaut. Es können eine progressive Muskelschwäche, Koordinationsstörungen und Krämpfe auftreten. Blutdruckabfall, Sinusbradycardie, bradycardiale Arrhythmien, später Herzversagen verbunden mit Atemstillstand können zum Tod führen.[21,24–26] *Tier.* Vagus-Übererregung äußert sich in starker Speichelsekretion, Erbrechen, erhöhter Peristaltik, Tonus- und Amplitudenvergrößerung am isolierten Darm, Pupillenkonstriktion und Bronchokonstriktion mit verstärkter Schleimabsonderung.[17]
Rinder und Schafe in Nordamerika gingen zugrunde, nachdem sie Laub von *Kalmia latifolia* gefressen hatten.[25,27]

Chronische Toxizität: Eine chronische Vergiftung durch Grayanotoxine ist aufgrund der schnellen Elimination nicht zu erwarten; s. a. ds. Hdb. Bd. 3, S. 72–74.

Toxikologische Daten: *LD-Werte.* Grayanotoxin I: LD_{50} (Maus, i. p.): 1,31 mg/kg KG;[22] LD_{50} (Maus, i. p.): 1,28 mg/kg KG; LD_{50} (Meerschweinchen, i. p.): 1,30 mg/kg KG; LD_{50} (Ratte, p. o.): 2 bis 3 mg/kg KG; s. a. ds. Hdb. Bd. 3, S. 72–74. *Pflanzengiftklassifizierung.* Giftig +.[21]

Akute Vergiftung: *Erste Maßnahmen.* Erste Hilfe: Kohle-Pulvis-Gabe, Erbrechen auslösen, Natriumsulfat, viel warmen Tee trinken lassen; s. a. ds. Hdb. Bd. 3, S. 72–74.

Kalmia latifolia hom. *HAB 1*

Monographiesammlungen: Kalmia latifolia *HAB 1*.

Definition der Droge: Frische Blätter.

Stammpflanzen: *Kalmia latifolia* L.

Ganzdroge: s. Kalmiae folium.

Zubereitungen: Urtinktur und flüssige Verdünnungen nach *HAB 1*, Vorschrift 3a mit EtOH 86% (*m/m*). Ethanolgehalt etwa 60%. Eigenschaften: Die Urtinktur ist eine dunkelrotbraune Flüssigkeit mit würzigem, aromatischen Geruch und schwach bitterem Geschmack.

Identität: *Urtinktur.* Nach Zugabe von Wasser entsteht eine bräunlich-gelbe, trübe Mischung. Sie färbt sich nach Zugabe von 0,2 mL Ammoniaklösung rötlich-braun und wird klar.
Mit Wasser verdünnte Urtinktur färbt sich nach Zugabe von Ammonium-Eisen(III)sulfat grünlich-dunkelbraun.
Wird die Urtinktur mit Wasser kräftig geschüttelt, entsteht Schaum, der sich nach Zusatz von verdünnter Natriumhydroxidlsg. auflöst.
DC der Urtinktur:
- Referenzlösung: Carvon, Quercetin und Gallussäure in Methanol;
- Sorptionsmittel: Kieselgel HF;
- FM: Chloroform-Aceton-Ameisensäure (75 + 16,5 + 8,5);
- Detektion: Unter UV bei 254 und 365 nm; Besprühen mit Echtblausalz-B-Lsg., Auswertung im Vis;
- Auswertung: Bei der Direktauswertung zeigt sich knapp unterhalb der Vergleichssubstanz Gallussäure, auf Höhe des Quercetins und etwa in der Mitte zwischen den Vergleichssubstanzen Quercetin und Carvon je ein Fleck, von denen die beiden oberen Flecke bei 365 nm blau fluoreszieren.
  Nach Besprühen mit Echtblausalz B zeigt das Chromatogramm der Urtinktur folgende Flecke: Wenig unterhalb der Gallussäure einen orangefarbenen Fleck, wenig oberhalb der Gallussäure einen rotvioletten Fleck, auf Höhe des Quercetins einen orangefarbenen und direkt darüber einen rotvioletten Fleck sowie einen orangefarbenen Fleck etwa in der Mitte zwischen den Vergleichssubstanzen Quercetin und Carvon. Zusätzlich können auftreten ein orangeroter Fleck in der Mitte zwischen der Startlinie und dem Fleck der Gallussäure und ein schwacher, roter Fleck oberhalb des Quercetins.

Reinheit:
- Relative Dichte: 0,905 bis 0,925.
- Trockenrückstand: Mindestens 4,5%.

Lagerung: Vor Licht geschützt und dicht verschlossen.

Anwendungsgebiete: Entsprechend dem homöopathischen Arzneimittelbild. Dazu gehören: Rheumatische und andere Herzerkrankungen: Rheumatismus, Gürtelrose, Nervenschmerzen.[23]

Dosierung und Art der Anwendung: *Zubereitung.* Soweit nicht anders verordnet:
Bei akuten Zuständen häufige Anwendung alle halbe bis ganze Stunde je 5 Tropfen oder 1 Tablette oder 10 Streukügelchen oder 1 Messerspitze Verreibung einnehmen; parenteral 1 bis 2 mL bis zu 3mal täglich s.c. injizieren.
Bei chronischen Verlaufsformen 1- bis 2mal täglich 5 Tropfen oder 1 Tablette oder 10 Streukügelchen oder 1 Messerspitze Verreibung einnehmen; parenteral 1 bis 2 mL pro Tag s.c. injizieren.[23]

Unerwünschte Wirkungen: Nicht bekannt. Hinweis: Es können vorübergehend Erstverschlimmerungen vorkommen, die jedoch unbedenklich sind.[23]

Wechselwirkungen: Nicht bekannt.[23]

Gesetzl. Best.: *Offizielle Monographien.* Aufbereitungsmonographie der Kommission D am BGA "Kalmia latifolia".[23]

Kalmia latifolia hom. *HPUS88*

Monographiesammlungen: Kalmia latifolia *HPUS88.*

Definition der Droge: Die frischen oder getrockneten Blätter.

Stammpflanzen: *Kalmia latifolia* L.

Zubereitungen: *Urtinktur.* Herstellung durch Mazeration oder Perkolation mit EtOH nach den allg. Zubereitungsvorschriften (Class C) der *HPUS88.* Ethanolgehalt 65% (*V/V*).

Gehalt: *Urtinktur.* Arzneigehalt $^1/_{10}$.

1. Steenis PF (1971) J Lin Soc 64:1–53
2. Ebinger JE (1974) Rhodora 76:315–398
3. Auf dem Keller S (1969) Über Grayanotoxine und andere Terpene aus verschiedenen Rhododendron-Arten, Dissertation, Universität Bonn
4. Eijkmann JF (1882) Rec Trav Chim 1:224, zit. nach Lit.[3]
5. Plugge PC (1883) Arch Pharm 221:1–17, (1886) 224:905, (1891) 229:554–558, zit. nach Lit.[3]
6. De Zaayer HG, Plugge PC (1886) Arch Ges Physiol 40:480–500, zit. nach Lit.[3]
7. Hardikar SW (1922) J Pharmacol Exp Ther 20:17–44, zit. nach Lit.[3]
8. Makino M (1927) Okayama-Igakki-Zasshi 39:2.099, (1928) 40:138, zit. nach CA 23(1929):1691, 3027, zit. nach Lit.[3]
9. Takemoto T (1955) J Pharm Soc Jap 75:1.442, zit. nach Lit.[3]
10. Tallent WH, Riethof ML, Horning EC (1955) J Am Chem Soc 79:4.548–4.554, zit. nach Lit.[3]
11. Hgn, Bd. 4, S. 65–94, 450–454; Bd. 8, S. 418–433
12. El-Naggar SF, Doskotch RW, O'Dell TM, Girard L (1980) J Nat Prod 43:617–631
13. Schindler HC (1962) Planta Med 10:232–237
14. El-Naggar SF, El-Feraly FS, Foos JS, Doskotch RW (1980) J Nat Prod 43:739–751
15. Wollenweber E, Kohorst G (1981) Z Naturforsch 36c:913–915
16. Hag, Bd. V, S. 396–397
17. Honerjäger P (1982) Rev Physiol Biochem Pharmacol 92:1–74
18. Millspaugh CF (1974) American Medicinal Plants, Dover Publications Inc., New York, S. 404–406
19. Teuscher E, Lindequist U (1987) Biogene Gifte, Fischer, Stuttgart New York, S. 126
20. Lewin L (1962) Gifte und Vergiftungen, K Haug, Ulm/Donau, S. 77
21. Roth L, Daunderer M, Kormann K (1988) Giftpflanzen Pflanzengifte, 3. Aufl., Ecomed, Landsberg, S. 401–402
22. Hikino H, Ohta T, Ogura M, Ohizumi Y, Konno C, Takemoto T (1976) Toxicol Appl Pharmacol 35:303, zit. nach Lit.[19]
23. BAz Nr. 109a vom 16.06.1987
24. Lampe KF, MacCann MA (1985) AMA Handbook of poisonous and injurious plants, American Medical Association, Chicago, S. 100–101
25. Marsh CD, Clawson AB (1930) USDA Tech Bull 219, December
26. Gossinger H, Hruby K, Haubenstock A (1983) Veterinary and Human Toxicol 25:328–329
27. Crawford AC (1908) USDA Bur Plant Indust Bull 121:21–34

IB

Knautia

HN: 2040200

Familie: Dipsacaceae.

Tribus: Dipsaceae (Scabioseae),[1] nach Lit.[2] Knautieae.

Gattungsgliederung: Die überaus formenreiche Gattung Knautia L. bereitet durch Hybridisierung und Polyploidisierung seit jeher größte Schwierigkeiten bei ihrer systematischen Gliederung.[2] Die Angaben über die Artenzahl schwanken zwischen 35 bis 45[2] über 40[3] und 60.[1,4]
Drei Sektionen sind zu unterscheiden:[2] Sektion Knautia mit *K. orientalis* L.; Sektion Trichera mit *K. arvensis* (L.) COULT., *K. longifolia* (W.K.) KOCH und *K. sylvatica* (L.) DUBY; Sektion Tricheroides, mit *K. integrifolia* (L.) BERTOL.

Gattungsmerkmale: Ein- bis mehrjährige, krautige, behaarte oder mehr oder weniger kahle Pflanzen mit dichasial verzweigtem Stengel und gegenständigen Laubblättern. Blüten in meist flachen, langgestielten Köpfchen; letztere von zahlreichen anliegenden, lanzettlichen, krautigen Hüllblättern umgeben. Köpfchenboden gewölbt, ohne Spreublätter, dicht behaart. Blütenkrone mit kurzer Röhre und ungleich vierspaltigem Saum. Außenkelch an der Frucht zweischneidig-zusammengedrückt, nach oben nicht verschmälert, vierkantig (aus zwei Hochblättern hervorgegangen), glatt, die Flächen oben mit zwei Grübchen versehen. Innenkelch becherförmig mit 8 bis 16 zusammenneigenden Zähnen oder napfförmig und mit abstehenden Zähnen. Narbe ausgerandet.[3]

Verbreitung: In Europa, im mediterranen Raum, z. T. auch in Nordafrika und in Vorderasien verbreitet.[2,3]

Inhaltsstoffgruppen: Iridoide (Pseudoindikane) wie Dipsacan, nachgewiesen in allen Pflanzenteilen von sechs Knautia-Arten;[6,7] cephalarosidartige Heteroside (ohne nähere Angaben) aus Früchten von drei Knautia-Arten.[6,7]
Triterpene und Triterpensaponine; Saponine (ohne nähere Angaben) aus *Knautia arvensis*;[6,9] Ursolsäure aus Blättern von *K. arvensis* und *K. sylvatica*;[6,11,12] aus Blättern von *K. arvensis* das Saponosid Knautiosid,[6,7,13] aus Wurzeln von *K. arvensis* β-Sitosterolglucosid und die Knautioside A und B.[6,14]
Phenolische Verbindungen. Flavonoide wie Swertiajaponin (Leucanthosid), bekannt aus Blütenköpfchen von drei Knautia-Arten.[6,18–20] Gerbstoffe unbekannter Struktur sind in zwei Arten nachgewiesen worden.[7,21–26] Kaffeesäure und Chlorogensäure aus oberirdischen Teilen von zwei Knautia-Arten nachgewiesen.[13,17]

Drogenliefernde Arten: *K. arvensis*: Knautiae arvensis herba, Knautia arvensis hom. *HAB 1*.

Knautia arvensis (L.) COULT.

Synonyme: *Scabiosa arvensis* L., *Trichera arvensis* SCHRADER.[3]

Sonstige Bezeichnungen: Dt.: Ackergrindkraut, Acker-Knautie, Acker-Scabiose, Acker-Witwenblume, Grindkraut, Honigblume, Krätzkraut, Witwenblume; engl.: Devil's bit, field-Scabious, seabridge; frz.: Knautie des champs, langue de vache, mirliton, oreille d'âne, scabieuse, scabieuse des champs; it.: Ambretta, gallinaccia, orecchio d'asino, suocere, vedovella campestre, vedovina campestre; port.: Escabiosa; span.: Escabiosa, viuda silvestre.

Systematik: *Knautia arvensis* ist außerordentlich formenreich. So werden unterschieden: Var. *budensis* (SIMONKAI) SZABO; var. *dumetorum* (HEUFFEL) SIMONKAI und var. *kitaibelii* (SCHULTES) SZABO, bei denen weitere Formen unterschieden werden; var. *polymorpha* (SCHMIDT) SZABO, für die etwa f. *pinnata* A. SCHWARZ, f. *pratensis* (SCHMIDT) SZABO, f. *tomentosa* (WIMM. et GRAB.) SZABO und weitere Formen unterschieden werden; var. *pseudolongifolia* SZABO.[3] *Knautia arvensis* gilt als polymorphes Taxon, von dem zahlreiche Hybriden mit anderen Arten bekannt sind. Chromosomenzahl 2n = 20, 40, 43, 46.[2,27]

Botanische Beschreibung: Ausdauernde Pflanze, 30 bis 150 cm hoch. Wurzelstock ästig, mit starker Pfahlwurzel, seitlich vom blütentragenden Stengel nach dem Blühen überwinternde Blattrosetten treibend, aus deren Mitte im nächsten Jahr der Blütenstengel treibt; zur Blütezeit demnach am Grund des Blütenstengels die oft schon vergilbten Rosettenblätter vorhanden und daneben einzelne, noch wenig entwickelte Blattrosetten. Stengel aufrecht, Stiel rund oder mehr oder weniger gefurcht, einfach oder ästig, beblättert, unten von nach rückwärts gerichteten Borsten zottig, oben kahl. Laubblätter mehr oder weniger graugrün, glanzlos, im Umriß spatelförmig, lanzettlich, im vorderen Drittel am breitesten, fast kahl bis ziemlich reichlich behaart, leierförmig bis fiederspaltig (selten ungeteilt), kerbsägig, mit lanzettlichen, stumpfen bis schwach zugespitzten Abschnitten. Köpfchen auf langen, behaarten, drüsigen oder drüsenlosen Stielen, 2 bis 4 cm breit, vielblütig; die zwittrigen Köpfchen 3 bis 4 cm im Durchmesser und 85 bis 100 Blüten enthaltend, die weiblichen Köpfchen kleiner, 1,5 bis 2 cm im Durchmesser und 55 bis 60 Blüten enthaltend. Hüllblätter mehrreihig, aus eiförmigem Grunde lanzettlich gestaltet, reichlich angedrückt langhaarig. Blüten blaulila, seltener rotlila, gelblichweiß bis reinweiß; randständige Blüten meist strahlend. Innenkelch mit 8 gefiederten Borsten. Früchte 5 bis 6 mm lang, dicht mit aufwärts gerichteten Haaren besetzt, etwa 2 mm breit.[3]

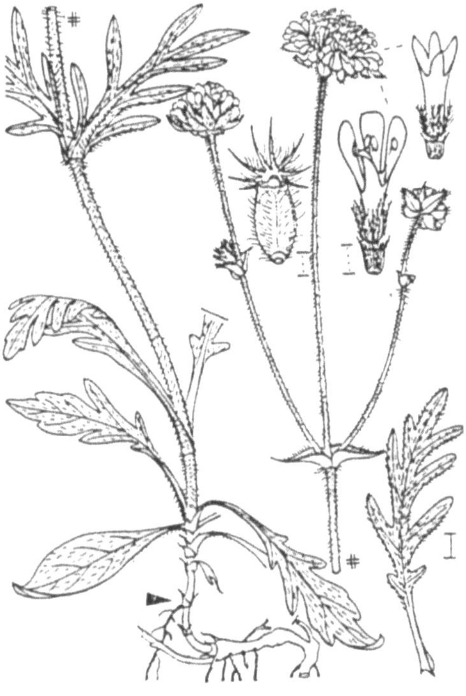

Knautia arvensis (L.) COULT.: Habitus der Pflanze, links unterer, beblätterter Teil, rechts oberer, mit Blütenköpfchen besetzter Teil; oben rechts Frucht und Einzelblüten. Maßstab: Durchgezogene Linie = 1 cm; punktierte Linien = 1 mm. Aus Lit.[28]

Inhaltsstoffe: *Iridoide* (Pseudoindikane). Dipsacan (ohne nähere Angaben) in allen Organen nachgewiesen;[6,7] Cephalarosid (oder ähnliche β-Glucoside; ohne weitere Angaben) in reifen Früchten.[6,7]
Triterpene und Triterpensaponine. Saponine (ohne nähere Angaben);[7,9] Ursolsäure aus Blättern.[11,12] Aus dem Ethanolextrakt der Blätter das Saponin Knautiosid (1,1 bis 1,7%), das in 54% Aglykon $C_{30}H_{48}O_4$ und Zucker spaltet.[6,7,13] Aus Wurzeln durch Säulenchromatographie nachgewiesen β-Sitosterolglucosid sowie Knautiosid-A und -B; Knautiosid-A mit D-Glucose, L-Arabinose und D-Xylose (2:1:1), Knautiosid-B mit Seitenkette aus 2 L-Rhamnose, Aglykon $C_{30}H_{48}O_3$.[6,14]
Phenolische Verbindungen. Flavonoide: Das Glykoflavon Leucanthosid in sehr geringer Ausbeute aus Blättern und Blütenköpfchen.[6,13,18] Luteolosid und Swertiajaponin aus Blütenköpfchen.[6,19] Weitere phenolische Verbindungen: Kaffeesäure aus Blättern;[13] Gerbstoffe (ohne nähere Angaben) aus oberirdischen Teilen, besonders aber aus der Wurzel.[7,21–26]
Sonstige Verbindungen. Bitterstoffe (ohne nähere Angaben) aus oberirdischen Teilen, besonders aber aus der Wurzel.[7,21–26] β-Methylglucosid in Blättern, Stengeln und Blütenköpfchen.[6–8] Mesoinositol aus Blättern, Stengeln und Blütenköpfchen.[6–8]

Verbreitung: Verbreitet in ganz Europa, mit Ausnahme der Arktis, im Kaukasusgebiet und in Westsibirien. Häufig und verbreitet auf trockenen, sonnigen Wiesen, seltener auf Äckern, Brachen und an Wegrändern; von der Ebene bis in die Voralpen.[3]

Drogen: Knautiae arvensis herba, Knautia arvensis hom. *HAB 1*.

Knautiae arvensis herba

Synonyme: Herba Knautiae arvensis, Herba Scabiosae, Herba Scabiosae arvensis, Herba Scabiosae vulgaris.[3,7,21–23,26]

Sonstige Bezeichnungen: Dt.: Ackergrindkraut, Ackerknautienkraut, Ackerscabiosenkraut, Akkerwitwenblumenkraut, Grindkraut, Kratzkraut, Scabiosenkraut; engl.: Devil's bit herb, field-scabious herb; frz.: Herbe de la Scabieuse des champs; holl.: Veld-schurftkruid.[7,22,26,30,31]

Definition der Droge: Die Droge besteht aus den beblätterten Stengeln samt den Blütenköpfchen;[26,31] seltener besteht die Droge aus den beblätterten Stengeln samt Blütenköpfchen und Wurzeln.[31]

Stammpflanzen: *Knautia arvensis* (L.) COULT.

Herkunft: Sammlung aus Wildvorkommen im Verbreitungsgebiet, besonders Europa.

Schnittdroge: *Geschmack.* Bitter und zusammenziehend.[30]

Inhaltsstoffe: s. Inhaltsstoffe von *Knautia arvensis*.

Wirkungen: Die Droge soll adstringierend, antiseptisch, zudem expektorierend sowie abführend wirken.[22,25,30,31] Die postulierten Wirkungen sind nicht belegt.

Volkstümliche Anwendung und andere Anwendungsgebiete: Bei chronischen Hautleiden, besonders Ekzemen, bei Afterschrunde, Fissura ani und Pruritus ani, bei Urticaria, bei Krätze, Kopfgrind, zur Reinigung und Heilung von Geschwüren, bei Quetschungen und Entzündungen, ferner bei Husten und Halsleiden sowie zur Behandlung von Cystitis.[3,7,23–26,30,31] Die Droge wird auch angewandt bei carcinösen Erkrankungen (ohne nähere Angaben) sowie bei Kondylomen.[32]
Die Wirksamkeit der Droge bei den genannten Anwendungsgebieten ist nicht belegt.

Dosierung und Art der Anwendung: *Droge.* Etwa 30 g Droge als Infus oder Abkochung zubereiten mit 1 L siedend heißem Wasser; koliert und abgekühlt tassenweise zu trinken.[25] Zur Behandlung chronischer Ekzeme 4 Teelöffel voll auf 2 Glas Wasser heiß ansetzen, 10 min ziehen lassen und tagsüber trinken.[31] Die Anwendung kann innerlich und äußerlich erfolgen.

Knautia arvensis hom. *HAB 1*

Monographiesammlungen: Knautia arvensis *HAB 1*.

Definition der Droge: Die frischen oberirdischen Teile blühender Pflanzen.

Stammpflanzen: *Knautia arvensis* (L.) COULT.

Zubereitungen: Urtinktur und flüssige Verdünnungen nach *HAB 1*, Vorschrift 3a; Eigenschaften: Die Urtinktur ist eine grünlichbraune Flüssigkeit mit würzigem Geruch und bitterem Geschmack.
Darreichungsformen: Urtinktur, flüssige Verdünnungen, Streukügelchen, Verreibungen, Tabletten, flüssige Verdünnungen zur Injektion.[10]

Identität: Wird der Rückstand der auf dem Wasserbad zur Trockne eingedampften Urtinktur mit Acetanhydrid und Schwefelsäure 96% versetzt, so färbt sich die Mischung rotviolett. Wird die Urtinktur nacheinander mit Ethanol 70%, Ammoniaklsg. 26% und ethanolischer Molybdatophosphorsäurelsg. versetzt, so tritt grüne bis schwarzgrüne Färbung auf.
DC der Urtinktur:
- Referenzsubstanzen: Arbutin und Cholesterol;
- Sorptionsmittel: Kieselgel H;
- FM: Wasser-Methanol-Ethylacetat (10 + 13 + 77);
- Detektion: Ethanolische Molybdatophosphorsäurelsg., Erhitzen auf 105 bis 110 °C, Auswertung im Vis;
- Auswertung: Das Chromatogramm der Untersuchungslösung zeigt eine blaue Zone unterhalb und oberhalb der Referenzsubstanz Arbutin, unterhalb der Referenzsubstanz Cholesterol befinden sich zwei blaue Zonen.

Reinheit: *Urtinktur.*
- Relative Dichte: 0,895 bis 0,915.
- Trockenrückstand: Mindestens 1,7 %.

Lagerung: *Urtinktur.* Vor Licht geschützt.

Anwendungsgebiete: Die Anwendungsgebiete entsprechen dem homöopathischen Arzneimittelbild. Dazu gehören: Entzündungen der Atemwege; Verdauungsschwäche.[10]

Dosierung und Art der Anwendung: *Zubereitung.* Soweit nicht anders verordnet: Bei akuten Zuständen häufige Anwendung alle halbe bis ganze Stunde je 5 Tropfen oder 1 Tablette oder 10 Streukügelchen oder 1 Messerspitze Verreibung einnehmen; parenteral 1 bis 2 mL bis zu 3mal täglich s. c. injizieren. Bei chronischen Verlaufsformen 1- bis 3mal täglich 5 Tropfen oder 1 Tablette oder 10 Streukügelchen oder 1 Messerspitze Verreibung einnehmen; parenteral 1 bis 2 mL pro Tag s. c. injizieren.[10]

Unerwünschte Wirkungen: Nicht bekannt. Hinweis: Es können vorübergehend Erstverschlimmerungen vorkommen, die jedoch unbedenklich sind.[10]

Gegenanzeigen/Anwendungsbeschr.: Nicht bekannt.[10]

Wechselwirkungen: Nicht bekannt.[10]

Gesetzl. Best.: *Offizielle Monographien.* Aufbereitungsmonographie der Kommission D am BGA "Knautia arvensis".[10]

1. Melchior H (Hrsg.) (1964) A. Engler's Syllabus der Pflanzenfamilien, 12. Aufl., Bornträger, Berlin, Bd. II, S. 478
2. Ehrendorfer F (1962) Oesterr Bot Z 109:276–343
3. Hegi G (1913–1918) Illustrierte Flora von Mitteleuropa, 1. Aufl., J. F. Lehmanns Verlag, München, Bd. VI, 1. Hälfte, S. 290–303
4. Mabberley DJ (1989) The plant-book, Cambridge University Press, Cambridge
5. Höck F (1891) Dipsacaceae. In: Engler A, Prantl K (Hrsg.) Die natürlichen Pflanzenfamilien, Engelmann, Leipzig, IV. Teil, 4. Abt., S. 182
6. Hgn, Bd. IV, S. 23–31, Bd. VIII, S. 389–392
7. Hag, Bd. V, S. 408
8. Plouvier V (1963) C R Acad Sci 256:1.397–1.399
9. Koczwara M (1949) Publ Pharm Commun Pol Acad Sci 1949, I:65–102, zit. nach CA 46:10548
10. BAz Nr. 104a vom 07.06.1990
11. Borovkov AV, Belova NV (1967) Khim Prir Soedin 3:62–63, zit. nach CA 66:112933a
12. Plouvier V (1974) C R Acad Sci 278D:323–326
13. Plouvier V (1971) C R Acad Sci 272D:1.443–1.446
14. Surkova LN, Ivanova OV (1975) Khim Prir Soedin 5:661–662, zit. nach CA 84:102278y
15. Zemtsova GN, Bandyukova VA, Shinkarenko AL (1972) Khim Prir Soedin 5:678, zit. nach CA 78:101862y
16. Zemtsova GN, Bandyukova VA (1974) Khim Prir Soedin 10:107–108, zit. nach CA 81:60820z
17. Bandyukova VA, Zemtsova GN, Sergeeva NV, Frolova VI (1970) Khim Prir Soedin 6:388, zit. nach CA 74:1040o
18. Plouvier V (1970) C R Acad Sci 270D:2.710–2.713
19. Plouvier V (1975) C R Acad Sci 281D:751–754
20. Zemtsova GN, Bandyukova VA (1977) Khim Prir Soedin 5:705–706, zit. nach CA 88:60093j
21. Wehmer C (1931) Die Pflanzenstoffe, 2. Aufl., Fischer, Jena, Bd. 2, S. 1.194
22. Steinmetz EF (1957) Codex vegetabilis, Amsterdam
23. Gessner O (1974) Gift- und Arzneipflanzen von Mitteleuropa, 3. Aufl., Carl Winter, Universitätsverlag, Heidelberg
24. Schauenberg P, Paris F (1978) Heilpflanzen, 3. Aufl., BLV Verlagsgesellschaft, München Bern Wien
25. Font Quer P (1990) Plantas medicinales, 12. Aufl., Editorial Labor, Barcelona
26. Berger F (1954) Handbuch der Drogenkunde, Maudrich, Wien, Bd. 4, S. 452
27. FEu (1976) Bd. 4, S. 60–67
28. Rothmaler W (1987) Exkursionsflora, 6. Aufl., Volk und Wissen, Berlin, Bd. 3, S. 412
29. Jones E, Hughes RE (1983) Phytochemistry 22:2.493–2.499
30. Steinmetz EF (1954) Materia medica vegetabilis, Pt. 2, S. 1.255, Amsterdam
31. Madaus G (1938, Nachdruck 1979) Lehrbuch der biologischen Heilmittel, Georg Olms, Hildesheim New York, Bd. III, S. 2.471
32. Hartwell JL (1969) Lloydia 32:79–107

MG

Krameria

HN: 2001300

Familie: Krameriaceae.
Die Gattung Krameria L. wurde 1789 in die neu geschaffene Familie der Polygalaceae eingegliedert.[1] 1892 wurde die Gattung zu den Leguminosae, Unterfamilie Caesalpinioideae, gestellt.[2] 1829 erfolgte erstmals der Vorschlag, die Gattung Krameria als monotypische Familie abzutrennen.[3] Dieser Vorschlag findet seit Mitte des 20. Jahrhunderts eine breitere Anerkennung.[4] Phytoserologische Untersuchungen sprechen für die Zugehörigkeit der Krameriaceae zu den Polygalales.[5]

Gattungsgliederung: Die Angaben zur Artenzahl reichen von 15[6] bis 25.[7] In einer neueren Untersuchung werden 17 Arten unterschieden.[4]

Gattungsmerkmale: Halbparasitische, strauchige, halbstrauchige oder krautige Pflanzen mit behaarten Zweigen, wechselständigen einfachen, selten dreizählig gefingerten Blättern, zygomorphen Blüten, die einzeln oder in endständigen Trauben oder Rispen stehen. Meist auffällige rosa, purpurne oder rote Sepalen und kleinere Petalen, die teilweise zu Drüsen umgeformt sind. Kugelige, einsamige, stachelige, mit Widerhaken versehene Früchte.[4]

Verbreitung: Tropisches bis gemäßigtes Amerika, an trockenen offenen Standorten.[4]

Inhaltsstoffgruppen: Lignane, Neolignane und Norneolignane wurden bisher in acht Krameria-Arten gefunden;[8–14,37,40,41] Acetoxyfettsäuren wurden für vier nordamerikanische[15] und sechs südamerikanische[16] Krameria-Vertreter beschrieben. Gerbstoffe scheinen in der gesamten Gattung verbreitet zu sein.[4] Genauer untersucht wurden nur die kondensierten Gerbstoffe (Proanthocyanidine) von *K. lappacea* (s. Inhaltsstoffe der Droge Ratanhiae radix).[17]

Drogenliefernde Arten: *K. lappacea*: Ratanhiae radix, Krameria triandra hom. *HAB1*, Krameria hom. *PFX*, Ratanhia hom. *HPUS78*.

Krameria lappacea (DOMBEY) BURDET et SIMPSON

Synonyme: *Krameria canescens* WILLD. ex SCHULTES, *K. iluca* F. PHILIPPI, *K. linearis* POIRET in LAMARCK, *K. pentapetala* RUIZ et PAVON, *K. triandra* RUIZ et PAVON, *K. triandra* var. *humboldtiana* CHODAT, *Landia lappacea* DOMBEY.[4]
Der Name für die Stammpflanze der echten Ratanhiawurzel wurde seit 1789 allgemein mit *Krameria triandra* RUIZ et PAVON angegeben. In einer neueren Untersuchung wird jedoch gezeigt, daß die Erstbeschreibung der Art unter dem Namen *Landia lappacea* DOMBEY bereits 1784 publiziert wurde. Als gültiger Name muß somit die Neukombination *Krameria lappacea* (DOMBEY) BURDET et SIMPSON angesehen werden.[42]

Sonstige Bezeichnungen: Dt.: Peru-Ratanhia, Ratanhia; engl.: Peruvian rhatany, rhatany; frz.: Ratanhia, ratanhia du Perou; it.: ratania; port.: Ratanha, ratania; span.: Ratania, ratania del Perú.
Einheimische südamerikanische Namen: Aymara: Pumachucu, pumacuchu, pumakkachu; Quechua: Antacusma, mapato, pachalloqe.[33]

Botanische Beschreibung: Aufrechter oder polsterbildender, 0,3 bis 1 m hoher Strauch; jüngere Zweige dunkelgrün, seidig bis borstig behaart, besonders an den Zweigenden; ältere Zweige schwarz, oft knorrig. Blätter ganzrandig, länglich, eiförmig oder umgekehrt eiförmig, 6 bis 15 (23) mm lang, 2 bis 6 (8) mm breit, sitzend, an der Basis abrupt keilförmig, beiderseits spärlich borstig oder dicht seidig behaart. Blüten 7 bis 12 mm lang, in spärlichen endständigen Trauben; Sepalen 4 (bis 5), ausgebreitet, lanzettlich, dunkelrot, außen mit seidiger Behaarung; Petalen ungleich, zweidrüsig, keilförmig, 3 bis 5 mm breit, purpurrot, 2 (bis 3) frei, spatelför-

Blühender Zweig von *Krameria lappacea* (DOMB.) BURD. et SIMP. Mit freundlicher Genehmigung von Herrn H. Buser, CH-Arlesheim.

Krameria lappacea (DOMB.) BURD. et SIMP. am Standort bei Ayacucho, Peru. Mit freundlicher Genehmigung von Herrn H. Buser, CH-Arlesheim.

mig, 5 bis 8 (12,5) mm lang, dunkelrot. Stamina 3, selten 4. Fruchtknoten eiförmig, dicht borstig behaart, mit dickem, unbehaartem Griffel; Früchte eiförmig, mit zahlreichen rotschwarzen, 2 bis 4 mm langen, borstigen Stacheln, 5 bis 8 mm im Durchmesser (ohne Stacheln).[4]

Verwechslungen: Die größte Ähnlichkeit mit *K. lappacea* (DOMBEY) BURDET et SIMPSON zeigt *K. cistoidea* W.J. HOOKER et G.A.W. ARNOTT, insbesondere bezüglich des Blütenbaus, der Pollen und der Früchte. Unterschiede bestehen aber bei Standort, Pflanzengröße und Zahl der Blütenglieder. *K. lappacea* bevorzugt größere Höhen und bleibt kleiner sowie dichter verzweigt. *K. cistoidea* kommt in Peru als dem wichtigsten Lieferanten für echte Ratanhiawurzel (s. Droge Ratanhiae radix) nur vereinzelt im Grenzgebiet zu Chile vor. Wie die meisten anderen Vertreter der Gattung Krameria hat *K. cistoidea* einen fünfzähligen Kelch und 4 Stamina. *K. lappacea* besitzt dagegen einen vierzähligen Kelch und nur 3 Stamina. Verwechslungen mit anderen Krameria-Arten, insbesondere mit der von *Arg 66* und *Mex P52* als Stammpflanze für die Droge Ratanhiae radix ebenfalls zugelassenen *K. argentea* MARTIUS ex SPRENGEL, sind wegen ihrer unterschiedlichen Verbreitungsgebiete wenig wahrscheinlich.[4]

Verbreitung: Vorzugsweise in den Zentralanden an trockenen, felsigen Standorten in Höhen zwischen 600 und 3.600 m, aber auch in den Küstenebenen Perus. Hauptsächlich in Peru, dort in allen Landesteilen vorkommend. In Bolivien seltener, in Chile nur im äußersten Norden. Wenige Standorte in Ecuador und in Argentinien.[4]

Drogen: Ratanhiae radix, Krameria triandra hom. *HAB 1*, Krameria hom. *PFX*, Ratanhia hom. *HPUS 78*.

Ratanhiae radix (Ratanhiawurzel)

Synonyme: Radix Ratanhiae.

Sonstige Bezeichnungen: Engl.: Krameria, krameria root, rhatany root; frz.: Racine de Ratanhia; it.: Radice di Ratania; span.: Raiz de Ratania.

Monographiesammlungen: Ratanhiawurzel *DAB 10 (Eur)*; Radix Ratanhiae *ÖAB 90*; Ratanhiae radix *Helv VII*; Krameria *BHP 83*; Rhatany Root *Mar 29*.

Definition der Droge: Die getrocknete Wurzel *DAB 10 (Eur), ÖAB 90, Helv VII.*

Stammpflanzen: Die meisten Monographien nennen als Stammpflanze *Krameria lappacea* (DOMBEY) BURDET et SIMPSON (als *K. triandra* RUIZ et PAVON). *Mex P52* und *Arg 66* erlauben auch *K. argentea* MARTIUS ex SPRENGEL.

Herkunft: Sammlung aus Wildvorkommen; Hauptlieferland ist Peru. Selten stammt die Droge auch aus Ecuador.[18]

Gewinnung: Die Wurzel wird ausgegraben, vom Rhizom befreit, gewaschen und im Schatten luftgetrocknet.[19]

Ganzdroge: Wurzel meist ca. 1 (bis 3) cm dick, zylindrisch, wenig verzweigt. Rinde dunkelbraunrot, leicht vom Holz ablösbar, ältere Rinde rauh, ausgeprägt querrissig; junge Rinde glatt.
Querschnitt: Dunkelbraunrote Rinde; hellbraunes bis rötlichbraunes Holz mit feinen Markstrahlen; Kernholz oft dunkler.[20]

Schnittdroge: *Geruch.* Nicht wahrnehmbar.
Geschmack. Stark adstringierend, Holz fast geschmacklos.
Makroskopisches Bild. Dunkelbraunrote, im Durchmesser (1 bis) 6 mm große Rindenfragmente, seltener längliche Stücke (bis 12 mm). Hellbraune, faserige, fast immer längliche, ca. 8 (2 bis 20) mm lange Holzfragmente.
Mikroskopisches Bild. Kork aus zahlreichen Lagen dünnwandiger Zellen mit braunrotem Inhalt. Phloem aus radial angeordneten Gruppen von Siebröhren und zahlreichen unverholzten Fasergruppen, teils von Kristallzellreihen mit Calciumoxalatkristallen oder Kristallsand begleitet. Im Parenchym einfache oder zusammengesetzte, meist kugelige, ca. 15 (4 bis 30) µm große Stärkekörner oder rotbrauner Gerbstoff. Zahlreiche stärkehaltige Markstrahlen, in Kambiumnähe einzellreihig, außen mehrzellreihig. Undeutlich strahliger Holzkörper mit Gefäßen, die einzeln oder in Gruppen zu zwei bis fünf stehen, 20 bis 60 µm im Durchmesser betragen, Hoftüpfel aufweisen und von Fasertracheiden umgeben sind; Intermediärparenchym verbindet in tangentialen, eine Zelle breiten Bändern benachbarte Markstrahlen oder erstreckt sich über einen weiten Bogen; geringe Anteile von verstreutem Holzparenchym; zahlreiche, eine Zelle breite Markstrahlen.[20]

Pulverdroge: Rötlichbraunes Pulver aus Korkzellverbänden mit braunrotem Inhalt, Fragmenten von gelben, gedrehten, unverholzten, 12 bis 30 µm breiten Fasern, bisweilen von kristallführenden Zellreihen begleitet; Bruchstücke des Holzkörpers aus Gefäßen mit zahlreichen Hoftüpfeln sowie aus dickwandigen Holzfasern mit regelmäßigen, deutlichen Kanälen; Holzparenchymzellen teils mit bräunlichem Inhalt; im Parenchym und vereinzelt freiliegend Stärkekörner mit sternförmigem Hilum sowie Calciumoxalatkristalle.[20]

Verfälschungen/Verwechslungen: Das Fehlen von intensiv rot gefärbten Zellen im Holzteil der Handelsdroge, die charakteristisch für die Wurzel von *Krameria lappacea* sein sollen, wurde als Hinweis dafür gewertet, daß echte Droge kaum noch erhältlich sei.[21,22] Im Vergleich zeigten allerdings sowohl Handelsdroge als auch authentische Wurzel nur wenige rot gefärbte Zellen im Holzteil.[17] Die Verfälschung mit Wurzeln anderer Krameria-Arten ist aufgrund der unterschiedlichen Verbreitung der in Frage kommenden Arten wenig wahrscheinlich (vgl. a. Verwechslungen der Art *K. lappacea*). Als Ersatz für die offizinelle Ratanhiawurzel wurden Wurzeln von *K. ixine* LÖFLING (Savanilla-, Antillen-

oder Neugrenada-Ratanhia), *K. lanceolata* TORREY (Texas-Ratanhia) und *K. argentea* MARTIUS ex SPRENGEL (Brasilianische, Pará- oder Ceará-Ratanhia) verwendet.[4] Fallweise tauchten auch Wurzeln von *K. cistoidea* W.J. HOOKER et G.A.W. ARNOTT (Chile), von *K. secundiflora* DC. (Mexiko) und von *K. tomentosa* ST. HIL. (östliches Brasilien) im Handel auf.[23]

Inhaltsstoffe: *Flavonole.* Etwa 0,1 % Catechin und Epicatechin, die mittels HPLC des Ethylacetatextrakts bestimmt wurden.[17]
Gerbstoffe. Die Droge enthält ca. 10 % kondensierte Gerbstoffe (= Proanthocaynidine, mit der Hautpulvermethode des *DAB 10* bestimmt), die fast ausschließlich in der Wurzelrinde lokalisiert sind. Sie bestehen aus 2 bis 14 Flavonoleinheiten, die vorwiegend über [4,8]-Bindungen miteinander verknüpft sind. Die Flavonole sind am B-Ring monohydroxyliert (Epiafzelechin) oder dihydroxyliert (Catechin, Epicatechin) und kommen im Verhältnis 65 : 35 vor. Catechin steht nur am Kettenende. Die höheren Oligomeren enthalten auch [4,6]-Bindungen und sind wahrscheinlich verzweigt. Für die Adstringenz der Droge sind hauptsächlich Proanthocyanidine mit 5 bis 10 Flavonoleinheiten verantwortlich[17] (s. Formelschema unten).
Phlobaphene. Aus den Gerbstoffen durch Kondensations- und Oxidationsprozesse entstandene Phlobaphene bilden das vorwiegend in den Korkzellen vorkommende "Ratanhiarot".[17]
Neolignane, Norneolignane. Die Droge enthält ferner lipophile Neolignane und Norneolignane,[9] darunter ca. 0,3 % Ratanhiaphenole I, II und III.[8,24] Der Ratanhiaphenolgehalt wurde gravimetrisch nach SC bestimmt.[24] Mengenangaben für die übrigen Neolignane und Norneolignane fehlen.[9]

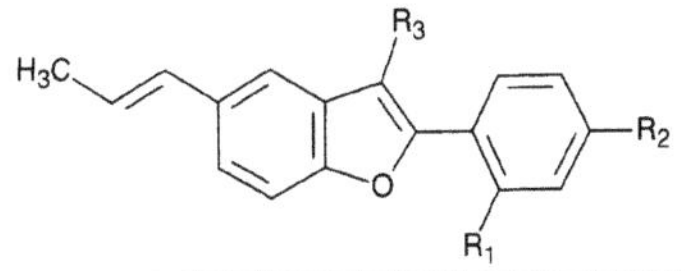

	R_1	R_2	R_3
Ratanhiaphenol I	—OH	$—OCH_3$	—H
Ratanhiaphenol II	—H	—OH	$—CH_3$
Rathaniaphenol III	$—OCH_3$	—OH	—H
2-(2,4-Dihydroxy-phenyl)-5-(*E*)-propenylbenzofuran	—OH	—OH	—H

Zubereitungen: Ratanhiatinktur (Ratanhiae tinctura) *DAB 10*: Herstellung aus 1 Teil pulv. Droge und 4 bis 5 Teilen Ethanol 70 % (*V*/*V*) durch Per-

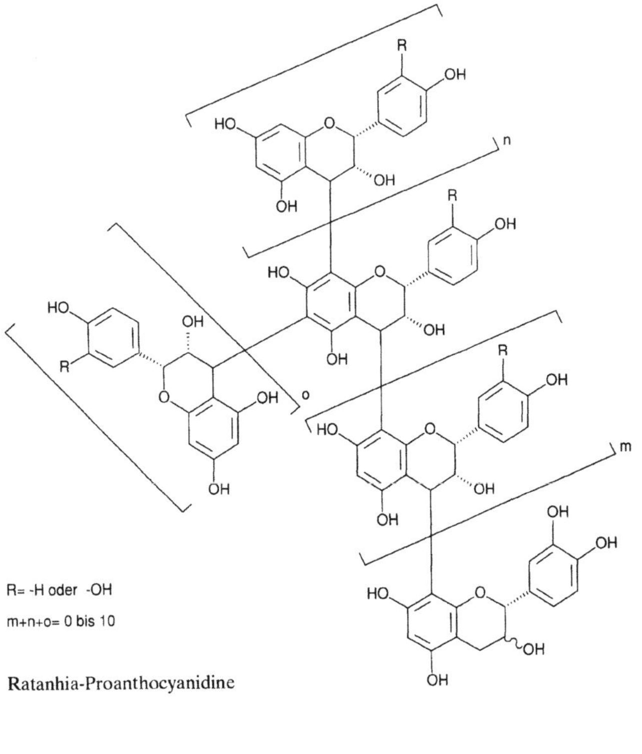

Ratanhia-Proanthocyanidine

kolation; Eigenschaften: Rotbraune, fast geruchlose Fl. von zusammenziehendem Geschmack.
Tinctura Ratanhiae (Ratanhiatinktur) *ÖAB 90*: Herstellung aus 1 Teil Droge mit 5 Teilen Ethanol 70 % (*V/V*) durch zweifache Mazeration; Eigenschaften: Tief rotbraune Fl., die eigenartig riecht und stark zusammenziehend schmeckt; mit Alkohol oder verd. Alkohol klar, mit Wasser trüb mischbar.
Ratanhiae tinctura normata (Tinctura ratanhiae, eingestellte Ratanhiatinktur, Teinture titrée de ratanhia, Ratania tintura titolata) *Helv VII*: Herstellung aus 1 Teil eingestelltem Ratanhiatrockenextrakt *Helv VII* und 9 Teilen Ethanol 70 % (*V/V*) durch Mazeration; Eigenschaften: Tief braunrote, klare Fl. von herbem Geschmack, klar oder höchstens schwach opaleszierend löslich in Wasser, Ethanol 70 %, Ethanol 96 % und Glycerol 85 %.
Ratanhiae extractum siccum normatum (Extractum ratanhiae siccum, eingestellter Ratanhiatrokkenextrakt, Extrait sec titré de ratanhia, Ratania estratto secco titolato) *Helv VII*: Herstellung: Perkolation der Droge mit einer Mischung aus Industriesprit und gereinigtem Wasser (40 + 35). Nach Einengen von Perkolat und Preßflüssigkeit und mehrtägigem Stehenlassen bei 2 bis 8 °C wird filtriert, das Filtrat auf Verdampfungsrückstand und Gerbstoffgehalt (s. Gehaltsbestimmung) geprüft und ggf. so viel Zucker im Filtrat gelöst, daß der Extrakt nach dem Eindampfen den vorgeschriebenen Gehalt (s. Gehalt) aufweist. Eigenschaften: Rotbraune, lockere, hygroskopische Brocken oder leichtes, hygroskopisches Pulver von herbem, nicht brenzligem Geschmack; opalisierend löslich in Wasser, leicht löslich in Ethanol 58 % (*V/V*), schwer löslich in Ethanol 96 %.

Identität: *Ratanhiawurzel.* Nach *DAB 10* (*Eur*), *ÖAB 90* und *Helv VII* wird ein wäßriges Mazerat durch Fällung mit zweiwertigen Schwermetallionen, hier Zusatz von Ammoniumeisen(II)sulfat, auf Gerbstoffe geprüft. Es muß ein grauer Niederschlag oder eine Trübung entstehen. Nach dem Absetzen ist die überstehende Lösung graugrün gefärbt, weil die durch Oxidation entstehenden Fe^{3+}-Ionen mit kondensierten Gerbstoffen Grünfärbung ergeben.
Zusätzlich wird ein ethanolisches Mazerat mit Eisen(III)chlorid geschüttelt, wobei die Farbe der Fl. nach Grün umschlägt. Die Färbung beruht auf der Komplexbildung von Fe^{3+}-Ionen mit den *o*-Hydroxygruppen des B-Rings der Flavanole.
Weitere Identifizierungsmöglichkeiten: In Betracht komt die DC, vgl. Ratanhiatinktur.
Ratanhiatinktur/ eingestellte Ratanhiatinktur. Prüfung auf Polyphenole durch Zugabe von Eisen(III)chloridlsg. *DAB 10, ÖAB 90, Helv VII* (vgl. Ratanhiawurzel); *ÖAB 90* läßt noch durch Zugabe von Blei(II)acetat die Gerbstoffe vollständig ausfällen, worauf sowohl Nd. als auch Fl. rotgefärbt sein müssen; *DAB 10* läßt außerdem eine DC-Prüfung auf lipophile Neolignane durchführen, die in anderen Gerbstoffdrogen nicht vorkommen.[25]
DC einer Petrolätherausschüttelung aus der Tinktur nach *DAB 10*:

- Referenzsubstanzen: Dimethylgelb, Indophenolblau, Sudanrot G;
- Sorptionsmittel: Kieselgel G;
- FM: Dichlormethan;
- Detektion: Besprühen mit Echtblausalz B-Lösung und anschl. mit ethanolischer NaOH-Lösung; Auswertung im Vis;
- Auswertung: Nachweis der Ratanhiaphenole I bis III sowie der Zonen zweier weiterer, nicht näher definierter Neolignane anhand der als Referenzsubstanzen verwendeten Farbstoffe.

Eingestellter Ratanhiatrockenextrakt. Prüfung auf Polyphenole durch Zugabe von Eisen(III)chloridlsg. *Helv VII.*

Reinheit: *Ratanhiawurzel.*

- Fremde Beimengungen: Höchst. 2 % fremde Bestandteile und höchstens 5 % Fragmente des Wurzelschopfs oder der Wurzeln, deren Durchmesser 25 mm überschreitet. Wurzeln ohne Rinde dürfen nur in sehr kleinen Mengen vorhanden sein *DAB 10 (Eur), ÖAB 90, Helv VII*; nach *Helv V* muß ein ethanolischer Extrakt nach vollständiger Ausfällung der Gerbstoffe durch Blei(II)acetat im klaren Überstand karminrot gefärbt sein. Farblosigkeit oder graue Färbung deuten auf Verfälschungen.
- Sulfatasche: Höchst. 6,0 % *DAB 10 (Eur), ÖAB 90, Helv VII.*

Ratanhiatinktur/ eingestellte Ratanhiatinktur.

- Ethanolgehalt: 63,5 bis 67,0 % (*V/V*) *DAB 10*; mindestens 65,0 % (*V/V*) *ÖAB 90*; 61,0 bis 67,0 % (*V/V*) *Helv VII.*
- Grenzprüfung auf Isopropanol, Methanol *DAB 10, ÖAB 90, Helv VII*; zusätzliche Prüfung auf Schwermetalle *ÖAB 90.*
- Trockenrückstand: Mindestens 5,0 % *DAB 10.*

Eingestellter Ratanhiatrockenextrakt.

- Aussehen der Lsg.: Der in Ethanol 96 %-Wasser (4 + 3,5) gelöste Extrakt muß klar sein *Helv VII.*
- Trocknungsverlust: Höchstens 4,0 % *Helv VII.*

Gehalt: *Ratanhiawurzel.* Mindestens 10,0 % Gerbstoffe *DAB 10 (Eur), ÖAB 90, Helv VII.*
Ratanhiatinktur. Mindestens 2,0 % Gerbstoffe *DAB 10.*
Eingestellte Ratanhiatinktur. Mindestens 1,8 und höchstens 2,2 % Gerbstoffe *Helv VII.*
Eingestellter Ratanhiatrockenextrakt. Mindestens 18,0 und höchstens 22,0 % Gerbstoffe *Helv VII.*

Gehaltsbestimmung: *Ratanhiawurzel.* s. a. Lit.[19]
Die Polyphenole werden über die Reduktion von Wolframatophosphorsäure zu intramolekularen Mischoxiden, sog. Wolframblau, indirekt photometrisch bestimmt.
Gerbstoff-Polyphenole lassen sich durch Bindung an Hautpulver von den Restpolyphenolen abtrennen. Aus der Extinktionsdifferenz vor und nach Behandlung eines wäßrigen Extraktes mit Hautpulver wird auf den Gehalt an Gerbstoffen geschlossen *DAB 10 (Eur), ÖAB 90, Helv VII.* Als Referenzsubstanz dient Pyrogallol. Da dessen Extinktion größer ist als die der Ratanhiagerbstoffe, wurde der in Ringversuchen empirisch ermittelte Faktor 4,2 in die Formel einbezogen. Dieser wurde durch Ver-

gleich der Ergebnisse der photometrischen Gehaltsbestimmung mit denen der klassischen gravimetrischen Hautpulvermethode erhalten.
Zur Verbesserung der Arzneibuchmethode wurde die Messung bei 691 nm (statt 715 nm), die Verwendung von Folins Reagenz sowie die Verwendung von Catechin als Bezugssubstanz vorgeschlagen.[26] Auch die direkte photometrische Messung aus den wäßrigen Extrakten im UV ist möglich.[26] Als geeignete Bezugssubstanz für Drogen mit kondensierten Gerbstoffen wurde ein standardisierter Proanthocyanidin-Extrakt aus kommerziellem Quebrachoholz vorgeschlagen.[27]
Ratanhiatinktur. DAB 10: Anstatt der Hautpulver-Wolframblau-Methode (s. Ratanhiawurzel) wird eine gravimetrische Bestimmung im "Halbmikromaßstab" durchgeführt.[19,25] Nach Verdünnen der Tinktur wird der Trockenrückstand vor und nach Schütteln mit Hautpulver bestimmt. Der Gerbstoffgehalt ergibt sich aus der Differenz dieser Trockenrückstände, korrigiert um einen "Leerwert" (= wasserlösliche Anteile des Hautpulvers) und unter Berücksichtigung des Verdünnungsfaktors 10.
ÖAB 90: Grenzwertmethode: Nach Verdünnen der Tinktur mit Wasser und Filtration wird ein aliquoter Teil des Filtrats mit Blei(II)acetat- und Natriumacetatlsg. zur Fällung der Gerbstoffe versetzt. Die Menge an Pb^{2+} ist dabei so bemessen, daß bei entsprechendem Gerbstoffgehalt die Fällung nicht ganz vollständig erfolgt. Im Filtrat der Fällung muß auf Zusatz weiterer Blei(II)acetatlsg. eine deutliche Trübung auftreten.
Eingestellter Ratanhiatrockenextrakt. Gehaltsbestimmung nach der Hautpulver-Wolframblau-Methode (s. Ratanhiawurzel) *Helv VII.*
Eingestellte Ratanhiatinktur. Gehaltsbestimung nach der Hautpulver-Wolframblau-Methode (s. Ratanhiawurzel) *Helv VII.*

Lagerung: *Ratanhiawurzel.* Vor Licht geschützt *DAB 10 (Eur)*; gut verschlossen, vor Licht geschützt *ÖAB 90, Helv VII.*
Ratanhiatinktur/ eingestellte Ratanhiatinktur. Dicht verschlossen, vor Licht geschützt *DAB 10*; vor direktem Sonnenlicht geschützt, in dicht schließenden Gefäßen *ÖAB 90*; gut verschlossen, vor Licht geschützt *Helv VII.* Nach Lit.[19] sollte die Tinktur außerdem kühl und unter Ausschluß von Luftsauerstoff aufbewahrt werden. Der sich beim Lagern allmählich bildende Bodensatz sollte abfiltriert und der Gerbstoffgehalt erneut geprüft werden.
Eingestellter Ratanhiatrockenextrakt. Vor Feuchtigkeit und Licht geschützt *Helv VII.*

Wirkungen: *Antimikrobielle Wirkung.* Ein mit Aceton-Wasser 8:2 hergestellter Extrakt der getrockneten Wurzel zeigt *in vitro* antibakterielle Aktivität gegen *S. aureus*. Der MHK-Wert im Standard-Verdünnungs-Test liegt bei 20 µg/mL. Der MHK-Wert von Ampicillin beträgt 0,6 µg/mL.[17]
Einige aus der getrockneten Wurzel isolierte Neolignane und Norneolignane zeigen *in vitro* antibakterielle Wirkungen gegen grampositive und -negative Bakterien. Es wurden 200 µg im Agar-Plättchen-Test untersucht.[9]
Fungitoxische Wirkung. Das aus der getrockneten Wurzel isolierte 2-(2,4-Dihydroxyphenyl)-5-(E)-propenylbenzofuran wirkt im Agar-Plättchen-Test bei 25 µg noch fungitoxisch gegen *Aspergillus niger* und einige phytopathogene Pilze. Die *In vivo*-Wirkung ist deutlich schwächer.[9]

Anwendungsgebiete: Lokale Behandlung leichter Entzündungen der Mund- und Rachenschleimhaut.[28] Diese Anwendung erscheint aufgrund der antimikrobiellen Wirkung des Wurzelextrakts plausibel. Die Wirkung dürfte hauptsächlich den Gerbstoffen, in geringerem Maße auch den in kleinen Mengen vorkommenden Neo- und Norneolignanen zuzuschreiben sein. Kontrollierte klinische Studien zur Wirksamkeit der Droge bei diesen Anwendungsgebieten liegen nicht vor.

Dosierung und Art der Anwendung: *Droge.* Gebräuchliche Einzeldosis als Abkochung: 1,5 g Droge auf 1 Teetasse;[29] Abkochung aus 0,5 bis 2 g Droge, 3mal täglich;[30] Teebereitung: Ein knapper Teelöffel, entspr. 1 bis 1,5 g zerkleinerter Droge wird mit ca. 150 mL kochendem Wasser übergossen, 15 min im Sieden gehalten und durch ein Teesieb gegeben. Wenn nicht anders verordnet, wird 2- bis 3mal täglich mit dem frisch bereiteten Teeaufguß gespült oder gegurgelt.[31] *Zubereitung.* Gurgellösungen und Spülungen:
5 bis 10 Tropfen Tinktur auf ein Glas Wasser;[28] 40 bis 60 Tropfen Tinktur auf ein halbes Glas warmes Wasser;[31] 5 g Tinktur in 100 mL Wasser;[29] 1 Teil Tinktur mit 12 Teilen Wasser verdünnt.[32]
Pinselungen: Tinktur verdünnt 2- bis 3mal täglich auftragen.[28,31]

Volkstümliche Anwendung und andere Anwendungsgebiete: Innerlich wird Ratanhiawurzel bei Diarrhöe, Erkrankungen der weiblichen Genitalorgane und der Harnwege verwendet.[33,38] Äußerlich wird die Wurzel oder ihr Extrakt zur Zahnreinigung und Zahnfleischkräftigung verwendet.[34,38] Dies waren auch die Hauptindikationen der Droge bei den Indianern der Zentralanden zur Zeit der Entdeckung von *Krameria lappacea* im Jahre 1779.[35] Daneben werden Hämorrhoiden, blutende Wunden, Verbrennungen und Hautgeschwüre mit dem wäßrigen Extrakt oder der Tinktur behandelt.[33,38]
Bei einigen dieser Indikationen könnten die Gerbstoffe oder die Neolignane wirksam sein. Zu den genannten Indikationen liegen aber weder klinische Studien noch liegt hinreichend dokumentiertes Erfahrungsmaterial vor. Daher sind die genannten Anwendungsgebiete nicht belegt.

Unerwünschte Wirkungen: *Allergische Wirkungen.* In seltenen Fällen allergische Schleimhautreaktionen.[28]

Gesetzl. Best.: Standardzulassung Nr. 1179.99.99 Ratanhiawurzel.[31]
Standardzulassung Nr. 7199.99.99 Ratanhiatinktur.[31] *Offizielle Monographien.* Aufbereitungsmonographie der Kommission E am BGA "Ratanhiae radix (Ratanhiawurzel)".[28]

Krameria triandra hom. *HAB 1*

Synonyme: Ratanhia.

Monographiesammlungen: Krameria triandra (Ratanhia) *HAB 1.*

Definition der Droge: Die getrocknete Wurzel.

Stammpflanzen: *Krameria triandra* Ruiz et Pavon (Syn. *K. lappacea* (Dombey) Burdet et Simpson).

Zubereitungen: Urtinktur und flüssige Verdünnungen nach *HAB 1*, Vorschrift 4a mit Ethanol 62 % (*m/m*); Eigenschaften: Die Urtinktur ist eine rotbraune, fast geruchlose Flüssigkeit mit zusammenziehendem Geschmack *HAB 1.* Darreichungsformen: Urtinktur, flüssige Verdünnungen, Streukügelchen, Verreibungen, Tabletten, flüssige Verdünnungen zur Injektion, Salben, Suppositorien.[39]

Identität: *Droge.* Der ethanolische Drogenauszug zeigt
- Trübung und dunkelgraue Färbung nach Zugabe von Ammoniumeisen(II)sulfatlsg.; nach Absetzen ist der Überstand graugrün gefärbt;
- graugrüne Färbung nach Zugabe von Eisen(III)chloridlsg.;
- Rotfärbung nach Zusatz von Vanillin/Salzsäure;
- einen gelbroten Nd. nach Zugabe von Fehlingscher Lösung und Erhitzen und
- Trübung, braune Färbung und violette Fluoreszenz im UV 365 nm nach Zugabe von verd. NaOH-Lsg.

DC des ethanolischen Drogenauszuges:
- Referenzsubstanzen: Tannin, Gallussäure;
- Sorptionsmittel: Kieselgel H;
- FM: Ethylacetat-wasserfreie Ameisensäure-Wasser (80 + 10 + 10);
- Detektion: Besprühen mit 1 % Diphenylboryloxyäthylamin in MeOH und anschl. mit 5 % PEG 400 in MeOH, Auswertung im UV 365 nm;
- Auswertung: Nachweis der Flavonole und der Gerbstoffe nach Detektion im Chromatogramm des Drogenauszuges.

Urtinktur. Die Urtinktur gibt die für die Droge beschriebenen Identitätsreaktionen; Prüflösung ist die Urtinktur.

Reinheit: *Droge.*
- Fremde Bestandteile *(PhEur)*: Höchstens 2 % fremde Bestandteile und höchstens 50 % Fragmente des Wurzelschopfs oder der Wurzeln, deren Durchmesser 25 mm überschreitet. Wurzeln ohne Rinde dürfen nur in sehr kleinen Mengen vorhanden sein.
- Sulfatasche *(PhEur)*: Höchstens 6,0 %, mit 1,00 g grob gepulverter Droge bestimmt.

Urtinktur.
- Relative Dichte *(PhEur)*: 0,891 bis 0,906.
- Trockenrückstand *(DAB)*: Mindestens 1,9 %.

Gehalt: *Droge.* Mindestens 2,5 % mit Hautpulver fällbare Gerbstoffe, ber. als Pyrogallol.

Gehaltsbestimmung: *Droge.* Die Bestimmung erfolgt analog der Gehaltsbestimmung von Ratanhiawurzel *DAB 10 (Eur)*; abweichend davon wird die photometrische Messung bei 750 nm durchgeführt und der Faktor 4,2 in die Berechnung nicht miteinbezogen.

Lagerung: *Urtinktur.* Vor Licht geschützt.

Anwendungsgebiete: Die Anwendungsgebiete entsprechen dem homöopathischen Arzneimittelbild. Dazu gehören: Schmerzhafte Erkrankungen des Enddarms, Schleimhautblutungen.[39]

Dosierung und Art der Anwendung: Soweit nicht anders verordnet: Bei akuten Zuständen häufige Anwendung alle halbe bis ganze Stunde je 5 Tropfen oder 1 Tablette oder 10 Streukügelchen oder 1 Messerspitze Verreibung einnehmen; parenteral 1 bis 2 mL bis zu 3mal täglich s. c. injizieren; Suppositorien 2- bis 3mal täglich 1 Zäpfchen einführen; Salben 1- bis 2mal täglich auftragen. Bei chronischen Verlaufsformen 1- bis 3mal täglich 5 Tropfen oder 1 Tablette oder 10 Streukügelchen oder 1 Messerspitze Verreibung einnehmen; parenteral 1 bis 2 mL pro Tag s. c. injizieren; Suppositorien 2- bis 3mal täglich 1 Zäpfchen einführen; Salben 1- bis 2mal täglich auftragen.
Hinweis: Parenterale Anwendung erst ab D4, wobei auf die Möglichkeit der Erstverschlimmerung besonders zu achten ist.[39]

Unerwünschte Wirkungen: Nicht bekannt.
Hinweis: Es können vorübergehend Erstverschlimmerungen vorkommen, die jedoch unbedenklich sind.[39]

Gegenanzeigen/Anwendungsbeschr.: Nicht bekannt.[39]

Wechselwirkungen: Nicht bekannt.[39]

Gesetzl. Best.: *Offizielle Monographien.* Aufbereitungsmonographie der Kommission D am BGA "Krameria triandra (Ratanhia)".[39]

Ratanhia hom. *PFX.*

Monographiesammlungen: Ratanhia pour préparations homéopathiques *PFX.*

Definition der Droge: Die getrocknete Wurzel.

Stammpflanzen: *Krameria triandra* Ruiz et Pavon (Syn. *K. lappacea* (Dombey) Burdet et Simpson).

Zubereitungen: Urtinktur nach der Monographie "Préparations Homéopathiques" *PFX*, mit Ethanol 65 % (*V/V*); Eigenschaften: Die Urtinktur ist eine dunkelrote Flüssigkeit mit schwachem Geruch und Geschmack.

Identität: *Urtinktur.* Nach Zugabe von konz. Ammoniak zur verd. Urtinktur färbt sich die Fl. intensiv rot. Nach Zugabe von Ammoniumeisen(II)sulfatlsg. zur verd. Urtinktur zeigt sich eine braune Färbung und bildet sich allmählich ein Niederschlag. Nach Zugabe von Formaldehyd/Salzsäure zur Urtinktur zeigt sich ein Niederschlag.

Reinheit: *Urtinktur.*
- Ethanolgehalt: Zwischen 60 und 70 % (*V/V*).
- Trockenrückstand: Mindestens 1,20 %.

DC:
- Sorptionsmittel: Kieselgel G;
- Fließmittel: Chloroform-Aceton (90 + 10);
- Detektion: Direktauswertung im UV 365 nm; 1. DC-Platte: Besprühen mit 1 %iger alkoholischer Phloroglucinlsg., Erhitzen auf 100 bis 105 °C 10 min lang, anschl. Besprühen mit Salzsäurelsg. und Auswertung im Vis; 2. DC-Platte: Besprühen mit Echtblausalz B-Reagenz, Erhitzen auf 100 bis 105 °C 10 min lang und Auswertung im Vis;
- Auswertung: Bei der Direktauswertung im UV 365 nm Nachweis eines charakteristischen Musters von mindestens acht blau bzw. blaugrün fluoreszierenden Zonen; 1./2. DC-Platte: Nach Besprühen mit dem jeweiligen Detektionsmittel Nachweis eines charakteristischen Musters verschiedenfarbiger Zonen im Vis (vgl. DC-Prüfung von Ratanhiatinktur *DAB 10*).

Gehalt: *Droge.* Mindestens 10 % Gerbstoffe.

Ratanhia hom. *HPUS 78.*

Synonyme: Rhatany.

Monographiesammlungen: Ratanhia *HPUS 78.*

Definition der Droge: Die getrocknete Wurzel.

Stammpflanzen: *Krameria triandra* RUIZ et PAVON (Syn. *K. lappacea* (DOMBEY) BURDET et SIMPSON).

Zubereitungen: *Urtinktur.* Herstellung: Zu 100 g grob gepulverter Droge gibt man 500 mL dest. Wasser und 537 mL Alkohol 94,9 % (*V/V*) zur Bereitung von 1.000 mL Urtinktur.
Dilutionen. D2 (2x) enthält 1 Teil Urtinktur, 4 Teile dest. Wasser und 5 Teile Alkohol; D3 (3x) und höher mit Alkohol 88 % (*V/V*).
Medikationen. D3 (3x) und höher.
Triturationen. D1 (1x) und höher.

Gehalt: *Urtinktur.* Arzneigehalt $^{1}/_{10}$.

1. Jussieu ALD (1789) Genera plantarum secundum ordines naturales disposita, Paris
2. Taubert P (1892) In: Engler A, Prantl K (Hrsg.) Die natürlichen Pflanzenfamilien, Bd. 3 (3), Engelmann, Leipzig, S. 166–168
3. Dumortier BCJ (1829) Analyse des familles des plantes, Tournay, Paris
4. Simpson BB (1989) Flora Neotropica, Monograph 49, Krameriaceae, New York Botanical Garden, New York
5. Busse-Jung F (1979) Dissertation, Mathematisch-Naturwissenschaftliche Fakultät der Universität Kiel
6. Mabberley DJ (1987) The Plant-Book, Cambridge University Press, Cambridge
7. Chant SR (1978) Krameriaceae. In: Heywood VH (ed.) Flowering Plants of the World, Oxford University Press, Oxford, S. 216–217
8. Stahl E, Ittel I (1981) Planta Med 42:144–154
9. Arnone A, Di Modugno V, Nasini G, Venturini I (1988) Gazz Chim Ital 118:675–682
10. Achenbach H, Groß J, Dominguez XA, Cano G, Star JV, Brussolo LDC, Munoz G, Salgado F, Lopez L (1987) Phytochemistry 26:1.159–1.166
11. Dominguez XA, Rombold C, Star JV, Achenbach H, Groß J (1987) Phytochemistry 26:1.821–1.823
12. Achenbach J, Groß J, Dominguez XA, Star JV, Salgado F (1987) Phytochemistry 26:2.041–2.043
13. Dominguez XA, Star JV, Rombold C, Valdez D, Moreno S, Achenbach H, Groß J (1988) Planta Med 54: 479
14. Achenbach H, Groß J, Bauereiß P, Dominguez XA, Vega HS, Star JV, Rombold C (1989) Phytochemistry 28:1.959–1.962
15. Seigler D, Simpson BB, Martin C, Neff JL (1978) Phytochemistry 17:995–996
16. Simpson BB, Seigler DS, Neff JL (1979) Biochem Syst Ecol 7:193–194
17. Scholz E, Rimpler H (1989) Planta Med 55:379–384
18. Fa. Müggenburg (1990) Persönliche Mitteilung am 8.1.1990, Hamburg
19. Kom, Bd. 3, S. 2.941–2.947
20. DAB 10
21. Schier W (1981) Dtsch Apoth Ztg 121:323–329
22. Schier W (1983) Z Phytother 4:537–545
23. Berger F (1960) Handbuch der Drogenkunde, Bd. 5, W. Maudrich Verlag, Wien Bonn Bern, S. 354
24. Ittel I (1980) Dissertation, Universität Saarbrücken
25. Stahl E, Jahn H (1984) Arch Pharm 317:573–576
26. Glasl H (1983) Dtsch Apoth Ztg 123:1.979–1.987
27. Hagermann AE, Butler LG (1989) J Chem Ecol 15:1.795–1.810
28. BAz Nr. 43 vom 2.3.1989
29. ÖAB 90
30. BHP 83, S. 126
31. Standardzulassungen für Fertigarzneimittel (1986) Govi Verlag, Pharmazeutischer Verlag, Deutscher Apotheker Verlag, Frankfurt/M.
32. Mar 29
33. Poblete EO (1969) Plantas medicinales de Bolivia, Editorial "Los Amigos del Libro", Cochabamba, La Paz
34. Ratera EL, Ratera MO (1980) Plantas de la flora argentina empleadas in medicina popular, Editorial Hemisferio Sur, Buenos Aires
35. Daems WF (1981) Dtsch Apoth Ztg 121:42–52
36. Hag, Bd. 5, S. 409–413
37. Achenbach H, Utz W, Usubillaga A, Rodriguez HA (1991) Phytochemistry 30:3.753–3.757
38. Simpson BB (1991) Econ Bot 45:397–409
39. BAz Nr. 29a vom 12.02.1986
40. Domínguez XA, Sanchez VH, Espinoza GC, Verde J, Achenbach H, Utz W (1990) Phytochemistry 29:2.651–2.653
41. Domínguez XA, Espinoza GC, Rombold C, Utz W, Achenbach H (1992) Planta Med 58:382–383
42. Burdet HM, Simpson BB (1983) Candollea 38:694–696

ES

Laburnum

HN: 2040000

Familie: Leguminosae.[1]

Unterfamilie: Papilionoideae.[1]

Tribus: Genisteae.[1]

Subtribus: Genistinae.[1]

Gattungsgliederung: Die Gattung Laburnum FABR. ist in Mittel- und Osteuropa beheimatet und umfaßt die beiden Arten *L. alpinum* (MILLER) BERCHTOLD et J. PRESL. und *L. anagyroides* MEDICUS. Hinzu kommen *L.* × *wateri* (KIRCHN.), ein Hybrid aus *L. alpinum* × *L. anagyroides* und *Laburnocytisus adami*, eine Periklinalchimäre aus *L. anagyroides* und *Chamaecytisus purpureus*. Während die ersten beiden Arten auch wild vorkommen, werden alle 4 Taxa vielfältig als Ziersträucher bzw. -bäume angepflanzt.[2]

Gattungsmerkmale: Bäume oder Sträucher mit 3zähligen Blättern (kleeblattartig). Blüten in einfachen, axilliären oder pseudoterminalen blattlosen Blütenständen (Trauben), die zur Blütezeit herabhängen. Typische zwittrige, zygomorphe Schmetterlingsblüte: Das obere vergrößerte Kronblatt ist die Fahne, die beiden seitlichen die Flügel, die beiden unteren sind zum Schiffchen (Kiel) verwachsen. Blütenfarbe gelb. Staubblätter 10, ihre Fäden sind alle zu 1 Röhre verwachsen; Fruchtblatt 1. Früchte als flachgedrückte vielsamige Hülsen, die bei Reife aufplatzen. Wie alle Leguminosen besteht eine Symbiose mit Stickstoff-fixierenden Rhizobien in Wurzelknöllchen.[1,2]

Verbreitung: Natürliche Verbreitung in Mitteleuropa und auf dem Balkan. Vielerorts als Zierpflanzen angebaut.[1,2]

Inhaltsstoffgruppen: Die typischen Sekundärstoffe sind Chinolizidinalkaloide vom Cytisin-Typ[3,4,38] und Dipiperidinalkaloide, wie z.B. Ammodendrin,[3,4,38] die besonders im Samen und in der Stammrinde konzentriert sind. Zusätzlich kommen einfach aufgebaute Pyrrolizidinalkaloide vor.[3] In Samen und Rinde treten zusätzlich Phythaemagglutinine (Lektine) auf.[3,42]

Drogenliefernde Arten: *L. alpinum*: Laburnum-alpinum-Samen; *L. anagyroides*: Laburnum-anagyroides-Blätter, Laburnum-anagyroides-Samen, Laburnum anagyroides hom. *HAB 1*, Laburnum anagyroides hom. *HPUS 88*.

Laburnum alpinum (MILLER) BERCHTHOLD et J. PRESL

Synonyme: *Cytisus alpinus* MILLER.

Sonstige Bezeichnungen: Dt.: Alpengoldregen.

Systematik: Als Hybridform zwischen *L. alpinum* und *L. anagyroides* wurde *L.* × *wateri* beschrieben (s. *L. anagyroides*).

Botanische Beschreibung: Strauch oder Baum bis 5 m Höhe (in Parkanlagen bis 10 m). Zweige grün und kahl, höchstens zart behaart bei sehr jungen Trieben.
Blättchen 3 bis 8 cm groß mit hellgrüner Unterseite. Dichtblütige Blütentrauben 15 bis 40 cm lang; Blüten 1,5(2) cm groß und gelb; duftend. Hülse 4 bis 5 cm und kahl. Samen braun. Chromosomenzahl: 2n = 48.[1,2]

Verwechslungen: *L. anagyroides* (s. dort).

Inhaltsstoffe: Ähnlich wie *L. anagyroides*, jedoch zeigen sich geringe Unterschiede im Alkaloidprofil; u. a. sind Anagyrin und Ammodendrin stärker vertreten.[7,11,12] Nebenalkaloide sind epi-Baptifolin, Ethyl-, Formyl-, Acetylcytisin, 13-Acetylanagyrin (Baptifolinacetat), 5,6-Dehydrolupanin, α-Isolupanin, Lupanin, Tinctorin, 11-Allylcytisin. In den Blattknospen liegt Cytisin mit 0,84 % (Trockengewicht) als Hauptalkaloid vor (97 % der Gesamtalkaloide). In den jungen Blättern liegen je 0,25 % Cytisin und *N*-Methylcytisin vor, begleitet von 0,03 % epi-Baptifolin und 0,06 % Ammodendrin.[7,11,12] Im Juli wurde in Blättern bis 0,1 % Anagyrin gefunden, während alte Blätter nahezu alkaloidfrei sind. Die Blattstiele enthalten 2- bis 4fach höhere Alkaloidmengen. Die Alkaloidzusammensetzung der Blätter kann diurnal schwanken.[7] Der Alkaloidgehalt der Stammrinde liegt bei 11 mg/g Frischgewicht (Anteil an Cytisin 98 %).[7]
Zell-Suspensionskulturen von *L. alpinum* akkumulierten geringe Mengen an Lupanin, nicht jedoch die in der Pflanze vorhandenen α-Pyridonalkaloide.[7,11]
Aus der Gruppe der Pyranoisoflavone wurde Alpiniumisoflavon isoliert.[18]

Verbreitung: Bergwälder in Südzentral-Europa wie Italien und die westlichen Balkanländer. In Mitteleuropa in Parkanlagen, jedoch deutlich seltener als *L. anagyroides*.[1,2]

Anbaugebiete: Laburnum-alpinum-Samen.

Laburnum-alpinum-Samen

Definition der Droge: s. Laburnum-anagyroides-Samen.

Stammpflanzen: *Laburnum alpinum* (MILLER) BERCHTOLD et J. PRESL.

Inhaltsstoffe: *Alkaloide.* Hauptalkaloid der Samen ist Cytisin (> 95 % der Gesamtalkaloide) mit ca. 1,8 % (Trockengewicht).[12,14] In den Hülsen kommen neben Cytisin als Hauptalkaloid, epi-Baptifolin und Ammodendrin als Nebenalkaloide vor.[12]
Lektin. Die Samen enthalten ein Lektin, das Di-*N*-acetylchitobiose spezifisch bindet. Seine Aminosäuresequenz ist aufgeklärt.[41]

Identität: s. Laburnum-anagyroides-Samen.

Volkstümliche Anwendung und andere Anwendungsgebiete: s. Laburnum-anagyroides-Samen.

Tox. Inhaltsstoffe u. Prinzip: s. Laburnum-anagyroides-Samen.

Toxikokinetik: s. Laburnum-anagyroides-Samen.

Akute Toxizität: s. Laburnum-anagyroides-Samen.

Mutagenität: s. Laburnum-anagyroides-Samen.

Toxikologische Daten: s. Laburnum-anagyroides-Samen.

Akute Vergiftung: *Erste Maßnahmen.* s. Laburnum-anagyroides-Samen.

Sonst. Verwendung: *Pharmazie/Medizin.* Ein Lektin mit Anti-H(O)-Eigenschaften agglutiniert spezifisch menschliche O- und A_2-Erythrocyten und kann zur Blutgruppenbestimmung eingesetzt werden.[17,45]

Laburnum anagyroides MEDICUS

Synonyme: *Cytisus laburnum* L., *Genista laburnum* KRAUSE, *Laburno cytisus* SCHNEID., *Laburnum laburnum* VOSS, *Laburnum vulgare* J. PRESL.

Sonstige Bezeichnungen: Dt.: Bohnenbaum, Geißklee, Gemeiner Goldregen, Kleebaum; engl.: Bean-trefoil, golden chain, pea-tree; frz.: Aubour, bois de lièvre, cytise, faux ébénier; dän.: Gullregn; it.: Avorniello, brendoli, ciondolo, citiso, maggio ciondolo; pol.: Szczodrzeniec; russ.: Rakitnik; schwed.: Gullregn; tsch.: Cilimnik odvisly, zlaty dest; ung.: Aranyesö.[36]

Systematik: Die Hybridform *L.* × *wateri* (= *L. alpinum* × *L. anagyroides*) wurde zuerst 1856 bei Bozen in Südtirol wildwachsend gefunden.[5] *Laburnocytisus adami* stellt einen Pfropfbastard zwischen *L. anagyroides* und *Chamaecytisus purpureus* dar, eine sog. Periklinalchimäre. Dabei soll das Dermatogen am Vegetationspunkt von *Chamaecytisus purpureus* und das Innere von *L. anagyroides* stammen.[2,6]

Botanische Beschreibung: Strauch oder kleiner Baum bis 7 m Höhe; Zweige grau-grün und teilweise photosynthetisch aktiv; anliegend flaumhaarig. Fiederblättchen 2 bis 8 cm groß, elliptisch bis eiförmig-elliptisch, mit einer kleinen Spitze. Langgestielte Blätter grau-grün und unterseits anliegend-pubescent behaart, insbesonders bei jungen Blättern. Lockerblütige Trauben 10 bis 30 cm lang; Einzelblüte ca. 2 cm groß und gold-gelb. Blütezeit in Mitteleuropa April bis Juni. Hülse 4 bis 6 cm; jung, anliegend seidenhaarig, spärlich behaart zum Zeit-

punkt der Reife. Samen schwarz. Chromosomen $2n = 48$.[1,2]
Die Hybridform *L.* × *wateri* zeichnet sich durch besonders große duftende Blütentrauben aus. Im Unterschied zu *L. anagyroides* ist die Behaarung schwächer, die Blätter sind dunkler gefärbt, die Blütentrauben sind länger und die duftenden Blüten dunkler. Im Gegensatz zu *L. alpinum* sind Blätter und Zweige behaart.
Die Chimäre *Laburnocytisus adami* ist ein Strauch von 2 bis 5 m Höhe und weist schmutzig-rote relativ kleine Blüten auf. An Langtrieben können auch gelbe Laburnum-typische Blüten sitzen. Die Blätter und Zweige sind eher kahl wie bei *Chamaecytisus purpureus*. Die allgemeine Wuchsform und Blattausprägung entspricht der von *L. anagyroides*.[6,10]

Verwechslungen: Kann leicht mit *L. alpinum* verwechselt werden. Unterschiede liegen unter anderem in der Behaarung der Blätter, die bei *L. alpinum* nur auf Blattnerven und Stiel behaart sind.[2]

Inhaltsstoffe: Alle Teile der Pflanze enthalten Chinolizidinalkaloide, wobei die Alkaloidmuster und Alkaloidmengen, die mittels Kapillar-GLC bestimmt wurden, organspezifisch, tagesrhythmisch, jahreszeitlich und entwicklungs-spezifisch variieren.[7-15]
Unter den Chinolizidinalkaloiden sind Cytisin und *N*-Methylcytisin Hauptkomponenten, während Anagyrin, 5,6-Dehydrolupanin, (–)-*N*-(3-Oxobutyl)cytisin,[44] Hydroxynorcytisin,[46] *N*-Formylcytisin, *N*-Acetylcytisin, epi-Baptifolin,[12-14] Ammodendrin, Lupanin, Rhombifolin, Tinctorin, 11-Allylcytisin und *α*-Isolupanin[9,51] als Nebenalkaloide beschrieben wurden.
Pyrrolizidinalkaloide treten in geringer Menge auf: Laburnin, Laburnamin und 1-Hydroxymethyl-7-hydroxypyrrolizidin.[3]

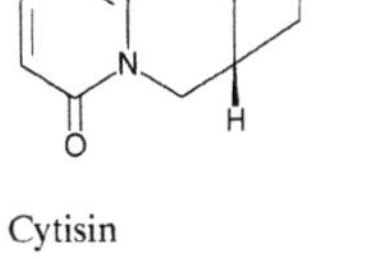
Spartein

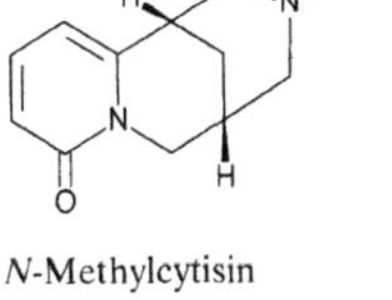
Lupanin

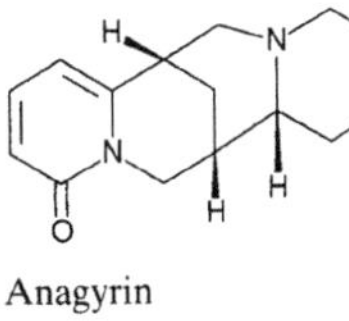
Cytisin

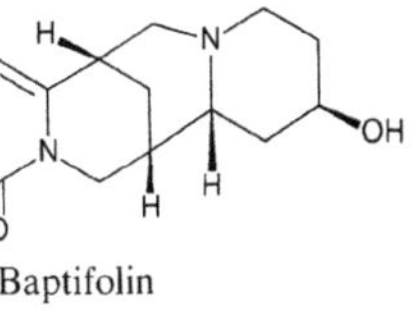
N-Methylcytisin

Anagyrin

epi-Baptifolin

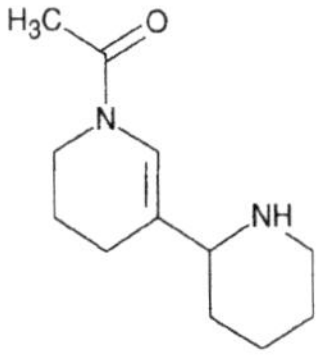
Ammodendrin

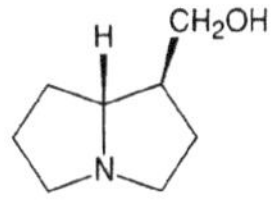
Laburnin

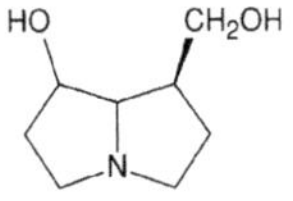
1-Hydroxymethyl-7-hydroxypyrrolizidin

Cytisin kommt als Hauptalkaloid in allen Pflanzenteilen vor (Gesamtalkaloidgehalte der Samen 1,3 bis 3%, Blatt 0,3 bis 0,4%, Blüte 0,2 bis 0,9%).[19,48] Während in der Rinde der Zweige 11,1 mg Alkaloid/g Frischgewicht auftraten, war das Holz mit 0,5 mg/g Frischgewicht deutlich alkaloidärmer.[7,50] Der Alkaloidgehalt grüner Hülsen liegt bei 0,17%, der trockener Hülsen bei 0,037%.[12]
Während Cytisin im Samen dominiert, liegt im Keimling bevorzugt *N*-Methylcytisin vor, das durch eine *S*-Adenosyl-L-Methionin: Cytisin *N*-Methyltransferase nach der Keimung synthetisiert wird.[8,9,13] Die Entwicklung der Alkaloidmuster und Alkaloidgehalte während der Keimung wurde mittels Kapillar-GLC untersucht.[9,13] Auch in anderen meristematischen Geweben dominiert *N*-Methylcytisin.[24,49]
Wurzelkulturen von *L. anagyroides* produzieren keine Alkaloide; in Sproßkulturen dominiert *N*-Methylcytisin als Hauptalkaloid.[22]
Cytisin und andere Chinolizidinalkaloide dienen der Pflanze offensichtlich als Fraßschutz.[7,50] Es sind jedoch einige wenige Insekten bekannt, die sich auf Laburnum spezialisiert haben und sogar die Alkaloide, die im Phloem transportiert werden,[52] speichern und zur eigenen Verteidigung einsetzen.[50,51]
Ein Samenkäfer, *Bruchidius villosus*, eliminiert das aufgenommene Cytisin nahezu vollständig mit den Faeces.[51]
In der Rinde und in den Blättern tritt ein Lektin mit Fucose-Spezifität auf, dessen Aktivität im Frühjahr und im Herbst am größten ist.[43] Das Samenlektin hat dagegen D-Galactose-Spezifität.
In Blüten wurde ein carotinoider Farbstoff, Violaxanthin, nachgewiesen.[19]
Laburnum × *wateri*. In *L. wateri* wurden die folgenden Alkaloide nachgewiesen: Als Hauptalkaloide: Ammodendrin, Cytisin, epi-Baptifolin, *N*-Methylcytisin; als Nebenalkaloide: Anagyrin, *β*-Isospartein, Cytisin-12-carboxyethylester, 5,6-Dehydrolupanin, 11,12-Dehydrospartein, 14-Hydroxyspartein, Lupanin, *N*-Acetylcytisin und *N*-Formylcytisin.[12-14]
Zu Beginn der Vegetationsperiode lagen die Alkaloidkonzentrationen in Blättern und Blattstielen am höchsten:[12,14] Cytisin erreichte in Blattknospen Werte von 0,14 bis 1,2% (bezogen auf Trockengewicht); von 0,25% in jungen Blättern sank die Cytisinkonzentration auf 0,06% im Juni und auf

0,001 % im Spätsommer. Die entsprechenden Werte für *N*-Methylcytisin lagen bei 0,08 %, 0,07 %, 0,04 % und 0,00 %. Nur epi-Baptifolin erreichte noch nennenswerte Mengen mit maximal 0,12 % in den Knospen und 0,02 % in den Blättern. Die Blattstiele zeigten fast immer deutlich höhere Alkaloidwerte.[12,14] In den Blüten lag der Cytisingehalt bei 0,21 % und stieg in den reifen Samen von 0,72 % im Juli auf 1,63 % (Anteil am Gesamtalkaloid 95 bis 98 %) im November an. Die Hülsen (ohne Samen) haben im unreifen Zustand, wenn noch Alkaloide in die Samen transportiert werden, Cytisinwerte von 0,64 %; später sind sie relativ alkaloidarm (0,05 %). Epi-Baptifolin akkumuliert vor allem in alternden Hülsen (max. 0,026 %), ebenso das Dipiperidinalkaloid Ammodendrin (max. 0,23 %).[12–14]
Laburnocytisus adami. In *Laburnocytisus adami* wurden mittels GLC-MS die folgenden Alkaloide nachgewiesen: Acetylcytisin, Ammodendrin, Anagyrin, β-Isospartein, Cytisin, 5,6-Dehydrolupanin, epi-Baptifolin, Isolupanin, Laburnamin, Lupanin, *N*-Formylcytisin, *N*-Methylcytisin und Spartein.[10,12,14]
Die Alkaloidgehalte lagen in den Blattknospen bei 0,4 % (Trockengewicht), in jungen Blättern bei 0,22 % und nahmen während der Vegetationsperiode auf 0,016 % ab.[10,12] Während Cytisin in Knospen (93 %) und älteren Blättern dominierte, war *N*-Methylcytisin in jungen Blättern mit 83 % Hauptalkaloid. Von den Nebenalkaloiden trat nur Anagyrin mit max. 3,7 % des Gesamtalkaloids signifikant hervor. Alkaloidgehalte lagen in den Pflanzenteilen, deren Habitus Chamaecytisus-ähnlich war, deutlich geringer als in den Laburnum-typischen Blättern und Blüten.[10]

Verbreitung: In lichten sommergrünen Eichen-Trockenwäldern (*Quercetalia pubescentis* Br.-Br.) und Kiefern-Trockenwäldern (*Erico-Pinetea* Horvat).[39] In Deutschland wild an der Mittelmosel und am Kaiserstuhl, nach dem 16. Jahrhundert als Zierstrauch vielerorts verbreitet und verwildert. Sonst südliches Mittel- und Osteuropa (Ostfrankreich, Italien, Österreich und Balkanländer).[1,2]

Anbaugebiete: Der Goldregen wird gerne als Zierstrauch in Gärten, Parkanlagen (Vergiftungsgefahr auf Kinderspielplätzen!), Bahn- und Straßenböschungen angepflanzt. Die beiden Hybride kommen nur als Gartenpflanze vor.

Drogen: Laburnum-anagyroides-Blätter, Laburnum-anagyroides-Samen, Laburnum anagyroides hom. *HAB1*, Laburnum anagyroides hom. *HPUS88*.

Laburnum-anagyroides-Blätter

Synonyme: Folia Laburni.

Inhaltsstoffe: Der Alkaloidgehalt der jungen Blattknospen liegt bei 0,3 bis 0,4 % (Trockengewicht) (Anteil an Cytisin > 95 %). Der Alkaloidgehalt junger Blätter beträgt 0,2 % (Trockengewicht), wobei der Anteil an *N*-Methylcytisin > 95 % ausmacht. Der Alkaloidgehalt sinkt während der Vegetationsperiode und ist nahezu 0 % bei seneszenten Blättern.[12,13,51] Alkaloidgehalte können tagesrhythmisch schwanken mit Maxima um 20.00 Uhr und Minima um 2.00 Uhr.[13]

Volkstümliche Anwendung und andere Anwendungsgebiete: Früher dienten die Blätter von *L. anagyroides* als schleimlösendes und purgierendes Mittel.[36]

Sonst. Verwendung: *Haushalt.* Laburnum-Blätter wurden in Notzeiten als Tabakersatz genutzt;[36] Ähnlichkeit der Wirkung von Nicotin und Cytisin![27]

Gesetzl. Best.: *Apothekenpflicht.* Ja.

Laburnum-anagyroides-Samen

Synonyme: Semen Cytisi laburnum.

Sonstige Bezeichnungen: Dt.: Goldregen-Samen.

Definition der Droge: Die aus den Hülsen entfernten Samen.

Stammpflanzen: *Laburnum anagyroides* Medicus.

Herkunft: Sammlung aus Wildvorkommen oder von Gartenpflanzen.

Inhaltsstoffe: *Alkaloide.* Die Samen sind besonders reich an Chinolizidinalkaloiden (10 bis 30 mg/g = 1 bis 3 %) mit Cytisin als Hauptalkaloid (95 % der Gesamtalkaloide). Als Nebenalkaloide kommen epi-Baptifolin und *N*-Methylcytisin vor.[12] Während im Endosperm 2,1 % Alkaloid gemessen wurden, war die Samenschale mit 0,2 % alkaloidärmer.[51] In reifenden Samen tritt noch *N*-Methylcytisin auf, wird jedoch offensichtlich später in Cytisin umgewandelt.
Lektine. Die Samen enthalten Lektine (Phythaemagglutine), die die menschlichen Blutgruppen ABO differenzieren können.[42] Zusätzlich sind sie artspezifisch und reagieren selektiv mit Erythrocyten des Menschen und des Schweines.[42]

Identität: Zur qualitativen Analyse der Alkaloide bieten sich DC, GLC und HPLC an.[4,38] Strukturaufklärung mittels MS und *^1H-*, *^{13}C*-NMR.[4,38]
DC-Analyse.
- Sorptionsmittel: Kieselgel GF_{254}-Fertigplatten;
- FM: 1. Chloroform-Methanol-Ammoniak konz. (68 + 30 + 2); 2. Cyclohexan-Diethylamin (70 + 30); Kammersättigung;
- Detektion: Detektion mit Dragendorff's Reagenz oder bei 254 nm durch Fluoreszenzminderung;[37]
- Auswertung: Rf-Werte für Cytisin und *N*-Methylcytisin: 1. 0,42 bzw. 0,6; 2. 0,07 bzw. 0,23.[4,38]

Auch die direkte Auftragung mittels TAS-Verfahren hat sich bewährt.[37]
GLC-Analyse. Eine Trennung der komplexen Alkaloidgemische ist durch Kapillar-GLC gut möglich:
- Säulen: 15 m × 0,23 mm DB-1, DB-5;[4,8–15,38,52]
- Temperaturprogramm: 150 °C bis 300 °C mit 6 °C/min;

- Detektion: Mit Flammenionisations- oder Stickstoff-spezifischen Detektoren.

Eine Tabellierung der Kovats-Retentions-Indices und der massenspektrometrischen Fragmentierungsmuster finden sich in Lit.[4,38]

HPLC-Analyse. Alkaloidgemische lassen sich nachweisen auf:[47]

- Kieselgelsäulen LiChrosorb Si 60, Merck, 5 µm, 0,45 × 25 cm; RP-Phase (C18);
- FM: 25% MeOH in Diethylether-5% Ammoniak (25 + 1);
- Detektion: UV-Detektor;
- Auswertung: α-Pyridonalkaloide wie Anagyrin und Cytisin absorbieren bei 310 nm. Eine Tabellierung von Retentionszeiten für 22 Alkaloide findet sich in Lit.[47]

Gehaltsbestimmung: Quantitative Bestimmung des Alkaloidgehaltes mittels GLC und HPLC, wobei Cytisin als käuflicher Standard eingesetzt wird.

Wirkungen: Cytisin hat eine hohe Affinität zum nicotinergen Acetylcholin-Rezeptor.[30,31] Die Wirkung des Cytisins ist der des Nicotins sehr ähnlich, was durch den identischen Angriffspunkt am ACH-Rezeptor erklärt werden kann.[30,31] So werden insbesondere die Ganglien des vegetativen Nervensystems in niedrigen Dosen erregt und von hohen Mengen gelähmt.

Die Atmung wird durch niedrige Dosen über die Chemorezeptoren des Carotissinus reflektorisch erregt, höhere Mengen wirken dagegen lähmend. Cytisin steigert den Blutdruck, z.T. zentral durch Erregung des Vasomotorenzentrums und peripher durch Gefäßverengung und Entleerung der Blutspeicher bei gleichzeitiger Zunahme der Herzfrequenz.[27,36] Nach letalen Dosen wird der Tod durch zentrale Atemlähmung oder Kreislaufversagen hervorgerufen.[27,36]

Im Unterschied zu Nicotin wirkt Cytisin stärker vasopressorisch[27] und auf sympathische Ganglien erregend und weniger lähmend.[19] Hohe Cytisindosen wirken wie hohe Nicotindosen zusätzlich curareartig auf die Skelettmuskulatur.[27]

Cytisin hemmt ferner *in vivo* die Proteinbiosynthese, indem der Transport der mRNA vom Kern zum Ribosom behindert wird, außerdem direkt durch Interaktion mit Komponenten der ribosomalen Proteinsynthese.[30,32,33,50]

Cytisin wirkt fraßabschreckend bei Blattläusen,[50] Lepidopterenlarven,[50] Hymenopteren[50] und Weinbergschnecken.[30,50]

Cytisin hemmt die Keimung von Lepidium-Samen und die weitere Keimlingsentwicklung.[33,50]

Anagyrin, Cytisin und *N*-Methylcytisin wirken nematicid bei *Angiostrongylus cantonens*, *Bursaphelenchus xylophilus* und *Fasciola hepatica*.[30,50]

Volkstümliche Anwendung und andere Anwendungsgebiete: Früher bei Verstopfung, zur Entwässerung, zum Herbeiführen von Erbrechen, und bei Asthma und Neuralgien eingesetzt.[19,36] Cytisin und seine Salze wurden bei Angstzuständen, als Atmungsanaleptikum (Tagesdosis 3 mg), bei paralytischer Migräne sowie als Kreislaufmittel bei Schock und Kollaps verordnet.[16,19,23,36] In Osteuropa wird Cytisin als Raucherentwöhnungsmittel eingesetzt (Tagesdosis 9 mg auf 6 Dosen verteilt).[27] Goldregen und Cytisin haben aber heute im allgemeinen keine Bedeutung mehr in der Allopathie. Die Droge wurde nicht experimentell-klinisch getestet.

Tox. Inhaltsstoffe u. Prinzip: Toxische Wirkungen gehen im wesentlichen auf Cytisin und andere Alkaloide zurück, die an den ACH-Rezeptoren des ZNS, der Ganglien und der neuromuskulären Endplatte angreifen.

Resorption: Von Mäusen wird p. o. appliziertes Cytisin zu 42% resorbiert, das nach 2 h einen maximalen Blutspiegel erreicht.[34]

Verteilung: Nach i. v. Applikation verteilt sich das Cytisin bei Mäusen auf die folgenden Organe (in fallender Konzentration): Leber, Nebennieren, Nieren, Fett = Blut und Gehirn.[34]

Exkretion: Die Halbwertszeit der Elimination nach i. v. Applikation liegt in der Maus bei 200 min.[34] Die Ausscheidung erfolgt über Urin und via Galle über die Faeces.[34] Nach p. o. Gabe wurden über den Urin 5% innerhalb 1 h und 18% innerhalb von 24 h ausgeschieden.[34] Nach i. v. Injektion lagen die entsprechenden Werte bei 15% und 32%. In der Galle wird ein Maximum nach 3 bis 4 h erreicht.

Akute Toxizität: *Mensch.* Vergiftungen durch Laburnum-Samen gehören in Europa zu den häufigsten Intoxikationen.[24,27] Sie kommen in den Sommermonaten vor allem bei Kindern vor, die Goldregenblüten oder -samen in Parkanlagen oder Spielplätzen finden, lutschen, zerkauen und herunterschlucken. Ferner sollen Vergiftungen durch Kauen an den Zweigen (die Rinde ist sehr alkaloidreich) oder an den wie Süßholz schmeckenden Wurzeln hervorgerufen werden.[19,27] In manchen Gegenden war (ist?) es üblich, Blüten von *Robinia pseudoacacia* zum Würzen zu benutzen. Hier sollen Verwechslungen mit den gelben Goldregenblüten aufgetreten sein.[19,27] Ziegen sind relativ giftunempfindlich und fressen auch Goldregenblätter und -zweige. Chinolizidinalkaloide wie Anagyrin und Cytisin treten dabei in die Milch über, die damit giftig werden kann.[27] In den USA wurden Fälle von Mißbildungen bei Neugeborenen bekannt, deren Mütter Ziegenmilch getrunken hatten,[30,50] die Anagyrin enthielt. Der kausale Zusammenhang erscheint wahrscheinlich, da Anagyrin als teratogene Substanz bekannt ist.[20] Wenige Fälle der Goldregenvergiftung wurden mit suizidalem, kriminellem Hintergrund oder als Laborvergiftung berichtet.[27]

Vergiftungen mit Goldregensamen oder Cytisin gleichen der Nicotinvergiftung und setzen sehr schnell, oft schon nach 15 bis 60 min (längstenfalls 4 h) ein:[19,27]

Als Symptome wurden vermerkt: Brennen in Mund und Rachen, Speichelfluß, Durst, Übelkeit, Würgen und zentral erregtes, lang anhaltendes Erbrechen (bis 1 bis 2 Tage), kolikartige Leibschmerzen, Herzklopfen, Cyanose, Schweißausbrüche, Mydriasis, Sehstörung, Schwindel, Abgeschlagenheit, subfebrile Temperatur, Gliederschwäche und Lähmungserscheinungen, Entleerung blutig-schleimi-

ger Faeces, Blutungen in der Niere.[19,27,36] Letztere Wirkung wurde bei einem 8jährigen Kind beobachtet, das ca. 20 Laburnum-Samen verschluckt hatte.[19] Durch die zentralnervöse Aktivität des Cytisins bedingt, werden regelmäßig Aufregungs- und Verwirrungszustände (mit Halluzinationen, Delirien), Muskelzuckungen und Muskelkrämpfe beschrieben. Bei letalen Vergiftungen tritt der Tod plötzlich durch Atemlähmung oder Kreislaufversagen innerhalb von 1 bis 9 h, manchmal auch erst nach Tagen ein, wobei zunächst eine allgemeine Lähmung und Somnolenz erfolgt.[19,27] Als Sektionsbefund fallen auf: Reizerscheinungen (u. U. hämorrhagisch) der Magen-Darm-Schleimhaut und bei längerdauernder Vergiftung Veränderungen der Skelettmuskulatur.[27]
Da Cytisin ein erhebliches emetisches Potential besitzt, kommt es meist zum Erbrechen, so daß eine schnelle Magenentleerung eintritt und damit eine weitere Resorption der Alkaloide verhindert wird. Dementsprechend ist die Mortalität bei Laburnumvergiftungen relativ gering:[24] 2 % bei 131 Fällen im letzten Jahrhundert;[21,36] heute liegt sie, bedingt durch die verbesserten Therapiebedingungen, deutlich unter 1 %:[24] Unter 370 Vergiftungen mit eindeutiger Symptomatik zwischen 1979 und 1983 in Westberlin war keine tödlich,[27] ebenso bei 3.800 Fällen in Großbritannien.[25] In den meisten Fällen verschwinden die Symptome innerhalb von 12 h. Wenn das anfängliche Erbrechen unterbleibt, so ist die Prognose jedoch deutlich schlechter.[19,27]
Bei Kindern sind die Vergiftungssymptome stärker ausgeprägt als bei Erwachsenen. Bereits 2 Samen sollen bei Kleinkindern zur Vergiftung führen. Letal gelten 3 bis 4 Früchte mit 15 bis 20 Samen (aber ein jeweils 8- und 11jähriger Junge überlebten die Intoxikation durch 18 bis 20 Samen[27]). Ein Kleinkind (3- bis 4jährig) zeigte nach Verzehr von 12 Blüten Vergiftungserscheinungen.[27]
Ein Erwachsener (psychiatrischer Patient) starb nach Verzehr von 23 Früchten; in seinem Körper wurden 35 mg Cytisin nachgewiesen.[24] Raucher sind weniger empfindlich als Nichtraucher, wegen der Kreuztoleranz von Nicotin und Cytisin.[27]

Mutagenität: Ammodendrin und Anagyrin, die in Laburnum als Nebenalkaloide vorkommen, haben teratogene Eigenschaften und führen zu Mißbildungen bei Neugeborenen.[20] Insbesondere ist der Effekt bei Schafen, Ziegen und Rindern nachgewiesen,[20,40] aber auch beim Menschen beobachtet worden.[22] Während im ersteren Fall die trächtigen Muttertiere alkaloidhaltige Pflanzen (30. bis 80. Tag der Trächtigkeit) fraßen, tranken im zweiten Fall schwangere Mütter regelmäßig alkaloidhaltige Milch von Ziegen, die alkaloidhaltige Pflanzen gefressen hatten.
Auch Cytisin scheint embryotoxisch zu sein: So rief die Injektion von 0,5 mg Cytisin/Ei in 96,8 % der Embryonen, die überlebten (95 von 109 Embryonen), Mißbildungen der Halswirbelsäule hervor.[29,30]

Toxikologische Daten: *LD-Werte.* Cytisin: LD_{50} Maus, i. v. 1,73 mg/kg (Tod nach 37 s), i. p. 9,4 mg/kg (Tod nach 5,3 min), p. o. 101 mg/kg (Tod nach 12,7 min), wobei die Tiere entweder sehr schnell starben oder aber vollständig überlebten.[27,28] Letaldosis: Katze s. c. 3 mg/kg, Hund s. c. 4 mg/kg, Ratte 25 mg/kg, Ziege s. c. 109 mg/kg.[19] Für Pferde waren 0,5 g Samen (= ca. 5 mg/kg) tödlich.[27]
N-Methylcytisin (syn. Caulophyllin): LD_{50}: Maus, i. v. 21 mg/kg (Tod nach 41 s), i. p. 51 mg/kg (Tod nach 7 min), p. o. > 500 mg/kg.[28]

Akute Vergiftung: *Erste Maßnahmen.* Auf möglichst schnelle und vollständige Entleerung des Magens achten (u. U. Magenspülung, wenn kein spontanes Erbrechen stattgefunden hat). Wiederholte Gabe von Aktivkohle (Carbo Medicinalis) zur Adsorption von nicht resorbierten Alkaloiden (s. Elimination über Galle).
Sonst reichlich lauwarmes Wasser mit Carbo medicinalis trinken lassen und zum Erbrechen reizen. Zusätzlich symptomatische Behandlung wie Wärme bei Leibschmerzen, Chlorpromazin (25 mg) bei starken Erregungserscheinungen, kurzwirkende Barbiturate oder Diazepam (i. v.) bei Erregungszuständen mit Krampfbereitschaft.[24,26] Kreislaufmittel und Atemanaleptika bei Kreislauf- und Atemstörungen; bei drohender Atemlähmung Intubation und Beatmung.[26] Bei anhaltendem Erbrechen Flüssigkeits- und Elektrolytersatz.[26]
Eine Behandlung wird als erforderlich angesehen, wenn Kinder mehr als eine halbe Goldregenhülse (= 2 bis 3 Samen) gegessen haben.

Gesetzl. Best.: *Apothekenpflicht.* Ja.

Laburnum anagyroides hom. *HAB 1*

Synonyme: Cytisus laburnum.

Monographiesammlungen: Laburnum anagyroides *HAB 1.*

Definition der Droge: Frische Blätter und Blüten zu gleichen Teilen.

Stammpflanzen: *Laburnum anagyroides* MEDICUS.

Zubereitungen: Urtinktur und flüssige Verdünnungen nach Vorschrift 2a, *HAB 1*; Eigenschaften: Die Urtinktur ist eine grünlichbraune Flüssigkeit ohne besonderen Geruch und Geschmack.

Identität: *Urtinktur.* 1 mL Urtinktur wird mit 5 mL Wasser, 0,5 mL Salzsäure (7 %) und 0,5 mL Dragendorff's Reagenz versetzt. Nach einiger Zeit entsteht der für Alkaloide typische orangerote Niederschlag.
19 mL Urtinktur werden vom Ethanol befreit und anschließend mit 10 mL Wasser verdünnt und mit 2 mL Ammoniaklösung 10 % und 1 g NaCl versetzt. Die Lösung wird nun mit 20 mL CH_2Cl_2 ausgeschüttelt. Die abgetrennte organische Phase wird über wasserfreiem Natriumsulfat getrocknet, filtriert und zur Trockne eingedampft. Der Rückstand wird in 0,5 mL CH_2Cl_2 und 0,5 mL MeOH aufgenommen (= Prüflösung).
0,5 mL Prüflösung wird mit 0,5 mL CH_2Cl_2 und 0,5 mL Eisen(III)chloridlösung geschüttelt. Die wäßrige Phase färbt sich braunrot.

DC-Chromatographie:
- Untersuchungslösung: Prüflösung (s. o.);
- Sorptionsmittel: Kieselgel HF_{254}-Fertigplatte;
- Referenzlösung: 5 mg Chininhydrochlorid, 10 mg Procainhydrochlorid und sinnvollerweise 10 mg Cytisinhydrochlorid werden in 10 mL MeOH gelöst;
- FM: Ammoniak (26 %)-Methanol-Dichlormethan (2 + 15 + 83 % (*V/V*));
- Detektion: Nach Verdunsten der Fließmittel wird die DC mit Dragendorff's Reagenz besprüht, Alkaloide ergeben orangerote Flecke;
- Auswertung: Chinin und Procain liegen im mittleren bzw. oberen Drittel des Rf-Bereichs. Die Untersuchungslösung zeigt eine schwache orangefarbene Zone im unteren DC-Drittel und eine orangefarbene Zone oberhalb der Referenzalkaloide Chinin und Procain.

Reinheit: *Urtinktur.*
- Relative Dichte: 0,935 bis 0,955.
- Trockenrückstand: Mindestens 3,0 und höchstens 4,0 %.

Lagerung: Vor Licht geschützt, vorsichtig zu lagern.

Laburnum anagyroides hom. *HPUS 88*

Monographiesammlungen: Laburnum anagyroides *HPUS 88.*

Definition der Droge: Frische oder getrocknete, blühende Zweige.

Stammpflanzen: *Laburnum anagyroides* MEDICUS.

Zubereitungen: *Urtinktur.* Herstellung durch Mazeration oder Perkolation mit EtOH nach den allg. Zubereitungsvorschriften (Class C) der *HPUS 88.* Ethanolgehalt 65 % (*V/V*).

Gehalt: *Urtinktur.* Arzneigehalt $^1/_{10}$.

1. FEu (1986) Bd. 2, S. 86
2. Heg (1975) Bd. IV
3. Harborne JB, Boulter D, Turner BL (1971) Chemotaxonomy of Leguminosae, Academic Press, London New York
4. Kinghorn AD, Balandrin MF (1984) Quinolizidine alkaloids of the Leguminosae. In: Pelletier WS (Hrsg.) Alkaloids: Chemical and biological perspectives, Wiley, New York, S. 105
5. Kirchner O, Loew E, Schröter C (1938) Lebensgeschichte der Blütenpflanzen Mitteleuropas, Ulmer Verlag, Stuttgart
6. Winkler H (1910) Ber Dtsch Botan Ges 28:116–118
7. Wink M (1984) Stoffwechsel und Funktion von Chinolizidinalkaloiden in Pflanzen und pflanzlichen Zellkulturen, Habilitationsschrift TU Braunschweig
8. Wink M (1984) Planta 161:339–344
9. Wink M, Witte L (1985) Z Naturforsch 40c:767–775
10. Greinwald R, Wink M, Witte L, Czygan FC (1991) Biochem Physiol Pflanzen 187:385–391
11. Wink M, Witte L, Hartmann T, Theuring C, Volz V (1983) Planta Med 48:253–257
12. Greinwald R (1988) Untersuchungen zur chemotaxonomischen Bedeutung von Leguminosenalkaloiden und zum Alkaloidstoffwechsel in transformierten Geweben und Zellkulturen, Dissertation Universität Würzburg
13. Gresser G (1992) Aspekte zum Stoffwechsel und zur Chemotaxonomie der Chinolizidinalkaloide in Fabaceae und Berberidaceae, Dissertation Universität Würzburg
14. Greinwald R, Schultze W, Czygan FC (1990) Biochem Physiol Pflanzen 186:1–10
15. Greinwald R, Bachmann P, Witte L, Czygan FC (1990) Phytochemistry 29:3.553–3.554
16. Hop, S. 626–627
17. Kahl R (1955) Arzneim Forsch 5:34
18. Jackson B, Owen PJ, Scheinmann F (1971) J Chem Soc C:3.389–3.392
19. Geßner O (1974) Gift- und Arzneipflanzen von Mitteleuropa, Winter, Heidelberg
20. Keeler RF (1976) J Toxicol Environ Health 1:887–898
21. Beitz J (1934) Naunyn-Schmiedeberg's Arch Exp Pathol Pharmacol 421:67
22. Wink M (1987) Z Naturforsch 42c:868–872
23. Müller-Dietz K, Kraus EM, Rintelen K (1968) Arzneipflanzen der Sowjetunion, 4. Lieferung, Berlin
24. Frohne F, Pfänder HJ (1987) Giftpflanzen, Wissenschaftl. Verlagsgesellschaft, Stuttgart
25. Forrester RM (1979) Lancet I:1.073
26. Seeger R (1986) Pflanzengifte. In: Moeschlin S (Hrsg.) Klinik und Therapie von Vergiftungen, Thieme, Stuttgart, S. 560–561
27. Seeger R (1992) Dtsch Apoth Ztg 132:303–396
28. Barlow RB, McLeod LJ (1969) Br J Pharmacol 35:161–174
29. Landauer W (1960) J Exp Zool 143:107–122
30. Wink M (1993) Allelochemical properties or the raison d'être of alkaloids. In: Cordell J (Hrsg.) The Alkaloids, Academic press, Bd. 43, S. 1–117
31. Walker RJ, Woodruff GN (1970) Comp Gen Pharmacol I:129–134
32. Ajkhozhina NA, Ismagulova GA (1988) FEBS Lett 234:181–184
33. Wink M, Twardowski T (1992) Allelochemical properties of alkaloids: Effects on plants, bacteria, and protein biosynthesis. In: Rizvi SJH, Rizvi V (Hrsg.) Allelopathy: Basic and applied aspects, Chapman & Hall, London, S. 129–150
34. Klöcking HP, Damm G, Richter M (1980) Arch Toxicol 4 (Suppl):402–404
35. Krienke EG, Mühlendal KEv, Oberdisse U (1986) Vergiftungen im Kindesalter, 2. Aufl., F. Enke, Stuttgart
36. Madaus G (1976) Lehrbuch der biologischen Heilmittel, Olms Verlag, Hildesheim, Bd. 2, S. 1166–1170
37. Stahl E, Glatz A (1982) Dtsch Apoth Ztg 122:1.475–1.476
38. Wink M (1993) Quinolizidine alkaloids. In: Watesman (Hrsg.) Methods of plant Biochemistry, Academic Press, London, Bd. 8, S. 197–239
39. Rothmaler W (1972) Exkursionsflora, Gefäßpflanzen, Volk und Wissen, Berlin
40. Panter KE, Bunch TD, Keeler RF, Sisson DV, Callan RJ (1990) J Toxicol Clin Toxicol 28:69–83
41. Konami Y, Yamamoto K, Toyoshima S, Osawa T (1991) FEBS Lett 286:33–38
42. Antonyuk VA (1988) Farm Zh (Kiev) 57–62, zit. nach CA 108:163612p

43. Antonyuk VA, Lutsik MD, Ladnaya LY (1982) Fiziol Rast (Moscow) 29:1.219–1.224, zit. nach CA 98:50511m
44. Gray AI, Henman MC, Meegan CJ (1981) J Pharm Pharmacol 33:95P
45. Konami Y, Yamamoto K, Tsuji T, Matsumoto I, Osawa T (1989) Hoppe-Seyler's Z Physiol Chem 364:397–405
46. Hayman A, Gray DO (1989) Phytochemistry 28:673–675
47. Saito K, Kobayashi K, Ohmiya S, Otomasu H, Murakoshi I (1989) J Chromatogr 462:333–340
48. Szmid U (1976) Ann Acad Med Gedanensis 6:135
49. Teuscher E, Lindequist U (1987) Biogene Gifte, Fischer Verlag, Stuttgart New York
50. Wink M (1992) The role of quinolizidine alkaloids in plant-insect interactions. In: Bernays EA (Hrsg.) Insect-plant interactions, CRC Press, Boca Raton London, S. 131–166
51. Szentesi A, Wink M (1991) J Chem Ecol 17:1.557–1.573
52. Wink M, Witte L (1991) Entomol Gener 15:237–254

MW

Lavandula

HN: 2033700

Familie: Lamiaceae (Labiatae).

Unterfamilie: Lavanduloideae;[1] auch Saturejoideae, entsprechend einer Neugliederung aufgrund der Pollenkörner, der Samenentwicklung und des reifen Samens.[2]

Tribus: Lavanduleae.

Subtribus: Lavandulinae.

Gattungsgliederung: Die Gattung Lavandula L. umfaßt 26 Arten und wurde ursprünglich in 4 Sektionen unterteilt:[1] Chaetostoechas, Pterostoechas, Spica und Stoechas. Die letzten 3 Sektionen sind allgemein akzeptiert, aus der ersten wurden später Arten mit stark verzweigten Blütenstandsstielen und einfachen Ähren als zur Sektion Subunda gehörig ausgegliedert.[3] Bei Betrachtung der Kristallform und Anzahl der Nerven des Kelches unter Einbeziehung der Anzahl der Blüten pro Tragblatt wurden allerdings nur 2 Gruppen unterschieden.[4] Die europäischen Arten gehören zu den Sektionen Spica und Stoechas.

Gattungsmerkmale: Kleine Sträucher mit meist ganzrandigen und meist mehr oder weniger dicht behaarten, aromatisch riechenden Blättern. Blüten 3- bis 5-, seltener bis 10blütige Trugdolden, mit den häutigen oder bunt gefärbten Hochblättern Scheinähren bildend. Kelch (8-) 13- (bis 15)nervig, zur Röhre verwachsen, mit meist 1zähniger Oberlippe und 4zähniger Unterlippe. Krone rosa bis blauviolett, röhrig, Oberlippe aus 2, Unterlippe aus 3 rundlichen Zipfeln. An trockenen, sonnigen Standorten wachsend.[84,85]

Verbreitung: Von den Kanaren durch das ganze Mittelmeergebiet bis Vorderindien verbreitet.[1]

Inhaltsstoffgruppen: Ätherische Öle in den oberirdischen Teilen mit hauptsächlich Monoterpenen. Kaffeesäure und deren Depside in den Blättern.[5] Andere Inhaltsstoffe sind nur sporadisch untersucht.

Drogenliefernde Arten: *L. angustifolia*: Lavandulae aetheroleum, Lavandulae flos, Lavandula angustifolia hom. *HAB 1*, Lavandula angustifolia e floribus siccatis hom. *HAB 1*; *L. dentata*: Lavandula-dentata-Blütenstände; *L.* × *intermedia*: Lavandulae hybridae aetheroleum; *L. latifolia*: Lavandula-latifolia-Blüten, Spicae aetheroleum; *L. stoechas*: Stoechados arabicae flos.

Lavandula angustifolia MILL.

Synonyme: *Lavandula angustifolia* MUCH, *L. angustifolia* EHRH., *L. officinalis* CHAIX ex VILL., *L. spica* L. p. p., *L. spica* LOIS. var. *angustifolia* ALL., *L. vera* DC., *L. vulgaris* var. *α* LAM.

Sonstige Bezeichnungen: Dt.: Echter Lavendel, Kleiner Speik, Lavander, Lavendel; engl.: Common lavender, true lavender; frz.: Lavande femelle, lavande véritable; it.: Lavanda; span.: Alhucema, espliego commún, lavanda.

Systematik: Aufgrund der Größe der Tragblätter und der Ausbildung des oberen Kelchzahns wird zwischen dem eigentlichen Lavendel, der als *L. angustifolia* ssp. *angustifolia* geführt wird, und einer in den Pyrenäen vorkommenden Subspecies *pyrenaica* (DC.) unterschieden, die der *L. pyrenaica* DC. gleichzusetzen ist.[84]
Als Variationsformen sind außerdem *L. officinalis* CHAIX var. *delphinensis* JORD. (= *L. delphinensis* (JUSS.) BRIQ.) und *L. officinalis* CHAIX var. *fragrans* JORD. bekannt. Erstere kommt ausschließlich in hochgelegenen Regionen vor, letztere ist in niedrigen Höhenlagen sehr verbreitet.

Botanische Beschreibung: Halbstrauch, bis etwa 60 cm hoch, mit stark verzweigten Ästen und aufrechten Zweigen, Blätter lineal-lanzettlich, zu beiden Enden hin verschmälert, stumpf mit mehr oder weniger eingerolltem Rand. Die unteren Blätter weiß-filzig, die oberen graugrün. Blüten in meist 6- bis 10blütigen Scheinquirlen am Ende von 10 bis 15 cm langen, flaumig behaarten Stielen; Hochblätter bis 5 mm lang, eiförmig bis breit-dreieckig, begrannt, häufig braun und braunviolett oder violett angelaufen. Kelch röhrig-oval, ca. 5 mm lang, stark behaart mit sehr kurzen Zähnen und einem etwas längeren, fast herzförmigen Zahn, 13nervig. Blütenkrone ca. 1 cm lang, blau, behaart, Unterlippe aus drei kleineren, Oberlippe aus zwei größeren aufgerichteten Lappen. Staubblätter 4, kürzer als die Kronröhre. Fruchtknoten aus 4 Klausen, unterhalb der Klausen ein Nectarium. Griffel kelchlang, Narbe zweigeteilt. Frucht glänzendbraune Nüßchen. Blütezeit Juli bis August.[84,85]

Inhaltsstoffe: Monoterpenreiche ätherische Öle in den Blüten (s. Lavandulae aetheroleum) und Blättern.[6] In den oberirdischen Teilen Triterpenoide.[95] Eher ungewöhnlich für Lamiaceen ist der Nachweis eines aromatischen Amins, 2-*N*-Phenylaminonaphthalen, in den oberirdischen Teilen (ohne Mengenangaben).[7] Vermutlich handelt es sich da-

Lavendelernte in Südfrankreich (Foto: Protzen).

bei nicht um eine genuine Substanz. Ca. 15 % Fett in den Samen mit einem hohen Anteil an Linolensäure.[8] Als Reservestoff in den Samen Planteose.[10]

Verbreitung: Westliches Mittelmeergebiet, Dalmatien, Griechenland. Wächst erst ab 600 m, unterhalb dieser Höhe kreuzt Lavendel sich auf natürliche Weise mit dem Großen Speik (*L. latifolia* MEDIK.).[19]

Anbaugebiete: Hauptsächlich in Frankreich, Spanien, Rußland, Ungarn, Bulgarien.[11]
Lavendel ist bezüglich der Bodenverhältnisse anspruchslos und bevorzugt trockene, leichte, aber kalkhaltige Böden, allerdings mit genügend Untergrundfeuchtigkeit. Für den Anbau eignen sich Flächen, die häufig für eine landwirtschaftliche Nutzung kaum noch in Frage kommen. Lavendel ist wärmeliebend.[92]

Drogen: Lavandulae aetheroleum, Lavandulae flos, Lavandula angustifolia hom. *HAB 1*, Lavandula angustifolia e floribus siccatis hom. *HAB 1*.

Lavandulae aetheroleum (Lavendelöl)

Synonyme: Aetheroleum Lavandulae, Lavandulae Oleum, Oleum Lavandulae.

Sonstige Bezeichnungen: Dt.: (Echtes) Lavendelöl; engl.: Lavender flower oil, lavender oil; frz.: Essence de lavande, huile essentielle de lavande; it.: Lavanda essenza.

Monographiesammlungen: Lavandulae aetheroleum *DAB 10*, *Helv VII*; Huile essentielle de lavande *PF X*; Lavender Oil *BP 80*; Lavender Oil *USP XXI*; Aetheroleum Lavandulae *ÖAB 90*.

Definition der Droge: Das durch Destillation mit Wasserdampf gewonnene ätherische Öl aus den frischen Blüten und/oder Blütenständen *DAB 10*, *PF X*, *BP 80*, *USP XXI*, *ÖAB 90*, *Helv VII*.

Stammpflanzen: *Lavandula angustifolia* MILL.; *L.* × *intermedia* LOISEL. nur in *BP 80* als Stammpflanze von "English Lavender Oil"; für "Foreign Lavender Oil" ist *L. angustifolia* MILL. als Stammpflanze angegeben.

Herkunft: Südfrankreich, Iberische Halbinsel, Balkan, Osteuropa.

Gewinnung: Ernte der Blüten bei voller Blüte im August, möglichst bei Sonnenschein, um trockene Ware zu erhalten. Unmittelbar danach erfolgt eine Wasserdestillation, heute zumeist eine Wasserdampfdestillation, um höhere Ölausbeuten und hohe Estergehalte im Öl zu erhalten.[86] Gewinnungsmethoden in einzelnen Ländern s. Lit.[86]

Handelssorten: Lavendelöl 40/42 (Mont Blanc, bas titrage) und das teurere Lavendelöl 50/52 (Barreme, haut titrage) werden heute im wesentlichen gehandelt. Die Zahlen bezeichnen den Estergehalt; als Lavendelöl jugoslawisch wird ein aus dem ehemaligen Jugoslawien stammendes Öl gehandelt, das wahrscheinlich aber ein Lavandinöl darstellt.

Ganzdroge: Lavendelöl ist eine klare, farblose bis schwach gelbliche, leicht bewegliche Flüssigkeit von charakteristischem Geruch und aromatischem, brennendem und schwach bitterem Geschmack.

Verfälschungen/Verwechslungen: Echte Lavendelöle sind teuer und werden häufig verfälscht, vorzugsweise mit Lavandinöl aus *L.* × *intermedia* EMERIC. oder auch mit acetyliertem Lavandinöl. Lavandinöl ist billiger und wird heute in weit größerem Maße als Lavendelöl gehandelt. Auch Japanisches Shiuöl und Petitgrainöl mit ebenfalls hohem Linalool- und Linalylacetatgehalt und daraus gewonnenes Linalool und Linalylacetat werden zugemischt.[86] Außerdem Verfälschungen durch Zugabe von synthetischem oder semisynthetischem Linalool bzw. Linalylacetat.

Minderqualitäten: Öle mit Estergehalten von unter 30 % sind minderwertig. Sie sind entweder verfälscht oder unsachgemäß destilliert.

Inhaltsstoffe: 60 bis 65 %, im Einzelfall bis zu 75 % des Öls werden von dem Monoterpenalkohol (*R*)-(−)-Linalool (20 bis 50 %) und seinem Essigsäureester (*R*)-(−)-Linalylacetat (30 bis 40 %) gebildet, wobei der Ester die wertbestimmende Komponente ist. Die Angaben des Konzentrationsverhältnisses von Linalylacetat und Linalool in der Literatur sind sehr unterschiedlich. Es wird durch die Art der Destillation stark beeinflußt, da sich Linalylacetat bei der Destillation zersetzt,[12] wobei hauptsächlich Linalool entsteht. Das esterreichste Öl wird erhalten, wenn die Lavendelblüten in ganz frischem Zustand und mit Wasserdampf so schnell wie möglich destilliert werden.[86]

Unter Auswertung der Literatur lassen sich für einige weitere Inhaltsstoffe folgende Werte angeben: 3 bis 7 % *cis*-Ocimen, je 3 bis 5 % Terpinen-4-ol und β-Caryophyllen, 2 bis 3 % Lavandulylacetat, 1 bis 2 % 1,8-Cineol, je ca. 1 % Limonen, Geraniol, Lavandulol und α-Pinen, 0,1 bis 0,5 % Camphen, Geranylacetat und Nerylacetat.

An nicht-terpenoiden Aliphaten sind bis zu 3 % 3-Octanon, 0,5 bis 1 % 1-Octen-3-ol und weiterhin 1-Octen-3-ylacetat und 3-Octanol enthalten.

Es finden sich in der Literatur Angaben für die Öle aus Frankreich,[13–16] Italien,[17] Bulgarien,[18] dem ehemaligen Jugoslawien[19] und Amerika.[20] 3 % des Öls werden von ca. 250 Spurenkomponenten gebildet. Dabei handelt es sich um weitere Mono- und Sesquiterpenoide, auch bifunktionelle Derivate,[21,22] und Carbonylverbindungen der höher siedenden Fraktion.[23–25]

Zubereitungen: Spiritus Lavandulae *DAB 6*. Lavendelspiritus enthält 3 Teile Lavendelöl, 747 Teile Ethanol 96 % und 250 Teile Wasser. Zur Herstellung wird das Lavendelöl zunächst in Ethanol gelöst, die Lösung mit Wasser gemischt und nach mehrtägigem Stehen filtriert. Lavendelspiritus ist klar, farblos und riecht nach Lavendelöl; Dichte 0,877 bis 0,881 *DAB 6*.

Identität: Die Arzneibücher prüfen die Identität dünnschichtchromatographisch, wobei eine Lösung des Öls in Toluol (*DAB 10, PF X*) oder Ethanol 96 % (*Helv VII*) als Untersuchungslösung dient.

DC nach *DAB 10, PF X, Helv VII*:
- Referenzsubstanzen: Linalool, Linalylacetat *DAB 10, PF X, Helv VII*; zusätzlich 1,8-Cineol *PF X, Helv VII*;
- Sorptionsmittel: Kieselgel G *DAB 10, PF X*; Kieselgel F_{254} *Helv VII*;
- FM: Dichlormethan (zweimal entwickeln) *DAB 10*; Ethylacetat-Toluol (5 + 95) *PF X*; Ethylacetat-Toluol (10 + 90) *Helv VII*;
- Detektion: Besprühen mit Anisaldehyd-Reagenz *DAB 10, Helv VII* bzw. Vanillinschwefelsäure-Reagenz *PF X* und 5 bis 10 min auf 100 bis 105 °C erhitzen, Auswertung im Vis *DAB 10, PF X* bzw. UV 365 nm;
- Auswertung: Zur Auswertung werden die violett gefärbten Zonen des Linalools in der unteren Hälfte und des Linalylacetats etwas oberhalb der Mitte angesprochen. 2 bis 5 weitere grünbraune oder rotviolette Zonen liegen unterhalb und oberhalb des Linalools. Die braunviolette Zone des Cineols zwischen Linalool und der darüberliegenden, rot gefärbten Zone des Caryophyllenepoxids darf nur schwach sichtbar werden *DAB 10*. Stärkere Färbung würde auf Vorliegen bzw. auf eine Verfälschung mit Lavandinöl hinweisen. Rf-Werte nach *PF X*: Linalool ca. 0,30, Cineol ca. 0,40 und Linalylacetat ca. 0,70. Abbildungen s. Lit.[26,27]

PF X enthält eine gaschromatographische Identitätsprüfung mit quantitativer Aussage über einzelne Komponenten im Öl:
- Kapillare: Glaskapillare 50 m × 0,30 mm Innendurchmesser;
- stationäre Phase: Polyethylenglykol 20.000;
- Trägergas: Helium;
- Detektor: Flammenionisationsdetektor;
- Temperaturprogramm: 60 °C gleichbleibend über 10 min, dann 2 °C/min bis 180 °C; Injektor 180 bis 200 °C; Detektor 200 bis 250 °C;
- Auswertung: Für die sechs wichtigsten Komponenten, angeordnet nach ihrer Reihenfolge im Chromatogramm, sind folgende Grenzwerte angegeben: Limonen 0,1 bis 0,5 %, Cineol 0,3 bis 1,5 %, Campher 0,2 bis 0,5 %, Linalool 25 bis 38 %, Linalylacetat 25 bis 45 %, α-Terpineol 0,3 bis 1,0 %.

Diese Werte entsprechen einem von der Association Française de Normalisation (A.F.N.O.R.) herausgegebenen Standard für qualitativ gute französische Lavendelöle, der noch weitere Komponenten umfaßt: Höchstens 2 % 3-Octanon, 4 bis 10 % *cis*-β-Ocimen, 2 bis 6 % *trans*-β-Ocimen, mindestens 0,3 % Lavandulol, mindestens 2 % Lavandulylacetat.

Möglich, aber im Vergleich zur Gaschromatographie sicher weniger geeignet, ist eine HPLC auf RP8 mit Methanol-Phosphorsäure 0,2 % (80 + 20) als mobile Phase.[28]

Reinheit:
- Mischbarkeit: Lavendelöl ist mischbar mit Dichlormethan, Ethanol 90 %, Ether, Toluol und fetten Ölen *DAB 10*, auch mit wasserfreiem Ethanol, Chloroform, flüssigem Paraffin, Petrolether und Schwefelkohlenstoff *Helv VII*.
- Relative Dichte: 0,876 bis 0,894 *DAB 10*; 0,877 bis 0,890 *PF X*; 0,875 bis 0,895 (englisches Öl) bzw. 0,878 bis 0,892 (ausländisches Öl) *BP 80*; 0,875 bis 0,888 bzw. für synthetisches Öl 0,875 bis 0,892 *USP XXI*; 0,875 bis 0,892 *ÖAB 90*; 0,882 bis 0,898 *Helv VII*;
- Brechungsindex: 1,457 bis 1,464 *DAB 10, ÖAB 90*; 1,458 bis 1,464 *PF X, Helv VII*; 1,460 bis 1,474 (englisches Öl) bzw. 1,457 bis 1,464 (ausländisches Öl) *BP 80*; 1,458 bis 1,470 *USP XXI*.
- Optische Drehung: –3° bis –11° *DAB 10, ÖAB 90, Helv VII*; –7° bis –11° *PF X*; –5° bis –13° (englisches Öl) bzw. –5° bis –12° (ausländisches Öl) *BP 80*; –3° bis –10° *USP XXI*.
- Säurezahl: Höchstens 2,0 *DAB 10*; höchstens 1 *PF X*; höchstens 0,5 *Helv VII*.
- Esterzahl: 25 bis 45 (englisches Öl) bzw. 100 bis 170 (ausländisches Öl), nach Acetylierung 165 bis 200 (englisches Öl) bzw. 220 bis 280 (ausländisches Öl) *BP 80*.

DAB 10 prüft weiterhin auf fremde Ester, fette Öle, verharzte ätherische Öle und wasserlösliche Anteile.

Helv VII prüft zusätzlich auf Wasser und auf Löslichkeit in Ethanol, wobei sich das Öl in 3 Volumenteilen Ethanol 70 % lösen muß, nach *PF X* in 5 Volumenteilen Ethanol 70 %.

Neben den Kennzahlen und den allgemeinen Prüfvorschriften für ätherische Öle ist bei der Reinheit des Lavendelöls besonders auf 1,8-Cineol und Campher zu achten, deren Gehalt durch Zusatz von Lavandinöl erhöht sein kann. Von allen Arzneibüchern nimmt nur *PF X* darauf Bezug, indem es die Grenzen für Cineol mit 0,3 bis 1,5 % und für Campher mit 0,2 bis 0,5 % festlegt und gaschromatographisch überprüfen läßt (s. Identität). In einer ausführlichen Untersuchung über die Verfälschungen von Lavendelöl mit Lavandin- und Spiköl wird auch noch auf den Gehalt an Borneol hingewiesen, das im Lavendelöl nur zu 0,8 bis 1,4 % enthalten ist, im Lavandinöl jedoch zu 1,7 bis 3,3 %.[16]
Spiköl, das in der Praxis wegen der leichteren Nachweisbarkeit kaum als Verfälschung in Frage kommen dürfte, enthält nur wenig Linalylacetat (0,7 bis 1,8 %) und eine vergleichsweise hohe Konzentration an 1,8-Cineol (20 bis 35 %) und Campher (10 bis 20 %).[16]
Zusätze von synthetischem Linalylacetat bzw. Linalool können nachgewiesen werden, wenn es sich um racemische Syntheseprodukte handelt, da natürliche Lavendelöle optisch reines (*R*)-(−)-Linalylacetat bzw. (*R*)-(−)-Linalool enthalten.[29] Die optische Reinheitskontrolle des Linalylacetats und Linalools kann entweder durch Komplexierungsgaschromatographie im MDGC-Verfahren[29] oder gaschromatographisch mit optisch aktiven Phasen, am besten auf modifizierten Cyclodextrinphasen, festgestellt werden.[30,96] Chirospezifischer Nachweis weiterer Ölkomponenten.[96]
Ein Nachweis der Synthesebegleitstoffe, wie z. B. Dehydro- und Dihydrolinalool bzw. deren Essigsäureester, ist nur bei schlechter Qualität des Syntheseproduktes gaschromatographisch möglich.[15]

Gehalt: *DAB 10*, *ÖAB 90* und *USP XXI* fordern mindestens 35 % Ester, *Helv VII* fordert 30 bis 60 %, berechnet als Linalylacetat. Nach *PF X* 25 bis 40 % Linalylacetat, gaschromatographisch bestimmt.

Gehaltsbestimmung: Die Bestimmung erfolgt in der Regel durch Ermittlung der Esterzahl. Das ätherische Öl wird mit 0,5 N ethanolischer KOH-Lösung erhitzt, wobei die Ester verseift werden. Der Verbrauch an KOH wird maßanalytisch mit 0,5 N Salzsäure ermittelt.
PF X läßt den Linalylacetatgehalt gaschromatographisch bestimmen und gibt dafür Grenzwerte von 25 bis 45 % an (s. Identität). Weitere gaschromatographische Gehaltsbestimmung s. Lit.[16,31,32]; mit Carvon als innerem Standard.[33] Weitere Gehaltsbestimmung: Nach DC densitometrisch.[32]

Lagerung: Vor Licht geschützt, in dicht verschlossenen, dem Verbrauch angemessenen Behältnissen. Öle aus verschiedenen Lieferungen dürfen nicht miteinander gemischt werden. Nicht über 25 °C *DAB 10*.

Wirkungen: *Antimikrobielle Wirkung*. Sie ist zurückzuführen auf den Gehalt an Linalool, das im Plattentest eine Hemmwirkung auf eine Vielzahl von Mikroorganismen zeigt, während Linalylacetat vergleichsweise weniger wirksam ist.[34] Im Agardiffusionstest zeigt reines Öl Wirkung auf *Escherichia coli*, *Candida albicans*, *Bacillus subtilis* und *Staphylococcus aureus*, jedoch keine Wirkung auf *Pseudomonas aeruginosa*.[35]
Von 22 in einem Diffusionstest getesteten Mikroorganismen Wirkung auf 18, jedoch im Vergleich zu thymolhaltigen Ölen weniger wirksam.[36]
Im Verdünnungstest wirkt Lavendelöl hemmend auf die Dermatophyten *Epidermophyton floccosum* (MHK-Wert < 313 ppm), *Trichophyton mentagrophytes* var. *interdigitale* (MHK-Wert zwischen 313 und 625 ppm) und *Trichophyton rubrum* (MHK-Wert < 313 ppm).[37] Phenolkoeffizient 1,6.[38]
Antikonvulsive Wirkung. In Dosen von 138 (108 bis 177) mg/kg KG i. p. bei weiblichen bzw. 140 (120 bis 164) mg/kg KG i. p. bei männlichen Ratten wirkt Lavendelöl hemmend bei Krämpfen, die durch Elektroschocks hervorgerufen werden. In Dosen von 200 bis 300 mg/kg KG i. p. verhindert es bei Albinoratten bei 60 bis 70 % der Tiere krampfartige Erscheinungen, hervorgerufen durch Metrazol. Bei Albinomäusen ED_{50} = 250 (181 bis 360) mg/kg KG i. p. Bei einer Dosierung von 100 bis 200 mg/kg KG i. p. weder Wirkung bei Krämpfen, hervorgerufen durch Strychnin, noch bei Nicotin- bzw. Arecolinhyperkinesen.[39]
Neurodepressive Wirkung. Bei einmaliger Gabe von 0,4 mL/kg KG p. o. Lavendelöl, gelöst in Olivenöl (1:60), an Mäuse und anschließender Gabe von 40 mg/kg KG i. p. Pentobarbital verkürzt sich die Einschlafzeit und verlängert sich die Schlafdauer signifikant gegenüber einer Kontrollgruppe. Bei Vorbehandlung über 5 Tage und anschließender Gabe des Barbiturates wurden keine signifikanten Effekte gesehen. Nicht-signifikante sedative Effekte werden in verschiedenen anderen Tests (Lochbrett, 4-Platten, Labyrinth) beobachtet.[40] Dosisabhängig könnte es sich dabei um einen sedativen oder anxiolytischen Effekt handeln.[82]
Eine Dosis von 100 mg/kg KG i. p. Lavendelöl verlängert bei Albinoratten eine Evipannarkose (100 mg/kg KG i. p.) um das Doppelte, eine Alkoholnarkose (35 %, 3,5 g/kg KG i. p.) auf knapp das Doppelte und eine Chloralhydratnarkose (300 mg/kg KG i. p.) auf mehr als das 1,5fache.[39]
Beeinflussung der Motorik. I. p. Gabe von Lavendelöl in Dosen von 200 bis 300 mg/kg KG vermindert bei männlichen Albinomäusen die spontane motorische Aktivität und auch die durch Coffeinnatriumbenzoat (20 mg/kg KG s. c.) und Amphetamin (5 mg/kg KG) intensivierte motorische Aktivität.[39] Die Fähigkeit, sich auf einer rotierenden Achse zu halten, wird ebenfalls vermindert; ED_{50} = 248 (150 bis 396) mg/kg KG i. p.[39]
Zentraldämpfende Wirkung nach Inhalation. Eine signifikante Abnahme der motorischen Aktivität von 6 bis 8 Wochen alten und 6 Monate alten weiblichen und männlichen Mäusen nach 30, 60 und 90 min ist zu beobachten, wenn diese in einem Lichtschrankenkäfig einer Lavendelölatmosphäre ausgesetzt werden. Linalool und Linalylacetat allein zeigen denselben Effekt.[41]
Wirkung auf den limbischen Cortex. Einatmen von 0,02 g Lavendelöl ruft beim Menschen eine negative Kontingenzwelle hervor, gemessen in µV der Hirn-

ströme an 6 verschiedenen Stellen des Kopfes (Stärke ortsabhängig). Die Reaktionszeit und die Herzfrequenz bleiben unbeeinflußt. Die Wirkung ist ähnlich wie die von Nitrazepam.[93]

Verteilung: Es besteht bei Tieren eine direkte Korrelation zwischen der Inhalationszeit von Lavendelöl und dem Blutplasmaspiegel von Linalool.[41] Bei Mäusen, die 1 h einer Lavendelölatmosphäre ausgesetzt waren, wurden im Blut 3 ng/mL Linalool und 11 ng/mL Linalylacetat gefunden. Nach Behandlung mit β-Glucuronidase stieg der Anteil an Linalool auf 4 ng/mL. Linalool ist teilweise an Glucuronsäure gebunden.[42]

Anwendungsgebiete: Bei Einschlafstörungen und funktionellen Oberbauchbeschwerden, wie Lavandulae flos.[43]

Dosierung und Art der Anwendung: *Droge.* 1 bis 4 Tr. (ca. 20 bis 80 mg), z. B. auf einem Stück Würfelzucker, als Einzeldosis.[43]

Volkstümliche Anwendung und andere Anwendungsgebiete: Als Ölbad zur Sedierung, bei Verspannungen, Erschöpfungszuständen oder schlecht heilenden Wunden.[44] In Mischungen mit anderen Ölen zur Abwehr von Erkältungskrankheiten und zur Anregung des Kreislaufs.
Innerlich gegen Grippe, Bronchitis, Rheuma, Migräne, bei Schwindelzuständen und bei ungenügenden Monatsblutungen. Äußerlich gegen Wunden aller Art, gegen chronische Ekzeme im Damm- und Analbereich.[97] Die Wirksamkeit der Droge bei diesen Indikationen ist nicht ausreichend belegt.

Dosierung und Art der Anwendung: *Droge.* Innerlich: 2 bis 5 Tr. in Honig aufgelöst oder in einer alkoholischen Lösung, 2- bis 3mal täglich. Zum Bepinseln von Wunden 10 % in Olivenöl.[97]

Unerwünschte Wirkungen: Keine bekannt.[43] *Allergische Wirkungen.* Sehr selten Allergien.[45]

Gegenanzeigen/Anwendungsbeschr.: Keine bekannt.[43]

Wechselwirkungen: Keine bekannt.[43]

Akute Toxizität: *Mensch.* In Dosen über 1 g soll das Öl Somnolenz hervorrufen.[87]

Sensibilisierungspotential: Schwache Sensibilisierungspotenz,[45] da nur mittlere Reaktionsstärke bei der experimentellen Sensibilisierung mit Lavendelöl (OET- und FCAT-Sensibilisierungsmethode)[46] und keine Sensibilisierungsreaktionen an 25 Probanden zu verzeichnen war.[47]

Toxikologische Daten: *LD-Werte.* Lavendelöl LD_{50} bei Ratten, peroral und dermal verabreicht, > 5 g/kg KG.[47]
LD_{50}, Ratte männl., 6,2 ± 0,8 mL/kg KG, p. o.; Ratte weibl. 5,0 ± 0,5 mL/kg KG, p. o.
LD_0, Ratte männl., 5 mL/kg KG, p. o.; Ratte weibl., 3 mL/kg KG, p. o.
LD_{100}, Ratte männl., > 7 mL/kg KG, p. o.; Ratte weibl., > 6 mL/kg KG, p. o.[82]

Sonst. Verwendung: *Pharmazie/Medizin.* Geruchskorrigenz für Externa. *Kosmetik.* Wichtige Duftkomponente in der Parfümerie, Kosmetik und Seifenindustrie; hauptsächlich für Lavendelwässer und Kölnisch Wasser.

Gesetzl. Best.: *Offizielle Monographien.* Aufbereitungsmonographie der Kommission E am BGA "Lavandulae flos (Lavendelblüten)"[43] und Negativmonographie der Kommission B8 am BGA "Lavendelöl-Bäder".[44] *Sonst. Gesetze u. Vorschr.* Lavendelöl hat den GRAS-Status,[47] d. h. es wird allgemein als sicher angesehen (generally regarded as safe).

Lavandulae flos (Lavendelblüten)

Synonyme: Flores Lavandulae, Flos Lavandulae, Flores Spicae.

Sonstige Bezeichnungen: Dt.: Blafendel, Lavander, Lavendelblüten; engl.: Lavender flowers; frz.: Fleurs de lavande, lavande femelle, lavande véritable; it.: Fiore di lavanda; port.: Flor de alfazema, spigo; span.: Alhucema, espliego.

Monographiesammlungen: Flores Lavandulae *DAB 6*; Lavande *PF X*; Lavendelblüten *DAC 86*; Lavandula *BHP 83*.

Definition der Droge: Die kurz vor der völligen Entfaltung gesammelten und getrockneten Blüten *DAB 6, PF X, DAC 86*; die Blüten *BHP 83*.

Stammpflanzen: *Lavandula angustifolia* MILL. *PF X, DAC 86*; *Lavandula spica* L. *DAB 6*; *Lavandula officinalis* CHAIX *BHP 83*. Die beiden letzten Angaben sind Synonyme für *L. angustifolia* MILL.

Herkunft: Frankreich, Osteuropa.

Gewinnung: Die blühenden Zweigspitzen werden geerntet, wenn der mittlere Teil der Ähre blüht. Sie werden mit der Sichel 10 cm unter ihrem Ansatz abgeschnitten. Die Trocknung muß im Schatten erfolgen; die künstliche Trocknung schonend bei 30 °C. Arzneibuchware erhält man durch Abrebeln, wobei die Blüte vom Stengel getrennt wird. Die Kelche bilden den wertvollsten Bestandteil der Droge.[92]

Ganzdroge: In der Droge fallen vor allem die 5 bis 6 mm langen röhrenförmig-ovalen, rippigen, behaarten, blaugrauen Kelche auf. Von den 5 Zähnen des Kelches sind 4 sehr kurz; der fünfte Zahn bildet ein herzförmiges bis ovales, hervorstehendes Lippchen. Die Blütenkrone ist in getrocknetem Zustand stark geschrumpft und eher mißfarben braun. Sie bildet eine Röhre mit einer verkehrt-herzförmigen, zweilappigen Oberlippe und einer weniger tief eingeschnittenen, dreilappigen Unterlippe; wenige Blatt- und Stengelteile.[48,98]

Schnittdroge: *Geruch.* Charakteristisch, kräftig aromatisch.
Geschmack. Bitter.
Mikroskopisches Bild. Im Querschnitt durch den röhrigen Teil des Kelches sind deutlich die nach außen gewölbten Rippen zu erkennen; äußere

Epidermiszellen mehr oder weniger tangential gestreckt mit derber Cuticula; innere Epidermiszellen klein, mit stark gewundenen, verholzten Zellwänden, Ca-Oxalatkristalle führend. Auf den Kuppen der Kelche befinden sich derbe, mehrzellige, häufig violett gefärbte, verzweigte Haare mit warziger Cuticula (sog. Geweihhaare), dazwischen Drüsenhaare mit einzelligem Stiel und einzelligem Köpfchen. Vorwiegend in den Tälern zwischen den Rippen sind die für Lamiaceen typischen Lamiaceendrüsenschuppen mit 8 sezernierenden Zellen zu finden. Haare der inneren Epidermis weniger verzweigt. An der Innenseite jeder Rippe jeweils ein Bündel von Sklerenchymfasern und ein zartes Leitbündel.
Die äußeren Epidermiszellen der Blütenkrone sind im Querschnitt stark radial gestreckt, in der Flächenansicht derb, geradwandig, leicht gestreckt. Besonders auf dem lippigen Teil der äußeren Epidermis befinden sich mehrzellige, verzweigte Haare (Geweihhaare); auf der Epidermis der Innenseite lange Haare mit knorrig ausgewachsener Cuticula, meist einzellig mit kleineren Drüsenköpfchen an der Spitze (Knotenstockhaare oder Buckelhaare), wenige Drüsenhaare mit einzelligem Fuß- und einzelligem Kopfteil. Das Endothecium der Antheren besteht aus zartwandigem sog. Spangenparenchym; Pollenkörner kugelig.[48]

Pulverdroge: In der Pulverdroge sind die zahlreichen Geweihhaare oder Bruchstücke davon besonders auffallend; außerdem sind knotige Haare mit oder ohne Drüsenköpfchen zu finden. Zahlreiche Pollenkörner mit sechs spaltenförmigen Austrittsstellen. Gelegentlich finden sich Lamiaceendrüsenschuppen, Stücke der Kelchepidermis mit Oxalatkristallen, papillöse Epidermiszellen der Blütenkrone, selten Teile des Endotheciums.[48,88]

Verfälschungen/Verwechslungen: Selbst bei der Arzneibuchware (Lavendel *DAC86*) kommen immer wieder Verfälschungen mit den Blüten der anderen Lavendelarten *L.* × *intermedia* EMERIC. (Lavandin) und *L. latifolia* MEDIK. (Spiklavendel) vor. Bei nicht deklarierter Qualität handelt es sich ohnehin immer um Mischware, die je nach den Erfordernissen ihrer Verwendung aus den Blüten der verschiedenen Lavendelarten zusammengestellt wird.

Minderqualitäten: Drogen mit einem hohen Stengel- und Blattanteil sind minderwertig.

Inhaltsstoffe: *Ätherisches Öl.* Lavendelblüten enthalten 1 bis 3 % ätherisches Öl. Die Hauptbestandteile sind die Monoterpene Linalylacetat (30 bis 40 %) und Linalool (20 bis 50 %); zusammen bilden sie einen Anteil von 50 bis 65 %, im Einzelfall bis zu 70 % des Öls. Die feinste Blütendroge stammt von var. *delphinensis* (petite lavande), die den höchsten Anteil an Linalylacetat enthält.[49] Weitere Komponenten sind die Monoterpene *cis*- und *trans*-β-Ocimen, Terpinen-4-ol, Lavandulylacetat, 1,8-Cineol, Limonen, Campher, α-Terpineol und 3-Octanon. Weitere Bestandteile s. Lavandulae aetheroleum.

Cumarinderivate. Umbelliferon und Herniarin, isoliert aus dem Destillationsrückstand, der bei der Ölgewinnung zurückbleibt.[50]
Sterole und Triterpene. Cholesterol, Campesterol, Stigmasterol und β-Sitosterol, Mictomersäure und Ursolsäure im Destillationsrückstand nach der Ölgewinnung.[51]
Gerbstoffe. In der Sekundärliteratur wird durchgehend ein Gerbstoffgehalt der Droge von bis zu 13 % angegeben. Diese Angabe geht auf Untersuchungen aus dem Jahr 1934 zurück,[52] wurde aber nie überprüft bzw. bestätigt.
Phenylcarbonsäuren. *o*-Cumarsäure, *p*-Cumarsäure, Ferulasäure, Isoferulasäure, Gentisinsäure, Homoprotocatechusäure, *p*-Hydroxybenzoesäure, Kaffeesäure, Melilotsäure, Protocatechusäure, Sinapinsäure, Syringasäure, Vanillinsäure;[53] Rosmarinsäure.[82]

Identität: Neben der Mikroskopie (*PFX*, s. a. Lit.[27]) wird nach *DAC86* ein Dichlormethanextrakt der Droge dünnschichtchromatographisch nach der Vorschrift der Droge Lavendelöl *DAB10* untersucht (s. Lavandulae aetheroleum). *PFX* verwendet für die Gaschromatographie (s. Lavandulae aetheroleum) als Untersuchungslösung die bei der Ölgehaltsbestimmung anfallende Öl-Xylol-Lösung, verdünnt mit Hexan.

Reinheit:
- Minderwertige und fremde Bestandteile: Der Anteil an vollständig graubraunen oder grauen Blüten darf 10 %, der Anteil an Blättern und Stengeln 5 % und der Anteil sonstiger fremder Bestandteile darf 1,0 % nicht übersteigen *DAC86*.
- Trocknungsverlust: Höchstens 12 % *PFX*, *DAC86*.
- Asche: Höchstens 9,0 % *PFX*, höchstens 7,0 % *DAC86*.

Blüten anderer Lavandula-Arten oder -Hybriden lassen sich nur durch sorgfältige Analyse des ätherischen Öls mittels DC, besser noch mittels GC feststellen (s. Lavandulae aetheroleum).

Gehalt: Mindestens 1,3 % (*V/m*) ätherisches Öl *DAC86*.

Gehaltsbestimmung: Volumetrische Bestimmung des Gesamtgehaltes an ätherischem Öl durch Wasserdampfdestillation nach der Methode der *PhEur*.

Lagerung: Dicht verschlossen, vor Licht und Feuchtigkeit geschützt.[54,98]

Wirkungen: *Choleretische und cholagoge Wirkung.* Diese in der Sekundärliteratur durchgehend aufgeführten Wirkungen der Lavendelblüten gehen auf eine Arbeit aus dem Jahre 1936 zurück.[55] Berichtet wird dort über die Prüfung einer aus *Lavandula spica* gewonnenen Substanz. Die Identität der verwendeten Pflanze ist zweifelhaft, da der Autorenname fehlt. Vermutlich handelt es sich aber um *L. spica* L. p. p. (Syn. *L. angustifolia* MILL.). Die Substanz wird als "den ätherischen Ölen ähnlich" beschrieben. 5 mL einer 10 %igen Lösung in Alkohol, mit einer Duodenalsonde appliziert, erhöhte beim Menschen die Duodenalsaftmenge um 50,5 %, den Bilirubingehalt des Duodenalsafts um 294,1 % und dessen Trockengewicht um 41,4 % (Alkoholwirkung berücksichtigt). Im Vergleich zu dehydrocholsaurem Natrium ergab sich eine ebenbürtige, wenn nicht sogar überlegene Sekretionssteigerung.[55]

Anwendungsgebiete: Innerlich: Befindensstörungen wie Unruhezustände, Einschlafstörungen, funktionelle Oberbauchbeschwerden (nervöser Reizmagen, Roehmheld-Syndrom, Meteorismus, nervöse Darmbeschwerden). In der Balneotherapie: Zur Behandlung von funktionellen Kreislaufstörungen.[43,54]

Dosierung und Art der Anwendung: *Droge.* Tee: 1 bis 2 Teelöffel Droge[43,54] werden mit heißem Wasser (ca. 150 mL) übergossen und nach etwa 10 min durch ein Teesieb gegeben.[54]
Äußerlich: Als Badezusatz 20 bis 100 g Droge auf 20 L Wasser.[43]

Volkstümliche Anwendung und andere Anwendungsgebiete: Bei Krämpfen, Migräne, Asthma bronchiale. In Einreibemitteln bei rheumatischen Beschwerden. Lavendelbäder zur Sedierung, bei Verspannung, Erschöpfungszuständen oder schlecht heilenden Wunden;[44] Kräuterkissen zum Einschlafen. Die Wirksamkeit der Droge bei diesen Indikationen ist nicht ausreichend belegt.

Dosierung und Art der Anwendung: *Droge.* Zur innerlichen Anwendung als Tee: 1 Teelöffel Blüten auf 1 Tasse kochendes Wasser, 10 min ziehen lassen; 3 Tassen täglich. Zur äußerlichen Anwendung: 1 Handvoll Blüten auf 1 L Wasser, 10 min kochen lassen und mit 1 L Wasser auffüllen.[97]

Unerwünschte Wirkungen: Nicht bekannt.[43]

Gegenanzeigen/Anwendungsbeschr.: Nicht bekannt.[43]

Wechselwirkungen: Nicht bekannt.[43]

Toxikologische Eigenschaften: Gefährlichkeitsgrad: Praktisch ungiftig.[87]

Gesetzl. Best.: *Standardzulassung.* Standardzulassung "Lavendelblüten", Zulassungsnummer 1119.99.99.[54] *Offizielle Monographien.* Aufbereitungsmonographie der Kommission E am BGA "Lavandulae flos (Lavendelblüten)"[43] und Negativmonographie der Kommission B8 am BGA "Lavendelöl-Bäder".[44] *Sonst. Gesetze u. Vorschr.* Lavendelblüten haben den GRAS-Status,[68] d. h. sie werden allgemein als sicher angesehen (generally regarded as safe).

Lavandula angustifolia hom. *HAB 1*

Synonyme: Lavandula.

Monographiesammlungen: Lavandula angustifolia *HAB 1.*

Definition der Droge: Die frischen Blüten.

Stammpflanzen: *Lavandula angustifolia* MILL.

Zubereitungen: Urtinktur und flüssige Verdünnungen nach *HAB 1*, Vorschrift 3a. Eigenschaften: Die Urtinktur ist eine grünlichbraune bis braune Flüssigkeit mit aromatischem, arteigenem Geruch und zunächst würzig scharfem, dann anhaltend bitterem Geschmack.

Identität: *Urtinktur.* Nachweise aus dem in Ethanol aufgenommenem Rückstand der Hexanausschüttelung s. Lavandula angustifolia e floribus siccatis hom. *HAB 1.* Bei der Eisen(III)hydroxamatreaktion Färbung der Mischung dunkelrotbraun bis rotviolett, nach einiger Zeit vertiefend.
DC des in Ethanol aufgenommenen Rückstandes der Hexanausschüttelung der Urtinktur: DC-Bedingungen und Auswertung s. Lavandula angustifolia e floribus siccatis hom. *HAB 1.*

Reinheit: *Urtinktur.*
- Relative Dichte *(PhEur)*: 0,896 bis 0,915.
- Trockenrückstand *(DAB)*: Mindestens 2,5 %.

Lagerung: Vor Licht geschützt.

Gesetzl. Best.: *Offizielle Monographien.* Negativmonographie der Kommission D am BGA "Lavandula angustifolia (Lavandula)".[83]

Lavandula angustifolia e floribus siccatis hom. *HAB 1*

Synonyme: Lavandula siccata.

Monographiesammlungen: Lavandula angustifolia e floribus siccatis *HAB 1.*

Definition der Droge: Die getrockneten Blüten.

Stammpflanzen: *Lavandula angustifolia* MILL.

Zubereitungen: Urtinktur aus der unzerkleinerten Droge und flüssige Verdünnungen nach *HAB 1*, Vorschrift 4a mit Ethanol 62 % (*m/m*). Eigenschaften: Die Urtinktur ist eine grünlichbraune bis braune Flüssigkeit von arteigenem Geruch und zunächst würzig scharfem, dann anhaltend bitterem Geschmack.

Identität: Prüflösung ist das mit Ethanol verdünnte, bei der Gehaltsbestimmung erhaltene ätherische Öl bzw. der in Ethanol aufgenommene Rückstand der Hexanausschüttelung der Urtinktur: Die Prüflösung verfärbt sich beim Versetzen mit Schwefelsäure nach Erhitzen und Zugabe von Vanillin-Lösung dunkelrot. Beim Versetzen der Prüflösung mit einer Lösung von Hydroxylaminhydrochorid in Ethanol und verdünnter Natriumhydroxidlösung und anschließendem Erhitzen, Ansäuern auf pH 4,5 und Zugabe von Eisen(III)chloridlösung färbt sich die Mischung dunkelrot, nach einiger Zeit vertiefend.
DC der Prüflösung:
- Referenzsubstanzen: Linalool und Linalylacetat;
- Sorptionsmittel: Kieselgel H;
- FM: Methylenchlorid;
- Detektion: Besprühen mit Anisaldehydlösung, Erhitzen auf 105 bis 110 °C, Auswertung im Vis;

- Auswertung: Im Chromatogramm der Untersuchungslösung kann man anhand der Referenzsubstanzen die violetten Zonen des Linalools und des Linalylacetats erkennen. Weitere, meist violette Zonen zwischen Start und Linalool, darüber eine bläulichrote Zone und oberhalb des Linalylacetats nahe der Front eine weitere bläulichrote Zone.

Reinheit: *Droge.*
- Fremde Bestandteile *(PhEur)*: Anteil an Blättern und Stengeln höchstens 5 % und Anteil sonstiger fremder Bestandteile höchstens 1 %.

Urtinktur.
- Relative Dichte *(PhEur)*: 0,885 bis 0,900.
- Trockenrückstand *(DAB)*: Mindestens 1,2 %.

Gehalt: *Droge.* Mindestens 1,0 und höchstens 2,5 % *(V/m)* ätherisches Öl.

Gehaltsbestimmung: Volumetrische Bestimmung des Gehalts an ätherischem Öl durch Wasserdampfdestillation nach *PhEur* ohne Vorlage von Xylol.

Lagerung: Vor Licht geschützt.

Gesetzl. Best.: *Offizielle Monographien.* Negativmonographie der Kommission D am BGA "Lavandula angustifolia e floribus siccatis (Lavandula siccata)".[83]

Lavandula dentata L.

Botanische Beschreibung: Busch bis 1 m; Blätter 15 bis 35 mm, länglich oder lanzettlich, gekerbt-gezähnt bis gezähnt-fiederteilig in einem stumpfen Lappen endend; Unterseite graufilzig, Oberseite graugrün; Scheinähren 2,5 bis 5 cm; untere Tragblätter 5 bis 8 mm, rautenförmig-eiförmig bis umgekehrt eiförmig-abgerundet, schwach filzig; obere Tragblätter 8 bis 15 mm, eiförmig, purpurn, ohne Blüten in den Achseln; Blüten in 6- bis 10blütigen Scheinquirlen; Kelch 5 bis 6 mm, 13nervig, der obere Zahn mit einem umgekehrt-herzförmigen Anhängsel an der Spitze. Blütenkrone 8 mm, dunkelpurpurn. 2n = 44.[84]

Inhaltsstoffe: In den oberirdischen Teilen ätherisches Öl mit 50 % 1,8-Cineol, 10 % β-Pinen und weiteren Terpenen.[56] Außerdem Cumarin und die Cumarinderivate Herniarin und Umbelliferon; an Triterpenen Ursolsäure und Betulinsäure.[57] Weiterhin die Flavone Luteolin, Apigenin und Genkwanin, frei und glykosidisch gebunden.[58]

Verbreitung: Süd- und Ostspanien, Balearen.

Drogen: Lavandula-dentata-Blütenstände.

Lavandula-dentata-Blütenstände

Definition der Droge: Getrocknete Blütenstände zur Zeit der Blüte.

Stammpflanzen: *Lavandula dentata* L.

Wirkungen: *Blutzuckersenkende Wirkung.* Normoglykämische Ratten zeigen nach Gabe von 2 g/kg KG p.o. einer 10%igen wäßrigen Suspension der Droge nach 30, 90 und 150 min einen signifikant gesenkten Blutzuckerspiegel ($p < 0{,}001$) gegenüber einer Kontrollgruppe, der destilliertes Wasser verabreicht wurde. Niedrigere Dosen zeigen eine nicht-signifikante Senkung. Ebenso zeigen Ratten, denen 60 min nach der Applikation 2 g/kg KG Glucose gegeben werden, einen signifikant geringeren Anstieg des Blutzuckerspiegels nach 30 min ($p < 0{,}05$). Keine Blutzuckersenkung bei alloxanhyperglykämischen Tieren.[59]

Volkstümliche Anwendung und andere Anwendungsgebiete: Bei Erkältung;[57] in ländlichen Gegenden der Provinz Granada gegen Diabetes.[59] Die Wirksamkeit der Droge bei diesen Anwendungsgebieten ist nicht durch klinische Daten belegt.

Lavandula × intermedia EMERIC. ex LOISEL.

Synonyme: *Lavandula × aurigerana* MAILHO, *L. × burnati* BRIQ., *L. ferandi* HY, *L. guilloni* HY, *L. hortensis* HY, *L. × hybrida* REV. ex BRIQ., *L. × leptostachya* PAU, *L. × senneni* FOUC.

Sonstige Bezeichnungen: Dt.: Lavandin; engl.: Lavandin; frz.: Lavande bâtarde, lavandin.

Systematik: *L. × intermedia* ist eine natürliche Kreuzung aus der in den Berglagen ab 800 m wachsenden *L. angustifolia* MILL. und der in tieferen Lagen heimischen *L. latifolia* MEDIK.

Botanische Beschreibung: Ein 60 cm hoher Halbstrauch von halbkugeliger Form; meist dreigabelige Blütenstiele mit dunkelblauvioletten Blüten; Blütezeit Juni bis August.

Inhaltsstoffe: Ätherisches Öl in den Blüten (s. Lavandulae hybridae aetheroleum) und Blättern.[6]

Verbreitung: Südfrankreich und Spanien.

Anbaugebiete: Südfrankreich, Großbritannien, Italien, Ungarn, Rumänien, ehemaliges Jugoslawien, Argentinien, Krim; auch Zierpflanze.
Die Lavandinpflanze ist besonders robust und reich an ätherischem Öl. Sie wird heute großflächig angebaut und verdrängt den echten Lavendel (*L. angustifolia*) im Anbau. Sie läßt sich auch in Höhen unterhalb 600 m anbauen. Die Ölausbeute ist zwar höher, erreicht aber nicht die Qualität des echten Lavendelöls. Ergebnis einer intensiven Züchtung – mit Zuchtziel höhere Ölausbeute und bessere Ölqualität – sind die Sorten "Lavandin Abrial" (Anfang der 20er Jahre), "Lavandin Super" (50er Jahre) und "Lavandin Grosso" (seit 1975). Letztere Sorte ist widerstandsfähiger, sehr ertragreich und stellt heute 60 bis 70 % der Erzeugung des ätherischen Öls sicher.[10]

Drogen: Lavandulae hybridae aetheroleum.

Lavandulae hybridae aetheroleum (Lavandinöl)

Synonyme: Aetheroleum lavandulae hybridae, Oleum lavandulae hybridae.

Sonstige Bezeichnungen: Engl.: Oil of lavandin; frz.: Huile essentielle de lavandin.

Monographiesammlungen: Huile essentielle de lavandin "grosso" *PFX*; Lavender Oil (English) *BP80* (im deutschen Sprachgebrauch würde dieses Öl als Lavandinöl bezeichnet).

Definition der Droge: Lavandinöl ist das mittels Wasserdampfdestillation gewonnene Öl der frisch geschnittenen Blütenstände.

Stammpflanzen: *Lavandula* × *hybrida* REV., *L. intermedia* LOISEL., *L.* × *intermedia* EMERIC.

Herkunft: Südfrankreich, Spanien und Großbritannien.

Gewinnung: Die Blütenstände werden maschinell geschnitten und zu Garben gebündelt. Sie verbleiben einige Tage auf den Feldern, bevor das Öl mittels Wasserdampfdestillation gewonnen wird. Ölausbeute 3 bis 6 %.[10]
Zwei Jahre nach der Aussaat werden Kulturen angelegt, die wiederum nach 2 Jahren zum ersten Mal geerntet werden. Maximale Erzeugung im 3. oder 4. Jahr, ab 5. Jahr Rückgang. Heute verwendet man Jungpflanzen aus dem Reagenzglas.[10]

Handelssorten: Heute hauptsächlich Lavandin Grosso (Lavandin 40/42) und Lavandin Abrialis (Lavandin 30/32). Die frühere Handelssorte Lavandin Ordinaire (Lavandin 20/22) ist heute durch die Handelssorte Lavandin Sumian ersetzt. Eine Ware mit einem Estergehalt von 50/52 wird unter der Bezeichnung Lavandinöl Super gehandelt.

Ganzdroge: Lavandin-"Grosso"-Öl ist eine dünnflüssige, klare hellgelbe bis bernsteinfarbene Flüssigkeit mit charakteristischem, lavendelartigem, leicht campherartigem Geruch.

Verfälschungen/Verwechslungen: Zumischungen von synthetischen Stoffen, die im Lavandinöl nicht vorkommen, wie Isononylalkohol bzw. -acetat (= 3,5,5-Trimethylhexanol), Nopol und Nopylacetat. Zumischung von synthetischem oder natürlichem Linalool, Linalylacetat und Campher, auch Rosmarinöl oder Rosmarinterpenen.[60]

Inhaltsstoffe: Hauptkomponenten sind die Monoterpene Linalylacetat (30 bis 50 %) und der entsprechende Monoterpenalkohol Linalool (25 bis 40 %). Außerdem Campher (5 bis 10 %), 1,8-Cineol (3 bis 8 %), Caryophyllen, Terpinen-4-ol und *α*-Terpineol (je 2 bis 4 %), Lavandulylacetat (1 bis 3 %), *cis*- und *trans*-*β*-Ocimen (je 1 bis 2 %), Lavandulol, Borneol (je 1 bis 1,5 %), Limonen sowie *α*- und *β*-Pinen (je 0,5 bis 1 %). Weitere Komponenten sind Myrcen, Camphen, Borneol, Geranylacetat, Linalooloxid, 3-Octanon und 1-Octen-3-ylacetat.[16,61,62]
In der Literatur finden sich Angaben über Carbonylverbindungen im Lavandinöl,[63] bifunktionelle Komponenten,[64] weitere Spurenkomponenten im höher siedenden Anteil.[21] Öle verschiedener Herkunft: Frankreich,[62] Italien,[17,65] USA,[20] Spanien.[66]

Identität: DC des in Toluol gelösten Öles nach *PFX*:
- Referenzsubstanzen: Cineol, Linalool und Linalylacetat;
- Sorptionsmittel: Kieselgel G;
- FM: Ethylacetat-Toluol (5 + 95);
- Detektion: Besprühen mit Vanillinschwefelsäure-Rg., 10 min auf 100 bis 105 °C erhitzen, Auswertung im Vis;
- Auswertung: In der Untersuchungslösung sind die drei Hauptzonen von Linalool, Linalyacetat und Cineol zu erkennen, daneben weniger intensive Zonen im Rf-Bereich von 0 bis 0,30, je eine rosaviolette Zone im Rf-Bereich um 0,50 und um 0,95. Abbildung s. Lit.[26]

PFX enthält außerdem eine gaschromatographische Identitätsprüfung mit quantitativer Aussage über einzelne Komponenten im Öl. Bedingungen s. Lavandulae aetheroleum. Für die sechs wichtigsten Komponenten, angeordnet nach ihrer Reihenfolge im Chromatogramm, sind folgende Grenzwerte angegeben: Limonen 0,5 bis 1,5 %, Cineol 4,0 bis 7,0 %, Campher 6,0 bis 8,0 %, Linalool 25 bis 30 %, Linalylacetat 28 bis 38 % und *α*-Terpineol 0,5 bis 1,0 %. Die Association Française de Normalisation (A. F. N. O. R.) gibt für Lavandin-"Grosso"-Öl weitere Grenzen an: Borneol 1,5 bis 3 %, Lavandulol 0,3 bis 0,5 %, Terpinen-4-ol 2 bis 4 % und Lavandulylacetat 1,5 bis 3 %. Für Lavandin-"Abrialis"-Öl gilt folgende Spezifizierung: 1,8-Cineol 6 bis 11 %, *cis*-*β*-Ocimen 1,5 bis 4 %, *trans*-*β*-Ocimen 3 bis 7 %, Linalool 30 bis 38 %, Campher 7 bis 11 %, Borneol 2 bis 4 %, Lavandulol 0,5 bis 1,5 %, Terpinen-4-ol höchstens 1 %, Linalylacetat 20 bis 30 %, Lavandulylacetat 1 bis 2 %. Für Lavandin-"Super"-Öl sind folgende Grenzwerte zu finden: Limonen 0,5 bis 0,8 %, Cineol 2,1 bis 4,0 %, *cis*-Ocimen 1,4 bis 1,8 %, Campher 4,1 bis 5,5 %, Linalool 31,4 bis 33,8 %, Linalylacetat 36,6 bis 43,1 %, Borneol 2,1 bis 3,0 %.[60]
Weitere GC-Untersuchungen zur Zusammensetzung der einzelnen Handelssorten s. Lit.[31,62]

Reinheit:
- Relative Dichte: 0,890 bis 0,898 *PFX*; 0,875 bis 0,895 *BP80*.
- Brechungsindex: 1,458 bis 1,464 *PFX*; 1,460 bis 1,474 *BP80*.
- Optische Drehung: −4° bis −7° *PFX*; −5° bis −13° *BP80*.
- Säurezahl: Höchstens 1,0 *PFX*.
- Esterzahl: 25 bis 45 *BP80*.
- Esterzahl nach Acetylierung: 165 bis 200 *BP80*.
- Löslichkeit in Alkohol: Löslich mit Opaleszenz in 4 Volumenteilen Ethanol 70 % *PFX*; in 3 Volumenteilen Ethanol 30 % *BP80*.

PFX prüft die Reinheit auch gaschromatographisch (s. Identität).
Die Gaschromatographie ist besonders gut geeignet, um Verschnitte der Öle festzustellen. Im Falle des Zusatzes von synthetischem Campher resultieren höhere Campherwerte, bei Zusatz von Rosmarinöl ist ein deutlicher Zuwachs bei *α*-Pinen, Cam-

phen und β-Pinen zu beobachten sowie eine drastische Erhöhung des Cineolgehalts und ein Anstieg des Borneolgehalts. Der Nachweis von synthetischem Linalool bzw. Linalylacetat gelingt möglicherweise durch den Nachweis von 1,2-Dihydrolinalool bzw. von 1,2-Dihydrolinalylacetat bzw. der entsprechenden Dehydroverbindungen, die als Synthesebegleitprodukte jeweils in Mengen von 1,3 bis 5,5 % enthalten sein können und in der Natur nicht vorkommen; mit Abbildungen s. Lit.[15,60]
Ein besonders tückisches Verschnittmittel ist ein sog. Coupage, d.h. ein künstliches Gemisch von Lavandin-Inhaltsstoffen. Als Ausgangsmaterial werden Syntheseprodukte wie Linalool, Linalylacetat, Campher, Isononylalkohol, weiterhin Rosmarinöl-Vorläufe (Terpenfraktion) und Borneol verwendet. Dies hat zur Folge, daß sich, im Gegensatz zum Verschnitt mit einzelnen Stoffen, die prozentuale Verteilung der Komponenten im Gemisch nur unmerklich ändert. In solchen Fällen erfordert der Nachweis eine sorgfältige Analyse des Gaschromatogramms auf "minor components" als Fremdpeaks.[60]

Gehalt: Der Linalylacetatgehalt muß, gaschromatographisch bestimmt, zwischen 28 und 30 % liegen *PFX.*

Gehaltsbestimmung: s. Lavandulae aetheroleum.

Lagerung: In gut gefüllten, geschlossenen Behältern, vor Licht geschützt *PFX, BP80,* zusätzlich nicht über 25 °C *BP80.*

Wirkungen: *Antimikrobielle Wirkung.* In einem Agardiffusionstest mit dem unverdünnten ätherischen Öl an 22 Mikroorganismen wurde bei 17 Hemmwirkung beobachtet.[36]
Ebenfalls im Diffusionstest Hemmwirkung gegen *Mycobacterium chelonei, M. fortuitum, M. kansasii, M. marinum* und *M. scrofulaceum* beobachtet; 10 µL Öl wirkten stärker als die Standardsubstanzen Amikacin (30 µg) und Kanamycin (30 µg).[67]
Im Verdünnungstest wirkt Lavandinöl hemmend auf die Dermatophyten *Epidermophyton floccosum* (MHK-Wert zwischen 313 und 625 ppm), *Trichophyton mentagrophytes* var. *interdigitale* (MHK-Wert > 1.250 ppm) und *Trichophyton rubrum* (MHK-Wert zwischen 313 und 625 ppm).[37]

Unerwünschte Wirkungen: *Allergische Wirkungen.* Keine Reizung bei unverdünnter Applikation auf den Rücken haarloser Mäuse und Schweine; keine Reizung in 5 %iger Verdünnung am Menschen (48 h, Patch-Test).[68]

Sensibilisierungspotential: Keine Sensibilisierung in 5 %iger Lösung in Vaseline an 26 Probanden.[68]

Toxikologische Daten: *LD-Werte.* LD_{50} p.o. bei Ratten und dermal bei Kaninchen > 5 g/kg.[68]

Sonst. Verwendung: *Kosmetik.* Zur Aromatisierung von Seifen, Lotionen, Lavendelwässern, Schaumbädern und kosmetischen Emulsionen. In der Haushaltsparfümerie.[94]

Gesetzl. Best.: *Sonst. Gesetze u. Vorschr.* Lavandinöl hat den GRAS-Status,[68] d. h. es wird allgemein als sicher angesehen (generally regarded as safe).

Lavandula latifolia MEDIK.

Synonyme: *Lavandula argentina* E. H. L. KRAUSE, *L. latifolia* VILL., *L. spica* DC. non L., *L. spica* var. *latifolia* L., *L. vulgaris* LAM.

Sonstige Bezeichnungen: Dt.: Narde, (Großer) Speik, Spikenarde, Spiklavendel, Spikpflanze; engl.: Spike, spike lavender; frz.: Aspic, grande lavande, lavande mâle, spic; it.: Spigo, spigo nardo.

Botanische Beschreibung: Ästiger Halbstrauch bis 1 m hoch, am Grunde verholzt. Unter Laubblätter länglich-lanzettlich bis spatelförmig, stumpf mit mehr oder weniger eingerolltem Rand, silbergrau behaart; die oberen Stengelblätter schmaler und weniger behaart. Scheinähren lang gestielt mit linealen, grünlichen Hochblättern, mehr oder weniger so lang wie die Kelche. Kelche weißlich. Zahlreiche lineal-pfriemliche Vorblätter. Blütenkrone blauviolett, behaart, mit stumpflappiger Oberlippe. Nüßchen ca. 2 mm lang, glatt und glänzend. Blütezeit Juli/August, später als *L. angustifolia.*[84,88]

Inhaltsstoffe: Ätherisches Öl in den oberirdischen Teilen (s. Spicae aetheroleum), außerdem Caryophyllenepoxid, *trans*-Phytol, Cumarin und Herniarin.[69] In den Samen fettes Öl mit einem hohen Anteil an Linolensäure.[70]

Verbreitung: Mittelmeerküste in Frankreich, Italien, dem ehemaligen Jugoslawien und Spanien; Portugal.

Anbaugebiete: Dalmatien, Spanien.

Drogen: Lavandula-latifolia-Blüten, Spicae aetheroleum.

Lavandula-latifolia-Blüten

Definition der Droge: Frische Blütenstände zur Zeit der Blüte.

Stammpflanzen: *Lavandula latifolia* MEDIK.

Wirkungen: *Blutzuckersenkende Wirkung.* Normoglykämische Ratten zeigen nach p.o. Gabe von 2 g/kg KG einer 10 %igen wäßrigen Suspension der Droge nach 90 und 150 min einen signifikant gesenkten Blutzuckerspiegel ($p < 0{,}01$) gegenüber einer Kontrollgruppe, der destilliertes Wasser verabreicht wurde. Eine nicht-signifikante Blutzuckerspiegelsenkung zeigen Tiere, die 60 min nach der Applikation einem Belastungstest mit 2 g/kg KG Glucose p. o. unterzogen werden.[59]

Spicae aetheroleum (Spiköl)

Synonyme: Aetheroleum spicae, Oleum Spicae.

Sonstige Bezeichnungen: Engl.: Spike lavender oil; frz.: Essence d'aspic, huile essentielle d'aspic; it.: Olio essenziale di spigo; port.: Alfacema; span.: Esencia alhucema, esencia barbayo.

Monographiesammlungen: Huile essentielle d'aspic *PFX*; Oleum Spicae *EB6*.

Definition der Droge: Spiköl ist das durch Wasserdampfdestillation gewonnene Öl aus den frischen blühenden Zweigspitzen *PFX*, *EB6*.

Stammpflanzen: *Lavandula latifolia* MEDIK.

Herkunft: Vorwiegend aus Spanien, auch Frankreich und Italien.

Gewinnung: Durch Wasserdampfdestillation der meist wildgesammelten Blüten.

Ganzdroge: Spiköl ist eine dünnflüssige, klare, hellgelbe oder gelbgrünliche Flüssigkeit mit einem Geruch nach Cineol und Campher.[99]

Verfälschungen/Verwechslungen: Zusatz von spanischem Salbeiöl, Lavandinöl, Rosmarin- oder Eukalyptusöl. Zusatz einer Mischung von Campher, Cineol und Linalool im Verhältnis 1:2,5:3.[71]

Inhaltsstoffe: Hauptkomponenten des Öls sind Linalool (30 bis 50 %), 1,8-Cineol (20 bis 35 %) und Campher (1 bis 20 %). In Konzentrationen bis 2 % kommen weiterhin α-Terpineol, Geraniol, Linalylacetat, Limonen, α- und β-Pinen, Borneol und β-Caryophyllen vor. Weitere Mono- und Sesquiterpene unter 1 %. Zusammensetzung im einzelnen s. Lit.[16,71–73]

Identität: *PFX* prüft dünnschichtchromatographisch eine Lösung des Öls in Toluol auf Identität und läßt als Referenzsubstanzen Cineol, Linalool und Linalylacetat auftragen (Bedingungen s. Lavandulae aetheroleum). Zugeordnet werden die Zonen von Linalool, Cineol und Linalylacetat. Letztere Zone muß deutlich schwächer als die der Referenzsubstanz sein. Weitere schwächere Zonen im Rf-Bereich 0 bis 0,30 und eine rosaviolette Zone bei Rf 0,50.
PFX läßt außerdem eine gaschromatographische Identitätsprüfung durchführen mit Grenzwerten für die wichtigsten Komponenten (Bedingungen s. Lavandulae aetheroleum). Anforderungen: 25 bis 50 % Linalool, 20 bis 35 % Cineol, 8,0 bis 20 % Campher, 0,5 bis 3,0 % α-Terpineol und Linalylacetat unter 3,0 %. Abbildungen eines Gaschromatogramms s. Lit.[74]

Reinheit:
- Relative Dichte: 0,895 bis 0,917 *PFX*.
- Brechungsindex: 1,462 bis 1,468 *PFX*.
- Optische Drehung: –7° bis +2° *PFX*.
- Säurezahl: Höchstens 3 *PFX*.
- Löslichkeit: In 3 Volumenteilen Ethanol 70 % klar, manchmal opaleszierend löslich *PFX*.

Qualitätskriterium ist ein ausgewogenes Konzentrationsverhältnis zwischen Linalool, Cineol und Campher, da dieses die geruchliche Note bestimmt. Die GC der Identitätsprüfung setzt *PFX* auch als Reinheitsprüfung ein. Sie ist auch dazu geeignet, Verfälschungen des Öls zu erkennen, wie z.B. den Zusatz an spanischem Salbeiöl, der an einem erhöhten Anteil an Campher und Cineol zu erkennen ist. Außerdem erhöht sich der Gehalt an α- und β-Pinen. Eine Verfälschung mit Lavandinöl ist an einem erhöhten Linalylacetatgehalt zu erkennen. Zusätze von reinem Campher oder Cineol verschlechtern die Löslichkeit in Ethanol 70 % und lassen die optische Drehung ansteigen.[71]

Gehalt: 25 bis 50 % Linalool, 20 bis 35 % Cineol, 8 bis 20 % Campher, 0,5 bis 3 % α-Terpineol, < 3 % Linalylacetat, gaschromatographisch bestimmt *PFX*.

Gehaltsbestimmung: Am besten gaschromatographisch nach *PFX*.

Lagerung: In gut gefüllten Gefäßen, vor Licht geschützt *PFX*.

Wirkungen: *Antimikrobielle Wirkung.* 0,1 bzw. 0,4 mL Spiköl auf einen Wattepropfen oberhalb des Kulturmediums aufgebracht, hemmten das Wachstum von Tuberkelbakterien vollständig. Im Reihenverdünnungstest wurde durch Zusatz von 5,0 mg Spiköl bzw. 10,0 mg Eukalyptol, Geraniol oder Linalool zum Nährmedium das Wachstum von *Staphylococcus aureus haemolyticus* Stamm 209 und *Escherichia coli* vollständig gehemmt. Eine Beeinflussung der Darmflora nach Einnahme von 3mal 0,15 g Spiköl in magensaftresistenter Umhüllung über 8 Tage wurde an freiwilligen, darmgesunden Probanden nicht beobachtet. Der Gehalt an *Escherichia coli* der Stuhlproben vor bzw. am 4. und 8. Tag der Medikation blieb unverändert.[75]
Antihämolytische Wirkung. Der Einfluß von Spiköl auf die Hämolyse durch α-Hämolysin bzw. Streptolysin O wurde untersucht. 2.000, 1.000 bzw. 500 µg/mL Spiköl hemmten nach ca. 8, 11,5 bzw. 13 Tagen die Hämolyse von α-Hämolysin (mit einer minimalen hämolytischen Dosis von 5 µL/mL) vollständig; für Streptolysin O (40 lösende Einheiten Streptolysin O/mL Versuchsansatz) werden 2.000 bzw. 1.000 µg/mL Spiköl und 2 bzw. 3 Tage Einwirkungszeit angegeben. Nach 3 Tagen hatte jedoch auch das als Kontrolle dienende Streptolysin O einen Teil seiner hämolytischen Wirkung verloren.
Einfluß auf Toxine. Durch Inkubation von Spiköl mit einem Toxin aus Staphylokokken wird die Toxizität des Toxins an der Maus herabgesetzt. Die doppelte letale Dosis des Toxins wirkte nach Inkubation mit 1.000 µg/mL Spiköl über 3 Tage, 250 µg/mL Spiköl über 7 Tage bzw. 62 µg/mL Spiköl über 3 Wochen, die 5fache letale Dosis nach Inkubation mit 1.000 µg/L Spiköl über 1 Woche, 250 µg/mL Spiköl über 2 Wochen bzw. 62 µg/L Spiköl über 4 Wochen nicht mehr akut toxisch. Die Daten wurden durch i.p. Injektion an der Maus bestimmt.[100] Es ist ungeklärt, ob es sich bei diesen Effekten um eine spezifische Wirkung handelt, oder ob die Toxine denaturiert werden.
Steigerung der Phagocytoserate. Das Phagocytosevermögen von Leukocyten Gesunder und Lungentuberkulosekranker wurde unter der Medikation mit 3mal 2 Kapseln mit jeweils 0,15 g Spiköl in magensaftresistenter Umhüllung bzw. 2 mL einer 10 %igen Lösung von Spiköl in Olivenöl i.m. über 3 Tage geprüft und der Phagocytosefaktor (Anzahl der phagocytierenden Zellen pro 100 ausgezählter Leukocyten) vor Beginn der Therapie sowie nach 1 bzw. 3 Tagen bestimmt. Die gesunden Probanden

zeigten eine deutliche Zunahme des Phagocytosefaktors nach 24h, der nach 72h wieder rückläufig war. Die Tuberkulosekranken, deren Phagocytosefaktor niedriger lag, zeigten sowohl nach p.o. als auch nach i.m. Gabe eine verzögerte Reaktion. Nach 72h zeigte sich ein Anstieg auf das Niveau der Ausgangswerte der gesunden Probanden. Der weitere zeitliche Verlauf wurde nicht dargestellt.[101,102]
Expektorierende Wirkung. Die expektorierende Wirkung von Spiköl wurde mittels Bronchographie an Kaninchen geprüft. Nach Tracheotomie wurde Kontrastmittel (Iodipin 10% bzw. Iodipin 40%) in das rechte Lungenunterfeld eingebracht, die Lunge dargestellt und 0,2mL/kg KG einer 10%igen Lösung von Spiköl in Olivenöl bzw. Oleum camphoratum i.m. verabreicht. Nach 5h wurde bei den Tieren mit Spiköl-Medikation im Vergleich zur Voraufnahme kein Kontrastmittel mehr nachgewiesen (Iodipin 10%) bzw. eine bedeutende Auflockerung und Verminderung des Kontrastmittels (Iodipin 40%) beobachtet. Die mit Oleum camphoratum behandelten Tiere zeigten noch deutlich Kontrastmittel (Iodipin 10%) bzw. nur eine Auflockerung bei gleicher Kontrastmitteldichte (Iodipin 40%).[75] Der Autor schließt daraus auf eine gute sekretolytische und sekretomotorische Wirkung. An 18 Lungentuberkulosekranken bzw. Patienten mit Bronchiektasen anderer Ursache wurde die expektorierende Wirkung von 3mal 1 mL (1. bis 3. Tag) bzw. 2mal 1 mL (4. bis 10. Tag) einer 10%igen Lösung von Spiköl in Olivenöl i.m. gegenüber Guajakolglycerinether i.m. in entsprechender Dosierung als Vergleichspräparat mittels Bronchographie geprüft. Die expektorierende Wirkung, gemessen an der Sputummenge und den radiologischen Kontrollen am 1., 2., 5., 7., 10., 25. und 40. Tag nach Bronchographie, war bei beiden Präparaten vergleichbar.[103]

Volkstümliche Anwendung und andere Anwendungsgebiete: Bei akuten und chronisch infektiösen Bronchitiden, Raucherkatarrh.[89] In den 60er Jahren war die Anwendung von Spiköl in magensaftresistenter Umhüllung bzw. einer 10%igen Lösung von Spiköl in Olivenöl zur i.m. Gabe auch bei der Behandlung der Lungentuberkulose gebräuchlich, sowohl zur Behandlung von begleitenden Bronchitiden als auch in Kombination mit Streptomycin zur Minderung der Resistenzentwicklung.[104,106] Aus dieser Zeit liegen ebenfalls Untersuchungen zur Anwendung bei Erkrankungen des rheumatischen Formenkreises vor.[105,107] Die Anwendung von Spiköl bei Lungentuberkulose ist heutzutage obsolet; bei Erkrankungen des rheumatischen Formenkreises ist die Wirksamkeit von Spiköl nicht ausreichend belegt.
Zur Wirksamkeit von Spiköl bei Bronchitiden, als Adjuvans bei der Behandlung der Lungentuberkulose und bei Erkrankungen des rheumatischen Formenkreises liegen einige Studien älteren Datums vor, die den heutigen Anforderungen an klinische Studien nicht entsprechen. Placebo- oder Vergleichsgruppen mit anderen damals üblichen Medikationen fehlen ebenso wie eine ausführliche Darstellung der erhobenen Befunde, exakte Angabe der Begleitmedikation etc., so daß die Aussagekraft der Studien aus heutiger Sicht sehr gering ist.[104-107] Eine expektorierende Wirkung bei Katarrhen der Luftwege erscheint jedoch prinzipiell, in Analogie zu anderen ätherischen Ölen, möglich.

Dosierung und Art der Anwendung: *Droge.* Bei akuten und chronischen Bronchitiden: 3mal 1 bis 3mal 2 Kapseln/Tag mit jeweils 0,15 g Spiköl in magensaftresistenter Umhüllung;[104] zur Inhalation wird 20%ige Spiköl-Lösung in heißes Wasser gegeben.[75]
Bei Erkrankungen des rheumatischen Formenkreises werden 3 Kapseln mit jeweils 0,15g Spiköl in magensaftresistenter Umhüllung/Tag über 2 bis 6 Wochen[105] bzw. 2mal 1 mL einer 10%igen Lösung von Spiköl in Olivenöl i.m. über 6 bis 20 Tage gegeben.[107]

Unerwünschte Wirkungen: In den klinischen Studien wird von gastrointestinalen Nebenwirkungen wie Aufstoßen und Übelkeit sowie dem charakteristischen Geruch des ätherischen Öles in der Ausatemluft berichtet.[104,105] Die Häufigkeit wird mit 15% angegeben.[105] In einem Fall wird von dem Auftreten einer "Euphorie" unter der Behandlung berichtet.[104]

Chronische Toxizität: *Tier.* Meerschweinchen, die über 12 Wochen 0,1 mL 10% bzw. 0,2 mL 20% Spiköl in Olivenöl/kg KG i.m. oder 0,2 bzw. 0,4 mL Spiköl/kg KG p.o. erhielten, zeigten gegenüber den Kontrolltieren, die 1 mL Olivenöl/kg KG i.m. erhielten, bis auf eine Gewichtszunahme der Nebennieren keine substanzbedingten Veränderungen. Die Nebennieren zeigten dabei einen ungestörten Organaufbau.[75]

Reproduktionstoxikologie: Vom Tag der Befruchtung bis zur Tötung am 19. Trächtigkeitstag wurden NMRI-Mäusen 0,3, 3 oder 10 mL 10% Spiköl in Olivenöl/kg KG i.m. verabreicht. Die Kontrollgruppe erhielt 10 mL Olivenöl/kg KG i.m. Die Mißbildungsrate, ausschließlich Gaumenspalten, war bei Gabe von 3 mL 10% Spiköl und die Resorptionsrate bei Gabe von 10 mL 10% Spiköl gegenüber der Kontrollgruppe geringfügig erhöht.[75]

Sensibilisierungspotential: Im Hauttest an intakter bzw. enthaarter Kaninchenhaut zeigte unverdünntes Spiköl über 24h nur geringe Hautreizungen. Im Patchtest über 24h zeigten 15 Probanden keine Reaktion auf unverdünntes Spiköl. 8% Spiköl in Paraffin über 48h rief ebenfalls keine Hautreizungen hervor.[76]

Toxikologische Daten: *LD-Werte.* Die p.o. LD_{50} wird bei der Ratte mit 3,8 g/kg KG,[76] die p.o. LD_{100} bei Meerschweinchen mit 3,2 mL Spiköl/kg KG angegeben. Bei Dosen bis zu 1,6 mL/kg KG wurde beim Meerschweinchen keine Beeinträchtigung gesehen.[75]
Die s.c. LD_{30} bei Mäusen beträgt 40 mL einer 10%igen Lösung von Spiköl in Olivenöl/kg KG. Die LD_{50} konnte nicht bestimmt werden, da die Menge dem Versuchstier aus technischen Gründen nicht injiziert werden konnte.[75]
Die akute dermale LD_{50} von Spiköl beim Kaninchen wird mit > 2 g/kg KG angegeben.[76]

Lavandula stoechas L.

Synonyme: *Lavandula* × *cadevallii* SENNEN, *L. cariensis* BOISS., *L.* × *elongata* MERINO, *L. incana* SALISB., *L.* × *pannosa* GAND., *L. stoechadensis* ST.-LAG., *Stoechas arabica* GARSAULT, *S. officinarum* MILL., *S. pedunculata* MILL.[90]

Sonstige Bezeichnungen: Dt.: Schopflavendel, Welscher Lavendel; engl.: Arabian Lavender, french lavender; frz.: Stoechas arabique; it.: Steca; span.: Cantueso.

Systematik: Es handelt sich um eine polymorphe Art, wobei 6 Subspecies unterschieden werden.[84] In der Literatur ist meist nur die Artbezeichnung gebräuchlich, wobei es sich dann nach der Nomenklatur der Flora Europaea um *L. stoechas* ssp. *stoechas* handeln dürfte.

Botanische Beschreibung: 20 bis 40 cm hoher Halbstrauch mit linealen bis länglich-lanzettlichen, ganzrandigen, gewöhnlich grünfilzigen Blättern. Scheinähren 2 bis 3 cm; Tragblätter 4 bis 8 cm, länglich, umgekehrt-eiförmig, rauten- bis herzförmig, behaart. Obere Tragblätter 10 bis 50 mm, rosa, ohne Blüten in den Achseln. Quirle 6- bis 10blütig. Kelch 4 bis 6 mm, 13nervig, der obere Zahn mit einem umgekehrt-herzförmigen Anhängsel am Scheitel, 1 bis 1,5 mm breit. Blütenkrone 6 bis 8 mm, in der Regel purpurrot. Blütenstiel kürzer als die Scheinähre.

Verwechslungen: Ähnlichkeit mit *L. stoechas* ssp. *pedunculata* (MILL.) SAMPAIO ex ROZEIVA (= *L. pedunculata* CAV.) kann zu Verwechslungen führen.

Inhaltsstoffe: In den oberirdischen Teilen 1 bis 1,5 % ätherisches Öl mit Fenchon und Campher als Hauptkompontenten.[77,78] Ca. 50 weitere Komponenten in einem Öl aus griechischen Pflanzen.[78] Es wird darauf hingewiesen, daß eine Verwechslung der Pflanze mit *L. stoechas* ssp. *pedunculata* auch zu falschen Angaben über die tatsächliche Ölzusammensetzung geführt hat.[86] Weiterhin Longipinenderivate.[79] Triterpenoide in den oberirdischen Teilen: Oleanolsäure, Ursolsäure, Vergatsäure, β-Sitosterol, α-Amyrin und sein Acetat, Lupeol, Erythrodiol.[80] Auch Flavone: Luteolin, Acacetin, Vitexin.[80] Fettes Öl mit einem hohen Anteil an Linolensäure in den Früchten.[70]

Verbreitung: Im Mittelmeergebiet vom Nordosten Spaniens bis Griechenland, Portugal.

Anbaugebiete: Im westlichen Indien.

Drogen: Stoechados arabicae flos.

Stoechados arabicae flos (Stoechasblumen)

Synonyme: Flores Lavandulae romanae, Flores stoechados arabicae, Flores stoechados purpureae.[91]

Definition der Droge: Getrocknete Blüten.

Wirkungen: *Blutzuckersenkende Wirkung.* Normoglykämische Ratten zeigten nach p.o. Gabe von 2 g/kg KG eines 10 %igen wäßrigen Infuses der Droge nach 30, 90 und 150 min eine signifikante Senkung des Blutzuckerspiegels ($p < 0{,}01$) gegenüber einer Kontrollgruppe, der destilliertes Wasser verabreicht wurde. Eine 10 %ige wäßrige Suspension zeigte nur nach 30 min eine signifikante Wirkung. Ebenso zeigten Ratten, denen 60 min nach der Applikation 2 g/kg KG Glucose p. o. gegeben wurde, eine signifikante Verminderung des Anstiegs des Blutzuckerspiegels nach 30 und 90 min. Alloxanglykämische Tiere zeigten keine Blutzukkersenkung.[81]

Volkstümliche Anwendung und andere Anwendungsgebiete: Bei Lungen- und Magenleiden, Asthma und Katarrh.[88] Die Wirksamkeit der Droge bei diesen Indikationen ist gegenwärtig nicht belegt.

1. Melchior H (Hrsg.) (1964) Engler's Syllabus der Pflanzenfamilien, 12. Aufl., Gebr. Borntraeger, Berlin, Bd. II, S. 441
2. Wunderlich R (1967) Oesterr Bot Z 114:384–483
3. Chaytor DA (1937) J Linn Soc Bot 51:153–204
4. El-Gazzar A, Watson L (1968) Phytomorphology 18:79–83
5. Litvinenko VI, Popova TP, Simonjan AV, Zoz IG, Sokolov VS (1975) Planta Med 27:372–380
6. Peyron L (1974) Riv Ital 56:672–680
7. Papanov GY, Gács-Baitz E, Malakov PY (1985) Phytochemistry 24:3.045–3.046
8. Marin PD, Sajdl V, Kapor S, Tatic B, Petkovic B (1991) Phytochemistry 30:2.979–2.982
9. French D, Youngquist RW, Lee A (1959) Arch Biochem Biophys 85:471–477
10. Meunier C (1989) Dragoco Rep 146–158
11. Dachler M, Pelzmann H (1989) Heil- und Gewürzpflanzen, Österreichischer Agrarverlag, Wien, S. 158
12. Morin P, Richard H (1985). In: Adda J (Hrsg.) Progress in Flavour Research, Elsevier Science Publishers B. V., Amsterdam, S. 563–576
13. Touche J, Derbesy M, Clinas JR (1981) Riv Ital 63:320–323
14. Lalande B (1984) Perfum Flav 9:117–121
15. Agnel R, Teisseire P (1984) Perfum Flav 9:53–56
16. Prager MJ, Miskiewicz MA (1979) J Assoc Off Anal Chem 62:1.231–1.238
17. Melegari M, Albasini A, Vampa G, Rinaldi M, Pecorari P, Bianchi A (1981) Riv Ital 58:314–319
18. Nicolov N, Tzoutzoulova A, Nenov N (1976) Riv Ital 58:349–365
19. Kuštrak D, Besič J (1975) Pharm Acta Helv 50:373–378
20. Tucker AO, Maciarello MJ, Howell JT (1984) Perfum Flav 9:49–52
21. Kaiser R, Lamparsky D (1977) Tetrahedron Lett 665–668
22. Timmer R, ter Heide R, de Valois PJ, Wobben HJ (1975) J Agric Food Chem 23:53–56
23. Kaiser R, Lamparsky D (1983) Helv Chim Acta 66:1.835–1.842
24. Kaiser R, Lamparsky D (1983) Helv Chim Acta 66:1.843–1.849
25. Kaiser R, Lamparsky D (1984) Helv Chim Acta 67:1.184–1.197

26. Wagner H, Bladt S, Zgainski EM (1983) Drogenanalyse, Springer Verlag, Berlin Heidelberg New York, S.34
27. Rohdewald P, Rücker G, Glombitza KW (1986) 1. Ergänzungslieferung 1991, Apothekengerechte Prüfvorschriften, Deutscher Apotheker Verlag, Stuttgart, S.839
28. Thies W (1984) Fresenius' Z Anal Chem 318:249–250
29. Mosandl A, Schubert V (1990) Z Lebensm Unters Forsch 190:506–510
30. König WA (1990) Kontakte 3–14
31. Benecke R, Thieme H, Brotka J (1981) Zentralbl Pharm 116:245–253
32. Jirovetz L, Nikiforov A, Buchbauer G, Braun D (1989) Mikrochim Acta 1–6
33. Glasl H, Wagner H (1974) Dtsch Apoth Ztg 114:363–369
34. Knobloch K, Pauli A, Iberl B, Weis N, Weigand H (1988). In: Schreier P (Hrsg.) Bioflavour 87, Walter de Gruyter & Co, Berlin New York, S.287–299
35. Janssen AM, Chin NLJ, Scheffer JJC, Baerheim Svendsen A (1986) Pharm Weekbl 8:289–292
36. Blakeway J, Dupont RB (1986) Soap Perfum Cosmet 59:201–203
37. Janssen AM, Scheffer JJC, Parhan-van Atten AW, Baerheim Svendsen A (1988) Pharm Weekbl 10:277–280
38. Rideal EK (1930) Parfum Record 21:344
39. Atanassova-Shopova S, Roussinov KS (1970) Izv Inst Fiziol (Sofia) 13:69–77
40. Guillemain J, Rousseau A, Delaveau P (1989) Ann Pharm Fr 47:337–343
41. Buchbauer G, Jirovetz L, Jäger W, Dietrich H, Plank C, Karamat E (1991) Z Naturforsch 46c:1.067–1.072
42. Jirovetz L, Buchbauer G, Jäger W, Raverdino V, Nikiforov A (1990) Fresenius' Z Anal Chem 338:922–923
43. BAz Nr. 228 vom 05.12.1984
44. BAz Nr. 203 vom 30.10.1991
45. Hausen BM (1988) Allergiepflanzen – Pflanzenallergene, Ecomed Verlagsgesellschaft, Landsberg München, S.167
46. Laugier P, Hunziker N (1975) J Med Lyon 56:173–182
47. Opdyke DLJ (1976) Food Cosmet Toxicol 14:451
48. Deutschmann F, Hohmann B, Sprecher E, Stahl E (1992) Pharmazeutische Biologie, Bd.3, Drogenanalyse I: Morphologie und Anatomie, 3. Aufl., Gustav Fischer Verlag, Stuttgart, S.249
49. Kommentar zur Standardzulassung s. Lit.[54]
50. Ivanova LG, Chipiga AP, Naidenova VP (1977) Khim Prir Soedin 111–112
51. Hadjieva P, Alexiev K, Topalova I (1987). In: Bulgarian Academy of Science (Hrsg.) Bioorganic Chemistry and Structural Elucidation and Chemical Transformation of Natural Products, VCH Publishers, New York Weinheim, S.519–524
52. Vollmer (1934) Arch Exp Pathol Pharmacol 176:207–216
53. Dombrowicz E, Zadernowski R, Swiatek L (1990) Farm Pol 46:405–409
54. Standard-Zulassungen für Fertigarzneimittel (1991) Deutscher Apotheker Verlag, Stuttgart, Govi-Verlag GmbH, Frankfurt
55. Hoeffding W (1936) Dtsch Med Wochenschr 721–725
56. Gamez MJ, Jimenez J, Navarro C, Zarzuelo A (1990) Pharmazie 45:69–70
57. Khalil AM, Ashy MA, El-Tawil BAH, Tawfiq NI (1979) Pharmazie 34:564
58. Ferreres F, Barberan FAT, Tomas F (1986) Fitoterapia 57:199–200
59. Gamez MJ, Zarzuelo A, Risco S, Utrilla P, Jimenez J (1988) Pharmazie 43:441–442
60. Bruns K (1979) Seifen, Oele, Fette, Wachse 105:291–294
61. Zola A, Le Vanda JP (1979) Parfum Cosmet Arom 25:60–63
62. Prager MJ, Miskiewicz MA (1981) Perfum Flav 6:53–58
63. Stadler PA (1960) Helv Chim Acta 43:1.601–1.612
64. Mookherjee BD, Trenkle RW (1973) J Agric Food Chem 21:298–302
65. Marotti M, Piccaglia R, Galletti C (1989) Herb Hung 28:37–44
66. Pascual Teresa J, Ovejero J, Caballero E, Caballero C, Anaya J, Pastrana ID (1991) An Quim 87:402–404
67. Gabbrielli G, Loggini F, Cioni PL, Giannaccini B, Mancuso E (1988) Pharmacol Res Commun 20 (Suppl 5):37–40
68. Opdyke DLJ (1976) Food Cosmet Toxicol 14:447
69. Shimizu M, Shogawa H, Matsuzawa T, Yonezawa S, Hayashi T (1990) Chem Pharm Bull 38:2.283–2.284
70. Hagemann JM, Earle FR, Wolff IA, Barclay AS (1967) Lipids 2:371–380
71. Grupo profesional de técnicos perfumistas Barcelona (1979) Dragoco Rep 175–192
72. De Pascual Teresa J, Caballero E, Caballero C, Machin G (1983) Phytochemistry 22:1.033–1.034
73. De Pascual Teresa J, Ovejero J, Anaya J, Caballero E, Hernandez M, Caballero C (1989) Planta Med 55:398–399
74. Formacek V, Kubeczka KH (1982) Essential Oil Analysis by Capillary Gas Chromatography and Carbon-13 NMR Spectroscopy, John Wiley & Sons, Chichester New York Brisbane, S.285
75. Fröhlich E (1968) Wien Med Wochenschr 118:345–350
76. Opdyke DLJ (1976) Food Cosmet Toxicol 14:453
77. Granger R, Passet J, Teulade-Arbousset G (1973) Trav Soc Pharm Montpellier 33:355–360
78. Kokkalou E (1988) Planta Med 54:58–59
79. Ulubelen A, Gören N, Olcay Y (1988) Phytochemistry 27:3.966–3.967
80. Ulubelen A, Olcay Y (1989) Fitoterapia 60:475–476
81. Gamez MJ, Jimenez J, Risco S, Zarzuelo A (1987) Pharmazie 42:706–707
82. Delaveau P, Guillemain J, Narcisse G, Rousseau A (1989) CR Soc Biol 183:342–348
83. BAz Nr. 104a vom 07.06.1990
84. FEu, Bd. 3, S. 187–188
85. Heg (1975) Bd. V, S. 2.274–2.279
86. GHo, Bd. VII, S. 18
87. Roth L, Daunderer M, Kormann K (1988) Giftpflanzen-Pflanzengifte, 3. Aufl., ecomed Verlagsgesellschaft mbH, Landsberg/München, S.414
88. Hag, Bd. V, S. 464
89. Braun H, Frohne D (1987) Heilpflanzenlexikon für Ärzte und Apotheker, 5. Aufl., G. Fischer Verlag, Stuttgart, S. 147
90. Schultze-Motel J (Hrsg.) (1986) Rudolf Mansfeld, Verzeichnis landwirtschaftlicher und gärtnerischer Kulturpflanzen, 2. Aufl., Springer Verlag, Berlin Heidelberg New York, Bd. III, S. 1.139
91. Berger F (1949) Handbuch der Drogenkunde, Verlag Wilhelm Maudrich, Wien, S. 344
92. Heeger EF (1956) Handbuch des Arznei- und Gewürzpflanzenanbaues, Deutscher Bauernverlag, Berlin, S. 441

93. Torii S, Fukuda H, Kanemoto H, Miyanchi R, Hamauzu J, Kawasaki M (1988). In: Van Toller S, Dodd GH (Hrsg.) Perfumery, The Psychology and Biology of Fragrance, Chapman and Hall, London New York, S. 107
94. Harder U (1979) Seifen, Oele, Fette, Wachse 105:294–297
95. Papanov G, Bozov P, Malakov P (1992) Phytochemistry 31:1.424–1.426
96. Kreis P, Mosandl A (1992) Flavour Fragrance J 7:187–193
97. Valnet J (1991) Aromatherapie, Wilhelm Heyne Verlag, München, S. 166
98. DAC 86
99. PF X
100. Kienholz M (1960) Med Monatsschr 14:245–248
101. Liener A (1960) Beitr Klin Tuberkul 122:182–191
102. Liener A (1959) Beitr Klin Tuberkul 119:412–422
103. Pometta D, Aguet F (1958) Schweiz Med Wochenschr 27:670–671
104. Arch F (1962) Med Klin 28:1.221–1.224
105. Listabarth H (1961) Wien Med Wochenschr 8:151–153
106. Liener A (1958) Beitr Klin Tuberkul 118:148–161
107. Wasilewski A (1967) Med Klin 62:64–67

SB/WG

Lemna

HN: 2034400

Familie: Lemnaceae.

Unterfamilie: Lemnioidae.

Gattungsgliederung: Die 13 Arten der Gattung Lemna L. lassen sich in fünf Sektionen unterteilen.[1] *Lemna minor* gilt als die Typus-Art der Sektion Lemna.

Gattungsmerkmale: Auf der Wasseroberfläche schwimmende Süßwasserpflanzen. Die blattartigen Sprosse von Lemna bestehen aus wenig differenzierten Zellen. Jeder Sproß trägt eine Wurzel. Sind mehrere blattartige Organe vorhanden, unterscheidet man verschiedene Generationen. Sie haben jeweils 1 bis 5, teilweise 7 Nerven. Zellen mit Kristalldrusen fehlen. Zellen mit Raphiden sind vorhanden. Blüten (selten) am hinteren Rand des Sprosses, von einer blattförmigen, häutigen Scheide umgeben.[1]

Verbreitung: Vertreter der Gattung sind weltweit verbreitet.

Inhaltsstoffgruppen: Die Flavonoidemuster wurden als kryptische Merkmale zur Gliederung der morphologisch wenig distinkten Familie der Lemnaceae herangezogen. Kämpferol- und Quercetinglykoside kommen in allen Gattungen außer in Lemna vor, während Flavonglykoside in allen Gattungen außer Wolfiella HEGELM. verbreitet sind.[2,3]

Drogenliefernde Arten: *L. minor*: Lemna-minor-Ganzpflanze, Lemna minor hom. *HAB 1*.

Lemna minor L.

Synonyme: *Hydrophace minor* BUBANI, *Lemna vulgaris* LAM., *Lenticularia monorhiza* MONTAND., *L. minor* SCOP., *L. vulgaris* LAM.

Sonstige Bezeichnungen: Dt.: Entengrün, Entengrütze, Kleine Wasserlinse; frz.: Lenticule, Lentille d'eau; it.: Lenticcia d'acqua.

Botanische Beschreibung: Schwimmpflanze, blattartige Organe 2 bis 6 mm lang, $1^1/_2$mal so lang wie breit, flach, mit 3 bis 5 Nerven, manchmal rötlich pigmentiert. 2 bis 6 der blattartigen Sprosse hängen meist zusammen, jeder trägt eine Wurzel mit abgerundeter Wurzelhaube. 2 Staubblätter, Antherenhälften zweifächerig, ein Fruchtknoten mit 1 Samenanlage. Frucht mit einem längsgerippten Samen.

Verwechslungen: Mit anderen Lemnaceen. In Mitteleuropa mit *Lemna gibba* L. und *Spirodela polyrrhiza* L.

Verbreitung: Weltweit, in Gebieten mit kühleren, ozeanischen Klimaten. Die Art fehlt in entsprechenden Gebieten von Ostasien und Südamerika.

Drogen: Lemna-minor-Ganzpflanze, Lemna minor hom. *HAB 1*.

Lemna-minor-Ganzpflanze

Definition der Droge: Die frische ganze Pflanze.

Stammpflanzen: *Lemna minor* L.

Inhaltsstoffe: *Flavonoide.* Nach qual. papierchromatographischen Analysen wurden verschiedene Flavon-*C*-glucoside detektiert: Orientin (Luteolin-8-*C*-glucosid), Isoorientin (Luteolin-6-*C*-glucosid), Vitexin (Apigenin-8-*C*-glucosid), Isovitexin (Apigenin-6-*C*-glucosid), Lutonarin (Luteolin-7'-*O*-6-*C*-diglucosid), Vicenin-1 (Apigenin-6-*C*-8-*C*-diglucosid), Lucenin-1 (Luteolin-6-*C*-8-*C*-diglucosid), Saponarin (Isovitexin-7-*O*-glucosid); daneben Flavon-*O*-glucoside: Apigenin-7-*O*-glucosid und Luteolin-7-*O*-glucosid sowie verschiedene Aglykone: Luteolin, Apigenin, Chrysoeriol, Isoorientin-3'-methylether.[4-6]
Fettsäuren und Fettsäurederivate. Mehrfach ungesättigte C_{16}-Fettsäuren, auch solche mit prostaglandinähnlicher Struktur.

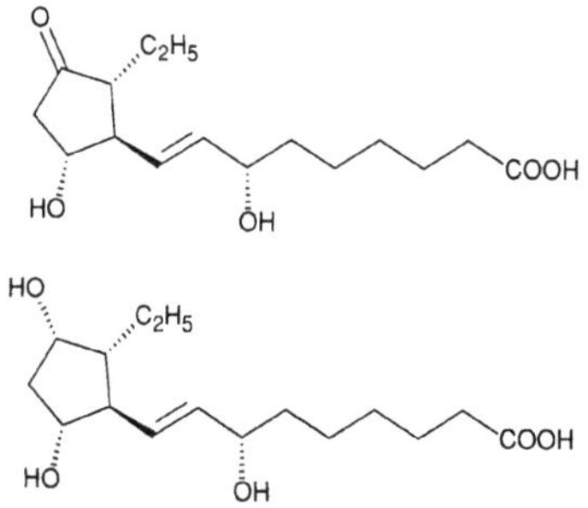

Prostaglandinähnliche Fettsäuren aus *Lemna minor* L.

Von den Prostaglandinen unterscheiden sich die isolierten Substanzen durch ihre verkürzte α-Seitenkette.[7]
Saccharide. Aus der Zellwand der Pflanzen wurden Apiogalacturonane und als Hydrolyseprodukt das Disaccharid Apibiose (2 Moleküle Apiose, 1β→ 3'-verknüpft) isoliert.[6,8]
Cardenolide. Wäßrige Extrakte der Pflanzen sollen auch Cardenolide und Digitoxose (95 μg bez. auf 1 g Trocken-Gew.) enthalten.[9] Diese Angaben bedürfen der Überprüfung.

Volkstümliche Anwendung und andere Anwendungsgebiete: Innerliche Anwendung der Gesamtpflanze bei Entzündungen und Infektionen der Schleimhäute der oberen Atemwege, chronischem Schnupfen, außerdem, äußerlich angewendet, bei Rheuma und Gicht.[10,11]
In China auch zur Steigerung der Harnausscheidung und bei Syphilis (ohne Angabe der Anwendungsart) sowie äußerlich bei Augenleiden und Karbunkeln.[11] Die Wirksamkeit bei den genannten Anwendungsgebieten ist nicht belegt.

Dosierung und Art der Anwendung: *Droge.* In Form von Verreibungen und alkoholischen Auszügen oder die frische ganze Pflanze.[10,11]

Lemna minor hom. *HAB 1*

Monographiesammlungen: Lemna minor *HAB 1.*

Definition der Droge: Die frische ganze Pflanze.

Stammpflanzen: *Lemna minor* L.

Zubereitungen: Urtinktur und flüssige Verdünnungen nach *HAB 1*, Vorschrift 2a; Eigenschaften: Die Urtinktur ist eine bräunlichgelbe Flüssigkeit ohne besonderen Geruch und mit etwas bitterem Geschmack.
Darreichungsformen; Urtinktur, flüssige Verdünnungen, Tabletten, Verreibungen, Streukügelchen, flüssige Verdünnungen zur Injektion.[8]

Identität: *Urtinktur.* Rotfärbung beim Unterschichten der wäßrigen Verdünnung mit Schwefelsäure 96 % in Gegenwart von Resorcin; gelber Niederschlag der wäßrigen Verdünnung mit Blei(II)acetatlsg.
DC der Urtinktur:
- Referenzsubstanzen: Rutosid, Hyperosid und Gallussäure;
- Sorptionsmittel: Kieselgel G;
- FM: Wasserfreie Ameisensäure-Wasser-Ethylmethylketon-Ethylacetat (10 + 10 + 30 + 50);
- Detektion: Besprühen mit Diphenylboryloxyethylamin (1 % in MeOH) und anschl. mit Macrogol 400 (5 % in MeOH), Auswertung im UV 365 nm;
- Auswertung: Im Chromatogramm der Untersuchungslösung ist an Hand der Referenzsubstanzen ein charakteristisches Muster von gelb und bräunlich gefärbten Zonen zu erkennen.

Reinheit: *Urtinktur.*
- Relative Dichte *(PhEur)*: 0,930 bis 0,945.
- Trockenrückstand *(DAB)*: Mindestens 0,6 %.

Lagerung: *Urtinktur.* Vor Licht geschützt.

Anwendungsgebiete: Die Anwendungsgebiete entsprechend dem homöopathischen Arzneimittelbild. Dazu gehört: Chronischer Schnupfen.[8]

Dosierung und Art der Anwendung: *Zubereitung.* Soweit nicht anders verordnet: Bei akuten Zuständen häufige Anwendung alle halbe bis ganze Stunde je 5 Tropfen oder 1 Tablette oder 10 Streukügelchen oder 1 Messerspitze Verreibung einnehmen; parenteral 1 bis 2 mL bis zu 3mal täglich s. c. injizieren. Bei chronischen Verlaufsformen 1- bis 3mal täglich 5 Tropfen oder 1 Tablette oder 10 Streukügelchen oder 1 Messerspitze Verreibung einnehmen; parenteral 1 bis 2 mL pro Tag s. c. injizieren.[8]

Unerwünschte Wirkungen: Nicht bekannt. Hinweis: Es können vorübergehend Erstverschlimmerungen vorkommen, die jedoch unbedenklich sind.[8]

Gegenanzeigen/Anwendungsbeschr.: Nicht bekannt.[8]

Wechselwirkungen: Nicht bekannt.[8]

Gesetzl. Best.: *Offizielle Monographien.* Aufbereitungsmonographie der Kommission D am BGA "Lemna minor".[8]

1. Landolt E (1986) The Family of Lemnaceae – monographic study, Bd. 1, Veröffentlichungen des Geobotanischen Institutes ETH, Stiftung Rübel, Zürich
2. Landolt E, Kandeler R (1987) The family of Lemnaceae – monographic study, Bd. 2, Veröffentlichungen des Geobotanischen Institutes ETH, Stiftung Rübel, Zürich
3. McClure JW (1975) Aquat Bot 1:395–405
4. Veen J (1975) Aquat Bot 1:417–421
5. McClure JW, Alston RE (1966) Am J Bot 53:849–860
6. Hgn, Bd. 7, S. 681–685
7. Previtera L, Monaco P (1987) J Nat Prod 50:807–810
8. BAz Nr. 22a vom 03.02.1988
9. Yong KL, Tho YL (1976) J Sains Farm Malays 1:12–13
10. Bässler FA (1966) Heilpflanzen, 5. Aufl., Neumann Verlag, Radeburg Berlin, S. 55
11. Madaus G (1938) Lehrbuch der biologischen Heilmittel (Nachdruck 1976), Bd. 2, Georg Olms Verlag, Hildesheim New York, S. 1.734–1.737

MV

Leonurus

HN: 2035600

Familie: Lamiaceae (Labiatae).

Unterfamilie: Lamioideae (= Stachyoideae).

Tribus: Lamieae (= Stachydeae).

Subtribus: Lamiinae.

Gattungsgliederung: Die Gattung Leonurus L. sensu stricto umfaßt 24 Arten, die in 3 Sektionen und 5 Untersektionen gegliedert werden:[1]

- Sect. Cardiochilium (V. Krecz. et Kuprian.) Krestovsk.:

Subsect. Heterophylli (C. Y. Wu et H. W. Li) Krestovsk.; Ser. Macranthi Matsum. et Kudo ex C. Y. Wu et H. W. Li, mit *L. macranthus* Maxim., *L. pseudomacranthus* Kitag., *L. villosissimus* C. Y. Wu et H. W. Li; Ser. Heterophylli C. Y. Wu et H. W. Li, mit *L. japonicus* Houtt., *L. tibeticus* Krestovsk.;
Subsect. Sibirici Krestovsk., mit *L. sibiricus* L.;

- Sect. Chaituroides (C. Y. Wu et H. W. Li) Krestovsk., mit *L. chaituroides* C. Y. Wu et H. W. Li;
- Sect. Leonurus:

Subsect. Leonurus; Ser. Glaucescentes V. Krecz. et Kuprian. ex Krestovsk., mit *L. glaucescens* Bunge, *L. kuprijanoviae* Krestovsk., *L. nuristanicus* Murata, *L. persicus* Boiss., *L. turkestanicus* V. Krecz. et Kuprian.; Ser. Leonurus, mit *L. cardiaca* L., *L. quinquelobatus* Gilib.; Ser. Tatarici V. Krecz. et Kuprian. ex Krestovsk., mit *L. deminutus* V. Krecz., *L. mongolicus* V. Krecz. et Kuprian., *L. pseudopanzerioides* Krestovsk., *L. tataricus* L., *L. wutaishanicus* C. Y. Wu et H. W. Li;
Subsect. Panzerioidei V. Krecz. et Kuprian. ex Krestovsk., mit *L. incanus* V. Krecz. et Kuprian., *L. panzeriodes* M. Pop.;
Subsect. Pubescentes Krestovsk., mit *L. pubescens* Benth., *L. royleanus* Benth., *L. urticifolius* C. Y. Wu et H. W. Li.

Die früher als Sektionen der Gattung Leonurus sensu latiore geltenden Taxa Chaiturus (Ehr.) Dc. und Panzerina (Moench) Bentham werden heute als eigenständige Gattungen aufgefaßt:[1]
Chaiturus Willd., mit *Chaiturus marrubiastrum* (L.) Ehrh. ex Rchb. (Syn. *Leonurus marrubiastrum* L.);
Panzerina Soják (Syn. Leonuroides Rauschert), mit *Panzerina canescens* (Bunge) Soják (Syn. *Leonurus canescens* (Bunge) Benth.) und *P. lanata* (L.) Soják (Syn. *Ballota lanata* L., *Leonurus lanatus* (L.) Pers.).

Gattungsmerkmale: Pflanzen ein- bis mehrjährig, krautig. Laubblätter grob gesägt bis gelappt, kahl, flaumig oder zottig behaart, mehr oder weniger in einen deutlichen Blattstiel verschmälert. Hochblätter nicht besonders differenziert. Blüten sitzend, in vielblütigen, teilweise fast kugeligen übereinanderstehenden Quirlen. Kelch mehr oder weniger deutlich zweilappig, fünfnervig, mit fünf pfriemlichen, dornigen Zähnen. Krone 8 bis 12(25) mm lang; rosa oder weißlich, mit im Kelch eingeschlossener oder wenig vorragender Röhre mit oder ohne Haarring, mit kleiner, helmförmiger, fast flacher, behaarter Oberlippe und dreispaltiger Unterlippe. Antheren aus der Kronröhre wenig vorragend, mit parallelen oder spreizenden Pollensäcken. Diskus regelmäßig. Griffel in zwei kurze Narbenäste gespalten. Nüßchen tetraedrisch, mit gestutztem Scheitel.[2]

Verbreitung: Ursprünglich in West-, Mittel- und Ostasien beheimatet. Heute in fast allen Ländern Europas eingebürgert, ebenso in Nordamerika eingeschleppt.[2]

Inhaltsstoffgruppen: Chemotaxonomische Untersuchungen liegen keine vor. Die Gattung Leonurus scheint phytochemisch, soweit die bisherigen Untersuchungen Verallgemeinerungen zulassen, durch das Vorkommen der folgenden Stoffgruppen gekennzeichnet zu sein:
Diterpene des Labdan- und Clerodantyps, die C_6-Seitenkette ist meist zu γ-Lacton-, Furan- oder Dihydrofuranringen abgewandelt; vereinzelt sind Diterpene auch glykosidisch an Zucker gebunden.[3]

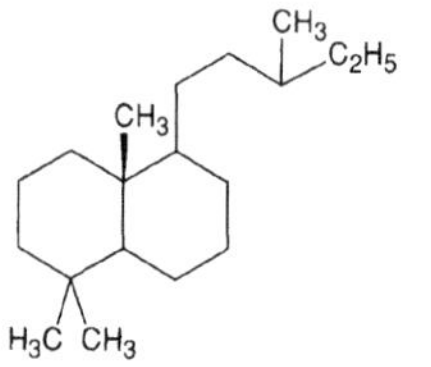

Labdan-Typ

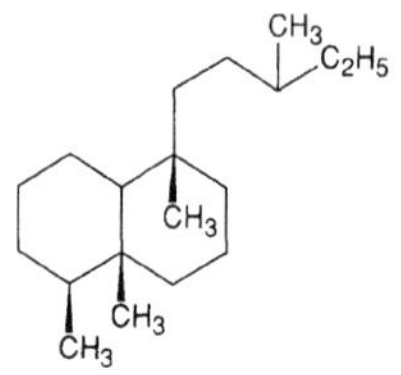

Clerodan-Typ

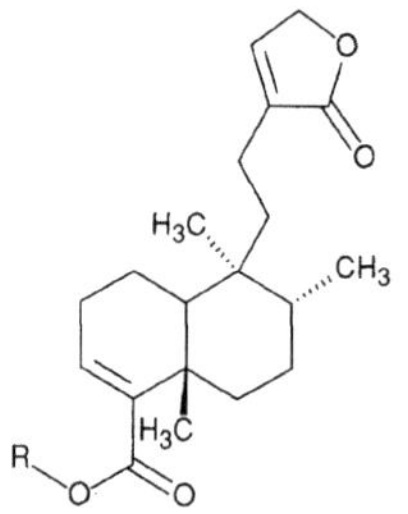

Marrubiasid: R = β-D-Glucopyranose
Marrubiagenin: R = H

Guanidinoderivate.[4]

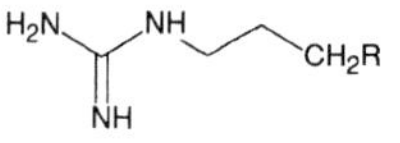

4-Guanidinobutanol-1: R = CH_2OH

Leonurin: 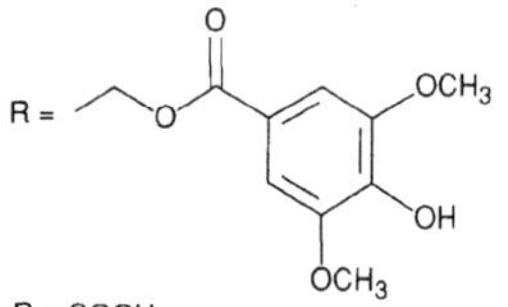

Guanidinobuttersäure: R = COOH

Betaine, Verbascosid und Verbascosidderivate,[3] wie z. B. Lavandulafoliosid, Leonosid A und B, isoliert aus dem Kraut von *L. glaucescens* Bunge[5] (s. Formelschema S. 647).

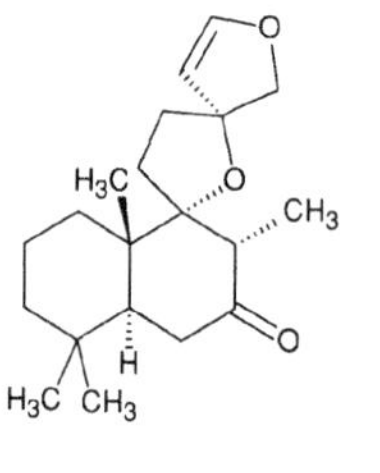

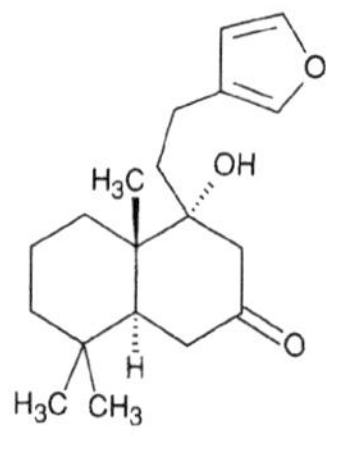

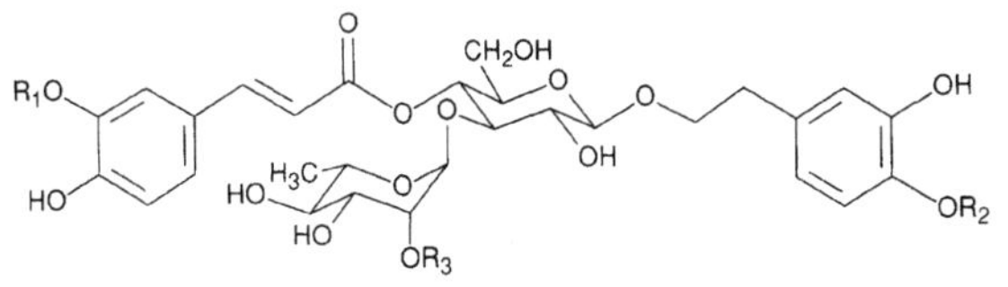

	R_1	R_2	R_3
Verbascosid	—H	—H	—H
Lavandulafoliosid	—H	—H	--Ara
Leonosid A	$—CH_3$	—H	--Ara
Leonosid B	$—CH_3$	$—CH_3$	--Ara

Die erwähnten Stoffgruppen wurden aus vegetativen Organen isoliert, in denen sie offenbar in nicht allzu hohen Konzentrationen gespeichert werden.

Drogenliefernde Arten: *L. cardiaca*: Leonuri herba, Leonurus cardiaca hom. *HAB 1*, Leonurus cardiaca hom. *HPUS88*; *L. japonicus*: Leonurus-japonicus-Früchte, Leonurus-japonicus-Kraut; *L. quinquelobatus*: Leonuri herba.

Leonurus cardiaca L.

Synonyme: *Cardiaca trilobata* LAM., *C. vulgaris* MOENCH, *Leonurus campestris* ANDRZ., *L. canescens* DUMORT, *L. trilobatus* (LAM.) DULAC.

Sonstige Bezeichnungen: Dt.: Bärenschweif, Echtes Herzgespann, Herzgespann, Mutterwurz, Wolfstrapp; engl.: Motherwort; frz.: Agripaume, Agrimaume, Cardiaque; it.: Cardiaco, Coda di leone; span.: Agripalma.

Botanische Beschreibung: Ausdauernde Pflanze mit kurzem, verholztem Rhizom. Stengel 30 bis 200 cm lang, verzweigt, mit kurzen, kräuseligen Haaren auf den Rippen. Blätter gestielt, die Stengelblätter 7 bis 12 cm lang und 2 bis 4 cm breit, eiförmig, die unteren bis zur Blattmitte handförmig 5- bis 7teilig, die mittleren gewöhnlich 3teilig, die einzelnen Lappen mit gezähnten bis gesägten Segmenten. Blätter im Bereich der Infloreszenz elliptisch, an der Basis eiförmig, mit 2 großen seitlichen Zähnen. Blütenstand verlängert, kurzhaarig, reichblütig, die Quirle weit voneinander entfernt. Kelch kahl, 4 bis 8 mm lang, der verwachsene Teil deutlich 5nervig, mit pfriemlichen, starren, begrannten, an der Basis dreieckigen Zähnen, diese 3 bis 3,5 mm lang, die beiden oberen Zähne zurückgebogen. Krone weiß oder zart rosa, manchmal mit purpurnen Flecken, 8 bis 12 mm lang, den Kelch deutlich überragend, die Oberlippe an der Außenseite weiß behaart, seltener kahl. Klausen braun, tetraedrisch, 2,5 bis 3 mm lang, an der Spitze mit einem Haarschopf.[7,8]

Inhaltsstoffe: In den unterirdischen Organen Stachyose, ein lineares Tetrasaccharid aus Saccharose und 2 Molekülen α-D-Galactose. In den Samen fettes Öl mit Linol-, Linolen-, Öl-, Palmitin- und Stearinsäure.[4,6] In den Samen ferner ein seltenes Lectin, das ein für Polyagglutination menschlicher Erythrozyten verantwortliches Cad-Antigen anzeigt.[9]

Verbreitung: Von Mitteleuropa und Skandinavien über das gemäßigte Rußland bis Zentralasien beheimatet. In Nordamerika eingeschleppt und verwildert.[7,8]

Drogen: Leonuri herba, Leonurus cardiaca hom. *HAB 1*, Leonurus cardiaca hom. *HPUS88*.

Leonuri herba

s. *Leonurus quinquelobatus*.

Leonurus cardiaca hom. *HAB 1*

Monographiesammlungen: Leonurus cardiaca *HAB 1*.

Definition der Droge: Die frischen, zur Blütezeit gesammelten oberirdischen Teile.

Stammpflanzen: *Leonurus cardiaca* L.

Zubereitungen: Urtinktur und flüssige Verdünnungen nach *HAB 1*, Vorschrift 3b mit EtOH 73% (*m/m*). Eigenschaften: Die Urtinktur ist eine goldgelbe bis grünbraune Flüssigkeit mit schwach aromatischem Geruch und bitterem Geschmack; Ethanolgehalt 43%.

Identität: *Urtinktur.* Nach Zugabe von verd. NaOH-Lsg. zur Urtinktur und Erhitzen der Mischung zum Sieden Blaufärbung von angefeuchtetem Lackmuspapier durch die Dämpfe, die aminartig riechen.
DC der Urtinktur nach *HAB 1*:
- Sorptionsmittel: Kieselgel H;
- Vergleichslösung: 10 mg Hyperosid und 10 mg Pyrogallol werden in 10 mL Methanol gelöst;
- FM: Chloroform-Essigsäure (98%)-Wasser (50 + 42 + 8);
- Detektion: Besprühen mit Dimethylaminobenzaldehyd-Lsg., Erhitzen 8 bis 10 min lang auf 105 bis 110 °C; Betrachten im Tageslicht;
- Auswertung: Das Chromatogramm der Vergleichslösung zeigt im unteren Drittel des Rf-Bereiches den gelbbraunen Fleck des Hyperosids und im mittleren Drittel den rötlichvioletten bis grauen Fleck des Pyrogallols.

Das Chromatogramm der Untersuchungslösung zeigt in Startnähe einen gelben, darüber einen blauen, in Höhe der Vergleichssubstanz Hyperosid einen grauen und einen blauen Fleck sowie zwischen den beiden Vergleichssubstanzen einen kräftig blauen Fleck. In Höhe und knapp oberhalb der Vergleichssubstanz Pyrogallol kann je ein weiterer blauer Fleck auftreten.

Reinheit: *Urtinktur.*
- Relative Dichte *(PhEur)*: 0,919 bis 0,933.
- Trockenrückstand *(DAB 10)*: Mindestens 1,5%.

Lagerung: Vor Licht geschützt.

Anwendungsgebiete: Die Anwendungsgebiete entsprechen dem homöopathischen Arzneimittelbild. Dazu gehören: Herzbeschwerden bei Blähsucht und bei Schilddrüsenerkrankung.[10]

Dosierung und Art der Anwendung: *Zubereitung.* Soweit nicht anders verordnet:[10]
Bei akuten Zuständen häufige Anwendung alle halbe bis ganze Stunde je 5 Tropfen oder 1 Tablette oder 10 Streukügelchen oder 1 Messerspitze Verreibung einnehmen; parenteral 1 bis 2 mL bis zu 3mal tgl. s. c. injizieren.
Bei chronischen Verlaufsformen 1- bis 3mal tgl. 5 Tropfen oder 1 Tablette oder 10 Streukügelchen oder 1 Messerspitze Verreibung einnehmen; parenteral 1 bis 2 mL pro Tag s. c. injizieren.

Unerwünschte Wirkungen: Nicht bekannt. Hinweis: Es können vorübergehend Erstverschlimmerungen vorkommen, die jedoch unbedenklich sind.[10]

Gegenanzeigen/Anwendungsbeschr.: Nicht bekannt.[10]

Wechselwirkungen: Nicht bekannt.[10]

Gesetzl. Best.: *Offizielle Monographien.* Aufbereitungsmonographie der Kommission D am BGA "Leonurus cardiaca".[10]

Leonurus cardiaca hom. *HPUS 88*

Monographiesammlungen: Leonurus cardiaca *HPUS 88.*

Definition der Droge: Die ganze Pflanze.

Stammpflanzen: *Leonurus cardiaca* L.

Zubereitungen: *Urtinktur.* Herstellung durch Mazeration oder Perkolation der frischen oder getrockneten Droge mit EtOH nach den allg. Zubereitungsvorschriften (Class C) der *HPUS 88.* Ethanolgehalt 65% (*V/V*).
Medikationen. D1 (1x) und höher.

Gehalt: *Urtinktur.* Arzneigehalt $^1/_{10}$.

Leonurus japonicus Houtt.

Synonyme: *Leonurus artemisia* (Lour.) S. Y. Hu, *L. heterophyllus* Sweet, *L. sibiricus* auct. non L.

Sonstige Bezeichnungen: Dt.: Chinesisches Mutterkraut;[11] japanisch: Mahjiki.[12]

Botanische Beschreibung: Pflanze zweijährig oder ausdauernd, mit holzigem Rhizom. Stengel graugrün, 50 bis 100 cm lang, aufrecht, verzweigt, mit furchiger Oberfläche, die Rippen mit kurzer, angedrückter Behaarung. Blätter eiförmig bis herzförmig, an der Basis keilig verschmälert, 5 bis 10 cm lang, gestielt, bis über die Mitte der Blattspreite handförmig zerteilt, die länglich-rautenförmigen Abschnitte fiederspaltig mit linealischen, zugespitzten Lappen, die oberen Blätter lanzettlich, einfach, ganzrandig. Oberseite der Blätter rauh, mit angedrückter Behaarung, die Unterseite heller, ebenfalls behaart. Blätter vor der Blüte bereits verwelkend. Infloreszenz lang, mit entfernt angeordneten wenigblütigen Quirlen. Tragblätter kurz, oft dornartig begrannt, halb so lang wie der Kelch, dieser schmal kegelförmig, etwa 8 mm lang, oft mit deutlich hervortretenden Nerven, kurzhaarig, alle Kelchzähne aufrecht gerade, die unteren beiden länger, schmal dreieckig. Krone 9 bis 10 mm lang, lila bis rosa, die Oberlippe schwach behaart, die Unterlippe etwa so lang wie die Oberlippe, mit purpurnen Mittellappen. Klausen schwarz, 3kantig, schwach abgeflacht, etwa 2 mm lang.[16]

Inhaltsstoffe: Systematische Untersuchungen fehlen. Zu den Inhaltsstoffen von Früchten und Kraut s. unter den betreffenden Drogen. In den unterirdischen Organen findet sich als Speicherform für Kohlenhydrate die Stachyose.[13] Der Gehalt an Leonurin ist zur Zeit der beginnenden Fruchtreife am höchsten, am niedrigsten vor dem Aufblühen, sehr zum Unterschied vom Stachydringehalt, der zum Zeitpunkt der Fruchtreife am niedrigsten, kurz vor

Blühender Sproßteil von *Leonurus japonicus* HOUTT. Aus Lit.[17]

dem Blühstadium am höchsten ist.[14] Der Gehalt an kondensierten Gerbstoffen ist in den Stengeln (5,24 %) niedriger als in den Blättern (9,91 %) und den Blüten (9,43 %);[15] zum Gerbstoffgehalt der unterirdischen Organe fehlen Angaben.

Verbreitung: Ursprünglich in China, der Mandschurei, Korea und Japan beheimatet, aber auch in Nord-, Zentral- und Südamerika vorkommend.[12]

Drogen: Leonurus-japonicus-Früchte, Leonurus-japonicus-Kraut.

Leonurus-japonicus-Früchte

Synonyme: Leonuri fructus[11], Leonuri heterophylli fructus.

Sonstige Bezeichnungen: Dt.: Chinesische Mutterkrautfrüchte; chinesisch: Chongweizi.

Monographiesammlungen: Leonuri fructus *ChinP IX*.

Definition der Droge: Die getrockneten Früchte *ChinP IX*.

Leonurus-japonicus-Früchte. Aus Lit.[17]

Stammpflanzen: *Leonurus japonicus* HOUTT. (als Leonurus heterophyllus Sweet *ChinP IX*).

Ganzdroge: Dreikantige, 2 bis 3 mm lange und ca. 1,5 mm breite Früchte. Graubraun bis dunkel graubraun gefärbte, mit dunklen Flecken überzogene Oberfläche. Ein Ende ist verbreitert und läuft annähernd eben zu, das andere Ende ist verjüngt und läuft in einer abgerundeten Spitze aus. Dünne Fruchtschale, weißliche, reich ölhaltige Keimblätter. Geruchlos, bitterer Geschmack.[11]

Pulverdroge: Gelbbraun oder tiefocker gefärbtes Pulver. Exocarpzellen mit tangential gestrecktem Querschnitt; die Zellen weisen stark unterschiedliche Abmessungen auf, wodurch der Eindruck mehrerer erhabener Rippen entsteht; im Zentrum der Rippen sind gelbe, unverholzte Netzzellen erkennbar; die Zellen zeigen in der Aufsicht polygonale Gestalt und ein leistenförmiges, cutinisiertes Linienmuster, die Netzzellen weisen leistenförmige Wandverdickungen auf. Endocarpzellen mit tangential gestrecktem Querschnitt und nur undeutlich wahrnehmbaren Zellgrenzen; die Innenwände sind extrem verdickt, die Außenwände dünn, das Zell-Lumen ist dadurch gegen die Außenseite hin verlagert, im Inneren finden sich tetragonale Calciumoxalat-Solitärkristalle; in der Aufsicht zeigen die Zellen sternförmigen Umriß oder es sind keine klaren Zellgrenzen erkennbar, während die Solitärkristalle deutlich sichtbar sind. In der Aufsicht polygonale, dünnwandige Mesocarpzellen mit feinwelligen Zellkonturen. Die Epidermisszellen der Testa sind annähernd quadratisch geformt, die Zellwände sind schwach verdickt und leicht wellig gekrümmt, im Zell-Lumen sind blaßgelbe Substanzen eingelagert, die Endospermzellen enthalten Tröpfchen fetten Öles und Aleuronkörner.[11]

Inhaltsstoffe: Leonurin (Mengenangaben fehlen), "Alkaloide" nicht näher bekannter Konstitution, fettes Öl mit Öl- und Linolensäure als Hauptkomponenten, "Vitamin-A-artige Substanzen".[18]

Zubereitungen: Herstellung von Chachongweizi, auch als Xiaohuma bezeichnet.[11,18] Die Droge wird von Verunreinigungen befreit, gewaschen und getrocknet; hernach in Röstpfannen bei niedriger Temperatur so lange geröstet, bis die Samen aufzuplatzen beginnen.[11]

Lagerung: Gut belüftet und trocken lagern.[11]

Wirkungen: Wäßrige Auszüge und Ethanol-Wasser-Extrakte (30 + 70; *V/V*) sollen den Blutdruck anästhetisierter Tiere senken.[18] Nähere Angaben zur verwendeten Dosis, Applikationsart, Tierart oder über das Ausmaß der Blutdrucksenkung fehlen.

Volkstümliche Anwendung und andere Anwendungsgebiete: Nach den Grundsätzen der traditionellen chinesischem Medizin:
Innerlich: Regelanomalien, in der Geburtshilfe bei Lochienstauung, bei Nierenentzündungen, bei Netzhautentzündungen und bei Halsentzündungen.
Äußerlich: Lokal bei Gewebsschwellungen nach Verletzungen.[19]
Die Wirksamkeit bei den genannten Anwendungsgebieten ist von der naturwissenschaftlich orientierten, westlichen Medizin bisher nicht überprüft worden.

Dosierung und Art der Anwendung: *Droge.* 4 bis 10 g als Infus zur Einnahme. Bei äußerlicher Anwendung keine Dosierungsangaben.
Hinweis: Aus Lit.[19] geht nicht hervor, ob Einzel- oder ob Tagesdosis gemeint ist.

Gegenanzeigen/Anwendungsbeschr.: Schwangerschaft.[19]

Akute Toxizität: *Mensch.* Nach Einnahme von Dosen ab 30 g kann es 4 bis 6 h nach Einnahme, in der Regel aber erst nach einem Zeitraum von 12 bis 48 h zu Vergiftungserscheinungen kommen, die sich in allgemeinem Schwächegefühl, in einer generalisierten Schmerzempfindlichkeit, im Gefühl der Brustenge und in einer Unbeweglichkeit der unteren Extremitäten äußern, in schweren Fällen kommt es zu Schweißausbrüchen und zur Erschlaffung und Entkräftigung. Puls, Redevermögen, Bewußtsein bleiben völlig normal.[18]

Leonurus-japonicus-Kraut

Synonyme: Leonuri herba[11], Leonuri heterophylli herba.

Sonstige Bezeichnungen: Dt.: Chinesisches Mutterkraut, Leonurus-heterophyllus-Kraut; chinesisch: Chongwei[18], I-Mu-Ts'ao[12], Yimucao.[11,18,20]

Monographiesammlungen: Leonuri herba *ChinP IX*.

Definition der Droge: Die getrockneten oberirdischen Teile *ChinP IX*.

Stammpflanzen: *Leonurus japonicus* HOUTT. (als *Leonurus heterophyllus* SWEET *ChinP IX*, *L. heterophyllus* SWEET f. *leucanthus* C. Y. WU et H. W. LI[18]).

Ganzdroge: Vierkantige, im oberen Teil verzweigte Stengel, die vier Stengelflächen sind zu Längsrinnen vertieft; 30 bis 60 cm lang und 0,5 cm im Durchmesser, graugrün oder gelbgrün gefärbte Oberfläche; leichtes spezifisches Gewicht, widerstandsfähig, an der Bruchfläche ist ein Mark erkennbar. Dekussierte, gestielte Blätter; graugrüne, zerknitterte und fragmentierte Blattspreite, die Blätter brechen leicht ab, vollständige Blätter sind im unteren Teil der Pflanze dreizählig handförmig geteilt, im oberen Teil fiederig tief eingeschnitten oder dreigeteilt schwach eingeschnitten; ganzrandiger Blattrand mit vereinzelten Sägezähnen. Blütenstände als achselständige Scheinquirlen ausgebildet, kleine, blaßviolett gefärbte Blüten mit röhrenförmigem Kelch und zweilippiger Korolle.[11]

Schnittdroge: *Geruch.* Schwach aromatisch.
Geschmack. Schwach bitter.
Makroskopische Beschreibung. Die Schnittdroge ist in ca. 2 cm lange Teile geschnitten. *Mikroskopisches Bild.* Querschnitt durch den Stengel: Epidermiszellen an der Außenseite von einer Cuticula überzogen, behaart. Drüsenschuppen mit vier-, sechs- oder achtzelligem Kopf; Gliederhaare aus 1 bis 4 Zellen. Subepidermale Kollenchymzellen, diese treten vermehrt an den Kanten auf. Rinde aus mehreren Lagen von Parenchymzellen; deutliche Epidermis, die Faserbündel des Pericykels sind leicht verholzt. Schmales Phloem, undeutliches Kambium. Xylem in Richtung der prismatischen Kanten stärker ausgeprägt. Mark mit großen Parenchymzellen, die feine Calciumoxalatnädelchen oder tetragonale Solitärkristalle enthalten.[11]

Inhaltsstoffe: 0,1 bis 2,1 % "Gesamtalkaloide",[9] hauptsächlich Leonurin und Stachydrin.[6,21] Auffallend hohe Gehalte and Kaliumchlorid (Mengenangaben fehlen).[18] Prehispanolon (0,025 % isoliert), ein säurelabiles Labdanditerpen, das säurekatalytisch in Hispanolon übergeht.[22,23]

Identität: 1. Allgemeiner Alkaloidnachweis mit Fällungsreagenzien nach Anreicherung der Alkaloide:
5 g der pulv. Droge werden mit 2 mL Ammoniaklsg. versetzt und nach Zusatz von 50 mL Ethanol 1 h lang unter Rückflußkühlung erhitzt. Nach dem Abkühlen wird filtriert, das Filtrat zur Trockene eingedampft und der Rückstand in 5 mL 1 %iger Salzsäure gelöst. Die Lsg. wird auf drei Reagenzgläser verteilt. Zu der Lsg. in Röhrchen Nr. 1 werden 2 bis 3 Tr. Dragendorffs-Reagenz zugesetzt: Es fällt ein orangeroter Nd. aus. Zu der Lsg. in Röhrchen Nr. 2 werden 2 bis 3 Tr. Mayers-Reagenz zugesetzt: Es fällt ein gelblich-weißer Nd. aus. Zu der Lsg. in Röhrchen Nr. 3 werden 2 bis 3 Tr. Wolframatokieselsäure-Lsg. zugesetzt: Es fällt ein grauweißer Nd. aus.[11]
2. Halbquantitativer Nachweis von Stachydrin nach SC-Anreicherung:
3 g der pulv. Droge werden mit 30 mL Ethanol versetzt und 1 h lang unter Rückflußkühlung erhitzt. Nach dem Erkalten wird filtriert und das Filtrat auf

5 mL eingeengt. Das Filtrat wird über eine mit Aktivkohle/Aluminiumoxid (0,5:2) beladene Säule gereinigt; eluiert wird mit 30 mL Ethanol. Das Eluat wird zur Trockene eingedampft und der Rückstand in 0,5 mL Ethanol gelöst. Diese Lsg. wird mittels DC untersucht:

- Vergleichslsg.: 5 mg Stachydrinhydrochlorid in 1 mL Ethanol;
- Auftragemengen: Je 10 µL Untersuchungs- und Vergleichslsg.;
- Sorptionsmittel: Kieselgel G;
- FM: *n*-Butanol-Salzsäure-Wasser (4 + 1 + 0,5);
- Detektion: Besprühen mit verd. Dragendorffs-Reagenz;
- Auswertung: Nachweis der Zone des Stachydrins im Chromatogramm der Untersuchungslsg. anhand der Referenzsubstanz.[11]

Reinheit:

- Trocknungsverlust: Höchst. 13,0 %, best. mit 2 bis 5 g Probenmaterial und bei einer Trocknungsdauer von 6 h bei 100 bis 105 °C.[11]
- Normalasche *(DAB 10)*: Höchst. 10,0 %.[11]
- Salzsäureunlösliche Asche *(DAB 10)*: Höchst. 2,0 %.[11]
- Extraktgehalt: Mind. 8 %, mit Wasser als LM zu bestimmen.[11]

Lagerung: Trocken lagern.[11]

Wirkungen: *Uteruskontrahierende Wirkung.* Sowohl wäßrige als auch ethanolische Drogenauszüge (Decoct bzw. Fluidextrakt) verstärken die Amplitude von Uteruskontraktionen. Wirksam waren die Extrakte auf den isolierten Uterus von Hunden, Kaninchen, Katzen und Meerschweinchen. Auch auf den Uterus *in situ* wirkt das wäßrige Decoct dosisabhängig bei i.v. Gabe an Kaninchen stimulierend; der Höhepunkt der Wirkung wurde 15 bis 20 min nach der Injektion beobachtet.[18] Atropin in Dosen von 2 µg/mL modifizierte die Extraktwirkung nicht.[18] Die Ergebnisse sind angesichts fehlender Daten zu den Extrakten (Droge-Extrakt-Verhältnis, Herstellungsverfahren) sowie zu den applizierten Dosen nicht abschließend beurteilbar.
Leonurin, das in wäßrigen und alkoholischen Drogenzubereitungen enthalten ist, verstärkt im Konzentrationsbereich 0,2 bis 1,0 µg/mL Badlsg. linear dosisabhängig die Kontraktionsamplitude des isolierten Ratten-Uterus. Höhere Konzentrationen (> 20 µg/mL) wirken hemmend; dieser Effekt wird mit einer lokalanästhesierenden Wirkung des Leonurins in Zusammenhang gebracht.[18] Bei einer Konzentration von 0,4 µg Leonurin/mL Badlsg. (nach Van Dyke-Hastings) werden isolierte Uteruspräparationen nulliparer Albinoratten zu regelmäßigen Kontraktionen großer Amplitude angeregt.[24]
PAF-("platelet-activating-factor"-)antagonistische Wirkung. Wäßrige Auszüge aus der Droge hemmen den PAF-aceter, ein thrombozytenaktivierendes Phospholipid (keine näheren Angaben).[25]
Als wirksamer Inhaltsbestandteil der Auszüge erwies sich das Prehispanolon: Prehispanolon hemmt spezifisch die Bindung von [^3H]-PAF an die Thrombozytenmembranen (Kaninchen, *ex vivo*) mit einem IC_{50}-Wert von 9 µM (ohne NaCl-Zusatz) bzw. von 3,3 µM (in Anwesenheit von 10 mM NaCl). Im Thrombozytenaggregationstest (Thrombozyten von Kaninchen, nephelometrische Messung, Zusatz von 2 nM PAF) vermindert ein Zusatz von Prehispanolon (gelöst in DMSO, verd. mit Pufferlsg.) die PAF-induzierte Aggregation dosisabhängig mit einem IC_{50}-Wert von 28,4 ± 7,3 µM. Hispanolon (vgl. Inhaltsstoffe) wirkt nicht mehr PAF-antagonistisch.[22]

Volkstümliche Anwendung und andere Anwendungsgebiete: In der traditionellen chinesischen Medizin bei Regelanomalien, Dysmenorrhö, gynäkologischen Erkrankungen sowie in der Geburtshilfe bei nicht nachlassendem Wochenfluß.[6,18,26]
Die Wirksamkeit der Droge bei den genannten Anwendungsgebieten ist im Sinne der naturwissenschaftlich orientierten Medizin nicht belegt.

Dosierung und Art der Anwendung: *Droge.* Tagesdosis zur Einnahme: Decoct aus 15 bis 20 g Droge.[18]
Zubereitung. Tagesdosis zur Einnahme: 3mal tgl. 2 bis 3 mL Fluidextrakt.[18]

Unerwünschte Wirkungen: Keine bekannt.

Gegenanzeigen/Anwendungsbeschr.: Schwangerschaft.[19]

Leonurus quinquelobatus Gilib.

Synonyme: *Leonurus cardiaca* L. ssp. *villosus* (Desf. ex Urv.) Hyl., *L. cardiaca* L. var. *villosus* (Desf. ex Urv.) Benth., *L. villosus* Desf. ex Urv.[13,27]

Sonstige Bezeichnungen: Dt.: Fünflappiges Herzgespannkraut, fünflappiges Mutterkraut.

Botanische Beschreibung: Ähnlich *L. cardiaca* L. (s. dort). Unterschiedlich die weich massig behaarten Stengel;[27] auch die Blätter sind mit langen abstehenden Haaren bedeckt; Blätter, die an tieferen Stengelabschnitten sitzen, sind bis zur Mitte oder bis zu zwei Dritteln in breite, länglich-rautenförmige, grob gezähnte Segmente geteilt.[7]

Verwechslungen: Nach Lit.[28] mit *Leonurus glaucescens* Bunge, dem Rosigen Mutterkraut, einer Steppenpflanze, die gewöhnlich nur $^1/_3$ der Höhe von *L. quinquelobatus* Gilib. erreicht; meist mit zahlreichen Trieben, bläulich mit sehr kurzen, angedrückten Haaren. Die Hochblätter haben eine keilförmige Basis und sind in 3 lineale, ganzrandige Lappen geteilt. Der Blütenstand ist lang, ähnlich dem von *L. quinquelobatus*; der Kelch schmal-kegelförmig mit pfriemenförmigen Zähnen, deren Spitzen länger sind als die Zahnbasis. Blumenkrone weiß-rosa.

Inhaltsstoffe: Bisher wurde nur das Kraut untersucht; s. Leonuri herba.

Verbreitung: Angaben fehlen; wohl West- und Mittelasien. In den USA (als Bienenfutterpflanze).[12]

Drogen: Leonuri herba.

Leonuri herba (Herzgespannkraut)

Synonyme: Herba Cardiacae, Herba Leonuri cardiacae, Leonuri cardiacae herba.

Sonstige Bezeichnungen: Dt.: Herzgespannkraut, Leonurus-cardiaca-Kraut, Löwenschwanzkraut, Wolfstrappkraut; engl.: Motherwort herb; frz.: Agripaume, Cardiaque;[29] span.: Agripalma, Cardíaca, Cola de león.

Monographiesammlungen: Herba Leonuri cardiacae *EB 6*; Herba Leonuri *Ross 9*; Leonurus *BHP 83*.

Definition der Droge: Die getrockneten, während der Blütezeit gesammelten oberirdischen Teile *EB 6*; die obersten Sproßteile mit Blüten und Blättern wildwachsender Pflanzen *Ross 9*; die getrockneten oberirdischen Teile *BHP 83*.

Stammpflanzen: *Leonurus quinquelobatus* GILIB. (als *Leonurus cardiaca* L. var. *villosus* (DESF.) BENTH.) *EB 6*; *Leonurus quinquelobatus* GILIB. und/oder *Leonurus cardiaca* L. *Ross 9*; *Leonurus cardiaca* L. *BHP 83*.
Anmerkung: Nach *EB 6* ist mit *L. cardiaca* L. als Stammpflanze eine Art zugelassen, die gerade in Deutschland und in Westeuropa viel seltener vorkommt als andere Arten.

Herkunft: Hauptlieferländer sind die mittel- und osteuropäischen Länder.

Gewinnung: Sammlung aus Wildbeständen, seltener aus Anbau. Beim Feldanbau aus Samen kann das Kraut mehrmals im Jahr geschnitten werden; es soll dabei nicht zu tief geschnitten werden, da die derben, unteren, schon verholzten Stengelanteile als Droge nicht brauchbar sind. Die Trocknung sollte in dünner Lage bei Temperaturen nicht über 35 °C erfolgen.[30]

Ganzdroge: Sprosse bis zu 1 cm dick, hohl, im Querschnitt vierkantig, längsgerillt, an den Seiten eingebuchtet, oft rotviolett angelaufen. Stücke der Blütenstände, die in kurzen Abständen übereinander Scheinquirle von 1 bis 1,5 cm Breite tragen. Sitzende Blüten mit rosa Blumenkrone. Kelch trichterförmig, mit 2 bis 3 mm langen, starren, auswärts gekrümmten Zähnen. Laubblätter stark geschrumpft und zur Oberseite hin eingerollt, oberseits dunkelbraungrün, unterseits hellgraugrün. Sämtliche Blätter unterseits dicht, oberseits schwach behaart.[31]

Schnittdroge: *Geruch.* Unauffällig.
Geschmack. Schwach bitter.
Makroskopische Beschreibung. Im Gesamteindruck braun bis graugrün. Zahlreiche zerbrochene, vierkantige, hohle Stengelteile, die die weiße Innenseite zeigen. Viele einzelne oder in ganzen Scheinquirlen auftretende Blütenkelche mit langen, nach auswärts gekrümmten starren Zähnen. Rosa gefärbte, behaarte Corollen. Spröde, leicht runzelige Blattstücke mit dunkler Oberseite und hellgraugrüner, dicht behaarter Unterseite, auf der die Nerven deutlich hervortreten. Kleine tetraedrische, glänzend hellbraune Nüßchen.[31]
Mikroskopisches Bild. Laubblätter dorsiventral gebaut. Epidermiszellen der Blätter oberseits flachbuchtig, unterseits tiefwellig-buchtig. Spaltöffnungen beiderseits vom diacytischen Typus. 0,5 bis 1,5 mm lange, zwei- bis fünfzellige und 2 bis 4 mm lange, mehrzellige Knotenhaare; vereinzelt etwa 150 µm lange, zweizellige, dolchartige Haare. Im Blattstiel Leitbündelinseln, aus Holz und Bastfasern gebildet. Der kahle Stengel mit 16 Collenchymsträngen. An der Außenseite der Sprosse abstehende Gliederhaare.[31]

Pulverdroge: Braungrünes Pulver mit zahlreichen Blatt- und Stengelfragmenten. Epidermiszellen wellig-buchtig, Spaltöffnungen vom diacytischen Typus. 0,5 bis 1,5 mm lange, zwei- bis fünfzellige und 2 bis 4 mm lange mehrzellige Knotenhaare. Fragmente aus der Fruchtschale mit 20 bis 25 µm großen Einzelkristallen.[31]

Verfälschungen/Verwechslungen: Nach Lit.[28] mit *Leonurus glaucescens* BUNGE.

Inhaltsstoffe: *Äth. Öl.* Leonuri herba enthält geringe Mengen ätherisches Öl.[32,33] Präzise Mengenangaben fehlen.
Iridoide. Ajugosid (= Leonurid = 4-Desoxyharpagid), Ajugol, Galiridosid und Reptosid.[3,34] Gehaltsangaben fehlen.

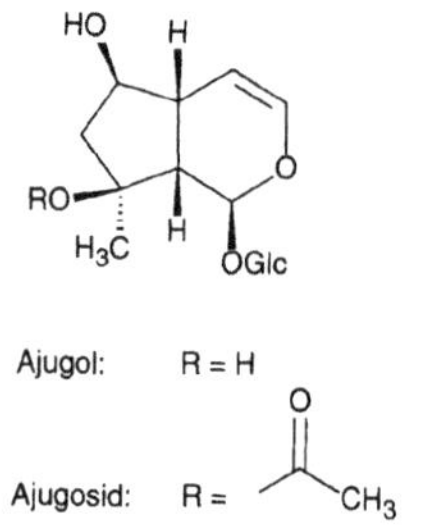

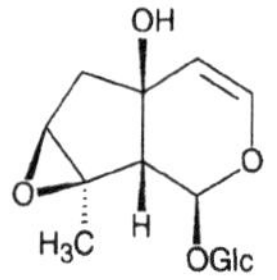

Galiridosid

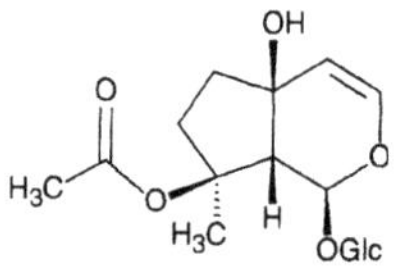

Reptosid

Diterpene. Ca. 0,003 % (isoliert) eines Gemisches zweier C-15-epimerer 8β-Acetoxy-9α,13α,14,16-bisepoxy-15-hydroxy-7-oxo-labdan-6β-19-olid, genannt Leocardin.[35]
Mindestens fünf weitere Diterpene kommen vor, deren Konstitution bisher nicht bekannt ist.[36] Mengenangaben fehlen.

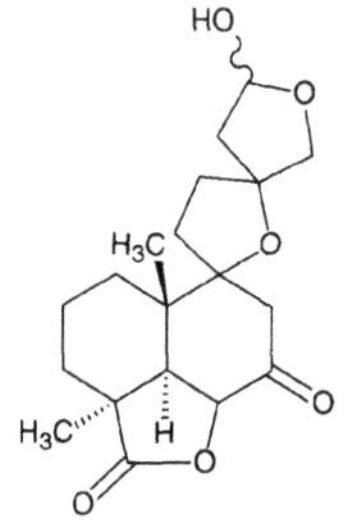

Leocardin, Epimerengemisch (15α-/15β-OH)

Triterpene. 0,26 % Ursolsäure (aus den Blättern isoliert) neben Spuren von Oleanolsäure.[37]
Phenylpropane. Ca. 0,1 % Kaffeesäure-4-*O*-rutinosid,[38] ferner Verbascosid und verwandte Esterglykoside.[5]
Flavonoide. Glykoside des Quercetins wie Rutin (= Rutosid), Quercitrin, Isoquercitrin, Hyperosid, Quercetin-7-*O*-glucosid; Glykoside des Kämpferols, insbesondere Kämpferol-3-*O*-glucosid; Glykoside des Apigenins: Apigenin-7-*O*-glucosid, Apigenin-5-*O*-glucosid, Apigenin-4-*O*-glucosid und 4-*p*-Cumaryl-7-glucosylapigenin (= Quinquelosid).
Weitere Flavone: 4',5-Dihydroxy-7-methoxyflavon (Genkwanin).[39] Mengenangaben fehlen.
Gerbstoffe. 5 bis 9 % "Gerbstoffe" unbekannter Zusammensetzung; Menge, bestimmt nach der Hautpulvermethode.[40]
Weitere Inhaltsstoffe. 0,06 % Stachydrin, daneben Betonicin und Turicin.[3] Unter 0,01 % (Mengenangaben geschätzt) Guanidinoderivate, darunter 0,007 % Leonurin (isoliert).[41]

Identität: 1. Prüfung auf phenolische Inhaltsstoffe:
Prüflösung: 0,5 g frische pulverisierte Droge wird mit 30 mL Wasser kurz zum Sieden erhitzt; nach dem Abkühlen wird filtriert.
Werden 2 mL Prüflösung mit einigen Tropfen Eisen(III)chloridlsg. versetzt, färbt sich die Lsg. olivgrün (modifiziert nach Lit.[40]).
Werden 2 mL Prüflsg. mit einigen Tropfen Blei(II)acetatlsg. versetzt, entsteht ein Niederschlag (modifiziert nacht Lit.[40]).
Prüfung mittels DC nach Lit.[42]:
- Untersuchungslsg.: 0,5 g frisch gepulverte Droge werden mit 5 mL Methylalkohol 5 min lang bei ca. 60 °C auf dem Wasserbad extrahiert und anschließend filtriert;
- Referenzlsg.: Je 5 mg Rutin, Chlorogensäure und Hyperosid werden in 10 mL Methanol gelöst;
- Sorptionsmittel: Kieselgel 60 F_{254};
- FM: Ethylacetat-Ameisensäure (konz.)-Eisessig-Wasser (100 + 11 + 11 + 27);
- Detektion: Nach dem Trocknen bei 100 bis 105 °C wird die noch warme Platte mit etwa 10 mL einer 1 %igen Lsg. (*m*/*V*) von Diphenylboryloxyethylamin in Methanol (für eine 200 mm × 200 mm-Platte) und anschließend mit etwa 10 mL einer 5 %igen Lsg. (*V*/*V*) von Macrogel 400 R in Methanol besprüht;
- Auswertung: Das Chromatogramm der Referenzlsg. zeigt im UV 365 nm bei Rf ca. 0,35 die orange fluoreszierende Rutinzone, bei Rf ca. 0,45 die blau fluoreszierende Chlorogensäurezone und bei Rf ca. 0,60 die orange fluoreszierende Hyperosidzone. Im Chromatogramm der Probenlösung sind neben Rutin 3 stark blau fluoreszierende Flecke bei Rf ca. 0,30, Rf ca. 0,45 (auf gleicher Höhe wie Chlorogensäure im Vergleichschromatogramm) und Rf ca. 0,60 (auf gleicher Höhe wie Hyperosid im Vergleichschromatogramm) sichtbar. Daneben können schwach blau fluoreszierende Zonen im unteren Rf-Bereich und knapp unterhalb der Front auftreten.[42]

2. Prüfung auf Stachydrin:
Die Prüfung kann unter Übernahme der für Leonurus-japonicus-Kraut ausgearbeiteten Methode nach Lit.[11] erfolgen. Ein ethanolischer Drogenextrakt (6:1) wird über Aktivkohle/Aluminiumoxid gereinigt. Der gereinigte Extrakt dient als Untersuchungslsg., Referenzsubstanz ist Stachydrin, das in einer Konzentration entsprechend 50 µg pro Fleck aufgetragen wird. Nachweis mittels Dragendorffs Reagenz.
Nach Lit.[11] läßt sich Stachydrin auch ohne vorherige säulenchromatographische Vorreinigung des Extraktes unter Verwendung von Platten mit Celluloseschicht nachweisen, wenn zweidimensional chromatographiert wird.
- Fließmittel I: Butanol-Eisessig-Wasser (40 + 10 + 50, Oberphase);
- Fließmittel II: Ethylacetat-Methanol-Wasser (100 + 20 + 10).

Reinheit:
- Anteile an bräunlichen und gelblich verfärbten Blättern: Nicht mehr als 5 % *Ross 9.*
- Anteile an Stengelteilen, die dicker als 4 mm sind: Höchstens 3 % *Ross 9.*
- Fremde Bestandteile: Höchstens 2 % *Ross 9.*
- Normalasche: Höchstens 12 % *Ross 9.*
- Salzsäureunlösliche Asche: Höchstens 6 % *Ross 9.*

Gehalt: Extraktgehalt mind. 10 %, mit Ethanol 70 % (*V*/*V*) als Extraktionsmittel zu bestimmen *Ross 9.*

Gehaltsbestimmung: Keine Pharmakopöemethode beschrieben.

Wirkungen: Für die in der Literatur häufig gefundenen Angaben über spasmolytische, sedierende, blutdrucksenkende und uteruskontrahierende Wirkungen gibt es keine gesicherten experimentellen Belege. Zwar liegen Untersuchungen vor,[32,43–45,52,53] doch sind die Ergebnisse nicht interpretierbar, da die experimentellen Daten unvollständig oder nicht im Original zugänglich sind.

Anwendungsgebiete: Als Adjuvans bei nervösen Herzbeschwerden, auch im Rahmen einer Schilddrüsenüberfunktion.[46,47]

Dosierung und Art der Anwendung: *Droge.* Tagesdosis zur Einnahme 4,5 g.[46] *Zubereitung.* Zur Einnahme: 3mal tgl. 2 bis 4 g Droge als Infus;[48] 3mal tgl. 2 bis 4 mL Fluidextrakt (1:1), hergestellt aus Ethanol-Wasser (25 %, *V*/*V*), oder 2 bis 6 mL Tinktur (1:5), hergestellt aus Ethanol-Wasser (34 %, *V*/*V*).[48]

Volkstümliche Anwendung und andere Anwendungsgebiete: Herzpalpitationen,[49] Effortsyndrom,[48] Asthma bronchiale,[49] klimakterische Beschwerden, Amenorrhö.[49]
In Rußland (vorzugsweise als Tinktur) "bei gesteigerter nervöser Reizbarkeit, cardio-vaskulären Neurosen und beginnender Hypertonie".[50]
Bei den küstenbewohnenden Indianern Nordamerikas soll die Droge in der Geburtshilfe verwendet werden,[51] nähere Angaben dazu, bei welcher Indikation genauer, ob innerlich oder äußerlich, fehlen.

Die Wirksamkeit der Droge und ihrer Zubereitungen bei den genannten Anwendungsgebieten ist nicht belegt.

Unerwünschte Wirkungen: Keine bekannt.[46]

Gegenanzeigen/Anwendungsbeschr.: Keine bekannt.[46]

Wechselwirkungen: Keine bekannt.[46]

Toxikologische Daten: *LD-Werte.* Mit einem wäßrigen Extrakt aus den oberirdischen Teilen (1 mL = 1 g Droge) wurde eine LD_{50}, Maus, i. p., 24 h, von 10.800 mg/kg KG ermittelt.[21]

Gesetzl. Best.: *Offizielle Monographien.* Aufbereitungsmonographie der Kommission E am BGA "Leonuri cardiacae herba".[46]

1. Krestovskaja TB (1988) Bot Zhurn 72:1.744–1.755
2. Heg, Bd. V, Teil 4, S. 2.389–2.393, 2.633
3. Hgn, Bd. IV, S. 318–346; Bd. VIII, S. 579–627
4. Reuter G, Diehl HJ (1971) Pharmazie 26:777
5. Calis I, Ersöz T, Tasdemir D, Rüedi P (1992) Phytochemistry 31:357–359
6. Baumgarth M (1980) Planta Med 39:297–335
7. Shishkin BK (Hrsg.) (1977) Flora of the USSR, Bd. XXI, Labiatae, translated from the Russian, Israel Program for Scientific Translations, Jersualem, S. 105–114
8. FEu, Bd. 3, S. 149
9. Xu LQ, Dong YW (1985) Chin Trad Herb Drugs 16:487–488, zit. nach Lit.[20]
10. BAz Nr. 29a vom 12.02.1986
11. Stöger EA (Hrsg.) (1992) Arzneibuch der chinesischen Medizin, Monographien des Arzneibuches der Volksrepublik China 1985 und 1990, Deutscher Apotheker Verlag, Stuttgart
12. Schultze-Motel J (Hrsg.) (1986) Rudolf Mansfeld, Verzeichnis landwirtschaftlicher und gärtnerischer Kulturpflanzen, Bd. 3, 2. Aufl., Springer, Berlin Heidelberg New York
13. Rzadkowska-Bodalska H (1983) Herba Leonuri cardiaca, Monographie als Manuskript erstellt, Verlag Kooperation Phytopharmaka, Bonn
14. Luo SR, Mai L (1986) Chin J Pharm Anal 6:47–48, zit. nach Lit.[13]
15. Zetnov II, Grazdan AG (1962) Sbornik Trud Paswashch XX. Let Farm Fakult Tomsks Med Inst, Tomsk 125:128, zit. nach Lit.[13]
16. Ohwi J (1985). In: Meyer FG, Walker EH (Hrsg.) Flora of Japan (in English), Smithsonian Institution, Washington, USA
17. Arzneibuchkommission der Volksrepublik China (1990) Zhonghua Renmin Gongheguo Yaodian zhongyao caise tiji (Farbatlas der chinesischen Drogen des chinesischen Arzneibuches 1990), Guangzhou, VR China
18. Chang HM, But PP (1987) Pharmacology and Applications of Chinese Materia Medica, Bd. 2, World Scientific, Singapore, S. 989–993
19. Paulus E, Ding YH (1987) Handbuch der traditionellen chinesischem Heilpflanzen, Haug Verlag, Heidelberg, S. 215–216
20. Tang W, Eisenbrand G (1992) Chinese Drugs of Plant Origin, Springer, Berlin Heidelberg New York, S. 607
21. Luo SR, Mai L (1986) Chin Pharm Anal 6:47–48, zit. nach Lit.[20]
22. Lee CM, Jiang LM, Shang HS (1991) Br J Pharmacol 108:1.719–1.724
23. Hon PM, Lee CM, Shang HS, Cui YY, Wong HNC, Chang HM (1991) Phytochemistry 30:354–356
24. Yeung HW, Kong YC, Lay WP, Cheng KF (1977) Planta Med 31:51–56
25. Zou QZ, Bi RG, Li JM (1989) Am J Chin Med 17:65–70, zit. nach Lit.[22]
26. Kong YC, Xie JX, But PP (1986) J Ethnopharmacol 15:1–44
27. Zarzycki K (1967) In: Flora Polska, Bd. XI, PAN, Warszawa Krakow, S. 100
28. Ross 9
29. Paris RR, Moyse H (1971) Précis de Matière Médicale, Bd. III, Masson, Paris, S. 292–293
30. Thurzord L (1976) Lexikon der Heilpflanzen, Lingen Verlag, Köln, S. 140
31. EB 6
32. Reuter G, Diehl HJ (1970) Pharmazie 25:586–589
33. Broschek W (1970) Zur Kenntnis der Petroläther- und ätherlöslichen Inhaltsstoffe des Krautes von Leonurus cardiaca L., Dissertation, Universität Würzburg
34. Weinges K, Kloss P, Henkels WD (1973) Liebigs Ann Chem:566–572
35. Malakov P, Papanov G, Jakupovic J, Grenz M, Bohlmann F (1985) Phytochemistry 24:2.341–2.343
36. Brieskorn CH, Hofmann R (1979) Tetrahedron Lett:2.511–2.512
37. Breiskorn CH, Eberhardt KH, Briner M (1953) Arch Pharm 286:501–506
38. Tschesche R, Diederich A, Iha HC (1980) Phytochemistry 19:2.783
39. Kartnig T, Gruber G, Menzinger S (1985) J Nat Prod 48:494
40. Peyer W, Vollmer H (1935) Pharm Zentralh 76:97–102
41. Gulubon AZ, Chervenkova VB (1970) Nauchn Tr Vissh Pedagog Inst Plodiv Mat Fiz Khim Biol 8:129–132, zit. nach CA 74:39177r, zit. nach Lit.[13]
42. Wagner H, Bladt S, Zgainski EM (1983) Drogenanalyse, Springer, Berlin Heidelberg New York, S. 186
43. Bird GWG, Wingham J (1979) Clin Lab Haematol 1:57
44. Isaev I, Bojadzieva M (1960) Nauchni Tr Visshiya med Inst, Sofiya 37:145–152, zit. nach CA 58:4373
45. Kong YC, Hu SY, Hwang JC, Chan SHH, Yeung HW (1974) J Chin Univ Hong-Kong 2:345, zit. nach CA 84:25788k
46. BAz Nr. 50 vom 13.03.1986
47. Weiß RF (1991) Lehrbuch der Phytotherapie, 7. Aufl., Hippokrates, Stuttgart, S. 177, 247–248
48. BHP 83, S. 130
49. Font Quer P (1990) Plantas Medicinales, 12. Aufl., Editorial Labor, Barcelona, S. 672–673
50. Müller-Dietz H (Hrsg.) (1968) Arzneipflanzen in der Sowjetunion, 4. Aufl., Osteuropa-Institut an der Freien Universität Berlin, Berlin, S. 32–33
51. Chandler RF, Freeman L, Hooper SN (1979) J Ethnopharmacol 1:49–68
52. Racz G, Racz-Kotilla E (1988) Annual Congress on Medicinal Plant Research, Abstracts and Poster Presentations, Thieme, Stuttgart
53. Schultz OE, Albers RJ (1958) Dtsch Apoth Ztg 98:394

Ka/HB/RS

Lepidium

HN: 2023600

Familie: Brassicaceae (Cruciferae).

Tribus: Brassiceae.

Subtribus: Lepidiinae.

Gattungsgliederung: Die Gattung Lepidium L. umfaßt etwa 130 Arten, die sich in folgende vier Sektionen gliedern: Cardamon DC. mit *Lepidium sativum*; Lepia (DESV.) DC.; Lepidium mit *L. latifolium* (Untersektion Lepidium) und *L. bonariense* (Untersektion Dileptium (RAF.) THELL.); Lepiocardamon THELL.

Gattungsmerkmale: Ein- bis zweijährige Kräuter oder ausdauernde Stauden (ausländische Arten auch halbstrauchig oder strauchig), meist mit einfachen, einzelligen Haaren. Wurzeln der ein- und zweijährigen Arten oft nach oben verzweigt und dadurch mehrköpfig, mit Blattrosetten abschließend. Stengel endständig oder achselständig aus der Blattrosette, beblättert und meist verzweigt. Grund- und Stengelblätter wechselständig; Myrosinzellen im Mesophyll. Blattgestalt bei den einzelnen Arten sehr verschieden. Blütentrauben ohne Tragblätter, Kelchblätter abstehend, breit-länglich bis kreisrund, nicht sackartig, mit weißem oder rötlichem Hautrand. Kronblätter spatelförmig, weiß, gelblich oder rötlich, meist doppelt so lang wie der Kelch, bei den einjährigen Arten oft bis zu Fädchen verkümmert oder ganz fehlend. Staubfäden einfach. Staubblätter bei einjährigen Arten oft nur die 4 medianen oder diese sogar reduziert auf 2. Honigdrüsen 6, je eine beiderseits der seitlichen Staubblätter und zwischen den medianen Staubblattpaaren. Fruchtknoten mit 2 Samenanlagen. Frucht ein kreisförmiges oder elliptisches, zweiklappig aufspringendes Schötchen mit je 1 Samen pro Fach. Same eiförmig, glatt, oft etwas geflügelt, bei Benetzung verschleimend. Chromosomengrundzahl: n = 8.[1]

Verbreitung: Gleichmäßig über die gemäßigten Zonen und Subtropen verbreitet; auch in Neuseeland, den Südsee- und Hawaii-Inseln finden sich endemische Vertreter. In den Polarländern und den Tropen fehlen Lepidium-Arten oder sind auf die Gebirge beschränkt (Äthiopien, Anden).[1]

Inhaltsstoffgruppen: Glucosinolate (Senfölglykoside), quartäre Ammoniumverbindungen wie Cholinester (Sinapin), Flavonoide; fette Öle in den Samen und Schleimstoffe in den Samenschalen.[25]

Drogenliefernde Arten: *L. bonariense*: Lepidium bonariense hom. *HAB 34*, Lepidium bonariense hom. *HPUS 88*; *L. latifolium*: Lepidii latifolii folium; *L. sativum*: Lepidii sativi herba (recens).

Lepidium bonariense L.

Synonyme: *Lepidium calycium* L. var. *gracilis* (CHOD. et HASSL.) THELL.[2], *L. mendocinum* PHIL., *L. pubescens* GRISEB., *L. racemosum* CHODAT et WILCZEK, *L. ruderale* GAY, *Nasturtium bonariense* O. KUNTZE, *N. pubescens* α *pinnatisectum* O. KUNTZE, *Thlapsi bonariense* POIR., *T. multifidum* POIR.[3]

Systematik: Die Art ist sehr veränderlich und spaltet in mehrere, größtenteils nicht benannte Varietäten auf.[2]

Botanische Beschreibung: 10 bis 50 cm hohes Kraut, besonders im oberen Teil reichlich verzweigt; Stengel aufsteigend bis aufrecht, unterseits glatt oder mit langen Borsten besetzt, oberseits mit borstigen oder gekrümmten Haaren; basale Laubblätter 3 bis 7 cm lang, zwei- bis dreifach gefiedert, Lappen letzter Ordnung 2 bis 3, Spindel 1 bis 2 mm breit, lang gestielt, glatt bis borstig, flaumig oder mehr oder weniger wollig; Stengelblätter weniger zerteilt, die oberen oft gezähnt, selten linealisch und ganzrandig, kaum jemals geöhrt; reichblütig, Blüten in 3 bis 15 cm langen Trauben; Blütenstiele gleich lang oder länger als die Früchte; Kelchblätter hinfällig, ca. 1 mm lang, unterseits mit wenigen, langen Haaren besetzt; Kronblätter rudimentär, etwa halb so lang wie die Kelchblätter, bisweilen fehlend; die Blüten enthalten 2 Staubblätter und 4 Drüsen; Stigmen sitzend; Schötchen aufsteigend oder angedrückt, oval, elliptisch oder nahezu kreisrund, 2,5 bis 3,5 mm lang, glatt, ohne hervortretende Adern; Samen ca. 1,5 mm lang.

Verwechslungen: *L. bonariense* kreuzt anscheinend mit *L. aletes* und *L. chichicara*. Von *L. aletes* unterscheidet es sich aber durch die nicht geöhrten Laub- und die hinfälligen Kelchblätter, von *L. chichicara* durch die stärker zerteilten Rosettenblätter und die kleineren Stengelblätter.

Inhaltsstoffe: In samentragenden Pflanzen ist als einziges Glucosinolat *p*-Methoxybenzylglucosinolat (Aubrietin) enthalten.[4] Über weitere Inhaltsstoffe ist nichts bekannt.

Verbreitung: Argentinien, Brasilien, Paraguay, Uruguay. Die Pflanze ist in ihrer Heimat weit verbreitet.

Drogen: Lepidium bonariense hom. *HAB 34*, Lepidium bonariense hom. *HPUS 88*.

Lepidium bonariense hom. *HAB 34*

Monographiesammlungen: Lepidium bonariense *HAB 34*.

Definition der Droge: Frische Blätter.

Stammpflanzen: *Lepidium bonariense* L.

Zubereitungen: Essenz nach § 3, *HAB 34*.

Gehalt: *Essenz*. Arzneigehalt $^1/_3$.

Lepidium bonariense hom. *HPUS 88*

Monographiesammlungen: Lepidium bonariense *HPUS 88*.

Definition der Droge: Die Blätter.

Stammpflanzen: *Lepidium bonariense* L. (als *Senebiera pinnatifida* DC.).

Zubereitungen: *Urtinktur.* Herstellung durch Mazeration oder Perkolation der frischen oder getrockneten Droge mit EtOH nach den allg. Zubereitungsvorschriften (Class C) der *HPUS 88*. Ethanolgehalt 65 % (*V/V*).

Gehalt: *Urtinktur.* Arzneigehalt $^1/_{10}$.

Lepidium latifolium L.

Synonyme: *Cardaria latifolia* (L.) SPACH, *Nasturtiastrum latifolium* (L.) GILLET et MAGNE, *Nasturtium latifolium* (L.) O. KUNTZE.[5]

Sonstige Bezeichnungen: Dt.: Breitblättrige Kresse, Pfefferkraut; engl.: Dittander; frz.: Grande passerage.

Botanische Beschreibung: 25 bis 100 cm hohe Staude mit geradem, meist kahlem Stengel; die Blätter sind ungeteilt, kerbig, gesägt, die unteren langgestielt, stumpf-eiförmig, die oberen aus eiförmigem Grunde lanzettlich; die Blätter sind von derber Konsistenz. Die Blütenstände sind zahlreich, zur Blütezeit halbkugelig verkürzt und in einem dichten, pyramidenförmig-rispigen Gesamtblütenstand angeordnet. Die Kronblätter sind weiß, fast doppelt so lang wie der Kelch und mit rundlicher, in den kürzeren Nagel zusammengezogener oder kurz verschmälerter Platte. Die Frucht ist ungeflügelt, elliptisch, weichhaarig mit einem sehr kurzen Griffel.[1,6]

Verbreitung: Im Mittelmeergebiet bis Westasien, Südosteuropa, Küsten des Atlantik und der Ostsee, öfter auch ins Inland verschleppt. Vorkommen an salzhaltigen Standorten.

Drogen: Lepidii latifolii folium.

Lepidii latifolii folium

Synonyme: Folia Lepidii (latifolii).[6]

Sonstige Bezeichnungen: Dt.: Breitblättrige Kresse; port.: Herva pimenteira, herva serra, lepidio; span.: Hoja de lepidio, piperisa.

Definition der Droge: Die frischen Blätter.

Stammpflanzen: *Lepidium latifolium* L.

Ganzdroge: Die grundständigen Blätter sind langgestielt, bis über 20 cm lang, bis über 10 cm breit, länglich bis breit-eiförmig, die stengelständigen kürzer gestielt und kleiner, spitz, lanzettlich, beide von ziemlich derber Konsistenz.[6]

Schnittdroge: *Geschmack des Frischmaterials.* Pfefferartig scharf.[1] *Mikroskopisches Bild.* Die Zellen der unteren Epidermis sind etwas kleiner als die der oberen Epidermis. Sie sind von einer Cuticula mit sehr zahlreichen, sehr deutlichen, meist kleinwelligen, in wechselnde Richtung verlaufenden Falten überzogen und führen beide zahlreiche, in kleinen Gruppen beieinanderstehende Spaltöffnungen, die von 3 kleinen Nebenzellen umgeben sind. Die Epidermiszellen haben sehr dicke Außen- und schwach wellige Seitenwände, beide Epidermen tragen mehr oder weniger zahlreiche, einzellige, selten zweizellige, dickwandige, spitze, von körniger Cuticula überzogene Haare. Das Mesophyll ist nahezu homogen, abgesehen von den feinsten Adern werden die Gefäßbündel der Nerven von einem dem Leptom anliegenden oder von zwei dem Hadrom und dem Leptom anliegenden Faserbündeln begleitet. Oxalatkristalle fehlen.[6]

Inhaltsstoffe: Schwefelhaltiges ätherisches Öl sowie Kämpferol-3-β-D-glucofuranosyl-6-β-L-rhamnopyranosid und Rutosid (Rutin);[7] möglicherweise cyanogene Glykoside.[25]

Volkstümliche Anwendung und andere Anwendungsgebiete: Früher bei Skorbut und zur Steigerung der Harnabsonderung (ohne Angaben zur Dosierung und Art der Anwendung).[6] Die Wirksamkeit bei diesen Anwendungsgebieten ist nicht belegt.

Lepidium sativum L.

Synonyme: *Cardamon sativum* FOURR., *Crucifera nasturtium* E. H. L. KRAUSE, *Lepidium hortense* FORSSK., *Nasturtium sativum* MEDIK., *Thlapsi nasturtium* BERGERET, *T. sativum* CRANTZ, *Thlapsidium sativum* SPACH.[1]

Sonstige Bezeichnungen: Dt.: Gartenkresse; engl.: Garden cress, pepper-gras; frz.: Cresson alénois, cressonette, nasitort; it.: Crescione inglese, masturzio ortense; port.: Herva pimenteira, lepidio, piperisa; span.: Berro alenois, nastuerzo hortense.[1,5]

Systematik: Die Art untergliedert sich in *Lepidium sativum* L. ssp. *spinescens* (DC.) THELL. (Wildsippe der Trockengebiete von Ägypten, Vorderasien bis Iran, Anatolien) und die kultivierte Gartenkresse *L. sativum* L. ssp. *sativum* (= *Cardamon sativum* (L.) FOURR., *Lepidium hortense* FORSSK., *L. sativum* L. s. str., *L. sativum* L. ssp. *eusativum* THELL., *Nasturtium sativum* (L.) MEDIK., *Thlapsi sativum* (L.) CR.).[5] Die Kulturformen gehören sämtlich zur ssp. *sativum* var. *sativum*. Die Variabilität der Kulturrasse ist nicht besonders groß. Man unterscheidet die Untervarietäten "einfache", "gefüllte" und "glattblättrige" Gartenkresse.[1]

Botanische Beschreibung: Einjähriges, 20 bis 40 cm hohes Kraut; kahler, bläulich bereifter Stengel, oberwärts meist ästig. Hellgrüne, dünne Blätter, Ränder des Blattstiels borstlich behaart. Grundblätter meist leierförmig-fiederschnittig; untere Stengelblätter meist doppelt bis einfach fiederschnittig, mittlere und obere von verschiedener Form, meist etwas fiederig zerschlitzt. Alle Blätter zeigen gezähnte bis stachelspitzige Abschnitte. Blütentrauben an den Ästen achsel- und endständig. Blüten vollständig. Kelchblätter elliptisch, 1 bis 1,5 mm lang, auf dem Rücken oft borstig-flaumig. Kronblätter $1^1/_2$ bis $1^2/_3$ so lang wie der Kelch, weiß oder (häufig) rötlich, länglich-spatelförmig, undeutlich genagelt. Staubbeutel oft violett. Schötchen mäßig stark zusammengedrückt, rundlich-ei-

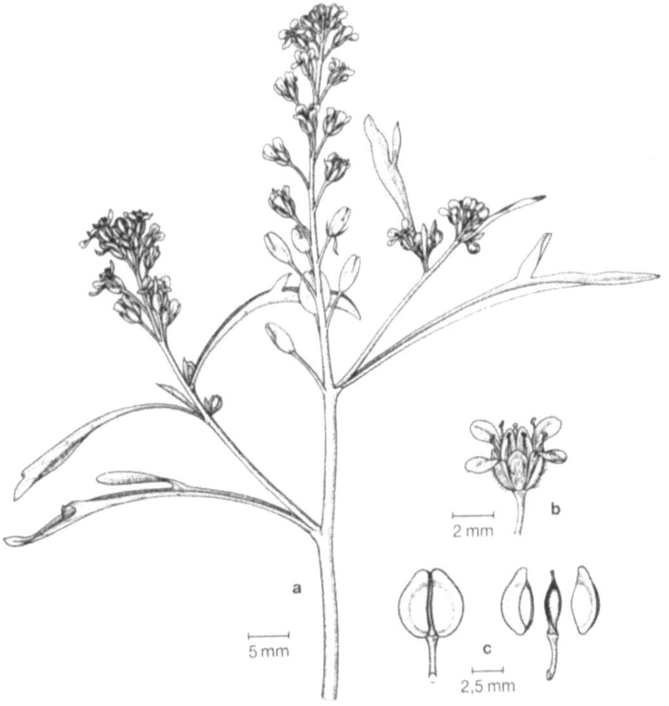

Lepidium sativum L. ssp. *sativum*: **a** Blütensproß, **b** Blüte, **c** Schötchen geschlossen und geöffnet. Zeichnung: Ruth Kilian. Aus Lit.[5]

förmig, meist 5 bis 6 mm lang und 3 bis 4 mm breit, deutlich geflügelt. Samen eiförmig, fast glatt, rotbraun. Blütezeit Mai bis Juli. Chromosomengrundzahl n = 8.[1]

Verwechslungen: Verwechslungen wurden beobachtet mit *Lepidium campestre* (L.) BR., *L. densiflorum* SCHRADER, *L. draba* L., *L. graminifolium* L., *L. latifolium* L. und *L. virginicum* L. Unterscheidungsschlüssel s. Lit.[1,15]

Inhaltsstoffe: In den Samen wurden gefunden: Das Glucosinolat Glucotropaeolin (= Benzylglucosinolat) bzw. dessen unter dem Einfluß des Enzyms Myrosinase (= Glucosinolase, eine Thioglucosidase) daraus freisetzbare Spaltprodukte (in mengenmäßig stark abnehmender Reihenfolge) Phenylacetonitril (= Benzylcyanid), Benzylisothiocyanat (= Benzylsenföl) und Benzylthiocyanat;[10,11,13] Gehalt an Benzylglucosinolat (errechnet aus den quant. Bestimmungen für die Abbauprodukte) ca. 3,5 bis 5,3 %;[13] Sinigrin (= Allylglucosinolat) und Gluconasturtiin (= 2-Phenylethylglucosinolat) in Spuren;[11] Benzaldehyd, Benzylalkohol, Benzylamin, daneben in Spuren Benzylmercaptan, Benzylmethylsulfid und Methylbenzoat, alle vermutlich ebenfalls beim Abbau von Glucotropaeolin und seinen Autolyseprodukten entstanden;[10,11,13] Lepidin, ein Imidazolalkaloid (Mengenangabe fehlt);[16,26] *N,N'*-Dibenzylharnstoff und *N,N'*-Dibenzylthioharnstoff;[16,26] Sinapin;[25] Sinapinsäuremethylester;[16,26] Cucurbitacin I (Mengenangabe fehlt);[27] zur Frage falsch-positiver HCN-Nachweise bei *L. sativum* bzw. des tatsächlichen Vorkommens cyanogener Verbindungen s. Lit.[25]; 20,5 % eines halbtrocknenden fetten Öls mit Arachin-, Linol-, Myristin-, Öl-, Palmitin-, Palmitolein-, Palmitolinol- und Stearinsäure als Säurekomponenten;[14] Schleimstoffe mit hohen Anteilen an Galactose und Arabinose;[18] freie Ascorbinsäure 0,003 %;[13] Lectin (Phytohämagglutinin) ohne Blutgruppenspezifität.[30]

Verbreitung: Wahrscheinlich von Äthiopien aus durch Kultur weltweit verbreitet.[1]

Anbaugebiete: Als Gartenpflanze (selten als Feldkultur) weltweit angebaut, vor allem in den gemäßigten bis warm-gemäßigten Breiten; so z. B. in Europa, Nordafrika, Äthiopien, Vorderasien, Transkaukasien, Indien, China, Japan und Nordamerika. In Europa meist nur Kultur bis zum Keimpflanzenstadium (Keimpflanzen einschl. Hypokotyl zum direkten Verzehr oder zum Garnieren von Speisen verwendet). In anderen Gebieten als Salatpflanze; in Äthiopien auch als Ölpflanze.[5]

Drogen: Lepidii sativi herba (recens).

Lepidii sativi herba (recens)

Synonyme: Folia Nasturtii, Herba Lepidii sativi (recens), Herba Nasturtii hortensis. Nicht zu verwechseln mit Herba Nasturtii, Brunnenkressekraut, das von *Nasturtium officinale* R. BR. stammt.[6]

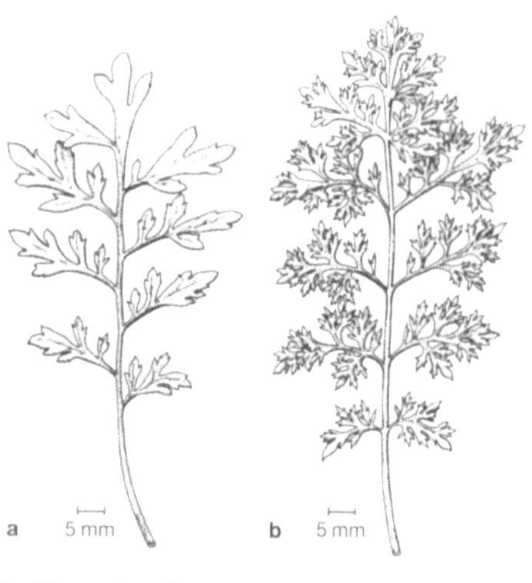

Lepidium sativum L. ssp. *sativum*: **a** Rosettenblatt von var. *sativum* (Breitblättrige Gartenkresse), **b** Rosettenblatt von var. *crispum* (MEDIK.) DC. (Krausblättrige Gartenkresse). Zeichnung: Ruth Kilian. Aus Lit.[5]

Sonstige Bezeichnungen: Dt.: Gartenkresse, Gartenkressekraut.

Definition der Droge: Das frische oder getrocknete, zur Blütezeit oder kurz danach geerntete Kraut.

Stammpflanzen: *Lepidium sativum* L.

Herkunft: Aus dem Anbau.

Gewinnung: Da das Kraut fast ausschließlich frisch verwendet wird, kommt eine Trocknung, die auf natürliche und künstliche Weise erfolgen kann, nur gelegentlich in Frage.

Ganzdroge: Die Blätter der Hauptart sind etwa 3 bis 6 cm lang, bis 4 cm breit und in wenige verkehrt-lanzettliche, 0,5 cm breite, fiederige Abschnitte zerlegt, bei der krausblättrigen Varietät meist kleiner und in spatelförmige, zahlreiche 1 mm breite Läppchen tragende Abschnitte geteilt. Die kleinen Blüten fallen in der Droge kaum auf. Früchte dürften selten vorhanden sein.[6]

Schnittdroge: *Geruch des Frischmaterials.* Würzig. *Geschmack des Frischmaterials.* Scharf und bittersüß. Geruch und Geschmack verlieren sich beim Trocknen der Pflanzen.[6]
Mikroskopisches Bild. Der Blattquerschnitt zeigt Epidermiszellen mit leicht gebogenen Seitenwänden, Zellen der unteren Epidermis deutlich größer als die der oberen; auf beiden Epidermen gruppenweise angeordnete Spaltöffnungen mit drei kleinen Nebenzellen; einfache, spitze, dünnwandige Haare mit feingestrichelter Cuticula; Mesophyll nahezu homogen, ohne besondere Charakteristika.[7]

Verfälschungen/Verwechslungen: Da das Pflanzenmaterial stets aus Kulturen stammt, ist mit Verwechslungen nicht zu rechnen.

Minderqualitäten: Die Gartenkresse kann von verschiedenen Schädlingen befallen werden. Pilzbefall: *Sclerotinia sclerotium* verursacht braune Flekken; *Alternaria brassicaceae* bildet ein dunkles Mycel; *Peronospora lepidii-sativi* GÄUMANN und *Erisyphe communis* entwickeln weißen Mehltau. Blattläuse: *Myzus persicae* (Grüne Pfirsichblattlaus), *Brevicaryne brassicae* (Kohlblattlaus) u. a. Wurzelälchen: Meloidogyne sp. bewirkt Mißwuchs. Die Larven des Rüsselkäfers schädigen die Samen. Derartig veränderte Droge darf nicht für pharmazeutische Zwecke verwendet werden.

Inhaltsstoffe: *Ätherisches Öl.* Das "Gartenkresseöl" wird aus dem frischen, nach dem Abblühen geernteten Kraut durch Wasserdampfdestillation und Ausschütteln des Destillationswassers mit Benzol gewonnen. Ausbeute: 0,115 %. 75 % des Öls bestehen aus Benzylcyanid (= Phenylacetonitril).[19]
Glucosinolate (Senfölglykoside) und deren Abbauprodukte. Hauptglucosinolat Glucotropaeolin (= Benzylglucosinolat), in Spuren Gluconasturtiin (= 2-Phenylethylglucosinolat); die unter dem Einfluß des Enzyms Myrosinase (= Glucosinolase, eine Thioglucosidase) daraus freisetzbaren Verbindungen Phenylacetonitril (= Benzylcyanid), Benzylisothiocyanat (= Benzylsenföl), 3-Phenylpropionitril (= 2-Phenylethylcyanid), Benzaldehyd und Benzylalkohol.[10–13]
Benzylthiocyanat soll als Autolyseprodukt von Glucotropaeolin entgegen anderslautenden Angaben[10,13] in Blattextrakten von Sämlingen anwesend sein, die jünger als 16 Tage sind.[11]
Für 7 Tage alte Sämlinge läßt sich aus den Mengenangaben der Spaltprodukte ein Gehalt von ca. 0,12 % Benzylglucosinolat in den Blättern errechnen.[11] Qual. und quant. Zusammensetzung der Glucosinolatabbauprodukte hängt stark vom Alter der Pflanzen ab.[11]
Der in früheren Untersuchungen erbrachte Nachweis von Glucobrassicanapin (= Pent-4-enylglucosinolat) und Gluconapin (= But-3-enylglucosinolat) in beträchtlichen Mengen sowie von wesentlich mehr als nur Spuren von Gluconasturtiin war wahrscheinlich darin begründet, daß in einer im Handel erworbenen "Gartenkresse" *L. sativum* mit Sämlingen von *Brassica napus* vermischt war.[12]
Weitere Verbindungen. Die Frischpflanze enthält folgende Vitamine (mg/100 g): Carotin (1,38), B_1 (0,09), B_2 (0,12), B_6 (0,19), C (37,17), E (2,71), Nicotinamid (1,10).[9] Außerdem sind folgende Mineralstoffe enthalten (mg/100 g Frischdroge): Na (3,15), K (346,50), Ca (134,82), Fe (1,83), Mo (0,006), P (23,94), F (0,0015), Nitrat (154,35).[9] Die Asche enthält Iod, Nickel und Kobalt.[1]

Wirkungen: *Antibakterielle Wirkung.* Die flüchtigen Bestandteile des Urins von Probanden, die 50 g frischen Kressesalat verzehrt hatten, wirken bakteriostatisch auf *Bacterium subtilis*, *Escherichia coli* und *Staphylococcus aureus* (modifizierter Agarplattentest auf flüchtige Verbindungen).[28] Völlige Hemmung aller drei Mikroorganismen wurde mit derjenigen Urinfraktion erreicht, die 3 h nach Verzehr gesammelt wurde und deren Aktivität unter gleichen Versuchsbedingungen in etwa der von 0,3 g eines Pflanzenbreis derselben Kressecharge entsprach. Die flüchtigen Bestandteile von 0,3 g Preßrückstand einer anderen Kressecharge bzw. des Urins von Probanden, die 7 g dieses Preßrückstandes verzehrt hatten, waren bei weitem nicht so stark hemmend auf die drei o.a. Testorganismen.[28] Dämpfe von 0,1 g eines Blattbreis hemmen in derselben Versuchsanordnung das Wachstum von *Bacterium subtilis* und *Staphylococcus aureus* zunächst völlig, nach 24 h kaum vermindert, das Wachstum von *Escherichia coli* dagegen erheblich weniger.[28] Die antibakterielle Wirksamkeit der Kresse hängt auch stark von ihrem Alter ab: In Parallelversuchen hemmte Kresse nach 17tägiger Kultur stark; nach 21tägiger Kultur fehlte jede Wachstumshemmung. Auch ist Blattbrei 5mal so wirksam wie Stengelbrei.[28] MHK-Werte sind nicht angegeben.

Von den in Lepidium-sativum-Extrakten nachweisbaren Substanzen wurde Benzylisothiocyanat auf bakteriostatische Wirkung in der o.a. Versuchsanordnung gegenüber drei Mikroorganismen untersucht.[29] Völlige Wachstumshemmung (MHK in Klammern) bewirkt Benzylsenföl gegenüber *Staphylococcus aureus* SG 511 in einer Verdünnung von 1:600.000 (1:6.000.000), gegenüber *Escherichia coli* bei 1:600.000 (1:2.000.000) und gegenüber *Sarcina lutea* bei 1:200.000 (1:2.000.000); Benzylsenföl ist somit 3- bis 10mal so stark bakteriostatisch wirksam wie Allylsenföl. Im Röhrchenverdünnungstest betrugen die entsprechenden Werte gegenüber *Staphylococcus aureus* 1:300.000 (1:3.000.000).[29] Menschenpathogene Bakterien wurden durch Benzylisothiocyanat in folgenden Konzentrationen in ihrem Wachstum vollständig gehemmt (MHK in Klammern): Typhus 1:400.000 (1:1.000.000), Paratyphus 1:400.000 (1:1.000.000), Diphtherie 1:200.000 (1:1.000.000).[29]

Antivirale Wirksamkeit. Mäuse wurden intracerebral mit Präparationen aus Mäusehirn geimpft, das mit Encephalitis-Virus Columbia SH infiziert war. Die Überlebenszeit bzw. -rate der Mäuse stieg, wenn das infizierte Hirn zuvor mit Benzylsenföl im Verhältnis 1:300.000 versetzt worden war. Bei Weiterverimpfung der Mäusegehirne auf Meerschweinchen wurden analoge Ergebnisse erhalten.[29]

Harntreibende Wirkung.[17] Experimentelle Belege liegen für diese Wirkung nicht vor.

Volkstümliche Anwendung und andere Anwendungsgebiete: In der europäischen Volksmedizin bei Verstopfung, bei zu geringer Harnausscheidung, bei Husten und bei Vitamin-C-Mangel.[7,8,19] Außerhalb Europas bei Lues, bei Gonorrhöe, bei bösartigen Geschwüren und zur Herbeiführung eines Abortes.[20–22] In Indien bei Asthma, Husten mit Auswurf und Hämorrhoiden.[20] Die Wirksamkeit bei den genannten Anwendungsgebieten ist nicht belegt.

Akute Toxizität: *Mensch.* Das Senföl der Gartenkresse kann in hoher Konzentration auf der Haut Blasen und Nekrosen hervorrufen. Innerlich verabreicht, ruft das Senföl starke Hyperämie der Unterleibsorgane hervor, was zum Mißbrauch als Abortivum geführt hat.[3]

Chronische Toxizität: *Mensch.* Thiocyanate verdrängen das Iodid von den Rezeptoren im Schilddrüsenepithel und können dadurch Kropfbildung verursachen.[7]

Toxikologische Daten: *LD-Werte.* LD_{50} von Benzylisothiocyanat (Maus, s.c.) 150 mg/kg KG.[29] Über Pflanzenextrakte liegen keine diesbezüglichen Angaben vor.

Sonst. Verwendung: *Pharmazie/Medizin.* Wegen ihrer sprichwörtlich raschen Keimung, die innerhalb von 2 bis 3 Tagen erfolgt, ist die Pflanze zu physiologischen Experimenten beliebt.[1] Kressekeimlinge werden zur Testung der wuchshemmenden und allgemein-toxischen Wirkung von chemischen Verbindungen jeglicher Art, z.B. von Arzneistoffen, verwendet ("Kresse-Test").[23,24] *Haushalt.* Im frischen Zustand als Salat, als Küchenkraut zum Würzen von gemischten Salaten, Mayonnaisen und dgl. *Landwirtschaft.* In Nordafrika als Fischgift.[3]

1. Heg (1986) Bd. 4, Teil 1, S. 401–417
2. Hitchcock LC (1945) The South American Species of Lepidium, Lilloa, Tucumán (Argentinien)
3. Thellung A (1906) Die Gattung Lepidium (L.) R. Br., Dissertation Universität Zürich
4. Kjaer A, Schuster A (1971) Phytochemistry 10:455–457
5. Schultze-Motel J (Hrsg.) (1986) Rudolf Mansfeld, Verzeichnis landwirtschaftlicher und gärtnerischer Kulturpflanzen (ohne Zierpflanzen), 2. Aufl., Springer, Berlin Heidelberg New York, Bd. 1, S. 284–288
6. Thoms H, Brandt W (Hrsg.) (1929) Handbuch der praktischen und wissenschaftlichen Pharmazie, Urban und Schwarzenberg, Berlin, Bd. V, S. 957
7. Hag, Bd. V, S. 487–490
8. Berger F (1954) Handbuch der Drogenkunde, Maudrich Verlag, Wien, Bd. 4, S. 294–295
9. Souci SW, Fachmann W, Kraut H (1986) Die Zusammensetzung der Lebensmittel, 3. Aufl., Wissenschaftliche Verlagsgesellschaft, Stuttgart, S. 640
10. Saarivirta M (1973) Planta Med 24:112–119
11. Gil V, MacLeod AJ (1980) Phytochemistry 19:1.365–1.368, 1.369–1.374, 2.071–2.076
12. Gil V, MacLeod AJ (1980) J Sci Food Agric 31:739–741
13. Hasapis X, MacLeod AJ (1982) Phytochemistry 21:291–296, 559–563, 1.009–1.013
14. Kolodziejski J. Mruk-Luczkiewicz A, Mionowski H (1969) Dissert Pharm Pharmacol 21:235–239
15. Hanf M (1981) Ackerunkräuter Europas mit ihren Keimlingen und Samen, 2. Aufl., Österreichischer Agrarverlag, Wien, S. 277–279
16. Bahroun A, Damak M (1985) J Soc Chim Tunis 2:15–24, zit. nach CA 104:65910
17. Bässler FA (1966) Heilpflanzen, 5. Aufl., Neumann Verlag, Radebeul Berlin, S. 86
18. Ray TC, Callow JA, Kennedy JF (1988) J Exp Bot 39:1.249–1.241
19. GHo, Bd. 3d, S. 833–852, Bd. 5, S. 155–157
20. Chopra RN, Nayar SL, Chopra IC (1956) Glossary of Indian medicinal plants, Council of Scientific & Industrial Research, Neu Delhi, S. 152–153
21. Lemordant D (1967) Ethnobotanique Ethiopienne, Marseille, S. 41, 73
22. Vogel VJ (1970) American Indian Medicine, Oklahoma, S. 218–219
23. Moewus F (1949) Biol Zentralbl 68:118–140

24. Koch H, Buchbauer G (1977) Sci Pharm 45:97–169
25. Hgn, Bd.3, S.586–607, Bd.6, S.55, Bd.7, S.350–351, Bd.8, S.355, 358
26. Lewis JR (1988) Nat Prod Rep 5:351–361
27. Curtis PJ, Meade PM (1971) Phytochemistry 10:3.081–3.083
28. Winter AG, Willeke L (1953) Naturwissenschaften 40:167–168
29. Klesse P, Lukoschek P (1955) Arzneim Forsch 5:505–507
30. Ziska P, Kindt A, Franz H (1982) Acta Histochem 71:29–33

Kh/Sw

Leucanthemum HN: 2032800

Familie: Asteraceae (Compositae).

Unterfamilie: Asteroideae.

Tribus: Anthemideae.

Subtribus: Chrysantheminae.

Gattungsgliederung: Die früher im Chrysanthemum-Komplex[1] vereinigten Arten werden heute in mehrere Gattungen aufgeteilt, deren verwandtschaftliche Beziehungen allerdings erst in Ansätzen bekannt sind. Basierend auf den kapologischen Merkmalen, aber auch aufgrund der morphologischen, embryologischen, karyologischen und phytochemischen Differenzierungen, werden heute 5 Hauptgattungen unterschieden: Argyranthemum, Chrysanthemum, Dendranthema, Leucanthemum und Tanacetum. Um diese artenreiche Genera werden etwa 10 Übergangs- bzw. Satellitengattungen (z. B. Leucanthemella, Leucanthemopsis, Plagius usw.) gruppiert. Die Gattung Leucanthemum MILLER umfaßt etwa 25 Arten, die den Sektionen Eunuchoglossum, Leucanthemum und Rhodanthemum angehören. Letztere Sektion wird taxonomisch auch als Untergattung Chrysanthemopsis geführt und dann dem Subgenus Leucanthemum gegenübergestellt.[2–4]

Gattungsmerkmale: Pflanzen einjährig, kurzlebig oder ausdauernd, krautig, selten halbstrauchig. Stengel einzeln oder zahlreich, längsgerieft, unverzweigt, einkopfig oder verzweigt und vielkopfig. Blätter wechselständig, kahl oder behaart, ungeteilt bis dreifach fiederschnittig, die Grundblätter und unteren Stengelblätter gestielt, die oberen sitzend. Köpfchen heterogam (weiblich und zwittrig), selten homogam. Involucrum schüssel- oder napfförmig. Hüllblätter dachig, 3- bis 5reihig, ungleich groß, häutig berandet. Köpfchenboden flach, gewölbt oder kegelförmig, ohne Spreublätter. Blüten heteromorph, mit zwittrigen Röhrenblüten und weiblichen oder sterilen Zungenblüten. Pollenkörner rundlich, tricolporat, mit Stachelleisten. Früchte schmal verkehrt-eiförmig bis spindelförmig oder zylindrisch, 5- bis 10rippig, mit Harzkanälen in den Tälchen und Schleimzellen in den Rippen. Pappus meist fehlend oder nur an den Zungenblüten als Krönchen erhalten.

Verbreitung: Das Areal der Gattung Leucanthemum reicht von Nordafrika (Sect. Rhodanthema) über die Iberische Halbinsel und Mitteleuropa bis zum Kaukasus und nach Sibirien. Der Verbreitungsschwerpunkt liegt in den zentraleuropäischen Gebirgen. Einige Arten sind heute weltweit verschleppt und vielerorts eingebürgert.

Inhaltsstoffgruppen: Bisher wurden in der Gattung keine Sesquiterpenlactone gefunden, was sie innerhalb der Tribus, aber auch innerhalb des Chrysanthemum-Komplexes abgrenzt.
Phenolische Verbindungen. Bei den Flavonoiden handelt es sich vorwiegend um Aglyka und Monoside von Isorhamnetin, Kämpferol, Luteolin und Quercetin[5] sowie Apigenin. Leucanthemum und einige nahestehende Gattungen grenzen sich zusammen mit Cotula von anderen Gattungen des Chrysanthemum-Komplexes möglicherweise durch die Dominanz von 5-*O*-Glykosiden ab. Die Hauptflavonoide anderer Gattungen sind entweder in 3- (Anthemis, Artemisia, Tanacetum) oder in 7-Stellung (Chrysanthemum) glykosidiert.[6] Demgegenüber wurde von einem sehr einfachen Flavonoidspektrum in Blüten und Blättern von 3 Leucanthemum-Arten (auch *L. vulgare* LAM.) berichtet, indem mit zweidimensionaler Papierchromatographie nur Apigenin-7-glucosid nachgewiesen werden konnte.[7] Eingehende Untersuchungen mit neueren Methoden (HPLC), die eine sicherere Peakzuordnung als die Papierchromatographie erlauben, stehen aus. Cumarine sind im Tribus allgemein verbreitet und wurden auch in Leucanthemum nachgewiesen, z. B. Aesculetin und Scopoletin.[6] In jungen Wurzelsprossen keimender Leucanthemum-Achänen wurden *in vitro* rote Wurzelspitzen beobachtet. Diese fehlen in Arten der Gattungen Tanacetum und Chrysanthemum, die Färbung beruht auf der Synthese von Anthocyanen in der aus der Frucht ausgetriebenen Wurzel.[8]
Polyacetylene. Recht groß ist die Zahl der bekannten Polyacetylene. Grundkörper der Biosynthese ist die Oelanolsäure (C_{18}), die, damit C_{13}-Derivate entstehen, einer α- und zwei β-Oxidationen unterliegt. Dieser Biosyntheseweg ist typisch für die Gattung.[6] Untersucht wurden neben Kraut und Blüten vorwiegend die Wurzeln verschiedener Arten, in denen die C_{13}-Derivate einerseits als offenkettige, andererseits aber auch als cyclisierte, für die Gattung charakteristische Spiroketalenoletherpolyine vorliegen. Auch phenolische Acetylene wurden isoliert. Vorhanden sind zudem längerkettige (bis C_{17}) Polyacetylene.[9]

Drogenliefernde Arten: *L. vulgare*: Bellidis majoris herba, Chrysanthemum leucanthemum hom., Chrysanthemum leucanthemum hom. *HPUS88.*

Leucanthemum vulgare LAM. s. str.

Synonyme: *Chrysanthemum leucanthemum* L. s. str., *Leucanthemum praecox* (HORVATIC) HORVATIC, *Matricaria leucanthemum* (L.) DESR., *Tanacetum leucanthemum* (L.) SCHULTZ BIP.

Sonstige Bezeichnungen: Dt.: Gänseblume, Große Margerite, Großes Maßliebchen, Wiesenwucherblume; engl.: Dog daisy, field daisy, great oxeye, marguerite, moon daisy, oxeye-daisy, white daisy, white weed; frz.: Chrysanthème blanc, grand camomille, grande marguerite, grande pâquerette, herbe de Saint Jean, oeil de boeuf; it.: Cota buona, margherita, occhio di bove; schwed.: Praestekrage.

Systematik: Die extreme Variabilität der Leucanthemum-vulgare-Gruppe führte dazu, daß die taxonomischen Konzepte sehr unterschiedlich sind. Je nach Autor wird von eigenständigen Arten innerhalb der Gruppe, von Kleinarten, Unterarten oder Varietäten ausgegangen. Bis heute ist die Gliederung der Artengruppe bei weitem nicht abgeschlossen. Die karyologischen Untersuchungen zeigen, daß zumindest regional einige Korrelationen zwischen Chromosomenzahl und morphologischen Merkmalen bestehen. Basierend auf der Chromosomengrundzahl von $x = 9$ gibt es diploide ($2n = 18$) bis dodekaploide ($2n = 108$) Sippen. Bastardisierungen sind häufig, verschiedene Cytotypen innerhalb einer Art keine Seltenheit.[10]
Nach der Flora Europaea[11] zählen folgende Arten bzw. Kleinarten zur Leucanthemum-vulgare-Gruppe: *L. adustum* (KOCH) GREMLI, *L. crassifolium* (LANGE) WILLK., *L. cuneifolium* LE GRAND ex COSTE, *L. delarbrei* TIMB.-LAGR., *L. heterophyllum* (WILLD.) DC., *L. laciniatum* HUTER, PORTER et RIGO, *L. lacustre* (BROT.) SAMP., *L. leucolepis* (BRIQ. et CAVILILER) HORVATIC, *L. maximum* (RAMOND) DC., *L. meridionale* LE GRAND, *L. pallens* (GAY) DC., *L. pluriflorum* PAU, *L. praecox* (HORVATIC) HORVATIC, *L. subglaucum* DE LARAMB, *L. sylvaticum* (HOFFMANNS. et LINK) NYMAN.
Nach einem anderen Konzept[12] wird der Polyploidkomplex nach der Chromosomenzahl aufgegliedert. *Leucanthemum vulgare* umfaßt demnach die diploiden Pflanzen ($2n = 18$) mit den Unterarten ssp. *alpicola* GREMLI und ssp. *vulgare*. Zur Gruppe werden ferner *L. ircutianum* DC. ($2n = 36$), *L. adustum* (KOCH) GREMLI ($2n = 54$) und *L. heterophyllum* (WILLD.) DC. ($2n = 72$) gegliedert.
In einer dritten systematischen Einteilung wird dagegen *Leucanthemum vulgare* s.l. als Kollektivart betrachtet, darin *L. vulgare* LAM. als tetraploid beschrieben, und *L. praecox* (HORVATIC) HORVATIC ampl. als die diploide Form bezeichnet. Die Kollektivart umfaßt ferner *L. adustum* (KOCH) GREMLI mit $2n = 54$ und *L. heterophyllum* (WILLD.) DC. mit $2n = 72$. Zur Unterscheidung werden primär die Blattmorphologie, ferner im Zweifelsfall die mittleren Durchmesser der Pollenkörner oder die mittleren Längen der Achänen verwendet.

Botanische Beschreibung: Pflanzen meist 2jährig, krautig. Stengel einzeln oder zahlreich, 15 bis 90 cm hoch, einkopfig oder vielkopfig (bis 30 Köpfe), längsgerieft, oft behaart. Grundblätter und untere Stengelblätter gestielt, elliptisch, gekerbt oder gesägt bis unregelmäßig fiederteilig, Blattstiel meist geflügelt; mittlere und obere Stengelblätter sitzend. Köpfchen 2 bis 4 cm im Durchmesser, heterogam. Involucrum schüsselförmig. Hüllblätter dachig, 4- bis 5reihig, häutig berandet. Blütenstandsboden flach oder leicht gewölbt, kahl, ohne Spreublätter. Blüten heteromorph. Randliche Zungenblüten weiß, 10 bis 15 mm lang, etwa 20 bis 30, weiblich, fertil. Zentrale Röhrenblüten gelb, zwittrig, fertil, 2,5 bis 3,5 mm lang, 5lappig. Pollen $28 \times 32\,\mu m$ im Durchmesser. Achänen verkehrt-eiförmig bis zylindrisch, 1,5 bis 2 mm lang, 10rippig, ohne Pappus, nur die Achänen der Zungenblüten teilweise mit einem schiefen Krönchen. Chromosomenzahl $2n = 18$.

Verwechslungen: Eine eindeutige Identifizierung der vielen Kleinarten ist schwierig, da die morphologischen Ähnlichkeiten groß sind und viele Übergangsformen (auch zahlreiche Bastarde) existieren. Unterschiedliche Blatt- und Blütenformen lassen die Abgrenzung zu anderen Leucanthemum-Arten als nicht sehr problematisch erscheinen.

Inhaltsstoffe: Die Art ist phytochemisch nicht sehr gut untersucht. Viele Angaben sind nur summarisch, die detaillierte botanische Beschreibung der Pflanze fehlt meistens.
Polyacetylene. Die Polyacetylene sind die gewichtigsten und am besten untersuchten Inhaltsstoffe von *Leucanthemum vulgare*. Die Wurzeln enthalten vor allem C_{13}-Derivate, die mit Ausnahme von zwei beschriebenen Dien-triin-Estern alle cyclisiert sind. 13 cyclisierte Polyacetylene sind bekannt.[14] Dabei unterscheidet sich das Polyacetylen-Spektrum der Wurzeln ganz wesentlich von demjenigen der Blüten. Keines der aus Blüten isolierten Acetylene konnte bisher in den Wurzeln nachgewiesen werden.

Verbreitung: Große Teile von Europa, Arealgrenzen nicht genau bekannt. Ferner im Kaukasus und in Sibirien. Auf anderen Kontinenten eingebürgert. Naturnahe und anthropogene Standorte. In Mitteleuropa häufig, oft in Wiesen, auf Äckern, Weiden und Schuttplätzen. Von der Ebene bis in die alpine Stufe. Auf lockeren, nährstoffreichen und lehmigen Böden.

Anbaugebiete: Keine bekannt, in verschiedenen Zuchtformen als Garten- und Schnittblume jedoch weit verbreitet.

Drogen: Bellidis majoris herba, Chrysanthemum leucanthemum hom., Chrysanthemum leucanthemum hom. *HPUS 88*.

Bellidis majoris herba

Synonyme: Herba bellidis pratensis majoris.

Sonstige Bezeichnungen: Dt.: Margeritenkraut.

Definition der Droge: Bellidis majoris herba besteht aus den zur Blütezeit geernteten, getrockneten oberirdischen Teilen, eventuell auch nur aus den Blüten.

Stammpflanzen: Arten der Artengruppe *Leucanthemum vulgare*.

Ganzdroge: Die Droge ist nie genau beschrieben worden. Die Identifikation hat sich an den Angaben zur Morphologie unter Botanische Beschreibung zu orientieren.

Inhaltsstoffe: *Polyacetylene.* 15 Acetylene wurden aus den Blütenköpfen isoliert.[14] Es handelt sich dabei vorwiegend um offenkettige C_{17}-, C_{16}-, C_{13}- und C_{10}-Verbindungen. Beschrieben sind zudem zwei Spiroepoxide. Aus 700 g getrockneter Droge wurden nach Chromatographie über Kieselgel von den Hauptsubstanzen bis zu 500 mg isoliert, nur je 6 mg von den Spiroepoxiden. Der Gesamtgehalt an Polyacetylenen dürfte bei maximal 1% liegen.

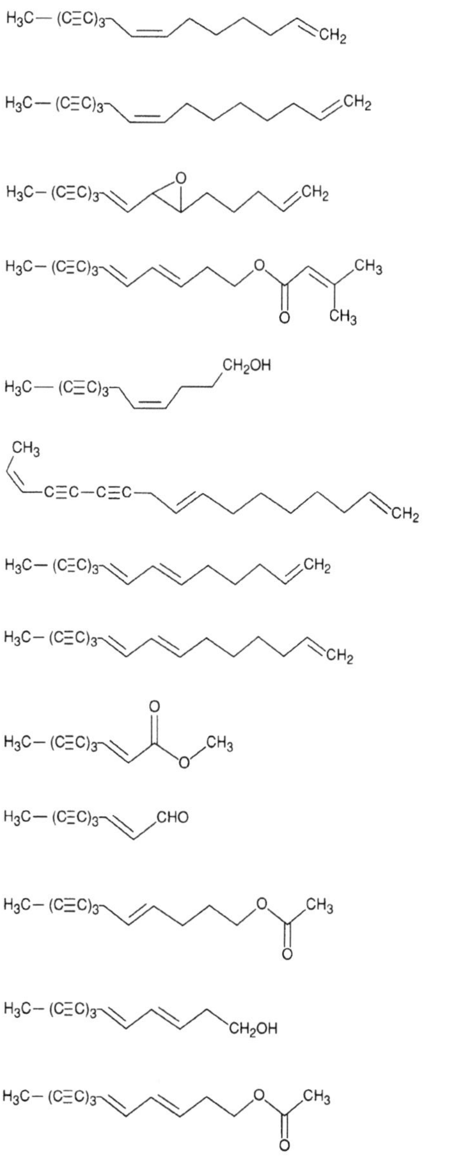

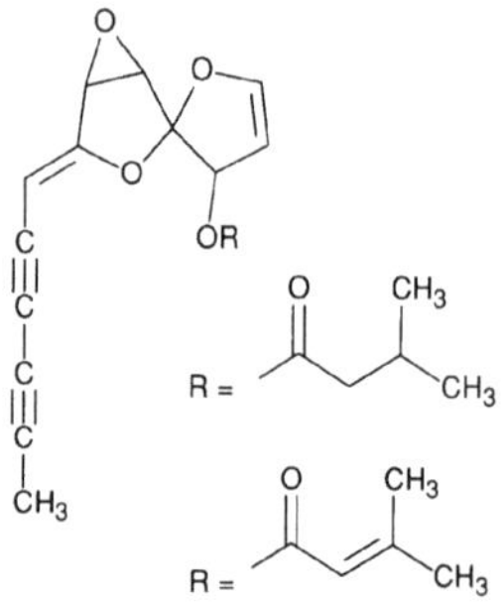

In den Blüten von *Leucanthemum vulgare* vorkommende Polyacetylene

Flavonoide. Mit zweidimensionaler Papierchromatographie wurden Flavonoide im Kraut der blühenden Pflanze nachgewiesen: Apigenin-7-glucuronid,[7] nicht näher bezeichnete Flavonol-5-glucoside.[15] Die Untersuchungen sind ungenügend und wenig abgesichert.
Cyclite. Es wurden apolare Cyclohexanhexole, -pentole und ein Cyclohexantetrol nachgewiesen und deren Biosynthese studiert.[16,17] Es handelt sich um L-Viburnit, *meso*-Inosit, L-Inosit, L-Quercit und L-Leucanthemit, wobei erstere die Hauptcyclite der Pflanze darstellen.

Volkstümliche Anwendung und andere Anwendungsgebiete: Innerlich: Bei Keuchhusten und Asthma sowie bei nervösen Zuständen (nervöse Übererregbarkeit).[18] Bei katarrhalischen Erkrankungen;[19,20] die Blüten auch als Spasmolyticum.[21] Äußerlich: Zur Behandlung von Ulcera und Wunden.[18] Das Wasserdampfdestillat zudem speziell bei Nasenbluten.[21] Die Wirksamkeit bei den genannten Anwendungsgebieten ist nicht belegt.

Dosierung und Art der Anwendung: *Droge.* Innerlich: Als Decoct, 3mal täglich 1 Tasse. Präzise Angaben zur Dosierung fehlen. Äußerlich: Zu Waschungen; nähere Angaben fehlen.
Hinweis: Vieles deutet darauf hin, daß Margeritenkraut und Margeritenblüten als Ersatz für Kamillenblüten mit wenig Erfolg ausprobiert wurden. Entsprechend wird kommentiert:[21] Die Margeritenblüten wurden verwendet wie Kamillenblüten bei viel schwächerer Wirkung.

Unerwünschte Wirkungen: *Allergische Wirkungen.* Im allgemeinen gelten die Sesquiterpenlactone als Auslöser von durch Compositen verursachte Kontaktdermatitiden. Solche wurden aber bisher in *Leucanthemum vulgare* nicht gefunden. Im empfindlichen GPMT-Test (guinea pig maximization test) zeigte die Pflanze jedoch eine starke und anhaltende Reaktion. Die Sensibilisierung erfolgte mit einer subkutanen Injektion. Eine Woche später wurden auf die rasierte Haut am Hals mit in Kochsalz gelöstem 7%igem Kurzetherextrakt (die ganze Pflanze wird dabei während 60 s in peroxidfreien Ether getaucht, der trockene Rückstand wird danach wieder verdünnt und getestet) getränkte Filterpapiere aufgelegt und mit einem Okklusivverband abgedeckt. Für *L. vulgare* wurde ein

Mean Response mR = 2,08 ermittelt, was bedeutet, daß ein Erythem entstand, verbunden mit einer schwachen Schwellung auf der Testzone.[22] Das Resultat entspricht den Erfahrungen, liegen doch etliche Berichte über Sensibilisierungen mit *L. vulgare* vor. Sie betreffen vor allem Floristen und Gärtner. In den meisten Fällen lösten Blätter und Stengel die Kontaktdermatitis aus, es ist aber auch ein Fall mit Blüten beschrieben.[23] Das Sensibilisierungspotential wird als stark beurteilt, die Häufigkeit als gelegentlich, Kreuzreaktionen treten auf.[24] Bei Compositenallergikern, die durch Arten des Chrysanthemum-Komplexes sensibilisiert sind, wird oft eine positive Testreaktion auf Margerite beobachtet. Die Konzentration des Kurzetherextraktes in Vaseline sollte beim Patch-Test 1 bis 3 % nicht überschreiten, da eine Konzentration von 10 % schon stark irritativ wirkt. Ein Polyacetylenalkohol und sein Acetat wurden als potentielle Allergene isoliert. Im GPMT-Test nach einer durch *L. vulgare* ausgelösten Sensibilisierung waren beide Substanzen positiv, ebenso im Patch-Test an Menschen mit einer Sensibilisierung auf Pflanzen der Artengruppe Chrysanthemum. Die Autoren bezeichnen die beiden Polyacetylene als Haptene.[25]

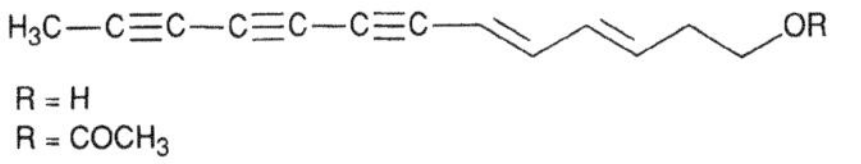

Haptene aus *Leucanthemum vulgare*

Substanzen aus den noch geschlossenen Blütenköpfen von *L. vulgare* zeigten unter UV-Bestrahlung phototoxische Wirkung gegenüber Candida-albicans-Keimen.[26] Die aus der Fraktionierung des Extraktes resultierenden UV-Spektren deuteten auf Polyacetylene als Auslöser der Wirkung hin. Auf Menschen- und Meerschweinchenhaut zeigten dieselben Fraktionen allerdings keine phototoxische Aktivität, so daß das Experiment für die Beurteilung des Sensibilisierungspotentials von *L. vulgare* keine Bedeutung hat.

Toxikologische Daten: *LD-Werte.* Ein nach dreifacher Perkolation mit 50 %igem Ethanol aus 300 g getrockneter, im Mai im Naini-Tal in Indien geernteter Droge (ganze Pflanze) gewonnener Trockenextrakt zeigte einen LD_{50}-Wert von 200 mg/kg KG, i.p., bei Albinomäusen (Mittelwert von 3 Tieren) von 15 bis 20 g Gewicht.[27] Der Extrakt wurde in 0,1 % Agar-Agar oder in 1 % Acaciengummi (gelöst in destilliertem Wasser) suspendiert. 0,2 mL davon wurden bei einer Initialdosis von 500 mg/kg KG injiziert. Die Kontrolltiere erhielten nur die Suspensionsgrundlage injiziert.

Sonst. Verwendung: *Haushalt.* Als Zier- und Gartenpflanzen, beliebt in Blumensträußen. *Landwirtschaft.* In der Landwirtschaft gilt die Margerite als Unkraut, da ihr Nährwert gering ist und sie ein nährstoffarmes, holziges Futter liefert.[28]

Chrysanthemum leucanthemum hom. *HPUS88*

Monographiesammlungen: Chrysanthemum leucanthemum *HPUS88.*

Definition der Droge: Die ganze Pflanze.

Stammpflanzen: *Leucanthemum vulgare* LAM. *HPUS88* gibt für die Stammpflanze dessen Synonym *Chrysanthemum leucanthemum* L. an und erwähnt als Synonyme *Leucanthemum leucanthemum* SMALL sowie *L. vulgare* RYDB.

Zubereitungen: *Urtinktur.* Herstellung durch Mazeration oder Perkolation der frischen oder getrockneten Droge mit EtOH nach den allg. Zubereitungsvorschriften (Class C) der *HPUS88.* Ethanolgehalt 45 % (*V/V*).

Gehalt: *Urtinktur.* Arzneigehalt $^1/_{10}$.

---

1. Hoffmann O (1894) Compositae. In: Engler A, Prantl K (Hrsg.) Die natürlichen Pflanzenfamilien, Bd. 4, Engelmann, Leipzig, S. 87–391, zit. nach Lit.[3]
2. Briquet J, Cavallier F (1915–1917) Composé. In: Burnat E (Hrsg.) Flore des Alpes Maritimes, Bd. 6, Lyon, S. 5–344, zit. nach Lit.[3,8]
3. Heywood VH, Humphries CJ (1977) In: Heywood VH, Harborne JB, Turner BL (Hrsg.) The Biology and Chemistry of Compositae, Bd. II, Academic Press, London New York San Francisco, S. 851–898
4. Vogt RM (1990) Die Gattung Leucanthemum MILL. (Compositae-Anthemideae) auf der Iberischen Halbinsel, Dissertation Ludwig-Maximilians-Universität München
5. Greger H (1969) Naturwiss 56:467–468
6. Greger H (1977) In: Heywood VH, Harborne JB, Turner BL (Hrsg.) The Biology and Chemistry of Compositae, Bd. II, Academic Press, London New York San Francisco, S. 899–941
7. Harborne JB, Heywood VH, Saleh NAM (1970) Phytochemistry 9:2.011–2.017
8. Favarger C (1966) Rev Cyt Biol Vég 29:191–197
9. Bohlmann F, Fritz U, Dutta L (1980) Phytochemistry 19:841–844
10. Hess HE, Landolt E, Hirzel R (1980) Flora der Schweiz, Bd. 3, Birkhäuser Verlag, Basel Boston Stuttgart, S. 570–575
11. FEu, Bd. 4, S. 174–176
12. Heg (1987) Bd. VI, Teil 4, S. 1.361–1.362
13. Villard M (1971) Ber Schweiz Bot Ges 80:96–188
14. Wrang PA, Lam J (1975) Phytochemistry 14:1.027–1.035
15. Glennie CW, Harborne JB (1971) Phytochemistry 10:1.325–1.329
16. Kindl H, Hoffmann-Ostenhof O (1966) Phytochemistry 5:1.091–1.102
17. Kindl H, Hoffmann-Ostenhof O (1967) Phytochemistry 6:77–83
18. Wren RC (Hrsg.) (1975) Potter's New Cyclopaedia of Botanical Drugs and Preparations, The C. W. Daniel Company, Saffron Walden Essex (England), S. 225
19. Hag, Bd. III, S. 895–909
20. Mabberley DJ (1990) The plant-book, Cambridge University Press, Cambridge New York Port Chester Melbourne Sydney, S. 329

21. Fournier P (1947) Le Livre des Plantes médicinales et vénéneuses de France, Bd. 1, Ed. Paul Lechevalier, Paris, S. 397–398
22. Zeller W, de Gols M, Hausen BM (1985) Arch Dermatol Res 277:28–35
23. Benezra C, Ducombs G, Sell Y, Foussereau J (1985) Plant contact dermatitis, BC Decker Inc., Toronto Philadelphia, S. 13, 112
24. Hausen BM (1988) Allergiepflanzen – Pflanzenallergene, ecomed Verlagsgesellschaft mbH, Landsberg, S. 171–172
25. Shibata H, Deguchi S, Nijyo S, Ohta K (1989) Agric Biol Chem 53:2.293–2.295
26. Camm EL, Neil Towers GH, Mitchell JC (1975) Phytochemistry 14:2.007–2.011
27. Dhar ML, Dhar MM, Dhawan BN, Mehrotra BN, Ray C (1968) Indian J Exp Biol 6:232–247
28. Heg (1987) Bd. VI, Teil 4, S. 609–614
29. BAz Nr. 109a vom 16.06.1987

BM/MM

Levisticum

HN: 2026500

Familie: Apiaceae (Umbelliferae).

Unterfamilie: Apioideae.

Tribus: Peucedaneae.

Subtribus: Angelicinae.

Gattungsgliederung: Aus der Gattung Levisticum HILL sind 3 Arten beschrieben: *L. caucasicum* LIPSKY, *L. officinale* KOCH, *L. persicum* FREYN et BORNMÜLLER.[42]

Gattungsmerkmale: Stauden, hochwüchsig, fast kahl, mit geradem, aufrechtem Stengel. Laubblätter mehrfach dreizählig-fiederig zerschnitten. Blüten blaßgelb. Frucht vom Rücken zusammengedrückt, Teilfrüchte mit 3 scharfen, vorspringenden Rückenrippen und 2 etwa doppelt so stark ausgezogenen, dickflügelförmigen, schmalklaffenden Randrippen. Ölstriemen einzeln unter den Tälchen.

Verbreitung: Heimisch wahrscheinlich in West- bis Südwestasien und Südeuropa, *L. officinale* in Europa und Nordamerika kultiviert, z. T. verwildert.[42]

Inhaltsstoffgruppen: Von den Arten wurde bisher nur *L. officinale* phytochemisch untersucht. s. *Levisticum officinale.*

Drogenliefernde Arten: *L. officinale*: Levistici fructus, Levistici herba, Levistici radix, Levisticum officinale, äthanol. Decoctum hom. *HAB 1*, Levisticum officinale hom. *HAB 34*, Levisticum officinale hom. *HPUS 88*.

Levisticum officinale KOCH

Synonyme: *Angelica levisticum* ALL., *A. paludapifolia* LAM., *Hipposelinum levisticum* BRITTON et ROSE, *Levisticum levisticum* KARSTEN, *L. paludapifolium* ASCHERS., *L. vulgare* RCHB., *Ligusticum levisticum* L., *L. officinale* PILGER.

Sonstige Bezeichnungen: Dt.: Badekraut, Bärmutter, Bergliebstöckel, Gebärmutterkraut, Gichtwurz, Labstockwurzel, Leberstockwurzel, Lieberöhre, Liebstengel, Maggikraut, Nervenkraut, Sauerkrautwurz, Suppenlob, Wasserkräutel; engl.: Bladder seed, lovage; frz.: Livèche; it.: Levistico; span.: Apio de montaña, ligustico.

Botanische Beschreibung: Ausdauernde Staude mit starkem Sellerie-ähnlichem Aroma. Grundachse dick, ästig, bräunlich, geringelt, am Hals mit zahlreichen schuppenförmigen Überresten vorjähriger Laubblätter. Sproß 1 bis 2 m hoch, aufrecht, am Grund bis 4 (und mehr) cm dick, röhrig, kahl, bereift, stielrund und nur etwas gestreift, oberwärts gerieft, mit aufrechtabstehenden Seitentrieben; oberste Achseltriebe gegenständig oder zu 2 bis 3 quirlig. Laubblätter dunkelgrünglänzend, im Umriß dreieckig-rhombisch, dreizählig, zwei- bis dreifachfiederig zerschnitten; die unteren bis 70 cm lang und 65 cm breit, nach oben hin allmählich weniger reich gegliedert, kürzer gestielt, die obersten doppelt oder einfach dreischnittig oder auch ungeteilt, direkt auf den Blattscheiden sitzend. Dolden durchschnittlich bis 12 cm, etwa 12- bis 20strahlig, gewölbt. Hüll- und Hüllchenblätter zahlreich, lanzettlich, zurückgeschlagen, am Rand wimperig-papillös gezähnelt, oft auf der Oberseite von spitzen Papillen rauh; Hüllchenblätter am Grund oft etwas miteinander verwachsen. Blüten klein, zwittrig; Kronblätter blaßgelb, etwa 1 mm lang und fast ebenso breit, elliptisch. Griffelpolster zur Blütezeit niedrig-verkehrtkegelförmig, glänzend dottergelb, mit sehr kurzen, warzenförmigen Griffeln. Frucht elliptisch, etwa 5 bis 7 mm lang und halb so breit, bei der Reife gelb bis braun, glatt; Teilfrüchte nach dem Abspringen oft bogenförmig gekrümmt, fünfrippig.

Verwechslungen: Verwechslungen mit anderen Apiaceen kommen nicht vor.

Inhaltsstoffe: *Äth. Öl.* Der Gehalt an ätherischem Öl (Bestimmung nach der Neoclevenger-Methode) sowie dessen qualitative und quantitative Zusammensetzung variiert je nach Organ. Er ist in den Früchten am höchsten (0,9 %), gefolgt von den Blättern (0,33 bis 0,39 %), den Wurzeln (0,11 bis 0,19 %) und den Stengeln (0,11 bis 0,12 %) (*V/m*, bezogen auf die Frischpflanze).[4]
Sonstige. Cumarine, Furanocumarine, Polyacetylenverbindungen.[4,11,14]

Verbreitung: Kultiviert in ganz Europa und Nordamerika, z. T. verwildert, auf tiefgründigem, ausreichend feuchtem und nährstoffreichem Boden in nicht zu sonniger Lage.[1] Wildwachsend in identischer Form mit Sicherheit nicht bekannt, jedoch in einer sehr nahe verwandten Form (*L. persicum*) in Persien wachsend.[42]

Anbaugebiete: Thüringen, Polen, Holland und einige Balkanstaaten wie Ungarn.[2]

Drogen: Levistici fructus, Levistici herba, Levistici radix, Levisticum officinale, äthanol. Decoctum hom. *HAB 1*, Levisticum officinale hom. *HAB 34*, Levisticum officinale hom. *HPUS 88*.

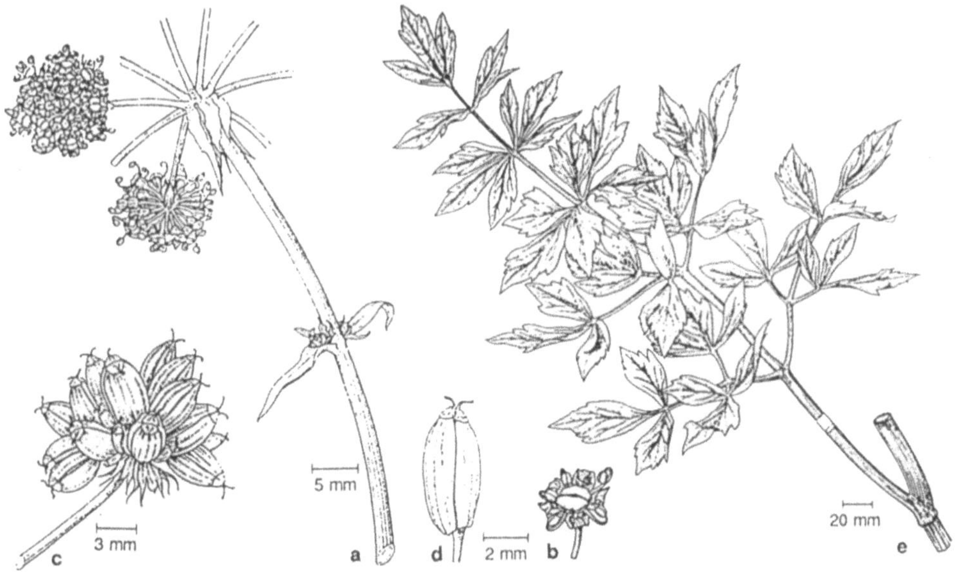

Levisticum officinale KOCH: **a** Dolde mit zwei blühenden Döldchen, **b** Blüte, **c** fruchttragendes Döldchen, **d** Frucht, **e** Laubblatt. Aus Lit.[45]

Levistici fructus (Liebstöckelfrüchte)

Synonyme: Fructus Levistici, Semen Levistici.

Sonstige Bezeichnungen: Dt.: Liebstockfrüchte; engl.: Lovage fruit; frz.: Fruit de livèche.

Definition der Droge: Die getrockneten Früchte.

Stammpflanzen: *Levisticum officinale* KOCH.

Gewinnung: Zur Gewinnung der Früchte für Saatgutzwecke s. Lit.[37]

Handelssorten: Fructus Levistici tot.

Verfälschungen/Verwechslungen: Fructus Angelicae und andere Umbelliferen-Früchte.

Inhaltsstoffe: *Ätherisches Öl.* 0,9% (*V/m*, bezogen auf die Frischdroge) (Neoclevenger-Methode) mit *β*-Phellandren als Hauptkomponente und Alkylphthaliden.[4]
Furanocumarine. Psoralen (3,18 µg/g Droge), Bergapten (6,38 µg/g Droge), Imperatorin (12,82 µg/g Droge), in Spuren 8-Methoxypsoralen (HPLC-Bestimmung).[34-36]

Volkstümliche Anwendung und andere Anwendungsgebiete: Innerlich bei Verdauungsbeschwerden und Blähungen. Zu den genannten Anwendungen liegen keine klinischen Studien vor; die Wirksamkeit bei diesen Anwendungsgebieten ist somit nicht ausreichend belegt.

Sonst. Verwendung: *Haushalt.* Gewürz.

Levistici herba (Liebstöckelkraut)

Synonyme: Herba Levistici, Herba Ligustici.

Sonstige Bezeichnungen: Dt.: Liebstockkraut; engl.: Lovage wort; frz.: Herbe de livèche; span. Yerba de levistico.

Definition der Droge: Das Ende Mai, Anfang Juli oder Ende August bis Anfang September etwa handhoch abgesichelte, getrocknete Kraut.[37]

Stammpflanzen: *Levisticum officinale* KOCH.

Herkunft: Aus dem Anbau, s. Levistici radix.

Gewinnung: Von zweijährigen Kulturen. Trocknung bei mäßiger Wärme. Die Eintrocknung erfolgt im Verhältnis 5 bis 6:1.[37]

Schnittdroge: *Geschmack.* Scharf würzig.
Geruch. Stark aromatisch.[43]
Mikroskopisches Bild. In der Blattaufsicht sind beiderseits buchtig-polygonale oder polygonale Zellen mit Cuticularstreifung, besonders in der Umgebung der auf beiden Seiten vorkommenden Spaltöffnungen. Haare und Calciumoxalatkristalle fehlen.[38]

Inhaltsstoffe: *Ätherisches Öl.* Blätter 0,33 bis 0,39%, Stengel 0,11 bis 0,12% (*V/m*, bezogen auf die Frischdroge) (Neoclevenger-Methode), *β*-Phellandren und *α*-Terpinylacetat als Hauptkomponenten sowie Alkylphthalide.[4]
Cumarine. 0,117 bis 0,122% in Blättern (photometrische Bestimmung nach Umsetzung mit *p*-Nitroanilin): Cumarin, Umbelliferon.[14]

Sonst. Verwendung: *Haushalt.* Gewürz.

Levistici radix (Liebstöckelwurzel)

Synonyme: Radix Laserpitii germanici, Radix Levistici, Radix Ligustici.

Sonstige Bezeichnungen: Dt.: Gebärmutterwurzel, Gichtstockwurzel, Labstockwurzel, Liebstengelwurzel, Liebstockwurzel, Lippstockwurzel, Maggiwurzel, Sauerkrautwurz; engl.: Lovage root; frz.: Racine de livèche; it.: Radice di levistico; span.: Raiz de levistico.

Monographiesammlungen: Liebstöckelwurzel *DAB 7*, *DAC 86*; Radix Levistici *ÖAB 90*; Levisticum *BHP 83*.

Definition der Droge: Die getrockneten unterirdischen Organe *DAB 7*; die getrockneten Wurzelstöcke und Wurzeln *ÖAB 90*, *Helv VII*, *DAC 86*.

Stammpflanzen: *Levisticum officinale* KOCH.

Herkunft: Die Droge stammt ausschließlich aus Kulturen; Hauptlieferländer sind Thüringen, Polen, Holland und einige Balkanstaaten.[2] Über Kulturbedingungen s. Lit.[37]

Gewinnung: Die Droge wird von zweijährigen Pflanzen im Herbst gesammelt.[1] Es empfiehlt sich nicht, die Wurzeln zu zerschneiden, um die Dauer der Trocknung zu verkürzen. Da durch das Schneiden die ölführenden Organe verletzt werden, sind Verluste an ätherischem Öl unvermeidbar.[37] Die Trocknung erfolgt künstlich bei 35 bis 45 °C. Die Eintrocknung erfolgt im Verhältnis 3 bis 4:1.[37]

Ganzdroge: Quergeringelter, gelblicher bis graubrauner, wachsartig weicher, bis 5 cm breiter, häufig gespaltener Wurzelstock, nach unten übergehend in die bis zu 3 cm dicken, wenig verzweigten, längsgefurchten und längsrunzeligen, mit unregelmäßig angeordneten Querhöckern besetzten Wurzeln übergehend; oberes Ende bisweilen mehrköpfig mit Stengelansätzen.

Schnittdroge: *Geschmack.* Erst süßlich, dann würzig und schwach bitter.
Geruch. Aromatisch, an Suppenwürze erinnernd.
Makroskopische Beschreibung. Meist würfelförmige, weiße, bräunliche oder gelbliche Stücke, teilweise mit anhängendem bräunlichem, runzeligem Kork.[43] Querschnitt mit breiter, weißlicher bis bräunlicher, schwammiger, in den inneren Teilen deutlich strahliger Rinde mit Exkretgängen (rotbraune Punkte) und gelbem, porösem Holzkörper, nur bei Rhizomen Mark; glatter Bruch.[44]
Mikroskopisches Bild. Kork dünnwandig, gelbbraun, wenige Lagen; anschließend wenige Lagen kollenchymatisch gestreckter Zellen. Rinde parenchymatisch, Zellen außen mehr tangential gestreckt, innen mehr isodiametrisch; Markstrahlen ein bis drei Zellen breit; Rindenparenchym stärkeführend, oft entlang der Markstrahlen zerrissen; Exkretgänge nach innen zu an Größe abnehmend; Durchmesser ca. 50 bis 100 μm (bis 150 μm), Inhalt rötlichbraun; alternierend mit den Exkretgängen finden sich Gruppen von derbwandigen unverholzten Zellen (Ersatzfasern). Kambium aus wenigen Lagen dünnwandiger Zellen. Holzkörper mit Gefäßen, ca. 40 bis 100 μm im Durchmesser, meist netzförmig verdickt, umgeben von relativ dünnwandigem, stärkeführendem Parenchym und Gruppen von Ersatzfasern; Markstrahlen ein bis drei Zellagen breit. Zentrales Mark (nur im Holzkörper des Rhizoms) aus parenchymatischen Zellen mit Interzellularen und Exkretgängen mit braunem Inhalt.[3]

Pulverdroge: Dünnwandiges Parenchym mit zahlreichen Stärkekörnern, überwiegend 50 bis 100 μm weite Exkretgänge mit braunrotem Inhalt, 40 bis 80 μm breite Gefäße bzw. Gefäßbruchstücke mit netzförmiger Wandverdickung und zu kleinen Bündeln vereinigte Ersatzfasern mit deutlich hervortretender Fibrillentextur.[44]

Verfälschungen/Verwechslungen: Angelicae radix: Rinde außen braungrau bis rötlich, Holzkörper zitronengelb. Diese Verfälschung, wie auch mögliche andere (Pastinacae radix, Pimpinellae radix) können über DC-Analyse erkannt werden.[2,5–7]

Inhaltsstoffe: *Ätherisches Öl.* Etwa 0,4 bis 1,7 % (*V/m*) ätherisches Öl (Neoclevenger-Methode) mit bis zu 70 % Alkylphthaliden als charakteristischen Geruchsträgern der Droge: *Z*-Ligustilid als Hauptkomponente, daneben u. a. *E*-Ligustilid, 3-Butylphthalid sowie *E*- und *Z*-Butylidenphthalid (= Ligusticumlacton). Die Zusammensetzung der Phthalide schwankt je nach Aufarbeitung bzw. Gewinnung des ätherischen Öls;[8–12] der ätherische Ölgehalt und der an Ligustilid ist zur Zeit der Fruchtbildung am niedrigsten (3,8 % bzw. 1,2 %), in der vegetativen und der alternden Phase am höchsten (4,1 bis 4,8 % bzw. 1,94 bis 2,46 %);[13] weitere Hauptkomponenten des ätherischen Öls sind *α*- und *β*-Pinen, *β*-Phellandren sowie Pentylcyclohexadien.[4]
Cumarine. 0,1 % Cumarine (photometrische Bestimmung nach Umsetzung mit *p*-Nitroanilin);[14] der Cumaringehalt soll (ohne Angabe der Methode) im Knospenstadium 4,3 %, am Ende der Wachstumsperiode 3,2 % betragen:[15] Cumarin, Umbelliferon; Furanocumarine: Bergapten und Psoralen.[14–17]
Sonstige. 0,06 % des Polyacetylens (+)-Falcarindiol (nach einer ^{1}H-NMR-spektroskopischen Gehaltsbestimmung).[11]

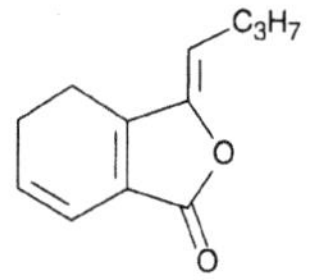

Z-Ligustilid

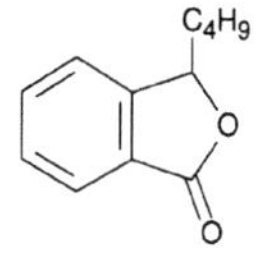

Butylphthalid

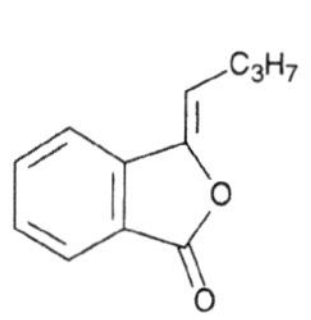

Ligusticumlacton (*Z*-Form)

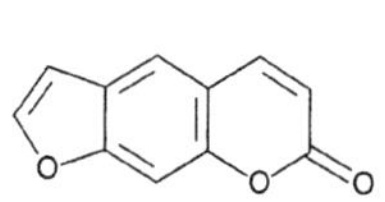

Psoralen

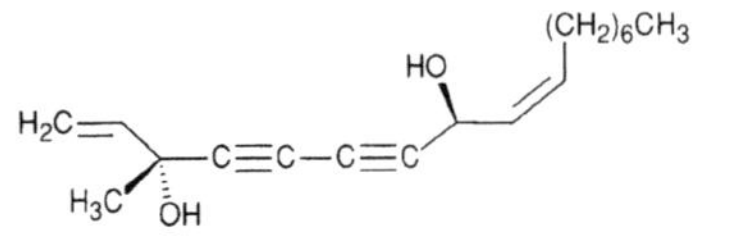

(+)-Falcarindiol

Identität: Mikroskopische Untersuchung der Ganzdroge sowie der Pulverdroge, wobei sklerenchymatische Elemente fehlen. Diese würden aus den Stengelresten herrühren, die gelegentlich vereinzelt an der Droge bleiben *DAB 7*.
DC-Auftrennung *Helv VII*:
- Untersuchungslsg.: Chloroform/Methanol-Extrakt;
- Referenzsubstanz: Eugenol;
- Sorptionsmittel: Kieselgel GF_{254};
- FM: Chloroform-Toluol (1:1);
- Detektion: UV 254 nm (Referenzsubstanz), UV 365 nm (Untersuchungslsg.);
- Auswertung: Oberhalb von Eugenol befindet sich im DC der Untersuchungslsg. ein kräftiger, hellblau bis grünblau fluoreszierender Hauptfleck (Ligustilid) sowie ein bis zwei kleinere darunter liegende Flecke (Cumarine).

DC-Untersuchung des methanolischen Extraktes auf das Hauptphthalid Ligustilid *AB-DDR*:
- Referenzsubstanz: Cumarin;
- Sorptionsmittel: Kieselgel G;
- FM: Benzol-Ether-2 N-Essigsäure (50 + 50 + 20, Oberphase);
- Detektion: Antimon(III)chlorid (Untersuchungslsg.), ethanolische 2 N-KOH (Cumarin);
- Auswertung: Der Rf-Wert des gelbgrün fluoreszierenden Testsubstanzfleckes muß im Bereich von 0,5 bis 0,7 liegen. Das Chromatogramm zeigt über der Startlinie der Untersuchungslsg. einen gelb fluoreszierenden Fleck mit einem R_x-Wert im Bereich von 1,1 bis 1,4 (Ligustilid). Weitere Flecke sind vorhanden. Anstelle von Benzol sollte Toluol verwendet werden. s. a. Lit.[2,4]

DC-Auftrennung des ätherischen Öls mit Ligustilid als Hauptfleck im Chromatogramm *DAC 86*:
- Sorptionsmittel: Kieselgel 60 F_{254};
- FM: Toluol-Methylenchlorid-EtOH (50 + 49 + 1);
- Detektion: Ethanolische Molybdatophosphorsäure und Erhitzen auf 110 °C;
- Auswertung: Im UV 365 nm und nach Detektion, Nachweis des Phthalids Ligustilid.

Reinheit:
- Asche: Höchstens 8 % *DAB 7*, *ÖAB 90*, *DAC 86*.
- Sulfatasche: Höchstens 7 % *Helv VII*.
- Fremde Bestandteile: Höchstens 5 % Stengelanteile *ÖAB 90*; höchstens 3 % *Helv VII*; höchstens 5 % Stengelanteile und höchstens 1,0 % sonstige fremde Bestandteile *DAC 86*.
- Trocknungsverlust: Höchstens 12 % *DAC 86*.
- Salzsäureunlösliche Asche: Höchstens 1 % *DAC 86*.
- Extraktgehalt: Mindestens 45 % *DAC 86*.

Die bei der Identitätsprüfung aufgeführten DC-Untersuchungen können auch zur Reinheitsprüfung herangezogen werden, wie auch die DC-Analyse auf Cumarine nach Lit.[6] Hierbei ist es möglich, Verfälschungen mit Angelicae radix am Auftreten des Cumarins Osthenol zu erkennen.

Gehalt: Mindestens 0,4 % ätherisches Öl auf die getrocknete Droge *DAB 7*, *DAC 86*; mindestens 0,5 % ätherisches Öl *ÖAB 90*; mindestens 0,3 % ätherisches Öl *Helv VII*. Der Mindestgehalt an ätherischem Öl sollte 0,7 % in der ganzen und 0,5 % in der gepulverten Droge betragen.[46]

Gehaltsbestimmung: Wasserdampfdestillation (Neoclevenger-Methode) des ätherischen Öls *DAB 7*, *ÖAB 90*, *DAC 86*; gravimetrische Bestimmung des ätherischen Öls nach Wasserdampfdestillation und Extraktion mit Pentan sowie Abdampfen des organischen Lösungsmittels bei 45 °C *Helv VII*.

Lagerung: Vor Licht und Insektenfraß geschützt, in gut schließenden Behältnissen *ÖAB 90*; gut verschlossen *Helv VII*; dicht verschlossen, vor Licht geschützt; die ganze Droge sollte nicht länger als 18 Monate, die gepulverte höchstens 24 Stunden gelagert werden; die Droge sollte nur in dem Verbrauch angemessenen Mengen vorrätig gehalten werden, da sie leicht von Insekten befallen wird *DAC 86*.

Wirkungen: *Diuretische Wirkung*. Eine angeblich diuretische Wirkung wird vor allem auf die Terpene des in den Wurzeln enthaltenen ätherischen Öls, nicht jedoch auf dessen Hauptkomponenten, die Phthalide, zurückgeführt. So zeigte das ätherische Öl bei weißen Mäusen eine harntreibende Wirkung (8 mg/20 g Tier, i. p., Steigerung der Harnausscheidung je nach Gruppe 86 bzw. 50 %; p. o. 19 bzw. 26 %; s. c. 40 %); die Chloridausscheidung war nicht erhöht.[18] Bei Kaninchen war der diuretische Effekt zwar gering (30 mL Infus aus 10 g Droge pro Tier, p. o., Steigerung der Harnmenge 16,3 %), die Chloridausscheidung bei gleicher Dosis aber stark erhöht (ca. 43,6 %). Ratten produzierten zwar keine höhere Harnmenge (5 mL Infus aus 1,5 g Droge pro Tier), doch war die Harnstoff- und Stickstoffausscheidung deutlich erhöht (49 bzw. 36 %).[20] Schon aufgrund der beträchtlichen Unterschiede bei den verschiedenen Tierarten lassen sich Rückschlüsse auf Wirkungen beim Menschen nicht ziehen.
Antimikrobielle Wirkung. Das ätherische Öl zeigt *in vitro* eine bactericide Wirkung gegen *Bacillus subtilis* und *Micrococcus flavus*.[21] Falcarindiol ist fungistatisch im Sporen-Wachstums-Test gegen eine Reihe von Pilzen, z. B. *Alternaria brassicicola* und *Septoria nodorum* (20 µg/mL).[22]
Sedative Wirkung. Butylphthalid und Sedanenolid wirken leicht sedativ. 200 mg/kg KG, i. p., führten bei Mäusen zu einer 6minütigen Schlafzeit. Nach Barbiturateinnahme (85 bis 100 mg/kg KG, i. p.) verlängerte sich diese bei einer Dosis von 100 mg/kg KG auf 20 bis 30 min.[23]
Anticholinerge Wirkung. Am isolierten Ratten-Dünndarm nach Magnus wurden durch Acetylcholinbromid ausgelöste Krämpfe mit einer Mischung aus Ligustilid und 3-Butylidenphthalid antagonisiert. Sie zeigten eine im Vergleich zu Atropinsulfat achtfach schwächere EC_{50}.[24]

Estrogene Wirkung. Ein wäßriger Extrakt (Droge: H_2O = 1:8, s. c.) hatte nach der Methode von Allen-Doisy bei weiblichen Ratten eine Aktivität von 8 IU pro g Droge, verglichen mit Estradiolbenzoat.[25]

Anwendungsgebiete: Zur Durchspülung bei entzündlichen Erkrankungen der ableitenden Harnwege. Durchspülungstherapie zur Vorbeugung von Nierengries.[27]

Dosierung und Art der Anwendung: *Droge.* Tagesdosis 4 bis 8 g Droge, Zubereitungen entsprechend;[27] gebräuchliche Einzeldosis als Aufguß: 1,5 g auf eine Teetasse;[47] 2 bis 4 g Droge auf eine Teetasse, mehrmals täglich zwischen den Mahlzeiten;[26] Teebereitung: Die Droge wird mit ca. 150 mL siedendem Wasser übergossen und nach etwa 10 bis 15 min durch ein Teesieb gegeben.[26]

Volkstümliche Anwendung und andere Anwendungsgebiete: Innerlich bei ödematösen Schwellungen. In der Volksheilkunde wird die Droge bei Verdauungsbeschwerden wie Aufstoßen, Sodbrennen und Völlegefühl[26] und Blähungen, Menstruationsbeschwerden sowie als schleimlösendes Mittel bei Katarrhen der Luftwege verwendet.[2] Die Verwendung bei Magenbeschwerden ist auf den durch die Phthalide spezifischen Geruch und den schwach bitteren Geschmack zurückzuführen, wodurch, reflektorisch bedingt, eine vermehrte Speichel- und Magensaft-Sekretion hervorgerufen wird.[28]
Zu den genannten Indikationen liegen keine kontrollierten klinischen Studien vor; die Wirksamkeit ist damit nicht ausreichend belegt.

Unerwünschte Wirkungen: *Allergische Wirkungen.* Falcarindiol verursacht im Gegensatz zu dem in den Efeublättern vorkommenden Falcarinol keine Kontaktallergien.[29] Liebstöckel gehört zu den Arten mit geringer Sensibilisierungspotenz, wobei weder Allergene noch eine Sensibilisierungspotenz bekannt sind.[39] Es existiert lediglich eine Fallbeschreibung.[40]

Gegenanzeigen/Anwendungsbeschr.: Tee aus Liebstöckelwurzel soll bei Entzündungen der Niere und ableitenden Harnwege sowie bei eingeschränkter Nierentätigkeit wegen der örtlich reizenden Wirkung des ätherischen Öls nicht angewendet werden.[26] Keine Durchspülungstherapie bei Ödemen infolge eingeschränkter Herz- oder Nierenfunktion. Bei längerer Anwendung von Liebstöckelwurzel sollte auf UV-Bestrahlung sowie intensives Sonnenbaden verzichtet werden (Photodermatose).[27]

Tox. Inhaltsstoffe u. Prinzip: Die in der Droge enthaltenen Furanocumarine Psoralen und Bergapten können Photodermatosen hervorrufen.[30] Während sich Bergapten allein als stark phototoxisch bei Arginin-Mangel-Mutanten von *Chlamydomonas reinhardii* erwies (5 µg/mL und 0,1 mM/L, 60 min Bestrahlung mit NUV, 2 bis 2,7 W/m^2),[31] zeigte der Liebstöckelextrakt (Herstellung aus 1 Teil Droge und 1 Teil 30 %igem Alkohol) in einer Konzentration von 0,01 und 0,25 % bei den gleichen *Chlamydomonas-reinhardii*-Mutanten aufgrund der geringen Konzentration an Furanocumarinen keine phototoxische Wirkung.[32] Gleiches dürfte für Liebstöckeltee gelten.[2,32] Liebstöckelöl zeigte bei Versuchen auf der Haut haarloser Mäuse und Schweine ebenfalls keine phototoxische bzw. photomutagene Wirkung.[33]

Mutagenität: Bergapten erwies sich als photomutagen in Kombination mit Schwarzlicht bei Arginin-Mangel-Mutanten von *Chlamydomonas reinhardii* (5 µg/mL, NUV 10 bis 15 min, 1.400 bis 3.000 induzierte Arg^+-Revertanten/10^8 Überlebende).[32] Liebstöckelextrakt (Herstellung s. toxische Inhaltsstoffe) war dagegen nur schwach photomutagen (0,25 %, NUV 60 min, 7 induzierte Arg^+-Revertanten/10^8 Kolonienbildner).[32]

Sonst. Verwendung: *Haushalt.* Als Gewürz sowie in der Likörindustrie zu Magenschnäpsen, Kräuter- und Bitterlikören.[43]

Gesetzl. Best.: *Standardzulassung.* Standardzulassung Nr. 1569.99.99 Liebstöckelwurzel.[26] *Offizielle Monographien.* Aufbereitungsmonographie der Kommission E am BGA "Levistici radix (Liebstöckelwurzel)".[27]

Levisticum officinale, äthanol. Decoctum hom. *HAB 1*

Synonyme: Levisticum, äthanol. Decoctum.

Monographiesammlungen: Levisticum officinale, äthanol. Decoctum *HAB 1.*

Definition der Droge: Die getrockneten, unterirdischen Teile.

Stammpflanzen: *Levisticum officinale* KOCH.

Zubereitungen: Urtinktur und flüssige Verdünnungen nach *HAB 1*, Vorschrift 19f mit Ethanol 62 % (*m/m*); Eigenschaften: Die Urtinktur ist eine gelbe Flüssigkeit mit arteigenem Geruch und Geschmack.

Identität: *Droge.* Ethanolischer Drogenauszug: Grünblaue Fluoreszenz im UV-Licht bei 365 nm; roter Niederschlag nach Zusatz von Fehlingscher Lösung.
DC des ethanolischen Drogenauszuges:
- Referenzsubstanzen: Borneol, Eugenol, Scopoletin;
- Sorptionsmittel: Kieselgel H;
- FM: Methylenchlorid-Ethylacetat (90 + 10);
- Detektion: Anisaldehyd-Reagenz, Erhitzen auf 110 bis 120 °C, Auswertung im UV-Licht bei 365 nm;
- Auswertung: Nachweis der Cumarine und des Phthalids Ligustilid anhand der Referenzsubstanzen.

Urtinktur. Die Urtinktur gibt die bei der Droge beschriebenen Identitätsreaktionen; Prüflösung ist die Urtinktur.

Reinheit: *Droge.*
- Fremde Bestandteile *(PhEur)*: Höchstens 5% Stengelanteile und höchstens 1% sonstige fremde Bestandteile.
- Asche *(DAB)*: Höchstens 8%.

Urtinktur.
- Relative Dichte *(PhEur)*: 0,869 bis 0,904.
- Trockenrückstand *(DAB)*: Mindestens 2%.

Gehalt: *Droge.* Mindestens 0,4% ätherisches Öl.

Gehaltsbestimmung: Volumetrische Bestimmung des Gesamtgehaltes an ätherischem Öl durch Wasserdampfdestillation unter Zusatz von Xylol (*PhEur*-Methode).

Lagerung: *Urtinktur.* Vor Licht geschützt.

Levisticum officinale hom. *HAB34*

Synonyme: Liebstöckel.

Monographiesammlungen: Levisticum officinale *HAB34.*

Definition der Droge: Der frische, im Herbst gesammelte Wurzelstock mit daranhängenden Wurzeln.

Stammpflanzen: *Levisticum officinale* KOCH.

Zubereitungen: Herstellung: Essenz nach § 3 *HAB34*; Eigenschaften: Die Essenz ist von hellbrauner Farbe, angenehmem, aromatischem Geruch und bitterem Geschmack.

Identität: *Essenz.* Opalisierend trübe Mischung nach Zusatz gleicher Raumteile Wasser; Reduktion von Fehlingscher Lösung.

Gehalt: *Essenz.* Arzneigehalt $^1/_3$.

Anwendungsgebiete: Die Anwendungsgebiete sind nicht ausreichend belegt.[41]

Gesetzl. Best.: *Offizielle Monographien.* Negativmonographie der Kommission D am BGA "Levisticum officinale (Levisticum)".[41]

Levisticum officinale hom. *HPUS88*

Monographiesammlungen: Levisticum officinale *HPUS88.*

Definition der Droge: Die ganze Pflanze.

Stammpflanzen: *Levisticum officinale* KOCH.

Zubereitungen: *Urtinktur.* Herstellung durch Mazeration oder Perkolation mit Ethanol nach den allg. Zubereitungsvorschriften (Class C) des *HPUS88*. Ethanolgehalt 45% (*V/V*).

Gehalt: *Urtinktur.* Arzneigehalt $^1/_{10}$.

---

1. Widmaier W (1988) Pflanzenheilkunde, Bd. 2, WBV Biologisch-Medizinische Verlagsgesellschaft, S. 105
2. Willuhn G (1989) Liebstöckelwurzel. In: Wichtl M (Hrsg.) Teedrogen, 2. Aufl., Wissenschaftliche Verlagsgesellschaft, Stuttgart, S. 309–311
3. Deutschmann F, Hohmann B, Sprecher E, Stahl E (1984) Pharmazeutische Biologie, Drogenanalyse I: Morphologie und Anatomie, 2. Aufl., G. Fischer Verlag, Stuttgart New York, S. 255–256
4. Fehr D (1980) Planta Med 40 (Suppl):34–40
5. Wagner H, Bladt S, Zgainski EM (1983) Drogenanalyse, Springer-Verlag, Berlin Heidelberg New York, S. 154
6. Hörhammer L, Wagner H, Kraemer-Heydweiller D (1966) Dtsch Apoth Ztg 106:267–269
7. Genius OB (1981) Dtsch Apoth Ztg 121:386–387
8. Gijbels MJM, Scheffer JJC, Baerheim Svendsen A (1980) Planta Med 40 (Suppl):41–47
9. Gijbels MJM, Scheffer JJC, Baerheim Svendsen A (1981) Planta Med 42:124
10. Gijbels MJM, Scheffer JJC, Baerheim Svendsen A (1982) Planta Med 44:207–211
11. Cichy M, Wray V, Höfele G (1984) Liebigs Ann Chem 397–400
12. Uhlig JW, Chang A, Jen JJ (1987) J Food Science 52:658–660
13. Liu T, Lu R, Li W, Liu J (1982) Zhongyao Tongbao 7:2–3, zit. nach CA 98:14420x
14. Albulescu D, Palade M, Dafincescu M (1975) Farmacia 23:159–165
15. Dauksha AD (1968) Aktual Vop Farm 23–24, zit. nach CA 76:70136s
16. Karlsen J, Boomsma LEJ, Baerheim Svendsen A (1968) Medd Nor Farm Selsk 30:169–172
17. Fischer FC, Baerheim Svendsen A (1976) Phytochemistry 15:1.079–1.080
18. Bonsmann MR, Hauschild F (1935) Arch Exp Path 179:620–624
19. Vollmer H, Weidlich R (1937) Arch Exp Path 186:574–583
20. Vollmer H, Hübner K (1937) Arch Exp Path 186:592–605
21. Istvan K, Laszlo H (1979) Kert Egy Kozl 42:291–299
22. Kemp MS (1978) Phytochemistry 17:1.002
23. Bjeldanes LF, Kim IS (1978) J Food Sci 43:143–144
24. Mitsuhashi H, Nagai U, Muramatsu T, Tashiro H (1960) Chem Pharm Bull 8:243–245
25. San Martin R (1958) Farmacognosia 18:179–186
26. Standardzulassungen für Fertigarzneimittel (1986) Govi-Verlag, Pharmazeutischer Verlag, Deutscher Apotheker Verlag, Frankfurt/Main
27. BAz Nr. 101 vom 01.06.1990
28. Vollmann C (1988) Z Phytother 9:128–132
29. Hansen L, Hammershoy O, Boll PM (1986) Contact Derm 14:91–93
30. Glombitza KH (1972) Dtsch Apoth Ztg 112:1.593–1.598
31. Schimmer O, Beck R, Dietz U (1980) Planta Med 40:68–76
32. Schimmer O (1983) Planta Med 47:79–82
33. Urbach F, Forbes PD (1976) Report to Res Inst Fragance Mat, 22. März
34. Ceska O, Chaudhary SK, Warrington PJ, Ashwood-Smith MJ (1987) Phytochemistry 26:165–169
35. Naves YR (1943) Helv Chim Acta 5:1.281–1.295
36. Karlsen J, Boomsma LEJ, Baerheim Svendsen A (1968) Medd Nor Farm Selsk 30:169–172
37. Heeger EF (1956) Handbuch des Arznei- und Gewürzpflanzenbaues – Drogengewinnung, Deutscher Bauernverlag, Berlin
38. Brandt W, Wasicky R (1931) In: Thoms H (Hrsg.) Handbuch der praktischen und wissenschaftlichen Pharmazie, Bd. V, Urban & Schwarzenberg, Berlin Wien, S. 1.411

39. Hausen B (1988) Allergiepflanzen – Pflanzenallergene, ecomed, Landsberg München, S. 296
40. Calnan CD (1969) Cont Derm Newslett 5:99
41. BAz Nr. 104a vom 07.06.1990
42. Heg, Bd. V, Teil 2, S. 1.349–1.357
43. Hag, Bd. V, S. 497–500
44. DAC 86
45. Schultze-Motel J (Hrsg.) (1986) Rudolf Mansfeld Verzeichnis landwirtschaftlicher und gärtnerischer Kulturpflanzen, Bd. 2, Springer, Berlin Heidelberg New York Tokyo
46. Helv VII, Kommentar
47. ÖAB 90

IM

Linum

HN: 2042500

Familie: Linaceae.

Unterfamilie: Linoideae.

Tribus: Eulineae.

Subtribus: Lineae.

Gattungsgliederung: Die Gattung Linum L. besteht aus ca. 150 Arten und wird in 5 Sektionen eingeteilt:[1]

- Sect. Cathartolinum (RCHB.) GRISEB.: Mit *L. catharticum* L.;
- Sect. Dasylinum (PLANCHON) JUZ.: Mit *L. hirsutum* L., *L. pubescens* BANKS et SOLANDER, *L. spathulatum* HALÁCSY, *L. viscosum* L.;
- Sect. Linastrum (PLANCHON) BENTHAM: Mit *L. maritinum* L., *L. setaceum* BROT., *L. strictum* L., *L. suffruticosum* L., *L. tenue* DESF., *L. tenuifolium* L., *L. trigynum* L.;
- Sect. Linum: Mit *L. aroanium* BOISS. et ORPH., *L. austriacum* L., *L. bienne* MILL., *L. decumbens* DESF., *L. hologynum* RCHB., *L. leonii* F. W. SCHULTZ, *L. narbonense* L., *L. nervosum* WALDST. et KIT., *L. perenne* L., *L. punctatum* C. PRESL, *L. usitatissimum* L., *L. virgultorum* BOISS. et HELDR.;
- Sect. Syllinum GRISEB.: Mit *L. arboreum* L., *L. basarabicum* KLOKOV, *L. caespitosum* SIBTH. et SM., *L. campanulatum* L., *L. capitatum* KIT., *L. dolomiticum* BORBÁS, *L. elegans* SPRUNER, *L. euboeum* BORNM., *L. flavum* L., *L. goulimyi* RECH., *L. leucanthum* BOISS. et SPRUNER, *L. nodiflurum* L., *L. pallasianum* SCHULTES, *L. rhodopeum* VELEN., *L. tauricum* WILLD., *L. thracicum* DEGEN, *L. ucranicum* CZERN., *L. uninerve* JÁV.

Gattungsmerkmale: Einjährige Kräuter oder mehrjährige Stauden und Halbsträucher. Wurzel: Spindelförmige, oft verholzte, bleibende Hauptwurzel, ausdauernde Arten meist mit mehr oder weniger reichästigem Erdstock. Stengel: Dünn, aufrecht oder nur wenig gebogen, selten aus niederliegendem Grunde aufsteigend, dicht mit Blättern besetzt. Blätter: Wechsel-, seltener gegen- oder quirlständig, ungeteilt, ganzrandig, Nebenblätter fehlend oder in Form von drüsenförmigen Organen vorhanden.

Blüten: An der Spitze der gabelig verzweigten Stengel in meist lockeren Wickeln. 5 Kelchblätter, frei, ganzrandig, oft drüsig gewimpert oder hautrandig, meist erhalten bleibend. 5 Kronblätter, weiß, blau, rötlich oder gelb, zart. 5 Staubblätter, am Grunde mehr oder weniger verwachsen, zwischen den Staubfäden gerade, kurze Staminodien, im verwachsenen Teil alternierend mit den Kronblättern, 5 Honigdrüsen. Meist 5, seltener 3 oder 2 Fruchtblätter und Griffel, Griffel frei oder seltener mehr oder weniger hoch hinauf verbunden. Narben kopfig, keulenförmig oder lineal. Frucht: Kapsel mit 5 je durch eine mehr oder weniger vollständige Zwischenwand in 2 einsamige Kammern geteilten Fächern. Samen: Flach, glatt, mit verschleimender Oberhaut.[1,2]

Verbreitung: Gemäßigte und subtropische Gebiete aller Erdteile, besonders zahlreich im Mittelmeerraum.

Inhaltsstoffgruppen: Samen: Fette Öle (Linolensäure, Linolsäure, Ölsäure), saurer Schleim, Proteine.
Pflanze bzw. Samen: Cyanogene Glykoside, z. B. Linamarin, ist außer in *L. usitatissimum* in allen bisher untersuchten rot-, blau- oder weißblühenden Arten enthalten, nicht jedoch in gelbblühenden.[3]
Blätter: Zimtsäurederivate (Kaffeesäure, *p*-Cumarsäure, Ferulasäure).[1,2]

Drogenliefernde Arten: *L. catharticum*: Lini cathartici herba, Linum catharticum hom. *HAB34*, Linum catharticum hom. *HPUS88*; *L. usitatissimum*: Filum lini sterile, Filum lini sterile in fuso ad usum veterinarium, Filum lini sterile in receptaculo, Lini oleum, Lini semen, Lini seminis placenta, Linum usitatissimum hom. *HAB34*, Linum usitatissimum hom. *HPUS88*.

Linum catharticum L.

Synonyme: *Cartholinum pratense* RCHB., *Linum diversifolium* GILIB.

Sonstige Bezeichnungen: Dt.: Abführgras, Abführkraut, Berglein, Darmglöckel, Laxiergras, Purgierflachs, Purgierlein, Schnellengras, Wiesenlein, Wilder Lein; engl.: Fairy flax, mountain flax, purging flax; frz.: Lin sauvage purgatif; it.: Lino cathartico, linoéula savonina, lino purgativo.[2,6,21,148]

Systematik: Verschiedene Varietäten bekannt.[2]

Botanische Beschreibung: Unscheinbare Lein-Art, einjährig, überwinternd einjährig oder zweijährig, selten zwei- bis mehrjährig, Höhe 10 bis 20 cm (selten 5 bis 30 cm).
Wurzel: Pfahlförmig, lang, dünn, weißlich. Stengel: Aufrecht oder aufsteigend, einfach und nur im Blütenstand ästig oder seltener vom Grunde an ästig, dünn, kahl, meist locker beblättert. Blätter: Gegenständig, die obersten oft wechselständig, ganzrandig, ungestielt, am Rande besonders im unteren Teil rauh aufgrund von kurzen, nach vorne gerich-

teten Wimperhaaren, einnervig. Die unteren länglich-verkehrt-eiförmig, die oberen lanzettlich-spitz. Blüten: In lockeren, rispig verzweigten, spärlich beblätterten Wickeln, achselständig, auf ziemlich langen dünnen, kahlen Stielen, vor dem Aufblühen überhängend. 5 Kelchblätter, elliptisch, zugespitzt, 2 bis 2,5 mm lang, in der vorderen Hälfte drüsig bewimpert. 5 Kronblätter, länglich-verkehrt-ei- bis keilförmig, 4 bis 5 mm lang, weiß, am Grunde gelb. Staubblätter ca. 2 mm lang, am Grunde miteinander verbunden, zwischen den Fäden ab und zu mit zahnartigen Fortsätzen. Fruchtknoten mit 5 kopfigen Narben auf dünnen, 0,5 mm langen Griffeln. Frucht eine aufrechte, kugelige, 2 bis 3 mm lange, unvollkommen zehnfächrige Kapsel, Scheidewände innen lang behaart. Samen elliptisch, 1 bis 1,5 mm lang, flach, glatt, hellbraun. Blütezeit Juni bis August.[2,6,35,139,149]

Inhaltsstoffe: Ca. 0,5% Linin (Bitterstoff), 2% Gerbstoff, Harz, ca. 0,15% ätherisches Öl.[6,19,150]

Verbreitung: Mitteleuropa, nördlich bis zu den Britischen Inseln, Island und Skandinavien, südlich bis Spanien, Italien und Griechenland; Kaukasus, Vorderasien bis Persien, Nordafrika, Kanarische Inseln. Anspruchslos bezüglich Bodenbeschaffenheit und Standort, gedeiht in Höhen bis 2.300 m.[2,35]

Anbaugebiete: Wildform, wird nicht angebaut.

Drogen: Lini cathartici herba, Linum catharticum hom. *HAB 34*, Linum catharticum hom. *HPUS 88*.

Lini cathartici herba

Synonyme: Herba Lini cathartici.

Sonstige Bezeichnungen: Dt.: Linum-catharticum-Kraut.

Definition der Droge: Das Kraut.

Stammpflanzen: *Linum catharticum* L.

Herkunft: Mitteleuropa.

Gewinnung: Wildsammlung.

Ganzdroge: s. Botanische Beschreibung von *L. catharticum*.

Inhaltsstoffe: *Bitterstoff.* Linin ist ein lignanartiger Stoff, der vier Methoxygruppen und eine Lactongruppe besitzt und dem Pikropodophyllin ähnlich zu sein scheint ($C_{23}H_{22}O_9$, Smt. ca. 205 °C).[113,151-153]

Wirkungen: In therapeutischen Dosen (bis 0,5 g Extrakt; Extraktart unbekannt, Angaben aus dem 19. Jahrhundert) abführend, größere Dosen rufen Erbrechen und heftige Gastroenteritis hervor.[139,149,150]
Linin besitzt selbst keine laxative Aktivität, und es wird angenommen, daß es in der Pflanze als Glykosid vorliegt, das eine stärkere laxierende Wirkung besitzt.[113,151-153] Neuere Untersuchungen existieren nicht.

Volkstümliche Anwendung und andere Anwendungsgebiete: Bei Obstipation und zu geringer Harnausscheidung, als Brechmittel, bei katarrhalischen und rheumatischen Erkrankungen, bei Wassersucht und Würmern.[6,69,139,150] Die Anwendung als Laxans ist obsolet, die Wirksamkeit bei den übrigen Indikationen ist nicht belegt.

Dosierung und Art der Anwendung: *Droge.* Teeaufguß: 2,5 g auf 1 Tasse heißes Wasser,[6,145] oder Herba Lini cathartici pulv. 2,0 g als einmalige Gabe.[139]

Unerwünschte Wirkungen: *Verdauungstrakt.* Erbrechen, Gastroenteritis, in höheren Dosen mit Ulcerationen.[6]

Tox. Inhaltsstoffe u. Prinzip: Linin.

Toxikologische Daten: *LD-Werte.* Dosis letalis von Linin bei der Katze: 10 mg/kg KG s. c.. Der Tod tritt durch zentrale Lähmung ein.[150]

Linum catharticum hom. *HAB 34*

Monographiesammlungen: Linum catharticum *HAB 34*.

Definition der Droge: Frische, blühende Pflanze.

Stammpflanzen: *Linum catharticum* L.

Zubereitungen: Essenz nach § 3 *HAB 34*.

Gehalt: *Essenz.* Arzneigehalt $^1/_3$.

Lagerung: Urtinktur, 1., 2. und 3. Dezimalpotenz vorsichtig aufzubewahren.

Unerwünschte Wirkungen: Ab D2 nicht bekannt.[157]

Gesetzl. Best.: *Offizielle Monographien.* Negativmonographie der Kommission D am BGA "Linum catharticum".[157]

Linum catharticum hom. *HPUS 88*

Monographiesammlungen: Linum catharticum *HPUS 88*.

Definition der Droge: Die ganze Pflanze.

Stammpflanzen: *Linum catharticum* L.

Zubereitungen: *Urtinktur.* Herstellung durch Mazeration oder Perkolation der frischen oder getrockneten Droge mit EtOH nach den allg. Zubereitungsvorschriften (Class C) der *HPUS 88*. Ethanolgehalt 65% (*V/V*).

Gehalt: *Urtinktur.* Arzneigehalt $^1/_{10}$.

Linum usitatissimum L.

Sonstige Bezeichnungen: Dt.: Flachs, Lein; engl.: Flax; frz.: Lin; dän.: Hör; it.: Lino; port.: Linho; span.: Lino.

Systematik: Es werden 2 Unterarten unterschieden:
- Ssp. *crepitans* (BOENINGH.) VAVILOV et ELLADI: Var. *humile*; Spring-, Klang-, Öl- oder Samen-Lein. Die Kapseln springen mit einem leisen Klang von selbst auf. Samen heller als bei ssp. *usitatissimum*. Vorwiegend zur Gewinnung von Samen und Leinöl angebaut;
- ssp. *usitatissimum* (= var. *vulgare* BOENINGH.): Schließ-Lein, Dresch-Lein, Flachs. Die Samen müssen durch Ausdreschen gewonnen werden, da sich die Kapseln nicht von selbst öffnen. Der Stengel ist höher, wenig verästelt und die Blüten und Früchte kleiner und weniger zahlreich als bei ssp. *crepitans*. Diese Form wird als Faserlein und als Samen- bzw. Öllein kultiviert. Sog. Kreuzungsleine können gleichzeitig für beide Zwecke dienen. Nach der Saatzeit unterscheidet man die Formen des Winterleins (var. *bienne* MILL.) und des häufiger kultivierten Sommerleins (var. *vulgare* BOENINGH.). Der letztere wird je nach Samengewicht in die Form *macrospermum* mit einem Tausendkorngewicht von 5,4 bis 15 g (offizinell) und in die Form *microspermum* mit einem Tausendkorngewicht von 3,4 bis 5,3 g eingeteilt (nicht offizinell).

Beide Subspezies gibt es in mannigfachen Formen. Sie sind nur in Kultur bekannt. Als Stammpflanze gilt der nahe verwandte Wildlein *L. angustifolium* HUDS. (= *L. usitatissimum* L. ssp. *hispanicum*) aus dem Mittelmeergebiet.[2,4,5]
Verschiedene Cultivars an Gelbleinsorten sind beim Bundessortenamt registriert (Bionda, Foster, Hella, Villapaz).

Botanische Beschreibung: Einjährige, in einigen Varietäten zweijährige Pflanze, 20 bis 150 cm hoch. Wurzel: Kurz, spindelförmig, hellgelb. Stengel: Einfach oder im oberen Teil verzweigt, dicht wechselständig beblättert, stielrund, aufrecht oder kurz bogig aufsteigend. Blätter: Glattrandig, graugrün, dreinervig. Ungestielt, am Grunde oft stielartig verschmälert. 2 bis 3 cm lang, 3 bis 4 mm breit, dünn, schmal lanzettlich, fast grannenartig zugespitzt. Blüten (5strahlig): Rispig angeordnet, lockere Wikkel auf langen Stielen, im oberen Teil des Stengels den Blattachseln entspringend. 5 Kelchblätter, eiförmig, scharf gekielt, 5 bis 6 mm lang, kurz zugespitzt, kahl, breit hautrandig (Hautrand im vorderen Teil rauh und fein bewimpert), meist 3nervig. 5 Kronblätter, keilförmig bis verkehrt-eiförmig, 12 bis 15 mm lang, vorne gestutzt, ganzrandig, seltener etwas gekerbt, himmelblau mit dunkleren Adern, je nach Zuchtform auch weiß, hellblau, hellrosa oder lila. 5 Staubblätter mit blauen Staubbeuteln, 2 mm lang, meist steril, am Grunde kurz miteinander verwachsen. Griffel blau, ca. 4 mm lang, mit kurz keulenförmig-kopfigen Narben. Fruchtknoten aus 5 Fruchtblättern, durch Septenbildung angedeutet 10fächrig. Frucht auf aufrechtem oder wenig gebogenem Stiel, kugelig-eiförmig, 6 bis 8 mm lange, spitze Kapsel mit normalerweise 10 Samen, oft auch weniger.[2,6] Samen: s. Ganzdroge Lini semen.

Verwechslungen: Da es sich ausschließlich um eine Kulturpflanze handelt, kommen Verwechslungen praktisch nicht vor.

Inhaltsstoffe: Chlorogensäure, in den Wurzeln der Sämlinge Linein, in den Schößlingen Glykoside und Ester der *p*-Cumar-, Kaffee-, Ferula- und Sinapinsäure sowie *C*-Glykoside von *O*-Glykoflavonen.[7] In den Blättern und Stengeln Orientin, Isoorientin, Vitexin, Isovitexin, Lucenin-1 und -2 sowie Vicenin-1 und -2,[8] im Faserflachs Apigenin und Luteolin,[9] in Wurzeln und Kraut z. T. Linamarin und Lotaustralin,[10] im Samen viel fettes Öl, keine Stärke.

Verbreitung: *L. usitatissimum* gedeiht mit Ausnahme der äquatorialen Länder überall bis weit über den Polarkreis hinaus und kann auch in Gebirgslagen (bis 1.800 m) angebaut werden. Umweltfaktoren (Klima, Boden, Düngung) sowie genetische Einflüsse spielen jedoch eine bedeutsame Rolle bezüglich Qualität und Ertrag von Leinsamen und Leinfaser.[11-18]

Anbaugebiete: Wichtige Anbaugebiete sind Marokko, Belgien, Ungarn, Rumänien, GUS, Vorderasien, Indien, Argentinien, Kanada, USA.[19] Lein wird schon seit der Steinzeit als Nutzpflanze gezogen.[20]

Drogen: Filum lini sterile, Filum lini sterile in fuso ad usum veterinarium, Filum lini sterile in receptaculo, Lini oleum, Lini semen, Lini seminis placenta, Linum usitatissimum hom. *HAB 34*, Linum usitatissimum hom. *HPUS 88*.

Filum lini sterile (Steriler Leinenfaden)

Monographiesammlungen: Filum lini sterile *DAB 10 (Eur), ÖAB 90, Helv VII.*

Definition der Droge: Steriler Leinenfaden besteht aus pericyclischen Fasern des Pericycel; die Fasern von 2,5 bis 5 cm Länge werden zu Bündeln von 30 bis 80 cm zusammengefaßt, darauf zu kontinuierlichen Fäden bis zum gewünschten Durchmesser gesponnen *DAB 10 (Eur), ÖAB 90, Helv VII.*

Stammpflanzen: *Linum usitatissimum* L.

Herkunft: Kulturen der Varietät *vulgare*.

Gewinnung: Die lufttrockenen Stengel des Leins werden durch Riffelkämme von den Samenkapseln befreit. Anschließend werden die im Parenchym konzentrisch eingelagerten Faserbündel durch einen biochemischen Prozeß (Röste oder Rotte), durch Wasseraufschluß oder auf rein mechanischem Wege gelockert bzw. freigelegt, so daß sie sich maschinell vom Holzkörper des Leinenstrohs ablösen lassen. Aus den Fasern wird zunächst ein Garn hergestellt, das durch Verdrillen mehrerer Garnstränge zum Rohzwirnfaden wird. Dieser wird mit Wasserstoffperoxid oder Hypochlorid gebleicht und durch ein Spezialverfahren von den seitlich herausragenden Flachsfasern befreit. Anschließend wird er sterilisiert.

Ganzdroge: Leinenfaden ist im allgemeinen cremeweiß oder kann gefärbt sein (meist schwarz).

Identität: Das Ende eines Leinenfadens wird mit Hilfe einer Nadel oder einer Pinzette ausgefasert,

um einige einzelne Fasern zu erhalten. Unter dem Mikroskop lassen die Fasern eine Breite zwischen 12 und 31 µm und im größeren Teil ihrer Länge dikke Wände erkennen. Sie sind manchmal in der Längsachse fein gestrichelt und haben einen schmalen Hohlraum. Die Fasern sind zum Ende hin zugespitzt. Manchmal zeigen sie einseitige Ausbuchtungen mit transversalen Linien *DAB 10 (Eur)*.
Nach Zusatz iodhaltiger Zinkchloridlsg. färben sich die isolierten Fasern blauviolett *DAB 10 (Eur)*.

Reinheit: Der Leinenfaden muß den unter "Sterile, nicht resorbierbare Fäden (Fila non resorbilia sterilia)" angegebenen Prüfungen entsprechen.
Wenn der Faden trocken gelagert worden ist, wird er unmittelbar vor der Messung des Durchmessers 4h lang einer relativen Feuchtigkeit von 65 ±5% und einer Temperatur von 20 ± 2°C ausgesetzt. Für die Prüfung auf "Reißkraft" wird der Faden vorher 30 min lang bei Raumtemperatur ins Wasser gelegt und anschließend sofort gemessen *DAB 10 (Eur)*.

Lagerung: Entspricht den Vorschriften der allgemeinen Monographie "Sterile, nicht resorbierbare Fäden" *ÖAB 90, Helv VII*.

Filum lini sterile in fuso ad usum veterinarium (Steriler Leinenfaden im Fadenspender für Tiere)

Monographiesammlungen: Filum lini sterile in fuso ad usum veterinarium *DAB 10 (Eur), ÖAB 90, Helv VII*.

Definition der Droge: s. Filum lini sterile.

Stammpflanzen: *Linum usitatissimum* L.

Herkunft: s. Filum lini sterile.

Gewinnung: s. Filum lini sterile.

Identität: s. Filum lini sterile.

Reinheit: Der Faden muß den unter "Sterile, nicht resorbierbare Fäden im Fadenspender für Tiere (Fila non resorbilia sterilia in fuso ad usum veterinarium)" angegebenen Prüfungen entsprechen *DAB 10 (Eur)*.
Detailbestimmungen für trocken gelagerten Faden, Messung des Durchmessers bzw. Prüfung auf Reißkraft s. Filum lini sterile.

Lagerung: Entspricht der Monographie "Sterile, nicht resorbierbare Fäden im Fadenspender für Tiere" *DAB 10 (Eur)*.

Filum lini sterile in receptaculo (Steriler Leinenfaden im Fadenspender)

Monographiesammlungen: Filum lini sterile in receptaculo *DAB 10*.

Definition der Droge: Entspricht der Monographie "Filum lini sterile", jedoch kann der einzelne Faden länger als 3,5 m sein. Der Faden wird in einem Behältnis in den Verkehr gebracht, das es erlaubt, ihn anteilweise zu entnehmen *DAB 10*.

Stammpflanzen: *Linum usitatissimum* L.

Herkunft: s. Filum lini sterile.

Gewinnung: s. Filum lini sterile.

Identität: s. Filum lini sterile.

Reinheit: Entspricht der Monographie "Steriler Leinenfaden" *DAB 10*. Dabei gilt *(DAB 10)*:
- Länge: Mindestens 95% der deklarierten Länge.
- Durchmesser: Fäden von mehr als 3,5 m Länge sind an mindestens 12 Punkten zu messen. Dabei darf die Zahl der Meßpunkte je Abschnitt von 5 m Länge 3 nicht unterschreiten. Die Meßpunkte sollen gleichmäßig über die Länge der Fäden verteilt sein.
- Reißkraft: Der Faden ist je Abschnitt von 5 m Länge an mindestens 2 Stellen zu prüfen, ein Faden von weniger als 5 m Länge an mindestens 2 Stellen. Die Meßstellen sollen gleichmäßig über die Länge der Fäden verteilt sein.
- Sterilität: Entspricht der für Catgut und anderes chirurgisches Nahtmaterial vorgeschriebenen "Prüfung auf Sterilität". Der Faden ist über seine gesamte Länge zu prüfen.

Lagerung: Entspricht der Monographie "Steriles Catgut im Fadenspender" *DAB 10*.

Lini oleum (Leinöl)

Synonyme: Oleum Lini.

Sonstige Bezeichnungen: Dt.: Flachsöl, Leinsamenöl, Linum-usitatissimum-Samenöl; engl.: Flaxseed oil, linseed oil; frz.: Huile de lin; it.: Olio di lino; port.: Oleo de linho; span.: Aceite de linaza.

Monographiesammlungen: Oleum Lini *DAB 7, ÖAB 90*; Lini oleum *Helv VII*; Leinöl *DAC 86*; Linseed Oil *BPC 79, Mar 29*.

Definition der Droge: Das aus reifen Samen gewonnene, gegebenenfalls raffinierte Öl *DAB 7*; das aus den Samen kalt gepreßte fette Öl *ÖAB 90*; das aus den Samen durch Pressung gewonnene fette Öl *Helv VII*.

Stammpflanzen: *Linum usitatissimum* L.

Herkunft: s. Lini semen.

Gewinnung: Pharmazeutische Zwecke: Kalte Pressung aus reifen zerkleinerten Leinsamen.
Technische Zwecke: Heiße Pressung sowie Ausziehen der Preßkuchen mit Lösungsmitteln. Eine Raffination des Öls dient zur Entfernung der Schleimstoffe.[106]

Handelssorten: Rohes, gebleichtes und raffiniertes Leinöl sowie Lackleinöl.

Ganzdroge: Klares, hellgelbes oder bräunlich- bis grünlichgelbes Öl von charakteristischem Geruch und geringer Viskosität. In dünner Schicht ausge-

strichten, erstarrt das Öl innerhalb von 24 bis 36 h zu einem festen, transparenten Film ("trocknendes Öl").[107]
Schwer löslich in Ethanol 96 %, mischbar mit Ether, Petrolether, Chloroform und Benzol.[109,158,159]
Leinöl ist noch bei –18 °C[159] bzw. –20 °C[158] klar und flüssig.

Verfälschungen/Verwechslungen: Verfälschungen mit anderen Ölen, z. B. Fischöl, Erdnußöl, Rüböl, sind selten. Nachweis: Papier- oder gaschromatographisch[108,109] oder UV-spektroskopisch.[110]

Minderqualitäten: Heiß gepreßtes oder gekochtes Öl darf nicht für pharmazeutische Zwecke benutzt werden. Das Öl darf nicht ranzig schmecken oder riechen.[35,107,108,112]

Inhaltsstoffe: Die Zusammensetzung von Leinöl ist folgendermaßen:[10,19,108,113,114]
Ungesättigte Fettsäuren. 40 bis 60 % Linolensäure (eine ω3-Fettsäure; 18:3 (Δ9,12,15) oder 18:3 (ω3) oder 18:3 (n3)), 10 bis 25 % Linolsäure (eine ω6-Fettsäure, 18:2 (Δ9,12) oder 18:2 (ω6) oder 18:2 (n6)), 13 bis 30 % Ölsäure (eine ω9-Fettsäure; 18:1 (Δ9) oder 18:1 (ω9) oder 18:1 (n9)).

α-Linolensäure

Linolsäure

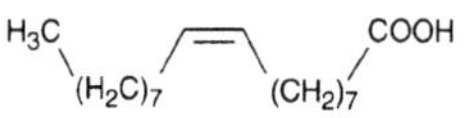

Ölsäure

Gesättigte Fettsäuren. 6 bis 16 % Palmitin- und Stearinsäure.
Unverseifbarer Anteil. < 2 % unverseifbarer Anteil, bestehend aus Cholesterin, Campesterin, Stigmasterin, Sitosterin, 5-Avenasterin, 7-Stigmasterin, 7-Avenasterin.
Der Gehalt an ungesättigten Fettsäuren ist bei Kultur in kühlerem Klima höher als im warmen.[115,116]
Die Zusammensetzung der Fette schwankt auch in Abhängigkeit vom Genotyp.[116]
Der größte Teil der Fettsäuren liegt in Form der Triglyceride vor (92 %), nur 3 % als freie Fettsäuren und 1 % als Phospholipide. Die Phospholipidfraktion enthält mehr gesättigte Fettsäuren als die Triglyceridfraktion und die Fraktion der freien Fettsäuren. Linolensäure stellt 47 % der Fettsäuren der Triglyceridfraktion und 18 % der Fettsäuren in der Phospholipidfraktion dar. Ölsäure ist mit 35 % die Hauptfettsäure der Phospholipidfraktion.[117]

Identität: Leinöl gibt eine positive Reaktion auf Samenöle und auf trocknende fette Öle der allgemeinen Monographie "Olea pinguia" *ÖAB 90*. Die Prüfung erfolgt nach der allgemeinen Monographie "Identifizierung fetter Öle durch Dünnschichtchromatographie"; das Chromatogramm ist einer wiedergegebenen Abbildung vergleichbar *Helv VII*.
Nach säulenchromatographischer Vortrennung können die einzelnen Fraktionen dünnschichtchromatographisch untersucht und die einzelnen Fettsäuren gaschromatographisch bestimmt werden:[117]
Säulenchromatographische Vortrennung: Ein Chloroform-Methanol (2:1)-Extrakt des Leinöls wird säulenchromatographisch getrennt (Säule 2 × 100 cm, gepackt mit Kieselsäure in Hexan, Säulenhöhe 60 cm), die einzelnen Fraktionen getrocknet, gewogen und in Chloroform wieder aufgenommen.
DC der Einzelfraktionen:
- Sorptionsmittel: Kieselgel G (Glasplatten);
- FM: Petrolether (30 bis 60 °C)-Ether-Essigsäure (90 + 10 + 1);
- Detektion: Iodbad, Auswertung im Vis;
- Auswertung: Vergleich mit Standards.

Gaschromatographische Bestimmung der Fettsäuren:
- Probenvorbereitung: Die Lipide bzw. Fettsäuren in den Fraktionen nach Säulenchromatographie werden zu Methylestern derivatisiert;
- Säule: Kupfersäule, gepackt mit 20 % Diethylglycolsuccinatpolyester auf Gas Chrom A (80 bis 100 mesh);
- Säulentemperatur: 182 °C;
- Inlet-Temperatur: 325 °C;
- Carrier-Gas: N_2, Flußrate 30 lbs/in^2;
- Detektorstrom: 250 mA.

Nach anderen Autoren ist vor der säulenchromatographischen Auftrennung eine Abtrennung der komplexeren Lipide (z. B. Phospholipide) von den einfacheren Lipiden (Fettsäureester von Glycerin und Sterinen) empfehlenswert. Dies geschieht durch Zwei-Phasen-Ausschüttelung (obere Phase Hexan, untere Phase Ethanol). In der Hexanphase sammeln sich die einfachen Lipide, in der Ethanol-Phase die komplexeren.[116]

Reinheit:
- Dichte: ρ^{20° = 0,926 bis 0,936 *DAB 7, ÖAB 90*; 0,926 bis 0,937 *Helv VII*.
- Brechungsindex: $n_D^{20^\circ}$ = 1,478 bis 1,485 *DAB 7, Helv VII*; 1,480 bis 1,484 *ÖAB 90*.
- Iodzahl: 165 bis 190 *DAB 7*; 168 bis 190 *ÖAB 90*; 160 bis 200 *Helv VII*. Durch den hohen Anteil an ungesättigten Fettsäuren liegt die Iodzahl bei Leinöl im Vergleich zu anderen Ölen sehr hoch.
- Verseifungszahl: 187 bis 195 *DAB 7, ÖAB 90, Helv VII*.
- Säurezahl: Höchstens 4,0 *DAB 7*; höchstens 3,5 *ÖAB 90*.
- Unverseifbare Anteile: Höchstens 2,0 % *DAB 7, Helv VII*; höchstens 1,0 % *ÖAB 90*.
- Peroxidzahl: Höchstens 20 *ÖAB 90, Helv VII*.
- Verdorbenheit: Prüfungen nach *DAB 7* und *ÖAB 90*.
- Aussehen: Farbintensität darf die einer Vergleichslösung nicht überschreiten *DAB 7*.
- Harzsäuren bzw. Harze, Harzöl: Prüfungen nach *DAB 7* bzw. *Helv VII*.
- Harze, Mineralöl: Prüfung nach *ÖAB 90*.
- Baumwollsamenöl: Abwesenheitsprüfung nach *DAB 7, ÖAB 90, Helv VII*.

- Kapoköl: Abwesenheitsprüfung nach *ÖAB 90*, *Helv VII*.
- Fischöl: Abwesenheitsprüfung der noch stärker ungesättigten Fettsäuren des Fischöls durch Bromierung der freien Fettsäuren und Bestimmung der Schmelztemperatur der gebildeten Polybromide *DAB 7*.
- Erdnußöl: Abwesenheitsprüfung auf die in Erdnußöl enthaltene und in verd. Ethanol schwerlösliche Arachin- und Lignocerinsäure *DAB 7*.

Die Prüfung auf fremde Öle kann auch gaschromatographisch erfolgen.[108]

Lagerung: Vor Licht geschützt, in gut schließenden, möglichst vollständig schließenden Gefäßen *DAB 7*, *ÖAB 90*, *Helv VII*. Das Standgefäß in der Offizin darf Öl im Anbruch enthalten; Öle aus verschiedenen Lieferungen dürfen nicht miteinander gemischt werden *DAB 7*. In Mengen über 1 kg an einem kühlen Ort *ÖAB 90*. Bei höchstens 15 °C *Helv VII*.

Stabilität: Bei Nichteinhaltung obiger Bedingungen ist die Haltbarkeit aufgrund der Autoxidation der ungesättigten Fettsäuren gering (Umschlag in kratzigen, ranzigen Geschmack).

Wirkungen: Die pharmazeutischen Wirkungen des Leinöls werden vorwiegend auf den hohen Gehalt an ungesättigten Fettsäuren, besonders der α-Linolensäure, zurückgeführt.[119]

Lipidsenkende Wirkung. Eine 12 %ige Leinöl-Diät über 14 Tage senkt bei Ratten die Plasmaspiegel von Cholesterol und Triglyceriden signifikant um 19 bzw. 28 % im Vergleich zu einer 12 %igen Kornöl-Diät.[120] Dies wird in einer weiteren Studie an Ratten mit einer 10 %igen Leinöl-Diät über 4 Wochen bestätigt, in der sowohl eine Reduktion des Gesamtcholesterols im Plasma um 20 % als auch des veresterten Cholesterols um 36 % gefunden wird. Die Leber-Cholesterolwerte sind nicht beeinflußt.[121] Der Zusatz von Leinöl (25 %) zu einer Rindertalg-Diät (vorwiegend gesättigte Fettsäuren) bzw. zu einer Sonnenblumenöl-Diät (mit hohem Linolsäuregehalt) hat keinen Effekt auf die Serum-Triacylglycerolwerte, senkt jedoch die Leber-Triacylglycerolwerte als Zusatz der Sonnenblumenöl-Diät um 16 %. Fischöl als 20 %iger Zusatz anstelle von Leinöl reduziert bei beiden Grunddiäten den Triacylglycerolgehalt der Leber.[122] In einer ähnlichen Studie verändert Leinöl die Plasma-Cholesterolwerte der Grunddiäten nicht, senkt jedoch den Cholesterolgehalt der Leber sowohl in der Rindertalggruppe als auch in der Sonnenblumenölgruppe signifikant. Es wird geschlossen, daß das Verhältnis von Linolsäure zu gesättigten Fettsäuren in der Diät oder der α-Linolensäure (18:3 ω3) zur Linolsäure (18:2 ω6) wichtig für den cholesterolsenkenden Effekt von Leinöl ist.[123]

Verschiedene Desaturase-Enzyme katalysieren die Umsetzung von Linolsäure und α-Linolensäure in den Lebermikrosomen, wobei die Δ^6- und Δ^5-Desaturase Arachidonsäure zur Eicosanoidsynthese und zum Erhalt der Membranstruktur bereitstellen. Die Δ^9-Desaturase scheint mehr für die physicochemischen Eigenschaften der Membranen verantwortlich zu sein. Alle Desaturasen erhöhen die Zahl der Doppelbindungen, d. h. den Grad der Ungesättigtheit im Molekül von Fettsäuren. Eine 16 %ige Leinöl-Diät über 4 Wochen erhöht bei Ratten die Aktivität der mikrosomalen Δ^5-Desaturase um 50 % im Vergleich zu einer Rindertalg-Diät[124] und die Aktivität der Δ^6-Desaturase um 30 % (Linolsäure als Substrat), 150 % (Linolensäure als Substrat) bzw. um 300 % (Dihomo-γ-Linolensäure als Substrat), verglichen mit einer Kontrollgruppe auf Standard-Rattendiät.[125] Die Aktivität der Δ^9-Desaturase (Palmitinsäure als Substrat) wird durch eine 20 %ige Leinöl-Diät über 4 Wochen um 60 % gehemmt in An- oder Abwesenheit von 2 % Cholesterol in der Diät. Auch das Fettsäuremuster in den mikrosomalen Phospholipiden wird beeinflußt.[126] 5,5 % Leinöl in der Diät von Ratten über 7 Wochen kann jedoch die ethanolinduzierte Abnahme des Arachidonsäuregehaltes in den Blutplättchen nicht verhindern.[127]

Die Supplementierung der Diät von Hypertoniepatienten mit 60 mL Leinöl pro Tag über 2 Wochen führt zu einem signifikanten Abfall des Triglyceridgehaltes, des Gesamtcholesterols und des LDL-Cholesterols sowie der Lecithin-Cholesterol-Acyltransferase (LCAT) um 13 bis 23 % und auch zu einem veränderten Fettsäuremuster in den Serumtriglyceriden und Cholesterolestern.[128]

Blutdrucksenkung. Eine 10 %ige (*m*/*m*) Leinöl-Diät über 30 Tage führt an spontan hypertensiven Ratten ab dem 15. Tag zu einer hochsignifikanten Senkung des systolischen Blutdrucks, die am 30. Tag 59 mm Hg beträgt. Die visko-elastischen Eigenschaften des Blutes sowie die Aggregationsneigung der roten Blutkörperchen sind unter Leinöl-Diät ebenfalls niedriger.[129] Eine 14 %ige (*m*/*m*) Leinöl-Diät an Ratten während der Altersspanne von 4 bis 18 Wochen verringert die spontane Hypertension im Vergleich zu einer an ungesättigten Fettsäuren armen Diät von ca. 190 mm Hg auf 170 mm Hg.[130]

Bei Patienten mit milder essentieller Hypertonie führt ein 14tägiger Zusatz von Leinöl (60 mL/Tag) zu einer hochsignifikanten Senkung des systolischen Blutdrucks während eines psycho-physiologischen Stresses von 175 mm Hg auf 161 mm Hg (intraindividueller Vergleich vor und nach Diät), der diastolische Blutdruck ist unverändert. Gleichzeitig wird die Natriumausscheidung im Urin durch Leinöl um 27 % reduziert.[128]

Antioxidativer Status. Da ungesättigte Fettsäuren einen guten Angriffspunkt für Radikale und daher für den Start von Lipidperoxidationsketten bieten, wurde geprüft, ob unter einer an ungesättigten Fettsäuren reichen Diät die Aktivitäten der antioxidativen Enzyme Superoxiddismutase (SOD) und Glutathionperoxidase (GSH-P_x) erniedrigt sind. 18 % Leinöl anstelle von Kornöl über 16 Wochen verändert die Aktivitäten der SOD und GSH-P_x im Plasma bzw. in den Erythrocyten, in der Leber, im Herzen und in der Aorta von Ratten nicht. Die Lipidperoxidation gemessen an thiobarbitursäurereaktiven Produkten in Urin, Herz und Leber steigt unter Leinöl geschlechtsabhängig leicht an, der Thromboxangehalt in den Blutplättchen fällt stark ab.[131]

Antibakterielle Wirkung. Leinöl nach alkalischer Hydrolyse zur Freisetzung der Fettsäuren hemmt das Wachstum von methicillinresistentem *Staphylococcus aureus* bei Inkubation *in vitro* über 18 h und bei 37 °C in einer Konzentration von 0,01 % zu 71 %, reine Linolsäure zu 100 %. In einer Konzentration von 0,025 % beträgt der Hemmeffekt von hydrolysiertem Leinöl ebenfalls 100 %.[132]
Anticarcinogene Wirkung. Nach 8- bis 10wöchiger Fütterung einer Diät mit 10 % Leinöl (Gehalt an Linolsäure 56 %) bzw. Kornöl oder Fischöl werden Mäuse mit Mammatumorzellen infiziert. Im Vergleich zu Kornöl verringert Leinöl das Tumorgewicht beim Stamm 410.4 um 46 %. Die Überlebenszeit ist unter Leinöl-Diät um 40 % länger, die Inzidenz von Lungenmetastasen beträgt 7 % im Vergleich zu 40 % bei Kornöl.[133]
Die Mortalität von Mäusen nach Infektion mit dem Tumorstamm EL_4 bzw. Thymoma wird durch eine 5%ige Leinöl-Diät zwar nicht beeinflußt, jedoch wird das Tumorwachstum signifikant um 31 % (EL_4) bzw. 13 % (Thymoma) gehemmt. Gleichzeitig wird ein starker hypoglykämischer Effekt bei EL_4-Mäusen und eine 7fache Zunahme des HDL-Cholesterols im Plasma der Thymoma-Mäuse beobachtet.[134]
Effekt auf das drogenmetabolisierende mikrosomale Enzymsystem. Bei Mäusen ist unter der Spezialdiät AIN-76 die Hexobarbitalschlafzeit im Vergleich zur normalen Nagetierdiät um das 3fache verlängert. Bei zusätzlicher Applikation von Diphenylhydantoin während der Tragezeit der Mäuse treten bei 70 % aller Jungen Gaumenspalten auf. Durch Ersatz von 5 % Kornöl in der AIN-76-Diät durch 5 % Leinöl wird die Hexobarbitalschlafzeit praktisch normalisiert und die Inzidenz von Gaumenspalten auf 30 % reduziert. Es wird geschlossen, daß die AIN-76-Diät eine verminderte Aktivität des drogenmetabolisierenden mikrosomalen Enzymsystems bewirkt, so daß z. B. die Metabolisierung von Diphenylhydantoin herabgesetzt wird und damit seine teratogene Wirkung verstärkt auftritt. Linolsäure scheint für die normale Aktivität dieses Enzymsystems wichtig zu sein.[135]
Effekt auf den bakteriellen Metabolismus im Wiederkäuermagen. Nach langsamer Adaption von Schafen an eine leinölhaltige Diät (maximaler Anteil: 90 g Leinöl/Tag) nimmt die Zahl der Protozoen im Rumen ab und die Zahl der Bakterien zu, die Synthese der mikrobiellen Diaminopimelinsäure nimmt jedoch ab. Die Konzentration der flüchtigen Fettsäuren ist vermindert, was angesichts einer vermehrten Produktion (*in vitro*) auf eine effektivere Resorption hindeutet. Die Inkorporation von [^{14}C]-Acetat in Lipide nimmt zu.[136]

Verteilung: Bei Fütterung von Ratten über 6 Wochen mit einer 10%igen Leinöl-Diät werden im Vergleich zu einer 10 %igen Sonnenblumenöl-Diät weniger ω6- und mehr ω3- und ω9-Fettsäuren im Herzgewebe gefunden. Werden Myocyten *in vitro* mit dem Serum solcher Ratten kultiviert, so spiegelt sich eine solche Fettsäureverteilung auch in den Myocyten wider.[137]

Volkstümliche Anwendung und andere Anwendungsgebiete: Äußerlich: Die Verwendung der Mischung mit Kalkwasser in Form des Brandlinimentes bei Verbrennungen und Abschürfungen[19,138–140] wird heute als obsolet betrachtet.
Innerlich: Als Linderungsmittel bei Harnröhren- und Mastdarmentzündungen bzw. Hämorrhoidalbeschwerden[142,143] ist es nicht wissenschaftlich belegt.
Leinöl wird in Dosen von 1,5 bis 2 mL/kg KG in der Veterinärmedizin als Laxans für Pferde, Schafe und Rinder eingesetzt.[110,141]

Unerwünschte Wirkungen:

Wechselwirkungen: Durch Beeinflussung der Aktivität des mikrosomalen Enzymsystems Interaktionen mit dem Stoffwechsel von Arzneistoffen denkbar.

Reproduktionstoxizität: Toxische Effekte sind nur von stark erhitztem Leinöl (> 200 °C) bekannt. Diese betreffen eine erhöhte Mortalität des Wurfes sowie verzögertes Wachstum bei gesäugten Jungtieren, deren Mütter mit dem erhitzten Öl gefüttert werden.[144,145] Da diese Effekte nur thermopolymerisiertes und nicht pharmazeutisch zugelassenes Öl betreffen, wird darauf nicht näher eingegangen.

Sonst. Verwendung: *Pharmazie/Medizin.* Dermatologie: Salbengrundlage. *Haushalt.* Speiseöl, Schmierseife. *Industrie/Technik.* Firnisse, Lacke, Ölfarben, Buchdruckerschwärze; in der Linoleum-, Leder-, Lackleder-, Papier- und Wachstuchindustrie.[19]

Lini semen (Leinsamen)

Synonyme: Semen Lini.

Sonstige Bezeichnungen: Dt.: Flachsdottersamen, Flachslinsen, Flachssamen, Flaoskörnl, Haarlinsen, Horsamen, Leinkörnl, Leinwanzen, Linum-usitatissimum-Samen;[21] engl.: Flaxseed, linseed; frz.: Graine de lin, semence de lin; it.: Seme di lino; port.: Sementes de linho; span.: Semilla de lino, semilla de linaza.

Monographiesammlungen: Ganzdroge: Lini semen *DAB 10 (Eur)*, *ÖAB 90*, *Helv VII*; Linum *BHP 83*. Leinsamenmehl (Pulvis lini seminis): Poudre de graines de lin, Farine de lin *CF 65*.

Definition der Droge: Die getrockneten, reifen Samen *DAB 10 (Eur)*, *ÖAB 90*, *Helv VII*.

Stammpflanzen: *Linum usitatissimum* L.

Herkunft: Kulturen der Varietät *macrospermum* vorwiegend aus Argentinien, Marokko, Ägypten, GUS, Belgien, Holland.[23]

Gewinnung: Die reifen Samen werden durch Ausklopfen (Dreschen) der Kapseln gewonnen.

Handelssorten: Ganzer Leinsamen; leicht gequetschter Leinsamen; geschroteter Leinsamen (Leinsamenmehl).[24]

Bei leicht gequetschter, "aufgeschlossener" Form ist nur die Samenschale angebrochen. Dies führt zu einer schnelleren Quellung des Samens in wäßrigem Medium. Da die ölführenden Zellen des Endosperms weitgehend intakt bleiben, ist eine im Vergleich zu geschrotetem Material gute Haltbarkeit gegeben. Die Keimfähigkeit ist erhalten.[23,27]

Ganzdroge: Flach, länglich-eiförmig, an den Längskanten zugeschärft, 4 bis 6 mm lang, 2 bis 3 mm breit, 1,5 bis 2 mm dick, gelbbraun bis rotbraun, glänzend oder matt, glatt, unter der Lupe jedoch feingrubige Felderung, bedingt durch die Seitenwände der Epidermiszellen, die hell hervortreten. An einem Ende breit abgerundet, am anderen Ende eine schräge Spitze (Schnabel), neben der der Nabel als schwache, hellgefärbte Einbuchtung erkennbar ist. Von dem Nabel aus zieht die Raphe als heller Streifen längs der Kante herab. Die dünne, nicht sehr harte, spröde Samenschale umschließt in einem dünnen Endosperm, das beim Öffnen der Samen meist an der Schale haften bleibt, einen geraden, grünlichgelben Embryo mit einem 1 mm langen, dicken Würzelchen, das gegen den Nabel zeigt, sowie 2 lange, dicke, flache Kotyledonen.[2,6,25,26]
In Wasser umgeben sich die Samen rasch mit einer dicken Schleimhülle.[2,6,25,26]

Schnittdroge: *Geruch.* Die Droge ist geruchlos.
Geschmack. Schleimig-ölig.
Mikroskopisches Bild. Die Samenschale besteht aus 5 Schichten, von außen nach innen:
a. Epidermis aus prismatischen, isodiametrischen Zellen, Durchmesser 20 bis 40 µm, nach außen mit einer Cuticula überzogen. Zellwände sehr dünn außer an der Basis zur Ringzellschicht. Seiten- und Außenwände der Epidermis mit dicken Schleimauflagerungen, die bei Benetzung aufquellen und die Cuticula sprengen.
b. Ringzellschicht aus meist 2reihiger (1- bis 3reihiger) Lage dünnwandiger, gelblicher, polyedrischer, in Flächenansicht ringförmiger, 30 µm großer Zellen, die wenige rundliche, kleine Stärkekörner enthalten. Zwischen den Zellen deutliche, durch Luftinhalt dunkel erscheinende Interzellularspalten.
c. Steinzell- oder Längsfaserschicht, meist einreihig, mit dickwandigen, axial gestreckten, verholzten, bis 200 µm langen und 8 bis 16 µm breiten Zellen, die im Querschnitt 10 bis 30 µm hoch und palisadenähnlich sind.
d. Querzellschicht: Liegt rechtwinklig zu der Längsfaserschicht, aus mehreren Lagen dünnwandiger kollabierter Zellen mit verquollenen Membranen.
e. Pigmentzellschicht: Einreihig, isodiametrische, 4- oder 5eckige, etwa 8 µm hohe und 20 µm breite Zellen mit einem orangebraunen Zellinhalt. Zellwände verdickt, stark getüpfelt.
An die Samenschale schließt sich das verhältnismäßig schwach entwickelte, weiße oder blaßgrüne Endosperm an, das aus 2 bis 7 Reihen parenchymatischer Zellen besteht, die – wie auch der Embryo – reichlich fettes Öl und große (bis 20 µm) Aleuronkörner enthalten. Sowohl Endosperm als auch Embryo sind im reifen Zustand stärkefrei.[2,6,25,26]

Pulverdroge: Bezeichnungen: Pulvis Lini seminis, Semen Lini pulveratum, Lini semina contusa, Linum contusum, Leinsamenmehl, linseed meal, crushed linseed, flax seed meal, powdered linseed, poudre de graine de lin.
Gelblichbraunes, fettiges Pulver von schwachem, charakteristischem Geruch und schleimigem Geschmack.
Erkennbare Bestandteile: Fragmente der Samenschale mit farblosen, verquollenen Epidermiszellen, rundliche, dünnwandige Zellen der Ringzellschicht mit dreieckigen Interzellularräumen, häufig in Verbindung mit Gruppen länglicher Steinzellen, deren Wände getüpfelt sind; langgestreckte, dickwandige und getüpfelte Elemente der Längsfaserschicht, gelegentlich mit anhaftenden Querzellen; Pigmentzellen mit braunrotem Inhalt, der häufig in Form von eckigen Täfelchen auch frei vorliegt; Bruchstücke des Endosperms und des Embryos mit Aleuronkörnern und fettem Öl. Keine Stärkekörner.[6,22]

Verfälschungen/Verwechslungen: Als Beimengungen sollen Samen von *Lolium temulentum* L. bis zu 25 % und Unkrautsamen (bis zu 15 Arten) bis zu 3 % vorkommen.[6]

Minderqualitäten: Die Droge darf nicht ranzig riechen oder schmecken.

Inhaltsstoffe: Die Hauptbestandteile von Leinsamen sind:
- 30 bis 45 % fettes Öl;
- 20 bis 27 % Rohprotein;
- ca. 25 % Gesamtballaststoffe, davon 3 bis 6 % als Schleimstoffe und 4 bis 7 % als Rohfaser;
- 3 bis 5 % Mineralstoffe;
- ca. 0,7 % Phosphatide (Lecithine, Kephaline);
- Phytosterole, Lignan-Vorläufer;
- 0,01 bis 1,5 % Blausäureglykoside (Linustatin, Neolinustatin);
- Enzyme (Linamarase, Linustatinase);
- Vitamine (B_1, B_2, B_6, E, Nicotinsäure, Folsäure, Pantothensäure);
- Wassergehalt 5 bis 14 %.[5,10,13,21,25,28–37]

Da für die pharmakologische Wirkung Ballaststoffe, besonders die Schleimstoffe, und für die toxikologischen Aussagen die cyanogenen Glykoside von Bedeutung sind, wird auf diese näher eingegangen (Inhaltsstoffe des fetten Öls s. Lini oleum.
Ballaststoffe. Der Gesamtballaststoffgehalt von Leinsamen beträgt nach drei verschiedenen Methoden (u.a. AOAC-Methode) 26,2 %, 26,5 % bzw. 27,7 %. Der wasserlösliche Anteil davon liegt bei 39 %, der unlösliche Anteil bei 61 %.[38] Nach einer anderen Untersuchung beträgt der Gesamtballaststoffgehalt von Leinsamen (AOAC-Methode) 22,3 %. Der Anteil an neutral detergent fiber (NDF) beträgt 19,9 %, an acid detergent fiber (ADF) 13,0 %, der Gehalt an Hemicellulosen 6,9 %, an Cellulose 9,9 % und an Lignin 3,1 % (Van Soest-Methode).[39]
Der Schleim ist als sekundäre Verdickungsschicht den äußeren und seitlichen Wänden der Epidermiszellen aufgelagert. Mit Wasser erfolgt eine Solbildung. Die Zuckerzusammensetzung des Leinsamenschleims, ermittelt an 4 Sorten von jeweils

2 Standorten, ergibt folgende Werte:[40] 23 bis 41 % Xylose, 8 bis 17 % Arabinose, 8 bis 11 % Galactose, 8 bis 13 % Rhamnose, 6 bis 11 % Galacturonsäure, 4 bis 7 % Glucose, 3 bis 4 % Fucose. Andere Untersuchungen zeigen ein ähnliches Spektrum auf, wobei auch Proteine präsent sind, wahrscheinlich in Form von Glykoproteinen.[41,42]
Als Maß für den Pentosangehalt des Leinsamenschleims kann der Sedimentationswert herangezogen werden. Er beträgt nach einer Untersuchung bei 9 verschiedenen Sorten von jeweils 2 Standorten durchschnittlich 63 mL/100 mL Gesamtvolumen.[13]
Der Schleim kann in eine neutrale und zwei saure Fraktionen eingeteilt werden:[5,10,27,40,43,46]
Neutrale Fraktion: Beträgt ca. 20% des Gesamtschleims. Bei Hydrolyse erhält man Xylose (70 %), Arabinose (25 %), und Spuren von Glucose und Galactose. Es handelt sich um verzweigte Moleküle, deren Hauptkette aus D-Xylopyranose und deren Seitenketten aus D-Xylopyranose und L-Arabofuranose bestehen. Spezifische Drehung $[\alpha]_D = -49°$.
Saure Fraktion I: Beträgt ca. 15 % des Gesamtschleims. Bei Hydrolyse fallen vorwiegend L-Rhamnose, D-Galacturonsäure und L-Galactose im ungefähren Verhältnis 2:2:1 an. Spezifische Drehung $[\alpha]_D = +95°$.
Saure Fraktion II: Stellt mit ca. 65 % die größte Fraktion des Gesamtschleims dar und besteht aus L-Rhamnose, L-Fucose, L-Galactose und D-Galacturonsäure im Verhältnis 4:1:2:2. $[\alpha]_D = +10°$.
Auf der Basis von ^{1}H- und ^{13}C-NMR-Spektren wird für die Hauptkomponente des Schleims ein hochmolekulares Galactan, eine Rhamno-Galacturonanstruktur vom Typ I mit *β*-Gal*p*-Einheiten, verbunden mit der OH-4-Gruppe der Rhamnose vorgeschlagen.[47]
Der Gesamtschleimstoffgehalt und die Quellfähigkeit sind vorwiegend sortenspezifisch. Die Quellfähigkeit scheint neben den Schleimstoffen auch von der Proteinzusammensetzung abhängig zu sein.[15]
Die Pufferkapazität des Schleims ist gegenüber 0,1 N Säure schlecht, gegenüber Fruchtsäften gut.[32]
Cyanogene β-Glykoside. In ungekeimten reifen Leinsamen sind nur die Blausäurediglucoside Linustatin ($C_{16}H_{28}O_{11}N$; Smt. 123,0 bis 123,5 °C, $[\alpha]_D^{25} = -37°$) und Neolinustatin ($C_{17}H_{30}O_{11}N$; Smt. 190 bis 192 °C, $[\alpha]_D^{25} = -37°$) im Verhältnis 2:1 nachweisbar, das Monoglucosid Linamarin (= Phaseolunatin = Manihotoxin = 2-*β*-D-Glucopyranosyloxyisobutyronitril; $C_{10}H_{17}O_6N$; Smt. 143 bis 144 °C, $[\alpha]_D^{32} = -28{,}5°$) nur in Spuren.[48,49]
Bei Keimung nimmt die Menge der Monoglucoside Linamarin und Lotaustralin (= Methyllinamarin = 2-*β*-D-Glucopyranosyloxy-2-methylbutyronitril; $C_{11}H_{19}O_6N$; Smt. 123,5 bis 124,5 °C, $[\alpha]_D^{25} = -19{,}1°$) rasch zu und die Menge an Diglucosiden langsam ab, wobei der Anstieg an Monoglucosiden nicht allein durch einen Abbau der Diglucoside erklärbar ist, sondern auch durch zusätzliche Neusynthese erfolgen muß.[10] Während Linamarin und Lotaustralin nahezu ausschließlich in den reifen Samen vorkommen, wurden Linustatin und Neolinustatin außer in den Keimblättern auch in Wurzeln und Stengeln von *L. usitatissimum* nachgewiesen.

Mit HPLC-Detektion wird aus einem getrockneten und in Wasser wieder aufgenommenen Methanolextrakt aus gemahlenen, reifen Samen (2,5 g ad 25 mL 70 % Methanol, 1 h, 30 °C, Ultraschallbad) in 48 Proben eine Konzentration von 218 bis 537 mg Linustatin bzw. 73 bis 453 mg Neolinustatin/100 g Droge ermittelt. Berechnet als HCN ergibt dies Gesamtwerte von 21 mg bis 54 mg/100 g Droge. Photometrisch ermittelte HCN-Werte liegen durchschnittlich um 2 % tiefer als bei der HPLC.[48]
Ältere Nachweismethoden basieren vor allem auf einer Bestimmung des Cyanidgehaltes. Dies ist kolorimetrisch, titrimetrisch und gewichtsanalytisch möglich.[50–53] Nach papierchromatographischer Auftrennung werden die Flecke mit *p*-Anisaldehyd bei 85 °C detektiert, wobei die entstehende rosa Farbe unter UV fluoresziert.[54]
Die Strukturaufklärung von Linustatin, Neolinustatin, Linamarin und Lotaustralin, erfolgte mit ^{13}C-NMR bzw. ^{1}H-NMR.[10,55–57]

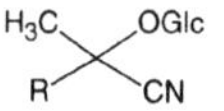

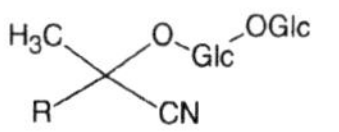

Linamarin: R= H_3C-
Lotaustralin: R= H_5C_2-

Linustatin: R= H_3C-
Neolinustatin: R= H_5C_2-

Eine Hydrolyse der Diglucoside durch *β*-Glucosidasen erfolgt sequentiell. Linustatinase katalysiert die Hydrolyse von Linustatin und Neolinustatin zu Linamarin bzw. Lotaustralin. Die Monoglucoside werden durch Linamarase (syn. Linase) weiter zu den entsprechenden *α*-Hydroxynitrilen abgebaut, diese wiederum durch *α*-Hydroxynitrillyasen in HCN und das entsprechende Keton (Aceton bei Linamarin, 2-Butanon bei Lotaustralin)[58–61] (s. Formelschema S. 679).
Linustatinase existiert in 5 Isoenzymen, Linamarase nur in einer Form. Die pH-Optima liegen im leicht sauren Milieu (4 bis 6 bzw. 5,5 bis 6),[59] das der Hydroxynitrillyase bei 5,5.[61]
Ein Abbau der cyanogenen Glykoside im intakten Gewebe durch die Enzyme wird durch Speicherung in verschiedenen Kompartimenten verhindert.[58,62]
Es ist für Leinsamen nicht bekannt, ob eine solche Kompartimentierung innerhalb der Zelle selbst oder in verschiedenen Zellen bzw. Gewebetypen erfolgt. Linustatin und Neolinustatin sind im Leinsamen zu ca. 85 % im Embryonalgewebe (Kotyledonen) und zu ca. 15 % in den Samenschalen und im Endosperm lokalisiert.[10] In-vitro-Untersuchungen zeigen, daß die Blausäurefreisetzung mit steigender Zerstörung der Kompartimentierung, d. h. zunehmendem Zerkleinerungsgrad des Leinsamens, zunimmt.[63]
Die Funktion der cyanogenen Glykoside in der Pflanze ist nicht bekannt. Es wird sowohl eine Fraßschutzfunktion[64] als auch eine Speicherfunktion für Stickstoff diskutiert.[58,65]
Die cyanogenen Glykoside werden bei hohen Temperaturen (z. B. Backen von Leinsamenmehl) zerstört.[154]

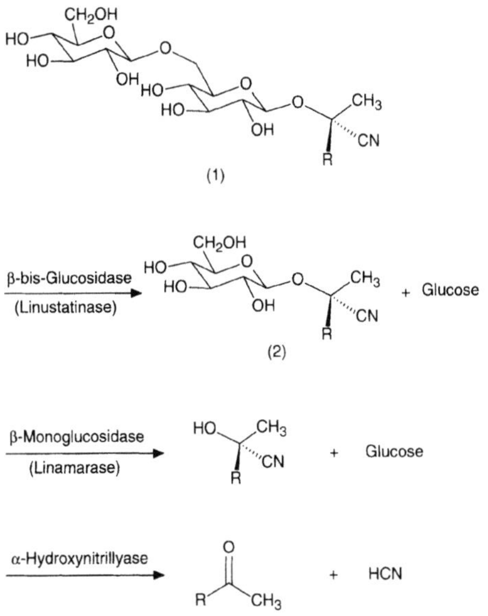

R	(1)	(2)
H_3C-	Linustatin	Linamarin
H_5C_2-	Neolinustatin	Lotaustralin

Sequentielle Hydrolyse von Linustatin und Neolinustatin über Linamarin und Lotaustralin zu Blausäure

Zubereitungen: Leinsamenschleim.[68]

Identität: Makroskopische und mikroskopische Prüfung: Erkennung zweifelsfrei möglich.
Ein Nachweis der cyanogenen Glykoside Linamarin und Lotaustralin erfolgt folgendermaßen: Durch Erhitzen einer wäßrigen Drogensuspension wird Cyanwasserstoff frei, der ein mit Benzidin-Kupferacetat präpariertes Papier allmählich graublau färbt.[6] Ein Nachweis der Cyanidionen ist auch durch die Berliner-Blau-Reaktion möglich.[5]

Reinheit:
- Geruch und Geschmack: Die Droge darf nicht ranzig riechen oder schmecken *DAB 10 (Eur), ÖAB 90, Helv VII.*
- Fremde Bestandteile: Höchstens 1,5 % *DAB 10 (Eur), ÖAB 90, Helv VII.*
- Sulfatasche: Höchstens 6,0 % *DAB 10 (Eur), ÖAB 90, Helv VII.*

Weitere Prüfkriterien der Qualität wie Peroxidzahl, Schleimviskosität und Pufferungsfähigkeit wurden vorgeschlagen.[24]

Gehalt: Quellungszahl: Mindestens 4 für die Ganzdroge und mindestens 4,5 für die Pulverdroge *DAB 10 (Eur), ÖAB 90, Helv VII.*

Gehaltsbestimmung: *Quellungszahl.* Nach *DAB 10 (Eur).*
Quantitative Bestimmung der Monosaccharide im Schleim.
1. Schleimisolierung: 150 mg Samen 10 min in Ethanol kochen, nach Verwerfen des Ethanols 4malige Schleimextraktion mit jeweils 2 mL und anschließend 1 mL 0,02 M Acetatpuffer pH 5,7 über jeweils 2 h bei 20 °C unter Rühren. Schleimfällung mit 96 %igem Ethanol über 3 Tage bei 4 °C, Wiederaufnahme in Aqua bidest.
2. Hydrolyse der Polysaccharide: Mit 0,5 N HCl bei 90 °C für 18 h. Säulenchromatographische Abtrennung der Galacturonsäure (Dowex 2 × 8, 200 bis 400 mesh). Elution der Neutralzucker mit Aqua bidest. und der Galacturonsäure mit 0,5 N Ameisensäure.
3. Quantitative Zuckerbestimmung nach Derivatisierung (Silylierung) des trockenen Neutralzuckerrückstands gaschromatographisch:
- Säule: Glassäule 2 mm × 2 m, Füllung 3 % OV 225 auf Chromosorb W-HP 80/100 mesh;
- Trägergas: 20 mL N_2/min;
- Injektortemperatur: 220 °C;
- Detektortemperatur: 260 °C mit einem Anstieg von 6 °C/min.

Alternativ: Zuckeranalysator (Zuckerreagenz: 0,1 % Orcinol in konz. H_2SO_4 (*m/V*).[41,42]
Cyanogene Glykoside. Gaschromatographische Bestimmung:
- Probenvorbereitung: Extraktion der zerkleinerten Samen mit heißem Wasser im kochenden Wasserbad für 5 min; Aliquots des Extraktes werden zur Trockne gezogen, in Pyridin gelöst und mit *N-N*-Bistrimethylsilyltrifluoroacetamid und Trimethylchlorosilan behandelt;
- Interner Standard: Lactose;
- Säule: Glaskapillarsäule 30 m, 0,75 mm, 1 µm SPB-5-Film;
- Injektortemperatur: 240 °C;
- Detektor: Flammenionisationsdetektor 360 °C;
- Trägerg: Helium, Fluß 5 mL/min; zusätzliches Helium im Flammenionisationsdetektor 30 mL/min;
- Temperaturprogramm: 140 °C für 1 min, 12 °C/min bis 326 °C, 4 min bei 326 °C.[49]

Lagerung: Vor Licht geschützt *DAB 10 (Eur), ÖAB 90, Helv VII*; gut verschlossen *ÖAB 90, Helv VII.* Als zerkleinerte Droge höchstens 24 h lagern *DAB 10 (Eur).*

Stabilität: Ganzer Samen ca. 1 Jahr haltbar. Stabilitätsdaten über 44 Wochen zeigen, daß sich weder bei ganzem noch bei grob zerkleinertem Leinsamen der Gehalt an fettem Öl, die Fettsäurezusammensetzung und die Peroxidzahl verändern.[38]

Wirkungen: *Stuhlbeeinflussende Wirkung.* Tierexperimentelle Untersuchungen zur Wirksamkeit von Leinsamen bei den für den Menschen zugelassenen Indikationen sind kaum bekannt. In einer Studie an Ratten nimmt das Kotfeuchtgewicht unter einer leinsamenhaltigen Diät (10 %, 20 % oder 40 % gemahlener Leinsamen über 90 Tage) im Vergleich zu einer Kontrollgruppe um bis zu 84 % zu,

das Trockengewicht um 20 %, der fäkale Wassergehalt dosisabhängig von 39 % auf 58 %.[38]
Die therapeutische Anwendung am Menschen basiert vorwiegend auf Erfahrung. Die Wirkung auf das Stuhlgewicht wird auf den Ballaststoffgehalt, speziell den Schleimgehalt der Leinsamen zurückgeführt. Durch die Quellung der Schleimstoffe wird Wasser im Darm zurückgehalten und der Stuhl damit erweicht. Gleichzeitig wird durch die Schleimstoffe die Gleitfähigkeit des Darminhalts verbessert und durch die Volumenvergrößerung (Dehnungsreiz) die Darmmotorik angeregt, d.h. der Transit beschleunigt. Bei der Verwendung zerquetschter Samen kann das austretende Öl die Gleitwirkung verstärken.[5,6,28,63,68–70]
In einer offenen klinischen Studie an 19 geriatrischen Patienten wurde die Wirkung von 10 g Leinsamenschrot, 7 g Semen psyllii bzw. 14 g Weizenkleie mit Karayagummi (je 2mal täglich) mit der Wirkung von Nichtballaststoffen (20 mL Lactulose, Paraffinöl mit Phenolphthalein bzw. Senna) anhand einer 1monatigen Kontrollphase (Nicht-Ballaststofflaxantien) und einer 1monatigen Testphase (Ballaststoffe), getrennt durch einen Monat Adaption an die Ballaststoffe, verglichen. Die Defäkationsfrequenz war in den beiden Vergleichsphasen ähnlich (3,14 Stuhlgangstage unter Routinelaxation vs. 3,59 Stuhltage pro Woche unter Ballaststoffen).[82]
Weitere 32 geriatrische Patienten erhielten über 3mal 4 Wochen (mit jeweils 2 Monaten Pause dazwischen) 2mal 39 g Leinsamen, 2mal 34 g Früchterohfaser oder 2mal 46 g Früchtemüesli täglich. In 52 % der Patienten ist unter Leinsamen eine Verbesserung der Stuhlabgabe, vor allem bezüglich Stuhlfrequenz zu verzeichnen (Rohfasergemisch: 50 %, Früchtemüesli: 23 %).[83]
In einer multizentrischen offenen Feldstudie ohne Kontrollgruppe wurden Patienten, vorwiegend obstipierte, über 4 bis 6 Wochen mit 3mal 1 Eßlöffel Leinsamen pro Tag behandelt. In 64 % aller Fälle trat eine Besserung der Beschwerden ein.[84,85]
Lipidsenkende Wirkung. In zwei Studien an Ratten wurde die Wirkung von Leinsamen auf die Cholesterol- und Triglyceridspiegel in Plasma und Leber untersucht. Eine 3wöchige Fütterung von Leinsamen (entsprechend 10, 15 und 20 % Leinsamenöl in der cholesterolreichen Diät) reduziert dosisabhängig den Cholesterolgehalt der Leber von 3,1 % auf 2,0 %, alle anderen Lipidwerte werden nicht beeinflußt.[71]
In der anderen Studie wurden junge Ratten mit einer leinsamenhaltigen (0, 10, 20 bzw. 40 %), in allen Gruppen isokalorischen Diät über 3 Monate gefüttert. Triglyceridgehalt, Gesamtcholesterol und LDL-Cholesterol sind unter der 20 %igen und der 40 %igen Diät signifikant niedriger.[38]
In einer klinischen Studie reduzierte gemahlener Leinsamen (50 g täglich über 4 Wochen) den Serum-Cholesterolgehalt um 9 % und das LDL-Cholesterol um 18 %. Der α-Linolsäuregehalt in den Plasma-Phospholipiden steigt unter diesem Leinsamenzusatz in ähnlicher Weise an wie nach 20 g Leinsamenöl täglich über 4 Wochen, was auf eine höhere Bioverfügbarkeit der α-Linolsäure aus gemahlenen Leinsamen hinweist.[154] Die lipidsenkende Wirkung wird dem Gehalt an ungesättigten Fettsäuren zugeschrieben (s. Lini oleum).
Blutzuckersenkende Wirkung. Der Anstieg des Blutzuckers bei 6 gesunden Freiwilligen nach einer Testmahlzeit (50 g Kohlenhydrate in Form eines Brotes aus normalem Mehl oder aus Leinsamenmehl) ist bei Leinsamenbrot deutlich geringer als bei Weißbrot. Die Fläche unter der Blutzuckerkurve innerhalb 60 min nach der Mahlzeit verringert sich um 28 %. Bei einer Glucose-Testmahlzeit verringert sich die Fläche unter der Blutzuckerkurve über 120 min um 27 %, wenn die Glucose gleichzeitig mit 25 g gefriergetrocknetem Leinsamenschleim in 400 mL warmem Wasser eingenommen wird. Der Leinsamenschleim war durch 30minütiges Kochen der Samen in Wasser gewonnen worden.[154]
Anticancerogene Wirkung. Eine 4wöchige Fütterung von Ratten mit einer Leinsamendiät (5 % bzw. 10 % Leinsamen im Futter) reduziert die spontane und die durch 7,12-Dimethylbenz[α]anthracen (DMBA)stimulierte epitheliale Zellproliferation in den Brustdrüsen um 39 % bis 55 % und die Zahl der nukleären Aberrationen um bis zu 59 bis 66 %.[72]
In einer Langzeitstudie über 25 Wochen wurde die Wirkung eines 5 %igen Leinsamenzusatzes zum Futter auf DMBA-induzierte Mammatumoren an Ratten untersucht. Die Leinsamenfütterung war entweder nur auf die Initiierungsphase (über 1 Woche nach DMBA) oder nur auf die Promotionsphase (ab 1 Woche nach DMBA) beschränkt oder lief über die gesamte Versuchszeit. Leinsamen, ausschließlich während der Initiierungsphase gegeben, reduziert die Zahl der tumortragenden Ratten, hat aber keinen deutlichen Effekt auf die Zahl der Tumoren pro Ratte und die Tumorgröße. Leinsamen, ausschließlich in der Promotionsphase verabreicht, hat mehr Tumoren pro Ratte, aber signifikant kleinere Tumoren zur Folge. Leinsamenfütterung über die gesamte Versuchszeit nimmt mit einer etwas geringeren Tumorzahl und Tumorgröße eine Mittelstellung ein.[73]
Die Antitumorwirkung von Leinsamen (5 % bzw. 10 % in der Diät während 4 Wochen) wurde auch am Modell der azoxymethanstimulierten Zellproliferation im Colon von Ratten getestet. Beide Diäten reduzieren signifikant die Zahl der aberranten Krypten im Colon ascendens um 50 %. Im Colon descendens sind die Effekte schwächer, und im Colon transversum treten keine Unterschiede zu einer leinsamenfreien Kontrollgruppe auf. Die Einbaurate von ^{3}H-Thymidin als Marker der Zellproliferation ist im Colon descendens am geringsten (10 bis 22 % geringer als in der Kontrollgruppe).[74] Diese Ergebnisse werden dahingehend interpretiert, daß Leinsamen das Risiko für Colon- und Mammatumoren verringern kann.
Der protektive Effekt von Leinsamen wird auf die Anwesenheit von Lignanvorläufern zurückgeführt, die durch bakterielle Einwirkung im Magen-Darm-Trakt in Säugetier-Lignane (Enterolacton, Enterodiol) überführt und resorbiert werden. Die Lignanausscheidung im Urin von Ratten ist bei einer 5- bzw. 10 %igen Leinsamendiät 10- bis 40fach im Vergleich zu einer Kontrollgruppe erhöht.[71–74] Die Lig-

nanproduktion unter In-vitro-Bedingungen (Fermentation von 68 als Nahrungsmittel gebräuchlichen, pulverisierten Pflanzen mit menschlichen fäkalen Bakterien) ist bei Leinsamen 75mal höher als bei der am nächstmeisten Lignan produzierenden Pflanze (Seetang) und 800mal höher als bei den am wenigsten produzierenden Früchten (Äpfel usw.).[75,76] Den Lignanen werden antimitotische, antiestrogene und antioxidative Eigenschaften zugeschrieben (Übersicht s. Lit.[77,78]). Leinsamen bindet *in vitro* bevorzugt 17β-Estradiol, aber auch Estrol.[39] In einer klinischen Studie erhielten 6 Männer über 6 Wochen eine Leinsamensupplementation von 13,5 g täglich. Die Lignankonzentrationen (Enterodiol, Enterolacton) im Urin nahmen um das 10fache zu, die Testosteronkonzentrationen im Blut blieben unbeeinflußt.[89]

Resorption: Die laxativ wirksamen Ballaststoffe von Leinsamen werden z.T. unverändert ausgeschieden, z.T. von den Bakterien im Dickdarm abgebaut. Fermentationsprodukte der Ballaststoffe sind vorwiegend kurzkettige Fettsäuren, die zum großen Teil resorbiert werden.
Die wasserunlöslichen Ballaststoffe werden von der Ratte in Abhängigkeit vom Leinsamengehalt der Diät (10 bis 40 %) bis zu 32 % fermentativ abgebaut.[38] Die apparente Verdaulichkeit von Leinsamen durch Schweine liegt bei 54 %.[39]
Aufgrund der toxikologischen Bedeutung ist die Resorption von Blausäure aus den cyanogenen Glykosiden von großem Interesse (s. Verteilung).

Verteilung: 100 g Leinsamen als Einzeldosis bzw. eine Behandlung mit 45 g Leinsamen täglich über mindestens 6 Wochen führt bei Probanden bzw. Patienten (n = 10) zu einem nur unwesentlichen Anstieg der Blausäurespiegel im Blut.[79] Dies bestätigt sich in einer weiteren Studie mit 10 Probanden nach Einnahme von 30 g Leinsamen als Einmalgabe bzw. 45 g täglich über 5 Wochen. Die Cyanid- und Thiocyanatspiegel im Blut zeigen keine signifikanten Veränderungen, die Ausscheidung von Thiocyanat im Urin nimmt jedoch um 40 bis 80 % zu.[80] In einer anderen Studie an 9 Probanden nimmt die Thiocyanatausscheidung im Urin nach 4wöchiger Einnahme von 50 g gemahlenem Leinsamen täglich durchschnittlich um ca. das Doppelte zu.[154] Die Thiocyanatbildung ist eine metabolische Entgiftung von Blausäure. Die kaum veränderten Blutspiegel an HCN bzw. SCN^- zeigen, daß die Anflutung der Blausäure aus dem Magen-Darm-Kanal bei Leinsamen so langsam erfolgt, daß die Entgiftungsreaktion keinen limitierenden Faktor darstellt.
Nach peroraler Applikation von reinem Linamarin (300 mg/kg KG) an Ratten wird weder in den Faeces noch im Blut intaktes Linamarin gefunden, jedoch im Urin 20 % der applizierten Dosis in intakter Form, weitere 20 % als Thiocyanat.[81]

Wirkungsverlauf: Ballaststoffe müssen im allgemeinen regelmäßig und über eine längere Zeit eingenommen werden, um eine laxierende Wirkung zu erzielen.

Elimination: s. Verteilung.

Anwendungsgebiete: Innerlich: Habituelle Obstipation, Colon irritabile, Divertikulitis; als Schleimzubereitung bei Gastritis und Enteritis.
Äußerlich: Als Kataplasma bei lokalen Entzündungen.[68]

Dosierung und Art der Anwendung: *Droge.* Innerlich: Obstipation: 2- bis 3mal täglich je 1 bis 2 Eßlöffel Leinsamen (ganz oder "aufgeschlossen", aber nicht geschrotet) mit 1 bis 2 Gläsern Flüssigkeit (mindestens 150 mL pro Eßlöffel). Gastritis und Enteritis: Schleimzubereitung durch Einweichen von 2 bis 3 Eßlöffeln geschrotetem bzw. zerkleinertem Leinsamen in Wasser. *Zubereitung.* Äußerlich: 30 bis 50 g Leinsamenmehl als feuchtheißes Kataplasma bzw. als Kompresse.[68]
Für das Kataplasma werden 125 g gepulverte Leinsamen mit 1 Tasse heißem Wasser zu Brei angerührt und in Stoff eingeschlagen.

Volkstümliche Anwendung und andere Anwendungsgebiete: Äußerlich: Leinsamen wird zur Entfernung von Fremdkörpern aus dem Auge verwendet. Ein Samenkorn wird angefeuchtet und unter das Augenlid gelegt, das Auge für einige Minuten geschlossen. Der Fremdkörper soll an der leicht verschleimenden Epidermis des Kornes haften bleiben. Als Emolliens in Kataplasmen bei entzündlichen Hautleiden (eitrige Abzesse, Furunkel, Geschwüre).
Innerlich: Als Abkochung bei Blasenkatarrhen und -entzündungen, Krampfhusten, Lungenleiden, Schmerz- und Krampfzuständen, Gastritis.[6,20,27,28,31,63,86]
Ein Beleg der Wirksamkeit bei diesen Anwendungsgebieten fehlt.

Unerwünschte Wirkungen: *Verdauungstrakt.* Es liegt eine Fallbeschreibung eines Obstruktionsileus durch Leinsamen, verbunden mit einer geringen Flüssigkeitsaufnahme, bei einer älteren Frau vor.[87]
Endokrinium, Genitalsystem. An 25 Frauen in der Postmenopause wurde durch 25 g Leinsamen täglich der Reifegrad der vaginalen Zellen deutlich stimuliert, was für eine Besserung des Estrogenmangelzustandes spricht.[88]

Gegenanzeigen/Anwendungsbeschr.: Ileus jeder Genese.[68]

Wechselwirkungen: Schleimstoffe können die Resorption von Arzneimitteln beeinträchtigen bzw. verzögern.[68]

Tox. Inhaltsstoffe u. Prinzip: *Cyanogene Glykoside.* Leinsamen enthält in Form der cyanogenen Diglykoside Linustatin und Neolinustatin ca. 20 bis 50 mg Cyanid/100 g.[48] Über eine mögliche Blausäureintoxikation nach der Einnahme von Leinsamen ist viel diskutiert worden, da die tödliche Dosis an Blausäure beim Menschen, akut als leicht zugängliches Cyanid aufgenommen, ca. 1 mg/kg KG beträgt.[90] Weder eine Einmaldosis von 100 g Leinsamen noch chronische Dosen von täglich 45 bis 50 g über 4 bis 6 Wochen führen jedoch zu irgendwelchen Vergiftungserscheinungen beim Menschen.[79,80,154]
Im Tierexperiment führen 500 mg isoliertes Linamarin (Monoglykosid) pro kg KG bei 70 % aller

Ratten zum Tode. Bei 300mg/kg KG überleben alle Tiere, zeigen jedoch Vergiftungserscheinungen. Bei einer subletalen Dosis von 94mg/kg KG täglich über 5 Wochen weisen die Tiere keine offensichtlichen Anzeichen von Toxizität auf, jedoch einen erniedrigten systolischen Blutdruck, eine reduzierte Aktivität der Cytochromoxidase im Herzgewebe und einen erhöhten Lactat/Pyruvat-Quotienten im Blut.[81,91]
Die niedrige Toxizität von Leinsamen wird darauf zurückgeführt, daß das Cyanid im sauren Magensaft nur sehr langsam aus den Diglykosiden abgespalten wird, da es sich zum einen um einen mehrstufigen Abbau handelt, der auch nur eintreten kann, wenn Leinsamen zerkleinert wird, und da zum anderen im Magen nicht das pH-Optimum der entsprechenden Enzyme Linustatinase, Linamarase und Hydroxynitrillyase (zwischen pH4 und pH6) vorliegt. Die Anflutung des frei werdenden Cyanids ist daher so langsam, daß das sehr schnell funktionierende Entgiftungssystem *in vivo* nicht erschöpft wird. Im sauren Magen kann freiwerdende Blausäure mit Salzsäure bereits zu der wesentlich weniger toxischen Ameisensäure und Ammoniumchlorid reagieren. Der wichtigste Entgiftungsmechanismus des Körpers ist jedoch die Umwandlung des Cyanids in das Rhodanid (SCN^-) durch das Enzym Rhodanase, das in fast allen tierischen Geweben vorhanden ist. Rhodanid ist ca. 200mal weniger toxisch als Cyanid.[52,63,90,92]
Die Tatsache, daß einige (8/14) Mutterschafe bei einer Diät aus Leinsamen, Hafer und Luzerne Lämmer mit akutem Kropf werfen, wird darauf zurückgeführt, daß das im Stoffwechsel aus den cyanogenen Glykosiden des Leinsamens entstehende Rhodanid die Iodaufnahme hemmt.[93] Die Hydrolyse der cyanogenen Glykoside erfolgt im Wiederkäuermagen unter der Einwirkung der Mikroflora und einem pH von 5 bis 6 wesentlich schneller als im monogastrischen sauren Magen.[94]
Andererseits wurden die cyanogenen Glykoside als protektiver Faktor bei Selen-Intoxikation von Hühnern identifiziert.[95] Eine 20%ige Leinsamen-Diät antagonisiert die Selen (20 bis 40 ppm)-induzierte Wachstumsverzögerung deutlich und reduziert die Mortalität bei 40 ppm Selen von 43% auf 3%.[96,97]
Linatin. Leinsamen hat als 30%ige Diät einen wachstumsretardierenden Effekt bei Hühnern, was durch Gabe von Vitamin B_6 (Pyridoxin) aufgehoben werden kann.[92] Ähnliches wird auch von Ratten berichtet.[99] In anderen Studien zeigen Schweine und Ratten bei einer 30%igen Leinsamen-Diät keinen Vitamin B_6-Mangel.[100] Als Vitamin B_6-Antagonist in Leinsamen wurde das Dipeptid Linatin (= 1-(*N*-γ-L-glutamyl)amino-D-prolin) identifiziert, das bei Hydrolyse 1-Amino-D-prolin freisetzt. Dieses bildet mit Pyridoxalphosphat einen stabilen Komplex.[101] Pathologische Relevanz scheint sich jedoch nur bei einer ohnehin bestehenden Unterversorgung mit Vitamin B_6 zu ergeben.

Akute Toxizität: *Mensch.* Untoxisch (s. Toxische Inhaltsstoffe).

Chronische Toxizität: *Mensch.* Fallberichte über die Aufnahme von 100 bis 300 g Leinsamen täglich über mehrere Wochen bis über 1 Jahr ergeben keine Anhaltspunkte für eine toxische Wirkung.[102]

Akute Vergiftung: Keine Vergiftungsfälle bekannt, nötigenfalls Maßnahmen gegen Cyanidvergiftung.[103]

Alte Rezepturen: s. Lit.[20]

Sonst. Verwendung: *Haushalt.* Leinsamen werden als Nahrungsmittel, besonders in Backwaren verwendet.[104,105] *Landwirtschaft.* Verwendung von Leinsamenmehl als Tierfutter.

Gesetzl. Best.: *Artenschutz.* Wildlebende Populationen sind nach dem Bundesartenschutzgesetz geschützt, was bei dieser Kulturpflanze ohne praktische Bedeutung ist. *Standardzulassung.* Standardzulassung "Leinsamen", Zul.-Nr. 1099.99.99.[160] *Offizielle Monographien.* Aufbereitungsmonographie der Kommission E am BGA "Lini semen (Leinsamen)".[68]

Lini seminis placenta (Leinkuchenmehl)

Synonyme: Lini farina, Lini farina placenta, Placenta Seminis Lini, Semen Lini pulveratum desoleatum.

Sonstige Bezeichnungen: Dt.: Flachskuchen, Leinkuchen, Leinpreßkuchen, Leinsamenkuchen; engl.: Flaxseed cake, linseed cake, linseed oil cake; fz.: Gâteau de lin, pain de lin, tourtreau; port.: Pan de linho.

Monographiesammlungen: Placenta Seminis Lini *DAB 6*; Lini Farina *Ned 6*.

Definition der Droge: Leinkuchen ist der Rückstand aus Leinsamen nach Auspressung des Leinöls *DAB 6*.

Stammpflanzen: *Linum usitatissimum* L.

Herkunft: s. Lini semen.

Gewinnung: Nach mechanischem Auspressen des Leinöls aus den unzerkleineten oder zerkleinerten Leinsamen erhält man Leinkuchen mit einem Ölrestgehalt von ca. 10%. Dieser wird z. T. durch eine weitere Lösungsmittelextraktion auf praktisch Null gesenkt.

Ganzdroge: Gelbliches, gelbbraun und rotbraun gesprenkeltes Mehl.

Pulverdroge: Auffallend sind vor allem die Stücke der Pigmentzellschicht mit derbwandigen, getüpfelten, quadratischen bis rechteckigen, 25 bis 40 µm Durchmesser aufweisenden, tafelförmigen braunen Zellen und reichlich herausgefallene, polygonale bis viereckige, an den Rändern stark sägeartig gekerbte Pigmentklumpen. Daneben viele Bruchstücke der Samenschale mit großen polyedrischen, im Querschnitt fast quadratischen oder radial verlängerten, farblosen, dünnwandigen Schleimzellen der Epidermis. Reichlich nahezu farblose oder leicht grünstichig-gelbliche, kleine und größere, kleinzellige, dünnwandige Gewebestücke des Endosperms und der Cotyledonen, mit Aleuronkörnern und fettem Öl. Schmale, bis 0,25 mm lange, meist 8 bis 14 µm breite, stark verdickte Sklerenchymzellen (Faserschicht), oft in Verbindung mit der Ringzellschicht. Stärke nur in sehr geringen Mengen von beigemengten unreifen Leinsamen bzw. von Verfälschungen.[6,25,35]

Verfälschungen/Verwechslungen: Verfälschungen möglich mit Unkräutern (zu viel Stärke), mit Sand, mit fremden Ölkuchen, mit Kleie, Erdnußmehl, Reismehl oder Baumwollsaatmehl. Wenn man 10 g des Pulvers mit 80 bis 100 mL Benzin übergießt, bleibt reines Leinmehl auf dem Boden liegen, während Verunreinigungen wie Samen, Stroh- und Holzstückchen auf dem Benzin schwimmen. Rhizinussamen fallen durch Größe und Färbung auf, im mikroskopischen Bild sind die Endospermzellen von Rhizinus fast doppelt so groß wie die des Leins.[6]

Inhaltsstoffe: Nicht entölter Leinkuchen enthält ca. 8 bis 10 % fette Öle, ca. 25 bis 30 % Schleimstoffe, ca. 30 % Rohprotein; cyanogene Glykoside (ca. 30 bis 300 mg Cyanid/kg Leinkuchen).[31,35,146]

Zubereitungen: Für Kataplasmen: 1 T Leinkuchen auf 2 T heißes Wasser.[6]

Identität: Mikroskopische Identifizierung s. Lini semen; Wasserbindungsvermögen höher als bei Leinsamenpulver.

Reinheit: s. Verfälschungen.
- Ein mit siedendem Wasser hergestellter Auszug darf nicht ranzig schmecken *DAB 6*.
- Asche: Max. 6 % *DAB 6, Ned 6*.

Gehalt:
- Quellfaktor: Mind. 8.[161]
- Fettes Öl: Mind. 10 %.[162]

Lagerung: Nicht über ein Jahr *Ned 6*.

Wirkungen: In der Literatur wird eine laxierende Wirkung angegeben, die aufgrund des Gehaltes an Schleimstoffen plausibel ist.[142] Experimentelle oder klinische Untersuchungen liegen jedoch nicht vor.

Volkstümliche Anwendung und andere Anwendungsgebiete: Innerlich bei Katarrhen.[6] Die Wirksamkeit bei dieser Indikation ist nicht belegt. Äußerlich bei entzündlichen Hautleiden als Kataplasma wie Lini semen (s. dort);[68] die Wirksamkeit bei dieser Indikation ist plausibel.

Tox. Inhaltsstoffe u. Prinzip: Da Leinkuchen oft in großen Mengen als Viehfutter verwendet wird, ist die Frage der Toxizität der cyanogenen Glykoside von Bedeutung. Ältere Berichte über einzelne Vergiftungsfälle nach Leinkuchenfütterung bei Pferden[155] und Kühen[156] sind fraglich bzw. auf die Verkettung ungünstiger Umstände zurückzuführen.[92,146]
Fütterungsversuche mit in 37 °C warmem Wasser vorinkubierten Leinkuchen (zur Hydrolyse der Glykoside) von bis zu 4 kg/Tag über 4 Wochen an 2 Rindern zeigten keine Vergiftungserscheinungen, obwohl gerade im Vormagen des Rindes die pH-Verhältnisse eine optimale Katalyse durch die spaltenden Enzyme Linustatinase und Linamarase ermöglichen und die theoretische Blausäurebelastung der beiden Rinder die 3- bis 4fache Menge der tödlichen Dosis betrug.[146] Insgesamt scheinen toxikologische Probleme auch beim Verfüttern großer Leinkuchenmengen an Wiederkäuer nicht relevant zu sein. Die potentielle Gefährdung kann durch Verfütterung trockenen bzw. mit kochendem Wasser überbrühten Leinkuchenmehls (zur Zerstörung der cyanogenen Glykoside bzw. der glykosidspaltenden Enzyme) weiter reduziert werden.

Sonst. Verwendung: *Landwirtschaft.* Viehfutter.

Linum usitatissimum hom. *HAB 34*

Monographiesammlungen: Linum usitatissimum *HAB 34*.

Definition der Droge: Frische, blühende Pflanze.

Stammpflanzen: *Linum usitatissimum* L.

Zubereitungen: Essenz nach § 3 *HAB 34*.
Urtinktur und flüssige Verdünnungen nach *HAB 1*, Vorschrift 3a.[111]
Darreichungsformen: Urtinktur, flüssige Verdünnungen, Tabletten, Verreibungen, Streukügelchen; flüssige Verdünnungen zur Injektion.[111]

Gehalt: *Essenz.* Arzneigehalt $^1/_3$.

Anwendungsgebiete: Die Anwendungsgebiete entsprechen dem homöopathischen Arzneimittelbild. Dazu gehören: Heuschnupfen; Harnblasenreizung.[111]

Dosierung und Art der Anwendung: *Zubereitung.* Soweit nicht anders verordnet: Bei akuten Zuständen alle halbe bis ganze Stunde je 5 Tropfen oder 1 Tablette oder 10 Streukügelchen oder 1 Messerspitze Verreibung einnehmen; parenteral 1 bis 2 mL bis zu 3mal täglich s.c. injizieren. Bei chronischen Verlaufsformen 1- bis 3mal täglich 5 Tropfen oder 1 Tablette oder 10 Streukügelchen oder 1 Messerspitze Verreibung einnehmen; parenteral 1 bis 2 mL pro Tag s.c. injizieren.[111]

Unerwünschte Wirkungen: Nicht bekannt. Hinweis: Es können vorübergehend Erstverschlimmerungen vorkommen, die jedoch unbedenklich sind.[111]

Gegenanzeigen/Anwendungsbeschr.: Nicht bekannt.[111]

Wechselwirkungen: Nicht bekannt.[111]

Gesetzl. Best.: *Offizielle Monographien.* Aufbereitungsmonographie der Kommission D am BGA "Linum usitatissimum".[111]

Linum usitatissimum hom. *HPUS88*

Monographiesammlungen: Linum usitatissimum *HPUS88*.

Definition der Droge: Die Samen.

Stammpflanzen: *Linum usitatissimum* L.

Zubereitungen: *Urtinktur.* Herstellung durch Mazeration oder Perkolation der frischen oder getrockneten Droge mit EtOH nach den allg. Zubereitungsvorschriften (Class C) der *HPUS88*. Ethanolgehalt 65 % (*V/V*).

Gehalt: *Urtinktur.* Arzneigehalt $^{1}/_{10}$.

1. FEu, Bd. 2, S. 206–211
2. Heg (1975) Bd. V, Teil 1, S. 1–38
3. Armstrong HE, Vargas Eyre J (1912) Proc Roy Soc Lond 85:370–378
4. Melchior H (Hrsg.) (1964) A. Engler's Syllabus der Pflanzenfamilien, 12. Aufl., Gebrüder Bornträger, Berlin-Nikolassee, Bd. II, S. 253–253
5. Steinegger E, Hänsel R (1988) Lehrbuch der Pharmakognosie und Phytopharmazie, 4. Aufl., Springer Verlag, Berlin Heidelberg New York, S. 462–466
6. Hag, Bd. V, S. 517–525
7. Ibrahim RK, Shaw M (1970) Phytochemistry 9:1.855–1.858
8. Dubois J, Mabry TJ (1971) Phytochemistry 10:2.839–2.840
9. Volynets AP, Mashtakov SM, Laman NA (1970) Fiziol Biokhim Kul't, Rast 2:299–304, zit. nach CA 73:127710
10. Wilkens-Sauter M (1988) Beitrag zur Analytik der cyanogenen Glykoside sowie neuere Erkenntnisse zur Pharmakognosie und Phytochemie von Leinsamencultivars, Dissertation, Berlin
11. Dybing CD, Zimmerman DC (1965) Crop Sci 5:184–187
12. Schuster W, Marquard R (1974) Fette Seifen Anstrichm 76:207–217
13. Iran-Nejad H (1976) Untersuchungen über den Einfluß von genetischen und ökologischen Faktoren auf die Leistung und Qualität bei Öllein (Linum usitatissimum L.), Dissertation, Gießen
14. Slack CR, Roughan PG (1978) Biochem J 170:437–439
15. Marquard R, Schuster W (1978) Lebensm Unters Forsch 166:85–88
16. Schuster W, Marquard R, Iran-Nejad H (1978) Fette Seifen Anstrichm 80:173–180
17. Schuster W, Iran-Nejad H, Marquard R (1978) Fette Seifen Anstrichm 80:133–143
18. Marquard R, Schuster W, Iran-Nejad H (1978) Fette Seifen Anstrichm 80:213–218
19. Hoppe HD (1975) Drogenkunde, 8. Aufl., Walter de Gruyter, Berlin New York, Bd. 1, S. 654–657
20. Madaus G (1938) Lehrbuch der biologischen Heilmittel, Abt. I: Heilpflanzen, Georg Thieme Verlag, Leipzig, Bd. II, S. 1.760–1.775
21. Fischer G (1978) Heilkräuter und Arzneipflanzen, 5. Aufl., K. F. Haug, Heidelberg, S. 142–145
22. DAB 9, S. 961–963
23. Wagner H (1980) Pharmazeutische Biologie, Drogen und ihre Inhaltsstoffe, Gustav Fischer Verlag, Stuttgart, Bd. 2, S. 261–262
24. Beyerlein U, Scheer A, Schilcher H (1978) Dtsch Apoth Ztg 118:596–600
25. Thoms H (Hrsg.) (1931) Handbuch der praktischen und wissenschaftlichen Pharmazie, Urban & Schwarzenberg, Berlin Wien, Bd. V/2, S. 1.215–1.220
26. Hummel K (1969) Mikroskopische Untersuchung der ölliefernden Früchte und Samen. In: Schormüller J (Hrsg.) Handbuch der Lebensmittelchemie, Fette und Lipoide (Lipids), Springer, Berlin Heidelberg New York, Bd. IV, S. 381–383
27. Bauer KH, Frömming KH, Führer C (1986) Pharmazeutische Technologie, Georg Thieme Verlag, Stuttgart New York, S. 444
28. DAB 8, S. 458–463
29. Rohde C (1988) Vergleichende Untersuchungen von unbehandelter/behandelter Industrie-Leinsaat, Diplomarbeit, Münster
30. Müller R (1980) Zur Kenntnis der Ballaststoffe im Leinsamen, Diplomarbeit, Stuttgart-Hohenheim
31. Pharmazeutische Stoffliste (1989) 4. Aufl., Werbe- und Vertr. Ges. Dtsch. Apoth. mbH, Frankfurt, S. 139–141
32. Schormüller I, Winter H (1958) Nahrung 2:83–94
33. Wehmer C (1935) Die Pflanzenstoffe. Bestandteile und Zusammensetzung der einzelnen Pflanzen und deren Produkte, Phanerogamen, 2. Aufl., G. Fischer, Jena, Erg.-Bd., S. 119
34. Wichtl M (Hrsg.) (1989) Teedrogen, 2. Aufl., Wissenschaftliche Verlagsgesellschaft, Stuttgart, S. 306–308
35. Berger F (1964) Handbuch der Drogenkunde, Wilhelm Maudrich, Wien, Bd. VI, S. 311–319
36. Samy MS (1979) Z Ernaehrwiss 18:23–25
37. Rewald B (1942) Biochem J 36:822–824
38. Ratnayake WMN, Behrens WA, Fischer PWF, L'Abbe MR, Mongeau R, Beare-Rogers JL (1992) J Nutr Biochem 3:232–240
39. Arts CJM, Govers CARL, van den Berg H, Wolters MGE, van Leeuwen P, Thijssen JHH (1991) J Steroid Biochem Molec Biol 38:621–628
40. Blankenhorn S (1981/82) Zur Kenntnis der Schleimstoffe in Leinsamen, Diplomarbeit, Stuttgart-Hohenheim
41. Heinze U, Amelunxen F (1984) Ber Dtsch Bot Ges 97:451–464
42. Heinze U, Amelunxen F (1985) Ber Dtsch Bot Ges 98:237–238
43. Erskine AJ, Jones JKN (1956) Can J Chem 34:821–826
44. Erskine AJ, Jones JKN (1957) Can J Chem 35:1.174–1.182
45. Hunt K, Jones JKN (1962) Can J Chem 40:1.266–1.279
46. Kalac J, Zemanova J (1974) Biol Pr 20:58, zit. nach CA (1975) 82:83042g
47. Davis EA, Derouet C, Herre du Penhoat A (1990) Carbohydr Res 197:205–215
48. Schilcher H, Wilkens-Sauter M (1986) Fette Seifen Anstrichm 88:287–290
49. Frehner M, Scalet M, Conn EE (1990) Plant Physiol 94:28–34
50. Kühnel Hagen S (1928) Z Unters Lebensm Forsch 55:284–291
51. Lüdtke M (1952) Biochem Z 322:310–319
52. Oke OL (1969) World Rev Nutr Diet 11:170–195
53. Zechner L (1966) In: Wiesner J (Hrsg.) Die Rohstoffe des Pflanzenreichs, Lief. F: Glykoside, 5. Aufl., J. Cramer, Lehre, S. 68–69
54. Zitnak A, Hill D, Alexander JC (1977) Anal Biochem 77:310–314

55. Hübel W, Nahrstedt A, Wray V (1981) Arch Pharm 314:609–617
56. Smith CR, Weisleder D, Miller RW, Palmer IS, Olson OE (1980) J Org Chem 45:507–510
57. Davis RH, Nahrstedt A (1979) Comp Biochem Physiol 64:395–397
58. Poulton JE (1988) Ciba Foundation Symposium 140: 67–91
59. Fan TWM, Conn EE (1985) Arch Biochem Biophys 243: 361–373
60. Butler GW (1965) Phytochemistry 4:127–131
61. Xu LL, Singh BK, Conn EE (1988) Arch Biochem Biophys 263:256–264
62. Kurzhals C, Grützmacher H, Selmar D, Biehl B (1989) Planta Med Abstr (Annual Congress):98
63. Schilcher H, Schulz V, Nissler A (1986) Z Phytother 7:113–117
64. Jones DA (1981) Cyanide and Coevolution. In: Kennesland EE (Hrsg.) Cyanide in Biology, Academic Press, London
65. Selmar D (1986) Cyanogenese in Hevea - Zwei Wege zur Metabolisierung cyanogener Glykoside, Dissertation, Universität Braunschweig
66. Mar 29, S. 1.436
67. Zepernick B, Langhammer L, Lüdcke JBP (1984) Lexikon der offizinellen Arzneipflanzen, Walter de Gruyter, Berlin New York, S. 252–255
68. BAz Nr. 228 vom 05.12.1984
69. Weiß RF (1991) Lehrbuch der Phytotherapie, 7. Aufl., Hippokrates Verlag, Stuttgart, S. 131–133
70. Müller A (1988) PTA in der Apotheke 17:19–23
71. Kritchevsky D, Tepper SA, Klurfeld DM (1991) J Nutr Biochem 2:133–134
72. Serraino M, Thompson LU (1991) Cancer Lett 60:135–142
73. Serraino M, Thompson LU (1992) Nutr Cancer 17:153–159
74. Serraino M, Thompson LU (1992) Cancer Lett 63:159–165
75. Thompson LU, Robb P, Serraino M, Cheung F (1991) Nutr Cancer 16:43–52
76. Borriello SP, Setchell KDR, Axelson M, Lawson AM (1985) J Appl Bacteriol 58:37–43
77. Adlercreutz H (1984) Gastroenterol 86:761–766
78. Adlercreutz H, Höckerstedt K, Bannwart C, Bloigu S, Hämäläinen E, Fotsis T, Ollus A (1987) Steroid Biochem 27:1.135–1.144
79. Schulz V, Löffler A, Pasch T, Löschcke G, Busse J (1981) Verh Dtsch Ges Inn Med 87:1.189–1.192
80. Schulz V, Löffler A, Gheorghui T (1983) Leber, Magen, Darm 13:10–14
81. Barrett MD, Hill DC, Alexander JC, Zitnak A (1977) Can J Physiol Pharmacol 55:134–136
82. Meier P, Seiler WO, Stähelin HB (1990) Schweiz Med Wochenschr 120:314–317
83. Wirths W, Berglar T, Dieckhues A, Bauer G (1985) Z Gerontol 18:107–110
84. Weiss RF (1976) Beilage Erk 12, D VI–D VIII
85. Kurth W (1976) Kassenarzt 16:3.546–3.553
86. Schromm F (1936) Hippokrates 5:157–161
87. Hardt M, Geisthövel W (1986) Med Klin 81:541–543
88. Wilcox G, Wahlqvist ML, Burger HG, Medley G (1990) Br Med J 301:905–906
89. Shultz TD, Bonorden WR, Seaman WR (1991) Nutr Res 11:1.089–1.100
90. Friedberg KD, Grützmacher J (1968) Wehrmed 6:61–71
91. Philbrick DJ, Hill DC, Alexander JC (1977) Toxicol Appl Pharmacol 42:539–551
92. Schilcher H (1979) Dtsch Aerztebl 76:955–956
93. Care AD (1954) Nature 173:172–173
94. Coop IE, Blakley RL (1949) NZ J Sci Technol 30:277
95. Smith CR, Weisleder D, Miller RW (1980) J Org Chem 45:507–510
96. Jensen LS, Chang CH (1976) Poult Sci 55:594–599
97. Jensen LS, Werho DB, Leyden DE (1977) J Nutr 107:391–396
98. Kratzer FH, Williams DE, Marshall B, Davis PN (1954) J Nutr 52:555–563
99. Tjostem J, Diner A, Parsons JL, Klosterman HJ (1963) Bact Proc 3:98
100. Bishara HN, Walker HF (1977) Br J Nutr 37:321–331
101. Klosterman HJ, Lamoureux GL, Parsons JL (1967) Biochemistry 6:170–177
102. Schweigart HA, Wistuba U (1958) Neuform-Echo: 308–316
103. Schulz V (1978) Dtsch Aerztebl 75:2.757–2.758
104. Schormüller J (1959) Hippokrates 30:825–827
105. Seibel W, Brümer JM, Morgenstern G, Bretschneider F (1983) Getreide Mehl Brot 37:47–55
106. NN (1961) Seifen Oele Fette Wachse 87:99–102, 125–126
107. DAC 86
108. Wissebach H (1969) Pflanzen- und Tierfette. In: Schormüller J (Hrsg.) Handbuch der Lebensmittelchemie, Fette und Lipoide (Lipids), Springer, Berlin Heidelberg New York, Bd. IV, S. 71–80
109. DAB 7, S. 971–974
110. Franzke C (1964) Fette Seifen Anstrichm 66:3–6
111. BAz Nr. 22a vom 03.02.1988
112. BPC 79, S. 496
113. Hgn (1966) Bd. 4, S. 393–400
114. Capella P, Fedeli E, Cirimele M, Lanzani A, Jacini G (1964) Fette Seifen 66:997–999
115. Ivanow S (1932) Allg Öl Fett Ztg 29:149–150
116. Tonnet ML, Green AG (1987) Arch Biochem Biophys 252:646–654
117. El-Shattory Y (1976) Nahrung 20:307–311
118. Frerichs G, Arends G, Zörnig H (Hrsg.) (1930) Hagers Handbuch der Pharmazeutischen Praxis, Springer, Berlin, Bd. 2, S. 87–90
119. Schilcher H, Nissler A (1980) Phys Med Reh 21:141–156
120. Herman S, Beynen AC (1989) Int J Vitamin Nutr Res 59:417–418
121. Garg ML, Sebokova E, Wierzbicki AA, Thompson ABR, Clandini MT (1988) Lipids 23:847–852
122. Garg ML, Wierzbicki AA, Thompson ABR, Clandini MT (1989) Lipids 24:334–339
123. Garg ML, Thompson ABR, Clandini MT (1989) Biochim Biophys Acta 1.006:127–130
124. Garg ML, Thompson ABR, Clandini MT (1988) J Nutr 118:661–668
125. Christiansen EN, Lund JS, Rortveit T, Rustan AC (1991) Biochim Biophys Acta 1.082:57–62
126. Garg ML, Wierzbicki AA, Thompson ABR, Clandini MT (1988) Biochim Biophys Acta 962:330–336
127. Engler MM, Karanian JW, Salem N (1991) Alcoholism Clin Exp Res 15:483–488
128. Singer P, Jaeger W, Berger I, Barleben H, Wirth M, Richter-Heinrich E, Voigt S, Gödicke W (1990) J Human Hypertension 4:227–233
129. Dierberger B, Schäch M, Anadere I, Brändle M, Jacob R (1991) Basic Res Cardiol 86:561–566
130. Hoffmann P, Block HU, Beitz J, Taube C, Forster W, Wortha P, Singer P, Naumann E, Heine H (1986) Lipids 21:733–737

131. L'Abbe MR, Trick KD, Beare-Rogers JL (1991) J Nutr 121:1.331–1.340
132. McDonald MI, Graham I, Harvey KJ (1981) Lancet 11:1.056
133. Fritsche KL, Johnston PV (1990) J Nutr 120:1.601–1.609
134. Yam D, Fink A, Nir I, Budowsky P (1990) Br J Cancer 62:897–902
135. McClain RM, Rohrs JM (1985) Toxicol Appl Pharmacol 77:86–93
136. Czerkawski JW, Christie WW, Breckenridge G, Hunter ML (1975) Br J Nutr 34:25–44
137. Liautaud S, Grynberg A, Mourot J, Athias P (1991) Cardiosci 2:55–61
138. Braun H (1978) Heilpflanzen-Lexikon für Ärzte und Apotheker. Anwendung, Wirkung und Toxikologie, 3. Aufl., G. Fischer, Stuttgart New York, S. 130–131
139. Kosch A (1939) Handbuch der deutschen Arzneipflanzen, Springer-Verlag, Berlin, S. 190–192
140. Diener H (1969) Drogenkunde, 5. Aufl., VEB Fachbuchverlag, Leipzig, S. 262–264
141. Mar 29, S. 1.584
142. Bohn W (1935) Die Heilkräfte heimischer Pflanzen, 5. Aufl., H. Hedewigs Nachf., C. Ronniger, Leipzig, S. 86
143. Schulz H (1929) Vorlesungen über Wirkung und Anwendung der deutschen Arzneipflanzen, 2. Aufl., G. Thieme, Leipzig, S. 195–197
144. Potteau B (1976) Ann Nutr Aliment 30:67–88
145. Potteau B (1976) Ann Nutr Aliment 30:89–93
146. Orth A, Mohr F (1953) Arch Tierernaehr 3:31–39
147. Claus EP, Tyler VE, Brady LR (1970) Pharmacognosy, Lea & Febiger, Philadelphia, S. 145–146
148. Marzell H (1951) Wörterbuch der deutschen Pflanzennamen, S. Hirzel, Leipzig, Lieferung 10, S. 1.331–1.336
149. Kroeber L (1938) Das neuzeitliche Kräuterbuch, Giftpflanzen, Hippokrates-Verlag Marquardt & Cie, Stuttgart, Bd. III, S. 314–316
150. Gessner O (1953) Die Gift- und Arzneipflanzen von Mitteleuropa (Pharmakologie, Toxikologie, Therapie), 2. Aufl., C. Winter Universitätsverlag, Heidelberg, S. 558, 603–606
151. Hills JS (1905) Pharm J 74:401–404
152. Hills JS (1905) Pharm J 74:436–438
153. Hills JS, Wynne WP (1905) J Chem Soc 87:327–331
154. Cunnane SC, Ganguli S, Menard C, Liede AC, Hamadeh MJ, Chen ZY, Wolever TMS, Jenkins DJA (1993) Br J Nutr 69:443–453
155. Lewin L (1897) Lehrbuch der Toxikologie, 2. Aufl., Urban & Schwarzenberg, Wien Leipzig
156. Montgomery RF (1924) Vet J 80:311–314
157. BAz Nr. 199a vom 20.10.1989
158. ÖAB 90
159. Helv VII
160. Standardzulassungen für Fertigarzneimittel (1986) Govi-Verlag, Pharmazeutischer Verlag, Frankfurt/Main
161. Hung VI
162. Pol III

LP

Lippia

HN: 2036100

Familie: Verbenaceae.

Unterfamilie: Verbenoideae.

Tribus: Lantaneae.

Die zu den Verbenaceae gehörende Gattung Lippia HOUST. ex L. wurde nach dem italienischen Naturforscher Auguste Lippi benannt. Die Gattung Lippia L. wird innerhalb der Unterfamilie Verbenoideae unterschiedlich eingruppiert.[1–3] Die nahe Verwandtschaft zu den Labiatae geht aus einer Merkmalsanalyse hervor, worin die Gattungen Lippia und Lantana als Gruppe II-745 zusammengefaßt werden,[4] wofür es auch chemotaxonomische Hinweise gibt.[5–7]

Gattungsgliederung: Die Großgattung Lippia L. umfaßt 200 bis 250 Arten.[2] Es wurde aber vorgeschlagen,[3] eine Reihe von Lippia-Arten besser zu den Gattungen Aloysia PALAU,[79] Phyla LOUR., Acantholippia GRISEB., Bourroughsia MOLDENKE und Nashia MILLSP. zu stellen. Die Großgattung Lippia s. l. wird gelegentlich auch als Aloysia-Phyla-Lippia-Aggregat bezeichnet. Gattungstypus ist *Lippia americana* L.[32]

Gattungsmerkmale: Sträucher oder Halbsträucher, selten Kräuter, mit verschieden behaarter Epidermis; Blätter gegenständig oder zu 3 wirtelständig; Blüten klein, in centripetalen Ähren, einzeln in den Achseln der Bracteen sitzend. Kelch klein, mit eiförmig-glockenförmiger, zweirippiger oder zweiflügeliger Röhre, zwei- bis vierspaltig oder vierzähnig. Blütenkrone mit zylindrischer, gerader oder gekrümmter, oft oberwärts etwas erweiterter Röhre, schwach zweilippig, vierspaltig mit breiten oft ausgerandeten Lappen. Staubblätter 4, davon zwei größer, gegen die Mitte der Blumenkronröhre inseriert, eingeschlossen oder schwach herausragend. Antheren eiförmig, mit parallelen Thecae; Fruchtknoten zweifächerig, zwei Samen enthaltend; Griffel gewöhnlich kurz, mit schiefer oder gekrümmter, schwach zweiteiliger Narbe; Frucht klein, trocken, eingeschlossen im Kelch, mit zwei einsamigen Steinkernen, Samen ohne Endosperm.[1,19]

Verbreitung: Vorwiegend Süd- und Mittelamerika, wenige Arten in Afrika und Asien, im Mittelmeerraum als Kulturpflanze, z. T. verwildert.

Inhaltsstoffgruppen: Lippia-Arten führen äth. Öl, dessen Hauptkomponenten Monoterpene sind, insbesondere Borneol, Campher, Carvacrol, 1,8-Cineol, Citral, *p*-Cymen, Geraniol, Limonen, Linalool, Lippion (= 1,2-Epoxypulegon), Myrcen, Piperiton, Thymol und Thymolacetat.[8–18] Entsprechend den Kombinationen der Hauptkomponenten wurde versucht, die äth. Öle der Gattung Lippia nach Ähnlichkeiten und Unterschieden zu ordnen und graphisch als ein dreidimensionales Beziehungsnetz darzustellen, das zugleich die chemotaxonomische Verwandtschaft zwischen den ölführenden Arten zum Ausdruck bringt: Das kubische System nach Fujita.[73,74] Bei einigen Lippia-Arten scheinen auch Chemotypen zu existieren, die sich in der Zusammensetzung des äth. Öls deutlich unterscheiden.[9–11] Neben Monoterpenen enthalten Lippia-Öle auch Sesquiterpene mit den unterschiedlichsten Grundgerüsten. Aus Lippia-Arten wurden sodann isoliert: Iridoidglykoside vom Lamiid- oder Geniposid-Typ;[6] Flavonglykoside, Flavonaglyka, Flavanone und Flavonsulfate;[20–22] Naphthochinonderivate wie Isocatalponol,[23,24] Tectoldimethylether[23] und Lapachenol;[21,24] Triterpene[23,25] und toxische Triterpenester wie Lantaden A und B, Icterogenin[26–28] (s. Formelübersicht). Alkaloide wurden bisher nicht isoliert.

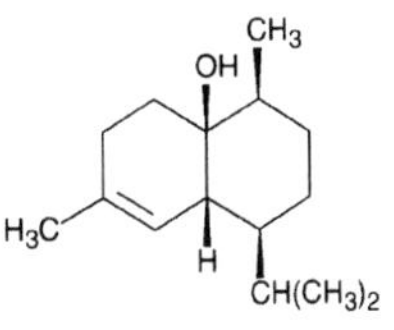

Cadin-4-en-1-ol

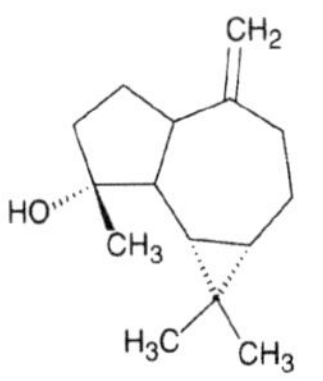

Spathulenol

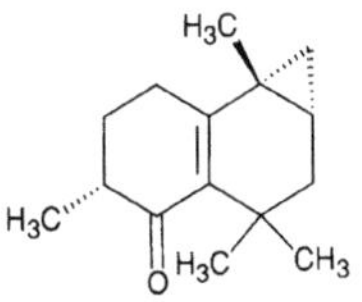

Lippifoli-1(6)-en-5-on
(früher: Africanon)

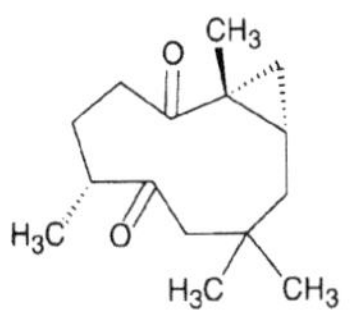

Integrifolian-1,5-dion
(früher: Bicyclohumulendion)

Beispiele für Sesquiterpene, die in äth. Ölen von Lippia-Arten gefunden wurden.[38,68,69] Die beiden Sesquiterpenketone aus *Lippia integrifolia* (Griseb.) Hieron wurden nach Revision der ursprünglichen Strukturvorschläge umbenannt.[69]

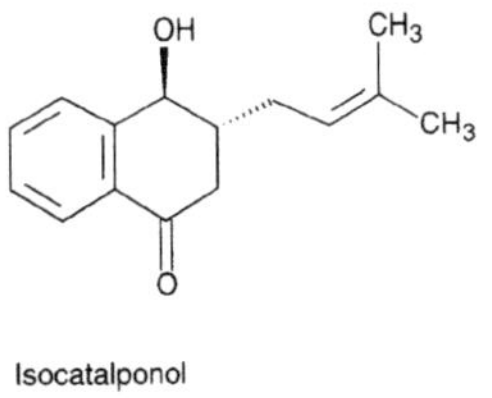

Isocatalponol

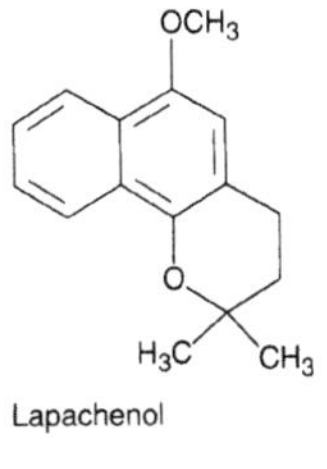

Lapachenol

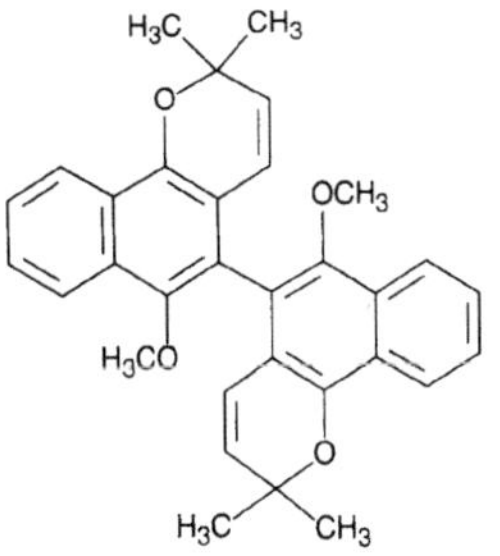

Tectoldimethylether

Naphthochinonderivate aus Lippia-Arten.[21,23,24] Strukturverwandte Verbindungen sind auch im Teakholz von *Tectona grandis* L. fil., Familie Verbenaceae, und in der Familie Bignoniaceae gefunden worden.[21,70]

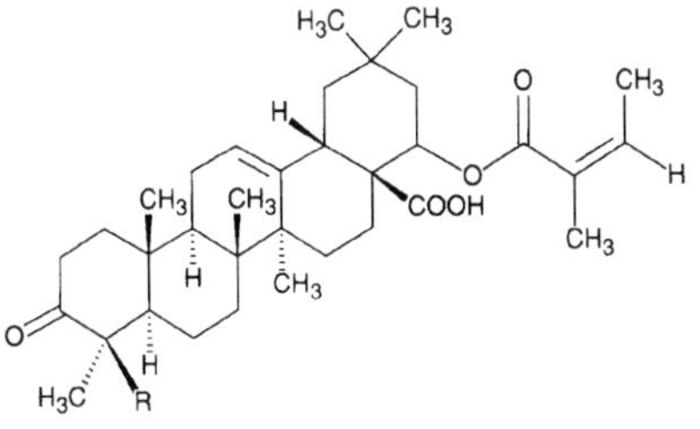

Lantaden A: R = CH_3
Icterogenin: R = CH_2OH

In einigen Lippia-Arten kommen, ebenso wie in botanisch nahestehenden Lantana-Arten, toxische, sog. icterogene Triterpensäuren vor. Phytochemisch handelt es sich um Derivate der Oleanolsäure (= 3-Keto-22β-Hydroxyoleanolsäure). Im Falle der in *Lippia rehmannii* H. H. W. Pears vorkommenden Triterpene, Lantaden A (= Rehmannsäure) und Icterogenin, ist die 22β-OH-Gruppe mit Angelicasäure verestert.[27,28]

Drogenliefernde Arten: *L. dulcis*: Lippia-dulcis-Blätter; *L. graveolens*: Lippia-graveolens-Kraut; *L. lycioides*: Lippia mexicana hom. *HPUS 78*; *L. triphylla*: Lippiae triphyllae aetheroleum, Lippiae triphyllae folium.

Lippia dulcis Trev.

Synonyme: *Phyla scaberrima* (Pers.) Moldenke, *Zapania scaberrima* Juss. ex Pers.

Sonstige Bezeichnungen: Dt.: Lippia mexicana, Mexikanisches Lippienkraut; engl.: Honey herb, Mexican lippia, sweet herb; span.: Corronchocho, hierba buena, hierba dulce, orozuz del pais, regaliz de Cuba, yerba dulce.

Systematik: *Lippia dulcis* gehört zu einer Gruppe von Lippia-Arten, die von einigen Botanikern einer separaten Gattung Phyla zugeordnet wird.[19]

Botanische Beschreibung: Mehrjährige Pflanzen, aufrecht, bis 40 cm hoch, intensiv riechend, an der Basis mehr oder minder strauchförmig, die unteren Knoten der Sprosse häufig Wurzeln bildend; Blätter an 0,5 bis 1,5 cm langen Stielen, Blattspreite rhombisch bis oval, 1 bis 6 cm lang, mit gezähnt-gekerbtem Rand, die Oberseite borstig, rauh, die Unterseite undeutlich drüsig; 1 bis 5 cm lange Blütenstände einzeln in den Blattachseln, Tragblätter keilförmig, länglich; Kelch winzig, zottig; Krone weiß, 1 bis 1,5 mm lang.[19]

Inhaltsstoffe: Frische Blätter sollen bis 0,8 % äth. Öl enthalten, das eine Dichte von 0,9485 g/mL besitzt und auch in einer Verdünnung von 5 mg äth. Öl in 100 mL Wasser noch eindeutig süß schmeckt.[18] Verantwortlich hierfür ist Hernandulcin, ein Sesquiterpenderivat, das auch in Zellkulturen von transformierten Wurzelhaaren erzeugt werden konnte.[62,63]

Verbreitung: Mittelamerika, von Mexiko bis Panama und Westindische Inseln; an Fluß- und Teichrändern, Schuttplätzen und Weiden bis in 1.800 m Seehöhe.[19]

Anbaugebiete: Von einem gezielten Anbau ist bisher nichts bekannt; die Bedarfsdeckung erfolgt in Mexiko vermutlich durch Wildsammlung oder Kultur in den Gärten der Eingeborenen.

Drogen: Lippia-dulcis-Blätter.

Lippia-dulcis-Blätter

Synonyme: Herba Lippiae dulcis, Herba Lippiae mexicanae.

Sonstige Bezeichnungen: Dt.: Lippia mexicana, Mexikanisches Lippienkraut; engl.: Honey herb, Mexican lippia, sweet herb; span.: Hierba dulce, orozuz, yerba dulce; Mexikanische Dialekte: Guia huace, tzopelic-xihuitl, X-Thuhuy-xin.[18]

Definition der Droge: Die frischen oder getrockneten Blätter.

Stammpflanzen: *Lippia dulcis* TREV. = *Phyla scaberrima* (PERS.) MOLDENKE.

Schnittdroge: *Geschmack.* Die Blätter schmecken beim Kauen süß.

Inhaltsstoffe: 0,1 bis 0,8 % äth. Öl mit Campher (ca. 53 %), Camphen (ca. 16 %) und Limonen (ca. 7 %) als Hauptkomponenten.[18] Etwa 0,004 % Hernandulcin, ein wasserdampfflüchtiges Sesquiterpen; es ist das süß schmeckende Prinzip der Droge.

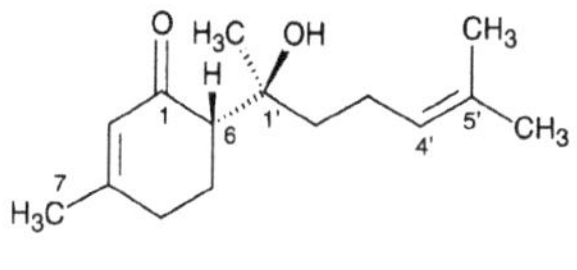

(+)-Hernandulcin

= (+)-6-(1',5'-Dimethyl-1'-hydroxy-4-hexenyl)-3-methyl-2-cyclohexenon

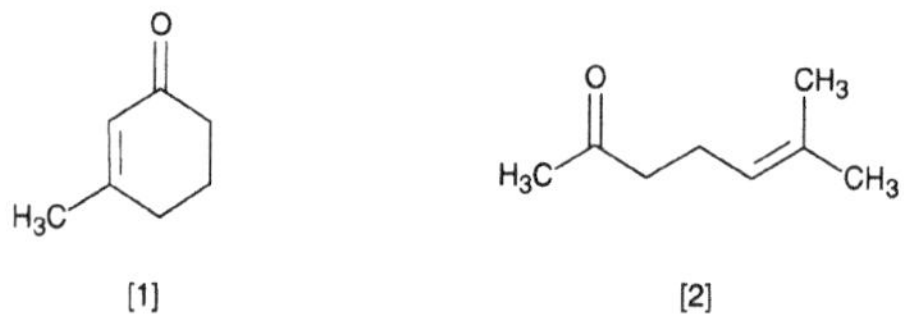

[1] 3-Methyl-2-cyclohexen-1-on

[2] 6-Methyl-5-hepten-2-on

3-Methyl-2-cyclohexen-1-on [1] und 6-Methyl-5-hepten-2-on [2] entstehen als Artefakte bei der thermischen Zersetzung von (+)-Hernandulcin, z. B. bei der GC-Analyse. Beide Substanzen kommen als natürliche Bestandteile von äth. Ölen vor und wurden als Ausgangsmaterialien zur Synthese von racemischem (±)-Hernandulcin verwendet.[64]

Zubereitungen: Als Aufguß;[18] häufig als alkoholische Tinktur im Verhältnis 1:10, auch mit frischen Blättern zubereitet.[18,71]

Identität: Keine Methoden bekannt. Sensorisch kann der süße Geschmack der Blätter und insbesondere des äth. Öls die Identität sichern. Mit GC bzw. GC/MS können die Hauptkomponenten des äth. Öls identifiziert werden; das charakteristische Hernandulcin ist thermolabil, kann aber mit GC zumindest über die Artefakte 6-Methyl-5-hepten-2-on und 3-Methyl-2-cyclohexen-1-on (s. Inhaltsstoffe) indirekt nachgewiesen werden.[64]
Nachweis von unzersetztem Hernandulcin mit HPLC und DC möglich.[61,64] Natürliches (+)-Hernandulcin besitzt die (6*S*,1'*S*)-Konfiguration und läßt sich durch DC von synthetischem (6*S*,1'*R*)-Hernandulcin (= Epihernandulcin) gut trennen:[64]

- Sorptionsmittel: Kieselgel 60 F_{254} (Merck-Fertigplatten);
- FM: Hexan-Ether (1 + 1);[61]
- Detektion: UV 254 nm Fluoreszenzminderung oder Besprühen mit 60 %iger Schwefelsäure und 10 min Erhitzen auf 110 °C;[64]
- Auswertung: Natürliches (+)-Hernandulcin findet sich bei Rf 0,50, synthetisches Epihernandulcin bei Rf 0,28.

Wirkungen: Die der Droge nachgesagte diuretische Wirkung konnte experimentell (Versuchstier: Albinoratten) nicht bestätigt werden.[65] Auch für eine vermutete antimikrobielle Wirkung konnten keine positiven Befunde beigebracht werden (Testkeime: *Candida albicans*, *Escherichia coli*, *Pseudomonas aeruginosa*).[83]

Volkstümliche Anwendung und andere Anwendungsgebiete: Bei akuten katarrhalischen Affektionen der Atemwege; bei chronischer Bronchitis. Als Emmenagogum bei ausbleibender Regelblutung.[71] Zur Behandlung chronischer Bronchitis und akuter katarrhalischer Affekte wurde eine Tinktur aus *Lippia dulcis* unter der Bezeichnung "Lippia Mexicana" um 1890 in den USA von der Parke-Davis-Company vertrieben.[18] Eine Übersicht über die volksheilkundliche Verwendung von *Lippia dulcis* in den verschiedenen Regionen Mexikos gibt Lit.[18]

Dosierung und Art der Anwendung: *Droge.* Als Infus oder Decoct (1 % ig): Dosisangaben fehlen. Als Tinktur (1:10): Alle 3 h 2 bis 4 mL.[71]

Toxikologische Eigenschaften: Toxikologische Studien der Droge fehlen im Gegensatz zum isolierten Hernandulcin; dem hohen Campheranteil im äth. Öl wird ein toxikologisches Potential zugeschrieben.[18] (±)-Hernandulcin führte bei p. o. Applikation an männlichen Swiss-Webster-Mäusen in Dosierungen bis zu 2 g/kg KG zu keinen Todesfällen.[60]

Mutagenität: Ein mutagenes Potential konnte für synthetisiertes (±)-Hernandulcin nicht festgestellt werden.[60]

Lippia graveolens KUNTH

Synonyme: *Lantana origanoides* MART. et GAL., *Lippia berlandieri* SCHAUER.

Sonstige Bezeichnungen: Dt.: Mexikanischer Oregano; engl.: Mexican oregano; span.: Orégano.

Botanische Beschreibung: Schlanke Sträucher bis zu 2 m Höhe, die Zweige kurz behaart; Blätter an 5 bis 10 mm langen Stielen, die Blattspreite länglich bis elliptisch oder oval, 2 bis 4 cm lang, normalerweise mit stumpfer oder abgerundeter Spitze, die Oberseite dicht weichhaarig, flaumig bei Berührung, die Unterseite drüsig und behaart, der Blattrand fein gekerbt; 2 bis 6 Blütenstände in Blattachseln, Bracteen oval bis lanzettlich, spitz, drüsig und dicht behaart, Kelch 1 bis 2 mm lang, drüsig und zottig; Krone weiß, mit 3 bis 6 mm langer Röhre.[19]

Inhaltsstoffe: Äth. Öl mit den Phenolderivaten Carvacrol (15 bis 41 %) und Thymol (1 bis 40 %) als Hauptkomponenten; daneben ca. 20 % Terpenkohlenwasserstoffe wie Myrcen, *p*-Cymen, *β*-Caryophyllen, Humulen und ca. 20 % sauerstoffhaltige Terpene wie 1,8-Cineol, *α*-Terpineol.[13,66,67] In der Wurzel und im Kraut wurden Lapachenol (s. Inhaltsstoffgruppen von Lippia) und die Flavone Pinocembrin und Naringenin isoliert.[21]

Verbreitung: Südliches Texas, Mexiko, Nicaragua, Guatemala.

Anbaugebiete: In Mittelamerika und Kalifornien als Gewürzpflanze kultiviert.[72]

Drogen: Lippia-graveolens-Kraut.

Lippia-graveolens-Kraut

Sonstige Bezeichnungen: Dt.: Mexikanischer Oregano; engl.: Mexican oregano, Mexican wild sage; span.: Orégano.

Definition der Droge: Das getrocknete Kraut, auch gerebelt.

Stammpflanzen: *Lippia graveolens* KUNTH.

Schnittdroge: *Geschmack.* Sehr aromatisch und scharf.
Makroskopische Beschreibung. Kleine, breit-elliptische, am Rand gekerbte Laubblätter; dichte Nervatur, oberseits eingesenkt, unterseits stark hervortretend; Blüten fast symmetrisch mit zweilappigem, becherförmigem Kelch und Blumenkrone mit bauchig erweiterter Röhre und einem ausgebreiteten vierlappigen Saum.[72]
Mikroskopisches Bild. Laubblätter mit einer Palisadenschicht; die Oberseite mit kurzen, einzelligen und meistens gebogenen Deckhaaren, Unterseite mit längeren, stärker gebogenen, ebenfalls einzelligen Deckhaaren und mit Drüsenhaaren besetzt. Kelch außen lang behaart, Schlundhaare fehlen. Kronröhre außen mit einzelligen, mehr oder weniger aufwärts gerichteten Deckhaaren und sehr dicht mit Drüsenhaaren besetzt. Auffallend ist die Ausbildung der massenhaft vorhandenen Drüsenhaare: Sie besitzen eine breite, niedrige Stielzelle und eine breit-schüsselförmige Drüsenzelle, die oben meist leicht eingedellt ist. Drüsenschuppen fehlen vollständig.[72]

Verfälschungen/Verwechslungen: Aufgrund der Bezeichnung sind Verwechslungen mit anderen Oregano-Gewürzen möglich, z. B. den mediterranen Labiatenarten *Origanum vulgare* L. ssp. *viride* (BOISS.) HAYEK (= Greek oregano), *Origanum denites* L. (= Turkish oregano) und *Thymus capitatus* (L.) HOFFMAN et LUNK (= Spanish oregano)[13] oder anderen mittel- und südamerikanischen Lippia-Arten, z. B. *Lippia micromera* SCHAUER.[72,75]

Inhaltsstoffe: 0,29 % äth. Öl nach zweistündiger Wasserdampfdestillation der frisch gepulverten Droge (s. *L. graveolens* und Identität);[66] außerdem Pinocembrin (107 mg/kg), Naringenin (69 mg/kg) und Lapachenol (41 mg/kg).[21]

Identität: Eine Identifizierung und Abgrenzung gegen andere Oregano-Gewürze ist durch GC bzw. GC/MS des äth. Öls möglich, obwohl bei verschiedenen Handels-Partien von Mexican oregano erhebliche Schwankungen vor allem im Verhältnis Carvacrol : Thymol auftreten können.[67] Gegenüber dem äth. Öl aus griechischem Oregano ist insbesondere der Gehalt an 1,8-Cineol (2,0 bis 13,0 %) und *p*-Cymen (7,7 bis 14,9 %) deutlich erhöht, der Anteil an Carvacrol (15,2 bis 41,2 %) ist dagegen meist niedriger.[13,67,87]

Volkstümliche Anwendung und andere Anwendungsgebiete: In der mexikanischen Volksmedizin wird die Droge zur Regulierung der Fruchtbarkeit, Empfängnisverhütung verwendet.[21,66] Die Wirksamkeit hierfür ist nicht belegt.

Toxikologische Eigenschaften: Das in Wurzel und Kraut von *Lippia graveolens* enthaltene Lapachenol $C_{10}H_{16}O_2$ wird als carcinogen bezeichnet.[21] Entsprechende experimentelle Belege sind nicht bekannt. Dagegen wurden das Sensibilisierungsvermögen und die Fähigkeit Kontaktallergien auszulösen für Lapachenol und andere Naphthochinonderivate im Tierversuch (Meerschweinchen) bestätigt.[84]

Sonst. Verwendung: *Haushalt.* Das Kraut von *Lippia graveolens* wird in Mexiko und USA als Speisegewürz (Mexican oregano) verwendet. Es wird auch nach Deutschland als Bestandteil mexikanischer Speisegewürze wie "Chilipowder" oder "Chili con carne" eingeführt.[72]

Lippia lycioides (CHAM.) STEUD.

Synonyme: *Aloysia lycioides* CHAM., *Lippia ligustrina* (LAG.) BRITTON, *Verbena ligustrina* LAG.

Botanische Beschreibung: Aromatisch duftende, bis 3 m hohe Pflanze, mit dünnen, verzweigten, meist dicht behaarten Stengeln. Blätter gegenständig, fast sitzend, lanzettlich bis elliptisch, 5 bis 30 cm lang, ganzrandig oder seltener auch unregelmäßig gezähnt, der Blattrand oft eingerollt, die Oberseite dunkelgrün, mit kaum eingesenkten Nerven, die Unterseite dicht behaart und zusätzlich mit Drüsenhaaren punktiert. Blüten klein, gehäuft, die Ähren gegenständig und an den oberen Knoten sitzend. Tragblätter lanzettlich, zugespitzt. Kelch dicht behaart, drüsig, 2 bis 4 mm lang mit 4 ungleichen Lappen. Krone weiß oder blau, die Kronröhre so lang wie der Kelch, mit zottig abstehenden Haaren im Schlund, die Lippe etwa 3 mm breit. Staubblätter 4, diese in die Kronröhre eingeschlossen. Die beiden dünnwandigen Klausenfrüchte am Grund des noch erhaltenen Kelches sitzend.[80]

Verbreitung: Vom westlichen Texas bis zum südlichen Arizona, Mexiko und Südamerika.

Drogen: Lippia mexicana hom. *HPUS 78.*

Lippia mexicana hom. *HPUS 78*

Monographiesammlungen: Lippia mexicana *HPUS 78.*

Definition der Droge: Die ganze frische Pflanze.

Stammpflanzen: *Lippia dulcis HPUS 78.*
Anmerkung: Die *HPUS 78* nennt keinen Autor. Die in der *HPUS 78* gegebene botanische Beschreibung, ebenso das für die Stammpflanze angegebene Verbreitungsgebiet zeigen an, daß eine Konfusion mit *Lippia lycioides* (CHAM.) STEUD. vorliegt.

Zubereitungen: *Urtinktur.* Zubereitungen von 1.000 mL Urtinktur aus 333 Teilen feuchter Pflanzenmasse, bestehend aus 100 g Festanteil und 233 mL Pflanzensaft, 167 mL dest. Wasser und 635 mL EtOH 94,9 % (*V/V*).
Verdünnungen. D2 (2x) aus 1 Teil Tinktur, 3 Teilen dest. Wasser und 6 Teilen EtOH 94,9 % (*V/V*).
D3 (3x) und höher mit EtOH 88 % (*V/V*).

Gehalt: *Urtinktur.* Arzneigehalt $^{1}/_{10}$.

Lippia triphylla (L'HÉR.) KUNTZE

Synonyme: *Aloysia citrodora* PALAU, *Aloysia citriodora* ORTEGA ex PERS., *Aloysia sleumeri* MOLDENKE, *Aloysia triphylla* (L'HÉR.) KUNTZE, *Verbena citriodora* CAV., *Verbena triphylla* L'HÉR., *Zapania citrodora* LAM.

Sonstige Bezeichnungen: Dt.: Aloysie, Echte Verbene, Verbenenkraut, Zitronenstrauch; engl.: Lemon verbena, vervain; frz.: Citronelle, verveine citronelle, verveine odorante; Marokko: Lwiza; port.: Cidró; span.: Cedrón, hierba de la Princesa, hierba Luisa, verbena olorosa.

Systematik: Unterarten sind nicht bekannt, unterschiedliche systematische Einstufung führt aber zu Verwechslungen.[33] Der Umbenennung in *Aloysia citriodora* (L'HÉRITIER) BRITTON wird in der *PFX* und vielen pharmazeutischen Standardwerken noch nicht gefolgt.

Botanische Beschreibung: 1,0 bis 2,5 m hoher Strauch, verzweigter Stamm mit feinen Längsfurchen; Blätter blaßgrün, kurz gestielt, elliptisch-lanzettlich, lang zugespitzt, mit stark vortretendem Mittelnerv auf der Unterseite und parallelen im rechten Winkel stehenden Blattnerven zweiter Ordnung; beim Zerreiben entfalten auch die getrockneten Blätter einen zitronenähnlichen Geruch; Blüten zahlreich, klein, in rispig gestellten Ähren; Kelch ca. 3 mm groß, vierzipfelig, dicht behaart; 4 Kronblätter, weiß oder bläulich, am Grunde zu einer 4 bis 5 mm langen Röhre verwachsen, worin zwei kurze und zwei längere Staubblätter sitzen.[59]

Verwechslungen: *Lippia triphylla* (L'HÉR.) KUNTZE (Syn. *Aloysia citrodora* PALAU) ist durch den typischen, zitronenähnlichen Geruch auch für den Laiensammler hinreichend gut charakterisiert, sie ist überdies in Südamerika sowie im Mittelmeerraum in Kultur genommen. Verwechslungen beruhen daher weniger auf botanischer Ähnlichkeit als auf Namensverwechslungen z. B. mit *Verbena officinalis* L., dem Eisenkraut,[34] oder auf gezielten Verfälschungen, etwa beim ätherischen Öl die Substitution durch sog. spanisches Verbenaöl von *Thymus hiemalis* LANGE oder *Thymus hirtus* WILLD.[35]

Inhaltsstoffe: In den Stengeln wurden die Triterpene β-Amyrin, β-Sitosterol und Stigmasterol nachgewiesen.[25]
Die Wurzeln enthalten 0,014 %, die Stengel 0,007 %, die Blütenstände 0,132 % und die Blätter bzw. das Kraut 0,1 bis 0,7 % äth. Öl.[35] Gehalt und Qualität des äth. Öls unterliegen erheblichen jahreszeitlichen Schwankungen, wobei in Südfrankreich der Juli und in Chile der April die besten Erntebedingungen bieten.[12,37]

Verbreitung: Ursprüngliche Herkunft Südamerika (Argentinien, Chile, Peru); inzwischen als Kultur- und Gartenpflanze in allen wärmeren Ländern der Welt verbreitet.

Anbaugebiete: Vor allem in Algerien, Chile, Israel und Marokko in größerem Umfang angebaut.

Drogen: Lippiae triphyllae aetheroleum, Lippiae citriodorae folium.

Lippiae triphyllae aetheroleum (Verbenaöl)

Synonyme: Aloysiae citriodorae aetheroleum, Oleum Verbenae odoratae, Verbenae triphyllae aetheroleum.

Sonstige Bezeichnungen: Dt.: Echtes Verbenaöl, Verbenaöl; engl.: Lippia citriodora oil, Verbena oil, Vervain oil; frz.: Essence de Verveine, Essence de Verveine odorante.

Stammpflanzen: *Lippia triphylla* (L'HÉR.) KUNTZE (Syn. *Aloysia citriodora* PALAU).

Gewinnung: Durch 3stündige Wasserdampfdestillation der frischen Zweige bei einer Ausbeute von knapp 0,1 % äth. Öl.[12]

Verfälschungen/Verwechslungen: Wegen des hohen Preises wird Verbenaöl häufig verfälscht bzw. ersetzt, z. B. durch das sogenannte spanische Verbenaöl ("thyme lemon oil") von *Thymus hyemalis* LANGE oder durch Lemongrasöl ("ostindisches Verbenaöl") von Cymbopogon-Arten, z. B. *Cymbopogon citratus* STAPF.[35]

Inhaltsstoffe: Charakteristisch für Verbenaöl ist ein Gehalt von etwa 20 bis 40 % Carbonylverbindungen, berechnet als Citral. Neben den beiden Hauptkomponenten Geranial (Citral a, ca. 15 bis 25 %) und Neral (Citral b, ca. 12 %) sind mit Citronellal, Methylheptenon und den drei isolierten Photocitralen weitere Carbonylverbindungen enthalten. Die drei Photocitrale (s. Formelübersicht) wurden als Naturprodukt erstmals in Verbenaöl gefunden. Sie sind optisch inaktiv und werden aus Citral durch Photocyclisierung ohne den Einfluß chiraler Elemente gebildet. Sie sind vermutlich ein wichtiger Bestandteil der charakteristischen Geruchsnote des echten Verbenaöls.[38]

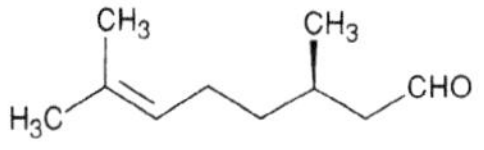

(*R*)-(+)-Citronellal

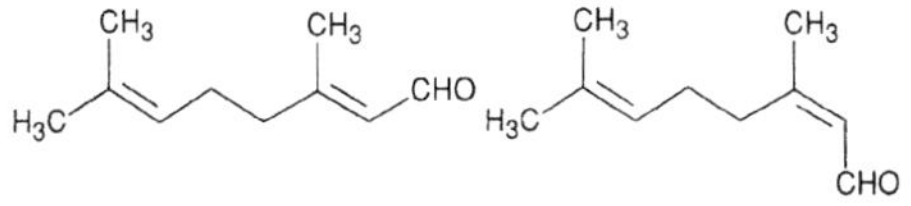

Geranial Neral

Citral

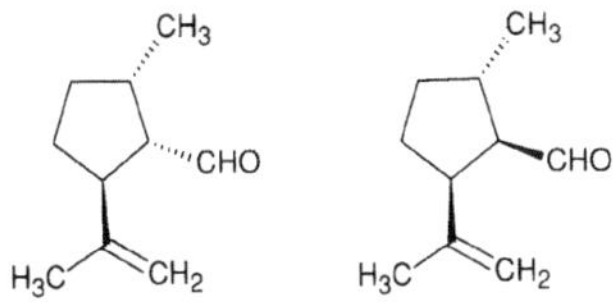

Photocitral A *epi*-Photocitral A

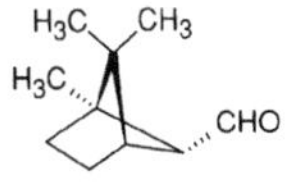

Photocitral B

Die wichtigsten Aldehyde in Lippia-triphylla-aetheroleum (Verbenaöl).

Neben den Carbonylverbindungen sind in Verbenaöl noch ca. 5 bis 20 % Monoterpenkohlenwasserstoffe, vorwiegend (–)-Limonen, ca. 10 bis 20 % Sesquiterpenkohlenwasserstoffe wie (–)-Caryophyllen, ar-Curcumen und *β*-Curcumen, ca. 10 bis 20 % Terpenalkohole wie Geraniol, Nerol und Nerolidol, ca. 3 bis 7 % Ester wie Geranyl- und Nerylacetat und sonstige oxygenierte Verbindungen wie ca. 3 bis 6 % 1,8-Cineol enthalten.[12,38] Dagegen sind im äth. Öl, das in Spuren in der Wurzel enthalten ist, die Terpenalkohole Citronellol, Geraniol, Nerol und Nerolidol die Hauptkomponenten.[39]

Zubereitungen: Verbena Absolut ist eine dunkelgrüne, viskose Flüssigkeit, die durch EtOH-Extraktion in Ausbeuten von 63 bis 75 % aus konkretem Verbenaöl gewonnen wird.[12,35]

Identität: Der typische, zitronenähnliche Geruch ist ein sensorisches Identitätsmerkmal für das schwach gelbliche äth. Öl. Die *PFX* prüft über einen positiven Citral-Nachweis nach DC-Trennung (s. Reinheit Lippiae triphyllae folium). Besser geeignet ist eine Trennung und Identifizierung der wesentlichen Inhaltsstoffe über Kapillar-GC.[12,38]

Reinheit:
- Relative Dichte: 0,890 bis 0,920;[40] 0,883 bis 0,900.[12]
- Brechungsindex: 1,4820 bis 1,4880;[40] 1,4800 bis 1,4900.[12]
- Optische Drehung: –18° bis –10°;[40] –20° bis –9°.[12] Die optische Drehung ist ein wichtiges Reinheitskriterium, da das äth. Öl von *Thymus hyemalis* LANGE (Spanisches Verbenaöl) rechtsdrehend ist (+ 2° bis + 18°).[41]
- Löslichkeit in 90 % EtOH: 1 mL äth. Öl in 1 bis 2 mL 90 % EtOH.

Gehalt: Als wertbestimmend wird der Gehalt an Citral angesehen. Üblich ist eine Bestimmung aller Carbonylverbindungen, berechnet als Citral, mit Oximtitration (vgl. Citronenöl *DAB 10*). Die Gehaltsangaben liegen bei 20 bis 40 %, bzw. bei 32 bis 38 % Carbonylverbindungen, berechnet als Citral.[12,35]

Wirkungen: 10 mg/kg KG Verbenaöl, in einer Glucoselösung i. p. verabreicht, verschlechtern gegenüber einer Kontrollgruppe die Reaktion von Wistar-Ratten auf Lichtsignale und Stromreize.[42]
Eine Stunde nach i. p. Verabreichung von 10 mg/kg KG Verbenaöl wurden in drei abgetrennten Teilbereichen des Gehirns von insgesamt 10 Wistar-Ratten die Konzentration verschiedener Neurotransmitter gemessen und mit einer unbehandelten Kontrollgruppe verglichen. Der Serotoningehalt war im Mittelhirn (Mesencephalon) um 8 %, im Zwischenhirn (Diencephalon und Corpus striatum) um 19 % erhöht und in der Großhirnrinde um 9 % vermindert. 5-Hydroxyindolessigsäure war um 6 bis 11 % in allen drei Gehirnbereichen vermindert, die Dopaminkonzentration im Zwischenhirn (Diencephalon) erhöht (+ 9 %), ansonsten unverändert, und die Noradrenalinkonzentration im Mittelhirn (Mesencephalon) vermindert (–21 %), ansonsten unverändert.[42]
Verbenaöl zeigt eine spasmolytische Wirkung am isolierten Dünndarm des Meerschweinchens, wo es in einer Konzentration von 2×10^{-4} mL/mL in der Nährlösung die durch Histamin (10^{-8} bis 10^{-7} g/mL) hervorgerufene Kontraktion aufhebt.[43]
Verbenaöl hat im Reihenverdünnungstest von 10 getesteten ätherischen Ölen mit einer MHK von 0,62 µg/mL mit die beste antimikrobielle Wirkung auf verschiedene grampositive Streptococcus- und Lactobacillus-Arten, die aus der kariösen Flora von 11 Patienten isoliert worden waren.[45] Auch im Diffusionstest mit je 0,02 mL äth. Öl auf Filterpapierscheiben von 9 mm Durchmesser zeigt Verbenaöl bei diesen Keimen die beste Hemmhofbildung, z. B. zu 79 % größer als 25 mm.[45]

Volkstümliche Anwendung und andere Anwendungsgebiete: In Frankreich wird Verbenaöl im Rahmen der "Aromatherapie" bei Durchblutungs- und Laktationsstörungen empfohlen; ferner bei Verdauungsstörungen oder zur Beruhigung. Bei schlecht heilenden Wunden äußerlich angewandt.[44] Hinreichend dokumentiertes Erfahrungsmaterial oder klinische Studien liegen hierfür nicht vor. Gegen eine unkritische äußere Anwendung von Verbenaöl sprechen Anwendungsbeschränkungen der Riechstoffindustrie (s. Sensibilisierungspotential).[47,86]

Dosierung und Art der Anwendung: *Droge.* Innerlich bei Verdauungsstörungen: 2- bis 3mal tägl. 3 bis 6 Tropfen.[44]
Äußerlich: Als Umschlag (Kataplasma).[44]

Unerwünschte Wirkungen: s. Sensibilisierungspotential.

Akute Toxizität: Die orale LD_{50} bei Ratten übersteigt 5 g/kg KG bei Verbenaöl und Verbena Absolut.[86] Die dermale LD_{50}, getestet an 5 bzw. 10 Kaninchen, kann bei Verbenaöl bzw. Verbena Absolut 5 g/kg KG übersteigen.[86] Es wurde aber mit einem anderen Verbenaöl bei der dermalen Dosis von 5 g/kg KG der Tod der beiden eingesetzten Kaninchen festgestellt, wobei 1,25 g/kg KG zu keinem Todesfall führte.[86] Die dermale LD_{50} beim Meerschweinchen übersteigt 5 g/kg KG.[86]

Sensibilisierungspotential: Im IFRA-Kodex wird empfohlen, Verbenaöl nicht und Verbena Absolut nicht in einer Anwendungskonzentration über 1 % als Riechstoff zu verwenden.[47] Diese Empfehlungen beruhen auf Untersuchungen des Research Institute for Fragrance Materials (RIFM). Dabei wurden 6 verschiedene Handelschargen Verbenaöl 12 % in dickflüssigem Paraffin am Unterarm oder an der Wade von durchschnittlich je 25 Personen im "maximization test" nach Kligman getestet.[46,81]
Das Sensibilisierungsvermögen erwies sich je nach Charge recht unterschiedlich, von schwach (2/28) bis stark (18/25).[46,86]
Verbena Absolut 12% bzw. 2 % in dickflüssigem Paraffin ergab in drei Testreihen an insgesamt 79 Probanden nur ein schwaches Sensibilisierungsvermögen (2/26 bzw. 0/27) und einen Fall von Hautreizung.[46] Eine Mischung Verbena Absolut/D-Limonen (80:20) 15 % in dickflüssigem Paraffin ergab 1 Sensibilisierung bei 28 Probanden im "maximization test".[86] In einer anderen Studie wurde marokkanisches Verbena Absolut in den Konzentrationsstufen 2 %, 5 % und 10 % an je 30 Personen getestet, bei denen eine Allergie auf Perubalsam oder andere Riechstoffe bereits bekannt war.[48] Auch hiervon reagierten nur 3 bzw. 8 Personen bei der 2 % bzw. 10 % Testkonzentration mit einer Sensibilisierungsreaktion. In dieser Studie wird das Sensibilisierungsvermögen von Verbena Absolut als schwach eingestuft und die Grenzkonzentration, bei der überhaupt keine Hautreaktion auch bei sensibilisierten Personen eintrat, wird mit 0,12 % bis 0,25 % angegeben.[48]
Hautreizung (irritation). Bei Kaninchen ergab eine Dosis von 5,0 g/kg KG im Rahmen einer dermalen LD_{50}-Studie bei Verbenaöl mäßige bis deutliche und bei Verbena Absolut leichte bis mäßige Ödeme und Erytheme.[86] Bei 6 getesteten Chargen Verbenaöl 12 % in dickflüssigem Paraffin wurden im 48stündigen "closed patch test" 2 Fälle von Hautreizungen (irritation reactions) bei 159 Probanden beobachtet und bei 2 Chargen Verbena Absolut 12 % in dickflüssigem Paraffin 1 Hautreizung bei 52 Probanden.[46,86]
Phototoxizität. 6 verschiedene Chargen Verbenaöl wurden unverdünnt an haarlosen Mäusen unter Bestrahlung mit UVA-Licht getestet. Nur bei 3 Chargen wurden phototoxische Effekte festgestellt, die nach Verdünnen (12,5 % bzw. 50 %) in Methanol nicht mehr auftraten.[81,86] Zwei Proben Verbena Absolut zeigten keine phototoxischen Effekte unter den o. a. Versuchsbedingungen.[86] In einem "photopatch test" wurde unverdünntes marokkanisches Verbena Absolut auf der Rückenhaut von 25 Testpersonen aufgebracht und dann mit UVA (315 bis 400 nm, Dosis 10 j/m^2) und UVB (280 bis 315 nm, Dosis entspricht 75 % der minimalen Erythemdosis) bestrahlt. Die Probanden waren gesund, wobei in einem Vortest eine Sensibilisierung gegen Perubalsam ausgeschlossen wurde. In keinem Fall wurde bei der geprüften Verbena-Absolut-Charge eine Hautreizung oder ein phototoxischer Effekt festgestellt.[48]

Sonst. Verwendung: *Kosmetik.* Authentisches Verbenaöl und Verbena Absolut werden aufgrund des hohen Preises hauptsächlich in der Feinparfümerie eingesetzt, z. B. in dem Parfum Monsieur Balmain,[49] seltener in Seifen oder Zahnpasten.[44] *Haushalt.* Aus der südfranzösischen Stadt Le Puy stammt die Likörspezialität "Vervaine du Velay".[44]

Gesetzl. Best.: Verbenaöl-, Verbena Absolut-IFRA Kodex (kodifizierte Richtlinien der Riechstoffindustrie = International Fragrance Association).[47]

Lippiae triphyllae folium (Verveine odorante, Verbenenkraut)

Synonyme: Folia Aloysiae, Folia Lippiae citriodorae, Folia Lippiae triphyllae, Herba Verbenae odoratae, Lippiae citriodorae folium.

Sonstige Bezeichnungen: Dt.: Aloysie, Echte Verbenenblätter, Eisenkraut, Verbena-Tee, Verbenenkraut, Zitronenstrauchtee; engl.: Lemon verbena, vervain; frz.: Citronelle, herbe Louise, thé arabe, verveine à trois feuilles, verveine citronelle, verveine odorante; it.: Erbe della principessa, erbe Luigia; port.: Verbena cidrada; span.: Cedrón, cidronela, hierba de la princesa, hierba Luisa.
Hinweis: Die deutschsprachige Bezeichnung "Eisenkraut" führt zu Verwechslungen mit dem echten Eisenkraut von *Verbena officinalis* L.[34,53]

Monographiesammlungen: Verveine Odorante (Lippia citriodora) *PFX.*
In Deutschland, Österreich und der Schweiz gibt es auch monographische Beschreibungen, allerdings

nur als Lebensmitteltee: "Eisenkrauttee oder Verbenentee" gemäß "Leitsätze für Tee, teeähnliche Erzeugnisse, deren Extrakte und Zubereitungen" des Deutschen Lebensmittelbuches;[29] "Zitronenstrauchtee-Verbenentee" gemäß Österreichischem Lebensmittelbuch;[30] "Verbena-Tee" gemäß Schweizer Lebensmittelbuch.[31]

Definition der Droge: Das getrocknete Laubblatt *PFX*;[31] die getrockneten Blätter und Stiele, ganz oder zerkleinert.[29,30]

Stammpflanzen: *Lippia triphylla* (L'HÉR.) KUNTZE (als *Lippia citriodora* H. B. K. in der *PFX*). Das Österreichische Lebensmittelbuch[30] gibt der Bezeichnung "*Aloysia triphylla* (L'HERIT.) BRITT." den Vorzug, führt aber zugleich "*Lippia citriodora*" als Synonym an. Im Schweizer Lebensmittelbuch[31] wird "*Lippia triphylla* (L'HERIT.) O. KUNTZE (Syn. *Lippia citriodora* (LAM.) H. B. K.)" als Stammpflanze angegeben und in den entsprechenden Leitsätzen nach dem Deutschen Lebensmittelbuch[29] wird alternativ "*Lippia citriodora*" oder "*Verbena triphylla*" verwendet (vgl. Systematik).[32,50]

Herkunft: Die Droge stammt ausschließlich aus dem Anbau, vornehmlich aus Chile, Israel und Marokko, in geringerem Umfang aus weiteren mediterranen oder südamerikanischen Ländern.

Gewinnung: Die Sträucher sind sehr frostempfindlich und werden durch Stecklinge oder Wurzelausläufer vermehrt. Ab der zweiten Vegetationsperiode können die jungen Seitenzweige zweimal jährlich geschnitten werden, meist im Juli vor der Blüte und im Oktober. Die Trocknung soll möglichst rasch erfolgen, in dünnen Schichten oder aufgehängt in Bündeln. Die getrockneten, eingerollten Blätter können dann abgestreift werden. Der Ertrag liegt bei ca. 10.000 kg Blattdroge je Hektar.

Handelssorten: Auf dem französischen Markt wird zwischen der teureren Ganzdroge "feuille à feuille" und einer preiswerteren Massenware "verveine standard" unterschieden, die für Teeaufgußbeutel bestimmt ist.[44]

Ganzdroge: Blätter blaßgrün, kurz gestielt, elliptisch bis lanzettlich, lang zugespitzt an der Basis keilförmig, ca. 8 bis 12 cm lang und ca. 2 bis 2,5 cm breit, ganzrandig bis schwach wellig; Blattspreite durch den Trocknungsprozeß stark eingerollt mit der Unterseite nach außen; auf der Blattunterseite Mittelnerv stark hervortretend, hiervon im rechten Winkel abzweigende, parallel verlaufende Seitennerven, am Blattrand bogenförmig zur Blattspitze hin gekrümmt; zwischen den Seitennerven nur undeutlich netznervig.[53,85]

Schnittdroge: *Geruch.* Beim Zerreiben typisch zitronenartig.
Makroskopische Beschreibung. Blattoberseite mit eingesenktem Mittelnerv, Seitennerven kaum erkennbar, erscheint durch zahlreiche Cystolithenhaare weißlich punktiert und fühlt sich rauh an; Blattunterseite von stark hervortretendem Mittelnerv und parallel verlaufenden Seitennerven beherrscht, dazwischen Netznervatur und zahlreiche glänzende Drüsenköpfchen.
Mikroskopisches Bild. Bifacialer Blattaufbau mit zwei bis drei Reihen Palisadenparenchym, Stomata zahlreich, nur auf der Blattunterseite, von vier bis sechs polygonalen Epidermiszellen umgeben, anomocytischer Typ; Drüsenhaare mit einzelligem oder achtzelligem Köpfchen von ca. 40 bis 50 µm; Cuticula auffällig streifig. Blattoberseite: Cuticula und Epidermiszellen mit ein- oder zweizelligen Deckhaaren vor allem im Bereich des Mittelnervs sowie zahlreiche 70 bis 170 µm lange, einzellige Cystolithenhaare, auf großen, sechs- bis achtzelligen Basalhöckern sitzend.[85]

Pulverdroge: Hellgrün; typischer, zitronenähnlicher Geruch; Fragmente der oberen Epidermis, frei von Stomata, aber mit kräftigen Cystolithenhaaren, die rosettenförmig von Basalzellen umgeben sind; Fragmente der unteren Epidermis mit polygonalen Zellen und zahlreichen anomocytischen Stomata und Drüsenhaaren; Fragmente des Palisaden- und Schwammparenchyms.[85]

Verfälschungen/Verwechslungen: Verwechslungen mit Eisenkraut – *Verbena officinalis* L. sind nomenklaturbedingt (s. Sonstige Bezeichnungen); Verfälschungen sind selten, allenfalls mit Pfirsichblättern.[50]

Minderqualitäten: Der zweite Schnitt im Oktober soll weniger äth. Öl enthalten[12] (s. a. Gewinnung, Handelssorten).

Inhaltsstoffe: *Ätherisches Öl.* 0,2 bis 0,4 % mit den Hauptkomponenten Geranial und Neral (= Citral a und b, Formeln s. Lippiae triphyllae aetheroleum).
Flavone. 3 Flavon-7-*O*-glucoside von Apigenin, Diosmetin und Luteolin;[22] 12 Flavonaglyka, darunter 6-methoxylierte Flavone wie Eupafolin und Hispidulin; Dimethoxyflavone wie Cirsimaritin, Cirsiliol und Pectolinarigenin; Trimethoxyflavone wie Salvigenin und Eupatorin und nicht methoxylierte Flavone wie Apigenin, 6-Hydroxyluteolin und Luteolin.[20]
Iridoidglykoside. 200 ppm Geniposidsäure, Natriumsalz.[6]
Weitere Verbindungen. Phenolcarbonsäuren sind in freier und veresterter Form vorhanden, ebenso Tannine und Schleimstoffe.[43] Dagegen führte das phytochemische Screening auf Saponine, Anthocyane, reduzierende Zucker zu einem negativen Ergebnis.[43] Mineralstoffe: In 1 L Teeaufguß, entsprechend 20 g Droge, wurden 440 mg Kalium und 20 mg Natrium flammenphotometrisch gemessen.[51]

Zubereitungen: In Frankreich ist die Droge Bestandteil mehrerer Arzneispezialitäten, vorwiegend Arzneiteemischungen.[44]

Identität: Für Verbenentee als Lebensmittel werden folgende sensorische Eigenschaften des Aufgusses gefordert: Gelbe bis gelbgrüne Farbe, zitronenähnlicher Geruch und leicht an Zitrone erinnernder Geschmack.[29] Der Citralnachweis mit DC, der nach *PFX* als Reinheitsprüfung durchgeführt wird, ist zugleich auch Identitätsprüfung und kann alternativ nach Dichlormethanextraktion in Analogie zur Identitätsprüfung von Melissenblätter

DAB 10 durchgeführt werden.[53] Eine aufwendigere Prüfung ist die GC des äth. Öls (s. Lippiae triphyllae aetheroleum).

Reinheit:
- Fremde Bestandteile: Max. 1,0 % *PFX*.
- Trocknungsverlust (Wassergehalt): Max. 10,0 %, bestimmt mit 1,00 g pulverisierter Droge durch Trocknen im Trockenschrank bei 100 bis 105 °C *PFX*; max. 12,0 %.[29,30]
- Sulfatasche: Max. 20,0 % *PFX*.
- Gesamtasche: Max. 13 %, bezogen auf die Trokkenmasse.[29,30]
- Salzsäureunlösliche Asche: Max. 3,5 %, bezogen auf die Trockenmasse.[29,30]
- Anorganisches Bromid: Hohe Bromidgehalte von mehr als 50 mg/kg sind insbesondere bei marokkanischer Droge häufig zu beobachten; dies kann eine antiparasitäre Behandlung mit Methylbromid vortäuschen, obwohl das Bromid lediglich aus dem Gießwasser stammt.[52] Ein für *PhEur* vorgeschlagener maximaler Bromidgehalt von 200 mg/kg Droge sollte problemlos eingehalten werden.[76]

DC des äth. Öls nach *PFX*: Sorptionsmittel: Kieselgel GF_{254}; FM: Hexan-Ethylacetat (96 + 4); über 15 cm; Untersuchungslösung: 1:100 Verdünnung der Xylol-äth. Öl-Mischung von der Gehaltsbestimmung; in EtOH, 5 µl; Vergleichslösung: 1 % (*V/V*) Citral-Lösung in EtOH; 5 µl; Detektion: UV 254 nm und Anisaldehyd-Schwefelsäure-Reagenz mit 5 bis 10 min Erhitzen auf 110 °C; Auswertung: Als Beurteilungskriterium müssen die grauvioletten Citralzonen in Vergleich und Probe einander bezüglich Rf-Wert und Färbung entsprechen.

Gehalt: Mindestens 0,4 % (*V/m*) äth. Öl, bezogen auf die getrocknete Droge *PFX*. Diese Forderung erscheint sehr hoch und dürfte zumindest für die Schnittdroge unerfüllbar sein. So verringerte sich der Gehalt an äth. Öl von 0,35 % (*V/m*) bei der Ganzdroge auf 0,22 % (*V/m*) bei der Schnittdroge (4 mm), und nahm dann bei 12monatiger Lagerung nur noch um weitere 0,03 % bzw. 0,02 % (*V/m*) ab.[54] Für Verbenentee als Lebensmittel wird kein Mindestgehalt an äth. Öl gefordert.[29,30]

Gehaltsbestimmung: Sie erfolgt durch fünfstündige Wasserdampfdestillation mit 25 g Droge in der Arzneibuchapparatur mit einem Zusatz von 1 % NaCl. Es werden 0,2 mL Xylol vorgelegt und mit 0,2 mL Xylol und 100 mL Wasser eine Nachdestillation durchgeführt *PFX*.

Lagerung: In einem dicht verschlossenen Behälter, geschützt vor Licht und Feuchtigkeit *PFX*.

Stabilität: s. Gehalt.

Wirkungen: Neuere pharmakologische Untersuchungen fehlen bzw. befassen sich in der Regel mit dem äth. Öl (s. Lippiae triphyllae aetheroleum) und nicht mit der Blattdroge oder den Zubereitungen daraus.

Volkstümliche Anwendung und andere Anwendungsgebiete: In Frankreich ist die traditionelle Anwendung zur symptomatischen Behandlung von Verdauungsbeschwerden einerseits und Nervosität und Schlafstörungen andererseits von den Zulassungsbehörden akzeptiert.[55,56] Die für die Fachkreise vorgesehenen Formulierungen lauten: "Traditionell verwendet zur symptomatischen Behandlung von Verdauungsstörungen wie: – epigastrische Auftreibung, – langsame Verdauung, – Eruktationen, – Blähungen" und "traditionell verwendet zur symptomatischen Behandlung von neurotonischen Zuständen bei Erwachsenen und Kindern, insbesondere bei geringfügigen Schlafstörungen".
Für den Patienten sollen die Anwendungsgebiete folgendermaßen angegeben werden: "Traditionell verwendet zur Erleichterung der Verdauung" und "Traditionell verwendet, um die Nervosität bei Erwachsenen und Kindern zu verringern, insbesondere bei Schlafstörungen".[55] Darüber hinaus wird in Frankreich auch die Anwendung bei Hämorrhoiden, Krampfadern und unreiner Haut empfohlen.[44] In der marokkanischen Volksheilkunde setzt man die Droge bei nervösen Beschwerden, Erkältungen und Verstopfung ein.[57] In der mexikanischen Provinz Oaxaca trinken die Eingeborenen den Aufguß der Droge bei Schlangenbissen.[77] Die Wirksamkeit bei diesen Anwendungen ist nicht ausreichend belegt.

Dosierung und Art der Anwendung: *Droge.* Die französischen Zulassungsrichtlinien sehen eine Anwendung als Infus vor, entsprechend einer allgemeinen Dosierung von 5 bis 20 g Blattdroge auf 1 L Wasser, verteilt auf 2 bis 5 Tassen täglich.[55] In Lateinamerika werden als Infus täglich 3 Tassen à ca. 180 mL getrunken.[78] Einzeldosis pro Aufguß: "Blätter, so viel man mit 3 Fingern fassen kann".[78]
Zubereitung. Nach den französischen Zulassungsrichtlinien darf bei Zubereitungen mit hohem Wasseranteil wie Instanttees, hydroalkoholischen Auszügen mit einem EtOH-Gehalt kleiner 30 % die Tagesdosis ein Drogenäquivalent von 10 g nicht überschreiten. Bei der Pulverdroge und Tinkturen mit mehr als 30 % EtOH gilt eine Obergrenze von 5 g Droge täglich.[55]

Toxikologische Eigenschaften: Kraut und Blätter von *Lippia citriodora* sind vom Europarat in Kategorie N2 eingestuft worden.[58] Kategorie N2 bedeutet: Pflanzen und deren Teile, einschließlich Kräuter und Gewürze, die Lebensmitteln üblicherweise und in kleinen Mengen zugesetzt werden und deren Gebrauch akzeptabel erscheint bei einer möglichen Begrenzung wirksamer Inhaltsstoffe im Endprodukt. Zur toxikologischen Bewertung des äth. Öls, s. Lippiae triphyllae aetheroleum.

Sonst. Verwendung: *Pharmazie/Medizin.* Die Droge darf in Frankreich auch als Hilfsstoff zur Geschmacksverbesserung in Arzneiteemischungen bis zu maximal 15 % zugesetzt werden.[55] *Haushalt.* Ähnlich wie Pfefferminze ist auch Verbenenkraut ein beliebter Lebensmitteltee. Allein der Jahresbedarf für Deutschland wird auf mehrere hundert Tonnen geschätzt.[50]

Gesetzl. Best.: *Offizielle Monographien.* Als "Verveine Odorante-Feuille" Bestandteil der französischen Zulassungsrichtlinien für insgesamt 112 Arzneipflanzen (s. Volkstümliche Anwendung).[55]

1. Briquet J (1897) Verbenaceae. In: Engler A, Prantl K (Hrsg.) Die natürlichen Pflanzenfamilien, Bd. IVa, Engelmann, Leipzig, Abt. 3a, S. 133–152
2. Melchior H (1964) A. Engler's Syllabus der Pflanzenfamilien, Bornträger, Berlin, Bd. II, S. 435–438
3. Moldenke HN (1959) A resumé of the Verbenaceae, Stilbaceae, Symphoremaceae and Eriocaulaceae of the World as to Valid Taxa, Geographic Distribution and Synonymy, Privatdruck, Wayne, New Jersey
4. El-Gazzar A, Watson L (1970) New Phytol 69:451–486
5. Milz S, Rimpler H (1979) Z Naturforsch 34c:319–329
6. Rimpler H, Sauerbier H (1986) Biochem Syst Ecol 14:307–310
7. Hgn, Bd. VI, S. 680–681, 777–779
8. Hgn, Bd. IX, S. 739–740
9. Hgn, Bd. VI, S. 668–669
10. Lamaty G, Menut C, Bessiere JM, Quamba JA, Silou T (1990) Phytochemistry 29:521–522
11. Fun CE, Baerheim Svendsen A (1990) J Ess Oil Res 2:265–267
12. Garnero J (1977) Parfums Cosmet Aromes 13:29–39
13. Pino J, Rosado A, Baluja R, Borges P (1989) Nahrung 33:289–295
14. Gallino M (1987) Essenze Deriv Agrum 57:628–629
15. Craveiro AA, Alencar JW, Matos FJA, Andrade CHS, Machado MIL (1981) J Nat Prod 44:598–601
16. Elakovich SD, Oguntimein BO (1987) J Nat Prod 50:503–506
17. Dellacassa A, Soler E, Menéndez P, Moyna P (1990) Flavour Fragrance J 5:107–108
18. Compadre CM, Robbins EF, Kinghorn AD (1986) J Ethnopharmacol 15:89–106
19. Gibson DN (1970) Lippia. In: Standley PC, Williams LO, Gibson DN (Hrsg.) Flora of Guatemala, Fieldiana-Botany, Bd. 24, S. 206–216
20. Skaltsa H, Shammas G (1988) Planta Med 54:265
21. Dominguez XA, Sanchez H, Suárez M, Baldas JH, Gonzalez M (1989) Planta Med 55:208–209
22. Tomás-Barberán FA, Harborne JB, Self R (1987) Phytochemistry 26:2.281–2.284
23. Brieskorn CH, Pöhlmann R (1976) Arch Pharm 309:829–836
24. Macambira LMA, Andrade CHS, Matos FJA, Craveiro A (1986) J Nat Prod 49:310–312
25. Bheemasankara Rao C, Vijayakumar EKS, Rama Krishna R (1979) Curr Sci 48:534–535
26. Heikel TAJ, Rimington C (1968) Biochem Pharmacol 17:1.091–1.097
27. Hgn, Bd. IX, S. 743–747
28. Teuscher E, Lindequist U (1987) Biogene Gifte, Fischer, Stuttgart New York, S. 144–145
29. BMJFFG, Bekanntmachung vom 28.3. 89 (Leitsätze für Tee, teeähnliche Erzeugnisse, deren Extrakte und Zubereitungen), BAz vom 20.05. 89, Beilage Nr 93a, S. 5–8
30. Codex Alimentarius Austriacus (Österreichisches Lebensmittelbuch) genehmigter Entwurf v. 21.01. 91 für Kapitel B 31 (Tee und Teeähnliche Erzeugnisse), Mitteilung Prof. C. Franz
31. Schetty O, Anker P, Flück M, Hadorn H, Junker E, Monachon F (1971) Tee und Kräutertee. In: Schweizerisches Lebensmittelbuch, 5. ständig neubearbeitete Auflage, Eidg. Drucksachen und Materialzentrale, Bern, Kap 57, S. 33
32. Schultze-Motel J (Hrsg.) (1986) Rudolf Mansfeld, Verzeichnis landwirtschaftlicher und gärtnerischer Kulturpflanzen, Springer Verlag, Berlin, Bd. 2, S. 1.119–1.121
33. Hag, Bd. II, S. 1.219 und Bd. V, S. 526
34. Amtliches Untersuchungslabor Basel-Stadt (1991) Mitt Gebiete Lebensm Hyg 82:360–361
35. GHo, Bd. V, S. 590–594
36. Lawrence BM (1979) Essential Oils 1976–1978, Allured Publishing Corporation, Wheaton, Illinois, S. 7 und 27–28
37. Montes PM, Valenzuela L, Wilkomirsky T, Arrivé M (1973) Planta Med 23:119–124
38. Kaiser R, Lamparsky D (1976) Helv Chim Acta 59:1.797–1.802
39. De Pasquale A, Costa de Pasquale R (1976) Atti – Conv Naz Olii Essenz Sui Deriv Agrum 8–9:76–81
40. Bauer K, Garbe D (1985) Common Fragrance and Flavor Materials, VCH Weinheim, S. 170
41. GHo, Bd. III, S. 239
42. De Pasquale A, Coste R (1977) Atti – Conv Naz Olii Essenz Sui Deriv Agrum 6:232–236
43. Torrent Marti MT (1976) Rev R Acad Farm (Barcelona) 14:39–55
44. Pignol S (1990) Verveine odorante ou Verveine officinale – Intérêt therapeutique? Dissertation, Université Louis Pasteur, Strasbourg
45. Pellecuer I, Jacob M, Simeon de Bouchberg M, Dusart G, Attisso M, Barthez M, Gourgas L, Pascal B, Tomei R (1980) Plant Med Phytother 14:83–98
46. Kligman AM, Epstein W (1975) Contact Dermatitis 1:231–239
47. IFRA-Kodex (1990) 22. Abänderung der zweiten Auflage (1990) International Fragrance Association (Hrsg.) Genf
48. Bouhlal K, Meynadier J, Peyron JL, Meynadier J, Peyron L, Senaux MS (1989) J Ess Oil Res 1:169–195
49. Gras M (1991) Dragoco Report 38:175–193
50. Hannig HJ, Fa. Martin Bauer, Vestenbergsgreuth, Mitteilung vom 5. 2. 92
51. Abed L, Benmerabet K (1981) Plant Med Phytother 15:92–98
52. Corvi C, Khim-Heang S, Vogel J (1989) Mitt Geb Lebensmittelunters Hyg 80:215–222
53. Burghart J, Heubl G, Publikation in Vorbereitung, Dtsch Apoth Ztg
54. Delaveau P, Tessier AM (1977) Ann Pharm Fr 35:343–349
55. Ministère des affaires sociales et de l'emploi (1986) Bulletin officiel No 86/20, Avis aux fabricants concernant les demandes d'autorisation de mise sur le marché des specialités pharmaceutiques à base de plantes
56. Deutscher B (1990) Dtsch Apoth Ztg 130:2.726–2.729
57. Bellakhdar J, Claisse R, Fleurentin J, Jounos C (1991) J Ethnopharmacol 35:123–143
58. Council of Europe (1981) Flavouring Substances and Natural Sources of Flavourings, 3. Aufl., Maisonneuve, Straßburg
59. Botta SM (1979) Darwiniana 22:67–108
60. Compadre CM, Pezzuto JM, Kinghorn AD (1985) Science 227:417–419
61. Mori K, Kato M (1986) Tetrahedron Lett 27:981–982
62. Sauerwein M, Jamazaki T, Shimomura K (1991) Plant Cell Rep 9:579–581
63. Sauerwein M (1991) Pharm Ztg 136:3.553–3.560
64. Compadre CM, Hussain RA, Lopez de Compadre RL, Pezzuto JM, Kinghorn AD (1987) J Agric Food Chem 35:273–279
65. Caceres A, Girón LM, Martinez AM (1987) J Ethnopharmacol 19:233–245

66. Compadre CM, Hussain RA, Leon I, Enriquez RG (1987) Planta Med 53:495–496
67. Rhyn HY (1979) J Food Sci 44:1.373–1.378
68. Neidlein R, Daldrup V (1979) Arch Pharm 312:914–922
69. Catalan CAN, De Fenik IJS, Dartayet GH, Gros EG (1991) Phytochemistry 30:1.323–1.326
70. Hgn, Bd. VI, S. 666–667, 678–681
71. Martinez M (1959) Las Plantas Medicinales de México, 4. Aufl., Ediciones Botas, México, S. 166–167
72. Melchior H, Kastner H (1974) Gewürze, Verlag Paul Parey, Berlin Hamburg, S. 216–217
73. Fujita Y (1965) Cubic system of classification of the genus Lippia by the constituents of essential oils, 3. Rep Gov Ind Res Inst Osaka No. 306, S. 21–25, zit. nach Lit.[74]
74. Tétényi P (1986) Chemotaxonomic aspects of essential oils. In: Ceaker LE, Simon JE (Hrsg.) Herbs, Spices and Medicinal Plants, Recent Advances in Botany, Horticulture and Pharmacology, Oryx Press, Phoenix (Az., USA), Bd. 1, S. 11–32
75. Barth G (1979) Terpenoide und Phenole aus der südamerikanischen Verbenaaceae Lippia micromera Schau., Dissertation, Universität Würzburg
76. NN (1992) Pharmeuropa 4:143
77. Heinrich M, Nereyda A, Kuhnt M (1992) Dtsch Apoth Ztg 132:351–358
78. Font Quer P (1990) Plantas Medicinales, El Dioscórides renovado, 12. Aufl., Editorial Labor, Barcelona, S. 639
79. Armada J, Barra A (1992) Taxon 41:88–90
80. Martin WC, Hutchins CR (1981) A Flora of New Mexico, J. Cramer, Vaduz, Bd. 2, S. 1.676–1.677
81. Kligman AM (1966) J Invest Dermatol 47:393–409
82. Forbes PD, Urbach F, Davies RE (1977) Food Cosmet Toxicol 15:55–60
83. Cáceres A, Girón LM, Alvarado SR, Torres MF (1987) J Ethnopharmacol 20:223–227
84. Schulz KH, Garbe I, Hausen BM, Simatupang MH (1977) Arch Dermatol Res 258:41–52
85. PF X
86. RIFM-Monographien VERBENA OIL u. VERBENA ABSOLUTE (1992) Mitteilung des Research Institute for Fragrance Materials (RIFM), Hackensack, NJ, USA
87. Lagouri V, Blekas G, Tsimidou M, Kokkini S, Boskou D (1993) Z Lebensm Unters Forsch 197:20–23

Bt

Liquidambar

HN: 2023900

Familie: Hamamelidaceae.

Unterfamilie: Liquidambaroideae (= Altingiaceae).

Gattungsgliederung: Die Gattung Liquidambar L. umfaßt 5 Arten, die nicht weiter untergliedert werden.[1]

Gattungsmerkmale: Laubabwerfende, bis 40 m hohe Bäume. Laubblätter wechselständig, lang gestielt, ahornähnlich, 3- bis 7lappig, gesägt, mit lanzettlich-linealischen Nebenblättern. Blüten gewöhnlich monözisch verteilt, ohne Blütenhülle (apetal), in kugeligen Köpfchen angeordnet. Männliche Blüten ohne Blütenhülle, mit zahlreichen Staubblättern, die Antheren kurz, am Grunde inseriert, zu kleinen Köpfchen vereinigt, diese wiederum in terminalen Trauben, Ähren oder Rispen stehend. Weibliche Blüten einzeln, in langgestielten großen kugeligen Köpfchen vereinigt, aus 2 verwachsenen Fruchtblättern und winzigen Schuppenblättern aufgebaut. Staminodien 4 bis 10. Fruchtknoten mittelständig, 2fächerig. Griffel 2, verlängert, pfriemlich, eingekrümmt. Samenanlagen viele, meist in 4 Reihen stehend. Kapseln zahlreich, auch zur Fruchtreife zu einem Köpfchen vereinigt, sich septizid öffnend, meist nur mit 1 oder 2 fertilen Samen. Griffel hart, stachelig, Samen länglich-eiförmig, abgeflacht, deutlich geflügelt, die Testa krustig strukturiert.[2,3]

Verbreitung: Südliches Kleinasien, Syrien, Ostasien, Nord- und Zentralamerika.

Drogenliefernde Arten: *L. formosana*: Liquidambar fructus, Liquidambar resina; *L. orientalis*: Styrax crudus, Styrax depuratus; *L. styraciflua*: Amerikanischer Styrax.

Liquidambar formosana HANCE

Botanische Beschreibung: Bis 40 m hohe Bäume mit weitausladenden Kronen; Blätter herzförmig bis gestutzt, 8 bis 15 cm breit, ahornähnlich, dreilap-

L. formosana HANCE. *1* Fertile, geflügelte Samen, *2* Sterile Samen, *3* Köpfchen mit reduzierten weiblichen Blüten, *4* Staubblätter, *5* Beblätterter Zweig mit kugeligen Fruchtständen, *6* Zweig mit köpfchenförmigen männlichen Blütenständen, *7* Männliche Blüte mit zahlreichen Stamina und basalen Schuppenblättern. Aus Lit.[3]

pig, die Lappen breit-eiförmig, spitz bis schwach zugespitzt, am Rand gesägt, kahl, die jungen Blätter auch behaart, Blattstiel 8 bis 10cm lang; Blüten eingeschlechtlich, monözisch verteilt, die männlichen Blüten in Trauben, die weiblichen in einzelstehenden kugeligen Köpfchen; Frucht kugelig, stachelig, etwa 3cm im Durchmesser, aus zusammenhängenden Kapseln bestehend, diese von pfriemlichen Schuppenblättern umgeben, die dünnen Griffel von der Frucht abfallend; Samen länglich, geflügelt, sehr dünn, ca. 7 mm lang.[3]

Inhaltsstoffe: Tannine Liquidambin, Isorugosin A, B und D,[4,5] in den Früchten (-)-Bornylcinnamat, Styracinepoxid, Isostyracinepoxid, Betulonsäure,[6] in den Blättern die Flavonolglykoside Myricetin, Quercetin, Astragalin, Trifolin, Isoquercitrin, Hyperin, Rutosid, Monotropein, ferner Ellag- und (-)-Shikimisäure.[7]

Verbreitung: Südchina, Taiwan.[3]

Drogen: Liquidambaris fructus, Liquidambaris resina.

Liquidambaris fructus (Amberbaumfrüchte)

Sonstige Bezeichnungen: Dt.: Liquidambar-formosana-Früchte; chinesisch: Lulutong.[8]

Definition der Droge: Die getrockneten, reifen Fruchtstände.[8]

Stammpflanzen: *L. formosana* HANCE.

Gewinnung: Die Früchte werden zur Reifezeit im Winter geerntet, getrocknet und gereinigt.

Ganzdroge: Aus zahlreichen, kleinen Früchten zusammengesetzte, kugelige Sammelfrucht, 2 bis 3 cm im Durchmesser. Die Oberfläche ist graubraun bis dunkelbraun gefärbt und weist zahlreiche spitze Stacheln sowie kleine, schnabelförmig stumpfe Stacheln auf, etwa 0,5 bis 1 mm lang, leicht abbrechbar; die kleinen Früchte sind an der Spitze zu bienenwabenähnlichen kleinen Poren geöffnet. An der Basis ist ein Fruchtstiel erkennbar.

Schnittdroge: Geruch und Geschmack schwach wahrnehmbar.

Pulverdroge: Braunes Pulver. Fasern der Fruchtstandsachse großteils fragmentiert und uneinheitlich in der Länge, 13 bis 45µm im Durchmesser, stumpf oder stumpfrunde Enden und wellig gekrümmte, verholzte Wände mit deutlichen Tüpfeln; Zell-Lumen uneinheitlich in der Breite, braungelbe Inhaltsstoffe. Sklereiden der Fruchtschale annähernd quadratisch, prismatisch, unregelmäßig geformt oder verzweigt, mit Durchmessern von 53 bis 398µm, extrem verdickten Wänden und verzweigten Tüpfelkanälen. Epidermiszellen des Hüllkelches von der Spitze her betrachtet polygonal, 6 bis 17µm im Durchmesser, verdickte Wände mit Tüpfelkanälen, kleinem Zell-Lumen und braungelben Inhaltsstoffen. Einzellige, häufig gekrümmte, 42 bis 126µm lange und etwa 14µm breite Haare der Epidermis des Hüllkelches mit braungelben Substanzen im Zellinneren.

Identität: Nach Versetzen eines wäßrigen Extraktes der Droge mit Fehlingscher Lösung, fällt, verursacht durch reduzierende Verbindungen, ziegelfarbenes Cu_2O aus.[8]
Der ethanolische Extrakt wird zur Trockne eingedampft und mit Essigsäureanhydrid-Schwefelsäure behandelt, wobei eine violett-rote Färbung entsteht, die violettbraun und schließlich schmutzig grün wird (Liebermann-Burchard-Reaktion, Nachweis von Sterinen bzw. Triterpenen).[8]
In einer weiteren Prüfung wird der Ethanolextrakt mit Zinkstaub und konz. HCl versetzt und erhitzt, wobei sich die Lösung orange färbt (unspezifischer Reduktionstest, möglicherweise auf Flavone).[8]

Lagerung: Trocken lagern.[8]

Volkstümliche Anwendung und andere Anwendungsgebiete: Die Anwendungsgebiete entsprechen dem Erfahrungsmaterial der traditionellen chinesischen Arzneitherapie: Verwendet bei rheumatoiden Gelenkschmerzen, taubem Gefühl und Muskelkrämpfen, Spannungs- und Völlegefühl, bei stockender Laktation und bei Amenorrhoe.[8]
Nachweise der Wirksamkeit im Sinne der westlichen, naturwissenschaftlich orientierten Medizin liegen nicht vor.

Dosierung und Art der Anwendung: Tagesdosis für Erwachsene 4,5 bis 9 g als Decoct.[8]

Liquidambaris resina (Amberbaumharz)

Sonstige Bezeichnungen: Dt.: Liquidambar-formosana-Baumharz; chinesisch: Femgxiangzhi.[8]

Definition der Droge: Das getrocknete Baumharz.[8]

Herkunft: *L. formosana* HANCE.

Gewinnung: Um den Austritt des Harzes zu bewirken, wird in den Monaten Juli und August die Stammrinde durch Einschnitte verletzt; erst in den Monaten Oktober bis April des darauffolgenden Jahres wird das Harz gesammelt und an einem schattigen Ort weiter getrocknet.[8]

Ganzdroge: Unregelmäßig geformte, hellgelbe oder gelbbraune, durchscheinende oder trübe Klumpen. Spröde Konsistenz; glänzender Bruch.

Schnittdroge: Aromatischer Geruch, schwacher Geschmack.

Identität: Eine geringe Menge der Droge wird entzündet. Sie verbrennt mit stark rußender Flamme, wobei sich ein charakteristischer Geruch entwikkelt.[8]
Lösung der Droge mit Tetrachlorkohlenstoff; Unterschichten der Lösung mit Schwefelsäure; an der Grenzfläche entsteht ein roter Ring (unspezifische Prüfung auf Harzalkoholester).[8] Ebenfalls unspezi-

fisch ist die Färbung einer Suspension der Droge in Tetrachlorkohlenstoff mit Salpetersäure (blaßrot oder rotorange).[8]

Lagerung: Kühl und lichtgeschützt in dicht verschlossenen Gefäßen lagern.[8]

Volkstümliche Anwendung und andere Anwendungsgebiete: Die Anwendungsgebiete entsprechen dem Erfahrungsmaterial der traditionellen chinesischen Arzneitherapie. Innerlich und äußerlich verwendet bei Sturz- und Schlagverletzungen, Furunkeln und Karbunkeln mit Schwellungen und Schmerzen, blutigem Erbrechen, Nasenbluten, Blutungen aufgrund äußerlicher Verletzungen. Nachweise der Wirksamkeit im Sinne der westlichen, naturwissenschaftlich orientierten Medizin liegen nicht vor.

Dosierung und Art der Anwendung: Innerlich: Tagesdosis 1,5 bis 3,0g, vorzugsweise zu Pillen oder Arzneipulvern verarbeitet.[8]
Äußerlich: In ausreichender Menge,[8] quasi ad libitum.

Liquidambar orientalis Mill.

Sonstige Bezeichnungen: Dt.: Orientalischer Amberbaum, Storaxbaum; engl.: Oriental Sweet Gum.

Botanische Beschreibung: Bäume mittlerer Größe (bis 12m hoch), Blätter meist tief 5lappig. Blüten monözisch, gelb. Frucht hart, kugelig.

Inhaltsstoffe: In den Blättern 0,08% äth. Öl mit Borneol und Bornylacetat, Valeranon, Valeranol und Vitispiran,[9] Ellagsäure, Myricetin, Quercetin- und Kämpferol-3-glucoside, Delphinidin, Cyanidin, Myricitrin, Quercitrin, Shikimisäure, Monotropeosid und Gerbstoffe. In den Samen etwa 33% Eiweiß und 30% fettes Öl.

Verbreitung: Südliches Kleinasien, Syrien.[15]

Drogen: Styrax crudus, Styrax depuratus.

Styrax crudus (Styrax)

Synonyme: Balsamum styracinum, Balsamum Styrax liquidum, Styrax liquidus.

Sonstige Bezeichnungen: Dt.: Storax, Storax Balsam; engl.: American Storax, Balsam of Storax, Levant Storax, Liquid Storax, Storax, Sweet Gum; frz.: Styrax liquide.

Monographiesammlungen: Storax *USP XXII*.

Definition der Droge: Balsam aus dem Stamm *USP XXII*.

Stammpflanzen: *L. orientalis* Mill. und *L. styraciflua* L.

Gewinnung: Styrax ist kein in der Pflanze sich spontan bildendes Produkt, sondern ein pathologisches; er entsteht erst, wenn die Rinde zuvor geklopft oder verwundet wird. Es bildet sich nach dem Schlagen, Einschneiden usw. im jungen Holz (niemals in der Rinde) aus dem Kambium Holzparenchym mit schizogenen Sekretbehältern, die sich lysigen erweitern und zu größeren Höhlungen zusammenfließen. Die Rinde ist wertlos und an der Balsambildung nicht beteiligt. Sie dient jedoch gewissermaßen zum Aufsaugen des austretenden Balsams (Balsam dringt vom Holz aus in die Rinde ein). Die äußeren Teile des Holzes sowie die Rinde werden abgehackt, der Balsam in Wasser ausgekocht und ausgepreßt. Man gewinnt den Balsam von August ab mit Ausnahme des Januars den ganzen Winter hindurch.[16]

Handelssorten: Das Harz kommt in 2 Sorten in den Handel:
- Styrax in Körnern (Styrax in Granis), bestehend aus kleinen weißlichen, durchsichtigen, in der warmen Hand erweichenden, sehr angenehm riechenden Körnern;
- Gemeiner Styrax (Styrax vulgaris, Scops styracina, auch fälschlich Styrax calamitus genannt), bestehend aus großen, braunroten, torfartigen Klumpen.

Ganzdroge: Rohstyrax ist eine dicke, zähe, klebrige, nur träge vom Spatel abfließende, eigenartig aromatisch nach Benzoe und Perubalsam riechende, aromatisch und etwas bitter schmeckende Masse von graubrauner Farbe, die sich beim Erhitzen klärt und in Wasser untersinkt. An der Oberfläche des Wassers zeigen sich nur höchst selten vereinzelte farblose Tröpfchen. Beim Lagern wird der Styrax klarer, was auf ein Entweichen des in feinen Tröpfchen suspendierten Wassers zurückzuführen ist.

Verfälschungen/Verwechslungen: Fichtenharz, Terpentin, Kolophonium, Ricinusöl, Olivenöl, pflanzliche Verunreinigungen, Wasser, künstliches Terpentinöl (der zwischen 120 und 160°C übergehende Anteil der Petroleumdestillation). Die noch nicht völlig erschöpfte Rinde und die Preßrückstände kamen früher häufiger als heute getrocknet als Cortex Thuris (Cortex Thymiamatis) in den Handel. Jetzt trifft man unter dieser Bezeichnung meist ein Kunstprodukt aus Hobelspänen und flüssigem Styrax an. Ebenso ist der in Triest hergestellte, eine trockene, braunrote Masse bildende Styrax calamitus (Styrax calamita, Scobs styracina, Styrax vulgaris, fester Styrax), der ein Gemenge geringer Styraxsorten mit den Preßrückständen darstellen soll, ebenfalls nur ein Kunstprodukt aus Sägespänen und flüssigem Styrax, die erwärmt, miteinander gemischt und dann zusammengepreßt werden. Beide, die natürliche Rinde wie das Surrogat, dienen als Räuchermittel. Früher war unter der Bezeichnung Styrax calamitus oder calamita ein in Röhren aus Schilf- und Palmblättern verpackter Balsam in Körnern oder Stücken im Handel, der von *Styrax officinalis* L. stammte.[16]

Inhaltsstoffe: Im Rohstyrax etwa 15 bis 30%, meist 20% Wasser und 1,5 bis 2,5% in Ethanol unlösliche Verunreinigungen. Die Menge des durch Auflösen in Ethanol, Filtrieren und Abdampfen der Lösung erhaltenen Reinstyrax beträgt etwa 60 bis 75%. Er besteht aus wechselnden Mengen ätherischen Öles (meistens < 1 %, der amerikanische Styrax 15 bis 20 %) und aus schwer- und nichtflüchtigen Bestandteilen. Nachgewiesen wurden unter anderem Zimtsäure (bis 30%), Zimtsäureethylester u.a. Zimtsäureester (Cinnamein), Vanillin (ca. 2 %), Styrol, Phenylpropyl-, Zimt-, Benzylalkohol.

Identität: Die bei der Gehaltsbestimmung erhaltene Zimtsäure gibt nach dem Erhitzen mit 2N Schwefelsäure und Zusatz von Kaliumpermanganatlösung den Geruch nach Benzaldehyd.

Reinheit:
- Trocknungsverlust: Höchstens 20,0 % *USP XXII.*
- Ethanolunlösliche Substanzen: Höchstens 5,0% *USP XXII.*
- Ethanollösliche Substanzen: Mindestens 70,0% *USP XXII.*
- Säurezahl: 50 bis 85 (Levant Styrax) *USP XXII*; 36 bis 85 (Amerikanischer Styrax) *USP XXII.*
- Verseifungszahl: 160 bis 200 *USP XXII.*

Gehalt: Mindestens 25% Zimtsäure, bezogen auf gereinigten Styrax, der bei der Bestimmung der ethanollöslichen Substanzen erhalten wird.

Gehaltsbestimmung: Der Zimtsäuregehalt wird gravimetrisch bestimmt. 2g gereinigter Styrax (s.o.) wird mit 0,5N ethanolischer KOH verseift, neutralisiert, der Ethanol abdestilliert. Nach Zugabe von Wasser werden alkoholische Bestandteile mit Ether entfernt und die Zimtsäure mit Schwefelsäure freigesetzt. Sie wird sodann mit Ether ausgeschüttelt und aus heißem Wasser umkristallisiert, getrocknet und gewogen.

Styrax depuratus (Gereinigter Styrax)

Sonstige Bezeichnungen: Engl.: Prepared Storax; frz.: Styrax purifie; it.: Storace purificato.

Monographiesammlungen: Prepared Storax *BP80*; Styrax purificatus *Helv VI.*

Definition der Droge: Der gereinigte Balsam.

Stammpflanzen: *L. orientalis* Mill.

Ganzdroge: Braune, viskose Flüssigkeit, in dünner Schicht durchscheinend mit angenehmem, balsamischen Geruch, Geschmack süßlich-säuerlich, etwas an Wacholder erinnernd.

Identität: Vorsichtiges Erwärmen mit Seesand und Kaliumpermanganat verursacht den typischen Geruch nach Benzaldehyd.
Dünnschichtchromatographie der etherischen Lösung *Helv VI*:
- Referenzsubstanzen: Benzoesäure, Zimtsäure und Vanillin;
- Sorptionsschicht: Kieselgel G F_{254};
- Fließmittel: Benzin-Essigsäure 98% (20 + 3), 2mal entwickeln;
- Detektion und Auswertung: 1. UV-Licht 254 nm. Im Chromatogramm erscheinen ein großer Fleck auf der Höhe des Benzoesäureflecks (Estergemisch), ein Fleck auf der Höhe des Zimtsäureflecks (Zimtsäure), sowie weitere Flecke unterhalb der Zimtsäurezone.
2. Besprühen mit Benzidin-Essigsäure. Im Tageslicht erscheint ein gelber Fleck (Vanillin) auf der Höhe des Referenzflecks. Eventuell können noch andere Flecke sichtbar sein.

Reinheit:
- Säurezahl: 52 bis 76 *BP80*; 50 bis 100 *Helv VI.*
- Verseifungszahl: 160 bis 190 *BP80*; 160 bis 200 *Helv VI.*
- Wassergehalt: Höchstens 5 %.
- Verbrennungsrückstand: Höchstens 0,4 %.

Gehalt: Mindestgehalt an Gesamtbalsamsäuren 28,5 % *BP80.*

Gehaltsbestimmung: Die Droge wird mit ethanolischer KOH verseift, die Balsamsäuren nach zwei Phasenwechseln schließlich mit Salzsäure freigesetzt und mit Chloroform ausgeschüttelt. Mit Natriumhydroxydlösung wird gegen Phenolrot als Indikator titriert.

Lagerung: In gut verschlossenen Behältern, unter Lichtschutz.

Therapeutische Maßnahmen bei Vergiftungen: s. Amerikanischer Styrax.

Sonst. Verwendung: s. Amerikanischer Styrax.

Liquidambar styraciflua L.

Sonstige Bezeichnungen: Dt.: Ahornblättriger Amberbaum; engl.: Alligator tree, red gum, sweet gum.

Botanische Beschreibung: Bis etwa 45 m hohe Bäume mit großem geraden Stamm, der einen Durchmesser bis 1,5 m haben kann. Im Alter bildet der Baum einen aromatischen Balsam in Höhlen unter der Rinde. Die Blätter sind wechselständig, sternförmig, 3- bis 7fach zugespitzt, etwa 7 bis 18 cm breit, gezähnt. Die Blüten sind diözisch, die männlichen winzig, gelb-grün, runde Köpfchen bildend, die weiblichen sind größer, blaß-grün, zu einem großen runden Köpfchen vereint. Die Frucht ist eine runde, harte, dornige Kapsel, die gewöhnlich 2 glänzende braune oder schwarze, geflügelte Samen enthält.

Verbreitung: USA: Connecticut bis Illinois, Missouri und Oklahoma, südlich bis Florida und Texas, Mexiko und Guatemala; Honduras.[10,15]

Drogen: Amerikanischer Styrax.

Amerikanischer Styrax

Sonstige Bezeichnungen: Engl.: American Storax, Storax.

Monographiesammlungen: Storax *USP XXII.*

Definition der Droge: Aus dem Stamm erhaltener Balsam *USP XXII.*

Stammpflanzen: *L. styraciflua* L.; s.a. Styrax crudus.

Herkunft: Vorwiegend Honduras.[10]

Gewinnung: Die Balsamhöhlen, als Auswüchse des Stammes erkennbar, werden angestochen und der ausfließende Balsam aufgefangen. Die Ausbeute beträgt 20 bis 100 kg pro Baum.

Ganzdroge: s. Styrax crudus.

Inhaltsstoffe: Gereinigter amerikanischer Styrax enthält 33 bis 50 % Harz, dessen nicht näher analysierte Komponenten teils mit Zimtsäure verestert vorliegen (= β-Storesin), teils unverestert sind (= α-Storesin). Ferner: 5 bis 10 % Cinnamoylcinnamat (= Styracin), 5 bis 15 % freie Zimtsäure, etwa 10 % Phenylpropylcinnamat, geringe Mengen Ethylcinnamat, Benzylcinnamat, Vinylbenzol (= Styrol), etwa 0,1 % einer linksdrehenden aromatischen Flüssigkeit (ätherisches Öl) sowie Spuren von Vanillin.[10,11]

Analytik: s. Styrax crudus.

Wirkungen: Styrax soll expektorierend wirken und antimikrobielle und entzündungswidrige Eigenschaften haben.[12] Konkrete Untersuchungen scheinen aber nicht vorzuliegen.

Volkstümliche Anwendung und andere Anwendungsgebiete: Als Kombinationspartner in Mitteln, die bei Husten und Erkältung angewendet werden. Früher viel zur Krätzebehandlung. Die Wirksamkeit bei den genannten Indikationen ist nicht belegt.

Dosierung und Art der Anwendung: Zur äußerlichen Anwendung wird Storax mit Lein- oder Rüböl zu gleichen Teilen verdünnt oder auch mit Alkohol. Die dem Balsam anhaftende Klebrigkeit wird dadurch beseitigt.

Unerwünschte Wirkungen: *Allergische Wirkungen.* Mit dem Auftreten von Kontaktallergien muß gerechnet werden; 5 Fälle sind beschrieben.[13]

Sonst. Verwendung: *Kosmetik.* In der Parfümerie sehr vielseitig verwendet, als Bestandteil von Parfüms mit orientalischer Note. Ambra, Phantasienoten, für Seifenparfüms.[14] Auch als Aromatikum für Getränke, Süßigkeiten und Kaugummi; zur Tabakaromatisierung.[10]

1. Engler A (1964) Syllabus der Pflanzenfamilien, Bd. II, Gebrüder Bornträger, Berlin, S. 196–198
2. Engler A, Prantl K (1930) Die natürlichen Pflanzenfamilien, Bd. 18a, Engelmann, Leipzig
3. Li HL (1977) Flora of Taiwan, Vol. 3, Taipei, Taiwan
4. Hatano T, Kira R, Yasuhara T, Okuda T (1988) Tennen Yuki Kagobutsu, Toronkai Koen Yoshishu 30:292–299
5. Hatano T, Kiva R, Yasuhara T, Okuda T (1988) Chem Pharm Bull 36:3.920–3.927
6. Konno C, Oshima Y, Hikino H, Yang LL, Yen KY (1988) Planta Med 54:417–419
7. Arisawa M, Hamabe M, Sawai M, Hayashi T, Kiuzu H, Tomimori T, Yoshizaki M, Morita N (1984) Shoyakugku Zasshi 38:216–220
8. Stöger EA (1991) Arzneibuch der Chinesischen Medizin, 2. abgeänderte Aufl., Deutscher Apotheker Verlag, Stuttgart
9. Tattje DHE, Bos R (1979) Phytochemistry 18:876
10. Morton JF (1977) Major Medicinal Plants, Charles C. Thomas, Springfield, Illinois (USA), S. 129
11. MI, S. 1389
12. Leung AY (1980) Encyclopedia of common natural ingredients, John Wiley, New York, S. 300–302
13. James WD, White SW, Yanklowitz B (1984) J Am Acad Dermatol 11:P 847–850
14. Janistyn H (1974) Taschenbuch der modernen Parfumerie und Kosmetik, Wissenschaftliche Verlagsgesellschaft, Stuttgart, S. 39
15. Zan
16. Hag, Bd. V, S. 528–532

En

Liriodendron

HN: 2038700

Familie: Magnoliaceae.

Tribus: Liriodendreae.[1]

Gattungsgliederung: Die Gattung Liriodendron L. umfaßt zwei Arten,[2] *L. tulipifera* L., die nordamerikanische Art, und *L. chinense* Sarg., die asiatische Art. Letztere stellt aufgrund einer paleochemischen Untersuchung vermutlich die ältere Art dar.[3]

Gattungsmerkmale: Stattliche, sommergrüne Laubbäume. Blätter wechselständig, 4- bis 6lappig, an der Spitze abgestumpft und im Unterschied zu den meisten anderen Gattungen der Magnoliaceae gänzlich unverkieselt. Knospen werden von zwei, am Rande zusammenhaftenden Nebenblättern bedeckt. Blüten prächtig gelblich-orange, endständig, glockenförmig, mit sechs aufrechten Petalen und drei abstehenden Sepalen; sie erscheinen nach den Blättern und stehen einzeln. Staubblätter zahlreich, lange Filamente, nach außen gerichtete Antheren. Fruchtknoten zahlreich, an einer spindelförmig verlängerten Säule sitzend. Sammelfrucht braun, zapfenartig, aus einsamigen geflügelten Schließfrüchten zusammengesetzt.[1,4]

Verbreitung: Nordamerika und China, in Europa als Zierbäume.[2]

Inhaltsstoffgruppen: Alkaloide vom Aporphintyp,[5-12] Sesquiterpene vom Germacranolid- und Eudesmanolid-Typ,[13-17] Cyclitole,[18,19] cyanogene Verbindungen,[20] Lignanderivate.[21] Phytochemische Untersuchungen beziehen sich hauptsächlich auf *L. tulipifera*.

Drogenliefernde Arten: *L. tulipifera*: Liriodendron-tulipifera-Blätter, Liriodendron-tulipifera-Holz, Liriodendron-tulipifera-Rinde, Liriodendron tulipifera hom. *HAB 34.*

Liriodendron tulipifera L.

Synonyme: *L. heterophylla* Hort. ex C. Koch, *L. integrifolia* Hort. ex Steud., *L. obtusiloba* Hort. ex C. Koch, *L. procera* Salisb., *L. truncatifolia* Stokes.[22]

Sonstige Bezeichnungen: Dt.: Lilienbaum, Tulpenbaum;[4] engl.: Tulip tree[5], yellow poplar;[23,24] frz.: Tulipier.[4]

Systematik: Anhand von Wuchs und Blattform werden verschiedene Formen unterschieden.[2]

Botanische Beschreibung: Bis zu 40 (max. 60) m hoher Laubbaum; massiver Stamm mit einem Durchmesser von bis zu 3 m, mit brauner tiefgefurchter Rinde; schlanke Äste häufig erst in einer Höhe von 20 m; Baumkrone kegelförmig oder ausladend. Die jungen Zweige sind gelbgrün, im Sommer mit graugrünem Flaum, im Winter werden sie rötlich-braun und tragen kleine, helle Lentizellen; ab dem 3. Jahr sind sie im Winter dunkelgrau. Junge Stämme erscheinen dunkelgrün bis grau und zeigen weiße Flecken (Lentizellen). Später bilden sich schmale Risse; im Alter ist die Rinde stark gefurcht und aschgrau mit gerundeten Wülsten.[25] Blätter fast viereckig, 10 bis 12 cm lang und breit, Basis meist abgerundet. Blattspitze abgestutzt, Blattstiele 5 bis 10 cm lang, Blattoberseite lebhaft grün, glänzend; Unterseite heller oder bläulich. Laubblätter von paarigen Nebenblättern begleitet. Blüten 4 bis 5 cm lang, mit grünem Kelch. Sechs tulpenförmig aufgerichtete grünlichgelbe Petalen mit einer orangefarbigen Bänderung an der Basis; drei abstehende, grünlich-weiße Sepalen. Filamente 1 cm lang, Fruchtzapfen 6 bis 8 cm lang, aus Früchten mit spitzen Flügeln (Samarae) aufgebaut, bei Reife hellgrün. Charakteristisch leuchtende, goldgelbe Verfärbung der Laubblätter im Herbst.[4,23,25]

Liriodendron tulipifera L.: *1* Blätter mit Blüten; *2* Fruchtzapfen mit geflügelten Früchten (Samarae); *3* einzelne Samara; *4* junger Zweig; *5* Blattknospe; (aus Lit.[25])

Inhaltsstoffe: Alkaloide in Blättern, Rinde, Holz. Der höchste Alkaloidgehalt von 0,32 % zeigt sich bei Beginn der Blütezeit, Ende April bis Anfang Mai, in den Blättern.[5–12] In den Samen wurden die Sesquiterpenlactone Lipiferolid (0,03 %), Epitulipinolid, Epitulipinoliddiepoxid (0,008 %), Peroxyferolid (0,006 %), α-Liriodenolid (0,006 %) und β-Liriodenolid (0,002 %) nachgewiesen, das Alkaloid Tuliferolin und die vier Phenylpropanderivate Lirioresinol-β-dimethylether (0,05 %), β-*O*-Dilignol (0,005 %), (+)-Eudesmin (0,003 %), ein Pinoresinoldimethylether, und Liriolignal.[26] Aus der Wurzelrinde wurden die Sesquiterpenlactone Costunolid (0,02 %), Tulipinolid (0,09 %), Epitulipinolid, γ-Liriodenolid und Epitulipdienolid[13–15] isoliert.

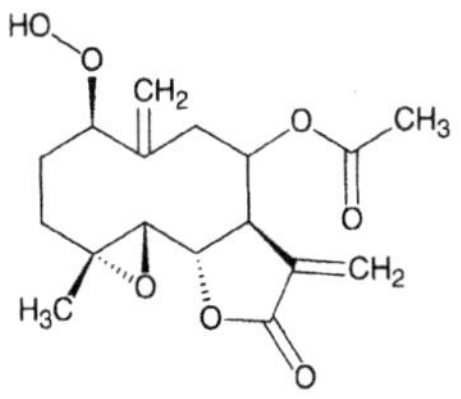

Peroxyferolid

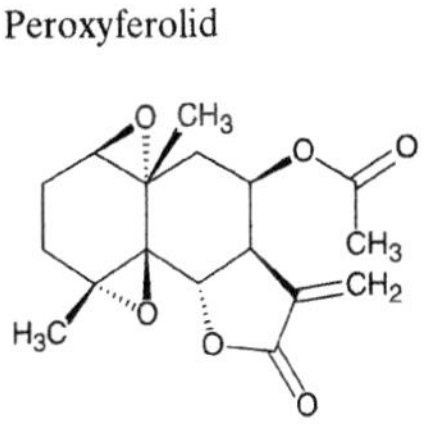

Epitulipinoliddiepoxid

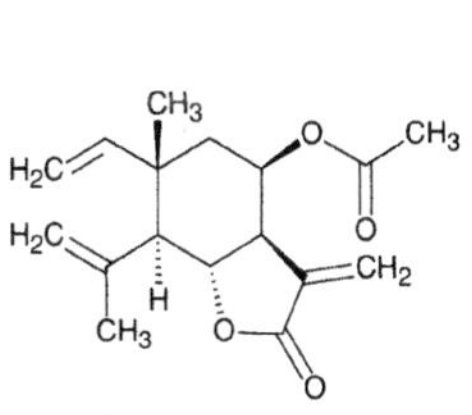

Epitulipdienolid

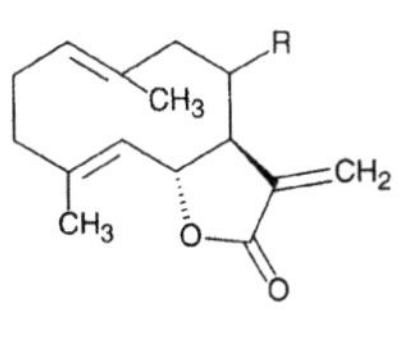

	R
Costunolid	—H
Tulipinolid	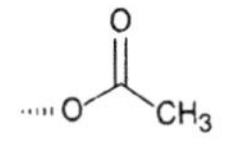
Epitulipinolid	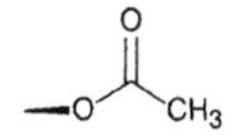

Verbreitung: Der Tulpenbaum bevorzugt sandiglehmige, tiefgründige und frische Böden, in der Ebene und an Böschungen;[2] wächst in feuchter Erde, häufig entlang von Flußläufen, auf Inseln und in der Nähe von Sümpfen.[25] Normalerweise findet man die Bäume in Mischwäldern, vergesellschaftet mit anderen Laubhölzern z. B. Eiche, Walnuß. Die eigentliche Heimat ist Nordamerika, Massachusetts bis Florida und Mississippi.[4] Seit dem 17. Jahrhundert wird der Tulpenbaum in Europa kultiviert und zur Zeit wird er in großem Rahmen in Zentralasien gezüchtet.[7]

Drogen: Liriodendron-tulipifera-Blätter, Liriodendron-tulipifera-Holz, Liriodendron-tulipifera-Rinde, Liriodendron tulipifera hom. *HAB 34*.

Liriodendron-tulipifera-Blätter

Definition der Droge: Die getrockneten Laubblätter.

Stammpflanzen: *Liriodendron tulipifera* L.

Inhaltsstoffe: *Alkaloide.* Aporphintyp: Remerin, Lirinidin, Lirinin, Anonain, *N*-Oxidremerin, Isolaurelin, *N*-Methyllaurotetanin; Proaporphintyp: *N*-Methylcrotsparin (keinerlei Gehaltsangaben); Tetrahydroprotoberberintyp: Isocoripalmin; 0,32 % Gesamtgehalt.[7]
Sesquiterpenlactone. Germacranolide: Lipiferolid Epitulipinoliddiepoxid; Tulirinol (keine Gehaltsangaben).[15,17]
Flavonoide. Quercetinglykoside: Quercetin-3-*O*-glucosid, Quercetin-3-*O*-rutinosid; Kämpferolglykoside: Kämpferol-3-*O*-glucosid; Kämpferol-3-*O*-rutinosid (keine Mengenangaben).[3]
Cyclitole und Alditole. Liriodendritol und 2-*C*-Methyl-D-erythritol (0,14 %).[18,19]
Cyanogene Verbindungen. Aus den frischen Blättern werden 0,01 bis 0,05 % HCN freigesetzt.[20]

Wirkungen: *Antitumoraktivität.* Im Rahmen einer Untersuchung zu Antitumor-Wirkstoffen wurde die Cytotoxizität von aus der Droge isolierten Sesquiterpenlactonen untersucht. An Zellen der menschlichen Nasopharynx-Carcinom-Linie (KB-Linie) wurde für Lipiferolid eine ED_{50} von 0,16 µg/mL und für Epitulipinoliddiepoxid eine ED_{50} von 0,34 µg/mL ermittelt.[15]
Larvizide Wirkung. Hemmung der Nahrungsaufnahme der Nachtfalterlarven von *Lymantria dispar* L. und *Parthetria dispar* L. durch ethanolische Blattextrakte (keine Mengenangaben). Als Wirkkomponente wurde Turinol identifiziert, ein Sesquiterpenlacton mit signifikanten fraßhemmenden Eigenschaften (Hemmung der Nahrungsaufnahme um 31 und 47 % bei Konzentrationen von 50 bzw. 250 µg/mL.[17]

Immuntoxizität: Kompositenallergiker reagierten gegenüber der Blattdroge mit positiven Patch-Tests. Für Lipiferolid konnte eine sensibilisierende Wirkung nachgewiesen werden.[27,28]

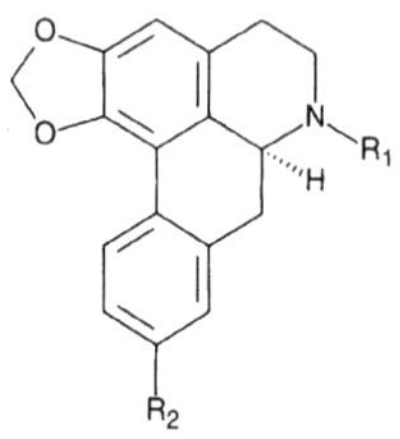

	R1	R2
Anonain	—H	—H
Remerin	$—CH_3$	—H
Isolaurelin	$—CH_3$	$—OCH_3$

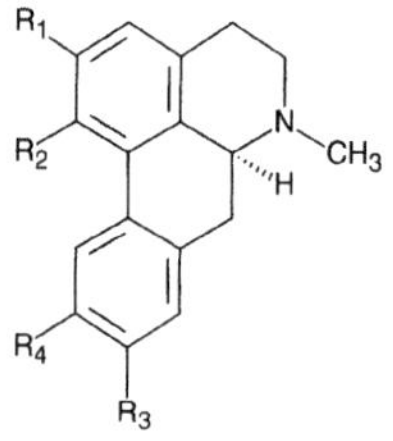

	R1	R2	R3	R4
Lirinin	$—OCH_3$	$—OCH_3$	—H	—H
Lirinidin	—OH	$—OCH_3$	—H	—H
N-Methyllaurotetanin	$—OCH_3$	$—OCH_3$	—OH	$—OCH_3$

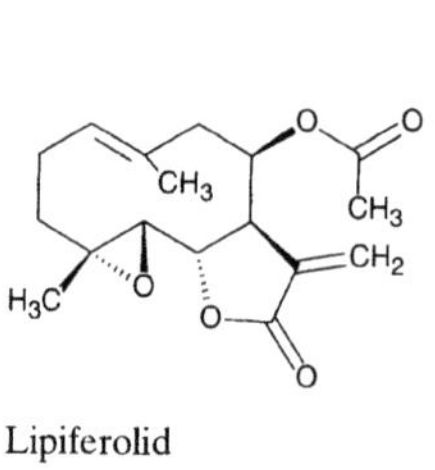

Lipiferolid

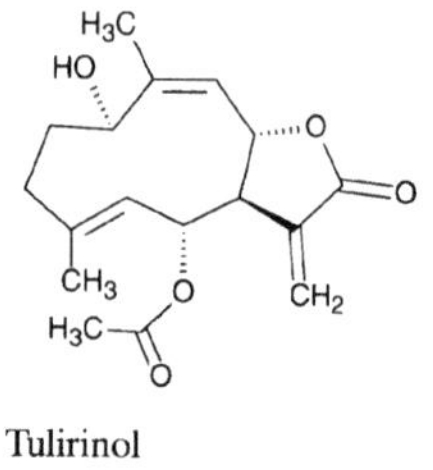

Tulirinol

Liriodendron-tulipifera-Holz

Sonstige Bezeichnungen: Dt.: Kanarienholz, Tulpenbaumholz, Tulpenholz;[29–31] engl.: Canary whitewood, canary wood, hickory poplar, saddle tree, white wood, yellow poplar.[30–32]

Definition der Droge: Das getrocknete Stammholz.

Stammpflanzen: *Liriodendron tulipifera* L.

Ganzdroge: *Makroskopische Beschreibung.* Das mittelschwere Holz ist hell und weich, mit gleichmäßiger Textur; gelbbraunes bis zuweilen olivgrünes Kernholz und gelblich- bis grauweißes Splintholz. Jahresringe deutlich sichtbar.[33,34]
Mikroskopisches Bild. Zerstreutporig. Die runden bis ovalen, einzeln oder in kleinen, radialen Gruppen auftretenden, zahlreichen Hoftüpfelgefäße (Durchmesser ca. 100 µm, leiterförmige Durchbrechungen) sind ziemlich gleichmäßig über den Jahresring verteilt. Hoftüpfel mit eckig-querovalem Umriß. Markstrahlen meistens 2, sonst 3 Zellen breit und ca. 30 Zellen hoch. Die Holzfasern haben winzige Tüpfel und sind sehr dickwandig; dickwandige und faserartige Parenchymzellen nur im Spätholz.[31,33,34]

Inhaltsstoffe: *Alkaloide.* Aporphintyp: (+)-Glaucin (0,285 %),[5,9] Remerin, *N*-Acetylnornantin, 1,2,9,10-Tetramethoxyoxaporphin, Liriodenin (0,066 %),[9,10] Lysicamin, *O*-Methylatherolin (0,0086 %),[10] Dehydroglaucin (0,0078 %),[10] Dehydroremerin, Michelalbin, Nornuciferin, *N*-Acetylnornuciferin (0,027 %),[10] Norushinsunin (0,0155 %),[10] Norglaucin, Asimilobin (0,0036 %),[10] *N*-Acetylasimilobin (0,013 %),[10] Thaliporphin, Predicentrin*, *N*-Methyllaurotetanin*, Liriofierin*, Liriotulipiferin*, Coruin*, Liriodendronin.[12] Bestimmte Alkaloide (*) werden ausschließlich bei Verletzung des lebenden Baumes gebildet.[10] Proaporphintyp: *N*-Methylcrotsparin;[7] Tetrahydroprotoberberintyp: Isocoripalmin;[7] Alkaloid-Gesamtgehalt: 0,15 %.[7]

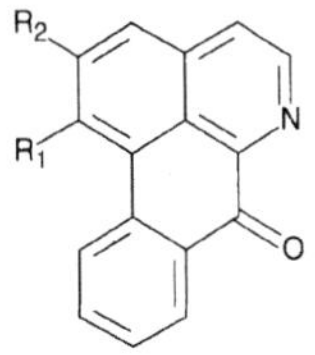

	R_1	R_2
Liriodenin	$-O-CH_2-O-$	
Lysicamin	$-OCH_3$	$-OCH_3$
Liriodendronin	$-OH$	$-OH$

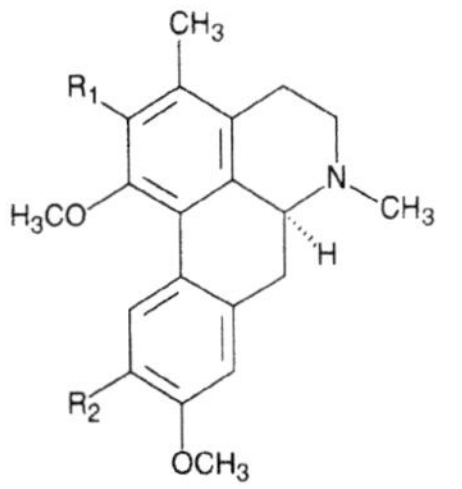

	R_1	R_2
(+)-Glaucin	$-OCH_3$	$-OCH_3$
Liriofierin	$-OCH_3$	$-OH$
Liriotulipiferin	$-OH$	$-OH$
Predicentrin	$-OH$	$-OCH_3$

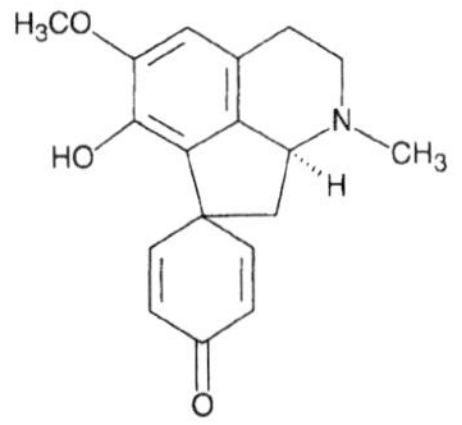

N-Methylcrotsparin

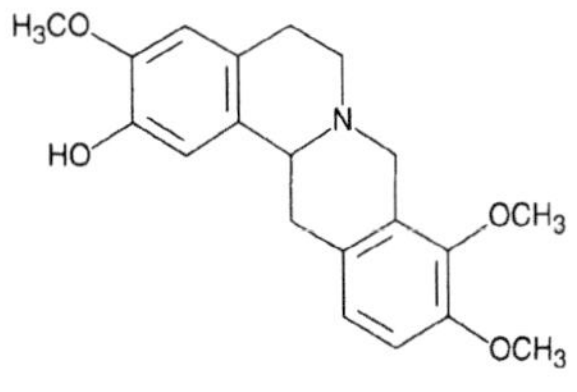

Isocoripalmin

Lignane. Lirioresinol-*β*-dimethylether (0,0098 %),[9] Syringaresinol (0,0036 %) und Syringaresinoldimethylether (0,086 %).[10]

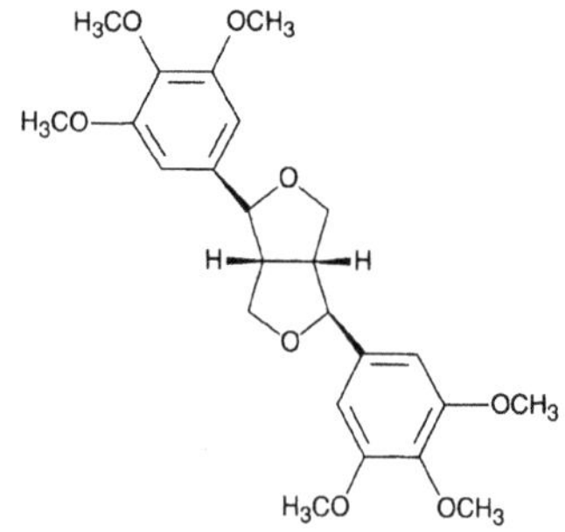

Lirioresinol-β-dimethylether

Benzochinone. 2,6-Dimethoxy-*p*-benzochinon.[30,32]

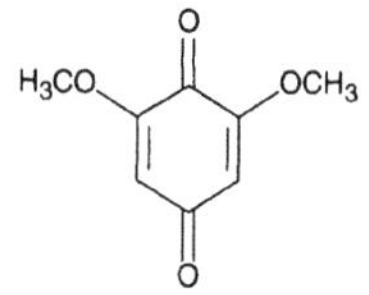

2,6-Dimethoxy-*p*-benzochinon

Phenylpropanderivate und Abbauprodukte. Syringaaldehyd (0,49%), Vanillin (0,18%), Acetovanillinon (0,23%) und *p*-Hydroxybenzaldehyd (0,004%).[21]

Wirkungen: *Antimikrobielle Wirkung.* Eine "bioguided"-Fraktionierung eines alkoholischen Hartholzextraktes führte zu zwei Wirksubstanzen, Dehydroglaucin und Liriodenin. Die biologische Testung erfolgte im Agar-Diffusions-Test gegenüber *Staphylococcus aureus*, *Mycobacterium smegmatis*, *Candida albicans* und *Aspergillus niger*. Dehydroglaucin zeigte eine minimale Inhibitionskonzentration (MIC) von 0,4 bis 6,2µg/mL, Liriodenin eine MIC von 25µg/mL. Die antimikrobielle Aktivität dieser Alkaloide war in dieser Untersuchung mit der von Streptomycinsulfat vergleichbar.[9]

Volkstümliche Anwendung und andere Anwendungsgebiete: Verwendung bei Fieber, Periodenbeschwerden und gegen Hysterie.[35,36] Die Wirksamkeit bei den genannten Anwendungen ist gegenwärtig nicht belegt.

Akute Toxizität: Die gesamte Pflanze gilt als giftig, besonders aber Holz und Rinde; als Hauptwirkstoffe werden das (+)-Glaucin und Liriodenin angegeben. Konkrete Fallberichte zu Vergiftungen fehlen allerdings.[37]

Immuntoxizität: Bei Holzarbeitern, die mit Abborken und Zuschneiden von Liriodendron-Holz beschäftigt waren, wurden ekzematöse Hautveränderungen festgestellt. Die Patienten litten unter Juckreiz, Rötungen und Schwellungen im Gesicht, an den Händen und den Unterarmen. Nach 10tägiger Arbeitsunterbrechung verheilten die Hauterscheinungen. Die allergischen Erscheinungen traten nur bei der Bearbeitung von frischem und feuchtem, nicht aber getrocknetem Holz auf. Untersuchungen zeigten, daß frisches Holz- und Rindenmaterial das für das allergene Potential verantwortliche 2,6-Dimethoxybenzochinon enthält, das sich beim Trocknen des Holzes verflüchtigt bzw. zersetzt und daher im gelagerten Holz nicht mehr nachweisbar ist. Der Nachweis dieses Kontaktallergens in Tulpenholz erfolgte im Epicutantest an sensibilisierten Meerschweinchen. In einer Konzentration von 0,1% führt 2,6-Dimethoxybenzochinon zu allergischen Hauterscheinungen. Ob die in der Wurzelrinde nachgewiesenen Sesquiterpenlactone Lipiferolid, Laurenobiolid und Costunolid, die möglicherweise auch im Holz zu finden sind, an der Tulpenholzallergie beteiligt sind, ist bisher nicht geklärt.[29,30,32]

Akute Vergiftung: *Erste Maßnahmen.* Bei Vergiftungen wird empfohlen, Kohlepulver (10g) einzunehmen und Erbrechen einzuleiten, danach sollte man viel Flüssigkeit zu sich nehmen.[37]

Sonst. Verwendung: *Industrie/Technik.* Verwendung als Nutzholz, wegen seiner Formbeständigkeit im Modellbau, für Möbel, Rahmen und vor allem für Musikinstrumente. Aufgrund der Witterungsunbeständigkeit wird das Holz hauptsächlich im Innenausbau eingesetzt.[23,25,28]

Liriodendron-tulipifera-Rinde

Sonstige Bezeichnungen: Eng.: Poplar bark.

Definition der Droge: Die getrocknete und geschälte (von der Borke befreite) Zweigrinde. Früher wurde auch die Wurzelrinde verwendet.[38]

Stammpflanzen: *Liriodendron tulipifera* L.

Ganzdroge: *Geruch.* Würzig.[25,39]
Geschmack. Bitter.[25,39]
Makroskopische Beschreibung. Die Rinde ist außen aschgrau bis braun und weist in der Längsrichtung abgerundete Wülste auf, leichte Querrisse sind zu sehen; der Bruch ist faserig. Am Querschnitt ist der geschichtete Aufbau der Innenrinde und das Vorkommen dunkler, trichterförmiger Erweiterungen in der Außenrinde bereits mit freiem Auge zu erkennen.[25,34]
Mikroskopisches Bild. Die zwischen den Reihen der Bastfaserbündel liegenden Parenchymbänder sind nicht viel breiter als die 2 bis 3 Zellen breiten sekundären Markstrahlen, so daß sich eine sehr regelmäßige, charakteristische Felderung ergibt. Markstrahl- und Leptomparenchymzellen enthalten Kristallsand.[39] Die zahlreichen Ölzellen sind vor allem in der primären Rinde und in den sehr großen trichterförmigen Erweiterungen über den primären Markstrahlen lokalisiert. In der primären Rinde finden sich auch einzelne Gruppen von wenigen Steinzellen.[34]

Inhaltsstoffe: *Alkaloide.* Aporphinalkaloide: Liriodenin, Lysicamin, Lanugosin, Remerin; 0,11% Gesamtgehalt.[7]
Lignane. Lirionol (0,006%), (+)-Pinoresinol (0,0016%), (+)-Syringaresinol,[11] Liriodendrin (0,05 bis 0,08%) (Lirioresinoldiglucosid),[40] Medioresinol.[41]

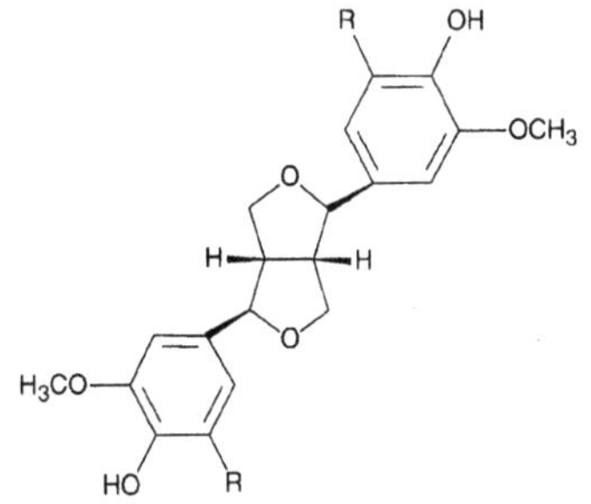

(+)-Pinoresinol: R = H
(+)-Syringaresinol: R = OCH_3

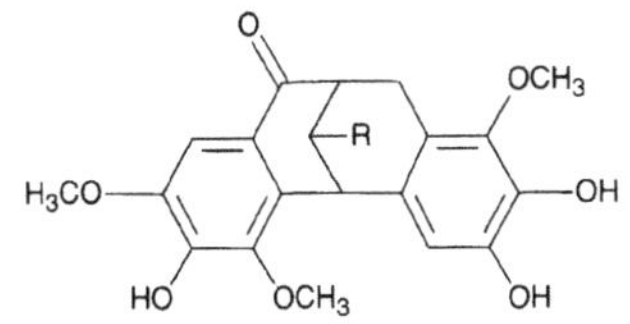

R = CH_2OH

Lirionol

Ätherisches Öl. 0,125 % Gesamtgehalt.[11,24] Hauptkomponenten sind *cis-β*-Ocimen (0,054 %), *β*-Pinen (0,014 %) und Bornylacetat (0,012 %). Ferner enthalten sind *α*-Pinen, Limonen, Terpinolen, Myrcen, *β*-Phellandren, Campher u. a. m.
Cumarine. Aesculetinmethylether[24] und Aesculetindimethylether (keine Gehaltsangaben).[20]
Chinoide Verbindungen. 2,6-Dimethoxy-*p*-benzochinon.[30,32]
Phenylpropanderivate und deren Abbauprodukte. Syringasäuremethylester (0,002 %).[11]

Wirkungen: *Antimikrobielle Aktivität.* Vgl. antimikrobielle Aktivität der Droge Liriodendron-tulipifera-Holz.
Positiv inotrope Wirkung. Der Droge wird eine positiv inotrope Wirkung zugeschrieben. Mit unterschiedlichen, ethanolischen Rindenextrakten wurden Froschdosen (FD) von 50 bis 200 FD ermittelt.[42] Da nähere Angaben, speziell zu den Extrakten fehlen, bedürfen die Mitteilungen einer Überprüfung.[23,42]

Volkstümliche Anwendung und andere Anwendungsgebiete: Früher Verwendung bei Fieber, Periodenbeschwerden, gegen Hysterie,[35,36,43] wahrscheinlich wegen des bitteren Geschmacks als sog. Tonikum und Stimulans zur Appetitanregung, ferner auch bei Malaria,[43] insbesondere im amerikanischen Unabhängigkeitskrieg.[40] Die Wirksamkeit bei den genannten Anwendungen ist gegenwärtig nicht belegt.

Dosierung und Art der Anwendung: Vom Rindenpulver 4 bis 8 g, vom Decoct (30:500) 60 g.[39]

Akute Toxizität: Vgl. Akute Toxizität der Droge Liriodendron-tulipifera-Holz.

Immuntoxizität: Vgl. Sensibilisierungspotential der Droge Liriodendron-tulipifera-Holz.

Akute Vergiftung: *Erste Maßnahmen.* S. Liriodendron-tulipifera-Holz.

Liriodendron tulipifera hom. *HAB 34*

Monographiesammlungen: Liriodendron tulipifera *HAB 34.*

Definition der Droge: Frische Rinde der jungen Zweige.

Stammpflanzen: *Liriodendron tulipifera* L.

Zubereitungen: Essenz nach § 3 *HAB 34.*

Gehalt: *Essenz.* Arzneigehalt 1/3.

1. Heywood VH (1978) Flowering plants of the world, 1. Aufl., Oxford University Press, Oxford London Melbourne, S. 72–73
2. Krüssmann G (1977) Handbuch der Laubhölzer, 2. Aufl., Paul Parey Verlag, Berlin Hamburg, Bd. II, S. 62–63
3. Niklas KJ, Giannasi DE, Baghai NL (1985) Biochem Syst Ecol 13:1–4
4. Heg, Bd. 3, S. 39–40
5. Buhanan MA, Dickey EE (1960) J Org Chem 25:1.389
6. Taylor W (1961) Tetrahedron 14:42
7. Ziyaev R, Abdusamatov A, Yunusov SY (1987) Khim Prir Soedin 5:628–638
8. Hufford CD, Funderburk MJ (1974) J Pharm Sci 63:1.338–1.339
9. Hufford CD, Funderburk MJ, Morgan JM, Robertson LW (1975) J Pharm Sci 64:789–792
10. Chen CL, Chang HM, Cowling EB, Huang Hsu CY, Gates RP (1976) Phytochemistry 15:1.161–1.167
11. Chen CL, Chang HM (1978) Phytochemistry 17:779–782
12. Senter PD, Chen CL (1977) Phytochemistry 16:2.015–2.017
13. Doskotch RW, El-Feraly FS (1969) J Pharm Sci 58:769–773
14. Doskotch RW, El-Feraly FS (1970) J Org Chem 35:877–880
15. Doskotch RW, Keely SL, Hufford CD, El-Feraly FS (1975) Phytochemistry 14:769–773
16. Doskotch RW, El-Feraly FS, Fairchild EH, Huang CT (1977) J Org Chem 23:3.614–3.615
17. Doskotch RW, Fairchild EH, Huang CT, Wilton JH, Bero MA, Christoph GG (1980) J Org Chem 45:1.441–1.446
18. Dittrich P, Angyal SJ (1988) Phytochemistry 27:935
19. Dittrich P, Schilling N (1988) Phytochemistry 27:773–774
20. Hgn, Bd. V, S. 13–21
21. Logan KJ, Thomas BA (1985) New Phytol 99:571–585
22. Pinner J, Bence TA, Davies RA, Lloyd KM (Hrsg.) (1893–1985) Index Kewensis, Clarendon Press, Oxford
23. Sargent C (1961) Manual of the Trees of North America, 2. Aufl., Dover Publications, New York, Bd. I, S. 351–352
24. Smith AL, Campell CL, Walker DB, Hanover JW, Miller RO (1988) Biochem Syst Ecol 16:627–630

25. Harrar ES (1962) Guide to Southern Trees, 1. Aufl., Dover Publications New York, S. 289–291
26. Muhammad J, Hufford CD (1989) J Nat Prod 52:1.177–1.179
27. Mitchell JC (1975) Recent advances in Phytochemistry, Plenum Press, New York, Bd. 9, S. 130–132
28. Mitchell JC (1975) Int J Dermatol 14:301
29. Schulz KH, Hausen BM (1980) Derm Beruf Umwelt 28:158–160
30. Hausen BM (1978) Contact Dermatitis 4:204–213
31. Von Wiesner J (1928) Die Rohstoffe des Pflanzenreiches, 4. Aufl., Verlag W. Engelmann, Leipzig, Bd. 2, S. 1.391
32. Hausen BM (1970) Untersuchung gesundheitsschädigender Hölzer, Dissertation, Universitätsverlag Hamburg, S. 136–137, 197, 199
33. Grosser D (1977) Die Hölzer Mitteleuropas, Springer-Verlag, Heidelberg, S. 144
34. eigene Beobachtungen
35. Hag, Bd. V, S. 532
36. Hop, Bd. 1, S. 659
37. Roth L, Daunderer M, Kormann K (1984) Giftpflanzen und Pflanzengifte, ecomed Verlag, München, S. IV 12–13
38. Lloyd JU, Lloyd CG (1886) Pharm Rundsch 4:169–172
39. Geissler E, Moeller J (Hrsg.) (1889) Real-Encyclopädie der Gesammten Pharmacie, Urban & Schwarzenberg, Wien Leipzig, Bd. 6, S. 359
40. Dickey EE (1958) J Org Chem 23:179–180
41. Nishibe S, Tsukamoto H, Hisada S, Nikaido T, Omoto T, Sankawa U (1980) Shoyakugaku Zasshi 40:89–94, zit. nach CA 105(19):164466n
42. Jaretzky R, Lier W (1938) Arch Pharm 276:138
43. Dragendorff G (1898) Die Heilpflanzen der verschiedenen Völker und Zeiten, Verlag von F. Enke, Stuttgart, S. 213

Bu/Sp

Liriosma

HN: 2034900

Familie: Olacaceae.

Unterfamilie: Olacoideae.

Tribus: Olaceae.

Gattungsgliederung: Die Gattung Liriosma POEPP. et ENDL. (Synonyme: Dulacia VELL., Hypocarpus A. DC.) umfaßt 13 Arten.[1]

Gattungsmerkmale: Bäume und Sträucher mit dünnen, gelben, rutenförmigen Zweigen. Laubblätter alternierend, dünn, eiförmig oder eilanzettlich, kurze Petiolen. Kurz gestielte, kleine, in razemösen Infloreszenzen angeordnete, zweigeschlechtige wohlriechende Blüten; Hypanthien, während der Fruchtreife die Frucht eng umschließend; Kelch klein, becherförmig abgestutzt, 5blättrig; 6 Kronblätter, bis zur Mitte paarweise zusammenhängend; 3 fruchtbare Staubblätter vor der Vereinigungsstelle zweier Petalen, flache, lang behaarte Staubfäden, länglicheiförmige Antheren, 6 Staminodien vor den einzelnen Kronblättern, spatelförmig, am Scheitel 2spaltig; Fruchtknoten dicht behaart, am Grunde 3fächerig mit 3 von der zentralen Placenta herabhängenden Samen; Griffel lang mit 3lappiger Narbe. Scheinfrüchte länglich mit fleischiger Außenschicht und krustiger Fruchtwandung. Samen mit sehr dünner Schale, an der ihm eingesenkten Placenta hängend. Embryo im Scheitel des fleischigen Nährgewebes mit kleinen, eiförmigen Keimblättern.[1,2]

Verbreitung: Die Gattung Liriosma ist im tropischen Südamerika verbreitet, d. h. im Amazonasgebiet Kolumbiens, in Venezuela, Guayana, Ecuador, Peru, Bolivien sowie im ost- bis südöstlichen Teil Brasiliens.[1]

Inhaltsstoffgruppen: Zu Inhaltsstoffen der Gattung Liriosma liegen keine Angaben vor.

Drogenliefernde Arten: *L. ovata*: Muira puama lignum.

Liriosma ovata MIERS.

Synonyme: *Dulacia inopiflora* (MIERS) O. KUNTZE, *D. ovata* (MIERS) O. KUNTZE, *Liriosma inopiflora* MIERS, *L. micrantha* SPRUCE ex ENGL.

Sonstige Bezeichnungen: Dt.: Potenzholz.

Botanische Beschreibung: Kleiner, 3 bis 15 m (18 m) hoher Baum mit 10 bis 35 (60) cm Stammdurchmesser, rutenförmigen Zweigen und grauer, furchiger Rinde. Blätter länglich-elliptisch bis oval, stumpf, an der Basis keilförmig, etwas ledrig, 6 bis 8 × 2,5 bis 3 (5) cm, die Oberseite dunkelbraun, glänzend, ohne Wachsüberzug, kahl, die Blattunterseite hellgrün, der Mittelnerv stark hervortretend, querfurchig, gelblich, mit kurzen, rostfarbenen Haaren besetzt und 6 bis 7 Paar gebogenen Seitennerven. Blattstiel 2 bis 4 mm lang. Blütenstand traubig, einzeln, selten 2 pro Blattachsel, mit 2 bis 5 Blüten und kleinen Tragblättern. Blüten zwittrig. Kelch becherförmig, häutig, kahl, die Kelchblätter etwa 2 mm lang. Kronblätter 6, diese linealisch, 3 bis 4 × 1 mm, glänzend weiß oder blaßgrün. Fertile Staubblätter 3, etwa 3 mm lang, mit 2 mm langen, behaarten Filamenten und 1 mm langen Antheren. Staminodien 6, spatelförmig, behaart, so lang wie die Kronblätter. Fruchtknoten und Griffel kahl. Steinfrucht länglich-eiförmig, 1,7 bis 2 × 1,3 cm, gelb oder orange mit dünnem, holzigem Endokarp. Fruchtstiele 2 bis 5 mm lang.

Verwechslungen: Verwechslungen mit den Arten *Dulacia candida* (POEPP.) O. KUNTZE und *Dulacia macrophylla* (BENTH.) O. KUNTZE können vorkommen.[1]

Inhaltsstoffe: Über die Inhaltsstoffe der Pflanze existieren keine Angaben, lediglich zu denen der Droge Muira puama lignum (s. dort).

Verbreitung: Die Pflanze ist im Amazonasgebiet Kolumbiens, in Venezuela, Peru und Brasilien beheimatet. Sie wächst vereinzelt auf harten bzw. saisonweise überschwemmten Böden in geringer Höhe und zählt zum Unterholz primärer und sekundärer Regenwälder.[1]

Drogen: Muira puama lignum.

Muira puama lignum (Potenzholz)

Synonyme: Lignum muira-puama, Radix muira-puama.

Sonstige Bezeichnungen: Engl.: Muira-Puama root, Muira-Puama wood; frz.: Bois de muira-puama; port.: Marapuama, Mirapuama.

Monographiesammlungen: Lignum Muira-puama *EB6*; Liriosma *BHP83*; Muira Puama *Brasil2*.

Definition der Droge: Das Holz der Stämme und Wurzeln *EB6*; die getrocknete Wurzel *BHP83*; die Wurzeln *Brasil2*.

Stammpflanzen: *EB6* und *BHP83* nennen als Stammpflanze von Muira puama lignum *Liriosma ovata* MIERS, *Brasil2 Ptychopetalum olacoides* BENTH. Früher galt ausschließlich *Liriosma ovata* (gelegentlich auch *Acanthea virilis* WEHMER) als Stammpflanze der Droge Muira puama lignum.[3,4] Mittlerweile scheint jedoch – basierend auf grundlegenden neueren Untersuchungen[5] – Konsens darüber zu bestehen, daß die Stammpflanze(n) von Muira puama lignum der Gattung Ptychopetalum zuzuordnen sind.[1,6–15]
Muira puama lignum → Ptychopetalum.

1. Sleumer HO (1984) Flora Neotropica, Monograph Number 38, The New York Botanical Garden, New York, S. 1–19, 116–117, 127
2. Engler A, Prantl K (Hrsg.) (1898) Die natürlichen Pflanzenfamilien nebst ihren Gattungen und wichtigeren Arten insbesondere den Nutzpflanzen, Bd. III/1, Verlag Wilhelm Engelmann, Leipzig, S. 232, 240
3. Wehmer C (1931) Die Pflanzenstoffe, Bd. II, Phanerogamen, Gustav Fischer Verlag, Jena, S. 1.295
4. Madaus G (1979) Lehrbuch der biologischen Heilmittel, Bd. III, Georg Olms Verlag, Hildesheim New York, S. 1.932–1.933
5. Anselmino E (1933) Notizblatt des Botanischen Gartens und Museums zu Berlin-Dahlem, Bd. XI, Nr. 107
6. Auterhoff H, Pankow E (1968) Arch Pharm 301:481–489
7. Pankow E, Auterhoff H (1969) Arch Pharm 302:209–212
8. Auterhoff H, Momberger B (1971) Arch Pharm 304:223–228
9. Steinegger E, Hänsel R (1988) Lehrbuch der Pharmakognosie und Phytopharmazie, Springer-Verlag, Berlin Heidelberg New York London Paris Tokyo, S. 631
10. Tyler VE (1987) The new honest herbal, George F. Stickley Company, Philadelphia, S. 158–159
11. Tyler VE, Brady LR, Robbers JE (1988) Pharmacognosy, Lea & Febiger, Philadelphia, S. 482
12. Hunnius C (1975) Pharmazeutisches Wörterbuch, Walter de Gruyter, Berlin New York, S. 552
13. CRC, S. 398
14. Hgn, Bd. V, S. 229–230
15. Brasil 2

Sc/So

Lophophora

HN: 2037300

Familie: Cactaceae.

Unterfamilie: Cactoideae.

Tribus: Cereeae,[1,2] Cacteae BUXBAUM.[3]

Subtribus: Echinocacteinae,[1,2] Echinocactinae BRITTON et ROSE.[3,4]

Gattungsgliederung: Die Gattung Lophophora COULT.[5,6] umfaßt die zwei Arten *Lophophora diffusa* (CROIZAT) BRAVO[5–9] (Synonym *L. echinata* (LEM.) COULT. var. *diffusa* CROIZAT,[1] *L. echinata* var. *diffusa* CROIZAT[9]) und *Lophophora williamsii* (LEM. ex SALM-DYCK) COULT.[5,7] Die beiden Arten lassen sich anhand des Vorhandenseins bzw. Fehlens von Rippen und Furchen (*L. diffusa*: Rippen und Furchen kaum ausgebildet oder fehlend, schlecht entwickelte Warzen) und Haaren (*L. diffusa*: Haarbüschel ungleichmäßig verteilt) sowie durch die Farbe (*L. diffusa*: gelbgrün, Blütenfarbe weiß bis gelbweiß) differenzieren.[5,8]

Gattungsmerkmale: Habitus: Kleine, fleischige, stachellose Rübenkakteen. Die habituell ähnlichste Art *Turbinicarpus lophophoroides* (WERDERMANN) BUXBAUM et BACKEBERG unterscheidet sich von Lophophora durch die korkartigen Dornen im Neutrieb.[10]

Verbreitung: Nordmexiko und angrenzendes Südtexas.[1,5,8,11]

Inhaltsstoffgruppen: Alkaloide vom Phenylethylamin- und Tetrahydroisochinolin-Typ. *Lophophora diffusa* führt aus der Gruppe der Tetrahydroisochinoline Pellotin als Hauptalkaloid (über 90 % der Alkaloidfraktion) und *O*-Methylpellotin als Nebenalkaloid,[1,12,13] während aus der Gruppe der Phenylethylamine Mescalin fehlt[12,14] oder höchstens in Spuren nachweisbar ist.[1] Das unterschiedliche Alkaloidspektrum kann zur chemotaxonomischen Differenzierung dieser beiden Arten herangezogen werden.

Drogenliefernde Arten: *L. williamsii*: Lophophora-williamsii-Sproß, Anhalonium lewinii hom. *HAB34*, Lophophora williamsii hom. *HPUS78*.

Lophophora williamsii (LEM. ex SALM-DYCK) COULT.

Synonyme: Mehr als 25 Synonyma, darunter *Anhalonium lewinii* HENN.[1,9,15] *A. williamsii* (LEM. ex SALM-DYCK) LEM.[7,15], *Ariocarpus williamsii* VOSS.[9], *Echinocactus lewinii* (HENN.) SCHUM.[1], *E. williamsii* LEM. ex SALM-DYCK[1,5,9], *E. williamsii* var. *lutea* ROUHIER[5,9], *Lophophora echinata* CROIZAT[5,7,9], *L. echinata* var. *lutea* CROIZAT[9], *L. lewinii* (HENN.) RUSBY[1,9], *L. lutea* BACKEBERG[9], *L. williamsii* var. *decipiens* CROIZAT[5], *L. williamsii* var. *echinata* H. BRAVO[9], *L. williamsii* (LEM.) COULT. var. *lewinii* (HENN.) COULT.[1], *L. williamsii* var. *lutea* SOULAIRE[9], *L. willi-*

amsii var. *pentagona* CROIZAT[5], *L. williamsii* var. *pluricostata* CROIZAT[5], *Mamillaria lewinii* KARSTEN[9], *M. williamsii* COULT.[9]

Sonstige Bezeichnungen: Dt.: Peyote-Kaktus, Peyotl-Kaktus; engl.: Devil's Root, Diabolic Root, Indian Dope[8,16], Mescal[8,16] (abgeleitet vom aztekischen Wort "mexcalli" für den nach Meinung der Azteken ähnlich wirkenden "Agavenschnaps"[16], Peyote, Peyotl[8,16,17] (wahrscheinlich abgeleitet vom aztekischen Begriff "peyutl" für "weich, seidig, flaumig" zur Charakterisierung der typischen Kaktus-Haarbüschel oder "pi-yautli,pi-youtli", einem Sammelbegriff für Pflanzen mit narkotisierender oder therapeutischer Wirkung[8,16]); span.: Raíz diabólica, Tuna de tierra[8,16]; Huichol-Sprache: Hikúli, Hikúri;[18,19] andere indianische Namen s. Lit.[8,20,21]

Botanische Beschreibung: Kleiner, fleischiger, stachelloser Kaktus, bis 20 cm hoch, normalerweise 1köpfig, bei Verletzung (z. B. beim Ernten) Bildung von mehrköpfigen Seitentrieben, was aus einem einzigen Wurzelstock Kakteenformationen bis zu einem Durchmesser von 1,5 m ergeben kann (vgl. Abbildung); rübenförmige, 8 bis 11 cm lange Wurzeln; oberirdischer Teil halbkugelig oder etwas abgeflacht, blaugrün oder rotgrün, 2 bis 7 cm hoch, 4 bis 12 cm im Durchmesser, am Scheitel eingesenkt und mit grauen Wollbüscheln gefüllt, weichfleischig; 0 bis 14 Rippen, je nach Alter und Größe, junge Pflanzen haben in der Regel 5, ausgewachsene 5 bis 14 Rippen, durch Querfurchen in mehr oder weniger unregelmäßige flache Warzen zerlegt, auf deren Spitze rundliche Aerolen mit pinselartigem, gelblichem oder weißem Haarschopf; Blüten aus dem Zentrum des Kopfes (Krone) herauswachsend, 1 bis 2,4 cm lang, 1 bis 2,2 cm im Durchmesser, äußere Blütenblätter grün mit dunkleren Mittelstreifen und grünrosa oder weißen Rändern, innere Blütenblätter rosa, weiß oder seltener gelblichweiß, gelegentlich mit grünen Mittelstreifen (Blütezeit März bis September); Staubfäden weiß, mit gelben Staubbeuteln; Pollen kugelig, 15 bis 63 µm im Durchmesser; 4 bis 8 (selten 3) weiße, selten rosafarbene, 1 bis 3 mm lange Narben; Fruchtknoten nackt; Frucht 15 bis 20 mm lang, 2 bis 3,5 mm im Durchmesser, keulenförmige, zuerst fleischige, nackte, rosafarbene Beere, bei Vollreife (9 bis 12 Monate nach der Befruchtung) braunweiß, ausgetrocknet; Samen schwarz, rauh, 1 bis 1,5 mm lang und 1 mm breit.[1,5,8]

Lophophora williamsii (LEM. ex SALM-DYCK) COULT.

Detailliertere morphologische Beschreibung von *Lophophora williamsii* s. Lit.[22]

Verwechslungen: Häufig verwechselte Cactaceae-Arten mit teilweise ähnlichem Habitus wie Lophophora, sog. "False Peyotes" oder "Peyotillos", sind:[8,10,16] *Ariocarpus fissuratus* (ENGELM.) SCHUM., *A. kotschoubeyanus* (LEM.) SCHUM., *A. retusus* SCHEIDW.; *Astrophytum asterias* (ZUCC.) LEM., *A. capricorne* DIETR., *A. myriostigma* LEM.; *Aztekium ritterii* BOED.; *Mammillaria longimamma* DC. (= *Dolichothele longimamma* (DC.) BRITT. et ROSE), *M. pectinifera* (RÜMPL.) WEB.; *Obregonia denegrii* FRIC.; *Pelecyphora aselliformis* EHRENB.; *Strombocactus disciformis* DC.; *Turbinicarpus lophophoroides* (WERDERMANN) BUXBAUM et BACKEBERG.

Inhaltsstoffe: Bisher wurden aus dem Peyote-Kaktus über 50 Alkaloide isoliert.[1,23–27] Einige davon sollen allerdings Artefakte sein.[24] Isoliert wurden u. a. die Phenethylamine Tyramin (prozentualer Anteil in der Totalalkaloid-Fraktion: Spuren), *N*-Methyltyramin (Spuren), Hordenin (8 %), Dopamin (Spuren), *N*-Methyldopamin (Spuren), 4-Hydroxy-3-methoxyphenethylamin (Spuren), *N,N*-Dimethyl-4-hydroxy-3-methoxyphenethylamin (0,5 bis 2 %), 3,4-Dimethoxyphenethylamin (Spuren), 3,4-Dihydroxy-5-methoxyphenethylamin (Spuren), 3-Hydroxy-4,5-dimethoxyphenethylamin (3-Demethylmescalin, 1 bis 5 %), *N*-Methyl-3-hydroxy-4,5-dimethoxyphenethylamin (0,5 %), *N,N*-Dimethyl-3-hydroxy-4,5-dimethoxyphenethylamin (0,5 %), Mescalin (3,4,5-Trimethoxyphenethylamin, 30 %), *N*-Methylmescalin (3 %). Isoliert wurden außerdem u. a. folgende Tetrahydroisochinolin-Derivate: Anhalamin (8 %), Anhalonidin (14 %), Anhalidin (2 %), Pellotin (17 %), Anhalonin (3 %), Lophophorin (5 %), Peyophorin (< 0,5 %), Isoanhalamin (Spuren), Isoanhalonidin (Spuren), Isoanhalidin (Spuren), Isopellotin (0,5 %), Anhalinin (0,5 %), *O*-Methylanhalonidin (< 0,5 %). Der mittels GC ermittelte Totalalkaloidgehalt von Peyote-Kakteen aus einer Gewächshaus-Kultur betrug 0,4 %.[23] Eine HPLC-Untersuchung von Peyote-Exemplaren aus dem Blumenhandel ergab Mescalingehalte zwischen 680 und 1.010 mg/100 g Trockengewicht.[12] In einem prähistorischen, rund eintausendjährigen Peyote-Muster aus Mexiko wurden 2,25 % Alkaloide gemessen und mittels GC/MS als Mescalin, Anhalonin, Lophophorin, Pellotin und Anhalonidin identifiziert.[28] In Peyote-Kakteen, welche in Italien unter extrem trockenen Bedingungen kultiviert worden waren, wurde ein Mescalingehalt von 2,74 % gemessen.[29]

Zur In-vivo- und In-vitro-Synthese der Lophophora-Alkaloide s. Lit.[9,23,24,30–32]

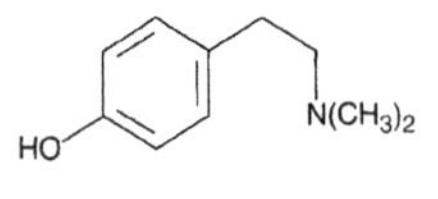

Hordenin

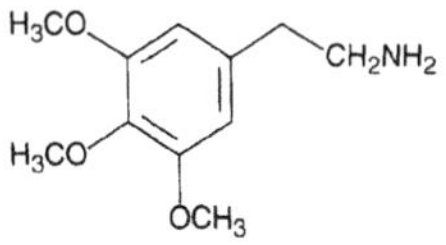

Mescalin

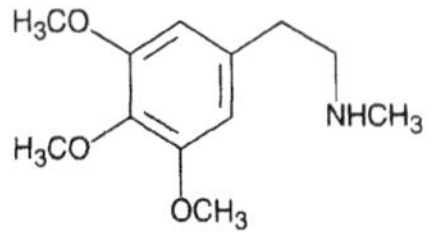

N-Methylmescalin

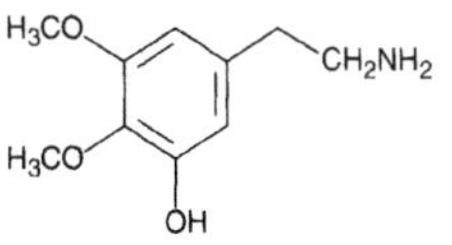

3-Hydroxy-4,5-dimethoxyphenethylamin
(3-Demethylmescalin)

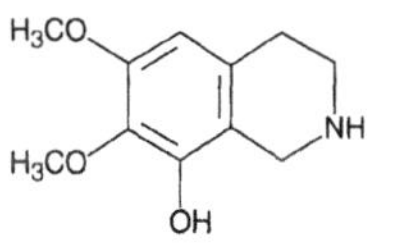

Anhalamin

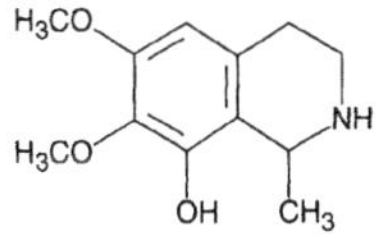

Anhalonidin

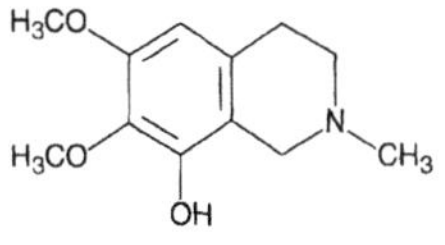

Anhalidin

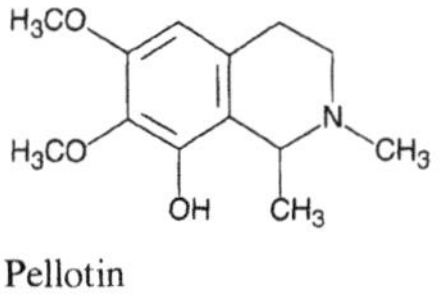

Pellotin

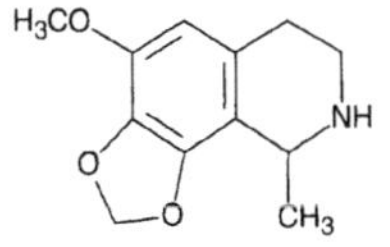

Anhalonin

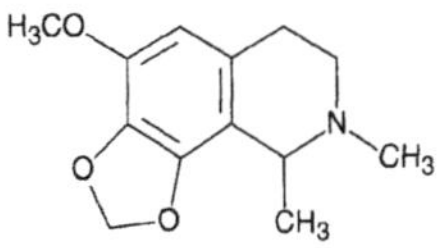

Lophophorin

Verbreitung: Das natürliche Verbreitungsgebiet von *Lophophora williamsii* liegt in der Chihuahua-Wüste, welche sich vom zentralen Hochplateau Nordmexikos entlang dem Rio Grande-Tal bis in die angrenzenden Gebiete des südlichen Texas (vor allem Starr-, Jim Hogg-, Webb- und Zapata-County,[20] erstreckt.[5,8] Der Peyote-Kaktus wächst einzeln oder in Gruppen auf Kalkstein, felsigen Hängen und ausgetrockneten Flußbetten in Höhen zwischen 50 und 1.800 m. Das Vorkommen von *Lophophora diffusa* beschränkt sich auf den Staat Querétaro in Nordmexiko.[5,8]

Drogen: Lophophora-williamsii-Sproß, Anhalonium lewinii hom. *HAB 34*, Lophophora williamsii hom. *HPUS 78*.

Lophophora-williamsii-Sproß

Sonstige Bezeichnungen: Dt.: Lophophora-williamsii-Kopf, Lophophora-williamsii-Krone, Peyote-Kopf;[11] engl.: Mescal Buttons[8,16], Peyote Buttons.[8,16]

Definition der Droge: Der nadelkissenartige, oberirdische, quer abgeschnittene und getrocknete, zähkorkige Sproß.

Stammpflanzen: *Lophophora williamsii* (Lem. ex Salm-Dyck) Coult.

Herkunft: s. Verbreitung von *L. williamsii.*
Aufgrund der leichten Kultivierbarkeit durch vegetative Vermehrung lateraler Sprosse oder durch Aufpfropfen eines Sämlings auf einen Wurzelstock[8] ist *Lophophora williamsii* seit ein paar Jahren in einigen europäischen Ländern (z. B. Schweiz) auch als Zierkaktus (!) über den Blumenhandel zugänglich.[12]

Gewinnung: Wurzel und Haarschopf werden abgeschnitten und das besonders mescalinreiche und chlorophyllhaltige Mittelstück ("Mescal Button") als Scheibe getrocknet.[33]

Schnittdroge: *Geschmack.* Die Mescal Buttons besitzen einen widerlichen, sehr bitteren, krautigen Geschmack, schwellen beim Kauen im Munde an und hinterlassen ein Gefühl von Stechen im Halse.[17,34]
Makroskopische Beschreibung. Braune, rundliche Scheiben, Durchmesser 3 bis 4,5 cm, Dicke 0,5 cm; an der Unterseite in der Mitte eine helle, runde Narbe; von dem wellig umgebogenen Rand laufen spiralig nach der Mitte der Oberseite kleine, mit kurzen Haaren besetzte Höcker, in der Mitte selbst ein Büschel weißer, weicher, einfacher Haare.
Mikroskopisches Bild. Da der Peyote-Kaktus kaum charakteristische morphologische Elemente aufweist, ist eine mikroskopische Beurteilung der Schnitt- und Pulverdroge wenig aussagekräftig.[33]

Inhaltsstoffe: s. Inhaltsstoffe von *Lophophora williamsii.*
In getrockneten, oberen Scheiben von Mescal Buttons wurde ein Totalalkaloidgehalt von 3,7 %, in frischen Peyote-Köpfen von 0,41 % gemessen.[26]

Identität: Schnelltest:
Die für die Methylendioxy-Gruppen von Anhalonin, Lophophorin und Peyophorin spezifische Farbreaktion mit Chromotropsäure läßt sich als Schnelltest für den Peyote-Kaktus verwenden. Chromotropsäure bildet mit Formaldehyd, welcher unter Säureeinwirkung aus der Methylendioxygruppe der Alkaloide gebildet wird, ein farbiges Kondensationsprodukt.[35]
DC:[36,37]
- Sorptionsmittel: Kieselgel GF_{254};
- FM: Chloroform-Methanol-konz. Ammoniak (82 + 17 + 1) oder Methanol-konz. Ammoniak (100 + 1,5);
- Detektion: 1. UV 254 nm, 2. Fluorescamin- oder Ninhydrin-Reagenz.

Geeignet für die Aufnahme von qualitativen und quantitativen Profilen der wichtigsten Alkaloide im Drogenmaterial sind GC[36] und HPLC.[12,36]
GC:
a) Gepackte Glassäulen, 5 % SE-30 auf 100 bis 120 mesh Gas Chrom Q, 2 m × 2 bis 4 mm Innendurchmesser, 150 °C, FID, N_2.
b) Fused-Silica-Kapillarsäulen: Durabond DB-5, 20 m × 0,18 mm Innendurchmesser, 0,40 µm-Film, 150 °C (1,5 min), 150 bis 280 °C (10 °/min), FID oder NPD, He.
HPLC:
Reversed-Phase-Säule, Spherisorb ODS-1, 3 µm, 15 cm × 4,6 mm Innendurchmesser; Acetonitril-Wasser-Orthophosphorsäure 85 %-Hexylamin (892 + 108 + 5 + 0,28), 1 mL/min; UV 205 nm.

Wirkungen: Pharmakologische Studien mit dem Peyote-Kaktus unter kontrollierten Bedingungen sind nicht bekannt. Die pharmakologischen Eigenschaften von Mescalin sind detailliert in der entsprechenden Stoffmonographie beschrieben. Außerdem s. Lit.[23]

Volkstümliche Anwendung und andere Anwendungsgebiete: Peyote ist eines der ältesten bekannten Halluzinogene, welches schon in präkolumbianischer Zeit von mittelamerikanischen Volksstämmen verwendet wurde, z. B. von den Azteken als divinatorische Droge bei religiösen Handlungen.[38] Der rund 3.000 Jahre alte "Peyote-Kult" ("Peyotismus") hat seinen Ursprung in einer Erstfruchtzeremonie der Eingeborenen Mexikos und wird noch heute von Huichol-Indianern aus der Sierra Madre bei religiösen Festen, zur Krankenheilung und zur Wahrsagerei benutzt.[11,18,19] Der Peyote-Kult breitete sich dann im frühen und mittleren 19. Jahrhundert von Mittelamerika nach Nordamerika aus und ist heute die wichtigste Religion von rund 300.000 nordamerikanischen Indianern aus einigen Dutzend Stämmen in den Vereinigten Staaten und Kanada (z. B. Navaho, Taos Pueblo, Kiowa, Comanchen). Viele dieser Eingeborenen sind Anhänger der "Native American Church, Incorporated", welche über eine Ausnahmebewilligung für den Peyote-Konsum verfügt.[11,17-21,38,39] Die weite Entfernung von den natürlichen Verbreitungsgebieten bedingt die Beschaffung der Peyote Buttons über den Handel oder mit der Post. Peyote Buttons werden frisch oder getrocknet, ganz oder zermahlen gegessen, manchmal als Absud getrunken, meist aber im Mund mit Speichel vermischt und nach starkem Kauen, gelegentlich auch ohne Kauen, geschluckt.[24] Durchschnittlich werden 12 Stück Mescal Buttons pro Sitzung konsumiert.[11] Beim Kult sind auch Frauen zugelassen, Kinder dürfen zusehen. Detaillierte Beschreibung eines Peyote-Kultanlasses s. Lit.[11,17,20,21]

Wirkungsmechanismus: *Peyote.* Die psychotropen Effekte nach Peyote-Konsum sind primär auf den Gehalt von Mescalin (s. → Hdb., Stoffe) zurückzuführen.[1,24,27]
Die Nebenalkaloide *N*-Acetylmescalin, *N*-Methylmescalin, 3,4-Dimethoxyphenylamin, Tetrahydroisochinolin-Derivate sind auch in hohen Dosen nicht halluzinogen.[24,40,41]
4 bis 12 Stück Mescal Buttons verursachen visuelle (kaleidoskopartige, farbenprächtige), auditive, geruchs- und tastempfindliche, geschmackliche, kinästhetische und synästhetische Halluzinationen.[11,17] Der Rauschzustand durchläuft zwei Stadien: Zuerst tritt ein Gefühl allgemeiner Zufriedenheit bei stark verfeinertem Empfindungsvermögen auf. Anschließend ist eine zunehmende Erschlaffung der Muskeln, begleitet von einem Gefühl tiefen Seelenfriedens zu beobachten, während sich gleichzeitig die Aufmerksamkeit gegenüber der Außenwelt verringert und die meditative Konzentration zunimmt.[11] 10 bis 12 Stück rufen nach einem Vorstadium mit Übelkeit und Kopfschmerz Visionen ähnlich denjenigen nach Cannabiskonsum hervor; nach dem Rausch folgt Schlaflosigkeit.[42]

Gesetzl. Best.: *Artenschutz.* Lophophora-Arten sind bis jetzt nicht direkt von der Ausrottung bedroht, gelten aber wie die meisten Cactaceae gemäß dem Washingtoner Artenschutzabkommen von 1973 als gefährdet, wenn der Handel in Zukunft nicht einer strengen Regelung unterliegt. *Verschreibungspflicht.* Der Peyote-Kaktus und Mescalin sind aufgrund des Suchtpotentials und der geringen medizinischen Bedeutung in den meisten Ländern der Betäubungsmittelgesetzgebung unterstellt und nicht verkehrsfähig.[43] Eine Ausnahmeregelung gilt für die Mitglieder der "Native American Church".[8,20,21]

Anhalonium lewinii hom. *HAB 34*

Monographiesammlungen: Anhalonium lewinii *HAB 34.*

Definition der Droge: Die frische Pflanze.

Stammpflanzen: *Lophophora williamsii* (Lem. ex Salm-Dyck) Coult. *HAB 34* gibt deren Synonym *Anhalonium lewinii* Henn. an.

Zubereitungen: Essenz nach § 3 *HAB 34.*
Urtinktur und flüssige Verdünnungen nach *HAB 1*, Vorschrift 3a.[44]
Darreichungsformen: Ab D4: Flüssige Verdünnungen, Verreibungen, Tabletten, flüssige Verdünnungen zur Injektion; Streukügelchen ab D2.[44]

Gehalt: *Essenz.* Arzneigehalt $^1/_3$.

Lagerung: Urtinktur und 1. Dezimalpotenz sind vorsichtig aufzubewahren.

Anwendungsgebiete: Die Anwendungsgebiete entsprechen dem homöopathischen Arzneimittelbild. Dazu gehören: Erkrankungen mit Übersteigerung der Sinneswahrnehmung und Sinnestäuschung; Erkrankungen mit Zerfall der Persönlichkeit; Nervenschmerzen.[44]

Dosierung und Art der Anwendung: *Zubereitung.* Soweit nicht anders verordnet: Bei akuten Zuständen häufige Anwendung alle halbe bis ganze Stunde je 5 Tropfen oder 1 Tablette oder 10 Streukügelchen oder 1 Messerspitze Verreibung einnehmen; parenteral 1 bis 2 mL bis zu 3mal täglich s. c. injizieren. Bei chronischen Verlaufsformen 1- bis 3mal täglich 5 Tropfen oder 1 Tablette oder 10 Streukügelchen oder 1 Messerspitze Verreibung einnehmen; parenteral 1 bis 2 mL pro Tag s. c. injizieren.[44]

Unerwünschte Wirkungen: Nicht bekannt. Hinweis: Es können vorübergehend Erstverschlimmerungen vorkommen, die jedoch unbedenklich sind.[44]

Gegenanzeigen/Anwendungsbeschr.: Nicht bekannt.[44]

Wechselwirkungen: Nicht bekannt.[44]

Gesetzl. Best.: *Offizielle Monographien.* Aufbereitungsmonographie der Kommission D am BGA "Lophophora williamsii (Anhalonium lewinii)".[44]

Lophophora williamsii hom. *HPUS 78*

Sonstige Bezeichnungen: Engl.: Mexican Peyote.

Monographiesammlungen: Lophophora williamsii *HPUS 78.*

Definition der Droge: Die frische ganze Pflanze.

Stammpflanzen: *Lophophora williamsii* (LEM. ex SALM-DYCK) COULT.

Zubereitungen: *Urtinktur.* Herstellung: Zu einer feuchten Pflanzenmasse, bestehend aus 50 g Festanteil und auf 283 mL ergänzten Pflanzensaft, gibt man 754 mL Alkohol 94,9 % (*V/V*) zur Bereitung von 1.000 mL Urtinktur.
Dilutionen. D2 (2x) enthält 2 Teile Urtinktur, 2 Teile dest. Wasser und 6 Teile Alkohol; D3 (3x) und höher mit Alkohol 88 % (*V/V*).
Medikationen. D3 (3x) und höher.

Gehalt: *Urtinktur.* Arzneigehalt $^1/_{20}$.

1. Schultes RE, Hofmann A (1980) The Botany and Chemistry of Hallucinogens, CC Thomas, Springfield (USA)
2. Schultes RE, Farnsworth NR (1980) Bot Mus Leafl Harv Univ 28:157–158
3. Barthlott W (1988) Beitr Biol Pfl 63:17–40
4. Hunt D, Taylor N (1990) Bradleya 8:85–107
5. Anderson EF (1969) Britt 21:299–310
6. Bravo HH (1967) Cact Sucul Mex 12:8–17
7. Zan
8. Anderson EF (1980) Peyote – The Divine Cactus, The University of Arizona Press, Tucson (Arizona)
9. Obermeyer WR (1989) Enhancement of Growth and Alkaloid Production in Tissue Cultures of Peyote, Lophophora williamsii (Lemaire) Coulter, Dissertation, College of Pharmacy & Science, Philadelphia, UMI Dissertation Information Service, Ann Harbor (Michigan)
10. Bravo-Hollis H, Sánchez-Mejorada H (1991) Las Cactáceas de México, Universidad Nacional Autónoma de México
11. Schultes RE, Hofmann A (1987) Pflanzen der Götter, 2. Aufl., Hallwag Verlag, Bern Stuttgart
12. Helmlin HJ, Bourquin D, Brenneisen R (1992) J Chromatogr 623:381–385
13. Bruhn JG, Agurell S (1975) Phytochemistry 14:1.442–1.443
14. Bruhn JG (1975) Acta Univ Upsal 6:1–38
15. Bruhn JG (1976) Cact Succ J 48:115–118
16. Schultes RE (1973) Bot Mus Leafl Harv Univ 5:61–88
17. La Barre W (1981) Peyotegebrauch bei nordamerikanischen Indianern. In: Völger G (Hrsg.) Rausch und Realität – Drogen im Kulturvergleich, Bd. 2, Rautenstrauch-Joest-Museum Köln, S. 476–478
18. Rätsch C (1988) Lexikon der Zauberpflanzen, Akad. Druck- u. Verlagsanstalt, Graz
19. Furst PT (1981) Peyote und die Huichol-Indianer in Mexiko. In: Völger G (Hrsg.) Rausch und Realität – Drogen im Kulturvergleich, Bd. 2, Rautenstrauch-Joest-Museum Köln, S. 468–475
20. Stewart OC (1987) Peyote Religion, University of Oklahoma Press, Norman (Okla) London
21. Gerber P (1980) Die Peyote-Religion, Völkerkundemuseum der Universität Zürich
22. Boke NH, Anderson EF (1970) Am J Bot 57:569–578
23. Kapadia GJ, Fayez MBE (1970) J Pharm Sci 59:1.699–1.727
24. De Smet P (1983) J Ethnopharmacol 9:129–166
25. Kapadia GJ, Fayez MBE (1973) Lloydia 36:9–31
26. Lundström J (1971) Acta Pharm Suec 8:275–302
27. Shulgin AT (1979) J Psychedel Drugs 11:41–52
28. Bruhn JG, Lindgren JE, Holmstedt B (1978) Science 199:1.437–1.438
29. Siniscalco Gigliano G (1983) Boll Chim Farm 122:499–504
30. Paul AG (1973) Lloydia 36:36–45
31. Basmadjian GP, Hussain SF, Paul AG (1978) Lloydia 41:375–380
32. Aboul-Enein MN, Eid AI (1979) Acta Pharm Suec 16:267–270
33. Becker H (1985) Pharm Unserer Zeit 14:129–137
34. Hag, Bd. V, S. 575–581
35. Lum PWL, Lebish P (1974) J Forens Sci Soc 14:63–69
36. United Nations Div of Narcotic Drugs (1989) Recommended Methods for Testing Peyote Cactus (Mescal Buttons)/Mescaline and Psilocybe Mushrooms/Psilocybin, United Nations, New York
37. Moffat AC (1986) Clarke's Isolation and Identification of Drugs, The Pharmaceutical Press, London
38. Falbe J, Regitz M (Hrsg.) (1991) Römpp Chemie Lexikon, 9. Aufl., Thieme Verlag, Stuttgart New York
39. CRC, S. 284

40. Charalampous KD, Walker KE, Kinross-Wright J (1966) Psychopharmacol 9:48–63
41. Shulgin AT, Sargent T, Naranjo C (1966) Nature 212:1.606–1.607
42. Roth L, Daunderer M, Kormann K (1984) Giftpflanzen – Pflanzengifte, ecomed Verlagsgesellschaft, Landsberg München, S. 34–35
43. RoD
44. BAz Nr. 190a vom 10.10.1985

Be/hH

Luffa

HN: 2037100

Familie: Cucurbitaceae.

Unterfamilie: Cucurbitoideae.

Tribus: Benincaseae.

Subtribus: Luffinae.[3]

Gattungsgliederung: Die Gattung Luffa P. MILLER umfaßt 6, nach anderen Angaben etwa 10 Arten.[1,2,6] 3 Arten der Gattung besitzen weitergehende Bekanntheit, *Luffa acutangula* (L.) ROXB. und die zwei nachfolgend behandelten Arten. Chromosomenzahl 2n = 26.[7]
Die Gattung steht in verwandtschaftlicher Beziehung zu den Gattungen Bryonia L., Citrullus SCHRAD. und Ecballium A. RICH.

Gattungsmerkmale: Einjährige, tropische Kräuter mit rankendem Stengel, eckigen oder etwas lappigen Blättern und gelben oder weißen Blüten. Die männlichen Blüten der einhäusigen Pflanzen stehen in rispigen oder doldentraubigen Blütenständen, die weiblichen Blüten stehen einzeln und besitzen eine länglich keulige, die Zipfel an Länge übertreffende Kelchröhre. Der Kelch ist 5spaltig, die 5 Kronblätter nicht verwachsen, Griffel 3spaltig, Narben nierenförmig. Die kürbisartige Frucht ist 3fächerig, unter der Haut meist netzartig faserig, Samen am Grunde 2lappig.[27]

Verbreitung: Mit Ausnahme der amerikanischen *Luffa operculata* (L.) COGN. sämtliche in den Tropen der alten Welt.[1,2]

Inhaltsstoffgruppen: *Cucurbitacine.* Vor allem Cucurbitacin B, daneben D und E; in Wurzeln, Kraut, Samen, Früchten bzw. Mesocarp von 6 Arten nachgewiesen. Höchster Gehalt (8 %) im Mesocarp von *Luffa graveolens* ROXB.[13]
Triterpensaponine. In allen bisher untersuchten 6 Arten Saponine mit überwiegend pentacyclischen Aglyka, vor allem in Samen bzw. Früchten vorkommend.[13,29]
Flavonoide. Die Gattung ist in zwei Artengruppen einteilbar. Flavonole enthaltende Arten (*Luffa operculata*) und Flavone enthaltende Arten (*Luffa acutangula*, *Luffa cylindrica*, *Luffa echinata* MILL. und *Luffa forskalii* SCHWEINF. ex HARMS).[21]
Fettes Öl. In den Keimlingen der Samen in der Regel 30 bis 50 % Öle vom Ölsäure-Linolsäure-Speiseöltyp.[13]

Drogenliefernde Arten: *L. cylindrica*: Luffaschwamm; *L. operculata*: Luffa-operculata-Früchte, Luffa operculata hom. *HAB 1*, Luffa operculata hom. *HPUS 88*.

Luffa cylindrica (L.) ROEM.

Synonyme: *Luffa aegyptiaca* MILL., *Momordica cylindrica* L., *M. luffa* L.[5]

Sonstige Bezeichnungen: Dt.: Schwammgurke, Schwammkürbis; engl.: Common loofah, dishcloth gourd, smooth loofah, vegetable sponge; frz.: Courge-torchon, éponge végétal, pétole; port.: Bucha de paulistas; span.: Esponja, estropajo.[5,7]

Systematik: Varietäten: *Luffa cylindrica* (L.) ROEM. var. *lissa* [sic], *Luffa cylindrica* (L.) ROEM. var. *macrocarpa* [sic].[16]

Botanische Beschreibung: Einjährige Kletterpflanze, 3 bis 6 m hoch, Stengel dünn, 5kantig. Blätter herzförmig eingeschnitten, 15 bis 30 cm lang und breit, 3- bis 7lappig, Blüten gelb, 5 bis 10 cm breit. Früchte zylindrisch oder verlängert-keulenförmig, nicht gerippt, nicht stachelig, nicht scharfkantig, filzig, bis 40 cm lang, 5 bis 15 cm dick. Samen schwärzlich, glatt, geflügelt.[7,9]

Inhaltsstoffe: *Saponine.* In Blättern, Früchten und Samen die Lucyosid-Saponine A bis M mit den Aglyka Oleanolsäure, Hederagenin, 21β-Hydroxyhederagenin, Arjunolsäure, Machaerinsäure, Maslinsäure, Gypsogenin, 2α-Hydroxygypsogenin und 21β-Hydroxygypsogenin. Ferner die Ginsenoside R_e und R_{g1} sowie Oleanolsäure-3-*O*-β-D-glucopyranosid und Hederagenin-3-*O*-β-D-glucopyranosid.[34]

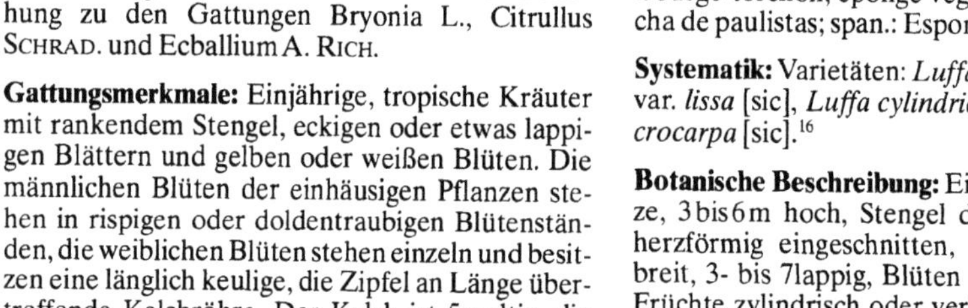

Luffa cylindrica (L.) ROEM.: Reife Frucht. Aus Lit.[6]

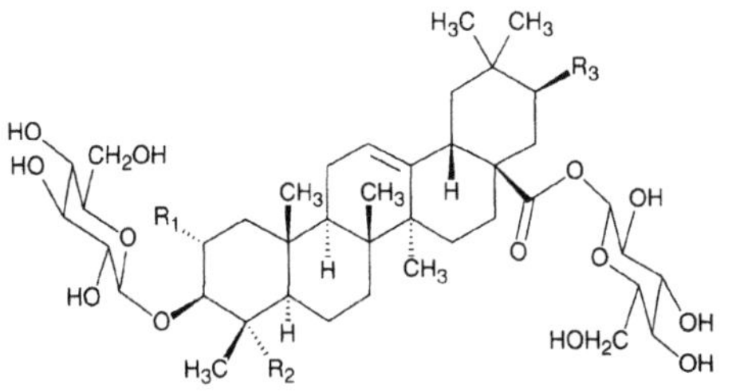

	Aglykon	R_1	R_2	R_3
Lucyosid A	21β-Hydroxy-hederagenin	—H	$—CH_2OH$	—OH
Lucyosid B	Arjunolsäure	—OH	$—CH_2OH$	—H
Lucyosid C	Machaerinsäure	—H	$—CH_3$	—OH
Lucyosid D	2α-Hydroxy-gypsogenin	—OH	—CHO	—H
Lucyosid G	Maslinsäure	—OH	$—CH_3$	—H

Sterole. In den Samen Δ^5- und Δ^7-Sterole (0,36 mg bzw. 26 mg/100 g). Das ist der höchste Gehalt im Vergleich zu den Samen anderer Cucurbitaceae, wie *Citrullus lanatus* (THUNB.) MATSUM. et NAKAI, *Cucumis melo* L., *Cucumis sativus* L., *Cucurbita lagenaria* L. und *Cucurbita pepo* L.[25]
Proteine. In den Samen das biochemisch aktive Luffin (rel. Mol. Gew. 26.000, 10mal stärkerer Hemmstoff der Proteinsynthese als die A-Kette des Ricins).[33]
Fettes Öl. In den Samen etwa 45 % eines halbtrocknenden fetten Öls.[26]
Triterpensäure. Bryonolsäure mit antiallergischer Aktivität aus dem Chloroformextrakt von Luffa-cylindrica-Zellsuspensionskulturen in Linsmaier-Skoog-Medium, 0,1 µM α-Naphthylessigsäure enthaltend (Ausbeute: 3 %, bez. auf Trockengewicht).[23]

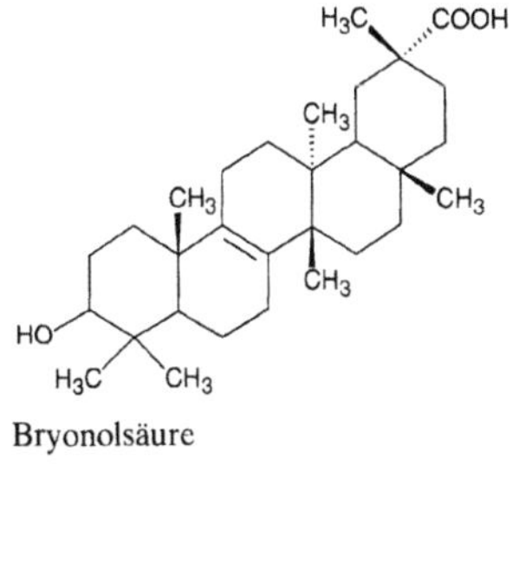

Bryonolsäure

Verbreitung: Tropisches Asien und Afrika.

Anbaugebiete: Trinidad bis Neuguinea, zuerst wahrscheinlich in Indien. In China nicht vor 600 n. Chr., in Ägypten vielleicht erst seit dem Mittelalter; gelegentlich an der kaukasischen Schwarzmeerküste und sogar in Ungarn angebaut. Auch verwildernd.[6]

Drogen: Luffaschwamm.

Luffaschwamm.

Sonstige Bezeichnungen: Dt.: Luffa, vegetabilischer Schwamm.[26]

Definition der Droge: Das getrocknete Gefäßbündelnetz der reifen gurkenartigen Früchte.[27,28]

Stammpflanzen: *Luffa cylindrica* (L.) ROEM.

Herkunft: Ägypten, Indien, Japan.

Gewinnung: Die reifen Früchte werden durch Klopfen und Waschen von den Weichteilen befreit.[27,28]

Volkstümliche Anwendung und andere Anwendungsgebiete: Zubereitungen aus Luffaschwamm werden als vorbeugende Maßnahmen zum Infektions- oder Erkältungsschutz, bei Erkältungen, Schnupfen sowie Nebenhöhlenentzündungen und -vereiterungen angewendet. Die Wirksamkeit bei den beanspruchten Anwendungsgebieten ist nicht belegt.[34]
In der chinesischen Medizin bei paralytischen Krankheiten; in der chinesischen Volksmedizin bei Husten und chronischer Bronchitis (ohne Angaben der Art der Anwendung und Dosierung).[33]

Unerwünschte Wirkungen: *Allergische Wirkungen.* Die Droge soll in klinischen Tests an gesunden Probanden ein allergenes Potential aufgewiesen haben.[35]

Toxikologische Daten: *LD-Werte.* LD_{50} (Maus): 31,6 mg 50 % ethanolischer Extrakt/kg KG i. p.[36]

Sonst. Verwendung: *Haushalt.* Als Badeschwämme.[28] *Industrie/Technik.* Schuhsohlen, Körbe, Bilderrahmen, Filtermaterial für Öl und Wasser, zur Schalldämpfungsisolation, für Einlagen in Schuhe und Tropenhelme.[6,7]

Gesetzl. Best.: *Offizielle Monographien.* Aufbereitungsmonographie (Entwurf) der Kommission E am BGA "Luffa aegyptiaca (Luffaschwamm)".[34]

Luffa operculata (L.) COGN.

Synonyme: *Luffa purgans* MART., *Momordica operculata* L., *Poppya operculata* (L.) ROEM.[6]

Sonstige Bezeichnungen: Dt.: Schwammgurke; engl.: Sponge gourd; port.: Buchinha, buxa dos cazadores, cabaco de bucha, fructo dos frades da companhia; span.: Esponilla.[12]

Botanische Beschreibung: 2 bis 3 m hoch kletternde Pflanze mit kantigem Stengel. Blätter 10 bis 12 cm lang und breit, Blüten blaßgelb, kürbisähnliche Frucht, Samen länglich, tiefbraun, ungerändert, fast glatt.[9] Die eingeschlechtlichen gelben Blüten besitzen, ebenso wie die Kronblätter, einen 5teiligen Kelch, die 5 Staubblätter tragen biegsame Antheren. Die weiblichen Blüten sehen in Kelch- und Kronblättern den männlichen ähnlich, sind oberständig und weisen drei 2lappige Narben auf.

Verbreitung: Mexiko, Brasilien, Kolumbien, Peru.

Anbaugebiete: Lokal in Gebieten natürlichen Vorkommens.[6]

Drogen: Luffa-operculata-Früchte, Luffa operculata hom. *HAB 1*, Luffa operculata hom. *HPUS 88*.

Luffa-operculata-Früchte

Sonstige Bezeichnungen: Dt.: Luffafrüchte.

Definition der Droge: Die getrockneten Früchte.

Stammpflanzen: *Luffa operculata* (L.) COGN.

Herkunft: Südamerika (Brasilien, Guayana, Mexiko, Paraguay, Peru).

Gewinnung: Aus Kulturen.

Ganzdroge: Die Früchte sind länglich-oval, 7 bis 10 cm lang und 3 bis 5 cm breit. Die äußere, grau gefärbte Fruchtwand hat zahlreiche, stacheltragende Längsrippen. Im darunterliegenden, weitmaschigen, schwammartigen Gewebe befinden sich die Samen in einzelnen, rechtwinklig zur Längsachse der Frucht angeordneten, von dem dünnen, pergamentartigen Endocarp ausgekleideten Fächern. Die etwa 10 mm langen, 5 mm breiten und etwa 2 mm dicken Samen sind flach, schmal elliptisch, am oberen Ende abgerundet, am unteren zum Hilum hin durch die schwach flügelartig ausgebildete Randlinie etwas zugespitzt. Die Samen weisen oberhalb des Hilums beiderseits je zwei halbmondförmige Erhebungen auf. Ihre Oberfläche ist stumpf grauschwarz und heller gesprenkelt.[11]

Schnittdroge: *Geschmack.* Bitter.[32]
Mikroskopisches Bild. Die Epidermiszellen des Pericarps sind in Aufsicht geradwandig polygonal, isodiametrisch bis langgestreckt. Die selten einzeln, häufig in kleinen Gruppen angeordneten, anomocytischen Spaltöffnungsapparate sind von 4 bis 6 Nebenzellen umgeben, deren Wände dünner und zum Teil schwach getüpfelt sind. Die Cuticula ist glatt, jedoch auf die Spaltöffnungsapparate hin leicht gestreift. Die derbwandigen, bis vier Zellen hohen, an der Spitze abgerundeten, bis 300 µm langen, am Grund 120 µm breiten Borstenhaare haben eine deutlich gestreifte Cuticula und werden an der Basis von strahlig angeordneten Epidermiszellen umgeben. Vereinzelt finden sich auch 70 µm lange Drüsenhaare mit zweizelligem Stiel und mehrzelligem Köpfchen. Unter der Epidermis liegen 1 bis 3 Lagen großer, dünnwandiger, im Querschnitt tangential gestreckter Mesocarpzellen. Die anschließende Steinzellenschicht aus ein oder zwei Lagen rundlich eckiger, häufig isodiametrischer Steinzellen mit getüpfelter, stark verdickter, verholzter Wand geht über in polygonal abgerundete, zunehmend größere und mehr gestreckte Zellen mit derber, getüpfelter, verholzter Wand und dann in das aus rundlichen, großen, dünnwandigen Zellen bestehende, von Leitbündeln durchzogene Mesocarp. Das schwammartige Gewebe des Mesocarps besteht aus Netzen von knorrigen, getüpfelten, verholzten Fasern und Leitbündeln mit schraubig verdickten Gefäßen und Resten von dünnwandigen Mesocarpzellen. Das Endocarp, das die Samenfächer hautartig umkleidet, besteht aus einer Lage zarter, schmaler, meist gruppenweise paralleler und gegeneinander in wechselnden Richtungen gestreckter Zellen.
Die dünne, aber harte Samenschale umgibt einen Embryo mit zwei dicken, gelblichweißen, ölhaltigen Keimblättern. Die Samenschale wird außen begrenzt von einer bisweilen nicht vollständig erhaltenen, sehr unterschiedlich hohen Schicht, deren Zellen eine dünne, stellenweise dunkelbraune und an anderen Stellen hellere Außenwand besitzen, während die Seitenwände mit zahlreichen, unregelmäßig bügelförmigen, unverholzten Wandverdickungen versehen sind. Darunter folgt eine etwa 3,5 µm breite Lage dünn- und braunwandiger sowie eine ebenso breite Lage hellwandiger Zellen. Die anschließende Lage etwa isodiametrischer, 14 bis 18 µm großer Steinzellen mit getüpfelter Wand ist ebenso verholzt wie die nachfolgende, aus palisadenartig angeordneten, stabförmigen, etwa 150 µm langen und 46 bis 53 µm breiten Zellen bestehende Schicht. Nach innen schließt ein etwa 100 µm breites Schwammparenchym aus rundlichen, etwas fettes Öl enthaltenden Zellen an. Eine einzelne Lage dünnwandiger, etwas tangential gestreckter, etwa 5 µm hoher Zellen begrenzt die Samenschale nach innen. Die von einer unterseits etwa 7 µm, oberseits etwa 15 µm hohen Epidermis umgebenen Keimblätter bestehen aus palisadenartig angeordneten, radial gestreckten, dünnwandigen, reichlich fettes Öl enthaltenden Mesophyllzellen.[11]

Inhaltsstoffe: *Cucurbitacine.* Cucurbitacin B und D (1,8 bzw. 1,9 %) sowie 4 weitere Cucurbitacine und Isocucurbitacin B.[4]

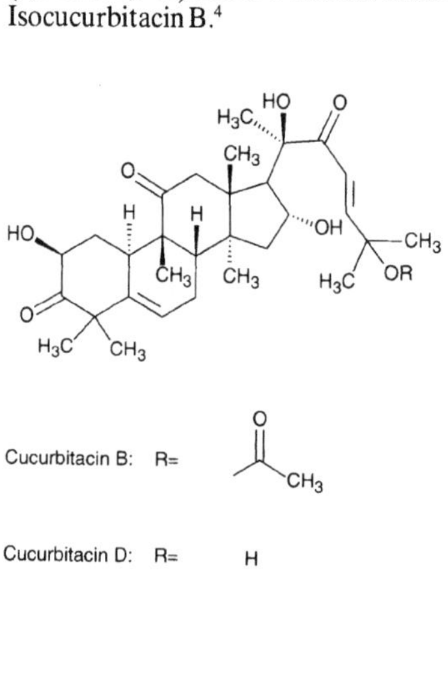

Triterpensaponine. 2%, die bei saurer Hydrolyse saure und neutrale C_{30}-Sapogenine lieferten. Gypsogenin wurde identifiziert, daneben in geringen Mengen 2 isomere Dihydroxytriterpensäuren, $C_{30}H_{48}O_8$.[14]

Wirkungen: *Analgetische Wirkungen.* Ein wäßriger Extrakt aus getrockneten Früchten (1 g Droge in 25 mL) erhöht bei männlichen Swiss-Webster-Mäusen (160 mg Extrakt/kg KG i.p.) im "Grid Shock"-Test die Schmerzschwelle nach 10 bzw. 90 min signifikant (p < 0,05) von 13 (Kontrolle) auf 17 bzw. 17 (Kontrolle) auf 28 V. Der Effekt wird als schwach bewertet, da die Dosis nahe der Letaldosis liegt und mit dem Hot-Plate-Test nicht sichtbar gemacht werden konnte.[32]
Abortivwirkung. Die Droge soll abortiv wirken; nähere Angaben liegen nicht vor.[37]
Negativbefunde. In folgenden Versuchen mit dem oben genannten Extrakt wurden signifikante Effekte nicht beobachtet (p > 0,05): Drehstab (Maus, 0,025 bis 0,075 mL Extrakt pro Tier, i.p.); Einfluß auf die Hexobarbital-Schlafzeit (Maus, 120 mg Extrakt/kg KG i.p., nach 1 h 70 mg Natrium-Hexobarbital/kg KG i.p.); Elektroschock (männl. Wistar-Ratten, 80 mg Extrakt/kg KG i.p., nach 1 h Schockauslösung durch 110 V mit variabler Stromstärke und 0,2 s Dauer); Einflüsse auf Blutdruck, Elektrokardiogramm, Puls, Respiration und induzierte Entzündungen; ein Histamin-Antagonismus war nicht nachweisbar (Meerschweinchen, 120 mg Extrakt/kg KG i.p., nach 30 min Spray von 0,5 mL einer 0,5%igen Histamindiphosphatlösung).[32]

Volkstümliche Anwendung und andere Anwendungsgebiete: In der brasilianischen Volksmedizin ist die Droge ein Allheilmittel (Cabacinho oder Casadores), das z.B. bei Verstopfung, Beschwerden, die mutmaßlich durch Harnvermehrung zu lindern sind, bei Gewebsschwellungen und Geschwülsten eingesetzt wird. Außerdem soll die Droge zur Abtreibung verwendet werden.[32] Die Wirksamkeit bei den Anwendungsgebieten ist wissenschaftlich nicht belegt.

Dosierung und Art der Anwendung: *Droge.* Mittlere Gabe: 1,2 g Droge/L.[37]

Unerwünschte Wirkungen: Auf rote Blutkörperchen wirken Drogenauszüge hämolytisch.[37]

Tox. Inhaltsstoffe u. Prinzip: Als aktive Komponente wird Isocucurbitacin B angesehen;[37] zu Cucurbitacinwirkungen s. Lit.[15]
Wäßrige und alkoholische Extrakte zeigen eine hohe Toxizität für Fische.[31]

Akute Toxizität: *Tier.* Ungeachtet der applizierten Dosen waren die Effekte im Tierversuch gleich. Zuerst trat Defäkation ein, die sich innerhalb von 30 min zu wäßriger Diarrhoe steigerte. Die motorische Aktivität sank. Sämtliche Luffa-behandelten Mäuse blieben in zusammengekauerter Position mit geschlossenen Augen und gesenkten Köpfen. Gelegentlich sträubte sich das Haar und waren die Normalreflexe gestört.[32]

Mutagenität: Wirkung auf die Chromosomen von Wistar-Ratten: Drogen-Infuse (entsprechend 4 bis 64 mg trockener Droge/kg KG i.p.) wurden 24 h vor der Tötung appliziert und alsdann Chromosomenpräparationen aus dem Femoralknochenmark gewonnen. Bei 32 mg/kg KG betrugen die Chromosomenveränderungen 4,07% (Kontrolle: 1,05%). Diese bestanden in Brüchen, Rissen und Polyploidie, die vor allem in der Metaphase beobachtet wurden. Endoreduplikation und Polyploidie waren die häufigsten Veränderungen in allen Konzentrationsbereichen. Die Effekte werden, ähnlich denen des Colchicins, als Eingriff der Pflanzensubstanzen in den Spindelmechanismus bei der Zellteilung der Tiere gewertet. Gegenüber unbehandelten Kontrollen waren die Veränderungen nicht signifikant. Zur Bestätigung eines möglichen mutagenen Effektes sind weitere Untersuchungen notwendig.[38]
Effekt auf Allium-cepa-Wurzelspitzen-Zellen: Drogen-Infuse (0,3 bis 1,8 g/L Wasser) bewirkten nach 6stündiger Einwirkungszeit von 0,3 bzw. 1,5 g/L eine Hemmung der Zellteilungsrate auf 48% bzw. 37% gegenüber der Kontrolle (100%). Verlangsamtes Wurzelwachstum, Kernveränderungen wie Polyploidie, Metaphase C und atypische Anaphasen wurden beobachtet, jedoch keine Chromosomenbrüche oder -risse. Die Effekte werden als Einwirkung in den Mechanismus des Spindelapparates gedeutet.[37]

Toxikologische Daten: *LD-Werte.* LD_{50} (Maus, nach 24 h): 160 mg wäßr. Extrakt (1:40)/kg KG i.p.[32]

Sonst. Verwendung: *Kosmetik.* In Mexiko werden die Früchte auch als Schwämme benutzt.[6]

Luffa operculata hom. *HAB 1*

Monographiesammlungen: Luffa operculata *HAB 1.*

Definition der Droge: Die getrockneten Früchte.

Stammpflanzen: *Luffa operculata* (L.) COGN.

Zubereitungen: Urtinktur aus der grob gepulverten Droge und flüssige Verdünnungen nach *HAB 1*, Vorschrift 4a mit Ethanol 62%; Eigenschaften: Die Urtinktur ist eine gelbe Flüssigkeit ohne besonderen Geruch und mit stark bitterem Geschmack.
Darreichungsformen: Flüssige Verdünnungen, Tabletten, Verreibungen, Streukügelchen ab D4; flüssige Verdünnungen zur Injektion ab D6; Nasentropfen ab D3.[20]

Identität: Prüflösungen: 1 g grob gepulverte Droge wird mit 10 mL Ethanol 70% 2 h lang gerührt und danach abfiltriert; bzw. Urtinktur.
Rotbraune Färbung der Prüflösungen mit Schwefelsäure; schmutziggrüne Färbung der Prüflösungen mit Eisen(III)chloridlsg.
DC:
- Untersuchungslösung: Prüflösungen;
- Vergleichslösung: 50 mg Hydrochinon und 10 mg Cholesterol werden in 10 mL Methanol gelöst;
- Sorptionsmittel: Kieselgel H;
- FM: Chloroform-Ethanol (90 + 10);
- Detektion: Besprühen mit Vanillin-Phosphorsäure und Erhitzen, Auswertung im Vis;

- Auswertung: Das Chromatogramm der Untersuchungslösung zeigt ein in bezug auf die Referenzsubstanzen charakteristisches Muster von 7 rosafarbenen bis violetten Flecken.

Reinheit: *Droge.*
- Fremde Bestandteile *(PhEur)*: Höchstens 1,5 %.
- Sulfatasche *(PhEur)*: Höchstens 10,0 %, bestimmt mit 1,00 g grob gepulverter Droge (710).
- Asche *(DAB)*: Höchstens 8,0 %.

Urtinktur.
- Relative Dichte *(PhEur)*: 0,890 bis 0,898.
- Trockenrückstand *(DAB)*: Mindestens 1,2 %.

Lagerung: *Urtinktur:* Vor Licht geschützt.

Anwendungsgebiete: Die Anwendungsgebiete entsprechen dem homöopathischen Arzneimittelbild. Dazu gehören: Schnupfen, Heuschnupfen; Verdauungsschwäche.[20]

Dosierung und Art der Anwendung: *Droge.* Soweit nicht anders verordnet:
Bei akuten Zuständen alle halbe bis ganze Stunde je 5 Tropfen oder 1 Tablette oder 10 Streukügelchen oder 1 Messerspitze Verreibung einnehmen; parenteral 1 bis 2 mL bis zu 3mal täglich s.c. injizieren; Nasentropfen 3mal täglich 1 bis 2 Tropfen in die Nase träufeln.
Bei chronischen Verlaufsformen 1- bis 3mal täglich 5 Tropfen oder 1 Tablette oder 10 Streukügelchen oder 1 Messerspitze Verreibung einnehmen; parenteral 1 bis 2 mL pro Tag s.c. injizieren; Nasentropfen 2- bis 3mal tägl. 1 bis 2 Tropfen in die Nase träufeln.[20]

Unerwünschte Wirkungen: Nicht bekannt ab der 4. Dezimalpotenz.[20]

Gegenanzeigen/Anwendungsbeschr.: Nicht bekannt ab der 4. Dezimalpotenz. Hinweis: Es können vorübergehend sogenannte Erstverschlimmerungen vorkommen, die jedoch unbedenklich sind.[20]

Wechselwirkungen: Nicht bekannt ab der 4. Dezimalpotenz.[20]

Gesetzl. Best.: *Offizielle Monographien.* Aufbereitungsmonographie der Kommission D am BGA "Luffa operculata".[20]

Luffa operculata hom. *HPUS 88*

Monographiesammlungen: Luffa operculata *HPUS 88.*

Definition der Droge: Die Früchte.

Stammpflanzen: *Luffa operculata* (L.) COGN. (als *Luffa purgans* MART. in der *HPUS 88*).

Zubereitungen: *Urtinktur.* Herstellung durch Mazeration oder Perkolation der frischen oder getrockneten Droge mit EtOH nach den allg. Zubereitungsvorschriften (Class C) der *HPUS 88.* Ethanolgehalt 65 % *(V/V)*.

Gehalt: *Urtinktur.* Arzneigehalt $^1/_{10}$.

1. Linné C v (1735) Syst ed I; (1791) Cav IC i.7.p.9
2. Engler A, Prantl K (1894) Die natürlichen Pflanzenfamilien, Engelmann, Leipzig, IV. Teil, 5. Abteilung Cucurbitaceae, S. 5, 22–30
3. Jeffrey C (1980) Bot J Linné Soc 81:223–247
4. Kloss P (1966) Arch Pharm 299:351–355
5. Perez-Arbelaez E (1956) Plantas utiles de Colombia, Sucesores de Rivadeneyra (S. A.) Madrid Libreria colombiana, Camacho Roldan, Bogotá, S. 326
6. Schultze-Motel J (Hrsg.) (1986) Rudolf Mansfeld, Verzeichnis landwirtschaftlicher und gärtnerischer Kulturpflanzen, Springer-Verlag, Berlin Heidelberg, Bd. 2, S. 937–938
7. Brücher H (1977) Tropische Nutzpflanzen, Springer-Verlag, Berlin Heidelberg New York, S. 292
8. Index Kewensis (1895–1969) Plantarum phanerogamarum, Clarendon, London, S. 123
9. Encke F (Hrsg.) (1960) Parey's Blumengärtnerei, 2. Aufl., Parey, Berlin Hamburg, S. 652
10. Martinez M (1959) Plantas utiles de la flora Mexicana, Editiones Botas, Mexico 1, D. F., S. 245
11. HAB 1
12. Peckolt-Rio T (o.J.) Heil- und Nutzpflanzen Brasiliens, S. 177–181
13. Hgn, Bd. 3, S. 615–617
14. Djerassi C, Bowes A, Burstein S, Estrada H, Grossman J, Herran G, Lemin AJ, Manjarrez A, Pakraski SC (1956) J Am Soc 78:2.312
15. dieses Hdb., Bd. 3, S. 357–360
16. Watt JM, Breyer-Brandwijk MG (1962) The Medicinal and Poisonous Plants of Southern and Eastern Africa, 2. Aufl., Livingstone, Edingburgh London
17. Böttcher-Hase C, Lido H, Stübler M (1988) Allg Hom Ztg 233:89–96
18. Köhler G (1986) Lehrbuch der Homöopathie, Hippokrates Verlag, Stuttgart, Bd. II, S. 221
19. Ziegler E (1964) Landarzt 40:78–79
20. BAz Nr. 129a vom 15.07.1988
21. Schilling EE, Heiser CB (1981) Biochem Syst Ecol 9:263–265
22. Bauer R, Wagner H (1983) Dtsch Apoth Ztg 123:1.317
23. Tanaka S, Uno C, Akimoto M, Tabata M, Honda C, Kamisako W (1991) Planta Med 57:527–530
24. Chakrabarty MM, Chowdhury DK, Mukherji BK (1955) Naturwissenschaften 42:344
25. Garg VP, Nes WR (1986) Phytochemistry 25:2.591–2.597
26. Wiesner J v (1927) Die Rohstoffe des Pflanzenreiches, 4. Aufl., Verlag v. Wilhelm Engelmann, Leipzig, Bd. I, S. 480
27. Moeller J, Thoms H (1907) Real-Enzyklopädie der gesamten Pharmazie, 2. Aufl., Urban & Schwarzenberg, Berlin Wien, Bd. 8, S. 331
28. Frerichs G, Arends G, Zörnig H (Hrsg.) (1949) Hermann Hager, Handbuch der Pharmaceutischen Praxis, Nachdruck des 2. Neudruckes 1938, Bd. 2, S. 757
29. Hgn, Bd. 8, S. 363–375
30. Varshney (1965) Aust J Chem 18:1.689, zit. nach Lit.[31]
31. Hag, Bd. 5, S. 585–586
32. Champnay R, Ferguson NM, Ferguson GG (1974) J Pharm Sci 63:942–943
33. Tang W, Eisenbrand G (1992) Chinese Drugs of Plant origin, Springer-Verlag, Berlin Heidelberg New York, S. 627–632
34. Entwurf der Kommission E am BGA vom 23.09.1992
35. Monda S, Chanda S (1981) Biological Memoirs 6:1–61, zit. nach dimdi biosis prev ab Dok. Nr. 74080370

36. Aswal BS, Bhakuni DS, Goel AK, Kar K, Mehrotra BN, Mukherjee KC (1984) Indian J Exp Biol 22:312–332
37. Graças Medeiros M das, Satie Takahashi C (1987) Cytologia 52:255–259
38. Graças Medeiros M das, Satie Takahashi C (1987) Cytologia 52:261–265

Bs

Luzula

HN: 2021700

Familie: Juncaceae.

Unterfamilie: Juncoideae.

Tribus: Junceae.

Gattungsgliederung: Die Gattung Luzula DC. besteht aus etwa 80 Arten. Die Gattung ist sehr einheitlich. Die mitteleuropäischen Arten verteilen sich auf folgende Untergattungen und Sektionen:

- Subgenus Anthelaea GRISEB.: Blütenstand stark zusammengesetzt, spirrig oder schirmtraubig, fast stets aufrecht. Blüten gewöhnlich paarweise genähert, selten einzeln oder zu mehreren. Samen mit einem kurzen oder sehr unscheinbaren basalen Anhängsel.
  Hierher gehören die Sektionen Angustifoliae CHRTEK et KŘISA und Glabratae CHRTEK et KŘISA.
- Subgenus Luzula: Blüten in dichten Knäulen, Blütenstand ährenartig oder eine doldenartige Spirre. Samen mit einem basalen Anhängsel. Hierher gehören die Sektionen Alpinae CHRTEK et KŘISA und Luzula.
- Subgenus Pterodes GRISEB.: Blüten einzeln stehend, in einer lockeren Spirre. Samen mit einem langen, spitzen Anhängsel. Hierher gehört die drogenliefernde Art *Luzula pilosa* (L.) WILLD.[2]

Gattungsmerkmale: Ausdauernde Pflanzen von grasartigem Habitus, oft mit Ausläufern. Stengel bis oben beblättert; Laubblätter mit geschlossener Scheide, Spreite länglich, grasartig, Blattrand meist lang weiß bewimpert (im Fruchtzustand der Pflanzen fallen die mehrzelligen Haare oft ganz ab); Öhrchen an der Scheidenmündung fehlen. Blüten proterogyn, in Spirren, letzte Verzweigung oft köpfchenartig gedrängt; Blütenhüllblätter spelzenartig, meist unscheinbar; 6 (selten nur 5 oder 3) Staubblätter; 3 Fruchtblätter, Griffel deutlich ausgebildet mit meist 3 fadenförmigen Narben; Samenanlagen anatrop. Frucht eine einfächerige Kapsel mit 3 Samen. Samen eirundlich, glatt, mit Caruncula.[2]

Verbreitung: In den kalten und gemäßigten Zonen hauptsächlich der Nordhemisphäre, seltener in der Südhemisphäre verbreitet.[2]

Inhaltsstoffgruppen: Gerbstoffartige Verbindungen; Stärke. Die Angaben bedürfen der Überprüfung. Die Vertreter der Familie der Juncaceae sind bisher wenig untersucht.[3]

Drogenliefernde Arten: *Luzula pilosa*: Juncus pilosus hom. *HAB 34*.

Luzula pilosa (L.) WILLD.

Synonyme: *Juncus nemorosus* LAM., *J. pilosus* L., *J. vernalis* RCHB., *Luzula vernalis* LAM. et DC.

Sonstige Bezeichnungen: Dt.: Aftersimse, Haar-Hainsimse, Haarmarbel; engl.: Woodrush; frz.: Luzule; it.: Erba-lucciola.

Botanische Beschreibung: Ausdauernd, etwas verlängerte Ausläufer (Stolonen) bildend; Höhe ca. 15 bis 30 cm; Stengel stielrund; Laubblätter grasähnlich, grundständige Blätter länglich, bis ca. 10 cm lang, 5 bis 10 mm breit, mehr oder weniger dicht weiß bewimpert, Stengelblätter kleiner und schmäler; Blütenstand zusammengesetzt, endständig; Hüllblätter kürzer als der Blütenstand; Blüten meist einzeln; Perianthblätter bräunlich, lanzettlich-spitz, mit häutigem Rand; Kapsel kegelförmig, gelblich glänzend, länger als das Perianth; Samen 3 bis 3,5 mm lang, bräunlich, an der Spitze mit langem, sichelförmig gekrümmtem Anhängsel (Caruncula); Chromosomenzahl 2n = 66,72.[1,2]

Verwechslungen: Andere Luzula-Arten, z. B. *Luzula luzulina* (VILL.) DALLA TORRE et SARN. und *L. luzuloides* (LAM.) DANDY et WILM. ihres ähnlichen Habitus wegen; Blütenstand bei letzteren Arten aber mehr doldig.

Inhaltsstoffe: Bisher wenig untersucht. Stärke ist vorhanden, z. B. in den Früchten und den kurzen Ausläufern. Gerbstoffartige Verbindungen;[3] die chemische Struktur und die Verteilung der Stoffe in der Pflanze sind noch nicht näher untersucht.

Verbreitung: Fast ganz Europa, südlich bis Spanien, Griechenland, ostwärts bis zum Kaukasus, Westsibirien.[2]

Drogen: Juncus pilosus hom. *HAB 34*.

Juncus pilosus hom. *HAB 34*

Monographiesammlungen: Juncus pilosus *HAB 34*.

Definition der Droge: Frische, im Frühjahr gesammelte Wurzel.

Stammpflanzen: *Luzula pilosa* (L.) WILLD.

Zubereitungen: Essenz nach § 3 *HAB 34*.

Gehalt: *Essenz*. Arzneigehalt $^{1}/_{3}$.

1. v. Weihe K (Hrsg, 1972) Illustrierte Flora, Deutschland und angrenzende Gebiete, Gefäßkryptogamen und Blütenpflanzen, begründet von A. Garcke, Verlag Paul Parey, Berlin Hamburg
2. Heg, Bd. II, Teil 1, S. 397–416
3. Hgn, Bd. VIII, S. 601,676–679

Ho

Lycium HN: 2002700

Familie: Solanaceae.

Tribus: Solaneae.

Subtribus: Lyciinae.

Gattungsgliederung: Die Zahl der Arten innerhalb der Gattung Lycium L. wird auf 80 geschätzt, doch muß mit einer großen Zahl von Synonymen gerechnet werden.[1]
Synonyme auf Gattungsebene: Jasminoides MEDIK., Panzerina GMEL. non MOENCH, Oplukion RAF., Teremis RAF.[2]

Gattungsmerkmale: Sträucher mit hängenden, oft dornigen Zweigen. Blätter einzeln oder gebüschelt, einfach, ganzrandig, grau oder graugelb. Kelch 3- bis 5zähnig; Krone walzlich-rund, mit 5lappigem Saum; Staubblätter meist 4; Fruchtknoten zweifächerig. Frucht eine kugelige oder walzliche Beere, bei Reife rot, selten eine Steinfrucht.[1,3]

Verbreitung: In allen warmen, nichttropischen Ländern der Erde, bevorzugt in Mittel- und Südamerika. In Europa von Portugal über das Mediterrangebiet, den Vorderen Orient nach Indien, China, Korea und Japan.[1,3]

Inhaltsstoffgruppen: Nur einige wenige Lycium-Arten, nämlich *L. barbarum* L., *L. chinense* MILL., *L. ciliatum* (keine Autorenangabe) und *L. europaeum* L., sind bisher phytochemisch untersucht worden. Aussagen zu charakteristischen Inhaltsstoffen der Gattung Lycium sind somit derzeit nicht möglich. Aus der Sicht einer vergleichenden Phytochemie interessant erscheint dennoch das Vorkommen von Steroiden in allen bisher untersuchten Arten:[4] 4,4-Dimethylsterole, 4-Monomethylsterole bzw. 4-Desmethylsterole in den Blättern und Blüten von *L. barbarum*[5,6] (s. dort), in den Samen von *L. chinense*[7–9] (s. dort), in den Samen von *L. ciliatum*[10] und in den oberirdischen Teilen von *L. europaeum*;[11] das Steroidsapogenin Diosgenin in den Blüten von *L. barbarum*[5] (s. dort); die Steroidlaktone Withanolid A und B in den Blättern von *L. chinense*[12,13] (s. dort).

Drogenliefernde Arten: *L. barbarum*: Lycii fructus, Lycii radicis cortex, Lycium berberis hom. *HAB 34*; *L. chinense*: Lycii radicis cortex, Lycium-chinense-Blätter.

Lycium barbarum L.

Synonyme: *Lycium flaccidum* (VEILLARD) K. KOCH, *L. halimifolium* MILLER, *L. subglobosum* DUNAL, *L. vulgare* DUNAL, *Jasminoides flaccida* VEILLARD.[2,3]

Sonstige Bezeichnungen: Dt.: Gemeiner Bocksdorn, Teufelszwirn; engl.: Barbary wolfbeery, bastard jasmine, box thorne, common matrimony vine, prickly box, tea plant, tea tree; frz.: Arnivés blanc, jasmin bâtard, jasminoïde, lyciet; it.: Spina-Cristi.

Botanische Beschreibung: Ausdauernder Strauch, 1 bis 3 m hoch, Zweige rutenförmig, erst aufrecht, dann bogenförmig herabhängend, mit oder ohne Dornen. Blätter lanzettlich, allmählich in den Stiel verschmälert, graugrün. Blüten langgestielt, zu 1 bis 3 in den Blattachseln; Kelch zweilippig, Oberlippe kurz, zweizähnig, Unterlippe dreizähnig; Blütenkrone hellpurpurn oder violett, Kronröhre trichterförmig, Kronsaum fünflappig, flach, die Lappen etwa $^2/_3$ bis $^3/_4$ so lang wie die Röhre. Staubfäden am Grunde mehr oder weniger behaart, Staubbeutel eiförmig; Fruchtknoten zweifächerig. Frucht eine scharlachrote, elliptisch-längliche, angenehm süßlich schmeckende, vielsamige Beere. Chromosomenzahl 2n = 24. Blütezeit Juni bis September.[1,3,14]

Inhaltsstoffe: Aus den getrockneten Blättern von *L. halimifolium* MILL. wurden folgende Flavonolaglyka und -glykoside isoliert: Kämpferol, Quercetin, Isoquercitrin, Kämpferol-3-*O*-rutinosido-7-*O*-glucosid, Nicotiflorin, Quercetin-3-*O*-rutinosido-7-*O*-glucosid, Rutin (keine Mengenangaben).[15]
Im methanolischen bzw. wäßrigen Extrakt aus den getrockneten Blättern wurden Betain und Cholin bzw. Scopoletin nachgewiesen (keine Mengenangaben).[16]
Im ätherischen Öl, das durch Wasserdampfdestillation aus den getrockneten Blättern gewonnen wurde (0,01 % (*V/m*), bezogen auf das Trockengewicht), konnten mittels GC/MS 136 Verbindungen identifiziert werden. Es handelt sich hauptsächlich um aliphatische und alicyclische Kohlenwasserstoffe, Alkohole und Carbonylverb. sowie Furanderivate. Das äth. Öl ist besonders reich an C_{13}-Terpenoiden mit Ionen-ähnlicher Struktur; (*E*)-Damascenon stellt den Hauptbestandteil des Öles dar (keine Mengenangaben).[17]
Die zur Blütezeit gesammelten Blätter von *L. barbarum* L. weisen einen Gesamtsterolgehalt von 0,2 %, bezogen auf das Trockengewicht, auf mit folgender Zusammensetzung: 73 % freie Sterole, 18 % Sterylester, 7 % Sterylglykoside und 2 % acylierte Sterylglykoside; als Hauptsterole in freier bzw. gebundener Form Campesterol, Cholesterol, Isofucosterol, Sitosterol und Stigmasterol (GC/MS-Analyse).[6]
Aus den getrockneten, mit 30 % HCl behandelten und anschl. mit Benzol extrahierten Blüten wurden 0,73 % Diosgenin, 1,02 % *β*-Sitosterol und 0,82 % Lanosterol erhalten.[5]
Die Sproßachsen bzw. Wurzeln enthalten 1,9 bzw. 0,9 mg Scopoletin pro 100 g Frischgewicht (präparative Papierchromatographie, Fluoreszenzbest. im Pulfrich-Photometer).[18]
Aufgrund der nahen Verwandtschaft zur Tollkirsche, *Atropa belladonna* L., und der in früheren Arbeiten[19–22] beobachteten mydriatischen bzw. parasympatholytischen Wirkung von Blattextrakten oder Extrakten aus Frühjahrstrieben von *L. barbarum* und daraus gewonnener "Isolate" am Tier, wurde vermutet, daß auch *Lycium barbarum* L.

Lycium barbarum L.: Blühender Zweig, getrocknete, reife Früchte. Aus Lit.[61]

Tropanalkaloide enthält (s. a. Lycii fructus, akute Toxizität).[23,24] Neueren Untersuchungen mit den Frühjahrstrieben bzw. Blättern zufolge dürfte die Pflanze keine Tropanalkaloide enthalten.[16,31] Es wird vermutet, daß die früher gewonnenen *N*-haltigen "Isolate" Gemische Amiden oder Peptiden, phenolischen Verbindungen, u. a. waren.[16]

Verbreitung: Ursprünglich heimisch in Zentral-China; von Südosteuropa, Mitteleuropa und Nordafrika bis Westasien eingebürgert. Als Heckenpflanze in Mittel- und Südeuropa, Nordamerika und Australien kultiviert; vielfach verwildert.
Pflanze auf lockeren Böden vorkommend, anspruchsvoll, stickstoffliebend, als Gebüsch und Bodenfestiger angepflanzt.[2,3]

Drogen: Lycii fructus, Lycii radicis cortex, Lycium berberis hom. *HAB 34*.

Lycii fructus

Synonyme: Fructus Lycii.

Sonstige Bezeichnungen: Dt.: Bocksdornbeeren, Bocksdornfrüchte, Bocksdornkrautfrüchte; engl.: Barbary wolfbeery fruit; chinesisch: Gouqizi.

Monographiesammlungen: Fructus Lycii *ChinP IX*.

Definition der Droge: Die getrockneten, reifen Früchte *ChinP IX*.

Stammpflanzen: *Lycium barbarum* L.

Herkunft: Heimatprovinzen in China: Gansu, Hebei, Innere Mongolei, Ningxia, Shaanxi und Xinjiang.[25]

Gewinnung: Die Früchte werden im Sommer oder Herbst, wenn sie eine rotorange Farbe angenommen haben, geerntet und solange an der Luft getrocknet, bis die Oberfläche runzelig ist; anschl. werden die Früchte solange direkter Sonnenbestrahlung ausgesetzt, bis die Haut hart und trocken ist und sich das Fruchtfleisch noch geschmeidig anfühlt; zuletzt werden die Fruchtstiele entfernt.[26,27]

Ganzdroge: Früchte spindelförmig, leicht abgeplattet, 6 bis 18 mm lang, 3 bis 8 mm im Durchmesser. Oberfläche hell- oder dunkelrot gefärbt; an der Spitze eine kleine, erhabene Griffelnarbe; an der Basis die kleine, weiße Abbruchstelle des Fruchtstieles erkennbar. Fruchtschale runzelig, weich und widerstandsfähig; fleischiges, geschmeidiges und klebriges Fruchtfleisch, zahlreiche, nierenförmige Samen.[26,27]

Schnittdroge: *Geruch.* Die Droge ist geruchlos.
Geschmack. Süßlich, leicht säuerlich.
Mikroskopisches Bild. Querschnitt durch die Droge: Exocarp aus einer Lage flachgedrückter, relativ dickwandiger, außen von einer Cuticula überzogener Zellen; der äußere Rand der Cuticula läßt fein gezähnte Ausstülpungen erkennen. Mesocarp aus über 10 Lagen von Parenchymzellen; die Zellen der äußeren zwei Lagen sind kleiner; im Mittelteil sind die Zellen größer; einzelne Zellen enthalten Calciumoxalatsand-Einschlüsse; zahlreiche, verstreut angeordnete, bikollaterale Leitbündel. Endocarp aus einer Lage ovaler, tangential gestreckter Zellen. Testa aus einer Lage länglich rechteckiger Skleреiden mit U-förmig verstärkten Seiten- und Innenwänden. Darunter schließen 3 bis 4 Lagen kollabierter Parenchymzellen an. Die innerste Schicht besteht aus einer Lage flacher, langgestreckter Parenchymzellen mit leicht verholzten Zellwänden. Die Parenchymzellen von Endosperm, Embryo und Keimblättern enthalten fettes Öl und körnige Zellinhaltsstoffe.[27]

Pulverdroge: Orangerotes Pulver. Reichliche Fragmente des Exocarps; in der Aufsicht polygonale oder länglich rechteckige Zellen; an der Oberfläche der Cuticula längs verlaufende, parallele Linien erkennbar. Unregelmäßig ovale, dünnwandige Parenchymzellen des Mesocarps, reich an unbestimmt geformten, orangeroten Pigmentkörpern; manche Zellen sind mit Calciumoxalatsand angefüllt. Gefäße größtenteils Schraubengefäße mit Durchmessern von 9 bis 11 µm. Testa in der Aufsicht aus annähernd gleich großen Zellen mit wellig gebuchteten Antiklinalwänden aufgebaut; im Querschnitt sind die Zellen annähernd länglich rechteckig gebaut und weisen tangentiale Durchmesser von 60 bis 120 µm und radiale Durchmesser von 60 bis 90 µm auf; dünne Außenwand, Seiten- und Innenwand U-förmig verdickt. Polygonale Endospermzellen mit Durchmessern von 48 bis 60 µm. Reichlich Gruppen von Öltröpfchen, das fette Öl gelblich gefärbt.[27]

Inhaltsstoffe: Die getrockneten Früchte enthalten pro 100 g: 3,1 g Protein, 9,1 g Kohlenhydrate, 1,6 g Fasern, 22,5 mg Calcium, 56 mg Phosphor, 1,3 mg Eisen, 19,6 mg Carotin, 0,08 mg Thiamin, 0,14 mg Riboflavin, 0,67 mg Nicotinsäure und 42,6 mg Ascorbinsäure.[28–30]
Die Früchte enthalten ferner Betain, Cholin (keine Mengenangaben) und 0,6 bis 1,2 g des Carotinoids Physalien (= Zeaxanthindipalmitat) pro kg Frischgewicht.[31–33]
Nähere Angaben zu den Inhaltsstoffen der Droge liegen nicht vor.

Zubereitungen: Bocksdornkrautfrüchte-Extrakt (ohne Spezifizierung) ist Bestandteil eines flüssigen Fertigarzneimittels zur Stärkung.[34]

Identität: Die pulv. Droge wird mit Diethylether versetzt, unter gelegentlichem Schütteln 20 min stehengelassen und anschl. filtriert. Das Filtrat wird langsam mit Schwefelsäure unterschichtet; die Grenzfläche zwischen den beiden Flüssigkeitsschichten färbt sich dunkel blaugrün.[27]

Reinheit:
- Fremde Beimengungen: Der Anteil an Fruchtstielen und sonstigen fremden Beimengungen darf 2 % nicht überschreiten; nicht zugehörige Pflanzenteile (Stiele, Kelchreste) höchst. 1 %.[27]
- Trocknungsverlust: Höchst. 20 % (Trocknung 6 h).[27]
- Normalasche: Höchst. 9 %.[27]
- Säureunlösl. Asche: Höchst. 1,5 %.[27]
- Extraktgehalt: Mind. 30 %, mit Wasser als LM bestimmt.[27]

Lagerung: Kühl und trocken lagern; vor Hitze- und Feuchtigkeitseinwirkung sowie vor Insektenfraß schützen.[26,27]

Wirkungen: In der Literatur[35] findet man Hinweise auf eine mögliche immunstimulierende[36,37] und hypoglykämische[38] Wirkung der Droge; aus den Angaben läßt sich allerdings nicht zweifelsfrei entnehmen, daß es sich um Untersuchungen mit Extrakten aus der Frucht von *L. barbarum* handelt, und nicht etwa *L. chinense*, oder, daß das untersuchte Pflanzenorgan wirklich die Frucht ist.

Volkstümliche Anwendung und andere Anwendungsgebiete: In der chinesischen Medizin wird die Droge bei Erschöpfungszuständen durch Überanstrengung, bei Impotenz, Unfruchtbarkeit, Schwindelerkrankungen, Ohrensausen, Schwerhörigkeit, Sehschwäche, Blutarmut und Diabetes eingenommen.[25–27]
In Indien verwendet man die Früchte (ohne nähere Angaben) bei Menstruationsstörungen, zur sexuellen Anregung, bei Blutarmut, Bauchwassersucht, Zahnschmerzen, blutenden Hämorrhoiden und bei Krätze.[39]
Die Wirksamkeit der Droge bei den genannten Indikationen ist nicht ausreichend belegt.

Dosierung und Art der Anwendung: *Droge.* Tagesdosis: 6 bis 12 g;[26,27] 6 bis 15 g entweder als Einzeldroge oder innerhalb einer Rezeptur zusammen mit anderen Drogen jeweils als Tee.[25]

Gegenanzeigen/Anwendungsbeschr.: Durchfallerkrankungen.[25]

Akute Toxizität: *Mensch.* Konkrete Vergiftungsfälle mit Bocksdornbeeren liegen nicht vor.[40] Dennoch findet man die Angabe, daß alle Pflanzenteile einschließlich der roten Beeren stark giftig und die Vergiftungserscheinungen ähnlich denen der Tollkirsche seien.[24] Diese Vermutungen mögen darauf zurückzuführen sein, daß man früher "alkaloidartige Verbindungen" mit mydriatischer bzw. parasympatholytischer Wirkung am Tier in der Pflanze fand (s. *L. barbarum*, Inhaltsstoffe). Ob die Pflanze oder ihre Beeren wirklich giftig sind, und welches Wirkprinzip möglicherweise zugrundeliegt, kann derzeit nicht beantwortet werden. *Tier.* Bei Kamelen, die größere Mengen der Pflanze gefressen hatten, soll es zu tödlichen Vergiftungen gekommen sein.[23] Nähere Angaben liegen nicht vor.

Lycii radicis cortex

s. unter *L. chinense*.

Lycium berberis hom. *HAB34*

Sonstige Bezeichnungen: Dt.: Bocksdorn.

Monographiesammlungen: Lycium berberis *HAB34*.

Definition der Droge: Die frische, blühende Pflanze.

Stammpflanzen: *Lycium barbarum* L.

Zubereitungen: *Essenz.* Herstellung nach §3, *HAB34*; Eigenschaften: Die Essenz ist von grünlichbrauner Farbe, ohne besonderen Geruch und von etwas herbem Geschmack.

Identität: *Essenz.* Mit Eisen(III)chloridlsg. färbt sich die Essenz grünschwarz; Fehlingsche Lsg. wird durch die Essenz reduziert.

Gehalt: *Essenz.* Arzneigehalt $^1/_2$.

Lagerung: Urtinktur, erste, zweite und dritte Dezimalpotenz sind vorsichtig aufzubewahren.

Lycium chinense Miller

Synonyme: *Lycium rhombifolium* (Moench) Dippel, *Jasminoides rhombifolium* Moench.[2,3]

Sonstige Bezeichnungen: Dt.: Chinesischer Bocksdorn; engl.: Chinese matrimony vine, Chinese wolfberry.

Systematik: Es werden zwei Varietäten unterschieden: *Lycium chinense* Mill. var. *chinense* und var. *potaninii* A. M. Lu.[41]

Botanische Beschreibung: Ausdauernder Strauch, 1 bis 3 m hoch, oft dornenlos. Blätter eiförmig-lanzettlich, teilweise rautenförmig, plötzlich in den Stiel verschmälert, lebhaft grün. Lappen des Blütenkronsaumes gleichlang oder länger als die Kronröhre. Beerenfrüchte gelborange. Blütezeit Juni bis September.[1,3,14]

Inhaltsstoffe: In dem Wasserdampfdestillat des lipophilen Extraktes aus den getrockneten Beeren von *L. chinense* (0,05 % (*V*/*m*), bezogen auf das Trockengewicht der Beeren) wurden 36 Verbindungen mittels GC/MS identifiziert und teils isoliert. Diese flüchtigen, für den Geruch der getrockneten Beeren hauptsächlich verantwortlichen Verbindungen stellen Kohlenwasserstoffe, Alkohole, Carbonylverb. sowie Pyrrol- und Pyridinderivate dar. Hauptverbindung des Öles ist Methyllinolat mit ca. 18 %, neben einer Reihe weiterer Ester von C_{14}-, C_{16}- und C_{18}-Fettsäuren (Prozentgehalte jeweils auf das Destillat bezogen). 14 Verbindungen stellen Trimethylcyclohexanderivate dar, welche als Abbauprodukte der Carotinoide angesehen werden, darunter z.B. Dihydroactinidiolid (0,359 %), Megastigamtrienon (Gemisch aus 4 Isomeren) (0,195 %), Safranal (0,145 %), β-Ionon (0,109 %), 3-Hydroxy-β-ionon (0,089 %). An Sesquiterpenen finden sich δ-Cadinen (0,054 %), β-Elemen (0,036 %), 1,2-Dehydro-α-Cyperon und Solavetivon (0,005 %).[42,43]
Die Beeren enthalten ferner Betain, die Carotinoide Zeaxanthin und Physalien (Zeaxanthindipalmitat), β-Sitosterol, Melissinsäure und Linolensäure (keine Mengenangaben).[44–47]
Das nach Extraktion aus den getrockneten Samen und Verseifung erhaltene Öl wurde aufgetrennt in eine 4,4-Dimethylsterol-, 4-Monomethylsterol- und 4-Desmethylsterolfraktion. Die 4,4-Dimethylsterolfraktion enthielt hauptsächlich Cycloartenol, 24-Methylencycloartenol und Cycloartanol, Lanosterolderivate dagegen nur in Spuren. Die 4-Monomethylsterolfraktion enthielt als Hauptverb. Gramisterol, neben geringeren Mengen an Citrostadienol, Lophenol, Cycloeucalenol, Obtusifoliol, 31-Norcycloartenol, u.a. Die 4-Desmethylsterolfraktion weist Verbindungen wie Campesterol, Cholesterol, Sitosterol, Stigmasterol, u.a. auf.[7–9,30]

Verbreitung: Aus Ostasien (China, Japan) stammend, nach Mittel- und Südeuropa eingeschleppt. In China, Japan, auf Java und Hawaii kultiviert. Als Zierpflanze weit verbreitet, z.B. in Europa; teils verwildert.[2,3]

Drogen: Lycii radicis cortex, Lycium-chinense-Blätter.

Lycii radicis cortex

Synonyme: Cortex Lycii (radicis).

Sonstige Bezeichnungen: Dt.: Bocksdornrinde; engl.: Chinese wolfbeery rootbark; chinesisch: Digupi.

Monographiesammlungen: Cortex Lycii *ChinP IX*.

Definition der Droge: Die getrocknete Wurzelrinde *ChinP IX*.

Stammpflanzen: *Lycium chinense* Mill. oder *Lycium barbarum* L.

Herkunft: Heimatprovinzen in China: Gansu, Hebei, Innere Mongolei, Ningxia, Shaanxi und Xinjiang.[25]

Gewinnung: Zu Frühlingsbeginn oder im Spätherbst werden die Wurzeln ausgegraben und gewaschen; die Wurzelrinde wird abgeschält und an der Sonne getrocknet. Vor weiterer Verwendung muß die Rohdroge von Verunreinigungen und Resten des Holzkörpers befreit, gewaschen und an der Sonne getrocknet werden.[26,27]

Ganzdroge: Röhren- oder halbröhrenförmige Stükke, 3 bis 10 cm lang, 0,5 bis 1,5 cm breit und 0,1 bis 0,3 cm stark. Oberfläche graugelb bis gelbbraun gefärbt, rauh, mit unregelmäßigen Längsrissen; leichtes Abblättern schuppenförmiger Stücke. Innenseite gelblich weiß bis graugelb gefärbt, eben, mit feinen Längslinien. Leichtes spezifisches Gewicht, spröde Konsistenz, leicht brechbar. Bruch eben, außen eine gelbbraune, innen eine grauweiße Schicht erkennbar.[26,27]

Schnittdroge: *Geruch.* Schwach.
Geschmack. Erst schwach süßlich, dann bitter.
Mikroskopisches Bild. Querschnitt durch die Droge: Korkschicht aus 4 bis 10 Zell-Lagen; nach außen schließt daran eine relativ breite Borke an. Zumindest 1 Zell-Lage breiter Baststrahlen; Fasern einzeln, in Zweiergruppen oder auch zu Bündeln aus mehreren Fasern angeordnet. Parenchymzellen enthalten Calciumoxalatsand und reichlich Stärke.[26,27]

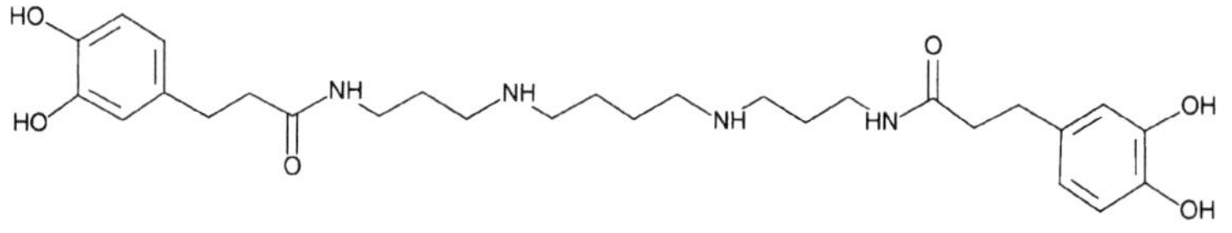

Kukoamin A

Pulverdroge: Gelbliches Pulver. Reichlich Stärkekörner; runde, annähernd runde und ovale, bis zu 14 µm lange Einzelkörner sowie aus 2 bis 4 Einzelkörnern aufgebaute, zusammengesetzte Körner. Zahlreiche, 110 bis 230 µm lange, verholzte oder nur schwach verholzte Fasern mit dünn gesäten, schräggestellten Tüpfeln; im Lumen mancher Zellen gelbbraune Substanzen enthalten. Vereinzelte Sklereiden, rundlich, spindelförmig oder länglich rechtekkig mit Durchmessern von 45 bis 72 µm und Längsausdehnungen bis zu 110 µm. Reichlich Calciumoxalatsand; die Kriställchen winzig klein und pfeilspitzenartig geformt; manche Parenchymzellen mit Oxalatsand angefüllt. Korkzellen in der Aufsicht polygonal mit gerade oder leicht wellig verlaufenden, vereinzelt schwach verholzten Antiklinalwänden; im Zell-Lumen gelbe Substanzen eingelagert.[27]

Inhaltsstoffe: *L. chinense.*
Stickstoffhaltige Verb. Kukoamin A (= *N,N'*-Bis(3-dihydrocaffeoylamidopropyl)-1,4-butandiamin) (keine Gehaltsangabe);[48] Lyciumamid (= *N*-Benzoyl-L-phenylalanyl-L-phenylalaninol-*O*-acetat) 2,3 × 10^{-4} % (isoliert);[49] Lyciumin A (= [Glycyl[4] *Cα*, tryptophan[8] Indol *N*[1]]-cyclo-pyroglutaminyl-prolyl-tyrosyl-glycyl-valyl-glycyl-seryl-tryptophan) 0,007 %, Lyciumin B (= [Glycyl[4] *Cα*, tryptophan[8] Indol *N*[1]]-cyclo-pyroglutaminyl-prolyl-tryptophyl-glycyl-valyl-glycyl-seryl-tryptophan) 0,01 % (jeweils isoliert);[50] Betain, Cholin (keine Gehaltsangaben).[48,51]
Weitere Verb. *β*-Sitosterol (keine Gehaltsangabe), 5*α*-Stigmastan-3,6-dion 1,9 × 10^{-4} % (isoliert); Linolsäure, Linolensäure, Melissinsäure (= CH_3-$(CH_2)_{28}$-COOH) (keine Gehaltsangaben); Sugiol 5 × 10^{-5} % (isoliert).[30,47,52]

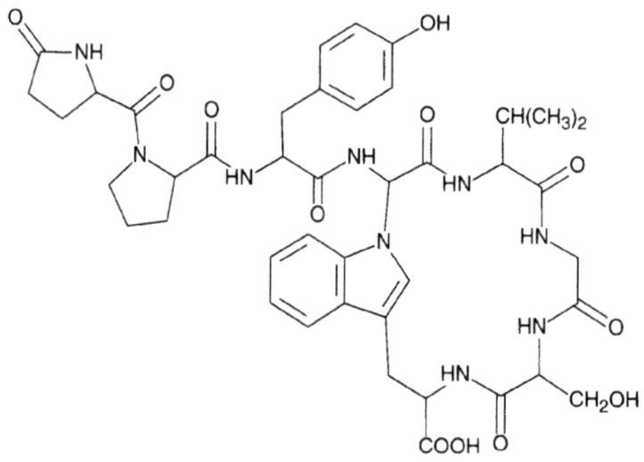

Lyciumin A

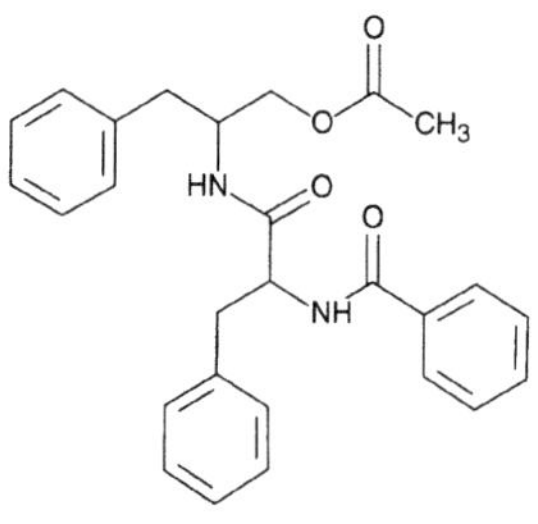

Lyciumamid

L. barbarum. Betain, ein Sitosterolderivat, Linolsäure (keine Gehaltsangaben).[51] Weitere Angaben liegen nicht vor.

Identität: Die pulv. Droge wird mit Essigsäureanhydrid versetzt, auf dem Wasserbad erhitzt und anschl. filtriert. Das Filtrat wird vorsichtig mit Schwefelsäure unterschichtet; die Grenzfläche zwischen den beiden Flüssigkeitsschichten färbt sich rotbraun, nach längerem Stehen nimmt die obere Schicht grüne Farbe an.[27]
Die pulv. Droge wird mit Wasser versetzt, auf dem Wasserbad erhitzt und anschl. filtriert. Das Filtrat wird mit Ninhydrinlsg. versetzt und auf dem Wasserbad erhitzt; die Lsg. färbt sich violett.[27]

Reinheit:
- Normalasche: Höchst. 11 %.[27]
- Säureunlösl. Asche: Höchst. 3 %.[27]

Lagerung: Trocken lagern.[26,27]

Wirkungen: Der methanolische Wurzelrindenextrakt von *L. chinense*, in einer Dosierung entspr. 0,5 g Droge/kg KG i. v., und das aus dem Extrakt isolierte Kukoamin A, in einer Dosierung von 5 mg/kg KG i.v., sollen an Ratten eine beachtliche Blutdrucksenkung bewirken.[48] Da weitere exp. Daten fehlen, sind die Ergebnisse nicht bewertbar.
Die aus der Wurzelrinde von *L. chinense* isolierten Octapeptide Lyciumin A und B sollen die Aktivität von Renin und ACE (angiotensin-converting-enzyme) hemmen: Reninhemmung: Lyciumin A 19,4 % (40 µg/mL), Lyciumin B 32 % (40 µg/mL); ACE-Hemmung: Lyciumin A 90,9 % (100 µg/R. M.), Lyciumin B 79,0 % (100 µg/R. M.).[50] Da weitere exp. Daten fehlen, sind die Ergebnisse nicht bewertbar.

Volkstümliche Anwendung und andere Anwendungsgebiete: In der chinesischen Medizin wird die Droge bei tageszeitabhängigen Fieberschüben, nächtlichen Schweißausbrüchen, Husten, Bluthusten, Nasenbluten, Bluthochdruck, Pulpitis und Diabetes eingenommen.[25–27]
Verschiedene Präparate der Wurzelrinde (keine Spezifizierung) sollen sich in klinischen Versuchen in China bei Bluthochdruck, Malaria (Anwendung als Tee), eitrigen Ohrenentzündungen, Pulpitis (Lokalbehandlung) und Ekzemen (i. v. Applikation) bewährt haben.[25] Nähere Angaben sind nicht zugänglich.
In der Volksmedizin Chinas und Japans findet die Droge bei Rheuma, bei Fieber infolge von Hepatitis, Nephritis, Pneumonie und Tuberkulose, sowie bei Halsschmerzen Verwendung (keine näheren Angaben).[53]
Die Wirksamkeit der Droge bei den genannten Indikationen ist nicht ausreichend belegt.

Dosierung und Art der Anwendung: *Droge.* Tagesdosis: 9 bis 15 g;[26,27] 6 bis 12 g entweder als Einzeldroge oder innerhalb einer Rezeptur zusammen mit anderen Drogen jeweils als Tee.[25]

Gegenanzeigen/Anwendungsbeschr.: Erkältungskrankheiten, Durchfallerkrankungen.[25]

Lycium-chinense-Blätter

Synonyme: Folia Lycii.

Definition der Droge: Die getrockneten Blätter.

Stammpflanzen: *Lycium chinense* MILL.

Ganzdroge: Dunkelgrüne bis schwarze, 1 bis 3 cm lange längliche eingerollte Blätter; kleine Anteile dünner Stengelteile und 1 bis 1,5 cm großer Dornen können vorhanden sein.[13]

Schnittdroge: *Mikroskopisches Bild.* Epidermiszellen in der Aufsicht gesehen wellig-buchtig mit feiner (undeutlicher) Cuticularstreifung; auf der Oberseite höchst selten, unterseits reichlich Spaltöffnungen, in der Regel von drei, seltener vier Nebenzellen umgeben. Sowohl im Querschnitt als auch im Flächenpräparat, ähnlich wie bei den Blättern von *Atropa belladonna* L. (Belladonnae folium), jedoch viel reichlicher Kristallsandzellen. Leitbündel bikollateral. Ältere Blätter fast unbehaart, jüngere mit kurzgestielten Drüsenhaaren (Stiel meist zweizellig, Drüsenkopf meist sechszellig). Im Unterschied zu Belladonnae folium keine anderen Haarformen.[13]

Inhaltsstoffe: *Steroide.* Aus den Blättern wurden die Lakton-Steroide Withanolid A (= 5α,20α(*R*)-Dihydroxy-6α,7α-epoxy-1-oxo-5α-witha-2,24-dienolid) und Withanolid B (20-Desoxyderivat des Withanolid A) in einer Ausbeute von jeweils 0,001 % isoliert.[12] Eine semiquantitative Bestimmung der beiden Withanolide in Blattrohextrakten, beruhend auf der visuellen Vergleichsmethode nach DC-Trennung und Anfärben mit Dragendorffs-Reagenz, ergab einen rechnerischen Gehalt von 0,02 % Withanolid A und 0,03 % Withanolid B in der Droge.[13]

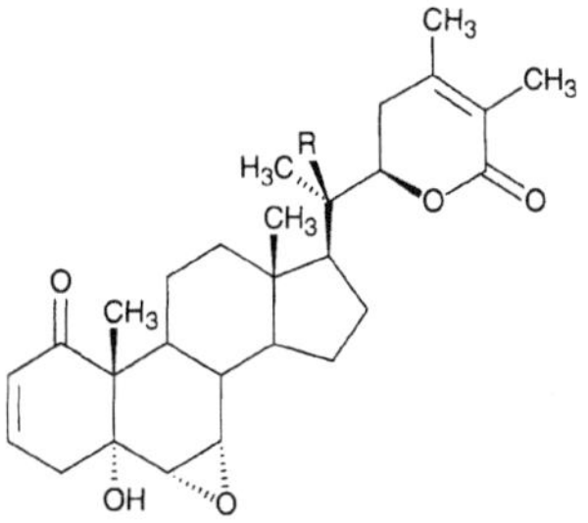

Withanolid A: R = OH
Withanolid B: R = H

Weitere Verb. Betain 1,38 % (Reineckesalzmethode);[44,51] Nicotianamin 0,69 µmol/g Frischgewicht;[54] (+)-3-Hydroxy-7,8-dehydro-β-ionon (keine Gehaltsangabe);[55] Scopoletin 0,003 %, Vanillinsäure 0,0004 %.[56]

Wirkungen: Pharmakologische Untersuchungen mit Drogenauszügen liegen derzeit nicht vor.
Immunmodulierende Wirkung von Withanolid A. In-vitro-Modell: Lymphozyten-Transformationstest, Messung der Aufnahme von (meth-3*H*)-Thymidin in Mäuse-Milzzellkulturen nach mitogener Stimulation durch Phythämagglutinin (PHA).
Endkonzentrationen von über 1 µg/mL in den Kulturen hemmen die Proliferation der Mäuse-Milzzellen, sowohl nach vorheriger Stimulation mit 0,3 bzw. 1 µg PHA als auch ohne PHA-Stimulation. Das Ergebnis wird als Hinweis auf eine mögliche immunosuppressive Wirkung der Withanolide gewertet.[57]
Sonstiges. Eine wasserlösliche, nicht dialysierbare Substanz aus den Blättern von *L. chinense* soll die Ovulation in erwachsenen Kaninchen stimulieren.

Da exp. Daten nicht zugänglich sind, ist das Ergebnis nicht beurteilbar.[58]

Volkstümliche Anwendung und andere Anwendungsgebiete: In der chinesischen Volksmedizin wird die Droge in Form eines Tees bei Schmerzen und entzündlichen Prozessen, wie z. B. Rheumatismus, eingenommen.[12,13] Auch in Indien setzt man die Droge bei rheumatischen Beschwerden ein.[59]
Auf der Iberischen Halbinsel wird ein Tee aus den Blättern bei Keuch- und Krampfhusten getrunken.[60]
In Indonesien wird ein Infus als Mundwasser zum Gurgeln bei Zahnschmerzen verwendet.[53]
Die Wirksamkeit der Droge bei den genannten Indikationen ist nicht belegt.

Dosierung und Art der Anwendung: *Droge.* Innerlich als Tee; bei Krampf- und Keuchhusten: 1 g Blätter auf eine Tasse Wasser, schlückchenweise über den Tag verteilt trinken.[60]
Äußerlich als Infus zum Gurgeln.[53]

Sonst. Verwendung: *Haushalt.* Die frischen Blätter finden als Kochgemüse Verwendung und werden als Beilage zu Schweinefleisch gegessen.[2]

1. Feinbrunn N, Stearn WT (1964) Israel J Bot 12:114–123
2. Schultze-Motel J (Hrsg.) (1986) Rudolf Mansfeld, Verzeichnis landwirtschaftlicher und gärtnerischer Kulturpflanzen (ohne Zierpflanzen), 2. neubearbeitete und erweiterte Aufl., Springer Verlag, Berlin Heidelberg New York Tokyo, Bd. 3, S. 1.179–1.180
3. FEu, Bd. 3, S. 193–194
4. Rizk AM (1986) The Phytochemistry of the Flora of Qatar, Scientific and Applied Research Center, University of Qatar
5. Harsh ML, Nag TN (1981) Curr Sci (India) 50:235
6. Duperon R, Thiersault M, Duperon P (1984) Phytochemistry 23:743–746
7. Itoh T, Tamura T, Matsumoto T (1977) Phytochemistry 16:1.723–1.726
8. Itoh T, Ishii T, Tamura T, Matsumoto T (1978) Phytochemistry 17:971–977
9. Jeong TM, Yang MS, Nah HH (1978) Hanguk Nonghwa Hakhoe Chi 21:51–57, zit. nach CA 90:100109u
10. Dasso I, Gros EG, Cattaneo P (1980) An Asoc Quim Argent 68:109–117, zit. nach CA 94:117762g
11. Manzoor-i-Khuda M, Sultana S (1968) Pak J Sci Ind Res 11:147, zit. nach Lit.[4]
12. Hänsel R, Huang JT, Rosenberg D (1975) Arch Pharm (Weinheim) 308:653–654
13. Hänsel R, Huang JT (1977) Arch Pharm (Weinheim) 310:35–38
14. Heg, Bd. V, Teil 4, S. 2.562–2.565
15. Christen P, Kapetanidis I (1987) Planta Med 53:571–572
16. Christen P, Kapetanidis I (1987) Pharm Acta Helv 62:154–157
17. Christen P, Kapetanidis I (1987) Pharm Acta Helv 62:158–162
18. Kala H (1958) Planta Med 6:186–202
19. Schmidt E, Schütte W (1891) Arch Pharm (Weinheim) 229:526–527
20. Weitz R (1921) Les Lyciums européens et exotiques, thèse de doctorat, Paris, zit. nach Lit.[16]
21. Delphaut J, Balansard J (1949) Ann Pharm Fr 7:646–648
22. Balansard J, Delphaut J (1950) Ann Pharm Fr 8:725–734
23. Geßner O (1974) Die Gift- und Arzneipflanzen von Mitteleuropa, 3. Aufl., Universitätsverlag, Heidelberg
24. Roth L, Daunderer M, Kormann K (1984) Giftpflanzen – Pflanzengifte, ecomed Verlagsgesellschaft, Landsberg München
25. Paulus E, Ding Y (1987) Handbuch der traditionellen chinesischen Heilpflanzen, Heidelberg
26. ChinP IX
27. Stöger A, Friedl F (1991) Arzneibuch der chinesischen Medizin, Monographien der Volksrepublik China 1985 und nachfolgender Ausgaben, 2. überarbeitete Aufl., Deutscher Apotheker Verlag, Stuttgart
28. Tang W, Eisenbrand G (1992) Chinese Drugs of Plant Origin, Chemistry, Pharmacology, and Use in Traditional and Modern Medicine, Springer Verlag, Berlin Heidelberg New York London Paris Tokyo Hong Kong Barcelona Budapest
29. Qi ZS, Li SF, Wu JP Qu R, Yang YF (1986) Bull Chin Mater Med 11:169–171, zit. nach Lit.[30]
30. Qi ZS, Li SF (1981) Ningxia Daxue Xuebao Ziran Kexueban:67–72, zit. nach Lit.[30]
31. Merz KW, Stolte H (1960) Planta Med 8:121–126
32. Zechmeister L, Cholnoky Lv (1930) Hoppe-Seylers Z Physiol Chem 189:159–161
33. Zechmeister L, Cholnoky Lv (1930) Justus Liebigs Ann Chem 481:42–56
34. Pharmazeutische Stoffliste (1990) 7. Aufl., ABDA, Frankfurt
35. Chang HM, But PPH (Hrsg.) (1987) Pharmacology and Applications of Chinese Materia Medica, Chinese Medicinal Material Research Centre, The Chinese University of Hong Kong, World Scientific, Bd. 2, S. 852–854
36. Coordinating Research Group on Drugs and Pharmacology, Hui Autonomous Region (Ningxia) Office for Chronic Bronchitis Prevention and Treatment (1974) Ningyi Tongxun (Communications of Ningxia Medical College): 56, zit. nach Lit.[35]
37. Zhu CW et al (1979) Studies on Chinese Proprietary Medicine: 46, zit. nach Lit.[35]
38. Lapinina LO, Sisoeva TF (1964) Farmatsevt Zh (Kiev) 19:52–58, zit. nach CA 66:1451e
39. Kirtikar KR, Basu BD (1987) Indian Medicinal Plants, 2. Aufl. (reprint), International Book Distributors, Dehradun Indien, Bd. 3
40. Frohne D, Pfänder HJ (1987) Giftpflanzen, Ein Handbuch für Apotheker, Toxikologen und Biologen, 3. Aufl., Wissenschaftliche Verlagsgesellschaft mbH, Stuttgart
41. Craker LE, Simon JE (Hrsg.) (1989) Herbs, Spices, and Medicinal Plants: Recent Advances in Botany, Horticulture, and Pharmacology, Oryx Press, Bd. 4
42. Sannai A, Fujimori T, Kato K (1982) Phytochemistry 21:2.986–2.987
43. Sannai A, Fujimori T, Kato K (1983) Agr Biol Chem 47:2.397–2.399
44. Nishiyama R (1963) Nippon Shokuhin Kogyo Gakkaishi 10:517–519, zit. nach CA 63:4600h
45. Lin QS (1977) Chemistry of the Constituents in Chinese Medicinal Herbs, Science, Beijing, S. 568, zit. nach Lit.[30]
46. Harashima K, Yajima Y (1969) Agr Biol Chem 33:1.092, zit. nach CA 72:9321

47. Mizobuchi K, Kobayashi H, Nagai M, Shzimaoka T, Higashi J (1965) Tokushima Daigaku Yakugakubu Kenkyu Nempo 14:10–13, zit. nach CA 67:105978m
48. Funayama S, Yoshida K, Konno C, Hikino H (1980) Tetrahedron Lett: 1.355–1.356
49. Noguchi M, Mochida K, Shingu T, Kozuka M, Fujitani K (1984) Chem Pharm Bull 32:3.584–3.587
50. Yahara S, Shigeyama C, Nohara T (1989) Tetrahedron Lett:6.041–6.042
51. Mizobuchi K, Inoue Y, Kiuchi T, Higashi J (1963) Syoyakugaku Zasshi 17:14–15, zit. nach CA 62:3064g
52. Noguchi M, Mochida K, Shingu T, Fujitani K, Kozuka M (1985) J Nat Prod 48:342–343
53. Perry LM (1980) Medicinal Plants of East and Southeast Asia: Attributed Properties and Uses, MIT Press, Cambridge (Massachusetts) London (England)
54. Noma M, Noguchi M (1976) Phytochemistry 15:1.701–1.702
55. Sannai A, Fujimori T, Uegaki R, Akaki T (1984) Agr Biol Chem 48:1.629–1.630
56. Hänsel R, Huang JT (1977) Arch Pharm (Weinheim) 310:38–40
57. Bähr V, Hänsel R (1982) Planta Med 44:32–33
58. Suzuki M, Osawa S, Hirano M (1972) Tohoku J Exp Med 106:219–231
59. Nadkarni KM, Nadkarni AK (1954) Indian Materia Medica, Popular Book Depot, Bombay Panvel, zit. nach Lit.[57]
60. Font Quer P (1990) Plantas Medicinales, 12. Aufl., Editorial Labor, Barcelona
61. Arzneibuchkommission der Volksrepublik China (1992) Farbatlas der Chinesischen Arzneidrogen des Arzneibuches der Volksrepublik China, Verlag für Wissenschaft und Technologie, Guangdong

HB/Mr

Lycoperdon

HN: 2024100

Zur Stammpflanze der homöopathischen Bovista-Tinktur herrschen Unklarheit und Uneinheitlichkeit in Nomenklatur und Systematik.[1]
Die noch in einigen Pharmakopöen[2,3] aufgeführte Stammpflanze *Lycoperdon bovista* PERS. wird in diesem Hdb. unter dem Synonym[4,5] *Calvatia utriformis* (BULL. ex PERS.) JAAP abgehandelt. Weitere Angaben → Calvatia (Folgewerk).

1. Schindler H (1951) Pharmazie 6:286–298
2. HAB 34
3. HPUS 88
4. Jülich W (1984) Die Nichtblätterpilze, Gallertpilze und Bauchpilze, Bd. IIb/1: Kleine Kryptogamenflora, Fischer, Stuttgart, S. 490 und 395
5. Kreisel H (Hrsg.) (1984) Michael-Hennig-Kreisel: Handbuch für Pilzfreunde, Bd. II: Nichtblätterpilze, Fischer, Stuttgart New York, S. 324–326

RS

Lycopersicon

HN: 2031000

Familie: Solanaceae.

Unterfamilie: Solanoideae.

Tribus: Solaneae.

Gattungsgliederung: Wegen der Ähnlichkeiten in Blüten- und Blattbau faßte Linné 1753 die Stammpflanzen von Kartoffeln und Tomaten zu dem Genus Solanum zusammen, obwohl er noch nichts von den heute bekannten Wildarten wußte, die einen gleitenden Übergang darstellen und von denen man eine Reihe von Kreuzungen und Pfropfbastarden kennt. Aber deutliche Unterschiede im Bau der Blütenstiele, der Antheren und der Wurzel veranlaßten bereits 1754 Miller, zwischen den Gattungen Solanum und Lycopersicon zu unterscheiden.[1,2]
Die Gattung Lycopersicon MILL. wird nicht mehr in weitere Untergattungen eingeteilt. Sie enthält 9 Arten. Die Gattung ist cytogenetisch sehr gut untersucht, alle Arten besitzen 2n = 24 Chromosomen. Umfangreiche Genkarten und ein reichhaltiges Sortiment von Wildarten und Mutanten dienen dem Züchter zur Verbesserung der Kultursorten der Tomate *Lycopersicon esculentum*.[3]

Gattungsmerkmale: Pflanze einjährig, krautig, nur die Wurzel zeigt Ansätze von Verholzung. Sproß sympodial verzweigt, niederliegend, 1 bis 2 m lang. Wurzel spindelförmig, leicht faserig. Blätter mit breiten Stielen, unterseits graugrün, ungleich gefiedert.
An einer Blattspindel sitzen 2 bis 4 Paar großer Fiederblätter, unterbrochen von 2 bis 3 Paar wesentlich kleinerer. Blätter wenig behaart, oft mit 2 bis 3 mm langen Drüsenhaaren, die Abwehrstoffe ausscheiden. Blüten gelb, in Wickeln, 5teilig, Staubblätter setzen unten oder in der Mitte der Blütenkronröhre an. Filamente frei, Staubbeutel mit sterilen Anhängseln, zu einer Röhre zusammenneigend, die den Griffel umschließt. Fruchtknoten oberständig, aus 2 oder 3 miteinander verwachsenen Fruchtblättern hervorgehend, Frucht eine gelbe oder rote fleischige Beere, bei einigen Arten auch hellgrün, mit Streifen versehen, dann aber behaart. Die Früchte der Wildarten maximal 3 cm groß, 2- bis 3fächerig. Alle Früchte mit zahlreichen Samen, in Schleimhülle, die bei den Kultursorten den fleischigen Geschmack ergibt. Die Samen der rot- und gelbfrüchtigen Arten sind hellbraun, flach, sie zeigen nach dem Trocknen einen seidigen Glanz. Die Samen der hellgrünen Früchte sind länger und dicker, hell- bis dunkelbraun und kahl. Bei der Kulturart *Lycopersicon esculentum* sind einzelne Blütenteile vervielfacht, es treten statt zwei 3 bis 4 Fruchtblätter auf, außerdem sind sie Selbstbefruchter.[3,8]

Verbreitung: Aus Südamerika stammend, von Chile bis Mexiko, wo heute noch einzelne Wildarten wachsen.

Inhaltsstoffgruppen: In grünen Teilen geringe Mengen der Steroidalkaloide Tomatin und Solanin, aber nicht deren freie Aglyka.

Die Alkaloide in den grünen Früchten von *Lycopersicon esculentum* verschwinden bei der Reife bis auf einen vernachlässigbaren Rest.[4] Die gelben und roten Früchte enthalten wechselnde Mengen an Carotinoiden. Hauptpigment ist Lycopin.[4]

Drogenliefernde Arten: *L. esculentum*: Lycopersicon-esculentum-Blätter, Solanum lycopersicum hom. *HAB34*, Lycopersicon esculentum hom. *HPUS88*.

Lycopersicon esculentum MILL.

Synonyme: *Lycopersicon lycopersicum* (L.) KARST. ex W. FAREW., *Solanum lycopersicum* L.

Sonstige Bezeichnungen: Dt.: Liebesapfel, Paradiesapfel, Tomate; engl.: Love apple; frz.: Pomme d'or; it.: Pomodoro.

Systematik: *Lycopersicon esculentum* umfaßt zwei Varietäten, *L. esculentum* var. *cerasiforme* (DUN.) GRAY[2] und *L. esculentum* var. *esculentum*.
Als Kultursorten von *L. esculentum* var. *esculentum* werden ertragreiche F1-Hybriden angebaut. Eine Pflanze liefert 1,4 bis 1,7 kg Früchte. Im Handel sind: Master F-1, Große Fleischtomate, Golden Jubilee, Moneymaker, Estrella, Amforta.

Botanische Beschreibung: Pflanze einjährig, 0,5 bis 1,2 m lang, schlaff, stark verzweigt, drüsig kurzhaarig mit vereinzelten längeren Haaren. Wurzel faserig. Laubblätter mit breiten Stielen, unterseits graugrün, unpaarig gefiedert, Fiederblättchen eiförmig bis eilanzettlich, unregelmäßig gekerbt-gesägt bis fiederspaltig. Blüten in trugdoldenähnlichen Wikkeln, oft mehr als 5zählig, Kelchzipfel lineal-lanzettlich. Blumenkrone gelb, etwa so lang wie der Kelch, Durchmesser mehr als 1 cm. Kronröhre sehr kurz, in spitze, lanzettliche Lappen tief gespalten. Staubblätter mit der Kronröhre verwachsen, nach innen mit Längsspalten aufspringend, zu einem Kegel zusammenneigend. Narbe grün, kopfig. Frucht beerenartig, groß, saftig, meist glatt, gelegentlich auch mit hervortretenden Längswülsten, rund bis eiförmig, mit kurzer stumpfer Spitze, scharlachrot, seltener gelb oder weiß, Durchmesser 2 bis 10 cm. Samen flach, nierenförmig, weiß bis graugelb, zottig behaart, 2 bis 4 mm lang, 0,5 bis 1 mm dick. Die Varietät *cerasiforme* besitzt Früchte mit einem Durchmesser von 1,5 bis 2 cm.[14]

Inhaltsstoffe: Die Tomatenfrüchte enthalten über 90 % Wasser, der Trockenanteil liegt bei 5 bis 8 %, zusätzlich zum Gewicht der Samen. Folgende Inhaltsstoffe wurden im Tomatenmark festgestellt (g/100 g): Citronensäure 3,9 bis 9,1; Glutaminsäure 1,5 bis 4,1; Gesamtsäure, berechnet als Weinsäure 5,1 bis 8,5; Glucose 16,6 bis 24,8; Fructose 19,2 bis 27,6; Lycopin 0,109 bis 0,213; Kalium 3,0 bis 4,9; Natrium 0,30 bis 0,37; Stickstoff 2,0 bis 3,3, Phosphat 0,79 bis 1,2; Asche 7,6 bis 10,2.[5]
Für den Geschmack der Früchte werden organische Säuren und geringe Mengen ätherischen Öls verantwortlich gemacht.
In gartenüblichen Tomaten fanden sich folgende Mengen Tomatin (mg/100 g Frischgewicht): Früchte 36–72, Blätter 26 bis 104, Sprosse 27 bis 28, Wurzeln 26 bis 72. Die Alkaloide der Früchte, Tomatin und Solanin, werden bei der Reifung abgebaut, reife Beeren sind frei davon.[4] Der Alkaloidgehalt grüner Tomaten, die als Sauergemüse eingelegt werden, kann durch Schälen und Kochen in essigsaurer Lösung um ein Drittel vermindert werden.[7] Reife Tomaten besitzen einen hohen Gehalt an Lycopin, der als Maß für den Reifegrad herangezogen werden kann.[6]

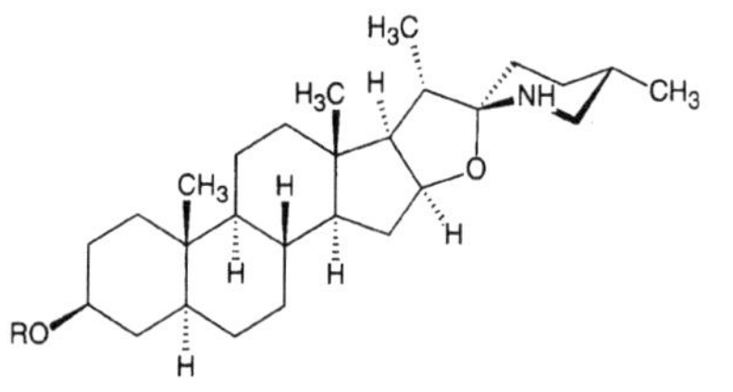

Tomatidin: R = H

Tomatin: R = Xyl 1→3 / Glc 1→2 Glc 1→4 Glc 1→

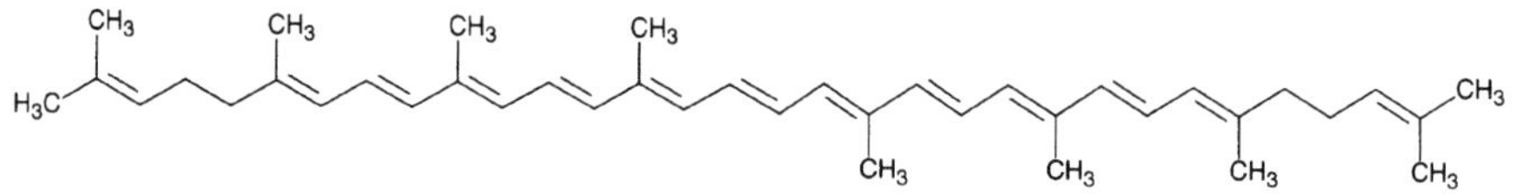

Lycopin (ψ,ψ-Carotin)

Verbreitung: Die Art *L. esculentum* tritt nur noch als Kulturform auf. Man nimmt an, daß sie aus Süd- und Mittelamerika stammt und von den Spaniern nach Europa gebracht wurde.

Anbaugebiete: *L. esculentum* var. *esculentum* ist wegen ihrer Frucht als Frischgemüse und Konserve weltweit geschätzt. Im Freiland wird sie überall dort angebaut, wo die frostfreie Vegetationszeit dies erlaubt, sonst jedoch auf der ganzen Erde unter Glas. Haupterzeugungsländer sind die USA, Italien und die Niederlande. Die Weltjahresproduktion an Tomaten wird auf über 20 Millionen Tonnen geschätzt.

Drogen: Lycopersicon-esculentum-Blätter, Solanum lycopersicum hom. *HAB34*, Lycopersicon esculentum hom. *HPUS88*.

Lycopersicon-esculentum-Blätter

Definition der Droge: Frische Blätter.

Stammpflanzen: *Lycopersicon esculentum* MILL.

Inhaltsstoffe: *Alkaloide.* Tomatin, 26 bis 104 mg/100 g in den frischen Blättern der gartenüblichen Tomate.[6]

Gehaltsbestimmung: *Tomatin.* Extraktion mit Essigsäure (10 g Pulver, 200 mL Essigsäure 2 %ig, 2mal 24 h lang bei 40 bis 45 °C unter Umrühren), Neutralisation des essigsauren Extraktes mit 10 %iger Sodalösung bis pH 10, Abzentrifugieren des Niederschlages, Trocknen im Vakuum, Extraktion mit Methanol und Eindampfen des Methanols bis zur Trockne. Der Rückstand der methanolischen Extraktion soll farblos sein, sonst muß die saure Extraktion nochmals wiederholt werden, damit alle Pflanzenpigmente aus dem Rohextrakt abgetrennt sind. Der Rohextrakt wird gewogen oder kolorimetrisch bzw. mikrobiell mit *Bacillus subtilis* im Wachstumstest bestimmt. Die kolorimetrische Bestimmung beruht auf einer Komplexbildung des Tomatins mit Formol in schwefelsaurer Lösung, λ_{max} = 535 nm. Im Methodenvergleich ergibt die gravimetrische Bestimmung die höchsten, die mikrobiologische die niedrigsten Werte, die kolorimetrische liegt in der Mitte.[6]

Wirkungen: Untersuchungen zu Drogenzubereitungen liegen nicht vor.
Antibakterielle Wirkung. Aus Tomatenpflanzen isoliertes Tomatin wirkt *in vitro* im Reihenverdünnungstest in einem Konzentrationsbereich von 0,064 bis 1,034 mg/mL antibakteriell und fungistatisch. Die Hemmwirkung auf *Bacillus subtilis* und *Candida albicans* kann für eine quantitative Tomatinbestimmung benutzt werden; s. Gehaltsbestimmung.[6]
Wirkung auf den Blutdruck. An der Ratte und am Kaninchen sollen 0,9 mg/kg Tomatinhydrochlorid i. v. innerhalb von $^1/_2$ bis 2 min zu einem starken Blutdruckabfall führen. Der Ausgangswert soll nach einigen Stunden wieder erreicht werden.[9]
Wirkung auf die Zellteilung. Ein aus Tomaten isoliertes Lektin (keine Konzentrationsangaben) soll die Zellteilung und DNA-Synthese in menschlichen Lymphocytenkulturen unterbinden. Der Effekt wird durch einen Zusatz von *N*-Acetylglucosamin aufgehoben. Das Lektin führt *in vitro* zur Agglutination von menschlichen Monocyten sowie B- und T-Lymphocyten.[10]

Volkstümliche Anwendung und andere Anwendungsgebiete: In Zimbabwe: Blattextrakt gegen wunde Augen.[11]
In Indien: Tee von Blättern gegen Grippe.[12] Auf Haiti: Blattabkochungen gegen Entzündungen des Mundes und Rachenraumes.[13] Angaben über Dosierungen liegen nicht vor, die Wirksamkeit bei diesen Anwendungsgebieten ist nicht belegt.

Tox. Inhaltsstoffe u. Prinzip: Die Toxizität wird im wesentlichen auf das in den unreifen Früchten und grünen Pflanzenteilen enthaltene Tomatin zurückgeführt.

Akute Toxizität: *Tier.* Die einmalige Gabe von 900 bis 1.000 mg/kg KG Tomatinhydrochlorid führt p. o. bei der Ratte innerhalb von 24 h zum Tod.[9]

Chronische Toxizität: *Mensch.* Für den Menschen gilt ein Tomatingehalt von 10 mg/100 g frische Früchte als unbedenklich. Dieser Wert wird nur von grünen Pflanzenteilen überschritten. Reife Früchte sind praktisch frei von Steroidalkaloiden.[4] *Tier.* Der Zusatz von 0,0025 bis 0,04 % Tomatinhydrochlorid zum Futter führte nach 200 Tagen bei männlichen und weiblichen Ratten im Vergleich zu einer Kontrollgruppe zu keinen Unterschieden in äußerem Erscheinungsbild und Wachstum. Auffälligkeiten im histologischen Befund wurden nicht festgestellt.[9]

Toxikologische Daten: *LD-Werte. Tomatinhydrochlorid.* LD_{50}: Maus 18 mg/kg KG i. v.[9]

Solanum lycopersicum hom. *HAB 34*

Monographiesammlungen: Solanum lycopersicum *HAB 34.*

Definition der Droge: Das frische Kraut zur Zeit der Blüte.

Stammpflanzen: *Lycopersicon esculentum* MILL. *HAB 34* gibt dessen Synonym *Solanum lycopersicum* L. an, die Aufbereitungsmonographie[15] das Synonym *Lycopersicon lycopersicum* (L.) KARST. ex FARW.

Zubereitungen: Essenz nach § 1 *HAB 34.*
Urtinktur und flüssige Verdünnungen nach *HAB 1*, Vorschrift 2a.[15]
Darreichungsformen: Urtinktur, flüssige Verdünnungen, Streukügelchen, Verreibungen, Tabletten; flüssige Verdünnungen zur Injektion ab D6.[15]

Gehalt: *Essenz.* Arzneigehalt $^1/_2$.

Lagerung: Urtinktur und 1. Dezimalpotenz vorsichtig aufzubewahren.

Anwendungsgebiete: Die Anwendungsgebiete entsprechen dem homöopathischen Arzneimittelbild. Dazu gehören: Entzündungen der oberen Luftwege; Muskel- und Nervenschmerzen.[15]

Dosierung und Art der Anwendung: *Zubereitung.* Soweit nicht anders verordnet: Bei akuten Zuständen häufige Anwendung alle halbe bis ganze Stunde je 5 Tropfen oder 1 Tablette oder 10 Streukügelchen oder 1 Messerspitze Verreibung einnehmen; parenteral 1 bis 2 mL bis zu 3mal täglich s. c. injizieren. Bei chronischen Verlaufsformen 1- bis 3mal täglich 5 Tropfen oder 1 Tablette oder 10 Streukügelchen oder 1 Messerspitze Verreibung einnehmen; parenteral 1 bis 2 mL Tag s. c. injizieren.[15]

Unerwünschte Wirkungen: Nicht bekannt. Hinweis: Es können vorübergehend Erstverschlimmerungen vorkommen, die jedoch unbedenklich sind.[15]

Gegenanzeigen/Anwendungsbeschr.: Bis D7: Überempfindlichkeit gegen Tomatenpflanzen.[15]

Wechselwirkungen: Nicht bekannt.[15]

Gesetzl. Best.: *Offizielle Monographien.* Aufbereitungsmonographie der Kommission D am BGA "Lycopersicon lycopersicum (Solanum lycopersicum)".[15]

Lycopersicum esculentum hom. *HPUS 88*

Monographiesammlungen: Lycopersicon esculentum *HPUS 88*.

Definition der Droge: Die ganze Pflanze.

Stammpflanzen: *Lycopersicon esculentum* MILL. (als *Lycopersicum esculentum* MILL.)

Zubereitungen: *Urtinktur.* Herstellung durch Mazeration oder Perkolation der frischen oder getrockneten Droge mit EtOH nach den allg. Zubereitungsvorschriften (Class C) der *HPUS 88*. Ethanolgehalt 45 % (*V/V*).

Gehalt: *Urtinktur.* Arzneigehalt $^{1}/_{10}$.

1. Brücher H (1977) Tropische Nutzpflanzen, Springer Verlag, Berlin Heidelberg New York, S. 381–393
2. Warnock SJ (1988) Hort Science 23:669–673
3. Rick CM (1975) In: King RC (Hrsg.) Handbook of Genetics, Bd. 2, Plenum Press, New York, S. 247–280
4. Czygan FC, Willuhn G (1967) Planta Medica 15:404–415
5. Otteneder H (1986) Dtsch Lebensm Rdsch 82:14–18
6. Truhaut R, Schuster G, Tarrade AM (1968) Ann Pharm Fr 26:41–49
7. Kibler R, Lang H, Ziegler W (1985) Dtsch Lebensm Rdsch 81:111–113
8. Terell EE (1977) Taxon 26:129–148
9. Wilson RH, Poley GW, Deeds F (1961) Toxicol Appl Pharmacol 3:39–48
10. Kilpatrick DC, Graham C, Urbaniak SJ (1986) Scand J Immunol 24:11–19
11. Chinemana F, Drummond RB, Mavis S (1986) J Ethnopharmacol 14:159–172
12. Yadhu NS (1986) J Ethnopharmacol 15:57–88
13. Weniger B, Rouzier M, Daguil R (1988) J Ethnopharmacol 17:13–30
14. FEu, Bd. 3, S. 199
15. BAz Nr. 54a vom 17.03.1989

Mr

Lysimachia

HN: 2006100

Familie: Primulaceae.

Tribus: Lysimachieae.

Gattungsgliederung: Die Gattung Lysimachia L. besteht aus etwa 220 Arten und wird in 16 Sektionen unterteilt, von denen 5 einen Vertreter in Mitteleuropa besitzen:

- Sectio Lerouxia (MERAT) ENDL., z. B. mit *L. nemorum* L.;
- Sectio Lysimastrum ENDL. mit *L. vulgaris* L.;
- Sectio Naumburgia (MOENCH) KLATT, z. B. mit *L. tyrsiflora* L.;
- Sectio Nummularia (GILIB.) KLATT, z. B. mit *L. nummularia* L.;
- Sectio Verticillatae KNUTH mit *L. punctata*.[1]

Gattungsmerkmale: Stauden, seltener Sträucher; Laubblätter ganzrandig, gegenständig oder quirlig, selten wechselständig; Blüten achselständig oder traubig; 5zählig (selten bis 7zählig); Kelch meist tief 5teilig; Krone glocken- oder radförmig, meist tief 5spaltig; Staubblätter 5, mehr oder weniger mit der Kronröhre verwachsen; Fruchtknoten oberständig mit fadenförmigem Griffel; Frucht: Kapsel; Samen mit dünner Schale und querliegendem Embryo.[1]

Verbreitung: Kosmopolit; einige Arten in Gärten als Zierpflanzen.[1]

Inhaltsstoffgruppen: Samen stärkefrei, enthalten Amyloid.[16]

Drogenliefernde Arten: *L. nummularia*: Lysimachiae herba, Lysimachia nummularia hom *HAB 34*, Lysimachia nummularia hom. *HPUS 88*; *L. vulgaris*: Lysimachia-vulgaris-Kraut.

Lysimachia nummularia L.

Synonyme: *Ephemerum nummularia* SCHUR., *Lysimachia nemorum* GENERS., *L. repens* STOKES, *L. rotundifolia* F. W. SCHMIDT, *L. suaveolens* SCHOENHEIT, *L. zavadskii* WIESN., *Nummularia centimorbia* FOURR., *Nummularia officinalis* ERNDT, *Nummularia prostrata* OPIZ, *Nummularia repens* GILIB.[1]

Sonstige Bezeichnungen: Dt.: Brautkranz, Egelkraut, Fuchsenkraut, gelbe Striten, Goldchrut, Goldfelberich, Goldstrite, Hellerkraut, Kränzelkraut, Kranzkraut, Kranzlan, Kreuzerlan, Münzkraut, Natterchrut, Schlangen-Otter-Krut, Schlangenwurzel, Tausendkrankheitskraut, Wischengold, Wundkraut; engl.: Buck weed, creeping Jenny, moneyword; frz.: Chassebosse, herbe aux écus, monnoyère, nummulaire, tue moutons; it.: Borissa, centimorbia, erba quattrina, quattrinella.[1]

Systematik: *L. nummularia* ändert etwas ab, man unterscheidet 2 Varietäten je nach Länge der Blütenstiele, und zwar var. *brevipedunculata* (OPIZ) DOMIN und var. *longepediculata* (OPIZ) DOMIN; weiters unterscheidet man 4 Formen nach der Blattform, und zwar f. *cordifolia*, f. *ovalifolia*, f. *parvifolia* und f. *rotundifolia*.[1]

Botanische Beschreibung: Ausdauernd; Stengel 10 bis 50 cm lang, niederliegend, wenig verzweigt, 4kantig, an den Knoten z. T. wurzelnd, kahl bis wenig behaart; Laubblätter kreuz-gegenständig, aber in einer Ebene, ganzrandig, rotdrüsig punktiert, rundlich-elliptisch, Blattstiel 2 bis 4 mm; Blüten 5teilig; Blütenstiele etwa so lang wie die Blätter; Kelch bis zum Grunde geteilt, mit fünf herzförmi-

gen Zipfeln, Krone sattgelb, innen durch dunkelrote Drüsen punktiert, ca. 15mm breit, bis fast zum Grunde gespalten, fünf verkehrt-eiförmige, ganzrandige Zipfel; 5 Staubblätter, kürzer als die Krone, drüsig behaart, am Grunde miteinander verwachsen; Kapsel kugelig, 4 bis 5mm lang; Samen schwärzlich-braun, 3kantig, warzig bis 1 1/2mm lang.
Die Pflanze setzt selten Früchte an. Verbreitung u. a. durch sproßbürtige Wurzeln.[1]

Verbreitung: Heimisch in ganz Europa, Kaukasus, eingeschleppt in Nordamerika und Japan.

Drogen: Lysimachiae herba, Lysimachia nummularia hom. *HAB 34*, Lysimachia nummularia hom. *HPUS 88*.

Lysimachiae herba (Pfennigkraut)

Synonyme: Herba Lysimachiae, Herba Nummulariae, Lysimachiae nummulariae herba.

Sonstige Bezeichnungen: Dt.: Goldfelberich, Münzkraut; engl.: Moneywort; frz.: Nummulaire.

Definition der Droge: Die ganze, zur Blütezeit gesammelte, getrocknete Pflanze.

Stammpflanzen: *L. nummularia* L.

Herkunft: Aus Wildbeständen.

Gewinnung: Das ganze blühende Kraut wird mit den Wurzeln gesammelt, die Erde von den Wurzeln entfernt und im Schatten getrocknet.

Ganzdroge: Stengel bis 15 cm lang, vierkantig; Blätter meist gegenständig, kreisrund bis elliptisch; Blüten gelblich.

Schnittdroge: *Makroskopische Beschreibung.* Teile des vierkantigen Stengels, Fragmente der grünen fast runden Blätter, Teile der gelben Blüten, evtl. dünne Wurzelfragmente.
Mikroskopisches Bild. Blatt im Querschnitt dorsiventral, Palisadenparenchym meist einschichtig; im Mesophyll Exkretbehälter mit mehr oder minder rötlichem Inhalt; auf beiden Blattseiten Stomata und eingesenkte Drüsenköpfchen. Epidermiszellen der Blattober- und -unterseite in Flächenansicht zackig ineinander verzahnt; Stomata anomocytisch; Drüsenköpfchen meist vierteilig (2 bis 4teilig), Basiszelle durchscheinend; aus dem Mesophyll Exkretbehälter mehr oder weniger rötlich durchscheinend. Epidermiszellen des Stengels unregelmäßig rechteckig, mit meist einzelnen Stomata und Drüsenköpfchen; Rindenparenchym und Mark des Stengels stärkehaltig. Flächenbild der Kelchblätter dem der Laubblätter entsprechend. Epidermiszellen der Kronblätter im Flächenbild gestreckt, wellig; zahlreiche Drüsenköpfchen; rötliche Exkretbehälter aus dem Mesophyll durchscheinend.

Pulverdroge: Flächenbilder der Laub-, Kelch- und Kronblätter mit Drüsenköpfchen und aus dem Mesophyll durchscheinenden rötlichen Exkretbehältern. Stengelfragmente stärkeführend.

Inhaltsstoffe: Flavonolglykoside: Rutosid, Hyperosid;
freie Flavonole: Myricetin, Quercetin, Kämpferol;[2–5,16] auch Triterpensaponine sollen vorkommen.[6]

Wirkungen: Extrakte der oberirdischen Pflanzenteile sollen *in vitro* antibakteriell wirksam sein.[7] Nähere Angaben fehlen.

Volkstümliche Anwendung und andere Anwendungsgebiete: Pfennigkraut wird äußerlich zur Wundbehandlung und bei Ekzemen verwendet.
Innerliche Anwendung: Bei Husten (schleimlösend),[8] sowie bei Diarrhöen und Speichelfluß.[9] Wissenschaftliche Erfahrungsberichte, welche die Wirksamkeit bei den genannten Anwendungsgebieten erkennen lassen, liegen nicht vor.

Dosierung und Art der Anwendung: *Droge.* Teebereitung: 2 gehäufte Teelöffel mit 1/4L kochendem Wasser übergießen, 5 min ziehen lassen, abseihen; bei Husten 2- bis 3mal täglich eine Tasse Tee, evtl. mit Honig;[8] für Wundumschläge: Aufguß evtl. mit der gleichen Menge Kamillentee verdünnen.[8] *Kosmetik.* Lysimachia-Extrakte werden gelegentlich Haarshampoos zugesetzt.[10,11]

Lysimachia nummularia hom. *HAB 34*

Sonstige Bezeichnungen: Pfennigkraut.

Monographiesammlungen: Lysimachia nummularia *HAB 34*.

Definition der Droge: Frische, blühende Pflanze.

Stammpflanzen: *L. nummularia* L.

Zubereitungen: Essenz nach §2 *HAB 34*; Eigenschaften: Die Essenz ist von grünlicher Farbe, ohne besonderen Geruch und Geschmack.

Identität: *Essenz.* Eisen(III)chloridlsg. färbt sie dunkler; Fehlingsche Lsg. wird reduziert.

Gehalt: *Essenz.* Arzneigehalt $^1/_2$.

Anwendungsgebiete: Die Anwendungsgebiete sind nicht ausreichend belegt.[17] *Offizielle Monographien.* Negativmonographie der Kommission D am BGA "Lysimachia nummularia".[17]

Lysimachia nummularia hom. *HPUS 88*

Monographiesammlungen: Lysimachia nummularia *HPUS 88*.

Definition der Droge: Die ganze blühende Pflanze.

Stammpflanzen: *L. nummularia* L.

Zubereitungen: Urtinktur 1:10 durch Mazration oder Perkolation mit Ethanol nach den allg. Zubereitungsvorschriften des *HPUS 88*. Ethanolgehalt 45% (*V/V*).

Lysimachia vulgaris L.

Synonyme: *Lysimachia guestphalica* WEIHE, *L. lutea* JIRASECK, *L. paludosa* BAUMG., *L. thyrsiflora* GENERS., *L. tomentosa* PRESL.[1]

Sonstige Bezeichnungen: Dt.: Gold-Gilbweiderich; engl.: Common Loosestrife; frz.: Grand lysimaque.[9]

Botanische Beschreibung: Ausdauernd, Ausläufer treibend; Stengel aufrecht, bis 1,5 m, stumpfkantig, dicht flaumig behaart; Laubblätter meist quirlig, bis 14 cm lang, schmal, kurz gestielt, ganzrandig, locker rotdrüsig punktiert; Blüten in Trauben in den Blattachseln und endständiger Rispe; Kelch bis fast zum Grund geteilt, mit zugespitzten, rotberandeten Zipfeln; Krone goldgelb, bis fast zum Grunde geteilt, etwa 1 cm lang, kahl; Staubblätter drüsig behaart; Frucht: Kapsel, ca. 5 mm lang; Samen dreikantig, weißlich, warzig.[1]

Verbreitung: Gemäßigtes Eurasien.

Drogen: Lysimachia-vulgaris-Kraut.

Lysimachia-vulgaris-Kraut

Definition der Droge: Das getrocknete Kraut.

Stammpflanzen: *L. vulgaris* L.

Herkunft: Aus Wildbeständen.

Ganzdroge: Stengel (bis 1,5 m) lang, dicht flaumig behaart, mit meist quirlständigen, behaarten, bis 14 cm langen, ganzrandigen Blättern; Blüten gelblich.

Schnittdroge: Fragmente der z. T. kräftigen Stengel, flaumig behaart; Fragmente der länglichen, schmalen, behaarten Blätter; gelbliche Blütenfragmente.

Inhaltsstoffe: Die Droge ist wenig untersucht. Nachgewiesen wurde das Vorkommen von β-Sitosterol und Stigmasterol,[12] von Flavonolglykosiden (insbesondere von Rutosid) neben den freien Flavonolen Quercetin, Kämpferol und Myricetin.[13–16]

Volkstümliche Anwendung und andere Anwendungsgebiete: Bei Skorbut, gegen Durchfallerkrankungen.[9] Die Wirksamkeit bei den genannten Anwendungsgebieten ist wissenschaftlich nicht belegt. *Kosmetik.* Extrakte von *Lysimachia vulgaris* werden kosmetisch für Hautpflegemittel und Haarpflegemittel verwendet.[13]

1. Heg, Bd. V, Teil 3, S. 1.850–1.861
2. Khvedelitze TA, Mudzhiri KS (1969) 125 Tr Inst Farmakokhim, Akad Nauk Gruz SSR 11:113–117
3. Popov VI (1967) 125 Tr Leningrad Khim Farm Inst 21:221–225
4. Prum N, Prum A, Raynaud J (1983) Pharmazie 38:494, zit. nach CA 99:191718s
5. Prum N, Pichon MP (1973) Bull Trav Soc Pharm Lyon 17:91–96, zit. nach CA 82:108796w
6. Tamas M, Hodisan V, Grecu L, Fagarasan E, Baciu M, Muica I (1978) Stud Cercet Biochim 21:89–94, zit. nach CA 89:176359a
7. Racz G, Fuzi I, Domokos L (1965) Rev Med (Tirgu-Mures, Rom.) 11:56–58, zit. nach CA 67:14802h
8. Pahlow M (1979) Das große Buch der Heilpflanzen, Gräfe und Unzer, München
9. Hag, Bd. V, S. 615–616
10. Boiceanu S, Corlateanu C, Dumitrescu E, Paraschiv V, Teodorescu E (1985) zit. nach CA 105:48820f
11. Boiceanu S, Corlateanu C, Dumitrescu E, Paraschiv V, Teodorescu E (1986) zit. nach CA 105:48819n
12. Umek A (1982) Farm Vestn (Ljubljana) 33:15–20, zit. nach CA 97:123951w
13. Bielawska M, Gor J, Swiatek L, Luczak S (1984) Kosmet 28:96–98, zit. nach CA 102:31905c
14. Prum N, Raynaud J (1971) Bull Trav Soc Pharm Lyon 15:67–72, zit. nach CA 77:111447k
15. Rzadkowska-Bodalska H, Olechnowicz-Stepien W (1975) Pol J Pharmacol Pharm 27:345–348, zit. nach CA 83:168368p
16. Hgn, Bd. V, S. 389–400, 454, 459; Bd. IX, S. 289–294
17. BAz Nr. 104a vom 07.07.1990

Ho

Lytta

HN: 2041000

Familie: Meloidae.

Unterfamilie: Lyttinae.

Tribus: Lyttini.

Gattungsgliederung: Der artenreichen Gattung Lytta L. gehören die Untergattungen Adicolytta, Lytta, Paralytta und Pseudolytta an. Zur Untergattung Lytta gehört *Lytta vesicatoria*.[50]

Gattungsmerkmale: Sich von grünen Pflanzen ernährende, flugfähige Käfer mit voll ausgebildeten, fast den ganzen Hinterleib bedeckenden, metallisch glänzenden Elytren (Flügeldecken) mit 2 feinen, erhabenen Längslinien und voll ausgebildeten Flugflügeln, Antennen (Fühler) dicht hinter der Querlinie zwischen Stirn und Kopfschild eingelenkt. Durch eine sog. Hypermetamorphose mit mehreren Larvenstadien ausgezeichnet. Larven in Nestern anderer Insekten parasitierend, bevorzugt von Erdbienen. Wie die übrigen Vertreter der Familie bei Berührung durch vermeintliche Angreifer zur Autohämorrhoe, auch Reflexblutung genannt, befähigt. Die Reflexblutung äußert sich in der Ausscheidung von Tröpfchen der Hämolymphe, besonders an präformierten Stellen zwischen Femur und Tibia, den "Kniegelenken" der Beine.[49] Diese Reaktion dient der Abwehr von räuberischen Insekten und anderen Feinden.[51]

Verbreitung: Weltweit, ausgenommen Australien.

Inhaltsstoffgruppen: Cantharidin in der Hämolymphe. Es wird nur durch die männlichen Käfer gebildet und bei der Paarung aus den Ektadenien (Anhangsdrüsen am ektodermalen Anteil der Geschlechtswege) der männlichen Tiere auch auf die weiblichen übertragen.[22] Durch das Cantharidin sind die Tiere nicht nur passiv giftig, sondern können auch durch Autohämorrhoe Angreifer attakkieren.

Drogenliefernde Arten: *L. vesicatoria*: Cantharides, Lytta vesicatoria hom. *HAB 1*, Cantharis hom. *HPUS 88*.

Lytta vesicatoria L.

Synonyme: *Cantharis vesicatoria* GEOFFR., *Lytta vesicatoria* (L.) DE GEER, *L. vesicatoria* FABR., *Meloë vesicatoria* L.

Sonstige Bezeichnungen: Dt.: Blasenkäfer, Pflasterkäfer, Spanische Fliege; engl.: Blistering fly, Russian fly, Spanish fly; frz.: Cantharide, mouche d'Espagne; it.: Cantarella, mosca di Spagna; span.: Moscas de España.

Zoologische Beschreibung: 1,5 bis 3,0 cm langer, 0,4 bis 0,8 cm breiter Käfer, durch Interferenzfärbung metallisch smaragdgrün glänzend. Der etwa 3 mm breite, im Umriß herzförmige, nach unten geneigte Kopf mit tiefer Scheitelfurche trägt 2 hervortretende Facettenaugen, 2 fadenförmige, 4 bis 6 mm lange, schwarze, elfgliedrige Fühler und 2 viergliedrige Taster. Eine halsartige Verbindung zwischen Kopf und Halsschild ist erkennbar. Halsschild von den Vorderwinkeln nach hinten verengt, oben mit seichter Mittelfurche, Vorderwinkel treten als eckige Beulen stark hervor. Zwischen Halsschild und Flügeldecken ein kleines, stumpfdreieckiges Schildchen vorhanden. Die Flügeldecken sind schmal, dünn, weich, etwas gewölbt, hinten abgerundet, oberseits smaragdgrün, mit 2 feinen Längsrippen, unterseits braun, und bedecken den Thorax und den Hinterleib fast vollständig. Die Flugflügel sind durchscheinend, häutig, geadert, braun. Der Hinterleib ist schlank, achtgliederig und weich. Die 6 langen Beine und der ventrale Teil der Körpersegmente sind zottig weißlich behaart. Die 2 vorderen Beinpaare besitzen fünfgliedrige, das hintere Paar viergliedrige Tarsen (Fußteile). Das Männchen ist kleiner und schlanker als das Weibchen, seine Fühler erreichen etwa die Hälfte, die des Weibchens etwa ein Viertel der Körperlänge. Bei Berührung läßt der Käfer aus Poren in den Beingelenken Tropfen seiner gelblichen Hämolymphe austreten, die durch scharfen, stechenden Geruch ausgezeichnet ist.[4,37,53]

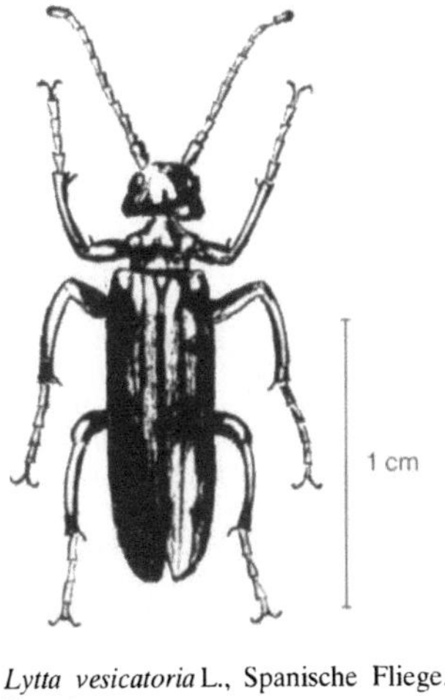

Lytta vesicatoria L., Spanische Fliege, Neuzeichnung F. Teuscher

Verwechslungen: Wegen des charakteristischen Aussehens und des Geruchs von *Lytta vesicatoria* sind Verwechslungen des lebenden Käfers am natürlichen Standort kaum möglich.

Inhaltsstoffe: 0,2 bis 0,8 % Cantharidin, z. T. frei, z. T. als Kaliumcantharid(in)at vorliegend, und Geruchsstoffe unbekannter Struktur,[37] vermutlich Pheromone.

Verbreitung: In Mittel- und Südeuropa von Spanien bis Südrußland, in Asien über Südsibirien bis China. Oft massenhaft in den Monaten Mai bis Ende Juli auftretend. In den Alpen bis in Höhen von 1.700 m vordringend. In Deutschland war der Käfer im vorigen Jahrhundert in einigen Gegenden, z. B. in Südbayern, relativ häufig, heute tritt er dort, bedingt durch den intensiven Einsatz von Insektiziden, kaum noch auf. Er ernährt sich vor allem von den Blättern von Oleaceae, z. B. Fraxinus, Ligustrum, Olea sowie Syringa, und Caprifoliaceae, z. B. Sambucus sowie Lonicera, aber auch von Pflanzen anderer Familien, z. B. von Acer, Catalpa, Populus und Robinia, in Deutschland, Österreich und der Schweiz bevorzugt von den Blättern von *Fraxinus excelsior* L.
Die Eier werden im Erdboden vergraben. Die ausschlüpfenden Larven erklimmen blühende Pflanzen und lassen sich von dort durch Solitärbienen in deren Nester tragen. Die sich nun bildende zweite Larvenform parasitiert in den Nestern dieser erdbewohnenden Bienen (Colletes-, Halictus- und Megachile-Arten) und ernährt sich von deren Eiern und Vorräten. Sie wandelt sich nach etwa 14 Tagen in eine Scheinpuppe um, die überwintert. Aus ihr geht etwa im April eine weitere Larvenform hervor, die keine Nahrung aufnimmt, und erst aus dieser entsteht die echte Puppe. Aus der Puppe schlüpft im Juni der Käfer.[4,37,49]

Drogen: Cantharides, Lytta vesicatoria hom. *HAB 1*, Cantharis hom. *HPUS 88*.

Cantharides (Spanische Fliegen)

Synonyme: Cantharis, Cantharis hispanica, Muscae hispanicae.

Sonstige Bezeichnungen: Dt.: Blasenkäfer, Grüne Kanthariden, Kanthariden, Pflasterkäfer; engl.: Blister beetle, oil beetle, Russian fly, Spanish fly; frz.: Cantharide, mouche d'Espagne; holl.: Spaanse Vlieg; it.: Cantharide; norw.: Spanskflue; span.: Cantáridas.

Monographiesammlungen: Cantharides *DAB6*; Cantharis *BelgV*, *HispIX*, *Ital6*, *Ned6*, *NFX*, *ÖAB9*, *HelvV*; Cantharide *CF49*; Cantharis ad usum veterinarium *Helv VI*.

Definition der Droge: Bei einer 40°C nicht übersteigenden Temperatur getrocknete, möglichst wenig beschädigte Käfer *DAB6*.

Stammtier: *Lytta vesicatoria* L.
Einige früher offizinelle Pharmacopöen forderten Vertreter anderer Gattungen der Meloidae als Stammtiere: *Epicauta gorhami* MARSEUL *Jap62*; *Mylabris cichorii* FABR., *M. pustulata* THUNB. und *M. sidae* FABR. *BPC49*; *M. cichorii* FABR., *M. macilaenta* und *M. pustulata* THUNB. *IndPC53*; *Mylabris cichorii* FABR. *AB-DDR*.

Herkunft: Sammlung in den Balkanländern. Die Tiere werden gewöhnlich morgens, wenn sie durch die Kühle der Nacht noch weitgehend bewegungsunfähig sind, von den Bäumen geschüttelt oder geschlagen, mit Essig oder Essigdämpfen, Eth, Chloroform oder Benzin abgetötet und in der Sonne oder bei künstlicher Wärme bei max. 40°C getrocknet.

Handelssorten: Cantharis hispanica tota und Cantharis hispanica pulverata.

Ganzdroge: Glänzendgrüne, bei etwa 50°C blauschillernde Käfer, 1,5 bis 3 cm lang, 5 bis 8 mm breit.[56] Detaillierte Angaben s. Zoolog. Beschreibung der Art.

Schnittdroge: *Geruch.* Stark, eigenartig, betäubend, unangenehm oder durchdringend.
Geschmack. Anfangs wenig bemerkbar, dann sehr scharf und brennend.

Pulverdroge: Das Pulver ist graubraun und zeigt sich bei Lupenbetrachtung mit metallisch schimmernden grünen, undurchsichtigen Teilchen des Chitinskeletts und der Flügeldecken durchsetzt. Die Flügeldeckenfragmente sind durch isodiametrische polygonale Maschen gefeldert.
Unter dem Mikroskop fallen neben den undurchsichtigen Bruchstücken der Flügeldecken besonders die kleinen, borstenförmigen, an der Basis etwa 20 µm starken, max. 500 µm langen Haare auf. Quergestreifte Muskelfragmente, mit helikal verdickten Tracheenbruchstücken vernetzt, sind vorhanden.[4,37,56]

Verfälschungen/Verwechslungen: Verwechslungen oder Verfälschungen sind möglich mit anderen Lytta-Arten, z. B. *L. syriaca* PANZ., Syrischer Pflasterkäfer, kleiner als *L. vesicatoria*, Kopf, Brust und Hinterleib grünlichschwarz, Flügeldecken metallisch grün mit blauem bzw. rotblauem Schimmer; mit *L. gigas* FABR., Ostindische oder Blaue Kantharide, in Ostindien und Guinea heimisch, größer als *L. vesicatoria*, dunkelviolett, auf der Unterseite der Brust mit großem braunrotem Fleck; mit der südamerikanischen *L. adspersa* KLUG., der mexikanischen *L. eucera* CHEV. und der nordamerikanischen *L. vittata* F. Auch Vertreter weiterer Cantharidin enthaltender Gattungen der Familie der Meloidae, die z. T. im gleichen Gebiet wie *Lytta vesicatoria* auftreten, kommen als Verwechslungen oder Verfälschungen in Betracht, z. B. *Meloë variegatus* DONISTHORPE, Flügeldecken stark verkürzt, erzgrün, mit kupferroter oder grüner Zeichnung, oder mit den südafrikanischen Arten *Cantharis vellata*, *Decattva lunata* PALLES oder *Elecita wahlbergia* FABR.
Von Cantharidin freie Käfer anderer Familien, z. B. *Aromia moschata* L., Moschusbock, metallisch glänzend, Halsschild grün oder blau, mit sehr langen Fühlern, nach Moschus riechend oder *Cetonia aurata* L., Rosenkäfer, ebenfalls glänzend grün aber wesentlich breiter, in der Gestalt Maikäfern ähnelnd, werden gleichfalls als Verwechslungen oder Verfälschungen genannt.[4,37]
Die gepulverte Droge kann mit Pulvern anderer metallisch grün schimmernder Käfer verunreinigt sein. *Lytta vesicatoria* ist in der Pulverdroge an den kleinen, borstenförmigen Haaren und dem charakteristischen Bau der Flügeldecken zu erkennen.[53] Das mikroskopische Aussehen der Flügeldecken von Aromia, Cetonia, Hoplia und Meloë unterscheidet sich von dem von *Lytta vesicatoria*.[3]

Minderqualitäten: In der älteren Literatur wird über den Handel mit extrahierter Droge berichtet.

Inhaltsstoffe: 0,3 bis 0,8 % Cantharidin (*exo,exo*-2,3-Dimethyl-7-oxybicyclo[2.2.1]heptan-2,3-dicarbonsäureanhydrid), farblose Plättchen, geruchlos, Smt. 218°C, ab 110°C sublimierend, in Wasser sehr wenig löslich, gut löslich in vielen organischen Lösungsmitteln, z. B. Chloroform oder Aceton, jedoch fast unlöslich in Pet oder Benzin, beim Behandeln mit Laugen in die gut wasserlöslichen Salze der Cantharidinsäure, die Cantharid(in)ate, übergehend. Formal gesehen ist Cantharidin ein Monoterpen, das aber biogenetisch aus dem aliphatischen Sesquiterpen Farnesol unter Verlust von 5 *C*-Atomen gebildet wird.[23]

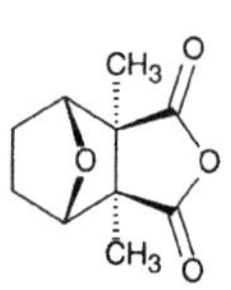

Cantharidin

Daneben enthält die Droge 10 bis 15 % eines Fettes von butterartiger Konsistenz.[53]

Zubereitungen: Tinctura Cantharidum (Spanischfliegentinktur) *DAB6*, Gehalt mind. 0,07 % Cantharidin; Tinctura Cantharidis (Kantharidentinktur) *ÖAB9*, Cantharidingehalt 0,065 bis 0,075 %, s. ds. Hdb. Bd. 1, S. 672; Tinctura Cantharidis *Helv V*, verwendet statt Aceton Spiritus als Extraktionsmittel, Cantharidingehalt 0,045 bis 0,055 %; Collodium Cantharidatum s. ds. Hdb. Bd. 1, S. 575. Zur Gewinnung von Cantharidin s. Sonstige Verwendung.

Identität: Mikrosublimation bei 120 bis 140°C liefert prismatische Kristalle des Cantharidins, die bei 215 bis 218°C schmelzen *ÖAB9* und sich ohne Farbbildung in konz. Schwefelsäure lösen *Helv V*.

Reinheit:
- Aschegehalt: Max. 8% *DAB6*, *BelgIV*, *CF49*, *Ital6*, *ÖAB9*, *Helv V*.
- Feuchtigkeitsgehalt: Max. 4% *CF49*; max. 12% *Ital6*; max. 10% *NFX*.
- Die Droge darf nicht nach Ammoniak riechen *DAB6*.

Gehalt: Mind. 0,7% Cantharidin *DAB6*, *ÖAB9*, *Helv V*; mind. 0,6% Cantharidin *HispIX*, *Ital6*, *Ned6*, *NFX*; mind. 0,4% Cantharidin *CF49*.

Gehaltsbestimmung: *Droge*. Gravimetrisch: Extr. des Drogenpulvers mit Chloroform und Salzsäure über 24h (Salzsäurezusatz zur Überführung der in organischen Lösungsmitteln unlöslichen Cantharidate in Cantharidin), Zufügen von Eth, Abtrennung des unlöslichen Anteils durch Filtration, Abdestillieren des Eth, Verdunstenlassen des Chloroforms, Mazeration des Verdunstungsrückstandes mit Petroleumbenzin, 5% EtOH enthaltend (EtOH verbessert die Benetzbarkeit), zur Entfernung von Lipiden, erneutes Waschen der Kristalle mit Petroleumbenzin, Trocknen im Exsiccator, Wägen. Erfolgt keine Kristallisation, wird der Verdunstungsrückstand unter Erwärmen in verd. Natronlauge als Dinatriumcantharidat gelöst, durch Ansäuern in Cantharidin überführt und mehrmals mit Chloroform ausgeschüttelt, das Chloroform vorsichtig abgedampft und erneut gewaschen, getrocknet und gewogen *DAB6*.
Ähnliche gravimetrische Verfahren finden sich auch in *NFX* und *Helv V*; diese schreiben Benzol zur Extraktion vor. Im *NFX* wird darüber hinaus eine vorherige Sättigung der zur Entfernung der Lipide eingesetzten Mischung aus Petroleumbenzin und EtOH mit Cantharidin durchgeführt.
Eine Abtrennung des Cantharidins von den mit Chloroform extrahierbaren Begleitstoffen mit Hilfe eines Anionenaustauschers ist ebenfalls möglich. Dazu wird die Droge mit Chloroform/Salzsäure extrahiert, das Chloroform vorsichtig abgedampft, zuletzt mit einem Luftstrom, anschließend wird mit Natronlauge behandelt und die wäßrige Lsg. des Natriumsalzes der Cantharidinsäure über eine aktivierte Anionenaustauschersäule gegeben. Eluiert wird mit verdünnter Natronlauge. Das mit Salzsäure angesäuerte Eluat wird mit Chloroform ausgeschüttelt. Nach dem vorsichtigen Entfernen des Chloroforms wird der Rückstand getrocknet, durch einstündiges Erhitzen auf 105°C wird restliches Wasser entfernt (Sublimationsverlust?), anschließend wird gewogen.[1,59]
Weitere gravimetrische Verfahren s. *CF49*, *USPXI*.
Anstelle einer Wägung kann an die Isolierung auch eine spektrophotometrische Gehaltsbestimmung durch Messung der Absorption einer Lsg. bei 228nm angeschlossen werden.[45]
Best. des Cantharidins mit Hilfe der GC,[41,46] GC/MS in gepackten Säulen,[27,42,43] Kapillar-GC,[5] Kapillar-GC/MS[17] oder der HPLC nach Derivatisierung[26] ist ebenfalls möglich.
Tinktur. Gravimetrisch: Vorsichtiges Eindampfen der Tinktur, zuletzt mit einem Luftstrom, Aufnehmen des Rückstandes in Chloroform/Eth und weitere Beh. wie bei der Droge nach *DAB6*. Nach *Helv V* wird nach dem Eindampfen in siedendem Benzol gelöst.

Lagerung: Gut getrocknet in gut verschlossenen Gefäßen aufzubewahren. Vorsichtig aufzubewahren *DAB6*, vor Licht geschützt, über geeignetem Trocknungsmittel *ÖAB9*, z.B. über gebranntem Kalk *Helv V*. Zur Vermeidung von Insektenbefall legt man vor dem Einfüllen der Käfer auf den Boden des Gefäßes einen Wattebausch, getränkt mit Eth oder einer Mischung von 10T Benzin und 1T Schwefelkohlenstoff.[53]
Hinweis: Der Umgang mit der Droge und das Pulvern sowie die Verarbeitung des Pulvers muß mit größter Vorsicht geschehen, möglichst unter einem Abzug oder im Freien. Das Pulver ist, um Stäuben zu vermeiden, mit wenig EtOH anzufeuchten. Mund, Nase und Augen sind mit feuchter Gaze oder einer Gasmaske zu schützen. Es sind Gummihandschuhe zu tragen. Bei notwendigem Erhitzen ist wegen der Flüchtigkeit des Cantharidins mit einem Wasserbad und mit geschlossenen Gefäßen zu arbeiten.[53]

Stabilität: Die Droge ist bei trockener Lagerung in verschlossenen Gefäßen gut haltbar.

Wirkungen: Cantharidin reagiert, wie mit [^3H]-Cantharidin an Organpräparaten von Mäusen nachgewiesen werden konnte, mit spezifischen Bindungsstellen im Cytosol verschiedener Zelltypen, z.B. der Leber, des Herzens, der Nieren, der Haut, des Hirns, der Milz, des Magens und der Lungen (K_d 30nM, B_{max} 1,8pmol/mg Protein).[12] Vermutlich kommt die Wirkung durch die Aktivierung eines Faktors zustande, der Akantholyse auslöst, d.h. Desintegration von Epidermiszellverbänden durch Auflösung der Interzellularbrücken.[40] Dafür spricht, daß die cytosolische Fraktion mit Cantharidin behandelter Haut in unbehandelter Haut Akantholyse induziert.[38]
Die erste elektronenoptisch beobachtbare Reaktion nach Cantharidineinwirkung ist die Ablösung der Tonofilamente von den Desmosomen. Dieser Prozeß ist durch Serin-Protease-Inhibitoren hemmbar. Vermutlich greift Cantharidin störend in das epidermale Protease-Antiprotease-System ein, das durch Turnover der Desmosomen die Integrität der Epidermis garantiert.[7]
In hoher Konzentration (>4mM) wird *in vitro* auch die Mitochondrienfunktion gehemmt.[39]
Als Symptom der Cantharidineinwirkung auf die Haut und die Schleimhäute ist eine äußerst starke Reizung zu beobachten. Bereits bei Applikation von 0,1mg Cantharidin in öliger Lsg. auf die Haut entwickelt sich eine intensive Hautrötung, gefolgt von Blasenbildung und dem Auftreten von Nekrosen. Bei peroraler Aufnahme kommt es zu Schleimhautreizung und -zerstörung im gesamten Magen-Darm-Trakt und wegen der Ausscheidung über die Nieren, besonders bei saurem Harn, auch im Bereich der Harnwege.
In vitro wirkt Cantharidin in Konzentrationen von 0,1µg/mL cytotoxisch auf HeLa-Zellen. Dosen nahe der LD_{50} hemmen *in vivo* bei Mäusen die Ent-

wicklung verschiedener Ascitestumore. Die Leucocytenzahl wird bei Kaninchen durch Cantharidin (2,8 bis 5,5 mg/kg KG, i. p.) erhöht.[6]
Ohne Angaben von Parametern wird berichtet, daß Cantharidin bei klinischen Versuchen günstige Effekte bei primären Hepatomen und einigen anderen Carcinomen besitzt.[6] Negative Effekte auf das Knochenmark wurden im Verlauf der Therapie nicht beobachtet. Als Nebenwirkungen traten bisweilen Dysurie, Hämaturie und Schmerzen auf.[6]
Dinatriumcantharidat (0,5 oder 1,0 mg tgl. über 2 Wochen, i. v.) wurde klinisch zur präoperativen Beh. von Tumoren in weit forgeschrittenen Stadien eingesetzt, anschließend wurde operiert. Es konnte eine deutliche Degeneration der Tumore nach Gabe des Arzneistoffs beobachtet werden. Die 5-Jahres-Überlebensrate wurde erhöht. Bei Ösophaguscarcinomen bsp. von 17,9 % bei der ebenfalls operierten, aber nicht mit dem Arzneistoff vorbehandelten Kontrollgruppe (24 Patienten) auf 45,8 % bei dem vorbehandelten Kollektiv (28 Patienten). Die Nebenwirkungen waren geringer als die des Cantharidins. Kaum Nebenwirkungen bei guten Effekten wies Dinordinatriumcantharidat auf.[6]

Resorption: Cantharidin wird rasch durch Haut und Schleimhäute aufgenommen.[12]

Verteilung: Cantharidin verteilt sich rasch im gesamten Organismus. Die Blut-Hirn-Schranke wird nicht passiert.[12]

Wirkungsverlauf: Die Wirkung tritt sehr rasch nach dem Kontakt mit den betroffenen Organen ein.

Elimination: Cantharidin wird unverändert, vor allem durch die Nieren ausgeschieden.[17,21]

Volkstümliche Anwendung und andere Anwendungsgebiete: Früher Anw. als (sehr gefährliches!) Aphrodisiacum. Im Mittelalter waren Kanthariden Bestandteil vieler Liebestränke.[28,29] Vermutlich wurde die aphrodisische Wirkung aus dem Auftreten von Priapismus bei Männern und Blutandrang im Becken der Frauen im Verlaufe schwerer Vergiftungen mit Canthariden abgeleitet.[35] Klinische Beobachtungen konnten eine potenz- oder libidofördernde Wirkung nicht bestätigen.[9]
Äußerlich wurden Spanische Fliegen in Form der Tinktur, eines öligen Extraktes oder eingearbeitet in Salben, Pflaster und Kollodium zur Hautreiztherapie bei Neuralgien und rheumatischen Beschwerden eingesetzt.[53] Cantharidin-Kollodium (0,7 %) verwendete man als sicheres Mittel zur Entfernung von Warzen.[25]
Innerlich gegeben, dienten Canthariden als Diuretikum, z. B. bei Hydrops und Nierenerkrankungen. Weitere Indikationen waren Rippenfellentzündung, Pericarditis, Amenorrhö und Venenerkrankungen.[32]
Extrakte aus der Droge wurden äußerlich in Form der sog. Cantharidinblasenbehandlung auch zur unspezifischen Reiztherapie, vermutlich im Sinne einer Immunmodulation, eingesetzt, so bei rheumatischen Erkrankungen, bei bakteriell oder allergisch bedingten Entzündungen und bei Serositis. Rationeller Kern dieser Anw. könnte die oben erwähnte, durch Cantharidin ausgelöste Erhöhung der Lymphocytenzahl sein. Zur Eigenserumtherapie bei allergischen Erkrankungen wurde Serum aus durch Cantharidin erzeugten Hautblasen gewonnen.[53]
Heute wendet man die Droge und daraus hergestellte Zubereitungen am Menschen jedoch wegen der erheblichen Nebenwirkungen und der großen Vergiftungsgefahr bei ihrer mißbräuchlichen Verw. kaum noch für die genannten Zwecke an.
Moderne Anwendungsgebiete in der chinesischen Medizin sind die Beh. von Tumoren oder von Hepatitis B mit Dinordinatriumcantharidat.[41] Über die erfolgreiche Beh. von Verkalkungserscheinungen der Mucosa der Harnblase nach Bilharzia wird ebenfalls berichtet.[30]
Die klinischen Daten sind zur Zeit für eine Beurteilung der Wirksamkeit unzureichend.
In der Veterinärmedizin wird die Droge in einer Salbengrundlage suspendiert unter der Bezeichnung Grauer Blister oder in Form öliger Extrakte zur Beh. von Sehnenscheidenentzündungen, Gelenkentzündungen, Lahmen und Knochenerkrankungen eingesetzt. Wegen der Vergiftungsgefahr muß ein Ablecken der Einreibungen durch die Tiere vermieden werden.[2]

Dosierung und Art der Anwendung: *Droge.* Größte Einzeldosis bei innerlicher Anw.: 0,03 g;[60] 0,05 g;[54,56] 0,03 g eines mit Milchzucker auf 0,6 % Cantharidin eingestellten Spanischfliegenpulvers.[55] Größte Tagesdosis bei innerlicher Anw.: 0,06 g;[60] 0,1 g;[54] 0,15 g;[56] 0,06 g eines mit Milchzucker auf 0,6 % Cantharidin eingestellten Spanischfliegenpulvers.[55] *Zubereitung.* Tinctura Cantharidum *DAB 6*: Größte Einzelgabe bei innerlicher Anw. 0,5 g, größte Tagesgabe 1,5 g; Tinctura Cantharidis *Helv V*: 0,3 bzw. 0,6 g; Tinctura Cantharidis *ÖAB 9*: 0,5 g bzw. 1,0 g.

Unerwünschte Wirkungen: Bei manchen Menschen kommt es nach Anw. von Cantharidenpflastern zu einem ausgebreiteten Erythem mit Fieber, Dermatitis bullosa oder einem Ekzem, das sich über den ganzen Körper ausdehnen und jahrelang bestehen kann. Auch nach äußerlicher Anw. wurden hämorrhagische Nephritiden beobachtet.[21]

Gegenanzeigen/Anwendungsbeschr.: Bei Nierenerkrankungen keine äußerliche oder innerliche Anw. vornehmen.

Wechselwirkungen: EtOH oder fette Öle wirken resorptionsfördernd.

Weitere medizinische Verwendung: Cantharidin (1,8 bis 2,8 mg/kg KG, i. v., Kaninchen) kann in der experimentellen Pharmakologie zur Auslösung von Herzarrhythmien benutzt werden.[33]
Der Einsatz von Cantharidin in der Cytologie zum Studium des Desmosomenturnovers wurde vorgeschlagen.[7]
Zahlreiche Arbeiten zur Untersuchung der Pharmakokinetik von Arzneistoffen nutzen den Inhalt von durch Cantharidin erzeugten Blasen, um die Konzentration des applizierten Arzneistoffs im Se-

rum festzustellen, die sich im serösen Inhalt der Blasen widerspiegelt, z. B. Lit.[47,48]

Tox. Inhaltsstoffe u. Prinzip: Als toxisches Prinzip von Canthariden kommt allein Cantharidin in Betracht.

Toxikokinetik: s. Resorption, Verteilung, Elimination.

Wirkungsmechanismus: Bei der Aufnahme akut toxischer Dosen von Cantharidin kommt es zu schwerer Schädigung der Schleimhäute mit Ablösung der gesamten Schleimhaut, zu Leberödem und Myocardschäden.[12] Hautkontakte führen zu Blasen und Nekrosen. Angaben zur Pathologie beim Menschen s. Lit.[24,35], beim Tier s. Lit.[34]

Akute Toxizität: *Mensch.* Bei Überdosierung der Droge und daraus hergestellter Zubereitungen bei innerlicher Anw. kommt es leicht zu Intoxikationen. Auch bei therapeutischer Anw. auf der Haut sind resorptive Vergiftungen möglich. Darüber hinaus treten sie besonders bei mißbräuchlicher Anw. von Canthariden als Aphrodisiacum oder Abortivum[9,13,20,21,35] oder bei Einnahme für die äußerliche Anw. gedachter Zubereitungen[19] auf. Kinder sind durch Verschlucken von Cantharidin enhaltenden Käfern, auch anderer Gattungen der Meloidae (z. B. Epicauta-Arten), gefährdet.[9,10] Vergiftungen nach der Aufnahme von Schenkeln von Fröschen, die Spanische Fliegen gefressen hatten, werden beschrieben.[21] Auch in der Kriminalgeschichte ist Cantharidin als Mordgift von Bedeutung.[11,21]
Die Vergiftungen nach innerlicher Aufnahme äußern sich durch brennende Schmerzen in Mund, Schlund und Magen, durch Durst, Schluckbeschwerden, starke Salivation, Übelkeit, Erbrechen, Magenkrämpfe, Aufgetriebensein des Unterleibes, Koliken, blutige Durchfälle, heftige Schmerzen in Nieren, Blase und Harnröhre sowie durch Priapismus, Hämaturie, Dysurie, Anurie, oft gefolgt von tödlicher Urämie. Auch Leberödem, Myocardschäden, Blutdruckabfall und Kreislaufkollaps werden beschrieben.[8,10,12–14,19,43]
Bei Hautkontakt kommt es zu Akantholyse und Blasenbildung, aber, wegen der guten transdermalen Resorption, bei hohen Dosen ebenfalls zu systemischen Vergiftungserscheinungen.[12]
Auch in jüngerer Zeit traten Vergiftungen mit Canthariden auf. So wurde ein Vergiftungsfall eines 20jährigen Mannes beschrieben, der während einer Hippie-Versammlung im New Yorker Central Park von einem Freund eine Kapsel bekam und diese, im Glauben es handele sich um ein Stimulans, einnahm. 2 Stunden später traten krampfartige Abdominalschmerzen auf. Dazu kamen Übelkeit, Erbrechen von blutigem Mageninhalt, Durchfall, Dysurie und Hämaturie. Nach intensiver peroraler und intravenöser Flüssigkeitsverabreichung war der Patient am sechsten Behandlungstag beschwerdefrei.[13] *Tier.* Zu Tiervergiftungen kommt es vor allem bei Weidetieren, besonders bei Pferden, seltener bei Schafen, Ziegen, Kaninchen oder Rindern, wenn das Grünfutter oder Heu von Cantharidin enthaltenden Käfern besetzt ist. Berichte liegen besonders über Vergiftungen durch die Aufnahme von Käfern der Gattung Epicauta durch Pferde in den Südstaaten der USA vor.[14,16,17,31,34] Hühner, Enten, Schwalben, Igel, Fledermäuse und Kaltblüter, z. B. Frösche, vertragen die Aufnahme der Käfer offenbar ohne Schäden. Die genannten Warmblüter haben Resorptionsschranken gegen Cantharidin entwickelt. Den Kaltblütern fehlt offenbar das Target.

Chronische Toxizität: Häufige lokale Cantharidinanw. führt zu Kapillarschäden mit Unterhautblutungen.[21]

Carcinogenität: Die WHO hat sich 1976 und 1987 mit den vorliegenden Studien zur Carcinogenität von Cantharidin befaßt. Sie kommt zu dem Schluß, daß die Substanz bzgl. ihres carcinogenen Risikos für den Menschen nicht einschätzbar ist (Gruppe 3). Die tierexperimentellen Studien lassen zwar eine carcinogene Wirkung als möglich erscheinen, sie sind jedoch für eine abschließende Bewertung eines kausalen Zusammenhangs und des Risikos für den Menschen unzureichend.[57,58]

Toxikologische Daten: Für den Menschen liegt die tödliche Dosis nach peroraler Aufnahme bei 0,5 mg/kg KG Cantharidin. Bereits 5 mg Cantharidin führen zu schweren Veränderungen der Schleimhäute im Magen-Darm-Kanal und Glomerulonephritiden.[53] Vergiftungen beim Menschen wurden nach Aufnahme von 0,6 g, tödliche Vergiftung nach Aufnahme von 1,5 g der Droge beobachtet. Es wurde jedoch auch die Einnahme von 3 bis 4 g überlebt.[12,21] *LD-Werte.* Die LD_{50} von Cantharidin beträgt bei der Maus ca. 1,0 bis 1,8 mg/kg KG, i. p.[35] Für Pferde sind 0,5 mg/kg KG (etwa 4 bis 6 g der Käfer), für Katzen und Hunde 1,0 bis 1,5 mg/kg KG und für Kaninchen 20 mg/kg KG letal.[17,35]

Akute Vergiftung: *Erste Maßnahmen.* Die wichtigste Maßnahme nach peroraler Aufnahme ist reichliche Flüssigkeitszufuhr, gegebenenfalls auch als Tropfinfusion unter Vermeidung kaliumhaltiger Infusionslösungen, zur beschleunigten Entfernung des Cantharidins aus dem Körper, zur Erniedrigung der Cantharidinkonzentration im Harn und zur Vorbeugung eines Schocksyndroms. Vorsichtige Magenspülung und Gabe von Aktivkohle, eventuell in isotonischer Natriumsulfatlösung suspendiert, können hilfreich sein. Parenterale oder perorale Gabe von Natriumhydrogencarbonat zur Alkalisierung des Harns im Sinne einer Umwandlung des Cantharidins in Cantharidat wurde empfohlen, die Wirksamkeit wird jedoch angezweifelt. Wegen der Lipophilität von Cantharidin keinesfalls Ricinusöl als Abführmittel verwenden und keine EtOH-haltigen Getränke geben. Hautschäden werden trocken mit Puder behandelt.[10,13,15,30]

Chronische Vergiftung: Abbruch der Beh. mit Cantharidin enthaltenden Arzneimitteln.

Alte Rezepturen: Emplastrum Cantharidum ordinarium (Spanischfliegenpflaster) *DAB 6*: Bereitet aus 2 T mittelfein gepulverten Spanischen Fliegen, 1 T Erdnußöl, 4 T Gelbem Wachs und 1 T Terpentin, ausgerollt zu Stangen.

Emplastrum Cantharidis (Emplastrum vesicatorium, Spanischfliegenpflaster) *Helv V*: Bereitet aus 25T Spanischen Fliegen, 5T Olivenöl, 35T Gelbem Wachs, 15T Elemi, 12T Gereinigtem Styrax und 8T Colophonium, ausgerollt in Stangen.
Emplastrum Cantharidum perpetuum (Immerwährendes Spanischfliegenpflaster) *DAB 6*: Bereitet aus 14T Colophonium, 7T Terpentin, 10T Gelbem Wachs, 4T Hammeltalg, 4T mittelfein gepulverten Spanischen Fliegen und 1T mittelfein gepulvertem Euphorbium.
Emplastrum Cantharidis perpetuum (Emplastrum mediolanense, Mailänder Spanischfliegenpflaster) *Helv V*: Bereitet aus 30T Spanischen Fliegen, 5T Olivenöl, 35T Gelbem Wachs, 15T Elemi, 10T Gereinigtem Styrax, 5T Kampfer.
Emplastrum Cantharidum pro usu veterinario (Spanischfliegenpflaster für tierärztlichen Gebrauch) *DAB 6*: Bereitet aus 6T Colophonium, 6T Terpentin, 3T mittelfein gepulverten Spanischen Fliegen, 1T mittelfein gepulvertem Euphorbium.
Unguentum Cantharidis (Spanischfliegensalbe) *EB 6*: Bereitet aus 600T Spanischfliegenöl und 400T Gelbem Wachs.
Unguentum Cantharidis cum Euphorbio (Euphorbiumhaltige Spanischfliegensalbe) *EB 6*: Bereitet aus 50T fein gepulvertem Euphorbium und 950T Spanischfliegensalbe.
Unguentum Cantharidum pro usus veterinario (Spanischfliegensalbe für tierärztlichen Gebrauch) *DAB 6*: Bereitet aus 2T mittelfein gepulverten Spanischen Fliegen, 2T Erdnußöl, 2T Benzoeschmalz, 1T Gelbem Wachs, 2T Terpentin und 1T mittelfein gepulvertem Euphorbium. Eine ähnliche Zus. besitzt Unguentum Cantharidis ad usum veterinarium (Unguentum acre) *Helv V*.
Oleum Cantharidis (Spanischfliegenöl) *EB 6*: Bereitet aus 300T grob gepulverten Spanischen Fliegen und 1.000T Erdnußöl.
Collodium cantharidatum (Spanischfliegen-Kollodium) *EB 6*: s. ds. Hdb. Bd. 1, S. 575.
Ähnliche Zubereitungen enthalten *Hisp IX* und *Ital 6*.

Sonst. Verwendung: Die Droge wird auch zur Gewinnung von Cantharidin verwendet. Dazu wird sie nach dem Ansäuern mit HCl mit organischen Lösungsmitteln extrahiert.[37]

Gesetzl. Best.: *Apothekenpflicht.* Ja. *Verschreibungspflicht.* Verschreibungspflicht, ausgenommen äußerlicher Gebrauch.

Lytta vesicatoria hom. *HAB 1*

Synonyme: Cantharis.

Monographiesammlungen: Lytta vesicatoria *HAB 1*.

Definition der Droge: Die getöteten, bei einer 40 °C nicht übersteigenden Temperatur getrockneten, möglichst wenig beschädigten Käfer.

Stammtier: *Lytta vesicatoria* L.

Zubereitungen: Urtinktur aus unmittelbar vor der Extraktion grob gepulverten Tieren und flüssige Verdünnungen nach *HAB 1*, Vorschrift 4a, mit EtOH 86%. Die 2. und 3. Dezimalverdünnung werden mit EtOH 86%, die 4. Dezimalverdünnung mit EtOH 62% und die folgenden Verdünnungen mit EtOH 43% bereitet. Eigenschaften: Die Urtinktur ist eine goldgelbe bis bräunliche Flüssigkeit mit arteigenem Geruch.
Darreichungsformen: Ab D4: Flüssige Verdünnungen, Verreibungen, Tabletten, flüssige Verdünnungen zur Injektion; Salben ab D3, Streukügelchen ab D2.[18]

Identität: *Droge.* Gepulverte Käfer liefern bei Mikrosublimation bei 120 bis 140 °C ein Sublimat von Cantharidin in Form prismatischer Kristalle.
DC eines Auszuges aus der gepulverten Droge mit EtOH 90%:
- Referenzsubstanz: Cantharidin;
- Sorptionsmittel: Kieselgel-Fertigplatte; durchschnittlicher Porendurchmesser 6 nm;
- FM: Methylenchlorid;
- Detektion: Betrachten der unbehandelten Platte im UV bei 365 nm zum Nachw. fremder Bestandteile, Besprühen mit Hydroxylamin-Lsg. und nach kurzer Zwischentrocknung mit Eisen(III)chlorid-Rg., anschließend Erhitzen auf 110 bis 115 °C, Betrachten nach dem Erkalten im Vis;
- Auswertung: Cantharidin wird als orangefarbener Fleck im unteren Drittel des Chromatogramms sichtbar (R_{st} 1,0). Das Chromatogramm der Untersuchungslösung zeigt außerdem 2 weitere braune Flecke bei R_{st} 2,1 und R_{st} 2,8.

Urtinktur. Beim Verdünnen der Urtinktur mit Wasser (1:1) muß milchige Trübung auftreten.
DC der Urtinktur analog der Prüfung der Droge.

Reinheit: *Droge.*
- Fremde Bestandteile: Höchstens 1%.
- Die Droge darf nicht nach Ammoniak riechen.
- Fremde Käfer dürfen nicht vorhanden sein. Das Chromatogramm des Drogenauszuges (s. Identität) darf im UV bei 365 nm keinen intensiv blau fluoreszierenden Fleck mit einem R_{st} von etwa 0,3 zeigen.
- Asche *(DAB)*: Höchstens 8,0%.

Urtinktur.
- Fremde Bestandteile: Das Chromatogramm der Urtinktur (s. Identität) darf im UV bei 365 nm keinen intensiv blau fluoreszierenden Fleck mit einem R_{st} von etwa 0,3 zeigen.
- Relative Dichte *(PhEur)*: 0,827 bis 0,845.
- Trockenrückstand *(DAB)*: Mind. 1,0 und höchstens 2,6%.
- Grenzprüfung der D4: 1,0 mL der Dezimalverdünnung wird nach Zusatz von 1,0 mL einer 1%igen Lsg. von Ninhydrin in EtOH 3 bis 5 min lang im Wasserbad erhitzt. Die Mischung muß gelbgrün und darf nicht blau sein.

Gehalt: *Droge.* Mind. 0,15%, höchstens 0,5% Cantharidin.

Gehaltsbestimmung: *Droge.* Halbquantitativ durch DC (s. Identität): Der bei R_{st} 1,0 auftretende orangefarbene Fleck darf nicht größer sein als der entsprechende Fleck von 100µL einer Vergleichslösung (10mg Cantharidin in 20mL Methylenchlorid) und nicht schwächer als der von 30µL der Vergleichslösung.

Lagerung: Vor Licht geschützt.

Anwendungsgebiete: Entsprechend dem homöopathischen Arzneimittelbild. Dazu gehören: Akute Entzündungen der Schleimhäute des Harn- und Geschlechtsapparates, des Magen-Darm-Kanals, der Haut mit Blasenbildung; Ergüsse in Körperhöhlen.[18]

Dosierung und Art der Anwendung: *Zubereitung.* Soweit nicht anders verordnet:
Bei akuten Zuständen häufige Anw. alle halbe bis ganze Stunde je 5Tropfen oder 1Tablette oder 10Streukügelchen oder 1Messerspitze Verreibung einnehmen; parenteral ab D6 1 bis 2mL bis zu 3mal täglich s.c. injizieren; Salben 1- bis 2mal tgl. auftragen.
Hinweis: Parenterale Anw. erst ab D6, wobei auf die Möglichkeit der Erstverschlimmerung zu achten ist.[18]

Unerwünschte Wirkungen: Nicht bekannt.[18] Hinweis: Es können vorübergehend Erstverschlimmerungen vorkommen, die jedoch unbedenklich sind.[18]

Gegenanzeigen/Anwendungsbeschr.: Nicht bekannt.[18]

Wechselwirkungen: Nicht bekannt.[18]

Gesetzl. Best.: *Apothekenpflicht.* Ja. *Verschreibungspflicht.* Verschreibungspflicht bis D4. *Offizielle Monographien.* Aufbereitungsmonographie der KommissionD am BGA "Lytta vesicatoria (Cantharis)".[18]

Cantharis hom. *HPUS88*

Monographiesammlungen: Cantharis *HPUS88.*

Definition der Droge: Käfer.

Stammtier: *Lytta vesicatoria* L.

Zubereitungen: *Urtinktur.* Herstellung durch Mazeration von 1g der frischen oder getrockneten Käfer, mit dem LM auf 20g ergänzt, nach den allg. Zubereitungsvorschriften (ClassE) der *HPUS88.* EtOH-Gehalt 65% (*V/V*).

Gehalt: *Urtinktur.* Arzneigehalt $^1/_{20}$ (5%).

1. Kamp W (1960) Pharm Weekbl 95:793
2. Bentz H, Meinecke C, Richter H (1989) Tierärztliche Drogenkunde, Fischer Verlag, Jena, S. 75
3. Netolitzky (1911) Zeitschr Oesterr Apoth Verein: 219, zit. nach Lit.[4]
4. Tschirch A (1925) Handbuch der Pharmakognosie, 2. Abtlg., Bd. 3, S. 860–867
5. Carrel JE, Doom JP, McCormick JP (1985) J Chromatogr 342:411–415
6. Wang GS (1989) J Ethnopharmacol 26:147–162
7. Bertaux B, Prost C, Heslan M, Dubertret L (1988) Br J Dermatol 118:157–165
8. Villadsen AB, Hansen HE (1984) Ugesk-Laeger 146:1.436–1.437
9. Stary Z (1936) Sammlung von Vergiftungsfällen 7:117–118
10. Wertelecki W, Vietti TJ, Kulapongs P (1967) Pediatrics 39:287–289
11. Lewin L (1920) Die Gifte in der Weltgeschichte, Nachdruck 1971, Verlag Dr. Gerstenberger, Hildesheim
12. Graziano MJ, Pessah IN, Matsuzawa M, Casida JZ (1988) Mol Pharmacol 33:706–712
13. Presto AJ, Muecke EC (1970) J Am Med Assoc 214:591–592
14. Showley RV, Rolf LL jr (1984) Am J Vet Res 45:2.261
15. Ludewig R, Lohs KH (1988) Akute Vergiftungen, 7. Aufl., Fischer Verlag, Jena, S. 218–222
16. Beasley VR, Wolf GA, Fischer DC, Ray AC, Edwards WC (1983) J Am Vet Med Assoc 182:283–284
17. Ray A, Kyle ALG, Murphy MJ, Reagor JC (1989) Am J Vet Res 50:187–191
18. BAz Nr. 190a vom 10.10.1985
19. Ewart WB, Rabkin SW, Mitenko PA (1978) Can Med Assoc J 118:1.199
20. Rosin RD (1967) Br Med J 4:33
21. Lewin L (1928) Gifte und Vergiftungen, 5. Aufl., Nachdruck 1992, Haug Verlag, Heidelberg, S. 986–989
22. Sierra JR, Woggon WD, Schmid H (1976) Experientia 32:142–144
23. Peter MG, Woggon WD, Schmid H (1977) Helv Chim Acta 60:2.756–2.762
24. Nickolls LC, Teare D (1954) Br Med J II:1.384–1.386
25. Tromovitch TA (1971) J Am Med Assoc 215:640
26. Ray AC, Tamulinas SH, Reagor JC (1979) Am J Vet Res 40:498–504
27. Ray AC, Post LO, Reagor JC (1980) Vet Hum Toxicol 22:398–399
28. Robertson J (1806) A Practical Treatise on the Powers of Cantharides, Mundell Doig & Stevenson, S. 52–77, zit. nach Lit.[13]
29. Davenport J (1865) In: Walton AH (Hrsg.) Aphrodisiacs and Love Stimulants, Luxor Press, London, S. 40–42, zit. nach Lit.[13]
30. Munsen J (1966) J Urol 96:459–460
31. Shawley RV, Lester LR (1984) Am J Vet Res 45:2.261–2.226
32. Groervelt J (1968) De Tuto Cantharidum in Medicina Usu Interno, J Taylor Co, London, S. 52–77, zit. nach Lit.[31]
33. Rabkin SW, Friesen JM, Ferris JA, Fung HYM (1970) J Pharmacol Exp Therapeutics: 43–50
34. Schoeb TR, Panciera RJ (1979) Vet Pathol 16:18–31
35. Oaks WW, Ditunno JF, Magnani T, Levy HA, Mills LC (1960) Arch Int Med 105:574–582
36. Matsuzawa M, Graziano MJ, Casida JE (1987) J Agric Food Chem 35:823–829
37. Eder R, Büchi J, Flück H, Käsermann H (Hrsg.) (1947) Kommentar zur Pharmacopoea Helvetica V, Selbstverlag des Schweizer Apotheker-Vereins, Zürich, S. 234–236
38. Bagatell FK (1964) J Invest Dermatol 43:357–361
39. Bagatell FK, Dugan K, Wilgram GF (1969) Toxicol Appl Pharmacol 15:249–261
40. Graziano MJ, Waterhouse AL, Casida JE (1987) Biochem Biophys Res Commun 149:79–85

41. Yang C, Quin N, Bay Y (1990) Sepu 8:266–267, zit. nach CA 114:49674j
42. Hou Y (1990) Yaowu Fenxi Zazhi 10:268–271, zit. nach CA 112:42569d
43. Hundt HKL, Steyn JM, Wagner L (1990) Hum Exp Toxicol 9:35–40
44. Salles PL, Laganguere REA (1974) Fr Demande, S. 7
45. Liu L, Xu D, Xie D, Xu X (1989) Zhongguo Zhongyao Zazhi 14:424–425, zit. nach CA 111:219353m
46. Chen G (1986) Yaowu Fenxi Zazhi 6:45–47, zit. nach CA 104:174740x
47. Klimowicz A, Nowak A, Kadykow M (1988) Eur J Clin Pharmacol 34:377–380
48. Schäfer-Korting M, Korting HC, Mutschler E (1985) Eur J Clin Pharmacol 29:109–113
49. Brauns A (1970) Taschenbuch der Waldinsekten, Systematik und Ökologie, Fischer, Stuttgart, Bd. 1, S. 181–182
50. Brauns A (1970) Taschenbuch der Waldinsekten, Ökologische Freiland-Differentialdiagnose, Fischer, Stuttgart, Bd. 2, S. 644
51. Selander RB (1960) Bionomics, systematics and phylogenie of Lytta, a genus of blister beetles (Coleoptera, Meloidae), Illinois Biol Monogr Urbana Nr. 28, S. 1–295
52. Carrel JE, Eisner T (1974) Science 183:755–757
53. Hag, Bd. 5, S. 619–625
54. Belg IV
55. Helv V
56. DAB 6
57. WHO (1976) IARC Monographs on the Evaluation of Carcinogenic Risk of Chemicals to Man, Bd. 10, S. 79–84
58. WHO (1987) IARC Monographs on the Evaluation of Carcinogenic Risks to Humans, Suppl. 7, S. 59
59. AB-DDR
60. ÖAB 9

ET

Macrocystis

HN: 2037000

Familie: Lessoniaceae.

Gattungsgliederung: Die Braunalgen-Gattung Macrocystis C. A. AGARDH umfaßt 3 Arten:
- *Macrocystis angustifolia* BORY;
- *Macrocystis integrifolia* BORY;
- *Macrocystis pyrifera* (L.) C. A. AGARDH.[8]

Gattungsmerkmale: Riesentange mit 2 bis 60 m langen Thalli (Sporophyt), die an einigen küstennahen Flachwassergebieten regelrecht Macrocystis-Wälder bilden. Wie bei anderen höherentwickelten Braunalgen (Laminariales, Fucales) zeigt der Macrocystis-Thallus eine strukturelle Dreigliederung. Mit hakenförmigen Rhizoiden ist die Pflanze am steinigen Grund verankert. Der frei flutende Teil des Thallus besteht aus einem tauartigen Kauloid und ledrig-dicken, blattartigen Abschnitten, den Phylloiden, die an ihrem Grunde eine große Schwimmblase tragen.[1] Abschnitte, die Sporenbehälter tragen (Sporophylle) sind bis auf einen sterilen Blattrand auf beiden Seiten mit einzelligen Paraphysen und unilokulären Sporangien in Form großflächiger Sori bedeckt.[6,49] Die Fortpflanzung ist durch einen heteromorphen Generationswechsel gekennzeichnet. Der Sporophyt setzt pro Individuum mehrere Trillionen frei beweglicher Zoosporen frei, aus denen sich männliche und weibliche Gametophyten entwickeln. Nach der Befruchtung der Eizellen durch die Spermatozoen keimen Sporophytenkeimlinge aus, die sich rasch zum Sporophyten entwickeln.[2-6]

Verbreitung: Hauptverbreitungsgebiet von *Macrocystis integrifolia* und *Macrocystis pyrifera* sind das pazifische Nord- und Südamerika, das atlantische Süd-Argentinien, die subantarktischen Inseln, sowie kleine isolierte Vorkommen an den Küsten von Tasmanien und im Süden Neuseelands. *Macrocystis angustifolia* kommt dagegen hauptsächlich in Südafrika, Südaustralien, Neuseeland und den antarktischen Inseln vor. Die Grenzen des Verbreitungsgebietes der Gattung Macrocystis werden durch die Wassertemperaturen festgelegt. Zu den Tropen hin wird das Vorkommen durch die 18 °C-Sommerisotherme bzw. die 16 °C-Winterisotherme und zu den Polen hin durch die 3 °C-Winterisotherme begrenzt.[1]

Inhaltsstoffgruppen: Die Gattung zeigt die für Braunalgen typischen Inhaltsstoffgruppen. Das ausschließliche Vorkommen von Chlorophyll a und

Fucoxanthin als Photosynthese-Pigmente unterscheidet Braunalgen von anderen Algengruppen. Als Assimilationsprodukte treten die Polyole Altrinol, Mannitol und Volumitol auf. Im Laminaran, dem wichtigsten Vertreter der β-1,3-Glucane, das als Reservepolysaccharid akkumuliert wird, findet sich eine beachtliche strukturelle Vielfalt, die zur Unterscheidung der Gattungen und Arten herangezogen werden kann. Neben den bei Algen üblichen Strukturpolysacchariden aus der Gruppe der Mannane und Xylane tritt als quantitativ wichtiger Bestandteil der Zellwand die für Braunalgen typische Alginsäure, ein 1,4-glykosidisch verknüpftes Heteropolysaccharid aus Guluronsäure und Mannuronsäure auf. Auch Fucoidan, ein hauptsächlich aus sulphatierter Fucose bestehendes Polysaccharid ist nachgewiesen.[35]
Iod und Brom werden von Braunalgen aus dem Meerwasser angereichert und in Form iodierter und bromierter organischer Verbindungen gespeichert. Brom findet sich beispielsweise in Form von 3,5-Dibromhydroxyphenylacrylsäure oder von 3,5-Dibromhydroxyphenylbrenztraubensäure; Iod dagegen unter anderem als 3,5-Diiodtyrosin oder in Form des Schilddrüsenhormons 3,5,3'-Triiodtyrosin.[7] Über die Struktur der für Braunalgen typischen iodierten und bromierten organischen Verbindungen liegen für Macrocystis keine Angaben vor.

Drogenliefernde Arten: *M. integrifolia*: Macrocystis-integrifolia-Thallus; *M. pyrifera*: Macrocystis-pyrifera-Thallus.

Macrocystis integrifolia Bory

Sonstige Bezeichnungen: Dt.: Birnentang; engl.: Brown kelp; Chile: Huiro.

Botanische Beschreibung: Diese Braunalge siedelt im oberen Sublitoral bis 6 m Wassertiefe nahe der Küste auf Felssubstrat. Der bis maximal 25 m lange Thallus (Sporophyt) ist mit einem niederliegenden, rhizomartig kriechenden, dichotom verzweigten Haftorgan mit seitlich entspringenden Hapteren verankert. Der runde Stiel ist ein- bis mehrmals dichotom verzweigt. Das terminale Phylloid variiert von schmal sichelförmig mit 3 bis 6 Seitenblättern bis breit sichelförmig mit bis zu 20 ausdifferenzierten Seitenblättern. Reife Seitenblätter sind lanzettlich, mit rauher, selten glatter Oberfläche, ganzrandig oder mit gezähntem Rand, bis 80 cm lang und meist 2 bis 10 cm breit. Die Schwimmblasen sind schmal bis rundlich birnenförmig. Das Längenwachstum des Stiels beträgt während der Vegetationsperiode 4 bis 6 cm pro Tag.[1,8]

Verbreitung: An den pazifischen Küsten von Südamerika von Callao/Peru südwärts bis Valparaiso und in Nordamerika von der Halbinsel Monterey nordwärts bis Alaska.[8] Vereinzelt auch an den atlantischen Küsten von Süd-Argentinien.[1]

Drogen: Macrocystis-integrifolia-Thallus.

Macrocystis-integrifolia-Thallus

Definition der Droge: Der getrocknete Thallus, meist nur das Phylloid.[11]

Stammpflanzen: *Macrocystis integrifolia* Bory.[11]

Herkunft: Chile.

Gewinnung: Durch Abernten der Algenbestände an den Küsten des Verbreitungsgebietes.

Ganzdroge: Die Ganzdroge besteht aus den blattartigen Thallusabschnitten mit Schwimmblasen. Kauloide kommen nur selten vor. *Macrocystis integrifolia* besitzt einen breiten blattartigen Thallus von heller Farbe und stark faltiger, poröser Oberfläche. Schwimmblasen rundlich oder länger, sehr fest.

Schnittdroge:
Geruch. Typisch nach Meeresprodukten.
Geschmack. Salzig, charakteristisch schleimig.
Makroskopische Beschreibung. Die grob geschnittenen Bruchstücke zeigen stark faltige, poröse Oberfläche an Ober- und Unterseite des Thallus. In der Droge kommen graugrüne bis olivgrüne oder hellbraune Schwimmblasen vor.

Inhaltsstoffe: 14 bis 21 % Alginsäure.[14,16] Weitere Angaben zu Inhaltsstoffen liegen nicht vor. Für diese Art dürften jedoch die Angaben unter Macrocystis-pyrifera-Thallus ebenso zutreffen.

Sonst. Verwendung: *Pharmazie/Medizin.* Macrocystis-integrifolia-Thallus tritt als Untermischung in Macrocystis-pyrifera-Thallus auf. Es ist davon auszugehen, daß bei Anwendung von Macrocystis-Thallus Droge von beiden Stammpflanzen verwendet wird. Die Angaben zur Droge Macrocystis-pyrifera-Thallus treffen daher auch für diese Droge zu.
Industrie/Technik. Große Mengen an Macrocystis-Algen, wobei nicht zwischen den Arten unterschieden wird, dienen in Chile zur Gewinnung von Natriumalginat.[15,24] Die angelandeten Mengen schwanken zwischen 200 und 9.000 t pro Jahr.[24]

Macrocystis pyrifera (L.) C. A. Agardh

Synonyme: *Fucus pyriferus* L.

Sonstige Bezeichnungen: Dt.: Birnentang; engl.: Brown kelp, giant kelp, kelp, long bladder kelp, sea kelp; Chile: Huiro.

Botanische Beschreibung: Diese Braunalge bildet Thalli (Sporophyten) von 50 bis 60 m Länge. Die konisch ausgebildeten Haftscheiben, mit denen der Thallus am Meeresboden verankert ist, haben eine Länge und einen Durchmesser bis zu 1 m und bestehen aus langen, dichtstehenden, dichotom verzweigten Hapteren die an allen Seiten aus der Basis des Stiels entspringen. Der Stiel ist kurz oberhalb der Haftscheibe 3- bis 6mal dichotom verzweigt; die Zweige sind stielrund bis leicht abgeflacht. Das terminale Phylloid jedes Zweiges ist üblicherweise breit sichelförmig mit 18 bis 20 jungen Seitenblät-

a *Macrocystis pyrifera* (L.) C. A. AGARDH, **b** Detail Thallusspitze. Deutlich erkennt man die von der Basis zur Spitze fortschreitende Differenzierung der Seitenblätter durch Einschlitzen des Phylloids. Nach Hooker JD, aus Lit.[9]

tern. Die Differenzierung dieser Seitenblätter erfolgt durch fortschreitendes Einschlitzen des Phylloids von der Basis zur Spitze hin. Das Phylloid mit den Seitenblättern ist 1- bis 5mal so lang wie breit und schwimmt nahe der Wasseroberfläche. Reife Seitenblätter sind laceolat, mit glatter bis leicht rauher Oberfläche, am Rand gezähnt, bis 1 m lang und mehr als 15 cm breit. An ihrem Grund sind die sehr variablen Seitenblätter zu einem Stiel verlängert, an dem sich eine längliche bis birnenförmig rundliche Schwimmblase befindet. Die Pflanzen werden 8 bis 10 Jahre alt und wachsen während jeder Vegetationsperiode 30 bis 60 cm.[1,8]

Verbreitung: Hauptverbreitungsgebiet sind die Küsten des pazifischen Amerika, hauptsächlich Chile und Kalifornien, aber auch Süd-Argentinien, die subantarktischen Inseln nördlich der 3 °C-Winter-isotherme, sowie Tasmanien und das südliche Neuseeland.[1] Die Pflanze bildet an der Küste Kaliforniens dichte Macrocystis-Wälder mit einer Biomasse von 60 bis 100 kg/m^2.[1,10]

Drogen: Macrocystis-pyrifera-Thallus.

Macrocystis-pyrifera-Thallus

Sonstige Bezeichnungen: Dt.: Braunalgen, engl.: Kelp. Die Bezeichnung Kelp wird auch für andere Braunalgen verwendet.

Definition der Droge: Der getrocknete Thallus, meist nur das Phylloid.[11]

Stammpflanzen: *Macrocystis pyrifera* (L.) C. A. AGARDH.[11]
Untermischungen von *Macrocystis integrifolia* BORY kommen vor.

Herkunft: Chile, Kalifornien.

Gewinnung: Durch Abernten der Algenbestände an den Küsten des Verbreitungsgebietes. In Kalifornien gewinnt man die Macrocystis-Thalli von speziellen Mähschiffen aus, wobei die Algen aus Gründen des Naturschutzes nur bis ca. 1 m Wassertiefe abgeschnitten werden dürfen.[12,13]

Ganzdroge: Die Ganzdroge besteht aus den blattartigen Thallusabschnitten mit Schwimmblasen. Kauloide kommen nur selten vor. *Macrocystis pyrifera* zeigt einen schmalen blattartigen Thallus von dunkler Farbe und glatter, leicht längsfaltiger Oberflächc. Schwimmblasen länglich, brüchig.

Schnittdroge:
Geruch. Typisch nach Meeresprodukten.
Geschmack. Salzig, charakteristisch schleimig.
Makroskopische Beschreibung. Die grob geschnittenen Bruchstücke zeigen glatte, leicht faltige Oberfläche an Ober- und Unterseite des Thallus. Sie besitzen außen graugrüne bis olivgrüne oder hellbraune, meist zerbrochene Stücke der Schwimmblasen, die an der Innenseite hellbraun bis gelblich gefärbt sind.

Pulverdroge: Das Pulver ist grünlichbraun bis graubraun gefärbt. Es enthält zahlreiche Fragmente der

Rindenzone aus regelmäßigen, isodiametrischen Zellen mit braunem Inhalt und Fragmente der Markzone aus fadenförmigen, untereinander verflochtenen Zellen mit sehr dicken, farblosen, glänzenden, verschleimten Wänden und oft graubraunem Inhalt. Im Pulver sind keine Unterschiede zwischen den beiden Stammpflanzen oder zu anderen thallusartigen Braunalgen zu erkennen. Diese Beschreibung entspricht der Monographie Tang (Fucus) *DAB 10.*

Inhaltsstoffe: 14 bis 21 % Alginsäure, bezogen auf getrockneten Thallus,[14,16] wobei ein Verhältnis Mannuronsäure zu Guluronsäure von 2,37:1 ermittelt wurde.[32] Die Ausbeute an Natriumalginat aus frischen Macrocystis-pyrifera-Thalli der nordamerikanischen Pazifikküste beträgt 2,2 %.[32] Bausteine des Strukturpolysaccharids Alginsäure sind Mannuronsäure und Guluronsäure, die über β-1,4-Bindungen miteinander verknüpft sind. Innerhalb der Alginsäure bilden diese beiden Bausteine jeweils einheitliche Kettenabschnitte, sog. M- und G-Blöcke, dazu aber auch unregelmäßig eingestreute Sequenzen, in denen die beiden Uronsäuren jeweils miteinander abwechseln. In der Zellwand liegen die Alginsäuremoleküle als dicht gepackte Stränge vor, wobei die Carboxylgruppen der Uronsäuren über 2-wertige Kationen, wie Calcium und Magnesium miteinander verknüpft sind und so die Festigkeit und Flexibilität der Algenthalli bedingen.[7] Aus der Polysaccharidfraktion wurden außerdem Fucoidan (Fucoidin) mit einer *Mr* von 8.000 bis 133.000, das hauptsächlich aus α-1,2-glykosidisch gebundener L-Fucose besteht, sowie Laminaran (*Mr* 12.000 bis 31.000), ein β-1,3-Glucan mit endständigem Mannitol in 1,1-Bindung isoliert. Mengenangaben liegen nicht vor.[35]

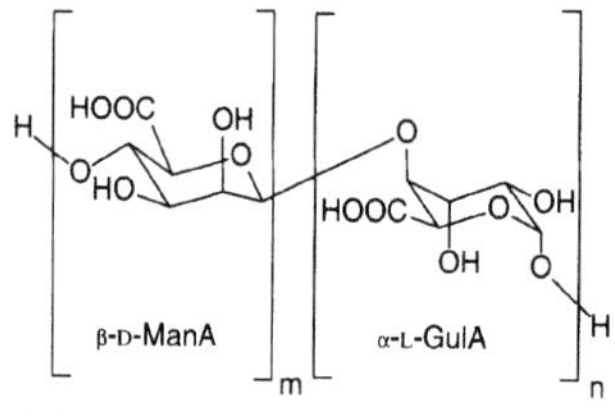

Alginsäure

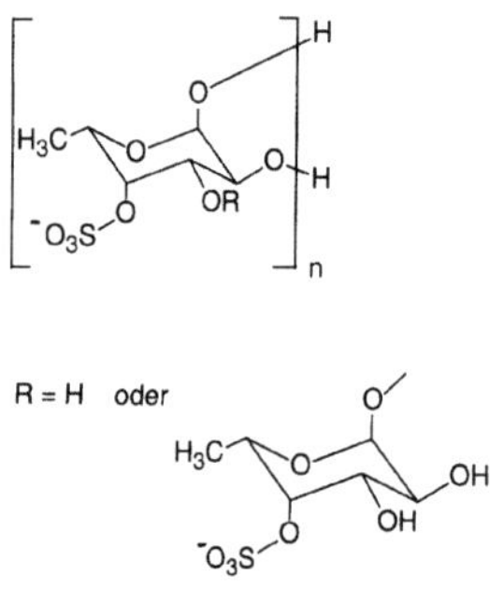

Fucoidan

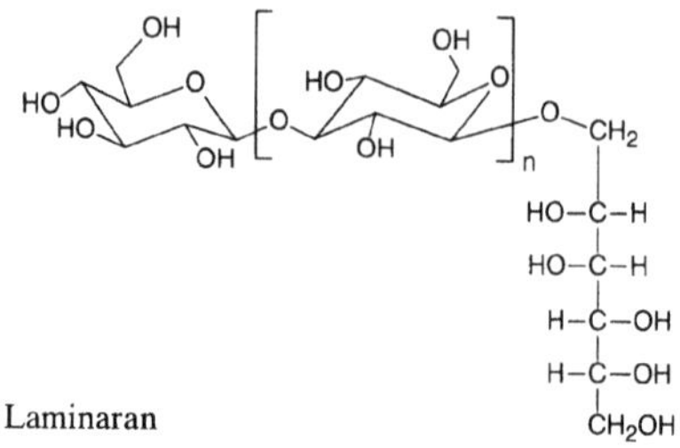
Laminaran

Der Wassergehalt frischer Macrocystisalgen beträgt 85 bis 88 %.[31] In den anorganischen Bestandteilen wurden deutliche Unterschiede festgestellt.[14] Braunalgen reichern Blei an, wobei der Gehalt mit dem Wuchsort korreliert. Der Bleigehalt von kalifornischen Macrocystis-pyrifera-Thalli lag zwischen 0,024 und 0,192 ppm bezogen auf Frischgewicht und gemessen mittels MS, bzw. 0,2 bis 0,4 ppm in der Trockensubstanz. Es bestand kein Unterschied zwischen Naturstandorten und einem Standort mit Einleitung von Abwässern aus Kläranlagen.[31] Arsen wird in kalifornischen *Macrocystis pyrifera* bis 60 ppm, bezogen auf Trockenmasse angereichert,[37] andere Proben aus Nordamerika enthielten zwischen 15 und 58 ppm Arsen.[38] Arsen liegt als Arsenat, Cacodylsäure und Trimethylarsoniumlactat vor, letzteres als Komponente des membranassoziierten Arseno-Phospholipids.[37,39]

Der Mineralstoffgehalt von *Macrocystis pyrifera* aus Südargentinien wurde mittels ICP bestimmt: Natrium 12.110 ppm, Calcium 7.900 ppm, Magnesium 5.670 ppm, Phosphor 1.740 ppm, Eisen 1.722 ppm, Aluminium 1.121 ppm, Strontium 378 ppm, Bor 270 ppm, Cadmium 81 ppm, Arsen 76 ppm, Zink 72 ppm, Mangan 31 ppm, Titan 28 ppm, Barium 27 ppm, Blei 26 ppm, Quecksilber 21 ppm, Selen 9 ppm, Nickel 7 ppm, Vanadium 7 ppm, Molybdän 5 ppm, Kobalt 2 ppm, Kupfer 1 ppm, jeweils bezogen auf getrocknete Substanz.[34]

Der Gesamt-Iodgehalt schwankt zwischen 0,1 und 0,5 %, bezogen auf Trockensubstanz.[11]

Die Alge soll reich an Vitaminen, besonders Vitamin B_2 und B_{12} sein. Genaue Angaben dazu liegen nicht vor.[14,15]

Phytohormone, wie Auxin, Cytokinine und Gibberelline, sowie Enzyme und Co-Enzyme wurden festgestellt und untersucht. Genaue Angaben fehlen auch hier.[14,16]

Aminosäuren des Proteinhydrolysats der ganzen Alge: Alanin 2,13 %, Ornithin 2,11 %, Glutaminsäure 1,98 %, Asparaginsäure 1,45 %, Valin 1,06 %, Leucin 0,89 %, Glycin 0,76 %, Phenylalanin 0,63 %, Threonin 0,63 %, Lysin 0,60 %, Isoleucin 0,55 %, Serin 0,51 %, Arginin 0,36 %, Histidin 0,21 %, Methionin 0,19 %, Prolin Spuren, Cystin Spuren.[17]

Laminitol (4-*C*-Methyl-*myo*-inositol), Succinat, Glycerin, Taurin, Mannitol, sowie L-Fucose wurden nachgewiesen.[14,16,18,26]

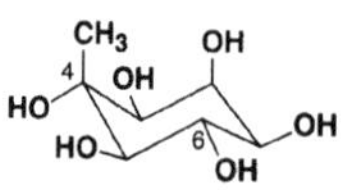
Laminitol

Zubereitungen: Der Macrocystis-Thallus dient zur Isolierung von Alginaten. Dazu werden die zerkleinerten Braunalgen mit Natriumcarbonatlösung extrahiert und das Pflanzenmaterial durch Filtration abgetrennt. Aus diesem Rohalginat wird mittels Calciumchlorid das schwerlösliche Calciumalginat ausgefällt. Nach dem Waschen und Zusatz von Salzsäure fällt nach Zugabe von Natriumcarbonat marktfähiges Natriumalginat aus.[32]

Reinheit:
- Arsen: Max. 3 ppm.[11]
- Schwermetalle (als Blei): Max. 40 ppm.[11]
- Blei: Max. 10 ppm.[11]
- Trocknungsverlust: Max. 13 %.[11]
- Gesamtasche: Max. 35 %.[11]

Gehalt: Iodgehalt 0,1 bis 0,5 % Gesamtiod,[11] wobei nicht zwischen freiem und gebundenem Iod unterschieden wird.

Gehaltsbestimmung: Iodgehalt wird durch iodometrische Titration aus der Asche bestimmt.[11]

Lagerung: In gut schließenden Gefäßen.

Stabilität: In einer Untersuchung wird auf eine unzureichende Stabilität von Iod in festen Arzneiformen aus Braunalgen hingewiesen. Nach einer Lagerzeit von eineinhalb Jahren war in einer Tablettenzubereitung kein Iod mehr nachweisbar. Da genaue Angaben zur Methode fehlen, können die Ergebnisse auch als Chargeninhomogenität interpretiert werden, zumal bei Versuchsbeginn in einer Packung von oben nach unten der Iodgehalt der Tabletten um den Faktor 10 differierte.[41]

Wirkungen: Ein Extrakt mit Ethanol 30 % aus argentinischer *Macrocystis pyrifera* wurde auf Antitumor-Aktivität an der P-388-Lymphozyten-Leukämie und dem langsam wachsenden LB-Lymphom der Maus untersucht. 24 h nach i.p. Injektion der Tumorzellen wurde mit der i.p. Injektion von 4 mg/kg/Tag der Testsubstanz begonnen und 5mal alle 48 h wiederholt. Die durchschnittliche Überlebenszeit in beiden Testsystemen unterschied sich nicht von der Kontrolle. Damit wurden frühere, nicht näher beschriebene Untersuchungen auf tumorhemmende Wirkung von Macrocystis widerlegt. Jedoch konnte ein Einfluß auf die Immunantwort festgestellt und die früheren Ergebnisse damit erklärt werden. Nach zweimaliger i. p. Injektion des Macrocystis-Extrakts in Mäuse im Abstand von 4 Tagen zeigten die Tiere bei Inokulation mit Schaferythrocyten eine signifikante Abnahme des Hämagglutinationstiters gegenüber dieser Behandlung. Der Effekt rührt nicht vom Gehalt an Polysacchariden her, sondern soll auf den Schwermetallgehalt zurückzuführen sein.[34]
Antivirale Eigenschaften wurden im Hemmtest mit dem Bläschen-Stomatitis-Virus, Indiana Stamm, an Monolayerkulturen menschlicher Amnionzellkulturen (Wish) untersucht. Als Wirkung wurde die Hemmung der Plaquebildung an den Zellkulturen in Form des ED_{50}-Wertes angegeben. Der alkoholische Auszug mit Ethanol-Wasser-Gemisch 30 % aus argentinischer *Macrocystis pyrifera*, eine daraus gewonnene Fucoidan-haltige Polysaccharidfraktion, nicht jedoch die Alginatfraktion zeigten antivirale Wirkung.[35]
Ether-Extrakte sollen *in vitro* antimikrobiell gegen *Escherichia coli*, *Pseudomonas aeruginosa* und *Staphylococcus aureus* wirken.[19] Genaue experimentelle Daten fehlen. Für die behauptete Wirkung bei Knochenschwund und Xerosis (Schrumpfung der Augenbindehaut) an Ratten nach Algengaben bis zu 1 g pro Tag fehlen genaue experimentelle Daten.[19]
Nach 6 bis 8 Wochen täglicher Einnahme von 5,5 g Macrocystispulver war bei Untersuchungen an 400 Frauen der Hämoglobingehalt auf 86 % des Normalwertes angestiegen.[19] Genauere Angaben zum Patientenkollektiv, zu den Ausgangswerten, einer möglichen Komedikation, zur Schwangerschaftswoche und der Kontrollgruppe fehlen.
Natriumalginat aus *Macrocystis pyrifera* verhindert die Resorption von Radiostrontium unter 19 untersuchten Braualgenarten am besten. Untersucht wurde die Einlagerung von Radiostrontium 24 h nach p. o. Gabe von 20 mg Natriumalginat mit einer Standarddosis Radiostrontium an Ratten.[32]

Volkstümliche Anwendung und andere Anwendungsgebiete: Macrocystis und andere Braunalgen werden häufig als Mittel zur Gewichtsreduktion empfohlen. Die amerikanische Gesundheitsbehörde FDA reiht Macrocystis und andere Braunalgen als sichere, aber in ihrer Wirksamkeit noch unzureichend belegte Bestandteile von solchen Präparaten zur Gewichtsreduktion ein.[42]
Braunalgen, zu denen auch Macrocystis gerechnet wird, läßt die FDA in diesem Zusammenhang als Iodquelle zur Nahrungsergänzung zu, wobei die tägliche Iodaufnahme 225 µg nicht übersteigen darf.[42] In Deutschland werden Macrocystis-Algen als Iodquelle in Mineralstoffpräparaten und zur diätetischen Nahrungsergänzung verwendet. Nach dem Ernährungsbericht 1985 der Deutschen Gesellschaft für Ernährung (DGE) wird je nach Alter eine tägliche Zufuhr von 50 bis 260 µg pro Tag Iod mit der Nahrung empfohlen. Das entspricht einer Tagesgabe von 10 bis 250 mg Macrocystis-Thallus.[22]
Bei diätetischen Algenerzeugnissen mit einem Iodgehalt von über 10 mg/kg sollte der Iodgehalt deklariert werden und der Hinweis vorhanden sein, daß übermäßige Zufuhr von Iod zu Störungen der Schilddrüse führen kann.[25] Algenerzeugnisse sollten so dosiert sein, daß die Iodaufnahme zu keinem Iodüberschuß führt. Dieser ist bei einer Iodaufnahme von 1.000 µg und mehr pro Tag gegeben, wodurch bei einem erheblichen Teil der Bevölkerung ernsthafte Schilddrüsenstörungen auftreten können. Nach Ansicht des Bundesministeriums für Gesundheit sollte daher die tägliche Zufuhr von Iod 200 µg nicht übersteigen.[25]
In den USA wurden Tabletten mit Macrocystis-Pulver bei Schwangerschaftsanaemie empfohlen. Genauere Angaben zum verwendeten Präparat fehlen, die Wirksamkeit der Droge bei dieser Indikation ist nicht belegt.[19]

Unerwünschte Wirkungen: Fallbeschreibungen über die Auslösung von latenten Schilddrüsenerkrankungen bei Verwendern von Kelpprodukten beziehen sich auf langdauernde Einnahme von größeren Mengen Braunalgen, wobei z.T. der Iodgehalt nicht bestimmt wurde und in keinem Fall die verwendete Algenart angegeben ist.[28]

Gegenanzeigen/Anwendungsbeschr.: Bei Macrocystis sind wie bei anderen Braunalgen und deren Zubereitungen, wie etwa Fucus, bei einer Tagesdosis bis zu 150 µg Iod keine Risiken bekannt. Oberhalb einer Dosierung von 150 µg Iod pro Tag besteht die Gefahr einer Induktion und Verschlimmerung einer Hyperthyreose. In seltenen Fällen kann es zu Überempfindlichkeitsreaktionen unter dem Bild einer schweren Allgemeinreaktion kommen.[30] Bei Ioddosierungen von über 300 µg/Tag steigt das Risiko der Hyperthyreoseauslösung mit der Ioddosis an.[29]

Tox. Inhaltsstoffe u. Prinzip: Als Probleminhaltsstoffe in Macrocystis müssen Arsen, Iod und die Schwermetalle angesehen werden. Für Iod kann das Risiko von Nebenwirkungen durch entsprechende Dosierungsangaben minimiert werden;[29,30] s. dazu unter Gegenanzeigen und Sonst. Verwendung.
Der Gehalt an Arsen in Macrocystis führt beim Menschen bei länger andauernder Einnahme zu einer erhöhten Ausscheidung von Arsen mit dem Harn.[38] Da kein direkter Zusammenhang von Arsenausscheidung und möglichen Neuropathien hergestellt werden konnte, wird vermutet, daß die in Algen vorkommenden organischen Arsen-Verbindungen nicht mit körpereigenen Dithiolen reagieren, schnell über die Nieren ausgeschieden werden und damit weniger giftig sind.[37,38] Gestützt wird dies auch durch das Fehlen von Arsenanreicherung in Seeigeln, die sich von Macrocystis ernähren.[37]
Zum Thema Schwermetalle führt das FDA bei der Bewertung des GRAS-Status für Macrocystis aus, daß unter Umständen eine Anreicherung gesundheitsgefährdender Mengen nicht auszuschließen ist. Da jedoch ausreichende Daten zum natürlichen Schwermetallgehalt fehlen, werden Untersuchungen zu Arsen, Blei, Cadmium, Quecksilber, Selen und Zink angeregt mit dem Ziel, daraus entsprechende Höchstmengen für eine Festlegung im Food Chemicals Codex abzuleiten.[11,27]

Akute Toxizität: *Tier.* Wäßrige Extrakte von *Macrocystis pyrifera*, die zu gleichen Teilen aus destilliertem Wasser und frischen Thalli gewonnen wurden, zeigten bei Mäusen mäßige Toxizität. Nach i.p. Injektion von 1 mL Testlösung in 20 Mäuse von 15 bis 23 g KG waren nach 36 h ein oder mehrere Tiere gestorben.[21,33]

Chronische Toxizität: *Mensch.* Bei Personen mit familiärer Disposition zu Schilddrüsenerkrankungen, wie Kropf oder Hypothyreose, kann durch chronische Einnahme von Kelp-Produkten eine Iodintoxikation entstehen. Entsprechende Fallbeschreibungen liegen vor, wobei Angaben zur eingenommenen Algenart fehlen.[28,43–46]

Mutagenität: Ein dialysierter Extrakt mit Ethanol 30 % aus argentinischer *Macrocystis pyrifera* wurde im Knochenmark-Mikronukleus-Test an der Maus nach i.p. Applikation geprüft. Ferner wurde mit diesem Extrakt *in vitro* an CHO-Zellkulturen die Auslösung von Chromosomenaberrationen getestet. Dabei wurde als Parameter der Genotoxizität die Häufigkeit von Chromatidaustausch, Deletionen und tripolaren Chromosomen bestimmt. In beiden Testsystemen konnte bei einer Dosierung von über 5,3 mg/kg KG bzw. 5,3 µg/mL ein clastogener Effekt nachgewiesen werden.[36]

Sonst. Verwendung: *Pharmazie/Medizin.* Das aus Macrocystis gewonnene Natriumalginat wird als Gelbildner in der pharmazeutischen Technologie zur Stabilisierung von Emulsionen, als Verdikkungsmittel, zur Herstellung von Retardtabletten, sowie in vielen Kosmetika und Lebensmitteln verwendet. In der biochemischen Analytik dienen Alginatgele bei der Gelelektrophorese als Trennmaterial.[7,47,48] *Landwirtschaft.* In Form von Algenmehl als Mineralstoffquelle für Futterzwecke.[21,23] Wegen des Gehalts an Phytohormonen setzt man Auszüge von Macrocystis als Wachstumsförderer im Gartenbau ein. *Industrie/Technik.* Große Mengen an Macrocystis-Algen werden in Chile und Kalifornien zur Gewinnung von Alginsäure geerntet. Diese wird in Form der Alginate, meist Natriumalginat, technisch als Quell- und Verdikkungsmittel, sowie als Gelbildner zur Herstellung von klaren, geschmacksneutralen und chemisch nicht weiter reaktionsfähigen wäßrigen Gelen verwendet.[15,24,28]
Früher diente die Alge auch zur Iodgewinnung und zur Herstellung von Lösemitteln, wie Aceton, sowie zur Gewinnung einer als "Kelpchar" bezeichneten Pflanzenkohle.[14]

Gesetzl. Best.: *Sonst. Gesetze u. Vorschr.* Von der FDA wurde für Macrocystis der GRAS-Status für die Anwendung als Gewürz und Aroma, sowie als Geschmacksverstärker und Aromenhilfsstoff erteilt.[27] Auch der direkte Verzehr von Macrocystis-Arten als Lebensmittel wird als sicher angesehen, GRAS-Status.[27] Ferner reiht die FDA Macrocystis und andere Braunalgen als sichere, aber in ihrer Wirksamkeit noch unzureichend belegte Bestandteile von Präparaten zur Gewichtsreduktion ein. Braunalgen werden als Iodquelle zur Nahrungsergänzung empfohlen, wobei die tägliche Iodaufnahme 225 µg nicht übersteigen darf.[42]

---

1. Lüning K (1985) Meeresbotanik, Georg Thieme Verlag, Stuttgart New York
2. North WJ (1971) 7th Int Seaweed Symposium, Sapporo, S. 394–399
3. Chi EY, Neushul M (1971) 7th Int Seaweed Symposium, Sapporo, S. 181–187
4. Abbott IA, North WJ (1971) 7th Int Seaweed Symposium, Sapporo, S. 72–79
5. Gherardini GL, North WJ (1971) 7th Int Seaweed Symposium, Sapporo, S. 172–180
6. Wartenberg A (1972) Systematik der niederen Pflanzen, Thieme, Stuttgart
7. Kremer BP (1985) Pharm Unserer Zeit 14:139–148

8. Wommersley HBS (1954) University of California Publications in Botany 27:109–132
9. Strasburger E (1971) Lehrbuch der Botanik, 30. Aufl., Fischer, Stuttgart
10. Aleem AA (1973) Bot Mar 16:38–95
11. National Academy of Sciences (1981) Food Chemicals Codex, 3. Aufl., National Academy Press, Washington DC
12. Lee O (1968) World Fishing 17:28–29
13. (1971) Commercial Fisheries Review 33:30–32
14. Hoppe HA (1977) Drogenkunde, Bd. 2 Kryptogamen, De Gruyter, Berlin
15. Hoppe HA (1966) Dtsch Apoth Ztg 106:197–200, 232–236
16. Hoppe HA, Levring T, Tanaka Y (1979) Marine Algen in Pharmaceutical Science, De Gruyter, Berlin
17. Mateus H, Regenstein JM, Baker RC (1976) Bot Mar 19:155–159
18. Schweiger RG (1967) Arch Biochem Biophys 118:383–387
19. Gessner F (1969) Dtsch Apoth Ztg 109:1.675–1.682
20. Roos H (1957) Kieler Meeresforsch 13:41–58
21. Stoloff L (1962) Econ Bot 16:86–94
22. Deutsche Gesellschaft für Ernährung (1985) Ernährungsbericht, Frankfurt
23. Jensen A (1971) 7th Int Seaweed Symposium, Saporro, S. 7–14
24. (1986) Chile – Exports, Investments, Economy Seaweed Extraction, Prochile, Santiago
25. Coduro E (1990) Lebensm Unters Forsch 190 (Suppl 5):G135
26. Fott B (1971) Algenkunde, Fischer, Stuttgart
27. Food and Drug Administration (1982) Federal Register 47:47.373–47.376
28. De Smet PAGM (1992) In: De Smet PAGM, Keller K, Hänsel R, Chandler RF (Hrsg.) Adverse effects of herbal drugs, Springer, Berlin, Bd. 1, S. 1–72
29. BAz Nr. 236 vom 16.12.1989
30. BAz Nr. 101 vom 01.06.1990
31. Chow TJ, Snyder CB, Snyder HG, Earl JL (1976) J Enviro Sci Health A 11:33–44
32. Tanaka Y, Waldron-Edwar D, Skoryna SC (1968) Canad Med Ass J 99:169–175
33. Habekost RC, Fraser IM, Halstead BW (1955) J Wash Acad Sci 45:101–103
34. Mayer AMS, Krotz L, Bonfil RD (1987) Hydrobiologica 151/152:483–489
35. Mayer AMS, Diaz A, Pesce A (1987) Hydrobiologica 151/152:497–500
36. Larripa IB, de Pargament MM, de Vinuesa ML, Mayer AMS (1987) Hydrobiologica 151/152:491–496
37. Herrera-Lasso JM, Benson AA (1982) Environ Sci Res 23:501–505
38. Walkiw O, Douglas DE (1975) Clinical Toxicology 8:325–331
39. Phillips DJH, Depledge MH (1985) Marine Environ Res 17:1–12
40. Norman JA, Pickford CJ, Sanders TW, Waller M (1987) Food Additives Contaminants 5:103–109
41. Liewendahl K, Turula M (1972) Acta Endocrin 71:289–296
42. Food and Drug Administration (1982) Federal Register 47:8.466–8.484
43. Liewendahl K, Gordin A (1974) Acta Med Scand 196:237–239
44. Skare S, Frey HMM (1980) Acta Endocrinol (Copenh) 94:332–336
45. Shilo S, Hirsch HJ (1986) Postgrad Med J 62:661–662
46. De Smet PAGM, Stricker BHC, Wilderink F, Wiersinga WM (1990) Ned T Geneeskd 134:1.058–1.059
47. Morck H (1991) Pharm Ztg 136:2.625–2.628
48. Kirst GO, Kremer BP (1983) Spektrum der Wissenschaft (4):22–23
49. Ricker RW (1987) Taxonomy and Biogeography of Macquarie Island Seaweeds, British Museum (Natural History), London

Sr

Mahonia

HN: 2044300

Familie: Berberidaceae.

Unterfamilie: Berberidoideae.
Nach Lit.[1] wird die Familie der Berberidaceae in die beiden Unterfamilien Berberidoideae und Podophylloideae aufgeteilt. Nach einem neueren Konzept[2] wird sie hingegen in drei eigenständige Familien gegliedert: Podophyllaceae, Leonticaceae und Berbridaceae s.str.

Tribus: Berberideae.

Gattungsgliederung: Die Gattung Mahonia NUTT. umfaßt etwa 70 bis 100 Arten.[3] Sie wird in die beiden Gruppen Occidentales und Orientales gegliedert.[4,5]

Gattungsmerkmale: Immergrüne, unbedornte Sträucher. Blätter wechselständig, unpaarig gefiedert, ledrig, dornig gezähnt, immergrün. Blüten gelb, in kurzen, büschelig gehäuften Rispen, Kelchblätter 9, Staubblätter 6, reizbar, Beeren kugelig, blaubereift mit purpurnem Saft; Samen 2 bis 5, glänzend rotbraun.[6,7]
Die grundlegenden Unterschiede zwischen den Gattungen Mahonia NUTT. und Berberis L. bestehen in folgenden Merkmalen: Mahonia hat rispige Blütenstände, stets immergrüne gefiederte Blätter, nie Dornen an den Zweigen sowie Nektardrüsen, die nicht an den Kronblättern, sondern meist paarig an den Staubblättern stehen.

Verbreitung: 58 Arten in Asien, von Japan bis Sumatra, die übrigen Arten in Nord- und Mittelamerika.[3,8]

Inhaltsstoffgruppen: Chemotaxonomische Untersuchungen liegen bisher keine vor. Die nahe verwandtschaftliche Beziehung zur Gattung Berberis zeigt sich im Auftreten der gleichen Alkaloidtypen vom Aporphintyp (Corydalin, Isoboldin, Isocorydalin), vom Benzylisochinolintyp (Berberin, Jatrorrhizin) sowie vom Bisbenzylisochinolintyp.[9–12] Sechs verschiedene Alkaloide vom Bisbenzylisochinolintyp wurden bisher aus Mahonia-Arten isoliert, darunter Berbamin und Oxyacanthin.[13]

Drogenliefernde Arten: *M. aquifolium*: Mahoniae radix, Mahonia aquifolium hom. *HAB 1*, Berberis aquifolium hom. *HPUS88*.

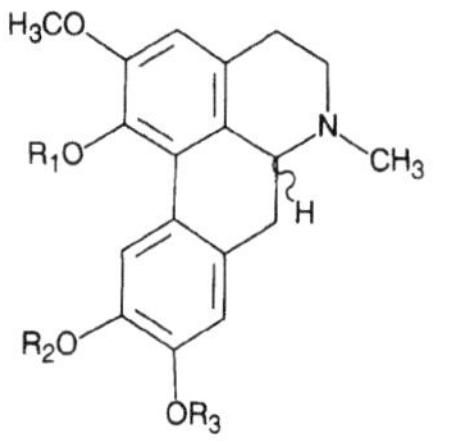

	R_1	R_2	R_3
Isoboldin	—H	$—CH_3$	—H
Corydin	—H	$—CH_3$	$—CH_3$
Isocorydin	$—CH_3$	—H	$—CH_3$

6-αH: (*S*)- bzw. 6-βH: (*R*)-Konfiguration

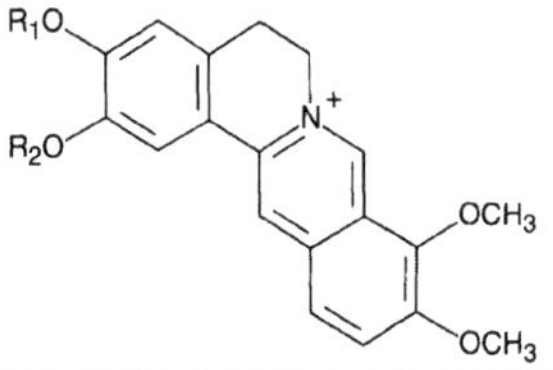

	R_1	R_2
Jatrorrhizin	—H	$—CH_3$
Columbamin	$—CH_3$	—H
Palmatin	$—CH_3$	$—CH_3$
Berberin	$—CH_2—$	

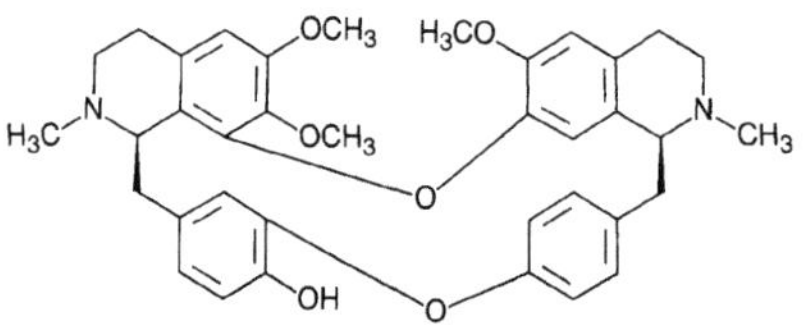

Berbamin

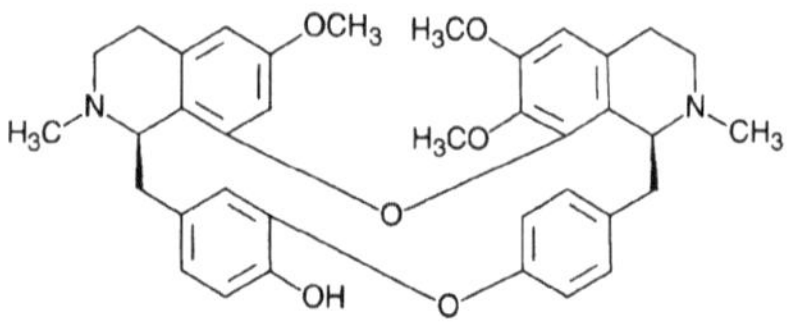

Oxyacanthin

Mahonia aquifolium (PURSH) NUTT.

Synonyme: *Berberis aquifolium* PURSH, *Odostemon aquifolium* (PURSH) RYDE.

Sonstige Bezeichnungen: Dt.: Mahonie; engl.: Mountain grape, oregon graperoot; frz.: Mahonie à feuillez de houx.

Systematik: Der Ausgestaltung des Blattrandes nach werden zwei Varietäten, var. *aquifolium* und var. *lyallii* AHRENDT, unterschieden.[4] In der Kultur finden sich stets Gemische der vielfältigsten Blatt- und Wuchsformen, wie z.B. die Cultivare "Atropurpurea", "Orangee Flame" u.a.[3] Unter den kultivierten Sorten befinden sich auch Hybriden mit anderen M.-Arten, hauptsächlich mit *Mahonia repens* (LINDL.) G. DON f.[4]

Botanische Beschreibung: Aufrechter Strauch, 50 bis 150 cm hoch, mit gelbbraunen Zweigen. Laubblätter unpaarig gefiedert, 10 bis 20 cm lang, mit 3 bis 6 Paar Fiederblättchen, ledrig, immergrün, am Grund mit Nebenblattrudimenten. Fiederblättchen eiförmig-elliptisch, am Rand mit 6 bis 12 dornigen Zähnen, 4 bis 8 cm lang und 2 bis 4 cm breit, oberseits dunkelgrün, stark glänzend, mit deutlich ausgeprägter Nervatur. Blüten in dichten, 5 bis 10 cm langen Rispen oder Trauben, diese oft zu mehreren (3 bis 6) in den Blattachseln stehend. Blüten gelb, mit meist 9 Kelch-, 6 Kron- und 6 reizbaren Staubblättern. Blütenstiele 5 bis 10 mm lang. Beeren schwarzpurpurn, kugelig, bereift, mit rotem Saft. Samen 2 bis 5, glänzend rotbraun. Chromosomenzahl $2n = 28$.[3,4]

Verwechslungen: Verwechslungen können mit den Arten *Mahonia pinnata* (LAG.) FEDDE, und *Mahonia repens* (LINDL.) G. DON f. auftreten.

Inhaltsstoffe: Systematische phytochem. Untersuchungen fehlen. Geprüft wurde lediglich auf das Vorkommen von Alkaloiden. Nebenwurzel (1,5 bis 4,5 %), Stammrinde (2,0 bis 4,5 %), Stammholz (0,1 %), Blüten und Knospen, Blätter (0,1 bis 0,5 %) und Früchte (0,35 %) führen alle Alkaloide, wenn auch in sehr unterschiedlicher Konz. und Zus. (acidimetrische Best.).[9-12,15,22] Am alkaloidreichsten ist mit Gehalten zwischen 7 und 16 % die Wurzelrinde.[10,14]
Entgegen den älteren Angaben dürften die reifen Früchte alkaloidarm sein, da sie von den Indianern Nordamerikas gegessen werden.[42] Neue Analysenergebnisse liegen nicht vor.

Verbreitung: Pazifisches Nordamerika, auf feuchten, fruchtbaren Böden, zwischen Felsen, beson-

Mahonia aquifolium (PURSH) NUTT.: Rispiger Blütenstand mit sechszähligen Blüten

ders in Oregon, nordwärts bis in das südl. Brit. Columbien, südwärts bis in die Montery Banges in Kalifornien und Nuevo Leon, ostwärts bis an die Quellen des Columbiaflusses. In Colorado in 3.000 bis 3.500 m Höhe Bestandteil der offenen Gehölze, ferner in den Rocky Mountains in West-Nebraska.[5,14,17] In Europa als Zierstrauch eingeführt, der nahezu auf jedem Boden wächst; auch verwildert anzutreffen.[14]

Drogen: Mahoniae radix, Mahonia aquifolium hom. *HAB 1*, Berberis aquifolium hom. *HPUS88*.

Mahoniae radix (Mahoniawurzel)

Synonyme: Radix Berberidis aquifolii, Radix Mahoniae aquifolii.

Sonstige Bezeichnungen: Dt.: Gemeine Mahonienwurzel; engl.: Grape root, oregon grape root; frz.: Racine de berbéride.

Monographiesammlungen: Berberis aquifolium *BHP83*.

Definition der Droge: Die getrockneten Rhizome und Wurzeln.

Stammpflanzen: *Mahonia aquifolium* (PURSH) NUTT.

Ganzdroge: Die runde Wurzel ist 10 bis 15 mm dick und in Stücken von 8 bis 10 cm Länge im Handel. Die oft zerschnittenen Stücke sind vielfach gekrümmt und besitzen eine etwa 1 mm dicke, außen graugelbliche, längsrunzelige Wurzelrinde und einen dichten, um ein zylindrisches Mark gelagerten, rein gelb gefärbten Holzkörper.[36]

Schnittdroge: *Geruch*. Die Droge ist geruchlos.
Geschmack. Bitter.
Lupenbild. Man erkennt deutlich die vom Mark ausgehenden breiten, in der Rinde sich nach außen verbreiternden Markstrahlen, die sich dunkel abheben von den mehrfach breiteren, von regellos verteilten Gefäßen dicht durchsetzten Holzstrahlen. Die Baststrahlen sind konzentrisch geschichtet, die Rinde erscheint homogen von einer dünnen, dunkelbraunen Korklamelle bedeckt.
Mikroskopisches Bild. Das Holz zeigt kaum eine Andeutung von Jahresringbildungen. Die Gefäße sind unregelmäßig zerstreut, oft zu mehreren tangential aneinandergereiht, von verschiedener Größe, mit perforierter Querwand, die Seitenflächen dicht getüpfelt und mitunter spiralig gestreift. Sie sind unmittelbar von derbwandigen Holzfasern umlagert. Holzparenchym ist spärlich vorhanden. Sklerotische Elemente fehlen in der Jugend vollkommen, später sklerotisiert das Parenchym schichtenweise, so daß die Rinde durch Bastfaserplatten konzentrisch geschichtet zu sein scheint, während tatsächlich die sekundäre Rinde gar keine Bastfasern enthält. Das Parenchym ist charakterisiert durch die Kürze der Fasern, welche häufig ungeteilt – wetzsteinförmig -, selten mehr als dreigliedrig sind. Die primären Markstrahlen sind zehn- bis fünfzehnreihig und verbreitern sich nach außen bis auf 1 mm und darüber. Die sekundären Markstrahlen entstehen später und vereinzelt in je einem Rindenstrahl. Die Rinde, die von zartzelligem Plattenkork bedeckt ist, besteht aus dünnwandigem, tangential gestrecktem Parenchym.[36]

Verfälschungen/Verwechslungen: Verwechslungen mit anderen Mahonia-Arten sind denkbar,[36] insbesondere mit *Mahonia fascicularis* LINDL., *M. fremonti* TORR., *M. nervosa* PURSH und *M. repens* (LINDL.) G. DON f. Pharmakognostische Untersuchungen zur Erkennung der unterschiedlichen Herkunft der Droge liegen allem Anschein nach nicht vor, ebensowenig vergleichende phytochem. Untersuchungen zur Differenzierung und Unterscheidung mittels DC.

Minderqualitäten: Ware mit Rhizom- und Wurzelstücken über 4,5 cm Durchmesser.[36]

Inhaltsstoffe: Nach einer älteren Untersuchung[14] in der Wurzelrinde 7 bis 16 %, im Wurzelholz 0,3 bis 0,4 % und in den Nebenwurzeln 1,5 bis 4,5 % Alkaloide, darunter Berbamin, Berberin, (±)-Canadin, Columbamin, (±)-Corypalmin, Isocorydin, Jatrorrhizin, Magnoflorin und Ocyacanthin.[16,36]

Identität: Keine Angaben.

Reinheit:
- Fremde Beimengungen: Höchstens 5 % oberirdische Stengelteile und höchstens 2 % fremde Bestandteile.[38]
- Säureunlösliche Asche: Höchstens 2 %.[37]

Volkstümliche Anwendung und andere Anwendungsgebiete: Innerlich: Als Bittermittel ("Tonic"[39]) bei Verdauungsstörungen; bei Hautkrankheiten, die mit schuppiger Haut einhergehen.[39] Psoriasis, Ekzeme, Gastritis mit Cholecystitis,[37] Bronchitis.[17] Die Wirksamkeit bei Appetitlosigkeit ist aufgrund des bitteren Geschmacks zwar plausibel, die Anw. aber wegen unzureichender toxikologischer Abklärung eines möglichen mutagenen Risikos (s. Mutagenität) nicht zu empfehlen. Die Wirksamkeit bei den anderen oben genannten Anw.-Gebieten ist nicht hinreichend dokumentiert.

Dosierung und Art der Anwendung: Innerlich: Einzeldos.: 1 bis 2 g Droge als Pulver oder als Decoct. 1 bis 2 mL Fluidextrakt (1:1) mit Ethanol 25 %. Bis 3mal tgl.[37]

Mutagenität: Zu Mahoniae radix und Zubereitungen daraus liegen keine Untersuchungen vor, hingegen zum Berberin, das in nicht näher bekannter Konz. als Inhaltsstoff vorkommt. Als flaches aromatisches Molekül interkaliert Berberin, vergleichbar den Acridinen, in die DNA.[28–32] Auf Hefezellen (Mitochondrien) erwies sich Berberin als mutagen.[33,34] An ruhenden Hefezellen wirkt Berberinhydrochlorid in Konzentrationen von max. 300 µg/mL nicht mutagen. Unter Wachstumsbedingungen treten an Hefezellen bei Konzentrationen zwischen 20 bis 50 µg/mL mutagene und bei Konzentrationen von 0 bis 100 µg/mL wachstumshemmende Wirkungen auf. Die Autoren stufen die mutagenen Wirkungen als schwach ein und vermuten einen Einfluß auf Topoisomerasen.[44] Im AMES-Test an Salmonella typhimurium TA98 und TA100 wirkt Berberinhydrochlorid ohne metabolische Aktivierung mit S9-Mix (Ratte, Phenobarbital/β-Naphtoflavon) mutagen am Stamm TA98. Mit S9-Mix wurde an den Stämmen TA98 und TA100 keine mutagene Wirkung festgestellt.[43] Ob die am Berberin erhobenen Befunde auf die Droge und ihre Zubereitungen übertragbar sind, ist zwar wahrscheinlich, aber experimentell nicht geprüft.

Gesetzl. Best.: Pflanzenteile von *Mahonia aquifolium* oder Zubereitungen daraus wurden in Canada auf die Liste von Produkten gesetzt, die nicht als Bestandteil von Nahrungs- und Genußmitteln im Lebensmittelhandel angeboten werden dürfen.[35]

Mahonia aquifolium hom. *HAB 1*

Synonyme: Keine Angaben.

Sonstige Bezeichnungen: Keine Angaben.

Monographiesammlungen: Mahonia aquifolium (Berberis aquifolium) *HAB 1*.

Definition der Droge: Die getrocknete Ast- und Zweigrinde und die getrockneten Zweigspitzen.

Stammpflanzen: *Mahonia aquifolium* (Pursh) Nutt.

Herkunft: Die Droge stammt von Pflanzen, die primär für den gärtnerischen Bedarf gezogen werden, und weiterhin aus werkeigenem Anbau pharmazeutischer Unternehmen.

Ganzdroge: Die Zweigrinde besteht meist aus wenigen cm langen und bis etwa 1 cm breiten, bis 1,5 mm dicken, häufig flachen Stücken. Sie ist von einem graubraunen, längsrissigen Kork bedeckt. Reste der Epidermis können als mehr oder weniger ausgedehnte, glatte, glänzende Flächen erhalten sein. Die axial gestreckten, elliptischen, 2 bis 4 mm langen, häufig durch einen Längsspalt geteilten, daher kaffeebohnenähnlich aussehenden Lenticellen heben sich nur wenig ab. In verschieden weiten Abständen sind Blattnarben als deutliche Querringelungen zu erkennen. Die Innenseite der Rinde ist lebhaft gelb bis braungelb. Stücke der Astrinde sind meist flachrinnig und bis 3 mm dick. Sie sind außen schwärzlichgrau, stark längsrissig mit nur wenigen längs verlaufenden, glatten Abschnitten. Die Lenticellen treten deutlich als hellere Gebilde hervor. Die Innenseite ist dunkel, gelbbraun bis braun.
Der Querbruch ist spröde, uneben; der braune Kork hebt sich von der schmalen, gelben Rinde deutlich ab. Da sich die Rinde nur schwer vom Holz ablösen läßt, sind häufig Teile des strohgelben Holzes vorhanden.[18–21]

Schnittdroge: *Geruch.* Nahezu geruchlos.
Geschmack. Bitter.
Mikroskopisches Bild. Der Querschnitt läßt eine rel. breite, durch Lenticellen eigenartig gestaltete Borke erkennen. Die einzelnen verschieden verlaufenden Korkschichten bestehen aus polygonalen, häufig unregelmäßig angeordneten, verschieden großen, oft etwas radial gestreckten Zellen mit schwach verdickter, gelblicher bis bräunlicher Wand. Nur die an das Korkkambium angrenzenden Zellen liegen in radialen Reihen und sind fast regelmäßig quadratisch bis tangential gestreckt rechteckig.
In den Resten der sehr schmalen primären Rinde sind unter der Epidermis und unter einer unterschiedlich breiten Schicht mehr oder weniger rundlicher, kollenchymatisch verdickter Zellen gelegentlich Gruppen verholzter Fasern zu erkennen. Die sekundäre Rinde wird von nach außen trichterförmig erweiterten, zwei- bis sechsreihigen, gelegentlich breiteren Markstrahlen aus großen, rechteckigen, außen stark tangential gestreckten Zellen durchzogen. Die Markstrahlen können wenige oder mehrere Zellagen hoch sein. Gelegentlich sind einzelne oder mehrere nebeneinander liegende Markstrahlzellen verholzt. Die Phloemelemente sind – außer direkt am Kambium – zu tangential verlaufenden, stark lichtbrechenden, weißlichen oder hellgelblichen, durch wenige Reihen von Parenchymzellen voneinander getrennten Bändern obliteriert. Die Parenchymzellen sind rundlich bis tangential gestreckt, in der Längsrichtung zu zwei- oder mehrzelligen, durch rechtwinklig ansetzende Querwände unterteilten Zellreihen angeordnet,

deren oberste und unterste Zelle faserartig zugespitzt sein kann. Die Wände der Parenchymzellen sind dünnwandig, glatt oder etwas knotig verdickt oder bisweilen mit kleinen, perlschnurartig angeordneten Interzellularen versehen. Die Rinde reißt häufg unter Bildung verschieden großer, tangential verlaufender Spalten auf.
Bastfasern sind in der sekundären Rinde nicht vorhanden. Gelegentlich finden sich – vorwiegend in den Zellen der Markstrahlen – kleine Calciumoxalatkristalle. Stärke fehlt.[14,20,21,24]

Verfälschungen/Verwechslungen: Bei *Berberis vulgaris* L. weisen ältere Zweige in der sekundären Rinde zwischen den tangentialen Streifen obliterierter Gewebspartien zahlreiche Bastfasern auf im Gegensatz zu Mahonia, bei der nur selten einzelne, verstreute Fasern zu finden sind. Teile des Holzkörpers von Berberis-vulgaris-Zweigen fallen durch weitlumige Gefäße auf, während im gleichen Gewebe bei Mahonia nur englumige Gefäße auftreten.[22] Abbildungen, die vergleichend Querschnitte durch die Rinde von Mahonia aquifolium und Berberis vulgaris zeigen, finden sich in Lit.[22]
Verwechslungsmöglichkeiten bestehen mit Drogen, die von anderen Mahonia-Arten stammen. Konkrete Angaben liegen jedoch keine vor.

Inhaltsstoffe: Die Droge ist nicht hinreichend untersucht. Sie enthält 2,4 bis 4,5 % Gesamtalkaloide,[10,14] titrimetrisch bestimmt nach Lit.[24], darunter Berbamin, Berberin und Oxyacanthin.

Zubereitungen: Urtinktur aus der pulverisierten Droge (710) und fl. Verdünnungen nach *HAB 1*, Vorschrift 4a mit Ethanol 62 %.
Eigenschaften: Die Urtinktur ist eine braungelbe bis braungrüne Fl. ohne besonderen Geruch und mit bitterem Geschmack.

Identität: *Droge*. Farbreaktionen: Prüflsg.: 1 g pulverisierte Droge (710) wird mit 10 mL Ethanol 70 % 2 h lang gerührt und filtriert.
Nach Lit.[21] werden Verfärbungen im Vis sowie Auftreten von Fluoreszenzen im basischen und saurem Millieu beobachtet. Eine Fällungsrkt. nach Zusatz von Dragendorffs Reagenz zielt auf den Nachweis von Alkaloiden. Die Farbrkt. mit Chloramin-T-Lsg. ist für Berberin charakteristisch.
Hinweis: Die wäßrige Lsg. von Berberinsalzen wird durch Zugabe von Brom, von Chlor sowie von Brom- oder Chlorwasser rot gefärbt,[25] offensichtlich analog durch Chloramin-T-Lsg.
DC nach Lit.[21]:
- Untersuchungslsg. = Prüflsg. (s. o.);
- Referenzlsg.: Chininhydrochlorid und Noscapinhydrochlorid;
- Sorptionsmittel: Kieselgel G;
- FM: Ethylacetat-wasserfreie Ameisensäure-Wasser (80 + 10 + 10);
- Detektion: a) Nach Verdunsten des Fließmittels bei 254 nm; b) die mit Dragendorff-Reagenz-Essigsäure (98 %)-Wasser (1 + 2 + 10) besprühten Chromatogramme sofort im Vis auswerten;
- Auswertung: a) Das Chromatogramm der Untersuchungslsg. zeigt zwischen Start und der Referenz-Sz Chininhydrochlorid zwei schwache, dicht zusammenliegende Zonen und etwas unterhalb der Referenz-Sz eine weitere Zone. Ferner tritt eine Gruppe von drei Zonen in Erscheinung, deren unterste Zone etwa in Höhe der Referenz-Sz Noscapinhydrochlorid liegt; b) das besprühte Chromatogramm zeigt im Vis zwei orangegelbe Zonen zwischen Start und Referenz-Sz Chininhydrochlorid sowie eine Gruppe von drei gleich starken Zonen, deren unterste sich etwa in Höhe der Noscapinzone befindet.

Die Urtinktur gibt die bei der Droge beschriebenen Identitätsrkt. Prüflsg. ist die Urtinktur.

Reinheit: *Droge*.
- Asche: Höchstens 6 %.

Urtinktur.
- Rel. Dichte: 0,884 bis 0,904.
- Trockenrückstand: Mindestens 1,3 %.

Gehalt: Mindestens 1 % Alkaloide, berechnet als Berberin und bestimmt nach dem photometrischen Verfahren des *HAB 1*

Gehaltsbestimmung: *Droge*. Prinzip der Methode nach Lit.[21]: Alkaloidsalze vom Palmatin/ Berberin-Typ zeigen im UV/Vis-Bereich drei Maxima bei $\lambda = 263$, 255 und 423 nm.[26] Die Alkaloidsalze werden mit Ethanol 60 % extrahiert; ein aliquoter Anteil des Filtrats wird mit methanolischer 0,1 N Schwefelsäure auf ein Vol. von 50 mL verdünnt; die Absorption der Lsg. wird bei 425 nm gemessen. Der Berechnung wird eine spezifische Absorption von 163 zugrunde gelegt.[21]
Anmerkung: Es werden naturgemäß nur Alkaloide vom Berberintyp erfaßt.
Photometrische Bestimmung von Berberin mittels Chromotropsäure. Diese für Berberidis radicis cortex ausgearbeitete Methode[27] läßt sich wahrscheinlich auf die Berberinbest. in Mahonia-Ast- und -Zweigrinde übertragen. Die pulverisierte Droge wird mit Methanol extrahiert; ein bekannter Anteil des Extrakts wird mittels DC aufgetrennt; die Berberinzone wird abgekratzt; nach Filtration wird die Lsg. mit Chromotropsäure-Reagenz umgesetzt und die Intensität des Farbstoffs bei 570 nm gemessen. Eichkurven mit Berberin verlaufen bis 16 µg/mL linear, s. ds. Hdb. Bd. 4, S. 491.
Urtinktur. Prinzip der Methode: s. Droge.
2,00 g Urtinktur werden mit methanolischer 0,1 N Schwefelsäure zu 100,0 mL aufgefüllt. Die Absorption der Lsg. wird bei 425 nm gemessen. Der Prozentgehalt wird nach folgender Gleichung berechnet: Gehalt in Prozent = Absorption der Untersuchungslsg. geteilt durch Einwaage der Urtinktur in Gramm und multipliziert mit dem Faktor 0,613.

Lagerung: Vor Licht geschützt.

Anwendungsgebiete: Die Anw.-Gebiete entsprechen dem homöopathischen Arzneimittelbild. Dazu gehören: Trockene Hautausschläge, z. B. bei der Schuppenflechte zwischen den akuten Schüben,[40,45] Leber- und Gallenleiden.[23]

Dosierung und Art der Anwendung: Zubereitung: Bei akuten Zuständen häufige Anw. alle halbe bis ganze Stunde je 5 Tr. oder 1 Tablette oder 10 Streukügelchen oder 1 Messerspitze Verreibung einnehmen; parenteral sc. 1 bis 2 mL bis zu 3mal tgl.; Salben 1- bis 2mal tgl. auftragen. Bei chron. Verlaufsformen 1- bis 3mal tgl. 5 Tr. oder 1 Tablette oder 10 Streukügelchen oder 1 Messerspitze Verreibung einnehmen; parenteral sc. 1 bis 2 mL pro Tag; Salben 1-bis 2mal tgl. auftragen.[23]

Unerwünschte Wirkungen: Nicht bekannt. Hinweis: Es können vorübergehend Erstverschlimmerungen vorkommen, die jedoch unbedenklich sind.[23]

Gegenanzeigen/Anwendungsbeschr.: Nicht bekannt.[23]

Wechselwirkungen: Nicht bekannt.[23]

Mutagenität: Zur Droge und ihren Zubereitungen liegen keine Untersuchungen vor. Aufgrund des Gehaltes an Berberin besteht der Verdacht einer mutagenen Potenz (s. Mahoniae radix).

Sonst. Verwendung:

Gesetzl. Best.: Offizielle Monographien. Aufbereitungsmonographie der Kommission D am BGA "Mahonia aquifolium (Berberis aquifolium)".[23]

Berberis aquifolium hom. *HPUS 88*

Monographiesammlungen: Berberis aquifolium *HPUS 88*.

Definition der Droge: Die Wurzelrinde.

Stammpflanzen: *Mahonia aquifolium* PURSH.

Zubereitungen: *Urtinktur*. Herstellung durch Mazeration oder Perkolation der frischen oder getrockneten Droge mit EtOH nach den allg. Zubereitungsvorschriften (Class C) der *HPUS 88*. Ethanolgehalt 55 % (*V/V*).

Gehalt: *Urtinktur*. Arzneigehalt 1/10.

1. Janchen E (1949) Die systematische Gliederung der Ranunculaceen und Berberidaceen, Österr Akad der Wissensch, Mathe-Naturw K, Denkschr 108, S. 1–82
2. Airy Shaw HK (1973) J.C. Willi's dictionary of the flowering plants and ferns, Cambridge, Univ Press
3. Krüssmann G (1977) Handbuch der Laubgehölze, Paul Parey, Berlin Hamburg, Bd. 2, S. 289
4. Ahrendt LWA (1961) J Linn Soc London 57:269–297, 334–337
5. Fedde F (1902) Botanische Jahrb f Systematik, Pflanzengeschichte und Pflanzengeogr 31:30–87
6. Heg (1986) Bd. 4, Teil 1, S. 3
7. Rehder A (1947) Manual of cultivated trees and shrubs hardy in North America, 2. Aufl., The Macmillan Co, New York, S. 223–224
8. Encke F (Hrsg.) (1960) Pareys Blumengärtnerei, 2. Aufl., Parey, Berlin Hamburg, S. 657
9. Suess TR, Stermitz FR (1981) J Nat Prod (Lloydia) 44:680–687
10. Neugebauer H, Brunner K (1989) Pharm Zentralh 80:241–245
11. Ripperger H (1979) Pharmazie 34:435–436
12. Hgn (1964) Bd. 3, S. 244
13. Schiff PL (1985) Bisbenzylisoquinoline Alkaloids. In: Phillipson JD, Roberts MF, Zenk MK (Hrsg.) The chemistry and biology of isoquinoline alkaloids, Springer, Berlin Heidelberg, S. 126–141
14. Schindler H (1955) Arzneim Forsch 2:139–141
15. Pommerehne H (1894) Beiträge zur Kenntnis der Alkaloide von Mahonia aquifolium. Dissertation, Marburg
16. Kostalova D, Brazdovicova B, Tomko J (1981) Chem Zvesti 35:279–283, zit. nach CA 95:21.336r
17. CRC, S. 287–288
18. Moeller J (1882) Pharmaz Zentralh 320:341
19. Zörnig H (1909) Arzneidrogen, II. Teil, Klinkhart, Leipzig, S. 72–73
20. Berger F (1960) Handbuch der Drogenkunde, Maudrich, Wien Bonn Bern, Bd. V, S. 109–110, 307
21. HAB 1
22. Schindler H (1955) Inhaltsstoffe und Prüfungsmethoden homöopathisch verwendeter Heilpflanzen. Editio Cantor, Aulendorf i. Württ. S. 37–42
23. BAz Nr. 109a vom 16.06.1987
24. Hag, Bd. 3, S. 416–417
25. Hag, Bd. 3, S. 422
26. Cordell GA (1981) Introduction to Alkaloids, John Wiley & Sons, New York Chichester etc, S. 479
27. Chen BC, Liu KS (1980) Yao Hsueh T'ung Pao 15:7, zit. nach CA 95:49.483k
28. Amin AH, Subbaiaj TV, Abbasi KM (1969) Can J Microbiol 15:1.067–1.076
29. Hahn F, Krey A (1991) Progr Mol Subcell Biol 2:134–151
30. Krey A, Hahn F (1969) Science 1966:755–757
31. Davidson M, Lopp I, Alexander S, Wilson W (1977) Nucl Acids Res 4:2.697–2.712
32. Smekal E, Kubová N (1984) Stud Biophys 101:121–123, zit. nach CA 102:263n
33. Lampe KF (1992) Berberine. In: De Smet PAGM, Keller K, Hänsel R, Chandler RF (Hrsg.) Adverse effects of herbal drugs, Springer, Berlin Heidelberg etc, Bd. 1, S. 97–104
34. Meisel MN, Sokolova TS (1960) Doklady Akad Nauk SSSR 131:436–439, zit. nach Lit.[28]
35. Department of National Health and Welfare (1989) Food and Drug Regulations – ammendment (Schedule Nr. 705), Canada Gazette, Teil 1 (March 11), S. 1.350–1.359, zit. nach Lit.[33]
36. Hag, Bd. 5, S. 660–662
37. BHP 83, S. 40–41
38. American Pharamceutical Association (1950) National Formulary, 7. Aufl., zit. nach Lit.[36]
39. Wren RC (1975) Potter's New Cyclopaedia of botanical drugs and preparations, 7. Aufl., The CW Daniel Co, Essex (England), S. 208–209
40. Wiesenauer M (1992) Z Allgemeinmed 68:670–674
41. Stübler M, Krug E (Hrsg.) (1973) Leesers Lehrbuch der Homöopathie, Pflanzliche Arzneistoffe I, 2. Aufl., Haug, Heidelberg, Bd. 3, S. 682–683
42. Mabberley DJ (1990) The plant-book, Cambridge University Press, Cambridge New York usw., S. 350
43. Nozaka T, Watanabe F, Tadaki S, Ishino M, Morimoto I, Kunitomo J, Ishii H, Natori S (1990) Mutat Res 240:267–279
44. Pasqual MS, Lauer CP, Moyna P, Henriques JAP (1993) Mutat Res 28:243–252
45. BGA Zulassungsnummer 23618.00.00

Bs/Hu

Majorana.

HN: 2043300

Zeitweise wurde die Gattung Majorana MILL. als eigene Gattung geführt.[1] Sowohl nach dem Konzept der Flora Europaea[2] als auch nach einer Revision der Gattung Origanum[3] wird Majorana heute als Sektion Majorana in die Gattung → Origanum einbezogen.

1. Engler A (1964) Syllabus der Pflanzenfamilien Bd. II, 12. Aufl., Gebr. Borntraeger Berlin, S. 442
2. FEu Bd. III, S. 171
3. Ietswaart JH (1980) A taxonomic revision of the genus Origanum (Labiatae), Leiden Botanical Series, Vol. 4, Leiden Univ. Press, Den Haag

SB

Malus

HN: 2022500

Familie: Rosaceae.

Unterfamilie: Maloideae.

Tribus: Maleae.

Gattungsgliederung: Die Gattung Malus MILL. umfaßt 55 Arten. Sie wird in 5 Sektionen untergliedert,[1] wobei *Malus domestica* BORKH. zur Sektion Malus gerechnet wird.

Gattungsmerkmale: Hohe Sträucher oder meist mittelgroße Bäume. Nebenblätter hinfällig. Laubblätter wechselständig, sommergrün, kurzgestielt, ungeteilt. Blüten in armblütigen Doldentrauben, groß, zwittrig; 5 Kronblätter weiß, rosa oder außen rot, innen weiß. Fruchtblätter 5, pergamentartig, am Rücken mit dem Blütenboden verwachsen, seitlich und am Grund miteinander verbunden. Apfelfrucht (Scheinfrucht) mit Fruchtfleisch ohne Steinzellen.[2]

Verbreitung: Europa, Asien, Nordamerika.[2]

Inhaltsstoffgruppen: Viele Vertreter der Maloideae sind stark cyanogen. Cyanogene Arten sind auch aus der Gattung Malus bekannt. Sie enthalten Amygdalin und Emulsin in den Samen.[3]
Die für die Rosaceae typischen phenolischen Verbindungen sind auch bei Malus vorhanden, u. a. Catechine und Proanthocyanidine: es überwiegen (+)-Catechin und (–)-Epicatechin, auch (+)-Gallocatechin wurde nachgewiesen.[4] Verbreitet sind ferner Hydroxyzimtsäurederivate.[5] Proanthocyanidine sind wahrscheinlich die hauptsächlichsten Inhaltsstoffe der Gerbstoff-, Inklusen- oder Myriophyllinzellen.[3]
Blätter und Früchte zahlreicher Rosaceae – auch die von Malus-Arten – enthalten Sorbitol.[6] Ferner sind Glucose, Fructose und Saccharose vorhanden.[3] Rosaceae sind reich an pentacyclischen Triterpenen: Tormentosid (28-Esterglucosid der Tormentillsäure) wurde u.a. auch bei der Gattung Malus nachgewiesen.[3]
Flavanol-, Flavanon- und Flavonglykoside sind bei den Rosaceae verbreitet, das Dihydrochalcon Phloridzin ist jedoch auf die Gattungen Malus und Docynia beschränkt.[3] Die bei den Rosaceae als Hauptkomponenten vorkommenden Säuren, Äpfel- oder Citronensäure, sind auch in der Gattung Malus vorhanden.[3] Charakteristisch ist das Vorkommen von Pektinen in den Scheinfrüchten sowie epidermale Schleimzellen.[3]

Drogenliefernde Arten: *M. domestica*: Mali fructus, Malus-domestica-Fruchtschalen, Malus pumila, flos hom. *HPUS 88*.

Malus domestica BORKH.

Synonyme: *Malus communis* POIR., *M. pumila* MILL. var. *domestica* SCHNEID., *M. sylvestris* (L.) MILL. var. *domestica* (BORKH.) MANSF., *Pyrus malus* L.

Sonstige Bezeichnungen: Dt.: Apfelbaum; engl.: Appletree; frz.: Pommier.

Systematik: Die zur Zeit bekannten Kultursorten stammen von verschiedenen miteinander gekreuzten Wildarten der Kaukasusländer, Südwestasiens, Südosteuropas, nur zu einem geringen Teil von in West- und Mitteleuropa heimischen Arten.[7] Die meisten europäischen Kulturäpfel stammen von *Malus domestica* BORKH.[1,8]
Weitere apfeltragende Arten sind u. a.:[1,8]
- *M. coronaria* (L.) MILL., Kronenapfel;
- *M. orientalis* UGLITZK., Kaukasischer Apfel;
- *M. sieboldii* REHDER, Siebolds-Apfel;
- *M. sieversii* (LEDEB.) ROEMER, Sievers Apfel;
- *M. sylvestris* MILL., Wildapfel, Holzapfel.

Botanische Beschreibung: 6 bis 10 m hoher, selten höherer Baum oder Strauch. Äste und Zweige anfangs zottig behaart, später verkahlend, rotbraun. Laubblätter wechselständig, eiförmig, meist kurz zugespitzt, klein gekerbt-gesägt. Blüten in ziemlich armblütigen Doldentrauben. Kronblätter verkehrt-eiförmig, bis 2,5 cm lang, genagelt, weiß, rosa oder außen rosa und innen weiß. Fruchtblätter mit dem Fruchtfleisch der Scheinfrucht verbunden.[7]

Inhaltsstoffe: *Flavonoide.* In Blättern kommen u. a. Quercetin, Hypericin, Quercitrin, Rutosid, Phloretin und Phloretin-4-glucosid vor.[3]
Säuren. In der Rinde neben Äpfelsäure auch Ascorbinsäure,[9] in den Blütenknospen verschiedene Aminosäuren wie Prolin, Tryptophan, Aminoadipinsäure, Picolinsäure.[10]

Verbreitung: In Kultur entstanden, aber in Europa oft verwildert und gelegentlich auch eingebürgert.[11]

Anbaugebiete: Hauptproduktion in Nord- und Mittelamerika, Asien, Europa und den GUS-Staaten.[12]

Drogen: Mali fructus, Malus-domestica-Fruchtschalen, Malus pumila, flos hom. *HPUS 88*.

Mali fructus

Synonyme: Fructus mali, Fructus Piri mali.

Sonstige Bezeichnungen: Dt.: Apfel; engl.: Apple; frz.: Pomme.

Definition der Droge: Frische Scheinfrüchte.

Stammpflanzen: *Malus domestica* BORKH.

Herkunft: Aus Kulturen.

Handelssorten: Äpfel werden nach ihrer Reifezeit in Sommer-, Herbst- und Winteräpfel, nach ihrer Form in platte, rundliche, längliche, zugespitzte, gerippte, ungerippte, tief- oder flachgenabelte und nach Farbe und Beschaffenheit der Schale in gefleckte, marmorierte, glatte, rauhe, glänzende und fettige Äpfel eingeteilt.[7] Bekannte Sorten sind u. a. Reinetten (Renetten), Jonathan, Golden Delicious, Boskop, Cox Orange.

Schnittdroge: *Geruch.* Schwach aromatisch.
Geschmack. Säuerlich, süß.
Makroskopische Beschreibung. Scheinfrüchte mehr oder weniger kugelig bis rundlich-eiförmig, an beiden Enden nabelartig vertieft, dabei unten am Fruchtstiel meist deutlich stärker als oben, grünlich, gelblich, rot gefleckt oder rot gestreift oder ganz rot. Endocarp ist zäh. Jedes der 5 Fruchtfächer enthält zwei braune, flach-eiförmige Samen.[7]
Mikroskopisches Bild. Epidermis der Frucht besteht aus derbwandigen, polygonalen Zellen (15 bis 50 µm), welche mitunter durch dünnere Wände in Tochterzellen geteilt sind. Dickere Wände häufig knotig verdickt und geperlt. Am Kelchrest in geringer Menge lange einzellige, weitlumige, dünnwandige und gewundene Haare, die bandförmig erscheinen. Fruchtfleisch in den äußeren Lagen kleinzellig. Im vollreifen Zustand zerfällt es bei Zerdrücken in rundliche oder sackförmige Zellen (Länge bis 75 µm und mehr).
Apfelfruchtfleischzellen enthalten bis kurz vor der Fruchtreife erhebliche Mengen kleinkörniger Stärke (5 bis 14 µm), die häufig traubenförmig angeordnet ist. Die Körner sind z. T. aus mehreren zusammengesetzt. Einzelne Apfelsorten enthalten nach der Reife noch Stärke.
Ganz vereinzelt finden sich im Fruchtfleisch polyedrische, bis 75 µm große oder gestreckte, bis 180 µm lange, auch zu mehreren liegende Steinzellen, solche von 30 bis 45 µm Durchmesser häufiger in der Nähe des Stielansatzes. In der Kelchnähe können in geringer Menge isodiametrische Steinzellen (30 bis 45 µm) gehäuft vorkommen. Die Gefäße (8 bis 15 µm) sind schwach verholzt. Das Endocarp besteht aus mehreren Lagen dickwandiger, in verschiedenen Richtungen gekreuzter Fasern. An der Außenseite sind Kristallkammerzellen mit Einzelkristallen aufgelagert. Die Epidermiszellen der Samenschale sind in der Längsrichtung der Samen gestreckt. An Querschnitten ist die Verdickung als Folge der Verschleimung erkennbar. Darunter folgen 6 oder mehr Lagen stark verdickter, ebenfalls längsgerichteter Fasern. Nach innen folgen dünnwandige Zellen.[7]

Inhaltsstoffe: *Stickstoffhaltige Verbindungen.* Amine wie Methylamin, Ethylamin, Propylamin, Dimethylamin, Spermin; freie Aminosäuren, u. a. 1-Aminocyclopropan-1-carbonsäure, 4-Methylenprolin; Amide wie Phloretamid (= *p*-Hydroxyphenylpropionsäureamid).[13]
Kohlenhydrate. Glucose, Fructose, Saccharose, Sorbitol, Polysaccharide wie Cellulose, Hemicellulosen, Fucogalactosyloglucan,[14] Pentosane und Pektine. Die Pektine sind aus Glucose, Galactose, Arabinose, Xylose, Rhamnose, Galacturonsäure aufgebaut.[15,16] Ein Teil der Galacturonsäure-Einheiten ist mit Methanol verestert.[17,18] Das Pektin unterliegt während des Reifeprozesses Veränderungen: Der Anteil an leicht extrahierbarem Pektin steigt.[16] Stärke ist meist nur in unreifen Äpfeln vorhanden.
Säuren. Unter den Säuren bildet Äpfelsäure den Hauptanteil.[12]
Vitamine. Provitamin A (Carotin) 0,012 bis 0,03 mg/100 g,[19] Thiamin 0,04 mg/100 g,[20] Riboflavin 0,01 mg/100 g,[21] Pyridoxin 0,03 mg/100 g,[21] Biotin 1 mg/100 g,[20] Ascorbinsäure 3 bis 30 mg/100 g.[21]
Phenolische Verbindungen. Insbesondere Hydroxyzimtsäuren und Hydroxybenzoesäuren, z. B. *p*-Cumarsäure, Kaffeesäure, Ferulasäure, sowie Catechin, Epicatechin, Gallocatechin.[3] Die phenolischen Verbindungen haben Einfluß auf den Geschmack. Die Kondensation von Catechinen zu Gerbstoffen bewirkt den adstringierenden, herben Geschmack in reifen Äpfeln. Tafeläpfel sind arm an phenolischen Komponenten. *o*-Chinone die durch Oxydation von Diphenolen durch Phenoloxidasen[12] entstehen, verursachen die braune Verfärbung geschnittener Äpfel.
Aromastoffe, ätherisches Öl. Als Aromastoff der Früchte kommen vor:[22] Ester: u. a. Essigsäureisobutylester, Essigsäurebutylester, Essigsäureisopentylester, Essigsäureoctylester; Buttersäurehexylester, 2-Methylbuttersäurehexylester; Aldehyde: u. a. 2-*trans*- und 3-*cis*-Hexenal, Hexanal, Benzaldehyd; Acetale: Propionaldehyddiethylacetal, Butyraldehyddiethylacetal, Isovaleraldehyddiethylacetal; Alkohole: Isobutanol, 1-Pentanol, 2-Hexanol, 1-Octanol, α-Terpinol; Verschiedene: 2-Methyl-2-hepten-6-on, α-Farnesen, 2,5-Dimethoxytetrahydrofuran.
Als Precursoren des Aromas wurden Glykoside von aliphathischen Alkoholen wie 1-Butanol, 2-Methyl-1-butanol, 1-Hexanol, Benzylalkohol, 1-Octanol, 2-Phenylethanol, 1,3-Oct-5(*Z*)-endiol, 1,3-Octandiol, 4-Vinylguajacol, 3-Hydroxydamascon, 4-Hydroxy-3-methoxyphenylessigsäure, 3-Oxo-α-Ionol nachgewiesen.[23] Als Glykoside wurden isoliert: 2-Methylbutyl-β-D-glucopyranosid, Hexyl-β-D-glucopyranosid und 3-Hydroxyoctyl-β-D-glucopyranosid sowie 2-Methylbutyl-6-*O*-α-L-arabinofuranosyl-β-D-glucopyranosid und Hexyl-6-*O*-α-L-arabinofuranosyl-β-D-glucopyranosid.[23,24]

Zubereitungen: Pharmazeutisch genutzte Zubereitungen aus Äpfeln sind Flüssig- und Trockenpektine. Herstellung: Ausgangsmaterial ist Apfeltrester, der 10 bis 20 % Pektin in der Trockenmasse enthält. Die Extraktion der Trester erfolgt bei pH 1,5 bis 3 und Temperaturen von 60 bis 100 °C. Das erhaltene Flüssigpektin wird in dieser Form verwendet oder getrocknet. Besonders reines Pektin wird durch Fällung mit Al-Salzen und anschließendes Auswaschen der Ionen mit angesäuertem Ethanol oder durch Fällen mit Ethanol bzw. Isopropanol erhalten.[12]

Volkstümliche Anwendung und andere Anwendungsgebiete: Fein zerkleinert roh oder in Form von Fertigpräparaten, die Flüssigpektine oder Trockenpektine enthalten, bei Diarrhöen, Dyspepsien, Ernährungsstörungen, besonders bei Kindern. Die Wirksamkeit bei diesen Indikationen ist nicht belegt.

Sonst. Verwendung: *Haushalt.* Als Obst, zur Herstellung von Most, Apfelwein und Marmeladen. *Industrie/Technik.* Zur Herstellung von Pektin.

Malus-domestica-Fruchtschalen

Synonyme: Mali silvestris pericarpium, Pericarpium Piri mali.

Sonstige Bezeichnungen: Dt.: Apfelschalen.

Definition der Droge: Getrocknete Fruchtschalen.

Stammpflanzen: *Malus domestica* BORKH.

Herkunft: Aus Kulturen.

Gewinnung: Schälen der Früchte, Lufttrocknung.

Ganzdroge: *Geruch.* Nicht wahrnehmbar.
Geschmack. Süßlich, säuerlich.
Makroskopische Beschreibung. Apfelschalenstükke mit rot- bis gelbbrauner, stark gerunzelter Außenseite. Innenseite braun, mit anhaftenden Fruchtfleischresten.

Inhaltsstoffe: Ester von Violaxanthin, Neoxanthin und wahrscheinlich Cryptoxanthin-5,6,5',6'-epoxid als Pigmente in der Fruchtschale reifender Äpfel,[25] Sitosterol.[15]

Sonst. Verwendung: *Haushalt.* Als Bestandteil von Haustees.

Malus pumila, flos hom. *HPUS88*

Monographiesammlungen: Malus pumila, flos *HPUS88.*

Definition der Droge: Die Blütenstände mit ihren Blättern und kurzen, festen Stielen.

Stammpflanzen: *Malus domestica* BORKH. (als *M. pumila* MILL.).

Zubereitungen: *Urtinktur.* Herstellung durch Mazeration oder Perkolation der frischen oder getrockneten Droge mit EtOH nach den allg. Zubereitungsvorschriften (Class C) der *HPUS88.* Ethanolgehalt 35 % (*V/V*).

Gehalt: *Urtinktur.* Arzneigehalt $^1/_{10}$.

1. Phipps JB, Robertson KR, Smith PG, Rohrer JR (1990) Can J Bot 68:2.209–2.269
2. Hegi G (1926) Illustrierte Flora von Mitteleuropa, J.F. Lehmanns Verlag, München, Bd. IV, 2. Hälfte (II. Teil), S. 743
3. Hgn (1973) Bd. 6, S. 88, 90, 92–93, 95, 101, 117, 781; (1990) Bd. 9, S. 384
4. Foo LY, Porter LJ (1980) Phytochemistry 19:1.747–1.754
5. Möller B, Herrman K (1983) Phytochemistry 22:477–481
6. Wallart RAM (1980) Phytochemistry 19:2.603–2.610
7. Hag, Bd. V, S. 678
8. Schultze-Motel J (Hrsg.) (1986) Rudolf Mansfelds Verzeichnis landwirtschaftlicher und gärtnerischer Kulturpflanzen, Akademie-Verlag, Berlin, Bd. 1, S. 355
9. Jones E, Hughes RE (1984) Phytochemistry 23:2.366–2.367
10. Khanizadeh S, Buszard D, Zarkadas CG (1989) J Agric Food Chem 37:1.246–1.252
11. Zan, S. 345
12. Belitz HD, Grosch W (1987) Lehrbuch der Lebensmittelchemie, 3. Aufl., Springer-Verlag, Berlin Heidelberg New York Tokyo, S. 642
13. Rybicka H (1986) Biochem Physiol Pflanzen 181:131–134
14. Renard CMGC, Voragen AGJ, Thibault JF, Pilnik W (1991) Carbohydr Polym 16:137–154
15. Barrett AJ, Northcote DH (1965) Biochem J 94:617–627
16. De Vries JA, Voragen AGJ, Rombouts FM, Pilnik W (1981) Carbohydr Polym 1:117–127
17. De Vries JA, Rombouts FM, Voragen AGJ, Pilnik W (1982) Carbohydr Polym 2:25–33
18. De Vries JA, den Uijl CH, Voragen AGJ, Rombouts FM, Pilnik W (1983) Carbohydr Polym 3:193–205
19. Bauernfeind JC (1983) In: Bourne GH (Hrsg.) Aspects of human and national nutrition, Wld Rev, Nutr Diet, Verlag Karger, Basel, S. 110
20. Documenta Geigy (1975) Wissenschaftliche Tabellen, Thieme Verlag, Stuttgart
21. Friedrich W (1987) Handbuch der Vitamine, Verlag Urban und Schwarzenberg, München Wien Baltimore
22. Schreier P, Drawert F, Steiger G (1978) Z Lebensm Unters Forsch 167:16–22
23. Schwab W, Schreier P (1988) J Agric Food Chem 36:1.238–1.242
24. Schwab W, Schreier P (1990) J Agric Food Chem 38:757–771
25. Bartley IM (1985) Phytochemistry 24:2.857–2.859

En

Malva HN: 2032900

Familie: Malvaceae.

Tribus: Malveae.[29]

Subtribus: Malvinae.[29]

Gattungsgliederung: Die Gattung Malva L. besteht aus etwa 30 Arten, die in den gemäßigten Klimagebieten der nördlichen Hemisphäre verbreitet sind.[1–4] Sie kann für den europäischen Raum in zwei Sektionen (Bismalva und Malva) unterteilt werden; für den nordamerikanischen Raum wird eine weitere Sektion (Callirhóe) angegeben, die allerdings auch als eigene Gattung betrachtet werden kann.

- Sectio Bismalva (MED.) DUM. mit einzelnen Blüten in den Blattachseln oder einer endständigen Blütentraube, z. B. mit *M. aegyptia* L., *M. alcea* L., *M. cretica* CAV., *M. hispanica* L., *M. moschata* L., *M. stipulacea* CAV., *M. tournefortiana* L.;
- Sectio Callirhóe mit einzelnen, blattachselständigen Blüten, z. B. *M. involucrata* TORR. et GRAY, *M. triangulata* LEAV.;
- Sectio Malva mit zwei bis vielen Blüten in den Blattachseln, z. B. *M. neglecta* WALLR., *M. niaceensis* ALL., *M. oxyloba* BOISS., *M. parviflora* L., *M. pusilla* SM., *M. sylvestris* L., *M. verticillata* L.

Gattungsmerkmale: Pflanzen häufig ausdauernde oder einjährige Kräuter. Meist überall behaart mit einzelnen oder in Büscheln stehenden Haaren; zuweilen später verkahlend. Blätter undeutlich gelappt bis mehr oder weniger tief radiär geteilt; Blattformen bei einzelnen Spezies und oft an derselben Pflanze variabel; Nebenblätter lanzettlich oder eirund. Kleine bis ansehnliche große Blüten einzeln, gestielt oder zwei bis mehrere wickelig gebüschelt in den Blattachseln, selten in Trauben. Meist drei, selten zwei freie, am Grunde mit dem fünfblättrigen Innenkelch verwachsene Außenkelchblätter. Fünf keilförmige, am Grund untereinander und mit der Staubfadenröhre leicht verwachsene, in der Knospe verdreht liegende Kronblätter. Blütenfarbe meist purpurrot bis blaßrosa oder weiß. Zahlreiche Staubblätter zu einer Röhre verwachsen. Fruchtknoten aus zahlreichen Fruchtblättern mit einer Samenanlage je Fach. Zahlreiche, unterwärts verwachsene und zu einem scheiben- oder kegelförmigen Polster erweiterte Griffel. Runde, scheibenförmige, abgeplattete Früchte mit einer Einsenkung in der Mitte; zerfallen bei der Reife in zahlreiche, radiär angeordnete, einsamige, nierenförmige, sich von der Mittelsäule lösende Teilfrüchte. Chromosomengrundzahl $n = 7$ ($2n = 42, 84, 112$).[1-4]

Verbreitung: Hauptsächlich auf der nördlichen Hemisphäre in den gemäßigten Klimagebieten Europas, Asiens, Nordafrikas und Nordamerikas.[1-4]

Inhaltsstoffgruppen: In Schleimzellen verschiedene Typen von Schleimpolysacchariden mit Arabinose, Galactose, Glucose, Rhamnose, Xylose und Uronsäuren als dominierende Zuckerkomponenten. In den Samenölen und in vegetativen Pflanzenteilen cyclopropenoide Fettsäuren (Halphen-Reaktion zeigend); Palmitin-, Öl- und Linolsäure als malvaceentypische Hauptfettsäuren; familiencharakteristische Fettsäuren wie Malval-, Sterculia-, Acetylenfettsäuren und *cis*-12,13-Epoxyölsäure in geringen Mengen. Als Blütenpigmente Anthocyane wie Malvin (= Malvidin-3,5-diglucosid) und Flavonole mit Kämpferol, Myricetin und Quercetin als familiencharakteristische Basisverbindungen. Phytosterole, Zucker, Ascorbinsäure, Spuren an ätherischem Öl, Mineralstoffe. Gerbstoffe allenfalls in geringen Mengen auftretend; über Art und Menge sind keine näheren Angaben möglich.[5-12]

Drogenliefernde Arten: *M. neglecta*: Malvae folium; *M. sylvestris*: Malvae flos, Malvae folium, Malva, äthanol. Infusum hom. *HAB 1*, Malva sylvestris hom. *PFX*.

Malva neglecta WALLR.

Synonyme: *Malva rotundifolia* auct. plur., *M. vulgaris* FRIES.[3,4]

Sonstige Bezeichnungen: Dt.: Gänse-Malve, Gänsepappel, Gemeine Malve, Hasenpappel, Kleine Käsepappel, Übersehene Malve, Weg-Malve; engl.: Common mallow, dwarf mallow; frz.: Fromageon, herbe à fromage, mauve de chemins, petite mauve; it.: Malvetta.

Systematik: Chromosomensatz $2n = 42$;[1,3] selten vorkommende Bastarde mit nur geringfügig herabgesetzter Fertilität:[1,3] *M. neglecta* × *M. sylvestris*.

Botanische Beschreibung: Einjährige bis ausdauernde Pflanzen mit einem 10 bis 50 cm langen, ästigen, niederliegenden bis aufsteigenden, selten aufrechten Stengel. Blätter rundlich oder nierenförmig, am Grunde herzförmig; wellig 5- bis 7teilig gelappt; höchstens bis zu $^1/_5$ der Spreitenlänge geteilt, oberseits spärlich behaart bis fast kahl; unterseits mehr oder weniger behaart mit einzelnen oder in Büscheln stehenden Haaren; Blattstiele ca. dreimal so lang wie die Blattspreite. Blütezeit Sommer bis Herbst. Blüten meist paarig oder zu mehreren, selten auch einzeln in den Blattachseln. Mehrere cm langer Blütenstiel. Drei schmal-lanzettliche, 4 bis 5 mm lange, beidseitig behaarte, am Rand bewimperte Außenkelchblätter. Fünf außen behaarte Kelchblätter mit ganzrandigen oder undeutlich gezähnelten Zipfeln; bis zur Hälfte verwachsen. Fünf Kronblätter meist bis 15 mm (max. 20 mm) lang; etwa doppelt so lang wie der Kelch; hellrosa bis weiß mit etwas dunklerer Nervatur; vorne ausgerandet. Zahlreiche Staubfäden zu einer ca. 6 mm langen Staubfadenröhre verwachsen. Fruchtstiel nickend. Früchte als flache, 6 bis 7 mm breite und bis 2 mm dicke Scheiben in Teilfrüchte zerfallend. Teilfrüchte an den Kanten abgerundet, überall glatt, auf dem Rücken fein behaart bis kahl.

Inhaltsstoffe: In Blüte, Blatt und Wurzel in ontogenetisch wechselnden Mengen Schleimstoffe, die sich aus verschiedenen, größtenteils sauren Polysacchariden unterschiedlichen Molekulargewichts zusammensetzen dürften. Die Schleimstoffe liefern bei Hydrolyse Arabinose, Galactose, Glucose, Rhamnose, Xylose und Uronsäuren. In den Blüten Anthocyane, insbesondere Malvin. Cyclopropenoide Fettsäuren wie Malval- und Sterculiasäure insbesondere im Samenöl.[9,10,12,13]

Verbreitung: Ursprünglich wahrscheinlich südeuropäisch-asiatische Pflanze; heute in subtropischen und gemäßigten Zonen beider Hemisphären verbreitet. Standort: Kollin, montan, selten subalpin auf trockenen, meist kalkhaltigen, stickstoffreichen Böden (Stickstoffzeiger).[1-4]

Anbaugebiete: Keine großflächigen Anbaugebiete.

Drogen: Malvae folium.

Malvae folium (Malvenblätter)

s. *Malva sylvestris*.

Malva sylvestris L.

Synonyme: *Malva ambigua* GUSS., *M. elata* SALISB., *M. erecta* C. PRESL, *M. glabra* DESR. in LAM., *M. mauritiana* L., *M. obtusa* MOENCH, *M. ruderalis* SALISB., *M. vulgaris* S. F. GRAY.[3,29]

Sonstige Bezeichnungen: Dt.: Große Käsepappel, Roßpappel, Wilde Malve; für *M. sylvestris* ssp. *mauritiana* auch: Mauretanische Malve, Mohrenmalve; engl.: Common mallow, high mallow; frz.: Fausse guimauve, grande mauve, mauve sauvage; it.: Malva riondela.

Systematik: Chromosomensatz: 2n = 42.[1,3]
M. sylvestris gliedert sich in 2 bis 3 Unterarten:[2,29]
- *M. sylvestris* ssp. *incanescens* (GRISEB.) HAYEK: Vom Mittelmeergebiet bis Indien verbreitet;
- *M. sylvestris* ssp. *mauritiana* (L.) ASCH. et GRAEBN.: Im südlichen Mittelmeerraum heimisch; nach Lit.[14] handelt es sich hier um eine kritische Sippe, bei der die Beschreibungen der Bestimmungsliteratur in Gegensatz zur Erstbeschreibung bei Linné stehen und die evtl. nur eine groß- und dunkelblütige Form von *M. sylvestris* s. str. darstellt;
- *M. sylvestris* ssp. *sylvestris*: Im nördlichen Teil des Verbreitungsareals vorherrschende Form.

Selten vorkommende Bastarde mit nur geringfügig herabgesetzter Fertilität:[1,3] *M. neglecta* × *M. sylvestris*.

Botanische Beschreibung: Zweijährige oder ausdauernde, krautige, 0,3 bis 1,2 m hohe Pflanze. Stengel ästig, niederliegend bis bogig aufsteigend, seltener aufrecht, am Grund leicht holzig. Blätter rundlich oder nierenförmig, am Grunde herzförmig, stumpf gezähnt, oben 3- bis 7teilig gelappt mit eiförmig-dreieckigen, parabelförmigen Abschnitten, vom Blattrand her meist zu $^1/_3$ bis etwas über $^1/_2$ der Spreitenlänge geteilt. Blütezeit Sommer bis Herbst. Blüten zu 2 bis 6 auf 1 bis 2,5 cm langen Blütenstielen in den Blattachseln. Drei Außenkelchblätter, länglich-eiförmig, 4 bis 8 mm lang und 3- bis 6mal so lang wie breit. Fünf Kelchblätter mit zahlreichen, kleinen Sternhaaren, bis 6 mm lang, bis etwa zur Mitte miteinander verwachsen. Fünf rosaviolette, purpurne bis weiße Kronblätter mit jeweils 3 kräftigen, dunklen Längsstreifen; 20 bis 30 mm lang und 3- bis 4mal so lang wie der Kelch; vorne tief ausgerandet. Zahlreiche Staubblätter zu einer 10 bis 12 mm langen Staubblattröhre verwachsen. Fruchtstiele schräg abstehend. Fruchtknoten aus 9 bis 11 Fruchtblättern. Frucht als 7 bis 9 mm breite und etwa 2 mm dicke Scheibe in Teilfrüchtchen zerfallend. Teilfrüchte kahl oder auf dem Rücken zerstreut behaart, scharf berandet, auf dem Rücken vieleckig berandeten Gruben.[1-4,14]
M. sylvestris ist hinsichtlich Behaarung, Größe der Blätter und Blüten sowie Merkmalen an den Teilfrüchten polymorph; Sippen sind unter dem Einfluß des Menschen vermischt worden.[1] Zur Unterscheidung der zwei wichtigeren Unterarten, soweit eindeutig möglich:[2,14]
- *M. sylvestris* ssp. *mauritiana*: Stengel mehr oder weniger aufrecht und schwach behaart; Blätter fast kahl; Blattstiele nur oberseitig flaumig behaart; Blüte intensiv rotviolett;
- *M. sylvestris* ssp. *sylvestris*: Stengel niederliegend bis aufsteigend und mehr oder weniger dicht behaart; Blätter behaart; Blattstiele ringsherum abstehend steifhaarig; Blüte rosa.

Inhaltsstoffe: In Blüte, Blatt (und Wurzel) in ontogenetisch wechselnden Mengen Schleimstoffe, die sich aus verschiedenen, größtenteils sauren Polysacchariden unterschiedlichen Molekulargewichts zusammensetzen dürften. Der Schleimgehalt dürfte bei 6 bis 10 % liegen. Die Schleimstoffe liefern bei Hydrolyse Arabinose, Galactose, Glucose, Rhamnose, Xylose und Uronsäuren.[8,9,13,15-17] In den Blüten Flavonoide, darunter Anthocyane, malonierte Anthocyane und Leucoanthocyanidine.[13,18,19] Für die Blätter ist das Vorkommen sulfatierter Flavonolglucoside bemerkenswert.[20,21]

Verbreitung: Ursprünglich wahrscheinlich südeuropäisch-asiatischen Ursprungs. Heute als Neophyt in den subtropischen und den gemäßigten Zonen beider Hemisphären verbreitet. Standort: Kollin, seltener montan; trockene, meist kalkhaltige, stickstoffreiche Böden in warmen Lagen.[1-3]

Anbaugebiete: Insbesondere *M. sylvestris* ssp. *mauritiana* gelegentlich kleinflächig in Ungarn, der ehemaligen Tschechoslowakei, dem ehemaligen Jugoslawien, Bulgarien, Rumänien und Albanien kultiviert; sonst keine größeren Anbaugebiete.[22] Gedeiht besonders auf nährstoffreichen Böden in geschützten Lagen. Die Gruppensorte vom Typ "*M. sylvestris* ssp. *mauritianica* (auch *mauritaniae*)" ging aus einer belgischen Herkunft hervor und wird als "Dunkelviolette Malve" oder "Mauretanische Malve" gehandelt mit großen Blüten, die sich im ersten Stadium der Blütenfüllung befinden (Handelsbezeichnung der Blüten: Flores Malvae mauritianiae cult. feinstblau). Befall des Saatguts mit der Malvenmotte (*Platyedra malvella* Hb.) bedingt schlechte Keimung. Zur Blütengewinnung wird das Saatgut im März/April in Reihen (Abstand ca. 50 cm) gedrillt bei einem Pflanzenabstand in der Reihe von ca. 30 cm. Zur Saatgutgewinnung erfolgt die Aussaat früher. Zur Blütezeit ab Anfang Juli bis September muß in 2- bis 3tägigem Abstand durch Pflücken geerntet werden. Nach der Ernte erfolgt sofortiges schonendes Trocknen in dünner Schicht im Schatten oder bei mäßigen Temperaturen. Die Erträge an trockenen Blüten ohne Kelch liegen bei ca. 7 bis 10 kg/a. Für die Blattgewinnung sind die Saatzeiten weniger kritisch und die Standweiten können enger liegen. Trocknung wie bei der Blüte. Die Erträge an Blattdroge belaufen sich auf ca. 20 bis 30 kg/a. An Pflanzenkrankheiten sind besonders der Brennfleckenpilz (*Colletrichum malvarum* (Br. et Casp) Southw.) und der Malvenrost (*Puccinia malvacearum* Mont.) zu erwähnen. Blätter von *M. neglecta* werden dagegen wildwachsend gesammelt.[22,30]

Drogen: Malvae flos, Malvae folium, Malva, äthanol. Infusum hom. *HAB1*, Malva sylvestris hom. *PFX*.

Malvae flos (Malvenblüten)

Synonyme: Flores Malvae, Flos Malvae, Malvae flores.

Sonstige Bezeichnungen: Dt.: Blaue Pappelblumen, Käsepappelblüten, Roßpappelblüten, Waldmalvenblüten, Wilde Malvenblüten; engl.: Mallow flower; frz.: Fleurs de mauve, mauve sauvage; it.: Fiore di malva.

Monographiesammlungen: Flores Malvae *DAB 7*; Flos Malvae *ÖAB 90*; Malvae Flos *Helv VII*.

Definition der Droge: Die getrockneten Blüten.

Stammpflanzen: *Malva sylvestris* L. (*DAB 7*, *Helv VII*) und/oder *Malva sylvestris* L. ssp. *mauritiana* (L.) Asch. et Graebn. (*DAB 7*, *ÖAB 90*); *DAB 7* gibt für letztere zusätzlich deren Synonym *Malva mauritiana* L. an.

Herkunft: Meist Sammelware aus Ungarn, der ehemaligen Tschechoslowakei, dem ehemaligen Jugoslawien, Bulgarien, Rumänien und Albanien. Gelegentlich kleinflächiger Anbau insbesondere von *M. sylvestris* ssp. *mauritiana*. Großflächer Anbau scheitert an hohen Pflücklöhnen.[13,22] s. a. Anbaugebiete von *M. sylvestris*.

Gewinnung: Sammelzeit der Blüten ohne Stiel: Ende Juni bis Anfang Juli (Frühblüte), dann bis Oktober (Spätblüte). Trocknung in dünner Schicht an schattigen, gut belüfteten Plätzen.[22] s. a. Anbaugebiete von *M. sylvestris*.

Handelssorten: Flores Malvae cum calice tot. = ganze Malvenblüten mit Kelch (Droge der Arzneibücher); Flores Malvae sine calice tot. = ganze Malvenblüten ohne Kelch.

Ganzdroge: Blüten 3 bis 5 cm breit mit Außenkelch. Fünf verkehrt-eiförmige, an der Spitze ausgerandete, am Grunde weiß gebartete, bei *M. sylvestris* blaßviolette, bei *M. sylvestris* ssp. *mauritiana* dunkelblauviolette, 1,5 bis 2,5 cm lange Kronblätter mit dunkler gefärbter Nervatur und deren Bruchstücke. Außenkelch aus 3 schmal-lanzettlichen, stark behaarten, etwa 5 mm langen Blättchen. Kelch am Grunde verwachsen, beidseitig borstig behaart, oben in 5 dreieckige Zipfel mündend. Zahlreiche Staubblätter am Grunde miteinander zu einer Staubblattröhre verwachsen. Griffel mit etwa 10 fadenförmigen, violetten Narben. Oberständiger, abgeplatteter, kreisrunder, 10fächeriger Fruchtknoten. Vereinzelt Stücke behaarter Blütenstiele.[23,36–38]

Schnittdroge: *Geruch.* Fast geruchlos.
Geschmack. Beim Kauen schleimig.
Makroskopische Beschreibung. Bruchstücke der teilweise gefalteten blaßvioletten bis dunkelblauvioletten, am Grunde weißbärtigen Kronblätter mit dunklerer Nervatur.
Mikroskopisches Bild. Beide Epidermen der Kronblätter mit wellig begrenzten, teils gestreckten, teils isodiametrischen Zellen; auf beiden Epidermen Etagenhaare mit meist einer Zelle (vereinzelt 2) pro Etage (Malvaceenreihenhaare); an der Basis der Kronblätter beidseitig einzellige Haare. Im Mesophyll in Längsrichtung des Kronblattes gestreckte Schleimzellen; entlang der Nervatur vereinzelte Calciumoxalatdrusen.
Borstig behaarte, grünliche Kelchblattfragmente. Beide Epidermen des Außenkelchs mit einzelligen, geraden Haaren, Büschelhaaren mit 2 bis 6 Strahlen und Malvaceenreihenhaaren; anomocytischer Spaltöffnungstyp; farblose rundliche Schleimzellen im Mesophyll; entlang der Nerven vereinzelt Calciumoxalatdrusen. Äußere Epidermis des Kelchs ähnlich der Epidermis des Außenkelchs. Innere Epidermis des Kelchs mit Malvaceenreihenhaaren und zahlreichen, stark gebogenen, einzelligen Haaren; im Mesophyll farblose Schleimzellen; Calciumoxalatdrusen im verwachsenen Teil des Kelchs gleichmäßig verteilt, im oberen Teil entlang der Nerven angeordnet.
Säulenartig verwachsene Staubfäden. Vereinzelt scheibenförmig abgeplattete Fruchtknoten. Vereinzelt kurze, behaarte Blütenstielstücke.[23,36–38]

Pulverdroge: Blaugrünes Pulver. Fragmente des Kronblatts mit großen, länglichen und des Kelchblatts mit rundlichen Schleimzellen. Bruchstücke der violetten Kronblätter mit mehr oder weniger wellig-buchtigen Epidermiszellen. Auffallende Kelchblattfragmente vom Kelchblattgrund mit zahlreichen Calciumoxalatdrusen; sonst vereinzelt Calciumoxalatdrusen entlang der Nervatur der Kelch- und der Kronblätter. Einzellige, große, derbe, spitze, gerade Haare und 2- bis 6strahlige Büschelhaare und Malvaceenreihenhaare sowie deren Fragmente. Gelbliche, kugelige, 130 bis 170 µm große, grobstachelige Pollen.[23,36–38]

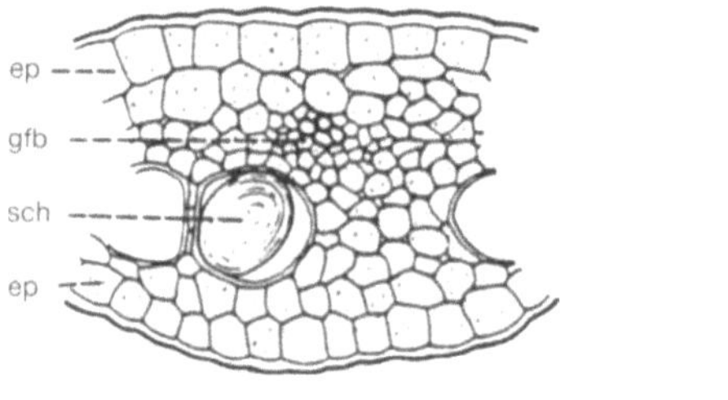

Kronblattquerschnitt von Malvae flos: *ep* Epidermis, *gfb* Gefäßbündel, *sch* Schleimzelle. Aus Lit.[35] nach Lit.[34]

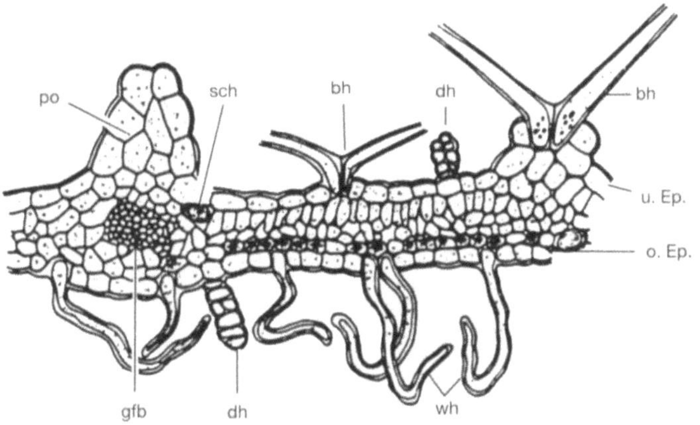

Kelchblattquerschnitt von Malvae flos: *u. Ep* untere Epidermis, *o. Ep* obere Epidermis, *gfb* Gefäßbündel, *po* Polster, *wh* Wollhaare, dh Drüsenhaare, *bh* Sternhaar, *sch* Schleimzellen. Aus Lit.[35] nach Lit.[34]

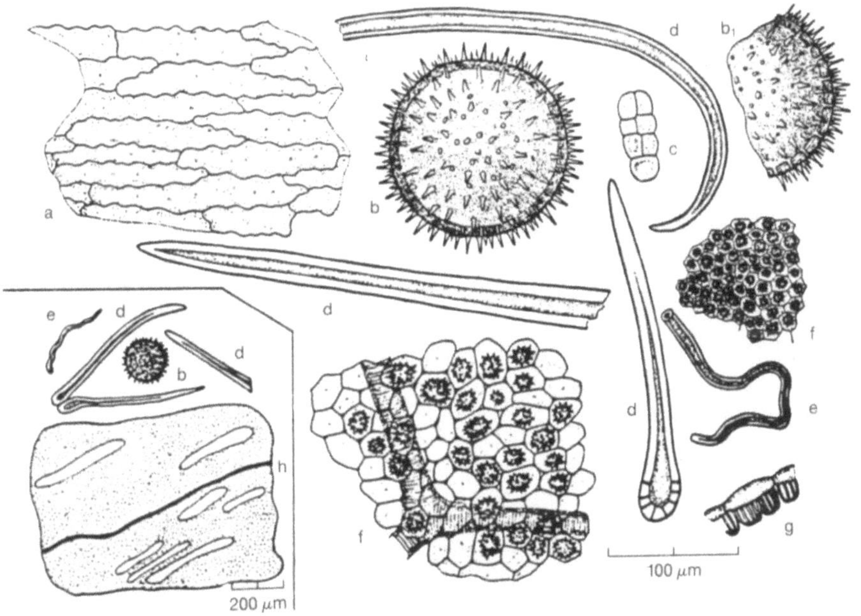

Pulver von Malvae flos: *a* Fragmente der Epidermis der Kronblätter (Anthocyane diffundieren rasch ins Präparat), *b* Pollenkörner, bis 160 µm groß, gelb, bzw. deren Bruchstücke, *c* Drüsenhaare der Kronblätter, *d* derbe Haare bzw. deren Bruchstücke von Kelch und Außenkelch, *e* Wollhaare des Außenkelchs, *f* Fragmente der Ca-Oxalatdrusen führenden Schicht des Kelchblatts, *g* Fragmente des Endotheciums, *h* Fragmente der Kronblätter mit durchscheinenden Schleimzellen und/oder Gefäßen. Aus Lit.[35] nach Lit.[34]

Verfälschungen/Verwechslungen: Früher gelegentlich mit Blüten anderer Malvenarten,[7,13] so z. B. mit denen von *M. neglecta* WALLR. mit hellrosa, tief ausgerandeten, kleineren Blütenblättern, die höchstens doppelt so lang sind wie der Kelch; *Alcea rosea* L. (= *Althaea rosea* CAV.) mit größeren, hellroten bis schwarzbraunen Blüten; *Lavatera silvestris* BROT. und *L. thuringiaca* L. mit Blütenblättern einer Länge von mehr als 55 mm.

Minderqualitäten: Muffiger oder säuerlicher Geruch oder Geschmack, der auf unsachgemäße Trocknung, feuchte Lagerung und Überalterung der Droge hinweist. Sporenlager von *Puccinia malvacearum* (Malvenrost) dürfen nur vereinzelt vorkommen.[13]

Inhaltsstoffe: *Polysaccharide.* Die Droge enthält nach Lit.[13] über 10 %, nach realistischer Einschätzung[8,16] ca. 6 bis 7 % Schleimstoffe, wobei der Schleimgehalt bei Blüten ohne Kelchblätter mit ca. 9 % höher liegt.[8] Bei Hydrolyse der Schleimpolysaccharide werden die Neutralzucker Galactose, Glucose, Arabinose, Xylose und Rhamnose im

Verhältnis 37:17:20:3:23 freigesetzt; der Galacturonsäuregehalt des Schleims liegt bei 24%.[8] Die Schleime weisen ein mittleres Molekulargewicht von 83.000d auf[8] und dürften sich wie bei Malvae folium beschrieben aus verschiedenen Polysacchariden wie z.B. Rhamnogalacturonanen und Arabinogalactanen zusammensetzen.

Flavanoide. Als Hauptflavanoid kommt das Anthocyan Malvin vor, das sich bei Hydrolyse in 1 Mol Delphinidinmethylether (Malvin) und 2 Mol Glucose zersetzt.[28,36] Für Blüten von *Malva sylvestris* wurde ein Anthocyangehalt von 6 bis 7% des Trokkengewichts festgestellt; als Hauptaglyka wurden Malvidin (ca. 77%) und Delphinidin (ca. 19%) neben Spuren von Petunidin und Cyanidin gefunden. Malvidin-3,5-diglucosid (Malvin) dominierte mit ca. 50% der Gesamtanthocyane neben Malvidin-3-glucosid und Delphinidin-3-glucosid. Leucoanthocyanidine kamen nur in Spuren vor.[18] Wahrscheinlicht liegt genuin nicht Malvin, sondern Malvidin-3-(6'-malonylglucosid)-5-glucosid vor.[19]

Identität: Die Droge muß der makroskopischen und mikroskopischen Beschreibung entsprechen *DAB 7, ÖAB 90, Helv VII.* Wegen des Anthocyangehalts ergibt sich nach Versetzen von gepulverter Droge mit 0,1 N Natronlauge eine grüne bis grünblaue, mit 25% Salzsäure eine rosa bis rosarote Färbung.[24]

DC eines salzsauren methanolischen Extrakts:[24]
- Referenzsubstanz: Methylenblau;
- Sorptionsmittel: Kieselgel GF_{254};
- FM: Butanol-Essigsäure-98%-Wasser (57 + 14 + 29);
- Detektion: Direktauswertung im Vis und UV 254 nm;
- Auswertung: Im DC der Untersuchungslösung 2 blaue Banden im Bereich von Methylenblau.

Reinheit:
- Fremde Bestandteile: Höchstens 2% Stiele und andere fremde Bestandteile; höchstens 10% mißfarbene Blüten; Blüten, deren Durchmesser nach dem Ausbreiten mehr als 55 mm beträgt, dürfen nicht vorhanden sein (*Lavatera thuringiaca* L.) *ÖAB 90, Helv VII.* Als fremde Bestandteile werden auch Blüten von *Alcea rosea* L. (= *Althaea rosea* CAV.) mit dunkelvioletten bis schwarzen Kronblättern und stark behaartem Kelch und Außenkelch angeführt.[24]
- Asche: Höchstens 14% *DAB 7.*
- Sulfatasche: Höchstens 15% *ÖAB 90, Helv VII.*
- Trocknungsverlust: Höchstens 10%.[24]

Gehalt:
- Malvenblüten enthalten ca. 6 bis 7% Schleim.[8,16]
- Quellungszahl: Mindestens 15, mit 1 g mittelfein gepulverter Droge bestimmt *DAB 7, ÖAB 90;* mindestens 20, mit 0,5 g pulverisierter Droge (500) bestimmt *Helv VII.*
- Extraktgehalt: Mindestens 30%.[24]

Gehaltsbestimmung: Die zur Ermittlung des Schleimgehalts durchgeführte Bestimmung der Quellungszahl erfolgt mit gepulverter Droge, wobei auf gutes Befeuchten mit Ethanol 96% (*DAB 7, Helv VII*) bzw. Aceton (*ÖAB 90*) vor dem Wasserzusatz zu achten ist. Bei der Bestimmung der Quellungszahl ist Vorsicht angebracht, da das Quellvolumen in Abhängigkeit von der Drogeneinwaage unterschiedlich ausfallen kann.[9] Zusätzlich können Viskositätsmessungen durchgeführt werden; für eine 0,5%ige Schleimlösung wurde bei 28°C eine Viskosität von 2 Pa · s festgestellt.[16]

Die Bestimmung des Extraktgehalts wird mit 1 g gepulverter Droge durch Extraktion mit siedendem Wasser durchgeführt.[24]

Wirkwertbestimmung: Die Bestimmung der Quellungszahl (s. Gehaltsbestimmung) stellt gleichzeitig eine Wertbestimmung dar, da der therapeutische Effekt mit der Quellungszahl korrelieren dürfte *DAB 7, ÖAB 90.*

Lagerung: Vor Licht geschützt aufbewahren *DAB 7,* zusätzlich vor Feuchtigkeit und Insektenfraß geschützt in gut verschlossenen Behältnissen lagern *ÖAB 90, Helv VII.*

Stabilität: Die Ähnlichkeit des Schleims mit Schleimen aus Malvae folium und Althaeae radix lassen Lichtempfindlichkeit vermuten.[25,26]

Wirkungen: *Schleimhautschutz.* Eine reizmildernde Wirkung ist auf Grund des Schleimgehalts zu erwarten.[27] Durch einhüllende Wirkung des Schleims werden entzündete Schleimhäute vor lokalen Reizungen geschützt. Konkrete experimentelle Untersuchungen liegen jedoch nicht vor.

Hemmung des Komplementsystems. Ein aus den Blüten von *Malva sylvestris* ssp. *mauritiana* isoliertes Rhamnogalacturonan wies in einer Konzentration von 100 µg/mL eine 50%ige Hemmung der hämolytischen komplementären Aktivität gegen Schafserythrocyten auf.[15]

Anwendungsgebiete: Bei Schleimhautreizungen im Mund- und Rachenraum und damit verbundenem trockenem Reizhusten.[27]

Dosierung und Art der Anwendung: *Droge.* 1,5 bis 2 g feingeschnittene Droge (1 Teelöffel = ca. 0,5 g) mit kaltem Wasser ansetzen und kurz aufkochen oder mit kochendem Wasser übergießen; nach 10 min abseihen; Tagesdosis: 5 g Droge.[13,27]

Volkstümliche Anwendung und andere Anwendungsgebiete: Außer bei Bronchialkatarrhen auch bei Gastroenteritis, Blasenleiden, äußerlich zur Wundbehandlung;[7] die Wirksamkeit bei den genannten Anwendungen ist gegenwärtig nicht belegt.

Unerwünschte Wirkungen: Keine bekannt.[27]

Gegenanzeigen/Anwendungsbeschr.: Keine bekannt.[27]

Wechselwirkungen: Keine bekannt.[27]

Weitere medizinische Verwendung: In verschiedenen Teemischungen gelegentlich auf Grund des Anthocyangehalts auch als Schmuckdroge verwendet.

Chronische Toxizität: *Tier.* Für isoliertes Malvidinchlorid ist eine antispermatogene Wirkung am Affen (*Presbytis entellus entellus* DUFR.) in einer Dosierung von 50 mg/kg KG täglich über 60 Tage beschrieben.[33]

Sonst. Verwendung: *Industrie/Technik.* Früher als Färbemittel in der Lebensmittelindustrie.[7]

Gesetzl. Best.: *Standardzulassung.* Standardzulassung "Husten- und Bronchialtee I und II", Zulassungsnummern 2039.94.99 und 2039.93.99.[24] *Offizielle Monographien.* Aufbereitungsmonographie der Kommission E am BGA "Malvae flos (Malvenblüten)".[27]

Malvae folium (Malvenblätter)

Synonyme: Folia Malvae, Folium Malvae, Malvae folia.

Sonstige Bezeichnungen: Dt.: Malvenblätter, Hasenpappelblätter, Käsekraut, Käsepappelblätter; engl.: Mallow leaves; frz.: Feuilles de mauve; it. Foglia di malva; port.: Folhas de malva.

Monographiesammlungen: Folia Malvae *DAB 6*; Folium Malvae *ÖAB 90*; Malvae Folium *Helv VII.*

Definition der Droge: Die getrockneten Laubblätter.

Stammpflanzen: *Malva neglecta* WALLR. (*DAB 6, ÖAB 90, Helv VII*), *M. sylvestris* L. (*DAB 6, Helv VII*) und/oder *M. sylvestris* L. ssp. *mauritiana* (L.) ASCH. et GRAEBN. (*ÖAB 90*).

Herkunft: Meist Wildsammlungen. Gelegentlich kleinflächige Kulturen in südosteuropäischen Ländern (Albanien, Bulgarien) und Marokko.[13,22] s. a. Anbaugebiete von *M. sylvestris.*

Gewinnung: Sammeln der Blätter in den Monaten Juni bis Anfang September und Trocknung in dünner Schicht an schattigen, gut belüfteten Plätzen.[22] s. a. Anbaugebiete von *M. sylvestris.*

Ganzdroge: Langer rundlicher Blattstiel (bei *M. neglecta* länger als bei *M. sylvestris*). Grüne bis bräunlichgrüne, schwach behaarte Blattspreite; bei *M. sylvestris* 3-, 5-, 7lappig, am Grund mehr oder weniger eingebuchtet, bis 12 cm lang und bis 15 cm breit; bei *M. neglecta* kreis- bis nierenförmig, mit 5 bis 7 weniger ausgeprägten Lappen, am Grund eingebuchtet, bis 9 cm breit und lang. Blattrand beider Arten kerbig gesägt. Nervatur ober- und besonders unterseits deutlich vorspringend.[23,37,38]

Schnittdroge: *Geruch.* Schwach, charakteristisch. *Geschmack.* Beim Kauen schleimig-fade.
Makroskopische Beschreibung und Lupenbild. Grünliche, dünne, gefältelte Blattstücke mit etwas hervortretender, handförmiger Nervatur. Oberflächlich betrachtet fast glatt wirkend, bei genauer Betrachtung beidseitig mehr oder weniger schwach behaart. Zuweilen typische, tortenförmige Malvaceenspaltfrüchte.
Mikroskopisches Bild. Bifaciales Flachblatt. In Flächenansicht obere Epidermis mit schwächer welligen, untere Epidermis mit stärker welligen Zellwänden. Beide Epidermen mit einzelligen Haaren und 2- bis 6strahligen Büschelhaaren. Bei *M. sylvestris* überwiegen Büschelhaare; bei *M. neglecta* überwiegen einzellige Haare. In Aufsicht runde, in Seitenansicht einreihige Etagenhaare mit gelegentlicher Teilung einer Etagenzelle (Malvaceenreihenhaare). Entlang der Nervatur Oxalatdrusen. Besonders oberseits der Nerven höherer Ordnung ein ausgeprägtes Collenchym. Ausgebuchtete Schleimzellen in den Epidermen gegen das Mesophyll hin.[23,37,38]
Nach Lit.[14] zeigt sich in anatomischer Hinsicht eine große Variabilität bei *M. sylvestris* und *M. neglecta*, so daß es unmöglich wird, in einer Schnitt- oder Pulverdroge beide Arten voneinander zu unterscheiden.

Pulverdroge: Grünes bis gelblichgrünes Pulver. Einzellige Haare, 2- bis 6strahlige Büschelhaare und einreihige Malvaceenreihenhaare. Oxalatdrusen entlang der Nervatur. Vereinzelt 130 bis 170 µm große kugelige, grobstachelige Pollenkörner.[23,37,38]

Verfälschungen/Verwechslungen: Verwechslungen mit Blättern von *Althaea officinalis* mit jedoch samtartiger Behaarung kommen vor.[13] Früher auch Verfälschungen beschrieben mit Xanthium species, erkennbar an den mehrzelligen Haaren, und *M. moschata* L., erkennbar am Moschusgeruch.[7,31]

Minderqualitäten: Muffiger oder säuerlicher Geruch oder Geschmack, die auf unsachgemäße Trocknung, feuchte Lagerung oder Überalterung der Droge hinweisen. Durch Befall mit *Puccinia malvacearum*, einem Rostpilz, verursachte Minderqualitäten werden an rotbraun gefleckten Blättern mit Pusteln und entsprechenden Sporenhäufchen von Teleutosporen sichtbar.

Inhaltsstoffe: *Polysaccharide.* Die Droge enthält nach älteren Angaben[16] bis 17 %, nach realistischer Einschätzung jedoch etwa 8 % Schleimstoffe.[8,13] Bei Hydrolyse werden Galactose, Glucose, Arabinose, Xylose und Rhamnose im Verhältnis 47:9:24:5 freigesetzt; der Galacturonsäuregehalt der Schleime

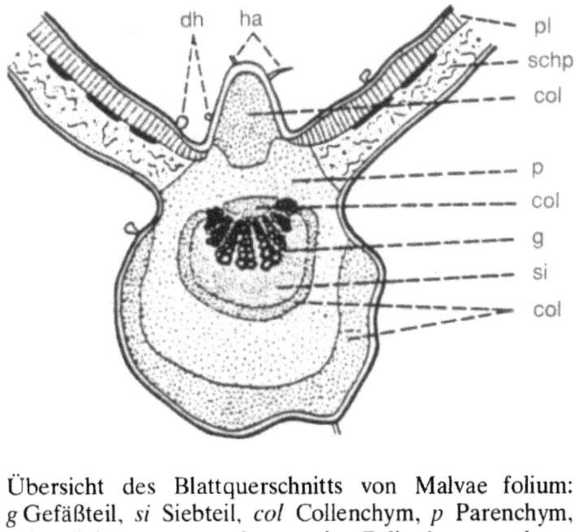

Übersicht des Blattquerschnitts von Malvae folium: *g* Gefäßteil, *si* Siebteil, *col* Collenchym, *p* Parenchym, *schp* Schwammparenchym, *pl* Palisadenparenchym, *dh* Drüsenhaare, *ha* Haare. Aus Lit.[34]

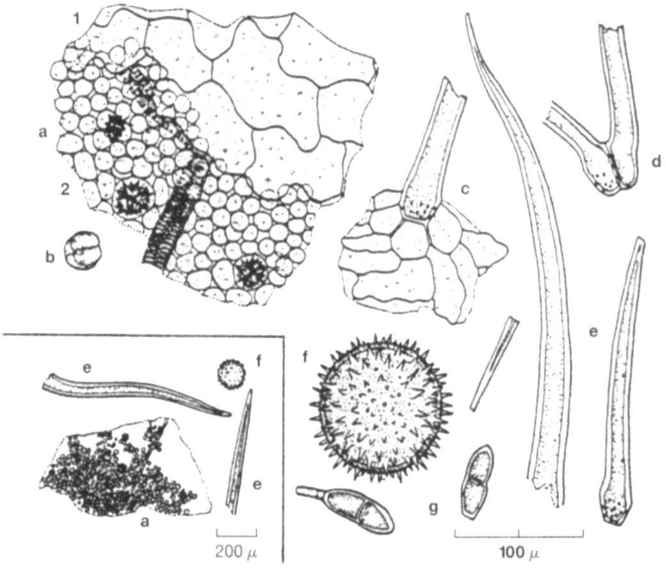

Pulver von Malvae folium: *a* Blattbruchstück in Aufsicht, *1* Epidermis, *2* Palisadenparenchym mit Drusen, *b* abgerissenes Drüsenhaar, *c* Epidermis mit abgebrochenem Haar, *d* Zwillingshaarbasis, *e* Haarbruchstücke, *f* Pollenkorn, *g* Teleutosporen. Aus Lit.[34]

liegt bei 19%.[8] Die Schleime weisen ein mittleres Molekulargewicht von 62.000d auf.[8] Die Schleime dürften sich aus verschiedenen Polysacchariden wie Rhamnogalacturonanen und Arabinogalactanen zusammensetzen mit strukturellen Ähnlichkeiten zu den bei Althaeae radix beschriebenen Schleimpolysacchariden. Aus Blättern von *Malva sylvestris* ssp. *mauritiana* wurde ein verzweigtes Rhamnogalacturonan mit folgenden Charakteristika isoliert:[15] Viskosität von 12 Pa · s bei 30 °C; gelpermeationschromatographisch bestimmtes Molekulargewicht von 6×10^6 d; Zuckerzusammensetzung von Rhamnose : Galactose : Glacturonsäure : Glucuronsäure in molarem Verhältnis 6:3:2:2; Struktur eines verzweigten Rhamnogalacturonans mit einem Rückgrat aus weitgehend alternierend angeordneter 1,4-verknüpfter Galacturonsäure und 1,2-gebundener Rhamnose mit Seitenketten aus terminaler Glucuronsäure, die am OH-3 der Galacturonsäure anknüpft sowie mit Oligosaccharid-Seitenketten aus 1,4-gebundener Galactose, die am OH-4 von Rhamnose anknüpfen.

Flavonoide. Bemerkenswert ist das Vorkommen von Flavonolsulfaten wie Gossypetin-8-*O*-*β*-D-glucuronid-3-sulfat, Gossypetin-3-sulfat-8-*O*-*β*-D-glucosid und Hypolaetin-8-*O*-*β*-D-glucosid-3'-sulfat.[20,21]

Gerbstoffe. Gerbstoffe (Rosmarinsäure) lassen sich in wäßrigen Extrakten mit Eisen(III)chloridlsg. nachweisen; nähere Angaben zur Art und zum eher als niedrig einzuschätzenden Gehalt liegen jedoch nicht vor.[24]

Identität: Makroskopische und mikroskopische Überprüfung wie unter Ganzdroge, Schnittdroge und Pulverdroge beschrieben *DAB 6*, *ÖAB 90*, *Helv VII.*

Identitätsreaktion auf Schleim mit Tusche- oder Thionin-Lösung *Helv VII.*[24]

Identitätsreaktion auf Gerbstoffe im wäßrigen Drogenextrakt mit Eisen(III)chloridlsg. ergibt graugrüne bis grauschwarze Färbung.[24]

DC der Ethylacetatausschüttelung eines wäßrigen Drogenextrakts:[24]

- Referenzsubstanz: Kaffeesäure;
- Sorptionsmittel: Kieselgel HF_{254};
- FM: Toluol-Ethylformiat-wasserfreie Ameisensäure (50 + 40 + 10);
- Detektion: Direktauswertung im UV 254 nm und 365 nm, anschließend Besprühen mit Eisen(III)chloridlsg. und Auswertung im Vis;
- Auswertung: Im DC der Untersuchungslösung im UV 254 nm Kaffeesäure sowie weitere fluoreszenzlöschende Zonen, im UV 365 nm Kaffeesäure sowie eine rot fluoreszierende Zone, nach dem Besprühen Kaffeesäure und weitere bräunliche und grünbraune Zonen.

Reinheit:

- Fremde Bestandteile: Höchstens 3%; Sporenhäufchen von *Pucciana malvacearum* dürfen nur vereinzelt vorkommen *ÖAB 90*. Höchstens 8% Stengel, Knospen, Blüten und andere fremde Bestandteile; höchstens 5% Blätter mit roten, etwa 1 mm großen Sporenhaufen, deren Sporen sich bei der mikroskopischen Prüfung als spitzovale, 2zellige, am Schmalende kurz gestielte Gebilde mit bräunlicher Wand zu erkennen geben (*Puccinia malvacearum*) *Helv VII.* Höchstens 2% fremde Bestandteile; der Anteil an mit *Puccinia malvacearum* befallenen Blättern darf 5% nicht überschreiten; höchstens 5% Früchte und Blüten; Stengelteile nur vereinzelt.[24]
- Asche: Höchstens 17% *DAB 6*; höchstens 15% *ÖAB 90.*
- Säureunlösliche Asche: Höchstens 2% *ÖAB 90.*
- Sulfatasche: Höchstens 22% *Helv VII.*
- Trocknungsverlust: Höchstens 10%.[24]

Gehalt:
- Malvenblätter enthalten ca. 8% Schleim, wobei der Gehalt von Erntezeitpunkt, Standort und Witterungsbedingungen abhängig sein kann.[13]
- Quellungszahl: Mindestens 18, mit 1 g mittelfein gepulverter Droge bestimmt *ÖAB 90*; mindestens 7, mit 0,5 g pulverisierter Droge (500) bestimmt *Helv VII*.
- Extraktgehalt: Mindestens 30 %.[24]

Gehaltsbestimmung: Die zur Ermittlung des Schleimgehalts durchgeführte Bestimmung der Quellungszahl erfolgt mit gepulverter Droge, wobei nach *ÖAB 90* auf gutes Durchfeuchten mit Aceton, nach *Helv VII* mit Ethanol, vor Wasserzusatz zu achten ist.
Bei der Berechnung der Quellungszahl ist Vorsicht geboten, da das Quellungsvolumen in Abhängigkeit von der Drogeneinwaage stark unterschiedlich ausfallen kann.[9] Neben der Bestimmung der Quellungszahl sollten auch Viskositätsmessungen in Betracht gezogen werden.[25]
Die Bestimmung des Extraktgehalts wird mit 1 g gepulverter Droge durch Extraktion mit siedendem Wasser durchgeführt.[24]

Wirkwertbestimmung: Die Bestimmung der Quellungszahl (s. Gehaltsbestimmung) stellt gleichzeitig eine Wertbestimmung dar, da der therapeutische Effekt mit der Quellungszahl korrelieren dürfte.

Lagerung: Vor Licht, Feuchtigkeit und Insektenfraß geschützt in gut verschlossenen Behältnissen lagern *ÖAB 90*, *Helv VII*.

Stabilität: Die Schleime scheinen nicht lichtstabil zu sein[25] und weisen damit ähnliches Stabilitätsverhalten wie die sauren Schleimpolysaccharide von Althaeae radix auf.[26]

Wirkungen: Eine reizmildernde Wirkung ist auf Grund des Schleimgehalts zu erwarten. Durch einhüllende Wirkung des Schleims werden entzündete Schleimhäute im Mund- und Rachenraum sowie im Magen-Darm-Trakt vor lokalen Reizungen geschützt. Konkrete experimentelle Untersuchungen liegen jedoch nicht vor.

Anwendungsgebiete: Schleimhautreizungen im Mund- und Rachenraum und damit verbundener trockener Reizhusten.[27] Zur Reizlinderung bei Schleimhautentzündungen im Mund- und Rachenraum sowie im Magen-Darm-Bereich; Katarrhe der oberen Luftwege.[24]

Dosierung und Art der Anwendung: *Droge.* Etwa 3 bis 5 g Malvenblätter (ca. 2 Teelöffel) mit ca. 150 mL siedendem Wasser übergießen und nach 10 bis 15 min durch ein Sieb geben. Alternativ in kaltem Wasser 2 bis 3 h unter gelegentlichem Umrühren ziehen lassen. Tagesdosis 5 g Droge.[13,24,27]

Volkstümliche Anwendung und andere Anwendungsgebiete: Die Wirksamkeit bei äußerlicher Anwendung zur Wundbehandlung in Form von Umschlägen und als Badezusatz bei Entzündungen der Haut ist nicht hinreichend belegt.

Unerwünschte Wirkungen: Keine bekannt.[27]

Gegenanzeigen/Anwendungsbeschr.: Keine bekannt.[27]

Wechselwirkungen: Keine bekannt.[27]

Toxikologische Daten: *LD-Werte.* Ein nicht näher definierter Extrakt aus *M. neglecta* wies nach intraperitonealer Applikation bei der Maus eine LD_{50} von 1 g/kg KG auf, wobei keine Angaben zum Wirkmechanismus gemacht wurden.[32]

Gesetzl. Best.: *Standardzulassung.* Standardzulassung "Malvenblätter" Zulassungsnummer 1579.99.99.[24] *Offizielle Monographien.* Aufbereitungsmonographie der Kommission E am BGA "Malvae folium (Malvenblätter)".[27]

Malva, äthanol. Infusum hom. *HAB 1*

Monographiesammlungen: Malva, äthanol. Infusum *HAB 1*.

Definition der Droge: Die getrockneten Blüten.

Stammpflanzen: *Malva sylvestris* L. und *Malva mauritiana* L. Für erstere gibt *HAB 1* die Schreibweise *M. silvestris* L. an.

Zubereitungen: Urtinktur und flüssige Verdünnungen nach *HAB 1*, Vorschrift 20 mit Ethanol 43 % (*m/m*); Eigenschaften: Die Urtinktur ist eine rotbraune Flüssigkeit mit fruchtigem Geruch und süßlichem, leicht bitterem Geschmack.

Identität: Ein ethanolischer Drogenextrakt sowie die Urtinktur ergeben folgende Identitätsnachweise:
Nach Versetzen mit verd. Salzsäure tritt tiefrote Färbung auf, die nach Zusatz von Natriumsulfitlsg. in Gelbbraun übergeht und im UV 365 nm gelb fluoresziert.
DC eines ethanolischen Drogenextraktes bzw. der Urtinktur:
- Referenzlsg.: Metanilgelblsg.;
- Sorptionsmittel: Cellulose;
- FM: Wasser-Essigsäure- 98 %-Salzsäure (82 + 15 + 3);
- Detektion: Direktauswertung im Vis;
- Auswertung: Rotlilafarbener Fleck im mittleren Bereich bei Vergleichslösung. Karminrosafarbener Fleck in selber Höhe bei Prüflösung; im oberen Bereich evtl. weitere, schwach rosa gefärbte Flecken.

Reinheit: *Droge.*
- Entfärbte Blüten: Vergleich der Farbintensität einer salzsauren Verdünnung eines ethanolischen Drogenextraktes mit einer salzsauren Verdünnung einer Farbstammlösung Rot.
- Fremde Bestandteile: Höchstens 5 %.
- Sulfatasche: Höchstens 19 %.
- Quellungszahl: Mindestens 15.

Urtinktur.
- Relative Dichte: 0,935 bis 0,945.
- Trockenrückstand: Mindestens 2,2 %.

Lagerung: Vor Licht geschützt.

Malva sylvestris hom. *PFX*

Monographiesammlungen: Malva sylvestris pour préparations homéopathiques *PFX*.

Definition der Droge: Die gesamte, blühende frische Pflanze.

Stammpflanzen: *Malva sylvestris* L.

Zubereitungen: Urtinktur mit Ethanol nach der Monographie "Préparations homéopathiques"; Eigenschaften: Die Urtinktur ist eine grün gefärbte Flüssigkeit mit krautigem Geruch und fadem Geschmack; Ethanolgehalt 55 % (*V/V*).

Identität: Die Urtinktur fluoresziert nach Zusatz einiger Tropfen konz. Ammoniaklsg. im UV 365 nm grün. Die Urtinktur ergibt nach Versetzen mit Kupfertartratlsg. und Erhitzen einen rostfarbenen Niederschlag.
Die Urtinktur ergibt nach dem Eindampfen zur Trockne und Aufnehmen des Rückstandes in Methanol auf Zusatz von Ether einen flockigen Niederschlag.

Reinheit: *Urtinktur.*
- Ethanolgehalt: Zwischen 50 und 60 % (*V/V*).
- Trockenrückstand: Mindestens 1 %.
- DC der Urtinktur: a) Sorptionsmittel: Kieselgel G; b) FM: Butanol-Eisessig-Wasser (40 + 10 + 10); c) Detektion: Direktauswertung im UV 365 nm, anschließend Besprühen mit Thymol-Schwefelsäure-Reagenz, Erhitzen auf 100 bis 105 °C und Auswertung im Vis; d) Auswertung: Im UV 365 nm ein charakteristisches Muster bläulicher Banden und eine rote Zone in der Nähe der Fließmittelfront; nach dem Besprühen eine braunrot bis violette Zone, gefolgt von 3 rosavioletten Zonen mit gleichfalls definierten Rf-Bereichen.

1. Heß HE, Landolt E, Hirzel R (1979) Flora der Schweiz, Birkhäuser-Verlag, Basel Stuttgart
2. Sebald O, Seybold S, Philippi G (1990) Die Farn- und Blütenpflanzen Baden-Württembergs, Verlag Eugen Ulmer, Stuttgart, Bd. 2
3. FEu (1968) Bd. II, S. 248–251
4. Heg (1975) Bd. V, Teil 1, S. 474–489
5. Hgn, Bd. V, S. 29–46
6. Hoppe HA (1975) Drogenkunde, 8. Aufl., Walter de Gruyter, Berlin New York, S. 683–684
7. Hag, Bd. V, S. 680–685
8. Franz G (1966) Planta Med 14:90–110
9. Schneider K, Ullmann V, Kubelka W (1990) Dtsch Apoth Ztg 42:2.303–2.305
10. Spegg H (1959) Planta Med 7:8–23
11. Ivanow S (1927) Ber Dtsch Bot Ges 45:588–593
12. Schmid KM, Patterson GW (1988) Phytochemistry 27:2.831–2.834
13. Wichtl M (1989) Teedrogen, Wissenschaftliche Verlagsgesellschaft, Stuttgart
14. Saukel J (1982) Sci Pharm 50:37–64
15. Tomoda M, Gonda R, Shimizu N, Yamada H (1989) Chem Pharm Bull 37:3.029–3.032
16. Karawya MS, Balbaa SI, Afifi MS (1971) Planta Med 20:14–23
17. Ahtardjieff C, Koleff D (1961) Pharm Zentralh 100:14–16
18. Pourrat H, TExier O, Barthomeuf C (1990) Pharm Acta Helv 65:93–96
19. Takeda K, Enoki S, Harborne JB, Eagles J (1989) Phytochemistry 28:499–500
20. Nawwar MAM, El Dein A, El Sherbeiny A, El Ansari MA, El Sissi HI (1977) Phytochemistry 16:145–146
21. Nawwar MAM, Buddrus J (1981) Phytochemistry 20:2.446–2.448
22. Ebert K (1982) Arznei- und Gewürzpflanzen, Wissenschaftliche Verlagsgesellschaft, Stuttgart
23. Fischer R, Kartnik T (1978) Drogenanalyse, Springer, Wien New York
24. Braun R (1991) Standardzulassungen für Fertigarzneimittel, Deutscher Apotheker Verlag, Stuttgart, Govi-Verlag, Frankfurt
25. Rojahn CA, Böhm K (1934) Pharm Ztg 38:487–489
26. Madaus A (1989) Analytische Untersuchungen der wertbestimmenden Schleimpolysaccharide von Althaea officinalis, Dissertation Universität Regensburg
27. BAz Nr. 43 vom 02.03.1989
28. Willstätter R, Martin K (1915) Liebigs Ann Chem 408:110–112
29. Schultze-Motel J (Hrsg.) (1986) Rudolf Mansfeld, Verzeichnis landwirtschaftlicher und gärtnerischer Kulturpflanzen (ohne Zierpflanzen), 2. Aufl., Springer-Verlag, Berlin Heidelberg New York Tokyo, Bd. 2, S. 859–863
30. Heeger EF (1956) Handbuch des Arznei- und Gewürzpflanzenbaues – Drogengewinnung, Deutscher Bauernverlag, Berlin, S. 480–485
31. Thoms H (Hrsg.) (1931) Handbuch der praktischen und wissenschaftlichen Pharmazie, Urban und Schwarzenberg, Berlin Wien, Bd V, S. 1.312–1.316
32. NN (1984) Ind J Exp Biol 22:312, zit. nach DIMDI-RTECS Dok. Nr. 047987
33. Bhargava SK (1990) Int J Androl 13:207–215
34. Karsten G, Weber U, Stahl E (1962) Lehrbuch der Pharmakognosie, 9. Aufl., Fischer Verlag, Stuttgart
35. Deutschmann F, Hohmann B, Sprecher E, Stahl E (1984) Drogenanalyse I: Morphologie und Anatomie, Fischer Verlag, Stuttgart
36. DAB 7
37. ÖAB 90
38. Helv VII

WB

Mandragora

HN: 2034200

Familie: Solanaceae.

Unterfamilie: Solanoideae.

Tribus: Solaneae.

Subtribus: Mandragorinae.

Gattungsgliederung: Die Gattung Mandragora L. umfaßt 6 Arten.

Gattungsmerkmale: Ausdauernde Pflanzen mit dicker, aufrechter, oft zweigeteilter Pfahlwurzel. Die großen, ganzrandigen Blätter sitzen in einer Rosette auf einem ganz kurzen Sproß. Blüten einzeln, achselständig. Kelch und Krone fünflappig, glockenförmig, mit Falten zwischen den Lappen. Die 5 Staubblätter sind an der unteren Hälfte der Kronröhre angeheftet. Filamente unten behaart, Staubbeutel mit Rücken am Filament befestigt. Die Frucht ist eine Beere, 2 bis 3 cm groß.[1]

Verbreitung: Mediterrangebiet und dessen Randbereiche, Indien, China, Tibet.[1,6]

Inhaltsstoffgruppen: Bisher wurden nur die europäischen Mandragora-Arten *M. autumnalis* und *M. officinarum* phytochemisch untersucht. Beide Arten enthalten in den Wurzeln Tropanalkaloide,[5,7] die teilweise als Tiglinsäureester vorliegen.[6] Gesamtalkaloidgehalt der europäischen Arten 0,4 %.[5]

Drogenliefernde Arten: *M. autumnalis*: Mandragora-autumnalis-Blätter, Mandragora, äthanol. Decoctum hom. *HAB 1*, Mandragora e radice siccato hom. *HAB 1*; *M. caulescens*: Mandragora-caulescens-Wurzel; *M. chinghaiensis*: Mandragora-chinghaiensis-Kraut mit Wurzel; *M. officinarum*: Mandragorae radix, Mandragora, äthanol. Decoctum hom. *HAB 1*, Mandragora e radice siccato hom. *HAB 1*, Mandragora hom. *HAB 34*, Mandragora officinarum hom. *HPUS 88*.

Mandragora autumnalis BERTOL.

Synonyme: *Mandragora foemina* THELL., *M. haussknechtii* HELDR., *M. microcarpa* BERTOL.

Sonstige Bezeichnungen: Dt.: Alraun(e); engl.: Mandrake; frz.: Mandragore; it.: Mandragora.

Systematik: Die europäischen Formen werden aufgrund von Blattform, Farbe der Blüten und Blühzeit zu den beiden Arten *M. autumnalis* und *M. officinarum* zusammengefaßt.[1]

Botanische Beschreibung: Stengellose Pflanze mit langgestrecktem Wurzelstock, der einfach oder gegabelt sein kann. Er ist innen weiß und außen dunkel gefärbt. Blätter dunkelgrün, oberseits glänzend, am Rand gewimpert, mit abgerundetem Blattende, Blattstiel lang. Blüten mit roten Stielen, fünfteilig, hellviolett, Krone dreimal so lang wie Kelch, Blütezeit Oktober und November. Frucht rund bis ovoid, vom Kelch umschlossen, bei der Reife gelb, mit ekelerregendem Geruch.[1]

Mandragora autumnalis BERTOL. Aus Lit.[24]

Verbreitung: Mediterrangebiet und einige wenige frostfreie Lagen von Mitteleuropa, vorzugsweise an schattigen und steinigen Stellen, auch an Flußufern und Friedhöfen.[1]

Drogen: Mandragora-autumnalis-Blätter, Mandragora, äthanol. Decoctum hom. *HAB 1*, Mandragora e radice siccato hom. *HAB 1*.

Mandragora-autumnalis-Blätter

Definition der Droge: Die Blätter.

Stammpflanzen: *Mandragora autumnalis* BERTOL.

Akute Toxizität: *Mensch.* Nach Verzehr von Gemüse, das mit Mandragora-autumnalis-Blättern verunreinigt war, entwickelten sich bei 15 Personen Vergiftungssymptome. Die Latenzzeit betrug 1 bis 4 h, im Mittel 2,7 h. Ein Zusammenhang zwischen der Latenzzeit und der Schwere der Intoxikation wurde nicht beobachtet. Bei allen Patienten traten Sehstörungen, Mundtrockenheit, Tachycardie, Mydriasis und Hautrötung auf. Bei 14 der 15 Patienten wurden trockene Haut und Schleimhäute, Halluzinationen und Überaktivität, bei 9 von 15 Patienten Agitiertheit/Delirium, Verwirrtheit, Kopfschmerzen, Miktionsstörungen, bei 8 Patienten Erbrechen sowie bei jeweils 2 Patienten Schluckbeschwerden und Bauchschmerzen beobachtet. Ein Patient entwickelte eine kurzzeitige akute Psychose.[15] Neben der akuten Symptomatik sollen nach Intoxikationen auch metabolische Leberschäden und Nierenfunktionsstörungen auftreten.[18]

Akute Vergiftung: *Erste Maßnahmen.* In einem Vergiftungsfall bei 15 Patienten erhielten 11 Patienten 2 bis 6 mg Prostigmin und 6 Patienten 0,5 bis 2 mg Physostigmin. Unter dieser Therapie wurde eine Reaktion nach 3 bis 36 h beobachtet. Bei den mit Physostigmin behandelten Patienten sollen sich die psychischen Symptome besser zurückgebildet haben. Nähere Angaben fehlen.[15]

Mandragora, äthanol. Decoctum hom. *HAB 1*

Monographiesammlungen: Mandragora, äthanol. Decoctum *HAB 1*.

Definition der Droge: Die getrockneten Wurzeln.

Stammpflanzen: *Mandragora autumnalis* BERTOL. und *M. officinarum* L.

Zubereitungen: Urtinktur aus der grob gepulverten Droge und flüssige Verdünnungen mit Ethanol 43 % (*m/m*) nach *HAB 1*, Vorschrift 19f; Eigenschaften: Die Urtinktur ist eine gelbliche bis hellgrüne Flüssigkeit.

Identität: Prüflsg. ist ein ethanolischer Drogenextrakt bzw. die Urtinktur. Die Mischung der Prüflsg.

mit der gleichen Menge einer 1%igen Lsg. (*m/V*) von Resorcin in Salzsäure 36% färbt sich beim Erwärmen auf dem Wasserbad rot bis violettrot. Die mit Wasser verdünnte Prüflsg. färbt sich mit verdünnter Natriumhydroxidlsg. intensiv gelb. Der Rückstand der Etherausschüttelung der vom Ethanol befreiten und in Wasser und Ammoniaklösung aufgenommenen Prüflsg. wird mit rauchender Salpetersäure versetzt, eingeengt und in Aceton aufgenommen; auf tropfenweisen Zusatz von ethanolischer Kaliumhydroxidlsg. färbt sich die Mischung rot.
DC des in MeOH aufgenommenen Rückstandes der Etherausschüttelung der vom Ethanol befreiten und mit Ammoniaklsg. versetzten Prüflsg.:
- Referenzsubstanzen: Atropinsulfat und Scopoletin;
- Sorptionsmittel: Kieselgel HF_{254};
- FM: Aceton-Wasser-konz. Ammoniaklsg. (90 + 7 + 3);
- Detektion: Direktauswertung im UV 365 nm, anschließend Besprühen mit einer Mischung aus Natriumwismutiodidlsg., Essigsäure 98% und Ethylacetat sowie mit 0,1 N Schwefelsäure, hierauf Auswertung im Vis;
- Auswertung: Anhand der Referenzsubstanzen Nachweis des im UV 365 nm blau fluoreszierenden Scopoletins im mittleren Drittel des Rf-Bereiches und des nach dem Besprühen im Vis orangeroten Atropins im unteren Drittel.

Reinheit: *Droge.*
- Asche *(DAB)*: Höchstens 15%.

Urtinktur.
- Relative Dichte *(PhEur)*: 0,930 bis 0,945.
- Trockenrückstand *(DAB)*: Mindestens 1,2%.

Gehalt: *Droge.* Mindestens 0,30% nichtflüchtige Basen, berechnet als Hyoscyamin.
Urtinktur. Mindestens 0,025 und höchstens 0,040% nichtflüchtige Basen, berechnet als Hyoscyamin.

Gehaltsbestimmung: Gepulverte Droge bzw. die vom Ethanol befreite Urtinktur werden einer ammoniakalischen Etherextraktion bzw. -ausschüttelung unterzogen; der Rückstand der Etherextraktion wird in einem Ethanol-Wasser-Gemisch aufgenommen und mit einer definierten Menge 0,01 N Salzsäure versetzt; mit 0,01 N Natriumhydroxidlsg. wird zurücktitriert (Methylrot-Mischindikator-Lösung).

Lagerung: *Urtinktur.* Vor Licht geschützt. Vorsichtig zu lagern.

Mandragora e radice siccato hom. *HAB 1*

Monographiesammlungen: Mandragora e radice siccato *HAB 1*.

Definition der Droge: Die getrockneten Wurzeln.

Stammpflanzen: *Mandragora autumnalis* BERTOL. und *M. officinarum* L.

Zubereitungen: Urtinktur aus der grob gepulverten Droge und flüssige Verdünnungen nach *HAB 1*, Vorschrift 4a mit Ethanol 62% (*m/m*); Eigenschaften: Die Urtinktur ist eine gelbliche bis hellgrüne Flüssigkeit.
Darreichungsformen: Ab D3: Flüssige Verdünnungen, Verreibungen, Tabletten; Salben; Suppositorien, Streukügelchen ab D2; flüssige Verdünnungen zur Injektion ab D4.[12]

Identität: Prüflösung ist ein ethanolischer Drogenextrakt bzw. die Urtinktur. Sie gibt die gleichen Identitätsreaktionen wie Mandragora, äthanolisches Decoctum *HAB 1* (s. dort).

Reinheit: *Droge.*
- Asche *(DAB)*: Höchstens 15%.

Urtinktur.
- Relative Dichte *(PhEur)*: 0,890 bis 0,905.
- Trockenrückstand *(DAB)*: Mindestens 1,2%.

Gehalt: *Droge.* Mindestens 0,30% nichtflüchtige Basen, berechnet als Hyoscyamin.
Urtinktur. Mindestens 0,025 und höchstens 0,040% nichtflüchtige Basen, berechnet als Hyoscyamin.

Gehaltsbestimmung: Gehaltsbestimmung der Droge und der Urtinktur s. Mandragora, äthanol. Decoctum *HAB 1*.

Lagerung: *Urtinktur.* Vor Licht geschützt. Vorsichtig zu lagern.

Anwendungsgebiete: Die Anwendungsgebiete entsprechen dem homöopathischen Arzneimittelbild. Dazu gehören: Kopfschmerz; Herz-Kreislauf-Beschwerden; Verdauungsschwäche bei Leber-Galle-Störungen; Ischiasschmerz.[12]

Dosierung und Art der Anwendung: *Zubereitung.* Soweit nicht anders verordnet: Bei akuten Zuständen häufige Anwendung alle halbe bis ganze Stunde je 5 Tropfen oder 1 Tablette oder 10 Streukügelchen oder 1 Messerspitze Verreibung einnehmen; parenteral 1 bis 2 mL bis zu 3mal täglich s.c. injizieren; Suppositorien 2- bis 3mal täglich 1 Zäpfchen einführen; Salben 1- bis 2mal täglich auftragen. Bei chronischen Verlaufsformen 1- bis 3mal täglich 5 Tropfen oder 1 Tablette oder 10 Streukügelchen oder 1 Messerspitze Verreibung einnehmen; parenteral 1 bis 2 mL pro Tag s.c. injizieren; Suppositorien 2- bis 3mal täglich 1 Zäpfchen einführen; Salben 1- bis 2mal täglich auftragen.[12]

Unerwünschte Wirkungen: Nicht bekannt. Hinweis: Es können vorübergehend Erstverschlimmerungen vorkommen, die jedoch unbedenklich sind.

Gegenanzeigen/Anwendungsbeschr.: Nicht bekannt.[12]

Wechselwirkungen: Nicht bekannt.[12]

Gesetzl. Best.: *Offizielle Monographien.* Aufbereitungsmonographie der Kommission D am BGA "Mandragora e radice siccato".[12]

Mandragora caulescens C. B. CLARKE

Systematik: *M. caulescens* wird in die 4 Unterarten *M. caulescens* ssp. *brevicalyx* GRIERSON et LONG, ssp. *caulescens*, ssp. *flavida* GRIERSON et LONG und ssp. *purpurascens* GRIERSON et LONG eingeteilt.[14]

Botanische Beschreibung: Die zapfenförmige Wurzel ist tief im Boden verankert, Sproß kurz, breit. Blätter schopfig angeordnet, in ausgewachsenem Zustand 7 bis 15 cm lang, 2 bis 6 cm breit, längsoval bis lanzettlich, spitz oder auch abgestumpft, an der Sproßachse herablaufend. Einzelblüten auf längeren Stielen über den sich erst entfaltenden Blättern. Kelch und Krone glockig, meist gleich lang. Beginn der Blüte im Mai. Staubgefäße frei, die Staubbeutel öffnen sich mit Längsschlitzen. Der kugelige Fruchtknoten trägt einen Griffel mit einer zweilappigen Narbe. Frucht eine kugelige Beere, die vom ausdauernden Kelch eingeschlossen wird.[14]

Verbreitung: Von 32 Grad östlicher Länge, Westnepal an der Himalaya-Kette entlang über Tibet, Birma bis nach Westchina, Provinzen Yünnan und Sechuan, bis schließlich 102 Grad östlicher Länge.[11]

Drogen: Mandragora-caulescens-Wurzel.

Mandragora-caulescens-Wurzel

Sonstige Bezeichnungen: Chinesisch: Chi'ieh Shen.

Definition der Droge: Die getrocknete Wurzel.

Stammpflanzen: *Mandragora caulescens* C. B. CLARKE.

Inhaltsstoffe: 0,13 % Hyoscyamin. Scopolamin und Cuscohygrin unter der Nachweisgrenze.[9]

Volkstümliche Anwendung und andere Anwendungsgebiete: In der traditionellen tibetanischen und chinesischen Medizin bei Magenbeschwerden.[9] Die Wirksamkeit bei dieser Indikation ist nicht belegt.

Mandragora chinghaiensis KUANG et A. M. LU

Botanische Beschreibung: Ähnlich wie *M. caulescens*, aber kleiner, nur 6 bis 10 cm hoch. Sproß breit, Blätter schopfig angeordnet. Kelch und Krone glockig, Krone gelb, in 5 Lappen unterteilt.[13]

Verbreitung: China und Tibet.[9]

Drogen: Mandragora-chinghaiensis-Kraut mit Wurzel.

Mandragora-chinghaiensis-Kraut mit Wurzel

Sonstige Bezeichnungen: Chinesisch: Chinghai Chi'eh Shen.

Definition der Droge: Die ganze Pflanze oder die Wurzel.[9]

Stammpflanzen: *Mandragora chinghaiensis* KUANG et A. M. LU.

Inhaltsstoffe: In der ganzen Pflanze 0,19 % Hyoscyamin und 0,12 % Scopolamin. In den unterirdischen Teilen 0,21 % Hyoscyamin und 0,48 % Scopolamin.[9]

Volkstümliche Anwendung und andere Anwendungsgebiete: In der traditionellen tibetanischen und chinesischen Medizin gegen Schmerzen und als Ersatz für Mandragora-caulescens-Wurzel.[9] Die Wirksamkeit bei diesen Indikationen ist nicht belegt.

Mandragora officinarum L.

Synonyme: *Mandragora acaulis* GAERTN., *M. mas* GERSAULT, *M. officinalis* MILL., *M. praecox* SWEET, *M. vernalis* BERTOL.

Sonstige Bezeichnungen: s. *M. autumnalis*.

Systematik: s. *M. autumnalis*.

Botanische Beschreibung: Stengellose Pflanze mit dickem Wurzelstock, der außen hell gefärbt ist. Blätter einheitlich groß, behaart, mit ekelerregendem Geruch. Blüten zahlreich an hellgrünen Stielen, außen behaart, Krone hellgrün bis gelb. Die Haare auf der Außenseite der Krone besitzen Köpfchen aus ca. 15 Zellen und sitzen auf Stielchen aus 2 bis 3 Zellen. Blütezeit März bis April. Früchte kugelig, bei Reife gelb, weit über den Kelch hinausragend.[1]

Verbreitung: Mediterrangebiet und frostfreie Randbereiche.

Drogen: Mandragorae radix, Mandragora, äthanol. Decoctum hom. *HAB 1*, Mandragora e radice siccato hom. *HAB 1*, Mandragora hom. *HAB 34*, Mandragora officinarum hom. *HPUS 88*.

Mandragorae radix

Sonstige Bezeichnungen: Dt.: Alraune, Erdmännlein, Mandragora, Zauberwurzel.

Definition der Droge: Die getrockneten unterirdischen Teile der Pflanze.

Stammpflanzen: *Mandragora officinarum* L.

Herkunft: Sammlung aus Wildbeständen.

Ganzdroge: Die Wurzeln von *M. autumnalis* und *M. officinarum* können makroskopisch nicht unterschieden werden.
Die Droge besteht aus den im oberen Abschnitt bis 5 cm dicken, spindel- oder umgekehrt möhrenförmigen, einfachen oder meist zweiteilig verzweigten Wurzeln. Sie ist außen graubraun, stark gefurcht, längsrunzelig und auf dem körnigen Bruch weiß bis gelblich. Die bis zu 0,5 cm dicke Rinde wird durch eine mehr oder weniger gut sichtbare, gelbliche Li-

nie in eine Außen- und eine Innenrinde geteilt. Die letztere ist durch eine nur undeutlich erkennbare Kambiumzone gegen den gelblichen bis gelblichbraunen, schwachstrahligen, fleischigen Holzkörper abgegrenzt.[2]

Schnittdroge: *Geruch.* Die Droge ist geruchlos.
Mikroskopisches Bild. Unter einem im Querschnitt sehr unregelmäßig erscheinenden Kork aus dünnwandigen, flachen, in der Fläche polygonalen Korkzellen folgt ein von Interzellularen durchsetztes Rindenparenchym aus großen, rundlichen, dünnwandigen Zellen. Die eventuell bereits mit bloßem Auge erkennbare gelbliche Zone in der Rinde ist ein unregelmäßig begrenztes, mehrere Lagen breites Band gelbwandiger Zellen. In der äußeren Rinde kommen zahlreiche größere Interzellularen vor; das Parenchym erscheint ungeordnet. Nach innen zu werden die Interzellularen kleiner und seltener; die Parenchymzellen sind in mehr oder weniger regelmäßigen, radialen Reihen angeordnet, aber nicht oder nur kaum radial gestreckt. Zwischen den Parenchymkeilen liegen reihenförmig in Gruppen oder radial bandförmig angeordnete Phloeme aus meist kollabierten, oft in den Wänden gelblichen Phloemelementen. Das innerhalb der schmalen Kambiumzone liegende Holz ist locker. Es besteht aus unterbrochenen Reihen der in kleinen Gruppen oder einzeln angeordneten, im Längsschnitt unregelmäßig knorrigen, meist kurzgliedrigen, verholzten Gefäße von 25 bis 100 µm Weite, deren Wände netzartig verdickt sind. Das die Gefäße umgebende dünnwandige Parenchym besteht aus im Querschnitt rundlich-polygonalen Zellen und ist nur undeutlich gegen die mehrreihigen Parenchymstrahlen abgesetzt, die aus Zellen aufgebaut sind, die in radialer Richtung etwa 2- bis 3mal länger als breit sind. Im Holzteil kommen anastomosierende Gruppen in vertikaler Richtung gestreckter, derbwandiger, leer erscheinender kollabierter Zellen vor. Die meisten parenchymatischen Zellen enthalten unregelmäßig rundliche bis eiförmig-elliptische, manchmal kegelig unten abgestumpfte Stärkekörner von 10 bis 65, meist 15 bis 25 µm Durchmesser mit mehr oder weniger exzentrischen, spalten- oder schwingenförmigen Trocknungsrissen. Die Droge ist schleimhaltig.[2]

Verfälschungen/Verwechslungen: Mit Wurzeln von *Atropa belladonna*, deren Alkaloidmuster ähnlich ist. Zum Unterschied dazu fehlen in Mandragorawurzeln die Fasern und das Xylem ist nicht verholzt, dafür sind Sklereiden vorhanden, und die Calciumoxalatkristalle liegen nicht als Sand, sondern als größere Prismen oder Drusen vor.[5,8]

Inhaltsstoffe: Bei älteren Untersuchungen zur Alkaloidführung der unterirdischen Organe wurde *Mandragora officinalis* als Stammpflanze genannt, also nicht zwischen *M. autumnalis* und *M. officinarum* unterschieden. Der Gesamtalkaloidgehalt von Rhizomen und Wurzeln wurde mit 0,2 bis 0,6 %, bezogen auf das Trockengewicht, angegeben. Als Einzelalkaloide wurden Atropin, Hyoscyamin, Scopolamin, Cuscohygrin, Apoatropin und die *N*-Oxide von Hyoscyamin und Scopolamin gefunden.[7] Die Wurzeln von *M. autumnalis* und *M. officinarum* unterscheiden sich jedoch weder im Gesamtgehalt noch in der qualitativen Zusammensetzung ihrer Alkaloide signifikant voneinander.[6] Die frischen und die getrockneten Wurzeln beider Arten enthalten zusätzlich zu den genannten Alkaloiden 3-Tigloyloxytropan und 3,6-Ditigloyloxytropan.[6] Belladonnin fand sich nur in den getrockneten, nicht jedoch in den frischen Wurzeln beider Arten.[6]

Identität: s. Mandragora autumnalis, äthanol. Decoctum.

Gehaltsbestimmung: s. Mandragora autumnalis, äthanol. Decoctum.

Wirkungen: Das Wirkprofil der Droge wird im wesentlichen durch die anticholinerge Wirkung der Hauptalkaloide L-Hyoscyamin und L-Scopolamin bestimmt.[10,16] Untersuchungen zu Drogenzubereitungen liegen aus neuerer Zeit nicht vor; s. a. ds. Hdb. Bd. 4 → Belladonnae folium.[20]

Volkstümliche Anwendung und andere Anwendungsgebiete: Mandragora gehört zu den ältesten Arzneipflanzen; sie wird bereits im Papyrus Ebers unter den Arzneimitteln der Ägypter aufgeführt. In der Volksmedizin wurde eine Tinktur aus Mandragorawurzel gegen Magengeschwüre, Koliken, Dysmenorrhöe, Asthma, Heufieber und Keuchhusten verwendet.[22] Heute sind Mandragora und ihre Zubereitungen bedeutungslos.

Tox. Inhaltsstoffe u. Prinzip: Die Toxizität der Droge ist auf die Alkaloide, speziell L-Hyoscyamin und L-Scopolamin zurückzuführen.[10,16]

Akute Toxizität: *Mensch.* Akute Intoxikationen mit der Droge wurden in neuerer Literatur nicht mehr beschrieben, da die Droge praktisch nicht mehr verwendet wird. Nach älteren Quellen soll nach 0,5 g der Wurzel innerhalb von 12 h der Tod eingetreten sein.[17] Vergiftungen mit anderen Pflanzenteilen sind auch aus neuerer Zeit beschrieben.[15,18,19]
Neben der akuten Symptomatik (vgl. Mandragora-autumnalis-Blätter) sollen nach Intoxikationen auch metabolische Leberschäden und Nierenfunktionsstörungen auftreten.[18] *Tier.* Nach der Aufnahme von Blättern sollen bei Schafen, Ziegen und Pferden Todesfälle aufgetreten sein.[4]

Toxikologische Daten: *Pflanzengiftklassifizierung.* Stark giftig + +.[23]

Akute Vergiftung: *Erste Maßnahmen.* Erbrechen auslösen, Gabe von Natriumsulfat und 10 g Medizinalkohle. Magenspülung, Gabe von Physostigmin i.m. oder langsam i.v.: Erwachsene 2 mg, Kinder 0,5 mg; Wiederholung bei Bedarf. Bei Krämpfen Diazepam unter Beachtung der Atemfunktion. Promethazin und Antihistaminica dürfen wegen ihrer anticholinergen Eigenschaften nicht zur Beruhigung gegeben werden. Bei Schock Gabe von Plasmaexpander; ggf. Intubation und Sauerstoffbeatmung. Bei Blasenlähmung muß ein Katheter gelegt werden.[10]

Gesetzl. Best.: *Apothekenpflicht.* Ja.

Mandragora, äthanol. Decoctum hom. *HAB1*

s. unter *Mandragora autumnalis.*

Mandragora e radice siccato hom. *HAB1*

s. unter *Mandragora autumnalis.*

Mandragora hom. *HAB34*

Sonstige Bezeichnungen: Dt.: Alraun.

Monographiesammlungen: Mandragora *HAB34.*

Definition der Droge: Frisches Kraut.

Stammpflanzen: *Mandragora officinarum* L.

Zubereitungen: Essenz nach §3 *HAB34*; Eigenschaften: Die Essenz ist von grünlichbrauner Farbe, ohne besonderen Geruch und Geschmack.

Identität: *Essenz.* Eisen(III)chloridlsg. färbt sie dunkelgrün, Fehlingsche Lsg. wird reduziert.

Gehalt: *Essenz.* Arzneigehalt $^{1}/_{3}$.

Lagerung: Urtinktur, 1., 2. und 3. Dezimalpotenz vorsichtig.

Unerwünschte Wirkungen: Ab D3: Nicht bekannt.[11]

Gesetzl. Best.: *Offizielle Monographien.* Negativmonographie der Kommission D am BGA "Mandragora ex herba (Mandragora)".[11]

Mandragora officinarum hom. *HPUS88*

Monographiesammlungen: Mandragora officinarum *HPUS88.*

Definition der Droge: Die Wurzel.

Stammpflanzen: *Mandragora officinarum* L.

Zubereitungen: *Urtinktur.* Herstellung durch Mazeration oder Perkolation der frischen oder getrockneten Droge mit EtOH nach den allg. Zubereitungsvorschriften (Class C) der *HPUS88.* Ethanolgehalt 65% (*V/V*).

Gehalt: *Urtinktur.* Arzneigehalt $^{1}/_{10}$.

1. Hawkes JG, Lester RN, Shelding AD (Hrsg.) (1979) The Biology and Taxonomy of the Solanaceae, Academic Press, London, S. 94, 505–512
2. HAB 1
3. Heywood VA (1972) Bot J Linn Soc 65:341–358
4. Bouquet J (1952) Bull Soc Sci Nat Tunisie 5:29–44
5. Staub H (1962) Helv Chim Acta 45:2.297–2.305
6. Jackson BP, Berry MJ (1973) Phytochemistry 12:1.165–1.166
7. Phillipson JD, Handa SS (1975) Phytochemistry 14:999–1.003
8. Berry M, Jackson BP (1976) Planta Med 30:281–290
9. Peigen X, Liyi H (1983) J Ethnopharmacol 8:1–8
10. ds. Hdb. Bd. 3, S. 763
11. BAz Nr. 199a vom 20.10.1989
12. BAz Nr. 29a vom 12.2.1986 in der Fassung von BAz Nr. 47 vom 08.03.1990
13. Flora Rei Publicae Sinicae (1978) Bd. 67, S. 159
14. Notes from the Royal Botanical Garden Edinburgh (1978) 36:139–142
15. Jiminez-Mejias ME, Montano Diaz M, Lopez PF, Campos Jimenez E, Martin Cordero MC, Ayuso Gonzales MJ, Gonzales de la Fuente (1990) Med Clin (Barcelona) 95:689–692
16. ds. Hdb. Bd. 3, S. 1.073–1.075
17. Lewin L (1929) Gifte und Vergiftungen, G. Stilke, Berlin, S. 818
18. De Salvo R, Sinardi AU, Santamaria LB, Carfi V, Spada A, Pratico C, Falcone M (1980) Minerva Anestesiol 46:1.265–1.272
19. Vlachos P, Poulos L (1982) J Toxicol Clin Toxicol 19:521–522
20. ds. Hdb. Bd. 4, S. 429–431
21. Berger F (1960) Handbuch der Drogenkunde, Bd. 5, Maudrich, Wien, S. 302–310
22. Madaus G (1938) Lehrbuch der Biolog. Heilmittel, Nachdruck 1989, Bd. 8 Mediamed Verlag, Ravensburg, S. 1.835–1.840
23. RoD
24. Font Quer P (1962) Plantas Medicinales, Editorial Labor, Barcelona, S. 591

Mr

Manihot

HN: 2020200

Familie: Euphorbiaceae.

Unterfamilie: Crotonoideae.

Tribus: Manihoteae.[1–3]

Gattungsgliederung: Die Gattung *Manihot* MILL. umfaßt ca. 350 Arten. Eine genaue Artenzahl ist schwer zu bestimmen infolge freier Faktorenkombinationen und zahlreich gebildeter Hybriden, die sich vegetativ vermehren.[4] In einer neueren Revision wird die Gattung in 17 Sektionen unterteilt.[3] Bedeutung als Kulturpflanzen erlangten vor allem Arten mit stärkehaltigen Wurzelknollen (sect. Manihot) und Baumarten mit starker Latexbildung, die in früheren Zeiten der Kautschukgewinnung dienten, wie beispielsweise *M. glaziovii*, sect. Glaziovianae, der Ceara-Kautschukbaum.[3,5]

Gattungsmerkmale: Monözische Stauden, Sträucher, Kletterranken oder Bäume; Blätter wechselständig, ungeteilt oder handförmig gelappt; traubige Blütenstände; Blüten mit Discus, Kelchblätter blumenblattartig; männliche Blüten mit zwei Kreisen von Staubblättern und rudimentären Fruchtknoten; weibliche Blüten mit dreifächerigem Fruchtknoten; Frucht: Kapsel; Samen mit Caruncula; meist mit latexführenden Milchröhren. Chromosenzahl in allen Arten einheitlich 2n = 36.[1,3]

Verbreitung: Ursprünglich im tropischen Amerika, heute durch Anbau weltweit in den Tropen und Subtropen.[3]

Inhaltsstoffgruppen: Cyanogene Glykoside: Alle Arten scheinen mehr oder weniger cyanogen zu sein: HCN-Nachweis in Blättern und Rhizomen. Aus *M. cartaginensis*, *M. esculenta* und *M. flabellifolia* wurden die beiden Glykoside Linamarin und Lotaustralin und das Enzym Linamarase isoliert.[2,34] Viele Arten besitzen stärkereiche Rhizomknollen oder triterpenhaltigen Latex.[2]

Drogenliefernde Arten: *M. esculenta*: Manihot amylum, Manihot-Knollen, Manihot hom. *HAB 34*.

Manihot esculenta CRANTZ

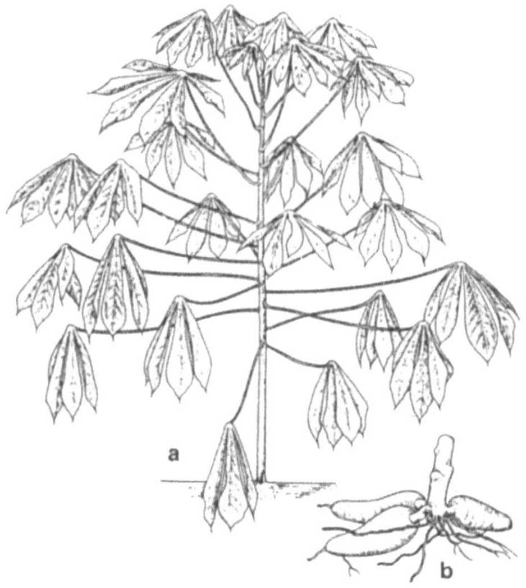

Manihot esculenta CRANTZ. **a** Junge Pflanze, **b** Knollen. Aus Lit.[5]

Synonyme: *Janipha manihot* H.B.K., *Jatropha janipha* LOUR., *J. manihot* L., *Mandioca dulcis* PARODI, *M. utilissima* LINK, *Manihot edule* RICH., *M. utilissima* POHL.[3,5]

Sonstige Bezeichnungen: Dt.: Cassava, Mandioka, Maniok, Tapioka; engl.: Cassava, tapioca; frz.: Manioc; port.: Aipi, mandioca; span.: Mandioca, yuca.[5]

Systematik: Aufgrund der Vielfalt und des Formenreichtums der Spezies existiert keine einheitliche taxonomische Unterteilung.[5] Man findet Gliederung in Varietäten, Formen und Cultivare. In Lit.[3] wird zwischen Wildformen und Cultivaren (in 19 "Gruppen") unterschieden, andernorts trennt man aufgrund des Gehalts an bitter schmeckendem Linamarin in die beiden Biotypen der "Bitteren" (var. amara) und "Süßen" (var. dulcis) Cassava mit Linamarin-Gehalten der Wurzel zwischen 0,02 % bis 0,03 % resp. unter 0,007 %;[6,8] diese taxonomische Abgrenzung gilt jedoch heute als nicht mehr zulässig.[4] Bekannte Zuchtsorten sind z. B. Yellow Bell, White Top, Singapore, Florida Sweet u.a.m.[6]

Botanische Beschreibung: Mehrjähriger, bis zu 3 m hoher Strauch mit verholzten, oft unverzweigten, selten di- oder trichotom verzweigten Stämmen mit wulstigen Knoten und spiralig stehenden, langgestielten, tief handförmig gelappten Blättern; Wurzeln, insbesondere in Kultur, als mächtige Knollen von bis zu 50 cm und mehr Länge und 5 bis 10 cm Dicke ausgebildet; Blütenstände als terminale Rispen mit sowohl bis zu 200 männlichen als auch bis zu 20 weiblichen Blüten; bei beiden Geschlechtern sind die Blüten kronenlos und kahl.
Männl. Blüten kurzgestielt, mit verwachsenblättrigem glockenförmigem, 5zipfeligem, weißlichem bis gelbgrünem Perianth, mit 10 Antheren in 2 Kreisen zwischen den Lappen eines zentralen Diskus (Fruchtknotenrudiment). Weibl. Blüten mit hypogynem, dickem Diskus mit 10 kleinen Staminodien; Fruchtknoten oberständig, 3fächerig mit hängender Samenanlage; Stempel und dreilappige Narbe weißlich; Frucht holzige Kapsel mit 6 Klappen aufspringend, Samen klein, dunkelfarbig, mit Arillus. Während der 5tägigen Blütezeit einer Rispe blühen die männlichen Blüten erst nach dem Abblühen der weibl. Blüten auf (Protogynie).[7]

Verwechslungen: Mit anderen Maniok-Arten möglich.[7]

Inhaltsstoffe: *Cyanogene Glykoside.* In allen Pflanzenteilen und im Milchsaft das giftige, stark bittere Blausäureglykosid Linamarin, (= 2-(β-D-Glucopyranosyloxy)-2-methylpropannitril),[2] das durch das pflanzeneigene Enzym Linamarase beim Erwärmen oder bei Organverletzung durch Hydrolyse Blausäure und Aceton freisetzt.[9]
Phenolische Bestandteile. In den Blättern Quercetin- und Luteolinglucosid,[10,11] die Biflavone Amentoflavon und Podocarpusflavon A[12] und Chlorogen-, Ferula-, Kaffe-, Sinapinsäure[11] (alle ohne Mengenangaben).
Proteine. In den Blättern 3,3 bis 7,6 % Proteine mit den Hauptkomponenten Lysin und Threonin; der Anteil an schwefelhaltigen Aminosäuren soll gering sein.[13,14] Andere Quellen sprechen von einem Proteingehalt der Blätter 27 bis 30 % in der Trokkenblattmasse.[4,37]
Sulfide. 40 bis 85 mg Hydrogensulfide/100 g Blätter, die beim Erhitzen der Blätter entweichen.[15]
Sonstiges. Ätherisches Öl und das Triterpen Taraxerol.[16]

Verbreitung: Ursprünglich heimisch im Amazonasgebiet und Zentralamerika, wo noch Wildformen existieren; heute weltweit in den Tropen und Subtropen kultiviert. Sowohl in feuchten als auch trokkenen Zonen bis zur Frostgrenze (ca. 2.000 m Höhe) kultivierbar.[4]

Anbaugebiete: Unter den Weltnahrungspflanzen nimmt Maniok die 6. Stelle ein; führende Anbauländer sind Brasilien, Thailand, Indonesien, Zaire, Nigeria und Tansania (nach FAO, 1973).[4,8]

Drogen: Manihot amylum, Manihot-Knollen, Manihot hom. *HAB 34*.

Manihot amylum (Manihotstärke)

Synonyme: Amylum Manihot.

Sonstige Bezeichnungen: Dt.: Cassavastärke, Maniokstärke, Para-Arrowroot- oder Brasilianisch-Arrowroot-Stärke, Tapiokastärke; engl.: Brazilian arrowroot starch, Cassava starch, Manihot starch, Manioc starch, Rio arrowroot starch, Tapioca starch; span.: Amido de Mandioca.

Monographiesammlungen: Cassava Starch *BP 88*, *Mart 28*; Amido da mandioca *Portug 35*, *Brasil 2*.

Definition der Droge: Stärkekörner aus bitteren Cassavawurzeln *BP 88*, *Mar 28*; die aus den Knollen gewonnene Stärke *Portug 35*, *Brasil 2*.

Stammpflanzen: *Manihot esculenta* CRANTZ.

Herkunft: Aus Anbaugebieten tropischer Länder; Hauptproduzenten sind Brasilien, Thailand, Florida, Zaire und Indonesien.[17]

Gewinnung: Maniokknollen (Stärkegehalt 20 bis 40%) weisen nur geringe Haltbarkeit an Luft auf. Daher werden zur Stärkegewinnung möglichst frisch geerntete, geschälte und geraspelte Knollen in Wasser ausgeknetet, die austretende Stärkemilch läßt man nach dem Abseihen absetzen. Die so angereicherte Rohstärke wird mehrfach gewaschen und nach dem Dekantieren und Abfiltrieren an der Sonne oder bei 70 °C getrocknet, das Fertigprodukt abschließend gewalzt oder zu Perlsago (Perltapioka) verarbeitet. In diesem Verfahren verkleistert die Stärke bereits zu einem gewissen Grad; Tapiokastärke ist dadurch leichter löslich und verdaulich.[8,17,18]

Handelssorten: Tapiokastärke ist als Stärkemehl, Sagokugeln und Flocken im Handel.[8]

Ganzdroge: Mattweißes, geruch- und geschmackloses Pulver.[38]
Mikroskopisches Bild. Stärkekörner mehrfach zusammengesetzt, meist 2- bis 3fach, seltener bis 8fach; Teilkörner um 15 bis 25 µm, die kleinsten um 5 µm, die größten bis 35 µm; Form der Teilkörner: halbkugelig bis halboval, im typischen Falle "kesselpaukenförmig" mit einer oder zwei glatten Ansatzflächen; Kernspalten vorhanden, eine Schichtung nicht sichtbar.[19]

Verfälschungen/Verwechslungen: Mit anderen Stärkearten, insbesondere der sehr ähnlichen Maisstärke.[13,19]

Identität: Durch mikroskopische Bestimmung. Chem. Prüfung: Gelöste Stärke färbt mit Iodlsg.

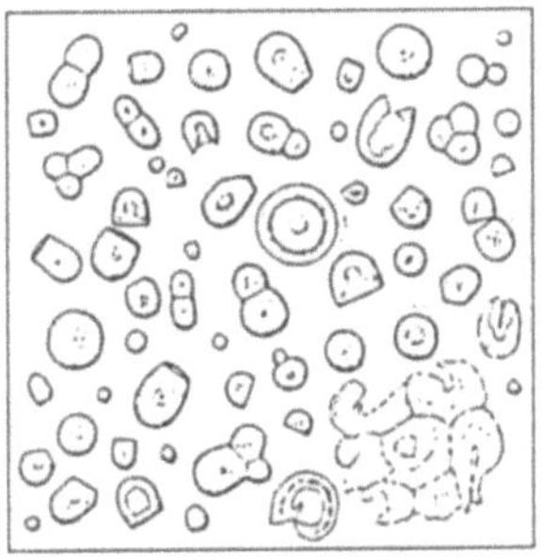

Manihotstärke, 200fach vergr. Aus Lit.[42]

dunkelblau und zeigt im polarisierten Lichtstrahl ein schwarzes Kreuz *Brasil 2*.

Reinheit:
- Aschegehalt: Max. 0,5 % *Brasil 2*.
- Sulfatasche: Max. 0,6 % *BP 88*.
- Trocknungsverlust: Max. 15% (100 °C) *BP 88*, *Mar 28*; max. 14% (105 °C) *Brasil 2*.

Weitere analytische Methoden in Untersuchungsmethoden für Stärken.[20]

Lagerung: Kühl und trocken aufbewahren *Mar 28*, *Brasil 2*.

Anwendungsgebiete: Als Diäteticum, z. B. bei Störungen im Magen-Darm-Bereich.[38]

Weitere medizinische Verwendung: Als Gleitmittel in med. verwendeten Handschuhen.[38] *Kosmetik.* Als Pudergrundlage und kosm. Hilfsstoff. *Haushalt.* Als Haushaltsstärke in Pulver-, Sago- oder Flockenform. Wichtiges Grundnahrungsmittel in der ärmeren Bevölkerung der Erzeugerländer.[17] *Industrie/Technik.* Zur Herstellung von Dextrinen, Klebstoffen, Verwendung in der Papier- und Textilindustrie.[21]

Manihot-Knollen

Sonstige Bezeichnungen: Dt.: Brasilianische Pfeilwurzel, Cassavawurzel, Mandiokawurzel, Maniokwurzel; engl.: Brazilian arrowroot, Manioc root, Manioc tuber; brasil.: Pará.

Definition der Droge: Die zerkleinerten Knollen.[6,10]

Stammpflanzen: *Manihot esculenta* CRANTZ.

Herkunft: s. Anbaugebiete von *M. esculenta*.

Gewinnung: Ernte zum Zeitpunkt der Blattverfärbung sortenabhängig 6 bis 24 Monate nach der Auspflanzung der Stecklinge; süße Sorten reifen früher als die bitteren. Die Knollen werden nach dem Abschneiden der Stengel ausgegraben und möglichst schnell weiterverarbeitet, da sehr rasch Blaufärbung und Stärkeverlust eintritt. Rohverbrauch der Knollen scheidet wegen des Blausäureglykosidgehalts aus; die gewaschenen und geschälten Knollen müssen vor Gebrauch durch Kochen, Rösten, Einweichen oder Fermentation entgiftet werden.[8,17]

Ganzdroge: Bis zu 50 cm lange und 10 cm dicke Wurzeln mit relativ dünner Rinde; das Phloem ist stark von tangential angeordneten Milchröhren durchzogen, das Innere besteht aus weichem, weißlichem, mit Stärke angefülltem Parenchymgewebe, das nur spärlich verholzt ist.[7]

Schnittdroge: *Geschmack.* Mehr oder weniger stark bitter.[7]

Inhaltsstoffe: Gesamtanalyse frischer Knollen (Mittelwerte): 65 % Wasser, 0,9 % Proteine, 0,35 % Lipide, 32 % Kohlenhydrate, 0,9 % Rohfaser, 0,4 % Mineralstoffe, 0,07 mg% Vitamin B1, 25 mg% Vitamin C und bis ca. 0,006 % gebundene Blausäure bei süßen Sorten und bis 0,04 % bei bitteren Sorten.[17]
Cyanogene Glykoside. Aus bitteren Sorten wurde neben dem Hauptglykosid Linamarin (0,33 bis 0,39 %) auch Lotaustralin, (= 2-(β-D-Glucopyranosyloxy)-2-methylbutyronitril), in geringen Mengen (0,008 bis 0,011 %), isoliert.[29] Die Hauptmenge der Cyanglykoside befindet sich in der Rindenschicht, bei süßen Sorten ist das Knollenfleisch fast glykosidfrei, bei bitteren Sorten ist bis zu 0,015 % gebundene HCN im Knollenfleisch nachweisbar.[33]
Kohlenhydrate. Von den Kohlenhydraten 80 bis 85 % Stärke, bis 5,7 % Zucker, bis 7 % Cellulosen und Hemicellulosen. Höchster Zuckergehalt ca. 9 Monate nach Anpflanzung, dann Abnahme zugunsten der Stärkebildung. Saccharose bildet 69 % des Zuckeranteils, weitere Zucker sind Fructose, Glucose und Maltose (ohne Mengenangaben).[25]
Lipide. In der Lipidfraktion wurden 7 Phospholipide identifiziert,[26] der Anteil an ungesättigten Säuren liegt bei 43 bis 67 % der Gesamtfettsäuren.[27]
Sonstiges. Im Preßsaft der frischen Knolle u.a. 0,13 % eines schwefelhaltigen ätherischen Öls und 1,14 % nicht näher definierte Saponine.[28]

Volkstümliche Anwendung und andere Anwendungsgebiete: Die volkstümliche medizinische Verwendung von Maniok-Knollen scheint in den Ursprungsländern vielfältig zu sein, die Angaben hierüber sind allerdings meist unzureichend. Wurzel oder Wurzelzubereitungen werden dort verwendet bei Neigung zu Krebs, bei Warzen, Wucherungen am Auge, Konjunctivitis, Tumoren, Abszessen und Ekzemen, bei Angina und Grippe, bei Diarrhöen und Dysenterien, bei Kräfteschwund, Neuralgien, Krämpfen, Zahnschmerzen, Hepatitis und Prostataleiden (keine Angaben zur Art der Anwendung).[21] In Indien werden weich gekochte Knollen als Umschlag bei Geschwüren aufgelegt, in Guyana wird der eingedickte Milchsaft der Knollen zum Abführen eingenommen, in Brasilien bei Ascariasis und Bauchwassersucht[22] und äußerlich bei Scabies, Ekzemen und Bartflechte.[21]
Die Wirksamkeit bei diesen Anwendungsgebieten ist nicht belegt. Da die frische Knolle sowie der Milchsaft stark giftig sind, ist von einer Anwendung dringend abzuraten.

Tox. Inhaltsstoffe u. Prinzip: Toxisches Prinzip ist die durch Hydrolyse oder enzymatische Aufspaltung von Linamarin und Lotaustralin entstehende Blausäure, deren Konzentration sortenabhängig zwischen 30 und 150 mg HCN/pro kg Frischgewicht beträgt. HCN wirkt tödlich durch eine Hemmung der Ferricytochromoxidase, wodurch die innere Atmung der Zellen blockiert wird: Die DL_{min} beträgt 0,5 bis 3,5 mg/kg KG.[31,32]

Akute Toxizität: Die akute Giftigkeit von vorbehandelter Cassava ist wesentlich geringer einzuschätzen. Gründe dafür sind die nicht optimalen Bedingungen zur HCN-Abspaltung im Organismus in Verbindung mit wirksamen Entgiftungsmechanismen.[39] Durch die Bildung des wesentlich weniger giftigen Rhodanids kann der Körper innerhalb einer Stunde ca. 1 mg CN^-/kg KG entgiften. Schwere akute Vergiftungen sind nur nach Aufnahme größerer Mengen innerhalb eines kurzen Zeitraums zu erwarten.[40] Über Todesfälle nach Genuß von ungenügend entgiftetem Maniok wird immer wieder berichtet.[30,33] Das klinische Bild der Cassavavergiftung mit plötzlich eintretenden Schwindelgefühlen, mit Übelkeit, Erbrechen, Mydriasis, präcordialen Schmerzen, Bittermandelgeruch der Atemluft, Asphyxie und nicht selten tonisch-klonischen Krämpfen gleicht den Blausäurevergiftungen anderer Genese.[30]

Chronische Toxizität: Maniok-Knollen werden für die menschliche Ernährung dadurch geeignet gemacht, daß der in Freiheit gesetzte Cyanwasserstoff durch mehrstündiges Erhitzen verdampft wird. Die Entgiftungsprozedur ist offensichtlich nicht quantitativ: Die chronische Zufuhr kleiner Cyanidmengen mit der Nahrung führt zu dem Syndrom der ataktischen Neuropathie, die in bestimmten Teilen Nigerias und Tansanias verbreitet auftritt. Das Syndrom ist durch Myelopathie, bilaterale Opticus-Atrophie, bilaterale Beeinträchtigung des Hörvermögens sowie durch Polyneuropathie gekennzeichnet. Auch an die Parkinsonsche Krankheit erinnernde Symptome oder Demenz können die Krankheit begleiten.[41] Der Kausalzusammenhang zwischen der Zufuhr kleiner Cyanidmengen und dem Auftreten dieser Neuropathien scheint zwar gesichert zu sein, doch fehlen bisher Kenntnisse zum Pathomechanismus. HCN und Cyanglykoside werden im Körper unter Bildung von Thiocyanaten entgiftet; häufiger Maniokgenuß soll demnach die Iodaufnahme in das Schilddrüsengewebe verhindern und Ursache zu dem in genannten Regionen häufig beobachteten Auftreten von endemischer Struma, Kretinismus und geistiger Retardierung sein.[35,36]

Mutagenität: Auch mutagene und teratogene Effekte cyanogener Glykoside wurden nachgewiesen.[39,40] Berichte zu mutagener Wirkung von Cassava liegen nicht vor. *Haushalt.* Maniok-Knollen zählen zu den wichtigsten Nahrungsmitteln in den Ursprungsländern. Die Aufbereitungsarten sind traditionell und regional sehr vielseitig. Die gekochten oder gerösteten Knollen werden als Gemüse oder zerstoßen, als Brei oder zu Fladen verbacken, gegessen. Durch Zerkleinern der weich gekochten Knollen und anschließendes Rösten oder Fermentieren wird haltbares, körniges "Maniokmehl" gewonnen, das zum Backen oder als Beilage dient. Außerdem dienen die Wurzelknollen zur Herstellung von alkoholischen Getränken.[5,23] *Landwirtschaft.* Entgiftete, getrocknete Maniokknollenschnitzel oder die zu Pellets verarbeiteten Rückstände der Stärkeherstellung dienen als hochwertiges Viehfutter und sind wichtiger Exportartikel der Produktionsländer.[4,18] *Industrie/Technik.* Zur Ethanolherstellung und Treibstoffgewinnung, jedoch nur in Regionen wettbewerbsfähig, in denen der Boden für den Anbau von Zuckerrohr oder anderen Nahrungsnutzpflanzen zu schlecht ist.[18,24]

Manihot hom. *HAB 34*

Monographiesammlungen: Manihot *HAB 34*.

Definition der Droge: Milchsaft der frischen Wurzel.

Stammpflanzen: *Manihot utilissima* POHL (Syn. *M. esculenta* CRANTZ).

Zubereitungen: Tinktur nach § 4 *HAB 34*, mit Ethanol 90 % (*m/m*).

Gehalt: *Tinktur.* Arzneigehalt $^{1}/_{10}$.

Lagerung: Bis D3 vorsichtig aufzubewahren.

1. Engler A, Prantl K (1896) Die natürlichen Pflanzenfamilien, Bd. III, 5, Engelmann, Leipzig
2. Hgn, Bd. IV, S. 105–139, 465 und Bd. VIII, S. 447–473
3. Rogers DJ, Appan SG (1973) Flora Neotropica, Monograph No.13: Manihot-Manihotoides, Hafner Press, New York
4. Brücher H (1977) Tropische Nutzpflanzen, Springer, Berlin Heidelberg New York
5. Schultze-Motel J (Hrsg.) (1986) Rudolf Mansfeld Verzeichnis landwirtschaftlicher und gärtnerischer Kulturpflanzen, 2. Aufl., Bd. 2, Springer, Berlin Heidelberg New York, S. 739
6. Uphof JCT (1968) Dictionary of Economic Plants, Verlag Cramer, Lehre
7. Sprecher von Bernegg A (1929) Tropische und subtropische Weltwirtschaftspflanzen, Teil I: Stärke- und Zuckerpflanzen, Enke, Stuttgart
8. Rehm S, Espig G (1984) Die Kulturpflanzen der Tropen und Subtropen, Ulmer, Stuttgart
9. Eksittikul T, Chulavatnatol M (1988) Arch Biochem Biophys 266:263–269
10. Subramaniam SS, Nagarajan S, Sulochana N (1971) Phytochemistry 10:2.548–2.549
11. Thakur ML, Somaroo BH, Grant WF (1974) Can J Bot 52:2.381–2.386
12. Kamil M, Ilyas M, Rahman W, Ogikawa M, Kawano N (1974) Phytochemistry 13:2.619–2.620
13. Neumüller OA (1987) Römpps Chemie Lexikon, 8. Aufl., Francksche Verlagshandlung, Stuttgart
14. Nandakumaran M, Ananthasubramaniam CR, Davasia PA (1978) Kerala J Vet Sci 9:221–227, zit. nach CA 91:209630d
15. Ugochukwu EN, Osisiogu IUW (1977) Planta Med 32:105–109
16. Sastry MS (1970) Science and Culture 36:516–517
17. Franke W (1985) Nutzpflanzenkunde, Thieme, Stuttgart
18. Heiss R (Hrsg.) (1988) Lebensmitteltechnologie, Springer, Berlin Heidelberg New York
19. Thoms H (1929) Handbuch der praktischen und wissenschaftlichen Pharmazie, Bd. 5, Urban und Schwarzenberg, Berlin Wien, S. 629
20. Schweizerisches Lebensmittelbuch, 5. Aufl. (1967) Bd. II, Eidg. Drucksachen und Materialzentrale, Bern
21. Duke JA (1987) CRC Handbook of Medicinal Herbs, CRC Press, Boca Raton
22. Kirtikar KR, Basu BD, An ICS (1987) Indian Medicinal Plants, 2. Aufl., Bd. III, International Book Distributors, Dehradun, S. 2.289
23. Cock JH (1982) Science 218:755–762
24. Srikanta S, Jaleel SA, Sreekantiah (1987) Starch/Stärke 39:132–135
25. Ketiku AO, Oyenuga VA (1972) J Sci Food Agr 23:1.451–1.456
26. Lalaguna F, Agudo M (1988) J Am Oil Soc 65:1.808–1.811
27. Teles FF, Oliveira JS, Silveira AJ, Batista CM, Stull JW (1985) J Am Oil Chem Soc 62:706–708
28. Freise FW (1937) Süddtsch Apoth Ztg 77:1.007–1.014
29. Bisset FH (1969) Phytochemistry 8:2.235–2.238
30. Queisser H (1966) Dtsch Gesundheitsw 21:726–728
31. Teuscher E, Lindequist U (1987) Biogene Gifte, Fischer, Stuttgart New York
32. Conn EE (1973) Cyanogenetic Glycosides. Toxicants occuring naturally in foods, Academy of Science, Washington
33. Aregheore EM, Agunbiade OO (1991) Vet Hum Toxicol 33:274–275
34. van Valen F (1978) Planta Med 34:408–413
35. Jackson LC (1988) Hum Biol 60:597–614
36. Ekpechi OL (1973) Endemic goiter and high cassava diets in Nigeria. In: Hestel B, McIntyre R (Hrsg.) Chronic Cyanid Toxicity, International Development Research Centre, Ottawa, S. 139–145
37. Hohnholz JH, Schmid R (1982) Naturwiss Rdsch 35:95–102
38. Mart 28
39. Fenslau C, Pallante S, Batzinger RP, Benson R, Scheinin EB, Maienthal M (1977) Science 198:625–627, zit. nach Lit.[31]
40. Selby LA, Menges RN, Houser EC, Flatt RE, Case AA (1971) Arch Environm Health 22:496–501, zit. nach Lit.[31]
41. Poulton JE (1983) Cyanogenic Compounds in Plants and their Toxic Effects. In: Keeler NF, Tu AT (Hrsg.) Handbook of Natural Toxins, Bd. 1, Dekker, New York Basel, S. 117–157
42. Gassner G, Hohmann B, Deutschmann F (1989) Mikroskopische Untersuchungen pflanzlicher Lebensmittel, 5. Aufl., Fischer, Stuttgart, S. 77

RS/Ho

Maranta

HN: 2020300

Familie: Marantaceae.

Tribus: Maranteae.

Gattungsgliederung: Die Gattung Maranta L. umfaßt 15[1] bis 24[2] Arten. Da einige Arten, z. T. auf engere Regionen beschränkt, zur Stärkegewinnung kultiviert werden, ist eine genaue Abgrenzung zwischen Arten und Kulturformen oft nicht möglich.[3]

Gattungsmerkmale: Perennierende, krautige Pflanzen mit Ausläufer treibenden, kriechenden, sympodialen Rhizomen, mit beblättertem, verzweigtem Stengel und an Stengel und Zweigen terminalen Blütenständen. Blätter einzeln an den Stengelknoten. Bracteen zweizeilig, bleibend, 2 bis 4 Blütenpaare einschließend. Jedes Blütenpaar auf gemeinsamem Stiel, die Blütenstielchen ungleich lang. Blüten zwittrig, unsymmetrisch. Kronröhre länger als der Kelch, Seitenstaminodien corollinisch, größer als die übrigen Staminodien. Das vordere Staubblatt des inneren Kreises kapuzenförmig ("Kapuzenblatt") mit seitlich abstehenden Auswüchsen ("Öhrchen") verbildet. Anhängsel des fertilen Staubgefäßes nicht mit dem Pollensack verwachsen. Fruchtknoten einfächerig, mit einer Samenanlage. Frucht schief, unvollständig, dreiklappig. Same längsgefurcht, Arillus klein, ganzrandig oder gefranst.[2]

Verbreitung: Heimisch im tropischen Amerika, heute im gesamten tropischen Raum verbreitet.[1,3]

Inhaltsstoffgruppen: Die Gattung ist nicht genauer untersucht.[4] Kohlenhydrate: In den Rhizomen vielfach Stärke oder andere Kohlenhydrate, wie beispielsweise Fructane.[4]

Drogenliefernde Arten: *M. arundinacea*: Marantae amylum, Maranta arundinacea hom. *HAB 34*.

Maranta arundinacea L.

Synonyme: *Maranta indica* Tussac., *M. protracta* Miq., *M. ramosissima* Wall, *M. silvatica* Rosc.[5]

Sonstige Bezeichnungen: Dt.: Jamaika-Arrowroot, Pfeilwurz, Pfeilwurzel, Westindischer Salep, Westindisches Arrowroot; engl.: Arrowroot, Bermuda arrowroot, Maranta, St. Vincent arrowroot; frz.: Arrowroot des Antilles, herbe aux flèches, marante; indianisch: Aru-aru; span.: Guapo, guate, sagu.[2,5,6]

Systematik: Die Art wird in den gesamten Tropen kultiviert, es existieren viele Kulturformen.[3,8]

Botanische Beschreibung: Mehrjährige, 1 bis 2 m hohe, verzweigte Stauden; das Rhizom bildet neben normalen Wurzeln stark spindelförmig angeschwollene, bis 8 cm dicke, 15 bis 35 cm lange, dicht mit weißlichen schuppigen Niederblättern besetzte Speicherknollen aus. Blätter hellgrün, schwach behaart, mit langen Scheiden, kurzen Stielen und bis zu 13 cm langen und 6 cm breiten eilanzettlichen Spreiten; Blüten bis 3,5 cm lang, 3 grüne, lanzettliche Kelchblätter, Corolla weiß, röhrig verwachsen mit 2 stehenden und 1 hängenden Zipfel, Staubblätter in 2 Kreisen: Erster Kreis aus 2 blumenblattartigen Staminodien, zweiter Kreis aus einem kapuzenartigen, einem verdickten und einem zur Hälfte fertilen, zur Hälfte blumenblattartig entwickelten Staubblatt. Fruchtknoten unterständig, 3teilig; nur 1 Fruchtblatt entwickelt sich, daher einfächerige, einsamige Frucht.[1,3]

Inhaltsstoffe: Die Pflanze ist wenig untersucht. In den frischen Speicherknollen 25 bis 27 % Stärke,[3,7,8] ca. 1,5 % Proteine mit Tryptophan als Hauptaminosäure[3,9] und 1 % Fett,[3] in der Wurzelrindenschicht ein nicht näher definierter Bitterstoff;[7] ein Proteaseinhibitor in homogener Form wurde aus dem frischen Rhizom isoliert.[10]

Verbreitung: Heimisch in Mittelamerika, heute in den ganzen Tropen verbreitet.[3,8]

Anbaugebiete: Weltweit im Tropengürtel, Hauptanbaugebiete auf den Antillen, in Brasilien, Venezuela, Indien, Java, Philippinen und Australien (Queensland).[3,5,7]

Drogen: Marantae amylum, Maranta arundinacea hom. *HAB 34*.

Marantae amylum (Marantastärke)

Synonyme: Amylum Marantae.

Sonstige Bezeichnungen: Dt.: St. Vincent-Arrowroot, Westindisches Arrowroot, Westindisches Pfeilwurzelmehl; engl.: Arrowroot, arrowroot starch, arrow starch, St. Vincent arrowroot, Westindian arrowroot; frz.: Arrowroot des Antilles; span.: Amido di Maranta, Araruta.
Anmerkung: Der Ausdruck "Arrowroot" wird sowohl für die Pflanze als auch für die Stärke verwendet.

Monographiesammlungen: Amylum Marantae *Belg V*, *Helv V*, *EB 6*; Arrowroot *BPC 79*, *Mart 28*.

Definition der Droge: Die Stärke aus den Rhizomknollen *Belg V*, *EB 6*, *BPC 79*; das ohne Zusätze mit Wasser aus den Rhizomen gewaschene Stärkemehl *Helv V*.

Stammpflanzen: *Maranta arundaceae* L. und deren Kulturformen *Belg V*, *Helv V*, *EB 6*; Maranta arundacea L. *BPC 79*.

Herkunft: Aus tropischen Anbaugebieten, insbesondere von St. Vincent und anderen Antilleninseln.[7,11]

Gewinnung: Aus den gewaschenen, geschälten und unter Wasserzusatz zerquetschten oder zerkleinerten Knollen wird die Stärke ausgeschlämmt, die Stärkemilch durch mehrmaliges Sieben und oftmaliges Dekantieren gereinigt und schließlich die abgesetzte und abgeseihte Stärke an der Sonne getrocknet.[7] Marantastärke kann im Gegensatz zu anderen Stärken auf rein mechanischem Wege ohne Ansäuern oder Alkalisieren gewonnen werden und ist daher reiner und neutraler als andere Stärkesorten.[7]

Handelssorten: Handelssorten unterscheiden sich im Feinheitsgrad (gekörnte Form bis feines Pulver).[2,11]

Marantastärke. Vergrößerung 200fach. Aus Lit.[16]

Ganzdroge: Sehr weißes und feines, beim Zerreiben zwischen den Fingern knirschendes, geruch- und geschmackloses Pulver.[12]
Mikroskopisches Bild. Ausschließlich einfache, sehr verschieden gestaltete, ei- oder birnenförmige, dreieckige oder rhombische, abgerundet eckige Körner von 7 bis 75 µm, meist 30 bis 50 µm Länge. In Flächenansicht ist eine feine, nicht immer deutlich hervortretende Schichtung und eine einfache, selten mehrstrahlige Querspalte, die an das Bild eines schwebenden Vogels erinnert, eindeutig kennzeichnend.[12]

Verfälschungen/Verwechslungen: Marantastärke wird mit billigeren Stärkesorten (Kartoffel-, Mais-, Weizen-, Reis- oder Bohnenstärke) verfälscht, von denen sie aber mikroskopisch und durch die neutrale Reaktion des wäßrigen Schleims deutlich zu unterscheiden ist.[2,7,12]
Verwechslungen können durch ungenaue Definition auftreten. Ursprünglich bezeichnete man mit Arrowroot nur die Stärke aus Maranta, heue jedoch auch Wurzelstärken verschiedener anderer tropischer Pflanzen, z.B. Arum-Arten (Portland-Arrowroot), Curcuma-Arten (ostindisches oder Bombay-Arrowroot), Canna-Arten (afrikanisches oder australisches Arrowroot), Maniok- und Ipomoea-Arten (brasilianisches oder Para-Arrowroot), Tacca-Arten (Tahiti-Arrowroot) und Musa-Arten (Guyana-Arrowroot).[2,6,7,11] Sie alle sind verhältnismäßig gut mikroskopisch zu unterscheiden.[2,11]

Inhaltsstoffe: Zusammensetzung: 85 % Stärke, 14 % Wasser, 0,7 % Eiweiß, 0,2 % Fett.[6]

Identität: 1. Durch mikroskopische Bestimmung *Helv V, EB 6, BPC 79.*
2. Mit 15 bis 50 Teilen Wasser gekocht ergibt Marantastärke nach dem Erkalten einen durchsichtigen, geruch- und geschmackfreien, neutralen (Lackmuspapier) Schleim, der mit Iodlsg. eine dunkelblaue Färbung ergibt *Helv V, EB 6, BPC 79.*
3. Nach dem Schütteln mit Salzsäure oder Natriumhydroxidlsg. setzt sich Marantastärke unverändert und ohne zu gelatinieren ab und entwickelt keinen an unreife Bohnen erinnernden Geruch (Kartoffelstärke) *EB 6, BPC 79.*

Reinheit:
- Max. Trocknungsverlust: 15 % *EB 6* (100 °C); 16 % *BPC 79* (100 °C).
- Max. Aschegehalt: 0,5 % *Helv V.*; 1 % *EB 6*; 0,3 % *BPC 79.*

Ohne gelatinierende und sauer oder alkalisch reagierende Verunreinigungen *EB 6, BPC 79.*

Lagerung: In gut verschlossenen Gefäßen *Helv V, EB 6.*

Wirkungen: 1. Die Verfütterung von Marantastärke (58 % des Futters) zusammen mit einer cholesterolreichen (2 % des Futters) Diät führte an Ratten zu einem um 36 % resp. 53 % geringeren Anstieg des Cholesterolgehaltes in Aorta resp. Herzmuskel als ein mengenmäßig entsprechender Zusatz von Saccharose. Die Wirkung wird durch eine gesteigerte fäkale Ausscheidung von Gallensäuren erklärt.[13]
2. Die p. o. Applikation eines in der Konzentration nicht näher definierten wäßrigen Auszugs aus dem Rhizom (arrowroot-water) reduzierte an der Ratte die durch 2stündige Inkubation von 75 µg Cholera-Toxin induzierte Wassersekretion in das Darmlumen.[14]

Anwendungsgebiete: Als Diäteticum bei Magen- und Darmerkrankungen, bei Diarrhöe, besonders in der Kinderheilkunde.[11]

Volkstümliche Anwendung und andere Anwendungsgebiete: Wäßrige Zubereitungen des Rhizoms (arrowroot-water) werden in Indien volkstümlich zur Behandlung von akuten Durchfällen bei Kindern angewendet.[14] Obwohl die Anwendung von Stärke bei Durchfällen sinnvoll sein kann und die Anwendung auch durch tierexperimentelle Daten gestützt wird, fehlen ausreichende klinische Daten zur Beurteilung der Wirksamkeit.

Sonst. Verwendung: *Pharmazie/Medizin.* Als Suspendiermittel bei der Kontrastmittelherstellung und als Tablettierhilfsstoff.[11,15] Die Sprengkraft von Marantastärke in Tabletten ist vergleichsweise geringer als die von Kartoffelstärke, aber höher als von Weizen-, Mais- und Reisstärke.[15] *Haushalt.* Verwendung als Kindernährmittel, als Bindemittel in Lebensmitteln, für feine Backwaren und in der Schokoladenfabrikation.[6]

Maranta arundinacea hom. *HAB 34*

Monographiesammlungen: Maranta arundinacea *HAB 34.*

Definition der Droge: Der getrocknete Wurzelstock.

Stammpflanzen: *Maranta arundinacea* L.

Zubereitungen: Tinktur nach §4 *HAB 34*, mit Ethanol 90 % (*m/m*).

Gehalt: *Tinktur.* Arzneigehalt $^{1}/_{10}$.

1. Engler A, Prantl K (1889) Die natürlichen Pflanzenfamilien, Bd. II/6, Engelmann, Leipzig
2. Thoms H (1929) Handbuch der praktischen und wissenschaftlichen Pharmazie, Bd. 5, Urban und Schwarzenberg, Berlin Wien, S. 625
3. Sprecher von Bernegg A (1929) Tropische und subtropische Weltwirtschaftspflanzen, Teil I: Stärke- und Zuckerpflanzen, Enke, Stuttgart, S. 273

4. Hgn, Bd. 2 (1963) S. 36 und Bd. 7 (1986) S. 731
5. Schultze-Motel (Hrsg.) (1986) Rudolf Mansfeld Verzeichnis landwirtschaftlicher und gärtnerischer Kulturpflanzen, Bd. 3, Springer, Berlin Heidelberg New York
6. Neumüller OA (1985) Römpps Chemie Lexikon, 8. Aufl., Franckhsche Verlagshandlung, Stuttgart
7. Eder R, Büchi J, Flück H, Käsermann H (1947) Kommentar zur Pharmacopoea Helvetica Ed. V., Schweizer Apotheken-Verein, Zürich
8. Brücher H (1977) Tropische Nutzpflanzen, Springer, Berlin Heidelberg, S. 142
9. Splittstoesser WE, Martin FW (1975) Hort Sci 10:23–24, zit. nach CA 82:169021m
10. Mallikarjuna RN, Nayana RH, Pattabiraman TN (1983) J Biosci 5:21–33, zit. nach CA 98:212040m
11. BPC 79
12. EB 6
13. Prema P, Devi KS, Kurup PA (1978) Indian J Biochem Biophys 15:423–425
14. Rolston DDK, Mathew P, Mathan VI (1990) Trans Royal Soc Trop Medic Hygiene 84:156–159
15. Fraser DR, Ganderton D (1971) J Pharm Pharmacol 23 (Suppl):18–24
16. Gassner G, Hohmann B, Deutschmann F (1989) Mikroskopische Untersuchung pflanzlicher Lebensmittel, 5. Aufl., Fischer, Stuttgart, S. 83

RS/Ho

Marchantia

HN: 2021300

Familie: Marchantiaceae.

Gattungsgliederung: Die Gattung Marchantia L. besteht aus 36 Arten,[1,2] die in 3 Untergattungen eingeteilt werden:
- subgen. Chlamydium mit 21 Arten, u. a. mit *M. paleacea*;
- subgen. Marchantia mit 3 Arten, darunter *M. polymorpha*;
- subgen. Protomarchantia mit 12 Arten.

Gattungsmerkmale: Thallus dunkelgrün, niederliegend, dichotom verzweigt. Atemöffnungen von mehreren konzentrischen Ringen aus Zellen umgeben. Bauchschuppen in 4 bis 10 Reihen mit randständigen Papillen. Zwei Arten von Rhizoiden an der Unterseite: Glattwandige und solche mit nach innen vorstehenden Zäpfchen. Ölzellen mit einem großen Ölkörper finden sich in allen Geweben des Gametophyten. Die Pflanzen sind zweihäusig, Antheridien- und Archegonienstände sind gestielt. Stiele mit fadenförmigen Schuppen; Antheridien- und Archegonienstände gelappt oder in Strahlen geteilt. Sporophyt mit kurzem Stiel; dieser verlängert sich bei der Reife der Kapsel. Kapselwand einschichtig mit ringförmigen Verdickungen; Elateren mit 2 bis 3 spiralförmigen Bändern. Kleine Sporen (Durchmesser 10 bis 38 µm). Ungeschlechtliche Vermehrung durch linsenförmige Brutkörper, die in runden Brutbechern auf der Oberseite männlicher oder weiblicher Thalli entstehen. Basischromosomenzahl: $n = 9$.

Verbreitung: *M. polymorpha* ist kosmopolitisch verbreitet; andere Arten kommen circumpolar (*M. berteroana*) oder circumtethyan (*M. paleacea*) vor. Viele Arten sind auf kleinere Areale im asiatisch-ozeanischen oder amerikanischen Bereich beschränkt.[1,2]

Inhaltsstoffgruppen: Marchantia-Arten enthalten wie die meisten anderen Lebermoose Ölkörper, in denen überwiegend Sesquiterpene (ätherische Öle) abgelagert sind. Lunularsäure kommt in allen bisher darauf untersuchten Lebermoosen vor, sie liegt möglicherweise genuin als Prelunularsäure[3,4] vor. Die von der Lunularsäure abgeleiteten Bisbibenzylderivate kommen in unterschiedlicher Zusammensetzung in Marchantia-Arten, aber auch in *M. polymorpha* unterschiedlicher Verbreitungsgebiete vor.[5] Apigenin, Luteolin und deren Glucuronide wurden bisher für verschiedene Marchantia-Arten beschrieben.[6,7]
Bryophyten und damit auch Marchantia-Arten sind reich an mehrfach ungesättigten Fettsäuren.[8]

Drogenliefernde Arten: *M. polymorpha*: Marchantia polymorpha hom. *HAB34*.

Marchantia polymorpha L.

Sonstige Bezeichnungen: Dt.: Brunnenlebermoos, Sternlebermoos; frz.: Hépatique des fontaines, Hépatique terrestre.

Systematik: Die Art ist, wie ihr Name sagt, sehr polymorph. Drei Rassen fallen besonders auf:
- var. *alpestris* NEES (= *M. alpestris* BURGEFF); starr, saftiggrün, ohne dunkle Streifen in der Mitte, Thallus nur kurz gelappt; Archegonienstände kräftig; Perichätien länger und stärker entwikkelt;
- var. *aquatica* NEES (= *M. aquatica* BURGEFF) mit tief geteiltem Thallus mit kammerloser schwärzlicher Mittelrippe; ohne Brutbecher; Archegonienstände zierlich;
- var. *mamillata* HAGEN mit stumpfen Papillen auf der Thallusoberseite; bisher nur in Norwegen bei Opdal gefunden.[9]

Die Existenz der zwei Rassen var. *alpestris* und var. *aquatica* wird auch durch elektrophoretische Untersuchungen bestätigt.[10] Darüber hinaus gibt es mindestens einen Bastard zwischen diesen beiden Rassen.

Botanische Beschreibung: Pflanze meist in dichten Rasen, der festen Unterlage flach aufliegend, in Sumpf und Wasser schief aufrecht. Thallus mehrfach gabelig geteilt, oberseits gefeldert dunkelgrün, längs der Mitte braun bis schwärzlich. Thalluslappen bis 2 cm breit, am Rand wellig. Mittelrippe nur flach gewölbt. Bauchschuppen wasserhell bis rötlich, am Rand klein, zungenförmig, in der Mitte der Flanken abgerundet-dreieckig mit herzförmigem Anhängsel, längs der Rippe schmallanzettlich. Atemhöhlen niedrig, mit Assimilationsfäden aus kugelig-tonnenförmigen Zellen. Atemöffnungen aus vier übereinanderliegenden Zellringen von je vier Zellen gebildet. Schließzellen mit zahnartigen, fein papillösen Vorstülpungen. Diözisch; Antheridienstände gestielt, scheibenförmig, am Rande ausgebuchtet, mit

8 Strahlen. Archegonienstände in Gestalt eines Schirmgestells oder tief gelappt, mit 8 bis 9 Strahlen. Auf der Unterseite zwischen den Strahlen je ein muschelförmiges, mehrfurchiges Perichätium. Archegonienzellhülle glockenförmig, Sporogon eiförmig, gelblich, sich tief in 4 bis 8 ungleiche Klappen aufrollend. Wandzellen mit Ringfasern. Sporen klein, 10 bis 12 µm, schwefelgelb, Elateren 300 bis 500 µm lang und 5 µm dick, mit zwei engen Spiralen. Sporenreife im Sommer. Vegetative Vermehrung durch linsen- bis nierenförmige Brutkörper, die in becherförmigen, am Rand kurz eingeschnittenen Behältern auf dem Thallus entstehen. Chromosomenzahl: n = 9; außerdem verschiedene Kulturrassen mit wechselnder Chromosomenzahl.

Verwechslungen: Im Aussehen sehr ähnlich sind das Kegelkopfmoos (*Conocephalum conicum* (L.) LINDB.) und das Mondbechermoos (*Lunularia cruciata* (L.) DUM.). *Conocephalum conicum* kann im vegetativen Zustand durch die deutliche sechseckige Felderung (Atemhöhlen) und die emporgehobenen Atemöffnungen von *M. polymorpha* unterschieden werden. Im generativen Zustand fallen insbesondere die kegelförmigen Köpfchen der Archegonienstände auf. In Japan ist auch eine Verwechslung von *M. polymorpha* mit *Conocephalum supradecompositum* (LINDB.) STEPH. möglich.[8] *Lunularia cruciata* unterscheidet sich im vegetativen Zustand vor allem durch die sichelförmigen Brutbecher.

Inhaltsstoffe: *Terpenoide.* In *M. polymorpha* wurden eine Reihe von Sesquiterpenkohlenwasserstoffen gefunden, die teilweise zu den aus Höheren Pflanzen beschriebenen enantiomer sind: (–)-β-Barbaten, β-Cedren, (+)-β-Chamigren, (–)-Cuparen, α-Cuparen, (–)-δ-Cuparen, (–)-δ-Cuprenen, (+)-ε-Cuprenen, β-Elemen, δ-Elemen, Eremophilen, α-Himachalen und (+)-Thujopsen; an Sesquiterpenalkoholen wurden bisher (–)-δ-Cuparenol, (–)-Cyclopropancuparenol, (–)-Epicyclopropancuparenol, (–)-2-Hydroxycuparen, (–)-Hydroxyisocuparen, (–)-Herbertenol und (–)-Widdrol beschrieben; daneben kommt ein Sesquiterpenketon, (–)-Thujopsenon, vor.[10–13] Das Vorkommen von Costunolid muß in Frage gestellt werden,[8] da *M. polymorpha* leicht mit *Conocephalum supradecompositum* verwechselt werden kann, das größere Mengen von Costunolid enthält. An Sterolen wurden Brassicasterol, Campesterol und Stigmasterol nachgewiesen.[16]

Flavonoide. M. polymorpha var. *aquatica* und var. *polymorpha* enthalten die Flavonaglyka Apigenin und Luteolin sowie eine Reihe davon abgeleiteter Mono-, Di- und im Falle des Luteolins auch Triglucuronide:[7] Apigenin-7-*O*-β-D-glucuronid, Apigenin-7,4'-di-*O*-β-D-glucuronid, Luteolin-7-*O*-β-D-glucuronid, Luteolin-7,3'-di-*O*-β-D-glucuronid, Luteolin-7,4'-di-*O*-β-D-glucuronid und Luteolin-7,3',4'-tri-*O*-β-D-glucuronid. Daneben werden während der reproduktiven Phase ein Auron, Aureusidin-6-*O*-glucuronid gebildet.[17]

Bibenzyle und Bisbibenzyle sowie weitere phenolische Inhaltsstoffe. Das Bibenzylderivat Lunularsäure und sein Decarboxylierungsprodukt, Lunularin, wurden bisher in allen darauf untersuchten Lebermoosarten und damit auch in *M. polymorpha* nachgewiesen.[18] Nach Untersuchungen an Zellkulturen von *M. polymorpha* muß davon ausgegangen werden, daß genuin Prelunularsäure gebildet wird und die Lunularsäure ein Aufarbeitungsartefakt darstellt.[3,4] Von der Lunularsäure leiten sich verschiedene Bisbibenzyle ab. Hinsichtlich der qualitativen und quantitativen Verteilung der Bisbibenzyle gibt es offensichtlich verschiedene Rassen. Während in Japan gesammelte *M. polymorpha* Marchantin A, B und C enthält,[19] finden sich in indischem Pflanzenmaterial neben den Marchantinen A und C zusätzlich die Marchantine D, E und G, außerdem Isomarchantin C, Riccardin C, Isoriccardin C und Perrottetin E.[20] *M. polymorpha* aus Südafrika enthält Marchantin C und H, sowie Riccardin C.[21] *M. polymorpha* aus Frankreich enthält eine große Menge an Marchantin E. Andere Bisbibenzyle wurden aus dem französischen Pflanzenmaterial nicht nachgewiesen.[13]

Für Marchantin A und weitere Bisbibenzyle wurden inzwischen auch Synthesen beschrieben.[22,23] Aus dem in Indien gesammelten Material wurde zusätzlich zu den oben angeführten Bibenzylen und Bisbibenzylen ein neues Phenanthrenderivat, 2-Hydroxy-3,7-dimethoxyphenanthren,[20] und aus dem südafrikanischen Material noch *p*-Hydroxybenzaldehyd isoliert.[21]

Fettsäuren. Bryophyten sind reich an mehrfach ungesättigten C_{20}- und C_{22}-Fettsäuren.[15] In *M. polymorpha* wurden u.a. 5,8,11,14-Eicosatetraensäure und 5,8,11,14,17-Eicosapentaensäure als Bestandteil der Neutralfette nachgewiesen.[24]

Drogen: Marchantia polymorpha hom. *HAB 34.*

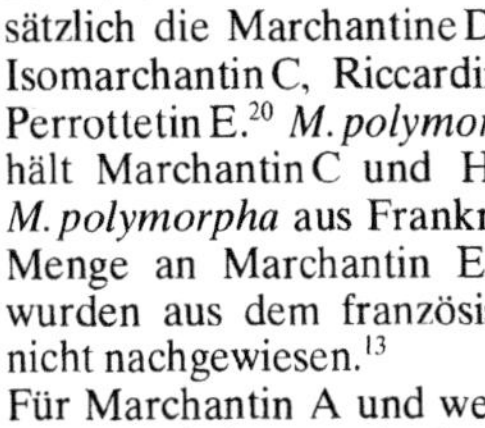

Lunularsäure

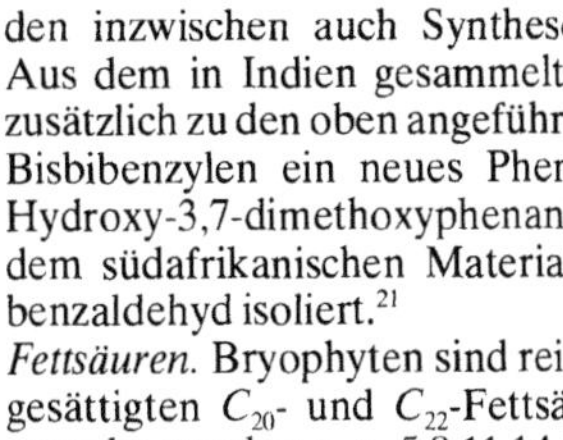

Prelunularsäure

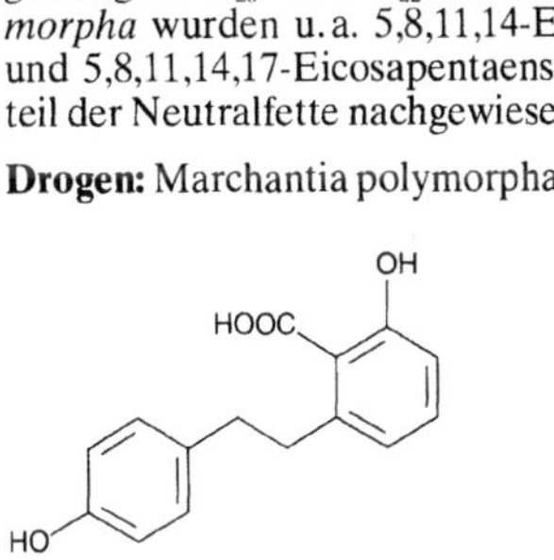

Marchantin A

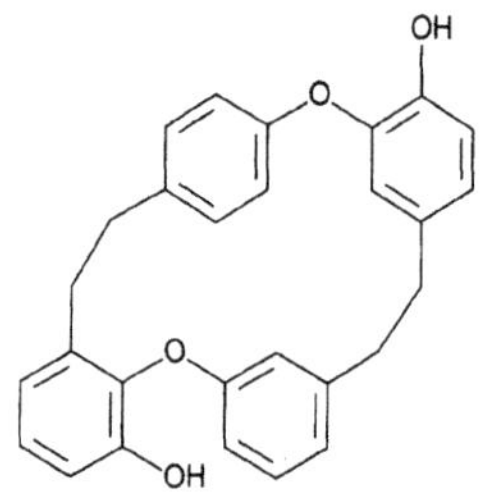

Marchantin B

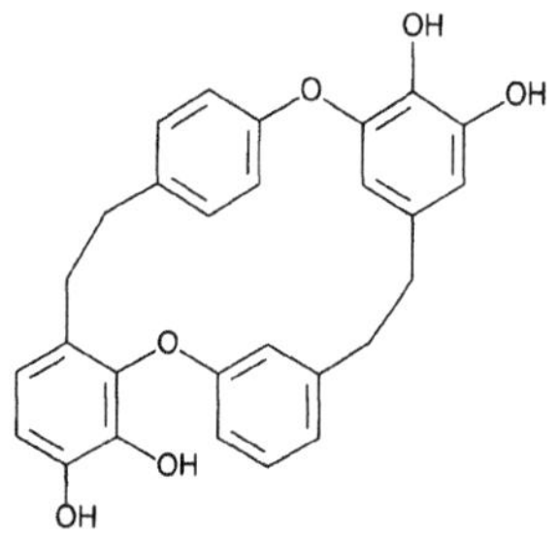

Marchantin C

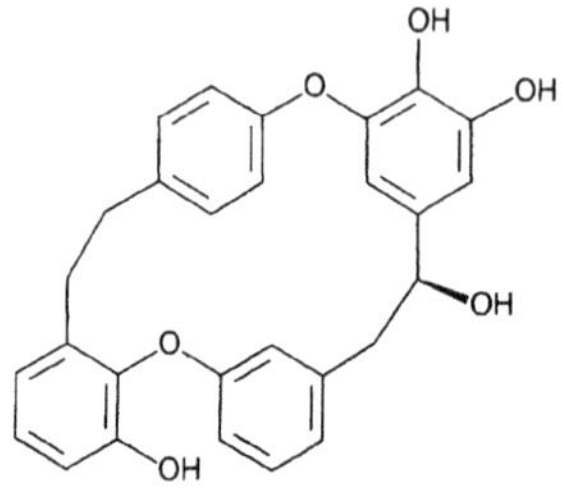

Marchantin D

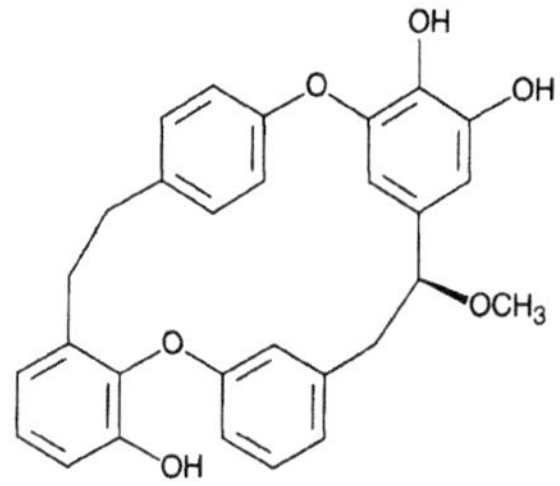

Marchantin E

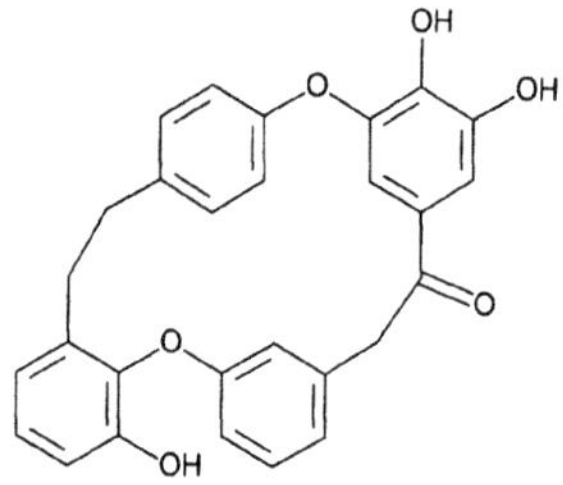

Marchantin G

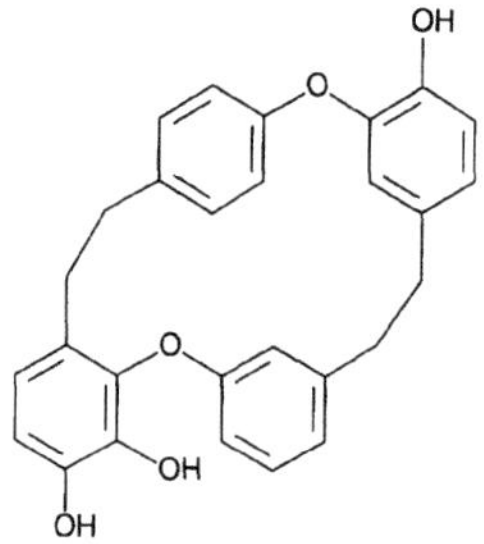

Marchantin H

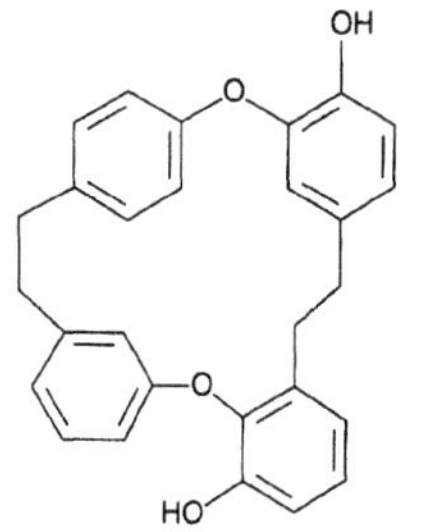

Isomarchantin C

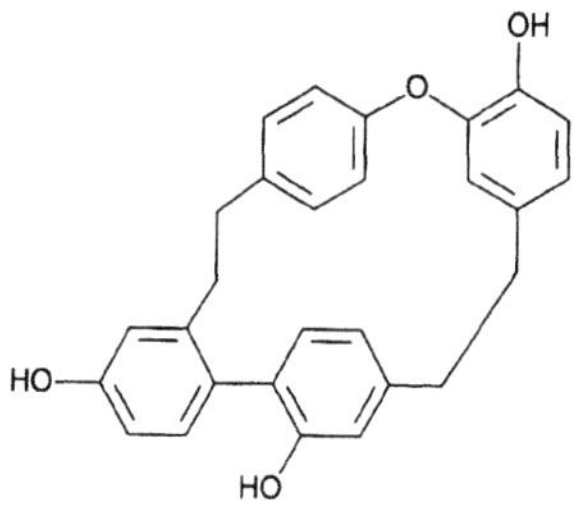

Riccardin C

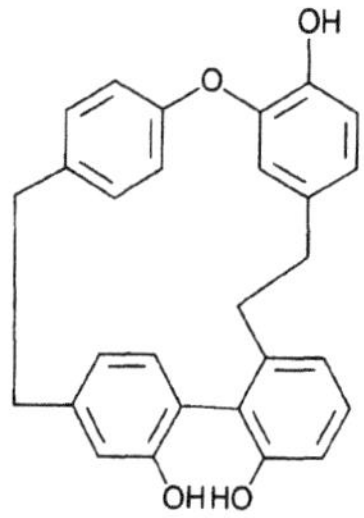

Isoriccardin C

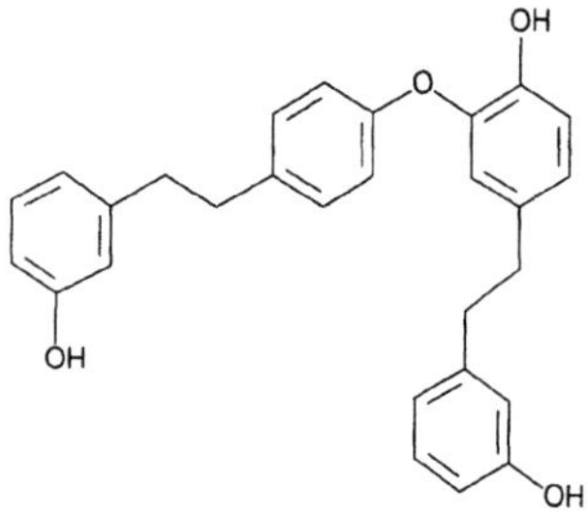

Perrottetin E

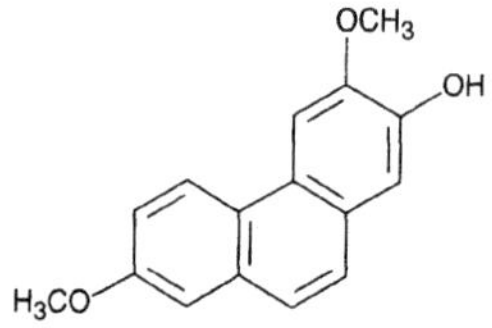

2-Hydroxy-3,7-dimethoxyphenanthren

Marchantia polymorpha hom. *HAB 34*

Monographiesammlungen: Marchantia polymorpha *HAB 34*.

Definition der Droge: Die frische Pflanze.

Stammpflanzen: *M. polymorpha* L.

Zubereitungen: Essenz nach § 3 *HAB 34*.

Gehalt: *Essenz*. Arzneigehalt 1/3.

Wirkungen: Untersuchungen mit Drogenzubereitungen liegen nicht vor. Unter den aufgeführten Inhaltsstoffen wurden die Bisbibenzylderivate auf unterschiedliche Aktivitäten untersucht.[25] Marchantin A, B und C und Perrottetin E wirken cytotoxisch auf KB-Zellen. Dabei entfaltet Marchantin A (ED_{50} = 8,39 µg/mL) die stärkste Wirkung. Marchantin A, D und E hemmen in unterschiedlicher Stärke die 5-Lipoxygenase. Für 10^{-6} mol/L beträgt die Hemmung für die genannten Marchantine: A = 97 %, D = 40 %, E = 36 %. Auch die Calmodulin-Aktivität wird in unterschiedlicher Stärke gehemmt, wobei wiederum Marchantin A (IC_{50} = 1,85 µg/mL) am wirksamsten ist, gefolgt von D (IC_{50} = 6,0 µg/mL) und E (IC_{50} = 7,0 µg/mL). Marchantin A zeigt darüber hinaus eine mäßige antibakterielle (MHK 3 bis 25 µg/mL gegen *Staphylococcus aureus*) und antifungische Wirksamkeit (MHK 3,13 µg/mL gegen *Trichophyton mentagrophytes*).

1. Bischler H (1984) Marchantia L., The New World Species. In: Cramer J (Hrsg.) Bryophytorum Bibliotheca 26, J. Cramer, Vaduz
2. Bischler-Causse H (1989) Bryophytorum Bibliotheca 38, J. Cramer, Berlin Stutgart
3. Ohta Y, Abe S, Komura H, Kobayashi M (1984) Phytochemistry 23:1.607–1.609
4. Abe Imoto S, Ohta Y (1985) Plant Physiol 79:751–755
5. Mues R, Zinsmeister HD (1988) J Hattori Bot Lab 64:109–141
6. Campbell EO, Markham KR, Moore NA, Porter LJ, Wallace JW (1979) J Hattori Bot Lab 45:185–199
7. Markham KR, Porter LJ (1974) Phytochemistry 13:1.937–1.942
8. Zem, Bd. 42, S. 1–285
9. Müller K (1957) Die Lebermoose Europas. In: Dr. L. Rabenhorst's Kryptogamenflora, Bd. VI, Akademische Verlagsgesellschaft, Leipzig, S. 383–394
10. Boisselier-Dubayle MC, Bischler H (1989) J Hattori Bot Lab 67:297–311
11. Gleizes M, Pauly G, Suire C (1973/1974) Botaniste 56:209–311
12. Hopkins BJ, Perold GW (1974) J Chem Soc Perkin Trans 1:32–36
13. Asakawa Y, Toyota M, Bischler H, Campbell EO, Hattori S (1984) J Hattori Bot Lab 57:383–389
14. Matsuo A, Nakayama N, Nakayama M (1984) Phytochemistry 24:777–781
15. Hgn (1962) Bd. 1, S. 179–188, 473; (1986) Bd. 7, S. 394–395
16. Asakawa Y, Matsuda R, Takemoto T, Hattori S, Mizutani M, Inoue H, Suire C, Huneck S (1981) J Hattori Bot Lab 50:107–122
17. Markham KR, Porter LJ (1978) Phytochemistry 17:159–160
18. Gorham J (1977) Phytochemistry 16:249–253
19. Asakawa Y, Toyota M, Matsuda R, Takikawa K, Takemoto T (1983) Phytochemistry 22:1.413–1.415
20. Asakawa Y, Tori M, Takikawa K, Krishnamutry HG, Kar SK (1987) Phytochemistry 26:1.811–1.816
21. Asakawa Y, Okada K, Perold GW (1988) Phytochemistry 27:161–163
22. Kodama M, Shiobara Y, Sumimoto H, Matsumara K, Tsukamoto M, Harada C (1988) J Org Chem 53:72–77
23. Zinsmeister HD, Becker H, Eicher T (1991) Angew Chem 103:134–151
24. Gellermann JL, Anderson WH, Schlenk H (1972) Bryologist 75:550
25. Asakawa Y (1990) In: Zinsmeister HD, Mues R (Hrsg.) Bryophytes, Their Chemistry and Chemical Taxonomy, Proceedings of the Phytochemical Society of Europe, Clarendon Press, Oxford, S. 369–410

BH

Marrubium

HN: 2034700

Familie: Lamiaceae (Labiatae).

Unterfamilie: Lamioideae (= Stachydoideae).

Tribus: Lamieae (Stachydeae).

Subtribus: Marrubiinae.[1,2]

Gattungsgliederung: Die Gattung Marrubium L. besteht aus etwa 30 Arten, die in 6 Sektionen eingeordnet werden: – Sect. Afghanica, – Sect. Heterodonta, – Sect. Marrubium (mit *M. vulgare*), – Sect. Microdonta, – Sect. Ramosa und – Sect. Stellata.[3]

Gattungsmerkmale: Pflanzen ausdauernd, seltener einjährig, krautig, bisweilen auch halbstrauchig, vielstengelig, 15 bis 120 cm hoch, mit weißfilziger, wolliger Behaarung. Blätter gestielt, eiförmig-elliptisch bis lanzettlich, mit stark hervortretenden Nerven, runzelig, gekerbt bis gezähnt. Blüten zwittrig, weiß, lila oder rosa, in blattachselständigen, reichblütigen Scheinquirlen, diese meist entfernt voneinander stehend. Brakteolen lanzettlich. Kelch röhrig, innen mit einem Haarring, 10nervig, mit 5 oder 10 (30) dornig hakigen Kelchzähnen. Krone früh abfallend, zweilippig, die Kronröhre im Kelch eingeschlossen, die Oberlippe tief 2spaltig, gerade, die Unterlippe 3zipfelig mit verbreitertem, abgerundetem Mittellappen. Staubblätter 4, parallel, in der Kronröhre eingeschlossen, die äußeren beiden länger als die inneren. Antheren abspreizend. Griffel kurz, mit undeutlichen Narbenlappen. Klausen verkehrt-eiförmig, an der Spitze gestutzt, glatt. Chromosomenzahl 2n = 34.[3-5]

Verbreitung: Der Verbreitungsschwerpunkt der Gattung liegt im Mediterrangebiet. In Europa sind etwa 12 Arten heimisch. Einige Arten finden sich auch in Nordafrika, im gemäßigten Asien, in Ostsibirien sowie in China.[3]

Inhaltsstoffgruppen: Es liegen nur wenige und vor allem keine chemotaxonomischen Untersuchungen zur Gattung vor. Soweit auf Grund der bisherigen Ergebnisse Verallgemeinerungen möglich sind, gelten folgende Stoffgruppen als charakteristisch:
Diterpen-Bitterstoffe vorwiegend vom Labdan-, seltener vom Clerodantyp;[6–9]
Betaine (obwohl einige Marrubium-Arten als alkaloidhaltig beschrieben wurden, konnten aus 4 bisher untersuchten Arten nur Cholin, Betonicin und Stachydrin isoliert werden);[7]
Stachyose als Wurzelreservestoff;[7]
ätherisches Öl in Spuren (entsprechend der Beobachtung in der Familie: Viel Bitterstoffe – wenig ätherisches Öl).[7]

Drogenliefernde Arten: *M. vulgare*: Marrubii herba, Marrubium vulgare hom. *HAB 1*, Marrubium vulgare hom. *HPUS 88*.

Marrubium vulgare L.

Synonyme: *Marrubium album* GILIB., *M. germanicum* SCHRANK, *M. lanatum* KUNTH, *Prasium marrubium* E. H. L. KRAUSE.

Sonstige Bezeichnungen: Dt.: Gemeiner Andorn, Mauer-Andorn, Weißer Andorn, Weißer Dorant; engl.: Common horehound, hoarhound, houndsbene, marvel, white horehound; frz.: Herbe vièrge, Marrube, Marrube blanc; it.: Erba apiola, marrobio, mentastro; span.: Marrubio.

Systematik: Die Art variiert nur wenig.[4]

Botanische Beschreibung: Ausdauerndes Kraut mit spindeliger Wurzel und mehrköpfigem, oft mehr oder weniger verholzendem Wurzelhals, in wärmeren Gegenden zuweilen auch mehr oder weniger halbstrauchig, schwach duftend. Stengel etwa 40 bis 50 cm hoch, am Grund bis 7 mm dick, meist mit bogig abstehenden Ästen, stumpf vierkantig, wie die Laubblätter lockerflaumig, in der Jugend spinnwebeartig weiß behaart. Laubblätter mit 1 bis 3 cm langem, unscharf abgesetztem Stiel und breit-eiförmiger, 2 bis 4 cm langer und nur wenig schmalerer, ringsum ziemlich grob kerbzähniger, von den oberseits vertieften, unterseits stark vortretenden Netznerven stark runzeliger Spreite, anfangs beiderseits dicht weißwollig, später nur locker behaart, oberseits mehr oder weniger verkahlend. Blüten kurz gestielt, 5 bis 7 mm lang, in dicht- und reichblütigen, fast kugeligen, 1,5 bis 2 cm breiten, blattachselständigen Scheinquirlen (diese 6 bis 8 pro Stengel); die unteren etwa um die Länge der Hochblätter voneinander entfernt, mit linealen, herabgebogenen, dicht behaarten Vorblättern. Kelch röhrig, von lockeren Sternhaaren weißfilzig, mit 10 vorn verkahlenden Zähnen; diese $^1/_3$ bis $^1/_2$ so lang wie die Röhre, anfangs vorgestreckt, nach dem Abfallen der Krone krallenartig zurückgebogen. Kelch durch den dicht behaarten Schlund die Nüßchen zurückhaltend und mit diesen abfallend. Krone weiß, flaumig behaart, der Mittelzipfel der Unterlippe dreimal so lang wie die seitlichen. Nüßchen eiförmig, 1,5 bis 2 mm lang, stumpf dreikantig, glatt, graubraun, dunkler marmoriert oder einfarbig hellbraun.[4]

Verwechslungen: Verwechslungen möglich mit der widerlich riechenden *Ballota nigra* L. (Schwarznessel) mit herzförmigen, beiderseits kurzhaarigen Blättern und meist rötlichen Blüten, der zitronenartig duftenden *Nepeta cataria* L. (Echte Katzenminze) mit herzförmigen, grobgesägten, unterseits kurz grauhaarigen Blättern und weißen oder rötlichen Blüten mit rot punktierter Unterlippe oder mit *Stachys germanicus* L. (Wollziest) mit herzförmigen, weißwolligen Blättern und roten Blüten.[10]

Inhaltsstoffe: In den unterirdischen Organen Stachyose als Reservestoff.[7] Weitere s. unter Marrubii herba.

Verbreitung: Heimisch vom Mittelmeer bis Zentralasien, eingebürgert in Mittel- und Nordeuropa, eingeschleppt in Nord- und Südamerika, Südafrika und Australien. An Wegen und Mauern, auf Schutt und Ödland, auf mäßig trockenen nährstoffreichen Ton- und Lehmböden, wärmeliebend.[4,11]

Anbaugebiete: Europa, Mexico, USA, versuchsweise auf Cuba.[11]

Drogen: Marrubii herba, Marrubium vulgare hom. *HAB 1*, Marrubium vulgare hom. *HPUS 88*.

Marrubii herba (Andornkraut)

Synonyme: Herba marrubii, Herba marrubii albi, Herba marrubii vulgaris, Herba prasii.

Sonstige Bezeichnungen: Dt.: Weißes Andornkraut; engl.: White horehound wort; frz.: Herbe de marrube, Herbe à la vièrge.

Monographiesammlungen: Marrube *PF X*; Herba Marrubii *ÖAB 90*, *EB 6*; Marrubii herba *Hung VII*; Marrubium *BHP 83*.

Definition der Droge: Die getrockneten blühenden Zweigspitzen *PF X*; die getrockneten, zur Blütezeit gesammelten Blätter und oberen Pflanzenteile *ÖAB 90*, *EB 6*; Blätter und blühende Spitzen *BHP 83*.

Stammpflanzen: *Marrubium vulgare* L.

Herkunft: Aus Wildsammlung oder Anbau in Südosteuropa, insbesondere Ungarn, aus Italien, Frankreich und Marokko.[12–14]

Gewinnung: Sammlung bzw. Ernte während der Blütezeit (Juni bis August), möglichst baldige Trocknung bei mäßigen Temperaturen.[14]

Ganzdroge: Der vierkantige, hohle, dicht filzig behaarte Stengel trägt kreuzweise gegenständige, bis 3,5 cm lange, herzförmige oder eiförmige, oberseits weichhaarige, unterseits grau- bis weißfilzige, runzelige, am Rande gekerbte Blätter, von denen die unteren langgestielt, die oberen kürzer gestielt und zuweilen in den Blattstiel verschmälert sind. Die kleinen, weißen, zweilippigen Blüten bilden dichte, halbkugelige, blattwinkelständige Halbquirle. Der Kelch ist röhrenförmig, am Grunde zottig, sechs- bis zehnzähnig mit hakenförmig gekrümmten Zähnen.[15]

Schnittdroge: *Geruch.* Schwach aromatisch.
Geschmack. Bitter, etwas scharf.[15]
Makroskopische Beschreibung. Knäuelig zusammenhaftende runzelige Blattstücke, unterseits filzig behaart; vierkantige, weichwollig behaarte Stengelstücke; daneben Teile der Blüte, insbesondere filzig behaarte Kelchblattstückchen mit hakig gekrümmten Zähnen, gelegentlich dreikantige schwarze Nüßchen.[14]
Mikroskopisches Bild. Epidermiszellen der Blätter wellig bis buchtig; beiderseits diacytische Spaltöffnungen mit zwei senkrecht zum Spalt angeordneten Nebenzellen; Haarfilz aus Büschelhaaren, die sich aus ein- bis mehrzelligen, z.T. übereinander entspringenden, schmalen, spitzen Einzelhaaren zusammensetzen; außerdem einzellige, lange, spitze Haare, Labiatendrüsen mit 8 Sekretionszellen und kleine Drüsenhaare mit ein- bis zweizelligem Stiel und einem meist zweizelligem Köpfchen. Mesophyll aus 1 Reihe Palisadenzellen, darunter ein drei- bis vierreihiges Schwammparenchym, beide mit reichlichen Calciumoxalatnadeln. Stengel, Kelch und Korolle mit den gleichen Haaren wie die Blätter. Auf der Innenseite der Kelchblätter 1 mm lange, spitze, dickwandige, glatte Haare, deren Endzellen knieförmig abgebogen sind. Pollenkörner kugelig, glatt, mit 6 schlitzförmigen Austrittsspalten.[15,16]

Pulverdroge: Gekennzeichnet durch diverse Haarformen: 1zellige kurze, 1zellige lange Haare, bis 6zellige Gliederhaare mit weitlumiger Fußzelle, Büschelhaare, deren längere Haare (200 µm) peitschenförmig gewunden sind, Labiatendrüsenhaare mit verschieden großen, 2- bis mehrzelligen Köpfchen und speziell an Bruchstücken der Kelchinnenseite 1 mm lange, schmale, stark verdickte, glatte, 2- bis 3zellige Haare.[15]

Verfälschungen/Verwechslungen: Verfälschungen sind bekannt mit der mediterranen Art *M. incanum* DESR. (Syn. *M. peregrinum* RCHB. et CESATI non L.[4]), die regional in der Volksmedizin auch als Ersatzdroge gilt,[17] und mit der bastardisierten Art *M. remotum* KIT. (*M. vulgare* × *M. peregrinum*).[14,17] Von früheren Verwechslungen mit *M. anisodon* K. KOCH wird berichtet.[11] In Amerika sind Verfälschungen mit *Ballota hirsuta* BENTH. vorgekommen.[17]

Inhaltsstoffe: *Ätherisches Öl.* In Spuren (0,05 bis 0,06 %) ätherisches Öl mit den Monoterpenkomponenten Camphen, *p*-Cymol, Fenchen, Limonen, *α*-Pinen, Sabinen, *α*-Terpinolen u. a.[18]
Diterpene. Diterpen-Bitterstoffe der Labdanreihe; Hauptkomponente sind das Lacton Marrubiin (0,12 bis 1 %, vornehmlich in den Blättern, höchster Gehalt vor Blühbeginn)[19-23] und die ebenfalls in der Droge enthaltene Vorstufe Premarrubiin (0,13 %).[24,25] Weitere sind Marrubenol (ohne Mengenangaben) und ein Labdan-Hemiacetal (ca. 0,1 %),[26] Marrubiol,[27] Peregrinol[22] und Vulgarol[28] (alle ohne Mengenangabe).

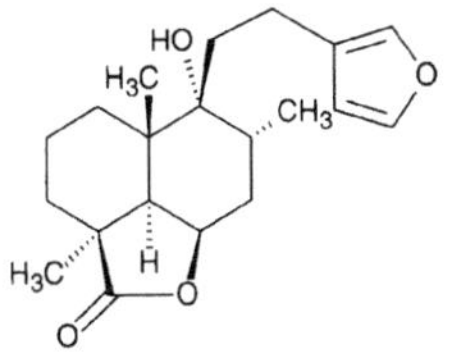

Marrubiin

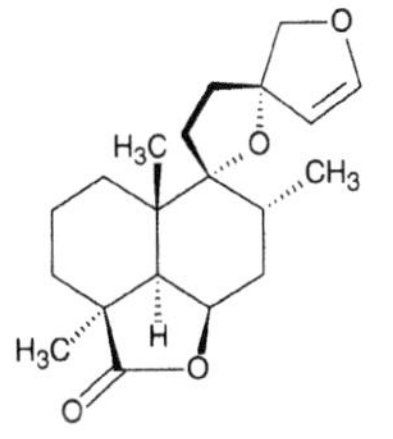

Premarrubiin

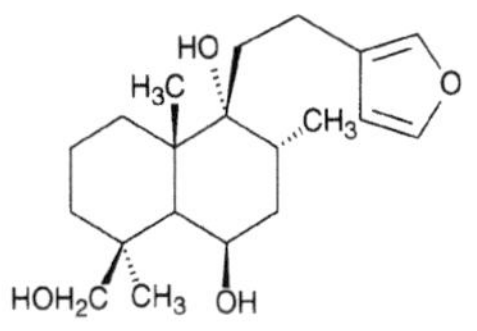

Marrubenol

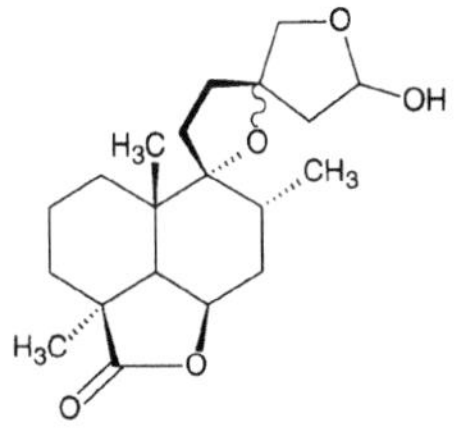

Labdan-Hemiacetal

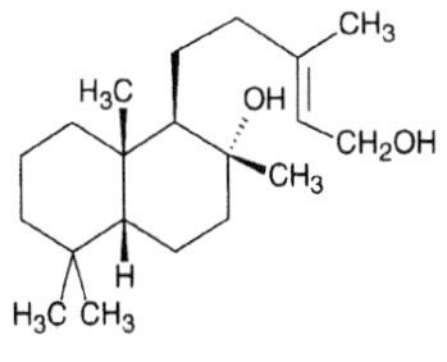

Vulgarol

Gerbstoffe. Bis zu 7 % nicht näher definierte Gerbstoffe und Hydroxyzimtsäurederivate, u. a. Chlorogen-, Kaffee-, 1-Kaffeoylchina- und Kryptochlorogensäure, jedoch keine Rosmarinsäure.[29]
Flavonoide. Flavon- und Flavonolglykoside und deren Aglyka (z.B. Apigenin, Luteolin, Quercetin

bzw. Chrysoeriol, Vicenin II oder Vitexin) sowie die ungewöhnlichen Lactoylflavone 5,7,3',4'-Tetrahydroxy-7-*O*-lactoylflavon (Luteolin-7-lactat) und 5,7,4'-Trihydroxy-7-*O*-lactoylflavon (Apigenin-7-lactat) (ohne Mengenangaben).[30,31]
N-haltige Verbindungen. 0,2% Cholin und 0,3% Betonicin.[32]
Sonstige. Reichliche Mengen mineralische Bestandteile, insbesondere Kaliumsalze.[7]

Identität: a) Durch makroskopische und mikroskopische Prüfung *PFX*, *ÖAB 90*.
b) Ethanolischer Drogenextrakt (10%) ergibt mit Eisen(III)chloridlsg. eine grünbraune Färbung (Gerbstoffe) *PFX*.
c) DC nach *PFX*:
- Untersuchungslösung: 10%iger, ethanolischer Drogenextrakt;
- Referenzlsg.: 0,5% Santonin in Methanol;
- Sorptionsmittel: Kieselgel G;
- FM: Aceton-Methylenchlorid (30 + 40);
- Detektion: Vanillin-Schwefelsäure, 15 min Erhitzen auf 105 °C, Auswertung im Vis;
- Auswertung: Von den vielen verschiedenfarbenen Flecken müssen 3 violette Hauptflecke mit Rf-Werten um 0,7 erscheinen (Vergleichssubstanz: Rf = 0,65), einer davon entspricht dem Marrubiin.

d) Als weitere Identifizierungsmöglichkeit bieten sich HPLC-Methoden an,[23] z.B. in den Systemen LiChrospher Si 60/Superspher Si 60 mit dem LM Hexan-Dioxan (85 + 15) und Detektion bei 225 nm.

Reinheit:
- Asche: Höchstens 12% *PFX*, *ÖAB 90*, *BHP 83*; höchstens 15% *EB 6*.
- Fremde Bestandteile: Höchstens 2% *PFX*; höchstens 1% *ÖAB 90*, *BHP 83*.
- Trockenrückstand: Höchstens 12% (1 g Droge, 100 bis 105 °C) *PFX*.
- Wasserlöslicher Rückstand: Mindestens 10% *BHP 83*.

Wirkwertbestimmung: Nach der sensorischen Bitterwertbestimmung des *ÖAB 90* soll ein wäßriger Drogenextrakt in der Verdünnung 1:3.000 noch deutlich bitter schmecken (Bitterwert 3.000). Dazu wird 1,00 g Droge mit 1 L Wasser 1 h im Wasserbad extrahiert und 10 mL davon nochmals mit 20 mL Wasser verdünnt.

Lagerung: Vor Licht und Feuchtigkeit geschützt *PFX*; vor Licht geschützt, in gut schließenden Behältnissen *ÖAB 90*.

Wirkungen: Neuere Arbeiten über Wirkung und pharmakologische Eigenschaften des Andornkrauts fehlen.
Auf Grund der Bitterstoffe nimmt man an, daß Marrubii herba analog anderen Bitterdrogen anregend auf die Magensaftsekretion und – wohl reflektorisch – auf die Galleproduktion wirkt.[33]
Untersuchungen zur choleretischen Wirkung von isoliertem Marrubiin und der durch Lactonspaltung entstandenen Marrubiinsäure bzw. deren Na-Salz an Ratten ergaben eine deutliche Steigerung der Gallesekretion bei Marrubiinsäure und ihrem Salz, nicht jedoch bei Marrubiin.[34]
Untersuchungen mit Marrubiumextrakt fehlen. Da jedoch nichts darüber bekannt ist, ob oder in welchem Maße Marrubiin bzw. Premarrubiin im menschlichen Organismus in Marrubiinsäure umgewandelt wird, kann über die choleretische Wirkung der Droge keine Aussage gemacht werden.
An Hunden führten i.p. Gaben von 50 mg/kg KG Trockenextrakt (wäßrig, keine Angaben zur Extraktkonzentration) zu einer Relaxation des Sphincter Oddi: Amplitude und Frequenz der Sphincter-Oddi-Kontraktionen, aufgezeichnet mittels eines Gallengangmanometers, nahmen nach Extraktapplikation 20 min lang ab.[35]

Anwendungsgebiete: Bei Appetitlosigkeit, dyspeptischen Beschwerden wie Völlegefühl und Blähungen; bei Katarrhen der Luftwege.[36]

Dosierung und Art der Anwendung: *Droge.* Einzeldosis: 1,5 g Droge auf 1 Tasse Tee;[15,37] Tagesdosis: 4,5 g Droge,[36] 1 bis 2 g zum Teeaufguß bis zu 3mal täglich.[38]
Zur Teezubereitung Droge mit kochendem Wasser übergießen und nach 5 bis 10 min abseihen.
Art der Anwendung: Zerkleinerte Droge, Frischpflanzenpreßsaft sowie andere galenische Zubereitungen zum Einnehmen.[36] *Zubereitung.* Tagesdosis: 2 bis 6 Eßlöffel Preßsaft, andere Zubereitungen entsprechend;[36] Fluidextrakt (1:1), mit Ethanol (20%) 2 bis 4 mL 3mal täglich.[38]

Volkstümliche Anwendung und andere Anwendungsgebiete: Bei akuter oder chronischer Bronchitis und Keuchhusten und speziell bei unproduktivem Husten;[38] bei Asthma und tuberkulösen Lungenkatarrhen,[17] auch bei Erkältungen.[39] Weiter bei Durchfall, Gelbsucht, Schwächezuständen,[39,40] bei Fettleibigkeit[41] und in hohen Dosen als Abführmittel,[39,41] bei schmerzhaften Menstruationen und Frauenkrankheiten[40–42] und bei Herzrhythmusstörungen.[41] Zum Gurgeln bei Mund- und Halsentzündungen[12,41,44] und äußerlich bei Hautschäden, Geschwüren und Wunden.[12,41] Die Wirkungen der sehr alten und traditionsreichen Droge sind weitgehend nicht belegt, sind aber z.T. auf Grund der Inhaltsstoffe plausibel.

Unerwünschte Wirkungen: Nicht bekannt.[36]

Gegenanzeigen/Anwendungsbeschr.: Nicht bekannt.[36]

Wechselwirkungen: Nicht bekannt.[36]

Sonst. Verwendung: *Haushalt.* Zur Herstellung von bitteren Likören und appetitanregenden Weinen, in Bonbons.[39]

Gesetzl. Best.: *Offizielle Monographien.* Aufbereitungsmonographie der Kommission E am BGA "Marrubii herba (Andornkraut)".[36]

Marrubium vulgare hom. *HAB 1*

Synonyme: Marrubium album.

Monographiesammlungen: Marrubium vulgare *HAB 1*.

Definition der Droge: Die frischen oberirdischen Teile blühender Pflanzen.

Stammpflanzen: *Marrubium vulgare* L.

Zubereitungen: Urtinktur und flüssige Verdünnungen nach *HAB 1*, Vorschrift 3a, mit EtOH 86% (*m/m*). Ethanolgehalt etwa 60%. Eigenschaften: Die Urtinktur ist eine grünbraune Flüssigkeit mit aromatischem Geruch und bitterem Geschmack. Darreichungsformen: Urtinktur, flüssige Verdünnungen, Tabletten, Verreibungen, Streukügelchen, flüssige Verdünnungen zur Injektion.[43]

Identität: *Urtinktur.* Wird Urtinktur mit Wasser verdünnt und 1 min geschüttelt, so entsteht ein beständiger Schaum.
Der eingedampfte Rückstand der Hexanausschüttelung der Urtinktur färbt sich mit Dimethylaminobenzaldehyd-Lsg. blaugrün.
DC:
- Untersuchungslösung: Die Hexanphase der Hexanausschüttelung der Urtinktur;
- Referenzsubstanzen: Thymolphthalein, Methylrot und Dimethylgelb in Methanol/Dichlormethan;
- Sorptionsmittel: Kieselgel H;
- FM: Methanol-Dichlormethan (3 + 97);
- Detektion: Mit Vanillin-Schwefelsäure-Reagenz, 10 min 110 °C, Auswertung im Vis;
- Auswertung: Es werden 6 hell- bis dunkelviolette Zonen im Rf-Bereich der Referenzsubstanzen erwartet, die stärkste (Marrubiin) in Höhe der rosafarbenen Zone des Dimethylgelbs im oberen Drittel des Rf-Bereiches.

Reinheit: *Urtinktur.*
- Relative Dichte: 0,900 bis 0,920.
- Trockenrückstand: Mindestens 1,8%.

Lagerung: *Urtinktur.* Vor Licht geschützt.

Anwendungsgebiete: Entsprechend dem homöopathischen Arzneimittelbild. Dazu gehören: Entzündungen der Atemwege.[43]

Dosierung und Art der Anwendung: *Zubereitung.* Soweit nicht anders verordnet:[43] Bei akuten Zuständen häufige Anwendung alle halbe bis ganze Stunde je 5 Tropfen oder 1 Tablette oder 10 Streukügelchen oder 1 Messerspitze Verreibung einnehmen; parenteral 1 bis 2 mL bis zu 3mal tgl. s.c. injizieren. Bei chronischen Verlaufsformen 1- bis 3mal tgl. 5 Tropfen oder 1 Tablette oder 10 Streukügelchen oder 1 Messerspitze Verreibung einnehmen; parenteral 1 bis 2 mL pro Tag s.c. injizieren.

Unerwünschte Wirkungen: Nicht bekannt.[43]

Gegenanzeigen/Anwendungsbeschr.: Nicht anwenden bei Säuglingen und Kleinkindern und in der Schwangerschaft.[43]

Wechselwirkungen: Nicht bekannt.[43]

Gesetzl. Best.: *Offizielle Monographien.* Aufbereitungsmonographie der Kommission D am BGA "Marrubium vulgare (Marrubium album)".[43]

Marrubium vulgare hom. *HPUS 88*

Monographiesammlungen: Marrubium vulgare *HPUS 88*.

Definition der Droge: Die ganze Pflanze.

Stammpflanzen: *Marrubium vulgare* L.

Zubereitungen: *Urtinktur.* Herstellung durch Mazeration oder Perkolation der frischen oder getrockneten Droge mit EtOH nach den allg. Zubereitungsvorschriften (Class C) der *HPUS 88*. Ethanolgehalt 65% (*V/V*).

Gehalt: *Urtinktur.* Arzneigehalt $^1/_{10}$.

---

1. Wunderlich R (1967) Oesterr Bot Z 114:383–483
2. Sanders RW, Cantino PD (1984) Taxon 33:64–72
3. Seybold S (1978) Stuttgarter Beitr Naturk, Ser A, Nr. 310:1–31
4. Heg, Bd. V, Teil 4, S. 2.393
5. FEu, Bd. 3, S. 137
6. Canonica L, Rindone B, Scolastico C (1968) Tetrahedron Lett:3.149–3.152
7. Hgn, Bd. IV, S. 316–339; Bd. VIII, S. 592–604
8. Savona G, Piozzi F, Aranguez LM, Rodriguez B (1979) Phytochemistry 18:859–860
9. Savona G, Bruno M, Rodriguez B (1984) Phytochemistry 23:191–192
10. Gilg E, Brandt W, Schürhoff (1927) Lehrbuch der Pharmakognosie, 4. Aufl., Springer, Berlin, S. 371
11. Schultze-Motel J (Hrsg.) (1986) Rudolf Mansfeld Verzeichnis landwirtschaftlicher und gärtnerischer Kulturpflanzen, 2. Aufl., Springer, Berlin Heidelberg New York, S. 1.166
12. Frohne D (1989) Andornkraut. In: Wichtl M (Hrsg.) Teedrogen, 2. Aufl., Wissenschaftliche Verlagsgesellschaft, Stuttgart, S. 57
13. Calambosi B (1979) Planta Med 36:297
14. Heeger EF (1956) Handbuch des Arznei- und Gewürzpflanzenanbaues, Deutscher Bauernverlag, Berlin, S. 174
15. EB 6
16. ÖAB 90
17. Berger F (1960) Handbuch der Drogenkunde, Bd. 4, Maudrich Verlag, Wien Bonn Bern, S. 339
18. Karryev MO, Bairyev CB, Ataeva AS (1978) IZV Akad Nauk Turkm SSR Ser Biol Nauk:86–88, zit. nach CA 86:2355u
19. Cocker W, Cross BE, Duff SR, Edward JE, Holley TF (1953) J Chem Soc (C):2.540–2.548
20. Busby MC, Day VW, Day RO, Wheeler DMS, Wheeler MM (1983) Proc R Ir Acad Sect B 83:21–31, zit. nach CA 100:6880s
21. Pitra J (1957) Pharm Zentralh 96:103–105
22. Popa DP, Salei LA (1973) Rastit Resur 9:384–387, zit. nach CA 80:12454r
23. Rey JP, Levesque J, Pousset JL (1992) J Chromatogr 605:124–128

24. Henderson MS, McCrindle R (1969) J Chem Soc (C):2.014–2.015
25. Laonigro G, Lanzetta R, Parrilli M, Adinolfi M, Mangoni L (1979) Gazz Chim Ital 109:145–150
26. Fulke JWB, Henderson MS, McCrindle R (1968) J Chem Soc (C):807–810
27. Popa DP, Pasechnik GS, Phan TA (1968) Khim Prir Soedin 4:345–348, zit. nach CA 70:93276c
28. Popa DP, Pasechnik GS, Phan TA (1975) Khim Prir Soedin 11:722–728, zit. nach CA 84:150776f
29. Litvinenko VI, Popova TP, Simonjan AV, Zoz IG, Sokolov VS (1975) Planta Med 27:372–379
30. Kowalewski Z, Matlawska I (1978) Herba Pol 24:183–186, zit. nach CA 91:52763z
31. Nawwar MAM, El-Mousallamy AMD, Barakat HH, Buddrus J, Linscheid M (1989) Phytochemistry 28:3.201–3.206
32. Paudler WW, Wagner S (1963) Chem Ind:1.693
33. Schmid W (1966) Planta Med 14 Suppl:34–41
34. Krejci I, Zadina R (1959) Planta Med 7:1–7
35. Cahen R (1970) CR Soc Biol (Paris) 164:21–31
36. BAz Nr. 22a vom 01.02.1990
37. ÖAB 90
38. BHP 83
39. Uphoff JCT (1986) Dictionary of Economic Plants, 2. Aufl., Cramer, New York
40. Pahlow M (1979) Das große Buch der Heilpflanzen, Gräfe und Unzer, München
41. Valnet J (1983) Phytothérapie, 5. Aufl., Maloine, Paris, S. 530
42. Font Quer P (1990) Plantas Medicinales, 12. Aufl., Editorial Labor, Barcelona, S. 659
43. BAz Nr. 199a vom 20.10.1989
44. Darias V, Bravo L, Barquin E, Herrera DM, Fraile C (1986) J Ethnopharmacol 15:169–193

RS/Ze

Marsdenia

HN: 2038200

Familie: Asclepiadaceae.

Unterfamilie: Cynanchoideae.

Tribus: Tylophoreae.[1]

Subtribus: Marsdeniinae.[1]

Gattungsgliederung: Die Gattung Marsdenia R. Brown besteht aus ca. 250 Arten, die sich in neun Sektionen gliedern.[2,3] *Marsdenia cundurango* Reichb. f. gehört der Sektion Pseudomarsdenia, Subsektion Brasiliensis an.

Gattungsmerkmale: Es handelt sich meistens um über 30 cm hohe, windende Schlingsträucher. Der krautige oder holzige, starre Stengel ist aufrecht oder windend, dünn und selten fleischig. Die vielfach wohl entwickelten Blätter sind selten herzförmig, meist schmal linealisch, kurz gestielt oder sitzend und gegenständig. Die Blüten sind zu 1 bis 3 fest sitzenden blattachselständigen Büscheln vereinigt. Die unten 5 mm breite Krone ist glockig oder radförmig, weiß, gelblichweiß oder grünlichweiß, innen weiß gebärtet und mit deutlicher Röhre. Die an der Spitze freien, lanzettlichen oder dreieckigen, 3 bis 7 mm langen Kronzipfel sind weitaus länger als die sehr kurze Kronröhre. Die Nebenkrone ist zwei- oder (durch Unterdrückung der äußeren) einreihig und besteht aus einfachen, nicht miteinander verwachsenen, nur am Grund oder der Länge nach der Staubblattröhre angehefteten Segmenten. Diese Segmente sind zusammengedrückt. Die Pollinien in den Antheren sind aufrecht oder horizontal, d. h. am unteren Ende durch ein Zwischenglied verbunden. Sie sind ohne Keimporus. Die Antheren haben häufig ein häutiges Anhängsel an der Spitze (Mittelbandfortsatz). Die Fruchtbälge sind linealisch oder schlank spindelförmig, meist unter 1 cm breit.[4,5] Alle Arten besitzen ungegliederte Milchröhren.[6]

Verbreitung: In allen Erdteilen, und zwar meist in den tropischen, weniger in den subtropischen Zonen.[3]

Inhaltsstoffgruppen: Typisch sind polyhydroxylierte Pregnan- (z. B. *Marsdenia cundurango*,[7,8] *M. tenacissima* (Roxb.) Wight et Arn.[9]) und Pregn-5-enesterglykoside (z. B. *M. angolensis* N. E. Br.,[13] *M. cundurango*,[8] *M. erecta* R. Br.,[14] *M. flavescens* A. Cunn.,[12] *M. tenacissima*,[9–11]). Im Zuckerteil kommen neben Glucose seltenere Zucker wie Cymarose (z. B. *M. cundurango*[7,8]), Oleandrose (z. B. *M. cundurango*,[7,8] *M. tenacissima*[9]) und 3-*O*-Methyl-6-desoxyallose (z. B. *M. cundurango*,[7,8] *M. tenacissima*[9]) vor. Die Zuckerketten sind mit den Aglyka über deren Hydroxylgruppe am C-3 verknüpft. Die Hydroxylgruppen an C-11 und C-12 der Aglyka können mit Essigsäure (z. B. *M. cundurango*,[7,8] *M. erecta*,[14] *M. tenacissima*[9]), Benzoesäure (z. B. *M. erecta*,[14] *M. tenacissima*[9]) und 2-Methylbutansäure (z. B. *M. tenacissima*[9]) verestert sein. Außer diesen Steroidglykosiden, die saponinartige Bitterstoffe darstellen und in allen Pflanzenteilen vorhanden sind, liegen über Vorkommen und Verbreitung anderer Stoffgruppen unter den Arten der Gattung keine systematischen Untersuchungen vor.[15]

Drogenliefernde Arten: *M. cundurango*: Condurango cortex, Marsdenia cundurango hom. *HAB 1*, Condurango hom. *PFX*, Condurango hom. *HPUS 88*.

Marsdenia cundurango Reichb. f.

Synonyme: *Gonolobus condurango* (Reichb. f.) Triana, *Marsdenia reichenbachii* Triana, *Pseudomarsdenia cundurango* (Reichb. f.) Schlechter.

Sonstige Bezeichnungen: Dt.: Geierpflanze, Kondorliane; engl.: Condor plant; span.: Condurango blanco.

Botanische Beschreibung: Ein Kletterstrauch mit behaarten Trieben. Der Stamm kann einen Durchmesser von 10 cm besitzen. Die derben, eiförmigen, 8 bis 11 cm langen und 5 bis 8 cm breiten Blätter sind stark behaart und stehen kreuzgegenständig. Die Blüten sind zu dichasialen, doldenförmigen Blütenständen vereinigt. Der Kelch und die glocken- bis trichterförmige Blütenkrone sind fünfteilig. Die

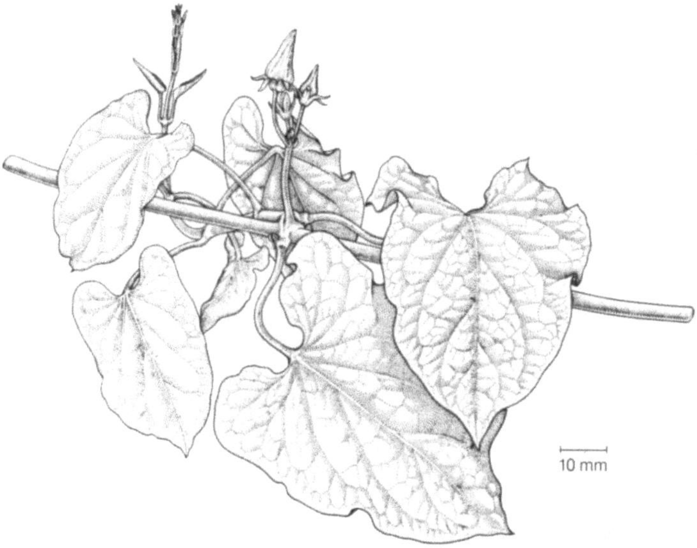

Marsdenia cundurango REICHB. f.: Sproßabschnitt mit Blütenstand; Zeichnung: Ruth Kilian. Aus Lit.[17]

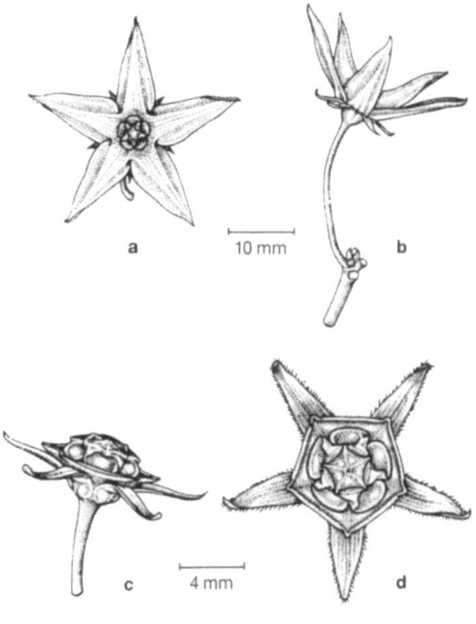

Marsdenia cundurango REICHB. f.: **a** Blüte (Aufsicht), **b** Blüte (Seitenansicht), **c** und **d** Blüte nach Entfernen der Blütenblätter (Seitenansicht und Aufsicht); Zeichnung: Ruth Kilian. Aus Lit.[17]

Bestäubung ist nur durch Insekten möglich, die bei der Nektarsuche die Pollinien herausreißen und auf andere Blüten übertragen. Die Samen mit einem Haarschopf befinden sich in einer Balgfrucht.[16]

Verbreitung: Die Liane ist an den Westhängen der Kordilleren von Ecuador, Peru und Kolumbien heimisch.

Anbaugebiete: In Ostafrika kultiviert.[17]

Drogen: Condurango cortex, Marsdenia cundurango hom. *HAB1*, Condurango hom. *PFX*, Condurango hom. *HPUS88*.

Condurango cortex (Condurangorinde)

Synonyme: Condorango cortex, Condurangi cortex, Cortex condurango.

Sonstige Bezeichnungen: Dt.: Condurangobast, Kondurangorinde; engl.: Condurango bark, eaglevine bark; frz.: Écorce de condurango; it.: Corteccia di condurango; port.: Casca de condurango; span.: Corteza de condurango.

Monographiesammlungen: Condurango cortex *BelgV*, *Ital6*, *Ned6*, *Helv VII*; Condurangi Cortex *Hisp IX*; Cortex Condurango *ÖAB90*; Condurangorinde *DAC86*.

Definition der Droge: Die getrocknete Rinde der Zweige und Stämme *ÖAB90, Helv VII, DAC86.*

Stammpflanzen: *Marsdenia cundurango* REICHB. f.

Ganzdroge: Die Rinde bildet 2bis7mm dicke, 5bis10cm lange, 1bis3cm breite, röhren- bis rinnenförmige und teilweise gebogene Stücke, die von den oberirdischen Achsen stammen. Die Außenseite ist braungrau, längsrunzlig und durch große, quergestellte Lentizellen höckerig. Bei jungen Rinden ist außen ein dünner Kork, bei älteren eine warzig-rissige Borke. Die Innenseite ist hellgraubraun und grob längsgestreift.[19]

Condurango cortex

Schnittdroge: *Geruch.* Schwach süßlich-aromatisch.
Geschmack. Bitter, schwach kratzend.[18]
Makroskopische Beschreibung. Die Schnittdroge ist gekennzeichnet durch unregelmäßige, zum Teil faserige Rindenstücke.[19]
Lupenbild. Im Querbruch sind in den äußeren Schichten Fasern und in den inneren Schichten als helle, harte Körner Steinzellnester zu erkennen.[19]
Mikroskopisches Bild. Der Kork umfaßt im Querschnitt viele Lagen von dünnwandigen, tangential gestreckten, in radialen und mehr oder weniger tangentialen Reihen angeordneten Zellen. Das Phelloderm besteht aus mehreren Lagen von dünnwandigen, meist auch in radialen Reihen angeordneten Zellen, von denen viele einen meist prismatischen Einzelkristall aufweisen. Darunter folgen mehrere Lagen Kollenchym, das in ein nicht sehr mächtiges Außenrindenparenchym übergeht. Dieses enthält in den meisten Zellen 5 bis 16 µm große, einfache, runde oder zu mehreren zusammengesetzte Stärkekörner. In anderen Zellen liegen bis 45 µm große Oxalatdrusen oder seltener Einzelkristalle. Die 20 bis 60 µm weiten, runden Milchsaftschläuche mit verdickter Wand und mit schwach bräunlichgelbem oder grauem, granuliertem Inhalt finden sich selten bis zahlreich. Der Inhalt färbt sich mit Iod gelb. Einzelne Zellen sind netzleistenartig verdickt. Der Pericykel besteht aus Parenchym, in dem sehr dickwandige, ungetüpfelte, unverholzte Fasern in Bündeln oder auch einzeln vorkommen. Das Parenchym der Innenrinde enthält entweder Stärke oder Drusen oder selten Einzelkristalle sowie Milchsaftschläuche von gleichem Bau wie in der Außenrinde. Ferner finden sich Nester von gelben, dickwandigen, getüpfelten Steinzellen. Die meist nur in den inneren Zonen der Innenrinde deutlicher sichtbaren, zahlreichen Markstrahlen sind 1 bis 2 Zellen breit.[6,18]

Pulverdroge: Das graugelbe Pulver ist gekennzeichnet durch Steinzellen und Bruchstücke von Steinzellnestern, die polygonal begrenzte, dickwandige, getüpfelte Wände aufweisen. Ferner finden sich Korkfragmente, die sehr dickwandigen, aber unverholzten Bastfasern, in Parenchymzellen eingeschlossene und freiliegende, 15 bis 45 µm große Oxalatdrusen und Einzelkristalle sowie reichlich Stärkekörner. Die typischen Milchröhren mit ihrem körnigen, zum Teil ausgetretenen Inhalt sowie Phellodermbruchstücke mit Calciumoxalateinzelkristallen finden sich seltener.[19]

Verfälschungen/Verwechslungen: Es kommen relativ selten Verfälschungen mit Rinden von *Asclepias bicolor* R. BR., *Asclepias umbellata* BARB.-RODR. und *Marsdenia amylacea* (BARB.-RODS.) MALME (Syn. *Elcomarrhiza amylacea* BARB.-RODR.) sowie mit Rinden von verschiedenen Aristolochia-, Lantana- (Verbenaceae) und Macroscepis-Arten (Asclepiadaceae) und unter Umständen mit Rinden von Pflanzen aus Gattungen der Apocynaceae vor.[3] In Amerika sollen unter dem Namen "Condurango" auch Gonolobus-Arten (Asclepiadaceae) gebraucht werden.[20]
Eine im Handel befindliche Guayaquil-Condurangorinde ist der offizinellen sehr ähnlich, stammt jedoch von einer anderen Art. Condurango aus Mexiko stellt sehr dünne, kurzgeschnittene, nach Rauch riechende Stengel oder bis 40 cm lange Stücke eines Rhizoms mit sehr starker Korkbildung dar. Condurango blanco oder Condurango Huancabamba bildet dicht behaarte Stengel von der Dicke eines Federkiels.[16]

Inhaltsstoffe: *Condurangoglykoside.* Hauptinhaltsstoffe der Droge sind die bitteren Condurangoglykoside, deren Gemisch unter dem Namen Condurangin zusammengefaßt wird. Bei den Condurangoglykosiden handelt es sich um Pregnan- und Pregn-5-englykoside, die mit Zimtsäure und Essigsäure verestert sind. In der Zuckerkette finden sich D-Glucose, D-Oleandrose, D-Cymarose und 3-*O*-Methyl-6-desoxy-D-allose. Aus der Rinde können Condurangogenin A[8] und Condurangoglykoside A,[7,8,26], A_0,[8,27] A_1,[7] B_0,[28] C,[7,8,26] C_0,[27] C_1,[7] D_0,[8,28] E_0,[8] E_2,[8] E_3,[8] 20-iso-*O*-Methyl-[28] und 20-Methylcondurangoglykosid D_0[28] isoliert werden. Insgesamt enthält die Droge ca. 2 % an Condurangoglykosiden (s. Formelschema S. 787).

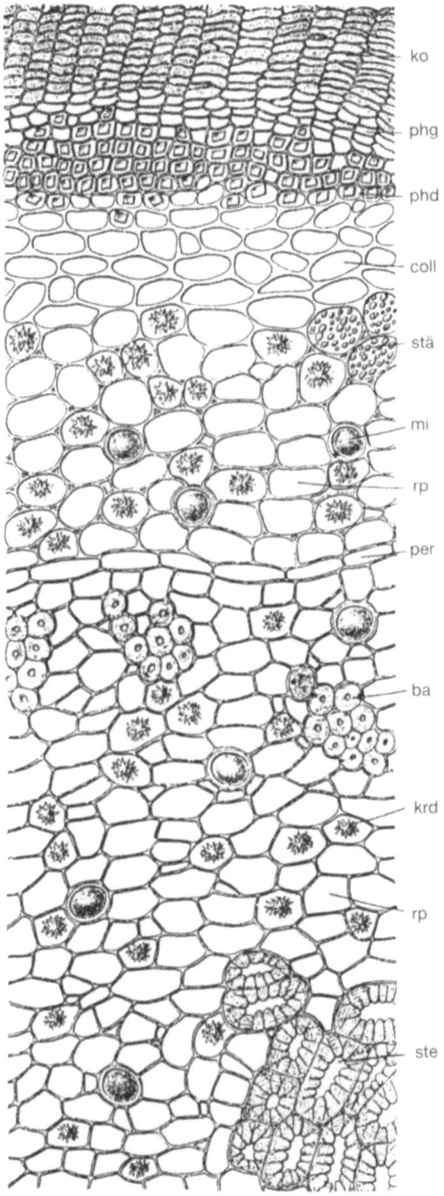

Condurango cortex, Querschnitt durch die primäre Rinde und die äußerste Partie der sekundären Rinde: *ko* Kork, *phg* Phellogen, *phd* Phelloderm mit Einzelkristallen, *coll* Kollenchym, *stä* Stärkeinhalt einiger Parenchymzellen gezeichnet, sonst weggelassen, *mi* Milchsaftschlauch, *rp* Rindenparenchym, *per* Stärkescheide, *ba* Bastfaserbündel, *krd* Kristalldruse, *ste* Steinzellnest. Aus Lit.[6]

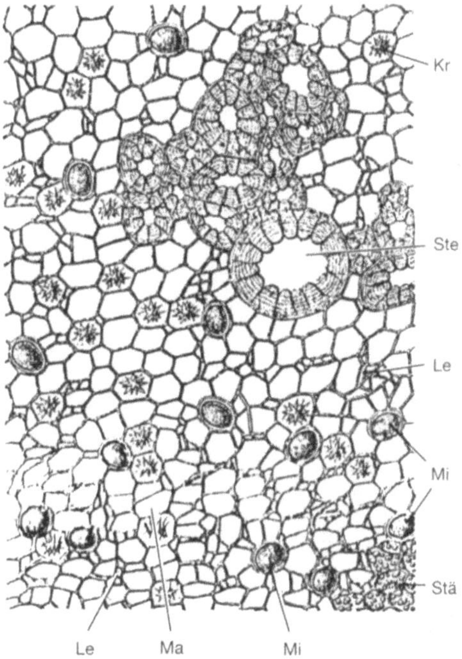

Condurango cortex, Querschnitt durch die sekundäre Rinde: *kr* Kristalldruse, *ste* Steinzellnest, *le* Siebstrang, mit Milchsaftschlauch, *stä* Stärkeinhalt einiger Parenchymzellen gezeichnet, sonst weggelassen, *ma* Markstrahl. Aus Lit.[6]

Phenolische Verbindungen. p-Cumarsäure, Kaffeesäure (0,01 bis 0,07 %), Chlorogensäure und Neochlorogensäure (0,7 bis 2,12 %), Cumarin, Umbelliferon, Aesculetin und Cichoriin. Der Gesamtgehalt an Zimtsäure- und Cumarinderivaten in der Droge ist gering.[21] Der Vanillingehalt (angenehmer Geruch) schwankt zwischen 0,022 und 0,045 %. Daneben wurden aus der Condurangorinde die Flavonolglykoside Trifolin, Hyperin, Quercitrin und Rutosid (0,012 bis 0,084 %) sowie das *C*-Glykosylflavon Saponarin (0,0055 bis 0,0124 %) isoliert.[22]
Sonstige Verbindungen. Das Cyclitol Conduritol (0,3 bis 0,5 %, bisher in keiner anderen Pflanze gefunden, 65 % der Cyclitolfraktion ausmachend)[15] und die Pseudoalkaloide Kondurangamin A, B und Gagaminin.[15,23–25] Bei diesen handelt es sich um pregnanoide Nicotinsäureester. Der Gehalt liegt unter 0,015 % bezogen auf das Trockengewicht.

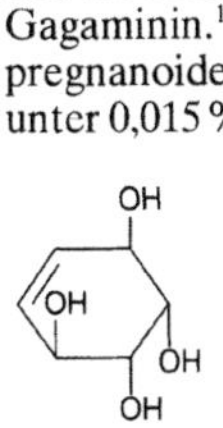

Conduritol

Zubereitungen: Tinctura Condurango (Kondurangotinktur) *EB 6*, Extractum Condurango (Kondurangoextrakt) *EB 6*, Extractum Condurango aquosum (Wässeriger Kondurangoextrakt) *EB 6*, Extractum Condurango fluidum (Kondurangofluidextrakt) *ÖAB 90*, Condurango extractum liquidum

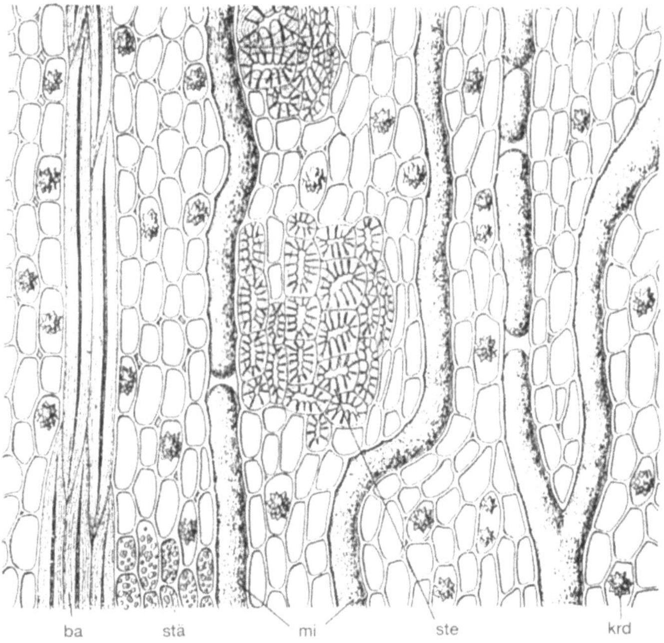

Condurango cortex, radialer Längsschnitt durch die Grenzpartie zwischen primärer und sekundärer Rinde: *ba* Bastfaserbündel, *stä* einige Parenchymzellen mit ihrem Stärkeinhalt gezeichnet, *mi* Milchsaftschlauch, *ste* Steinzellnest, *krd* Kristalldruse. Aus Lit.[6]

(Kondurangoliquidextrakt) *Helv VII*; s. ds. Hdb., Bd. 1, S. 591, 594, 674.

Identität: Ein wäßriges Mazerat wird auf 80 °C erhitzt. Die Lösung trübt sich, da die Condurangoglykoside bei höheren Temperaturen in Wasser schlechter löslich sind als bei niedrigeren Temperaturen. Beim Abkühlen verschwindet die Trübung wieder *ÖAB 90, Helv VII, DAC 86.*

Ein wäßriges Decoct wird auf dem Wasserbad zur Trockene eingedampft. Der Rückstand wird mit Natriumchlorid verrieben und in Dichlormethan aufgenommen. Nach Filtrieren wird das Filtrat auf dem Wasserbad eingedampft und in 2 mL Wasser aufgenommen. Nach Zugabe von Salzsäure wird kurze Zeit zum Sieden erhitzt. Nach dem Abkühlen fluoresziert die Lösung im UV 365 nm intensiv grün *DAC 86.* Diese Fluoreszenz ist wahrscheinlich auf die in der Rinde vorhandenen Zimtsäure- und Cumarinderivate zurückzuführen.[21]

Als weitere Identitätsreaktionen können die Keller-Kiliani-Reaktion (Eisen(III)chlorid/Schwefelsäure, kirschrote Färbung),[48,49] die Chinaldinreaktion (3,5-Diaminobenzoesäure/Phosphorsäure, grüngelbe Fluoreszenz im UV 365 nm)[50] und die Xanthydrolreaktion (kirschrote Färbung der Lösung)[51] verwendet werden, die die 2,6-Desoxyzucker der Condurangoglykoside nachweisen.

Reinheit:

- Fremde Bestandteile: In der Droge dürfen max. 2 % fremde Bestandteile vorkommen *ÖAB 90, Helv VII, DAC 86.* In der Pulverdroge dürfen keine über 20 µm großen Stärkekörner und über 60 µm große Calciumoxalatdrusen und Einzelkristalle vorhanden sein *DAC 86.*
- Trocknungsverlust: Höchstens 8,0 % *DAC 86.*
- Aschegehalt: Höchstens 1,0 % *ÖAB 90, DAC 86.*
- Salzsäureunlösliche Asche: Höchstens 1,0 % *ÖAB 90, DAC 86.*
- Sulfatasche: Höchstens 12,0 % *Helv VII.*

Gehalt: Mindestens 1,8 % Condurangin, berechnet als Condurangoglykosid A und bezogen auf die getrocknete Droge *Helv VII, DAC 86.*

Gehaltsbestimmung: Die Condurangingehaltsbestimmung beruht ursprünglich auf der photometrischen Bestimmung der nach alkalischer Hydrolyse freigesetzten Zimtsäuren.[29] Diese Methode wurde durch eine direkte photometrische Bestimmung von Conduragin wesentlich vereinfacht:[30] Abtrennung von Condurangin durch präparative DC und Gehaltsbestimmung nach *Helv VII* und *DAC 86*:

- Untersuchungslösung: Die pulverisierter Droge wird mit Ethanol 1 h unter Rückfluß gekocht, danach wird ein Aliquot des Filtrats zur Trockene eingedampft; der Rückstand wird mit Dichlormethan unter Erwärmen extrahiert, filtriert, eingeengt und auf eine bestimmte Menge ergänzt;
- Sorptionsmittel: Kieselgel 60 F_{254} (Fertigplatten);
- FM: Toluol-Heptan (1 + 1);
- Detektion: UV 254 nm;
- Auswertung: Vom DC der Untersuchungslsg. wird das auf der Startlinie (UV 254 nm) verbleibende Material ausgeschabt (das störende β-Amyrincinnamat wird mit dem Fließmittel weiter transportiert), mit Methanol extrahiert und das Filtrat eingedampft. Die Conduranginkonzentration wird photometrisch in Dichlormethan gegen eine Blindlösung bei 280 nm bestimmt. Der Berechnung des Gehalts liegt die spezifi-

Condurangoaglyka und -glykoside

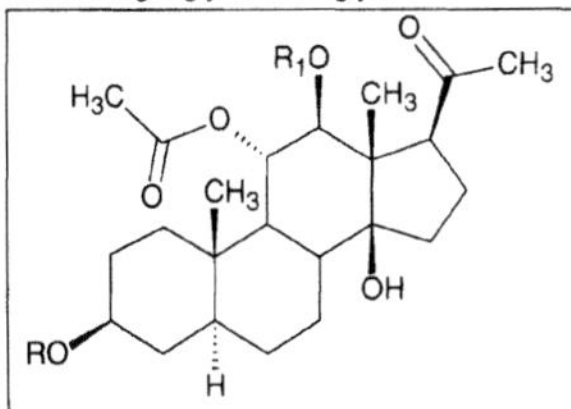

Condurangogenin A: R = H
Condurangoglykosid A: R = Z_1
Condurangoglykosid A_0: R = Z_2
Condurangoglykosid A_1: R = Z_3

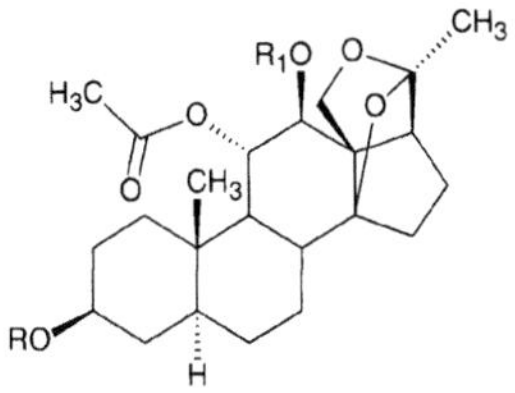

Condurangogenin B: R = H
Condurangoglykosid B_0: R = Z_2

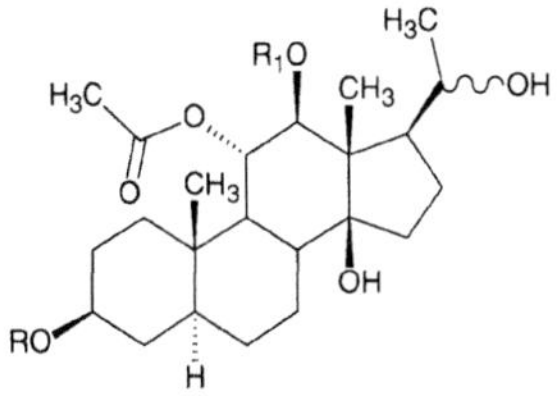

Condurangogenin C: R = H
Condurangoglykosid C: R = Z_1
Condurangoglykosid C_0: R = Z_2
Condurangoglykosid C_1: R = Z_3

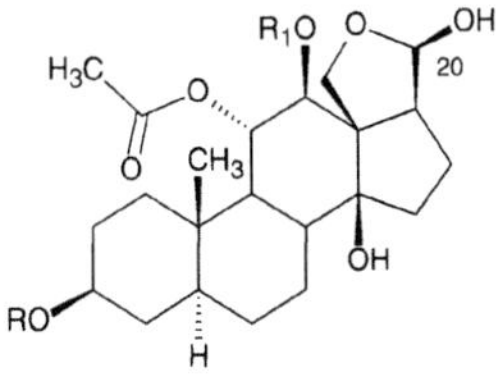

Condurangogenin D: R = H
Condurangoglykosid D_0: R = Z_2

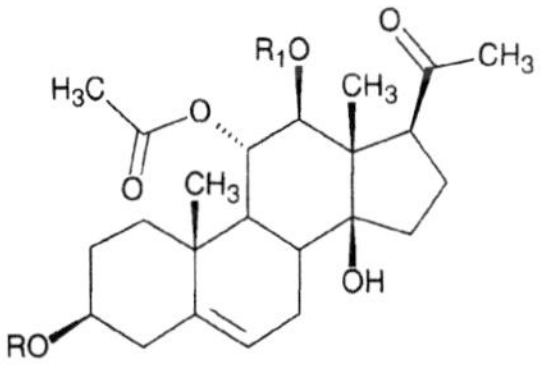

Condurangogenin E: R = H
Condurangoglykosid E: R = Z_1
Condurangoglykosid E_0: R = Z_2
Condurangoglykosid E_2: R = Z_4
Condurangoglykosid E_3: R = Z_5

R_1 =

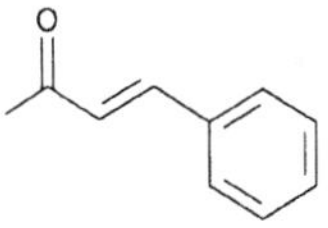

Z_1 = 3-*O*-Methyl-6-desoxy-β-D-allopyranosyl-(1→4)-β-D-oleandropyranosyl-(1→4)-β-D-cymaropyranosid

Z_2 = β-D-Glucopyranosyl-(1→4)-3-*O*-methyl-6-desoxy-β-D-allopyranosyl-(1→4)-β-D-oleandropyranosyl-(1→4)-β-D-cymaropyranosid

Z_3 = β-D-Glucopyranosyl-(1→4)-β-D-glucopyranosyl-(1→4)-3-*O*-methyl-6-desoxy-β-D-allopyranosyl-(1→4)-β-D-oleandropyranosyl-(1→4)-β-D-cymaropyranosid

Z_4 = 3-*O*-Methyl-6-desoxy-β-D-allopyranosyl-(1→4)-β-D-oleandropyranosyl-(1→4)-β-D-cymaropyranosyl-(1→4)-β-D-cymaropyranosid

Z_5 = β-D-Glucopyranosyl-(1→4)-3-*O*-methyl-6-desoxy-β-D-allopyranosyl-(1→4)-β-D-oleandropyranosyl-(1→4)-β-D-cymaropyranosyl-(1→4)-β-D-cymarosid sche Absorption des Condurangoglykosides A $A_{1cm}^{1\%} = 207$ zugrunde. Nachteile dieser Gehaltsbestimmung sind ihre Anfälligkeit gegen Lösungsmittelverunreinigungen und die Tatsache, daß die fluoreszenzmindernde Startzone bestimmt wird.

Wirkwertbestimmung: In älteren Arzneibüchern, z. B. *Helv VI*, wurde die Droge auf ihren Bitterwert geprüft. In einem größeren Ringversuch konnte gezeigt werden, daß diese Methode aufgrund der individuell sehr großen Unterschiede in Wahrnehmung der Bitterwirkung schlecht geeignet ist. Von 23 Testpersonen empfanden nur 9 die Droge als bitter, zudem war die Streuung der gefundenen Werte sehr groß.[31]

Lagerung: Vor Licht geschützt; in dicht verschlossenen Behältern *ÖAB 90, Helv VII, DAC 86.*

Wirkungen: *Steigerung der Magensaftbildung.* Der Droge wird, wohl in Analogieschluß zu anderen Bitterstoffen, eine Anregung der Speichel- und Magensaftproduktion zugeschrieben.[32,33]
Nach einer älteren Arbeit, bei der Hunden ein Magenblindsack nach der Pawlowschen Methode angelegt war, soll ein Extrakt aus Condurango cortex die Magensaftbildung über einen kurzen Zeitraum wesentlich erhöhen, ohne aber die Acidität des Magensaftes zu beeinflussen. Die Hunde erhielten bei diesem Versuch drei Eßlöffel eines Mazerationsdecoctes (30:150).[43]
Antitumorale Wirkung. Eine im vorigen Jahrhundert vermutete antitumorale Wirkung der Condurangorinde konnte in einer Überprüfung der Pflanzenextrakte durch Screeningversuche an verschiedenen Systemen (Sarkom 180, Adenocarcinom 75T, Humansarkom HS1, KB) nicht bestätigt werden.[34] Mit isolierten Condurangoglykosiden konnte jedoch am Sarkom 180 und am Ehrlich-Carcinom der Maus eine Wirkung festgestellt werden. Es wurden hier die T/C-Werte ermittelt. Dabei handelt es sich um die in Prozent ausgedrückte Relation Test zu Kontrolle (T/C), welche durch den Quotienten aus der Überlebenszeit (Test) und Überlebenszeit (Kontrolle), multipliziert mit 100, errechnet wird. Getestet wurden Condurangoglykosid A_0 (T/C-Wert am Sarkom 180: 4,0, am Ehrlich-Carcinom: 29,0),[27,35] B_0 (T/C-Wert am Ehrlich-Carcinom: 11,8),[28,35] C_0 (T/C-Wert am Sarkom 180: 21,0, am Ehrlich-Carcinom: 34,0),[27,35] D_0 (T/C-Wert am Ehrlich-Carcinom: 53,8),[28,35] 20-*O*-Methylcondurangoglykosid D_0 (T/C-Wert am Ehrlich-Carcinom: 26,3).[28,35]
Anmerkung: Aufgrund der in der Literatur vorliegenden T/C-Werte wäre davon auszugehen, daß die Überlebenszeit der Testgruppe gegenüber der Kontrollgruppe gesunken ist. Da die Autoren jedoch durchgehend von einer Wirksamkeit der Condurangoglykoside schreiben, liegt hier wahrscheinlich eine Verwechslung der T/C-Werte mit ILS-Werten (= Increase in lifespan = Lebenszeitverlängerung) vor, die sich aus den T/C-Werten errechnen lassen.[36] Die in der Literatur gefundenen Werte sind dann wieder sinnvoll, d. h. die verwendeten reinen Condurangoglykoside können die Lebenszeit um 4 bis 53,8 % verlängern.
In einer Patentanmeldung wird beansprucht, daß Extrakte mit organischen Lösungsmitteln (Chloroform/Methanol) ebenfalls Antitumoraktivität am Ehrlich-Carcinom der Maus aufweisen.[37,38]
Bei den Tumormodellen lassen sich keine Angaben der Dosis sowie der Art der Anwendung ermitteln. Diese Daten sind daher nicht beurteilbar.

Anwendungsgebiete: *Appetitlosigkeit.*[33]

Dosierung und Art der Anwendung: *Droge.* Tagesdosis: Droge: 2 bis 4 g; wäßriger Extrakt (entspr. *EB 6*): 0,2 bis 0,5 g; Extrakt (entspr. *EB 6*): 0,2 bis 0,5 g; Tinktur (entspr. *EB 6*): 2 bis 5 g; Fluidextrakt (entspr. *Helv VII*): 2 bis 4 g.[33]

Volkstümliche Anwendung und andere Anwendungsgebiete: Bei schmerzhaften Ernährungsstörungen und Atonie des Magens.[40] Obwohl nach dem heutigen Stand der Kenntnisse eine cancerostatische Wirkung der Condurangorinde nicht gesichert ist, kann die Einnahme von Drogenzubereitungen bei Magenkrebserkrankungen das Allgemeinbefinden der Patienten deutlich bessern durch Appetitanregung, Brechreizminderung und größere Speiseaufnahmefähigkeit.[39] Jedoch liegen hierzu, wie auch zu den anderen Indikationen, keine klinischen Daten vor.

Dosierung und Art der Anwendung: *Droge.* Teezubereitung: 1,5 g fein geschnittene oder grob gepulverte Droge wird mit kaltem Wasser angesetzt, kurz zum Sieden erhitzt und nach vollständigem Erkalten (da die Löslichkeit der Wirkstoffe beim Erwärmen abnimmt) abgeseiht.

Unerwünschte Wirkungen: Keine bekannt.[33]

Gegenanzeigen/Anwendungsbeschr.: Keine bekannt.[33]

Tox. Inhaltsstoffe u. Prinzip: In Tierversuchen zeigte Condurangin nach i. v., s. c. oder p. o. Applikation deutliche toxische Effekte. Die Vergiftungserscheinungen bei Hunden und Katzen treten erst nach einigen Stunden auf. Vergiftungssymptome sind: Speichelfluß und Erbrechen, ataktischer, unbeholfener Gang, Störung der Koordination, Tremor des Kopfes, motorische Unruhe, Steifheit der Extremitäten, beschleunigte Atmung, beschleunigter Puls, Krämpfe, allgemeine Schwäche der Respiration, die schließlich zum Tod führt.[41,44–47]

Toxikologische Daten: *LD-Werte.* Condurangin: Die Dosis letalis für Hunde und Katzen wird mit 40 bis 45 mg/kg KG (p. o.), 30 mg/kg KG (s. c.) und 20 mg/kg KG (i. v.) angegeben.[47]
Die LD_{50}-Werte von einigen Condurangoglykosiden an der Maus wurden wie folgt bestimmt: Condurangoglykosid A_0: 75 mg/kg KG,[27,35] B_0: 615 mg/kg KG,[28,35] C_0: 375 mg/kg KG,[27,35] D_0: 630 mg/kg KG,[28,35] 20-*O*-Methylcondurangoglykosid D_0: 603 mg/kg KG,[28,35] 20-iso-*O*-Methylcondurangoglykosid D_0: 642 mg/kg KG.[28,35] Nähere Angaben fehlen.

Rezepturen: Vinum Condurango (Kondurangowein) *ÖAB 90*, Condurango vinum (Kondurangowein) *Helv VII*; s. ds. Hdb., Bd. 1, S. 698.

Gesetzl. Best.: *Offizielle Monographien.* Aufbereitungsmonographie der Kommission E am BGA "Condurango cortex (Condurangorinde)".[33]

Marsdenia cundurango hom. *HAB 1*

Synonyme: Condurango.

Monographiesammlungen: Marsdenia cundurango *HAB 1*.

Definition der Droge: Die getrocknete Rinde der Zweige und Stämme.

Stammpflanzen: *Marsdenia cundurango* REICHB. f.

Zubereitungen: Urtinktur aus der grob gepulverten Droge und flüssige Verdünnungen nach *HAB 1*, Vorschrift 4a mit Ethanol 62 % (*m/m*); Eigenschaften: Die Urtinktur ist eine goldgelbe Flüssigkeit mit würzig-aromatischem Geruch und bitterem Geschmack.
Darreichungsformen: Urtinktur, flüssige Verdünnungen, Streukügelchen, Verreibungen, Tabletten, flüssige Verdünnungen zur Injektion, Salben.[42]

Identität: Prüflösung ist ein ethanolischer (70 %) Drogenextrakt bzw. die Urtinktur. Nach Zugabe von Natriumhydroxidlsg. zur Prüflösung entsteht eine intensive Gelbfärbung. Diese Mischung fluoresziert im ultravioletten Licht bei 365 nm grün. Nach Zugabe von Eisen(III)chloridlsg. färbt sich die Prüflösung dunkelbraun. Nach Einengen der Prüflösung wird der Rückstand in Wasser aufgenommen. Beim Erwärmen auf 80 °C trübt sich die Lösung und wird beim Abkühlen wieder klar.
DC der Prüflösung:
- Referenzsubstanzen: Cholesterin, Phloroglucin und Resorcin;
- Sorptionsmittel: Kieselgel GF_{254};
- FM: Dichlormethan-Methanol (9 + 1);
- Detektion: Besprühen mit Anisaldehyd-Sprühreagenz und 10 min auf 105 bis 110 °C erhitzen; Auswertung innerhalb von 10 min bei Tageslicht.
- Auswertung: Das Chromatogramm der Untersuchungslösung zeigt kurz über dem Start einen braunen Fleck. Zwischen diesem und der Höhe der Vergleichssubstanz Phloroglucin liegen gleichmäßig verteilt drei grüne Flecke. Auf der Höhe oder dicht unter der Vergleichssubstanz Resorcin liegt ein blauer, wenig darüber ein grüner Fleck. Wenig unterhalb des Cholesterins liegt ein grüner und deutlich oberhalb des Cholesterins ein violetter Fleck. Auf der Höhe des Phloroglucins können zwei schwache, grünliche und auf der Höhe des Cholesterins ein violetter Fleck auftreten.

Reinheit: *Droge.*
- Fremde Bestandteile: s. Condurango cortex *DAC 86*.
- Asche: Höchstens 12,0 %.

Urtinktur.
- Relative Dichte: 0,885 bis 0,905.
- Trockenrückstand: Mind. 1,4 %.

Lagerung: Vor Licht geschützt.

Anwendungsgebiete: Die Anwendungsgebiete entsprechen dem homöopathischen Arzneimittelbild. Dazu gehören: Risse und Geschwüre an den Lippen und am After; Entzündung und Verengung der Speiseröhre.[42]

Dosierung und Art der Anwendung: *Zubereitung.* Soweit nicht anders verordnet: Bei akuten Zuständen häufige Anwendung alle halbe bis ganze Stunde je 5 Tropfen oder 1 Tablette oder 10 Streukügelchen oder 1 Messerspitze Verreibung einnehmen; parenteral 1 bis 2 mL bis zu 3mal täglich s.c. injizieren; Salben 1- bis 2mal täglich auftragen. Bei chronischen Verlaufsformen 1- bis 3mal täglich 5 Tropfen oder 1 Tablette oder 10 Streukügelchen oder 1 Messerspitze Verreibung einnehmen; parenteral 1 bis 2 mL pro Tag s.c. injizieren; Salben 1- bis 2mal täglich auftragen.[42]

Unerwünschte Wirkungen: Nicht bekannt. Hinweis: Es können vorübergehend Erstverschlimmerungen vorkommen, die jedoch unbedenklich sind.[42]

Gegenanzeigen/Anwendungsbeschr.: Nicht bekannt.[42]

Wechselwirkungen: Nicht bekannt.[42]

Gesetzl. Best.: *Offizielle Monographien.* Aufbereitungsmonographie der Kommission D am BGA "Marsdenia cundurango (Condurango)".[42]

Condurango hom. *PFX*

Synonyme: Marsdenia condurango.

Monographiesammlungen: Condurango pour préparations homéopathiques *PFX*.

Definition der Droge: Die getrocknete Stammrinde.

Stammpflanzen: *Marsdenia cundurango* REICHB. f. (als *Marsdenia condurango* NICHOLS.).

Zubereitungen: Urtinktur mit Ethanol nach der Monographie "Préparations Homéopathiques" *PFX*; Eigenschaften: Die Urtinktur ist eine gelbe Flüssigkeit mit pfefferartigem Geruch und bitterem und zusammenziehendem Geschmack; Ethanolgehalt 65 % (*V/V*).

Identität: Prüflösung ist ein ethanolischer Drogenextrakt bzw. die Urtinktur.
Zur Prüflösung wird eine essigsaure Eisensulfatlsg. zugegeben. Mit dieser Mischung wird eine schwefelsaure Eisensulfatlsg. überschichtet. Es bildet sich ein blauschwarzer Ring zwischen den beiden Phasen. Die Oberphase ist grünblau und die Unterphase rotbraun gefärbt.
Zur Prüflösung werden Wasser und eine konz. Natriumhydroxidlsg. zugegeben. Die Lösung färbt sich gelb, und im UV 365 nm beobachtet man eine grüne Fluoreszenz.

Die Prüflösung wird mit Ether ausgeschüttelt. Ein Teil der Etherphase wird zur Trockene eingedampft. Zum Rückstand wird eine Mischung aus Essigsäureanhydrid, Chloroform und Schwefelsäure zugegeben. Es entsteht eine rotgrünliche Farbe. DC der Prüflösung:

- Sorptionsmittel: Kieselgel G (2 Platten);
- FM: Butanol-Eisessig-Wasser (40 + 10 + 10);
- Detektion: Direktauswertung im UV 365 nm, anschließend Platte 1: Besprühen mit Reagenz aus Essigsäureanhydrid-Schwefelsäure-Ethanol (5 + 5 + 50) und Auswertung im UV 365 nm, Platte 2: Besprühen mit 0,1 N Kaliumpermanganatlsg. und 10 min auf 100 bis 105 °C erhitzen, Auswertung im Vis;
- Auswertung: Unter UV 365 nm sieht man drei blau gefärbte Banden im Rf-Bereich 0,1, 0,15 und 0,35. Nach Besprühen des 1. Chromatogramms findet man eine anthrazitfarbene Bande Rf = 0,25, eine türkisfarbene Bande Rf = 0,35, eine grüne Bande Rf = 0,6, eine ockerfarbene Bande Rf = 0,65 und eine kastanienbraune Bande Rf = 0,95. Nach Besprühen des 2. Chromatogramms mit Kaliumpermanganat findet man im Rf-Bereich = 0,5 (intensive Bande), 0,65, 0,85 und 0,95 eine Reihe von Banden, die gelb aus dem rosavioletten Hintergrund hervortreten.

Reinheit: *Urtinktur.* Trockenrückstand: Mind. 1 %.

Condurango hom. *HPUS 88*

Monographiesammlungen: Condurango *HPUS 88.*

Definition der Droge: Die Rinde.

Stammpflanzen: *Marsdenia cundurango* REICHB. f.

Zubereitungen: *Urtinktur.* Herstellung durch Mazeration oder Perkolation der frischen oder getrockneten Droge mit Ethanol nach den allgemeinen Zubereitungsvorschriften (Class C) der *HPUS 88*. Ethanolgehalt 65 % (*V/V*).

Gehalt: *Urtinktur.* Arzneigehalt $^1/_{10}$.

1. El-Gazzar A, Hamza MK (1980) Phytologia 45:1–16
2. Morillo G (1978) Acta Botanica Venezuelica 13:23–45
3. Rothe W (1915) Bot Jahrb 52:354–409
4. Merxmüller H (1967) Prodromus einer Flora von Südwestafrika, Verlag von J. Cramer, Lehre, Bd. 114, S. 1–10, 41–42
5. Sir Thiselton-Dyer WT (1904) Flora of Tropical Africa, L. Reeve & Co., Ltd., The Oast House, Brook, Ashford (Kent), S. 417
6. Gilg E, Brandt W, Schürhoff PN (1927) Lehrbuch der Pharmakognosie, 4. Aufl., Springer-Verlag, Berlin
7. Tschesche R, Kohl H (1968) Tetrahedron 24:4.359–4.371
8. Berger S, Junior P, Kopanski L (1988) Phytochemistry 19:1.451–1.458
9. Shobha S, Maheshwari PK, Anakshi K (1980) Phytochemistry 19:2.427–2.430
10. Shobha S, Maheshwari PK, Anakshi K (1980) Phytochemistry 19:2.431–2.433
11. Miyakawa S, Yamaura K, Hayashi K, Kaneko K, Mitsuhashi H (1986) Phytochemistry 25:2.431–2.433
12. Duff AG, Gellert E, Rudazats RM (1973) Phytochemistry 12:2.943–2.945
13. Tschesche R, Moecke D, Marwede G (1970) Liebigs Ann Chem 742:51–58
14. Saner A, Zerlentis C, Stocklin W, Reichstein T (1970) Helv Chim Acta 53:221–245
15. Hgn, Bd. III, S. 212–219, Bd. VIII, S. 87
16. Hag, Bd. V, S. 706–708
17. Schultze-Motel J (Hrsg.) (1986) Rudolf Mansfeld, Verzeichnis landwirtschaftlicher und gärtnerischer Kulturpflanzen (ohne Zierpflanzen), 2. Aufl., Springer-Verlag, Berlin Heidelberg New York Tokyo, Bd. 2, S. 1.086–1.087
18. Helv VII
19. DAC 86
20. Berger F (1948) Handbuch der Drogenkunde, Verlag Wilhelm, Maudrich, Wien, Bd. 1, S. 124–128
21. Koch H, Steinegger E (1981) Pharm Acta Helv 56:244–248
22. Koch H, Steinegger E (1982) Pharm Acta Helv 57:211–214
23. Pailer M, Ganzinger D (1975) Monatsh Chem 106:37–54
24. Yamagishi T, Hayashi K, Mitsuhashi H (1972) Chem Pharm Bull 20:2.289–2.291
25. Hayashi H, Mitsuhashi H (1970) Abstract Papers 90th Annual Meeting of Pharmaceutical Society of Japan, S. 215
26. Tschesche R, Kohl H, Welzel P (1967) Tetrahedron 23:1.461–1.671
27. Hayashi K, Wada K, Mitsuhashi H, Bando H, Takase M, Terada S, Koide Y, Aiba T, Narita T, Mizuno D (1980) Chem Pharm Bull 28:1.954–1.958
28. Hayashi K, Wada K, Mitsuhashi H, Bando H, Takase M, Terada S, Koide Y, Aiba T, Narita T, Mizuno D (1981) Chem Pharm Bull 29:2.725–2.730
29. Steinegger E, Brunner P (1977) Pharm Acta Helv 52:139–142
30. Koch H, Steinegger E (1978) Pharm Acta Helv 53:56–58
31. Kämpf R (1973) Schweiz Apoth Ztg 111:195–197
32. Blumberger W, Glatzel H (1966) Planta Med 15 (Suppl):52–61
33. BAz Nr. 193a vom 15.10.1987 in der Fassung vom BAz Nr. 50 vom 13.03.1990
34. Abott BJ, Leiter J, Hartwell JL, Perdue jr. RE, Schepartz SA (1966) Cancer Res 26:34–165
35. Abe S, Mizuno D, Narita T, Mitsuhashi H, Takase M, Hayashi K (1981) Belg BE 887,793 JP Appl. 80/27,697, zit. nach CA 96:40887h
36. Arnold W, Jungstand W (1980). In: Tanneberger S (Hrsg.) Experimentelle und klinische Tumorchemotherapie – Allgemeine Tumortherapie, Gustav Fischer, Stuttgart, S. 107–137
37. Zenyaku Kogyo Co. Ltd., Jpn. Kokai Tokkyo Koho (1981) JP 56125400 A2 1 Oct. 1981 Showa, zit. nach CA 96:74620f
38. Zenyaku Kogyo Co. Ltd., Jpn. Kokai Tokkyo Koho (1981) JP 56147721 A2 16 Nov. 1981 Showa, zit. nach CA 96:110120d
39. Madaus G (1938) Lehrbuch der Biologischen Heilmittel, Heilpflanzen, Georg Thieme-Verlag, Leipzig, Bd. II, S. 1.070–1.074
40. Valnet J (1992) Phytothérapie, 6. Aufl., Maloine, Paris, S. 310

41. Kobert R (1893) Lehrbuch der Intoxikationen, Verlag F. Enke, Stuttgart, S. 661
42. BAz Nr. 217a vom 22.11.1985
43. Hoppe T (1905) Berl Klin Wochenschr: 1.038–1.039
44. Saner A, Zerlentis C, Stoecklin W, Reichstein T (1970) Helv Chim Acta 53:221–245
45. Jukna G (1888) Über Condurangin, Doktorarbeit, Dorpat
46. Jodlbauer A (1924) Handbuch der Experimentellen Pharmakoglogie, Springer-Verlag, Berlin, Bd. II, S. 1.563–1.585
47. Frohne D (1992). In: De Smet PAGM, Keller K, Hänsel R, Chandler RF (Hrsg.) Adverse Effects of Herbal Drugs, Springer-Verlag, Berlin Heidelberg New York London Paris Tokyo Hong Kong Barcelona Budapest, Bd. 1, S. 157–160
48. Killiani H (1896) Arch Pharm Ber Dtsch Pharmaz Ges 234:273
49. Keller CC (1895) Ber Dtsch Pharmaz Ges 5:275
50. Pesez M (1950) Bull Soc Chim Biol 32:701
51. Grimmer G, Kussner W, Lingner K (1966) Arzneim Forsch 10:28

Pa

Matricaria

HN: 2042300

Die systematische Zuordnung der "Echten Kamille" war immer wieder umstritten bzw. ungeklärt. Über lange Zeit war sie – als einzige Art mit pharmazeutisch wichtiger Bedeutung – der Gattung Matricaria unterstellt, was in den Angaben vieler Arzneibücher zur Stammpflanze noch Ausdruck findet. Entsprechend den Prioritätsregeln der systematischen Botanik ist die heute gültige wissenschaftliche Bezeichnung *Chamomilla recutita* (L.) RAUSCHERT.[1] Alle weiteren Angaben s. ds. Hdb. Bd. 4 → Chamomilla.

1. Rauschert S (1974) Folia Geobot Phytotax 9:249–260

RS

Maytenus

HN: 2025200

Familie: Celastraceae.

Unterfamilie: Celastroideae.

Tribus: Celastreae.

Gattungsgliederung: Der Name Maytenus ist eine Latinisierung von "Mayten", der volkstümlichen chilenischen Bezeichnung für *M. boaria* MOLINA.[1]
Die Gattung Maytenus MOLINA umfaßt nach ihrer Zusammenlegung mit Gymnosporia (WIGHT et ARN.) HOOKER über 200 Arten und ist damit die größte innerhalb der Celastraceen.[1–4]
Die Untergattung Pseudocelastrus LOES. schließt die beiden Arten *M. bilocularis* (F. MUELL.) LOES. und *M. disperma* (F. MUELL.) LOES. ein. Die Untergattung Eumaytenus LOES. wird in folgende Sektionen unterteilt: Coriifolia HARMS et LOES., Densiflora LOES., Fasciculata LOES., Laxiflora LOES., Leptophylla LOES., Magnifolia LOES., Microphylla LOES., Oxyphylla LOES., Pachyphylla LOES., Scytophylla LOES., Stenophylla LOES., Theoides LOES., Tricerma (LIEBM.) LOES., Trichomatophylla LOES. und Umbelliformes LOES.[1]
Die systematische Abgrenzung einiger Maytenus-Arten ist ausgesprochen schwierig. Besonders die in Afrika häufig vorkommende *M. heterophylla* (ECKL. et ZEYH.) ROBSON ist sehr formenreich. Von ihr allein sind 40 Synonyme bekannt, die in 4 Unterarten unterteilt werden.[5]
Maytansin (s. Inhaltsstoffgruppen) wurde erstmals aus einer äthiopischen Pflanze isoliert, die ursprünglich für *M. ovata* (WALL. ex WIGHT et ARN.) LOES., später für *M. obscura* (A. RICH.) CUF. gehalten wurde und heute für *M. serrata* (HOCHST. ex A. RICH.) R. WILCZEK angesehen wird.[6–9] *M. ovata* ist dagegen eine Species, die im südlichen Indien endemisch ist.[6,8] Eine andere, in Kenia und Tansania heimische Maytenus-Art, die früher ebenfalls für *M. ovata* gehalten wurde, ist als *M. buchananii* (LOES.) R. WILCZEK identifiziert worden.[8]

Gattungsmerkmale: Unbewehrte, immergrüne, meist vollkommen kahle, selten behaarte Bäume oder Sträucher mit wechselständigen, öfters zweizeiligen Blättern. Nebenblätter sehr klein, hinfällig. Blüten einzeln oder gebüschelt axillär oder zu einzelnen oder gebüschelten axillären Zymen vereinigt, sehr selten zu kurzen Rispen angeordnet, klein, weiß, gelb oder rötlich.
Blüten zwittrig oder eingeschlechtig, bisweilen diözisch. Kelch 5-, seltener 4spaltig; Kronblätter 5, seltener 4, abstehend. Diskus dick- oder dünnfleischig, flach ausgebreitet, fast kreisrund, selten fast becherförmig, undeutlich kerbig, 4- bis 5lappig oder 4- bis 5buchtig. Staubblätter 5, seltener 4, unterhalb des Diskusrandes oder an seinem Rande inseriert; Filamente pfriemlich; Antheren herz- bis eiförmig. Ovar kürzer oder länger kegelförmig, dem Diskus aufsitzend, ihm etwas eingesenkt oder in ihn übergehend, meist 2-, seltener 3fächerig; Griffel fehlend oder säulenartig; Narbe bisweilen sitzend, mehr oder weniger tief 2-, seltener 3lappig oder -gabelig, Gabeläste zweiteilig; Samenanlagen im Fache 1 oder 2, aufrecht. Kapsel länglich, verkehrt-eiförmig, birnenförmig oder fast kugelig, bisweilen 3kantig bis 3lappig, lederig, 2-, seltener 3fächerig, fachspaltig, 2- seltener 3klappig, 1- bis 6samig. Samen aufrecht, vom fleischigen Arillus ganz oder nur an der Basis umhüllt. Samenhaut krustenartig oder ledrig; Nährgewebe fleischig, reichlich oder fehlend; Embryo mit laubigen Keimblättern, Würzelchen nach unten.
Untergattung Pseudocelastrus: Blütenstände als einfache Trauben ausgebildet. Staminodien dem Rande des Diskus inseriert. Ovar 2fächerig.
Untergattung Eumaytenus: Blüten einzeln axillär oder einzeln lateral (d. h. in der Achsel von schuppenartigen Niederblättern), bisweilen eine kurze Scheintraube bildend, oder gebüschelt in den Blatt- oder Niederblattachseln oder einzeln axilläre (bzw. laterale), zymöse, d. h. meist dichasial verzweigte

Blütenstände bildend oder solche in den Blatt- oder Niederblattachseln gebüschelt, selten zu traubigen oder rispigen Blütenständen vereinigt oder zu solchen auseinandergezogen. Staminodien unterhalb des Diskus oder auf seinem Rande inseriert. Ovar zweizählig oder dreizählig.[1]

Verbreitung: Die Gattung Maytenus ist in den tropischen und subtropischen Regionen verbreitet.[1] 70 Arten kommen in Zentral- und Südamerika vor, die meisten in Brasilien, 2 in Chile,[10] 5 in Venezuela[11] und 8 in Argentinien.[3]

15 Arten von Bäumen und Sträuchern wachsen in Süd- und Südwestafrika, sowohl in Gebieten mit hohen Niederschlägen als auch in ariden Regionen.[2] 17 Arten werden im tropischen Afrika und im tropischen Arabien gefunden.[6]

In Europa kommt nur eine Art, *M. senegalensis* LAMK., an felsigen Stellen in Südspanien zwischen Málaga und Almería vor.[196]

Inhaltsstoffgruppen: *Macrocyclische Alkaloide (Ansa-Macrolide).* Die Gattung Maytenus ist chemotaxonomisch besonders gekennzeichnet durch die Anwesenheit von cytotoxisch aktiven Ansa-Macroliden; deren Hauptmerkmal ist ein 19gliedriger Ansa-Macrocyclus mit halogeniertem Aromaten, einer Carbinolamin- und einer Epoxid-Funktion.[12,13]

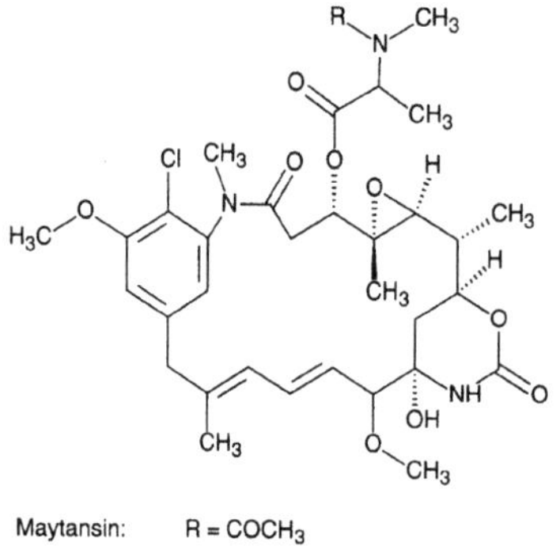

Maytansin:	R = $COCH_3$
Maytanprin:	R = COC_2H_5
Maytanbutin:	R = $COCH(CH_3)_2$
Maytanvalin:	R = $COCH_2CH(CH_3)_2$

Macrocyclische Alkaloide in der Gattung Maytenus

Die Bezeichnung "Maytansinoide" bezieht sich auf alle Ansa-Macrolide, die strukturell dem Maytansin verwandt sind; als "Maytanside" bezeichnet man solche, die zwar ein macrocyclisches Ringsystem, aber keine Estergruppierung aufweisen.[15] Maytansinoide kommen im Pflanzenreich nur in äußerst geringen Mengen vor. Ob sie tatsächlich Syntheseprodukte der betreffenden Pflanzen oder aber der mit ihnen vergesellschafteten Mikroorganismen sind, ist noch ungeklärt.[16,17,197] Das Vorkommen der ähnlich gebauten Ansamycine in der Ascomyceten-Gattung Nocardia[18–20] läßt offen, ob Nocardia etwa wie ein Mykorrhiza-Pilz in der Wurzel von Maytenus lebt oder ob nur ein Maytansin programmierender Genkomplex (vielleicht ein Plasmid) in die höhere Pflanze übergetreten ist.[21] Andererseits finden sich Maytansin und die Maytansinoide bei den höheren Pflanzen nur in den Celastraceen-Gattungen Maytenus und Putterlickia sowie in den Rhamnaceen (*Colubrina texensis* GRAY). Die engen phylogenetischen Beziehungen zwischen den beiden Ordnungen Celastrales und Rhamnales lassen es deshalb auch möglich erscheinen, daß die Maytansinoide Biosyntheseprodukte der Pflanzen selbst und nicht parasitärer Mikroorganismen sind.[17,22]

Maytansinoide werden in einer ganzen Reihe von Maytenus-Arten gefunden: Maytansin in *M. diversifolia*,[32,33] *M. emarginata*,[34] *M. guangxiensis*,[37] *M. ilicifolia*,[40,41] *M. phyllanthoides*[14] und *M. serrata*;[13,43] Maytansin und Maytanprin in *M. confertiflora*[29–31] und *M. ovata*;[42] Maytansin, Maytanprin und Maytanbutin in *M. austroyunnanensis*,[23,24] *M. berberoides*,[23,24] *M. esquirolii*,[23] *M. graciliramula*,[23,35,36] *M. hookeri*,[27,38,39] *M. inflata*,[23] *M. rothiana*,[14] *M. royleana*[23] und *M. variabilis*.[191] Aus *M. buchananii* wurden Maytansin, Maytanprin, Maytanbutin, Maytanvalin, Maysin, Normaysin, Maysenin und Normaytansin isoliert.[15,22,25–28]

Zur Isolierung der Maytansinoide s. unter Zubereitungen von Maytenus-serrata-Früchten.

Triterpene. Nichtchinoide Triterpene vom Lupan-, Oleanan- und Friedelan-Typ,[31,44–58] wie Maytenfoliol, Maytenfolsäure und Maytensifolin A, B und C.[194] Chinoide Triterpene (Triterpenchinone) vom Celastrol-Pristimerin-Typ (Celastroloide) wie Celastrol, Pristimerin, Tingenon, 22-Hydroxytingenon, Dispermochinon und Iguesterin.[45,46,49,54,58,59–68,195,197] Iguesterin ist chemotaxonomisch von Interesse, denn es kommt in *M. canariensis* und *M. horrida*, aber auch in "Kat" (*Catha edulis*) vor; auch *M. canariensis* wird von den Bewohnern der Kanarischen Inseln gegen Müdigkeit gekaut.[49]

Diterpene. Monomere und Bis-Diterpene vom Ferruginol- und Totarol-Typ wie Maytenon, Maytenochinon, 7-Oxoferruginol (Sugiol), 12-Methoxytotarol (Dispermol) und 12-Hydroxy-7-oxototarol (Dispermon).[12,45,69,70]

Sesquiterpene. Sesquiterpene vom Typ des *β*-Dehydroagarofurans[12] und des Eudesmans,[71] Sesquiterpenester[72–77] und Sesquiterpenalkaloide wie Emarginatin A und B, Maytein, Maymyrsin und Acetylmaymyrsin.[34,48,79,80,192]

Alkaloide. Macrocyclische Spermidinalkaloide wie Mayfolin, *N*(1)-Acetyl-*N*(1)-deoxymayfolin, Cellacinnin, Maytenin, Horridin, Wilforin, Loesenerin, 17,18-Dihydroloesenerin und 16,17-Didehydroloesenerin-18-ol,[34,43,81–91] ferner Xanthinalkaloide.[90,91]

Phenolische Verbindungen. Flavonole und Flavonolglykoside,[92] Proanthocyanidine und 4'-*O*-Methyl-(–)-epigallocatechin,[48,93] ferner Benzoesäure, Kaffeesäure, Ferulasäure und Chlorogensäure[91] sowie Bernsteinsäure, Syringasäure, 3-Hydroxykojisäure und Loliolid.[30]

Verbreitet in Maytenus-Arten ist der sechswertige Zuckeralkohol Dulcitol familientypisch für zahlreiche Celastraceen.[30,35,197]

Eine Maytenus-Art schließlich, *M. acuminata*, enthält in Blättern, Stammholz und Früchten elastische Fasern aus Polyisopren. Mit einem Gehalt von über 2,5 % Balata in der Frischmasse gilt sie daher als eine potentielle Quelle für Naturgummi.[94,95]

Drogenliefernde Arten: *M. boaria*: Maytenus-boaria-Blätter; *M. heterophylla*: Maytenus-heterophylla-Blätter, Maytenus-heterophylla-Rinde, Maytenus-heterophylla-Wurzeln; *M. ilicifolia*: Maytenus-ilicifolia-Blätter, Maytenus-ilicifolia-Wurzeln; *M. laevis*: Maytenus-laevis-Blätter, Maytenus-laevis-Rinde; *M. mossambicensis*: Maytenus-mossambicensis-Blätter; *M. obscura*: Maytenus-obscura-Blätter; *M. phyllanthoides*: Maytenus-phyllanthoides-Rinde; *M. putterlickioides*: Maytenus-putterlickioides-Wurzeln; *M. senegalensis*: Maytenus-senegalensis-Blätter, Maytenus-senegalensis-Rinde, Maytenus-senegalensis-Wurzeln; *M. serrata*: Maytenus-serrata-Früchte; *M. undata*: Maytenus-undata-Wurzeln.

Maytenus boaria MOLINA

Synonyme: *Boaria chilensis* DC., *B. molinae* DC., *Celastrus maytenus* WILLD., *C. uncinatus* RUIZ et PAV., *Maytenus chilensis* DC., *M. crenulatus* PRESL, *Senacia maytenus* LAM.[10,96]

Sonstige Bezeichnungen: Chile: Horco mollo, maitén.

Botanische Beschreibung: Bis zu 25 m hoch werdender Baum mit kugelförmigem Wipfel und schlanken, manchmal hängenden Ästen; vollständig unbehaart; Stipeln 0,6 bis 2 mm, schmal, etwas gesäumt; Blattstiele 2 bis 5 mm; wechselständige, eiförmig-lanzettliche bis linear-lanzettliche, seltener länglich-lanzettliche (var. *angustifolia* TUREZ) oder breite Blätter. Blattrand ungezähnt oder undeutlich gekerbt; Lamina 1 bis 8 × 0,4 bis 4 cm; häutig bis fast lederartig, gleich oder verschiedenfarben, spitz, selten stumpf; Blattnervatur auf beiden Seiten hervortretend. Blüten zahlreich in den Blattachseln vereinigt. Kronblätter schmutzigweiß oder grünlich, dreimal so lang wie der Kelch, elliptisch oder oval. Staubgefäße 1,8 bis 2,3 mm, Antheren 0,8 bis 1 mm. Diskus kräftig, pentagonal. Fruchtknoten eiförmig, 2fächerig; Griffel kurz. Kapselfrucht 5 bis 7 × 5 bis 6,5 mm, eiförmig oder ellipsoid, 2fächerig, mit 1 bis 2 länglich-ovalen Samen, die etwa 5 mm lang, ganz oder fast ganz mit einem roten fleischigen Arillus bedeckt sind.[1,10,96]

Maytenus boaria: **a** Samen, vom Arillus bedeckt (vergrößert), **b** blühender Zweig

Inhaltsstoffe: *Sesquiterpene.* Aus den Samen von *M. boaria* wurden 3 Sesquiterpene vom Eudesman-Typ isoliert: Eumaitenin, Eumaitenol und Acetylmaitenol.[71]

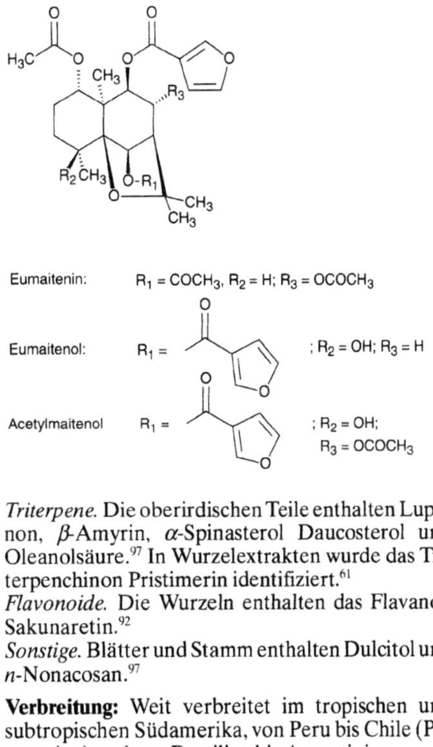

Triterpene. Die oberirdischen Teile enthalten Lupenon, β-Amyrin, α-Spinasterol Daucosterol und Oleanolsäure.[97] In Wurzelextrakten wurde das Triterpenchinon Pristimerin identifiziert.[61]
Flavonoide. Die Wurzeln enthalten das Flavanon Sakunaretin.[92]
Sonstige. Blätter und Stamm enthalten Dulcitol und *n*-Nonacosan.[97]

Verbreitung: Weit verbreitet im tropischen und subtropischen Südamerika, von Peru bis Chile (Patagonien) und von Brasilien bis Argentinien.

Drogen: Maytenus-boaria-Blätter.

Maytenus-boaria-Blätter

Definition der Droge: Die getrockneten Blätter.

Stammpflanzen: *Maytenus boaria* MOLINA.

Herkunft: In Europa keine Handelsware.

Inhaltsstoffe: Aus den Blättern wurden Daucosterol, Dulcitol, Lupenon, β-Amyrin, Oleanolsäure, β-Sitosterol, α-Spinasterol, Hentriacontanol und *n*-Nonacosan isoliert.[97]

Wirkungen: Ein ethanolischer Extrakt aus Blättern und Stamm von *M. boaria* soll *in vivo* signifikant wirksam gegen P388-Lymphocytenleukämie-Zellen, aber *in vitro* inaktiv sowohl gegen Zellen von humanem epidermoiden Nasopharynx-Carcinom (KB), als auch gegen Zellen von L1210-lymphoider Leukämie sein. Nach Ansicht der Autoren sollen von den Bestandteilen des ethanolischen Extraktes Dulcitol und β-Sitosterol für einen Teil der Antitumor-Wirksamkeit verantwortlich sein. β-Sitosterol ist der Hauptbestandteil der cytotoxisch aktiven Sterolfraktion. Inaktiv sowohl im KB- als auch im PS-Leukämie-Testsystem sind die aus *M. boaria* isolierten Verbindungen β-Amyrin, Lupenon, Oleanolsäure, Palmitinsäure, Hentriacontanol und *n*-Nonacosan.
Die biologischen Untersuchungen wurden unter den Auspizien des Cancer Chemotherapy National Service Center (CCNSC), National Cancer Institute, Bethesda, Maryland (USA), durchgeführt. Detaillierte Testergebnisse sind nicht ersichtlich.[97,98]

Volkstümliche Anwendung und andere Anwendungsgebiete: Die Blätter werden in Chile als Fiebermittel verwendet.[1,100,198] *M. boaria* soll ferner gegen die von *Lithraea caustica* HOOK. verursachten Anschwellungen und Entzündungen wirksam sein.[90] Die Wirksamkeit der Droge bei diesen Indikationen ist nicht belegt.

Maytenus heterophylla (ECKL. et ZEYH.) ROBSON

Synonyme: *Cassine szyszylowiczii* KUNTZE, *Catha buxifolia* (L.) G. DON, *C. cymosa* (SOLAND.) PRESL, *C. heterophylla* (ECKL. et ZEYH.) PRESL, *Celastrus andongensis* OLIV., *C. angularis* SOND., *C. buxifolius* L., *C. cymosus* SOLAND., *C. ellipticus* THUNB., *C. empleurifolius* ECKL. et ZEYH., *C. goniecaulis* ECKL. et ZEYH., *C. heterophyllus* ECKL. et ZEYH., *C. multiflorus* LAM., *C. parvifolius* ECKL. et ZEYH., *C. patens* ECKL. et ZEYH., *C. polyacanthus* sensu EYLES, *C. polyanthemos* ECKL. et ZEYH., *C. rhombifolius* ECKL. et ZEYH., *C. spatephyllus* ECKL. et ZEYH., *C. venenatus* ECKL. et ZEYH., *Elaeodendron glaucum* sensu SZYSZYL., *Gymnosporia acanthophora* LOES., *G. angularis* (SOND.) SIM., FOR. et FOR., *G. beniensis* ROB. et LAW., *G. brevipetala* LOES., *G. capitata* var. *tenuifolia* LOES., *G. condensata* SPRAGUE, *G. crataegiflora* DAVISON, *G. elliptica* (THUNB.) SCHONL., *G. glauca* LOES., *G. heterophylla* (ECKL. et ZEYH.) LOES., *G. maranguensis* (LOES.) LOES., *G. rhombifolia* (ECKL. et ZEYH.) BOLUS et WOLLEYDOD., *G. senegalensis* var. *maranguensis* LOES., *G. trigyna* sensu PERRIER, *G. uniflora* DAVISON, *G. woodii* SZYSZYL., *Maytenus andongensis* (OLIV.) EXELL et MENDONÇA, *M. angolensis* EXELL et MENDONÇA, *M. brevipetula* (LOES.) WILCZ., *M. cymosa* (SOLAND.) EXELL, *M. senegalensis* (LAM.) EXELL sensu DALE et GREENWAY.[2,6,104]

Sonstige Bezeichnungen: Südafrika: Gifdoring, inGqwangane, inGqwangane yehlanze, isiHlangu (Sw), lemoendoring, mopasu (NS), mothono (Tsw), motlhono, murowanyero (Mbuk), pendoring, sefeamaeba se senyenyane (SS), shihlangwa (Tso), tshipandwa (V), umQaqoba (X), uSolo (Z); Tansania: Mjengamanyigu (Swahili), Ndegamau (Makonde).[104]

Systematik: *M. heterophylla* ist ausgesprochen formenreich und wird in 4 Unterarten unterteilt: Subsp. *heterophylla* mit Staubgefäßen und Griffel kürzer als die Blütenblätter; subsp. *arenaria* und subsp. *puberula* mit die Blütenblätter überragenden Staubgefäßen in den männlichen und Griffel in den weiblichen Blüten, Blütenblätter auch fein behaart; subsp. *glauca* mit rötlichpurpurnen jungen Zweigen, graugrünen Blättern ohne hervortretende Nervatur.[6]

Botanische Beschreibung: Kahler Strauch oder Baum von 1 bis 7 m Höhe. Junge Zweige grün bis braun, später dunkelgrau bis purpurbraun mit glatter oder leicht furchiger Rinde. Die graugrünen Blätter variieren in Gestalt und Aussehen und haben eine hervortretende Nervatur. Die diözischen, etwa 2 bis 5 mm großen weißlichen Blüten verbreiten einen unangenehmen Geruch und sitzen in dichasial verzweigten Blütenständen, meist in den Achseln von Kurztrieben. Die weiblichen Blüten sind kleiner als die männlichen und haben Staminodien, die kürzer sind als die Fruchtknoten. Die ledrige, gelbe bis rötliche Kapsel enthält 1 bis 3 Samen, die etwa zur Hälfte von einem dünnen, gelblichen Arillus bedeckt sind.[2,4,5]

Verwechslungen: *M. heterophylla* wird häufig mit *M. senegalensis* (s. dort) verwechselt.

Verbreitung: Äthiopien, Somalia und Sudan. Auch in Kenia, Tansania, Uganda. Angola, Burundi, Madagaskar, Malawi, Mozambique, Ruanda, Südafrika, St. Helena, Zaire, Zambia und Zimbabwe.
In Wäldern und Buschrändern, oft in Flußgebieten; in einer Höhe von 30 bis 2.620 m.

Drogen: Maytenus-heterophylla-Blätter, Maytenus-heterophylla-Rinde, Maytenus-heterophylla-Wurzeln.

Maytenus-heterophylla-Blätter

Definition der Droge: Die getrockneten Blätter.

Stammpflanzen: *Maytenus heterophylla* (ECKL. et ZEYH.) ROBSON subsp. *heterophylla*.

Herkunft: In Europa keine Handelsware.

Volkstümliche Anwendung und andere Anwendungsgebiete: Ein Aufguß der Blätter wird in Afrika bei Dysmenorrhöe[104] und zusammen mit der Rinde bei Diarrhöe verwendet.[6] Die Wirksamkeit der Droge bei diesen Indikationen ist nicht belegt.

Maytenus-heterophylla-Rinde

Definition der Droge: Die getrocknete Rinde.

Stammpflanzen: *Maytenus heterophylla* (ECKL. et ZEYH.) ROBSON subsp. *heterophylla.*

Herkunft: In Europa keine Handelsware.

Inhaltsstoffe: Die Rinde enthält das Spermidinalkaloid Celacinnin,[81] ein *trans*-Cinnamoylspermidin.[4,43]

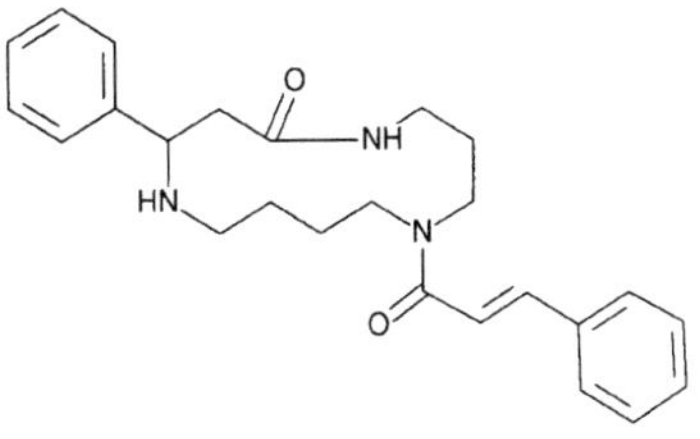

Celacinnin

Volkstümliche Anwendung und andere Anwendungsgebiete: *M. heterophylla* hat in der Volksmedizin des südlichen Afrikas eine weite Verbreitung. Die Rinde gilt als Heilmittel bei Dysenterie. Ein Aufguß aus der Rinde wird gegen Diarrhöe verwendet.[101] Die Wirksamkeit bei diesen Anwendungsgebieten ist nicht belegt.

Maytenus-heterophylla-Wurzeln

Definition der Droge: Die getrockneten Wurzeln.

Stammpflanzen: *Maytenus heterophylla* (ECKL. et ZEYH.) ROBSON subsp. *heterophylla.*

Herkunft: In Europa keine Handelsware.

Volkstümliche Anwendung und andere Anwendungsgebiete: Ein Decoct der Wurzeln wird in Afrika bei Erkältung und Husten,[101] zur Behandlung von Epilepsie und ernsten Abszessen[102] sowie bei Wurmkrankheiten, Hernien und Syphilis verwendet.[103] In Malawi dient das Decoct ferner zur Behandlung von Krämpfen bei Kindern.[6] Die Wirksamkeit bei diesen Indikationen ist nicht belegt.

Maytenus ilicifolia MART. ex REISS.

Synonyme: *Nemopanthes andersonii* hort.

Sonstige Bezeichnungen: Argentinien: Congorosa, sombra de toro, yerba del toro; Brasilien: Cancerosa, cancrosa, coronilho-do-campo, espinheira santa, espinho-de-deus; Chile: Mayten.

Botanische Beschreibung: Strauch oder Baum, bis zu 5 m hoch, diözisch, Zweige nicht gestachelt, mit elliptischen bis lanzettlichen, 2 bis 15 cm langen und 1 bis 7 cm breiten, dick oder dünner ledrigen, stachelig gezähnten Blättern, mit beiderseits 4 bis 7 Stachelzähnen, bisweilen vollkommen ganzrandig und mit deutlicher Nervatur; kurze Blattstiele. Blüten zu Büscheln vereinigt in den Blattachseln. Tragblätter rötlich gesäumt; Kelchblätter rötlich; Blütenblätter elliptisch oder oval, gelb. Männliche Blüten mit 2 mm langen Staubgefäßen; Antheren 0,5 bis 0,7 mm lang; Fruchtknoten vom Diskus bedeckt. Weibliche Blüten mit 1 mm langen Staubgefäßen, Diskus dickfleischig, 5lappig. Ovarium eiförmig, dem Diskus aufsitzend. Fruchtkapsel rötlich, 2fächerig, mit 1 bis 4 Samen je Kapsel; die Samen rötlich, mit dünnem Arillus.[1,3]

Inhaltsstoffe: *Maytansinoide.* Aus Blättern und Zweigen von *M. ilicifolia* wurden die Maytansinoide Maytansin, Maytanprin und Maytanbutin isoliert. Der Maytansinoidgehalt beträgt durchschnittlich 5,331 µg (2,162 µg Maytansin + 2,377 µg Maytanprin + 0,792 µg Maytanbutin) in 9 g Pflanzenmaterial. In einer 9 g-Probe aus Wurzeln und Stamm wurden durchschnittlich 8,981 µg Maytansinoide gefunden.[40]

Verbreitung: In Bolivien, Südbrasilien, Uruguay. Im Osten Argentiniens in den Provinzen Chaco, Jujui, Misiones und Salta. Sporadisch im Nordosten der Provinz Buenos Aires.

Drogen: Maytenus-ilicifolia-Blätter, Maytenus-ilicifolia-Wurzeln.

Maytenus-ilicifolia-Blätter

Definition der Droge: Die getrockneten Blätter.

Stammpflanzen: *Maytenus ilicifolia* MART. ex REISS.

Herkunft: Südamerika.

Verfälschungen/Verwechslungen: *M. ilicifolia* wird manchmal mit Yerba Mate verwechselt oder dient auch zur Verfälschung derselben.[113]

Inhaltsstoffe: *Xanthinalkaloide.* In den Blättern von *M. ilicifolia* sind 1,66 bis 1,8 % Coffein nachgewiesen worden.[90,109] Dieser Befund konnte von anderer Seite nicht bestätigt werden.[110,111]

Zubereitungen: Aufgüsse, Decocte, Extrakte, Pulver, Elixiere usw.[112,113]

Wirkungen: *Antimikrobielle Wirkung.* Das chinoide Triterpen Maitenin (= Tingenon), besitzt *in vitro* eine Hemmwirkung gegen grampositive Bakterien.[105,107] Die maximale Hemmkonzentration (MHK) beträgt bei *Bacillus subtilis* 0,3 bis 0,5 µg/mL, *Staphylococcus aureus* W 0,5 bis 1,0 µg/mL, *Staphylococcus lutea* 0,3 bis 0,5 µg/mL, *Streptococcus faecalis* 1,0 bis 2,0 µg/mL, *Streptococcus haemolyticus* 0,5 bis 1,0 µg/mL, *Escherichia coli* N > 200,0 µg/mL, *Salmonella typhosa* > 200,0 µg/mL, *Shigella paradysenterica* > 200,0 µg/mL, *Brucella suis* ATCC 100,0 bis 200,0 µg/mL, *Mycobacterium smegmatis* 30,0 bis 50,0 µg/mL, *Candida albicans* IBB-50 > 200,0 µg/mL, *Neurospora crassa* IA 2083 > 200,0 µg/mL, *Penicillium lilacinum* 2023 > 200,0 µg/mL, *Gibberella fujikuroi* INA 9 50,0

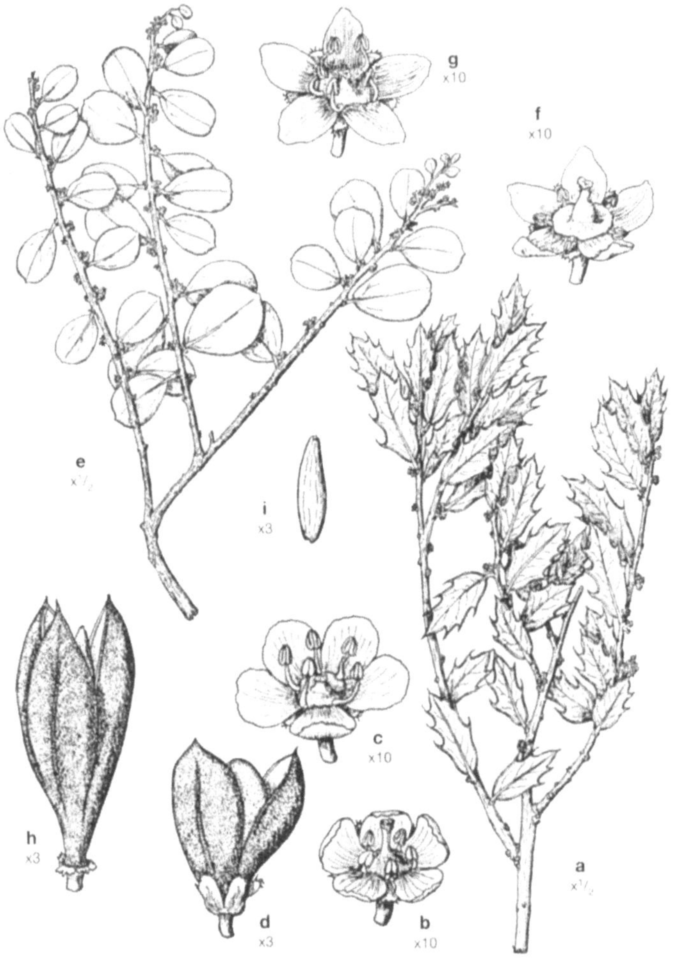

Maytenus ilicifolia Reiss.: **a** Blühender Zweig, **b** Weibliche Blüte, **c** Männliche Blüte, **d** Frucht; **e–i** Maytenus vitisidaea Gr.: **e** Blühender Zweig, **f** Weibliche Blüte, **g** Männliche Blüte, **h** Frucht, **i** Samen.

bis 100,0 µg/mL, *Geotrichum candidum* IMUR > 200,0 µg/mL, *Aspergillus niger* ATCC 1015 > 200,0 µg/mL.[105]

Ulcusprotektive Wirkung. Die wasserlöslichen Extraktivstoffe aus *M. ilicifolia* (1 mL Lyophilisatlsg. = 136 mg/kg KG) zeigen an Ratten nach p.o. und i.p. Applikation eine ausgeprägte Schutzwirkung gegen die durch Indometacin, Reserpin oder Immobilisierung bei niedriger Temperatur (4 °C) induzierten Magenulcera. Die Wirkung ist mit der des Cimetidins (100 mg/kg KG p.o.) vergleichbar.[131] Die ulcusprotektive Wirkung ist dosisabhängig und im Dosisbereich von 85 bis 340 mg/kg KG Lyophilisat i.p. auch bei einem 16 Monate alten Extrakt noch gegeben.[132]

Bei einem Doppelblindversuch erhielten 23 Patienten mit hochgradiger Dyspepsie ohne Ulcus 28 Tage lang täglich entweder 2 Kapseln mit je 200 mg Lyophilisat aus einem M.-ilicifolia-Infus oder Placebo-Kapseln. Im Vergleich zur Placebo-Gruppe zeigte die Verum-Gruppe eine statistisch signifikante Besserung der allgemeinen Symptome der Dyspepsie, vor allem aber des Sodbrennens und der Schmerzen. Über Nebenwirkungen wurde nicht geklagt. 20 Patienten mit peptischen Ulcera, endoskopisch diagnostiziert, erhielten im Doppelblindversuch ebenfalls 2 Kapseln mit je 200 mg Lyophilisat oder Placebo-Kapseln. Angesichts der Zahl der Patienten, welche die Therapie abbrachen, und der auch in der Placebo-Gruppe abgeheilten Ulcera unterschieden sich die Ergebnisse statistisch nicht.[135]

Antitumorale Wirkung. Maitenin bewirkt in einer Dosierung von 2,2 mg/kg KG/Tag i.p. an Albinoratten mit Sarcoma-180-Tumoren nach 7 Tagen eine Tumorhemmung von 87 % und an Albinoratten mit Yoshida-Tumoren bei gleicher Dosis und Applikationsart eine Hemmung von 58 %. Von den Tieren überlebten 11 von 12 bzw. 15 von 18.[63,107] Maitenin ist nach topischer Applikation wirksam bei Patienten mit Basalzellencarcinom. Nach täglicher Behandlung mit 5 %iger Maiteninsalbe vernarbte das Epitheliom innerhalb von 15 bis 60 Tagen, abhängig von der Größe der Läsion, vollständig. Im Vergleich zu dem in gleicher Konzentration mitgetesteten Primin aus Miconia sp. und Plumbagin aus *Plumbago scandens* setzte die antineoplastische Wirkung des Maitenins später ein. Maitenin ist jedoch weniger hautreizend.[115]

Maytansin besitzt eine starke cytotoxische und antitumorale Wirkung. Es hemmt die Zellteilung ähnlich wie die Vinca-Alkaloide; die DNA-Synthese wird mehr als die RNA- oder die Proteinsynthese gehemmt.[116,117] Der Effekt auf die Mitosespindel scheint auf eine Hemmung der Tubulinpolymerisation zurückzuführen zu sein. Maytansin hemmt die Mitose 100mal stärker als Vincristin.[118] In einer Konzentration von 6×10^{-8} mol/L hemmt Maytansin irreversibel die Zellteilung der Eier von Muscheln und Seeigeln.[118] Die Wirkung beruht, ähnlich wie bei den Vinca-Alkaloiden Vincristin und Vinblastin, auf einer Mitosehemmung. Wie Vincristin wird Maytansin an Rattenhirntubulin gebunden. Maytansin inhibiert kompetitiv die Vincristinbindung an das Tubulin in einer Konzentration von $0{,}4 \times 10^{-6}$ mol/L.[119] Bei Pflanzen wirkt Maytansin antimitotisch, so im Callus-Bioassay von Tabakmark. Beim Reissämling besitzt es Antigibberellin-Aktivität, beim Hafer-Streckenwachstumstest zeigt es dagegen Auxineigenschaften.[120]

Maytansin ist hoch cytotoxisch für Mäuse-3T3-Zellen; in Dosen unterhalb des Hemmbereichs inhibiert es die focale Transformation durch murines Sarcomavirus (MSV).[121,122] *In vitro* hemmt Maytansin in Dosen von 10^{-3} bis 10^{-7} µg/mL das Wachstum von P388, L1210 und L5178Y murine Leukämie-Zellsuspensionen.[123] Ebenso werden *in vitro* humane Nasopharynxcarcinom-Zellen und die humane Lymphoblastenleukämielinie CEM in einer Dosierung von 10^{-7} µg/mL im Wachstum gehemmt.[123]

Maytansin ist ebenfalls *in vivo* wirksam. Das P388-Lymphoblastenleukämie-System wird über einen 50- bis 100fachen Dosisbereich gehemmt, so daß ein hoher therapeutischer Index zu vermuten wäre.[13,124] Maytansin hat ebenfalls eine signifikante Hemmwirkung gegen die L1210-Mäuseleukämie, das Lewis-Lungencarcinom und das murine B16-Melanocarcinom-Tumorsystem.[124] Die optimale antitumorale Dosierung beträgt 25 µg/kg KG/Tag i.p. für P388-, L1210- und B16-Tumorsysteme und 32 µg für das Lewis-Lungencarcinom.[125]

Maytansin ist auch am Menschen auf seine Eignung in der Tumortherapie untersucht worden. In Phase I-Studien wurde eine Antitumorwirkung bei i.v. Applikation an Patienten mit akuter lymphoblastischer Leukämie, non-Hodgkin-Lymphom, Melanom sowie Brust-, Kopf-, Hals- und Ovarial-Carcinom untersucht.[126] Die Initialdosis betrug 0,4 mg/m^2; die Dosis wurde bis auf 1,6 mg/m^2 gesteigert. Die kumulative Dosis betrug 6 mg/m^2 und mehr, mit einem Maximum von 11,7 mg/m^2.[126] Gastrointestinale Störungen wurden bei $^2/_3$ der Patienten festgestellt. Sie beinhalteten Diarrhöe, Abdominalkrämpfe, Nausea, Erbrechen und Anorexie. Die neurotoxischen Effekte, Polyneuropathie und generalisierte psychomotorische Depression, waren dosislimitierend.[126] In Phase II-Studien wurde die stärkste Antitumoraktivität bei Patienten mit akuter lymphoblastischer Leukämie und malignem Lymphom, auch bei bestehender Vincristin-Resistenz, beobachtet.[127] Eine Phase II-Studie an Patienten mit fortgeschrittenem Lungencarcinom ergab für Maytansin nur eine sehr limitierte Wirkung auf das metastasierende Lungencarcinom.[128]

Die Hoffnung, mit den Maytansinoiden wirksame Antitumormittel mit großer therapeutischer Breite in den Händen zu haben, hat sich bisher nicht erfüllt.

Volkstümliche Anwendung und andere Anwendungsgebiete: In den südlichen Staaten Brasiliens, Rio Grande do Sul, Santa Catarina, Paraná und Sao Paulo, ist *M. ilicifolia* wegen ihrer antitumoralen Wirkung (s. Wirkungen)[105] auch zur Behandlung von Hautkrebs,[198] bekannt.

Berichte über die Behandlung von Krebs in der afrikanischen Volksmedizin mit Maytenus-Arten waren Anlaß für ein systematisches Studium dieser Gattung durch das National Cancer Institute (NCI) der USA.[8]

Die Wirksamkeit der Droge bei Tumorerkrankungen ist bisher nicht bestätigt worden.

Nach Aussage verschiedener Autoren soll *M. ilicifolia* ebenfalls ein ausgezeichnetes Mittel gegen Hyperacidität sein;[139–141] sie wird ferner zur Behandlung gastrointestinaler Störungen wie Geschwüren des Magens und des Duodenums, funktioneller Dyspepsie, Blähungen, Gastralgie usw. empfohlen.[142–145] Im übrigen wird *M. ilicifolia* in Brasilien gegen Schmerzen, bei Schwäche und bei Blutarmut verwendet.

Äußerlich wird das Decoct zur Behandlung von Geschwüren, pruriginösen Hautaffektionen wie Akne und Ekzemen empfohlen.[112,146] In Paraguay dienen Aufgüsse der Decocte der Blätter in der Guarani-Volksmedizin zur Geburtenkontrolle.[147–149] Die Einnahme erfolgt zu Beginn der erwarteten Menses. Bis zum Eintritt der Menstruation werden täglich 9 g Pflanzenmaterial eingenommen.[40] In der argentinischen Volksmedizin schließlich werden die Blätter als Sialagogum (speichelflußförderndes Mittel), bei Asthma und als Wundheilmittel geschätzt.[136] Auch bekämpft man die Trunksucht mit einem Aufguß aus den Blättern. Eine Tasse Tee soll den Rausch beenden und die unangenehmen Folgeerscheinungen vermeiden. Eine nachhaltige Heilung von der Trunksucht soll sich durch eine 30 Tage währende Einnahme von täglich 1 L Tee erreichen lassen. Ein Rückfall in das verhängnisvolle Laster sei nach einer solchen Kur noch niemals eingetreten.[113]

Für die Eignung der Droge zur Behandlung von Oberbauchbeschwerden ergeben sich gewisse Hinweise, die allerdings der Überprüfung bedürfen. Im übrigen ist die Wirksamkeit bei den genannten Indikationen nicht belegt.

Dosierung und Art der Anwendung: *Droge.* Aufguß oder Decoct der Blätter 2- bis 5%ig. Innerlich: Täglich 100 bis 400 mL. Äußerlich: ad libitum.[112,113] Als Pulver 5 bis 20 g täglich.[112] *Zubereitung.* Extrakt: 1 bis 4 g täglich. Fluidextrakt: 5 bis 20 mL täglich. Tinktur: 25 bis 100 mL täglich. Elixier, Wein, Sirup:

50 bis 200 mL täglich.[112] Gelatinekapseln mit 200 mg Lyophilisat der wasserlöslichen Inhaltsstoffe.[135]

Unerwünschte Wirkungen: Nach der Einnahme von wäßrigen Aufgüssen von Maytenus-ilicifolia-Blättern sind keine Nebenwirkungen beobachtet worden.[136] Allerdings sollten sie nicht längere Zeit und nicht während der Stillzeit eingenommen werden, da dadurch die Laktation beeinträchtigt werden kann.

Die klinischen Studien mit Maytansin waren durch gastrointestinale und neurotoxische Nebenwirkungen limitiert. Übelkeit, Erbrechen und Diarrhöe erfolgten bei einer täglichen Dosierung von 0,4 mg/m^2 i. v. über 3 bis 5 Tage und bei 1,6 mg/m^2 i. v. alle 3 Wochen.

Stomatitis wurde weniger häufig gesehen. Patienten, die eine Maytansin-Injektion alle 3 Wochen erhielten, zeigten ein Syndrom von Schwäche, Übelkeit und Erbrechen nach 1,6 bis 2,0 mg/m^2, das 3 bis 5 Tage anhielt. Neurotoxische Nebenwirkungen umfaßten vorübergehende Parästhesien bei 14% der Patienten. Dagegen zeigte sich eine dosisabhängige zentrale und periphere Neurotoxizität bei den Patienten, die Maytansin täglich an 3 Tagen und wiederholt alle 3 Wochen erhalten hatten. Die ZNS-Toxizität manifestierte sich in Lethargie, Dysphorie und Schlaflosigkeit bei einer Dosis von 0,5 mg/m^2 oder mehr und war reversibel. Die periphere Toxizität war ähnlich der durch Vinca-Alkaloide induzierten Neurotoxizität und stieg in der Schwere mit steigender Dosis. Die Mehrheit der Patienten war bei einer Dosis von 0,6 mg/m^2 betroffen. Patienten ohne bestehende Leberkrankheit hatten nur eine minimale Erhöhung der Transaminase- oder Bilirubinwerte. Bei 3 Patienten mit abnormalen Leberwerten verschlechterte sich die Leberfunktion nach täglicher Gabe von 0,6 bis 0,9 mg/m^2 über 3 Tage. 1 Patient starb, wahrscheinlich als direkte Folge der Therapie.[126,137,138]

Akute Toxizität: *Mensch.* Sieben gesunde Freiwillige nahmen 14 Tage lang einen Aufguß von Maytenus-ilicifolia-Blättern zu sich. Die Dosierung betrug 6 g/150 mL und war damit doppelt so hoch wie die in der Volksheilkunde übliche. Vor Beginn der Einnahme und nach dem 1., 7. und 14. Tag wurden die Probanden untersucht: EKG, Urin (10 Parameter), Blut (19 Parameter) und Fragebogen über Nebenwirkungen. Es wurden keine von der Norm abweichenden Ergebnisse festgestellt, die auf die Einnahme des Aufgusses hätten zurückgeführt werden müssen.[134] *Tier.* Bei oraler Verabreichung an Mäuse und Ratten zeigen Infuse und Lyophilisate von Infusen keine akuttoxischen Wirkungen; bis zu einer Dosis von 10,8 g Extraktivstoffen pro kg KG verursachen sie weder den Tod der Tiere, noch ändert sich deren Verhalten. Es ist deshalb auch nicht möglich, eine LD_{50} zu bestimmen.[190] Bis zu einer Dosierung des Infuses (3 g/150 mL) von 0,4 mL/10 g KG p. o. bei derMaus und 1,0 mL/100 g KG p. o. bei der Ratte werden auch nicht die motorischen Aktivitäten der Tiere verändert, noch die Ausdauer am Laufrad beeinträchtigt und auch nicht die Schlafdauer bei Pentobarbitalgabe verlängert; die Präparationen zeigen ferner keine analgetischen, antikonvulsiven oder neurotoxischen Wirkungen.[190] Für Maytansin beträgt die LD_{10} bei der Maus 1,22 mg/m^2 i. p. für männliche und 1,29 mg/m^2 i. p. für weibliche Tiere. Bei der Ratte beträgt die LD_{10} nach einer einzelnen s. c. Injektion ebenfalls 1,22 mg/m^2 (0,4 mg/kg KG). Beim Beaglehund liegt die niedrigste toxische Dosis bei 0,3 mg/m^2 bei einmaliger i. v. Gabe und bei 0,75 mg/m^2 verteilt auf 5 tägliche Gaben. Beim Rhesusaffen liegt die niedrigste toxische Dosis bei 0,45 mg/m^2, verteilt auf 5 tägliche Gaben.[127]

Chronische Toxizität: *Tier.* Die tägliche Verabreichung eines Infuses (3 g/150 mL) aus Maytenus-ilicifolia-Blättern an Ratten und männliche Mäuse über 3 Monate in einer Dosierung von 145 ± 44 mL/kg KG p. o. bei der Ratte und 193 mL ± 63 mL/kg KG p. o. bei der Maus verursacht bei den Tieren keine Änderung des Gewichtes, der Körpertemperatur und der Blutwerte.[133]

Unter therapeutischen Bedingungen mit Maytansin behandelte Ratten zeigen akute Schädigungen vor allem im Gastrointestinalbereich, die in ihrer Ätiologie den Auswirkungen von ionisierenden Strahlen, *N*-Lost oder von Pyrrolizidinalkaloiden ähnlich sind.[129,130]

Reproduktionstoxizität: Männliche Ratten zeigen nach einer 2 Monate dauernden Verabreichung eines Infuses aus Maytenus-ilicifolia-Blättern (3 g/150 mL) in einer Dosierung von 145 ± 44 mL/kg KG p. o. keine Verringerung der Reproduktionskapazität; die Nachkommen entwikkeln sich normal. Die tägliche p. o. Applikation eines Infuses aus Maytenus-ilicifolia-Blättern über 30 bis 45 Tage in der genannten Dosierung verändert den Cyclus von weiblichen Ratten nicht. Auch die Reproduktionskapazität wird nicht verändert. Die Nachkommen der Tiere, welche den Extrakt während der ganzen Tragezeit bekommen haben, sind in Zahl und Gewicht den Nachkommen der Kontrolltiere gleich. Auch werden keine Unterschiede in der Entwicklung und keine teratogenen Schäden festgestellt.[133]

Maytansin wirkt dagegen embryotoxisch und teratogen.[125] Trächtige Mäuse erhielten am 6., 7. und 8. Tag der Tragezeit eine einzelne Maytansin-Injektion (Dosis und Applikationsart nicht ersichtlich). Die Feten wurden am 17. Tag auf Mißbildungen untersucht. Dosisabhängig wurden sowohl embryotoxische als auch teratogene Effekte festgestellt. Sie waren besonders ausgeprägt bei der Gruppe mit der Maytansin-Applikation am 7. Tag der Trächtigkeit.[127]

Maytenus-ilicifolia-Wurzeln

Definition der Droge: Die getrockneten Wurzeln.

Stammpflanzen: *Maytenus ilicifolia* MART. ex REISS.

Herkunft: In Europa keine Handelsware.

Inhaltsstoffe: *Triterpene.* Die Wurzeln enthalten neben Tingenon (= Maitenin)[105–107] die folgenden Tri-

terpene vom Friedelan-, Pristimerin- und Tingenontyp: A-Friedoolean-24-al-3-en-3-ol-2-on-29-säure (Cangoronin), A-Friedoolean-1-en-29-ol-3-on (Ilicifolin), Maytenonsäure (Polpunonsäure), B-Friedoolean-5-en-3β,29-diol, B-Friedoolean-29-ol-3-on, Pristimerin, Salasperiminsäure, Isopristimerin III und Isotingenon III.[193]
Der Name "Maitenin" darf nicht verwechselt werden mit "Maytenin", der Bezeichnung für ein Alkaloid aus *M. chuchuhuasca*[106] (vgl. *M. laevis*).

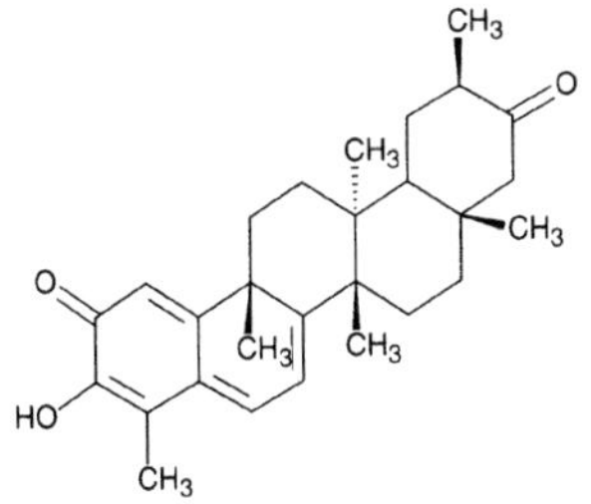

Tingenon

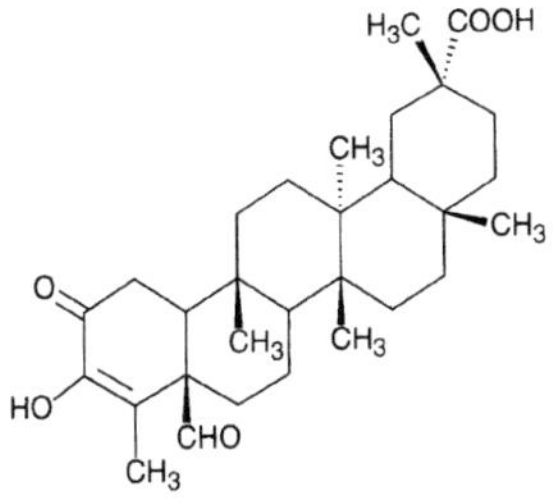

Cangoronin

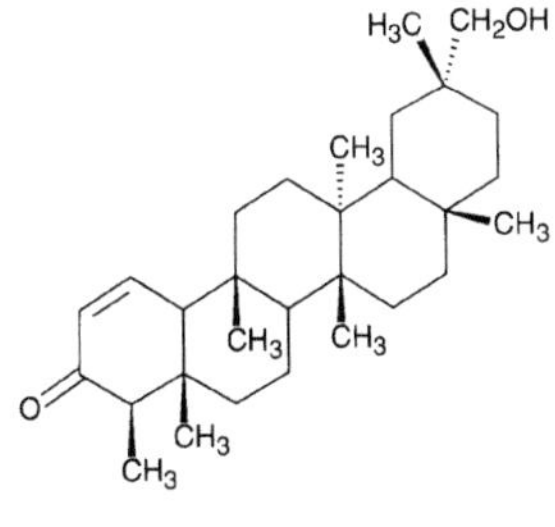

Ilicifolin

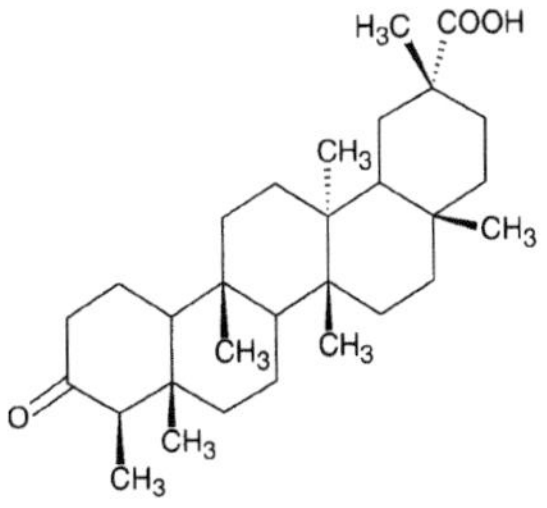

Polpunonsäure

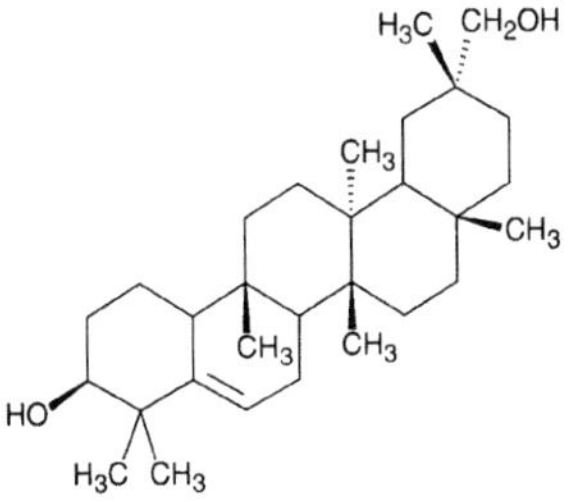

B-Friedoolean-5-en-3β,29-diol

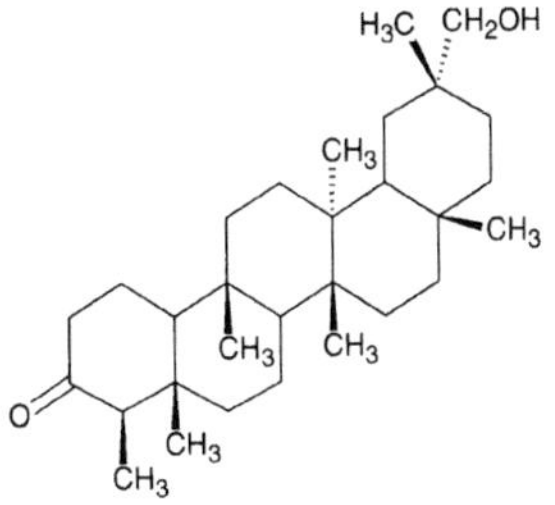

B-Friedoolean-29-ol-3-on

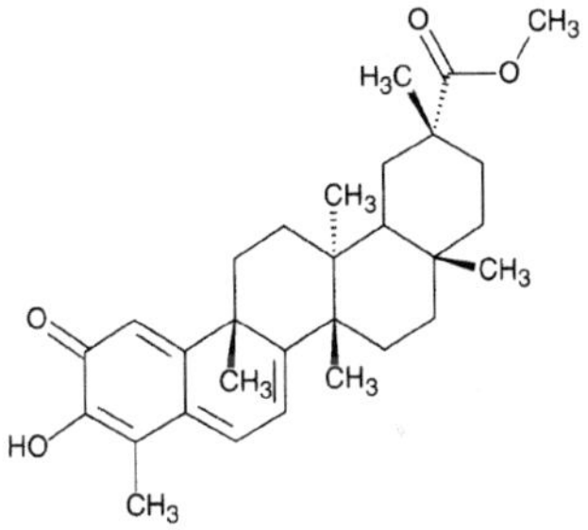

Pristimerin

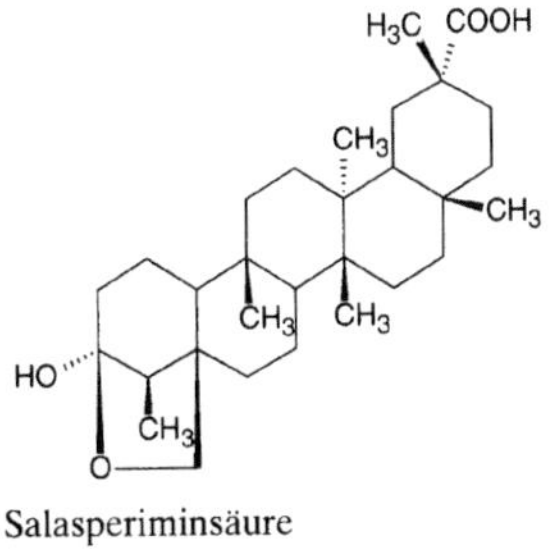

Salasperiminsäure

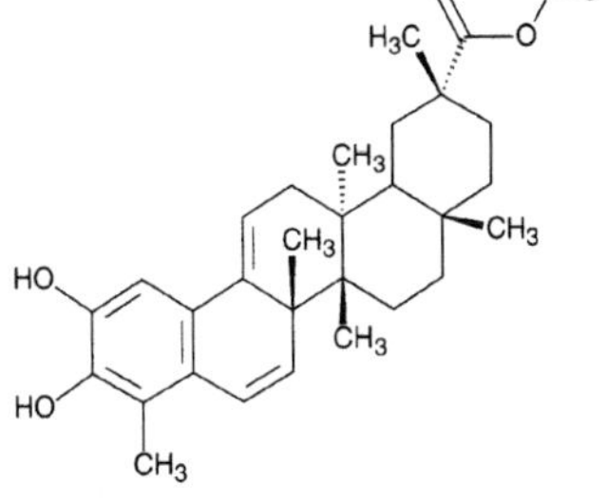

Isopristimerin III

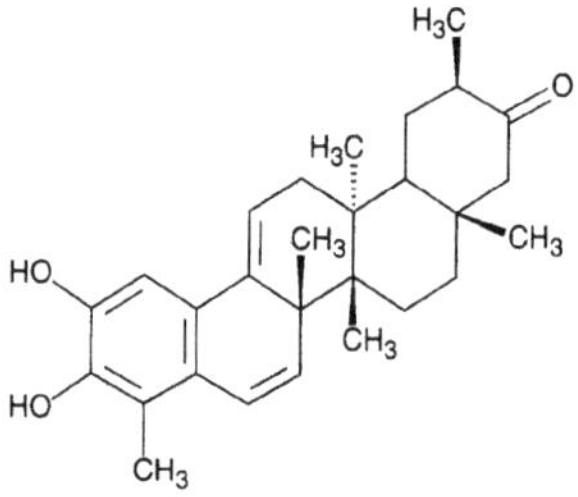

Isotingenon III

Wirkungen: Der Methanolextrakt aus der Wurzelrinde von *M. ilicifolia* besitzt eine signifikante cytotoxische Wirkung gegen V-79-, KB- und P388-Zellen. Die cytotoxische Aktivität der nach der Fraktionierung des Extraktes isolierten Triterpene, gemessen durch Bestimmung der IC_{50}-Werte (Hemmung des Zellwachstums um 50 %), ergibt folgende Zahlen:
A-Friedoolean-1-en-29-ol-3-on (Ilicifolin): V-79-Zellen >100 µg/mL, KB-Zellen >100 µg/mL, P388-Zellen >100 µg/mL; Maytenonsäure: V-79-Zellen 38 > 100 µg/mL, KB-Zellen 12 µg/mL, P388-Zellen 23 µg/mL; B-Friedoolean-5-en-3β,29-diol: V-79-Zellen >100 µg/mL, KB-Zellen 1,1 × 10^2 µg/mL, P388-Zellen 95 µg/mL; A-Friedooleanan-29-ol-3-on: V-79-Zellen 1,1 × 10^2 µg/mL, KB-Zellen 1,0 × 10^2 µg/mL, P388-Zellen 98 µg/mL; Pristimerin: V-79-Zellen 1,3 × 10^2 µg/mL, KB-Zellen 2,3 × 10^2 µg/mL, P388-Zellen 5,2 × 10^2 µg/mL; Isopristimerin: V-79-Zellen 9,4 µg/mL, KB-Zellen 1,7 µg/mL, P388-Zellen 2,0 µg/mL; Isotingenon: V-79-Zellen 1,4 µg/mL, KB-Zellen 1,1 µg/mL, P388-Zellen 1,8 × 10^2 µg/mL.[193]

Maytenus laevis Reiss.

Synonyme: Die Abgrenzung gegenüber *M. chuchuhuasca* Raymond-Hamet et Colas[82] und *M. guianensis* Kl.[11] ist nicht eindeutig.

Sonstige Bezeichnungen: Südamerika: Chuchuhaso, Chuchuhuasca, Curi-caspi.[149]

Botanische Beschreibung: Kleiner Baum mit weißen Blüten.[150] Charakteristisch ist die warzige Blattoberfläche. Blätter, Stiele und junge Zweige färben sich beim Trocknen oft grau.[11]
Völlig unbehaart; Zweige aufrecht, an der Spitze gekielt bis schwach kantig; Blätter subdistich, gestielt; Blattspreite 5 bis 9 cm lang und 2,5 bis 4,5 cm breit, elliptisch, zugespitzt, spitz oder stumpf, ledrig, oberseits glänzend, glatt, unterseits stumpf, warzig; Blattstiele 7 bis 10 mm lang, sehr schmal geflügelt; Sekundärnerven auffallend; Nebenblätter winzig, oval-dreieckig, bald verschwindend. Blütenstandsstiel verkürzt oder fast fehlend; Kelch spitz gezähnt. Fruchtkapsel verkehrt-eiförmig, 2klappig aufspringend. Samen einzeln, fast ganz vom Arillus bedeckt.[151]

Verbreitung: Im Subanden-Regenwald des Amazonasbeckens, hauptsächlich in Peru, Ecuador, Kolumbien und Venezuela.[149]

Drogen: Maytenus-laevis-Blätter, Maytenus-laevis-Rinde.

Maytenus-laevis-Blätter

Definition der Droge: Die getrockneten Blätter.

Stammpflanzen: *Maytenus laevis* Reiss.

Herkunft: In Europa keine Handelsware.

Wirkungen: Im Carbon-Clearance-Test zeigt eine Suspension von Maytenus-laevis-Blättern in physiologischer Kochsalzlösung in einer Dosierung von 50 bis 100 mg/kg KG i. v. eine starke phagocytosesteigernde Wirkung.[154] In einer Dosierung von 15 mg/kg KG i. v. hat die Blattsuspension bei Mäusen 1 bis 5 Tage nach der Applikation einen protektiven Effekt gegen *Staphylococcus aureus* und *Streptococcus pyogenes*.[155] Die Steigerung der Phagocytose ist bei Ratten gleichartig; sie ist auch bei Dosen bis zu 0,5 mg/kg KG festzustellen.[156,157] Nach Injektion einer Maytenus-laevis-Suspension ist bei Mäusen auch eine Strahlenschutzwirkung gefunden worden.[158] Die Angaben bedürfen der Überprüfung.

Maytenus-laevis-Rinde

Definition der Droge: Die getrocknete Wurzel- oder Stammrinde.

Stammpflanzen: *Maytenus laevis* Reiss.

Herkunft: In Europa keine Handelsware.

Verfälschungen/Verwechslungen: Unter "Chuchuhuasha" werden auch andere Pflanzen wie *M. chuchuhuasca* Raymond-Hamet et Colas, *M. colasii* (= *Salacia colasii*) R. Ben, *M. ilicifolia* Mart. ex Reiss., *M. krukovii* Smith und *Heiseria pallida* Engl. verstanden.[149]

Inhaltsstoffe: In der Wurzelrinde chinoide Triterpene Tingenon (0,06 %) und 22-Hydroxytingenon (0,06 %), 4'-Methyl-(–)-epigallocatechin (0,15 %) und die Ouratea-Proanthocyanidine A und B (0,25 %).[149] Aus Wurzel und Stammrinde von *M. chuchuhuasca* wurde das Alkaloid "Maytenin" isoliert[152] und als Dicinnamoylspermidin identifiziert.[82] Die Stammrinde enthält die chinoiden Triterpene Tingenon und Pristimerin.[153]

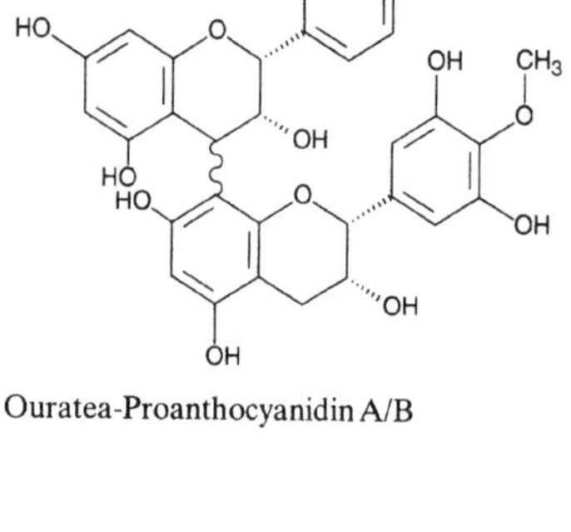

Ouratea-Proanthocyanidin A/B

Zubereitungen: Aufgüsse, alkoholische Extrakte.

Wirkungen: Extrakte aus der Baumrinde sollen antiphlogistisch wirksam sein. Nähere Angaben sind nicht zugänglich.[159]

Volkstümliche Anwendung und andere Anwendungsgebiete: Die pulverisierte Wurzelrinde wird in Form eines alkoholischen Mazerates als Tonicum, ferner zur Behandlung von Rheumatismus und Arthritis sowie zur sexuellen Anregung verwendet. Äußerlich verwendet man den Extrakt bei Hautkrebs und zur Wundbehandlung.[149,150] Die Heilwirkung bei Hautkrebs wird ebenfalls einer alkoholischen Lösung von "chuchuhuaso" aus *M. chuchuhuasca* RAYMOND-HAMET zugeschrieben.[153] Die Wirksamkeit bei diesen Anwendungsgebieten ist nicht belegt.

Maytenus mossambicensis (KLOTZSCH) BLAKELOCK var. *mossambicensis*

Systematik: *M. mossambicensis* ist eine formenreiche Art.[2,5] Die aus Zimbabwe stammende Varietät, var. *mossambicensis*, hat weiße Blüten, während in Südafrika noch eine Varietät mit haarigen, rosa bis roten Blüten, var. *rubra*, existiert.[4]

Botanische Beschreibung: *M. mossambicensis* besitzt den Habitus eines 1 bis 8 m hohen Busches. Die Sprosse tragen bis zu 8 cm lange Dornen. Die 1 bis 7 cm langen und 1 bis 4 cm breiten, ovalen bis elliptischen Blätter sind auf der Oberseite hellgrün, auf der Unterseite etwas blasser mit unregelmäßig gekerbtem Rand. Die seitlichen Nerven und die schwache Netznervatur treten an der Unterseite etwas stärker hervor. 3 bis 55 zweigeschlechtige Blüten mit 2 bis 5 mm Durchmesser bilden einen zymösen Blütenstand in den Achseln von Kurztrieben. 5 ungleiche Kelchblätter, 0,4 bis 1 mm lang, dreieckig bis halbkreisförmig, kahl oder an der Außenseite schwach behaart, sowie 5 weiße, 1,5 bis 2,7 mm lange, elliptische bis längliche Kronblätter. Die 5 schlanken Staubblätter mit 0,7 bis 1 mm langen Filamenten sitzen unterhalb des gelblichen 5lappigen Diskus. Der 3fächerige Fruchtknoten ist zu $^1/_4$ in den Diskus eingesenkt und hat einen sehr kurzen Griffel mit 3 großen, auseinanderstrebenden Narben. Die 7 bis 13 mm große, glatte, ledrige bis fleischige Kapsel ist im unreifen Zustand weiß, wird während der Reife rosa bis rot und enthält 3 rotbraune Samen, die völlig von einem kräftig orangen Arillus umgeben sind.[4]

Verbreitung: *M. mossambicensis* kommt in Zimbabwe, Kenia, Tansania bis Natal und Transvaal in Höhen von 150 bis 1.950 m vor und bildet als Unterholz von Wäldern oft ein undurchdringliches Gestrüpp.[4]

Drogen: Maytenus-mossambicensis-Blätter.

Maytenus-mossambicensis-Blätter

Definition der Droge: Die getrockneten Blätter und Zweige.

Stammpflanzen: *Maytenus mossambicensis* (KLOTZSCH) BLAKELOCK var. *mossambicensis*.

Herkunft: In Europa keine Handelsware.

Inhaltsstoffe: *Spermidinalkaloide.* Die Droge von *M. mossambicensis* enthält macrocyclische Spermidinalkaloide, die mit Celabenzin, Cyclocelabenzin, Isocyclocelabenzin und Hydroxyisocyclocelabenzin bezeichnet werden.[160,161] Beim Celabenzin ist die mittelständige NH-Gruppe der Spermidinkette mit einem Benzoylrest acyliert. Cyclocelabenzin weist eine *C-C*-Verknüpfung zwischen dem C_3 im Macrocyclus und der *ortho*-Position eines Benzoylrestes auf. Beim isomeren Isocyclocelabenzin ist der Ringschluß am C_{12} des Macrocyclus erfolgt. Hydroxyisocyclocelabenzin trägt am Brückenkopfatom C_{12} zusätzlich eine OH-Gruppe. In der Alkaloidführung sind bei Zweigen und Blättern nur quantitive Unterschiede festzustellen.[4]

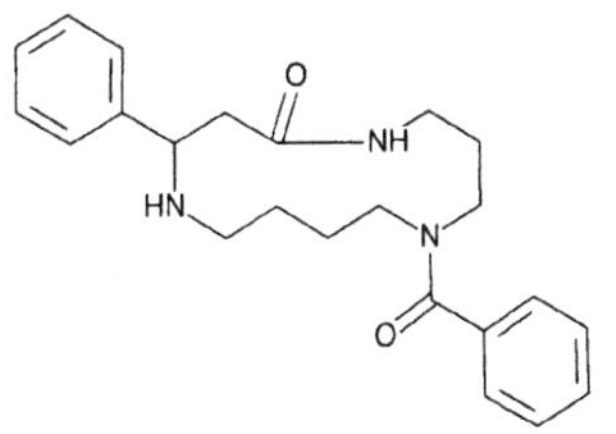

Celabenzin

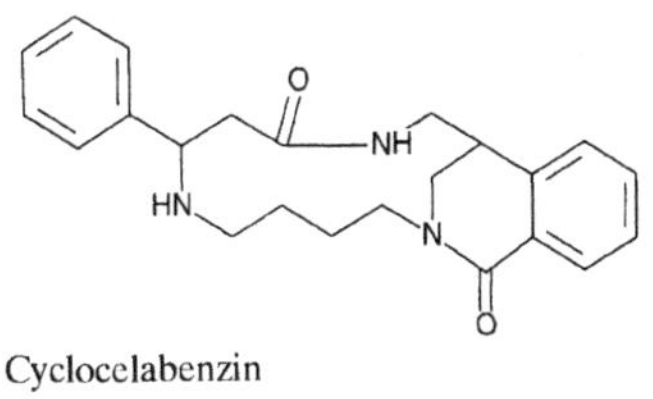

Cyclocelabenzin

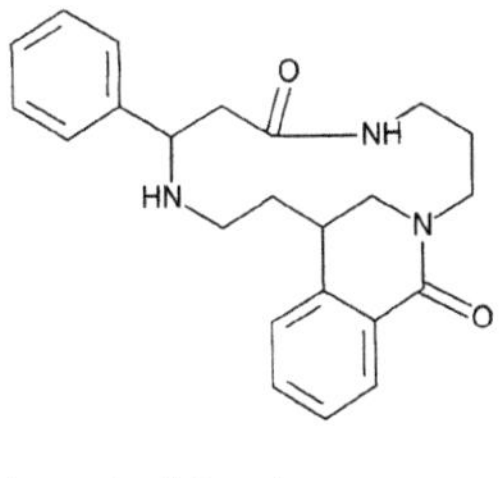

Isocyclocelabenzin

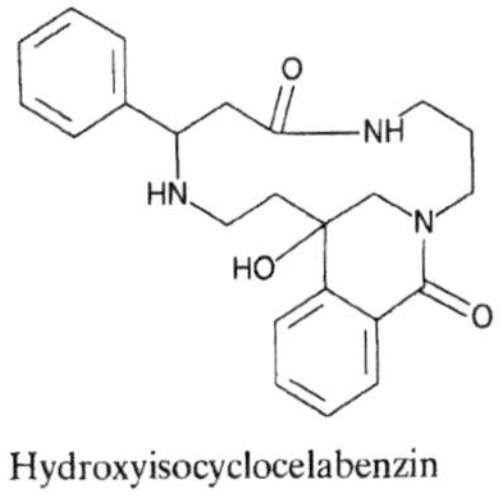

Hydroxyisocyclocelabenzin

Maytansinoide. M. mossambicensis soll nicht näher charakterisierte antitumoraktive Maytansinoide enthalten, im Vergleich zu anderen Celastraceen aber in sehr geringer Konzentration.[161]

Wirkungen: *Antitumorale Wirkung.* Die beiden Hauptalkaloide von *M. mossambicensis*, Cyclocelabenzin und Isocyclocelabenzin, sind im National Institute of Health, Bethesda, Maryland (USA), auf Antitumorwirksamkeit getestet worden; sie sind *in vitro* am K-Nasopharynx-Carcinom und *in vivo* an der P388-Lymphocytenleukämie unwirksam. Die nur in sehr niedriger Konzentration enthaltenen Maytansinoide sind nicht untersucht worden.[161]

Volkstümliche Anwendung und andere Anwendungsgebiete: Der Saft der Blätter von *M. mossambicensis* soll gegen Malaria wirksam sein.[162] Ein Wirksamkeitsbeleg liegt nicht vor.

Maytenus obscura (A. RICH.) CUF.

Synonyme: *Celastrum obscurum* RICHARD, *Gymnosporia obscura* (A. RICH.) LOES., *G. serrata* (HOCHST. ex A. RICH.) LOES. var. *obscura* (A. RICH.) FIORI, *Maytenus ovata* (WALL. ex WIGHT et ARN.) LOES. var. *ovata* forma *ovata* sensu BLAKELOCK.

Definition der Droge: Strauch oder Baum, 2 bis 10 m hoch, mit bis zu 4 cm langen Dornen. Zweige schwarz oder dunkelgrün bis dunkelbraun, mit zahlreichen blassen Lentizellen, kahl. Blätter von gleicher Farbe oder heller, wechselständig oder in Büscheln, elliptisch oder lanzettlich, stumpfrandig an der Spitze, an der Basis keilförmig, ledrig, kahl, mit 4 bis 10 Lateralnerven, auf beiden Seiten hervortretend; Rand gekerbt; Stiel 4 bis 10 mm lang, weinrot, kahl. Zymöser Blütenstand mit dichasialer oder monochasialer Verzweigung, solitär, achselständig, oder 1 bis 5 auf kurzen axillären Sprossen. 2 bis 50 Blüten je Dolde, zwittrig oder funktionell diözisch; Kelchblätter grünlich, manchmal mit rötlicher Tönung, triangular, mit bewimpertem Rand; Blütenblätter grünlichweiß bis cremefarben. Männliche Blüten mit 5 Staubblättern, Staubfäden dünn, aus der Diskusbasis hervorgehend. Diskus 5lappig, konvex. Griffel kurz, unverzweigt. Weibliche Blüten mit 5 Staminodien; Diskus wie bei den männlichen Blüten; Griffel kürzer als der Fruchtknoten, 3- bis 4fach verzweigt. Fruchtknoten 3- bis 4fächerig, kugelförmig, zu $^1/_4$ in den Diskus eingesenkt. Zwittrige Blüten mit gleich langen Staubgefäßen und Fruchtknoten. Kapsel zunächst grün, dann rot bis rotbraun, verkehrt-kegelförmig, dreieckig, ledrig, glänzend, kahl. 3 bis 4 Samen, rötlichbraun, glänzend, mit einem fleischigen, weißen, in der Reife hellgelben Arillus an der Basis.

Verwechslungen: *M. obscura* wurde zunächst zu *M. serrata* (s. dort) gestellt. Die beiden Arten unterscheiden sich jedoch durch die bei *M. obscura* fehlende Behaarung, während *M. serrata* überall behaart ist. *M. obscura* wächst zudem gewöhnlich als einzelner Baum in einer Höhe von 2.100 bis 3.000 m (bei 1.700 m nur im Süden und Südwesten Äthiopiens, wo *M. serrata* nicht vorkommt). *M. serrata* ist dagegen gewöhnlich ein Busch und kommt in einer Höhe von 1.650 bis 2.250 m vor.[6]

Verbreitung: In Äthiopien, Kenia, Tansania und Uganda. In offenen Wäldern, Grasland, an Waldrändern, gelegentlich an Flußläufen. In einer Höhe von 1.700 bis 3.100 m.

Drogen: Maytenus-obscura-Blätter.

Maytenus-obscura-Blätter

Definition der Droge: Die getrockneten Blätter.

Stammpflanzen: *Maytenus obscura* (A. RICH.) CUF.

Herkunft: In Europa keine Handelsware.

Volkstümliche Anwendung und andere Anwendungsgebiete: Die Blätter dienen in der traditionellen Medizin Äthiopiens zur Behandlung der Malaria.[101] Gemischt mit Suppe und als Trank wird das Decoct aus den Blättern bei inneren Verletzungen und zur Behandlung von Krebsgeschwüren verwendet.[103] Die Wirksamkeit der Droge bei diesen Indikationen ist nicht belegt.

Maytenus phyllanthoides BENTH.

Synonyme: *Maytenus texana* (BENTH.) LUNDELL, *Tricerma crassifolium* LIEBM.

Sonstige Bezeichnungen: Mexiko: Aguabola, mangle, mangle aguabola, mangle rojo.

Botanische Beschreibung: Busch oder kleiner Baum von 6 m Höhe; unbehaart, Blätter gestielt, verkehrt-eiförmig, sehr stumpf, glattrandig, Basis keilförmig, dick ledrig, Blüten in Büscheln mit kurzen Stielen. Strauch mit gedrehten kräftigen Zweigen, mit grauer Rinde; kleine Zweige rund, kurz. Blätter wechselständig. Blüten in den Blattachseln oder in den vorjährigen Zweignodien, klein, in Büscheln mit einzelnen Blütenstielen, Kelch kurz, becherförmig, 5zähnig. Kronblätter abstehend, oval, stumpf, gewölbt. Diskus kreisförmig-niedergedrückt, mit gewelltem Rand. 5 Staubblätter, ein wenig kürzer als die Kronblätter, einwärtsgebogen, Antheren halbkugelig, zweifächerig, longitudinal sich öffnend. Fruchtknoten dreifächerig, halb in den Diskus eingesenkt. Narbe dreilappig, sitzend; Samenanlage in einzelnen, aufrechten Fächern. Frucht eine dreifächerige Kapsel, die 1 bis 2 Samen mit einem fleischigen Arillus bedeckt. Blühend im März, fruchtend im Dezember.[163,164]

Verbreitung: In Mexiko in den Staaten Puebla, Sinaloa und Sonora; in Nieder-Kalifornien und auf der Halbinsel Yukatan. In den Vereinigten Staaten auf den Key-Inseln (Florida) und an der südtexanischen Golfküste.[165-167]
In Steppenwäldern oder Strauchsteppen, meist auf Ebenen; in 1.700 m Höhe.[166]

Drogen: Maytenus-phyllanthoides-Rinde.

Maytenus-phyllanthoides-Rinde

Definition der Droge: Die getrocknete Rinde.

Stammpflanzen: *Maytenus phyllanthoides* BENTH.

Herkunft: In Europa keine Handelsware.

Inhaltsstoffe: *M. phyllanthoides* soll eine sehr geringe Menge von Maytansin enthalten.[14]

Volkstümliche Anwendung und andere Anwendungsgebiete: Ein Decoct aus der Rinde soll zur Steigerung der Blutzirkulation verhelfen und wird ferner bei Magenschmerzen, Magengeschwüren und als Wundheilmittel empfohlen.[168] Die Wirksamkeit der Droge bei diesen Indikationen ist nicht belegt.

Maytenus putterlickioides (LOES.) EXELL et MENDONÇA

Synonyme: *Gymnosporia borumensis* LOES., *G. fischeri* var. *magniflora* LOES., *G. fischeri* var. *parviflora* LOES., *G. putterlickioides* LOES., *Maytenus welwitschiana* sensu BRENNAN.

Sonstige Bezeichnungen: Tansania: Mtulavuha.

Botanische Beschreibung: Strauch oder Baum, 1 bis 6 m hoch, Dornen bis zu 7 cm lang; flaumig behaart. Zweige mit grauer oder schwärzlicher Rinde. Blätter mit linealen Nebenblättern, rasch abfallend. Blätter elliptisch bis oval, breit keilförmig bis spitz an der Basis, an der Spitze abgerundet, auf beiden Seiten behaart, hellgrün bis aschgrau auf beiden Seiten oder oben dunkelgrün und unterseits heller, gezähnt, ledrig. Nervatur leicht hervortretend, besonders auf der Unterseite. Zymöse Blütenstände achselständig, besonders an den kurzen Zweigen, gestielt, dicht, flaumig behaart. 10 bis 25 zwittrige Blüten bilden einen Blütenstand. Kelchblätter weißlich bis hellgrün, oval, abgerundet mit gezähntem Rand. Staubgefäße kürzer als die Blütenblätter; Diskus schüsselförmig, fleischig, 5lappig. 5 Staubgefäße, Filamente dünn aus der Basis des Diskus hervorgehend. Fruchtknoten 3fächerig, halbkugelförmig, zu $^1/_4$ in den Diskus versenkt. Griffel so lang wie der Fruchtknoten, an der Spitze 3fach verzweigt. Kapsel 3fächerig, rosafarben, orange bis rot, verkehrt-kegelförmig, dreikantig, ledrig, glänzend, flaumig behaart. 2 bis 3 Samen, rotbraun, glänzend, teilweise oder ganz von einem dünnen weißen Arillus eingeschlossen.[6,^69]

Verbreitung: Äthiopien, Angola, Kenia, Malawi, Moçambique, Tansania, Zaire, Zambia und Zimbabwe.
In trockenen Laubwäldern, Buschland, Flußzonen und auf Termitenhügeln. In Äthiopien in einer Höhe von 1.200 bis 1.350 m, in anderen Gegenden in einer Höhe von 30 bis 1.800 m.

Drogen: Maytenus-putterlickioides-Wurzel.

Maytenus-putterlickioides-Wurzel

Definition der Droge: Die getrocknete Wurzel. *Maytenus putterlickioides* (LOES.) EXELL et MENDONÇA.

Herkunft: In Europa keine Handelsware.

Volkstümliche Anwendung und andere Anwendungsgebiete: Die Wurzeln werden zur sexuellen Anregung verwendet und sollen gegen Trägheit helfen. Mit Suppe gekocht werden damit innere Verletzungen behandelt.[103] Auch werden die Wurzeln bei Erbrechen und in Mischung mit "Mmorwe" (*Hoslundia opposita* VAHL) bei unregelmäßiger Menstruation verwendet. Eine Abkochung der Wurzel, gemischt mit den Wurzeln von "Muhumba", soll bei Hernien und geschwollenen Testikeln helfen.[104,170] Die Wirksamkeit der Droge bei diesen Indikationen ist nicht belegt.

Maytenus senegalensis (LAM.) EXELL

Synonyme: *Catha europaea* (BOISS.) BOISS., *C. europea* WEBB., *C. montana* DON, *C. senegalensis* (LAM.) DON, *Celastrus coriaceus* GUIL. et PER., *C. decolor* DEL., *C. europaeus* BOISS., *C. glaucus* R. BR., *C. sahare* BATT., *C. senegalensis* LAM., *Gymnosporia baumii* LOES., *G. intermedia* CHIOV., *G. montana* (ROTH ex ROEM. et SCHULT.) BENTH.

Sonstige Bezeichnungen: Span.: Arto, cambrón; Fulbe: Tchabuli gorki, tultulhi; Luvenda: Tshiphandwa.

Systematik: *M. senegalensis* ist ausgesprochen formenreich und wird unterteilt in 12 Varietäten und Formen. In Afrika lassen sich vor allem eine dornige Form mit kleinen Blättern und eine dornenlose Form mit größeren Blättern unterscheiden.[6]

Botanische Beschreibung: Strauch oder Baum, 1,8 bis 8 m hoch; Sprosse unbewehrt oder mit bis zu 5 cm langen Dornen; Zweige zylindrisch mit weinroter bis bräunlicher, später grauer oder schwärzlicher Rinde, glatt oder leicht furchig, mit undeutlichen weißlichen Lentizellen. Blätter wechselständig oder in Büscheln, länglich bis oval oder elliptisch spitz bis abgerundet, 3 bis 12 cm lang und 1 bis 8 cm breit, mit graugrüner bis aschfarbener Blattspreite, gesägt-gezähnt mit spitzen Zähnen; 3 bis 12 laterale Nerven, auf beiden Seiten mehr oder weniger hervortretend. Pflanzen diözisch; 3 bis 60 eingeschlechtige Blüten bilden einen zymösen Blütenstand, gewöhnlich dichasial, seltener submonochasial, solitär, achselständig oder in Büscheln auf kurzen Sprossen, kahl. 5 grünlichweiße bis weiße, ovale bis dreieckige Kelchblätter mit bewimpertem Rand. 5 weiße bis gelbe elliptische bis länglich-ovale Kronblätter, am Rande fein behaart. Männliche Blüten mit 5 Staubblättern, Filamente aus der Diskusbasis hervorgehend. Diskus 5lappig, schüsselförmig. Weibliche Blüten mit 5 Staminodien; Diskus wie bei den männlichen Blüten; 2- bis

3narbiger Griffel so groß wie der Fruchtknoten; der 2- bis 3fächerige Fruchtknoten ist zu $^1/_4$ in den Diskus eingesenkt. Die 3 bis 5 mm lange ledrige, glatte, kahle, kugelförmige Kapsel ist zunächst grün; sie wird während der Reife rosa bis rot. Sie enthält 1 bis 2 dunkelrote bis braune glänzende Samen, die von einem weißen Arillus zu $^1/_3$ bis zu $^2/_3$ bedeckt sind.[6,169]

Verwechslungen: *M. senegalensis* wird häufig mit *M. heterophylla* (s. dort) verwechselt. Letztere hat jedoch gewinkelte und grüne junge Zweige und einen gelben Arillus. Die vegetative Ähnlichkeit führt auch zu Verwechslungen mit *M. undata* (s. dort), die aber in Büscheln stehende bisexuelle Blüten mit 3fächerigem Fruchtknoten besitzt.[6]

Verbreitung: *M. senegalensis* wächst in den tropischen und subtropischen Zonen der Erde. In Afrika und Arabien ist sie die am meisten verbreitete Maytenus-Art. Sie kommt im Jemen, in Saudiarabien und im Sudan, in Äthiopien, Oman und Somalia, im südlichen und im nordwestlichen Afrika bis Senegal und auf den Kanarischen Inseln vor. Ebenso wächst sie in Afghanistan, Indien, Iran, Madagaskar und Pakistan. In Europa findet sich *M. senegalensis* nur im südlichen Spanien in den Provinzen Almería, Granada, Málaga und Murcia, auf steilen und felsigen Abhängen in Meeresnähe. Sonst bevorzugt sie Laubwälder, offenes trockenes Buschgebiet, trockene Berghänge, Flußufer und Küstengebiete und ist vom Meeresspiegel bis in Höhen von 2.440 m anzutreffen.
Die dornige Form kommt meistens in den trockenen Gebieten Äthiopiens, des Jemens, Saudiarabiens, Somalias und des Sudans vor, während sich die seltenere dornenlose Form in den relativ feuchten Gebieten des westlichen Äthiopien (Gojam, Illubabor und Tigray) sowie im Sudan und Westafrika findet, wo auch die dornige Form anzutreffen ist.

Drogen: Maytenus-senegalensis-Blätter, Maytenus-senegalensis-Rinde, Maytenus-senegalensis-Wurzeln.

Maytenus-senegalensis-Blätter

Definition der Droge: Die getrockneten Blätter.

Stammpflanzen: *Maytenus senegalensis* (LAM.) EXELL.

Herkunft: In Europa keine Handelsware.

Pulverdroge: In der Pulverdroge finden sich chlorophyllhaltiges Parenchym, Epidermiszellen mit Spaltöffnungen, Gefäße, Holzfasern, sehr kleine Drusen und spärliche Fetttropfen. Keine Haare. Im histologischen Schnitt sieht man ein heterogenes symmetrisches Mesophyll mit 2 Reihen Palisadenzellen, auf der Oberseite länger als auf der Unterseite.[171]

Inhaltsstoffe: *Alkane, Alkanole.* Hexacosan, Hexacosanol,[172] *n*-Triacontanol.[173]
Monoterpene. Terpineol, Geraniol, Linalool.[171]
Triterpene, Sterole. Betulin, β-Amyrin, β-Sitosterol.[171–173]
Phenolische Verbindungen. Freie und gebundene Phenolcarbonsäuren (Vanillinsäure, Ferulasäure), Anthocyane und Leucoanthocyane, Flavonglykoside mit Quercetin oder Kämpferol als Aglykon und kondensierte Tannine.[171]
Alkaloide. Ephedrin und Norephedrin.[171]
Maytansinoide. Angeblich identifiziert; nähere Angaben, auch über die verwendeten Pflanzenteile, sind nicht zugänglich.[23]

Volkstümliche Anwendung und andere Anwendungsgebiete: Die Blätter von *M. senegalensis* werden in Westafrika gegen Dysenterie und das Decoct aus den Blättern als Mundspülung verwendet.[174] Augentropfen werden hergestellt durch Auslaugen der zerquetschten Blätter mit Wasser.[103] Gemischt mit einem Decoct aus *Crossopteryx febrifuga* wird ein Decoct der Blätter als tonisierendes Klistier bei schwachen Kindern verwendet.[175] Die Blätter von *M. senegalensis* sollen auch bei Diabetes verwendet werden.[176] In Indien werden die Blätter bei Zahnschmerzen und gegen Würmer verwendet.[177] Die Wirksamkeit der Droge bei diesen Indikationen ist nicht belegt.

Abhängigkeitspotential: Ähnlich wie bei *Catha edulis* FORSSK. werden auch die Blätter von *M. senegalensis* (Syn.: *Catha europaea*!) im südeuropäischen Verbreitungsgebiet in der Provinz Murcia als Stimulans gekaut. Dies führt wie das Kauen von "Kat" zu einer Abhängigkeit, die vermutlich auf den Gehalt von Ephedrin und Norephedrin zurückzuführen ist.[171]

Maytenus-senegalensis-Rinde

Definition der Droge: Die getrocknete Wurzel- oder Stammrinde.

Stammpflanzen: *Maytenus senegalensis* (LAM.) EXELL.

Herkunft: In Europa keine Handelsware.

Inhaltsstoffe: *Triterpene, Sterole.* β-Amyrin, β-Sitosterol, 3-*O*-Acetyloleanolsäure, Tingenon,[172] Iguesterin, Pristimerin und Maytenonsäure.[177]

Volkstümliche Anwendung und andere Anwendungsgebiete: Die Rinde von *M. senegalensis* wird bei Dysenterie verwendet. Die Baumrinde, allein oder mit der Rinde von *Terminalia macroptera* gemischt, dient zur Behandlung von Wunden, Geschwüren und Furunkeln.[174] Die Wirksamkeit der Droge bei diesen Indikationen ist nicht belegt.

Sonst. Verwendung: *Pharmazie/Medizin.* Eine Paste aus dem Rindenpulver, gemischt mit Senföl, wird zur Bekämpfung von Kopfläusen (*Pediculus capitis*) verwendet.[101]

Maytenus-senegalensis-Wurzel

Definition der Droge: Die getrockneten Wurzeln.

Stammpflanzen: *Maytenus senegalensis* (LAM.) EXELL.

Herkunft: In Europa keine Handelsware.

Inhaltsstoffe: *Triterpene, Sterole.* β-Amyrin, Lupenon, β-Sitosterol, β-Sitosterolxylosid,[178] Maytenonsäure.[59]
Kohlenhydrate. Dulcitol.[178]
Alkaloide. Wilforin.[178]
Flavanole. (–)-Epigallocatechin (0,107 %).[173]

Wirkungen: *Antitumorale Wirkung. n*-Hexan- und Ethanol(95 %ig)-Extrakte aus den Wurzeln und dem Stammholz von *M. senegalensis* zeigen einen reproduzierbaren cytotoxischen Effekt gegen Eagle's KB 9-Nasopharynx-Carcinom in Zellkulturen, ebenso gegen L-1210-Leukämie- und PS-Leukämie-Tumorsysteme bei Mäusen. Die Aktivität ist konzentriert auf die Chloroformfraktion. Nach Ansicht der Autoren hat von den Inhaltsstoffen Dulcitol einen marginalen Effekt gegen PS-Leukämie, wirkt aber nicht cytotoxisch. β-Amyrin, β-Sitosterol und Wilforin sind in beiden Testsystemen unwirksam. Die biologischen Untersuchungen wurden unter den Auspizien des Cancer Chemotherapy National Service Center (CCNSC) in Bethesda, Maryland (USA) durchgeführt. Detaillierte Testergebnisse sind nicht ersichtlich.[178]

Volkstümliche Anwendung und andere Anwendungsgebiete: Die Wurzeln von *M. senegalensis* werden in Ostafrika bei Rheumatismus und Schlangenbissen verwendet, ein Aufguß gegen Diarrhöe und Fieber.[103] Die Wurzeln dienen auch zur Stimulation des Harnflusses, das Wurzelpulver im Gemisch mit Lebensmitteln gegen Gonorrhöe.[174] Ein Brei aus den frischen Wurzeln zusammen mit den Wurzeln von *Zizyphus mucronata* wird bei weiblicher Sterilität verwendet.[179] Die schwach bitter schmeckenden Wurzeln werden bei Verstopfung angewendet.[175]
M. senegalensis ist im Senegal, wo die Wurzel auf den Drogenmärkten verkauft wird, eine der wichtigsten Heilpflanzen, insbesondere bei Erkrankungen von Frauen und Kindern: Kolik, Helminthiasis, Fieber, Amenorrhöe, Malaria, Ikterus. In Nordkamerun wird sie bei den Fulbe gegen Syphilis und Läuse verwendet.[181]
In Südafrika verwendet der Stamm der Venda eine Abkochung der Wurzeln gegen Husten;[182] in Zimbabwe dienen die Wurzeln zur Behandlung der Diarrhöe.[183] In Indien behandelt man gastrointestinale Beschwerden, besonders Dysenterie, ebenfalls mit den Wurzeln.[177,184–186]
Die Wirksamkeit der Droge bei den genannten Indikationen ist nicht belegt.

Sonst. Verwendung: Die Extrakte der Pflanze bilden auch einen Bestandteil von Pfeilgiften.[180] *Landwirtschaft.* Das Alkaloid Wilforin ist ein potentes fraßhemmendes (antifeedant) Mittel gegen graminivore und cruciferivore Heuschrecken und Raupen. Die abschreckende Wirkung ist besonders bei *Locusta migratoria* und *Pieris rapae* ausgeprägt, weniger stark bei einigen mehr polyphagen Schädlingen und unbedeutend bei *Schistocera gregaria*.[85] Die Gattung Maytenus ist bekannt für das Vorkommen fraßhemmender Substanzen, darunter Tannine und Chinone.[12,60]
Die Maytansinoide sind gegen den Europäischen Kernbohrer, *Ostrinia nubilalis* (Lepidoptera: Pyralidae) wirksam. Die Wirkung scheint von der Anwesenheit eines Aminosäurerestes am *C*-3 abzuhängen.[187]

Maytenus serrata (HOCHST. ex A. RICH.) R. WILCZEK

Synonyme: *Celastrus schimperi* HOCHST. ex A. RICH., *C. serratus* HOCHST. ex A. RICH., *Gymnosporia serrata* HOCHST. ex A. RICH., *G. serrata* FIORI, *Maytenus ovata* LOES.

Sonstige Bezeichnungen: Ekoki (dial. mangbetu), Lusolo na may (dial. kitabwa).[169]

Botanische Beschreibung: Strauch oder kleiner Baum, 0,8 bis 4 m hoch, mit bis zu 2,7 cm langen Dornen. Zweige grau bis bräunlich-purpurfarben, mit braunen Lentizellen, fein behaart. Blätter wechselständig, Lamina oben grün, unterseits heller, elliptisch bis oval, ledrig, kahl. Nervatur auf beiden Seiten mehr oder weniger hervorgehoben. Rand gewöhnlich einfach gesägt mit spitzen Zähnen. Zymöser Blütenstand, gewöhnlich kräftig, dichasial bis subdichasial, solitär, axillär oder in Büscheln von 2 bis 6 auf kurzen Sprossen, fein behaart. Blüten solitär oder zu 2 bis 50 je Blütenstand, eingeschlechtig. 5 bis 6 Kelchblätter, weiß bis grünlich, manchmal mit einem Stich ins Purpurne, oval bis triangular, mit einem fein behaarten Saum. 5 bis 6 Kronblätter, weiß bis gelbgrün, länglich bis elliptisch, kahl, ganzrandig bis schwach gezähnt. Männliche Blüten mit 5 bis 6 Staubblättern, Filament aus der Diskusbasis hervorgehend. Diskus 2 bis 4 mm im Durchmesser, flach, abgerundet bis 5lappig. Fruchtknoten kugelförmig, zur Hälfte in den Diskus eingesenkt; Griffel sehr kurz, ohne Narben. Weibliche Blüten mit 5 Staminodien. Diskus wie bei den männlichen Blüten. Griffel kürzer als der Fruchtknoten, mit 3 Narben. Fruchtknoten 3fächerig, konisch, zu $^1/_4$ in den Diskus eingelassen. Kapsel zunächst grünlichpurpurn, dann rosa bis rot, ledrig, fein behaart. 3 bis 5 Samen, braun, glänzend, mit einem zunächst weißen, später gelben Arillus an der Basis.[6]

Verwechslungen: *M. serrata* kann mit *M. putterlickioides* (LOES.) EXELL et MENDONÇA (s. dort) verwechselt werden. Diese hat ebenfalls fein behaarte Fruchtkapseln. *M. serrata* hat jedoch eine 8 bis 12 mm lange Kapsel, Samen mit basalem Arillus, glatte Blätter und Dornen ohne Blätter und Infloreszenzen, während *M. putterlickioides* 4 bis 6 mm lange Kapseln besitzt, der Arillus den Samen teilweise oder ganz einschließt, die Blätter behaart sind und die Dornen Blätter und Infloreszenzen tragen. *M. putterlickioides* kommt auch nicht im nördlichen Äthiopien vor.

Inhaltsstoffe: Die Zweige von *M. serrata* enthalten die macrocyclischen Spermidinalkaloide Celacinnin und Celallocinnin, aber nicht die in den Früchten vorkommenden Nicotinoylsesquiterpenalkaloide und auch keine Ansa-Macrolide. Andererseits enthalten die Früchte keine Spermidinalkaloide.[13,43,78]

Verbreitung: Endemisch im nördlichen Äthiopien (Erythrea, Gojam, Gondar, Tigray),[6] ferner in Angola, Kamerun, Kenia und Zaire[169] sowie in China.[41]

Drogen: Maytenus-serrata-Früchte.

Maytenus-serrata-Früchte

Definition der Droge: Die getrockneten Früchte.

Stammpflanzen: *Maytenus serrata* (HOCHST. ex A. RICH.) R. WILCZEK.

Herkunft: In Europa keine Handelsware.

Inhaltsstoffe: *Ansa-Macrolide.* Die Maytansinoide Maytansin, Maytanprin und Maytanbutin.[13,25,41] *Alkaloide.* Die Nicotinoylsesquiterpenalkaloide Maytolin, Maytin und Maytolidin.[78,79,188]

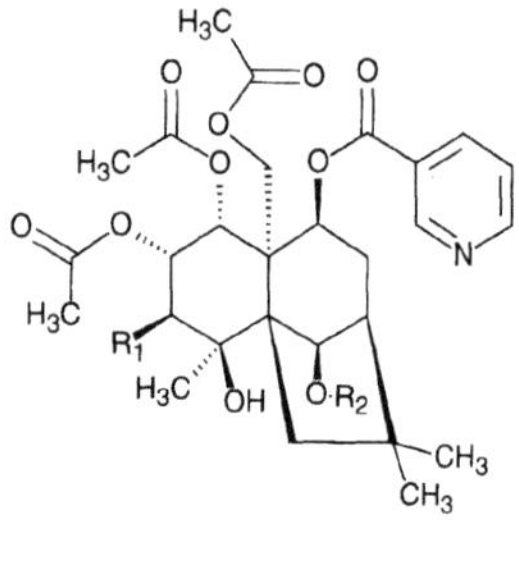

Maytolin:	R_1 = OH; R_2 = Ac
Maytin:	R_1 = H; R_2 = Ac
Maytolidin:	R_1 = OAc; R_2 = Bz

Zubereitungen: Die Maytansinoide lassen sich aus verschiedenen Pflanzenorganen gewinnen: bei *M. serrata* hauptsächlich aus den Früchten, aber auch aus den Wurzeln und dem Holz der Zweige; bei *M. buchananii* aus dem Holz und der Rinde; bei *Colubrina texensis* aus den Stengeln und Blättern. Die Ausbeute ist sehr gering und liegt zwischen 0,2 bis 12 mg/kg.[114] Eine ergiebigere Quelle stellt das Stammholz der südafrikanischen Celastracee *Putterlickia verrucosa* SZYSZYL. mit einer Ausbeute von 12 mg/kg Maytansin, 8,5 mg/kg Maytanprin und 4,5 mg/kg Maytanbutin dar.[17,108] Die Isolierung der Maytansinoide ist extrem schwierig und aufwendig: Die getrockneten Pflanzenteile werden mit 95%igem Ethanol extrahiert, der Extrakt wird anschließend fraktioniert, wobei auf jeder Stufe *in vitro* die Wirksamkeit auf Nasopharynxcarcinom(KB)-Zellen und *in vivo* gegenüber Leukämie(P388)-Zellen der Maus geprüft werden muß. Die Fraktionierung erfolgt durch mehrere Flüssig/flüssig-Extraktionen, gefolgt von säulenchromatographischen Schritten (Aluminiumoxid, Silicagel, Florisil, Sephadex). Die letzten Trennungen erfolgen mittels präparativer DC (Kieselsäure, Aluminiumoxid) und durch HPLC.[7,17] Die Erfolge bei der Gewinnung der Ansamytocine durch Fermentation mit Nocardia lassen es möglich erscheinen, die industrielle Produktion der antileukämischen Maytansinoide leichter und weniger kostspielig auf mikrobiellem Wege verwirklichen zu können.[17]

Volkstümliche Anwendung und andere Anwendungsgebiete: Es ist bemerkenswert, daß *M. serrata* bereits vor der Entdeckung der antitumoralen Wirkung des Maytansins in der traditionellen afrikanischen Medizin zur Behandlung von Tumoren verwendet worden ist.[8,17]
Die Wirksamkeit der Droge bei Tumoren ist allerdings nicht belegt. Auch Maytansin hat sich in der Tumortherapie bisher nicht als brauchbar erwiesen.

Maytenus undata (THUNB.) BLAKELOCK

Synonyme: *Catha fasciculata* TUL., *Celastrus albatus* N. E. BR., *C. huillensis* (WELW. ex OLIV.) SZYSZYL., *C. ilicinus* BURCH., *C. laucifolius* THONN., *C. laurifolius* A. RICH., *C. luteolus* DEL., *C. undatus* THUNB., *C. zeyheri* SOND., *Gymnosporia albata* (N. E. BR.) SIM., *G. deflexa* SPRAGUE, *G. fasciculata* LOES., *G. goetzeana* LOES., *G. huillensis* (WELW. ex OLIV.) SZYSZYL., *G. lancifolia* (THONN.) LOES., *G. laurifolia* (A. RICH.) LOES., *G. peglerae* DAVISON, *G. rehmanii* SZYSZYL., *G. undata* (THUNB.) SZYSZYL., *G. zeyheri* (SOND.) SZYSZYL., *Maytenus goetzeana* (LOES.) LOES., *M. huillensis* (WELW. ex OLIV.) LOES., *M. lancifolia* (SCHUM. et THONN.) LOES., *M. laurifolia* (A. RICH.) LOES., *M. luteola* (DEL.) ANDR.
Der Artname "undata" bezieht sich auf die oft schwach gewellten Blattränder.[2]

Sonstige Bezeichnungen: IGqwabali, iKhukhuze, iNqayielibomvu (Z), Kokoboom (Hott.), Koko tree, Musongate, South African holly, Tombola (dial. kanioka), Umugendajoro, Umupfyisi (dial. kinyaruanda).[2]

Botanische Beschreibung: Strauch oder Baum, 1,5 bis 10 m hoch, ohne Dornen, immergrün, vielästig, oft buschig, sich von der Basis an verzweigend oder mit einer runden Krone und einem einzelnen Stamm bis zu 40 cm Durchmesser, mit dünner Rinde, in der Jugend glatt, später rauh, variierend von fast weiß bis hell oder dunkelgrau und innen rötlich; die winkligen Zweige sind oft purpurfarben.
Die ledrigen, wechselständigen Blätter, mit grüner oder manchmal auf beiden Seiten oder einer Seite graugrüner Spreite, sind eiförmig, rund, oval oder lanzettlich, die Enden abgerundet oder spitz, am Grunde üblicherweise verengt; ihre Größe ist sehr verschieden und schwankt von 1,3 × 5 cm in Trokkengebieten bis 10 × 8 cm in Wald- oder Feuchtge-

bieten; der Rand ist selten verdickt oder zurückgebogen; schwach oder deutlich gezähnt; zahlreiche Zähne, manchmal scharf und dornig, auf kurzen Stielen. 5 bis 12 Lateralnerven; Nervatur auf beiden Seiten mehr oder weniger hervortretend. Die Blütenstände stehen axillär, mit Büscheln von 3 bis 30 weißen bis grünlichen zwittrigen Blüten. 5 Kelchblätter, weißlich bis braun, oval, ganzrandig oder schwach gezähnt; 5 Kronblätter, breit elliptisch bis oval oder lanzettlich, ganzrandig oder schwach gesägt. 5 Staubgefäße mit dünnen, aus der Diskusbasis hervortretenden Staubfäden. Diskus flach bis konkav, 5- bis 10lappig. Pistill und Griffel kürzer als der Fruchtknoten, 3lappig. Fruchtknoten 3fächerig, halbkugelig, zur Hälfte in den Diskus eingesenkt. Frucht kleine, oft 3lappige Kapsel, grün bis purpurn oder gelb, oval, ledrig, glatt, unbehaart. 2 bis 3 Samen, braun bis braunorange, glänzend, wenigstens in der unteren Hälfte mit einem dünnen weißen oder orangefarbenen Arillus bedeckt.[2,6,169]

Verbreitung: *M. undata* ist in allen Provinzen Südafrikas sowie in Swaziland und Botswana weit verbreitet. Sie wächst nordwärts im tropischen Afrika bis Guinea, Togo, Kamerun, Angola, Zaire, Erythrea, Äthiopien und Somaliland; ferner auf den Komoren und auf Madagaskar. Gelegentlich im immergrünen Regenwald, öfter aber an Waldrändern und in trockenen Wäldern, im Busch, auf bewaldeten oder felsigen Hügeln, an Flußufern, oft auf Schieferformationen; von der Küste bis auf eine Höhe von 3.000 m.

Drogen: Maytenus-undata-Wurzeln.

Maytenus-undata-Wurzeln

Definition der Droge: Die getrockneten Wurzeln.

Stammpflanzen: *Maytenus undata* (THUNB.) BLAKELOCK.

Herkunft: In Europa keine Handelsware.

Volkstümliche Anwendung und andere Anwendungsgebiete: Eine Abkochung der Wurzeln dient zur Behandlung der Syphilis und anderer Erkrankungen der Urethra.[103] Medizinische Verwendung u. a. in Uganda.[189] Die Wirksamkeit der Droge bei diesen Indikationen ist nicht belegt.

1. Loesener T (1942) Celastraceae und Hippokrataceae. In: Engler A, Prantl K (Hrsg.) Die natürlichen Pflanzenfamilien, 2. Aufl., Bd. 20b, Wilhelm Engelmann, Leipzig, S. 134–146
2. Palmer E, Pitman N (1972) Trees of Southern Africa, Bd. II, AA Balkema, Cape Town, S. 1.271
3. Fabris HA (1965) Celastraceae. In: Cabrera AL (Hrsg.) Flora de la Provincia de Buenos Aires, Coleccion Cientifica del INTA Buenos Aires, Parte IV, Secretaria de Estado de Agricultura y Ganaderia de la Nación, Buenos Aires
4. Burghart J (1979) Dissertation Ludwig-Maximilians-Universität, München
5. Robson NKB (1963–1966) Celastraceae incl. Hippokrataceae. In: Exell AW, Fernandes A, Wild H (Hrsg.) Flora Zambesiaca, Crown Agents, London, S. 355
6. Sebsebe D (1985) Acta Univ Upsala, Symb Bot Upsal 25:1–99
7. Kupchan SM, Komoda Y, Branfman AR, Sneden AT, Court WA, Thomas GJ, Hintz HPJ, Smith RM, Karim A, Howie GA, Verma AK, Nagao Y, Dailey RG, Zimmerly VA, Sumner WC (1977) J Org Chem 42:2.349–2.357
8. Spjut RW, Perdue jr RE (1976) Cancer Treatment Rep 60:979–985
9. Komoda Y, Kishi T (1980) Maytansinoides. In: Cassady JM, Douros JD (Hrsg.) Anticancer agents based on natural models, New York London Toronto Sydney San Francisco, zit. nach Lit.[6]
10. Reiche C (1898) Flora de Chile, Bd. 2, Imprenta Cervantes, Santiago de Chile, S. 2–3
11. Steyermark JA (1988) Ann Missouri Bot Gard 75:1.058–1.086
12. Brüning R, Wagner H (1978) Phytochemistry 17:1.821–1.858
13. Kupchan SM, Komoda Y, Court WA, Thomas CJ, Smith RM, Karim A, Gilmore CJ, Haltiwanger RC, Bryan RF (1972) J Am Chem Soc 94:1.354–1.356
14. Nettleton DE, Balitz DM, Brown M, Moseley JE, Myllymaki RW (1981) J Nat Prod 44:340–347
15. Kupchan SM, Komoda Y, Branfman AR, Dailey RG, Zimmerly VA (1974) J Am Chem Soc 96:3.706–3.708
16. Rinehart KL, Shield LS (1976) Fortschr Chem Org Naturstoffe 33:231–307, zit. nach Lit.[12]
17. Leboeuf M (1978) Plantes Méd Phytothér 12:53–70
18. Higashide E, Asai M, Ootsu K, Tanida S, Kozai Y, Hasegawa T, Kishi T, Sugino Y, Yoneda M (1977) Nature 270:721–722
19. Asai M, Mizuta E, Izawa M, Haibura K, Kishi T (1979) Tetrahedron 35:1.079–1.085
20. Engvild KC (1986) Phytochemistry 25:781–791
21. Mothes K (1984) In: Czygan FC (Hrsg.) Biogene Arzneistoffe, Friedr. Vieweg & Sohn, Braunschweig Wiesbaden
22. Barclay AS, Perdue jr RE (1976) Cancer Treatment Rep 60:1.081–1.113
23. Li C, Li B, Pei S, Zhou Y, Huang L, Yang Y (1983) Zhiwu Xuebao 25:363–369, zit. nach CA 99:155276n
24. Li C, Zhu J, Zhou Y, Huang L (1983) Yunnan Zhiwu Yanjiu 5:105–108, zit. nach CA 99:3047a
25. Kupchan SM, Komoda Y, Thomas GJ, Hintz HPJ (1972) J Chem Soc Chem Commun:1.065
26. Kupchan SM, Komoda Y, Thomas GJ, Court WA (1975) US Patent No 3.896.111, 22.7.1975 (Research Corp.), zit. nach CA 83:209396s
27. Bemsterboer GL, Satanek J (1979) US Patent No 4.145.345, 20.3.1979 (Research Corp.), zit. nach CA 90:210215h
28. Sneden AT, Bemsterboer GL (1980) J Nat Prod 43:637–640
29. Wang H, Cheng C, Wei Y, Chiang T (1980) Yao Hsueh T'ung Pao 15:44–45, zit. nach CA 95:67849p
30. Wang XF, Wei RF, Chen JY, Jiang DQ (1981) Yao Hsue Hsue Pao 16:59–61, zit. nach CA 95:138482b
31. Wang XF, Chen JY, Wei RF, Jiang DQ (1981) Yao Hsue Hsue Pao 16:628–630, zit. nach CA 96:31684n
32. Lee KH, Nozaki H, Hall JH, Kasai R, Hirayama T, Suzuki H, Wu RY (1982) J Nat Prod 45:509–510
33. Nozaki H, Suzuki H, Hirayama T, Kasai R, Wu RY, Lee HK (1986) Phytochemistry 25:479–485
34. Kuo YH, Chen CH, Yang Kuo LM, King ML, Wu TS, Haruna M, Lee KH (1990) J Nat Prod 53:422–428

35. Zhou YL, Huang LY, Yan YM, Li CM, Li BJ, Wang C (1982) Chem Nat Prod, Proc Sino-Am Symp 1980, S.302–305, zit. nach CA 98:221670u
36. Li C, Wang C, Zhou Y, Huang L (1981) Yao Hsueh Hsueh Pao 16:635–637, zit. nach CA 96:31685p
37. Quian XL, Yao SH (1982) Chem Nat Prod, Proc Sino-Am Symp 1980, S. 263–264, zit. nach CA 98:122835v
38. Zhou YL, Huang LY, Zhou QR, Jiang FX, He XG (1981) Huaxue Xuebao 39:427–432, zit. nach CA 96:45973t
39. Zhou YL, Yang YM, Huang LY, Liu B (1981) Huaxue Xuebao 39:933–936, zit. nach CA 97:178698z
40. Ahmed MS, Fong HHS, Soejarto DD, Dobberstein RH, Waller DP, Moreno Azorero R (1981) J Chromatogr 213:340–344
41. Chi H, Chiang W, Tsai C, Pu C (1980) Chung Ts'ao Yao 11:173, zit. nach CA 94:109167b
42. Chou YL, Huang LY, Chou CJ, Chiang CH, Ho HK, Li CM, Wang C, Li PC (1980) K'o Hsueh T'ung Pao 25:427–429, zit. nach CA 93:210149b
43. Kupchan SM, Hintz HPG, Smith RM, Karim A, Cass MW, Court WA, Yatagai M (1977) J Org Chem 42:3.660–3.664
44. Nozaki H, Matsuura Y, Hirono S, Kasai R, Chang JJ, Lee KH (1990) J Nat Prod 53:1.039–1.041
45. Martin JD (1973) Tetrahedron 29:2.553–2.559
46. Kutney JP, Beale MH, Salibury PG, Stuart KL, Worth BR, Townsley PM, Chalmers WT, Nilsson K, Jacoli GG (1981) Phytochemistry 20:653–657
47. Gonzalez AG, Ferro EA, Ravelo AG (1987) Phytochemistry 26:2.785–2.788
48. De Sousa JR, Pinheiro JA, Ribeiro EF, De Souza E, Maia JGS (1986) Phytochemistry 25:1.776–1.778
49. Gonzalez AG, López I, Ferro EA, Ravelo AG, Gutiérrez J, Aguilar MA (1986) Biochem Syst Ecol 14:478–480
50. Gonzalez Gonzalez A, Ferro Bertolotto EA, Gutiérrez Ravelo A (1986) Rev Latinoamer Quim 17:51–53
51. Gonzalez GA, Amaro JAL, Guitérrez JL (1986) Rev Latinoamer Quim 17:56–58, zit. nach CA 105:112019f
52. Wang XF, Pu QL, Chen JY, Wei RF, Jiang DQ (1985) Zhiwu Xuebao 27:393–396, zit. nach CA 103:175420j
53. Parimi AR, Parimi UD, Frolow F, Lavie D (1984) Phytochemistry 23:2.251–2.255
54. Fang SD, Berry DE, Lynn DG, Hecht SM, Campbell J, Lynn WS (1984) Phytochemistry 23:631–633
55. Xu XY (1982) Yun Nan Zhi Wu Yan Jiu 4:71–72, zit. nach CA 97:20744b
56. González AG, Fraga BM, González P, Marta M, Della Monache F, Marini-Bettòlo GB, De Mello JF, Gonçalves O (1982) Phytochemistry 21:470–471
57. Marta M, Delle Monache F, Marini-Bettòlo GB, De Mello JF, Gonçalves de Lima O (1979) Gazz Chim Ital 109:61–63
58. Gonzalez AG, Darias V, Boada J, Alonso G (1977) Planta Med 32:282–286
59. Abraham DJ, Trojánek J, Münzing HP, Fong HHS, Farnsworth NR (1971) J Pharm Sci 60:1.085–1.087
60. Marini-Bettòlo GB (1974) Il Farmaco Ed Sci 29:551–568
61. De Luca C, Delle Monache F, Marini-Bettòlo GB (1978) Rev Latinoamer Quim 9:208–209, zit. nach CA 91:96561m
62. Moujir L, Gutiérrez-Navarro M, González AG, Ravelo AG, Luis JG (1990) Biochem Syst Ecol 18:25–28
63. González AG, Ravelo AG, Bazzocchi IL, Jiménez J, González CM, Luis JG, Ferro EA, Gutiérrez A, Moujir L, De Las Heras FG (1988) Il Farmaco Ed Sci 43:501–508
64. Nozaki H, Suzuki H, Hirayama T, Kasai R, Wu RY, Lee KH (1986) Phytochemistry 25:479–485
65. Lee KH, Nozaki H (1984) Tetrahedron Letters:707–710
66. Nozaki H, Suzuki H, Lee KH, McPhail AT (1982) J Chem Soc Chem Commun:1.048–1.051
67. Grant PK, Johnson AW (1957) J Chem Soc:4.669–4.672
68. Grant PK, Johnson AW (1957) J Chem Soc:4.079–4.086
69. Falshaw CP, King TJ (1983) J Chem Soc Perkin Trans 1:1.749–1.752
70. Johnson AW, King TJ, Martin RJ (1961) J Chem Soc:4.420–4.425
71. Becerra J, Gaete L, Silva M, Bohlmann F, Jakupovic J (1987) Phytochemistry 17:1.821–1.858
72. González AG, Jiménez IA, Ravelo AG, Luis JG, Bazzocchi IL (1989) Phytochemistry 28:173–175
73. Munoz OM, González AG, Ravelo AG, Luis JG, Vazquez JT, Nunez MP, Jiménez IA (1990) Phytochemistry 29:3.225–3.228
74. González AG, Nunez MP, Ravelo AG, Luis JG, Jiménez IA, Munoz OM (1990) J Nat Prod 53:474–478
75. González AG, Jiménez IA, Ravelo AG, Luis JG, Bazzocchi IL (1990) Phytochemistry 29:2.577–2.579
76. González AG, Nunez MP, Ravelo AG, Luis JG, Jiménez IA, Vázquez JT (1989) Heterocycles 29:2.287–2.296
77. González AG, Jiménez IA, Ravelo AG, Luis JG, Bazzocchi IL (1988) Phytochemistry 28:173–175
78. Kupchan SM, Smith RM (1977) J Org Chem 42:115–118
79. Kupchan SM, Smith RM, Bryan RF (1970) J Am Chem Soc 92:6.667–6.668
80. Kuo YH, Chen CH, Yang Kuo LM, King ML, Wu TS, Lu ST, Chen IS, McPhail DR, McPhail AT, Lee KH (1989) Heterocycles 29:1.465–1.468
81. Wagner H, Burghart J (1977) Planta Med 32A:9–14
82. Englert G, Klinga K, Raymond-Hamet, Schlittler E, Vetter W (1973) Helv Chim Acta 56:474–478
83. Preiss A, Díaz M, Ripperger H (1988) Phytochemistry 27.589–593
84. Díaz M, Preiss A, Ripperger H (1987) Phytochemistry 26:1.847–1.848
85. Delle Monache F, Marini-Bettòlo GB, Bernays EA (1984) Z Angew Entomol 97:406–414
86. Díaz M, Ripperger H (1982) Phytochemistry 21:225–226
87. Ripperger H (1980) Phytochemistry 19:162–163
88. González AG, Ferro EA, Ravelo AG (1986) Heterocycles 24:1.295–1.298
89. Kupchan SM, Hintz HPG, Smith RM, Karim A, Cass MW, Court WA, Yatagai M (1974) J Chem Soc Chem Commun:329–330
90. Vaz Pereira M (1962) Rev Brasil Quim 54:416, zit. nach CA 58.8358
91. Ulubelen A, Cole JR (1965) J Pharm Sci 54:1.763
92. Mandich L, Bittner M, Silva M, Barros C (1984) Rev Latinoamer Quim 15:80–82
93. Delle Monache F, Pomponi M, Marini-Bettòlo GB, Leôncio d'Albuquerque IL, Gonçalves de Lima O (1976) Phytochemistry 15:573–574
94. Drennan PM, Drewes SE, van Staden J, MacRay S, Dickens CWS (1987) S Afr J Bot 53:17–24
95. Paterson-Jones JC (1983) Biomass 3:225–234, zit. nach CA 99:50300n

96. NN (1988) Flora Patagonica, Pt. V, Istituto Nacional de Tecnologia Agropecuaria (INTA), Coleccion cientifica del INTA, Buenos Aires
97. Bhakuni DS, Mayer M, Poyser KA, Poyser JP, Sammes P, Silva M (1973) Rev Latinoamer Quim 4:166–170
98. Bhakuni DS, Bittner M, Marticorena C, Silva M, Weldt E, Hoeneisen M, Hartwell JL (1976) Lloydia 39:225–243
99. Feuillé (o. J.) Observ Phys Am Mérid III Hist Pl Méd Pér Chil, S. 39, zit. nach Lit.[1]
100. Uphof JCT (1959) Dictionary of Economic Plants, Verlag HR Engelmann (J Cramer), Weinheim
101. Watt JM, Breyer-Brandwijk MG (1962) Medicinal and Poisonous Plants of Southern and Eastern Africa, 2. Aufl., Edinburgh London, zit. nach Lit.[5]
102. Haerdi F (1964) Die Eingeborenen-Heilpflanzen des Ulanga-Distriktes Tanganjikas (Ost-Afrika), Acta Tropica, Suppl 8:1–278, zit. nach Lit.[6]
103. Kokwara JO (1976) Medicinal Plants of East Africa, Kampala Nairobi Dar es Salaam, zit. nach Lit.[6]
104. Hedberg I, Hedberg O, Madati PJ, Mshigeni KE, Mshiu EN, Samuelsson G (1982) J Ethnopharmacol 6:29–60
105. Gonçalves de Lima O, Sidney de Barros Coêlho J, Weigert E, Leôncio d'Albuquerque I, Andrade Lima D, Alves de Moraes e Souza M (1971) Rev Inst Antibiot Recife 11:35–38
106. Delle Monache F, Marini-Bettòlo GB, Gonçalves de Lima O, Leôncio d'Albuquerque I, Sidney de Barros Coêlho J (1973) J Chem Soc Perkin Trans 1:2.725–2.728
107. Gonçalves de Lima O, Leôncio d'Albuquerque I, Sidney de Barros Coêlho J, Gimino Martins D, Lins Lacerda A, Maciel GM (1969) Rev Inst Antibiot Recife 9:17–25
108. Kupchan SM, Branfman AR, Sneden AT, Verma AK, Dailey RG, Komoda Y, Nagao Y (1975) J Am Chem Soc 97:5.294–5.295
109. Freise FW (1935) Pharm Zhalle 76:704, zit. nach Lit.[12]
110. Bernardi HH, Wasicky M (1963) Tribuna Farm 31:38, zit. nach Lit.[12]
111. Bernardi HH, Wasicky M (1960) Ref Sci Pharm 28:121, zit. nach Lit.[12]
112. Coimbra R, Diniz da Silva E (1958) Notas de Fitoterapia, 2. Aufl., Laboratorio Clinico Silva Araujo SA, Rio de Janeiro
113. Saggese D, Saggese AA (1959) Yerbas Medicinales Argentinas, 10. Aufl., Los Talleres Graficos Antognazzi & Cie, San Lorenzo (Rosario)
114. Kupchan SM, Branfman AR, Sneden AT, Verma AK, Dailey RG, Komoda Y, Nagao Y (1975) J Am Chem Soc 97:5.294
115. Melo AM, Lobo Jardim M, De Santana CF, Lacet Y, Lobo Filho J, Gonçalves de Lima O, Leôncio d'Albuquerque I (1974) Rev Inst Antibiot Recife 14:9–16
116. Wolpert-DeFilippes MK, Adamson RM, Cysyk RL, Johns DG (1975) Biochem Pharmacol 24:751–754
117. Wolpert-DeFilippes MK, Bono VH, Dion RL, Johns DG (1975) Biochem Pharmacol 24:1.735–1.738
118. Remillard S, Rebhun LI, Howie GA, Kupchan SM (1975) Science 189:1.002–1.005
119. Mandelbaum-Shavit F, Wolpert-DeFilippes MK, Johns DG (1976) Biochem Biophys Res Commun 72:47–54
120. Komoda Y, Isogai Y (1978) Sci Pap Coll Gen Educ, Univ Tokyo 28:129–134, zit. nach CA 89:158672t
121. O'Connor TE, Aldrich C, Hadidi A, Lomax N, Okano P, Sethi S, Wood HB (1975) Proc Am Assoc Cancer Res 16:Abstr 114
122. Aldrich CD, O'Connor TE (1976) Proc Am Assoc Cancer Res 17:Abstr 339
123. Sieber SM, Wolpert MK, Adamson RH, Cysyk RL, Bono VH, Johns DG (1976) Bibl Haemat 43:495–500
124. Kupchan SM (1974) Fed Proc 33:2.288–2.295
125. Adamson RH, Sieber SM, Whang-Peng J, Wood HB (1976) Proc Am Assoc Cancer Res 17:Abstr 165
126. Chahinian P, Nogeire C, Ohnuma T, Holland JF (1978) In: Greenspan EM (Hrsg.) New Developments and Changing Concepts in Cancer Chemotherapy, Chemotherapy Foundation, Symposium III, October 27 and 28, 1978, New York
127. Issell BF, Crooke ST (1978) Cancer Treat Rev 5:199–207
128. Eagan RT, Creagan ET, Ingle JN, Frytak S, Rubin J (1978) Cancer Treat Rep 62:1.577–1.579
129. Thake DC, Naylor MW, Denlinger RH (1975) US Dept Comm Nat Tech Service PB 244566/AS, zit. nach Lit.[12]
130. Mugera GM, Ward JM (1977) Cancer Treat Rep 61:1.333, zit. nach Lit.[12]
131. Pierin Macaubas CI, Menezes de Oliveira MG, Souza Formigoni MLO, Gomes da Silveiro N, Carlini EA (1988) In: Carlini ELA (Hrsg.) Estudo de açao antiúlcera gástrica de plantas brasileiras: Maytenus ilicifolia (Espinheira santa) e outras, CEME/AFIP, Brasilia, S. 5
132. Carlini EA, Braz S (1988) In: Carlini ELA (Hrsg.) Estudo de açao antiúlcera gástrica de plantas brasileiras: Maytenus ilicifolia (Espinheira santa) e outras, CEME/AFIP, Brasilia, S. 21
133. Carlini EA, Pierin Macaubas CI, Menezes de Oliveira MG, Pereira Barbosa V (1988) In: Carlini ELA (Hrsg.) Estudo de açao antiúlcera gástrica de plantas brasileiras: Maytenus ilicifolia (Espinheira santa) e outras, CEME/AFIP, Brasilia, S. 49
134. Carlini EA, Frochtengarten ML (1988) In: Carlini ELA (Hrsg.) Estudo de açao antiúlcera gástrica de plantas brasileiras: Maytenus ilicifolia (Espinheira santa) e outras, CEME/AFIP, Brasilia, S. 67
135. Geocze S, Vilela MP, Chaves BDR, Ferrari AP, Carlini E (1988) In: Carlini ELA (Hrsg.) Estudo de açao antiúlcera gástrica de plantas brasileiras: Maytenus ilicifolia (Espinheira santa) e outras, CEME/AFIP, Brasilia, S. 75
136. Bandoni AL, Mendiondo ME, Rondina RVD, Coussio JD (1976) Econ Bot 30:161–185
137. Joss D, Krakoff IH (1980) Hosp Formul 15:194–203
138. Douros J, Suffness M (1978) Cancer Chemother Pharmacol 1:91–100
139. Balbach A (1980) Flora nacional na medicina doméstica, 11 Aufl., Ediçoes "A Edificaçao do Lar", Sao Paulo, zit. nach Lit.[131]
140. Cruz GL (1982) Diccionario das plantas úteis do Brasil, Rio de Janeiro, zit. nach Lit.[131]
141. Silva Araujo JE, Lucas V (1930) Catálogo de extractos fluidos Nova Ediçao, Silva Araujo e Cia. Ltda., Rio de Janeiro, zit. nach Lit.[131]
142. Bernardi HH, Wasicky M (1959) Algunas pesquisas sobre a espinheira-santa ou cancerosa, Maytenus ilicifolia MARTIUS usada como remedio popular no Rio Grande do Sul, Universidade Federal do Rio Grande do Sul, Santa Maria, zit. nach Lit.[132]
143. Pereira MV, Campos JD (1960) Maytenus ilicifolia, Arq Bras Med Nav 21:17–23, zit. nach Lit.[132]
144. Simoes CMO, Mentz LA, Schenkel P, Irgang BE, Stehmann JR (1986) Plantas da medicina popular do Rio Grande do Sul, Editora Universidade/UFRS, Porto Alegre, zit. nach Lit.[132]

145. Hoehne FC (1939) Plantas e substâncias vegetais tóxicas e medicinais, Departamento de Botânica do Estado de Sao Paulo
146. Mors WB, Rizzini CT (1966) Useful Plants of Brazil, Holden-Day Inc., San Francisco London Amsterdam
147. Arenas P, Moreno Azorero R (1976) Rev Soc Cientif Paraguay 16:3–19, zit. nach Lit.[149]
148. Schwartzman JB, Krimer DB, Moreno Azorero R (1976) Rev Soc Cientif Paraguay 16:63–68, zit. nach Lit.[149]
149. Gonzalez Gonzales J, Delle Monache G, Delle Monache F, Marini-Bettòlo GB (1982) J Ethnopharmacol 5:73–77
150. Schultes RE (1985) J Ethnopharmacol 14:125–158
151. Endlicher S, Fenzl E (1879) In: Martius CFP (Hrsg.) Flora Brasiliensis, Fleischer, Leipzig
152. Raymond-Hamet, Colas R (1933) CR Soc Biol 114:984, zit. nach Lit.[60]
153. Martinod P, Paredes A, Delle Monache F, Marini-Bettòlo GB (1976) Phytochemistry 15:562–563
154. DiCarlo FJ, Haynes LJ, Silver NJ, Phillips GE (1964) J Reticuloendothel Soc 1:224–232
155. DiCarlo FJ, Haynes LJ, Silver NJ, Phillips GE (1964) Proc Soc Exp Biol Med 116:195–197
156. Flemming K (1965) Naturwiss 52:346–347
157. Flemming K, Graack B (1967) Arzneim Forsch 17:1.541–1.543
158. Flemming K, Graack B (1967) Strahlentherapie 133:280–287
159. Olarte JC (1976) Semin Latinoamer Quim Prod Natural, Bogotá, S.126, zit. nach Lit.[149]
160. Wagner H, Burghart J, Hull WE (1978) Tetrahedron Lett:3.893–3.896
161. Wagner H, Burghart J (1982) Helv Chim Acta 65:739–752
162. Haerdi F, Kerharo J, Adam JG (1964) Afrikanische Heilpflanzen, Acta Tropica Suppl 8, Verlag für Recht und Gesellschaft, Basel, S. 106, zit. nach Lit.[4]
163. Standley PC (1930) Flora of Yucatan, Field Museum of Natural History, Chicago
164. Bentham G (1844) In: Hinds RB (Hrsg.) The Botany of the Voyage of H.M.S. Sulphur, Smith, Elder and Co, London
165. Martinez M (1959) Las Plantas Medicinales de Mexico, 4. Aufl., Ediciones Botas, Mexico
166. Loesener T (1910) Feddes Repert 8:291–299
167. Urban I (1904–1908) Symbolae Antillanae seu Fundamenta Florae Indiae Occidentalis, Bd. 5, Gebr. Borntrӓger, Leipzig Paris London
168. Dimayuga RE, Agundez J (1986) J Ethnopharmacol 17:183–193
169. Wilczek R (1960) In: Flora du Congo Belge et du Ruanda-Urundi, Bd. IX, Cealstraceae, Publications de l'Institut National pour l'Étude Agronomique du Congo Belge, Bruxelles, S. 119
170. Hedberg I, Hedberg O, Madati PJ, Mshigeni KE, Mshiu EN, Samuelsson J (1983) J Ethnopharmacol 9:105–128
171. Gómez-Serranillos M, Zaragoza F (1979) Anal Bromatol 31:180–188
172. Joshi KC, Bansal RK, Patni R (1978) Planta Med 34:211–214
173. Kumar KA, Srimannarayana G (1981) J Nat Prod 44:625–628
174. Ayensu ES (1978) Medicinal Plants of West Africa, Reference Publications Inc., USA, zit. nach Lit.[6]
175. Irvine FR (1961) Woody Plants of Ghana with special reference to their uses, London, zit. nach Lit.[6]
176. Bever BO (1980) J Ethnopharmacol 2:119–127
177. Joshi KC, Singh P, Singh CL (1981) Planta Med 43:89–91
178. Tin-Wa M, Farnsworth NR, Fong HHS, Blomster RN, Trojánek J, Abraham DJ, Persinos GJ, Dokosi OB (1971) Lloydia 34:79–87
179. Jansen PCM, Mendes O (1983) Plantas medicenais seu uso tradicional em Moçambique, Minerva central, Maputo, zit. nach Lit.[6]
180. Kerharo J, Bouquet A (1950) Plantas médicinales et toxiques de la Côte d'Ivoire, Haute Volta, Ministère de la France d'Outre-Mer, Office de la Recherche Scientifique Outre-Mer, Paris, zit. nach Lit.[6]
181. von Sengbusch V, Dippold MF (1980) Das Entwicklungspotential afrikanischer Heilpflanzen – Kamerun Tschad Gabun, JFB Möckmühl, S. 208
182. Arnold HJ, Gulumian M (1984) J Ethnopharmacol 12:35–74
183. Chinemana F, Drummond RB, Mavi S, De Zoysa J (1985) J Ethnopharmacol 14:159–172
184. Kirtikar KR, Basu BD (1933) Indian Medicinal Plants, Bd. 1, Pub Lalit Mohan Basu, Allahabad, India, S. 577, zit. nach Lit.[173]
185. Nadkarni AK (1954) Indian Materia Medica, 3. Aufl., Bd. 1, Popular Book Depot, Bombay, S. 606, zit. nach Lit.[173]
186. CSIR (1956) The Wealth of India, Raw Materials, Bd. IV, New Delhi, S. 277, zit. nach Lit.[177]
187. Madrigal RV, Zilkowski BW, Smith CR (1985) J Chem Ecol 11:501–506
188. Bryan RF, Smith RM (1971) J Chem Soc (B):2.159–2.163
189. Raynal J, Troupin G, Sita P (1979) Flore et médecine traditionelle, mission de l'étude 1978 au Rwanda I, Observations floristiques, Agence de Coopération Culturelle et Technique, Paris, zit. nach Lit.[6]
190. Menezes de Oliveira MG, Carlini EA (1988) In: Carlini ELA (Hrsg.) Estudo de açao antiúlcera gástrica de plantas brasileiras: Maytenus ilicifolia (Espinheira santa) e outras, CEME/AFIP, Brasilia, S. 37
191. Li B, Xu X, Zhou Y, Huang L (1983) Zhiwu Xuebao 25:142–144, zit. nach CA 99:67532n
192. Baudouin G, Tillequin F, Koch M, Tran Huu Dau ME, Guilhem J, Jacqemin H (1984) Heterocycles 22:2.221–2.226, zit. nach CA 102:3252u
193. Itokawa H, Shirota O, Ikuta H, Morita H, Takeya K, Itaka Y (1991) Phytochemistry 30:3.713–3.716
194. Nozaki H, Matsuura Y, Hirono S, Kasai R, Tada T, Nakayama M, Lee KH (1991) Phytochemistry 30:3.819–3.821
195. Delle Monache F, Pomponi M, Marini-Bettòlo GB, Gonçalves de Lima O (1974) An Quim 70:1.040–1.042
196. FEu, Bd. 2, S. 242
197. Hgn, Bd. VIII, S. 225
198. Hag, Bd. V, S. 723

Ic

Melissa

HN: 2037900

Familie: Lamiaceae.

Unterfamilie: Nepetoideae (Stachoideae).[1,2]

Tribus: Mentheae.[2]

Gattungsgliederung: Die Gattung Melissa L. umfaßt drei Arten.[65] Chromosomenzahl 2n = 32. Weitere Arten der älteren Literatur sind heute anderen Gattungen zugeordnet.

Gattungsmerkmale: Wenig- bis vielblütige, blattachselständige Scheinquirle mit krautigen Vorblättern. Kelch röhrig-glockig mit 3zähniger Oberlippe und 2zähniger Unterlippe, 13nervig. Blütenkrone 2lippig mit bauchig erweiterter, aufwärts gebogener Röhre ohne Saftdecke, innenseitiger Haarkranz fehlend.[3,4]

Verbreitung: Europa bis Iran und Zentralasien.[65] In Europa verwildert.[4]

Inhaltsstoffgruppen: Vertreter der Gattung Melissa sind durch das Vorkommen von ätherischen Ölen und Lamiaceen-Gerbstoffen in den oberirdischen Teilen charakterisiert. Beide Inhaltsstoffgruppen sind für Lamiaceen typisch, wobei das Vorkommen der Rosmarinsäure besonders bemerkenswert ist, da nach Lit.[5] die Lamiaceen in bezug auf die Lamiaceen-Gerbstoffe in rosmarinsäurehaltige und nicht-rosmarinsäurehaltige Gattungen aufgeteilt werden können. Diesen Untersuchungen zufolge befinden sich die rosmarinsäurehaltigen Gattungen alle in der Unterfamilie Saturejoideae, wodurch das Einteilungsprinzip nach Lit.[24] eine chemotaxonomische Bestätigung erfahren hat.

Drogenliefernde Arten: *M. officinalis*: Melissae aetheroleum, Melissae folium, Melissa hom. *HAB34*, Melissa officinalis hom. *HPUS88*.

Melissa officinalis L.

Synonyme: *Melissa altissima* Sm. in Sibth. et Sm., *M. graveolens* Host, *Thymus melissa* E. H. L. Krause.

Sonstige Bezeichnungen: Dt.: Citronelle, Herzkraut, Melisse, Zitronenmelisse; engl.: Balm, bee balm, lemon balm; frz.: Citronade, citronelle, mélisse; it.: Appiastro, cedrina, cedronella; span.: Melissa, toronjil.

Systematik: *M. officinalis* gliedert sich in die beiden Unterarten ssp. *altissima* (Sibth. et Sm.) Arcang. und ssp. *officinalis*.[3] Erstere besitzt den doppelten Chromosomensatz, ist hochwüchsiger und unterscheidet sich schon durch ihren unangenehmen Geruch von der zitronenartig riechenden ssp. *officinalis*. Diese repräsentiert die Melisse der pharmazeutischen Literatur und entspricht der *M. officinalis* f. *officinalis* (L.) Briq., welche die am häufigsten angebaute Form darstellt.[4] Aufgrund von Wuchsform, Größe und Behaarung werden 3 weitere Formen, nämlich *M. officinalis* f. *foliosa* (Opiz) Briq. (Sprosse schlaffer, mehr oder weniger kahl, meist nur 20 bis 40 cm hoch), f. *verticillata* Bolzon (drei- oder mehrgliedrige Blattquirle) und f. *villosa* Benth. (ähnlich wie f. *officinalis*, aber oft noch kräftiger und viel stärker, Blattunterseite fast graufilzig behaart) unterschieden.[4]

Botanische Beschreibung: Bis 90 cm hohe, ausdauernde Pflanze mit aufrechtem, verzweigtem und nur spärlich behaartem bis fast kahlem Stengel. Blätter gestielt mit eiförmiger bis rautenförmiger, 2 bis 6 (bis 8) cm langer und 1,5 is 5 cm breiter Spreite, am Ende kurz zugespitzt, am Grunde gestutzt oder keilförmig, oft unscharf in den Stiel übergehend, meist nur oberseitig behaart oder fast ganz kahl (Eckzahn-, Glieder- oder Drüsenhaare); Blattrand grob kerbig gesägt.[4]
Kelch röhrig-glockig, 7 bis 9 mm lang, drüsig behaart, Oberlippe 3zähnig, doppelt so lang wie die Unterlippe, mit 2 begrannten, aufwärts gebogenen Zähnen. Krone röhrig, 8 bis 15 mm lang, bläulichweiß, bleichlila oder schwach gelblichweiß, innen locker behaart, Oberlippe flach oder an den Rändern etwas aufgebogen, Unterlippe wenig länger, dreilappig. Staubblätter 4, Nüßchen länglich-eiförmig, 1,5 bis 2 mm lang, kastanienbraun. Blütezeit Juni bis August.[3,4]

Inhaltsstoffe: Wie die Gattung ist auch *M. officinalis* durch das Vorkommen von ätherischem Öl und Lamiaceen-Gerbstoffen in den oberirdischen Teilen charakterisiert. Auch in den Wurzeln ätherisches Öl mit Monoterpenen.[6] In den Früchten 12 % Schleimsubstanz aus Xylose, Glucose, D-Galacturonsäure und Rhamnose;[7] außerdem das Oligosaccharid Planteose (α-D-Galactosyl-(1$\rightarrow$6)-β-D-fructosyl-(2$\rightarrow$1)-α-D-glucose.[8] Fettes Öl, hauptsächlich mit Linolensäure und Linolsäure als Fettsäurenanteile (Verhältnis 2:1).[9]
Triterpensäuren, hauptsächlich Ursolsäure, daneben Oleanolsäure und deren Derivate in Stengeln, Blättern und Blütenkelchen.[10,11] In den Wurzeln hauptsächlich Betulinsäure.[11]

Verbreitung: Im östlichen Mittelmeergebiet und Westasien beheimatet. In Mitteleuropa kultiviert, bisweilen auch verwildert.[4]

Anbaugebiete: Mitteleuropa, West- und Osteuropa.
Angebaut werden Typen mit aufrechten oder niederliegenden Stengeln, die aus den Gruppensorten "Aufrechte Erfurter Melisse" und "Quedlinburger Niederliegende Melisse" entstanden sind. Niederliegende Typen sind im ersten Standjahr schwieriger zu ernten, im zweiten Jahr schon frohwüchsiger, auch frosthärter, blattreicher, aber kleinblättriger. Aufrechte Melisse ist im ersten Jahr frohwüchsiger, hat größere Blätter, ist aber frostempfindlicher und hat einen höheren Stengelanteil.[12] Ausführliche Angaben über Boden, Klima, Anbau, Ernte, Erträge und Krankheiten sowie Schädlinge s. Lit.[43]

Drogen: Melissae aetheroleum, Melissae folium, Melissa hom. *HAB34*, Melissa officinalis hom. *HPUS88*.

Melissae aetheroleum (Melissenöl)

Synonyme: Aetheroleum Melissae, Melissae oleum, Oleum Melissae.

Sonstige Bezeichnungen: Engl.: Balm-mint oil, balm oil, lemon balm oil, melissa oil; frz.: Essence de Mélisse.

Definition der Droge: Das durch Wasserdampfdestillation gewonnene Öl.[13]

Stammpflanzen: *Melissa officinalis* L.

Herkunft: Frankreich, England, Irland.

Gewinnung: Wasserdampfdestillation nach dem Kreislaufprinzip (Kohobation) des frischen oder getrockneten Krautes zu Beginn oder während der Vollblüte.[13]

Verfälschungen/Verwechslungen: Da wegen der geringen Ölausbeute bei der Destillation von Melisse echtes Melissenöl sehr teuer ist, kam es jahrzehntelang nicht in den Handel. Seit Mitte bis Ende der 80er Jahre ist es wieder auf dem Markt und kostet ca. 15.000,- DM/kg. Aufgrund des hohen Preises muß mit Verfälschungen gerechnet werden. Beschrieben sind diesbezüglich citralhaltige Öle von verschiedenen Cymbopogonarten (Citronellöl, Lemongrasöl), Öl der Zitronenkatzenminze, *Nepeta cataria* L. var. *citriodora* (BECK.) BALB., oder der Früchte des Javanischen Talgbaumes, *Litsea cubeba* BLUME (Lauraceae).[14] Auch über Melissenkraut destillierte Zitronenöle werden angeboten.[13]

Minderqualitäten: Citronellöl und Lemongrasöl sind als "indisches Melissenöl" im Handel.[13]

Inhaltsstoffe: Geruchsträger des Öls sind die Monoterpenaldehyde Geranial (Citral a), Neral (Citral b) und Citronellal. Zusammen bilden diese Aldehyde mit 40 bis 75 % den Hauptanteil des Öls. Während Geranial und Neral wohl einigermaßen verläßlich im Verhältnis 4:3 vorkommen,[15,16] variiert das Verhältnis der Citrale zu Citronellal erheblich. Meist überwiegt der Citralanteil (40 bis 70 % des Öls) gegenüber dem Citronellalgehalt (1 bis 20 %).[15–18] Ein solches Öl wird für Melissenöl als typisch bezeichnet. Andererseits werden auch Öle beschrieben, die – zuverlässig analysiert – deutlich mehr Citronellal (30 bis 40 %) als Citral (12 bis 30 %) enthalten.[19,20] Selbst die hier angegebenen Grenzwerte decken noch nicht alle Prozentverteilungen zwischen Citral a, b und Citronellal ab, die in der Literatur zu finden sind.
An Monoterpenen sind mengenmäßig nennenswert und bei mehreren Autoren erwähnt, wenn auch in unterschiedlichen Konzentrationen, Linalool (0,5 bis 3 %), Geraniol (1 bis 3 %), Geranylacetat (1 bis 6 %), Methylcitronellat (5 %), *trans*-β-Ocimen (2 %) und *cis*-β-Ocimen (1 %). Weiterhin 1-Octen-3-ol (2 %) und 6-Methyl-5-hepten-2-on (1 bis 9 %). Letzteres ist sowohl genuin im Öl enthalten, entsteht aber auch während der Lagerung des Öls durch Oxidation des Citrals.[15]
In der Gruppe der Sesquiterpene ist β-Caryophyllen mit 1 bis 12 % herausragend, die Angaben dafür gehen bis 28 %,[21] dann Germacren D (5 bis 15 %) und Caryophyllenepoxid (0,5 bis 9 %); außerdem sind α-Copaen, α-Cubeben, Humulen und δ-Cadinen enthalten.
In Konzentrationen von deutlich unter 1 % bzw. in Spuren kommen noch ca. 60 weitere Komponenten vor, vorwiegend Terpene[15,16,20] sowie auch noch einige unbekannte Substanzen.[20]
Die Suche nach den Gründen für die auffallenden Gehaltsschwankungen der Aldehyde und einiger anderer Verbindungen führte zu Untersuchungen wie z. B. der Variation der Ölzusammensetzung verschiedener Pflanzenabschnitte.[19,22] Diesen Ergebnissen zufolge ist in den oberen Abschnitten der Citralgehalt gegenüber dem Citronellalgehalt deutlich höher, während in den unteren Abschnitten Citronellal dominiert. Die Insertionshöhe wirkt sich auch auf den Gehalt an Sesquiterpenen, Methylcitronellat und Geranylacetat aus.[22] Unterschiedliche Herkünfte[18] und Klima,[15] Erntezeitpunkte[18,23] und Alter der Pflanze[16] beeinflussen nachgewiesenermaßen die quantitative Zusammensetzung des ätherischen Öls, so wie sie auch den Ölgehalt in der Pflanze beeinflussen.

Identität: Die Identitätsprüfung von Melissenöl gestaltet sich schwierig, da die Zusammensetzung von Natur aus sehr stark schwankt (s. Inhaltsstoffe). Entscheidend ist ein hoher Aldehydgehalt, bestehend aus Geranial und Neral (Citral a und b) und Citronellal. Als typisch gilt ein Öl mit hohem Citralanteil.
Für eine Identitätsprüfung können folgende Anhaltspunkte gelten: Der Citralgehalt allein ist nicht ausschlaggebend, sondern auch das Verhältnis von Geranial und Neral, das mit 4:3 bis 5:3[15,16,20] als recht konstant angegeben wird. Citronellal ist praktisch immer vorhanden, u. U., wie z. B. bei deutschen Ölen, in höheren Konzentrationen als Citral.[20]
Caryophyllenepoxid und Methylheptenon sind auch immer enthalten,[15,20] außerdem Terpenkohlenwasserstoffe und Monoterpenalkohole wie Citronellol, Geraniol, Nerol; Geraniol auch als Essigsäureester.
Geeignet für die Identitätsprüfung ist eine DC mit Kieselgel und mit Mischungen aus *n*-Hexan und Ethylacetat, entweder 90 + 10 (Monographie Melissenblätter *DAB 10*) oder 93 + 7[25] bzw. 95 + 5,[20] oder auch mit Toluol-Ethylacetat (93 + 7)[26] als Fließmittel. Detektion mit Anisaldehyd- oder Vanillin-Schwefelsäure-Reagenz und anschließendes Erhitzen auf 100 bis 105 °C. Auswertung im Tageslicht (s. Melissae folium). Abbildungen s. Lit.[20,25–27]
Weitere Identitätsprüfungen: Gaschromatographisch auf Polyethylenglykol-Phasen oder unpolaren Phasen wie OV 101 (s. Melissae folium); Abbildungen s. Lit.[18–20,28]

Reinheit: Für Melissenöle verschiedener Herkunft sind folgende Kennzahlen angegeben:[13]

- Relative Dichte: d_{15} = 0,8940 bis 0,9578 oder d_{20} = 0,8967 bis 0,9632.
- Optische Drehung: α_D = + 0°30' bis –30,08°.
- Brechungsindex: n_D = 1,4704 bis 1,5056.

Zur Reinheitsprüfung können auch DC und GC herangezogen werden. Als Vergleich müßte dann ein authentisches Melissenöl verwendet werden. Allerdings dürfte es wegen der hohen natürlichen Variation des Melissenöls selbst dann kaum möglich sein, Verschnitte mit anderen citralhaltigen Ölen zu erkennen.
Das ätherische Öl von *Nepeta cataria* var. *citriodora*, das als Verfälschung des Melissenöls vorkommt, unterscheidet sich von Melissenöl in folgenden Punkten:[15] Es enthält nur wenig Neral (1,5 %), mit Geranial steht es im Verhältnis 1:3. Hauptinhalts-

stoff ist Citronellol (15,6%). Daneben enthält das Öl ca. 45% Sesquiterpene und unterscheidet sich im Gaschromatogramm in der Sesquiterpenregion erheblich von Melissenöl durch mehrere mengenmäßig bedeutende Sesquiterpenverbindungen wie δ-Cadinen, α-Cadinol und Elemol.

Gehaltsbestimmung: Der Gehalt der wertbestimmenden Komponenten Geranial (Citral a), Neral (Citral b) und Citronellal sowie der anderen Bestandteile des ätherischen Öls läßt sich am besten gaschromatographisch bestimmen. Eine Zersetzung des Citrals während der Gaschromatographie, wie sie häufig beschrieben wird, ist bei einer Injektortemperatur bis 200°C zu vernachlässigen,[29] zumal wenn, wie heute üblich, Ganzglasinjektionssysteme und Glassäulen bzw. Quarzkapillaren verwendet werden.
HPLC-Bestimmung von Citral a und b nach Lit.[30]:
- Säule: Lichrosorb RP-8, 10 µm, 5 cm × 0,3 cm Innendurchmesser;
- Mobile Phase: Methanol-Wasser-Gradient (von 40 + 60 nach 95 + 5);
- Temperatur: 60°C;
- Detektion: UV 215 nm.

Eine HPLC mit
- Säule: Lichrosorb Si 60, 5 µm, 15 cm × 0,3 cm Innendurchmesser;
- mobile Phase: Petrolether-Dioxan (99 + 1);
- interner Standard: Phthalsäuredibutylester;
- Detektion: UV 230 nm

eignet sich zur Bestimmung von Melissenöl in Gemischen mit anderen Ölen, namentlich mit Mentha-, Pinus- und Eucalyptusöl. Wiederfindungsrate 99,8 und 100,2% im Vergleich zum Einzelöl.[30] Trennung der Aldehyde auch als Phenylhydrazone nach Umsetzung mit 2,4-Dinitrophenylhydrazin mit Partisil-5 und Ethylacetat-*n*-Heptan (1 + 19) als mobiler Phase möglich. UV-Detektion dann bei 370 nm.[31]

Lagerung: Kühl, vor Licht geschützt, in dicht verschlossenen Gefäßen.

Stabilität: Als Umlagerungsprodukte des Citronellals konnten Isopulegol, Isoisopulegol, Methylcitronellat und Neoisopulegol festgestellt werden.[19] Die Umlagerung erfolgt bei Lagerung des Öls bei Raumtemperatur und Luftzufuhr.

Wirkungen: *Antimikrobielle Wirkung.* Bei einem Screening der antimikrobiellen Wirkung mittels eines Hemmhoftests zeigten 0,01 mL Melissenöl Wachstumshemmung bei 25 von 26 Testkeimen, quantitativ am stärksten bei *Brucella abortus* BANG, *Staphylococcus albus*, *Streptococcus viridis* und *Vibrio comma*.[32] Die Wirkung verschwand, wenn der Aldehydanteil (im wesentlichen Citral und Citronellal) aus dem Öl entfernt wurde.[32] Im selben Test wirkten 0,01 mL Citral (unverdünnt) gegen 19 von 20 und 0,01 mL Citronellal (unverdünnt) gegen 23 von 28 Testkeimen.[32] Die antibakterielle Aktivität der beiden Komponenten bestätigte sich auch in einem Plattentest, bei dem beide Substanzen eine hohe relative antibakterielle Aktivität gegenüber *Rhodopseudomonas sphaeroides*, *Escherichia coli*, *Proteus vulgaris*, *Micrococcus luteus*, *Bacillus subtilis*, *Enterococcus aerogenes* und *Staphylococcus aureus* aufwiesen.[33]
Bei Einarbeitung von 400 ppm Melissenöl in ein Dextrose-Agar-Medium hemmte Melissenöl vollständig das Myzelwachstum der pathogenen Pilze *Microsporum gypseum*, *Trichophyton equinum* und *T. rubrum*. Es wirkte darüberhinaus fungizid.[34]
Pestizide Wirkung. Melissenöl zeigte dosisabhängig abschreckende und tödliche Wirkung auf die erwachsene weibliche Rote Spinne, *Tetranychus cinnabarinus*, und reduzierte deren Eiablage auf Bohnenblattstücke, wenn sie frisch mit Acetonlösungen des Öls besprüht wurden (EC_{50} 0,12%, EC_{90} 1,8%); Blindwert mit Aceton ohne Melissenöl.[35]
Sedative Wirkung. Die Spontanmotilität von Mäusen, gemessen im Lichtschrankenkäfig, wurde durch Melissenöl in Dosen zwischen 100 mg/kg KG und 3,1 mg/kg KG p.o. herabgesetzt.[36] Die Wirkungsquotienten, definiert als Quotienten der Anzahl an Impulsen nach Substanzgabe und der Anzahl der Impulse am Vortage (Kontrolle), lagen bei 0,71 bis 0,86; sie waren nicht dosisabhängig und schwankten zeitunabhängig bei Messungen nach 30, 60, 90 und 120 min zwischen den angegebenen Grenzen.[36] Bei einer Dosis von 1 mg/kg KG war praktisch keine Wirkung mehr zu erkennen (Wirkungsquotienten 0,96 bis 1,25).[36]
Bei der Überprüfung der sedativen Effekte einzelner Bestandteile des Öls mit denselben Versuchsbedingungen zeigte sich Citronellal bei einer Dosierung von 1 bis 100 mg/kg KG besser wirksam als das Gesamtöl; nur schwach motilitätshemmend dagegen wirkten Geraniol und Citronellol. Letzteres wirkte jedoch bei einer Dosis von 100 mg/kg KG stärker sedierend als das Melissenöl.[36]
Konzentrationen von 21, 29 und 36 µL/L in der Atemluft setzten die Motilität von Mäusen 60 bis 90 min nach Gabe im Vergleich zu einer Kontrollgruppe (993 counts) signifikant herab (448 bis 232 counts). Eine Konzentration von 14 µL/L in der Atemluft wirkte nicht signifikant (718 counts).[37] In der Zeit zwischen 30 und 60 min reduzierte signifikant nur die Konzentration von 21 µL/L Atemluft die motorische Aktivität (933 counts gegenüber 1.771), während Konzentrationen von 14, 29 und 36 µL/L nicht signifikant wirkten (1.488, 1.273 bzw. 1.180 counts gegenüber 1.771 der Kontrolle).[37]
Spasmolytische Wirkung. Melissenöl wirkt *in vitro* am Tracheapräparat des Meerschweinchens antagonistisch gegen die mit 100 µmol/L Carbachol ausgelöste Tonuserhöhung (ED_{50} im Mittel 22 mg/L). ED_{50} der Inhaltsstoffe: Geranial 23 mg/L, Neral 37 mg/L und (+)-Citronellal 56 mg/L. ED_{50}-Werte der Referenzsubstanzen: Papaverin 0,082 mg/L, Isoprenalin 0,00082 mg/L.[38]
Am Längsmukselpräparat des Meerschweinchenileums mit anhängendem Plexus mysentericus wird *in vitro* die durch elektrische Stimulation erzeugte Tonuserhöhung durch Melissenöl herabgesetzt. Die ED_{50} beträgt in diesem Modell 7,8 mg/L. ED_{50}-Werte der Inhaltsstoffe: Geranial 20 mg/L, Neral 17 mg/L und (+)-Citronellal 23 mg/L. ED_{50} der Referenzsubstanzen: Papaverin 1,26 mg/L, Isoprenalin 0,0044 mg/L.[38,39]

Volkstümliche Anwendung und andere Anwendungsgebiete: Gegen Blähungen, schweißtreibend,[40] zur Beruhigung in der Aromatherapie. Klinische Daten liegen nicht vor, allerdings erscheint die Wirksamkeit bei Blähungen aufgrund der spasmolytischen Wirkung möglich.

Dosierung und Art der Anwendung: *Droge.* Innerlich: Einzeldosis 0,05 bis 0,2 mL.[41]

Rezepturen: Spiritus Melissae compositus.[64]

Melissae folium (Melissenblätter)

Synonyme: Folia Melissae citratae, Folium Citronellae, Folium Melissae.

Sonstige Bezeichnungen: Dt.: Frauenkraut, Herzkraut, Zitronenkraut, Zitronenmelisse; engl.: Balm gentle, balm leaves, balmmint, honey plant, lemon balm, sweet balm; frz.: Feuille de mélisse, mélisse officinale; it.: Foglia di melissa, melissa; span.: Hojas de torongil.

Monographiesammlungen: Melissae folium *DAB 10*, *Helv VII*; Mélisse *PF X*; Folium Melissae *ÖAB 90.*

Definition der Droge: Die getrockneten Laubblätter *DAB 10, PF X, ÖAB 90, Helv VII.*

Stammpflanzen: *Melissa officinalis* L.

Herkunft: Thüringen und Sachsen-Anhalt, Bulgarien, Rumänien.[42]

Gewinnung: Ernte vor der Blüte bzw. vor zu starker Verzweigung. Im ersten Standjahr sind zwei Schnitte bei Wuchshöhen ab 40 cm möglich, ab dem zweiten Standjahr drei bis vier Schnitte. Das Erntegut wird gehäckselt, Blätter und Stengel werden durch Sieb- oder Windsichtung getrennt. Zügige Trocknung bei 40 bis 45 °C, besser bei 30 bis 35 °C auf Bandtrocknern. Ein Handschnitt und das händische Abstreifen liefern reine Blattware höchster Qualität.[12,43]

Ganzdroge: Die Blätter sind mehr oder weniger langgestielt und haben bis etwa 8 cm lange und bis etwa 3 cm breite, breit-eiförmige Spreiten. Am Grunde sind sie abgerundet oder fast herzförmig. Die Blattspreite ist dünn, etwas zerknittert, oberseits dunkelgrün, unterseits heller grün. Der Blattrand ist unregelmäßig gekerbt oder gesägt. Die Oberseite ist schwach behaart; die Unterseite fast kahl oder nur entlang der Nerven schwach behaart und drüsig punktiert; Nervatur grob netzartig.[42,93]

Schnittdroge: *Geruch.* Aromatisch und schwach würzig, zitronenartig.
Geschmack. Wie Geruch.[93]
Makroskopische Beschreibung. Dünne, meist gefaltete, leicht zerbrechende Blattstücke von dunkelgrüner Ober- und heller, graugrüner Unterseite. Nerven unterseits stark hervortretend, Blattrand gesägt-gekerbt.[27,42]
Lupenbild. Besonders auf der Blattoberseite hellere längere Borstenhaare, auf beiden Blattseiten, besser jedoch auf der helleren Blattunterseite, Drüsenschuppen als Punkte erkennbar.[27,42]
Mikroskopisches Bild. Die Zellwände der oberen Epidermis sind in der Aufsicht wellig. Behaarung: Kurze, einzellige Kegelhaare, sog. Eckzahnhaare, am Blattrand selten zweizellig; Gliederhaare aus zwei bis fünf Zellen mit warziger Cuticula; Drüsenköpfchen mit einer Stielzelle und meist zweizelligem Köpfchen; Drüsenköpfchen mit mehrzelligem Stiel; Lamiaceendrüsenschuppen mit acht sezernierenden Zellen. Die untere Epidermis zeigt diacytische Stomata und Haartypen wie auf der Blattoberseite. Der Blattquerschnitt weist einen bifacialen Blattbau auf.[44]

Pulverdroge: Grünes Pulver mit reichlich Blattfragmenten mit Stomata und den entsprechenden Haartypen; Haare auch einzeln.
Calciumoxalatdrusen fehlen.[93]

Verfälschungen/Verwechslungen: Verwechslungen selten, da die Droge gewöhnlich aus Kulturen stammt. Selten Verfälschungen,[14] allenfalls mit Blättern der Zitronenkatzenminze, *Nepeta cataria* L. var. *citriodora*, deren Blätter oberseits weichhaarig, unterseits filzig graugrün sind. Sie riechen intensiver nach Zitrone als Melisse und werden meist als Folia Melissae citriodorae angeboten.[14] Die für die Melisse typischen Eckzahnhaare fehlen, die Köpfchenhaare haben meist zweizellige Köpfchen, auch kommen Drüsenhaare mit einzelligem Stiel und vierzelligem Köpfchen vor.[42]
Blätter von Stachys- und Ballotaarten (*Stachys officinalis* (L.) TREVIS, *S. sylvatica* L., *S. palustris* L., *Ballota nigra.* haben im Mesophyll Oxalatnadeln und zeigen eine gestreifte Cuticula auf den Epidermiszellen; keine Eckzahnhaare.[14,42]

Minderqualitäten: Braunschwarze Flecken auf der Droge entstehen bei der Trocknung, wenn das fri-

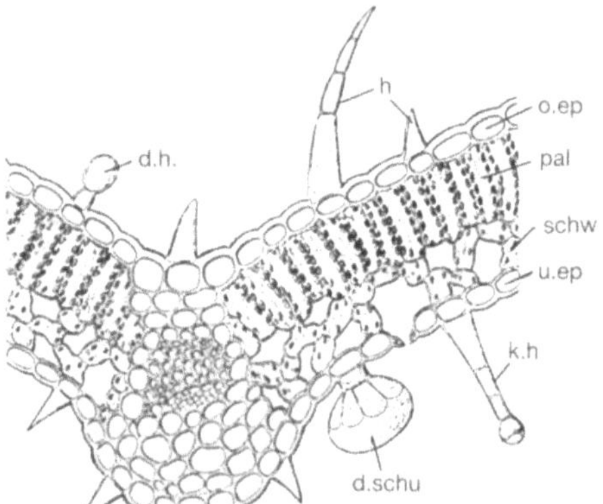

Melissae folium, Querschnitt: *d.h.* kurzgestieltes Drüsenhaar, *d.schu* Lamiaceendrüse, *k.h* langgestieltes Drüsenhaar, *h* kurze, seltener etwas verlängerte, einfache, kegelförmige oder eckzahnförmige Haare, *pal* Palisadenparenchym, *schw* Schwammparenchym, *o.ep* obere Epidermis, *u.ep* untere Epidermis. Aus Lit.[88]

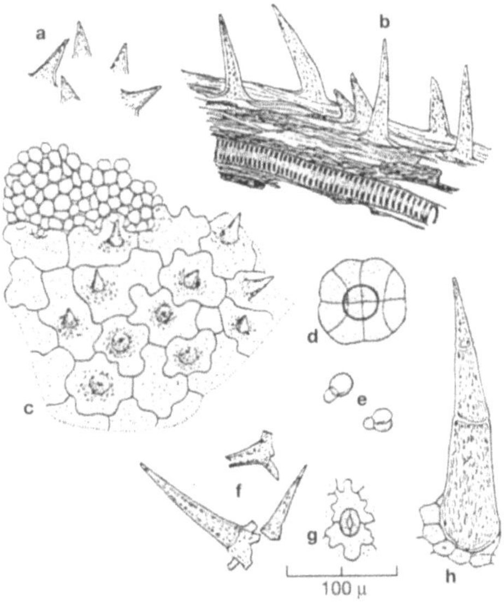

Melissae folium, Pulver: *a* Eckzahnförmige Kegelhaare (abgebrochen), *b* Kegelhaare über einem Nerv, *c* Epidermisstück mit Kegelhaaren, *d* Drüsenschuppe (Aufsicht) *e* Drüsenköpfchen von der Seite, *f* Bruchstücke junger Borstenhaare, *g* Spaltöffnung (nur auf der Blattunterseite), *h* großes Borstenhaar. Aus Lit.[88]

sche Erntegut nicht sorgfältig manipuliert wird, da es sehr druck- und quetschempfindlich ist.[12]
Enthält die Droge höhere Stengelanteile (33 bis 58 %), dann ist davon auszugehen, daß die Blätter nicht vom Stengel abgetrennt wurden und in Wirklichkeit Melissae herba (Melissenkraut) vorliegt, das auch als Melissae folium et herba,[12] Herba oder Summitates Melissae[43] bekannt ist. Der Ölgehalt dieser Droge wurde in etwa gleich hoch gefunden wie der der Blattdroge, weswegen vorgeschlagen wurde, die Krautdroge anstelle der Blattdroge in die Arzneibücher aufzunehmen.[45]

Inhaltsstoffe: *Ätherisches Öl und glykosidisch gebundene flüchtige Substanzen.* Die Droge enthält 0,02 bis 0,8 % ätherisches Öl mit den Monoterpenaldehyden Citral und Citronellal als Hauptkomponenten. Citral, ein Gemisch aus Geranial (Citral a) und Neral (Citral b), bei Melisse in einem recht konstanten Verhältnis von 4:3,[15,16] ist der Geruchsträger des Öls. Die Terpene β-Caryophyllen, Caryophyllenepoxid, Germacren D, Geraniol, Geranylacetat, Linalool und Methylcitronellat stellen weitere wichtige Verbindungen des Melissenöls dar;[15,18–21] s. a. Melissae aetheroleum. Die quantitative Zusammensetzung der Öle schwankt sehr stark; so wurde im Öl älterer Blätter sowie bei bestimmten Pflanzen deutscher Herkunft auch ein sehr hoher, teils dominierender Citronellalgehalt beobachtet.[19,20]
Die Literaturangaben über den Gehalt an ätherischem Öl in Melisse differieren stark. So hängt er sehr stark davon ab, welche Pflanzenteile geerntet werden, da Blätter mehr Öl enthalten als die Sproßachsen;[10] die Blätter der obersten Spitze enthalten deutlich mehr Öl (0,29 %) als die Blätter 2 Insertionen tiefer (0,13 %) und diese wiederum mehr als die darunter folgenden tieferen Blätter (0,10 %).[19] Umgekehrte Beobachtungen wurden gemacht, wenn auf Trockengewicht bezogen wurde.[46] Knospen und Blüten enthalten noch weniger Öl (0,04 %).[19]
Auch nimmt der Ölgehalt im Laufe der Vegetationsperiode von 0,3 % im Januar bis 0,9 % im August zu.[46] Der Ölgehalt schwankt erheblich von Jahr zu Jahr (0,06 bis 0,30 %),[16] wofür vermutlich das Klima verantwortlich ist. Es wurde beobachtet, daß die im Ebrodelta in Spanien angebaute Melisse wesentlich mehr Öl enthält (0,17 bis 0,38 %) als die in Süddeutschland angebaute (0,06 bis 0,07 %) und auch als die im zentralen Hochland Spaniens angebaute Melisse (0,11 %).[15]
Als die Ölausbeute beeinflussende Faktoren werden weiterhin die Witterung, der Zerkleinerungs- und der Trocknungsgrad, die Lagerungsdauer, der Aufbewahrungsmodus sowie die Art der Ölgewinnungsmethode und die dabei gewählten Parameter aufgezählt.[47]
Neben dem ätherischen Öl kommen flüchtige Substanzen auch glykosidisch gebunden vor. Solche Glykoside sind sowohl in der frischen Pflanze[48,49] als auch in der getrockneten Droge[50] nachzuweisen. Im einzelnen sind dies Glykoside von Geraniol, Nerol, Citronellol, Eugenol, Phenylethylalkohol, Benzylalkohol, *cis*-Hexen-3-ol-1, Hexan-1-ol, Octan-3-ol, Octen-3-ol, Geraniumsäure und ihr 2,3-*cis*-Isomer (acide nerique). Eugenol liegt als Eugenolglucosid vor,[51] die Zuckeranteile der anderen Komponenten wurden nicht zugeordnet.
Gerbstoffe und Phenolcarbonsäuren. Die Gerbstoffe der Melisse gehören zur Gruppe der Lamiaceen-Gerbstoffe, Depsiden der Kaffeesäure mit verschiedenen Phenolcarbonsäuren. Der Gerbstoffgehalt wird mit 3,0 %,[52] 3,6 %[53] bzw. 5 %[54] angegeben, jeweils bestimmt mit der Hautpulvermethode. Nach einer Methode der *PhEur* wurde der Gesamtgerbstoffgehalt mit 8,3 % bestimmt.[55] Die Gerbstofffraktion besteht vorwiegend aus Rosmarinsäure (= 2-*O*-Caffeoyl-3-(3,4-dihydroxyphenyl) milchsäure);[55] Als Hydrolyseprodukte der Gerbstofffraktion werden Kaffeesäure[54,56] und Chlorogensäure[56] erhalten. Der Gehalt an Rosmarinsäure in Drogen verschiedener Herkunft wird mit 0,54 bis 1,79 % (HPLC-Methode) angegeben.[55] Neuzüchtungen enthalten bis zu 3 %,[57] andere Autoren finden bis zu 4,7 % im Mittelwert.[58] Ein Patent beschreibt die Isolierung von hochreiner Rosmarinsäure aus Melissenblättern in einer Ausbeute von 55 %.[59]

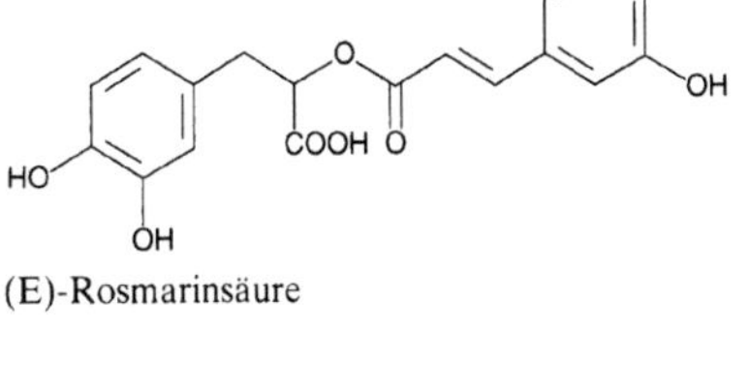

(E)-Rosmarinsäure

Nach Freisetzung aus ihren natürlich vorkommenden Verbindungen werden folgende Phenolcarbonsäuren gefunden: 21.000 mg/kg Kaffeesäure, 830 mg/kg *p*-Cumarsäure, 120 mg/kg Ferulasäure, je ca. 100 mg/kg *p*-Hydroxybenzoesäure, Protocatechusäure, Gentisinsäure, weiterhin nach absteigender Konzentration angeordnet noch Sinapinsäure, Syringasäure, Vanillinsäure und Salicylsäure.[60]

Flavone und Flavonole. Die Droge enthält ungefähr 0,003 % Flavon- und Flavonolglykoside, im einzelnen Luteolin-7-*O*-glucosid (Cynarosid), Apigenin-7-*O*-glucosid (Cosmosiin), Rhamnocitrin (7-Methoxykämpferol) und Isoquercitrin (Quercetin-3-*O*-glucosid);[61] das Vorkommen von Rhamnazin (3,7-Dimethoxykämpferol)[62] wird nicht bestätigt.[61]

Triterpensäuren. Der Ursolsäuregehalt wird in den Blättern mit 0,26 % angegeben.[10] Ursolsäure ist die Hauptkomponente der Triterpensäurefraktion, die außerdem Oleanolsäure enthält; zusammen machen sie 94 % der Triterpenfraktion aus; Verhältnis Ursolsäure zu Oleanolsäure 4:1. Daneben geringe Mengen von Pomolsäure, 2-β-Hydroxy- und 2-α-Hydroxyoleanolsäure, 29-Hydroxyoleanolsäure und 2-α-Hydroxyursolsäure.[11]

Weitere Inhaltsstoffe. Ein bis heute nicht weiter identifizierter kristalliner Bitterstoff,[53] Bernsteinsäure,[53] Aesculetin.[63]

Identität: Die Identität der Droge wird anhand des ätherischen Öls geprüft. Die Methode des *DAB 10* hierfür ist die DC:

- Untersuchungslösung: Dichlormethanextrakt der pulverisierten Droge;
- Referenzsubstanzen: Citral und Guajazulen in Toluol;
- Sorptionsmittel: Kieselgel G;
- FM: Hexan-Ethylacetat (90 + 10), Zweifachentwicklung;
- Detektion: Besprühen mit Anisaldehydreagenz, anschließend auf 100 bis 105 °C erhitzen, Auswertung im Vis;
- Auswertung: Citral, die wertbestimmende Komponente des Öls, liegt etwa in der Mitte als grauviolette Zone. Sie besteht aus zwei deutlich getrennten Zonen, nämlich Neral (Citral b, Rf = 0,41) und Geranial (Citral a, Rf = 0,37).[20] Vor dem Besprühen sind diese Zonen im UV 254 nm fluoreszenzmindernd.[20] Darüber liegt die rosarote Zone des Caryophyllenepoxids, die auch fehlen kann. Die grauviolette Zone des Citronellals liegt bei Rf = 0,59,[20] im oberen Drittel. Die violette Hauptzone des Chromatogramms der Untersuchungslösung (Rf = 0,86, Caryophyllen und andere Kohlenwasserstoffe) liegt nahe der Fließmittelfront, etwas oberhalb des Guajazulens der Referenzlösung (Rf = 0,86).[20] Weitere grauviolette oder rötliche Zonen in der unteren Hälfte des Chromatogramms. *DAB 10* ordnet diese dem Citronellol/Geraniol zu, die jedoch im Dichlormethanextrakt nicht enthalten sind.[20]

Als Verbesserung der DC wird vorgeschlagen, für die zweite Entwicklung ein anderes Lösungsmittelverhältnis zu verwenden, nämlich Hexan-Ethylacetat (95 + 5) mit einer längeren Fließstrecke von 14 cm. Damit könnte Caryophyllenepoxid auch noch bei Konzentrationen unter 0,5 % nachgewiesen werden. Als Untersuchungslösung wird außerdem ein Wasserdampfdestillat der Droge empfohlen, da bei diesem eine Reihe z. T. störender Banden im DC nicht auftreten;[20] Abbildungen s. Lit.[20,27]

Als weitere Identitätsprüfungen kann die GC, am besten auf polaren stationären Phasen (Polyethylenglykole oder modifizierte Polyethylenglykole) eingesetzt werden. Auch unpolare Methylsilikone sind geeignet.[28] Dabei kann mit gepackten Säulen[19] oder auch mit Kapillaren[20,28] gearbeitet werden. Abbildungen s. Lit.[19,20,28]

Reinheit:

- Fremde Bestandteile: Höchstens 3 % *DAB 10, ÖAB 90, Helv VII*; höchstens 7 % *PF X*; Stengelanteile höchstens 7 % *Helv VII*; Stengelanteile mit Durchmesser ≥ 1 mm höchstens 5 % *PF X*.
- Trocknungsverlust: Höchstens 12 % *DAB 10, PF X* (Pulver).
- Asche: Höchstens 12 % *DAB 10, PF X* (Pulver), *ÖAB 90.*
- Sulfatasche: Höchstens 17 % *Helv VII.*
- Säureunlösliche Asche: Höchstens 1,0 % *ÖAB 90.*
- Auf Verunreinigungen mit Blättern von Stachys- und Ballota-Arten geht nur *Helv VII* ein, indem es ausdrücklich darauf hinweist, daß Blätter mit Calciumoxalatnadeln im Mesophyll sowie Epidermen mit Cuticularstreifen nicht vorhanden sein dürfen.

Gehalt: Mindestens 0,05 % (*V/m*) ätherisches Öl *PF X, ÖAB 90. DAB 10* und *Helv VII* verzichten auf eine Gehaltsforderung, da der Ölgehalt in Melissenblättern sehr niedrig ist und sich nur mit Schwierigkeiten reproduzierbar bestimmen läßt (Ablesegenauigkeit der Apparatur).

Gehaltsbestimmung: *Ätherisches Öl.* Bestimmung des Gehalts an ätherischem Öl durch volumetrische Messung der flüchtigen Anteile in einer Rundlaufwasserdestillationsapparatur nach *PhEur.* Einwaage 40 g bzw. 50 g Droge, Destillationsdauer 2 h, Vorlage Xylol *PF X* oder Decalin (Decahydronaphthalin) *ÖAB 90.*

Bestimmung des Citral-, des Citronellal- und des Gesamtaldehydgehalts. Halbquantitative Gehaltsbestimmung von Citral und Citronellal durch DC nach Lit.[25]:

- Referenzsubstanzen: Unterschiedliche Volumina einer Lösung von Citral und Citronellal in *n*-Pentan;
- Sorptionsmittel: Kieselgel;
- FM: *n*-Hexan-Ethylacetat (93 + 7);
- Detektion: Besprühen mit Anisaldehydreagenz und Erhitzen auf 110 °C;
- Auswertung: Unterscheidung von guten und minderwertigen Drogen durch Vergleich der Citral- und der Citronellalzone der Untersuchungslösung mit denen der Referenzlösungen.

Der Citralgehalt im Wasserdampfdestillat wird mit 4-Aminopyrazolon bestimmt, das mit Citral zu einer Schiffschen Base kondensiert; Meßwellenlänge 380 nm, $A_{1cm}^{1\%}$ = 1.291 ± 14 (P = 0,05, N = 12).[25] Die

Autoren fordern einen Mindestgehalt von 0,04% Citral.
Der Gesamtaldehydgehalt wird mit Girard-Reagenz-T bestimmt, wobei sich Girard-Hydrazon-Pikrate von Citral und von Citronellal bilden. Meßwellenlänge 355 nm, $A^{1\%}_{1\,cm}$ für Citral = 861 ±12 (P = 0,05, N = 12). Berechnung der Gesamtaldehyde als Citral. Als weiteres Qualitätsmerkmal kann auch das Verhältnis des Gesamtaldehydgehalts zum Citralgehalt in der Droge herangezogen werden. Als obere Grenze wird dafür 1,5 empfohlen.[25]
Für die quantitative Bestimmung von Geraniol (Rf0,62), Citral (0,75), Linalool (0,84) und Citronellal (0,95) in Melissenextrakten wird auch eine densitometrische Methode beschrieben. Relative Standardabweichung 2,3 bis 3,6%, Wiederfindungsrate 93,3 bis 100%. Gemessen wird bei 254 nm, die DC erfolgt auf Kieselgel mit Benzol-Methanol (95 + 5).[68]
Bestimmung des Rosmarinsäuregehalts. Die Bestimmung des Gehalts an Rosmarinsäure kann als TMS-Derivat gaschromatographisch nach Extraktion mit Methanol und anschließender Reinigung mittels SC auf Polyamid erfolgen.[69] GC-Bedingungen: 34m-Glaskapillare mit SE52 als stationärer Phase. Man erhält getrennte Peaks für die natürliche (*E*)-Rosmarinsäure und die während der Aufarbeitung bei Licht daraus entstandene (*Z*)-Form. Standardabweichung der quantitativen Bedingung ±2,5%, Nachweisgrenze 5 ppm. Der Gehalt einer untersuchten Probe wird mit 0,99%, bezogen auf das Trockengewicht, angegeben.[69]
In der Probenvorbereitung wesentlich einfacher ist eine HPLC-Bestimmung.[55] Dabei werden methanolische Extrakte direkt chromatographiert:
- Säule: RP-18, 250 mm;
- Fließmittelsystem: Methanol-Wasser-85%ige Phosphorsäure (50 + 59,7 + 0,3) isokratisch;
- Interner Standard: Zimtaldehyd;
- Detektion: UV 320 nm.

Der Gehalt einer Melissendroge wird mit 1,79% ermittelt.[55]

Lagerung: Gut verschlossen, vor Licht geschützt *DAB 10.* Vor Feuchtigkeit geschützt, nicht in Kunststoffgefäßen.[42]

Stabilität: In entsprechenden Behältnissen Haltbarkeit 1 Jahr.[70] Erfahrungsgemäß sinkt der Ölgehalt innerhalb von 3 Monaten bei normaler Lagerung auf 30% des Ausgangswertes ab.[42] Der Citralgehalt sinkt nach etwa 6monatiger Lagerung unter Licht- und Luftzutritt auf ca. die Hälfte des ursprünglichen Wertes ab.[15]

Wirkungen: *Antivirale Wirkung.* 1,2 bis 9,6 mg eines lyophilisierten, wäßrigen Melissenextrakts (Drogenkonzentration bei der Extraktion 1:10) zeigten dosisabhängig bei Injektion in die Allantois von 9 bis 11 Tage alten befruchteten Hühnereiern antivirale Effekte gegenüber Newcastle-Virus (Stamm 11914, Ei), Herpes-simplex-Virus (HF, Mäusehirn), Vaccinia-Virus (WR, Mäusehirn) und Semliki-Forest-Virus (Mäusehirn), dargestellt als Überlebensrate der Embryonen im Vergleich zu einem Blindversuch ohne Melissenapplikation.[71] Der Melissenextrakt wirkte im gleichen System nicht gegen ATCC Ei-adaptierte Stämme von Influenza-A-(PR8) und B-(Great Lakes)-Viren.[71] Überlebensrate bei Newcastle-Virus: 10 von 12, 12 von 12 und 8 von 8 bei Applikation des Virus (Virusdosierung: 10faches einer LD_{50}) 3 h nach Melissenapplikation. Überlebensrate bei Herpes-simplex-Virus: 6 von 10, 8 von 10, und 4 von 5 bei Applikation des Virus (Virusdosierung: 30faches einer LD_{50}) 3 h nach Melissenapplikation. Überlebensrate bei Vaccinia-Virus: 6 von 9 bei Applikation des Virus (Virusdosierung: 10faches einer LD_{50}) 2 h nach Melissenapplikation. Überlebensrate bei Semliki-Forest-Virus: 5 von 10, 6 von 10 und 6 von 10 bei Applikation des Virus (Virusdosierung: 10faches einer LD_{50}) 2 h nach Melissenapplikation.[71]
Die antivirale Wirkung war außer von der Melissendosierung auch von der Dosierung des Virus (10- bis 1.000faches einer LD_{50} pro Injektion) sowie vom Applikationszeitpunkt abhängig. Eine viruzide Wirkung auf die vier oben genannten Viren wurde nicht gefunden, ebenso keine Wirkung auf Newcastle-Virus und Vaccinia-Virus in Flüssigkulturen von Affennierenzellen.[71]
Gute Wirkung zeigte der Melissenextrakt, wenn er 2 bis 3 h vor der Virusinfektion injiziert wurde. Beim Newcastle-Virus war eine Wirkung auch erkennbar, wenn die Melissenapplikation 3 bis 4 Tage vor der Virusinfektion erfolgte (Überlebensrate der Embryonen 9 von 10 bzw. 5 von 7), bei Vaccinia auch, wenn die Substanz 2 h nach der Virusinjektion appliziert wurde (Überlebensrate 7 von 9). Der Melissenextrakt hemmte dosisabhängig auch die Vermehrung der Viren in der in der Allantois befindlichen Flüssigkeit, festgestellt in einem Hämagglutinations-Hemmtest mit Erythrocyten (Extraktdosierung: 0,6 bis 9,6 mg Extrakt).[72]
In mit jeweils 1 mL Suspension der oben erwähnten Virusstämme infizierten Monolayerkulturen von Hühnerembryofibroblasten hemmten 0,02 mL eines wäßrigen Melissenextrakts (Drogenkonzentration 1:10), auf Papierscheiben aufgebracht, die Plaquebildung. Der Durchmesser der plaquefreien Höfe (Hemmhöfe) wurde zur Quantifizierung der Wirkung herangezogen.[71]
Im o. a. Modell der Infektion befruchteter Hühnereier setzte eine Gelatineinjektion vor oder nach der Melissenapplikation die antivirale Wirkung von Melissenextrakt herab, was als Hinweis auf die Gerbstoffnatur der Wirksubstanzen gedeutet wurde.[71,72] In der Tat zeigte sich die Gerbstofffraktion von Melisse im Hämagglutinations-Hemmtest gegenüber Newcastle-Virus und Mumps-Virus wirksam; MHK-Wert 1:64 für Melisse als wäßriger Extrakt (1:10), ebenfalls 1:64 für die Gerbstofffraktion, gewonnen aus Melisse mit Hilfe von Gelatine oder Bleifällung.[73] Wäßrige Melissenextrakte blokkierten die Hämadsorption durch Parainfluenza-Viren 1, 2 und 3.[73]
Antivirale Wirkung gegenüber Herpes-simplex- und Vaccinia-Virus zeigten im oben beschriebenen Test an Monolayerzellkulturen gerbstofffreie Phenolfraktionen der Melissenzubereitungen. Daraus wurde geschlossen, daß nicht-gerbstoffartige Poly-

phenole für die Wirkung verantwortlich seien, und zwar solche ähnlich der Kaffeesäure.[74] Untersuchungen zur Struktur der antiviralen Stoffe aus Melisse ergaben, daß es sich um Substanzen mit einem relativen Molekulargewicht von 200 bis 1.800 handelt und daß die antivirale Wirkung von einer glykosidischen Struktur abhängt.[75]

Im gleichen Hemmhoftest (s. o.) wurde von anderen Autoren[76] die antivirale Wirkung eines wäßrigen Melissenextrakts (1:10) gegenüber Herpes-simplex-Virus (Hominis HVP 75, Typ 2) und Vaccinia (Typ 1) bestätigt. In diesem Test wurden auch Influenza- (A2 Mannheim 57), nicht aber Polio-Viren gehemmt.

Im Zusammenhang mit der antiviralen Wirkung von Melisse standen auch Untersuchungen zur Wirkung von Melissenextrakten und daraus gewonnener Fraktionen auf die Proteinbiosynthese. Als Meßgröße diente der [^{14}C]Leucin-Einbau. Durch den [^{3}H]Puromycin-Einbau wurde die Aktivität der Peptidyltransferase gemessen.[77,78] 0,02 bis 0,10 mL eines wäßrigen Melissenextrakts (= 0,8 bis 4 mg Droge) hemmten dosisabhängig den Einbau von [^{14}C]Leucin in Proteine in einem zellfreien System aus Rattenleber um 83,0 bis 100 % gegenüber einem Ansatz ohne Melissenextrakt. Die Gerbstofffraktion hemmte dosisabhängig um 1,6 bis 34,8 %. Eine gerbstofffreie Fraktion von Melisse (= 0,8 mg bis 4 mg Droge) hemmte den [^{14}C]Leucin-Einbau um 52,2 bis 81,9 % ähnlich gut wie der wäßrige Melissenextrakt. Ferner hemmten diese Fraktionen den [^{3}H]Puromycineinbau um 32,6 bis 43,0 %.[77]

Weitere Versuche mit Melissengesamtextrakten, einer Glykosidfraktion und einer daraus isolierten inhibierenden Substanzfraktion gab Aufschluß über den Hemmechanismus, der auf einer Blockade der Bindungsreaktion des Elongationsfaktors EF-2 mit Ribosomen beruhen soll.[78]

Spasmolytische Wirkung. 2,5 mL und 10,0 mL eines ethanolischen Melissenextrakts (1:3,5; Ethanolgehalt 30 %) zeigten unter Berücksichtigung der Wirkung des gleichen Volumens 30% igen Ethanols keine antispasmodischen Effekte, gemessen als Erhöhung der ED_{50} von Acetylcholin am isolierten Meerschweinchenileum. Wurde Histamin zur Kontraktion des Meerschweinchenileums verwendet, erhöhte sich bei Zugabe von 2,5 mL und 10,0 mL des Extrakts die ED_{50} von Histamin nicht signifikant (Ethanolwirkung berücksichtigt). Die maximal mögliche Kontraktion des Meerschweinchenileums mit Acetylcholin und Histamin erniedrigte sich nur bei Zugabe von 10 mL Extrakt signifikant ($p < 0{,}001$ bzw. $p < 0{,}05$).[79]

Antihormonale Wirkung. Der gefriergetrocknete Kaltwasserextrakt (20 °C) von Melissenblättern (1:10) in 0,9%iger NaCl-Lösung senkte den TSH-Serumspiegel. Bei i. v. Gabe von 2,5 mg/100 g KG an normal-iodernährte weibliche Wistarratten wurde nach 3 h ein signifikant erniedrigter TSH-Serumspiegel von 60 ng/mL gegenüber 154 ng/mL bei Applikation einer reinen 0,9%igen NaCl-Lösung (1 mL/100 g KG) gemessen. Der TSH-Gehalt der Hypophyse war gleichzeitig singifikant niedriger, 200 µg/Anhangdrüse gegenüber der Kontrolle mit 690 µg/Anhangdrüse. Die Konzentrationen der Schilddrüsenhormone T_3 und T_4 blieben unverändert.[80]

Bei weiblichen Wistarratten mit Iodmangelkröpfen zeigten 5 mg/100 g KG eines gefriergetrockneten Kaltwasserextrakts (20 °C) von Melissenblättern (1:10) 3 h nach Applikation keine erniedrigte TSH-Serumspiegel gegenüber dem Serumspiegel der Kontrolltiere, die mit 1 mL 0,9% iger NaCl-Lösung behandelt worden waren; ebenso blieb der TSH-Gehalt der Hypophyse unbeeinflußt.[80]

In bezug auf den Prolaktinspiegel von Ratten wurden dosisabhängig unterschiedliche Effekte beobachtet. 2,5 mg/100 g KG hoben den Prolaktinserumspiegel an: 36 ± 10 ng/mL Serum gegenüber 23 ± 10 ng/mL der Kontrolle, beobachtet 3 h nach Applikation (nicht signifikant). Demgegenüber hatten 40 mg/100 g KG desselben Extrakts einen signifikant geringeren Prolaktinspiegel zur Folge, nämlich 12 ± 3 ng/mL gegenüber 36 ± 8 ng/mL der Kontrolle. Allerdings wurde dies nur bei einer Droge des Erntejahres 1950 beobachtet, während bei einer Droge aus dem Jahr 1974 die Erniedrigung nicht signifikant war.[80]

Als Interpretation der Ergebnisse werden dem Pflanzenextrakt zwei voneinander unabhängige Wirkungen zugeschrieben; zum einen ein hormonblockierender Effekt während seiner Zirkulation im Blut und zum zweiten eine schilddrüsenhormonähnliche Wirkung an der Hypophyse.[80]

Untersuchungen zur Klärung des Hemmechanismus zeigten, daß der Melissenextrakt ein Addukt mit bTSH bildet und damit das Hormon an der Bindung zum Rezeptor hindert; damit erklärt sich auch die Fähigkeit des Extrakts, die Aktivierung der Adenylatcyclase, ausgelöst durch bTSH, zu hemmen.[81] Solche Schlußfolgerungen wurden aus der Tatsache gezogen, daß 5 bis 1.000 µg/mL gefriergetrockneter Melissenextrakt (1:10) die Bindung von [^{125}I]bTSH an die thyreoidale Plasmamembran (TPM) hemmt; Inkubation bei 4 °C. Die halbmaximale Hemmung erfolgte bei ca. 25 µg/mL. Wurde ohne TSH inkubiert, dann ausgewaschen und mit [^{125}I]TSH versetzt, so ließ sich keine Hemmung feststellen. Bei 35 °C Inkubationstemperatur wurde die 5fache Dosis des Pflanzenextrakts benötigt, um denselben Effekt zu erhalten. Eine Dosis von 10 bis 50 µg des Extrakts sind nötig, um die Bindung an Rattenhodenmembranen halbmaximal zu hemmen.[81] Eine Hemmung der Bindung von [^{125}I]Insulin an Rattenlebermembranen durch Melissenextrakte wird nicht beobachtet.[81]

Die antihormonale Wirkung von Melissenextrakt im Zusammenhang mit einem Hyperthyroidismus, wie er mit der Graves-Krankheit einhergeht, wurde *in vitro* bestätigt. 50 µg/mL gefriergetrockneter wäßriger Melissenextrakt (1:10) hemmte die Zunahme der cAMP-Konzentration, ausgelöst durch Einwirkung von Graves-spezifischem IgH (2 mg/ mL) auf eine Fraktion menschlicher Schilddrüsenpartikel. Die Gesamt-cAMP-Konzentration betrug dann nach 30 min Inkubation im Mittel ca. 3 nmol/ mg Protein bei Verabreichung von Melissenextrakt gegenüber 8,2 nmol/mg Protein der Kontrolle (Puffer). Keinen Einfluß hatte der Melissenextrakt auf die Grundkonzentration von cAMP (ca. 2 nmol/ mL).[82]

Es wird davon ausgegangen, daß die aktiven Substanzen des Melissenextrakts (möglicherweise Rosmarinsäure und andere phenolische Komponenten) am Proteinteil von TSH angreifen, wahrscheinlich mit einer kovalenten Bindung, und dabei hochmolekulare Addukte bilden, die dann nur noch eingeschränkt bzw. nicht mehr an den antithyreoidalen TSH-Rezeptor binden können und letztlich den Effekt über eine Hemmung der cAMP-Bildung erreichen.[81-84]

Antioxidative Wirkung. Ein ethanolischer Melissenextrakt (0,25 g/100 mL Ethanol 50%) wirkte *in vitro* antioxidativ. Die ED_{50} betrug 20 µg/mL Versuchsansatz. Die Wirkung wird im wesentlichen auf Rosmarinsäure (ED_{50} 2,7 µg/mL) und andere Hydroxyzimtsäurederivate zurückgeführt. Als Meßparameter diente die photometrische Bestimmung der Umwandlung des freien Radikals 1,1-Diphenyl-2-pikrylhydrazyl (DPPH).[85] Der Gehalt an Rosmarinsäure der getesteten Droge betrug 4,7 %, der Gesamtgehalt an Hydroxyzimtsäurederivaten 6,8 %.[58]

Choleretische Wirkung. Die i.v. Gabe eines nicht näher beschriebenen, etwa 5 g Droge entsprechenden Decocts aus frischen Blättern an einen Hund mit Choledochusfistel erhöht gegenüber Kontrollen (unbehandelt) das innerhalb 30 min produzierte Volumen an Gallenflüssigkeit um das 3fache.[86]

Anwendungsgebiete: Nervös bedingte Einschlafstörungen, funktionelle Magen-Darm-Beschwerden.[87]

Dosierung und Art der Anwendung: *Droge.* Geschnittene Droge, Drogenpulver, Flüssigextrakt oder Trockenextrakt für Aufgüsse und andere galenische Zubereitungen. Zerkleinerte Droge sowie deren Zubereitungen zum Einnehmen.[87]

Dosierung: Innerlich: 1,5 bis 4,5 g Droge auf eine Tasse Wasser als Aufguß mehrmals täglich nach Bedarf.[87] Mit heißem Wasser übergießen und nach ca. 10 min durch ein Teesieb geben.[70]

Volkstümliche Anwendung und andere Anwendungsgebiete: Das Kraut oder die aus den Blättern hergestellten Zubereitungen bei Nervenleiden und Unterleibsleiden auf nervöser Basis, bei nervösen Magenleiden und Magenkrämpfen, gegen Hysterie, Melancholie, bei chronischen Bronchialkatarrhen, nervösem Herzklopfen, nervösem Erbrechen, Nervenschwäche, Migräne sowie nervösen Zahn-, Ohren- und Kopfleiden. Ferner zur Steigerung der Gallensekretion.[88]

In der traditionellen Medizin Nordostitaliens in Kombination mit anderen Drogen äußerlich bei Rheuma und Nervenschmerzen.[89] In Umbrien als Umschläge bei steifem Nacken.[90] Abkochungen der blühenden Spitzen bei hohem Blutdruck und zur Normalisierung mutmaßlicher Stoffwechseldysregulationen ("Blutreinigung").[91] Die Wirksamkeit bei den genannten Anwendungsgebieten ist nicht belegt.

Unerwünschte Wirkungen: Keine bekannt.[87]

Gegenanzeigen/Anwendungsbeschr.: Keine bekannt.[87]

Wechselwirkungen: Keine bekannt.[87]

Immuntoxizität: Das Sensibilisierungspotential eines Melissenextrakts (angereicherte Phenolcarbonsäuremischung aus *Melissa officinalis*) wird als äußerst schwach eingestuft. Die mittlere Reaktionsstärke (mR), berechnet aus dem Quotienten der Summe der Reaktionen und der Zahl der behandelten Tiere (weibliche Albino-Meerschweinchen) betrug bei Melissenextrakt (1%) max. 0,20 nach 72 h. Ein 3%iger Melissenextrakt zeigte eine mR von max. 0,50 nach 48 h. Tromantadin-HCl, ein Virostatikum mit höherem Sensibilisierungspotential, zeigte mR-Werte von 1,10 bis 1,3.[92]

Sonst. Verwendung: *Haushalt.* Frisch als Gewürz in Salaten und Soßen.

Gesetzl. Best.: *Offizielle Monographien.* Aufbereitungsmonographie der Kommission E am BGA "Melissae folium (Melissenblätter)".[87] *Standardzulassung.* Standardzulassung "Melissenblätter", Zul.-Nr. 1149.99.99.[70]

Melissa hom. *HAB 34*

Monographiesammlungen: Melissa *HAB 34.*

Definition der Droge: Frische Blätter.

Stammpflanzen: *Melissa officinalis* L.

Zubereitungen: Essenz nach § 3 *HAB 34.*

Gehalt: *Essenz.* Arzneigehalt $^1/_3$.

Darreichungsformen: Urtinktur, flüssige Verdünnungen, Tabletten, Verreibungen, Streukügelchen; flüssige Verdünnungen zur Injektion.[66]

Anwendungsgebiete: Die Anwendungsgebiete entsprechen dem homöopathischen Arzneimittelbild. Dazu gehören: Regelstörungen.[66]

Dosierung und Art der Anwendung: *Droge.* Soweit nicht anders verordnet: Bei akuten Zuständen Anwendung alle halbe bis ganze Stunde je 5 Tropfen oder 1 Tablette oder 10 Streukügelchen oder 1 Messerspitze Verreibung einnehmen; parenteral 1 bis 2 mL bis zu 3mal täglich s.c. injizieren. Bei chronischen Verlaufsformen 1- bis 3mal täglich 5 Tropfen oder 1 Tablette oder 10 Streukügelchen oder 1 Messerspitze Verreibung einnehmen; parenteral 1 bis 2 mL pro Tag s.c. injizieren.[66]

Unerwünschte Wirkungen: Nicht bekannt. Hinweis: Es können vorübergehend Erstverschlimmerungen vorkommen, die jedoch unbedenklich sind.[66]

Gegenanzeigen/Anwendungsbeschr.: Nicht bekannt.[66]

Wechselwirkungen: Nicht bekannt.[66]

Gesetzl. Best.: *Offizielle Monographien.* Aufbereitungsmonographie der Kommission D am BGA "Melissa officinalis",[66] Negativmonographie der Kommission D am BGA "Melissa officinalis ex herba".[67]

Melissa officinalis hom. *HPUS 88*

Monographiesammlungen: Melissa officinalis *HPUS 88.*

Definition der Droge: Die ganze Pflanze.

Stammpflanzen: *Melissa officinalis* L.

Zubereitungen: *Urtinktur.* Herstellung durch Mazeration oder Perkolation mit Ethanol nach den allgemeinen Herstellungsvorschriften (Class C) der *HPUS 88.* Ethanolgehalt 65 % (*V/V*).

Gehalt: *Urtinktur.* Arzneigehalt $^1/_{10}$.

1. Cantino PD, Sanders RW (1986) Syst Bot 11:163–185
2. Cantino PD, Harley RM, Wagstaff SJ (1992) Genera of Labiatae: Status and Classification. In: Harley RM, Reynolds T (Hrsg.) Advances in Labiatae Science, Royal Botanic Gardens, Kew, S. 511–522
3. FEu, Bd. 3, S. 162–163
4. Heg (1975) Bd. V, Teil 4, S. 2.302–2.306
5. Litvinenko VI, Popova TP, Simonjan AV, Zoz IG, Sokolov VS (1975) Planta Med 27:372–380
6. Bos R, Kutter L, Friedrich H (1987) In: Abstracts of 18th Int Symp on Essential Oils, 24.–26.09.1987, Leiden, S. 26
7. Dombrowicz E, Boleslaw B (1973) Farm Pol 29:163–168
8. French D, Youngquist RW, Lee A (1959) Arch Biochem Biophys 85:471–477
9. Marin PD, Sajdl V, Kapor S, Tatic B, Petkovic B (1991) Phytochemistry 30:2.979–2.982
10. Brieskorn CH, Briner M, Schlumprecht L, Eberhardt KH (1952) Arch Pharm 285:290–296
11. Brieskorn CH, Krause W (1974) Arch Pharm 307:603–612
12. Dachler M, Pelzmann H (1989) Heil- und Gewürzpflanzen, Österreichischer Agrarverlag, Wien, S. 235
13. GHo, Bd. VII, S. 151–156
14. Schier W (1981) Dtsch Apoth Ztg 121:323–329
15. Tittel G, Wagner H, Bos R (1982) Planta Med 46:91–98
16. Mulkens A, Kapetanidis I (1988) Pharm Acta Helv 63:266–270
17. Masakova NS, Tserevatny BS, Trofimenko SL, Remmer GS (1979) Planta Med 36:274
18. Enjalbert F, Bessiere JM, Pellecuer J, Privat G, Doucet G (1983) Fitoterapia 54:59–65
19. Hefendehl FW (1970) Arch Pharm 303:345–357
20. Schultze W, Zänglein A, Klose R, Kubeczka KH (1989) Dtsch Apoth Ztg 129:155–163
21. Pellecuer J, Enjalbert F, Bessiere JM, Privat G (1981) Plant Méd Phytothér 15:149–153
22. Hose S, Zänglein A, van den Berg T, Schultze W, Kubeczka KH (1991) In: Abstract 22nd Int Symp on Essential Oils, St. Vincent
23. Schultze W, Klose R, Zänglein A, Kubeczka KH (1989) Planta Med 55:219–220
24. Wunderlich R (1967) Oesterr Bot Z 114:384–483
25. Kloeti F, Christen P, Kapetanidis I (1985) Fresenius' Z Anal Chem 321:352–354
26. Wagner H, Bladt S, Zgainski EM (1983) Drogenanalyse, Springer-Verlag, Berlin Heidelberg New York, S. 40
27. Rohdewald P, Rücker G, Glombitza KW (1986) Apothekengerechte Prüfvorschriften, Deutscher Apotheker Verlag, Stuttgart, S. 879
28. Nykänen I (1984) In: Adda J (Hrsg.) Progress in Flavour Research, Elsevier Science Publishers B. V., Amsterdam, S. 329
29. Bruhn W (1974) Dragoco Rep 115–121
30. Kovar KA, Friess D (1980) Arch Pharm 313:416–428
31. Ross MSF (1978) J Chromatogr 160:199–204
32. Möse JR, Lukas G (1957) Arzneim Forsch 7:687–692
33. Knobloch K, Pauli A, Iberl B, Weis N, Weigand H (1988) In: Schreier P (Hrsg.) Bioflavour 87, Walter de Gruyter & Co, Berlin New York, S. 287
34. Dikshit A, Husain A (1984) Fitoterapia 55:171–176
35. Mansour F, Ravid U, Putievsky E (1986) Phytoparasitica 14:137–142
36. Wagner H, Sprinkmeyer L (1973) Dtsch Apoth Ztg 113:1.159–1.166
37. Ammon HPT (1989) Therapiewoche 39:117–127
38. Reiter M, Brandt W (1985) Arzneim Forsch 35:408–414
39. Brandt W (1988) Z Phytother 9:33–39
40. Mar 28, S. 678
41. Mar 26, S. 1.244
42. Wichtl M (Hrsg.) (1991) Teedrogen, Wissenschaftliche Verlagsgesellschaft, Stuttgart, S. 339
43. Heeger EF (1956) Handbuch des Arznei- und Gewürzpflanzenbaues, Deutscher Bauernverlag, Berlin, S. 505
44. Deutschmann F, Hohmann B, Sprecher E, Stahl E (1992) Pharmazeutische Biologie, Drogenanalyse I: Morphologie und Anatomie, 3. Aufl., Gustav Fischer Verlag, Stuttgart, Bd. 3, S. 280
45. Blazek Z, Suchar A (1956) Pharmazie 11:671–677
46. Basker D, Putievsky E (1978) J Hort Sci 53:179–183
47. Koch-Heitzmann I, Schultze W (1984) Dtsch Apoth Ztg 124:2.137–2.145
48. Van den Dries JMA, Baerheim Svendsen A (1989) Flavour Fragrance J 4:59–61
49. Baerheim Svendsen A, Merkx JJM (1989) Planta Med 55:38–40
50. Mulkens A, Stephanou E, Kapetanidis I (1985) Pharm Acta Helv 60:9–10
51. Mulkens A, Kapetanidis I (1988) J Nat Prod 51:496–498
52. Vollmer H (1934) Arch Exp Pathol Pharmakol 176:207–213
53. Schenk G, Brieskorn CH (1944) Arch Pharm 282:1–9
54. Herrmann K (1954) Arch Pharm 287:142–147
55. Gracza L, Ruff P (1984) Arch Pharm 317:339–345
56. Herrmann K (1956) Pharmazie 11:433–448
57. Kallmann S, Hänsel R (1985) Acta Agronomica Hung Acad Scient Hung 34 Suppl, Budapest, S. 58
58. Lamaison JL, Petitjean-Freytet C, Carnat A (1991) Pharm Acta Helv 66:185–188
59. Napp W, Guenther BR, Losch R, Christ B (1982) Patent Ger. DE 3, 234, 312 123Cl. (07C69/732), 24 Nov 83, Appl 16 Sept 1982
60. Schulz JM, Herrmann K (1980) Z Lebensm Unters Forsch 171:193–199
61. Mulkens A, Kapetanidis I (1987) Pharm Acta Helv 62:19–22
62. Thieme H, Kitze C (1973) Pharmazie 28:69–70
63. Herrmann K (1959) Arch Pharm 292:325–329
64. dieses Hdb., Bd. 1, S. 665
65. Mabberley DJ (1990) The Plant Book, Cambridge University Press, Cambridge New York Port Chester Melbourne Sydney
66. BAz Nr. 172a vom 14.09.1988
67. BAz Nr. 199a vom 20.10.1989
68. Živivanović LJ, Jovanović M, Mutavdžić M, Djurić Z, Agatonović S (1990) Fitoterapia 61:82–83
69. Reschke A (1983) Z Lebensm Unters Forsch 176:116–119
70. Standardzulassungen für Fertigarzneimittel (1991) Deutscher Apotheker Verlag, Stuttgart, Govi Verlag GmbH, Frankfurt/Main

71. Cohen RA, Kucera LS, Herrmann EC jr (1964) Proc Soc Exp Biol Med 117:431–434
72. Kucera LS, Cohen RA, Herrmann EC jr (1965) Ann NY Acad Sci 130:474–482
73. Kucera LS, Herrmann EC jr (1967) Proc Soc Exp Biol Med 124:865–869
74. Herrmann EC jr, Kucera LS (1967) Proc Soc Exp Biol Med 124:869–874
75. Zumpe P (1979) Isolierung antiviraler Stoffe aus Melissa officinalis, Dissertation Frankfurt
76. May G, Willuhn G (1978) Arzneim Forsch 28:1–7
77. Chlabicz J, Różański A, Galasiński W (1984) Pharmazie 39:770
78. Chlabicz J, Galasiński W (1986) J Pharm Pharmacol 38:791–794
79. Forster HB, Niklas H, Lutz S (1980) Planta Med 40:309–319
80. Sourgens H, Winterhoff H, Gumbinger HG, Kemper FH (1982) Planta Med 45:78–86
81. Auf'mkolk M, Ingbar JC, Amir SM, Winterhoff H, Sourgens H, Hesch RD, Ingbar SH (1984) Endocrinology 115:527–534
82. Auf'mkolk M, Ingbar JC, Kubota K, Amir SM, Ingbar SH (1985) Endocrinology 116:1.687–1.693
83. Auf'mkolk M, Köhrle J, Gumbinger H, Winterhoff H, Hesch RD (1984) Horm Metabol Res 16:188–192
84. Gumbinger HG, Winterhoff H (1987) Z Phytother 8:172–174
85. Lamaison JL, Petitjean-Freytet C, Carnat AP, Carnat A (1988) Plant Méd Phytothér 22:231–237
86. Chabrol E, Charonnat R, Maximin M, Busson A (1932) C R Soc Biol 109:275–278
87. BAz Nr. 228 vom 05.12.1984
88. Hag, Bd. V, S. 759–761
89. Cappelletti EM, Trevisan R, Caniato R (1982) J Ethnopharmacol 6:161–190
90. Leporatti ML, Pisocco E, Pavesi A (1985) J Ethnopharmacol 14:65–68
91. Tammaro F, Xepapadakis G (1986) J Ethnopharmacol 16:167–174
92. Hausen BM, Schulze R (1986) Dermatosen 34:163–170
93. DAB 10

SB

Mentha

HN: 2040900

Familie: Lamiaceae.

Unterfamilie: Stachyoideae;[1] Saturejoideae, bei Einteilung der Lamiaceae aufgrund des Baus des Pollenkorns (Mentha: 3zellig, 6, manchmal 8, 10 oder 12 Falten), des Samenbaus (Mentha: Endosperm fast fehlend, keine Trichome auf Integumenten) und der Samenentwicklung.[2] Korrekte Bezeichnung nach I. C. B. N. dann Nepetoideae.[3]

Tribus: Saturejeae;[1,2] nach dem I. C. B. N. heute korrekt Mentheae.[3]

Subtribus: Menthinae.[1,2]

Gattungsgliederung: Die Gattung Mentha L. umfaßt 25 Arten, die in 5 Sektionen gegliedert werden: Audibertia (Bentham) Briq., Eriodontes Benth., Mentha, Preslia (Opiz) Harley und Pulegium (Mill.) Dc.[4] Die Zuordnung erfolgt aufgrund der Tragblätter, der Anzahl der Blüten pro Wirtel, der Form und Behaarung des Kelches und der Form der Blütenröhre. Die pharmazeutisch wichtigsten Arten gehören zur Sektion Mentha mit variablen Tragblättern, vielen Blüten pro Wirtel, haarlosem, röhrenförmigem oder glockenförmigem Kelch und gerader Kronröhre. *Mentha pulegium* L. gehört zur Sektion Pulegium, die sich durch einen gekrümmten Kelch auszeichnet.[4]

Gattungsmerkmale: Aromatisch riechende, ausdauernde Kräuter mit kriechenden Rhizomen (Stolonen); Laubblätter dekussiert; Blüten meist in dichten, vielblütigen Scheinquirlen, manchmal einen ährenartigen Blütenstand oder am Ende ein Köpfchen bildend; Kelch radiärsymmetrisch oder leicht 2lippig, röhrig oder glockig, 10- bis 13nervig mit 5(4) fast gleichen Zähnen; Blütenkrone leicht 2lippig mit fast regelmäßigem 4spaltigem Saum, der obere Lappen breiter und manchmal ausgerandet, Röhre kürzer als der Kelch. Staubblätter 4, fast gleichartig; divergierend oder unter der Oberlippe aufsteigend, hervorschauend. Griffel mit 2 kurzen, gleichartigen Narbenästen. Nüßchen glatt oder schwach warzig, selten oben etwas behaart.[4,5]

Verbreitung: Nördliche Hemisphäre sowie Australien und Neuseeland; mehrere Arten fast überall eingeschleppt.[1]

Inhaltsstoffgruppen: In bezug auf die Inhaltsstoffe ist für die Gattung Mentha das Vorkommen von ätherischem Öl in den oberirdischen Teilen charakteristisch. Es wird in den für Lamiaceen typischen Lamiaceen-Drüsenschuppen gebildet und akkumuliert,[167] die auf Stengeln, Blättern und Blüten zu finden sind. Hauptbestandteile aller aus Mentha-Arten und -Hybriden isolierten Öle sind Monoterpene. Nach dem Grundgerüst der Hauptinhaltsstoffe lassen sie sich in drei Gruppen einteilen:[216]

- Öle mit hohen Gehalten an *C*-3-substituierten monocyclischen Monoterpenen. Dazu gehören die Öle aus *Mentha arvensis* L. und *Mentha* × *piperita* L. mit einem hohen Gehalt an Mentholisomeren, Menthon, Isomenthon und Menthylacetat. Ebenso muß dazu das Poleiminzöl aus *M. pulegium* L., mit hauptsächlich Pulegon, das Öl der Bachminze, *M. aquatica* L., mit hauptsächlich Menthofuran und das Öl der Roßminze, *M. longifolia* (L.) Huds., mit einem hohen Gehalt an Piperitenon gerechnet werden;
- Öle mit hohem Gehalt an *C*-6-substituierten monocyclischen Monoterpenen. Leitstoffe für diesen Öltyp sind Carvon, *cis*-Dihydrocarvon und *trans*-Dihydrocarvon sowie die entsprechenden Alkohole Carveol und Dihydrocarveol und deren Acetate. Im wesentlichen zählt dazu das Öl der Krauseminze, *M. spicata* L.;
- Öle mit hohem Gehalt an acyclischen Monoterpenen wie Geraniol, Linalool und deren Acetate. Dazu gehört das Öl aus *Mentha citrata* Ehrh. mit hohem Linaloolgehalt sowie einige Chemotypen anderer Mentha-Arten.

Eine zweifelsfreie Zuordnung der Arten aufgrund der Ölzusammensetzung zu den genannten 3 Öltypen wird durch das Vorkommen infraspezifischer Chemorassen erschwert.[173]

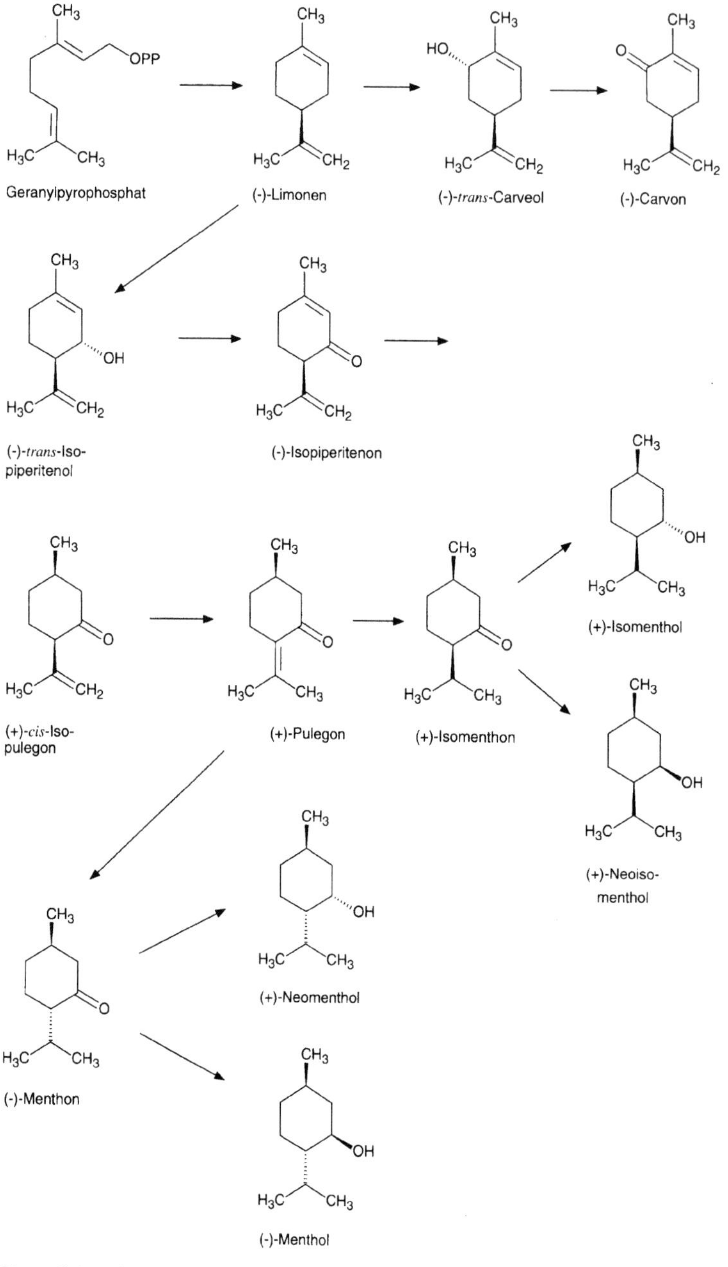

Vermutlicher Biosyntheseweg der *C*-3- und *C*-6-substituierten Monoterpene in Mentha-Arten. Nach Lit.[161]

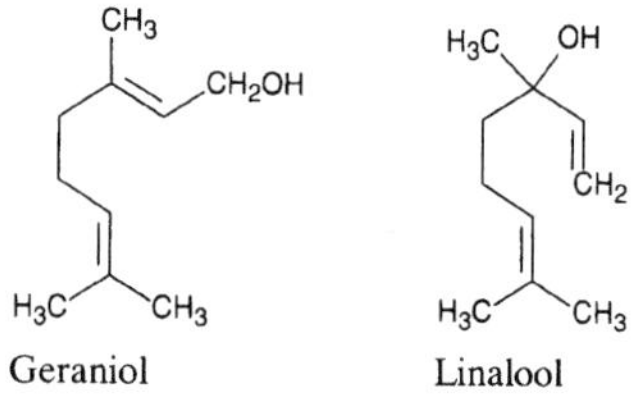

Geraniol Linalool

Drogenliefernde Arten: *M. aquatica*: Menthae aquaticae folium; *M. arvensis*: Menthae arvensis aetheroleum, Menthae herba; *M. citrata*: Mentha-citrata-Öl; *M. longifolia*: Menthae longifoliae herba; *M. piperita*: Menthae piperitae aetheroleum, Menthae piperitae folium, Mentha piperita hom. *HAB34*, Mentha piperita hom. *HPUS88*; *M. pulegium*: Pulegii aetheroleum, Pulegii herba, Mentha pulegium hom. *HAB34*, Mentha pulegium hom.

HPUS88; *M. spicata*: Menthae crispae aetheroleum, Menthae crispae folium, Mentha viridis hom. *HPUS88*.

Mentha aquatica L.

Synonyme: *Mentha hirsuta* HUDS.[4,6]

Sonstige Bezeichnungen: Dt.: Bachminze; engl.: Marsh mint, watermint; frz.: Menthe rouge; it.: Erba menta.

Systematik: Gehört zur Sektion Mentha. Sehr variable Art in bezug auf Wuchsform, Blattform und Behaarung. Viele infraspezifische Taxa, mindestens einige davon behalten ihre Charaktere in Kultivierung.[4] 2n = 96.[7]

Botanische Beschreibung: (10 bis) 20 bis 90 cm hohes ausdauerndes Kraut, fast haarlos bis filzig behaart, oft rotviolett überlaufen; Blätter eiförmig bis elliptisch, gestielt, gesägt; Blüten in 2 bis 3 dichten Scheinquirlen mit unauffälligen Tragblättern, die oberen auch zuweilen zu endständigen kugeligen oder eiförmigen Köpfchen vereinigt. Kelch röhrig, 13nervig, innen kahl, Zähne pfriemlich bis fast dreieckig; Blütenstiele behaart, Blütenkrone violett mit Haarring im Schlund. Nüßchen eiförmig, hellbraun.[4,5]

Inhaltsstoffe: Ätherisches Öl mit Menthofuran als Hauptkomponente in den oberirdischen Teilen. In den Nüßchen fettes Öl mit hauptsächlich Linolen- und Linolsäure.[8] Vitamin C 84,4 mg/100 g im Kraut.[15]

Verbreitung: Europa, Nordafrika, Westasien. In Amerika, Ostaustralien und auf Madeira eingeschleppt, an feuchten Stellen.[6]

Drogen: Menthae aquaticae folium.

Menthae aquaticae folium

Synonyme: Folia Balsami palustris.[9]

Sonstige Bezeichnungen: Dt.: Wasserminzenblätter.

Definition der Droge: Die getrockneten Blätter.

Stammpflanzen: *Mentha aquatica* L.

Herkunft: Mazedonien, Rumänien.

Inhaltsstoffe: Ätherisches Öl mit Menthofuran als Hauptkomponente (50 bis 90 %), daneben β-Caryophyllen, 1,8-Cineol, Germacren D, Limonen, Viridiflorol und weitere Terpene.[10–13] Bekannt ist auch ein Chemotyp mit ca. 50 % Isopinocamphon im ätherischen Öl.[14]
7,4 % Gerbstoffe.[9]

Volkstümliche Anwendung und andere Anwendungsgebiete: Gegen Diarrhoe sowie bei Menstruationsbeschwerden.[202] Die Wirksamkeit der Droge bei den genannten Anwendungsgebieten ist nicht belegt.

Dosierung und Art der Anwendung: *Droge*. Innerlich: Als Infus ca. 30 g auf 500 mL Wasser als Tagesdosis; über den Tag verteilt jeweils 1 Weinglas voll trinken.[202]

Mentha arvensis L.

Synonyme: *Mentha agrestis* SOLE, *M. austriaca* JACQ., *M. crispa* LOUR., *M. hirsuta* LOUR., *M. lapponica* WAHL., *M. pulegium* LOUR.[6,16]

Sonstige Bezeichnungen: Dt.: Ackerminze, chinesische Ackerminze, Feldminze, japanische Minze, Kornminze; engl.: Cornmint, field mint; frz.: Baume de champs.

Systematik: Polymorpher Formenkreis mit recht verschiedenen Chromosomenrassen (2n = 24 bis 2n = 108) und hoher Bastardisierungstendenz. Beschreibung zahlreicher Subspecies, Variationen und Formen, für die sich in der systematischen Literatur keine befriedigende Behandlung findet.[4,5] Nach Lit.[5] werden vier Subspecies, ssp. *agrestis* (SOLE) BRIQ., ssp. *austriaca* (JAC.) BRIQ., ssp. *haplocalyx* BRIQ. und ssp. *lapponica* (WAHL.) NEUMANN unterschieden. Als Kulturform haben ohnehin nur die Formen mit einem mentholreichen ätherischen Öl Bedeutung. Dabei handelt es sich um verschiedene Varietäten, wohl überwiegend der ssp. *haplocalyx*, für die viele verschiedene Namen, z. T. als Synonyme, im Gebrauch sind.[6]
In der pharmazeutischen Literatur findet man am häufigsten die Bezeichnung *M. arvensis* L. var. *piperascens* HOLM., *M. arvensis* L. ssp. *haplocalyx* BRIQ. var. *piperascens* HOLM., *M. canadensis* L. var. *piperascens* BRIQ. = Japanische Pfefferminze[16] und *Mentha haplocalyx* BRIQ.[6]

Botanische Beschreibung: Ausdauernde Pflanze bis 60 cm hoch, locker abstehend behaart; Blätter lanzettlich oder eiförmig, deutlich gestielt, mit schwach gezähntem Rand. Scheinquirle 8- bis 12blütig, dicht kugelig, mit kleinen lineal-lanzettlichen Tragblättern; Kelch breit glockenförmig, behaart, mit kurzen dreieckigen Zähnen. Blütenkrone meist lila, mit einem Haarring im Schlund. Nüßchen hellbraun.[4,5]

Inhaltsstoffe: Mentholreiches ätherisches Öl in den oberirdischen Teilen. Im Samen fettes Öl mit hauptsächlich Linolensäure und Linolsäure.[8]

Verbreitung: Europa (bis zum 65. Grad nördlicher Breite), Asien (Kaukasus, Sibirien, Himalaya, China, Mongolei, Korea, Japan, Sachalin); in Nordamerika wahrscheinlich eingeführt.[6]

Anbaugebiete: Brasilien, China, Indien, Japan.[52]

Drogen: Menthae arvensis aetheroleum, Menthae herba.

Menthae arvensis aetheroleum (Minzöl)

Synonyme: Aetheroleum Menthae arvensis, Oleum Menthae arvensis.

Sonstige Bezeichnungen: Dt.: Minzenöl, Japanisches Pfefferminzöl; engl.: Cornmint oil, mint oil; frz.: Essence de menthe du Japon.

Monographiesammlungen: Menthae arvensis aetheroleum *DAB 10*; dementholized mint oil *BP 88*; huile essentielle de *Mentha arvensis* partiellement dementholée *PFX*.

Definition der Droge: Das nach der Wasserdampfdestillation durch anschließende, teilweise Abtrennung des Menthols und Rektifizierung erhaltene ätherische Öl aus dem frischen, blühenden Kraut *DAB 10, BP 88, PFX*.

Stammpflanzen: *Mentha arvensis* L. var. *piperascens* HOLM. ex CHRISTY *DAB 10, BP 88, PFX* und *Mentha arvensis* L. var. *glabrata PFX*.

Herkunft: Brasilien, China, Indien.

Gewinnung: Wasserdampfdestillation des trockenen Krautes führt zu einem sehr mentholreichen Öl (80 bis > 90 %). Durch Ausfrieren bei Temperaturen von 0° bis 22 °C wird etwa ein Drittel bis die Hälfte des vorhandenen Menthols auskristallisiert und durch Filtration abgetrennt. Der flüssige Anteil wird rektifiziert. Die Ausbeute an Öl und dessen Qualität hängt vom Erntedatum (1. Schnitt 1,07, 2. Schnitt 1,83, 3. Schnitt 1,6 %) und vom Trockenzustand der Blätter ab.[19,20] Beste Ausbeute erhält man vor dem vollständigen Aufblühen.[21]

Handelssorten: Minzöl brasilianisch, Minzöl chinesisch, Minzöl indisch.

Ganzdroge: Farblose, schwach gelbe bis grüngelbe Flüssigkeit von charakteristisch minzigem Geruch und Geschmack mit nachfolgender, kühlender Wirkung. Anmerkung: Im Vergleich mit Pfefferminzöl schmeckt Minzöl bitterer und strenger.[205]

Verfälschungen/Verwechslungen: Verfälschungen kommen praktisch nicht vor, da Minzöl sehr billig ist.

Inhaltsstoffe: Die Bezeichnung "Mint Oil" im englischen Sprachgebrauch läßt nicht erkennen, ob es sich um native Öle oder um handelsübliche, dementholisierte Öle handelt; manchmal, wie z. B. in den Arzneibüchern, wird dann der Zusatz "dementholized" angefügt. Im deutschen Sprachgebrauch versteht man unter Minzöl stets die handelsüblichen dementholisierten Öle. Sie bestehen hauptsächlich aus Terpenen, im einzelnen aus Menthol 25 bis 40 %, Menthon 15 bis 30 %, Menthylacetat 1 bis 5 %, Isomenthon 7 bis 12 %, Limonen 3 bis 10 %, Neomenthol 2,5 bis 4 %, Piperiton 0,5 bis 4 %, Pulegon 0,2 bis 3,5 %, *β*-Caryophyllen 2 bis 5 %, Caryophyllenepoxid 0,5 bis 2 %: *α*-Pinen 2 bis 4 %, *β*-Pinen 2 bis 4 %: Germacren D 0,1 bis 1,3 %. In Konzentrationen unter 1 % sind *β*-Bourbonen, Camphen, 1,8-Cineol, *p*-Cymen, *p*-Cymenol, *trans*-*β*-Farnesen, Iso(iso)pulegol, Isopulegol, Linalool, Menthofuran, Myrcen, Neoiso(iso)pulegol, Neoisomenthylacetat, Neomenthylacetat, *cis*-Ocimen, Piperitenon, Sabinen, *γ*-Terpinen, Terpineol und Terpinolen enthalten. Außerdem in geringen Konzentrationen nicht-terpenoide Aliphaten wie *cis*- und *trans*-3-Hexenol, Octanol, Octenol, Octenylacetat und Octylacetat.[22–24]
Isomerie und Konfiguration der Menthole und Menthone wie bei Pfefferminzöl (s. Menthae piperitae aetheroleum). Literatur über die Zusammensetzung verschiedener Handelssorten: Brasilianisches Öl,[23] Chinesisches Öl,[23] Japanisches Öl;[23] Literaturübersicht.[22]

Zubereitungen: Herstellung von (–)-Menthol. Die Hauptmenge wird zunächst aus dem Rohöl durch Ausfrieren gewonnen. Dies erfolgt in drei Stufen durch Abkühlen auf 14 °C, 10 °C und schließlich auf 1 °C. Das "entmentholisierte" Öl wird zur Verseifung des darin auch enthaltenen Menthylacetats mit wäßriger Alkalilsg. versetzt. Sodann wird das Menthol in Form fester Borsäureester von den flüssigen Ölbestandteilen abgetrennt.[204,205]

Identität: Nach *DAB 10* dünnschichtchromatographisch:
- Referenzsubstanzen: Carvon, Cineol, Menthol, Menthylacetat und Pulegon;
- Sorptionsmittel: Kieselgel GF_{254};
- FM: Toluol-Ethylacetat (95 + 5);
- Detektion: UV-Licht 254 nm; Anisaldehyd-Reagenz und Erhitzen auf 100 bis 105 °C;
- Auswertung: Stärkste Zone Menthol, Caryophyllenepoxid zwischen Menthol und Cineol; Cineol darf in der Untersuchungslösung nicht vorhanden sein (Pfefferminzöl). Eine rötliche Zone in der Höhe der Carvon-Pulegon-Zone darf nicht stärker sein als jene in der Referenzlösung; nach oben folgt die blauviolette Zone des Menthylacetats. Unterhalb der Kohlenwasserstoffe im oberen Teil darf keine gelblich-bräunlich gefärbte Zone des Menthofurans erscheinen. Abbildungen s. Lit.[25]

Identitätsprüfung nach *PFX* gaschromatographisch:
- Stationäre Phase: Kapillarsäule mit Polyethylenglykol 20.000 und mindestens 30.000 theoretischen Böden;
- Trägergas: Helium;
- Detektion: Flammenionisationsdetektor;
- Auswertung: Peakidentifizierung durch Retentionszeitenvergleich. Quantitative Bestimmung durch Normalisierung der Peakflächen (100 %-Methode). Für die 9 wichtigsten Komponenten, angeordnet nach ihrer Reihenfolge im Chromatogramm, sind folgende Grenzwerte angegeben: Limonen 1,5 bis 7 %, Cineol < 1,5 %, Menthon 17 bis 35 %, Menthofuran < 1,0 %, Isomenthon 5 bis 13 %, Menthylacetat 2 bis 7 %, Pulegon < 1,5 %, Menthol 30 bis 45 %, Carvon < 2,0 %. Das Verhältnis von Cineol zu Limonen muß < 1 sein *BP 88, PFX*.

Unterscheidung des Öls von Pfefferminzöl gelingt anhand des Gehalts an *α*-Terpinen (< 0,01 bis

0,02 %), 1-Octen-3-ol (0,01 bis 0,13 %), *trans*-Sabinenhydrat (0,01 bis 0,02 %), Menthofuran (0,01 bis 0,5 %) und Viridiflorol (≤ 0,01 %). Weiterhin ist das Konzentrationsverhältnis Menthon/Isomenthon (1,3 bis 5,0) wichtig und das Verhältnis Cineol/Limonen (0,02 bis 0,25).[24]

Reinheit:
- Optische Drehung: –16 bis –34° *DAB 10*; –22 bis –29° (brasilianisches Öl) und –17 bis –24° (chinesisches Öl) *BP 88*; –16 bis –29° *PFX*.
- Brechungsindex: 1,458 bis 1,470 *DAB 10*; 1,456 bis 1,463 (brasilianisches und chinesisches Öl) *BP 88*; 1,456 bis 1,466 *PFX*.
- Relative Dichte: 0,893 bis 0,910 *DAB 10*; 0,889 bis 0,900 *BP 88*; 0,888 bis 0,908 *PFX*.
- Löslichkeit in Ethanol: Löslich in 4 Volumenteilen Ethanol 70 %, Lösung kann opaleszieren *DAB 10, BP 88, PFX*.
- Sauer reagierende Substanzen: Zur Neutralisation von 2,00 g Öl darf höchstens 0,1 mL ethanolische 0,5 N KOH verbraucht werden *DAB 10*, nicht mehr als 1,2 mL ethanolische 0,1 M KOH *BP 88*.
- Säurezahl: < 1 *PFX*.
- Fette Öle, verharzte ätherische Öle: Muß der Prüfung entsprechen *DAB 10*.
- Dimethylsulfid (Prüfung auf nicht rektifiziertes Öl): 25 mL Öl werden destilliert, beim Unterschichten des ersten Milliliters Destillat mit 6,5 %iger HgCl-Lösung darf sich an der Berührungszone kein weißer Film bilden *DAB 10*.
- Prüfung auf Menthofuran mit Trichloressigsäure: Keine Violettfärbung im Tageslicht und keine rote Fluoreszenz im UV-Licht 365 nm.
- Weitere Reinheitsprüfungen: GC *PFX*, s. Identität.

Gehalt: *DAB 10* fordert mindestens 42,0 % freie Alkohole, berechnet als Menthol, 25,0 bis 40,0 % Ketone, berechnet als Menthon, und 3,0 bis 17 % Ester, berechnet als Menthylacetat. *BP 88* fordert für brasilianisches Öl 35 bis 55 % Menthol, 3 bis 10 % Ester und für chinesisches Öl 41,0 bis 58,0 % Menthol und 3 bis 8 % Ester. Gehaltsanforderungen *PFX* s. Identität.

Gehaltsbestimmung: Nach *DAB 10*, *BP 88* und *USP XXI* s. Menthae piperitae aetheroleum, nach *PFX* s. Identität.

Lagerung: Vor Licht geschützt, in dicht verschlossenen, dem Verbrauch angemessenen Behältnissen. Öle aus verschiedenen Lieferungen dürfen nicht miteinander gemischt gelagert werden.[220]

Wirkungen: *Antimikrobielle Wirkung.* Im Verdünnungstest mit *Fusarium lateritium* Nees f. sp. *cajani* wirkte Minzöl fungizid (MHK-Wert 2.000 ppm).[27] Hemmung des Mycelwachstums bei *Helminthosporium oryzae* (MHK-Wert 2.000 ppm); 4.000 ppm hemmen das Mycelwachstum von 22 Pilzstämmen zu 100 %.[28] In einem Agardiffusionstest war unverdünntes Minzöl wirksam gegen 6 grampositive, 4 gramnegative Bakterien und gegen 20 Pilzstämme. Inkubationszeit 24 h bei 37 °C.[29]

Anwendungsgebiete: Innerlich bei Meteorismus, funktionellen Magen-, Darm- und Gallenbeschwerden, Katarrhen der oberen Luftwege. Äußerlich bei Myalgien und neuralgiformen Beschwerden.[30]

Dosierung und Art der Anwendung: *Droge.* Innere Anwendung: Mittlere Tagesdosis 3 bis 6 Tr., zur Inhalation 3 bis 4 Tr. in heißes Wasser geben. Äußere Anwendung: Einige Tr. auf die betroffenen Hautpartien auftragen.[30] *Zubereitung.* In halbfesten und öligen Zubereitungen 5 bis 20 %, in wäßrig-ethanolischen Zubereitungen 5 bis 10 %, in Nasensalben 1 bis 5 % ätherisches Öl.[30]

Volkstümliche Anwendung und andere Anwendungsgebiete: Innerlich: Funktionelle Herzbeschwerden, Wetterfühligkeit, Atembeschwerden. Äußerlich: Funktionelle Herzbeschwerden, Kopfschmerzen. Die Wirksamkeit der Droge bei den genannten Anwendungsgebieten ist nicht belegt.

Dosierung und Art der Anwendung: *Droge.* Innerlich: 1- bis 2mal täglich 2 Tr. in einem Glas Wasser, Tee oder Fruchtsaft einnehmen. Äußerlich: Als Herzkompresse z. B. 10 bis 20 Tr. dem Kompressenwasser beifügen. Auflagedauer 10 bis 15 min. Bei Kopfschmerzen 1 bis 2 Tr. auf den Schläfen verreiben.

Unerwünschte Wirkungen: *Verdauungstrakt.* Bei empfindlichen Personen können Magenbeschwerden auftreten.[30]

Gegenanzeigen/Anwendungsbeschr.: Innere Anwendung: Verschluß der Gallenwege, Gallenblasenentzündungen, schwere Leberschäden; bei Gallensteinleiden nur nach Rücksprache mit dem Arzt.[30]
Bei Säuglingen und Kleinkindern sollten minzölhaltige Zubereitungen nicht im Bereich des Gesichts, speziell der Nase, aufgetragen werden.[30]
Bei Asthma bronchiale können Menthol enthaltende ätherische Öle den Spasmus verstärken.[206,207]

Wechselwirkungen: Keine bekannt.[30]

Tox. Inhaltsstoffe u. Prinzip: s. Menthae piperitae aetheroleum.

Reproduktionstoxizität: *Antifertile Wirkung.* Die intrauterine Applikation von Minzöl am 6. Tag der Trächtigkeit soll an der Maus bei allen behandelten Tieren zum Abort führen. Bei einer mit Olivenöl behandelten Kontrollgruppe wurde bei etwa 40 % der Tiere ein Abort ausgelöst. Die tägliche i. m. Gabe von Minzöl am 4. bis 10. Tag der Trächtigkeit soll die Implantation dosisabhängig verhindern. Angaben zur Tierart und Dosis fehlen. Die Effekte werden mit einer substanzbedingten Uteruskontraktion in Verbindung gebracht. Nähere Angaben fehlen.[26]

Immuntoxizität: 8 % in Vaseline, keine Sensibilisierung bei 22 freiwilligen Probanden.[31]

Toxikologische Daten: *LD-Werte.* LD_{50} oral, Ratten: 1,24 g/kg KG;[31] LD_{50} dermal, Kaninchen: > 5 g/kg KG.[31]

Sonst. Verwendung: *Kosmetik.* Als Austauschstoff für Pfefferminzöl in der Lebensmittel- und Genußmittelindustrie.

Gesetzl. Best.: *Offizielle Monographien.* Aufbereitungsmonographie der Kommission E am BGA "Menthae arvensis aetheroleum (Minzöl)".[30]

Menthae herba

Synonyme: Herba Menthae.

Sonstige Bezeichnungen: Dt.: Chinesische Ackerminze, Mentha-arvensis-Blätter, Mentha-arvensis-Kraut, Minzblätter; chinesisch: Bohe.

Monographiesammlungen: Herba Menthae *ChinP IX.*

Definition der Droge: Die getrockneten oberirdischen Teile.

Stammpflanzen: *Mentha arvensis* L. var. *piperascens* HOLM., *Mentha haplocalyx* BRIQ.[203]

Herkunft: Ostasien.

Gewinnung: Die Pflanzen werden im Sommer und Herbst, wenn Stengel und Blätter üppig gedeihen bzw. die Blüten sich öffnen, an einem Sonnentag einzeln geschnitten und an der Sonne oder im Schatten getrocknet.

Schnittdroge: Quadratischer Stengel, gegenständige Verzweigungen, 15 bis 40 cm lang, 0,2 bis 0,4 cm stark, die Oberfläche ist violettbraun oder hellgrün gefärbt, an den Kanten behaart, Internodienabschnitte 2 bis 5 cm lang; zerbrechlich, Bruch weiß mit Markhöhle. Gegenständige Blätter mit kurzem Blattstiel; Blattspreiten verknittert und eingerollt, unversehrte Blätter zeigen flach ausgebreitet breitlanzettliche, länglich-ovale oder ovale Gestalt, 2 bis 7 cm lang, 1 bis 3 cm breit, die Blattoberseite tiefgrün gefärbt, spärlich behaart, versenkte Drüsenschuppen; Blüten in achselständigen Scheinquirlen; glockiger, 5zipfeliger Kelch, blaßviolette Blüten. Beim Zerreiben der Blätter tritt ein charakteristischer, erfrischender Geruch auf, Geschmack scharf und kühlend.[203] *Mikroskopisches Bild.* Oberflächenansicht des Blattes: Drüsenschuppen mit 8zelligem Köpfchen, Durchmesser bis etwa 90 µm, einzelliger Stiel; kleine Drüsenhaare mit einzelligem Stiel und einzelligem Köpfchen. Gliederhaare aus 1 bis 8 Zellen, häufig gekrümmt, mit verdickten Wänden und kleinen, warzenförmigen Ausbuchtungen, auf der unteren Epidermis sind zahlreiche Spaltöffnungen des diacytischen Typs sichtbar.[203]

Inhaltsstoffe: Ätherisches Öl mit hauptsächlich Menthol, Menthon und Menthylacetat,[19] s. Menthae arvensis aetheroleum. Menthol kommt auch glykosidisch gebunden vor.[32]
6,2 % Lipide[17] und Rosmarinsäure[18].

Identität: Aus einer kleinen Menge der gepulverten Droge werden durch Mikrosublimation die öligen Anteile gewonnen und mit 2 Tr. Schwefelsäure sowie einigen Vanillinkriställchen versetzt; es tritt gelbe bis orange Färbung auf, nach neuerlicher Zugabe von einem Tropfen Schwefelsäure tritt Farbumschlag nach Violettrot ein.[203]
Zu 1 mL einer Mischung des bei der Gehaltsbestimmung anfallenden ätherischen Öls und Xylol werden vorsichtig 2 mL Schwefelsäure so zugesetzt, daß zwei Schichten entstehen. An der Berührungszone der beiden Flüssigkeiten entsteht eine dunkelrote bis rotbraune Färbung.[203]
DC-Prüfung:
- Untersuchungslsg.: Zu 0,5 g der gepulverten Droge werden etwa 5 mL Petrolether (60 bis 90 °C) hinzugefügt, das Gefäß wird dicht verschlossen mehrere Minuten kräftig durchgeschüttelt, 30 min stehengelassen und anschließend filtriert. Das Filtrat stellt die Untersuchungslösung dar;
- Vergleichslsg.: Menthol wird in Petrolether in einer Konzentration von 2 mg/mL gelöst:
- Auftragemenge: 10 bis 20 µL der Untersuchungslsg. und 10 µL der Vergleichslsg.;
- Sorptionsmittel: Kieselgel G;
- FM: Benzol-Ethylacetat (19 + 1);
- Detektion: Nach dem Entwickeln wird die Platte an der Luft getrocknet, mit einer Lösung aus Vanillin und Schwefelsäure in Ethanol (1 + 1 + 18) besprüht und anschließend 5 min im Trockenschrank auf 100 °C erhitzt;
- Auswertung: Bei Untersuchungs- und Vergleichslsg. muß auf gleicher Höhe je ein Fleck derselben Färbung sein.[203]

Reinheit:
- Der Blattanteil der Droge darf nicht unter 35 % liegen.[203]
- Nicht zugehörige Pflanzenteile und fremde Beimengungen: Wurzeln und fremde Beimengungen höchstens 2,0 %.[203]
- Normalasche: Höchstens 11,0 %.[203]
- Säureunlösliche Asche: Höchstens 2,5 %.[203]

Gehalt: Mindestens 0,8 % ätherisches Öl (*V/m*).[203]

Gehaltsbestimmung: Vorgeschlagen wird eine Bestimmung des ätherischen Öls nach der Methode des *DAB 10.* Vergleichende Untersuchungen zur Methode des chinesischen Arzneibuchs liegen nicht vor.

Wirkungen: *Antimikrobielle Wirkung.* In einem Wachstumshemmtest auf Agarplatten mit 12 Bakterienstämmen zeigten sich wäßrige Extrakte von Minzblättern (1 g/mL) besonders wirksam gegenüber *Proteus vulgaris, Staphylococcus aureus* und *Staphylococcus epidermidis* (MHK-Werte jeweils 3,91 mg/mL Nährmedium); 10 bis 20 Kolonien pro Fleck, Inkubation 18 bis 20 h bei 35 °C.[37]

Volkstümliche Anwendung und andere Anwendungsgebiete: Innerlich: In der traditionellen chinesischen Medizin bei Erkältungskrankheiten, bei Pharyngolaryngitis, bei Conjunctivitis, bei Kopfschmerzen, dyspeptischen Beschwerden und bei Flatulenz.[208] Bei Völle- und Druckgefühl in der Brust und in den Rippenbögen.[209] Nachweise der Wirksamkeit im Sinne der westlichen, naturwissenschaftlich orientierten Medizin liegen nicht vor.

Dosierung und Art der Anwendung: *Droge.* Tagesdosis 3 bis 6 g als Infus.

Reproduktionstoxizität: *Antifertile Wirkung.* 100 mg/kg KG p.o. des Trockenrückstandes eines ethanolischen Extrakts (Ethanol 95 %) aus Minzblättern hemmt die Implantation bei befruchteten weiblichen Albinoratten um 80 %, 500 mg/kg KG p.o. um 100 %.[33]
In einem ähnlichen Versuch hatte die p.o. Gabe von je 250 mg/kg KG eines Petrolether-, Benzol-, Ethanol- und Wasserextrakts der Pflanze bei weiblichen Ratten keine signifikante antifertile Wirkung gezeigt.[34] Demgegenüber wurde eine Abortrate von 85 % (Kontrolle 5,56 %, mit 0,9 %iger Kochsalzlösung) an Ratten beobachtet, denen 10 mg/kg KG s.c. einer uteruswirksamen Fraktion des Pflanzenextrakts über 10 Tage nach Befruchtung verabreicht wurden. Bei 5 mg/kg KG trat bei 45,45 % der Tiere Abbruch der Trächtigkeit auf. Signifikante estrogene oder antigonadotrope Effekte wurden nicht beobachtet, jedoch wurde bei gleichzeitiger Gabe von Estradiol dessen estrogene Wirkung signifikant erhöht ($p < 0{,}005$, Uterusgewicht).[35]
Eine abortive Wirkung wird auch von Samen beschrieben.[36]

Mentha citrata Ehrh.

Synonyme: *Mentha adspersa* Moench, *M. odorata* Sole, *Mentha × piperita* nm. *citrata* (Ehrh.) Boivin.[4]

Sonstige Bezeichnungen: Dt.: Bergamottminze, Zitronenminze; engl.: Bergamot mint, lemon mint; frz.: Eau de Cologne menthe.

Systematik: Die sterilen Kulturformen mit 2n = 84 bzw. 120 galten früher als Hybride von *Mentha aquatica* L. und *Mentha spicata* L. und wurden entsprechend als *Mentha × piperita* L. nm. *citrata* (Ehrh.) Boivin gekennzeichnet. Alle bisher untersuchten Klone unterscheiden sich von *M. aquatica* lediglich in den Genen für die Linaloolbiosynthese – anstelle der Gene für die Menthofuranbiosynthese bei *M. aquatica* – sowie in einem Gen für männliche Sterilität. Somit wird heute die Bergamottminze als durch Selektion allein aus *M. aquatica* entstanden aufgefaßt. Das korrekte infraspezifische Taxon ist allerdings bisher nicht bekannt.[211]

Botanische Beschreibung: Nach Lavendel riechende Pflanze mit kahlen oder fast kahlen, eiförmigen, fast herzförmigen Blättern. Blütenstand wie *Mentha aquatica*, etwas kleiner.[4]

Inhaltsstoffe: Ätherisches Öl in den oberirdischen Teilen. Flavone, Sterole, Triterpensäuren.[39]

Verbreitung: Verwildert in Europa, Nordamerika.

Anbaugebiete: Italien, USA (Florida, Oregon, Washington).

Drogen: Mentha-citrata-Öl.

Mentha-citrata-Öl

Sonstige Bezeichnungen: Dt.: Zitronenminzöl.

Definition der Droge: Das durch Wasserdampfdestillation gewonnene Öl aus jungen, frischen, nicht blühenden Pflanzen.[38]

Stammpflanzen: *Mentha citrata* Ehrh.

Herkunft: USA (Florida, Oregon und Washington).

Inhaltsstoffe: Hauptkomponenten des Öls sind Linalool (40 bis 55 %) und Linalylacetat (30 bis 40 %), außerdem *cis-* und *trans*-Linalooloxid (je 1 bis 2 %), Geranylacetat (1 bis 2 %), Citronellol u.a. Terpene.[40,41] Als ungewöhnliche Komponente wurde 1-Vinylmenth-4(8)-en isoliert.[42]

Wirkungen: *Antimikrobielle Wirkung.* Nach Zusatz von 400 ppm Zitronenminzöl zu einem Dextrose-Agar-Medium wurde das Mycelwachstum von *Microsporum gypseum* um 62,7 %, von *Trichophyton equinum* um 45,4 % und von *Trichophyton rubrum* um 43,4 % gehemmt, berechnet aus dem Myceldurchmesser nach Applikation einer Mycelscheibe im Vergleich zu einer Kontrolle ohne Öl; Inkubation 7 Tage bei 30 °C.[43]
Im Hemmhoftest war Zitronenminzöl wirksam gegen *Rhynchosporium oryzae*, *Xanthomonas campestris*, *Drechslera oryzae* und *Drechslera sorokiniana* (nach Wirkstärke angeordnet).[44]

Sonst. Verwendung: *Kosmetik.* Zur Parfümierung hauptsächlich von Seifen und Kosmetika.[204] Wird oft im Austausch für Lavendelöl oder Muskatellersalbeiöl verwendet.

Mentha longifolia (L.) Huds.

Synonyme: *Mentha asiatica* Boriss., *M. callianiha* Stapf, *M. candicans* Crantz, *M. capensis* Thunb., *M. concolor* Stapf, *M. hamadanensis* Stapf, *M. incana* Willd., *M. spicata* L. var. *longifolia* L., *M. sylvestris* L., *M. viridis* var. *canescens* Fries.[6,9]

Sonstige Bezeichnungen: Dt.: Roßminze, langblättrige, weiße oder wilde Minze; engl.: Horsemint; frz.: Menthe blanche, menthe chevaline, menthe sauvage, menthe sylvestre.

Systematik: Gehört zur Mentha-spicata-Gruppe (Sektion Mentha), stark variabel in bezug auf Wuchshöhe, Blattgröße und -form, Behaarung und Blütenstand. Bestimmung wird zusätzlich durch Vorkommen von Hybriden erschwert. 2n = 24.[7]

Botanische Beschreibung: Ausdauerndes Kraut, 40 bis 120 cm hoch, Stengel weiß- oder graufilzig, manchmal auch wenig behaart; Blätter sitzend oder kurz gestielt, am Grunde glatt oder leicht runzelig, eiförmig bis lanzettlich, zugespitzt, unregelmäßig gesägt, Oberseite grün- bis graugrünfilzig, Unterseite grau- bis weißfilzig; Blüten in vielen, engen Scheinwirteln, meist in einer verzweigten Ähre endend, Tragblätter lineal-zottig, die Blüten meist etwas überragend; Kelch schmal glockig, dicht wollig behaart, mit pfriemlichen Zähnen; Blütenstiele behaart, Blütenkrone lila bis weiß; Nüßchen fein punktiert.[4,5]

Inhaltsstoffe: Ätherisches Öl und Flavonoide in den oberirdischen Teilen. In den Nüßchen fettes Öl mit hauptsächlich Linolen- und Linolsäure.[8]

Verbreitung: In ganz Europa, nördlich bis Südschweden.[4]

Drogen: Menthae longifoliae herba.

Menthae longifoliae herba

Synonyme: Herba Menthae longifoliae.

Sonstige Bezeichnungen: Dt.: Roßminzenkraut.

Definition der Droge: Das getrocknete Kraut.

Stammpflanzen: *Mentha longifolia* (L.) HUDS.

Inhaltsstoffe: *Ätherisches Öl.* Ca. 1 % äth. Öl. Die Angaben über die Zusammensetzung variieren sehr,[45] wofür auch die unsichere botanische Zuordnung und die hohe Bastardisierungstendenz verantwortlich sind. Als typisch wird ein hoher Gehalt an Piperitonoxid (60 bis 80 %) angesehen, begleitet von β-Caryophyllen (5 bis 15 %), Germacren D (5 bis 15 %), 1,8-Cineol (2 bis 7 %), Limonen (1 bis 8 %), Myrcen (ca. 1 %), Sabinen (0,5 bis 1,5 %), α- und β-Pinen (je 1 %).[40,46,47]
Ein zweiter Chemotyp enthält Carvon als Hauptkomponente,[40,48,49] wobei das Enantiomerenverhältnis von (R)-(−)-Carvon zu (S)-(+)-Carvon mit 96:4 angegeben wird,[250] ein dritter Linalool.[40] Andere Autoren beschreiben einen Piperitenonoxidtyp[50] oder Pflanzen mit einem Öl, in dem Isomenthon oder Menthofuran die Hauptkomponenten sind[51] oder Menthon.[47] Ein Piperitol- und ein Mentholtyp werden in Lit.[49] beschrieben.
Flavonoide. Acacetin-7-rutinosid, Apigenin-7-glucuronid, Diosmin, Eriodictyol-7-rutinosid, Hedyosmin, Hesperidin, Luteolin-7-glucosid, -7-glucuronid, -7-rutinosid und Quercitrin. Auch methylierte Flavone: Thymonin (5,6,4'-Trihydroxy-7,8,3'-trimethoxyflavon) und 5,6,4'-Trihydroxy-7,3'-dimethoxyflavon.[53]

Volkstümliche Anwendung und andere Anwendungsgebiete: Innerlich: Soll bei Schmerzen aller Art, insbesondere bei Kopfschmerzen verwendet worden sein.[212] Äußerlich: Gegen Schmerzen (nähere Angaben fehlen).[212] Die Wirksamkeit der Droge bei den genannten Indikationen ist nicht belegt.
Anmerkung: Die Angabe in Lit.[212] bedarf der Überprüfung. Die Droge dürfte kaum verwendet worden sein. Die Vorsilbe "Roß-" weist – ähnlich wie "Hunds-" – darauf hin, daß man Pflanze und Droge für eine wertlose Verwandte einer geschätzten Arzneidroge hielt.[213]

Dosierung und Art der Anwendung: *Droge.* Innerlich: Als Infus (keine Angaben zur Dosierung). Äußerlich: Als Badezusatz (nähere Angaben fehlen).[212]

Mentha × piperita L.

Synonyme: *Mentha piperita* (L.) HUDS.

Sonstige Bezeichnungen: Dt.: Pfefferminze; engl.: Peppermint; frz.: Menthe anglaise, menthe poivrée; it.: Menta pepe, menta peperina; span.: La menta.

Systematik: *Mentha × piperita* ist ein steriler Bastard aus *M. aquatica* L. und *M. spicata* L.[214,215]
Da es sich um eine Hybride handelt, kann sie sortenecht nur vegetativ vermehrt werden. Züchterische Arbeit bezüglich Habitus, Blattfarbe, Wüchsigkeit, Resistenzeigenschaften, Winterhärte, Ölgehalt und Ölzusammensetzung haben zu vielen Unterarten, Varietäten und Formen geführt. Man unterscheidet dunkelgrüne ("black mint") Sorten, *M. × piperita* var. *piperita* f. *piperita* oder f. *rubescens* und hellgrüne ("white mint") Sorten, die unter der Bezeichnung *M. × piperita* var. *piperita* f. *pallescens* Eingang in die Literatur gefunden haben. Die Stengel und Blätter der dunkelgrünen Sorten sind rötlich überlaufen, die Blätter sind eiförmig; hellgrüne Sorten haben lanzettliche Blätter. Zur ersteren Sorte zählt die immer noch sehr bedeutende, vor über 200 Jahren in England entwickelte Sorte "Mitcham" (GB). Weitere dunkelgrüne Sorten sind "Bulgarische 36 A" (Bulg), "Krasnodarska" (Rußland), die polyploide Sorte "Multimentha" (= Polymentha, rostresistent, Ostdeutschland) und Prilukskaja I (Rußland). Hellgrüne Sorten sind die "Pfälzer Minze" (= Württembergische, Westdeutschland), "Prilukskaja II" (Rußland), "Prilukskaja Nr. 6" (Rußland), "Ukrainische Auslese" (frühere Tschechoslowakei) und die "Ukrainische Nr. 541" (Rußland).[54] Botanische Beschreibung der Sorten s. Lit.[55]

Botanische Beschreibung: Ausdauernde Pflanze, 50 bis 90 cm hoch, mit meist verzweigten Stengeln, meist ganz kahl, manchmal auch graufilzig, oft violett überlaufen. Laubblätter länglich-eiförmig bis lanzettlich, gesägt, deutlich gestielt; Scheinähren dicht mit unauffälligen Tragblättern; Kelch röhrig, im Schlund nicht durch einen Haarkranz geschlossen; Blütenkrone violett, innen kahl, mit fast gleichmäßigem vierspaltigem Saum, manchmal der der Oberlippe entsprechende Lappen breiter, bisweilen ausgerandet. Stolonen oberirdisch. Steril.[4,5]
Die Pfefferminze ist eine Langtagspflanze. Die Grundachse der aufsteigenden Sprosse stehen nur bei Tageslängen über 14 h aufrecht, haben gestielte Blätter und kommen zum Blühen. Im Kurztag, also vorrangig im Herbst, entwickeln sich die Sprosse mehr oder weniger ausläuferartig mit eng am Stengel anliegenden, schuppenartigen Blättern.[55]

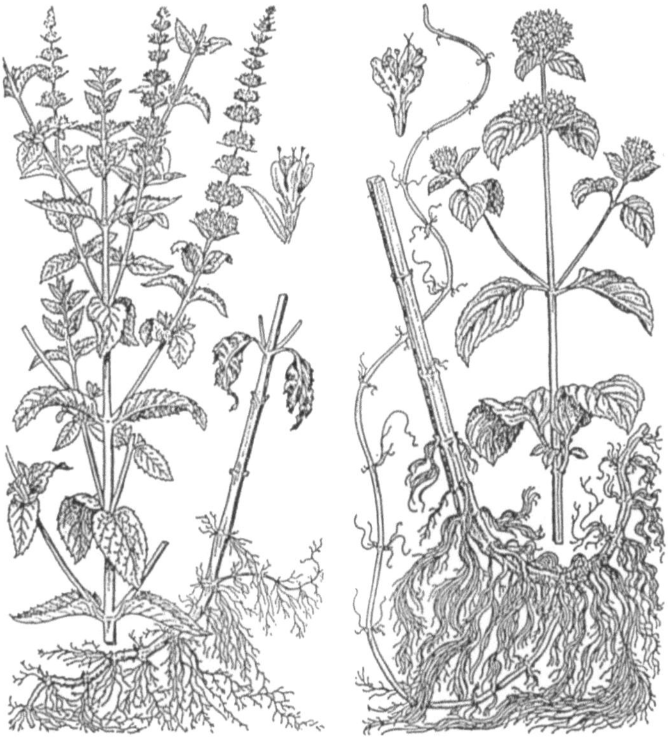

Mentha spicata L. (links) und *Mentha aquatica* L. (rechts), die beiden Eltern von *Mentha* × *piperita* L. Original de Nuñez. Aus Lit.[201]

Verwechslungen: Da Pfefferminze kultiviert wird, kommen Verwechslungen am Standort nicht vor. Allenfalls sind Verwechslungen durch Laien mit der in Gärten gezogenen Poleiminze, *Mentha pulegium* L., denkbar.[213]

Inhaltsstoffe: Die Zusammensetzung des ätherischen Öls hängt vom Entwicklungsstand der Blätter ab. Junge, spitzenständige Blätter enthalten mehr Monoterpene einer höheren Oxidationsstufe (z.B. Menthon), als alte, basale Blätter, in denen der Gehalt an reduzierten Monoterpenen (z.B. Menthol, Menthylacetat) vergleichsweise höher ist.[216]
In den Blättern liegen die flüchtigen Inhaltsstoffe in geringer Menge auch glykosidisch gebunden vor, wie z.B. Isomenthol, Linalool, Menthol, Neomenthol, 3-Octanol und 1-Octen-3-ol u.a.[126,127] Bei Zusatz von (−)-Menthon zu Blattmaterial *in vitro* erhöht sich der Anteil an (+)-Neomenthylglykosid.[126] Weitere Versuche belegen einen Transport des Neomenthylglykosids in die Wurzel, wo es zunächst hydrolysiert, dann zu Menthon und weiter zu 3,4-Mentholacton oxidiert wird. Eine *β*-Oxidation des nach Ringöffnung offenkettigen Monoterpenskeletts wird diskutiert[161] (s. Formelschema S. 830).
Das ätherische Öl der Blütenstände unterscheidet sich vom Blattöl deutlich durch einen höheren Menthofurangehalt; es wurden Werte zwischen 18 und 22 % in den Blütenständen und 1 bis 6 % in den Blättern gefunden.[216] Lit.[24] beschreibt einen Menthofurangehalt von bis zu 40 %.
Beim Welken der Blätter nach der Ernte nimmt der Ölgehalt zunächst zu (berechnet auf das Trockengewicht),[119,120] was vermutlich auf Leucinumbau zurückzuführen ist.[119] Einfluß auf den Ölgehalt und die Ölzusammensetzung nehmen Tageslänge, Lichtintensität sowie Tag- und Nachttemperaturen.[121-123]
Ein Vergleich der "weißen" (f. *pallescens*) und "schwarzen" (f. *rubescens*) Pfefferminze zeigt, daß letztere bessere qualitative und quantitative Ölcharakteristiken aufweist, was mit einer höheren und dichteren Zahl der Drüsenschuppen einhergeht.[124]
Behandlung der Pflanzen im Anbau mit verschiedenen Pestiziden beeinflußt die Ölgehalte und die quantitative Zusammensetzung des Blattöls nicht.[125]
Lamiaceengerbstoffe und Flavone; Lipide mit hauptsächlich $C_{18:3}$, $C_{18:2}$ und $C_{16:0}$; Zusammensetzung je nach Blattgröße verschieden.[134]

Verbreitung: In Europa und Nordamerika weit verbreitet, meist verwildert.

Anbaugebiete: In Europa – nördlich bis Südschweden und nach Lettland –, USA, Kanada, Chile, Argentinien, Australien; neuerdings auch in Kenia, Tansania, Angola, Marokko, Brasilien und Japan.[6]

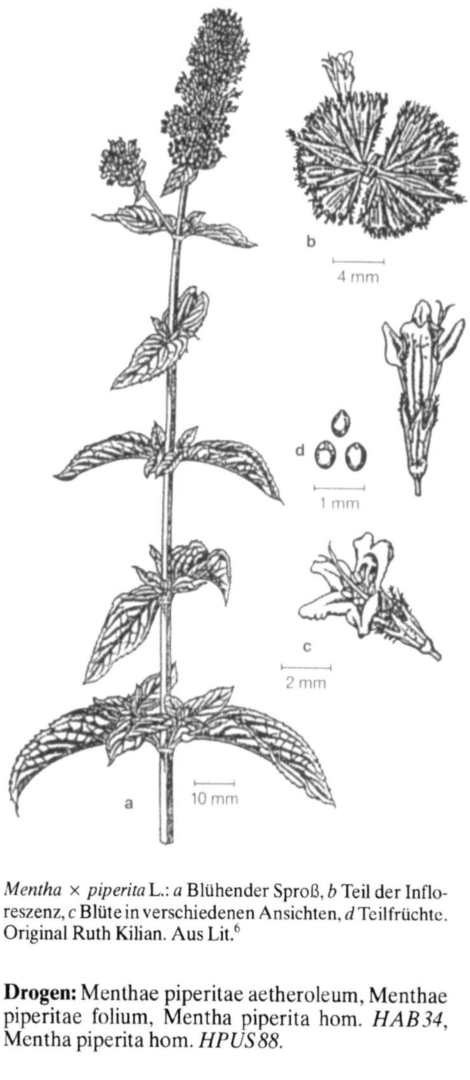

Mentha × *piperita* L.: *a* Blühender Sproß, *b* Teil der Infloreszenz, *c* Blüte in verschiedenen Ansichten, *d* Teilfrüchte. Original Ruth Kilian. Aus Lit.[6]

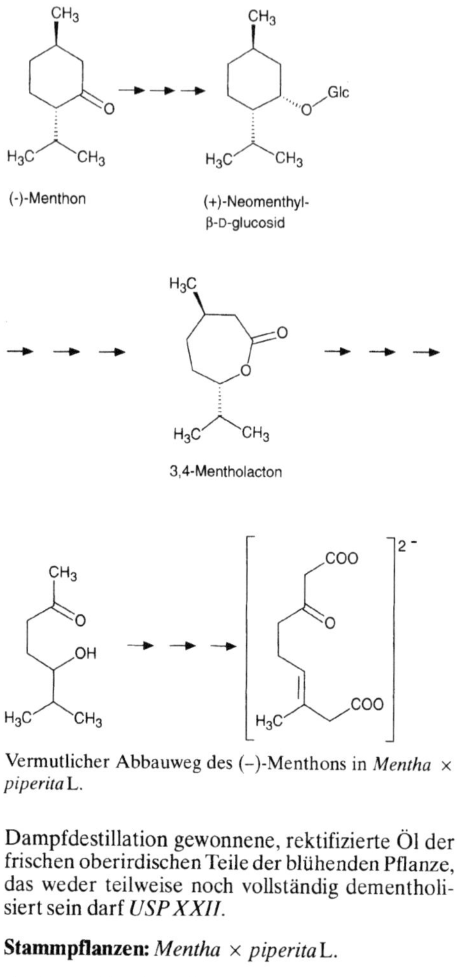

Vermutlicher Abbauweg des (–)-Menthons in *Mentha* × *piperita* L.

Drogen: Menthae piperitae aetheroleum, Menthae piperitae folium, Mentha piperita hom. *HAB34*, Mentha piperita hom. *HPUS88*.

Menthae piperitae aetheroleum (Pfefferminzöl)

Synonyme: Aetheroleum Menthae piperitae, Oleum Menthae piperitae.

Sonstige Bezeichnungen: Dt.: Ätherisches Pfefferminzöl; engl.: Peppermint oil; frz.: Huile essentielle (essence) de menthe poivrée; it.: Menta essenza.

Monographiesammlungen: Menthae piperitae aetheroleum *DAB10 (Eur)*, *ÖAB90*, *Helv VII*; peppermint oil *USP XXII*, *BPC79*.

Definition der Droge: Das aus den blühenden, oberirdischen Teilen durch Wasserdampfdestillation gewonnene Öl *DAB10 (Eur)*; das durch Dampfdestillation gewonnene, rektifizierte Öl der frischen oberirdischen Teile der blühenden Pflanze, das weder teilweise noch vollständig dementholisiert sein darf *USP XXII*.

Stammpflanzen: *Mentha* × *piperita* L.

Herkunft: Nordamerika (USA), Bulgarien, Italien, Frankreich, Marokko.

Gewinnung: Kurz vor der Blüte wird das Kraut mit Sicheln oder auf maschinellem Wege geschnitten und eine Zeit lang auf den Feldern getrocknet. Dabei werden leicht verharzende Bestandteile durch den Luftsauerstoff in nicht flüchtige Harze übergeführt und können dadurch nicht in das Öl gelangen. Die aus angetrocknetem Pflanzenmaterial destillierten Öle verharzen deshalb weniger leicht und sind besser haltbar. Das Öl wird durch eine kurze (1 h) Wasserdampfdestillation mit meist separat erzeugtem Wasserdampf gewonnen. Die Destillation von frischem Kraut dauert länger (6 h).[56]

Handelssorten: Die verschiedenen Handelssorten sind Herkunftsbezeichnungen. Pfefferminzöl Amerika Kennewick ist das bedeutendste. Andere amerikanische Öle sind Midwest, Wilamette, Madras, Yakima und Idaho. Außerdem wird Pfefferminzöl Bulgarisch, Pfefferminzöl China und Pfefferminzöl Indien gehandelt. Öl aus Italien trägt die Handelsbezeichnung Italo-Mitcham. Bei Öl der

Handelsbezeichnung Ukrainisch ist nicht klar, ob es sich um ein Pfefferminzöl oder Minzöl handelt.

Ganzdroge: Farblose, schwach gelbliche oder schwach grünlichgelbe Flüssigkeit mit charakteristischem Geruch und Geschmack, gefolgt von einer kühlenden Empfindung.[220]

Verfälschungen/Verwechslungen: Wegen der hohen Preislage wird Pfefferminzöl immer wieder verfälscht. Am häufigsten ist ein Verschnitt mit rektifiziertem Minzöl, wobei auch der Menthofurangehalt angehoben werden muß. Dies geschieht durch Zugabe von synthetischem Menthofuran oder von Menthofuran, welches durch Fraktionieren aus menthofuranreicherem Pfefferminzöl (Öle des Idaho-Anbaugebiets) gewonnen wird. Zur Aufbesserung der Mentholgehalte wird auch natürliches Menthol zugegeben. Der Estergehalt wird häufig mit racemischem Menthylacetat angehoben.

Inhaltsstoffe: Pfefferminzöl besteht fast ausschließlich aus Terpenen. Hauptkomponenten sind die für das Öl typischen Terpene der *p*-Menthanreihe Menthol, Menthon und Menthylacetat, die zusammen 50 bis 70 % des Öls ausmachen. Obwohl die Pfefferminze nur vegetativ vermehrt wird, schwankt die Zusammensetzung von Ölen verschiedener Herkunft als ein Ergebnis der Kombination von genetischen und ontogenetischen Faktoren mit äußeren Faktoren wie Licht, Temperatur, Wasser- und Nährsalzangebot.[57] Für amerikanische Öle, die hauptsächlich im Handel sind, kann folgende Zusammensetzung angegeben werden:
Menthol 35 bis 45 %, Menthon 15 bis 20 %, 1,8-Cineol 6 bis 8 %, Menthylacetat 3 bis 5 %, Neomenthol 2,5 bis 3,5 %, Isomenthon 2 bis 3 %, Menthofuran 2 bis 7 %, Limonen 2 bis 3 %, Pulegon 0,5 bis 1,5 %, α-Pinen 1 bis 1,5 %, β-Pinen 1 bis 2 %, *trans*-Sabinenhyrat 1,0 %, Isopulegol 0,5 bis 0,8 %. An Sesquiterpenkohlenwasserstoffen sind β-Caryophyllen 0,5 bis 1,5 %, Germacren D 1 bis 2 % und β-Bourbonen 0,5 % enthalten.[24,58–60]
Viridiflorol (0,1 bis 0,2 %); andere Stereoisomere, wie z. B. das auch in der Literatur erwähnte Ledol[61] kommen nicht vor.[62]
Weitere Terpene in Konzentrationen unter 0,5 % sind *p*-Cymen, Linalool, Myrcen, Neoisomenthol, Neoisomenthylacetat, *cis*- und *trans*-β-Ocimen, Piperiton, Sabinen, *cis*-Sabinenhydrat, α- und γ-Terpinen und Terpinolen.[24,58–60] An nicht-terpenoiden Verbindungen sind 3-Octanol und 1-Octen-3-ol, zusammen ca. 0,5 %, enthalten.[24]
In der schwerer flüchtigen Fraktion des Pfefferminzöls wurden weitere 81 Spurenkomponenten detektiert, darunter (–)-Mintlacton und (+)-Isomintlacton;[63] außerdem wurden zwei *m*-Cresolderivate, ein weiterer Terpenalkohol mit Tetrahydrofuranstruktur[64] und der Orthoester des *p*-Menthan-3,8,9-triols aus der schwerer flüchtigen Fraktion isoliert;[65] 5 Pyridinderivate.[66]
Menthol liegt im Pfefferminzöl als (–)-(1*R*,3*R*,4*S*)-Menthol vor, Menthon als (–)-(1*R*,4*S*)-Menthon, Neomenthol als (+)-(1*R*,3*S*,4*S*)-Neomenthol; Isomenthol hat (+)-(1*R*,3*S*,4*R*)-, Neoisomenthol (+)-(1*R*,3*R*,4*R*)-, Isomenthon (+)-(1*R*,4*R*)-Konfiguration. Alle Mentholisomere kommen auch als Acetate vor, hauptsächlich (–)-(1*R*,3*R*,4*S*)-Menthylacetat.[67] Die Konfiguration des Piperitons ist (+)-(4*S*)-Piperiton.[68]
Zusammensetzung von Ölen verschiedener Herkunftsländer: Australisches Öl,[69] bulgarisches Öl,[56,59] französisches Öl,[56,59,70] italienisches Öl,[56,69] russisches Öl,[56,71] tasmanisches Öl;[72] weitere Herkünfte s. Lit.[56]

Identität: Nach *DAB 10 (Eur)* mittels DC:
- Prüflösung: Das in Toluol gelöste Öl;
- Referenzsubstanzen: Cineol, Menthol, Menthylacetat, Thymol;
- Stationäre Phase: Kieselgel GF_{254};
- FM: Toluol-Ethylacetat (95 + 5);
- Detektion: Direktauswertung im UV 254 nm; Besprühen mit Anisaldehyd-Reagenz, anschl. Erhitzen bei 100 bis 105 °C;
- Auswertung: a) Beim Betrachten im UV 254 nm dürfen in der Untersuchungslösung unterhalb der Thymolzone keine fluoreszenzmindernden Zonen auftreten. Sie weisen auf das Vorliegen von Krauseminzöl (Carvon) oder Poleiöl (Pulegon) hin. b) Nach Besprühen mit Anisaldehyd-Reagenz und anschließendem Erhitzen treten im unteren Drittel der Untersuchungslösung die intensiv dunkelblaue bis violette Zone des Menthols, die schwache, blauviolette Zone des Cineols und in der Mitte die blauviolette Zone des Menthylacetats auf, unmittelbar darunter die grünliche Zone des Menthons. Nach *DAB 10* dürfen zwischen Cineol und Thymol keine graugrünen oder schwach blauen Zonen vorhanden sein, was wiederum auf eine Verfälschung mit Krauseminzöl (Carvon) oder Poleiöl (Pulegon) hinweisen würde. GC-Untersuchungen zeigen jedoch, daß auch gute Öle geringe Konzentrationen von Carvon und Pulegon enthalten (s. Reinheit), außerdem Isomenthon, dessen Zone ebenfalls zwischen Cineol und Thymol sichtbar ist. Es ist damit zu rechnen, daß in einem Nachtrag zum *DAB 10 (Eur)* bzw. zur *PhEur* dieser Passus wie folgt gefaßt wird: Zwischen den Zonen des Cineols und des Thymols können schwach rosafarbene, blaugrüne oder graugrüne Zonen (Carvon, Pulegon, Isomenthon) vorhanden sein.[221]
  Nahe der Lösungsmittelfront erscheint eine rotviolette Zone der Terpenkohlenwasserstoffe und darunter die bräunlichgelbe Zone des Menthofurans. Abbildungen der DC in Lit.[25,73,74]

Weitere Identitätsprüfungen: Gaschromatographisch; entweder auf gepackten Säulen mit polarer stationärer Phase, z. B. XE 60,[75] UCCW 982,[76,77] (Abbildungen s. entspr. Lit.); besser auf Kapillaren mit Carbowax als stationärer Phase (Abbildung s. Lit.[59]) oder nach der Vorschrift der *PFX* für Minzöl, s. Menthae arvensis aetheroleum. Beurteilung von Handelsölen bezüglich ihrer Herkunft sind gaschromatographisch möglich (amerikanische, englische, osteuropäische und marokkanische Öle).[75]
Für die Unterscheidung zwischen Pfefferminzöl und Minzöl (Öl von *Mentha arvensis* var. *piperas-*

cens) werden nach neueren Untersuchungen 7 Kriterien angegeben, die gaschromatographisch ermittelt werden können.[24] Dies sind im einzelnen die Prozentgehalte der Komponenten *α*-Terpinen (Pfefferminzöl (PÖ) 0,33 bis 0,52, Minzöl (MÖ) < 0,01 bis 0,02), 1-Octen-3-ol (PÖ 0,05 bis 0,22, MÖ 0,01 bis 0,13), *trans*-Sabinenhydrat (PÖ 0,36 bis 1,36, MÖ 0,01 bis 0,02), Menthofuran (PÖ 0,72 bis 6,71, MÖ 0,01 bis 0,5) und Viridiflorol (PÖ 0,16 bis 0,34, MÖ ≤ 0,1). Weiterhin sind die Konzentrationsverhältnisse von Menthon/Isomenthon (PÖ 5,5 bis 9,5, MÖ 1,3 bis 5,0) und 1,8-Cineol/Limonen (PÖ 2,6 bis 4,0, MÖ 0,02 bis 0,25) ausschlaggebend. Am Verhältnis von 1,8-Cineol/Limonen kann ein Zusatz noch von 10 % Minzöl zum Pfefferminzöl erkannt werden. Die Differenzierung der Öle nach Herkunft (innerhalb Nordamerikas) ist ebenfalls möglich.[24]

Reinheit:
- Optische Drehung: –16° bis –30° *DAB 10 (Eur)*, *BPC 79*; –18° bis –32° *USP XXII*.
- Brechungsindex: 1,460 bis 1,467 *DAB 10 (Eur)*, *BPC 79*; 1,459 bis 1,465 *USP XXII*.
- Relative Dichte: 0,900 bis 0,912 *DAB 10 (Eur)*; 0,896 bis 0,908 *USP XXII*; 0,897 bis 0,910 *BPC 79*.
- Löslichkeit in Ethanol: Das Öl muß sich in 4 VT Ethanol 70 % lösen, die Lösung kann opaleszieren *DAB 10 (Eur)*, löslich in maximal 3 VT Ethanol 70 % mit leichter Opaleszenz *USP XXII*.
- Sauer reagierende Verunreinigungen: Zur Neutralisation von 2,00 g Öl darf höchstens 0,1 mL ethanolische 0,5 N KOH-Lösung verbraucht werden *DAB 10 (Eur)*.
- Fette Öle, verharzte ätherische Öle: Muß der Vorschrift entsprechen *DAB 10 (Eur)*.
- Dimethylsulfid: 25 mL Öl werden destilliert, beim Unterschichten des ersten Milliliters Destillat mit 6,5 %iger HgCl-Lösung darf sich an der Berührungszone kein weißer Film bilden *DAB 10 (Eur)*, *USP XXII*.
- Schwermetalle: 0,004 % *USP XXII*.

Zur Prüfung auf Reinheit wird nach Lit.[221] das gaschromatographische Profil, in Form von Grenzwerten für die Leitsubstanzen festgelegt: Menthol 33 bis 55 %, Menthon 15 bis 30 %, Menthylacetat 4 bis 10 %, Menthofuran 0,4 bis 9 %, Isomenthon 1,5 bis 10 %, Cineol 3,5 bis 14 %, Limonen 1 bis 5 %, Pulegon < 4 % und Carvon < 1 %. Das Verhältnis Cineol/Limonen muß mindestens 2 betragen.
Zur Prüfung auf Reinheit in bezug auf Öle anderer Mentha-Arten kann auch die DC der Identitätsprüfung herangezogen werden (s. Identität). Besser geeignet ist dafür aber sicher die GC, wenn zum Vergleich authentische Öle chromatographiert werden. Eine Zumischung von Minzöl kann am besten durch Ermittlung des Konzentrationsverhältnisses Cineol/Limonen erkannt werden, das bei Pfefferminzöl 2,6 bis 4,4 betragen soll; bei 10 %iger Zumischung von Minzöl fällt es auf 2,4 ab, Zumischung 20 % – 1,7, 30 % = 1,0, 40 % = 1,0, 60 % = 0,5, 80 % = 0,3.[24]
Da in genuinem Pfefferminzöl die Hauptkomponenten Menthol, Menthon und Menthylacetat optisch rein vorkommen, kann durch Kapillar-GC auf chiralen Phasen ein Zusatz von racemischen Reinsubstanzen zum Öl überprüft werden. Verschiedene stationäre Phasen sind dafür im Einsatz.[70,78] Simultane Stereodifferenzierung der chiralen Pfefferminzölkomponenten Menthol, Menthon, Menthylacetat und Isomenthon auf modifizierten Cyclodextrinphasen mit Kombinationen aus zwei bzw. drei Kapillarsäulen s. Lit.[79]

Gehalt: *DAB 10 (Eur)* fordert mindestens 44,0 % freie Alkohole, berechnet als Menthol, 15,0 bis 32,0 % Ketone, berechnet als Menthon, und 4,5 bis 10 % Ester, berechnet als Menthylacetat. *USP XXII* fordert mindestens 50,0 % Menthol als Summe von freiem und verestertem Menthol und mindestens 5,0 % Ester, berechnet als Menthylacetat.

Gehaltsbestimmung: Nach *DAB 10 (Eur)* erfolgt die Bestimmung der freien Alkohole (Menthol) durch Acetylierung des Öls mit einem Gemisch von Acetanhydrid und Pyridin 1:3. Die überschüssige Menge Acetanhydrid wird mit 0,5 N NaOH-Lösung zurücktitriert im Vergleich zu einem Blindversuch. Der Ketongehalt (Menthon) wird durch Zugabe von Hydroxylaminhydrochlorid im Überschuß und anschließender Titration der bei der Oximbildung freiwerdenden HCl mit ethanolischer 0,5 N KOH-Lösung ermittelt. Der Estergehalt wird durch Verseifung mit ethanolischer 0,5 N KOH-Lösung und anschließender Rücktitration der überschüssigen Lauge mit 0,5 N HCl-Lösung bestimmt; *USP XXII* verwendet dieselbe Methode zur Ermittlung des Estergehalts. Zur Bestimmung des Gesamtgehalts an Menthol (frei und verestert) wird das Öl acetyliert, das acetylierte Produkt aus dem Ansatz ausgeschüttelt und darin der Estergehalt bestimmt *USP XXII*.
Die Gehaltsbestimmung ist auch mittels GC möglich (s. Identität), wobei gleichzeitig mehrere Komponenten des Öls quantitativ erfaßt werden können. Peakidentifizierung mittels Referenzlösungen, Berechnung entweder durch Normalisierung (100 %-Methode) oder nach der Methode des inneren Standards (Carvon als Standard).[76]

Lagerung: Vor Licht geschützt, in dicht verschlossenen, dem Verbrauch angemessenen Behältern; Öle aus verschiedenen Lieferungen dürfen nicht miteinander gemischt gelagert werden *DAB 10 (Eur)*.

Stabilität: In Lagerversuchen in Glas- und Aluminiumflaschen bei 27 °C und 5 °C zeigt Pfefferminzöl Veränderungen in der Ölzusammensetzung. Am eindrucksvollsten ist die Abnahme des Mentholgehalts von 27,7 % auf 21,0 % bei Lagerung in Glasflaschen bei 27 °C. Bei Lagerung in Aluminiumflaschen ist die Mentholabnahme geringer (von 27,7 % auf 25,5 %).[80]

Wirkungen: *Antimikrobielle Wirkung.* An 22 in einem Agardiffusionstest getesteten Mikroorganismen (Bakterien, Hefen, Schimmelpilze) wirkte Pfefferminzöl gegen 18 wachstumshemmend.[81] In einem Agarverdünnungstest wirkte Pfefferminzöl, gewonnen aus den oberirdischen Teilen der Pflanze, hemmend auf die Dermatophyten *Epidermo-*

phyton floccosum (MHK-Wert 312 bis 625 ppm), *Trichophyton mentagrophytes* var. *interdigitale* (MHK-Wert 625 bis 1.250 ppm) und *Trichophyton rubrum* (MHK-Wert 312 bis 625 ppm).[82]
Durch Zusatz von 400 ppm Pfefferminzöl zu einem Dextrose-Agar-Medium wurde des Mycelwachstum von *Trichophyton rubrum* um 60,8 %, von *Trichophyton equinum* um 51,5 % und von *Microsporum gypseum* um 36,6 % gehemmt, berechnet aus dem Myceldurchmesser nach Applikation einer Mycelscheibe im Vergleich zu einer Kontrolle ohne Öl; Inkubation 7 Tage bei 30 °C.[43]
Im Verdünnungstest hemmte eine Lösung von Pfefferminzöl in Ethanol 70 % das Wachstum von *Trichophyton mentagrophytes* (1 bis 5 $\times 10^5$ Kolonien/mL); MHK-Wert 80 µL/mL, Inkubation 1 Woche, 28 °C, visuelle Auswertung; MHK-Wert für Tolcyclat 0,062 µg/mL.[83]
Im Hemmhoftest wurden bei *Rhynchosporium oryzae*, *Macrophomina phaseolina*, *Xanthomonas campestris*, *Drechslera sorokiniana* und *Drechslera oryzae* (Reihenfolge nach Wirkstärke) Hemmhöfe beobachtet; Papierscheiben, die mit einer 0,1 %igen Lösung imprägniert waren; Inkubation 82 h, 28 °C.[44] 0,5 mL reines Öl erzeugte im Hemmhoftest Hemmhöfe bei *Candida tropicalis*, *Keratinomyces ajelloi*, *Candida albicans*, *Trichophyton rubrum*, *Trichophyton equinum*, *Aspergillus fumigatus* und *Microsporum gypseum* (nach Wirkstärke angeordnet).[84] Reines Öl wirkte im Hemmhoftest auf 12 phytopathogene Pilze.[85]
Im Agardiffusionstest Hemmhofbildung bei 4 von 13 lebensmittelverderbenden Hefen, bei *Metchnikowia pulcherima*, *Torulopsis glabrata*, *Rhodotorula rubra* und *Geotrichum candidum*; 10 % in Ethanol, Inkubation 4 Tage bei 30 °C.[86]
Unverdünntes Pfefferminzwasser (2 mL Öl/100 mL) zeigt im Verdünnungstest fungistatische und fungizide Wirkung gegenüber *Aspergillus niger* (MHK-Wert fungistatisch 4,0 % *V/V*, MHK-Wert fungizid 22,5 % *V/V*) und gegenüber *Penicillium chrysogenum* (MHK-Wert fungistatisch 2,5 %, fungizid 12,5 %); Sporenkonzentration 1×10^5/mL Nährlösung (SLM-Medium), Inkubation 5 Tage bei 30 °C. Das Wachstum der Sporen von *Aspergillus niger* vor der Keimung in einer Nährlösung wurde dosisabhängig von Pfefferminzwasser gehemmt, wobei eine Konzentration von 25,0 % (*V/V*) in der Nährlösung das Wachstum vollständig hemmte; beobachtet über einen Zeitraum von 8 h, 30 °C, gemessen als Sporengröße in µm.[102]
Insektizide Wirkung. Beim Aussetzen erwachsener weiblicher roter Spinnen auf Bohnenblätter, die 1 h zuvor mit 0,1- bis 0,2 %igen Lösungen von Pfefferminzöl in Aceton besprüht worden waren, stieg die Sterblichkeit dosisabhängig auf 4 bis 36 % an, die Repellency auf 5 bis 37 %, die Fruchtbarkeit wurde auf 7 bis 93 % reduziert, Beobachtungszeit 48 h; Sterblichkeit ED_{50} 1,28 %, Repellency ED_{50} > 2,5 %.[87]
In einer Konzentration von 15 µL/L Luft wirkt Pfefferminzöl tödlich auf die ausgewachsenen Käfer *Tribolium castaneum* (Sterblichkeitsrate 87 %), *Sitophilus oryzae* (Sterblichkeitsrate 85 %), *Oryzaephilus surinamensis* (Sterblichkeitsrate 83 %) und *Rhyzopertha dominica* (Sterblichkeitsrate 80 %); Begasungskammer, Begasungszeit 24 h.[88]
Nematotizide Wirkung von Pfefferminzöl gegen die pflanzenparasitären Nematoden *Anguina tritici* (LD_{50} > 4.000 µL/mL), *Meloidogyne javanica* (LD_{50} 2.480 ± 38 µL/mL) und *Tylenchulus semipenetrans* (LD_{50} 846 ± 16 µL/mL).[89]
Choleretische Wirkung. Die intraduodenale Gabe von Pfefferminzöl (Angaben zur Dosis fehlen) erhöhte am Choledochusfistelhund die Gallenmenge. Das Maximum wurde 3 h nach Applikation mit etwa dem 12fachen des Basiswertes vor Applikation erreicht.[90] Die Wirkung kann vermutlich auf Menthol, das bei männlichen Ratten bei p. o. Gabe von 0,1, 0,5 und 1,0 g/kg KG p. o. die Gallenmenge um das 1,3-, 1,7- bzw. 2,4fache des Basiswertes erhöhte, zurückgeführt werden.[91] In einem anderen Versuch mit p. o. Gabe von verschiedenen Terpenen an männlichen Ratten erwies sich neben Menthol auch Menthon als choleretisch aktiv.[217]
Spasmolytische Wirkung. Pfefferminzöl wirkt dosisabhängig spasmolytisch auf die glatte Muskulatur. Das kann zurückgeführt werden auf eine Beeinflussung der Ca-Mobilisierung,[92,93] die sich aus einer Blockade der Ca^{2+}-Kanäle durch den Hauptinhaltsstoff Menthol[94] ergibt. Es wirkt dort also als Calciumantagonist.[95,96] *In vivo* muß allerdings von einer wesentlich komplexeren Wirkung des Pfefferminzöls ausgegangen werden.[97]
Die spasmolytische Wirkung des Pfefferminzöls wurde am elektrostimulierten Meerschweinchenileumlängsmuskel gemessen; Pfefferminzöl ED_{50} 26 (20 bis 33) mg/L. Im Vergleich dazu wirkt Papaverin 20mal stärker (ED_{50} 1,26 (1,16 bis 1,36) mg/L); Isoprenalin ED_{50} 0,0044 (0,0040 bis 0,0048) mg/L.[98,99] In einem ähnlichen Versuch hatte Pfefferminzöl eine ED_{50} von 176 ± 38 mg/L gegenüber einer ebenfalls ca. 20fach stärkeren Wirkung von Papaverin (ED_{50} 8 ± 1 mg/L).[100] Menthol war die wirksamste Komponente des Öls (ED_{50} 10 mg/L).
Am Meerschweinchentracheapräparat reduzierte Pfefferminzöl (ED_{50} 87 (83 bis 91) mg/L) den Ruhetonus um den Faktor 1.000 schwächer als Papaverin (ED_{50} 0,082 (0,072 bis 0,092) mg/L); Isoprenalin ED_{50} 0,00082 (0,00074 bis 0,0009) mg/L.[99]
Auch am kontrahierten Sphincter Oddi von männlichen Meerschweinchen wirkt Pfefferminzöl *in vivo* spasmolytisch. 0,2 bis 3,0 mg/kg KG i. v. verkürzten dosisabhängig die Normalisierungszeit nach der Kontraktion, hervorgerufen durch 1 mg/kg KG Morphin i. v., wobei 0,1 mg/kg KG nur eine verzögerte und teilweise, 1,0 mg/kg KG eine sofortige und vollständige Entkrampfung hervorrief. Im Vergleich dazu wurde eine Konzentration von 0,5 mg/kg Atropin benötigt, um eine verzögerte und teilweise Entkrampfung zu erreichen. Die Quantifizierung erfolgte durch Messung des biliären Flusses durch den Sphincter Oddi.[101] Bei Dosen von 25 und 50 mg/kg Öl überlagerte sich ein spastischer Effekt, so daß die spasmolytische Wirkung reduziert wurde und sich die Normalisierungszeit auf 25,5 ± 2,5 bzw. 80,5 ± 5,0 min gegenüber 0 min bei einer Dosis von 3,0 mg/kg KG i. v. Pfefferminzöl und 62,0 ± 3,7 min bei der Kontrolle (Morphin ohne Öl) verlängerte.[101]

Resorption: Percutane Resorption nach 58 min, gemessen als Latenz vom Aufbringen auf die rasierte Haut bis zum Eintritt der Eserinwirkung (Eserin zu 0,25% im Öl gelöst) auf die periodisch gereizte Kaumuskulatur von Mäusen.[103] Die Angaben bedürfen einer Überprüfung.

Verteilung: In Ratten erfolgte die renale Ausscheidung von Menthol hauptsächlich als Glucuronid, während es in der Galle vorwiegend als Sulfat nachgewiesen wurde.[91]
Nach p. o. Gabe von Pfefferminzöl (0,4 mL), das in magenlösliche, weiche Gelatinekapseln eingebettet war, an 6 freiwillige Probanden (17 bis 37 Jahre) wurden 35% des darin enthaltenen Menthols (182,8 mg = 100%) im Urin als Glucuronid wiedergefunden. Nach 2 h waren bereits 26,3% (= 48 mg) ausgeschieden, nach 4 h 34,5% (= 63 mg). Bei Applikation des Pfefferminzöls in einer magensaftresistenten Kapsel begann die Ausscheidung des Menthols verzögert.[104] Nach 4 h waren erst 8,2% (= 15 mg) ausgeschieden.
In einer ähnlichen Untersuchung mit 2 handelsüblichen Pfefferminzöl-Zubereitungen in retardierten Darreichungsformen wurde bei einem Präparat ein deutliches Maximum der Ausscheidung von Mentholmetaboliten nach 2,8 ± 0,6 h gemessen, während bei dem 2. Präparat eine flachere Eliminationskurve mit t_{max} = 5 ± 2 h beobachtet wurde. Die max. Konzentration der Metaboliten im Urin betrug bei diesem Präparat etwa ein Viertel des Präparates mit der schnelleren Freisetzung.[228]

Anwendungsgebiete: Innere Anwendung: Krampfartige Beschwerden im oberen Gastrointestinaltrakt und der Gallenwege; Katarrhe der oberen Luftwege; Mundschleimhautentzündungen. Äußere Anwendung: Muskel- und Nervenschmerzen.[105]
Die Wirksamkeit zur Behandlung von Beschwerden bei Reizdarm (Colon irritabile) ist umstritten. Bei der Bewertung positiver Anhaltspunkte für eine Wirksamkeit ist der bei dieser Indikation mit bis zu 75% hohe Placeboeffekt zu berücksichtigen.[105,229–239] Der Einfluß unterschiedlicher Retardisierungsprinzipien wird ebenfalls diskutiert.[228]

Dosierung und Art der Anwendung: *Droge.* Innere Anwendung: Mittlere Tagesdosis 6 bis 12 Tr., zur Inhalation 3 bis 4 Tr. in heißes Wasser geben und die Dämpfe einatmen. Bei Colon irritabile: Mittlere Einzeldosis 0,2 mL, mittlere Tagesdosis 0,6 mL in magensaftresistenter Umhüllung. Äußere Anwendung: Mehrmals täglich (2- bis 4mal) einige Tropfen in die betroffene Hautpartie einreiben;[105] bei Kleinkindern 5 bis 15 Tr. auf Brust und Rücken einreiben;[169] Zubereitungen entsprechend.[105]

Unerwünschte Wirkungen: Bei empfindlichen Personen können Magenbeschwerden auftreten.[105] *Allergische Wirkungen.* Allergische Haut- und Schleimhautreaktionen gegen Pfefferminzöl treten selten auf.[194]

Gegenanzeigen/Anwendungsbeschr.: Verschluß der Gallenwege, Gallenblasenentzündungen, schwere Leberschäden. Bei Gallensteinleiden nur nach Rücksprache mit einem Arzt anwenden.[105]
Von einer Anwendung pfefferminzölhaltiger Zubereitungen bei Neigung zu gastroösophagealem Reflux wird abgeraten, da der Tonus des unteren Speiseröhrensphinkters herabgesetzt und damit ein Rückfluß erleichtert wird.[240,241]

Wechselwirkungen: Nicht bekannt.[105]

Tox. Inhaltsstoffe u. Prinzip: Die Toxizität der Droge wird mit den Hauptinhaltsstoffen Menthol und Menthon in Verbindung gebracht. Angesichts der geringen Mengen an Pulegon ist ein nennenswerter Beitrag dieser Verbindung unwahrscheinlich.

Akute Toxizität: *Mensch.* Akute Vergiftungsfälle mit Pfefferminzöl sind nicht bekannt. Die geschätzte minimale letale Dosis von Menthol am Menschen beträgt 2 g. Es gibt allerdings Fälle, in denen die Einnahme von 8 bis 9 g Menthol überlebt wurde.[243] *Tier.* Getestet an Ratten und Mäusen mit 3 bis 5 g/kg KG p. o.; Tiere zeigten Unkoordiniertheit und Krämpfe und fielen in einen betäubungsähnlichen Zustand. Eine Autopsie der Ratten ergab multiple, punktförmige Erosionen der Magenschleimhaut und eine erhöhte Bildung von Schleim im Intestinum sowie eine gelbliche Marmorierung der Leberoberfläche.[109]

Chronische Toxizität: *Tier. Encephalopathie.* Bei täglicher p. o. Gabe von 10, 40 oder 100 mg/kg KG Pfefferminzöl, gelöst in Sojabohnenöl (5 mL/kg KG), über einen Zeitraum von 4 Wochen zeigten männliche und weibliche Wistarratten (je 10) keine toxikologischen Befunde in bezug auf KG und Nahrungsaufnahme (nur Wasserverbrauch um 10% erhöht). Alle hämatologischen und anderen klinisch-chemischen Parameter waren normal, und signifikante Änderungen der Organgewichte waren nicht meßbar.[106]
Dosisabhängig kam es zu histologischen Veränderungen im Gehirn in Form von cystenartigen, nicht von Membranen umgebenen Bereichen in der weißen Hirnsubstanz, speziell des Cerebellums. Einige Ratten (40 und 100 mg/kg KG/Tag p. o.) zeigten eine nicht dosisabhängige leichte Dissoziation und Vakuolisierung der Hepatocyten, hauptsächlich solcher um die zentrale Vene.
Auf der Basis der Befunde in den beiden höchsten Dosierungen wurde die maximale untoxische Dosis für Pfefferminzöl mit 10 mg/kg KG/Tag berechnet. Diese Dosis liegt nach Ansicht der Autoren recht nahe an dem Wert, der mit dem Konsum von 28 g (1 Packung) Pfefferminzplätzchen mit 0,4% Pfefferminzöl erreicht wird.[106] Ein ADI-Wert für Menthol wurde 1976 mit 0 bis 0,2 mg/kg KG festgelegt.[244]
An weiblichen Ratten mit 20, 150 oder 500 mg/kg KG/Tag p. o. über 5 Wochen und an Hund mit 25 bzw. 125 mg/kg KG/Tag wurden geringe Abweichungen gegenüber der Kontrollgruppe, aber ohne toxikologische Relevanz gefunden. Keine histologischen Befunde im Parenchym von Niere, Leber und Kleinhirn.[109] Eine Erklärung zu den abweichenden Ergebnissen anderer Arbeitsgruppen[106–108] kann nicht gegeben werden.[109]
Keine encephalopatischen Anzeichen bei Gabe von Menthol, allerdings eine signifikante Erhöhung des absoluten und relativen Organgewichts der

Leber, Vakuolisierung der Hepatocyten; ED_0 < 200 mg/kg KG/Tag.[107]
Bei der Testung von Menthon wurde dosisabhängig eine Abnahme des Kreatinins, eine Zunahme der Alkalinphosphataseaktivität und des Bilirubins gefunden; außerdem eine Erhöhung des Leber- und Milzgewichts.[108] Diese Erscheinung wurde auch bei der Gabe von racemischem Menthon (200, 400, 800 mg/kg KG/Tag) beobachtet. Die ED_0 für Menthon konnte nicht ermittelt werden; sie wird < 200 mg/kg KG/Tag geschätzt. Trotzdem wird Menthon nicht in erster Linie als die neurotoxische Komponente des Öls gesehen.[108]

Mutagenität: Im Amestest mit Salmonella-typhimurium-Stämmen (TA 1537, TA 1535, TA 100, TA 98, TA 92) mit und ohne S9-Mix zeigte Pfefferminzöl bei Dosierungen von 6,4 µg, 32 µg, 160 µg und 800 µg/Platte nur bei der höchsten Dosierung mutagene Wirkung gegenüber allen Stämmen. Pfefferminzöl, ebenso Menthol und Pulegon wurden als nicht mutagen eingestuft, dagegen war Menthon im gleichen Test mutagen gegenüber TA 1537 (bei 32 und 6,4 µg/Platte ohne S9) und gegenüber TA 97 (bei 800, 160, 32 und 6,4 µg/Platte ohne, und bei 160 und 32 µg/Platte mit S9).[110]

Immuntoxizität: Das Sensibilisierungspotential ist schwach. Überempfindlichkeitsreaktionen richten sich hauptsächlich gegen Menthol. Bei Pfefferminzallergikern sollen auch positive Reaktionen auf Menthylacetat, Pulegon, Menthofuran, Piperiton und Dihydrocarveol auftreten.[194]

Toxikologische Daten: *LD-Werte.* LD_{50}, Maus, Ratte p. o. etwa 4.000 mg/kg KG.[109]
LD_{50}, männl. Ratte, p. o., 24 h, 4.441 ± 653 mg/kg KG; nach 48 h: 2.426 ± 329 mg/kg KG.
LD_{50}, männl. Ratte, i. p., 24 h, 819 ± 126 mg/kg KG.[245]

Rezepturen: Pfefferminzspiritus *USP XXII*: Pfefferminzöl wird zu 10% in Ethanol gelöst, mit dem zuvor 1% fein gepulverte Pfefferminzblätter (1 h in Wasser vormazeriert und ausgepreßt) 6 h lang mazeriert wurden.
Pfefferminzspiritus *ÖAB 90, Helv VII*: 10 T Öl mit 90 T Ethanol 90% mischen.
Pfefferminzwasser *ÖAB 90*: 1,5 T Pfefferminzöl werden mit 15 T Talk fein verrieben und mit 1.000 T Wasser mehrere Tage stehengelassen und filtriert.
Pfefferminzwasser, konzentriert *BPC 79*: 20 mL Öl, 600 mL Ethanol 90% und Wasser ad 1.000 mL werden mit Talk geschüttelt und filtriert.

Alte Rezepturen: Pastilli Menthae piperitae (Pfefferminzpastillen) *EB 6*: 5 g Öl und 1.000 g mittelfein gepulverter Zucker mit Traganthschleim zu einer Teigmasse anstoßen und 1.000 Pastillen ausformen. Rotulae Menthae piperitae (Pfefferminzplätzchen) *EB 6*: 5 T Pfefferminzöl in 10 T Weingeist lösen, damit 1.000 Zuckerplätzchen benetzen und an der Luft trocknen lassen.

Sonst. Verwendung: *Pharmazie/Medizin.* Als Geschmackskorrigens; Pfefferminzöl ist besonders zur Überdeckung von metallisch oder salzig schmeckenden Präparaten geeignet.[218] *Kosmetik.* In Zahnpflegemitteln wie Zahnpasten, Zahncremes und Zahnreinigungstabletten. *Industrie/Technik.* Zur Aromatisierung von Süßwaren, von Kaugummi sowie von Zigaretten; ferner zum Aromatisieren von alkoholischen Zubereitungen, insbesondere von Likören, von nicht-alkoholischen Getränken, von Puddings und süßen Saucen.[219]

Gesetzl. Best.: *Standardzulassung.* Standardzulassungs Nr. 70 99.99.99.[169] *Offizielle Monographien.* Aufbereitungsmonographie der Kommission E am BGA "Menthae piperitae aetheroleum (Pfefferminzöl)".[105] *Sonst. Gesetze u. Vorschr.* Pfefferminzöl und Zubereitungen wurde in den USA der GRAS-Status zuerkannt (§ 182.10 und § 182.20).[219] In Süßwaren darf der Gehalt 0,0104% nicht übersteigen.

Menthae piperitae folium (Pfefferminzblätter)

Synonyme: Folia Menthae piperitae.

Sonstige Bezeichnungen: Dt.: Pfefferminze; engl.: Peppermint (leaves); frz.: Feuilles de menthe, menthe poivrée; it.: Menta; port.: Apimentada, hortelapimenta; span.: Menta piperita.

Monographiesammlungen: Menthae piperitae folium *DAB 10 (Eur)*, *ÖAB 90*, *Helv VII*; Peppermint leaf *USP XXI*; Mentha piperita *BHP 83*.

Definition der Droge: Getrocknete Blätter *DAB 10 (Eur)*; getrocknete Blätter und blühende Zweigspitzen *USP XXI*.

Stammpflanzen: *Mentha* × *piperita* L.

Herkunft: Ausschließlich aus Kulturanbau; Ukraine, Balkanländer, vor allem das ehemalige Jugoslawien und Griechenland sowie andere Länder Osteuropas; Deutschland, Österreich, Spanien, Ägypten, Marokko.

Gewinnung: Pfefferminzblätter können mehrmals im Jahr geerntet werden. Der erste Schnitt erfolgt vor der Blüte, sobald Wuchshöhe und Blattzahl einen optimalen Ertrag erwarten lassen, spätestens bei beginnender Blüte Mitte Juli. Bis Mitte September kann noch 2mal geschnitten werden. Die Ernte erfolgt maschinell, nur im Kleinanbau noch Handschnitt. Den Krüllschnitt erhält man durch Häckseln des frischen Schnittguts; mittels Sieb bzw. Windsichtung werden Blatt und Stengel getrennt. Ganze Blattware erhält man durch Abstreifen per Hand, wobei die Triebspitzen mit den obersten 3 Blattpaaren zur Blattdroge genommen werden. Die Trocknung erfolgt heutzutage auf Bandtrocknern bei Temperaturen von max. 42 °C.[54,111]
Die Blattausbeute und der Ölgehalt der Droge sind bei Ernte kurz vor dem Aufblühen am höchsten.[112] Die Tageschwankungen des Ölgehalts sind gering (6 bis 10%).[113] Empfohlen wird aber die Ernte in den Vormittagsstunden oder am späten Nachmit-

tag; die Pflanzen dürfen nicht tau- oder regennaß sein.[111]
Untersuchungen zur Ertragsleistung der Pfefferminze im ersten Anbaujahr zeigen, daß höhere Blatterträge und höhere Ölgehalte bei Anbau aus Stolonen von Kopfstecklingen erreicht werden als bei Anbau von Stolonen aus einem Pfefferminzbestand nach dem ersten Ertragsjahr. Häckseln der Stolonen vor der Pflanzung führt zu drastischen Ertragsdepressionen; die besten Resultate werden erzielt, wenn die Stolonen vor der Pflanzung mit der Hand gerissen werden, d. h. wenn sie möglichst wenig mechanisch beansprucht werden.[114]

Handelssorten: Gehandelt werden verschiedene Handelssorten (s. Botanische Beschreibung von *M. piperita*); am bekanntesten sind die Sorten "Mitcham" und "Multimentha".

Ganzdroge: Dünne, brüchige, z. T. leicht aufgewölbte Blätter, grün bis bräunlichgrün, manchmal mit braunvioletten Nerven. Diese treten auf der Unterseite immer stärker hervor. Blattspreite 3 bis 9 cm lang, 1 bis 3 cm breit, eiförmig oder lanzettlich, oben zugespitzt, Blattrand scharf gesägt und an der Basis asymmetrisch; fiedernervig, zwischen Hauptnerv und Seitennerv einen Winkel von 45 °C bildend. Unterseite leicht behaart. Vereinzelt vierkantige, violett überlaufene Stengelteile. Blattstiele gerillt.[115,116,220]

Schnittdroge: *Geruch.* Charakteristisch, durchdringend nach Menthol.
Geschmack. Aromatisch würzig, später kühlend.[115,116,220]
Makroskopische Beschreibung. Leicht zerbrechliche, dunkelgrüne bis bräunliche Blattstücke mit unterseits hervortretenden Nerven, gelegentlich schwache Behaarung; vierkantige, bläulichviolett überlaufene oder grünviolette Stengelstücke.[115–117]
Lupenbild. Auf der Unterseite zahlreiche Drüsenschuppen als gelbe Punkte erkennbar.
Mikroskopisches Bild. Wellig-buchtige Epidermiszellen, auf der Blattunterseite diacytische Spaltöffnungen, selten auf der Oberseite. Haartypen: 6- bis 8zellige, gebogene Gliederhaare mit warziger Cuticula, meist auf den Blattnerven, selten kurze Gliederhaare; Lamiaceendrüsenschuppen mit 8 sezernierenden Zellen auf beiden Blattseiten; kurzgestielte Drüsenhaare mit charakteristischem elliptischem Köpfchen. Blattquerschnitt bifacial, Palisadenparenchym einschichtig, lockeres Schwammparenchym; Drüsenschuppen eingesenkt, Stomata angehoben, keine Kristalle. Im Mittelnerv kollaterale Leitbündel.[115,117,220]

Pulverdroge: Blattbruchstücke mit wellig-buchtigen Epidermiszellen und mit Drüsenschuppen in Aufsicht. Diacytische Spaltöffnungen, längere und kurze Gliederhaare und Drüsenhaare mit charakteristischem elliptischen Drüsenköpfchen. Reichlich Bruchstücke aus dem Mesophyll.[117]

Verfälschungen/Verwechslungen: Da die Droge ausschließlich aus Kulturanbau stammt, kommen Verwechslungen nicht vor. Wegen der zunehmenden Bedeutung des "japanischen Pfefferminzöls" wird heute mehr als früher *Mentha arvensis* L. var. *piperascens* HOLM. kultiviert und erscheint auch als Blattdroge auf dem Markt.[118]

Minderqualitäten: Als minderwertige Ware kommt Droge mit einem zu hohen Stengelanteil in den Handel oder stark von Minzrost befallene Ware.

Inhaltsstoffe: *Ätherisches Öl.* Pfefferminzblätter enthalten 0,5 bis 4 % terpenreiches ätherisches Öl mit den Hauptkomponenten Menthol (35 bis 45 %), Menthon (15 bis 20 %), Menthylacetat (3 bis 5 %), 1,8-Cineol (6 bis 8 %), Menthofuran (2 bis 7 %), Isomenthon (2 bis 3 %), Neomenthol (2,5 bis 3,5 %), *β*-Caryophyllen (0,5 bis 1,5 %) und *trans*-Sabinenhydrat (1 %). Weitere Komponenten sind Limonen, *trans*-Ocimen, *α*- und *β*-Pinen, Piperitenon, *γ*-Terpinen, Viridiflorol (s. *Mentha* × *piperita* und Menthae piperitae aetheroleum).
Die flüchtigen Inhaltsstoffe liegen z. T. auch glykosidisch gebunden vor, wie z. B. Isomenthol, Linalool, Menthol, Neomenthol, 3-Octanol, 1-Octen-3-ol. Weitere glykosidisch gebundene flüchtige Inhaltsstoffe s. Lit.[126,127]
Gerbstoffe und Phenolcarbonsäuren. Die Angaben über einen hohen Gerbstoffgehalt der Droge gehen auf eine alte Arbeit zurück, in der mittels Hautpulvermethode ein Gehalt von 6,03 bis 11,74 % (bezogen auf die Trockensubstanz) angegeben wird.[128] Bei Untersuchungen der chemischen Natur der Gerbstoffe zeigte sich, daß es sich um Lamiaceengerbstoffe (Labiatengerbstoffe) handelt; mit einer modifizierten Hautpulvermethode wurden später 3,5 bis 4,5 % ermittelt.[129] Außerdem an freien Phenolcarbonsäuren Kaffeesäure,[130,131] *p*-Cumarsäure[130,131] und Ferulasäure.[130] Der Gehalt an Rosmarinsäure von Handelsware der Lebensmittelindustrie (Gewürz) wird mit 0,18 %, mittels GC bestimmt,[132] bzw. mit 0,07 %, spektralphotometrisch bestimmt nach DC-Trennung, angegeben.[133]
Lipide. Neutralfette und freie Fettsäuren. Fettsäureanteile hauptsächlich $C_{18:3}$, $C_{18:2}$ und $C_{16:0}$, außerdem $C_{18:0}$, $C_{16:1}$, C_{14}, C_{12}; Zusammensetzung je nach Blattgröße verschieden.[134]
Triterpene. Ursolsäure; 0,10 % in den Blättern, 0,21 % in den Stengeln.[135] *α*-Amyrin, Sitosterol und Squalen (ganze Pflanze).[136]
Flavonoide. Glykoside der Flavonaglyka Apigenin, Diosmetin und Luteolin;[137] Isorhoifolin (Apigenin-7-rutinosid),[138] Luteolin-7-*O*-rutinosid.[139] An polymethoxylierten Flavonen Xanthomicrol (5,4'-Dihydroxy-6,7,8-trimethoxyflavon), Gardenin D (5,3'-Dihydroxy-6,7,8,4'-tetramethoxyflavon), Gardenin B (5-Hydroxy-6,7,8,4'-tetramethoxyflavon), 5-*O*-Demethylnobiletin, 5,3',4'-Trihydroxy-6,7,8-trimethoxyflavon,[140] 5,6-Dihydroxy-7,8,3',4'-tetramethoxyflavon.[53,140] Eriodictyol-7-*O*-rutinosid.[139]
In Pflanzen von Zuchtformen des nördlichen Kaukasus ("Selena", "Selebristaya") wurden Dimethylpseudachitin, Hymenoxin, 5-Hydroxy-6,7,3',4'-tetramethoxyflavon, Menthocubanon und Nevadensin gefunden.[141]
Auch im Pflanzenmaterial, das bei der Gewinnung des Pfefferminzöls bei der Destillation zurückbleibt, wurden Flavonoide nachgewiesen: Apigenin-7-glucosid und Luteolin.[131]

Sonstige Inhaltsstoffe. Cyanidin, Pelargonidin,[142] β-Sitosterol, Vitamin D_2;[143] Peroxidase, *o*-Phenolase,[144] Aesculetin,[130] 0,24% Lipoide, vorwiegend Triacontan,[145] Carotinoide, Chlorophyll, Phytol und Sterole;[146] K 33 g/kg, Ca 13,833 g/kg, Mg 5,233 g/kg, Fe 331 ppm, Na 225 ppm, Mn 164 ppm, Zn 58 ppm, Cu 10,2 ppm.[147]

Zubereitungen: Tinctura Menthae piperitae (Pfefferminztinktur) *EB 6*: 200 Teile Pfefferminzblätter grob gepulvert werden mit verdünntem Weingeist 10 Tage lang unter Umschütteln stehengelassen und abfiltriert. Pfefferminztinktur ist dunkelbraungrün, sie riecht und schmeckt nach Pfefferminze.

Identität: Die Prüfung erfolgt anhand der morphologischen und mikroskopischen Merkmale (s. dort). Die neuen Arzneibücher lassen eine DC-Prüfung durchführen, die gleichermaßen Aussagen über Identität und Reinheit ermöglicht. Als Untersuchung dient ein Dichlormethanextrakt der gepulverten Droge. Referenzsubstanzen wie bei Menthae piperitae aetheroleum.
DC-Bedingungen:
- Sorptionsmittel: Kieselgel F_{254};
- FM: Toluol-Ethylacetat (95 + 5);
- Detektion: Anisaldehyd-Reagenz und Erhitzen auf 100 bis 105 °C;
- Auswertung: Wie bei Menthae piperitae aetheroleum. Entgegen den Angaben im *DAB 10 (Eur)* können zwischen der schwachen, dem Cineol entsprechenden Zone und der rosafarbenen Zone des Thymols schwache rosafarbene, blaugrüne oder graugrüne Zonen (Carvon, Pulegon, Isomenthon) auftreten. Zur Begründung s. Menthae piperitae aetheroleum. Ein wichtiges Identitätsmerkmal ist der Nachweis von Menthofuran, das als bräunlichgelbe Zone nahe der Lösungsmittelfront unterhalb der rotvioletten Zone der Kohlenwasserstoffe auftritt.

Reinheit:
- DC-Prüfung s. Identität; Abbildung DC in Lit.[149]
- Fremde Bestandteile: Fremde Pflanzenteile: Höchstens 5% Stengelanteile, Durchmesser höchstens 1 mm; andere fremde Bestandteile: Höchstens 2%, höchstens 10% durch Puccinia Menthae braungefleckte Blätter *DAB 10 (Eur)*. Nicht mehr als 2% Stengel mit mehr als 3 mm im Durchmesser und andere fremde Bestandteile *USP XXI*, fremde organische Bestandteile: Höchstens 2% *BHP 83*.
- Wasser: Höchstens 11,0% *DAB 10 (Eur)*.
- Asche: Höchstens 12,5% *BHP 83*.
- Salzsäureunlösliche Asche: Höchstens 1,5% *DAB 10 (Eur)*; höchstens 2% *BHP 83*.

Gehalt: Mindestens 1,2% (*V/m*) ätherisches Öl *DAB 10 (Eur)*.

Gehaltsbestimmung: Volumetrische Bestimmung des Gesamtgehalts an ätherischem Öl durch Wasserdampfdestillation, 20 g Droge, Destillationszeit 2 h, Destillationsgeschwindigkeit 3 bis 4 mL/min *DAB 10 (Eur)*. Sowohl Zerkleinerungsgrad und Zerkleinerungsart[150] als auch Destillationszeit und Destillationsgeschwindigkeit wirken sich auf den Ölgehalt aus; Zerkleinerungsgrad wirkt sich auch auf die Ölzusammensetzung aus.[151]

Lagerung: Vor Licht geschützt *DAB 10 (Eur)*; kühl, trocken und nicht in Kunststoffbehältern.[148]

Stabilität: Eine Lagerungszeit der geschnittenen Droge von einem halben Jahr hat einen Ölverlust von 7% zur Folge. Er steigt auf 49% bei Lagerung von 30 Monaten an, im Mittel 0,022 mL/Monat.[152] Der Mentholgehalt nimmt bei der Lagerung zu, der Menthongehalt dagegen ab (Blattkrüll und Schnittdroge).[153]
Bei ganzen Blättern liegt der Verlust an ätherischem Öl bei 15monatiger Lagerung unter 10%, eine Veränderung der Ölzusammensetzung wird dabei nicht beobachtet.[154] Fein zerschnittene Droge verliert das ätherische Öl rascher als grob zerschnittene.[150] Ist die Droge stark mit Minzenrost (*Puccinia menthae* PERS.) befallen, muß mit höheren Ölverlusten und höherem Anstieg des Mentholgehalts im Vergleich zur nicht befallenen Droge gerechnet werden.[155]

Wirkungen: *Antimikrobielle Wirkung.* 0,1 g gepulverte Pfefferminzblätter suspendiert in 100 mL Nährlösung bewirkten, daß *Aspergillus flavus* nur 46% der Gesamtaflatoxinmenge (Aflatoxin B, G) gegenüber einer Kontrolle produziert (100% bei Ansatz ohne Droge). Eine Drogenkonzentration von 0,5 g/100 mL Nährlösung senkte die Aflatoxinproduktion auf 18,1%; Inkubation 6 Tage, 25 °C; höhere Drogenkonzentrationen (5,0% und 10,0%) unterdrückten die Aflatoxinbildung vollständig. Parallel dazu wurde bei den letzteren Konzentrationen eine leichte Stimulierung des Mycelwachstums um 12,5% beobachtet.[156] Untersuchungen an *Aspergillus parasiticus* zeigten, daß Menthol für diese Wirkung verantwortlich war. Es hemmte das Wachstum des Pilzes bei einer Konzentration von 600 µg/mL vollständig.[157] Ein wäßriger Extrakt der blühenden Zweigspitzen von Pfefferminze war gegen 9 verschiedene Pilze wirksam (1 Teil Extrakt aus 3 T trockenem Pflanzenmaterial).[158]
In einem Agarplattentest zeigten sich *Salmonella typhimurium*, *Staphylococcus aureus* und *Vibrio parahaemolyticus* unterschiedlich empfindlich gegen Pfefferminzblätter, die als Pulver ins Agarmedium eingearbeitet wurden. Bei einer Zellkonzentration von 10^6 Zellen/Platte wurde das Wachstum von *S. typhimurium* bei einer Konzentration von 5,0% Pulver, das von *S. aureus* bei einer Konzentration von 0,1% und das Wachstum von *V. parahaemolyticus* bei einer Konzentration von 0,5% vollständig gehemmt. Wirksamer zeigten sich ethanolische Extrakte (1:10). Um das Wachstum von *S. typhimurium* und *S. aureus* vollständig zu hemmen war eine Drogenkonzentration von 0,8 g/100 mL Agarmedium notwendig, bei *V. parahaemolyticus* nur 0,6 g/100 mL Agarmedium.[159]
Antivirale Wirkung. Wäßrige und ethanolische (Ethanol 80%) Extrakte aus Pfefferminzkraut reduzierten *in vitro* an Kalbsnierenzellkulturen dosisabhängig die Plaquebildung durch Rinderpestvirus. Lösungen der Trockenrückstände wurden 1 h nach Viruseinsaat zugesetzt. Der Zusatz von Lösungen

mit 1, 2, 4 bzw. 6 mg/mL Trockenrückstand des wäßrigen Extraktes reduzierte die Plaquezahl gegenüber den Kontrollen (180 Plaques) auf 160, 100, 90 bzw. 45 Plaques. Mit 1 bzw. 2 mg/mL des Trockenrückstands des ethanolischen Extraktes wurde eine Reduktion auf 70 bzw. 20 Plaques erzielt (Kontrolle 189 Plaques). Cytotoxische Effekte traten mit dem wäßrigen Extrakt ab 5 mg/mL, mit dem ethanolischen Extrakt ab 4 mg/mL auf.[160]
Wäßrige Extrakte aus Pfefferminzblättern zeigten dosisabhängig bei Injektion in die Allantois von 9 bis 11 Tage alten befruchteten Hühnereiern antivirale Effekte gegenüber Newcastle-Virus (Stamm 11 914, Ei), Herpes-simplex-Virus (HF, Mäusehirn), Vaccinia-Virus (WR, Mäusehirn) und Semliki-Forest-Virus (Mäusehirn), dargestellt als Überlebensrate der Embryonen im Vergleich zu einem Blindversuch ohne Pfefferminzextraktapplikation. Überlebensrate bei Newcastle-Virus: 14 von 19 (unverdünnter Extrakt), 12 von 19 (Konzentration $^1/_2$), 8 von 18 (Konzentration $^1/_4$) bei Applikation des Virus (Virusdosierung 63 bis 80 × LD_{50}/0,3 mL) 3 h nach Pfefferminzapplikation, Kontrolle 0 von 6. Überlebensrate bei Herpes-simplex-Virus: 13 von 16, 13 von 17, 13 von 16, Kontrolle 0 von 17; Applikation des Virus (Virusdosierung 40 bis 200 × LD_{50}/0,3 mL) 3 bis 6 h nach Pfefferminzapplikation. Überlebensrate bei Vaccinia-Virus: 8 von 14, 6 von 12, 1 von 13 (ohne Kontrolle) bei Applikation des Virus (Virusdosierung 100 × LD_{50}/0,3 mL) 3 h nach Pfefferminzapplikation. Überlebensrate bei Semliki-Forest-Virus: 34 von 53, 32 von 55 und 49 von 57 bei Applikation des Virus (Virusdosierung 10 bis 126 × LD_{50}/0,3 mL) 24 h vor Pfefferminzapplikation. Keine Wirkung bei Influenza-Virus.[162]
Die Wirkung gegenüber Newcastle-Virus war in der Tanninfraktion nachzuweisen, die Wirkung gegenüber Herpes-simplex-Virus in der tanninfreien Fraktion. Im Hämagglutinationshemmtest (Hühnererythrocyten) zeigten nur die Tanninfraktionen Hemmung und zwar bei Newcastle-Virus und Mumps-Virus.[162]
Spasmolytische Wirkung. Ethanolische Pfefferminzextrakte (1:3,5; Ethanolgehalt 30 %) zeigten unter Berücksichtigung der Wirkung des gleichen Volumens 30 %igen Ethanols signifikant antispasmodische Effekte, gemessen als Erhöhung der ED_{50} von Acetylcholin am isolierten Meerschweinchenileum. Bei 2,5 mL/L Extrakt Zunahme der ED_{50} von Acetylcholin um 24,6 $\pm$4,5 µg/L ($p < 0{,}0025$); bei 10,0 mL/L Extrakt Zunahme der ED_{50} um 171,8 $\pm$74,0 µg/L ($p < 0{,}05$). Wurde Histamin zur Kontraktion des Meerschweinchenileums verwendet, signifikante antispasmodische Effekte bei Zugabe von 2,5 mL und 10,0 mL/L Extrakt. Zunahme der ED_{50} von Histamin um 19,5 $\pm$5,4 µg/L ($p < 0{,}01$) bzw. 91,9 $\pm$11,0 µg/L ($p < 0{,}0005$). Die maximal mögliche Kontraktion des Meerschweinchenileums mit Acetylcholin erniedrigte sich nur bei Zugabe von 10 mL/L Extrakt signifikant ($p < 0{,}005$), mit Histamin bei Zugabe von 2,5 und 10 mL/L Extrakt signifikant ($p < 0{,}05$ bzw. $p < 0{,}001$).[163]
Wirkung auf das ZNS. Ein wäßriger Extrakt von Pfefferminzblättern, verabreicht in Dosen von 300 und 1.000 mg/kg KG p.o. an Albinomäuse, zeigte im Vergleich zu Chlordesmethyldiazepam (2,5 mg/kg KG i.p.) schwache Wirkung auf das ZNS, beurteilt nach der Schlafverlängerung eines Hexobarbitalschlafs (100 mg/kg i.p.), anhand des explorativen Verhaltens der Mäuse im Lochbrettest, anhand der spontanen Motilität und der Bewegungskoordination.[164]
Diuretische Wirkung. 100 (= 0,42 g Droge) und 300 (= 1,26 g Droge) mg/kg KG p.o. eines wäßrigen Pfefferminzextrakts erhöhten signifikant ($p < 0{,}05$) die Wasserausscheidung von männlichen Albinomäusen. Die Erhöhung der Na^+-Ausscheidung war nur bei 300 mg/kg KG signifikant. Die K^+-Ausscheidung blieb bei allen Dosierungen unbeeinflußt. Aminophyllin wirkte 30- bis 100mal stärker. 1.000 mg/kg KG p.o. Pfefferminzblätterextrakt wirkten nicht diuretisch, möglicherweise erklärbar durch eine renale Toxizität.[164]
Choleretische Wirkung. Eine wäßrige Abkochung von 5 g getrockneter Droge oder einer entsprechenden Menge an frischer Pfefferminze (Zweigspitzen) an einen Choledochusfistelhund i. v. appliziert, verdoppelte innerhalb einer halben Stunde die Gallensekretion.[165] Die choleretische Wirkung wird auf den Gehalt an Menthol im ätherischen Öl der Pflanze zurückgeführt.[166]

Anwendungsgebiete: Krampfartige Beschwerden im Magen-Darm-Bereich sowie der Gallenblase und -wege.[168,169]

Dosierung und Art der Anwendung: *Droge.* 3- bis 4mal tgl. 1 Tasse frisch bereiteten Teeaufguß warm zwischen den Mahlzeiten trinken. Teeaufguß: 1 Eßl. Pfefferminzblätter werden mit ca. 150 mL heißem Wasser übergossen und nach 5 bis 10 min durch ein Teesieb filtriert.[169] Mittlere Einzeldosis 3 bis 6 g Droge.[168]
Eine Studie zur Freisetzungskinetik von Menthol und Menthon bei der Teezubereitung zeigt, daß nach 10 min der höchste Gehalt der Komponenten im Tee erreicht ist (Übergangsquote 24,3 % für Menthol und 19,5 % für Menthon).[170] *Zubereitung.* Pfefferminztinktur: Innerlich: Mittlere Einzelgabe 5,0 bis 15,0 g.[168]

Volkstümliche Anwendung und andere Anwendungsgebiete: Bei Übelkeit infolge Überladung des Magens, Brechreiz, akutes Erbrechen, auch Schwangerschaftserbrechen, Erkältungskrankheiten, Dysmenorrhoe.
Die Wirksamkeit bei Übelkeit und leichtem Brechreiz scheint durch Erfahrung gestützt zu sein,[222] die Wirksamkeit bei den übrigen Anwendungsgebieten ist nicht hinreichend dokumentiert.

Dosierung und Art der Anwendung: *Droge.* Einzeldosis 2 bis 4 g Pfefferminzblätter als Infus.[223] Den Tee mäßig warm, langsam, schluckweise trinken.

Unerwünschte Wirkungen: Keine bekannt.[168]

Gegenanzeigen/Anwendungsbeschr.: Bei Gallensteinleiden nur nach Rücksprache mit dem Arzt anwenden.[168]

Wechselwirkungen: Keine bekannt.[168]

Gesetzl. Best.: *Standardzulassung.* Standardzulassung Nr. 1499.99.99.[169] *Offizielle Monographien.* Aufbereitungsmonographie der Kommission E am BGA "Menthae piperitae folium (Pfefferminzblätter)".[168]

Mentha piperita hom. *HAB34*

Monographiesammlungen: Mentha piperita *HAB34.*

Definition der Droge: Die frische, blühende Pflanze.

Stammpflanzen: *Mentha piperita* L.

Zubereitungen: *Urtinktur.* Herstellung nach § 3 nach den Herstellungsvorschriften des *HAB34.* Urtinktur und flüssige Verdünnungen nach *HAB1*, Vorschrift 4a mit Ethanol 86 % (*m/m*).
Darreichungsformen: Urtinktur, flüssige Verdünnungen, Tabletten, Verreibungen, Streukügelchen, flüssige Verdünnungen zur Injektion.[199]

Gehalt: *Urtinktur.* Arzneigehalt $^1/_3$.

Anwendungsgebiete: Entsprechend dem homöopathischen Arzneimittelbild. Dazu gehören: Erkältungskrankheiten.[199]

Dosierung und Art der Anwendung: *Droge.* Soweit nicht anders verordnet: Bei akuten Zuständen alle halbe bis ganze Stunde je 5 Tropfen oder 1 Tablette oder 10 Streukügelchen oder 1 Messerspitze Verreibung einnehmen; parenteral 1 bis 2 mL bis zu 3mal täglich s. c. injizieren.
Bei chronischen Verlaufsformen 1- bis 3mal täglich 5 Tropfen oder 1 Tablette oder 10 Streukügelchen oder 1 Messerspitze Verreibung einnehmen; parenteral 1 bis 2 mL pro Tag s. c. injizieren.

Unerwünschte Wirkungen: Nicht bekannt. Hinweis: Es können vorübergehend Erstverschlimmerungen vorkommen, die jedoch unbedenklich sind.[199]

Gegenanzeigen/Anwendungsbeschr.: Nicht bekannt.[199]

Wechselwirkungen: Nicht bekannt.[199]

Gesetzl. Best.: *Offizielle Monographien.* Aufbereitungsmonographie der Kommission D am BGA "Mentha piperita".[199]

Mentha piperita hom. *HPUS88*

Monographiesammlungen: Mentha piperita *HPUS88.*

Definition der Droge: Die ganze Pflanze.

Stammpflanzen: *Mentha piperita* L.

Zubereitungen: *Urtinktur.* Herstellung durch Mazeration oder Perkolation der frischen oder getrockneten Droge mit Ethanol nach den allgemeinen Herstellungsvorschriften (Class C) der *HPUS88.* Ethanolgehalt 65 % (*V/V*).

Gehalt: *Urtinktur.* Arzneigehalt $^1/_{10}$.

Mentha pulegium L.

Synonyme: *Mentha gibraltarica* WILLD., *M. hirtiflora* OPIZ ex TOPIZ, *M. pulegioides* SIEBER, *M. tomentella* HOFFMANNS. et LINK, *M. tomentosa* SM., *Pulegium erectum* MILL., *P. vulgare* MILL.[6,9,16]

Sonstige Bezeichnungen: Dt.: Flohkraut, Hirschminze, Polei, Poleiminze; engl.: Pennyroyal, pudding grass, European pennyroyal (USA); frz.: Herbe aux puces, menthe pouliot; it.: Puleggio.

Systematik: Gehört zur Sektion Pulegium (MILL.) DC. und ist eine im Habitus, in der Blattform und Behaarung sehr variable Art mit verschiedenen Varietäten.[4] Diploide und tetraploide Pflanzen mit 2n = 20 bzw. 2n = 40.[7]

Botanische Beschreibung: Kahle bis flaumig behaarte, mehrjährige Pflanze, 10 bis 40 cm hoch; Stengel niederliegend oder aufsteigend; Blätter elliptisch bis schmal-eiförmig-elliptisch, kurz gestielt, ganzrandig oder mit bis zu 6 Zähnen auf beiden Seiten. Tragblätter wie Laubblätter, gewöhnlich etwas kleiner; Kelche gekrümmt, bewimpert, im Schlunde bärtig, die unteren Zähne pfriemlich, die oberen kürzer und breiter; Scheinquirle locker kugelig. Blütenkrone violett, kahl oder flaumig behaart, mit plötzlich sich erweiternder, unterseits ausgesackter Röhre, mit schwach entwickeltem Haarring und den Kelch weit überragenden Lappen. Nüßchen glänzend braun.[4,5]

Verbreitung: West-, Süd-, Zentraleuropa, nördlich bis Irland, in Asien östlich bis Turkmenien, Iran, Arabien, Äthiopien; in Amerika eingebürgert.[4,6]

Anbaugebiete: Amerika, Marokko, Spanien.

Drogen: Pulegii aetheroleum, Pulegii herba, Mentha pulegium hom. *HAB34*, Mentha pulegium hom. *HPUS88.*

Pulegii aetheroleum

Synonyme: Aetheroleum Pulegii, Oleum Pulegii.

Sonstige Bezeichnungen: Dt.: Poleiminzöl, Poleiöl; engl.: (European) pennyroyal oil, Old Worlds pennyroyal; frz.: Huile essentielle de pouliot.

Monographiesammlungen: Oil of pennyroyal *BPC34*; pulegium oil *Mar28.*

Definition der Droge: Ätherisches Öl des frischen Krautes *BPC34.*

Stammpflanzen: *Mentha pulegium* L.

Herkunft: Marokko, Spanien.

Gewinnung: Durch Wasserdampfdestillation.

Handelssorten: Wird nur selten gehandelt, im englischen Sprachgebrauch unter der Bezeichnung "European pennyroyal". Im Handel befindet sich auch "American pennyroyal", das ebenfalls pulegonreich ist und aus *Hedeoma pulegioides* (L.) PERS. gewonnen wird.

Ganzdroge: Gelbe bis rötlichgelbe Flüssigkeit, manchmal mit bläulichem oder grünlichem Schein und starkem, aromatischem, minzenartigem Geruch.[171]

Inhaltsstoffe: Hauptkomponente des Öls ist das Monoterpen (*R*)-(+)-Pulegon (= D-Pulegon, 60 bis 90%), außerdem Menthon (10 bis 20%), Isomenthon (2 bis 10%), Piperitenon (0,5 bis 2,5%), Neoisomenthylacetat (0,3 bis 1,5%). Weitere Terpene in Konzentrationen unter 1%: β-Caryophyllen, 1,8-Cineol, Germacren D, Humulen, Isopiperitenon, *cis*-Isopulegon, Limonen, Menthofuran, Myrcen, α- und β-Pinen, Piperitenon, Sabinen, α-Terpineol. An nicht-terpenoiden Aliphaten 3-Octanol (0,5 bis 2,0%), 3-Octylacetat und 1-Octen-3-ol.[40,172]
Ein hoher Ketongehalt ist für Handelsöle typisch. Wildpflanzen zeigen verschiedene Chemotypen, die man anhand verschiedener Gehalte an Pulegon, Menthon, Isomenthon, Piperitenon, Piperiton, Neoisomenthol und Neoisomenthylacetat im Öl definieren kann. Ein Typ liefert das typisch pulegonreiche Öl mit unterschiedlichen Konzentrationen an Menthon und Isomenthon; weiterhin piperitenon- oder piperitonreiche Typen mit wechselnden Konzentrationen an Pulegon, Menthon und Isomenthon. Isomenthol- und neoisomentholreiche Öle mit wechselnden Konzentrationen an Pulegon und Menthon.[173]
Öle verschiedener Provenienz s. Lit.[171,174]

Identität: Der hohe Gehalt an Pulegon kann zur Identitätsprüfung herangezogen werden, am besten mittels DC oder GC, Bedingungen wie bei Menthae arvensis aetheroleum oder Menthae piperitae aetheroleum; Abbildung Poleiöl GC s. Lit.[175]

Reinheit:
- Relative Dichte: Ca. 0,94 *BPC34*.
- Normales pulegonreiches Handelsöl hat folgende Konstanten: Relative Dichte: 0,932 bis 0,936, optische Drehung: +18° bis +23°, Brechungsindex: 1,483 bis 1,488; Abweichungen können durch hohe Gehalte an Piperiton und Menthon verursacht sein.[171]

Gehalt: Mindestens 85% Pulegon *BPC34*.

Gehaltsbestimmung: Der Ketongehalt wird meist mit der Sulfitmethode oder durch Oximierung bestimmt. Damit kann nicht zwischen Pulegon-, Menthon- oder Piperitenon-Ölen differenziert werden. Besser GC, s. Menthae arvensis aetheroleum.

Lagerung: Luftdicht und vor Licht geschützt *BPC34*.

Wirkungen: *Antimikrobielle Wirkung.* In einem Agarverdünnungstest wirkte Poleiminzöl, gewonnen aus den oberirdischen Teilen der Pflanze, hemmend auf die Dermatophyten *Epidermophyton floccosum* (MHK-Wert 312 bis 625 ppm), *Trichophyton mentagrophytes* var. *interdigitale* (MHK-Wert 625 bis 1.250 ppm) und *Trichophyton rubrum* (MHK-Wert 312 bis 625 ppm).[82]
Insektizide Wirkung. Bei Zumischung von 2,5 μL Poleiöl zur Nahrung von erwachsenen Fliegen (*Drosophila auraria*) wurde nach 24 h eine 100%ige Sterblichkeitsrate gemessen, im Vergleich zur Kontrolle (Nahrung ohne Öl, Todesrate 1%). Sterblichkeitsrate frisch ausgeschlüpfter Larven nach 48 h 100%, 80% bei älteren Larven.[176]

Volkstümliche Anwendung und andere Anwendungsgebiete: Bei Menstruationsstörungen; mißbräuchlich zum Abtreiben.[246]

Tox. Inhaltsstoffe u. Prinzip: Poleiöl hat hepatotoxische Eigenschaften.
Pulegon, die Hauptkomponente, ist für die toxische Wirkung verantwortlich,[177] wobei das im Öl natürlich vorkommende (*R*)-(+)-Isomer im Vergleich zu seinem (*S*)-(−)-Isomer die dreifache Wirkung, bei Auswertung histopathologischer Befunde und des GPT-Spiegels der Glutamin-Pyruvat-Transaminase, zeigt.[175] Als strukturelle Voraussetzung wird die benachbarte Substitution von Isopropyliden- und Ketogruppe am Cyclohexanring angenommen, wobei die Orientierung der Methylgruppe wirkungsmodulierenden Effekt hat. (s. a. Akute Toxizität).[175]
Die toxische Wirkung beruht auf einer irreversiblen, zeitabhängigen Zerstörung des mikrosomalen Cytochrom P-450 durch Pulegon.[178] Die eigentliche Wirksubstanz, Menthofuran, wird erst bei der Metabolisierung von (*R*)-(+)-Pulegon in den Lebermikrosomen durch Oxidation der Allylmethylgruppe, Cyclisierung, Hemiketalbildung und anschließender Dehydratisierung gebildet.[179] Cytochrom P-450-Hemmer wie SKF-525A, Metyrapon u. a. mindern die hepatotoxische Wirkung von Pulegon.[180] Nach neueren Befunden spielen noch weitere Metaboliten, möglicherweise Pulegonepoxid, eine Rolle. Sie lassen sich aber im Gegensatz zum Menthofuran durch reduziertes Glutathion (GSH) entgiften.[181]

Resorption: Percutane Resorption nach 29 min, gemessen als Latenz vom Aufbringen auf die rasierte Bauchhaut von Mäusen bis zum Eintritt der Eserinwirkung (Eserin zu 0,25% im Öl gelöst) auf die periodisch gereizte Kaumuskulatur.[103] Die Angaben bedürfen der Überprüfung.

Akute Toxizität: *Mensch.* Würgen, Erbrechen, Blutdrucksteigerung, zentrale, narkoseartige Lähmung, nach größeren Dosen Tod durch zentrale Atemlähmung.[182]
Akut toxische Wirkungen von Poleiöl und anderen Poleiminzenzubereitungen beim Menschen sind seit langem bekannt. Häufig handelte es sich um Intoxikationen im Rahmen von Abortversuchen. Nach Einnahme von 30 g "Pennyroyalessenz" zeigte sich bei einer 40jährigen Frau Kollaps, Bewußtlosigkeit, Koma, Herzschwäche mit kaum fühlbarem Puls. Wiederherstellung nach 24 h. Bei einer im 2. Monat Schwangeren wurden nach 12 g "Penny-

royalessenz" Exzitation, Angst, erweiterte Pupillen sowie ein extrem schwacher Puls beobachtet. Ein Abort trat nicht ein. 36 "Pennyroyalpillen" führten bei einer 16jährigen, im 3. oder 4. Monat Schwangeren zum Tod unter Magen-Darm-Störungen, Kopfschmerzen, Delirien, Krämpfen und Kollaps vor dem Tode. Bei der Obduktion wurden eine Hyperämie des Ileums, Hirnödem, sowie Leber- und Nierenveränderungen beobachtet.[246]
In einem neueren Fall zeigten sich bei einer Frau nach Einnahme von 30 mL des Öls abdominelle Krämpfe, Übelkeit, Erbrechen, abwechselnd Lethargie und agitiertes Verhalten. Später entwickelte sich ein Nierenversagen und eine massive Lebernekrose. Der Tod trat 7 Tage nach Einnahme des Öls ein. In zwei anderen Fällen traten nach Einnahme von 15 bzw. 10 mL Öl Erbrechen, Benommenheit, Ohnmacht und Bauchschmerzen auf. Schwere Intoxikationssymptome wurden in diesen Fällen nicht beobachtet.[247] *Tier.* 24 h nach Gabe von 500 mg/kg KG i. p. an weibliche Mäuse wurde lichtmikroskopisch eine centrilobulare eosinophile Nekrose der Hepatocyten und auch ein Zerfall von Epithelien der Bronchiolen festgestellt. Todesrate 6 von 20. Die Wirkung ist dosisabhängig, gemessen am Ausmaß der Nekrose und an der Anzahl der geschädigten Tiere nach 24 h.[175]

Chronische Toxizität: *Tier.* Nach täglicher p. o. Gabe von 20, 80 oder 160 mg/kg KG Pulegon über 28 Tage an Ratten wurden in den beiden höheren Dosierungen eine Atonie, ein abgesenkter Creatininspiegel, ein geringeres Körpergewicht sowie histopathologische Veränderungen der Leber und der weißen Hirnsubstanz im Cerebellum beobachtet. Die niedrigste, untoxische Dosis in diesem Modell wird mit 20 mg/kg KG/Tag angegeben.[107]

Immuntoxizität: Keine Sensibilisierung 6 %ig in Vaseline bei 25 Probanden.[183]

Toxikologische Daten: *LD-Werte.* LD_{50} p. o. bei Ratten 0,4 (0,22 bis 0,58) g/kg KG,[183] reines D-Pulegon 0,47 (0,34 bis 0,60) g/kg KG.[184] LD_{50} dermal bei Kaninchen 4,2 (1,9 bis 6,5) g/kg KG.[183]

Akute Vergiftung: *Erste Maßnahmen.* Medizinische Kohle, Erbrechen auslösen, Natriumsulfat, viel trinken lassen.[182]

Sonst. Verwendung: *Pharmazie/Medizin.* Als Bestandteil von Insektenrepellentien. *Kosmetik.* In der Seifen- und Waschmittelparfümerie. *Haushalt.* Als Repellent gegen Hundeflöhe und Zecken. *Industrie/Technik.* Zur Isolierung von Pulegon als Ausgangsprodukt für die Mentholsynthese.

Pulegii herba

Synonyme: Herba Pulegii, Herba Pulegii hortensis.

Sonstige Bezeichnungen: Dt.: Flohkraut, Hirschminze, Poleikraut,; engl.: Pennyroyal, pulegium; frz.: Herbe de menthe pouliot.[9]

Monographiesammlungen: Mentha pulegium *BHP 83.*

Definition der Droge: Die getrockneten oberirdischen Teile *BHP 83.*

Stammpflanzen: *Mentha pulegium* L.

Herkunft: Balkan, Nordafrika.

Gewinnung: Die Pflanze wird zur Blütezeit geschnitten und getrocknet.[9]

Schnittdroge: *Geruch, Geschmack.* Charakteristisch minzartig.[223]
Makroskopische Beschreibung. Gebrochene oder gefaltete Blattstücke, kleine Laubblätter und Tragblätter auch ganz, beidseitig flaumig behaart, auffallend punktiert; Stengelteile manchmal purpurn überlaufen, die jungen Stengelteile und Blattstiele flaumig behaart. Blüten einzeln oder zusammen, Kelche 2 bis 6 mm lang, fein oder borstig behaart, Zähne lanzettlich-spitz, halb so lang wie die Röhre, die zwei unteren länger; Blütenröhre 4lappig, blaurosa, außen behaart, nach unten gebogen.[223]

Pulverdroge: Bräunlich-grünes Pulver, Epidermiszellen beider Seiten leicht gewellt mit diacytischen Spaltöffnungen; reichlich Lamiaceendrüsenschuppen mit 8 bis 10 sezernierenden Zellen; auch einköpfige Drüsenhaare. Einzellige und mehrzellige Gliederhaare auf Blattstücken, Kelch- und Kronenfragmenten. Pollen 25 bis 30 µm im Durchmesser mit 6 Poren.[223]

Inhaltsstoffe: 1 bis 2 % ätherisches Öl mit Pulegon als Hauptkomponente (60 bis 90 %). Viele weitere Terpene, s. Pulegii aetheroleum.
4 % Gerbstoffe, Flavonglykoside Diosmin und Hesperidin.[9]

Reinheit:
- Asche: Höchstens 10 % *BHP 83.*
- Säureunlösliche Asche: Höchstens 2 % *BHP 83.*
- Mit Wasser extrahierbare Anteile: Mindestens 15 % *BHP 83.*

Volkstümliche Anwendung und andere Anwendungsgebiete: Ähnlich wie Menthae piperitae folium bei Leber- und Gallenleiden, bei Leibschmerzen, zur vermehrten Harnabsonderung, bei Flatulenz, Bauchkrämpfen, bei Erkältungen und beim Ausbleiben der Regel.[223] Die Wirksamkeit bei diesen Anwendungsgebieten ist nicht belegt.

Dosierung und Art der Anwendung: *Droge.* Innerlich: 3mal täglich, getrocknete Droge 1 bis 4 g, auch tassenweise als Teeaufguß mit kochendem Wasser oder ethanolischer Extrakt (1 + 1) mit Ethanol 45 %, 1 bis 4 mL.[223]

Unerwünschte Wirkungen:

Gegenanzeigen/Anwendungsbeschr.: Nicht während der Schwangerschaft.[223]

Tox. Inhaltsstoffe u. Prinzip: Die Giftigkeit der Droge bzw. der ganzen Pflanze beruht auf dem Gehalt an pulegonreichem ätherischem Öl, s. Pulegii aetheroleum. *Pflanzengiftklassifizierung.* Giftig (+).[182] Es ist unwahrscheinlich, daß es bei Einnahme der Droge als Tee zu Vergiftungserscheinungen kommt. Die Angaben in Lit.[225] scheinen sich eher auf das Öl zu beziehen.

Mentha pulegium hom. *HAB34*

Monographiesammlungen: Mentha pulegium *HAB34.*

Definition der Droge: Die ganze, frische, blühende Pflanze.

Stammpflanzen: *Mentha pulegium* L.

Zubereitungen: *Urtinktur.* Herstellung nach § 3 des *HAB34.*

Gehalt: *Urtinktur.* Arzneigehalt $^{1}/_{3}$.

Gesetzl. Best.: *Offizielle Monographien.* Negativmonographie der Kommission D am BGA "Mentha pulegium".[200]

Mentha pulegium hom. *HPUS88*

Monographiesammlungen: Mentha pulegium *HPUS88.*

Definition der Droge: Die ganze Pflanze.

Stammpflanzen: *Mentha pulegium* L.

Zubereitungen: *Urtinktur.* Herstellung durch Mazeration oder Perkolation der frischen oder getrockneten Droge mit Ethanol nach den allgemeinen Herstellungsvorschriften (Class C) der *HPUS88.* Ethanolgehalt 65% (*V/V*).

Gehalt: *Urtinktur.* Arzneigehalt $^{1}/_{10}$.

Mentha spicata L.

Synonyme: *Mentha cordifolia* auct., non OPIZ, *M. crispa* L., *M. crispata* SCHRADER, *M. longifolia* auct., non (L.) HUDS., *M. niliaca* auct. non JUSS. ex JACQ., *M. silvestris* var. *glabra* MERT. et KOCH, *M. silvestris* var. *viridis* GARCKE, *M. spicata* var. *spicata* (SCHRAD.) BECK, *M. spicata* var. *viridis* L., *M. sylvestris* auct., non L., *M. viridis* L.[4–6,16]

Sonstige Bezeichnungen: Dt.: Ährenminze, grüne Minze, grüne Roßminze, Krauseminze; engl.: Spearmint; frz.: Menthe crépue, menthe douce, menthe verte.

Systematik: *Mentha spicata* ist eine formenreiche, vermutlich kultigene Sippe; nach neueren Untersuchungen handelt es sich wahrscheinlich um eine Allotetraploide aus *M. longifolia* (L.) HUDS. und *M. suaveolens* EHRH.[4,6] 2n = 48.[7]
Als "Spearmint" werden verschiedene Varietäten mit carvonreichem ätherischem Öl angebaut, z. B. *Mentha spicata* var. *crispa*, var. *ternuis* (MCHX.) BRIQ., var. *trichoma* BRIQ., var. *crispata* (SCHRAD.) BRIQ. (= Native Spearmint Oil).[185] Im englischsprachigen Raum wird unter "Scotch Spearmint" *M. cardiaca* GER. ex BAKER (= *M.* × *gentilis* L. nm. *cardiaca* GER.) verstanden, die das "Scotch Spearmint Oil" (= Grünminzöl), liefert.

Im westlichen Himalaya werden 3 verschiedene Chemotypen in bezug auf die Zusammensetzung des ätherischen Öls beschrieben, 2 davon enthalten hohe Konzentrationen an Piperitenonepoxid.[186]

Botanische Beschreibung: Ausdauernde Pflanze, bis 100 cm hoch, stark aromatisch, Blätter lanzettlich oder länglich-eiförmig, sitzend oder fast sitzend, glatt oder runzelig, regelmäßig gesägt, kahl bis dicht behaart, die Haare der Unterseite einfach und verzweigt. Blütenstand in Scheinähren, variabel. Kelch glockig, kahl oder behaart, Zähne fast gleichartig; Blütenkrone violett, rosa oder weiß. Nüßchen netzartig geädert bei behaarten Pflanzen, glatt bei kahlen Pflanzen.[4,5]

Verwechslungen: Verbreitet kultiviert, naturalisiert in großen Teilen Europas und Nordamerikas.[4,6]

Anbaugebiete: Nordamerika; China und Indien bauen amerikanisches Pflanzenmaterial an.

Drogen: Menthae crispae aetheroleum, Menthae spicatae folium, Mentha viridis hom. *HPUS88.*

Menthae crispae aetheroleum (Krauseminzöl)

Synonyme: Aetheroleum Menthae crispae, Oleum Menthae crispae, Oleum Menthae viridis.

Sonstige Bezeichnungen: Engl.: Spearmint oil; frz.: Essence de menthe crépue, huile essentielle de menthe crépue.

Monographiesammlungen: Spearmint oil *BP88, USP XXI, BPC79*; Huile essentielle de menthe crépue *PF X*; Krauseminzöl *DAC86.*

Definition der Droge: Wasserdampfdestillat der frischen (blühenden), oberirdischen Teile *BP88, PF X, USP XXI, DAC86, BPC79.*

Stammpflanzen: *Mentha spicata* L. und *M.* × *cardiaca* (GRAY) BAK. *BP88, BPC79*; *M. spicata* L. und *M. cardiaca* GÉRARD *PF X*; *M. spicata* (= *Mentha viridis*) oder *M. cardiaca* GÉRARD ex BAKER *USP XXI*; *M. spicata* L. var. *crispa* BENTH., *M. aquatica* HELL. var. *crispa* L. (BENTH.) und *M. longifolia* NATH. var. *crispa* BENTH. *DAC86.*

Herkunft: Nordamerika; China und Indien.

Gewinnung: Wie Pfefferminzöl,[185] s. Menthae piperitae aetheroleum.

Handelssorten: Spearmint native Amerika; Spearmint; Scotch Spearmint. Spearmint China; Spearmint Indien. Die Bezeichnung 60% oder 80% bezeichnen jeweils den Carvongehalt, wobei es sich bei letzterem um ein rektifiziertes Öl handelt.

Ganzdroge: Klare, farblose, hellgelbe oder grünlichgelbe Flüssigkeit mit charakteristischem Geruch nach Krauseminze, Geschmack leicht bitter *BP88, PF X, DAC86.*

Verfälschungen/Verwechslungen: Praktisch nicht, da es sich um ein billiges Öl handelt.

Inhaltsstoffe: Hauptkomponenten des Öls sind die Terpene (–)-L-Carvon (40 bis 80 %) und (–)-Limonen (5 bis 15 %), wobei (–)-L-Carvon der Geruchsträger des Öls ist. In Konzentrationen zwischen 1 und 5 % weitere Terpene: *β*-Bourbonen, *cis*-Carvylacetat, *trans*-Carvylacetat, Caryophyllen, 1,8-Cineol, Dihydrocarveol, *cis*-Dihydrocarvon, Dihydrocarvylacetat, Myrcen, Neoisodihydrocarveol, *trans*-Sabinenhydrat, *α*-Terpineol. Unter 1 % *cis*-Carveol, *trans*-Carveol, *cis*-Carvonoxid, *p*-Cymen, Isomenthon, Jasmon, Linalool, Menthon, Neodihydrocarveol, *α*-Pinen, *β*-Pinen, Sabinen, *α*-Terpinen, *α*-Thujen, Viridiflorol; geringe Konzentrationen von 3-Octanol, Octenylacetat und Octylacetat.[187,188] "Native Spearmint Oil" und "Scotch Spearmint Oil" sind kaum zu unterscheiden.
In der hoch siedenden Fraktion von "Scotch Spearmint" Spuren verschiedener Sesquiterpene: *β*-Bourbonen-13-ol, *endo*-1-Bourbonanol, *α*-Cadinol, T-Cadinol, Caryophylladien-5-ol, *β*-Caryophyllenepoxid, 1,5-Epoxysalvial-4(14)-en, Mintsulphid, Nerolidol, Spathulenol,[189] außerdem ein Terpenalkohol mit Tetrahydrofuranstruktur.[64]
Öle verschiedener Provenienz s. Lit.[185]; Japanisches Krauseminzöl,[190] Öl aus Nepal.[191]

Identität: Nach *PFX* und *DAC 86* DC-Prüfung:
- Sorptionsmittel: Kieselgel;
- FM: Toluol-Ethylacetat (95 + 5 *PFX*, 93 + 7 *DAC 86*);
- Referenzsubstanz: Carvon;
- Detektion: Vanillinschwefelsäurereagenz *PFX* (Anisaldehyd-Reagenz *DAC 86*); Erhitzen auf 100 bis 105 °C, Auswertung im Tageslicht;
- Auswertung: In der Untersuchungslösung rote Zone des Carvons (Rf ca. 0,45), mehrere weitere blau bis blauviolette Zonen unterhalb und oberhalb des Carvons.

PFX läßt außerdem eine GC mit quantitativer Aussage über einzelne Komponenten im Öl durchführen; Bedingungen s. Menthae arvensis aetheroleum. Peakidentifizierung durch Retentionszeitenvergleich; quantitative Berechnung durch Normalisierung der Peakflächen (100 %-Methode); GC-Abbildung s. Lit.[188] Für die beiden Hauptkomponenten sind folgende Grenzwerte angegeben: Carvon 55 bis 67 % und Limonen 2,0 bis 25 %. Die maximal zulässige Konzentration der anderen Komponenten sollen Minzöl, Pfefferminzöl oder Poleiöl ausschließen: Cineol < 2,0 %, Isomenthon < 2,0 %, Menthofuran < 2,0 %, Menthol < 2,0 %, Menthon < 2,0 %, Menthylacetat < 2,0 % und Pulegon < 0,5 %.

Reinheit:
- Relative Dichte: 0,917 bis 0,934 *BP 88*, *PFX*, *USP XXI*, *BPC 79*; 0,925 bis 0,960 *DAC 86*.
- Brechungsindex: 1,484 bis 1,491 *BP 88*, *PFX*, *USP XXI*, *BPC 79*; 1,482 bis 1,498 *DAC 86*.
- Optische Drehung: –45° bis –60° *BP 88*, *BPC 79*; –47° bis –60° *PFX*; –48° bis –59° *USP XXI*, *DAC 86*.
- Löslichkeit in Ethanol: 1 Teil Öl bei 20 °C in 1 Teil Ethanol 80 % klar löslich *BP 88*, *PFX*, *USP XXI*, *DAC 86*.
- Säurezahl: < 1 *PFX*, *DAC 86*.
- Fremde Ester: Muß der Prüfung entsprechen *DAC 86*.
- Fette Öle, verharzte ätherische Öle: Muß der Prüfung entsprechen *DAC 86*.
- Wasserlösliche Anteile: Muß der Prüfung entsprechen *DAC 86*.
- Schwermetalle: 0,004 % *USP XXI*.

Nach *PFX* Reinheitsprüfung gaschromatographisch, s. Identität; die angegebenen Grenzwerte ermöglichen eine Prüfung auf Beimengungen von Minzöl, Pfefferminzöl und Poleiöl.

Gehalt: Mindestens 55,0 % Carvon *BP 88*, *USP XXI*, *DAC 86*; 55 bis 67 % Carvon, mittels GC bestimmt *PFX*.

Gehaltsbestimmung: Titration der bei der Reaktion mit Hydroxylaminhydrochloridlsg. entstehenden HCl mit 0,5 N ethanolischer KOH-Lsg., Indikator Bromphenolblau *BP 88*, *DAC 86*; Bisulfitmethode *USP XXI*.

Wirkungen: *Antimikrobielle Wirkung.* In einem Agarverdünnungstest wirkte Krauseminzöl, gewonnen aus den oberirdischen Teilen der Pflanze (inkl. Früchte), hemmend auf die Dermatophyten *Epidermophyton floccosum* (MHK-Wert 312 bis 625 ppm), *Trichophyton mentagrophytes* var. *interdigitale* (MHK-Wert 625 bis 1.250 ppm) und *Trichophyton rubrum* (MHK-Wert < 312 ppm).[82]
In einem Hemmhoftest mit 22 Mikroorganismen (Bakterien, Hefen, Schimmelpilze) wirkte Krauseminzöl gegen 16, hauptsächlich gegen Hefen und Schimmelpilze.[81] Ebenfalls in einem Hemmhoftest war unverdünntes Krauseminzöl wirksam gegen *Proteus vulgaris*, *Staphylococcus aureus*, *Bacillus anthracis*, *Corynebacterium equi*, *Vibrio cholerae coli*, *Escherichia coli*, *Corynebacterium pyogenes*, *Pasteurella multocida*, *Bacillus subtilis*, *Salmonella pullorum*, *Klebsiella aerogenes* (angeordnet nach absteigendem Hemmhofdurchmesser).[192]
Bei Einarbeitung von 400 ppm Krauseminzöl in ein Dextrose-Agar-Medium wurde das Mycelwachstum von *Trichophyton rubrum* um 69,5 %, von *Microsporum gypseum* um 46,6 % und von *Trichophyton equinum* um 33,3 % gehemmt, berechnet aus dem Myceldurchmesser nach Applikation einer Mycelscheibe im Vergleich zu einer Kontrolle ohne Öl; Inkubation 7 Tage bei 30 °C.[43]
Neurodepressive Wirkung. Bei i.p. Gabe von 50 mg/kg KG Krauseminzöl an männliche weiße Mäuse verlängert sich die Schlafdauer, hervorgerufen durch simultane p.o. Gabe von 50 mg/kg KG Pentobarbital, auf 158 % gegenüber der Kontrolle ohne Krauseminzölapplikation.[193]
Insektizide Wirkung. Beim Aussetzen erwachsener weiblicher roter Spinnen auf Bohnenblätter, die 1 h zuvor mit 0,1- bis 2,0 %igen Lösungen von Krauseminzöl in Aceton besprüht worden waren, stieg deren Sterblichkeit dosisabhängig auf 13 bis 54 % an, die Repellency blieb unverändert (15 bis 16 %), ihre Fruchtbarkeit wurde auf 42 bis 65 % reduziert.[87]

Unerwünschte Wirkungen: *Allergische Wirkungen.* Selten als Kontaktallergen, entweder in Zahnpasta oder Kaugummi.[194]

Tox. Inhaltsstoffe u. Prinzip: Die Toxizität des ätherischen Öls dürfte weitgehend durch den Hauptbestandteil (–)-Carvon bestimmt werden. Die WHO hat 1991 mitgeteilt, daß die Daten zu (+)-Carvon nicht ohne weiteres auf das Enantiomer zu übertragen seien. Während für (+)-Carvon auf der Basis toxikologischer Untersuchungen ein ADI-Wert von 0 bis 1 mg/kg KG/Tag festgesetzt wurde, wurde der vorläufige ADI-Wert für (–)-Carvon wegen der unzureichenden Datenlage nicht verlängert.[248]

Immuntoxizität: Keine Sensibilisierung bei 32 Probanden bei Behandlung mit einer Zubereitung von 6% in Vaseline.[195] Das Sensibilisierungspotential von L-Carvon soll geringer sein als das von D-Carvon aus Kümmelöl.[194]

Toxikologische Daten: *LD-Werte.* LD_{50} p. o., Ratten: Etwa 5 g/kg KG.[195] LD_{50} dermal, Kaninchen: > 5 g/kg KG; Meerschweinchen: > 2 g/kg KG.[195]

Alte Rezepturen: Aqua Menthae crispae (Krauseminzwasser) *EB 6*: 1 Teil Krauseminzöl wird mit 10 T Talk verrieben und mit 999 T Wasser wiederholt durchgeschüttelt. Nach mehrtägigem Stehen wird filtriert.

Gesetzl. Best.: *Sonst. Gesetze u. Vorschr.* GRAS Status.[195]

Menthae crispae folium (Krauseminzblätter)

Synonyme: Folia Menthae crispae.

Sonstige Bezeichnungen: Dt.: Spearmintblätter; engl.: Curled mint leaves, spearmint (leaves); frz.: Feuilles de menthe crêpue.

Monographiesammlungen: Folia Menthae crispae *EB 6*.

Definition der Droge: Während der Blütezeit gesammelte und getrocknete Laubblätter.

Stammpflanzen: *Mentha spicata* HUDS. var. *crispata* BRIQ.

Herkunft: USA, aus Anbau in Ägypten, ehemaliges Jugoslawien, Ungarn.[196]

Ganzdroge: Stark zerknitterte, leicht zerbrechliche Blätter, am Grunde meist herzförmig. Auf der hellgraugrünen Unterseite tritt die fiedrige Nervatur stark hervor, auf der dunkelgrünen Oberseite ist die Blattfläche zwischen den eingesenkten Nerven blasig vorgewölbt. Der Blattrand ist in lange, scharf zugespitzte, wellenförmig verbogene Randzähne ausgezogen.[226]

Schnittdroge: *Geruch und Geschmack.* Würzig, charakteristisch, nicht kühlend (Unterschied zu *M. piperita*).
Makroskopische Beschreibung. Leicht zerbrechliche, zahlreiche Blattrandstücke, bei denen der ungleich grob gesägte Rand nicht immer leicht erkennbar ist. Vereinzelt kommen vierkantige Stengelstückchen vor.[196]
Lupenbild. Blattunterseite drüsig punktiert.[196]
Mikroskopisches Bild. Epidermiszellen welligbuchtig mit 1- bis 6zelligen, dünnwandigen Gliederhaaren, Lamiaceendrüsenschuppen mit meist 12 sezernierenden Zellen, Blattquerschnitt mit einreihigem Palisadenparenchym und kleinzelligem Schwammparenchym.[226]

Pulverdroge: Grün, Blattbruchstücke mit welligbuchtigen Epidermiszellen und Drüsenschuppen; Gliederhaare 1- bis 6zellig.[226]

Verfälschungen/Verwechslungen: Kommen praktisch nicht vor.

Inhaltsstoffe: 0,8 bis 2,5 % ätherisches Öl mit (–)-L-Carvon (40 bis 80 %) und (–)-Limonen (5 bis 15 %) als Hauptkomponenten, s. Menthae crispae aetheroleum.
An methylierten Flavonen Thymonin (5,6,4'-Trihydroxy-7,8,3'-trimethoxyflavon) und 5,6,4'-Trihydroxy-7,3'-dimethoxyflavon,[53] Rosmarinsäure.[197]
In der älteren Sekundärliteratur werden noch Flavonoide, Gerbstoffe und Bitterstoffe erwähnt.

Zubereitungen: Sirupus Menthae crispae (Krauseminzsirup) *EB 6*: 100 T grob gepulverte Blätter werden mit 50 T Weingeist durchfeuchtet und 24 h unter öfterem Umrühren stehengelassen. Aus 350 T der abgepreßten und filtrierten Flüssigkeit wird mit 1.000 T Zucker Sirup bereitet. Grünlich-braun.
Tinctura Menthae crispae (Krauseminztinktur) *EB 6*: 200 T grob gepulverte Blätter, 1.000 T verdünnter Weingeist. Krauseminztinktur ist grünlichbraun und riecht und schmeckt nach Krauseminze.

Identität: DC eines Dichlormethanextraktes oder GC eines aus der Droge gewonnenen ätherischen Öls, s. Menthae crispae aetheroleum.

Reinheit: – Asche: Nicht mehr als 12 % *EB 6*.

Gehalt: Mind. 1 % ätherisches Öl *EB 6*.

Gehaltsbestimmung: Volumetrische Bestimmung durch Wasserdampfdestillation *EB 6*.

Lagerung: Kühl, trocken, vor Licht geschützt, nicht in Kunststoffbehältern.[196]

Volkstümliche Anwendung und andere Anwendungsgebiete: Ähnlich wie Pfefferminze gegen Magendrücken bei überladenem Magen und gegen Blähungen. Ferner "gegen durch Erkältung bedingten Durchfall".[227] In Nordgriechenland werden Abkochungen zu Mundspülungen verwendet.[198] Die Wirksamkeit ist nicht hinreichend dokumentiert.

Dosierung und Art der Anwendung: *Droge.* Innerlich: Mittlere Einzelgabe 1,5 g für 1 Tasse Aufguß.[226]

Akute Toxizität: *Mensch.* Ein 9jähriges Kind entwickelte nach Einnahme eines Aufgusses aus etwa 30 g eines im Garten der Eltern geernteten "Minztees" eine akute Intoxikation mit Agitiertheit und Tachycardie. Die Symptome waren nach 24 h zurückgebildet. Aus der GC-Analyse des aus der frischen Pflanze isolierten ätherischen Öls (0,3 % ätherisches Öl mit ca. 45 % Carvon und 20 % Limonen als Hauptkomponenten) wurde auf *Mentha spicata* L. geschlossen.[249]

Mentha viridis hom. *HPUS 88*

Monographiesammlungen: Mentha viridis *HPUS 88*.

Definition der Droge: Die ganze Pflanze.

Stammpflanzen: *Mentha spicata* L. (als *M. viridis* L. in der *HPUS 88*).

Zubereitungen: *Urtinktur.* Herstellung durch Mazeration oder Perkolation mit Ethanol nach den allgemeinen Herstellungsvorschriften (Class C) der *HPUS 88*. Ethanolgehalt 65% (*V/V*).

Gehalt: *Urtinktur.* Arzneigehalt $^1/_{10}$.

---

1. Engler A (1964) Syllabus der Pflanzenfamilien, 12. Aufl., Gebr. Borntraeger, Berlin, Bd. II, S. 442
2. Wunderlich R (1967) Oestgerr Bot Z 114:384–483
3. Sanders RW, Cantino PD (1984) Taxon 33:64–72
4. FEu, Bd. III, S. 183
5. Heg, Bd. V, S. 2.335
6. Schultze-Motel J (Hrsg.) (1986) Rudolf Mansfeld, Verzeichnis landwirtschaftlicher und gärtnerischer Kulturpflanzen, 2. Aufl., Springer-Verlag, Berlin Heidelberg New York, Bd. III, S. 1.146
7. Harley RM, Brighton CA (1977) Bot J Linné Soc 74:71–96
8. Marin PD, Sajdl V, Kapor S, Tatic B, Petkovic B (1991) Phytochemistry 30:2.979–2.982
9. Hag, Bd. V, S. 767
10. Hefendehl FW (1967) Arch Pharm 300:438–448
11. Sticher O, Flück H (1968) Pharm Acta Helv 43:411–446
12. Malingré TM, Maarse H (1974) Phytochemistry 13:1.531–1.535
13. Sacco T, Maffei M (1988) Dev Food Sci 18:141–145
14. Shimizu S, Karasawa D, Ikeda N (1966) Agric Biol Chem 30:200–201
15. Jones E, Hughes RE (1983) Phytochemistry 22:2.493–2.499
16. Pen, S. 623
17. Rao KS, Lakshminarayana G (1988) J Agric Food Chem 36:475–478
18. Ellis BE, Towers GHN (1970) Biochem J 118:291–297
19. GHo, Bd. VII, S. 348
20. Hazra P, Kahol AP, Ahmed J (1990) Indian Perfum 34:47–55
21. Sakata I, Koshimizo K (1980) J Agric Chem Soc Jap 54:1.037–1.043
22. Lawrence BM (1981) Perfum Flav 6:73
23. Formacek V, Kubeczka KH (1982) Essential Oil Analysis by Capillary Gas Chromatography and Carbon-13 NMR Spectroscopy, John Wiley & Sons, Chichester New York Brisbane Toronto Singapore, S. 167
24. Lawrence BM, Shu CK (1989) Perfum Flav 14:21–30
25. Wagner H, Bladt S, Zgainski EM (1983) Drogenanalyse, Springer-Verlag, Berlin Heidelberg New York, S. 36
26. Lu Y, Wang Q, Yang S (1989) Baiqiuen Yike Daxue Xuebao 15:455–458, zit. nach CA 112:132569h
27. Pandey DK, Chandra H, Tripathi NN, Dixit SN (1983) Phytopathol Z 106:226–232
28. Singh AK, Dikshit A, Dixit SN (1983) Perfum Flav 8:55–58
29. Singh SP, Negi S, Chand L, Singh AK (1992) Fitoterapia 63:76–78
30. BAz Nr. 177a vom 24.09.1986, Fass. v. BAz Nr. 50 vom 13.03.1990 und BAz Nr. 164 vom 01.09.1990
31. Opdyke DLJ (1975) Food Cosmet Toxicol 13:771–772
32. Sakata I, Mitsui T (1975) Agric Biol Chem 39:1.329–1330
33. Garg SK, Mathur VS, Chaudhury RR (1978) Ind J Exp Biol 16:1.077–1.079
34. Kholkute SD, Mudgal V, Deshpande PJ (1976) Planta Med 29:151–155
35. Kanjanapothi D, Smitasiri Y, Panthong A, Taesotikul T, Rattanapanone V (1981) Contraception 24:559–568
36. Sethi N, Nath D, Singh AK, Srivastava RK (1990) Fitoterapia 61:64–67
37. Chen CP, Lin CC, Namba T (1987) Shoyakugaku Zasshi 41:215–225
38. GHo, Bd. V, S. 393
39. Passannanti S, Paternostro M, Piozzi F (1990) Fitoterapia 61:54–56
40. Lawrence BM (1978) A study of the monoterpene interrelationship in the genus Mentha with special reference to the origin of pulegone and menthofuran, Thesis, Groningen
41. Sharma RK, Singh RS, Bordoloi DN (1988) Indian Perfum 32:168–172
42. Singh SB, Goswami A, Nigam MC, Thakur RS (1980) Phytochemistry 19:2.466
43. Dikshit A, Husain A (1984) Fitoterapia 55:171–176
44. Maiti D, Kole CR, Sen C (1985) Z Pflanzenkrankh Pflanzenschutz 92:64–68
45. GHo, Bd. VII, S. 407, 415
46. Kokkini S, Papageorgiou VP (1988) Planta Med 54:59–69
47. Vidal JP, Noleau I, Bertholon G, Lamy J, Richard H (1985) Parfum Cosmet Arom 64:83–87
48. Banthorpe DV, Duprey RJH, Hassan M, Janes JF, Modawi BM (1981) Egypt J Chem 23:63–65
49. Bellakdhar J, Berrada M, Holeman M, Ilidrissi A (1985) Biruniya 1:15–25
50. Maffei M (1988) Flavour Fragrance J 3:23–26
51. Mimica-Dukic N, Gasic O, Kite G, Fellow L, Jancic R (1991) Planta Med 57 (Suppl 2):A83–A84
52. Morton JF (1977) Major Medicinal Plants, Charles C Thomas Publ., Springfield, Ill., S. 271–275
53. Tomás-Barberán FA, Husain SZ, Gil MI (1988) Biochem Syst Ecol 16:43–46
54. Dachler M, Pelzmann H (1989) Heil- und Gewürzpflanzen, Österreichischer Agrarverlag, Wien, S. 188
55. Hölzl J, Fritz D, Franz C, Garte L (1974) Dtsch Apoth Ztg 114:513–517
56. GHo, Bd. VII, S. 257
57. Lawrence BM (1986) Essential Oil Production – A Discussion of Influency Factors. In: Parliament TH, Croteau R (Hrsg.) Biogeneration of Aromas, ACS Publication, Washington
58. Wilkens CL, Giss GN, White NL, Brissey GM, Onyirinka EC (1982) Ann Chem 54:2.260–2.264
59. Formacek V, Kubeczka KH (1982) Essential Oil Analysis by Capillary Gas Chromatography and Carbon-13 NMR Spectroscopy, John Wiley & Sons, Chichester New York Brisbane, S. 197
60. Srinivas SR (1986) Atlas of Essential Oils, Bronx, New York, zit. nach Lawrence BM (1988) Perfumer Flavorist 13:65–70
61. Lawrence BM, Hogg JW, Terhune SJ (1972) Flavour Ind 3:467–472
62. Rojahn W, Hammerschmidt FJ, Ziegler E, Hefendehl FW (1977) Dragoco Rep 230–232

63. Takahashi K, Someya T, Muraki S, Yoshida T (1980) Agric Biol Chem 44:1.535–1.543
64. Sakurai K, Takahashi K, Yoshida Y (1983) Agric Biol Chem 47:1.249–1.256
65. Koepsel M, Krempel A, Surburg H (1986) An unusual compound isolated from Mentha piperata oil. In: Brunke EJ (Hrsg.) Progr Essent Oil Res, Proc Int Symp Essent Oil 16th, de Gruyter, Berlin, S. 241–248
66. Sakurai K, Takahashi K, Yoshida T (1983) Agric Biol Chem 47:2.307–2.312
67. Emberger R, Hopp R (1985) In: Berger RG, Nitz S, Schreier P (Hrsg.) Topics of Flavour research, H. Eichhorn, Marzling Hangenham, S. 202
68. Burbott AJ, Hennessey JP jr, Johnson WC jr, Loomis WD (1983) Phytochemistry 22:2.227–2.230
69. Gilly G, Garnero J, Racine P (1986) Parfum Cosmet Arom 71:79–86
70. Derbesy M, Uzio R, Boyer D, Cozon V (1991) Ann Fals Exp Chim 84:205–216
71. Zamureenko VA, Klynev NA, Dmitriev LB, Grandberg II (1980) Izv Timiyazevsk S-kh Akad: 169–172, zit. nach CA 92:152870w
72. Clark RJ, Menary RC (1984) J Sci Food Agric 35:1.191–1.195
73. Pachaly P (1989) Dtsch Apoth Ztg 129:2.379
74. Rohdewald P, Rücker G, Glombitza KW (1986) Apothekengerechte Prüfvorschriften, 5. Erg.-Lfg., Deutscher Apotheker Verlag, Stuttgart, S. 437
75. Hefendehl FW, Ziegler E (1975) Dtsch Lebensm Rundsch 71:287–290
76. Glasl H, Wagner H (1974) Dtsch Apoth Ztg 114:363–369
77. Malingré TM (1969) Pharm Weekbl 104:381–406
78. Kreis P, Mosandl A, Schmarr HG (1990) Dtsch Apoth Ztg 130:2.579–2.581
79. Askari C, Kreis P, Mosandl A, Schmarr HG (1992) Arch Pharm 325:35–39
80. Shalaby AS, El-Gamasy AM, Khattab MD, Oda HS (1988) Egypt J Hort 15:225–240
81. Blakeway J (1986) Soap Perfum Cosmet 59:201–203
82. Janssen AM, Scheffer JJC, Parhan-van Atten AW, Baerheim Svendsen A (1988) Pharm Weekbl (Sci) 10:277–280
83. Rai MK, Upadhyay S (1988) Hindustan Antibiot Bull 30:82–84
84. Saksena NK, Saksena S (1984) Indian Perfum 28:42–45
85. Maruzzella JC, Balter J (1959) Plant Disease Reporter 43:1.143–1.147, zit. nach CA 54:11136c
86. Conner DE, Beuchat LR (1984) J Food Sci 49:429–434
87. Mansour F, Ravid U, Putievsky E (1986) Phytoparasitica 14:137–142
88. Shaaya E, Ravid U, Paster N, Juven B, Zisman U, Pissarev V (1991) J Chem Ecol 17:499–504
89. Sangwan NK, Verma BS, Verma KK, Dhindsa KS (1990) Pestic Sci 28:331–335
90. Orzechowski G (1966) Ernährungsumschau 13:95–102
91. Mans M, Pentz R (1987) Naunyn-Schmiedeberg's Arch Pharmacol Suppl 335:R6
92. Taylor BA, Luscombe DK, Duthie HL (1983) GUT 24:A992
93. Taylor BA, Luscombe DK, Duthie HL (1984) GUT 25:A1.168–A1.169
94. Hawthorn M, Ferrante J, Luchowski E, Rutledge A, Wei XY, Triggle DJ (1988) Aliment Pharmacol Ther 2:101–118
95. Taylor RA, Duthie HL, Luscombe DK (1985) J Pharm Pharmacol 37 (Suppl):104
96. Triggle DJ, Hawthorn M, Ferrante J, Wei XY, Luchowski E, Rutledge A (1988) Gastroenterology 94:A465
97. Rogers J, Tay HH, Misiewicz JJ (1988) Lancet 2:98–99
98. Reiter M, Brandt W (1985) Arzneim Forsch 35:408–414
99. Brandt W (1988) Z Phytother 9:33–39
100. Taddei I, Giachetti D, Taddei E, Mantovani P (1988) Fitoterapia 59:463–468
101. Giachetti D, Taddei E, Taddei I (1988) Planta Med 54:389–392
102. Hugbo PGL (1982) Int J Pharm (Amst) 10:193–198
103. Meyer F, Meyer E (1959) Arzneim Forsch 9:516–519
104. Somerville KW, Richmond CR, Bell GD (1984) Br J Clin Pharmacol 18:638–640
105. BAz Nr. 50 vom 13.03.1986, i.d. Fass. v. BAz Nr. 50 vom 13.03.1990 und BAz Nr. 164 vom 01.09.1990
106. Thorup I, Würtzen G, Carstensen J, Olsen P (1983) Toxicol Lett 19:211–215
107. Thorup I, Würtzen G, Carstensen J, Olsen P (1983) Toxicol Lett 19:207–210
108. Madsen C, Würtzen G, Carstensen J (1986) Toxicol Lett 32:147–152
109. Mengs U, Stotzem CD (1989) Med Sci Res 17:499–500
110. Andersen PH, Jensen NJ (1984) Mutat Res 138:17–20
111. Heeger EF (1956) Handbuch des Arzneipflanzen- und Gewürzpflanzenanbaues, Deutscher Bauernverlag, Berlin, S. 512
112. Vaverkova S, Felklova M (1988) Acta Fac Pharm Univ Comenianae 42:125–139
113. Schröder U (1969) Pharmazie 24:179
114. Pank F (1974) Pharmazie 29:344–346
115. Rohdewald P, Rücker G, Glombitza KW (1986) Apothekengerechte Prüfvorschriften, 1. Erg.-Lfg., Deutscher Apotheker Verlag, Stuttgart, S. 905
116. Pfänder HJ (1991) Farbatlas der Drogenanalyse, Gustav Fischer Verlag, Stuttgart New York, S. 84
117. Deutschmann F, Hohmann B, Sprecher E, Stahl E (1992) Pharmazeutische Biologie 3, Drogenanalyse I: Morphologie und Anatomie, 2. Aufl., Gustav Fischer Verlag, Stuttgart New York, S. 284
118. Schilcher H (1981) Pharm Ztg 126:2.119–2.128
119. Franz C, Wünsch A (1973) Planta Med 24:1–7
120. Singh AK, Singh K, Naqvi AA, Thakur RS (1990) Res Ind 35:46–48
121. Clark RJ, Menary RC (1979) J Am Soc Hort Sci 104:699–702
122. Clark RJ, Menary RC (1980) Aust J Plant Physiol 7:685–692
123. Voirin B, Brun N, Bayet C (1990) Phytochemistry 29:749–755
124. Maffei M, Sacco T (1987) Planta Med 53:214–216
125. Friedrich H, Büter HG (1975) Dtsch Apoth Ztg 115:179–185
126. Croteau R, Martinkus C (1979) Plant Physiol 64:169–175
127. Stengele M, Stahl-Biskup E (1993) J Essent Oil Res 5:13–19
128. Vollmer H (1934) Arch Exp Path Pharm 176:207–216
129. Herrmann K (1960) Arch Pharm 293:1.043–1.048
130. Herrmann K (1959) Arch Pharm 292:325–329
131. Kohlmünzer S, Grzybek J, Sodzawiczny K (1975) Herba Pol 21:130–137
132. Reschke A (1983) Z Lebensm Unters Forsch 176:116–119

133. Gerhardt U, Schröter A (1983) Fleischwirtschaft 63:1.628–1.630
134. Maffei M, Scannerini SL (1992) Phytochemistry 31:479–484
135. Brieskorn CH, Briner M, Schlumprecht L, Eberhardt KH (1952) Arch Pharm 285:290–296
136. Croteau R, Loomis WDL (1973) Phytochemistry 12:1.957–1.965
137. Semrau R (1958) Über die Flavone in der Familie der Labiaten, Inauguraldissertation, München
138. Wagner H, Aurnhammer G, Hörhammer L, Farkas L (1969) Chem Ber 102:2.083–2.088
139. Hoffmann BG, Lunder LT (1984) Planta Med 50:361
140. Jullien F, Voirin B, Bernillon J, Favre-Bonvin J (1984) Phytochemistry 23:2.972–2.973
141. Zakharova OI, Zakharov AM, Smirnova LP, Kovineva VM (1986) Khim Prir Soedin (Tashk):781
142. Shakhova MF (1971) Rast Resur 7:407–410
143. Shakhova MF, Debneva AL (1972) Farmatsiya 21:19–21
144. Herrmann K (1953) Pharmazie 8:853–855
145. Lossner G (1965) Pharmazie 20:224–229
146. Battu RG, Youngken HW jr (1968) J Nat Prod (Lloydia) 31:30–37
147. Zimna D, Piekos R (1988) Herba Hung 27:65–76
148. Wichtl M (Hrsg.) (1991) Teedrogen, Wissenschaftliche Verlagsgesellschaft, Stuttgart, S. 372
149. Pachaly P (1982) Dtsch Apoth Ztg 122:2.057–2.061
150. Kast C, Flück H (1967) Pharm Acta Helv 42:209–233
151. Katsiotis S, Ktistis G, Iconomou GN (1985) Pharm Acta Helv 60:228–231
152. Fehr D, Stenzhorn G (1979) Pharm Ztg 124:2.342–2.349
153. Fehr D (1984) Pharm Ztg 129:990–991
154. Hefendehl FW (1973) Pharmazie 28:270–271
155. Felklova M (1981) Farm Obz 50:585–593
156. Mabrouk SS, El-Shayeb NMA (1980) Z Lebensm Unters Forsch 171:344–347
157. Karapinar M (1990) Mitt Gebiete Lebensm Hyg 81:287–295
158. Guérin JC, Réveillère HP (1985) Ann Pharm Fr 43:77–81
159. Aktug SE, Karapinar M (1986) Int J Food Microbiol 3:349–354
160. Alwan A, Jawad AM, Al-Bana AS, Ali KF (1988) Int J Crude Drug Res 26:107–111
161. Croteau R (1991) Planta Med 57:S10–S14
162. Herrmann EC jr, Kucera LS (1967) Proc Soc Exp Biol Med 124:874–878
163. Forster HB, Niklas H, Lutz S (1980) Planta Med 40:309–319
164. Della Loggia R, Tubaro A, Lunder TL (1990) Fitoterapia 61:215–221
165. Chabrol E, Charonnat R, Maximin M, Busson A (1932) C R Hebd Soc Biol 109:275–278
166. Yamahara J, Miki K, Sawada T, Fujimura H, Konishi T (1985) Jap J Pharmacol 39:280
167. Gershenzon J, Maffei M, Croteau R (1989) Plant Physiol 89:1.351–1.357
168. BAz Nr. 223 vom 30.11.1985, i. d. Fass. v. BAz Nr. 50 vom 13.03.1990 und BAz Nr. 164 vom 01.09.1990
169. Standard-Zulassungen für Fertigarzneimittel (1991) Deutscher Apotheker Verlag, Stuttgart, Govi-Verlag GmbH, Frankfurt
170. Miething H, Holz W (1988) Pharm Ztg 133:16–17
171. GHo, Bd. VII, S. 248
172. Hefendehl FW (1970) Phytochemistry 9:1.985–1.995
173. Lawrence BM (1982) The existence of infraspecific differences in specific genera in the labiatae family. In: VIIIe Congrès International des Huiles Essentielles, Octobre 1980: Annales techniques, Fedarom, Grasse, S. 118
174. Lawrence BM (1989) Perfum Flav 14:71–78
175. Gordon WP, Forte AJ, McMurtry RJ, Gal J, Nelson SD (1982) Toxicol Appl Pharmacol 65:413–424
176. Konstantopoulou I, Vassilopoulou L, Mavragani-Tsipidou P, Scouras ZG (1992) Experientia 48:616–619
177. Sullivan JB jr, Rumack BH, Thomas H jr, Peterson RG, Bryson P (1979) J Am Med Assoc 242:2.873–2.874
178. Madyastha P, Moorthy B, Vaidyanathan CS, Madyastha KM (1985) Biochem Biophys Res Commun 128:921–927
179. Gordon WP, Huitric AC, Seth CL, McClanahan RH, Nelson SD (1987) Drug Metab Dispos 15:589–594
180. Mizutani T, Nomura H, Nakanishi K, Fujita S (1987) Res Commun Chem Pathol Pharmacol 58:75–83
181. Thomassen D, Slattery JT, Nelson SD (1990) J Pharmacol Exp Ther 253:567–572
182. RoD, S. 15
183. Opdyke DLJ (1972) Food Cosmet Toxicol 12:949–950
184. Opdyke DLJ (1978) Food Cosmet Toxicol 16:867–868
185. GHo, Bd. VII, S. 394
186. Misra LN, Tyagi BR, Thakur RS (1989) Planta Med 55:575–576
187. Lawrence BM (1980) Perfum Flav 5:6–16
188. Maffei M, Codignola A, Fieschi M (1986) Flavour Fragrance J 1:105–109
189. Surburg H, Köpsel M (1989) Flavour Fragrance J 4:143–147
190. Nagasawa T, Umemoto K, Tsuneya T, Shiga M (1974) Koryo 108:45–50
191. Karasawa D, Ujihara A, Shimizu S (1991) J Essent Oil Res 3:447–448
192. Garia AK, Varma RG (1990) Acta Cienc Indica 16c:327–330
193. Marcus C, Lichtenstein EP (1982) J Agric Food Chem 30:563–568
194. Hausen BM (1988) Allergiepflanzen – Pflanzenallergene, Ecomed Verlagsgesellschaft, Landsberg München, S. 173
195. Opdyke DLJ (1978) Food Cosmet Toxicol 16:871–872
196. Wichtl M (Hrsg.) (1991) Teedrogen, Wissenschaftliche Verlagsgesellschaft, Stuttgart, S. 283
197. Banthorpe DV, Bilyard HD, Brown GB (1989) Phytochemistry 28:2.109–2.113
198. Tammaro F, Xepapadakis G (1986) J Ethnopharmacol 16:167–174
199. BAz Nr. 172a vom 14.09.1988
200. BAz Nr. 199a vom 20.10.1989
201. Font Quer P (1990) Plantas Medicinales, Editorial Labor, Barcelona, S. 704
202. Wren RC (Hrsg.) (1975) Potter's new cyclopedia of botanical drugs and preparations, Daniel Company, Essex
203. Stöger EA (Hrsg.) (1992) Arzneibuch der chinesischen Medizin, Deutscher Apotheker Verlag, Stuttgart
204. Ull, Bd. 20, S. 220, 262
205. Morton IF (1977) Major Medicinal Plants, Charles C Thomas, Springfield (Illinois), S. 271
206. Voshaar T (1992) Internistprax 32:487–489
207. Meyers FH, Jawetz E, Goldfien A (1975) Lehrbuch der Pharmakologie, Springer-Verlag, Berlin Heidelberg New York, S. 350
208. Chang HM, But PH (Hrsg.) (1987) Pharmacology and Applications of Chinese Materia Medica, World Scientific, Singapore, Bd. II, S. 1.246

209. Paulus E, Ding Yu-he (1987) Handbuch der traditionellen chinesischen Medizin, Haug, Heidelberg, S. 217
210. Kirtikar KR, Basu BD (1987) Indian Medicinal Plants, International Book Distributors, Dehradun (India), Bd. III, S. 1.982
211. Tucker AO (1986) Botanical Nomenclature of Culinary Herbs and Potherbs. In: Craker LE, Simon JE (Hrsg.) Herbs, Spices and Medicinal Plants, Oryx Press, Phoenix, Arizona, Bd. 1, S. 33
212. Uphof JCT (1968) Dictionary of Economic Plants, Verlag von J. Cramer, Lehre
213. Holzner W (Hrsg.) (1985) Das kritische Heilpflanzenbuch, ORAC, Wien, S. 76
214. Zan
215. Mabberley DJ (1990) The Plant-book, Cambridge University Press, Cambridge New York, S. 367
216. Kokkini S (1990) Chemical Races within the genus Mentha L. In: Linskens HF, Jackson JF (Hrsg.) Modern Methods of Plant Analysis, New Series (Essential Oils and Waxes), Springer-Verlag, Berlin Heidelberg New York, Bd. 12, S. 63
217. Moersdorf K (1966) Chim Ther 7:442–443
218. Hess H, Schatz B (1978) Hilfsstoffe für Arzneiformen. In: Sucker H, Fuchs P, Speiser P (Hrsg.) Pharmazeutische Technologie, Thieme Verlag, Stuttgart, S. 360
219. Leung AY (1980) Encyclopedia of common natural ingredients, John Wiley & Sons, New York, S. 231
220. DAB 10
221. Europäisches Arzneibuch-Forum (1991) Pharmeuropa 3:135–137
222. Eichholtz F (1942) Lehrbuch der Pharmakologie, Springer-Verlag, Berlin, S. 318
223. BHP 83
224. BPC 34
225. Roth L, Daunderer M, Kormann K (1987) Giftpflanzen, Pflanzengifte, 3. Aufl., Ecomed, Landsberg München, S. 451
226. EB 6
227. Flück H (1978) Unsere Heilpflanzen, 6. Aufl., Otto Verlag, Thun, S. 139
228. White DA, Thompson SP, Wilson CG, Bell GD (1987) Int J Pharm 40:151–155
229. Rees WDW (1979) Brit Med J 2:835–836
230. Carling L, Svedberg LE, Hulten S (1982) Opmear 34:55–57
231. Dew MJ, Evans BK, Rhodes J (1984) Br J Clin Pract 38:45–48
232. Fernandez F (1990) Invest Med Int 17:42–46
233. Klein KB (1988) Drugs Today 24:589–595
234. Krag E (1985) Scand J Gastroenterol 20 (Suppl): 107–115
235. Lawson MJ, Knight RE, Tran K, Walker G, Roberts-Thomson IC (1988) J Gastroenterol Hepatol 3:235–238
236. Lech Y, Olesen KM, Hey H, Rask-Pedersen E, Vilien M, Ostergaard O (1988) Ugeskr Laeger 150:2.388–2.389
237. Nash P, Gould SR (1986) Br J Clin Pract 40:292–293
238. Prior A, Whorwell PJ (1986) Biomed Pharmacother 40:292–293
239. Thompson WG (1986) Am J Gastroenterol 81:95–100
240. Roberts HJ (1983) Southern Med J 76:1.331
241. Robson NJ (1987) Anaesthesia 42:776–777
242. NN (1990) Dtsch Apoth Ztg 130:2.684
243. Bowen IH, Cubbin IJ (1992) Mentha piperita and Mentha spicata. In: De Smeet PAGM (Hrsg.) Adverse Effects of Herbal Drugs, Springer-Verlag, Berlin, S. 171–178
244. Joint FAO/WHO Expert Committee on Food Additives (1976), zit. nach Tecnoalimenti (1991) Tox Data Food, OEMF, Mailand, S. 135
245. Eickholt TH, Box RH (1965) J Pharm Sci 54:1.071–1.072
246. Lewin L (1925) Die Fruchtabtreibung durch Gifte und andere Mittel, G. Stilke, Berlin, S. 415–416
247. Boyd EL (1992) Hedeoma pulegioides and Mentha pulegium. In: De Smeet PAGM (Hrsg.) Adverse Effects of Herbal Drugs, Springer-Verlag, Berlin, S. 151–156
248. Joint FAO/WHO Expert Committee on Food Additives (1991) WHO Food Additives Series: 28; Toxicological evaluation of certain food additives and contaminants, Genf, S. 155–167
249. Augiseau L, Barbin Y, Verbist JF (1987) Plant Méd Phytothér 21:149–152
250. Ravid U, Putievsky E, Katzir I, Weinstein V, Ikan R (1992) Flavour Fragrance J 7:289–292

SB

Meum

HN: 2018600

Familie: Apiaceae.

Unterfamilie: Apioideae.

Tribus: Apieae.

Gattungsgliederung: Die Gattungen Meum JACQ. besteht aus einer Art.

Gattungsmerkmale: s. Bot. Beschreibung der Art.

Verbreitung: s. Verbreitung der Art.

Inhaltsstoffgruppen: s. Inhaltsstoffe der Art.

Drogenliefernde Arten: *M. athamanticum*: Mei athamantici radix, Meum athamanticum hom. *HAB 34*.

Meum athamanticum JACQ.

Synonyme: *Athamanta meum* L., *Meum meum* (L.) H. KARSTEN, *M. nevadense* BOISS.[1]

Sonstige Bezeichnungen: Dt.: Baernpudel, Barekümmel, Bärendill, Bärenfenchel, Bärkümmel, Bärmutterkrut, Bärnzotten, Bärwurz, Bärwurzel, Bergbärwurz, Bergpudel, Dillblattwurz, Köppernickel; engl.: Bald-money, mew, spignel; frz.: Badremone, baudremoine, fenouil des Alpes, livèche capillaire, méon; it.: Finocchiana, finocchiella, imperatoria, meo, meo atamantico, meo barbuto; span.: Meu.

Botanische Beschreibung: Pflanze ausdauernd. Stengel etwa 15 bis 60 cm hoch, meist einfach, gefurcht. Laubblätter doppelt bis dreifach gefiedert. Fiederblättchen vielspaltig, mit nahezu quirlig angeordneten, haarfeinen Zipfeln. Wurzelhals durch abgestorbene Blattreste schopfig. Dolden trichterähnlich, die mittleren Zweige kürzer als die äußeren. Blüten polygam, meist nur die Randblüten und die Mittelblüte jedes Döldchens fruchtbar (zwittrig), die übrigen männlich. Hülle fehlend oder ein- bis achtblättrig. Blume weiß. Frucht eiförmig-länglich, 6 bis 10 mm lang und etwa 3 bis 5 mm im größten Querdurchmesser, nußbraun mit hellbraunen Rippen, sechskantig. Teilfrucht im Querschnitt niedrig-fünfeckig, mit 5 fädlichen, kaum geflügelten Hauptrippen. Fruchtwand dünnwandig, Leitbündel groß, im Querschnitt elliptisch oder dreieckig-eiförmig, die Rippen fast ganz ausfüllend. Ölstriemen in den breiten Tälchen zu 3 bis 5, an der Fuge in größerer Zahl. Nährgewebe im Querschnitt stumpf fünfeckig-nierenförmig bis breit-sichelförmig, an der Fugenseite meist tief- (zuweilen aber auch nur seicht-)rinnig-ausgefurcht mit einem schwach nach außen (d.h. nach dem Fruchthalter hin) vorspringenden Kiel in der Furche. Griffel zuletzt über das kegelförmige Polster zurückgebogen und etwa doppelt so lang, mit schwach verdickter Narbe. Fruchthalter frei, tief zweiteilig. Geruch, auch nach dem Trocknen, durchdringend würzig.[2,16]

Verwechslungen: Die Früchte wurden als Verfälschung von Fenchel (Foeniculi fructus) gefunden.

Inhaltsstoffe: In den Blättern kommen die Flavonolglykoside Isoquercitrin,[3] Rutosid,[3] die Flavonole Isorhamnetin[4] und Kämpferol[4] sowie das Flavon Luteolin vor. Im ätherischen Öl der Samen sind die Phthalide 3-Butyliden- und 3-*n*-Butylphthalid sowie Ligustilid gefunden worden.[5] Im Kraut sind nach Verseifung eines lipidhaltigen Extraktes Cerylalkohol und *β*-Sitosterin nachgewiesen worden.[6]

Feinblättriger Bärwurz, *Meum athamanticum* Jacq. Aus Lit.[16]

Verbreitung: Heimisch in West- und Mitteleuropa, auf Wiesen und Weiden der Mittelgebirge und Alpen. Im Mittelgebirge nur auf kalkarmer Unterlage oder auf dicker Humuslage, in den östlichen Alpen auch auf Kalkboden vorkommend.[2]

Drogen: Mei athamantici radix, Meum athamanticum hom. *HAB34.*

Mei athamantici radix (Bärenwurzel)

Synonyme: Radix Foeniculi ursini, Radix Mei, Radix Mei athamantici.

Sonstige Bezeichnungen: Dt.: Bärenfenchelwurzel; engl.: Baldmoney, baldmoney-root, spignel; frz.: Fenouil des Alpes; span.: Eneldo ursino, hinojo ursino, meu.

Definition der Droge: Die getrocknete Wurzel.

Stammpflanzen: *Meum athamanticum* Jacq.

Schnittdroge: *Mikroskopisches Bild.* Ein Querschnitt durch eine 7 mm dicke Wurzel zeigt einen Holzkörper von 1,8 mm Durchmesser. Der Kork ist 6 Zellen breit; die äußeren Zellreihen mit braunem Inhalt, der sich mit Safranin rot färbt, und unverdickten, deutlich weißglänzenden Zellwänden. Die inneren 3 Zellreihen des Korkes bestehen aus Zellen, die im Querschnitt regelmäßig, im Tangentialschnitt wenig gestreckt und immer ohne Inhaltsstoffe sind. Das Phelloderm besteht aus 4 bis 6 Reihen tangential gestreckter Zellen mit verdickten, weißglänzenden Tangential- und dünneren Radialwänden. Viele Sekretbehälter pericyclischen Ursprungs von beträchtlicher Größe, mit zahlreichen sezernierenden Zellen.

Die Markstrahlen der Rinde sind 1 bis 3 Zellen breit, die größeren bis zum Phelloderm durchgeführt, aus dünnwandigen, stark radial gestreckten Zellen bestehend. Im Parenchym der Mittelrinde radiale Luftlücken. Die Innenrinde durch zahlreiche sekundäre, eine Zellage breite Markstrahlen in viele Rindenstrahlen geteilt. Die Siebröhren ziemlich bald obliterierend. Die radial gerichteten Ersatzfaserstränge sind oft durch tangentiale Stränge miteinander verbunden. Sekretbehälter sind zahlreich, in konzentrischen Ringen angeordnet. In der Nähe des Kambiums klein, erreichen sie in der Mittelrinde eine beträchtliche Größe (die größten sind mit freiem Auge als Punkte erkennbar). Die sezernierenden Zellen der Sekretbehälter sind zahlreich (6 bis 8). Nur in der Mittelrinde sind die Sekretbehälter von einigen konzentrischen Lagen von Parenchymzellen umgeben. Durch KI/I_2-Stärke-Reagenz gut zu erkennen, in der Innenrinde die Siebgruppen oft nahe bei den Ölräumen (Unterschied gegenüber der Foeniculum-Wurzel). Das Kambium ist deutlich, schmal, nur 4 bis 6 Zellen breit. Der Holzkörper ist im Verhältnis zur Rinde schmal, deutlich strahlig, aus Gefäßen, Holzparenchym und Markstrahlen bestehend. Die Gefäße bilden V-förmige Keile und sind in deutlich konzentrischen Ringen angeordnet. Das unverholzte Parenchym ist kleinzellig, weißglänzend und polygonal. Die einzelnen Gefäßkeile sind durch Markstrahlen begrenzt, 1 bis 3 Zellen breit, mit dünnwandigen, stark radial gestreckten Zellen. Stärke reichlich im Phelloderm, in den Markstrahlen der Rinde, um die Sekretbehälter, im Parenchym der Mittelrinde, in den Markstrahlen des Holzkörpers und vereinzelt im Holzparenchym. Die meist bohnenförmigen Stärkekörner meist 8 bis 10 µm, Kleinkörper bis 1 µm.[17]

Verfälschungen/Verwechslungen: Mit den Wurzeln von *Silaum silaus* (L.) SCH. et THELL. (Wiesensilau) und *Eryngium campestre* L. (Geldmannstreu). Die Wurzel von *Silaum silaus* ist sehr fein querrunzelig, schwarzbraun, Rinde nicht strahlig zerklüftet, leicht vom Kern sich trennend, ohne Balsamgänge. Der Kern ist ziemlich weitporig, mit verschwindendem Mark.[17]

Inhaltsstoffe: *Phenylacrylsäuren.* Die Droge enthält *β*-Phenylacrylsäurederivate und deren Methylester von Ferula-, Kaffee-, 1-*O*-3,4-Dihydroxycinnamoylchina- und 1-*O*-4-Hydroxycinnamoylchinasäure.[4,7-9]

Phthalide. Ferner wurden Phthalide und hydroxylierte Phthalide identifiziert (0,05 bis 0,25%): 6,6',7,3'-*α*-Diligustilid,[10] Ligustilidol,[10,11] Sedanenolid,[10] 4-Hydroxy-3-butyliden-, 5-Hydroxy-3-butyliden-, 7-Hydroxy-3-butyliden-, 3-(2-Hydroxybutyliden)phthalid und 9-Hydroxyligustilid.[11]

Ätherisches Öl. Das ätherische Öl der Wurzel enthält Ligustilid, Monoterpene und den C_{11}-Kohlenwasserstoff Viriden.[12,13]

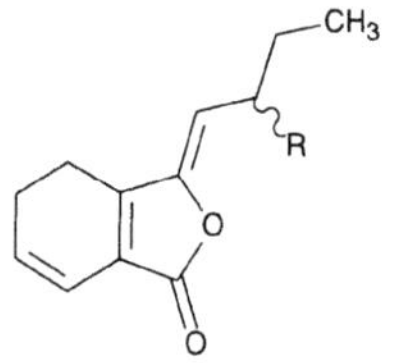

Ligustilid (R = H), 9-Hydroxyligustilid (R = OH)

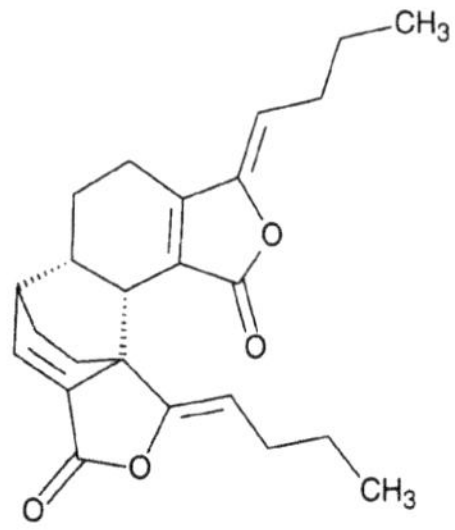

Diligustilid

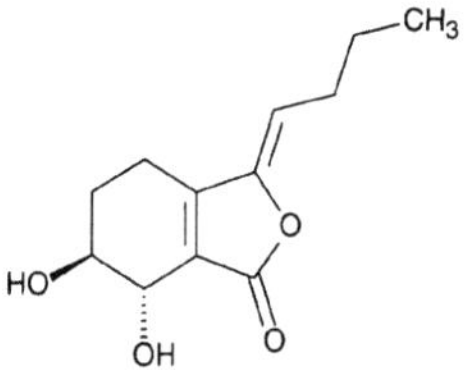

Ligustilidiol

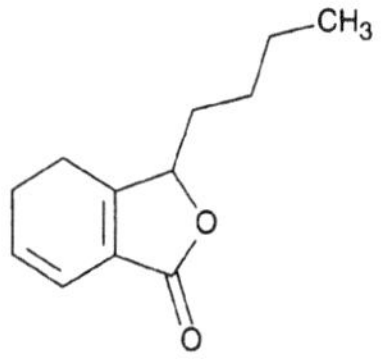

Sedanenolid

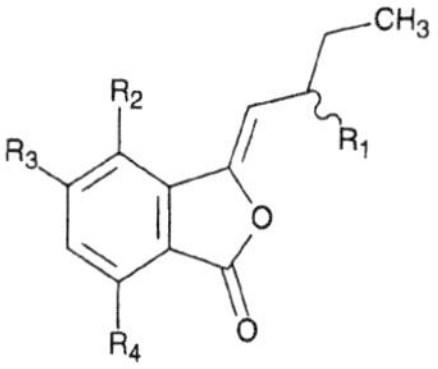

	R_1	R_2	R_3	R_4
7-Hydroxy-3-butyliden-phthalid	—H	—H	—H	—OH
5-Hydroxy-3-butyliden-phthalid	—H	—H	—OH	—H
4-Hydroxy-3-butyliden-phthalid	—H	—OH	—H	—H
3-(2-Hydroxybutyliden)-phthalid	—OH	—H	—H	—H

Hydroxybutylidenphthalide

Wirkungen: Die Wurzeln wurden mit apolaren und polaren Lösungsmitteln extrahiert. Die Extrakte wurden nach einer photometrischen Methode auf antiplättchenaggregierende Wirkung untersucht.[4] In diesem *In-vitro*-Modell zeigten die polaren Extrakte (Ethylacetat, Butanol und Wasser) gegenüber Substanzen, die die Blutplättchenaggregation fördern (ADP, Adrenalin, Collagen und Arachidonsäure) einen inhibitorischen Effekt. Die Aggregation der Blutplättchen wurde hierbei zu 19 bis 100% inhibiert. Für die Wirkung des Ethylacetatextraktes werden insbesondere die Methylester der Ferula- und der Kaffeesäure verantwortlich gemacht. Diese Daten sind mangels genauer Konzentrationsangaben nicht abschließend bewertbar. Da die verwendete Methode bei gefärbten Untersuchungslösungen falsche Werte liefern kann, müßten zudem zur Abklärung der gefundenen Effekte andere *In-vitro*-Methoden oder aber *In-vivo*-Modelle verwendet werden.[4,7,8]

Volkstümliche Anwendung und andere Anwendungsgebiete: Als magenstärkendes und carminativ wirkendes Mittel bei Verdauungsstörungen;[14] als fieberwidriges Mittel bei fieberhaften Erkrankungen.[15] Die Wirksamkeit bei den genannten Anwendungsgebieten ist bisher nicht belegt.

Dosierung und Art der Anwendung: *Droge.* Einzelgabe 2 bis 4 g als Infus oder "leichte Abkochung".[14] Tagesdosis 1 Unze (das sind ca. 28 g) als Infus, über den Tag verteilt nach den Mahlzeiten zu trinken.[15] Hinweis: Die angegebene Tagesdosis[15] erscheint im Vergleich zu anderen Angaben[14] zu hoch angesetzt.

Weitere medizinische Verwendung: In der Veterinärmedizin, unter das Futter gemischt, gegen Diarrhöe und Flatulenz des Viehs.[15] *Pharmazie/Medizin.* Als aromatisierender Zusatz zu magenstärkenden Schnäpsen.

Meum athamanticum hom. *HAB 34*

Monographiesammlungen: Meum athamanticum *HAB 34.*

Definition der Droge: Frische Wurzel.

Stammpflanzen: *Meum athamanticum* JACQ.

Zubereitungen: Essenz nach § 3 *HAB 34.*

Gehalt: *Essenz.* Arzneigehalt $^1/_3$.

1. Schultze-Motel J (Hrsg.) (1986) Rudolf Mansfeld Verzeichnis landwirtschaftlicher und gärtnerischer Kulturpflanzen (ohne Zierpflanzen), 2. Aufl., Bd. 3, Springer-Verlag, Berlin Heidelberg New York Tokyo, S. 1.020
2. Heg, Bd. V, Teil 3, S. 1.300–1.303
3. Cisowski W, Bieganowska ML (1986) Herba Pol 32:155–159
4. Barron D, Kolodie K, Mariotte AM (1983) Plant Med Phytother 17:107–113
5. Stahl E, Bohrmann H (1967) Naturwissenschaften 54:118
6. Walther H 81969) Pharmazie 24:781–782
7. Barron D, Kaouadji M, Mariotte AM (1983) C R Congr Natl Soc Savantes, Sect Sci 108:269–276
8. Barron D, Kaouadji M, Mariotte AM (1984) J Nat Prod 47:737–738
9. Barron D, Kaouadji M, Mariotte AM (1984) Z Naturforsch C: Biosci 39C:167–170
10. Kaouadji M, Mariotte AM, Reutenauer H (1984) Z Naturforsch C: Biosci 39C:872–875
11. Kaouadji M, Pouget C (1986) J Nat Prod 49:184–185
12. Kubeczka KH, Bartsch A, Ullmann I (1982) Ätherische Öle, Ergeb Int Arbeitstag, Meeting Date 1979-1980, S. 158–187
13. Kubeczka KH, Formacek V, Grünsfelder M (1980) Natural Products of Higher Plants, Teil 2, Hippokrates Verlag, Stuttgart, S. 271
14. Fischer G, Krug E (1980) Heilkräuter und Arzneipflanzen, Haug Verlag, Heidelberg, S. 41
15. Font Quer P (1981) Plantes Medicinales, Editorial Labor, Barcelona Madrid Bogota Buenos Aires Caracas Lisboa Quito Rio de Janeiro Mexico Montevideo, S. 501
16. Weymar H (1959) Buch der Doldengewächse, Neumann Verlag, Radebeul, S. 95
17. Hag, Bd. V, S. 859–860

Pa

Moringa

HN: 2000200

Familie: Die Familie Moringaceae wird vielfach an die Capparaceae und Resedaceae angeschlossen.[1,2] Aufgrund des Spektrums der freien Aminosäuren wird die Bildung einer eigenen Ordnung Moringales diskutiert.[3]

Gattungsgliederung: Die Gattung Moringa ADANS. (Syn. Hyperanthera L.) umfaßt 16 Arten.[1] Sie ist die einzige Gattung in der Familie der Moringaceae.[1,2]

Gattungsmerkmale: Schnellwüchsige, laubwerfende, kleine bis mittelgroße Bäume, Laubblätter zwei- bis dreifach gefiedert, wechselständig. Nebenblätter zu gestielten Drüsen reduziert oder fehlend. Wohlriechende, cremefarbene oder rote Blüten in reichblütigen achselständigen Rispen. Blüten zygomorph mit schüsselförmigem Blütenbecher (Hypanthium), 5 kurzen, zurückgeschlagenen, ungleichen Kelchzipfeln, 5 längeren, etwas ungleichen Kronblättern, 5 Staubblättern mit einfächerigen Antheren und 5 Staminodien. Fruchtknoten oberständig aus 3 verwachsenen Fruchtblättern, meist einfächerig ausgebildet. Placenten parietal mit zahlreichen, zweireihig angeordneten, hängenden, anatropen Samenanlagen. Längliche, dreiklappige Kapsel mit vielen, rundlichen, geflügelten oder ungeflügelten Samen; Samen ohne Endosperm mit geradem Embryo.[1,2]

Verbreitung: Südliches Mittelmeergebiet über Nordafrika und die Arabische Halbinsel bis Südwest-Afrika und Madagaskar, Indien, Indonesien, Malaysia, Philippinen, Fidschi-Inseln, Mittel-, Süd- und südliches Nordamerika.[1,2]

Inhaltsstoffgruppen: Senfölglykoside in allen Organen, z.T. mit organspezifischen Verteilungsmustern.[4-6]
Alkaloide: Pterygospermin, ein Additionsprodukt von 2 Molekülen Benzylsenföl und einem Molekül *p*-Benzochinon,[7] Benzylamin (Moringin) und weitere Alkaloide[9,57] sind wahrscheinlich Artefakte, die aus Senfölglykosiden entstehen.[4-6]
Fettes Öl, überwiegend Ölsäureglyceride (60 bis 75 %) in den Samen;[57] Schleime (Gummen), bestehend aus Arabinose, Galactose und Glucuronsäure, gebildet nach Verletzung des Stammes.[9,10]

Drogenliefernde Arten: *M. concanensis*: Moringae oleum; *M. oleifera*: Moringae gummi, Moringae oleum, Moringae radix, Moringae semen, Moringa-oleifera-Blätter, Moringa-oleifera-Wurzelrinde; *M. peregrina*: Moringae gummi, Moringae oleum.

Moringa concanensis NIMMO

Botanische Beschreibung: Je nach Standort kleiner bis großer Baum, Blätter zweifach gefiedert, Fiederblättchen 15 bis 30 mm und somit etwas länger als die von *M. oleifera* (s. dort). Blütenblätter mit roten Streifen oder wenigstens am Grunde rötlich.

Inhaltsstoffe: In den Blüten die Flavonoide Kämpferol-3-rutinosid, Quercetin, Rutin;[52] 0,132 % Ascorbinsäure in den Samen.[37] Zu den Senfölglykosiden liegen keine Angaben vor.

Verbreitung: Heimisch in Indien.

Drogen: Moringae oleum.

Moringae oleum.

s. *Moringa oleifera*.

Moringa oleifera LAM.

Synonyme: *Guilandina moringa* L., *Hyperanthera moringa* (L.) VAHL, *H. moringa* ROXB., *Moringa nux ben* PEROTTET, *M. pterygosperma* GAERTN.[2]

Sonstige Bezeichnungen: Dt.: Behennußbaum, Meerettichbaum, Ölmoringie; engl.: Ben nut tree, drumstick tree, horse radish tree, Indian horse-radish; frz.: Ben ailé, ben oléifère; in Indien: Bengali: Sajina; Guj.: Midhosoaragavo, saragavo; Hindi: Mungna, sahajana, sainjna, sajna, segra, shajmah, shajna; Kan.: Nugge; Malayalam: Moringa, murinna, sigru; Marathi: Achajhada, shevgi; Sanskrit: Shobhanjana; Santal: Munga arak; Tamil: Murungai; in Indonesien: Celor, kelor, marongghi; in Bassari: Diaboy; in Mandinque: Nébédayo; in Nigeria (Hausa): Zogalagandi; im Senegal in Wolof: Mbum, nébéday, nébreday, neveday, sapsap; im Sudan: Shagara al rauwaq, shagara zaki al moya.

Systematik: Es werden mehrere Sorten unterschieden:[11]

- Jaffna: In Teilen Südindiens kultiviert, 60 bis 90 cm lange Früchte mit weichem Fleisch und angenehmem Geschmack;
- Chavkacheri murunga, ein Jaffna-Typ, mit 90 bis 120 cm langen Früchten;
- Chemmurunga, eine ganzjährig blühende und besonders ertragreiche Sorte mit Früchten, deren Spitzen rötlich gefärbt sind;
- Kadmurunga ist eine Wildsorte, die kleine Früchte minderer Qualität hervorbringt;
- Palmurungai aus der Provinz Tamil Nadu mit bitteren, großkernigen Samen;
- Kodikalmurungai ebenfalls aus Tamil Nadu mit sehr kurzen Früchten von nur 15 bis 23 cm Länge.
- Auf den Westindischen Inseln werden zum einen Formen kultiviert, die viel Blattmasse produzieren aber selten blühen, zum anderen Formen, die besonders hohe Samenerträge bringen.

Botanische Beschreibung: Kleiner oder mittelgroßer Baum mit schlanken Zweigen. Blätter wechselständig am Ende der Zweige, meist unvollständig dreifach gefiedert, 30 bis 60 cm lang; Fiederblättchen 12 bis 20 mm lang, elliptisch, mattgrün, heller auf der Unterseite, Nerven undeutlich. Weiße oder gelbe Blüten in großen feinflaumigen Rispen, nach Honig duftend. Kelchblätter linearlanzettlich, zurückgebogen; Blütenblätter spatelförmig, geädert. Hängende Kapseln, 22 bis 45 cm, selten bis 120 cm lang, dreieckig mit 9 Rippen; Samen dreikantig, hellbraun, bis schwarzbraun und mit 3 papierdünnen, weißlichen Flügeln, ca. 30 % Samenschale. Chromosomenzahl: 2n = 28.

Inhaltsstoffe: Aus dem Stamm wurden isoliert: 4-Hydroxymellein, Vanillin, ferner *β*-Sitosterol, *β*-Sitostenon und Octacosansäure[12] sowie Bauerenol aus der Rinde.[13]
In den Blüten wurden Flavonoide nachgewiesen: Kämpferol, Quercetin, Rhamnetin und ihre Glykoside mit einem Gesamtgehalt von 0,05 %.[14]

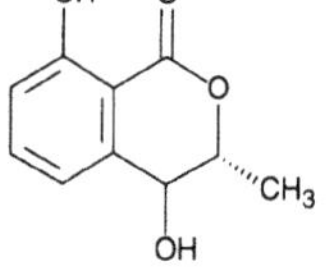

4-Hydroxymellein

Verbreitung: Heimisch im Nordwesten und Osten Indiens. Zum Biotop liegen keine spezifischen Angaben vor. Die Pflanze ist nicht anspruchsvoll, solange die Wasserversorgung ausreichend ist. In Halbwüsten und Savannen ist nur bei Bewässerung ein normales Wachstum möglich.[11]

Anbaugebiete: In den Tropen: Indien, Saudi-Arabien, Ägypten, Sudan, Westafrika (Senegal, Nigeria), südliches Nordamerika (Florida), Westindische Inseln, Mittelamerika, Peru, Indonesien, Philippinen.[11]

Drogen: Moringae gummi, Moringa oleum, Moringae radix, Moringae semen, Moringa-oleifera-Blätter, Moringa-oleifera-Wurzelrinde.

Moringae gummi

Synonyme: Gummi Moringae.

Sonstige Bezeichnungen: Dt.: Moringa-Gummi; engl.: Moringa gum, sajna gum; frz.: Gomme. de benailé.

Definition der Droge: Das in der Rinde nach Verwundung gebildete Gummi.

Stammpflanzen: *Moringa oleifera* LAM., *Moringa peregrina* (FORSSK.) FIORI.

Herkunft: Ost- und Westafrika.

Gewinnung: Nach Verwundung entstehen lysigene Schleimhöhlen in der Rinde, in denen das Gummi gebildet wird.[11]

Ganzdroge: Das Gummi ist zunächst weiß, wird dann rotbraun oder braunschwarz. Die Form der Stücke variiert von Tropfen bis hin zu stalagtitenähnlichen Gebilden. Bei geringer Luftfeuchtigkeit wird es sehr brüchig, bei hoher bekommt es einen zähen Charakter. Wie beim Tragant sind die Reste der verschleimten Zellen deutlich erkennbar. Es löst sich nicht in Wasser sondern quillt nur damit auf.[11]

Inhaltsstoffe: Aufbau des Schleims aus Arabinose, Galactose und Glucuronsäure im molaren Verhältnis von 10:7:2;[9] nach Abspalten der Arabinose bleibt als Grundskelett des Schleimes ein Glucuronogalactan übrig, das aus *O*-(β-D-Glucuronopyranosyl)-(1,6)-β-D-galactopyranosyl-(1,6)-D-galactose-Einheiten aufgebaut ist.[49] Weitere Untersuchungen ergaben,[10] daß der wasserlösliche Kohlenhydratanteil des Gummis aus einer Komponente aufgebaut ist. Diese enthält L-Arabinose, D-Galactose, D-Glucuronsäure, D-Mannose, L-Rhamnose und D-Xylose im Verhältnis 14,5:11,3:3:2:1:1. Aufgrund der Ergebnisse umfangreicher Abbaustudien konnte eine Struktur für die durchschnittliche, sich wiederholende Einheit aufgestellt werden. Das Gummi hat einen geringen Proteingehalt und ist relativ arm an Hydroxyprolin.[50] Im Schleim ist auch Myrosinaseaktivität enthalten.

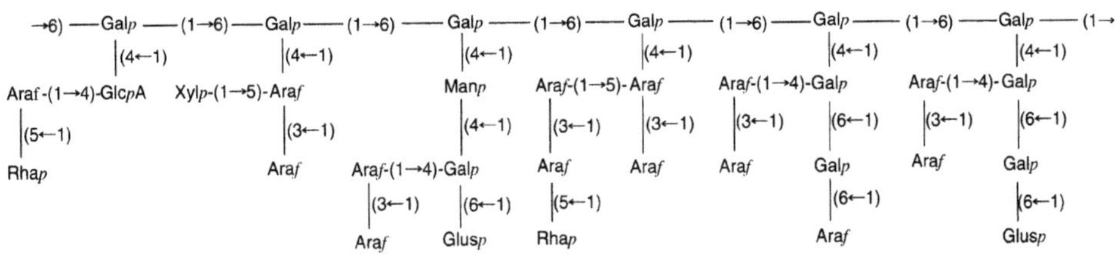

Moringae gummi

Wirkungen: Das Gummi soll eine adstringierende Wirkung besitzen. Experimentelle Belege hierzu liegen nicht vor.[26]

Volkstümliche Anwendung und andere Anwendungsgebiete: Das Gummi wird bei Magenbeschwerden, Zahn- und Ohrenschmerzen eingesetzt.[11,15] Die Wirksamkeit bei diesen Indikationen ist nicht belegt.

Sonst. Verwendung: *Industrie/Technik.* Das Gummi wird bzw. wurde beim Bedrucken von Kattun verwendet, wahrscheinlich als Appretur.[11]

Moringae oleum

Synonyme: Oleum Moringae.

Sonstige Bezeichnungen: Dt.: Behenöl, Moringa-Öl; engl.: Ben oil, behn oil; frz.: Huile de Ben.

Definition der Droge: Fettes Öl der reifen Samen.

Stammpflanzen: *Moringa oleifera* LAM., *Moringa peregrina* (FORSSK.) FIORI, *Moringa concanensis* NIMMO.

Herkunft: In Indien wird nur wenig Öl gewonnen.[11]

Gewinnung: Durch Auspressen.[15]

Minderqualitäten: Maroserano-Öl aus *Moringa drouhardi* JUMELLE oder *Moringa hildebrandtii* ENGL.

Inhaltsstoffe: Die Samenkerne enthalten zwischen 20 und 50 % fettes Öl, das hauptsächlich aus Glyceriden der Ölsäure (63 bis 73 %), der Palmitinsäure (3 bis 12 %) und der Stearinsäure (3 bis 12 %) besteht. Behensäure ist zu 0 bis 6 %, Arachinsäure zu 0 bis 8 % und Lignocerinsäure zu 0 bis 5,8 % enthalten.[11,28,32,46–48]

Volkstümliche Anwendung und andere Anwendungsgebiete: Das Öl wird äußerlich als Einreibung bei Rheuma und Hautkrankheiten angewandt.[15,23,25] Eine Wirksamkeit ist aus der Zusammensetzung des Öls nicht zu begründen.

Sonst. Verwendung: *Kosmetik.* Zur Salben- und Cremebereitung; das Öl beim Enfleurage-Prozeß zur Gewinnung äth. Öle, da es auch sehr leicht flüchtige Komponenten gut aufnimmt.[15] *Haushalt.* In Indien und Afrika als Speiseöl.[15,23,25] *Industrie/Technik.* Als Maschinenöl insbesondere für empfindliche Instrumente wie Uhren. Angeblich wird es nicht leicht ranzig.[28,32,46–48] Nach Lit.[11] wird das olivenölähnliche Behenöl ranzig wie jedes andere Öl entsprechender Zusammensetzung.

Moringae radix.

Synonyme: Radix Moringae.

Sonstige Bezeichnungen: Dt.: Behenwurzel, Moringawurzel.

Definition der Droge: Die frische oder getrocknete Wurzel.

Stammpflanzen: *Moringa oleifera* LAM.

Ganzdroge: Kräftige Wurzelstücke, außen netzartig, hellbraun, innen weiß gefärbt, mit rauher, längsgerunzelter Oberfläche. Rinde dick, etwas schleimig, Holz dick und weich. Geruch stechend, Geschmack scharf und leicht bitter, an Meerettich erinnernd.

Pulverdroge: Rindenparenchym mit zahlreichen Stärkekörnern und rhombisch-sternförmigen Calciumoxalatkristallen, manchmal auch mit Öltropfen; Korkzellen von 40 bis 70 µm Länge und 20 bis 35 µm Breite, gefüllt mit körnigen, braunen Inhaltsstoffen; zahlreiche Steinzellen, einzeln oder in Gruppen; sehr viele Fasern, einzeln oder in Gruppen, aus der Rinde; große, lysigene Schleimhöhlen über den Siebteilen; Zellen der drei- bis vielschichtigen Markstrahlen; Tracheiden und Tracheen, meist mit Thyllen, umgeben von einem dickwandigen Netzparenchym.

Inhaltsstoffe: *Senfölglykoside.* Glucotropaeolin[4] bzw. das daraus durch die pflanzeneigene Myrosinase freisetzbare Benzylisothiocyanat zu 0,05% (Vorkommen auf die Wurzel beschränkt)[6] und 4-(α-L-Rhamnosyloxy)benzylglucosinolat bzw. das durch Myrosinasespaltung daraus entstehende 4-(α-L-Rhamnosyloxy)benzylisothiocyanat zu 0,9%.[4,6]

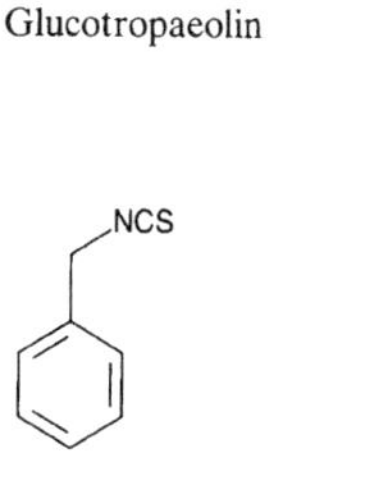

Glucotropaeolin

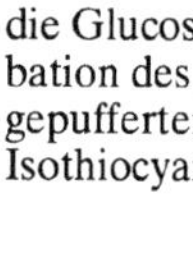

Benzylisothiocyanat

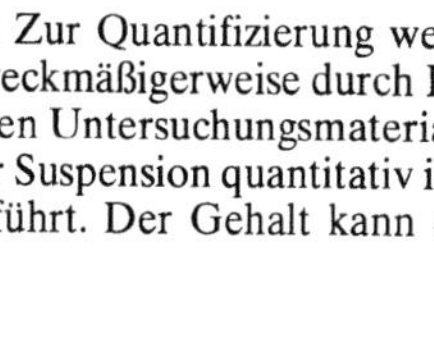

4-(α-L-Rhamnosyloxy)benzylisothiocyanat

Gehaltsbestimmung: Zur Quantifizierung werden die Glucosinolate zweckmäßigerweise durch Inkubation des gemahlenen Untersuchungsmaterials in gepufferter, wäßriger Suspension quantitativ in die Isothiocyanate überführt. Der Gehalt kann dann mittels HPLC oder GC bestimmt werden.[6] Zur GC-Best. des 4-(α-L-Rhamnosyloxy)benzylisothiocyanats ist zuvor eine Silylierung durchzuführen.[6]

Wirkungen: Wäßrige Wurzelextrakte (1:10) wirken im Folienstreifentest sowie im Reihenverdünnungstest antimikrobiell.[6,7] Das Wirkungsspektrum umfaßt grampositive und gramnegative Bakterien sowie auch Pilze. Die Wirkung beruht auf den Senfölen (s. Moringae semen).
Eine sympathicomimetische Wirkung beruhend auf Moringinin[15,16] und eine antibakterielle, lokalanästhetische und epithelisierungsfördernde Wirkung beruhend auf Spirochin[17] sind als nicht gesichert einzustufen, da die Strukturen der Verbindungen nicht geklärt sind und wesentliche Informationen zur Versuchsdurchführung in den indischen Originalveröffentlichungen fehlen.
Die gestampfte Wurzel führt als Kataplasma äußerlich zur Durchblutungsförderung.[25] Die Wirkung dürfte auf der Reizwirkung der Isothiocyanate auf die Haut beruhen. Experimentelle Belege hierzu fehlen allerdings.
Abortive und kontrazeptive Wirkung. Ein getrockneter Extr. der Wurzel mit 50%igem EtOH hemmte bzw. unterbrach bei tägl. Gabe von 200 mg/kg KG p.o. über 7 Tage direkt nach Koitus oder über 3 Tage von Tag 14 bis 16 nach Koitus bei Ratten in etwa 60% der Fälle die Schwangerschaft.[24,55]
Ein Extr. der luftgetrockneten Wurzel, der durch Auskochen der gepulverten Wurzel (keine Mengenangabe) mit Wasser hergestellt und dann unter reduziertem Druck zur Trockene eingeengt wurde, zeigte an Sprague-Dawley-Ratten folgende Wirkungen:

- Bei tägl. p.o. Gabe von 200 bis 400 mg/kg KG Extrakt über die ersten 7 Tage nach Koitus wurde die Implantation zu 80 bis 90%[18] oder sogar zu 100%[19] verhindert;
- Auf unreife Ratten, deren Ovare entfernt worden waren, übte der Extrakt bei tägl. p.o. Gabe von 200 mg/kg KG einen estrogenen Effekt aus.[20,21] Das Uterusgewicht nahm zu; histologische Veränderungen, wie eine Stimulation des Luminalepithels (Höhenzunahme), und metaplastische Veränderungen, wie Keratinisierung und loses Stroma, zeigten sich. Die Effekte entsprachen der Wirkung von 0,1 µg Estradiolpropionat s.c. pro Tier und Tag. Einzig die Öffnung der Vagina blieb aus. Diese wurde auch bei gleichzeitiger Gabe von Estradiolpropionat (s.c. 0,1 µg/Tier und Tag) und Extrakt (p.o. 200 bis 600 mg/kg KG) unterdrückt. Gewichtszunahme des Uterus und Gewebeproliferation wurden gehemmt.[20] Bei erneuter Untersuchung wurde bei gleichzeitiger Gabe von Estradiolpropionat (s.c. 0,1 µg/Tier und Tag) und Extrakt (p.o. 200 mg/kg KG) allerdings keine Hemmung, sondern eine verstärkte Reaktion beobachtet.[21] An erwachsenen Ratten zeigte sich ein antagonistischer Effekt zu Progesterongaben (s.c. 1,25 mg/Tier und Tag[21] bzw. 3 mg/Tier und Tag[20]) bei p.o. Gabe von 200 bis 600 mg/kg KG Extrakt pro Tag; die Decidualbildung wurde zu 50% gehemmt.[20] Genauere histologische Untersuchungen des Genital-

traktes zeigten ein reduziertes Endometrium mit Rissen und Leucocyteninfiltration. Die Cervix wies wenig Stratifizierung auf, die Drüsen zeigten keine Tätigkeit. In der Vagina wurde eine verstärkte Stratifizierung im Vergleich zur Kontrollgruppe beobachtet.[21] Biochemische Veränderungen wurden bei der Messung des Glycogen- und Cholesterolgehaltes und der Aktivität saurer und alkalischer Phosphatasen festgestellt;[22]

- In den ersten Tagen nach Beginn einer Fütterung mit 200 mg/kg KG Extrakt pro Tag wurde bei Ratten der Brunstzustand ausgelöst, langfristig vergrößerten sich die Abstände zwischen den Brunstphasen;[19]
- Die Ovarien von trächtigen Ratten entwickelten sich bei tägl. Fütterung von 200 mg/kg KG Extrakt 2 bis 6 Tage nach Koitus entsprechend einem unveränderten Ablauf des Cyclus weiter. Die Beurteilung erfolgte in Bezug auf die Differenzierung Graafscher Follikel und der Corpora lutea.[53]

Die Ergebnisse bedürfen der Überprüfung.

Volkstümliche Anwendung und andere Anwendungsgebiete: Kauen und Aussaugen der Wurzel bei Zahnfleischentzündungen.[25] Äußerlich werden Wurzelsaft, Wurzelpulver und unterschiedliche Extraktzubereitungen angewandt bei Entzündungen, Abszessen und schlecht heilenden Wunden,[17,23,26] bei Befall mit Guineawurm (*Drancunculus medinensis*)[26] sowie bei Bissen durch giftige Schlangen, Insekten und andere Tiere.[23,26] Die antimikrobielle Wirkung der Isothiocyanate kommt hier teilweise als Wirkprinzip in Betracht.
Der externe Einsatz der Wurzel in Form von Einreibungen oder als Badezusatz bei Rheuma ist weit verbreitet (Indien, Mittelamerika, Senegal, Tansania)[25–27] und erscheint in Hinblick auf die Reizwirkung der Isothiocyanate auf die Haut plausibel. Diese Therapie ist vergleichbar dem Einsatz der bei uns zu diesem Zweck verwendeten Senfpflaster.
Wurzelpulver wird als Tee auch im Gemisch mit Wurzelpulver von *Cassia obovata*, das eine laxierende Wirkung hat, gegen Leibschmerzen, bei Magenbeschwerden und Darmkrankheiten gegeben.[26] Auch hier ist die antimikrobielle Aktivität der Isothiocyanate als aktive Komponente einzuschätzen. Ferner wird die Wurzel bei Lähmungen, bei Epilepsie,[29] zur Herz- und Kreislaufstimulierung,[23] bei Fieber und intermittierendem Fieber,[25,30] bei Schwindel, Erkältungen[25,30] und Skorbut[23,30] verwendet. Eine Wurzelabkochung wurde in der indischen Provinz Kerala gegen Pocken eingesetzt.[31]
Die Wirksamkeit der Droge bei diesen Anwendungen ist zur Zeit nicht belegt.

Unerwünschte Wirkungen: Bei Einnahme größerer Mengen ruft die Wurzel Vergiftungserscheinungen wie Schwindel, Übelkeit und Erbrechen hervor. Auf die Haut aufgebracht, wirken Zubereitungen blasenziehend.[23]

Schwangerschaft: s. Wirkungen.

Gegenanzeigen/Anwendungsbeschr.: Bei Schwangerschaft auf Grund der abortiven Wirkung kontraindiziert; s. Wirkungen.

Toxikologische Eigenschaften: s. Wirkungen.

Sonst. Verwendung: *Haushalt.* Als Ersatz für Meerrettich.[23,25,26]

Moringae semen

Synonyme: Semen Moringae.

Sonstige Bezeichnungen: Dt.: Behennuß; engl.: Behen nut, ben nut; frz.: Noix de ben oléifère.

Definition der Droge: Reife, ungeschälte Samen.

Stammpflanzen: *Moringa oleifera* LAM.

Ganzdroge: *Geschmack:* Ölig, bitter und scharf, unangenehm.
Makroskopische Beschreibung: Gerundet dreikantige, rundliche bis eiförmige, schwarz-braune bis hellbraune, haselnußgroße oder etwas kleinere Samen mit 3 breiten, papierdünnen, weißlichen Flügeln. Unter der ziemlich dicken, zerbrechlichen Samenschale ein blaßgelber, öliger Kern, bestehend aus einem Embryo mit Speicher-Cotyledonen. Kein Endosperm.
Mikroskopisches Bild. Querschnitt der Samenschale: Eine Schicht tangential gestreckter Zellen mit zarten, spiralig verlaufenden, netzförmig verzweigten Verdickungsleisten; Eine Schicht tangential gestreckter, stark verdickter, getüpfelter Steinzellen; Eine starke Schicht rundlicher Zellen mit netzförmigen Verdickungsleisten (der ersten Schicht sehr ähnlich); Eine braun gefärbte Schicht von wenigen Reihen zusammengefallener Zellen.
Die Flügel aus dünnwandigen, stärkeführenden Zellen. Der Embryo aus öl- und aleuronhaltigem Parenchym, durchzogen von Gefäßbündeln. Die Aleuronkörner 5 bis 10 µm groß, in den meisten Zellen ein Oxalateinzelkristall von 15 bis 22 µm Größe.

Inhaltsstoffe: *Senfölglucoside.* Ein Senfölglykosid, aus dem nach Myrosinasespaltung 4-(α-L-Rhamnosyloxy)benzylisothiocyanat (Formel s. Moringae radix) entsteht.[4–6] Das Isothiocyanat ist in Konz. bis zu ca. 9 % in den entfetteten Samenkernen enthalten.[6]
Weitere Verbindungen. Zu weniger als 1 % ein in seiner Struktur nicht aufgeklärtes, argininreiches, zuckerfreies Makromolekül mit einem Molekulargewicht um 10.000, das auf Grund seiner polykationischen Struktur die flockungsaktive Komponente im wäßrigen Extrakt der Samen darstellt.[54]
Fettes Öl: s. Moringae oleum.
Ascorbinsäure: 0,09 bis 0,13 %.[37]
Moringyne: 1-β-D-Glucopyranosyl-2,6-dimethylbenzoat.[36]

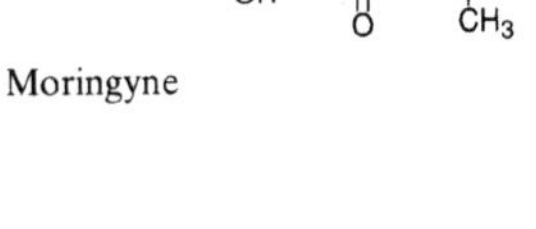

Moringyne

Wirkungen: *Antimikrobielle Wirkung.* Wäßrige Extrakte weisen aufgrund der Senföle eine antimikrobielle Wirkung auf.[6] Wachstumshemmung durch einen wäßrigen Extrakt (1:10) erfolgt im Lochtest bei folgenden Bakterien: *Bacillus megaterium*, *Bacillus subtilis*, *Escherichia coli*, *Klebsiella aerogenes*, *Micrococcus luteus*, *Mycobacterium phlei*, *Proteus mirabilis*, *Salmonella* sp., *Streptococcus faecalis*; und folgenden Pilzen: *Botrytis allii*, *Candida pseudotropicalis*, *Coniophora cerebella*, *Fusarium oxysporum*, *Penicillium expansum*, *Piricularia oryzae*, *Polystictus versicolor*. Die bakteriostatische Minimale Hemmkonzentration (MHK) von Benzylisothiocyanat (BI) und 4-(α-L-Rhamnosyloxy)benzylisothiocyanat (RBI) in µg/mL beträgt: *Bacillus subtilis*: BI 10, RBI 12,5; *Mycobacterium phlei*: BI 6,5, RBI 12,5; *Serratia marcescens*: BI und RBI nur partielle Hemmung (getestet bis 250). Jeweils bei einer ca. 20 % höheren Dosis liegt die baktericide MHK.
Einfluß auf den Blutzuckerspiegel. In Studien an männl. Albinomäusen, bei denen durch Alloxanbehandlung Diabetes ausgelöst wurde, führte die orale Gabe von 0,5 mL eines wäßrigen Extraktes (1 Teil pulv. Samenmaterial wurde mit 4 Teilen Wasser kurz gekocht und die Lsg. filtriert) zu einer Erhöhung des Blutzuckerspiegels um 15 % des Ausgangswertes 2 h nach Extraktverabreichung, d. h. es trat eine Zustandsverschlechterung ein.[39] Nähere Angaben fehlen, so daß die Ergebnisse schlecht bewertbar sind.

Volkstümliche Anwendung und andere Anwendungsgebiete: In Indien werden die Samen vor allem bei Fieber eingesetzt.[23] In der indischen Provinz Kerala nimmt man die Droge zur sexuellen Anregung ein.[31]
In Mittelamerika werden Kataplasmen aus gestampften Samen gegen Warzen aufgelegt; Decocte der Samen werden bei Verstopfung und Würmern eingenommen.[25]
Im Tschad werden rohe, gestoßene Samen in Sauermilch verrührt gegen Durchfall eingenommen.[26] In Nordnigeria wird das Samenpulver im Gemisch mit Rizinus-Samenpulver äußerlich gegen Schuppen appliziert und die Kopfhaut gründlich massiert.[26]
In Saudi Arabien werden die Samen bei Diabetes, Milzschwellungen, Abdomentumoren, Koliken, Dyspepsie, Fieber, Entzündungen, Hautkrankheiten, Wassersucht und Ödemen, Lähmungen und Hexenschuß eingesetzt.[39]
Die Wirksamkeit der Droge bei diesen Indikationen ist nicht belegt.

Akute Toxizität: *Tier.* Einmalige Gabe von 5 g/kg KG Droge führt bei Mäusen zu einer vermutlich unspezifischen Hyperplasie und Hyperkeratose im Vormagen und zu einer stärker zu bewertenden Leberzellverfettung mit Einzelnekrosen.[54] 4-(α-L-Rhamnosyloxy)benzylisothiocyanat erweist sich bei i. p. Gabe von 22 bis 50 mg/kg KG bei Mäusen als sehr tox. und führt innerhalb von 24 h zum Tode.[8]
30 bis 40 mg Samenpulver pro L verursachen bei *Poecilia reticulata* (Guppies) Bewegungsstörungen. Die LD_{50} betrug 196 mg/L bei einer Versuchsdauer von 96 h.[40] Schon ab einer Konz. von 5 mg/L ist die Sauerstoffaufnahme des Protozooen *Tetrahymena pyriformis* gestört.[40]

Chronische Toxizität: *Tier.* Bei Sprague-Dawley-Ratten, die über 6 Wochen mit täglich 50 bzw. 500 mg pulv. Samen, in Olivenöl suspendiert, gefüttert wurden, wurden unter Einbeziehung histologischer Untersuchungen von 28 Organen keine Hinweise auf eine chronische Toxizität gefunden.[41]

Mutagenität: Aus gerösteten Samen wurden 4-(α-L-Rhamnosyloxy)phenylacetonitril und 4-Hydroxyphenylacetamid isoliert, die im Micronucleustest an Mäusen bei einer Konz. von 40 mg/kg KG eine ähnliche Aktivität aufweisen wie die Kontrolle Tetracyclin und somit eine genotoxische Wirkung ausüben könnten.[8,42]

Sonst. Verwendung: *Haushalt.* Die Samen geröstet als Nahrungsmittel. Zarte, unreife Früchte und Samen als Gemüse gekocht oder sauer eingelegt.[23,25]
Im Sudan,[26,54] aber auch in Indonesien[43] dient das Pulver der frischen Samen als Flockungsmittel zum Klären von Schwebstoffen aus dem Trinkwasser. Das Samenpulver wird 20 bis 30 min vorgequollen, dann dem Trinkwasser zugesetzt. Bei Laborversuchen führten ca. 200 mg/L innerhalb 1 h zum Ausfallen von 96 bis 98 % der Schwebstoffe bei einer Belastung von 6.500 bis 8.000 mg Schwebstoffe pro Liter.[26] Die optimale Konzentration der aktiven Komponente beträgt 0,3 bis 0,6 mg/L.[54]
Für die Zeit von 1 bis 2 h nach Behandlung wurden auch die Keimzahlen zu 90 bis 99,99 % reduziert.[44] Im Verlauf von 24 h erfolgte ein Wiederanstieg der Keimzahlen von *Salmonella typhimurium*, *Shigella sonnei* und eingeschränkt auch von *Escherichia coli*, während die Keimzahlen von *Clostridum perfringens*, *Streptococcus faecalis* und *Vibrio cholerae* nicht wieder anstiegen.[44] Ebenso wurde die Zahl der Cercarien von *Schistosoma mansoni* durch die Behandlung um 90 % gesenkt.[45]
Die vorhandenen proteolytischen Enzyme könnten als Ersatz für Lab zur Käseherstellung genutzt werden.[38]

Moringa-oleifera-Blätter

Definition der Droge: Die frischen Blätter.

Stammpflanzen: *Moringa oleifera* LAM.

Inhaltsstoffe: Senfölglucoside, s. Moringae semen; Ascorbinsäure 1 bis 5 mg/g Frischgewicht.[32,33]

Wirkungen: Der frisch gepreßte Blättersaft wirkt in einer Konz. von 1:1.000.000 bakteriostatisch bei *Bacillus subtilis*, *Escherichia coli* und *Micrococcus pyogenes* var. *aureus*.[26]
Umfangreiche Untersuchungen wurden an einem wäßrigen und einem alkoholischen Frischblattextrakt durchgeführt. Für den wäßrigen Extrakt wurde 1 Teil Droge mit 10 Teilen Wasser versetzt und 75 min gekocht. Der alkoholische Extrakt wurde durch Extraktion von 1 Teil frischer Blätter mit 20 Teilen Ethanol bei Raumtemperatur über 50 Tage gewonnen. Dieser Extrakt wurde zur Trockene gebracht, zwischen Petrolether und Wasser verteilt und aus der Wasserphase nach dem Einengen zur

Trockene eine 10%ige wäßrige Lösung hergestellt.[34]

Der wäßrige Extrakt hatte im Tierversuch folgende Wirkungen:

- Eine Dosis von 5 mL Extrakt pro Tier i. v. wirkte bei anaesthesierten Hunden kurzzeitig stark blutdrucksenkend und bewirkte eine Atmungsvertiefung;
- Zugabe von 0,5 bis 1 mL Extrakt zur Badflüssigkeit (keine Volumenangabe) steigerten Schlagzahl und Schlagvolumen beim isolierten Kaninchenherz.

Der alkoholische Extrakt hemmte in einer Dosis von 1 mL die acetylcholininduzierbare Kontraktion am isolierten Meerschweinchen-Ileum (10 mL Badflüssigkeit) und Frosch-Abdomenmuskel (5 mL Badflüssigkeit).[34]

Ethanolischer und wäßriger Extrakt hemmen bei Mäusen (0,2 mL i. p./Tier) und bei Hunden (5 mL i. v.) die spontane Motilität.[34] Die Ergebnisse bedürfen der Überprüfung.

Nicht näher charakterisierte Extr. aus den oberirdischen Pflanzenteilen mit EtOH 50% sollen eine cytostatische Aktivität *in vitro* im Test an Zellkulturen von einem epidermalen Nasenrachentumor des Menschen und *in vivo* im Test am P338-Maus-Lymphocytentumor zeigen.[56] Nähere Angaben fehlen.

Volkstümliche Anwendung und andere Anwendungsgebiete: In Indien werden die Blätter als Paste äußerlich zur Förderung der Wundheilung aufgetragen.[27] Sie werden bei Erkältungsbeschwerden eingesetzt[27,29] und gelten als Mittel gegen Skorbut.[27,29] In Indonesien werden die Blätter bei einer Reihe unterschiedlicher Krankheiten wie Blähungen, Ringwürmer, Beri Beri, Gonorrhö, Wassersucht und Trunkenheit verwendet.[30] In Südamerika werden sie äußerlich als blasenziehendes Mittel verwendet.[30] Auf den Fidschi-Inseln wird der Blattsaft mit etwas Honig versetzt als Mittel gegen Wassersucht eingesetzt. Zerriebene Blätter mit Knoblauch und Curcuma, Salz und Pfeffer stellen ein Mittel zur Wundbehandlung von Hundebissen dar.[29] Auf die Stirn gerieben sollen die Blätter gegen Kopfschmerzen helfen.[29] Auch bei Augenkrankheiten und als Brechmittel bei Vergiftungen werden die Blätter eingesetzt.[29]

Auf Haiti wird bei nervösen Schockzuständen eine Abkochung der Blätter peroral verabreicht.[35] In Puerto Rico werden die Blätter gern bei Verstopfung als Ersatz für Sennesblätter gegessen.[25]

Die Anwendungsbereiche sind denen von Wurzel und Samen recht ähnlich und eine Wirkung dürfte im wesentlichen auf den Gehalt an Senföl zurückzuführen sein (s. Moringae radix). Die Wirkung bei Skorbut läßt sich durch den Ascorbinsäuregehalt erklären. Ansonsten ist die Wirksamkeit der Droge zur Zeit nicht belegt.

Akute Toxizität: *Tier.* Aus Tierversuchen mit Hunden kann orientierend auf eine geringe Toxizität geschlossen werden, da Injektion einer Dosis von 50 mL wäßrigen und ethanolischen Extr. (s. Wirkungen) pro Tier nur zu Erbrechen und vorübergehenden Gleichgewichtsstörungen führte.[34]

Bei Mäusen betrug die LD_{50} eines Extr. der oberirdischen Teile mit EtOH 50% bei i. p. Gabe 8 mg.[56] Nähere Angaben fehlen.

Sonst. Verwendung: *Haushalt.* Als Gemüse.[15,34] *Landwirtschaft.* Blätter und Zweige als Viehfutter.

Moringa-oleifera-Wurzelrinde

Definition der Droge: Die frische oder getrocknete Wurzelrinde.

Stammpflanzen: *Moringa oleifera* LAM.

Ganzdroge: s. Moringae radix.

Pulverdroge: s. Moringae radix, Rindenelemente.

Volkstümliche Anwendung und andere Anwendungsgebiete: In Indien wird die Wurzelrinde bei Krämpfen äußerlich aufgetragen;[58] in Indonesien nimmt man die Droge bei Beri-beri und Lähmungen ein.[30] Die Wirksamkeit der Droge bei den genannten Indikationen ist nicht belegt.

Moringa peregrina (FORSSK.) FIORI

Synonyme: *Moringa aptera* GAERTN., *M. arabica* (LAM.) PERS., *Hyperanthera peregrina* FORSSK.

Sonstige Bezeichnungen: Dt.: Echter Behennußbaum.

Botanische Beschreibung: 4 bis 10 m hoher besenstrauchartiger Baum, spärlich beblättert, Blätter 30 cm und länger, mit verlängerter primärer Blattrhachis, doppelt gefiedert, mit 3 Fiederpaaren 1. Ordnung, die wenige, entfernt stehende, blaugrüne, verkehrt-eiförmige bis verkehrt-lanzettliche Blättchen tragen. Rosaweiße bis hellgelbe, 1,5 cm große Blüten in lockeren, bis 30 cm langen Rispen. Frucht eine 10 bis 30 cm lange, gerippte, einfächerige, braune, hängende Kapsel, die durch schwammartige Wucherungen voneinander getrennte Samen in einer Reihe trägt; Samen 1 cm groß, ungeflügelt, ca. 50% Samenschale.[51]

Inhaltsstoffe: Die Samen enthalten neben fettem Öl Senfölglykoside: Nach Myrosinase-Behandlung wurden 2-Propylisothiocyanat, 2-Butylisothiocyanat, 2-Methylpropylisothiocyanat, 5,5-Dimethyloxazoidin-2-thion, 4-(4'-*O*-Acetyl-*α*-L-rhamnosyloxy)benzylisothiocyanat und das entsprechende nicht-acylierte Senföl 4-(*α*-L-Rhamnosyloxy)benzylisothiocyanat nachgewiesen (Formel s. Moringae radix).[5]

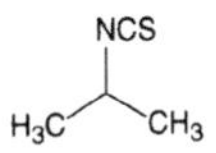

2-Propylisothiocyanat

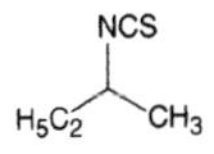

Butylisothiocyanat

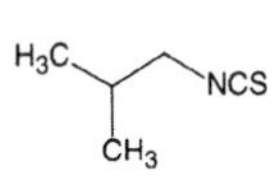

2-Methylpropylisothiocyanat

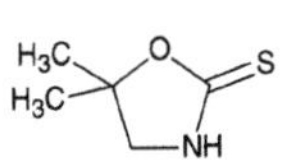

5,5-Dimethyloxazoidin-2-thion

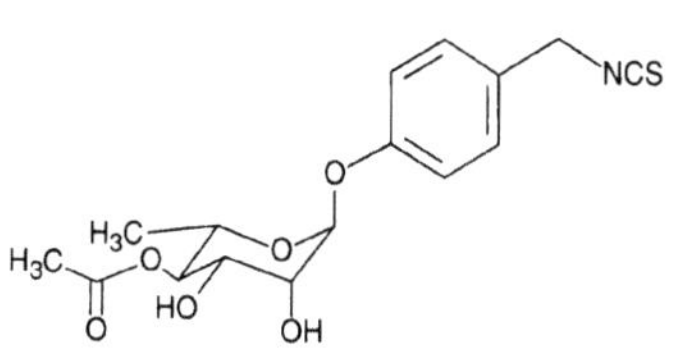

4-(4'-*O*-Acetyl-α-L-rhamnosyloxy)benzylisothiocyanat

Verbreitung: Heimisch im arabisch-afrikanischen Wüstengebiet; in Vorderindien, Sri Lanka, Westindien und Südamerika der Samen wegen vielfach kultiviert.

Drogen: Moringae gummi, Moringae oleum.

Moringae gummi

s. *Moringa oleifera.*

Moringae oleum

s. *Moringa oleifera.*

Moringa-oleifera-Wurzelrinde

Definition der Droge: Die frische oder getrocknete Wurzelrinde.

Stammpflanzen: *Moringa oleifera* LAM.

Ganzdroge: vgl. Moringae radix.

Pulverdroge: s. Moringae radix, Rindenelemente.

Volkstümliche Anwendung und andere Anwendungsgebiete: In Indien wird die Wurzelrinde bei Krämpfen äußerlich aufgetragen;[58] in Indonesien nimmt man die Droge bei Beri-beri und Lähmungen ein.[30] Die Wirksamkeit der Droge bei den genannten Indikationen ist nicht belegt.

1. Verdcourt B (1985) Kew Bull 40:1–24
2. Pax F (1936) In: Engler A, Prantl K (Hrsg.) Die natürlichen Pflanzenfamilien, Bd. 17b, 2. Aufl., S. 694–698
3. Dutt BSM, Narayana LL, Radhakrishnajah M, Nageshwar G (1984) J Econ Taxon Bot 5:577–580
4. Badgett BL (1964) Ph. D. Thesis, Rice University, Houston, Texas
5. Kjaer A, Malver O, El-Menshawi B, Reisch J (1979) Phytochemistry 18:1.485–1.487
6. Eilert U, Wolters B, Nahrstedt A (1981) Planta Med 42:55–61
7. Das BR, Kurup PA, Narasimha Rao PL (1954) Naturwiss 41:66
8. Villasenor IM, Lym-Sylianco CY, Dayrit F (1989) Mutation Res 224:209–211
9. Ingle TR, Bhide BV (1954) J Indian Chem Soc 31:939–942
10. Bhattacharya SB, Das AK, Banerji N (1982) Carbohydr Res 102:253–262
11. Ramachandran C, Peter KV, Gopalakrishnan PK (1980) Econ Bot 34:276–283
12. Saluja MP, Kapil RS, Popli SP (1978) Indian J Chem 16B:1.044
13. Anjaneyulu B, Babu Rao V, Ganguly AK, Govindachari TR, Joshi BS, Kamat VN, Manmade AH, Mohamed PA, Rahimtula AD, Saksena AK, Varde DS, Viswanathan N (1965) Indian J Chem 3:237–238
14. Nair AGR, Subramanian SS (1962) Curr Sci 4:155–156
15. Chopra RN, Chopra IC, Handa KL, Kapur LC (1958) In: Chopra RN (Hrsg.) Chopra's Indigenous Drugs of India, 2. Aufl., Dhur, Calcutta, S. 364–374
16. Gosh S, Chopra RN, Dhutt A (1935) Indian J Med Research 22:785
17. Chatterje GS, Maitra SR (1951) Sci Cu 17:44–45
18. Shukla S, Mathur R, Prakash AO (1988) Int J Crude Drug Res 26:29–32
19. Shukla S, Mathur S, Mathur R, Prakash AO (1987) Planta Med 53:552
20. Shukla S, Mathur R, Prakash AO (1988) J Ethnopharmacol 22:51–62
21. Shukla S, Mathur R, Prakash AO (1988) J Ethnopharmacol 25:249–261
22. Shukla S, Mathur R, Prakash AO (1988) Pak J Sci Ind Res 22:273–277
23. Ambasta SSP (1986) In: The useful plants of India, Publications and Information Directorate, CSIR, New Delhi, S. 380–381
24. Kamboj VP, Dhawan BNN (1982) J Ethnopharmacol 6:191–226
25. Morton J (1981) In: Thomas CC (Hrsg.) Atlas of medicinal plants of Middle America, Springfield, Illinois, USA, S. 255–256
26. Al Azharia Jahn S (1979) Pharm Unserer Zeit 8:54–60
27. Iwu MM, Anyanwu BN (1982) J Ethnopharmacol 6:263–274
28. Badami RC, Shanbhag MR (1975) J Oil Technol Assoc India 7:78–79
29. Singh YN (1986) J Ethnopharmacol 15:57–88
30. Hirschhorn HH (1983) J Ethnopharmacol 7:157–167
31. Pushpangadan P, Atal CK (1986) J Ethnopharmacol 16:175–190
32. Verma SC, Banerji R, Misra G, Nigam SK (1975) Curr Sci 45:769–770
33. Rao JVS, Rao GR, Krishna CM, Rao GG (1979) Comp Physiol Ecol 4:243–245
34. Siddiqi S, Khan MI (1968) Pak J Sci Ind Res 11:268–272
35. Weniger B, Rouzier M, Daguilh R, Henrys D, Henrys JH, Anton R (1986) J Ethnopharmacol 17:13–30
36. Memon GM, Memon SA, Memon AR (1985) Pak J Sci Ind Res 28:7–9
37. Dogra PD, Singh BP, Tandon S (1975) Curr Sci 44:31
38. Dahot MU, Ayub Ali S, Memon AR (1985) J Pharm (Lahore) 6:1–10
39. Mossa JS (1985) Int J Crude Drug Res 23:137–145
40. Grabow WOK, Slabbert JL, Morgan WSG, Jahn SAA (1985) Water S A 11:9–14
41. Berger MR, Habs M, Jahn SAA, Schmahl D (1984) East Afr Med J 61:712–716
42. Villasenor IM, Finch P, Lim-Sylianco, Dayrit F (1989) Carcinogenesis 10:1.085–1.088
43. Sattaur O (1983) New Scientist 100:830–832
44. Madsen M, Schlundt J, Omer EFE (1987) J Trop Med Hyg 90:101–110

45. Olsen A (1987) Water Res 21:517–522
46. Sengupta A, Gupta MP (1976) Fette Seifen Anstrichm 72:6–10
47. Jamieson GS (1939) Oil & soap:173–175
48. Khan FW, Gul P, Malik MN (1975) Pak J For 25:100–102
49. Ingle TR, Bhide BV (1962) J Indian Chem Soc 39: 623
50. Anderson DMW, Bell PC, Gill MCL, McDougall FJ, McNab CGA (1986) Phytochemistry 25:247–249
51. Zohary M (1966) Flora Palaestina 1:340
52. Barnabas CGG, Nagarajan S, Arokiarajulu M (1985) Indian Drugs 22:279–280
53. Prakash AO (1988) Fitotherapia 59:89–96
54. Barth H, Habs M, Klute R, Müller S, Tauscher B (1982) Chemiker-Zeitung 106:75–78
55. Prakash AO, Mathur R (1976) Indian J Exp Biol 14:623
56. Dhawan BN, Dubey MP, Mehrotra BN, Rastogi RP, Tandon JA (1980) Indian J Exp Biol 18:594–606
57. Hgn, Bd. 5, S. 128–131; Bd. 9, S. 87, 90
58. Chopra RN, Nayar SL, Chopra IC (1956) Glossary of Indian Medicinal Plants, council of scientific and industrial research, New Delhi

Ei/HB

Musa

HN: 2034600

Familie: Musaceae.

Unterfamilie: Musoideae.

Gattungsgliederung: Die Gattung Musa L. umfaßt etwa 30 Arten. Sie gliedert sich in die Sektionen Australimusa und Eumusa.[1,2]

Gattungsmerkmale: Riesige, bis 15 m hohe ausdauernde Kräuter mit Rhizom und aus den Blattscheiden der Schößlinge gebildeten Scheinstämmen. Der Blütenstand entspringt vom Rhizom, durchwächst den hohlen Scheinstamm und bleibt danach aufrecht oder krümmt sich abwärts. Blüten zahlreich, männliche an der Spitze des Blütenstandes, weibliche darunter; zwischen männlichen und weiblichen Blüten kann eine Zone zwittriger Blüten eingeschaltet sein.

Verbreitung: Südostasien bis Ozeanien; die Wildarten sind Pionierpflanzen auf offenen Plätzen im Urwald.[1,3]

Inhaltsstoffgruppen: Latex in Milchschläuchen von Blättern und Fruchtschalen einiger untersuchter Arten. Polyphenole in allen Organen, besonders akkumuliert in Stämmen und Früchten in sog. "Gerbstoffschläuchen". Reichlich Stärke in Früchten, Rhizomen und Wurzeln.
Wachse und Sterine als Cuticularwachse. Indonesische Arten, insbesondere *M. acuminata* COLLA, liefern durch Abkratzen der Blätter das sog. "Pisang-Wachs".
Cellulosefasern in Blattscheiden und Stämmen; japanische und philippinische Arten dienen der Fasergewinnung, *M. textilis* NÉE liefert den Manilahanf.[5,16]

Drogenliefernde Arten: *M. paradisiaca*: Mehlbananen-Fruchtfleisch, Musa sapientum hom. *HAB 34*.

Musa paradisiaca L.

Synonyme: *M. acuminata* × *M. balbisiana*, *M.* × *paradisiaca* var. *normalis* KUNTZE, *M.* × *paradisiaca* var. *sapientum* (L.) KUNTZE, *M. sapientum* L., *M.* × *sapientum* var. *paradisiaca*.[6,7]

Sonstige Bezeichnungen: Dt.: Banane (Mehlbanane und Obstbanane), Pisang, Planten; engl.: Banana (banana and plantain), banana tree; frz.: Bananier, plantanier.

Systematik: Systematik und Nomenklatur sind schwierig und uneinheitlich gehandhabt. Die Sippen, die eßbare Bananen (Gemüse- bzw. Mehlbananen und Obstbananen) liefern, sind großteils in der Kultur durch Bastardisierung und Auslese entstandene Formen, es handelt sich um triploide und tetraploide cultigene Hybride, Abkömmlinge der diploiden Wildarten *M. acuminata* COLLA und *M. balbisiana* COLLA.[5,6]
Die ca. 300 heute bekannten Kultursorten teilt man in die 2 Gruppen Mehl- und Obstbananen, die aber in der Literatur vielfach auch als eigenständige Arten (*M. paradisiaca* L. bzw. *M. sapientum* L.) behandelt werden.[6,8,16]

Botanische Beschreibung: Staude mit unterirdischem Rhizom, aus dessen Schößlingen neue fruchtende Triebe hervorgehen. Die Blattscheiden bilden einen hohlen Scheinstamm. Die Blattspreite ist sehr groß, ganzrandig und ungeteilt, reißt aber häufig im Wind fiederig ein. 7 bis 9 Monate nach Bildung des Schößlings entwickelt sich der Blütenstand, der den Scheinstamm durchwächst und sich dann nach unten krümmt. An seiner Spitze trägt er Gruppen von männlichen, darunter von zwittrigen und schließlich von weiblichen Blüten. Nur aus den weiblichen Blüten entwickeln sich ohne Bestäubung samenlose Beerenfrüchte; die zwittrigen bleiben steril, bei einigen Sorten fehlen sie.

Inhaltsstoffe: In den Blüten Dopa sowie Amine wie Dopamin, Noradrenalin und Serotonin, Säuren wie *p*-Cumar-, Ferula-, Protocatechu- und Zimtsäure sowie Sterole und Triterpene, wie Campesterol, *β*-Sitosterol und Stigmasterol oder Cyclomusalenol und Cyclomusalenon (jeweils nur identifiziert, ohne Mengenangaben).[9]
In den Schalen Amine wie Serotonin (50 bis 150 µg/g Frischgewicht), Tyramin (65 µg), Dopamin (700 µg), Noradrenalin (122 µg) und die Tryptamine *N,N*-Dimethyl- (DMT) und *N,N*-Diethyltryptamin (DET).[13,19]
Weiterhin eine Vielzahl (30 % der Lipidfraktion) an Phytosterolen und 3-Oxosterolen, darunter Vertreter mit einem 9,10-Cyclopropan-Ring[10,11] und als Hauptkomponente Cyclomusalenon (= 31-Norcyclolaudenon) (12 % der Lipidfraktion).[12]

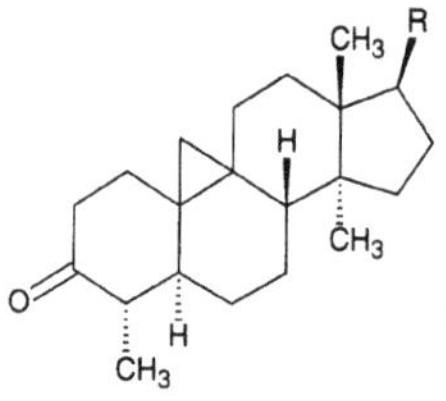

(1)

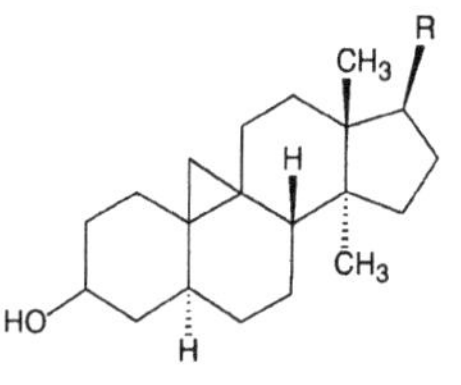

(2)

	R
a	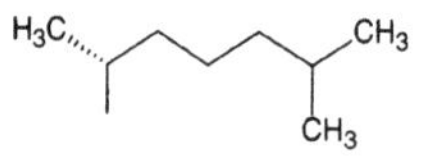
b	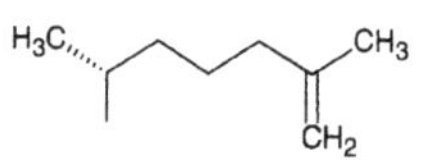
c	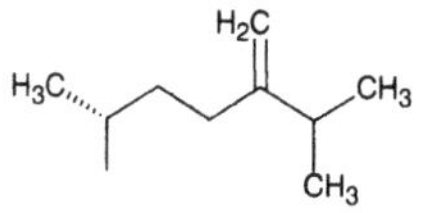
d	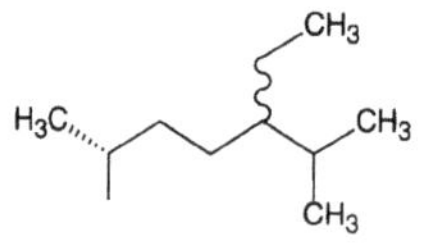

Beispiele für in der Bananenschale vorkommende Sterole und 3-Oxosterole. 1b = Cyclomusalenon.[10–12]

In Rhizomen und Stengeln große Mengen, in Blättern und Pulpa geringe Mengen an Cyclomusalenon.[12]
Aus dem Saft des Stammes wurde ein muskellähmendes Prinzip isoliert, dessen Konstitution noch unbekannt ist.[14]

Verbreitung: Wild nicht bekannt; Entstehungsgebiet Südostasien, heute im ganzen Tropengürtel in Kultur verbreitet.[2,4]

Anbaugebiete: In allen tropischen und vielen subtropischen Gebieten in großem Umfang kultiviert. Hauptexporteure sind süd- und mittelamerikanische Länder.[2]

Drogen: Mehlbananen-Fruchtfleisch, Musa sapientum hom. *HAB34*.

Mehlbananen-Fruchtfleisch

Sonstige Bezeichnungen: Engl.: Banana pulp, plantain banana pulp.

Definition der Droge: Das noch nicht reife Fruchtfleisch.

Stammpflanzen: *Musa* × *paradisiaca* L. (auch *M. sapientum* L. var. *paradisiaca* genannt[26,27,30]).

Herkunft: Aus den gesamten Tropen.[6,15]

Gewinnung: Alle Bananensorten werden unreif geerntet und natürlich durch Lagerung oder künstlich in Reifungskammern (speziell die Obstbananen des Exports) innerhalb von 3 bis 10 Tagen nachgereift. Während Obstbananen roh genießbar sind, müssen Mehlbananen wegen des hohen Stärkegehalts vor Gebrauch gekocht oder gebraten werden.[8,15]

Handelssorten: Jede Region hat ihre eigenen Sorten, bekannte Mehlbananensorten sind beispielsweise French und Horn Plantain, Hembra oder Macho.[6,16]

Ganzdroge: Bis zu 50 cm lange, armdicke Früchte, die durch Eintauchen in heißes Wasser leicht geschält werden können. Fruchtfleisch hell, an Luft nachdunklend, schnittfest.

Schnittdroge: *Geruch.* Geruchlos oder leicht aromatisch.
Geschmack. Leicht zusammenziehend bis herbbitter, schleimig.[6,17]
Mikroskopisches Bild. Am Rand faseriges Gewebe der Schalenreste, allmählich Übergang zum Mark (inneres Mesocarp). Im äußeren Teil des Marks enge Spiralgefäße, die von mächtigen Gerbstoffschläuchen aus 100 bis 500 µm langen Gliedern begleitet sind. Bei der reifenden Frucht enthalten sämtliche Glieder ein zähes Gel, das sich bei Überreife unter geringer Kontraktion in gelbliche bis rotbraune Einschlußkörper (Inklusen) verwandelt. Der Inhalt der Gerbstoffzellen färbt sich mit Eisen(III)chlorid bläulich, mit Vanillin-Salzsäure himbeerrot. Das aus dünnwandigem Parenchym bestehende Mark ist von charakteristischen großen, geschichteten Stärkekörnern erfüllt; vereinzelt Raphidenzellen.[17]

Pulverdroge: Charakterisiert durch die stark geschichteten, 30 bis 80 µm langen ei-, flaschen- und

Bananenstärke

stabförmigen Stärkekörner und durch tonnenförmige Glieder der Gerbstoffschläuche, deren Inhalt gewöhnlich nur wenig geschrumpft ist.[17,18]

Inhaltsstoffe: 100 g frisches Fruchtfleisch enthalten im Mittel 74 % Wasser, 1,15 % Eiweiß, 0,18 % Fett, 0,6 % Rohfaser, 0,8 % Mineralstoffe (K, Na, Ca, Fe, P) und 24 % Kohlenhydrate.[15] Während der Stärkeanteil der Mehlbananen zur Reife hin unverändert bleibt, wandelt sich die Stärke der Obstbananen zur Reife in Zucker um, vor allem in Invertzucker.[17]
Amine. In reifen und unreifen Früchten: Serotonin (28 µg/g Frischgewebe), Tyramin (7 µg), Dopamin (8 µg), Noradrenalin (2 µg), daneben Dimethylamin, Ethylamin, Histamin, Isobutylamin, Methylamin, Propanolamin, Putrescin und Spermidin (ohne Mengenangaben).[19]
Aromastoffe. 180 Aromastoffe sind bisher identifiziert, charakteristischer Geruchsträger ist das sich vor allem zur Reife hin stark entwickelnde Isopentylacetat, weiterhin typisch sind Ester von Pentanol mit Essig-, Propion- und Buttersäure, Eugenol, *O*-Methyleugenol und Elimicin.[19,20]
Gerbstoffe. Besonders in den unreifen Mehlbananen nicht näher identifizierte Tannine.[34,35]
Sterylglykoside. Sitoindosid I bis IV (0,001 bis 0,003 % im Trockengewicht) mit antiulcerogener Aktivität und Glykoside und Ester von Sitosterol, Stigmasterol, Campesterol und Citrostadienol (ohne Mengenangaben).[21,22]
Ob der in angereicherter Fraktion erhaltene "Anti-Ulcus-Faktor" (22 mg aus 7 g Bananenpulver, wasserlöslich, thermolabil) mit den wirksamen Sterylglykosiden identisch ist, ist noch ungeklärt.[23]
Säuren. Unreife Fruchtpulpa enthält viel Oxal-, Äpfel- und Citronensäure, zur Reife hin nimmt der Oxalsäuregehalt ab.[24]
Vitamine. *β*-Carotin (0,23 mg/100 g frisches Fruchtfleisch), Vitamin B_1 (0,044 mg), B_2 (0,057 mg), Nicotinamid (0,65 mg) und Vitamin C (12 mg).[15]

Zubereitungen: *Amylum Musae* (Bananenstärke, Guyana-Arrowroot). Durch Ausschlämmen aus gemahlenem Bananenfruchtfleisch gewonnen.[18,25]
Bananenpulver (engl.: Plantain banana pulp powder). Die noch grünen, geschälten Bananen werden in Scheiben geschnitten und an der Luft oder in Trocknungskammern so lange getrocknet, bis sie nur noch 15 % Wasser enthalten, anschließend dann zu Pulver vermahlen.[8,26]

Wirkungen: *Antiulcerogene Aktivität.* Peroral verabreichtes Bananenpulver (Dosisbreite: 0,5 bis 5 g/kg KG) hemmt die Bildung von Magen- oder Darmgeschwüren in verschiedenen Modellen von experimentell induziertem Ulcus (mit Aspirin, Prednisolon, Histamin etc.) in Ratten, Mäusen und Meerschweinchen. Zugleich fördert Bananenpulver die Heilung von bereits bestehendem Ulcus.[23,27-30] Als Wirkungsparameter der protektiven und curativen Wirkung wurden gemessen: Die Zunahme der Mucosastärke im Vergleich zu unbehandelten Tieren, verstärkter Einbau von ^3H-Thymidin in die Mucosazellen-DNA, Zunahme des Gesamtkohlenhydratgehalts in der Mucosa und des Kohlenhydrat-Protein-Verhältnisses im Magensaft.[27,30]

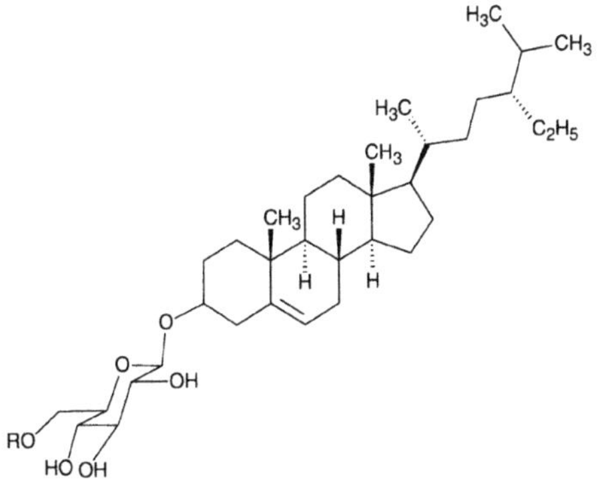

	R
Sitoindosid I	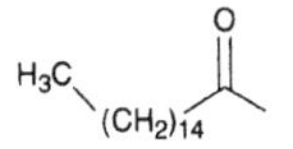
Sitoindosid II	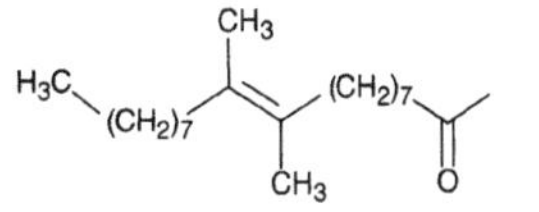
Sitoindosid III	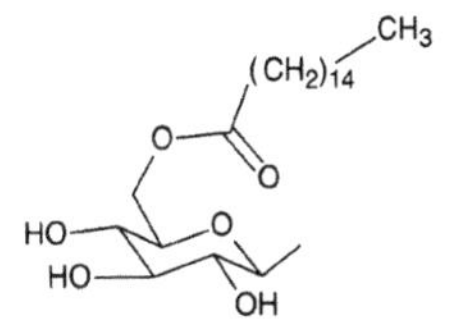
Sitoindosid IV	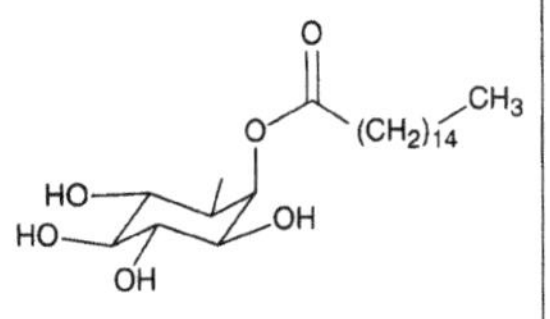

Beispiele für im Mehlbananenfruchtfleisch vorkommende Sitosterylesterglykoside.[21,22]

Cholesterolsenkende Wirkung. Bei Verfütterung von 300 bis 500 g/kg KG Bananenfruchtfleisch zusammen mit 50 g/kg KG Rindertalg und 5 g/kg KG Cholesterol an männliche Ratten konnte ein deutlicher Serumcholesterol-senkender Effekt im Vergleich zu Kontrollgruppen ohne Bananendiät festgestellt werden.[37,38]
Ethanolischer Bananenextrakt (1, 10, 100 µg Bananenpulver auf 0,1 mL Ethanol 1 %) erhöht dosisabhängig nach halbstündiger Inkubation die Eicosanoidkonzentration (PGE, TXB_2, PGF_1) (gemessen im RIA) in Zellkulturen von humaner Magen- und

Darmmucosa. Die Konzentrationsanstiege bewegen sich zwischen 10 und 70%. Wäßrige Extrakte (5, 50, 500µg Bananenpulver/0,1 mL Wasser) zeigen keine Wirksamkeit.[31]
Das aus unreifen Bananen isolierte Acylsterylglykosid Sitoindosid IV[26,27] erhöht nach 3- bis 7tägiger i.p. Applikation an Mäuse in Dosen von 100 bis 400µg/Maus deutlich die Mobilisierung und Aktivierung peritonealer Makrophagen.[32]

Volkstümliche Anwendung und andere Anwendungsgebiete: Bananenpulver oder unreife Früchte bei Magen- und Darmbeschwerden, Dyspepsie und Diarrhöe, weiterhin bei Diabetes, Skorbut, Gicht, Bluthochdruck und Herzbeschwerden.[33,35,36] Zur Wirksamkeit bei den genannten Anwendungen liegen keine klinischen Studien vor.

Dosierung und Art der Anwendung: *Droge.* In Indien werden das Bananenpulver, in Milch eingerührt, oder unreife Früchte, zu Brei gestoßen, eingenommen, oder Bananenmehl zu Brotfladen, sog. Chappatis, verbacken und bei den genannten Beschwerden gegessen.[33,35]

Tox. Inhaltsstoffe u. Prinzip: Es wird vermutet, daß die Endomyocardfibriose, die in Afrika und anderen tropischen Gebieten häufig vorkommt, und deren Ursache man nicht kennt, die Folge chronischer, hoher Aufnahme von 5-Hydroxytryptamin (= Serotonin) infolge des hohen Bananenverzehrs in diesen Regionen ist.[39]

Sonst. Verwendung: *Pharmazie/Medizin.* Amylum Musae dient als Hilfsstoff zur Tablettenherstellung.[25]
Haushalt. Bananenmehl und Bananenstärke sind leicht verdaulich und sind in den Ursprungsländern häufig Bestandteile von Kindernahrung und Krankenkost.[18,25]
Ausgereifte Mehlbananen, gekocht, gebraten, zu Brei zerstoßen, zu Mehl verarbeitet (der Nährwert entspricht dem des Getreidemehls), gehören zu den wichtigsten Nahrungsmitteln des Tropengürtels, während Obstbananen, frisch, gedörrt und getrocknet, weltweite Bedeutung haben.[8,15]
In Afrika werden Mehlbananen zu alkoholischen Getränken vergoren.[8]

Musa sapientum hom. *HAB 34*

Monographiesammlungen: Musa sapientum *HAB 34.*

Definition der Droge: Die getrockneten Blüten.

Stammpflanzen: *Musa × paradisiaca* L. (als *M. sapientum* L. in *HAB 34*).

Zubereitungen: *Urtinktur.* Zubereitung nach §4, *HAB 34*, durch Mazeration mit EtOH 90%.

Gehalt: *Urtinktur.* Arzneigehalt $^1/_{10}$.

1. Heywood VH, Chant SR (Hrsg.) (1982) Popular Encyclopedia of Plants, Cambridge University Press, Cambridge, S. 230
2. Rehm S, Espig G (1984) Die Kulturpflanzen der Tropen und Subtropen, 2. Aufl., Ulmer, Stuttgart, S. 171
3. Audus LJ, Heywood VH (Hrsg.) (1981) Winkler Prins Encyclopedie van het Plantenrijk, Elsevier, Amsterdam Brüssel, Bd. 3, S. 859
4. Schultze-Motel J (Hrsg.) (1986) Rudolf Mansfeld, Verzeichnis landwirtschaftlicher und gärtnerischer Kulturpflanzen, 2. Aufl., Springer, Berlin Heidelberg New York, Bd. 2, S. 1.669
5. Hgn, Bd. II, S. 363–370 und Bd. VII, S. 596, 733
6. Simmonds NW (1966) Bananas, 2. Aufl., Longmans, London
7. Zan, S. 363
8. Esdorn I (1961) Nutzpflanzen der Tropen und Subtropen, Fischer, Stuttgart, S. 98
9. Lin YL (1985) Kuo Li Chung-kuo I Yao Yen Chiu Kao (Taiwan) 115–128, zit. nach CA 106:135269x
10. Knapp FF, Nicholas HJ (1969) Phytochemistry 8:207–214
11. Akihisa T, Shimizu N, Tamura T, Matsumoto T (1985) Lipids 21:494–497
12. Knapp FF, Nicholas HJ (1970) Steroids 16:329–351
13. Krikorian AD (1968) Econ Bot 22:385–389
14. Singh YN, Dryden WF (1985) Toxicon 23:973–981
15. Franke W (1985) Nutzpflanzenkunde, Thieme, Stuttgart, S. 261
16. Uphoff JCT (1959) Dictionary of Economic Plants, Engelmann, Weinheim New York, S. 242
17. Acker L (Hrsg.) (1968) Handbuch der Lebensmittelchemie, Teil 2: Obst, Gemüse, Kartoffeln, Pilze, Springer, Heidelberg Berlin, Bd. V, S. 290
18. Hag, Bd. 3, S. 55
19. Belitz HD, Grosch W (1985) Lehrbuch der Lebensmittelchemie, 4. Aufl., Springer, Berlin Heidelberg New York, S. 732
20. Tressl R, Drawert F (1973) J Agric Food Chem 21:560–565
21. Ghosal S, Saini KS (1984) J Chem Res (S) 110
22. Ghosal S (1985) Phytochemistry 24:1.807–1.810
23. Best R, Lewis DA, Nasser N (1984) Br J Pharmacol 2:107–116
24. Wyman H, Palmer JK (1964) Plant Physiol 39:630–633
25. Mar 28, S. 503
26. Goel RK, Chakrabarti A, Sanyal AK (1985) Planta Med 51:85–87
27. Goel RK, Gupta S, Shankar R, Sanyal AK (1986) J Ethnopharmacol 18:33–44
28. Sanyal AK, Gupta KK, Chowdhury NK (1963) J Pharm Pharmacol 15:283–284
29. Sanyal AK, Banerjea CR, Das PK (1965) Int Pharmacodyn Ther 155:244–248
30. Mukhopadhyaya K, Bhattacharya D, Chakraborty A, Goel RK, Sanyal AK (1987) J Ethnopharmacol 21:11–19
31. Goel RK, Tavares IA, Bennett A (1989) J Pharm Pharmacol 41:747–750
32. Chattopadhyay S, Chaudhuri S, Ghosal S (1987) Planta Med 53:16–18
33. NN (1987) Medicinal Plants of India, Indian Council of Medical Research, New Delhi, Bd. 2, S. 299
34. Jones DE (1965) Nature 206:299
35. Natkarni KM (1982) Indian Materia Medica, Sangam Books, Bombay, Bd. 1, S. 822
36. Watt JM, Breyer-Brandwijk MG (1962) The Medicinal and Poisonous Plants of Southern and Eastern Africa, 2. Aufl., Livingstone Ltd., Edinburgh London, S. 783
37. Horigome T, Sakaguchi E, Kishimoto C (1992) Br J Nutr 68:231–244

38. Usha V, Vijayamma PL, Kurup PA (1989) Indian J Exp Biol 27:445–449
39. Lindner E (1990) Toxikologie der Nahrungsmittel, 4. Aufl., Thieme, Stuttgart New York, S. 51

RS/Ze

Myristica

HN: 2033400

Familie: Myristicaceae.

Gattungsgliederung: Die Gattung Myristica GRONOV. umfaßt über 80 Arten und 23 Varietäten, die in 2 Sektionen und 19 Serien unterteilt werden. Zur Sektion Myristica werden 9 Serien mit 28 Arten und 2 Varietäten gezählt, zur Sektion Fatua 10 Serien mit 44 Arten und 21 Varietäten. Als Arznei- und Gewürzpflanzen von Bedeutung sind besonders die beiden zur Sektion Myristica gehörenden Serien Fragrantes mit *M. argentea* WARB., *M. fragrans* HOUTT., *M. impressinerva* J. SINCLAIR und *M. succedanea* REINW. ex BL. sowie Malabaricae mit *M. iners* BL., *M. malabarica* LAM., *M. malaccensis* HK. und *M. umbellata* ELMER.[1]
M. sebifera (AUBL.) SW. wird jetzt als *Virola sebifera* AUBL. geführt.[221]

Gattungsmerkmale: Diözische, 5 bis 45 m hohe Bäume. Zweige gestreift, manchmal verdickt und von Ameisen bewohnt. Blätter wechselständig, ganzrandig, lederig, kahl oder mit einer rötlichen, filzigen Behaarung; auf der Unterseite fast graugrün. Blüten regelmäßig, in traubigen Blütenständen, achselständig oder in den Achseln von abfallenden Blättern; Rispen zymös oder razemös, Brakteen klein und bald abfallend; Brakteolen gewöhnlich ausdauernd, die Blütenbasis umfassend. Blüten groß, gestielt, Blütenhülle einfach, urnen-, glocken- oder mehr oder weniger röhrenförmig, kahl oder auf der Außenseite behaart, normalerweise dreigezähnt, die Zähne zurückgebogen. Männliche Blüten mit 8 bis 30 Staubblättern, deren Filamente zu einer langen Säule verwachsen sind; Stamina kürzer als die Blütenhülle. Weibliche Blüten mit einem oberständigen, einfächerigen, kugelförmigen oder halbkugeligen Fruchtknoten; kahl oder behaart; Griffel fehlend, Narben verwachsen, zweilappig. Frucht oft sehr groß, kugelig oder halbkugelig, eiförmig oder länglich, behaart oder kahl. Perikarp gewöhnlich ziemlich dick und fleischig, aber fest, solange es frisch ist, meist zweiklappig aufspringend. Samen mit fleischigem Arillus, kleinem Embryo und mächtigem, oft ruminiertem Endosperm. Arillus rot, orange oder gelb, an der Samenbasis geteilt. Samen braun bis fast schwarz, mehr oder weniger glänzend. Die Keimung erfolgt hypogäisch.[2–4]
Sehr charakteristisch sind die in Blatt- und Achsenparenchymen, aber auch in Früchten und Samen vorkommenden großen Ölzellen, die Idioblasten. Ein zweites Exkretionssystem besteht in Form der sog. Gerbstoff- oder Kinoschläuche der Rinde, der Markstrahlen und des Markes sowie der Blattnerven; sie bilden ein anastomisierendes Schlauchsystem und enthalten in erster Linie eine Kombination von saurem Schleim und kondensierten Gerbstoffen.[3]

Verbreitung: Weit verbreitet von Indien und Indochina über Taiwan, Malaysia bis Nordaustralien, die Neuen Hebriden, Fidschi, Samoa und die Karolinen. Etwa 37 Myristica-Arten kommen in Papuasia vor. Von diesen sind 2 Arten sonst nur auf den Salomoninseln bekannt, 3 Arten in West-Neuguinea und 14 Arten in Papua-Neuguinea. Die übrigen Arten sind in der gesamten Region mehr oder weniger verbreitet.
Die meisten Arten werden im ebenen Regenwald gefunden, einige davon beschränkt auf die enge Küstenregion. Andere dagegen kommen bis in Höhen von über 2.000 m vor.
Die Art der Verbreitung ist noch nicht vollständig geklärt, auch wenn Samen im Kropf von Paradiesvögeln und Futtertauben gefunden worden sind. Kleinere Tiere wie Nager sind wahrscheinlich ebenfalls an der Verbreitung beteiligt. Auch ist bekannt, daß einige Früchte und Samen, normalerweise nur mit angeheftetem Arillus, eine Zeitlang schwimmfähig bleiben, während andere versinken.[2]

Inhaltsstoffgruppen: *Ätherisches Öl.* Rinde, Blätter, Samenkerne und Arillus können sehr reich an ätherischem Öl sein. Es besteht aus Phenylpropanoiden, Terpenkohlenwasserstoffen und Terpenalkoholen.[3,5–7]
Polyphenole und Gerbstoffe. Viele Arten liefern bei Verwundung ein Kino, das ist ein rotbrauner bis roter Saft, der bald zu einer glasigen Masse erstarrt und zur Hauptsache aus saurem Schleim und kondensierten Gerbstoffen besteht.[3] Die Rinde enthält Dihydrochalcone[8] und Arylalkanone.[9] Lignane und Neolignane wurden in Samen und Arilli gefunden.[10–16] In hydrolysierten Blattextrakten lassen sich mit wenigen Ausnahmen Quercetin und Kämpferol als Hauptbestandteile nachweisen, nicht eindeutig dagegen Myristin.[3]
Samenfette. Die Samen der meisten Arten enthalten viel halbfeste Fette[3] mit Glyceroltrimyristat (Trimyristin) als Hauptbestandteil.[17] Charakteristisch für die Samenöle der meisten Myristica-Arten ist der sehr hohe Gehalt an gesättigten Fettsäuren.[3]

Drogenliefernde Arten: *M. argentea*: Myristica-argentea-Arillus, Myristica-argentea-Samen; *M. dactyloides*: Myristica-dactyloides-Blätter, Myristica-dactyloides-Rinde, Myristica-dactyloides-Samen; *M. fragrans*: Myristicae aetheroleum, Myristicae arillus, Myristicae oleum expressum, Myristicae semen, Myristica fragrans hom. *HAB 1*, Nux moschata hom. *PFX*, Nux moschata hom. *HPUS 88*; *M. malabarica*: Myristica-malabarica-Arillus, Myristica-malabarica-Samen; *M. succedanea*: Myristica-succedanea-Samen.

Myristica argentea WARB.

Synonyme: *Myristica finschii* WARB.

Sonstige Bezeichnungen: Engl.: Papuan nutmeg;[2] einheimische Sprachen: Akum (Maibrat), Gagom (Noramasa), Heen (Iha), Kakomo (Yense).[1]

Botanische Beschreibung: 15 bis 20 m hoher Baum, manchmal mit Stelzwurzeln; Rinde dunkelgrau oder schwärzlichgrau mit sehr kleinen, rundlichen Schuppen oder Flocken. Zweige dünn und kahl, bedeckt mit zahlreichen hervorstehenden Lentizellen. Blattstiele 1,5 bis 2 cm lang; Blattspreite elliptisch-lanzettlich oder oval-lanzettlich, 10 bis 25 × 4 bis 10 cm, oberseits kahl, unterseits mit winzigen silbrigen Schuppen besetzt; Nerven auf der Oberseite eingesunken und auf der Unterseite hervortretend. Männlicher Blütenstand 2 bis 5 cm lang, oft einfach gegabelt, Gabeln an der Spitze bedeckt mit den Narben abgefallener Brakteen und Blütenstiele. Männliche Blüten mit dünnen Blütenstielen, 1 bis 1,3 cm lang; Brakteolen frühzeitig abfallend, nahe der Perianthbasis eine ringförmige Narbe hinterlassend. Perianth ellipsoid, 7 bis 11 mm lang und 5 mm breit, auf der Außenseite mittelbraun und kahl oder mit wenigen kleinen angedrückten Haaren, auf der Innenseite kahl und grünlichweiß. Stamina zu einer Säule mit 10 bis 12 Antheren verwachsen. Weiblicher Blütenstand 1 bis 1,5 cm lang, Hauptachse einfach oder einmal verzweigt. Weibliche Blüten mit dünnem Stiel, 8 bis 10 mm lang, Perianth 10 bis 12 × 5 bis 6 mm, an der Spitze schmäler werdend. Fruchtknoten flaschenförmig, 7 × 3 bis 4 mm, mit braunem Haarfilz bedeckt. Frucht 4,5 bis 8,5 cm lang und 4,5 bis 5,5 cm breit, ellipsoid, an den Enden schmäler werdend, kahl, gelb mit einigen braunen Warzen; in trockenem Zustand mittelbraun und sehr hart. Stiel 1 bis 3 cm lang. Arillus dünn und rot. Samen länglich-zylindrisch, an der Basis breiter werdend, schwarzbraun, glänzend, 3,5 bis 4 cm lang.[1,2]

Verwechslungen: Verwechslungen sind möglich mit anderen Arten der Serie Fragrantes. Der Same (die Muskat"nuß") ist jedoch länglicher als der von *M. fragrans*; der Arillus ist dünner und weniger geteilt. Die Blätter sind größer als die von *M. fragrans* und unterscheiden sich auch durch die silbrig-weiße Unterseite. Die Blätter sind weniger lederig als die von *M. succedanea*. Die Zweige mit der rauhen Oberfläche und den zahlreichen Lentizellen unterscheiden *M. argentea* von den anderen Arten der Serie. Die männlichen Blüten sind größer als die von *M. fragrans*. Der Stengel der Staminalsäule ist kahl bei beiden Arten, aber behaart bei *M. succedanea* und *M. impressinerva*.[1] *M. argentea* kann auch mit *M. fatua* verwechselt werden.[18]

Verbreitung: In Indonesien begrenzt auf die Halbinsel Jazirah Bomberai im Vogelkop-Distrikt des westlichen Neuginea;[19,20] im Primärwald auf sandigem Lehm in einer Höhe von 250 m.

Anbaugebiete: Im westlichen Neuguinea (Irian Barat, Indonesien) und in Papua-Neuguinea; in Brasilien versuchsweise angepflanzt.[1,2,19,21,22]

Drogen: Myristica-argentea-Arillus, Myristica-argentea-Samen.

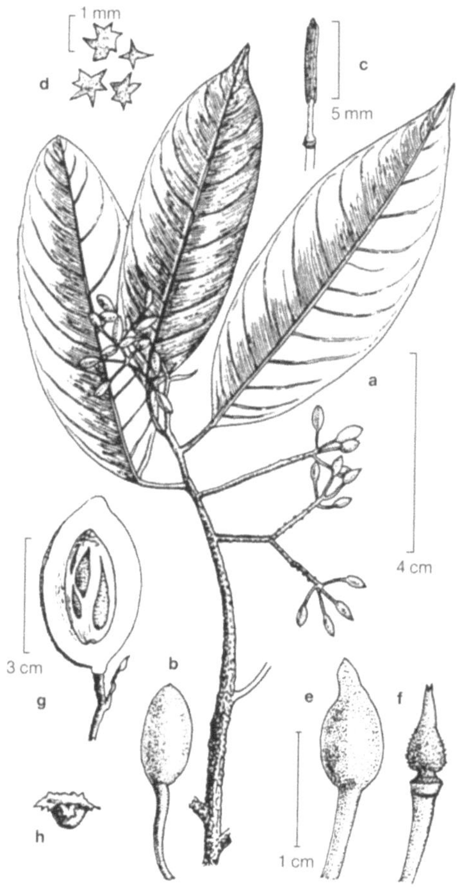

Myristica argentea WARB.: *a* Beblätterter Zweig mit männlichen Blütenständen, *b* männliche Blüte, *c* zur Säule verwachsene Stamina, *d* Schuppen der Blattunterseite, *e* weibliche Blüte, *f* Fruchtknoten, *g* Frucht, *h* Embryo. Aus Lit.[1]

Myristica-argentea-Arillus

Synonyme: Arillus Myristicae "Papua".[23]

Sonstige Bezeichnungen: Dt.: Makassar-Macis, Papua-Macis; engl.: Macassar mace, Papuan mace.[1,21,23,24]

Definition der Droge: Der getrocknete Samenmantel (Arillus).

Stammpflanzen: *Myristica argentea* WARB.

Gewinnung: Die Gewinnung von Papua-Macis und Papua-Muskatnüssen kann in der gleichen Weise wie die Gewinnung der Arilli und der Samen von *M. fragrans* erfolgen (s. Myristicae arillus und Myristicae semen). Üblicherweise werden die Bäume von *M. argentea* jedoch nicht kontinuierlich, sondern nur zweimal im Jahr abgeernetet; Macis und Sa-

men ("Nüsse") werden unsortiert, d. h. nicht der Größe entsprechend verkauft. Sie sind deshalb von geringerer Qualität und erzielen nur 60 % der Preise für echte Muskatnüsse und Macis. 1966 wurde die Produktion auf 300 t Papua-Muskatnüsse und 60 t Papua-Macis geschätzt. Hauptumschlaghafen ist Fakfak.
Bei genügendem Abstand liefern die weiblichen Bäume von *M. argentea* jährlich jeweils 2.000 Früchte. Bei 100 Bäumen pro ha entspricht dies einem Jahresertrag von 1.200 kg Papua-Nüssen und 335 kg Papua-Macis.[22] Der Ertrag kann bis auf 4.000 Früchte steigen. Bei zu dichtem Stand geht der Ertrag auf etwa 300 Früchte pro Baum und Jahr zurück. Wegen hoher Resistenz gegen eine Wurzelkrankheit ist *M. argentea* als Unterlage für hochwertige Klone von *M. fragrans* geeignet.[19]

Ganzdroge: Papua-Macis ist von braunroter Farbe und besteht aus 4 bis 5 breiten Streifen, die oben und unten zusammengewachsen sind.[25]

Inhaltsstoffe: Der Arillus von *M. argentea* enthält ca. 6,95 % ätherisches Öl[26] mit folgenden Konstanten: $d_4^{15} = 0{,}9272$, $\alpha_D^{15} = +26°2'$, $n_D^{20} = 1{,}4936$. Der Geruch erinnert an Sassafras.[27]
Mit 50 %igem Ethanol lassen sich 4 Lignane vom 1,4-Diaryl-2,3-dimethylbutan-Typ isolieren: *erythro*-1-(4-Hydroxy-3-methoxyphenyl)-4-(3,4-methylendioxyphenyl)-2,3-dimethylbutan (= *erythro*-Austrobailignan-6), *erythro*-1,4-Di(4-hydroxy-3-methoxyphenyl)-2,3-dimethylbutan (= *meso*-Dihydroguajaretsäure), 1-(4-Hydroxy-3-methoxyphenyl)-4-(3,4-methylendioxyphenyl)-2,3-dimethylbutan-1-ol (= Myristargenol A), 1,4-Di(4-hydroxy-3-methoxyphenyl)-2,3-dimethylbutan-1-ol (= Myristargenol B).[14,24]

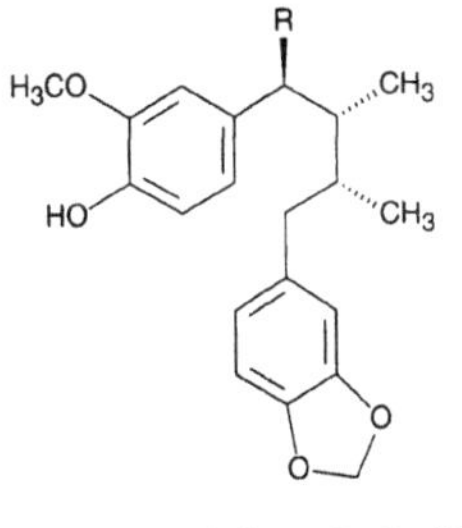

erythro- Austrobailignan-6: R = H
Myristargenol A: R = OH

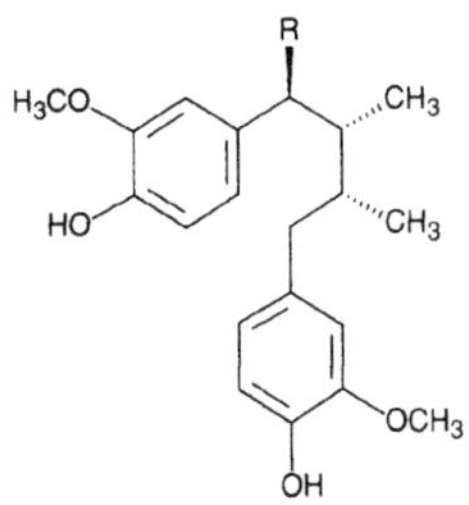

meso - Dihydroguajaretsäure: R = H
Myristargenol B: R = OH

Wirkungen: *Antimikrobielle Wirkung.* Von den 4 Lignanen zeigt die *meso*-Dihydroguajaretsäure nach einer Inkubationsdauer von 18 h bei 37 °C im Reihenverdünnungstest eine starke antibakterielle Aktivität gegen das kariogene *Streptococcus mutans* bei einer minimalen Hemmkonzentration (MIC) von 25 ppm. Die anderen Lignane sind unwirksam.[24]
Nematocide Wirkung. Der wäßrige Extrakt entsprechend 10 mg Droge/mL hat *in vitro* eine schwache larvicide Aktivität gegenüber den Larven des Hundespulwurms, *Toxocara canis*.[28]

Volkstümliche Anwendung und andere Anwendungsgebiete: Papua-Macis wird in Südostasien in der Volksmedizin in gleicher Weise wie der Arillus von *M. fragrans* verwendet.[14,24]

Sonst. Verwendung: *Kosmetik.* Das ätherische Öl findet Anwendung in der Parfüm- und der Seifenindustrie.[19] *Haushalt.* Die Arilli dienen als Gewürz; sie sollen würziger sein als die Samen und werden häufig mit echtem Macis gemischt.[1] Aus dem fleischigen Perikarp unreifer Früchte wird Konfitüre hergestellt.[19]

Myristica-argentea-Samen

Synonyme: Semen Myristicae "Papua".[23]

Sonstige Bezeichnungen: Dt.: Lange Macisnuß, Lange Muskatnuß, Makassar-Muskatnuß, Makassarnuß, Papua-Muskatnuß, Papuanuß, Pferdemuskat, Wilde Muskatnuß; engl.: Long nutmeg, Macassar nutmeg, New Guinea nutmeg, Papuan nutmeg, Papua nutmeg; frz.: noix de muscade longue, Noix de muscade mâle; holl.: Paoea foeli.[19,20,23,27,29]

Definition der Droge: Die getrockneten, vom Arillus und der Samenschale befreiten und außen gekalkten Samenkerne.[20]

Stammpflanzen: *Myristica argentea* WARB.

Gewinnung: Die vom Arillus befreiten Samen werden bei gelinder Wärme 3 bis 8 Wochen lang getrocknet. Dann wird die Samenschale entfernt und der Samenkern gegen Insektenfraß mit Calciumcarbonat oder Calciumhydroxid behandelt.[23] s. a. Myristica-argentea-Arillus.

Ganzdroge: *Geschmack* und *Geruch* sind weniger fein als bei *M. fragrans.*
Makroskopische Beschreibung. Die Samen von *Myristica argentea* sind schmäler als die von *M. fragrans*, besitzen eine längliche Form und verhältnismäßig schwache Samenmantelfurchen. Die 35 bis 45 mm langen Samen sind 20 bis 25 mm breit, im frischen Zustand glänzend rotbraun und zuweilen gekalkt. Die braunen Perispermstreifen sind spärlicher und gröber als bei der echten Muskatnuß.[23]
Mikroskopisches Bild. Aufgrund des ähnlichen anatomischen Baues ist die Papua-Muskatnuß nur durch fluoreszenzmikroskopische Betrachtung des Querschnitts von der echten Muskatnuß zu unterscheiden. Hüllperisperm: äußere Schicht heller

braun, innere ganz dunkelbraun; Nährgewebe: schmutzig gelbgrün; Inhaltsstoffe bläulichweiß; Pigmentzellen: braun; Faltengewebe: lavendelblau; Zellwände: braun (Unterschied zur Banda-Muskatnuß).[23,25]

Pulverdroge: Bei fluoreszenzmikroskopischer Betrachtung leuchtet die Pulverdroge viel heller als das Pulver der echten Muskatnuß. Stellenweise sind blaue Teilchen zu erkennen.[23,25]

Inhaltsstoffe: Durch Destillation mit überhitztem Wasserdampf lassen sich aus den Samen 1,6 %,[26] nach anderen Angaben 3 bis 5,8 %[30] ätherisches Öl gewinnen. Das Öl erinnert im Geruch an Sassafras[26] und hat folgende Konstanten: $d_4^{15} = 0{,}9126$, $\alpha_D^{15} = +15°52'$, $n_D^{20} = 1{,}4848$.[27] Aus Papua-Muskatnüssen wurde das Lignan 4-[4-(1,3-Benzodioxol-5-yl)-2,3-dimethylbutyl]-2-methoxyphenol durch präparative DC isoliert. In Extrakten der echten Muskatnuß ist diese Verbindung nicht nachweisbar.[6]

Volkstümliche Anwendung und andere Anwendungsgebiete: Papua-Muskatnüsse werden in Indonesien zur Behandlung von Diarrhöe verwendet und sollen die Libido steigern.[31] Die Wirksamkeit der Droge bei diesen Indikationen ist nicht belegt.

Sonst. Verwendung: *Kosmetik.* Das ätherische Öl findet Anwendung in der Parfümerie- und der Seifenindustrie.[19] *Haushalt.* Die Nüsse von *M. argentea* sind weniger aromatisch als der Arillus. Sie werden deshalb weniger häufig als Gewürz verwendet.[1,2,19]

Myristica dactyloides GAERTN.

Synonyme: *Knema attenuata* (HK. f. et TH.) WARB., *Myristica beddomei* KING, *M. contorta* WARB., *M. diospyrifolia* A. DC., *M. heyneana* WALL., *M. laurifolia* HOOK. f. et THOMS., *M. laurifolia* HOOK. f. et THOMS. var. *lanceolata* HOOK. f., *M. tomentosa* GRAHAM non THUNB., *M. tomentosa* MOON non THUNB.[1]

Sonstige Bezeichnungen: Indien: Jajikai (Kanarese), Jayaihal (Maharatti), Kathujathikai (Tamil), Patthapanu (Malayalam); Sri Lanka: Malaboda, Perimavara (Sinhalese), Palmanikkam (Tamil).[1,32]

Botanische Beschreibung: Bis zu 27 m hoher Baum, im Alter mit Stelzwurzeln. Rinde ziemlich glatt, orangegrau. Blätter lederig, kahl, oberseits glänzend, hellgraubraun, mit einem schwachen grünlichen, metallischen Glanz; unterseits graublau oder grausilbrig mit dunkelrötlichbraunen Nerven und Mittelrippe, deren silbrige Farbe von winzigen Schuppen herrührt, oval-lanzettlich, elliptisch-lanzettlich oder eilanzettlich, in der Mitte am breitesten; Apex spitz; Basis spitz oder rundlich; 14 bis 20 Nervenpaare, oberseits eingedrückt, unterseits schmal, aber erhaben; 15 bis 30 cm lang, 6 bis 10 cm breit; Petiolen 1,5 bis 3 cm lang. Männlicher Blütenstand eine kurze, verholzte, filzige, knorrige, narbenbedeckte, 1 bis 1,5 cm lange Achse, einfach oder häufig zweifach gegabelt, manchmal mit 3 bis 4 kurzen Zweigen (dactyloid). Männliche Blüten zahlreich in dichten Dolden; Blütenhüllblätter lederig, dicht dunkelrostfilzig, oval oder eiförmig und abgerundet an der Spitze, 5 mm lang und 2,5 mm breit; Staminalsäule zylindrisch, der fertile Teil 2 mm lang mit 10 Antheren, stumpf, am Apex mit einem winzigen abgerundeten Apiculus, der Stengel 2 mm lang; Blütenstiele 3 bis 4 mm lang und 1 bis 1,3 mm dick. Weibliche Blüten zu wenigen in Büscheln, sitzend, Fruchtknoten länglich-kugelförmig, zur Spitze hin schmaler werdend, flaumig behaart. Frucht solitär oder in Paaren, dicht filzig-behaart, länglich oder länglich-eiförmig, 6 cm lang und 3 cm breit, Perikarp hart, 3 mm dick, Apex stumpf oder bei unreifen Früchten apiculat-uncinat; Stiel 1 cm lang und 5 mm dick. Arillus rot, fleischig. Samen schokoladebraun, 2 bis 3 cm lang und 1,3 bis 1,8 cm breit, glatt.[1]

Verwechslungen: Die Unterschiede zwischen *M. dactyloides* und *M. ceylanica* sind ziemlich gering. In Sri Lanka wird die erstere in feuchteren und die letztere mehr in trockenen Regionen gefunden. Die Blüten von *M. dactyloides* sind dicht filzig, oft von brauner Farbe, ebenfalls Blütenstiele und Brakteolen. Diese Teile sind bei *M. ceylanica* nur gering filzig. Die filzige Behaarung scheint das beste Unterscheidungsmerkmal zu sein.[1]

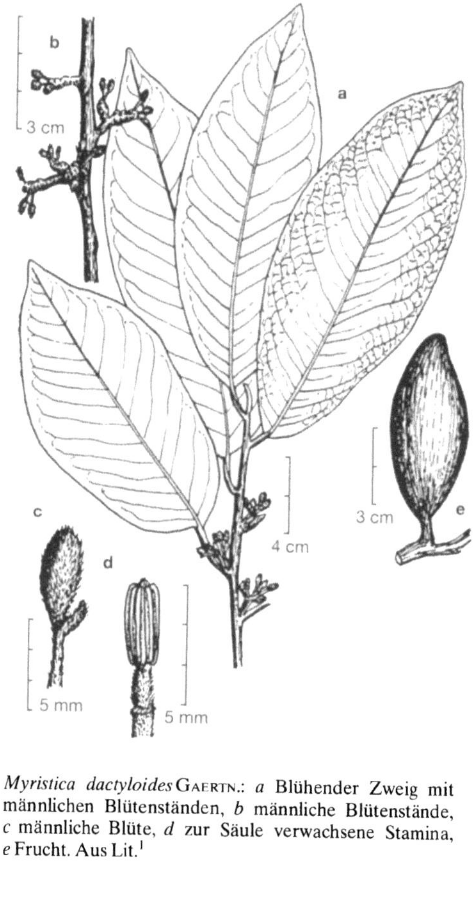

Myristica dactyloides GAERTN.: *a* Blühender Zweig mit männlichen Blütenständen, *b* männliche Blütenstände, *c* männliche Blüte, *d* zur Säule verwachsene Stamina, *e* Frucht. Aus Lit.[1]

Verbreitung: In Sri Lanka sowie in Indien auf den westlichen Ghats von Bombay bis zu den Tinnevelly Hills im südlichen Madras. In den feuchten Tälern meist am Fuße der Hügel, aber bis zu einer Höhe von 300 bis 1.500 m. In Sri Lanka verbreitet in den feuchten Regenwäldern bis zur gleichen Höhe, während *M. ceylanica* an trockeneren Standorten gefunden wird.[1]

Anbaugebiete: Als Schattenbaum in Kardamompflanzungen. Als Unterlage zur vegetativen Vermehrung von *M. fragrans* in Versuchskulturen.[19]

Drogen: Myristica-dactyloides-Blätter, Myristica-dactyloides-Rinde, Myristica-dactyloides-Samen.

Myristica-dactyloides-Blätter

Definition der Droge: Die getrockneten Blätter.

Stammpflanzen: *Myristica dactyloides* GAERTN.

Volkstümliche Anwendung und andere Anwendungsgebiete: Eine Abkochung der Blätter von *M. dactyloides* wird in der Volksmedizin von Sri Lanka als Gargarisma bei Infektionen des Hals- und Rachenraumes verwendet.[1,32] Die Wirksamkeit der Droge bei dieser Indikation ist nicht belegt.

Myristica-dactyloides-Rinde

Definition der Droge: Die getrocknete Rinde.

Stammpflanzen: *Myristica dactyloides* GAERTN.

Inhaltsstoffe: Aus der Rinde von *M. dactyloides* wurden Myoinositol[33] sowie die Arylalkanone 1-(2-Methoxy-6-hydroxyphenyl)tetradecan-1-on, 1-(2-Methoxy-6-hydroxyphenyl)-9-(3',4'-methylendioxyphenyl)nonan-1-on, 1-(2,6-Dihydroxyphenyl)tetradecan-1-on und 1-(2-Methoxy-6-hydroxyphenyl)-9-(4'-hydroxyphenyl)nonan-1-on isoliert.[9,34]

Volkstümliche Anwendung und andere Anwendungsgebiete: Eine Abkochung der Rinde von *M. dactyloides* wird in der Volksmedizin von Sri Lanka als Gargarisma bei Infektionen des Hals- und Rachenraumes verwendet.[1,32] Die Wirksamkeit der Droge bei dieser Indikation ist nicht belegt.

Myristica-dactyloides-Samen

Definition der Droge: Die getrockneten, vom Arillus und der Samenschale befreiten Samenkerne.

Stammpflanzen: *Myristica dactyloides* GAERTN.

Inhaltsstoffe: Aus den Samen von *M. dactyloides* wurden 6 Acylresorcinole isoliert. Es handelt sich um die Polyketide 1-(2,6-Dihydroxyphenyl)-9-(4-hydroxy-3-methoxyphenyl)nonan-1-on, 1-(2,6-Dihydroxyphenyl)tetradecan-1-on und Malabaricon A bis D.[35]

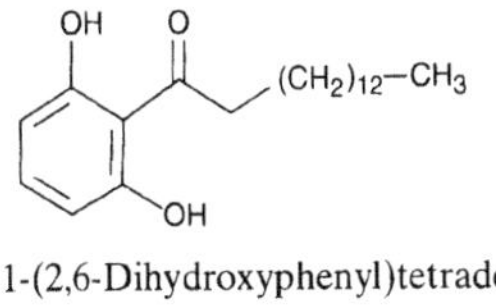

1-(2,6-Dihydroxyphenyl)tetradecan-1-on

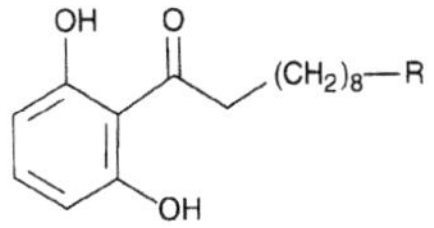

	R
1-(2,6-Dihydroxyphenyl)-9-(4-hydroxy-3-methoxyphenyl)nonan-1-on	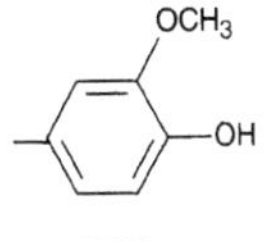
Malabaricon A	
Malabaricon B	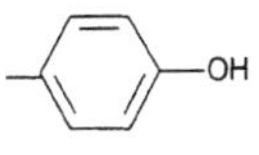
Malabaricon C	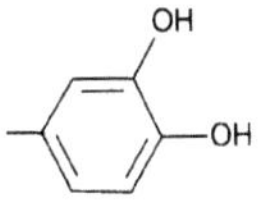
Malabaricon D	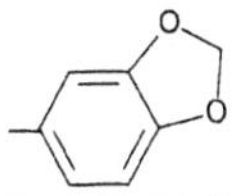

Myristica fragrans HOUTT.

Synonyme: *Myristica amboinensis* GANDOGER, *M. americana* ROTTB., *M. aromatica* LAMK., *M. aromatica* SWARTZ, *M. moschata* THUNB., *M. officinalis* L., *M. philippinensis* GANDOGER.[1]

Sonstige Bezeichnungen: Dt.: Muskatnußbaum; engl.: Banda nutmeg, nutmeg tree; frz.: Noix muscade, muscadier, musque; holl.: Nootmuskaat; it.: Moscata miristica; laotisch: Chan-thet; Malayalam: Buah pala, Bush-pala, Pala banda; port.: Noz moscada; span.: Nuez moscada, moscada; thailändisch: Chan-thet, Jan-tet.[36–41]

Botanische Beschreibung: Ein bis zu 20 m hoher Baum mit immergrünen, lederigen, kurzgestielten, eiförmig-elliptischen, bis 8 cm langen Blättern. Blüten eingeschlechtig, die männlichen in wenigblütigen Blütenständen, die weiblichen einzeln, wenig auffallend. *M. fragrans* ist im allgemeinen diözisch, d. h. entweder weiblich oder männlich, doch kommen auch männliche Bäume vor, die weibliche Blüten tragen und fruchten. Die Individuen lassen sich unterteilen in rein männliche, rein weibliche, bi-

sexuell männliche, bisexuelle und bisexuell weibliche. In Indonesien kommen alle fünf Typen vor.[22] 7 bis 10 Monate nach der Blütezeit ist die Fruchtreife. Die Frucht ist fleischig, annähernd kugelig, am Stielende etwas spitz zulaufend, 3 bis 6 cm lang, 2,5 bis 5 cm dick; sie enthält einen von einem zerschlitzten Samenmantel umhüllten Samen. Die Früchte sind hellgelb und etwa pfirsichgroß. Bei Eintritt der Vollreife springt das Fruchtfleisch auf und legt den leuchtend roten Samenmantel (Arillus) frei, welcher den dunkelbraunen Samen umgibt. Innerhalb des Samenmantels ist der Samenkern von einer braunen, knochenharten Samenschale umhüllt, die Eindrücke des Samenmantels sowie deutlich die Raphe zeigt.[2,25]
Der Name "Myristica" kommt vom griechischen myristikos = wohlriechend, balsamisch; "fragrans" vom lateinischen = wohlriechend, duftend; "Muskat" leitet sich ab von Moschus wegen des angeblich moschusartigen Geruchs der Früchte.[42,43]

Inhaltsstoffe: Die frischen Blätter liefern 0,4 bis 0,6 % ätherisches Öl, die getrockneten bis 1,6 %, mit α-Pinen und Myristicin. Aus der Rinde werden nur 0,14 % ätherisches Öl erhalten. Viel ölreicher sind Samenmantel (Arillus) und Samenkerne. Die Ausbeuten hängen stark von der Provenienz und der Qualität der destillierten Produkte ab. Qualitativ haben Samen- und Macisöl die gleiche Zusammensetzung. Die Öle enthalten mehr als 90 % Monoterpene und 5 bis 8 % Phenylpropanoide.[3]
M. fragrans liefert nach Verwundung des Stammes wie die meisten Myristicaceen einen aus Polyphenolen, Gerbstoff und Schleim bestehenden Saft, der zu "Kino" erstarrt. Das Myristica-Kino unterscheidet sich kaum von dem Malabar-Kino, das von *Pterocarpus marsupium* Roxb. stammt.[3]

Verbreitung: Ursprünglich beheimatet auf den Molukkeninseln Ambon, Banda, Ceram, Damar und Nila ("Gewürzinseln"); heute auch auf Sumatra, Java, Borneo, Neuguinea, Minahassa (nördlich Celebes), Malakka und Penang, ferner in Vorder- und Hinterindien und in anderen Ländern der Tropen verbreitet.[2,44]

Anbaugebiete: Von den bedeutenderen Anbaugebieten befindet sich das ältere in der Heimat von *M. fragrans*, den Molukken im östlichen Indonesien mit Kepulauan Banda als Mittelpunkt. Das andere Zentrum bildet die Antilleninsel Grenada in Mittelamerika.[22] Daneben wird der Muskatnußbaum im feuchtheißen Klima vieler tropischer Gebiete angebaut, so auf Java, Kalimantan, Celebes, Indien (Burliar im Coonoor valley auf der östlichen Seite der Nilgiris und in den Courtallum hills weiter südlich),[45] Sri Lanka, Malakka, Mauritius, Brasilien und den westindischen Inseln.[46] Die Antilleninsel Grenada ist das nach Indonesien wichtigste Anbaugebiet.

Drogen: Myristicae aetheroleum, Myristicae arillus, Myristicae oleum expressum, Myristicae semen, Myristica fragrans hom. *HAB 1*, Nux moschata hom. *PFX*, Nux moschata hom. *HPUS 88*.

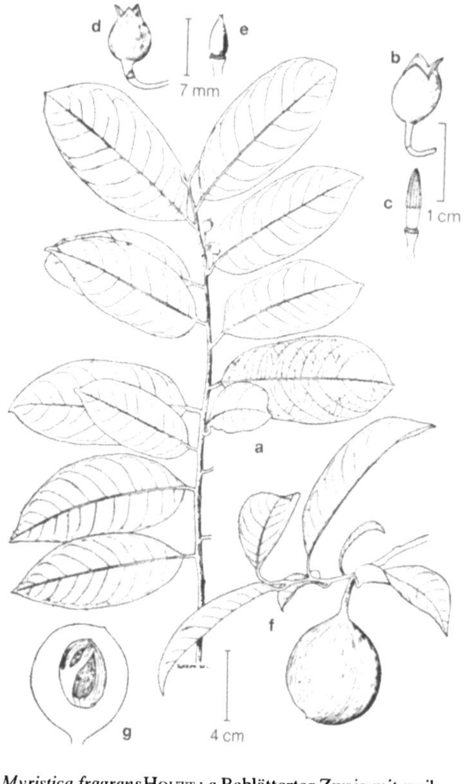

Myristica fragrans Houtt.: *a* Beblätterter Zweig mit weiblichem Blütenstand, *b* männliche Blüte, *c* zur Säule verwachsene Stamina, *d* weibliche Blüte, *e* Fruchtknoten, *f* Frucht, *g* Frucht mit Samen und Arillus. Aus Lit.[1]

Myristicae aetheroleum

Synonyme: Aetheroleum Myristicae, Macidis aetheroleum, Myristicae essentia, Oleum Macidis, Oleum Myristicae, Oleum Myristicae aethereum, Oleum Nucis moschati, Oleum Nucis moschati aethereum.

Sonstige Bezeichnungen: Dt.: Ätherisches Muskatnußöl, Macisöl, Muskatöl; engl.: Mace oil, myristica oil, nutmeg oil, oil of mace, oil of nutmeg; frz.: Essence de muscade, huile essentielle de muscade; it.: Noce moscata essenza; port.: Essência de moscada; span.: Esencia de nuez moscada.[21,27,47] Unter "Muskatnußöl" wird auch Myristicae oleum expressum (s. dort) verstanden.

Monographiesammlungen: Oleum Myristicae aethereum *DAB 6*; Myristicae Essentia *Belg IV*; Nutmeg Oil *BP 88*, *USP XXI*, *Mar 29*; Aetheroleum Myristicae *ÖAB 90*; Myristicae aetheroleum *Helv VII*.

Definition der Droge: Das ätherische Öl des Samens oder des Samenmantels *DAB 6*; das durch Wasserdampfdestillation aus den zerkleinerten Samen und dem Samenmantel gewonnene ätherische Öl *Belg IV*, *ÖAB 90*; das aus den getrockneten Kernen der reifen Samen durch Destillation erhaltene ätherische Öl *BP 88*, *USP XXI*; das aus den zerkleinerten Samen durch Wasserdampfdestillation gewonnene ätherische Öl *Helv VII*.

Stammpflanzen: *Myristica fragrans* HOUTT.

Herkunft: Ätherisches Muskatöl wird sowohl in den Ursprungsländern als auch in Europa und den USA aus dem eingeführten Ausgangsmaterial gewonnen.[27]

Gewinnung: Zur Destillation werden vorzugsweise beschädigte oder unansehnliche Muskatnüsse verwendet, die sich als Gewürz weniger eignen. Auch von Insekten angefressene Samen ("Nüsse") werden nach der Extraktion der Muskatbutter destilliert. Geeignet sind auch sog. "Rimpelnüsse" aus unreif geernteten Früchten, die sehr gehaltreich sind. Die "Nüsse" werden mitsamt der Schale auf eine Teilchengröße von 2 bis 4 mm zerkleinert und in Anteilen von 25 bis 50 kg sofort destilliert.[48] Im Pilotmaßstab wurde eine Ausbeute von 96 % erzielt durch Destillation bei einem Druck von 400 kPa und einer Durchflußgeschwindigkeit von 30 L/h. Maximale Ausbeuten wurden innerhalb von 8 h erzielt. Mittels GC wurde ein Gehalt von 86,8 % Terpenen und 13,2 % sauerstoffhaltigen Verbindungen festgestellt. Die organoleptischen Eigenschaften waren zufriedenstellend.[49]
Durch 10 bis 55 min langes Rösten der Muskatnüsse bei 150 bis 180 °C vor der Destillation geht der Myristicingehalt des ätherischen Öls um 19,2 bis 45,4 % zurück, während die Ausbeute an ätherischem Öl nicht wesentlich beeinträchtigt wird.[50] Die Ölausbeute beträgt 7 bis 16 %. Die Ausbeuten hängen sehr stark von der Provenienz und der Qualität der destillierten Drogen ab.[3] Je nach Wassergehalt und Sorte schwankt der Gehalt zwischen 2 und 12,5 %.[51] Westindische Nüsse enthalten 8,5 bis 10,0 %, ostindische 6,5 bis 11,0 %,[52] frische javanische nur 3,8 % Öl.[53] Seltener wird der Samenmantel (Macis), aus dem man 4 bis 15 % Öl gewinnen kann, zur Destillation verwendet.[27]

Handelssorten: Der Muskatbaum ist in den Tropen weit verbreitet; Zusammensetzung und Aroma des ätherischen Öls werden durch die geographische Herkunft mehr oder weniger stark beeinflußt. Im Handel wird meist nur zwischen "westindischem" und "ostindischem" Öl unterschieden. Der größte Teil des ostindischen Öls stammt aus Indonesien, das westindische kommt aus Grenada.[54]
Westindisches und ostindisches Muskatnußöl haben unterschiedliche physikochemische Eigenschaften[222,223] (s. Identität). Macisöl ist dem Muskatnußöl so ähnlich, daß eine Unterscheidung kaum möglich ist.[23] Im Handel wird deshalb zwischen den beiden Ölen nicht unterschieden.[27]

Verfälschungen/Verwechslungen: Das aus den Blättern des Muskatbaums gewonnene ätherische Öl enthält 80 % α-Pinen und 10 % Myristicin.[27] Aus grünen Blättern erhält man durch Wasserdampfdestillation 0,65 %, aus braunen Blättern 0,34 % Öl. Das Öl aus grünen Blättern ist dem normalen westindischen Muskatnußöl ähnlich, besitzt jedoch eine muffige Note. Aus trockenen grünen Blättern gewonnenes Öl riecht zunächst dem Muskateller Salbeiöl ähnlicher als dem Muskatnußöl. Stärker und angenehmer im Geruch ist das Öl aus braunen Blättern. In der Zusammensetzung sind die Blätteröle trotz kleiner Unterschiede mit dem Samenöl vergleichbar; zum Aromatisieren sind die Blätteröle jedoch weniger geeignet.[55]

Inhaltsstoffe: Macisöl und Muskatnußöl haben etwa die gleiche Zusammensetzung. Macisöl enthält etwa 87,5 % Monoterpene, 5,5 % Monoterpenalkohole, 6,5 % aromatische Ether und 0,5 % andere Bestandteile.[56]
Industriell hergestelltes Muskatnußöl aus Sri Lanka besteht aus 82 % Monoterpenen, 9,8 % Monoterpenalkoholen und 6,5 % aromatischen Ethern.[48]
An Monoterpenkohlenwasserstoffen sind im Muskatöl vor allem Sabinen (39 %), α-Pinen (13 %), β-Pinen (9 %), α-Phellandren (4 %), Limonen (4 %), γ-Terpinen (1 %), *p*-Cymen (1 %) und Terpinolen (1 %) nachgewiesen worden. Die Fraktion der Monoterpenalkohole besteht u. a. aus 1,8-Cineol (3,53 %), Terpinen-4-ol (1,96 %), Geranylacetat (0,90 %), *trans*-Sabinenhydrat (0,84 %), *cis-p*-Menth-2-en-1-ol (0,82 %), Terpinen-4-ylacetat (0,57 %) und Linalool (0,56 %).[48,57]
Die Fraktion der aromatischen Ether besteht aus etwa 9 Phenylpropanoiden, hauptsächlich Myristicin und Elemicin. Der Gehalt ist starken Schwankungen unterworfen. In einer größeren Anzahl von Ölmustern wurde ein Durchschnittsgehalt von 2,29 % Myristicin (max. 4,66 %) und 1,18 % Elemicin (max. 2,56 %) gefunden[48] (s. Formelschema S. 870).
Der Gehalt an Phenylpropanoiden kann bis auf 18 % steigen; Myristicin bildet jedoch immer den Hauptbestandteil dieser Fraktion mit einem Anteil von etwa 50 %.[58] In westindischem Muskatöl ist auch Myristinsäure (2,87 %) nachgewiesen worden.[29] Mittels GC, IR, NMR, ^{13}C-NMR und MS wurden im ätherischen Muskatöl insgesamt 62 Verbindungen identifiziert.[54,59] Ostindisches Öl enthält 1,9 bis 2,9 % Safrol und 14,0 bis 15,8 % Myristicin. Westindisches Öl enthält 0,28 bis 0,38 % Safrol und 2,6 % Myristicin. Muskatnußöl enthält bis zu 3 % nichtflüchtige Bestandteile.[60] Fraglich ist das Vorkommen von Eugenol in ostindischem Öl.[61]

Zubereitungen: Spiritus Myristicae *BPC 49* aus 10 mL ätherischem Muskatnußöl und Ethanol (90 %ig) ad 100 mL; terpenfreies Muskatnußöl *BPC 34*, Oleum Myristicae deterpenatum: Ätherisches Muskatöl wird im Vakuum auf ein Fünftel seines Volumens konzentriert.[62]

Identität: Ätherisches Muskatöl ist eine dünnflüssige, farblose, gelbliche oder grünliche Flüssigkeit, die charakteristisch nach Muskat riecht und anfangs mild, später scharf würzig schmeckt. Im Geruch sind die westindischen Muskatöle weniger angenehm als die stärker und würziger riechenden ostindischen Öle. Der Grund hierfür wird auf den höheren Terpengehalt der westindischen Öle zu-

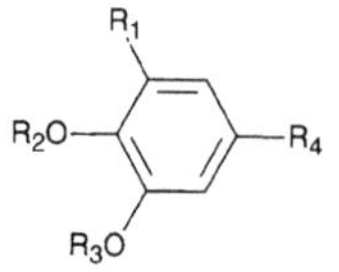

	R_1	R_2	R_3	R_4	Gehalt (%)
Myristicin	$-OCH_3$	$-CH_2-$		$-CH_2-CH=CH_2$	7,04
Elemicin	$-OCH_3$	$-CH_3$	$-CH_3$	$-CH_2-CH=CH_2$	2,36
Safrol	$-H$	$-CH_2-$		$-CH_2-CH=CH_2$	1,29
Methyleugenol	$-H$	$-CH_3$	$-CH_3$	$-CH_2-CH=CH_2$	0,62
Methylisoeugenol	$-H$	$-CH_3$	$-CH_3$	$-CH=CH-CH_3$	0,36
Methoxyeugenol	$-OCH_3$	$-H$	$-CH_3$	$-CH_2-CH=CH_2$	0,25
Isoeugenol	$-H$	$-H$	$-CH_3$	$-CH=CH-CH_3$	0,19
Eugenol	$-H$	$-H$	$-CH_3$	$-CH_2-CH=CH_2$	0,17
Isoelemicin	$-OCH_3$	$-CH_3$	$-CH_3$	$-CH=CH-CH_3$	0,11

Aromatische Ether im ätherischen Muskatöl: Gehaltsangaben nach Lit.[29]

rückgeführt.[27,61] Westindisches Öl hat ein niedrigeres spezifisches Gewicht, einen niedrigeren Brechungsindex und einen geringeren Verdampfungsrückstand, aber einen höheren optischen Drehwert als das ostindische Öl.[63]

Ätherisches Muskatöl ist in jedem Verhältnis mischbar mit wasserfreiem Ethanol, Ether, Chloroform, Benzol, Petrolether, Schwefelkohlenstoff, flüssigem Paraffin und fetten Ölen; verhältnismäßig gut löslich in Lösungen von Alkalisalzen verschiedener aromatischer Säuren *ÖAB 90, Helv VII.*

Reinheit:

- Ätherisches Muskatöl sollte sichtbar frei von Wasserbeimengungen sein.
- Löslichkeit bei 20°C: 1 mL muß sich in 3 mL 90%igem Ethanol klar lösen *DAB 6, ÖAB 90*; das Öl muß sich in 5 Volumteilen Ethanol 90% (*V/V*) lösen *Helv VII*; ostindisches Öl in 3 Vol. Ethanol (90%), westindisches Öl in 4 Vol. Ethanol (90%) *BP 88, USP XXI.* Die Anforderung an ostindisches Öl sollte auf 3,5 Vol. gesenkt werden.[48]
- Relative Dichte: 0,860 bis 0,925 *DAB 6, ÖAB 90*; 0,862 bis 0,927 *Helv VII*; 0,885 bis 0,915 für ostindisches Öl und 0,860 bis 0,880 für westindisches Öl *BP 88.*
- Brechungsindex: 1,479 bis 1,488 *ÖAB 90*; 1,470 bis 1,488 *Helv VII*; 1,475 bis 1,488 für ostindisches Öl und 1,472 bis 1,477 für westindisches Öl *BP 88.*
- Optische Drehung: +7° bis +30° *DAB 6*; +8° bis +45° *ÖAB 90, Helv VII*; +10° bis +25° für ostindisches Öl und +25° bis +45° für westindisches Öl *BP 88.*
- Nichtflüchtige Bestandteile: Höchstens 3% beim Erhitzen von 2 g über 4 h *BP 88*; höchstens 3% Verdampfungsrückstand, mit 0,50 g während 3 h bestimmt *ÖAB 90, Helv VII.*

Der Standard Nr. 12 der Essential Oil Association of the USA schreibt für ostindisches Macisöl folgende Konstanten vor: d_{25}^{25} = 0,880 bis 0,930, α_D = + 2° bis + 30°, n_D^{20} = 1,4740 bis 1,4880, löslich in 3 Vol. 90%igem Alkohol. Westindisches Macisöl soll folgende Konstanten haben: d_{25}^{25} = 0,854 bis 0,880, α_D = + 20° bis + 45°, n_D^{20} = 1,4690 bis 1,4800, löslich in 4 Vol. 90%igem Alkohol.[65]

Gehaltsbestimmung: Myristicin und Safrol lassen sich im ätherischen Muskatöl durch DC-Scanning bei 270 und 287 nm bestimmen. Die Wiederfindungsrate liegt bei ca. 100%. Die DC-Bedingungen sind nicht ersichtlich.[64]

Lagerung: Ätherisches Muskatöl sollte in gut gefüllten und luftdicht verschlossenen Behältern lichtgeschützt und bei einer Temperatur von max. 25 °C gelagert werden *BP 88*; vor Licht geschützt, in dicht schließenden Gefäßen *ÖAB 90*, *Helv VII*, zusätzlich in möglichst gefülltem Behältnis *Helv VII*.

Stabilität: Gealtertes Öl verharzt teilweise und wird viskos.[61]

Wirkungen: s. a. Myristicae arillus und Myristicae semen.
Antimikrobielle Wirkung. Das ätherische Öl soll *in vitro* sehr aktiv gegen pathogene Bakterien wie *Staphylococcus aureus* und *Salmonella paratyphi*, aber gegen *Shigella* sp. und *Escherichia coli* nur schwach wirksam sein.[66] Nähere Angaben fehlen.
Wirkungen auf die Prostaglandinsynthese. Muskatnußöl hemmt *in vitro* die Thromboxansynthese und die Aggregation von Kaninchen-Blutplättchen mit Arachidonsäure. Die aktivsten Bestandteile sind Eugenol und Isoeugenol, deren Antiaggregationswirkung gleich groß ist wie die von Indometacin. Weniger wirksam sind – in abnehmender Reihenfolge – Safrol, Myristicin, Elemicin, Limonen, α-Terpineol, Terpinen-4-ol und Linalool. Die Hauptbestandteile, α-Pinen und β-Pinen sowie Camphen, sind unwirksam. Die IC_{50}-Konzentration von Muskatnußöl ist etwa 10^{-5} g/mL, die IC_{50}-Konzentration von Eugenol etwa 10^{-7} g/mL.[161] Eugenol hemmt die Biosynthese von PGE_1. Die ID_{50} (Inhibitionsdosis) beträgt 5,6 µg/mL.[67] Eugenol (10 µg/mL) hemmt die Prostanoidbildung durch Homogenate der humanen Darmmucosa. Es ist gleich wirksam wie der Cyclooxygenase-Lipoxygenasehemmer BW 755 C (Burroughs Wellcome), aber weniger stark als Indometacin. Eugenol hemmt ferner den Metabolismus radioaktiv markierter Arachidonsäure durch humane polymorphkernige Leukocyten. Bei Ratten hemmt Eugenol *in vivo* dosisabhängig (10 bis 100 mg/kg KG p. o.) die durch PGE_2 (2 mg/kg KG in 0,2 mL Wasser p. o.) stimulierte Flüssigkeitsakkumulation (Enteropooling). Der intestinale Transport einer Aktivkohlesuspension wird durch Eugenol (25 bis 200 mg/kg KG p. o.) dosisabhängig verlangsamt. Ebenfalls bei Ratten hemmt Eugenol (20 bis 100 mg/kg KG p. o.) dosisabhängig die durch Rizinusöl induzierte Diarrhöe.[68]

Volkstümliche Anwendung und andere Anwendungsgebiete: Innerlich bei akuten Magen- und Verdauungsstörungen, Blähungen und als Stimulans. Äußerlich bei katarrhalischen Erkrankungen der Atemwege, Rheuma, Ischias und Neuralgien.[61,69] Das ätherische Öl wird auch bei Diarrhöe und Dysenterie gegeben. In Indien ist Muskatnußöl Bestandteil von Pflastern und Einreibemitteln gegen chronischen Rheumatismus.[37] In Indochina werden Macis- und Muskatnußöl bei Kopfschmerzen auf der Schläfe verrieben. Ein Tropfen Öl auf eine Tasse Tee soll bei Verdauungsstörungen und bei Erbrechen helfen.[70,71] Die Wirksamkeit der Droge bei diesen Indikationen ist nicht ausreichend belegt.[72]

Dosierung und Art der Anwendung: *Droge.* Innerlich 1 bis 3 Tropfen ätherisches Muskatöl,[37] 2- bis 3mal tgl. in alkoholischer Lsg.[220] bzw. 2 bis 10 Tropfen[73] bzw. 0,05 bis 0,2 mL.[224,227]
Zubereitung. Äußerlich: Als Liniment usw. 10%ig.[74]
Innerlich: Spiritus Myristicae *BPC 49*: 0,3 bis 1,2 mL.

Wirkungsmechanismus: s. a. Myristicae semen. Zu den toxikologischen Eigenschaften von Myristicin s. Lit.[121]

Akute Toxizität: *Mensch.* In größeren Mengen eingenommen, besitzt Muskatöl eine narkotische Wirkung und ruft Erbrechen, Schlafsucht und Kopfschmerzen hervor,[61] stimuliert die Hirnrinde und induziert epileptiforme Konvulsionen.[60] Für die mitgeteilten toxischen Wirkungen liegen allerdings keine konkreten Untersuchungsergebnisse vor. *Tier.* Kaninchen sterben durch 8 bis 21 g Muskatnußöl p. o. in 13 h bis 5 Tagen unter Muskelschwäche, Pulsbeschleunigung, Entleerung von blutigem Harn und Durchfällen. Hunde werden dadurch in Schlaf und durch größere Dosen in Reflexlosigkeit versetzt. I. v. töten 0,8 g Muskatnußöl einen Hund von 6 kg in 12 h, 1,25 g einen Hund von 9 kg in 1,5 h und 1,75 g einen Hund von 20 kg in 8 min. 0,03 g Muskatblütenöl wirken beim Frosch muskellähmend.[766] Muskatöl stimuliert die Leberregeneration bei partiell hepatektomierten männlichen Ratten bei täglichen s. c. Injektionen des Öls (100 mg/Ratte/Tag) in den ersten 7 Tagen nach dem Eingriff.[69,77] Methyleugenol aus Muskatöl verhält sich bei Ratten und Mäusen nach i. v. und i. p. Applikation dosisabhängig toxisch. Der Tod tritt durch Atemstillstand und Herzversagen ein.[207] Nähere Angaben fehlen. Phototoxische Effekte wurden mit ätherischem Muskatnußöl an haarlosen Mäusen und Schweinen nicht beobachtet.[78]

Mutagenität: Das im ätherischen Muskatnußöl enthaltene Safrol wirkt mutagen und im Tierversuch cancerogen. Für Muskatöl selbst sind keine mutagenen Wirkungen bekannt.[72]

Sensibilisierungspotential: Ein Maximierungstest zur Erkennung von Kontaktallergenen wurde an 30 männlichen Freiwilligen vorgenommen.[80,81] Das Material (RIFM No. 76–186) wurde in einer Konzentration von 8% in Paraffin getestet und verur-

sachte keine Sensibilisierungsreaktionen.[75] Eine Wiederholung des Maximierungstests an einem gemischten Panel von 27 Personen verursachte ebenfalls keine Sensibilisierungen.[75]
Eine 8%ige Verdünnung von Muskatöl in Paraffin verursacht beim Menschen im geschlossenen 48-h-Patchtest keine Hautreizung.[75] Unverdünntes Muskatöl wirkt nach Applikation auf den Rücken von haarlosen Mäusen und Schweinen nicht hautreizend;[78] appliziert auf die intakte oder rasierte Kaninchenhaut unter Okklusion von 24 h wirkt es mäßig hautreizend.[79]

Toxikologische Daten: *LD-Werte.* Die akute perorale LD_{50} bei Ratten wurde mit 3,64 g/kg KG ermittelt.[82] Die akute dermale LD_{50} übersteigt bei Kaninchen 5 g/kg KG.[79]

Sonst. Verwendung: *Pharmazie/Medizin.* Ätherisches Muskatnußöl wird zur Herstellung von Zahn- und Mundpflegemitteln verwendet.[27] *Kosmetik.* Macis- bzw. Muskatnußöl finden mannigfache Verwendung in der Parfümerie, Feinseifenindustrie und Kosmetik. Das Öl ergibt gute Kombinationen mit Sandelholz-, Lavendel- und Bergamottöl und wird zur Herstellung von Bouquets für Räucheressenzen usw. sowie von Haarwässern und Pomaden gebraucht.[27] Seifen enthalten etwa 0,01 bis 0,02%, Detergentien 0,001 bis 0,02%, Cremes und Lotionen 0,005 bis 0,05% und Parfüms 0,12 bis 0,8% ätherisches Muskatnußöl.[69] *Haushalt.* Das ätherische Muskatöl wird zur Aromatisierung von Lebensmitteln, z. B. Backwerk, Keksen, Kleingebäck, Puddings und kleinen Gurken sowie von Likören (Chartreuse) und Gewürzessenzen verwendet.[61] Muskatöl vermag die ganzen Muskatnüsse jedoch nicht zu ersetzen, da es nicht deren vollständiges Aroma besitzt.[83] *Landwirtschaft.* Das aus den Blättern gewonnene ätherische Muskatöl soll in unverdünnter Form gegen Unkräuter phytocid wirksam sein.[84]

Myristicae arillus (Macis)

Synonyme: Arillus Myristicae, Flores Macidis.

Sonstige Bezeichnungen: Dt.: Banda-Macis, Macis, Muskatblüte; engl.: Mace; frz.: Fleur de muscade; arabisch: Bisbâsa al-hindî;[85] Burma: Zadi-phu-apoen; Indien: Jadipathri, Jaepatri, Japathri, Japatri, Jauntari, Jawatri, Jayapathri (Hindi), Jatipatri (Sanskrit), Jowatri (Kashmir), Wasawasi (Ayurveda); Malayalam: Bunga-pala; persisch: Bazabaza; Sri Lanka: Vasavasi (singalesisch), Jadi-pattiri (Tamil).[41,61,86]

Monographiesammlungen: Macis *EB 6.*

Definition der Droge: Der zusammengedrückte, getrocknete Samenmantel (Arillus) der Muskatsamen (der Muskat"nuß") *EB 6.*

Stammpflanzen: *Myristica fragrans* Houtt.

Herkunft: Indonesien: Bandainseln, Amboina, Ternate, Siauw, Celebes, Java, Sumatra, Borneo, Penang; China, Indian, Sri Lanka; Westindien (Grenada), Brasilien; Mauritius.

Gewinnung: Die völlig reifen Früchte werden einzeln gepflückt. Die Fruchtwand, das Perikarp, wird an Ort und Stelle entfernt. Der leuchtend rote Samenmantel (Arillus) wird von den Samen mit einem Messer oder mit der Hand abgelöst und zum Trocknen in der Sonne oder in luftigen Räumen ausgebreitet. Wenn er welk geworden ist, wird der becherförmig aussehende Samenmantel zwischen Brettern flachgedrückt. Nach 10 bis 15 Tagen wird der Arillus durchscheinend und brüchig. Nach 6 Wochen ist er vollständig trocken, wobei die rote Farbe allmählich in orangegelb übergeht. Nach der Trocknung sind die oft zerbrochenen Teile hornartig brüchig, hellbräunlichgelb und fettglänzend. Der Samenmantel erreicht eine Länge bis 30 mm und besteht aus etwa 1 mm dicken Lappen.[23,25,87]

Handelssorten: Macis wird danach beurteilt, ob die "Blätter" ganz oder zerbrochen sind. Der Durchschnittspreis ist zweieinhalbmal so hoch wie der der Samen ("Nüsse").[22]

Ganzdroge: Die Ganzdroge besteht aus dem orangegelben, flach zusammengedrückten, 3 bis 4 cm langen, 1 mm dicken, hornartigen, brüchigen, fettglänzenden und sich fettig anfühlenden Samenmantel, der am Grunde einen ungeteilten, mit einer Öffnung versehenen, becherartigen Teil erkennen läßt, von dem zahlreiche sich verjüngende, bandartige, zerschlitzte Zipfel ausgehen.[225]

Schnittdroge: *Geruch.* Aromatisch.
Geschmack. Brennend und würzig.[225]
Makroskopische Beschreibung. Die Schnittdroge ist gekennzeichnet durch orangegelbe, streifenförmige Bruchstücke von spröder, hornartiger, fettiger Beschaffenheit.[88,225]
Mikroskopisches Bild. Der Arillus ist beiderseits von einer aus niedrigen, dickwandigen Zellen bestehenden Epidermis bedeckt; besonders an der Außenseite ist sie außergewöhnlich starkwandig und von einer Cuticula überzogen. Auch die folgende Zellschicht hat noch verdickte Wände und bildet eine Art Hypodermis. Das Grundgewebe ist dünnwandig und mit zahlreichen rundlichen oder stäbchenförmigen Amylodextrinkörnern gefüllt (1,5 bis 10 µm), die durch alkoholische Iodlsg. rötlichviolett gefärbt werden. Außerdem enthalten die Zellen Fett; Stärke fehlt. Zahlreiche ovale bis kugelige Exkretzellen liegen u. a. in der Nähe der beiderseitigen Epidermen. Sie besitzen verkorkte Wandungen und führen ätherisches Öl. In der Mitte zwischen den Epidermislagen verlaufen die Leitbündel.[25]

Pulverdroge: Die orangegelbe Pulverdroge ist gekennzeichnet durch bis 90 µm weite, verkorkte, fast leere oder mit spärlichem gelben Inhalt gefüllte Ölzellen und Gefäßbündel aus dem Parenchym, durch in Flächenansicht langgestreckte, fast spindelförmige Epidermiszellen, durch Querschnittsbruchstückchen mit einseitiger, am Grunde mitunter zweireihiger Epidermis, durch bis 10 µm große Stärkekörner (Amylodextrinkörner) und durch zahlreiche Fetttröpfchen.[25,225]

Verfälschungen/Verwechslungen: Verschiedene Myristica-Arten liefern Paralleldrogen, die zur Verfälschung der hochwertigen Banda-Ware benutzt werden.
Papua-Macis oder Makassar-Macis ist der Samenmantel von *Myristica argentea* WARB. (s. dort). Er ist rötlichbraun und besteht aus 4 breiten Hauptbändern, die sich am Scheitel in schmale Streifen auflösen.[225] Er unterscheidet sich von Banda-Macis außerdem durch geringeren Gehalt an ätherischem Öl und abweichenden, vorwiegend durch Safrol verursachten Geruch und Geschmack. Anatomisch ist eine fast vollständige Übereinstimmung mit Banda-Macis gegeben, so daß der Nachweis nur chemisch möglich ist (s. Reinheit).
Bombay-Macis stammt von *Myristica malabarica* LAM. (s. dort), ist fast geschmacklos und daher als Gewürz wertlos. Vom echten Banda-Macis ist er leicht zu unterscheiden. Der Form der Nüsse entsprechend besteht er aus schmäleren und feiner zerschlitzten Lappen, die am Scheitel eine aus wurmförmigen Fäden verwickelte Kappe bilden. Seine Farbe ist gewöhnlich dunkelrotbraun oder dunkelorange, mitunter gelb. Mikroskopisch unterscheidet er sich vom echten Macis durch die im Querschnitt schmalen und radial gestreckten Epidermiszellen. Einen sicheren Nachweis bilden die bis 120 µm großen, zahlreichen Sekretzellen, die eine kompakte orangerote Harzmasse enthalten, die sich mit Alkalien blutrot färbt.[25,225] Bombay-Macis hat einen erheblich höheren Gehalt an etherlöslichen Stoffen als Banda-Macis, die in der mit Petrolether entfetteten Droge zurückbleiben. Banda-Macis gibt bis etwa 3,5 %, nicht über 4,8 % Etherextrakt neben 20 bis 25 % Petroletherextrakt, Bombay-Macis nicht unter 30 % Etherextrakt neben etwa 31 % Petroletherextrakt. Mehr als 5,6 % Etherextrakt nach dem Entfetten mit Petrolether gelten als verdächtig.[23]
Als Verfälschung des Pulvers wird auch Macis von *Myristica dactyloides* GAERTN. verwendet.[35] Ferner wurden nachgewiesen: Curcumawurzel, Maismehl, gepulverte Semmel, Stärkemehl, Dextrin, Zimtrinde, Sand, Schwerspat, Paniermehl, Sandelholz, Teerfarbstoffe u. a., z. T. mit echtem Macis gemischt oder mit Macisöl aromatisiert.[25]

Minderqualitäten: Schwach schmeckende, stark zerbrochene und verblaßte Muskatblüte darf nicht verwendet werden.[225]

Inhaltsstoffe: *Ätherisches Öl.* 4 bis 15 % ätherisches Öl mit 7 bis 18 % aromatischen Ethern mit Myristicin als Hauptkomponente und geringen Mengen von Safrol und Elemicin.[25] In Macisproben des Einzelhandels schwankt der Gehalt (bez. auf die Droge) an Myristicin zwischen 2,59 und 5,79 % und der Gehalt von Safrol zwischen 0,43 und 1,99 % (HPLC).[6] Nach anderen Angaben besteht das Öl aus 87,5 % Monoterpenen, 5,5 % Monoterpenalkoholen und 6,5 % aromatischen Ethern.[56] In der indischen Muskatblüte sind nur 5 % ätherisches Öl enthalten.[89] Das ätherische Macisöl ist dem ätherischen Muskatnußöl sehr ähnlich[47] (s. Myristicae aetheroleum).
Fettes Öl. Macis enthält etwa 30 %,[21] nach anderen Angaben 8 bis 24 %[25] fettes Öl bzw. etwa 21 % Lipide. Der chloroformlösliche Anteil beträgt etwa 83 % und besteht aus 60 % Neutrallipiden, 27 % Glykolipiden und 13 % Phospholipiden. Die neutralen Lipide sind meistens Glyceride, freie Fettsäuren und Kohlenwasserstoffe, freie Sterole (1,3 %) und Sterolester (0,9 %). Palmitinsäure ist dominierend, gefolgt von Ölsäure und Linolsäure.[90] Nach anderer Quelle kann das Macisfett entweder hauptsächlich Myristinsäure neben wenig Palmitinsäure oder hauptsächlich Palmitinsäure enthalten. Es wäre dies das erste Mal, daß derartige qualitative Unterschiede in der Hauptfettsäure der gleichen biologischen Quelle vorkommen.[91]
Diphenylpropanoide (Lignane und Neolignane). Der Gehalt an Diphenylpropanoiden beträgt 0,4 bis 2 % (GC). Im Ethylacetatextrakt wurden 1,7 % gefunden.[92] Aus dem methanolischen Macisextrakt wurden folgende Verbindungen isoliert: Dehydrodiisoeugenol (1a), 5'-Methoxydehydrodiisoeugenol (2a), 2-(3-Methoxy-4,5-methylendioxyphenyl)-2,3-dihydro-7-methoxy-3-methyl-5-(1-(*E*)-propenyl)benzofuran (3a), 2-(3-Methoxy-4,5-methylendioxyphenyl)-2,3-dihydro-7-methoxy-3-methyl-5-(1-(*E*)-propenyl)benzofuran (4a), *erythro*-2-(4-Allyl-2,6-dimethoxyphenoxy)-1-(4-hydroxy-3-methoxyphenyl)propan-1-ol (5a), *threo*-2-(4-Allyl-2,6-dimethoxyphenoxy)-1-(4-hydroxy-3-methoxyphenyl)propan-1-ol-methylether (6a), 2-(4-Allyl-2,6-dimethoxyphenoxy)-1-(3,4,5-trimethoxyphenyl)propan (7a), Elemicin, Myristicin, Eugenolmethylether, Isoeugenolmethylether und Safrol.[93-96]

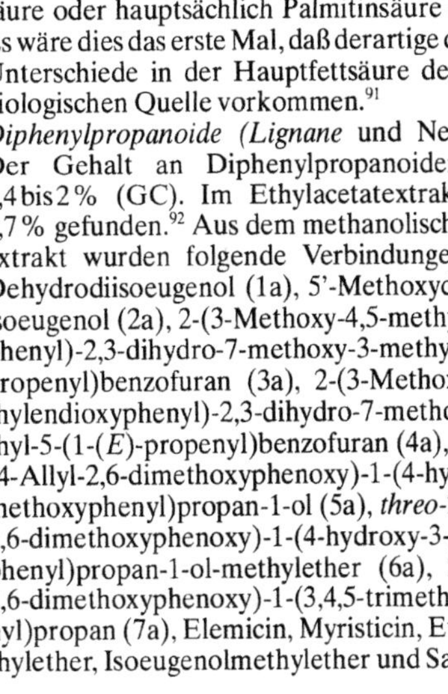

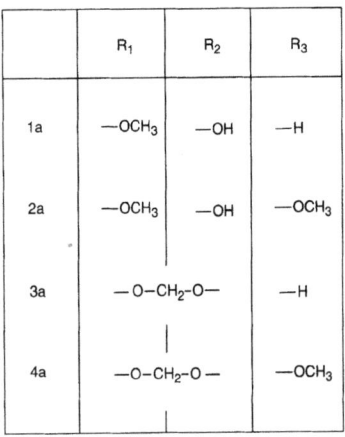

	R_1	R_2	R_3
1a	$—OCH_3$	—OH	—H
2a	$—OCH_3$	—OH	$—OCH_3$
3a	$—O—CH_2—O—$		—H
4a	$—O—CH_2—O—$		$—OCH_3$

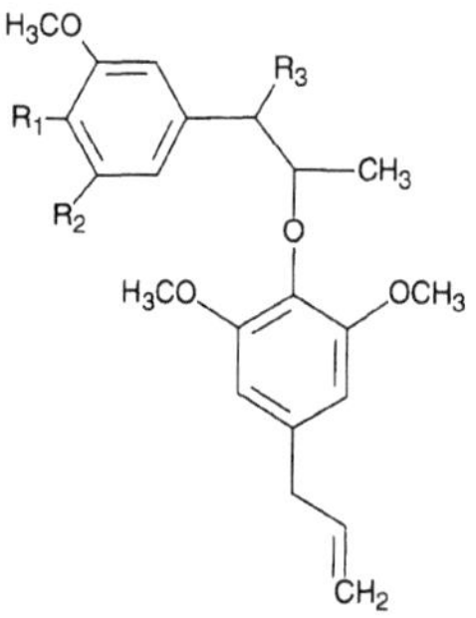

	R_1	R_2	R_3
5a *erythro*	—OH	—H	—OH
6a *threo*	—OH	—H	$—OCH_3$
7a	$—OCH_3$	$—OCH_3$	—H

Aus dem Heißwasser- oder Methanolextrakt lassen sich 1-(2,6-Dihydroxyphenyl)-9-(3,4-dihydroxyphenyl)nonan-1-on (Malabaricon C), früher bereits aus *M. malabarica* isoliert,[97] und 1-(2,6-Dihydroxyphenyl)-9-(4-hydroxyphenyl)nonan-1-on (Malabaricon B) gewinnen.[97,98]
Aus der Phenolfraktion wurden durch Säulenchromatographie und präparative HPLC isoliert: *erythro*-2-(4”-Allyl-2”,6”-dimethoxyphenoxy)-1-(3’,4’,5’-trimethoxyphenyl)propan-1,3-diol (1b), *threo*-2-(4”-Allyl-2”-methoxyphenoxy)-1-(4’-hydroxy-3’-methoxyphenyl)propan-1-ol (2b), *threo*-1-(4’-Hydroxy-3’-methoxyphenyl)-2-[2”-methoxy-4”-(1’”-(*E*)-propenyl)phenoxy]propan-1-ol, *erythro*-1-(4’-Hydroxy-3’-methoxyphenyl)-2-[2”-methoxy-4”-(1’”-(*E*)-propenyl)phenoxy]propan-1-ol, *threo*-1-(4’-Hydroxy-3’-methoxyphenyl)-1-methoxy-2-[2”-methoxy-4”-(1’”-(*E*)-propenyl)phenoxy]propan, *erythro*-1-(4’-Hydroxy-3’-methoxyphenyl)-1-methoxy-2-[2”-methoxy-4”-(1’”-(*E*)-propenyl)-phenoxy]propan, 2,3-Dihydro-5-(2”-hydroxy-1”-methoxypropyl)-2-(4’-hydroxy-3’-methoxyphenyl)-7-methoxy-3-methylbenzofuran (Fragransol-A) (3b), Dihydro-5-(2”-hydroxyethyl)-2-(4’-hydroxy-3’-methoxyphenyl)-7-methoxy-3-methylbenzofuran (Fragransol-B) (4b), *r*-2-(4’-Hydroxy-3’-methoxphenyl)-*c*-5-(3”,4”,5”-trimethoxyphenyl)-*t*-3,*t*-4-dimethyltetrahydrofuran (Fragransin-D_1) (5b), *r*-2-(4’-Hydroxy-3’-methoxphenyl)-*t*-5-(3”,4”,5”-trimethoxyphenyl)-*t*-3,*c*-4-dimethyltetrahydrofuran (Fragransin-D_2) (6b), *r*-2-(4’-Hydroxy-3’-methoxphenyl)-*c*-5-(3”,4”,5”-trimethoxy- phenyl)-*t*-3,*c*-4-dimethyltetrahydrofuran (Fragransin-D_3) (7b), *r*-5-(4”-Hydroxy-3”-methoxphenyl)-*c*-2-(3’,4’-methylendioxyphenyl)-*t*-3,*t*-4-dimethyltetrahydrofuran (Fragransin-E_1) (8b) und *r*-5-(4”-Hydroxy-3”-methoxphenyl)-*c*-2-(3’,4’-methylendioxyphenyl)-*t*-3,*c*-4-dimethyltetrahydrofuran (Austrobailignan-7) (9b).[10]

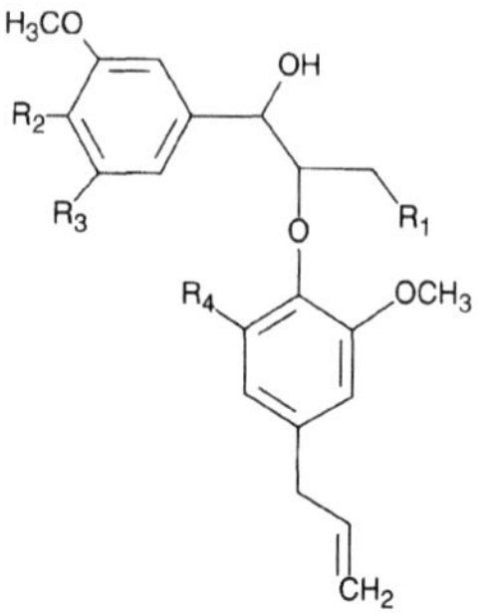

	R_1	R_2	R_3	R_4
1b	—OH	$—OCH_3$	$—OCH_3$	$—OCH_3$
2b	—H	—OH	—H	—H

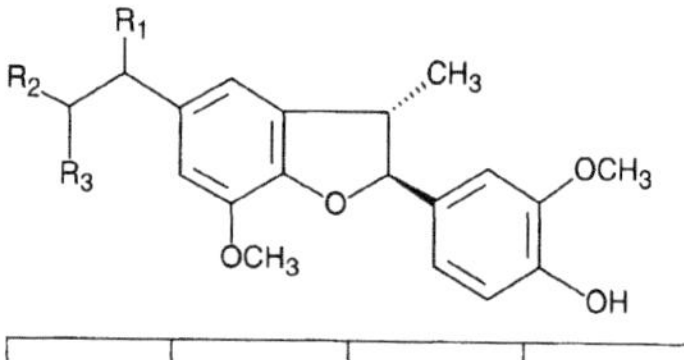

	R_1	R_2	R_3
3b	$—OCH_3$	—OH	$—CH_3$
4b	—H	—H	—OH

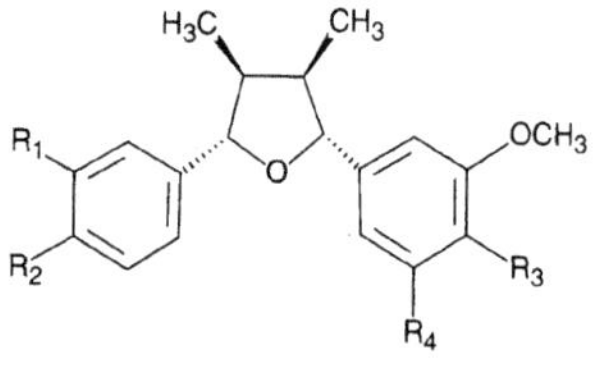

	R_1	R_2	R_3	R_4
5b	$—OCH_3$	—OH	$—OCH_3$	$—OCH_3$
8b	$-O-CH_2-O-$		—OH	—H

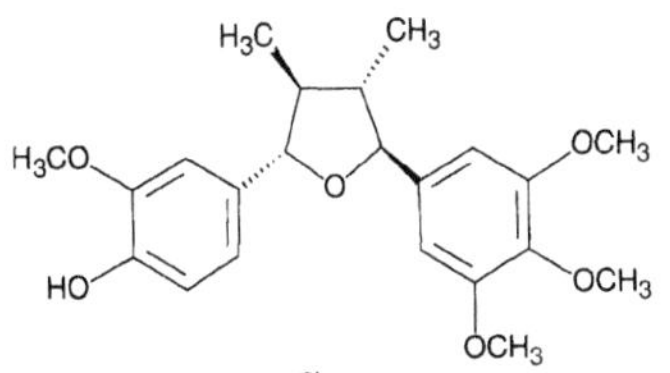

6b

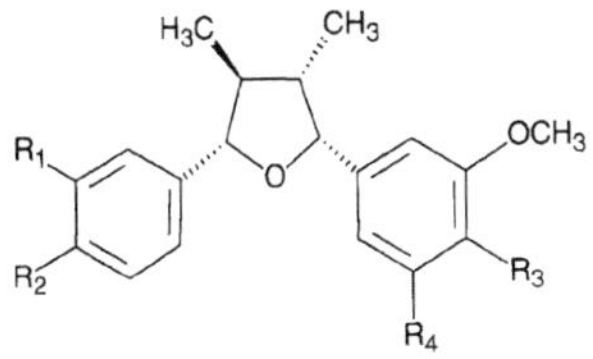

	R_1	R_2	R_3	R_4
7b	$-OCH_3$	$-OH$	$-OCH_3$	$-OCH_3$
9b	$-O-CH_2-O-$		$-OH$	$-H$

Durch Auftrennung der Phenolfraktion des methanolischen Macisextraktes wurden außerdem folgende Tetrahydrofuranlignane isoliert: *r*-2,*t*-5-bis-(4-Hydroxy-3-methoxyphenyl)-*t*-3,*c*-4-dimethyltetrahydrofuran (Fragransin-A_2), *r*-2,*c*-5-bis-(4-Hydroxy-3,5-dimethoxyphenyl)-*t*-3,*t*-4-dimethyltetrahydrofuran (Fragransin-B_1), *r*-2,*t*-5-bis-(4-Hydroxy-3,5-dimethoxyphenyl)-*t*-3,*c*-4-dimethyltetrahydrofuran (Fragransin-B_2), *r*-2,*c*-5-bis-(4-Hydroxy-3,5-dimethoxyphenyl)-*t*-3,*c*-4-dimethyltetrahydrofuran (Fragransin-B_3), *r*-2-(4'-Hydroxy-3',5'-dimethoxyphenyl)-*c*-5-(4"-hydroxy-3"-methoxyphenyl)-*t*-3,*t*-4-dimethyltetrahydrofuran (Fragransin-C_1), *r*-2-(4'-Hydroxy-3',5'-dimethoxyphenyl)-*t*-5-(4"-hydroxy-3"-methoxyphenyl)-*t*-3,*c*-4-dimethyltetrahydrofuran (Fragransin-C_2), *r*-2-(4'-Hydroxy-3',5'-dimethoxyphenyl)-*c*-5-(4"-hydroxy-3"-methoxyphenyl)-*t*-3,*c*-4-dimethyltetrahydrofuran (Fragransin-C_{3a}), *r*-2-(4'-Hydroxy-3'-methoxyphenyl)-*c*-5-(4"-hydroxy-3",5"-dimethoxyphenyl)-*t*-3,*c*-4-dimethyltetrahydrofuran (Fragransin-C_{3b}), neben den bekannten Tetrahydrofuranlignanen Verrucosin (= *r*-2,*c*-5-bis-(4-Hydroxy-3-methoxphenyl)-*t*-3,*c*-4-dimethyltetrahydrofuran) und Nectandrin B (= *r*-2,*c*-5-bis-(4-Hydroxy-3-methoxphenyl)-*t*-3,*t*-4-dimethyltetrahydrofuran).[99]

Aus der neutralen Fraktion des methanolischen Macisextraktes wurden durch Säulenchromatographie und präparative DC isoliert: 3-(3,4,5-Trimethoxyphenyl)-2-(*E*)-propen-1-ol, 3-(3-Methoxy-4,5-methylendioxyphenyl)-2-propen-1-ol, *trans*-2,3-Dihydro-7-methoxy-2-(3,4-dimethoxyphenyl)-3-methyl-5-(1-(*E*)-propenyl)benzofuran, (2*S*,3*S*)-2,3-Dihydro-5-(3-hydroxy-1-(*E*)-propenyl-7-methoxy-2-(3,4-dimethoxyphenyl)-3-methylbenzofuran (Fragransol-C), (2*R*,3*R*)-2,3-Dihydro-5-(3-hydroxy-1-(*E*)-propenyl)-7-methoxy-2-(3-methoxy-4,5-methylendioxyphenyl)-3-methylbenzofuran (Fragransol-D), 2,3-Dimethyl-1,4-bis-(3,4-methylendioxyphenyl)butan-1-ol, *erythro*-2-[4-(3-Hydroxy-1-(*E*)-propenyl)-2,6-dimethoxyphenoxy]-1-(3,4,5-trimethoxyphenyl)propan-1-ol (Myristicanol-A), *erythro*-2-[4-(3-Hydroxy-1-(*E*)-propenyl)-2,6-dimethoxyphenoxy]-1-(3,4-dimethoxyphenyl) propan-1-ol (Myristicanol-B).[11]

Aus dem Methanolextrakt wurden weiterhin *threo*-2-(4-Allyl-2,6-dimethoxyphenoxy)-1-(4-hydroxy-3-methoxyphenyl)propan-1-ol-methylether und Guaiacin isoliert.[96] Ebenfalls im methanolischen Macisextrakt wurden folgende acyclischen Bisphenylpropanoide durch Verteilungs- und Säulenchromatographie identifiziert: *threo*-2-(4-Allyl-2,6-dimethoxyphenoxy)-1-(4-hydroxy-3-methoxyphenyl)propan-1-ol, *erythro*-2-(4-Allyl-2,6-dimethoxyphenoxy)-1-(4-hydroxy-3-methoxyphenyl)-1-methoxypropan, *erythro*-2-(4-Allyl-2,6-dimethoxyphenoxy)-1-(4-hydroxy-3,5-dimethoxyphenyl)-propan-1-ol, 2-(4-Allyl-2,6-dimethoxyphenoxy)-1-(4-hydroxy-3-methoxyphenyl)propan, *erythro*-2-(4-Allyl-2-methoxyphenoxy)-1-(4-hydroxy-3-methoxyphenyl)propan-1-ol, *threo*-1-(4-Hydroxy-3,5-dimethoxyphenyl)-2-[2-methoxy-4-(1-(*E*)-propenyl)phenoxy]-1-ol, *erythro*-2-(4-Allyl-2,6-dimethoxyphenoxy)-1-(3-hydroxy-4,5-dimethoxyphenyl)propan-1-ol.[100]

Aus dem Etherextrakt wurde Macelignan isoliert (= (2*R*,3*S*)-1-(3,4-Methylendioxyphenyl)-2,3-dimethyl-4-(4-hydroxy-3-methoxyphenyl)butan). Macelignan gehört zur Gruppe der 2,3-Dimethyl-1,4-diarylbutanlignane und ist ein Diastereomeres von Austrolignan-6, ferner wurde *meso*-Dihydroguajaretsäure identifiziert.[101] Macis enthält schließlich noch [9-(2,5-Dihydroxyphenyl)nonanonyl]-2,6-dihydroxybenzol.[102]

Sonstige Verbindungen. Macis enthält 2,8 bis 3,4 % rechtsdrehenden Zucker, 5,9 bis 6,3 % *N*-haltige Verbindungen, 31,7 % Stärke, 15,2 % sonstige *N*-freie Substanzen und 4,2 bis 6,3 % Rohfaser.[25] Wasser: 9,5 %; Asche: 2,5 %; Fe: 21,1 µg/g; Cu: 6,1 µg/g; Zn: 10,0 µg/g; Mn: 16,8 µg/g; Cr.: 13,2 µg/g; Ni: 1,4 µg/g; Co: 0,4 µg/g.[103]

Reinheit:

- Nachweis von Teerfarbstoffen: Macis wird mit 50 %igem Ethanol und Natriumsalicylat erhitzt; die im Filtrat enthaltenen Farbstoffe werden auf Wolle fixiert.
- Nachweis von Bombay-Macis: Ein Filterpapierstreifen wird mit einem alkoholischen Auszug getränkt. Bei der Einwirkung von Barytwasser entsteht eine intensive ziegelrote Färbung. Bombay-Macis gibt auch mit 1 %iger NaOH eine deutliche Rotfärbung. Mit Nesslers Reagenz entsteht eine himbeerrote Färbung.

  3 g Macispulver werden mit 30 mL absolutem Ethanol extrahiert. 1 mL des Filtrates wird mit 3 mL Wasser gemischt und mit 1 mL Kaliumchromatlösung (1:100) zum Sieden erhitzt. Bei Banda-Macis bleibt die Lösung gelb, bei Bombay-Macis wird sie braun. Wird die mit Wasser verdünnte Extraktlösung mit einigen Tropfen Am-

moniaklösung versetzt, so wird die Lösung bei reinem Banda-Macis rosarot. 2,5% Bombay-Macis geben eine tieforange, 5% eine gelbrote Färbung.
Wird das Pulver auf einem Objektträger mit einigen Tropfen Kaliumchromatlösung (3 bis 5%ig) angerührt und allmählich zum Sieden erhitzt, so erkennt man bei Anwesenheit von Bombay-Macis grüne, braune oder tiefrote Sekretzellen. Die Sekretzellen des echten Macis bleiben hell.
Bleiessig ruft im alkoholischen Extrakt von Banda-Macis eine weiße Trübung hervor. Beim wiederholten Extrahieren mit kleinen Mengen Alkohol (98%ig) liefert schon der vierte Auszug keinen gefärbten Niederschlag bzw. keine Trübung mehr. Ist Bombay-Macis zugegen, so entsteht eine rötliche Trübung oder Fällung, selbst noch nach vielmaligem Extrahieren. Curcuma gibt eine ähnliche Reaktion, kann aber durch die Borsäureprobe unterschieden werden. Der Farbstoff des Bombay-Macis löst sich in Kaliumcarbonatlsg. mit orangegelber Farbe, die auf Zusatz von 50%iger Schwefelsäure in gelb übergeht, wobei der Farbstoff teilweise gefällt wird.
Bombay-Macis hat einen erheblich höheren Gehalt an etherlöslichen Stoffen als Banda-Macis, die im mit Pet. entfetteten Macis noch zurückbleiben. Banda-Macis liefert bis etwa 3,5%, nicht über 4,8% Etherextrakt neben 20 bis 25% Petroletherextrakt, Bombay-Macis nicht unter 30% Etherextrakt neben etwa 31% Petroletherextrakt. Nach dem Entfetten mit Pet. gelten mehr als 5,6% Etherextrakt als verdächtig.

- Nachweis von Papua-Macis: 0,1 g reiner, gemahlener Banda-Macis und 0,1 g des zu prüfenden Pulvers werden mit je 10 mL leicht siedendem Pet. kräftig geschüttelt und filtriert. Etwa 2 mL Filtrat werden mit dem gleichen Vol. Eisessig versetzt und dann möglichst schnell mit konz. Schwefelsäure vorsichtig unterschichtet. Bei reinem Banda-Macis entsteht in der Berührungszone ein gelblicher Ring, bei Gegenwart von Papua-Macis je nach Menge schneller oder langsamer eine rötliche Fbg.; Beobachtungszeit 1 bis 2 min; Bombay-Macis gibt keine gefärbte Zone. Bei einiger Übung gelingt es, Beimischungen von bis zu 10% Papua-Macis wahrzunehmen.
- Nachweis von Stärke: Macis-Pulver gibt in Iodlsg. nur rötliche Fbg., selbst nach Zusatz von Iodkriställchen. Jedes sich färbende Stärkekorn gehört nicht zu Macis.
- Nachweis von Curcuma: Eine Verfälschung von Macis-Pulver mit Curcuma erkennt man mikroskopisch an der Stärke und durch die Borsäurereaktion, die man mit einem alkoholischen Auszug auf Filterpapier ausführt.
- Fluoreszenzmikroskopische Untersuchung: Banda-Macis: Der Arillus der Banda-Muskatnuß zeigt folgendes Lumineszenzbild: Epidermis hellblau, von einer helleuchtenden Cuticula eingesäumt. In der Hypodermis perlschnurartig aneinandergereihte, gelblich leuchtende Zellen. Parenchym bläulichgrün. Ölzellen gelblichgrün bis gelb. In der Flächenansicht erscheint die Epidermis ebenfalls hellblau. In gepulvertem Zustand zeigt Macis eine starke Lumineszenz, vornehmlich in verschiedenen Gelbtönen. Man kann sattgelbe und mehr oder weniger rötlichgelbe, in geringerer Menge hellblaue und grünliche Teilchen erkennen.
  Verfälschungen mit Muskatpulver: Das Allgemeinbild ist auffallend verändert, da der überwiegend gelbe Ton des Lumineszenzbildes durch die mattweißen und braunen Teilchen des Muskatpulvers gestört wird; mit Getreidemehl: einwandfrei erkennbar an den mattgrauen und azurblauen Teilchen; mit Steinnußmehl: an den blauen und elfenbeinweißen Teilchen erkennbar.
  Bombay-Macis: Epidermis dunkelblau, von einer hellblauen Cuticula eingesäumt. Parenchym mattblau. Die Leitbündel heben sich deutlich graublau vom Parenchym ab. Farbstoffzellen rotbraun. Das Pulver des Bombay-Macis ist vor allem durch das dunkelrotbraune Leuchten der Ölzellen charakterisiert, die zusammen mit den mattblauen Parenchymteilen eine leichte Unterscheidung von Banda-Macis ermöglichen. Diese gelingt schon makroskopisch, da Banda-Macis unter der Quarzlampe viel heller leuchtet. Papua-Macis weist dagegen keine nennenswerten Unterschiede auf, so daß eine fluoreszenzmikroskopische Unterscheidung nicht möglich ist.[23]
- Asche: Max. 3% *EB6*.

Gehalt: Mindestgehalt an ätherischem Öl 4,5% *EB6*.

Lagerung: In gut schließenden Gefäßen, vor Licht geschützt.[25]
Abhängig von der Herstellung ist Macis mehr oder weniger mikrobiell kontaminiert. Bei indischem Macis wurden $3{,}6 \times 10^6$ Bakterien pro g und $8{,}1 \times 10^3$ Pilze pro g gefunden. γ-Bestrahlung mit einer Dosierung von 7,5 kGy ist für eine Sterilisierung ausreichend.[104]

Wirkungen: *Antimikrobielle Wirkung.* Der methanolische Macisextrakt (5 g/100 mL) zeigt *in vitro* eine Wachstumshemmung gegen das kariogene Bakterium *Streptococcus mutans*. Die antibakterielle Wirkung ist im wesentlichen auf den Gehalt an Dehydrodiisoeugenol und Methoxydehydrodiisoeugenol zurückzuführen, die das Bakterienwachstum im Verdünnungstest in einer Konzentration von 12,5 µg/mL vollständig unterdrücken.[86,96]
Die beiden Resorcinole Malabaricon B und Malabaricon C besitzen eine starke antibakterielle und fungicide Wirksamkeit. Die minimale Hemmkonzentration (MIC) beträgt für Malabaricon B bei *Staphylococcus aureus*, *Bacillus subtilis* und *Streptococcus durans* je 1 µg/mL, bei *Candida albicans* Stamm A 4 µg/mL, Stamm B 8 µg/mL und Stamm C 116 µg/mL. Für Malabaricon C beträgt die MIC bei *Staphylococcus aureus* 4 µg/mL, *Bacillus subtilis* 2 µg/mL, *Streptococcus durans* 4 µg/mL und bei *Candida albicans* Stamm A 8 µg/mL, Stamm B 8 µg/mL und Stamm C 32 µg/mL.[98]
Ein ethanolischer Macisextrakt (Droge-Extrakt-Verhältnis = 1:10) hemmt das Wachstum von *Clostridium botulinum*. Mit einer MIC von 31 ppm war

Macis von 33 untersuchten Gewürzen am stärksten wirksam.[105] Die antibakterielle Wirkung gegen *Clostridium botulinum* und *Bacillus* sp. ist von anderer Seite bestätigt worden.[106] Macisextrakt, mit der fünffachen Menge eines sterilen Tween-Pepton-Wassers emulgiert und dann mit Nähragar vermischt, hemmt in handelsüblicher Dosierung (Konzentration in Nähragar: 0,5 bis 1 g/kg) das Wachstum der im Lebensmittelbereich am häufigsten vorkommenden Verderbniserreger: *Escherichia coli*, *Streptococcus faecalis*, *Salmonella typhimurium*, *Staphylococcus aureus*, *Psuedomonas aeruginosa*, *Bacillus cereus*, *Clostridium perfringens* und *Aspergillus flavus*. Clostridien und Staphylokokken werden am stärksten gehemmt, Pseudomonaden und Salmonellen weniger stark.[107]
Nematocide Wirkung. Macis besitzt auch eine beachtliche nematocide Wirkung gegen Larven des Hundespulwurms (*Toxocara canis*) im zweiten Stadium. Das larvicide Prinzip ist in heißem Wasser und Methanol löslich, nicht jedoch in Hexan oder Chloroform. Es wurde identifiziert als das Diarylnonanoid Malabaricon C. Die minimale letale Konzentration gegen die Larven von *Toxocara canis* im zweiten Stadium beträgt *in vitro* 6 µmol/L. Dehydrodiisoeugenol und 5-Methoxydehydrodiisoeugenol sind unwirksam.[28]
Antiexsudative Wirkung. Der methanolische Macisextrakt besitzt bei p.o. Applikation eine antiexsudative Wirkung am Carrageeninödem der Ratte und reduziert die durch Essigsäure induzierte Gefäßpermeabilität der Maus. Die Wirkung von 1,5 g Methanolextrakt/kg KG oder von 0,19 g einer durch Säulenchromatographie des hexanlöslichen Teils des Methanolextraktes gewonnenen Fraktion pro kg KG entspricht der von 10 mg/kg KG Indometacin. Die Wirkung wird dem Gehalt an Myristicin zugeschrieben.[108,109]
Wirkung auf den Stoffwechsel. Die einmalige Behandlung von Mäusen mit Wasserdampfdestillat, Etherextr. und Methanolextr. von Macis verursacht eine signifikante Verlängerung der hexobarbitalinduzierten Narkose und einen Anstieg der Strychnintoxizität. Die Angaben zur Applikationsart sowie zur Dosis bzw. zum Dosisbereich sind aus dem Abstract der Arbeit nicht ersichtlich. Die hepatischen mikrosomalen drogenmetabolisierenden Enzymaktivitäten werden signifikant herabgesetzt. Nach 7 Tagen täglicher Applikation (Art und Dosis nicht ersichtlich) wird jedoch die Dauer der Narkose deutlich abgekürzt und steigt die Aktivität der hepatischen Enzyme an. Durch Fraktionierung auf einer SiO_2-Säule konnte aus der nichtflüchtigen Etherfraktion als aktives Prinzip Macelignan isoliert werden (s. Inhaltsstoffe).[110,111] *meso*-Dihydroguajaretsäure ist biologisch inaktiv.[101] Die Fütterung mit Macis bewirkt bei Albinomäusen eine signifikante Steigerung der Glutathion S-Transferase und einen signifikanten Anstieg des säurelöslichen Sulfhydryl(SH)-Gehalts.[112,113]
Antitumorale Wirkung. Macis hat einen präventiven Effekt auf die durch 9,10-Dimethyl-1,2-benzanthracen (DMBA) induzierte Papillombildung bei männlichen Albinomäusen. Die Fütterung der Tiere mit einer 1 % Macis enthaltenden Diät während der periinitialen Phase der Tumorgenese reduziert das Erscheinen der durch einmalige Gabe von DMBA (150 µg/100 mL Aceton) und mehrmalige Applikation von Crotonöl (1 % in Aceton) provozierten Hautpapillome um 50 % ($p < 0{,}05$).[114]
Halluzinogene Wirkung. s. Myristicae semen.

Volkstümliche Anwendung und andere Anwendungsgebiete: Bei Erkrankungen und Beschwerden im Bereich des Magen-Darm-Traktes wie Durchfall, Magenkrämpfen, Darmkatarrh und Blähungen. Macis ist ein wichtiges Heilmittel in der Ayurveda-Medizin und wird in Indien bei leichtem Fieber, Verdauungsbeschwerden, humoralem Asthma und Darmbeschwerden verwendet.[28] In gerösteter Form ist Macis gebräuchlich bei choleretischer Diarrhöe, Kolik und Dyspepsie sowie bei Versagen von Leber und Milz.[73] In der indonesischen Volksmedizin dient Macis als Mittel bei Magenbeschwerden, Schmerzen und gegen Rheumatismus.[108,109] Die Wirksamkeit bei den beanspruchten Anwendungsgebieten ist nicht belegt.[72]

Dosierung und Art der Anwendung: *Droge.* Die Droge wird nur selten in Teemischungen als Aromaticum verwendet.[88] Pulver: Die mittlere Einzelgabe als Einnahme beträgt 0,3 g,[225] 0,5 bis 3 g tgl.[73] bzw. 0,3 bis 1 g tgl.[37] Infus: 1 Teelöffel pro Dosis.[74] *Zubereitung.* Tinktur: 25 Tropfen pro dosi.[74]

Unerwünschte Wirkungen: s. Myristicae semen.

Wirkungsmechanismus: s. a. Myristicae semen.

Akute Toxizität: *Mensch.* Macispulver ruft epileptiforme Erregungszustände hervor. Ein jugendlicher Drogenabhängiger trank eine Suspension mit Macispulver. Nach 4 bis 5 h wurde ihm heiß, er fühlte sich schwach und benommen. Er erhielt eine Routinebehandlung gegen toxischen Schock und klagte hinterher über Schwere im Abdomen. Die Rekonvaleszenz war rasch und vollständig.[47]

Toxikologische Daten: *LD-Werte.* [9-(2,5-Dihydroxyphenyl)nonanoyl]-2,6-dihydroxybenzol hat bei Mäusen eine LD_{50} von 2.000 mg/kg KG[102] (Applikationsart nicht ersichtlich).

Sonst. Verwendung: *Pharmazie/Medizin.* [9-(2,5-Dihydroxyphenyl)nonanyl]-2,6-dihydroxybenzol wirkt als Antioxidans. Die Aktivität von 0,005 % der farb- und geruchlosen Substanz in Schmalz ist ähnlich wie die von 0,02 % Butylhydroxyanisol (BHA).[102] *Kosmetik.* Macis wird auch zum Färben von Haaren benutzt.[98] *Haushalt.* Die Verwendung von Macis als Gewürz ist weit verbreitet.[98] Im Vergleich zu Muskatnüssen gilt er als das feinere Muskatgewürz;[115] er wird vorzugsweise zum Würzen von Suppen, Soßen und Gebäck verwendet.[83] *Landwirtschaft.* Der Acetonextrakt ist in einer Dosierung von 2.000 ppm ein starkes Repellent gegen den Reiskäfer (*Sitophilus oryzae* L.).[116]

Gesetzl. Best.: *Offizielle Monographien.* Negativmonographie der Kommission E am BGA "Myristica fragrans (Muskatnußbaum)".[72]

Myristicae oleum expressum

Synonyme: Adeps Nucistae, Balsamum Nucistae, Oleum Myristicae, Oleum Myristicae expressum, Oleum Nucis moschatae, Oleum Nucistae.

Sonstige Bezeichnungen: Dt.: Muskatbalsam, Muskatbutter, Muskatnußbutter, Muskatnußöl; engl.: Butter of nutmeg, expressed nutmeg oil, mace butter, nutmeg butter, nutmeg oil; frz.: Beurre de muscade; it.: Burro di noce moscata. Unter Muskatnußöl wird auch Myristicae aetheroleum verstanden.

Monographiesammlungen: Oleum Nucistae *DAB 6*; Oleum Myristicae *Helv V*.

Definition der Droge: Das aus den Samen durch Auspressen gewonnene rotbraune, stellenweise hellere Gemenge von Fett, ätherischem Öl und Farbstoff *DAB 6*; das aus dem vom Arillus und der Samenschale befreiten, gemahlenen Samenkern in der Wärme abgepreßte Gemenge von Fett, Farbstoff und ätherischem Öl *Helv V*.

Stammpflanzen: *Myristica fragrans* HOUTT.

Gewinnung: Muskatbutter wird meist aus kleinen oder beschädigten Muskatnüssen durch Pressen[21,46] oder durch Extraktion mit einem organischen Lösungsmittel gewonnen.

Verfälschungen/Verwechslungen: Zur Gewinnung von Muskatbutter verwendet man gelegentlich auch folgende Arten: *Myristica speciosa* WARB.; die Samen enthalten 34 % Fett. *Myristica angolensis* B. WELW. aus dem tropischen Westafrika; die Samen sollen zu 70 % aus Fett bestehen. *Virola bicuhyba* (SCHOTT) WARB. (= *Myristica bicuhyba* SCHOTT); die in Südamerika beheimatete Bicuhyba-Muskatnuß ("Oil nuts") liefert das Becuiba-, Ucuhyba- oder Bicuhybafett; unter "Bicuiba" werden auch *Virola sebifera* AUBL. und *Myristica officinalis* MART. verstanden bzw. Pflanzen mit den volkstümlichen Bezeichnungen Bicuiba-da-folha-minúda, Bicuiba-vermelha, Bucuiba, Bucuuva und Bucuuva-assu.[73] *Virola guatemalensis* (HEMSL.) WARB. (= *Myristica guatemalensis* HEMSL.); die Chaguichoy oder afrikanische Ölnüsse genannten Samen enthalten etwa 60 % Fett im Kern. *Myristica microcephala* BLUME aus Westafrika. *Virola sebifera* AUBL. (= *Myristica sebifera* (AUBL.) SW.), Talgmuskatnußbaum, Guayana, Westindien; die Samen liefern das Virolafett. *Virola surinamensis* (ROLAND) WARB. (= *Myristica surinamensis* ROLAND); die Samen werden gleichfalls als "Oil nuts" (Ucuhuloanüsse) bezeichnet. *Virola venezuelensis* WARB. (= *Myristica venezuelensis* AUBL.); die "Cuajo" oder "Cuojo" genannten Samen enthalten fettes Öl, das ebenfalls als Virolafett bezeichnet wird. Die Samen von *Coelocaryon klainii* PIERRE aus dem Kongo und *Coelocaryon preussii* WARB. aus Kamerun liefern ein der Muskatbutter ähnliches Fett.[25] Die den Muskatnüssen ähnelnden Samen von *Myristica otoba* HAIM., einem in den Gebirgen Kolumbiens wachsenden Baum, liefern die Otoba-Butter, in der 9,3 % ätherisches Öl enthalten sind, das zum größten Teil aus Sesquiterpenen besteht.[27]

Inhaltsstoffe: Muskatnüsse enthalten 30 bis 40 % Fett mit Laurin-, Tridecan-, Myristin-, Pentadecan-, Palmitin-, Heptadecan-, Stearin- und Ölsäure.[117] Charakteristisch ist der hohe Gehalt an gesättigten Fettsäuren. Muskatbutter besteht zu 70 bis 85 % aus Trimyristin, dem Triglycerid der Myristinsäure, neben Tripalmitin und Triolein.[44,47,51,118,119] Macis enthält 26 % eines roten Fettes, das der Muskatbutter im Aroma und in der Zusammensetzung ähnlich ist.[87] Muskatfett enthält stets auch 4 %[58] bzw. nach anderer Quelle bis 12,5 %[44] ätherisches Öl sowie braunrote Farbstoffe und "Harz", das zum Teil aus Phenolen (Lignanen, Gerbstoffen) bestehen dürfte. Der unverseifbare Anteil besteht aus sauerstoffhaltigen Polyterpenen und Phytosterolen.[29] Der durch Extraktion mit EtOH erhaltene Triglyceridanteil hat folgende Zusammensetzung: Weniger als 9C: 4,06 %; 9:0 0,30 %; 10:0 0,40 %; 12:0 20,30 %; 12:1 Spuren; 14:0 66,45 %; 14:1 2,07 %; 16:0 4,27 %; 17:0 1,10 %; 18:0 0,54 %; 19:0 1,60 %.[120] Im Macisfett dominiert anstelle der Myristinsäure die Palmitinsäure. Auch ist der Anteil an ungesättigten Fettsäuren wesentlich höher.[58,119]

Identität: Muskatbutter ist eine gelbe bis braunrote, feste, fettige, nach Muskatnuß riechende Masse, die bisweilen hellere Stellen zeigt. In kaltem EtOH ist sie zum Teil, in siedendem EtOH, Ether und Chloroform leicht löslich *Helv V*; s. a. Lit.[47] Die Triglyceride lassen sich nach Verseifung und Trennung der Methylether durch GLC (20 %ige EGS-Säule, 170 °) bestimmen.[120]

Reinheit:
- Schmelzverhalten: Muskatfett muß zwischen 45 und 52 °C zu einer rotbraunen, nicht völlig klaren Flüssigkeit schmelzen. Aus dieser darf sich kein fester Bodensatz abscheiden (Preßrückstände, Stärke, Mineralstoffe) *DAB 6*, *Helv V*.
- Säurezahl (direkt bestimmt): 10 bis 23 *DAB 6*, *Helv V*.
- Verseifungszahl: 172 bis 195 *DAB 6*, *Helv V*.
- Iodzahl: 30 bis 52 *DAB 6*, *Helv V*.
- Esterzahl: 144.[44]
- Polenskezahl: 1,50.[44]
- Reichert-Meißl-Zahl: 1,10.[44]
- Spez. Gew. (15 °C): 0,9779.[44]
- Wird ein Stückchen Muskatfett angezündet, so darf beim Auslöschen der Flamme kein Geruch nach angebranntem Talg entstehen *Helv V*.

Lagerung: Vor Licht geschützt, in gut verschlossenem Gefäß oder in Stanniol eingewickelt *Helv V*.

Volkstümliche Anwendung und andere Anwendungsgebiete: In leichten Fällen von Flechte. Als Bestandteil von Mitteln gegen Verstopfung und Leibschmerzen. Äußerlich bei Rheumatismus und Verstauchungen;[37] bei Neuralgien[220] sowie bei Geschwüren;[122] in Brasilien gegen Arthritis.[120] Muskatbutter wird als schmerzstillende Einreibung verwendet.[121] Die Wirksamkeit bei diesen Anwendungsgebieten ist nicht belegt.

Dosierung und Art der Anwendung: *Zubereitung.* In Einreibungen, Salben und Linimenten bis zu 30 %.[74,220]

Alte Rezepturen: Ceratum Nucistae besteht aus gelbem Wachs, Erdnußöl und Muskatnußöl.[121,225]

Sonst. Verwendung: *Pharmazie/Medizin.* Als Salbengrundlage und zu Pflastern.[21,38,46] Zur Gewinnung von Myristinsäure und ihren Verbindungen.[21] *Kosmetik.* Das Fett hat eine gewisse Bedeutung als Bestandteil einiger Seifen, Haartonica und Parfüms[83] und dient als Zusatz zu Haarpomaden.[37]

Myristicae semen

Synonyme: Myristicae nux, Nuces aromaticae, Nuces nucistae, Nuclei myristicae, Nucleus nucistae, Nux moschata, Nux myristicae, Semen Myristicae, Semen Nucistae.

Sonstige Bezeichnungen: Dt.: Muskat, Muskatnuß, Muskatsamen; engl.: Nutmeg, true nutmeg; frz.: Graine de muscadier, muscade, muscadier, noix de muscade; holl.: Muskaatnoot; it.: Noce moscata; port.: Noz de moscadeira, noz moscada; span.: Nuez de Banda, nuez de especias, nuez moscada.[43,44,85]

Monographiesammlungen: Myristicae Semen *Belg IV, Ital 6, Ned 6*; Myristicae Nux *Hisp IX*; Muscade *PF VIII*; Nutmeg *USP XI, BPC 79, Mar 28*; Semen Myristicae *Helv VI, EB 6*; Myristica *BHP 83.*

Definition der Droge: Die getrockneten, vom Samenmantel (Arillus) und der Samenschale befreiten Samenkerne.

Stammpflanzen: *Myristica fragrans* HOUTT.

Herkunft: Indonesien (südliche und östliche Molukken). Domestikationszentrum ist die Insel Banda. Überall in den feuchten Tropen kultiviert, vor allem in Südindien, Sri Lanka, Malaysia, Thailand, Neuguinea, Brasilien, Französisch-Guayana, Belize und Guatemala, auf den Antillen (Grenada), den Seychellen, auf Madagaskar, Sansibar, Mauritius und Réunion. Hauptproduzent ist Indonesien.[19]

Gewinnung: *M. fragrans* benötigt zum Wachstum ein feuchtheißes tropisches Klima mit einer Durchschnittstemperatur von 25 bis 30 °C und einer jährlichen Niederschlagsmenge von 150 bis 300 cm. Sie wächst am besten leicht beschattet auf lehmigen und vulkanischen Böden in einer Höhe unterhalb 750 m. Das an der Oberfläche befindliche Wurzelsystem macht sie anfällig gegen Windbruch. Gegen starke Winde und zur Beschattung werden Myristica-Kulturen deshalb im Schutz kräftiger Bäume angelegt. Auf den Banda-Inseln dient dazu *Canarium commune*, eine Burseracee. Auch die hochwüchsigen Albizzia und Sesbania sind als Schattenbäume geeignet.

Das geerntete Saatgut sollte so bald wie möglich ausgesät werden, denn es verliert bereits nach 3 Tagen seine Keimfähigkeit. In der Regel keimen die Samen nach 45 bis 90 Tagen. Geringe Keimfähigkeit der Samen und hohe Mortalität der Sämlinge werden auf die Anwesenheit von pathogenen Pilzen wie *Colletotrichum gloeosporioides*, *Phomopsis* sp. und *Pestalotia* sp. zurückgeführt.[123] Eine andere Wurzelerkrankung der Sämlinge, die ein Abfallen der Blätter und Austrocknen der Zweige zur Folge hat, ist auf den Pilz *Cylindricladium camelliae* zurückzuführen; die befallenen Pflanzen sterben nach 80 bis 85 Tagen.[124]
Die Sämlinge werden nach 6 Monaten umgetopft und nach 1 Jahr im Abstand von 9 × 9 m umgepflanzt. Der Sämling wächst langsam; nach 6 Monaten ist er 25 cm hoch und erreicht nach 6 bis 7 Jahren eine Höhe von 10 m. *M. fragrans* ist normalerweise diözisch, nur gelegentlich kommen zwittrige Exemplare vor. Erst nach 6 bis 7 Jahren, mit der ersten Blüte, ist es möglich, das Geschlecht zu bestimmen. Man bemüht sich deshalb, Verfahren zur vegetativen Vermehrung der weiblichen Muskatbäume zu finden. Beispielsweise läßt sich durch Pfropfen von weiblicher *M. fragrans* auf Wurzelstöcke einer anderen Myristica-Art bereits nach 4 Jahren eine Blüte erzielen. Da zur Bestäubung der Blüten von 10 bis 12 weiblichen Bäumen bereits 1 männlicher Baum genügt, werden die übrigen männlichen Bäume vernichtet. Der Baum beginnt im 7. Jahr zu fruchten. Der Ernteertrag steigert sich bis zum 20. Jahr. Die Produktivität eines Baumes dauert 70 bis 80 Jahre. Die Pflanze blüht und fruchtet bis zur völligen Reife etwa 6 Monate. Die Haupterntezeit dauert von Juni bis Oktober. Die reifen Früchte, d.h. solche, deren Perikarp aufgeplatzt ist, werden täglich aufgelesen oder gepflückt. Nur die genau zum richtigen Zeitpunkt geernteten Früchte, nämlich 1 Tag nach der Öffnung des Perikarps, ergeben die beste Qualität von Muskatnuß und Macis. Sind die geernteten Früchte noch nicht ganz reif, so sind die Samen verschrumpelt, mit weniger Macis und von minderwertiger Qualität. Bleiben die Früchte zu lange hängen oder am Boden liegen, so werden sie von Insekten befallen und ergeben die sog. verwurmte Qualität.[22] Die Früchte können auch von einem Fäulniserreger befallen werden, der als der Schimmelpilz *Thielaviopsis paradoxa* (DE SEYNES) HOEHN identifiziert worden ist.[125]
Ein Baum trägt 2.000 bis 3.000 Früchte oder 8 bis 12 kg Samen pro Jahr. Unter besonders guten Bedingungen kann die Zahl der Früchte bis auf 20.000 steigen. Von einem Hektar mit 100 weiblichen Bäumen wird ein Ertrag von 800 bis 1.200 kg Muskatsamen und 150 bis 200 kg Macis erzielt.
Das Perikarp wird entfernt und der Samenmantel abgetrennt. Die Samen werden bei gelinder Wärme getrocknet. Die Trocknungstemperatur darf 45 °C nicht überschreiten, weil sonst das Fett schmilzt. Die Trocknung in der Sonne verbietet sich aus dem gleichen Grund. Beim Trocknen schrumpft der Samenkern, und nach 4 bis 8 Wochen, wenn er vollständig trocken ist, klappert er in der Samenschale. Diese wird durch Aufschla-

gen entfernt; die Samenkerne, die aus einem kleinen Embryo, dem Endosperm und dem Perisperm bestehen, werden nach Größe sortiert. Insekten werden durch Begasen mit Methylbromid oder Schwefelkohlenstoff vernichtet. Durch Eintauchen in einen frischen Brei aus Seewasser und gebranntem Kalk bekommen die Muskatnüsse zuletzt den bekannten weißen Überzug. Ursprünglich aus Monopolgründen zur Zerstörung der Keimfähigkeit gedacht, hat sich die Kalkung als guter Schutz gegen Insektenfraß erwiesen.[22,23,46,87] Als Folge unzulänglicher oder unvollständiger Entfernung kontaminierter oder verseuchter Samenkerne ("Nüsse") vor dem Mahlen werden im Muskatnußpulver häufig Fremdbestandteile, vor allem Insektenfragmente neben Tierhaaren und Milben gefunden.[126] In Muskatnüssen aus Sri Lanka wurde *Cryptolestes klapperichi* LEFKOVITCH, Coleoptera-Cucujidae, identifiziert.[127]

Handelssorten: Muskatnüsse werden nach ihrer Größe und Qualität gehandelt. Die größten Nüsse erzielen die höchsten Preise. Unterschieden werden 1. Gesunde und unbeschädigte Nüsse der Klassen A (75 bis 80 Nüsse/500 g) bis E (125 bis 160 Nüsse/500 g); 2. Geschrumpelte (shrivelled) Nüsse; 3. Beschädigte und verwurmte Nüsse.[22]
Nach der Herkunft unterscheidet man folgende Sorten "ostindischer Muskatnüsse": Die "Banda-Muskatnüsse" als feinste Handelssorte enthalten etwa 8 % ätherisches Öl; die "Siauw-Muskatnüsse" werden als fast ebenso gut angesehen wie die Bandanüsse, enthalten aber nur 6,5 % ätherisches Öl. Die "Penang-Muskatnüsse" sind häufig wurmig und madig. Sie finden darum meistens nur für Destillationszwecke Verwendung.[27] In kleinen Mengen gelangen die Samen auch mit der Schale in den Handel.[21]

Ganzdroge: Die Samenkerne sind stumpf-eiförmig, rundlich-eiförmig oder annähernd kugelig, 2 bis 3 cm lang und 1,5 bis 2 cm breit. Die hellbraune Oberfläche ist durch das Kalken weißlich bis hellgrau überzogen von einem Netz flacher, verästelter Furchen, gekennzeichnet von zahlreichen kleinen, dunkelbraunen Punkten und Linien. Die Spitze der Radicula ist durch eine kreisförmige, schwache Erhebung angedeutet, 5 mm Durchmesser, etwas exzentrisch gelegen am breiten Ende und mit der Chalaza verbunden durch eine breite, flache Längsfurche, die der Raphe entspricht; die Chalaza hat die Form einer runden, dunklen Vertiefung am entgegengesetzten Ende. Der Kern besteht aus einem hellbraunen Endosperm, bedeckt von einem dünnen, dunkleren Perisperm, welches das Endosperm in zahlreichen Falten durchdringt, so daß sich im Querschnitt das charakteristische ruminierte Bild ergibt. Der kleine Embryo findet sich im Endosperm nahe der Mikropyle eingebettet. Beim Pressen mit dem Fingernagel scheidet die Oberfläche Öl aus.[2,3,25]

Schnittdroge: *Geruch.* Charakteristisch aromatisch.
Geschmack. Aromatisch und bitter.[45]
Makroskopische Beschreibung. Die Schnittdroge ist gekennzeichnet durch die außen hellgrauen, innen hellgelben, mit braunen Perispermfalten durchsetzten und marmorierten Samenkernstückchen.[225]
Lupenbild. Im Querschnitt ist der Samen graubraun und erscheint durch braune, von der Peripherie nach innen eindringende und verzweigte Hüllperispermfalten zerklüftet und unregelmäßig strahlig gefiedert (ruminiertes Endosperm). Dicht unter dem Nabel befindet sich eine den ziemlich ansehnlichen Keim enthaltende umfangreiche Höhlung; in der Handelsdroge ist der Embryo meistens eingeschrumpft. Ist er vorhanden, so besteht er aus zwei dünnen, blattartigen, voneinander abstehenden, etwas gefalteten Samenlappen und einem kleinen Würzelchen, das nach unten gewendet ist.[25]
Mikroskopisches Bild. Man unterscheidet in der braunen Samenkernhülle zwei ziemlich deutlich abgegrenzte Gewebeschichten: Das den Samenkern an seinem Außenrand umhüllende Perisperm (Hüllperisperm), im Querschnitt bestehend aus ziemlich ansehnlichen, flachen, teilweise rotbraunen Inhalt führenden Zellen, deren dünne, braune Zellwände verholzt sind. Das von Gefäßbündeln durchzogene Gewebe in den Platten (= Perispermstränge) besteht hauptsächlich aus großen, ätherisches Öl führenden Sekretzellen. Das Endosperm stellt ein dichtes Parenchym zarter, polyedrischer Zellen dar, die besonders in den Randpartien in dem fettreichen Protoplasma zahlreiche kleine, meist zusammengesetzte Stärkekörner (mit deutlicher Kernhöhle) und meist in der Mitte jeder Zelle einzelne Aleuronkörner mit oft gut entwickeltem Eiweißkristall, 12 bis 20 µm, enthalten. Das Fett ist oft kristallin. Die inneren Teile des Endosperms sind weniger reich an aufgespeicherten Reservestoffen.[25,45]

Pulverdroge: Rötlichbraunes, etwas grauweißes oder gelbliches Pulver, das hauptsächlich aus hellen Fragmenten des dünnwandigen, farblosen Endospermgewebes besteht, mit 3 bis 15 µm großen Stärkekörnern (einfach oder zusammengesetzt, mit Spalt oder rundlicher Kernhöhle) und Aleuronkörnern mit einem oft groß entwickelten Eiweißkristall im öligen Plasma, in dem sich oft kristallinisch ausgeschiedenes Fett befindet; braune Fragmente des dünnwandigen, verholzten Hüllperisperms, dessen Zellen mit rotbraunem Inhalt und Einzelkristallen erfüllt sind; Stücke des von Gefäßbündeln durchzogenen Gewebes der Epidermisstränge mit großen, ätherisches Öl führenden Zellen, dazwischen kleinere Parenchymzellen; Stücke mit aneinanderhängendem Endosperm- und Ruminationsgewebe; freie Stärke, Pigmentstückchen und Gefäßbündelfetzen.[25,225]

Verfälschungen/Verwechslungen: Verfälschungen der ganzen Muskatnuß sind selten. Früher wurden künstliche Muskatnüsse in den Handel gebracht, die aus Muskatnußpulver, Mehl, Ton und ähnlichen Bindemitteln gepreßt wurden. Als verdorben sind verschimmelte oder wurmstichige Nüsse anzuse-

hen; sie gelten als verfälscht, wenn die Löcher durch Kalk verschmiert sind.
Verfälschungen des Pulvers kann man im UV-Licht erkennen: Getreidearten sind gut erkennbar an den azurblau leuchtenden Kleberteilchen. Fabaceen sind einwandfrei an den rosa und gelb leuchtenden Teilchen erkennbar. Steinnußmehl ist durch die blauen und elfenbeinweißen Teilchen leicht nachweisbar. Leinsamen ist an den hellgrauen und blaßgrünen Teilchen erkennbar. Curcuma ist sehr gut erkennbar an einem intensiven gelben Leuchten (von zitronengelben bis zu dunkelorangegelben Farbtönen). Die Unterschiede im Farbton sind von der Dicke der Körnchen abhängig.
Als Ersatzdrogen werden auch Samen von anderen Pflanzen verwendet: Kalebassenmuskat oder falsche Muskatnuß, auch Macisbohnen oder Owere seeds genannt, stammt von *Monodora myristica* (GAERTN.) DUNAL, einer Annonacee. Die Samen duften wie Muskat; sie werden besonders in West- und Zentralafrika als Gewürz, Anregungs- und Heilmittel geschätzt und dienen auch zur Anfertigung von Rosenkränzen und Halsketten. Sie sind grau bis braun, 20 bis 25 mm lang, 10 bis 12 mm breit, 5 bis 6 mm dick und enthalten etwa 25% ätherisches und 6% fettes Öl.[19,23] *Monodora myristica* läßt sich von *Myristica fragrans* durch die Zusammensetzung des ätherischen Öls unterscheiden. In beiden Fällen sind die Monoterpenkohlenwasserstoffe die Hauptbestandteile, doch ist die Verteilung unterschiedlich. Sabinen und β-Pinen fehlen im Öl von *Monodora myristica*, sind aber im Öl von *Myristica fragrans* stark vertreten, das im Gegensatz zu *Monodora myristica* oft nur wenig α-Phelladren enthält. Das Öl von *Monodora myristica* enthält auch weder Methyleugenol noch Safrol. Ferner ist das halluzinogene Myristicin auf *Myristica fragrans* beschränkt, so daß *Monodora myristica* für die Verwendung als Gewürz besser als die echte Muskatnuß geeignet erscheint.[128] Die Chilenische Muskatnuß ("Laurel", "Kua Kung"), stammt von *Laurelia sempervirens* (RUIZ et PAV.) TULASNE, Monimiaceae; die Pflaumen-Muskatnuß von *Atherosperma moschatum* LABILL., Monimiaceae, kommt in Australien vor. Von *Ravensara aromatica* SONN., Lauraceae, stammt die Madegassische Muskatnuß; die Samen werden auch Nuces Caryophyllatae genannt. Die Brasilianische Muskatnuß, von *Cryptocarya moschata* NEES et MART., Lauraceae, kommt häufig in der Serra do Mar (Rio de Janeiro, São Paolo und Minas Gerais) vor. Die Frucht wird etwa 2 cm groß und enthält einen Samen ohne Arillus, der in seinen aromatischen Eigenschaften der echten Muskatnuß ähnlich ist. Die Kalifornische Muskatnuß stammt von *Torreya californica* TORR. Als Große Macisbohnen oder Pichurimnüsse werden die Samen von *Acrodiclidium puchurymajor* (MART.) MEZ. bezeichnet. Die Makassar- oder Papua-Muskatnuß, auch wilde oder lange Muskatnuß oder Pferdemuskat genannten Samen stammen von *Myristica argentea* WARB. (s. dort). *Dialyanthera otoba* (H. et B.) WARB. liefert die Otoba-Muskatnüsse. Diese Myristicacee kommt in den Gebirgen Kolumbiens vor und bringt den echten Muskatnüssen ähnliche Samen hervor. Verfälschungen sind ferner möglich mit den Nüssen von *Myristica succedanea* BLUME (s. dort) und von *Myristica malabarica* LAM. (s. dort), welche die Bombay-Muskatnüsse liefert. Die Batjang-Muskatnuß stammt von *Myristica speciosa* WARB. von den Molukken und soll so aromatisch sein wie die echte Muskatnuß. Sie unterscheidet sich aber durch ein sehr dickes Perikarp und besitzt eine Länge von 35 mm und eine Breite von 25 mm. Anstelle der Chalaza sind die Samen mit einem deutlich hervortretenden Wulst versehen. Die Samen sollen gegenüber der echten Muskatnuß gleichwertig sein und enthalten 34% Fett.[23]

Inhaltsstoffe: *Ätherisches Öl.* Muskatnüsse enthalten 7 bis 16% ätherisches Öl mit etwa 80% Monoterpenkohlenwasserstoffen, hauptsächlich (+)-α-Pinen und (+)-β-Pinen, Terpenalkoholen, darunter Geraniol, Borneol, Linalool und Terpineol, und etwa 10% Phenylpropanderivaten, vor allem Myristicin [4-Methoxy-6-(2-propenyl)-1,3-benzodioxol] neben Safrol [5-(2-Propenyl)-1,3-benzodioxol], Eugenol und Elemicin. Außerdem Myristinsäure, frei und verestert, neben kleinen Mengen veresterter Ameisensäure, Essigsäure, Buttersäure und Caprylsäure. Ätherisches Muskatnußöl ist dem ätherischen Macisöl in der Zusammensetzung sehr ähnlich (s. Myristicae aetheroleum).[89,118,130–134]
Fettes Öl. s. Myristicae oleum expressum.
Phenylpropanoide. Aus der Neutralfraktion des Methylenchloridextraktes lassen sich 13 monomere und dimere Phenylpropanoide isolieren, darunter Myristicin, Eugenol- und Isoeugenolmethylether, Dehydrodieugenol, Dehydrodiisoeugenol und 2,6-Dimethoxy-4-allylphenol.[5,135,136] Aus der Neutralfraktion des Petroletherextrakts wurden u. a. isoliert: 1-(4-Acetoxy-3-methoxyphenyl)-2-(4-allyl-2,6-dimethoxyphenoxy)propylacetat, 5-Methoxydehydrodiisoeugenol, 1-(3,4-Methylendioxyphenyl)-2-(4-allyl-2,6-dimethoxyphenoxy)propan-1-ol, 1-(3,4-Methylendioxyphenyl)-2-(4-allyl-2,6-dimethoxyphenoxy)propylacetat und 1-(3,4,5-Trimethoxyphenyl)-2-(4-allyl-2,6-dimethoxyphenoxy)propan-1-ol.[94,133] Ferner wurden identifiziert: 1-(3,4-Dimethoxyphenyl)-2-(4-allyl-2,6-dimethoxyphenoxy)propan-1-ol,[12,133] *erythro*-(3,4-Methylendioxy-7-hydroxy-1'-allyl-3',5'-dimethoxy)-8.0.4'-neolignan und dessen Acetat[137] sowie Licarin B, ein dimeres Phenylpropanoid.[138,139]
Saponine. Aus den entfetteten Samen wurde ein Saponin isoliert mit Oleanolsäure als Genin.[140]
Sterole. Muskatnüsse enthalten im Gesamtsterol 43,6% Sitosterol, 22,1% Campesterol, 21,2% einer dem Lanosterol ähnlichen Verbindung und 1% Desmosterol.[141]
Sonstige Verbindungen. An Kohlenhydraten außer Stärke noch Saccharose, Xylan und Pentosane; 0,5 bis 0,6% Pektin; Gerbstoff in der Samenschale; Lipase.[44] Wasser: 7,5%; Asche: 3,5%, davon 2,53% P_2O_5;[43] Fe: 45,5 µg/g; Cu: 20,9 µg/g; Zn: 27,0 µg/g; Mn: 11,5 µg/g; Cr: 16,4 µg/g; Ni: 1,2 µg/g; Co: 0,6 µg/g.[103] Muskatnüsse besitzen eine hohe Proteaseaktivität.[142]

Zubereitungen: Infuse, Decocte, Fluidextrakte, Tinkturen, Elixiere, Linimente, Sirupe;[73] Pulvis Myristicae *IndPC53*.

Identität: Die Mikrosublimation liefert ein reichliches Sublimat farbloser Tropfen, in denen nach kurzer Zeit Gruppen derber, farbloser Kristalle auftreten *HispIX*. Wird Muskatnuß mit heißem Methanol extrahiert, entsteht nach dem Abkühlen reichlich Niederschlag. Die nach dem Umkristallisieren erhaltenen farblosen Kristalle bestehen aus Trimyristin, das spektroskopisch und mittels DC identifiziert werden kann.[143]
Im DC lassen sich die Muskatbestandteile von Marihuana- und Haschischbestandteilen (*Cannabis sativa* L.) beim Vergleich der mit Petrolether (Sdt. 30 bis 60°) erhaltenen Extrakte unterscheiden. Aufgetragen werden jeweils ca. 20 µg Extrakt auf Kieselgel F_{254}. Als Laufmittel sind folgende Lösungsmittelsysteme geeignet: Petrolether (Sdt. 60 bis 80°)-Ethylacetat (5 + 1), Petrolether (Sdt. 60 bis 80°)-Ethylacetat-Ether (90 + 5 + 5), Petrolether (Sdt. 60 bis 80°)-Diethylether (4 + 1), *n*-Hexan-Ether-Essigsäure (87 + 12 + 1) und *n*-Hexan-Aceton-Diisopropylether (10 + 1 + 1). Als Sprühreagenz wird eine 0,1 %ige Lösung von Echtblausalz B verwendet. In allen Lösungsmittelsystemen können die Bestandteile von Muskat und Cannabis leicht unterschieden werden: Cannabidiol, Cannabinol und Tetrahydrocannabinol haben hohe Rf-Werte, während die Cannabinoide mit Säurefunktion ebenso wie die mit Echtblausalz unter Rotfärbung reagierenden Muskatbestandteile im unteren Teil des Chromatogramms erscheinen.[144] Muskatnußbestandteile lassen sich von den Tetrahydrocannabinol-Derivaten auch durch zweidimensionale DC auf Kieselgel F_{254} mit *n*-Pentan-Ether-Ethylacetat (90 + 8 + 2) oder *n*-Pentan-Aceton (90 + 10) als Laufmittel und Echtblausalz-Reagenz (0,05 % Dianisidintetrazoliumchlorid in 0,5 M NaOH) als Sprühreagenz unterscheiden.[145,146] Zur Unterscheidung ostindischer von westindischen Muskatnüssen wird eine spektralphotometrische Messung nach Farbreaktion mit *p*-Nitranilindiazoniumsalz empfohlen. Die ostindische Droge zeigt eine breite Absorptionsbande bei 398 nm mit hoher Extinktion; die Extinktion der westindischen Droge kommt dem Blindwert nahezu gleich.[147] Die Muskatnußbestandteile lassen sich ferner durch GC,[117] GC-MS,[56,92,117,148] MS-MS,[149] GLC[63,148] und HPLC[6] charakterisieren.

Reinheit:
- Zerbrochene oder von Insekten zerfressene Nüsse dürfen nicht enthalten sein *BelgIV*.
- Samenkerne von ausgesprochen länglichem Umriß, meist weniger als 15 mm dick, dürfen nicht vorhanden sein *Helv VI*.
- Aflatoxine lassen sich fluorodensitometrisch quantitativ bestimmen.[150]
- Max. Aschegehalt: 3 % *BHP83*, *BPC79*; 3,5 % *HispIX*; 4 % *EB6*; 5 % *Ital6*, *BelgIV*.
- Sulfatasche: Max. 3,5 % *Helv VI*.
- Säureunlösliche Asche: Max. 0,2 % *USPXI*, *BHP83*.
- Nichtflüchtiger etherlösl. Extrakt: Höchstens 25 % *USPXI*.

Gehaltsbestimmung: Der Gehalt an Myristicin und Safrol läßt sich im ätherischen Muskatnußöl densitometrisch bei 270 und 287 nm[62] bestimmen. Mittels HPLC läßt sich der Gehalt an Myristicin und Safrol im Muskatpulver gleichzeitig erfassen. Die Mehrzahl der organischen Verbindungen in der Muskatnuß, z. B. Terpene und Terpenalkohole, hat bei den Wellenlängen der Absorptionsmaxima der interessierenden Phenolether zu vernachlässigende UV-Absorptionen. Die Diphenylpropanoide absorbieren zwar auch im fraglichen Bereich, werden aber unter chromatographischen Bedingungen vorher abgetrennt. Myristicin und Safrol haben UV-Absorptionsmaxima bei 247 nm bzw. 287 nm.[6] Eine quantitative Bestimmungsmethode der pharmakologisch relevanten Inhaltsstoffe wie Isoeugenol, Eugenol, Safrol, Myristicin, Elemicin, α-Terpineol und Terpinen-4-ol gelingt durch GLC mit 3-*tert.*-Butyl-4-hydroxyanisol als innerem Standard.[151]

Lagerung: Aufbewahrung kühl und trocken,[62] in gut verschlossenen Behältern *Ned6*, *BPC79*, unter Lichtschutz *Helv VI*. Zur Verhütung von Insektenfraß in dicht schließenden Gläsern mit einigen Tropfen Chloroform oder Tetrachlorkohlenstoff *Hisp IX*.

Stabilität: Während der Lagerung der ganzen und der gemahlenen Muskatnüsse sinkt der Gehalt an leichtflüchtigen und steigt der Gehalt an schwerflüchtigen Bestandteilen an. Ein Teil dieser Veränderung ist auf chemischen Abbau zurückzuführen. So dürfte der Anstieg an freier Myristinsäure das Ergebnis einer Hydrolyse des Trimyristins sein. Der Gehalt an freier Myristinsäure eignet sich zur Bestimmung des Alters von Muskatnüssen.[152]

Wirkungen: *Antimikrobielle Wirkung*. Muskatnußextrakt (Extraktionsmittel nicht ersichtlich) wirkt in einer Dosierung von 0,5 bis 1 g/kg Nähragar generell hemmend auf das Wachstum der im Lebensmittelbereich am häufigsten vorkommenden Verderbniserreger (*Escherichia coli*, Enterokokken, Salmonellen, Staphylokokken, Pseudomonaden, *Bacillus cereus*, Clostridien und *Aspergillus flavus*).[107] Ein wäßriger Muskatbrei beeinflußt *in vitro* weder das Wachstum von *E. coli* noch die Enterotoxinbildung.[53]
Antiexsudative Wirkung. Am Carrageenanödem der Rattenpfote hat der Petroletherextrakt eine ED_{50} von 955 mg/kg KG p. o.; ein wäßriger Extrakt ist bis zu einer Dosierung von 2 mg/kg KG wirkungslos.[154] Das Carrageenanödem wird durch Eugenol (100 bis 500 mg/kg KG p. o.) dosisabhängig reduziert. Kleinere Dosen haben einen geringen oder keinen Effekt. Die stärkste Wirkung wird 3 bis 4 h nach der Eugenolgabe erzielt und entspricht der Wirkung von 100 mg/kg KG Phenylbutazon oder 5 mg/kg KG Indometacin.[68]
Wirkung auf das Herz. Die Injektion von 190, 375 und 750 mg/kg KG eines Myristicin, Elemicin, Sa-

frol und Eugenol enthaltenden Hexanextraktes in den Lymphsack führt bei Kröten (*Bufo regularis*) zu einer dosisabhängigen Sinustachycardie, Steigerung der Herzfrequenz und der Amplitude des ventriculären Aktionspotentials. Die chronische Applikation von 75 mg/kg KG über 15 Tage führt zu einer Sinusbradycardie, einer verminderten Amplitude und gesteigerten Dauer des ventriculären Aktionspotentials.[155]

Wirkung auf die Prostaglandinsynthese. Bei Patienten mit medullärem Schilddrüsencarcinom wird die durch den Anstieg von Prostaglandinen (PG) induzierte Diarrhöe durch Behandlung mit Muskatnuß (1 Teelöffel voll Muskatpulver 9mal tgl. p.o.) gebessert,[156-159] ebenso die mit Morbus Crohn assoziierte Diarrhöe.[160] In der menschlichen Darmmucosa ist eine Hemmung der PG-Synthese nachweisbar. Resezierte Kolonstücke wurden 90 s lang in Krebs-Lösung allein oder mit 0,1 bis 500 µg/mL Muskat homogenisiert. Durch Muskat wird die PG-Aktivität dosisabhängig um 35 bis 72 % reduziert.[156] Auch bei Ratten ist nach Applikation von gemahlenen Muskatnüssen (2mal tgl. 40 mg p.o., 7 Tage lang) eine deutliche Hemmung der PG-Synthese festzustellen: Die durch PGE_2 induzierten Kontraktionen von Rattenmagenstreifen werden gehemmt. 20 bis 500 µg Muskat/mL Krebs-Lösung verursachen eine Hemmung der Kontraktion von 20 bis 100 %.[156] Ebenfalls wird die durch das isolierte menschliche Kolon gebildete Menge an PG-ähnlichem Material vermindert.[161] Eine Petroletherfraktion von Muskatnußpulver (Konzentration nicht ersichtlich) hemmt *in vitro* die PG-Synthese im Nierengewebe von Ratten.[162] Die bei Ratten durch Rizinusöl ausgelöste Diarrhöe wird durch Muskatnußextrakte gehemmt. Die ED_{50} des antidiarrhoischen Effektes beträgt für den Petroletherextrakt 971 mg/kg KG p.o. und für den wäßrigen Extrakt 1.000 mg/kg KG p.o.[154] Der wäßrige Brei hat einen deutlichen Hemmeffekt auf die Flüssigkeitsakkumulationsfähigkeit von enterotoxigenen *Escherichia coli* im ligierten Kaninchendarm.[153]

Antitumorwirkung. Muskatnußextrakt soll Neoplasmen hemmen und nach i.p. Applikation bei Mäusen mit Sarkom-180 (Dosis nicht ersichtlich) die Überlebenszeit von 19 Tagen (Kontrolle) auf 24 bis 32 Tage verlängern.[163]

Psychotrope Wirkung. Größere Dosen von Muskatpulver wirken psychotomimetisch und halluzinogen.[164] Für diese Wirkung werden amphetaminähnliche Umwandlungsprodukte von Myristicin und von Elemicin verantwortlich gemacht. Der psychotrope Effekt ist wahrscheinlich auf die endogene Transaminierung von Myristicin (3) zu 3-Methoxy-4,5-methylendioxyamphetamin (MMDA) (5) und von Elemicin (2) zu 3,4,5-Trimethoxyamphetamin (TMA) (4) zurückzuführen (s. Formelübersicht). Die psychotomimetische Wirkung von MMDA und TMA ist doppelt so hoch wie die von Mescalin (1). Myristicin und Elemicin fungieren gleichsam als Präkursoren. Die lange Latenzzeit der Muskatnuß-Intoxikation dürfte mit dieser Biotransformation zusammenhängen.[165-173]

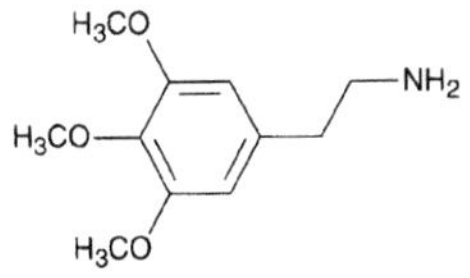

Mescalin (1)

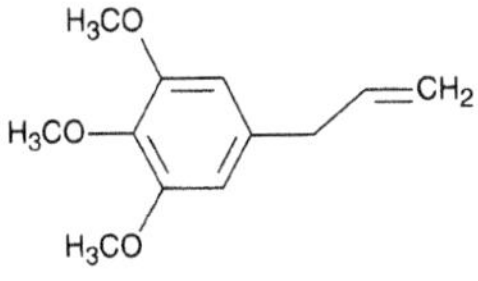

Elemicin (2)

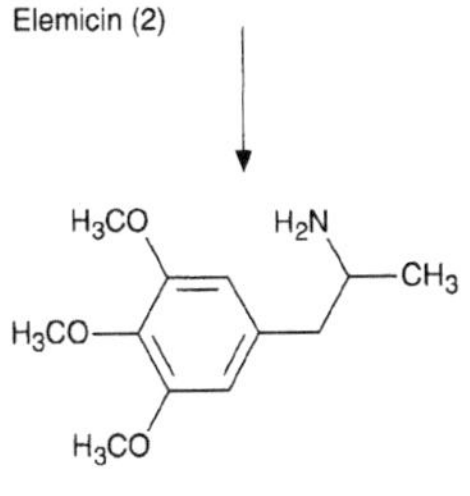

3,4,5-Trimethoxyamphetamin
= TMA (4)

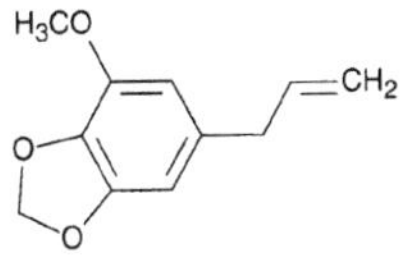

Myristicin (3)

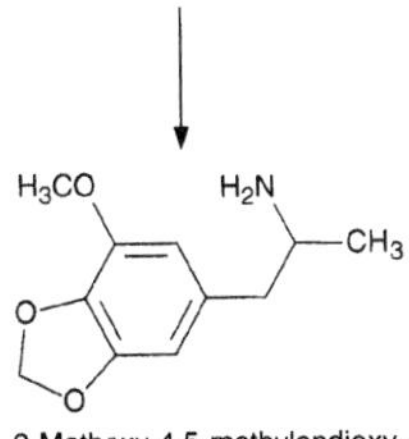

3-Methoxy-4,5-methylendioxy-
amphetamin = MMDA (5)

Biotransformation von Elemicin und Myristicin zu halluzinogenen Verbindungen; nach Lit.[146]

Durch elektroencephalographische Untersuchung ist bei Kaninchen nach Injektion von 450 mg/kg KG i.v. eines nach der ägyptischen Pharmakopöe hergestellten und in Tween 80 gelösten Muskatnußextraktes eine Depression sowohl der corticalen als auch der subcorticalen Zentren ähnlich wie nach Cannabis festzustellen. Der Effekt tritt nach Applikation einer Dosis von 150 mg/kg KG nicht auf.[174]

Hemmung der Monoaminooxidase (MAO). Pharmakologisch gesichert ist eine geringe Hemmwirkung von Myristicin.[175,176] Muskatpulver und Myristicin bewirken bei peroraler Gabe bei Mäusen und Ratten eine zentrale MAO-Hemmung. Für Muskatpulver beträgt die optimale Dosis bei der Maus 500 mg/kg KG p. o.; eine Dosis von 1.000 mg/kg KG hat eine Reversion des Effektes zur Folge. Myristicin steigert bei der Ratte in einer Dosis von 1 mg/kg KG die Konzentration von 5-Hydroxytryptamin (5-HTA) im Rattenhirn von 0,48 µg/g auf 0,82 µg/g.[176] *Wirkung auf das Zentralnervensystem (ZNS).* Ein Hexanextrakt aus Muskatnüssen hemmt signifikant das hepatische DME (Drug Metabolizing Enzyme)-System.[139,156,177–179] Die i. p. Applikation einer einzelnen Dosis des methanolischen Extraktes führt bei Mäusen zu einer signifikanten Verlängerung der durch Hexobarbital induzierten Schlafdauer.[180] Wirksame Bestandteile sind Myristicin, Dehydrodiisoeugenol, Licarin-B sowie 2-(4-Allyl-2,6-dimethoxyphenyl)-1,4-hydroxy-3-methoxyphenylpropan-1-ol,[181] welche mit einer Einzeldosis von 200 bzw. 300 mg/kg KG i. p. bei Mäusen signifikant den hexobarbitaliniduzierten Schlaf verlängern und die Aktivität der Aminopyrin-*N*-Demethylase hemmen. Myristicin und Licarin provozieren eine Schlafphase auch bei subhypnotischer Hexobarbital-Dosis, besitzen also ZNS-depressive Eigenschaften.[139] Von anderer Seite wird berichtet, daß Myristicin (10 mg/kg KG) bei männlichen weißen Ratten nach einiger Zeit die durch Phenobarbital induzierte Schlafdauer reduziert. Beim Menschen soll Myristicin in Dosen von 400 mg eine geringe cerebrale Stimulation bewirken. Der Effekt entspricht weder dem Charakter noch der Intensität einer Gabe von 15 g Muskatpulver, die im Selbstversuch 1 bis 2 h nach der Einnahme folgende Reaktionen zur Folge hatte: Vasomotorische Instabilität, Tachycardie, Hypothermie, völliger Speichelverlust, Pupillenkontraktion, emotionale Labilität, ein fürchterliches Gefühl der Einsamkeit und die Unfähigkeit, intellektuelle Prozesse zu verfolgen. Die Symptome erreichten einen Höhepunkt nach 6 bis 24 h und hielten bis annähernd 36 h nach der Einnahme an. Die Entfernung des ätherischen Öls eliminierte die psychische Wirkung.[182–184] In Versuchen an Mäusen soll Muskatnußextrakt depressiv auf das ZNS wirken. Ein in ölige Lösung überführter ethanolischer Extrakt bewirkt nach Applikation an 17 aufeinander folgenden Tagen (2,5 mg/kg KG i. p.) eine mäßig reduzierte lokomotorische Aktivität. Im Gegensatz dazu bewirkt die tägliche Injektion von 2,5 mg/kg KG Extrakt i. p. über 15 Tage bei einer separaten Gruppe eine Motilitätsreduktion von 29 %. Die tägliche Injektion von 500 mg Extrakt/kg KG i. p. über 14 Tage steigert die lokomotorische Aktivität männlicher Mäuse um 14 %.[185,186] Ein Ligroinextrakt aus Muskatnüssen ohne nachweisbaren Gehalt an Myristicin, Elemicin, Safrol und Eugenol vermag in einer Dosierung von 400 mg/kg KG i. p. die Dauer von leichtem und tiefem Schlaf junger Hühner signifikant zu steigern. Trimyristin verstärkt den Effekt.[187] Eine Kombination von Extrakt und Ethanol (3 g/kg KG i. p.) wirkt nicht additiv.[188] Das ätherische Muskatnußöl (200 mg/kg KG i. p.) steigert die durch Ethanol (1,0 bis 4,0 g/kg KG i. p.) induzierte Schlafdauer junger Hühner, besonders den Tiefschlaf.[181] Die Terpenfraktion des ätherischen Öls (200 bis 1.000 mg/kg KG i. p.) verursacht bei jungen Hühnern einen dosisabhängigen Anstieg der durchschnittlichen Dauer des leichten Schlafes.[190,191]

Volkstümliche Anwendung und andere Anwendungsgebiete: Die Muskatnuß wird in der Volksheilkunde bei Erkrankungen und Beschwerden im Bereich des Magen-Darm-Trakts, wie Durchfall, Magenkrämpfe, Darmkatarrh und Blähungen, sowie bei flatulenter nervöser Dyspepsie, Erbrechen, Diarrhöe, Dysenterie, äußerlich bei Rheumatismus verwendet.[226] Die Droge wird ferner bei Hysterie, Hypochondrie, Neurasthenie, Platzangst, Lach- und Weinkrämpfen, Kopfschmerzen und Gedächtnisschwäche angewandt.[23,74] Bei Schwangerschaftsbeschwerden wie Erbrechen, jedoch nur in geringer Dosierung. Bei nervösen Gastropathien, insbesondere bei Dyspepsie, Trockenheitsgefühl im Mund, Schlingbeschwerden und Erbrechen sowie bei Darmkatarrh mit Koliken, Gastritis und chronischen Diarrhöen und intestinalen Infektionen.[25,192] Äußerlich bei rheumatischen Beschwerden und Neuralgien. Die Wirksamkeit bei den genannten Anwendungsgebieten ist nicht belegt.[72]

In Indien dient die Muskatnuß außerdem zur Behandlung von Malaria, Rheuma und Ischias sowie im frühen Stadium der Lepra und als Aphrodisiacum.[193] In Verbindung mit Branntwein und Salz wird sie zu tonisierenden Einreibungen bei Müdigkeit und Mattigkeit benutzt. Mit einer aus Muskat und Rinderfett hergestellten Salbe wird die Brust bei Keuchhusten eingerieben.[43] Die Schlaflosigkeit soll behoben werden, wenn Opium versagt und Chloral kontraindiziert ist. Ein Muskatnußtee soll den Durst von Cholerapatienten löschen. Bei Kopfschmerzen wird der Kopf mit einer Muskatnußpaste eingerieben. Sie wird ferner bei Lähmungen angewandt. Ein Breiumschlag rund um die Augen soll eine Stärkung des Sehvermögens bewirken.[37] Als Carminativum soll Muskat besonders bei Rekonvaleszenz nach Diarrhöe hilfreich sein.[37] In China ist Muskat üblich bei Durchfall besonders von Kindern und älteren Menschen. Es hat einen Ruf als Heilmittel bei Magenkrämpfen, Meteorismus, Herzbeschwerden und chronischem Rheumatismus.[38,43,70] Auch in Indonesien wird das Pulver teelöffelweise mit Salz bei Abdominalkrämpfen eingenommen.[18] Es dient ferner als Mittel gegen Husten, der mit Erbrechen verbunden ist, bei Erkrankungen der Harnwege, bei Verdauungsbeschwerden und bei der Unfruchtbarkeit der Frauen.[70,194] In Sri Lanka wird die Muskatnuß außerdem bei Husten verwendet,[186] im Jemen als Beruhigungsmittel.[85] Die Inder auf den Fidschi-Inseln behandeln Pickel, Pusteln, Ekzeme usw. mit einem Brei aus den Samen.[196] In Indochina werden die gepulverten Samen zusammen mit gekochtem Reis bei Dysenterie, Anorexie und Kolik verzehrt.[70] Auf der Malaiischen Halbinsel werden sie bei Malaria, Rheumatismus und Ischias verwendet. Mixturen zur Behandlung von Magenbeschwerden und Appetitlosigkeit sowie äußerlich gegen Schmerzzustände anzuwendende enthalten häufig Muskat.[70] In Südamerika wird Muskatpulver bei Flatulenz und gastrischen Beschwerden eingenommen und ist als Geschmackskorrigens in zahlreichen pharmazeuti-

schen Rezepturen enthalten.[73] In England ist die Muskatnuß als Mittel bei Menstruationsbeschwerden und als Abortivum bekannt.[36]
In der Veterinärmedizin findet Muskat Verwendung zur Behandlung und Prophylaxe der Diarrhöe von Rindern und Schweinen (0,1 kg frisch gemahlene Muskatnuß auf 50 kg Futter).[197] Nachprüfbare Angaben zu den behaupteten Wirkungen liegen nicht vor.

Dosierung und Art der Anwendung: *Droge.* Pulver: 0,3 bis 1 g bis zu 3mal tgl.;[37] Infus oder Decoct (1 %ig): 50 bis 200 mL tgl.[73] *Zubereitung.* Fluidextrakt: 1 bis 2 mL tgl.; Tinktur: 2 bis 10 mL tgl.; Sirup: 10 bis 40 mL tgl.[73]

Unerwünschte Wirkungen: *Halluzinogene Wirkung.* Die narkotische und halluzinogene Wirkung der Muskatnuß ist schon lange bekannt,[198,199] doch erst nach dem 2. Weltkrieg wurde Muskat mißbräuchlich als Rauschgift verwendet, vor allem in den USA,[83] wo es zeitweise unter Studenten und Strafgefangenen als Ersatz für Cannabis-Drogen, Mescalin oder LSD gebräuchlich war.[200] Die perorale Einnahme von 1 bis 3 Muskatnüssen,[201] 1 Eßlöffel Muskatpulver[202] oder 5 bis 15 g des gemahlenen Gewürzes[201,203] führt nach einer ziemlich langen Latenzzeit von 2 bis 5 h zu einer Reihe subjektiv psychischer, aber auch objektiv körperlicher Symptome, die sich von einer leichten Bewußtseinsveränderung bis zu intensiven Halluzinationen erstrecken können.[182,204] Die Wirkung hält 12 bis 14 h an. Während visuelle Halluzinationen weniger häufig sind als bei LSD- oder Mescalin-Intoxikationen, kommt es zu deutlichen Veränderungen des Zeit- und Raumgefühls neben dem Empfinden der Schwerelosigkeit und des Schwebens.[132] Als Nachwirkung kommt es oft zu einer Aversion gegen den Muskatgeschmack, so daß die Droge nur ein- oder zweimal als Rauschdroge verwendet wird. Psychische Reaktionen sind nach Einnahme kleiner Dosen kaum zu erwarten. Eine direkte Korrelation zwischen Dosis und Psychoaktivität besteht jedoch nicht. Diese Variabilität ist wahrscheinlich auf die großen Unterschiede im Wirkstoffgehalt und die unterschiedliche Sensibilität der Einnehmenden zurückzuführen.[200]

Wirkungsmechanismus: In größeren Dosen erzeugt die Muskatnuß Gastroenteritis und psychische Störungen. Die narkotische Wirkung der Nuß übertrifft die des ätherischen Öls angeblich bei weitem.[132] Gegen die Anwendung der Muskatnuß als Geruchs- oder Geschmackskorrigens bestehen jedoch keine Bedenken.[72]

Akute Toxizität: *Mensch.* Schon vor Jahrhunderten sagte man von der Muskatnuß: "Unica prodest, nocet altera, tertia mors est".[44] Muskat führt nach Einnahme größerer Dosen zu Übelkeit und Erbrechen, Erröten oder manchmal Schüttelfrost, trockenem Mund, Tachycardie, Desorientierung, Stupor oder Stimulation des ZNS mit epileptiformen Krämpfen, Miosis, manchmal gefolgt von Mydriasis, Euphorie und Halluzinationen.[205] Schon die Einnahme einer ganzen Muskatnuß (5 g) kann nach einer Latenzzeit von wenigen Stunden zu einem mehr oder weniger schweren physischen Kollaps führen, charakterisiert durch einen schwachen Puls, Hypothermie, Schwindelgefühl, Übelkeit und einem Stau- und Druckgefühl in der Brust und im Abdomen. 12 Stunden lang wechseln Delirium und Stupor ab, abgelöst durch einen schweren Schlaf. Für eine Periode von einigen Tagen bleiben Kopfschmerzen und Benommenheit.[166]
Die Einnahme von 18,3 g Muskatpulver führte bei einer 28jährigen Frau zu Semistupor, gefolgt von Erregungszuständen und Todesfurcht.[203] Ein 18 Jahre alter Student fühlte sich $1^1/_2$ h nach Einnahme eines Teelöffels voll Muskatpulver in Coca Cola "als hätte er 50 Tassen Kaffee getrunken", hatte visuelle und räumliche Halluzinationen und fiel schließlich in Trance.[202]
Ein 17 Jahre altes Mädchen konsumierte 25 g Muskatpulver. 3 h später hatte es Wahrnehmungsschwierigkeiten. Einige Stunden später schlief es ein und schlief ununterbrochen 40 h lang. Nach dem Aufwachen war es euphorisch, kaufte Dinge, die es sich nicht leisten konnte und tanzte auf der Straße. Sein Mund war extrem trocken. Am nächsten Tag war es ängstlich, hatte ein Gefühl der Absonderung und Unwirklichkeit. 10 Tage nach der Muskateinnahme war es frei von Symptomen.[206]
Eine 24jährige, im 3. Monat schwangere Frau nahm als Abortivum 5 gepulverte Muskatnüsse, jede im Gewicht von 3,6 g, auf einmal mit Zucker und Wasser. Nach 3 h zeigten sich folgende Symptome: Puls 140; Temperatur normal; kurzdauernde Delirien, lautes Aufschreien, dann Stupor, darauf wieder Delirien und Klagen über Gefühl von gewaltiger Schwere, die auf ihr laste. Auf den Uterus übte die Muskatnußeinnahme keine Wirkung aus, und nach 2 Tagen war die Frau wiederhergestellt.[192]
Eine Frau nahm, um die Menstruation wiederherzustellen, eine geschälte Muskatnuß, gemischt mit heißem Wasser. Nach 2 h stellten sich Durst, Schwindel und Abgeschlagenheit ein, zugleich eine unerträgliche Unruhe, so daß sie beständig im Zimmer auf- und abgehen mußte, indem sie sich dabei an den Möbeln festhielt. Ferner klagte sie über ein Gefühl der Enge in der Brust, so daß sie ihre Kleidung lockern mußte. Trotz eines Emeticums, starken Kaffees und Sal volatile dauerten die Symptome den ganzen Abend, um dann gänzlich zu verschwinden.[192]

Reproduktionstoxizität: 8 Wochen lang täglich mit 60, 80, 100 und 400 mg/kg KG p.o. ätherischem Muskatnußöl in Maiskeimöl behandelte männliche C3H-Mäuse zeigten eine Reduktion der Fertilität in allen Gruppen; der stärkste Rückgang erfolgte in der mit 400 mg/kg KG behandelten Gruppe. Muskatnußöl induziert keine reziproke chromosomale Translokation in den direkt behandelten Tieren, induziert aber vererbbare Translokationen in der F_1-Generation bei Dosen von 60, 80 und 100 mg/kg KG.[208] Bei trächtigen Albinoratten ruft die Applikation von 30 mg pro 100 g KG p.o. oder durch Implantation in den Uterus am 8. Tag der Trächtigkeit eine Deformation der Föten hervor, verbunden mit einem Rückgang des Körpergewichtes.[209]

Toxikologische Daten: *LD-Werte.* Die LD_{50} der ostindischen Muskatnuß beträgt bei Ratten 500 mg/kg KG ± 140 mg i.p., die der westindischen Muskatnuß 700 mg/kg KG ± 250 mg i.p. Nach Entfernung der flüchtigen Bestandteile durch Wasserdampfdestillation hat der Rückstand der ostindischen Muskatnuß noch eine LD_{50} von 1.720 mg/kg KG ± 590 mg. Die LD_{50} der westindischen Muskatnuß steigt nach Entfernung des ätherischen Öls auf 1.730 mg/kg KG ± 400 mg.[182] Die geschätzte LD_{50} von Myristicin liegt bei Ratten über 1.000 mg/kg KG i.p.[182] Der Hexanextrakt der getrockneten Samen hat eine LD_{50} von 800 mg/kg KG bei der Kröte (*Bufo regularis*).[155]

Sonst. Verwendung: *Haushalt.* Muskat wird wegen seines aromatischen, schwach bitteren Geschmacks häufig als Gewürz in Fleischspeisen, Soßen, Suppen, Gemüse und Reis verwendet,[210] ferner zum Aromatisieren von Spinatgerichten, von Rosen- und Blumenkohl, von Kartoffelpürree, aber auch von schwäbischem Spätzleteig und norddeutschem Punsch. Auch Gewürzgebäck wie die mainfränkischen "Muskazinen" enthält Muskat.[115] Muskat ist ein wichtiger Bestandteil vieler Fleischprodukte wie Frankfurter, Mixed Pickles, Tomato Ketchup und ähnlicher Würzen.[83] Die American Spice Trade Association schätzt, daß 55 % in Privathaushalten verbraucht wird und der übrige Teil an Hotels, Restaurants, Bäckereien, Soßenhersteller und andere Großverbraucher geliefert wird.[83] Das Fruchtfleisch (Perikarp) der Muskatfrüchte wird zu sauer eingemachten Pickles oder zu Süßigkeiten verarbeitet, die wegen des Muskatgeschmacks gern gegessen werden. In manchen Gegenden soll die Nachfrage nach dem Fruchtfleisch größer sein als die nach den Samen.[21] *Industrie/Technik.* In China findet Muskatnußpulver auch Verwendung zum Aromatisieren der Zündmasse von Streichhölzern.[211]

Gesetzl. Best.: *Offizielle Monographien.* Negativmonographie der Kommission E am BGA "Myristica fragrans (Muskatnußbaum)".[72]

Myristica fragrans hom. *HAB 1*

Synonyme: Nux moschata.

Monographiesammlungen: Myristica fragrans *HAB 1.*

Definition der Droge: Die getrockneten, von Arillus und Samenschale befreiten, meist gekalkten Samenkerne.

Stammpflanzen: *Myristica fragrans* HOUTT.

Zubereitungen: Urtinktur aus der frisch zerkleinerten Droge und flüssige Verdünnungen nach *HAB 1*, Vorschrift 4a mit Ethanol 86 % (*m/m*). Die 4. Dezimalverdünnung wird mit Ethanol 62 % (*m/m*) und die höheren werden mit Ethanol 43 % (*m/m*) bereitet. Eigenschaften: Die Urtinktur ist eine gelbbraune Flüssigkeit mit aromatischem Geruch und einem würzig scharfen, brennenden Geschmack.

Darreichungsformen: Ab D2 flüssige Verdünnungen, Streukügelchen, Verreibungen, Tabletten; flüssige Verdünnungen zur Injektion ab D4.[212]

Identität: *Droge.* Ethanolischer Drogenauszug bzw. Urtinktur: Milchige Trübung nach Versetzen mit Wasser; nach Zugabe von konzentrierter NaOH-Lösung orangefarben. Bei kräftigem Schütteln entsteht ein einige Minuten beständiger Schaum. Rosarote bis rote Lösung nach Versetzen mit Phloroglucin-Salzsäure; beim Kochen färbt sich die Lösung zunächst dunkelrot und dann allmählich braun. Dunkelrote Färbung nach Zugabe von Schwefelsäure.

Reinheit: *Droge.*
- Dünnschichtchromatographie eines ethanolischen Drogenauszuges bzw. der Urtinktur: Vergleichslösung: Anethol und Eugenol in Chloroform; Sorptionsmittel: Kieselgel H; Fließmittel: Toluol-Ethylacetat (95 + 5); Detektion: Besprühen mit Schwefelsäure, Erhitzen auf 80 °C, Auswertung im Vis; Auswertung: Im Chromatogramm der Untersuchungslösung treten bei R_{st} 1,03 ein violettbrauner, bei R_{st} 0,87 bis 0,93 ein intensiv orangebrauner, bei R_{st} 0,70 bis 0,75 und auf der Höhe des Eugenols je ein violetter und zwischen R_{st} 0,25 und der Zone des Eugenols ein violetter, ein gelblich-orangefarbener und ein bräunlicher Fleck auf. Andere Myristica-Arten: Im DC treten bei R_{st} 1,05 ein intensiver, violetter und bei R_{st} 0,70 bis 0,75 und kurz unter der Zone des Eugenols weitere violette Flecken von geringerer Intensität auf. Zwischen R_{st} 0,25 und 0,35 liegen zwei deutlich rosa gefärbte Flecken (*M. argentea*).
- Sulfatasche (*PhEur*): Höchstens 4,5 %.

Urtinktur.
- Relative Dichte (*PhEur*): 0,825 bis 0,843.
- Trockenrückstand (*DAB*): Mindestens 1,3 %.

Gehalt: *Droge.* Mindestens 5 % (*V/m*) ätherisches Öl.

Gehaltsbestimmung: Volumetrische Bestimmung des ätherischen Öls durch Wasserdampfdestillation der unmittelbar vorher gepulverten Samenkerne in eine Vorlage mit Xylol (*PhEur*).

Lagerung: *Urtinktur.* Vor Licht geschützt.

Anwendungsgebiete: Die Anwendungsgebiete entsprechen dem homöopathischen Arzneimittelbild. Dazu gehören: Nervöse körperliche Beschwerden; Verdauungsschwäche mit Blähsucht; Wahrnehmungsstörungen.[212]

Dosierung und Art der Anwendung: *Zubereitung.* Soweit nicht anders verordnet: Bei akuten Zuständen häufige Anwendung alle halbe bis ganze Stunde je 5 Tropfen oder 1 Tablette oder 10 Streukügelchen oder 1 Messerspitze Verreibung einnehmen; parenteral 1 bis 2 mL bis zu 3mal tgl. s.c. injizieren. Bei chronischen Verlaufsformen 1- bis 3mal tgl. 5 Tropfen oder 1 Tablette oder 10 Streukügelchen oder 1 Messerspitze Verreibung einnehmen; parenteral 1 bis 2 mL pro Tag s. c. injizieren.[212]

Unerwünschte Wirkungen: Nebenwirkungen nicht bekannt. Hinweis: Es können vorübergehend Erstverschlimmerungen vorkommen, die jedoch unbedenklich sind.[212]

Gegenanzeigen/Anwendungsbeschr.: Nicht bekannt.[212]

Wechselwirkungen: Nicht bekannt.[212]

Gesetzl. Best.: *Offizielle Monographien.* Aufbereitungsmonographie der Kommission D am BGA "Myristica fragrans (Nux moschata)".[212]

Nux moschata hom. *PFX*

Monographiesammlungen: Nux moschata pour préparations homéopathiques *PFX*.

Definition der Droge: Die getrockneten Samenkerne.

Stammpflanzen: *Myristica fragrans* HOUTT.

Zubereitungen: Urtinktur mit Ethanol nach der Monographie "Préparations Homéopathiques" *PFX*. Eigenschaften: Die Urtinktur ist eine Flüssigkeit von gelber bis gelboranger Farbe, charakteristischem aromatischem Geruch und charakteristischem brennendem Geschmack; Ethanolgehalt 65 % (*V*/*V*).

Identität: *Droge.* Die Droge muß der makroskopischen (vgl. Myristicae semen, Ganzdroge) und der mikroskopischen (vgl. Myristicae semen, Schnittdroge) Identitätsprüfung entsprechen.
Urtinktur. Beim Verdünnen von 1 mL Urtinktur mit 10 mL Wasser entsteht eine milchige Trübung. Nach Zusatz von 0,1 mL konzentrierter Natriumhydroxidlsg. färbt sich die Mischung orange. Nach kräftigem Schütteln bildet sich ein Schaum, der 1 min anhält.
Beim Versetzen von 2 mL Urtinktur mit einigen Vanillinkristallen und 0,5 mL Schwefelsäure entsteht eine rotviolette Färbung, die nach blau umschlägt. Werden 2 mL Urtinktur langsam mit einigen Tropfen rauchender Salpetersäure versetzt, so erscheint an der Berührungsfläche der beiden Flüssigkeiten ein brauner Ring.
Beim Versetzen von 2 mL Urtinktur mit einigen Tropfen Eisen(III)chloridlsg. entsteht eine Grünfärbung.

Reinheit: *Droge.*
- Sulfatasche: Höchstens 4,5 %.

Urtinktur.
- Trockenrückstand: Mindestens 0,50 %.
- Dünnschichtchromatographie:
  Sorptionsmittel: Kieselgel GF_{254};
  Fließmittel: Toluol-Isopropylether (40 + 10);
  Detektion: Direktauswertung im UV 254 nm, anschließend Besprühen mit Anisaldehydlösung und 10 min auf 100 bis 105 °C erhitzen, Auswertung im Vis;
  Auswertung: Bei der Direktauswertung im UV 254 nm sind hauptsächlich 2 graue, mehr oder weniger gut getrennte Zonen mit verminderter Fluoreszenz bei einem Rf-Wert von 0,15, eine graue Zone bei Rf 0,35, eine blaßgraue Zone bei Rf 0,70 und eine graue Zone bei Rf 0,85 zu erkennen. Nach dem Besprühen erkennt man im Vis eine violette Zone bei Rf 0,15, eine ins Violette übergehende Zone bei Rf 0,25, eine rötliche Zone bei Rf 0,40 und eine rötliche Zone bei Rf 0,85.

Gehalt: *Droge.* Ätherisches Öl: Mind. 5,0 % (*V*/*m*).

Nux moschata hom. *HPUS 88*

Monographiesammlungen: Nux moschata *HPUS 88*.

Definition der Droge: Die Samenkerne.

Stammpflanzen: *Myristica fragrans* HOUTT.

Zubereitungen: *Urtinktur.* Herstellung durch Mazeration oder Perkolation der frischen oder getrockneten Droge mit Ethanol nach den allg. Zubereitungsvorschriften (Class C) der *HPUS 88*. Ethanolgehalt 65 % (*V*/*V*).

Gehalt: *Urtinktur.* Arzneigehalt $^1/_{10}$.

Myristica malabarica LAM.

Synonyme: *Myristica dactyloides* WALL. non GAERTN., *M. fatua* HOUTT., *M. notha* WALL., *M. tomentosa* GRAHAM non THUNB.[1,19,213]

Sonstige Bezeichnungen: Dt.: Bombay-Macis, Bombay-Muskatnuß; engl.: Bombay mace, Bombay nutmeg;[19] Indien: Jangli-jaiphal, Kaiphal, Kanagi, Pindi-kai, Ranjaiphal (Kanarese), Kattujatika, Panam-palka, Ponnam-panau (Malayalam, Malabar), Kamuka (Sanskrit), Kattuchadi, Patthiri (Tamil), Adavijajikaya (Telugu).[1,19,214]

Botanische Beschreibung: 25 bis 30 m hoher Baum mit Stelzwurzeln. Rinde grünlichschwarz, glatt, mit Lentizellen. Zweige kahl, glatt bis fein longitudinal gestreift, mittelbraun. Blätter dünn, die jüngsten fast häutig, elliptisch bis elliptisch-lanzettlich, kahl, oberseits glänzend, unterseits stumpf, trocken, oben mittelbraun, unten etwas heller, Apex spitz oder stumpf, Basis spitz. Mittelrippe oben in einer Furche liegend, auf der Unterseite hervorstehend. Nerven 9paarig, schräg, oberseits eingesunken, unterseits hervortretend; Länge 10 bis 16 cm, Breite 3,5 bis 4,5 cm, Blattstiel dünn, 5 mm bis 1,5 cm lang. Männliche Blütenstände zahlreich, 4 bis 6 cm lang, lose verzweigt, mit schlanker Achse, abgeflacht, Blüten fast doldig an den Spitzen der letzten Zweige. Männliche Blüten fast kugelig bis eiförmig, stumpf als Knospen, Perianth 3 bis 4 mm im Durchmesser, dünn, rötlichbraun, bedeckt mit einer winzigen graubraunen Behaarung auf der Außenseite, Lappen kurz, triangular. Staminalsäule mit 10 bis 15

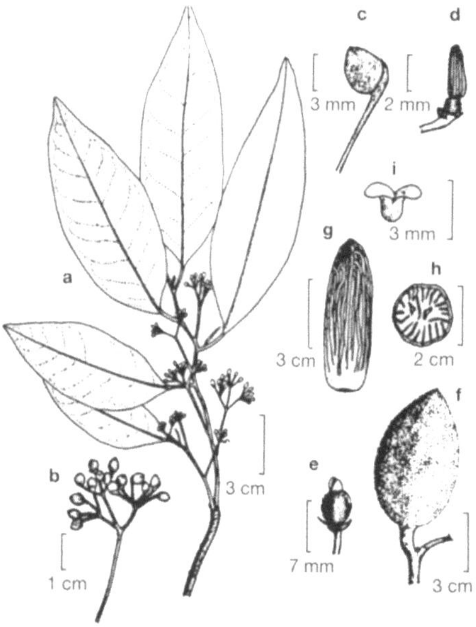

Myristica malabarica LAM.: *a* Beblätterter Zweig mit männlichen Blütenständen, *b* männlicher Blütenstand, *c* männliche Blüte, *d* zur Säule verwachsene Stamina, *e* Fruchtknoten, *f* Frucht, *g* Arillus und Samen, *h* Samen im Querschnitt. *i* Embryo. Aus Lit.[1]

Antheren. Weibliche Blüten größer als die männlichen, in einfachen, wenigblütigen, ziemlich kräftigen Dolden, nicht viel länger als die Petiolen. Fruchtknoten 5 mm Durchmesser und 4 mm hoch, eiförmig-kugelig, dicht-filzig. Narben sitzend, zweilappig. Früchte zu 2 bis 3, seltener einzeln, länglich oder länglich-oval, stumpf an der Spitze, dicht-filzig, 10 cm lang und 4 bis 6 cm breit, mit einem dicken fleischigen Perikarp. Arillus frisch scharlach- und trocken orangefarben, mit 7 feinen schmalen Zipfeln, deren Enden eine zusammengerollte, konische Masse an der Spitze der Frucht bilden. Samen länglich, glänzend, braun, 4 bis 4,5 cm lang und 2,5 cm breit. Kotyledonen gespreizt, fast verwachsen, mit sehr schwach gewelltem Rand, nicht geschlitzt.[1]

Verwechslungen: Verwechslungen sind möglich mit anderen Arten der Serie Malabaricae. Das wichtigste Unterscheidungsmerkmal von *M. iners*, *M. malaccensis* und *M. umbellata* ist die rostig-filzige Frucht. *M. malabarica* hat überdies weniger Blattnerven als *M. iners*, schmalere Blätter als *M. malaccensis*, an der Basis nicht abgerundet und mit viel schwächerer Nervatur. Von *M. umbellata* unterscheidet sie sich durch verzweigte männliche Infloreszenzen, kugelförmigere und kleinere Blüten und breitere Blätter mit weniger Nerven.[1] Der Filz auf den Früchten fällt leicht ab; die Frucht erscheint dann kahl und grünlichgelb und kann dann zu Verwechslungen Anlaß geben.[213]

Inhaltsstoffe: Die Rinde von *M. malabarica* liefert ein Kino, dessen Zusammensetzung dem Malabar-Kino der Leguminose *Pterocarpus marsupium* entsprechen soll.[3,20,21,43] Die Myristicaceen-Kinos enthalten jedoch Calciumtartrat, das aus wäßrigen oder verdünnten alkoholischen Kinolösungen auskristallisiert, wodurch eine Trübung eintritt.[3] Aus den Blättern von *M. malabarica* wurde β-Sitosterol isoliert. Der Gehalt an gesättigten Fettsäuren in den Macis-Fetten von verschiedenen Subvarietäten von *M. malabarica* ist sehr unterschiedlich und reicht von 36,5 bis 49,8 %.[215]

Verbreitung: An der Westküste der indischen Halbinsel in den immergrünen Wäldern der feuchten Täler am Fuße der Konkan Ghats, Kanara und Malabar (Malabarküste), bis in eine Höhe von 300 m.[3,214]

Anbaugebiete: In Bombay und auf einigen Antillen-Inseln kultiviert. *M. malabarica* wird als Unterlage für *M. fragrans* angepflanzt.[1,22] Das Pfropfen von *M. fragrans* auf den Wurzelstock von *M. malabarica* macht die Kultur einheitlicher. Die aufgepfropften Pflanzen blühen bereits nach 4 Jahren.[22,87]

Drogen: Myristica-malabarica-Arillus, Myristica-malabarica-Samen, Myristica-malabarica-Samenfett.

Myristica-malabarica-Arillus

Sonstige Bezeichnungen: Dt.: Bombay-Macis; engl.: Bombay mace, wild mace; Indien: Rampatri (Bombay).[37,213]

Definition der Droge: Der getrocknete Samenmantel (Arillus).

Stammpflanzen: *Myristica malabarica* LAM.

Ganzdroge: Bombay-Macis ist fast geschmacklos. Der Form der Nüsse entsprechend ist er länglich, größer und feiner zerschlitzt, am Scheitel eine aus wurmförmigen Fäden verwickelte Kappe bildend. Die Farbe ist gewöhnlich dunkelrotbraun oder dunkelorange, mitunter gelb.[23]

Verfälschungen/Verwechslungen: Myristica-malabarica-Arillus wird häufig zur Verfälschung des echten Macis von *M. fragrans* verwendet.[3,19,23,87] Der Arillus soll von Nord-Kanara via Bombay nach Deutschland exportiert und dort dem echten Macis untergemischt werden.[1]

Inhaltsstoffe: Aus dem Arillus von *M. malabarica* wurden mittels Hexan vier Diarylnonanoide isoliert, die Malabaricone A [1-(2,6-Dihydroxyphenyl)-9-phenylnonan-1-on], B [1-(2,6-Dihydroxyphenyl)-9-(4-hydroxyphenyl)nonan-1-on], C [1-(2,6-Dihydroxyphenyl)-9-(3,4-dihydroxyphenyl)-nonan-1-on] und D [1-(2,6-Dihydroxyphenyl)-9-(3,4-methylendioxyphenyl)nonan-1-on].[97] Die Struktur von Malabaricon A wurde durch Synthese abgesichert.[216] Aus dem Benzolextrakt wurde ein Lignan isoliert, das als Malabaricanol bezeichnet und als β,β'-Dimethyl-α,α'-bis(4-hydroxy-3-methoxyphenyl)tetrahydrofuran identifiziert wurde.[217] Der Arillus von *M. malabarica* enthält 63% Fett, vergesellschaftet mit einem roten Harz.[37] Ferner sollen 0,7% ätherisches Öl enthalten sein.[3]

Identität: s. Myristicae arillus.

Volkstümliche Anwendung und andere Anwendungsgebiete: Der Arillus "Rampatri" dient als sog. Nerventonicum; er wird verwendet, um Erbrechen zu stillen und soll gegen Kopfschmerzen nützlich sein.[23,37] Macis und Samen werden zusammen mit unreifen Bananen und wenig Opium geröstet; das Gemisch dient bei den Indern auf Ambon als Mittel gegen Dysenterie. Bombay-Macis wird ferner zur Schmerzlinderung und zur Behandlung von Geschwüren verwendet.[1] Die Wirksamkeit der Droge bei diesen Indikationen ist nicht belegt.

Sonst. Verwendung: *Haushalt.* Bombay-Macis wird als Ersatz für echten Banda-Macis von *M. fragrans* verwendet, hat jedoch weder dessen Geschmack noch Aroma.[37]

Myristica-malabarica-Samen

Sonstige Bezeichnungen: Dt.: Bombay-Muskatnuß; engl.: Country nutmeg, false nutmeg, Malabar nutmeg; Indien: Jangli Jaiphal, Ramphal (Bombay), Pindi-kai (Kanarese), Kamuk, Malati (Sanskrit).[1]

Definition der Droge: Die getrockneten, vom Samenmantel (Arillus) und der Samenschale befreiten Samenkerne.

Stammpflanzen: *Myristica malabarica* LAM.

Ganzdroge: Die Samen von *M. malabarica* sind etwa 33 mm lang und 18 mm breit. Die Ruminationsstreifen dringen sehr tief in das Endosperm ein. Die Zellen der Epidermis sind im Gegensatz zu *M. fragrans* stark radial gestreckt, die Sekretzellen zahlreicher und hellgelb bis leuchtend gelbrot, mit Alkalien färben sie sich blutrot.[25]

Verfälschungen/Verwechslungen: Ebenso wie Bombay-Macis werden angeblich auch Bombay-Muskatnüsse (Ranjaiphal) von Nord-Kanara via Bombay nach Deutschland verschifft und sollen dort echten Muskatnüssen untergemischt werden.[1] Im Gegensatz zu *M. fragrans* dringen bei den Samenkernen von *M. malabarica* die Ruminationsstreifen sehr tief in das Endosperm ein.[23] Bombay-Nüsse stellen wie Bombay-Macis eine ausgesprochene Verfälschung des echten Muskat dar, da sie kaum aromatisch sind.[3]

Inhaltsstoffe: Die Samen enthalten praktisch kaum ätherisches Öl,[3,23] aber 40% Fett, das mit einem roten Harz vergesellschaftet ist.[37]

Volkstümliche Anwendung und andere Anwendungsgebiete: Die in Öl gekochten Samenkerne werden zur Instillation bei Ohrenschmerzen verwendet,[37] ferner in Form von "Lep" zur äußerlichen Anwendung bei Kopfschmerzen sowie als Aphrodisiacum.[23,214] Die gerösteten und gemahlenen Nüsse sollen bei Diarrhöe wirksam sein.[1] Macis und Nüsse werden von den Indern auf Ambon zusammen mit unreifen Bananen und ein wenig Opium geröstet und eingenommen, um von einer Dysenterie zu befreien.[1] Die Wirksamkeit der Droge bei diesen Indikationen ist nicht belegt.

Myristica-malabarica-Samenfett

Sonstige Bezeichnungen: Engl.: Poondy oil.[25]

Definition der Droge: Das aus den Samen und dem Arillus durch Auspressen erhaltene Fett.

Stammpflanzen: *Myristica malabarica* LAM.

Inhaltsstoffe: Charakteristisch ist der hohe Gehalt an gesättigten Fettsäuren. Es wurden folgende Hauptfettsäuren (> 10% der Gesamtsäuren) festgestellt: 14:0 39%; 16:0 13%; 18:1 44%.[5] Nach anderer Quelle besteht das Rohfett (38 bis 45% der Samenkerne) nur zu einem Viertel aus Triglyceriden: 14:0 69%; 16:0 10%; 18:1 21%; den Rest bilden phenolische Harze mit guter fettkonservierender Wirkung.[218] Myristinsäure ist nicht enthalten.[25] Das Fett von Malabar-Macis hat eine identische Zusammensetzung der Fettsäuren und die gleiche Glyceridstruktur wie verschiedene tierische Fette, z. B. Pfauenfett und Schweinefett.[210]

Volkstümliche Anwendung und andere Anwendungsgebiete: Das Samenfett von *M. malabarica*, gemischt mit einem nichtreizenden Öl, wird als ausgezeichnetes Mittel bei indolenten und schlechtheilenden Geschwüren angesehen und wird als Einreibemittel bei chronischem Rheumatismus verwendet.[1,37,214] Die Wirksamkeit der Droge bei diesen Indikationen ist nicht belegt.

Sonst. Verwendung: *Haushalt.* Das Fett von *M. malabarica* wird für Beleuchtungszwecke verwendet.[1]

Myristica succedanea REINW. ex BL.

Synonyme: *Myristica radja* MIQ., *M. resinosa* WARB., *M. schefferi* WARB., *M. speciosa* WARB.

Sonstige Bezeichnungen: Dt.: Batjang; Halmahera: Pala maba; Ternate: Pala onin, Onem; Tidore: Gosara onin, Gosora onin.[1,19,21]

Botanische Beschreibung: 8 bis 10 m hoher Baum, mit Stelzwurzeln und einer pyramidalen Krone. Zweige kahl, außer der rostig-filzigen Spitze, gedrungen, nahe der Spitze 3 mm dick, weiter unten 5 mm, aromatisch, mittelbraun; die Rinde tendiert zum Schrumpfen und Aufreißen. Die Blätter sind lederig, breit-elliptisch, elliptisch-lanzettlich, länglich-lanzettlich, weniger häufig länglich-oval oder oval-lanzettlich; dunkelgrün und oberseits glänzend, manchmal sogar im trockenen Zustand, hell- bis mittelbraun an der Oberseite, wenn trocken, unterseits bedeckt mit bräunlichweißen oder schmutzigweißen, zahlreichen silbrigen Schuppen; die Mittelrippe und die Nerven sind bräunlich oder rötlichbraun, die Basis ist spitz oder abgerundet und dann spitz, der Apex rundlich und dann kurz und länglich-zugespitzt; Spitze 5 mm bis 1 cm lang, Ränder schwach gerollt, 10 bis 18 Nervenpaare, oben schwach bis eingedrückt, unten hervorstehend; 11 bis 25 cm lang, 4 bis 11 cm breit; Petiolen 1 bis 1,5 cm lang, tief gefurcht. Männliche Blütenstände rostigfilzig, gewöhnlich zweigabelig und manchmal an jedem Ast nochmals gegabelt, Hauptachse 1 bis 2 cm lang, 3 mm dick; Blütenstiele 7 mm. Männliche Blüten 7 mm bis 1 cm lang, 4 mm breit, länglich, stumpf am Apex der Knospe, mittelbraun-filzig an der Außenseite, cremefarben und kahl innerhalb, angenehm duftend, geschlitzt durch die zahlreichen Perianthlappen. Brakteolen schalenförmig, die Blüten fast umfassend; die Staminalsäule in einem stumpfen Spitzchen endend; 8 bis 10 Antheren. Weibliche Infloreszenzen kürzer als die männlichen, 5 mm bis 1 cm lang, einfach oder gelegentlich bifurkat; Blütenstiele 1 cm lang und 1,5 bis 2 mm dick. Weibliche Blüten wohlriechend, oval, zum Apex enger werdend, 7 mm bis 1 cm lang und 5 mm breit, die Lappen spitz und 1/4 der Länge des ganzen Perianths ausmachend. Fruchtknoten filzig. Frucht filzig, kahl werdend, fast kugelig bis oval-ellipsoid, 7 cm lang, 4 cm breit und mit 1 cm dickem Perikarp. Stiel 1 cm lang. Samen länglich-breit bis fast kugelig, 3 cm lang und 2,5 cm breit; Endosperm aromatisch.[1]

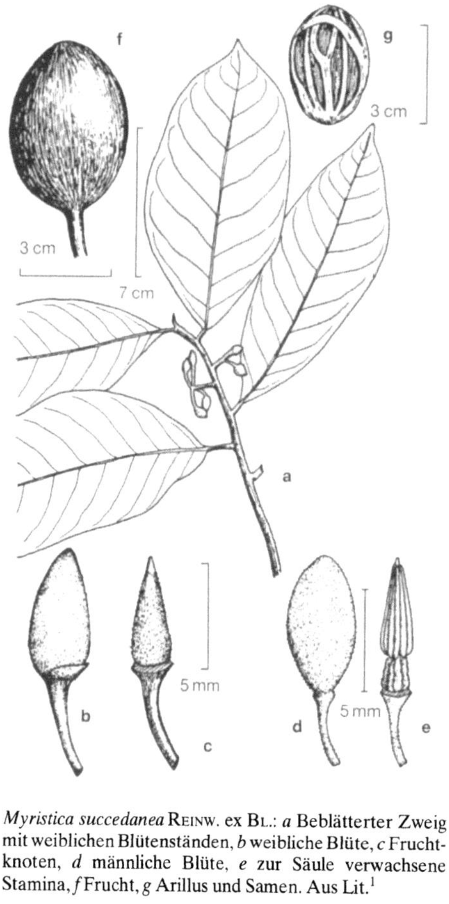

Myristica succedanea Reinw. ex Bl.: *a* Beblätterter Zweig mit weiblichen Blütenständen, *b* weibliche Blüte, *c* Fruchtknoten, *d* männliche Blüte, *e* zur Säule verwachsene Stamina, *f* Frucht, *g* Arillus und Samen. Aus Lit.[1]

Verwechslungen: Im Vergleich zu *M. fragrans* sind die Zweige von *M. succedanea* kräftiger und rauher; am Apex sind sie behaart, während die von *M. fragrans* kahl sind. Die Blätter sind zwar ähnlich, aber größer, breiter, viel lederiger und mit gerollten Rändern. Die Unterseite ist mit zahlreichen schmutzigweißen oder bräunlich-weißen Schuppen bedeckt, die im Alter verschwinden; die Farbe wird dann bräunlich und ähnelt mehr den Blättern von *M. fragrans*. Die männlichen Blüten sind größer und anders geformt. Auch die weiblichen Blüten sind etwas größer. Die Frucht ist ähnlich, aber kleiner; auch die Samen sind kleiner und rundlicher.[1]

Inhaltsstoffe: Die Rinde von *M. succedanea* sondert Kino ab.[20,21] Aus dem Arillus werden 6,95 % ätherisches Öl gewonnen.[27]

Verbreitung: Nördliche Molukken, Ternate, Tidore und Batjan. Wildwachsend in Bergwäldern.[1]

Anbaugebiete: Kultiviert in Halmaheira und in geringem Ausmaß als Gewürzpflanze auf Ternate.[1] Als Unterlage für Okulierungsversuche mit *M. fragrans*.[22]

Drogen: Myristica-succedanea-Samen.

Myristica-succedanea-Samen

Sonstige Bezeichnungen: Dt.: Batjang-Muskat, Halmahera-Muskat; engl.: Halmaheira nutmeg; holl.: Halmaheiramuskaat.

Definition der Droge: Die getrockneten, vom Samenmantel (Arillus) und der Samenschale befreiten Samenkerne.

Stammpflanzen: *Myristica succedanea* Reinw. ex Bl.

Ganzdroge: Der Same ist so aromatisch wie die echte Muskatnuß und ist dieser auch sonst sehr ähnlich, aber wesentlich kleiner. An der Stelle der Chalaza sind die Samen mit einem deutlich hervortretenden Wulst versehen.[25]

Inhaltsstoffe: Aus den von der indonesischen Insel Ternate stammenden Nüssen wurden durch Destillation mit überhitztem Wasserdampf 4,9 % ätherisches Öl gewonnen.[27] Die Samen enthalten 34 % Fett.[25]

Identität: Samenöl: d_4^{15} = 0,9227, α_D^{15} = +31°14', n_D^{20} = 1,4901.[27]

Sonst. Verwendung: *Haushalt.* Die Samenkerne von *M. succedanea* sind sehr aromatisch und sollen denen von *M. fragrans* als Gewürz nicht nachstehen.[3,19]

1. Sinclair J (1968) Gard Bull Singapore 23:1–245
2. Foreman DB (1978) Myristicaceae. In: Womersley JS (Hrsg.) Handbooks of the Flora of Papua New Guinea, Melbourne University Press, Melbourne, Bd. I, S. 181,187
3. Hgn (1969) Bd. 5, S. 147
4. Li HL (1976) Myristicaceae. In: Li HL (Hrsg.) Flora of Taiwan, Illus. Epoch. Publishing Co. Ltd., Taipei, Taiwan, Bd. II, Angiospermae, S. 396–398
5. Isogai A, Murakoshi S, Suzuki A, Tamura S (1973) Agr Biol Chem 37:1.479–1.486
6. Archer AW (1988) J Chromatogr 438:117–121
7. Wagner H, Bladt S, Zgainski EM (1983) Drogenanalyse, Springer-Verlag, Berlin Heidelberg New York
8. Kawanishi K, Takagaki T, Hashimoto Y (1990) Phytochemistry 29:2.735–2.736
9. Kumar NS, Herath HMTB, Karunaratne Y (1988) Phytochemistry 27:465–468
10. Hada S, Hattori M, Tezuka Y, Kukushi T, Namba T (1988) Phytochemistry 27:563–568
11. Hattori M, Yang XW, Shu YZ, Kakiuchi N, Tezuka Y, Kikuchi T, Namba T (1988) Chem Pharm Bull 36:648–653
12. Kuo YH (1989) Kaohsiung J Med Sci 5:621–624
13. Kuo YH, Lin ST, Wu RE (1989) Chem Pharm Bull 37:2.310–2.312
14. Nakatani N, Ikeda K (1987) Chem Express 2:627–630
15. Nemethy EK, Lago R, Hawkins D, Calvin M (1985) Phytochemistry 25:959–960
16. Kuo YH, Wu RE (1985) J Chin Chem Soc (Taipei) 32:177–178
17. Lin YT, Kuo YH, Kao ST (1971) J Chin Chem Soc (Taipei) 18:45–49
18. Hirschhorn HH (1983) J Ethnopharmacol 8:65–96
19. Schultze-Motel J (Hrsg.) (1986) Rudolf Mansfelds Verzeichnis landwirtschaftlicher und gärtnerischer Kulturpflanzen, 2. Aufl., Akademie-Verlag, Berlin, Bd. 1, S. 211
20. Berger F (1981) Synonyma-Lexikon der Heil- und Gewürzpflanzen, Österreichische Apotheker-Verlags Ges. m. b. H., Wien, S. 768
21. Hoppe HA (1975) Drogenkunde, 8. Aufl., Walter de Gruyter, Berlin New York, Bd. 1, S. 736
22. Flach M (1966) Meded Landbouwhogeschool Wageningen 66–1:1–84
23. Berger F (1964) Handbuch der Drogenkunde, Wilhelm Maudrich Verlag, Wien, Bd. VI, S. 329
24. Nakatani N, Ikeda K, Kikuzaki H, Kido M, Yamaguchi Y (1988) Phytochemistry 27:3.127–3.129
25. Hag (1976) Bd. V, S. 925
26. Van der Wielen P, Hermans M (1926) Festschrift für A. Tschirch, Tauchnitz, Leipzig, S. 328–334, zit. nach Lit.[27]
27. GHo (1956) Bd. 4, S. 673
28. Nakamura N, Kiuchi F, Tsuda Y, Kondo K (1988) Chem Pharm Bull 36:2.685–2.688
29. Shulgin AT, Sargent T, Naranjo C (1967) The chemistry and psychopharmacology of nutmeg and several related phenylisopropyamines. In: Efron D, Holmstedt B, Kline NS (Hrsg.) Ethnopharmacologic search for psychoactive drugs, Public Health Service Publication No. 1645, Raven Press, New York, S. 202
30. Tammes PLM (1949) Landbouw (Indonesia) 21:65, zit. nach Lit.[3]
31. van Steenis-Kruseman MJ (1953) Organiz Sci Res Indonesia, Bull No. 18:1–90, zit. nach Lit.[70]
32. Jayaweera DMA (1982) Medicinal Plants used in Sri Lanka, National Science Council, Colombo, S. 107
33. Tillekeratne LMV, Jayamanne DT, Weerasooriaa KDV (1981) J Natn Sci Counc Sri Lanka 9:251–253
34. Herath HMTB, Kumar NS (1984) Proc Sri Lanka Assoc Advmt Sci 1:78, zit. nach Lit.[35]
35. Cooray NF, Jansz ER, Wimalasena S, Wijesekera TP, Nair BM (1987) Phytochemistry 26:3.369–3.371
36. Hoehne FC (1939) Plantas e sustâncias vegetais tóxicas e medicinais, Graphicars, São Paolo Rio, S. 124
37. Nadkarni KM, Nadkarni AK (1976) Indian Materia Medica, Popular Prakashan, Bombay, Bd. 1, S. 830
38. Roi J (1955) Traité des Plantes Médicinales Chinoises, Paul Lechevalier, Paris, S. 143
39. Steinmetz EF (1957) Codex Vegetabilis, Selbstverlag, Amsterdam
40. Arseculeratne SN, Gunatilaka AAL, Panbokke RG (1985) J Ethnopharmacol 13:323–335
41. Ponglux D, Wangseripipatana S, Phadungcharoen T, Ruangrungsri N, Likhitwitayawuid K (1987) Medicinal Plants, Medicinal Plants Exhibition Committee, International Congress on Natural Products, Bangkok, S. 181
42. Schubert R, Wagner G (1991) Botanisches Wörterbuch, 10. Aufl., Eugen Ulmer Verlag, Stuttgart, S. 306
43. Madaus G (1938) Lehrbuch der Biologischen Heilmittel, Abt. I: Heilpflanzen, Georg Thieme Verlag, Leipzig, Bd. III, S. 1.979
44. Schindler H (1955) Inhaltsstoffe und Prüfungsmethoden homöopathisch verwendeter Heilpflanzen, Editio Cantor, Aulendorf/Württ., S. 141
45. IndPC 53, Bd. 1, S. 153
46. Natho G (1984) Gewürzpflanzen. In: Natho G (Hrsg.) Rohstoffpflanzen der Erde, Urania-Verlag, Leipzig Jena Berlin, S. 176
47. Mar 28, S. 679
48. Sarath-Kumara SJ, Jansz ER, Dharmadasa HM (1985) J Sci Food Agr 36:93–100
49. Pino JA, Borges P, Mollinedo B (1991) Rev Agroquim Tecnol Aliment 31:411–416
50. Li T, Zhou J, Jiang W, Li C (1990) Zhongguo Zazhi 15:471–473
51. Power FB, Salway AH (1908) Proc Chem Soc 24:197, zit. nach Lit.[44]
52. Clevenger (1932) J Am Pharm Assoc 21:30, zit. nach Lit.[44]
53. De Jong AWK (1907) Teyssmannia Nr. 8 nach Schimmel Ber Okt 1908, S. 91, zit. nach Lit.[44]
54. Baldry J, Dougon J, Matthews WS, Nabney J, Pickering GR, Robinson FV (1976) Int Flav Food Addit 7:28–30
55. NN (1961) Tropical Sci 3:40, zit. nach Miltitzer Berichte (1962), S. 112
56. Forrest JE, Heacock RA, Forrest TP (1972) J Chromatogr 69:115–121
57. Chen D, Chang Q, Feng J (1987) Zhongyao Tongbao 12:587–590, zit. nach CA 108:81787
58. Forrest JE, Heacock RA (1972) Lloydia 35:440–449
59. Schenk HP, Lamparsky D (1981) J Chromatogr 204:391–395
60. BPC 79, S. 608
61. Itty MI, Nigam SS (1966) Riechstoffe Aromen Koerperpflegemittel 16:399–410
62. Mar 24 (1958), S. 631
63. Bejnarowicz EA, Kirch ER (1963) J Pharm Sci 52:988–993
64. Jia T, Yuan C, Cao K, Fu B (1991) Zhongguo Zhongyao Zazhi 16:275–278, zit. nach CA 115:166724
65. NN (1961) Perfumer Record 52:288, zit. nach Miltitzer Berichte (1962), S. 100

66. Pathak RK, Chaurasia SC, Singh KV (1979) Indian Drugs Pharm Ind 14:7
67. Burstein S, Varanelli C, Slade LT (1975) Biochem Pharmacol 24:1.053–1.054
68. Bennett A, Stamford IF, Tavares IA, Jacobs S, Capasso F, Mascolo N, Autore G, Romano V, Di Carlo G (1988) Phytother Res 2:124–130
69. Opdyke DLJ (1979) Food Chem Toxicol 17:851–852
70. Perry LM, Metzger J (1980) Medicinal Plants of East and Southeast Asia: Attributed Properties and Uses, The MIT Press, Cambridge (Mass.) London, S. 279
71. Crevost C, Pételot A (1934) Plantes Méd 37:744, zit. nach Lit.[70]
72. BAz Nr. 173 vom 18.09.1986
73. Coimbra R, Diniz da Silva E (1958) Notas de Fitoterapia, Laboratorio Clinico Silva Araujo, Rio de Janeiro, S. 253
74. Karl J (1983) Phytotherapie, 4. Aufl., Verlag Tibor Marczell, München, S. 235
75. Epstein WL (1977) Report to RIFM, 21 March and 31 May, zit. nach Lit.[69]
76. Lewin L (1929) Gifte und Vergiftungen, 4. Aufl., Georg Stilke, Berlin, S. 851–852
77. Gershbein LL (1977) Food Cosmet Toxicol 15:173, zit. nach Lit.[69]
78. Urbach F, Forbes PD (1977) Report to RIFM, 18 July, zit. nach Lit.[69]
79. Moreno OM (1977) Report to RIFM, 24 January, zit. nach Lit.[69]
80. Kligman AM (1966) J Invest Derm 47:393, zit. nach Lit.[69]
81. Kligman AM, Epstein WL (1975) Contact Dermatitis 1:231, zit. nach Lit.[69]
82. Jenner PM, Hagan EC, Taylor JM, Cook EL, Fitzhugh OG (1964) Food Cosmet Toxicol: 2.327, zit. nach Lit.[69]
83. Weil AT (1967) Nutmeg as a Psychoactive Drug. In: Efron DH, Holmstedt B, Kline NS (Hrsg.) Ethnopharmacologic search for psychoactive drugs, Raven Press, New York
84. NN (1953) Sci Cult 19:186, zit. nach Lit.[193]
85. Fleurentin J, Pelt JM (1982) J Ethnopharmacol 6:85–108
86. Namba T, Tsunezuka M, Dissanayake DMRB, Pilapitiya U, Saito K, Kakiuchi N, Hattori M (1985) Shoyakugaku Zasshi 39:146–153
87. Ilyas M (1978) Econ Bot 32:238–263
88. Hörhammer L (1970) Teeanalyse, Springer-Verlag, Berlin Heidelberg New York, S. 66
89. Mitra CR (1976) Riechstoffe Aromen Koerperpflegemittel 26:252
90. Prakashchandra KS, Chandrasekharappa G (1984) J Food Sci Technol 21:40–42, zit. nach CA 101:129110
91. Singh RP, Kartha ARS (1977) Indian J Agric Sci 47:373–381
92. Harvey DJ (1975) J Chromatogr 110:91–102
93. Forrest JE, Heacock RA, Forrest TP (1973) Experientia 29:139
94. Forrest JE, Heacock RA, Forrest TP (1974) J Chem Soc Perkin Trans I:205–209
95. Purushothaman KK, Sarada A (1980) Indian J Chem 19B:236–237
96. Hattori M, Hada S, Watahiki A, Ihara H, Shue YZ, Kakiuchi N, Mizuno T, Namba T (1986) Chem Pharm Bull 34:3.885–3.893
97. Purushothaman KK, Sarada A, Connolly JD (1977) J Chem Soc Perkin I:587–588
98. Orabi KY, Mossa JS, El-Feraly FS (1991) J Nat Prod 54:856–859
99. Hattori M, Hada S, Kawata Y, Tezuka Y, Kikuchi T, Namba T (1987) Chem Pharm Bull 35:3.315–3.322
100. Hattori M, Hada S, Shu YZ, Kakiuchi N, Namba T (1987) Chem Pharm Bull 35:668–674
101. Woo WS, Shin KH, Wagner H, Lotter H (1987) Phytochemistry 26:1.542–1.543
102. He G (1986) Shipin Kexue (Beijing) 84:43–44, zit. nach CA 106:154936
103. Khan HH, Bibi N, Zia GM (1985) Pakistan J Sci Ind Res 28:234–237
104. Sharma A, Ghanekar AS, Padwal-Desai SR, Nadkarni GB (1984) J Agric Food Chem 32:1.061–1.063
105. Huhtanen CN (1980) J Food Protection 43:195–196
106. Ueda S, Yamashita H, Kuwabara Y (1982) Nippon Shokuhin Kogyo Gakkaisji 29:389–392, zit. nach Lit.[116]
107. Salzer UJ (1982) Fleischwirtsch 62:885–887
108. Ozaki Y, Soedigdo S, Wattinema JR, Suganda AG (1987) Jpn J Pharmacol 43(Suppl):103P
109. Ozaki Y, Soedigdo S, Wattinema JR, Suganda AG (1989) Jpn J Pharmacol 49:155–163
110. Shin KH, Woo WS (1986) Saengyak Hakhoechi 17:91–99, zit. nach CA 105:146184
111. Shin KH, Woo WS (1986) Saengyak Hakhoechi 17:189–194, zit. nach CA 106:149440
112. Kumari MVR, Rao AR (1988) Anticancer Res 8:1.056
113. Kumari MVR, Rao AR (1989) Cancer Lett 46:87–91
114. Jannu LN, Hussain SP, Rao AR (1991) Cancer Lett 56:59–63
115. Czygan FC (1984) Z Phytother 5:967–970
116. Su HCF (1989) J Entomol 24:168–173
117. Sammy GM, Nawar WW (1968) Chem Ind:1.279–1.280
118. Guenther E (1952) Oils of Myristica. Oil of nutmeg and oil of mace. In: The essential oils, Bd. 5, Van Nostrand Co. Inc. New York, S. 59–81, zit. nach Lit.[58]
119. Narayanan R, Kartha ARS (1962) J Sci Ind Res 21B:442, zit. nach Lit.[58]
120. Ghirardy P, Marzo A (1971) Phytochemistry 10:907
121. ds. Hdb., Bd. 1, S. 573
122. Sinclair J (1958) Gard Bull Singapore 16:205–472
123. Varkey PJ, Leelavathy KM (1978) J Plantation Crops 6:47
124. Rahman MU, Sankaran KV, Leelavathy KM, Zachariah S (1981) Plant Disease 65:514–515
125. Rao VG, Mani Varghese KI (1976) Biovigyanam 2:101
126. Gecan JS, Bandler R, Glaze LE, Atkinson JC (1983) J Food Prot 46:387–390
127. Green M (1979) J Stored Prod Res 15:71–72
128. Lamaty G, Menut C, Bessiere JM, Amvam Z, Fekam PH (1987) Flav Fragr J 2:91–94
129. Mors WB, Rizzini CT (1966) Useful Plants of Brasil, Holden-Day Inc., San Francisco London Amsterdam, S. 73
130. Wagner H (1988) Pharmazeutische Biologie. Drogen und ihre Inhaltsstoffe, 4. Aufl., Gustav Fischer Verlag, Stuttgart New York, S. 101
131. Kalbhen DA (1971) Angew Chem Intern Edit 10:370–374
132. RoD (1985), S. 22
133. Kuo YH, Lin YT (1983) J Chin Chem Soc (Taipei) 30:63–67
134. Braun H, Frohne D (1987) Heilpflanzen-Lexikon für Ärzte und Apotheker, 5. Aufl., Gustav Fischer Verlag, Stuttgart New York, S. 162
135. Isogai A, Mukaroshi S, Suzuki A, Tamura S (1973) Agr Biol Chem 37:889–895

136. Isogai A, Suzuki A, Tamura S (1973) Agr Biol Chem 37:193–194
137. Zacchino SA, Badano H (1991) J Nat Prod 54:155–160
138. Kim YB, Park IY, Shin KH (1991) Arch Pharmacol Res 14:1–6, zit. nach CA 115:131990
139. Shin KH, Kim ON, Woo WS (1988) Arch Pharm Res 11:240–243
140. Varshney IP, Sharma SC (1968) Indian J Chem 6:474
141. Al-Khatib IMH, Moursi SAH, Mehdi AWR, Al-Shabibi MM (1987) J Food Compos Analysis 1:59–64
142. Khan MR, Preveen Z, Nasreen K (1983) J Nat Sci Math 23:223–235, zit. nach CA 100:119541
143. Suzuki H, Harada M (1990) Eisei Shikensho Hokoku (108):98–100, zit. nach CA 115:35803
144. Forrest JE, Heacock RA (1974) J Chromatogr 89:113–117
145. Mobarak Z, Zaki N, Bienick D (1974) Forens Sci 4:161–169
146. Braun U, Kalbhen DA (19973) Pharmacol 9:312–316
147. Lee LA, Carus VJ (1958) J Assoc Off Agric Chem 41:446, zit. nach Miltitzer Berichte (1961), S. 209
148. Mobarak Z, Zaki N, Bienick D, El-Darawy Z (1977) Chemosphere:633–639
149. Davis DV, Cooks RG (1982) J Agric Food Chem 50:495–504
150. Beljaars PR, Schumans JCHM, Koken PJ (1975) J Assoc Off Agric Chem 58:263–271
151. Rasheed A (1985) J Pharm (Lahore) 6:41–50, zit. nach CA 106:162653
152. Sanford KJ, Heinz DE (1971) Phytochemistry 10:1.245–1.250
153. Rashid A, Misra DS (1984) Indian J Med Res 79:694–696
154. Shidore PP, Mujumdar SM, Shotri DS, Mujumdar AM (1985) Indian J Pharm Sci 47:188–190
155. Saleh M, Nabil Z, Mekkawy H, Abdallah G (1989) Pharmacol Biochem Behav 32:83–86
156. Bennett A, Gradidge CF, Stamford IF (1974) N Engl J Med 290:110–111
157. Fanwell WN, Thompson G (1973) N Engl J Med 289:108–109
158. Barrowman JA, Bennett A, Hillenbrand P, Rolles K, Pollock DJ, Wright JT (1975) Brit Med J 3:11–12
159. Williams ED (1966) Proc Res Soc Med 59:602–603
160. Shafran I, Maurer W, Thomas FB (1977) N Engl J Med 296:694
161. Rasheed A, Lackeman GM, Vlietinck AJ, Janssens J, Hatfield G, Totte J, Herman AG (1984) Planta Med 50:222–226
162. Misra V, Misra RN, Unger WG (1978) Indian J Med Res 67:482–484
163. Nakajima I (1989) Jpn Kokai Tokkyo Koho JP 01 42,440 89 42,440 14 Feb 1989, zit. nach CA 112:91779
164. Hollyhock M (1969) Phytochemistry 8:1.321
165. Shulgin AT, Bunnel S, Sargent T (1961) Nature 189:1.011
166. Shulgin AT (1966) Nature 210:380–383
167. Shulgin AT, Sargent T, Naranjo C (1969) Nature 221:537
168. Peretz DJ (1955) J Ment Sci 101:317
169. Kalbhen DA (1971) Angew Chem 83:392
170. Shulgin AT (1963) Mind 1:299, zit. nach Lit.[58]
171. Oswald EO, Fishbein L, Corbett BJ (1969) J Chromatogr 45:437, zit. nach Lit.[58]
172. Oswald EO, Fishbein L, Corbett BJ, Walker MP (1971) Biochim Biophys Acta 230:237, zit. nach Lit.[58]
173. Oswald EO, Fishbein L, Corbett BJ, Walker MP (1971) Biochim Biophys Acta 244:322, zit. nach Lit.[58]
174. Zaki NN, Ibraheim MA, Abdel-Raheem MH (1983) Res Commun Subst Abuse 4:69–80
175. Truitt EB (1967) Psychopharmacol Bull 4:14, zit. nach Lit.[58]
176. Truitt EB, Duritz G, Ebersberger EM (1963) Proc Soc Exp Biol Med 112:647–650
177. Woo WS, Shin KH, Woo WS (1984) Arch Pharm Res 7:53, zit. nach Lit.[139]
178. Woo WS, Shin KH (1979) Arch Pharm Res 2:115, zit. nach Lit.[139]
179. Han YB, Shin KH, Woo WS (1984) Arch Pharm Res 7:53, zit. nach Lit.[139]
180. Woo WS (1985) In: Chang HM, Yeung HW, Tso WW, Koo A (Hrsg.) Advances in Chinese Medicinal Materials Research, World Scientific Publ. Co., Singapore, S. 125
181. Shin KH, Woo WS (1990) Han'guk Saenghwa Hakhoechi 23:122–127
182. Truitt EB, Callaway E, Braude MC, Krantz JC (1961) J Neuropsychiat 2:205–210
183. Dandiya PC, Sharma PK, Menon MK (1962) Indian J Med Res 50:750, zit. nach Lit.[58]
184. Sell AB, Carlini EA (1976) Pharmacol 14:376–377
185. Messiha FS, Zaki NN (1984) Vet Hum Toxicol 26 (Suppl 2):17–20
186. Lee HJ, Zaki NN, Madrid N, Messiha FS (1983) 67th Ann Meet Fed Am Soc Exper Biol Chicago, Apr 10–15, 1983, Fed Proc 42, Abstr 6006
187. Sherry CJ, Ray LE, Herron RE (1982) J Ethnopharmacol 6:61–66
188. Herron RE, Sherry CJ, Ray LE (1982) Int J Crude Drug Res 20:37–41
189. Sherry CJ, Burnett RE (1978) Experientia 34:492–494
190. Sherry CJ, Mannel RS, Hauck AE (1979) Planta Med 36:49–53
191. Sherry CJ, Erdelt DR (1982) Int J Crude Drug Res 20:89–92
192. Lewin L (1925) Die Fruchtabtreibung durch Gifte und andere Mittel, 4. Aufl., Georg Stilke, Berlin, S. 396–399
193. Chopra RN, Chopra IC, Varma BS (1956) Supplement to Glossary of Indian Medicinal Plants, Council of Scientific & Industrial Research of India, Publications & Information Directorate, New Delhi, S. 72
194. Elliott S, Brimacombe J (1987) J Ethnopharmacol 15:57–88
195. Arseculeratne SN, Gunatilaka AAL, Panabokke RG (1985) J Ethnopharmacol 13:323–335
196. Singh YN (1986) J Ethnopharmacol 15:57–88
197. Stamford IF, Bennett A (1978) Veter Record 103:14–15
198. Purkinje JE (1829) Über die narkotische Wirkung der Muskatnuß. Einige Beiträge zur physiologischen Pharmakologie, Neue Breslauer Sammlungen aus dem Gebiete der Heilkunde, H. Gosohorsky, Breslau, Bd. 1, S. 424–444, zit. nach Lit.[185]
199. Weiss G (1960) Psychiatr Q 34:194–217, zit. nach Lit.[187]
200. Brown FCH (1972) Hallucinogenic Drugs, Charles C Thomas Publisher, Springfield (Ill.), S. 80
201. Payne RB (1963) N Engl J Med 269:36–38
202. Fras I, Friedman JJ (1969) NY J Med 69:463–465
203. Green RC (1959) J Am Med Assoc 177:1.342–1.344
204. Weil AT (1965) Econ Bot 19:194–217, zit. nach Lit.[187]
205. Weil AT (1966) Bull Narcot 18:15, zit. nach Lit.[47]
206. Akesson HO, Walinder J (1965) Lancet 1:1.271–1.272
207. Teixeira JRM, Silva VMTD, Barbosa PPDP, Cardoso EMT (1983) Hileia Med 5:45–52

208. Pecevski J, Sarković N, Radivojević D, Vuksanović L (1981) Toxicol Lett 7:239–243
209. Zaki NG, El-Malkh NM, Abdelbaset SA, Saeid AA (1987) Bull Fac Sci Cairo Univ 55:105–124
210. Glatzel H (1968) Die Gewürze, Nicolaische Verlagsbuchhandlung, Herford, S. 22
211. Geng Y (1989) Faming Zhuanli Shenqing Gongkai Shuomingshu CN 1030404 A, 18 Jan 1989, zit. nach CA 113:43482
212. BAz Nr. 29a vom 12.02.1986 in der Fassung vom BAz Nr. 44 vom 08.03.1990
213. Manilal KS, Suresh CR (1985) J Econ Tax Bot 7:205–207
214. Chopra RN, Nayar SL, Chopra IC (1956) Glossary of Indian Medicinal Plants, Council of Scientific & Industrial Research, New Delhi, S. 173
215. Kartha ARS, Narayanan R (1967) J Am Oil Chem Soc 44:733–736
216. Parthasarathy MR, Gupta S (1985) Indian J Chem 23B:965
217. Purushotaman KK, Sarada A (1984) Indian J Chem 23B:46–48
218. Singh RP, Kartha ARS (1977) Indian J Agric Sci 47:373–381
219. Kartha ARS (1954) J Sci Ind Res (India) 13A:72, zit. nach Lit.[3]
220. Valnet J (1990) Aromathérapie. Traitement des maladies par les essences des plantes, 11. Aufl., Maloine, Paris, S. 216
221. Mabberley DJ (1987) The Plant Book, Cambridge University Press, Cambridge, S. 609
222. BP 88
223. USP XXI
224. BPC 79
225. EB 6
226. BHP 83
227. IndP 66

Ic

Myroxylon

HN: 2025300

Familie: Leguminosae.

Unterfamilie: Papilionoideae.

Tribus: Sophoreae.

Subtribus: Cadiinae.

Gattungsgliederung: Die Gattung Myroxylon L. f. umfaßt 2 Arten:[1,2]
- *Myroxylon balsamum* L. f.;
- *Myroxylon peruiferum* L. f.

Es wird auch die Ansicht vertreten, daß diese Arten zu einer einzigen polymorphen Art zusammengefaßt werden sollten.[3,4]

Gattungsmerkmale: Bäume mit unpaarig-gefiederten Blättern; Blättchen mit durchsichtigen, drüsigen Punkten und Strichen. Blüten weißlich in einfachen, achselständigen oder an den Zweigspitzen büschelig-rispig angeordneten Trauben. Kelch etwas eingekrümmt, unregelmäßig gezähnt. Untere 4 Blütenblätter frei, schmal, ziemlich gleich, Fahne breit, fast kreisförmig. Fruchtknoten lang gestielt. Hülse gestielt, zusammengedrückt, nicht aufspringend. Samen fast nierenförmig.[3]

Verbreitung: Guatemala, El Salvador, Venezuela, Kolumbien, Ecuador, Brasilien.[19]

Inhaltsstoffgruppen: Das Spektrum der Chalkone, Flavonole, Isoflavone, Isoflavanone, Pterocarpane und Cumestane im Stammholz von *Myroxylon balsamum* und *M. peruiferum* läßt möglicherweise chemotaxonomische Schlüsse zu, ob es sich bei Myroxylon tatsächlich um eine einzige polymorphe Art handelt.[3,6,7] Da die untersuchten Holzmuster nicht eindeutig einer der Arten zugeordnet werden konnten, ist eine taxonomische Beurteilung z. Zt. noch nicht möglich.

Drogenliefernde Arten: *M. balsamum* var. *balsamum*: Balsamum tolutanum; *M. balsamum* var. *pereirae*: Balsamum peruvianum, Balsamum peruvianum hom. *HAB 34*, Balsamum peruvianum hom. *HPUS 88.*

Myroxylon balsamum (L.) Harms

Synonyme: *Myroxylon balsamum* (L.) Harms var. *balsamum*: *Myrospermum toluiferum* A. Rich., *M. balsamiferum* Ruiz et Pavon, *Myroxylon balsamum* (L.) Harms var. *genuinum* (Baill.) Harms, *M. balsamum* L. var. *physiologica toluifera* Tschirch, *M. toluifera* H. B. K., *Toluifera balsamum* Mill.
Myroxylon balsamum (L.) Harms var. *pereirae* (Royle) Harms: *Myrospermum pereirae* Royle, *Myroxylon pereirae* Klotzsch, *M. balsamum* L. var. *physiologica peruifera* Tschirch, *Toluifera pereirae* (Royle) Baill., *T. balsamum* L.

Sonstige Bezeichnungen: Dt.: Perubalsambaum (für var. *pereirae*), Tolubalsambaum (für var. *balsamum*).

Botanische Beschreibung: *Var. balsamum*. 26 m hoher Baum mit ausladender rundlicher Krone, Verzweigung der Äste erst in einer Höhe von 13 bis 19 m. Rinde glatt, gelblich-grau oder braun, mit zahlreichen, hellen Lenticellen bedeckt. Blätter gewöhnlich unpaarig abwechselnd gefiedert, mit 4 bis 7 verkehrt-eiförmigen, zugespitzten, ledrigen, kurzgestielten Blättchen. Die Blattoberseite ist dunkelgrün, die Unterseite blaßgrün. Blüten auf etwa 12 mm langen Stielen, zwittrig, in einfachen, reichblütigen Trauben. Kelch unterständig, weitröhrenförmig oder länglich-glockenförmig, dunkelgrün, kurz rauhhaarig. Kronblätter zu 5, weiß, genagelt, Fahne fast kreisrund ausgebreitet. Fruchtknoten auf langem Stiel, einfächerig. Frucht eine Hülse, einsamig, nicht aufspringend, geflügelt. Samen braunrot, nierenförmig, stark gekrümmt.[8]
Var. pereirae. Großer, etwa 15 m hoher Baum mit graubrauner Rinde. Die Äste, die in etwa 1,5 m Höhe horizontal oder etwas schräg aus dem Stamm herauswachsen, vereinigen sich zu einer annähernd eiförmigen Krone. Blätter wechselständig, unpaarig gefiedert, mit 7 bis 11 Blättchen. Die Blättchen,

die fast immer wechselständig entlang der Mittelrippe stehen, sind länglich bis ovallänglich, vorne spitz und an der Basis gerundet. Die blühenden, in den Blattachseln stehenden Zweige sind mit hellen punktförmigen Lenticellen besetzt. Jeder von ihnen endet in einer locker hängenden Traube aus nickenden Blüten, die stark duften. Die Blüte besitzt einen grünen, tassenförmigen, leicht gezähnten Kelch, eine bläulichweiße, schmetterlingsartige Corolla, 10 Staubgefäße mit weißen Filamenten, roten Antheren und einem grünen Griffel. Die Frucht ist eine gelbbraune nicht aufspringende Hülse.[18]

Inhaltsstoffe: Im Stammholz *Isoflavonoide*, wie Afrormosin, Cabreuvin, Formononetin, 3-Hydroxyformononetin; *Chalkon*: Isoliquiritigenin; *Cumestane:* 3-Hydroxy-9-methoxycumestan, 3-Hydroxy-8,9-dimethoxycumestan; *Pterocarpane*, wie (+)-Medicarpin; ferner 2-(2',4'-Dihydroxyphenyl)-5,6-dimethoxybenzofuran, β-Sitosterol.[6,7]

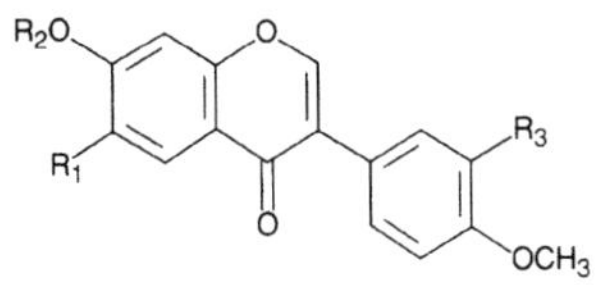

	R_1	R_2	R_3
Afrormosin	$-OCH_3$	$-H$	$-H$
Cabreuvin	$-H$	$-CH_3$	$-OCH_3$
Formononetin	$-H$	$-H$	$-H$

Verbreitung: *M. balsamum* var. *balsamum*: Guatemala, Venezuela, Ecuador, Kolumbien; *M. balsamum* var. *pereirae*: Guatemala, El Salvador.[19]

Drogen: *M. balsamum* var. *balsamum*: Balsamum tolutanum; *M. balsamum* var. *pereirae*: Balsamum peruvianum, Balsamum peruvianum hom. *HAB 34*, Balsamum peruvianum hom. *HPUS 88*.

Balsamum peruvianum (Perubalsam)

Synonyme: Balsamum indicum nigrum, Opobalsamum liquidum.

Sonstige Bezeichnungen: Dt.: Chinaöl, Indianischer Wundbalsam, Peruanischer Balsam, Salvadorbalsam; engl.: Balsam of Peru, black balsam, Indian balsam, Peruvian balsam; frz.: Baume de San Salvador, baume du Pérou; it.: Balsamo del Peru; span.: Balsamo do Peru.

Monographiesammlungen: Perubalsam *DAB 10*; Baume du Pérou *PFX*; Balsamum peruvianum *ÖAB 90*, *Helv VII*.

Definition der Droge: Aus geschwelten Stämmen erhaltener Balsam *DAB 10*.

Stammpflanzen: *Myroxylon balsamum* (L.) HARMS var. *pereirae* (ROYLE) HARMS.

Herkunft: San Salvador, von wo aus die Droge ausschließlich exportiert wird; der früher über Peru vollzogene Transport ist seit langem aufgegeben. Auch auf Jamaika und Sri Lanka werden Kulturen angelegt.[5]

Gewinnung: Etwa 10jährige Bäume mit einem Umfang von 60 cm werden 1 Fuß über dem Erdboden von der äußeren Rindenschicht befreit (etwa 15 × 25 cm), die Stellen 4 bis 5 min lang mit Fackeln geschwelt und auf die so behandelte Fläche Lappen aufgelegt, in die der Balsam einsickert. Durch Auskochen und Auspressen der getränkten Lappen erhält man den Balsamo de trapo oder Balsam de panal (Lappenbalsam). Nach weiterem Einschneiden der gebrannten Stelle und Abkratzen zu stark gebrannter Stellen wird von neuem mit der Fackel erwärmt, worauf ein neuer Erguß erfolgt. Dieser Balsam wird Balsamo de contrapique genannt. Nach Beendigung der zweiten Ausflußperiode wird das ganze bearbeitete Rindenstück heruntergekratzt, zerstampft, zu Pulver gemahlen und mit Wasser ausgekocht, wobei sich der Balsamo di cascaro (Rindenbalsam) abscheidet, der durch Abgießen des Wassers und Auspressen rein erhalten wird. Er ist weniger wertvoll. Im Durchschnitt dauert die Bearbeitung einer einzelnen Rindenpartie etwa 4 Wochen. Starke Bäume werden an verschiedenen Stellen angezapft. Die Bäume besitzen eine erstaunliche Lebenskraft, bei vernünftiger Behandlung (Ruhezeit von einigen Jahren) ist langdauernde Ertragsfähigkeit zu erzielen. Die Gewinnung geschieht nach Beendigung der Regenzeit (November und Dezember). Der Perubalsam wird erst nach der Verletzung der Rinde gebildet. Frische Rinde und frisches Holz riechen nicht nach Perubalsam. Die Balsambehälter entstehen schizogen und werden lysigen erweitert. Die Handelsware ist meist ein Gemisch des Lappen- und Rindenbalsams der geschwelten Stämme.[18]

Ganzdroge: Zähflüssige, dunkelbraune, in dünner Schicht gelbbraune, durchscheinende Flüssigkeit, die nicht klebrig oder fadenziehend ist und an der Luft nicht eintrocknet.[20] Geschmack schwach bitter, zunächst milde, dann kratzend. Geruch eigenartig balsamisch, an Vanille und Benzoe erinnernd.[21]

Verfälschungen/Verwechslungen: Nach *DAB 10* werden durch die Prüfung auf Reinheit erfaßt: Kolophonium, künstliche Balsame, die z. B. aus Lösungen von Benzylbenzoat aus den Rückständen der Zimtalkohol- oder Heliotropin-Destillation bestehen; fette Öle, Terpentinöl. Ferner wurden beschrieben: Melassen, Abkochungen von *Justicia purpurea*, Rohrzucker, verkohlte, in Wasser aufgeschwemmte Kakaoschalen, Cinnamein, synthetische Ester, Alkohol, Benzaldehyd, Kopaivabalsam,

Gurjunbalsam, Kanadabalsam, Tacamahac, Styrax, Kerosin, Benzylbenzoat.[18]

Inhaltsstoffe: 50 bis 70 % eines Estergemisches, das zu etwa $^2/_3$ aus Benzylbenzoat und zu etwa $^1/_3$ aus Benzylcinnamat besteht und früher als Cinnamein bezeichnet wurde; im Cinnamein wurden außerdem ca. 3,4 % Nerolidol und Spuren von Benzylalkohol nachgewiesen (GC-Analyse).[12] Die Droge enthält ferner 20 bis 30 % eines Harzes, das aus den Benzoesäure- und Zimtsäureestern verschiedener Alkohole bestehen soll,[13] sowie geringe Mengen Benzoesäure, Benzoesäuremethylester, Benzylferulat, Benzylisoferulat, Zimtsäure und Zimtsäuremethylester.[12,14]

Identität: Löslichkeit: Perubalsam ist leicht löslich in absolutem EtOH, Chloroform oder konzentrierter Essigsäure, teilweise in Ether oder Schwefelkohlenstoff, mischbar mit Rizinusöl, nicht aber mit anderen fetten Ölen *ÖAB 90*.
Die Substanz wird mit Wasser zum Sieden erhitzt und heiß filtriert. Nach Zugabe von Kaliumpermanganat-Lösung tritt der Geruch von Benzaldehyd auf *DAB 10, ÖAB 90*. Dabei wird die im heißen Wasser gelöste Menge freie Zimtsäure durch Kaliumpermanganat zu Benzaldehyd oxidiert.
Die Lösung der Substanz in Ethanol färbt sich durch nicht näher definierte phenolische Inhaltsstoffe nach Zugabe von Eisen(III)chlorid olivgrün *DAB 10*.
DC nach *DAB 10*:
- Referenzsubstanzen: Benzylbenzoat, Benzylcinnamat, Thymol;
- Sorptionsmittel: Kieselgel GF 254;
- FM: Hexan-Ethylacetat-Essigsäure 98 % (90 + 10 + 0,5), zweimalige Entwicklung;
- Detektion: Direktauswertung im UV 254 nm, Besprühen mit ethanolischer Molybdatophosphorsäure-Lösung und Erhitzen auf 100 bis 105 °C;
- Auswertung: Im Chromatogramm der Referenzsubstanzen liegen in der oberen Hälfte die blauen, vor dem Besprühen im ultravioletten Licht bei 254 nm fluoreszenzmindernden Zonen der Ester. Die obere stark hervortretende Zone entspricht dem Benzylbenzoat, wenig darunter liegt die schwächer gefärbte Zone des Benzylcinnamats. Im Chromatogramm des Perubalsams befinden sich die in Lage, Größe und Farbintensität gleichen Zonen. Im Chromatogramm der Referenzsubstanzen liegt etwas unterhalb der Mitte das sich violettgrau anfärbende Thymol. Direkt unterhalb der Thymol-Zone liegt im Chromatogramm des Perubalsams die annähernd gleich große blaugefärbte Zone des Nerolidols.

DC nach *Helv VII*:
- Referenzsubstanzen: Benzylbenzoat, Benzylcinnamat;
- Sorptionsmittel: Kieselgel G;
- FM: Toluol-Petrolether (95 + 5);
- Detektion: Vanillin-Schwefelsäure-Lösung und Erhitzen auf 120 °C;
- Auswertung: Im Chromatogramm des Perubalsams erscheinen 2 Zonen gleicher Rf-Werte und gleicher Färbung wie die Referenzsubstanzen. Weitere gefärbte Zonen sind sichtbar.

Reinheit:
- Kolophonium: Kurz unterhalb der Zone des Nerolidols im Chromatogramm (s. Identität) darf keine mehr oder weniger starke blaue Zone erscheinen, die vor dem Besprühen Fluoreszenzminderung zeigt *DAB 10*.
- Relative Dichte: 1,14 bis 1,17 *DAB 10, ÖAB 90, Helv VII*. Zusätze von Kolophonium und Terpentin erniedrigen die Dichte, von Benzoe und Tolubalsam erhöhen sie.
- Verseifungszahl: 235 bis 255, bestimmt mit dem unter Gehaltsbestimmung erhaltenen Rückstand *DAB 10*.
- Künstliche Balsame: Beim Schütteln der Probe Perubalsam mit Petrolether müssen sich die unlöslichen Teile des Perubalsams als klebrige Masse an der Glaswand absetzen und dürfen nicht ganz oder teilweise pulvrig zu Boden sinken. Die Petroletherlösung muß klar und farblos sein *DAB 10*.
- DC des Perubalsams:
  Referenzsubstanz: Benzylbenzoat;
  Sorptionsmittel: Kieselgel G;
  FM: Benzol-Nonan (95 + 5);
  Detektion: Vanillin-Schwefelsäure-Lösung, Erhitzen auf 120 °C;
  Auswertung: Im Chromatogramm darf vor dem Besprühen mit der Vanillin-Schwefelsäure-Lösung bei der Betrachtung im ultravioletten Licht kein gelber Fleck etwa auf der Hälfte der Distanz zwischen Startpunkt und dem Fleck der Referenzsubstanz und keine Flecke oberhalb des Fleckes der Referenzsubstanz vorhanden sein (künstlicher Balsam) *AB-DDR*.
  Bei der Betrachtung im Tageslicht nach dem Besprühen mit Vanillin-Schwefelsäurelösung dürfen oberhalb des Fleckes der Referenzsubstanz keine Flecke vorhanden sein (fremde Balsame) *AB-DDR*.
- Gurjunbalsam: Das Filtrat der Mischung von Perubalsam und *n*-Pentan wird erwärmt, bis das *n*-Pentan verdunstet ist. Nach Zusatz von Essigsäureanhydrid und Schwefelsäure darf die Mischung nicht sofort eine rotviolette oder blauviolette Färbung zeigen *AB-DDR*.
- Fette Öle: Perubalsam muß sich in Chloralhydratlösung klar lösen *DAB 10*.
- Mischbarkeit mit EtOH: Perubalsam muß mit EtOH eine homogene, trübungslose Mischung geben *Helv VII*.
- Terpentinöl: Der Abdampfrückstand der bei der Prüfung auf Künstliche Balsame erhaltenen Petroletherlösung darf nicht nach Terpentin riechen *DAB 10*.

Gehalt: 50,0 bis 70,0 % Estergemisch *DAB 10*; 45 bis 56,0 % Estergemisch *PFX*; 50 bis 60 % Estergemisch *ÖAB 90, Helv VII*.

Gehaltsbestimmung: Perubalsam wird mit Natriumhydroxid-Lösung und Ether geschüttelt. Die abgetrennte Etherphase wird nach dem Trocknen mit wasserfreiem Natriumsulfat eingedampft, der Rückstand bei 100 bis 105 °C getrocknet und gewogen *DAB 10*.

Benzoesäure, Benzoesäuremethylester, Benzylbenzoat, Benzylcinnamat, Nerolidol und Zimtsäure lassen sich unter folgenden Bedingungen im Etherextrakt aus der Droge bestimmen:[9]

- Säule: Glas, gepackt;
- Füllung: 10% UCCW932 auf Chromosorb WAW, Temperatur des Säulenofens 100 bis 250°C, linear programmiert;
- Flammenionisationsdetektor: 300°C;
- Innerer Standard: Eugenol.

Lagerung: Vor Licht geschützt *DAB 10*; gut verschlossen, vor Licht geschützt *ÖAB 90, Helv VII.*

Wirkungen: Antibakteriell-antiseptisch, granulationsfördernd, antiparasitär (besonders gegen Krätzmilbe).[11]
Bei radiogenen Hautulcera an Ratten zeigt die Droge deutliche baktericide Wirkungen, beschleunigt den Reparationsprozeß und begünstigt die Differenzierung des Narbengewebes.[23] 5 bis 15% in Paraffinöl gelöst vermehrt Perubalsam an Ratten im Granulationstest nach Rudas deutlich und konzentrationsabhängig das Gewicht des Granulationsgewebes.[24] Die Effekte scheinen nicht auf einer systemischen Wirkung zu beruhen.[25] Das unverdünnte ätherische Öl zeigt im Diffusionstest mit Filterpapierscheiben eine antibakterielle Wirkung bei 9 von 10 getesteten Gram-positiven und Gram-negativen Keimen[26] und einen fungiciden bzw. fungistatischen Effekt bei allen 15 getesteten pathogenen (u. a. *Candida albicans*) und nicht pathogenen Stämmen.[27] Die Wirkung gegenüber Krätzmilben ist dem Inhaltsstoff Benzylbenzoat zuzuschreiben, dessen scabicider Effekt tierexperimentell belegt wurde.[28]

Resorption: Bei Applikation auf gesunde Haut beim Menschen konnte der Arzneistoff (25% in Vaseline) mittels Infrarotspektroskopie nach 1h auf der Haut nachgewiesen werden, nach 8h nicht mehr.[29] Untersuchungen zu der Droge bei p. o. Gabe liegen nicht vor. Der gut untersuchte Inhaltsstoff Benzoesäure wird bei p. o. Gabe schnell resorbiert.[30]

Elimination: Untersuchungen zu der Droge liegen nicht vor. Die Inhaltsstoffe Benzylbenzoat und Benzylcinnamat werden im Organismus schnell zu Benzylalkohol hydrolysiert, der zu Benzoesäure oxidiert wird.[31,32] Benzoesäure wird in der Leber mit Glycin zu Hippursäure konjugiert und rasch über die Niere ausgeschieden. Nach p.o. Gabe beim Menschen werden 75 bis 80% der Substanz innerhalb von 6h eliminiert.[30]

Anwendungsgebiete: Zur lokalen Anwendung bei infizierten und schlechtheilenden Wunden, bei Verbrennungen, Decubitus, Frostbeulen, Prothesendruckstellen, Hämorrhoiden.[11] Zusätzlich wird das Ulcus cruris genannt. Wegen des hohen Sensibilisierungspotentials bei dieser Indikation sollte Perubalsam hier jedoch nicht eingesetzt werden.[33] Klinische Studien zu den genannten Anwendungsgebieten existieren nicht. Jedoch waren die wundheilenden Eigenschaften bereits bei der Entdeckung Amerikas unter den Indios und in Europa spätestens seit 1568 bekannt.[34] Sie wurden in den einschlägigen Handbüchern und Standardwerken immer wieder aufgeführt und sind unbestritten.

Dosierung und Art der Anwendung: *Droge.* Soweit nicht anders verordnet: Galenische Zubereitungen zur äußeren Anwendung mit 5 bis 20% des Arzneistoffs; bei großflächiger Anwendung mit höchstens 10%.[11] Dauer der Anwendung nicht länger als 1 Woche.[11] *Zubereitung.* Galenische Zubereitungen zur äußeren Anwendung.[11]

Volkstümliche Anwendung und andere Anwendungsgebiete: Über die o.a. Anwendungsgebiete hinaus sind folgende Indikationen beschrieben: Als lokale Anwendung bei Ekzemen, Juckreiz, Kehlkopftuberkulose, Ozäna.[44,45] Die Anwendung als Mittel gegen Scabies ist heute durch Benzylbenzoat in Reinform ersetzt. In Zentralamerika werden Zubereitungen von Perubalsam auch als Einreibung gegen Kopfschmerzen, Zahnschmerzen und rheumatische Beschwerden, das Harz gegen uterine und Nabelvenenblutungen verwendet.[46] Die innerliche Anwendung als Expektorans ist obsolet. Innerlich wurde Perubalsam auch bei chronischen Katarrhen der Respirations-, Verdauungs- und Urogenitalorgane, bei Asthma, Rheuma und Phthisis angewendet.[45,46] Die Wirksamkeit bei diesen Indikationen ist nicht belegt.

Unerwünschte Wirkungen: *Allergische Wirkungen.* Allergische Hautreaktionen.[11] Perubalsam gehört zu den häufigsten Auslösern von Kontaktallergien.[35] Seltene klinische Manifestationen mit allergischer oder möglicherweise allergischer Ätiologie sind Kontakturtikaria und andere Hauterscheinungen, rezidivierende aphthöse Mundulcera, Quincke-Ödem, bronchoobstruktive und anaphylaktische Reaktionen und Vaskulitis in Form einer diffusen Purpura.[36-39] Die genannten klinischen Erscheinungen können auch durch p.o. Aufnahme von Lebensmitteln, die Perubalsam enthalten, ausgelöst werden.[39-41] Patienten mit Dermatitis, die auf eine konventionelle Therapie mit Hautkontaktvermeidung von Perubalsam nicht ansprechen und entweder im Epikutantest oder im oralen Provokationstest positiv auf Perubalsam reagieren, können in erheblichem Ausmaß von einer Perubalsam-restriktiven Diät profitieren.[41]
Lichtdermatosen und phototoxische Reaktionen sind möglich.[42,43] s. a. Sensibilisierungspotential.

Gegenanzeigen/Anwendungsbeschr.: Ausgeprägte allergische Disposition.[11]

Wechselwirkungen: Nicht bekannt.[11]

Weitere medizinische Verwendung: In der Veterinärmedizin als Repellent.[15]

Akute Toxizität: *Mensch.* Als 8%ige Zubereitung in Vaseline zeigt Perubalsam im geschlossenen Patch-Test auf der Haut nach 24 bzw. 48h keine Reizwirkung.[47,48] *Tier.* Unverdünnter Perubalsam zeigt nach 24stündiger okklusiver Einwirkung auf intakte oder rasierte Kaninchenhaut eine mäßige Reizung.[49]

Chronische Toxizität: Zur subchronischen und chronischen Toxizität, Mutagenität, Carcinogenität und Teratogenität liegen keine Daten vor.[50]

Immuntoxizität: Im Maximierungs-Test nach Kligman erwies sich 8%iger Perubalsam in Vaseline bei 8 von 25 Freiwilligen als sensibilisierend.[47] Bei Epicutan-Testungen an größeren Patientenkollektiven mit vermuteter Kontaktallergie (n = 1.174 bis 5.921) wurden Sensibilisierungsraten zwischen 3,4 und 6,6% nachgewiesen.[51–55] Unter Frauen lagen die Sensibilisierungsraten von 5 europäischen Hautkliniken mit 7,6% deutlich höher als unter Männern mit 4,6% (n = 4.000).[56] Bei routinemäßiger Epicutan-Testung sämtlicher Patienten einer Hautklinik in Kopenhagen (n = 7.500) zeigte sich in 3% der Fälle eine positive Reaktion auf Perubalsam.[40] Bei positivem Epicutan-Test ist Perubalsam in ca. 20% der Fälle tatsächlich die Ursache eines bestehenden Ekzems.[40] Die Sensibilisierung kann schon im frühen Kindesalter erfolgen, z. B. infolge der Behandlung einer Windeldermatitis.[57] Bei Kindern unter 15 Jahren fanden sich Sensibilisierungsraten bis zu 24%.[58]
Perubalsam, dessen Inhaltsstoffe oder verwandte Substanzen häufige Bestandteile von Kosmetika und Duftstoffen sind, zeigt in ca. 50% der Fälle einer Parfümallergie eine positive Reaktion im Epicutantest, so daß der Perubalsam-Test als Marker für eine Parfümallergie bezeichnet wird.[59] Umgekehrt zeigt sich in ca. 25 bis 50% der Fälle einer Perubalsamallergie eine positive Reaktion auf bestimmte Parfüme oder Parfümmischungen, überwiegend bei weiblichen Patienten.[40,52,54] Andere häufigere Kreuzsensibilisierungen kommen mit Propolis, Vanille, Orangenschalen, Zimtpulver und anderen Gewürzen, Tolubalsam, Holzteer, Steinkohlenteer u. a. Substanzen vor,[40,60–62] die meist als sekundäre Allergene anzusehen sind.[40]
Patienten mit Unterschenkelekzemen mit oder ohne Ulcus cruris sind gegenüber Patienten mit anderen Ekzemen besonders häufig gegenüber Perubalsam sensibilisiert, und zwar in etwa 14 bis 22% der Fälle,[33,63–65] was einerseits auf die leichte Sensibilisierbarkeit der Haut des Unterschenkels bei chronisch-venöser Insuffizienz, andererseits auf die langwierige Anwendung von Topika mit Perubalsam enthaltenden Inhaltsstoffen zurückgeführt wird. Die Sensibilisierung blieb auch noch nach 11 bis 15 Jahren nachweisbar.[65]
Einzelne Inhaltsstoffe des Perubalsams, die für die Sensibilisierung verantwortlich sind, sind noch unzureichend bekannt. Den Estern des Coniferylalkohols wird eine wesentliche Bedeutung zugeschrieben, denn ca. 80% der Patienten mit positivem Epicutantest auf Perubalsam reagierten auf diese Substanzen positiv.[40] Insbesondere in Coniferylbenzoat und in dem strukturell ähnlichen Benzylisoferulat vermutet man wichtige allergene Bestandteile.[60]
Unabhängig von der Auslösung einer Allergie vom Kontakt-Typ kann Perubalsam eine Photosensibilisierung hervorrufen. Bei 1.129 bzw. 1.993 Patienten mit vermuteter Photosensibilisierung zeigten 0,7 bzw. 3% positive Reaktionen auf Perubalsam im Photopatch-Test.[42,43] Bei einer Auftrennung in photoallergische und phototoxische Reaktionen steht Perubalsam an 10. Stelle der Verursacher einer phototoxischen Reaktion (in 1,42% dieses Reaktionstyps) und an 6. Stelle der Verursacher einer nicht-klassifizierbaren Reaktion (2,76% dieses Reaktionstyps). In keinem Fall konnte eine eindeutig allergische Reaktion identifiziert werden.[43]

Toxikologische Daten: Für die Inhaltsstoffe Benzoesäure bzw. Benzylbenzoat liegen die ADI-Werte bei 0 bis 5 mg/kg KG,[30,66] für Vanillin bei 0 bis 10 mg/kg KG.[67] *LD-Werte.* An Ratten wurde ein LD_{50}-Wert von > 5g/kg KG p. o. ermittelt,[68] bei dermaler Applikation an Kaninchen ein Wert von > 10 g/kg KG.[49] Für Perubalsamöl liegen die entsprechenden Werte bei 2,36 bis 3,5 mL/kg KG[69,70] p. o. bzw. bei > 2 bis > 5 g/kg KG[69,71] für die dermale Applikation.
Die Droge wird der Aromastoff-Kategorie N2 zugeordnet. Hierzu zählen Pflanzen und Pflanzenteile, deren Gebrauch als Zusatz zu Lebensmitteln in geringen Mengen akzeptabel ist.[72]

Sonst. Verwendung: *Pharmazie/Medizin.* Als Geschmackskorrigens in Gurgellösungen, Mundwässern, Erkältungsbalsam und Hustensäften.[84,85] *Kosmetik.* Bestandteil in Parfüms, Seifen, Deosprays, Haarlotionen und -pomaden, Shampoos, Puder, Lippenstifen, Rasierwässern.[84,85] Die International Fragrance Research Association (IFRA) empfiehlt, Perubalsam nicht als Bestandteil von Duftstoffen zu verwenden außer in der risikolosen destillierten Form. *Haushalt.* Als Ersatz für Vanille zur Geruchsüberdeckung, in verschiedenen Gewürzen, in Limonaden, Cola und ähnlichen Getränken, in Marmelade, Schokolade, Puddingpulver und süßen Desserts, Konditorwaren, Weihnachtsgebäck, parfümierten Tees, Bonbons, Hustenbonbons, Speiseeis, Kaugummi, Likören, Wermut, Tabak, Zigaretten, parfümierten Reinigungsmitteln (Spülmitteln).[16,84,84] *Industrie/Technik.* Als Geruchskorrigens in Schmierfetten, Mineral- und Schneideölen.[84,85]

Gesetzl. Best.: *Offizielle Monographien.* Aufbereitungsmonographie der Kommission E am BGA "Balsamum peruvianum (Perubalsam)".[11]

Balsamum tolutanum (Tolubalsam)

Sonstige Bezeichnungen: Engl.: Tolu Balsam; frz.: Baume de Tolu; it.: Balsamo del Tolu.

Monographiesammlungen: Tolu Balsam *USP XXII*; Balsamum tolutanum *ÖAB 81*, *Helv VII.*

Definition der Droge: Der erhärtete, durch Schmelzen und Kolieren gereinigte Harzbalsam verletzter Stämme *ÖAB 81*; der aus den Stämmen erhaltene oder rekonstituierte Balsam *Helv VII.*

Stammpflanzen: *Myroxylon balsamum* (L.) HARMS var. *balsamum.*

Herkunft: Guatemala, Venezuela, Kolumbien, Ecuador, Brasilien.[19]

Gewinnung: Die Stämme des Tolubalsambaumes werden an zahlreichen Stellen V-förmig eingeschnitten, an der Basis der Einschnitte angebohrt und der Balsam in kleinen, vor der Öffnung angebrachten Gefäßen aufgefangen. Das Auffangen am Boden in Blättern ist ebenfalls üblich. Der rohe Balsam wird durch Schmelzen und Kolieren gereinigt.[18]

Ganzdroge: Zähflüssige bis knetbare, von Kristallen durchsetzte Masse oder rotbraune bis bräunlichgelbe, harte zerreibbare Stücke, die bei 30 °C allmählich erweichen und bei 60 bis 65 °C schmelzen. Geschmack säuerlich und etwas kratzend-bitter; Geruch eigenartig balsamisch, an Vanillin erinnernd.[21,74]

Inhaltsstoffe: Bis zu 80 % Harz, 1,5 bis 3 % äth. Öl.[18] Mittels GC wurden je nach Herkunft der Droge gefunden: Benzoesäure 4,4 bis 20,9 %, Zimtsäure 6,1 bis 12,9 %, Benzylbenzoat 4,3 bis 12,8 %, Benzylcinnamat in Spuren bis 3,6 %, ferner bei einigen Proben Spuren von Zimtaldehyd und Benzylalkohol;[9] Triterpenoide, von denen bisher erst eine Verb. strukturell aufgeklärt werden konnte, nämlich $20R,24\xi_2$-Ocotillon.[10]

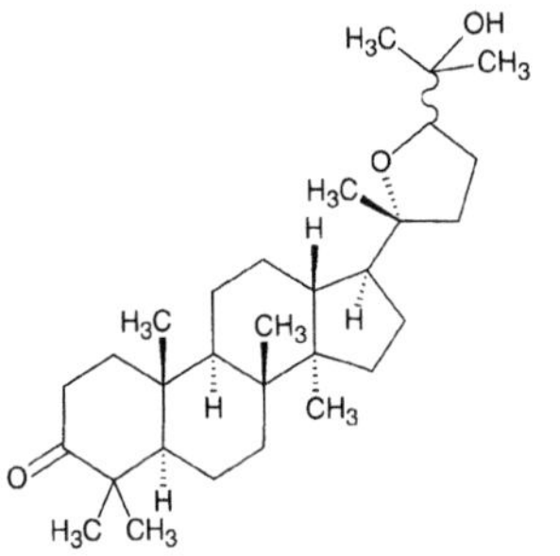

Zubereitungen: *Balsami Tolutani Sirupus (Tolubalsamsirup) Helv VII.* Herstellung: Tolubalsam wird im Wasserbad unter Rückfluß in Ethanol 96 % gelöst. Nach Zugabe einer erwärmten Mischung aus Glycerol 85 % und Wasser wird nochmals im Wasserbad erwärmt. Nach dem Erkalten wird die Mischung im Dunkeln 1 Wochen stehengelassen und dann filtriert. Das Filtrat wird unter Nachwaschen des Filters mit der Glycerol-Wasser-Mischung auf die vorgeschriebene Menge ergänzt. Saccharose wird in Wasser gelöst und die Lsg. mit dem Tolubalsamauszug gemischt. Tolubalsamsirup ist eine klare bis schwach opaleszente, farblose bis leicht gelbliche Flüssigkeit mit kräftigem Geruch nach Tolubalsam und süßem Geschmack.
Tolu Balsam Syrup USP XXI-NF XVI. Herstellung: Tolu Balsam Tincture wird mit Magnesiumcarbonat, Saccharose und Wasser gemischt. Mit dem Filtrat und Saccharose wird der Sirup unter Erwärmen bereitet. Ethanolgehalt des Sirups: 3,0 bis 5,0 %.
Tolu Balsam Tincture USP XXI-NF XVI. Herstellung: Aus 200 g Tolubalsam werden mit Ethanol 92,3 % 1.000 mL Tinktur bereitet. Ethanolgehalt der Tinktur: 77,0 bis 83,0 %.

Identität: *Droge.* Tolubalsam wird mit Kaliumpermanganatlösung erhitzt. Dabei entwickelt sich der Geruch nach Benzaldehyd *ÖAB 81, Helv VII.*
DC eines Chloroformextraktes der Droge *Helv VII*:
- Referenzsubstanzen: Benzylbenzoat, Benzylcinnamat;
- Sorptionsmittel: Kieselgel G;
- FM: Toluol-Petrolether (95 + 5);
- Detektion: Vanillin-Schwefelsäure und Erhitzen auf 120 °C;
- Auswertung: Im Chromatogramm des Tolubalsams erscheinen 2 Zonen gleicher Rf-Werte und gleicher Färbung wie die der Referenzsubstanzen sowie andere gefärbte Zonen.

Tolubalsamsirup. Der Sirup wird mit Ether geschüttelt, die Etherlösung getrocknet und eingedampft. Der Rückstand wird mit Ammoniaklösung zum Sieden erhitzt. Nach Zusatz von Eisen(III)chloridlsg. entsteht ein fleischfarbener Niederschlag *Helv VII.*
Der Sirup wird mit Salzsäure und Kaliumpermanganatlösung bis zur bleibenden Färbung versetzt. Nach dem Erhitzen ist der Geruch von Benzaldehyd wahrnehmbar *Helv VII.*
Der mit Wasser verdünnte Sirup gibt mit Resorcin und Salzsäure nach dem Erwärmen im Wasserbad eine dunkelrote Färbung *Helv VII.*
- Relative Dichte: 1,27 bis 1,31 *Helv VII.*
- Brechungsindex: 1,435 bis 1,455 *Helv VII.*

Reinheit: *Droge.*
- Säurezahl: 112 bis 168 *USP XXII*; 110 bis 150 *ÖAB 81*; 100 bis 160 *Helv VII.*
- Verseifungszahl: 154 bis 220 *USP XXII*; 154 bis 204 *ÖAB 81*; 170 bis 230 *Helv VII.*
  Tolubalsam wird mit EtOH und ethanolischer 0,5 N Kaliumhydroxidlösung versetzt und unter Rückflußkühlung erhitzt. Nach Zugabe von Wasser und Phenolphthaleinlsg. *ÖAB 81* bzw. Poirriers-Blau-Lösung *Helv VII* mit 0,5 N Salzsäure titriert.
- Ethanolunlösliche Stoffe: Höchstens 3 % *ÖAB 81*; höchstens 5 % *Helv VII.*
  Tolubalsam wird unter Erwärmen in EtOH gelöst und die Lösung durch ein bis zur Gewichtskonstanz getrocknetes Filter filtriert. Der gewaschene und getrocknete Rückstand auf dem Filter darf höchstens 3 % *ÖAB 81* bzw. 5 % *Helv VII* betragen.
- Kolophonium: Die Droge wird mit Petrolether extrahiert.
  Die Petroletherlösung wird mit Kupferacetatlösung geschüttelt und darf dabei keine grüne oder blaue Färbung zeigen *ÖAB 81, Helv VII.*
- Trocknungsverlust: Höchstens 5 % *Helv VII.*
- Sulfatasche: Höchstens 0,5 % *Helv VII.*
- Asche: Höchstens 0,5 % *ÖAB 81.*

Tolubalsamsirup.
- Konservierungsmittel: Der Sirup darf kein Konservierungsmittel enthalten *Helv VII.*

Gehalt: *Droge.* 25 bis 50 % Säuren und Ester, bestimmt als Zimtsäure und berechnet auf die getrocknete Droge *Helv VII.*

Gehaltsbestimmung: Die Droge wird mit ethanolischer Kaliumhydroxidlösung unter Rückfluß erhitzt. Nach dem Abdampfen des Ethanols wird der

Rückstand mit Wasser und Magnesiumsulfat versetzt und die Mischung filtriert. Das Filtrat wird mit Salzsäure angesäuert und mit Ether ausgeschüttelt. Die abgetrennte Etherlösung wird mit Natriumhydrogencarbonatlösung ausgeschüttelt. Die wäßrige Phase wird angesäuert und mit Chloroform extrahiert.
Nach dem Abdestillieren des Lösungsmittels wird der Rückstand in Ethanol 96% gelöst und unter Verwendung von Phenolrot als Indikator mit 0,1 N Natriumhydroxidlösung titriert *Helv VII.*

Lagerung: *Droge.* Vor Licht geschützt in dicht schließenden Gefäßen mit einem geeigneten Trocknungsmittel *ÖAB81*; nicht als Pulver, vor Licht und Feuchtigkeit geschützt *Helv VII.*
Tolubalsamsirup. Gut verschlossen, vor Licht geschützt *Helv VII*; in dicht schließenden Behältern, nicht über 25 °C *USP XXII-NF XVI.*
Tolubalsamtinktur. In dicht schließenden Behältern, vor Licht und Erhitzen geschützt *USP XXII-NF XVI.*

Wirkungen: *Antimikrobielle Wirkung.* Das unverdünnte ätherische Öl zeigt im Diffusionstest mit Filterpapierscheiben eine antibakterielle Wirkung bei 9 von 10 getesteten Gram-positiven und Gram-negativen Keimen und wird darin nur von wenigen anderen ätherischen Ölen übertroffen.[26] Auch ein fungicider Effekt wird im gleichen Modell an allen 15 getesteten pathogenen (u. a. *Candida albicans*) und nicht-pathogenen Stämmen aufgezeigt.[27] Bei Mäusen, die mit *Escherichia coli* inokuliert wurden, zeigt die nicht verseifbare Fraktion der Droge, 24 h vorher i. p. verabreicht, einen stimulierenden Effekt auf das retikuloendotheliale System und schützt 4 von 5 Tieren vor der Infektion.[75]
Wirkung auf die Atemwege. Friar's Balsam (Tinktur aus Benzoe, Aloe, Styrax und Tolubalsam mit 95%igem Alkohol) als Zusatz zu einer Wasserdampf-Inhalation auf das Sekret des Respirationstraktes narkotisierter Ratten.[76] In Dosen, wie sie in der Krupp-Therapie bei Kindern verwendet werden (0,01 mL/kg KG pro Stunde), hatte es keinen Effekt auf das Volumen, das spezifische Gewicht, das Trockengewicht des Schleims oder das Volumen unlöslicher Schleimbestandteile. Erst bei der 1.000fachen Dosis kam es zu einer entzündlichen Schleimhautreaktion mit vermehrtem Sekretvolumen und einem Anstieg des spez. Gew. Durch fraktionierte Gabe der einzelnen Bestandteile konnte die Volumenvermehrung auf den Alkoholgehalt und der Anstieg des spez. Gew. auf jeweils die Bestandteile Benzoe, Styrax und Tolubalsam zurückgeführt werden. Die Autoren ziehen hieraus die Schlußfolgerung, daß der Balsam offenbar nicht mehr zum Wasserdampf hinzufügt als das Aroma.

Resorption: Untersuchungen zur p. o. Verabreichung der Droge liegen nicht vor. Zum Inhaltsstoff Benzoesäure s. Perubalsam. Bei p. c. Applikation auf die intakte Haut von Mäusen[77] oder Meerschweinchen[78] wird Tolubalsamöl nicht resorbiert.

Elimination: Untersuchungen zur Droge liegen nicht vor. Zu den Inhaltsstoffen Benzylbenzoat, Benzylcinnamat und Benzoesäure s. Perubalsam.

Anwendungsgebiete: Katarrhe der Luftwege.[11] Das Anwendungsgebiet ist nicht durch klinische Studien belegt. Die Verwendung in Hustensäften und Hustenpastillen als Geschmackskorrigens kann befürwortet werden.

Dosierung und Art der Anwendung: *Droge.* Soweit nicht anders verordnet: Mittlere Tagesdosis 0,6 g; Zubereitungen entsprechend.[11] *Zubereitung.* Zubereitung aus Tolubalsam zum Einnehmen.[11]

Volkstümliche Anwendung und andere Anwendungsgebiete: Tolubalsam ist seit Jahrhunderten bekannt und wird 1691 in der Frankfurter Apothekerliste aufgeführt.[40] Innerlich wird der als Expektorans bei Bronchitis, hauptsächlich in den angloamerikanischen Ländern, mit abnehmender Bedeutung, verwendet. Äußerlich bei Wunden.[79] Die Wirksamkeit bei diesen Indikationen ist nicht belegt.

Unerwünschte Wirkungen: Keine bekannt.[11] *Allergische Wirkungen.* Über schwere Reaktionen ohne nähere Spezifizierung unter Epicutantestung mit 10 %iger alkoholischer Lösung wird berichtet, weshalb man für weitere Testungen eine 1 %ige Lösung verwendet.[40]

Gegenanzeigen/Anwendungsbeschr.: Keine bekannt.[11]

Wechselwirkungen: Keine bekannt.[11]

Weitere medizinische Verwendung: In der Veterinärmedizin p. o. als Expektorans bei Bronchitis.[80]

Akute Toxizität: *Mensch.* Als 2 %ige Zubereitung in Vaseline zeigt Tolubalsam im geschlossenen Patch-Test auf der Haut nach 48 h keine Reizwirkung.[81] *Tier.* Die unverdünnte Droge zeigt nach 24stündiger okklusiver Einwirkung auf intakte oder rasierte Kaninchenhaut eine leichte Reizung.[82]

Chronische Toxizität: Zur subchronischen und chronischen Toxizität, Mutagenität, Carcinogenität und Teratogenität liegen keine Daten vor.

Immuntoxizität: Im Maximierungs-Test nach Kligman zeigt 2 %iger Perubalsam in Vaseline bei 25 Freiwilligen keine Sensibilisierung.[81] Der unverdünnte Arzneistoff führt im Standard-Aluminium-Patch-Test der North American Contact Dermatitis Research Group bei einer 62jährigen Patientin mit Parfüm-Dermatitis nach 48 h zu keiner Reizung oder Sensibilisierung.[83] Bei Epicutantestung von Patienten mit Perubalsamsensibilisierung ($n = 74$) zeigen gepulverte Zubereitungen in Vaseline nur in 21 % positive Reaktionen, 1- bzw. 10 %ige alkoholische Lösungen dagegen in 50 bis 73 %.[40]

Toxikologische Daten: *LD-Werte.* Bei p. o. Gabe an Ratten und bei dermaler Applikation an Kaninchen liegt der LD_{50}-Wert bei > 5 g/kg KG.[82] Die Droge wird der Aromastoff-Kategorie N2 zugeordnet. Hierzu zählen Pflanzen und Pflanzenteile, deren Gebrauch als Zusatz zu Lebensmitteln in geringen Mengen akzeptabel ist.[72]

Sonst. Verwendung: *Pharmazie/Medizin.* Als Geschmackskorrigens in Hustenmixturen, zum Überziehen von Pillen. *Kosmetik.* Als Fixateur in Parfüms, hauptsächlich Seifenparfüms.[40] *Industrie/Technik.* Herstellung von alkoholischen und alkoholfreien Getränken, Backwaren, Zuckerwaren.[16]

Gesetzl. Best.: *Offizielle Monographien.* Aufbereitungsmonographie der Kommission E am BGA "Balsam tolutanum (Tolubalsam)".[11]

Balsamum peruvianum hom. *HAB 34*

Monographiesammlungen: Balsamum peruvianum *HAB 34.*

Definition der Droge: Durch Einschneiden der Rinde und vorsichtiges Ausschwelen gewonnener Balsam.

Stammpflanzen: *Myroxylon balsamum* (L.) HARMS var. *pereirae* (ROYLE) HARMS.

Zubereitungen: Lösung D1 nach *HAB 1,* Vorschrift 5a mit EtOH 86% (*m/m*); D2 und D3 mit EtOH 86% (*m/m*); D4 mit EtOH 62% (*m/m*); ab D5 mit EtOH 43% (*m/m*).[17]

Anwendungsgebiete: Die Anwendungsgebiete entsprechen dem homöopathischen Arzneimittelbild. Dazu gehören: Chronische Schleimhautentzündungen der Atemwege und Harnorgane.[17]

Dosierung und Art der Anwendung: *Droge.* Soweit nicht anders verordnet:
Bei akuten Zuständen alle halbe bis ganze Stunde, höchstens 12mal täglich je 5 bis 12 Tropfen oder 1 Tablette oder 5 bis 10 Streukügelchen oder 1 Messerspitze Verreibung einnehmen; parenteral 1 bis 2 mL bis zu 3mal täglich s. c. injizieren.
Bei chronischen Verlaufsformen 1- bis 3mal täglich 5 bis 10 Tropfen oder 1 Tablette oder 5 bis 10 Streukügelchen oder 1 Messerspitze Verreibung einnehmen; parenteral 1 bis 2 mL pro Tag s. c. injizieren.[17,73]

Unerwünschte Wirkungen: Nicht bekannt.[17] Hinweis: Bei der Einnahme eines homöopathischen Arzneimittels können sich die vorhandenen Beschwerden vorübergehend verschlimmern (Erstverschlimmerung). In diesem Fall sollten Sie das Arzneimittel absetzen und Ihren Arzt befragen.[73]

Gegenanzeigen/Anwendungsbeschr.: Allergie gegen Perubalsam.[17]

Wechselwirkungen: Nicht bekannt.[17]

Gesetzl. Best.: *Offizielle Monographien.* Aufbereitungsmonographie der Kommission D am BGA "Balsamum pervuianum".[17]

Balsamum peruvianum hom. *HPUS 88.*

Monographiesammlungen: Balsamum peruvianum *HPUS 88.*

Definition der Droge: Der Balsam.

Stammpflanzen: *Myroxylon balsamum* (L.) HARMS var. *pereirae* (ROYLE) HARMS (als *M. pereirae* KLOTZSCH).

Zubereitungen: *Urtinktur.* Herstellung durch Mazeration oder Perkolation mit Ethanol nach den allg. Zubereitungsvorschriften (Class C) des *HPUS 88.* Ethanolgehalt 90% (*V/V*). *Medikationen:* D1 (1 ×) und höher.

Gehalt: *Urtinktur.* Arzneigehalt $^1/_{10}$.

1. Harms H (1908) Notizblatt Bot Garten Mus Berlin 5:85
2. Mabberley DJ (1991) The Plant Book, Cambridge University Press, Cambridge
3. Ducke A (1949) As Leguminosas da Amazonia Brasileira, 2. Aufl., Boletim Tecnico do Instituto Agronomico do Norte, Belem, Pará, Brasil, S. 160
4. Record SI, Hess RW (1943) Timbers of the New World, Yale University Press, Yale
5. Naves YR (1947) Helv Chim Acta 30:278–280
6. Maranduba A, De Oliviera AB, De Oliviera GG, Reis JE d P, Gottlieb OR (1979) Phytochemistry 18:815–817
7. De Oliviera AB, Iracema M, Madruga LM, Gottlieb OR (1978) Phytochemistry 17:593–595
8. Pabst G (1887) In: Pabst G (Hrsg.) Köhler's Medizinal-Pflanzen, Verlag Fr. Eugen Köhler, Bd. 2, S. 198
9. Harkiss KJ, Linley PA (1979) Planta Med 35:61–65
10. Wahlberg I, Enzell CR (1971) Acta Chem Scand 25:352–354
11. BAz Nr. 173 vom 18.09.1986
12. Glasl H, Wagner H (1974) Dtsch Apoth Ztg 114:45–47
13. Gharbo SA, Hussein FT, Nassra AA (1970) UAR J Pharm Sci 11:170–173
14. Friedel HD (1986) Dissertation Marburg
15. Löscher W, Ungemach FR, Kroker R (1991) Grundlagen der Pharmakotherapie bei Haus- und Nutztieren, Verlag Paul Parey, Berlin Hamburg, S. 275
16. Leung AY (1980) Encyclopedia of common natural ingredients used in food, drugs, and cosmetics, John Wiley & Sons, New York, S. 49
17. BAz Nr. 109a vom 16.06.1987
18. Hag, Bd. 5, S. 928–936
19. Zan, S. 365
20. DAB 10
21. Helv VII
22. Kom, S. 2.694–2.697
23. Nikulin AA, Krylova EA (1990) Farmakol Toxikol 43:97–100
24. Möser E, Bien E, Jung F (1968) Acta Biol Med Germ 21:693–969
25. Möser E, Bien E, Jung F (1968) Acta Biol Med Germ 21:687–691
26. Maruzzella JC, Lichtenstein MB (1956) J Am Pharmaceut Ass 45:378–381
27. Maruzzella JC, Liguori L (1958) J Am Pharmaceut Ass 47:250–254
28. Gordon RM, Seaton DR (1942) Brit Med J:685–687
29. Fischmeister I, Hellgren L, Vincent J (1975) Arch Derm Res 253:63–69
30. WHO (1983) International programme of chemical safety, toxicological evaluation of certain food additives and food contaminants, WHO Food Addit Ser No. 18
31. Williams RT (1959) Detoxication mechanisms, the metabolism and detoxication of drugs, toxic substances, and other organic compounds, 2. Aufl., Chapman & Hall Ltd., London
32. Treon JF (1963) Alcohols. In: Patty FA (Hrsg.) Industrial hygiene and toxicology, 2. Aufl., Interscience Publishers, New York, Bd. II, S. 1.409

33. Ebner H, Lindemayr H (1977) Wiener Klin Wschr 89:184–188
34. Monardus, Master Doctor of Sevilla (1568) Brief, zit. nach der engl. Version (1596) bei Knott J (1913) The Medical Press and Circulation, London 95:521–523
35. Sertoli A, Gola M, Martinelli C, Lombardi P, Zavaroni C, Panconesi E (1986) G Ital Dermatol Venereol 121:127–136
36. Forsbeck M, Skog E (1977) Contact Dermatitis 3:201–205
37. Meneghini CL, Angelini G (19891) Dermatologica 163:63–70
38. Nolan A, Lamey PJ, Milligan KA, Forsyth A (1991) J Oral Path Med 20:473–475
39. Temesvári E, Soos G, Podányi B, Kovács I, Nemeth I (1978) Contact Dermatitis 4:65–68
40. Hjorth N (1961) Eczematous allergy to balsams, Munksgaard, Copenhagen
41. Veien NK, Hattel T, Norholm A (1985) Contact Dematitis 3:270–273
42. Thune P, Jansén C, Wennerstein G, Rystedt I, Brodthagen H, McFadden N (1988) Photodermatology 5:261–269
43. Hölzle E, Neumann N, Hausen B, Przybilla B, Schauder S, Hönigsmann H, Bircher A, Plewig G (1991) J Am Acad Dermatol 25:59–68
44. Mar 29
45. Zepernick B, Langhammer L, Lüdcke J (1984) Lexikon der offizinellen Arzneipflanzen, Walter de Gruyter, Berlin New York
46. Duke JA (1985) Handbook of Medicinal herbs, CRC Press, Boca Raton, Florida
47. Kligman AM (1971) Report to RIFM, 21 June, zit. nach Lit.[321]
48. Shelanski MV (1971) Report to RIFM, 30 August, zit. nach Lit.[321]
49. Lynch TA (1971) Report to RIFM, 21 June, zit. nach Lit.[321]
50. Dusemund B, Goll M, Grunow W, Huwer T (1991) Bundesgesundheitsblatt 12:568–573
51. Brun R (1982) Dermatoligica 165:24–29
52. Ebner H (1974) Hautarzt 25:123–126
53. Frosch PJ (1987) Z Hautkr 62:1.631–1.638
54. Hannuksela M, Kousa M, Pirilä V (1976) Contact Dermatitis 2:105–110
55. Kuiters GRR, Smitt JHS, Cohen ER, Bos JB (1989) Arch Dermatol 125:1.531–1.533
56. Bandmann HJ, Calnan CD, Cronin E, Fregert S, Hjorth N, Magnusson B, Maibach H, Malten KE, Meneghini CL, Pirilä V, Wilkinson DS (1972) Arch Dermatol 106:335–337
57. Fischer AA (1990) Cutis 45:21–23
58. Fregert S, Moller H (1963) Br J Dermatol 75:218–220
59. Larsen WG (1985) J Am Ac Dermatol 12:1–9
60. Hausen BM, Simatupang T, Kunze B (1990) Akt Dermatol 16:196–201
61. Rudzki D, Grzywa Z (1983) Contact Dermatitis 9:40–45
62. Hausen BM, Evers P, Stuewe HT, Koenig WA, Wollenweber E (1992) Contact Dermatitis 26:34–44
63. Le Roy PR, Grosshans E, Foussereau J (1981) Dermatosen 29:168–170
64. Lindemayr H, Drobil M (1985) Hautarzt 36:227–231
65. Lohfink HD (1992) Phlebologie 21:31–34
66. WHO (1980) Evaluation of certain food additives, Tech Rep Ser No. 648
67. FAO, WHO (1967) Toxicological evaluation of some flavouring substances and non-nutritive sweetening agents, Nutrit Meetings Rep Ser No. 44A
68. Lynch TA (1971) Report to RIFM, 16 June, zit. nach Lit.[321]
69. Levenstein I (1972) Report to RIFM, 13 January, zit. nach Lit.[340]
70. Moreno OM (1972) Report to RIFM, 14 March, zit. nach Lit.[340]
71. Moreno OM (1972) Report to RIFM, 19 February, zit. nach Lit.[340]
72. Council of Europe (1981) Flavouring substances and natural sources of flavourings, 3. Aufl., Strasbourg
73. Wortlaut dem neueren Erkenntnisstand der Kommission D angepaßt
74. ÖAB 81
75. Delaveau P, Lallouette P, Tessier AM (1980) Planta Med 40:49–54
76. Boyd EM, Sheppard EP (1966) Am J Dis Child 111:630–634
77. Meyer F, Meyer E (1959) Arzneim Forsch 9:516–518
78. Meyer F (1965) Penetrating agents. British patent 1,001,949; German application date 20 July 1961, zit. nach Lit.[504]
79. Hoppe HA (1975) Dorgenkunde, Bd. 1, Angiospermen, 8. Aufl., Walter de Gruyter, Berlin New York
80. Opdyke DLJ (1976) Food Cosmet Toxicol 14 (Suppl):689–690
81. Kligman AM (1971) Report to RIFM, 9 June, zit. nach Lit.[504]
82. Hart ER (1971) Report to RIFM, 30 July, zit. nach Lit.[504]
83. Larsen WG (1975) Contact Dermatitis 1:142–144
84. Opdyke DLJ (1974) Food Cosmet Toxicol 12 (Suppl):951–952
85. Obdyke DLJ (1974) Food Cosmet Toxicol 12 (Suppl):953–954

En/aw

Myrtillocactus

HN: 2036500

Familie: Cactaceae.

Unterfamilie: Cactoideae.

Tribus: Pachycereae.

Gattungsgliederung: Die Gattung Myrtillocactus CONSOLE besteht aus 4 Arten: *M. cochal* (ORCUTT) BRITTON et ROSE, *M. eichlamii* BRITTON et ROSE, *M. geometrizans* (MART.) BRITTON et ROSE und *M. grandiareolatus* BRAVO.

Gattungsmerkmale: Baum- oder strauchförmige Säulenkakteen. Stamm einfach, aufrecht, kurz, 1 bis 4 m hoch und bis zu 0,5 m dick, oft bläulich bereift, mit vielen, armleuchterartig angeordneten, bis 10 cm dicken Ästen, die aufrecht oder aufsteigend am Hauptstamm stehen. Stamm mit nur 5 bis 9 stumpfen, höckerigen Rippen. Dornenpolster (Areolen) gleichgestaltet mit zahlreichen schwarzen, an der Basis verdickten Dornen, diese oft ungleich lang, die 2 seitlichen 8 bis 11 mm, die unteren 4 bis 6 mm und die oberen 2 bis 3 mm lang; Mitteldorn kantig, 1 bis 7 cm lang.
Blüten klein, oft 6 bis 8(10) gleichzeitig an einer Areole stehend, die Blütenröhre kurz, beschuppt und schwach wollig behaart, die Blütenblätter weit abspreizend, radförmig ausgebreitet, tagblühend.

Fruchtknoten klein. Frucht heidelbeerartig kugelig, saftig, schwach sauer, eßbar. Samen schwarz, zahlreich, sehr klein.[10–13]

Verbreitung: Heimat Mexiko. Von Baja California, San Luis Potosi bis Oaxacana und Puebla verbreitet. Auch in Guatemala heimisch.

Inhaltsstoffgruppen: Reichlich Saponine, und zwar Triterpensaponine vom β-Amyrintyp, aber auch vom Lupeoltyp (s. Formelübersicht); glykosidisch gebunden sind Chichipegenin, Cochalsäure, Longispinogenin, Maniladiol, Myrtillogensäure, Oleanolsäure und Stellatogenin, nicht-glykosidisch gebunden sind β-Sitosterol und Longispinogenin.[5,7–9]

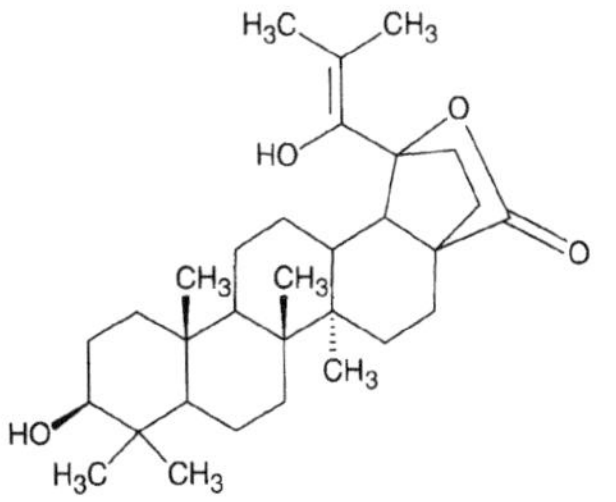

Stellatogenin

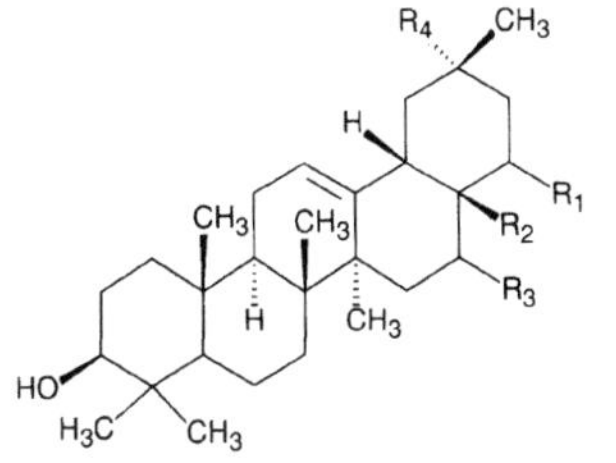

	R_1	R_2	R_3	R_4
Oleanolsäure	—H	—COOH	—H	$—CH_3$
Cochalsäure	—H	—COOH	—β-OH	$—CH_3$
Myrtillogensäure	—H	$—CH_2OH$	—β-OH	—COOH
Chichipegenin	—β-OH	$—CH_2OH$	—β-OH	$—CH_3$
Maniladiol	—H	$—CH_3$	—β-OH	$—CH_3$
Longispinogenin	—H	$—CH_2OH$	—β-OH	$—CH_3$

In Myrtillocactus-Arten vorkommende Triterpensapogenine

Drogenliefernde Arten: *M. geometrizans*: Myrtillocactus geometrizans hom. *HAB 1*.

Myrtillocactus geometrizans (Mart.) Console

Synonyme: *Cereus geometrizans* Mart.

Botanische Beschreibung: Baumförmiger, bis zu 4 m hoher Säulenkaktus mit dichter Krone und kurzem Stamm. Die Sprosse sind oft etwas gebogen, bläulich-grau, 6 bis 10 cm dick und besonders im jungen Zustand hellblau bereift. Sie sind mit fünf oder sechs 2 bis 3 cm hohen, mehr oder weniger scharfen Rippen versehen. Die Areolen stehen 2 bis 3 cm voneinander entfernt und sind nahezu von Dornen erfüllt. Die meist fünf, selten weniger oder mehr, anfangs rötlich gefärbten Randdornen sind unterschiedlich stark nach außen gebogen, gewöhnlich kurz, etwa 2 bis 10 mm lang, radial abgeflacht, am Grund jedoch angeschwollen. Der schwärzliche Mitteldorn ist mehr oder weniger säbelartig gebogen, unterschiedlich kantig bis seitlich abgeflacht, 1 bis 7 cm lang und bis 6 mm breit.[15]

Inhaltsstoffe: Oleanolsäure, Cochalsäure, Myrtillogensäure, Chichipegenin, Maniladiol, Longispinogenin, Stellatogenin (s. Inhaltsstoffgruppen von Myrtillocactus[5,7–9]); die Pflanze ist mescalinfrei.[1]

Verbreitung: Guatemala, Mexiko; wegen der eßbaren Früchte kultiviert.[14]

Drogen: Myrtillocactus geometrizans hom. *HAB 1*.

Myrtillocactus geometrizans hom. *HAB 1*

Sonstige Bezeichnungen: Dt.: Myrtillocactus.

Monographiesammlungen: Myrtillocactus geometrizans *HAB 1*.

Definition der Droge: Die frischen Sprosse.

Stammpflanzen: *Myrtillocactus geometrizans* (Mart.) Console.

Zubereitungen: Urtinktur und flüssige Zubereitungen nach Vorschrift 3a, *HAB 1*; Eigenschaften: Die Urtinktur ist eine hellgelbe Flüssigkeit mit aromatischem Geruch und Geschmack.

Identität: *Urtinktur.* Wird 1 mL Urtinktur mit 1 mL Schwefelsäure unterschichtet, bildet sich an der Grenzschicht ein orangeroter Ring, der im UV bei 365 nm gelb fluoresziert.
Wird 1 mL Urtinktur mit 50 mg Resorcin und 1 mL Salzsäure versetzt und etwa 3 min lang zum Sieden erhitzt, entsteht in dieser Zeit eine orangebraune Färbung.
DC der Urtinktur:
- Referenzsubstanzen: Aescin und Hydrochinon;
- Sorptionsmittel: Kieselgel H;
- FM: Butanol-Essigsäure 98 %-Wasser (68 + 16 + 16);

- Detektion: Vanillin-Schwefelsäure-Reagenz, ca. 10min bei 110°C erhitzen;
- Auswertung: Das Chromatogramm der Untersuchungslösung zeigt im mittleren Drittel des Rf-Bereichs eine Gruppe von vier dicht übereinander liegenden Flecken, die gelbbraun, braunviolett und zweimal blauviolett sind und deren unterster etwa in Höhe der Vergleichssubstanz Aescin liegt. Eine weitere Gruppe von drei blau-violetten Flecken befindet sich etwa in Höhe und oberhalb der Vergleichssubstanz Hydrochinon.

Reinheit:
- Relative Dichte *(PhEur)*: 0,900 bis 0,920.
- Trockenrückstand *(DAB)*: Mindestens 0,7 %.

Lagerung: Vor Licht geschützt.

Anwendungsgebiete: Die Anwendungsgebiete entsprechen dem homöopathischen Arzneimittelbild. Dazu gehören: Organische und funktionelle Herzbeschwerden.[6]

Dosierung und Art der Anwendung: *Zubereitung.* Soweit nicht anders verordnet: Bei akuten Zuständen alle halbe bis ganze Stunde je 5 Tropfen oder 1 Tablette oder 10 Streukügelchen oder 1 Messerspitze Verreibung einnehmen; s.c. 1 bis 2 mL bis zu 3mal täglich injizieren.
Bei chronischen Verlaufsformen 1- bis 3mal täglich 5 Tropfen oder 1 Tablette oder 10 Streukügelchen oder 1 Messerspitze Verreibung einnehmen; s.c. 1 bis 2 mL pro Tag injizieren.[6]

Unerwünschte Wirkungen: Nicht bekannt. Hinweis: Es können vorübergehend Erstverschlimmerungen vorkommen, die jedoch unbedenklich sind.[6]

Gegenanzeigen/Anwendungsbeschr.: Nicht bekannt.[6]

Wechselwirkungen: Nicht bekannt.[6]

Gesetzl. Best.: *Offizielle Monographien.* Aufbereitungsmonographie der Kommission D am BGA "Myrtillocactus geometrizans".[6]

1. Siniscalco Gigliano G (1983) Boll Chim Farm 122:499–504
2. Burret F, Lebreton P, Voirin B (1982) J Nat Prod 45:687–693
3. Colomas J, Barthe P, Bulard C (1978) Z Pflanzenphysiol 87:341–346
4. Wiesenauer M (1985) Dtsch Apoth Ztg 125:754–756
5. Hgn, Bd. III, S. 176–181, 324–336
6. BAz Nr. 104a vom 07.06.1990
7. Hiller K, Keipert M, Linzer B (1966) Pharmazie 21:713–751
8. Djerassi C, Bowers A, Burstein S, Estrada H, Grossmann J, Herran J, Lemin AJ, Manjarrez A, Pakrashi SC (1956) J Am Chem Soc 78:2.312–2.315
9. Djerassi C, Burstein S, Estrada H, Lemin AJ, Lippman AE, Manjarrez A, Monsimer HG (1957) J Am Chem Soc 79:3.525–3.528
10. Backeberg C (1966) Die Cactaceae, Gustav Fischer Verlag, Stuttgart, Bd. I–VI
11. Wiggins JL (1980) Flora of Baja California, Stanford University Press, Stanford California
12. Cullmann W, Götz E, Gröner G (1984) Kakteen, Eugen Ulmer Verlag, Stuttgart
13. Standley PC, Williams LO (1961) Flora of Guatemala, Fliediana 24 (7/1), Chicago
14. Schultze-Motel J (Hrsg.) (1986) Rudolf Mansfeld, Verzeichnis landwirtschaftlicher und gärtnerischer Kulturpflanzen, 2. Aufl., Springer-Verlag, Heidelberg, Bd. 4, S. 1.878
15. HAB 1

WH

Myrtus

HN: 2016500

Familie: Myrtaceae.

Unterfamilie: Myrtoideae.

Tribus: Myrteae.

Gattungsgliederung: Die Gattung Myrtus L. umfaßt 2 Arten, und zwar neben *Myrtus communis* L. als weitere Art die im östlichen Südamerika heimische *Myrtus mucronata* CAMB., die wegen ihrer eßbaren Früchte auch kultiviert wird.[1–4]

Gattungsmerkmale: s. Botanische Beschreibung von *Myrtus communis* L.

Verbreitung: Die Pflanzen sind in tropischen und subtropischen Gebieten der Erde zu finden.[4]

Inhaltsstoffgruppen: Bisher liegen nur zu *Myrtus communis* L. Untersuchungen vor (s. dort).

Drogenliefernde Arten: *M. communis*: Myrti aetheroleum, Myrti folium, Myrtus communis hom. *HAB 34*, Myrtus communis hom. *HPUS 88*.

Myrtus communis L.

Sonstige Bezeichnungen: Dt.: Braut-Myrte, Echte Myrte; engl.: Myrtle; frz.: Myrte; it.: Mirto, mortella, motellina.
Weitere Bezeichnungen s. Lit.[4]

Systematik: Es werden 2 Unterarten unterschieden, nämlich ssp. *communis* und ssp. *tarentina* (L.), die sich hinsichtlich Blattgröße, Fruchtform und Wuchsform unterscheiden.[50] Unter den Kulturformen lassen sich unterscheiden: *M. communis* var. *angustifolia* VILM., *M. communis* var. *baetica* (MILL.), *M. communis* var. *belgica* (MILL.), *M. communis* var. *italica* (MILL.), *M. communis* var. *minima* (MILL.), *M. communis* var. *mucronata* L., *M. communis* var. *romana* (MILL.), *M. communis* var. *tarentina* L.[1]

Botanische Beschreibung: Immergrüner Strauch oder bis zu 5 m hoher Baum mit gegenständigen Ästen. Blätter paarweise kreuzständig, seltener zu 3 quirlständig, lanzettlich, aromatisch duftend. Blüten weiß, mittelgroß, wohlriechend, blattachselständig. Staubblätter zahlreich (bis 50), Staubbeutel gelb.

Myrtus communis L.: *a* Blühender Zweig, *b* Blatt, *c* Blüte, *d* Blüte ohne Blütenblätter und ohne Staubgefäße, *e* Frucht, *f* Samen. Aus Lit.[32]

Rundliche oder eiförmige, erbsengroße, blauschwarze oder weiße Beeren mit würzig-süßem Geschmack, vom Kelch gekrönt. Blütezeit Ende Juni bis Herbst.[1]

Inhaltsstoffe: Die chromatographische Analyse des Petrolätherextraktes aus den Beeren von *Myrtus communis* hat folgende Zusammensetzung ergeben: 47,6% Linolsäure, 23,0% Palmitinsäure, 14,3% Ölsäure, 8,9% Linolensäure, 2,8% Stearinsäure, 1,4% Laurinsäure und 1,1% Myristinsäure.[5]
Die gaschromatographische Analyse eines Methanolextraktes hat ergeben, daß das ätherische Öl der Beerenfrüchte als Hauptbestandteile α-Pinen, Limonen und 1,8-Cineol enthalten.[6]
Die Hauptkomponenten des reinen ätherischen Öls aus den reifen Beeren sind α-Pinen (8 bis 25%), Limonen (8 bis 18%), 1,8-Cineol (20,5 bis 31%), Myrtenylacetat (10 bis 20%).[7]
Im ethylacetatlöslichen Teil des alkoholischen Extraktes aus den Samen wurden Quercetin und Patuletin sowie Gallus- und Ellagsäure nachgewiesen.[8,41]
Eine Analyse des Hexan-Auszuges hat ergeben, daß 6,64% Tannin enthalten sind.[41]
Der Gehalt an Chlorophyll in den Blättern bestimmt die Geschwindigkeit der Photosynthese und beeinflußt damit auch die Zusammensetzung der ätherischen Öle. So ist der Gehalt an 1,8-Cineol und α-Pinen z. B. in grünen Blättern erheblich höher als in weißen.[31]

Verbreitung: Die Heimat ist unbekannt; verbreitet vom Mittelmeergebiet bis zum Nordwest-Himalaya.[3,9–11]

Drogen: Myrti aetheroleum, Myrti folium, Myrtus communis hom. *HAB 34*, Myrtus communis hom. *HPUS 88*.

Myrti aetheroleum

Synonyme: Oleum Myrti.

Sonstige Bezeichnungen: Dt.: Myrtus-communis-Blätteröl,; engl.: Myrtle oil, oil of myrtle; frz.: Essence de myrte; it.: Olio di mirto; span.: Essencia de mirto.

Definition der Droge: Ein aus den Blättern und Zweigen durch Wasserdampfdestillation gewonnenes ätherisches Öl.[12]

Stammpflanzen: *Myrtus communis* L.

Herkunft: Myrtenöl kommt vorwiegend aus Südfrankreich und Südspanien, traditionell auch aus Dalmatien sowie Süditalien und Sizilien; zu den neueren Produktionsländern zählen Algerien, Marokko und Tunesien.[13,16,19]

Gewinnung: Das ätherische Öl wird durch Destillation mit Wasserdampf aus den Blättern und Zweigen gewonnen. Destillationsbedingungen werden in den einzelnen Ländern unterschiedlich gehandhabt.[14]
Die Ausbeuten bewegen sich je nach Herkunft zwischen 0,1 und 0,5%.[16]

Handelssorten: Nach ihrer Herkunft unterscheidet man französische, marokkanische, spanische, tunesische etc., Myrtenöle. Die quantitative Zusammensetzung der Öle verschiedener Handelssorten ist ziemlich gleichbleibend, während die qualitative erhebliche Unterschiede aufweisen kann.[13]

Minderqualitäten: Verschnitte mit Ölen aus verholzten Teilen oder reifen und unreifen Früchten verändern die Zusammensetzung der Öle stark.[19]

Inhaltsstoffe: Qualitätsbestimmende Hauptkomponenten des aus Mono- und Sesquiterpenen zusammengesetzten ätherischen Öls sind 1,8-Cineol (12 bis 45%), α-Pinen (15 bis 38%), Myrtenol (0,8 bis 5%) und Myrtenylacetat (4 bis 20%) sowie Linalool (2 bis 19%). Weitere Verbindungen sind u. a. an sauerstofffreien Monoterpenen Limonen (4 bis 10%), Camphen (0,4 bis 1,0%), β-Pinen (0,2 bis 0,8%), an Alkoholen α-Terpineol (2 bis 12%), Nerol (0,2 bis 2%) und Geraniol (0,5 bis 1,5%), und an Estern Linalylacetat (0,2 bis 0,5%), α-Terpinylacetat (0,2 bis 0,3%), Nerylacetat (0,1 bis 3%), Geranylacetat (1 bis 5%) und Methyleugenol (0,2 bis 6%).[13,15,16,19]
Die Gehalte schwanken je nach Herkunft sehr stark.[13,16,18,19]

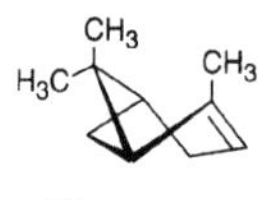

α-Pinen

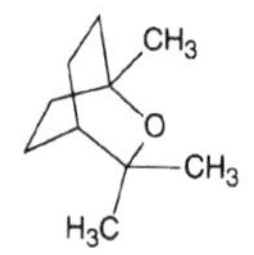

1,8-Cineol

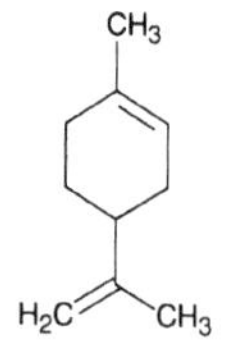

Limonen

Identität: Organoleptische Prüfung: Myrti aetheroleum ist eine gelbe bis grünliche Flüssigkeit, die angenehm und erfrischend riecht.[37]
Weitere Identitätsprüfungen sind in der Literatur nicht beschrieben. Es bieten sich jedoch Identitätsbestimmungen mittels GC[18] (s. Gehaltsbestimmung) oder DC analog den Bedingungen des *DAB 10* (z. B. Eucalyptusöl) an.

Reinheit:
- Dichte: d = 0,88 bis 0,99.
- Optische Drehung: $\alpha = +8$ bis $+37°$.
- Brechzahl: n = 1,463 bis 1,474.
- Löslichkeit in Ethanol: Das Öl muß sich in 11 Vol.-Teilen Ethanol 80 % (*V/V*) lösen.[13,14,16,18,37]

Gehalt:
- Estergehalt: 16,17 bis 54,67 %, berechnet als Myrtenylacetat.[13,18]
- Freie Alkohole: 6 bis 64 %, berechnet als Myrtenol.[13,18]
- Gesamtalkohol: 40,18 bis 50,50 %, berechnet als Myrtenol.[13,18]

Gehaltsbestimmung: Mittels GC,[18] Bedingungen wie folgt:
- Säule: Carbowax 20 M in Cromosorb W15-B5;
- Temperatur der Säule: 165 °;
- Temperatur des Injektors: 220 °;
- Temperatur des Detektors: 190 °.

Lagerung: Vor Licht geschützt in dicht verschlossenen Behältern.

Wirkungen: *Fungizide Wirkungen.* Myrti aetheroleum wurde an 13, teilweise für den Menschen pathogenen Pilzspecies *in vitro* als unverdünntes Öl und in Verdünnung mit Tween 80 (1:50, 1:100 und 1:200) im Vergleich zu einer 2%igen wäßrigen Resorcinlösung mit Hilfe der Agar-Diffusionstechnik untersucht. Es konnte bei allen Pilzarten eine konzentrationsabhängige Wirkung festgestellt werden. Die größten Durchmesser der Hemmzonen (in mm) wurden bei dem unverdünnten Öl bei *Aspergillus niger* mit 27 (Vergleich 10), *Candida albicans* mit 28 (Vergleich 13), *Curvularia prasadii* mit 27 (Vergleich 12) und bei *Trichoderma viride* mit 31 (Vergleich 10) gemessen.[23]
Desinfizierende Wirkungen. Myrti aetheroleum, in unterschiedlichen Zusammensetzungen der Inhaltsstoffe, wurde gegenüber Kopfläusen und Flöhen in 2 unterschiedlichen Versuchsdurchführungen getestet. In dem einen Modell wurden die Tiere in einer speziell verschlossenen Petrischale (Volumen 75 cm^3) unter Zusatz von 200 bzw. 50 µL ätherischem Öl in einem Klimaschrank bei 28 bis 30 °C/70 % Feuchte beobachtet. Alle Tiere starben innerhalb von 24 h. Bereits nach 1 h waren alle Tiere bei Zugabe von 200 µL eines ätherischen Öls mit 38 % α-Pinen gestorben. Die Tiere überlebten doppelt solange bei Zusatz eines Öls mit nur 1,6 % α-Pinen. Die Ergebnisse sind aufgrund der unzureichenden Daten zu Dosierung und Versuchsdurchführung nicht abschließend beurteilbar.[43]
Antibakterielle Wirkungen. Der Durchmesser der Hemmzonen in Abhängigkeit von der Konzentration an Myrti aetheroleum sollte mit Hilfe der Agar-Diffusionstechnik bei grampositiven und gramnegativen Bakterien (*Bacillus subtilis*, *Escherichia coli*, *Pseudomonas aeruginosa* und *Staphylococcus aureus*) bestimmt werden. Es liegen jedoch keine Angaben zu dem Teil der Methode vor, in dem beschrieben werden müßte, wie man das ätherische Öl mit der wäßrigen Testphase homogen vermischt hat. Hierdurch sind keine genauen Konzentrationsangaben möglich. Die vorliegenden Daten sind abschließend nicht beurteilbar. Tendenziell konnte gezeigt werden, daß die Wirkung konzentrationsabhängig ist und daß bei der jeweiligen Konzentration die Werte für die Hemmzonen für die 4 Bakterienarten in etwa gleich groß sind.[24]

Volkstümliche Anwendung und andere Anwendungsgebiete: Erkrankungen der Atmungsorgane wie Bronchitis, Keuchhusten, Lungentuberkulose; Erkrankungen der Harnblase, Durchfall, Wurmbefall.[1,25] Zur Wirksamkeit bei den genannten Anwendungsgebieten liegen keine kontrollierten Studien vor.

Dosierung und Art der Anwendung: *Droge.* Einzeldosis zur Einnahme: 0,2 g.

Akute Toxizität: *Mensch.* In größeren Mengen > 10 g eingenommen, kann Myrti aetheroleum Vergiftungssymptome hervorrufen wie Kopfschmerzen, Übelkeit, Verdauungsstörungen.[28]

Chronische Toxizität: *Tier.* Tagesdosen an Myrti aetheroleum von mehr als 1,5 mL/kg KG p. o. (Ratte) über 3 Wochen zeigen einen Verlust an Gewicht, der aber wenige Tage (genauere Angaben nicht vorhanden) nach dem Absetzen wieder aufgeholt werden kann. Tagesdosen von 1 oder 2 mL/kg KG p. o. über 12 Tage führen zu einer Zunahme des Lebergewichtes bei Ratten von 18 und 28 %. Dabei wird der Gehalt an Cytochrom P-450 und Cytochrom B_5 gesteigert. Diese Veränderungen sind jedoch 8 Tage nach Absetzen der Behandlung reversibel.[29]

Sensibilisierungspotential: An 30 Freiwilligen zeigte die Verabreichung von 4 % Myrti aetheroleum in Vaseline keine Hautirritationen.[29]

Toxikologische Daten: *LD-Werte.* LD_{50}: 5 g/kg KG (p. o., Ratte); 5 g/kg KG (dermal, Meerschweinchen).[29]

Akute Vergiftung: *Erste Maßnahmen.* Erste Hilfe: Kohlepulver (10 g), erbrechen lassen, viel warmen Tee trinken.

Sonst. Verwendung: *Haushalt.* Myrti aetheroleum ist von der Food and Drug Administration, USA, als aromatisierender Zusatz in Lebensmitteln zugelassen (21 CFR 172.510).

Myrti folium

Synonyme: Folia Myrti.

Sonstige Bezeichnungen: Dt.: Myrtenblätter; engl.: Myrtle leaves; frz.: Feuilles de myrte.

Definition der Droge: Getrocknete Blätter.

Stammpflanzen: *Myrtus communis* L.

Herkunft: Mittelmeergebiete, besonders Spanien (Andalusien), Italien, Frankreich, Dalmatien, Vorderasien.

Gewinnung: Die günstigsten Monate für die Ernte der Blätter sind Mai und Juni. Während der Sommermonate ist infolge von Verdunstung der Gehalt an ätherischem Öl in den Blättern gering.[14]

Schnittdroge: Die bifacial gebauten Laubblätter (des thermophilen Strauches) zeigen folgenden "Hartlaub"-Charakter: Die Cuticula ist derb, glatt und geschichtet. Die Epidermiszellen sind beiderseits flachbuchtig, nicht verdickt und auffällig klein (20 bis 30 µm). Spaltöffnungen treten reichlich an der Unterseite der Spreite auf und besitzen 4 bis 6 fast vieleckige Nachbarzellen.
Bei jungen Laubblättern finden sich reichlicher gerade oder schwach geschlängelte, einzellige, glatte, dickwandige Deckhaare, die später zum größten Teil abfallen. Das Palisadengewebe besteht meist aus 2 Reihen schlanker Zellen, auf die das lockere, aus rundlichen oder auf der Blattunterseite etwas gestreckten Zellen bestehende Schwammparenchym folgt. Die Sekretlücken erscheinen vorwiegend im Palisadengewebe und stellen große, kugelige, bis 100 µm im Durchschnitt messende Räume dar, die in der Regel von 2 Epidermiszellen mit geraden Seitenwänden und geschlängelter und auffallend verdickter Mittelwand verdeckt sind.
Die Außenschicht der Ölräume ist verdickt und mit einer Art von Scheide umgeben. Der Hauptnerv zeigt ein bicollaterales Leitbündel und einen unterbrochenen Sklerenchymring; die kleineren Nerven hingegen an dessen Stelle nur Baststreifen. Drusenkristalle finden sich im Mesophyll und längs der Bündel. Einzelkristalle gehören zu den Ausnahmen.[1]

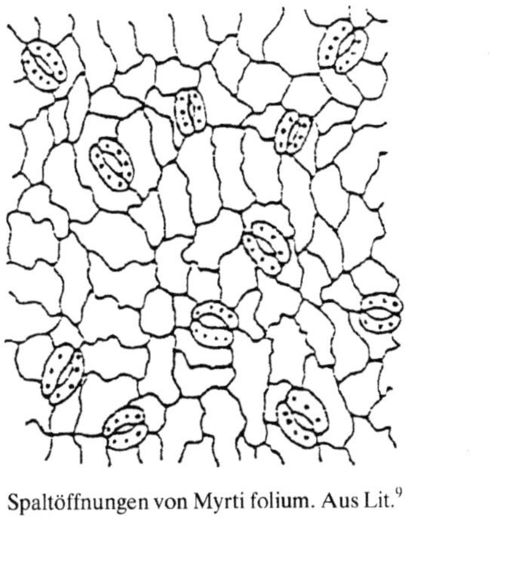

Spaltöffnungen von Myrti folium. Aus Lit.[9]

Verfälschungen/Verwechslungen: Verfälschungen oder Verwechslungen mit anderen Myrtus-Arten treten nicht auf, da im Mittelmeerraum nur *Myrtus communis* L. vorkommt. Aufgrund einer gewissen Ähnlichkeit der Laubblätter könnten Verfälschungen durch den Buxbaum (*Buxus semper-virens* L.) oder die Preiselbeere (*Vaccinium vitis-idaea* L.) auftreten. Die beiden Arten besitzen aber weder Ölräume noch Drusenkristalle und sind so eindeutig von *Myrtus communis* zu unterscheiden.[30]

Minderqualitäten: In der Droge sollte der Anteil an großen Stengelstücken niedrig sein. Die Zusammensetzung und damit die Qualität ist von der Herkunft und vom verwendeten Ausgangsmaterial abhängig (s. Inhaltsstoffe *M. communis*), außerdem von der Erntezeit und vom Chlorophyllgehalt der Blätter.

Inhaltsstoffe: *Ätherisches Öl.* 0,1 bis 0,5 % ätherisches Öl (s. Myrti aetheroleum).[13]
Phenolische Verb. Bis zu 20 % Gerbstoffe;[21] aus wäßrigen Extrakten wurden ca. 8 % hydrolysierbare Gallotannine, mit Hilfe alkoholischer Extraktion bis 14 % kondensierte Tannine isoliert.[26,27]
Daneben Gallussäuren, Ellagsäure und Ellagitannine und die Flavonole Kämpferol und Myricetin und ihre Glykoside, u. a. Myricitrin (Myricetin-3-glucosid) (alle ohne Mengenangaben).[20,21,33]
Weiterhin wurden die zwei Phloroglucinderivate Myrtucommulon A und B isoliert (ohne Mengenangaben).[21,34,36]

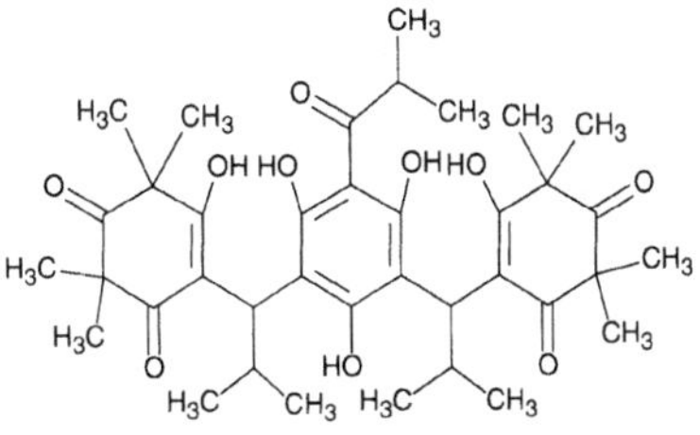

Myrtucommulon A

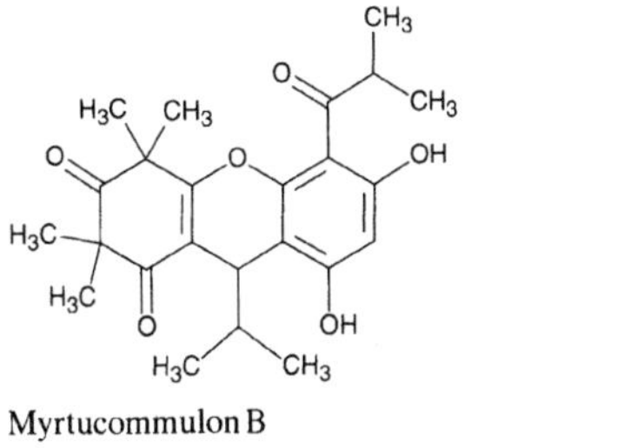

Myrtucommulon B

Zubereitungen: Ethanolische und wäßrige Auszüge.

Identität: Es sind keine speziellen Methoden zum Identitätsnachweis publiziert. Üblich ist der makroskopische und mikroskopische Vergleich der Myrtenblätter mit einem Standardmuster.

Eine weitere Prüfung auf Identität könnte sich auf den Nachweis der Myrtucommulone A und B stützen.[34,36]
Natürlich besteht, falls eine authentische Probe zur Verfügung steht, die Möglichkeit einer vergleichenden Fingerprint-DC.
DC-Nachweis der Myrtucommulone A und B:[34,36]
- Untersuchungslösung: Ein Chloroformauszug der Blätter wird mit verd. Natronlauge, nach dem Ansäuern der wäßrigen Phase diese mit Ether ausgeschüttelt. Der Etherrückstand wird in Methanol aufgenommen;
- Sorptionsmittel: Basisch aufgeschlemmtes Kieselgel;
- FM: Ethylacetat;
- Detektion: Echtblausalz-B-Lsg., Bedampfen mit Ammoniak 26%;
- Auswertung: Myrtucommulon A und B erscheinen im visuellen Bereich als brauner bzw. roter Fleck mit Rf-Werten um 0,45 bzw. 0,8.

Reinheit: Es liegt in der Literatur keine beschriebene Methode hierzu vor. Man könnte aber in Anlehnung an die für Eukalyptusblätter im *DAB 10* beschriebene Methoden zur Reinheit vorgehen.
- Fremde Bestandteile: Höchstens 2% Blüten, Früchte oder Zweige mit höchstens 5% Stengelanteilen.
- Trocknungsverlust: Höchstens 10%.

Gehalt: Der Gehalt an ätherischem Öl bei den getrockneten Blättern sollte zwischen 0,1 und 0,5% liegen.

Gehaltsbestimmung: Aus der Literatur ist keine Methode bekannt. Anwendbar ist im *DAB 10* beschriebene Methode für Eukalyptusblätter: Bestimmung mit 10,0g unmittelbar vor der Best. pulv. Droge und 200mL Wasser als Destillationsflüssigkeit in einem 500mL Rundkolben. Destillation 2h lang bei 2bis 3mL pro min; 0,5mL Xylol als Vorlage.

Lagerung: Vor Licht schützen.

Wirkungen: *Antimikrobielle Wirkungen.* Ethanolische (80%) Extrakte (100g getrocknete Blätter ergeben 24,2g Trockenextrakt):
Der Durchmesser der Hemmzonen in Abhängigkeit von der Konzentration (1 und 5 und 25mg/mL) wurde bei verschiedenen Bakterienstämmen mit Hilfe der Agar-Diffusionstechnik im Vergleich zu Streptomycin (0,5mg/mL) bestimmt. Es wurde eine konzentrationsabhängige Wirkung gefunden. Bei den grampositiven Bakterien *Bacillus subtilis* und *Staphylococcus aureus* wurden die Hemmzonen für die Konzentration 25mg/mL zu 15 und 17mm bestimmt. Das Streptomycin zeigte jeweils 22mm. Bei den gramnegativen Bakterien wurde bei keiner der verwendeten Konzentrationen eine Hemmzone gemessen (Vergleich 20 bis 23mm).[35]
Die Wirkung könnte auf die in dem Extrakt enthaltene Komponente Myrtucommulon A zurückzuführen sein. Von dieser ist bekannt, daß sie in einem ähnlichen Test in einer Konzentration von 80µg/Platte im Vergleich zu Penicillin (10U/Platte) und Streptomycin (10µg/Platte) nur bei den getesteten grampositiven Bakterienarten folgende Durchmesser der Hemmzonen (in mm) zeigte: *Bacillus subtilis* 28 (Penicillin 32, Streptomycin 24), *Corynebacterium diphtheriae* 30 (Penicillin 40, Streptomycin 20) und *Staphylococcus aureus* 35 (Penicillin 46, Streptomycin 22). Bei den getesteten gramnegativen Bakterien zeigte die Testsubstanz in der verwendeten Konzentration keine Wirkung.[36]
Derselbe Extrakt (s. oben) wurde unter ähnlichen Bedingungen in Konzentrationen von 1 und 5 und 25mg/mL gegenüber 4 Candida-Arten im Vergleich zu einer 2%igen Phenollösung getestet. Es wurde eine konzentrationsabhängige Wirkung festgestellt. Bei 25mg/mL zeigten sich folgende Durchmesser der Hemmzonen (in mm): *Candida albicans* 17 (Vergleich 22), *C. pseudotropicals* 15 (Vergleich 23), *C. tropicals* 16 (Vergleich 22) und *C. utilis* 18 (Vergleich 25).[38]
Antiödematöse Wirkung. Am Carrageenin-induzierten Ödem der Rattenpfote zeigte die wäßrige Lösung eines ethanolischen Trockenextraktes i.p. appliziert (44mg Trockenextrakt/kg Wasser entsprechend $^1/_{10}$ der LD_{50}) nach 3h eine, mit Hilfe der Plethysmographie bestimmte, gleichstarke Abnahme des Ödems wie eine 0,01%ige Acetylsalicylsäurelösung.[39]
Wirkungen am Zentralnervensystem. Jeweils 10 Mäusen wird eine wäßrige Lösung von 200mg/kg KG eines ethanolischen Trockenextraktes (20,5g Trockenextrakt aus 100g getrockneten Blättern) bzw. von 10mL/kg KG eines wäßrigen Extraktes (10g Extrakt aus 2g getrockneten Blättern) bzw. eine Kochsalzlösung injiziert. 30min später werden 50mg/kg KG Pentobarbital, Natriumsalz gespritzt. Die durch Pentobarbital induzierte Schlafzeit wird durch den ethanolischen Extrakt um 113,5%, durch den wäßrigen um 125% gesteigert.[40]
Blutzuckersenkende Wirkung. Bei Mäusen wurde der Blutzuckerwert künstlich durch Gabe von Streptozotocin (150mg/kg KG) erhöht. 48h nach Gabe dieser Substanz wurde den Tieren intragastral die wäßrige Lösung eines ethanolischen Extraktes aus den Blättern (2g/kg KG) verabreicht. Im Vergleich zu einer mit Wasser behandelten Kontrollgruppe wurde der Blutzuckerwert nach 72h von 259,4% auf 191,2% bei der mit dem Extrakt behandelten Gruppe gesenkt. Bei Mäusen mit normalen Blutzuckerwerten senkt der Extrakt den Wert nicht.[42]

Volkstümliche Anwendung und andere Anwendungsgebiete: *Innerlich.* Bei Bronchitis, Sinusitis, Schnupfen, Tuberkulose, Diarrhöe, Hämorrhoiden, Prostatitis.[44,46,47]
Äußerlich. Bei Leukorrhöe, Müdigkeit, Ohreiterung, zerschlagenen Gliedern.[17,46]
Zu den Anwendungsgebieten liegen keine kontrollierten Studien vor.

Dosierung und Art der Anwendung: *Droge. Innerlich.* 15 bis 30g Droge/L als Aufguß, 15min ziehen lassen, 3 Tassen pro Tag,[22] oder pulv. Blätter 5g vor der Mahlzeit.[49]
Äußerlich. Zur Spülung 30g Blätter in 1L Wasser, mehrmals täglich anwenden.

Toxikologische Daten: *LD-Werte.* Ethanol-Trokkenextrakt (s. Wirkungen).
LD_{50}: 444 mg/kg KG (i.p. Ratte);[39] 1.326 mg/kg KG (p.o. Ratte).[48] *Giftklassifizierung.* Wenig giftig.[51]

Myrtus communis hom. *HAB34*

Monographiesammlungen: Myrtus communis *HAB34.*

Definition der Droge: Frische, blühende Zweige *HAB34*; unverholzte Teile der frischen, blühenden Zweige.[45]

Stammpflanzen: *Myrtus communis* L.

Zubereitungen: Essenz nach § 3, *HAB34*; Eigenschaften: Die Essenz ist von grünlichbrauner Farbe, eigenartig aromatischem Geruch und Geschmack. Urtinktur und flüssige Verdünnungen nach *HAB1*, Vorschrift 3a; Darreichungsformen: Urtinktur, flüssige Verdünnungen, Tabletten, Verreibungen, Streukügelchen, flüssige Verdünnungen zur Injektion.[45]

Identität: *Essenz.* Mit einem gleichen Raumteil Wasser mischt sich die Essenz trübe; Eisen(III)chloridlsg. färbt die Essenz grünschwarz; Fehlingsche Lsg. wird durch die Essenz reduziert.

Gehalt: *Essenz.* Arzneigehalt $^1/_3$.

Anwendungsgebiete: Entsprechend dem homöopathischen Arzneimittelbild. Dazu gehört: Bronchitis.[45]

Dosierung und Art der Anwendung: *Zubereitung.* Soweit nicht anders verordnet:
Bei akuten Zuständen häufige Anwendung alle halbe bis ganze Stunde je 5 Tropfen oder 1 Tablette oder 10 Streukügelchen oder 1 Messerspitze Verreibung einnehmen; parenteral 1 bis 2 mL bis zu 3mal täglich s.c. injizieren.
Bei chronischen Verlaufsformen 1- bis 3mal täglich 5 Tropfen oder 1 Tablette oder 10 Streukügelchen oder 1 Messerspitze Verreibung einnehmen; parenteral 1 bis 2 mL pro Tag s.c. injizieren.[45]

Unerwünschte Wirkungen: Nicht bekannt. Hinweis: Es können vorübergehend Erstverschlimmerungen vorkommen, die jedoch unbedenklich sind.[45]

Gegenanzeigen/Anwendungsbeschr.: Nicht bekannt.[45]

Wechselwirkungen: Nicht bekannt.[45]

Gesetzl. Best.: *Offizielle Monographien.* Aufbereitungsmonographie der Kommission D am BGA "Myrtus communis".[45]

Myrtus communis hom. *HPUS88*

Monographiesammlungen: Myrtus communis *HPUS88.*

Definition der Droge: Die beblätterten Zweige.

Stammpflanzen: *Myrtus communis* L.

Zubereitungen: *Urtinktur.* Herstellung durch Mazeration oder Perkolation der frischen oder getrockneten Droge mit Ethanol nach den allg. Zubereitungsvorschriften (Class C) der *HPUS88.* Ethanolgehalt 65 % (*V/V*).

Gehalt: *Urtinktur.* Arzneigehalt $^1/_{10}$.

1. Heg, Bd. V, Teil 2, S. 789
2. Mabberley DJ (1990) The plant-book, Cambridge University Press, Cambridge New York Port Chester Melbourne Sydney
3. Schultze-Motel J (Hrsg.) (1986) Rudolf Mansfeld, Verzeichnis landwirtschaftlicher und gärtnerischer Kulturpflanzen, 2. Aufl., Springer, Berlin Heidelberg New York, Bd. 2
4. Kirtikar KR, Basu BD (1935) Indian Medicinal Plants, 2. Aufl., Lalit Mohan Basu, MB 49, Leader Road, Allahabad, India, Bd. II
5. Asif M, Afaq SH, Tariq M, Masoodi AR (1979) Fette Seifen Anstrichm 12:473–474
6. Mazza G (1983) J Chromatogr 264:304–311
7. Lawrence BM (1990) Perfumer and Flavorist 15:63
8. Diaz AM, Abeger A (1987) Plantes Méd Phytothér 4:317–322
9. Vardar Y, Ahmet M (1973) Botanisches Jahrbuch Systematik 93:562–567
10. Browicz K (1980) Arbor Kornickie 25:23–36
11. Madaus G (1976) Lehrbuch der biologischen Heilmittel, Georg Olms Verlag, Hildesheim New York, Bd. III
12. Lawrence BM (1977) Perfumer and Flavorist 2:55–56
13. Peyron L (1970) Plantes Méd Phytothér 4:279–285
14. Guenther E (1950) The Essential Oils, 2. Aufl., D. van Nostrand Company, Toronto New York London, Bd. 4, S. 363–369
15. Shikiev AS, Abbasov RM, Mamedova ZA (1978) Chem Nat Compound 14:455–456
16. GHo, Bd. VI, S. 63
17. Braun H (1965) Z Ther 3:374–376
18. Frazao S, Domingues A, Sousa MB (1974) Characteristics and composition of Portuguese essential oil of Myrtus communis (L.), Internationale Congress Essential Oils 6th, Allumed publication Oak Park I_{11}:112
19. Lawrence BM (1990) Perfumer Flavorist 15:65–66
20. Hinou J, Lakkas N, Philianos S (1988) Plantes Méd Phytothér 22:98–103
21. Diaz AM, Abeger A (1987) Fitoterapia 58:167–174
22. Font Quer P (1981) Plantas Medicinales, Editorial Labor, S. A., Barcelona Madrid Bogotá Buenos Aires Caracas Lisboa Quito Rio de Janeiro Mexico Montevideo
23. Garg SC, Dengre SL (1988) Herba Hungarica 27:123–125
24. Twaij HA, Sayed Ali HM, Al-Zohyri AM (1988) J Biol Sci Res 19:41–52
25. Müller A (1951) Die physiologischen und pharmakologischen Wirkungen der ätherischen Öle, Riechstoffe und verwandten Produkte, 2. Aufl., Dr. Alfred Hüthig, Heidelberg, S. 89
26. El-Sissi H (1966) Planta Med 14:161–163
27. El-Sissi H, El-Ansary HI (1967) Planta Med 15:41–42
28. RoD, IV-1-M, S. 24
29. Opdyke DL, Letizia C (1983) Food Chem Toxicol 21:869–870
30. Lemaire PA (1882) De la détermination histologique des feuilles médicinales, F. Savy, Libraire-Éditeur, Paris, S. 87–88
31. Scora RW (1973) Phytochemistry 12:153–155

32. Qaiser M, Siddiqi MA (1986) Myrtaceae. In: Jaffri SMH, El-Gadi A (Hrsg.) Flora of Libya, Bd. 122, S. 2–5
33. Kery A, Twaij HA, Al-Jeboory AA (1986) Flavonoid Composition in Some Iraqi Plants Used in Folk Medicine. In: Farkas L, Gabor M, Kallay F (Hrsg.) Flavonoids and Bioflavonoids, Proceedings of the 7th Hungarian Bioflavonoid Symposium, Szeged, 1985, May 16–18, Akademiai Kiado, Budapest, S. 171
34. Kashman Y (1974) Tetrahedron 30:991–997
35. Nadir MT, Salih FM (1985) J Biol Sci Res 16:169–178
36. Rotstein A, Lifshitz A, Kashman Y (1974) Antimicrob Agents Chemother 6:539–542
37. Furia TE, Bellanca N (1975) Fenaroli's Handbook of Flavor Ingredients, 2. Aufl., CRC Press, Cleveland, Bd. I, S. 411–412
38. Salih FM, Nadir MT (1984) Fitoterapia 55:238–241
39. Al-Hindawi MK, Al-Deen IHS, Nabi MHA, Ismail MA (1989) J Ethnopharmacol 26:163–168
40. Elisha EE, Moussa SO, Abed SK (1988) J Biol Sci Res 19:545–560
41. Diaz AM, Abeger A (1986) An Real Acad Farm 52:117–122
42. Elfellah MS, Akhter MH, Khan MT (1984) J Ethnopharmacol 11:275–281
43. Gauthier R, Agoumi A, Gourai M (1989) Plantes Méd Phytothér 23:95–108
44. Valnet J (1983) Phytothérapie, 5. Aufl., Maloine, Paris, S. 568–569
45. BAz Nr. 172a vom 14.09.1988
46. Cecchini T (1990) Enciclopedia de las Hierbas y de las Plantas Medicinales, Editorial de Vecchi, SA
47. Nadkarni KM (1982) Indian Materia Medica, Sangam Books, Bd. I, S. 838–839
48. Twaij HA, Sayed Ali HM, Al-Zohyri AM (1988) J Biol Sci Res 19:29–39
49. Fournier P (1948) Le livre des plantes médicinales et veneneuses de France, Paul Lechevalier (Hrsg.), Paris, Encyclopédie Biologique, Paris
50. FEu, Bd. 2, S. 303–304

Ch

Nardostachys

HN: 2036800

Familie: Valerianaceae.

Tribus: Patrinieae.

Gattungsgliederung: Typus der Gattung Nardostachys DC. ist *Nardostachys jatamansi* DC. Weitere drei Arten sind in der Literatur beschrieben,[1-3] doch gehören alle vier als Arten beschriebene Taxa (zu den Artnamen s. Synonyme von *N. jatamansi*) zu einer polytypischen Sammelart, da keine dieser Sippen von der anderen scharf getrennt ist.[4] Eng verwandt ist Nardostachys DC. mit der Gattung Patrinia Juss.

Gattungsmerkmale: Ausdauernde Kräuter, Blüten ohne Außenkelch, 4 Staminodien.[2] Nähere Beschreibung s. unter *Nardostachys jatamansi* DC. als Typus.

Verbreitung: In den 3.000 bis 5.000 m hohen Gebirgsregionen des Himalaya in Nordindien, Nepal, Tibet, Ostindien, China.

Inhaltsstoffgruppen: *Iridoide.* Die nahe Verwandtschaft der Gattungen Nardostachys und Patrinia spiegelt sich unter anderem im Auftreten von C_{10}-Iridoiden vom Typus des Nardostachins wider, die, zum Unterschied von den Valepotriaten der Valeriana-Arten, weniger stark mit *O*-Funktionen beladen sind.

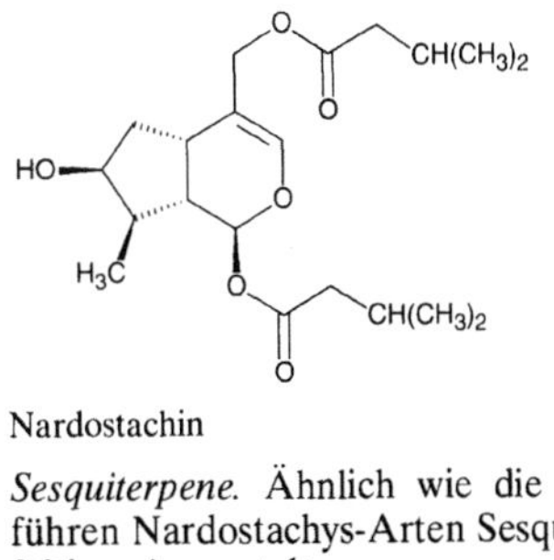

Nardostachin

Sesquiterpene. Ähnlich wie die Valeriana-Arten führen Nardostachys-Arten Sesquiterpene in vielfältiger Ausgestaltung.

Valeriansäurederivate. Charakteristisch für Nardostachys ist die reichliche Produktion von Valeriansäure und deren Veresterung mit Hydroxylgruppen tragenden Sekundärstoffen.[5]

Flavone. Im Unterschied zu Valeriana-Arten, die Flavonole speichern, dominieren bei Nardostachys Flavone.[6]

Drogenliefernde Arten: *N. jatamansi*: Nardostachys-jatamansi-Rhizom.

Nardostachys jatamansi (D. Don) DC.

Synonyme: *Nardostachys chinensis* Batalin, *N. gracilis* Kitamura, *N. grandiflora* DC., *Patrinia jatamansi* D. Don, *Valeriana jatamansi* auct. non Jones.[7]

Sonstige Bezeichnungen: Dt.: Indische Narde; engl.: Indian nard, Indian spikenard, spikenard; Indien: In den verschiedenen Landesteilen unterschiedliche Bezeichnungen wie: Balacharea, balchir, baluchar, bhutijatt, jatamanchi, jatamanshi, jatamansi, jatamashi, jatamasi, jatamavshi, kukikipot, pampe, paumpe; Sanskrit: Akashamansi, bhutajat, mansi, vahnini; weitere regional übliche Bezeichnungen s. Lit.[1]

Systematik: Die Stammpflanze der "Indischen Narde", nach Lit.[5] als *Nardostachys jatamansi* sensu stricto bezeichnet, ist nach Lit.[4] dem "Grandiflora-Typ" zuzuordnen. Die Stammpflanze der "Chinesischen Narde" entspricht der zuerst als eigene Art beschriebenen *Nardostachys chinensis* Batalin.[3] Als wichtigstes Unterscheidungsmerkmal gegenüber anderen Typen fehlen im Wurzelstock von *Nardostachys chinensis* die Stengelfasern aus alten Blättern.

Botanische Beschreibung: Aufrechtes, ausdauerndes Kraut von 10 bis 60 cm Höhe, im unteren Teil meist kahl, nach oben mehr oder weniger behaart. Besonders charakteristisch sind die kräftigen, verholzten Rhizome, die von den Blattstielresten der abgestorbenen Blätter bedeckt werden.

Nardostachys jatamansi. Im Original kein Maßstab angegeben. Aus Lit.[33]

Man unterscheidet zwei Arten von Blättern: Die 15 bis 20 cm langen, 2,5 cm breiten, kahlen oder nur leicht behaarten, zum Blattstiel hin schmäler werdenden wurzelständigen Blätter und die sitzenden, ein- oder zweipaarigen Stengelblätter, die 2,5 bis 7,5 cm lang und schmal-eiförmig bis länglich geformt sind. Die Pflanzen haben gewöhnlich 1 bis 5 Blütenköpfe, meist von behaarten Deckblättern umstellt. Blumenkrone fünfblättrig, innen leicht behaart. Blumenkronröhre 6 mm lang. Staubfäden im unteren Teil behaart. Frucht von eiförmigen, spitzen und oft gezähnten Kelchspitzen gekrönt, die mit abstehenden, weißen Haaren bedeckt sind.[9]

Inhaltsstoffe: Die dem "Grandiflora-Typ" zugeordneten Nardostachys-jatamansi-Pflanzen indischer Herkunft unterscheiden sich von denen des "Chinensis-Typs" (Synonym: *Nardostachys sinensis* Batal.) in ihren Sesquiterpenspektren (untersuchte Organe: Rhizom bzw. Wurzel).
In indischer Narde dominiert das Sesquiterpenketon Valeranon, welches früher als Jatamanson bezeichnet worden war. Es wurde in Spuren auch im europäischen Baldrian gefunden. Möglicherweise gibt es in *Nardostachys jatamansi* indischer Provenienz zwei Valeranon-Chemodeme: Ein valeranonreiches mit Gehalten um 1 % und ein valeranonarmes mit Gehalten um 0,01 %.[11]
In chinesischer Narde dominiert Nardosinon, welches als das erste fünfgliedrige Sesquiterpenperoxid pflanzlicher Herkunft gilt, neben dem Sesquiterpenether Nardonoxid[24] und dem Aristolanketon Gansongon.[23] Auch β-Sitosterol, Ethyl-D-glucopyranosid und Oleanolsäure konnten in frischer Nardenwurzel chinesischer Herkunft gefunden werden.
Strukturformeln s. Nardostachys-jatamansi-Rhizom.

Verbreitung: Nordindien, China, Japan, dort manchmal auch kultiviert,[7] Nepal.

Drogen: Nardostachys-jatamansi-Rhizom.

Nardostachys-jatamansi-Rhizom

Synonyme: Nardostachys jatamansi radix, Nardostachys jatamansi rhizoma, Radix Nardostachyos, Rhizoma Nardostachyos.[12]

Sonstige Bezeichnungen: Dt.: Nardenwurzel; engl.: Indian nard, nard, spikenard; frz.: Nard indien, spicanard; arabisch: Sambul;[13] bengalisch: Jatamansi; chinesisch: Gansong, kan sung;[12] Hindi: Balchir, Jatamashi;[14] span.: Espica-nardo, nardo indico; Sanskrit: Jataamaansee; weitere Bezeichnungen s. Lit.[13,14,18]
Anmerkung: Die Nardenwurzel darf nicht mit der von *Vetiveria zizanioides* (L.) Nash (Familie: Poaceae = Gramineae) stammenden Vetiveriae radix verwechselt werden, die in der Literatur als Indische Nardenwurzel, auch als Indische Spiknardwurzel, bezeichnet wird. Näheres s. Lit.[31]

Monographiesammlungen: Jatamansi *IndP66*; Nardostachys *IndPC53*.

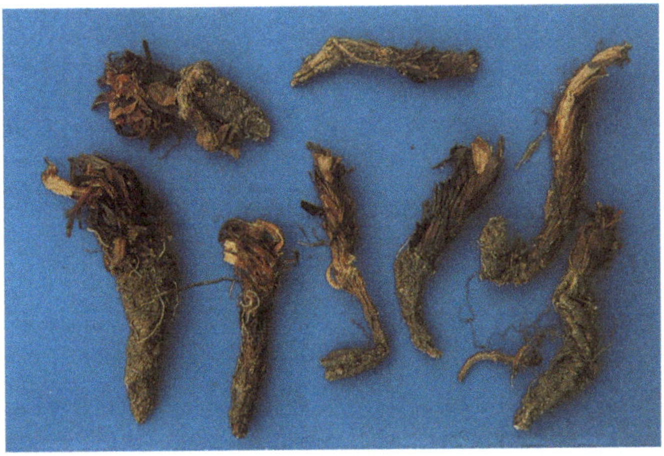

Nardostachys-jatamansi-Rhizome chinesischer Herkunft (Wurzel- und Rhizomteile). Aus Lit.[12]

Definition der Droge: Die getrockneten Rhizome und Wurzeln.

Stammpflanzen: *Nardostachys jatamansi* DC. s. l.

Herkunft: Nepal, Nordindien, China, insbesondere Sechuan.

Ganzdroge: Dunkelgraue, im Inneren rötlichbraune, etwa fingerdicke Rhizome, die mit einer dichten Schicht feiner, brauner Fasern bedeckt sind. Diese Fasern stammen von den abgestorbenen, verfilzten Blattresten. Fasern oder Stengelblätter können auch fehlen, sofern es sich um Droge chinesischer Herkunft handelt.

Schnittdroge: *Geruch.* Aromatisch.
Geschmack. Bitter.
Mikroskopisches Bild. Im Querschnitt braune Rinde, vom porösen Holzkörper durch das Kambium getrennt. Periderm aus 2 bis 8 Schichten von Korkzellen, Durchmesser ca. 80 μm in der äußeren Rinde. Phellogen nicht erkennbar. Die sekundäre Rinde ist charakterisiert durch große Mengen an öl- und harzhaltigen Zellen. Die Zellen des Phloems sind etwa 10 μm im Durchmesser, der Kambiumring ist deutlich abgegrenzt. Im Holzteil zahlreiche Gefäße, fast gleichmäßig über das ganze Holz zerstreut und meist einzeln, häufig wendeltreppenförmig verdickt. Durchmesser der Gefäße bis 50 μm.[10] s. a. Lit.[1,16,17]

Pulverdroge: Farbe gelblichbraun. Es überwiegen Ölkügelchen sowie mit Öl oder Harz gefüllte Parenchymzellen. Bruchstücke von Gefäßen mit gewendelten Tracheiden, einige Fasern und Gruppen von bräunlichen Korkzellen.[9]

Verfälschungen/Verwechslungen: Mit dem Rhizom vom *Selinum vaginatum* CLARKE (Apiaceae), das auf dem indischen Drogenmarkt unter der Bezeichnung "Bhutkesi" bzw. "Bhutjutu" gehandelt wird. Pharmakognostische Unterscheidungsmerkmale s. Lit.[17,25]

Inhaltsstoffe: 0,1 bis 1,2 % Valeranon, bezogen auf trockene Rhizom- und Wurzelteile, bestimmt mittels GC;[11] daneben kommen die Säuren Isovaleriansäure und Jatamansisäure vor.[10,32] 0,3 bis 0,4 % ätherisches Öl mit je nach Herkunft stark wechselnder Zusammensetzung.[9] In chinesischer Droge 0,16 % Nardosinon,[19] Ursolsäure[28] sowie β-Maalien und Maaliol. Einige Sesquiterpenketone wie β-Ionon, 1(10)-Aristolenon-(2) und 1,8,9,10-Dehydroaristolanon-(2) konnten in Drogen sowohl indischer als auch chinesischer Herkunft nachgewiesen werden.[19]

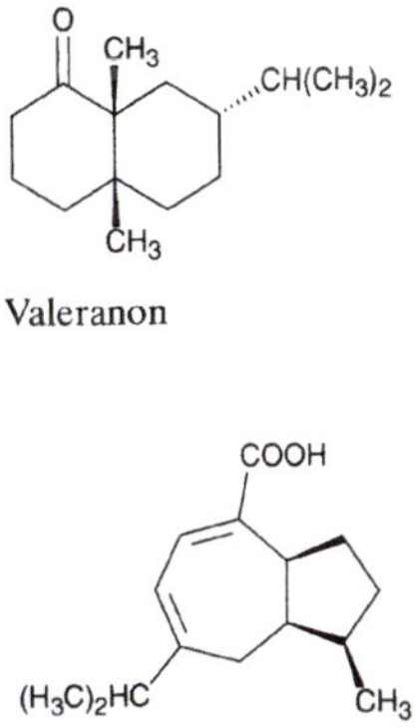

Valeranon

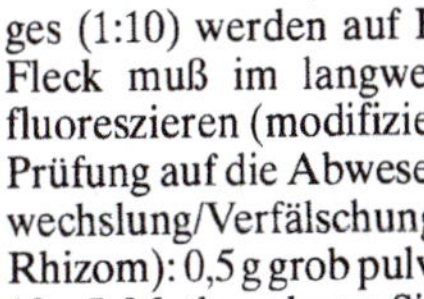

Jatamansisäure

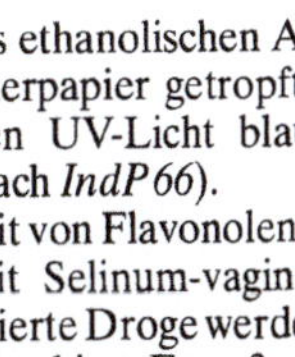

Nardosinon

Identität: Etwa 0,1 mL eines ethanolischen Auszuges (1:10) werden auf Filtrierpapier getropft. Der Fleck muß im langwelligen UV-Licht blauweiß fluoreszieren (modifiziert nach *IndP 66*).
Prüfung auf die Abwesenheit von Flavonolen (Verwechslung/Verfälschung mit Selinum-vaginatum-Rhizom): 0,5 g grob pulverisierte Droge werden mit 10 mL Methanol zum Sieden erhitzt. Etwa 3 mL des Filtrats werden mit etwa 0,2 g pulverförmigem Magnesium und tropfenweise mit Salzsäure 36 % versetzt. Es darf nach Zugabe der Salzsäure keine länger anhaltende Rotfärbung entstehen. Hinweis: Prüfung in Analogie zur Identitätsprüfung von Lindenblüten *DAB 10*; s. a. Lit.[25]

Reinheit:
- Fremde Bestandteile: Höchstens 5% fremde organische Beimengungen *IndP66*.
- Asche: Höchstens 9% *IndP66*.
- In Salzsäure unlösliche Asche: Höchstens 5% *IndP66*.

Gehalt: Mindestens 0,1% ätherisches Öl *IndP66*. Extraktgehalt mindestens 5%, bestimmt mittels Wasser als Extraktionsmittel *IndP66*.

Gehaltsbestimmung: Zur Bestimmung des Gehaltes an ätherischem Öl wird vorgeschlagen, die Methode des *DAB 10* unter den bei Baldrianwurzel angegebenen Spezifikationen heranzuziehen. Über Erfahrungen mit der Methode liegen keine Publikationen vor, ebensowenig über die Schwankungsbreite in den Gehalten der nach Europa gelangenden Handelsware.

Lagerung: In gut schließenden Behältnissen, kühl und trocken lagern *IndP66*.

Wirkungen: Valide pharmakologische Untersuchungen zur Droge und ihren Zubereitungen liegen nicht vor. Eine Übersicht über ältere Arbeiten s. Lit.[10] Untersuchungen über das aus der Droge isolierte Valeranon: s. Lit.[22]
Beeinflussung der motorischen Koordination. Valeranon führt bei trainierten Mäusen in einer Dosierung von 100 mg/kg KG p.o. zu einer Verminderung des Haltevermögens am Drehstab, die zwar vergleichbar ist einer i.p. Gabe von 40 mg Phenobarbital/kg KG, ohne allerdings deren Wirkungsstärke voll zu erreichen.[22]
Verringerung der Krampfschwelle. Valeranon verhindert dosisabhängig im Bereich von 10 bis 100 mg/kg KG p.o. den elektrisch induzierten Streckkrampf der hinteren Extremitäten von Mäusen. Die ED_{50} beträgt 34,9 mg/kg KG.[22]
Einfluß auf konditionierte Fluchtreflexe. Valeranon übt in einer Dosierung von 31,6 mg/kg KG p.o. bei Ratten keinen Einfluß auf den konditionierten Flucht- bzw. Vermeidungsreflex aus.[22]
Antiulcerogene Wirkung. Valeranon hemmt in einer Dosierung von 10 mg/kg KG p.o. bei männlichen Ratten die durch eine ulcerogene Phenylbutazondosis (200 mg/kg KG) ausgelösten Ulcerationen statistisch signifikant um maximal 51% bei gleichbleibender Ulcushäufigkeit.[22]
Beeinflussung der Reserpinwirkung (Körpertemperatur). Die durch Reserpin (1 mg/kg KG, Versuchstier Maus) ausgelöste Temperatursenkung wird durch Valeranon (100 mg/kg KG p.o.) verstärkt. Die Temperatur sinkt wesentlich schneller und stärker ab als nach Reserpin allein.[22]
Aus ihren Versuchsergebnissen ziehen die Autoren den Schluß, daß Valeranon ein mittelstark wirksames Anticonvulsivum darstellt, daß jedoch eine neuroleptische Komponente fehlt.

Volkstümliche Anwendung und andere Anwendungsgebiete: Bei Kopfweh und Schlaflosigkeit.[33] Die Droge wird in Indien ähnlich wie Baldrianwurzel angewendet.[1] Bei "Herzklopfen" (subjektive Mißempfindungen einer verstärkten und beschleunigten Herzaktion), bei nervösen Kopfschmerzen und bei klimakterischen Beschwerden.[13] Infus aus frischer Wurzel bei Flatulenz sowie krampfartigen Schmerzen im Intestinalbereich, Epilepsie, bei hysterischen Anfällen.[13,18] Im Sinne der naturwissenschaftlichen Medizin ist die Wirksamkeit bei den genannten Anwendungsgebieten bisher nicht belegt.

Dosierung und Art der Anwendung: *Droge.* Innerlich: Als Pulver, häufig in Mischungen. Einzeldosis: 10 bis 20 grains,[13] das sind 0,6 bis 1,3 g. 3mal täglich ca. 5 g Drogenpulver; eine Tasse Wasser nachtrinken.[33] *Zubereitung.* Als ammoniakalischer Fluidextrakt oder Tinktur 1:10 oder als Infus (1:40) 2- bis 3mal täglich ein Weinglas voll, entsprechend ca. 2 g Droge/Einzeldosis.[13]

Akute Toxizität: *Tier.* Untersuchungen für die Droge und ihre Zubereitungen liegen nicht vor. Für Valeranon beträgt nach i.p. Gabe die LD_{50} an der Maus 350 mg/kg KG.[22] Perorale Gaben an Mäuse in 6 Dosierungen zwischen 460 und 3.160 mg/kg KG (per Schlundsonde) sowie an Ratten beiderlei Geschlechts in Dosen von 1.000 bis 3.160 mg/kg KG führten bei keiner der beiden Tierarten zum Tod. Futteraufnahme und Körpergewichtsentwicklung waren nach Gabe von 3.160 mg/kg KG reduziert. Das klinische Verhalten war gegenüber Kontrolltieren nicht verändert, nach der höchsten Dosis trat allenfalls eine leichte Sedierung auf. In den niedrigen Dosen waren keine toxischen Effekte nachweisbar.

Sonst. Verwendung: *Kosmetik.* Zur Herstellung von chinesischem und indischem Spikenardenöl.[27] Geruch: Süßlich-holzig, warm, würzig und leicht animalisch (mehr baldrianartig als moschusartig); haftfest. Verwendung: Holznoten, Fougère, Ambra-Noten, Lavendelnoten, Alpenspeik, Moosnoten, orientalische Typen, Fichtennadeltypen, Klee-Noten.[27] Zusammen mit Pflanzenölen als Haarwuchs- und Haarschönungsmittel. Das Öl wird oft verfälscht.
Anmerkung: Das aus *Nardostachys jatamansi* destillierte ätherische Öl ist nicht zu verwechseln mit Vetiveröl aus der Wurzel von *Vetiveria zizanioides* (L.) NASH. s. Sonstige Bezeichnungen.

1. Kirtikar KR, Basu BD (1988) Indian Medicinal Plants, 3. Aufl., Bd. II, International Book Distributors, Dehradun, S. 1.306–1.307
2. Melchior H (Hrsg.) (1964) A. Englers Syllabus der Pflanzenfamilien, Bd. II, Gebr. Bornträger, Berlin-Nikolassee, S. 476
3. Batalin A (1894) Acta Horti Petropolitani 13:376, zit. nach Lit.[10]
4. Weberling F (1975) Taxon 24:443–452
5. Hgn, Bd. IX, S. 720–731
6. Greger H, Ernet D (1971) Naturwissensch 58:416–417
7. Schultze-Motel J (Hrsg.) (1986) Rudolf Mansfeld, Verzeichnis landwirtschaftlicher und gärtnerischer Kulturpflanzen, Bd. 3, Springer, Berlin Heidelberg New York Tokyo, S. 1.254
8. Kirtikar KR, Basu BD (1988) Indian Medicinal Plants, 3. Aufl., Bd. II, International Book Distributor, Dehradun, S. 1.307–1.309
9. Hag, Bd. VI A, S. 36–38

10. Rücker G, Glauch G (1967) Dtsch Apoth Ztg 107:921–926
11. Hörster H, Rücker G, Tautges J (1977) Phytochemistry 16:1.070–1.071
12. Arzneibuchkommission im Gesundheitsministerium der Volksrepublik China (Hrsg.) (1990) Zhonghua Renmin Gongheguo Yaodian zhongyao caise tuji (1990nian ban): Farbatlas der chinesischen Drogen des Chinesischen Arzneibuches 1990, Peking
13. Nadkarni KM (1982) Indian Materia Medica, Bd. 1, Sangam books, Bombay, S. 840–842
14. Satjavati GV, Gupta AK (1987) In: Medicinal plants of India, Bd. 2, Cambridge Printing Works, New Delhi, S. 312–323
15. Mukeerji B (1953) The Indian Pharmaceutical Codex, Council of Scientific and Industrial Research, New Delhi
16. Mehra PN, Garg LC (1962) Planta Med 10:433–441
17. Mehra PN, Jolly SS (1963) Planta Med 11:8–15
18. Chopra RN, Manda IC, Kapur LD (1982) Chopra's Indigenous Drugs of India, Academic publishers, Calcutta New Delhi, S. 515, 679
19. Rücker G (1969) Planta Med 17:32–34
20. Rücker G, Kretzschmar U (1972) Planta Med 21:1–4
21. Rücker G, Tautges J, Maheswari ML, Saxena DB (1976) Phytochemistry 15:224
22. Rücker G, Tautges J, Sieck A, Wenzl H, Graf E (1978) Arzneim Forsch 28:7–13
23. Shide L, Olbrich A, Mayer R, Rücker G (1987) Planta Med 53:556–558
24. Shide L, Mayer R, Rücker G (1987) Planta Med 53:332–334
25. Seshadri TR, Sood MS (1967) Phytochemistry 6:445–446
26. Arora RB, Arora CK (1963) Proc Int Pharmacol Meeting (2nd Prague) 7:51–54, zit. nach Lit.[10]
27. Janistyn H (1974) Taschenbuch der modernen Parfümerie und Kosmetik, 4. Aufl., Wissenschaftliche Verlagsgesellschaft, Stuttgart, S. 38
28. Bagchi A, Oshima Y, Hikino H (1988) Planta Med:87–88
29. Rücker G, Kurz J, Friemann J (1983) Arch Pharm 317:680–684
30. Kirtikar KR, Basu BD (1918, reprint 1987) Indian Medicinal Plants, Indian Press, Allahabad
31. Hag, Bd. VI C, S. 433–434
32. Rücker G, Paknikar SK, Mayer R et al (1993) Phytochemistry 33:141–143
33. World Health Organization (1990) The Use of Traditional Medicine in Primary Health Care, ISBN 92.9022.1887, New Delhi

EF

Nasturtium

HN: 2039700

Familie: Cruciferae (Brassicaceae).

Tribus: Arabideae.

Subtribus: Cardaminінae.

Gattungsgliederung: Die Gattung Nasturtium R. Br. umfaßt sechs sehr nahe verwandte Arten und eine sterile Sippe, einen Bastard aus den Arten *N. microphyllum* Bönningh. und *N. officinale* R. Br.[1,2] Synonyme auf Gattungsebene sind: Baeumerta Gaertn., Mey., Scherb., Cardaminum Moench und Pirea Durand.[2]

Gattungsmerkmale: Ausdauernde Stauden mit niederliegend-aufsteigenden, bewurzelten Sprossen, mit einfachen Haaren besetzt. Blätter gefiedert, dichtstehend, selten die untersten geteilt. Kurze Blütentrauben, end- und achselständig. Blüten mit 4 abstehenden Kelchblättern, ungesackt, 4 weißen, sich lila verfärbenden Kronblättern sowie 4 + 2 einfachen Staubblättern. Hufeisenförmige Honigdrüsen vorhanden. Länglicher Fruchtknoten, sitzend mit langem Griffel. Frucht aufspringende, stielrunde, leicht gekrümmte Schote, daher Zuordnung zu den Siliquosae nach Lit.[3], mit nervenlosen Klappen und dünner Scheidewand, von abstehenden oder zurückgebogenen Fruchtstielen getragen. Samen zweireihig, flach mit wabiger Epidermis.[2] Die Gattung Nasturtium R. Br. steht morphologisch zwischen den Gattungen Rorippa Scop. und Cardamine L., Unterscheidung von Rorippa durch weiße Blütenfarbe, von Cardamine durch die abstehenden Fruchtstiele.[1]

Verbreitung: Die bekannten Arten *N. microphyllum* und *N. officinale* sind weltweit verbreitet, zwei weitere Arten kommen in Marokko sowie zwei im südlichen Nordamerika vor.[2]

Inhaltsstoffgruppen: *Glucosinolate*, früher Senfölglykoside, sind *C*-substituierte *S*-(β-D-Glucopyranosyl)methanthiohydroximsäure-*O*-sulfate, die sich hinsichtlich ihrer *C*-Substitution unterscheiden. Bisher wurden in der Gattung Nasturtium insbesondere heterocyclisch substituierte Verbindungen wie Phenylethylglucosinolat sowie ω-Methylthioalkylglucosinolate gefunden.[4] Das Vorkommen der langkettigen ω-Methylthioheptyl- sowie ω-Methylthiooctylglucosinolate bzw. ihrer *S*-Oxide scheint charakteristisch für die Gattungen Nasturtium R. Br, Arabis L. und Sibara Greene zu sein und wird in chemotaxonomischer Hinsicht diskutiert.[5]
Bei der Zerstörung der Zelle erfolgt die Spaltung der in der Vakuole lokalisierten Glucosinolate durch Myrosinase (= Thioglucosid-glucohydrolase-Isoenzymgemisch EC 3.2.3.1), welches im Zellwandraum lokalisiert ist oder gebunden an Endomembransysteme vorkommt, in ein Aglykon (= *C*-substituiertes Thiohydroximsäure-*O*-sulfat) und Glucose. Eine Umlagerung des Aglykons bei pH-Werten nahe des Neutralpunktes in ein *N*-substituiertes Isothiocyanat durch spontane Lossen-Umlagerung schließt sich an. Bei pH-Werten im sauren Bereich bzw. unter Einfluß von zweiwertigen Eisenionen, in frischem Pflanzenmaterial werden zusätzlich Nitrile gebildet. Eine Umlagerung zu Thiocyanaten, welche z. B. bei der Gattung Brassica L. beobachtet wurde, wird bei Nasturtium nicht beschrieben.[4]
Glucosinolate mit endständigen ungesättigten Substituenten, die bei Anwesenheit eines Katalysatorproteins (ESP, epithiospecifier protein) als Cofaktor der Myrosinase zu Cyanoepithioalkanen umgewandelt werden, fehlen. Auch die Anwesenheit des Katalysatorproteins konnte nicht nachgewiesen werden.[6]

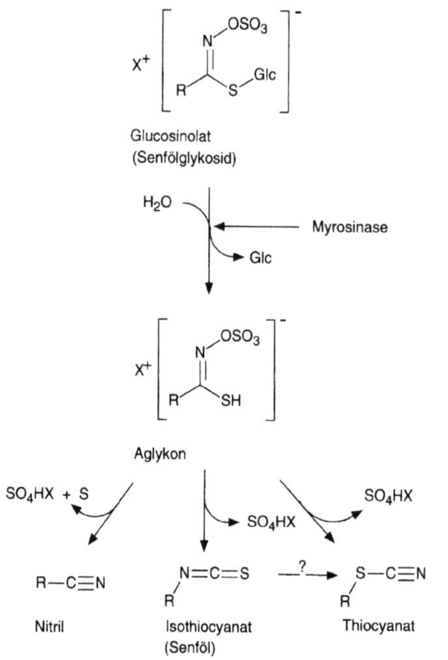

Der enzymatische Abbau der Glucosinolate. Nach Lit.[7]

Bei den bei der Glucosinolatspaltung gebildeten Isothiocyanaten handelt es sich um wasserdampfflüchtige, stechend riechende und scharf schmekkende Verbindungen,[3] wobei das Phenylethylsenföl bei *N. officinale* den Hauptaromastoff darstellt.[4,8]
Phenylpropankörper. Sinapin, bestehend aus Sinapinsäure (= 3,5-Dimethoxy-4-hydroxyzimtsäure) verestert mit Cholin, wurde in den Samen der Gattung Nasturtium nachgewiesen; es stellt ein Pseudoalkaloid dar.[3]
Fette Öle. Sie sind in den Samen lokalisiert, wobei nur 10% der Gesamtfettsäuren den gesättigten Fettsäuren zuzuordnen sind; typisch ist das Auftreten ungesättigter Fettsäuren: 40 bis 60% ungesättigte C_{18}-Fettsäuren wie Linol-, Linolen- und Ölsäure, 30 bis 50% ungesättigte C_{20}- und C_{22}-Fettsäuren: 20:1 z. B. Eicosensäure, 22:1 z. B. Erucasäure u. a.[3]

Drogenliefernde Arten: *N. officinale*: Nasturtii herba, Nasturtium officinale hom. *HAB 1*, Nasturtium aquaticum hom. *HPUS 88*.

Nasturtium officinale R. Br.

Synonyme: *Baeumerta nasturtium* Gaertn., Mey., Scherb., *Cardamine fontana* Lam., *Cardaminum nasturtium* Moench, *Nasturtium fontanum* (Lam.) Aschers., *Radicula nasturtium* Druce, *Rorippa nasturtium* Beck, *R. nasturtium-aquaticum* (L.) Hayek, *Sysimbrium nasturtium* Thunb., *S. nasturtium-aquaticum* L.

Sonstige Bezeichnungen: Dt.: Bachkresse, Brunnenkresse, Echte Brunnenkresse, Gemeine Brunnenkresse, Grabenkresse, Grundkresse, Wasserkresse; engl.: Water cress; frz.: Cresson, cresson de fontaine, cresson d'eau; it.: Cressione, cressione acquatico, nasturzio; span.: Berro, mastuerzo de agua.

Systematik: Als Wasserpflanze bildet *N. officinale* drei Standortformen aus:
- *Nasturtium officinale* f. *siifolium* (Rchb.) Beck (Syn. *N. siifolium* Rchb.): Flachwasserform, 1 bis 3 m lang, mit dickem, hohlem, kantigem Stengel und bis 27 cm langen Blättern (3 bis 4 Fiederpaare der Luftblätter), reichlich blühend;
- *Nasturtium officinale* f. *submersum* Glück (Syn. var. *grandifolium* Rouy et Fouc.): Tiefwasserform mit rundem Stengel sowie einfachen Blättern bzw. höchstens 1 bis 2 Fiederblättchen, die häufig nach unten umgerollt und durchscheinend zart sind; es werden keine Blüten gebildet;
- *Nasturtium officinale* f. *trifolium* Kitt. (Syn. *N. parviflorum* Peterm.): Landform mit kleinen, derben, ungeteilten Blättern, kreisförmig mit herzförmigem Grund, langgestielt, in Rosetten angeordnet; Stengel kantig, kurz, Blätter mit 1 bis 2 Paar Seitenfiedern tragend; zahlreiche Blütentrauben sind vorhanden, die allerdings nur wenige Blüten entfalten; hierzu zählt die subf. *asarifoliium* (Kralik) Mgf. (Syn. var. *asarifolium* Kralik), die keine Fiederblätter sowie nur 3 bis 5 Blüten pro Blütentraube besitzt.[2]

Botanische Beschreibung: Ausdauernde Pflanze mit kriechenden Ausläufern, 25 bis 90 cm hoch, fast kahl. Stengel am Grunde kriechend und wurzelnd, aufsteigend, kantig gefurcht und hohl. Laubblätter wechselständig, in der Regel unpaarig gefiedert, im Herbst und Winter grasgrün bleibend, meist etwas fleischig; die unteren Blätter gestielt, 1- bis 3zählig,

Nasturtium officinale R. Br. Aus Lit.[1]

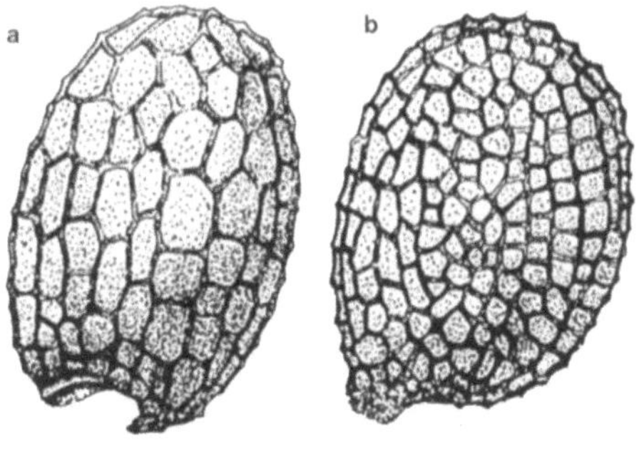

Samen von **a** *N. officinale* R. Br., **b** *N. microphyllum* Bönningh. Aus Lit.[2]

mit breit-elliptischen, ganzrandigen oder geschweift-gekerbten Seitenblättchen und rundlichem, breit herzförmigem, größerem Endblättchen. Obere Stengelblätter 5- bis 9zählig, leierförmig-gefiedert, am Grunde mit waagerechten, kurzen Öhrchen. Auf der Blattspindel oberseits vereinzelte Haare vorkommend.
An den Haupt- und Seitensprossen endständige, traubenartige Blütenstände, doldig gestaucht, aus kleinen, weißen Einzelblüten bestehend. Blütenstiele mit kaum 0,1 mm langen Haaren besetzt.
Blüte mit vier, 2 bis 3 mm langen, kahlen Kelchblättern, 4 weißen Kronblättern, 3,5 bis 5 mm lang, sich lila verfärbend. 2 + 4 Staubblätter, 3 bis 3,5 mm lang mit gelben Staubbeuteln und sich wie die Kronblätter lila verfärbenden Staubfäden. An jeder Seite der beiden äußeren, kürzeren Staubblätter je ein kleines, grünes, knotiges Honigblatt vorhanden.
Lockerer Fruchtstand, Schoten 13 bis 18 mm lang und 1,8 bis 2,5 mm dick, kahl, auf 8 bis 12 mm langen Fruchtstielen, waagerecht abstehend oder etwas herabhängend, Klappen mit undeutlichen Netznerven.
Samen flach, eiförmig, 1 mm lang, 0,8 bis 0,9 mm breit, grob netzwabig, mit ca. 25 Feldern auf jeder Samenfläche im Unterschied zu ca. 100 Feldern/Samenfläche bei *N. microphyllum*.

Verwechslungen: Eine Verwechslung mit der sehr ähnlichen *Cardamine amara* L. am Standort ist bei Beachtung folgender Unterscheidungsmerkmale auszuschließen: Die Außenwand der Antheren ist bei *Nasturtium officinale* gelb gefärbt, bei *Cardamine amara* violett (Pollen bei beiden Arten gelb). Außerdem besitzen die unteren Blätter bei *N. officinale* nur 3 Fiederblättchen, und der Stengel ist hohl. *Cardamine amara* hat einen markerfüllten Stengel und mehr als 3 Fiederblättchen auch an den unteren Blättern.[2]

Inhaltsstoffe: *Glucosinolate.* Hauptglucosinolat Gluconasturtin (= Phenylethylglucosinolat) macht 80 % des Gesamtglucosinolatgehalts in Blättern bzw. Samen frischer Wasserkresse aus.[4] Der Gehalt an Gluconasturtin variiert in Abhängigkeit vom Alter der Pflanze. Das frische grüne Kraut junger Pflanzen enthält ca. die 7fache Menge an Gluconasturtin (= 8,9 mg/g Feuchtgewicht) im Vergleich zum gelblichen Kraut alter, bereits absterbender Pflanzen (= 1,2 mg/g Feuchtgewicht).[9] Eine Erhöhung der Schwefelkonzentration im Boden führt zu einer Erhöhung des Gluconasturtingehalts, was sich in einer Verstärkung des Aromas der Droge äußert;[10] s. Nasturtii herba.
Zusätzlich wurden Spuren von Glucotropaeolin (= Benzylglucosinolat) sowie 2 langkettige ω-Methylthioalkylglucosinolate, das 7-Methylthioheptyl- und das 8-Methylthiooctylglucosinolat nachgewiesen.[4]

Verbreitung: Die Pflanze ist fast weltweit verbreitet. Sie ist circumpolar auf der Nordhalbkugel, aber auch in den Gebirgen der Tropen bzw. andernorts auf der Südhalbkugel zu finden. Ihr ursprüngliches Vorkommen ist nicht sicher abgrenzbar.[11] Im allgemeinen wächst sie nur in fließendem Wasser und an sonnigen Standorten (s. Systematik, Standortformen).

Anbaugebiete: Eine Kultivierung von *N. officinale* erfolgte ursprünglich in Mittel- und Westeuropa, besonders in Deutschland, Frankreich, England, außerdem in China; neuerdings wird sie häufig in tropischen Gebieten wie Ostafrika, Südostasien bis Indonesien, Philippinen, insbesondere als Salat-, z. T. auch als Heilpflanze angebaut.[11]

Drogen: Nasturtii herba, Nasturtium officinale hom. *HAB 1*, Nasturtium aquaticum hom. *HPUS 88*.

Nasturtii herba (Brunnenkressenkraut)

Synonyme: Herba Cardami, Herba Cardamines, Herba Nasturtii, Herba Nasturtii aquatici, Herba Nasturtii cardamines.

Sonstige Bezeichnungen: Dt.: Brunnenkresse, Frische Brunnenkresse, Wasserkraut, Wasserkresse; engl.: Watercress; frz.: Cresson de fontaine; it.: Nasturzio acquatico fresco; port.: Agriao; span.: Berros, yerba de berro.

Monographiesammlungen: Cresson de Fontaine *CF 49*, Herba Nasturtii recens *Helv V*, Herba Nasturtii *EB 6*.

Definition der Droge: Die frischen Blätter *CF 49*; das frische Kraut *Helv V*; die getrockneten oder frischen, während der Blütezeit (Mai bis August) gesammelten oberirdischen Teile *EB 6*.

Stammpflanzen: *Nasturtium officinale* R. Br.

Herkunft: Das Kraut wird aus Wildvorkommen gesammelt,[12] allerdings erhält man die Droge auch aus Anbau, der wegen des großen manuellen Aufwands jedoch nur auf kleinen Flächen erfolgt.[11]

Gewinnung: Die Sammlung des Krauts erfolgt ohne die älteren Blätter. Zur Trocknung sollten schattige, gut belüftete Plätze gewählt werden.[12]

Ganzdroge: Die Ganzdroge besteht aus Sproßachsen oder "Stengel mit Blüten", Blättern und Blüten. Der Stengel ist an der Basis niederliegend, wurzelt aus den Blattachseln, steigt dann auf und verzweigt sich. Er ist kantig gefurcht, unbehaart, dick und innen hohl. Die wechselständigen Blätter sind hell- bis dunkelgrün, etwas fleischig, glatt, ungleich gefiedert: unten 3zählig, oben 3- bis 7paarig. Die Seitenblättchen sind elliptisch oder schief-eiförmig, bis 3 cm lang, ausgeschweift oder ganzrandig. Das Endblättchen ist größer, kreisrund bis herzförmig oder eiförmig ausgeschweift. Die Blüten sind klein und weiß. Sie sind am Ende der Stengel und Zweige in gedrängten, allmählich sich verlängernden Doldentrauben angeordnet. Das frische Kraut riecht würzig und hat einen etwas bitteren und scharfen Geschmack.[13]

Schnittdroge: *Geruch.* Die Schnittdroge besitzt keinen deutlich wahrnehmbaren Geruch.
Geschmack. Etwas bitter.[12]
Makroskopische Beschreibung. Auffallend sind die stark geschrumpften, eingerollten, hell- bis schwarzgrünen, mitunter gelbbraun verfärbten Blattstückchen, die kleinen weißen Blüten mit den tiefschwarzen Antheren und derbe grüne Stengelstückchen.[13]
Mikroskopisches Bild. Die Epidermis der Blattober- und -unterseite enthält Spaltöffnungen, die von 3 bis 4 Nebenzellen, deren Bau sich nicht von dem gewöhnlicher Epidermiszellen unterscheidet, umgeben sind. Die Epidermiszellen besitzen stark wellige Konturen.

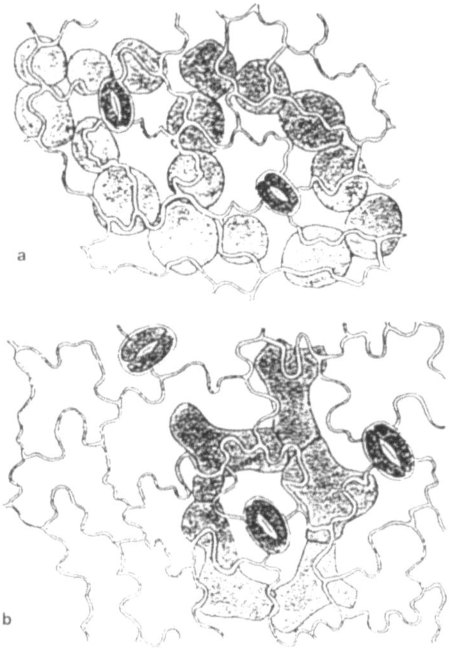

Nasturtium officinale: **a** obere Blattepidermis, **b** untere Blattepidermis. Nach Lit.[14]

Das Mesophyll ist bifacial gebaut mit breiten Palisaden und einem flachen, großzelligen Schwammparenchym.[13]

Pulverdroge: Das Pulver ist graugrün gefärbt. Es sind Epidermisfetzen mit stark wellig-buchtigen Zellen, Spaltöffnungen und Oxalatkristallen sowie Querschnittsbruchstücke mit 2 Palisadenreihen und 3 bis 4 Reihen von Schwammparenchym vorhanden.[13]

Verfälschungen/Verwechslungen: Verwechslungen mit *Berula erecta* (HUDS.) COV., einer Apiaceae, die allerdings gezähnte Blattränder sowie hohle Blattstiele besitzt, sowie mit *Cardamine amara* L., einer Cruciferae, die durch die violetten Staubbeutel abzugrenzen ist, werden beschrieben.[15]

Inhaltsstoffe: *Glucosinolatabbauprodukte.* Die Autolyse der Glucosinolate in den Blättern bei Raumtemperatur führt durch Spaltung des Gluconasturtins zur Bildung von 90 % Phenylethylisothiocyanat,[4] einem mit Wasserdampf flüchtigen, stechend riechenden und scharf schmeckenden Senföl,[3] welches für den "brennenden", scharfen Geschmack der Droge verantwortlich ist und den Hauptaromastoff darstellt.[16] Die absolut gebildete Menge an Phenylethylsenföl schwankt in Abhängigkeit vom Glucosinolatgehalt, z. B. 0,074 mg/g Feuchtgewicht[17] bzw. 3,3 mg/g Feuchtgewicht.[9] Nitrile werden unter Autolysebedingungen nur in Spuren gebildet.[4]
Bei Einwirkung organischer Lösungsmittel und/oder höherer Temperaturen[8,18] stellt das 3-Phenylpropionitril die Hauptkomponente der wasserdampfflüchtigen Verbindungen dar (60 %), seine Bildung erfolgt ebenfalls aus Gluconasturtin. Die Menge an Phenylethylisothiocyanat sinkt auf 15 % der wasserdampfflüchtigen Komponenten. Der Gehalt an langkettigen Nitrilen, 8-Methylthiooctanonitril (Precursor = 7-Methylthioheptylglucosinolat) steigt auf 12 %, an 9-Methylthiononanonitril (Precursor: 8-Methylthiooctylglucosinolat) auf 7 %.[8] Im Epicuticularwachs der Brunnenkresse wurden durch Etherextraktion noch weitere Abbauprodukte der Glucosinolate gefunden, z. B. Benzaldehyd, Benzylalkohol, Phenylethylalkohol, Phenylacetonitril, wobei noch nicht eindeutig geklärt ist, ob diese Stoffe unter Normalbedingungen in dieser Wachsschicht gespeichert werden oder ihre Bildung durch Einwirkung des Ethers induziert wird.[18]
Vitamine. In den Blättern sind beträchtliche Mengen Vitamin C enthalten. Es wurde eine Konzentration von 83,1 mg/100 g Frischgewicht ermittelt.[19]

Zubereitungen: Industriell hergestellter Frischpflanzenpreßsaft.[20]

Identität: Organoleptische und mikroskopische Prüfung: Frisches Brunnenkressenkraut riecht würzig, schmeckt scharf und leicht bitter. Die geschnittene Droge ist geruchlos, der bittere Geschmack bleibt erhalten (s. Ganzdroge/Schnittdroge).
Die chemische Identifizierung der Glucosinolate erfolgt nach zwei Hauptprinzipien: 1. Erfassung der

Hydrolyseprodukte (Isothiocyanate) oder 2. Bestimmung der intakten Glucosinolate;[21,22] s. dieses Hdb., Bd. 4 → Brassica.

1. Erfassung der Hydrolyseprodukte. Das zerkleinerte Pflanzenmaterial wird bei Raumtemperatur einige Stunden extrahiert, wobei durch Wirkung der Myrosinase die Isothiocyanate aus den genuinen Glucosinolaten freigesetzt werden. Diese können mittels GC ohne vorherige Derivatisierung bestimmt werden (Methode des internen Standards).[22]

Zur Auftrennung der Isothiocyanate mittels PC bzw. DC wird eine vorgeschaltete Präparation von Thioharnstoffen beschrieben.[23-25] Diese erfolgt nach Extraktion der Isothiocyanate aus der wäßrigen Phase durch Ausschütteln mit Petrolether[25] oder nach Spaltung der durch heiß methanolische Extraktion erhaltenen Rohglucosinolate durch Myrosinase[24] bzw. durch Einwirkung von Silbernitrat und Natriumthiosulfat[23] mittels BuOH/Eth[24] oder Eth[23] durch Zusatz von Ammoniak/EtOH.[24,25]

Zur PC dienen Lösungen der Thioharnstoffe in EtOH oder Chloroform. Es wird chromatographiert mit:

- Sorptionsmittel: a) Schleicher/Schüll-Papier[23] oder b) Whatmann-Papier Nr. 1 bzw. 2;[24]
- FM: a) BuOH-Eisessig-Wasser (4 + 1 + 4)[23] oder b) aufsteigend wassergesättigtes Chloroform bzw. absteigend BuOH-Eisessig-Wasser (4 + 1 + 3);[24]
- Detektion: Besprühen mit ammoniakalischer Silbernitratlsg.[23,24] bzw. Grotes Reagenz (Gemisch aus Nitroprussidnatrium, Bromid und Hydroxylamin).[26]

Die DC wird durchgeführt mit:

- Sorptionsmittel: a) Kieselgel G oder b) Kieselgel GF_{254}; auf eine Aktivierung der Platten bei 105 °C sollte verzichtet werden;
- FM: Ethylacetat-Chloroform-Wasser (3 + 3 + 4);
- Detektion: a) Besprühen mit 25%iger Trichloressigsäure in Chloroform; nach anschl. Erhitzen im Trockenschrank 10 min bei 140 °C wird erneut besprüht mit einem (1:1) Gemisch aus 1%iger wäßriger Kaliumhexacyanoferrat(III)lsg. und 5%iger Eisen(III)chloridlsg., Auswertung im Vis; oder b) Direktauswertung im UV 254 nm.[25]

2. Erfassung der intakten Glucosinolate.

PC. Die Glucosinolate werden aus Pflanzenmaterial heiß wäßrig oder heiß methanolisch (70% MeOH) extrahiert, und die Extrakte anschl. chromatographiert mittels aufsteigender PC:

- FM: BuOH-EtOH-Wasser bzw. BuOH-Essigsäure-Wasser verschiedener Zusammensetzung (4 + 1 + 3/4 + 1 + 5);
- Detektion: Besprühen mit ammoniakalischer Silbernitratlsg., *p*-Dimethylaminobenzaldehydlsg., *p*-Aminozimtaldehydlsg.[27] oder 10%iger Kupfersulfatlsg.[23]

Eine Kombination von Besprühen mit Silbernitrat, Trocknen bei 100 °C und Nachsprühen mit Kaliumdichromatlsg. wird auch empfohlen.[28]

Ferner wird bei der aufsteigenden PC verwendet:

- FM: BuOH-Pyridin-Wasser (6 + 4 + 3);
- Detektion: Eintauchen der Chromatogramme in acetonische Silbernitratlsg.; nach dem Lufttrocknen des Papiers wird mit 5%iger NaOH-Lsg. in MeOH nachgesprüht;
- Auswertung: Nach der Detektion erscheinen die Glucosinolate als dunkelbraune Flecken.[29,30]

Bei der absteigenden PC:

- FM: BuOH-Essigsäure-Wasser (4 + 1 + 3) oder BuOH-Pyridin-Wasser (6 + 4 + 3); durchlaufend chromatographiert;
- Detektion: Besprühen mit ammoniakalischer Silbernitratlsg.[24]

Eine präparative PC ist möglich unter Verwendung von:

- FM: BuOH-Essigsäure-Wasser; Isopropanol-Wasser-18 M Ammoniumhydroxid; BuOH-EtOH-Wasser (4 + 1 + 4);
- Detektion: Besprühen mit ammoniakalischer Silbernitratlsg.[31]

DC. Zerkleinerte Pflanzenteile werden in siedendem MeOH 5 min gekocht. Es folgt eine Extraktion der Glucosinolate durch ein- bis mehrstündiges Stehenlassen mit MeOH. Das erhaltene Filtrat wird eingeengt, auf eine Cellulosesäule (Cellulose MN 100) aufgebracht und mit MeOH eluiert. Nach Verwerfen des Vorlaufs werden 100 mL Eluat aufgefangen und nach Einengen auf 1 mL zur DC verwendet:[25,32]

- Sorptionsmittel: a) Kieselgel G oder b) Kieselgel GF_{254} bzw. Kieselgel 60 F_{254} Fertigplatten; auf eine Aktivierung der Platten bei 105 °C sollte verzichtet werden;[25]
- FM: BuOH-PrOH-Eisessig-Wasser (3 + 1 + 1 + 1);
- Detektion: a) Besprühen mit 25%iger Trichloressigsäure in Chloroform; nach anschl. Erhitzen im Trockenschrank 10 min bei 140 °C wird erneut besprüht mit einem (1:1) Gemisch aus 1%iger wäßriger Kaliumhexacyanoferrat(III)lsg. und 5%iger Eisen(III)chloridlsg., Auswertung im Vis; b) Direktauswertung im UV 254 nm.[25]
- Auswertung: a) Die Glucosinolate werden als blaue Flecken sichtbar.

GC. Nach heiß methanolischer[33] oder heiß wäßriger Extraktion erfolgt eine Präparation von Desulfoglucosinolaten entsprechend der in Lit.[34] beschriebenen Methode. Dazu wird der glucosinolathaltige Extrakt auf eine DEAE-Sephadex A-25 Säule aufgebracht und gewaschen, wobei die Glucosinolate über das Sulfation an den Anionenaustauscher gebunden werden. Durch Einwirkung von Arylsulfatase 0,2% über Nacht erfolgt die Abspaltung der Desulfoglucosinolate, die anschließend mit Wasser eluiert werden. Die Identifizierung durch GC[35-38] oder eine Derivatisierung der Desulfoglucosinolate mittels Trimethylchlorosilazan und Hexamethyldisilazan in Pyridin bei 105 °C über Nacht[39] bzw. unter Verwendung eines Gemisches aus Pyridin/BSTFA (bis-Trimethylsilyltrifluoroacetamid/Trisil = Trimethylsilyl)[35] schließt sich an. Die erhaltenen TMS-Derivate werden auf Siliconsäulen getrennt und mittels Standardsubstanzen, IR, NMR, identifiziert.[36-38]

Nach der Isolierung der Glucosinolate durch Erhitzen mit 70%igem MeOH folgt eine kombinierte Kationen- (Amberlite R 120 H^+) und Anionenaustauscherchromatographie (Ecteola-Cellulose-Säu-

le) mit Wasser bzw. Pyridin als Elutionsmittel, die Pyridineluate werden eingeengt, die enthaltenen Glucosinolate in TMS-Derivate überführt und durch GC gekoppelt mit MS bzw. NMR identifiziert.[31,39]
HPLC. Nach Isolierung der Glucosinolate durch Extraktion mit heißem 70%igem MeOH wird eine Kationen- und Anionenaustauscherchromatographie durchgeführt (s. GC).[39] Die Pyridiniumsalze der Glucosinolate werden anschließend an zwei in Reihe geschalteten RP-Säulen (Nucleosil 5 C_{18}) mittels Ionenpaarchromatographie getrennt:
- Gegenion: 0,005 M Tetraalkylammoniumborat;
- FM: 0,01 M Phosphatpuffer pH 7-MeOH (3 + 7; 4 + 6); isokratisch;
- Detektion: UV 235 nm.[40]

Bei der Analytik sehr komplexer Glucosinolatgemische wird als Gegenion Tetraheptylammoniumbromid und 70 % MeOH, ansonsten Tetraoctylammoniumbromid und 60 % MeOH verwendet.[40]
Die Auftrennung von Desulfoglucosinolaten (Präparation s. GC) erfolgt mittels RP-HPLC:[41]
- C_{18}-ODS-Säulen;
- Stufengradient: 100 % Wasser 10 min, in folgenden 30 min Steigung auf 12 % Acetonitril in Wasser, weitere 25 min konstant mit 12 % Acetonitril in Wasser;
- Detektion: 227,5 nm.

Neuerdings ist eine RP-Trennung intakter Glucosinolate direkt nach Extraktion aus der Droge unter Verwendung einer RP-Säule möglich:[42]
- Spherisorb 10 ODS-2;
- Stufengradient: Wäßriges Ammoniumacetat 0,1 M/Acetonitril, von 0 % auf 3 % in 9 min, anschl. auf 20 % Acetonitril in Ammoniumacetat in 20 min;
- Detektion: 235 nm.

Vorteile der HPLC gegenüber der GC: Eine Derivatisierung (TMS-Derivate) entfällt, die direkte Analyse der Drogenextrakte ist möglich. Die getrennten Glucosinolate können für weiterführende Untersuchungen gesammelt werden.[22]

Reinheit: Aschegehalt: Max. 12 % *EB 6.*

Gehaltsbestimmung: Die Bestimmung des Glucosinolatgehalts der Droge ist 1. durch die Erfassung der Hydrolyseprodukte (Isothiocyanat bzw. Glucose) oder 2. durch Ermittlung des Gehalts an intakten Glucosinolaten möglich; s. dieses Hdb., Bd. 4 → Brassica.
1. Erfassung der Hydrolyseprodukte.
Isothiocyanate. Die Extraktion der intakten Glucosinolate aus der Droge erfolgt durch Kochen mit EtOH, nach Entfernung des EtOH wird durch Myrosinaseeinwirkung das Glucosinolat gespalten und das entstehende Isothiocyanat durch Ausschütteln mit Eth isoliert. Die Bestimmung des Gehalts kann spektrophotometrisch bei 230 bis 260 nm,[27] durch GC (s. Identität)[43] oder durch RP-HPLC (ODS-C_{18}-Säulen; mobile Phase: MeOH; UV-Detektion bei 254 nm)[44] durchgeführt werden.
Glucose. Die Isolierung der gesamten Glucosinolate über Anionenaustauscherchromatographie (Sephadex A 25 DEAE) und Myrosinaseeinwirkung direkt auf der Säule führt zur Abspaltung der Glucose, die enzymatisch z. B. mit Hexokinase/ATP, Glucose-6-phosphat-Dehydrogenase/NAD, bestimmt wird. Damit ist eine Erfassung des Gesamtgehalts der Glucosinolate möglich.[45,46]
Eine polarographische Methode zur Bestimmung der in Glucosinolaten enthaltenen Glucose neben freier Glucose in wäßrigen Extrakten beruht auf der Messung der Oxidation von Glucose mittels der Clarkelektrode, katalysiert durch Glucose-Oxidase vor und nach Einwirkung von Myrosinase. Das Auftreten zweier differenter Signale im Polarogramm gestattet die Ermittlung der in den Glucosinolaten enthaltenen Glucose und somit eine indirekte Bestimmung des Gesamtglucosinolatgehalts.[47]
2. Erfassung der intakten Glucosinolate.
Die gaschromatographische Trennung der TMS-Derivate der Desulfo- bzw. der intakten Verbindungen (s. Identität) erlaubt eine direkte quantitative Auswertung.[36] Auch die Methode zur Abtrennung der extrahierten Glucosinolate über eine Kombination von An- und Kationenaustauscherchromatographie in Form von Pyridiniumsalzen und die anschließende Trennung dieser mittels RP-HPLC (s. Identität) ist für die quantitative Bestimmung individueller Glucosinolate nutzbar.

Wirkungen: *Antibiotische Wirkung.* 70%ige ethanolische Extrakte der Samen von *Nasturtium officinale* zeigen im Agarplattendiffusionstest Hemmwirkung gegenüber *Staphylococcus albus* und *Staphylococcus aureus.* Als wirksamer Bestandteil wird Phenylethylsenföl vermutet, so daß bei Anwendung von Zubereitungen aus dem Kraut entsprechende Wirkungen ebenfalls zu erwarten sind.[48]
β-Lactamasehemmung: Wäßrige Extrakte des frischen Krauts von *N. officinale* (25 % Frischpflanzen in Wasser nach Zerkleinern 18 h bei 4° extrahiert) bewirken im Agarplattendiffusionstest eine synergistische Hemmwirkung mit Cephalotin und Dicloxacillin auf das Wachstums von *Yersinia enterolytica.* Eine iodometrische Bestimmung der *β*-Lactamaseaktivität zeigt als Wirkungsmechanismus eine Hemmung dieser Enzyme; der Wirkstoff ist nicht bekannt.[49]
Diuretische Wirkung. Die in der Literatur des öfteren erwähnte diuretische Wirkung[12,50] ist nicht belegt. Sie wird vermutlich aus der lokalen Reizwirkung der Senföle, die zum Teil über die Niere ausgeschieden werden,[51] extrapoliert. Ein mit 50%igem EtOH aus den frischen, oberirdischen Teilen der Pflanze angefertigter Extrakt (5 Teile Droge: 100 Teile EtOH, eingeengt auf $^1/_3$ des Ausgangsvolumens nach einer Extraktionsdauer von 3 bis 7 Tagen) wirkte in einer Dosierung von 40 mL/kg KG p. o. bei Ratten mit Blasenkatheter nicht diuretisch. Als Kontrollen dienten 40 mL/kg KG 0,9 % NaCl-Lsg. sowie 40 mL/kg KG einer 0,0625 M KCl + 0,0875 M NaCl-Lsg.[57]
Antitumor-Wirkung. Ein Decoct aus der Droge soll in Kombination mit Zinksulfat und Glycerol bei Injektion von 0,1 mL/kg KG i. v. an Ratten oder Mäusen eine starke antimitotische Aktivität gegenüber experimentell erzeugten Tumoren wie Ehrlich-As-

cites-, Sarkom-180- und Yoshida-Sarkom-Tumor aufweisen. Eine Verlängerung der Überlebenszeit sowie eine Verringerung des Tumorvolumens gegenüber Kontrolltieren wurde beobachtet.[58]

Resorption: Gluconasturtin, das Hauptglucosinolat der Pflanze, wird bereits bei der Drogengewinnung bzw. spätestens im Magen zu Phenylethylisothiocyanat umgewandelt, welches gut resorbiert wird.[51]

Elimination: Phenylethylisothiocyanat wird an Glutathion gebunden und zu Mercaptursäurederivaten metabolisiert. Diese werden über die Niere ausgeschieden und im Harn pH-abhängig wieder freigesetzt. Ein Teil des Isothiocyanats wird über die Atemluft ausgeschieden.[51]

Anwendungsgebiete: Katarrhe der oberen Luftwege.[20]

Dosierung und Art der Anwendung: *Droge.* Die Einnahme von 20 bis 30 g des frischen Krauts bzw. 4 bis 6 g des getrockneten Krauts pro Tag wird empfohlen.[20] *Zubereitung.* Frischpflanzenpreßsaft: Tagesdosis 60 bis 150 g.[20]

Volkstümliche Anwendung und andere Anwendungsgebiete: Brunnenkressenkraut wird aufgrund seines bitteren Geschmacks bei Appetitlosigkeit und Verdauungsbeschwerden angewendet.[12] Wegen des hohen Gehalts an Vitamin C wird frische Brunnenkresse zu Frühjahrskuren genutzt.[12,50]
In der traditionellen Medizin Nordostitaliens werden Abkochungen der Blätter von *Nasturtium officinale* bereitet und in Form von Umschlägen und Kompressen bei Arthritis sowie Rheuma verwendet.[53] Auch die Blätter selbst werden bei den Ureinwohnern Boliviens, den Callawaya-Indianern, zum Kühlen von Schwellungen genutzt.[52]

Dosierung und Art der Anwendung: *Droge. Innerlich.* Die Droge kann in zerkleinerter Form direkt eingenommen werden.
Auch die Zubereitung eines Teeaufgusses wird empfohlen. Hierfür werden 1 bis 2 Teelöffel Droge (2 g) mit einer Tasse (150 mL) siedenden Wassers übergossen und 10 bis 15 min bedeckt stehengelassen, anschließend wird durch ein Sieb abgegossen. 2 bis 3 Tassen können täglich vor den Mahlzeiten getrunken werden.[12]
Äußerlich. Umschläge, Kompressen.[53]

Unerwünschte Wirkungen: *Allergische Wirkungen.* Im Läppchentest zeigte eine Frau, die sich wegen einer Kontaktdermatitis der Hände gegen *Tropaeolum majus* einem Allergietest unterzog, auch bei Aufbringen zerkleinerter Blattstücke von *Nasturtium officinale* eine deutlich positive Reaktion sowohl nach 48 als auch nach 96 h.[54] *Verdauungstrakt.* In seltenen Fällen können Magen-Darm-Beschwerden durch die schleimhautreizende Wirkung des Phenylethylsenföls verursacht werden.[20,51]

Gegenanzeigen/Anwendungsbeschr.: Bei bestehenden Magen- und Darmulcera und entzündlichen Nierenerkrankungen wird wegen der schleimhautreizenden Wirkung des Senföls von einer Anwendung abgeraten. Bei Kindern unter 4 Jahren sollten die Droge sowie deren Zubereitungen nicht angewendet werden.[20] Eine bestehende Cystitis kann durch Brunnenkresse verschlimmert werden.[50]

Wechselwirkungen: Es sind keine Wechselwirkungen mit anderen Arzneistoffen bekannt.[20]

Toxikologische Daten: *LD-Werte.* Die LD_{50} (Ratte, i. p.) eines nicht näher charakterisierten Extrakts der Droge wird mit 1 g/kg KG angegeben.[55]

Sonst. Verwendung: *Kosmetik.* Pulverisierte, mit Wasser zu einer dicken Paste angerührte Brunnenkresse soll bei Auftragen auf die Kopfhaut ca. 2 h vor dem Haarewaschen, zu einer "Stimulation" der Kopfhaut und damit des Haarwachstums führen (evtl. durch den Gehalt an B-Vitaminen). Eine positive Wirkung bei Haarausfall wird in Aussicht gestellt. Auch ein wie oben zubereiteter Teeaufguß kann als Spülung nach dem Haarewaschen verwendet werden.[50] *Haushalt.* Frische Brunnenkresse wird häufig in Form von Salaten oder als Brotbelag verzehrt.[11,12,50,52] Außerdem dient sie als Gewürz für Suppen, Soßen, Salate und Eintopfgerichte.[12,50]
Epidemiologische Untersuchungen zum Auftreten der Fasciolose z. B. in Nordspanien[59] oder in Frankreich[60] zeigen, daß die Pflanze als wichtigster Überträger des großen Leberegels, *Fasciola hepatica*, anzusehen ist. Es wird daher empfohlen, bei Verwendung von Brunnenkresse als Nahrungsmittel, auf Herkunft und insbesondere hygienische Vorbereitung (mehrfaches und gründliches Waschen) zu achten.[50]

Gesetzl. Best.: *Offizielle Monographien.* Aufbereitungsmonographie der Kommission E am BGA "Nasturtii herba (Brunnenkressenkraut)".[20]

Nasturtium officinale hom. *HAB 1*

Synonyme: Nasturtium aquaticum.

Monographiesammlungen: Nasturtium officinale *HAB 1.*

Definition der Droge: Die frischen, zur Blütezeit gesammelten, oberirdischen Teile.

Stammpflanzen: *Nasturtium officinale* R. BR.

Zubereitungen: Herstellung der Urtinktur sowie der flüssigen Verdünnungen erfolgt nach Vorschrift 3a, *HAB 1*; Eigenschaften: Die Urtinktur ist eine grünlichbraune Flüssigkeit mit arteigenem Geruch und Geschmack.
Darreichungsformen: Urtinktur, flüssige Verdünnungen, Tabletten, Verreibungen, Streukügelchen und flüssige Verdünnungen zur Injektion stehen als Darreichungsformen zur Verfügung.[56]

Identität: *Urtinktur.* Bei Versetzen der Urtinktur mit Wasser (1 + 5) und 0,1 mL einer 8,5%igen Natriumhydroxidlösung tritt eine intensive Gelbfärbung auf.
DC der Urtinktur nach *HAB 1*:
- Sorptionsmittel: Kieselgel H (Fertigplatten);
- Referenzlösung: Procainhydrochlorid, Rutosid und Phloroglucin in MeOH;

- FM: Wasser-Essigsäure 98%-PrOH-BuOH (6 + 17 + 17 + 50);
- Detektion: 25%ige Lösung von Trichloressigsäure in EtOH 96%, anschließendes Erhitzen 10 min bei 140°; erneutes Besprühen mit einem Gemisch aus gleichen Teilen einer 1%igen Lösung von Kaliumhexacyanoferrat(III) und einer 5%igen Lösung von Eisen(III)chlorid;
- Auswertung: Bei Tageslicht erscheinen mehrere blaue Zonen, deren Lage in bezug zu den Referenzsubstanzen definiert wird.

Reinheit: *Urtinktur.*
- Relative Dichte: 0,895 bis 0,915.
- Trockenrückstand: Mindestens 0,5%.

Lagerung: Vor Licht geschützt.

Anwendungsgebiete: Die Anwendungsgebiete entsprechend dem homöopathischen Arzneimittelbild. Dazu gehören: Reizzustände der ableitenden Harnwege.[56]

Dosierung und Art der Anwendung: *Droge.* Soweit nicht anders verordnet:
Bei akuten Zuständen werden alle halbe bis ganze Stunde je 5 Tropfen oder 1 Tablette oder 10 Streukügelchen oder 1 Messerspitze Verreibung eingenommen. Bei parenteraler Applikation werden bis zu 3mal täglich 1 bis 2 mL s. c. injiziert.
Zur Behandlung chronischer Verlaufsformen erfolgt 1- bis 3mal täglich die Einnahme von 5 Tropfen oder 1 Tablette oder 10 Streukügelchen oder 1 Messerspitze Verreibung; parenteral werden 1 bis 2 mL pro Tag s. c. injiziert.[56]

Unerwünschte Wirkungen: Nicht bekannt. Hinweis: Es können vorübergehend Erstverschlimmerungen vorkommen, die jedoch unbedenklich sind.[56]

Gegenanzeigen/Anwendungsbeschr.: Nicht bekannt.[56]

Wechselwirkungen: Nicht bekannt.[56]

Gesetzl. Best.: *Offizielle Monographien.* Aufbereitungsmonographie der Kommission D am BGA "Nasturtium officinale".[56]

Nasturtium aquaticum hom. *HPUS 88*

Monographiesammlungen: Nasturtium aquaticum *HPUS 88.*

Definition der Droge: Die ganze, blühende Pflanze.

Stammpflanzen: *Nasturtium officinale* R. BR.

Zubereitungen: *Urtinktur.* Herstellung durch Mazeration oder Perkolation der frischen oder getrockneten Pflanze mit EtOH nach den allg. Zubereitungsvorschriften (Class C) der *HPUS 88.* Ethanolgehalt 45% (*V/V*).

Gehalt: *Urtinktur.* Arzneigehalt $^1/_{10}$.

1. Hess H, Landolt E, Hirzel R (1970) Flora der Schweiz, Birkhäuser Verlag, Basel, Bd. 2, S. 208–210
2. Heg, Bd. IV/1–Bd. IV/2, S. 73–94; Bd. IV/3, S. 185–190
3. Hgn, Bd. III, S. 586–607
4. Gil V, MacLeod AJ (1980) Phytochemistry 19:1.657–1.660
5. MacLeod AJ, MacLeod G (1977) Phytochemistry 16:907–909
6. Kaoulla N, MacLeod AJ, Gil V (1980) Phytochemistry 19:1.053–1.056
7. Teuscher E, Lindequist U (1988) Biogene Gifte, Akademie-Verlag, Berlin, S. 303–311
8. MacLeod AJ, Islam R (1975) J Sci Food Agric 26:1.545–1.550
9. Newman RM, Kerfoot WC, Hanscom Z (1990) J Chem Ecol 16:245–259
10. Freeman GG, Mossadeghi N (1972) J Hort Sci 47:375–387
11. Schultze-Motel J (Hrsg.) (1986) Rudolf Mansfeld, Verzeichnis landwirtschaftlicher und gärtnerischer Kulturpflanzen, Akademie-Verlag, Berlin, Bd. 2, S. 278–279
12. Ennet D (1990) Heilpflanzen und Drogen, 2. Aufl., Bibliographisches Institut, Leipzig, S. 56–57
13. EB 6, S. 263
14. Thoms H (1929) Handbuch der praktischen und wissenschaftlichen Pharmazie, Botanik und Drogenkunde, Urban und Schwarzenberg, Berlin, Bd. V, S. 973
15. Hag, Bd. VI, S. 39–40
16. Freeman GG, Mossadeghi N (1973) J Hort Sci 48:365–378
17. Cole RA (1976) Phytochemistry 15:759–762
18. Spence RMM, Tucknott OG (1993) Phytochemistry 22:2.521–2.523
19. Jones E, Hughes RE (1983) Phytochemistry 22:2.493–2.499
20. BAz Nr. 22a vom 01.02.1990
21. McGregor DI, Mullin WJ, Fenwick GR (1983) J Assoc Anal Chem 66:825–849
22. Muuse BG, van der Kamp HJ (1987) In: Whathelet JP (Hrsg.) Glucosinolates in Rapeseeds: Analytical Aspects, Martinus Nijhoff Publishers, Dordrecht, S. 38–49
23. Schultz OE, Gmelin R (1952) Z Naturforsch 7b:500–506
24. Schultz OE, Wagner W (1956) Z Naturforsch 11b:73–78
25. Wagner H, Hörhammer L, Nufer H (1965) Arzneim Forsch 15:453–457
26. Kjaer A, Rubinstein K (1953) Acta Chem Scand 7:528–536
27. Ahmed ZF, Rizk AM, Hammouda FM, Seif El-Nasr MM (1972) Planta Med 21:35–60
28. Schultz OE, Gmelin R (1953) Z Naturforsch 8b:151–156
29. Kjaer A, Schuster A (1972) Acta Chem Scand 26:8–14
30. Gmelin R, Kjaer A, Schuster A (1970) Acta Chem Scand 24:3.031–3.037
31. Olsen O, Sorensen H (1980) Phytochemistry 19:1.783–1.787
32. Wagner H, Bladt S, Zgainski EM (1983) Drogenanalyse, Springer-Verlag, Berlin, S. 253–254
33. Heaney RK, Fenwick GR (1980) J Sci Food Agric 31:785–793
34. Thies W (1976) Fette, Seifen, Anstrichm 78:231–234
35. Truscott RJW, Minchington I, Burke D, Sang J (1982) Biochem Biophys Res Commun 107:1.368–1.375
36. Underhill EW, Kirkland DF (1971) J Chromatogr 57:47–54

37. Thies W (1979) Naturwissenschaften 66:364–365
38. Heaney RK, Fenwick GR (1980) J Sci Food Agric 31:593–599
39. Olsen O, Sorensen H (1979) Phytochemistry 18:1.547–1.552
40. Helboe P, Olsen O, Sorensen H (1980) J Chromatogr 197:199–205
41. Minchington I, Sang J, Burke D, Truscott RJW (1982) J Chromatogr 247:141–148
43. Björnquist B, Hase A (1988) J Chromatogr 435:501–507
43. Youngs CG, Wetter LR (1967) J Am Oil Chem Soc 44:551–610
44. Murthy TN, Devdhara VD (1988) J Oil Technol Assoc India (Bombay) 20:12–13, zit. nach CA 111:22263a
45. Lein KA, Schön WJ (1969) Angew Bot 43:87–92
46. Lein KA (1970) Z Pflanzenzuecht 63:137–154
47. Iori R, Leoni O, Palmieri S (1983) Anal Biochem 134:195–198
48. Ross SA, Megalla SE, Bishay DW, Awad AH (1980) Fitoterapia 51:303–308
49. Jimenez-Valera M, Ruiz-Bravo A, Ramos-Cormenzana A (1987) J Antimicrob Chemother 19:31–37
50. Elliot R, de Paoli C (1991) Kitchen Pharmacy, Chapmans Publ Ltd., London, S. 135–136
51. Schilcher (1984) Dtsch Apoth Ztg 124:2.430–2.435
52. Bastien JW (1983) J Ethnopharmacol 8:97–111
53. Cappelletti EM, Trevisan R, Caniato R (1982) J Ethnopharmacol 6:161–190
54. Diamond SP, Wiener SG, Marks JG (1990) Dermatol Clin 8:77–80
55. NN (1978) Indian J Exp Biol 16:228, zit. nach DIMDI-RTECS Dok. Nr. 052493 vom 14.03.1993
56. BAz Nr. 146 vom 08.08.1989
57. Ribeiro RA, Barros F, Fiuza de Melo MMR, Muniz C, Chieia S, Gracas Wanderley M, Gomes C, Trolin G (1988) J Ethnopharmacol 24:19–29
58. Cruz A (1970) Hospital (Rio de Janeiro) 77:943–952
59. Garcia-Rodriguez JA, Sanchez AMM, Gorostarzu JMF, Luis EJG (1985) Eur J Epidemiol 1:121–126
60. Rondelaud D (1980) Ann Parasitol Hum Comp 55:393–405

Mu

Nyctocereus

HN: 2039200

Familie: Cactaceae.

Unterfamilie: Cactoideae.

Tribus: Hylocereae.

Subtribus: Nyctocereinae[1] [linea Nyctocerei].

Gattungsgliederung: Die heute zu der Gattung Nyctocereus (BERGER) BRITTON et ROSE gehörenden sechs Arten wurden bei früheren Autoren als Untersektion bzw. Untergattung Nyctocereus der Sammelgattung Cereus MILLER aufgefaßt.[2]

Gattungsmerkmale: Aufrechte oder überlehnende bis niederliegende, schlanke Säulenkakteen mit 5 bis 13 Rippen; Blüten seitlich oder endständig, außen beschuppt und dornig-wollig, weiß bis rosa, nachtblühend, 4 bis 19 cm lang; Frucht fleischig, stachelig oder borstig; Samen groß, schwarz.[2,3]

Verbreitung: Heimat Mexiko, Guatemala, Nicaragua.[2,3]

Inhaltsstoffgruppen: Obwohl die Familie der Cactaceae als gut untersucht gilt,[4] sind Vorkommen der hierfür charakteristischen Inhaltsstoffgruppen wie Alkaloide und Flavonole bislang in der Gattung Nyctocereus nicht bekannt.

Drogenliefernde Arten: *N. serpentinus*: Cereus serpentinus hom. *HAB34*, Cereus serpentinus hom. *HPUS88*.

Nyctocereus serpentinus (LAG. et RODR.) BRITTON et ROSE

Synonyme: *Cactus ambiguus* BONPL., *C. serpentinus* (LAG. et RODR.) DC., *Cereus ambiguus* (LAG. et RODR.) DC., *C. serpentinus* DC., *C. serpentinus albispinus* WGT., *C. serpentinus stellatus* LEM., *C. splendens* WGT. non SALM-DYCK, *Echinocereus serpentinus* LEM.[2,5,6]

Sonstige Bezeichnungen: Engl.: Snake cactus, serpent cactus; span.: Junco, junco espinoso, reina de la noche.[5,6,9]

Systematik: Es sind drei Varietäten beschrieben,[2,7] nämlich var. *ambiguus* (DC.) BERGER, var. *splendens* (DC.) BERGER und var. *strictor* (FÖRST.) BERGER.

Botanische Beschreibung: Aufrecht, am Boden überhängend, hängend oder kriechend; Triebe bis 6 m lang, verzweigt, 2 bis 5 cm dick, mit 10 bis 13 niedrig gerundeten Rippen; Areolen dicht, etwas filzig; Stacheln etwa 12, dünn, hell, manchmal dunkel gespitzt, 1 bis 3 cm lang. Blüten innen weiß, nach außen rosa und rötlichgrün, 15 bis 20 cm lang; Frucht rot, bestachelt; 5 cm lang; Samen groß, schwarz.[2,3,5]

Verbreitung: Mexiko, nicht wildwachsend wiedergefunden.[2]

Anbaugebiete: Mexiko,[2,3,6] in Kalifornien und Chile als wohlschmeckendes Obst kultiviert.[6]

Drogen: Cereus serpentinus hom. *HAB34*, Cereus serpentinus hom. *HPUS88*.

Cereus serpentinus hom. *HAB34*

Monographiesammlungen: Cereus serpentinus *HAB34*.

Definition der Droge: Frische Stengel.

Stammpflanzen: *Nyctocereus serpentinus* (LAG. et RODR.) BRITTON et ROSE. *HAB34* gibt dessen Synonym *Cereus serpentinus* DC. an.

Zubereitungen: Essenz nach § 3 *HAB34*. Urtinktur und flüssige Verdünnungen nach *HAB1*, Vorschrift 3a.[8]

Darreichungsformen: Urtinktur, flüssige Verdünnungen, Tabletten, Verreibungen, Streukügelchen, flüssige Verdünnungen zur Injektion.[8]

Gehalt: *Essenz.* Arzneigehalt 1/3.

Anwendungsgebiete: Die Anwendungsgebiete entsprechend dem homöopathischen Arzneimittelbild. Dazu gehört: Angina pectoris.[8]

Dosierung und Art der Anwendung: *Zubereitung.* Soweit nicht anders verordnet: Bei akuten Zuständen häufige Anwendung alle halbe bis ganze Stunde je 5 Tropfen oder 1 Tablette oder 10 Streukügelchen oder 1 Messerspitze Verreibung einnehmen; parenteral 1 bis 2 mL bis zu 3mal täglich s. c. injizieren. Bei chronischen Zuständen 1- bis 3mal täglich 5 Tropfen oder 1 Tablette oder 10 Streukügelchen oder 1 Messerspitze Verreibung einnehmen; parenteral 1 bis 2 mL pro Tag s. c. injizieren.[8]

Unerwünschte Wirkungen: Nicht bekannt. Hinweis: Es können vorübergehend Erstverschlimmerungen vorkommen, die jedoch unbedenklich sind.[8]

Gegenanzeigen/Anwendungsbeschr.: Nicht bekannt.[8]

Wechselwirkungen: Nicht bekannt.[8]

Gesetzl. Best.: *Offizielle Monographien.* Aufbereitungsmonographie der Kommission D am BGA "Nyctocereus serpentinus (Cereus serpentinus)".[8]

Cereus serpentinus hom. *HPUS 88*

Monographiesammlungen: Cereus serpentinus *HPUS 88.*

Definition der Droge: Die Stengel.

Stammpflanzen: *Nyctocereus serpentinus* (LAG. et RODR.) BRITTON et ROSE.

Zubereitungen: *Urtinktur.* Herstellung durch Mazeration oder Perkolation der frischen oder getrockneten Droge mit EtOH nach den allg. Zubereitungsvorschriften (Class C) der *HPUS 88.* Ethanolgehalt 65 % (*V/V*).

Gehalt: *Urtinktur.* Arzneigehalt 1/10.

1. Buxbaum F (1958) Madroño 14:177–205
2. Backeberg C (1960) Die Cactaceae, VEB Gustav Fischer Verlag, Jena
3. Cullmann W, Götz E, Gröner G (1984) Kakteen, 5. Aufl., Verlag Eugen Ulmer, S. 296
4. Hgn, Bd. 3, S. 324–337, 648–649, 670; Bd. 8, S. 13–15, 176–181, 703
5. Bravo Helia H (1937) Las Cactaceas de Mexico, Universidad nacional de Mexico, Mexico, S. 287–289
6. Schultze-Motel J (Hrsg.) (1986) Rudolf Mansfeld, Verzeichnis landwirtschaftlicher und gärtnerischer Kulturpflanzen, 2. Aufl., Bd. 1, Springer, Berlin Heidelberg New York Tokyo, S. 194–195
7. Berger A (1929) Kakteen, Gustav Fischer, Jena
8. BAz Nr. 109a vom 16.06.1987
9. HPUS 88

NC

Nymphaea

HN: 2036600

Familie: Nymphaeaceae.

Unterfamilie: Nymphaeoideae.[1]

Tribus: Nymphaeeae.[1]

Subtribus: Nymphaeinae.[1]

Gattungsgliederung: Die Gattung Nymphaea L. besteht aus etwa 40 Arten, die in 5 Untergattungen gruppiert werden. Typus der Gattung ist *N. alba* L. Nähere verwandtschaftliche Beziehungen bestehen zu den Gattungen Barclaya WALLICH, Euryale SALISB., Nuphar SM., Ondinea HARTOG. und Victoria LINDLEY.[2,3]

Gattungsmerkmale: Krautige, ausdauernde Wasserpflanzen, mit langgestrecktem kriechendem oder aufrechtem, oft knollig verdicktem Rhizom. Blätter in Schwimm- und Wasserblätter differenziert, wechselständig, lang gestielt. Blattspreite der Schwimmblätter derb, rundlich bis eiförmig mit tief ausgerandetem, herzförmigem Grund, ganzrandig bis dornig-gezähnt. Blattstiel mit 2 großen und mehreren kleinen Luftkanälen. Wasserblätter dünn, rötlich-grün oder violett überlaufen, oft pfeilförmig. Blüten einzeln, zwittrig, radiär, duftend, mit langem Stiel aus dem Rhizom entspringend und über die Wasseroberfläche emporgehoben. Kelchblätter 4 bis 5, frei, unterseits grün. Kronblätter zahlreich (7 bis 40), frei, mehrreihig, schraubig an der Achse angeordnet, weiß, blau, gelb oder rot. Staubblätter sehr zahlreich (20 bis 70), mit den Kronblättern durch Übergänge (Staminodien) verbunden. Fruchtblätter zahlreich (4 bis 47), ringförmig in die becherförmige Achse eingesenkt, mit der Blütenachse teilweise verwachsen. Samenanlagen viele pro Karpell. Frucht eine beerenartige Kapsel, diese unter Wasser heranreifend. Samen mit glokkenförmigem Samenmantel. Chromosomenzahl $x = 14$.[2,4]

Verbreitung: Kosmopolitisch. Die Gattung ist sowohl im tropischen Afrika als auch in Südostasien, Südamerika, Australien und Neu-Guinea verbreitet. In Europa sind nur 4 Arten vertreten: *N. alba* L., *N. candida* C. PRESL, *N. lotus* L. und *N. tetragona* GEORGI.[2,3]

Inhaltsstoffgruppen: Chemotaxonomische Untersuchungen fehlen. Insoweit die bisher lückenhaften Untersuchungen Verallgemeinerungen zulassen, sind Gallotannine und Ellagitannine in der Gattung weit verbreitet, insbesondere in Wurzeln, Rhizom, Blatt und Samen. Blätter und Petalen führen Flavonolglykoside, doch kommen auch *C*-Glucosylflavone vor.[5,6] Ältere Angaben[7] über das Vorkommen von den Nupharalkaloiden ähnlichen Sesquiterpenalkaloiden bedürfen der Überprüfung. In den Blättern mehrerer Nymphaea-Arten wurde Armepavin (= 6,7-Dimethoxy-1-*p*-hydroxybenzyl-2-methyl-1,2,3,4-tetrahydroisochinolin) nachgewiesen.[6]

Drogenliefernde Arten: *N. alba*: Nymphaeae albae flos, Nymphaeae albae rhizoma; *N. odorata*: Nymphaeae odoratae rhizoma, Nymphaea odorata hom. *HAB34*, Nymphaea odorata hom. *HPUS88*.

Nymphaea alba L.

Synonyme: *Nymphaea officinalis* GATERAU.

Sonstige Bezeichnungen: Dt.: Weiße Seerose, Weiße Teichrose; engl.: Lotis-Lily, Water-rose, White Water-lily; frz.: Blanc d'eau, Lis d'eau, Nénuphar blanc, Nymphe, Volet blanc; it.: Carfano, Nenufaro bianco, Ninfea; port.: Nimphea branca; span.: Nenufar blanco, Ninfea blanca.

Botanische Beschreibung: Ausdauernde Schwimmblattpflanze mit im Boden kriechendem, kräftigem Rhizom von radiärem Querschnitt, spärlich verzweigt. Unterwasserblätter nur in der Jugend gut entwickelt, später selten und kurzlebig. Spreiten der Schwimmblätter oval bis rundlich, an der Basis bis zum Blattstiel eingeschnitten, ganzrandig, grün bis bräunlich. Seitennerven I. Ordnung untereinander maschenförmig verbunden. Hauptnerven der Basallappen fast gerade oder nur wenig gebogen, im ersten Drittel jedoch immer fast gerade. Sproßbürtige Wurzeln in Gruppen (bis zu 10) an den Blattbasen entspringend. Geöffnete Blüten 10 bis 12 cm im Durchmesser, Blütenbasis mehr oder weniger abgerundet. Hüll- und Staubblätter dem Fruchtknoten seitlich eingefügt. Kelchblätter 4, kürzer oder so lang wie die Kronblätter, außen grün, innen weiß, Kronblätter zahlreich, allmählich in die ebenfalls zahlreichen Staubblätter übergehend. Staubfäden der inneren Staubblätter bandförmig-schmal. Pollenkörner 24 bis 41 µm (durchschnittlich 30 µm). Fruchtknoten im Längsschnitt trapezförmig, im oberen Teil am breitesten. Narbenscheibe so breit oder nur wenig schmaler als der Fruchtknoten, Narbenzähne meist 14 bis 20. Samen 2 bis 3 mm lang.[8]

Verwechslungen: Keine Angaben in der Literatur. Denkbar sind Verwechslungen mit Nuphar-Arten (Teichrosenarten), was die widersprüchlichen Angaben über das Vorkommen von Nupharalkaloiden erklären könnte.

Verbreitung: Fast in ganz Europa; auch in Sibirien und in Kaschmir.[9]

Drogen: Nymphaeae albae flos, Nymphaeae albae rhizoma.

Nymphaeae albae flos (Seerosenblüten)

Synonyme: Flores nymphaeae albae.

Sonstige Bezeichnungen: Dt.: Nymphaea-alba-Blüten.

Definition der Droge: Die getrockneten vollständigen Blüten.

Stammpflanzen: *Nymphaea alba* L.

Herkunft: Sammlung aus Wildvorkommen.

Ganzdroge: Blüten 6 bis 12 cm im Durchmesser, blendend weiß, manchmal etwas rosa überlaufen. Die etwa 20 Blumenkronblätter gehen allmählich in die Staubgefäße über und nehmen an Größe gegen die Mitte hin ab. Äußere Blumenkronblätter etwas länger als der vierblättrige Kelch. Staubblätter zahlreich. Der Blütenstaub besitzt stumpfliche Stacheln an der Exine. Fruchtknoten kugelig bis eiförmig, fast bis zur Spitze von den Staubblättern bedeckt. Narbe gewöhnlich flach, gelb, mit 11 bis 22 Narbenstrahlen.[8]

Inhaltsstoffe: Verläßliche neuere Untersuchungen fehlen. Die Petalen enthalten Kämpferol- und Quercetinglykoside.[11]

Volkstümliche Anwendung und andere Anwendungsgebiete: Innerlich: Durchfallerkrankungen,[9] gegen sexuelle Übererregbarkeit.[10,11] Äußerlich: Fluor albus, Gonorrhö.[8] Die Wirksamkeit bei den genannten Anwendungsgebieten ist nicht belegt.

Dosierung und Art der Anwendung: *Droge.* Innerlich als Infus (3 %ig), 3 Tassen täglich, gesüßt oder ungesüßt trinken.[10] Äußerlich: Als Infus oder Decoct zu Waschungen.
Hinweis: Nach Lit.[8] wurden die Blütenblätter ohne Staubgefäße verwendet, möglicherweise wegen des höheren Tanningehaltes der Petalen.

Gesetzl. Best.: *Artenschutz.* In Deutschland unter Naturschutz.

Nymphaeae albae rhizoma (Weiße Seerosenwurzel)

Synonyme: Radix nymphaeae albae.

Sonstige Bezeichnungen: Dt.: Feuerwurzel, Nymphaea-alba-Wurzel.

Definition der Droge: Das getrocknete Rhizom mit Wurzeln.

Stammpflanzen: *Nymphaea alba* L.

Ganzdroge: Ca. 30 cm lang, runzelig, gegen beide Enden hin verschmälert. Farbe schmutzig gelbbraun, mit erhabenen dunkelbraunen Narben. Innen grauweiß, locker. Quillt in Wasser auf.

Schnittdroge: *Geruch.* Geruchlos.
Geschmack. Etwas salzig, dann bitter und herb.
Makroskopische Beschreibung. Das Rhizom von *Nymphaea alba* zeigt bei makroskopischer Betrachtung eine eigenartige, unregelmäßig sternförmige Querschnittszeichnung. Das Gewebe außerhalb des "Sterns" ist hell, beim frischen Rhizom weich und leicht eindrückbar. Das Gewebe des "Sterns" ist dunkel und hart.
Mikroskopisches Bild. Das Gewebe des "Sterns" (s. o.) besteht aus dicht beisammen liegenden, rundlichen Zellen; in ihm verlaufen die zerstreut ange-

ordneten, geschlossenen Leitbündel. Die Stellen, an denen die von dichtem Gewebe begleiteten Leitbündel in die Wurzeln oder Blattstiele ausbiegen und das interzellularenreiche Parenchym durchbrechen müssen, stellen die Zacken der sternförmigen Zeichnung dar. Zweierlei Arten von Idioblasten sind im Grundgewebe eingestreut. Einmal die Milchsaftzellen, zum andern Astrosklereiden, sternförmig verästelte Zellen mit sklerotisierter Wandung, die im interzellularenreichen äußeren Gewebe liegen und mit kleinen, knotenförmigen Anschwellungen dicht besetzt sind. Diese Anschwellungen sind durch in die Zellwand eingelagerte Oxalatkristalle bedingt. Die schwarzbraune Farbe des Rhizoms wird durch die dunkle Färbung der Epidermis und des darunter liegenden mehrschichtigen Hypoderms, hauptsächlich aber durch die sehr dichte Behaarung mit braunen, mehrzelligen Gliederhaaren hervorgerufen. Ihr Bau gleicht dem von Nuphar-Deckhaaren. Die Stärke des Nymphaea-Rhizoms mißt 6 bis 16 µm (durchschnittlich 12 µm).[8]

Inhaltsstoffe: 8 bis 10 % Tannine, hauptsächlich Gallo- und Ellagitannine, vermutlich neben geringen Mengen an kondensierten Gerbstoffen.[11] Außerdem sollen Alkaloide, darunter das sog. Nymphaein, enthalten sein, eine Angabe, die bisher nicht bestätigt werden konnte.[12]

Volkstümliche Anwendung und andere Anwendungsgebiete: Innerlich: Sexuelle Übererregbarkeit, insbesondere Priapismus und Nymphomanie; Schlaflosigkeit, Angstzustände; Durchfallerkrankungen.[13,17] Die Wirksamkeit der Droge bei den genannten Anwendungsgebieten ist nicht belegt.

Dosierung und Art der Anwendung: *Droge.* 30 g (ca. 3 Eßlöffel voll) zerkleinerte Droge auf 1 L Wasser als Infus. 5 bis 6 Gläser, mit Honig gesüßt, im Verlauf eines Tages trinken.[13] 1 Kaffeelöffel voll auf 1 Tasse Wasser als Infus; 10 min lang ziehen lassen; 2 bis 3 Tassen pro Tag trinken.[17] Fluidextrakt (keine genauen Angaben): Tagesdosis 1 bis 2 g in einem Getränk nehmen.[17]

Gesetzl. Best.: *Artenschutz.* In Deutschland unter Naturschutz.

Nymphaea odorata Ait.

Synonyme: *Castalia pudica* Salisb., *Nymphaea alba* Michx.

Sonstige Bezeichnungen: Dt.: Wohlriechende Seerose; engl.: Large white water lily, Sweet-scented water lily, Water cabbage[15], Water lily, Water nymph, White pond lily.[14]

Botanische Beschreibung: Krautige, ausdauernde Wasserpflanze, mit kräftigem, horizontal unter Wasser wachsendem, verzweigtem Rhizom. Schwimmblätter wechselständig, lang gestielt, mit 4 Luftkanälen im Blattstiel. Blattspreite ledrigderb, ganzrandig, rundlich bis eiförmig mit tiefem, keilförmigem Einschnitt an der Basis. Blattstiel grünlich, meist purpurn überlaufen. Nebenblätter dreieckig bis nierenförmig. Blüten einzeln, zwittrig, 7 bis 15 cm im Durchmesser, intensiv süßlich duftend, radiärsymmetrisch, mit langem Stiel aus dem Rhizom entspringend und über die Wasserfläche emporgehoben. Kelchblätter 4, diese fast frei, länglich-eiförmig, auf der Außenseite hellgrün, auf der Innenseite grünlichweiß. Kronblätter 23 bis 32, frei, elliptisch-lanzettlich, schmaler als die Kelchblätter, schraubig an der Achse angeordnet, rein weiß. Staubblätter sehr zahlreich (55 bis 106) mit den Kronblättern durch Übergänge (Staminodien) verbunden. Fruchtblätter zahlreich (13 bis 25), ringförmig in die becherförmige Achse eingesenkt, mit der Blütenachse teilweise verwachsen. Samenanlagen viele pro Karpell. Frucht eine beerenartige Kapsel, diese unter Wasser heranreifend. Samen klein, eiförmig, etwa 2,5 mm lang, glatt, mit Samenmantel, dieser etwa um $^1/_4$ länger als der Samen. Embryo mit großen, dicken Keimblättern.

Verbreitung: Östliches Nordamerika bis Mexiko und El Salvador, Westindien; in Westeuropa stellenweise eingebürgert.[16]

Drogen: Nymphaeae odoratae rhizoma, Nymphaea odorata hom. *HAB34*, Nymphaea odorata hom. *HPUS88.*

Nymphaea odorata Ait. Aus Lit.[19]

Nymphaeae odoratae rhizoma

Synonyme: Radix nymphaeae odoratae, Radix castaliae.

Sonstige Bezeichnungen: Dt.: Wohlriechende Seerosenwurzel; engl.: White pond lily rhizome.

Monographiesammlungen: Nymphaea *BHP83*.

Definition der Droge: Der geschnittene und getrocknete Wurzelstock.

Stammpflanzen: *Nymphaea odorata* AIT.

Ganzdroge: Unregelmäßig quergeschnittene Rhizomstücke bis zu 5 cm Durchmesser. Oberfläche der Außenseite dunkelgraubraun bis schwarz mit Resten der Blattbasen und mit Wurzelansätzen. Blattbasen bis zu 1 cm im Durchmesser, elliptisch oder gerundet, an der Schnittfläche mit verstreuten kreisförmigen Einsenkungen. Blattknospen an der Spitze des Rhizoms mit feinen, grauen, baumwollartigen Haaren dicht bedeckt. Querschnittsfläche des Rhizoms gelblichbraun mit einem unterschiedlich breiten, unterbrochenen Ring feinporöser Einsenkungen unmittelbar unter dem Kork. Schräg angeschnittene Leitbündel unregelmäßig auf der übrigen Querschnittsfläche verteilt. Bruch kurz, mehlig.[15]

Schnittdroge: *Geruch.* Schwach.
Geschmack. Schleimig und leicht scharf.[15]

Pulverdroge: Pulver gelblich bis graubraun. Stärkekörner meist einzeln, rundlich, 10 bis 25 µm groß mit Zentralspalt, einige zu 2 zusammengesetzt, gelegentlich bis zu 7 Körner zusammengelagert. Charakteristische große, verzweigte Astrosklereiden, in deren stark verdickte Wände zahlreiche kleine kubische Calciumoxalatkristalle eingebettet sind. Reichlich dünnwandige Parenchymzellen, z.T. mit auffallend getüpfelten Wänden aus dem schwammigen Gewebe, z.T. rundlich, in Zellgruppen mit gelbem Inhalt. Zahlreiche Fragmente dünnwandiger, vielzelliger, einzellreihiger, bis 45 µm weiter Deckhaare mit leicht verholzten Basalzellen. Tracheiden bis 50 µm weit, einzeln oder in Gruppen, verholzt, mit spiraligen oder ringförmigen Wandverdickungen. Selten polygonale, dünnwandige Korkzellen.[15]

Inhaltsstoffe: Die Droge ist kaum untersucht. Reichlich Gallo- und Ellagitannine. Die Gerbstofffraktion liefert nach Hydrolyse 23,9 bis 27,7 % Ellagsäure und 40,2 bis 46,7 % Gallussäure.[5]

Zubereitungen: Flüssigextrakt 1:1, hergestellt durch Perkolation mittels Ethanol 25 % *BHP83*.

Wirkungen: Adstringierend,[5] was aufgrund des hohen Tanningehaltes plausibel ist.

Volkstümliche Anwendung und andere Anwendungsgebiete: Innerlich: Bei Durchfallerkrankungen. Äußerlich: Pharyngitis, Fluor albus (Leucorrhö) und Vaginitis; Furunkel.[14,15] Die Wirksamkeit der Droge bei den genannten Anwendungsgebieten ist nicht belegt.

Dosierung und Art der Anwendung: *Droge.* Innerlich: Einzeldosis: 1 bis 2 g Droge als Infus; 1 bis 4 mL Fluidextrakt. Äußerlich: Das Decoct (nähere Angaben fehlen) für Waschungen und zum Gurgeln. Topisch (bei Furunkeln und Geschwüren) in Form eines heißen Breiumschlages.[14,15]

Nymphaea odorata hom. *HAB34*

Sonstige Bezeichnungen: Dt.: Wohlriechende Seerose.

Monographiesammlungen: Nymphaea odorata *HAB34*.

Definition der Droge: Der frische Wurzelstock.

Stammpflanzen: *Nymphaea odorata* AIT.

Zubereitungen: Essenz nach § 3 *HAB34*; Eigenschaften: Die Essenz ist dunkelbraun gefärbt, ohne charakteristischen Geruch; sie hat einen herben Geschmack.
Urtinktur und flüssige Verdünnungen nach *HAB1*, Vorschrift 3a.[18]
Darreichungsformen: Ab D3: Flüssige Verdünnungen, Tabletten, Verreibungen, Streukügelchen; flüssige Verdünnungen zur Injektion ab D4.[18]

Identität: *Essenz.* Die Essenz wird mit Eisen(III)chloridlsg. grünschwarz gefärbt; Fehlingsche Lösung wird reduziert.

Gehalt: *Essenz.* Arzneigehalt $^1/_3$.

Anwendungsgebiete: Die Anwendungsgebiete entsprechen dem homöopathischen Arzneimittelbild. Dazu gehören: Morgendurchfälle.[18]

Dosierung und Art der Anwendung: *Zubereitung.* Soweit nicht anders verordnet: Bei akuten Zuständen alle halbe bis ganze Stunde je 5 Tropfen oder 1 Tablette oder 10 Streukügelchen oder 1 Messerspitze Verreibung einnehmen; parenteral 1 bis 2 mL bis zu 3mal täglich s.c. injizieren. Bei chronischen Verlaufsformen 1- bis 3mal täglich 5 Tropfen oder 1 Tablette oder 10 Streukügelchen oder 1 Messerspitze Verreibung einnehmen; parenteral 1 bis 2 mL pro Tag s.c. injizieren.[18]

Unerwünschte Wirkungen: Nicht bekannt. Hinweis: Es können vorübergehend Erstverschlimmerungen vorkommen, die jedoch unbedenklich sind.[18]

Gegenanzeigen/Anwendungsbeschr.: Keine bekannt.[18]

Wechselwirkungen: Nicht bekannt.[18]

Gesetzl. Best.: *Offizielle Monographien.* Aufbereitungsmonographie der Kommission D am BGA "Nymphaea odorata".[18]

Nymphaea odorata hom. *HPUS88*

Monographiesammlungen: Nymphaea odorata *HPUS88*.

Definition der Droge: Das Rhizom und die Wurzeln.

Stammpflanzen: *Nymphaea odorata* AIT.

Zubereitungen: *Urtinktur.* Herstellung durch Mazeration oder Perkolation mit EtOH nach den allg. Zubereitungsvorschriften (Class C) der *HPUS 88.* Ethanolgehalt 45 % (*V/V*).

Gehalt: *Urtinktur.* Arzneigehalt $^1/_{10}$.

1. Melchior H (Hrsg.) (1964) Engler's Syllabus der Pflanzenfamilien, 12. Aufl., Bd. II, Gebr. Bornträger, Berlin
2. Wiersema JH (1987) A Monograph of Nymphaea subgenus Hydrocallis (Nymphaeaceae), Systematic Botany Monographs 16:1–112
3. Conard HS (1905) The waterlilies: a monograph of the genus Nymphaea, Publ. Carnegie Inst Washington 4:1–294
4. Cook CDK (1990) Aquatic Plant Book, SPA Academic Publishing, Den Haag
5. Hgn, Bd. V, S. 207–216, 441
6. Hgn, Bd. IX, S. 135–141
7. Cybulski J (1988) Phytochemistry 27:3.339
8. Hag, Bd. 6, S. 284–286
9. Kirtikar KR, Basu BD, An ICS (1987) Indian Medicinal Plants, 2. Aufl., Bd. I, International Book Distributors, Dehradun, S. 111–115
10. Font Quer P (1990) Plantas Medicinales, 12. Aufl., Editorial Labor, Barcelona, S. 236–237
11. Stübler M, Krug E (Hrsg.) (1987) Leesers Lehrbuch der Homöopathie, Bd. Pflanzliche Arzneistoffe I, 2. Aufl., Haug, Heidelberg, S. 699–700
12. Teuscher E, Lindequist U (1987) Biogene Gifte, Gustav Fischer, Stuttgart New York, S. 436
13. Poletti A, Schilcher H, Müller A (1990) Heilkräftige Pflanzen, Walter Hädecke Verlag, Weil der Stadt, S. 51
14. Millspaugh CF (1974) American Medicinal Plants, Dower Publications, New York (Nachdruck der Ausgabe von 1892)
15. BHP 83, S. 150–151
16. Zan
17. Valnet J (1983) Phytothérapie, 5. Aufl., Maloine, Paris, S. 573–574
18. BAz Nr. 242a vom 28.12.1988
19. Hitchcock CL, Crinquist A, Ownbey M, Thompson JW (1964) Vascular Plants of the Pacific Northwest, Part 2: Salicaceae to Saxifragaceae, University of Washington Press, Seattle

WH/Se/Hu

Oenothera

HN: 2041900

Familie: Onagraceae (= Oenotheraceae).

Tribus: Onagreae (= Oenothereaee).

Gattungsgliederung: Die Gattung Oenothera L. wird in 15 Subgenera unterteilt.[1] Nach einer neueren Bearbeitung[2] erfolgt die Untergliederung in 14 Sektionen mit 119 Arten. *O. biennis* L. gehört danach zur Sektion Oenothera mit 70 Arten und zur Subsektion Oenothera mit 13 Arten.

Gattungsmerkmale: Ein- bis mehrjährige Kräuter, Stauden oder Halbsträucher mit meist fleischiger Pfahlwurzel und wechselständigen, ganzrandigen oder gezähnten, gelappten oder fiederspaltigen Laubblättern. Blüten achselständig, einzeln oder seltener zu zweien oder in Köpfchen vereinigt, meist ansehnlich, weiß, gelb, rot, bläulich oder andersfarbig. Achsenbecher vierkantig, über dem Fruchtknoten eine nach oben sich häufig erweiternde abfallende Röhre bildend. Kronblätter vier, verkehrt-eiförmig oder herzförmig, sitzend oder nur sehr kurz genagelt. Staubblätter acht; alle gleich lang oder abwechselnd kürzer und länger. Fruchtknoten vierfächerig. Frucht eine Kapsel, stets mehrsamig, vierfächerig oder durch das Verschwinden der Scheidewände einfächerig, fachspaltig aufspringend, häutig, ledrig oder holzig. Chromosomenzahl n = 7.[3]

Verbreitung: Heimisch in gemäßigten Zonen Nord- und Südamerikas.[4] Einige Arten, darunter *O. biennis* in Europa, Asien, Australien und Afrika eingebürgert.[3]

Inhaltsstoffgruppen: Flavonoide wurden bisher in zahlreichen Arten der Gattung Oenothera nachgewiesen.[5–10] Ebenso treten verbreitet Gerbstoffe auf,[11,12] die in Gerbstoffvakuolen lokalisiert sind.[13] Für das fette Öl der Samen sind Triglyceride mit γ-Linolensäure charakteristisch.[14]

Drogenliefernde Arten: *O. biennis*: Oenotherae biennis oleum, Oenothera biennis hom. *HAB 34*, Oenothera biennis hom. *HPUS 88*.

Oenothera biennis L.

Synonyme: *Oenothera communis* Léveillé, *O. graveolens* Gilib., *Onagra biennis* Scop., *O. vulgaris* Spach.

Sonstige Bezeichnungen: Dt.: Eierblume, Gelbe Rapunzel, Gelber Nachtschatten, Gemeine Nachtkerze, Härekraut, Nachtschlüsselblume, Rübenwurzel, Schinkenkraut, Stolzer Heinrich, Weinblume; engl.: Broad-leaved Oenothera, evening primrose, scabish, sundrop, tree primrose; frz.: Herbe aux ânes, jambon des jardiniers, onagre; it.: Blattaria virginiana.

Systematik: Die Untergliederung der Gattung Oenothera ist äußerst kompliziert und wurde in der Vergangenheit häufig geändert. Eine neuere Bearbeitung aufgrund genomischer Komplexe erfolgte 1979,[15] eine Neugliederung 1991.[2]

Botanische Beschreibung: Zweijährige, bis 1 m hohe Pflanze mit spindelförmiger, fleischig-rübenförmiger Wurzel, im ersten Jahr nur eine unfruchtbare, dem Boden angedrückte Laubblattrosette treibend. Stengel aufrecht, einfach oder im oberen Teil ästig, gegen die aufrecht stehende Spitze zu kantig und wie der Kelch, der Fruchtknoten und die Kapsel mit kurzen Drüsenhaaren und längeren steifen, auf purpurnen Höckern sitzenden, einfachen, hellfarbenen Haaren spärlich besetzt.
Grundständige Laubblätter länglich-eiförmig oder elliptisch, in den langen Stiel verschmälert, stumpf zugespitzt, geschweift bis buchtig-gezähnt oder fast ganzrandig; die stengelständigen Laubblätter auf kurzen oder fast fehlenden, brüchigen Stielen, mehr oder weniger abstehend, oft überhängend, länglich-lanzettlich, spitz, unregelmäßig und klein gezähnelt, alle steiflich, etwa 10 cm lang und dicht über dem Grund etwa 3,5 cm breit. Haare einzellig; die einfachen bis 0,5 mm lang, schlank und spitz, meist mit dicker, warzig-rauher Wandung, die Drüsenhaare bis 0,35 mm lang, dünn- und glattwandig, gegen die Spitze keulig verdickt.
Blüten groß, etwa 2 bis 3 cm lang, einzeln in den Laubblattwinkeln, die geöffneten tiefer stehend als die Knospen, wohlriechend. Kelchblätter lanzettlich, lang zugespitzt, herabgeschlagen, dünnkrautig, etwa $^2/_3$ so lang wie der röhrenförmige Achsenbecher, mehr oder weniger bleichgrün, außen glatt und zerstreut behaart. Kronblätter verkehrt-eiförmig bis herz-eiförmig, kurz und länger als die Staubblätter und etwa halb so lang wie der Achsenbecher, eng gestellt, bisweilen mit den Rändern sich dekkend.
Kapseln lineal-länglich, bis 3 cm lang, stumpf vierkantig, vorn stumpf, flaumzottig behaart. Samen unregelmäßig, mit geraden, scharfen Seitenkanten, 1,5 mm lang, dunkelgrau bis schwarzbraun.[3]

Inhaltsstoffe: *Phenolische Verbindungen.* In den ssp. *caeciarum* und *centralis* sind folgende Flavonolglykoside enthalten: Kämpferol-3-*O*-glucosid, Kämpferol-3-*O*-rhamnosid, Quercetin-3-*O*-galactosid, Quercetin-3-*O*-rhamnoglucosid. In der ssp. *austromontana* wurden nur Kämpferol-3-*O*-glucosid, Quercetin-3-*O*-glucosid und Quercetin-3-*O*-galactosid nachgewiesen.[6] Neben Flavonoiden enthält *O. biennis* Delphinidin und Cyanidin sowie eine Reihe von Phenolcarbonsäuren: Ellag-, Gallus-, Digallus-, Neochlorogen-, Kaffee-, *o*- und *p*-Cumarsäure.[5] Die oberirdischen Teile enthalten 7,21 %, die Blätter 11,55 % Gerbstoffe, jeweils bezogen auf das Trockengewicht.[12]
Inhaltsstoffe der Samen. Die Samen bestehen zu etwa 15 % aus Protein, 24 % fettem Öl und 43 % Cellulose und Lignin. Das Protein ist reich an schwefelhaltigen Aminosäuren (Cystein + Methionin, 11 %) und Tryptophan (10,5 %).[22]

Verbreitung: Heimisch in Nordamerika, verbreitet in ganz Europa, Vorderasien und Ostasien, Neuseeland, Südliches Afrika und Südamerika. Besonders an Bahndämmen, Kanalböschungen, Wegrändern, Flußufern, in Kies- und Sandgruben, Steinbrüchen, an Mauern und ähnlichen Stellen, auf Ruderalplätzen, aber auch in natürlichen Pflanzengesellschaften an trockenen, steinigen Hängen und auf Sandflächen. Von der Ebene bis in die montane Stufe.[3]

Anbaugebiete: Anbau und Anbauversuche vor 1940 galten der Gewinnung von Wurzelgemüse.[16] Spätere Arbeiten beschäftigen sich mit dem Anbau von *O. biennis* als Ölpflanze.[17-20] Alle Maßnahmen, die zu größeren Samen führen, verbessern auch die Samenqualität. Neben züchterischen Möglichkeiten kann das Tausendkorngewicht (im Mittel etwa 0,47 g) durch eine niedrige Stickstoffgabe und eine geeignete Bestandsführung erhöht werden, da durch beide Maßnahmen die Bildung von schlecht ausgereiften Samen eingeschränkt wird. Da auch eine positive Korrelation zwischen Ölgehalt und Anteilen von γ-Linolensäure besteht, ist gleichfalls eine Verbesserung der Qualität zu erwarten.[19]
In Großbritannien werden etwa 1.000 ha *O. biennis* zur Ölgewinnung angebaut. Die Aussaat erfolgt im Juli für eine Ernte im September des darauffolgenden Jahres. Der Ertrag kann bis zu 1.600 kg/ha betragen. Des weiteren erfolgt der Anbau in mindestens 23 Ländern.[20]

Drogen: Oenotherae biennis oleum, Oenothera biennis hom. *HAB 34*, Oenothera biennis hom. *HPUS 88*.

Oenotherae biennis oleum (Nachtkerzenöl)

Synonyme: Oleum Oenotherae biennis.

Sonstige Bezeichnungen: Engl.: Evening primrose oil.

Definition der Droge: Das aus den reifen Samen durch Extraktion mit Hexan und anschließende Reinigung gewonnene fette Öl.

Stammpflanzen: *Oenothera biennis* L.

Herkunft: Die Samen zur Ölgewinnung stammen aus dem Anbau, der in mindestens 23 Ländern durchgeführt wird.[20,21]

Gewinnung: Die Gewinnung des Öls erfolgt durch Kaltextraktion mit Hexan in Stahltanks oder in mit Glas ausgelegten Tanks. Der Auszug wird mit Wasser gewaschen und das Lösungsmittel unter vermindertem Druck entfernt.[22] Außerdem gibt es Bestrebungen, die Extraktion mit überkritischem Kohlendioxid durchzuführen.[23]

Inhaltsstoffe: Der prozentuale Anteil der einzelnen Fettsäuren des fetten Öls ist wie folgt:[22] Linolsäure 65 bis 80%, γ-Linolensäure 8 bis 14%, Ölsäure 6 bis 11%, Palmitinsäure 7 bis 10%, Stearinsäure 1,5 bis 3,5%. Daraus geht hervor, daß Nachtkerzenöl zu den wenigen pflanzlichen Fetten gehört, die γ-Linolensäure (18:3ω6) enthalten. Der unverseifbare Anteil des fetten Öls wird mit 1,5 bis 2% angegeben, wovon 44% auf Sterole, 8% auf 4-Methylsterole, 13% auf Triterpenalkohole und 35% auf weitere Verbindungen wie Kohlenwasserstoffe, Alkohole und Tocopherole entfallen.[22]

Zubereitungen: Nachkerzenöl kommt als Fertigarzneimittel in Kapselform (0,5 g) in den Handel.

Identität: Die Analytik des Nachtkerzenöls erfolgt nach Standardmethoden für fette Öle, wobei die Fettsäuren durch GC ihrer Methylester bestimmt werden. Der unverseifbare Anteil wird nach Verseifen mit ethanolischer Kalilauge ermittelt.[22]

Reinheit: s. Identität.

Lagerung: Nachtkerzenöl wird mit Stickstoff gespült und in geschlossenen, gefüllten und mit Polyethylen ausgekleideten Tanks unter kühlen Bedingungen aufbewahrt.[22]

Wirkungen: *Biochemischer Hintergrund.* Mehrfach ungesättigte Fettsäuren sind für den Menschen essentiell.[24,25] Diese Fettsäuren werden einerseits in verschiedene Körperlipide eingebaut und dienen andererseits als Vorstufen für verschiedene Mediatoren.[26] Ausgehend von Linolsäure und Linolensäure lassen sich zwei Reihen von höher ungesättigten Fettsäuren unterscheiden, deren Produkte zu unterschiedlichen Mediatoren führen (s. Schema). Dabei erfolgt zunächst eine Umwandlung in längerkettige und stärker ungesättigte Säuren. Diese Veränderungen finden immer in Richtung zum Carboxylende statt, während das Methylende und sein Abstand zur nächsten Doppelbindung gleichbleiben. Man spricht deshalb auch von n-3- bzw. ω-3- und von n-6- bzw. ω-6-Fettsäuren. Beide Reihen können nicht ineinander übergeführt werden. Biologische Aktivität besitzen jeweils nur all-*cis*-konfigurierte Fettsäuren. Beim Fehlen oder Mangel an ungesättigten Fettsäuren kommt es zu verschiedenen Krankheitssymptomen, die durch entsprechende Zufuhr ausgeglichen werden können. Das erste Umwandlungsprodukt der zur ω-6-Reihe gehörenden Linolsäure, die in vielen Nahrungsfetten vorkommt, ist die γ-Linolensäure. Das für die Umwandlung notwendige Enzym ist die δ-6-Desaturase. Dieses Enzym wurde eingehend untersucht[27-29] und dabei festgestellt, daß seine Aktivität von einer Reihe von Faktoren abhängig ist: Aktivierend wirken ATP, Insulin und eine proteinreiche Kost; hemmend wirken u.a. c-AMP, Glucagon, Glucocorticoide und Thyroxin. Um einen möglichen Engpaß zu umgehen, der durch mangelnde Aktivität des Enzyms δ-6-Desaturase bedingt ist, werden Nachtkerzenöl und andere ω-6-Fettsäuren enthaltende fette Öle[30,31] als Arzneimittel oder diätetische Le-

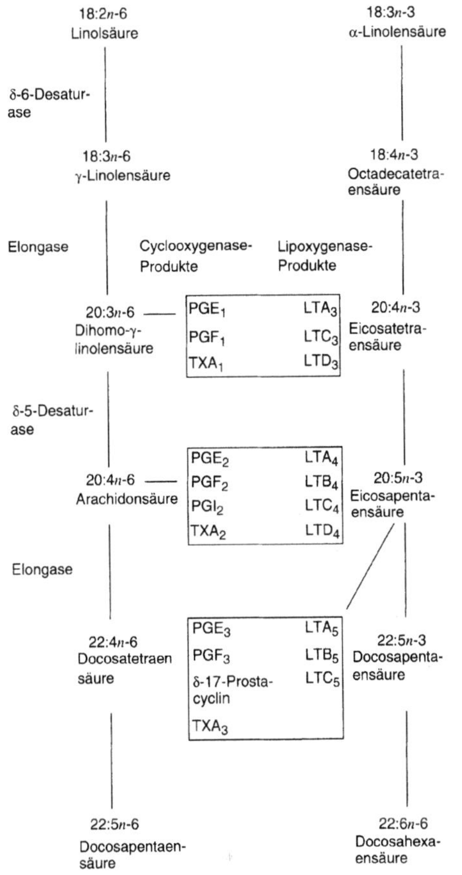

Stoffwechselwege der essentiellen Fettsäuren und ihrer Eicosanoid-Derivate. Nach Lit.[26]

bensmittel eingesetzt. Über pharmakologische Wirkungen von Nachtkerzenöl und über klinische Untersuchungen liegen einige allgemeine Übersichtsreferate vor.[25,32-35]

Wirkung auf die Haut. Meerschweinchen, die mit einer Diät gefüttert worden waren, die als einzigen Fettbestandteil nur gehärtetes Cocosfett enthielt, entwickelten Hautveränderungen wie Akanthose, Hypergranulose und Hyperkeratose.[36] Diese Veränderungen können durch eine Diät mit Zusatz von je 4% Saflоröl (reich an Linolsäure) oder Nachtkerzenöl rückgängig gemacht werden, jedoch nicht mit Fischöl. Die Zusammensetzung der Hautlipide normalisierte sich ebenfalls wieder nach Saflor- und Nachtkerzenölbehandlung. Unter Fischöl kam es dagegen zu einem Anstieg des Verhältnisses von Ölsäure/Linolsäure. Mikrosomale Proteine der Hautfraktion von Meerschweinchen sind nicht in der Lage, Linolsäure in γ-Linolensäure zu überführen. Der Haut fehlt demnach eine δ-6-Desaturase.[37] Membranphospholipide der Makrophagen von Mäusen, die entweder mit 10% Maiskeimöl oder mit 10% Nachtkerzenöl bei gleicher Grunddiät gefüttert worden waren, enthielten 2,0 mol/100 mol re-

spektive 3,5 mol/100 mol Dihomo-γ-linolensäure. Diese Makrophagen produzierten nach Stimulation mit Zymosan unter Maiskeimöl-Diät < 0,1 und unter Nachtkerzenöl-Diät 29,4 nmol Prostaglandin E_1/mg Protein.[38] Da Prostaglandin E_1 ein Hemmstoff der proinflammatorischen 12-Hydroxyeicosatetraensäure (12-HETE) und von Leukotrien B_4 ist, sollte eine Zufuhr von γ-Linolensäure, die *in vivo* z.B. von Makrophagen in Dihomo-γ-linolensäure übergeführt werden kann,[38] zu einer Unterdrückung entzündlicher Prozesse der Haut führen.[39,40]
Die Basiswerte der Plasmacatecholamine von Patienten mit atopischer Dermatitis waren insbesondere bei Noradrenalin gegenüber gesunden Kontrollpersonen statistisch signifikant erhöht. Durch vierwöchige Behandlung mit 3mal täglich 1 g Nachtkerzenöl über 8 Wochen konnte eine Reduktion des Noradrenalinspiegels um 28 % erzielt werden. Neben der Einsparung von corticoidhaltigen Externa kam es zu einer deutlichen Besserung der ekzematösen Hautveränderung.[41] Auch ein erhöhter Wert der Lipidperoxide bei Atopikern konnte durch eine achtwöchige Behandlung mit Nachtkerzenöl gesenkt werden.[42]
Patienten mit atopischer Dermatitis weisen eine verminderte Anzahl von T-Suppressor-Lymphocyten auf.[43] Der Einfluß der Behandlung von Atopikern mit Nachtkerzenöl (4mal 1 g über 12 Wochen) auf die Lymphocytenausprägung im peripheren Blut wurde untersucht:[43] Neben Veränderungen verschiedener Lymphocytenpopulationen stellte man insbesondere ein deutlich reduziertes Verhältnis von T-Helfer- zu T-Suppressorzellen von 3,1 auf 1,9 als Folge der Behandlung fest. Während der 12wöchigen Behandlung verlängerten sich die rezidivfreien Intervalle; neu auftretende Rezidive waren schneller zu beherrschen. Neben der Einsparung von corticosteroidhaltigen Externa kam es auch zu einer Besserung der chronisch ekzematösen Hautveränderungen. Die Haut zeigte in den meisten Fällen eine Zunahme der Geschmeidigkeit. Auch in nicht befallenen Hautarealen kam der positive Einfluß der Behandlung zum Tragen, insbesondere konnte der stark sebostatische Zustand der Haut positiv beeinflußt werden.
Über einen positiven Effekt von Nachtkerzenöl zur Behandlung von Atopikern liegen weitere kontrollierte Berichte vor.[44–49] Diese wurden an 12 bis 99 Patienten durchgeführt. Mit Ausnahme einer Studie[49] wird übereinstimmend über eine deutliche Verbesserung der Krankheitssymptome und teilweise von einer deutlichen Einsparung von Steroiden berichtet.[47]
Vier kontrollierte Parallel- und neun Cross-over-Studien verschiedener Kliniken und Länder wurden einer Metaanalyse unterworfen, bei der die Wirksamkeit von Nachtkerzenöl bei atopischem Ekzem auf Entzündungsgrad, Trockenheit, Schuppigkeit, Juckreiz und der Gesamtzustand der Haut von Ärzten und Patienten bewertet wurden.[50] In den Parallelstudien zeigten die Bewertungen sowohl der Patienten als auch der Ärzte eine hochsignifikante Verbesserung der ausgewerteten Symptome in der Verum- gegenüber der Placebogruppe. Es konnte außerdem eine positive Korrelation zwischen der Verbesserung der klinischen Symptome und dem Anstieg der Plasmaspiegel von Dihomo-γ-linolensäure und Arachidonsäure festgestellt werden.
Ebenfalls eine Verbesserung ekzematöser Hautveränderungen von Patienten mit Neurodermitis wurde unter der Behandlung mit Nachtkerzenöl (3mal 1 g/Tag über 4 Wochen) beobachtet.[51] Die Ausgangswerte der Plasmalipide bei den Patienten waren gleich denen von gesunden Kontrollpersonen. Während der Behandlung erfolgte eine Erhöhung der Dihomo-γ-linolensäure. Da der Quotient aus Linolsäure (Substrat) und der Summe aus Dihomo-γ-linolensäure und Arachidonsäure (Hauptprodukte) bei atopischer Dermatitis gegenüber den Kontrollen nicht erhöht war, wurde eine Störung der δ-6- und der δ-5-Desaturase als Krankheitsursache ausgeschlossen.
Veränderung der Muttermilch. Frauen nahmen zwei Monate nach der Geburt ihres Kindes entweder täglich 4 g Nachtkerzenöl oder eine entsprechende Menge Paraffinöl als Placebo ein.[52] Während sich bei der Placebogruppe der Gehalt an Gesamtfett in der Muttermilch im Laufe der Stillzeit (zwischen 2. und 6. Monat) verringerte und auch der Gehalt an Linol-, γ-Linolen- mit Dihomo-γ-linolen- und Arachidonsäure zurückging, erhöhten sich die entsprechenden Werte für die Verumgruppe. Zu einem ähnlichen Ergebnis führte eine Versuchsreihe, bei der Mütter Nachtkerzenöl angereichert mit γ-Linolensäureethylester bekamen. Auch hier waren insbesondere die Gehalte der C_{18}/C_{20}-Fettsäuren der *n*-6-Reihe in der Muttermilch gegenüber den entsprechenden Kontrollen signifikant erhöht.[53]
Wirkung bei diabetischer Neuropathie. Unter den neurophysiologischen und neurochemischen Defekten, die bei durch Streptozotocin induziertem Diabetes bei Ratten auftraten, konnte die Leitungsgeschwindigkeit der motorischen Nervenleitung durch Nachtkerzenöl (5 % Gewichtsanteil im Futter über 4 Wochen) verbessert werden; andere Parameter blieben unbeeinflußt.[54]
Hypoalgesie, die sich in Ratten mit exp. Diabetes nach 5 Wochen entwickelte, konnte durch Zufütterung von 0,63 g Nachtkerzenöl/kg KG/Tag rückgängig gemacht werden. Höhere und niedrigere Dosen waren dagegen unwirksam.[55]
22 Patienten mit diabetischer Polyneuropathie erhielten in einer doppelblind placebokontrollierten Studie über 6 Monate täglich entweder 6 g Nachtkerzenöl oder Placebo.[56] Während der diabetische Status der Verumgruppe (12 Patienten) und die Konzentration an Hb_{A1} unverändert blieben, besserten sich deren gemessene neurologische Symptome (Kälte- und Wärmeempfindlichkeit, Schmerzempfinden, Parästhesie). Bei den Fettsäuren der Plasmalipide war in der Verumgruppe ein Anstieg der γ-Linolensäure und der Arachidonsäure festzustellen; der Wert für Dihomo-γ-linolensäure entsprach dem von gesunden Probanden.
Wirkung auf die Erythrocyten diabetischer Patienten. Ausgehend von Beobachtungen, daß Erythrocyten von diabetischen Patienten eine verminderte Deformierbarkeit aufweisen[57] und daß ein Zusammenhang zwischen der Fettsäurezusammensetzung

der Erythrocytenmembran und den Eigenschaften des Insulinrezeptors besteht,[58] wurden Diabetiker mit täglich 4g Nachtkerzenöl p.o. über 4 Monate behandelt.[61] Nach 4 Monaten verbesserte sich die Membranviskosität der Erythrocyten auf Normalwerte, ebenso normalisierte sich die Prostaglandin E_1-Bindungsaktivität.

Wirkung auf den Blutdruck. Ratten, die 3 Monate mit Nachtkerzenöl (0,5 g/Tag) gefüttert worden waren, zeigten im Gegensatz zu mit Olivenöl gefütterten Tieren einen verminderten Blutdruckanstieg nach Stimulierung mit Renin und Angiotensin II.[60] Junge Ratten einer spontan hypertensiven Rasse wurden nach der Entwöhnung mit einer an Fetten bzw. fetten Ölen angereicherten (je 30%) Diät ernährt. Der Blutdruck der Tiere wurde über 18 Wochen verfolgt. Alle fette Öle enthaltenden Diäten (Sonnenblumen-, Leinsamen-, Nachtkerzenöl) führten zu einem geringeren Blutdruckanstieg als eine Diät mit gehärtetem Palmkernöl. Am niedrigsten war der Blutdruck bei Tieren, die Nachtkerzenöl erhalten hatten.[61]

Werden normotensive Ratten einer Streßsituation (z.B. Isolation) ausgesetzt, so entwickeln sie einen vorübergehenden Bluthochdruck; außerdem steigt die Herzfrequenz. Die Entwicklung des Hochdrucks und die Steigerung der Herzfrequenz kann durch die i.p. Gabe von 0,04 mg γ-Linolensäure, einem Bestandteil des Nachtkerzenöls, 2 Wochen vor der Isolation und während der Isolation verhindert werden.[62–64] Bei "borderline" hypertensiven Ratten führen Streßsituationen zur Manifestierung eines permanenten Bluthochdrucks. Die Gabe von γ-Linolensäure (0,04 mg/h i.p.) vermindert die Anstiegsrate und verhindert die Manifestierung.[64,65]

Wirkung auf Alkoholintoxikation. Embryonen von Ratten, deren Mütter während der Trächtigkeit täglich 0,015 mL/g KG Alkohol erhalten hatten, zeigen eine Reihe von morphologischen Anomalien, wie z.B. fehlende Entwicklung des Mesoderms und der Amnionfalten. Diese Embryopathien konnten weitgehend durch die tägliche p.o. Gabe von 0,6 mL Nachtkerzenöl während der Trächtigkeit verhindert werden.[66]

Bei Alkoholkranken in der Entzugsphase verbesserten sich bei einer täglichen Gabe von 4 g Nachtkerzenöl die Leberfunktion, gemessen als γ-Glutamyltransferase, und psychomotorische Werte rascher als unter entsprechender Placebobehandlung. Außerdem nahm der Konsum an Diazepam ab.[67–70]

Antitumorwirkung. Eine menschliche Brustkrebszellinie, ZR751, konnte *in vitro* durch 20 µg/mL γ-Linolensäure abgetötet werden.[71] In-vivo-Untersuchungen zeigten, daß der transplantierbare Mammatumor R3230AC bei Ratten durch tägliche Gabe von 25 bis 200 µL Nachtkerzenöl (s.c. oder p.o., beginnend 2 Tage vor der Tumorimplantation bis zum Tod der Tiere) in seinem Wachstum um 30 bis 50% gehemmt werden konnte.[72,73] Das Wachstum von MCF7-Brusttumor-Transplantaten bei Mäusen wurde durch Zusatz von 5 und 10% Nachtkerzenöl zum Futter über 5 Wochen stark gehemmt; die Hemmung durch entsprechende Mengen Fischöl war geringer; Maiskeimöl zeigte keine Hemmung bzw. bei 20%iger Zugabe sogar eine Förderung des Tumorwachstums.[74] Die Melanom-Tumorlinie G-361 in Mäusen wurde von einer 5%igen Nachtkerzenöldiät vollkommen gehemmt (Tumorgewicht der unbehandelten Kontrollen nach 5 Wochen 66 mg); 5% Olivenöl zeigte keine Wirkung (Tumorgewicht 72 mg).[74] Als ein möglicher Wirkungsmechanismus wird die Bildung freier Radikale aus ungesättigten Fettsäuren in Krebszellen diskutiert.[75]

Anwendungsgebiete: In der Bundesrepublik Deutschland sind Kapseln mit 0,5 g Nachtkerzenöl (entsprechend 40 mg γ-Linolensäure) zur Behandlung und symptomatischen Erleichterung des atopischen Ekzems zugelassen.[76] Die Symptome der Krankheit wie Juckreiz, Schuppung, Hautentzündung oder Rötung sollen positiv beeinflußt werden. Diese Anwendung ist durch zahlreiche klinische Untersuchungen gestützt (s. Wirkungen).

Dosierung und Art der Anwendung: *Zubereitung.* Erwachsene: 4 bis 6 Weichgelatinekapseln à 0,5 g Nachtkerzenöl (entspr. 2 bis 3 g Nachtkerzenöl mit 160 bis 240 mg γ-Linolensäure) 2mal täglich; Kinder (1 bis 12 Jahre) 2 bis 4 Kapseln täglich. Die Kapseln sollen nach den Mahlzeiten unzerkaut mit viel Flüssigkeit eingenommen werden.[76]

Volkstümliche Anwendung und andere Anwendungsgebiete: Nachtkerzenöl ist auch als diätetisches Lebensmittel im Handel. Unterstützende Wirkung soll Nachtkerzenöl bei folgenden Indikationen besitzen:[77] Neurodermitis, prämenstruelles Syndrom, Hyperaktivität beim Kind, erhöhter Cholesterinspiegel, Diabetes mellitus, multiple Sklerose. Die Wirksamkeit von Nachtkerzenöl bei diesen Indikationen ist nicht belegt; jedoch finden sich für diese Indikationen und zusätzlich für die Anwendung bei Akne, Psoriasis und rheumatoider Arthritis Hinweise auf entsprechende klinische und pharmakologische Untersuchungen in einer Monographie über ω-6-essentielle Fettsäuren.[33]

Dosierung und Art der Anwendung: *Droge.* 3mal täglich 1 bis 2 Kapseln à 0,5 g Nachtkerzenöl.[77]

Unerwünschte Wirkungen: Gelegentlich können Übelkeit, Verdauungsstörungen und Kopfschmerzen auftreten. In seltenen Fällen kann es zum Auftreten von allergischen Erscheinungen mit Symptomen wie Exanthem und Bauchschmerzen kommen.[76]

Wechselwirkungen: Nachtkerzenöl kann bislang nicht diagnostizierte Temporallappenanfälle manifestieren, besonders bei schizophrenen Patienten und/oder Patienten, die gleichzeitig epileptogene Arzneimittel wie Phenothiazine einnehmen. Bei Patienten, die gleichzeitig epileptogene Arzneimittel einnehmen oder bei allen Personen, deren Krankheitsgeschichte Epilepsie aufweist, sind die Wirkungen von Nachtkerzenöl sorgfältig zu beobachten. Bei Patienten, die nicht gleichzeitig Phenothiazine einnehmen, sind kein epileptischen Zwischenfälle bekannt.[76]

Chronische Toxizität: *Mensch.* Die therapeutische und diätetische Gabe von Nachtkerzenöl für den

Menschen liegen in der Regel unter 6 g/Tag. Diese Menge entspricht 300 bis 480 mg γ-Linolensäure oder 6 bis 10 mg/kg KG/Tag einer erwachsenen, 50 kg schweren Person. Da ein Säugling täglich etwa 23 bis 65 mg/kg KG/Tag aufnimmt,[78] ist bei der Therapie mit Nachtkerzenöl nicht mit toxischen Erscheinungen zu rechnen. Selbst bei Kindern, die mit bis zu 25 mL/Tag behandelt wurden, wurden keine toxischen Effekte festgestellt.[78] *Tier.* Bei Langzeitstudien an Hunden (52 Wochen) und Ratten (53 Wochen) in Dosen bis 5 mL/kg KG/Tag und teilweise bis 10 mL/kg KG/Tag, über eine Schlundsonde verabreicht, wurden keine toxischen Effekte festgestellt.[79]

Carcinogenität: In einer Langzeitstudie erhielten je 200 männliche und 200 weibliche Sprague-Dawley-Ratten ab der 5. bis 6. Lebenswoche täglich 2,5 mL/kg KG Öl mit einer Schlundsonde zusätzlich zu einer normalen Labordiät. Je 50 Tiere jeden Geschlechts erhielten 0,3 mL/kg KG/Tag, 1,0 mL/kg KG/Tag oder 2,5 mL/kg KG/Tag Nachtkerzenöl, wobei bei den beiden niedrigeren Dosierungen mit Maiskeimöl auf 2,5 mL aufgefüllt wurde. Als Kontrollen dienten je 50 Tiere mit 2,5 mL Maiskeimöl oder ohne Ölverabreichung. Alle während des Versuchszeitraums verendeten Tiere wurden ebenso wie die überlebenden Tiere nach 104 Wochen einer histopathologischen Untersuchung post mortem unterworfen. In gleicher Weise wurde mit CD-1-Mäusen verfahren mit dem einzigen Unterschied, daß die histopathologischen Untersuchungen wegen der kürzeren Lebenserwartungen bereits nach 78 Wochen erfolgten. Es ergaben sich bei diesen Untersuchungen keine statistisch gesicherten Unterschiede über die Art der Tumore und deren Häufigkeit zwischen den Tieren, die Nachtkerzenöl in unterschiedlicher Dosierung, Maiskeimöl oder eine normale Labordiät ohne zusätzliche Ölgabe erhalten hatten.[80]

Akute Vergiftung: Das einzige Symptom von Überdosierung, das in einigen Fällen beobachtet wurde, war Stuhlerweichung, die von Bauchschmerzen begleitet wurde.[76] *Erste Maßnahmen.* Keine erforderlich.[76]

Oenothera biennis hom. *HAB 34*

Sonstige Bezeichnungen: Dt.: Nachtkerze.

Monographiesammlungen: Oenothera biennis *HAB 34.*

Definition der Droge: Zu Beginn der Blütezeit gesammelte, frische Pflanze.

Stammpflanzen: *Oenothera biennis* L.

Zubereitungen: Essenz nach § 2, *HAB 34*; Eigenschaften: Die Essenz ist von goldgelber Farbe, ohne besonderen Geruch und Geschmack.
Urtinktur und flüssige Verdünnungen nach *HAB 1*, Vorschrift 2a.[81]
Darreichungsformen: Urtinktur, flüssige Verdünnungen, Tabletten, Verreibungen, Streukügelchen, flüssige Verdünnungen zur Injektion.[81]

Identität: *Essenz.* Mit gleichem Volumen Wasser mischt sie sich opalisierend trübe, Eisen(III)chloridlsg. färbt sie grünschwarz, Fehlingsche Lösung wird reduziert.

Gehalt: *Essenz.* Arzneigehalt $^1/_2$.

Anwendungsgebiete: Die Anwendungsgebiete entsprechen dem homöopathischen Arzneimittelbild. Dazu gehört: Durchfall.[81]

Dosierung und Art der Anwendung: *Zubereitung.* Soweit nicht anders verordnet: Bei akuten Zuständen häufige Anwendung alle halbe bis ganze Stunde je 5 Tropfen oder 1 Tablette oder 10 Streukügelchen oder 1 Messerspitze Verreibung einnehmen; parenteral 1 bis 2 mL bis zu 3mal täglich s. c. injizieren. Bei chronischen Verlaufsformen 1- bis 3mal täglich 5 Tropfen oder 1 Tablette oder 10 Streukügelchen oder 1 Messerspitze Verreibung einnehmen; parenteral 1 bis 2 mL pro Tag s. c. injizieren.[81]

Unerwünschte Wirkungen: Nicht bekannt. Hinweis: Es können vorübergehend Erstverschlimmerungen vorkommen, die jedoch unbedenklich sind.[81]

Gegenanzeigen/Anwendungsbeschr.: Nicht bekannt.[81]

Wechselwirkungen: Nicht bekannt.[81]

Gesetzl. Best.: *Offizielle Monographien.* Aufbereitungsmonographie der Kommission D am BGA "Oenothera biennis".[81]

Oenothera biennis hom. *HPUS 88*

Monographiesammlungen: Oenothera biennis *HPUS 88.*

Definition der Droge: Die ganze Pflanze.

Stammpflanzen: *Oenothera biennis* L.

Zubereitungen: *Urtinktur.* Herstellung durch Mazeration oder Perkolation der frischen oder getrockneten Droge mit EtOH nach den allg. Zubereitungsvorschriften (Class C) der *HPUS 88.* Ethanolgehalt 45 % (*V/V*).

Gehalt: *Urtinktur.* Arzneigehalt $^1/_{10}$.

1. Munz PA (1965) North Am Flora 2:5
2. Wagner WL, Dietrich W (1991) Oenothera conspectus, Mitteilung W. Dietrich
3. Hegi G (1935) Illustrierte Flora von Mitteleuropa, 1. Aufl., J. F. Lehmanns Verlag, München, Bd. V, Teil 2, S. 857
4. Dietrich W (1988) In: Correa MN (Hrsg.) Flora Patagonica, Collectión Cientifico del Inta, Buenos Aires, Bd. VIII, Teil V, S. 267–298
5. Zinsmeister HD, Bartl S (1971) Phytochemistry 10:3.129–3.132
6. Howard GZ, Mabry TJ, Raven PH (1972) Phytochemistry 11:289–291
7. Zinsmeister HD, Biering W (1973) Phytochemistry 12:234

8. Zinsmeister HD, Schels H (1975) Phytochemistry 14:1.468
9. Zinsmeister HD, Plitzko I, Scheels H (1977) Phytochemistry 16:497
10. Averett JE, Huang S, Wagner WL (1987) Naturalist 32:117–120
11. Zinsmeister HD, Kauer H, Rossmann G (1965) Planta 66:301–309
12. Zinsmeister HD, Hopf H, Kauer H, Bartl S (1970) Planta Med 18:160–167
13. Diers L, Schötz F, Meyer B (1973) Cytobiologie 7:10–19
14. Gunstone FD (1992) Prog Lipid Res 31:145–161
15. Raven PH, Dietrich W, Stubbe W (1979) Syst Bot 4:242–252
16. Becker J (1938) Handbuch des gesamten Gemüsebaues einschließlich der Gewürz- und Küchenkräuter, Paul Parey, Berlin, S. 794–796
17. Heeger EF (1948) Pharmazie 3:273–275
18. Dieckmann A (1948) Pharmazie 3:275–276
19. Reiner H, Marquard R (1988) Fat Sci Technol 90:136–140
20. Dodd M, Scarisbrick D (1989) Biologist 36:61–64
21. NN (1992) Evening primrose information sheet No. 2, Scotia Pharmaceuticals Ltd., Woodbridge Meadoowa, Guilford (UK), S. 1–2
22. Hudson BJF (1984) J Am Oil Chem Soc 61:540–543
23. Bosisio M (1990) Agric Res 38:20–21
24. Sinclair HM (1990) In: Horrobin DF (Hrsg.) Omega-6 Essential Fatty Acids: Physiology and Roles in Clinical Medicine, Alan Liss, New York, S. 1–19
25. Das UN (1991) Asia Pacific J Pharmacol 6:317–330
26. Wright S (1991) Br J Dermatol 125:503–515
27. Brenner RR (1982) Prog Lipid Res 20:41–48
28. Sprecher H (1982) Prog Lipid Res 20:13–22
29. Horrobin DF, Manku MS (1990) In: Horrobin DF (Hrsg.) Omega-6 Essential Fatty Acids: Physiology and Roles in Clinical Medicine, Alan Liss, New York, S. 21–53
30. Lawson LD, Hughes BG (1988) Lipids 23:313–317
31. Gunstone FD (1992) Prog Lipid Res 31:145–161
32. Horrobin DF (1990) In: Johnson S, Johnson FN (Hrsg.) Reviews in Contempory Pharmacotherapy, Marius Press, Cornforth (UK), S. 1–45
33. Horrobin DF (Hrsg.) (1990) Omega-6 Essential Fatty Acids: Physiology and Roles in Clinical Medicine, Alan Liss, New York, S. 1–595
34. Horrobin DF (1992) Prog Lipid Res 31:163–194
35. Becker H (1983) Z Phytother 4:2–6
36. Ziboh VA, Chapkin RS (1987) Arch Dermatol 123:1.686a–1.690a
37. Chapkin RS, Ziboh VA, McCullough JL (1987) J Nutr 117:1.360–1.370
38. Fan YY, Chapkin RS (1992) J Nutr 122:1.600–1.606
39. Ziboh VA (1990) In: Horrobin DF (Hrsg.) Omega-6 Essential Fatty Acids: Physiology and Roles in Clinical Medicine, Alan Liss, New York, S. 187–202
40. Kerscher MJ, Korting HC (1992) Clin Invest 70:167–171
41. Courage B, Nissen HP, Wehrmann W, Biltz H (1991) Z Hautkrankh 66:509–510
42. Kreysel HW, Nissen HP (1992) Abstract, 18th World Congress of Dermatology, New York, S. 125a
43. Wehrmann W, Niedecken H, Bauer R (1987) Z Hautkrankh 62 (Suppl):111–115
44. Lowell CR, Burton JL, Horrobin DF (1981) Lancet: 278
45. Writh S, Burton JL (1982) Lancet: 120–122
46. Schalin-Karrila M, Mattila L, Jansen CT, Uotila P (1987) Br J Dermatol 117:11–19
47. Sugai T (1987) Skin Res 29:330–338
48. Bordoni A, Biagi P, Masi M, Ricci G, Fanelli C, Patrizi A, Ceccolini E (1988) Drugs Exp Clin Res 14:291–297
49. Bamford JTM, Gibson RW, Renier CM (1985) J Am Acad Dermatol 13:959–965
50. Moorse PF, Horrobin DF, Manku MS, Stewart JCM, Allen R, Littlewood S, Wright S, Burton J, Gould DJ, Holt PJ, Jansen CT, Mattilas L, Meigel W, Dettke TH, Wexler D, Guenther L, Bordoni A, Patrizi A (1989) Br J Dermatol 121:75–90
51. Nissen HP, Wehrmann W, Kroll U, Kreysel HW (1988) Fat Sci Technol 90:268–271
52. Cant A, Shay J, Horrobin DF (1991) J Nutr Sci Vitaminol 37:573–579
53. Gibson RA, Rassias G (1990) In: Horrobin DF (Hrsg.) Omega-6 Essential Fatty Acids: Physiology and Roles in Clinical Medicine, Alan Liss, New York, S. 283–293
54. Thomlinson DR, Robinson JP, Compton AM, Keen P (1989) Diabetologica 32:655–659
55. Wiesenfeld-Hallin Z, Eneroth P (1990) In: Horrobin DF (Hrsg.) Omega-6 Essential Fatty Acids: Physiology and Roles in Clinical Medicine, Alan Liss, New York, S. 477–486
56. Jamal GA (1990) In: Horrobin DF (Hrsg.) Omega-6 Essential Fatty Acids: Physiology and Roles in Clinical Medicine, Alan Liss, New York, S. 487–504
57. Baba Y, Kai M, Kamada T, Setoyama S, Otsuji S (1979) Diabetes 28:1.138–1.140
58. Ginsberg BH, Brown TJ, Simon I, Spector AA (1981) Diabetes 30:773–780
59. Dutta-Roy AK (1990) In: Horrobin DF (Hrsg.) Omega-6 Essential Fatty Acids: Physiology and Roles in Clinical Medicine, Alan Liss, New York, S. 505–511
60. Schölkens BA, Gehring D, Schlotte V, Weithmann U (1982) Prostagland Leukotrien Med 8:273–285
61. Singer P, Naumann E, Hoffmann P, Block HU, Taube C, Heine H, Förster W (1984) Biochem Biophys Acta 43:243–246
62. Mills DE, Ward RP (1986) Lipids 21:139–142
63. Mills DE, Ward RP (1986) Proc Soc Exp Biol Med 182:127–131
64. Mills DE, Ward RP (1990) In: Horrobin DF (Hrsg.) Omega-6 Essential Fatty Acids: Physiology and Roles in Clinical Medicine, Alan Liss, New York, S. 145–155
65. Mills DE, Summers M, Ward RP (1985) Lipids 20:573–577
66. Varma PK, Persaud TVN (1982) Prostagland Leukotrien Med 8:641–645
67. Besson J, Glen E, Glen I, MacDonall L, Skinner F (1987) Alcohol Alcoholism 11 (Suppl 1):577–581
68. Glen I, Skinner F, Glen E, MacDonall L (1987) Alcohol Alcoholism 11:37–41
69. MacDonall LEF, Skinner FK, Glen EMT, Glen AIM (1989) In: Crawford JR, Parker DM (Hrsg.) Developments in Clinical and Experimental Neuropsychology, Plenum Publishing, New York
70. Glen AIM, Glen EMT, MacDonall LEF, Skinner FK (1990) In: Horrobin DF (Hrsg.) Omega-6 Essential Fatty Acids: Physiology and Roles in Clinical Medicine, Alan Liss, New York, S. 321–332
71. Begin ME, Ells G, Das UN, Horrobin DF (1986) J Nat Cancer Inst 77:1.053–1.062
72. Ghayur T, Horrobin DF (1981) IRCS Med Sci 9:582
73. Karmali RA, Marsh J, Fuchs C, Hare W, Crawford M (1985) J Nutr Growth Cancer 2:41–51
74. Pritchard GA, Mansel RE (1990) In: Horrobin DF (Hrsg.) Omega-6 Essential Fatty Acids: Physiology

and Roles in Clinical Medicine, Alan Liss, New York, S. 379–390
75. Das UN, Huang YS, Begin ME, Ells G, Horrobin DF (1987) Free Radical Biol Med 3:9–14
76. Fachinformation Epogam, Fa. Beiersdorf AG, Hamburg
77. NN (1991) Gamma-Linolensäure, Mehrfachungesättigte essentielle Fettsäure aus dem Samenöl der Nachtkerze, pmi Verlag, Frankfurt, S. 1–48
78. Carter JD (1988) Food Technol: 72–82
79. Everett DJ, Greenough RJ, Perry CJ, McDonald P, Bayliss P (1988) Med Sci Res 16:863–864
80. Everett DJ, Perry CJ, Bayliss P (1988) Med Sci Res 16:865–866
81. BAz Nr. 172a vom 14.09.1988

BH

Olea

HN: 2033800

Familie: Oleaceae.

Unterfamilie: Oleoideae.

Tribus: Oleeae.

Gattungsgliederung: Die Gattung Olea L. umfaßt etwa 35,[1] nach einer neueren Untersuchung etwa 20 Arten.[2] Die Gliederung in die Sektionen Elaea (= Euelaea) mit Kronblättern, die an ihrem Grund mit den Staubblättern verwachsen sind, und Gymnelaea mit fehlenden Kronblättern und hypogynen Staubblättern[3] wird neuerdings zugunsten einer nicht weiter unterteilten und kleineren, aber dafür natürlicheren Gattung abgelehnt.[2]

Gattungsmerkmale: Bäume oder Sträucher mit immergrünen, ungeteilten, ledrigen Laubblättern. Blüten weiß, wohlriechend, in meist blattachselständigen, bisweilen auch endständigen zusammengesetzten Trauben. Kelch kurz, becherförmig, 4zähnig. Krone mit kurzer Röhre und 4(5) Kronlappen, selten auch ganz fehlend. Staubblätter 2(3), Staubfäden kurz. Griffel kurz, mit 2lappiger oder 2kopfiger Narbe. Frucht eine pflaumen- oder kirschähnliche Steinfrucht.[1]

Verbreitung: Afrika, südliches Europa, südliches Asien, östliches Australien und Neukaledonien.[2]

Inhaltsstoffgruppen: Lediglich *O. europaea* L. wurde intensiv phytochemisch untersucht. Für fünf afrikanische Olea-Arten liegen jedoch Daten zu einzelnen Stoffgruppen vor. Triterpene vom Oleanoltyp wurden in *O. europaea* und in *O. madagascariensis* Boivin gefunden.[4,5] Secoiridoidglykoside vom Typ des Oleuropeins kommen in *O. europaea*, *O. africana* Mill. und *O. capensis* L. vor.[6,7] Das Flavonoidmuster der Gattung basiert auf Luteolin, Apigenin und Quercetin, die alle als Glykoside vorkommen.[8] Das in ungewöhnlicher Position glykosidierte Luteolin-4'-glucosid wurde bei den Oleaceae bisher nur in der Unterfamilie Oleoideae gefunden, wo es in der Gattung Olea sowie vier weiteren Gattungen verbreitet ist.[8] Alle fünf bisher untersuchten Arten führen Cumarine.[7,9,10] Aesculetin überwiegt in *O. europaea*, *O. africana*, *O. exasperata* Jacq. und *O. woodiana* Knobl., Isoscopoletin und Scoparon überwiegen in *O. capensis*.[10] Lignane wurden im Holz und/oder in der Rinde aller vier bisher untersuchten Arten gefunden, allerdings mit jeweils unterschiedlichem Muster: Während *O. europaea* zahlreiche Derivate sowohl des Pinoresinols als auch des Fraxiresinols enthält,[11,12] führt *O. africana* nur Pinoresinolderivate.[11–13] In *O. capensis* wurden die Pinoresinole Olivil und Cycloolivil,[11] in *O. cunninghamii* Hook. f. wurde nur Cycloolivil gefunden.[14] Chemotaxonomisch bemerkenswert ist das Vorkommen von Chinaalkaloiden in den Blättern von *O. europaea*.[14] Chinaalkaloide wurden bisher in keiner anderen Olea-Art gefunden und fehlen mit Ausnahme einer Forsythia-Art auch allen anderen bisher untersuchten Gattungen der Oleaceae.[16] Secoiridoidglucoside, Lignane, Cumarine und Mannitol sind Charakterstoffe der Gattung.[16] Mannitol ist zwar bei den Oleaceen weit verbreitet,[14] wird jedoch in der Gattung in auffallend großen Mengen gespeichert.[14,93]

Drogenliefernde Arten: *O. europaea*: Oleae folium, Olivae Oleum, Olea europaea hom. *PFX*, Olea europaea, flos hom. *HPUS88*.

Olea europaea L.

Synonyme: *Olea officinarum* Crantz, *O. pallida* Salisb.[120]

Sonstige Bezeichnungen: Dt.: Ölbaum, Olivenbaum; engl.: Olive tree; frz.: Olivier; it.: Olivo, ulivo; port.: Oliveira; span.: Olivo.

Systematik: Die in zahlreichen Varietäten vorkommende *Olea europaea* L. leitet sich von der Wildform *O. europaea* ssp. *sylvestris* (Miller) Rouy (Syn. *O. oleaster* Hoffm. et Link, *O. sylvestris* Mill.) ab. Die Kulturform ist *Olea europaea* ssp. *sativa* (Hoffm. et Link.) Rouy[1] (Syn. *O. europaea* L. var. *europaea*, *O. europaea* L. var. *sativa* Loud., *O. europaea* L. ssp. *sativa* Arcang., *O. gallica* Mill., *O. hispanica* Mill. *O. lancifolia* Moench, *O. sativa* Gaterau),[120] von der für die Gewinnung von Olivenöl und Tafeloliven weltweit etwa 300 verschiedene Varietäten kultiviert werden sollen.[1] In Italien, dem mit Abstand bedeutendsten Olivenölproduzenten,[17] werden insgesamt 150 Varietäten angebaut.[18] Der Großteil der Olivenernte im Mittelmeerraum stammt jedoch von nur 27 Varietäten.[19]

Botanische Beschreibung: *O. europaea* ssp. *sativa* ist ein bis 10 m hoher Baum mit knorrigem Stamm und heller Rinde. Zweige rutenförmig, vierkantig bis rundlich, manchmal dornig. Laubblätter gegenständig, einfach, schmal-elliptisch bis lanzettlich oder herzförmig, an der Spitze mit aufgesetzter Stachelspitze, ganzrandig und leicht umgebogen, steifledrig, oberseits dunkelgrün, kahl oder mit zerstreuten Schildhaaren, unterseits durch zahlreiche Schildhaare silbern schimmernd. Blütenstände klein, blattachselständig, zusammengesetzt traubig. Blüten mit 4zähnigem, bleibendem Kelch und kurzröhriger, 4lappiger, weißer Krone. Staubblätter 2, mit dem Grund der Kronblattröhre verwachsen. Fruchtknoten oberständig, zweifächrig; Narbe zweilappig. Steinfrucht meist einsamig, fleischig, pflaumenähnlich oder rundlich, bis 3,5 cm lang, anfangs grün, dann rot, bei der Reife schwarzblau. Steinkern sehr hart, runzlig oder gefurcht, hellbraun. Same länglich, 9 bis 11 mm lang, mit reichlichem Nährgewebe.[1] Die Wildform *O. europaea* ssp. *sylvestris* ist ein sparriger Strauch oder kleiner Baum mit hartdornigen Zweigen, elliptischen bis verkehrt-eiförmigen, bis 4 cm langen Laubblättern und ölarmer Frucht.[1]

Inhaltsstoffe: *Terpene. O. europaea* enthält in allen Pflanzenteilen das bittere Secoiridoidglucosid Oleuropein (= Oleuropeosid).[9,20–23] In den Früchten wird es von Elenolsäureglucosid (= Oleosid-11-methylester), Ligstrosid (= Ligustrosid) und von Demethyloleuropein begleitet.[96] Während der Reifung reichern sich sowohl Demethyloleuropein als auch Elenolsäureglucosid im Fruchtfleisch an, gleichzeitig verringert sich der Gehalt an dem bitteren Oleuropein, bis es in reifen schwarzen Oliven völlig verschwunden ist.[95,121] Weitere Iridoide s. Oleae folium. Früchte, Blätter und Wurzeln enthalten den Monoterpensäureester 6-*O*-Oleuropeylsaccharose.[23,25,26] Oleanolsäure ist das vorherrschende Triterpen der Fruchtschalen[27] und tritt dort vornehmlich im Schalenwachs auf.[94] In grünen Oliven wird die Oleanolsäure von den Oleanendiolen Uvaol und Erythrodiol (= Homoolestranol) begleitet.[28,94] In schwarzen Oliven kommen Uvaol und Erythrodiol jedoch nur in Spuren vor.[94] Bei der nach Lagerung aus den Fruchtwänden isolierten Maslinsäure (= Crataegolsäure = 2α-Hydroxyoleanolsäure) handelt es sich um ein möglicherweise enzymatisch gebildetes Artefakt.[30]

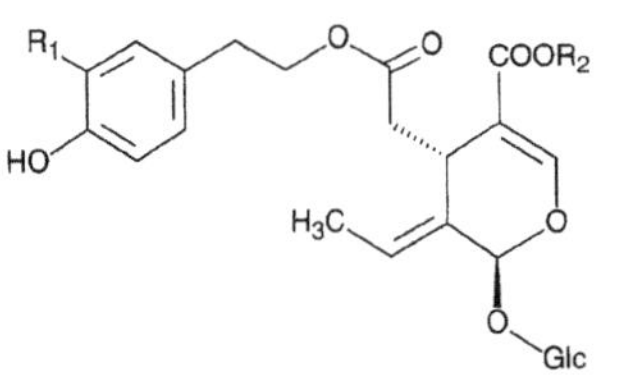

	R_1	R_2
Oleuropein	—OH	—CH_3
Demethyloleuropein	—OH	—H
Ligstrosid	—H	—CH_3

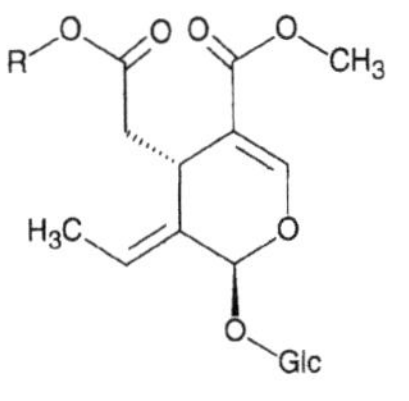

Elenolsäureglucosid (=Oleosid-11-methylester) R = -H

Oleosid-7,11-dimethylester R = -CH_3

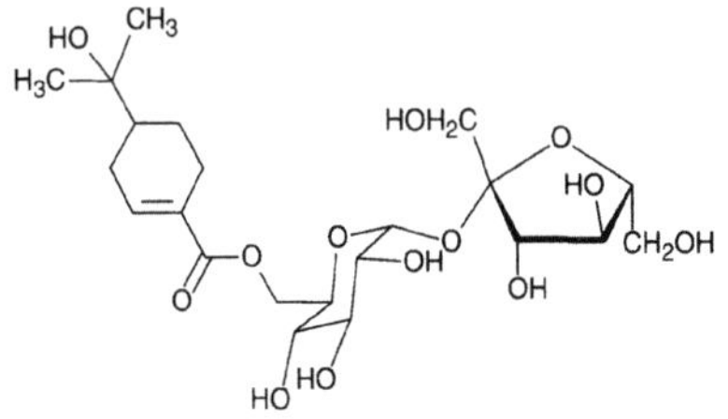

6-*O*-Oleuropeylsaccharose

Phenolische Verbindungen. Reife Früchte enthalten 3,4-Dihydroxyphenylethanol (= Hydroxytyrosol = Dopaol), 4-Hydroxyphenylethanol (= Tyrosol), Brenzcatechin, Protocatechusäure,[31,100] Vanillinsäure,[100] zwei Glucoside des 3,4-Dihydroxyphenylethanols[32] sowie die Phenylpropane *p*-Cumarsäure, Kaffeesäure, 1-*O*-Caffeoylglucose,[33] Ferulasäure[101] und Verbascosid (= Orobanchin).[23,34,100,121] Aesculetin ist das Hauptcumarin der Rinde,[10] daneben kommen Aesculin[9] und geringe Mengen Scopoletin vor.[10] Das Holz, vor allem aber die Rinde, enthalten mehrere freie und glucosidierte Lignane vom Pinoresinoltyp sowie ein Fraxiresinolglucosid.[11,12,35,36] Die Früchte enthalten Flavone und viel Quercetin, jeweils in freier und in glykosidierter Form[32–34,97] sowie einen Flavanol-5-*O*-ester.[33] In den Blättern wurden mehrere Flavonglucoside identifiziert (s. Oleae folium). Das Holz enthält Kämpferol und Quercetin.[9] In einem nicht genannten Pflanzenteil wurde ein *C*-Glucosylflavonoid gefunden.[37] Bei den Anthocyanen der Früchte handelt es sich hauptsächlich um Cyanidin-3-*O*-glykoside,[16,32,33] die teilweise acyliert sind.[38] Daneben kommen auch Päonidin-3-*O*-glykoside und deren Acylderivate[38] sowie Delphinidin-3-*O*-rhamnosylglucosid-7-*O*-xylosid vor.[39]

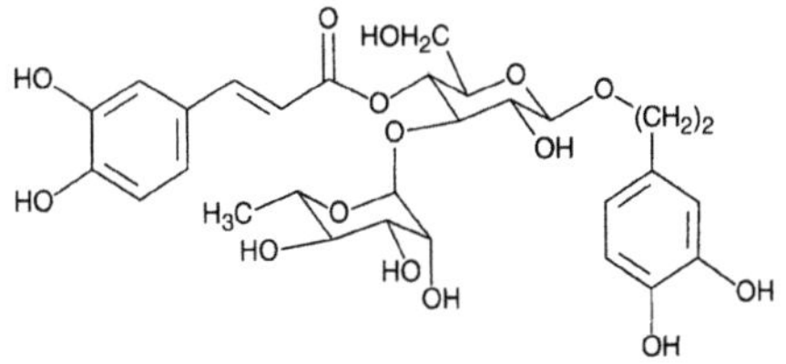

Verbascosid

Sonstige Verbindungen. Große Mengen des Zuckeralkohols Mannitol werden in der Rinde (1,9%), in den Blättern (3,4%) sowie im Holz (7,3%) gefunden.[98] Die vorherrschenden Monosaccharide des Fruchtfleisches sind Fructose, Glucose und Saccharose, daneben kommen Äpfelsäure, Citronensäure, Oxalsäure sowie zahlreiche Aminosäuren vor.[102] Aus dem Fruchtfleisch wurden weiterhin verschiedene Hemicellulosen, darunter ein verzweigtes saures Xylan,[40] sowie das Chinonderivat Cornosid isoliert.[121] Hauptkomponenten des Fruchtschalenwachses sind pentacyclische Triterpensäuren (s. Terpene) und Triacylglycerole, daneben kommen C_{22}- bis C_{28}-*n*-Alkohole, C_{16}- bis C_{28}-*n*-Fettsäuren, gesättigte und ungesättigte C_{38}- bis C_{56}-Alkylester, C_{23}- bis C_{33}-*n*-Alkane, C_{24}- bis C_{30}-*n*-Aldehyde und Methylphenylester vor.[94] Der Olivenkern enthält 35 ppm Estron.[41] Mittels GC (Headspace Analyse) wurden im Duft frischer Olivenblüten als Hauptkomponenten Heptadecaen (10%), (Z)-3-Hexenylacetat (6%), Pentadecan und Heptadecan sowie geringe Mengen von (Z)-3-Hexenylestern kurzkettiger Carbonsäuren nachgewiesen.[133]

Verbreitung: Von den Kanarischen Inseln über Marokko, Spanien und Portugal nordwärts bis Südfrankreich und zum Südrand der Alpen, längs der Küste der Balkanhalbinsel über das Marmarameer bis zur Südküste der Krim und zum Südabfall des Kaukasus, ostwärts bis zum Iran, südwärts über Israel zu den nordafrikanischen Mittelmeerländern. Kultiviert bis auf etwa 600 m Meereshöhe auf vorwiegend kalkreichen, porösen Unterlagen an sonnigen, trockenen, geschützten Hängen. Auch auf kristallinen Schiefern, vulkanischen Böden und Granit.[14]

Anbaugebiete: Anbaugebiete finden sich vorwiegend im Mittelmeerraum, wo etwa 97% der Weltolivenernte eingebracht werden. Kulturen bestehen auch in Australien, Japan, Kalifornien, im südlichen Südamerika und in Südafrika,[17] nach anderen Angaben auch in Ost- und Südwestafrika, Indien, Mittelamerika sowie auf Jamaika und den Bermudainseln.[14] Etwa 92% der Weltolivenernte dienen zur Ölgewinnung, der Rest wird zu Tafeloliven verarbeitet.[17]

Drogen: Oleae folium, Olivae oleum, Olea europaea hom. *PFX*, Olea europaea, flos hom. *HPUS88*.

Oleae folium (Olivenblätter)

Synonyme: Folia Oleae, Folia Olivae, Oleae Folia.

Sonstige Bezeichnungen: Dt.: Ölbaumblätter, Olivenblätter; engl.: Olive leaves; frz.: Feuilles d'olivier; it.: Foglie di olivo; port.: Folhas de oliveira; span.: Hojas de olivo.

Definition der Droge: Die getrockneten Blätter.

Stammpflanzen: *Olea europaea* L.

Herkunft: Die Blätter stammen von den ebenfalls zur Olivengewinnung kultivierten Bäumen. Hauptlieferant ist Spanien, daneben auch die anderen europoäischen und nordafrikanischen Mittelmeerländer.[42]

Gewinnung: Lufttrocknung der Blätter an einem schattigen Ort.[42]

Ganzdroge: Olivenblätter sind lanzettlich, ganzrandig und beiderseits eingerollt. An der Spitze tragen sie einen kleinen Stachel. Die Oberseite ist hellgrün und schwach glänzend, die Unterseite ist silbrig-filzig. Die Handelsdroge ist etwa 6 cm lang und 1,5 cm breit.[103]

Schnittdroge: *Geruch.* Heuartig, aromatisch.
Geschmack. Bitter und zusammenziehend.
Mikroskopisches Bild. Querschnitt. Obere Epidermiszellen groß, fast quadratisch, mit stark verdickter Cuticula, Schuppenhaare (Schildhaare) sind selten, Spaltöffnungen fehlen. Mesophyll aus drei Reihen Palisadenparenchym, das Schwammparenchym schließt mit palisadenartig gestreckten Zellen gegen die untere Epidermis ab. Mit Ausnahme dieser Schicht wird das gesamte Mesophyll von faserförmigen, verzweigten, einzelnen oder in Bündeln von zwei bis vier auftretenden Sklereiden durchzogen. In den Mesophyllzellen, besonders aber in den Zellen des Palisadenparenchyms und des Blattstiels zahlreiche kurze Kristallnadeln, bei denen es sich mit großer Wahrscheinlichkeit um Mannitolkristalle handelt. Daneben kommen Oxalatkristalle vor. Untere Epidermiszellen kleiner als die oberen, mit dünner Cuticula. Spaltöffnungen mit stark cutinisierten Schließzellen. Zahlreiche Einsenkungen mit jeweils einem Schuppenhaar, bestehend aus einer Stielzelle und vielen dünnwandigen, schirmartig ausgebreiteten Zellen, deren Rand der Blattoberfläche anliegt.[103]

Pulverdroge: Neben verzweigten Faserbruchstükken finden sich Fragmente der oberen Epidermis mit anhaftenden Fasern. Im Mesophyll und auch freiliegend zahlreiche Kristallnadeln. Viele abgerissene Schuppenhaare mit fehlender Basalzelle.[103]

Verfälschungen/Verwechslungen: Olivenblätter werden nicht selten mit Oleanderblättern von *Nerium oleander* L. verwechselt, von denen sie jedoch durch ihre Fasern und Schuppenhaare sicher unterschieden werden können.[103]

Inhaltsstoffe: *Terpene.* Die Droge enthält 6 bis 9% Oleuropein[43] und mehrere Triterpensäuren, darunter 0,15% Oleanolsäure, 0,2% Maslinsäure (= Crataegolsäure), zwei Hydroxyoleanansäuremethylester,[30] Erythrodiol (= Homoolestranol)[44] und den Triterpenkohlenwasserstoff Squalen.[45] Die Secoiridoidglykoside, 6-*O*-Oleuropeylsaccharose sowie die lipophilen Inhaltsstoffe der frischen Blätter (s. Olea europaea hom. *PFX*) dürften auch in der schonend getrockneten Droge enthalten sein.
Phenolische Verbindungen. Die getrockneten Blätter sollen die Chalkone Olivin und Olivin-4'-diglucosid und die Flavone Luteolin, Luteolin-7-*O*-glucosid sowie ein Luteolintetraglucosid enthalten.[46] Eine spätere Untersuchung frischer Blätter konnte

das Vorkommen von Olivin jedoch nicht bestätigen.[8] Bestätigt wurde aber das Vorkommen von Luteolin-7-*O*-*β*-D-glucosid in der Droge, in der auch die bereits aus frischen Blättern bekannten Flavonglucoside Luteolin-4'-*O*-*β*-D-glucosid, Apigenin-7-*O*-*β*-D-glucosid sowie zusätzlich 5,7,4'-Trihydroxy-3'-methoxyflavon(= Chrysoeriol-)7-*O*-*β*-D-glucosid gefunden wurden.[98] Dihydroxyphenylethanol, Verbascosid sowie die Flavonoide und Flavonoidglykoside der frischen Blätter (s. Olea europaea hom. *PFX*) dürften auch in der schonend getrockneten Droge enthalten sein.
Sonstige Verbindungen. In getrockneten Blättern wurden 5 Alkaloide, darunter Cinchonin, Cinchonidin und Dihydrocinchonidin in einer Konzentration von insgesamt 20 ppm nachgewiesen.[15] Daneben enthält die Droge 0,02 % eines *o*-Dimethylbenzochinons mit einer isoprenoiden Seitenkette von 50 *C*-Atomen[29] sowie Cholin.[47]

Identität: DC eines ethanolischen Extrakts s. Olea europaea hom. *PFX*.
Der Acetonextrakt färbt sich auf Zusatz von Eisen(III)chloridlsg. grün. Die Färbung beruht auf der Komplexbildung von Fe^{3+}-Ionen mit den phenolischen *o*-Hydroxygruppen der Kaffeesäurederivate und der Flavonoide.

Wirkungen: *Wirkung an Herz und Gefäßen.* Die gefriergetrocknete wäßrige Abkochung frischer Olivenblätter (1 × 25 bis 50 mg/kg KG, i.v.) senkt bei narkotisierten normotonen Ratten den Blutdruck um 30 %. In der gleichen Studie hemmen 1,12 mg gefriergetrockneter Extrakt/mL die mittels Phenylephrin ausgelösten Spasmen der isolierten Rattenaorta um 50 %. Oleuropein wird als einer von mindestens zwei Wirkstoffen identifiziert.[48] In einer ähnlichen Studie senkt der wäßrige Extrakt der frischen Blätter nach einmaliger Gabe der hohen Dosis von 360 mg/kg KG den arteriellen Blutdruck von narkotisierten normotonen Ratten nach 5 min um 40 % bzw. nach 15 min um 25 %.[49] Das mit Ethanol-Wasser (1 + 1) aus den frischen Blättern im Verhältnis 95:5 hergestellte Mazerat senkt bei einmaliger peroraler Gabe von 40 mL/kg KG bei spontan hypertensiven Ratten den arteriellen Blutdruck während 5 h um durchschnittlich 10 %.[50]
Der mit Ethanol-Wasser (3 + 7) aus getrockneten Blättern hergestellte Extrakt hemmt in einer Konzentration von 1 mg/mL die K^+-stimulierte Kontraktion der isolierten Kaninchenaorta um 60 %.[51]
Das aus getrockneten Blättern mit Glycerol-EtOH (1 + 1) im Verhältnis 1:20 hergestellte Mazerat (20 mg/kg KG, p.o.) hemmt bei narkotisierten Hunden die Sinusfunktion des Herzens. Diese Hemmung drückt sich aus in einer Verlängerung (+ 16 %) des Sinuscyclus, einer Verlängerung (+ 27 %) der sinoatrialen Überleitungszeit sowie einer Verlängerung (+ 31 %) der Refraktärzeit des Sinusknotens. Daneben kommt es zu einer Verminderung der Leitfähigkeit der langsamen intranodalen Fasern, gemessen als Verlängerung (+ 33 %) des A-H-Intervalls. Nach Dosiserhöhung auf 30 mg/kg KG werden auch die schnellen Fasern des Vorhofs und der Kammer gehemmt. Weiterhin werden das monophasische Aktionspotential um 10 bis 13 % sowie die ventrikulären effektiven Refraktionsperioden um 10 bis 18 % verlängert.[52] Die beobachteten Wirkungen werden mit der Hemmung sowohl des schnellen Na^+- als auch des langsamen Ca^{2+}-Einstroms und zusätzlich mit der Verminderung der K^+-Leitfähigkeit der Myocardfasern erklärt. Als Wirkstoff werden Oleuropein sowie weitere, möglicherweise synergistisch wirkende Verbindungen diskutiert.
Das oben beschriebene glyceroethanolische Mazerat aus getrockneten jungen Olivenzweigen (in einer Dosierung, die 100 bis 500 mg Droge/kg KG entspricht, p.o. mittels Magensonde) vermindert den arteriellen Blutdruck normotoner Ratten 60 min nach Applikation um durchschnittlich 20 % und erhöht gleichzeitig die Herzfrequenz um 18 %. Bei höherer Dosierung nimmt die hypotensive Wirkung ab. Oleuropein ist in diesem Versuch deutlich schwächer wirksam.[105] Das glyceroethanolische Mazerat der getrockneten Blätter (in einer Dosierung, die 25 mg Droge/kg KG entspricht, p.o.) schützt das Rattenherz vor einer aconitininduzierten Arrhythmie, wenn es 30 min vor der Aconitingabe verabreicht wird. Die zur Arrhythmieauslösung notwendige Aconitindosis liegt bei 25 µg/kg KG/min in der mit dem Blattextrakt behandelten Gruppe gegenüber 5,8 µg/kg KG/min in der Kontrollgruppe sowie 32 µg/kg KG/min in der mit Lidocain behandelten Positivkontrolle.[105] Am isolierten Kaninchenherzen erhöht das Blattmazerat den Coronardurchfluß um 32 % bzw. um 53 % in einer Dosierung, die 5 bzw. 10 mg Droge/mL entspricht und zeigt daneben schwache positiv inotrope sowie positiv chronotrope Wirkungen. Oleuropein (5 µg/mL) erhöht in diesem Versuch den Coronardurchfluß um 40 % und hat etwas stärkere positiv inotrope und chronotrope Wirkungen als der Blattextrakt. Nach Dosiserhöhung wirken sowohl das Blattmazerat (in einer Dosierung, die 100 mg Droge/mL entspricht) als auch Oleuropein (100 µg/mL) negativ inotrop und negativ chronotrop.[105]
Oleuropein läßt nach i.v. Gabe von 10 bis 30 mg/kg KG den Blutdruck von Ratten unbeeinflußt, senkt jedoch den Blutdruck von narkotisierten normotonen Katzen während der ersten Stunde nach der i.v. Gabe von 30 mg/kg KG um durchschnittlich 36 %.[53]
Bei wachen Hunden mit experimentell induziertem Hochdruck senkt Oleuropein (10 bis 30 mg/kg KG, i.v.) den systolischen Druck um 60 % und den diastolischen Druck um 70 %. Nach etwa 5 h normalisiert sich der Blutdruck wieder.[53] Am isolierten Kaninchenherzen steigert Oleuropein in einer Konzentration von 2×10^{-5} mol/L den Coronardurchfluß um 63 %. Höhere Konzentrationen schwächen die Wirkung ab.[53] Am wachen Kaninchen normalisiert Oleuropein (10 und 20 mg/kg KG, i.v.), wenn es 1 min nach Arrhythmieauslösung ($BaCl_2$ 2 mg/kg KG, i.v.) gegeben wird, über den Zeitraum von einer Stunde den Herzrhythmus. An Ratten verhindert prophylaktisch appliziertes Oleuropein (30 mg/kg KG, i.v.) bei 30 % der Tiere die Ausbildung einer $CaCl_2$-induzierten Arrhythmie. Die mittels Adrenalin und Aconitin provozierten Arrhythmien bei Ratten sowie die mit Strophanthin induzierte Arrhythmie bei der Katze können durch die

prophylaktische Oleuropeingabe (30 mg/kg KG, i. v.) nicht beeinflußt werden.[53]
Wirkung auf die glatte Muskulatur. An isolierten Duodenum- und Jejunumsegmenten von Kaninchen und Meerschweinchen verhindert Oleuropein in einer Konzentration von 1×10^{-5} bis 4×10^{-4} mol/L die durch Acetylcholin, Nicotin und Histamin hervorgerufenen Kontraktionen. Bei Induktion mit Bariumchlorid und Serotonin ist die Hemmung geringer.[53]
Hypoglykämische und antidiabetische Wirkung. Die p.o. Gabe von 0,5 g/kg KG einer gefriergetrockneten wäßrigen Abkochung aus frischen Olivenblättern (50 g/1.000 mL) senkt den Blutglucosespiegel normoglykämischer Ratten während eines Zeitraums von 150 min in Abhängigkeit vom Oleuropeingehalt der Blätter. Die im Februar geernteten Blätter haben den höchsten Gehalt an Oleuropein und senken mit 40 % die Serumglucose auch am stärksten. Am gleichen Modell reduzieren 16 mg/kg KG bzw. 32 mg/kg KG Oleuropein über eine Zeitspanne von 150 min die Serumglucose um 17 % bzw. um 27 %.[104] Bei Ratten mit alloxaninduziertem Diabetes (120 mg/kg KG, i. p., 3 Tage) senkt Oleuropein (32 mg/kg KG, p.o.) den Blutglucosespiegel über einen Zeitraum von 150 min um 48 %. Die Ergebnisse deuten auf die Verstärkung der glucoseinduzierten Insulinfreisetzung sowie auf die gesteigerte periphere Glucoseaufnahme als mögliche Wirkmechanismen.[104]
Wirkung auf die Serumlipide. Das aus frischen Blättern mit Glycerol-Ethanol (1 + 1) im Verhältnis 1:20 hergestellte 3-Wochen-Mazerat (in einer Dosierung, die 250 mg Droge/kg KG/Tag entspricht, p. o.) erniedrigt nach 15 Tagen die Gesamtlipide des Serums bei Ratten mit diätetisch induzierter Hypercholesterolämie um 50 %. Das glyceroethanolische Mazerat der Blätter und der Zweige senkt in Dosen entsprechend 250 (500) mg Droge/kg KG p.o. das Serumcholesterol um 15 % (30 %). Oleuropein ist in diesem Versuch bei einer Dosierung von 0,2 mg/kg KG unwirksam, senkt das Serumcholesterol bei Gabe von 0,5 mg/kg KG jedoch um 46 %.[106] Sowohl die Mazerate der Blätter und Zweige (entsprechend 500 mg Droge/kg KG, p.o.), als auch Oleuropein (10 mg/kg KG, p.o.) senken das mittels Triton WR-1339 (= Tyloxapol, 100 mg/kg KG, i.p.) erhöhte Serumcholesterol nach 27 h um 20 bis 40 %. Darüber hinaus reduziert Oleuropein im gleichen Versuch nach 18 h und nach 27 h die Gesamtlipide um 45 %.[106]
Molluscizide Wirkung. Oleuropein und Ligstrosid wirken auf die als Überträgerin der Schistosomiasiserreger fungierende Süßwasserschnecke *Biomphalaria glabratus* toxisch. Die nach 24 h ermittelte LD_{50} beträgt 250 ppm bzw. 100 ppm.[96]

Volkstümliche Anwendung und andere Anwendungsgebiete: Zubereitungen aus Olivenblättern werden gegen hohen Blutdruck,[107-109] Gicht, Atherosklerose und Rheumatismus[107,108] sowie bei Diabetes[107] und gegen Fieber[108] verwendet. In der italienischen Volksmedizin werden sie als harntreibendes Mittel gegen hohen Blutdruck,[57,90] zur Fiebersenkung[58] sowie bei Gicht[59] angewendet. Auf den Kanarischen Inseln werden sie bei Diabetes und Bluthochdruck eingesetzt.[60]
Ältere Zusammenstellungen von Kasuistiken betonen zwar die subjektiv empfundene Linderung einiger Symptome des Bluthochdrucks, eine Wirksamkeit von Olivenblättern bei diesen Anwendungsgebieten ist daraus jedoch nicht ableitbar.[110-113] Auch klinische Studien haben die Wirksamkeit der Blattextrakte von *O. europaea* bei Grenzwerthypertonien oder bei milden Hypertonieformen bisher nicht bewiesen.[55] Eine therapeutische Anwendung bei Hypertonie ist nicht vertretbar.[54]

Dosierung und Art der Anwendung: *Droge.* Einzelgabe: 7 bis 8 g Blätter als Infus auf 150 mL Wasser,[55] 2 Teelöffel der getrockneten Blätter als Infus.[56] Teebereitung: 30 min lang ziehen lassen.[55] Mittlere Tagesdosis: 3 bis 4 Tassen über den Tag verteilt.[55]

Toxikologische Daten: *LD-Werte.* Bei i. p. Gabe eines nicht näher beschriebenen Blattextraktes beträgt die LD_{50} bei der Maus 1.300 mg/kg KG.[114] Ebenfalls an Mäusen werden nach i.p. Gabe von Oleuropein bis zu einer Dosis von 1.000 mg/kg KG während eines Beobachtungszeitraums von 7 Tagen keine toxischen Wirkungen festgestellt. Die LD_{50} ist somit nicht zu ermitteln.[53]

Gesetzl. Best.: *Offizielle Monographien.* Negativmonographie der Kommission E am BGA "Oleae folium (Olivenblätter)".[54]

Olivae oleum (Olivenöl)

Synonyme: Oleum Olivae, Oleum Olivarum.

Sonstige Bezeichnungen: Dt.: Olivenöl; engl.: Olive oil; frz.: Huile d'olive; it.: Olio di oliva; port.: Oleo de oliva, oleo de azeitona; span.: Aceite de oliva.

Monographiesammlungen: Olivae oleum *DAB 10 (Eur), ÖAB 90, Helv VII*; Olive Oil *USP XXII, BPC 79, Mar 29.*

Definition der Droge: Das aus den reifen Steinfrüchten gewonnene, fette Öl *DAB 10 (Eur), ÖAB 90, Helv VII.*

Stammpflanzen: *Olea europaea* L.

Herkunft: *Olea europaea* wird heute in allen Zonen mit Winterfeuchte und trockenen, heißen Sommern kultiviert. Hauptanbaugebiet ist der Mittelmeerraum, aus dem etwa 90 % der Weltproduktion an Olivenöl stammen.[17]

Gewinnung: Olivenöl wird durch Kaltpressung der reifen Steinfrüchte gewonnen.[92,130,131] Die deutschsprachigen Arzneibücher lassen auch andere geeignete mechanische Verfahren zur Ölgewinnung zu. Um die Ausbeute zu erhöhen, werden die Olivenfrüchte vor der Pressung, häufig mitsamt den Kernen, zerkleinert und bei Temperaturen bis max. 40 °C gepreßt.[66]

Handelssorten: Nach dem Codex Alimentarius[67] werden die Sorten Virgin olive oil (Natives Olivenöl, früher als Jungfernöl bezeichnet), Refined olive oil (Raffiniertes Olivenöl) und Refined olive-residue oil (Öl aus Preßrückständen) unterschieden. Die Sorte "Virgin" wird nochmals in die Typen "Extra" mit einem Gehalt von max. 1 % freien Fettsäuren, "Fine" mit max. 1,5 % freien Fettsäuren und "Semifine" oder "Ordinary" mit max. 3 % (Toleranz 10 %) freien Fettsäuren unterteilt.[67] Für das *DAB 10 (Eur)* wird die Sorte "Extra virgin olive oil" gefordert.[66]

Ganzdroge: Klare, gelbe bis grünlichgelbe, durchscheinende Flüssigkeit mit charakteristischem Geruch und Geschmack. Mischbar mit Chloroform, Ether und Petrolether, praktisch unlöslich in Ethanol. Beim Abkühlen trübt sich die Substanz bei 10 °C und wird ab etwa 0 °C zu einer weichen Masse.[92]

Verfälschungen/Verwechslungen: Die Verfälschung von Olivenöl mit Baumwollsamenöl, Erdnußöl, Teesamenöl von *Camellia sasanqua* THUNB. ex MURR. und anderen Camellia-Arten und mit Sesamöl ist möglich[132] und wird von den Arzneibüchern überprüft. Manchmal wird Olivenöl durch Raffination von Ölen hergestellt, die mittels Lösungsmittelextraktion gewonnen wurden.[132] Ein als Olivenöl verkauftes und mit Anilin verunreinigtes Gemisch verschiedener Pflanzenöle verursachte 1981 in Spanien das epidemieähnliche "Toxic Oil Syndrome";[68] s. a. Toxikologische Eigenschaften.

Inhaltsstoffe: Olivenöl enthält je nach Herkunft und Gewinnung 95 bis 99 % Acylglycerole, 0,5 bis 1,5 % unverseifbare Anteile und 0,1 bis 3 % freie Fettsäuren.[69,70] Die Acylglycerolfraktion setzt sich aus 0,2 % Mono-, 5 bis 6 % Di- und 94 bis 95 % Triacylglycerolen zusammen.[70] Die Zusammensetzung der nach Verseifung erhältlichen Fettsäurefraktion des Olivenöls variiert je nach Herkunft und Reifegrad der Oliven innerhalb der folgenden Grenzen:[70,89] Ölsäure 56 bis 83 %, Palmitinsäure 7,5 bis 20 %, Linolsäure 3,5 bis 20 %, Stearinsäure 0,5 bis 3,5 %, Plamitoleinsäure 0,3 bis 3,5 %, Linolensäure 0,6 bis 1 %, Arachinsäure 0,1 bis 0,3 %, Myristinsäure < 0,1 %.
Darüber hinaus kommen im Olivenöl 0,05 bis 1 % phenolische Verbindungen,[74–76] 0,125 bis 0,75 % Kohlenwasserstoffe, 0,125 bis 0,25 % Sterole,[70,71] etwa 500 ppm Triterpenalkohole[70,71] und Hydroxytriterpensäuren,[72] 175 bis 200 ppm Tocopherole,[70] 40 bis 135 ppm Phospholipide,[71] 3 bis 13 ppm Carotinoide,[73] 1 bis 10 ppm Chlorophyll[72,73] und 0,2 bis 20 ppm Phaeophytine[73] vor.
Die Phenolfraktion setzt sich zusammen aus 2,8 bis 11,3 mg *p*-Hydroxyphenylethanol/kg Olivenöl, 1,4 bis 5,5 mg/kg 3,4-Dihydroxyphenylethanol, 0,8 bis 3,2 mg/kg Protocatechusäure, 0,9 bis 3,5 mg/kg *p*-Hydroxybenzoesäure, 0,6 bis 2,2 mg/kg Vanillinsäure, 0,4 bis 1,8 mg/kg Syringasäure, 0,3 bis 1,1 mg/kg Zimtsäure, 0,3 bis 1,2 mg/kg *p*-Cumarsäure, 0,3 bis 1,2 mg/kg *o*-Cumarsäure, 0,4 bis 1,7 mg/kg Kaffeesäure, 0,3 bis 1,2 mg/kg Ferulasäure sowie vier nicht identifizierten komplexen Phenolen, die bei Hydrolyse 4-Hydroxyphenylethanol oder 3,4-Dihydroxyphenylethanol freisetzen. Daneben sind 2,3 bis 9,1 mg/kg des Bitterstoffs Oleuropein und eine nicht genannte Menge des Secoiridoids Elenolsäure enthalten.[74]
Hauptbestandteil der Kohlenwasserstofffraktion ist mit einem Ölanteil von 0,125 bis 0,7 % das für Olivenöl charakteristische Triterpen Squalen.[70]

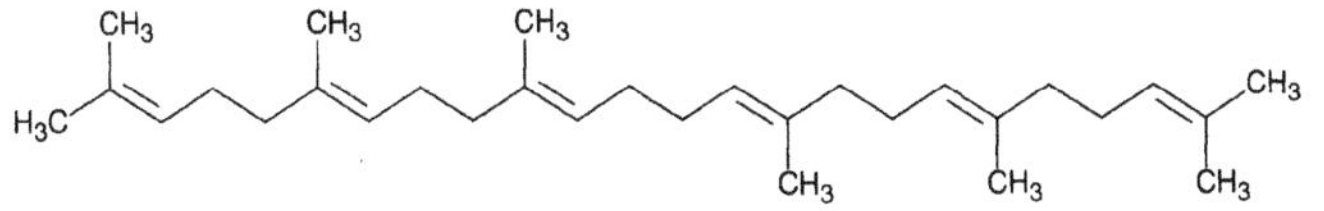

Squalen

Weitere Bestandteile sind C_{11}- bis C_{32}-*n*-Paraffine, aromatische Kohlenwasserstoffe, Naphthalin und dessen Derivate sowie 0,2 ppm Phenanthren, 0,027 ppm Pyren, 0,14 ppm Fluoranthren, 0,07 ppm 1,2-Benzanthren, 0,05 ppm Crisen und 0,12 ppm Perilen.[72] Zusätzlich enthält Olivenöl in geringen Mengen freie und veresterte C_{27}- bis C_{32}-*n*-Alkohole.[72]
Die Sterolfraktion besteht aus 1.310 mg *β*-Sitosterol/kg Olivenöl, 58 mg/kg Δ^7-Stigmasterol, 29 mg/kg Δ^5-Avenasterol, 28 mg/kg Campesterol und 14 mg/kg Stigmasterol.[70]
Für Geschmack und Geruch des Olivenöls sind zahlreiche aliphatische und aromatische Kohlenwasserstoffe, aliphatische und terpenoide Alkohole, Aldehyde, Ketone, Ether, Ester sowie Furan- und Thiophenderivate verantwortlich.[72]

Zubereitungen: Olivenöl zur parenteralen Anwendung *DAB 10 (Eur), ÖAB 90, Helv VII.* Herstellung durch Sterilisation im Trockenschrank bei 140 °C oder durch Keimfiltration nach Zusatz von 5 % Benzylalkohol und anschließendem einstündigem Erhitzen auf 120 °C.

Identität: DC einer Lösung von Olivenöl in Chloroform nach *DAB 10 (Eur), ÖAB 90, Helv VII*:
- Referenzsubstanz: Maisöl;
- Sorptionsmittel: Kieselgur G, das mit flüssigem Paraffin imprägniert ist;
- FM: Essigsäure 98 %;
- Detektion: Einstellen in eine mit Ioddämpfen gesättigte Kammer und anschließendes Besprühen mit Stärkelsg., Auswertung im Vis;
- Auswertung: Nachweis der Triacylglycerole in Form eines charakteristischen Musters von mindestens 4 blauen Zonen und Vergleich mit einem typischen Chromatogramm von Olivenöl.

Als FM kann anstelle des Eisessigs auch das angenehmer zu handhabende mit Paraffin fast gesättigte Gemisch aus Aceton und Acetonitril verwendet werden.[77] Zur Verbesserung der Arzneibuchmethode wurde der Ersatz des Kieselgurs durch Cellulose-Fertigplatten[78] oder durch High Performance DC-Fertigplatten mit gebundenen C_{18}-Phasen vor-

geschlagen.[77] Elegante und schnelle Trennungen, auch von kritischen Triacylglycerolpaaren des Olivenöls, gelingen mittels HPLC:[79,127]
- Stationäre Phase: RP-2 Material (5 µm, 250 × 4,6 mm);
- Mobile Phase: Aceton-Acetonitril (65 + 35), 1 mL/min;
- Detektion: Massendetektor bei einer Verdampfungstemperatur von 50 °C.[127]

Reinheit:
- Relative Dichte: 0,910 bis 0,916 *DAB 10 (Eur), ÖAB 90, Helv VII*; 0,910 bis 0,915 *USP XXII*.
- Absorption: Die Absorption von 1 % Olivenöl in Cyclohexan darf bei 270 nm höchstens 0,20 betragen. Das Verhältnis der Absorptionen bei 232 nm und 270 nm muß mindestens 8 betragen *DAB 10 (Eur), ÖAB 90, Helv VII*.
  Die spektrophotometrische Prüfung soll Verschnitte mit raffiniertem Öl, das deutlich stärker absorbiert, erkennen lassen. Insbesondere am Wert der Verhältniszahl sind jedoch Zweifel aufgekommen, so daß von deren Gebrauch wieder abgekommen wird.[77]
- Säurezahl: Höchstens 2,0, mit 5,0 g Substanz in 50 mL Lösungsmittel bestimmt *DAB 10 (Eur), ÖAB 90, Helv VII*; die in 10 g Öl enthaltenen freien Fettsäuren dürfen zur Neutralisation nicht mehr als 5,0 mL 0,1 N NaOH-Lösung verbrauchen *USP XXII*.
  Olivenöl zur parenteralen Anwendung, Säurezahl: Höchstens 0,5 *DAB 10 (Eur), ÖAB 90, Helv VII*.
- Peroxidzahl: Höchstens 15 *DAB 10 (Eur), ÖAB 90, Helv VII*.
  Olivenöl zur parenteralen Anwendung, Peroxidzahl: Höchstens 5,0 *DAB 10 (Eur), ÖAB 90, Helv VII*.
- Verseifungszahl: 190 bis 195 *USP XXII*.
- Iodzahl: 79 bis 88 *USP XXII*.
- Unverseifbare Anteile: Höchstens 1,5 % (*m/m*) *DAB 10 (Eur), ÖAB 90, Helv VII*.
  DAB 10 (Eur), ÖAB 90 und *Helv VII* lassen nach der Verseifung die UA mit Petrolether ausschütteln und nach Entfernen des Lösungsmittels gravimetrisch bestimmen. Um fehlerhafte Werte durch mitgeschleppte Kaliumsalze der Fettsäuren zu vermeiden, werden die UA nach der Wägung in EtOH gelöst, acidimetrisch mit Bromphenolblau als Indikator titriert und der gravimetrisch erhaltene Wert entsprechend korrigiert.
- Fremde fette Öle: *DAB 10 (Eur), ÖAB 90* und *Helv VII* schreiben eine gaschromatographische Prüfung der nach Umesterung aus den Triacylglycerolen erhaltenen Fettsäuremethylester vor:
  Referenz: Gemisch aus Methyllaurat, Methylmyristat, Methylpalmitat, Methylarachidat und Methyloleat;
  Probenvorbereitung: Umesterung des Öls mit wasserfreier methanolischer KOH-Lösung;
  Säule: Aus inertem Material, 2 bis 3 m lang, innerer Durchmesser 2 bis 4 mm;
  Trägermaterial: Kieselgur zur GC oder ein anderes geeignetes Material mit einer Korngröße von 125 bis 200 µm;
  Stationäre Phase: Macrogolsuccinat oder Macrogoladipat oder ein anderes Material mit der gleichen Anzahl an theoretischen Böden und gleicher Auflösung, Trägerbelegung 5 bis 15 %;
  Trägergas: Stickstoff (Flammenionisationsdetektor), Helium oder Wasserstoff (Wärmeleitfähigkeitsdetektor), jeweils trockene Gase mit max. 10 ppm Sauerstoff;
  Injektortemp.: ca. 200 °C;
  Säulentemp.: 180° ± 5 °C (isotherm) oder Temperaturprogramm 120° bis 200 °C mit 5 °C/min linearem Temperaturanstieg;
  Detektortemp.: ca. 200 °C;
  qualitative Auswertung: Peakidentifizierung mit Hilfe einer aus den bekannten Fettsäuremethylestern des Referenzgemischs aufgenommenen Eichkurve. Dazu wird bei isothermer GC der Logarithmus der Nettoretentionszeit gegen die Anzahl der Kohlenstoffatome der Fettsäuren aufgetragen. Bei GC mit linearem Temperaturprogramm wird die Retentionszeit gegen die Zahl der Kohlenstoffatome aufgetragen;
  quantitative Analyse: Berechnung nach der Verhältnismethode, wobei die Summe der den Fettsäuremethylestern entsprechenden Peakflächen als 100 % angenommen wird. Steht kein Integrator zur Verfügung, so wird die Peakfläche durch Dreiecksberechnung bestimmt.
  Die Fettsäurefraktion muß folgende Zusammensetzung haben *DAB 10 (Eur)*: Gesättigte Fettsäuren mit weniger als 16 *C*-Atomen: Höchstens 0,1 %; Palmitinsäure: 7,5 bis 20,0 %; Palmitoleinsäure: Höchstens 3,5 %; Stearinsäure: 0,5 bis 3,5 %; Ölsäure: 56 bis 85 %; Linolsäure: 3,5 bis 20,0 %; Linolensäure: Höchstens 1,5 %; Arachinsäure: Höchstens 0,5 %; Gadolinsäure: Höchstens 0,2 %; Behensäure: Höchstens 0,2 %; Erucasäure: Höchstens 0,1 %.
  Die Untersuchung der Fettsäurezusammensetzung erlaubt keine sichere Erkennung fremder Öle, weil die natürlichen Schwankungen beträchtlich sind. Fremde Öle werden nur erkannt, wenn deren Fettsäurezusammensetzung von der des verfälschten Öls deutlich abweicht oder wenn sie ungewöhnliche Fettsäuren in großer Menge enthalten.[81] Eine bessere Erkennung fremder Öle gelingt über die Bestimmung des Palmitinsäureanteils in Position 2 der Triacylglycerole.[83] Hierzu werden die Triacylglycerole durch Pankreaslipase abgebaut, die Monoacylglycerole mittels DC isoliert und nach Überführung der Fettsäuren in die Methylester gaschromatographisch der Anteil der Palmitinsäure bestimmt. Es darf nicht mehr als 2 % Palmitinsäure gefunden werden. Zur eleganteren Veresterung der Triacylglycerole wurde die Verwendung einer Lösung von 15 % BF_3 in wasserfreiem Methanol vorgeschlagen.[82] Fettsäuremethylester lassen sich auch mit gutem Erfolg an Cyanosiliconen oder mittels der Kapillar-DC mit Glas- oder Quarzsäulen trennen.[81]
- Sterole
  DAB 10 (Eur), ÖAB 90 und *Helv VII* lassen die Zusammensetzung der Sterolfraktion prüfen. Die Abtrennung der Sterole erfolgt mittels DC:

Untersuchungslösung: 5 % UA von Olivenöl in Chloroform;
Referenz: Cholesterol, frisch hergestellte UA von Rapsöl und von Sonnenblumenöl; Untersuchungs- und Referenzlösungen werden getrennt auf 3 DC-Platten jeweils doppelt aufgetragen;
Sorptionsmittel: Kieselgel G, 0,5 mm;
FM: Aceton-Heptan (15 + 85);
Detektion: Besprühen mit Kaliumpermanganat-Lösung 5 %, Auswertung im Vis;
Ausschaben: Die den Sterolen der Referenzlösungen entsprechenden unbesprühten Zonen der Öle werden abgeschabt, eluiert und nach dem Trocknen mittels GC untersucht:
Untersuchungslösung: Durch DC abgetrennte und trimethylsilylierte Sterole des Olivenöls;
Referenzlösungen: Trimethylsilyliertes Gemisch aus 9 Teilen Rapsölsterolen und 1 Teil Cholesterol, trimethylsilylierte Sonnenblumenölsterole;
Trimethylsilylierung: Mit Chlortrimethylsilan und Hexamethyldisilazan in Pyridin;
Säule: Glas, 1 bis 2 m lang, 3 bis 4 mm innerer Durchmesser;
Säule, stationäre Phase: Kieselgur zur GC, belegt mit 2 bis 4 % (*m/m*) Polydimethylsiloxan;
Trägergas: Stickstoff;
Detektion: Flammenionisationsdetektor, Temp.: 285 °C;
Säulentemp.: 275 °C;
Injektortemp.: 285 °C;
Auswertung: Identifizierung der Sterole durch Vergleich der t_r-Werte der Referenzsterole mit den t_r-Werten der Hauptpeaks der Untersuchungslösung. Der Anteil der einzelnen Sterole wird aus deren Peakfläche ermittelt. Die Sterolfraktion von Olivenöl muß die folgende Zusammensetzung haben *DAB 10 (Eur)*: Mindestens 93 % β-Sitosterol; höchstens 0,5 % Cholesterol; höchstens 0,5 % Δ^7-Stigmasterol; höchstens 4 % Campesterol. Der Gehalt von Δ^7-Stigmasterol muß kleiner sein als der von Campesterol.
Die GC-Bestimmung der Sterole gilt als beste Methode, um Identität und Reinheit von Olivenöl nachzuweisen. Eine bessere DC-Abtrennung der Sterole erreicht man bei Verwendung von Hexan-Ether (60 + 40) oder (50 + 50).[66] Außerdem wurde zur Verbesserung der Trimethylsilylierung die Verwendung von *N*-Methyl-*N*-trimethylsilyl-heptafluorbutyramid (MSHFBA) vorgeschlagen.[66] Da unter den angegebenen GC-Bedingungen β-Sitosterol und Δ^5-Avenasterol nicht getrennt werden, ist der für β-Sitosterol angegebene Gehalt als Summe beider Sterole zu verstehen.[66]

- Sesamöl: Nachweis von Sesamin durch Schütteln mit Acetanhydrid und Furfural. Beim Zusatz von Schwefelsäure zum Filtrat darf keine bläulichgrüne Farbe entstehen (Pavolini-Reaktion) *DAB 10 (Eur), USP XXII, ÖAB 90, Helv VII.*

Andere Arzneibücher lassen zusätzlich auf die Abwesenheit folgender Öle prüfen:

- Baumwollsamenöl: Nachweis von Sterculiasäure mittels der Halphen-Reaktion. Nach Zusatz von Isoamylalkohol sowie einer Lösung von Schwefel in Schwefelkohlenstoff darf das in kochende NaCl-Lösung geschüttete Gemisch während 2 h keine Rotfärbung zeigen *USP XXII, AB-DDR.*
- Erdnußöl: Nachweis der schwerlöslichen Arachinsäure und Lignocerinsäure. Nach Verseifung mit ethanolischer KOH-Lösung und anschließender Reinigung werden die Fettsäuren in 90 %igem (*V/V*) Ethanol gelöst, abgekühlt und 30 min bei 15 °C gehalten. Es dürfen sich keine Kristalle bilden *USP XXII, AB-DDR.*
- Teesamenöl: Nach Schütteln mit einer Mischung aus Acetanhydrid, Chloroform und Schwefelsäure darf im durchscheinenden Licht keine Braunfärbung auftreten. Zusätzlich darf nach dem Zusatz von Ether keine vorübergehende Rotfärbung entstehen *USP XXII.*
- Kapoköl: Nachweis von Sterculiasäure. Es wird wie bei der Prüfung auf Baumwollsamenöl verfahren. Beim Erhitzen des Gemischs in siedender NaCl-Lösung darf während 120 min keine Rotfärbung auftreten *AB-DDR.*
- Trocknende fette Öle: Nach Unterschichten des Öls mit einer Mischung aus konz. HNO_3 und Wasser und Zugabe eines in beide Flüssigkeiten ragenden Kupferdrahts muß das Öl innerhalb von 24 h zu einer körnig-festen Masse erstarren *AB-DDR.*
- Sauer reagierende Verunreinigungen: Nach Schütteln mit Wasser und Bromkresolgrün darf die wäßrige Schicht bei seitlicher Betrachtung keine gelbe Färbung haben *AB-DDR.*

Mit Hilfe der Hauptkomponentenanalyse (PCA) des Fettsäureprofils, vor allem aber des Triacylglycerolprofils können Verfälschungen von Olivenöl mit 20 % Maiskeimöl, Baumwollsamenöl, Sonnenblumenöl, Sojaöl oder Rapsöl eindeutig erkannt werden. Die Erkennung von Verfälschungen mit 10 % der genannten Öle gestaltet sich dagegen schwierig.[80]
Anilide, die nach Genuß von spanischem Olivenöl, das mit anilinbehandeltem Rapsöl verfälscht war, das "Toxic Oil Syndrome" (s. Toxikologische Eigenschaften) verursachten, können nach alkalischer Hydrolyse und Bromierung des entstehenden Anilins zum 2,4,6-Tribromderivat gaschromatographisch unter Verwendung eines Elektroneneinfangdetektors (ECD) bestimmt werden.[115]

Gehalt: s. Reinheit.

Lagerung: Vor Licht geschützt, in dicht verschlossenen, dem Verbrauch angemessenen, möglichst vollständig gefüllten Behältnissen. Das Standgefäß in der Offizin darf Öl im Anbruch enthalten. Öle verschiedener Lieferungen dürfen nicht miteinander gemischt gelagert werden *DAB 10 (Eur), ÖAB 90, Helv VII. USP XXII* fordert nur dicht verschlossene Behälter und eine kühle Lagerung.

Stabilität: *AB-DDR* forderte, das Öl mindestens in Abständen von 2 Jahren zu prüfen. Vier bisher nicht identifizierte komplexe Phenole des Olivenöls scheinen am Schutz des Öls vor Autoxidation beteiligt zu sein.[74] In zwei neueren Untersuchungen wird Hydroxytyrosol (= 3,4-Dihydroxyphenylethanol) als wichtigstes natürliches Antioxidans des Olivenöls identifiziert.[128,129] Daneben gewähren auch Kaffeesäure und Oleuropein einen gewissen Oxidationsschutz.[128]

Wirkungen: *Wirkung auf die Serumlipide.* Im Tierversuch führt der tägliche Futterzusatz von 5 bis 10 g Olivenöl nur bei einem von 23 Kaninchen zu leichten arteriosklerotischen Veränderungen. Wird dagegen 5 bis 10 g Schweineschmalz zugesetzt, so zeigen 6 von 17 Kaninchen leichte und 2 Kaninchen schwere arteriosklerotische Veränderungen. Nach Zusatz von 1 g Cholesterol kommt es in der mit Olivenöl gefütterten Gruppe deutlich seltener zur Ausbildung einer Arteriosklerose.[91] Zu einem ähnlichen Ergebnis kommt eine Studie, bei der 21 gesunde Frauen nach einer vierwöchigen palmöl- und butterreichen Diät jeweils sechswöchige olivenölreiche bzw. sonnenblumenölreiche Diäten erhielten. Mit Olivenöl wird demnach ein weniger atherogenes Serumlipidprofil erreicht als mit Palmöl/Butter oder mit Sonnenblumenöl.[117] Eine Untersuchung über den Zusammenhang zwischen dem Konsum von Nahrungsfetten mit entweder überwiegend gesättigten oder überwiegend monoungesättigten Fettsäuren und Risikofaktoren der coronaren Herzkrankheit ergab bei 4.093 italienischen Frauen und Männern zwischen 20 und 59 Jahren, daß bei beiden Geschlechtern ein hoher Verbrauch von Olivenöl mit einem signifikant erniedrigten systolischen Blutdruck sowie mit deutlich erniedrigten Plasmawerten für Glucose und Cholesterol korreliert.[84] Die günstige Beeinflussung der Serumlipide durch Olivenöl wird von einer weiteren Studie bestätigt, in der bei 11 Freiwilligen nach einer dreiwöchigen Diät, die 28 % der Gesamtkalorien in Form von Olivenöl zuführte, die Plasmawerte des Gesamtcholesterols um 9,5 %, des Apolipoprotein B um 7,4 %, des LDL-Cholesterols um 12,2 % und der Gesamttriacylglycerole um 25,5 % erniedrigt sind, während HDL-Cholesterol sowie Apolipoprotein AI unverändert bleiben. Eine veränderte Cholesterolsättigung der Galle wurde interessanterweise nicht beobachtet. Als Vergleich diente eine standardisierte fettarme Diät.[86] Der Ersatz von Butter durch Olivenöl steigert bei 11 gesunden Ileostomaträgern die Nettocholesterolausscheidung des Dünndarms um den Faktor 2,5.[120]
Nicht bestätigt werden die oben genannten Ergebnisse von einer Untersuchung an 33 normocholesterämischen Männern und Frauen, bei denen nach einer sechswöchigen olivenölreichen Diät im Vergleich zu einer palmölreichen Diät keine Veränderungen des Serumcholesterols und des Profils der Serumlipoproteine beobachtet werden.[118]
Im Vergleich zu einer fischölreichen Ernährung führt die vierwöchige Zufuhr von 15 g Olivenöl/Tag bei unveränderter Triglyceridkonzentration zu einer Senkung des Gesamtcholesterols im Serum, und dabei insbesondere zur Senkung des Low-Density-Lipoprotein (LDL)-Cholesterols.[119] Andere vergleichende Untersuchungen mit Olivenöl und Ölen mit hohem Anteil mehrfach ungesättigter Fettsäuren können die serumcholesterolsenkende Wirkung von Olivenöl jedoch nicht bestätigen. So senkt eine vierwöchige Diät, die 30 % der Gesamtkalorien in Form von Olivenöl zuführt, bei 23 Patienten mit hohem Arterioskleroserisiko weder das Gesamtcholesterol noch das LDL-Cholesterol des Serums. Allerdings vermindert Olivenöl die Plasmawerte von Apolipoprotein AI und von Apolipoprotein AI:B. Überraschenderweise wird unter der Olivenöldiät auch eine deutliche Senkung der Plasmaglucose beobachtet.[85] Auch nach einer zwölfwöchigen Diät, die den gesamten Fettbedarf über Olivenöl/Erdnußöl deckt, werden im Vergleich zu einer an mehrfach ungesättigten Fettsäuren reichen Diät mit Maiskeimöl und Safloröl keine signifikanten Unterschiede bei den durchschnittlichen Plasmakonzentrationen von Triglyceriden, Gesamtcholesterol, VLDL-Cholesterol, LDL-Cholesterol und Gesamt-HDL-Cholesterol festgestellt.[116]

Volkstümliche Anwendung und andere Anwendungsgebiete: Innerlich: Zubereitungen von Olivenöl werden angewendet bei Cholangitis, Cholelithiasis, Ikterus, Flatulenz, Meteorismus, Dysbakterien, Roemheld-Syndrom, bei Obstipation und als Darmgleitmittel.[57,87] Außerdem wird Olivenöl bei Gallenwegsleiden,[56,57] zur Behandlung von Magen- und Darmgeschwüren,[88] bei Nierensteinen[57] sowie in Form einer Emulsion als stickstoffreiche Diät bei Nierenversagen gegeben.[132]
Äußerlich: Zur Wundpflege, bei leichten Verbrennungen und bei Psoriasis,[57,87] zum Erweichen von Krusten bei Ekzemen und als Massagegleitöl,[132] in wäßriger Emulsion bei Sonnenbrand, als Massageöl zur Rheumabehandlung sowie bei Blutungen.[57]
Olivenöl hat eine cholecystokinetische Wirkung. Bei Gallensteinleiden ist die therapeutische Anwendung von Olivenöl wegen des Risikos der Auslösung einer Gallenkolik nicht zu vertreten. Bei den anderen beanspruchten Anwendungsgebieten ist die Wirksamkeit nicht belegt, so daß eine therapeutische Anwendung nicht empfohlen werden kann.[87]

Dosierung und Art der Anwendung: *Droge.* Zur Beseitigung von verfestigtem Stuhl werden 100 bis 500 mL auf Körpertemperatur erwärmtes Olivenöl in das Rectum injiziert.[132] Zur Behandlung von Magen- und Darmgeschwüren werden 3mal täglich 15 bis 30 mL mit der Mahlzeit gegeben.[88]

Unerwünschte Wirkungen: *Allergische Wirkungen.* In seltenen Fällen kann es beim Auftragen auf die Haut zu allergischen Hautreaktionen kommen.[87,123–125]

Akute Toxizität: *Mensch. Toxic Oil Syndrome.*[68,126] Im Frühjahr 1981 erregte in Spanien eine bisher unbekannte, epidemieähnliche Krankheit beträchtliches Aufsehen, an der in den darauffolgenden Monaten etwa 20.000 Menschen erkrankten und 250 bis 300 Menschen starben. Eine als Olivenöl verkaufte Mischung aus Traubenkernöl, Rapsöl, Baumwollsamenöl und anderen Ölen, die bis zu 2.000 ppm Fettsäureanilide enthielt, gilt heute als Auslöser der Krankheit. Diese waren durch Hitzebehandlung des Ölgemisches bei 200 °C im Vakuum aus Anilin entstanden, welches dem technischen Rapsöl zugesetzt wird, um es ungenießbar zu machen. Das klinische Bild der akuten Erkrankung war geprägt durch Fieber, Unwohlsein, Magen-Darm-Störungen, Hautjucken, Exantheme und andere Hautausschläge, Atmungsstörungen mit den radiologischen Befunden einer Lungenentzündung und eines Lungentranssudats. In einigen Fällen entwickelten sich Lungenbeschwerden mit anschließendem Lungenversagen. Neurologische Symptome waren Kopfschmerzen, Störungen des Schlafcyclus, Choreoathetose und Zeichen eines Hirnödems. Nach Entlassung aus der Klinik wurden etwa 10% der Patienten mit Fieber, Appetitlosigkeit, Gewichtsverlust, Reizbarkeit, Muskelschmerzen, Parästhesien, Muskelzuckungen und Zeichen eines Lungenhochdrucks erneut eingewiesen. Die klinische Erscheinungsform der Krankheit ähnelte in der akuten Phase einem allergisch-toxischen Syndrom und in der chronischen Phase einer Autoimmunreaktion. Weder mit Vitamin E noch mit Penicillamin, Polyvinylpyrrolidon oder Corticosteroiden konnten therapeutische Erfolge erzielt werden.

Sonst. Verwendung: *Pharmazie/Medizin.* Olivenöl dient zur Herstellung von Linimenten, Salben, Pflastern und Seifen und wird als Vehikel zur Herstellung öliger Lösungen und Suspensionen zur Injektion verwendet.[88] *Haushalt.* Der weitaus größte Teil der Weltproduktion an Olivenöl dient als Nahrungsmittel. In Griechenland, Italien, Portugal und Spanien ist es das wichtigste Pflanzenöl.[70]

Gesetzl. Best.: *Offizielle Monographien.* Negativmonographie der Kommission E am BGA "Olivae oleum (Olivenöl)".[87]

Olea europaea hom. *PFX*

Monographiesammlungen: Olea europaea pour préparations homéopathiques *PFX*.

Definition der Droge: Die frischen Zweige mit Blättern.

Stammpflanzen: *Olea europaea* L.

Ganzdroge: Zweige gewunden, im Querschnitt rund, Rinde grauweiß, ohne Stacheln. Knospen sehr klein, grau, mit Schuppen bedeckt, seidig behaart. Beschreibung der Blätter s. Oleae folium.

Inhaltsstoffe: *Terpene.* Die frischen Blätter enthalten folgende Secoiridoidglykoside in jeweils auf das Frischgewicht bezogenen Mengen: 2% Oleuropein (= Oleuropeosid),[20] 0,2% Oleurosid,[61] 0,006% Ligstrosid (= Ligustrosid), 0,0025% Oleosid-7,11-dimethylester sowie zwei Secoiridoidaldehyde (0,018%).[6] Daneben kommen 6-*O*-Oleuropeylsaccharose[23] sowie *β*-Amyrin, Sitosterol, Erythrodiol, Oleanolsäure und Maslinsäure in nicht genannten Mengen vor.[62] Frische Blätter enthalten zahlreiche nicht identifizierte lipophile Inhaltsstoffe aus den Stoffgruppen der Paraffine, Olefine, Carotinoide, Sterole, Triacylglycerole, Fettalkohole und Triterpenalkohole sowie 280 ppm *α*-Tocopherol.[63] Die Hauptkomponenten des Epicuticularwachses frischer Olivenblätter sind die Terpensäuren Oleanolsäure und Betulinsäure sowie die Terpenole Sitosterol, *α*-Amyrin, *β*-Amyrin, Uvaol und Erythrodiol. Daneben sind C_{16}- bis C_{30}-Fettsäuren, C_{21}- bis C_{35}-Alkane, C_{28}- bis C_{32}-Fettalkohole, C_{24}- bis C_{34}-Aldehyde, geringe Mengen Methylphenylester, Alkylester, 2-Phenylethanol-1-ester und Triacylglycerole enthalten.[122] Es ist anzunehmen, daß der größte Teil der in früheren Untersuchungen beschriebenen lipophilen Inhaltsstoffe der Olivenblätter (s.o.) aus dem Epicuticularwachs stammt.
Phenolische Verbindungen. Frische Olivenblätter enthalten 0,007% 3,4-Dihydroxy-*β*-phenylethanol (= Hydroxytyrosol),[6] Chlorogensäure,[99] Verbascosid,[23] die Flavonoide Rutin, Luteolin-7-glucosid, Luteolin-4'-glucosid, Apigenin-7-glucosid, Apigenin-7-rutinosid,[8] Apigenin, Quercetin,[64] zwei Apigenin-7-*O*-D-dixyloside[65] sowie Luteolin, Quercitrin und drei weitere Verbindungen, bei denen es sich vermutlich um Biflavonoide handelt.[99]

Zubereitungen: Urtinktur mit Ethanol nach der Monographie "Préparations Homéopathiques" *PFX*; Eigenschaften: Die Urtinktur ist eine braungrüne Flüssigkeit mit schwachem Geruch und etwas bitterem Geschmack; Ethanolgehalt 65% (*V/V*).

Identität: *Urtinktur.* Nach Verdünnen mit Wasser und Umschütteln bildet sich ein beständiger Schaum. Nach Zugabe von verd. Natronlauge färbt sich die verd. Urtinktur bräunlichgelb. Die zur Trockne eingeengte und mit Chloroform aufgenommene Urtinktur färbt sich nach Zusatz von 2 Tr. Schwefelsäure braunrot.

Reinheit: *Urtinktur.*
- Trockenrückstand: Mindestens 2,00%.
- DC:
- Sorptionsmittel: Kieselgel G;
- FM: Ethylacetat-Wasser-Ameisensäure (80 + 10 + 10);
- Vergleichssubstanzen: Rutin, Isoquercitrin;
- Detektion: Direktauswertung im UV 365 nm, anschließend Besprühen mit Citronensäure/Borsäure-Reagenz, Erhitzen auf 100 bis 105 °C 5 min lang und Auswertung im UV 365 nm;
- Auswertung: Bei der Direktauswertung im UV 365 nm erscheint neben den Zonen auf der Höhe der Vergleiche ein charakteristisches Muster von mindestens fünf braun, bläulich bzw. rot fluoreszierenden Zonen. Nach dem Besprühen ist im UV bei 365 nm neben den gelbgrünen Zonen auf der Höhe der Vergleiche ein charakteristisches Muster von drei oder vier gelbgrünen, einer blauen und einer roten Zone sichtbar.

Olea europaea, flos hom. *HPUS88*

Monographiesammlungen: Olea europaea, flos *HPUS88*.

Definition der Droge: Die Blütenbüschel.

Stammpflanzen: *Olea europaea* L.

Zubereitungen: *Urtinktur.* Herstellung durch Mazeration oder Perkolation der frischen oder getrockneten Droge mit EtOH nach den allgemeinen Zubereitungsvorschriften (Class C) der *HPUS88*. Ethanolgehalt 35% (*V/V*).

Gehalt: *Urtinktur.* Arzneigehalt $^1/_{10}$.

1. Heg, Bd. V, Teil 3, S. 1.934–1.944
2. Johnson LAS (1957) Contrib N S Wales Nat Herb 2:395–418
3. Knoblauch E (1891) Oleaceae. In: Engler A, Prantl K (Hrsg.) Die natürlichen Pflanzenfamilien, W. Engelmann, Leipzig, Bd. IV, 2, S. 1–16
4. Camurati F, Rizzolo A, Fedeli E (1980) Riv Ital Sost Grasse 57:369–377
5. Bianchini JP, Gaydon EM, Rafaralahitsimba G, Waegell B, Zahra JP (1988) Phytochemistry 27:2.301–2.304
6. Gariboldi P, Jommi G, Verotta L (1986) Phytochemistry 25:865–869
7. Tsukamoto H, Hisada S, Nishibe S (1985) Chem Pharm Bull 33:396–399
8. Harborne JB, Green PS (1980) Bot J Linn Soc 81:155–167
9. Nishibe S, Tsukamoto H, Agata J, Hisada S, Shima K, Takemoto T (1981) Shoyakugaku Zasshi 35:251–254
10. Tsukamoto H, Hisada S, Nishibe S, Roux DG, Rourke JP (1984) Phytochemistry 23:699–700
11. Tsukamoto H, Hisada S, Nishibe S (1984) Chem Pharm Bull 32:2.730–2.735
12. Tsukamoto H, Hisada S, Nishibe S (1985) Chem Pharm Bull 33:1.232–1.241
13. Tsukamoto H, Hisada S, Nishibe S, Roux DG (1984) Phytochemistry 23:2.839–2.841
14. Hgn, Bd. 5, S. 231–247
15. Schneider G, Kleinert W (1972) Planta Med 22:109–116
16. Hgn, Bd. 9, S. 172
17. Franke W (1989) Nutzpflanzenkunde, 4. Aufl., Thieme, Stuttgart, S. 153–156
18. Morettini A (1962) Der Ölbaum. In: Bally W, Ferwerdea JD, Morettini A (Hrsg.) Tropische und subtropische Weltwirtschaftspflanzen, Teil 2: Ölpflanzen, 2. Aufl., F. Enke, Stuttgart, S. 20–78
19. Loussert R, Brousse G (1978) L'olivier, G. P. Maisonneuve & Larose, Paris, S. 124–125
20. Panizzi L, Scarpati ML, Oriente G (1960) Gazz Chim Ital 90:1.449–1.485
21. Inouye H, Yoshida T, Tobita S, Tanaka K, Nishioka T (1974) Tetrahedron 30:201–209
22. Ragazzi E, Veronese G, Guiotto A (1973) Ann Chim 63:13–20
23. Panizzi L, Scarpati ML, Trogolo C (1965) Gazz Chim Ital 95:1.279–1.292
24. Fritsch R (1986) Oleaceae. In: Schultze-Motel J (Hrsg.) Rudolf Mansfeld, Verzeichnis landwirtschaftlicher und gärtnerischer Kulturpflanzen (ohne Zierpflanzen), Springer, Berlin, Heidelberg, New York, S. 1.062–1.063
25. Mechoulam R, Danieli N, Mazur Y (1962) Tetrahedron Lett: 709–712
26. Scarpati ML, Trogolo C (1966) Tetrahedron Lett: 5.673–5.674
27. Caputo R, Mangoni L, Monaco L, Previtera L (1974) Phytochemistry 13:1.551–1.552
28. Camurati F, Rizzolo A, Fedeli E (1980) Riv Ital Sost Grasse 57:369–377
29. Kofler M, Langemann A, Rüegg R, Chopard-dit-Jean LH, Rayroud A, Isler O (1959) Helv Chim Acta 42:1.283–1.292
30. Caputo R, Mangoni L, Monaco P, Previtera L (1974) Phytochemistry 13:2.825–2.827
31. Ragazzi E, Veronese G (1967) Ann Chim 57:1.386–1.397
32. Vazquez Roncero A, Constante EG, Duran MR (1974) Grasas Aceites 25:269–279
33. Camurati F, Rizzolo A, Fedeli E (1981) Riv Ital Sost Grasse 58:541–547
34. Amiot MJ, Fleuriet A, Macheix JJ (1986) J Agric Food Chem 34:823–826
35. Vanzetti BL (1929) Monatshefte Chem 52:163–168
36. Chiba M, Okabe K, Hisada S, Shima K, Takemoto T, Nishibe S (1979) Chem Pharm Bull 27:2.868–2.873
37. Chopin J, Dellamonica G (1988) C-glycosyl-flavonoids. In: Harborne JB (Hrsg.) The Flavonoids, Chapman&Hall, London, S. 66
38. Luh BS, Mahecha G (1971) Chung Kuo Nung Yeh Hua Hsueh Hui Chih 1–24, zit. nach CA 77:60298
39. Harborne JB, Grayer RJ (1988) The anthocyanins. In: Harborne JB (Hrsg.) The Flavonoids, Chapman& Hall, London, S. 4
40. Gil-Serrano A, Mateos-Matos MI, Tejero-Mateo MP (1986) Phytochemistry 25:2.653–2.654
41. Amin ES, Bassiouny AR (1979) Phytochemistry 18:344
42. Firma Müggenburg/Aloeslohe (1992) Mitteilung vom 10.04.1992
43. LeTutour B, Guedon D (1992) Phytochemistry 31:1.173–1.178
44. Huneck S, Lehn JM (1963) Bull Soc Chim Fr: 321–322
45. Vazquez Roncero A, Janer del Valle ML (1962) Grasas Aceites 13:242
46. Bockova H, Holubek J, Cekan Z (1964) Coll Czech Chem Commun 29:1.484–1.491
47. Samuelsson GL (1951) Farm Revy 50:229, zit. nach Samuelsson GL (1952) Dtsch Apoth Ztg 92:294
48. Zarzuelo A, Duarte J, Jimenez J, Gonzalez M, Utrilla MP (1991) Planta Med 57:417–419
49. Laserre B, Kaiser R, Huu Chanh P (1983) Naturwissenschaften 70:95–96
50. Ribeiro RA, Melo MMRF, Barros F, Gomes C, Trolin G (1986) J Ethnopharmacol 15:261–269
51. Rauwald HW, Brehm O (1991) Planta Med 57 (Suppl): A59
52. Occhiuto F, Circosta C, Gregorio A (1990) Phytother Res 4:140–143
53. Petkov V, Manolov P (1972) Arzneim Forsch 22:1.476–1.486
54. BAz Nr. 11 vom 17.01.1991
55. Hänsel R (1991) Phytopharmaka, 2. Aufl., Springer, Berlin Heidelberg New York, S. 50
56. Karl J (1983) Phytotherapie, 4. Aufl., Verlag Tibor Marczell, München, S. 244
57. DeFeo V, Aquino R, Menghini A, Ramundo E, Senatore F (1992) J Ethnopharmacol 36:113–125
58. Capasso F, De Simone F, Senatore F (1982) J Ethnopharmacol 6:243–250
59. Leporatti ML, Posocco E, Pavesi A (1985) J Ethnopharmacol 14:65–68
60. Darias V, Bravo L, Barquin E, Martin Herrera D, Fraile C (1986) J Ethnopharmacol 15:169–193
61. Kuwajima H, Uemura T, Takaishi K, Inoue K, Inouye H (1988) Phytochemistry 27:1.757–1.759
62. Mussini P, Orsini F, Pelizzoni F (1975) Phytochemistry 14:1.135
63. Vazquez Roncero A, Janer del Valle ML (1967) Grasas Aceites 18:222–230, zit. nach CA 68:19529
64. Movsumov IS, Aliev AM, Tagieva ZD (1987) Farmatsiya (Moskau) 36:32–34, zit. nach CA 106:207221
65. Kriventsov VJ, Dolganenko LG, Dranik LJ (1974) Chem Nat Comp 10:101
66. Kom, Bd. 3, S. 2.597–2.599

67. Codex Alimentarius Commission, Amendment (1981) Codex Stan 33, zit. nach Lit.[66]
68. Pestaña A, Munoz E (1982) Nature 298:608
69. Vazquez Roncero A (1963) Grasas Aceites 14:262–270
70. Padley FB, Gunstone FD, Harwood JL (1986) Occurence and characteristics of oils and fats. In: Gunstone FD, Harwood JL, Padley FB (Hrsg.) The Lipid Handbook, Chapman&Hall, New York, S. 49–112
71. Itoh T, Yoshida K, Yatsu T, Tamura T, Matsumoto T, Spencer GF (1981) J Am Oil Chem Soc 58:545–550
72. Fedeli E (1977) Progr Chem Fats Other Lipids 15:57–74
73. Minguez-Mosquera MI, Gandul-Rojas B, Gallardo-Guerrero ML (1992) J Agric Food Chem 40:60–63
74. Diaz Blasco R, Pizzorno LN (1957) An Direc Nacl Quim (Buenos Aires) 10:13–16, zit. nach CA 53:17539
75. Ragazzi E, Veronese R (1973) Riv Ital Sost Grasse 50:443
76. Vazquez Roncero A, Janer del Valle C, Janer del Valle ML (1976) Grasas Aceites 27:185
77. Kom, Bd. 1, S. 113–115
78. Pachaly P (1988) Dtsch Apoth Ztg 128:1.689–1.693
79. Fiebig HJ (1985) Fette Seifen Anstrichm 87:53, zit. nach Lit.[77]
80. Tsimidou M, Macrae R (1987) Food Chem 25:251–258
81. Kom, Bd. 1, S. 139–143
82. Metcalfe LD, Schmitz AA (1961) Anal Chem 33:363, zit. nach Lit.[81]
83. Comm Tec Govern (1971) Norme italiane per il controllo dei grassi e dei derivati, Staz Sper ed Oli e Grassi, Milano, Metodo Ba-IV-40-1971, zit. nach Lit.[72]
84. Trevisan M, Krogh V, Freudenheim J, Blake A, Muti P, Panico S, Farinaro E, Mancini M, Menotti A, Ricci G (1990) J Am Med Assoc 263:688–692
85. Sirtori CR, Tremoli E, Gatti E, Montanari G, Sirtori M, Colli S, Gianfranceschi G, Maderna P, Zucchi Dentone C, Testolin G (1986) Am J Clin Nutr 44:635–642
86. Baggio G, Pagnan A, Muraca M, Martini S, Opportuno A, Bonanome A, Ambrosio GB, Ferrari S, Guarini P, Piccolo D, Manzato E, Corrocher R, Crepaldi G (1988) Am J Clin Nutr 47:960–964
87. BAz Nr. 178 vom 21.09.1991
88. Hag, Bd. VII, S. 199
89. Pardun H (1969) Analyse der Fette und Fettbegleitstoffe. In: Schormüller J (Hrsg.) Handbuch der Lebensmittelchemie, Bd. IV: Fette und Lipoide, Springer, Berlin Heidelberg New York, S. 1.014
90. Poletti A, Schilcher H, Müller A (1982) Heilkräftige Pflanzen, Walter Hädecke Verlag, Weil der Stadt, S. 187
91. Holzner H, Kriehuber E, Wenger R (1960) Virch Arch Pathol Anat 333:210–218
92. DAB 10
93. Steinegger E, Steiger KE (1959) Pharm Acta Helv 34:521–542
94. Bianchi G, Murelli C, Vlahov G (1992) Phytochemistry 31:3.503–3.506
95. Amiot MJ, Fleuriet A, Macheix JJ (1989) Phytochemistry 28:67–69
96. Kubo J, Matsumoto A (1984) J Agric Food Chem 32:687–688
97. Vlahov G (1992) J Sci Food Agric 58:157–159
98. Tomas F, Ferreres F (1980) An Quim Ser C (Madrid) 76:292–293
99. Heimler D, Pieroni A, Tattini M, Cimato A (1992) Chromatographia 33:369–373
100. Brenes-Balbuena M, Garcia-Garcia P, Garrido-Fernandez A (1992) J Agric Food Chem 40:1.192–1.196
101. Cantarelli C (1961) Riv Ital Sost Grasse 38:69, zit. nach Lit.[102]
102. Fernandez Diez MJ (1970) The Olive. In: Hulme AC (Hrsg.) The Biochemistry of Fruits and their Products, Academic Press, London, S. 255–279
103. Schneider G, Löbenberg L (1972) Planta Med 22:117–121
104. Gonzalez M, Zarzuelo A, Gomez MJ, Utrilla MP, Jimenez J, Osuna I (1992) Planta Med 58:513–515
105. Circosta C, Occhiuto F, Gregorio A, Toigo S, de Pasquale A (1990) Plant Méd Phytothér 24:264–277
106. De Pasquale R, Monforte MT, Trozzi A, Raccuia A, Tommasini S, Ragusa S (1991) Plant Méd Phytothér 25:134–140
107. Valnet J (1983) Phytothérapie, 5. Aufl., Maloine, Paris, S. 587–588
108. Cecchini T (1990) Enciclopedia de las hierbas y de las plantas medicinales, Editorial De Vecchi S. A., S. 348–351
109. Font Quer P (1962) Plantas Medicinales, Labor S. A., Barcelona, S. 741–744
110. Schneller P (1953) Hippokrates 24:476–478
111. Moldenschardt H (1954) Med Monatsschr 8:402–403
112. Scheller EF (1955) Med Klin 8: 327–329
113. Luibl E (1958) Med Monatsschr 12:181–182
114. Fr Demand Pat Doc No 2507477
115. Jeuring HJ, Verwaal W, Brands A, VanEde K, Dornseiffen JW (1982) Z Lebensm Unters Forsch 175:85–87
116. Dreon DM (1990) J Am Med Assoc 263:2.462, zit. nach NN (1990) Dtsch Apoth Ztg 130:2.543
117. Mata P, Garrido JA, Ordovas JM, Blazquez E, Alvarez-Sala LA, Rubio MJ, Alonso R, de Oya M (1992) Am J Clin Nutr 56:77–83
118. Ng TKW, Hayes KC, DeWitt GF, Jegathesan M, Satunasingam N, Ong ASH, Tan D (1992) J Am Coll Nutr 11:383–390
119. Mori T, Vandongen R, Mahanian F, Douglas A (1992) Metab Clin Exp 41:1.059–1.067
120. Bosaeus I, Belfrage L, Lindgren C, Andersson H (1992) Eur J Clin Nutr 46:111–115
121. Bianco A, Lo Scalzo R, Scarpati ML (1993) Phytochemistry 32:455–457
122. Bianchi G, Vlahov G, Angglani C, Murelli C (1993) Phytochemistry 32:49–52
123. Van Joost T, Sillevis Smitt JH, van Ketel WG (1981) Contact Dermatitis 7:309–310
124. De Boer EM, van Ketel WG (1984) Contact Dermatitis 11:128–129
125. Jung HD, Holzegel K (1987) Dermatosen 35:131–132
126. Blanca M, Boulton P, Brostoff J (1984) Clinical Allergy 14:165–168
127. Tsimidou M, Macrae R, Wilson I (1987) Food Chem 25:227–239
128. Chimi H, Sadik A, Le Tutour B, Rahmani M (1988) Rev Fr Corps Gras 35:339–344
129. Servili M, Montedoro GF (1989) Ind Aliment 28:14–19
130. ÖAB 90
131. Helv VII
132. BPC 79
133. Joulain D (1986) Study of the fragrance given off by certain springtime flowers. In: Brunke EJ (Hrsg) Progress in Essential Oil Research, De Gruyter, Berlin, S. 57–67

Operculina

HN: 2041600

Familie: Convolvulaceae.

Unterfamilie: Convolvuloideae.

Tribus: Ipomoeeae.

Gattungsgliederung: Die Gattung Operculina A. SILVA MANSO umfaßt etwa 12 Arten.[1-6]

Gattungsmerkmale: Windende Pflanzen mit breiteiförmigen oder handförmig gelappten Blättern und Einzelblüten. Als Gattungsmerkmal und zur Abgrenzung zur Gattung Ipomoea L. wird die Bildung einer Frucht mit klappenförmig aufspringendem Exocarp (Operculum, Deckelkapsel) und eingeschnittenem Pericarp beschrieben. Die Abgrenzung zur Gattung Merremia DENNST. ex ENDL. erfolgt über die unterschiedliche Behaarung der Blütenkorolle. Merremia weist meist an allen vegetativen oberirdischen Organen starke Behaarung auf, an der Blütenkrone aber fehlt die Behaarung.[7] Operculina ist an den meisten Organen glatt bis wenig behaart, zeigt aber an der Blütenkrone Behaarung.

Verbreitung: Tropische und subtropische Gebiete Mittelamerikas und Asiens.

Inhaltsstoffgruppen: Harzglykoside (Glykoretine), Glykosidsäuren, ähnlich wie Ipomoea-Harze.

Drogenliefernde Arten: *O. turpethum*: Turpethi radix.

Operculina turpethum (L.) SILVA MANSO

Synonyme: *Convolvulus anceps* L., *C. triqueter* VAHL, *C. turpethum* L., *Ipomoea anceps* (L.) ROEM. et SCHULT., *I. triquetra* (VAHL) ROEM. et SCHULT., *I. turpethum* (L.) R. BR., *Merremia turpethum* (L.) RENDLE.

Botanische Beschreibung: Ganzjährige, krautige Kletterpflanze mit Milchsaft. Die Wurzeln sind lang, schlank, fleischig und stark verzweigt. Der sehr lange windende Stengel ist stark verschlungen, abgewinkelt und geflügelt; er ist zäh, flaumig behaart und im Alter braun. Die Blätter sind 5 bis 10 cm lang, 1,3 bis 7 cm breit, eiförmig oder länglich, nicht spitz, mit herzförmiger Basis und 2,5 cm langen Blattstielen. Die wenigblütigen Trugdolden haben 2,5 bis 5 cm lange Blütenstengel. Die breiten Hochblätter sind 2,5 cm lang, oft rosa gefärbt, die Blütenstiele 0,6 bis 2,5 cm lang. Im Blühzustand sind die äußeren Kelchblätter bis zu 2,2 cm lang, während der Reifezeit bedeutend vergrößert, breit-eiförmig oder halbkreisförmig und flaumig behaart. Die kleineren 3 inneren Kelchblätter sind kaum 2 cm lang, sehr dünnhäutig und glatt. Die weiße Blütenkrone ist 3,8 bis 5 cm lang und glockenförmig. Die Antheren verdrehen sich bald. Die glatten oder schwach behaarten Kapseln haben einen Durchmesser von 13 bis 18 mm, sind kugelförmig mit Deckel; sie sind eingeschlossen in die vergrößerten, brüchigen, dachziegelartig angeordneten Kelchblätter. Sie sind glatt oder schwach flaumig behaart.[8]

Verbreitung: Heimisch in Indien (bis auf 2.000 m), auf Sri Lanka, in Australien und Polynesien, Mittelamerika, verbreitet fast über die ganze Welt; zuweilen in Gärten kultiviert.

Drogen: Turpethi radix.

Turpethi radix

Synonyme: Tripolium, Turbith, Turpethum.

Sonstige Bezeichnungen: Dt.: Indische Jalape, Turpethwurzel, Turpitwurzel; engl.: Indian jalap, turpeth root; frz.: Racine de turbith végétal; span.: Raiz de turbuit.

Monographiesammlungen: Turpith *CF49*; Turpethi Radix *HispIX*; Tripolium *Portug35*; Turpeth *BPC49*.

Definition der Droge: Die getrockneten Wurzeln.

Stammpflanzen: *Operculina turpethum* (L.) SILVA MANSO.

Ganzdroge: Die zylindrischen Wurzeln sind grau oder rötlichgrau, 1,5 bis 5 cm im Durchmesser, die dickeren Stücke oft gespalten, außen tief längsgefurcht, seilartig gedreht, der Bruch kurz in der Rinde, faserig im Holzteil.[8]

Schnittdroge: *Geschmack.* Etwas scharf, nicht brechreizerregend.[8]
Mikroskopisches Bild. Der leicht braune Querschnitt zeigt im Holzteil sehr große Gefäße und weite, stärkehaltige Markstrahlen. Außerdem sind Harzzellen und abnorme Gefäßbündel vorhanden, die in Form von dunklen, meist konzentrischen Kreisen angeordnet sind.[8]

Pulverdroge: Harzzellen und graue, rundliche Zellverbände mit emulgierten Harzeinschlüssen, Bruchstücke großer Tüpfel- und Netzgefäße, kurze Holzfasern mit länglichen Tüpfeln, rechteckige, punktierte Steinzellen und viele Calciumoxalatkristalle.[8]

Verfälschungen/Verwechslungen: Wird häufig verwechselt mit der Wurzel von *Marsdenia tenacissima* (ROXB.) MOON., die in der Literatur fälschlich als weiße Varietät der Operculina-turpethum-Wurzel beschrieben wird.[9,10]

Inhaltsstoffe: *Harz.* 4 bis 10 % Harz, das etwa aus 50 % etherunlöslichem Turpethin, etwa 8 % etherlöslichem α-Turpethin und 0,6 % etherlöslichem β-Turpethin besteht.[11] Das Harz ist ähnlich wie Ipomoea-Harze aufgebaut und gehört strukturell zur Gruppe der Glykoretine (= Harzglykoside). Die Harzglykoside stellen generell ein Gemisch dar. Sie sind im wesentlichen aus drei Bausteinen aufgebaut, nämlich den kurzkettigen Fettsäuren, den Zuckern und den Hydroxyfettsäuren.[12]

Bei der alkalischen Hydrolyse von Turpethin entsteht Turpethinsäure neben kurzkettigen Fettsäuren.
"Turpethinsäure" ist ein Gemisch aus mehreren Glykosidsäuren: Turpethinsäuren A, B, C, D und E werden in ihrer Struktur beschrieben;[13] die kurzkettigen Fettsäuren sind Butter-, Capron-, Essig-, Isobutter-, Isovalerian-, Methylethylessig-, *n*-Valerian- und Tiglinsäure. Als Aglyka sind neben Jalapinol- (= 11-Hydroxypalmitinsäure, = 11-Hydroxyhexadecansäure) und Operculinolsäure (= 3,12-Dihydroxypalmitinsäure, = 3,12-Dihydroxyhexadecansäure) drei weitere Glykosidsäuren identifiziert und werden als Turpetholsäuren A, B und C bezeichnet: 3,12-Dihydroxypentadecansäure (= Turpetholsäure A), 4,12-Dihydroxypentadecansäure (= Turpetholsäure B) und 4,12-Dihydroxyhexadecansäure (= Turpetholsäure C). Der Zuckeranteil wurde als ein Tetrasaccharid identifiziert, in dem Glucose und Rhamnose in einem Verhältnis von 3:1 gebunden sind.[14]

Identität: Zu 0,5 g Harz, durch Extraktion der gepulverten Droge mit 90%igem Alkohol gewonnen, fügt man 5 mL verdünnte Ammoniaklösung und schüttelt 15 min lang. Innerhalb von 15 min darf sich keine rote Farbe entwickeln. Im gefilterten UV-Licht soll sich eine hellblaue Fluoreszenz zeigen.[18]

Reinheit:
- Asche: Max. 12 % *Portug 35*.
- Fremde Bestandteile: Max. 2 % *BPC 49*.

Gehalt: Mindestgehalt an Harz: 5% *BPC 49*; 7% *CF 49, Hisp IX, Portug 35*.

Gehaltsbestimmung: 20,0 g gepulverte Droge, genau gewogen, werden kontinuierlich mit kochendem 90%igem Alkohol extrahiert. Die gesammelten Alkohollösungen werden eingedampft, der Rückstand mit kochendem Wasser drei- oder viermal gewaschen, bei 100 °C getrocknet und gewogen.[8]

Lagerung: Vorsichtig! Vor Insektenfraß geschützt, in gut schließenden Behältnissen.

Wirkungen: Bedingt durch den Gehalt an Glykoretinen wirkt die Droge beim Menschen laxierend.
An Hunden führt die Verfütterung von 1 g/kg KG in Milch nach einer Latenzperiode von etwa 90 min zu profusem, wäßrigem Durchfall. Durch gleichzeitige p. o. Gabe von 0,06 bis 20 mg/kg KG Berberin wird die Latenzzeit verlängert und die Schwere des Durchfalls verringert.[16]

Volkstümliche Anwendung und andere Anwendungsgebiete: In der traditionellen Medizin Indiens bei einer Vielzahl unterschiedlicher Krankheiten und Symptome wie Ascites, Fieber, Gelbsucht, Krätze, bei vergrößerter Milz und bei Intoxikationen.[15] Die Wirksamkeit bei den genannten Indikationen ist nicht belegt.

Dosierung und Art der Anwendung: *Droge.* Einzeldosis 3 bis 5 g *BPC 49*.

Gegenanzeigen/Anwendungsbeschr.: Während der Schwangerschaft kontraindiziert.

Toxikologische Daten: *LD-Werte.* Für einen nicht näher spezifizierten Extrakt wird eine LD_{50} (Maus, i. p.) von 1.000 mg/kg KG angegeben.[17]

1. Zander R, Encke F, Buchheim G, Seybold S (1980) Handwörterbuch der Pflanzennamen, 12. Aufl., Eugen Ulmer, Stuttgart, S. 345, 433, 461
2. Hgn, Bd. III, S. 547; Bd. VIII, S. 321
3. Schultze-Motel J (Hrsg.) (1986) Rudolf Mansfeld, Verzeichnis landwirtschaftlicher und gärtnerischer Kulturpflanzen, Springer-Verlag, Berlin Heidelberg New York, Bd. 2, S. 1.104
4. Howard RA (1989) Flora of the Lesser Antilles, Arnold Arboretum, Harvard University Jamaica Plain, Massachusetts, Bd. 6, Teil 3, S. 133
5. Austin DF (1986) Taxon 35:355
6. Austin DF (1977) Ann Missouri Bot Gard 64:330–339
7. Staples GW III, Austin DF (1981) Brittonia 33:591
8. Hag, Bd. 5, S. 269
9. Seth SD (Hrsg.) (1987) Medicinal Plants of India, Indian council of medicinal research, Neu Delhi, Bd. 2
10. Wahi SP, Bhattacharya IC (1969) Indian J Pharm 22:282–284
11. Auterhoff H, Demleitner H (1955) Arzneim Forsch 5:402
12. Mannich C, Schumann P (1938) Arch Pharm 276:211
13. Wenzel G (1977) Zur chemischen Struktur der Glykosidsäuren von Ipomoea turpethum L., Dissertation, München
14. Wagner H, Wenzel G, Chari VM (1978) Planta Med 33:144–151
15. Kirtikar KR, Basu BD (Hrsg.) (1987) Indian Medicinal Plants, International Book Distributors, Dehradun, Bd. 3, S. 1.730–1.732
16. Akhter MH, Sabir M, Bhide NK (1979) Indian J Med Res 70:233–241
17. NN (1969) Indian J Exp Biol 7:250, zit. nach DIMDI-RTECS Dok. Nr. 054097 vom 11.04.1993
18. IndPC 53, zit. nach Lit.[8]

mv

Origanum

HN: 2043400

Familie: Lamiaceae.

Unterfamilie: Nepetoideae.[1]

Tribus: Mentheae.[2]

Subtribus: Origaninae.[2]

Gattungsgliederung: Eine Revision der Gattung Origanum L. erkennt 38 Arten an, wobei die Gattungen Amaracus (Gled.) Benth. und Majorana (Mill.) Benth. mit eingeschlossen sind.[3] Sie gliedert sich in 10 Sektionen, die vor allem anhand der Größe der Tragblätter und der Form des Kelches und der Blütenkrone gebildet wurden.[3] Arzneilich verwendete Arten finden sich in den Sektionen Amaracus, Majorana, Origanum und Prolaticorolla Ietswaart. In chem. Hinsicht zeichnen sich die Vertreter der Sektion Majorana durch das Vorkommen des Flavons Vicenin-2 (= Apigenin-6,8-di-*C*-glucosid) aus.[4]

Gattungsmerkmale: Strauchige, ein-, zwei- oder mehrjährige Kräuter mit wenig- bis vielblütigen Scheinähren in rispenartigen, cymösen oder ebensträußförmigen Blütenständen angeordnet. Deckblätter von Laubblättern verschieden, dachziegelartig, oft auffällig gefärbt. Kelch glockig oder kreiselförmig, 2lippig, entweder strahlig mit 5 gleichen Zähnen oder ganzrandig, oben schief abgestumpft oder einlippig und auf einer Seite tief eingeschnitten. Blütenkrone 2lippig, die Oberlippe ganzrandig oder ausgerandet, die Unterlippe 3lappig. Staubblätter zweimächtig, die Krone überragend oder eingeschlossen, Griffeläste gleich.[5]

Verbreitung: Mittelmeer, bis Indien.[6]

Inhaltsstoffgruppen: Ätherisches Öl, Flavone und Lamiaceengerbstoffe in den oberirdischen Teilen.

Drogenliefernde Arten: *Origanum compactum*: Origanum-compactum-Blätter mit Blüten; *O. dictamnus*: Dictamni cretici herba; *O. heracleoticum*: Origanum-heracleoticum-Kraut; *O. majorana*: Majoranae aetheroleum, Majoranae herba, Origanum majorana hom. *HAB 1*, Origanum majorana hom. *PF X*, Origanum majorana hom *HPUS 88*; *O. onites*: Origani cretici herba; *O. syriacum*: Origanum-syriacum-Kraut, Origanum-syriacum-Öl; *O. vulgare*: Origani aetheroleum, Origani herba, Origanum creticum hom. *HAB 34*, Origanum vulgare hom. *HAB 34*.

Origanum compactum BENTH.

Synonyme: *Origanum creticum* SCHOUSBOU ex BALL, *O. glandulosum* SALZMANN ex BENTH.[3]

Sonstige Bezeichnungen: Marokkanisch: Zaatar.

Systematik: Sektion Prolaticorolla IETSWAART.

Botanische Beschreibung: Zwergstrauch bis 35 cm hoch, meist unverzweigt, borstig behaart. Blätter gestielt, eiförmig, ganzrandig, auf beiden Seiten dicht drüsig-punktiert, auf den Nerven und an den Rändern behaart. Blütenstände 10 bis 23 mm in dichten Büscheln, eine lange, unterbrochene Rispe bildend. Deckblätter doppelt so lang wie der Kelch, länglich-eiförmig, spitz. Kelch drüsig-punktiert. Blütenkrone 8 bis 10 cm, 4mal länger als der Kelch, rosa oder weiß.[5]

Inhaltsstoffe: Ätherisches Öl in den oberirdischen Teilen. Nach dem Thymol/Carvacrol-Verhältnis im ätherischen Öl können verschiedene Chemotypen unterschieden werden.

Verbreitung: Nordafrika, hauptsächlich Marokko; Spanien.

Drogen: Origanum-compactum-Blätter mit Blüten.

Origanum-compactum-Blätter mit Blüten

Definition der Droge: Getrocknete Blätter und Blüten.

Stammpflanzen: *Origanum compactum* BENTH.

Herkunft: Marokko.

Inhaltsstoffe: *Ätherisches Öl.* 3,3 % ätherisches Öl mit den Terpenphenolen Carvacrol und Thymol (zus. 47 bis 70 %) und *p*-Cymen (10 bis 25 %); meist ist Carvacrol die Hauptkomponente (57 bis 71 %) neben 1 bis 4 % Thymol;[7,8] in einem anderen Chemotyp ist Thymol in höherer Konz. (28 bis 43 %) enthalten, auch gibt es Pflanzen mit den beiden Phenolen in gleicher Konz. (25 und 28 %).[7] Außerdem γ-Terpinen (0,1 bis 16,6 %), α-Terpineol (0,5 bis 8,4 %); in Konz. meist unter 1 % α-Thujen, α-Pinen, Camphen, 1-Octen-3-ol, β-Pinen, Myrcen, α-Phellandren, Δ^3-Caren, α-Terpinen, Limonen, β-Phellandren, 1,8-Cineol, *trans*-Sabinenhydrat, *cis*-Linalooloxid, Terpinolen, Linalool, Campher, Borneol, *trans*-Dihydrocarvon, Carvacrylmethylether, β-Caryophyllen, Caryophyllenepoxid, Aromadendren, Humulen und δ-Cadinen.[8] Im ätherischen Öl außerdem Thymohydrochinon.[9]
Triterpene. Betulinsäure, Betulin, Oleanolsäure, Ursolsäure, β-Amyrin, 21α-Hydroxyursolsäure und 21α-Hydroxyoleanolsäure.
Phenolische Verbindungen. Das Flavanonol Aromadendrin (= (2*R*,3*R*)-3,5,7,4'-Tetrahydroxyflavanon).[9]

Wirkungen: *Spasmolytische Wirkung.* Der wäßrige Drogenextrakt (1:6, 2 mL) wirkt am isolierten Meerschweinchenileum antagonistisch gegen durch Acetylcholin, Histamin, Serotonin, Nicotin und 1,1-Dimethyl-4-piperaziniodid (DMPI) ausgelöste Spasmen. Die durch Acetylcholin (EC_{max}: Ileum = 7,5 × 10^{-5} Mol, Duodenum und Rattenfundusstrip 30 × 10^{-7} Mol) ausgelöste max. Kontraktion (100 %) wurde auf 44 % (Ileum), 37 % (Duodenum) und 81 % (Rattenfundusstrip) gesenkt. Red. der max. Kontraktion am Ileum (100 %) bei Histamin auf 66 %, bei Serotonin auf 11 %, bei Nicotin vollständige Blockade der Kontraktion und bei DMPI auf 5 %. Durch $BaCl_2$ ausgelöste Spasmen konnten vom wäßrigen Drogenextrakt nur bei geringer Dos. von $BaCl_2$ reduziert werden.[10] Am Samenleiter von Ratten wirkte der wäßrige Drogenextrakt auch bei Appl. von *l*-Noradrenalin antispasmodisch.[11] Da Angaben zum Vol. des Organbades fehlen, läßt sich die Drogenkonz. nicht ermitteln. Im Ergebnis wird von den Autoren die Wirkung des Drogenextrakts als nicht-kompetitiv und unspezifisch antagonistisch eingestuft, wobei Thymol und Carvacrol für die Wirkung verantwortlich sind, die ihrerseits als Ca^{2+}-Antagonisten die Impulsleitung von Nervenfasern blockieren sollen und sowohl muskulotrop als auch neurotrop spasmolytisch wirken.[10,11]

Volkstümliche Anwendung und andere Anwendungsgebiete: Bei Katarrhen der oberen Luftwege und Krämpfen (ohne Angaben zur Dos. und Art der Anw.).[12] Die Anw. ist bei den angegebenen Indk. plausibel.

Origanum dictamnus L.

Synonyme: *Amaracus dictamnus* (L.) BENTH., *A. tomentosus* MOENCH, *Dictamnus creticus* HILL., *Majorana dictamnus* (L.) KOSTEL., *M. tomentosa* (MOENCH) STOKES, *Origanum dictamnifolium* ST.-LAG., *O. pseudodictamnus* SIEBER, *O. saxatile* SALISB.[3]

Sonstige Bezeichnungen: Dt.: Diptamdost(en), Kretischer Diptam; engl.: Dittamy of Crete; frz.: Dictam de Crète; it.: Dittamo cretico, dittamo de candia.

Systematik: Sektion Amaracus (GLED.) BENTH.[3]

Botanische Beschreibung: Wollig-weiß behaarter Zwergstrauch bis 20 cm hoch, Blätter breit-eiförmig bis rund, ganzrandig, wollig behaart, mit hervortretenden Nerven. Untere Blätter kurz gestielt. Scheinähren in Gruppen von 3 bis 10, dicht, eiförmig oder länglich, in gegenständigen gestielten Paaren angeordnet, in lockeren Rispen. Deckblätter 7 bis 10 mm, auffallend, länger als der Kelch. Oberlippe des Kelches ganzrandig, die Unterlippe leicht gezähnt. Blütenkrone rosa, die Röhre doppelt so lang wie der Kelch.[5]

Verwechslungen: Unter dem Namen "Diptam" wird im deutschsprachigen Raum *Dictamnus albus* L. (Rutaceae) verstanden, wodurch es zu Verwechslungen kommen kann.

Verbreitung: Endemisch auf Kreta; in England als Küchenkraut kultiviert.[22]

Anbaugebiete: Kreta.

Drogen: Dictamni cretici herba.

Dictamni cretici herba

Synonyme: Herba Dictamni cretici.

Sonstige Bezeichnungen: Dt.: Kretischer Diptam; grch.: Dictamnon, diktamnos.

Definition der Droge: Getrocknetes Kraut.

Stammpflanzen: *Origanum dictamnus* L.

Herkunft: Kreta.

Gewinnung: Früher aus Wildsammlungen, heute aus Kulturen.

Ganzdroge: Die Blüten zeichnen sich durch einen Kelch mit reduzierter Unterlippe und einer breitrundlichen, ungeteilten Oberlippe aus. Die Blütendeckblätter sind relativ groß und breit.[13]

Schnittdroge: *Mikroskopisches Bild.* Im Querschnitt des Deckblattes Schwammparenchym mit großen Interzellularen, an den Nerven Sklereiden. Auf Laub- und Deckblättern die für die Art charakteristischen, verzweigten Gliederhaare, Lamiaceendrüsenschuppen und zahlreiche Drüsenhaare.[13]

Pulverdroge: Auffällig sind die verzweigten Gliederhaare, Drüsenhaare und Lamiaceendrüsenschuppen.[13]

Inhaltsstoffe: *Ätherisches Öl.* 1,3 bis 6 % ätherisches Öl mit Carvacrol (58 bis 82 %), *p*-Cymen (6 bis 8 %), γ-Terpinen (2 bis 8 %), Linalool (1 bis 3 %), β-Caryophyllen (2 bis 3 %), α-Terpineol (1,5 bis 3 %) und α-Pinen (1 bis 2 %); außerdem in Konz. unter 1 % Camphen, β-Pinen, Myrcen, α-Phellandren, Limonen, 1,8-Cineol, Menthon, Isomenthon, Terpinen-4-ol, Campher, Pulegon, Citronellol, Thymol und Carvacrolmethylether.[14,15]
Lipide. 9,72 % Lipide, davon 81 % unpolare Lipide und 19 % polare Lipide (Glykolipide und Phospholipide). Der Fettsäureanteil besteht hauptsächlich aus Palmitinsäure ($C_{16:0}$ 38 bis 55 %, Ölsäure ($C_{18:1}$ 15 bis 25 %), Linolensäure ($C_{18:2}$ 6 bis 22 %) und Stearinsäure ($C_{18:0}$ 2 bis 9 %).[16]
Triterpene. In Stengeln und Blättern Oleanolsäure und Ursolsäure, ferner die Methylester der 3β,21α-Dihydroxy-12-oleanen-28-säure und 3β,21α-Dihydroxy-12-ursen-28-säure. In den Blüten außer Oleanol- und Ursolsäure Uvaol.[17]

Volkstümliche Anwendung und andere Anwendungsgebiete: Auf Kreta Universalmittel; als Decoct bei Magen und Darmstörungen, bei Entzündungen der Mundhöhle und bei Menstruationsbeschwerden (ohne Angaben zur Dos.).[14] Die Wirksamkeit bei den genannten Anw.-Gebieten ist nicht belegt.

Origanum heracleoticum L.

Synonyme: *Origanum hirtum* LINK.[5]

Sonstige Bezeichnungen: Dt.: Falscher Staudenmajoran, Kretischer Dost; engl.: Greek Oregano, Italian Oregano; frz. Origan.

Systematik: Sektion Origanum. In seiner Revision der Gattung[3] verfolgt Ietswaart ein engeres Konzept und stellt dort die Art in die Unterart *Origanum vulgare* ssp. *viride* (BOISS.) HAYEK ein.
Nach den Hauptkomponenten im ätherischen Öl werden zwei Chemotypen (Carvacrol-, Thymoltyp) unterschieden.

Botanische Beschreibung: Verholzte ausdauernde Pflanze bis 60 cm hoch, oben rispig verzweigt, behaart. Blätter gestielt, eiförmig oder elliptisch, entfernt schmal-gesägt, auf beiden Seiten dicht drüsig-punktiert und nur spärlich behaart. Blütenstände 5 bis 20 mm, eiförmig bis länglich, aus kleinen geknäuelten Teilblütenständen zusammengesetzt. Deckblätter 2 bis 3 mm, fast doppelt so lang wie der Kelch, beiderseits dicht drüsig-punktiert, am Rande bewimpert. Kelch glockig, 13nervig, regelmäßig und breit 5zähnig (zum Unterschied gegenüber Majorana), drüsig-punktiert, am Schlund borstig behaart. Blütenkrone weiß, selten rosa. Nüßchen eiförmig, glatt. Chromosomenzahl 2n = 30. In Farbe und Haartracht der Deckblätter und Kelche sehr variabel.[5,80]

Verbreitung: Südosteuropa von Sardinien bis in die Ägäis.[5]

Drogen: Origani-heracleoticum-Kraut.

Origani-heracleoticum-Kraut

Sonstige Bezeichnungen: Dt.: Oregano; engl.: Greek Oregano.

Stammpflanzen: *Origanum heracleoticum* L.

Ganzdroge: Beide Blattseiten mit Spaltöffnungen, Unterseite reichlicher und dicht mit Drüsenschuppen besetzt. 2- bis 5zellige, dickwandige, mehr oder weniger gekrümmte Gliederhaare, Basalzelle am Grunde mit kleinen Oxalatnädelchen. Am Blattrand einzellige Borstenhaare. Deckblätter am Rande kurz gewimpert, sonst meist kahl, dicht mit Drüsenschuppen besetzt.[80]

Inhaltsstoffe: *Ätherisches Öl.* Ätherisches Öl mit 40 bis 60 % Carvacrol, 5 bis 20 % Thymol, 8 bis 11 % *p*-Cymen, ca. 15 % γ-Terpinen, 6 % *trans*-Sabinenhydrat, 2 % Myrcen, 1 % Campher; außerdem α-Pinen, Camphen, β-Pinen, α-Terpinen, 1,8-Cineol, Limonen, Linalool, Borneol, Terpinen-4-ol, α-Terpineol, Caryophyllen und Bornylacetat;[18,19,76] 4,5-Epoxy-*p*-menth-1-en.[20] Wie häufig bei terpenphenolhaltigen Arten gibt es neben dem Carvacroltyp einen Thymoltyp mit 50 bis 65 % Thymol.[21]

Sonst. Verwendung: *Haushalt.* Bestandteil des Gewürzes "Oregano" (s. Origani herba).

Origanum majorana L.

Synonyme: *Amaracus majorana* (L.) SCHINZ et THELLUNG, *A. vulgaris* HILL, *Majorana cretica* KOSTEL., *M. fragrans* RAF., *M. hortensis* MOENCH, *M. majorana* (L.) KARST., *M. mexicana* MART., *M. ovalifolia* STOKES, *M. suffruticosa* RAF., *M. tenuifilia* GRAY, *M. vulgaris* MILL., *Origanum confertum* SAVI, *O. dubium* BOISS., *O. majoranoides* WILLD., *O. odorum* SALISB., *O. suffruticosum* hort. ex STEUDEL.[3]

Sonstige Bezeichnungen: Dt.: Gartenmajoran, Majoran, Wurstkraut; engl.: Annual marjoram, knot-

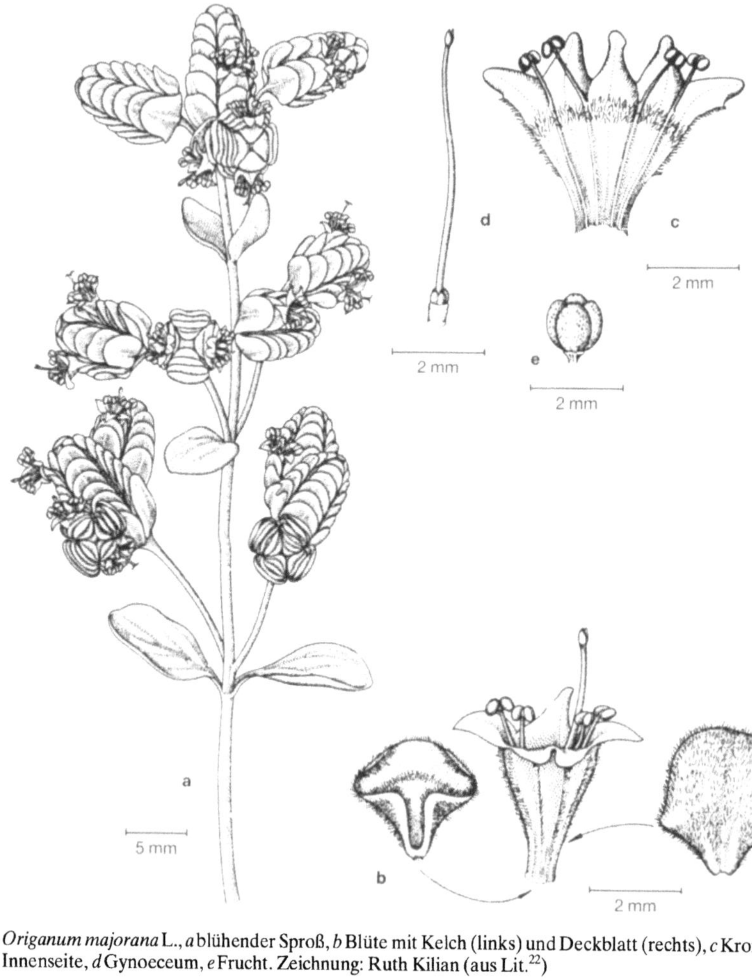

Origanum majorana L., *a* blühender Sproß, *b* Blüte mit Kelch (links) und Deckblatt (rechts), *c* Kronröhre aufgeschnitten, Innenseite, *d* Gynoeceum, *e* Frucht. Zeichnung: Ruth Kilian (aus Lit.[22])

ted marjoram, sweet marjoram; frz.: Marjolaine; it.: Maggiorana.

Systematik: Zeitweise wurde die Pflanze als Art der Gattung Majorana geführt,[6] wobei als Unterscheidungsmerkmal zur Gattung Origanum die Form des Kelches diente.

Botanische Beschreibung: In Mitteleuropa einjährige, im Mittelmeergebiet mehrjährige Pflanze mit stark verzweigter Sproßachse, 20 bis 50 cm hoch; Sprosse graugrün bis weißlich, zuweilen rötlich überlaufen, mehr oder weniger flaumig bis filzig behaart. Laubblätter spatelig, kurz gestielt, 0,5 bis 2 cm lang und 0,5 bis 1 cm breit, ganzrandig, abgerundet, beiderseits graufilzig, dicklich, meist ohne deutlich hervortretende Nerven. Scheinwirtel von den 3 bis 4 mm breiten, kreisrunden, graugrünen Hochblättern größtenteils verdeckt, zu 8 bis 12 kugeligen bis zu vierseitig-prismatischen, 0,5 cm breiten, mehr oder weniger traubig oder rispig gehäuften Köpfchen vereinigt. Blüten sitzend, die Hochblätter kaum überragend. Kelch infolge fast völliger Rückbildung der beiden unteren und völliger Verwachsung der 3 oberen Blätter scheinbar einblättrig, 2,5 cm lang, im übrigen wie die Hochblätter. Krone weiß bis blaß lila oder rosa, 4 mm lang, mit wenig ungleichen, spitzen Zipfeln; die beiden oberen zu einer Oberlippe verbunden. Staubblätter in der Kronröhre eingeschlossen oder vorragend. Nüßchen 0,75 bis 1 mm lang, glatt, hellbraun.[23]

Inhaltsstoffe: *Lipide.* In den Samen 20 % Fett mit hauptsächlich Linolensäure (ca. 60 %), Linolsäure (ca. 25 %) und Ölsäure (ca. 10 %).[24]
Sonstige Verb. Als Reservestoff Planteose (α-D-Gal(p)-(1→ 6)-β-D-Fru(f)-2→ 1)-α-D-Glucose.[25]

Verbreitung: Südöstlicher Mittelmeerraum.

Anbaugebiete: Mittelmeerländer (Frankreich, Griechenland, Ägypten),[26] Anbau auch in Deutschland.[22]
Angebaut werden zwei Formen, der Blattmajoran (Französischer Staudenmajoran) und der Knospenmajoran (Deutscher Majoran). Blattmajoran hat einen hohen Blattansatz und deutlich gestielte Blätter, die Blätter des Knospenmajorans sind dagegen kurz gestielt und dichter behaart. In Mitteleuropa wird hauptsächlich Blattmajoran angebaut, der höhere Krauterträge und mehr Rebelware bringt; das Saatgut wird aus Südfrankreich und Ägypten bezogen.[26] Ausführliche Angaben über Boden, Klima, Anbau, Ernte, Erträge und Krankheiten sowie Schädlinge s. Lit.[27]

Drogen: Majoranae aetheroleum, Majoranae herba, Origanum majorana hom. *HAB 1*, Origanum majorana hom. *PF X*, Origanum majorana hom. *HPUS 88*.

Majoranae aetheroleum

Synonyme: Aetheroleum Majoranae, Oleum Majoranae.

Sonstige Bezeichnungen: Dt.: Majoranöl; engl.: (Sweet) marjoram oil; frz.: Essence de marjolaine, huile essentielle de marjolaine.

Definition der Droge: Das durch Wasserdampfdestillation gewonnene Öl.[28]

Stammpflanzen: *Origanum majorana* L.

Herkunft: Ägypten, Balkanländer, Südfrankreich, Thüringen.

Gewinnung: Wasserdampfdestillation des blühenden, frischen oder getrockneten Krautes.[28]

Handelssorten: Die Herkunftsbezeichnung entspricht der jeweiligen Handelssorte.

Ganzdroge: Gelbe oder grünlichgelbe Flüssigkeit.
Geruch. Angenehmer, gleichzeitig an Cardamomen erinnernder Majorangeruch.
Geschmack. Würzig mild.[28]

Verfälschungen/Verwechslungen: Da Majoranöl nur in geringem Umfang gehandelt wird, sind Verfälschungen selten. Verwechslungen möglich, da im englischen Sprachgebrauch der Name "Marjoram" auch für andere Pflanzen der Gattung Origanum gebräuchlich ist.

Inhaltsstoffe: *Ätherisches Öl.* Die Angaben über die Zus. des Öls schwanken stark. Gründe hierfür s. Majoranae herba. Als typisch gilt ein Öl mit den Monoterpenen Terpinen-4-ol (15 bis 40 %), *cis*-Sabinenhydrat (= (*Z*)-Sabinenhydrat, 5 bis 25 %), γ-Terpinen (2 bis 12 %), α-Terpinen (1 bis 7 %), Sabinen (2 bis 6 %) und *trans*-Sabinenhydrat (= (*E*)-Sabinenhydrat, 2 bis 6 %) als wichtigste Komponenten.[29-36] Die angegebenen Grenzwerte decken nicht alle Prozentverteilungen ab, die in der Lit. zu finden sind.
Die Geruchsqualität steigt bei höherem *cis*-Sabinenhydratgehalt und wird von Terpinen-4-ol beeinträchtigt.[37,38]
Weitere Terpene in Konz. zwischen 1 und 5 % sind *cis*-Sabinenhydratacetat, α-Pinen, Myrcen, Limonen, *p*-Cymen, Terpinolen, Linalool, Linalylacetat, *cis*- und *trans*-*p*-Menthen-2-ol-1, Terpinylacetat und Caryophyllen. Außerdem weitere Terpene.[33,34]
Terpinen-4-ol liegt im Öl zu 73 % als (+)-Isomer und zu 27 % als (-)-Isomer vor.[39]
Zus. von Ölen verschiedener Herkunftsländer: Ägyptisches Majoranöl,[32,40,41] Französisches Öl,[34,41] Nordamerikanisches Öl,[34] Ostdeutsches Öl,[32] Ungarisches Öl.[32]

Identität: Nach E.O.A.-Standard (Essential Oil Association of the USA) d_{25}^{25} = 0,890 bis 0,906; α_D = +14 bis +24; n_D^{20} = 1,4700 bis 1,4750.[28]
Weitere Identitätsprüfungen: DC:
- Sorptionsmittel: Kieselgel F_{254};
- FM: *n*-Hexan-Ether (8 + 2);
- Detektion: UV-Licht 254 nm, Besprühen mit Vanillin-Schwefelsäure-Reagenz, Erhitzen auf 105 °C bis zur Farbausbildung;
- Auswertung: Rf-Werte Terpinen-4-ol und Sabinenhydrat ca. 0,3; Abb. des Chromatogramms s. Lit.[42]

Kapillar-GC (20 bis 50 m) auf polaren Phasen (Polyethylenphasen, z. B. Carbowax 20 M, WG 11), Detektor FID. Identifizierung und Quantifizierung der Hauptinhaltsstoffe Terpinen-4-ol, *cis*- und *trans*-Sabinenhydrat durch Retentionszeitenvergleich mit authentischen Substanzen; Abb. s. Lit.[42]

Reinheit: Nach E.O.A. Standard:
- SZ: ≤ 2,5.
- Verseifungszahl: 23 bis 40.
- Verseifungszahl nach Acetylierung: 68 bis 86.
- Löslichkeit: löslich in 2 T 80%igem Ethanol.[28]

Weitere Reinheitsprüfung: GC (s. Identität); zu überprüfen ist vor allem der Gehalt an Thymol und Carvacrol, die im Majoranöl in Konz. von < 1% vorkommen. Höhere Werte weisen auf Beimengungen oder Verwechslungen mit Ölen anderer, phenolhaltiger Origanum-Arten hin.

Wirkungen: *Antimikrobielle Wirkung.* Im Hemmhoftest wirkte Majoranöl, unverdünnt appl. sowie verdünnt 1:2, 1:5 und 1:10, dosisabhängig hemmend auf 25 Bakterienstämme (Inkubation 25 °C, 48 h). Hemmhofgröße [mm Durchmesser] bei unverdünntem Öl 5,5 bis 22,4, bei Verdünnung 1:2 5,8 bis 14,8, 1:5 4,2 bis 16,6 und 1:10 4,2 bis 11,7.[43] Im Hemmhoftest wirksam gegen 10 Bakterienstämme, z. T. schwächer, z. T. stärker wirksam als eine Kontrolle mit 400 ppm Streptomycin und Acromycin (Öldos. unbekannt); ähnlich stark wirksam im Vergleich zur Kontrolle mit 1.000 ppm *β*-Naphthol gegen *Aspergillus fumigatus* und *A. niger*, schwächer wirksam gegen *A. flavus*.[44]
In einem Plattendiffusionstest war unverdünntes Öl wirksam gegen *Escherichia coli, Staphylococcus aureus* und *Bacillus cereus, Aspergillus aegyptiacus, Penicillium cyclopium* und *Trichoderma viride*.[45] Angesichts der hohen Konz. erscheinen die Ergebnisse für die arzneiliche Verwendung des Öls wenig relevant.
In vitro bei Dos. von 2 bis 10 µL/mL Hemmwirkung auf *Aspergillus flavus, A. niger, A. ochraceus, A. parasiticus* und *Trichoderma viride* zwischen 72 und 89 % gegenüber Kontrolle ohne Ölappl. (Sporenkonz. 10^5/mL, Meßgröße Trockenmycelgewicht, 7 Tage).[43]
Insektizide Wirkung. Beim Aussetzen der erwachsenen weiblichen roten Spinnen (*Tetranychus cinnabarinus*) auf Bohnenblätter, die 1 h zuvor mit 0,1- bis 2,0%igen Lsg. von Majoranöl in Aceton besprüht worden waren, stieg die Sterblichkeit dosisabhängig auf 8 bis 21 % an, die Repellency auf 2 bis 6 %, die Fruchtbarkeit wurde dosisunabhängig auf Werte zwischen 40 und 68 % reduziert, Beobachtungszeit 48 h.[46]

Volkstümliche Anwendung und andere Anwendungsgebiete: Bei Krämpfen im Magen- und Darmbereich, bei Gallenbeschwerden und Husten. Die Wirksamkeit bei den beanspruchten Anw.-Gebieten ist nicht ausreichend belegt, Negativmonographie.[47]

Immuntoxizität: Keine Sensibilisierung in 6%iger Konz. in Vaseline bei 23 Probanden.[128]

Toxikologische Daten: *LD-Werte.* LD_{50} bei Ratten p. o. 2,24 g/kg KG (1,5 bis 2,2 g/kg KG); LD_{50} bei Kaninchen dermal > 5 g/kg KG.[128]

Gesetzl. Best.: GRAS Status.[128]

Offizielle Monographien. Aufbereitungsmonographie der Kommission E am BGA "Origanum majorana, Majoranae aetheroleum".[47]

Majoranae herba.

Synonyme: Herba Amaraci, Herba Majoranae, Herba Sampsuchi.[23]

Sonstige Bezeichnungen: Dt.: Majoran(kraut); engl.: Marjoram; frz.: Marjolaine.

Monographiesammlungen: Herba Majoranae *EB 6, Helv V.*

Definition der Droge: Die getrockneten, zur Blütezeit (Juli bis September) gesammelten und von den Stengeln abgestreiften Blätter und Blüten.[48]

Stammpflanzen: *Majorana hortensis* MOENCH.[48]

Herkunft: Aus Kulturen in Ägypten, Frankreich, Thüringen, der ehemaligen Tschechoslowakei, Tunesien, Ungarn.[42]

Gewinnung: Je nach Klimagebiet sind ein oder zwei Ernten möglich; am besten vor der Vollblüte, wenn die Pflanze die Köpfchen gebildet hat; mechanisch 5 cm über dem Boden. Die Trocknung sollte rasch erfolgen, um ein Schwarzwerden der Blätter zu verhindern.[26,27]

Ganzdroge: Graugrüne Blätter und Blüten; Blätter bis 4 cm lang, behaart, kurz gestielt, verkehrt eiförmig bis spatelförmig, stumpf, ganzrandig und drüsig-punktiert. Die bis 4 mm langen Blüten stehen in der Achsel eiförmig-rundlicher, flacher, fast dachziegelartig angeordneter, dicht behaarter Deckblättchen zu eiförmig-länglichen bis kugeligen, zottigen Ähren zusammen. Der 5zähnige Kelch ist tütenförmig, die weißliche oder rötliche Blütenkrone 2lippig.[48]

Schnittdroge: *Geruch und Geschmack.* Würzig.
Makroskopische Beschreibung. Zahlreiche rundliche bis eiförmige Deckblätter, in deren Achseln die nur wenig hervorragenden, gelblichverfärbten Blüten sitzen. Weiterhin größere Teile der hellgraugrünen, filzig behaarten, 4seitig prismatischen Blütenstände, einzelne Blüten mit dem kapuzenförmigen Kelch und graufilzig behaarte, drüsig-punktierte Blattstückchen.[48]
Mikroskopisches Bild. Epidermiszellen der Blattoberseite mit schwach welligen Wänden mit vereinzelten Spaltöffnungen. Zellwände der Epidermiszellen der Unterseite dünnwandig, z. T. knotig verdickt und stärker wellig. Spaltöffnungen zahlreicher, diacytisch. Auf der Blattoberseite ein- bis dreizellige, meist gebogene Haare mit verbreitertem Fuß, häufig charakteristisch gekrümmt; in der Nähe der Querwände häufig Gruppen kleinster Kristallnadeln. Außerdem große, runde Lamiaceendrüsenschuppen und kleine Drüsenhaare mit ein- bis zweizelligen Köpfchen. Die Haare der Blattunterseite sind meist 3- bis 4zellig, etwas größer als die der Oberseite und haben eine warzig-geriefte Oberfläche.[49]

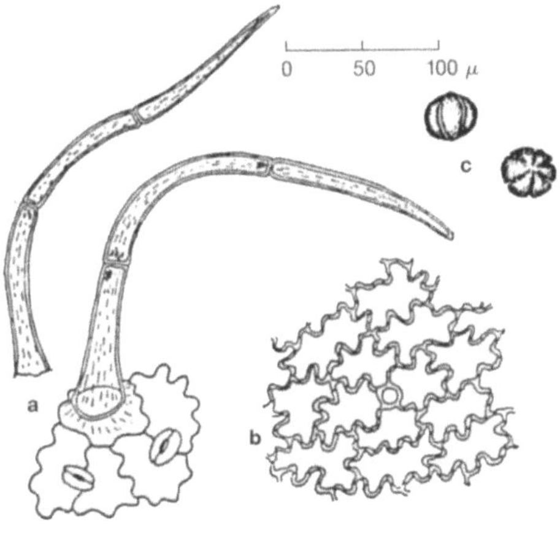

Majoran. *a* einzellreihige, lange Deckhaare mit Oxalatnädelchen und feingestrichelter Cuticula, *b* sternförmige Epidermis der Deckblattinnenseite mit verholzten, getüpfelten Seitenwänden, *c* Pollenkörner. Zeichnung: K. Staesche (aus Lit.[23])

Pulverdroge: Charakteristisch für das Pulver sind die vielen, mehrzelligen und charakteristisch gebogenen Haare. Teile der Deckblätter fallen durch die stark gewellte Form ihrer Epidermiszellen auf, manchmal sind diese fast sternförmig. Da sie verholzt sind, lassen sie sich mit Phloroglucin-Salzsäurereagenz anfärben. Vereinzelt bräunliche Samenschalenteilchen mit dickwandigen, englumigen, tief wellig-buchtigen Epidermiszellen; Pollenkörner ca. 35 µm groß, kugelig, glatt, mit 6 schlitzartigen Austrittsstellen.[48,49]

Verfälschungen/Verwechslungen: Verfälschungen sind heute unbedeutend. Zu achten ist auf Verunreinigung mit anderen thymol- und carvacrolhaltigen Origanumarten, die sich in südlichen Ländern gern als Wildwuchs in den Kulturen ansiedeln oder durch Saatgutverunreinigungen in die Droge gelangen.[42] Gelegentlich befinden sich im südfranzösischen Majoran Blätter der beiden Cistus-Arten *C. albidus* L. und *C. salvifolius* L. Charakteristisch dafür sind große, vielzellige Sternhaare, weiterhin große, vielzellige Drüsenhaare mit Keulen- oder Flaschenform und kleine Drüsenhaare mit wenigzelligem Stiel und ovalem Köpfchen. Im Mesophyll befinden sich Kristalldrusen.[49]

Inhaltsstoffe: *Ätherisches Öl.* Durch Wasserdampfdestillation werden 1 bis 3 % ätherisches Öl gewonnen, das sich in seiner Zus. erheblich von dem genuin in der Pflanze vorliegenden Öl unterscheidet. Das genuine Öl, mittels einer Kapillare direkt aus den Drüsenschuppen eines Blattes entnommen, besteht aus Monoterpenen mit bicyclischem Sabinangrundgerüst, hauptsächlich aus *cis*-Sabinenhydrat (40 bis 50 %) und dem entsprechenden Essigsäureester *cis*-Sabinenhydratacetat (20 bis 30 %); außerdem sind *trans*-Sabinenhydrat (2 %) und Sabinen (10 %) enthalten.[36] Durch die Hitze und einen normalerweise niedrigen pH während der Wasserdampfdestillation lagert sich *cis*-Sabinenhydratacetat um. Die Umlagerung verläuft über ein Sabinylkation und ein 8-Terpinen-4-ylkation. Umlagerungsprodukte sind Monoterpenkohlenwasserstoffe wie z.B. *α*-Terpinen und *γ*-Terpinen, Terpinolen und Limonen, sowie Terpenalkohole wie Terpinen-4-ol, *cis-p*-Menthen-2-ol-1 und *trans-p*-Menthen-2-ol-1 und Piperitol. In welchen Mengen die einzelnen Komponenten gebildet werden hängt ganz wesentlich von den Destillationsbedingungen ab;[36,50] außerdem kommt es auch beim Trocknen[36,51] und möglicherweise auch beim Zerkleinern des Pflanzenmaterials zu solchen Umlagerungen.

Außerdem wurde ein reaktiver Precursor des Majoranaromas isoliert, der sich spontan zu *cis*-Sabinenhydrat (58 %), *cis*-Sabinenhydratacetat (11 %), Terpinen-4-ol (6 %), *trans*-Sabinenhydrat (4 %) und Sabinen (3 %) umlagert und dessen Strukturanalyse und Eigenschaften auf ein Sabinenhydratpyrophosphat schließen ließ.[50]

Das Vorliegen verschiedener sich umlagernder Substanzen im Majorankraut macht verständlich, warum das Majoranaroma sich während der Aufarbeitung ändert und weshalb die Angaben zur Zus. des ätherischen Öls in der Lit. sehr unterschiedlich sind.[50]

Bei einem durch Wasserdampfdestillation gewonnenen Öl sind die Terpene Terpinen-4-ol (15 bis 40 %), *cis*-Sabinenhydrat (= (*Z*)-Sabinenhydrat, 5 bis 20 %) und *γ*-Terpinen (2 bis 12 %) normalerweise die Hauptkomponenten. Weitere wichtige Komponenten sind *α*-Terpineol, *α*-Terpinen, Sabinen und *trans*-Sabinenhydrat (= (*E*)-Sabinenhydrat). Zus. im einzelnen s. Majoranae aetheroleum.

Die Erwärmung der Droge führt zu einer auffallenden Geruchsverschlechterung, was mit einer Änderung der Zus. des Kopfraumgases einhergeht.[52]

Überraschenderweise wurde aus Pflanzen, die an drei Standorten in der Türkei wild gesammelt worden waren, durch Destillation Öle mit hohen Phenolgehalten (48 bis 74 % Carvacrol und 0,5 bis 4 % Thymol) gewonnen.[53]

Flavone und Flavonglykoside. Diosmetin, Vitexin, Orientin,[54] Diosmetin-7*β*-D-glucuronid,[55] 5,7,4'-Trihydroxy-6'-methoxyhispidulin (= Dinalin[56]), 5,7,3'-Trihydroxy-4'-methoxydiosmetin.[56] Die Struktur des Majoranins, das ebenfalls in Majoran nachgewiesen wurde[55,56] und als identisch mit Sudachitin (= 5,7,4'-Trihydroxy-6,8,3'-trimethoxyflavon) angegeben wurde, mußte revidiert werden und ist nunmehr identisch mit 5,6,4'-Trihydroxy-7,8,3'-trimethoxyflavon (= Thymonin).[57]

Luteolin-7-*O*-glucosid (= Cynarosid), Luteolin-7-*O*-rutinosid, 6-Hydroxyluteolin-7-*O*-glucosid, Luteolin-7-*O*-diglucuronid, Apigenin-7-*O*-glucuronid, Apigenin-6,8-di-*C*-glucosid (= Vicenin-2), Scutellarein-6,4'-dimethylether, Scutellarin-4'-methylether-7-*O*-glucosid und drei unbekannte Strukturen.[58]

Phenole und Phenolglykoside. 0,41 bis 0,45 % Arbutin (HPLC-Methode) bzw. 0,14 % (photometrische Methode[79]), berechnet auf die getrocknete Droge, daneben Methylarbutin, Hydrochinon und

Hydrochinonmonomethylether.[59] Auch wird von Arbutingehalten von über 1 % berichtet.[78] Nach Lit.[56] wurde Hydrochinon aus der Droge in einer Ausbeute von 0,8 % isoliert.
Lamiaceengerbstoffe und Phenolcarbonsäuren. In der ältesten Literatur wird der Gerbstoffgehalt von Majoran mit 9,4 % angegeben, best. mit der Hautpulvermethode und auf die getrocknete Droge bezogen; über die chem. Natur der Gerbstoffe wird keine Angabe gemacht.[60] Später wird festgestellt, daß es sich um Lamiaceengerbstoffe (Depside der Kaffeesäure) handelt und der Gehalt mit 2,3 % angegeben.[61] Außerdem wurden Chlorogensäure und Kaffeesäure gefunden.[62]
0,44 % Rosmarinsäure in gemahlener Gewürzware, spektralphotometrisch best. nach DC-Abtrennung.[63] Nach Lit.[64] betrug der Gehalt an Rosmarinsäure in zwei Handelswaren 0,1 % und 0,94 %, gaschromatographisch bestimmt.
Nach Freisetzung durch enzymatische, alkalische und saure Hydrolyse ca. 1,5 % Phenolcarbonsäuren; im einzelnen Kaffeesäure (1,4 %), *p*-Cumarsäure (0,1 %), *p*-Hydroxybenzoesäure (0,02 %); außerdem Syringasäure, Protocatechusäure, Ferulasäure, Gentisinsäure Sinapinsäure, Vanillinsäure und Salicylsäure.[65]
Kohlenhydrate. 13 % säurelabile Polysaccharide, die nach der Hydrolyse 50 % Glucose, 16 % Xylose, 13,5 % Arabinose, 11,2 % Galactose, Rhamnose, Mannose und Fucose liefern. 2,8 % freie Monosaccharide mit 90 % Glucose und je ca. 5 % Arabinose und Galactose. 0,8 % alkalistabile, heißwasserlösliche Polysaccharide mit 77,6 % Glucose, 8,7 % Galactose, 6,9 % Xylose, 5,3 % Arabinose, Fucose und Rhamnose.[66]
Lipide. Je nach verwendetem Lösungsmittel 1,8 bis 3,1 % Lipide; Fettsäurezus. $C_{18:3}$ 44,3 %, $C_{16:0}$ 21,9 %, $C_{18:2}$ 14,8 %, $C_{18:1}$ 5,6 %; weiterhin $C_{18:0}$, $C_{20:2}$, $C_{22:0}$, $C_{16:1}$, $C_{14:0}$.[67]
0,61 % Triacontan.[68]
Triterpene und Sterole. 0,19 % Oleanolsäure, 0,47 % Ursolsäure I und 0,12 % Ursolsäure II,[70] nach Auftrennung in Blätter und Stengel: 0,10 bzw. 0,21 %.[69]
0,15 % Sitosterol.[68]
Sonstige Inhaltsstoffe. 870 ppm Aluminium.[71]

Zubereitungen: *Unguentum Majoranae – Majoransalbe EB 6*: 20 Teile grob gepulverter Majoran werden mit 1 Teil Ammoniak und 10 Teilen Weingeist einige Stunden stehen gelassen und anschließend mit 100 T Vaseline auf dem Wasserbad erhitzt bis sich Weingeist und Ammoniak verflüchtigt haben. Anschließend wird das Kraut abgepreßt und die Salbe filtriert.

Reinheit:
- Asche: Höchstens 14 % *EB 6*; höchstens 17 % *Helv V*.
- Säureunlösliche Asche: Höchstens 5 % *Helv V*.

Gehalt: Mindestens 1 % ätherisches Öl.[48]

Gehaltsbestimmung: Volumetrische Messung des ätherischen Öls durch Wasserdampfdestillation in einer Rundlaufapparatur nach *DAB 6*.

Lagerung: Nach umfangreichen Studien bleibt die Qualität von getrocknetem Majoran in luftdichter Verpackung bei Raumtemp. über 2 Jahre erhalten.[72]

Wirkungen: *Antivirale Wirkung.* 0,3 mL wäßriger Majorankrautextrakt (Drogenkonz. 1:10) wirkt bei Inj. in die Allantois von 9 bis 11 Tage alten befruchteten Hühnereiern antiviral gegenüber Newcastle-Virus (Stamm 11 914, Ei) und Herpes-simplex-Virus (HF, Mäusehirn), dargestellt als Überlebensrate der Embryonen im Vergleich zu einem Blindversuch ohne Drogenappl. Überlebensrate bei Newcastle-Virus: 3 von 9 (Kontrolle 0 von 10) bei Appl. des Virus (Virusdos. 60 × LD_{50}) 24 h nach der Majoranappl. Überlebensrate bei Herpes-simplex-Virus: 4 von 9 (Kontrolle 1 von 4); Appl. des Virus (Virusdos. 25 × LD_{50}) 2 h nach Majoranappl. Die Wirkung gegenüber Herpes-simplex-Virus war in der "Tanninfraktion" nachzuweisen. Antivirale Wirkung gegenüber Newcastle-Virus und Herpes-simplex-Virus wurde auch in einem Plaquehemmtest mit virusinfizierten Monolayer-Kulturen von Hühnerembryofibroblasten nachgewiesen.[75]

Volkstümliche Anwendung und andere Anwendungsgebiete: Bei Krämpfen, Magen- und Darmbeschwerden, zum Harntreiben, als Diaphoretikum, bei Lähmungen, Neurasthenie, Depressionszuständen, Migräne, nervösen Kopfschmerzen, Schwindel, Krampfhusten und Schnupfen.[23] Die Wirkung bei den beanspruchten Anw.-Gebieten ist nicht ausreichend belegt. Ein positiver Beitrag in Komb. zu "dyspeptischen Beschwerden", "Leber-Gallenmitteln", bei "Erkältungskrankheiten", bei Erkr. des Urogenitaltrakts, bei Diabetes, in Tonika, "Milchbildungstees" sowie bei Prellungen u. ä. ist nicht beurteilbar; Negativmonographie.[47]

Dosierung und Art der Anwendung: *Droge.* Innerlich: 1 bis 2 Teelöffel Droge werden mit 1/4 L kochendem Wasser übergossen und nach 5 min abgeseiht. Schluckweise 1 bis 2 Tassen tgl. trinken.
Äußerlich: Zur Mundspülung und als Umschlag 5 % (Aufguß).[48]

Unerwünschte Wirkungen: Die Droge enthält Arbutin und Hydrochinon in niedrigen Konz. Die Droge ist daher nicht für einen längerfristigen Gebrauch geeignet. Hydrochinon ist im Tierversuch cancerogen. Die topische Appl. von Hydrochinon führt zur Depigmentation der Haut. Berichte über entsprechende Nebenwirkungen von majoranhaltigen Salben liegen nicht vor. Angesichts der nicht ausreichend geklärten Risiken sollte eine topische Anw. von Salben, die Majorankraut enthalten, bei Säuglingen und Kleinkindern in den beanspruchten Indk. nicht erfolgen.[47]

Sonst. Verwendung: *Haushalt.* Als Gewürz in Wurst, Fleicheintöpfen, Hackbraten und Hülsenfruchteintöpfen. Gute antioxidative Wirkung von Majoran bei Einarbeitung von 1 g/kg Fett, beurteilt nach der Ox.-Stabilität des Fettes im "Rancimat", gemessen als Verlängerung der Induktionsperiode im Verhältnis zur Induktionsperiode der Blindprobe; 1,72 (1,00 = neutral).[73] Durch die Einarbeitung von 0,1 % Majoran in Schweinefett verlängert sich die Lagerdauer bis zum Erreichen einer Peroxidzahl von 4,0 von 15 Tagen (ohne Drogenzugabe) auf 25 Tage (Lagerung bei 37 °C).[74]

Gesetzl. Best.: *Offizielle Monographien.* Aufbereitungsmonographie der Kommission E am BGA "Origanum majorana, Majoranae herba".[47]

Origanum majorana hom. *HAB 1*

Synonyme: Majorana.

Sonstige Bezeichnungen: Majorana.

Monographiesammlungen: Origanum majorana *HAB 1.*

Definition der Droge: Die frischen, oberirdischen Teile blühender Pflanzen.

Stammpflanzen: *Origanum majorana* L.

Zubereitungen: Urtinktur und fl. Verdünnungen nach *HAB 1*, Vorschrift 3a; Eigenschaften: Gelbbraune bis grünbraune Flüssigkeit mit arteigenem Geruch und Geschmack.

Identität: *Urtinktur.* Hexanausschüttelung, nach Eindampfen in Chloroform aufgenommen, ergibt die Prüflsg. Diese ändert nach Zugabe von Acetanhydrid und Schwefelsäure ihre Farbe von Violett über Blaugrau nach Grün.
DC der Prüflsg. (= Untersuchungslsg.):
- Referenzsubstanzen: Menthol, Thymol (0,1%ig in Methanol);
- Sorptionsmittel: Kieselgel H;
- FM: Methylenchlorid-Ethylacetat (90 + 10), Laufhöhe 15 cm;
- Detektion: Besprühen mit Anisaldehyd-Lsg., 10 min Erhitzen auf 110 bis 120 °C, Auswertung im Vis;
- Auswertung: Etwa in der Mitte zwischen Start und der Vergleichssubstanz Menthol drei Flecke, je einen Fleck in der Höhe des Menthols und dicht darüber, je einen Fleck dicht unterhalb und in Höhe des Thymols sowie zwei Flecke oberhalb des Thymols.

Reinheit: *Urtinktur.*
Rel. Dichte (*Ph Eur*): 0,895 bis 0,915.
Trockenrückstand (*DAB*): Mindestens 1,0 %.

Lagerung: *Urtinktur.* Vor Licht geschützt.

Anwendungsgebiete: Entsprechend dem homöopathischen Arzneimittelbild. Dazu gehört: Gesteigerte sexuelle Erregbarkeit.[77]

Dosierung und Art der Anwendung: Soweit nicht anders verordnet: 1- bis 3mal tgl. 5 bis 10 Tropfen, 1 Messerspitze Verreibung, 1 Tablette oder 5 bis 10 Streukügelchen einnehmen. Injektionslösungen 2mal wöchentlich 1 mL.

Unerwünschte Wirkungen: Nicht bekannt.
Hinweis: Es können vorübergehend Erstverschlimmerungen vorkommen, die jedoch unbedenklich sind.

Gegenanzeigen/Anwendungsbeschr.: Nicht bekannt.

Wechselwirkungen: Nicht bekannt.

Gesetzl. Best.: *Offizielle Monographien.* Aufbereitungsmonographie der Kommission D am BGA "Origanum majorana/Majorana".[77]

Origanum majorana hom. *PF X*

Monographiesammlungen: Origanum majorana pour préparations homéopathiques *PF X.*

Definition der Droge: Die frische, blühende ganze Pflanze.

Stammpflanzen: *Origanum majorana* L.

Zubereitungen: *Urtinktur.* Herstellung nach der allg. Vorschrift zur Herstellung von Urtinkturen *PF X*, Alkoholgehalt 65 % (*V/V*).

Origanum majorana hom. *HPUS 88*

Monographiesammlungen: Origanum majorana *HPUS 88.*

Definition der Droge: Die ganze Pflanze.

Stammpflanzen: *Origanum majorana* L.

Zubereitungen: *Urtinktur.* Herstellung durch Mazeration oder Perkolation der frischen oder getrockneten Droge mit Ethanol nach den allg. Herstellungsvorschriften (Class C) der *HPUS 88.* Ethanolgehalt 65 % (*V/V*).

Gehalt: *Urtinktur.* Arzneigehalt $^1/_{10}$.

Origanum onites L.

Synonyme: *Majorana cretica* MILL., *M. onites* (L.) BENTH., *M. orega* (VOGEL) BRIQ., *M. oreja* WALP., *M. smyrnaea* (L.) KOSTEL., *Onites tomentosa* RAF., *Origanum album* SALISB., *O. orega* VOGEL, *O. pallidum* DESF., *O. smyrnaeum* L., *O. tragoriganum* ZUCCAGNI ex STEUDEL.[3]

Sonstige Bezeichnungen: Dt.: Kretischer Dost, spanischer Hopfen; engl.: Pot marjoram, turkish origanum; frz.: Origan de chypre; it.: Origano cretico, persia gentile.

Systematik: Sektion Majorana (MILL.) BENTH.

Botanische Beschreibung: Graufilziger Halbstrauch mit breit-eiförmigen, entfernt gezähnten, 5 bis 20 mm langen, dicht filzig behaarten Laubblättern. Die Blüten stehen in köpfchenartigen Scheinähren mit 4reihig angeordneten und dachziegelig gestellten Deckblättern. Die Deckblätter sind eiförmig mit vorgezogener stumpfer Spitze, ganzrandig, 2,5 bis 3,3 mm lang, weißfilzig und am Rande gewimpert. Die Blüten- und Fruchtstände erinnern daher an Hopfenzapfen. Kelch durch Rückbildung der Unterlippe einlappig, blattartig, eiförmig mit keilförmig zulaufenden Seiten, ca. 2 mm lang; sein unterer, beiderseits etwas eingeschlagener Teil umgibt die Blüte und später die Nüßchen tütenförmig.[80] Die Pflanze ist dimorph mit kleinen Blättern im Sommer und größeren Blättern im Winter, was als Strategie der Pflanze zum Überleben des trockenen Sommers interpretiert wird.[81]

Verbreitung: Im südlichen Griechenland, griechische Inseln, westliche und südliche Türkei; isoliertes Vorkommen in Sizilien.

Anbaugebiete: Frankreich, Zypern.[22]

Drogen: Origani cretici herba.

Origani cretici herba

Synonyme: Herba Origani cretici.

Sonstige Bezeichnungen: Dt.: Kretischer Dost, kretisches Dostkraut, spanischer Hopfen; engl.: Turkish oregano.

Definition der Droge: Getrocknete Zweigenden und Blütenstände.[49]

Stammpflanzen: *Origanum onites* L.

Ganzdroge: *Geruch.* Majoranartig.
Geschmack. Stark würzig und brennend.
Makroskopische Beschreibung. Zweig- und Blattstücke filzig behaart.

Mikroskopisches Bild. Vielzellige Gliederhaare, Drüsenschuppen und Drüsenhaare mit einer sockelbildenden Basalzelle. Sie ist sehr groß, stark gestreckt und verdickt; in ihrem schmalen Lumen sind kleine, längliche Kristalle zu erkennen. Das eigentliche Drüsenhaar ist zart mit wenigzelligem Stiel und kugeligem Köpfchen. Die Epidermiszellen der Deckblätter sind verdickt und verholzt.[49]

Pulverdroge: Auffallend sind Blattfragmente mit den typischen Drüsenhaaren bzw. den stehen gebliebenen derbwandigen Basalzellen; Bruchstücke der derbwandigen steifen Deckhaare mit winzigen Oxalatkristallen und die verdickten sowie verholzten Epidermiszellen der Deckblätter; Teile des Kelchs mit zahlreichen Drüsenschuppen und graubraune Bruchstücke der Fruchtwand.[80]

Verfälschungen/Verwechslungen: Unter dem Namen Herba Origani cretici werden oft ähnliche Kräuter der Gattungen Majorana und Origanum gehandelt, vor allem *O. heracleoticum* L. (syn. *O. hirtum* LINK).[49] Unterscheidung an der Behaarung und dem Drüsenschuppenbesatz von Kelch und Blättern.[129]

Inhaltsstoffe: *Ätherisches Öl.* 2 bis 4 % ätherisches Öl mit 50 bis 85 % Carvacrol, 3 bis 13 % γ-Terpinen, 5 bis 12 % *p*-Cymen, 1 bis 7 % Borneol, 1 bis 5 % β-Bisabolen, je 1 bis 3 % α-Pinen, Myrcen und α-Terpinen. Weitere Terpene sind α-Thujen, Camphen, β-Pinen, Terpinen-4-ol, α-Phellandren, β-Phellandren, Limonen, *trans*-Thujanol (= *trans*-Sabinenhydrat), *cis*-Thujanol (= *cis*-Sabinenhydrat), Lina-

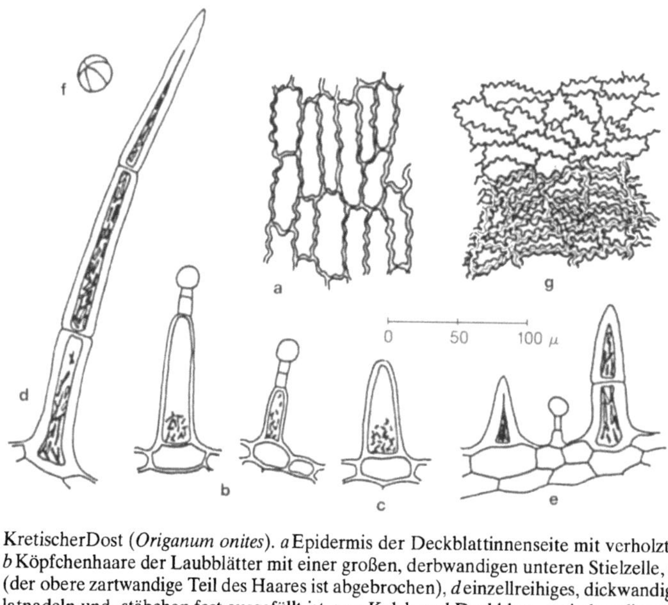

KretischerDost (*Origanum onites*). *a* Epidermis der Deckblattinnenseite mit verholzten, ungetüpfelten Seitenwänden, *b* Köpfchenhaare der Laubblätter mit einer großen, derbwandigen unteren Stielzelle, *c* Stielzelle eines Köpfchenhaares (der obere zartwandige Teil des Haares ist abgebrochen), *d* einzellreihiges, dickwandiges Haar, dessen Lumen mit Oxalatnadeln und -stäbchen fast ausgefüllt ist, von Kelch und Deckblatt, *e* spitzkegelige und eckzahnförmige, dickwandige Haare vom Laub- und Deckblattrand, *f* Pollenkorn, *g* Fruchtwand in Flächenansicht, oben: bei hoher, unten: bei tiefer Einstellung. Je tiefer man einstellt, desto dicker erscheinen die Wände, bis schließlich die enge wellige Struktur verschwindet (ca. 200:1). Zeichnung: K. Staesche. Aus Lit.[129]

lool, Linalylacetat, Thymol, 1,8-Cineol, Terpinolen und α-Muurolol.[19,83,84]
Flavone. Thymonin (5,6,4'-Trihydroxy-7,8,3'-trimethoxyflavon), Thymusin (5,6,4'-Trihydroxy-7,8-dimethoxyflavon), 5,6-Dihydroxy-7,3',4'-trimethoxyflavon.[82]

Volkstümliche Anwendung und andere Anwendungsgebiete: Bei Magen- und Darmbeschwerden, bei Husten und Bronchitis. Das Öl in Einreibungen bei Rheuma. Die Wirksamkeit bei diesen Anw.-Gebieten ist nicht belegt.

Sonst. Verwendung: *Haushalt.* Kommt wie andere carvacrolhaltige Origanum-Arten unter der Bezeichnung Oregano in den Handel und wird als Gewürz verwendet (s. Origani herba).
Industrie/Technik. Das ätherische Öl ist als spanisches Hopfenöl oder kretisches Dostenöl bekannt. Unter dieser Bezeichnung werden aber auch carvacrol- oder thymolhaltige Öle anderer in den Mittelmeerländern heimischer Origanum-Arten gehandelt.[28] Die Droge ist auch Ausgangsmaterial des Smyrnaer und wahrscheinlich auch des Cyprischen Origanumöls.[28]

Origanum syriacum L.

Synonyme: *Amaracus syriacus* (L.) Stokes, *Majorana crassa* Moench, *M. crassifolia* Benth., *M. maru* (L.) Brig., *M. nervosa* Benth., *M. scutellifolia* Stokes, *M. syriaca* (L.) Kostel., *Origanum crassa* (Moench) Chev., *O. maru* L., *O. pseudo-onites* Lindberg.[22]

Sonstige Bezeichnungen: Dt.: Echter Staudenmajoran, in der Bibel "Ysop";[85] engl.: Syrian Majoran.

Systematik: Sektion Majorana (Mill.) Benth. Aufgrund von Unterschieden in der Behaarung und der Blätter werden 3 Varietäten beschrieben.[3] Im Zusammenhang mit dem Gewürz wird meist die Var. *syriacum* gemeint. Bezüglich der Chemie des ätherischen Öls unterscheidet man einen Carvacroltyp und einen Thymoltyp.

Botanische Beschreibung: Weißfilziger Halbstrauch mit kurz gestielten, eiförmigen bis länglichen, ganzrandigen, dicken, etwa 0,5 cm langen, angedrückt behaarten Laubblättern; Blütenköpfchen ziemlich groß; Deckblätter eiförmig-spatelförmig, stumpf, weißfilzig behaart; Kelch kahl.[80]

Inhaltsstoffe: An Flavonen nur 5,6,4'-Trihydroxy-7,3'-dimethoxyflavon.[82]

Verbreitung: Israel, Libanon, Ostägypten, Syrien, Türkei, Zypern.[22]

Anbaugebiete: Mittelmeergebiet.[22]

Drogen: Origanum-syriacum-Kraut, Origanum-syriacum-Öl.

Origanum-syriacum-Kraut.

Definition der Droge: Das getrocknete Kraut

Stammpflanzen: *Origanum syriacum* L.

Inhaltsstoffe: *Ätherisches Öl.* 60 bis 80 % Carvacrol, 3 bis 8 % γ-Terpinen, 4 bis 14 % *p*-Cymen, 1 bis 2 % α-Thujen, 1 % α-Pinen, 0,5 bis 1,5 % Octen-1-ol-3, 1,5 % α-Terpinen; außerdem Camphen, β-Pinen, α-Phellandren, Limonen, 1,8-Cineol, Terpinolen, Terpinen-4-ol, Linalool, *cis*-Sabinenhydrat, Borneol, α-Terpineol, Δ^3-Caren, β-Caryophyllen und Thymol.[19,84,86,87] Ist anstelle des hohen Carvacrolgehalts ein hoher Thymolgehalt (40 bis 60 %) angegeben, stammt die Droge vermutlich von Pflanzen des Thymol-Typs.[85,87,88]

Volkstümliche Anwendung und andere Anwendungsgebiete: Bei Zahnschmerzen, Herzbeschwerden, Unwohlsein, Erkältung, Husten und bei Schwäche als Stärkungsmittel.[89] Die Wirksamkeit bei den genannten Anwendungen ist nicht belegt.

Sonst. Verwendung: *Industrie/Technik.* Ausgangsmaterial für Syrisches Origanumöl, das aus dieser Droge und anderen Origanum-Arten durch Wasserdampfdestillation gewonnen wird.[90]

Origanum-syriacum-Öl

Sonstige Bezeichnungen: Dt.: Syrisches Origanumöl; engl.: Syrian marjoram oil.

Definition der Droge: Wasserdampfdestillat des Krautes.[90]

Stammpflanzen: *Origanum maru* L. und andere Origanum-Arten.[90]

Herkunft: Syrien.[90]

Gewinnung: Wasserdampfdestillation.

Inhaltsstoffe: Carvacrol 43,7 %, Thymol 30,9 % und *p*-Cymen 11,3 % (s. auch Origanum-syriacum-Kraut).[91]

Wirkungen: *Insektizide Wirkung.* In einer Konz. von 15 µL/L Luft wirkt Syrisches Origanumöl tödlich auf die ausgewachsenen Käfer *Oryzaephilus surinamensis* (Sterblichkeitsrate 100 %), *Rhyzopertha dominica* (Sterblichkeitsrate 90 %), *Sitophilus oryzae* (Sterblichkeitsrate 87 %). Begasungskammer, Begasungzeit 24 h.[92]

Origanum vulgare L.

Synonyme: *Origanum anglicum* Hill, *O. barcense* Simonkai, *O. capitatum* Willd. ex Benth., *O. creticum* L., *O. decipiens* Wallroth ex Benth., *O. elegans* Sennen, *O. floridum* Salisb., *O. latifolium* Mill., *O. majus* Garsault, *O. nutans* Willd. ex Benth., *O. orienale* Mill., *O. purpurascens* Gilib., *O. stoloniferum* Besser ex Rchb., *O. thymiflorum*

RCHB., *O. venosum* WILLD. ex BENTH., *O. vulgare* ssp. *genuinum* GAUDIN, *O. vulgare* ssp. *prismaticum* GAUDIN, *O. vulgare* ssp. *tauricum* BORISS., *O. vulgare* ssp. *vulgare*, *O. watsoni* SCHMIDT et SCHLAGINTWEIT, *Thymus origanum* O. KUNTZE.[3,22]

Sonstige Bezeichnungen: Dt.: Brauner Dost (Dosten), Echter Dost, Gemeiner Dost, Gewöhnlicher Dost, Frauendost, Wilder Majoran; engl.: Wild marjoram; frz.: Marjolaine sauvage; origan (vulgaire); it.: Acciughero, origano, regamo; sp.: Orégano.[22,93]

Systematik: Sektion Origanum. Nach einer Revision der Gattung Origanum[3] wird *Origanum vulgare* heute in 6 Unterarten gegliedert: ssp. *glandulosum* (DESF.) IETSWAART, ssp. *gracile* (KOCH) IETSWAART, ssp. *hirtum* (LINK) IETSWAART, ssp. *virens* (HOFFMANNS. et LINK) IETSWAART, ssp. *viride* (BOISS.) HAYEK und ssp. *vulgare*. Synonyme s. Lit.[3]
Wird in der pharmazeutisch relevanten Literatur nur die Bezeichnung *Origanum vulgare* L. (gemeiner Dost) angegeben, handelt es sich meist um *O. vulgare* ssp. *vulgare*. Im engl. Sprachgebrauch wird die Bez. "wild marjoram" für Pflanzen der Unterarten vulgare, virens und viride verwendet.[94] Die ersten beiden werden in Lit.[5] als selbständige Arten geführt.
In bezug auf die Chemie des ätherischen Öls unterscheidet man verschiedene Chemotypen (s. Origani herba).

Botanische Beschreibung: Ausdauernde holzige Pflanze bis 90 cm hoch, im oberen Teil häufig verzweigt, mit rhizomartigen Bodenausläufern, flaumig, borstig oder samtig behaart, selten kahl. Blätter 10 bis 40 (bis 50) cm lang und 4 bis 25 mm breit, eiförmig, ganzrandig oder schwach gekerbt, kahl oder behaart, drüsig punktiert und gestielt. Scheinähren 5 bis 30 mm, eiförmig, länglich oder prismatisch, eine Rispe oder einen Ebenstrauß bildend. Deckblätter 4 bis 5 mm, fast doppelt so lang wie der Kelch, eiförmig, nicht zugespitzt, behaart oder kahl, drüsenlos oder spärlich drüsig-punktiert, krautig, purpurviolett oder grünlich. Kelch gelb drüsig-punktiert, behaart oder kahl. Blütenkrone 4 bis 7 mm, weiß oder purpurn bis rot. Chromosomenzahl 2n = 30; sehr variabel in bezug auf Farbe und Haartracht der Deckblätter und des Kelchs, Form und Länge der Scheinähren und Farbe der Blütenkrone.[5]

Inhaltsstoffe: In den frischen Blättern ca. 0,1 % Vitamin C.[95] Die Samen enthalten 20 % fettes Öl mit hauptsächlich Linolensäure (ca. 65 %), Linolsäure (ca. 24 %) und Ölsäure (ca. 6 %).[24] Außerdem 6,0 % Schleimstoffe mit Glucose und Xylose als Hydrolyseprodukte.[96]

Verbreitung: Fast in ganz Europa, Kleinasien bis Himalaja und Sibirien.[22]

Anbaugebiete: Im Verbreitungsgebiet kultiviert.[22]

Drogen: Origani aetheroleum, Origani herba, Origanum creticum hom. *HAB 34*, Origanum vulgare hom. *HAB 34*.

Origani aetheroleum

Synonyme: Aetheroleum Origani, Oleum Origani.

Sonstige Bezeichnungen: Dt.: Dostenöl, Origanumöl; engl.: Oil of wild marjoram, origanum oil; frz.: Essence de origan, huile essentielle de origan.

Definition der Droge: Wasserdampfdestillat des frischen oder getrockneten Krautes.[97]

Stammpflanzen: *Origanum vulgare* L.

Herkunft: Israel, Spanien, Türkei.

Gewinnung: Wasserdampfdestillation.[97]

Handelssorten: Das Herkunftsland ist gleichzeitig Handelssorte. Der Zusatz der Zahlen 40/45 oder 55/60 bezeichnet den Carvacrolgehalt.

Ganzdroge: *Geruch*. Kräftig, aromatisch.[97]
Geschmack. Würzig, bitter.[97]

Verfälschungen/Verwechslungen: Verfälschungen kommen kaum vor, allenfalls zur Qualitätsverbesserung Zusatz von Carvacrol.

Inhaltsstoffe: *Terpene*. Als Origanumöl wird ein phenolreiches Öl gehandelt, das neben einem hohen Gehalt an Carvacrol (40 bis 70 %) γ-Terpinen (8 bis 10 %), *p*-Cymen (5 bis 10 %), α-Pinen (1 bis 3 %), Myrcen (1 bis 3 %), α-Terpinen (1 bis 2 %) und Thymol (1 bis 4 %) enthält. In Konz. unter 1 % sind Camphen, β-Pinen, Limonen, 1,8-Cineol, 1-Octen-3-ol, Campher, Linalool, Terpinen-4-ol, β-Caryophyllen, α-Terpineol, Borneol und Bornylacetat enthalten.[98,99] Weitere Terpene.[98] Die genannten Grenzwerte decken nicht alle in der Lit. angegebenen Komponentenverteilungen ab. Für Öle, die aus gesammeltem Pflanzenmaterial im Labor destilliert wurden, sind auch davon ganz abweichende Zus. von Ölen beschrieben, was auf das Vorkommen von Chemotypen zurückzuführen ist (s. Origani herba).
Eigenschaften und Zus. von Ölen verschiedener Herkunft s. Lit.[97]

Identität: Nur möglich im Vergleich zu authentischem Öl; DC oder GC; mögliche Bedingungen s. Majoranae aetheroleum.

Wirkungen: *Antimikrobielle Wirkung*. In einem Hemmhoftest mit 22 Mikroorganismen (Bakterien, Hefen, Schimmelpilzen) wirkte Origanumöl gegen 15, hauptsächlich gegen Hefen und Schimmelpilze.[100] Ebenfalls im Hemmhoftest hemmte Origanumöl in 1%iger Lsg. in Ethanol dosisabhängig das Wachstum von 13 nahrungsverderbenden Hefen. Die größten Hemmhöfe wurden bei *Brettanomyces anomalus, Metchnikowia pulcherrima, Debaryomyces hansenii, Geotrichum candidum* und *Lodderomyces elongisporus* beobachet (Inkubation 4 Tage, 30 °C).[101] Angesichts der hohen Konz. erscheinen die Ergebnisse für eine arzneiliche Verwendung der Droge wenig relevant.
In vitro verminderte die Zugabe von 25, 50, 100 und 200 ppm Origanumöl dosisabhängig die Wachstumsrate der Hefen *Kloeckera apiculata* auf 32 bis 1 %, *Rhodotorula rubra* 38 bis 1 % und *Torulopsis*

glabrata auf 92 bis 2 % (Kontrolle 100 %, gemessen als Zelltrockengewicht, Inkubation 44 bis 48 h, 30 °C).[101] Bei Zugabe von 100 ppm Origanumöl zum Nährmedium verzögerte sich die Pseudomycelproduktion bei *Hansenula anomala* um 3 Tage auf 6 Tage gegenüber der Kontrolle (3 Tage), bei *Saccharomyces cerevisiae* auf > 58 Tage um über 32 Tage (Kontrolle 26 Tage); kein Effekt bei *Candida lipolytica*. Das Pseudomycelwachstum von *Rhodotorula rubra* trat dagegen 7 Tage früher ein (nach 11 Tagen) gegenüber der Kontrolle (18 Tage), das von *Lodderomyces elongisporus* 3 Tage früher (nach 3 Tagen) gegenüber der Kontrolle mit 6 Tagen (Inkubation 21 °C, Beobachtungszeitraum 58 Tage).[101]
Im Verdünnungstest wirkten 5 verschiedene türkische Origanumöle hemmend auf *Escherichia coli* (MHK-Werte 1.250 bis 312 ppm), *Bacterium subtilis* (MHK-Werte 625 bis 156 ppm), *Salmonella aeruginosa* (MHK-Werte 312 bis 156 ppm). Bei *Pseudomonas aeruginosa* wirkten nur 2 Öle (MHK-Werte je 625 ppm) ebenso bei *Candida albicans* (MHK-Werte 1.250 ppm und 625 ppm).[102]
In Flüssigkulturen verminderten 100 ppm Origanumöl fast vollständig und 200 ppm Origanumöl vollständig das Auskeimen von *Clostridium botulinum* 67B Sporen, dokumentiert durch die optische Dichte der Sporensuspension, die gegenüber der Kontrolle (Abnahme auf 62 %) nur auf 98 % bzw. nicht absank (Inkubation 2 h, 35 °C). Der Effekt war reversibel. 10 bis 150 ppm Origanumöl verminderten dosisabhängig auch die Wachstumsrate der vegetativen C.-botulinum-Zellen (0,45 bis 0, Kontrolle 1,0, gemessen als Verhältnis Kontrolle/Hauptversuch). Gemessen wurde der Zeitraum bis zum Erreichen einer optischen Dichte von 0,35 (Inkubation 12 h, 37 °C).[103] Ähnliche Effekte wurden auch für Clostridium botulinum 33A-, 40B- und 1623E-Stämme beobachtet.[104]
Im Hemmhoftest wirkten unverdünntes Origanumöl und Verdünnungen 1:5 und 1:50 in Ethanol hemmend auf 4 Stämme von *Listeria monocytogenes* und ein Stamm von *L. innocua* (Inkubation 24 h, 32 °C). Hemmkurven mit 0,1 %igem Origanumöl, aufgenommen *in vitro* bei Beobachtungen über 4 h gegenüber einer Kontrolle, zeigen, daß die Überlebensrate der Zellen aller 5 Stämme im Zeitraum bis zu 4 h von ca. 10^5 bis 10^6/mL auf ca. 10^1/mL abnimmt, in den ersten 2 h stärker (0,9%ige Kochsalzlsg., Bakterienkonz. 5 bis 10 × 10^7 CFU/mL).[105]
In einem Agarverdünnungstest wirkte Origanumöl, gewonnen aus den blühenden oberirdischen Teilen der Pflanze, hemmend auf die Dermatophyten *Epidermophyton floccosum*, *Trichophyton mentagrophytes* var. *interdigitale* und *T. rubrum* (MHK-Werte jeweils < 313 ppm).[106]

Volkstümliche Anwendung und andere Anwendungsgebiete: Innerlich bei Verdauungsstörungen, zum Harntreiben und bei Erkältungen. Äußerlich bei Wunden, zu Gurgelwässern und Bädern.[107] Die Wirksamkeit bei den genannten Anw.-Gebieten ist durch wissenschaftliche Versuche nicht belegt.

Dosierung und Art der Anwendung: *Droge*. Innerlich: 5 bis 6 Tr. auf 1 Kaffeelöffel Zucker 2- bis 3mal tgl.[108]

Unerwünschte Wirkungen: *Allergische Wirkungen*. In unverdünnter Form stark reizend auf dem Rükken haarloser Mäuse; auf der intakten oder abrasierten Haut von Kaninchen nur mäßig reizend; 2%ig in Vaseline beim Menschen keine Reizung nach 48 h.[109]

Immuntoxizität: Keine Sensibilisierung in 2%iger Konz. in Vaseline bei 25 Probanden.[109]

Toxikologische Daten: *LD-Werte*. LD_{50} (Ratte p.o.) 1,85 g/kg KG (1,5 bis 2,2 g/kg KG); LD_{50} (Kaninchen dermal) 0,32 bis 0,64 g/kg KG.[109]

Gesetzl. Best.: GRAS Status.[109]

Origani herba (Dostenkraut)

Synonyme: Herba Origani, Herba Origani vulgaris.

Sonstige Bezeichnungen: Dt.: Majuschel, Oregano, wilder Majoran; engl.: Oregano, wild marjoram; frz.: Marjolaine sauvage, marjolaine batarde, origan.

Monographiesammlungen: Herba Origani *EB 6*.

Definition der Droge: Das getrocknete, während der Blütezeit (Juli bis September) gesammelte und von den dickeren Stengeln befreite Kraut.[48]

Stammpflanzen: *Origanum vulgare* L.

Gewinnung: Die Pflanze wird zur Blütezeit 5 cm über dem Boden geschnitten; Trocknung auf dem Feld möglich, besser natürliche Trocknung unter Dach oder künstlich bei mäßiger Temp.[110,111] Einzelheiten über Boden, Klima, Anbau, Ernte, Erträge, Krankheiten und Schädlinge s. Lit.[111]

Ganzdroge: Stengel 4kantig, behaart, meist rötlich angelaufen. Blätter sind kreuzgegenständig, kurzgestielt, breit eiförmig, bis ca. 4 cm lang, spitz oder stumpflich, ganzrandig oder geschweift-gekerbt, mehr oder weniger behaart, am Rande bewimpert, durchscheinend drüsig-punktiert und stark eingeschrumpft. Blüten meist hellpurpurn, in kurzen Ähren stehend mit elliptischen oder ovalen Hochblättern. Blütenkrone 2lippig, Oberlippe ausgerandet oder kurz 2spaltig; Kelch selten 2lippig, meist gleichmäßig 5zähnig, zur Fruchtzeit im Schlund mit einem Haarkranz verschlossen.[48,107]

Schnittdroge: *Geruch*. Angenehm, würzig.
Geschmack. Würzig, etwas bitter und salzig.[107]
Makroskopische Beschreibung. Die Droge ist gekennzeichnet durch Teile der scheinährenartigen, rotvioletten Blütenstände, durch eiförmige Hochblättchen mit violetter Spitze und in deren Achseln sitzende, kleine rosarote Blüten mit violettbespitzten, am oberen Rand weiß behaarten Kelchblättern, durch weißgrau behaarte, violette Stengelstücke und durch hellgrüne, unterseits behaarte und die Hauptnerven zeigende, drüsig-punktierte Blattstückchen.[48,107]
Mikroskopisches Bild. Das bifacial gebaute Blatt trägt besonders am Rand mehrzellige, schwach warzige Gliederhaare und in die Epidermis einge-

Origani herba. *a* Querschnitt, *b* obere Epidermis, *c* untere Epidermis, *d* Deckhaar des Blattes. Aus Lit.[132]

senkte Öldrüsen. Spaltöffnungen sind in der unteren Epidermis häufiger als in der oberen.[107]

Pulverdroge: Die graugrüne Pulverdroge ist gekennzeichnet durch Blattstückchen, die in der Queransicht 400 bis 500 µm lange, 3- bis 8zellige, gerade, spitze, dickwandige Gliederhaare mit deutlichen Cuticularwarzen und besonders auch am Rand der Deckblattstückchen und Kelchspitzen kurze, einzellige, spitzkegelförmige und zweizellige Haare mit abgebogener oberer Zelle tragen, durch Endotheciumzellen mit stellenweise papillösen Epidermiszellen, durch Blattepidermisstückchen mit zahlreichen achtzelligen Lamiaceendrüsen und Spaltöffnungen. Die Pollenkörner sind etwa 30 µm groß, kugelig, glatt und mit 6 schlitzartigen Austrittstellen versehen.[48,107]

Inhaltsstoffe: *Ätherisches Öl.* 0,15 bis 1 % ätherisches Öl mit dem Terpenphenol Carvacrol als Hauptkomponente, daneben γ-Terpinen, *p*-Cymen, α-Pinen, Myrcen, α-Terpinen und Thymol. Zus. im einzelnen s. Origani aetheroleum.

Die Angaben zur Zus. des Öls in der Lit. sind sehr unterschiedlich, da von der Pflanze verschiedene Chemotypen existieren. So wird in Israel ein Thymoltyp angebaut mit 60 bis 80 % Thymol anstelle eines hohen Carvacrolgehaltes.[99] Bei Wildpflanzenmaterial aus Griechenland wurde ein Chemotyp mit niedrigem Phenolgehalt und hohem Terpenalkoholgehalt (Linalool, Terpinen-4-ol) beobachtet;[112] in Portugal wurde ein Linalooltyp gefunden.[113] Berichtet wird auch von phenolfreien Chemotypen, die höhere Konz. an Sesquiterpenkohlenwasserstoffen enthalten, z. B. Caryophyllen und Germacren D[114,115] oder hauptsächlich Germacren D und nur 1 bis 4 % Carvacrol.[116] Ein Zwischentyp enthielt ca. 10 % Germacren D und 8 bis 11 % Carvacrol.[116]

Flavone und Flavonglykoside, Catechine. 5,7,4'-Trihydroxyflavon-7-glucosid (= Naringin);[117] nach

Hydrolyse des Gesamtextraktes ca. 0,5 % Flavone mit 0,33 % Luteolin und 0,18 % Apigenin.[118] 6,3',4'-Trihydroxy-7-methoxyauron (= Leptosidin), 5-Hydroxy-3,7,3',4'-tetramethoxyflavon, 5,7,3',4'-Tetrahydroxyflavon (Luteolin), 5,7,4'-Trihydroxyflavon (Apigenin), 5,7,4'-Trihydroxy-4-methoxyflavon (Peonidin), 3,5,7,3',4'-Pentahydroxyflavan (Catechin).[117]

Phenolcarbonsäuren und Phenolcarbonsäurederivate. 7,1 % Hydroxyzimtsäurederivate, davon 5 % Rosmarinsäure (HPLC bestimmt),[119] Rosmarinsäure ohne Mengenangaben.[120] An freien Säuren Zimtsäure,[121] Kaffeesäure,[120,121] *p*-Hydroxybenzoesäure, Vanillinsäure, Syringasäure und Protocatechusäure.[121] 4-(3,4-Dihydroxybenzoyloxymethyl)-phenyl-*β*-D-glucopyranosid und 2-Caffeoyloxy-3-[2-(4-hydroxybenzyl)-4,5-dihydroxy]phenylpropionsäure.[120]

Sonstige Inhaltsstoffe. 645 ppm Aluminium.[71]

Reinheit: Asche: Höchstens 8 %.[48]

Gehalt: Mindestens 0,3 % ätherisches Öl.[48]

Gehaltsbestimmung: Volumetrische Best. durch Wasserdampfdestillation in einer Rundlaufapparatur nach *DAB 6*.

Lagerung: Vor Licht und Feuchtigkeit geschützt.

Wirkungen: *Antimikrobielle Wirkung.* Im Plattentest verminderte die Zumischung von gemahlenem Origanum in Konz. von 0,1 bis 0,5 % dosisabhängig die Ausbildung von Kolonien von *Vibrio parahaemolyticus* von $10^{9.2}$ der Kontrolle auf $10^{2.3}$ bei 0,5%iger Zumischung (18 bis 24 h, 35 °C).[122] Bei Beimpfung von feuchtem Origanum mit *Aspergillus parasiticus* (breiige Konsistenz) war selbst nach 30 Tagen keine Mycelbildung zu beobachten (23 °C), bei 2 Stämmen von *A. flavus* waren nur 37 % bzw. 25 % der Oberfläche mit Mycel bedeckt. Bei allen drei Stämmen blieb eine Sporenbildung ebenso wie eine Aflatoxinbildung völlig aus, während bei anderen Gewürzen schon nach 7 Tagen eine 100%ige Bedeckung der Oberfläche mit Mycel beobachtet wurde, nach 6 Tagen waren bereits 100 % der Myceloberfläche mit Sporen besetzt und eine Aflatoxinkonz. bis zu 167 ppm (bei gemahlenem Sesam) meßbar.[123]

In einem Versuch mit Flüssigkulturen von *Aspergillus parasiticus* und *A. flavus* erhöhte die Konz. von 0,25 bis 4 % Droge im Medium das Mycelwachstum von *A. parasiticus* gegenüber einer Kontrolle um 22 bis 66 %, bei *A. flavus* um 69 bis 235 % (beobachtet bis 21 Tage, 25 °C). Die Wirkung auf die Aflatoxinproduktion der Pilze war sehr unterschiedlich: Bei *A. parasiticus* ergaben die Versuche über 21 Tage keine auswertbaren Ergebnisse, bei *A. flavus* reduzierte die Konz. von 0,25 % Origanum die Aflatoxin B_1-Produktion um über 50 % gegenüber der Kontrolle.[124]

In einem fl. Nährmedium mit 10^2 bis 10^4 Zellen/mL *Lactobacillus plantarum* und *Pediococcus acidilactici* hatte die Zugabe von 0,5 bis 8 g/L an gemahlenem Origanum unterschiedliche Effekte: 0,5 g/L erhöhte nur die Säureproduktion um das 2,5fache, bei 2 bis 4 g/L war, nach anfänglicher Hemmung der Säureproduktion in den ersten beiden Tagen, nach 7 Tagen ebenfalls eine 2,5- bis 3fache Steigerung der Säureproduktion gegenüber der Kontrolle zu beobachten. Das Bakterienwachstum wurde in den ersten 2 Tagen gehemmt, dann stieg es bis zum 6. Tag bis zu den Werten der Kontrolle an. Durch Umimpfen auf ein ebenfalls mit Origanum versehenes Medium wurde beobachtet, daß die Bakterienstämme eine Resistenz gegenüber Origanum erworben hatten.[125]

Volkstümliche Anwendung und andere Anwendungsgebiete: Bei Erkrankungen und Beschwerden im Bereich der Atemwege, Husten, Bronchialkatarrh, als Expektorans und bei Husten als krampflösendes Mittel, weiterhin bei Erkr. und Beschwerden im Bereich des Magen-Darm-Traktes, Blähungen, zur Förderung der Gallenproduktion und der Verdauung sowie als appetitanregendes und krampflösendes Mittel, bei Erkr. und Beschwerden im Bereich der Harnwege, Unterleibserkr., schmerzhafter Menstruation, als harntreibendes Mittel sowie bei Rheuma, Skrofulose und als beruhigendes und schweißtreibendes Mittel angewendet. Dostenkraut ist außerdem in Gurgelwässern und Bädern enthalten.[126] Die Wirksamkeit der Droge bei den beanspruchten Anw.-Gebieten ist nicht ausreichend belegt, Negativmonographie.[126]

In der chinesischen Medizin bei unregelmäßiger Menses.[127]

Dosierung und Art der Anwendung: Innerlich: 1 gehäufter Eßlöffel wird mit 1/4 L kochendem Wasser übergossen und nach 10 min durch ein Teesieb gegeben; der Tee wird mit Honig gesüßt und gut warm schluckweise getrunken.[108] Das Pulver kann auch sehr fein pulverisiert auf einer Oblate gegeben oder mit Honig oder Marmelade gemischt werden; 1/2 bis 1 Eßlöffel 2- bis 3mal tgl.[108]

Äußerlich: Zum Gurgeln und Mundspülen verwendet man den ungesüßten Tee. Zum Baden werden 100 g Dost mit 1 L Wasser übergossen, zum Sieden erhitzt und nach 10 min abgeseiht. Die Fl. wird dem Vollbad zugesetzt.

Unerwünschte Wirkungen: Keine bekannt.[126]

Gegenanzeigen/Anwendungsbeschr.: Keine bekannt.[126]

Wechselwirkungen: Keine bekannt.[126]

Sonst. Verwendung: *Haushalt.* Gewürz mit starker Würzkraft bei Gerichten vor allem der italienischen Küche. Bestandteil des "Oregano".

Unter dem Namen "Oregano" im deutschen und englischen Sprachgebrauch findet ein Gewürz Verwendung, das ein kräftiges, von Carvacrol geprägtes Aroma besitzt. Botanisch verbergen sich unter dieser Bezeichnung verschiedene Pflanzen; häufig handelt es sich auch um Gemische. "European Oregano" in Amerika, bei uns nur "Oregano", besteht meist aus Blättern und Blüten verschiedener, in den Mittelmeerländern heimischer Origanum-Arten, vorwiegend wohl *Origanum vulgare*, aber auch *O. dictamnus*, *O. vulgare* ssp. *vulgare*, *O. vulgare* ssp. *viride* (syn. *O. heracleoticum*), auch "Greek Oregano" oder "Griechischer Majoran" genannt.

Außerdem findet sich darin *O. hirtum*, *O. gracile*, *O. glandulosum*, *O. syriacus* oder *O. onites*, der als "Turkish Oregano" bekannt ist. Als "Spanischer Oregano" oder "Spanischer Majoran" wird allerdings eine Zubereitung aus *Thymus capitatus* (L.) HOFFM. et LINK bezeichnet. In den USA und Zentralamerika ist "Mexikanischer Oregano" gebräuchlich, der aus Lippia-Arten, vorwiegend *Lippia graveolens* H.B.K. und *L. parmeri* WATS. (Verbenaceae) besteht, oder aus Lantana-Arten (Verbenaceae) oder Hyptis-Arten (Lamiaceae).[34,130] Im fernen Osten erhält man unter der Bezeichnung Oregano eine Zubereitung aus *Coleus amboinicus* LOUR. oder *Limnophila stolonifera* (BLANCO) MERR., auf den Westindischen Inseln Hyptis- oder Coleus-Arten.[130] Der stärkste Oregano ist der von Kuba und den Jungferninseln, botanisch von *Coleus amboinicus* stammend.[131]

Gesetzl. Best.: *Offizielle Monographien.* Aufbereitungsmonographie der Kommission E am BGA "Origani vulgaris herba/Dostenkraut".[126]

Origanum creticum hom. *HAB 34*

Monographiesammlungen: Origanum creticum *HAB 34.*

Definition der Droge: Frisches blühendes Kraut.

Stammpflanzen: *Origanum macrostachyum* LK.[3] syn. *O. vulgare* ssp. *virens* (HOFFMANNS. et LINK) IETSWAART).

Zubereitungen: Essenz nach § 3 *HAB 34.*

Gehalt: *Essenz.* Arzneigehalt 1/3.

Origanum vulgare hom. *HAB 34*

Monographiesammlungen: Origanum vulgare *HAB 34.*

Definition der Droge: Frisches blühendes Kraut.

Stammpflanzen: *Origanum vulgare* L.

Zubereitungen: Essenz nach § 3 *HAB 34.*

Gehalt: *Essenz.* Arzneigehalt 1/3.

Anwendungsgebiete: Entsprechend dem homöopathischen Arzneimittelbild. Dazu gehört: Gesteigerte sexuelle Erregbarkeit.[77]

Dosierung und Art der Anwendung: Soweit nicht anders verordnet: 1- bis 3mal tgl. 5 bis 10 Tropfen, 1 Messerspitze Verreibung, 1 Tablette oder 5 bis 10 Streukügelchen einnehmen. Injektionslösungen 2mal wöchentlich 1 mL.

Unerwünschte Wirkungen: Nicht bekannt.
Hinweis: Es können vorübergehend Erstverschlimmerungen vorkommen, die jedoch unbedenklich sind.

Gegenanzeigen/Anwendungsbeschr.: Nicht bekannt.

Wechselwirkungen: Nicht bekannt.

Gesetzl. Best.: *Offizielle Monographien.* Aufbereitungsmonographie der Kommission D am BGA "Origanum vulgare".[77]

1. Cantino PD, Sanders RW (1986) Syst Bot 11:163–185
2. Sanders RW, Cantino PD (1984) Taxon 33:64–72
3. Ietswaart JH (1980) A taxonomic revision of the genus Origanum (Labiatae), Leiden Botanical Series, Bd. 4, Leiden Univ. Press, Den Haag
4. Husain SZ, Markham KR (1981) Phytochemistry 20:1.171–1.173
5. FEu, Bd. III, S. 171
6. Engler A (1964) Syllabus der Pflanzenfamilien, 12. Aufl., Gebr. Borntraeger, Berlin, Bd. II, S. 442
7. Van Den Broucke CO, Lemli JA (1980) Planta Med 38:264–266
8. Benjilali B, Richard HMJ, Baritaux O (1986) Lebensm Wiss Technol 19:22–26
9. Bellakhdar J, Passannanti S, Paternostro MP, Piozzi F (1988) Planta Med 54:94
10. Van Den Broucke CO, Lemli JA (1980) Planta Med 38:317–331
11. Van Den Broucke CO, Lemli JA (1982) Planta Med 45:188–190
12. Paris RR, Moyse H (1971) Précis de Matière Médic, Masson, Paris, Bd. 3, S. 285
13. Langhammer L, Räuchle U (1984) Pharm Ztg 129:2.590–2.592
14. Katsiotis S, Ikonomou GN (1986) Sci Pharm 54:49–52
15. Harvala C, Menounos P, Argyriadou N (1987) Planta Med 53:107–109
16. Revinthi-Moraiti K, Komaitis ME, Evangelatos G, Kapoulas VV (1985) Food Chem 16:15–24
17. Piozzi F, Paternostro M, Passannanti S, Gacs-Baitz E (1986) Phytochemistry 25:539–541
18. Skrubis BG (1972) Flavour Ind:566–568
19. Akgül A, Bayrak A (1987) Planta Med 53:114
20. Lawrence BM, Terhune SJ, Hogg JW (1974) Phytochemistry 13:1.012–1.013
21. Fleisher A, Sneer N (1982) J Sci Food Agric 33:441–446
22. Schultze-Motel J (Hrsg.) (1986) Rudolf Mansfeld, Verzeichnis landwirtschaftlicher und gärtnerischer Kulturpflanzen, 2. Aufl., Springer-Verlag, Berlin Heidelberg New York, Bd. III, S. 1.154, 1.156
23. Hag, Bd. V, S. 662, 663
24. Marin PD, Sajdl V, Kapor S, Tatic B, Petkovic B (1991) Phytochemistry 30:2.979–2.982
25. French D, Youngquist RW, Lee A (1959) Arch Biochem Biophys 85:471–477
26. Dachler M, Pelzmann H (1989) Heil- und Gewürzpflanzen, Österreichischer Agrarverlag, Wien, S. 167
27. Heeger EF (1956) Handbuch des Arznei- und Gewürzpflanzenbaues, Deutscher Bauernverlag, Berlin, S. 472
28. GHo, Bd. VII, S. 184
29. Vernon F, Richard H, Sandret F (1978) Parfum Cosmet Arôm 21:85–88
30. Oberdieck R (1981) Dtsch Lebensm Rundsch 77:63–74
31. Lawrence BM (1981) Perfumer Flavorist 6:28
32. Oberdieck R (1983) Fleischwirtschaft 63:1–4

33. Brosche T, Vostrowsky O, Gemeinhardt F, Asmus U, Knobloch K (1981) Z Naturforsch 36c:23–29
34. Lawrence BM (1984) Perfumer Flavorist 9:54
35. Nykänen I (1986) Z Lebensm Unters Forsch 183:172–176
36. Fischer N, Nitz S, Drawert F (1987) Flavour Fragrance J 2:55–61
37. Lossner G (1966) Pharmazie 21:51–54
38. Lossner G (1968) Planta Med 16:54–57
39. Ravid U, Bassat M, Putievsky E, Ikan R, Weinstein V (1987) Flavour Fragance J 2:17–19
40. Karawya MS, Hifnawy MS (1970) Egypt J Pharm Sci 17:329–334
41. Granger R, Passet J, Lamy J (1975) Riv Ital 57:446–454
42. Oberdieck R (1990) Fleischwirtschaft 70:391–398
43. Deans SG, Svoboda KP (1990) Flavour Fragrance J 5:187–190
44. Yadava RN, Saini VK (1991) Ind Perfum 35:58–60
45. Ross SA, El-Keltawi NE, Megalla SE (1980) Fitoterapia 51:201–205
46. Mansour F, Ravid U, Putievski E (1986) Phytoparasitica 14:137–142
47. BAz Nr. 226 vom 02.12.1992
48. EB 6
49. Gassner G, Hohmann B, Deutschmann F (1989) Mikroskopische Untersuchung pflanzlicher Lebensmittel, 5. Aufl., Gustav Fischer Verlag, Stuttgart, S. 354
50. Fischer N, Nitz S, Drawert F (1988) J Agric Food Chem 36:996–1.003
51. Nitz S, Kollmannsberger H, Drawert F (1988) In: Schreier P (Hrsg.) Bioflavour 87, Walter de Gruyter, Berlin New York, S. 129
52. Bouclier N, Koller WD (1986) Z Lebensm Unters Forsch 183:416–420
53. Şarer E, Scheffer JJC, Baerheim Svendsen A (1982) Planta Med 46:236–239
54. Dolci M, Tira S (1980) Riv Ital 62:131–132
55. Olechnowicz-Stepien W, Lamer-Zarawska E (1975) Herba Pol 21:347–356
56. Subramanian SS, Nair AGR, Rodriguez E, Mabry TJ (1972) Current Sci 41:202–204
57. Voirin B, Favre-Bonvin J, Indra V, Ramachandran Nair AG (1984) Phytochemistry 23:2.973–2.975
58. Husain SZ, Heywood VH, Markham KR (1982) In: Magaris N, Koedam A, Vokou D (Hrsg.) Aromatic Plants: Basic and Applied Aspects, Martinus Nijhoff Publishers, Den Haag Boston London, S. 141
59. Assaf MH, Ali AA, Makboul MA, Beck JP, Anton R (1987) Planta Med 53:343–346
60. Vollmer H (1934) Arch Exp Pathol Pharmacol 176:207–216
61. Herrmann K (1962) Z Lebensm Unters Forsch 116:224–228
62. Herrmann K (1956) Pharmazie 11:433–448
63. Gerhardt U, Schröter A (1983) Fleischwirtschaft 63:1.628–1.630
64. Reschke A (1983) Z Lebensm Unters Forsch 176:116–119
65. Schulz JM, Herrmann K (1980) Z Lebensm Unters Forsch 171:193–199
66. Bauer F, Vali S, Stachelberger H (1988) Chem Mikrobiol Technol Lebensm 11:181–187
67. Tietz U, Meusel D, Tschirnich R (1991) Chem Mikrobiol Technol Lebensm 13:153–159
68. Lossner G (1965) Pharmazie 20:224–228
69. Brieskorn CH, Briner M, Schlumprecht L, Eberhardt KH (1952) Arch Pharm 285:290–296
70. Brieskorn CH, Eberhardt KH, Briner M (1953) Arch Pharm 286:58–63
71. Sullivan DM, Kehoe DF, Smith RL (1987) J Assoc Anal Chem 70:118–120
72. Pääkkönen K, Malmsten T, Hyvönen L (1990) J Food Sci 55:1.373–1.382
73. Gerhardt U, Blat P (1984) Fleischwirtschaft 64:484–486
74. Herrmann K (1961/62) Z Lebensm Unters Forsch 116:224–228
75. Herrmann EC jr, Kucera LS (1967) Proc Soc Exp Biol Med 124:874–878
76. Pavlovic S, Sevarda AL, Kuznjecova GA, Zivanovic P, Jancic R, Vujcic S (1987) Acta Biol Med Exp 12:31–37
77. BAz Nr. 29a vom 12.02.1986
78. Schreck D (1985) Neuere Methoden zur umfassenden Untersuchung komplexer Naturstoffgemische am Beispiel von Majorana hortensis, Dissertation, Universität Marburg
79. Nguyen H, Delaveau PG, Paris RR (1965) Ann Pharm Fr 23:297–305
80. Melchior H, Kastner H (1974) Gewürze, Paul Parey, Berlin Hamburg, S. 213
81. Magaris NS (1976) Ecosystem J Biogeogr 3:249–259
82. Tomás-Barberán FA, Husain SZ, Gil MI (1988) Biochem Syst Ecol 16:43–46
83. Vokou D, Kokkini S, Bessière JM (1988) Econ Bot 42:407–412
84. Scheffer JJC, Looman A, Baerheim Svendsen A (1986) In: Brunke EJ (Hrsg.) Progress in Essential Oil Research, Walter de Gruyter, Berlin New York, S. 153
85. Fleisher A, Fleisher Z (1988) Econ Bot 42:232–241
86. Halim AF, Mashaly MM, Zaghloul AM, El-Fattah HA, De Pooter HL (1991) Int J Pharmacogn 29:183–187
87. Fleisher A, Fleisher Z (1991) J Essent Oil Res 3:121–123
88. Ravid U, Putievsky E (1985) In: Baerheim Svendsen A, Scheffer JJC (Hrsg.) Essential oils and aromatic plants, Martinus Nijhoff/Dr W Junk Publishers, Dordrecht, S. 155–161
89. Dafni A, Yaniv Z, Palevitch D (1984) J Ethnopharmacol 10:295–310
90. GHo, Bd. VII, S. 200
91. Brieskorn CH, Brunner H (1967) Planta Med 15(Suppl):96–101
92. Shaaya E, Ravid U, Paster N, Juven B, Zisman U, Pissarev V (1991) J Chem Ecol 17:499–504
93. Heg, Bd. 5, S. 2.327
94. Tucker AO (1986) In: Craker LE, Simon JE (Hrsg.) Herbs, Spices, and Medicinal Plants: Recent Advances in Botany, Horticulture, and Pharmacology, Oryx Press, Arizona USA, Bd. 1, S. 33
95. Jones E, Hughes RE (1983) Phytochemistry 22:2.493–2.499
96. Dombrowicz E, Broda B (1973) Farm Pol 29:163–167
97. GHo, Bd. VII, S. 190
98. Lawrence BM (1984) Perfumer Flavorist 9:41–51
99. Ravid U, Putievsky E (1986) In: Brunke EJ (Hrsg.) Progress in Essential Oil Research, Walter de Gruyter, Berlin New York, S. 163–167
100. Blakeway J (1986) Soap Perfum Cosmet 59:201–203
101 Conner DE, Beuchat LR (1984) J Food Sci 49:429–434
102. Janssen AM, Scheffer JJC, Baerheim Svendsen A (1986) In: Brunke EJ (Hrsg.) Progress in Essential Oil Research, Walter de Gruyter, Berlin New York, S. 401
103. Ismaiel AA, Pierson MD (1990) J Food Prot 53:755–758

104. Ismaiel AA, Pierson MD (1990) J Food Sci 55:1.676–1.678
105. Aureli P, Costantini A, Zolea S (1992) J Food Prot 55:344–348
106. Janssen AM, Scheffer JJC, Parhan-van Atten AW, Baerheim Svendsen A (1988) Pharm Weekbl Sci 10:277–280
107. Hag, Bd. VI a, S. 332
108. Poletti A, Schilcher H, Müller A (1990) Heilkräftige Pflanzen, Walter Hädecke Verlag, Weil der Stadt, S. 135
109. Opdyke DLJ (1974) Food Cosmet Toxicol 12:945–946
110. Berger F (1949) Handbuch der Drogenkunde, Verlag Wilhelm Maudrich, Wien, Bd. IV, S. 372
111. Heeger EF (1956) Handbuch des Arznei- und Gewürzpflanzenbaues, Deutscher Bauernverlag, Berlin, S. 550
112. Werker E, Putievsky E, Ravid U (1985) Ann Bot 55:793–801
113. Carmo MM, Frazao S, Venancio F (1989) J Essent Oil Res 2:69–71
114. Maarse H, Van Os FHL (1973) Flavour Ind 4:477–481
115. Maarse H, Van Os FHL (1973) Flavour Ind 4:481–484
116. Nykänen I (1986) Z Lebensm Unters Forsch 183:267–272
117. Antonescu V, Sommer L, Predescu I, Barza P (1982) Farmacia (Bukarest) 30:201–208
118. Segiet-Kujawa E, Michalowska A (1990) Herba Pol 36:79–82
119. Lamaison JL, Petitjean-Freytet C, Carnat A (1991) Pharm Acta Helv 66:185–188
120. Kikuzaki H, Nakatani N (1989) Agric Biol Chem 53:519–524
121. Mirovich VM, Peshkova VA, Shatokhina RK, Fedoseev AP (1989) Khim Prir Soedin 25:850–851
122. Beuchat LR (1976) J Food Sci 41:899–902
123. Llewellyn GC, Burkett ML, Eadie T (1981) J Assoc Anal Chem 64:955–960
124. Salmeron J, Jordano R, Pozo R (1990) J Food Prot 53:697–700
125. Zaika LL, Kissinger JC, Wasserman AE (1983) J Food Sci 48:1.455–1.459
126. BAz Nr. 122 vom 06.07.1988
127. Kong YC, Xie JX, But PPH (1986) J Ethnopharmacol 15:1–44
128. Opdyke DLJ (1976) Food Cosmet Toxicol 14:469
129. Schormüller J (1970) Alkaloidhaltige Genußmittel, Gewürze, Kochsalz, Springer-Verlag, Berlin Heidelberg New York, S. 487, 488
130. Calpouzos L (1954) Econ Bot 8:222–233
131. Tucker AO (1981) Horticulture 59:57–59
132. Thoms H (1932) Hdb. der prakt. und wissenschaftl. Pharmazie, Bd V, Verlag Urban & Schwarzenberg, Berlin Wien, S. 1533

SB

Orthosiphon

HN: 2035500

Familie: Lamiaceae.

Unterfamilie: Nepetoideae.[26]

Tribus: Ocimeae.

Gattungsgliederung: Die Gattung Orthosiphon BENTH. umfaßt etwa 40 Arten.[27]

Gattungsmerkmale: Ausdauernde Kräuter oder Halbsträucher mit verholztem Wurzelstock; Stengel kahl oder behaart; Blätter gesägt oder gekerbt, unterseits mit drüsiger Punktierung; Blüten meist zu sechst in weit voneinander entfernt stehenden Quirlen; Kelch röhrenförmig-glockig, zweilippig; Blütenkrone schwach violett oder schwach rosa, deutlich den Kelch überragend, zweilippig, Röhre gerade, Oberlippe mit drei bis vier Einschnitten, Unterlippe konkav, etwa gleich groß; Staubblätter 4, die vorderen zwei länger, in die Unterlippe eingeschlossen oder weit herausragend; Discus im vorderen Bereich vergrößert; Nüßchen eiförmig, glatt oder mit höckeriger Oberfläche.[1]

Verbreitung: Überwiegend tropisches Afrika und tropisches Asien bis hin nach Australien.[2]

Inhaltsstoffgruppen: Aus der Gattung Orthosiphon wurde bisher nur eine Art, *Orthosiphon aristatus*, phytochemisch untersucht. Eine Gliederung nach chemotaxonomischen Gesichtspunkten entfällt.

Drogenliefernde Arten: *O. aristatus*: Orthosiphonis folium.

Orthosiphon aristatus (BLUME) MIQUEL

Synonyme: *Ocimum grandiflorum* BOLD, *Orthosiphon spicatus* (THUNB.) BAK., *Orthosiphon stamineus* BENTH.[28,41]

Sonstige Bezeichnungen: Dt.: Katzenbart; engl.: Long-stamened Orthosiphon; holl.-indonesisch: Koemis koetjing; indonesisch: Kumis kutjing.

Botanische Beschreibung: 40 bis 80 cm hohe, krautige Pflanze; Stengel vierkantig, kahl bis behaart; Blattstellung dekussiert; Blätter etwa 75 mm lang, meist relativ kurz gestielt, eiförmig-lanzettlich mit unregelmäßig grob gesägtem bis gezähntem, bisweilen gekerbtem Rand, Blattoberseite bräunlichgrün, Blattunterseite hell graugrün mit kräftig hervortretenden Blattnerven und drüsiger Punktierung; Blüten meist sechs, seltener zehn in einem Quirl; Kelchröhre kurz, Oberlippe bogenförmig aufrecht; Blütenkrone blau bis hellviolett, Kronröhre ca. 2 cm lang, Oberlippe breit mit drei Einschnitten, Unterlippe schmal ei-lanzettlich; Staubblätter vier, blau, auffallend lang, 2,5 bis 3 cm (daher Name Katzenbart); Griffel so lang wie die Staubblätter; Fruchtknoten mit Discus; Früchte in vier oval-längliche Nüßchen zerfallend mit höckeriger Oberfläche.[3,39]

Verwechslungen: Verwechslungen mit anderen Orthosiphon-Arten.[4]

Verbreitung: Tropisches Asien bis hin zum tropischen Teil Australiens.[1]

Anbaugebiete: Indonesien, hauptsächlich Java, Sumatra, Molukken, besonders in der Zeit von 1890 bis 1940, jetzt in geringerem Umfang kultiviert, außerdem in der GUS (Georgien) und im südlichen Vietnam.[3,28]

Drogen: Orthosiphonis folium.

Orthosiphon aristatus: Blühender Zweig.

Orthosiphonis folium (Orthosiphonblätter)

Synonyme: Folia Orthosiphonis.

Sonstige Bezeichnungen: Dt.: Indischer Nierentee, Javanischer Nierentee, Javatee; engl.: Java tea; frz.: Feuilles de barbiflore, Thé de Java; it.: Tè de Giava.

Monographiesammlungen: Orthosiphonblätter *DAB10*; Orthosiphonis folium *Ned6*, *Helv VII*; Orthosiphon *PFX*.

Definition der Droge: Die kurz vor der Blütezeit *DAB 10*, *Helv VII*, die während der Blüte *Ned6* gesammelten Laubblätter und Stengelspitzen; die getrockneten, laubblatttragenden Stengel *PFX*.

Stammpflanzen: *O. aristatus* (BLUME) MIQUEL.

Herkunft: Tropisches Asien, Indonesien (Java, Sumatra).[3,4]

Gewinnung: Die Blätter werden im Schatten luftgetrocknet.[39]

Ganzdroge: Blätter einfach, kurzgestielt; etwa 75 mm lang, bis zu 2 mm breit; brüchig; unterseits hell graugrün mit drüsiger Punktierung, oberseits dunkler grün bis bräunlichgrün gefärbt; eiförmig-lanzettlich, lang zugespitzt, an der Basis keilförmig, fiedernervig mit wenigen Seitennerven; Rand unregelmäßig grob gesägt bis gezähnt, bisweilen gekerbt und wenig nach unten gebogen; Blattstiele mehr oder weniger vierkantig, etwa 4 bis 8 mm lang und wie die Hauptnerven mehr oder weniger bräunlichviolett.[41]

Schnittdroge: *Geruch.* Schwach aromatisch.
Geschmack. Etwas salzig, schwach bitter und adstringierend.
Makroskopische Beschreibung. Dünne, mehr oder weniger graugrüne Blattstücke mit blauvioletter Nervatur; Blattunterseite mit drüsiger Punktierung; Blattrand grob gesägt bis gezähnt; daneben dünne vierkantige, meist violett überlaufene Stengelstücke, selten blauviolette Blüten.[3]
Lupenbild. Blattunterseite mit dichter bräunlicher Punktierung, die von zahlreichen Lamiaceendrüsenschuppen mit in der Regel 4 sezernierenden Zellen herrühren, Blattspreite 250 µm stark, obere Epidermis 25 µm, Palisadenschicht 80 µm, Schwammparenchym 135 µm, untere Epidermis 10 µm hoch. Höhe der einzelnen Gewebsschichten charakteristisch für Lamiaceenblätter.[30]
Mikroskopisches Bild. Blattoberseite: Epidermiszellen im Querschnitt fast quadratisch, in Flächenansicht wellig buchtig, vereinzelt diacytische Stomata; Haartypen: Ein- bis zweizellige, kurze, derbwandige Kegelhaare mit oft charakteristisch verdickter eingesenkter Basis; bis zu 450 µm lange, drei- bis achtzellige (*DAB 10* 1- bis 5zellige), derbwandige, zugespitzte Gliederhaare mit gestrichelter Cuticula, teilweise kollabiert oder oberhalb der Fußzelle abgebrochen; kurzstielige Köpfchenhaare mit ein- bis zweizelligem Köpfchen; etwa 70 µm große Lamiaceendrüsenschuppen (*DAB 10* Typ B) mit zumeist 4 sezernierenden Zellen und einer, seltener zwei Stielzellen; Blattunterseite: Epidermiszellen in Aufsicht tiefer welligbuchtig, diacytische Stomata häufiger als auf der Oberseite, Haartypen wie oben; Mesophyll aus meist einreihigem Palisadenparenchym und fünf- bis achtreihigem Schwammparenchym.[3,40]

Pulverdroge: Hellgrün; Blattbruchstücke mit diacytischen Stomata; Lamiaceendrüsenschuppen mit vier sezernierenden Zellen, zahlreich, charakteristisch; kurzstielige Drüsenhaare, ein- bis zweizellige, kurze, derbe Kegelhaare, drei- bis achtzellige, derbwandige, zugespitzte Gliederhaare mit gestrichelter Cuticula; Stengelfragmente.[3]

Verfälschungen/Verwechslungen: Blätter anderer Orthosiphon-Arten;[4] Eupatorium-Arten aus Java, deren Blätter aber schmaler, heller grün und schärfer gezähnt sind und keine drüsige Punktierung haben, auf der Blattunterseite anomocytische Stomata sowie, als einzigen Haartyp, mehrzellige zugespitzte Gliederhaare mit gestreifter Cuticula und z. T. blasig angeschwollenen Zellen und rotem Zellsaft.[3]

Inhaltsstoffe: *Äth. Öl.* 0,02 bis 0,06 % äth. Öl (Neoclevenger-Methode), Destillation mit angesäuertem oder alkalisch gemachtem Wasser liefert die doppelte Menge; von den etwa 60 bisher isolierten Komponenten überwiegen die Sesquiterpene wie

β-Caryophyllen, α-Humulen oder Caryophyllenepoxid.[5,6]
Höher methoxylierte Flavonoide. Etwa 0,2 % (Bestimmung nach präp. Ausbeute[7]), hauptsächlich Sinensetin, daneben u. a. Eupatorin, Scutellareintetramethylether, Salvigenin.[7–12]

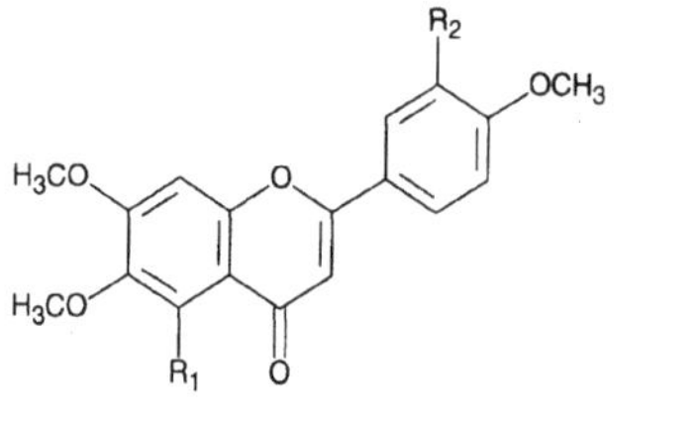

Sinensetin: $R_1 = OCH_3$; $R_2 = OCH_3$
Scutellareintetramethylether: $R_1 = OCH_3$; $R_2 = H$
Eupatorin: $R_1 = OH$; $R_2 = OH$

Saponine. Triterpensapogenin Hederagenin;[13] nach Lit.[14] soll die Droge 4,5 % (nach präp. Ausbeute der Aglyka) Saponine enthalten, über DC wurden 5 Triterpensaponine nachgewiesen.
Kaffeesäurederivate. Hauptsächlich 2,3-Dicaffeoyltartrat neben 2-Caffeoyltartrat, Rosmarinsäure und anderen Kaffeesäurederivaten.[12,16]
Sonst. Verb. Ca. 3 % Kaliumsalze;[15] 4 % (nach präp. Ausbeute) Methylripariochromen A nach Lit.[17], dessen Anwesenheit in der Droge in einer weiteren Arbeit[12] nicht bestätigt werden konnte; bis zu 0,2 % hochoxidierte Diterpenester vom Pimaran-Typ wie Orthosiphol A und B.[18,19,33]

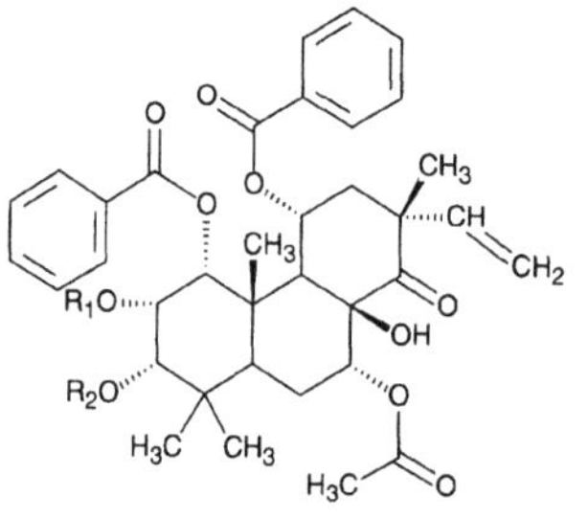

Orthosiphol A: $R_1 = COCH_3$; $R_2 = H$
Orthosiphol B: $R_1 = H$; $R_2 = COCH_3$

Identität: Nach *DAB 10* und *Helv VII* erfolgt eine DC-Untersuchung der lipophilen Flavone im Dichlormethan-Extrakt:
- Referenzsubstanz: Scopoletin;
- Sorptionsmittel: Kieselgel G;
- FM: Ethylacetat-Chloroform (40 + 60), zweimalige Entwicklung;
- Detektion: Direktauswertung im UV 365 nm;
- Auswertung: Auftreten von vier hellblau fluoreszierenden Zonen der lipophilen Flavone mit methylierter OH-Gruppe an *C*-5, wobei die obere Zone, etwa auf der Höhe der Referenzsubstanz Scopoletin, dem Scutellareintetramethylether, die darunterliegende dem Sinensetin zuzuordnen ist (s. hierzu auch Lit.[10]); Verfälschungen zeigen nur ganz schwach fluoreszierende Zonen in diesem Bereich, unter UV 254 nm nur eine fluoreszenzlöschende Zone knapp unterhalb der Lösungsmittelfront.

PFX läßt zum Nachweis der methoxylierten Flavone die gleiche DC-Auftrennung wie oben angegeben mit einem methanolischen Drogenauszug und Sinensetin als Referenzsubstanz durchführen.

Reinheit:
- Fremde Bestandteile: Höchst. 2 %, mit höchst. 5 % Stengel mit einem Durchmesser über 1 mm *DAB 10*; höchst. 5 %, mit höchst. 2 % Stengel mit einem Durchmesser über 2 mm *PFX*; höchst. 5 %, einschl. Stengel mit einem Durchmesser über 1 mm *Helv VII*.
- Trocknungsverlust: Höchst. 11 % *DAB 10*, *Helv VII*; höchst. 13 % *PFX*.
- Asche: Höchst. 12,5 % *DAB 10*, *Helv VII*; höchst. 12 % *PFX*.
- Sulfatasche: Höchst. 16 % *Helv VII*.

Gehaltsbestimmung: Eine Gehaltsbestimmung ist in den Arzneibüchern nicht vorgesehen. Eine quantitative Bestimmung der methoxylierten Flavonoide mittels HPLC ist möglich.[20]

Lagerung: Vor Licht geschützt *DAB 10*; vor Licht und Feuchtigkeit geschützt *PFX*; gut verschlossen, vor Licht geschützt *Helv VII*.

Wirkungen: *Antimikrobielle Wirkung.* Ein wäßriger Orthosiphon-Extrakt hemmt das Wachstum der Serotypen C und D von *Streptococcus mutans* (minimale Hemmkonz. = 7,8 bzw. 23,4 mg/mL).[31] Ein wäßrig-alkoholischer Extrakt (1:5) zeigt eine Wachstumshemmung bei Pilzsporen wie die von *Candida albicans*, *Fusarium oxysporum*, *Penicillium digitatum* oder *Saccharomyces pastorianus*.[29]
Antitumorale Wirkung. Sinensetin und Scutellareintetramethylether zeigen *in vitro* gegen Ehrlich-Ascites-Tumor-Zellen in Suspensionskulturen eine cytostatische Wirkung (ED_{50} 30 µg/mL bzw. 15 µg/mL).[11] Ein 50 %iger ethanolischer und ein salzsaurer (10 %) ethanolischer Extrakt sollen antitumoral gegen das Harding-Passey-Melanom und gegen Mammacarcinom wirken.[32] Nähere Angaben sind nicht zugänglich.
Antiphlogistische Wirkung. Orthosiphol A und B zeigen einen hemmenden Effekt bei durch den Tumor-Promoter 12-*O*-Tetradecanoylphorbol-13-acetat induzierten Entzündungen am Mausohr (Orthosiphol A: ED_{42} 6,8 mg, Orthosiphol B: ED_{50} 8,1 mg).[33] Sinensetin und Tetramethylscutellarein hemmten die 15-Lipoxygenase (Substrat Linolensäure, ED_{50} 114 µmol/L bzw. 110 µmol/L), während ein Ethylacetat-Extrakt aus Orthosiphonblättern eine ED_{50} von 0,018 % (*m*/*V*) aufwies, was nicht allein auf synergistische Effekte der lipophilen Flavonoide zurückzuführen sein soll, sondern auf zusätzliche, bisher unbekannte Stoffe.[34]
Diuretische Wirkung.
Beobachtungen am Tier. Ein aus Orthosiphonblättern hergestelltes Infus (5 %) führte am Kaninchen bei i. v. Applikation zu einer 100 bis 140 %igen, bei s. c. Applikation nur zu einer 20 %igen Harnvermehrung, Angaben zur Dosis fehlen.[15] In einem an-

deren Versuch an Kaninchen und Hunden kam es nach s.c. Applikation von 6g eines wäßrigen 16,6%igen Extraktes (entsprechend 2,7g getrocknete Droge) zu einer erhöhten Harnstoff-, Natriumchlorid- und Harnsäureausscheidung.[22] Perorale Applikation von 750 mg/kg KG Extrakt (1 kg Droge : 20 L heißes Wasser) führte bei Ratten zu keiner nennenswerten Wasserdiurese, aber zu einer zweifach erhöhten Ausscheidung von Natrium- und Kaliumionen sowie dreifachen Menge an Chloridionen. Die ausgeschiedenen Mengen waren vergleichbar mit denen, die nach Gabe von Furosemid erhalten wurden.[38]

Beobachtungen am Menschen. Die tägliche Zufuhr eines Tees aus Orthosiphonblättern (Konzentration nicht näher definiert) führte innerhalb von 6h zu einer Steigerung der Harnmenge von 300 mL auf 700 bis 800 mL.[21] Die tägliche Gabe (400 mL) eines Infuses (15g Droge auf 400 mL Wasser), Dauer 4 Tage, soll zu einer verspätet einsetzenden Diurese mit einer durchschnittlichen Erhöhung der Harnmenge von 60 mL führen, die Erhöhung der Konzentration (15 g Droge auf 100 mL Wasser) bei sonst gleichbleibenden Versuchsbedingungen zu einer schnell einsetzenden durchschnittlichen Erhöhung von 160 mL. In beiden Fällen kam es zusätzlich zu einer vermehrten Kochsalzausscheidung.[36] Diese Ergebnisse wurden in einer weiteren Arbeit[37] bestätigt.

Da die Versuchsbedingungen (wie genaue Zusammensetzung der Infuse bzw. Tees, Dosisbereiche, genaue Angabe der jeweiligen Erhöhung von Natriumchlorid usw.) sowohl bei den Versuchen am Tier als auch beim Menschen, mit Ausnahme der Arbeit[37], nur unvollständig mitgeteilt werden, sind die Versuchsergebnisse als vorläufig zu betrachten. Welche Inhaltsstoffe bei der diuretischen Wirkung eine Rolle spielen, ist bisher nicht geklärt. Zu diskutieren ist eine kombinierte Wirkung von Saponinen und Flavonoiden,[4,15] während Kaliumsalze keine Rolle spielen sollen.[38]

Im Gegensatz zu diesen Ergebnissen kam es bei einer placebokontrollierten Doppelblindstudie am Menschen nach Einnahme von 0,6 L eines wäßrigen Extraktes aus 10 g Droge nach 12 bzw. 24 h weder zu einer erhöhten Urin- noch Salzausscheidung.[35] Die Ursache könnte darin liegen, daß bei dieser Dosis eine verspätet einsetzende Diurese auftritt, die unter diesen Bedingungen nicht erfaßt wird (s. a. Lit.[36]).

Anwendungsgebiete: Zur Durchspülung bei bakteriellen und entzündlichen Erkrankungen der ableitenden Harnwege und bei Nierengrieß.[23,24]

Dosierung und Art der Anwendung: *Droge.* Tagesdosis: 6 bis 12 g Droge, Zubereitungen entsprechend. Auf reichliche Flüssigkeitszufuhr ist zu achten.[23]

Teezubereitung: Die Droge wird entweder mit ca. 150 mL heißem Wasser übergossen und nach etwa 15 min durch ein Teesieb gegeben oder durch Ansetzen mit kaltem Wasser und mehrstündigem Ziehen bereitet.[24]

Volkstümliche Anwendung und andere Anwendungsgebiete: In der Volksheilkunde wird die Droge bei Blasen- und Nierenleiden, wie Nephro- und Cystolithiasis, Albuminurie und Hämaturie sowie bei Gallensteinen, Gicht und Rheumatismus verwendet.[25]

Zu den genannten Indikationen liegen keine kontrollierten klinischen Studien vor.

Gegenanzeigen/Anwendungsbeschr.: Keine Durchspülungstherapie bei Ödemen infolge eingeschränkter Herz- und Nierentätigkeit.[23]

Gesetzl. Best.: *Standardzulassung.* Standardzulassung Nr. 1159.99.99.[24] *Offizielle Monographien.* Aufbereitungsmonographie der Kommission E am BGA "Orthosiphonis folium".[23]

---

1. Dassanayake MD, Fosberg FR (1981) A revised handbook to the flora of Ceylon, Bd. 3, Balkema, Rotterdam, S. 124
2. Willis JC, Shaw HKA (1973) A dictionary of the flowering plants and ferns, 8. Aufl., Cambridge University Press, Cambridge, S. 831
3. Deutschmann F, Hohmann B, Sprecher E, Stahl E (1984) Pharmazeutische Biologie, Drogenanalyse I: Morphologie und Anatomie, 3. Aufl., Fischer Verlag, Stuttgart New York, S. 255–256
4. Wichtl M (1989) Orthosiphonblätter. In: Wichtl M (Hrsg.) Teedrogen, 2. Aufl., Wissenschaftliche Verlagsgesellschaft, Stuttgart, S. 359–361
5. Schut GA, Zwaving JH (1986) Planta Med 52:240–241
6. Schmidt S, Bos R (1985) Prog Essent Oil Res, Proc Int Symp Essent Oils, herausgegeben von Brunke EJ, de Gruyter, Berlin, S. 93–97
7. Bombardelli E, Bonati A, Gabetta B, Mustich G (1972) Fitoterapia 43:35–40
8. Schneider G, Tan HS (1973) Dtsch Apoth Ztg 113:201–202
9. Matsuura S, Kunii T, Inuma M (1973) Yakugaku Zasshi 93:1.517–1.519
10. Wollenweber E, Mann K (1985) Planta Med 51:459–460
11. Malterud KE, Hanche-Olsen IM, Smith-Kielland I (1989) Planta Med 55:569–570
12. Sumaryono W, Proksch P, Wray V, Witte L, Hartmann T (1990) Planta Med 57:176–180
13. Sheu SY, Liu C, Chiang HC (1984) T'ai-wan K'o Hsueh 38:26–31
14. Efimova FV, Inaishvili AD (1970) Aktual Vop Farm:17–18, zit. nach CA 76:56594
15. Casparis P, Février C (1933) Pharm Acta Helv 8:72–79
16. Gracza L, Ruff P (1984) Arch Pharm 317:339–345
17. Guerin JC, Reveillere HP, Ducrey P, Toupet L (1989) J Nat Prod 52:171–173
18. Teuber R (1986) Neue Naturstoffe aus Orthosiphon stamineus Bentham, Dissertation, Marburg
19. Masuda T, Masuda K, Nakatani N (1992) Tetrahedron Lett:945–946
20. Pietta PG, Mauri PL, Gardana C, Bruno A (1991) J Chromatogr 547:439–442
21. Gürber A (1927) Dtsch Med Wochenschr 31:1.301
22. Mercier F, Mercier LJ (1936) Ber Gesamte Physiol Exp Pharmakol 96:493
23. BAz Nr. 50 vom 13.03.1986
24. Standardzulassungen für Fertigarzneimittel (1986) Govi Verlag, Pharmazeutischer Verlag, Deutscher Apotheker Verlag, Frankfurt/Main

25. Madaus G (1976) Lehrbuch der biologischen Heilmittel, Bd. III, Georg Olms Verlag, Hildesheim New York, S. 2.043–2.046
26. Cantino PD, Sanders RW (1986) Syst Bot 11:163–185
27. Mabberley DJ (1990) The Plant Book, Cambridge University Press, Cambridge, S. 418
28. Schultze-Motel J (Hrsg.) (1986) Rudolf Mansfeld's Verzeichnis landwirtschaftlicher und gärtnerischer Kulturpflanzen, Bd. 3, Akademie-Verlag, Berlin, S. 1.133–1.134
29. Guerin JC, Reveillere HP (1985) Ann Pharm Fr 43:77–81
30. Berger F (1950) Handbuch der Drogenkunde, Bd. 2, Maudrich-Verlag, Wien, S. 259
31. Chen CP, Lin CC, Namba T (1989) J Ethnopharmacol 27:285–295
32. Estevez-Nieto A (1980) Rev Cubana Farm 14:21–23
33. Masuda T, Masuda K, Shiragami S, Jitoe A, Nakatani N (1992) Tetrahedron 48:6.787–6.792
34. Lyckander IM, Malterud KE (1992) Acta Pharm Nord 4:159–166
35. Du Dat D, Ngoc Ham N, Huy Khac D, Thi Lam N, Tong Son P, Van Dau N, Grabe M, Johansson R, Lindgren G, Stjernstrom NE (1992) J Ethnopharmacol 36:225–231
36. Schumann R (1926) Über die diuretische Wirkung von Koemis-Koetjing, Dissertation, Marburg
37. Westing J (1928) Weitere Untersuchungen über die Wirkung der Herba Orthosiphonis auf den menschlichen Harn, Dissertation, Marburg
38. Englert J, Harnischfeger G (1991) Planta Med 58:237–238
39. Kom, Bd. 3, S. 2.607–2.609
40. Hag, Bd. 6a, S. 338–340
41. DAB 10

IM

MIX
Papier aus verantwortungsvollen Quellen
Paper from responsible sources
FSC® C105338

If you have any concerns about our products,
you can contact us on
ProductSafety@springernature.com

In case Publisher is established outside the EU,
the EU authorized representative is:
Springer Nature Customer Service Center GmbH
Europaplatz 3, 69115 Heidelberg, Germany

Printed by Libri Plureos GmbH
in Hamburg, Germany